汪菊渊 著

中国古代园林史

（第二版）上卷

图书在版编目(CIP)数据

中国古代园林史/汪菊渊著. —2版. —北京：中国建筑
工业出版社，2010.10
ISBN 978-7-112-12357-5

Ⅰ. ①中… Ⅱ. ①汪… Ⅲ. ①园林建筑–建筑史–中国–
古代 Ⅳ. ①TU–098.42

中国版本图书馆CIP数据核字(2010)第158295号

责任编辑：张 建 杜 洁
装帧设计：张 建
责任设计：董建平
责任校对：王 颖 关 健

中国古代园林史(第二版)

汪菊渊 著

*

中国建筑工业出版社出版、发行(北京西郊百万庄)

各地新华书店、建筑书店经销
北 京 天 成 排 版 公 司 制 版
北京中科印刷有限公司印刷
*
开本：880×1230毫米 1/16 印张：69½ 插页：9 字数：2112千字
2012年3月第二版 2017年6月第三次印刷
定价：**240.00**元(上、下卷)
ISBN 978-7-112-12357-5
(19612)

序

本书（《中国古代园林史》）是凝聚吾师汪菊渊院士（1913~1996）毕生心血的巨著。遗憾的是汪师九年前遽尔病逝，本书未及在他生前出版。可又堪称不幸中幸事的，则是书稿经汪师之子原平保存，又整理校勘多遍，还请一些专家指导，终于完成了全部书稿之校勘清理任务，达到了正式出版的要求。当中国风景园林学会黄晓鸾同志日前将该书校勘稿（含目录）之主要章节（第七、八及第九章）交来，并索序于余时，我心情激动，十分高兴地接受了任务。因我认识到这部巨著不单是汪师终生的心血结晶，且系我国古代园林史中佳著。此书之问世，不仅对我国园林研究与建设大有裨益，且将对世界风景园林的发展也有许多可资借鉴之处。

为自己老师的巨著写序，平生还是第一遭。本人既感到荣幸异常，又觉得诚惶诚恐，因为这是一桩责任重大的事。我认为，此一重任可从回忆若干往事说起，然后逐渐转入正题。回想汪师自决心钻研中国古代园林史起，经历了长达60年的曲折艰辛之路。他不断斩荆除棘，奋斗不止，终于走完了崎岖艰难的小道，获取了里程碑式的光辉成果。

记得我曾在1942年收到时任重庆中央大学曾勉教授寄赠的一本英文专刊，该刊载论文一篇题名——Mei Hwa: National Flower of China(梅花，中国的国花）。我为该刊的内容与文字所倾倒，当即汇报汪师，得到首肯，于是我们在1943年春和1944年春就在成都搞起了梅花品种的调查研究，然后在他指导下写出"成都梅花品种之分类"一文，共同署名发表在中华农学会报182期上。论文刊出前，我已调动工作，由成都到了重庆。离蓉前夕，向汪师辞行，他说："你把梅花研究接着搞下去吧。至于我，已决定专心致志地研究中国园林史了！"

汪师为《中国古代园林史》长期搜集资料，不懈地开展调查研究。他的这一系统工程，实有其突出的特点：①他是在教学、研究、筹办专业（1951年首创我国第一个造园专业，由北京农业大学园艺系与清华大学营建系合办）多方繁忙之际，结合"园林史"教学备课、编讲义等而开展园林史研究的。②他是在长期担任繁重行政工作（如北京市农林水利局局长、北京市园林局局长、北京林学院城市及居民区绿化系副系主任等）的同时，挤出时间来开展有关调查研究的。③汪师在对我国古代园林史进行资料搜集与调查研究时，特别重视组织有关同行，开展协作，发挥集体智慧，及时讨论、小结。他对现场调查、研究，最为重视。为了编著《中国古代园林史》，几乎跑遍了有关城市与名山大川，以现场调查所得验证并丰富原有资料，终于集腋成裘，豁然开朗，成为编著本书的可靠素材。

关于园林史的意义和园林史研究者的必备条件，汪师在《中国大百科全书·建筑园林城市规划卷》（1988）"园林学"中写道："园林学的研究范围是随着社会生活和科学技术的不断发展而不断扩大的，目前包括传统园林学、城市绿化和大地景物规划三个层次。……园林史主要研究世界上各个国家和地区园林的发展历史，考察园林内容和形式的演变，总结造园实践经验，探讨园林理论遗产，从中汲取经验，作为创作的借鉴。从事园林史的研究，必须具备历史科学包括通史和专门史，尤其是美术史、建筑史、思想史等方面的知识。"他又在该节（"园林学"）中写道："园林是人类社会发展到一定阶段的产物。世界三大系统发源地——中国、西亚和希腊，都有灿烂的古代文化。"今天重读汪师17年前的论述，深感他早已把"园林学"的三个发展

层次梳理得十分清晰。作为园林史的大师，已从中外园林遗产中看到发展演变的前景。他的"园林发展三层次论"本身，就充分证明园林史研究的重要性。

在编著本书时，汪师对中国古代文化及其影响因素十分重视。这正像他在"前言"中所说："研究我国古代园林的历史发展，是有很大困难的。首先，由于天灾、战祸、皇朝覆灭、家业衰败等各种原因，古代园林实物是很难保存下来的。……有关古代园林的文字史料非常零散，……只能从一般史籍中、类书中、笔记中、文学作品中去发掘。……有关园林创作的理论专著，直到明朝崇祯年间才有计成的《园冶》问世。明以前不是没有关于园林创作理论的论著，只是散见在论文学艺术的论著中；山水游记和山水诗词中以及绘画理论特别是山水画论的著作中，需要人们去发掘、整理出来。……还可有绘画中的山水画，描绘宫殿建筑的台阁画及宅园村舍的绘画作品，这些也是重要的研究资料。"

尽管研究中国古代史，存在很多困难，但汪师还是以极大的决心和毅力做出了出色的成绩。他在本书前言中写道："只要我们能严格地选择可靠的资料，运用历史唯物主义方法进行整理和分析研究，在什么社会条件下开始有园林的最初形式？它又是怎样随着时代、社会生活、文学艺术、美学思想等变化而演变的？这个历史过程是可以弄清楚的。从园林内容和形式发展的内在联系上，内容决定形式而形式又反作用于内容的辩证关系，整个园林历史发展的规律也是可以认识的。"

全书共十二章，包括始有文字记载的商殷起直至清代为止。第一章绪论中，除一般论述外，还着重研讨了各方至今仍有若干争论的古代园林的最初

[1] 参见：《中国大百科全书·建筑园林城市规划卷》（1988）：515页
[2] 参见："陈俊愉：重提大地园林化和城市园林化"，载中国园林2002（3）：3~6

形式问题。第二章介绍殷、周、先秦的圃、苑、宫室。第三章介绍秦、汉时期建筑、宫苑。第四章：魏、晋、南北朝时期的园林，着重讲了该时期的文化和宗教，南北朝的自然山水园。第五章：隋、唐、五代时期园林。第六章：宋、辽、金时期园林，而以北宋、南宋园林为重点，尤其着重讲了北宋汴京艮岳和洛阳名园以及临安（杭州）的宫苑、西湖和吴兴（湖州）、南浔园墅等。第七章：元朝时期都城和宫苑，以元大都（北京）的园墅为重点，包括大都城的布局与筑造、宫苑、胜地和园墅以及金元时期的文化艺术等。第八章明清时期都城和宫苑，第九章清朝的离宫别苑，第十章北京、华北、江苏明清园墅以及第十一章浙、皖、闽、台、中南、岭南、西北明清园墅。这四章（八至十一）是全书重点所在，其中尤以应天（南京）、北京、扬州、无锡等乃重中之重。在《中国古代园林史》书稿中，除园林外，涉及政治、经济、科学、文化、艺术思想者颇多。如嘉靖、万历间资本主义萌芽的产生、明代著名小说等，都曾包含在内。其间，对承德避暑山庄和北京西郊尤其是圆明园、颐和园，北京城"三海"与御花园等的建园史及其布局介绍尤详。同样作为重点介绍的，则为扬州、苏州、无锡等地特别是苏州的园墅。至全书最末的第十二章，则专论中国古代山水园和园林艺术传统，既总结了中国古代山水园传统的历史发展，又预示其在今后中外园林建设及园林艺术之提高与改革创新中所可能做出的贡献。

对汪师此一巨著，我愈读、愈想，愈感其在园林领域，是对传承文明、开拓创新中所做的一项里程碑式的贡献。我认为本书的优异之点，可概括为下列数端：

第一，著者把园林学的研究范围分为传统园林学、城市绿化和大地景物规划三个层次，已见前述。

这是个既明确分阶段，又随社会生活与科技发展而不断扩大的园林发展之历史过程。我的理解是，传统园林（"园林"一词，始见于西晋张翰《杂诗》："暮春和气应，白日照园林"）[1]的发展历史，是本书研究的主要对象。"传统园林"演变发展到"城市绿化"，就成为毛泽东1958年提倡的"大地园林化"的重点——"城市园林化"[2]。而"大地景物规划"，则是毛泽东所向往的"大地园林化"。汪师是在十多年前，就已用历史发展的观点，把园林三个层次明确而清晰地向吾辈展示。这种预见性和准确性，实在令人敬佩。

第二，在本书中，我们充分体会到园林史研究的综合性与艰巨性以及在"园林"之外研讨园林史的必要性和重要性。

第三，为编著本书而搜集的资料相当丰富，包括很多古园林的布局复原图，都是尽可能地罗致复制，使读者一目了然。这是长期积累的成果，更是现场调查研究的收获。

第四，著者明知研究我国古代园林史，会面临着很多的困难。但他的决心极大，研究持续的时间亦很长。他坚信只要能严谨选择可靠资料，运用历史唯物主义的方法进行整理、分析与研究，这个历史过程还是可以弄清楚的。本书之编著完成，就是一个阶段性的伟大示范。

尽管汪师为了编著本书，已奉献出毕生的精力。但因园林史研究之艰巨与复杂，故本人实事求是地认为，这是中国古代园林史研究的一个良好开端。现在，资料已积累甚多，研究基础也已夯实，内容更是相当丰富，只是用历史唯物主义观点来进一

[1] 参见：倪琪《西方园林与环境》陈俊愉"序"（1999）。杭州：浙江科学技术出版社，2000

[2] 参见：E.H.Wilson:China——Mother of Gardens,The Stratford Co.,U.S.A.,1929

[3] 参见：童寯.造园史纲.北京：中国建筑工业出版社，1983

步分析、总结、丰富、提炼，下一番与时俱进、精益求精的功夫，使中国园林史研究更上一层楼，那就寄希于有抱负的后学和年轻人中间的有志者了。

最后，提两点建议和希望如下：

第一，希望后继者在中国古代园林史本身之外，补充若干中外园林的比较研究和交流内容。因为，知己知彼，才可百战不殆，在比较中方可做出正确的鉴别来。在当今园林建设中盲目求洋之风乱吹之际，更显得这类补充实在必要。"……我国在百余年积弱之后，很多人在一定程度上丧失了民族自尊心，误以为凡是洋的都是好的。因此在学习西方发达国家园林时，有些不好的、过时的或不切我国国情的做法，也都一股脑儿搬了进来。……赴西方园林观光者总的人数较少，多属走马观花性质，不易深入了解真实情况。且在出国考察者中，一部分人对于祖国园林的优良传统及其在世界上的地位和影响不大了解或知之甚少。猛一看到欧美园林的宏大壮伟、整洁美观，马上就回来大事宣传，积极推广。这样，当然加重了学习中的盲目性。……国内更有很多人不了解西方乃至全世界的园林历史和动向，不知道英国人300年前在学习中华造园文化精华且融会贯通后，才形成了英国自然风景园，继而成为一种时尚和运动，传至欧洲大陆，并影响到美国等地的园林。……实际上，西方园林尤其是现代西方园林，确实令我们刮目相看，很值得加以借鉴的。他们善于结合本国和本地区实际不断从世界三大传统园林发展中心（巴比伦、希腊、中国）吸取营养。如英国人300年前学习我国造园艺术，创立英国自然风景园新风格时，就既结合英伦三岛风土、历史、植物、人情等方面的实际，又着力于取我中华之精华，不求形似，但求神似。事实证明，这种做法取得了极大的成功。"[1]

第二，我国被西方誉称为"世界园林之母"，这是一个实事求是的称号[2]。因为，欧美等西方国家已引去2000种以上中国观赏植物，现正普遍应用于他们的公、私园林之中。鉴于中国园林艺术自然生动，独具一格，"虽由人作，宛自天开"（明·计成：《园冶》）。中华园林向以"天人合一"、向自然学习、与自然和谐而见长。在历史上又曾对东方邻国和欧美有过巨大影响。故特建议将"世界园林之母"的含义予以扩大和延伸，在中国野生观赏植物和栽培花果品种特为丰富、已大量为欧美各国所引去应用的原意外，把中国园林艺术对亚洲邻国和西方国家产生巨大影响的内容也加进去。这和国际风景园林师联盟（International Federation of Landscape Architects简称IFLA）1954年第四次大会上英国园林学家杰利科（G.A.Jellicoe）致词中称世界园林史三大派是中国、西亚和古希腊正不谋而合[3]。

总之，汪师巨著行将问世。本人在欢欣鼓舞、拜读敬贺之余，写此小序，以就正于方家、同好、同志和编者，尤寄厚望于青少年中之有志于园林学者。同时，汪师对我在做人和治学上影响甚大，谨以此序，略表对恩师多年栽培的感激之情。

陈俊愉
2005年11月3日于
北京林业大学梅菊斋中

前　言

　　研究我国古代园林的历史发展是有很大困难
的。首先，由于天灾、战祸、皇朝覆灭、家业衰败
等各种原因，古代园林实物是很难保存下来的。它
也不像历史文物那样湮没在地下得以保存，经发掘
而有出土文物。迄今为止，能比较完整地保存下来
的历史园林，主要是清朝的，有帝王宫苑、王府花
园，有为数众多的达官富商的宅园，尤其在江南地
区如苏州、扬州以及粤东地区。明朝的园林能保存
下来的绝少，有也只是部分遗物。明朝以前的历史
园林，即使是遗迹残址，也如凤毛麟角那样少见。曾
是西周、秦、汉、隋、唐等朝代的都城所在地西
安，留下非常丰富的历史文物，但没有一个范围幸
存下来，仅有一些遗迹残址可寻。汉建章宫太液池
和昆明池，唐大明宫蓬莱池，仅能从地形上约略推
测其大致范围。唐朝的园林，其遗址以至全部保存
下来的，目前所知只有绛守居园池(在今山西省新绛
县)和四川省新繁东湖。绛守居园池园内的地形，历
宋、明、清而有所改变，建筑也是这样，目前仅残
存清建的洄涟亭、半亭和岑楼。南宋的园林，目前所
知，只有绍兴的沈园，尚有部分残存，即葫芦池、土
丘和一口井。总之，能有园林实物、可结合文字资
料进行深入分析的，主要是清朝的；因此在这方面
的分量，不可避免地要占较大部分。

　　其次，有关古代园林的文字史料非常零散，搜
集起来有很大困难。宋以前的，只能从一般史籍中、类
书中、笔记中，文学作品中去发掘。记载园林的
专著，直到北宋时，有李格非《洛阳名园记》，南宋
时有《吴兴园林记》等，也仅及一地的名园，而且
语焉不详。明朝时记载园林的资料较多，但也散见
在笔记、文集中。当然我们没有必要，也不可能把

历史上有记载的园林都罗列出来加以研究。我们只能对那些在整个园林历史发展上，在内容和形式的转变上起重要作用的，或可以代表一个新时期新形式的园林，尽可能根据文字资料进行分析研究。

第三，有关园林创作的理论专著，直到明朝崇祯年间才有计成的《园冶》问世。明以前，不是没有关于园林创作理论的论著，只是散见在论文学艺术的论著中，山水游记和山水诗词中，以及绘画理论特别是山水画论的著作中，需要人们去发掘、整理出来。

第四，研究园林及其历史发展的资料，不仅是实物园林和文字资料，还可有绘画中的山水画，描绘宫苑建筑的台阁画以及宅园村舍的绘画作品，这些也是重要的研究资料。虽然山水、台阁、宅园、村舍的画，大都只能描绘一个局部或截取一个片段，是否精确也很难说，画家也不免在作画时有所取舍和包含着画家的审美意识所加工表现的成分在内。但是，我们仍然可以从作品中去体会山水、林园的主题表现，怎样布局和造景的手法等等。

第五，尽管我们列举了上述各种困难，但只要我们能严谨地选择可靠的资料，运用历史唯物主义方法进行整理和分析研究，在什么社会条件下开始有园林的最初形式，它又是怎样随着时代、社会生活、文学艺术、美学思想等变化而演变的这个历史过程是可以弄清楚的。从园林内容和形式发展的内在联系上，内容决定形式而形式又反作用于内容的辩证关系，整个园林历史发展的规律也是可以认识的。

当某种园林形式首次出现时，它与过去的园林形式并不是截然改变，而是在继承传统即连续性基础上有所创新和丰富。古谓之囿、汉谓之苑的上林苑，规模宏伟，广长三百里，关中八水出入上林苑，并穿凿有众多池沼，本是物产富饶地区，自然植被也很丰富，苑中养百兽，池畔禽鸟动辄成群，天子春秋射猎苑中，也就是说，礼仪化、娱乐化的畋猎传统仍为统治阶级所爱好而继承着。但苑中有苑、有宫、有观，宫、观分布全苑，其建筑或为居住，或为游乐，或为宣曲、角抵，或为观犬马竞走，或为观载舟载歌。总之上林苑是在囿的基础上发展起来的，各种游息生活内容更为丰富而有众多宫观，宫室建筑组群已成为建苑的主题，是属于我们称之为秦汉建筑宫苑的一种形式。

一种新的形式产生后，它就会走自己的道路，发展、完善和成熟。例如，汉武帝刘彻在建章宫内苑，仿神话传说而建太液池，池中有蓬莱、方丈、瀛洲、壶梁，像海中神山，即山具一定形象，池畔满布水生植物，平沙上禽鸟动辄成群，池北岸有长二丈石鱼，西岸有石龟二枚，各长六尺，即有了山池之景的创作，开山水园的先河。这种"一池三山"就成为以后园林中创作池山布局的范例，并发展有多种变化的式样。随着社会的发展，到了南北朝，由于南朝文化上的特色，美术上大变化，特别是山水画的发展，以及文学上歌颂自然和田园生活，对园林创作有很大影响，在汉朝山池基础上发展为以再现自然界山水为主题的自然山水图，到了唐宋，发展为表现山水景物达到某种意境成为诗意化生活境域的写意山水园并日趋成熟。这个唐宋写意山水园就是山水园历史发展的一部分，它跟南北朝自然山水园也不是截然改变，而是在继承后者的传统上，由于社会生活、风尚、文化艺术、美学思想等变化，有所创新，使山水园形式更新更丰富。到了明清，写意山水园更趋完善，无论是地貌创作方面、掇山叠石方面、植物造景方面，还是运用廊、榭、漏墙等方面，在技巧上更趋成熟，而且加重了文学趣味，着重表达园主的主观意趣，通过题景名、作对联来点出意境，如同元朝开始"文人画"的确立，在画上题字作诗，用诗文配合画意一般，称作文人山水园。简言之，到近代为止，我国整个园林历史总和的形式，从囿开始，不断发展、完善和成熟——中国山水园，是我民族所特有和独创的形式。

最后，对本书的体例作几点说明。本书编写的目的之一是为大学园林专业的中国古代园林史课程提供一本参考用书，因此在体例上不同于一般学术专著。为了节省读者自行查阅时间，书中引用历史文献较多，古文以原文为主。但对原文的断句和解释，不一定确切，甚或有错误之处，望读者指正。

本书所称古代，是从有文字记载历史的商殷开始，直到清朝为止，包括奴隶社会和封建社会。本书的分章，也不全按中国社会历史分期(历史学界仍有争论)，主要结合园林的历史发展，分为殷周春秋战国，秦汉，魏晋南北朝，隋唐五代，宋辽金，元明清。

由于有代表性的宫苑和宅园、别业，大都集中在都城、大城镇及其近郊，因此，对这些都城、大城镇的营建历史，规划布局，重要的宫室建筑，也作专节的叙说。由于山水记文、山水诗、山水画和画论对我国山水园的进一步发展，尤其是两晋南北朝的自然山水园、自然园林，唐宋写意山水园和明清文人山水园是有重大影响的，相应有专段或专节的叙述。这样，对于不熟悉我国城市规划史、文学史、绘画艺术史的读者不无帮助，但从总的体例上说，从阐明园林演变的历史发展的连贯性上说，似嫌冗长。为了两全，可以略去有关城市规划、文学、绘画艺术的部分不看，去看各个不同历史时期的园林部分，这个部分也自承上启下，一以贯之。

本书是在拙著《中国古代园林史纲要》初编的基础上，广泛搜集资料，进行调查研究，作了较大的修改和充实，特别是明清园墅诸章，增加了华北的天津、保定、山西和山东的园墅，江南的扬州、常熟、无锡、松太沪、嘉湖杭绍地区园墅，福建、台湾的园墅，长江流域芜湖、徽州、南昌、武汉的园墅，西南四川的园墅，西北陕甘宁古代园墅，以及西藏的林卡和新疆园墅等。

汪菊渊

上卷目录

◉ 序

◉ 前言

中　·　国　·　古　·　代　·　园　·　林　·　史

第一章 绪 论

第一节 正确对待文化艺术遗产

马克思和恩格斯在《德意志意识形态》一书中写道:"历史不过是相异时代的承续,每一时代都利用前头一切时代所传给它的那些材料,资本形式和生产力。因此,一方面在完全变更过的情况之下,继续进行传统的活动。另一方面有一种完全变更过的活动来改变旧有的情境。"[1]这就是说,现在是在过去的基础上发展而来的。我们可以设想一下,要是没有传统活动的继续进行,那么每一时代都得要从生存的最低阶段另起炉灶,社会就不可能不断地向前发展了。没有继承,就没有发展。传统对于社会和生活的每一方面,包括艺术的形式和内容在内,都是基本的。

要建设无产阶级的文化艺术,研究和掌握过去人类所创造的一切文化艺术,并吸取其精华是必不可少的。历史的文化艺术遗产是人类劳动与智慧的结晶,是全人类共同的精神财富。列宁在《青年团的任务》中说:"……只有确切地了解人类全部发展过程所造成的文化,只有对这种文化加以改造,才能建设无产阶级的文化。……无产阶级文化并不是从天上掉下来的。也不是……杜撰出来的。……应当是人类在资本主义社会、地主社会、官僚社会压迫下创造出来的知识,全部合乎规律的发展。"[2]

艺术的发展首先是由艺术创作即艺术作品来决定的,没有作品就没有艺术。将艺术实践即具体创作所积累的经验加以综合后就产生了艺术理论。艺术理论与具体作品不同,它是用范畴、概念和科学抽象形式表现出社会及其阶段的艺术观点。由于艺术理论使我们能够了解艺术的实质、艺术的发生、发展规律及其在社会中的作用。艺术理论一旦产生,就会影响社会艺术的发展，影响作家、诗人、艺术家的创作，并活在千万人的意识之中。艺术实践产生理论，而艺术理论又转过来影响艺术创作，这样相互关联的发展就形成艺术思想的历史发展。过去所有艺术发展对艺术创作是有很大影响的。

怎样对待文化遗产，从来就有几种不同的态度。一部分人认为我国古代文化遗产是封建社会的产物，充满麻醉人民的、腐朽的东西，除了加以排斥之外，没有什么可以接受的，即抱否定的态度。或者认为艺术遗产中可以接受的是形式，至于内容都是封建社会的产物，就没有什么可以接受的。这两种态度显然都是不对的。毛泽东同志早就指出："今天的中国是历史的中国的一个发展；我们是马克思主义的历史主义者，我们不应当割断历史。从孔夫子到孙中山我们应当给以总结，承继这一份珍贵的遗产。"[3]又说："中国的长期封建社会中，创造了灿烂的古代文化。清理古代文化的发展过程，剔除其封建性糟粕，吸收其民主性的精华，是发展民族新文化提高民族自信心的必要条件；但是决不能无批判地兼收并蓄。"接着指出："必须将古代封建统治阶级的一切腐朽的东西和古代优秀的人民文化即多少带有民主性和革命性的东西区别开来。"[4]总起来说，我们对待文化遗产既不能割断历史，采取一起排斥的态度，也不应盲目搬用，毫无批判地全盘继承。更不应不区别腐朽的与民主性革命的东西，忽视艺术内容中人民性和含有积极的健康的内容。

前面说过，每一时代的艺术都立足在过去基础上，从过去发展而来的。艺术所以能发展，继承过去艺术发展中的传统是有极大影响的。艺术发展的一个历史时代被另一个历史时代所代替，并不是要消除过去艺术的进步的优秀传统，相反的是要发展那些进步的优秀传统。诚然马克思在《政治经济学批判》中说过："随着经济基础的变更，于是全部庞大的上层建筑中也就会或迟或速地发生变革。"[5]斯大林在《马克思语言学问题》一文指出："上层建筑是同一经济基础存在着和活动着的一个时代的产物，因此，上层建筑的生命是不长久的，它要随着这个基础的消失而消失。""当产生新的基础时，那么也就会随着产生适合于新基础的新的上层建筑。"[6]是不是说基础的消灭实际引起它的艺术这一上层建筑的消灭？当然不是这样。古代艺术不可能也没有在封建社会或资本主义社会的条件下再生出来。一定的艺术形式会随着它的基础的消失而消失，实际上是在一定倾向上创作的可能性消灭了。在一定时期内一定的艺术派别、一定的艺术形式退化了、解体了、崩溃了或堕落了，但并不是一切都消灭。过去时代把所有积累下来的创作经验、理论，所有在当时条件下创作出来的艺术珍品作为遗产留给后代。

对待遗产应当采取科学的实事求是的、历史唯物主义的态度。我们继承艺术遗产并不意味着保持所有的旧的东西，也绝不是意味着企图模仿古典范例来创作自己的作品。这一点很重要。我们接受遗产不是无条件的，而是有批判的创造性的继承。长期封建社会中创造的古代文化必然会有封建毒素，要区别开来。遗产、传统当然不可能全切合当前现实所需要的东西，必须经过分析，经过批判，有所选择，有所保留，有所发扬，有所抛弃。关键在于"批判地吸收"其中一切进步的民主的有益的东西，创造性地继承和革新的辩证的统一。

毛泽东同志 1964 年 9 月对中央音乐学院一个学生的一封信的批语最后有两句话："古为今用，洋为中用"。这两句话具体指的是对待民族音乐和西洋音乐的原则。我们用以研究历史时应按毛泽东同志关于研究历史的一贯思想来正确理解[7]。我们不应当割断历史，在继承古代遗产时，要剔除其封建性的糟粕，吸收其民主性的精华。但要区分遗产中的糟粕与精华，不是简单地贴上政治标签或三言两语就能判断的。不经过充分掌握材料和深入的细致的研究，不经过一定时间的百家争鸣的讨论是难以作出比较正确的判断。即使是遗产中的精华部分也不能就适用于今天，只能作为表现现代新内容的借鉴。这就是说，要根据新内容的需要，吸收前人经验中适用的部分，加以批判改造，才能用以补充和丰富表现新内容的形式和技巧。这不单纯是一个理论问题，而且是一个实践问题，在刻苦的不断的实践中才能有所进展有所创新。

毛泽东同志的"洋为中用"的批语，也应当根据毛泽东思想来正确理解。在《论联合政府》中，毛泽东同志指出："对于外国文化，排外主义的方针是错误的，应当尽量吸收进步的外国文化，以为发展中国新文化的借鉴；盲目搬用的方针也是错误的，应当以中国人民的实际需要为基础，批判地吸收外国文化。"[8]

文化艺术发展过程中，国际的影响也起着重大的作用。我国古代的文化艺术发展过程中，特别是唐朝独特国民艺术达到了空前的繁荣和高度的成就，吸收外国的文化，加以创造性的应用是重要原因。由于当时对外贸易的交通发达，也带来了异国的礼俗、音乐、美术以及各种宗教等文化，相互交流影响，产生了文艺上所谓"盛唐之音"。在《新民主主义论》中，毛泽东同志明确指出："中国应该大量吸收外国的进步文化作为自己文化食粮的原料。"[9]在《关于正确处理人民内部矛盾的问题》中，讲到中国工业化的道路时指出："一切国家的好经验我们都要学，不管是社会主义国家的，还是资本主义国家的，这一点是肯定的。"[10]又说："我们的方针是，一切民族一切国家的长处都要学，政治、经济、科学、技术、文学、艺术的一切真正好的东西都要学。但是，必须有分析有批判地学，不能盲目地学，不能一切照抄，机械搬运。"[11]

第二节　园林、绿地及其类型

园林是我国特有的一个专门名词，相当于外语的包括 garden 和 park 两词的含义。园林这个词，不是自古以来就有的，最早见于北魏杨衒之：《洛阳伽蓝记》，文中有"司农张伦等五宅……唯伦最为豪侈，……园林山池之美诸王莫及"。宋朝有用以题书名的，如《吴兴园林记》、《娄东园林志》。明朝计成《园冶》一书中曾用"园林"这个词，如"兴造论"中有"园林巧于因借，精在体宜"和"铺地"乱石路条首句，为"园林砌路"。但有时又用"林园"一词，例如"园说"首句为"凡结林园……"和"借景"中说："夫借景林园之最要者也。"清朝钱泳：《履园丛话》把所撰名园归在丛话二十中，标题"园林"。

同一范畴的对象，在不同的历史时代曾采用不同的名词。我国最早的作为游息生活境域的形式是囿，如西周的灵囿。《周礼》："囿人掌囿游之善禁，牧百兽。"《诗经》："王在灵囿。"《孟子》："文王之囿方七十里，刍荛者往焉，雉兔者往焉。"《说文》："养禽兽曰囿。"《广释名》："以域养禽兽曰囿。"到了秦汉，在囿的基础上发展为苑，如汉之上林苑。《汉制考》："囿人。（注：囿今之苑，疏：此据汉以况古，古谓之囿，汉家谓之苑。）"或者苑囿并称，如《史记·滑稽列传》："始皇尝议欲大苑囿，东至函谷关，西至雍陈仓。"《汉书·高祖本纪》："汉二年冬十一月，故秦苑囿，园池；令民得田之。"汉朝达官富商营建的苑园又叫作园池。《史记·王翦传》："王翦行，请美田宅园池甚众。"园池一词直到唐、宋还常见用，如唐樊宗师有《绛守居园池记》，宋苏东坡有《洛阳李氏园池诗记》，李荐：《洛阳名园记》中有"洛阳园池多因隋唐之旧"之句。南北朝到唐朝又常用另一词，曰：山池。如《南史·庾诜传》："十亩之宅，山池居半"；《画墁录》："公卿近郭皆有园池，以及樊川数十里间……诸寺唯山农寿山池为最。"宋时也有用园亭，如《宋史·李昉传》："所居有园亭别墅之胜"。《宋史·杨存中传》："茸园亭子湖山之间，高宗为书水月二字"。还有山居（谢灵运有山居赋），山庄（李德裕平泉山庄），别墅、别业（王维辋川别业），林圃（《乐圃记》："广陵王元璙者，实守姑苏，好治林圃"），林泉，草堂（白居易《庐山草堂记》）等等。

同一专用名词，有的随着历史的发展，时代的变迁而扩大或修改其含义，如园与圃。在古代，园字最早指种植果树的场地，圃字指种植菜蔬的场所。《说文》："园所以树果也，种菜曰圃"（注：树作栽培讲）。后来园与苑通，园字可指游息生活境域。这样，园字既是果园之园，也是苑囿之园，一直沿用至今。圃也不专指菜圃，种植草本、木本植物的都可称圃，繁育种苗的称苗圃。后来，行文中有以"园圃"二字联称代替园林，如《洛阳名园记》中有"园圃之胜不能相兼者六，务宏大者少幽邃，人力胜者少苍古，多水泉者，难眺望，兼此六者惟湖园而已"。同是《洛阳名园记》一书中，"园圃"、"园池"二词并用，指的都是同一对象。

我国自隋唐以来的类书，其体例、归类、方法不一。如唐欧阳询等撰：《艺文类聚》，先分部，在居处部有宫、殿、楼、堂、宅舍、斋、庐等等，而园与圃则归在产业部。清康熙时张英、王士祯等编撰的《渊鉴类函》，把城、宫殿、宅舍、堂、室、楼、台、庭、园圃、苑囿都归在居处部。清雍正时蒋廷锡等编撰的《古今图书集成》，其体例有了较大改进，先分编，后分典，再分部。有关园林苑囿资料归在经济汇编考工典的诸部，有城池部，宫室总部，宫殿部，苑囿部，第宅部，堂、斋、轩、楼、阁、亭、台诸部，园林部，池沼部，山居部，村庄部等。

无论圃、苑、园池、山池、园、园圃、第宅的宅园部分，山居的别园部分，都是同一范畴的对象，今日通用"园林"这个词来概括。

近代，由于社会生活的发展，不但有庭园、花园、宅园、公园，还有场园（小游园）、植物园、动物园、森林公园、风景区等类型的用词。1949 年以来又出现一个新词，叫作绿地，它是从俄文 зеленые насаждения 翻译过来（直译为绿的种植，英文中"绿"green 也可作植物讲）。报刊上常见"园林绿地"用语，或联称或分称。

园林与绿地，就其概念来说，属于同一范畴，但又有区别。由于城市规划这门学科和城市绿化这个分支学科的发展，产生了各种类型绿地的用词（城市绿化是从俄文 озеленение городов 翻译过来）。绿地是指为了改善城市环境质量，维护城市生态，美化城市而进行的，绿地即植物的种植占主要部分的用地。它包括居住区内供休息、活动、保护环境等绿化种植地段（总称居住区绿地）；公共建筑、机关、学校、医院、工业企业、仓库等用地内的绿化种植地段（总称单位绿地）；街道两旁的街道树带、分车带、立体交叉、桥头、中心岛等绿化种植地段（总称街道绿地）；专为防止风沙、尘土的，保护涵养水源的，减轻污染的各种防护带以及工业企业与居住区之间的卫生隔离带等（总称防护绿地）。以上这些类型绿地，有时其中也有可供游憩的地段，但仍称之为绿地，不得目之为园林。通常把各种花园、公园、场园（或称小游园），沿河、湖、道路、城垣、海岸而修筑的带状公园（称滨河公园、滨湖公园、环湖公园、海滨公园）以及市郊游览胜地、风景区、休养娱乐地区主要供游息生活，环境优美，艺术要求较高，设施质量要求较高的绿地，归属于"园林"范畴。

以上就园林这个范畴内容的历史发展和曾采用不同名词作了简略叙述，然而要对园林作出比较确切比较完整的定性叙述，还是很困难的。人们常从各自的观点来下定义，至今没有一个公认的界说。这里姑且提出个人对园林的界说，不一定确切，也不可能很完整，聊备一格。

园林是以一定的地块，用科学的和艺术的原则进行创作而形成的一个美的自然和美的生活境域。这种创作，或对原有的风景——大地及其景物，稍加润饰、点缀和建设而形成，或重新组织构成园林的各种题材而成[12]。

构成园林的地块，无论是城市地、郊野地、江湖地、山林地、傍宅地或村庄地，总有它一定的自然环境条件，有它一定的范围和面积。其范围可以小到住宅内庭院中几十或上百平方米(成为庭院或园庭)，傍宅的几亩、几公顷地(成为宅园、别业、山居等)；可以大到城内或郊野几公顷到数十、上百公顷，成为特定的游息、文化教育的生活境域(即各类花园、公园、植物园、动物园等)；更可大到包括山峦壑谷、溪涧泉石、平原江湖，面积达数十、数百、上千平方公里的一个自然区域(即风景区，如安徽黄山、四川峨眉山、陕西华山等)。

相地构园时可以有两类不同情况。一类是原就有风光美景，只要把荒芜杂乱地方整理修饰一下，就能突出原有的山水泉石之胜，自然植被之秀；只要开林剪蒿，顿置路径，自能得景随形；只要可歇处、可眺处，合宜位置亭榭堂屋之属，自然因借成景；总之，不烦人事之工，自成天然之趣，就称作自然园林。唐王维的辋川别业就是一个典例。如果范围扩大到一个自然区域，如湖南大庸县的张家界(青岩山)，四川松潘的九寨沟，就称作自然风景区。或由于开发历史较久，在长期建设过程中，形成有庙宇，书院，山居，亭、榭、楼、阁等建筑，有文物古迹，有神话传说、宗教文化的组成部分，如泰山、衡山、武夷山等游览胜地，就称作风景名胜区。无论自然园林、自然风景区、风景名胜区都或多或少地通过人的点缀、润饰、开发和建设，通过人的审美意识活动而形成美的自然，同时又成为人们观光游息的美的生活境域。相地构园时另一类情况：本是一块空白地，要经过重新组织构成园林的各种题材，即科学的艺术的创作，才能转化成为一个美的自然和美的生活境域。构园的重要题材包括地貌创作中的掇山、叠石、理水，园林植物的造景和布置，园林建筑的布局和成景园路的导引，围墙、花架等构筑物和雕塑作品的运用。在园林的构成上，山水泉石、树木花草、园林建筑等题材的

组合是不能分割的。要根据任务和主题要求，现状地形、水源、土壤、适宜的植物等因素，怎样因高就低创作山水泉石，怎样结合地形、立地条件运用植物造景，怎样根据布局造景要求合宜布置园林建筑，……所有这些在艺术构思过程中是不能分割的。它们之间要相互结合、相互渗透，和谐、统一、自然地融成一个美的自然和美的生活境域。

这个美的自然，既不是素朴的自然，也不是惟妙惟肖地模仿的自然，而是虽由人作、宛自天开，是通过对人化的自然的艺术认识而创作的自然，表现了人对自然美的认识和态度、思想和情感。这个创作的自然，不是为自然而自然，而是为了人们生活、活动于其中的境域，是根据社会生活内容和功能要求，进行布局创作的生活境域，而且是按照美的法则，反映人类精神生活内在的美，人类那种崇高优美的理想，即社会主义、共产主义这样一种理想的美的生活境域。

风景，不能一般地理解为风光美景，也不只是人类生活于斯的国土与市镇的面貌而已，它是与人类生活所需生产资源密切相关的。比如说"青山绿水"，不仅是美的风景，还由于植被葱郁，涵蓄了雨水，防止了冲刷，从而维护了人类获得生活资料的手段——土地、水源和林木。园林也不能单纯地理解为游息生活境域，主要由于植物本身的特殊功能，还能起到净化空气(吸收二氧化碳、放出氧气)，吸收有害气体(减轻污染等)，调节改善小气候(包括对温度、空气湿度、风和气流的影响)，减弱噪声、防风防尘等作用，这对保护环境，改善环境质量，维护生态平衡有重要意义，使一定的地块适宜于并有利于人类的生活和生存。

第三节　园林的民族形式问题

从来对于园林形式的分法，往往根据园林题材配合的方式和题材相互间的关系，实则指式样，把它

们分为三类。这就是：整形式（Formal style）、自然式（Natural style）和混合式（Mixed style）。一般书上谈到园林形式时，也常用这种分法，而且认为含义广泛，可以概括各种园林形式。

所谓"整形式"是指一切园林题材的配合，在构图上成几何形体的关系，或者说它的图式是几何形体的。凡是在平面规划上大抵依一个中轴线的左右前后对称地布置，园地的划分大都成为几何形体的；园路多采用直线形；广场、水池、花坛群形体多采用几何形体；植物配置多采用对称式，并修剪成整齐模式或塑形的树木……具有这样一类外貌特点的园林都被归到"整形式"范畴。整形式又有"规则式（Regular style）"、"建筑式（Architectural style）"、"几何式（Geometrical style）"、"对称式（Symmetrical style）"等别称。

凡是园林题材的配合不是上述形式，在平面规划和园地的划分上随形而定，园路多用弯曲的弧线形；广场、水池等形体是自由的；树木的配合，株距不等，多用自由的树丛或树群方式；花卉的配合多用自然丛植方式、自由形体的花境，……具有这样一类外貌特点的园林都归到"自然式"范畴。自然式又有"不规则式（Irregular style）"、"非整形式（Informal style）"、"风景式（Landscape style）"等别称。

欧美各国的大部分园林工作者就是从这种题材配合的式样或图式上的区别而分为两派，争论甚烈。主张园林应当采用整形式的一派，认为不规则式、自然式就是没有式样的代名词，认为不具有对称均齐的格局就不成其为优美的园林作品。但是主张自然式的一派，认为在观察自然界的风景形象中，并没有成几何形体的或对称均齐的格式。他们认为优美的园林作品不应是表现人为的形式的美而应当是模仿自然，表现自然的美。

争论中又有一派人感到整形式的矫揉造作，过于人为，未免失之呆板；而自然式又过于朴素，失之单调寂寞。于是就有人主张，把两派的优点兼容并

用，大抵在入口附近、建筑物周围采用整形式，离建筑物远的园地部分采用自然式。有的，在以自然式为主的题材配合中加入模式花坛和其他整形式景物；有的以建筑式为主的题材配合中连接有风景式园地。以上这种题材配合方式都称作"混合式"（Mixed style）又叫作"折中式"。

其实上面所指所谓的形式，不过是指式样或体裁的意思。上述的这种分法，只看到形式的外表，从平面规划的图式上，题材配合的式样上来区分。图式和式样仅仅是艺术形式的一个非本质的条件。比如说我国封建帝王在禁宫内修建内苑，由于建筑关系都是依中轴线左右对称，格局严正整齐，但很难说它同法兰西宫苑是同一整形式风格。把英国的自然式风景园和中国的山水园说成是同一风格的园林形式，显然也是不恰当的。一切东西的形式原是不能脱离内容而独立存在的；脱离内容而单独抽出来，就是抽象的范畴了。上述的那种园林形式的分法，没有从结合一定内容的固有形式出发，而把形式当作静止的东西来看待，把某个形式范畴看作上下古今中外都可适用，而不是把形式当作一定的历史条件的规定下所产生的艺术形态，显然是形而上学的分法。

任何国家的园林作品总是包含有民族性的。人们看了承德的避暑山庄、北京的颐和园、苏州的拙政园就晓得是中国风格的园林，看了凡尔赛宫苑就觉得是法兰西风格的园林。这些特殊的个别的风格，或则说民族形式，当然都由于它们是特殊的内容所决定的缘故。这些风格的不同，不是由于民族的文化传统不同，题材配合的方式不同等等，而是由于地理环境的不同。各个民族都有她自己的具体的历史生活、社会发展、政治制度、风俗习惯以及精神活动的各种现象。形式原是不能脱离内容而独立存在的，如果脱离内容来看形式，它就成为抽象的不切实际的东西。是艺术的内容决定艺术的形式，而艺术存在的具体的历史形式就是民族形式。

因此，园林形式的分法首先是中国的、古埃及

的、古亚述的、古希腊的、意大利的、法兰西的、英格兰的、日本的……都是这一民族所特有的园林传统上整个历史总和的形式。我国的山水园就是我民族所特有的独创的,整个历史总和的园林形式。但是民族形式是一个历史的范畴,它是随着社会生活中所发生的变化而改变的。从汉朝的"一池三山"到魏晋南北朝的自然山水园,到唐宋的写意山水园,明清的文人山水园它是随着社会生活中所发生的变化而演变的。再以意大利的园林形式发展历史来看,15世纪文艺复兴初期、中期的庄园跟16世纪末叶到17世纪的所谓巴洛克式,不仅在体裁上不同,在内容上也是不同的。

　　另一方面,我们又可看到16世纪末叶到17世纪初叶的法兰西园林以及后来所谓洛可可式(Rococo style)跟意大利的文艺复兴后期的庄园以及后来所谓巴洛克式(Baroque style)在风格上又有相似的东西。因为形式是一个社会的产品,形式依据于社会的发展,社会的经济基础,以及当时盛行的诸意识形态(上层建筑)。这一切都影响到形式的发展。当时,法兰西国家的社会经济基础跟意大利相近,统治阶级的生活、习俗、崇尚也相似。当时法兰西的艺术就受文艺复兴时期意大利艺术的交流和相互影响。在欧洲,文艺复兴启蒙运动的现象并不限于一个国家或一个民族,而是一个普遍于全欧洲的现象,虽然其发生时间有稍前或稍后。从意大利文艺复兴期"台地园(Terrace garden)"一变而为模样和人工意匠各方式更加显著的"巴洛克式"流传到法国之后,逐渐形成法兰西特有的"洛可可式"。这两种形式在风格上表现出来的特征特点上有类似之处,是一定的历史时期内,在思想和生活经验上彼此近似的艺术家所表现的基本艺术特征的统一性。

　　再例如日本的庭园跟中国的庭园在风格上有相似的东西。这是因为日本在古代受我国文化艺术的影响。从东汉开始,特别是隋唐时期,经济、文化的交流频繁,中国当时的经济、政治制度都影响到日本,

对日本的文化革新曾起过重大的作用。日本园林在古代就受我国汉朝影响,如《日本书记》卷十六武烈天皇条载:"穿池起苑,以盛禽兽,而好田猎,走狗试马,出入不时"。此外,卷十五显宗天皇条,提到"仿汉土曲承宴"。从大化革新到奈良时代出现了较为发达的文化。在庭园方面,推古天皇时因受佛教影响,在宫苑的河畔、池畔和寺院内,布置石造、须弥山,作为庭园主体。从奈良到平安时代,我国汉朝"三山一池"的神仙境也影响及日本的文学和庭园。恒武天皇有模仿汉上林苑的神泉苑的营造,尚有部分遗迹保存。平安时代前期已有"水石庭",主题是池(海)和岛的日本风格在形成中。这时还有日本最古的造庭法著作名叫《前庭秘林》(一名《作庭记》);平安时代后期又有《山水并野形图》一卷,卷头有"东方朔记图云云",仍受中国庭园思想的影响。镰仓时代,庭园也起变化,已由从象征的形式进展到把自然景物在小块园地内缩景式的表现正在形成中。吉野时代庭园特色是广大水池,曲折泊岸(或像心字形),置石方面由单石发展了石组的技法和泷口的构造,又有残山剩水的风格出现(后来发展为枯山水)。室町时代又有茶庭的出现,到桃山时代大兴。到江户时代,日本庭园初期完成了自己独特民族风格的庭园,著称的有桂离宫。日本庭园据庭池的类别分为筑山庭和平庭两种。平庭又分为露(水)地茶庭两变种。不论筑山庭或平庭,在手法上都有所谓真、行、草三种体裁。

　　更进一层考察时,我们还可看到就是同一民族在同一国土或同一时代,也常因地域的不同,也就是受地区的传统文化生活,受自然条件的地形地貌、气候、植物题材、风景类型等诸般影响而有不同的风格表现。以我国明清的山水园来说,北方的、江南的、岭南的园林既有共性——民族性,又有个性——地方性的差别。即或同为江南园林,苏州的、扬州的、常熟的,又各有其特色和不同的

风格。

为了具体地研究园林作品而分析园林形式时，需要有关于园林特殊构成形式的分类。从以上论述，可以肯定，仅仅从形式的外表上，即式样或体裁上的分法是不确当的。作为园林特殊构成形式的分法必须是形式和内容统一的历史的科学的分类。园林形式的分类首先是具体的历史形式，即民族形式。它是指这一民族所特有的园林传统上整个历史总和的形式。而在各个民族国家的，各个历史发展的阶段即时代，有它的特殊历史条件而产生的形式，就可以用这一历史时期、能表明其艺术内容的名称来区别。例如我国园林历史发展及其内容上的变化，可以划分为周素朴的圃，秦汉的建筑宫苑，魏晋南北朝的自然山水园、自然园林，隋代的山水建筑宫苑，唐宋的写意山水园，北宋的山水宫苑，清的自然山水宫苑，明清的文人山水园等。

第四节　我国古代园林的最初形式

从什么时候起，我国开始有园林的兴建呢？这一问题，无需像艺术起源那样追溯到旧石器时代的原始社会。因为，作为游息生活境域的园林，营造时需要相当富裕的物力和一定的土木工事，即要求较高的生产力发展水平和社会经济条件。在旧石器时代的原始社会，由于生产力很低，人们连生活资料的获得也很困难，不可能开始筑园。在依渔猎和采集来维持生活的氏族社会，或进展到由于地区的自然条件还不宜于农业发展只宜于游牧的部落时代，人们过着一种游移不定，逐水草而居的生活，同样不可能有筑园的开始。到了牲畜已大量饲养，定居生活已相当巩固，农业生产已占重要地位，并出现了村落的阶段，即我国仰韶文化、龙山文化期氏族社会，也不可能有园林或园圃的产生。这时，生产资料和财产，如土地、家畜、住房、贮藏窖等都属于氏族公有。这时，实行男女分工的集体生产，氏族成员在打猎捕鱼或种地所得

的一切都要归到公共储藏室，并由主妇统一分配给家庭，分别消费。与这种生产相适应的是母系本位的氏族制度。到了龙山文化后期似乎是处于母系氏族向父系氏族转化的阶段。在这样一种社会生活和经济条件下，个别家庭都直接是氏族公社的构成成员，不可能有园圃的产生。从发掘的氏族社会时期村落的遗址情况表明，住房周围或附近挖有储藏用的窖穴，很难设想可以有空地植树或辟园圃。只有到了农业公社，一部分土地分配给家庭，自耕自收，房屋、园地及牲畜、农具等归各家私有，这时就有可能或者说具备了产生宅旁园圃的条件，可以在私有房屋近旁或分配给他耕种的土地上，种植瓜蔬以供食用，甚至商品生产，用以交换。然而这样的园圃既不是绿地也不是园林，而是农业生产用地[13]。

恩格斯在《反杜林论》中指出："当人的劳动的生产率还非常低，除了必需的生活资料只能提供微小的剩余的时候，生产力的提高、交换的扩大、国家和法律的发展、艺术和科学的创立，都只有通过更大的分工，才有可能，这种分工的基础是，从事单纯体力劳动的群众同管理劳动、经营商业和掌管国事以及后来从事艺术和科学的少数特权分子之间的大分工。这种分工的最简单的完全自发的形式，正是奴隶制度。"[14]

所以，在有了脱离生产劳动的特殊阶层的出现，上层建筑的社会意识形态（文化艺术）开始发达的阶段，才有可能兴建以游息生活为内容的园林。具备这样一种客观条件的社会发展阶段，一般说来，相当于奴隶占有制社会。

随着奴隶制经济的日益发展，奴隶主财富的不断增加，更刺激了他们要过奢侈享乐的生活。因为奴隶主的地位发生了变化，他们的思维和趣味也就起了变化。他们贱视劳动，宁愿游手好闲，把精力消耗在寻欢作乐上。由于奴隶社会的统治阶级抱有这样一种心理，同时既有奴隶经济基础的剩余生活资料可供使用，又有较发达的土木工事技术和可供驱使的劳动力，这就有可能为了满

足他们奢侈享乐生活的需要而营造的游息为主的园林。

有人认为，我国园林起源于宅旁、村旁绿地，而且原始人的时候就有了[15]。所谓原始人是指悠久的原始社会期间的哪个时代呢？作者们说："……亦即历史学家所谓仰韶文化、龙山文化期"。当时的社会生活和经济条件是否可能有宅旁、村旁绿地呢？据作者们说，当时由于"树木更稀少了，原始人的住处进一步暴露在恶劣的自然条件之下"，而"这儿环境的优劣直接影响着他们的劳动生活，……这样，原始人为着生产、生活的需要就起来改造居住区的环境。……他们就完全有可能以宅旁、村旁植树的方式来改善环境。"氏族社会的原始人就已经聪明到、居然想到，而且"起来"为了"春天要防止风沙的袭击，夏天要躲避烈日的暴晒"，以植树的方式来改善环境了。

作者们惟恐这个推想不够周到，又说："这一手段的产生当然更可能有另一途径：即原始人为着生产的需要而在居住区附近开辟'以杞以瓜'的园圃，从事果树生产"。引文"以杞以瓜"的园圃，并从事果树生产的是指原始人吗？亦即氏族社会的原始农业已发达到开辟宅旁园圃了吗？答案都是不可能的。为着生产需要的园圃就是园林起源于宅旁、村旁绿地的依据吗？好在原文有"这些园圃客观上也起到了园林的多种功能作用"。"客观上……"这句话的妙用就在能把种果蔬的"园圃"一下子变成"园林"的同义词了。

原始农业既有刍料的种植，又有粟谷的种植。我们也来个推想吧！农田里的庄稼不也进行同化作用、吸收二氧化碳、释放氧气使空气清新吗？不也可把尘土吸附在茎、叶上，起到减尘作用吗？不也蒸腾水分、增高空气相对湿度、改变气温以改善小气候吗（当然，原始人是无从懂得这些道理的）？人们不也可以欣赏青苍的田野，风吹粟谷，如浪涛翻滚的景色吗（当然，原始人还不可能有这种对植物、对自然美的审美意识的出现）？农田不也在客观上起到了园林的多种功能作用吗？那么，照作者们的说法，村旁农田就是村旁绿

地，就是园林的一种形式。这样，园圃、农田和园林就三位一体了！

根据作者们曾引用的尹达《新石器时代》和吕振羽《史前期中国社会研究》二书中曾描述的仰韶文化、龙山文化期村落的遗址情况表明：村落是由几十个甚至百多个土屋紧密地排在一块，环绕着一个大的房子构成居住区（半坡的大房面积约150多平方米），制陶区在住地近旁（而不是住宅附近），墓地区在村落的近郊，已有一定的布局。半坡的方形房子，大多是半地下式，很像现在农村的单间平房（图1-1），而圆形的则类似削去尖顶的蒙古包（图1-2）。由于住房附近或周围，挖有很多像袋子一样为储藏用的各式窖穴，很难设想住房近旁可以有空地，植树或开辟"以杞以瓜"的园圃。半坡村落的周围还挖有深五、六米，宽七、八米的壕沟（大概为了防备猛兽的袭击），更难以设想有什么村旁绿地[16]。

半坡村落的这种情况并非无独有偶。1972年春天在临潼县城北约一公里的地方发现了一处新石器时代遗址，发掘面积约13000平方米，证明它不仅属

图1-1 陕西西安半坡遗址中的方形房屋复原图

图 1-2　陕西西安半坡遗址中的圆形房屋复原图

于"仰韶文化"的遗存，还包含有丰富的"龙山文化"。这个距今约五、六千年历史的姜寨遗址的氏族村落基址，保存比较完整，可画出复原图，如图1-3所示。看来布局很严格，村落中心为广场，是氏族成员集会、娱乐的场所。广场四周有许多房子，即居住区，村落周围被三条围沟环抱；东面和南面的围沟没有连接在一起，即留有通道，是村落的门户。从房子建筑的布局看，可分为几组，每组有一座大房子和紧靠的若干组中、小房子组成。东西南北四面共有五座大房子。所有房子都朝向广场。在村落西部靠近临河的岸边是制陶区；村落附近还有几处墓葬地。姜寨遗址经过发掘，取得了详细的考古资料后，对遗址已基本复填，不作为可供参观的古迹[17]。

有人认为，我国园林的最初形式"以猃韦之囿，黄帝之圃为滥觞"[18]。依据是《淮南子》载："昆仑有增城九重……，悬圃、凉风、樊桐在昆仑之中，是其蔬圃；蔬圃之地，浸之黄水"，并加按语："足证地位优越，面积广袤，为我国大规模造园之始"。另一依据是《山海经》载："槐江之间，惟帝之元圃"，并加注解："按元圃即为悬圃，即黄帝之圃也"。又一依据是《穆天子传》载："春山之泽，水清出泉，温和无风，飞鸟百兽之所饮，先王之所谓悬圃"，并加按语："盖亦天然之温泉场焉"[19]。

这些古籍的引证和按语，看起来似乎振振有词，言之有理；其实所引古书是后人根据传说和神话并加己意而写成，不能据以作为信史。

据近人研究，《山海经》这部记述许多离奇怪诞事例的古书大抵是战国时人和西汉时人所写。《山海经》四个组成部分并非出于同一时代。其中《山经》大约是春秋末战国初年的作品，而《海外经》、《海内经》实际上是西汉时的著作，至于《大荒经》的附入更晚了，可能是东汉魏晋时才加到书中去的。从书中所述的社会情况看来，大部分是指"野蛮时期"的社会，同时还掺杂有写书人当时阶级社会意识和物质条件，写书人的推想以及凭己意而伪造的部分。又有人认为《山海经》实际上是一部早期的重要地理著作，既有山川、通里、民族、邦国方面的记载，又有动物、植物、矿物、药物、物产等描述，还谈到了各种

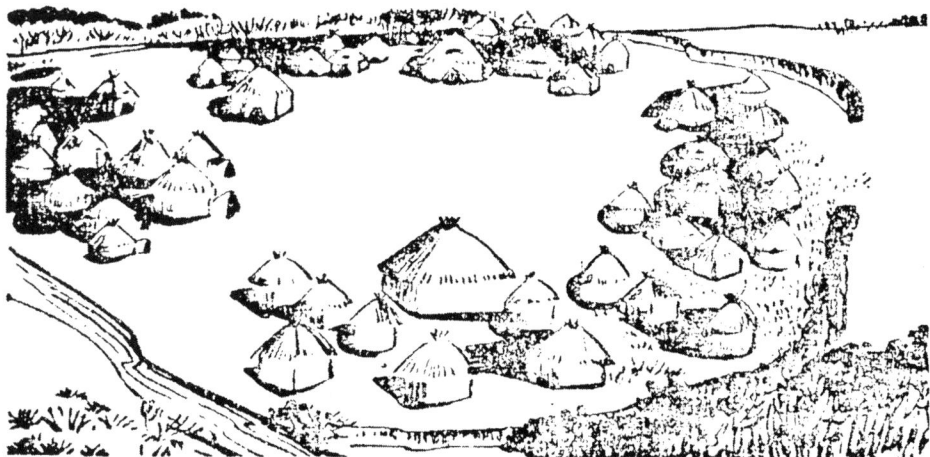

图 1-3　姜寨氏族村落复原图

祭祀巫医等原始风俗，具有原始"地态"的性质。

近人研究，认为《穆天子传》一书中所述"除去大部分对游牧社会"有所说明外，中心问题完全重在有利的商品交换上。……或系关于殷代商人们的一种传说。至于《淮南子》则系汉朝人刘安撰写的。这样一些采录了远古的传说和神话并夹杂有写书人当时情况的书，显然不能作为可考的史料。中国史前期所谓三皇、五帝（太昊、少昊、伏羲、黄帝、颛顼），只是传说神话时代的神化人物。因此，认为在传说的野蛮时期、游牧部落时代或原始公社制的黄帝时期，就开始有大规模的园林，也是不符合历史真实的。

此外，引者对原文所加的解释和按语，也有断章取义的地方。先就《淮南子》卷四原文来看："……有九渊，禹乃以息土填洪水以为名山。掘昆仑虚以下地（许慎注：掘犹平，地或作池），中有增城九重，其高万一千里一百一十四步二尺六寸。……悬圃、凉风、樊桐，在昆仑阊阖之中（许慎注：阊阖，昆仑虚门名也；悬圃、凉风、樊桐皆昆仑之山名也），是其疏圃。疏圃之地，浸之黄水。黄水三周复其原，是谓丹水饮之不死。河水出昆仑东北，辄贯渤海，入禹所导积石山……"。很明显，悬圃并不是什么黄帝造的园圃，更不是园林。悬圃、凉风、樊桐都是传说中大禹治水疏导的圃地，把黄水浸入疏圃之地（或作池）。《淮南子》卷四还有这样一段文字，说明悬圃等是昆仑之山名："凡四水者，帝之神泉，以和百药，以润万物。昆仑之丘，或上倍之是凉风之山，登之而不死。或上倍之是悬圃，登之乃灵，能使风雨。或上倍之，乃维上天，登之乃神，是谓太帝之居"。总之，就原文来说，无论如何也没有说到或证明"足证地位优越，面积广袤，为我国大规模造园之始"。

次就《穆天子传》卷之二原文来看，"季夏丁卯

天子北升于舂山之上，以望四野。曰：舂山之泽，清水出泉，温和无风，飞鸟百兽之所饮食，先王所谓悬圃"。原文后段的大意是：在舂山的汇集水的地方（泽地），有泉出清水，那里气候温和无风，所以飞鸟百兽都到那里饮水就食，不是什么"盖亦天然之温泉场焉"。《穆天子传》里，在上引文的下面还有这样一段文字，"曰：天子五日观于舂山之上，乃为铭迹于悬圃之上，以诏后世"，大意是说穆王登高山眺望后，就在悬圃（舂山之上的山地名）刻石表记功德，以告知后世。

如果要引用《穆天子传》来说明园林的最初形式，那么卷之二倒有这样一段文字："癸丑，天子乃遂西征，丙辰至于苦山西膜之所谓茂苑。天子于是休猎，于是食苦"。这段文字倒说明了苦山西麓有一个圃，叫作茂苑，天子到了那里就歇住休息并畋猎，而且吃了苦菜（苦，草名，即苦菜，可食）。

有人认为台是中国园林的开端。我们认为这一说法也是不恰当的。商殷时候确已有了台的营造，如纣的鹿台。台是夯土而成的，"台，持也。筑土坚高能自胜持也"（《释名·官、室》）。也有利用天然高地而成，古人所谓"四方而高曰台"（《尔雅·释宫》）。如果其上有木构建筑，则称台榭，所谓"高台榭，美宫室"。

为什么要建台？据郑玄对《诗经·大雅》美台篇所作的注解："国之有台，所以望气祲，察灾祥，时观游，节劳佚也"。这说明营台的目的是为了观天文，察四时；是为了农业生产的平歉进行农事节气的观察。但也可登台以眺望四野，赏心悦目，或作游乐，调节劳逸。《说文》：台，"观四方而高者"。这样，台也就成为供帝王游乐和观赏享受的设施。然而，单独一个台只是一种构筑物，有时也成为圃中设施之一（如殷沙丘的苑、台并称），但并不成为园林的形式。

我国有直接史料的历史是从商代开始的。这是根据考古学的知识所得的结果。"商是国家机构已经

形成的朝代"。"这个王国建立在奴隶制度上面，它有政治机构，有官吏，有刑法，有牢狱，有军队，有强烈的宗教迷信，有浓厚的求富思想。奴隶主阶级驱迫奴隶从事劳动生产，自己凭借武力享受着奢侈放荡的富裕生活。"[19]

根据今日历史学家对"殷墟"出土物和甲骨文的研究，大都认为盘庚迁都后的殷已是奴隶制度占主要地位的时代，畜牧业已发展到很高的水平，农业也是相当发达的。在中国历史上殷人以能饮酒而驰名，酿酒业的发达乃是农业比较高度发展的证明。从甲骨文中谷类有"禾"、"麦"、"稷"、"稻"等之分和求禾、求雨、祈年等农业占卜记载很多，而占卜畜牧的记载已很少，都说明当时农业的重要性已超过了畜牧业。商殷手工业种类很多而且分类也细。由于分工的发展，殷人的商业也发展起来了，还兴建了许多城市。

从以上情况来看，商殷确已具备营造园林的社会经济和技术条件。我们再从甲骨文中有园、圃、囿等字来看，从商殷开始有园林兴建的可能性是很大的。甲骨卜辞中的 (囿)字，就是一个饲养禽兽场所，在囿中有树林可以放牧，大的囿还是一个猎场。

然而，我们不能因为甲骨文有"园"字就断定商殷已有园林了。郭沫若在《屈原思想》一文中写道："不要为方块字的形声所迷惑，而要就方块字所含的内在意义上去选择和断定我们所要开始的研究。"[20]这段话很有启发性。甲骨文的园、圃等字在彼时所含的内在意义是什么应当首先弄清楚。从《周礼》："园圃树之果瓜，时敛而收之"，《说文》："园，所以树果也；树菜曰圃"等解释（这里的"树"作栽培讲），可知园、圃是农业上栽培果蔬的场所，并非是游息的园。再从《周礼·地官》："囿人……掌囿游之兽禁，牧百兽"和《说文》："囿，养禽兽也"的解释以及后人对周朝灵囿的描述，可以知道囿是繁殖和放养禽兽以供畋猎游乐的场所，

恰好是游息生活的园地。为此，我们要研究的起点既不是上古时代的园，也不是上古时代的圃，倒是囿。根据《史记·殷本纪》："（帝纣）好酒淫乐……益收狗马奇物，充牣宫室，益广沙丘苑台，多取野兽蜚（飞）鸟置其中"。说明殷时已有苑台。到了西周时有灵囿，到了秦汉时候，囿演变为苑。《汉制考》囿人注："囿，今之苑。疏：此据汉法以况古，古谓之囿，汉家谓之苑"。上引的苑、台即囿、台。台不过是夯土而成的构筑物，如果上有建筑则称台榭，而苑即囿，放养有野兽飞鸟，是为了狩猎游乐的场所，已初具园林的性质。我们可以这样说，中国的园林是从商殷开始有的，而且是以囿的形式出现的，虽然那时的囿还未曾像周朝那样加以固定的范围。

注释

[1] 马克思，恩格斯. 德意志意识形态. 人民出版社，1957.38

[2] 列宁. 青年团的任务·列宁选集（第四卷）. 第二版. 人民出版社，1972.348

[3] 毛泽东. 中国共产党在民族战争中的地位·毛泽东选集（第二卷）. 人民出版社，1952.496

[4] 毛泽东. 新民主主义论·毛泽东选集（第二卷）. 人民出版社，1952.679

[5] 马克思. 政治经济学批判. 人民出版社，1957.111

[6] 斯大林. 马克思语言学问题. 人民出版社，1955.2

[7] 黎澍. 正确理解"古为今用". 光明日报，1977-9-1

[8] 毛泽东. 论联合政府·毛泽东选集（第二卷）. 人民出版社，1952

[9] 毛泽东. 新民主主义论·毛泽东选集（第二卷）. 人民出版社，1952.678

[10] 毛泽东. 关于正确处理人民内部矛盾的问题·毛泽东选集（第五卷）. 人民出版社，1977.401

[11] 毛泽东. 论十大关系·毛泽东选集（第五卷）. 人民出版社，1977.285

[12] 汪菊渊. 祖国的园林. 北京农业大学园艺系，油印单行本约六万字，1953.2

[13] 汪菊渊. 对园林起源于原始人宅旁村旁绿地说的商榷. 中国园林史研究成果论文集，1983.304~306

[14] 恩格斯. 反杜林论. 人民出版社，1970.178～179

[15] 王公树，陈新一，黄茂如，施奠东. 试论我国园林的起源. 园艺学报，1965(11)

[16] 尹达. 新石器时代(第2版). 生活、读书、新知三联书店，1979

[17] 王崇人. 古都西安. 陕西人民出版社，1981.20～21

[18] 陈植. 造园学概论. 商务印书馆，1934

[19] 范文澜. 中国通史简编(修订本). 人民出版社，1965. 118，124

[20] 郭沫若. 屈原思想. 重庆：新华日报，1943-3-9

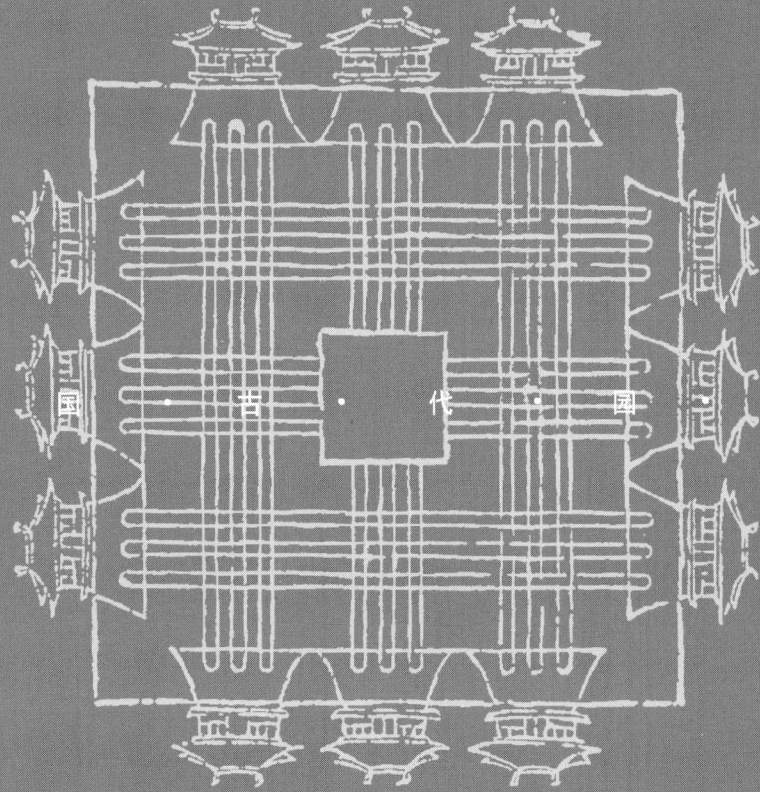

· 中 · 国 · 古 · 代 · 园 · 林 · 史 ·

第二章 殷周先秦时期 圉苑宫室

第一节 商殷都城、宫室和畋猎

历史学家一致肯定商朝已是相当发达的奴隶制社会。据说商的始祖契，"佐禹治水有功"，舜命他为司徒，同时把商地封赐给他（商是地名，在今河南商丘县境内）。商朝的名称就是这样来的。商朝（公元前17世纪～前11世纪）以河南中部及北部的黄河两岸一带为中心，"……殷代的版图，东自济水（山东），西至陕西，北起易州（河北），南及桐城（湖北），纵横都在千里左右。"[1]殷人在奴隶制时期就建立了这样庞大的具有相当文化的奴隶制国家。

一、商殷都城宫室

商朝的都城曾多次大迁移。成汤以前就有七次大迁移，成汤时迁到亳（亳指何处，历来有多种说法，以西亳说，即在今河南偃师之说最有可能）。成汤以后又有五次迁移。

商朝的都城是怎样的，缺乏文字记载。解放后，在河南偃师二里头发现有丰富的文化遗址，地下文物堆积厚达3米多，考古工作者把它按地层分为四期。在第三期的文化层中（经测定为商早期，距今约3280～3480年左右），发现了用夯土筑起来的高3米，面积有1万平方米的台基。从遗址看，台基的中部有座进深三间，面阔八间，四坡出檐的殿堂，堂前是平坦的庭院。南面有宽敞的大门，四周是廊院，围着中间的殿堂，组成一座十分壮观的宫殿。它是我国至今发现最早的宫殿遗址。

1955 年秋，在郑州二里岗一带遗址的中心区，发现了较诸殷邑更早的规模宏大的商城。城墙的周长约7100 米，城内面积约 320 万平方米。城墙用土分层夯成，残留的城墙最高约为 9 米，城基最宽处 36 米。从发现的情况看，这个商城是一处人口众多，手工业繁荣，对外交通发达的古代大都市。经文化工作者考证，它很可能是商朝中期仲丁所迁的敖都。这座距今三千多年的商城，是我国至今发现的最古老的，也是东方最古老的城市遗址之一。

不久前(20 世纪 80 年代)在河南偃师城西的尸乡沟一带，一座商朝早期的都城遗址被发掘了。考古学家研究认为，很可能是距今三千多年前商汤当年所建的都城"西亳"。城址的平面大体为长方形，除南墙早被洛河冲毁外，其他三面城墙都保存基本完整。城址东西宽 1200 米，南北现长 1700 米。城墙全部用夯土筑成，厚约 18 米，现残存 1～2 米高。目前已找到七座城门和若干条纵横交错的大道。城址之内还发现了三处大型建筑基址。其中南部正中的一处面积最大，长、宽各 200 余米，四周环绕 3 米厚的夯土围墙，墙内居中是一座长、宽各数十米的宫殿基址，基址前面又有笔直的大道通往城南。从已经发掘的情况来看，宫殿之宏伟，街道之宽阔，布局之完整，使人足以想见到当时这座都城繁华的景象(见 1984 年 3 月 4 日《人民日报》第一版)。

到了盘庚时，都城又移到殷。历史学家就以盘庚迁殷为界，将商朝分为前半期和后半期。后半期又称为殷。殷邑的规模，面积十里见方。据《史记·殷本纪》："纣时稍大其邑，南距朝歌，北据邯郸及沙丘，皆为离宫别馆。"因武王灭商后，殷这个都城就日渐荒芜，终于变成废墟，后来又被湮没在地下面，近代发掘出来后，就把这一地区叫作"殷墟"(在今河南安阳市西北郊小屯村一带)。

从殷墟遗迹来看(图 2-1)，都城的中心是商王居住的宫区，坐落在洹河南岸，即现小屯村一带，呈带状，绵延十里。宫室遗址的面积相当宏大，并有门庭、宇庙等大小夯土版筑的土木工事。有很多基址残存有一定间距和直线行列的石柱础，并在础石附近发现有木柱的烬余，可以证明商朝后期已经有了相当大的木构架建筑。宫区西南约 300 米处有一段人工挖成的巨大壕沟遗迹，深约 5 米，宽约 10 米，最宽处达 20 米，长约 750 米，围绕着小屯的西南向东北走去，与洹河的弯曲相应，构成环形的壕沟，可能是保护宫室的防御措施。洹河南岸的孝民屯、北辛庄、四盘磨、王裕口、后岗等地，密集地分布有许多居民点、手工业作坊和墓葬。大致这一带是中小奴隶主和平民居住的地方，附近有水井、地

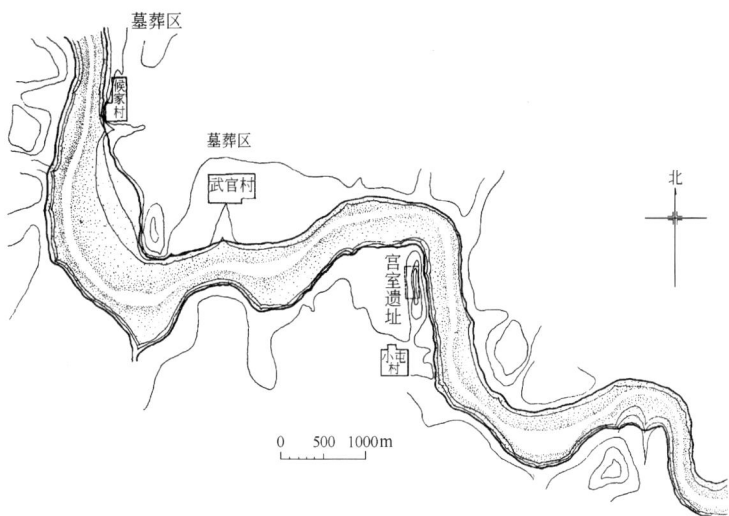

图 2-1　河南安阳市殷代遗迹位置图

下排水管道，有用碎陶片及砾石铺成的平整道路，有储藏物品的地窖以及奴隶们居住的地穴等等。

从以上殷墟等遗址情况来看，大奴隶主、贵族居住在城里，营建有高大辉煌的宫室，还有官吏和商人也住在城里。商朝的商业在很大程度上直接为奴隶主服务，所以商人都集中居住在城市里。商朝的手工业大都掌握在奴隶主手中，主要为奴隶主制造各种产品，所以城市也是手工业集中地。至于商朝城市周围的土地被称为"鄙"，农业奴隶就分别居住在鄙内的一些乡邑中，也就是当时的农村。

二、商殷奴隶主的生活和畋猎

从甲骨卜辞研究，以商王为总代表的奴隶主贵族是商王朝的统治阶级，占有全国的土地和一切社会财富，还占有奴隶——被统治阶级。奴隶主不仅强迫奴隶从事一切劳动(农业、手工业、商业、交通运输和家庭中各种繁重的劳动)，还将奴隶当作牲畜一样来买卖、赏赐和屠杀。奴隶主贵族依靠大小官吏、军队、监狱、法庭这些专政工具来维护其统治。他们凭其统治地位和剥削，享受放荡奢侈生活。

"社会经济的日益发展，奴隶主财富的不断增加，更刺激了贵族们奢侈生活的要求，因而艺术活动的范围也扩大了。宫殿的建筑，青铜器的制造，玉器、骨器、石器、木器的刻镂，以及其他各种各样装饰品的制造等等，都取得了高度的艺术成就；此外在音乐上和舞蹈上，也都有显著的进步。"[2]

殷代贵族寻欢作乐的生活中，酗酒和畋猎形成了殷代社会最突出的特征。殷人的嗜酒，史书上都有记载，如《周书·酒诰》："殷之迪诸臣惟工乃湎于酒"，《尚书·微子》："我用沈酗于酒。"其沉酗的情形，《诗·大雅》"荡"篇有很好的描述："靡明靡晦，式号式呼。俾昼作夜"。周公伐纣，宣布殷人的罪状之一是"荒腆于酒"。至于殷代贵族贪于畋猎游乐之事在古籍中，也常有记载。

盘庚以后几代商王中除祖甲以外，大都是昏聩淫乱，尤其是最后一个商王"纣"，更是荒淫好色，日夜酗酒玩乐。为了满足他的腐朽生活，在殷都附近的朝歌(今河南淇县)建造离宫别苑。《史记·殷本纪》："(纣王)好酒淫乐，……益收狗马奇物，充物宫室，益广沙丘(地名)苑台，多取蜚(飞)鸟置其中。"前句充物宫室的"宫室"可能就像汉上林苑中犬台宫、走马观之类；后句是指在沙丘多取野兽飞鸟置于苑即围中，还筑有台，即夯土而成，上有建筑的，称台榭。还说："大取(聚)乐戏于沙丘，以酒为池，县(悬)肉为林，使男女保，相逐其间，为长夜之饮"，真是荒淫无耻之极。关于纣王的一切荒唐事情，虽然只有传说，但他好围游，荒废耕地。让麋鹿禽鸟滋生，以利畋猎，是可以肯定的，从甲骨卜辞中可以得到佐证。

殷墟出土的甲骨记载着当时每天都要进行占卜。从甲骨卜辞中看，卜禾、卜年、卜雨的很多，表明农业生产已成为商朝社会的主要生产部门、社会经济的基础。甲骨文中有关畋猎占卜的资料也很多，尤其是晚期的卜辞关于农业方面内容的很少，关于畋猎内容的则很多。郭沫若根据罗振玉：《殷墟书契前编》和《后编》所辑卜辞1169条进行分析统计，除有538条为祭祀占最大多数外，有197条为渔猎占次多数，而其中186条为畋猎，11条为渔。通过分析得出几项结论指出：

1. 当时的渔猎确已成为游乐的行事；

2. 获兽至百以上仅六、七次，其他均在十匹上下，由此可以窥知当时畋猎有大小规模的两种；

3. 获兽多狐鹿，且有野马、野羊、野豕、野象，这可见三四千年前的黄河流域的中部，还有很多未经开辟的地方[3]。

奴隶主贵族经常去畋猎(围游)的地区，从卜辞中看，一般距商王都不远，只有几天的路程，也有较远的。个别有记载数月不归，如《殷契粹编》第959片，……此片所卜都是关于逐麋的事情，天天占卜，连跨两月。这个畋猎区具体在什么地方，研究甲骨文的人还有争论，但大体上是以衣（河南沁阳地区）为中心，其范围包括今山西南部和河南北部。"囿游"联称这个词，出自《周礼》："囿人掌囿游之兽禁"，即畋猎游乐的意思。

为什么商奴隶主会以畋猎为游乐的行事呢？我们从一般艺术史和艺术起源的研究中可以了解到：当一个氏族在已转移到另一生活方式后，常在艺术活动中去再经验过去生活方式的事实。商殷固已转到农业生产占主要地位的阶段，但为了再现他们祖先过去的渔猎生活，得到再经验一次欲望的满足，把渔猎作为一种游乐和享受而爱好囿游，这是十分可能的事。恩格斯在《家庭、私有制和国家的起源》一书中指出："在旧世界、家畜底驯养与畜群底繁殖，创造了前所未有的富源，并产生了全新的社会关系。……打猎，在以前曾是必需的，如今则成为一种奢侈的事情了。"[4]打猎，既然不再是社会生产的主要劳动，就成为脱离生产的贵族奴隶主们的礼仪化、娱乐化的行事和一种享受了。

畋猎，在商朝社会生活中，虽然不再是社会生产主要劳动，仍是农业和畜牧业经济的一种补充。商朝虽然已处于发展阶段的奴隶社会，但还有许多没有开发的土地，到处有森林和草地。这些滋生各种飞禽走兽的地方就是他们的畋猎区，甚至到农业区畋猎，捕杀了野生动物和禽鸟，肉可以吃，皮可以制作穿和用的东西，骨可以制成用具和装饰品，羽毛可以做装饰品。所以畋猎又是商王、贵族们生活中不可缺少的一种经济活动。从殷墟中发掘的兽骨表明，当时捕杀的野兽种类都是今天分布在热带、亚热带的动物，由此可以想见当时气候温和、植物丰富，当时河流纵横、沼泽湖泊遍布，到处是森林和草地，滋生着各种各样的野兽、飞禽和鱼类。但当时的耕地却不多，为了保护农田和收成，为了除禽兽之害，需要进行畋猎；为了开发土地，增加耕地，也需要先行驱除禽兽。

畋猎也不单是一种游乐活动，它和军事演习的活动有关。原始社会晚期以来，氏族部落的吞并战争

越来越频繁。商王朝时期也是这样，尤其晚期帝乙、帝辛时，征伐更是频繁，可作为军事演习活动的畋猎当然就更多。卜辞中反映狩猎方法的字有逐（追逐）、焚（放火烧森林，使动物无法藏身便于擒杀）、阱（用陷阱的方法捕捉动物），射（用弓箭射杀动物），擒（用网罗方法捕捉鸟兽）。渔猎的资料在甲骨卜辞中很少，方法大致有钓、抓、网三种[5]。狩猎的方法，特别是逐、焚、阱、射、擒往往与军事作战的方法有相通之处，一则以野兽飞禽为对象，一则以屠杀、俘获、掠夺敌人为目的。所以，驱使大量奴隶进行大规模的畋猎，也是一种军事演习的活动。

从文献资料看，奴隶主（后来的封建领主）在祭祖宗时必须亲自去渔猎，把猎获物作牲品，一定时季的畋猎也是一种礼仪化的行事。

如上所述，商王贵族经常畋猎主要是作为一种游乐活动，一种享受。《史记·殷本纪》："……益广沙丘台苑，多取野兽飞鸟在其中"，台和苑并称，台是建筑，苑是狩猎的场所。河流和湖泊、森林和草地的自然景物，对于殷人来说，并不可贵，也不是审美对象，具有重要意义是因为能滋育野兽飞鸟。他们感兴趣的是动物，飞禽野兽才是可贵的，是要猎获的对象，并通过畋猎得到乐趣和享受。

第二节　西周都城和灵台、灵囿、灵沼

一、西周的都城

周族最初活动在关中平原的今武功、彬县一带，公元前11世纪，周的祖先古公亶父时，受到豳以北少数民族的侵扰，被迫迁到岐山之下的周原，定国号叫"周"。周原的气候温和，雨量充足，土壤肥美而富饶，新兴的周在这里苦心经营和开拓，逐渐强大起来了。他们不断扩展自己的势力，灭了在关中地区的商的诸侯国。在灭崇国以后，就在沣水流域建立了京邑叫丰。《诗·大雅》："既伐于崇，作邑于丰。"郑康成

笺：文王作邑于丰。《立宫正义》：丰宫，周文王宫也。按丰，一作酆，在鄠县东五里小丰村。沣水是渭水的重要支流，沣水流域的自然条件比周原更优越。这里地势低平，一望无垠，是关中平原最开阔的地带，又靠近沣、渭两水，便于发展农田水利。周人建都于丰，既便于发展农业生产，又可控制东来西往的水陆交通，而且缩短了与商人的距离。周文王在这里为灭商而做了大量准备工作，使周"三分天下有其二"。他在位约五十年就病死了。周武王即位后的第十三年，约公元前 1121 年，亲自率兵讨伐殷纣王，经过有名的牧野大战(牧野在今河南省淇县南)，灭亡了商朝，建立了周王朝，并在距离丰京约二十里的沣水东岸修建了镐京。

丰、镐遗址早已毁灭，要考证具体城址究竟在今西安地区的什么地方，很难具体确定。根据文献记载，《雍录》上说："其宫(指丰京)在鄠县"，位于沣水西岸。从考古发掘情况看，今沣河西岸的马王村、西王村、冯村和张海坡一带，西周文化遗址特别密集，有着不少墓葬[6]。古代统治者的墓葬群，一般离当时城市不太远，所以大家认为丰京很可能就在这一带地区。镐京亦称宋周，据文献记载位于沣水东岸，约在今斗门镇、花园村和普渡村一带。历史记载，汉武帝在沣河东开凿昆明池时破坏了这座古城遗址，或许沦入了池底。镐京的具体位置也难以确定。根据文献和考古情况，丰镐的位置大体可示意如图 2-2 中的重点保护区。

周王朝初期，为了控制中原的商族，除了镐京以外，还有洛邑(今河南洛阳)建立了王城和成周，并分封王族和贵族到各地建立若干诸侯国来统治全国。周的疆域西至甘肃，东至山东，南至长江以南，超过了商。周朝经历了约三百多年后，由于国内的变乱和戎族的侵扰，周平王元年(公元前 770 年)迁都到洛邑。我国史书上把平王迁都以前的周称为西周，以后称为东周。东周的前半期自公元前 770 年起到前 476 年止，这个阶段称为"春秋"时代，从公元前 475 年

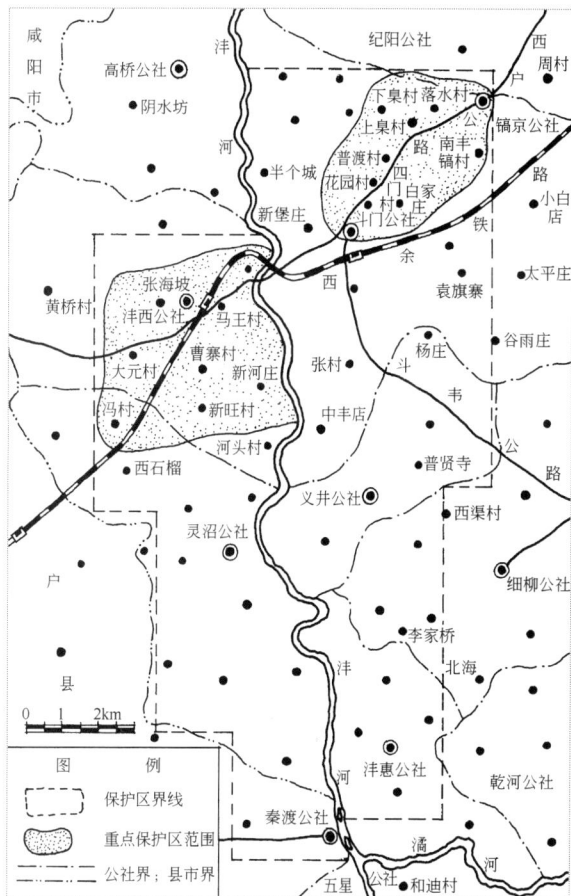

图 2-2　周丰镐遗址保护区示意图

起到前 221 年止，称为"战国"时代。通常所谓"先秦"，大都指春秋战国而言。

周公旦在杀武庚、诛三叔、攻灭奄等十七国以后，把被俘虏的殷贵族(称献民或顽民)迁到洛水之间的洛邑，并召集殷归属周替顽民在河以东筑城造屋，这个城的名字叫作"成周"，并驻有重兵八师，作为周监视顽民和东方的战略基地。周朝铜器烙文中，往往称用八师征束夷，就是从这里出兵的。同时也召集周属国，在成周西三十多里涧水以东筑城，叫作"王城"，作为治理东方的政治据点，也是周室东迁后的王城。

王城的具体规划是怎样的，并没有直接资料可证，但从《周礼·冬官》所载，可以知道个大概。一般认为战国间流传的《考工记》中所记载就是周朝都城制度。示意图如图 2-3 和图 2-4 所示。据载："匠人营国(这里的国是指都城而说的)，方九里，旁三门

（即每边有三门，共十二门），国中九经九纬（自南到北的路称经，自东到西的路称纬，各有九条），经涂九轨（就是说经路的宽度有古代战车九个那样宽，合今制共宽约72尺），左祖右社，面朝后市，市朝一夫（正中是王宫，左面即东面有家庙，右面即西面有社坛，王宫前面是朝廷和衙署所在地，王宫后面是市集所在地，都是为了帝王一人的）。"

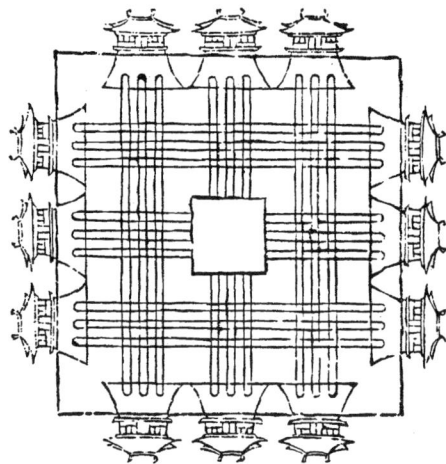

图 2-3　《三礼图》中的周王城示意图

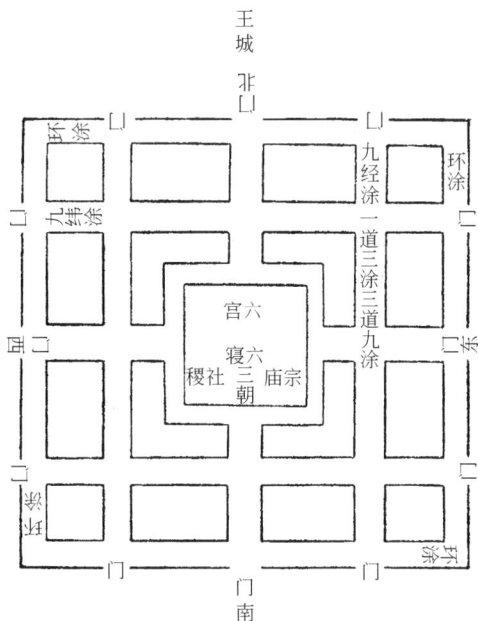

图 2-4　《考工记》中的周王城示意图

从这段叙说里可以看出，周朝都城以天子为中心的设计思想（商殷都城也是以王宫为中心）。都城的平面规划是严整的，纵横各九条道路，街坊也就是整

形的了。对于用地的区划也有一定的安排，帝王的宫室位居中央，左庙右社、前朝后市，宗庙代表了家天下的族权，社坛代表了帝王是上天之子的神权，朝廷衙署代表了统治阶级的政权。市集是手工业者出售自己劳动产品的地方，是保证城市和乡村交换商品的固定市场。这种制度虽缺乏实物印证，但从遗存春秋战国时期城市的遗址，如晋侯马、燕下都、赵邯郸壬城等都有以宫室为主体，整齐规划的街道布局的情况。这种都城规划样式成了汉以后有些朝代都城的一个模式，虽然有时也有些变动和若干新的发展。

对于王城，1954年以后，中国科学院考古研究所曾派出洛阳发掘队于涧河坝东作过多次试样性的发掘。由于若干夯土墙的发现，可以看出东周城址的三个城角及其四边的轮廓来[7]。图2-5为东周城址实测图。在周王城废墟上建的汉朝河南县城的城垣，已经全部被发现。图2-5中汉河南县城墙位置系根据《考古学报》1956年第2期《汉河南县城位置图》编绘。解放后在周王城遗址兴建了王城公园。

二、灵台、灵囿、灵沼

周初，狩猎仍然是周王和贵族们所爱好的游乐活动。但鉴于殷的在广大地域里畋猎、游乐，追逐野兽而践毁农田，或放火焚烧而破坏森林资源，激起庶民的痛恨，于是采取了圈划一定地域筑囿，作为游乐的场所。

关于描述囿的最早文字记载见于《诗经·大雅》灵台篇，我们要了解上古时代囿的内容就得以此为据。

灵台篇共五章，每章四句，这里仅录首三章："经始灵台，经之营之；庶民攻之，不日成之。经始勿亟（急），庶民子来；王在灵囿，麀鹿攸伏。麀鹿濯濯，白鸟翯翯；王在灵沼，于牣鱼跃。"引文大意是说文王开始筑灵台（驱使千万庶民服土木役前去造台），农奴干啊干啊，没有多久就筑成了。庶民像儿子替父亲做事那样踊跃前来。文王在灵囿游乐，看到

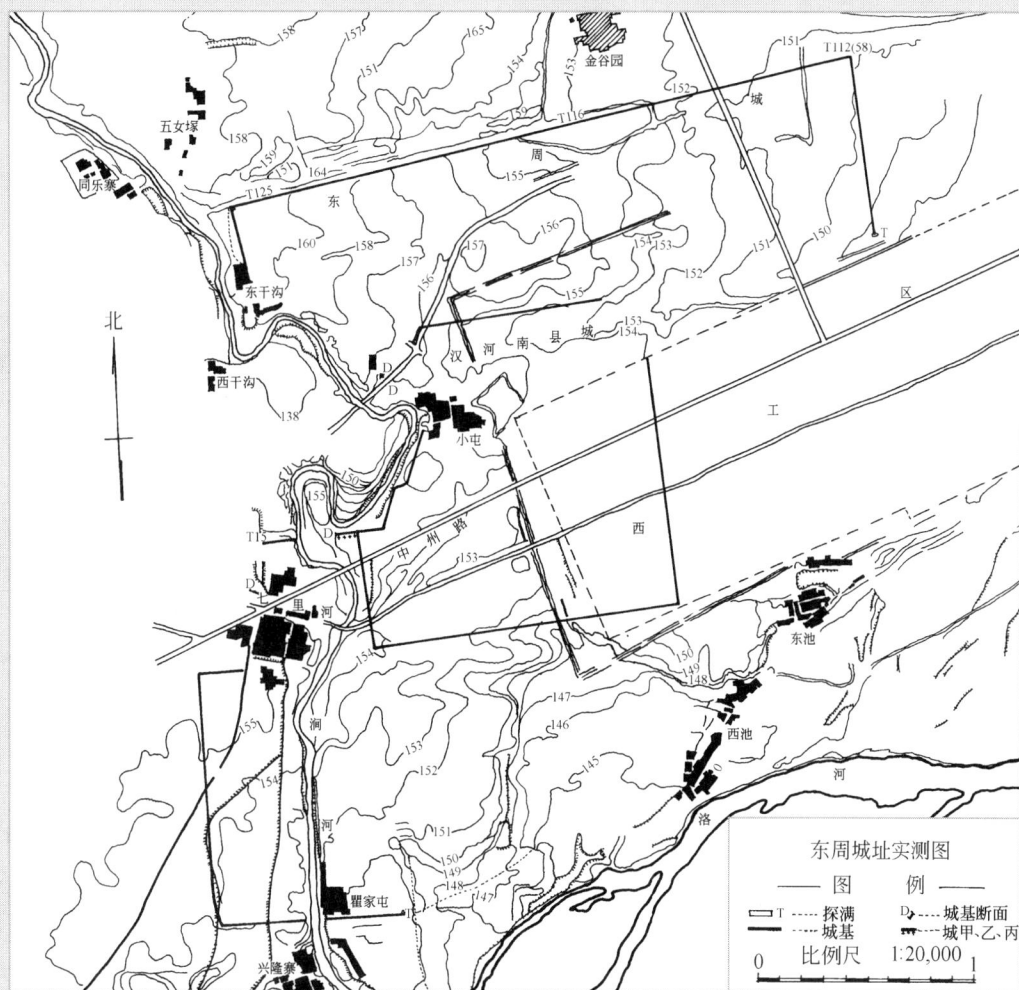

图 2-5 东周城址实测图

了雌鹿自由自在地伏在那里，看到了皮毛光亮的雌鹿和洁白而肥泽的白鸟等活生生的情态。灵沼是养有鱼类的池沼，鱼盈满其中，因此文王在灵沼可以欣赏到鱼在池中跳跃出水面的景象。由此可见，灵囿不仅是供畋猎而已，同时也是欣赏自然界景物、动物生活的一个审美享受的场所。

《尔雅·释宫》："四方而高曰台"。《释名·释宫室》："台持也，言筑土坚高能自胜持也"。灵台是一个夯土而成的台，是否台上有榭的建筑就不清楚了。据《三辅黄图》载："周文王灵台在长安西北四十里，高二丈，周回百二十步"，

也未说到台上有榭。据毛苌的注解："囿所以域养禽兽也"，可见囿是圈划了一定地域，筑有垣，养育着禽兽的场所。关于灵沼究竟是天然的，还是人工挖掘的呢？据刘向《新序》上说法："周文王作灵台，及为池沼……泽及枯骨。"意思是说，因为筑台需土而挖土，因为挖土，掘得死人之骨，文王更葬之，所以说："泽及枯骨"。挖土的地方越挖越深越大就变成池沼，台成，沼亦成。

灵囿的面积有多大？据《孟子》上载："文王之囿，方七十里，刍荛者往焉，雉兔者往焉，与

民同之。"可知灵囿的规模约七十里见方，是一个天然植被丰富，并有许多鸟兽繁育于其中，才有柴草可割，雉兔可猎。这段文字也印证了荒废耕地让麋鹿禽兽生育以供畋猎囿游的说法。顺便指出，所谓"与民同之"并不真像有些人所说与民同乐是"开近世公园之滥觞"。因为"民"，在周朝是指奴隶、农奴；认为在封建领主制奴隶社会的西周，天子(周王)与奴隶共同享受囿游的说法是难以想像和成立的。据《周礼》："囿人……掌囿游之兽禁，牧百兽"这段文字来看，既然用了"禁"字，那么就是"蕃卫之禁，不得侵取"的意思了。但为什么又说刍荛者、雉兔者往焉，而且"与民同之"呢？清朝孙星衍对《三辅黄图》书中后人妄附《孟子》中这段文字的校注中说及"与民同之"即"与民同其利也"的说法是较近实情的。这就是说，文王之囿在一定时期，在帝王不去游猎的时候，可以允许樵人(打柴草的人)、兽人(猎人)前去打柴草，猎雉兔，但要与他同分所获物，即同其利也。至于"牧百兽"这一句，是指在囿中还牧养着各种鸟兽的意思。李嘉会的注解："兽既供于兽人，又供于囿人，故曰牧"。这就是说，猎人或有获得活的鸟兽，就交给囿人放养在囿中。《孟子·梁惠王章句》，孟子对梁惠王说："文王以民力为台为沼，而民欢乐之，谓其台曰灵台，谓其沼曰灵沼，乐其有麋鹿鱼鳖。"这就是说，文王驱使庶民筑灵囿、灵台、灵沼，庶民为什么也欢乐呢？因为在一定时期允许樵人、猎人前去打柴、猎麋鹿、捕鱼鳖。

关于灵囿、灵台、灵沼的具体位置，据《诗经》和《孟子》中记载，只说在丰、镐附近。《三辅黄图》载："周文王灵台在长安西北四十里，……周灵囿……在长安县西四十里。灵沼在长安西三十里"。《关中胜迹图志》载："周灵囿在长安县西四十里，跨鄠县(今户县)境"。《左传》灵台注："周之故台，今鄠县东五里有酆宫，又东二十五里有灵囿，囿中有灵

台"(《关中胜迹图志》《左传》还载有："台下有囿囿中有沼")。这些记载都仅有方向和里程，并未指出具体地点。据文献资料，唐贞观年间，灵台地界还存在，唐李泰等著《括地志》载："丰水北经灵台西，文王引水为辟雍灵沼，今悉无复处所，惟灵台孤立。按今灵台高二丈，周回百二十步"。《长安县志》上说，灵台在西安沣河西岸，秦渡镇北，秦藩改为佛寺。《陕西通志·西安府》上又说灵台"在鄠县，距丰镐二十五里，即文王灵囿之地，中有灵台，高二丈，周围百二十步。秦晋战于韩原，获晋侯以归，舍诸灵台。故魏《括地志》云：辟雍灵沼无多故，惟灵台介然孤立，今基址尚存。"

由于年代久远，地面上基本已无迹可寻，丰、镐的具体位置在哪里，如上所说，难以确定，灵囿、灵台、灵沼的具体位置就更难确定。不过，今天户县东、秦渡镇北二里，有一大土台，台上建有平等寺。这个大土台传说即周文王的灵台遗址[图版1(A)]。其西北数里，今董村附近有一片洼地，南北五十多步，东西二里，传说是灵沼故址[图版1(B)]。关于灵台、灵沼的位置，虽有数说，但考古学家认为科学证据不足。我们只能说，灵囿、灵台、灵沼的大体位置在今长安县和户县东的这一带地区。

总起来说，囿是就一定的地域加以范围，让天然的草木和鸟兽滋生繁育，还可挖池筑台，以供帝王贵族畋猎游乐的用地，也是欣赏自然界景物和动物生活的审美享受的场所。这时的囿，其内容来说，比较单纯，除了夯土筑台、掘沼渔养为人工设施外，都是素朴的天然景物，野生的植物和动物，因此可称作西周素朴的囿，是我国园林的最初形式。

周朝，不仅帝王有囿，方国之侯也都可有囿。毛苌对《诗经·大雅》灵台篇的注解中，有："囿……天子百里，诸侯四十里"——可见诸侯也可有囿，只是法定的规模较小罢了。

图版1(A)　远望周文王灵台遗址

图版1(B)　周文王灵台池沼遗址

第三节　西周宅旁园圃和行乐地

一、奴隶、庶民、农奴

有人说，在奴隶社会里，奴隶可以有宅旁园圃和行乐地。这种说法，如前已述，既不符合历史实际，也难以想像。因为奴隶按法律规定不仅是可以买卖的物品，而且生杀之权也操在奴隶主手中，不可能有什么人身自由，也就无所谓有行乐之地。他们是集中居住在地穴中，集中在田里劳动的，当然也就不可能有什么宅旁园圃。

到了西周初期，分封领主制和土地王有，实质上领主所有的井田制下，有称作庶民以及自由民的，他们的情况与奴隶就完全不同了[8]。

庶民是为领主所占有，受其奴隶剥削。他们原是氏族成员，因为血统卑贱，宗族疏远，沦为奴隶，即农奴。但他们与一般奴隶、农业奴隶不同，区别的最重要之点是他们有自己的经济，即"份地"。因为有"份地"就得有自己的生产工具。

无论大小领主，他们把耕地分为两部分，大块肥美的田地归自己直接经营(即公田)，强迫农奴在这部分土地上无代价地耕作劳动，公田的收获物全归领主所有。又划出小块恶地为"份地"(即私田)，给农奴们使用。农奴们除了要先为领主的"自营地"(公田)从事农作，也为"份地"(私田)劳动。这就是孟子所说的："公事毕(公田的农事完毕)，然后治私事(私田的农事)，所以别野人也。"(见《孟子·滕文公》上)有份地就有某种程度劳动兴趣，因为除了可以从自己份地收获物中拿出一部分实物缴领主外，其余归己。然而由于是恶地，微小的收获只能保其苟延残喘。农奴除了无代价为领主农业劳动外，还有种种劳役(运送农物、修房、藏冰等)和兵役(修城、练武、打仗)。

对于农奴，领主虽已不能屠杀，但仍被束缚在土地上，可以随土地买卖、转送。古籍和铜器铭文上有时记载着连同土地一起分赐或转手，如"田十四，臣五家"等。《诗经·魏风》硕鼠这首诗里，农夫他想离开这个领主的土地，但他很清楚地知道这是不可能的。

农奴除了有小块份地可耕种外，还有很简陋的茅舍，住着一家。茅舍前后种植有枣树、桑树，有小块围地种着蔬果之属。但在农作期间，他要住在田边小屋，不许回家回村，吃的有家里送到田头，要到庄稼收割完毕后才能回到自己的小家园。到了冬天，农奴出外打猎，打了野猪，大的要孝敬领主，小的才留给自家吃，打了狐狸，"为

公子裘"。农妇在家要养蚕作衣，"为公子裳"(以上均参见[8])。

孙作云认为诗经《豳风·七月》篇描写了农奴全年劳动，仍然吃不饱、穿不暖，过着啼饥号寒的生活。因为私田恶劣，打的粮食根本不够吃，于是"六月食郁(雀李)及薁(山葡萄)"，"七月亨葵(野菜)及菽(豆子)"，又"七月食瓜"，"八月断壶，九月叔苴(麻籽)"，"采荼(苦菜)薪樗(臭椿)"，"无衣无褐，何以卒岁"。根据孙作云对诗经的研究，认为当时农奴们的一年生活可以分为两大季节，一是从旧历二月(周正四月)起，他们到野外耕作，住在田边小屋，一直到旧历九月，把庄稼收割完毕筑场圃，才结束他们的野外生活；妇女除到公田送饭外，旧历三月起修理桑枝、养蚕，到旧历八月作薄、纺织、染色，"为公子裳"，冬天"为公子裘"。从旧历十月起到来年一月底止，主要在家中生活和干活，如酿酒、修建、打猎、凿冰藏冰等[9]。

二、当时行乐季节和社交活动

从事农业生产是要按季节进行的，通常所谓春耕、夏耘、秋获、冬藏。所以当时农夫们社会活动主要在秋获打场后到春耕前这个期间，他们也自有其行乐和社交活动。春天一到，万物萌动，人们开始到野外从事农业劳动之际，即开始了外界活动和增加了男女接触的机会。有些活动，日久年长便形成固定的风俗习惯，传承下来。

三、行乐内容和行乐地

相传古人在仲春之月(二月)有会合男女的风俗。《周礼·地官》媒氏录："媒氏(即媒官)掌万民之判(配合)。……仲春之月，令会男女，于是时也，奔者不禁；若无故而不用令者罚之，司男女之无夫家者而会之。"这是先秦时习俗约定。又，古人为了求子祭祀生子之神的"高禖"，在上巳节即

三月上旬的已日(注：魏以后，定为三月三日)，到水边用洗涤的方式洗去病气，以求得子。古人认为一切疾病、灾难可以用水洗掉，用火烧掉；相信用水洗涤可以拂除不祥。不生子也是一种病气，于是在祭高媒时，顺便到水边洗洗手脚，或跳到水里洗个澡，便可以洗去病气而得子。这种迷信相沿成俗。到后代便成为三月上已节的临水祓禊的风俗。"祓"(音孚)字本是"拔"字，言拔除、拂除病气；"禊"(音隙)字就是"洁"字，言修洁、净身之意。

为拔除病气，求子到水边洗涤，男女相会也要到水边，于是水滨就成了特殊节日三月上已节的人们行乐地。《诗经·国风》中有许多诗歌讲到男女到水边相会游乐。例《郑风·溱洧》："溱与洧，方涣涣兮，士与女，方秉蕳兮。女曰：'观乎'？士曰：'既且'！且往观乎？洧之外，洵讦且乐！维士与女，伊其相谑，赠之以芍药。"(注："溱"音Zhēn，"洧"音Wěi，二水名。"涣涣"，水势盛大貌。"蕳"，兰泽草，"且"即往。"洵讦且乐"，确实热闹快乐啊!)《汉书·地理志》引此诗，颜师古注曰："谓仲春之月，二水流盛，而士与女执芳草其间，以相赠遗；信大乐矣，惟以戏谑也。"从这首诗中可以想见当时洧水旁，男女杂沓，互相戏谑，互相馈赠，多么欢乐的情景！

《卫风》里诗歌，多集中描写淇水边的事。最有名的一首是《鄘风·桑中》，共三章。每章的前四句都充满了调笑的意味；每章后三句都相同，主旨在后三句："期我乎桑中，要我乎上宫，送我乎淇之上。""期"就是等候的意思。"桑中"即桑林之社，社是祀地神的所在，前后左右广植神树、桑树，殷称桑林，后称桑林之社，逐渐变成男女聚会的地方。《周南·汝墳》是汝水附近的青年男女被禊于汝水之滨而聚会时所唱的恋歌。《周南·汉广》是汉水流域的青年男女在水边被禊聚会时所唱一首失恋的悲歌。还可以有其他诗例[10]。

古人就是这样在社、在水滨行乐，男女相合。后人孟浩然的《大堤行》这首诗，正是这种情景的绝妙写照。诗曰："大堤行乐处，车马相驰突。步步春草生，踏青二三月。王孙挟珠弹，游女矜罗袜。携手今莫同，江花为谁发"。

这种上已祓禊、洗涤行浴的礼俗，到了后代有曲水浮卵之戏，大概把鸡蛋鸟蛋煮熟了，在水的上游放入，让水漂浮，人们在下游等着，等蛋流到时就取之或食之。晋张协《禊赋》曰："夫何三春之令月，……浮素卵以蔽水，洒玄醪于中河。"晋潘尼《三日洛水作诗》："……临岸濯素手，涉水搴轻衣。……羽觞乘波进，素卵随流归。"后来又有"浮枣"即浮卵变相。梁萧子范：《三月三日赋》曰："……洒玄醪于沚沚，浮绛枣于泆池。"庾肩吾《三日侍兰亭曲水宴》诗有"参差绛枣浮"之句，江总《三日侍宴宣猷营曲水》有"醉鱼沉远岫，浮枣漾清漪"之句。从浮卵到浮枣，变成一般性的士民游乐，到曲水流觞、兰亭修禊，变成了文人雅集了。

总之，三月上已，祭祀、求子、祓禊、男女相会、遨游、戏谑唱歌、浮卵、浮枣、曲水流觞，这一系列事都是古人生活变化而演成的礼俗和游乐的节日。我国一些游览胜地就是随着社会生活的变化，一些风俗习惯的固定，日长年久形成的。

第四节 春秋战国宫室和苑囿

一、从春秋到战国

历史上从周幽王宫湼被杀(公元前721年)，周平王宜白东迁洛阳到周元王仁(公元前475年)约三百年期间为春秋时代。从周元王仁到秦灭齐统一全国约二百年期间称为战国。

西周晚年到春秋初期，由于戎、狄、夷、蛮族的外患，战争很多、国家混乱。各地方的诸侯国不下一百四十多个，其中大的诸侯国有十四个。当时势力强大的诸侯以尊王攘夷为名，纠合诸侯而号令天下，称为春秋时代的霸主，有齐桓公、晋文公、楚庄王、秦穆公、宋襄公，还有吴王夫差和越王勾践。在盛行兼并过程中，生产不发达，艺术上呈现一时衰微的现象。从营建技术史上说，春秋时代出现了有名的建筑匠师鲁班。传说鲁班曾造攻城云梯等九种攻城器械和其他精巧的器物，为人们所尊敬，后代奉为建筑工匠的祖师。

到公元前475年进入战国时代，只剩下秦、楚、燕、齐、赵、韩、魏七个诸侯大国。春秋后期到战国时代，冶铁技术更见进步，有些地方如楚国、韩国开始能炼钢。当时农业已盛用牛和铁犁来耕田，已知道深耕和施肥的好处（孟子曾说到），一年能收获两次（荀子屡次说到），在农业技术上是一大进步。战国时代的生产力比春秋时期显然是提高了。

由于铁工具的普遍应用，生产力的提高与生产关系的改变，促进了农业和手工业生产的发达，扩大了社会分工，商业与城市经济都逐渐繁荣起来。这个时期，在学术上百家争鸣，引起了文化上空前的活跃和发展。反映在意识形态领域里，摆脱了巫术宗教的束缚，开始走上理性同现实生活相融的道路。反映在城市上，规模日益扩大，如齐的临淄，赵的邯郸，魏的大梁，楚的鄢郢，韩的宜阳，都是当时人口众多和工商业麇集的大城市。由于战争频繁，各城市都筑有坚固的城墙。反映在建筑上，所谓"美轮美奂"的宫室建筑，日益成为诸侯们一种享受生活的需要和兴趣所在而盛极一时。由于缺乏实物遗存，我们只能从已发掘的遗址和出土文物来看当时的城市和台榭建筑。

二、战国时代城市和宫室

迄今发现，比较完整的战国时代大城市遗址有燕下都和赵邯郸等。燕下都建于公元前4世纪，在河北易县东南，位于中易水与北易水之间。城址平面是两个方形作不规则的结合，东西约8300米，南北约4000米（图2-6）。城墙用黄土版筑而成，残存城墙遗址约宽7～10米。城内分东西两部分，东部主要是宫室、官署和手工业作坊，西部似乎是陆续扩建而成。

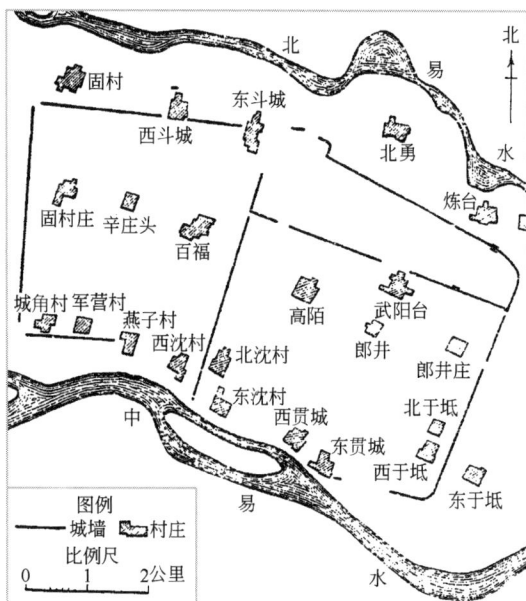

图2-6 燕下都城址及建筑遗迹图

宫室位于东部北端中央，有高大的夯土台，长130～140米，高约7.6米，成阶梯状，附近还发现附属建筑的遗址。这组建筑之北，散布有若干夯土台，连同城内外大小台址共计五十多处，表明当时燕国的宫室是筑在高台上[11]。证诸邯郸赵王城遗址的夯土台也是阶梯状，这时的宫室，可能是沿着梯形的土台，每层有木构建筑，外观看来大致就成为逐级退缩的高楼形状。古代商周以来所称"台榭"可能就是这样，以台基、屋身和屋顶作为一座房屋的三个主要组成部分。到了战国时代，出现了多层房及高大的台榭建筑。在河南辉县战国墓中发掘出的铜鉴，山西长治战国墓中发掘的镏金铜匜，内部都刻有精细的房屋图画，可以看出当时所用的柱梁结构方法，也可看出是一种台榭式建筑，这种建筑的背面是依附着夯土台的。附带指出"楼"在周至秦朝是指台上的建筑物而说的，最初叫作榭，又叫作观，后来叫作楼。至于把楼当作"堂高一层者是也"，那是汉朝以后的事。汉时开始把二层以上的建筑叫作楼。

至于屋顶，从出土文物的房屋图画上也可看出四宇伸张的美态，而且西周时代就已经有了。《诗经》上形容周朝天子的宫殿，有"如翚斯飞"、"作庙翼翼"之类的描写，意思是说宫室的四宇飞张，好像正在起飞时雄鸡两翅张开的样子。不仅屋顶形式美，"美轮美奂"还美在整个建筑的各部分。瓦，虽然西周时代已出现，但到东周的春秋时代才普遍使用。由于使用瓦，屋顶的坡度由草屋顶的1：3降至瓦屋顶的1：4（见《考工记》）。这时除板瓦以外，又出现了瓦当，表面有凸起的美的纹饰，如饕餮纹、涡纹、

东周瓦当

东周瓦钉

钉在带瓦当的筒瓦上的瓦钉

图2-7　东周瓦当和瓦钉

卷云纹……（图2-7）。从近年来发掘的战国遗址和遗物上可以推想到当时的建筑，不仅砖瓦有图案花纹和浮雕，梁柱等上面都有装饰，墙壁上也有壁画。文献上也有记载，如《论语》的"山节藻棁"和《礼记》的"楹，天子丹，诸侯黝，大夫苍，士黈"等。节是坐斗，棁是瓜柱，楹就是柱。由此证明春秋时代已在台梁式木构架建筑上施彩画，而且用什么彩色，也有严格的等级制度。

总体来说，春秋战国时代的宫室建筑是下有台基，顶为四宇伸张，梁柱、墙壁、砖瓦等都有精美的装饰。正如《左传》、《国语》中所说，"美哉室，其谁有此乎"，"台美乎"等赞叹。

三、春秋战国时期宫苑

春秋战国时期，无论天子或诸侯，尤其是昏乱的国君，都好营台榭宫室。如周灵王二十三年（公元前549年）起昆昭之台，"聚天下异木神工，得岏谷阴生之树，其树千寻，文理盘错，以此一树而台用足焉，大干为桁栋，小枝为栭楯，其木有龙蛇百兽之形，又筛水精以为泥。台高百丈，升之以望云气"（《拾遗记》）。楚庄王筑层台，"延石千里，延壤百里。"（《说苑》）楚灵王起章华台，齐景公作路寝之台。据陈留美有关章华宫一文载："楚灵王六年（公元前535年）下令征集10万名工匠在章华（今湖北监利县西北离湖上）大兴土木，建造富丽堂皇的章华宫。在方圆40里外修建大围墙，中央筑一冲天高台，以观望四方。台高15丈，广15丈，称为章华台。因其高峻，登台者盘旋而上，必须在中间休息三次才能到达顶端，所以又叫'三休台'。高台半入云，巍峨似小山，被誉为'天下第一台'。宫中密室亭榭，极其壮丽，有三千余间，排列于十几个'井'字形大道的两边。道路之旁，楼阁之间，假山周围和御花园内种有奇花异草，有一千多种"（见陈留美：《我国最早的园林——章华宫》载于《风景与名胜》

春秋时期各国也兴建有宫苑，如吴国长洲茂苑。据朱有玠一文载："长洲苑亦称茂苑，或合称之为长洲茂苑是距今二千五百年前春秋时期吴国的主要宫苑。"又云："由阖闾开始建造姑苏台、经营长洲苑，但主要由下一代的吴王——夫差继续扩建，范围越来越大，而且不止长洲苑一处。"又云："长洲苑中的离宫在木渎西北有灵岩山的馆娃宫和东南接姑苏山的姑苏台，洞庭西山消夏湾的避暑宫等，尚知址遗，其余宫（台）无考。"朱有玠认为"长洲茂苑是中国园林史中从古台、囿形式向宫苑形式过渡的重要史实，也是官苑与风景区相结合、早在春秋时期的实例"（朱有玠《长洲茂苑综述》载《中国园林》1992 年第 2 期第 11～13 页）。

关于姑苏台，《越绝书》称："阖闾起姑苏台，三年聚材，五年乃成。高见三百里。"另据《述异记》载："吴王夫差筑姑苏之台，三年乃成。周旋诘屈，横亘五里，崇饰土木，殚耗人力，宫妓数千人。上别立春霄宫，为长夜之饮，造千石酒钟。夫差作天池，池中造青龙舟，舟中盛陈伎乐，日与西施为水嬉。吴王于宫中作海灵馆、馆娃阁，洞沟玉槛，宫之楹槛，珠玉饰之……"。由此可以想见当时宫室之宏大，也极华丽。据记载，吴王夫差还造梧桐园（在吴县）、会景园（在嘉兴）。

战国时期的台榭，可以从今邯郸市的名胜古迹"古丛台"想像其规模。据贺海《两千年前古丛台》一文："这处丛台方圆占地 1100 多平方米。它的建筑形式与一般古台不同，十分奇特别致，原台上建有天桥、雪洞、花苑、庄阁诸景，由于'连聚非一，故名丛台。'沿着台前的夹道拾级而上，进门壁上嵌有'滏水东渐，紫气西来'八个大字。到了汉高祖九年（公元前 198 年），为纪念赵王如意，在台东建成如意轩，台北有赵王宫，西有回澜亭。"

"丛台台顶呈圆形，直径 19 米，高 13 米，原名'武灵丛台'，即当年武灵王观看兵马操练和宫女们歌舞的地方。明嘉靖十三年（1534 年），建据胜亭于台顶，登临其上，放眼可见湖中为纪念军事家乐毅修筑的'望诸榭'和湖边为纪念程婴、公孙杵臼、韩厥、蔺相如、廉颇、赵奢、李牧而修建的'七贤祠'，当年的赵国古城也尽收眼底。如今，古丛台已扩建为公园"（贺海《两千年前古丛台》载 1984 年 1 月 7 日《人民日报》）。

四、先秦时期对山水林木的审美

《诗经》是我国最早的诗歌作品，灵囿章歌咏了文王在灵囿的乐事，是欣赏麋鹿、白鸟、鱼跃活生生的情态，动物不仅是猎获的对象而且是活的审美对象。虽然周朝的农业已是主要生产部门，但整个灵台篇既未描写植物美，也未描写山水林木自然美。当然，《诗经》里提到很多植物种类，有大量自然美的描写。正如钟子翱所指出，先秦时代的人们"对自然美的欣赏，多是将自然界的审美对象作为人的品德美或精神美的一种象征，自然物的各种形式属性，如色彩、线条、形状、比例的均衡、对称与蓬勃生气等等，在审美意识中并不占主要地位。换句话说，就是人们更多地注意到自然物的象征意义，而比较忽视其自然属性。……现存先秦文献资料中记载的一些自然美欣赏实例，绝大多数是'比德'性的"[12]。又说："《诗经》里已有大量的自然美的描写，大量的比拟手法，有的虽是以物比形，以物比貌，以物比事，以物比理，但很多是直接或间接地以物比德。"[12]

先秦时代，最早是管仲以水、玉比德，指出水可比于君子之德。晏婴也以水比德。最为人们所熟悉的是孔子以水以山比德。《论语·雍也》记载："子曰：'智者乐水，仁者乐山'。"孔子还用植物来比兴，如《论语·子罕》记载："子曰：'岁寒然后知松柏之后凋也'。"他以岁寒比喻乱世、势衰，以松柏比君子坚贞的品德。屈原在《离骚》中，广泛地以自然物比喻人的品德，而且在《橘颂》中，用比德的审美观塑造自然物的艺术形象。

如上所述，到了春秋战国时期，不仅山水、植物、动物整个自然界成为人们的审美对象，还出现了自然美的"比德"说，着眼于自然物象的某些特征与人的某些品德美相类比，人可从自然界中直观自身因而感觉其美。这个自然美的理论，不仅在美学理论上有重要意义，亦对后来山水园的创作产生巨大的影响。

注释

[1] 李亚农. 殷代社会生活. 上海人民出版社，1978. 407

[2] 李亚农. 殷代社会生活. 上海人民出版社，1978. 534～541

[3] 郭沫若. 中国古代社会研究. 人民出版社，1964. 174～179

[4] 恩格斯. 家庭、私有制和国家的起源. 人民出版社，1954. 51

[5] 孟世凯. 殷墟甲骨文简述. 文物出版社，1980. 82～88

[6] 陕西长安户县村调查与试掘简报. 考古，1962(2)

[7] 洛阳涧滨东周城址发掘报告. 考古学报，1959(2)

[8] 孙作云. 从诗经中所见的西周封建社会. 诗经与周代社会研究. 中华书局，1966. 75～164

[9] 孙作云. 读七月篇. 诗经与周代社会研究. 中华书局，1966. 185～203

[10] 孙作云. 诗经恋歌发微. 诗经与周代社会研究. 中华书局，1966. 295～331

[11] 中国历史博物馆考古组. 燕下都城址调查报告. 考古，1962(2)

[12] 钟子翱. 论先秦美学中的"比德"说. 北京师范大学学报，1982(2)

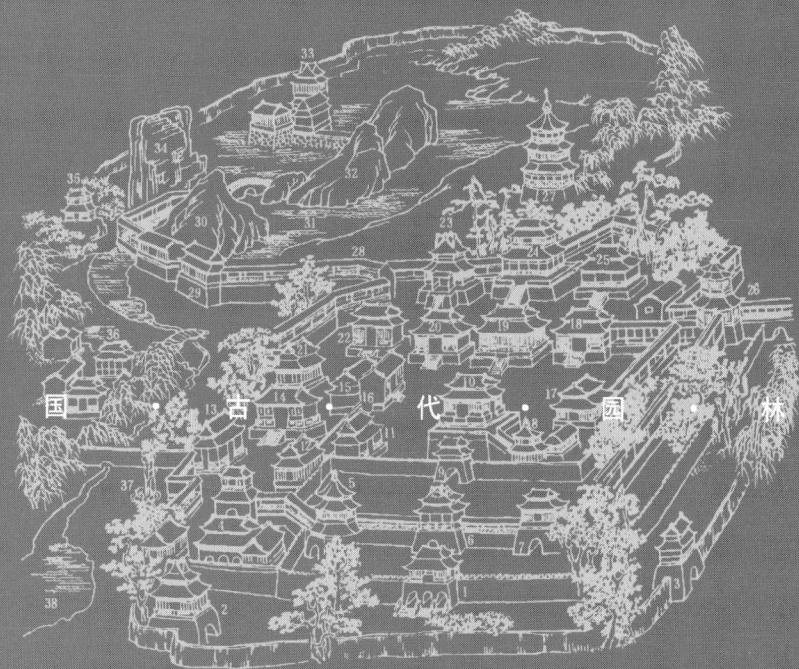

· 中 · 国 · 古 · 代 · 园 · 林 · 史 ·

第三章 秦汉时期建筑宫苑

第一节 秦都城和信宫、阿房宫

秦的祖先，早期活动于今甘肃天水一带，到周人东迁时，秦的势力已发展到了关中西部，到春秋时代称霸西戎，到秦孝公(嬴渠梁)时候，发愤图强，用商鞅新法，才成强国。约在秦孝公十二年(公元前350年)始建都咸阳，从此直到秦亡，约140多年之间，咸阳始终是秦的都城。秦始皇二十六年(公元前221年)，秦始皇(嬴政)灭六国，完成了统一中国的事业，建立了前所未有的多民族统一的中央集权的大帝国。

秦朝的历史虽短，但在物质经济思想制度等方面做了不少统一的工作。在经济上改革亩制，兴修水利，农业生产发达，物质财富雄厚。在政治上建立皇帝独裁，自称"朕"，表示惟我独尊，立郡县制、官制，订定文字称为小篆，统一全国度量衡等。此外，秦朝的武力，击匈奴，赶走胡人，取河南地，开辟四十四县；击南越，开桂林、南海、象三郡(今广西、广东、越南等地)，疆域也扩大了(东、南到海，西到甘肃、四川，西南到云南、广西，北到阴山，东北迤至辽东)。

早在战国时代，接近外族的各诸侯国，为了防御异族侵略，各筑长城一段，内地各诸侯国为了内战也筑长城，真可说是森严壁垒。秦统一后，这些城垣失去存在的意义，而且成为往来交通的障碍，因此，秦始皇下令一概拆毁。为阻止匈奴南下，又命筑新长城，西起临洮(今甘肃省岷县)，东到辽东，长五千多里，通称"万里长城"。

一、秦都城咸阳

"咸阳"两字的字义，即"皆南"也。古语：山南曰阳，水北亦曰阳。秦都在九嵕诸山之南，渭水之北，所以叫作咸阳。咸阳，后世名渭城，在今咸阳市以东约二十里地区。由于河道变迁北移，渭城早被崩毁，也无迹可寻。由于20世纪70年代里，"秦都咸阳考古工作站"的努力，咸阳的地理位置已大体了解，它东自柏家嘴，西至毛王沟，北由高干渠，南到西安市草滩农场附近(这一带，秦朝时应是渭河北岸，因河道变迁，现已变成渭河南岸)。都城遗址，东西十二里，南北十五里。秦咸阳遗址位置见图3-1。

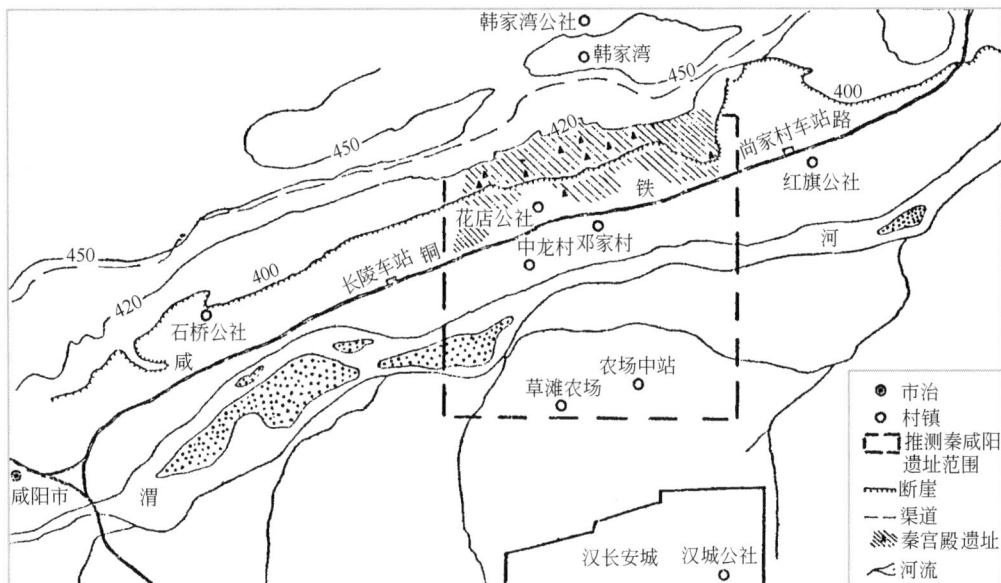

图 3-1　秦咸阳遗址位置图

对建筑遗址的调查表明，秦咸阳的城市布局有宫殿区、有手工业作坊和居民区。宫殿建筑遗址分布大抵西自窑店公社毛王沟，东至红旗公社柏家嘴，北起高干渠，南至咸铜铁路以北，主要分布塬上部分，东西十二里，南北四里。这个分布情况表明，秦咸阳的塬上(指二道塬)和塬下(指铁路以北)几乎全被宫殿区所占用了。这与《三辅黄图》记载："因北陵(即北陵)营殿"是一致的。据调查发现在聂家沟……有铸铁、冶铜和制陶作坊遗址，分布在宫殿建筑遗址附近，应该是为宫廷服务的官府手工业作坊。在店上村还有许多制陶窑址和大量制成品、半制成品的盆、罐等陶器[1]。

嬴政，在称皇帝之后短短的十五年中，为了独夫的安富尊荣和穷奢极侈的生活，驱使了千百万人民充当夫役，连续不断地营建了许多的"宫"，大小不下三百多处。先期，据《史记·秦始皇本纪》载："秦每破诸侯，写放其宫室(即照样画下)，作之咸阳

北阪上(照式建筑在咸阳的北坡上)，南临渭，自雍门以东至泾渭(水名)，殿屋复道，周阁相属，所得诸侯美人钟鼓，以充入之。"可以想见当时咸阳原边宫殿林立，金碧辉煌、豪华宏伟的情景！各国的建筑必然有各自的特色，照样画下六国宫室，照式建在北坡上(按：有宫室一百四十五处)，可说是集中国建筑之大成。嬴政妄想二世、三世……世世代代永统天下，惟恐诸侯联络富豪、兼并土地、积累财物，号召民众叛变，就把各国富豪十二万户迁徙到咸阳，并分散到巴蜀各地，必然促进都城建设和城市经济的繁荣。全国的富豪都集中到都城，咸阳的规模急剧地扩大，跨渭河南北。同时征集天下匠师来都城营造宅第。天下匠师会集咸阳，必然要互相观摩和出奇制胜，建筑艺术自然要空前发达了。

秦建大小不下三百多处宫室，后人已不能一一具考。这里只能就《史记》和《三辅黄图》等记载

的，最著称的"宫"，即信宫和阿房宫作扼要的叙述，从而研究秦朝宫苑的特色。

二、信宫、极庙、咸阳宫

《史记·秦始皇本纪》载："(始皇)二十七年(公元前 220 年)作信宫渭南，已而更名为极庙，象天极。自极庙道通骊山，作甘泉前殿。筑甬道，自咸阳属之。"嬴政穷极奢侈筑咸阳宫(注：信宫也叫作咸阳宫)情况，据《三辅黄图》载："因北陵营殿，端门四达，以制紫宫，象帝居，渭水灌都，以象天汉，横桥南渡，以法牵牛。"《庙记》："咸阳北至九嵕、甘泉(山名)，南至鄠杜(地名，鄠县和杜原)，东至河，西至汧渭之交，东西八百里，南北四百里，离宫别馆，相望连属。木衣绨绣，土被朱紫。宫人不移，乐不改悬，穷年忘归，犹不能遍。"从这两段文字中，可以想见信宫的规模宏大，得未曾有。封建王朝常用原始信仰和星宿的迷信来显示帝王是天之子，帝居是地上的天宫。

信宫即咸阳宫建筑群早已湮没。由于 20 世纪 70 年代里"秦都咸阳考古工作站"的努力，发掘了在北陵编号称作"秦都咸阳第一号宫殿"遗址，同时还发现若干个宫殿遗址[2]。看来这一带大概就是《史记》所说的咸阳宫。这些宫殿遗址之间尚有带状夯土连接的迹象，与《史记》所载"始皇令咸阳之旁二百里内宫观二百七十，复道甬道相连"是符合的。第一号宫殿遗址位于宫殿区的中部，整体平面呈凹字形，可知沟两侧原是一组建筑，以沟为中轴，东西对称布置的。两侧建筑之间应有飞阁复道连接。据作者称，第一号宫殿是一座战国以来盛行的高台建筑，宫室分布在夯台台面及其四周各种不同用途的空间，紧密地联合在一起。《简报》中对夯土台顶部主体堂殿，不同台面的编号各室，墙壁础石、地面、室内铺地，都作了详细描述(这里略)。回廊有东北(曲尺形)、北、西和南几部分，还有过道、走廊和斜坡路都有描述[2]。遗址中发现建筑材料有各种用途的砖，铺地砖、空心砖种类繁多，纹饰变化大(图 3-2、图 3-3)，质地坚

硬，颜色多系青灰，制法一般为模压成型，用模加印纹饰。瓦有板瓦、筒瓦和瓦当。瓦当绝大多数为饰有云纹、植物纹和动物纹的圆瓦当(图 3-4)[2]。

根据发掘的秦咸阳宫一号遗址，陶复作了复原探讨[3]，王铮绘制了建筑复原图(图 3-5)。

图 3-2 秦空心砖凤纹饰

图 3-3 秦空心砖狩猎纹

鹿纹(凤翔发现)　　　　凤纹(凤翔发现)　　　　鸟纹

蝉纹　　　　　　　　葵纹　　　　　　　　云纹

图 3-4　秦瓦当纹饰(动植物、云纹)

图 3-5　秦咸阳宫一号遗址建筑复原图

三、朝宫、阿房宫

始皇三十五年(公元前 212 年)，嬴政接着又开始兴建更大规模的、史书上著称的朝宫、阿房宫。《史记·秦始皇本纪》载："……乃营作朝宫渭南上林苑中。先作前殿阿房，东西五百步，南北五十丈，上可以坐万人，下可以建五丈旗。周驰为阁道，自殿下直抵南山。表南山之巅以为阙，为复道，自阿房渡渭，属之咸阳，以象天极、阁道绝汉抵营室也。阿房宫未成；成，欲更令名名之。作宫阿房，故天下谓之阿房

宫。"阿房一词的意思，据颜师古云："阿，近也。以其去咸阳近，且号阿房。"《三辅黄图》载："阿房宫亦曰阿城，惠文王造，宫未成而亡。始皇广其宫，规恢三百余里，离宫别馆。弥山跨谷，辇道相属，阁道通骊山八百余里，表南山之巅以为阙，络樊川以为池。作阿房前殿，东西五十步，南北五十丈，上可坐万人，下建五丈旗，以木兰为梁，以慈石为门，怀刃者止之。"

为了建阿房和陵墓，奴役了七十多万人。《秦始皇本纪》载："……隐宫徒刑者七十余万人，乃分作阿房宫，或作骊山(建始皇陵墓)。发北山石椁，乃写

蜀荆地材皆至（'写'当运输讲）。关中集宫三百，关外四百余，于是立石东海上朐界中，以为秦东门。因徒三万家丽邑，五万家云阳，皆不复事十岁（不从事营生十年）。"关于始皇陵墓情况，迄今未发掘，不详。但近年来发现了大规模"秦兵马俑坑"，俑像有将军俑、武官俑、战士俑，挖掘有穿战袍、有穿铠甲，有跪射、立射俑，有御手俑等（图版2）。从俑像来看，姿态面目各异，形象生动，手法写实，作风朴厚，具有很高艺术水平。

如上所述，始皇营建朝宫，三百多里范围内，弥山跨谷都是宫室，规模多么宏伟！在终南山顶上建阙，把樊川的水用来作池，气魄多么雄壮！把北山的石料都背了来，把楚蜀的木材都运了来，驱使犯人七十多万来建造宫室和陵墓，又是多么浩大的工程！但工程没有完毕，嬴政就死了。他的儿子胡亥（秦二世）即位后，集中力量修建始皇陵墓，把阿房宫的兴建工程暂停一年，后来二次开工缩小了计划范围，没有等到竣工，秦朝就被农民革命所推翻。为修阿房、骊山，耗费这样大的人力物力，而当时人民在战国时代之后还没有很多的积蓄，是无法负担的。全国民众在这样的暴政下只有起义革命才能生存。陈涉揭竿而起，各处响应。后来项羽破章邯，引兵入关，屠咸阳，烧秦宫室，火三月不熄，所谓"楚人一炬，可怜焦土"（杜牧：《阿房宫赋》）。

阿房前殿遗址似乎存在很久，隋末唐初还较完整，到宋时大部分变良田。宋著《长安志》载："秦阿房宫一名阿城，在县西二十里，西、北（按：漏东字）三面有墙，南面无墙，周五里一百四十步，崇八尺，上阔四尺五寸，下阔一丈五尺，今悉为民田。"今西安

市西郊约二十里，划有遗址保护区（图3-6）赵家堡和大古村之间有殿基夯土台址，东西广约二公里，南北长约一公里，可能就是阿房宫殿基夯土台遗址（图版3、图版4）。当地农民称之为始皇上天台。这个台基以西，夯土台迤逦不断，直到古城村，有高至数丈，农民有在夯土中穿窑洞居住。今天当你从斜坡登上台址，举目四望，一片平畴沃野和断续夯土台，默诵杜牧《阿房宫赋》词句，仿佛"五步一楼，十步一阁。廊腰缦回，檐牙高啄，各抱地势，勾心斗角。盘盘焉，囷囷焉，蜂房水涡，矗不知几千万落"，宏伟、错落、豪华、壮丽的建筑群涌入了眼帘！

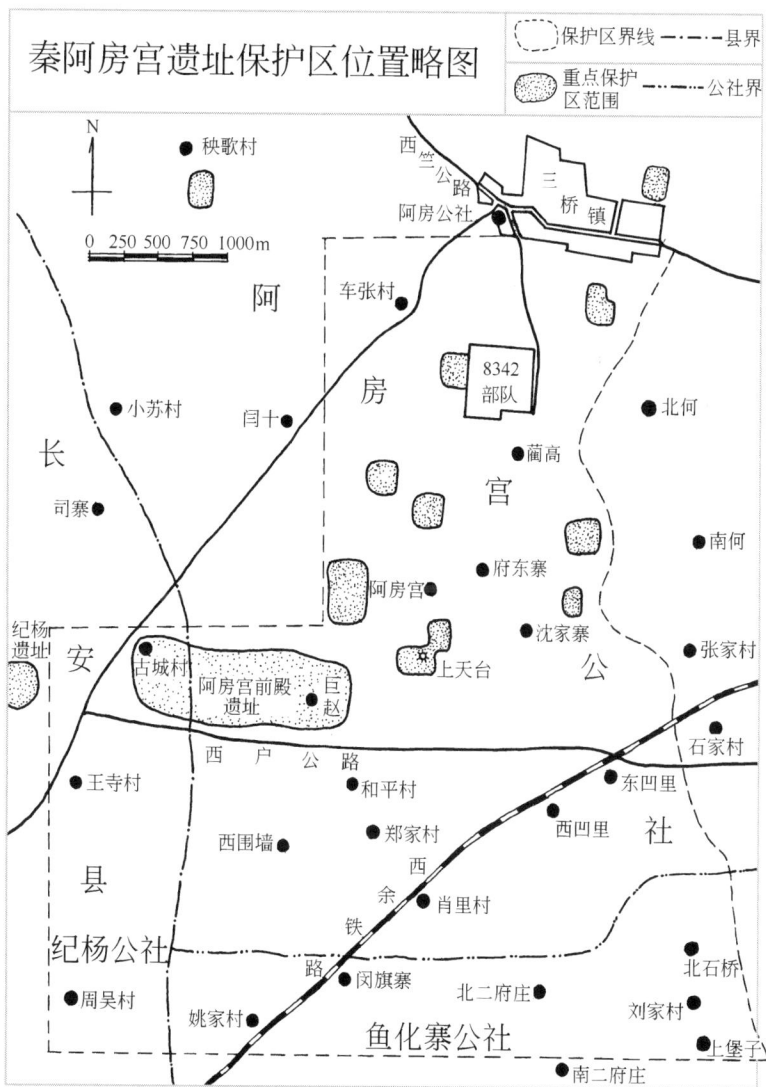

图 3-6　秦阿房宫遗址保护区位置略图

图版 2　秦兵马俑

图版 3　阿房宫前殿夯土台遗址

图版 4　阿房宫前殿夯土台细部

四、秦朝的宫和苑

秦朝和秦以后的所谓"宫",总的说来,是指由各种不同单个建筑组合而成的一个建筑群的总称,也就是说,在一个总地盘上(外有墙垣时,又可称作"宫城")分散布置着殿室而又互相连属成为一个建筑组群,而不是在一个大建筑内按照要求来布置平面。从第一号宫殿遗址来看,是将各种用途不同的单元紧凑地结成整体的多层高台建筑。由于大小屋宇地面分别位于台面和侧楼面凹进的部分,又有回廊飞阁相连属,使其所占空间高下错落、参差有致,使整个外貌显得更加雄伟壮丽。

先秦以来的"高台榭、美宫室"的风气大概到了秦始皇而达到了顶点。嬴政的好营宫室,一方面由于综合性的高台建筑群,从它的宏伟壮丽上最能显出专制帝王的惟我至尊和极权的淫威,所以每破诸侯,就写放其宫室作之于咸阳北阪上以示威,同时也用来陈列胜利品(美人钟鼓)。另一方面也和他的穷奢极侈的生活密切相关。为了要想永享"安富尊荣"的生活,就妄想长生不死。秦始皇迷信方士之说,谋求不死之药。但他浪费了很多财物,派人寻求仙丹灵药并无结果。《史记·秦始皇本纪》中说到有位方士卢生,既以寻求不死之药欺诈了他,又劝他隐秘居处,勿令人知之,方能遇仙。卢生说:"……人主所居,而人臣知之,则害于神……愿上所居宫,勿令人知之,然后不死之药,殆可得也"。"于是始皇曰:吾慕真人,自谓真人不称朕。乃令咸阳之旁二百里内宫观二百七十，复道甬道相连，帷帐钟鼓美人充之，各案置不移徙。行所幸，有言其处者，罪死。"秦始皇的累续大营宫室，受方士之惑也是原因之一。

秦始皇不仅好营宫室，也好苑囿和巡游。关于秦的苑囿，缺乏记载资料，难以详究。从"……乃营作朝宫渭南上林苑中"和汉武帝扩建上林苑，可知秦已有上林苑作为畋猎游乐之苑囿。又据《史记·秦始皇本纪》提到，"三十一年十二月，……夜出逢盗兰池"。后人对兰池的注解，"正义"部分有，《括地志》云："兰池陂即秦之兰池也，在雍州咸阳县界"，但未言其长宽。《三秦记》载："始皇都长安，引渭水为池，筑为蓬莱山，刻石为鲸，长二百丈。（《史记·秦始皇本纪》：逢盗兰池）。"《三秦记》载："始皇引渭水为长池，东西二百里，南北三十里"。上两段记载上有出入，从《三秦记》看，秦始皇时引渭水为池而且筑蓬莱、瀛洲（仅及二神山），还有石鲸；从《三秦记》看，可能是就广阔的低洼地，引渭水而成宏大的长池，但未言及有神山。大抵秦始皇忙于营建六国宫室、信宫和阿房宫以及皇陵，对于苑囿任其自然，未加刻意经营。如果《三秦记》之说可靠，造海筑山，秦始皇时已开其端，因为海中三神山有不死之药的传说，早在战国时代，沿海的燕、齐、吴、楚等国中就已形成。

《汉书·郊祀志》载："自威、宣、燕昭使人入海求蓬莱、方丈、瀛洲。此三神山者，其传在渤海中，去人不远。盖尝有至者，诸仙人及不死之药皆在焉。其物禽兽尽白，而黄金银为宫阙。未至，望之如云；及至，三神山反居水下，水临。患且至，则风辄引船而去，终莫能至焉。世主莫不甘心焉。"什么神山也，仙人及不死之药在焉，都是燕、齐海上方士的一派荒诞胡言。因为这"不死之药"的引诱力实在太大，诸侯国主还是不断派人去寻找。这个寻求三神山和不死之药的活动，延续了二百多年，到秦始皇、汉武帝时更甚。

秦始皇时出巡游，《史记·秦始皇本纪》有多处记载他出游中刻石，歌颂统一事业，与求神仙之事。如始皇三十七年(公元前209年)上邹峰山(今山东邹县)登泰山，又"南登琅邪，大乐之，……作琅邪台，立石刻，颂秦德，明得意。……既已，齐人徐市等上书，言海中有三神山，名曰蓬莱、方丈、瀛洲，仙人居之。请得斋戒，与童男女求之。于是遣徐市发童男女数千人，入海求仙人"。必然的结果是一无所得。徐市入海后到了哪里，传说纷纭。据《括地志》载："亶洲在东海中，秦始皇使徐福(即徐市)将童男女入海求仙人，止在此洲(只到了这里)，共数万家(繁衍起来)，至今洲上人有至会稽市易者。"又载："二十九年(公元前218年)登之(今山东烟台市)，三十二年(公元前215年)，始皇之碣石，使燕人卢生求羡门(古仙人)高誓(古仙人)"。"三十七年(公元前210年)十月癸丑，始皇出游。……还过吴，从江乘渡，并海上(附海而上)，北至琅邪。方士徐市等入海求神药，数岁不得，费多，恐谴，乃诈曰：蓬莱药可得，然常为大鲛鱼所苦，故不得至，愿请善射与俱，见则以连弩射之。始皇行至平原津而病……七月丙寅，始皇崩于沙丘平台。"

五、秦朝驰道和列树

秦朝的又一事功是在周道的基础上修筑以咸阳为中心通向全国各地的大道。《史记·秦始皇本纪》载："始皇二十七年(公元前220年)治驰道"。治就是修筑的意思，驰道就是天子道，即皇帝行车的路。《前汉书·贾谊传》里记载更详："(秦)为驰道于天下，东穷燕、齐，南极吴、楚，江湖之上濒海之观毕至。"(师古曰：……濒海谓缘海之边也。毕，尽也。)接着又载："道广五十步，三丈而树，厚筑其外，隐以金椎，树以青松，为驰道之丽至于此。"

"道广五十步"，按秦制六尺为步，十尺为丈，每尺合今制27.65厘米，即总宽82.95米。"厚筑其外，隐以金椎"，是指路边隆高出地面，埋有铁椎，使不致冲塌，想见当时道路工程技术的发展。"三丈而树"又是什么意思？"汉令诸侯有制，得驰道中者行旁道，不得行中央三丈也。不如令，没入其车马。"据此，路中央宽三丈的部分是天子行车的道，汉称中道。蔡邕曰："驰道，天子所行道也，今之中道。"这个三丈宽的中道部分，别说一般臣民，就是诸侯也只允许旁道行车，不得在中道行驰。秦时"树以青松"，即中道两边种植青松，以标明中道的路线。据此，"三丈而树"就是指在中道两边种树。过去误认为隔三丈而种树；即株距三丈的说法是不对的。

我国在道路旁植树即行道树的记载，以此为最早。在通行全国的驰道，都要种植青松，想见当时种植工程已相当发达，想见当时路景的壮丽优美。

据沈洪《列树与囿的补证》云："《国语》单子知陈必亡的一文中有这样一段话：周制有之曰：'列树以表道，立鄙食以守路。周有郊牧，疆有寓望，薮有圃草，囿有林池，所以御灾也。'"这里说的列树，就是最初的行道树了，已见于周代。它的主要功能是表明道路的范围或界线，用以区别田野，指引方向，不致迷路。……囿有林池后以御灾一句，指出了囿的主要功能所在，是御灾体系的组成之一［《园林》1990 年第 6 期(总 37 期)第 42 页］。

第二节　汉朝文化艺术和建筑

一、汉朝文化与道儒两家

秦朝对人民的压迫剥削是非常残酷的，所以秦的崩溃就很快，是一个很短的，仅仅十五年的朝代。但如前节所述，秦在各方面完成的统一事功和很多改革措施，却替盛大的汉朝打下了巩固的基础。刘邦战胜项羽后，建都长安，国号汉，习惯上把刘邦到王莽篡位时期(公元前 206～公元 8 年)称为西汉或前汉。经王莽短期政权和农民起义之后，刘秀

(光武帝)又统一全国建都洛阳(25 年)，直到曹丕称帝(220 年)，汉朝灭亡这一时期(25～220 年)史称东汉或后汉。

西汉初期，统治阶级执行了休养民力的政策，大概有六、七十年的安定。朝廷积累起极大财富而十分繁荣，官僚、地主、商人都很富庶；但大多数农民却穷困得卖田宅妻子，破产流亡，形成了严重的阶级对立。汉武帝(刘彻)是一位怀抱雄才大略的皇帝，他想和缓社会内部尖锐的矛盾，利用积累的雄厚财力和人力对外用兵，用战争来缓和内部的矛盾。他北逐匈奴，南征南粤，东灭朝鲜，西域降汉，开拓扩大了疆土，奠定了地大物博的现代中国的基础。刘彻时期，不仅国力发展到最高点，而且开辟了经西域的贸易往来和文化交流的通道；对外贸易很发达，中国文化传播到附近各种族；另一方面，佛教、音乐、艺术和西方文化也从西域、南海传入中国。两汉艺术也就在楚汉文化的基础上，吸取外来文化发展起来，繁荣起来。

汉朝文化，在社会思想方面，基本上可说是道、儒两家学派思想互相消长。西汉初期，统治阶级采取黄、老、刑名的学说，用权术严刑来统治，虽立博士，但对儒学并不重视。

根据老子《道德经》所创立的学派叫作道家学派。《道德经》是战国时期的著作，根据司马迁和班固的说法，肯定作者是李耳即老子。老子提出天地万物的最初根源是道，他不信鬼神，否定了上帝，反对前知。道家还专讲君主怎样统治臣民的方法。但春秋战国时期的所谓方士，并非道家。方士幻想海中有神山，山上有永生的仙人，藏有不死之药。方士讲求尸解成仙。《史记·封禅书》："宋毋忌、正伯侨……羡门高(皆古仙人名)皆燕人，为方仙道，形解销化，依于鬼神之事。"什么是"形解销化"呢？"集解"部分引："服虔曰：'尸解'也。张晏曰：'人老如解去故骨则变化也。'"可知他们修炼成仙的方法是尸解，把灵魂从躯体里解放出来就成仙，就得永生了。后来人

利用老庄学说中神秘主义部分，创道教(宗教)，并穿凿附会地说黄帝、老子是神仙，给拉到道教去当祖师。道士的名称是从东汉才开始有的。他们专讲炼丹(不死药)，炼黄金秘法，房中术等。

到了汉武帝初年，儒家采用了阴阳五行的运命论，三纲五伦、尊君、一统、伦常的学说。这种儒家思想，可利用以支配人心，完全适合统治阶级的需要，因此刘彻就"罢黜百家"，"独尊儒术"。

二、汉朝的绘画与雕刻

道、儒两家的思想意识必然反映在各种艺术样式上。汉王朝时盛行壁画，无论帝皇宫室、贵族殿堂、官吏府舍以及学校、神庙、陵墓之内，莫不绘有壁画。当时盛行的壁画，今天只能从文字记载上来了解。此外，还可从汉墓中发掘出土的壁画、石刻画和画像砖等来认识汉朝的绘画(图3-7，图3-8)。这些作品里所画的题材，或则表现统治阶级的尊贵威严以及功臣、孝子、贞女、烈女、圣贤、侠义之类的人物故事，为封建说教，巩固统治；或则表现统治阶级的奢侈享乐生活，如宴会、乐舞百戏、斗鸡、车列骑从等，如辽阳北园与棒台子屯汉墓壁画，使我们能看到一些贵族的生活图景和汉朝人的真实形象；或则从楼阁图上，使我们能具体了解汉朝三层

图3-7　山东嘉祥汉画像石(一)

建筑的情形，屋脊上的铜凤，朱漆的门扉等；或则是从远古传留下来的种种神话和故事，灵怪神仙思想的表达[4]。

图3-8　山东嘉祥汉画像石(二)

值得注意的是汉朝绘画所取题材，虽以人物故事或肖像为主，但已显出有描写自然风光的形迹。晋张华《博物志》有关于蜀郡太守"刘褒画《云汉图》，见者觉热，又画《北风图》，见者觉寒"的记述。这可能是传说，或难免过分其辞，但由此可以知道当时画家的视野，已扩展到自然景象，写实能力相当可观。此外，关伯益《南阳汉画像集》中，有《野外乐舞图》，图作一细腰女子长袖而舞，左右有两个伴奏的乐人，又有树石作背景。可见画中用树石作背景，汉朝已有。又如成都外西丁子腰店地方发现一方砖，上下分作两图(图3-9)。上图，二人坐在水塘岸上，弯腰张弓射着水中惊飞起的水鸟，有些鸟在水中张翅欲飞之状。此外还有水中的鱼和莲花以及岸上的枯树等，整个画面形成一幅完整的风景画。可见汉朝已在绘画上反映自然风景了[5]。下图是一个农事的场面。

雕刻方面，秦朝的有文字记载的卧在长池中长达三丈的石鲸，立在始皇陵上高一丈三尺的石兽，蜀郡太守李冰为了镇压山川而制作的石牛等，

图 3-9 四川汉画像砖(一个农事场面)

都未能留存下来。但汉朝的雕刻遗存较多，有圆雕人物如翁仲，河南登封县嵩山太室庙前的石人，曲阜鹿君墓的石人等，大都只具大体轮廓，非常古拙短粗。比较生动而写实的，还是禽兽之类的雕刻。陕西兴平县前汉霍去病墓前有"马踏匈奴"、跃马、卧马、牡牛、伏虎、野猪、怪兽吃羊、人与熊和石，还有卧象、蛙、蟾和鱼一对等。这些人兽雕刻，利用石头的自然形状，顺势镌刻，巧妙成形。或以圆雕为主，局部浮雕线刻，或浮雕为主，局部线刻相结合，形象真实又不艺术夸张，既重视形，更重视神，刀法简洁、浑厚、朴拙、粗豪。城固张骞墓前的天禄辟邪，山东嘉祥武氏祠前的石狮子等，都可看出汉朝的雕刻家们在掌握兽的形象及其精神上，已经有了相当高度的写实技巧。附注：据《汉书》、《后汉书》上说法，天禄、辟邪是自乌戈山离、丹氏、安息传来，似鹿长尾，一角者谓之天禄，两角者谓之辟邪，其实是一种神瑞化了的兽类[6]。

此外，还有不少铜铸的雕像，在宫苑中图景上有重要作用，如建章宫柏梁台上的承露仙人，蜚廉观上的飞廉，未央宫前的铜马、铜龙，建章宫璧门上高五尺铜凤和凤阙上高丈余金凤等，但因无一遗存，难以了解其雕刻的水平和风格。近来出土汉玉奔马和汉彩绘骑马俑(图版

5，图版 6)。

统观汉朝的绘画、雕刻，明显的中心思想是劝善戒恶，为封建说教；题材以现实生活为主，基本上以写实手法表现。虽然也存在着许多神话神仙的内容，如营城子汉墓壁画中墓室的主人正在被方士引导而成仙去，但就是这些神仙灵怪的形象仍然取之于观察，继承了春秋时代的传统，形成了当时繁荣而丰富多彩的艺术。

图版 5 汉玉奔马

图版 6 汉彩绘骑马俑

三、汉赋

汉朝,在文学上发展了从楚辞脱胎而来的汉赋,它是不歌的纯文学作品,所谓"不歌而诵谓之赋"。西汉初期,著称的辞赋有贾谊的《惜誓》、《吊屈原赋》等,大抵托物寓兴,反映他愤恨不平的情绪。后有枚乘创作了批判色彩鲜明的《七发》,揭露上层统治阶级的腐化。汉武帝时,著名辞赋家司马相如有描写畋猎苑囿的《子虚》、《上林》二赋,还有东方朔的富于讽喻,具有"滑稽之雄"特殊风格的短赋。西汉中叶以后,在民间乐府诗歌的冲击下,辞赋在走下坡路了。西汉末年扬雄的辞赋,虽有人称颂达到了渊博绝丽的水平,但他的作品模仿前人,只靠技巧。东汉时代,班固《西都》、《东都》二赋,张衡《西京》、《东京》二赋,用赋体铺写都会的繁荣,但在艺术形式上重规叠矩,索然乏味。诚如李泽厚在《美的历程》中指出,这些味同嚼蜡的皇皇大赋,都是状貌写景,铺陈百事,尽管有所谓"讽喻劝戒",其实作品的主要内容和目的仍在极力夸扬、尽量铺陈天上人间的各类事物,其中又特别是现实生活中的各种环境事物和物质对象,江山的宏伟、城市的繁盛、商业的发达、物产的丰饶、宫殿的巍峨、服饰的奢侈、鸟兽的奇异、人物的气派、狩猎的惊险、歌舞的欢快,⋯⋯在赋中无不刻意描写,着意夸扬。这与上述画像石、壁画等等的艺术精神不正是完全一致的吗[7]?

四、汉朝建筑

"美轮美奂"的建筑,前章前节都已讲到,既和统治阶级的生活享受有最密切的关系,也最能够显出封建帝王的淫威。春秋战国时期的台,秦始皇时集各国建筑之大成,大修信宫、阿房宫时达到顶点,两汉建筑继秦又向前发展了一步,出现了很多宏伟的建筑。可以这样说,战国末期到汉朝是我国

建筑史中一个新的发展阶段。

在建筑材料和技术方面,战国时代的屋面已大量施用青瓦覆盖,板瓦、筒瓦和半圆形瓦当上纹饰,比之西周时期都已进了一步(图3-10)。砖的种类也增多,除条砖外,还有方砖和空心砖、扇形砖、楔形砖以及适应构造和施工要求的定型空心砖。石料的使用也逐渐增多,从战国到西汉已有石础、石阶等。东汉时出现了全部石造的建筑物如石祠、石阙和石墓,还镂刻有人物故事、动物和各种花纹[8]。如中岳庙石室石阙,创建于东汉安帝元初五年(118年),上面刻有龙、凤、牛、马、虎、鹤、鱼、人物、车马等。安帝延光二年(123年)的少室石阙,刻有龙、虎、麟、凤、象、马、鹿、羊、鹤、人物等。这些都是用一种浅浮雕的形式,但也是很生动的[9]。

中国古代建筑以木构架为主要结构方式。春秋时代已建造重屋和高台建筑,战国时代得到进一步发展,到秦时达到最高点,但由东汉起高台建筑逐渐减少,而高达三、四层的楼阁大量增加,而且每层都是一个独立的结构单元。至于木构架的结构技术,秦汉时期已日渐完善,两种主要结构方法——台梁式和穿斗式都已经发展成熟。中国建筑所特有的斗栱,从西周时栌斗演变而来,既用以承托屋檐,也用以承托平坐。它的结构功能是多方面的,同时也是建筑形象的一个重要组成部分[8](图3-11)。

汉朝建筑的屋顶已有五种基本形式:庑殿、悬山、囤顶、攒尖和歇山。不过当时的歇山顶是由中央的悬山顶和周围的单庑顶组合而成。此外,还出现了由庑殿顶和庇檐组合后发展而成的重檐屋顶[8](图3-12)。

总的说来,汉朝在建筑艺术形式上的成就为我国木结构建筑打下坚实基础,中国古代建筑的结构体系和建筑形式的若干特点已基本上形成。

条砖

铺地砖

战国瓦当

墓门空心砖

空心砖

秦、汉瓦当

模印花纹的汉砖

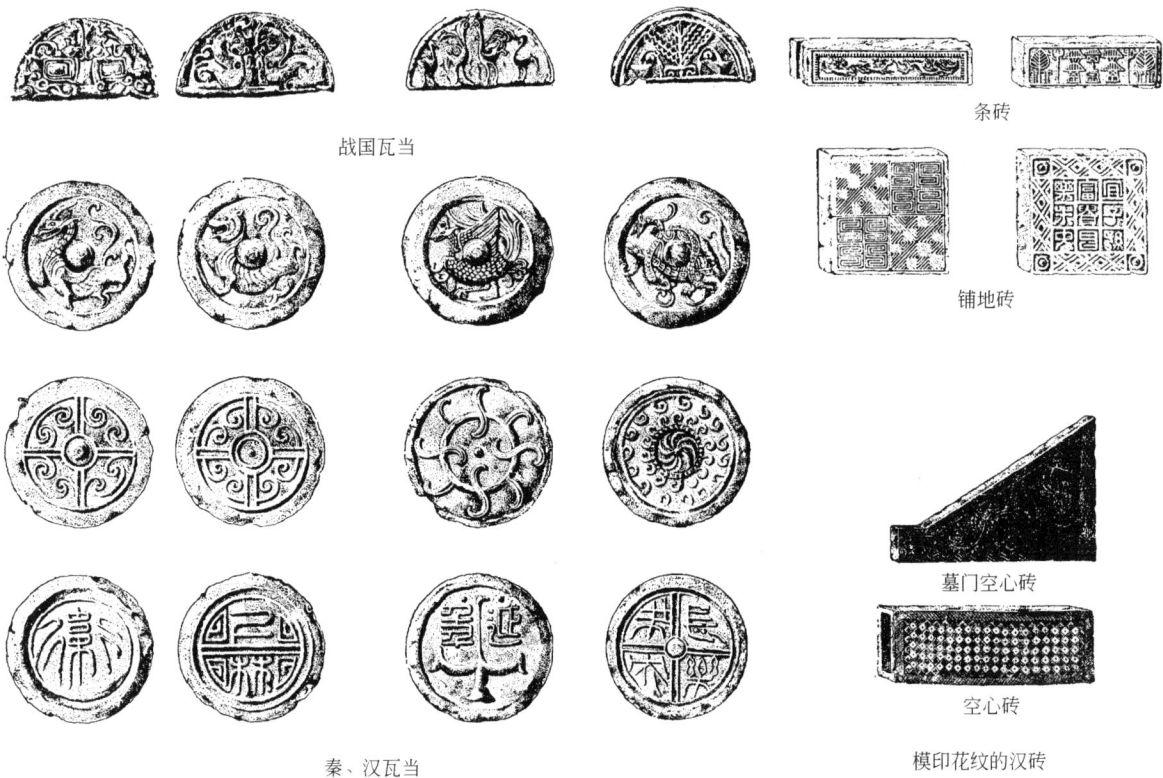

图 3-10　战国、秦、汉砖瓦纹样

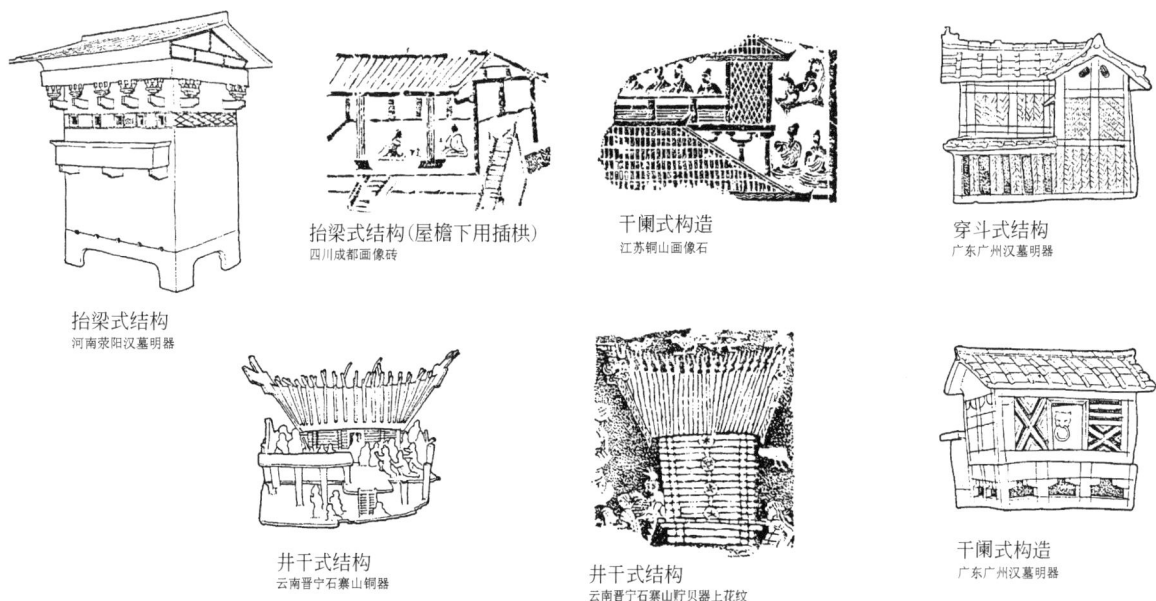

抬梁式结构（屋檐下用插栱）
四川成都画像砖

干阑式构造
江苏铜山画像石

穿斗式结构
广东广州汉墓明器

抬梁式结构
河南荥阳汉墓明器

井干式结构
云南晋宁石寨山铜器

井干式结构
云南晋宁石寨山贮贝器上花纹

干阑式构造
广东广州汉墓明器

图 3-11　汉代几种木结构建筑

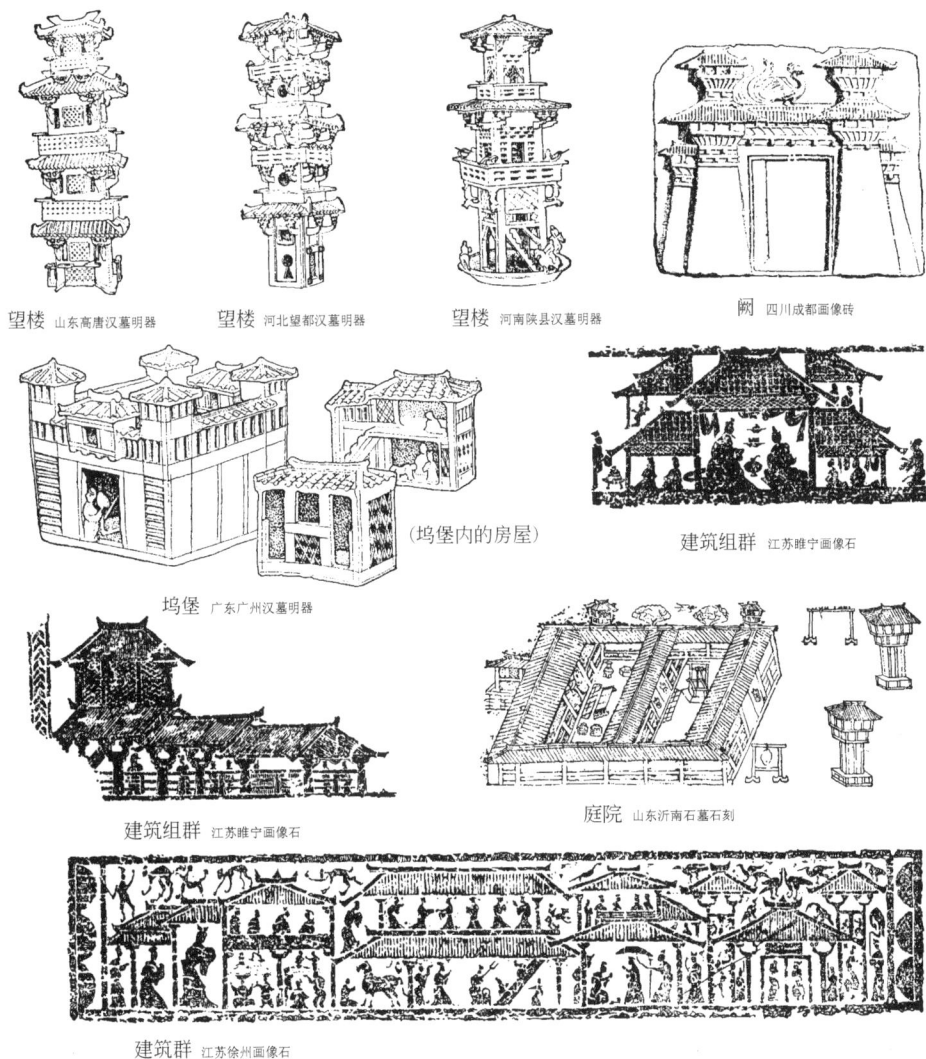

望楼 山东高唐汉墓明器　　望楼 河北望都汉墓明器　　望楼 河南陕县汉墓明器　　阙 四川成都画像砖

（坞堡内的房屋）

坞堡 广东广州汉墓明器　　建筑组群 江苏睢宁画像石

建筑组群 江苏睢宁画像石　　庭院 山东沂南石墓石刻

建筑群 江苏徐州画像石

图 3-12　汉代建筑的几种形式

第三节　汉长安城、长乐宫和未央宫

一、汉长安城

　　长安是西汉的京都，位于今西安西北郊约 10 公里地方。长安本是秦都咸阳在渭河南岸的一个乡聚名称，地势南高北低。汉王朝最初驻在秦的旧都栎阳。刘邦在和项羽决战未结束前，曾利用秦的紧靠龙首山山麓的一个离宫即兴乐宫故基筑长乐宫城。《三辅黄图》载："高祖七年(公元前 200 年)方修长乐宫成，自栎阳徙居此城，本秦离宫也。"高祖八年(公元前 199 年)刘邦还在扫荡异姓王的叛乱时期，萧何就着

手营建京师，在长乐宫西筑壮丽的未央宫，还有东阙、北阙、前殿、武库等建成后，京师已初具规模。但当时只是有宫城，并没有修长安外郭城。刘邦死后，汉惠帝刘盈元年(公元前 194 年)开始修筑外郭城。《汉书·惠帝纪第二》载："(元年)春正月城长安。""三年春，发长安六百里内男女十四万六千人城长安，三十日罢。六月发诸侯王、列侯徒隶二万人城长安。""(五年)春正月，复发长安六百里内男女十四万五千人城长安，三十日罢。九月，长安城成。"(注：汉朝法律规定，老百姓每年必须服劳役一个月，叫作"更卒"，所以有"三十日罢"之句。)费了那样长时间，那么多人力营建长安城，到惠帝五年(公元

前 190 年)九月才修成。

据《三辅黄图》载："(墙)高三丈五尺，下阔一丈五尺，上阔九尺，雉高三坂，周回六十五里，城南为南斗形，北为北斗形，至今人呼汉旧京为斗城。"后人有认为仪天象北斗星宿而这样制作的，这种说法大抵起于唐朝，是从形似而有的附会。大抵由于长安城是后来扩建的，即先建宫殿，后建长安城墙，所以城的外形是不整齐的，城的平面是近凸形的不规则形状。城北梯级形主要是由于地形关系，或由于渭河河流的制约而向东北斜行。城南墙有突出有凹进是因为长乐宫和未央宫的建筑在前，不得不屈曲以便把它们包括在城中［图 3-13A、B］。

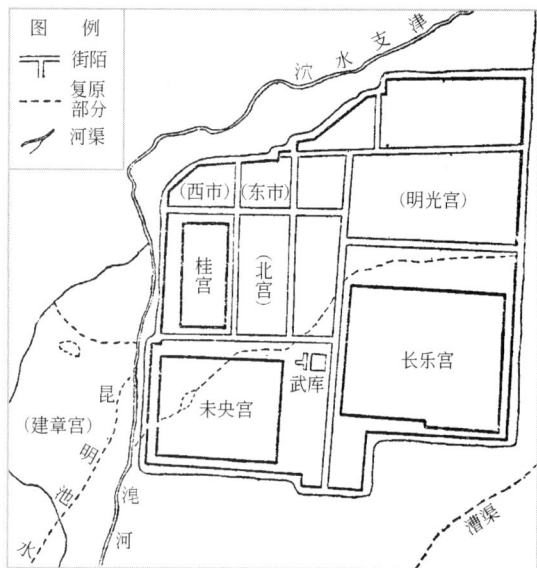

图 3-13A　汉长安城探测图

长安城每面墙各有三个城门，共十二个城门。每个城门各有三个门洞，所谓"通达九逵"。总的平面如《汉旧仪》载："长安城中，经纬各长三十二里十八步，九百二十七顷，八街、九陌、三宫、九村、三庙、十二门、九市、十六桥。水泉深二十余丈，城下有池(即今称护城河)围绕，广三丈深二丈，石桥各六丈，与街相直。"

汉长安城遗址，根据考古发掘实测结果证明，各墙长度以两个城角之间经距或纬距计算，东墙5940 米，南墙 6250 米，西墙 4550 米，北墙 5950 米。若将四墙全线拉直来计算城的周长为 25100 米，合汉制 60 里强，与《汉旧仪》记载相符。从残留城墙看，全部是版筑土墙，夯打十分结实(图版 7)。梯形城墙的下部宽度，最厚处为 16 米左右，合汉尺近七丈。从实测证明一门三洞，城门洞最宽的有 8.1 米，窄的也是 7.7 米，正好可容四个车轨(按辉县发现的战国车来计算，通常一轨为 1.8 米)。《水经注》："凡此诸门……三途洞开，……左出右入"，即每个城门有三条并列的街道，行人只能走两边的街道，中间的一条为专供皇帝车马使用的驰道，即御道。以安门内贯通南北的大街来看，这条街宽约 50 米，中央是驰道，宽 20 米，两侧有沟，沟外两侧又各有宽 13 米的街道。

城内有八条主要街道，都与城门相通，穿插在宫殿群和居住区之间，纵横交错，作十字形或丁字形相交。由于街道布局把全城分成大小不同的住宅区。各个住宅区又分成许多间里，《三辅黄图》载："长安间里百六十，有宣明、建阳、昌阴、尚冠、修城、黄棘、北焕、南平、大昌、戚里"等。商业区主要在城北的东部和西部，东部多是贵族府第，西部诸市则靠近渭河桥，交通便利，商贾云集，最为繁华。据《三辅旧事》："长安，市有九，各方二百六十六步。六市在道西，三市在道东。凡四里为一市，……市楼皆重屋。"《三辅黄图》载市名有"直市……即秦文公造，物无二价，故以直市为名。又有柳市、东市、西市。有当市楼，有令舍以察商贾贸易。"

汉长安城中以宫室建筑为主要组成部分，首先有长乐宫，在城东南隅，后建未央宫，在城西南隅，刘彻时又建明光宫在长乐宫北，还有桂宫、北宫在未央宫北面、城西北隅，在长安西筑建章宫。据文献记载，各宫之间几乎都有复道周阁相属如秦时。这也由于汉时宫室群散布城内各处，与百姓杂居，不得不用飞阁复道连接起来，因此在各方面造成许多不便。由于这些宫区以及官衙、武库等占地面积相当多，而且

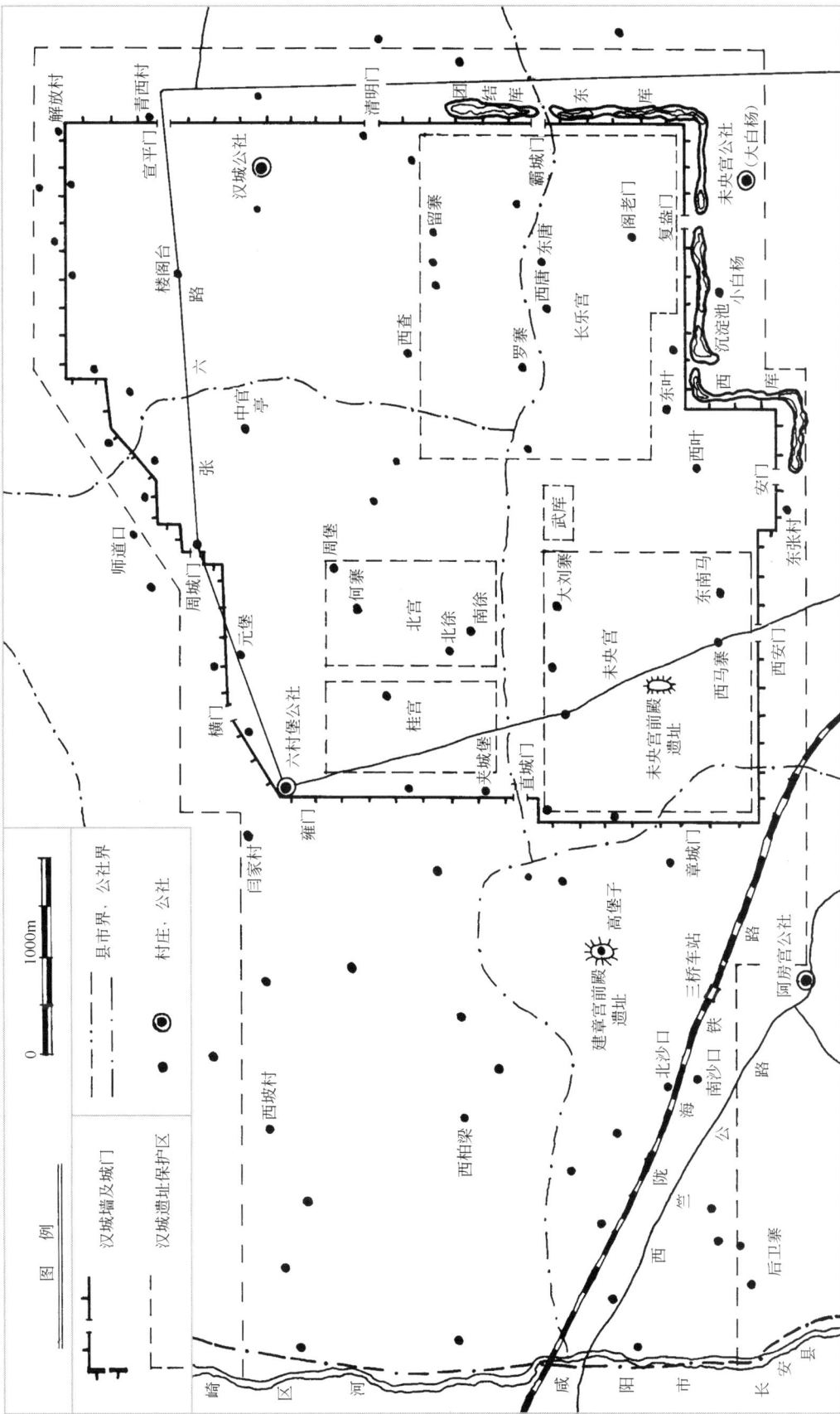

图 3-13B 汉长安城遗址保护区位置图

图版7　残存汉长安城墙和夯土层

人口众多，住宅区是相当拥挤的。据《汉书·地理志》载："长安，高帝五年置。惠帝元年初城，六年成。户八万八百，口二十四万六千二百。"若把皇族、士兵及其他人口计算在内，估计长安人口在三十万以上。

长安城的用水，汉初大致引近旁潏水使用。随着城市的扩大，宫殿林立，人口增多，仅靠潏水是不够用的。所以后人认为刘彻挖昆明池是为了解决用水。从昆明池到汉城开了一条人工水渠——明渠，把水引来，在西城章城门北以飞渠（架空渠道）的方式跨越入城，注入未央宫的沧池，然后再从沧池流出，横贯东西两城，即在未央、长乐二宫与北面桂宫、北宫、明光宫之间流过，这个人工渠就是《汉书》所谓王渠，渠水自清明门出城，注入通向渭河的漕渠（图3-14）。

长安是西汉王朝从刘邦起到王莽时不断经营达二百多年之久的京城，是当时中国的政治、文化和经济中心。到了西汉末年，随着王莽新朝的覆灭，长安城也在战乱中遭到严重破坏，未央宫火烧三日，也遭到毁坏。东汉时迁都洛阳，长安更日渐衰落。光武帝刘秀在建武十八年（42年）巡行到长安，下诏"修西京宫室"，但许多宫室再也没有恢复旧观。到东汉末年，未央宫因年久失修，已趋败坏。"董卓之乱，王允诛卓后，李傕、郭汜、樊稠攻入长安，纵兵杀掠，死者狼藉，人相食啖，白骨委积，臭秽满路"（《后汉书·董卓传》）。到西晋末年，统治阶级内部为争夺皇位，混战十多年后，长安城中已是破败不堪，一片荒凉，所谓"户不盈百，墙宇颓毁，蒿棘成林"。西晋的潘岳，在他任长安令时，曾作《西征赋》，描绘了当时凄凉景象和感叹。

到了五胡十六国和北朝期间，虽有一些小王朝如前赵刘曜、前秦苻坚、后秦姚兴、西魏元宝炬、北周等在此建都，因为政权不稳定，加之连年烽火，很少建树。据记载，后赵时石季龙"以石苞代镇长安，发雍、洛、秦、并州十六万人，城长安未央宫"（《晋书·石季龙载记》）。这次培修的规模较大，使得未央宫、长安城又得保存下来。到了隋代，文帝杨坚另筑大兴城，把汉城归内苑，唐朝也属于禁苑，因此城墙的破坏较慢，直到今天还能看到残存的墙垣和城市前漕渠的遗迹。

西汉新兴城市：西汉的封建经济，在秦的基础上得到进一步巩固，手工业和商业不断发展，还出现了不少新兴城市。当时著称的手工业城市有临邛、安邑、襄邑、宛、广汉等，著名的商业城市有洛阳、邯郸、江陵、成都、吴、合肥、番禺等。这里就不一一具述。

二、长乐宫

本书仅就古籍记载资料较多，可据以辨及各宫室的前后方位，画出示意图的长乐、未央二宫，以及上林苑和建章宫进行研究，对于汉朝建筑宫苑的内容，可以了解得较清楚。

前述刘邦先在栎阳居住，长乐宫落成后就搬进居住临朝，等于"正宫"。《汉书·叔梁通传》："汉（高祖）七年（公元前200年），长乐宫成，诸侯群臣朝行朝仪：先平明（平明之前），谒者治礼，引以次入殿门，……"（师古曰：汉时尚以十月为正月，故行朝岁之礼）。文中还讲上朝仪式，省略。

长乐宫的位置，《三辅黄图》载："在长安城中，近东直杜门"，就是说近城东部，直通杜门（即复盎门）。长乐宫的规模，《关中记》载："周延二十余里，有殿十四。"根据《三辅黄图》记载和《关中胜迹图志》上的插图可以画出示意图（图3-15）。从图可以了解到在中轴线上是主要宫殿，东部有池有台，西部有四殿在一个轴线上。这个宫殿建筑组群的外面，围有宫垣，四面辟有宫门，宫垣之外另筑有郭城并有阙的设置。长乐宫不是四面设阙，仅有东阙和西阙。从总体看来，长乐宫名称上叫作宫，其实是一个小型的城，所以这类宫（未央宫、建章宫都这样）更确当的叫法是"宫城"。

从长乐宫南面的宫门进去，先是前殿，它是受朝理政的宫殿，"东西四十九丈七尺，两序中二十五丈，深十二丈"（《三辅黄图》）。前殿的后面是临华殿，它是后来刘彻增建的。再进，走过跨王渠上的石

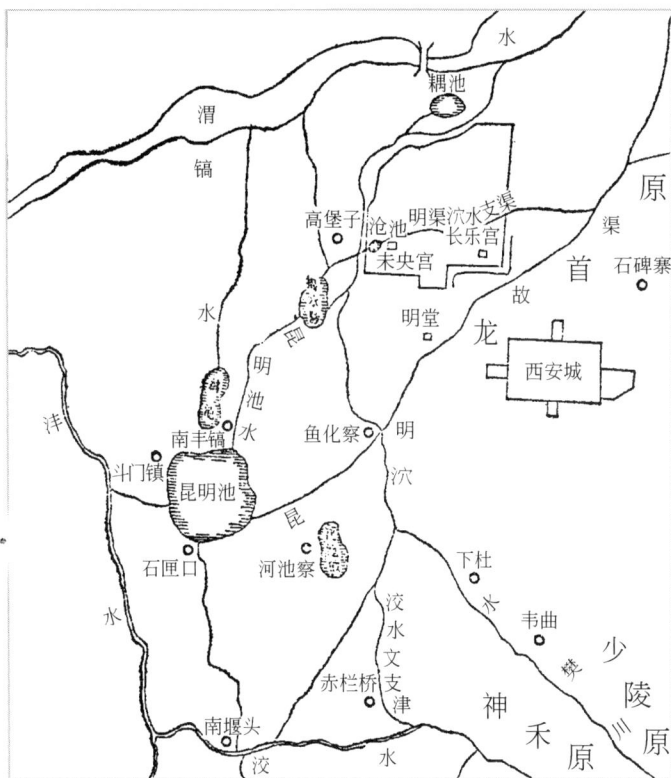

图3-14　汉长安城附近渠道河流示意图

桥来到建在高台上的大厦殿，殿前置有铜人。据《三辅旧事》张澍按语，《太平御览》："秦铸铜人，立阿房殿前，汉著（注：即置字）长乐宫大厦殿前。"

长乐宫的东部有池有台。据《庙记》："有鱼池、酒池，池上有玉炙树，秦始皇造，汉武帝行舟于池中"。据《关中记》："酒池北起台，天子于上观牛饮者三千人"。《太平寰宇记》载："武帝作酒池以夸羌胡，饮以铁杯，重不能举。"《水经注》作者认为酒池说法不可靠，他说："长乐殿之东北有池，池北有台沼，谓是池为酒池，非也"。《三辅黄图》又载："长乐宫有鱼池台、酒池台，始皇造。又有著室台、斗鸡走狗台、坛台、汉韩信射台。""有鸿台，秦始皇二十七年筑，高四十丈，上起观宇，帝尝射鸿于台上，故号鸿台"。

长乐宫的西部为后妃所居的殿。《三辅黄图》载："长乐宫西有长信宫、长秋殿。……又永寿、永宁殿，皆后所处也"。此外，《长安志》引，还有长定、建始、广阳、中室、月室、神仙、椒房诸殿。

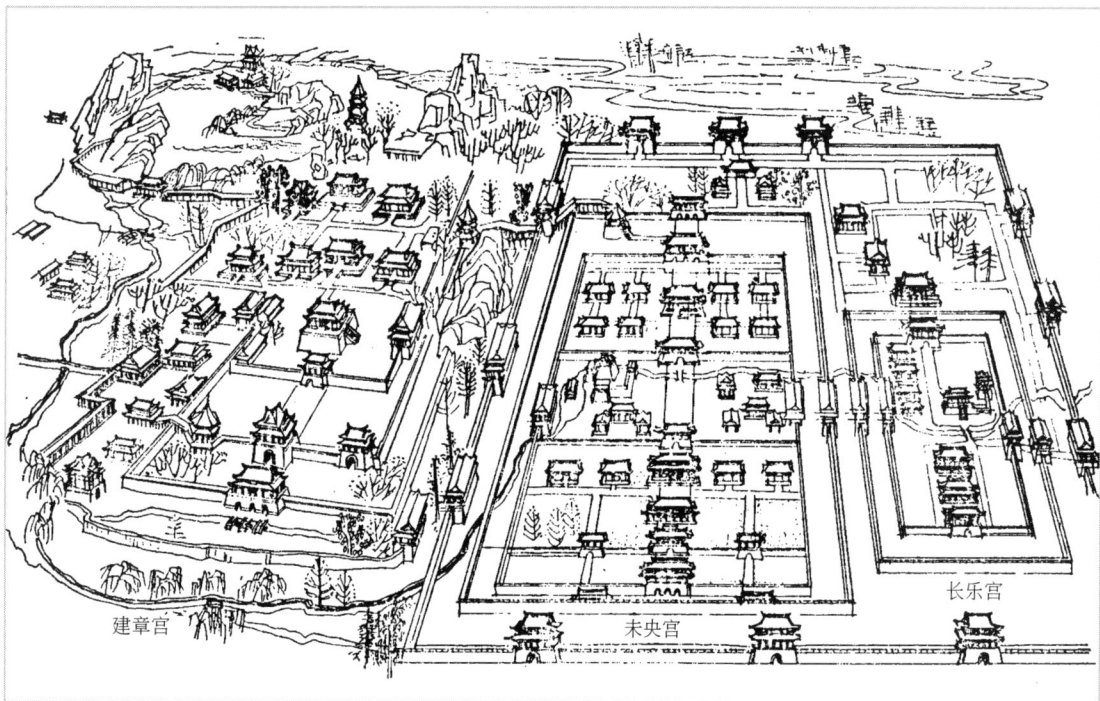

图 3-15 汉三宫建筑分布图

总的说来，长乐宫的布局是严整的，中轴线上为主要宫殿，殿屋都是正向朝南，排列疏朗，其余各殿分布左右；东部有池有台以供游息，西部前后排列，为后妃居住。

长乐宫遗址位置在今西安市西北郊的阁老门村。

三、未央宫

据《史记·高祖本纪》："萧丞相营作未央宫，立东阙、北阙、前殿、武库、太仓。高祖还，见宫阙壮甚，怒谓(萧)何曰：'天下汹汹，苦战数岁，成败未可知，是何(为什么)治宫室过度也？'萧何曰：'天下方未定，故可因遂就宫室。且夫天子以四海为家，非壮丽亡(即无)以重威，且无令后世有以加也'。高祖乃说(同悦)。"萧何回答的大意是说，天下是帝王私有的家，那么帝王居住的宫殿必须宏伟壮丽，不这样不足以显示帝王至尊无上的威严，只有这样才可使人民慑服在重威下作顺民。这一段话确是道破了封建帝王营建宫室的思想主题。

未央宫的规模，据《三辅黄图》载，周回二十八里，《关中记》说是三十三里，《西京杂记》说是二十二里九十五步五尺，街道周回七十里。据今人勘测，未央宫周长8560米，以《西京杂记》记载的，合今制9300米，较为接近。未央宫也与长乐宫的规模那样，内有宫垣，四面设司马门，外有郭城，仅两面有阙，东阙和北阙，但以北阙为正门。《汉书·高帝纪第一》颜师古注："未央殿虽南向，而尚书奏事，谒见之徒，皆诣北阙(因而后人称入宫为诣阙，出宫为辞阙)，公车司马具在北焉，是则以北阙为正门。"颜师古曰："司马门者，宫之外门也。卫尉有八屯卫侯司马，主徼巡宿卫，每面各二司马，故谓宫之外门为司马门。"

未央宫城的布局怎样，有哪些宫室？由于未央宫是一巨大的宫殿建筑群体，萧何修成以后，尤其刘彻时候还不断加以整修更新和新筑，究竟有多少宫殿，各书记载不一。《三辅黄图》列举的殿名有四十多处，阁名十多处，台名十多处，室名多处，池名数处，有的叙明其位置，有的叙明其用途。《西京杂记》上记载，则有"台殿

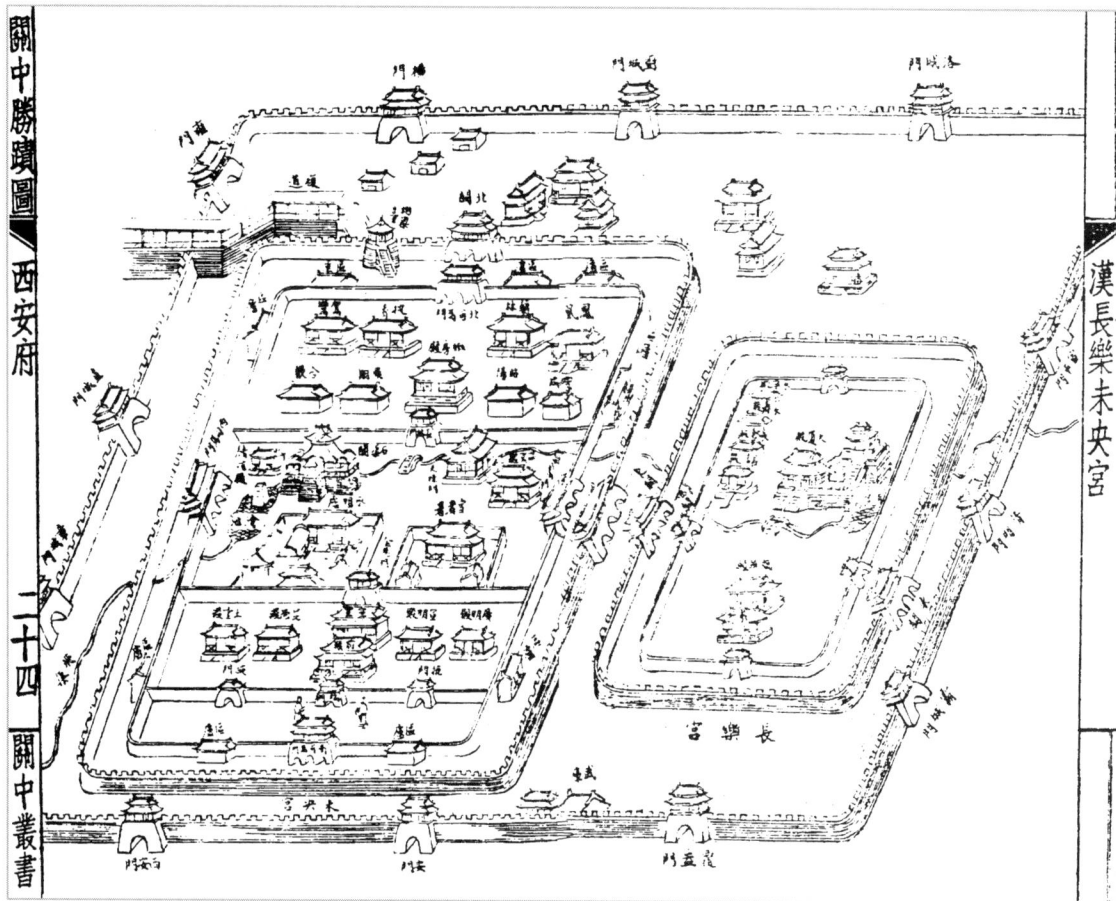

图 3-16　汉长乐宫、未央宫鸟瞰图

四十三，其三十二在外，其十一在后宫；池十三，山六，池一山一，亦在后宫。门闼九十五。"《关中胜迹图志》曾就主要宫室及其方位画出示意图，如图3-16所示。总的说来，在布局上，未央宫城建筑群体是由三个部分组成：第一部分是以未央前殿为中心的前宫区；第二部分是由不同功能的几组建筑组成的中宫区；第三部分是以椒房殿为中心的后宫区；这三区都有宫垣横隔分开。

前宫区：正门叫端门，左右各有掖门。进端门就有层层台阶而上，高踞宏伟的前殿。《三辅黄图》载："营未央宫，因龙首山以制前殿"，这就是说依借龙首山的地势构作前殿，也可能就是搜山为台殿，不假版筑就可高出。"其基已高，故宫殿皆出长安城上"（《雍录》）。前殿的建筑宏伟，"东西五十丈，深五十丈，高三十五丈"，《三辅黄图》接着载："至孝武（刘彻）以木兰为棼橑（注：棼就是短的梁，橑即椽子），文杏为梁柱，金铺玉户（用

金铺锦扉上，用玉装饰门户），华榱璧珰（榱是屋上的椽子，珰是上挂的珠玉饰物），雕楹玉磶（楹即柱子，磶即柱础），重轩镂槛（镂空成花样的栏杆），青琐丹墀（青琐即窗子，墀即殿阶），左碱右平（左边是徒步上登用，因此作成阶级叫作碱，右边是可以乘车而上的道，因此要平）。"从这段描述来看，刘彻更新后的前殿确是十分豪华。

前殿是未央宫的主体建筑，是皇帝临朝听政的正殿。有宣室，《三辅黄图》："布政教之室也"。《长安志》："斋则居之"，即祭祀前举行斋戒仪式时也居此。宣室的位置各人说法不一，苏林注："未央前殿正室也"，颜师古注："其殿在前殿之侧"，《三辅黄图》有"宣室、温室、清凉，在未央殿北"，《关中胜迹图志》上未央宫示意图也是把宣室画在前殿之北。总之，前殿本身就是一组建筑，而宣室是其中之一。

据《三辅黄图》，前殿的左右有相对称的侧殿，"宣明、广明在未央殿东，昆德、玉堂在未央殿西"。前宫区的北门是一般朝臣谒见皇帝时走的门。刘彻时候"得大宛马，以铜铸像，立于署门内，因以为名"（《三辅黄图》），所以又叫金马门。

前宫区主要是受朝理政宣教的地方，因此建筑格局严整而庄严。

中宫区：是由几组建筑组成，各有不同功能用途。进金马门有列在左右相对的两组建筑，一组称"宦者署"，是皇帝召臣子侍读的处所；一组总称"承明殿"，是著述写作的场所。中宫东北隅的一组建筑有天禄阁和温室殿。天禄阁"藏典籍之所"就是储藏图书典籍的地方。西汉时期著名的儒学家如扬雄、刘向曾校书天禄阁。温室殿，据《西京杂记》载："以椒涂壁（以花椒和泥涂墙壁），被之文绣，香柱为梁，设火齐屏风鸿羽帐，规地以罽，宾甒觎（罽，毛织的地毯；甒觎，毛织的毯子）。"《三辅黄图》载："武帝建，冬处之温暖也。"椒泥涂壁，取其温而芬芳也，挂以毛毯，铺以地毯，又设火，当然冬处之则温暖也，是宜冬居的殿室。中宫西北隅的一组建筑，恰恰相反，适宜夏季居住，有石渠阁、清凉殿、沧池和渐台。先说沧池，在西部洼下地方，《三辅黄图》载："言池水苍色，故曰沧池。池中有渐台，王莽死于此。"沧池水的来龙去脉，《雍录》载："凡汉城（长安城）之水，皆诸昆明（池）……注未央宫西，以为大池，是谓沧池。沧池下流，有石渠，陇而为之，以导此水。既周偏诸宫，自清明出城，即王渠是也"。石渠阁就在沧池的东北，筑渠上，《三辅黄图》载："石渠阁，萧何所造，其下砻石为渠以导，若今御沟，因为阁名，所藏入关所得秦之图籍。"其西有清凉殿，"夏居之则清凉也。"这一区大抵由于沧池和石渠流水，夏季凉风习习，可以避暑。

后宫区：以椒房殿为中心，是后妃居住的内宫。《汉书仪》："皇后殿，称椒房，以椒涂室主温暖，除恶气也。"《三辅黄图》载："武帝时后宫有八区，有

昭阳、飞翔、增成、合欢、兰林、披香、凤凰、鸳鸯等殿。后又增修安处、常宁、茝若、椒风、发越、蕙草等殿，为十四位"。为十四位就是为十四位昭仪、婕妤居住的殿。《汉宫仪》又载："婕妤以下皆居披庭。"后宫还有"月景台、云光殿、光华殿、鸿鸾殿、开襟阁、临池观，不在簿籍，皆繁华窈窕之所栖宿焉。"《三辅黄图》载："披庭宫在天子左右如肘腋。"

《三辅黄图》仅记殿名，不详其处还很多，台名亦然，有果台、东西山二台、钓弋台、通灵台、商台、避风台等。有的池台加以叙明，如"影蛾池，武帝凿以玩月，其旁起望鹄台，以眺月影入池中，亦曰眺蟾台。昭帝（刘弗陵）始元元年（公元前86年）穿琳池，广千步。池南起桂台，亦望远。东引太液之水，池中植分枝荷，一茎四叶，状如骈盖，日照则叶低荫根茎，名曰低光荷。"记载有特殊用途的专室三："凌室，在未央宫，藏冰之所也"；"织室，在未央宫，又有东西织室，织作文绣郊庙之服"；"暴室，主披庭织作染练之署。谓之暴室，取暴晒之名耳"。还有"弄田，在未央宫。弄田者燕游之田，天子所戏弄耳"。宫中置一块农田，不过是标榜天子重农，其实仅闲散时或一时兴之所至，到田里弄几下作为消遣游戏罢了。又载："兽圈九，彘圈一（注：彘是猪的别名）。"兽圈是畜养百兽的地方，是为了赏玩而养畜。"兽圈上有楼观"，就是让人们登在楼上观看欣赏野兽在圈内行动，有时让猛兽互斗，甚或人和猛兽格斗。

未央宫一直是西汉王朝的统治中心，如前所述，西汉末年王莽时遭到火攻破坏……直到石季龙的那次培修，规模较大，使得未央宫能保存下来。隋唐时划入内苑。《旧唐书·高祖本纪》中有唐高祖李渊在贞观八年（634年）置酒未央宫大宴群臣的记载，可见未央宫尚完好。唐高宗李治时，曾命太子舍人许敬宗全面勘察了汉城宫殿遗址，恢复了一些殿宇建筑，作为大明宫西内苑。乾封二年（667年），李勣死，陪葬昭陵。及葬日，唐高宗李治"幸未央城，登楼临送，望柳车恸哭"。一百六十年后，唐敬宗李湛时还培修，

图版 9　登未央宫台基遗址北望

图版 10　天禄阁台基遗址

《旧唐书·敬宗本纪》记载，宝历二年（826年），神策军在禁苑内古长安城中修汉未央宫，"掘获白玉床一张，长六尺"。到唐朝后期，武宗李炎于合昌元年（841年）又曾兴修一次。唐裴素《修汉未央宫记》："……（武宗）指示曰，此汉遗宫也，……吾欲崇其颓基，建斯余构，勿使华丽，爰举旧观而已。……于是命工度材……凡殿宇成构，总三百四十七间……"。

这次整修离萧何初修未央宫已一千多年了。唐末，长安城屡遭破坏，五代以后再也没有一个王朝定都长安，未央宫也就完全被废弃了。

今天，汉长安城的城墙尚部分残存，未央宫几个著名建筑基址尚残存。今西安市汉故城西南角有巨大高土台（在未央宫公社西马寨村北），即未央宫前殿台基遗址，在十多里外就能望见［图版8（缺）］。现存遗址南北长约340米，东西宽约150米，北端最高处尚达10多米。由南往北有三个大台面，次第递高。如从台基南端徐步上登，站在台基北部，可以一览无余地眺望到西汉城的景况（图版9）。前殿台基往北约二里的小刘家寨，又有二土台，东西相对。东边的在一所小学内有高约六、七米的夯土台，台上有一小庙，当地称为刘向祠，应是天禄阁遗址（图版10），西边的在天禄阁遗址西约一里处，应是石渠阁遗址。登上石渠阁残存的夯土台向北眺望，可以看见不远处桂宫明光殿遗址的巨大夯土堆。据说天禄阁遗址曾出土过"天禄阁"瓦当和天鹿画瓦，石渠阁遗址曾出土过"石渠千秋"瓦一片[10]。

第四节　汉上林苑和建章宫

一、汉上林苑

汉武帝刘彻时候，经过"文、景之治"，人民得以休养生息，国力富裕。他不仅把财富和人力花在进击匈奴等事业上，而且大营宫苑，奢侈浪费惊人。就在张骞出使西域的那一年（公元前138年），把本是秦的旧苑，即上林苑，加以扩建，规模空前宏伟，而且苑中有苑、有宫、有观。

汉初，曾开放秦的苑围园池，令民耕种，上林苑中许多地方已为农民开垦。据载，建元三年（公元前138年），刘彻开始微行出游，经常在终南山麓畋猎。《汉书·东方朔传》载："初，建元三年，微行始出。北至池阳(今陕西泾阳县),西至黄山(今陕西兴平县北),南猎长杨(今陕西周至县南),东游宜春(今西安市东南)……常称平阳侯(是刘彻的姐丈曹寿的封爵)。旦明,入山下驰射鹿豕狐兔,手格熊罴。驰骛禾稼稻粳之地,民皆号呼骂詈,相聚会,自言鄂杜令。"后段的意思是说刘彻冒名平阳侯,夜行旦明驰猎,践踏了老百姓的庄稼,老百姓不知是皇帝微行,就破口大骂,还到鄂(今户县)杜(今杜城)县令那里去告状。据说有一次,刘彻夜投旅店,不但遭到店主人的冷遇,甚至怀疑刘彻等是奸盗,聚合起少年要打他们。县令去后才知是皇帝微行。刘彻一度狼狈,苦往肚里咽,于是借口"道远劳苦,又为百姓所患,乃使太中大夫吾丘寿王与待诏能用算者二人,举籍(度量)阿城以南,盩厔以东,宜春以西,提封顷亩(提举四封之内,总计其亩数),及其贾值(贾同价),欲除以为上林苑,属之南山"。简单地说,就是派官员去丈量范围,计算亩数和价值,划定范围作为上林苑。

上林苑的苑址,广大惊人,地跨长安、咸宁、盩厔(今周至)、鄠县(今户县)、蓝田五县的县境。据《汉书》载:"武帝建元三年开上林苑,东南至蓝田(县名)、宜春(苑名,在咸宁县)、鼎湖、御宿(二者河川名,也是苑名)、昆吾(苑名)、旁南山(终南山),而西,至长杨(宫名,在周至县)、五柞(宫名,在周至县),北绕黄山(今兴平县马嵬镇北),濒渭水而东,广长三百里,离宫七十所,皆容千乘万骑"。又据班固《两都赋》描绘:"西郊则有上囿禁苑,……缭以周墙四百余里",可见外围还筑有周长四百多里的垣墙。

从东方朔《谏除上林苑疏》一文,可以了解到汉上林苑这一带本是物产富饶的地区。疏称:"其山出玉石金银铜铁,豫章檀柘(树木名),异类之物,不可胜原,此百工所取舍,万民所仰足也。又有粳稻梨栗桑麻竹箭之饶,土宜姜芋,水多龟鱼,贫者得以人给家足,无饥寒之忧,故鄠、镐之间,号为土膏,其贾(注:同价)亩一金(一斤黄金,合今制约253克,

汉时一金值一万钱)。"把这样富饶膏腴之地辟作上林禁苑,其后果将是什么呢?疏上说:"今规以为苑,绝陂池水泽之利,而取民膏腴之地,上乏国家之用,下夺农桑之业,弃成功、就败事,损耗五谷,是以不可一也。且盛荆棘之林,而长养麋鹿,广狐兔之苑,大虎狼之墟,又坏人冢墓,发人室庐,令幼弱怀土而思,耆老泣涕而悲,是其不可二也。斥而营之,垣而围之,骑驰东西,车骛南北,又有深沟大渠,夫一日之乐,不足以危无堤之舆,是又不可三也。故务苑囿之大,不恤农时,非所以疆(强)国富人也。夫殷作九市之宫而诸侯畔(同版),灵王起章华之台而楚民散,秦兴阿房之殿而天下乱……"。尽管有东方朔的力谏陈弊害,刘彻不予理睬,我行我素,仍然广开上林苑。

上林苑的营建,如上所述,始意为了狩猎。《汉书·旧仪》载:"苑中养百兽,天子春秋射猎苑中,取兽无数。"当时的"大校猎"规模相当庞大,扬雄《长杨赋》云:"……今年猎长杨……罗千乘于林莽,列万骑于山隅。帅军躔陆,钩戎获胡。搤熊罴,拖豪猪,木拥抱,累以为储,胥此天下之穷览极观也。虽然,亦颇扰于农民,三旬有余,……"。这两段文字表明,大规模狩猎的游乐传统仍然被统治阶级所爱好而继承着。也表明"古谓之囿,汉家谓之苑"的史实,苑在初期就是为了狩猎的囿。

按《三辅黄图》载:"长杨宫在盩厔,本秦旧宫,汉修饰之,以备行幸。宫中有垂杨数亩,因以为名。门曰射熊(《雍录》下有馆字),秦汉游猎之所。"又载:"长杨榭在长杨宫,秋令校猎其下,命武士搏射禽兽,天子登此以观焉。"前引《汉书》述上林苑范围"西至长杨、五柞",长杨宫是在上林苑中。至于五柞宫,《三辅黄图》载:"汉之离宫也,在扶风盩厔。宫中有五柞木(指五株柞木,柞木是栎属 Quercus 的一种)因以名。"

然而,苑的主要内容已不限于狩猎之乐而有多种多样游乐活动,各形各式的建筑。《关中胜迹图志》

引《关中记》云："上林苑门十二，中有苑三十六，宫十二，观三十五"。这样众多的苑中之苑以及宫和观，有的是就秦旧苑旧宫而修饰之，有的是陆续新建的，它们本身的规模有大有小，各有其功能用途，并各有其特色。但限于资料，也不能一一具考。

所谓"中有苑三十六"的诸苑，其名见于载籍的有御宿苑、宜春苑、乐游苑、思贤苑、博望苑等。据《三辅黄图》载："御宿苑在长安城南御宿川中。汉武帝为离宫别馆，禁御人不得入，往来游观止宿其中，故曰御宿。"可见刘彻为了不让御人入，往来游观时的一个歇息住宿的场所。宜春下苑"在京城东南隅"，有"宜春宫，本秦之离宫"，《汉书·东方朔传》："建元三年，武帝微行，东游宜春。""东游苑，在杜陵西北，宣帝(刘询)神爵三年(公元前59年)起。曲江池，武帝所造，周回六里余。"这里的景色绮丽动人。"博望苑在长安城南杜门外里"，"思贤苑"，"孝武帝为太子立，以招宾客"，也就是说为了太子而建，以便招待宾客搜罗人才以为太子辅，所以"苑中有堂皇六所，客馆皆广庑高轩，屏风帏褥甚丽。"

宫名见于载籍的，有建章宫、承光宫、储元宫、包阳宫、广阳宫、望远宫、犬台宫、宣曲宫、昭台宫、葡萄宫、扶荔宫等。这些宫，以建章宫的规模最大，它本身就是一个宫城，宫中有宫、有殿、有池、有台，下面另节叙述。有些宫只是一小组宫室，各有其功能用途。例如宣曲宫，"在昆明池西，孝宣帝(刘询)晓音律，常于此度曲，因以名宫。"犬台宫，"在上林苑中，外有走狗观"，可能是欣赏跑狗的宫观。"葡萄宫在上林苑西"，可能是种植葡萄的宫室。"扶荔宫在上林苑中。元鼎六年(公元前111年)破南越，起扶荔宫，以植所得奇花异木，菖蒲、山姜、桂、龙眼、荔枝、槟榔、橄榄、柑橘之类"。上述植物中有些是亚热带、热带植物，如龙眼、荔枝、橄榄、槟榔之类，即使西汉时长安气候较现在为温暖，也难以在露地过冬，种在室内也未必成活。扶荔宫可能是属于暖房花坞一类宫室建筑。但就当时的园艺和栽培技术

水平，即使在室内种植，也难驯养成活。《雍录》引云："(扶荔宫)以荔枝得名……自交趾移百株，无一株生者。连年移植不息。偶一株稍活无华实，帝亦珍息之。一旦萎死，株数十人(这里的'株'同'诛'，当连带杀戮讲)。遂不复莳(移栽)，其实则岁责焉，邮传者疲于道路。"可见没有移活过一株(偶一株稍活，也许有一株活了一二年)，无论开花结实，荔枝年年进贡。据《雍录》："至后汉安帝(刘祜)时，交趾太守唐羌极陈其弊，乃始罢贡。"

观名见于载籍的，《三辅黄图》载："上林苑有昆明观，武帝置。又有茧观、平乐观、远望观、燕昇观、观象观、便门观、白鹿观、三爵观、阳禄观、阴德观、鼎郊观、樛木观、椒唐观、鱼鸟观、元华观、走马观、柘观、上兰观、郎池观、当路观，皆在上林苑。"这些观各有其功能用途。昆明观就是豫章观，"豫章观武帝造，在昆明池中，亦曰昆明观。"茧观，《汉书·元后传》第六十八："盖养蚕之所也"，即后妃养蚕使作茧的宫室。由此可见鱼鸟观大抵是养有各种珍奇的鱼类和鸟类的宫室；走狗观是饲养和观看跑狗的场所；走马观是饲养观看赛马的场所；白象观、白鹿观是饲养和观赏大象和白鹿的场所。有的可能因建观的所在地有某种树木而得名，如樛木观、柘观。有的可能是在某池池畔而得名，如郎池观、当路观，就是在郎池和当路池的池畔。有的如平乐观是大作乐表演的场所。《汉书·武帝纪第六》："(元封)三年春(公元前84年)，作角抵戏，三百里内皆(来)观。"文颖曰："名此乐为角抵者，两两相当角力，角技艺，射御，故名角抵。"表演时，允许京师居民前去观看。

上林苑中"神池灵沼，往往而在"。《三辅黄图》载："关中八水皆出入上林苑。霸水出蓝田谷，西北入渭。浐水亦出蓝田谷，北至霸陵入霸，泾水出安定泾阳开头山，东至阳陵入渭。渭水出陇西首阳县鸟鼠同穴山，东北至华阴入河。丰水出鄠南山丰谷，北入渭。镐水在昆明池北。牢水出鄠县西南潦谷，北流入渭。潏水在杜陵，从皇子陂西北，流经昆明池入渭。"

有此八水，才能使苑中渠流纵横，池陂涟漪的水景。

池名见于载籍的，《三辅黄图》载："有初池、糜池、牛首池、蒯池、积草池、东陂池、西陂池、当路池、大一池、郎池。"这些池大都是天然存在的，《三辅黄图》接着载："牛首池在上林苑中西头。蒯池，生蒯草以织席。西陂池、郎池皆在古城南上林苑中。陂、郎二水名，因为池。积草池，中有珊瑚木，高一丈二尺，一本三柯，上有四百六十二条，南越王（赵）佗所献。"又载："镐池，在昆明池之北，即周之故都也。"周的古都镐遗址，刘彻开凿昆明池时破坏。上林苑中最大的池为昆明池。《三辅黄图》载："昆明池，武帝元狩四年（公元前119年）穿，在长安西，周四十里"。但《汉书·武帝纪第六》载是元狩三年"发谪吏穿昆明池"。既云："穿"，说明是人工开凿的湖泊。

传统的说法，刘彻修昆明池是为了操练水军，"武帝作昆明池，欲伐昆吾夷，教习水战"（《西京杂记》）。《史记·平准书》："越欲与汉用船战逐，乃大修昆明池，列观环之。治楼船高十余丈，旗帜加其上，甚壮。"《三辅黄图》亦载："有百艘楼船，建楼橹戈船各数十，上建戈矛，四角悉垂幡葆麾盖。"为了教习水战，大造楼船，而且环池建观。

据《三辅故事》："昆明池，地三百三十二顷。"又"昆明池中有豫章台及石鲸。刻石为鲸鱼，长三丈，每至雷雨，鬐尾皆动。"又引"关辅古语曰：昆明池中有二石人，立牵牛织女于池之东西，以象天河"。可见石雕作品也成为苑池的组成部分，石鲸形状生动。又曰："池中有龙首船。常令宫女泛舟池中，张凤盖，建华旗，作櫂，杂以鼓吹。帝豫章观，临观焉。"可见昆明池也用以载舟载歌，游乐临观。

但昆明池的穿凿，主要是为了解决长安用水。随着长安城郊范围的扩大和人口的增加，汉初仅靠潏水水源显然是不够的。刘彻时才度地开凿昆明池，蓄水以济长安用。昆明池的水源主要来自洨水。洨水本是西流入沣水的。刘彻筑石闼堰，使洨水北流，穿过

细柳原流入昆明池。昆明池还接纳樊川、杜曲诸河流，所以水源丰富，使昆明池成为一个人工的巨大的蓄水库。昆明池不但蓄水量大，而且地势较高，才能导入长安城。《雍录》载："故其下流当可壅激，以为都城之用，于是并城疏别三派（三条渠道），城内外赖之"，也道破了昆明池的穿凿主要为供应长安用水。但经黄盛璋先生考证，认为实际上只有两条渠道。他说："昆明池共有四个口，南口为源所自入，北口和东口宣泄水量，供应汉城内外，西口则是调节水量之用。"[11] 从昆明池北出的渠道，《水经注》称为昆明池水，北经阿房宫西之后，折向东北，注入揭水陂。揭水陂位于阿房宫与建章宫之间，其作用为调节水量和控制水流，建章宫与未央宫的用水就是靠它来调节和供应。从昆明池东出的渠道，《水经注》称为昆明故渠，先往东北流，经长安城外东南，注入漕渠。《雍录》载："自西而东横亘城南之鼎路门（即安门），已而东折以注青门（即霸城门，也叫青绮门、青城门），谓之漕渠。暨至清明门外，合王渠以入于渭。"所以这条水渠，除供应长安城东南部用水外，又可接济漕渠水量。

没有导水工程，就没有渠水清流、池波涟漪的水景。没有昆明池水的北流，就不可能有未央宫城的沧池，建章宫城的太液池和一池三山之景的创作。可见水利工程与苑囿的山池创作是密切相关的。长安附近，渠道交叉，大致情况如图3-14。

以上引证，可见昆明池的穿凿，初意主要为解决长安用水，但欲与越船战，水面广阔的昆明池正好用以教习水战。为了游乐，这样广阔的水面正好用以载舟载歌，游乐临观。

昆明池是上林苑中一个风景优美的地区，不仅巨浸辽阔达三百三十二顷（合今制二千数十公顷），从而混漾渺弥，风光迷人，而池中有豫章台（池中之台即岛）豫章观，有长三丈的石鲸，成为构图中心，又立二石人，牵牛织女于池之东西，用传说来增强情趣。为了教习水战，又列馆环池，频增了建筑添景。当数百艘楼船在池中列阵演习时，可以想见何等壮

观！当宫女泛舟池中，作櫂歌，杂以鼓吹时，乐声歌声荡漾水上，又何等美妙！刘彻死后，池中养鱼类，《三辅故事》："武帝崩后，于池中养鱼，以给诸陵祠，余付长安市"（这里的"市"作买卖讲）。池中还种植有荷花。南梁庾信《晚宴昆明池》诗中有"小船行钓鲤，新盘待摘荷"之句。这样大水面而有鱼，各种水禽也必浮沉往来，增添景色。池岸也可想象有蒲草以及同太液池畔的雕胡、紫择、绿芦之类水湿植物，周岸茂树，有白杨（池西有白杨观）和其他树种及竹。总之，昆明池是我国二千多年前最大的人工湖泊，而且风光明媚，成为帝皇游乐的胜区。

昆明池，从西汉直到东汉，一直未废坏。东汉皇帝眷念西京，刘秀（光武帝）在建武十八年（42年）巡行到长安，次年下诏修西京宫室，刘祜（安帝）行幸长安，也到上林苑、昆明池。但自汉亡以后，失之疏浚，堰闸也失修，水量逐渐减少，到后秦姚兴时枯竭。北魏拓跋焘于太平真君元年（440年）下令"发长安人五千浚昆明池"，池得以恢复。到唐朝，昆明池成为京畿著名的游览区。唐初诗人宋之问曾随李治（唐高宗）游昆明池，作《应制诗》，诗中有"舟凌石鲸度，槎拂斗牛回"之句，意思是说游船迎波驶过石鲸，又行近岸边的石雕牵牛迂回返航。可见当时湖水浩荡，石鲸、石人也完好。据载，唐中宗李显时，安乐公主骄奢跋扈，要求父皇将昆明池赐她为私沼，李显以池产蒲鱼，百姓所仰给，未便轻许，她就自夺百姓田园，在昆明池东南开凿方圆四十九里的定昆池。所以昆明池到盛唐时候，还保持原有风光。杜甫在《秋兴八首》的第七首中有："织女机丝虚夜月，石鲸鳞甲动秋风。波漂菰米沉云黑，露冷莲房坠粉红。"可见当时织女、石鲸依然存在，菰米莲藕仍然盛产。到唐德宗李适时候还记载修堰渠之事。《旧唐书·德宗本纪》载：贞元十三年（797年）"八月丁巳，诏京北尹韩皋修昆明池石炭、贺兰两堰兼湖渠"。

唐以后，五代之间，关中战乱不已，昆明池堤堰渠道无人维护，池水逐渐枯竭。随后也都垦作农田。现存的昆明池遗址也是一望不尽的农田，但低洼的地貌，周边的高地，使昆明池的池址，今天尚能约略看出。今西安市斗门镇东南一片洼地，面积约10平方公里，地势比周围低2～4米，就是昆明池遗址，以至尚能踏察出来。池址的北界较明显，在洛水村与南丰镐村之间尚存有一条东西延伸很长的土岭［图版11（缺）］，当地群众称这条土岭为郎坞岭，是当年昆明池北边一段堤岸。这条土岭是夯土所筑，目前高约5米，厚约12米，堤上有柱础多件，说明汉时这里有建筑。东界在孟家寨、万家村的西边。池址的南界在细柳原北侧，即今石匣口村。西界在张村、马营寨和白家庄之东。在昆明池遗址曾发现过许多西汉建筑遗存，《史记》中"列馆环之"是可信的。在万村西北约二里处有一个孤岛，岛上发现有西汉建筑遗址，许是豫章观遗址[12]。

与昆明池有关的遗物，保存了二千多年的就是史籍上称作牛郎、织女二石人像。后人尊称石爷石婆。据宋敏求《长安志》载："唐贞元十四年（798年）置石父庙"，又"石婆庙并在县西南三十五里昆明池右"。可见把牵牛、织女称为石父、石婆，由来已久。现一个石人在今常家庄称作石婆庙中的石婆，另一个石人在今斗门镇称作石爷庙中的石爷（图版12）。俞伟超认为，"石婆庙"内的石像是牛郎，石爷庙内的石像是织女，这样才与古代文献记载牛郎在东、织女在西相符合[13]。

上林苑地区广大，地势复杂，有山有塬，有平原有洼地，有八水出入，有湖泊池沼，自然植被就很丰富，还种植有各种名果奇树。《西京杂记》载："初修上林苑，群臣远方各献名果异树，亦有制为美名以标奇丽。梨十（注：原载有十个品种，这里省略），枣七，栗四（注：原载包括榛子），桃十（注：原载把核桃、樱桃也归为桃类），李十五，柰三（注：柰为花红一类，记有开白花、紫花和绿花三种），查三（注：查为山楂），椑三，棠四（指海棠类），梅七（朱梅、紫叶梅、紫萼梅、

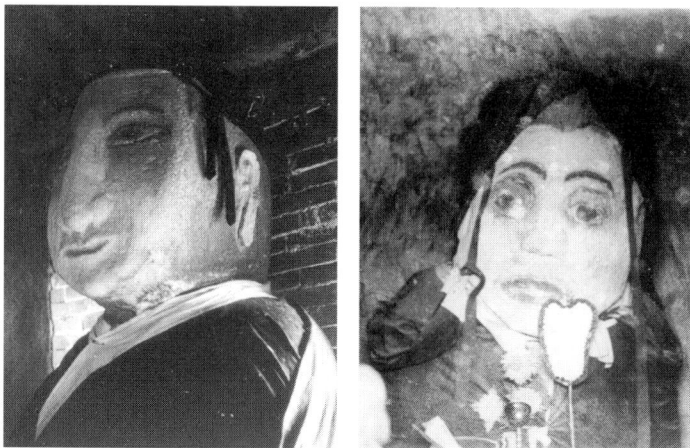

图版 12 昆明池遗物石像（石爷、石婆）

同心梅、丽枝梅、燕梅、猴梅），杏二，桐三（注：原载椅桐、梧桐、荆桐，实是三个不同的种），林檎十株（以下各都是有株数，这里省略），枇杷，橙，安石榴，樗，白银树，黄银树，槐（六百四十），千年长生树，万年长生树，扶老木，守官槐，金明树，摇风树，鸣风树，琉璃树，池离树，离娄树，白俞，梅杜，梅桂，蜀漆树，楠，枞，栝，楔，枫。"作者又云："余就上林令虞渊得朝臣所上草木名二千余种。邻人石琼就余求借，一皆遗弃，今以所记忆，列于篇右。"原有植物就很多，加上朝臣所献二千多种，想见当时上林苑中植物种类的丰富，不亚一个大植物园。但朝臣所献究竟种在什么地方（大抵种在有官有观的地方），怎样布局配置的已无从查考了。朝臣所献不会是小苗，当时是否已有大树移植的技术，也缺乏资料可查，即使是小树，成活率怎样也不得而知。

顺便先指出，大树移植的技术东晋十六国时就已经掌握。晋陆翙撰《邺中记》载："虎（注：后赵石虎）于园（华林苑）中种众果。民间有名果，虎作虾蟆（音麻）车，箱阔一丈，深一丈四，抟掘根面去一丈（案：《说郛》引文：下有'深一丈'三字），合土栽之，植之无不生。"这跟近代移植大树的方法基本相同。

以上，我们把地跨五县县境的上林苑及苑中之

苑，苑中诸宫、观，河流，池沼，动、植物等作了梗概的叙述，不能不令人惊叹其规模之宏伟，内容之众多！上林苑不愧为我国古代最大的，在园林史上有独特地位的苑囿。上林苑也不是短期内一次建成的，从建元三年（公元前138年）因秦之旧苑开扩起，到太初元年（公元前104年）建章宫（属上林苑）的营建，前后三十多年中陆续有所营建。有的本是秦的离宫，如长杨宫、宜春宫，刘彻加以修建，绝大部分宫观是刘彻时新建的，最大的昆明池是在建元中期，元狩四年（公元前119年）穿凿引水而成。

总的说来，上林苑是一个包罗着多种多样生活内容的园林总体，是在圈定的广大地区里，既有河流、池沼、植被、野生动物等自然景观，又有人工筑造的众多宫、观、周阁、复道相属的建筑群散布其间。司马相如在《上林赋》中描写了上林苑中美的大自然景物和豪华精美的宫室建筑。从地貌上说，原野决莽，关中八川出入其中，从而河湖港汊交错纵横，更有崇山矗立，崭岩参差，形成自然山水之胜。对植被，他描写了既有长千仞、大连抱的深林巨木，也有垂条扶疏，落英缤纷的珍奇花木，以及广大原野上蔓生的奇卉异草。对动物，他描写了既有各种水禽成群相聚在河湖川泽，又有各种野兽繁衍滋生在浓密的大森林中。

按开上林苑的初意，原为狩猎游乐之便。苑中不仅有野生的动物，还畜养有百兽，即生而致之的放养在苑中，以供天子在秋冬射猎游乐。历代帝王的秋冬狩猎，不仅是一种游乐，也是一种军事演习，或则是接待外宾以资夸耀，接待少数民族以示笼络的礼仪化的行事，秦汉游猎之所，大都在长杨宫，刘彻的多次大校猎都在长杨。后元二年（公元前87年）刘彻病了，仍往来长杨、五柞宫，同年二月，死在五柞宫。刘彻以后几位帝皇的大猎也在长杨。《汉书》上记载，刘奭（元帝）于永光五年（公元前39年）"冬，上幸长杨射熊观，布车骑，大猎。"刘骜（成帝）于元延二年（公元前11年）"冬，行幸长杨宫，从胡客大校猎，宿萯阳宫。赐从官。"

至于苑中之苑，苑中诸宫，观和池的营造，又各有其功能用途，或居住，或游息，或赏乐，或赛奇。从游乐方面说，有饲养动物以资赏乐的观象观、白鹿观以及走马观、犬台宫；有饲养珍禽奇鱼的鱼鸟馆；有观兽斗甚至人与兽斗的兽圈；有文化娱乐意义的演奏乐曲的宣曲宫和观角抵之戏的平乐馆；有为享用的种植珍果奇木的葡萄宫和扶荔宫；有用以载舟载歌、游乐临观的昆明池等等。

我们可以这样说，到了刘彻时候，一个新的园林形式——秦汉建筑围苑已经成熟。这种苑的形式，是在继承古代围的传统基础上，根据新的生活内容要求，向前发展而形成的。苑中养百兽，供天子秋冬射猎游乐，也就是说，围的狩猎娱乐的内容是保存着的，但向前推进了一步，扩展为苑中有苑、有宫、有观，各有其功能内容要求而设。所谓离宫别馆相望，周阁复道相属的宫室建筑群已成为苑的主体。简短说来，秦汉建筑围苑是在圈定的广大地区中的围和宫室建筑群的综合体。

为了皇帝一时之乐，把物产富饶、号为土膏之地都划入禁苑，势必"上乏国家之用，下夺农桑之业。"东方朔的力谏其弊的上疏，当时听不进去，但刘彻在位后期，因抗击匈奴、经营西域中缺乏军饷，如《雍录》中所指出，不得不把上林苑中部分土地佃于农民，就用这笔收入以赆军糈[14]。《汉旧仪》上记载了刘彻时"使上林苑中宫奴婢及天下贫民资不满五千，徙至苑中养鹿。因收抚鹿矢，人日五钱，到元帝时七十亿万，以给军资击西域。"《雍录》又载：刘奭（元帝）时，"乃殆损下苑以予贫民"，任其耕种。随着西汉王朝被推翻，和国都东移洛阳后，上林苑不再是禁苑，发生了根本改变。东汉初年，马援就率领他的"宾客"屯田上林苑中[14]。上林苑中土膏之地又恢复为耕地。

二、建章宫

建章宫是隶属上林苑的最重要的一个宫城，有关建章宫的记载资料也较详，可据以画出平面示意图（图3-17）和透视示意图（图3-18）。建章宫，太初元年（公元前104年）造。《三辅黄图》载："周二十余里，千门万户，在未央宫西，长安城外。"据称："武帝于未央营造日广，以城中为小，乃于宫西跨城池作飞阁，通建章宫，构辇道以上下。"这就是说，刘彻因长安城中，未央宫中建筑已十分拥挤，于是在长安城外西面，营建建章宫与未央宫隔城相望。为了往来方便，跨城和护城河有飞阁相连，辇道相通，这种方式尤其特殊。建章宫是在西汉初期，国家富强，财力雄厚的情况下，又遇上刘彻这位奢侈挥霍的帝皇手中兴建的，其营宇之制，宏伟华丽方面都超过了未央宫，在园林史宫苑方面有其独特的地位，开"一池三山"的先例。

从整个建章宫城布局和功能来看，可分三个部分。宫城的东南部为建章宫主体建筑群，并以阊阖、圆阙、前殿、建章宫（殿）形成中轴线，建章宫左、右有相对称的宫殿，前部间置宫室，轴线西部另成一区，全部围以阁道。宫城的西南部为唐中殿和唐中池。宫城的北部为太液池，池中有蓬莱、瀛洲、方丈，象征海中神山，是宫城中的内苑部分。

建章宫城的正门在南面，高大而又雄伟。《三辅黄图》载："宫之正门曰阊阖（宫门名阊阖者以象天门也），高二十五丈，亦曰璧门。"接着写道："左（即东）凤阙，高二十五丈，右（即西）神明台。"凤阙因上有金凤，高丈余。神明台，据《庙记》载："武帝造，祭金人处，上有承露盘，有铜仙人舒掌捧铜盘玉杯，以承云表之露，以求仙道。"《长安记》更有："仙人掌大七围，以铜为之"的记载。《汉宫阙疏》记载了："神明台高五十丈，常置九天道士百人。"这里要指明，璧门是建章宫城内宫垣的正门，凤阙是外城垣的阙门，在璧门之东，神明台在内宫垣之外，璧门之西，外城垣西南角。

《三辅黄图》在"右神明台"句下，接着载："门内北起别风阙，高五十丈，对峙，井干楼，高五十丈"。《三辅旧事》载："又于宫门北起圆阙，高二十五丈，上有铜凤凰，赤眉贼坏之。《西京赋》云：圆阙耸以象天，若双碣之相望。"合起来看，大抵璧门

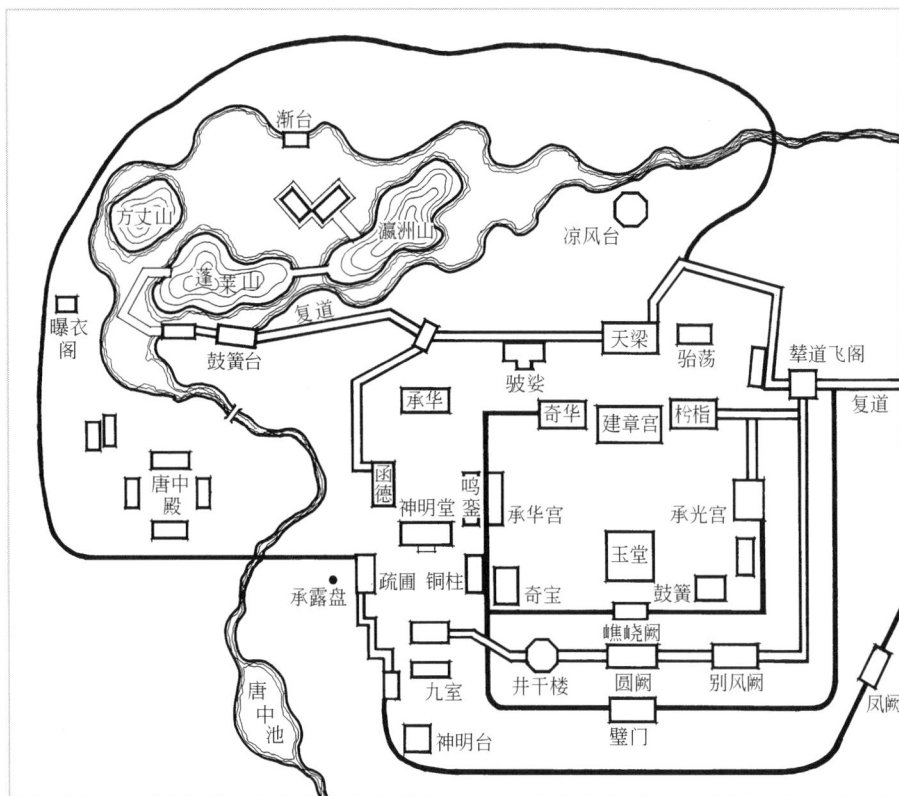

图 3-17　建章宫平面示意图

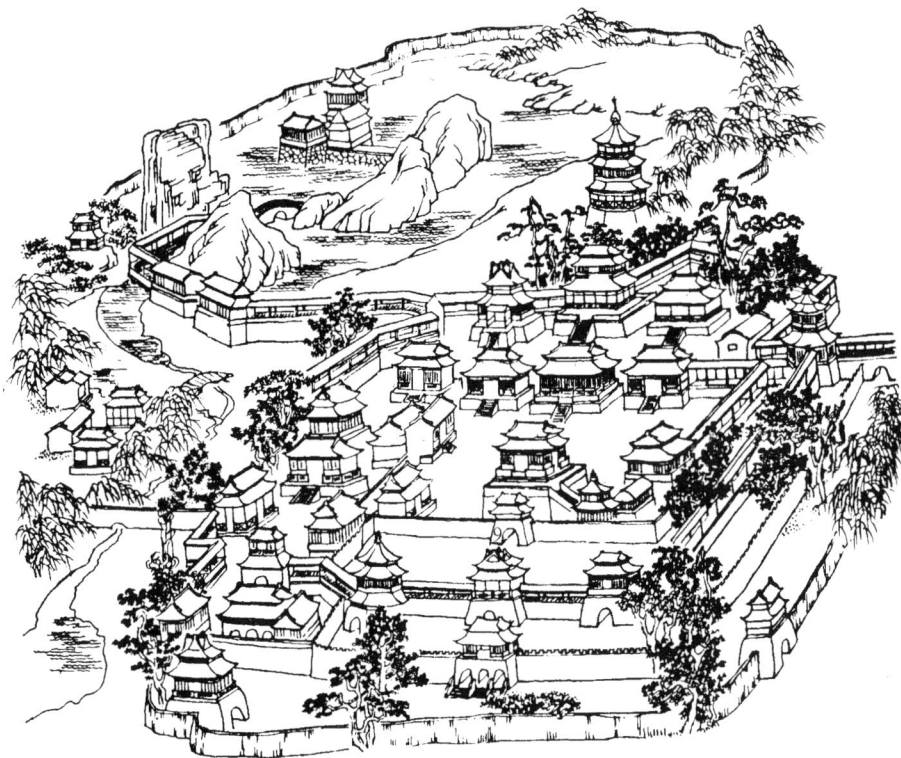

图 3-18　建章宫示意鸟瞰图

之内为圆阙，其左为别风阙，右为井干楼。井干楼是什么样建筑形式，《汉宫阙疏》载："井干楼，积木而高为楼，若井干之形也。井干者井上木柱也，其形或四角或八角。"据此，井干楼大抵是建在台上八角形高楼。据《庙记》："建章宫有嶕峣阙"，薛综注："次门女阙也，在圆阙门内二百步"。这就是说圆阙内另有次门叫嶕峣阙。

《汉书》："建章南(指建章宫城中建章宫殿之南)有玉堂，璧门三层，台高三十丈。玉堂内殿十二门，阶陛皆玉为之。铸铜凤，高五尺，饰黄金，楼屋上下，向风若翔。橡首薄以璧玉，因名璧玉门。"总起来说，进正门闿闾(璧门)，进圆阙、嶕峣阙，然后是玉堂，再北才是建章宫(殿)，筑高台上，所以《三辅黄图》说："下视未央"或《史记·封禅书》所说：度高未央的"建章前殿"了。

建章宫城中宫殿，《三辅黄图》载："建章有骀荡、驳娑、枍诣、天梁、奇宝、鼓簧等宫，又有玉堂、神明堂、疏圃、鸣銮、奇华、铜柱、函德等二十六殿。"见于载籍《三辅黄图》并加以说明的有："骀荡宫，春时景物骀荡满宫中也。驳娑宫，马行迅疾，一日遍宫中，言宫之大也。枍诣宫，枍诣木名，宫中美木茂盛也。天梁宫，梁木至于天，言宫之高也。"又《汉宫阙疏》载："鼓簧宫，周匝一百三十步。在建章东旁有承光宫等。奇华宫在建章宫旁，四海夷狄器服、珍宝、火浣布、切玉刀、巨象、天雀、狮子、宫马充塞其中。又有奇宝殿。"又《关中记》载："建章宫北作凉风台，积木为楼，高五十余丈。"

西部唐中庭，《史记·封禅书》载："建章宫(城)西则唐中数十里。"(《索隐》：唐，堂庭也。《尔雅》：以庙中路谓之唐。)《史记·孝武本纪》："其西则唐中，数十里虎圈。"《汉书·郊祀志》作"建章宫西则商中数十里。"(注：如淳曰：商中，商庭也。颜师古曰：商，金也。于序在秋，故谓西方之庭为商庭。)商中与唐中指同一地区，除《史记》提有数十里虎圈外，又有唐中池。据《三辅黄图》载："唐中池，周

回二十里，在建章宫太液池南。"前述从昆明池北出的渠道，北经阿房宫西后折向东北，注入揭水陂。然后"自南向北，径趋建章宫，先为唐中池，周四十里，已而从东宫转北，则太液池"(《雍录》)。再从太液池北出，经孟家寨入渭[15]。

建章宫北部是著名的太液池。《三辅黄图》载："太液池在长安故城西，建章宫北，未央宫西南。太液者言其浸润所及广也。"可见是一个宽广的湖池。《三辅旧事》有："太液池，在建章宫北，池周回千顷。"太液池中有三神岛。《史记·孝武本纪》载："其北(指建章宫北)治大池，渐台高十余丈，名曰太液池，中有蓬莱、方丈、瀛洲、壶梁象海中神山，龟鱼之属。"按中华书局印行《史记》，这一段的标点符号是："中有蓬莱、方丈、瀛洲、壶梁，象海中神山"这样的断句和符号，三神山变成四神山了。而且神话传说中也没有叫作壶梁的神山。按《拾遗记》卷一"高辛"下："三壶，则海中三山也。一曰方壶则方丈也；二曰蓬壶，则蓬莱也；三曰瀛壶，则瀛洲也。形如壶器。此三山上广、中狭、下方，皆如工制，犹华山之似削成。"据此，我们认为断句应作"中有蓬莱、方丈、瀛洲，壶梁象海中神山"，意指三岛形如壶器的山梁，如同传说的海中神山那样形状[16]。渐台，《三辅黄图》作瀸台："在建章宫太液池中，高二十余丈。瀸，浸也，言为池水所瀸。"太液池除池中三神山和渐台外，池西有曝衣阁。据《卜子阳园苑疏》载："太液池西有武帝曝衣阁。至七月七日，宫女出后衣，登楼曝之。"

《西京杂记》载："太液池边皆是雕胡、紫箨、绿节之类。菰之有米者，长安人谓之雕胡，葭芦之未解叶者谓之紫箨，菰之有首者谓之绿节(可能即茭白)。其间凫雏、雁子布满充积，又多紫龟、绿鳖。池边多平沙，沙上鹈鹕、鹧鸪、鹐鹳、鸿鹙，动辄成群。"可见太液池不仅浸广，而且池边水湿植物丛生，飞禽委积成群，一派自然景象，风光优美。

太液池畔，据《三辅旧事》尚有雕刻作品："池

北岸有石鱼，长二丈，广五尺。"这更增添了池岸的景色。按《三辅旧事》除有太液池条目外，另有"建章宫北作清渊，清渊北有鲸鱼，刻石为之。"又《文选》注引云："建章宫北，作清渊海。"因为是另列的，显然不是太液池，而北岸也有刻石，为鲸鱼。由于其他文献中都没有提到清渊或清渊海，立此存疑。

建章宫不仅是一个宫城，而且是一个宫苑，宫中有内苑，有池沼、神山。我们叫作宫苑的"宫"，它的建筑群的平面布置，跟一般的禁宫是不同的。禁宫的体制，为了表现帝王的至尊和威权，其格局必然是严整的，有中轴线，左右前后，均衡对称。受朝贺的大殿必然高居在崇台的基础上，为了令人望而生畏。所以禁宫中的宫室常受一定的法制所制约，缺少变化。但是，离宫别苑的布局就是另一种格式了。为了便于游息、鉴赏就不拘泥于均衡对称而有错落变化。以建章宫为例，虽然日常居住或召见用宫室，仍然居中，位于中轴线上，但其间宫室的布置，大都依势随形而筑。不仅建章宫，秦汉诸宫大都这样，各组宫室之间和宫城周围有复道(或行辇道、阁道)相通连。复道的制作，有曲有直，更可说明由于形势的关系。这些复道不但使各组宫室得以联结而成为一个建筑群体，而且也便于往来游息，即使是雨天、炎暑，也可"雨不涂足，暑不暴首"。

帝王的宫苑中，其居住部分大抵在前，而内苑部分居后，或有偏在一侧。建章宫的情况也是如此，居住部分在前，内苑在北。从园林史上说，建章宫的内苑太液池的创作有其特殊的意义。虽然未央宫中有沧池，它主要是就低以蓄水；长乐宫中有鱼池，也只是养鱼赏乐；虽然沧池有渐台，鱼池有鱼池台，也还不是造景的艺术创作。

刘彻与嬴政一样，妄想长生不老，求不死之药，曾多次派方士去探访仙岛，终莫能至，仙者弗遇。封建帝皇，如秦始皇在无可奈何下，或引渭水为池，筑为蓬、瀛，刻石为鲸；如汉武帝治太液池，象大海，

中有蓬莱、方丈、瀛洲，象海中神山，求得精神上的安慰。这是一个方面。另一方面来说，太液池的创作不仅是穿沼引水为池，津润及广，如"沧海之汤汤"，而且池中有山，山具一定的形象，水光山色，构成海中有神山的仙境。但这仙境毕竟是在人间，又有龟鱼雕刻添景。池边长满了水湿植物，平沙上水禽动辄成群，生意盎然。置身其间，令人感到这里是多么美妙的生活境域。建章宫的太液池是一件艺术创作，用自然山水的形式来表现人间的仙境，美的生活境域。尤为突出的是"一池三山"成为后世宫苑中理水掇山的范例，虽然可以有多种变化。

建章宫，仅存在一百一十七年，在王莽篡汉立新朝后不久，就被拆毁了。王莽篡位后要大修九庙(皇帝宗庙，供奉九代祖先)，但缺乏材料，就拆毁宫殿取材。《汉书·外戚传》载："新王莽始建国五年(13年)……坏徹城西苑中建章、承光、保阳、大台、储元宫及平乐、当路、阳禄馆十余所，取其材瓦，以起九庙。"经过一千九百多年后，建章宫部分遗址尚有迹可寻。

建章宫的遗址范围，大抵南起今三桥镇，北到西柏梁村和孟庄一带，周回二十多里。建章前殿遗址在三桥镇北，东距卢家口村约一里多。那里有个巨大的夯土堆，约高8米左右，略呈立方形，故旧名方塚村。遗址现状南高北低，有农民房屋建在遗址上面，也有建在遗址下的，故现名高低堡子。高低堡子的东北另一个村，名叫双凤村。村东有二座土堆，孤立在农田中，成东西向排列，当地居民叫它观凤台或凤凰台。据其位置看，大概就是建章宫北阙。在前殿遗址南与三桥镇之间有雁雀门村，大概就是璧门遗址所在地。

高低堡子西北有一片洼地，水可浸出地面，即太液池遗址，现在已全部辟为苗圃。解放初期，这片洼地中仍有东西相对的两个夯土堆，应是两个神山的遗迹。"大跃进"中，平整土地时，这两大土堆已被推平。又一夯土堆迄今尚存，传为渐台遗迹。至于

《三辅旧事》所谈太液池岸有石鱼石龟，也已发现石鱼。1973年2月，农民平整土地时发现一件石雕，实际长一丈四尺四寸，腰围七尺，系用灰白色花岗岩石材雕成，认为就是当年池边的石鱼，方嘴锐尾，形象简朴生动（已运存陕西省博物馆）[17]。

洼地西北另有两个村子，一名柏梁村，一名孟庄。柏梁村传为柏梁台所在地。孟庄村中有一略作方形的夯土台基，面积约一亩，传为承露台遗址。

第五节　汉长安城绿化和贵族富商囿苑

一、汉长安城绿化

城市绿化作为一门专门学科，只是到了近代才发展起来的，但我国自先秦以来就已经重视城市植树，甚至有法的规定。有关汉长安城绿化的记载资料虽然很少，但还是可据以窥见一斑。

长安城内大街宽广，三途并列，有些书上说是夹道种植有槐、榆、松、杨等街道树。根据是引南朝梁的何逊《拟轻薄篇》云："长安九逵上，青槐荫道植"，或引陆机《洛阳记》载："宫门及城中大道皆分作三。……夹道种榆、槐树"来推测。《三辅黄图》上仅记载了长安御沟种植有杨："长安御沟，谓之杨沟，谓置高阳（可能是杨字）于其上也。"崔豹《古今注》云："长安御沟，谓之杨沟，植杨于其上。"《三辅黄图》另一处记载种植有槐树如下："元始四年（4年），（汉平帝刘衎）起明堂辟雍，为博士舍三十区，为会市列槐树数百行。诸生朔望会此市，各持其郡所出物及经书，相与买卖，雍雍揖让。论议槐下，侃侃訚訚如也。"会市虽在城外，但列槐树数百行，可见槐树是当时长安常用树种。在这样一片行列式槐树林下，或相与买卖，或高谈阔论，既是一个特殊会市，又是一个露天会堂。

前述长安城中，宫殿官署府邸占据面积达三分之二以上，西北部又为官府手工业区，余下的空地很少，普通居民的居住区是很拥挤的。即使

是这样，按照先秦传下来的古老习俗，居民庭院中必须有种植，否则就要受罚。《汉书·食货志》："《周官》税民：……城郭中宅，不树艺者为不毛，出三夫之布"。颜师古注："树艺，谓种树、果木及菜蔬。"《汉书》记载有一段故事，王吉的邻家有一棵结满果实的枣树，大枝伸垂于王吉庭中，他的妻子顺手摘了些鲜枣给他吃。王吉非常愤怒，认为妻子做了件不光彩的事，败坏了他的声誉，逼她离婚。可见当时庭院中有种果木枣树的[18]。

汉朝的住宅建筑，根据墓葬出土的画像石、画像砖、明器陶屋和文献记载来看，大致有下列几种形式（图3-19）。住宅规模较小时，平面为方形或长方形；规模较大时，无论其平面为一字形或曲尺形，平房或楼房，都以墙垣构成一个院落。也有三合式与日字形平面的住宅。图中日字形平面住宅，有前后两个院落，中央一排房屋较高大，中间有楼高起，显得高低错落，主次分明。规模更大的住宅，如四川成都出土的画像砖中，分为左右两部分。右侧外部有装置栅栏的大门，门内又分为前后两个院落，绕以木构的回廊；后院内有面阔三间的单檐悬山式房屋，用插在柱内的斗栱承托前檐，而架梁是抬梁式结构，屋内有两人席地对坐，应该是堂，堂前有二鹤舞于庭。

从上列这些画像石、砖，可以看出，当时住宅绿化的情形。陕西绥德画像石中，不仅右侧有树，屋顶上有凤，可以想见汉朝宫阙上装饰饰金铜凤的情景。河南郑州出土的汉墓空心砖上刻有前后两院的住宅图。前院绕以围墙，右侧建门阙，临大道院内植有花木，同时也是停放宾客车马的地方。第二道门偏于左侧，门上覆以重檐庑殿顶。门内为居住部分，也列植有花木。四川德阳出土的画像砖，刻有贵族大型府邸的正门，中央屋顶高，两侧低，其旁设小门，便于出入。值得注意的是门内院中有大树，左侧的显然是垂柳，右侧的就分不清是什么树种了[19]。

据文献记载，高官显贵都有豪华的府邸，不

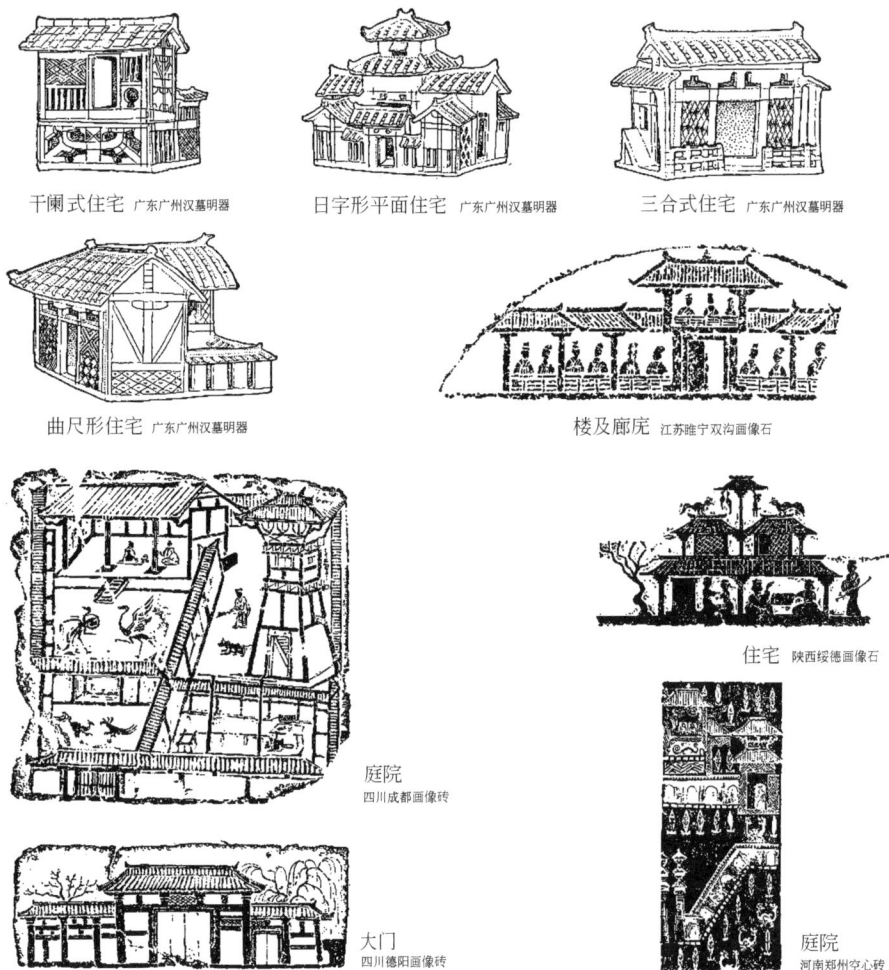

干阑式住宅 广东广州汉墓明器　　日字形平面住宅 广东广州汉墓明器　　三合式住宅 广东广州汉墓明器

曲尺形住宅 广东广州汉墓明器　　楼及廊庑 江苏睢宁双沟画像石

庭院 四川成都画像砖

大门 四川德阳画像砖

住宅 陕西绥德画像石

庭院 河南郑州空心砖

图 3-19　汉朝的几种住宅建筑形式

仅广厦高堂建筑富丽而且有园池。《汉书·王嘉传》讲到："为贤(董贤)治大第,开门乡(向)北阙,引王渠灌园池。"园池即宅中有园有池。《汉书·翟方进传》称,有的中庭养雁多至数十,表明中庭有水池。有的更是引水作大池可以行船。如《汉书·元后传》称:"穿长安城,引内沣水,注第中大陂(池)以行船,立羽盖,张周帷,楫濯樶歌"。可见当时显贵府第中大抵治池,结合树木花草的种植所以通称"园池"。

我们可以设想,二千年前,汉长安城内,大街有槐榆,御沟有杨,皇宫官署更是"嘉木树庭,芳草如织",府邸中园池潇涟,花木承辉;居民庭院,户户树艺。要是从高处俯望,全城处处绿荫,环境优美。难怪史书上有群鸟飞集长安的多次记载。《汉书·朱博传》中说道,当时城内御史府内有大柏树,"常有野鸟数千,栖宿其上,晨去暮来,号曰朝夕鸟"。封建统治者视群鸟飞临为祥瑞,为此颁布诏令保护鸟类。如汉宣帝刘询"令三辅,毋得以春夏摘巢探卵,弹射飞鸟(摘音 tī,意为拨)。"究其初意,跟我们今天爱鸟护鸟的意义虽不一样,但飞鸟得以保护则同也。刘询元康四年(公元前 62 年),一种当时称为"神雀"的鸟,"以万数集长乐、未央、北宫、高寝、甘泉泰畤殿中及上林苑。"因此特别改年号,把元康五年改为神爵元年(爵是雀的谐音)。又载,神爵二年(公元前 60 年)春天,又有"凤凰甘露降集京师,群鸟从以万数"。由于保护,不准弹射飞鸟,长安城中的野鸟也不怕人。如宣帝五凤三年(公元前 55 年),"鸾凤又集长乐宫东阙中树上,飞下止地,文章五色,留十余刻,吏民并观。"成帝(刘骜)鸿嘉二年(公元前 19 年)

春，"有飞雉集于庭，历阶登堂而鸲(音gòu，鸣叫)。后雉又集太常、宗正、承相、御史大夫、大司马车骑将军之府，又集未央宫承明殿屋上"[20]。既有充分的绿化植树，又有诏令保护鸟类，使西汉的长安城成为鸟类的天堂、乐园，对照今天的城市情况，值得我们深思和借鉴。

二、兔园

我国土地的自由买卖，在春秋末期已开其端，到了战国时代，名田制度(土地归私人所有)已经盛行。自从秦统一中国后，名田制度更成为定制；到了汉朝，土地兼并更是剧烈，土地集中到少数人手中。皇帝是最大的地主，宗室外戚、诸侯王公都是大地主。地主阶级靠着剥削农民而十分富裕起来，生活奢侈，也都仿宫室内苑营建府邸围苑。从秦朝开始，统治阶级已经重视大商人，到了汉朝，商业更为发达，富商大贾非常有钱，甚至富堪敌国。他们生活奢侈不下王侯，甚至过之无不及，也好营围苑，甚至"奢僭不轨"。《西京杂记》上有梁孝王兔苑和富商袁广汉园的记载，足以代表当时私家苑围的内容和形式。

梁孝王是孝文帝刘恒窦皇后之少子。孝文帝生四男，窦皇后生孝景帝(刘启)、梁孝王武，诸姬生代孝王参、梁怀王揖。《汉书·梁孝王传》载：梁孝王"太后少子，爱之，赏赐不可胜道。"梁孝王的封地在睢阳，古县名，秦置，以在睢水之阳得名。治所在今河南商丘县南。他在封地筑东苑，"方三百余里，广睢阳城七十里，大治宫室，为复道，自宫连属于平台三十余里。"如淳曰："平台在大梁东北，离宫所在也。"这个东苑的面积较诸刘彻未扩建的上林苑，不相上下。"二十九年十月，孝王入朝。景帝使持乘舆驷，迎梁于关下。(言四，不驾六马耳。天子副车驾四马。)既朝，上疏，因留。以太后故，入则侍帝同辇，出则同车游猎上林中。"

需要特别提出的是《西京杂记》这一段文字："梁孝王好营宫室苑围之乐。作曜华之宫，筑兔园。园中

有百灵山，山有肤寸石、落猿岩、栖龙岫。又有雁池，池间有鹤洲凫渚。其诸宫观相连，延亘数十里，奇果异树，瑰禽怪兽毕备。王日与宫人宾客弋钓其中。"

既然说"筑"，就是人工营建的了，园中的百灵山也就是人工假山了。不仅聚土为山，而且有叠石置石，才能有肤寸石、落猿岩、栖龙岫的不同石岩山貌之景。表明人工筑土山技术汉朝已具备，兔园有雁池，大致就低穿池，池间还凸起有鹤洲凫渚。可见这时贵戚的筑园已有山水之作，不像城中府邸仅为园池。这种山水之作较诸建章宫太液池的三神山，出自神仙传说的仿作，其意趣是不同的，是更早的模仿自然山水的筑园。兔园中也种植有各种奇果异树，瑰禽怪兽毕备，继承围的传统，但主要供观赏而养育其中，因为王日与宫人宾客弋钓其中而已。弋是用带绳子的箭来射禽鸟，只是射猎雁凫之类，钓只不过是钓鱼而已。西汉初期，围园的主体仍是宫室建筑群，"宫观相连，延亘数十里"，可见其建筑规模之宏伟。百灵山之筑，雁池之穿，成为模仿自然的一个境域，弋钓是主要的游乐内容，而宫观建筑是其主体。

三、袁广汉园

《西京杂记》叙述袁广汉园的原文如下："茂陵富人袁广汉，藏镪巨万，家僮八、九百人。于北邙山下筑园，东西四里，南北五里。激流水注其内，构石为山，高十余丈，连延数里。养白鹦鹉、紫鸳鸯、牦牛、青兕，奇兽怪禽，委积其间。积沙为洲屿，激水为波潮，其中致江鸥、海鹤、孕雏产谷，延漫林池。奇树异草，靡不具植。屋皆徘徊连属，重阁修廊，行之移谷，不能遍也。广汉后有罪诛，没入为官园，鸟兽草木皆移至上林苑中。"

首先要指出，因为有"于北邙山下筑园"之句，有些书上就说袁广汉园在洛阳，显然是不对的。首句"茂陵"二字已点明在茂陵县。西汉诸帝陵墓中，以武帝(刘彻)的茂陵最为突出。《关中记》载："汉诸陵皆高十二丈，方一百二十步，唯茂陵高十四丈，方百

四十步。"这里本叫茂乡,刘彻在开始营建茂陵的同时,改茂乡为茂陵县,迁各地富豪二十七万人到茂陵。这样众多的富豪,筑园的可能不只袁广汉,但缺乏记载。茂陵,今陕西兴平县,很难想像茂陵的富商跑到那么远的洛阳去筑园,而且"广汉后有罪诛……鸟兽草木皆移植上林苑中",很难想像从遥远的洛阳把鸟兽草木运到长安上林苑中养育、栽植。有人会问,北邙山不是在洛阳吗?若不在洛阳,"北邙山下筑园"又作何解释?查《兴平县志》载:黄麓山"兴平县西北一里,一名黄山,一名始平原,一名北芒岩。"《雍胜略》:"黄麓山东西五十里,南北八里,东入咸阳北阪,西至武功,界武水东岩。"扬雄《甘泉赋序》:"北绕黄山,濒渭而东";王维诗:"黄山旧绕汉宫斜"中的黄山,即指兴平县黄麓山。又据《三秦记》:"长安城北有始平原,长数百里,汉时谓之北芒岩"。可见黄山、始平原在汉时谓之北芒岩,《西京杂记》的"北邙山下"即"北邙岩下"也。

袁广汉园是在刘彻时候建,比兔园晚,当时的掇山技术不仅聚土为山,而且能构石为山。土山欲令其高,基址必须广大,否则不能持也。累石而高,虽狭陡,乃能胜持。当时的构石为山,大概指内部累石为结构,才能高十余丈。再从"奇树异草,靡不具植"来看,纯石假山是无法种植的,也就是说,构石为山是指内部构造为石,而外附以土,才能植树种草。袁广汉园也与较早的兔园一样,不仅掇山而且穿池,池中有洲屿。由于激流水注其内,而且池面必然较广阔,才能激水为波潮。袁广汉园的山、池之作,比兔园的更高一级,更前进一步。但是主体同为建筑组群,所谓屋皆徘徊用重阁修廊相连属,走一天也不能都到。总起来说西汉的私家园林也不脱建筑围园的窠臼。

第六节 东汉洛阳宫苑和园圃

一、东汉洛阳城宫殿和御苑

史载:"刘秀于建武元年(25 年)七月围朱鲔于洛阳,九月朱鲔举城降,七月癸丑车驾入洛阳幸南宫却非殿,遂定都焉"(《后汉书·光武本纪》)。光武帝刘秀把首都改在洛阳,一则因长安在新朝王莽覆灭的战乱中遭到严重破坏,未央宫火烧三日,其他宫室也遭毁坏,短期内难于恢复,而且公孙述及魏嚣割据独立,匈奴也日益南下,均威胁关中。另一方面,刘秀本来的根据地在河南不在关中,洛阳虽也在战争中有破坏,但南宫等尚完好。

洛阳原是东周都城"成周"的故址,秦与汉都在此建有宫殿,东汉又加以扩大。洛阳的地形,北依邙山,南临洛水,地貌北高南低,有穀水和洛水支流汇流横贯城中。城的规模,据文献记载:"南北九里七十步,东西六里十步,成长方形"。城市共有十二门,东为上东门、中东门、望京门,南为开阳门、平门、津门,西为广阳门、雍门、上西门,北为夏门、穀门等。

光武帝初,洛阳城内主要宫殿是南宫前殿。据《后汉书》:"建武十四年(38 年)起南宫前殿。"南宫城的正门为正阳门亦即京城南面的正门。南宫的后面建北宫,又造诸王府。永平八年(65 年)北宫成。北宫中有德阳殿。按《礼仪志》注蔡质《汉仪》曰:"正月里天子幸德阳殿……(会朝百僚于此)……德阳殿周旋容万人,阶高二丈,皆文石作坛,激沼水于殿下……"。据《汉官典职》:"南宫至北宫中央作大屋,复道三道行。天子从中道,从官夹道左右,七步一卫。南宫相去七里"。南宫与北宫之间除中央大屋外,均为方整的闾里,街道成方格形,全城共有二十四条街道,按此计算,应有一百四十多个闾里(见同济大学城市规划教研室编《中国城市建设史》第 19 页)。又据范晔《后汉书》百官志四的注,引《汉官篇》及《汉官典职仪》,述及街两侧植有栗、漆、梓、桐,可见东汉时对街道绿化也是十分重视的。

洛阳城内除了宫殿闾里外,陆续建有御苑四座,即濯龙苑、永安宫、西园和直里园。濯龙苑是其中最大的一座,在北宫后直抵城的北垣,与北宫成前宫后苑的格局。关于此苑的内容，张衡《东京赋》中有这样的描写："濯龙芳林，九谷八溪；芙蓉覆水，秋兰被涯。"永安宫在城东，《东京赋》中这样描写："永安离宫，修竹冬青；阴池幽流，玄泉冽清；鹈鹕秋栖，鹘鹈春鸣；鹪鸠鹂黄，关关嘤嘤。"西园在城西，水渠周流澄澈，可行舟。直里园又名南园在城的西南隅。洛阳城内（包括近郊）主要宫苑分布示意如图3-20所示（以上引文见周维权著《中国古典园林史》第34～35页）。

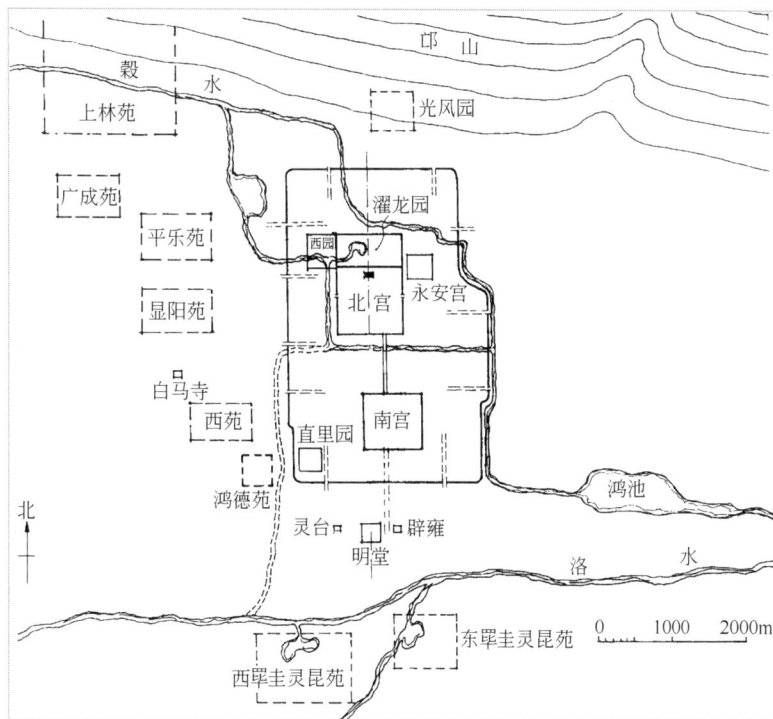

图 3-20 东汉洛阳城主要宫苑分布示意图

据《拾遗记》："西园渠中植莲大如盖，长一丈，南国所献。其叶夜舒昼卷，有一茎丛生四叶者，名曰夜舒莲，亦曰月出则舒也，故曰望舒莲。"《拾遗记》又云："灵帝初平三年（192年），游于西园。起裸游馆千间，采绿苔而被阶，引渠水以绕砌，周流澄澈，乘船以游漾，使宫人乘之，选玉色轻体者，以执篙楫，摇漾于渠中。其水清澈，盛暑时使舟覆没，视宫人玉色者。又奏《招商》之歌，以来凉气也。"《拾遗记》又云："帝盛夏避暑于裸游馆，长夜饮宴……宫人年二七以上，三六以下者，皆靓妆，而解上衣，惟着内服，或共裸浴。西域所献茵墀香草，煮以为汤，宫人以之浴浣毕，使以余汁入渠，名曰流香渠。"

二、洛阳近郊离宫别苑

洛阳城外近郊，陆续建有离宫别苑多处，有的

规模较大，有的很小，见于文献记载的有平乐苑、上林苑、广成苑、光风园、鸿池苑、西苑、显阳苑、鸿德苑、罝圭灵昆苑等。上林苑和广成苑是东汉诸帝狩猎游乐主要场所，比西汉长安上林苑要小，下文另作描述。光风园种植有苜蓿，据《县志》："大象门外有万亭，亭东宣武场也，每岁农隙甲士习战，千乘万骑胥会于此。……东北有光风园，园内有苜蓿。又邙山骆驼岭去城四里，岭前即古之方泽池也。"据此城北郭大概是士兵练武的场所。鸿池苑在东郊，有广阔水面在百顷以上。张衡《东京赋》中有："洪池清蘌，绿水澹澹"，可见以水景著称。张衡《洪池陂颂》："列馆参差，惟水泱泱"，除大水面外还有建筑。另池畔筑土为"渐台"。其他诸苑，建造年代较晚。例如西苑为顺帝刘保所造，《顺帝本纪》载："阳嘉元年（132年）起西苑"；显阳苑为桓帝刘志所造，《桓帝本

纪》载："延熹二年(159年)秋七月初造显阳苑；罼圭、灵昆苑为灵帝刘宏所作。"《灵帝本纪》载："光和三年(180年)作罼圭灵昆苑。"按注："罼圭苑有二，东罼圭苑，位于开阳门外，周一千五百步，中有鱼梁台，西罼圭苑位于津阳门外，周三千三百步，并在洛阳平关外。"

上述上林苑和广成苑是东汉诸帝狩猎场，史书上屡有记载。据《后汉书》中记载：明帝刘庄(58～75年在位)"车驾数幸广成苑"。顺帝刘保于永和四年(139年)冬十月"校猎上林苑，历函谷关而还，十一月丙寅，幸广成苑"。桓帝刘志于延熹六年(163年)冬十月"校猎广成，遂幸函谷关、上林苑"。灵帝刘宏于光和五年(182年)"校猎上林苑，历函谷关，遂巡狩于广成苑"(按：以上引文中的函谷关乃汉置函谷关或称新函谷关，在今河南新安东；秦置函谷关或称古函谷关，在今河南灵宝县东北)。关于上林苑内容，缺乏文字记载，关于广成苑有马融《广成颂》，对广成苑内外山川形胜、泉水草木作了生动的描绘。颂文大意是：开头把广成苑的兴建比之周灵王建灵圃，接着说广成苑地域辽阔："骋望千里，天与地莽"。四周山林"左概嵩岳，面据衡阳，箕背王屋，浸以波、磋(水名)，蠹以荥、洛(水名)。金山、石林，殷起乎其中(金山即金门山在今河南宜阳境内；石林一名万安山，在今洛阳市东南，南接登封县)。"又说："神泉侧出，丹水湟池，怪石浮磬，燿焜于其陂。其土毛则揲牧荐草，芳茹甘茶，……。其植物则玄林包竹，藩陵蔽京，珍林嘉树，建木丛生，椿、梧、栝、柏、柜、柳、枫、杨，丰彤对蔚，崟颌槮爽。"从《广成颂》描写的大规模狩猎活动的收获看，苑内动物有虎、兕、熊、豨、苍螭、玄猿、游雉、晨凫，以及大量的水禽、鱼类(参见基口准《秦汉园林概说》载《中国园林》1992年第2期)。

三、东汉梁冀园囿

东汉末年，富有的官僚地主多有第宅园囿之作，

与西汉梁园、袁广汉园相比，有过之而无不及。例：东汉桓帝时大将军梁冀大起第舍，广开园囿，多拓林苑，规模宏大。《后汉书梁统列传》中关于梁冀条："乃大起第舍，……殚极土木，互相夸竞。堂寝皆有阴阳奥室，连房间户。柱壁雕镂，加以铜漆。窗牖皆倚统青琐，围以云气仙灵。台阁相通更相临望，飞梁石磴陵跨水道。"可见其建筑之精巧奢华。

"又广开园囿，采土筑山，十里九坂，以象二崤，深林绝涧，有若自然，奇禽驯兽，飞走其间。"这就是说园囿要模仿真山(象二崤)真水(如林涧)而且要模仿得很像(有若自然)，也像西汉以来那样园囿中要放养珍禽驯兽。梁冀："又多拓林苑，禁同王家。西至弘农(河南灵宝北)，东界荥阳(今郑州市西)，北达河、淇(指渭河、淇水)，包含山薮，远带丘荒，周施封域，殆将千里。"多拓就是大量侵占农民的山林土地，禁同王家，可见其专横之极。这些林苑范围包容有长草湖泽和荒丘，迹近千里，可见其规模之大可比拟于帝王的苑囿。梁冀："又起兔苑于河南城西，经亘数十里，发属县卒徒，缮修楼观，数年乃成。移檄所在，调发生兔，刻其毛以为识，人有犯者，罪至刑死。"这个苑的规模也不小，绵亘数十里，其中多楼观，由属县征调卒徒来营造。又通知有关属县，送来活兔(养殖苑中)并在这些兔身上作出标记，如有人捕捉了这些兔子，受刑罚可能处死。发卒经营修缮，调拨生兔和禁捕捉，足见其横暴之至。

梁冀的园囿，东汉末年已毁，但直到北魏时尚有部分遗存。《洛阳伽蓝记》载："出西阳门外四里，御道南有洛阳大市，周围八里。市内有女皇台，汉大将军梁冀所造，犹高五丈余。市西北有土山鱼池，亦冀之所造"，即《汉书》所谓"采土筑山，十里九坂，以象二崤"者。

注释

[1] 刘庆柱. 秦都咸阳几个问题的初探. 文物，1976(11). 25～30

[2] 陶复. 秦咸阳宫第一号遗址复原问题的初步探讨. 文物，

1976(11). 31～41

[3] 秦都咸阳第一号宫殿建筑遗址简报. 文物，1976(11). 12～24

[4] 李浴. 中国美术史纲. 人民美术出版社，1957.52～57

[5] 李浴. 中国美术史纲. 人民美术出版社，1957.60～63

[6] 李浴. 中国美术史纲. 人民美术出版社，1957.57～59

[7] 李泽厚. 美的历程. 文物出版社，1981.79～80

[8] 刘敦桢主编. 中国古代建筑史. 中国建筑工业出版社，1980.63～64

[9] 李浴. 中国美术史纲. 人民美术出版社，1957.60

[10] 刘运勇. 西汉长安. 中华书局，1982.55～60

[11] 黄盛璋. 西安城市发展中的给水问题以及今后水源的利用和开发. 地理学报，1958(4)

[12] 胡谦盈. 汉昆明池及其有关遗存踏察记. 参考与文物，1980

[13] 俞伟超. 应当慎重引用古代文献. 考古通讯，1957(2)

[14] 马正林. 丰镐—长安—西安. 陕西人民出版社，1978.46～47

[15] 黄盛璋. 关于《水经注》长安城附近复原的若干问题. 考古，1962(6)

[16] 汪菊渊. 神山仙岛质疑. 园林与花卉，1983(1). 14

[17] 黑光. 西安汉太液池出土一件巨型石鱼. 文物，1975(6)

[18] 刘运勇. 西汉长安. 中华书局，1982.43～44

[19] 刘敦桢主编. 中国古代建筑史. 中国建筑工业出版社，1980.50～51

[20] 刘运勇. 西汉长安. 中华书局，1982.47～48

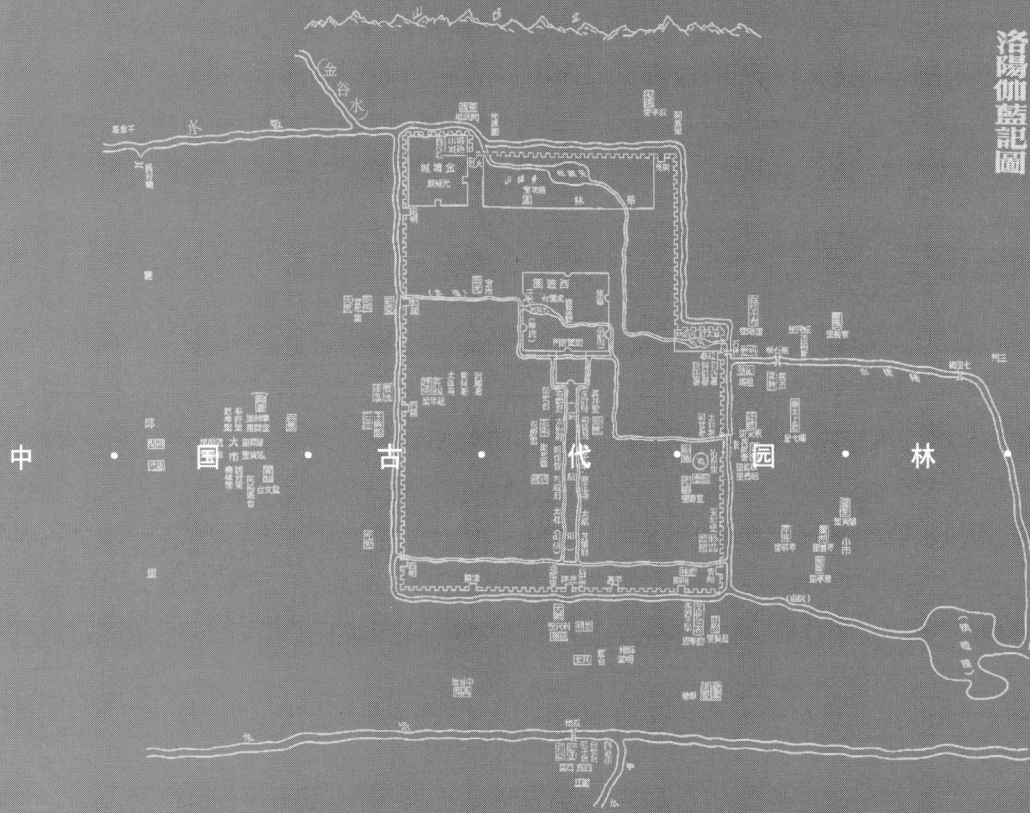

洛陽伽藍記圖

·中·国·古·代·园·林·史·

第四章 魏晋南北朝时期的园林

第一节 魏晋南北朝的文化艺术

一、魏晋南北朝简述

魏晋南北朝是我国历史上一个长期的大混乱时期(三百七十年之久)。

东汉末年,土地兼并剧烈,地主剥削残酷,官僚徭役繁重,政治腐败不堪,迫使农民不断地暴动起义,尤其是黄巾起义,直接威胁着东汉王朝的生存。在镇压黄巾起义过程中,各地豪强地主的武装壮大起来。随后是外戚与宦官的斗争和军阀间的混战,农业生产遭到巨大的破坏,招致人为的饥荒、大死丧、大流徙的结果,中原户口十不存一。后来,曹操崛起,取得兖州牧的统治地位,"移驾幸许都","挟天子以令诸侯",经过十一年的角逐,基本上统一了黄河流域,割据中原。刘备在诸葛亮辅助下,攻取益州和汉中,建立蜀政权,孙权开发江东建立吴政权。220年曹丕迫使刘协(汉献帝)禅位,做了皇帝,国号魏,把都城从许昌迁到洛阳,中国就分裂为魏(220~265年)、蜀(221~263年)、吴(222~280年)三国鼎峙的局面。

到265年,司马炎废魏主曹奂,自立为皇帝,国号晋,史称西晋。太康元年(280年)司马炎出兵灭吴,重新统一了全国。西晋王朝不过二、三十年时间稍为安定,由于统治阶级的贪暴、奢侈,由于贾后干政和贵族间相互争夺政权,演成"八王之乱"使西晋王朝很快就瓦解了[1]。

匈奴、羯、鲜卑、氐、羌等西北民族,汉魏以来,在"归附"的名义下,进入中原地区居住,受汉族文化、社会的影响而壮大起来。"八王之乱"时,乘机展开争夺，中原和西北成了少数兄弟族所立十三国和汉人建的三国，旧史称十六国所瓜分的局面。十六国即：汉(匈奴刘渊)、前赵(匈奴刘曜)、后赵(羯石勒、石虎)、魏(汉人冉闵)、前燕(鲜卑慕容氏)、前秦(氐族苻氏)、前凉(汉人张轨)、后燕(鲜卑慕容垂)、南燕(鲜卑慕容德)、北燕(汉人冯跋)、后秦(羌族姚苌)、西秦(鲜卑乞伏国仁)、夏(匈奴赫连勃勃)、后凉(氐族吕光)、南凉(鲜卑秃发乌孤)、北凉(卢水胡沮渠蒙逊)、西凉(李暠)、成汉(或称蜀)[2]。

少数兄弟族立国黄河流域之后，逼得晋室东迁，司马睿(西晋王朝后裔)只是依靠名门大族的拥戴，方得继承西晋帝统，在建康(今日南京)建立东晋王朝(317~420年)[3]。

到了436年，北方由北魏太武帝拓跋焘灭夏、北燕、北凉，统一了黄河流域，结束了历时一百三十五年的十六国分裂割据的局面。南方，在东晋末年，北府兵将领刘裕率晋军北伐，灭南燕后秦，回到江南后受封为宋王。420年，刘裕代晋称帝，是为武帝，国号宋。于是形成了北方的北魏王朝与江东的刘宋王朝相对峙的南北朝局面。

南朝历经宋、齐、梁、陈四个朝代，始终以建康为都城。刘宋(420~478年)最后一个皇帝刘昱(后废帝)时，大权集中到萧道成手中。479年，道成杀刘昱称帝，是为齐高帝，改国号为齐，史称南齐(479~501年)。502年，萧衍(齐武帝的族弟)杀萧宝卷、萧宝融，自为皇帝，是为梁武帝，改国号为梁(502~556年)。萧衍在位四十七年，招致了侯景之乱。乱平，552年萧绎在江陵即帝位，是为梁元帝。554年西魏率兵南侵江陵，城破，萧绎被执处死。王僧辩、陈霸先在建康拥立元帝子萧方智为帝，是为敬帝。未几霸先废方智自立，改国号为陈(557~588年)[4]。

北魏王朝到了534年时，分裂为东魏(534~549年)和西魏(534~556年)，后来又被北齐(550~577年)和北周(557~581年)取代。北周武帝宇文邕，精

明强干，572年，出兵消灭北齐，统一了北方。578年宇文邕病死，子宇文赟(宣帝)立。宇文赟是一个非常荒唐的皇帝，大象二年(580年)就得病死了。其子宇文阐(静帝)立，这时年才八岁，大权旁落到宣帝嫡妻天元大皇后杨氏之父杨坚手中。581年杨坚代周称帝，国号隋。588年任命晋王杨广为行军元帅伐陈。兵已临江，陈后主叔宝依然赏花赋诗、饮酒作乐。589年，隋兵渡江，擒叔宝，陈亡，中国才又统一起来了[5]。

二、魏晋南北朝的文化和玄学

魏晋南北朝是我国历史上一个民族大融合的时代，在这个过程中，各族的文化得到了交流和融合，同时，中国和亚洲各国的文化交流也有了发展。魏晋南北朝在我国历史上又是一个重大变化时期。无论哲学、宗教、文化、艺术等都经历转变，史学、地理学、文学、文学批评、绘画、书法、雕塑、音乐、舞蹈、杂技等等，以及科学技术方面，都有重大成就，为以后唐宋时期的文化繁荣和发展准备了充分的条件[6]。

魏晋玄学思想的产生。东汉末叶开始，两次党锢之祸，很多人"破族屠身"，大部分名士渐渐缄默下来，明哲保身。士大夫为了避祸，不敢豫闻世事，而以酣饮为常。过去那种评讯时事、品评道德、操守、气节的精神已完全丧失，代之而起的是言及玄远的清谈玄学。

玄学思想早在曹芳统治时代(240~248年)就发展得很快，代表人物有何晏(189~249年)与王弼(226~249年)。后来，有些名士破坏名教，主张达生任性，把自然和名教对立起来，其代表人物为嵇康(223~262年)与阮籍(210~263年)。另一部分名士却还是主张名教本于自然，如向秀和郭象(252~312年)[6]。尽管唯心主义玄学思想支配了当时的思想界，杨泉、欧阳建、裴顾等人唯物主义哲学思想，却站在对立面，同玄学展开了斗争[7]。

魏晋的玄学是门阀士族地主阶级的世界观和人生观，是一种新的观念体系。李泽厚在《美的历程》一书中指出：这种意识形态领域内的新思潮和反映在文艺-美学上的同一思潮的基本特征是什么呢？简单说来，这就是人的觉醒[8]。

三、魏晋的诗歌和文学

《古诗十九首》咏叹抒发中突出的是一种生命短促、人生无常的悲伤。从建安到晋宋，这种对人生短促的感叹成为那个时代的典型音调。曹氏父子有："对酒当歌，人生几何，譬如朝露，去日苦多"（曹操）；"人生处一世，去若朝霞晞，……"（曹植）；阮籍有："人生若尘露，天道邈悠悠，……"；陆机有："天道信崇替，人生安得长，慷慨惟平生，俯仰独悲伤"；陶潜有："悲晨曦之易夕，感人生之长勤，同一尽于百年，何欢寡而愁殷。"他们唱出的都是这同一哀伤、同一感叹、同一种思绪、同一种音调。在表面看来是如此颓废、悲观、消极的感叹中，深藏着的恰恰是它的反面，是对人生、生命、命运、生活强烈的欲求和留恋。以前所宣传和相信的那套……都是虚假的，值得怀疑，不可信或并无价值。只有人必然要死才是真的。既然如此，为什么不抓紧生活、尽情享受呢？"昼短苦夜长，何不秉烛游"，"不如饮美酒，被服纨与素"。表面看来似乎是无耻地在贪图享乐、腐败、堕落，其实，恰恰相反，它是在当时特定历史条件下深刻地表现了对人生、生活的极力追求[8]。

人的觉醒是在对旧传统、旧信仰、旧价值、旧风俗的破坏、对抗和怀疑中取得的。人不再如两汉那样以外在的功业、节操、学问，而主要以其内在的思辨态度和精神状态，受到了尊敬，是人和人格本身而不是外在事物，日益成为这一历史时期哲学和文艺的中心。当然，这里讲的"人"即是门阀士族，对人物品评是以门阀士族的政治制度和取材标准为中介，于是人的才情、气质、格调、风貌、性别、能力便成了重点所在。完全适应着门阀士族们贵族气派，讲求脱

俗的风度神貌成了一代美的理想[8]。

到曹魏的建安文学时代，正如鲁迅所指出："可说是文学的自觉时代，或如近代所说，是为艺术而艺术的一派。"曹丕虽然位极人君，依然感到"年寿有时而尽，荣乐止乎其身，二者必至之常期，未若文章之无穷"，可见他人生不朽的追求，认为只有文章。门阀士族认为真正不朽的，只有文学表达出来的个人的思想、情感、精神、品格，从而刻意作文，确认诗文具有自身的价值意义。所以，自魏晋到南北朝，讲求文辞的华美，文体的划分，文笔的区别，文思的过程，文作的评议，文观的探求，以及文集的汇纂，都是前所未有[9]。

正始时期（240～248年）诗歌方面，同样受到玄学的深刻影响，产生了玄言诗，从何晏开始，以嵇康、阮籍为首。当时的人们把诗歌看作表现无形之"道"的、可以具体把握的"言象"。玄学家主张"自然之理，有寄物而通也"（郭象：《庄子·外物》注）。这就是说，山川景物都是"自然"（即"大道"）之形，山水与玄理在人们的主观意识中是相通的，"方寸湛然，固以玄对山水"。因此，魏晋以来的士大夫，不仅迷恋于山水以领略玄趣，追求与道冥合的精神境界，而且直接描状山水，把山水形象作为表达玄理的、最合适的媒介。因此，"得意忘象"，"寄言出意"的思辨方式，使得山水景物大量进入诗画[10]。

但初期的玄言诗，只是想通过诗歌的形式把哲学的内容表达出来，没有能够把玄学思想和情感融合起来，从而损害了诗的形象思维。到了郭璞（276～324年）时候，山水诗有了发展。之后，山水文学也在继续发展。山水田园诗的代表作家，人称陶潜和谢灵运。

四、陶潜和谢灵运

陶潜（365～427年），在他三十岁以前，正是东晋王朝相对安定的时期。鲁迅指出："到了东晋，风气变了。社会思想平静得多，各处都夹入了佛教的思

想。……代表平和文章的人有陶潜，他的态度是随便饮酒、乞食，高兴的时候就谈论和做文章，无忧无怨，所以现在有人称他为田园诗人"。超脱尘世的陶潜是宋朝苏轼塑造出来的形象；实际的陶潜是政治斗争的回避者。鲁迅曾指出："诗文完全超于政治的……是没有的。……《陶集》里有《述酒》篇是说当时政治的"。陶潜的特点是自觉地、坚决地从上层社会的政治中退了出来，宁愿归耕田园，蔑视功名利禄，把精神的慰安寄托在农村生活的饮酒、读书、作诗上，在田园劳动中找到了归宿和寄托。自然景色在他的笔下，不再是作哲理思辨或徒供观赏的对峙物，而成为诗人生活、兴趣的一部分。"蔼蔼停云，濛濛时雨"，"倾耳无希声，举目皓以洁"，"暧暧远人村，依依墟里烟"，"朝霞开宿雾，众鸟相与飞"等等，各种普通的、非常一般的景色在他的笔下都充满了生命和情意，而表现得那么自然、质朴。山水草木在陶诗中是情深意真，既平淡无华又盎然生意[11]。陶诗的这种艺术境界虽然没有直接影响当时的园林创作，但却成为后来的唐宋写意山水园的灵魂。又如陶潜的《桃花源记》，其思想主题是描绘理想中农业社会的，但在章法上却提供了一种引人入胜的手法，如"缘溪行，忘路之远近，忽逢桃花林……欲穷其林，林尽水源，便得一山。山有小口，仿佛若有光，……初极狭，……豁然开朗"，成为后人园林布局上一种手法，归纳为"山重水复疑无路，柳暗花明又一村"。

谢灵运（385～433 年），出身于东晋南朝数一数二的世家大族。家在始宁县（今浙江上虞县东南）"有故宅及墅"，经过灵运修营，"傍山带江，尽幽居之美"。他写了一篇《山居赋》并自注，详尽地描绘他的山墅里物产之富，南北两居及其周遭景物之美。这篇赋可以说是山水文学中的代表作。谢灵运的山水诗，虽然《文心雕龙·明诗篇》说是"情必极貌以写物，辞必穷力而追新"，但正如李泽厚所指出：由于自然，或者只是这些门阀贵族外在游玩的对象，或者只是他们追求玄远即所谓"神超理得"的手段，并不

与他们的生活、心境、意绪发生密切的关系，所以尽管刻画得如何繁复细腻，自然景物却并未能活起来。他的山水诗如同顾恺之某些画一样，都是一种概念性的描述，缺乏个性和情感[12]。

五、魏晋南北朝的宗教艺术和绘画艺术

魏晋南北朝，伴随佛教而来的宗教艺术传入后，中国的美术发生了大的变化。北魏南梁把佛教定为国教，寺庙林立，佛像雕塑盛行。当时大量的佛教雕塑更完全是门阀士族贵族的审美理想的体现：某种病态的瘦削身躯，不可言说的深意微笑，洞悉哲理的智慧神情，摆脱世俗的潇洒风度，都正是魏晋以来这个阶级所追求向往的美的最高标准。石窟艺术，最早要推北魏时期。印度传来的佛传、佛本生等印度题材占据了这些洞窟的壁画画面。画面宗教里的苦难正是现实苦难的表现，同时也是对这种现实的苦难的抗议[13]。

魏晋南北朝，在绘画艺术上，也出现了繁荣的新面目，著名的画家辈出。三国和西晋著名画家有曹弗兴和他的弟子卫协。《古画名录》对卫协的赞语是"古画皆略，至协始精，六法之中迨为兼善"，他的画是"旷代绝笔"。晋室东迁以后，著名的画家更多，东晋时有顾恺之、戴逵、戴勃等，刘宋时有陆探微、宗炳、王微等，南齐时有谢赫、毛惠远等，南梁时有张僧繇、陶弘景等，南陈时有顾野王、殷不害等；北朝有蒋少游、杨子华、曹仲达、田僧亮等。他们都能改革旧作风，在绘画技巧上产生了某种写实作风。

南北朝时期，绘画的领域也扩大了，不仅佛道之类的宗教画、人物肖像有突出的成就，山水画、杂画也都有独立成为一个画科的趋势。在南北朝开始了山水画最初形式并发展起来不是偶然的，是整个社会的变化、思想的变化以及绘画本身发展的趋势所致。政治斗争的残酷，战乱频繁中痛苦，欲求解脱而不得，于是醉心于自然，从大自然中得到慰安和寄托，于是遨游山水，描写山水的画应运而生。开始时，山

水只是作为人物画的背景，也很粗略，正如唐张彦远在《历代名画记·论山水树石》里指出的那样："群峰之势，若细饰犀栉；或水不容泛，或人大于山，率皆附以树石，映带其他，列植之状，则若伸臂布指"。这样的初期山水画，虽然没有遗存的作品，但从敦煌北魏洞窟壁画上（图版 13）或顾恺之《洛神赋图卷》上（图版 14）可以想见[14]。

由于描写自然风景题材的需要，同时对自然描写的技巧也随之有了进步，山水就从作为人物画的背景而成为专门化的题材，也就是独立地描写自然风景的山水画开始产生。魏晋以来，认为山水是"质而有趣灵"的言象，"以形媚道"，所以画家画山水时讲究"实对"，用线条、色彩真实地描绘山水"自然之形"，注重"以形写形，以色貌色"（宗炳：《画山水序》）[10]。据说宗炳喜游山水，游辄忘归，"凡所游历，皆图于壁"，可见他的山水画是从真山真水出发，在

图版 13（A、B）　敦煌北魏石窟壁画

图版 14(A、B) 顾恺之 洛神赋图卷

写实的基础上成长发展起来的。宗炳不仅有山水画的创作，还有总结画山水经验体会的著作《画山水序》。此外，顾恺之、王微等画家对山水画的成长都有很大推动作用，都讲究写实。顾恺之在《画云台山记》一文中曾说："欲使自欲(然)为图"，"山有面则背向有影"，"下为涧物景皆倒"，表明他的画有阴影和倒影，是从写实出发的。王微有一篇《叙画》，梁元帝萧绎有《山水松石格》，都是论怎样画山水树石的[14]。

这些绘画理论的发挥是从创作实践中总结出来的，一旦产生自然会对艺术创作发生影响。当时的绘画理论影响后世最大的，要推南齐谢赫在《古画品录》中指出的"六法"。"六法者何，一、气韵生动是也；二、骨法用笔是也；三、应物象形是也；四、随类赋彩是也；五、经营位置是也；六、传移模写是也。"

李浴在《中国美术史纲》一书中曾对六法作如下的发挥。所谓"气韵生动"是就作品的总体之观察来说的，就是要求画面上所表现的东西要有精神感情，要有空气感，要有韵律，要有生命，使它发出一种生动的感人力量。所谓"骨法用笔"是指线条的勾勒是否得体而有力，着色的笔触是否恰当合规律。所谓"应物象形"就是看轮廓是否正确，精神是否一致，能够切实地描绘出正确的形象。所谓"随类赋彩"就是看画上的颜色是否合乎该物象所应有的色彩。所谓"经营位置"就是考虑全体的结构布局是否合适，使其成为主次分明互相联系的统一有机体。所谓"传移模写"不仅指临摹名家的作品得到技巧，更重要的是对现实事物的写生，深刻地体验现实的生活。

李浴认为：谢赫六法的先后次序是为评画而定的，如果就学习和创作来说，正好是颠倒过来从第六条开始。那就是画家先要汲取别人的经验和深入生活，对现实下一番写生的功夫，将素材搜集后，再来作一番处理，并求得构图、设色、形体以及用笔的正确得体，最后达到气韵生动的境地。这六条法则，无疑是把绘画在艺术性上的要求与创作方法都很系统地指出来了。"六法论"可说是一篇极素朴而系统的现实

主义创作方法论[15]。

第二节　魏晋北朝的都城和宫苑

魏晋十六国和北朝分别修建了各自的都城和宫苑，规模较大、使用时间较长的都城有邺城(今河南临漳)和洛阳；而东晋和南朝宋、齐、梁、陈始终以建康(今江苏南京)为都城。

一、三国时期邺城和宫苑

邺城，曹魏时建。邺城地位于今河北省临漳县附近，漳河沿岸。城址大部已被漳河冲毁，只能依据文献资料来研究，据《水经注》记载，邺城的规模为："东西七里、南北五里"，是一个长方形城市(图4-1)。邺城南面有三个城门(广阳门、中阳门、凤阳门)，北面二个城门(广德门、厩门)，东面西面各一门(东面建春门，西面金明门)相对。一条横贯东西的大道把城内分为南北两部分；一条从正中的中阳门引伸出来的路直对王城的宫殿，形成了明显的中轴线。北部中央建宫城，大朝所在宫殿位于宫城中央；宫城以东是贵族居住的坊里(戚里)，宫城以西为禁苑——西园(铜雀园)，园西侧稍北，凭借城墙建铜雀三台。宫城南侧有一部分衙署，东西大道以南中间部分也建有官署。南半部除衙署外就是居民居住的坊里和市集。区域划分整齐，也较集中，这是邺城规划上的一些特点。

曹操建邺城后，于建安十五年(210 年)筑三台。《三国志·魏武帝纪》载：三台在"邺城西北隅，因城为基。铜雀台高十丈，有屋百三十间，冰井台有屋百四十五间，有冰室与冻殿。三台崇举，其高若山，与诸殿皆阁道相通"。可见三台是在其高若山的崇台上建筑着殿阁。各台面积之广可容百数十间屋，三台之间又有阁道相通。

二、十六国时期邺城和宫苑

十六国时，后赵石虎沿用曹魏旧城为都城。据

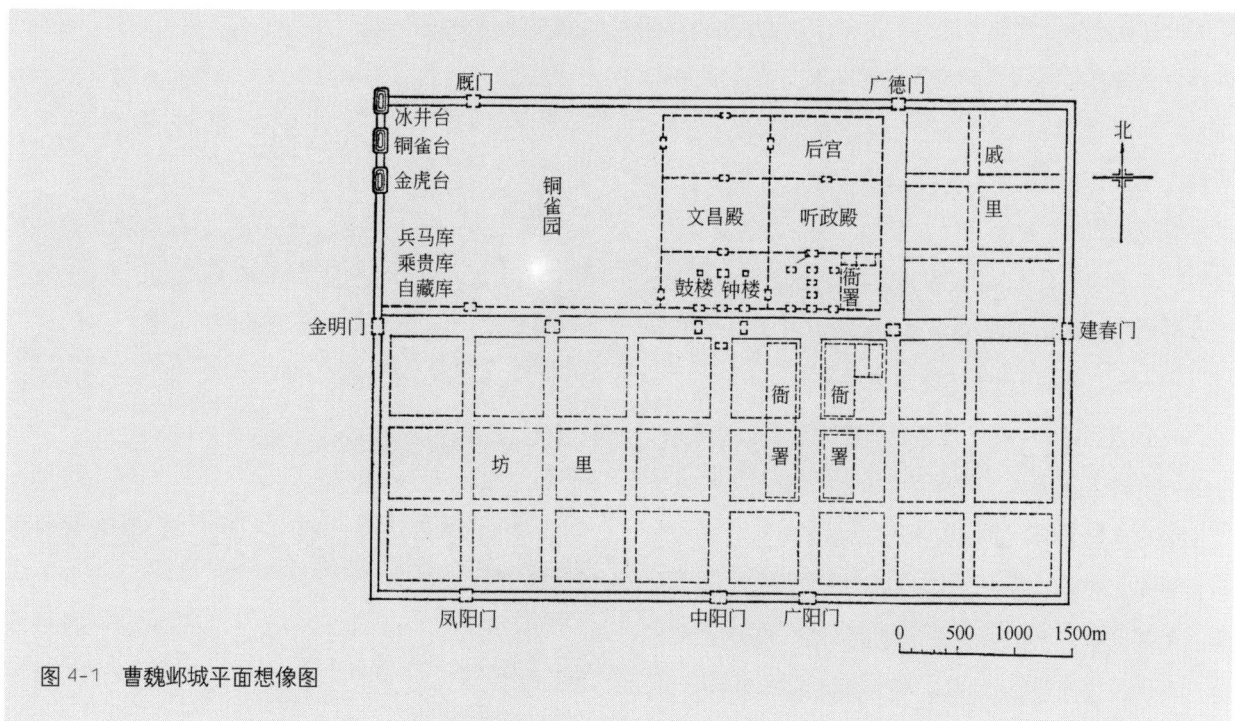

图 4-1 曹魏邺城平面想像图

左栏侧边注：·中·国·古·代·园·林·史·

左栏下方注：柒拾陆○

原布局，把邺城重新建造起来，城墙的外面用砖建造，城墙上每隔百步建一楼，城墙的转角处建有角楼[16]。《邺中记》载："邺宫南面三门。西凤阳门，高二十五丈，上六层，反宇向阳，下开二门。又安大铜凤于其巅，举头一丈六尺。门窗户（疑有缺字），朱柱白壁。未到邺城七八里，遥望此门。"关于三台，《邺中记》载："至后赵石虎，三台更加崇饰，甚于魏初。于铜爵（注：同雀）台上起五层楼阁，去地三百七十尺，周围殿屋一百二十房。……三台相面，各有正殿。……又作铜爵楼巅，高一丈五尺，舒翼若飞。南则金凤台，有屋一百九间，置金凤于楼巅，故名。北则冰井台，有屋一百四十间。上有冰室，室有数井，井深十五丈，藏冰及石墨。……三台皆砖甃，相去各六十步，上作阁道如浮桥，连以金屈戍，画以云气龙虎之势。施则三台相通，废则中央悬绝也。"从这段记载看，石虎在铜雀台建的不是殿而是五层的楼阁，顶置铜雀。三台之间连以像浮桥一样的阁道，置放时可以通行，卸下时相互隔绝，想见当时工程技术上的进步。

《晋书·石季龙载记》：石虎"起太武殿，基高二丈八尺，以立捽云，下穿伏室，置卫士五百人于其中。……漆瓦金铛，银楹金柱，珠帘玉壁，穷极技巧"。据《邺中记》载，"画作云气，拟秦之阿房、鲁之灵光。流苏染鸟翎为之，以五色编蒲心荐席。"又"悬大绶于梁柱，缀玉璧于绶"。石虎建宫室的奢靡侈丽，仅举此一例，不可尽记也。

东晋十六国时，少数兄弟族立国后，不仅增崇宫殿，雕饰楼阁，而且大事构筑苑囿。这里仅举史籍有简略记载并著称者为例。后赵石虎曾在邺城构筑苑囿众多，最著称的是华林园。《晋书·石季龙载记》："永和三年（347年）沙门吴进，言于石季龙曰：'胡运将衰，晋当复兴，宜苦役晋人以厌其气'。季龙于是使尚书张群发近郡男女十六万，车十万乘，运土筑华林苑及长墙于邺北，广长数十里。赵揽、申钟、石璞等上疏陈天文错乱，苍生凋敝，及因引见又面谏，辞旨甚切。季龙大怒曰：'墙朝成夕没，吾无恨矣'。乃促张群以烛夜作，起三观四门。三门通漳水，皆为铁扉。暴风大雨，死者数万人。"《邺中记》的说法是：

“以五月发五百里内民万人筑华林苑。……到八月，天暴雨日，深三尺，作者冻死数千人”。

从征发人、车之众，筑长墙广长数十里，起三观门，想见其规模之宏伟。除长墙需运土夯土而筑外，是否累土掇山没有言及。但从《邺中记》载：“华林园中千金堤上，作两铜龙，相向吐水，以注天泉池，通御沟中。三月三日石季龙及皇后百官临水宴赏”，可见园中穿有天泉池。从“三门通漳水”，必然水源充裕，才能汇为巨浸。

值得重视的是《邺中记》有这样的记载：“虎于园中种众果。民间有名果，虎作虾蟆车，箱阔一丈，深一丈四，抟掘根面去一丈(案：《说郛》引此条，句下有(深一丈，三字)，合土栽之，植之无不生。”秦汉以来，苑囿中莫不移植大树，但大树移植技术不见载籍，要以《邺中记》此条为最早文字记载。为了保证根系完整，抟掘一丈见方一丈深，为了不使土团松散，有承载之箱，为了运载带土大树又有虾蟆车的制作，这样就能植之无不生。

华林园中种众果，有名果多种，《邺中记》载：“华林园有春李，冬华春熟”；“有西王母枣，冬夏有叶，九月生花，十二月乃熟，三子一尺。又有羊角枣，亦三子一尺”；“石虎园中有勾鼻桃，重二斤”；“石虎苑中有安石榴，子大如碗盏，其味不酸”等等，这些记载不无夸张之词。

石虎又筑桑梓苑。《邺中记》载：“邺城西三里桑梓苑，有宫临漳水。……又并有苑囿，养獐鹿雉兔。虎数游宴其中。”又载“石虎少好游猎，后体壮大，不复乘马。作猎辇，二十人担之，如今之步辇。上安徘徊曲盖，当坐处安转关床，若射鸟兽，直有所向，关随身而转。虎善射，矢不虚发。”

当时技巧之作也很多，举数例以示。《邺中记》载：“石虎种双生树，根生于屋下，枝叶交于栋上。是先种树后立屋，安玉盘容十斛于二树之间。”还有各种技巧的车的制作：“石虎有指南车及司里车。又有舂车木人，及作，行碓于车上，车动则木人踏碓舂，行十里成米一斛。又有磨车，置石磨于车上，行十里辄磨麦一斛。凡此车皆以朱彩为饰，惟用将军一人。车行则众并发，车止则止。中御史解飞，尚方人魏猛变所造。”“石虎性好佞佛，众巧奢靡，不可纪也。尝作檀车，广丈余，长二丈，四轮，作金佛像，坐于车上，九龙吐水灌之。又作木道人，恒以手摩佛心腹之间，又十余木道人，长二尺余，皆披袈裟绕佛行，当佛前辄揖礼佛，又以手撮香投炉中，与人无异。车行则木人行，龙吐水，车止则止，亦解飞所造也。”

《邺中记》载：“自襄国(今河北邢台)至邺二百里，中四十里辄一宫。……凡所起内外大小殿台行宫四十四所”。石虎不仅盛宫室，还大事构筑苑囿，如桑梓苑(在邺城西三里)，华林苑(在邺城东二里)。

后赵在邺大事构筑的宫殿、台观、苑囿，存在不过十多年，就被战火所毁。后来，前燕慕容俊虽曾定都邺城，但时间很短，没有多少建设。直到东魏时，孝静帝元善见于天平元年(534 年)自洛阳迁都于邺，才在旧城的南侧增建新城。新旧二城的总平面，略如 T 形。新城东西六里，南北八里六十步，一般称为邺南城。邺南城的布局大体继承北魏洛阳的形式，并自洛阳迁移大批宫殿于此。宫城位于城的南北轴线上，大朝太极殿，其左右建有东西宫。在这组宫殿的两侧，又并列含元殿和凉风殿。太极殿后面还有朱华门和常朝昭阳殿。宫城北面为苑囿。宫城以南建官署及居住用的坊里。城外东西郊又建有东市和西市[16]。

550 年高洋废东魏主，称齐皇帝，建立北齐政权，仍以邺城为都城，增建了不少宫殿，并在旧城西部建造大规模的苑囿，又重建铜雀三台，改称金凤、圣应、崇光。577 年北周灭北齐，这座宏丽的都城受到了破坏，后来变为废墟。

十六国时宫苑见于载籍的，除了石虎在邺城所建外，还有拓跋氏在平城的鹿苑和慕容熙在龙城的龙腾苑。拓跋氏在道武帝(拓跋珪)主中原之前还过着游牧的生活，作战的队伍还以部落组织方法为根据。到道武帝时代开始在塞上定居划分土地，大抵在北魏登国九年(394年)开始的。分土定居以后，其居住地区大概都在都城平城(今山西大同市)以及平城的四周[22]。拓跋珪在"天兴二年(399年)春二月，以所获高车众(高车，部族名)起鹿苑，南因台阴，北距长城，东包白登(地名)，属之西山，广轮数十里。凿渠引武川水，注之苑中，疏为三沟，分流宫城内外。又穿鸿雁池。"(《魏书·太祖纪第二》)。

后燕慕容宝，于398年，在龙城(故址在今辽宁朝阳)为鲜卑贵族兰汗所杀，其子慕容盛是兰汗的女婿，又杀汗自立，后又被其臣下段玑等所杀。鲜卑贵族又拥立慕容熙为主。慕容熙仅据有辽西地区，民户不多，可是他却大兴土木。《晋书·慕容熙载记》："筑龙腾苑，广袤十余里，役徒二万人。起景云山于苑内，基广五百步，峰高十七丈。又起逍遥宫、甘露殿，连房数百，观阁相交。凿天河渠，引水入宫。"又"凿曲光海、清凉池。季夏盛暑，士卒不得休息，渴死者大半。"又"拟邺之凤阳门，作弘光门，累级三层。"为昭仪符氏"起承华殿，高承光(殿)一倍。……"这样无休止地兴建宫苑殿阁，给辽东人民带来了无穷的灾难。407年，昭仪符氏病死，符氏的灵柩下葬时，慕容熙亲自出城送葬。龙城的将吏推高云为主，拒绝慕容熙回城。慕容熙逃入龙腾苑，被杀，后燕亡[23]。

从魏晋到十六国帝王的宫苑，大抵好起山穿池。筑山以仿真山为主，所以山必求其宏大，峰必求其高峻，其基必广。为了宫城用水，必凿渠引水，注之苑中，疏为水沟，分流宫城内外。池必巨浸，可以泛舟宴游。引水逞奇巧，或蟾蜍含受，神龙吐出，或铜龙成对，相向吐水。除水转而戏，鱼龙曼衍之技外，又有各种机械之制作。魏有马钧，后赵有解飞，巧思绝世，制造精巧。至于捕禽兽充苑中，或畜养珍鸟奇兽于苑囿之风，历世不衰。

三、三国时期洛阳的宫苑

西周初期曾在洛阳建立了成周和王城。此后战国的东周、后汉(即东汉)、魏、晋、元魏(即北魏)之都城皆成周也。东汉末年，董卓焚烧洛阳后，又是一片废墟。曹丕称帝时，把都城从许昌迁到洛阳，方又加以修复。曹魏的洛阳，依东汉旧规建南北二宫，在城北部盛营苑囿，主要有芳林园等。西晋时，洛阳城中续有新建，但主要御苑仍为华林园(即芳林园，曹芳时避讳改称)。新建苑名见于载籍的有春王苑、洪德苑、灵昆苑、平乐苑以及舍利池、灵芝池、濛汜池、绿波池、东宫池、都亭池、天泉池等。其中天泉池在洛水之畔，南引水作沟，池西积石为"禊堂"。每年三月三日，皇室例必到此流杯饮酒，举行修禊活动。

《三国志·魏志》二《文帝纪》："黄初元年(220年)冬十二月初营洛阳宫"。注：是时帝(曹丕)居北宫，以建始殿朝群臣，门曰承明……至明帝时始于汉南宫崇德殿处起太极、昭阳诸殿。黄初二年(221年)"是岁筑陵云台。"《世说》曰："陵云台楼观极精巧，先称平众材，轻重当宜，然后造构，乃无锱铢，递相负揭。台虽高峻，常随风摇动，而终无崩坏。"黄初三年(222年)，"是岁穿灵芝池"。《太平御览》六十七，《晋宫阁名》载：灵芝池广长百五十步，深二丈，上有连楼飞观，四出阁道钓台，中有鸣鹤舟、指南舟。黄初五年(224年)"是岁穿天渊池"。黄初七年(226年)"三月，筑九华台"。据《洛阳伽蓝记》，曹丕所筑陵云台、灵芝池钓台，均在北魏时西游园内；天渊池及九华台，均在明帝起芳林园内，详下。

"魏明帝(曹睿)即位二年(即太和二年228年)起灵禽之园。远方国所献异鸟殊兽皆畜此园也。昆明国贡嗽金鸟，……形如雀而色黄，羽毛柔密，常翱翔海上，罗者得之，以为至祥。闻大魏之德被于遐远，故越山航海来献大国。"(王子年：《拾遗记》)。这种畜养珍鸟奇兽以供赏玩的苑囿，自周以来，历代王朝无不有之。

《魏略》："青龙三年(魏明帝曹睿年号，235年)……于芳林园中起陂池，楫櫂越歌。……通引榖水过九龙(殿)前，为玉井绮栏，蟾蜍含受，神龙吐出。使博士马均作司南车，水转而戏。岁首建巨兽，鱼龙曼延，弄马倒骑，备如汉西京之制。"又载"景初元年(237年)起土山于芳林园西北陬，使公卿群僚皆负土成山，树松竹杂木善草于其上，捕山禽杂兽置其中。"《三国志·魏志》二十五，《高隆堂传》叙述稍详："景初元年……帝愈增崇宫殿，雕饰观阁。凿太行之石英，采榖城之文石，起景阳山于芳林之园，建昭阳殿于太极(亦殿名)之北。铸作黄龙凤凰奇伟之兽，饰金镛、陵云台、陵霄阙。百役繁兴，作者万数，公卿以下至于学生，莫不展力。帝乃躬自掘土以率之。"

芳林园

"魏明帝(曹睿)起"，"在城内东北隅"，"齐王芳(曹芳)改为华林"(《洛阳图经》)。芳林园中不仅有陂池(可能即天渊池)可以泛舟载歌，还起土山(即景阳山)于天渊池西。为山不仅负土而成，还采用太行、谷城的白、紫、五色大石于园林。还树松竹杂木善草于山上(种善草自汉以来就有)，可见是土山戴石。还捕山禽杂兽置其中，神龙吐水，蟾蜍含受，以及水戏之作，不脱西汉以来囿苑的窠白。

注：上引《魏略》中"岁首(正月旦)建巨兽，鱼龙曼延"的鱼龙曼延是杂伎，是古称"百戏"，也称"散乐"中规模最大的一个剧目。《宋书·乐志》载："后汉正月旦，天子临德阳殿受朝贺，舍利(兽名)从西方来，戏于殿前，激水化成比目鱼，跳跃嗽水，作雾翳日；毕，又化成黄龙，长八九丈，出水游戏，炫耀日光"。这个杂技剧目……梁称之为"变黄龙弄龟伎"，北魏称之为"鱼龙"，北齐称之为"鱼龙烂漫"，北周称之为"鱼龙曼衍之技"，并见《魏书·乐志》和《隋书·音乐志》[21]。

三国时，不仅魏文帝、明帝大起苑囿，蜀吴亦然。《三国志·吴志》《孙皓传》："皓大开园囿，起土山，楼观穷极技巧，功役之费以亿万计。"

经魏晋两代惨淡经营加以修复的洛阳，永嘉乱后(308～311年)这座都城又被毁。直到北魏孝文帝(拓跋宏，后来改姓元称元宏)决定由平城(山西大同)迁都洛阳，才又在魏晋故址上重建洛阳。据《南齐书》卷五十七《魏虏传》记载，文帝曾派蒋少游调查汉魏洛阳宫殿基础，又派赴建康了解南齐宫殿的情况，然后诏征司空穆亮与尚书李冲，将作大匠董爵，在西晋洛阳故址上进行建造。北魏洛阳城平面想像图如图4-2所示。

北魏洛阳有宫城与都城两重城垣：都城即汉魏洛阳的城，东西七里，南北九里，南面西面各开四门，东面三门，北面二门。宫城在都城的中央偏北的位置，基本上是曹魏时期北宫的地位，宫北的苑囿也就是曹魏芳林园故址。宫城之前有一条贯通南北的干道——铜驼街，街两侧分布着官署和寺院。太庙和太社则建于干道南端的东西两侧。其余部分是居住的里坊。方格形的道路网，里坊划分整齐。

都城的西面，"出西阳门外四里，御道南有洛阳大市，周回八里。市南有皇女台，汉大将军梁冀所造，犹高五丈余。……市西北有土山鱼池，亦冀之所造，……。市东有通商、达货二里。里内之人，尽皆工巧，屠贩为生，资财巨万，……。市南有调音、乐律二里。里内之人，丝竹讴歌，天下妙伎出焉。……市西有退酤、治觞二里。里内之人多酝酒为业。……市北慈孝、奉终二里。里内之人以卖棺椁为业，赁辆车为事。……别有准财、金肆二里，富人在焉。凡此十里，多诸工商货殖之民，千金比屋，层楼(对出)，重门启扇，阁道交通，迭相临望。"(《洛阳伽蓝记》)

里坊中园宅最为豪丽的是寿丘里。《洛阳伽蓝记》载："自退酤以西，张方沟以东，南临洛水，北达芒山，其间东西二里，南北十五里，并名为寿丘里，皇宗所居也，民间号为王子坊。"

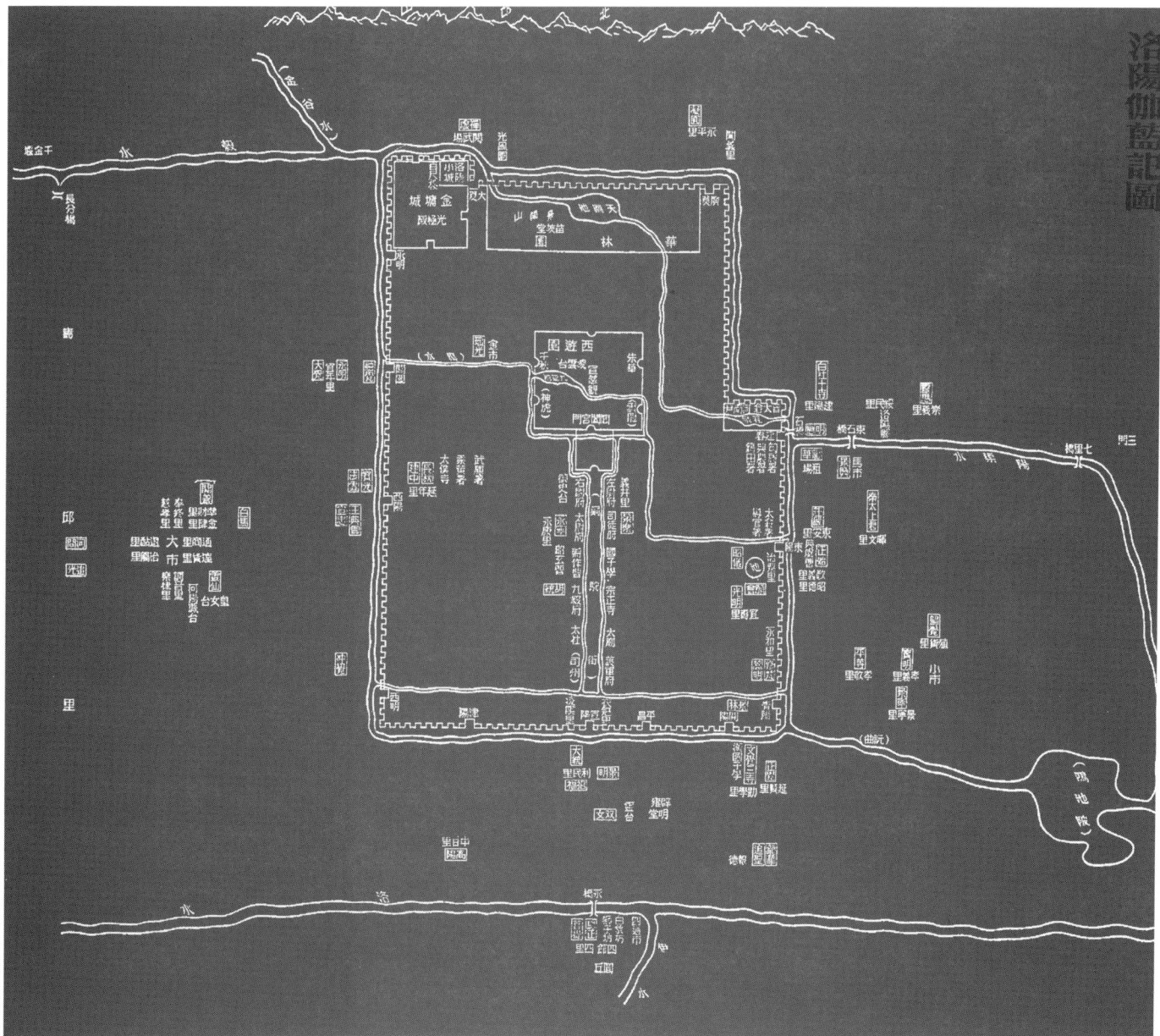

图 4-2 北魏洛阳城平面想像图

都城的东面，"出青阳门外三里御道北，有孝义里。……孝义里东即是洛阳小寺。……里三千余家，自立巷寺，所卖口味，多是水族。"都城的南面"宣阳门外四里，至洛水上作浮桥，所谓永桥也。""永桥以南，圆丘以北，伊、洛之间，夹御道有四夷馆。道东有四馆，一曰归正，二曰归德，三曰慕化，四曰慕义。吴人投国者处金陵馆，三年以后，赐宅归正里。……北夷来附者处燕然馆，三年以后，赐宅归德里。……东夷来附者处扶桑馆，赐宅慕化里。西夷来归者处崦嵫馆，赐宅慕义里。自葱岭已西，至于大秦，百国千城，莫不欢附。商胡贩客，日奔塞下，所谓尽天地之区已。乐中国土风，因而宅者，不可胜数。是以附化之民，万有余家。门巷修整，阊阖填列，青槐荫陌，绿树垂庭，天下难得之货，咸悉在焉。"

《洛阳伽蓝记》一书，把洛阳城状况，按照城门方向把城内外里坊，众多伽蓝（以大的伽蓝为主）以及宫殿、官署、名胜古迹，都加以记载，又多用注释和追溯的手法，每记一事都有它的历史和故事，实是不可多得的具有历史价值的书。以上仅摘要叙述洛阳城，都城的西面、东面、南面的主要状况。

四、北魏洛阳和北朝后期的宫苑

西游园

北魏洛阳的宫苑，《洛阳伽蓝记》有较详的记载。在宫城内有西游园，见《洛阳伽蓝记》瑶光寺条："千秋门内道北有西游园，园中有凌云台，即是魏文帝(曹丕)所筑者。台上有八角井，高祖(孝文帝拓跋宏)于井北造凉风观，登之远望，目极洛川(表明其高)。台下有碧海曲池。台东有宣慈观，去地十丈。观东有灵芝钓台，累木为之，出于海中(海指碧海曲池)，去地二十丈。风生户牖，云起梁栋，丹楹刻桷，图写列仙。刻石为鲸鱼，背负钓台，既如从地踊出，又似空中飞下(颇为别致)。钓台南有宣光殿，北有嘉福殿，西有九龙殿，殿前九龙戏水成一海(即九龙池，《魏略》：通引谷水过九龙(殿)前，《水经谷水注》：渠水……又枝流入石逗，伏流注灵芝九龙池)。凡四殿，皆有飞阁向灵芝往来。三伏之月，皇帝在灵芝台以避暑(台出于海中，风生云起，自然凉爽)。"又载："有五层浮图一所，去地五十丈。仙掌凌虚，铎垂云表，作工之妙，埒美永宁讲殿。尼房五百余间，绮疏连互，户牖相通，珍木香草，不可胜言。牛筋狗骨(即枸骨)之木，鸡头(即芡实)鸭脚之草，亦悉备焉。"

华林园

最著称的华林园，在建春门内。《洛阳伽蓝记》："建春门内……御道北有空地，拟作东宫，晋中朝时(指西晋都洛阳时)太仓处也。太仓南有翟泉，周回三里，……水犹澄清，洞底明静。……泉西有华林园，高祖(孝文帝拓跋宏)以泉在园东，因名苍龙海。华林园中有大海，即汉(魏)天渊池，池中犹有文帝(曹丕)九华台。高祖于台上造清凉殿。世宗(宣武帝元恪)在海内作蓬莱山，山上有仙人馆，上有钓台殿，并作虹霓阁，乘虚来往。至于三月禊日，季秋已辰，皇帝驾龙舟鹢首，游于其上。海西有藏冰室，六月出冰以给百官。海西南有景山(山字疑当作阳)殿。山东有羲和岭，岭上有温风

室；山西有姮娥峰，峰上有露寒馆，并飞阁相通，凌山跨谷。山北有玄武池，山南有清暑殿。殿东有临涧亭，殿西有临危台。"洛阳华林园也如邺城石虎的华林园种有众名果。"山南有百果园，果列作林，林各有堂。有仙人枣，长五寸，把之两头俱出，核细如针。霜降乃熟，食之甚美。……又有仙人桃，其色赤，表里照彻，得霜即熟。……奈林西有都堂，有流觞池，堂东有扶桑海。凡此诸海，皆有石窦流于地下，西通穀水，东连阳渠，亦与翟泉相连。若旱魃为虐，穀水注之不竭；离毕滂润，阳穀(吴若准《集澄》云：穀作渠)泄之不盈。至于鳞甲异品，羽毛殊类，濯波浮浪，如似自然也。"

从上所述，西游园以池胜，以台观殿阁见胜：凉风观高峻，登之远望，目极洛川；灵芝钓台，累木为之，出于海中，既如从地踊出，又似空中飞下，构筑别致；凡四殿，皆有飞阁向灵芝台往来。华林园不仅以池胜，还以山胜：为池天渊如大海，池中九华台外，又有蓬莱山、仙人馆，仿仙境；海西南有景阳山，山东有羲和岭，山西有姮娥峰，飞阁相通，凌山跨谷，山北又有玄武池；山南为百果园，又有扶桑海；池、山之胜可以想见。值得注意的是当时引水工程的成就，地下石窦，水源有三，才能使池水旱不竭，淫雨有阳渠泄之不盈。

仙都苑

到了北朝后期，北齐(都城在邺)后主高纬，据史载，在武平四年(573年)曾大兴土木造仙都苑，穿池构山，楼殿间起，穷华极丽。据周维权考证，后赵石虎修建的规模宏大的华林园，至北齐时再度扩建，改名仙都苑[17]。

据顾炎武《历代宅京记》引《邺中记》云："齐武成增饰华林园，若神仙所居，遂改为仙都苑"。《北史·魏收传》言："武成于华林园中作玄洲苑，备山水台观之美，疑即仙都也。其苑中楼观山池，自周平齐之后，并毁废。"《历代宅京记》又载："苑中封土为五岳，并隔山相间，五岳之间分流四渎为四海，汇为大

池。"大池内堆叠五个山岛，象征五岳，岳间四条水道，分汇四个水域，象征四海。"每池中通船，行处可二十五里"，即通行舟船的水程长达二十五里。"中有龙舟六艘，又有鲸鱼、青龙、鹢首、飞隼、赤鸟等舟。""海池之中为水殿。周回十二间，四架，平坐广二丈九尺，基高二尺四寸，户八窗。"关于诸岳则云："其中岳嵩山北，有平头山，东西有轻云楼，架云廊十六间。南有峨眉山。小山东西屈头，南向，著峨眉也。山之东头有鹦鹉楼，以绿瓷为瓦，其色如鹦鹉，因名之。其西有鸳鸯楼。以黄瓷为瓦，其色如鸳鸯，因名之。""北岳南有玄武楼，楼北有九曲山，山下有金花池，池西有三松岭。次南有凌云城，西有陛道，名曰通天坛。大海之北，有飞鸾殿。其殿十六间，五架，青石为基，珉石为柱础，镌作莲花形，梁栋楹柱皆苞以竹，作千叶金莲花三等束之。其上舒叶，长一尺八寸，斑竹以为椽，织五色簟为水波纹，以作地衣。内垂五色珠帘，麒麟锦以为缘，白玉以为钩。后有长廊，檐下引水，周流不绝。其南有御宿堂。此堂尽用铁装，庭前有仙人博山石，方二尺五寸，石色赤，其坚不可凿，不知何方所献。其东有井，以玉砌之。……其中有紫微殿，内画义夫，外画节妇。宣风观、千秋楼，在七盘山上。屈曲而上，故曰七盘山，有数峰，东曰散日，西曰隐月，东北曰停鸾岭，西北曰驻鹤。又有含霜障，白露岭。又有游龙殿，大海观、万福堂，……流霞殿，已上一观、一堂、一殿，并在紫微殿左右。"

"修竹浦在紫微殿北。连璧洲，在紫微殿内、杜若洲、靡芜岛、三休山等。东有悲猿峰，西有忘归岭，南有黄雀岩。已上并在大海中。西海有望秋观、临春观，隔水相望。海池中又有万岁楼。楼西有长楸马埒，每岁春秋，妃嫔内贵马射之处也。北海中有密作堂，堂周回二十四架，以大船浮之于水，为激轮于堂，层层各异。下层刻木为七人，相对列坐，一人弹琵琶，一人击胡鼓，一人弹箜篌，一人搊筝，一人振铜钹，一人拍板，一人弄盘，并衣之以锦绣，其节会进退俯仰，莫不中规。中层作佛堂三间，佛事精丽。又作木僧七人，各长三尺，衣以缯彩。堂西南角，一僧手执香奁，东南角，一僧手执香炉而立，余五僧绕佛左转行道。每至西南角，则执香奁僧以手拈香，授行道僧，僧舒手受香。复行至东南角，则执香炉僧舒手授香(恐系'炉'字之误)于行道僧，僧乃舒手置香于炉中，遂至佛前作礼，礼毕，整衣而行，周而复始，与人无异。上层亦作佛堂，傍列菩萨及侍卫力士。佛坐帐上刻作飞仙，循环右转，又刻画紫云飞腾，相映左转，往来交错，终日不绝。并黄门侍郎博陵崔士顺所制，奇巧机妙，自古未有。"

"齐后主高纬天统末，于密作堂侧，率诸内人、阉官等作贫儿村。编蒲为席，剪茅为房，断经之薦，折簀之床，故破靴履，糟糠饮食，陷井藜灶，短匙破厂，蒿檐不蔽风雨。纬与诸妃嫔游戏其中，以为笑乐。傍作一市，多置货物，纬躬为市，令胡妃坐店卖酒，而令宫人交易其中，往来无禁，三日而罢。"

从仙都苑的描述看，不仅规模宏大，而且布局造景上有了新意的发展。构图中心是引漳河水(三门通漳水)汇成的大海。海中堆筑五个岛屿，象征五岳，而不是神仙传说的三神山，此一新意；由于岛屿，划分四个水域，象征四海，而不是一片汪洋，此又一新意；为了使池不枯竭，有四条水道，象征四渎，而不是一进一泄的旧套，此又一新意。把五岳四海四渎象征性地体现在苑内，真所谓"移天缩地在君怀"的首创。如果腾空鸟瞰，大池中耸立着五个水域；聚中有散而有变化，或岛上有山如北岳之北有元曲山，山下另有金花池是池中有池，或池外有山，如池西三松岭；环池沿岸又有观、堂、殿、屋之筑；在池岛的境域中布置建筑组群，开山水建筑宫苑的先河。隋西苑(详见下章)很可能袭此苑而创。

至于贫儿村的设置，可说是奢极无聊下的戏作。《齐本纪上第六》"又于华林园立贫儿村舍，帝自敝衣为乞食儿，又为穷儿之市，躬自交易"。在宫苑内开列市肆的风气，早在汉灵帝(刘宏)时就有。《拾遗记》

载，灵帝"作市肆于后宫，使采女贩卖，帝着商贩服饮宴于其间"。

第三节　南朝的都城建康和宫苑

建康(今南京)，禹贡扬州之域，在周为吴，春秋末为越，但还没有筑城。到楚灭越时才置金陵邑，秦时以金陵属鄣郡，改其地为秣陵县。东汉建安十六年(211年)孙权自京口徙治秣陵，明年城石头；改秣陵为建邺。西晋愍帝(司马邺)讳邺，即改为建康。晋室南渡，东晋元帝司马睿于建武元年(317年)奠都建康。东晋经营建康，是就三国时吴建邺旧址逐步发展、营建宫城以及苑囿。后来宋、齐、梁、陈各朝陆续有所营建。东晋南朝建康平面想像图如图4-3所示。

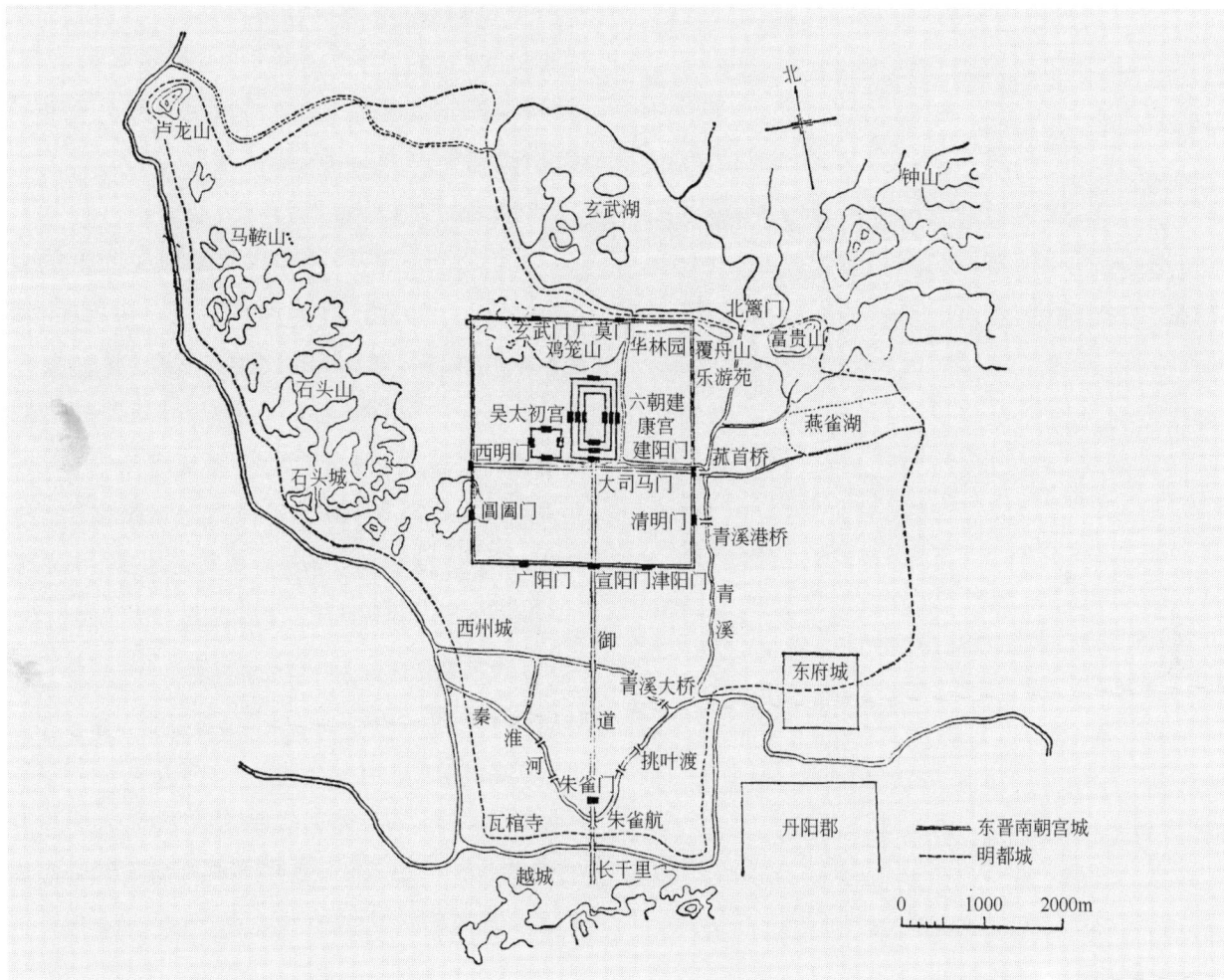

图4-3　东晋南朝建康平面想像图

建康的形胜，古人有"钟山龙蟠，石城虎踞，负山带江，九曲清溪"十六字的概括。具体说，全区岗峦重叠，西北有幕府山(注1)，东北有钟山(注2)，西南多丘陵，西沿长江，中部是秦淮平原，有青溪(注3)萦回其间，秦淮河环绕城外南、西两面，北接玄武湖(刘宋初期称真武湖)(注4)，东有燕雀湖(注4)。唐李白曾有"三山半落青天外，二水中分白鹭洲

(注5)"的诗咏，描写金陵山川灵秀。

注1：幕府山，《六朝事迹编类》引《寰宇记》云：在城西北，周回三十里，高七十丈。……晋元帝自广陵渡江，建康城荒落；以府第居县北山下，因以幕府山为名。《图经》云：丞相王导建幕府于此山，因名之。

注2：钟山或称钟阜，《六朝事迹编类》引《图经》云：在县东北，周回六十里，高一百五十八丈，东连青

龙山，西临青溪，南自钟浦，下入秦淮，北接雄亭山。汉末有秣陵尉蒋子文，逐盗死于钟山。吴大帝为立庙，封曰蒋侯。《吴录》云：大帝祖讳钟，因改名曰蒋山（这就是钟山曾名蒋山的来由）。

注3：青溪，《六朝事迹编类》引《建康实录》云：吴赤乌四年(241年)冬凿东渠，名为青溪。《寰宇记》云：青溪在县东六里，阔五丈，深八尺，以泄真武湖水。《舆地志》云：青溪发源钟山，入于淮，连绵十余里。溪口有埭，埭侧有神祠，曰青溪姑，今县东有渠，北接覆舟山（见注6），渠近后湖，里俗相传，此青溪也。其水迤逦西出，至今上水闸相近，皆名青溪。

注4：玄武湖，晋以前就著称，本名桑泊，在钟山西麓。因钟山南麓有燕雀湖，又称前湖，故桑泊又称后湖。《六朝事迹编类》引《建康实录》：吴后主(孙)皓，宝鼎元年(266年)开城北渠，引后湖水流入新宫，巡绕殿堂，穷极技巧。至(东)晋元帝(司马睿)始创为北湖（在建康城之北，故称）。故《实录》云：元帝大兴三年(320年)创北湖，筑长堤以遏北山之水，东至覆舟山，西至宣武城。又按《南史》：宋文帝(刘义隆)元嘉二十三年(446年)筑北堤，立真武湖于乐游苑之北（北湖改称真武湖），湖中亭台四所。后黑龙见于湖侧。为此改称玄武湖。

注5：白鹭洲，《图经》云，在城西南八里，周回十五里，对江宁之新林浦。

注6：覆舟山，《六朝事迹编类》引《寰宇记》云：在城北五里，周回三里，高三十一丈。东接青溪，北临真武湖，状如覆舟，因以为名。《舆地志》云：宋元嘉中改名真武山，以其临真武湖，山复有真武观故也。晋北郊坛、宋药园垒、乐游苑、冰井、甘露亭，皆在此山。

南朝建康城，南北长，东西略狭，周围二十里（《舆地志》云：都城二十里一十九步）。南面设有三座城门，正中曰宣阳，东曰津阳，西曰广阳。城东面、西面、北面各设二门。东面的南曰清明，北曰建阳；西面的南曰阊阖，北曰西明；北面的东曰广莫，西曰玄武。

宫城位于建康城的北部略偏东，平面为长方形，其西南侧为吴太初宫。《六朝事迹编类》载："吴孙权迁都建邺，徒武昌宫室材瓦，缮治太初

宫"。《建康实录》云"即长河王孙策故府"。《六朝事迹编类》又云："晋琅琊王(司马睿)渡江镇建邺，因吴旧都修而居之，即太初宫为府舍，及即帝位，称为建邺宫，更明帝(司马绍)不改。至成帝(司马衍)缮苑城，作新宫，穷极伎巧，侈靡殆甚。"按《建康实录》：晋成帝咸和七年(332年)新宫成，名曰建康宫，亦名显阳宫。"宋、齐而下，因之称为建康宫"。宫城中有太极殿。《六朝事迹编类》新宫条："晋谢安作新宫，造太极殿。"太极殿是朝会的正殿。正殿的东西两侧建有听政和宴会的二堂，殿前又建有东西两阁。

建康城的南北轴线上为御道，自大司马门、宣阳门，向南延伸出朱雀门，跨秦淮河建浮桥，称朱雀航，亦名朱雀桥，直达南郊。街道东西，散布着民居、商店和佛寺等。贵族宅第都建于青溪一带的风景胜地。

此外，为了军事需要，又在城外东南建东府城。建康城外之西有石头城。《六朝事迹编类》载："吴孙权沿淮立栅，又于江岸必争之地，筑城名曰石头。……今石城故基，乃杨行密稍迁近南，夹淮带江，以尽地利，其形势与长干山连接。《舆地志》云：环七里一百步，在县西五里，去台城九里，南抵秦淮口，今清凉寺之西是也。"

在这六朝豪华的都城内外，不断有宫苑的营建。见于史书上的，在东晋有北湖(即玄武湖)、华林园(在台城北隅)，在宋有乐游苑(依覆舟山南麓)，青林苑(位玄武湖东)，上林苑(位玄武湖北)，兴景阳山于华林园中等；在齐有晏湖苑、新林苑、博望苑、灵邱苑、芳乐苑、元圃等，在梁有兰亭苑、江潭苑、建兴苑、延春苑等。这些宫苑都位于城北和东北一带，基本集中于玄武湖的北、东、南三面，湖山相接，自然形势优越的地区(图4-4)。

附及：魏晋南北朝以来华林园有三，同名而异地。一为邺城的华林园，石虎筑；一为曹魏到北魏在洛阳的华林园，曹睿时称芳林园，后因避曹芳讳而改称华林园；一为建康的华林园，各苑详见下节。

金陵津渡

卢龙山
四望山
马鞍山

幕府山

蠡湖

上林苑

大壮观山

玄武湖

蓬莱
方壶
瀛洲
（三神山）

青林苑
东田
玄武门　苑城
覆舟山　华林
台城　宫城　园
　　　吴太初宫　乐游苑
石头城　建康宫　新乐苑
博望苑
燕雀湖

钟山

御道

大司马门

宣阳门

青溪

白鹭洲

瓦官寺

芳林园
清溪宫

襄
朱雀门　淮
朱雀航

东府城

丹阳郡

说明：
　此图系根据正史文字叙述、南京实测地形、浅地层的湖相沉积及古河道分布等四个方面综合考虑。并参照明代陈沂据历史文献创制的《金陵古今图考》等木版古图与南京工学院建筑系编写的《中国古代建筑史》东晋、南朝建康平面想像图（主要取其建康城的平面位置），作为其设想依据。

考证：朱有玠
制图：刘经安

图 4-4　南朝主要宫苑分布示意图

第四节　南朝建康的宫苑

南朝宋、齐、梁、陈在建康所筑宫苑众多，部分是在东吴、东晋的基础上加以整建或扩建，如上林苑、新林苑、芳林苑、芳乐苑等。中经齐明帝萧鸾时有所罢斥。明帝"大存俭约，罢武帝(萧颐)所起新林苑，以地还百姓。废文惠太子所起东田斥卖之"(《齐本纪下第五》)。又载，建武元年(494年)十一月"省新林苑，先是百姓地者，悉以还主"。建武二年"冬十月癸，诏罢东田，毁兴光楼"。但就总的说来，南朝历代有所新建，宋元嘉间至于鼎盛。至梁武帝萧衍暮年，经侯景之乱，宫苑破坏殆尽。陈开国后，又重新整建。隋灭陈时，晋王杨广对南朝宫苑采取了彻底破坏以消灭"金陵王气"的愚蠢做法，所以南朝宫苑随着陈的灭亡而荡然无存[17]。

一、玄武湖与华林园

玄武湖

玄武湖在晋以前就作为游乐地而著称，本名桑海，在钟山的西麓。因为钟山南麓有燕雀湖，又称前湖，所以桑泊又称后湖。据《六朝事迹编类》引《建康实录》，东吴时就有引水记载："吴后主(孙)皓，宝鼎元年(266年)开城北渠，引后湖水流入新宫(为了宫内用水)，巡绕殿堂，穷极伎巧。至(东)晋元帝(司马睿)始创为北湖(在建康城之北，故称)。故《实录》云：元帝大兴三年(320年)创北湖，筑长堤以遏北山之水，东至覆舟山，西至宣武城。"按《南史》到了南朝，"宋文帝(刘义隆)元嘉二十三年(446年)，筑北堤，立真武湖于乐游苑之北，湖中亭台四所，后黑龙见于湖侧，春秋使道士祠之"。这就是说，北湖在刘宋初年改称真武湖。覆舟山也改称真武山。《六朝事迹编类》"覆舟山"条引《舆地志》云："宋元嘉中改名真武山，以其

临真武湖，山覆有真武观故也。晋北郊坛，宋药园垒、乐游苑、冰井、甘露亭皆在此山。"真武观为道教建筑，道教以北方之神称真武大帝，修髯抚剑，立龟蛇之上。后黑龙见于真武湖侧，为此改称玄武湖。

刘宋时，玄武湖也是宫内用水之源，"又于湖侧作大窦通水，入华林园天渊池，引殿内诸沟，经太极殿；由东西掖门下注城南堑(堑即城壕)故台中诸沟水，常萦流回转，不舍昼夜。"玄武湖中是否筑有三神山？据《南史》载："元嘉二十三年(446年)开真武湖，文帝(刘义隆)于湖中立方丈、蓬莱、瀛洲三神山，尚书右仆射何尚之固谏，乃止。今《图经》云，湖中有蓬莱、方丈、瀛洲三神山，不知何所据也。"据这段文字看，当时拟筑而由于何尚之固谏事止。

玄武湖在南朝也是理水军的场所。《六朝事迹编类》载："至孝武(刘骏)大明五年(461年)，常阅武于湖西。七年(463年)又于此湖大阅水军。"按《舆地志》云："齐武帝(萧赜)亦常理水军于此，号曰昆明池。故沈约《登覆舟山诗》：南瞻储胥馆，北眺昆明池，盖为此也。"

北宋时期，又曾废湖为田。《六朝事迹编类》真武湖条："本朝(指北宋)天禧四年(1020年)改为放生池，其后(王安石)废湖为田，中开十字河，立四斗门，以泄湖水，跨涉为桥，以通往来。今城北十三里有古池，俗呼为后湖，见作大军教场处是也。"

今天的玄武湖是至元(元世祖忽必烈年号)重行浚复的部分，较南朝时玄武湖面积已大大缩小。今玄武湖南、北、东均有宫苑遗址分布，独缺西部。正因为当时西面还有一块更大的湖面，可以直通江。所以，陈宣帝(陈顼)水陆部队联合演习时，船队是从江北岸的爪步出发，有"楼船五百，步骑十万"，列阵于玄武湖，宣武帝登玄武门观看(当时玄武门在今北极阁后山坡上，是台城即苑城的北门)，楼船列陈的地区，应在今日已成为街市的旧湖区[19]。今天的五洲，大概是元朝浚复玄武湖时所筑。

华林园

华林园位于玄武湖南岸，建康宫以北，西包鸡笼山大部，东接覆舟山乐游苑。系创自东吴，贯穿六朝始终的著名宫苑。也是与皇宫最接近的后花园，所以南朝宋、齐、梁、陈四个朝代的宫廷生活，也和这个园子的关系最密切[20]。

华林园地处胜区，有自然的山和水，有葱郁的林木，所以早在东晋就以山林之情为简文帝(司马昱)所赞赏，谓左右曰"会心处不必在远，翳然林水，便有濠濮间想也，觉鸟、兽、禽、鱼自来亲人。"

宋武帝刘裕时，开国初期，基本上利用旧苑，进行一些政务活动，《宋书》中曾记录了他四次"车驾华林园听讼"，未记有任何修建。刘裕做皇帝不到三年，病死，长子刘义符继位，是为少帝。刘义符游戏无度，不亲政事。《宋书·少帝纪》说他："兴造千计，费用百端，帑藏空虚，人力殚尽。……穿池筑观，朝成暮毁，征发工匠，疲及兆民。"刘义符如此荒唐浪费，只做了两年皇帝，即景平二年(424年)夏五月皇太后令暴帝过恶，废为营阳王(《南史·宋本纪上第一》)。"始徐羡之、傅亮将废帝，讽王弘、檀道济求赴国讣，……使中书舍人邢安泰、潘盛等为内应。是旦，道济、谢晦领兵居前，羡之等随后，……盛等先戒宿卫，莫有御者。时帝于华林园为列肆，亲自酤卖，又开渎聚士，以象'破岗埭'，与左右引船唱呼，以为欢乐"(《宋本纪上第一》)。"六月，徐羡之等弑帝于金昌亭"(《六朝事迹编类》)。

宋文帝刘义隆时，正处于相对安定的一个小康时期，所以从元嘉二十三年(446年)开始，对华林园作了较有计划的大规模的整修。《南史·张永传》："二十三年造华林苑、玄武湖，并使(张)永监统，凡所制置，皆受则于永(意即凡有所建制添置，都由张永来决定)。永既有才能，每尽心力。"张永的整修主要是地貌创作，丰富景观，造楼阁殿堂。《舆地志》云："宋元嘉二十二年，凿天渊池，造景阳楼"。天渊池中有被禊堂，《六朝事迹编类》载："杨修金陵诗注云，在县北五里台城内天渊池中，架石引水为流杯之所。六朝上巳日宴锡公卿于此。"景阳楼，据《六朝事迹编类》引《舆地志》云："宋元嘉二十二年筑，至孝武大明中(大明为孝武帝刘骏年号)紫云出景阳楼，因名之。"张永的整修，主要是扩建了景阳山，增建了楼、阁、殿、堂。见于史籍的除景阳楼外，有芳春琴堂，清暑殿(系水殿，古代水殿与水榭有区别，水榭无围蔽结构，不分室，水殿则有门窗槅扇等)、华光殿(宴殿)，华林阁(别馆，在景阳山麓)，竹林堂(歌舞娱乐用)等。据史书，大明元年(457年)芳春琴堂东西双橘连理，清暑殿西鸱尾中央生嘉禾，一株五茎，以为祥瑞，因改清暑殿为嘉禾殿，芳春琴堂为连理堂。

南齐时，华林园中仅小有添作，如在景阳楼上置景阳钟。《六朝事迹编类》鸡鸣埭条："齐武帝(萧赜)永明中，散游幸诸苑，载宫人从车。至内深隐，不闻端门鼓漏声，置钟景阳楼上，应闻钟声，并早起妆饰。"又有层城观，《舆地志》云："齐武帝七月七日使宫人集此。是夕穿针以为乞巧之所，亦曰穿针楼，在台城内。"

梁武帝(萧衍)"有文武才干，性溺于释教"(《六朝事迹编类》)。"在华林园内鸡笼山麓造佛寺、学舍、讲堂……于景阳山东岭起通天观，观前起重阁，上曰重云殿，下曰光严殿。殿当衍起二楼，右曰朝日，左曰夕日，阶道绕楼九转，极其巧丽"(见朱有玠等：《南朝园林》)。关于萧衍造佛寺诸事见下节。这里要一提梁武帝与到溉(姓到名溉)赌棋一段趣事。《南史·列传第十五》："溉特被武帝赏接，每与对棋，从夕达旦。……溉第居近淮水，斋前山池有奇礓石，长一丈六尺，帝戏与赌之，并《礼记》一部，溉并输焉。……石即迎置华林园宴殿(见附注)前。移石之日，都下倾城纵观，所谓到公石也。"(附注：宴殿，按华林园有宴居殿，疑此脱"居"字。朱有玠文，认为宴殿即是华光殿。)独置山石以资观赏的文字记载，以此为最早。

梁武帝晚年，"侯景作乱，焚烧宗庙，城郭府寺，百无一存"（《六朝事迹编类》石阙条），华林园、乐游苑等都遭到了严重破坏。到陈后主（叔宝）时，再次修建华林园，筑三阁。《南史》《陈书·列传第二后妃下》载："（陈后主）至德二年（584 年）乃于光昭殿前，起临春、结绮、望仙三阁，高数十丈，并数十间。其窗牖、壁带、悬楣、栏槛之类，皆以沈檀香为之。又饰以金玉，间以珠翠，外施珠帘，内有宝床宝帐，其服玩之属，瑰丽皆近古未有。每微风暂至，香闻数里，朝日初照，光映后庭。其下积石为山，引水为池，植以奇树，杂以花药。后主自居临春阁，张贵妃居结绮阁，龚、孔二贵嫔居望仙阁，并复道交相往来。"值得注意的不是这组三阁建筑的宏丽精美，而是其下积石为山，引水为池，植以奇树，杂以花药的布置，即山、池和植物题材与建筑相互结合而形成园中之园。

曾几何时，"隋军克台城，二妃与后主俱入井（景阳井，亦名胭脂井，其井有石栏，上多题字。旧传云：栏有石脉，以帛拭之，作胭脂痕；或云石脉之色类胭脂，故云，图经不载），隋军出之，晋王广（杨广，即隋炀帝，未称帝前封晋王）命斩之于青溪栅下"（《北史·高颖传》）。"隋平陈，晋王广欲纳张丽华。颖曰：武王伐纣戮妲己，今陈平，不宜取丽华，乃命斩之。当以北史为正史"（《六朝事迹编类》）。

华林园遗址，据朱有玠等考证：从今天南京市市区地理位置来说，大体上是西起鸡笼山中国科学院江苏分院以西，向东为南京市政府，公教一村，也包括和平公园及北京东路以南一部分，占地约二千余亩[20]。

二、乐游苑

《六朝事迹编类》乐游苑条："《舆地志》云：在（东）晋为药园，（刘）宋元嘉中以其地为北苑，更造楼观，后改为乐游苑。"东晋药园在刘裕进军讨桓玄时遭到破坏。先是孙恩领导的浙东农民起义军，于 401 年六月进至丹徒，建康震惧，刘裕自海盐兼程赴援，曾筑药园垒以防守，药园中筑垒，地貌全被破坏，后来刘裕与北府兵讨伐桓玄，裕军进至覆舟山东，张疑兵，以油帔冠诸树，布满山谷。因风纵火，烟焰张天，这一场纵火之战，把覆舟山一带破坏严重。到宋文帝刘义隆元嘉中才更造楼观，作为游乐之苑。"《实录》：宋文帝元嘉十一年（434 年）三月禊饮于乐游苑，会者赋诗，颜延之为序"。到"宋孝武（刘骏）大明中（457～464 年），造正阳·林光殿于内。"南齐时有关机械发明之事也与乐游苑有关，见《南齐书·列传二十三》。《祖冲之列传》载："升明中，齐高帝（即萧道成）辅政，使冲之追修古法（指研究改造指南车事）。冲之改造铜机，圆转不穷而司方如一，马均以来未有也。是有北人索驭麟者，亦云能造指南车。高帝使与冲之各造，使于乐游苑对其校试，而颇有差僻（即索驭麟所造不如祖冲之所造）乃毁而焚之。"祖冲之又曾"于乐游苑中造水碓磨，武帝（萧赜）亲自临视。"

乐游苑中有演武场地。《南史·羊侃传》：梁大通三年（529 年）"车驾（指梁武帝）幸乐游苑。侃于宴。时少府新造两刃槊成，长二丈四尺，围一尺三寸。帝因赐侃河南国紫骝马令试之。侃执槊上马，左右击刺，特尽其妙。观者登树，帝曰：此树必为侍中（羊侃封高昌县侯，累迁太子左卫率、侍中）折矣。俄而果折，因号此槊为折树槊。"

"侯景之乱，焚毁略尽。陈天嘉六年（565 年）更加修葺。"（天嘉为陈文帝陈蒨年号）《六朝事迹编类》乐游苑条："及陈宣帝（陈顼）即位，北齐使常侍李骑骖来聘，赐宴乐游苑，尚书令江揔作诗以赠之。《寰宇记》云：'其地在覆舟山南，去县六里。'"

乐游苑，与华林园一样，可以说是与南朝共始终的大型官苑之一。宋、齐、梁、陈都以乐游苑作为禊被、赋诗、丝竹、赐宴的场所。据朱有玠先生等考证，乐游苑北枕玄武湖……东临青溪，隔溪相望为钟山西南麓的青林苑、博望苑东田小苑。……西接华林园，南至宫城北。应为今日的九华山公园、科学院地理研究所为中心，以及和平新村、外语学校、空司及军事学院的一部分。上述范围面积约为一百公顷[20]。

三、上林苑、娄湖苑、芳林苑

上林苑

《六朝事迹编类》："宋孝武大明三年（459 年）于真武湖北立上林苑。"据《南史陈书》苑有大壮观。《六朝事迹编类》大壮观山条："《图经》云：在城北一十八里，周回五里，高二十丈，东连蒋山，西有水，下注平陆，南临真武湖，北临蠡湖。旧经谓，陈宣帝起大壮观于此山，因以为名。"这里曾经是大阅武的场所。"宣帝大建十一年（597 年）八月幸大壮观，因大阅武。命都督任忠领步骑十万，阵于真武湖上，登真武门观宴群臣。因幸乐游苑，设丝竹之会。仍重幸大壮观，振旅而还。"

娄湖苑、新林苑

据《南史》，娄湖苑为齐武帝萧赜于永明元年（483 年）作。永明五年（487 年）十月初，"起新林苑，地在城南郊萧沟。"前已述及，齐明帝萧鸾"建武元年（494 年）十一月，省新林苑，先是百姓地者，悉以还主。"

芳林苑

《寰宇记》云：芳林苑，一名桃花园，本齐高帝（萧道成）旧宅，在府城之东，秦淮大路北。武帝（萧赜）永明五年（487 年）尝幸其苑禊宴。王融《曲水诗序》云：载怀平浦，乃眷芳林，盖此也。又按《南史》，齐时青溪宫改为芳林苑。梁天监初（梁武帝即位后年号，天监元年即 502 年）赐南平元襄王为第，益加穿筑，果木珍奇，穷极雕靡，有侔造化。立游客省，寒暑得宜，冬有笼炉，夏设饮扇，每与宾客游其中，命从事中郎萧子范为之记。梁蕃邸之盛无过焉。

四、芳乐苑

芳乐苑是南齐末期著名的荒唐暴君萧宝卷所建。萧宝卷，永乐元年（499 年）七月以皇太子即帝位（是年十七岁），就大造殿宇，穷极奢丽，做事荒唐暴虐，并任意诛杀大臣。《南史·齐本纪下第五》载："帝在东宫，便好玩弄，不喜书学。……在宫尝视捕鼠达旦，以为笑乐。"太子想学骑马，"俞灵韵为作木马，人在其中，行动进退，随意所适。"又"置射雉场二百九十六处，……每出辄与鹰犬队主徐令孙，媒翳队主俞灵韵（媒翳队主要是设法引诱雉鸡和伪装隐蔽射雉点的工作队）齐马而走，左右争逐之。"又："渐出游走，不欲令人见之，驱斥百姓，唯置空宅而已。"有病人、产妇不及迁避的，一旦发现，或杀头，或剖腹验看是男孩女孩。其荒唐和残暴事迹，不可纪也。

"（永元）三年，殿内火，合夕便发，……其后出游，火又烧璇仪，曜灵等十余殿及柏寝，北至华林，西至秘阁，三千余间皆尽。……于是大起诸殿，芳乐、芳德、仙华、大兴、含德、清曜、安寿等殿，又别为潘妃起神仙、永寿、玉寿三殿，皆匝饰以金壁。其玉寿中作飞仙帐，四面绣绮，窗间尽画神仙。……凿金银为书字、灵兽、神禽、风云、华炬，为之玩饰，椽桷之端，悉垂铃佩。""又凿金为莲华以贴地，令潘妃行其上，曰步步生莲华也"（《南史·齐本纪下第五》）。

萧宝卷"性暴急，所作便欲速成，造殿未施梁桷，便于地画之，唯须宏丽，不知精密，酷不别画，但取绚耀而已，故诸匠赖此得而用情。""絷役工匠，自夜过晓，犹不副速，乃剔取诸寺佛刹殿藻井、仙人、骑兽以充是之"（《南史·齐本纪下第五》）。

"又以阅武堂为芳乐苑，穷奇极丽，多种树木，日与潘妃放恣衰渎，不可言明"（《六朝事迹类编》）。《南史·齐本纪下第五》："当暑种树，朝种夕死，死而复生，卒无一生。于是征求人家，望树便取，毁彻墙屋，以移置之。大树合抱亦皆移掘，插叶系花，取玩俄顷。划取细草，来植阶庭，烈日之中，至便焦燥，纷纭往还，无复已极。山石皆涂以彩色，跨池水立紫阁诸楼，壁上画男女私亵之象。"萧宝卷的不学无识，不仅表现在造殿未施梁栿，便于地画之，更表现在当暑种树植草；萧宝卷的骄奢淫逸，趣味低下不仅表现在匝饰以金壁，凿金银为书字，为莲华，更表现在壁画男女私亵之象，山石皆涂以彩色。"又于苑中立店肆，模大市，日游市中，杂所货物，与宫人阉竖共为裨贩。以潘妃为市令，自为市吏录事，将斗者就潘妃罚之。帝小有得失，潘则杖之。开渠立埭，躬自引船，埭上设店，坐而屠肉。于时百姓歌云：阅武堂，种杨柳，至尊屠肉，潘妃酤酒。"

由于穷奢侈侈地大造殿宇，挥霍无度，于是千般剥削，任意挪用。史称"都下酒税，都以之充杂用"，扬州及南徐州两州，凡应征维修塘渎、桥坝的工役，都折算为现金上缴……。臣下私议"夫以秦之富，起一阿房而灭，今不及秦一郡，其危殆矣。"当时的权臣就计划借用宣德太后名义，废帝为东昏侯。永元三年（501年）萧衍进兵攻围台城，城中禁卫军叛变，杀萧宝卷，是年仅十九岁。

南朝与北朝，从军事、经济力量上说，是南弱北强，南贫北富。由于战争的经常，生产的破坏，朝代的更替，虽然庄园经济即自然经济有了发展，但自耕小农经济在衰退。到了后期，江南的农业继续发展，手工业和商业也在发展，使得经济中心由北方移到南方。

无论如何，南方偏处江左数郡，受到财富的限制，其宫苑总的规模，不可能像统一的秦、汉那样广袤，但就宫室建筑的崇饰宏丽和以建筑组群为主体方面则保存了秦汉传统。就创作自然、山水的生活境域上，从真山真水出发，直接模仿为主，这跟下节将要论及的世家大族，达官地主阶级的，受山水诗、山水画和游记文学的影响而发展的自然（主义）山水园和在山川胜地经始的庄园、山墅相比，是落后的凡庸的。但也不能不受时代的影响，某些方面也有新意如华林园和仙都苑。

第五节　南北朝自然山水园和庄园山墅

一、北魏洛阳城中皇家园宅

北魏时洛阳城中有所谓王子坊，皇宗所居也。《洛阳伽蓝记》载："自退酤以西，张方沟以东，南临洛水，北达芒山，其间东西二里，南北十五里，并名为寿丘里，……民间号为王子坊。"这个里坊集中了贵族外戚最为豪华的园宅。《洛阳伽蓝记》作者杨衒之写道："当时四海晏清，八荒率职，缥囊纪庆（缥囊即盛书的布囊。梁萧统《文选序》云：词人才子，则名溢于缥囊），玉烛（四时和谓之玉烛）调辰，百姓殷阜，年登俗乐。鳏寡不闻犬豕之食，茕独不见牛马之衣。于是帝族王侯外戚公主，擅山海之富，居川林之饶，争修园宅，互相竞夸。崇门丰室，洞户连房，飞馆生风，重楼起雾，高台芳榭；家家而筑；花林曲池，园园而有。莫不桃李夏绿，竹柏冬青。而河间王琛最为豪首，常与高阳（谓高阳王雍）争衡。造文柏堂，形如徽音殿。置玉井金罐，以金五色绩为绳。妓女三百人，尽皆国色。……遣使向西域求名马，远至波斯国，得千里马，号曰追风赤骥。……以银为槽，金为锁环，……造迎风馆于后园，窗户之上，列钱青琐，玉凤衔铃，金龙吐佩，素柰朱李，枝条入檐，伎女楼上，坐而摘食。……"贵族外戚的第宅园囿大抵与帝王宫苑一般，一味追求宏丽豪华，即使受时代的影响，有尚山水的，也难以与官僚地主阶级的园宅相埒。

北魏洛阳寿丘里这种豪华好景不长，曾几何时，因尔朱荣的祸乱而烟消云散。"武泰元年（528年）魏孝明帝（元诩）崩，云临洮王世子钊以绍大业，年三岁，（胡）太后贪秉朝政，故以立之。"太原王尔朱荣议废钊立长乐王子攸。"荣三军皓素，扬旌南山。太后闻荣举兵，召王公议之。……即遣都督李神轨、郑季明等领众五千镇河桥。四月十一日荣适河内至高头驿。长乐王从雷陂北渡赴荣军所，神轨、季明等见长乐王往，遂开门降。十二日荣军于芒山之北，河阴之野。十三日召百官赴驾，至者尽诛之。王公卿士及诸朝臣死者三千余人。"（《洛阳伽蓝记》永明寺条）。"河阴之役，诸元歼尽，王侯第宅多题为寺。寿丘里间，列刹相望，祇洹郁起，宝塔高凌。"《魏书·释老志》也说："河阴之酷，朝士死者，其家多舍居宅以施僧尼。京邑第宅，略为寺矣。"列刹相望，宝塔高凌，好一派景象。这些舍宅为寺之寺，都有庭园后园。《洛阳伽蓝记》洁云寺条载："四月初八日，京师士女多至河间寺（当是原为河间王宅而名）。观其廊庑绮丽无不叹息，以为蓬莱仙室，亦不是过。入其后园，见沟渎蹇产（蹇产，诘曲也），石磴礁峣（礁峣，山貌），朱荷出池，绿萍浮水，飞梁跨阁，高树出云，咸皆唧唧（即啧啧），虽梁王兔园，想不如也。"关于洛阳著名大寺及其附属庭园、园林，见第六节。

二、南北朝自然山水园

南北朝时期，有些贵族、官僚、地主阶级的第宅之园。与上述那种豪奢建筑为主体的做法，完全异趣。由于受时代意识形态上、文化艺术上所起大变化的影响，在筑园内容上手法上有了新的发展。东晋南北朝出现了山水诗，对自然景物的描写，刻画细腻；在美术上特别是山水画的发展，从真山真水出发来描写自然风景，表现技巧上也有了新的成就；文学作品中也有以描写自然和胜景，歌颂自然和田园生活为题材的出现。这些变化无疑对园林的创作，对山、池之筑，产生很大影响，开始改变那种屋皆徘徊连属的做法，改变那种充以奇禽珍兽，作为夸富斗奇的做法，开始创作以山水为主题的园林。

《洛阳伽蓝记》正如寺条："敬义里南有昭德里。里内有……司农张伦等五宅。……唯伦最为豪侈，斋宇光丽，……园林山池之美，诸王莫及。伦造景阳山

（按华林园内有景阳山，张伦此山疑是仿作，故亦称景阳），有若自然。其中重岩复岭，嵌崒相属；深溪洞壑，逦迤连接。高林巨树，足使日月蔽亏；悬葛垂萝，能令风烟出入。崎岖石路，似壅而通；峥嵘洞道，盘纡复直。是以山情野兴之士，游以忘归。"从这些描述表明，当时叠掇的景阳山，已不是一个寻常土山，而是构石为山，并再现出重岩复岭，深溪洞壑，有若自然的山；还要有崎岖石路，洞道盘纡复直，像真山真水那样一个山、水境域。同时也说明当时叠石掇山和理水的技术已有很大成就，否则这种重岩复岭、深溪洞壑的境域是很难再现出来的。至于高林巨树，前述石虎时已有虾蟆车的制作，大树移植的技术已经掌握。正由于高林巨树、悬葛垂萝，才能颇有野致，是城市山林。《洛阳伽蓝记》接着载："天水人姜质，志性疏诞，麻衣葛巾，有逸民之操，见偏爱之，如不能已，遂造《庭山赋》行传于世。"

从《魏书》九十三《恩幸列传·茹皓传》，可知华林园中山貌。茹皓"迁骠骑将军，钦华林诸作。皓性微工巧，多所兴立。为山于天渊池之西，采掘北邙及南山佳石。徒竹汝颖，罗莳其间，经构楼观，列于上下。树草栽木，颇有野致。"这段描述表明，构山必须有佳石，但山非全石而是土山带石，才能移竹种植其间。经构楼观，不再是连延数里，而是列于上下，使园林建筑不仅是可歇可眺处所，而成为园景的组成部分。至于树草栽木，就像自然植被一样从而颇有野致。

仅就上述北魏洛阳城中二例来看，优秀的园林创作已经具备了地貌创作上有山有水，同时树草植木，像自然植被一般再现逼真，益以园林建筑，列于山下，组成园景，即地貌、植物、园林建筑的题材相互结合组成山水园。南北朝时期的山水园虽然较十六国时宫苑，模仿真山，务必宏大，有所改变、前进，然而还是以再现自然、山水为主，用写实手法，对山水的营造，刻画细腻，并不能表现他们对自然、山水的艺术认识和感受，

还不是写意。所以我们特称之为自然(主义)山水园,简便起见,称自然山水园。

南朝,由于江南风景优美和文化上的特色,在山水园的营造上又有所进展。先举南齐文惠太子永明中(485～490年)所开拓的玄圃。文惠太子萧长懋,字云乔,是武帝萧赜的长子。《南齐书·文惠太子传》载:"太子风韵甚和而性颇奢丽,宫内殿堂,皆雕饰精绮,过于上宫(父皇之宫)。开拓玄圃园,与台城北堑等(这里的等,等高的意思)。其中楼观塔宇,多聚奇石,妙极山水。(按《南史·齐竟陵王子良传》载有:其中起土山、池阁、楼观、塔宇,穷巧极丽,费以千万。多聚奇石,妙极山水。)虑上宫望见,乃傍门列修竹,内施高障,造游墙数百间,施诸机巧,宜须障蔽,须臾成立;若应毁撤,应手迁徙。"值得注意的,一是塔宇也成为园中的建筑添景,一是造活动的游墙,需要障蔽时就装上,不需要时就卸下,是装配式的可活动的建筑构件。

齐文惠太子开拓的玄圃园,到梁时尚存在,并有增筑。《梁书·昭明太子传》:"(太子)性爱山水,于玄圃穿筑,更立亭馆,与朝士名素者游其中。尝泛舟后池,番禺侯轨盛称此中宜奏女乐。太子不答,咏左思《招隐诗》曰:何必丝与竹,山水有清音。侯惭而止,……"。"山水有清音"表明了萧统的审美修养,也体现了当时从山水中得玄趣,托自然以图志的思想。

从有较详细记载的名园来看,湘东苑可说是南朝山水园的一个典型。《渚宫旧事》补遗载:"湘东王(注:即梁元帝萧绎未称帝前的封爵)于子城中造湘东苑,穿池构山,长数百丈,植莲蒲,缘岸杂以奇木。其上有通波阁,跨水为之。南有芙蓉堂,东有禊饮堂,堂后有隐士亭,亭北有正武堂,堂前有射埘马埒。其西有乡射堂,堂安行埒,可得移动。东南有连理堂,堂桼生连理。……北有映月亭、修竹堂、临水斋。(斋)前有高山,山有石洞,潜行宛

委二百余步。山上有阳云楼,极高峻,远近皆见。北有临风亭、明月楼。颜之推诗云:屡陪明月宴,并将军偓义熙所造。"

这段记载表明,湘东苑的规模相当宏大,是以山水为主题的园林。穿掘池沼,就有土可堆山,长数百丈。池植莲蒲,自然成景,颇有野致,缘岸杂以奇木,益增水滨景色。斋前有高山,这个山有石洞,可见是构石为山,洞中可潜行数百步,可见魏晋以来假山洞的构筑技术已有很大成就。园林建筑大都借景而成,有跨水为之的通波阁,傍水的临水斋,是借水景而设;山上有楼可登,可以眺望园景,也可以借景园外;无论亭斋堂阁,它们本身又都是园景的组成部分。至于射埘马埒等是作为健身游乐活动的构筑物。总之,这种有山有水,结合植物造景和亭阁楼榭而组成的游息生活境域成为此后历代山水园的蓝本。

从上述少数几个有代表性的园林的描述来看,从魏晋开始到南朝的园林,逐步地扬弃了堂室楼阁为主,禽兽充园囿中的形式,继承了西汉梁孝王兔苑,袁广汉园的山水部分更向前发展。首先,园林的基础是穿池构山的地貌创作,以形成自然、山水的境域。构山要有垂岩复岭、深溪涧壑,合乎山的形势;要有崎岖山路,盘纡涧道,合乎初开发的胜区;山上要高林巨树,悬葛垂萝,或树草栽木,合乎山地自然植被的生态;即使是斋前构筑假山,要能潜行数百步的石洞,仿佛进入天然的石灰岩洞一般。这样的园林创作,可说是自然、山水的写实,或则说,用写实的手法来再现自然,有若自然。但园林里创作的山水,不是徒供人们观赏的对象,而是人们游息于其中的生活境域,要有符合各种功能要求的建筑。经构楼观,列于上下,既是从造景的要求而设置的,也是应各种活动需要而设置的。或半山有亭,便于憩息;或山顶有楼或亭,登临眺望,园内园外,均得景借;高处建筑,远近皆见,常成为视景焦点,或则说构图中心;跨水为阁,临水建榭,都是藉水成景;总之,亭斋楼榭等园林建筑是因景而设的,同时又有

一定功能的建筑，是造景的产物。

山水的创作要能够达到有若自然或妙极山水的地步，还跟园林艺术和造园工程技术上有了很大进步是分不开的。显然，当时的山水画以真山真水出发的写实，对了解和欣赏山水是有影响的，但描绘山水的表现技巧还较幼稚。创作山水画和创作山水园虽有相通的地方，但要具体创作出来，却又有很大不同。山水画是在一个平面上——纸或绢，用线条、色彩来表现作者所认识的山水风景。而园林的创作是在一定的地段上，三度空间里，用实物题材去创作一个风景优美的游息生活的境域。这种创作既要熟悉和掌握地貌的多种多样，又要能因地制宜地创作一个山水境域，而且达到有若自然的地步，穿池筑山构洞的工程技术不达到一定成就是不成的；既要熟悉各种植物的形态，又要通过树草栽木的结合，进行植物题材的造景；既要熟悉各种园林建筑的式样，又要能从造景和功能要求出发，宜亭斯亭，宜榭斯榭；这三方面即地貌、园林植物、园林建筑，在创作过程中不是截然划分或孤立的，而是相互结合、相互渗透(还有园路的联结和其他)构成一个整体，一个游息生活境域。

三、魏晋南北朝的庄园和山墅

城市中大起园林第宅，到了南北朝，发展了一种新的形式，我们特称之为自然(主义)山水园，这是一个方面；门阀士族制度的形成，世家大族经济势力的壮大，发展了庄园和自然山林地区的别业或称山墅，这是另一方面。

魏晋南北朝时期的世家大族经济势力萌芽于两汉末年，如湖阳(今河南唐河县湖阳镇)樊重，"世善农稼，如货殖，三世共财。其营理产业，物无所弃，课役童隶，各得其宜，故能上下戮力，财利岁倍，乃至广开田土三百余顷"(《后汉书·樊宏传》)。他又"广起庐舍，高楼连阁，陂池灌注，竹木成林，六畜放牧，鱼嬴梨果，檀漆桑麻，闭门成市，兵弩机械，赀至巨万"(《水经·比水注》)。东汉末，博陵崔寔著《四民月令》，对于这种自给自足的庄园经济，就有较全面的叙述。到了曹魏初期，九品中正制的执行，"高门华阀，有世及之荣；庶姓寒人，无寸进之路"(《廿二史劄记》)，所以曹魏以后，世族的势力更加发展。例如颍川荀氏、颍川陈氏、东海王氏、山阴郗氏、河东裴氏、河东卫氏、扶风苏氏、京兆杜氏、北地傅氏，他们的子孙，一直到两晋南北朝，还是"衣冠"连绵不绝。三国时期，在江南立国的东吴，有许多世家大族，如吴郡的顾、陆、朱、张，会稽的孔、魏、虞、谢，他们的庄园，都是"僮仆成军，闭门为市，牛羊掩原隰，田池布千里"，"金玉满堂，伎妾溢房，商贩千艘，腐谷万庾"(葛洪：《抱朴子·吴失篇》)，经济势力很大[24]。

到了西晋时期，世家大族的庄园经济在北方也有了发展，如石崇"有别庐在河南县界金谷涧中，去城十里，或高或下(地形有起伏)，有清泉茂林，众果竹柏药草之属(水果、用材、药物之等)，金田十顷(可产粮、菜)，羊二百口，鸡猪鹅鸭之类，莫不毕备。又有水碓(可以舂米，替别人舂米取酬费称为舂税)、鱼池(可捕鱼虾之属)、土窟(以事囤储)。其为娱目欢心之物备矣"(石崇《金谷诗序》)。这里描述的别业内容跟前述各世家大族的庄园内容无二样，自给自足庄园经济应有尽有，足供地主及其家族的享用，还可出卖。石崇在《思归引》里写道："五十以事去官，晚节更好放逸，笃好林薮，遂肥遁于河阳别业。其制宅也，却阻长堤，前临清渠，柏木几于万株，江水周于舍下。有观阁池沼，多养鱼鸟。"可见这个庄园的规模是很大的。过去，曾牵强附会地把在金谷涧的别业，说成是建筑在天然胜区的自然园林，这是不确切的。

庄园的丰富产物，除足供地主及其家族享用外，还可出卖积财。"大名士王戎有许多园田，亲自拿着筹码标账，昼夜忙得不得了。家有好李，怕买者得好种，钻破李核才到市上卖。有势力人家，霸占水利造水碓，替别人舂米取酬费，称为春税"（如石崇就有水碓三十余处）。又如潘岳，在洛水之傍"筑室种树"。他的庄园里，樱桃、葡萄、石榴、白柰、朱柰、梨、柿、枣、李、桃、杏、梅"靡不毕殖"；蔬菜方面有葱、韭、蒜、芋、茅、笋、姜等等。潘岳《闲居赋序》说他住在园里卖鲜鱼，蔬菜和羊酪，并收春税，一家人生活舒适[25]。

四、王羲之与谢安石的山墅

东晋时，以王（羲之）谢（安石）为首的北来世家大族，率其宾客、部曲，转而经营东土（会稽等郡），但庄园内部的情况缺乏记载。南朝的门阀士族，有自给自足的庄园经济，有世代沿袭的社会地位、政治特权，他们的心思、眼界、兴趣由社会转向自然，就遨游山水，放情丘壑。例东晋谢安，陈郡阳夏（今河南太康县）人，早年多居会稽（今浙江绍兴市），政府屡诏不出，高卧东山不起而放情丘壑，"出则渔弋山水，入则言咏属文。"关于王羲之，《晋书》载："既去官，与东土士人尽山水之游，弋钓为娱。又与道士许迈共修服食，采药石，不远千里，遍游江南郡，穷诸名山，泛沧海……"。王羲之的与谢安书："当与安石（谢安）东游山海，并行田视地利，颐养余暇"（可见其游亦为勘察那一带土地好，可以经营）。为了称誉他们在东土一带庄园的山水之美，自然不能不形诸笔墨，王子敬（献之）云："从山阴道上行，山川自相映发，使人应接不暇。若秋冬之际，尤难为怀。"顾长康（恺之）从会稽还，人问山川之美，顾云："千岩竞秀，万壑争流，草木蒙笼其上，若云兴霞蔚"（《世说新语·言语篇》）[26]。《宋史·孔淳之传》载他"居会稽剡溪县，性好山水。每有所游，必穷其幽峻，或旬日忘归。尝游山遇沙门释法崇，因留共止，遂停三载。"当时，描写山水的文学作品发展起来，歌咏东土山川的，也日益增多。当时描写山水，讲究写实，"巧为形似之言"，重视对山水客观形态的精细描摹，

"如印之印泥，不加雕削，而曲写毫介"[10]。

庄园山墅的规模较大，内部情况的记载较详，并有文学作品的，要推东晋谢玄到其孙谢灵运进一步修营的山墅，并有《山居赋》对山墅作了细致的描写和注释。东晋名将谢玄，因病解职以后，在会稽始宁县（今浙江上虞县西南）经营的山墅，经过他的孙子谢灵运进一步修营，"傍山带江，尽幽居之美"。《南史·列传第九·谢灵运》说他曾"出为永嘉太守，郡有名山水，灵运素所爱好。出守既不得志，遂肆意游遨，遍历诸县，动逾旬朔。理人听讼，不复关怀。所至辄为诗咏，以致其意。""在郡一周，称疾去职，……灵运父、祖，并葬始宁县，并有故宅及墅，遂移籍会稽，修营旧业。……与隐士王弘之、孔淳之等放荡为娱，有终焉之志。……作《山居赋》，并自注以言其事。"

赋注中叙明其祖车骑将军谢玄辞归经始山墅之由："余祖车骑建大功，……解驾东归以避君侧之乱……故选神丽之所，以申高楼之志，经始山川，实基于此。"这所山墅有"南北两居"（谓南北两处各有居止），水通陆阻（谓峰岭阻绝，但有水路可通），观风瞻云，方知处所。谢玄原居南山（南山是开创卜居之处也），谢灵运在北山别营居宅，"其居也左湖右江，往渚还汀（谓四面有水），面山背阜，东阻西倾（谓东西有山，便是四水之里也），抱含吸吐（谓中央复有川），款跨纡萦（谓边背相连），绵联邪亘（带迂迴处谓之邪亘），侧直齐平（平正处谓之侧直）。"接着描写了山墅四近四远的景物。"近东则上田下湖，西溪南谷，……近南则会以双流（谓剡江及小江，会于山南便合流），萦以三洲（在二水之口，排沙积岸成此洲）……近西则杨宾接峰（杨中、元宾并小江之近处，与山相接也。唐皇便从北出）……近北则二巫结湖，两眦通沼（大小巫湖，中隔一山，外眦周回，在圻西北，边浦出江，并是美处），……远东则天台桐柏，方石太平（天台桐柏七县余地南带海；方石四面自然开窗也），……远南则松箴栖鸡（栖鸡，在保

口之上，别浦入其中，周回甚深，四山之里，松箴在栖鸡之上缘江），唐嶷漫石（唐嶷，入太平水路，上有瀑布数百丈；漫石在唐嶷下），……。远西则（阙四十四字）。远北则长江永归，巨海延纳（江从山北流穷上虞界，谓之三江口，便是大海），……。"

关于旧居，赋中写道："尔其旧居，襄宅今园，枌槿尚援，基井具存……葺骈梁于岩麓（三间为之骈梁，葺室在宅里山之东麓），栖孤栋于江源。敞南户以对远岭，辟东窗以瞩近田。田连冈而盈畴，岭枕水而通阡。"连同下文表明，山墅周回都是上好的土地。"阡陌纵横，塍埒交经、蔚蔚丰秋、苾苾香粳。……兼有陵陆、麻、麦、粟、菽，……供粒食与浆饮，谢工商与衡牧……"（可见庄园经济，自给自足）。接着赋中写道："自园之田，自田之湖，泛滥川上，缅邈水区……"（此皆湖中之美，但患言不尽意，万不写一耳）。接着对山墅里物产作了描述："水草则萍藻蕰菼，蘿蒲芹荪，箪菰频繁，绝荇菱莲，……"。此境出药甚多："参核（双核桃、杏仁也）六根（即笋七根、五茄根、葛根、野葛根、××根、缺二字），五华（董华、芜华、遂华、菊华、旋复华）九实（连前实、槐实、柏实、兔丝实、女真实、蛇床实、蔓荆实、蓼实、缺二字），二冬并称（天门冬、麦门冬）而殊性，三建（附子、天雄、鸟头）异形而同出，水香……，林兰……，卷柏……，茯苓……"（并皆仙物）。

"其竹则二箭殊叶（一者苦箭大叶，一者笋箭细叶），四苦（青苦、白苦、紫苦、黄苦）斋味，水石别谷，巨细各彙（水竹，依水生，甚细密，吴中以为宅援。石竹，本科丛大，以充屋椽，巨者竿挺之属，细者无箐之流也）……"。"其木则松、柏、檀、栎，（缺二字）桐、榆、㯕柘穀栋，楸、梓、柽、樗，（皆木之类，选其美者栽之）刚柔性异，贞脆质殊……"。"植物既载动类亦繁。……"。"鱼则……（列举了十六种）。鸟则……（列举了十多种）。"山上则猨猰狸獾，……山下则熊黑豺虎，豿鹿麋麐，……"

随后，赋中叙说了为昙隆和法流二法师修建经台、讲堂、僧房，灵运亲自勘察相地卜筑的一章："爱初经略，杖策孤征，入涧水涉，登岭山行。陵顶不息，穷泉不停。栉风沐雨，犯露乘星。研其浅思，罄其短规。非龟非筮，择良选奇。翦榛开径，寻石觅崖。四山周回，双流逶迤。面南岭建经台，倚北阜筑讲堂；傍危峰立禅室，临浚流列僧房。……谢丽塔于郊郭，殊世间于城傍，……"（诚如自注所说：云初经略，躬自履行，备诸苦辛也。……无假于龟筮。贫者既不以丽为美，所以即安茅茨而已，是以谢郊郭而殊城傍。然清虚寂寞，实是得道之所也……）。

接着一章述及庄园里山作、水役、采拾诸事。"陟岭刊木，除榛伐竹，抽笋自篁，摘箬于谷。"提到伐木木为用材，除榛为燃柴，采笋摘箬等山作。也提酿酒，"亦酝山清，介尔景福，苦以术成（术酒味苦），甘以搰熟（搰酒味甜）"。"昼见搴茅（白天拔茅草），宵见索掏（晚上搓草绳）。艾菰（菱白）剪蒲，以荐以荵。既垗既埏（作泥坯烧制陶器），品收不一。其灰其炭，咸各有律（指伐木除榛伐竹，有的作燃料，所谓其灰，有的烧木炭，所谓其炭）。六月采密，八月扑栗。备物为繁，略裁靡悉"（然渔猎之事皆不载，因谢灵运笃信佛教）。

接着又回过来描写南山。"南山则夹渠二田，周岭三苑（见下）。九泉别涧，五谷异巘。群峰参差出其间，连岫复陆成其坂。众流溉灌以环近，诸堤拥抑以接远……"在自注里说道：南山是开创卜居之地也。从江楼步路，跨越山岭，绵亘田野，或升或降，当三里许。涂路所经见也，则乔木茂竹，绿轸弥阜，横波疏石，侧道飞流。……及至所居之处，自西山开道，迄于东山，二里有余。南悉连岭叠障，青翠相接。云烟宵路，殆无倪际。从径入谷，凡有三口。……缘路初入，行于竹径，半路涧，以竹渠涧。既入东南，傍山渠展转，幽奇异处同美。路北东西路，因山为障。正北狭处，践湖为池。南山相对，皆有崖岩。东北枕壑，下则清川如镜，倾柯盘石，被陕映渚。西岩带林，去潭可二十丈许，葺基构宇在岩林之中。水围石阶，开窗对山，仰眺曾峰，俯镜浚壑。去岩半岭，复有一楼，迴望周眺，既得远趣，还顾西馆，望对窗户。缘崖下者，密竹蒙径，从北直南，悉是竹园。……北倚近峰，南眺远岭，四山周回，溪涧交过。水石林竹之美，岩岫岷曲之好，备尽之矣。刊翦开筑，此焉居处，细趣密玩，非可具记，故较言大势耳。

随后有一章专讲果园"北山二园，南山三苑，百果备列，乍近乍远(这里的园、苑都指果园)，……杏坛、榛园、橘林、栗圃。桃李多品，梨枣殊所。枇杷、林檎、带谷映渚。椹、梅流芳于冈峦，楟柿被实于长浦。"又一章讲栽种蔬菜之类："畦町所艺含蕊藉芳，蓼蕺蕺茶，封菲苏姜。绿葵眷节以怀露，白薤感时而负霜。寒葱摽蒨以陵阴，春藿吐苕以近阳"(自注：灌溉自供，不待外求者也)。

综观《山居赋》主题，诚如谢灵运自注里所说："今所赋，既非京都宫观游猎声色之盛，而叙山野草木水石谷稼之事。"赋名虽题以山居，实则是别业、山墅或庄园。《山居赋》自注的开头："古巢居穴处曰岩栖，栋宇居山曰山居，在林野曰丘园，在郊郭曰城傍，四者不同，可以理推言心也。"或如《岩栖幽事》山居部分："山居于城市，盖有八德。……"，"不能卜居名山，即于风阜回复及林木幽翳处，辟地数亩，筑室数楹，插槿作篱，编茅为亭……"。上述定义，都是狭义的，仅就卜居山林这一端而言。

《山居赋》充分叙说了山林水泽之利，充分概括了当时自给自足的庄园经济的内容。其木之类，虽仅选其美者栽之，而且都是高林巨树，"千合抱以隐岭，秒千仞而排虚"，需材时"陟岭刊木"。此境出药甚多，还有仙物。修竦萧森、大面积的竹林，既可出笋摘箬，又可出竹材。上好良田，出产各种谷物和经济作物。畦町莳艺各种菜蔬，灌溉自供，不待外求。二园三苑，百果备列。搓绳制陶，艾菰翦蒲，采蜜扑栗，各随其月。这个庄园提供了地主及其家族生活上众多需要，诚如赋中所指出："春秋有待，朝夕须资，既耕以饭，亦桑贸衣。艺菜当肴，采药求颓。"又说"但非田无以立耳"，道出了不占有大量土地经营是不能达到自给自足的庄园经济。

谢灵运修营了"故宅及墅"并不满足，曾求政府拨予会稽东郭的回踵湖为田，"文帝令州郡履行。此湖去郭近，水物所出，百姓惜之。颙头(太守孟颙)坚执不予。……又求始宁休崲湖为田(注：休崲湖，《宋书》作岉崲湖)，颙又固执"(《南史·列传第九谢灵运》)。"灵运因祖父之资，生业甚厚，奴僮既众，义故门生数百，凿山浚湖，功役无己。寻山造岭，必造幽峻，岩障数十重，莫不备尽。……尝自始宁南山伐木开径，直到临海，从者数百人。临海太守王琇惊骇，谓为山贼，徐知是灵运乃安"(《南史·列传第九谢灵运》)。谢灵运就是这样求湖为田，凿山浚湖，功役无己以发展庄园经济，同时又肆意游遨，并从事山水文学的创作。由于他怀着封山锢水，即夺山水以营庄园的欲望来描绘山水，歌咏山水，因此即使刻画细腻，但缺乏感情。

作为山水文学作品的《山居赋》除了对山川风景刻画细腻外，对于怎样相地卜居，怎样因水因岩因景而筑，怎样近借远借相互因借成景，怎样选线开径，通过肆意游遨中领会和经始山川的实践中提炼，有独到的创新的发挥，只有在崇尚自然，游遨山川成风的南北朝时期才能产生。两晋南北朝时期的山水文学不仅对于唐朝的自然园林的发展有影响，而且对于开发风景区也有影响。

第六节　南北朝寺观丛林和山川胜地

一、南北朝时道教的形成和佛教的传播

在战乱频繁的时代里，宗教思想容易盛行。东汉末年，道教就开始形成并发展起来。道教表面上推崇老子，尊他为祖师爷、太上老君，其实它的教义与老庄道家学说是背道而驰的。老庄思想崇尚自然，主

张无为，提倡清心寡欲，反对人为的束缚。道教却相信天上有神仙，教徒修持的目的就是追求白日飞升、当大罗神仙。原始道教的传教方法是治病，教病人思过，以符水饮之，可称符水派。后来另一部分人以金丹经、辟谷方、房中术等，来替统治阶级服务，来满足统治阶级的生活欲望，可称金丹派。到了东晋初年，葛洪著《抱朴子》，认为"玄"是万有的本体，是"道"的同义语。他多方论证了神仙不死之道，只要用黄金、丹石和其他药物来炼丹，凡人吃了"九转仙丹"，三天内便可白日飞升。成仙以后仙人的生活，"饮则玉醴金浆，食则翠芝朱英，居则瑶堂瑰室，行则逍遥太清"而且"或可以翼亮皇帝，或可以监御百灵"，"位可以不求而自致"，"势可以总摄罗酆（阴间）"（《抱朴子·对俗篇》）。道教到了葛洪手里，完全合乎世家大族地主妄图永享奢靡腐化的生活，既希望长生不死，又留恋人间富贵的口味。北魏太武帝拓跋焘时，有道士冠谦清整道教，除去租米钱税（东汉末张陵，跟他受道的要出五斗米），反对房中术，"专以礼度为首，而加之以服食闭练"（《魏书·释老志》）[27]。

魏晋时期，佛教思想刚开始传播。为了使佛教教义在玄学大盛的思想界获得地位，僧侣们钻研老庄，然后再以佛理攻难老庄之说，来折服玄学家。以佛理入玄言，独能揭标新理，引致一部分玄学家开始接触佛经。东晋南朝时，佛学思想逐渐发展起来。当时佛教大乘的空宗学说，比玄学的本无学说来得更彻底，更玄妙。老庄和儒家学说都受佛教思想的影响，把它的一部分融合起来。佛教还有神魂不灭、因果报应、三世轮回等愚弄人民的说法。一般人在受尽现实痛苦下，容易受骗而接受今生修行、来世享福的幻想。进入中原的少数兄弟民族贵族，经历着忽胜忽败，生死无常的境地，正好从佛教教义里能得到精神上的安慰，讲报应、修功德的佛教也正好利用以麻醉人民，于是佛教就蓬勃地发展起来。随着佛教勃兴，尤其在北魏奉佛教为国教后，佛寺、石窟寺建筑、雕塑造像、宗教画等大为发展。

二、北魏佛寺修建和石窟造像

北魏拓跋氏崛起于极北鲜卑游牧民族。到道武帝拓跋珪，于天兴元年（398 年）定国号为魏，迁都平城，开始经营宫室，建宗庙，立社稷，同时也开始修建佛寺。但到拓跋焘太平真君七年（446 年）下《灭佛法》，拓跋焘死，其孙拓跋浚立，于兴安元年（452年）又下《修复佛法诏》。沙门"昙曜，白帝于京城西武州塞，凿山石壁，开窟五所，镌建佛像各一，高者七十尺，次六十尺，雕饰奇伟，冠于一世"（《魏书·释老志》）。这就是闻名世界的大同云冈石窟造像的开始。"拓跋浚敕有司于五缎（级）大寺内铸释迦立像五，各长一丈六尺，都用赤金二万五千斤。""天安二年（467 年）起永宁寺（在代都城）构七级浮图，高三百余尺，基架博敞，为天下第一。""又于天宫寺造释迦之像，高四十三尺，用赤金十万斤，黄金六百斤。皇兴中，又构三级石佛图，榱栋楣楹，上下重结，大小皆石，高十丈，镇固巧密，为京华壮观"（以上见《魏书·释老志》）。从这些记载，可以想见当初魏都平城里寺塔规模已经很大，铸造佛像高大。

北魏迁都洛阳后更是大兴土木，敕建佛寺。《洛阳伽蓝记》载：洛阳城最早的寺是"白马寺，汉明帝（刘庄）所立也，佛入中国之始。寺在西阳门外三里御道南。帝梦金人，长丈六，项背日月光明，金神号曰佛。遣使向西域求之，乃得经像焉。时白马负而来，因以为名。"在序里云："至晋永嘉唯有寺四十二所"，到了北魏"京城表里，凡有一千余寺。"据《魏书·释老志》：太和元年（477 年）全国寺数六千四百七十八所，僧尼七万七千二百五十八人；到延昌二年（513年）全国佛寺有一万三千七百二十七所，僧侣逾众。北魏末（约534 年）洛阳有一千三百六十七所，全国有三万所。北齐有寺三万所，僧尼近二百万人；北周有寺一万所，僧尼近一百万人；两国僧尼总数几达六百万左右（两国总人口数在三千万左右），占当时北方总人口数的十分之一。

因为宣传和信仰的关系，过去仅限于帝王贵族使用宫殿式建筑，得用在佛寺建筑上，而且普遍开来。所以，这些佛寺建筑，尤其是帝王敕建的，都是雕饰华丽，金碧辉煌，跟帝王居住的宫城殿室一样豪华。《洛阳伽蓝记》所载佛寺众多，这里仅举永宁寺一例，以窥一斑。

北魏灵太后胡氏，因略通教义，崇奉佛教，侈靡更甚，熙平中(516～517年)所立永宁寺，在当时最为有名。《洛阳伽蓝记》载：寺"在宫前阊阖门南一里御道西。……寺中有九层浮图一所，架木为之，举高九十丈(可能是文辞夸美，据《魏书·释老志》载：高四十余丈，较可信)。有刹复高十丈，合去地一千尺。去京师百里，已遥见之。刹上有金宝瓶，容二十五石，宝瓶下有承露金盘三十重，周匝皆垂金铎，复有铁锁四道，引刹向浮图四角。锁上亦有金铎，铎大小如一石瓮子。浮图有九级，角角皆悬金铎，合上下有一百二十铎。浮图有四面，面有三户六窗，户皆朱漆。扉上有五行金钉，合有五千四百枚。复有金环铺首，殚土木之功，穷造形之巧。……至于高风永夜，宝铎和鸣，铿锵之声闻及十余里。浮图北有佛殿一所，形如太极。殿中有丈八金像一躯，中长金像十躯，绣珠像三躯，金织成像五躯，玉像二躯，作工奇巧，冠于当世。僧房楼观一千余间，雕梁粉壁，青缫绮疏，难得而言。"

附及：浮图、佛图即塔，梵名窣堵波。塔是南北朝时期建筑的新创作，是根据佛教浮图的概念，用我国固有建筑楼阁的方式来建造的一种建筑物。早期时候，大都是木结构的木塔，在发展过程中，砖石逐渐代替了木材作为建筑塔的主要材料，有的砖塔在外形上还保留着木塔的形式。

三、寺内庭园

历来的佛寺，即使位在城中心区，在殿堂之间的庭院或跨院部分，都有树木花草的种植，可称寺内庭园。这样，不仅为了造成寺院幽静气氛以修禅的需

要，也为了吸引和接待教徒所需要。上述《洛阳伽蓝记》永宁寺条在"难得而言"后接着写道："栝柏松椿，扶疏拂簷，蘥竹香草，布护阶墀。"这是寺内庭院的树木花草种植的情况。至于佛寺院墙，"皆施短椽，以瓦覆之，若今宫墙也。四面各开一门，南门楼三重，通三道，去地二十丈，形制似今端门。图以云气，画彩仙灵。……拱门有四力士、四狮子，饰以金银，加之珠玉，装严焕炳，世所未闻。东西两门，亦皆如之。所可异者，唯楼二重。北门一道，不施屋，似乌头门。"有宫墙、有门楼，只有寺观可以有宫城般气派。"四门外，树以青槐，互以绿水，京邑行人，多庇其下。"门外植青槐，使整个佛寺好似在丛林中，亘以绿水好似城壕一般。

洛阳城内诸寺莫不在庭院里进行种植而且各具特色。例如景乐寺"阊阖南御道西，望永宁寺正相当。……有佛殿一所，像辇(四轮像车)在焉，雕刻巧妙，冠绝一时。堂庑周环，曲房连接，轻条拂户，花蕊被庭。"最后八个字，道出其种植特色，又何等优美。又例如"昭仪尼寺，阉官等所立也。……堂前有酒树面木(《南史海南诸国传》：顿逊国'又有酒树，似安石榴，采其花汁，停瓮中数日成酒'。《南方草木状》载：'桄榔树似栟榈实，其皮可作绠，得水则柔韧，胡人以此联木为舟。皮中有屑如面，多者至数斛，食之如常面无异，……出交真、交趾')。……昭仪寺有池，……池西南有愿会寺，……佛堂前生桑树一株，直上五天，枝条横绕，柯叶傍布，形如羽盖。复高五尺，又然。凡为五重，每重叶、椹各异，京师道俗谓之神桑。"这是以奇木而著称。又例如景林寺"在开阳门内御道东。讲殿叠起，房庑连属，丹槛炫日，绣楣迎风，实为胜地。寺西有园，多饶奇果。……中有禅房一所，内置祇园精舍，形制虽小，巧构难，加以禅阁虚静，隐室凝邃，嘉树夹牖，芳杜匝阶，虽云朝市，想同岩谷。静行之僧，绳坐(坐绳床)其内，飧风服道，结跏数息。"可见寺虽居城内，由于种植嘉树芳杜，构成幽静境地，仿佛在山谷一

般。又例如"秦太上君寺，胡太后所立也。……中有五层浮图一所，修刹入云，高门向街，佛事庄饰，等于永宁。诵室禅堂，周流重叠，花林芳卉，偏满阶墀。"又例正始寺，"百官等所立也。正始中立，因以为名。……众僧房前，高林对牖，青松绿柽，连枝交映。多有枳树而不中食。"又如平等寺，"广平武穆王怀舍宅所立也。……堂宇宏美，林木萧森，平台复道，独显当世。"

有些寺院是以山池形胜见称。如景明寺"宣武皇帝所立也。景明年中立，因以为名。在宣阳门外一里御道东。其寺东西南北，方五百步。前望嵩山、少室，却负帝城，青林垂影，绿水为文。形胜之地，爽垲独美。……盛一千余间，交疏对霤（疏即疏窗，霤即屋檐），青台紫阁，浮道相通。虽外有四时，而内无寒暑。房檐之外，皆是山池，竹松兰芷，垂列皆墀，含风团露流香吐馥。……寺有三池，萑蒲菱藕，水物生焉。或黄甲紫鳞，出没于繁藻，或青凫白雁，沉浮于绿水。碾砠春簸，皆用水功（可见其水源充裕，三池外，又用水功）。伽蓝之妙，最得称首。"有这样一块形胜之地远借嵩山，近借帝城，青林绿水，房檐之外，皆是山池，水物生旁，读来怎不令人神往。又例如光宝寺，"在西阳门御道北。有三层浮图一所，……园中有一海，号咸池。葭菼被岸，菱荷覆水，青松翠竹，罗生其旁。京邑士子，至于良辰美日，休沐告归，征友命朋，来游此寺。雷车接轸，羽盖成阴，或置酒林泉，题诗花圃，折藕浮瓜，以为兴适。"这种由于寺院景物幽美，到寺游乐，不乏其例。又例大觉寺，"广平王怀舍宅也，……北瞻芒岭，南眺洛汭，东望宫阙，西顾旗亭，禅皋显敞，实为胜地。是以温子升碑云：面水背山，左朝右市是也。环所居之堂，上置七佛，林池飞阁，比之景明。至于春风动树，则兰开紫叶，秋霜降草则菊吐黄花；……造砖浮图一所，是土石之工，穷精极丽。"又永明寺，"宣武帝所立也，在大觉寺东。……房庑连亘，一千余间，庭列修竹，檐拂高松，奇花异草，骈阗阶砌。"

又凝圆寺，"阉官济州刺史贾璨所立也，……房庑精丽，竹柏成林，实是净行息心之处也。王公卿士来游观为五言者，不可胜数。"上举大觉寺的形胜，比之景明寺，有过之而无不及。永明、凝圆二寺则以松竹兰菊取胜。

有些寺院则以珍果名品而著称于都城。例"法云寺……伽蓝之内，花果蔚茂，芳草蔓合，嘉木被庭。"仅云花果蔚茂，未提及品名。"报德寺……周回有园，珍果出焉。有大谷梨，重十斤，从树着地，尽化为水。世人云：报德之梨，承光之柰。"承光寺，"亦多果木，柰味甚美，冠于京师。"又例如龙华寺，"广陵王所立也。……京师寺皆种杂果，而此二寺（谓龙华、报德二寺）园林茂盛，莫之与争。"

四、寺观为游息和佛会用胜地

寺观不仅是信徒们朝拜供奉的圣地，也是平民的游息胜地。统治阶级除帝皇有离宫别苑外，贵族、官僚、地主、大商贾也各造有园宅别墅足以游息享用，而寺观更是他们特殊游乐之所。至于穷苦的庶民只有到寺观丛林去，既朝佛进香，又可逛庙游息，所以寺观成为平民的一个日常游息场所了。但庶民是付出了极大负担的，因为所有的寺观全是百姓的血汗建成的。

北魏洛阳的佛寺在佛诞辰日举行佛会和大斋时设歌乐杂伎的盛会，十分热闹。中国佛教徒以四月八日为释迦诞辰，例有盛会。北魏时洛阳城佛会集中在景明寺，故前一日其他各寺先出佛像，抵景明寺，然后于八日受皇帝散花。《洛阳伽蓝记》载：出佛像的大寺有长秋寺，昭仪尼寺，宝圣寺和景明寺。

"长秋寺刘腾所立也。……在西阳门内御道北一里，亦在延年里，……寺北有濛氾池，夏则有水，冬则竭矣。中有三层浮图一所，……作六牙白象负释迦在虚空中。……四月四日此像常出，辟邪狮子导引其前，吞刀吐火腾骧一面，彩幢上索，诡谲不常，奇伎异服冠于都市。像停之处，观者如堵。"昭仪尼寺条：

"寺有一佛二菩萨，塑工精绝，京师所无也，四月七日常出诣景明，景明三像恒出迎之。伎乐之盛与刘腾相比(指刘腾所立长秋寺出佛像时伎乐)"。宗圣寺条："有像一躯，举高三丈八尺，端严殊特，相好毕备，士庶瞻仰，目不暂瞬。此像一出，市井皆空，炎光腾辉，赫赫独绝世表。妙伎杂乐，亚于刘腾，城东士女，多来此寺观看。"景明寺："四月七日京师诸佛像皆来此寺，……像凡有一千余躯。至八日以次入宣阳门，向阊阖宫前，受皇帝散花，于时金花映日，宝盖浮云，幡幢若林，香烟似雾。梵乐洪音，聒动天地，百戏腾骧，所在骈比。名僧德众，负锡为群，信徒法侣，持花成薮，车骑填咽，繁衍相倾。"

关于大斋盛会，有景乐寺条："至于大斋，常设女乐。歌声绕梁，舞袖徐转，丝管寥亮，谐妙入神，以是尼寺，丈夫不得入。得往观者，以为至天堂。及文献王薨，寺禁稍宽，百姓出入，无复限碍。后汝南王悦(文献王之弟)复修之，召诸音乐，逞伎寺内。奇禽怪兽，舞抃殿庭，飞空幻惑，世所未睹。异端奇术，总萃其中。剥驴投井，植枣种瓜，须臾之间皆得食(变戏法之类)。士女观者，目乱睛迷。"

五、南朝的佛寺建筑

佛教传入江东后，尤其是在南朝帝王、贵族的倡导下，很快兴盛起来。这里主要根据《六朝事迹编类》寺院门第十一条，建康最早的寺为吴建初寺，《舆地志》云："吴赤乌十年(247年)沙门僧会自西竺来传佛法，吴大帝(孙权)作寺自此起。"杨修有诗曰："僧会西来始布金，常闻钟磬伴潮音，江南古寺知多少，此寺独应年最深。旧传在城南二百余步。"东晋有尼寺称铁索寺。"尚书仲杲女，见释书有比丘尼，问讲师，师曰女子削发出家为比丘尼。后因铁索罗国尼至，遂就此建寺。尼以铁索罗为名。中国尼自此始。"刘宋时，《南史》载，宋明帝刘彧曾将自己的故宅改建为湘宫寺，费用极为奢侈。因孝武帝(刘骏)所建庄严刹(即塔)为七层，他要超过，想建座十层塔。

后因立基困难而改建两塔，每塔五层[20]。到梁武帝萧衍更是大兴佛法，盛建寺院。据范文澜统计，"就建康一地计数，东晋时约有佛寺三十七所，梁武帝时竟增至七百所"。《南史》载："都下(建康)佛寺五百余，穷极宏丽，僧尼七余万，资产丰沃，所在郡县，不可胜言。"

梁武帝萧衍在建康建的寺院见于《六朝事迹编类》有开善寺，"梁武帝天监十三年(514年)以钱二十万易定林寺前冈独龙阜(在蒋山)，以葬志公(宝志)。永定公主以汤沐之资，造浮图五级于其上，十四年(515年)即塔前建开善寺。……据《高僧传》及《宝公实录》：公讳宝志，宋元嘉中现于东阳郡古木鹰巢中，朱氏闻巢中儿啼，遂收育之，因以朱为姓，乃施宅为寺焉。公自少出家，依于钟山道林寺，常持一锡杖，杖悬刀尺及镜佛之类，由是知名齐梁间。死而将葬，梁武帝命陆倕制铭，葬已，赐玻璃珠以饰塔表。"蒋山上尚有大敬爱寺，"梁武帝普通元年(520年)造，在蒋山之北高峰上。"又有头陀寺，"梁武帝大同元年(535年)置头陀寺，记舍人石兴造，寺在蒋山顶第一峰，后移置山下。……有梁昭明太子读书台在其东。"

梁武帝建寺院以同泰寺最著称于世。《六朝事迹编类》载："梁武帝改年号大同，起同泰寺，在台城内，穷竭帑藏。造大佛阁七层，为火所焚。梁帝舍身施财，以祈佛福，自大通以后，无年不幸同泰寺，设四部无遮大会。"按这段记载在年份上有矛盾。"大同"与"大通"一字之差，但大同年号在后，自535~536年，而大通年号在先，自527~529年。根据"自大通以后，无年不幸同泰寺"和法宝寺条："《建康实录》梁武帝大通元年创同泰寺"，那么同泰寺应创于大通元年，而"梁武帝改年号大同，起同泰寺"非也。梁帝舍身施财，所谓舍身并非真正舍弃了皇位出家，他以舍身为名，叫百姓出钱一万万赎皇帝出寺，前后三次，这样庶民因此加重了三万万的重担。至于法宝寺，亦名台城寺，"梁同泰寺基之半也。……寺处宫后，别开一门，名大通门，帝晨夕讲议，多游此门。"

梁武帝萧衍即位之初，虽起用寒士，广泛罗致世家旧族，但又优容皇族子弟和官吏贪污枉法，晚年时政治日益腐败，贪婪更甚，终于有侯景乘梁人民穷困怨恨而叛。侯景宣布萧衍的罪状的一段话：皇帝有大苑囿，王公大臣有第宅，僧尼有寺院，普通官吏有美妾满百，奴仆数千，他们不耕不织，锦衣玉食，不夺百姓从何而来？这段话不仅可以代表当时人民，也是整个封建社会时代人民，对统治阶级腐朽的罪状。侯景在萧正德接应下，由采石渡江，到板桥镇，又渡秦淮，直抵台城城下。乃作长围以围台城，又西陷石头城，东取东府城，又引玄武湖水灌台城。台城前后被围一百三十多天，城破时生存的只有二、三千人，城内居民在侯景蹂躏下更是悲惨。经此战乱，所谓"南朝四百八十寺，多少楼台烟雨中"（唐杜牧诗句），梁都建康已是荒圮不堪。

六、山区建寺和五岳圣地

寺观的兴建不仅在都城，而是遍布天下州郡，不仅在城中和城郭近郊，更多是在山青水秀的形胜之地创造祇园精舍。从佛教来说，修禅法须要静寂，宜于岩栖山居，所以南北朝有名的佛寺都在山区。从道教来说，辟谷方、炼金丹，需要采药，所以道观洞天也都建在山区。自晋以来，僧侣道士大都杖锡而游名山大川，相地合宜构筑寺观。例东晋释慧远（334～417年）以释道安为师。道安在襄阳分遣弟子四出传教时，慧远南下荆州，后又上庐山，流连于此地风光，在庐山东阜建东林寺。他一住三十年，此后东林寺便成为南方传播佛教的中心。他认为只要念佛持禅，不出家也可以成佛，这对此后净土学说的发展，有很大影响。《高僧传·慧远传》："远创造精舍，洞尽山美。却负香炉之峰，傍带瀑布之壑。仍石垒基，即松栽门，清泉环听，白云满室，复于寺内别置禅

林，森树烟凝，石径苔生。凡在檐复，皆神清而气肃焉。"可见其相地合宜，因借营建之精。又如智颉法师，在风景优美的天台山营建天台寺传教，世称天台宗。南朝在建康附近山区建寺有栖霞禅寺。《六朝事迹编类》栖霞禅寺条载："摄山齐（南齐）明僧绍（姓明，名僧绍）故宅也。按栖霞寺江揔碑云：齐居士平原明僧绍，宋泰始中（465～471年）游此山，乃刊木结茅。二十许年，有法度禅师与僧绍甚善，僧绍遂舍宅成此寺，盖齐永明七年（489年）正月三日也。"从唐时德兴诗句："萦纡松路深，缭绕云山曲，重楼回木杪，古像凿岩腹"可以想见山中之景。又宝林寺，"本同行寺。梁天监中，武帝与宝公同游此山，见林峦殊胜，命建精蓝，因以同行为额，亦名圣游寺。"可见无论南北，建佛寺必选林峦殊胜之地而为之。国内诸大名山更是建寺观的圣地，首先进入五岳。

东岳泰山

据史书记载，前秦苻健皇始元年（351年）高僧朗公首先来到泰山，并在泰山东北的昆端山创建良公寺。当时北方当朝的统治者常向朗公赠财献宝，例如南燕慕容德就曾拨两县财税和三县民工供朗公寺使用。这样很快使一个小寺成为上下诸院十余所，长廊延褒千余间的大寺。北魏孝明帝（元诩）正光六年（520年），释法定最先来到灵岩开山，建成灵岩寺。魏晋南北朝时期，泰山还先后建立了谷山玉泉寺、神宝寺、光化寺、普照寺等。东岳泰山已经初步成为佛光普照的领地。当时的一些名僧经常来往于泰山一带[28]。

西岳华山

由于千仞壁立，岩路险绝，最为难上，汉武帝、东汉光武帝都没有登过华山封禅。早先必须"施钩搭梯，攀藤援枝，然后得上"，"晚不得还，即于岳上藉草而宿"。南北朝时，华山尚未开拓山路，也无庙宇建筑。唐朝开始，才有修道之士，开凿小道，安置简陋的绳索、铁链，在山下修岩洞和道观。但唐武则

天、唐玄宗、宋真宗等都未曾登山封禅。唐、五代、北宋时期，华山成为道教圣地[28]。

中岳嵩山

早在汉明帝（刘庄）永平十四年（71年）时，在嵩山玉柱峰下，建立了大法王寺，据说是为中天竺僧竺法兰译经而建。又有北魏古刹少林寺。据记载，北魏孝文帝元宏时，有一位西域僧人叫跋陀的，跟随元宏多年，为他在京城建了精丽的寺院，但是跋陀喜好山林，常往来于嵩洛之间。太和二十年（496年）又下令在少室山北麓茂林中为他建造了少林寺。数十年后，少林寺又成为达摩的修禅之处。达摩，全称菩提达摩，传授新禅法，被后代禅门奉为禅宗的初祖。又有北魏时建的嵩岳寺，与法王寺仅一寺之隔。嵩岳寺最初由北魏时的一座离宫改造而成。寺内大塔，正光四年（523年）建，是我国现存年代最早的砖塔。塔高四十余米，平面作等边十二角形，这在我国古塔中也是惟一的。塔身以上是层次密集的十五层塔檐，这种密檐的做法，在此塔以前也是无实例的[28]。

南岳衡山

（按汉武帝刘彻时以安徽天柱山为南岳，此山并不很南，后来改今湖南衡山为南岳）在佛教史上有它重要地位。南朝时在南岳腹地莲花峰下有方广寺，始建于梁武帝天监二年（503年），为惠海禅师道场。这里古木森森，深邃幽静。慧思禅师于陈废帝光大元年（567年）到南岳后，积极开展佛教的传教事业，并在天柱峰南建立了般若寺（今福严寺），不久又在祥光峰下建立了小般若寺（今藏经殿）。这里树多、花多、水多、鸟多，风景秀丽。又有南台寺，是南岳佛教五大丛林之一，为梁武帝天监年间（502～519年）海印禅师所建。这里古木成森，绿荫夹道，夏季微风拂面，凉爽宜人[28]。

北岳恒山

名称始终未变，主峰在山西浑源县城南，海拔2017米，山高为五岳之冠。但祭祀之地因时因势而异。汉唐以后祭祀都在今河北曲阳。由于恒山地居塞北，有时不在中原政权管辖之内。元、明、清诸朝又建都北京，曲阳恒山在京城之南，同北岳之称不相符。明朝虽称浑源恒山玄岳为北岳，但祭祀仍在曲阳。直到清顺治十八年（1661年）才改祀北岳于浑源。浑源恒山早在北朝就有寺庙建筑。如悬空寺，始建于北魏后期，在石门峪口古栈道对面的崖壁上建造。它背依翠屏山，面对天峰岭，上载危岩，下临深谷，足履峭壁，凿石为基。站在谷底上望，殿宇参差碧落中，势若凌空欲飞。北魏时又曾在天峰岭南下的一个天然崩石凹壑之中建寝宫。这个凹壑称飞石窟，东南西三面环壁，北面豁开若门，中间空地约二百平方米，寝宫就建在飞石窟内东侧的石壁之下，原来为北岳古庙。据《恒山志》记载，寝宫建于北魏元年（435年）[28]。

附及：五岳是汉武帝刘彻规定的，古代命国中的大山川为"望"，也命山川之祭为"望"。古代王者虽祭神祭天，但因王畿狭小，四周又都是一些小国家，不尽能交通无阻，也就不能到远处去拜神。各国有各国的望，谁也只祭在其国境内的望[29]。

春秋战国之世，齐和鲁两国是当时文化的中心，泰山横亘于两国之间，成为分界线。他们游历不远，眼界不广，认为泰山是天下最高的山了，所以孔子也说，"登泰山而小天下"。他们设想人间最高的帝王应到天下最高的山上去祭最高的上帝，定其祭名为"封禅"。所谓"封"就是到泰山上筑坛以祭天；所谓"禅"即在泰山下的小山梁甫扫除以祭地。《史记·封禅书》曾引管子《封禅篇》（已亡），提到：从前封泰山禅梁甫的有七十二代的帝王，只记得十二个。从无怀氏……到周成王，都是受命之后才行这个礼。但封禅泰山正式列入史籍的是从秦始皇开始的。秦始皇在完成统一大业，即皇帝位的第三年（公元前219年）巡狩郡县，并到泰山，登上岱顶设坛祭祀，又自泰山阴坡而下，禅于梁甫山[29]。

春秋战国之世，在齐、鲁间人心中，认为泰山是最高的山。但秦始皇完成统一大业后，巡游郡县，眼界开阔了，他把全国名山大川整理了一遍，从山来说，以崤山——旧时秦国的门户——为界，定其东边名山五：太室、恒山、泰山、会稽、湘山；西边名山七：华山、薄山、岳山、岐山、吴山、鸿冢、渎山。泰山的地位虽高，不过是十二名山之一罢了。到了汉武帝刘彻，因为他的求仙和封禅与山有关系，所以天下名山又经过了一回整理。那位讲黄帝故事的申公曾说：天下有八个名山，三个在蛮夷，五个在中国。在中国的五名山是华山、首山、太室山、泰山、东莱山，都是黄帝常游的地方。但申公的这些名山在陕、晋、豫、鲁，都在黄河流域，并不曾按照汉朝疆土范围分配。所以刘彻另行规定，以河南的太室为中岳，山东的泰山为东岳，安徽的天柱山并不很南，改今湖南衡山，为南岳，陕西的华山为西岳，河北的恒山（在曲阳）为北岳。从此"五岳"成为一个典则和习用的名词。后来因安徽的天柱山为南岳，明代始以山西浑源的玄岳的恒山为北岳。

七、山寺、石窟寺、隐居讲学所和风景名胜区

南北朝时，除了寺观建筑外，还开山凿窟，建立石窟寺，如大同云冈石窟（在今山西省大同市西北二十五里）始建于北魏兴安二年（453年）；洛阳龙门石窟亦称侯阙石窟，始建于北魏景明元年（500年）；四川大足等地区岩石，适宜雕刻，主要是石雕。又如敦煌千佛洞在河西走廊西端，甘肃敦煌市四十里的鸣沙山上，开凿于前秦建元二年（366年）；还有甘肃天水麦积山石窟，创自西魏、北周，这些地区岩石比较松脆，不适宜于雕刻，主要是壁画和塑像。此外如巩县石窟，始于北魏、北齐，太原天龙山石窟始于北齐，南北响堂山始于北齐，永靖炳灵寺也始于北朝。这些石窟寺，除了朝拜外，也成为平民游览的地区。

名山胜地不仅多寺观，还是隐居讲学之所。魏晋南北朝时期，由于社会动荡混乱，政治斗争和迫害残酷，"常畏大罗网，忧祸一旦并"（何晏语），于是遁世隐逸之士莫不物色风景优美地区隐居并聚徒讲学。前面叙及明僧绍就是其中之一。据《南齐书》："明僧绍，宋元嘉（宋文帝刘义隆年号）中，再举秀才，——永光（宋前废帝刘子业年号，465年）中，镇北府，辟功曹，并不就，隐长广郡崂山，聚徒立学"。"升明（宋顺帝刘准年号，477～479年）中，太祖（指萧道成）为太傅，辟僧绍……为记室参军，不至。"后来，"随弟庆符之郁州（'之'作到讲，郁州今云台山），住掩榆山、栖云精舍，欣玩水石，竟不一入州城。……庆符罢任，僧绍随归，住江乘摄山（江乘县境今南京下关至栖霞一带江边，摄山即今栖霞山）。"可见明僧绍曾住崂山、云台山和栖霞山三处隐游并讲学。栖霞山保存的《明征君碑》碑文中说他在崂山时"托岫疏阶，凭林结枥……横经者四集，请益者千余"。居栖云精舍时"情亲鱼鸟，志狎烟霞"。居江乘时"负杖泉丘，游目林壑，历观胜境。行次摄山，神谷仙岩，特符心赏，于是披榛薙草，定迹深栖，树槿疏池，有终焉之志。""爰集法流，于焉讲肆。……玄、儒兼阐，道、俗同归。"[20]

再如齐、梁间人何胤，"以会稽山多灵异，往游焉。居若邪山云门寺"。后来"胤以若邪处势迫隘，不容学徒，乃迁秦望山。山有飞泉，乃起学舍，即林成援，因岩为堵。别为小阁室，寝处其中，恭自启闭，僮仆无得至者。山侧营田二顷，讲隙，从生徒游之"（《南史·何胤传》）。

无论是为了发展庄园经济经始山川，或为了相地合宜，构筑寺观而杖锡以历名山大川，或为了隐居讲学而探胜寻幽，在没有开发前莫不要入涧涉水，登岭山行，披榛薙草，甚至缘木攀岩，备诸艰苦。没有开发的胜区要想一游也是十分艰苦的。如《古诗源》载有《庐山诸道人游石门诗》，在前序里生动地描写了这种艰苦情况。"石门在精舍南十余里，一名障山，基连大岭，体绝众阜，辟三泉之会，并立而开流，倾岩玄映其上，蒙形表于自然，故以为名。"接着说

"此虽庐山之一隅，实斯地之奇观，皆传之于旧俗，而未睹者众。"原因何在？"将由悬濑险峻，人兽绝迹，径回曲阜，路阻行难，故罕经焉。"然后转到"释法师以隆安四年（400年）仲春之月，因咏山水，遂杖锡而游。于时，交徒同趣三十余人，咸拂衣晨征，畅然增兴。虽林壑幽邃，而开途竞进，虽乘危履石，并以所悦为安。既至，则缘木寻葛，历险穷崖，猿臂相引，仅乃造极。于是拥胜倚岩，详观其下，始知七岭之美，蕴奇于此。双阙对峙其前，重岩映带其后，峦阜周回以为障，崇岩四营而开宇。其中则有石台、石池、宫馆之象，触类之形，致可乐也。清泉分流而合注，渌渊镜净于天池。文石发彩，焕若披面，柽松芳草，蔚然光目。其为神丽，亦已备矣。斯日也，众情奔悦，瞩览无厌，游观未久，而天气屡变，霄雾尘集，则石象隐形，流光回照，则众山倒影，开阔之际，状有灵焉，而不可测也。乃其将登，则翔禽拂翮，鸣猿厉响。归云回驾，想羽人之来仪，哀声相和，若玄音之有寄。虽仿佛犹闻，而神以之畅。虽乐不期欢，而欣以永日。"

上述南北朝时期诸名山胜地，或已开发建设，或还没有开辟，所以本节的标题中用了"山川胜地"而不用"风景区"之类名词，因为风景区、风景名胜区等是近代和现代才有的专用名词。自然风景，山水风景或更广泛地说大地景物，作为独立的观赏审美对象而探胜寻幽，是较后的事，大抵始兴于南北朝。虽然我们在第二章第四节，已讲到《诗经》里已有大量的自然美的描写，先秦时代也已于三月三日上巳节到水边被褉，水滨也成为男女相会和行乐之地。水滨往往是风景优美地带，但赴水滨的目的，不在观赏风景，而是被褉，而是男女相会，笑谑行乐。除此之外，还有社日活动，竞舟活动（但不在五月五日）等。

南朝梁时，有位宗懔，著有《荆楚岁时记》，各月都有特殊习俗、风物故事之日，自元日至除日凡二十余事。正月最多："正月一日是三元之日

也。……鸡鸣而起，先于庭前爆竹，以辟山臊恶鬼。……长幼悉正衣冠，以次拜贺。……正月七日为人日，以七种菜为羹，剪彩为人，……以贴屏风，亦载之头鬓，又造华胜以相遗。……立春之日，悉剪彩为燕载之，贴宜春二字。……正月十五日，……正月末日，……元日至于月晦，并为酺聚饮食，士女泛舟或临水宴乐。"其他诸月略，仅录其外出游乐之日，有"三月三日，士民并出江渚池沼间，为流杯曲水之饮。……五月五日四民并蹋百草，又有斗百草之戏，采艾以为人悬门户上，以禳毒气。……是日竞渡，采杂药。按五月五日竞渡，俗为屈原投汩罗日，伤其死故，并命舟楫以拯之。舸舟取其轻利，谓之飞凫。……九月九日四民并藉野宴饮。……佩茱萸，食饵，……登山饮菊花酒，……十二月八日为腊日。谚语：腊鼓鸣，春草生。村人并击细腰鼓，戴胡头，及作金刚士以逐疫。……"这些特殊习俗的、四民并出行乐的场所，因地区不同而各有其固定的地点，但不属于风景区的范畴。

以封禅活动开始形成的五岳，以建寺观，还有聚徒讲学而设书院、学馆、精舍而开发的名山，以经始山川而开辟的庄园山墅，这些胜地不仅有优美的自然风光，还逐步渗入了人文景观，以及历史文物、神话传说、风土人情等的融合，经过长期发展，成为今天我们所称的风景名胜区。南北朝时期正是开发、建设具有自然、人文、社会景观为内容和特征的，中国特色的风景名胜区的奠基时代。

注释

[1] 王仲荦. 魏晋南北朝史（上册）. 上海人民出版社，1979.1～233

[2] 王仲荦. 魏晋南北朝史（上册）上海人民出版社，1979.234～317

[3] 王仲荦. 魏晋南北朝史（上册）上海人民出版社，1979.318～376

[4] 王仲荦. 魏晋南北朝史（上册）上海人民出版社，1979.377～506

[5] 王仲荦. 魏晋南北朝史（下册）. 上海人民出版社，1979.507～639

[6] 王仲荦. 魏晋南北朝史（下册）上海人民出版社，1979.734～1050

[7] 王仲荦. 魏晋南北朝史（下册）上海人民出版社，1979.736～784

[8] 李泽厚. 美的历程. 文物出版社，1981.85～93

[9] 李泽厚. 美的历程. 文物出版社，1981.95～103

[10] 韦凤娟. 魏晋以来山水诗"巧言切状"的玄学根源. 光明日报，1982.10～19

[11] 李泽厚. 美的历程. 文物出版社，1981.103～106

[12] 李泽厚. 美的历程. 文物出版社，1981.98～99

[13] 李泽厚. 美的历程. 文物出版社，1981.107～115

[14] 李浴. 中国美术史纲. 人民美术出版社，1957.80～85

[15] 李浴. 中国美术史纲. 人民美术出版社，1957.92～96

[16] 刘敦桢主编. 中国古代建筑史. 中国建筑工业出版社，1980.78～81

[17] 周维权. 魏晋南北朝园林概述. 中国园林史的研究成果论文集(第一辑)1～9

[18] 王仲荦. 魏晋南北朝史（下册）. 上海人民出版社，1979.512～514

[19] 王仲荦. 魏晋南北朝史（上册）. 上海人民出版社，1979.296～297

[20] 朱有玠，王光耀，叶菊华，陈璐，基口淮. 南朝园林. 中国园林史的研究成果论文集(第二辑)

[21] 王仲荦. 魏晋南北朝史（下册）上海人民出版社，1979.1010

[22] 王仲荦. 魏晋南北朝史（下册）. 上海人民出版社，1979.512～513

[23] 王仲荦. 魏晋南北朝史（上册）. 上海人民出版社，1979.296

[24] 王仲荦. 魏晋南北朝史（上册）. 上海人民出版社，1979.142～156

[25] 范文澜. 中国通史简编(修订本). 人民出版社，1965.283～284

[26] 王仲荦. 魏晋南北朝史（下册）. 上海人民出版社，1979.940～941

[27] 王仲荦. 魏晋南北朝史（下册）. 上海人民出版社，1979.785～799

[28] 崔秀国等. 五岳史话(合订本). 中华书局，1982

[29] 顾颉刚. 秦汉的方士与儒生. 上海古籍出版社，1978.6～8

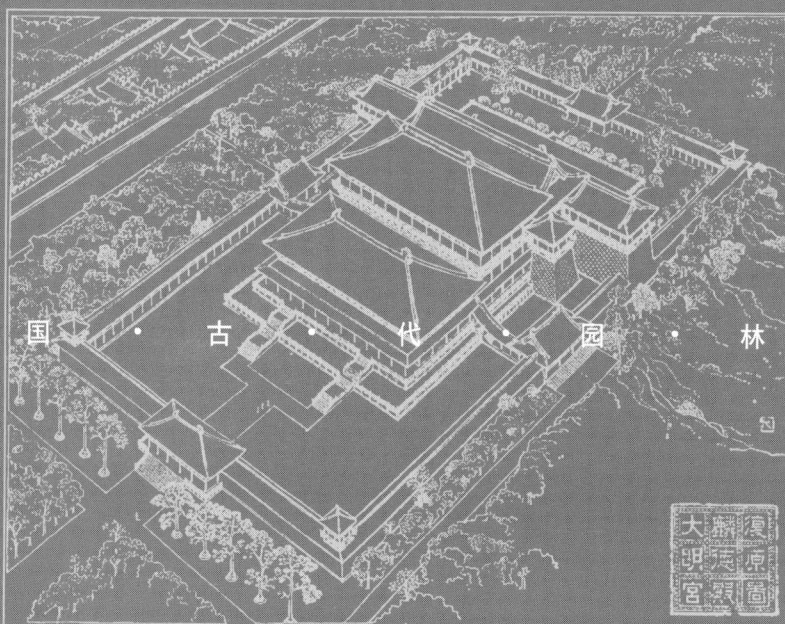

· 中 · 国 · 古 · 代 · 园 · 林 · 史 ·

第五章　隋唐五代时期园林

第一节　隋大兴、洛阳、西苑和巡游江都

北朝周的最后一位皇帝宇文斌，荒淫残虐，在位二年死。皇后的父亲杨坚入宫总揽军政大权，581年又废年幼的（只八岁）宣帝宇文阐而自立，国号隋。这时的南朝梁，在萧衍死后，侯景自立为皇，不久又被陈霸先攻灭，立陈朝。陈朝的后主陈叔宝也是一位荒淫无度的皇帝。开皇八年（588年）杨坚下诏揭露陈后主的罪恶，并声言讨伐。529年当隋军兵临城下，陈后主仍然和嫔妃们饮酒作乐，隋军入城后，他和张丽华等逃入景阳宫井内，又被隋军用绳子拉出来，投降了隋朝。西晋末年以来近三百年南北分裂的局面，从此又归于统一，社会经济又得到发展的机会。

杨坚在位时，对于政治和经济都进行了改革，他改革币制，制定隋律，废郡立州，并小为大，存要去闲，地方行政组织得以定型。他改定赋役和大索貌阅（检察户口），广设仓窖，人民因此减轻了负担。杨坚在位二十四年中，始终爱惜物力，对贪官污吏刑罚极严，对人民剥削有所减轻，因而社会经济得以顺利地发展，人口大量增加，说明隋朝又走上繁荣的途径。但安定发展不过二十多年，以荒唐著称的隋炀帝杨广登位后，凭借隋文帝积累的经济力量，穷奢极侈地大营宫殿园囿，还不断游幸江南，不断发动对高丽的战争，弄得民穷财尽。在其残暴统治下，终于暴发了隋末农民大起义。

一、隋都大兴城

隋朝开国之初，因汉长安城已遭破坏，城址也

不适用，就在汉长安城的东南，建新都叫大兴（唐称长安）。大兴的范围，南及南山的子午谷，北据渭水，东临灞水，西枕龙首山，依山傍水，因势而建，占有渭河南岸大片地区（图5-1西安附近地形图，图中唐城即大兴城后为唐长安城，西安即明朝西安城）。大兴城是宇文恺在考察并吸取了洛阳、邺城各都城规划的优点，利用了大兴地区有六条冈阜（高坡，或称原）的自然特点进行设计的，具有新的特点，值得重视。《雍录》："宇文恺之营隋都也，曰：朱雀街南北。尽郭有六条高坡，象乾卦六爻。故于九二置官殿，以当

帝王之居，九三立百司，以应臣子之数，九五贵位，不欲常人居之，故置玄都观及兴善寺以镇其地。"这种说法不脱爻卦迷信，但实际上是，宇文恺把官城首先放在北高地上，占有了京城中有利地形以控制全城，同时在高坡上修建巍峨的官殿和寺庙，给城市增添了雄伟的感觉。大兴城的营建工程是高颖等负责的。《隋书·文帝本纪》："开皇二年（582年）六月，诏左仆射高颖等（还有将作大匠刘龙、大监李询、工部尚书贺娄子干、太府少卿高龙义）创造新都于龙首山，十二月名新都曰大兴城。"

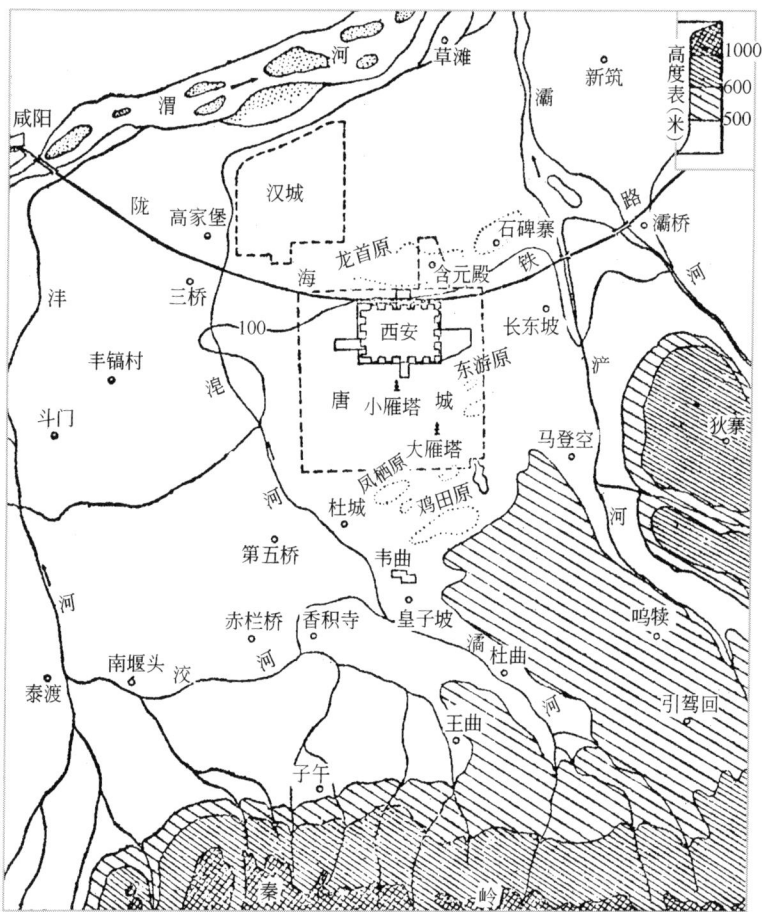

图 5-1　西安附近地形图

据《隋书·地理志》："开皇三年（583年）置雍州。城东西十八里一百一十五步，南北十五里一百七十五步。"据考古工作者勘察，南北实为十六里一百二十五步[1]。城东西较长，南北略窄，平面呈长方形，周长约36.7公里，总面积达83平方公里有余。城"东

面：通化、春明、延兴三门，南面：启夏、明德、安化三门，西面：延平、金光、开远三门，北面：光化一门。里一百六，市二（图5-2，图5-3）。大业三年（607年），改州为郡，故名焉（名京兆郡），置尹，统县二十二，户三十万八千四百九十九。"城内有南北

向大街十一条，东西向大街十四条，其中通南面三门和东西六门的六条街，是大兴城内主干大街。除最南面通延平门和延兴门的东西大街宽55米外，其余五条大街均宽100米以上，特别是由皇城南门通往明德门的朱雀大街，宽达155米。

城分宫城、皇城、郭城三部分。宫城和皇城位于京城北部居中，再向北为大兴苑。宫城是帝王居住和理朝政的所在地，称大兴宫。大兴宫城的正殿就是大兴殿，其后为中华殿，又有临光殿，观德殿，射殿，文思殿，嘉则殿等。宫城前，左庙右社，跟周朝

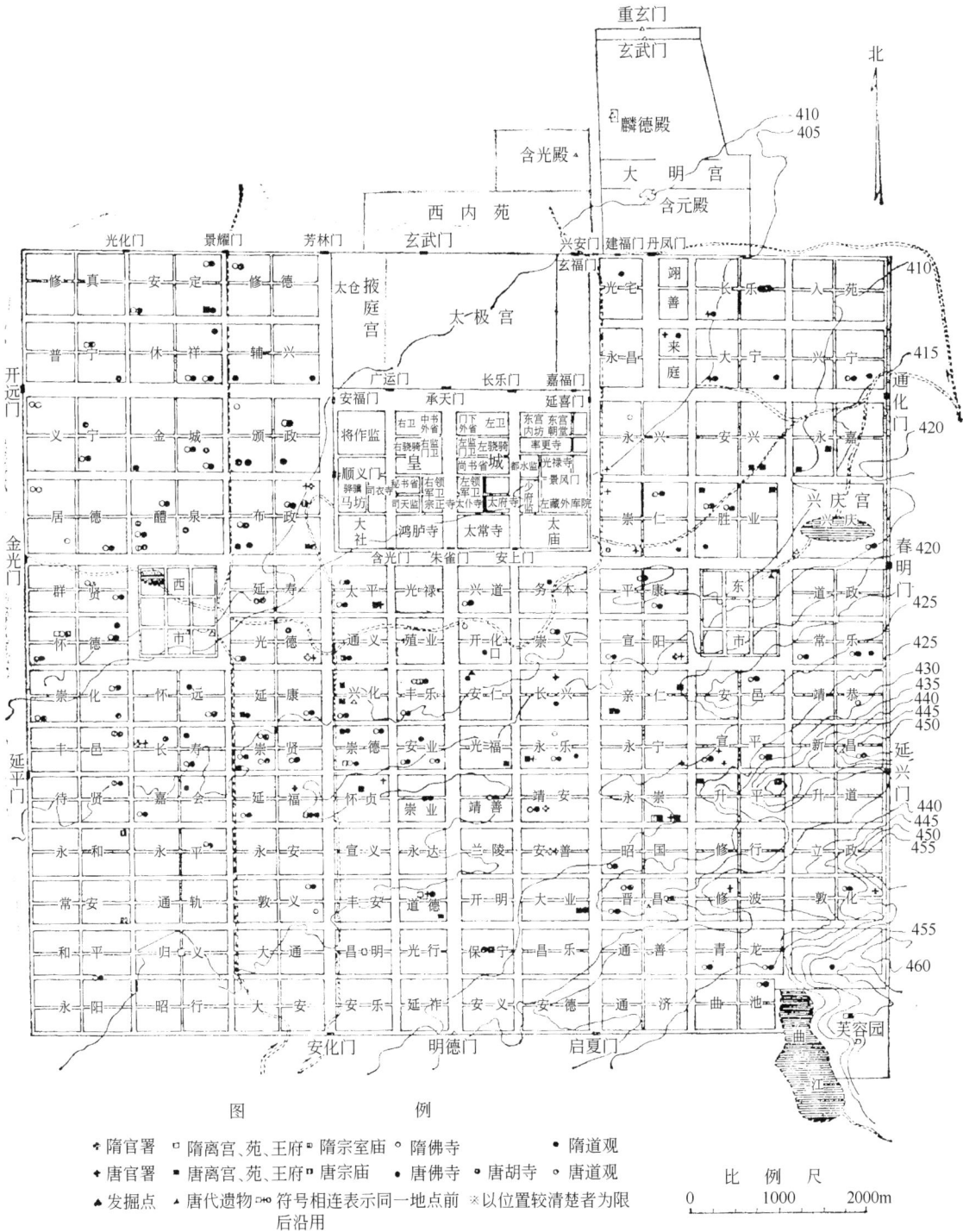

图 5-2　隋大兴、唐长安城布局的复原想像图

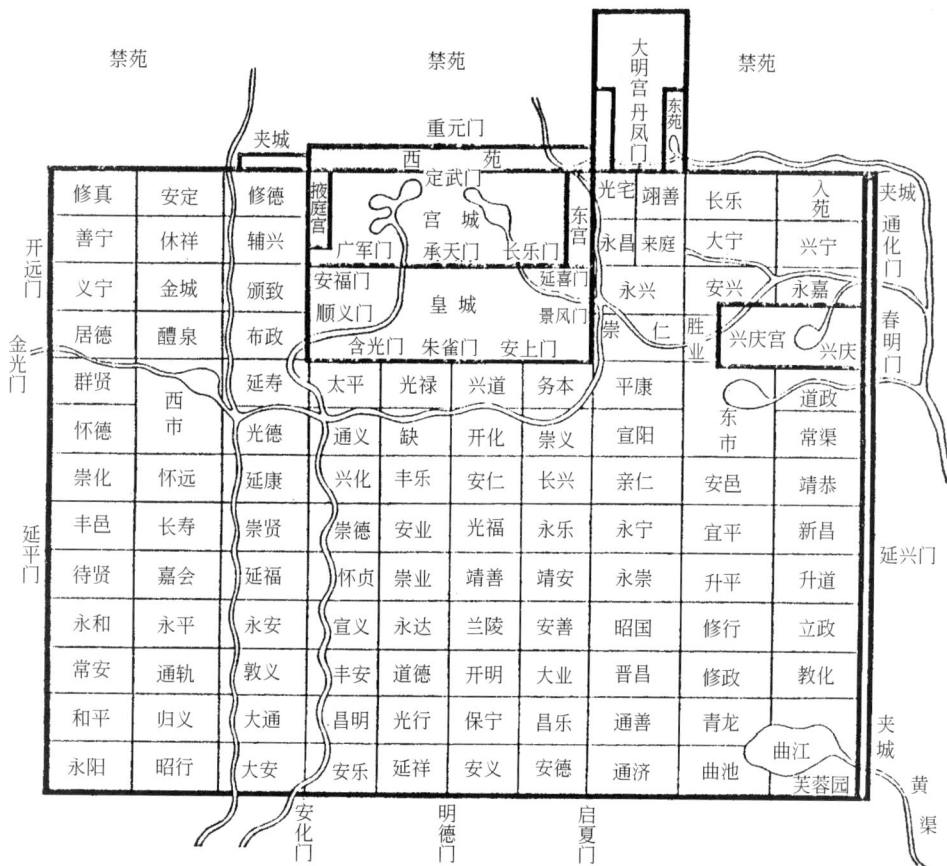

图 5-3　隋大兴城(唐长安城)坊里分布图

王城制同，但前市后朝，又跟周制不同。市集有东西两市，东市称都会市，西市称利人市，是主要商品交易活动场所。

皇城是官府衙署所在地。《长安志》载："皇城亦曰子城，东西五里一百五十步，南北一百四十步。城中南北七街，东西五街，其间并列台省市卫。自西汉以后，至于宋、齐、梁、陈，并有人家在宫阙之间。隋文帝以为不便，于是皇城之内，惟列市府，不使杂人居止。"这是大兴城规划上一个新的优点。

郭城部分，分列布置有一百零六个"坊"。城东为贵族和统治阶级的居住区，城西为平民的里坊，阶级划分极为明显。小商贩、茶肆、酒馆、旅馆、旅邸(存放货物的场所)、手工业作坊等都设在各坊里内。各坊四周有墙，开有门，昼启夜闭，坊内有大街小巷。此外，为解决城内用水需要，开掘了龙首、永明、永安等若干水渠，分别引沪水、藻河、潏河的水，流经城内，北入宫城禁苑。

宫城以北的大兴苑，东靠沪河，北枕渭河，西包汉长安城在内，"东西二十七里，南北三十三里"(《长安志》六卷)，这里是皇帝游猎的禁苑。

佛教自南北朝得到广泛的传播，隋王朝也利用宗教作为统治人民的工具，在大兴、长安两县各置"县寺"一座。在隋统治者的提倡下，城内寺庙林立，多占主要街道两侧的岗坡高地和城隅处，甚至对称于朱雀大街两侧。

大兴、雍州虽处沃野千里的关中，物产丰富，但毕竟地狭人稠，与东南的交通也极不便。曾因关中灾荒，隋文帝两次率百官就食洛阳，一次是开皇四年(584年)九月，一次是开皇十四年(594年)。洛阳地位适中，可以控制全国，也便于各地运送贡赋。这就是隋炀帝和唐朝尤其武则天时，营建东都洛阳的重要原因。

二、隋东京洛阳

杨广采用了阴险毒辣手段夺得太子的位置，于仁寿四年（604 年）叫部下张衡入宫杀病重的父皇，登上帝位[2]。即位后就下诏营建东都洛阳，任命尚书令杨素为营建大监，纳言杨达将作大匠宇文恺为副监，每月役使丁匠二百万人，开展了大规模的营城工程。据《大业杂记》：其中筑宫城者七十万人，建官殿院者十余万人，土工八十余万人，木工、瓦工、金工、石工又役十余万人。大业元年（605 年）春正月开始，经过一年时间，大业二年（606 年）三月营建工程就完成了。四月，炀帝率百官自龙门"陈法驾，备千乘万骑"进入东都。东都建成后，为了充实人口和经济力量"徙洛州郭内人及天下富商大贾数万家于东京"（《隋书》卷三《炀帝纪》上），又命"江南诸州、科、户分房入东都住，名为陪京户，六千余家"，又命"河北诸郡送工艺户陪东都，三千余家"（《大业杂记》）。又建了许多大粮仓，在宫城东建筑了含嘉仓城（又名兴洛仓）于巩（河南巩县境）东南原上；置迴洛仓于洛阳北七里。

隋东都洛阳城址在东汉、曹魏、西晋、北魏故城（今白马寺东三里）以西十八里的地方。《唐两京城坊考》称："前直伊阙，后倚邙山，东出瀍水之东，西出涧水之西，雒（洛）水贯都，有河汉之象焉。周五十二里。"城分宫城、皇城、东城、含嘉仓城、曜仪城、圆壁城和外郭城（图 5-4，图 5-5）。

宫城：又称禁城，位在东都的西北角，是皇帝理政议事和寝宫的所在地。《大业杂记》载："宫城东西五里二百步，南北七里。"宫城的墙为夯土墙，内外包砖，城墙宽度约 15～16 米。城四面有城门六。南面三门，正中曰则天门（注：唐时神龙元年即公元 705 年，避武后尊号，改应天门，又避中宗尊号，改神龙门，寻复为应天门），门有两重观，观上曰紫微（因此，宫城隋名紫微城），观左右连阙，阙高 7 米左右，最为宏伟壮丽。宫城内殿堂林立，有乾阳殿、大业殿、文成殿、元清殿、修文殿、仪鸾殿、观象殿、观文殿、含凉殿……。其中乾阳殿（正殿）唐为含元殿最为华丽，是皇帝举行大典和接待重要外国使团的地方；大业殿、文成殿则是皇帝召见朝臣、商议军国大事的地方。据《唐两京城坊考》载，宫城内殿、院、池、亭，考为隋造的大抵有宫城东北的大仪殿，"其北丽春台，又北流杯殿（殿上漆渠九曲，从陶光园引水注庄敬院，隋炀帝与宫人为曲水之饮）。又北宏徽殿，则达陶光园（因在徽猷、宏徽之北，东西数里，南面有长廊，即宫殿之北面也。园中有东西渠，西通于苑）。……其北则达九洲池（在仁智殿南、归义门西。其池屈曲，象东海之九洲。居地十顷，水深丈余。鸟鱼翔泳，花卉罗植）。池之洲，殿曰瑶光（隋造），亭曰琉璃（隋造，在瑶光殿南），观曰一柱（隋造，在琉璃亭南）。环池者曰花光院，曰山斋院（在池东），曰翔龙院（在花光院北），曰神居院（在翔龙院北），曰仙居院（在安福殿西），曰仁智院（在仙居院西，殿西有千步阁，隋炀帝造），曰望景台（在池北，高四十尺，方二十五步，文帝造）。西则达于隔城。隔城者阛阓在其上，荫殿在其下（隔城中，南有二堂，北有三堂，旧皆皇子公主所居）。"以上是宫城中北部的山池亭阁内苑的略况（图 5-6）。又称宫城内遍植枇杷、海棠、石榴、梧桐以及各种奇卉嘉木。宫城东南隅狭条为东宫。

皇城：在宫城南，"因隋名，曰太微城，亦曰南城，又曰宝城。东西五里一十七步，南北三里二百九十八步（据近年考古调查西墙保存较好，长约 1670 米）。周一十三里二百五十步，高三丈七尺。其城曲折，以象南宫垣。南面三门，正南曰端门，东曰左掖门，西曰右掖门；东面一门曰宾耀门（隋曰东太阳门）；西面二门，南曰丽景门（西入苑），北曰宣辉门（隋曰西太阳门）。城中南北四街（旧五街），东西四街。"城内建筑主要是皇子和公主的府邸以及东西朝堂，百官府署。

图 5-4 隋唐洛阳城实测图

东城:"以在宫城、皇城之东,故曰东城。东面四里一百九十七步,南北面各一里二百三十步,西属宫城,其南面一百九十八步,高三丈五尺。"据考古调查,东西宽约330米,南北长约1000米。东城之北为含嘉门,门北就是含嘉城的含嘉仓(储藏粮食的

大型国家粮仓之一)。

郭城:又称罗城,据《唐两京城坊考》载:"周五十二里,南面三门,正南曰定鼎门(隋曰建国),东曰长夏门,西曰厚载门(隋曰白虎门)。东面三门,北曰上东门(隋曰上春),中曰建春门(隋曰建阳),南曰

北

龙光门　德猷门　德安门　　安嘉门

园壁城　　含仓嘉城
园壁南门
曤　玄武门　仪城　　含嘉门
隔城　陶光园　隔城
阛阓门　嘉予门　　宫城　　东宫　　东城　宣仁门　　上东门
宣辉门
长乐门　应天门　明德门　重光门　宾跃门　承福门
皇城
右掖门　端门　左掖门

道政	进德	修义	丰财	富教	通远
道光	履顺	敦厚	殖业	毓德	兴艺
清化	思恭	北市	立行	德楙	教业
立德	归义	景行	时邕	毓财	积德
承福	玉鸡	铜驼	上林	温雒

惠训　道术　道德　　安众　慈惠　询善　嘉猷　延庆
　　　　　　　　　惠和　通利　富教　睦仁　静仁
雒滨　积善　尚善　旌善　劝善　择善　福善　　延福　从善　仁风
　　　　　　　　　　　　　　　　　　临阓
教义　观德　修文　修业　恭安　温柔　思顺　南市　永太　绥福　怀仁
明义　宣风　安业　崇业　宣范　道化　修善　嘉善　章善　会节　归仁
承义　淳凤　淳化　修行　崇政　敦化　永丰　陶化　尊贤　履信　利仁
淳和　广利　大同　宽政　宜人　正平　敦俗　康俗　正俗　宣教　集贤　履道　永通
通济　西市　从政　宁人　明教　乐和　尚贤　归德　仁和　兴教　嘉庆　崇让　里仁

入苑　建春门　永通门
厚载门　定鼎门　长夏门

0　100　1000米

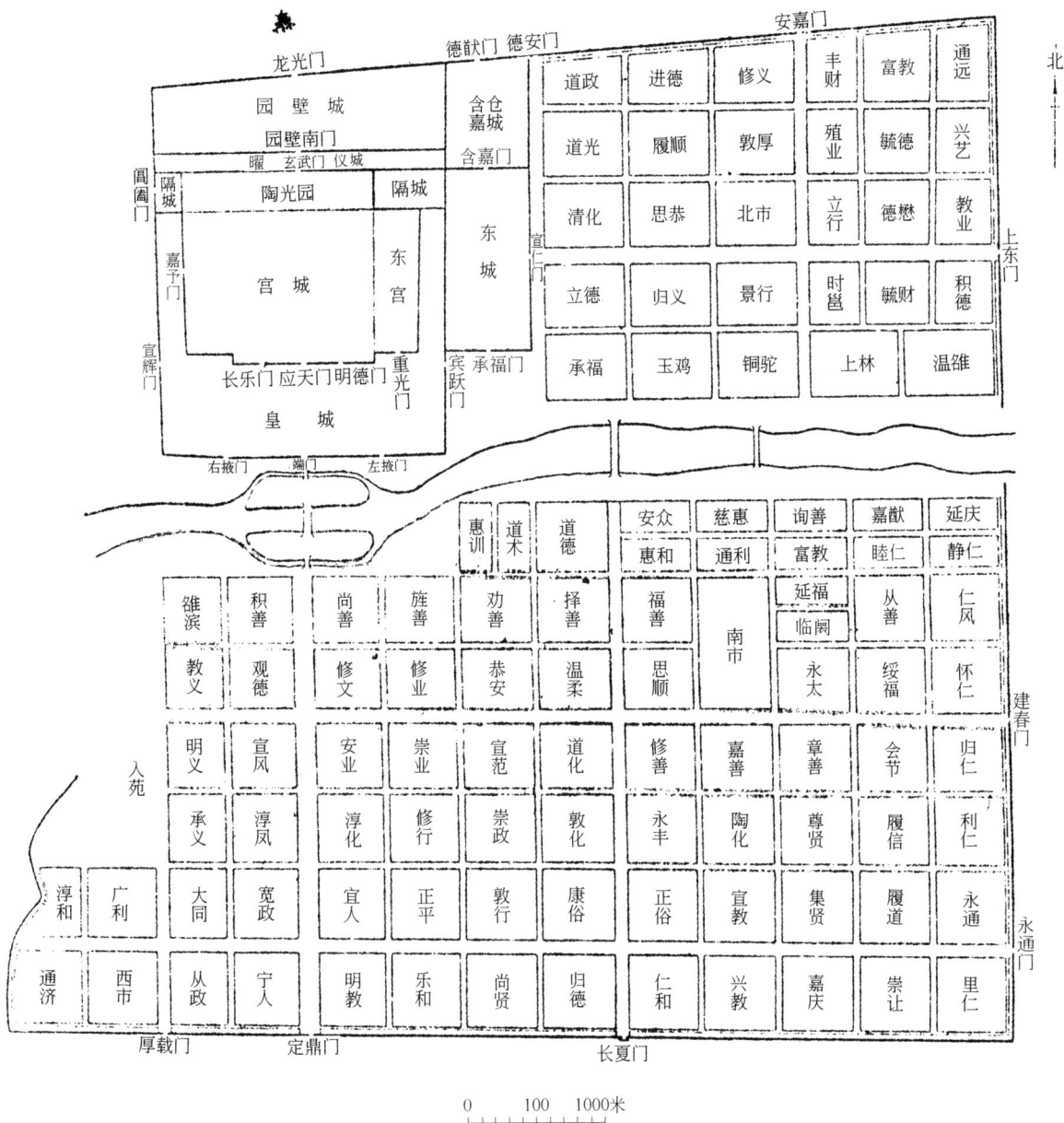

图 5-5　唐洛阳东都坊里复原示意图

永通门。北面二门，东曰安喜门(隋曰喜宁)，西曰徽安门。城内纵横各十街，凡坊一百十三，市三。当皇城端门之南，渡天津桥，至定鼎门南曰定鼎街(亦曰天门街，又曰天津街，或曰天街)。"《元河南志》引韦述记曰：自端门至定鼎门七里一百三十七步。隋时种樱桃、石榴、榆、柳，中为街道，通泉流渠，今杂植槐柳等树两行。由于这条长达九里的大街，串经洛河上用大船连架起来的浮桥叫天津桥，所以又称天津街。东都洛阳城的这条中轴线，既有流渠又多佳木，点缀得十分美观。

据今人的考古调查，郭城东壁长7312米，南壁长7290米，北壁长6138米，西壁纡曲长6776米(西南角突出)，周长共27516米，合55.032里。城的四面共有十个城门。据近年考查，门址宽23米，是由三个门道组成，当中门道宽8米，东西两边门道各宽7米，门顶为大条

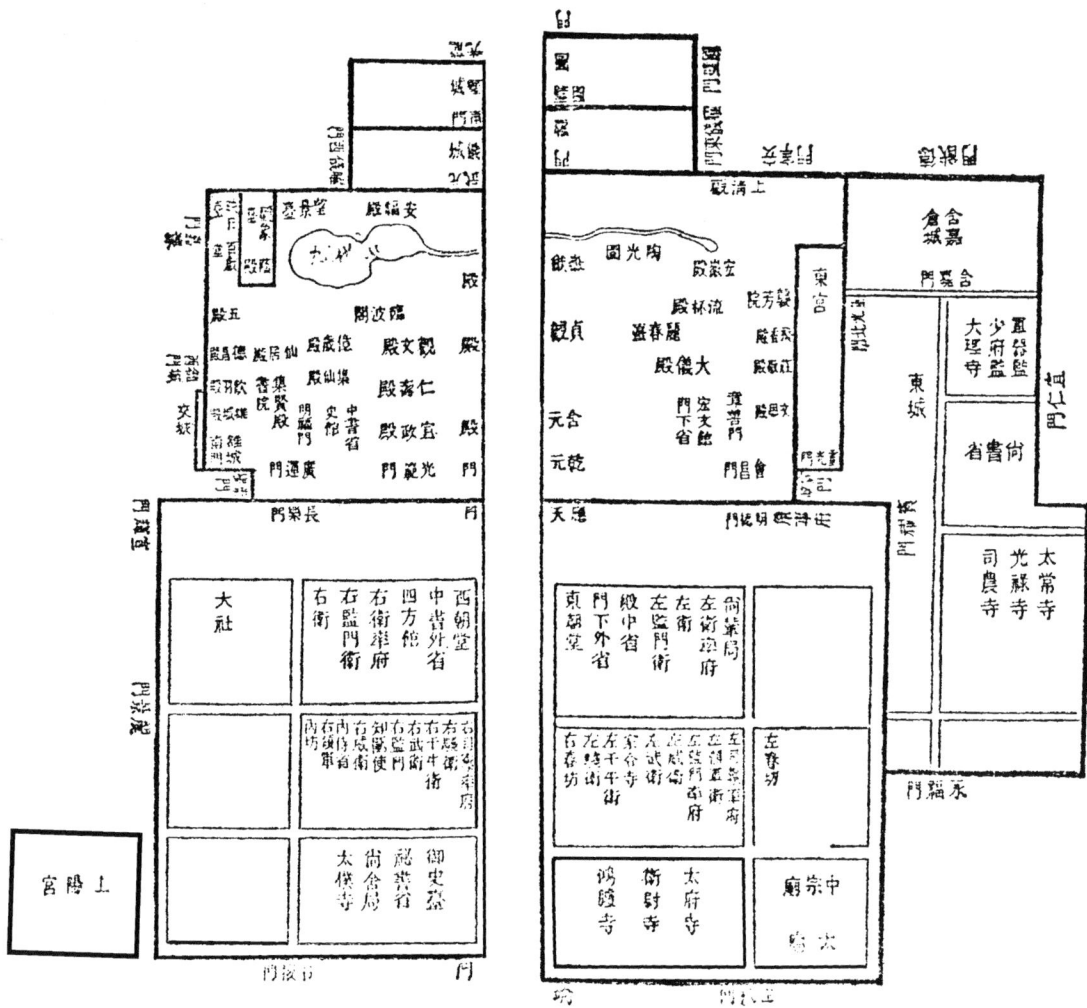

图 5-6　唐东都宫城、皇城图

石平砌而成[3]。据文献记载和近年考古勘察证明，隋时东都洛阳城共有里坊一百零三，市三。在洛河南岸有市二，东南部为丰都市（唐名南市），西南突出处有大同市（唐名西市）；洛河北的瀍河东岸为通远市（唐名北市）。三市都傍着有可以行船的漕渠，交通颇为便利。《唐两京城坊考》载："丰都市，东西南北居二坊之地。其内一百二十行，三千余肆。四壁，有四百余店，货贿山积。"大同市"本曰植业坊，隋大业六年（610 年）徙大同市于此。凡周四里，市开四门，邸一百四十一区，资货六十六行。"据《大业杂记》，市场内不仅建筑整齐，重楼延阁，互相掩映，而且道旁遍植榆柳，交错成荫。

三、隋西苑

杨广在营造东京洛阳时，"又于皂涧营显仁宫，苑囿相接，北至新安，南及飞山，西至渑池，周围数百里。课天下诸州，各贡草木花果，奇禽异兽于其中。开渠引穀、洛水，自苑西入，而东注于洛"（《隋书·食货志》）。在众多宫苑中要以西苑为最宏伟，并具有新的特色而著称于园林史。

《大业杂记》："大业元年（605 年）夏五月筑西苑，周二百里。……苑内造山为海，周十余里，水深数丈，其中有方丈、蓬莱、瀛洲诸山，相去各三百步。山高出水百余尺，上有通真观、习灵台、总仙宫，分在诸山。"造山为海的做法，跟汉建章宫"一池三山"

是一脉相传的，但有不同。建章宫的三神山，仅言其形如壶，未言有何建筑，而隋西苑神山有台观殿阁，而且"风亭月观，皆以机成，或起或灭，若有神变"（《大业杂记》），可见当时制作技巧事物之精。

西苑具有新的特色部分在"海北有龙鳞渠，屈曲周绕十六院入海。东有曲水池，其间有曲水殿，上已禊钦之所"。《大业杂记》还记载了十六院的名称和各院的布置情况："其第一延光院，第二明彩院，第三合香院，第四承华院，第五凝晖院，第六丽景院，第七飞英院，第八流芳院，第九耀仪院，第十结绮院，第十一百福院，第十二资善院，第十三长春院，第十四永乐院，第十五清暑院，第十六明德院。置四品夫人十六人，各主一院。庭植名花，秋冬即剪杂彩为之，色渝则改著新者。其池沼之内，冬月亦剪彩为芰荷。每院开西、东、南三门，门并临龙鳞渠。渠面宽二十步，上跨飞桥。过桥百步即杨柳修竹，四面郁茂，名花异草，隐映轩陛（注：陛即台阶）。其中有逍遥亭，四面合成，结构之丽，冠绝古今。其十六院例相仿效。每院各置一屯，屯即用院名名之。屯别置正一人，副一人，并用宫人为之。其屯内备养刍豢（注：养有各种家畜如猪、牛、羊等），穿池养鱼，为园种蔬，植瓜果，肴膳水陆之产，靡所不有。其外游观之处复有数十。或泛轻舟画舸，习采菱之歌，或升飞桥阁道，奏游春之曲。"

据佚名（不知作者姓名）的《隋炀帝海山记》，所载与《隋书》、《大业杂记》所载有不同的地方，可互补不足之处。《海山记》载："又凿北海，周环四十里（其他二书为十余里），中有三山效蓬莱、方丈、瀛洲，上皆台榭回廊"（基本同，惟《大业杂记》上有观、台、宫名，并说风亭月观皆以机成或起或灭，若有神变）。《海山记》又说："开沟通五湖四海"，沟可能即龙鳞渠，而"五湖四海"出了新的说法。据《海山记》曰："又凿五湖，每湖方四十里，南曰迎阳湖，东曰翠光湖，西曰金明湖，北曰洁水湖，中曰广明湖。"五湖四海的布局令人想起北齐高纬的仙都苑，

有异曲同工之妙。《海山记》又载："苑内为十六院，象土石为山"，十六院是建在土石堆成的十六个山岛上，"构亭殿，屈曲盘旋，广袤数千间（注：指十六院的总间数，也还有夸张）"，院名："景明一，迎晖二，栖鸾三，晨光四，晚霞五，翠华六，文安七，积珍八，影纹九，仪凤十，仁智十一，清修十二，宝林十三，和明十四，绮阴十五，降阳十六"，与《大业杂记》所载院名，无一雷同，孰是孰非，无从查考。

根据文献《隋书》、《大业杂记》画出西苑示意平面图，如图5-7；又据《海山记》五湖四海之说画出示意平面图，如图5-8(缺)；此外《永乐大典》卷9561引元《河南志》的古代洛阳图十四幅中有一幅为《隋上林西苑图》，如图5-9(缺)。示意图虽然出于想像，但还是有所依据的。我们认为元《河南志》的上林西苑图，不符合文字记载。《大业杂记》云："海北有龙鳞渠，屈曲周绕十六院入海"，而该图的龙鳞渠是在海之西屈曲十六院复入海。图5-7是参照江南水乡地带如江苏吴江县同里镇的平面图(图5-10)来想像示意的，不难看出同里镇的在渠水周绕中的圩田，就像一片片龙鳞般。

西苑的遗址早就湮没地下，解放后，西苑的中心部分已经工厂林立，无从探测或发掘。根据"西苑周二百里"为范围，就现今地形图来看，西苑的西界、南界都以山丘为屏障，面向东部为平坦原野。目前洛水的汇成大水面处可能是为海的地段（图5-7）。有了丰富的水源，主为洛水，济之以谷水，才能为海为龙鳞渠。海中三神山，不脱秦汉神仙传说的窠臼，但海周十余里，较之太液池的规模更大，而且神山上有风亭月观，皆以机成，或起或灭，更加强了仙境的气氛。亭观能升能降，若有神变，是什么样的机械技巧，已无从查考。推想起来，整个亭、观是很轻巧的，构筑在地板或大平板上，四周系以绞索，下为地穴。放下绞索时，整个亭观下沉穴中，往上绞时，亭观就升起。

如果仅仅是周十余里的海和三神山，以及能升降的亭观，也只是机械的技巧，不足以言园林形式上

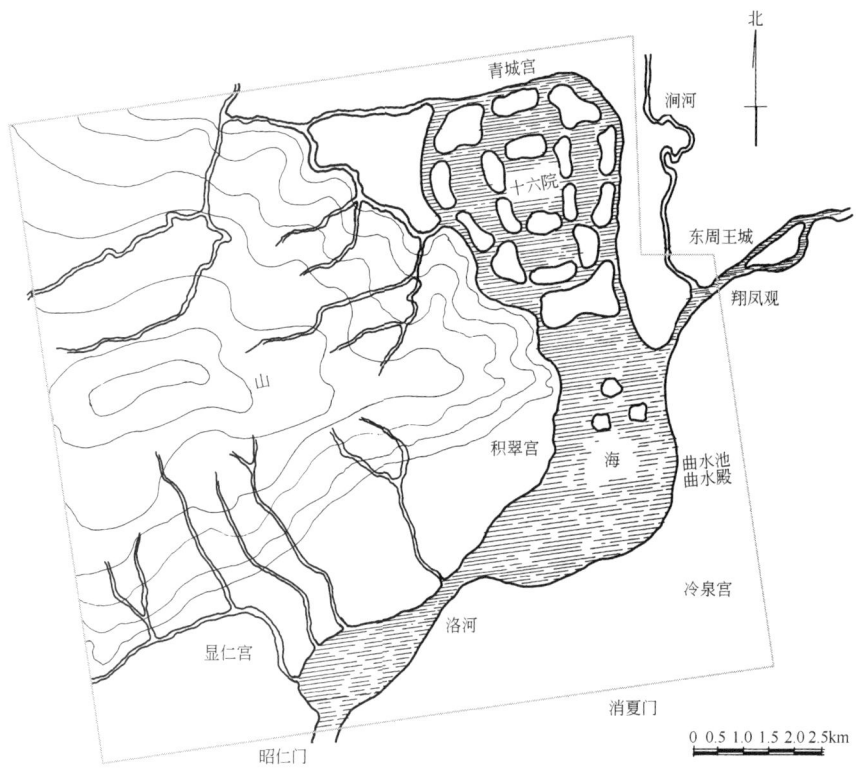

图 5-7　隋西苑示意平面图

图 5-10　江苏吴江县同里镇平面示意图

有什么特色。文章就在海北开水渠，屈曲周绕的形势中辟出十六院来，也就是既开创了曲折之势，又表现出混漾渺迷的水景。由于开渠造湖，就有土可堆叠，如《海山记》所说，"积土石为山，构亭殿"。可以设想，十六院的地形，可以有高低起伏，各院不同，由于位置的不同，临水的地形不一，可以创作各异的山水形势，或左山右水，或南山北水。在依山临水的形势中辟出的院址，就能使建筑"屈曲盘旋"，富有变化。各个院就是帝王游乐、妃嫔居住的处所，各有一组建筑庭园，因此是苑中之院。宅院部分，居住建筑是主体，但也还有游乐建筑如逍遥亭和种植名花异草的庭园。各院虽然同样开西、东、南三门，门并临龙鳞渠，但由于各院依山临水的形势不同，其景也就不同。各院虽然都跨有飞桥，但其位置和与他院连接的方式上也自不同。过桥即杨柳修竹，四面郁茂，使建筑在隐约中，院中有池沼，即湖中有湖。又有名花异草，隐映轩陛。使建筑组合在风景优美，湖光山色之中，秋冬无花，则剪绫缀绫为花为叶，"色渝则著新者"。如此的奢侈浪费，可说前无古人。

总的说来，西苑的规划是以造山为海为渠即山水为境域。前为海，往北引水设屈曲周绕的龙鳞渠并复归入海的水系是全苑布局的骨干。海中有神山，山上有亭观，成为海的构图中心。在海北水渠屈曲围绕中辟出十六院，各院各有一组建筑庭园，自成一体，因此是苑中之院。各院三面临水，跨飞桥，有园亭，有菜园、猪圈、鱼池，是在风景优美的水域中的宅园。十六院各有其不同形式，各具特色，再加上其他游乐之处数十，使整个西苑有多样变化，展开一景复一景，一区又一区的景色。十六院既是用水渠来划分成区，同时又以水渠连属而成一整体。龙鳞渠是多样变化中贯穿的红线。从西苑的描述已可看出受南北朝自然(主义)山水园的影响和转变到以湖山为境域，宫室建筑在其中的一种新形式，是宫苑史上转变到完全以山水为主题的北宋山水宫苑的一个转折点，我们特称之为隋山水建筑宫苑。

四、开凿运河巡游江都

隋朝开凿运河，首先是为了巩固政权和统一的需要。早在隋文帝(杨坚)时，为了关内漕运的便利，在开皇四年(584年)，命宇文恺率水工凿渠，引渭水经大兴城东达潼关，长三百余里，名为广通渠，亦名富民渠，"转运通利，关内赖之"(《隋书》卷二四《食货志》，卷六一《郭衍传》)。开皇七年(587年)又沿着春秋时吴王夫差所开邗沟的旧道，开山阳渎，南起江都，北至山阳(今江苏淮安)，沟通江淮(长江和淮河)。隋文帝利用这条渠道运兵运粮，为运兵江南作准备。渠道修好的第二年，隋就出兵灭陈，统一全国。山阳渎的开通是起到重大作用的。后来杨广即位后大业元年(605年)，在营建东都洛阳的同时，调发河南、淮北各郡民丁百余万，开通济渠，自西苑(洛阳城西)引谷、洛二水(谷水和洛水，河川名)，循阳渠故道(经巩县东北)，达于河(指黄河)，引河历荥泽(地名，在河南)入汴(水名)，又自浚仪(今河南开封)引汴(经永城、泗县)入泗(水名)以达于淮(淮河)。通济渠的开通，加强了洛阳与江南地方的联系，通过运河直达江淮，进一步控制东南地区。

同年，又开邗沟(贯穿扬州城中的运河)，自山阳(今江苏淮安)至扬子(今江苏仪征县)入江(指长江)，旁筑御道植以榆柳。《大业杂记》载："水面阔四十步，通龙舟；两岸为大道，种榆柳，自东都至江都二千余里，树荫相交。每两驿置一宫，为停顿之所。自京师至江都，离宫四十余所。""遣人往江南造龙舟及杂船数千艘，以备游幸之用。"

大业四年(608年)，征发河北民工百余万，开永济渠。因当时"将兴辽东之役，自洛口开渠达于涿郡，以通运漕"(《隋书》卷六八《阎毗传》)。这条渠主要利用沁水的河道，南通黄河，北达涿郡，全长二千余里，直通龙舟。大业六年(610年)又开江南河，自京口(今江苏镇江)引江水直达余杭(今浙江杭州)，入于钱塘江；全长"八百余里，

水面阔十余丈，又拟通龙舟。并置驿官草顿"（《大业杂记》）。

从文帝的广通渠，到炀帝的通济渠、永济渠和江南河的开通，隋朝大运河的全线告成（图5-11）。大运河东南起自余杭，中经江都，西转洛阳，北到涿郡，将南北联成一气，成了贯通南北的大动脉，对巩固统一局面，特别是对南北的经济、文化交流，起了重大作用。运河开通后，"运漕商旅，往来不绝"，因此，在运河沿岸，商业都市日益繁荣，如运河南端的余杭；运河和长江交口处的京口和江都，运河和淮河会合处的楚州，运河和黄河相遇处的汴州等，都成为一方繁盛的都市，人文荟萃的地方。大运河的开通，不仅对隋朝政权的巩固，南北经济、文化的交流起了重大作用，而且对后代，相当长一段封建社会历史时期，尤其是唐宋时，对中国社会经济的发展，曾起了极为重要的作用。经历代各朝的修浚和改筑（解放后还修浚改筑）就成为现在的大运河。

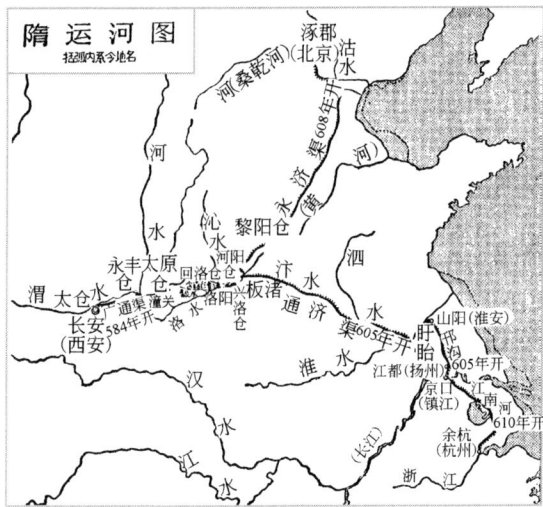

图 5-11 隋运河图

运河的开通，尤其是通济渠和江南河，也是为了满足炀帝游玩享乐的欲望，怀恋江都的风光和繁华，曾三次游江都。大业元年（605年）秋，第一次率领一、二十万人从通济渠去江都游乐。《资治通鉴》卷一八〇《隋记》五《隋炀帝》载："上行幸江都，……御龙舟。龙舟四重，高四十五尺，长二百尺。上重有正殿、内殿，东西朝堂，中二重有百二十

房，皆饰以金玉，下重内侍处之。皇后乘翔螭舟，制度差小，而装饰无异。别有浮景九艘，三重，皆水殿也。又有漾彩、朱鸟、苍螭、白虎、玄武、飞羽、青凫、陵波、五楼、道场、玄坛、板䑝、黄篾等数千艘，后宫诸王公主百官僧尼道士蕃客乘之，及载内外百司供奉之物。共用挽船士八万余人。其挽漾彩以上者九千余人，谓之殿脚，皆以锦彩为袍。又有平乘、青龙、艨艟、艚舸、八櫂、艇舸等数千艘，并十二卫兵乘之，并载兵器帐幕，兵士自引，不给夫。舳舻相接，二百余里，照耀川陆。骑兵翊两岸而行，旌旗蔽野。所过州县，五百里内皆令献食，一州至百舆，极水陆珍奇，后宫厌饫，将发之际，多弃埋之。"从这段记载看，第一次游江都时财力的靡费，极为惊人。不仅帝后乘坐的舟船数千艘，船头船尾连接，有二百多里长，而且装饰华丽；不仅挽牵的船士八万多人，还有大队骑兵夹岸护送，合计一、二十万人。所过州县，五百里内的百姓被勒令献食水陆珍奇，这一、二十万人就像一群蝗虫那样，把沿途百姓刮得精光，好多郡县强迫农民预交几年至十几年的租调，以及队伍的骚扰搜刮，弄得百姓倾家荡产。炀帝从江都回时，由陆路到洛阳，又命盛修车舆辇辂旌旗羽仪等，"课天下州县。凡骨角齿牙，皮革毛羽，可饰器用，堪为氅眊者，皆责焉。征发仓卒，朝命夕办。百姓求捕，网罟遍野，水陆禽兽殆尽，犹不能给"（《隋书》卷二四《食货志》）。为把搜刮的这些东西制成黄麾三万六千人仗和车舆仪服等，计"役二十余万人，用金银钱物巨亿计"（《隋书》卷六八《何稠传》）。以上所述只是第一次巡游江都时穷奢极侈地浪费挥霍情况，何况还有第二次、第三次[4]。

大业六年（610年）隋炀帝又第二次出游江都，据载，他为宴请江淮名士，炫耀豪华，曾大摆酒席。炀帝在江都的行宫，据《太平寰宇记·淮南道一》卷一百二十载："长阜苑内，依林傍涧，竦高跨阜，随城形置"归雁、回流、九里、松林、枫林、大雷、小雷、春草、九华与光汾十宫。其建筑的规模，尤盛于

汉代宫苑里的"歌堂舞阁"与"弋林钓渚",达到了扬州园林史上宫廷苑囿的顶点[5]。

在第三次出游江都之前,隋炀帝又三次出兵发动侵略高丽的战争。高丽和中国的关系,亲密而悠久,如北魏时期,朝贡通商,隋初继续派使节来中国,但史言"开皇之末,国家殷盛,朝野皆以辽东为意"(《隋书》卷七五《刘炫传》)。在这种情况下,开皇十八年(598年)高丽王高元又自辽东进攻辽西,虽被营州总管韦冲所击退,但隋文帝知后大怒,发水陆大军三十万进攻高丽。因水军遇风,很多船舰湮没,陆军遇霖潦,饷运不继,疾疫流行,失败而回。高元跟着遣使议和,文帝借此罢兵。炀帝继位后,凭借隋朝富强,为炫耀武功,发动对高丽的战争。大业八年(612年)正月,炀帝下诏大举进军。陆路计分左右各十二军,总一百一十三万多人,另有水军,由东莱(山东掖县)出发,浮海先进;舳舻相接数百里。水军先胜后败,不敢留驻接应陆军而仓惶撤退。陆路军队渡过鸭绿江,行军"才及中路,粮已将尽",饥困交迫中,高丽又采用诱敌深入办法,坚决抗击,逼得隋军不得不赶紧撤回,高丽从后追击,全军总崩溃于萨水。"初,九军渡辽,凡三十万五千人及还至辽东城,唯二千七百人。资储器械巨万计,失亡荡尽"(《资治通鉴》卷一八一《隋纪》五《隋炀帝》上下)。第一次进攻高丽的战役,大败而暂告结束。大业九年(613年),炀帝又发动第二次侵略高丽。这年四月,命陆军进趋平壤,水军从东莱出发。这时,国内不但农民起义到处爆发,统治集团中也发生了大分裂。陆军刚到前线,水军尚未出发时,杨素之子杨玄感起兵于黎阳,进围东都,贵族官僚子弟参加的很多。杨广吓得手忙脚乱,赶快撤军。高丽乘机追击,后军伤亡颇重,"军资器械攻具,积如丘山,营垒帐幕,案堵不动,皆弃之而去"(《资治通鉴》卷一八二《隋纪》六《炀皇帝》)。二次进攻,再告失败。但炀帝仍怙恶不悛,于大业十年(614年)又发动第三次进攻。这年二月下诏出兵,可是被征士兵,或不应征,或中途逃

亡,人民一直是反对这种侵略战争的。高丽因隋朝几次侵扰,也很困弊,遣使议和,炀帝看到自己也无力进攻,国内农民起义已燃遍全国,借此收兵[6]。

炀帝的暴政、挥霍,发动侵略战争,使其政权已临末日之时,但大业十二年(616年)七月,又第三次游江都。因为以前的船艘,在杨玄感起兵时都被烧掉,下令再造,"凡数千艘,制度仍大于旧者"(《资治通鉴》卷一八二《隋纪》六《炀皇帝》中)。到江都后,炀帝更加荒淫无度,沉湎酒色。他还叫王世充在江淮民间挑选美女,充入后宫。后宫一百多房,"各盛供张",炀帝每日轮流到各房饮酒作乐,还曾下令修筑丹阳宫,准备迁都丹阳。后来虎贲郎将司马德戡、元礼、直阁裴虔通等与右屯卫将军宇文化及兄弟合谋,煽动骁勇军士数万人,攻入宫中,缢杀炀帝。

隋炀帝的暴政,在经济上掠夺,浪费挥霍人力财力,举不胜举。这里仅举数例以示。即位后首营东都时,每月役使二百万人而死者大半,《隋书》卷二四《食货志》载:"东都役使促迫,僵仆而毙者十四五焉(十人中有四、五人)。每月载死于东至城皋,北至河阳,车相望于道。"筑西苑时需要大木柱,往江南采运,每根大柱需二千人共拽,所经州县,都要民夫往返递送,运者络绎中路,千里不绝,不知耗费了多少民力。筑显仁宫时就搜罗江南岭北奇材异石,进贡花木、奇禽异兽,西苑更是如此,堂殿楼观,穷极华丽,不知浪费了人民的多少财富。大业三年(607年),征发丁男百余万修筑长城,十天内就役死了十分之五六。次年又再发二十万人筑长城。开运河时,役死人民更多。开通济渠时征发河南、淮北一百多万,疏通邗沟时征发淮南十多万,役死人很多,据载到开永济渠时,因丁男不足,妇女也征来服役了。炀帝第一次游江都时,且不说造舟数千艘,制度宏丽,饰以金玉,费以亿计,仅挽船夫就是八万人,两岸有二、三十万步骑随行护卫。所过州县,皆令献食,人民所受苦役剥削极其苛重。许多郡县为了搜刮,强迫农民预交几年甚至十年的租调,无数民户为此倾家荡

产。三次进攻高丽，人民又受到残酷的奴役，尤其是第一次出兵失败，伤亡惨重。这里还需要特别一提的，隋炀帝为了同少数民族君长和西域商人夸耀隋朝的富强，经常在洛阳举行演奏散乐百戏，整饰极其铺张。如大业二年(606年)，因突厥启民可汗来朝，在西苑积翠池旁大演百戏。自此以后，每年正月当少数民族首领和西域商人聚集洛阳贺新正时，"于端门外建国门内，绵亘八里，列为戏场，百官起棚夹路，从昏达旦，以纵观之"，歌女近三百人，皆衣锦绣缯彩，弄得"两京缯锦，为之中虚"(《隋书》卷一五《音乐志》下)。大业六年(610年)，很多少数民族和外国君长来洛，就在天津街盛陈百戏，"金石匏革之声，闻数十里外，弹弦擫管以上一万八千人，大列炬火，光烛天地"，"其营费巨亿万"(《隋书》卷一五《音乐志》下)。西域商人到丰都市交易，炀帝"先命整饰店肆，檐宇如一，盛设帷帐，珍货充积"(《资治通鉴》卷一八一《隋纪》五《炀皇帝》上之下)。令用缯锦缠树，连卖菜的人，也用龙须席铺地，西域商人到酒食店随意吃喝，不用付钱。这种虚假的骗局，瞒不过西域商人，有的就故意说，你们这里有的是衣不蔽体的穷人，为什么不把缠树的缯帛给他们做衣服用呢？为了夸耀铺张，就这样穷奢极侈地挥霍浪费！

第二节　唐长安城宫苑、郊垌胜地和离宫别苑

一、唐朝简史

隋末在各地起义军的沉重打击下，隋王朝只能固守长安、洛阳、江都等地。武德元年(618年)春，宇文化及等人发动兵变，缢死了隋炀帝，腐朽残暴的隋王朝就此覆灭。这时，官僚地主纷纷起来，窃取农民起义的胜利果实，打出反隋旗号，割据地方。其中大贵族大官僚李渊及其次子李世民，逐步消灭了各个割据势力，统一了全国，建立起唐王朝。唐高祖李

渊、唐太宗李世民吸取隋亡的教训，革除隋朝弊政，实行轻徭薄赋政策，励精图治，政局稳定，经济复苏，使唐朝成为一个强盛国家。

贞观二十三年(649年)李世民死，唐高宗李治继位，到永徽六年(655年)册立武则天为皇后以后，政局发生了急剧变化。武则天开始干预朝政，顾命辅政大臣相继被贬逐流杀，在李治病重后，掌握了实权。"政事大小，皆与闻之，内外称为二圣(两个皇帝的意思)"(《旧唐书》卷五《高宗纪》)。随后，她以"革命"、"维新"相号召，借助佛教，奖励符瑞，宣扬她受命于天，唆使一批宗室贵族、地主官僚、僧徒上表劝进。天授元年(690年)，正式改唐为周，武则天自称大周皇帝，改东都洛阳为神都，作为经常性都城。武则天统治的五十年间，改革官制，加强御史台对文武官吏和军队的监督，扩大科举制，搜罗人才，扩大了封建统治的基础，消灭了徐敬业和李贞、李冲父子的武装反抗等，维护和强化了封建国家的统一，重视农业生产，在一定程度上促进了封建经济的发展，商业、交通出现了贞观时期未有的繁荣，从这时起，唐朝进入了鼎盛时期。但与一切封建统治者一样，国家的强盛和经济的上升是靠对广大劳动人民的残酷压榨来达到的。武则天为了维护她的统治，任用特务，陷害无辜，消灭异己，为了神化她自己的权威，大肆崇佛，广建庙宇，花费以亿万计，又构筑所谓的"明堂"、"天堂"，建"天枢"，铸九鼎，浪费了巨大人力物力。由于官僚机构空前膨胀，为养活官吏，残酷搜刮民脂民膏，益以武氏家族的穷奢极侈，为非作歹，更加剧了阶级矛盾和统治阶级的内部斗争。神龙元年(705年)宰相张柬之等联合禁军将领，乘武则天病重时机，发动宫廷政变，逼迫她让位李显(中宗)。不久武则天就死了。

李显是一个庸弱无能的人，复位后只知宴饮游乐、淫侈无度。韦皇后、安乐公主和武氏近亲结成集团，控制朝政，造成了更为严重的政治腐败和混乱局面。他们卖官鬻爵，贪污成风，还直接剥削大批"封

户"。中宗统治时期，"盛兴佛寺，百姓劳蔽，帑藏为之空竭"（《旧唐书》卷一○一《辛替否传》）。贵戚官僚广占田园，筑台穿池，竞盖华屋丽苑，搜集天下奇珍。伴随腐败政治，必然产生封建统治结党营私，为争夺皇位而彼此激烈倾轧。景龙元年（707年）太子李重俊，矫发羽林军，杀武三思等，并想除韦后未遂，而自己被中宗发兵杀死。景龙四年（710年）韦皇后毒死中宗，窃掌大权。不久，中宗之弟李旦（睿宗），其子李隆基和他姑母太平公主联合起来，发动军事政变，杀死韦后、安乐公主及大批武氏宗族、党羽，恢复李旦（睿宗）帝位。睿宗也是一个昏庸皇帝，朝政仍旧腐败不堪。景云三年（712年），李旦传位于太子。李隆基即帝位，是为唐玄宗即唐明皇开元。

玄宗李隆基在位四十四年（713～755年），在他统治的前期——开元时期（713～741年）是唐王朝政治、经济、文化日益繁荣的鼎盛时代。玄宗即位后首先对混乱的弊政进行整顿，任贤图治，禁止封家直接苛索封户，改由政府自封户征收租调，封家至官府领取。开元时期统治者的各项政策，如注意兵役、徭役、租税的均平征敛，重视农田水利的管理，扩大征税对象和广泛实行纳资代征的制度等，促进了社会经济进一步发展，出现了所谓"开元盛世"。但这不过是一种表面的经济繁荣和政治强盛，究其实，"府藏虽丰，闾阎（百姓）困矣！"（《通典》卷《食货》六）。随着玄宗统治后期政治腐败，生活奢靡，剥削加重，潜伏的社会危机日益严重，至天宝末年终于爆发了安史之乱。从此唐朝由盛转衰，由治而乱，是有其深刻的历史原因。开元时期，王公百官富豪兼并土地，竞置庄田，无数失去土地的农民纷纷沦为佃食的客户。由于官僚机构的空前膨胀，皇室官僚的极端腐败，加之与边境各族不断进行战争，国家财力与人力耗费十分巨大，政府的财政入不敷出，于是千方百计搜刮民脂民膏。到开元后期，原本励精图治的唐玄宗，渐渐变成一个荒怠政事，沉湎淫乐的皇帝。开元二十五年（737年）武惠妃死后，玄宗又将寿王李瑁的妃子杨玉

环召纳宫中，天宝四年（745年）册封为贵妃。杨氏三个姐姐及叔父，从兄五家，均宠遇非常，飞黄腾达，势倾天下。玄宗"视金帛如粪壤，赏赐贵宠之家，无有限极"（《资治通鉴》卷二一六）。这时，玄宗用的宰臣已不是贤明正实之辈，而是一帮巧于献媚，善于逢迎，"专徇帝欲，不顾天下成败"的奸邪之徒。如"口蜜腹剑"的李林甫，任之不疑，独专朝政达十九年之久。李林甫死后，不学无术的杨国忠继任宰相，使已经腐败的朝政更加纪纲紊乱，贿赂公行。玄宗还重用宦官，如高力士，四方进奏文表都经其手，许多事情由他裁决处理，朝廷百官都要厚结高力士。

随着封建军事制度的演变，为适应边防军事需要，唐睿宗景云二年（711年）开始设立节度使，当时又称方镇或藩镇。节度使往往兼领数镇，久任不替，长期掌兵，逐渐成为"据险要，专方面，既有其土地，又有其人民，又有其甲兵，又有其财赋"的地方军阀势力。有权势的军阀的出现，势必引起唐朝廷与军阀之间，各军阀之间的矛盾斗争。安史之乱就是在上述这些历史背景下，唐王朝与地方军阀势力的矛盾发展的必然结果。

"渔阳鼙鼓动地来，惊破霓裳羽衣曲"。玄宗既不明大势，又不接受哥舒翰、郭子仪、李光弼等固守潼关，促其内溃的主张，反而急于攻取洛阳。哥舒翰兵败投降安禄山，潼关遂于天宝十五年（756年）陷落。玄宗仓惶出走四川。在马嵬坡羽林禁军杀死杨国忠和杨氏一门，迫使玄宗缢死杨玉环。太子李亨逃到灵武（今宁夏灵武）即位，是为肃宗，调集四方兵力，准备反攻。至德二年（757年）正月，安庆绪和严庄密谋，杀安禄山而自立。部下史思明逐渐独立行事，攻太原，但被击败。至德二年九月，郭子仪率所部和回鹘兵攻克长安，安庆绪逃往洛阳，史思明先率部上表请降，后因朝廷处置不当又重新反叛，攻取洛阳。其子史朝义利用史思明猜忌好杀，将士不附，于上元二年（761年）三月杀父自立。宝应元年（762年）肃宗死，代宗李豫继位，命诸将和鹘兵会攻洛阳。史朝义连战

皆败，部将又纷纷归降，遂于次年自杀。前后近八年的安史之乱至此结束。

安史之乱被平定之后，唐王朝更加衰落，只好接受安史部将在名义上的归降，任命安史降将田承嗣、张忠志、李怀化分别为魏博镇、成德镇、幽州镇节度使，总称"河朔三镇"。他们名义上尊奉唐王朝，实际上霸占一方，加紧搜刮，极力扩军，自署文武将吏，不纳赋税。这时，内地许多地方也遍设节度使。河南、山东、荆襄、剑南等地，藩镇相望，"大者连州十余，小者犹兼三四"（《新唐书》卷五《兵志》），拥兵割据，不断挑起反抗唐王朝的战争。广大人民，既担负沉重的赋役剥削，遭受战争浩劫的痛苦，又遇到连年自然灾害，就掀起了大规模的逃亡和武装斗争，北起黄河，南至岭南，东抵徐海，西达剑南，到处燃起农民起义大火。浙东袤甫、桂林戍兵的起义以及黄巢领导的大起义等虽然失败，但唐王朝的反动统治已名存实亡。唐最后一个皇帝昭宗李晔，因朝官与宦官相争中，落入宣武节度使朱全忠手中带回长安，又逼昭宗迁于洛阳。天祐元年（904年），朱全忠派人杀死昭宗，立昭宗之子十三岁的李柷为帝（是为哀帝）。907年（开平元年），朱全忠废李柷，自立为皇帝，改名朱晃，即后梁太祖。唐朝历时二百八十九年而亡，进入了所谓五代十国的大分裂局面（以上参见韩国磐：《隋唐五代史纲》和中国史稿编写组：《中国史稿》第四册）。

二、唐长安城及宫苑

（一）唐长安城

唐朝承用隋大兴城为都域，改名长安城，或称京师城或西京，对于大兴城的建制、规模、街道、坊市等基本布局没有多少改革，但有不少的修建和扩充。如前所述，修筑郭城的工程直到唐高宗永徽五年（654年）才告完成。经考古工作者的钻探和发掘，证

明郭城全是版筑夯土墙，墙厚一般在9～12米左右，但与城门相接的一段，其宽度在20米左右。

唐长安城平面图（图5-12）城中里坊共一百一十坊（图5-13）（隋大兴为一百零六），"有京兆府，万年、长安二县。当皇城南朱雀门，有南北大街曰朱雀门街，东西广百步，万年、长安二县以此街为界"（《长安志》）。万年领街东五十四坊及东市，长安领街西五十四坊及西市。各坊大部分是东西长，南北窄，成横长方形，也有南北长的成竖长方形。坊的面积并不齐一。根据具体情况而有大小，大抵皇城与宫城东西两侧的诸坊，面积较大，皇城以南诸坊，除东市、西市外，面积较小。城中街道方向端正，排列整齐，主干道特别宽敞。道路两旁，均有水沟，并种植槐和榆，绿荫成行，优美壮观。

唐西京不仅人口众多，近百万，而且经济繁荣，文化发达，是全国政治、经济、文化的中心，也是各国人士交往的国际都会，当时世界上最大的城市之一。城中宫苑兴建日盛，宫苑的壮丽不让汉代专美于前，主要有太极殿、大明宫、兴庆宫和大内。大内又有三苑，即西内苑、东内苑和禁苑。由于佛教发达，城内寺庙很多（据《唐两京城坊考》所载，统计起来有佛寺81，尼寺28，道士观30，女观6，波斯寺2，胡祆祠4），建有多座宝塔（慈恩寺大雁塔，荐福寺小雁塔，兴教寺玄奘塔，香积寺十三层塔迄今尚存）。居住在城中的王公大臣，竞相营造高大华丽的私第，并有山池、亭台、茂林修竹之胜。地主阶级的私园山池也极一时之盛。想像当时的西京城，布局整齐，街道宽敞，塔寺林立，坊内宅第，建筑富丽，又有山池亭台茂林之胜，必然是一个气魄宏大，庄严美丽的独具特色的都城。

唐长安城有皇城和宫城相接。皇城是国家政权机构所在地，位置偏北居中。宫城是皇帝的住处，内有太极宫（隋称大兴宫）。《长安志》载："宫城，东西四里，南北二里二百七十步，周十三里一百八十步，南即皇城，北抵苑（指禁苑），东即东宫，西有披庭

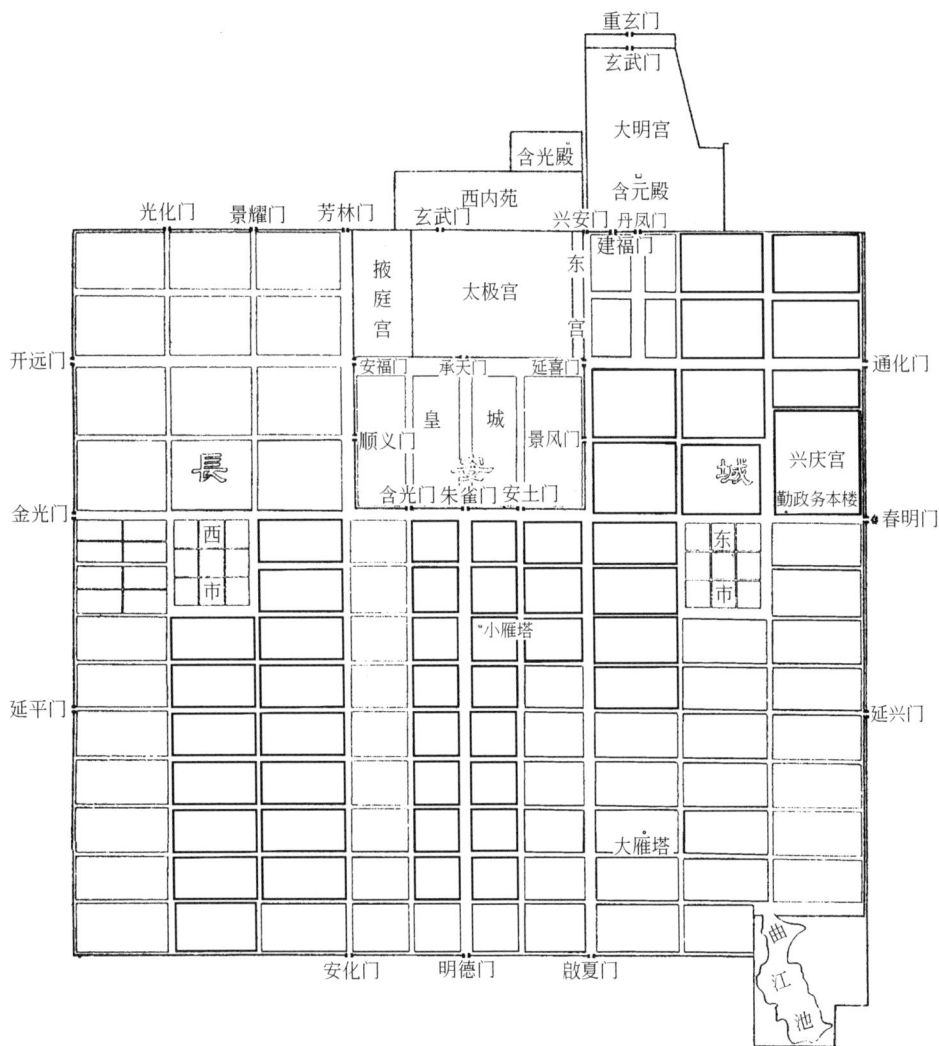

图 5-12　唐长安城复原图

宫。"另外，先后修建了大明宫、兴庆宫。这三组宫殿，由于太极宫位置在西称"西内"，大明宫在东北，称"东内"，兴庆宫在东南称"南内"，总称三大内。

(二) 唐西内太极宫

太极宫是三大内中规模最宏伟庞大的宫殿群（图5-14，图5-15），占地3.5平方公里。皇城的承天门正对西内正殿太极殿。就中轴线上来说，先是嘉德门，嘉德门内的宫门叫作太极门这才是正宫门。进门东隅有鼓楼，西隅有钟楼，正中太极殿，它是朔望坐而视朝的正殿。太极殿后的宫门叫作朱明门，门内为内朝，又进两仪门，殿曰两仪殿，是日常听政之处，其

东有千秋殿，西有新殿。两仪殿后的宫门叫作甘露门，门内甘露殿，北有延嘉殿，殿南有金水河，往北流入禁苑。

在近中轴线的东部，第一重门内有门下省、宏文馆、史馆等，第二重武德门内有武德殿、延恩殿，其西一组有大吉殿、立正殿等。中轴线的西部，第一重有中书省、北御史台等，第二重为百福殿，有亲亲楼，它是诸王宴会之所，往北一重为承广殿。

从甘露门往东的一组，进神龙门有神龙殿，殿西有佛光寺和山水池。从甘露门往西的一组，进安仁门有安仁殿，殿后为归真观，观后有采丝院。归真观西有淑景殿，殿西南第三落，次西第四落，又次西第五落。

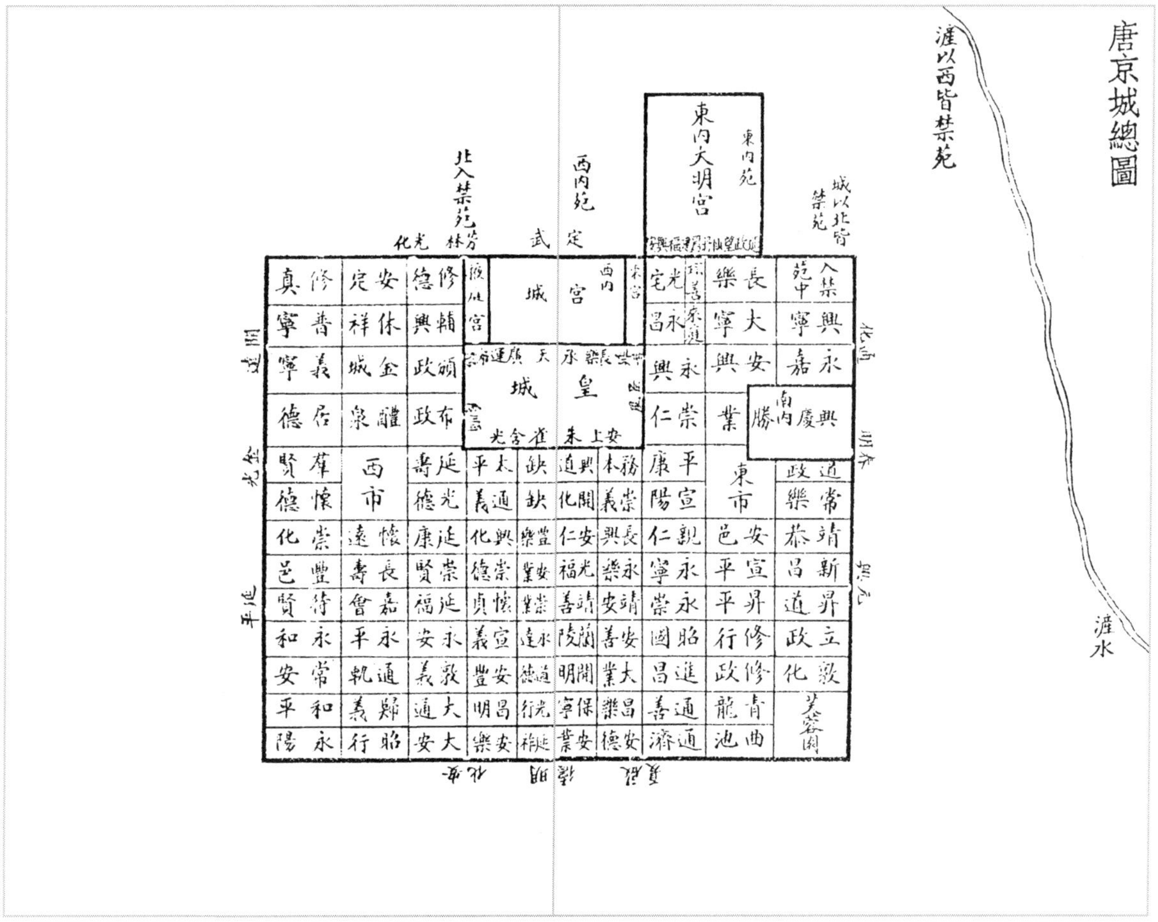

图 5-13　唐京城总图(里坊)

西内有山池亭台的西内苑，在延嘉殿西北。西内苑的东北部有景福台，台上有阁，台西有望云亭。西内苑的西北隅堆有假山，山前有四个海池，最北的一个在凝云阁北，为北海池，池水流经望云亭西，汇为西海池，又再南流，在咸池殿东为南海池，然后折而东，入金水河，再往东北，汇为东海池。东海池有球场亭子(唐时盛行蹴球之戏)，其内为凝云殿，再南为凌烟阁。总之，西内苑好比是一个后花园，苑中有假山，有海池四相连环，有亭台楼阁之胜。

太极宫城的东边，与太极宫并列的狭条地为东宫，它是太子居住的地方。正门重明门"门外有东宫朝堂在焉。奉化门北，东有宜春宫，西有宜秋宫"。"宜秋宫门外有右春坊"，有崇敦殿、丽正殿、光大殿。丽正殿后有佛堂院，"东为射殿、承恩殿、崇文殿、八风殿、亭子、山池……"(《长安志》)。

太极宫城的西边，与太极宫并列的狭条地为掖庭宫，是妃嫔居住的地方。

(三) 唐东内大明宫

大明宫是三大内中规模较大，建筑最豪华的宫苑。《唐书·地理志》载，大明宫"在禁苑东南，西接宫城之东北隅，长千八百步，广千八十步，曰东内，本永安宫，贞观九年(635 年)改名。"《雍录》载："地在龙首山上，太宗(李世民)初于其地营永安宫(贞观八年即 634 年初建)，以备太上皇(李渊)清暑……九年(635 年)正月，改名大明宫……龙朔二年(662 年)高宗(李治)染风痹，恶太极宫卑下，故新修大明宫，改名蓬莱，取殿后蓬莱池为名也。"次年李治迁居听政。至神龙元年(705 年，唐中宗李显年号)，又改为大明宫。

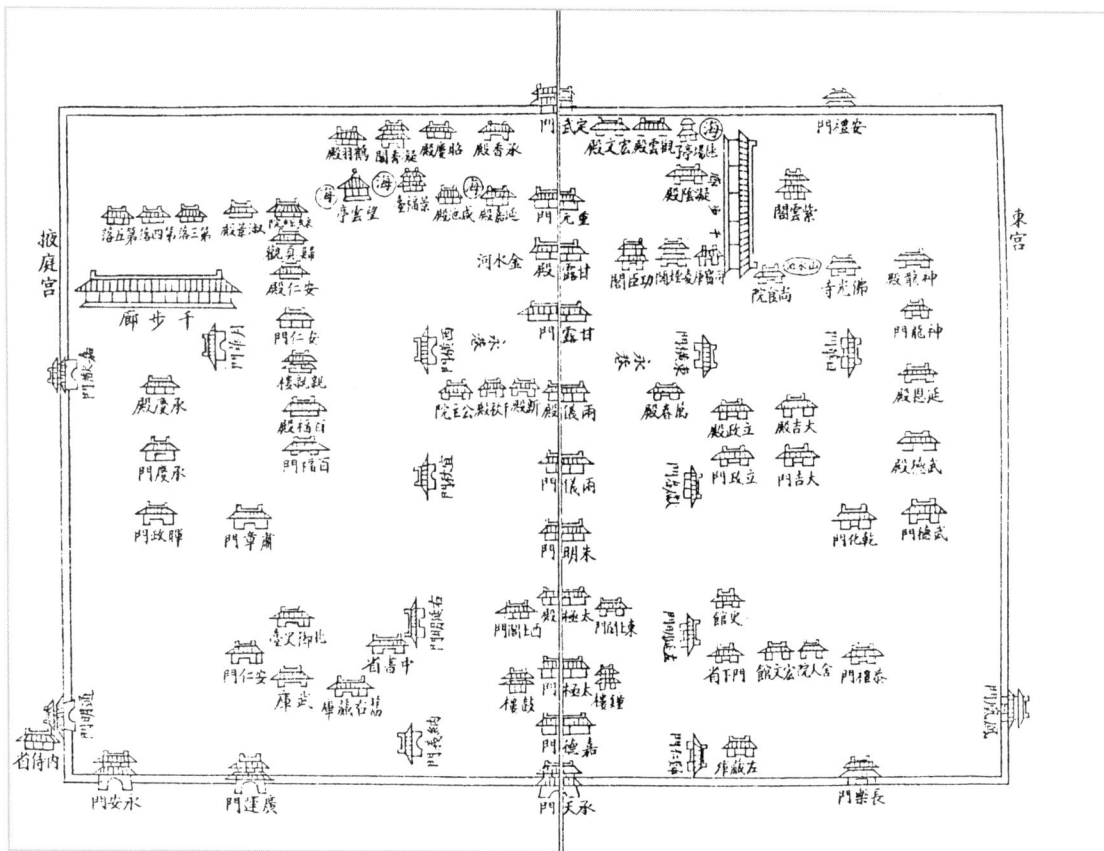

图 5-14　唐西内太极宫图

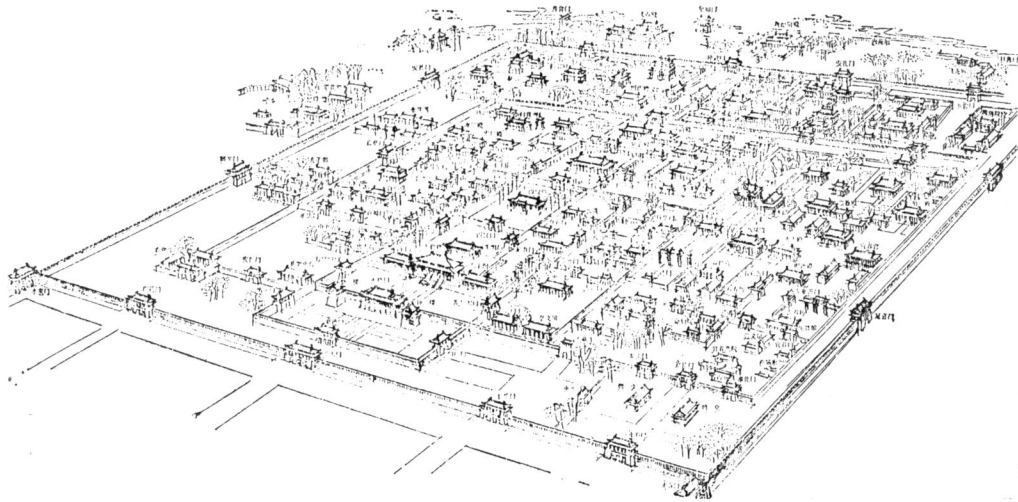

图 5-15　唐太极宫示意鸟瞰图

大明宫城(图 5-16，图 5-17)，可能由于地形制约，形成南宽北狭而不规则的长方形。《长安志》称此宫"北据高原，南望爽垲，每天晴日朗，望终南山如指掌，京城坊市街陌，俯视如在槛内"，足见其形势之佳。大明宫建筑群主要的大殿，从南到北，有含元殿、宣政殿和紫宸殿三座，再北有蓬莱殿、含凉殿和玄武殿，构成中轴线。轴线左右，大的宫殿很多，还有馆、院、台、观等数十处。

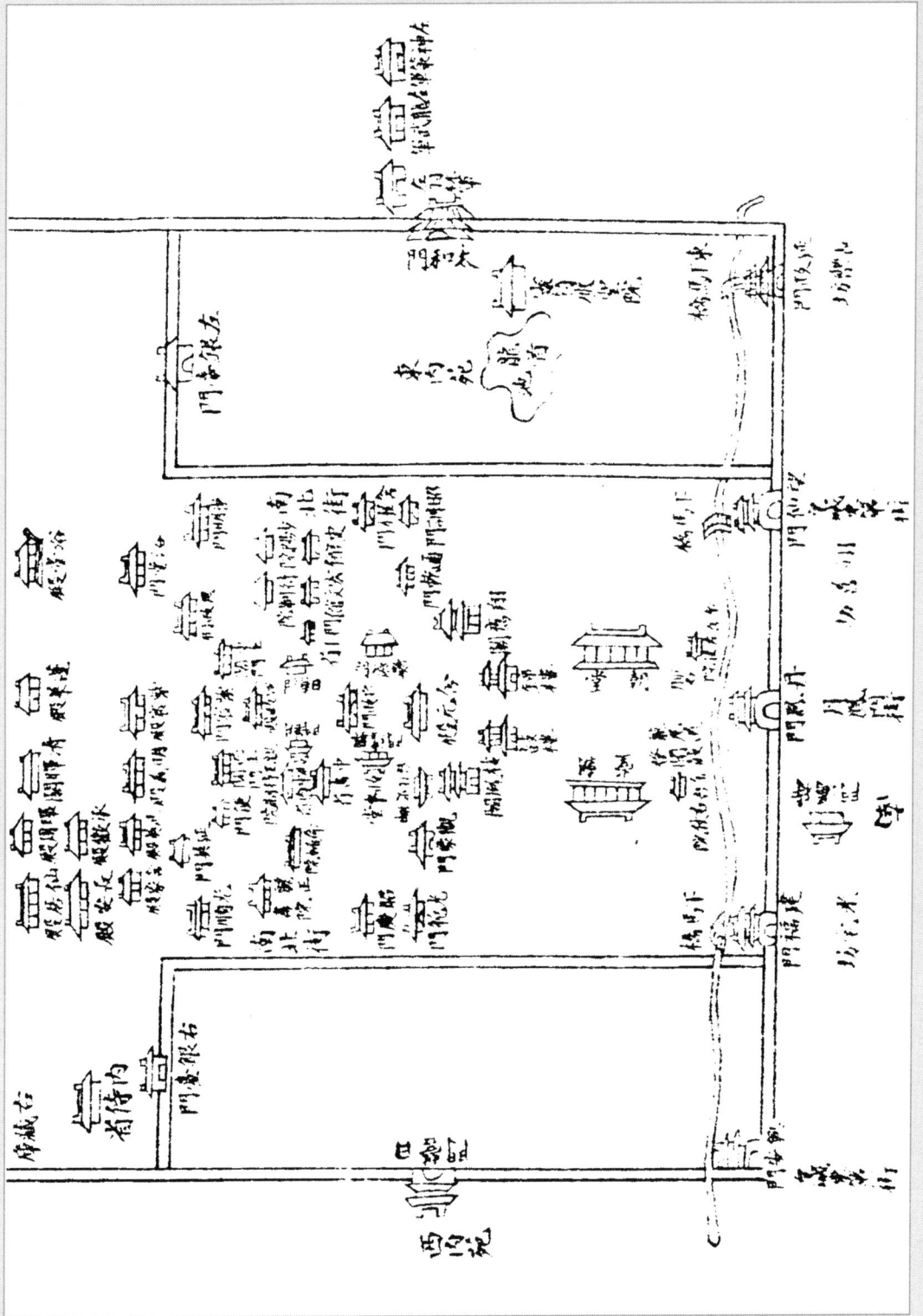

图5-16 唐东内大明宫图

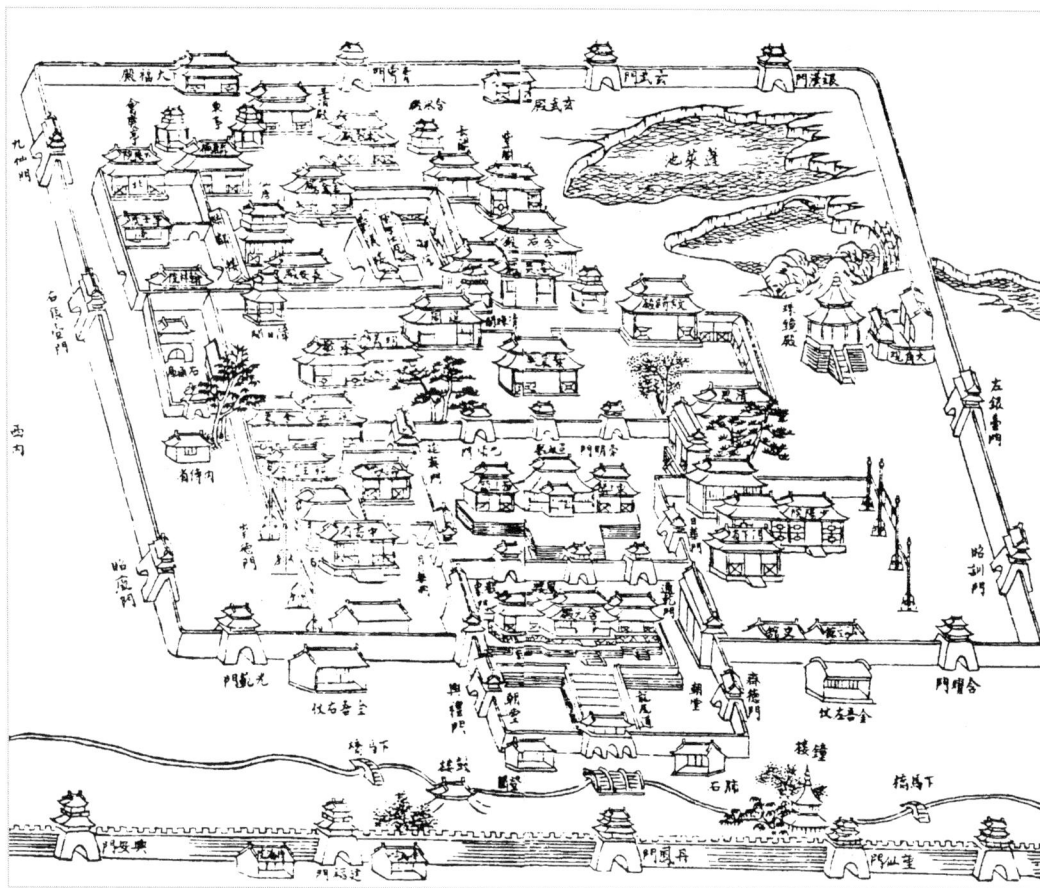

图 5-17　唐东内大明宫鸟瞰图

宫城南面五门，正南曰丹凤门，其东望仙门，再东延政门，其西建福门，门外有百官待漏院，再西兴安门。丹凤门内正殿为含元殿。贾黄中《谈录》载："殿前龙尾，道自平地，凡诘曲七转，由丹凤北望，宛如龙尾下垂于地，两垠栏，悉以青石为之。"《雍录》载："王仁裕曰：含元殿前，玉阶三级，第一级可高二丈许，每间引出一石螭头，东西鳞次，第二级、第三级，各高五尺(三级以自上而下为序，即第一级为最高一级)，级两面龙尾道，各六、七十步方达，第一级皆花砖。"含元殿规崇山而定制，诚如李华《含元殿赋》中所说，"划盘冈以为址，太阶积而三重，因博厚而顺高，明筑陵天之器墉，器墉既列，大阶如载，下山相嶽，愕视沈沈"。如果从丹凤门望含元殿，由于"含元殿南去丹凤门四百余步，中无间隔，左右宽平，东西广五百步"(《长安志》)。广庭宽敞，又有三级石

阶、龙尾道，更衬托出含元殿的宏伟雄丽。

含元殿东侧有翔鸾阁，西侧有栖凤阁，与含元殿有飞廊相接，阁下即朝堂。李华《含元殿赋》："左翔鸾而右栖凤，翘两阙而为翼，环阿阁以周墀，象龙行之曲直"，即是写照。含元殿北有宣政门，门内有宣政殿，天子常朝所也。宣政殿后为第一横街，紫宸门内为紫宸殿，是天子便殿，即内朝正殿也。《雍录》载："宣政殿前殿也，谓之衙，衙有仗。紫宸便殿也，谓之入阁，其不御前殿而御紫宸也，不自正衙唤仗，由阁门而入，百官候于衙者，因随以入见，故谓之入阁。"紫宸殿北曰蓬莱殿，其西清晖阁。蓬莱殿后为含凉殿，殿后有太液池，又名蓬莱池，占地约一万六千平方米，池水浩荡，中有蓬莱山独峙，山上有亭，别有一番景色。池周围建造有回廊四百余间，临水倒影，益增景色。这里是帝王和贵族们划舟游乐的地

图版 15 太液池蓬莱山构石为基

图版 16 太液池蓬莱山夯土

图版 17 太液池蓬莱山上卧石

方。今天虽然只有农田遗址，但就地形约略可见太液池范围，蓬莱山早已因前状挖土破坏，仅存部分土山（图版15）。从露出断面可见是夯土筑成，层次分明（图版16），山上尚残卧有数石（图版17）。

龙首之尾至此(指蓬莱池)夷为平地，而蓬莱之西偏南，余有支垅。因坡为殿曰金銮，环金銮者曰长安，曰仙居，曰拾翠，曰含水，曰承香，曰长阁，曰紫兰。自紫兰而东抵太液池北岸含英殿。含英殿后为第二横街。

自紫宸殿而东，而西，有宫殿院阁各数重，不一一叙述。但要提一下在银台门北、太液池西南高地上的麟德殿(图5-18)。殿有三面，南有阁，东西有楼，故又名三殿。当其时，设殿招待外国使臣，赏舞乐，内宴，召见臣僚，都在麟德殿举行，它是华丽的宴会作乐的宫殿。

(四) 唐南内兴庆宫

在皇城东南、外廓城的兴庆坊，谓之南内。据说，武则天时候，长安城东隅，民王纯家井溢，浸成大池数十顷，号隆庆池。唐玄宗(李隆基)未做皇帝前的藩邸就在池北，及即位，开元二年(714年)以旧邸为宫。因讳玄宗的名字，池改名兴庆池，坊改名兴庆坊，宫以本坊为名，称兴庆宫。建宫后，兴庆池又改名龙池。

李隆基修兴庆宫，主要为游乐，具有宫室与园林相结合的特色，与一般宫苑不同。开元二年七月开始修建；开元十四年(726年)时把邻近的永喜坊南部也扩入宫内；开元二十年(732年)还在宫墙东修筑夹道(夹城)可通往大明宫与曲江池，便于去曲江池游乐时潜行，不为人觉。

兴庆宫城(图5-19)西面宫门有二，中叫兴庆门，次南叫金明门，东面宫门也有两个，中叫金花门，次南叫初阳门；宫城南面宫门叫通阳门，次东叫明义门；北面宫门叫跃龙门。

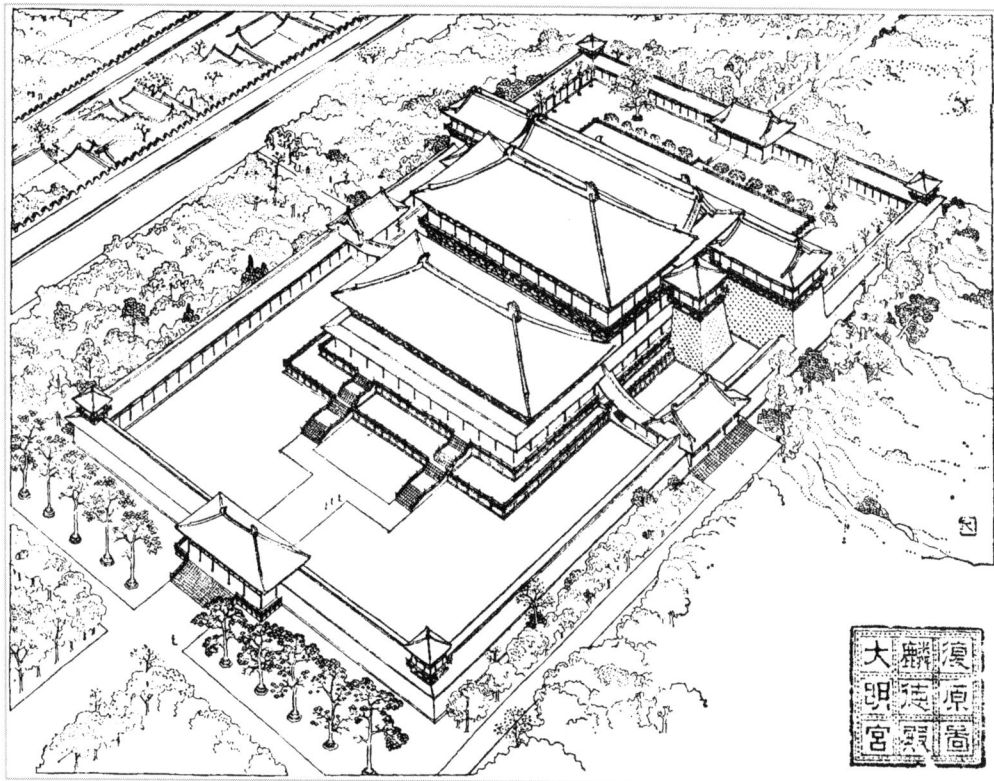

图 5-18 大明宫麟德殿复原图

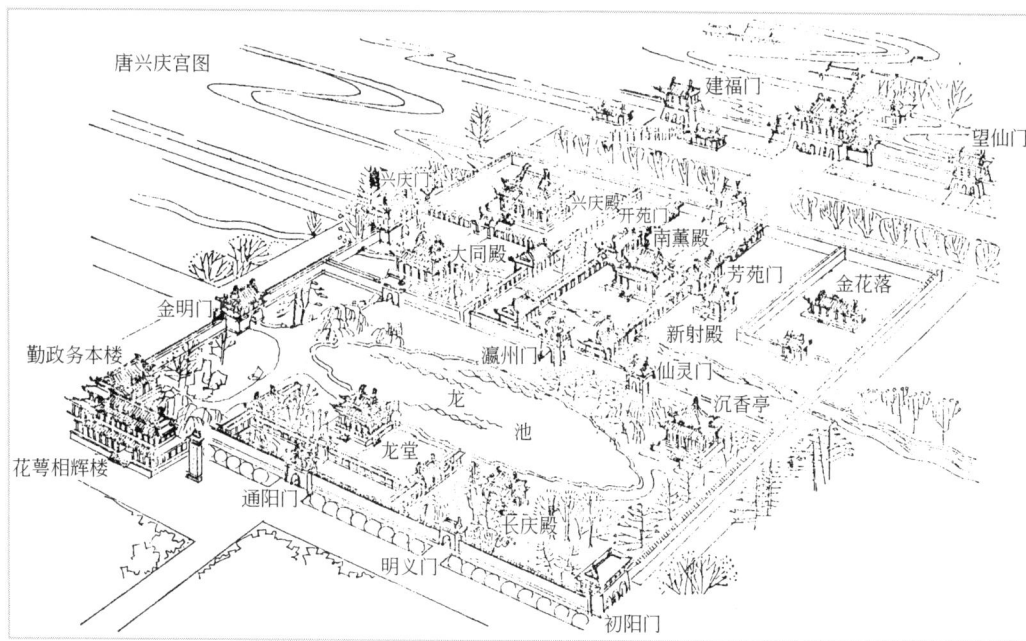

唐兴庆宫图

建福门

望仙门

兴庆门

兴庆殿

开苑门

南薰殿

大同殿

芳苑门

金花落

金明门

瀛州门

新射殿

勤政务本楼

仙灵门

龙

池

沉香亭

花萼相辉楼

龙堂

通阳门

长庆殿

明义门

初阳门

图 5-19 唐兴庆宫建筑分布图

兴庆宫城有多组院落。宫城南半部进通阳门后正中宫门为明光门，门上为明光楼。宫内有龙池，池前有龙堂建于台上。龙池是椭圆形大池，面积约一万八千三百平方米，原本流潦成池，后引龙首渠渠水灌之，池面扩大成为洋洋乎大池。龙池东有一组建筑群，中心建筑为沉香亭，是为了李隆基、杨玉环欣赏木芍药而筑，亭用沉香木构筑。《松窗录》载："开元中，禁中初种木芍药（即牡丹，当时还没有牡丹之名），得四本，上因移于兴庆池东沉香亭前。"传说亭前牡丹有红、淡红、紫、纯白等色，还有晨纯赤、午浓绿、夕黄、夜白变色品种。据载，李隆基在沉香亭还召见过诗人李白，命他作诗咏牡丹，李白挥笔而就清平调三章，最后一章即"名花倾国两相欢，常得君王带笑看，解释春风无限恨，沉香亭北倚栏杆"，极为生动。龙堂西面有一组建筑，位于宫城西南沿，包括勤政务本楼和花萼相辉楼，毗邻形成一整体。勤政务本楼，开元八年（720年）建成，楼前有柳。《乐志》载："玄宗教舞马百匹，舞于勤政楼下，后赐宴设脯，亦于勤政楼。"勤政楼后又有花萼相辉楼。据称唐玄宗，"因兴庆宫侧，诸王府第相望，乃在宫中起崇楼，临瞰于外，乃以花萼相辉为名，取诗人棠棣之义，盖所以敦友悌之义也。"龙池南也有一组建筑。进明义门，门内翰林院，正殿曰长庆殿，后有长庆楼。《长安志》："明皇为太上皇，居兴庆宫，每置酒长庆楼，南俯大道，裴回观览。"

兴庆宫城北半部，居中有一组建筑群，先是瀛洲门，门内有殿叫南薰殿，殿南即池，瀛洲门内西面有一组建筑，宫门叫大同门，门内东、西隅有鼓楼、钟楼，正殿叫大同殿。再进才是正殿叫兴庆殿，殿后为交泰殿。大同殿内供奉老子像。殿的前面，每逢三月上巳日，是宫女们会见骨肉亲属的场所。画史上，吴道子画嘉陵江三百里山水一日而成，而李思训画数月始就，就是在大同

殿壁上画的。瀛洲门内东面又有一组建筑，宫门叫仙云门，门内先是新射殿。再东一组为金花落，俗传是卫士居。

兴庆宫在三大内中仍以富丽的建筑见胜，但在建筑布局上很不相同。它的正殿兴庆门是朝西开的，不像太极宫、大明宫等正门朝南。宫苑主要部分，以池水澄碧荡漾的龙池为中心，因水布局，景致优美。池周垂柳如烟云笼罩，池上笙歌画舸。池南临水有龙堂楼台，堂西长庆殿，隐于丛中，池东北，沉香亭畔，花光人影，佳章传颂。勤政务本楼与花萼相辉楼联成一体，半抱于西南隅。建筑疏落有致，交相辉映。兴庆宫的主苑部分确是一座优美的园林。但唐朝末年，兴庆宫与其他大内一样，遭到兵祸破坏，唐以后也无修复，逐渐荒废，沦为田野。

解放以后，西安市人民政府在兴庆宫遗址上，新建兴庆宫公园，占地面积七百四十三亩。园内水系湖池是人工新开凿的，新建造的沉香亭、花萼相辉楼，缚龙堂和南薰水榭，只是沿用兴庆宫建筑的旧名称，并非就原地恢复。新建筑，仿唐式，琉璃瓦顶，雕梁画栋，华丽堂皇。兴庆宫公园，作为现代公园，在布局设计上，活动内容上，为城市居民游息服务上，都是有成就的。遗憾的是没有能够在原址上恢复亭楼建筑，在继承唐兴庆宫苑的风格的基础上创新。

（五）唐禁苑

唐长安城整个北面为禁苑（图5-20），其范围"北临渭水，东尽浐水，西尽故都城（指汉长安故城），其周一百二十里"（《六典》）。据《长安志》载："东西二十七里，南北三十三里，……苑中四面皆有监，南面太乐监，北面旧宅监，东监、西监，分掌宫中植种及修葺园囿等事，又置苑总监领之，皆隶司农寺。苑中宫亭，凡二十四所。"据《雍录》："唐大内有三苑，西内苑、东内苑、禁苑，皆在两宫北面而有分别。西内苑并西内太极宫之北，东内苑则包大明宫东北两

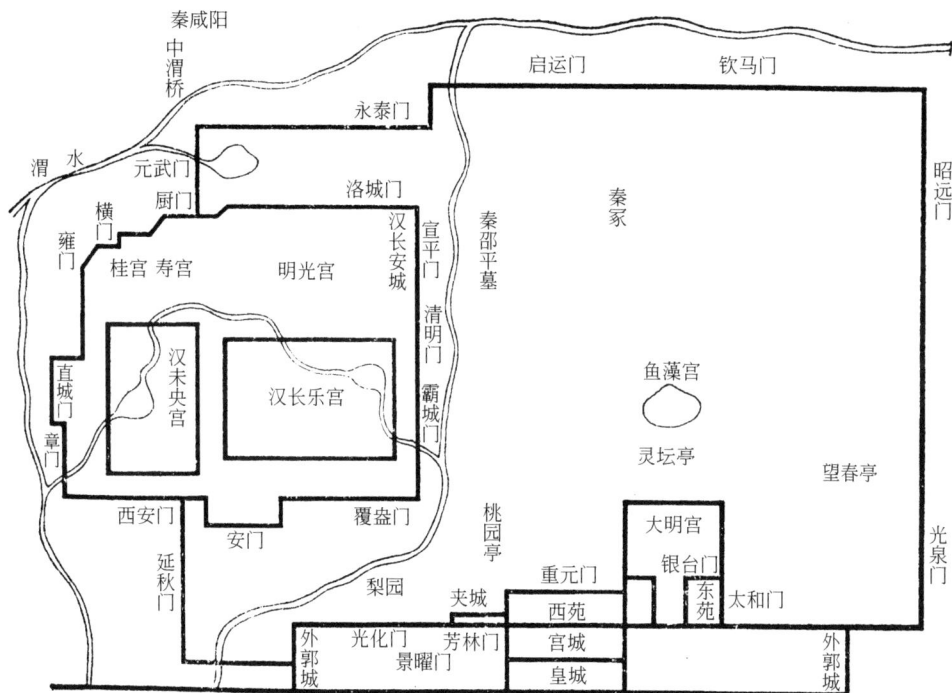

图 5-20 隋唐禁苑略图

面，西内苑北门之外，始为禁苑之南门。"

禁苑中宫亭池园，散见各籍的列举如下。有蚕坛亭，《长安志》载："在苑之东，皇后祈先蚕之所。"有鱼藻池，《雍大记》载："深一丈，在禁苑中。贞元十三年(797年)，(唐德宗李适)诏更淘四尺，引灞河水涨之，在鱼藻宫后，穆宗(李恒)以观竞渡。"据《雍录》："德宗池底张锦，引水被之，令其光艳透见也。"有樱桃园，《通志》载，在禁苑之南，又有东西葡萄园。有临渭亭，《旧唐书·中宗本纪》载："景龙四年(710年)四月甲寅，(中宗李显)幸临渭亭修禊饮。"有梨园，《雍录》载："在光化门北，光化门禁苑南面西头第一门，……中宗令学士自芳林门入，集于梨园，分朋拔河……开元二年(714年)，置教坊于蓬莱宫，上(指唐玄宗)自教法曲，谓之梨园子弟。至天宝中(742~756年)，即东宫宜春北苑，命宫女数百人，为梨园子弟。进梨园者，皆按乐之地，予教者名为弟子也。"有咸宜宫、未央宫旧址，《长安志》载："在禁苑内，皆汉之旧宫也。……唐置都邑之后，因其旧址复增修之。宫侧有未央池，汉武库。武宗(李

炎)会昌元年(841年)，因游畋至未央宫，见其遗址，诏葺之，尚有殿舍二百四十九间。作正殿曰通光殿，东曰诏芳亭，西曰凝思亭。又有南昌国、北昌国、流杯三亭，皆汉旧址，并立端门，录归宅监所。"

(六) 曲江池、芙蓉园

唐长安城的东南隅，向里让进二坊之地，就是曲江池，后又称芙蓉园和芙蓉池，曾是唐朝皇帝专用内小苑，外苑又是一定季节里，官僚贵族和老百姓可以游乐的胜地。

古代，曲江池本是旷野中一个大池塘。"其水曲折，有似广陵之江，故名之"(《太平寰宇记》)。秦朝时期，把这里叫作陃州(颜师古曰：曲岸头曰陃)，还在这里修了离宫宜春苑，汉朝在这里开渠，修宜春下苑和附近的东游苑，汉武帝刘彻多次到这里游乐。隋朝营京城(大兴城)时，宇文恺以京城东南隅地高，故阙此地，不为居人坊巷，凿之为池，以厌胜之。又会黄渠水自城外南来，可以穿城而入。隋文帝又"恶其名曲，改为芙蓉园，为其水盛而芙蓉言也"(《刘炼

小说》）。以后，迭经战乱，一度干涸。到唐玄宗时，开元中重加疏凿，导引浐河上流水，经黄渠自城外南来，入城为芙蓉池，且为芙蓉园也，并恢复了芙蓉园外曲江池的名称。"其南有紫云楼、芙蓉园，其西有杏园、慈恩寺"（《剧谈录》）。另外，在曲江池西岸有"汉武泉"，一年四季都有泉水涌出，水量充足。

据《雍录》，曲江池在汉武帝时周长六里，唐时周长七里，占地十二顷。池形南北长，东西短，湖就势开凿，池水曲折优美，池两岸有楼阁起伏，景色绮丽动人。根据文献和唐代诗人咏曲江池、芙蓉园的诗句，表明芙蓉园是内苑，皇帝特许下才能进入游乐饮宴，而曲江宴都只能设在外苑即曲江池。《剧谈录》载："曲江……花卉环周，烟水明媚"，《剧谈录》还描述了这里入夏景色，"入夏则菰蒲葱翠，柳荫四合，碧波红药，湛然可爱。好事者赏玩，晨玩清景，联骑捣鲔，蔓蔓不绝（络绎不绝）。"唐朝诗人从不同角度，描绘不同季节里曲江池的明媚风光。如卢纶《曲江望诗》："菖蒲翻叶柳交枝，暗上莲舟鸟不知。更到荷花最深处，玉楼金殿影参差。"是对曲江美景的绝妙写照。又如杜甫诗："穿花蛱蝶深深见，点水蜻蜓款款飞。桃花细逐杨花落，黄鸟时舞白鸟飞。"对暮春景色，作了生动的描绘。都人游玩，"盛于中和（二月初一）上巳（三月三日）之节"。这就是说，在一定节日，这里是都人可以游玩的行乐地。另外中元（七月十五日）、重阳节（九月九日）和每月晦日（月末这一天）这里游人最热闹。届时"彩屋翠帱，匝于堤岸（堤岸上到处是彩绸搭成的帐篷），鲜车健马，比肩击毂"。"上巳赐宴臣僚，京兆府大陈筵席，长安万年两县，以雄胜相较（互相竞赛豪华），锦绣珍玩，无所不施，百官会放山亭，恩赐太常及新坊声乐。池中备绛舟数只，惟宰相三使北省官与翰林学士登焉，倾动皇州，久为盛观。"

曲江宴，据《春明退朝录》载："唐初设以慰下第举人，其后弛废，而进士会同年于此，开元时，造紫云楼于池边，至期，上率宫嫔垂帘观焉。命公卿士

庶大酺，各携妾妓以往，倡优缁黄，无不毕集。先期设幕江边，是以商贩皆以奇货丽物陈列。豪客园户争以名花布道。进士乘马，盛服鲜制，子弟仆从随后，率务华侈都雅。"曲江赐宴或文人学士来曲江饮酒作乐时，放羽觞（酒杯）于曲流之上，羽觞随水势飘泛，得者畅饮，这就是所谓"曲江流觞"，长安八景之一。

唐天宝年间，发生安史之乱后，殿宇亭台尽颓废，曲江景色也衰微了。诗人杜甫曾徘徊曲江岸上，作《哀江头》诗篇："少陵野老吞声哭，春日潜行曲江曲。江头宫殿锁千门，细柳新蒲为谁绿。"唐文宗（李昂）于大和九年（835年）二月，曾敕发左右神策军1500人，淘江池。因建紫云楼、落霞亭，岁时赐宴。又诏百司，于两岸建亭馆。最后一句意思是说，"敕诸司如有力要创置亭馆者，宜给与闲地，任其营造。……然不旋踵即罢"（《唐书·文宗本纪》）。唐末战乱中建筑倒毁池畔荒芜。

据宋朝钱易撰《南部新书》载："天祐初（天祐唐哀帝李柷年号，904～907年）因大风雨，波涛震荡，累日不止。一夕无故其水尽竭，自后宫阙成荆棘焉，今（指宋初）为耕民畜作陂塘，资浇灌之用。每至清明节，故人士女，犹有泛舟于其间者。"明朝以后，因年久失修，水道泉眼堵塞，曲江池才逐渐干涸，大部分变成田圃。今天，从大雁塔向东南方向行走，经过庙坡村约一公里，通过一个高地，向东南望去，曲江池遗址区是一片面积达数十万平方米的大坑区（图5-21）。

关于夹城，前已述唐玄宗为了避人不知就能驾临大明宫和芙蓉园，于公元726年修了向北通大明宫、向南通芙蓉园的夹城。这个夹城，就是在东郭城内侧修一条与郭城平行的城墙，皇帝在二城之间的夹道中往来。当夹道经过东城墙上的通化、春明、延兴三座城门时，由特设的蹬道，从夹道登上城楼翻越通过，因此城门下的行人出入时根本不知道。夹城最南端，到芙蓉园的地方，后来开了个城门就叫新开门，现在当地还有一个叫新开门村的村庄。从这个村子往南不远，地势逐渐低凹下去，就是芙蓉园的遗址了。

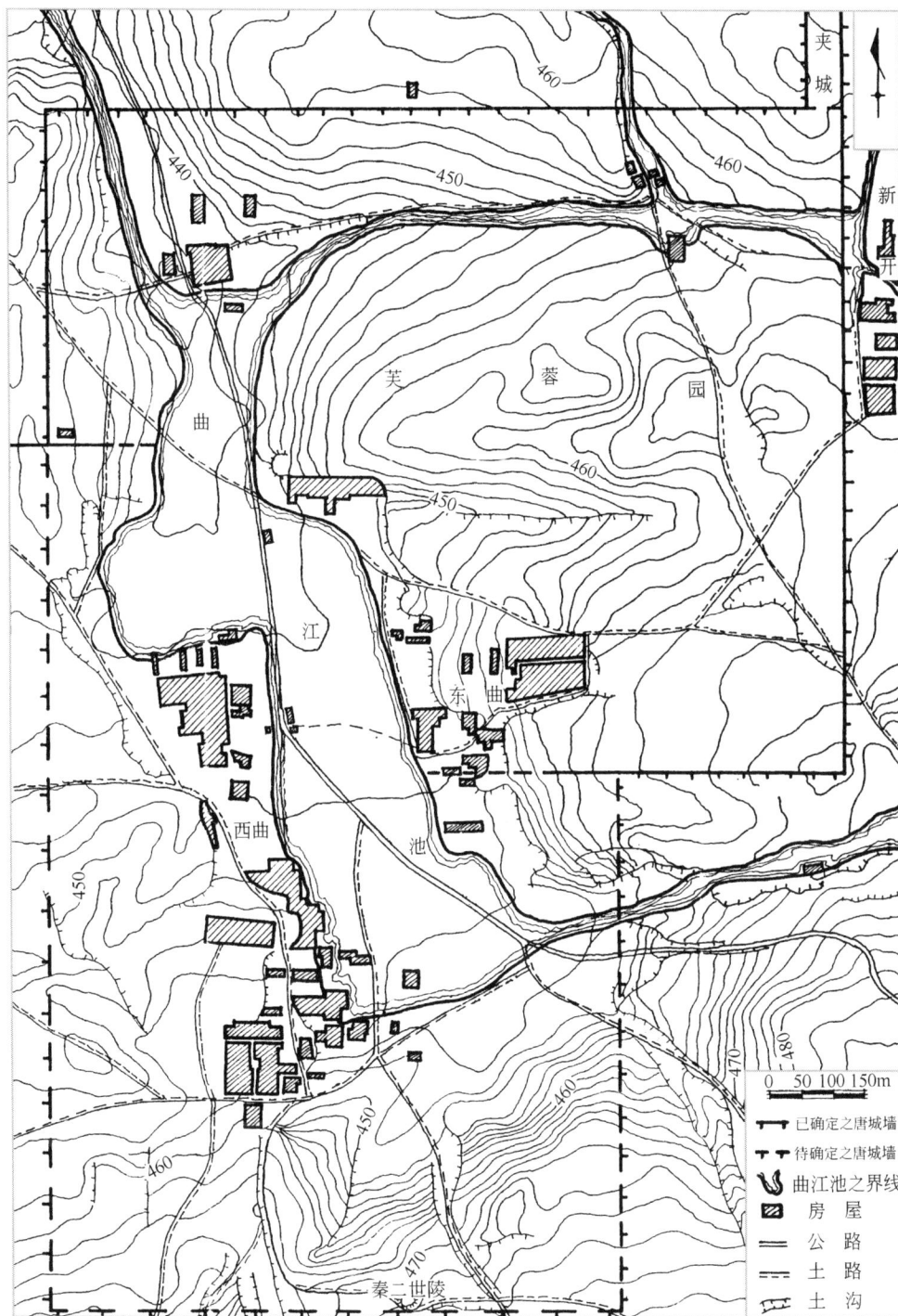

图 5-21　芙蓉园曲江池位置示意图

1955 年，考古工作者发现夹城遗址位于东郭城西边 25 米的地方，与东郭城平行，这么宽的夹道中，可以并行几辆马车。夹城从胡家庙北边开始，南到新开门村的北部，长约八公里。

三、唐长安郊坰胜地和离宫别苑

前述长安都城南及南山，这个南山指秦岭的从武功县到蓝田县以西这一带，又名终南山或太乙山

(或作太一)，像屏风一样屹立在南边。或云太乙亦曰太白山。或以终南、太乙并列(《西京赋》)或以终南、太白并列(《唐六典》)。明非一山，后人或误合为一。据毕沅纂《关中胜迹图志》在"南山"条的按语："窃谓关中迤南一带，自古统号南山，而终南则止于鼇屋，太一当属今之南五台，汉志之垂山，则武功也，禹贡之惇物，则太白也，似此分属，较为指掌瞭如。"南山著名峰峦有太白(眉县南)、太乙、南五台、翠华山，以西有骊山、华山等。翠华山、南五台是长安郊坰著称的游览胜地，骊山之麓、临潼县南有温泉宫即华清宫，以华清池(温泉)而著称，是皇帝避寒的冬宫。此外麟游县的九成宫，是隋唐时代皇帝避暑的离宫(夏宫)。

(一) 太乙、南五台

太乙 《咸宁县志》称："一名南五台，延袤十里许。道由石壁谷(按：壁一作鼇，何景明《雍大记》云，谷上有白圆石，其巨如屋，形类鼇，故名)东南竹谷入，中有太谷(按《长安志》：太一谷一名灵母谷，……俗呼为炭谷，盖太一二字切语为炭也。谷中有太乙峰，峰上有吕公洞、黄龙洞，下有太乙池，峰东为玉案峰，又东为雾岩峰)，谷内有太乙湫(按：《县志》一名南山湫，一名澄源池，水广数丈，深数丈，锦鳞浮游，人莫敢触，自昔祷雨，成在于是。湫南有三官洞、雷神洞)，山顶有金华洞，山西壁有八仙洞，山麓有日月岩(按：上有玉泉洞、抱子岩)、龙泉(按：《县志》泉在普光寺……名仰天池)。"

今天，把太乙谷内的山峦称翠华山，从太乙谷向西拐有五个小峰(顶平如台)称南五台山，分述如下：

翠华山 在长安城南六十里的太乙谷内，山上风景优美，青翠秀丽，有湖泊，有奇洞，是夏日避暑游览的胜地。登山必经太乙谷，谷水蜿蜒流入潏水。蹬道旋转而上至一坪，三面翠峰环列，中凹聚谷水成池，名太乙湫[图版18(缺)]，又名太乙池、天池、天湖、澄源湫等。池水碧波荡漾，山影倒映池中，山色水光两相辉。附近有风洞，是由高两丈、长四、五丈

巨石的石缝形成，人进洞隙，即感呼呼有风；有冰洞，洞内乱石罗列，曲折深进，虽盛夏而寒气刺骨。湫池西南，顺谷水而上，不一里即见谷水由石崖上分两股交错流泻，即翠华山瀑布。湫池南有一峰，高耸矗立即玉案峰，上有金华洞。湫池附近有几处庙宇和古迹，多无存。

南五台 因山上有五个小峰即清凉、文殊、舍身、灵应、观音五个台，故名五台山，又因此山与耀县的五台山遥遥相对，位于南面，故又名南五台。自隋以来，多筑寺院，是中国佛教在关中的一处圣地。山上峰峦叠嶂，岩壁峻峭，草木茂盛，竹风松涛，流水潺潺，故《陕西通志》有"今南山神秀之区，惟长安县南五台为最"。《关中胜迹图志》纂者毕沅"尝亲诣近郊，省视田亩，周行南山北麓，由留村入山，登陟五台绝顶，南望终南。如翠屏环列，芙蓉万仞，插入青冥，旁若巨鼇，深肆无景，与终南不崒属，则太乙自当专属之，五台不得谓之为终南矣。"今游五台除从留村进沟外，亦可进太乙谷西拐登山，或至王曲直朝南入山。

进入山沟，沿蜿蜒崎岖的山道上登，两旁尽是丛林修竹，有时越溪涧，过石桥，景色清幽。登途中原有寺庙多处，现遗留甚少。进塔寺沟有建于石砌高台上五佛殿，入寺院向西，登石阶至半坡上，建有圣寿寺的大殿，殿东屹立一座七级四棱方形古塔，高约23米，底层每边宽7.5米。塔仿木构建筑形式，砖刻斗栱和方柱，每层间隔出檐的叠涩砖和棱角牙子，每层中为卷拱的门洞[图版19(缺)]。据有关碑文，塔建于隋仁寿年间，传说大雁塔是仿此塔修建的。再前行，已不见有建筑存在，仅知原有名称如朝天门、五马石、一天门、遇仙桥、下宝泉、上宝泉……通往大顶(即观音台)。大顶是南五台最高峰，大顶上面，原有隋代国光寺，早遭火焚不存。登顶，南望终南如上述毕沅所描写，北瞰秦川风光，坡原河流，阡陌村落，历历在目。

翠微宫 在南山，《册府元龟》载："笼山为苑。

自初裁至于设幄，九日而罢功，因改名翠微宫。正门北开，谓之云露门，视朝殿名翠微殿，寝殿名含风殿。并为太子构别宫，去台连延里余，正门西开，名曰舍华门，内殿名喜安殿。"据张礼城《西游记》称，翠微寺在长安县西南翠微山，"本唐太和宫(唐高祖李渊)武德八年(625年)建(唐太宗李世民)贞观十年(636年)废，二十年(646年)太宗厌禁内烦热，命将作大匠阎立本再葺，改为翠微宫，(唐宪宗李纯)元和元年(806年)废为寺。"唐温庭筠有《题翠微寺》诗。

(二) 华清宫

在临潼县南，骊山之麓，自古就有温泉出现，周幽王曾在这里修骊山宫。骊山峰火台(为博"褒姒一笑失天下"的故事由来)遗迹犹存。传说秦始皇在此遇"神女"，以石筑室砌池，称"神女汤泉"，也称"骊山汤"。汉武帝刘彻时(约公元前130年)在秦汤泉的基础上扩建为离宫。隋文帝杨坚，于开皇三年(583年)，又加以修建，广种松柏树木。到唐朝，这里成了皇帝游乐的胜地。尤其在冬季，唐太宗李世民于贞观十八年(584年)，诏令大匠阎立德营建汤泉宫，阎规划建制宫殿楼阁，十分豪华。据《唐书·地理志》"昭应县有宫，在骊山下，贞观十八年置。咸亨二年(唐高宗李治年号，671年)始名温泉宫，天宝六年(747年)更曰华清宫。治汤井为池，环山到宫室，又筑罗城，置百司及十宅。"《雍录》载："温泉在骊山，与帝都密迩，玄宗即山建宫，百司庶府皆具，各有寓止，自十月往，岁尽乃返(可称冬宫)。"大抵宫殿包括一山，而缭墙周遍其外。观风殿有复道，可以潜通大内。按骊山海拔高约1256米，山上松柏苍翠，草木茂盛。

华清宫如上所述，为一宫城，其形方整，其外更有缭墙随地势高下曲折而筑(图5-22)。《长安志》载："华清宫北向正北门(外城正门)外有左右朝堂，相对有望仙桥，左右讲殿。"华清宫城的北面正门叫津阳门，门外有宏文馆；"宫城东面正门

曰开阳门，门外有宜春亭；宫城西面正门曰望京门，门外近南有御交道，上岭通望京楼；宫城南面正门曰昭阳门，分谓之山门，门外有登朝元阁路，本唐之御辇便路也。"

进津阳门，东有瑶光楼，楼南有小汤，小汤之西有梨园，瑶光楼之南有殿叫飞霜殿，寝殿也。在飞霜殿之南就是御汤九龙殿，也叫莲花汤，是玄宗幸华清宫新广汤池，制作宏丽。据《明皇杂录》载："安禄山于范阳以白玉石为鱼龙凫雁石渌石莲花以献，雕镌巧妙，殆非人工，上大悦，命陈于汤中，仍以石梁横画其上，而莲花才出水际。上因幸，解衣将入，而鱼龙凫雁皆若奋鳞举翼状欲飞去。上甚恐，遽命撤去，而莲花石至今犹存。"《贾氏杂录》载："第一是御汤，周环数丈，悉砌以白石，莹澈如玉，面阶隐起鱼龙花鸟之状，四面石坐阶级而下，中有双白石莲，泉眼自瓮口中涌出，喷注白莲之上。"又云："汤池凡一十八所"。

《县志》载："由莲花汤而西，曰日华门，门之西曰太子汤。""太子汤次西少阳汤，少阳汤次西尚食汤，尚食汤次西宜春汤"(《长安志》)。"宜春汤有前殿、后殿。又西曰月华门，月华门之内有七圣殿。七圣殿北有龙汤十六所"(《县志》)。据《津阳门诗注》："宫内除供奉两汤外，而内外更有十六所长汤，每赐诸嫔御，其修广与诸汤不侔，甃以文瑶宝石，中央有玉莲捧汤泉，喷以成池。又缝缀锦绣为凫雁，致于水中。上时于其间泛钑镂小舟，以嬉游焉。"供奉两汤除九龙殿莲花汤外，又有芙蓉汤，"一名海棠汤，在莲花汤西，沉埋已久，人无知者，近修筑始出，石砌如海棠花，俗呼为杨妃赐浴汤"(《县志》)。据《县志》"芙蓉汤北有七圣殿"。《长安志》载："绕殿石榴，皆太真所植，南有功德院，其间瑶坛羽帐皆在焉。"

宫城东面开阳门外有宜春亭，亭东有重明阁，《长安志》称："倚栏北瞰，县境如在诸掌。阁下有方池，中植莲花。池东凿井，盛夏极甘冷，邑人汲之。

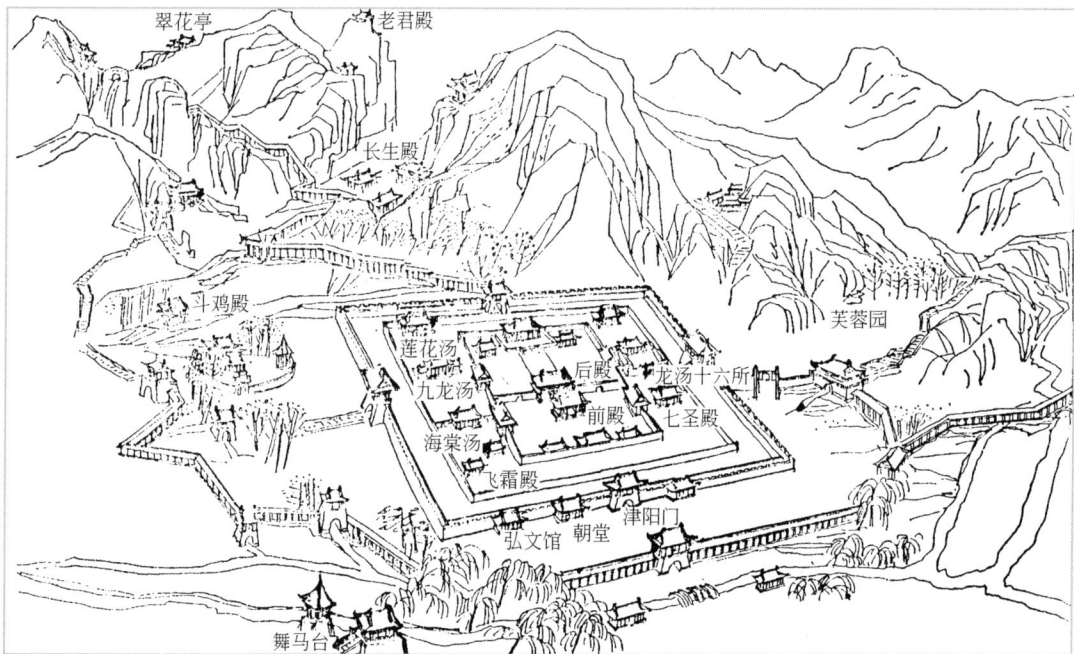

图 5-22　唐华清宫示意图

四圣殿在重明阁之南，殿东有怪柏。"

出南面正门昭阳门，即登朝元阁辇路。朝元阁，《贾氏杂录》载"在北山岭之上，基址最为峻绝，次东即长生殿故基。""朝阳阁南有连理木"、"丹霞泉"（《雍录》）。《长安志》载："朝元阁南有老君殿，玉石为像，制作精绝。又羯鼓楼在朝元阁东。有争于朝元阁，即斋沐此殿。山城内多驯鹿，有流涧号鹿饮泉。金沙洞、玉蕊峰皆玄宗命名。洞居殿之左，玉蕊峰上有王母祠。"又据《雍录》有明珠殿在长生殿之南，近东。

此外，宫城东面有观风楼，据《雍录》："楼在宫外东北隅，属夹城而达于内，前临驰道，周视山川"。又云有斗鸡殿"在观风楼之南。殿南有按歌台，南临东缭墙。"《长安志》云："殿北有舞马台、毬场。"其西曰小毬场。

"华清宫殿废已久，今所存惟缭垣而已，天宝所植松柏，遍满崖谷，望之郁然"（《贾氏谈录》）。唐郑嵎（《津阳门诗注》并序）提到"开成中（唐文宗李昂年号，836～840 年）嵎常下帷于石瓮僧院，多闻宫中陈

迹。……"提到安史之乱后，"銮舆却入华清宫，满山红实垂相思。飞霜殿前月悄悄，迎春亭下风飔飔。雪衣女失玉笼在，长生鹿瘦铜牌垂。象床尘凝罤飒被，画檐虫网颇梨碑。碧菱花覆云母陵，风篁雨萧低离披。真人影帐偏生草，果老药室空掩扉。……开元（713～741 年）到今（开成中）逾十纪，当初事迹皆残隳。竹花唯养栖梧凤，水藻同游巢叶龟。会昌御宇斥内典，去留二教仓黄淄。庆山汗潴石瓮毁，红楼绿阁皆支离。奇松怪柏为樵苏，童山智谷亡崥嵋。……"但到元朝时曾有部分修复，见元商挺《修华清宫记》"始余从先大夫宦游长安，道过华清，因读古今名诗石刻，其兴衰沿革之迹，毕际于目前。重楼延阁，层台邃沼，虽不逮和平盛时，规模制度，宛然故在。兵燹之余，居民播迁，所在宫观，例随火劫，华清亦不免莽为莽区矣。步癸丑（1313 年），复过故宫，意谓荡然无复旬日。及见，屋宇修整，阶序廓大，为殿者八，曰三清、曰紫微、曰御容、曰四圣、曰三宫、曰列祖、曰真武、曰玉女。为阁者二，曰朝元、曰冲明。为汤者二，曰九龙、曰芙蓉。钟鼓有楼，灵官有

台，星坛云室，蔬圃水轮，以次而具。丹垩藻绘，灿然一新，若初未毁，而又有加焉者。诘其故主，今赵志古辈合辞言曰：'先师清平老人赵志渊自洛州还，过骊上，西顾彷徨，悯宫室之凋废，慨然以修复为事。乃命其徒，剪榛辣砻，柱础陶瓴，薹勤垣墉。于是四方道侣，各执其艺，采会宫下，鼓舞欣跃，咸愿荐力土木之功。以时竟举，斜倾者起之，腐败者易之，破缺者完之，漫漶者饰之。又得太传移剌公总管田公，输赀助役，相与翼成。稍稍兴葺，仅见伦叙，事未竟，不幸厌世。志古等才谞力绵，不惧大任，以坠宗绪。自是骘不沾席，食不甘味，饥寒疾苦，不以累业者，逾十五年，始克有成，敢以记请。……聊推次营造始末，刻诸石，用纪岁月云。中统二年(1261年)九月念五日商挺记。'"

据记载，清光绪年间，八国联军占领北京，那拉氏(慈禧)偕载湉(光绪)逃到西安，仍不忘享乐，命令在华清池修建宫苑和部分建筑。1936 年日本帝国主义已经侵占了我国东北、华北大片土地，民族存亡危机之秋，蒋介石跑到西安，住进华清池，策动又一次反共内战。但是，在中国共产党的抗日民族统一战线的伟大感召和西安各界人民、爱国人士的推动下，爱国将领张学良与杨虎城采取联合行动，要求蒋介石答应抗日。这年 12 月 12 日清晨，张杨的军队包围了华清池，蒋介石仓惶从被窝里爬出来越墙而逃，钻进骊山腰一个小石洞里。天明军队搜山时蒋介石被抓住。由于周恩来同志飞达西安，坚决执行中共中央和毛主席的英明政策，才和平解决了震惊中外的"西安事变"。在华清池园中有一处名叫"五间厅"的房子，是当年蒋介石住的地方，半山坡上那个用水泥造的亭子，是捉住蒋介石的地方，解放前称"正气亭"，解放后改名"捉蒋亭"，今改"军谏亭"。

解放后，华清池已改为公园。除原有遗存建筑加以整修外，又浚掘了池塘，又新建了飞霜殿、飞霞阁、石舫、亭桥等。池边杨柳轻拂，又新植了各种花木。新建殿阁，仿唐式，巍峨壮观，楼阁栉比，绘栋画梁，富丽堂皇，都仍沿用旧名称。遗憾的是事先没有清理挖掘遗址，根据资料进行考证，因此，题名虽属旧有，而建非其地，尤其是所谓"贵妃池"(海棠汤)既非原址，而且室内水泥磨砖；池形椭圆，陈列沙发藤椅，不伦不类。由于骊山景色秀美，华清池盛名久著，又有温泉可沐浴疗养，自西安交通十分方便，今日成为驰誉中外的游览胜地。

(三) 唐九成宫

在麟游县西五里。本隋仁寿宫，隋文帝杨坚诏杨素营仁寿宫，素奏宇文恺和封德彝为土木监，于开皇十三年(593 年)春二月动工，至开皇十五年春三月竣工。杨坚就开始作为避暑的离宫(可称夏宫)，每年春往冬还，有时住的时间较长。据记载，开皇十九年(599 年)二月，杨坚就到仁寿宫居住，次年九月，即住了一年半，才回京城大兴。杨坚于仁寿四年(604 年)死于仁寿宫的大宝殿。隋炀帝时，宫殿渐荒废。

到了唐贞观五年(631 年)，唐太宗李世民命修复仁寿宫，规模宏伟，豪华壮丽，改名九成宫。《唐书·地理志》："(唐高宗李治)永徽二年(651 年)曰万年宫，乾封二年(667 年)复曰九成宫，周垣千百步，并署禁苑及府库宫寺。"李世民和李治"每岁避暑，春往冬还"(《元和郡县志》)。

九成宫位于西安西北三百五十公里的麟游县。据《县志》："县城义宁(隋恭帝杨侑年号)中建，明天顺(明英宗朱祁镇年号)中增筑外城，周九里有奇，门三。"据《通志》："恭帝义宁二年，宫中获白麟，因改郡麟游。"《通志》："义宁初，获白麟于仁寿宫，因置县。"这是建制麟游县的开始。筑城的情况，《县志》载："因山为城，因涧为池，麟川绕而凤台峙，四山环而道路险。"因此，麟游县是一个山城，周围溪河纵横，土地腴美。由于地势高亢，气候凉爽，离京城大兴不远，遂为隋文帝所选，修筑避暑离宫；唐太宗、高宗因之。魏征《九成宫醴泉铭》写道："至于炎景流金，无郁蒸之气，微风徐动，有凄清之凉，信安体之佳所，诚养身之胜地。汉之甘泉，不能尚也"，道出了宫址特点。

九成宫是以县西五里的天台山为中心，随形就势而建。天台山并不高，而山阳有"崇崖崛起，石骨棱棱，其阴平衍，皆土"。四山环抱，幽境天成。南邻杜水，西北有马坊河流过，因洞为池，而湖光山色之胜自成。宫室建筑情况魏征《九成宫醴泉铭》是这样描述的："冠山抗殿，绝壑为池。跨水架楹，分岩耸阙。高阁周建，长廊四起，栋宇胶葛，台榭参差。仰视则迢递百寻，下临则峥嵘千仞。珠璧交映，金碧相辉。照灼云霞，蔽亏日月。……"虽然这是文学作品，难免有夸张之词，但因地就势而筑，却说得十分确切。

九成宫早已毁灭无存，但遗址尚在。根据史书资料，唐代诗人画家所描写绘画的作品与考古资料，对九成宫遗址加以考察，可以推想大概。唐李思训所画的《九成宫纨扇图》（现藏北京故宫博物院），李昭道所画的《九成宫图》（有宋朝赵伯驹的摹本，藏西安市文管会）都表现了九成宫这座因山而筑、豪华壮丽的离宫的状貌(图版20)。

图版 20　宋九成宫纨扇图

九成宫城的墙垣，据《唐书·地理志》，"周垣千八百步（合现在 2646 米）"。南宫门，又称永光门，

门前有唐高宗李治于永徽五年(654 年)立的《万年宫铭并序碑》，碑额是篆书"万年宫铭"四字。进入永光门，迎面山丘即天台山。"其山青莲(山名)南拱，石臼(山名)东横，西绕凤台(山名)屏山，北蟠青凤诸峰，历历如绘。山脊平旷，周可一里，……是为隋唐故宫"（《县志》）。山脊冠顶而构九成殿，即排云殿。殿虽早毁，现在还可看到砌石、望柱、残石、碎砖瓦等遗物，如能进一步发掘和清理，包括附近几处遗址，可望更有根据地推测当年建筑物的规模和宫城布局情况。《县志》载："崖悬古柏，蒙以茑萝，白松亭亭，连云干霄"，现在尚存有古柏、古松数株。

"迤南曲径，西折有小阿丘，中一寺曰福昌院，亦名天台寺。瓦屋数椽，依岩傍壑，……阶前经幢，已折为二，末刻大和七年（唐文宗李昂年号，833 年）九成宫内飞龙陇西李惠造，殆宫中旧有是庙欤，院前古柏数株，虬枝掩映，下凌绝壁，壁下数武，为永光门旧址。……院右一峰突起，高二丈许，危径如线，广不盈丈，结小阁，以祀观音。登高而望，云水无际，烟树苍凉，……。沿崖西折而北数百步为醴泉。""排云殿东为御容殿，隋唐宫中行幸处也。"排云"殿后绝顶为碧城。山色苍碧，周环若城，俯视宫中，洞见纤悉。"

"九成东，平土一丘（为夯筑，遗存宽约 18 米），枯槐龙爪，拏舞风云，则为梳妆台，亦隋唐宫嫔处。"当年在这里有一条别致的空中长廊，可通达天台山麓。由梳妆台而东，水溪南注，甃石为桥。

天台山西侧有屏山，"苍崖峭壁，折播如屏，巨石巉然，临危越坠"。更为奇特的是"清流一线，自崖腹出，余泉滴涌，玉碎珠零，涓洁若醴，寒月冰凝，则玉箸倒垂，玲珑莹澈，俗名滴水崖。前明滇人陈铭，摩崖题曰屏山喷玉，今毁。"天台山东南，跨过杜水，有山名凤台，即《县志》所述，"麟川绕而凤台峙"的凤台山。据《县志》称："小峦杰出，岛屿凌空。每暴雨，万壑飞泻，雷鼓争喧，绝顶俯瞰清流，波光射目，恍在蓬阆间也。旧志谓隋文帝时，凤鸣其山，故名。"在凤台与屏山之间，有一片比较宽广的地带，当年有溪流水汇集成湖（即所谓"因洞为池"）。《县志》载："由醴泉而西，凤台屏山间，清流溶漾，西绕而南，为西海口，盖唐宫汇水行舟处。"在海口东南岸，有土台一丘，台上原有觊峨的楼阁。登阁遥望，江山苍茫，松涛如风，因此有"天台松涛"之称。

前述天台山，"青莲南拱，石白东横，西绕凤台、屏山，北青凤诸峰"。青莲山，在县西南二十里，"耸峭奇险、峰峦对峙，若莲半开，青翠如画。……中峰旧有招提，前明建，岁圮，遗古钟一，正德（明武宗朱厚照年号，1506~1521年）间铸。山北有石龛如门，嵚崎巉峭，有若削成。崖下神湫，神瀁瀱出，结深无际。……山南有东川寺，削壁千仞，上有石佛，为唐贞观间镌。其东为雷神庙，东折而南为蜡神庙。……红楼紫殿，出没烟雾间，咸谓不减华岳蓬峰云。"关于石白山，《县志》载："在县南少东十五里，两腋拱起，自腹至巅，长楸蔽天，林郁招提。有灵湫出佛座下，汇为池。将雨则云霏自池中出……山后石室有捣药杵臼，盖古丹灶处也。山脐卧石有足迹，若印泥然，四旁隆起，层层剥落，晕若指纹。降冬雪积满山，此独消镕无迹。绝顶石壁千寻，邪乾入望。有唐徐茂公故垒，盖太宗（李世民）幸九成时，尝驻兵为卫，山半残碑，犹有茂公营记四字。"另一胜处，在九成宫南鱼塘峡玉女潭，"在县南二十里。两山夹涧，层棱如削，怪石四壁欲落。逾岭即玉女潭。潭水自永安来，及山半飞泻岩下，状若鸡翅。嗡呫喤喈，声震群谷，峰峦环绕，画图天然。隋文帝宴此观涛，武后幸万年（宫），复浴焉"（《县志》）。

总的说来，九成宫址天台山，山虽不高，但地势高亢，夏季气候凉爽，环境幽雅，风景优美。这里，群山怀抱，台榭参差，使九成宫成为在自然胜地中随形因势而筑的离宫中一个范例。

第三节　隋唐五代文化艺术和山水画

唐朝是继汉以后一个伟大的朝代，封建经济繁荣，前期主要表现在农业生产的兴盛上，中期以下的繁荣，主要表现在手工业和商业，特别是商业的兴盛上[7]。随着国内外贸易的发达，促进了都市的兴盛和繁荣，出现了辉煌灿烂的文化。

一、封建经济繁荣、都市兴盛

封建经济的根本在于农业。由于唐前期封建经济关系的变化，农业生产工具的改进和广泛应用，水利工程相当发达，各种水车普遍用于农田灌溉，精耕细作集约经营的程度有所提高，耕地面积也比前代扩大，这些促进了农业生产的进步。唐朝手工业分官府和私营两类，包括纺织、印染、采矿、金属铸造、瓷器、榨糖、造纸、印刷、造船等，也兴盛发达。随着商品经济的发达，适应交换需要的商业就进一步向上发展起来[8]。

疆域的扩大，国内外贸易的发达，促进了都市的兴盛和繁荣。唐朝著名都市——长安和洛阳，是当时最大的都城，也是重要的商业都会。此外有淮南的扬州和四川的成都，是东、西两个中心。江陵、鄂州、江州、洪州、苏州和杭州等是长江流域的著名城市，在唐朝后期商业上占重要地位。北方，在运河和陆路交通要道上的繁盛城市，有扬州、幽州、汴州、宋州、太原、凉州等。随着唐朝对外贸易的发展，沿海也有一些繁盛的城市。岭南的广州，自汉以来就是与海外通商的都市。此外，东南沿海的贸易港，有泉州、明州；北面的贸易港有渤海湾的登州[8]。

这些商业大都市，一般都是各地的政治、军事以及文化中心。贵族、官僚地主和富商巨贾都麕集繁华都市，过着荒淫糜烂的生活。农村中贫困破产被迫逃入都市的农民，手工业者以及靠劳动为生的小商小贩，是都市中过着艰苦困难悲惨生活的最下层。

唐朝城市都设有"市"，但逐步由于商业的发达，坊、市严格区分的规定已不很适应新的形势，所以唐中期以后，有些店铺作坊就设置到"市"以外的坊间。长安和扬州等地除了日市外，还有热闹的夜市。除了州县的"市"外，还有草市，它是乡村间进行交换的场所，历史悠久。草市，南方叫墟，北方称集。它的具体名称，以墟集上供应的主要货物为名，如米市、柴市、鱼市、桔市、茶市等，或以地理环境为名，如山市、野市、河市，或以开市日期为名，如亥市(逢亥日开市)，等等。随着交换的需要，逐渐设有每天营业的店铺[8]。

大都市里经营同一行业的店铺增多，就产生了同行业的封建性组织——行。长安的东市和洛阳的南市，各有一百二十行。行有"行道"或"行头"，主持一行的事务，在行内负责贯彻执行有关市场的规定，向政府交纳税收，办理与官府交涉事项等[8]。随着商业的发展，新兴起来的富商巨贾日益积聚了大量的物质财富，或"邸店园宅，遍满海内"，或购买土地，转化为大地主，或行贿买官，跻足于封建官僚行列。地主官僚也常常直接经营商业，或者官商合伙经营以牟利。唐朝后期，大商人与官府的勾结更加紧密，"商贾胥吏，争赂藩镇，牒补列将而荐之，即升朝籍"(《资治通鉴》卷三四二)。官僚、地主、富商紧密结合，三位一体，以攫取社会财富[8]。

在农业、手工业、商业发达的基础上，使唐朝成为我国封建社会史上一个繁荣强大的国家。前唐、中唐封建经济的繁荣和长期安定的局面(唐初至玄宗天宝年间)是唐朝产生伟大的文化艺术的基础。

二、隋唐五代文化

隋唐五代特别是唐朝的文化，是中国封建社会中辉煌灿烂的时期。这个时期的宗教和哲学思想，在我国哲学思想史上占有承前启后的地位。许多西方的宗教，在这时传入我国，如景教(基督教的一个教派)，摩尼教(回纥人很多信摩尼教)，袄教，亦名拜火教(北魏时已传入)，会昌毁佛时，景教、摩尼教、

袄教同遭禁止。伊斯兰教所建大食国，于永徽二年(651年)遣使来到唐朝，开元初又再派使者来，安史之乱，唐朝"亦用其国兵，以收两都"，这些大食士兵，不少就落籍中国，此时伊斯兰教当亦传入。这些西方宗教的传入，伴随而来的文化、艺术，对中国当时的社会文化，曾经起过一定程度的影响[9]。

道教到了唐朝取得特殊的地位。唐高祖李渊借樵夫吉善行之说，太上老君(李耳)是唐帝之祖，依托附会披上"君权神授"的外衣，麻痹人民，举道教为皇教。唐高宗李治于乾封元年(666年)封太上老君为玄元皇帝，还规定道士女冠犯法，依教规处理，州县官不得擅行决罚，享有不与百姓同罪的特权。武则天改唐为周，大杀李氏宗室，诏废太上老君的帝号，规定道教位在佛教之下。她的崇佛抑道，纯属争夺皇位的政治需要，对长生不老、羽化登仙、采药炼丹之类崇道行为，也是热心的。唐玄宗李隆基在其统治前期，曾经声言神仙是虚无缥缈之事，但从开元末年起，逐渐厌倦朝政，日夜沉溺于穷奢极侈的享乐生活中，更加迷信于延年益寿永享极乐之道。道士们纷纷投其所好，进延年益寿之方，炼丹合药之术，朝野上下，崇道风行，道教终于发展到极盛时期。当时两京和各州府都置有玄元皇帝庙，达官贵人都请舍宅为观，不少公主、妃嫔和官僚妻女度为女冠。道观建筑，亦极华丽，浪费了人民无数的人力和财力。唐朝道教分两大流派，一是丹鼎派，一是符箓派。丹鼎派主要讲究变化黄白(以谋钱财)，飞炼金丹(以求长生)，在唐朝最鼎盛。炼长生药的丹砂，在火化后，离析出硫磺而剩下水银，人吃了这样烧炼出来的金丹，就会中毒死亡。唐宪宗服食道士柳泌炼的金丹丧生，唐穆宗服食杜道士炼的仙药，生疮脱发暴死。达官贵人因服食金丹而死的也是不少的。大诗人李白，青年时代就迷于求仙访道，采药炼丹，曾通过烦难的入道仪式，成为真正道士，经历了耗尽金钱、与健康全无益的漫长痛苦历程后，直到临死前，才从道教迷信中解脱出来。大文学家韩愈也因服硫磺而死。符箓

派也讲炼丹，但主要是讲究符箓、辟谷和导引之术。唐时符箓派的主要流派有二：一是江西龙虎山天师派；二是茅山派[10]。

　　佛教在隋唐时代的盛衰，始终与封建政治的需要，密不可分。隋文帝杨坚继北周武帝禁止佛教后，又力倡佛教，杨广继续奉行崇佛教政策。唐朝的李渊、李世民吸取隋朝的经验，采取了更为巧妙的既尊道、又崇儒、又礼佛的政策。他们支持建寺度僧，译写佛经。贞观十九年(645年)玄奘自印度取经回国后，李世民对他优礼备至，资助译经。武则天在争夺皇位的斗争中，摒弃尊道教的国策，极端崇佛，笼络沙门，供其驱使。佛教在武则天统治期内，达到了鼎盛时期。安史之乱后，各种社会矛盾加深，统治者既需要佛教来寄托他们空虚的灵魂，更需要借助佛教麻痹人民来解除人民反抗斗争。正是在这个时期，佛教宗派相继发展和复兴。隋以前的佛教虽有学派之别，还未形成宗派。到了隋唐，佛教适应封建政治经济关系的演变，师徒之间不仅传习本派佛学，而且庙产也由嫡系门徒继承，形成封建宗法式嗣法世系，结成中国佛教宗派。当时重要的宗派有：天台宗，是陈、隋之际智𫖮所创，提出定(禅定)慧(理论)并重；法相宗(亦名慈恩宗)，是玄奘所创，创立八识(即眼、耳、舌、身、意六识外，又增末那、阿赖耶二识)；华严宗(亦名贤首宗)，是法藏所创，以阐释发扬《华严经》得名，主张"尘是心缘，心为尘因"。禅宗，起于北魏末，始祖达摩，至唐朝前期，分为南北二派，神秀为北派之祖，作偈中"时时勤拂拭"正好是渐悟的说明，还包含着客观唯心论的内容，慧能为南派之祖，作偈中有"本来无一物"，是彻底的主观唯心论，是顿悟的很好说明。禅宗比较彻底地变成中国封建化、世俗化的佛教，深受唐皇朝的器重，教门比较兴旺发达。禅宗的唯心论哲理，对中国唐以后唯心论哲学思想，曾起过重大的影响。密宗，专讲迷信法术；净土宗主张只要有信佛的诚意，专心念诵"南无阿弥陀佛"就能"罪病消除，福命长远"，死后迎往"净

土"；它们并没有什么系统的佛教哲理[9]。

　　佛教虽是当时统治者麻醉人民的工具，但伴随佛教而来的艺术、文学、因明学等，对中国文化都有重大的影响。佛寺的建筑和佛像的雕塑，影响中国的建筑和雕塑艺术很大，佛典的翻译文学，丰富了中国文学的内容，俗讲或变文，即由讲论佛法而来，传奇小说也受佛经故事的影响；唯心论的思维，成为宋朝理学的构成部分。中国当时吸取了佛教文化上许多新的营养成分，融会消化，丰富了中国文化的内容并促进其前进。隋唐时的佛教已经中国化了，例如天台宗、华严宗、禅宗等；对文学、艺术的影响，也是作为中国当时文艺的营养成分而被吸收消化，如敦煌千佛洞和洛阳龙门的唐朝佛塑、雕刻、绘画等，都已经是融合成熟的中国艺术[9]。

　　佛、道等宗教经唐朝的统治者所倡导而兴盛，同时反对宗教、迷信的思想也随之而起。唐初的傅奕、吕才就是反对佛教的唯物论思想家。傅奕坚决反对佛教，因他认为僧尼"游手游食，以逃租赋"(《旧唐书》卷七九《傅奕传》)，浪费了国家钱财，减少了税收；佛本西域神，"恣其假托"，出家背父悖亲，违背君臣、父子等伦理道德。他认为"生死寿夭，由于自然；德威福，关之人主"。有名的宰相姚崇，也坚决反对宗教、迷信。他曾历指姚兴、胡太后、萧衍等虔诚事佛，广造佛寺，但"国既不存，寺复何有"，又说古代有较长的朝代和长寿的人，"时未有佛，岂抄经铸像之力，设斋施佛之功耶？"(《旧唐书》卷九六《姚崇传》)。唐朝后期的韩愈和李翱，站在传统儒家的立场上，用唯心论来反对佛教，从富国论、夷夏论和封建的伦理道德来反对佛教[9]。儒家思想从魏晋开始衰落，到唐朝实行儒、佛、道并用的政策后，才又取得地位。经过南北朝的长期变乱，儒家典籍散失需要搜集、整理和训诂、注疏工作。唐朝设立专门的机构从事这方面的工作，孔颖达、颜师古等人应时而出，对训诂、注疏有不少发明之处。到了唐中叶，由韩愈针对佛教提出儒家的道统之说。他的思想代表作

有《原道》、《原性》等篇。韩愈讲的道统："博爱之谓仁，行而宜之之谓义，由是而之焉之谓道，足乎已无待于外之谓德。仁与义为定名，道与德为虚位。"这就是说，仁义是道德的内容，道德是仁义的形式，二者结合起来就构成道统[10]。唐朝后期用唯物论思想反对佛教有较大贡献的则是柳宗元和刘禹锡。他们基本上都是反对天命，继承和发展了荀况的"天人相分"思想。韩愈虽反佛却崇信天命，他的天命观受到了柳宗元《天说》的批判。柳宗元认为天地之间只有元气，没有神的主宰，他的《封建论》驳斥了韩愈的圣人创造国家的观点而说，"受命不于天于其人"，"故封建非圣人意也，势也"（这个势也就是社会发展的必然性[9]）。

唐朝史学得到进一步发展，一是唐以前纪传体"正史"都是私家编纂，唐开始设立史馆，由史官编修史书的制度确立；二是史学著作中有了新的创作，如刘知几的《史通》，是中国第一部系统的史评类著作，如杜佑编纂的《通典》，是一部典章制度的通史专著。

隋唐时代科学技术也取得有辉煌的成就。隋、唐时天文学、历法和算学方面有很大进步。隋时刘焯（544～610年）在历法中采用定朔计算制度，认为岁差现象应是每七十五年移动一度，与现代测定的结果很相近了，还观测计算了五大行星的位置。唐时李淳风制定了麟历，注释了《十部算经》，曾用铜制成黄道浑仪。僧一行的贡献尤大，于开元十五年（727年）制订大衍历，又改进制成黄道游仪，在各地组织对日影长度和北极高度的测量，开创了世界第一次地球子午线的测量，取得了地球子午线1°的长为123.7公里。隋唐时的地理学也前进了一步，特别是地图的绘制和地志的编写。隋的裴矩搜集西域资料，"丹青模写，为《西域图记》，共成三卷，……仍别造地图，穷其要害"（《隋书》卷六七《裴矩传》）。隋炀帝曾命臣下撰成《区宇图志》一千三百卷，卷头有图。到了唐朝，贞观年间魏晋泰命臣佺撰《括地志》五百五十卷和《序略》五卷；贾耽所著《地图》十卷，《古今郡国县道四夷述》四十卷；李吉甫的《元和郡县图志》等[9]。

隋唐时名医辈出，著述丰富，医药学成就很大，无论在诊断、治疗、方剂、本草方面都有所发明，有所前进。著名医书有巢之方等撰《诸病源候论》，是一部从病源、病候（症状）分析判断疾病的医书。孙思邈撰《备急千金要方》和《千金翼方》，王焘撰《外台秘要》。唐显庆四年（659年）颁行的《新修本草》是一部官修的记载药物的图谱，是世界上第一部由国家制定的药典。此外段成式《酉阳杂俎》中的《广动植》、《支动植》等篇中记述了一些生物的形态，刘恂《岭表异录》中记述了一些生物的形态。其他科技成就有雕版印刷术的发明，它是我国文化史上一件大事，从手抄进步到印刷书籍，为广泛地传播文化创造了条件。火药的发明也在唐朝，而且在唐末已被用于军事，抛射火药成为非常猛烈的武器[10]。

唐朝文学，是我国封建文学发展的新高峰，最繁盛的是诗歌。唐初的诗坛仍为宫体诗所笼罩，应酬诗占统治地位。初唐四杰——王勃、杨炯、卢照邻、骆宾王，开始改变齐梁诗风，写出一些描绘边塞、都市生活，抒发个人愠郁愤怨的诗歌。继后，陈子昂主张做诗要有"兴寄"和"风骨"，即要有反映现实的内容和风格，为唐诗的发展开辟了道路。陈子昂以后，诗歌进入了鼎盛时代，诗人辈出，流派竞起，在不同的风格下发展、丰富、完备了诗歌的艺术形式。这时出现有两种潮流。一是高适、岑参等反映边塞生活的诗歌，表现了出征战士的苦难，征人思妇的悲郁，暴露了统治者穷兵黩武的罪恶。二是王维、孟浩然等诗人描写田园山水的诗，在反映自然景色和艺术技巧上，成就较高，但他们的思想却带有怀才不遇和逃避现实的消极因素。到了盛唐，涌现出不少优秀诗人，其中李白和杜甫是杰出的代表人物。李白的诗歌承继了风骚乐府而又富于创造性，清新激越的韵调，清奇秀丽的风格，豪壮奔放的感情，驰骋天外的想像，明净华美的语言，构成李白诗歌的艺术特色。杜甫初期的诗歌，无情揭露了当时统治阶级的骄奢淫逸、穷兵黩武，深刻反映了日益激烈的阶级矛盾。安史之乱后，写下了许多反映现实、暴露时弊的不朽诗篇，以细致的笔触，愤激的感情，对因战争田园荒芜、人烟灭绝、人民苦痛的情景，作了简洁的素描，表达了诗人对民间疾苦的深切同情。杜甫的诗不仅具有现实主义内容，而且有精湛的艺术魅力，他的诗，语言凝炼，词调严谨，有时气魄雄浑，辞藻富丽，有时沉郁悲怆，质朴平易；他的五七言律诗，注意字的平仄，句的对仗，使律诗更为成熟。安史之乱后，唐王朝走向衰落，社会危机重重。政治家积极要求改革政治，诗坛上也掀起一股改革浪潮。以白居易、元稹为代表的一些诗人，主张诗歌摆脱六朝以来的形式主义的束缚，更多地反映现实，在政治上发挥补救时阙的讽喻作用。白居易初期的讽喻诗，表达了他"兼济天下"的抱负，后期的闲适诗，体现了他政治上失意后"独善其身"的消沉思想。白居易的诗歌改革，在形式方面是要使诗歌平易化，采用人民语言，更多地包含叙事的成分，并注重音韵的优美，他开创的"元和体"，虽然遭到"庄士雅人"的鄙视乃至仇视，却受到广大群众的欢迎，对后世诗歌现实主义传统的发展有很大影响。刘禹锡在贬谪时期作的诗，用咏史和寓言的形式，揭露社会黑暗，表达自己不妥协的斗争精神，也有描绘农村生活和农民疾苦的诗篇。李贺的诗，意境奇特，辞藻瑰丽，形象丰富生动，富有浪漫主义色彩。到了晚唐，封建统治岌岌可危，一些诗人如韦应物、司空图等，或是在诗中表现出对农民起义的仇视，或是表达浪迹山林、耽醉宴乐的空虚生活，多数是颓靡的作品。一些诗人如李商隐、杜牧等既有以古喻今，伤时忧国之作，又有情调哀怨的作品。而另一些诗人如皮日休、聂夷中、杜荀鹤等，则继承了唐诗中现实主义传统，创作了反映唐末极端尖锐的阶级矛盾的诗篇[10]。

魏晋六朝讲究声律、对偶的骈体文，在唐前期有很大影响。初唐开始就有人开创变革骈文文体，经陈子昂、肖颖士、李华、元结等人的不断努力，为中唐时期古文运动奠定了基础。所谓古文运动，就是反对骈文，要求改革文体、文风和语言，恢复先秦、西汉的文章传统，以无拘束的散行单句来阐述儒家思想。散文是唐朝文学的一大成就。韩愈是古文运动的主要发动者和著名的散文家。他主张"文以载道"，反对因袭前人、没有内容的骈文。他主张在学习、继承古文的基础上大胆创造。学习古文时应"师其意而不师其辞"，撰写文章时"当取于心而注于手也，惟陈言之务去"。他主张"文章言语与事相侔"；语"必出于己，不蹈袭前人一言一句"，"文从字顺"。他创作了大量的各种体裁的散文，气势豪壮，论理清晰，一扫六朝以来骈文的呆板风格。由于韩愈过分追求辞藻的新奇，爱用僻词怪字，文章有时流于晦涩。他的老友樊宗师更是作文癖怪，难以句读理解，一言一句，都要独造，不抄袭前人，当时就称作"涩体"，正因为如此，流传有《绛守居园池记》（详见下节）。柳宗元积极参加了"古文运动"，也主张"文者以明道"，提倡写文章要态度鲜明，形式朴实，语言生动。他十分重视文学的社会作用。他善于写政论文和传记文，而讥讽腐败社会现象的寓言小品文，描写祖国绮丽风光的山水游记，尤其富有独特的艺术风格。他的散文，构思奇巧，文字洗炼，说理严谨，思想性和文艺性都较高，但在某些诗文中也流露出因遭受长期政治迫害而产生的低沉消极的情绪[10]。

三、隋唐五代艺术和山水画

隋、唐五代的艺术，一方面继承了汉魏南北朝的优良传统，一方面吸收了边疆少数民族和当时国外的艺术成果，配合发展而形成了辉煌的艺术成就和独特的风格。先从音乐方面说，北周就得西域之乐，教习以备缛宴之礼，又获康国、龟兹等乐。开皇时曾定七部乐，大业中，改定为九部乐，即清乐、西凉、龟兹、天竺、康国、疏勒、安国、高丽、礼毕（即文康乐）。九部乐中，惟清乐是汉来旧曲，礼毕或言出自庾亮家伎，其余传自西域少数民族和天竺、高丽等外国。唐朝外国乐传入计十四种乐，其中八种列入唐朝的十部乐。唐朝的十部乐，即燕乐、清商、西凉、天竺、高丽、龟兹、安国、疏勒、康国和高昌乐。其后乐又分坐立二部，立部又分八种，坐部又分六种，立部乐伎唱立奏于堂下，坐部乐伎坐奏于堂上。又有散乐百戏，亦多从西域传入，如舞伎、舞轮伎、高纲伎、缘竿伎等，还有一种歌舞戏。当时所用乐器，也综合了国内各族和国外传入者。如高昌乐所用乐器有竖箜篌、铜角、琵琶五弦、横笛、箫、觱篥、答腊鼓、鸡娄鼓、羯鼓等。羯鼓是当时各部乐中的主要乐器。唐时舞蹈也很盛行，很多西域舞蹈传入内地。西域舞蹈多配以乐，故唐时盛行乐舞。"舞者，乐之容也，有大垂手、小垂手，或如惊鸿，或如飞舞。婆娑，舞态也；蔓延，舞缀也。古之能者，不可胜纪。即有健舞、软舞(主要的三种)、字舞、花舞、马舞。健舞曲有《棱大》、《阿连》、《柘枝》、《剑器》、《胡旋》、《胡腾》，软舞曲有《凉州》、《绿腰》、《苏和香》、《屈柘》、《团圆旋》、《甘州》等"(段安节：《乐府杂录》)。杜甫有《观公孙大娘弟子舞剑器行》，形容剑器舞。白居易有形容胡旋舞的《胡旋女》诗，还写了《霓裳羽衣舞歌》，霓裳羽衣舞是流行于宫廷和官府的乐舞。柘枝舞在唐时也很流行。唐朝封建朝廷祭享时，有文舞和武舞。唐朝还盛行拔河、打球等戏。

唐朝的雕塑很发达，名家辈出，最为突出的是杨惠之，号称"塑圣"，今江苏吴县用里保圣寺和陕西蓝田县水陆庵还保存着他的壁塑。不过，据研究保圣寺的塑像是宋人作品，不是他的[9]。

隋、唐时的书法和绘画，在艺术上也有很高成就。书法方面，隋朝名家有房彦藻和隋唐之际的虞世南。唐时被并称"欧虞褚薛"欧阳询、虞世南、褚遂良、薛稷，都以楷书名重当时。唐中期书法家有贺知章、张旭、李邕、颜真卿、怀素等。唐后期书法家有柳宗元(尤善章草)柳公权(楷书见长)等[9]。

唐朝的绘画艺术继承汉魏南北朝的优良传统，吸收了国外的艺术成果，形成独特的风格。隋时，我国西北的民族美术家杨契丹(契丹人)和尉迟跋质那、尉迟乙僧(父子，于阗人，于阗即今新疆维吾尔自治区于田县)都到隋朝工作。他们的绘画方法和作风，无疑对中国绘画起了融合作用。他们把外来艺术的色彩和晕染的方法吸收过来，从而丰富了中国绘画优良传统。

前章"魏晋南北朝的文化艺术"一节里已经讲到南北朝时期，绘画的领域扩大了，开始了山水画最初形式并发展起来，经宗炳、顾恺之、王微等画家的发展，山水画有了独立的趋势，但基本上仍不脱人物背景的阶段。到了隋朝，就显出了独立的趋势，山石树木和人物的比例已相当合理，克服了那种"人大于山，水不容泛"的现象，但山石勾勒，树木枝叶的点染，仍有六朝的余风。隋朝产生了大画家郑法士和展子虔等。郑法士师法南梁张僧繇，他的台阁画曾得到这样的评语："状石务雕透，绘树当刷缕"。展子虔不但长于人物，又长于台阁画和山水画。从他的《游春图》卷轴画(图版21)的表现来看，山石勾勒与水纹描法极细，树叶用大笔点染不作细分，与敦煌壁画中所见树头画法略同；人马、山中房屋和山石树木的比例相称，并且越远越小，远近关系颇合透视法度，看去十分自然；人物用粉点染，形体虽小却能清楚地呈现出其动作姿态来[11]。但据近人傅熹年的研究，展子虔《游春图》大概是伪作，并非隋作[12]。无论如何到了隋和初唐，体现自然的技巧已获得初步的解决，但是作为独立审美意义的山水画，看来是在盛唐，正如张彦远在《历代名画记》里说的，"山水之变始于吴(吴道子)，成于二李(李思训、李昭道父子)"。这里举吴道子和李思训二人奉命在大同殿的壁上画嘉陵江三百里山水的故事，说明二人的画风不同。据说吴道子一天就画完，李思训数月始就。他俩作壁画所花的时间不同，不是由于敏捷或否，而是由于画法不同。吴道子的用笔以线条描法来表现，傅彩于焦墨液中，略施微染；李思训"画山水树石，笔格遒劲"，用色彩完成画面，所谓金碧青绿山水，为一家法。这两位画家的笔法虽然不同，但都能以写实的手法，传神的力量，把嘉陵江的变幻多姿、美丽动人的山水风景表现在画壁上，所以李隆基(唐玄宗)满意地说："李思训数月之功，吴道子一日之迹，皆极其妙。"这种不同的用线条和用色彩表现的笔法，形成了山水画的不同发展[13]。

商业都市里，统治阶级生活的一面就是恣意享受，贪图逸乐，而且极尽豪华的能事。这种社会生活和风趣就必然刺激绘画艺术向豪华富丽的一面变化。

例如人物画的多彩多姿，特别是唐朝开元、天宝年代，人物画像满月那样达到成熟时期。尽管唐朝的绘画主要是人物画、佛道宗教画，但到盛唐时代(即开元、天宝年代)，画家和鉴赏家都转向到体现祖国山河、自然这个方面，从而山水画名家辈出。继吴、李之后有王维、张璪、郑虔、王宰等也都是创造性的山水画家。尤其是王维(字摩诘)，既是诗人，又是音乐家兼画家，虽然没有可信的、传留下来的绘画作品，但从文献资料中可以了解到他的描写自然得到很大成

图版 21　展子虔　游春图

功。王维的画破墨山水，笔力雄壮，有类似吴道子风格的地方，笔迹劲爽又有李思训的趣味，而表现"重深"是他独具的地方[13]。苏东坡称赞他说："味摩诘之诗，诗中有画；观摩诘之画，画中有诗。"(见《东坡题跋》卷五，《书摩诘蓝田烟雨图》)把诗的意境和画的意境相结合，更丰富了山水画的内容，开始了所谓抒写性灵(写意)的山水画。但总的说来，唐朝山水画还是青绿工整为主的。王维虽创破墨，但他的山水画多数还是青绿，还有无皴、笔法细如毫的画法[13]。

五代十国的山水画：前述唐末农民大起义，虽然打垮了唐王朝的大部分地区，但又新起一批藩镇军阀。在他们的割据下，短短半个世纪内，形成了五代十国的大分裂局面。五代是指后梁(907～923年)，后唐(923～936年)，后晋(936～946年)，后汉(947～950年)，后周(951～960年)，相继占据中原地带的五个

王朝，但均未能构成一个政权中心。这样快的朝代更替，更换了十四个皇帝，可以想见当时局面之混乱。除后唐建都洛阳外，其余均建都汴州(今河南开封)。同时，在广大国土上出现了所谓十国，围绕在五代周围的十个小国。十国即吴(892～937年)，吴越(893～978年)，前蜀(891～925年)，后蜀(930～965年)，楚(894～951年)，闽(893～945年)，南汉(901～971年)，南平即荆南(912～963年)，南唐(937～975年)，北汉(951～979年)。除北汉在太原，其余九国均在长江流域及其以南地区所建立的政权。当时，还有燕、岐、湖南、殷、清源等割据政权。此外还有新兴于北方的契丹，东北边境的渤海，西南边境的南诏(后称大理)、吐蕃等。五代十国是中国史上一个纷扰割裂的时期。人民不但备受方镇军阀残暴统治之苦，还受到契丹统治者侵扰的祸害。在人民的反抗斗争下，到

图版 22　荆浩　匡庐图

后周世宗(柴荣)，他能顺应历史的发展，开始统一工作，抗击契丹的进扰，也取得了初步的胜利[14]。

十国混乱局面中，南唐(江淮流域)、西蜀、吴越(太湖流域)等国的局势比较安定，经济比较发达，有历史较久的文化艺术传统基础，因此，它们就成了当时的文化中心。五代时期的绘画艺术，特别是山水画得到了进一步的发展。唐朝出现的破墨山水，经过晚唐到五代以后，成为山水画中的主要画法。这种皴法、墨色的运用，使山水画更加苍老深厚而有气韵。五代时期，体现这种风格的代表画家有后梁的荆浩和关全(写的是太行、陕西一带的山水)，西蜀的李开(写蜀山)，南唐的董源、巨然(写江南山水)，以及五代宋初间的李成(写齐、鲁山水)、范宽，还有长于台阁画的郭忠恕等画家。

荆浩是一位杰出的山水画家(图版 22)。他认为，对于山水画的要求，不只是能描写山水的外形，"得其形，遗其气"的形似，而是要能通过正确的形象来传达山水的"气质俱盛"，即"真"的精神内容。荆浩在绘画艺术上的功绩还在于有完整的创作理论贡献。曾著有《笔法记》、《山水诀》等。他主张"画有六要(六个要点或必要条件)：一曰气，二曰韵，三曰思，四曰景，五曰笔，六曰墨"，这和南齐谢赫的"六法"大体相同，而又进了一步。荆浩初次把"思"和"景"提出来作为绘画的必要条件。什么是"思"？"思者，删拨大要，凝想形物"，也就是说要对创作的题材和描写的对象加一番构思，舍去不需要的非本质的东西，把隐藏在复杂现象下本质的东西呈现出来，使主体突出，思想主题显明。所谓"景"，"景者，制度时因，搜妙创真"，这就是说要因时制宜地处理题材，捉住物象的精神实质，创造真实的典型。至于"笔"，"笔者，虽依法则，运转变通，不质不形，如飞如动"，也就是说，笔法虽有法则可依，但不能拘泥于成法，应当变通地灵活地运用，自然而然地表现出来。所谓"墨"，是指整个画面色彩而言，要达到"高低晕淡，品物浅深，文采自然，似非因笔"。荆浩又说"似者，得其形遗其气；真者，气质俱盛"。这说明他

是主张以表现"真"为首要，不但要把握物质的形式，而且更重要的是捉取物象的精神实质[15]。

关全，是以荆浩为师而有青出于蓝赞誉的画家(图版 23)。他画山水，擅长秋山寒林，村居野渡，幽人逸士，渔市山驿之类的题材。他的山水画画面上常呈现出一片关、陕景色的真实感，有笔越简而气越壮，景越少而意越长之称[13]。

李升，据称不从师授，自创一风。董源，他的山水画，据郭若虚说，是"着色类李思训，水墨类王维"。对这一说法，《宣和画谱》认为，类李类王只是以此得名而已，并不是他的表现，真正创作乃"其自出胸臆，写山水江湖，风雨流谷，峰峦晦明，林霏烟云，与夫千岩万壑，重汀绝岸，使览者得之，若寓于其处也"。董源是淡墨轻岚画的发展者，他用的皴法，即后世所称"披麻皴"，笔法圆润，墨色线条有一种疏朗而又浑然一气的感觉(图版 24)。他和他的弟子巨然，以写江南山水为主，尤其精于表现水乡的气氛和光[15]。

五代宋初的画家中，郭忠恕最长于工整细润的屋木台阁宫室界画。这种台阁画早在隋的董伯仁、展子虔就有所表现，唐朝李思训、李昭道以及五代的卫贤，都工于台阁画。郭若虚说："画屋木者，折算无亏，笔墨匀壮，深远透空，一去百斜。郭忠恕、王士

图版 23　关全　关山行旅图

图版 24 董源 潇湘图

图版 25 李成 读碑窠石图

元之流所画楼阁多见四角，其斗栱逐铺作为之，向背分明不失绳墨。"李荐认为："屋木楼阁，恕先自为一家，最为独妙。栋梁楹桷，望之中虚，若可提足。阑楯牖户，则若可扪历而开合之也。以毫计寸，以分计尺，以尺计丈，增而估之以作大宇，皆中规度，曾无小差。非至详至悉，委曲于法度之内者不能也。……其图写楼居乃如此精密。"

李成，自幼博涉经史文章，能诗善画，最工于平远寒林山水(图版25)。宋刘道醇在《圣朝名画评》上说："成之为画，精通造化，笔尽意在，扫千里于咫尺，写万趣于指下；峰峦重叠，间露祠墅，此为最佳。至于林木稠薄，泉流深浅，如就真景，思敏格高，古无

图版 26　范宽　溪山行旅图

其人。"又说"成之命笔，惟意所到，宗师造化，自创景物，皆合其妙；耽于山水者观成所画，然后知咫尺之间夺千里之趣，非神而何?"[15]

范宽，初学李成，后来觉得"前人之法未尝不近取诸物。吾与其师于人者未若师诸物也"(图版26)。于是，他就以"自然为师"。继而又说："吾与其师于物者，未若师诸心"，从此"舍其旧习，卜居于终南、太华岩隈林麓之间，而览其云烟惨淡，风月阴霁难状之景，默然与神遇，一寄于笔端之间，则千岩万壑之状，恍然如行山阴道中，虽盛暑中凛凛然使人急欲挟纩也。故天下皆称宽善与山传神"(《宣和画谱》卷一一)。由此可见他仍以师法自然为第一义，卜居终南、太华，朝暮进行观察体会，"默然与神遇"之后，把他所认识的表现出来，是一种现实主义的创作途径和方法[15]。

第四节　庄园经济与自然园林式别业

一、庄园经济

中国史书上称作"庄"的含义如下：地主占有一片田地，也可以占有许多片田地，按照阡陌相连的一片，组成一个农业生产单位，通称为一个"庄"。庄有各种别名，含义就不同。庄可以是村庄；也可以是庄田、田地、田业、田园等(主要为农业生产)；也可以是墅、别墅、别业、别庐、别第、山庄、庄园等，这时就有居住、游息之外的组成部分。唐朝的庄是地主经济的一个重要经营方式。设庄以经营土地时，土地在附近的，一般由地主直接经营，分散各处的则设庄管理，派代理人收租[16][17][18]。

庄在东晋、南北朝时就很盛行，前章已述及王导、谢安、谢灵运、孔灵符等所经营庄园。上推到西汉、魏、晋，或称园、田园、田宅，或称坞、壁、堡，也都是地主的庄。再上推到周朝，贵族领主所有的邑，也就是后世地主的庄[16]。南朝的庄园经营方

式与唐朝的庄园经营方式不同。南朝的庄园，奴役私家的奴僮、部曲从事生产，而唐朝的庄园，地主自己经营时，靠家仆和雇工耕种。唐朝后期，地主自己经营庄园有所发展，但居住大城市的官僚地主，一般都把土地出租，从佃农那里榨取高额地租[18]。

唐朝的庄园，大致分为皇庄、官庄、官僚地主的私庄和寺观庄园几类。皇庄是皇帝拥有土地的庄园。皇庄的田地特别肥美，其田地或者出租，或以官奴婢耕作，或者雇工耕作。皇庄的土地多是籍没犯罪者的土地而来，或为了建官苑、佛寺、陵园，任意夺取百姓的田宅而来。经营上通常设内庄宅使、内园使或内宫苑使来管理[18]。官庄是指封建政府所掌握的庄园。在"司农寺"和"工部屯田郎中"下，掌管着许多屯田和营田，还有许多官司的职分田、公廨田。职分田是作为京内外职事官一部分俸禄的田。官廨田是官署所占有的田，也是官庄的一种，大都租给佃农耕种，由官署收租税供公私费用。后来废京官公廨田，改给俸赐，但京外公廨田仍旧制[16]。

唐自开国起，法令规定凡官员都有占田权，即凡有爵、勋、官(职事官、散官)的人得受永业田。又有命妇即公主、郡主(皇太子女儿)、县主(亲王的女儿)也要受永业田。唐高祖定官制，内外文武官一品至九品，玄宗时已有一万七千多员，吏自佐吏以上有五万七千多员(没有特别受田制，按均田制受田也有比百姓较优的待遇)，这样众多的官均有权受永业田传授子孙，多一个官，若干农民就失去应受的田地。如果都按令式规定占田，尽管占田数量很大，总还算是有些限制。而后，令式逐渐失效，均田法逐渐归于废弃，官僚无限止占地兼并田地的现象极其严重，大量农民沦为佃农[16]。

官僚地主的私庄是贵族、官僚、地主和商人等私有的庄园，其土地是侵夺公田和民田，特别是侵夺农民的耕地而来。大官僚大地主的庄园如郭子仪，前后受赐良田、名园、甲馆极多，自置的田业数量更大，仅一处，据孙樵《兴元新记》说，自黄峰岭至河池关，中间百余里，都是郭子仪私田。此外，最著称的大官僚的庄园有王维的辋口庄，裴度的午桥庄，李德裕的平泉庄，司空图的司空庄等。这些大官僚大地主的庄园，占地面积很大，而且在庄园中都有美丽的庄宅或庄院，有亭台楼阁，清泉怪石，嘉木芳草，点缀其中，以供官僚地主的游息和赏心乐事。下面将专题论述。

寺观庄园是僧侣地主所有的庄园。这种寺观庄园有属于僧侣个人私有的，这和世俗地主的庄园一样；有属于某个寺观所有的，通称为常住庄田。寺院设有知庄或知墅的职事僧，由他管理庄田[18]。由于佛教、道教兴盛的结果，寺观拥有无数的土地和劳动人手，耗费大量财富，是民生的大害之一。因此，自唐初以来，一些有识的朝臣不断抨击佛教，反对过分崇佛，一再提议限制佛教。如中宗时期"造寺不止，枉费财者数百亿；度人不休，免租庸者数十万"(《资治通鉴》卷二四○)，弄得国库空虚，人民疲弊。辛替否曾上疏谏阻，指出"今天下之寺盖无其数，一寺当陛下一宫，壮丽之甚矣！用度之过矣！是十分天下之财而佛有七八，陛下何有之矣！百姓何食之矣！"(《旧唐书》卷一○一《辛替否传》)[19]。

在庄园经济下，农民—庄客、雇工、佃农等是直接生产者，是他们推动了农业生产的发展，但却受着残酷的奴役和剥削，这更加深了阶级矛盾，是唐末农民大起义的根本原因。由于庄园这种土地占有形态，土地过分集中，因而唐末农民大起义时，通过起义首领，提出了"均平"的口号，要求均田、均产[18]。

附带要指出，中国这时的庄园，跟欧洲中世纪的庄园是不同的。一则唐朝以来的地主庄园，在一定限度内是可以买卖的，再则中国庄园下的庄客、佃户等，依附性固然很强，但多少还可以转移他处，从甲庄园主转移到乙庄园主那里。这两点和欧洲中世纪的领主庄园是不可买卖，农奴完全附着于土地的情况是不同的。此外，中国庄园的自给自足性也不像欧洲那样顽强。中国庄园内部虽有分工，以自给自足为主，但和市场仍有一定的联系。由于庄园有一定程度的分工进行集约经营，因而农业生产还有发展，农产品"以丰岁而货殖"。庄园中还有菜园、茶园、果园等，所生产的菜蔬、茶果等也往往拿到市场上出售，而且不少庄园主兼营商业（南朝以来就如此），所以庄园经济与市场有一定的联系[18]。

二、自然园林式别业

前述从南朝到唐朝的称作墅、别墅、别业、别庐、山庄等庄园，往往有美丽的住宅或庄院，有亭台楼阁，清泉怪石，嘉木芳草构成，可称作自然园林式别业，以王维的辋川别业为最典型。被称为良相的裴度和李德裕也有这类庄园。

裴度在洛阳"治第东都集贤里。……午桥作别墅（即午桥庄），具燠馆凉台，号绿野堂，激波其下"（《唐书·裴度传》）。据《唐音癸签》："裴居守洛阳，筑园，名堂绿野，时时出家乐，与白居易、刘禹锡、李绅、张籍、崔群诸人游燕联句，缠绵既奢，笺霞尤丽。"白居易有《奉和裴令公新成午桥庄绿野堂即事》诗："引水多随势，栽松不成行，年华玩风景，春事看农桑。"可见引水庄中随势得景，栽松不为行列（其他花木亦然）得自然之趣，看农桑表明庄中有农田，有桑以养蚕的生产内容。庄、堂早湮没，今据洛阳博物馆的同志考察，今洛阳市城南豆腐店小学校有一块石碑，碑文有"午桥庄，在洛阳城南十里，唐裴晋公绿野堂也"，因此，午桥庄址就在今豆腐店一带。碑文接着有"内有小儿坡，茂草盈陌。公使人驱群羊散牧其上，芳草多情，赖此妆点耳。野服萧散，与白居易、刘禹锡为文章、把酒相欢。其出师淮蔡，卧护北门之风，于此墅可想见焉。后为宋张忠定公所得，乖崖先生亦无愧于公也。今则并午桥之石，为好事者移去，又筑天津（桥）而未成，可慨也夫！（署名）济南赵于京题。"从碑文看来，午桥庄中有草坡和散牧羊群的牧畜生产内容，但由于草坡，赖此妆点而有牧地风光之景。

李德裕在洛阳南置平泉庄，去城三十里。围十余里，其中自然有农田，"卉木台榭，若造仙府。有虚槛前引泉水，萦回穿凿，象巴峡洞庭，十二峰九派，迄于海门，皆隐见云霞龙凤草木之形"（出《剧谈录》）。据李德裕《平泉山居戒子孙记》云："经始平泉，追先志也。……有退居伊、洛之志。前守金陵，于龙门之西，得乔处士隐沦空谷。处士天宝末，避地远游，近废为荒榛，……山阳旧径，唯余竹林。吾乃剪荆莽，驱狐狸……又得江南珍木奇石，列于庭除，平生素怀，于此足矣。"又云"虽有泉石，杳无归期，留此林居，贻厥后代。鬻吾平泉者，非吾子孙也，以平泉一树一石与人者，非佳子弟也"。李德裕又有《平泉山居草木记》行世。有人认为记中所记草木为洛阳私庄中所有，非也。记中写道"予二十年间，三守吴门，一莅淮服，嘉树芳草，性之所耽，或致自同人，或得于樵客，始则盈尺，今已丰寻。因感学诗者多识草木之名，为骚者必尽荪荃之美，乃记所出山泽，以资博闻。木之奇者有天台之金松、琪树，稽山之海棠、榧、桧，剡溪之红桂、厚朴，海峤之香柽、木兰，天目之青神、凤集，钟山之月桂、青飔、杨梅，曲阿之山桂、温树，金陵之珠柏、栾、荆、杜鹃，茅山之桃、侧柏、南烛，宜春之柳柏、红豆、山樱，蓝田之栗、梨、龙柏。其水物之美者：白蘋洲之重台莲，芙蓉湖之白莲，茅山东溪之芳荪。复有日观、震泽、巫岭、罗浮、桂水、岩湍、庐阜、漏泽之石在焉。其伊洛名园所有，今并不载。岂若潘赋闲居，称郁棣之藻丽，陶归衡宇，嘉松菊之犹存，爰列嘉名，书之于石。"由文可见当时各地嘉树花木种类之丰富与产石之地。草木记接着写道："已未岁（839年），又得番禺之山茶，宛陵之紫丁香，会稽之百叶（即重瓣）木芙蓉、百叶蔷薇，永嘉之紫桂、簇蝶，天台之海石楠，桂林之俱那卫，台岭、茅山、八公山之怪石，巫峡、严湍、瑯玡之水石，布于清渠之侧；仙人迹、马迹、鹿迹之石，列于佛榻之前。是岁又得钟陵之同心木芙蓉，剡中之真红桂，稽山之四时杜鹃、相思、紫苑、贞桐、山茗、重台蔷薇、黄槿、东阳之牡桂、杜石、山楠，九华山药材：天蓼、青枥、黄心柁子、朱杉、龙骨。庚申岁（840年）复得宜春之笔树、楠木、椎子、金荆、红笔、密蒙、勾栗、木堆。其草药又得山姜、碧百合。"（见《艺苑文化》）。

唐末司空图的司空庄，庄田面积很大。《南部新书》辛卷有这样一段记载："司空图侍郎（曾任礼部员外郎），归隐三峰（算是不乐仕途的隐士），天祐末（天祐是唐哀帝李柷年号，905～907年），移居中条山王官谷。周围十余里，泉石之美，冠于一山（本身就是山川胜地）。山岩之上，有瀑泉流注谷中，溉良田数十顷。至今子孙犹存，为司空之庄耳。"由此可见，庄园总有大量良田，以资生产，但又有泉石之美，足以赏心乐事。

三、辋川别业、庐山草堂

王维辋川别业

对庄园中山川泉石植物之美有较详描述并因景题名而成自然园林的，要以王维的辋川别业为最著称，并有诗文和辋川图可资推敲，可称为自然园林式别业的典型代表。

王维（700～760年），少年时就以文章得名，知音律，善绘画，爱佛理，在艺术上以诗和山水画成就最大。他在仕途上早年很顺利，作官到给事中职位，后来因天宝十四年（755年）安禄山叛变之乱时未及出走，平复后虽然没有受刑获罪并作了太子中允，最后迁尚书右丞，但终因有这个挫折，使这位信佛礼的抒情诗人感到名利灰心，辞官到辋川终老。他到辋川别业度其山峦林间的田园生活，为时不过二年，在他六十一岁时就死去了。

王维《辋川集》并序，首句云："余别业在辋川山谷。"《雍录》载："辋川王维别墅，本宋之问之别圃。"辋川即辋谷水。辋谷在蓝田县西南二十里。《雍大记》载："商岭水流至蓝桥，复流至辋谷，如车辋环凑落叠，嶂入深潭（是辋川得名由来），有千谷洞、细水洞、茶园、栗岭，唐右丞王维庄在焉。"《县志》对由蓝田县去王维别业的描述是"辋川即峣山之口，去县八里，两山夹峙，川水由此北流入灞。其路则随山麓凿石为之，计五里许，甚险狭，即所谓隩路也。过此则豁然开朗，此第一区也。团转而南，凡十三区，其胜渐加，计三十里，至鹿苑寺，即王维别墅。"王维为纪念亡母曾施庄为寺，有《施庄为寺表》。《唐书·王维传》也称："维与弟缙皆笃志奉佛，表辋川第为寺"，寺的名称叫清源寺。李肇《国史补》载："王维得宋之问辋川别业，山水胜绝，今清源寺是也。"《县志》续云："即今鹿苑寺，有王右丞祠。"作者于1983年曾赴蓝田，拟入辋川山谷察访，因该区已成禁区不得入内为憾，只能根据《辋川集》各景区的题名，他和裴迪各赋绝句以及《辋川图》（图5-23），加以推敲、分析，把辋川别业的大体内容描述如下。

从山口进去，首先是"孟城坳"，山谷里的低地，那里本来有一个古城，王维的新家就在城口，所谓"新家孟城口"，这个新家就是辋口庄。裴迪有"结庐古城下，时登古城上"之句，表明当时古城址尚存。孟城坳后背的山岗叫作"华子冈"，相当高峻，那里树木森森，因而有"飞鸟去不穷，连山复秋色"（王维），也有常青的松树，因而有"落日松风起……山翠拂人衣"等诗句。在这样一片树林茂密的岗岭怀抱下的平坦谷地，自然是隐处可居了。

从山岗下来，到了所谓"南岭与北湖，前看复回顾"（裴迪）的背岭面湖的胜处，这里盖有文杏馆。馆名文杏是因为用了文杏木做栋梁，还用香茅草结屋顶，所谓"文杏裁为梁，香茅结为宇"（王维）。文杏馆是山野茅庐式建筑。馆后有一高起崇岭，叫"斤竹岭"，也许因为山上生有大竹，故名。王维咏斤竹岭的诗句是"檀栾映空曲，青翠漾涟漪。暗入商山路，樵人不可知。"裴迪的诗句是"明流纡且直，绿筱密复深，一径通山路，行歌望旧岑。"这里的山路是沿山涧而筑，两旁大竹密深。缘溪的另一面的路，景致幽深，所谓"苍苍落日时，鸟声乱溪水。缘溪路转深，幽兴何时已"（裴迪）。这条山路通到又一景区，叫作"木兰柴"，也许那里多木兰花树而题名。溪涧之源的山岗，跟斤竹岭相对峙，那里有一区叫"茱萸泮"，大概因山岗上多"结实红且绿，复如花更开"的山茱萸而题名。翻过这区到达又一个谷地，有一组建筑，前有"仄径荫宫槐，幽阴多绿苔"（王维），所以题名"宫槐陌"。这条"门前宫槐陌，是向欹湖道"（裴迪）。若不下小道而上行翻到岗岭深处，题名"鹿柴"。那里"空山不见人，但闻人语响。返景入深林，复照青苔上"（王维）。"不知深林事，但有麏麚迹"（裴迪），是麋鹿出没之处。在这山岗下的一区，叫做"北垞"，盖有宇屋，一面临湖，所谓"南山北垞下，结宇临欹湖"（裴迪），"北垞湖水北，杂树映朱栏"（王维）。北垞的山岗尽处，峭壁陡立，壁下就是湖水。从这里到"南垞"、"竹里馆"等处，有一水之隔，必须舟渡，所谓"轻舟南垞去，北垞淼难即。隔浦望人家，遥遥不相识"（王维）。

称做欹湖的这一带水，"空阔湖水广，青荧天色同。舣舟一长啸，四面来清风"（裴迪）。如泛舟湖上时，"湖上一回首，青山卷白云"（王维）。为了充分欣赏湖光山色云影，不但从湖上舟中眺赏，还必须临湖有亭，坐亭中静眺，于是有"临湖亭"的设置。然后"轻舸迎上客，悠悠湖上来。当轩对樽酒，四面芙蓉开"（王维）。这一带沿湖堤岸上种植了成行的柳树，所谓"分行接绮树，倒影入清漪"（王维），"映池同一色，逐吹散如丝"，因此题名"柳浪"。柳浪以下有一段水流，叫"栾家濑"。那里的水流很急，在"飒飒秋雨中，浅浅石溜泻。跳波自相溅，白鹭惊复下"（王维）。裴迪的诗句是"濑声喧极浦，沿涉向南津。泛泛凫鸥渡，时时欲近人"。这些诗句不仅描写了水急石泻，也写出了水禽的自然成景。

离水南行复入山，山上有泉叫作"金屑泉"，所谓"萦渟澹不流，金碧如可拾"（裴迪）。山下的谷地

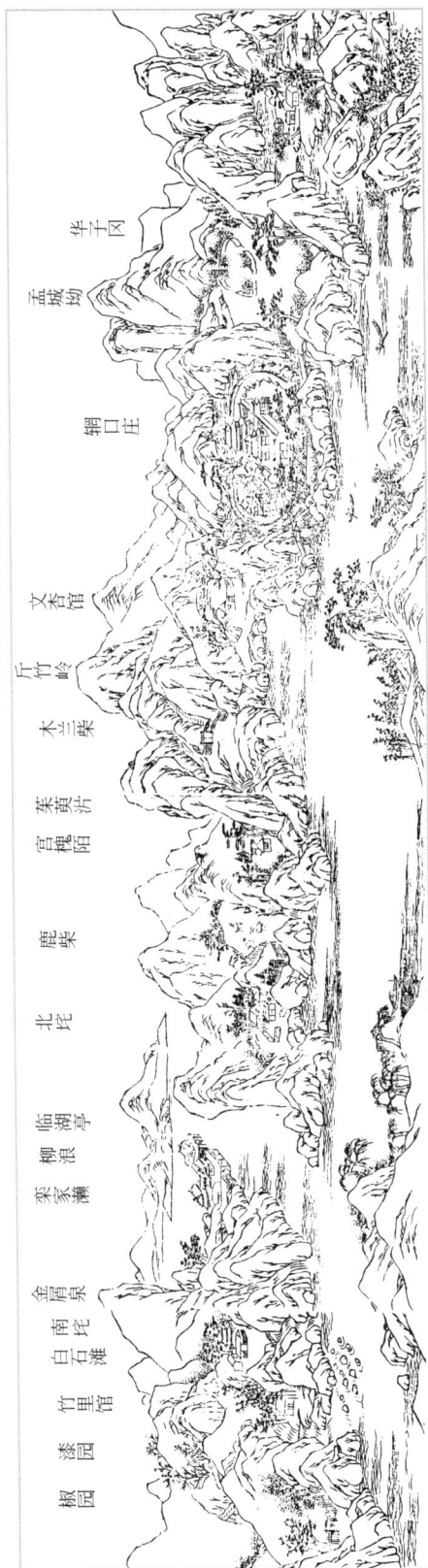

图 5-23　辋川图

华子冈
孟城坳
辋口庄
文杏馆
斤竹岭
木兰柴
茱萸泮
宫槐陌
鹿柴
北垞
临湖亭
柳浪
栾家濑
金屑泉
白石滩
南垞
椒园
漆园
竹里馆

部分就是"南垞"。从南垞缘溪下行到入湖口处，有"白石滩"，所谓"清浅白石滩，绿蒲向堪把"(王维)。"跂石复临水，弄波情未极。日下川上寒，浮云澹无色"(裴迪)。沿山溪上行，到"竹里馆"，得以"独坐幽篁里，弹琴复长啸。深林人不知，明月来相照"(王维)。这是多么幽静的境地，难怪裴迪和以"来过竹里馆，日与道相亲。出入惟山鸟，幽深无世人"的诗句了。再进为"辛夷坞"，这里有"木末芙蓉花，山中发红萼(指辛夷花)。洞户寂无人，纷纷开且落。"此外，有"婆娑数株树(漆树)"的"漆园"，以及"丹刺胃人衣，芳香留过客。幸堪调鼎用，愿君垂采摘"(裴迪)的"椒园"。

根据绝句，参照示图，加以整理的如上描绘，一幅既富天然之趣，又有诗情画意的辋川别业，活跃在纸上。这个别业是在有岗岭起伏逶迤，纵谷交错相连的地区，有多彩的自然植被，有富饶的经济林木，有泉有瀑，有溪有湖，有濑有滩，景物优美的自然境域。通过庄园主对自然景物美的感受，着意经营，因景题名而有多样景区。王维好佛理，不仅在对自然景物的客观描述中，传达出诗人的情感和意绪，而且有哲理深意。王维的着意经营别业，重在突出自然美，使山貌水态林姿的美更加集中地突出地表现出来，仅在可歇处、可观处、可借景处，相地而筑宇屋亭馆，创作出既富自然之趣，又有诗情画意的居住、休息、游玩、观赏的境域，这样的别业我们特称之为自然园林式别业。

别业毕竟是一个庄园，除了《辋川集》中已提及斤竹、漆园、椒园等山林之产，还有农田。王维的《辋川别业》这首七绝，开头就说："不到东山向一年，归来才及种春田。"接着写道："雨中草色绿堪染，水上桃花红欲燃。"表明有桃园。《辋川闲居》这首诗中有"桔槔方藻园"句，《春中田园作二首》中有"持斧伐远杨，荷锄观泉脉"之句。宋之问的诗里也说："辋川朝伐木，蓝水暮浇田"。上引诗句都表明有山林之产、有农田之作。王维的《请施庄为寺表》(为纪念亡母，施庄为寺)更明确指出："遂于蓝田县营山居一所，草堂精舍，竹林果园，并是亡亲宴坐之余，经行之所"，有竹林、有果园。王维还有一首《戏题辋川别业》："柳条拂地不须折，松树披云从更长。藤红欲暗藏猱子，柏叶初齐养麝香。"这是描写山庄植物美的诗。

在唐朝，具有像辋川别业这样一种意趣的山居别墅成为一时风尚。前已简单列举了裴度的午桥庄，李德裕的平泉庄和司空图的司空庄。另一著称的山居就是白居易的庐山草堂。

庐山草堂

白居易，一代诗人，也像王维一样，选天然胜区，营园置草堂。他在《致友人书》中写道："始游庐山，到东西二林间(即东林寺、西林寺之间)，香炉峰下，见云水泉石，胜绝第一，爱不能捨，因置草堂。"在《草堂记》里则说："……介峰寺间，其境胜绝，……见而爱之，若远行客过故乡，恋恋不能去，因面峰腋寺，作为草堂。""明年(即元和十二年，827年)春，草堂成。三间两柱，二室四牖。……木斫而已不加丹，墙圬而已不加白。砌阶用石，幂窗用纸，竹帘纻帏，率称是焉。"这样素朴的草堂，与自然环境相协调，自是山居风格。草堂及其周遭的大体布置，根据《草堂记》中描写，加以推想画出平面示意图(图5-24)。

这个自然园林式山居，既以草堂为主，我们就从草堂前说起。"是居也，前有平地，轮广十丈，中有平台，半平地。台南有方池，倍平台。环池多山竹野卉。池中生白莲白鱼。"山中凿池，人为也，但又环以山竹野卉，宛自天开。白莲、白鱼、白居易，三白也。《草堂记》接着说："堂北五步，据层崖积石，嵌空垤堄，杂木异草，盖覆其上，绿阴濛濛，朱实离离，不识其名，四时一色。"据层崖稍加积石，又有土块，杂木异草，滋生覆盖，堂北绝好背景。又云："堂东有瀑布，水悬三尺，泻阶隅，落石渠，昏晓如练色，夜中如环佩琴筑声"(筑，一种古乐器)。"堂

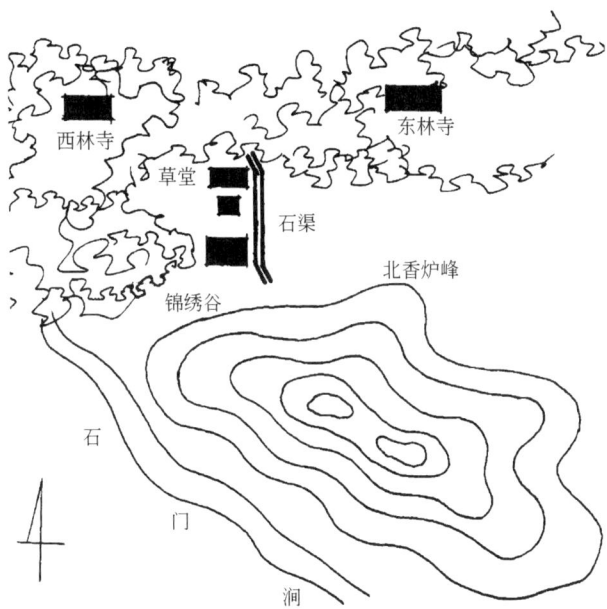

图 5-24　白居易庐山草堂想像图

（图中标注：西林寺、东林寺、草堂、石渠、北香炉峰、锦绣谷、石门涧）

西依北崖石趾，以剖竹架空，引崖上泉，脉分线悬，自檐注砌，累累如贯珠，霏微如雨露，滴沥飘洒，随风远去。"上述一是天然瀑布，虽小而水声如琴，一则人工理水，自成水帘"又南抵石涧，夹涧有古松老杉，大仅十人围，高不知几百尺。修柯戛云，低枝拂潭，如幢竖，如盖张，如龙蛇走。松下多灌丛萝茑，叶蔓骈织，承翳日月，光不到地，盛夏风气如八九月时。下铺白石为出入道。"涧水流响，风吹松涛，浓荫匝地，风气凉爽，何等优美！此外，草堂四旁"耳目杖屦可及者，春锦绣谷花（花为映山红或称杜鹃花），夏有石门涧云，秋有虎溪月，冬有炉峰雪，阴晴显晦，昏旦含吐，千变万状，不可殚记（不是笔墨所能尽记的了）。"由于山居选址合宜，近旁四季美景，杖屦可及，皆足观赏。

总的说来，白居易的庐山草堂，是在天然胜区相地而筑，辟池营台，引泉悬瀑，既有苍松古杉，又植山竹野卉，就自然之胜，稍加润饰而构成自然园林式山居。

第五节　唐公署园池

一、唐公署和附园

公署是官廨、官府、衙署等总称，上自省（如内侍省、尚书省、中书省等），台（如御史台、司天台等），院（如学士院、枢密院等），部（如吏部、户部等），下而寺（如大理寺、司农寺等），司（如皇城司、仪鸾司等），监（如秘书监、中尚监等）以及郡、州、府、县的官府衙署。国家设官分职，就各有其听政治理之所，总称公署。

大小公署，各有其建制，"虽室宇之崇卑不等，然其厅事之设施，与夫吏胥之案牍，咸具其所，而上下文等辨焉"（元《经世大典》）。无论内诸司或外诸司，在禁中或在外，以及外郡川府县署，必有当直而宿公署中，必有廨舍和庭院。公署内著有亭池山石、花木之属的组成部分，这个部分就称为公署园池，也可称公署附园。

当直而有感而作诗，南朝就有。如刘宋鲍照的《玩月城西门廨中》，有"始出城西楼，纤纤如月钩"，即当直时玩月有感而作。南宋谢朓的《直中书省》诗，有"红药当阶翻，苍苔依砌上……信美非我室，园中思偃仰。……安得临风翰，聊资山泉赏"，描写了中书省园池之美。唐朝沈佺期《同苏员外味道夏夜寓直省中》诗，有"小池残暑退，高树早凉归"之句。杜甫《春夜宿左省》诗，有"花隐掖垣墓，啾啾栖鸟过"之句。

因公署有感而写的记文中，白居易的《江州司马厅记》最有意思。他写道："……江州左匡庐，右江湖，土高气清，富有佳境。刺史守土臣，不敢观游，群吏执事官，不敢自暇逸，惟司马绰绰可从容于山水诗酒间。"也许正因为如此，公署中要有亭池花木之属，以资燕息宁神。舒无舆《御史台新造中书院记》一文，叙述了中书院建制和花木之盛如下：

"……中书南院，院门北辟，以取其向朝廷也。其制，自中书南廊，架南北为轩。入院门分东西厢，为拜揖折旋之地。内外皆有庑，蟠回诘曲，瞩之盈盈然。梁栋甚宏，柱石甚伟。橡栾藻梲，丽而不华，门窗户牖，华而不侈。名木修篁，奇葩秀实，若升绿云，若编青箫……。"又据《翰林志》载："元和已后（元和为唐宪宗李纯年号），院长一人别敕承旨，……今在右银台门之北第一门向，榜曰翰林之门，其制高大……入门直西为学士院……虚廊曲壁，多画怪石松鹤。北厅之西南小楼，王涯率人为之。院内古槐、松、玉蕊、药树、柿子、木瓜、庵罗、峘山桃、杏、李、樱桃、柴蔷薇、辛夷、葡萄、冬青、玫瑰、凌霄、牡丹、山丹、芍药、石竹、紫花芜菁、青菊、商陆、蜀葵、萱草、紫苑，诸学士至者，杂植其间，殆至繁溢。"由此可见唐时翰林院中种植的树木花果，种类众多。

二、唐绛守居园池

唐朝的园林，其遗址四至全部保存下来的，目前所知，只有"绛守居园池"（在今山西省新绛县）。"绛守居"三字的绛即绛州，"秦属河东郡，后汉因之……后魏置东雍州，后周改曰绛州，兼置正平郡。隋炀帝初州废，复置绛郡，大唐为绛州"（《樊绍述集》卷之一注文）。州以县为治所，在汉时是临汾县，隋初改正平县，以后屡次改名，但都是州府所在。民国时改名新绛县[21]。"守居"二字，意即刺史（守土之臣）居住之所。守居园池即刺史退衙游息消遣的场所，故名"守居"园池，夫人、士大夫亦得游矣。

新绛县城，坐落在晋南靠近汾河、浍河边上，自古以来就是一个水陆交通枢纽。城西北是姑射山，南为峨眉岭，汾、浍两河，环绕城东南。据《直隶绛州志》的记载，县城是隋开皇二年（582 年）修建的。县衙以及后来的州衙就筑在城内西北的黄土高崖上，园池就在州署的后面。

这座园池是谁开创的？直到唐穆宗长庆三年（823 年），有位绛州刺史樊宗师（字络述），作了一篇《绛守居园池记》，文中有"水本于正平轨"之句，指出是正平县令梁轨始作渠引鼓泉水至绛，经园池入城。据宋治平元年（1064 年），薛仲儒的《梁令祠记》和《山西通志》："隋开皇十六年（596 年）内军将军临汾令梁轨，惠州民井卤，生物瘠瘦，导鼓堆泉（泉出入鼓山，山在城西北三十里处），开渠灌田。"据司马光《鼓堆泉记》："为三渠，一载高地入州城，周吏民园治之用，二散布田间，灌溉万余顷，所余皆归之于汾。"但据薛仲儒《梁令祠记》云："乃开渠十二，灌田五万顷，贯刺史牙城，蓄为池沼，迤逦间落浃园圃，步无旱夏。"薛为本地人，开渠十二之说，较为可信。樊宗师《绛守居园池记》也早指出："水引古（鼓、古通，即引自鼓堆），自源州里。……为池沟沼渠瀑，潺潺终出，汩汩街巷畦町阡陌间，入汾。"总之，梁轨自三十里外鼓堆泉引水，主要是用来灌溉田地，小部分从州衙后面园池经过，流入城市和郊坰，解决居民吃水和园圃的灌溉。利用了守居园池作为蓄水池，后人又在园中形成瀑、池、沟、渠之景。隋大业元年（605 年），炀帝之弟王谅反，绛州薛雅和闻喜裴文安据此与隋将军周罗喉作战时，"伐土筑台"，因之形成了大水池（可能即苍塘）[21]。

《绛守居园池记》全文一共七百七十七个字，但作文非常古怪，僻涩不可句读。樊宗师的文体，自成一家，在当时号称涩体。韩愈是樊宗师的老友，樊死后曾为他作《南阳樊绍述墓志铭》，说他的著作很多。墓志铭中写道："樊绍述既卒旦葬，愈将铭之，从其家求书，得书号魁纪公者三十卷，曰樊子者又三十卷，春秋集传十五卷，表笺状策书序传记志说论今文赞铭凡二百九十一篇，道路所遇，及器物门里杂铭二百二十，赋十，诗七百一十九。曰：多矣哉，古未尝有也。然而必出于己，不袭蹈前人一言一句，又何其难也？……呜呼，绍述于斯术，其可谓至于斯极者矣。"绍述所著书，今皆亡，惟《绛守居园池记》传存。

宋欧阳修在绛州居住过较长时期，曾有诗《守居园池》一首，批评樊文。诗云："当闻绍述绛守居，偶来览登周四隅。异哉樊子怪可吁，心欲独出无古初。究荒搜幽入有无，一语诘曲百盘行。孰云已出不剽袭，句断欲学盘庚书。……以奇娇薄骇群愚，因此获得追韩徒。我思其人为踌躇，作诗聊谑为坐娱。"梅尧臣的《守居园池》诗中说："……黑石镌辞涩如棘，今昔往来人不识。……樊文韩诗怪若是，径取一二传优伶。""昔之为文者虽务为新语然未尝有意于求奇。宗师之文，乃故为险怪，心使人不可晓，此岂作者之体哉！"由于其文不尽可解，故好奇者复为之注。《四库全书提要》列举了注家如下：据李肇《国史补》称，唐时有王晟、刘忱二家，今并不传。故赵仁举（字伯昂，元时滦阳人）补习此注（笺注本，"句分字析，词理焕然"……语见陶宗仪《辍耕录》）。皇庆癸丑（皇庆为元仁宗年号，癸丑为皇庆二年，1313年），吴师道病其疏漏，为补二十二处，正六十处。延祐庚申（延祐亦为元仁宗年号，庚申为延祐七年，1320年），谦（许谦）仍以为未尽，又补正四十一条。至顺三年（1332年）师道因谦之本，又重加刊定，复为之跋。二十年屡经窜易，尚未得为定稿，盖其字句皆不

师古，不可训诂考证，不过据其文义推测钩贯以求通。一篇之文仅七百七十七字，而众说纠纷，终无定论，固其宜也。以其相传既久，如古器铭识，虽不可者释，而不得不谓之旧物，赏鉴家亦存而不弃耳。

到了明朝，又有赵师尹（绛州人）注笺本，后又有张子特注释本；清朝管庭芬述：《绛守居园池记句读》一卷（民国十一年即1922年山阴樊氏刊本）。樊文虽然僻涩，不能全部句读定论，但是据其文义和各家注笺，可以推测园池的梗概。附未加句读原文于后，再加以注释，附复原示意图（图5-25）。

首先要指出，从隋梁轨引泉开渠蓄池，奠立了园池基础，到唐樊宗师当绛州刺史，写守居园池记时已有二百多年。二百多年中居绛的王侯，对园池续有增修。《绛守居园池记》就指出："考其台亭沼池之增，盖豪王才侯袭以奇意相胜。至今过客尚往往有指可创起处。"居绛的王侯有谁？据赵师尹注：考唐刺是州如徐王元礼（武德中）（注：武德为唐高祖年号，618~626年），郑王元懿（总章中）（注：总章为唐高宗年号，668~670年），许王素节（光宅元年）（光宅为武则天年号，684年），岐山范（开元二年即714年），绛王悟（元和元年，元和为唐宪宗年号，806年）及

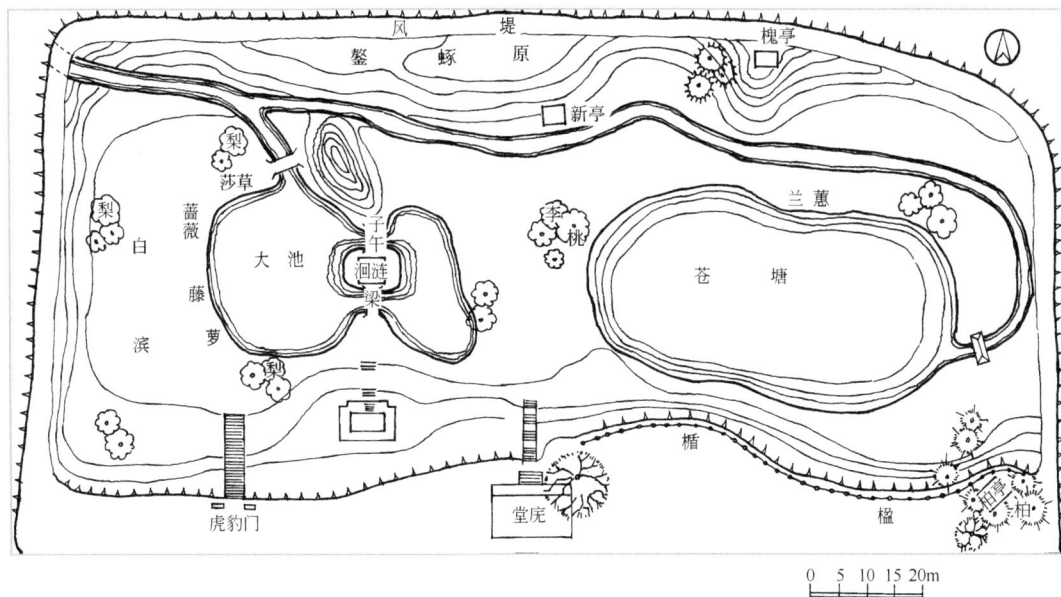

图5-25　唐绛守居园池复原示意图（作者）

孔正(高宗时)，张锡(景云元年即710年)，赵彦昭(景云二年即711年)，严浚(字挺之，开元中)，韦陟(肃宗时即756～761年)，韦武(德宗时即780～824年)，崔宏礼(长庆中，长庆为穆宗年号，821～824年)辈，或于园池不无增易。樊宗师《绛守居园池记》写作于长庆三年(823年)五月十七日，但哪些是原有的，哪些是樊宗师当刺史时增筑，已不可考。

园池在守居之北，故樊文曰："守居割有北"(赵仁举注，割太守之居北地)。紧接着一段，有两种不同句读：一是"自甲辛苞大池泓，横硤旁，潭中癸次"；一是"自甲辛苞大池，泓横硤旁，潭中癸次"。但不论如何句读，自东至西，中包深广大池，其义自明。诚如吴师道的注释："甲东辛西，中含池也。苞同包，泓者深广。"沈裕曰："东西地高，中央卑，就为大池，故如包裹。"赵师尹注："守居之北，苞而为池深广，东西横(纵二十丈，横四十八丈)，硤其旁，而潭其中。"又注，根据《说文》：横，阑木也；硤，石也；以木石甃池。

樊文接着写道："木腔瀑三丈余(有的句读为木腔瀑三丈，余……)涎玉沫珠。"赵仁举注："水中空，出水高三丈"。张子特注释："'木腔'(木)，槽也。瀑，水自上拖下也。"今遗址尚可看出进水处在园池西北角，大抵自鼓泉引水进园、由此经木槽引入池。出水高三丈，非也。指自高处进水口，经木槽下泻三丈余成瀑。至于涎玉沫珠，言水之涎沫似珠玉。

樊文接写："子午梁贯，亭曰洄涟。虹蜺雄雌，穹鞠觑蜃。"这段文字大意是说，有桥梁可以南北贯通，中构亭曰洄涟，诚如吴师道之注："南北二桥，中交于亭"。虹蜺至觑蜃八个字的解释各家不一。吴师道注："色明曰虹为雄。色暗为雌曰蜺。"赵仁举注："言二桥形势然。"许谦注："雄虹色胜者喻桥，雌蜺色闇者喻桥影，影与桥相合，中空而圆如蜃状。"张子特注释："穹中高而旁垂下也。鞠，曲也。觑，伺视也。蜃即蜃宫，水神之居"。

樊文接写池南的建筑："南连轩井，阵中涌曰香，承守寝睟思。"这就是说，池南连有井阵形的轩，井阵中有突起的香亭，亭可当刺史的寝室(承接也)，可歇息以静思深虑。张子特注曰："轩井，黄帝时井也。其旁木篱四绕，连琐布罨如行阵之形"。因之推想，"轩周以直棂窗的回廊，构成井字形，中建高亭曰香。"

接着，樊文转到"西南有门曰虎豹。左画虎搏立，万力千气，底发，鼍匿地，努肩脑口牙快抗，霆火雷风黑山震将合，右胡人髯，黄绹累珠，丹碧锦袄，身刀囊鞯树绍，白豹玄斑，馘距，掌胛，意相得。"这段文字描述了园西南有门曰虎豹门，门上有彩画，左扇画猛虎斗野猪(鼍)的气势，写虎之威与鼍之快抗；右扇发乱的胡人，黄幡垂珠，穿丹碧锦袄，身带刀，脚穿皮靴似囊，旁为自舐距的毛白而文黑的白豹，胡人以掌抚豹背，表明胡人驯豹而意相得，即人兽相习，殊无怖迮。这段描绘，可说是淋漓尽致。

樊文接写："东南有亭曰新，前含曰槐，有槐庑(音戏)护，霁郁荫后颐。渠决决缘池西直南折庑赴，可宴可衔。"这段文字的意思是说，在虎豹门的东南有一亭名新亭，新亭前又一亭名槐亭，有大槐树若施力庇护，蓊郁若云繁貌且荫及后檐。(对"前含"的"前"字，许谦注曰："循豹门而东为新亭，又东为槐亭，是为新亭之前也。")有一条渠水缘池西向南决决流去，折赴廊庑。据赵仁举注，可宴可衔即可以宴集决事。沈裕曰：新可宴，槐可衔也。

许谦在"前含曰槐……"这段文字的注释时，对《绛守居园池记》叙景物的顺序作了分析，他说："此记叙园池景物自正北之池始。次言池上之桥及亭，遂言桥正南之亭及入园之门。循虎门而东，由东南至东北，次正北，次西北，至西而竟。"这个提示对了解园池布局和今天要绘制平面示意图有极大帮助。

樊文接写："又东骞渠曰望月，又东骞穷角池，研云曰柏，有柏，苍官，青士，拥列与槐朋友，巉阴洽色。"这段文字的大意是说，又东，跨渠上有亭曰望月。骞，《说文》：飞貌，言亭势翚飞。又东到池的尽角处，有高可摩云的亭名柏亭。亭周有柏树、苍官(即松树)、青士(即竹)三者拥列与槐作朋友，即相互间植。所谓高荫洽色，是指柏、松、竹、槐高荫，绿色有深浅，能相映合而和谐。

樊文接写："北俯渠，憧憧来，刮级回西。"意思是说，面北俯视水渠，渠流水不定，近新、槐二亭的台阶(级)，复转西而去。接写："巽嵎间，黄原玦天，汾水钩带。白言谒，行旦艮间，远冈青莹，近，楼台井间点画察，可四时合奇士，观风云霜露雨雪，所为发生收敛，赋歌诗。"这段文字的意思是说，在园的东南隅，外望黄土高原，盘回掩映，见天如玦(赵仁举注)。按半环谓之玦。或解释为黄原断处，如玦见天(吴师道注)。又顾见汾水绕绛，若钩若带。由于园的东南部地势高，所以能眺见黄原和汾水。樊文在此忽然又夹入一句"白言谒"，言在此间可以白事请谒(赵仁举注)。行旦艮间，艮指东北，意即平旦时，间行到东北隅外眺，远则见高岗，青翠莹逶；近则见楼台井间之景。这样一个可借景园外之处，可以四时延宾友，观察气候禨祥(风云霜露雨雪)，春夏生发，秋冬收敛，可以会宾友在这里赋歌咏诗。

樊文接着转到"正东曰苍塘，蹲濒西漭望，瑶翻碧潋，光文切镂，梨壑挠挠收穷。"这一段的大意是说，园正东为苍塘(据赵仁举等注，认为苍塘，亭名也，迎池水，色苍碧，故云。但樊文下文又说"蹲濒西漭望"，我们认为可能因伐土筑台而形成的大池，在园东部，曰苍塘，如为亭则不必蹲)。蹲塘西边踞望大水，水波如瑶翻，水色如碧玉，水光水文如雕刻出来一般。岸谷间梨树，挠挠乱动，一望尽见。

樊文接转"正北曰风堤，乘携左右，堤势北回股努(一本无'堤势'二字)，埘掀蹴墉，衔渠歆池。南楯楹，景怪燭，蛟龙钩牵，宝龟灵鼊，文文章章，阴欲垫歁。烟溃霭聚桃李兰蕙，神君仙人衣裳雅冶，可会脱赤热。"这段文句的大意是说，园的正北有堤，堤受风故曰风堤(但一本，正北曰风，堤乘携左右作一句，风为亭名)。乘，其上也；携，相连也。堤蹲北而又左抱东岸，右抱西岸，若两股施力(股努)。埘掀，隐蔽也；蹴，蹋也。"埘掀蹴墉"，言堤势折而蹴蹋成墉。至于"衔渠歆池"，是形容堤势包渠，而享受池水。许谦的注曰："堤上就高筑为亭基。基北出直抵北城，如股衔渠，谓此股跨渠上，而渠流其下。盖北城之内即渠，渠南即堤，堤南即池。"樊文接着讲到大池(苍塘)南有栏楯和柱(纵曰栏，横曰楯，可能为防人坠堕而立柱和栏楯)。接着描绘池中景象光怪，如烛相耀，若有蛟龙、宝龟、长蚌，在水中贪饮不可见，在低处(垫)啜物状(注：《吕氏春秋》。水大则有蛟龙。鱼二千斤为蛟)。接着又写堤两旁景色，草木蒙烟霭，桃李兰蕙正芳香，虽神人仙子的雅冶衣裳，不是过也。因堤当风，面背皆水，小气候良好，两旁花木自然荫翳，故可会集于此以避暑(可会脱赤热)。

樊文接转"西北曰鳌，蛴原，开哈储，虚明茫茫，嵬眼湏耳。可大客旅钟鼓乐，提鹇挈鹭，倡池豪渠，憎乖怜围。"这样句读的大意是说西北地形高，曰鳌(鳌，巨龟也，以背负山，周回千里，言其址降高故云)。蛴音灰，豕掘地曰蛴，蛴原言地曾被掘而为低原。至此这段文字句读，吴师道认为应是"西北曰鳌蛴，原舟哈储。"意即西北部一隆一洼，因以名原曰鳌蛴。原开哈储与乘携左右句法同，应如此句读，即"西北曰鳌蛴，原开哈储"才是。我们认为吴师道的句读为是。哈，笑也；储，聚也。言哈鳌蛴原上可开怀笑散积愁，可言乐掌事聚会于此。原上空明广大宽旷，可望山高峻动目，水大其声骇耳，即耸动见闻，可置会客旅，作钟鼓乐。可以俯睇鹇鹭，若可以提絜，言原势高峻到鹇鹭可以伸手提挈，极尽夸张之能事。至于乐发乎池，豪视乎渠，憎乖散，怜围合，都是会集情态，虽可嫌，实亦可爱。

樊文接转"正西曰白滨，荟深梨(一本作'荟深怜梨')，素女雪舞百佾，水翠披，瞰瞰千幅"。这段文字大意是园的正西部曰白滨，近水草木多而深，有梨园。梨花开时，如穿白的女郎，如雪在飞舞(佾，舞列也，百佾，多列也）。白滨之名可能因此而有。"水翠披"有两种解释，赵仁举注曰："此言稻田也。"张子特注曰："翠，水色青也；披，开也。言梨花影动水中，水之翠色为披开也。"瞗音活，惊视如是。

樊文接写："迎西引东土长崖，挟横埒。日卯西，樵途坞径幽委，虫鸟声无人。风日灯火之，昼夜漏刻诡婍绚化。"樊文接着讲到州城外有长崖（山际曰崖），自西来至城下，挟带如卑垣（横埒）。日出（卯）日入（西）时，所见樵途、坞径，幽静隐曲，只闻有虫鸟声不见有人，更显其静幽。有风日（天气阴暗）亦用灯火，昼夜时刻所见，变化万状而绚丽。赵仁举注，诡，谲诈；婍，闲美；绚，文采。昼夜所见万状。

樊文至此，再总言之曰："大小亭饳，池渠间，走池堤上亭后前，陴乘塘，如连山群峰拥，地高下，如原隰谿壑。"这段文字总言园池中有大小亭，像贮食般（如饳），置池渠间诸处。走池堤上或亭前后，周望四顾，所见各异，望城塘女墙，若连山群峰拥抱，园池地形有平原，有隰地，有高堤，有溪流；有山谷，地形高下不一。

樊文接写园池之源："水引古（古、鼓通，即水引自鼓推），自源卅（三十）里。凿高（即高处凿以通水），槽绝（绝处以木为槽架以通水）窦塘（穿城垣穴入）。为池沟沼渠瀑漴（音丛）漧终出，汩汩街衔畦町阡陌间入汾。"从"为池……"到"入汾"这一段指出了引水入园后以各种理水手法面有多种水的形式，然后漧漧（水声）出园，疾流街巷，畦（田区谓之畦）町（平地为町），阡陌（南北为阡，东西为陌）间，最后入汾河。樊文接写正因有水而"巨树木，资土悍（绛土坚厚水激则悍）水洹，宗族（指植被）盛茂；旁荫远映，锦绣交果枝香，豌丽（田三十亩为豌，丽言田地华美）绝他郡（他郡绝少）。考其台亭沼池之增，盖豪王才侯袭以奇意相胜，至今过客往往有指可创起处。余退（樊退自园池）常吁，后其能无，果有不（音否），补建者"（这段文字意思是说，以后能保证不再有人创改补建吗？句字法奇）。

樊文最后说："池由于炀（隋炀帝时），反者雅，文安（附汉王谅反的薛雅和斐文安），发士筑台为拒，诛，几附于污宫（《礼记》：杀其人，坏其室，污其宫而潴矣，明不欲人复处之）。水本于正平轨，病井渫生物瘠，引古，沃浣人便（这段注解见前），几附于河渠（赵仁举注：便民惠政，庶几可载于河渠之书）。呜呼！为附于河渠则可（可为，当法也），为附于污宫其可（不可为，当戒也），书以荐后君子（为后人进正告，樊文之结，如韩愈所说，必归于仁义，岂不信哉）。长庆三年（823年）五月十七日记。"

由于对樊文的文义，自唐以来注解不一，对园池的概貌用平面示意图表示时就会有出入。陈尔鹤同志曾作《绛守居园池考》一文并附图，可资参考（图5-26）[22]。作者根据自己对樊文再三推敲，揣摩其文义后，画出唐绛守居平面示意图如图5-25。图中有渠自瀑源东行，然后直南沿苍塘池西直下，再折东至苍塘东南隅，这样似乎更符合原文文意，新、槐、望月等亭位置也有着落。1980年现状调查时，尚有自瀑源东引直南至苍塘的渠迹（不一定是唐时遗下渠迹，而可能是明清时仍沿旧渠东引然而分二支水入苍塘，参见明清绛守居平面示意图（图5-27））。

总的看来，唐绛守居园池显然是以水池为主景的。在黄土塬上，能远引一股清泉入守居，确是难能可贵的事，也为公署附园创作水景奠定了基础。由于这股水，运用了多种理水手法以造景。先自西北入口以木腔引水，构成泻瀑三丈余和涎玉沫珠的瀑景，然后入池，池水中部较深，所以说"潭其中。"池中建岛立亭，南北二桥相接。因桥与岛的阻碍，激水弯转而淹淹委委；水平静时则见亭与桥倒映池中俪影，令人神往。池周莎草滋生，枝翠刺红的蔓生蔷薇拂缀其间，益增自然野趣。池西滨植梨成园，花开时如素女舞佾，如一片雪海而称白滨。子午梁为轴线南伸，有一组在回宛中耸起香亭的建筑，是池南主景。

园东部以苍塘为主体。有渠自水源东引，沿塘

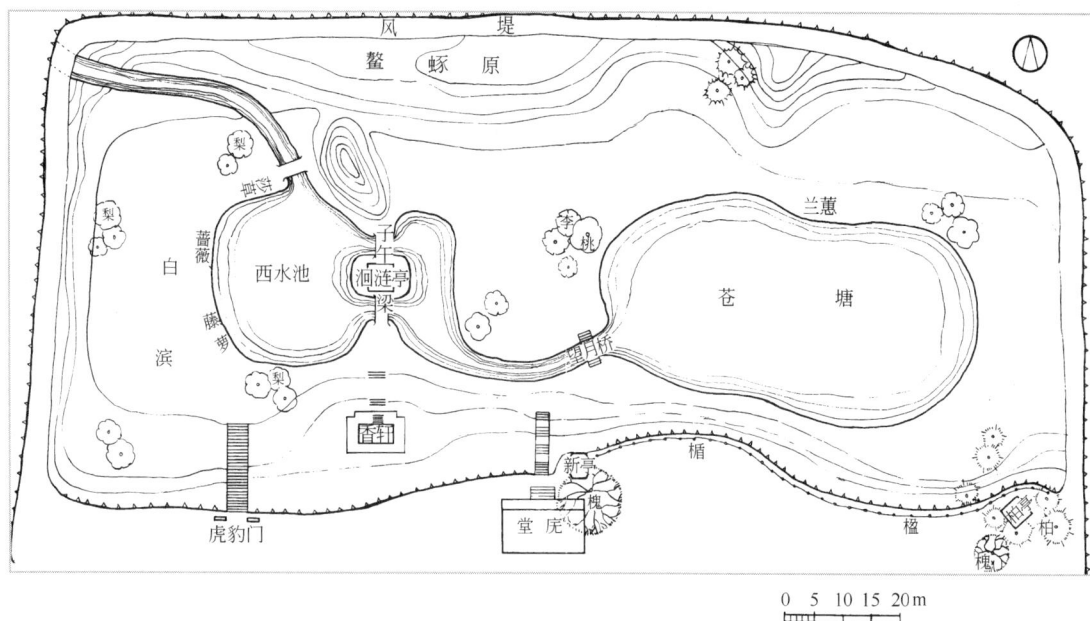

图 5-26　唐代绛守居园池复原示意图(陈尔鹤)

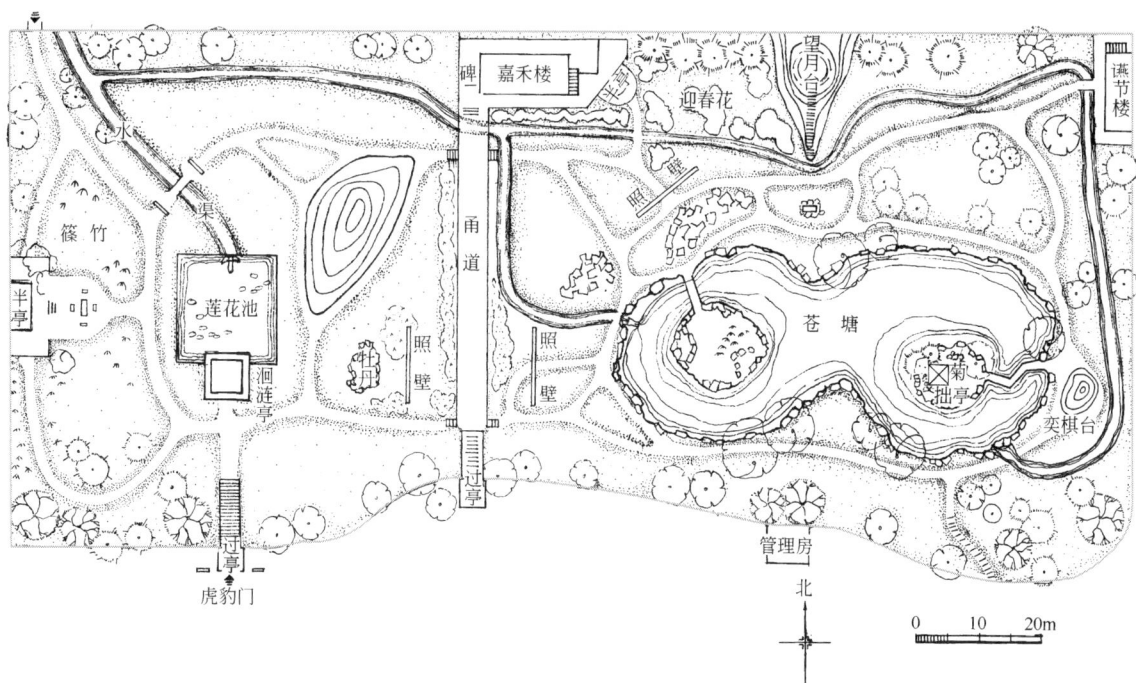

图 5-27　明清绛守居园池复原示意图

西至南，再东折沿塘南奔东南隅入塘。水渠经新亭、槐亭阶前奔东，在入塘前又有望月亭跨渠上。这样的理水，构成潺潺溪涧之景。因高建亭曰柏，借以借景园内外。北俯渠水流不定(仿佛西去缠新、槐二亭)。外眺黄土高原，盘回掩映，缺处见天如半环，汾水绕绛，或弯若钩，或直如带，一派黄土高原上河川风光。苍塘水面较大，所以说水波如瑶翻，水色如碧玉，池中景象光怪，岸谷间梨树挠动，总之以水胜以梨鼙胜。

正北风堤，左、右抱池于怀中。堤高可挡冬日寒风。堤外有城渠，堤南即苍塘，面背皆水，小气候良好，因此这一带草木茂盛，堤南至塘，桃李芬芳，兰蕙飘香。这里是夏日避暑纳凉的好地方。鳌蚄原，其址隆高，可以开怀笑散积虑，可以言乐事聚此。原上空明广大，北眺远山高峻动目，近则水大其声骇耳，可置会客旅，作钟鼓乐，可以俯睨鹇鹭如在提携间。

唐绛守居园池虽然是公署附园，为了公余游息，采取了山水园的形式。在内容上要求余暇生活与自然在心境上合为一体，无论是地貌创作，植物造景，亭轩布置等，较诸南朝自然山水园有所发展，前进了一大步，唐绛守居园池虽然以水池之景为主体，但又结合原隰豀壑等形成富有层次和变化的地貌造景。植物造景方面，如池畔则莎草蔓菁，富有野趣，西滨则植梨成园，花开时素雅宜人，塘畔草木茂盛。风堤南花木荫翳，桃李争芳，兰蕙飘香。植木以劲节之风的松柏竹槐为主调。园林建筑藉景而设，大小亭置池渠间或隆高处，或登而俯视，或仰眺，或远借，或因时而借，从而处处有景，景有情意，守居园池虽属公署附园但与唐朝第宅园池一样，是以诗情画意写入园林的写意山水园。

三、宋时绛守居园池

绛守居园池，经五代后梁后周间镇是郡者因循改易，至宋时已面目全非，据宋真宗咸平六年(1003年)，绛州通判孙冲撰《重刻绛守居园池记序》(以下简称《记序》)一文，记载了宋时与唐时相比，有了较大变化。他说："考其亭台、池塘、渠窦、花木、隰原、川河、井间、墙墉、门户、凡为宗师笔记处所者，虽与旧多徙移，然历历可见，犹视其文，未能过半。樊之记，有亭曰洄涟、曰香、曰新、曰望月、曰柏，有塘曰苍塘，有堤曰风堤，有原曰鳌蚄原，惟正西曰白滨，今无遗址，又疑指水涯为亭名也。冲登城西与北引望，黄原抉天，汾水钩带者，在其记又得一二。其亭为今之所存惟香亭与望月焉。按其出处又非旧也。其余皆当时所名者也。得非遭梁周间镇是郡者咸因循改易之。苍塘湮没矣，风亭、鳌蚄原，虽问

老吏故氓，是非难校。"

经改易的宋时守居园池的概貌是怎样的？孙冲撰《记序》云："今之亭有东南者四望，居高台，临廛市，可以望也。依斛律光庙之东曰望京。据北曰香。香之西北曰会滨。前，垂崖之下，连柏阴曰水廉。"这段描绘指园池东部情景。接写，"池之中曰水心，跨昂桥(仅言中心而无洄涟亭)。历虎豹门而西曰曲水。既北少西夹池曰望月，又北限篠竹构水曰礼贤，且西曰蜜梨，园曰感恩。南对远引曰射圃，可以习射也。前畦夏花，新竹三四本，压堤屈律。西北来窦水上走，别一亭曰姑射，西北正与姑射山相对，最居北。城上西连废门台楼，东北可周览人家，依崖壑列屋高下，水竹葩花，老枣翳桑，阴密郁遂，硠响激流，引溉蔬圃，环折莹带，尤可登望。今题二亭曰浩气，菡萏，皆北向。浩气连仁丰厅后，当公退时，可逍遥养浩然之气也。菡萏荫虎豹门，其下皆芙藻菡萏也。今之亭既异于樊文，且多焉。其余，渠窦引决，花木荫滋，岁久且古，与记舛讹不可验矣。记之易解者曰：西南有门曰虎豹，其门犹在……白豹黄斑焉，皆非古物也，亦后来好事者图之。"这里按孙冲《重刻绛守居园池记序》所述，作平面示意图如图5-28所示。

欧阳修的《守居园池》诗："荒烟古木蔚遗墟，我来嗟抵得其余。柏槐端庄伟丈夫，苍然郁郁老不枯。"表明唐时古槐老柏依然苍郁如故。又写："观容新蘸一何姝，清池翠盖拥红渠"，表明宋时池中盛植莲荷。又"胡髯虎搏岂足摹"，表明虎豹门上画，已是后人摹绘。欧阳修又有《嵩巫亭示同行者》诗一首，并注云：嵩巫亭在守居园池内，宋富郑公弼建。但嵩巫亭在园池内何处未言及，已不可考。

范仲淹也曾有《居园池》诗，一般性的描绘了当时的守居园池。"绛台使君府，亭阁参园圃。一泉西北来，群峰高下睹。池鱼或跃金，水帘常布雨(孙冲《记序》中已有水帘一景)。怪柏锁蛟龙，丑石斗驱虎。群花相倚笑，垂杨自由舞(宋时园中已植有垂杨，前人未言及)。

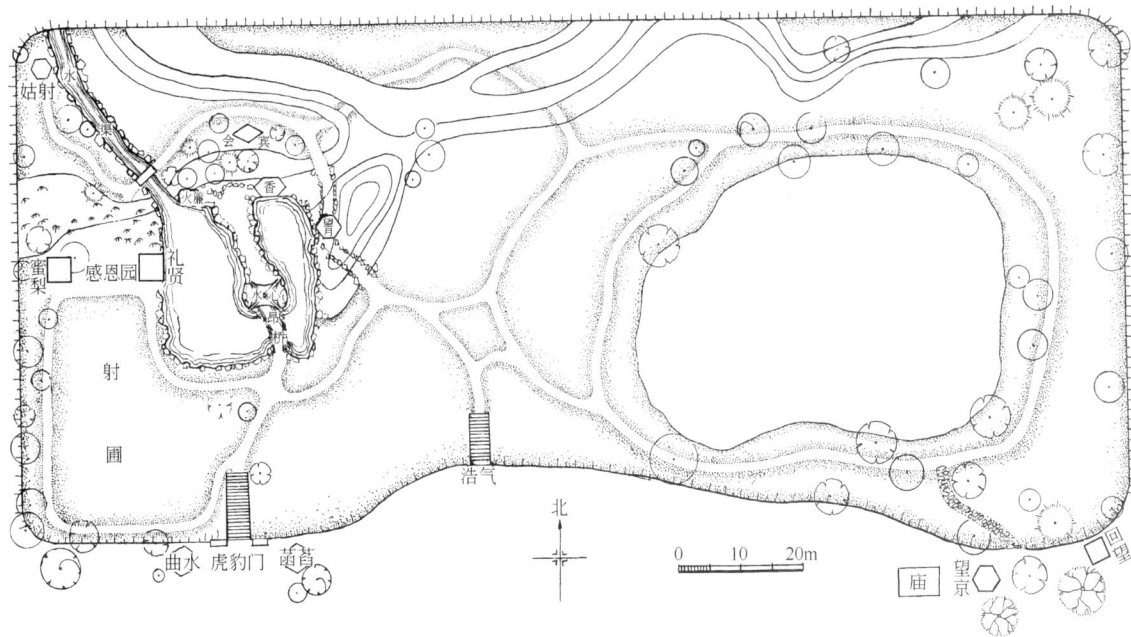

图 5-28　宋绛守居园池复原示意图

静境合通仙，清阴不知暑。每与风月期，可无诗酒助。登临问民俗，依旧陶唐古。"

从园林艺术上看，宋时守居园池，经改易后，大不如唐。增建之亭(或名虽旧，非其地)，不尽相宜。从"丑石斗貑虎"和宋时好石习尚，园池中已有叠石和置石。

四、元明清时绛守居园池

宋末元初时，园池荒芜，建筑坍毁，郭元履《绛州怀古》一诗可证。元大德三年(1299年)绛州都目王悦所立石碑，刊有此诗。诗云："东雍州城步绿苔，更堪千里暮云开。西山凤舞天过去，北木龙飞掌上来。池沼盛隋余瓦砾，绮罗两晋变蒿莱。兴亡欲问无人语，满月秋风野鸟哀。"到元至治中(1321～1323年)刘名安重构洄涟亭，但不在池中而在方池南(《直隶绛州志》)。二十多年后，傥玉立(字世玉)写有《居园池》诗，有序："乙酉(至正五年，1345年)之秋，七月既望，余自河中谳狱还司，过绛，登守居园池。昔日亭墅悉已湮浚，独洄涟亭，花萼堂复构以还旧观，流泉莲沼，犹仍故焉。堤柳荫翳，径花鲜妍，庭竹数竿，清风泠然，有尘外之思。"由序可见，至治以后，

园池已有所整修，除复构一亭一堂外，堤柳、径花、庭竹已加养护，风光清雅，令人神往。

到了明朝，在明帝国逐渐走向衰落的初期，园池又有所整修。据《新绛县志》"明正德中(1506～1521年)，知州韩辙重修洄涟亭"。稍后，园中新建了嘉禾楼。现尚残存的嘉禾楼旁有一石碑。碑文为《绛州嘉禾楼记事》，载有"正德末，绛州李文洁建嘉禾楼"和"嘉靖十二年(1533年)改建为五间"等语。

到了清朝，嘉禾楼圮。乾隆十八年(1753年)知州张成德重修之。《新绛县志》又载，光绪二十五年(1899年)知州李寿芝就园池遗址，缭以周垣，重加建筑，亭榭渠塘，一如旧制，这里所说旧制，并非按唐宋时园池面貌恢复，大概是按明朝的规制复建。因为迄今(1980年调查时)，园中尚存有题为"动与天游"的石圆(图版27)，已卯(即正德十四年，1519年)李文洁立，壬午(即万历十年，1582年)李赋直垂立，以及嘉靖十二年(1533年)立《绛州嘉禾楼记事》石碑。从这两件文物来看，清李寿芝所说"一如旧制"的旧，大体是指明朝。但李寿芝复建时，也可能有所增加。

图版 27　绛守居园池"动与天游"石匾

五、民国时绛守居园池和现状

民国初年，园池又有所改易增建。民国 17 年（1928 年）辟为公园，又称新绛花园，有专人管理。直到抗日战争前，当时绛守居园池的面貌，当地老人还能回忆。解放后，县署成为新绛中学校址，园池成为校园。新绛中学老师们曾就访问和记忆所及，参考文献资料，写了一篇《关于绛守居园池的原貌和现状》（未发表）。个别地方，皇甫步高、杨鹤云又加以增补。根据此文和 1980 年调查，可以把当时园池概貌描绘如下。

绛守居园池正门在园西南（即虎豹门旧址），门上悬一匾额，题曰莲花池（匾已不存）。门内有一小过亭，左右设木凳供游人休息用。1980 年调查时，门无，过亭尚存（图版 28）。出亭北下，有砖砌台阶 29 阶（台阶已不完整）。下台阶即达洄涟亭，亭北为方形莲池。亭少半筑于池上，以四根石柱支撑。亭基 6 米见方，高约 10 米，外设回廊，环以栏杆。内亭门南向，四面皆窗。游人可于亭北廊庑下赏荷。亭之北，现卧有李文洁所书"动与天游"一匾。亭南北各有楹联（已不存），北面对联为李寿芝所书（隶书）上联是"放明月出山，快携酒，于石泉中把尘心一洗"，下联是"引薰风入座，好抚琴，在藕乡里觉石骨都清"。亭南楹联的上联是"快从曲径穿来，一带雨添杨柳色"，下联是"好把疏帘卷起，半池风送藕花香"。1980 年调查时，亭因年久失修，已向北倾，亭顶也需翻修。四面窗棂和栏杆都不存（图版 29）。莲花池为正方形，石砌池岸，池周原围有矮花墙（高约 2 尺）早已坍塌，池底和池岸均需整修。

图版 28　绛守居园池虎豹门、过亭

图版 29 绛守居园池洄涟亭

图版 30 绛守居重檐半亭

方形莲花池之北，另有长形蓄水池(原有水泥盖板)，鼓水引入园中先经蓄水池，然后流入莲花池。蓄水池中段跨有拱形砖桥(砖桥尚存)，桥两端有砖砌门，较矮，仅高1.7米左右(现不存)。过池渠往西北则是守居园池偏门。门内原有一亭曰潜心亭，旁有茶树一株(均不存)。

从洄涟亭往西，靠西墙有依墙而筑重檐半亭(图版30)。亭东设有石桌石凳，供游人休息用。亭旁丛植翠竹，亭前盛植花卉。亭之南和北围有花墙，之东为园门。1980年调查时，半亭有两根柱子已向南倾斜，南半亭顶也已露天，时刻有倾坍危险。花墙和园门仅存基址。

莲花池东北有座小土山，山上原有置石(也不存)，有高大的槐、柏、杨、柳等树木。土山的东南有一照壁，面向西(图版31)，洞门上方有砖刻横匾，刻有"人间若雀"四字，附近有花畦及牡丹台。

图版 31 绛守居园池照壁"人间若雀"

图版 32 绛守居园池纵贯南北的甬道及矮花墙

图版 33　绛守居园池静观楼

图版 34　绛守居园池高大照壁

穿照壁洞门东出，沿阶而上甬道，即纵贯花园南北，高出地面约一米的土筑甬道，把园池分为东西两半。甬道路面铺砖，很平整，两侧有矮花墙（图版32），每隔几尺有砖柱可摆盆花。沿甬道往北至北端左边为一土台，上筑静观楼（即明时嘉禾楼，后人或称望禾楼，或大门楼）为五面二层（图版33），楼东有

台阶可供上下，楼上四周和楼前小院东南两面都有矮墙。登台可南眺园池全景，上楼可远眺市廛。相传每年二月二，乡间百姓，红男绿女，至此磕头跪拜者络绎不绝，拜药求子，香烟缭绕。

出静观楼小院，下甬道往东，有座假山。假山之东有砖砌高大照壁（图版34），斜呈东北西南走向。

照壁中央有六角洞门可通行，门顶有石刻横匾，刻"紫气无疆"四个篆字。照壁北穿门而过有一亭很浅，呈半圆形（皇甫步高增补），名嵩巫亭（系宋富郑公弼所建）。周植迎春花。亭柱上原有对联，上联是"值春光九十日，最好是几竿竹，几朵花"，下联是"与良友二三人，消遣在一局棋，一樽酒"。调查时照壁尚完整，亭已无痕迹。

照壁以东，依北墙有一土台。高约 3 米多。台南有台阶可拾级而上，上台阶有砖砌圆台，形如磨盘。登上圆台可供歇息，可远眺龙兴寺古塔和望河楼之景（图版 35）。调查时砖台已不存，台阶也早毁，仅存痕迹。

图版 35 绛守居园池古塔和望河楼之景

照壁之南又有一座假山，有小道蜿蜒山南。道尽通过小桥，可达苍塘西部一孤岛。岛上盛植翠竹，流水潺潺而过，静雅宜人。但调查时岛周泥土淤积，苍塘无水。苍塘东部另有一小岛，以曲折石堤与岸相接。岛上筑有四角茅亭，名"拙亭"，内有石桌石凳。亭原有楹联，上联是"笑这小茅亭，有几斗俗尘气"，下联是"杂些好木石，有一泓秋水间。"亭子附近有两座石假山，周围有桃李杏桑梧桐等树，均不存。据增补，岛上尚有一棋台，四周砖砌，台上有墨石一块，刻棋盘，现仅存小土台。

园池东北角，依东墙筑有"谯节楼"，面宽三间，两层，周围窗棂细木刻花，绿与土黄色琉璃瓦屋顶。屋檐下有匾额李寿芝题"远山如黛，大河横前"八个大字。靠北角有岩梯以登楼。楼前有水渠通过，中架拱桥。调查时，这里已什么也没有了。

此外，在园的东南角高崖上，有北齐时左丞相咸阳郡王斛律公之墓。有台阶可上，先有一洞门，北向、东折至墓顶，有一石碑，刻斛律光墓四个大字。石碑现已不存，墓需修补。

综观元明清直到民国的守居园池，跟唐绛守居园池相比，已大异其趣。可能由于鼓堆泉的水量减少，引水也有季节性，不得不将西部大水池改为方形小池。为了既便于灌树浇花，又利于苍塘尽快水满，从入水口东引有水渠，至嘉禾楼前，一支直南入苍塘西口，另一支东引至谯节楼前直南，再折入苍塘东口。大池变成方形小池植莲，已无昔日水景。苍塘又增东、西二岛，面貌也异。更有甚者，夯筑纵贯南北的甬道，使全园硬剖为二，实是败笔。

唐时园池，相地合宜，构园得体，在创作山水的基础上以植物造景为主，点以亭轩池渠间或隆高处。造景上以自然野趣和素雅情调为意境，以诗情画意写入园林。到清朝以后，亭台楼阁兴筑日盛，景物虽然增多，但嫌繁琐。有些景点，围以花墙，自成小院，如半亭，如静观楼。西部的照壁，未免有画蛇添足之感，而东部斜向照壁，更有非其地而强为其地之憾。假山堆筑也嫌过多，反而有损自然之景，尤其苍塘东岛上，面积不大，却有亭一假山二，更形局促。从园林建筑布局上看，都是依墙而筑，分布边界，使中部开旷有层次，不因建筑有所分隔，以及运用楹联以点景，这些手法与江南明清宅园中相一致，都体现了明清文人山水园的特色。

第六节 四川新繁东湖

新繁东湖[23]，因位于四川新繁县署以东而得名，属公署园池。池传为李德裕所凿，五代、宋人及明、清县志皆采此说。五代时孙光宪（900～968 年）著《北梦琐言》载有："新繁县有东湖，李德裕为宰日所凿。"孙光宪为川西人氏，距唐不远，所记应有相当可靠性。按李德裕（787～850 年）字文饶，曾任四川节度使，由蜀入相封卫国公。然李德裕是否曾任新繁县令，不见于正史。虽然宋人樊汝霖在《新繁三贤堂记》中有这样一段解释："卫公之事业文章，世传之，史载之也详矣。而不书其在繁，岂以公勋烈如彼，其以一县之政不足为公道欤。"无论如何，东湖在五代时早已存在，是没有问题的。当时，除湖水外，植有楠（四川产之楠为桢楠 Phoebe zhennan）、柏、竹等，园较简单。

北宋时东湖，据资料仅有湖中植莲和文饶堂之建。王益（字损之，王安石之父）任新繁县令时，于祥

符八年（1015 年）曾作《东湖瑞莲歌》，邑人梅挚（官至龙图阁直学士）也有歌与之唱和，政和八年（1118 年）宋佾作《新繁卫公堂记》云："繁江令舍之西有文饶堂者旧矣，前植巨楠，枝干怪奇。父老言：唐卫公为令时凿湖于东，植楠于西，堂之所得为名也。"又说"南充雍少蒙莅邑之始，慨然思公之贤而慕之。斥其字名黟于卒胥之口，乃障堂后壁严绘其像，榜曰卫公堂以尊奉之。"南宋建炎二年（1128 年）金堂沈卣予（字居中）任县令时，改卫公堂为三贤堂，祀李德裕、王益、梅挚三人。沈友樊汝霖有《新繁三贤堂记》讲到李德裕"卫公事业文章，世传之，……逮至三百余年，父老思之不忘。……前任人为此作文饶堂，后更名卫公，盖得之矣。而堂宇偏小不称，及是，居中乃撤而大之，并与王、梅同祀焉"。

北宋徽宗年间，邑人勾氏"有园馆甲县城之北"。由现存记文中可知此园有溪、山、亭、轩、庵、寮、洞、桥等，仿唐人李愿太行之谷曰盘谷，名曰"盘溪"。相传现存东湖东南隅的古柏亭一洲。即为盘溪园遗址。

明末四川战乱中，东湖遭受重创弃荒芜，清乾隆五年（1740 年）知县郑方诚重修三贤堂，并外覆以亭，名曰爱亭。乾隆四十四年（1779 年），知县高上桂加以葺新，并作《东湖儿咏》和《东湖四景诗》。由诗可知此时的东湖已有桥、亭、轩、山、石及多种花木。嘉庆元年（1796 年）和十四年（1809 年）又有修葺。同治三年（1864 年）知县程祥栋（字晓松）再次大事整修，奠定了现在东湖的面貌。程并作《东湖因树园记》，记述了当时东湖的概貌较详。今据现状作平面示意图如图 5-29 所示。

《东湖因树园记》载："……浚湖通濠，导湔水（青白江之古名）以注之。因地制屋，种竹树以补之。重建三贤堂于旧址之南，……北流绕廊（大抵指登楼远眺而言）。东为平远台，又东为蝠岩。蝠岩者，即湖中淤土垒成之，状如蝙蝠，小亭（见山亭）翼然。远见彭灌诸山。岩以南，鹭渚鸥汀，连亘三桥，由古柏

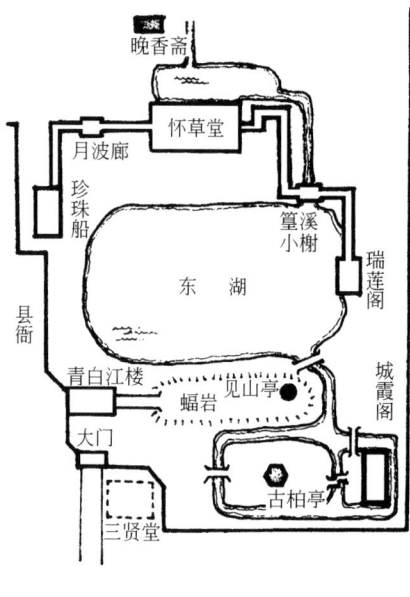

图 5-29　新繁东湖平面示意图(清末状)

亭而眠琴石，而城霞阁。一路水竹萧槮。或曰此勾氏盘溪也，然无可考矣(前已言及盘溪概况)。岩左小港湾环，指渡鹳桥，而东则瑞莲阁(取意自王益《瑞莲歌》)在焉。(阁北)长廊以西(折西)有飞阁跨水者，檀栎夹岸，是为篁溪小榭。过此路愈曲，地愈平，湖亦愈宽。正向厅事五楹，曰怀李堂(指李德裕)。堂后为花南砚北之轩，绿窗洞开，三面临流。西连月波廊，介乎菊畦之间，望之折叠如屏风。其北槿篱茅舍，曰晚香斋(为赏菊之处)。循廊之西南，凡三折至珍珠船，舫居也，空庭积水，荇藻交横。穿竹西芳径而南，直达青白江楼之前，复与三贤堂会。结构大略如是。"对照记文与示意图就能一目了然其概貌。

　　清同治十二年(1873 年)，县令李应观有《东湖记胜小叙》，对东湖评价如下："…邑之东湖者，程晓崧大令踵前贤而廓之也。胸藏丘壑，兴寄烟霞。是经是程，觉天回而地转；为高为下，亦水复而山重。似入山阴，行不遑于应接，岂同盘谷，栖但利于隐沦。楼阁峥嵘，池台掩映。堂深宏而肃穆，廊曲折以纵横。岛屿萦回，浑若方壶圆峤；阴阳递嬗，都宜着屐扶筇。"

　　民国十五年(1926 年)东湖辟为公园。解放后，

1954 年、1963 年和 1983 年，皆有所修葺和改动，四界亦有所变，幸未牵筋动骨。惟东湖的西岸改动较大，与全湖不甚协调，现公园后部的亭阁、花园，东部的盆景园和茶室，都是民国以后增建，其中多有不当，显得臃肿。

　　现在东湖公园面积仅 27 亩，水面约占三分之一，称作蝠岩的土丘高约 5 米。王绍曾对东湖的简评："手法朴实，然咫尺山林，步移景异，如有无穷之深意，极尽变化之能事。水面敞则敞如湖泊，但池形简朴，近乎方形；狭则隐如溪谷，徘徊潆绕，但线条古拙，不作故意扭曲；正如唐人所谓'奥如旷如'。建筑物则亭、台、楼、廊、榭等齐备，密度不大，布置得体，互相照应，似散漫而实有致。园林主题有菊、莲、竹、树、山、湖、江、溪等，以及古之清官贤人，充分表达了寄情山水，寄意前贤，抒发情怀的文人意图。凡举我国古典园林的优秀手法，如相地、立基、理水、叠山、借景、对景、框景、夹景等，皆可寻觅。特别是园中现存若干五、六百年古树(传说的李德裕手植古树，毁于 20 世纪 60 年代，时已有三、四人合抱之粗，至今镇民记忆犹新)，以及许多大树、古藤，颇有'高林巨树，垂葛悬藤'之古风(见四川省园林调查组：《四川古典园林风格初探》(汇报初稿)1985 年 9 月)。东湖可算我国古典园林遗产中之一珍品。"

第七节　胜境作亭

　　《释名》释亭："亭，停也，亦人所停集也。"《园冶》：亭，停也，所以停憩游行也。"按秦法，十里一亭，亭者犹今之铺也，故有亭长、亭侯。兰亭、柯亭、杨亭、嵊亭，皆此类"。这是亭的本义。至于"右军序称会稽山阴之兰亭，亦若云山阴之某里某某铺尔"。但"自是后人遂以兰亭为右军游宴之亭榭者，然非其本矣"(《浙江通志，绍兴府》)。此外，或于行人待渡之所建亭，或在交通要道上便于中途歇息的路亭或为了

船客舟楫避风雨在可泊处建亭，这些另一意义的有功能用途的亭。这类亭的形制简单，不过是能防日晒，避风雨的一屋而已。至于园林中的亭，主要供停息游行，可以凭栏伫望，可以登临纵目周视，因此亭址的选择必利于观景，或山上，或临水，或林荫花丛中。为了与周围环境协调，亭本身的造型也多样变化。由于亭址及其造型，亭本身也常作为园中的一个景点。

园林中亭的运用，即史料中见有亭名，大抵开始于南朝。如《梁书·昭明太子传》："太子性爱山水，于元圃穿筑(按元圃为齐文惠太子开拓)，更立亭馆，……"表明元圃中有亭。《诸宫旧事》补遗载："湘东王于子城中造湘东苑……堂后有隐士亭，……北有映月亭……北有临风亭—明月楼"。

隋唐时代，亭的运用更盛，隋炀帝杨广在西苑十六院中建有逍遥亭。《大业杂记》载："大业十年(614年)总公东进，幸北平榆林宫，四月车驾幸汾阳宫避暑。宫地即汾河之源，上有名山管涔，高可千仞。帝于江山造亭子十二所，其最上名翠微亭，次闻风、彩霞、临月、飞芳、积翠、合璧、合晖、凝碧、紫岩、澄景，最下名尚阳亭。亭子内皆纵广二丈，四边安剑阑，每亭铺六尺榻一台，山下又有临汾殿，敕从官纵观。"这样的构筑，可称之为亭宫。唐朝以来，无论宫苑，府第宅园，公署园池，寺庙丛林，莫不建亭，造型变化多样，成为园中景点。但我们在这里要着重评述的是指原为荒野丛翳，或有水石相胜而未发现，经整理开发，乃作亭赐以嘉名，胜概自成。唐人有许多讲述怎样开辟置亭以成胜境的"亭记"，这里仅举数例以窥一斑。

元结《寒亭记》："永泰丙午(766年)中，巡属县至江华县。大夫瞿令问容曰：县南水石相胜，望之可爱，相传不可登临。俾求之，得洞穴而入，栈险以通之，始得构茅亭于石上。及亭成也，以阶槛凭空，下临长江，轩槛云端，上齐绝巅，若旦暮景风，烟霭异色，苍苍石塘，含映水木。……"经入洞找险的开发，才能在石上构茅亭，亭成，胜景自得。

柳宗元是我国最负盛名的古代散文作家之一。他写有多篇记述怎样开辟荒野置亭以成胜境的亭记。《零陵三亭记》最为突出。记文开头就讲观游的必要性。他说："邑之有观游，或者以为非政，是大不然。天气烦则虑乱，视壅则志滞。君子必有游息之物，高明之具，使之清宁平夷，恒若有余，然后理达而事成。"接着讲到，"零陵县东有山麓，泉出石中，沮洳汗涂，群畜食焉，墙藩以蔽之。……"就是这样一块被畜群践踏的璞玉，"为县者积数十人，莫知发视。河东薛存义以吏能闻荆楚间。……乃发墙藩，驱群畜，决疏沮洳，搜剔山麓，万石如林，积坳为池。爰有嘉木美卉垂水，丛峰玲珑萧条，清风自生，翠烟自留，不植遂鱼乐。……乃作三亭，陟降晦明，高者冠山巅，下者俯清池……"这就是说经薛守义的发视，疏排了泥潭地的水，在山麓剔土露出了万石林立，在坳地积水成池，种植嘉木美卉于池畔，影藩落池中，创作了优美的园景。上眺丛峰玲珑，清风徐来，翠烟缭绕。于是作三亭，高者冠山巅可以纵目周视，下者可以俯视清池，胜景自成。

《零陵三亭记》里虽有"万石如林"之句，不过在山麓剔土露出的岩石群而已，柳宗元的《永州万石亭记》描述的才是真正的石林。"御史中丞清河男(男为爵位)公来莅永州，闻日登城北塘，临于荒野丛翳之隙，见怪石特出，度其下必有殊胜。步自西门以求其墟。伐竹披奥，攲侧以入，锦谷跨溪，皆大石林立，焕若奔云，错若置棋，怒者虎斗，企者鸟厉，扶其穴则鼻口相呀，搜其根则蹄股交峙。环行卒愕，疑若搏噬。于是刳辟朽坏，剪焚榛薉，决洿沟，导伏流，散为疏林，洄为清池，寥廓泓渟，若造物者始判清渴，效奇于兹地，非人力也。乃立游亭，以宅厥中，直亭之西，石若掭分，可以眺望。其上青壁斗绝，沉于渊源，莫究其极。自下而望，则合乎攒峦，与山无穷……"

最能显出柳宗元的园林匠心的是他在元和十二年(817年)九月三日所写的《柳州东亭》记。他写道："出州南谯门，左行二十六步，有弃地在道南。南值江，西际垂杨，传置东曰东馆。其内草木根奥，有崖谷倾亚缺坼，豕得以为圂，蛇得以为薮，人莫能居。"虽说是一块弃地，目前草木混杂且深，但在柳宗元的眼中，实是一块未雕的璞玉。于是，"始命披剌蠲疏，树以竹箭松桱桂桧柏杉，易为堂亭，梢为杠梁，下上徊翔，前出两翼，凭空拒江，江化为湖(这是何等精巧的手法)，众山横环，嶕阔潆湾，当邑居之剧而忘乎人间，斯亦奇矣。"这段记文给予我们很大的启发，表明了只要能发现，能识璞玉，然后去杂疏密，植以嘉木，运用艺术技巧来造景、借景。运用前出二翼，凭空拒江，化江为湖的技法，使一块弃地变成优美的自然园林。

附：樊宗师《绛守居园池记》原文

绛即东雍为守理所禀参实沈分气畜两河润有陶唐冀遗风余思晋韩魏之相剥剖世说总其土田士人令无硗杂扰宜得地形胜泻水施法岂新田又蓁猥不可居州地或自有兴废人因得附为奢俭将为守悦致平理与益侈心耗物害时与自将失敦穷华终披夷不可知陴缟孤颠阿偃玄武踞守居割有北自甲辛苞大池泓横硖旁潭中癸次木腔瀑三丈馀涎玉沫珠子午梁贯亭曰洄涟虹蜺雄雌穹鞠觏虘砑很岛坻淹淹委委莎靡缦萝蔷翠蔓红刺相拂缀南连轩井阵中涌曰香承守寝晬思西南有门曰虎豹左画虎搏立为万力千气底发蚃匜地努肩脑口牙快抗霆火雷风黑山震将合右胡人鬏黄额鬃珠丹碧锦袄刀囊鞾树绡白豹玄斑铱距掌胛意相得东南有亭曰新前含曰槐有槐质护霄郁荫后颐渠决决缘池西直南折庑赴可宴可衔又东骞渠曰望月又东骞穷角池研云曰柏有柏苍官青士拥列与槐朋友巉阴洽色北俯渠憧憧来乱级回西巽暌间黄屏玦天汾水钧带白言谒行旦艮间远冈青莹近楼台井闾点画察可四时合奇士观云风霜露雨雪所为发生收敛赋歌诗正东曰苍塘蹲濑西溏望瑶翻碧潋光文切镂梨深挠挠收穷正北曰风堤乘携左右堤势北回股努埒掖蹴墉衔渠歃池南楯槛景怪烛蛟龙钩牵宝龟灵鼍文文章章阴欲垫歔烟溃霭聚桃李兰蕙神君仙人衣裳雅

冶可会脱赤热西北曰鳌蚴原开咍储虚明茫茫觅眼颒耳可大客旅钟鼓乐提鹏挐鹭倡池豪渠憎乖怜围正西曰白滨荟深梨素女雪舞百俏水翠披睟睟千幅迎西引东土长崖挟横垺日卯西樵途隂径幽委虫鸟声无人风日灯火之昼夜漏刻诡姽绚化大小亭饲池渠间走池堤上亭后前隟乘墉如连山群峰拥地高下如原熙堤谿蟿水引古自源三十里凿高槽绝窦墉为池沟沼渠瀑潦潺终出汩汩街衢畦町阡陌间入汾巨树木资土悍水沮宗族盛茂旁荫远映锦绣交果枝香畹丽绝他郡考其台亭沼池之增盖豪王才侯袭以奇意相胜至今过客尚往往有指可创起处余退常吁后其能无果者不补建者池由于炀反者雅文安发士筑台为拒诛几附于汙宫水本于正平轨病井湳(卤)生物瘅引古沃瀚人便几附于河渠呜呼为附于河渠则可为附于污宫其可书以荐后君子

注释

[1] 唐代长安城考古纪略. 考古，1963.11

[2] 韩国磐. 隋唐五代史纲(第二版). 人民出版社，1979. 86

[3] 隋唐长安城和洛阳城. 考古，1978.6

[4] 韩国磐. 隋唐五代史纲(第二版). 人民出版社，1979.89~90

[5] 朱江. 扬州园林品赏录. 上海文化出版社，1984.49

[6] 韩国磐. 隋唐五代史纲(第二版). 人民出版社，1979.78~81

[7] 范文澜. 中国通史简编. 人民出版社，1965.199~274

[8] 中国史稿编写组. 中国史稿. 人民出版社，1982.189~271

[9] 韩国磐. 隋唐五代史纲. 人民出版社，1979.477~495

[10] 《中国史稿》编写组. 中国史稿. 人民出版社，1982.361~426

[11] 李浴编著. 中国美术史纲第五章. 人民美术出版社，1957.129~133

[12] 傅熹年. 关于展子虔游春图年代的探讨. 文物，1973(11)

[13] 李浴编著. 中国美术史纲. 人民美术出版社，1957.151~156，165~171

[14] 韩国磐. 隋唐五代史纲(第二版). 人民出版社，1979.412~454

[15] 李浴编著. 中国美术史纲. 人民美术出版社，1957.191~202，215~221

[16] 范文澜著. 中国通史简编. 人民出版社，1965.206~216

[17] 《中国史稿》编写组. 中国史稿. 人民出版社，1982.207~214

[18] 韩国磐. 隋唐五代史纲(第二版). 人民出版社，1979.
298～308

[19]《中国史稿》编写组. 中国史稿. 人民出版社，1982.
389～392

[20] 纪流，宋垒编. 洛阳散记，中国旅游出版社. 1982.56～65

[21] 王冶秋. 拨开"涩"雾看园池(第五版). 人民日报，1962

[22] 陈尔鹤. 绛守居园池考. 中国园林，1986(1)

[23] 王绍曾. 西蜀名园——新繁东湖. 中国园林，1985(3). 43

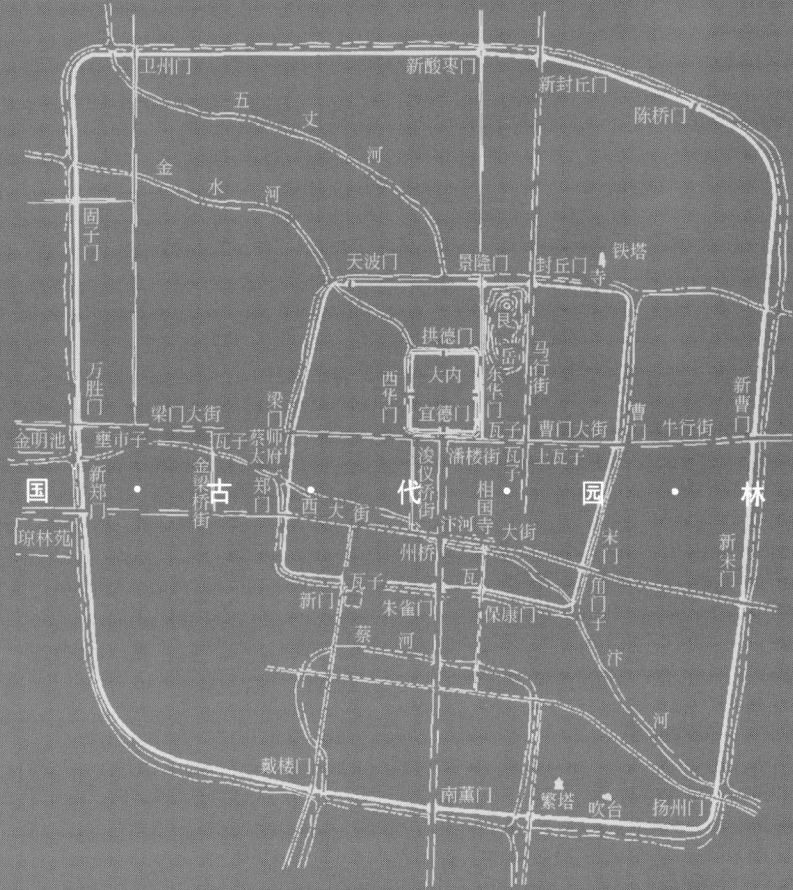

第六章 宋辽金时期园林

第一节 北宋王朝经济和科学技术

一、五代到宋简述

951 年，郭威灭后汉称帝，建立后周——五代最后一个王朝。郭威称帝后，将中原各地屯田的"田、庐、牛、农器并赐见佃者为永业"，农民得地后"葺屋植木，获地利数倍"。他又取消了"租牛课"和残酷的刑法，严厉禁止贪污，整顿军纪，对于安定社会、发展生产起了很大作用。954 年，郭威病死，养子柴荣(周世宗)即位，他继续进行改革，下令：流亡户的庄田，许人承佃，供纳租税；归来的田主，特予优待。在税收上着重均定田租，取消贫税特权。显德二年(955 年)又下令废寺院三万余所，令僧尼还俗从事生产，并毁佛像铸钱。对于屡次决口的黄河，大加修治，减少灾害，还整顿地方组织，使中原地区获得相对的安定[1]。

柴荣刚即位时，北汉刘崇乘机勾结辽军南侵。柴荣亲率大军，在山西高平大败北汉。回汴京后，整顿军队提高战斗力，显德二年(955 年)五月，柴荣先向西攻取后蜀的秦(甘肃天水)、凤(陕西凤县东北)、成(甘肃成县)、阶(甘肃武都县东)四州，十一月会合吴城、南平，进攻南唐。显德五年(958 年)三月直逼金陵，李景被迫请降，把江北淮南十四州(包括苏北、皖北以及湖北东部一部分地区)割让给后周。接着柴荣派人大规模整治运河水道，使晚唐以来由于藩镇割据被切断的运河重新恢复了它的运输效能，使中原地区的政治中心与富庶的江淮密切联系起来，进一步增强了后周的经济实力。显德六年(959 年)三月，柴荣亲率大军攻辽。正向幽州挺进时，柴荣得了重病，只好班师回京，不久病死。七岁子柴宗训继位，显德七年（960年），后周禁军最高将领，殿前都点检赵匡胤，借口辽和北汉要会师南下而率大军北上，行至陈桥驿（开封东北四十里）导演了兵变，黄袍加身，被拥立为帝。旋回师废柴宗训，建立了宋朝，都汴京（今开封，宋称东京），史称北宋（760～1127年），用以区别后来在南方建立的南宋（1127～1279年）[2]。

赵匡胤在削平昭仪节度使李筠和淮南节度使李重进的反宋后，为结束四分五裂的局面，采取了"先南后北"，"先易后难"的方针。乾德元年（963年）初，宋以讨伐湖南叛将张文表为名，借道荆南（南平），趁势逼使荆南高继冲降宋，接着进军朗州，打败湖南军队俘周保权，乾德二年（964年）十一月又派兵分道伐蜀，乾德三年正月直逼成都，迫使后蜀孟昶降宋。开宝七年（974年）九月派十万大军向南唐进攻，开宝八年攻陷金陵，南唐亡。太平兴国三年（978年），割据福建漳、泉两州十四县的陈洪进，向宋献地纳土；吴越钱俶，迫处困境，也只好献出吴越土地。至此，宋完成了统一南方诸国的大业。太平兴国四年（979年）宋太宗赵炅向北汉进攻，很快包围了太原，又派军阻击契丹的援军，北汉被迫降宋。至此，所谓五代十国的历史全部结束。

宋太宗灭北汉后，拟乘胜收复燕云十六州，于太平兴国四年六月，向燕京进军。辽的东易州（河北易县）、涿州（河北涿县）、顺州（北京顺义县）、蓟州（天津蓟县）相继降宋。此时辽大将耶律休哥率军赶到在高梁河大败宋军。雍熙三年（986年），宋军又分兵三路北伐。战争开始，节节胜利，后来辽太后率大军与耶律休哥合兵，在岐沟关（河北涿县西南）大败宋军，宋国再次失败，锐气耗尽，自是"不敢北向"，军事上对辽改为防守，以求苟安[3]。

赵匡胤为使宋王朝长久计，改变"方镇太重，君弱臣强"，必须把兵权、政权、财权从方镇手中拿过来。首先取消殿前都点检，由皇帝直接掌握禁军，然后有"杯酒释兵权"，说的是建隆二年（961年）秋，

在召集高级将领举行的酒会上，赵匡胤说了一段苦衷"吾终夕未尝敢安枕而卧也"，"居此位者，谁不欲为之！""汝曹虽无异心，其如麾下之人欲富贵者，一旦以黄袍加汝之身，汝虽欲不为，其可得乎?!"，"人生如白驹之过隙，所谓好富贵者，不过欲多积金钱，厚自娱乐，使子孙无贫乏耳。尔曹何不释去兵权，出守大藩，择便好田宅市之，为子孙立永远不可动之业，多置歌儿舞女，日饮酒相欢以终其天年。……君臣之间，两无猜疑，上下相安，不亦善乎!"于是第二天将领们纷纷要求解除军职。他们名义上是出守外地当节度使，其实各地方的军事已归各州统辖，节度使成为无权的虚衔。宋王朝集中军权还大力整顿军队，老弱病残者裁汰，挑选精壮者留军，限其兵额，注重训练，增强战斗能力。在集中军权整顿军队的同时，对行政机构及其权限进行了调整。宋初实行政事堂（中书）与枢密院"对掌大政"的"二府"制。以同中书门下平章事为宰相，是行政首脑。政事堂是宰相议事办公机构，也常称为都堂、政府、东府。军政归枢密院，也称枢府、西府，长官为知枢密院事。财政归三司，下设盐铁、户部、度支三部（曾经几度分合），号称"计省"。三司的长官为三司使，号称"计相"，地位仅次于执政。宋沿唐制设门下、中书、尚书三省。"中书省但掌册文复奏考帐；门下省主乘舆八宝，朝会位版，流外校考，诸可附奏扶名而已"。尚书省，亦称南省、都省，除管辖职权不多的六部（吏部、户部、工部、礼部、刑部、兵部）外，惟"集议、定谥、祠祭受誓戒，在京文武官封赠"等（《文献通考》卷四十七《职官考》一）。此外还有九寺五监，除国子监、司天监、都水监外，其他寺、监大多名存实亡。新设机构重要的有审官院、审刑院，太常礼院，在台谏制度上有御史台（"掌纠察官邪、肃正纲纪。大事则廷辩，小事则弹奏"）及谏院（设谏官）[4]。

宋于淳化四年（993年）分全国为十道，后于至道三年（997年）改全国为十五路，即京东、京西、河北、陕西、河东、淮南、西浙、江南、福建、广南

东、广南西、荆湖北、荆湖南、西州、峡路等，天圣时(1023～1038年)又析为十八路，元丰时(1078～1085年)再析为二十三路，宣和四年(1122年)又增为二十六路。各路大体有四个机构即漕司(主管一路财赋，长官为转运使)；宪司(主管一路刑狱及举刺官吏之事，长官称提点刑狱公事)；帅司(即经略安抚使司，安抚使司等，主管一路兵民之事)；仓司(即提举常平司，主管地方常平仓及赈灾等事)[4]。

宋的地方行政机构是州县两级。与州平级的还有府、军、监三种。州的长官称"权知军州事"，简称"知州"；府的长官称"知府"，后又设州"通判"一职，可以直接向皇帝奏事，权力很大；县的长官称"县令"或"知县事"，简称"知县"，县里另有主簿(职管户口钱粮)和县尉(维持封建治安)[4]。

终宋王朝，未能全部完成统一，在祖国辽阔的土地上，同时并存几个政权，主要有辽、西夏和金。辽，契丹族建立的政权，辖区包括内外蒙古，整个黑龙江流域、辽河流域和华北的部分地区。西夏，党项族(羌族的一支)建立的政权，辖境包括黄河河套和河西走廊。而北宋只统治着黄河流域、长江流域和珠江流域的主要部分，从10世纪中叶到12世纪初期，逐步形成了北宋、辽、西夏鼎立的局面。此外，回鹘统治者以高昌(吐鲁番东)，龟兹(库车)、于阗(和田)为中心，分别建立了三个政权，横跨葱岭东西还有一个黑汗王朝；在青藏高原，是吐蕃各部；在云南地区，是以白族和彝族为主体的大理政权[5]。

二、北宋经济的恢复和发展

唐末五代因长期的分裂割据和混战，严重地破坏了社会经济，土地荒芜，饥民流浪，农村凋敝。北宋政权建立后也曾多次下诏，招抚流民，奖励垦荒，发展生产。宋王朝也采取了一些有利交通、生产的水利工程措施，每年征调大批役夫修理汴河，运输江南、两淮粮食和物资；修治黄河，加固河堤，种植榆柳，以防河水泛滥。又大力发展农田灌溉工程，垦辟

农田，主要方式有以下几种，一是圩田(围田)，"农家云：圩者围也。内以围田，外以围水。盖河高而田在水下，沿堤通斗门，每门疏港以溉田，故有丰年而无水患。"(马端临《文献通考》卷六)，一是梯田，又名山田，缘山开田"层起如阶级"，远望如梯，故名。一是淤田，即利用浑浊的河水灌淤田地，改良土壤，在北方大规模放淤以改造盐碱地。地势低洼积水地方，开展挖渠排涝的工程，保证农业生产。由于农民的辛勤劳动和智慧，土地开发出来了，耕地面积逐步扩大了[6]。

农业生产工具和耕作技术的改进，提高了单位面积产量。农具的改进有铁制的尖头和圆头犁铧；安装铁铧的耧车(提高播种效率)，开垦芦荡蒿莱地的刷刀等。灌田用翻车(踏车)和筒车(高筒转车)已普及推广，鄂川农民创制秧马，用于插秧。陈旉著《农书》，对重要农作物的种植时间，高产办法，根据农民的经验和他自己的实践、观察作了科学的说明。他认为只要"种之以时，择地得宜，用粪得理"，深耕精耕细作，就可丰收。

北宋时，经济作物商品化程度有了加强。茶的栽培遍及大半个中国。当时的茶农称为园户，种茶为业，"采茶货卖，以充衣食"。桑、麻在全国普遍种植还与农家手工业结合在一起，全靠种桑麻为生的农户也已出现。广西一带，"田多山石，地少桑蚕"，农民除种水田外，主要种植苎麻，"周岁之间，三收其苎"。甘蔗的种植不断扩大，四川、广东、两浙、福建是著名的甘蔗区，逐渐还出现了小部分以种蔗制糖为生的"糖霸户"。由于城市经济发展的需要，水果生产发展很快。农业中经济作物种植的扩大，使商品经济获得很大发展[6]。

北宋手工业，无论生产技术、产品质量和生产规模等方面，都有显著的发展。就手工业生产组织形式说，有官营和私营。私营手工业的经营方式很复杂，有与农业相结合的手工业，以农民的副业形式出现，也有一部分地主经营的手工业作坊，依靠雇佣劳

动，原料主要为其所经营农产品；有城乡个体手工业者，有自己的生产工具，带有少数学徒，有的也有店铺，还有一种手工业作坊，作坊主依靠雇工来进行生产。私营手工业作坊是北宋手工业的一种高级组织形式，作坊主与手工业工人之间，形成了剥削与被剥削、压迫与被压迫的两个对立阶级[6]。

宋时的矿冶业，北方以煤铁开采为多，南方则有色金属比较发展。铜铁锡铅金银汞等产量比唐朝有了大幅度的增长。北宋的采矿者称作坑户或矿户，加上冶炼，又称作冶户或炉户。采煤（称为石炭）的发展为冶金提供了大量的燃料，各地出现了较大的冶炼中心。

制瓷业到了北宋时，发展到一个新阶段，唐朝名瓷有越州的青瓷，"类玉"，"类冰"，邢州的白瓷，"类银"，"类雪"。后周时在郑州设立官窑，所制青瓷，清如天、明如镜、薄如纸、声如磬。北宋时，逐渐形成定、汝、官、哥、钧五大名窑。定窑（在今河北曲阳县）以白瓷为主，胎质莹白如粉（俗称粉定或白定），器薄而轻，造型工巧，有划花（即凹雕，以刀雕作纹样）、绣花（以针剔刺为纹样）、印花（以带图案的陶范印成花纹）三种。汝窑（在河南临汝）的制品，色近"雨过天晴"，汝瓷敦厚温润，有蟹爪、冰裂、芝麻花等纹样。钧窑（在河南禹县）的制品，釉具五色，光耀夺目，有兔丝纹，火焰青，"红如燕支（胭脂），青若葱翠，紫若墨黑"，色纯不杂者为上品。青瓷料中的铜质经过高温烧炼，起了化学变化，使瓷釉或绿或紫，称为窑变。官窑（在开封东南的陈留）专供内廷用品，胎薄色青，浓淡不一，釉色以粉青为上，淡白次之，油灰为下。纹取冰裂、鳝血为上，梅花片墨纹次之，细碎纹为下。哥窑和弟窑是以章氏兄弟二人（即章生一、章生二）命名的。哥窑烧成的"百圾碎"皆浅白断文，冠绝当世。弟窑所烧瓷器，极其晶莹，纯粹无暇，犹如美玉（以上参见《陶说》卷二，《古窑考》）。北宋时兴起的其他名窑，有景德镇，其制品"质薄赋，色滋润"，有陕西的耀州窑，河南的唐州

窑、邓州窑，安徽的宿州窑、泗州窑等等[7]。

北宋时由于水上交通及航海贸易需要，造船业特别发达，荆湖、江南、淮南、两浙及陕西等地都设有大型的造船场，四川的嘉州、京东、京西等地，也有造船作坊，当时运河的漕船多是三百料至五百料（每料即一石之重量，约合今55公斤）的船只，长江有千料大船。远洋航船的制造技术已达到一个新的水平，使用了可以起伏的船桅称为转轴，加上隔离舱的设置和指南针的应用，大大增强了抗逆风、战恶浪、辨方向的能力。

纺织业到北宋有很大的发展，逐渐形成两浙和四川两个中心，此外河北东路、京东东路、淮南东路、江南东路，沿海地带都比较发达。这时各地出现了一批独立经营纺织业的机户，以手工业作坊的形式，为出卖商品而生产。定州的刻丝最为有名，"承空视之如雕镂之象，故曰刻丝"。单州成武县织的薄缣，"重才百铢，望之如雾著"；亳州产轻纱，"举之若无，裁以为衣，真若烟雾"。四川产的锦、绮、花纱、敏正，越州产的麦穗、纱及寺绫，大名府产的绉縠，衡州、永州产的平绝，婺州的红边贡罗，东阳的花罗等很有名。麻织业产地主要在成都府路、河东路、广西路、荆湖南北路及京东等地。毛织业以西北地区为主，毛褐做的衣服在北方已经盛行起来[7]。

随着宋时印刷业的发展，纸的需要量猛增，刺激了造纸手工业的生产，产地扩大，技术上也大提高。当时两浙路的临安、婺州、温州、衢州，江南路的歙州、池山和建康，四川的成都，淮南的真州，湖南的潭州等地都是有名产纸区，造纸的原料多样化，不再以麻为主，而是竹、藤、楮等用得最多。此外，稻秆、麦秆、桑皮等，也都大量使用，成都造纸有四色，皆用楮皮造成，最为精洁。徽州的造纸，用火焙烤，歙州产纸光滑莹白。四川的布头笺，号称天下第一。毛笔制造业，宋人最推崇宣城诸葛高所制的紫毫笔，开封是当时最大的制笔业中心。唐以前，用墨需自制，唐朝官府有制墨作坊，宋时制墨业转到家庭生

产和手工业作坊。当时制墨中心有开封、易水、真定、兖州、洛阳、宣城、歙州、衢州、成都等地。宋时创造出和胶、对胶制墨方法，加入一定香料，使墨的质量进一步提高。制砚业几乎遍及全国，而以歙州、端州最有名。歙州砚石质坚劲，发墨效能好；端砚色理莹润，名列第一。北宋陶砚也很精美[11]。

北宋制盐业有煮盐(沿海地区用海水煮盐，生产者称亭户)和晒盐(掘地为池晒盐，又称池盐，生产者称为畦户)。四川地区挖井取卤，煎煮为盐，称井盐。制糖业集中在四川、广东、福建、两浙等地，主要制砂糖(红糖)，也能生产霜糖(白糖，一说为冰糖)，制糖者称为糖霜户。制茶业在产茶区是茶农的家庭手工业、茶的制品可分片茶、散茶两类[7]。

北宋手工业者与商人都有同业行会，当时称为"行"。入行的称为行户，每行设有"行老"，主持行会内部事务，这时的手工业者，对行会外的同业人进行排斥，对行会内同业人，各自实现技术保密。随着经济的发展，行会内部阶级对立已很尖锐，大型作坊主和行老控制着行会，决定物价，垄断市场。作坊主与雇工间关系乃是剥削与被剥削的雇佣关系[7]。

在农业、手工业发展的基础上，农副产品及手工业产品需要扩大市场、使商业空前发展起来。这样，不少墟、集扩大为市镇，有的市镇发展，而为县城，不断打破原来州县的布局，还有一批县升州、州升为府的。城市商业的繁荣以都城东京为最大商业中心。此外，洛阳、大名、应天(商丘)、苏州、扬州、荆州、广州、南郑等地也都是商业繁盛的城市[8]。

随着商品经济的发展，不断出现钱荒现象，曾采用唐朝"飞钱"的办法。后来四川民间创办使用交子(纸币)，天圣元年(1023年)交子改为官营，票面规整，自一贯至十贯文。此外，金银的货币职能大大加强。官府和私商将金银铸成各种形状，如银，最主要的是铸成铤，又叫锭，每大锭重五十两，小锭轻重不等，还有银饼和银牌。金则有马蹄金、橄榄金、瓜子金、麸子金、胯子金、沙金、叶子金等。金银兑换铜钱的价格，因地因时不同[8]。

宋与辽夏之间贸易，采用设置権场的办法进行互市，此外还有通过使节互赠礼物的方式进行经济交流。至于对外贸易港口，随着沿海地区农业手工业发达而逐渐增多。广州是当时第一大港，开宝四年(971年)即在这里设市舶司。两浙沿海的明州和杭州在真宗时(998～1022年)也设置了市舶司，除对南海诸国开放外，主要是对日本，朝鲜的贸易中心。北宋末年，秀州华亭县"蕃商船舶辐辏住泊"成了另一外贸港口。镇江及苏州两地，也允许依市舶法办理对蕃商的贸易。福建沿海港口开放较晚，神宗时蕃舶及广东海商不断到泉州贸易，所以到了哲宗时，终于在泉州设立了市舶司[8]。

三、北宋的科学技术

北宋的科学技术也有很大成就。我国中古三大发明即火药、罗盘和刻板印刷都是在北宋时完成的。火药的原料——硝石、硫磺、木炭，古代早已习用，道家的炼丹术即硫、硝混用，后来发明了可以燃烧的火药，逐渐应用到军事上。宋太祖开宝三年(970年)冯继升献火箭法，咸平二年(999年)唐福制造了火箭、火蒺藜，石普能造火毬等，外壳基本用纸数层，涂以药物，体积较小，同时以火锥烙透火毬的火壳，使火药发火燃烧。以后，在宋和辽金的战争中，继续改进，到南宋时发明了火炮。火药是经南宋和阿拉伯商人传到西南亚回教国家，火器则是由蒙古人的西征而传到西南亚的。直到13世纪末，又由阿拉伯人传入欧洲，14世纪时欧洲人才会制造火药武器[9]。

利用磁石指南的性质制造指南的仪器，在战国时已经出现了，真正用人造磁铁完成指南针装置的则是在北宋时代，而且很快被应用到航海事业上，促进了两宋时航海术的进步和对外贸易的发展。装着指南针的宋朝海船，东到日本、朝鲜，南到南洋，西到非洲东海岸，对海上交通的发展和中外经济、文化交流作出了贡献[9]。

我国古代刻版印刷术，始于隋唐，五代时有进一步发展。到了宋朝，印刷术又有很大改进并盛行起来。宋时有官府刻印、书坊刻印、私人刻印三大类型，刻板印书分布地点已遍及全国。从刻印的组织形式上看，已有了刊（雕）字工匠、裱背匠、印匠、装订匠等工序。到仁宗庆历年间(1041～1048年)，有位毕昇发明了用胶泥制字模的活字印刷术。欧洲14世纪末才有雕版印刷，1450年德国人谷登堡才开始用活字板印刷圣经[9]。

宋时在天文学和天文仪器制造上的重要成就，有苏颂著《新仪象法要》，苏颂和韩公廉组织指导下制成的"天文钟"（又名水运仪象台）等。北宋曾进行过五次大规模的恒星位置的观测，据以绘成图，称为"天文图"，以北极为中心，共绘有星1440颗。数学方面，北宋时有沈括，贾宪（在方程解法上有卓越的贡献），有秦九韶著《数学九章》，其中大衍术和增乘开高次方的方法是我国古代数学史上两项重要成就。

北宋对医学相当重视，校订出版了以前的医学典籍，又编辑了很多医书，如《太平圣惠方》（集成方16834个），《圣济录》（收集了诊病处方审脉用药针灸等各种医方，一部医家百科全书），药物学的《政和本草》等。针灸学在唐朝已发展成专科，宋朝又有突出的成就。王惟一著有《铜人腧穴针灸图经》和针灸铜人模型的铸造。宋时医学分科更加细密，从原先三科增为九科。法医学方面，宋慈搜集和总结了前人的法医知识，著《洗冤录》[9]。

随着社会生产的发展，宋人对《尔雅》一书产生了兴趣，邢昺撰《尔雅》，陆佃撰《埤雅》，对265种动植物作出了解释。南宋中期罗愿的《尔雅翼》，对180种植物，235种动物作了更为详细的解释，不仅考核名物还用出现的新品种及新发展对前人解释作了补充，并记载了生物界生存竞争现象。宋时出现了不少专类花谱。药花中不断发现了植物变异现象，从而认识到环境条件对改变植物变异的影响，如王观《扬州芍药谱》提到了牡丹、芍药的"大小浅深，随

人力之工拙，而移其天地所生之性，故奇容异色间出于人间"，还得出"花之颜色的深浅与叶蕊之繁盛，皆出于培壅剥削（剥根）之力"。又如刘蒙在《菊谱》中说："若种园蔬肥沃之地，……则单叶而变为千叶亦有之矣。""又尝闻于莳花者云，花之形色变易，如牡丹之类，岁取其变者以为新，今此菊亦疑所变也。"刘蒙推测，那些丰富多彩的菊花品种，是通过变异而形成的。

宋朝建筑承继了唐朝的形式，无论单体或组群建筑，没有唐朝那种宏伟刚健的风格，却更为秀丽绚烂，富于变化。宋时建筑技术较诸以前无论结构上、工程做法上更完善了。建筑典籍方面，宋初有喻皓著《木经》三卷，成为后世木工建造的准则。继后有李诫（字明仲）编著《营造法式》一书，这本书，从简单的测量方法、圆周率等释名开始，依次叙述了基础、石作、大小木作、竹瓦泥砖作、彩作、雕作等制度以及功限、料例，最后附有各式图样，是一部整理完善、集历代建筑经验之大成的典籍。

"从这本书中我们知道木构建筑的设计，主要是以建筑物上使用得最多的木材构件的断面'材'为基础，以它作为一个模数，建筑物的主要部分都是以模数的倍数来计算的，在计算这些构件的同时也就完成了形象的设计。这个模数有八个不同种的实际尺度，这是需要以实际所需建筑物的规模来决定的。""在屋架方面，书中列举了八种不同跨度的主梁，用以组合成当时所需要的各种横断面。屋顶有五种不同的结构，也就是有五种不同的样式。从书中所列举的殿堂和厅堂的做法，可以看到使用斗栱和不使用斗栱是两种不同的结构形式。""至于门窗、栏杆、隔断等类，则是按照实用的尺度，规定其最低和最高尺度，而隔断装置之类，当然是由结构框架所留下的空间所决定的。这两种性质的各个构件，尺度都是由其本身总高度的分（即十分之几）数所决定的。""这种结构是先将各个构件制成成品然后安装起来。我们还从书中功限部分得知制造每一构件的劳动定额和安装的劳动定

额，在料例部分得知使用原材料的定额。""在功限中还有关于抽换梁柱的劳动定额，由此可知这种结构的优点还在于当个别结构构件有损坏时，可以加以更换。"[10]

北宋时有一位有名的科学家沈括（1031～1095年），"博学善文，于天文、方志、律历、音乐、医药、卜算无所不通，皆有所论著"，可惜大部分失传，仅《梦溪笔谈》保留下来，是一部综合性的科学著作。

第二节　两宋文化艺术

一、两宋的宗教、经学、哲学

两宋时代，随着封建经济和政治的发展，文化也很发达。在宗教方面，宋初极力提倡佛教，禅宗南宗最盛行，在禅宗之外，天台宗也相当盛行，后来华严宗也比较兴盛。儒家中有不少人精通华严经，如欧阳修、程颐等，有不出家受戒的佛门弟子，有虽未皈依佛门却精通佛典的士大夫。王安石、二程、二苏、朱熹等都深受佛教思想的影响。就佛家而言，为谈禅说理于儒家面前，又竭力吸收儒家思想。糅儒入佛，儒佛融合，是当时的趋势。北宋中期又极力提倡道家，真宗更虚构赵姓祖先赵玄朗为道教天神，徽宗自称是神霄君临凡，讽道箓院上章，册己为"教主道君皇帝"。最著称的道士是后唐时出家华山的陈搏，一位传奇式人物。张伯端（后被道教南宗奉为开山祖师），本是嗜好道术的儒者，在他著作里明显反映出三教合一的趋势，他说"教虽分三，道仍归一"，他的性命说，更与张载相通，南宗实际创立者白玉蟾（原名葛长庚）的主要著作也是儒、道、禅宗三者的混合物。儒佛道三家相互吸取、相互融合的趋势为宋学的产生准备了思想条件[11]。

我国经学方面，发展到两宋进入一个新阶段即宋学阶段。宋儒完全扬弃了汉儒偏重名物、章句训诂的家法而是偏重性命义理、缘词生义、独抒胸臆说经。他们不仅疑传，而且疑经、改经，特别值得注意的有三人，即欧阳修、刘敞和王安石。刘敞改易经文还只限于个别的字，到了朱熹和他的三传弟子王柏就更进一步，整句整段地颠倒删削经文，以就己意。由于地主阶级迫切需要全面地对自然、社会、人生问题作出有利于地主阶级的解释，由于"三纲五常之道绝"，需要为伦理纲常制造更为精致、更具有欺骗性的根据，于是以穷理尽情为主要内容的宋学就应运而生[11]。

在哲学方面，两宋产生了许多哲学家，形成不同的学派。具有朴素唯物主义思想的有李觏（1009～1059年）、王安石（1021～1086年）、张载（1020～1077年）等。李觏曾提出平均土地的蓝图（《平土书》二十一章，纯属空想）和"平其徭役"的均役主张。他阐述"太极"是物质性的"气"，太极分化为阴阳天地，阴阳天地相结合，便产生具有形体的五行万物。他一方面说"性不能自贤，必有习也，事不能自知，必有见也"，肯定后天实践对人性知识的决定作用，一方面又说"性之品有三，上智，不学而自能者，圣人也；下愚，虽学而不能者也，具人之体而已矣"，自相矛盾，摆脱不了地主阶级思想的局限性。

王安石创立了一个具有朴素唯物主义自然观和认识论的学派。他认为世界总根源是"道"，"道者天也，万物之所自生"即自然界。他还认为自然界和人类社会都是在运动变化着，并注意到"因形移易谓之变（渐变），离形顿革谓之化（突变）"。他坚持天人相分的观点。自然界有其规律即"天道"。人类社会也自有其规律叫"人道"。既然天人相分，就应该重视人事而信天命。他认为有形体才有人性，这就否定了先天的人性。又说"有情然后善恶形焉（就可分出），而性不可以善恶言也"。既然性无善恶，就不能在人性上分出什么上智、中人、下愚的品级，既然情有善恶，孔孟以来传统的君子性善小人性恶的先验的人性论是错误的。但由于地主阶级思想局限性，王安石不可能是彻底的唯物主义者。如他所讲，物质性的"元气"是不动的，运动着的是由元气产生的"冲气"，这样静是第一性的，动是第二性的了，他说"有之与无"等等，皆不免有所对，但紧接着又说"唯能兼忘此六者(喜怒哀乐好恶)则可以入神。可以入神，则无对于天地之间矣"。这说明他虽承认矛盾对立，但最终是要取消矛盾[11]。

张载，虽然在自然观方面把物质性的"气"作为宇宙的本原，气只有聚散，而无生灭，用气不灭的唯物主义观点批判了老子以来的"有生于无"的唯心主义观点。但是张载的社会观又是唯心主义的。他提出"气质之性"与"天地之性"的划分，他说"形而后有气质之性，善反(返)之，则天地之性存焉。"这就是说，人生下来就有气质之性。这气质之性，结合每个人的具体条件，有善有恶，是不相同的。但在人生下来之前就存在"天地之性"。"善反之"就是学习("为学大益，在自能变化气质")就能达到天地之性。这种说法，学即学孔孟之道比"性之品德"更有利于封建统治。张载还写了一篇《西铭》，把孝这个封建道德神化，来为封建统治服务[11]。

属唯心主义思想体系的有邵雍(1011～1077 年)，周敦颐(1017～1073 年)，程颢(1032～1085 年)和程颐(1033～1107 年)，朱熹(1130～1200 年)等。邵雍虽以太极为宇宙本质，但他的解释是"心为太极"，"道为太极"，并说"身生天地后，心在天地前。天地自我出，自余何足言"，是典型的主观唯心论。他又创"先天象数"，说什么三十年为一世，十二世为一运，三十运为一会，十二会为一元。世界每到一会就小变一次，每到一元就大变一次。旧的世界覆灭，再创造新的世界，而新的世界还是按照元、会、运、世的公式运转。自然界、人类历史都逃不出这个象数系统，国家的治乱兴衰，人事的吉凶休咎，个人的生死祸福也逃不出先天象数所安排的命运。这套先天象数，实在缺乏哲理，不为人们所重[11]。

周敦颐的哲学思想，以《易传》和《中庸》为核心，又接受儒家、道教、佛教的影响而构成一套客观唯心主义体系。他认为"无极而太极。……二气交感，化生万物，万物生生而变化无穷焉"。他所说的"无极"、"太极"都不是物质的东西，又是脱离人的主观而独立存在的。他认为人性善恶是由于五行之气感动而生。他以"中正、仁义、主静、无欲"作为人的最高标准。"主静"是从禅宗的"修心"论和道教的"清静"说那里搬来的。他认为"诚，五常之本，百行之源也"。"养心不止于寡而存耳，寡焉以至于无，无则诚立明通。诚立，贤也，明通圣也。"只要做到无欲，就能诚立明通，达到一个至高无上的境界[11]。

二程，即程颢和程颐，创立一套唯心主义体系，和王安石新学针锋相对。他们认为"理"(或天理)是哲学的最高范畴。理无穷已，非人力所能干预；理生万物，又统辖万物；理是万物之理。对自然界来说"有理而后有象，有象而后有数"，对人类社会来说，"父子君臣，天下之理，无所逃于天地之间"，为封建的伦理纲常制造了哲学基础。他们承认事物有变化，但又说"天理鼓动万物"，唯天下至诚为能化，即变化的动力是天理或诚。二程坚持"天人相与"的观点，反对王安石关于"天道"、"人道"的观点。在认识论方面，二程发展了《大学》中"格物"、"致知"，说什么是"格物"？"格，犹穷也，物犹理也，犹日穷其理而已也。"什么是"穷理"？"或读书，讲明义理；或论古今人物，别其是非；或应接事物而处其当，皆穷理也。"什么是"致知"？二程把"知"分为"德性之知"和"闻见之知"两类。"闻见之知……物交物则知之，非内也(非人心所有)……德性之知，不假见闻"，即人心所固有的，实即仁、义、礼、智、信之类。二程所谓格物、致知，是穷君臣父子之理、致德性之知。在人性论方面，二程提出了"性即是理"，但为什么还会有性恶的呢？他们说"气有清浊，禀其清者为贤，禀其浊者为愚"，"有自动为善，有自动为恶，是气禀有然也"，为了去恶从善，就得"明天理"、"去人欲"。总起来说二程运用"理"这个范畴，把本体论、认识论、人性论有机地联系在一起创立了唯心主义的哲学体系，是两宋理学的奠基人[12]。

朱熹继承二程，又糅合周敦颐、张载和佛道思想，建立起一个庞大的唯心主义体系。在自然观方面认为"未有天地之先，毕竟也只是理。有此理便有此天地；若无此理，便亦无天地，无人无物，都无该载了"。又说："此理之流行，无所适而不在"，"此理自无止息时，昼夜寒暑无一时停。"所以"君臣父子兄弟夫妇朋友之间"，"纲常名教"也是永恒常存的东西。朱熹又用"理"来解释"太极"，"太极之父，正谓理之极致耳"，既说太极为万化之源，又用最高道德标准去充实太极的内容。在理和气的关系上，他反复地说"有理而后有气"，理是第一性的，气是理所派生的。

朱熹也讲格物，致知。他说："格，至也；物，犹事也，穷至事物之理，欲其极处无不到也。"他又说，"虽草木，亦有理存焉。一草一木岂不可以格？"但又说，"且如今为此学而不穷天理、明人伦、讲圣言、通世故，乃兀然存心于一草木一器用之间，此是何学问？"可见朱熹要格的不是自然界的事物，而是天理、人伦、圣言等。怎样去格呢？他提倡"内省"，就是使心有所主，不要有一丝杂念。又提倡"践履"，就是"善在那里，自家却去行他。行之久，则与自家为一"，"一旦豁然贯通焉，则众物之表里精粗无不到，而吾心之全体大用无不明矣"。在人性论方面，他认为"性者，人之所得于天之理也"，"论天地之性，则专指理而言；论气质之性，则以理与气杂而言之"，"天之生此人，无不与之以仁、义、礼、智之理，亦何尝有不善？"但"气质之禀或不能齐，是以不能皆有以知其性之所有而全之也。"总之，努力按照仁义礼智去做，就能复其性，变化气质，成为圣贤。他又发挥"道心"和"人心"两个概念，说"人心"生于"形气之私"，"道心"属于"性命之正"，即"天地之性"，他又强调"人之一心，天理存则人欲亡，人欲胜则天理灭"，"学者须是革尽人欲，复尽

天理，方始是学"。总之，朱熹以"天理"、"人欲"将自然观、认识论、人性论、道德修养联系在一起，他集两宋理学之大成，建立新的哲学体系[11]。

在唯心主义体系与朱熹处于对立地位的是陆九渊（1139～1192年）。他建立了一个主观唯心主义体系，为封建统治服务。他提出了"人皆有是心，心皆具是理，心即理也"；又说："心，一心也；理，一理也。主当归一，精义无二，此心此理，实不容有二"。既然"心即理"，因而"致知"就"不假外求"，只要"明本心"，"先立乎其大者"就行了。所谓"明本心"，就是叫人自觉地服从封建统治秩序和封建伦理纲常；所谓"先立乎其大者"，就是要站稳地主阶级立场[11]。

随后，有陈亮（1143～1194年）、叶适（1150～1223年）的功利主义思想和反理学的斗争。陈亮是永康学派的代表人物，还是一个坚决的抗战派，为抗金奔走呼号，贡献力量。陈亮认为"盈宇宙者无非物，日用之间无非事"，既然宇宙充满着客观事物，那么，任何普遍的原则，都离不开客观的具体事物。他尖锐地批判了理学家把"道"当作精神性本体的唯心主义观点，以及理学家空谈心性所造成萎靡的社会空气。陈亮提倡实事实功，不讳言功利，并以功利作为他的理论基础。"功到成处，便是有德，事到济处，便是有理。"叶适是永嘉学派的集大成者。叶适的自然观具有朴素的唯物主义因素。他认为"五行"、"八卦"是构成自然界的主要物质形态。在"物"与"道"的关系上，叶适认为有物则有道。他说："物之所在，道则在焉。物有止，道无止也，非知道者不能说物，非知物者不能至道，道虽广大，理备事足，而终归之于物，不使散流。"既然客观世界是由物质构成的，而"道"又不能离开"物"而存在，因而人的认识，也就不能离开"物"。在认识过程中，他又强调要依靠"耳目之官"，"自外入以成其内"；还要依靠"心之官"，"自内出以成其外"，"内外交相成"，才能构成全面的认识。叶适对当时因理学所造成的专尚空

谈、不务实际的社会风气,深恶痛疾。他说"读书不知接统绪,虽多无益也;为文不能关教事,虽工无益也;笃行而不合乎大义,虽高无益也;立志不存于忧世,虽仁无益也。"[11]

南宋末期,宋宁宗时,史弥远专权,极力尊崇朱熹以及周敦颐、张载和二程。到宋理宗时,程朱理学,取得官学地位,之后历元、明、清三代,统治思想界达七百年之久。但程朱理学一传再传弟子们不能有所前进,从此走下坡路。除了上述叶适对理学的批判外,程朱理学内部也产生了反对派,这就是南宋末年著名的思想家黄震(约1213~约1280年)。他虽推崇朱熹,但对朱熹的某些观点,不肯苟同。他重视实践,强调躬行,反对空谈,因而在一些重要问题上,表现出对朱熹的修正。如他反对超出于人世之外的虚远玄妙之道。他反复说明"夫道即日用常行之理","不谓之理而谓之道者,道者,大路名,人之无有不由于理,亦犹人之无有不由于路",道就是人所常行大路;人之常行都是理,并不是于人事之外有所谓高深的道。这实际上是对程朱的那个超越时空、先天地而存在的"理"的否定。其次,他揭露程朱之末流是借"周、程之说,售佛者之私"。他说"向也,以异端而谈禅也犹获知禅学自为禅学。及其以儒学而谈禅,世因误认禅学亦为儒学,以伪易真,是非瞀乱。此而不辟,其误天下后世之躬行,将又有大于杨墨以来之患者。"

二、两宋的史学、文学

宋朝,史学也很发达,重视修撰本朝史。宋有起居注;有时政记(载宰相、执政议事及与皇帝问对等);有日历(据起居注时政记等,按月日编撰);有会要(详细记载典章制度的专书);有实录(为编年体史书),另有附传;又修国史,亦称正史,是纪传体史书,共修国史七部,私人编写的宋朝史书很多。宋朝有两部巨大的通史著作,即司马光的《资治通鉴》和郑樵的《通志》,现代《二十四史》中三部即新、

旧五代史和新唐书,为宋人所修。

专记一州一县,甚至一镇的历史和风土人情的地方史志,在宋朝,特别是在南宋,大量出现。也有总志全国州县地理的金石学是宋朝学者开辟的新园地,它把历史学的研究从古典文献扩大到古金石器物。由于雕板印刷发达,公私藏书极为丰富,目录学也随之发展起来。类书有宋太宗、真宗时期命朝臣编的四大部,即《太平广记》、《太平御览》、《文苑英华》和《册府元龟》。另外,有南宋王应麟以私人之力编的《玉海》[12]。

宋朝文学的发展,表现在两个方面。一是以话本、杂剧为主要内容的民间文学的发展;一是以诗词、古文为主要内容的古典文学的发展。话本是"说话人"所用的底本。说话有不同的种类(当时称为"家数")。宋朝说话的家数,主要分"讲史"(历史故事),"说经"(佛经中的故事)和"小说"三种。宋朝的戏曲,是随着城市经济的繁荣而发展起来的一种艺术,其形式多种多样,值得注意的是杂剧。但杂剧作品无一流传下来,仅从宋人笔记中看到一些内容。南、北宋之际,南方各地出现了各种唱法的地方戏,总称"戏文",它是元、明"南戏"的始祖[12]。

两宋文学的特点是词,世称唐诗宋词元曲。词是配合音乐的一种文学,它的前身是民间小调,而后逐渐发展成为一种独立的文体。词的全称为曲子词或词曲。早期的词,句子长短不齐,更符合按曲歌唱的需要。在歌唱中,创立了许多词调,又称词牌,实际上就是当时的歌谱。五代宋初,以"花间派"为代表的西蜀词(多为艳词)和以李煜为代表的南唐词,对词坛影响最大。当时盛行的词,大都短小纤巧,称为小令,主要表现词人的个人生活。到宋真宗、仁宗时,才出现北宋作词的名家如晏殊、柳永等。晏殊曾任宰相,他的词以描写官僚地主的"雍容华贵"为主,但能即景抒情,刻画深细,语言含蓄,风格清丽。柳永,怀才不遇,流连坊曲,在乐工和歌妓们的鼓舞支持下,创作了大量适合歌唱的新乐府,又称慢词,在

语言技巧上也较为通俗化和口语化，深受下层人们的欢迎，但在题材上大抵在相思、离别、饮宴、伤春、悲秋的圈子里打转，不健康的作品相当多。这一派的词宛转柔美，被称为婉约派，是宋朝词坛上一个很大的流派，对李清照、周邦彦等有较大影响。神宗、哲宗时，词坛主要代表人物是苏轼（1037～1101年），他的词写得豪迈奔放，一扫柳词情绪消沉的余风，山川景物，农舍风光，记游咏物，感旧怀古等等，都是苏词的重要题材。他所开创的豪放词风，被称为豪放派，是宋词成就最大的一个派别。王安石虽不以词名，却也写了一些好词。北宋末年，宋徽宗过着穷奢极侈的生活，自以为天下太平，要人们歌功颂德，粉饰门面，反映在词里就产生了以周邦彦（1056～1121年）为代表的另一派词风。他们只能写些艳词，内容狭窄，感情贫乏，但讲究格律，称为格律派[12]。

南宋初年，社会处于大动荡中，抗金爱国、反对投降，成了广大人民和爱国志士的一致呼声。这一时期，词成了抗金文艺的有力武器。抗金名将岳飞写的《满江红》，张孝祥写的长调《六州歌头》，都是历来传诵的佳作。甚至连著名的婉约派女词人李清照（1084～1151？年）也因在金兵战火中亲遭离乱，而对误国的昏君权奸进行了决然的谴责[12]。

这个时期出现了以陆游、辛弃疾为代表的词坛巨人，使宋词的发展达到高峰。陆游是主战派人物，以诗见长，但他的词奔放激昂，感情浓烈，表现了他对抗金爱国的不屈壮志和对主和派的无比愤怒。辛弃疾（1140～1207年）出生在金人统治下的历城县。金人的残暴统治和人民的抗金斗争，对他的思想产生了深刻的影响。二十二岁时，他参加了当地农民军耿京的队伍。他的词，慷慨豪放，不仅唱出了他个人"金戈铁马，气吞万里如虎"的奋发激越的情怀，而且表达了当时人民抗金的心情。辛弃疾还有些描写农村生活的词，也写得亲切感人[12]。

南宋后期，江河日下，反映在词里，就形成一种逃避现实，雕琢辞藻的词风，最著名的代表人物是姜夔（约1155～约1221年），吴文英（约1200～约1260年），都是在炼词用典上下工夫，吴文英更是追求形式，堆砌辞藻。宋词至此，也就进入末路[12]。

北宋诗坛上，真宗时期盛行"西昆体"，代表人物有杨亿、刘筠、钱惟演。他们刻意模仿李商隐，但只学到李的雕词炼句。他们都是大官僚，把互相唱和诗二百四十七首编为《西昆酬唱集》（故称西昆体），并非情动于中而发为吟咏，不过是辞藻的堆砌，典故的玩弄，毫无思想内容可言，却风靡一时，对诗坛产生了恶劣的影响。

仁宗中期以后，随着政治上的改革运动。文坛上也兴起诗文革新运动。作为文坛领袖的欧阳修和尹师受、梅圣俞、苏舜钦等，倡导以"尊韩"、"复古"为号召，以"明道"、"致用"为内容，以"尚朴"、"重散"为形式的诗文革新运动。到了变法时期，欧阳修等已变成保守派，代之而起的改革派领袖是王安石。王安石文学活动的根本精神是"务为有补于世"，他对社会的观察比较深刻，写了不少反映现实的诗篇，揭露政治、经济、军事各个方面的腐朽，反映了当时严重的社会问题，因而具有一定思想内容，还作有大量写景诗。他的散文主要是为变法服务的。王安石之后文坛领袖是苏轼。他在变法与反变法的斗争中走着一条迂回曲折的道路。这种复杂的情况也反映在他的诗文里，他也写有一些揭露政治黑暗、反映人民痛苦的好诗。他又是写词（见前）写散文能手，显示出他的艺术才能[12]。

三、两宋的艺术

两宋的艺术，绘画、书法、雕塑等，在唐朝的基础上，有很大的发展和很高的成就。绘画，尤其是山水画方面，名家辈出。自从董源把淡墨轻岚的作风带到了宋朝之后，山水画风又一变。北宋时山水画家以李成、范宽为代表人物。李成最工于写平远寒林的景色，对于山水位置颇得远近明暗的手法（图版36）。范宽初师李成，又师荆浩，后来他认为"吾与其师于人者未若师诸物也"，师诸物即以自然为师，而走上写实道路。他又说："吾与其师于物者，未若师诸心。"从这段话表面看来，好像他又舍去师法造化而坠入唯心的泥潭，其实不然，只是说他的对待自然是和主观要求结合起来的意思。《宣和画谱》曾指出，范宽"舍其旧习，卜居于终南、太华岩隈林麓之间，而览其云烟惨淡、风月阴霁难状之景，默然与神遇，一寄于笔端之间，则千岩万壑之状，恍然如行山阴道中，……故天下皆称宽善与山传神"。从留存下来的范宽作品(图版37)上可以看出他所描写的关陕一带大自然的景色的浑厚雄伟的风格和现实主义之真的精神[13]。

北宋中叶以后，仍以写实为本的有郭熙等。郭熙于宋神宗熙宁年间(1068～1077年)画院学艺。他

图版36　李成　晴峦萧寺图

·中·国·古·代·园·林·史·

图版 37　范宽　雪景寒林图

的山水作风简练遒劲，岩峰奇绝，笔力挺拔，远近大小，色泽明暗适度（图版38）。他写有《山水训》，阐明了山水画的要法：构图取景上三种形式即"高远"、"深远"、"平远"的区别，与其相互间明暗透视的关系等。他反对"局于一家"和"蹈袭"，主张"兼收并览，广议博政"，他重视师法自然，从大自然中谋取艺术修养。他认为山水画的表现要从人的需要

上着眼。他说："世之笃论，谓山水有可行者，有可望者，有可游者，有可居者……但可行可望不如可居可游之为得，何者？观今山川地占数百里，可游可居之处十无三四，而必取可居可游之品，君子之所以渴慕林泉者正谓此佳处故也。故画者当以此意造，而鉴者又当以此意穷之，此之谓不失其本意。"

界画，早在隋唐的黄伯仁、展子虔时代就有所

图版 38　郭熙　早春图

表现。台阁画，包括山水同楼阁，到了宋初的郭忠恕、王士元时有空前的成就。郭忠恕最长于工整细润的屋木台阁宫室的界画。郭若虚说："国初郭忠恕、王士元之流，画楼阁多见四角，其斗栱逐铺作为之，向背分明，不失绳墨。"李荐世说："屋木楼阁，恕先自为一家，最为独妙，栋梁楹桷，望之中虚，若可提足。栏楯牖户，则若可扪历而开合之也。以毫计寸，以分计尺，以尺计丈，增而培之，以作大宇，皆中规

度，曾无小差。非至详至悉，委曲于法度之内者不能也。"总之，郭忠恕的台阁画非常合乎真实情形的，但又不是一般建筑制图，而是望之中虚，若可提出，若可扪历而开合的，有气韵的艺术作品[13]。

我国很早就有画师供职于宫廷的记载，如周的画史，汉的尚方画工和黄门画者，唐有供奉、待诏、祗侯等职。给这些御用画家成立一个机构、画院，虽然早在五代时已开始，但正式成为一个独立机构是宋

朝的翰林图画院。画家要想进入画院，须经过考试，要根据所出的画题来绘成作品，评定等级。画题多是摘取古人的诗句作为考试的题目，让画人从诗句上去推敲用功夫。例如某次考题是："野水无人渡，孤舟尽日横。"有人画一空舟系在岸边，有的画一只鹭鸶站在船头，而考第一名的，画一船夫卧在船尾上吹笛，任小船在水中漂浮，四野空旷无人。另一考题是："嫩绿枝头红一点，恼人春色不须多"。很多画人都写花树茂密的盛春光景，皆不入选；考第一名的画是杨柳隐映之处，在楼头一位美人凭栏而立。这类考题虽也有使画人向含蓄的意境上追求，使诗与画更密切地结合，但在内容上只是一些抒情写景、脱离社会生活，把绘画引向到古人抒情写景的诗句上去玩味，引领到同社会上人民生活无关的诗化题材上去[14]。

传存下来《千里江山图》（图版39），王希孟绘。北宋政和年间王为画院学生，政和三年（1113年）十八岁时画成《千里江山图》，不久死去。

一般来说，宋朝画院的艺术，在技巧上还是讲求写生的，而在内容方面是倾向于自然主义的。除画院外，也要看到宋朝多数杰出的画家是重视社会风俗、生活的描写。例如郑侠（1041～1119年）曾把因八个月不下雨，人无生意，流离逃散的惨象，画了幅"流民图"，假称边防檄文，乘夜传入禁中，使宋神宗不得不暂罢新法。再如张择端的《清明上河图》（图版40）描写的是北宋汴京在清明节那天汴河两岸的生活情形——从郊外到城市的熙熙攘攘的人们和他们丰富多样的生活，同时写了劳动者辛勤操作，有闲者酒楼欢宴，表现出当时的社会现象[15]。又例如李嵩《巴船下峡图》"描写了成年累月生活在江上和死亡搏斗的劳动者……它歌颂劳动人民在战胜天险的力量和意志。这一作品……与同是画船的那幅柳阁风帆图相比较，可以分明看出后者的船衬托着绿柳微波飞鸟和悠闲的游人……是一种抒情的情调（文人山水画）。这两种不同的情调，服从具体的客观现实，流露着不同作者，不同意图和情绪"[16]。

当画院的主持者和一般画人正高倡"形似"、"格法"的同时，出现了文人士大夫以诗余墨戏的遣兴态度来作画的风气。这种以写意为上，以表现个人的人品，抒发个人的性灵为能事的风气与画院精神是相抗的。促成这种风气的代表人物就是文同、苏轼和米芾

图版 39　王希孟　千里江山图

图版 40　张择端　清明上河图(一)

图版 40　张择端　清明上河图(二)

等。文同(1018~1079年)好作墨竹。据他自己说，所以画竹是由于"意有所不适而无所遣之，故一发于墨竹"。这种艺术观点完全是从文人士大夫的逸兴和自抒性灵出发的。由于这种艺术观点，形成他绘画题材上的局限性和象征性，只是在竹、石上表现，显示其高蹈和坚贞。但是文同的墨竹是从深入竹乡生活中得

来的，其作品仍然是现实主义的。苏轼在绘画上好作竹石与枯木寒林，随兴所至而画。他画的竹有时还不分节，石皴亦奇怪，枝干虬屈无端倪，看来好似迁怒于他的竹石树木似的，他虽反对画院的"形似"、"格法"，只不过是反对片面强调它们而已。他也是一位墨戏作家，比起文同来更有发泄意气的思想在内，与

文同一样，他的作品也仍然是写实的。米芾(1051～1107年)，在绘画上擅长云烟一片的水墨点染的山水，他的儿子米友仁也承袭了他的作风，世称大米、小米，画称"米家山水"。他的实践和理论都是和画院的精神相左的，不但反对因袭古人，也反对严肃写实，不管什么鉴戒不鉴戒，以一种自娱而玩世的态度对待作画，这与他的放浪不羁的性格有关。他的作山水也和苏轼作竹一样，是一种墨戏[14]。

从以上情况来看，画院的自然主义观点和文同、苏轼、米芾等文人画的自我抒发的艺术观点都是不可取、应反对的，但他们都讲求写实和深入生活的创作方法却是好的。

南宋初期赵伯驹(12世纪)是宋代皇族，山水、人物、花鸟都很擅长，兼工界画，青绿山水。他的《江山秋色图卷》，在青绿之中兼施水墨，充满了自然大气的感觉，望之使人心旷神怡。北宋画院那种细节的真实和从书面诗词中去寻求诗意，到南宋院体中达到更高水平。南宋山水画家以马远、夏圭为最著称。马远(12～13世纪)为画院待诏。他画山水多不着色，线以焦墨作石，石用斧劈皴，楼阁用界画，松树瘦硬如屈铁，作风简练淋漓而洒脱，作品遗存的不少，《踏歌图》(图版41)是其代表作。夏圭(12～13世纪)长于山水，作风类马远，而笔法更苍老淋漓。作画好用秃笔，楼阁不用界尺，作品遗存的也不少，如《西湖柳艇图》(图版42)。

图版41 马远 踏歌图

图版42 夏圭 西湖柳艇图

宋朝出现了许多书法名家。北宋的蔡襄、苏轼、黄庭坚、米芾号称四大家。宋朝还有论书法的专著，最著称的是《宣和书谱》，此外有米芾《书史》，姜夔《续书谱》，曹士冕《书法谱系》，陈樽《负暄野录》等。

宋朝的雕塑艺术，大体仍是根据写实的精神来创作的，在风格上沿袭晚唐的传统而日趋于纤弱，莫高窟中宋修洞窟里保存的佛、天王、比丘、菩萨等像的体态逐渐修长起来，较为文弱了。在泥塑方面，现存代表作有山西太原晋祠圣母殿的圣母和环列周围的四十多尊侍女像，动作、面貌各不相同，体态、比例和个性表现都极尽细腻之能事（图版43）。山东长清灵岩寺的罗汉像（图版44）和江苏吴县甪直镇保圣寺的罗汉像（图版45），人们看到时不能不被其洋溢着的内在威力所感动。这些罗汉不惟是真实人的写生，而且是有修养、有品德、有个性的人的再现。在砖雕方面，有禹县白沙水库宋墓所发现的杂剧砖雕，可称珍品。在石雕方面，有现存河南巩县宋陵的石狮，大小姿势各不相同。1966年在河南密县原法海寺旧址发现一座北宋塔墓，在塔墓的两个方石函里保存有三座咸平年间（998～1003年）烧造的三彩琉璃方塔，皆为下有须弥式基座，上有高塔刹的中空密檐方塔。塔上有坐佛、天王、力士的塑像，还塑有麒麟、伏鹿、莲花、云朵等饰物。不仅造型秀丽，比例匀称，而且釉彩协调，晶莹耀目[12]。

第三节　北宋汴京、艮岳和别苑

北宋建都汴京，史称东京、开封府。中国古代在开封建都的，有战国时期的魏，五代时期的后梁、后晋、后汉、后周以及后来的北宋和金共七个朝代，因此开封有"七朝都会"之称。

一、从大梁到浚仪、汴州、开封

开封一带在春秋时期是郑国的土地，到战国时属魏国。公元前362年，魏惠王将都城从安邑（今山西夏县）迁到大梁（城在今开封城西北部），此后又称梁惠王。魏国为了争霸中原，就在大梁附近修渠开河（即历史上有名的鸿沟），发展交通和农业生产，商业

图版 43　晋祠圣母殿侍女塑像

图版 44　山东长清灵岩寺罗汉像

图版 45　江苏吴县角直镇保圣寺罗汉像

也相当发达,大梁迅速地发展为全国著名的大都会之一。

大梁曾经几度兴衰。秦始皇二十二年(公元前225年)派大将王贲进攻魏国,王贲采用水攻的办法,从黄河经鸿沟引水向大梁灌了三个月,大梁城被淹坏了,所以到了秦朝,大梁仅仅是一个县的治所,叫作浚仪。秦末农民战争时,大梁一带是重要的战场。西汉前期,随着社会秩序的稳定,大梁逐渐有了一些恢复。汉文帝前元十二年(公元前168年),汉文帝封其子刘武为梁孝王。起初梁国以大梁为都城,刘武嫌其地势低洼潮湿,又把都城迁到睢阳(今河南商丘),但在大梁还有他的离宫,并在大梁与睢阳之间专门修了一条路,称为"蓼堤",全长三百余里。相传,梁孝王曾在大梁增筑吹台。吹台原是春秋时期吹奏乐器的地方,刘武增筑后,常召枚乘、司马相如等人到台上吹弹歌舞,吟咏作赋[17]。

西晋后期,北方少数民族向中原地区侵犯,浚仪一带遭到战争破坏。晋惠帝末年,浚仪被石勒占领。在石勒及其从子石季龙统治时,大兴劳役,干戈不息,浚仪受到很大摧残。南北朝时期,浚仪在北魏统治下成为北魏水运交通线上八个仓库之一,并设有货栈。后来北魏分为东魏和西魏。浚仪在东魏和后来北齐的领土范围内。东魏孝静帝天平元年(534年),在浚仪设置梁州。北齐时也称梁州。北周灭北齐以后,改称汴州。无论称汴州还是梁州,陈留郡和浚仪县,其治所都在大梁城。隋文帝时废去陈留郡,只留汴州建制。隋炀帝时,汴州的建制也废去,成为浚仪县城。

自从隋朝开凿了大运河后,黄河流域和江淮流域的交通就发达起来,漕运商旅,往来不绝,运河两岸的商业城市也日益繁荣。汴州正当大运河经汴河至黄河的交会处,到了唐代,已经成了水陆都会。南北朝时期遗留下来的汴州城,既比较狭小,又不大坚固。唐建中二年(781年),汴州节度使李勉又重筑了汴州城,周围20里955步,

为后代的开封城池打下了基础。五代时期,汴州的历史地位日益重要。后梁朱温在开平元年(907年)篡位为帝时,便将汴州升为开封府,作为后梁的国都。石敬瑭于天福元年(936年)推翻后唐,建立后晋,都城先在洛阳,后迁开封。后汉、后周也都因袭把开封作为都城。周世宗时,随着社会秩序的稳定和社会经济的复苏,城市的人口日益密集,"屋宇交连,徵衢狭隘",汴州城作为国都已显得很不适应。显德二年(955年)四月,柴荣下令在原来汴州城的外面修筑一座外城,以开拓街坊。由于开封一带土地的碱性太大,修城不会坚固,所以曾从郑州虎牢关(今河南荥阳县境)取土。这座外城,周长48里233步,经过一年多时间才最后筑成。北宋把开封作为都城,是由当时的政治、经济形势决定的。随着城市经济繁荣和防御上需要,北宋时期曾进行了多次修建和扩建。图6-1为历代开封城址变迁[17]。

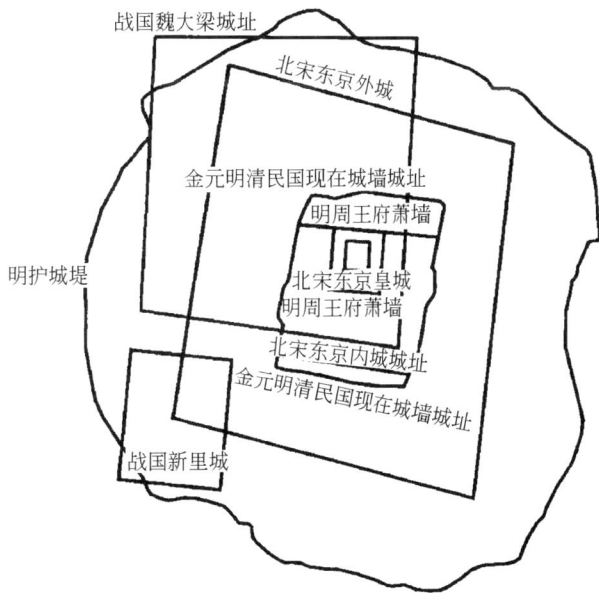

图 6-1 历代开封城址变迁图

二、北宋时期的东京

北宋时期，开封称为东京，是和当时的西京(洛阳)、南京(即应天府，今河南商丘)、北京(即大名府，今河北大名东)相对而言的。北宋定都东京后，随着城市的更形繁荣，后周新城外的关厢也日益发展起来，共有八个关厢。到宋神宗时，由于外患日益严重，因此在后周新城(宋称里城)外围又展拓修建第三重外郭城(又称罗城，最初周围50里165步)，并有堞楼、瓮城。这时，东京为共有三套城墙的都城，由里而外为宫城、里城、外城(图6-2)。

东京的宫城，又称皇城，即大内，周长五里，是在五代时期皇宫的基础上修建起来的。赵匡胤即位后，嫌原皇宫太小，便在建隆三年(962年)进行扩建，"广皇城东北隅(使皇城周长达9里18步)，命有司画洛阳宫殿，按图修之，皇居始壮丽矣"(《宋史》卷八十五《地理志·东京》)。"宫城有门六：南三门，中曰乾元(宋初，依梁、晋之旧，名曰明德，太平兴国三年改丹凤，大中祥符八年改正阳，明德二年改宣德，雍熙元年改今名)，东曰左掖，西曰右掖。

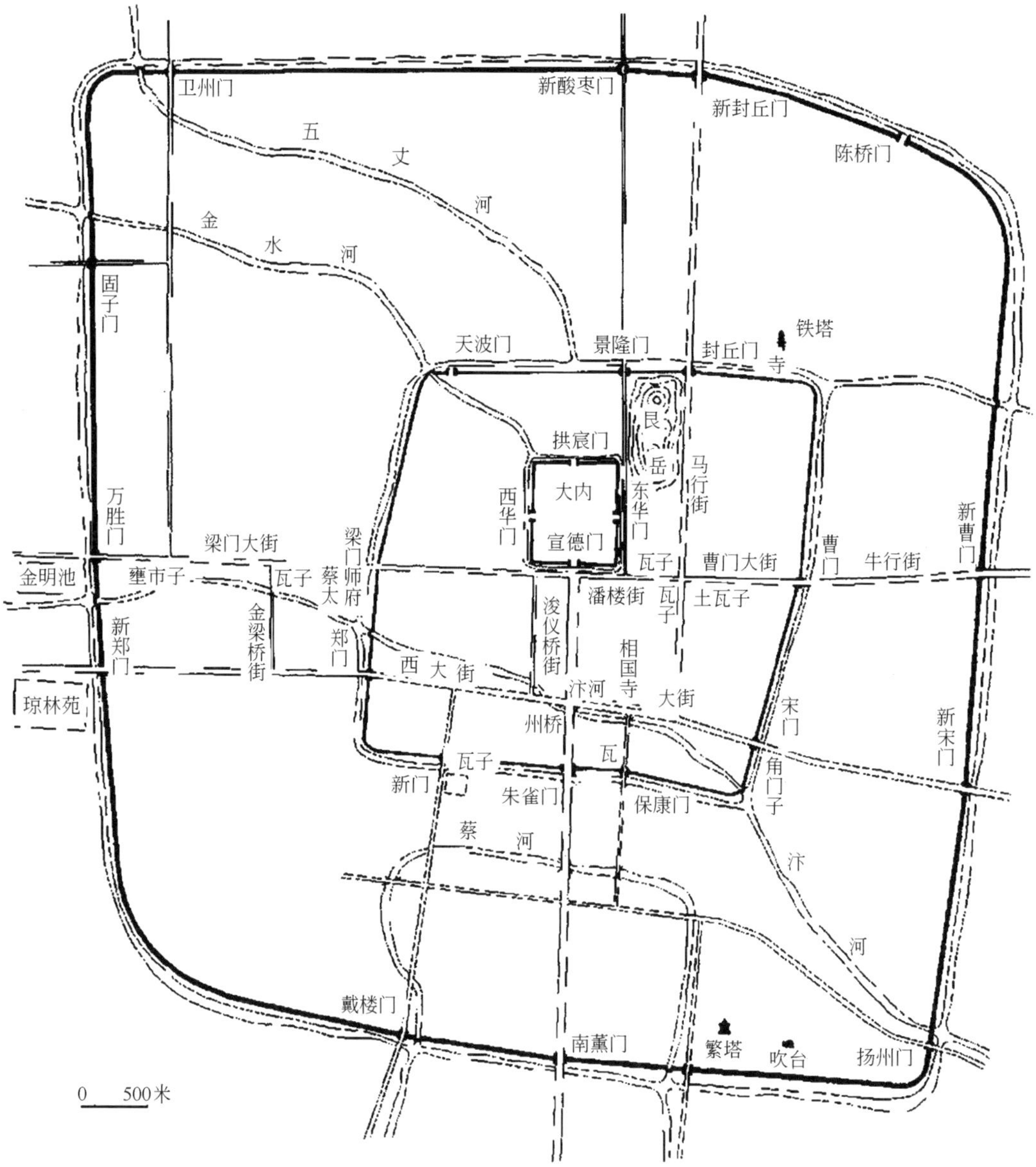

图6-2 宋东京(开封)复原想像示意图

东、西面门曰东华(旧名宽仁、神兽、开宝三年改今名。熙宁十年，改东华门北曰景隆门)，北门曰拱宸(旧名玄武，大中祥符五年改今名)。"宫城的四角创建有角楼。孟元老《东京梦华录》卷第二有"东角楼，乃皇城东南角也"之句。《使燕日记》提及角楼"高数七丈，十丈"，其楼中一区高，两旁各递减三层以裹墙角。此虽为金故宫角楼，然其中犹存宋制[18](今北京故宫角楼其形制亦相仿)。

宫城的"正门宣德楼(为此，雍熙元年虽改正门名曰乾元，但后人因楼而习用宣德门)列五门。门皆金钉朱漆，壁皆砖石间甃，镌镂龙凤飞云之状。莫非雕梁画栋，峻桷层榱，覆以琉璃瓦。曲尺朵楼，朱栏彩槛。下列两阙亭相对，悉用朱红杈子(程大昌《演繁露》一：晋魏以后宫至贵品，其门得施行马。行马者一木横中，两木互穿以成。四角施之于门，以为约禁也。周礼为之阓梐，今官府前叉子是也)"。"入宣德楼正门，乃大庆殿。庭设两楼，如寺院钟(鼓)楼……每遇大礼，车驾斋宿，及正朔朝会于此殿(指大庆殿)"(孟元老《东京梦华录》卷第一"大内")。"殿庭广阔，可容数万人。尽列法驾仪仗于庭，不能周遍"(孟元老《东京梦华录》卷第十"车驾宿大庆殿")，可见其气势宏伟。宫城内其他宫殿主要有"正衙殿曰文德殿(常朝所御)，……大庆殿北有紫宸殿，视朝之前殿也。西有垂拱殿，常日视朝之所也。次要有皇仪殿，又次西有集英殿，宴殿也(御宴及试举人于此)。殿后有需云殿，东有昇平楼，宫中观宴之所也。宫后有崇政殿，阅事之所也。殿后有景福殿。殿西有殿北向曰延和，便坐殿也。凡殿有门者皆随殿名。""宫中又有延庆、安福、观文、清景、庆云、玉京等殿，寿宁堂，延春阁"。(《宋史·地理志》卷八十五)。"外朝以北，垂拱殿以后有皇上的正寝殿曰福宁殿，皇后居住的坤宁殿，以及太皇太后、太子、妃嫔等居住的宫殿。……"(《宋史·地理志》卷八十五)。

"后苑东门曰宁阳。苑内有崇圣殿、太清楼。其西又有宣圣、化成、金华、西凉、清心等殿。翔鸾、仪凤二阁。华景、翠芳、瑶津三亭。延福宫有穆清殿、延庆殿。……延福宫北有广圣宫，内有……五殿。建流盃殿于后苑。""延福宫，政和三年(宋徽宗年号，1113年)春，新作于大内北拱宸门外，旧宫在后苑之西南，今其地乃百司供应之所，凡内酒坊、裁造院、油醋柴炭、鞍辔等库，悉移它处，又迁两僧寺，两军营，而作新宫焉"(《宋史·地理志》卷八十五)。新延福宫详见徽宗时兴建宫殿和艮岳部分。

东京的里城(或内城)，又称阙城，因早于新城(外城)，故又称旧城，周围20里155步，即唐李勉筑汴州城，位于外城的中央稍偏西北，共有十门。"南三门：中曰朱雀(后梁曰高明，后晋曰薰风，太平兴国四年九月改)，东曰保康(大中祥符五年赐名)，西曰崇明(后周曰兴礼，太平兴国四年九月改，即新门)。东二门，南曰丽景(后梁曰观化，后晋曰仁和，太平兴国四年九月改，即旧宋门)，北曰望春(后梁曰建阳，后晋曰迎初，宋初曰和政，太平兴国四年九月改，即旧曹门)。西二门：南曰宜秋(后梁曰开明，后晋曰金义，太平兴国四年九月改，即旧郑门)，北曰闾阖(后梁曰乾象，后晋曰朝明，宋初曰千秋，太平兴国四年九月改，即梁门)。北三门：中曰景龙(后梁曰兴和，后晋曰玄化，太平兴国四年改，即旧酸枣门)，东曰安远(后梁曰志辉、后晋曰宣阳、太平兴国四年九月改，旧封丘门)，西曰天波(后梁曰大安，太平兴国四年九月改，即金水门)。"(见《宋会要辑稿》方域之一)。另有两个角门，一为从南(指丽景门南)"汴河南岸角门子"，一为(宜秋门北)"汴河北岸角门子"(孟元老《东京梦华录》卷第一"旧京城")。里城的主要建筑除宫殿外，有衙署、寺院、王府宅邸以及居住的住宅和商店、作坊等。为了防御上需要，扩建外城时，里城外围的城濠仍保留。真宗时，经广济河(五丈河)，新旧城壕可以相通。

东京的外城，又称新城或罗城，是在后周兴筑的基础上，加以扩建的。后周显德三年筑新城，"以其土碱，取郑州虎牢关土筑之"，外城原是土城，真宗时始改为砖砌。城周最初为48里233步，经真宗、神宗、徽宗时的增筑、重修，特别是徽宗时，为了给诸王和公主等建邸筑府，"度国(指京城)之南展筑京城，移置官司军营"(《宋会要辑稿》方域之一之二十)，即扩展了南面城墙，使城周达50里165步。据《汴京遗迹志》载："旧有十三门。南(三门)曰：南薰(居中)，陈州(即宣化，在东)，戴楼(即安上，在西)。东(三门)曰：新宋(即朝阳，在南)，扬州(《宋史·地理志》未录)，新曹(即含晖，在北)。西(三门)曰：新郑(即顺天，在南)，万胜(即开远，在中)，固子(即金晖，在北)。北(四门)曰：陈桥(即景阳，在东)，封丘(即永寿，次东)，新酸枣(即通天，在中)，卫州(即安肃，在西)。"这些城门，一般是根据它所通往的地方来命名的，括弧内的为正名。此外凡河道从城下通过的地方，都开有水门，以供船只往来。

东京外城的城门为"过梁式"木结构门洞。神宗熙宁年间(1086～1077年)，开始在外城的城墙上设敌楼，城的偏门设瓮城。"城门皆瓮城三层，屈曲开门。唯南薰门、新郑门、新宋门、封丘门，皆直门两重，盖此系四正门，皆留御路故也"(孟元老《东京梦华录》卷第一"东都外城")。到了宋徽宗时，四正门也加筑了瓮城，这样外城城门都有瓮城了。设置瓮城后，入城的情况是："先入瓮城，上设敌楼，次一瓮城有楼三间，次方入大城，下列三门，冠以大楼"(楼钥《北行日录》卷上，乾道五年十二月九日)。按乾道为南宋孝宗年号，乾道五年即1169年。加筑瓮城，是为了加强防御能力。此外，在外城垣之上"每百步设马面、战棚，密置女头，旦暮修整，望之耸然。城里牙道，各植榆柳成荫。每二百步置一防城库，贮守御之器"。外城"城壕曰护龙河，阔十余丈。壕之内外，皆植杨柳，粉墙朱户，禁人往来"(孟元老《东京梦华录》卷第一"东都外城")。

东京城的"穿城河道有四(即蔡河、汴河、五丈河和金水河)。南壁曰蔡河，自陈(治所在今河南淮阳)、蔡(今河南汝南)由西南戴楼门(之东)入京城辽绕(如半环状)，自东南陈州门(之西)出(有水门两座，上流为广利，下流为普济，旁无门通人行路)。河上有桥十一(按：下录桥名十三)：陈州门里曰观桥(在五岳观后门)，从北次曰宣泰桥，次曰云骑桥，次曰横桥子(在彭婆婆宅前)，次曰高桥，次曰西保康门桥，次曰龙津桥(正对内前)，次曰新桥，次曰太平桥(高殿前宅前)，次曰糴麦桥，次曰第一座桥，次曰宜男桥，出戴楼门外曰四里桥。

中曰汴河，自西京洛口分水入京城，东去至泗州入淮，运东南之粮。凡东南方物，自此入京城，公私仰给焉(汴河上流水门即西水门，下流水门即东水门，其门跨河，两岸各有门通人行路)。自东水门外七里，至西水门外，河上有桥十三：从东水门外七里曰虹桥，其桥无柱，皆以巨木虚架，饰以丹艧，宛如飞虹，其上下土桥亦如之；次曰顺成仓桥；入水门里曰便桥；次曰下土桥；次曰上土桥；投西角子门曰相国寺桥；次曰州桥(正名天汉桥)，正对于大内御街……西去曰浚仪桥；次曰兴国寺桥(亦名马军衙桥)；次曰太师府桥(蔡相宅前)；次曰金梁桥；次曰西浮桥(旧以船为之桥，今皆用木石造矣)；次曰西水门便桥；门外曰横桥。

东北曰五丈河，来自济郓，般挽京东路粮斛入京城，自新曹门北入京(卫州门西出城)。(五丈河有水门二：上流水门曰永顺，列门二，一行水，一行人；下流水门只一门行水，曰善利)。河上有桥五：东去曰小横桥；次曰广备桥；次曰蔡市桥；次曰青晖桥，染院桥。

西北曰金水河(一名天水)，自京城西南分京索河水筑堤，从汴河上用木槽架过，从西北水门入京城，夹墙遮拥，入大内灌后苑池浦矣。河上有桥三，曰：白虎桥，横桥，五王宫桥之类。"(孟元老《东京梦华录》卷第一"河道")。

如上所述，为了通行方便，东京四条河渠上都有桥。这些桥个别在城外，大部分在城内，其中最著称的是宛如飞虹的虹桥(前已引述)、州桥和相国寺桥。州桥"与相国寺桥，皆低平不通船(因为御街从州桥上通过，所以是低平石桥)，唯西河平船可过。其柱皆青石为之，石梁石笋楯栏，近桥两岸皆石壁，雕镂海马水兽飞云之状，桥下密排石柱，盖车驾御路也。州桥之北岸御路，东西两阙，楼观对耸(壮观对景)。桥之西有方浅船二只，头置巨干铁钶数条。岸上有铁索三条，遇夜绞上水面，盖防遗火舟船矣"(孟元老《东京梦华录》卷第一"河道")。这些河道和桥梁，给东京增添了水乡风光。

北宋东京城，由于地形和扩建改建关系，形状不整；"方之如矩"(岳珂《程史》卷一"汴京故城")，大体呈南北长，东西略短的方形。"其外城，状如卧牛，保利门其首，宣化门其项"(徐梦华《三朝北盟会编》卷六十六)，"俗呼为卧牛城"(《汴京遗迹志》卷一"宋京城")。"从城西南十里望牛冈观之，卧牛之形状尤为明显"(《汴京遗迹志》卷九"冈")。东京城与隋、唐的长安、洛阳不同，它不是先有完整的规划设计而后修建起来的，而是在后周以来旧城的基础上，由于城市人口增多、商业经济的繁荣而增筑扩展起来的。虽然有宫城、里城和外城三重城垣，但仍有从(宫城)大内的宣德门向南经里城的朱雀门直达外城南薰门的大街为整个京城的中轴线，以及以宫城为中心，正对各城门的宽阔的御街(即一自城桥西经旧郑门至新郑门，一自州桥经旧宋门至新宋门，一自宫城东土市子向北经旧封丘门至新封丘门)，形成井字形方格网的干道系统。其他一般街巷较狭窄，多成方格形，也有丁字交叉的。里城内、罗城外尚有数条斜街，有的沿河修建。

街道以宣德门前御街最宽，两边有御廊，中为空旷庭院。据《东京梦华录》卷第二"御街"载："自宣德楼一直南去，约阔二百余步，两边乃御廊，旧许市人买卖于其间，自政和间官司禁止。各安立黑漆杈子，路心又按朱漆杈子两行。中心街道，不得人马行往。行人皆在廊下朱杈子之外。杈子里有砖石甃砌御沟水两道，宣和间尽植莲荷。近岸植桃李梨杏，杂花相间。春夏之间，望之如绣。"这个桃李梨杏等花木相继开放，夏日里荷花飘香的街道景象，比诸唐长安城的仅植槐榆荫道，更加灿烂如锦绣。

从城市建设的发展上看，东京城最重要的变化是坊市制度的崩溃。五代后周时期，"大梁城中，民侵街衢为舍，通大车者盖寡"(司马光《资治通鉴》卷292)，坊里也出现了商业活动(见王辟之《渑水燕谈录》卷九)。北宋初年，东京基本上仍保留坊里(市民居住区)和市(商业区，有东市、西市)的制度。随着人口不断增加，商业贸易的日益发达，商业活动已不限于东、西二市。宋太宗至道元年(995年)命张洎把五代延续下来的内外八十余坊改新名，整修了残存的坊墙，在坊门的小楼上挂上坊名的牌子，设置了冬冬鼓，以警昏晓。但到真宗咸平年间(998～1003年)邸舍的侵街，特别是贵要，又严重起来。政府出面干预，又再恢复坊制和禁鼓昏晓之制，但仍不能达到禁止邸舍侵街的预期效果。最后，到景祐年间(1034～1038年)，政府不得不作出让步，允许临街开放邸舍。从此，坊市制度彻底崩溃，东京再也听不到街鼓之声了。这就是说，北宋中期以后，东京已经取消用墙包围的坊里和市场。宋时把若干街巷组为一厢，每厢又分若干坊。各坊虽无坊墙坊门，但有坊名的牌坊建在街巷入口处，实际上就是地段名称，坊变成了单纯的行政管理单位。据记载，自太宗至道元年(995年)新旧城内设八厢，到真宗大中祥符元年(1008年)"置京新城外八厢。……特置厢吏，命京府统之"(《长编》卷七十)。以后厢的数目虽略有变化，但总的时间上，东京城内设八厢，城外设九厢的时间较长，但城内外厢所辖的坊数却有很大差异，城内八厢管坊一百二十一，城外则为十四(《北道刊误志》)。这种差异也说明，东京的人口和商业主要仍集中在城内[18]。

北宋时期的东京人烟稠密，经济繁荣，商业和手工业都很发达。东京的户口到底有多少？虽有官府几次统计，但不够精确(不包括较大流动人口数字)，官方记录，既包括东京的又包括开封府属县的户口。吴涛《北宋都城东京》一书中推算，太宗太平兴国年间(976～984年)，东京人户(不包括属县)约十一万左右，神宗熙宁年间(1069～1077年)约为十万左右，元丰年间(1078～1085年)约为十四万左右，徽宗崇宁年间(1102～1106年)约十六万左右。根据上述推算，以每户五口计，崇宁年间户数最高时约八十万口左右。加上当时住在东京的皇室贵族宫女宦官约二万人，往来的官僚、客商、游客万余人，学校的生员四五千人，官营手工业工匠及其家属十五万人左右，个体手工业者、小商贩数千，流民数万、船工万余，少数民族和外国使者数千，驻守的禁军及其家属三十五万人左右。总计此时东京的人口可达一百四十万左右，"比汉唐京邑民庶，十倍其人矣"(《长编》卷三十八至道元年九月)，东京不但是当时全国人口最多的城市，也是当时世界上人口最多的都城[18]。

东京的市肆商业不再限于特定的"市"内，而是分布全城，住宅和店铺、作坊都混杂分布，临街建造。店铺沿着大街两侧开设，形成熙熙攘攘的商业街，而且各种行业分别地相对集中起来设在某一条街上，形成后来城市中习见的市街。

最繁华的商业地段集中在里城的东部、东南部和外城的东南部，这与河道、码头的分布有密切的联系。大内"东华门外市井最盛，盖禁中买卖在此。凡饮食时新花果，鱼虾鳖蟹，鹑兔脯腊，金玉珍玩衣着，无非天下之奇"(《东京梦华录》卷第一"大内")。城内潘家楼一带是"金银彩帛交易之所。屋宇雄壮，门面广阔，望之森然，每一交易，动即千万，骇人闻见"(《东京梦华录》卷第二"东角楼街巷")。东京的酒店，大的叫"正店"，共七十二家，其余叫"脚店"，多到数不过来，酒店门口都扎有彩楼并挂有绣旗。由于人烟稠密，房屋拥挤，所以酒楼很多是二、三层的，其他临街房屋也有二、三层的。东京最著名的酒楼即樊楼(又称白矾楼，后改丰采楼)共有五

座楼，每楼三层，楼与楼之间有天桥相通。城内有不少地方，如州桥南去，当街都是饮食店，通宵营业形成夜市。朱雀门外御街一带有晓市，天不亮就开始营业，人称"鬼市子"。为了适应城市商业的发展，有定期开放的货物交易市场，主要是相国寺。相国寺位于城中繁华地区，又在汴河北岸，交通方便，因而形成最大的交易市场，"每月五次开放，万姓交易。大三门上皆是正禽猫犬之类，珍禽奇兽，无所不有。第二、三门皆动用什物……"(《东京梦华录》卷第三，"相国寺内万姓交易")。此外，笔墨文具，衣帽头面，书籍古董，土产香药，以及全国最好的商品都可在这里买到。王得臣《麈史》下云："东京相国寺最据衢会，每月朔(初一)、望(十五)、三(初三、十三、二十三)、八(初八、十八、二十八)日即开。伎巧百工列肆，罔有不集。四方珍异之物，悉萃其间"。王林燕《翼诒谋录》二也说："东京相国寺，乃瓦市也。僧房散处，而中庭两庑可容万人。凡商旅交易，皆萃其中。"又云："太宗皇帝至道二年(996年)，命重建三门，为楼其上甚雄。"相国寺的定期集市，到了庙会期间，人山人海，万姓交易，百戏杂陈。明清时代，京师的庙会大概即来源于此，开后世城市中大型庙会之先河。

城内宗教建筑也很多。佛寺，除相国寺外，有上方寺等五十多处。城内道观有朝元万寿宫、佑圣观等二十多处，其他祠、庙、庵、院等六十多处，封丘门内还有祆教、拜火教等教堂。

东京的娱乐场所，称为瓦子。其中有演出各种伎艺的场子，叫作勾栏或棚。东京的瓦子很多。潘楼街南有桑家瓦子，近北则中瓦，次里瓦；出旧曹门有朱家桥瓦子；梁门西去有州西瓦子；保康门附近有保康门瓦子；旧封丘门外祆庙斜街有州北瓦子；朱雀门外西去有新门瓦子。此外，相国寺开放期间，也有伎艺表演，其中行香院是主要演艺场所，这些瓦子的规模都很大，如桑家瓦子、中瓦、里瓦，其中大小勾栏五十余座，内中瓦子莲花棚、牡丹棚，里瓦子夜叉

棚、象棚最大，可容数千人。瓦子内表演的伎艺是多种多样的：有戏曲、曲艺、魔术等。戏剧方面有般杂剧、小杂剧、小儿相扑、杂剧、影戏、杂扮、傀儡戏等；曲艺方面有小唱、嘌唱、诸宫调、叫果子、商谜、合生、说话，以及各种杂伎的表演。《东京梦华录》卷第五"京瓦伎艺"记载了当时戏剧、曲艺各行的名角艺人。

关于北宋东京的城市、工商经济、交通运输的盛况，以及民情风俗和各阶层人物生活情景，幸有留传下来的宋画即张择端作《清明上河图》，真实生动地展现了东京清明时节的社会生活图景(图版40)。

东京城外，除居民、店肆和手工作坊外，还有皇帝的别苑，主要有琼林苑、金明池、宜春苑、玉津园，宋时谓之四园。琼林苑、金明池在城西顺天门外，宜春苑在城西金耀门外，玉津园则在城南南薰门外。达官贵人的园圃别墅更遍布于东京城外四郊。"大抵都城附近，皆是园圃，百里之内，并无闲地"(《东京梦华录》卷第六"收灯都人出城探春")。别苑别墅详见别苑部分。

三、北宋宫苑和艮岳

北宋开国以后一百四五十年间，曾多次诏试画工修建官殿，大都先有构图，然后按图建造。宋太祖"建隆三年(962年)……命有司画洛阳宫殿，按图修之，皇居始壮丽矣"(《宋史·地理志》)。自是国内名手齐来汴京，各献其技，建筑技术自能精进。由于兴筑之盛，一方面促进了建筑技术的成熟和法式则例的规正，同时也发展了界画、台阁画。

宋徽宗赵佶时候，更是兴筑日繁；先后修建的宏伟的宫苑主要有玉清和阳宫(政和三年，1113年)，延福宫(政和四年，1114年)，上清宝箓宫(政和六年，1116年)，宝真宫(重和二年，1119年)以及给人民带来灾难最大的艮岳。上列这些宫，都是"绘栋雕梁，高楼邃阁，不可胜计"，也都一一有苑囿部分，"异花怪石，奇兽珍禽，充满其间"。

政和三年，"夏四月，玉清和阳宫成，即福宁殿东诞圣之地作宫，至是成。……九月丙午葆和殿成，上饰纯绿，下漆以朱，无文藻绘画五彩；垣墙无粉泽，浅墨作寒林平远禽竹而已。前种松、竹、木犀、海桐、橙、橘、兰、蕙，有岁寒、秋香、洞庭、吴会之趣。后列太湖之石，引沧浪之水，陂池连绵，若起若伏，支流派别，萦纡清泚，有瀛洲、方壶、长江、远渚之兴，可以放怀适情，游心玩思而已"(《大宋宣和遗事》元集)。政和七年(1117年)改名玉清神霄宫。

政和四年，"延福宫成。旧有延福宫，祖宗以为燕会之所，而制不甚广。时蔡京欲以宫室媚上，一日，召内侍童贯、杨戬、曹详、何䜣、蓝从熙，讽以禁中逼窄之状。五人听命，乃尽徒内酒坊诸司，又迁二僧寺等并军营于他所。五人者，既有分地，因各出新意，故号'五位'。五位既成，楼阁相望，引金水天源河，筑土山其间，奇花怪石，岩壑幽胜，宛若生成"(《大宋宣和遗事》元集)。《宋史·地理志》卷八十五记载较详："延福宫，政和三年春新作于大内北拱宸门外。旧宫在后苑之西南，今其地乃百司供应之所，凡内酒坊、裁造院、油醋柴炭鞍辔等库，悉移它处，又迁两僧寺、两军营，而作新宫焉。始南向，殿因宫名延福，次曰蕊珠，有亭曰碧琅玕。其东门曰晨晖，其西门曰丽泽，宫左复到二位。其殿则有穆清、成平、会宁……群玉，其东，阁则有蕙馥、披琼、蟠桃……摘金。其西，阁有繁英、习香、披芳……绛云。会宁之北，叠石为山，山上有殿曰翠微。旁为二亭，曰云岿，曰层巘。凝和(殿名)之次，阁曰明春，其高逾一百一十尺。阁之侧为殿二，曰玉英，曰玉涧。其背附城，筑土植杏，名曰杏岗，覆茅为亭，修竹万竿，引流其下。宫之右为佐二阁，曰宴春，广十有二丈，舞台四列，山亭三峰。凿圆池为海，跨海为二亭，架石梁以升山，亭器飞华，横渡之四百尺有奇，纵数之二百六十有七尺。又疏泉为湖，湖中作堤以接亭，堤中作梁以通湖，梁之上又为茅亭。鹤庄、鹿砦、孔雀诸栅，蹄尾动数千；嘉花名木，类聚区别，幽胜宛若生成，西抵丽泽，不类尘境。初蔡京命……何等分任官役，五人者因各为制度，不务沿袭，故号'延福五位'。东南配大内，南北稍劣。其东直抵景龙门，西抵天波门。宫东西二横门，皆视禁门法，所谓晨晖、丽泽者也，而晨晖门出入最多。其后又跨旧城修筑，号延福第六位。跨城之外浚濠，深者水三尺。东景龙门桥，西天波门桥，二桥之下，垒石为固，引舟相通，而桥上人物外自通行不觉也，名曰景龙江。其后又辟之，东过景龙门至封丘门。"

"二月，上清宝箓宫成，浚濠深水三丈，东则景龙门桥，西则天波门桥。二桥之下，垒石为固，引舟相通，而桥上人物，往还不觉，名曰景龙。外江之外，则便有鹤庄、鹿砦、文禽、孔雀诸栅，多聚远方珍怪蹄尾，动辄数千实之。又为村居、野店、酒肆青帘于其间。每岁冬至后即放灯，自东华以北，并不禁夜。从市民行铺夹道以居，纵博群饮，至上元后乃罢，谓之先赏。后又辟之，东过景龙门，至封丘门。"（《大宋宣和遗事》元集）

"景龙江北有龙德宫。初，元符三年（1100年），以懿亲宅潜邸为之。及作景龙江，江夹岸皆奇花珍木，殿宇比比对峙，中涂曰壶春堂，绝岸至龙德宫。其地岁时次第展拓，后尽都城一隅焉；名曰撷芳园。山水美秀，林麓畅茂，楼观参差，犹艮岳、延福也。"

艮岳

宋徽宗所筑苑囿，以万岁山后改称艮岳、寿山为最著称，也是给人民带来灾难最甚的苑囿。从政和七年（1117年）开始建造，到宣和四年（1122年）增筑岗阜水系，建造亭阁楼观，布置奇树异石，即花了五六年时间，才基本建成。建成后，还不断搜集四方奇花异石充实其中；亭观楼台续有修建，直到北宋灭亡。

"初，赵佶未有嗣，道士刘混康以法箓符水出入禁城，奏京城西北隅，地协堪舆，倘形势加以少高，当有多男之祥，始命为㔉岗阜。已而，后宫生子渐多，帝甚喜。于是命户部侍郎孟揆于上清宝箓宫之

东，筑山象余杭（今杭州）之凤凰山，号曰万岁山，既成更名艮岳。"（《汴京遗迹志》）据《大宋宣和遗事》："后因神降（即扶乩），有艮岳排空霄之语，改万岁山名称为艮岳。"赵佶《艮岳记》中称："有金芝产于万寿峰，改为寿岳"，所以后人有时把艮岳寿山连称，作为这个苑囿的名称。又《宋史·地理志》："岳之正门名曰阳华，故亦号阳华宫。"蜀僧祖秀《华阳宫记》称华阳宫，未知孰是。

这里根据宋徽宗本人于宣和四年（1122年）所作《艮岳记》，《宋史·地理志》的万岁山、艮岳条，蔡修《枫窗小牍》中寿山艮岳，蜀僧祖秀《华阳宫记》等文，加以整理综述，又参照杭州凤凰山的地形图，参照记文，描出寿山艮岳平面示意图（图6-3）。

始筑万岁山是按图施工的。"太尉梁师成董其事……随以图材付之，按图度地，庀徒僝工，垒土积石，……"（赵佶《艮岳记》）。初成时，据称山林高深，千岩万壑，而筑山结构之精巧，一时传称胜绝。

艮岳的规模比延福五位更加宏大，周围十多里。总的山水形势是"冈连阜属，东西相望，前后相续，左山而右水，沿溪而傍陇，连绵而弥满，吞山怀谷"（赵佶《艮岳记》）。"其东则高峰峙立"，其最高一峰九十步，上有介亭。分东西二岭，直接南山（即下述"其南则寿山嵯峨"的寿山）。"其下（指主峰之山的东下）则植梅以万数，绿萼承趺（梅花品种中花萼为绿色的一类称绿萼梅），芬芳馥郁，结构山根，号萼绿华堂。又旁有承岚、昆云之亭。有屋内方外圆如半月，是名书馆，又有八仙馆，屋圆如规。又有紫石之崖，祈真之磴，揽秀之轩，龙吟之堂，清林修出"（赵佶《艮岳记》）。

"其南则寿山嵯峨，两峰并峙，列嶂如屏。瀑布（是人工的，详下）下入雁池，池水清泚涟漪，凫雁浮泳水面，栖息石间，不可胜计。其上亭曰噰噰，北直绛霄楼"（赵佶《艮岳记》）。据《大宋宣和遗事》载："又有绛霄楼，金碧间势极高峻在云表，尽工艺之巧，无以出此。"

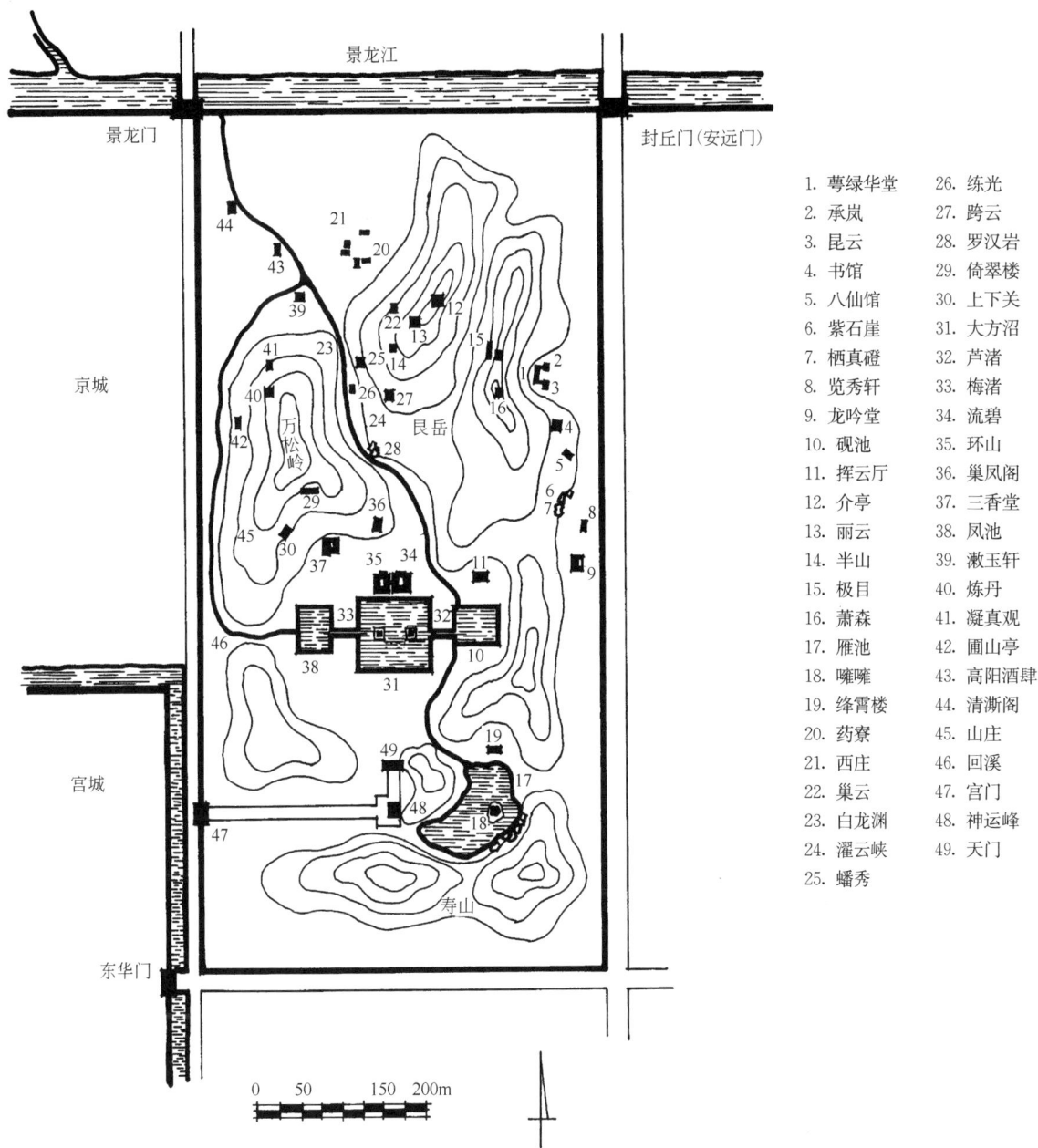

景龙江

景龙门 　封丘门(安远门)

京城

宫城

东华门

寿山

艮岳

万松岭

0 50 150 200m

1. 尊绿华堂　　26. 练光
2. 承岚　　　　27. 跨云
3. 昆云　　　　28. 罗汉岩
4. 书馆　　　　29. 倚翠楼
5. 八仙馆　　　30. 上下关
6. 紫石崖　　　31. 大方沼
7. 栖真磴　　　32. 芦渚
8. 览秀轩　　　33. 梅渚
9. 龙吟堂　　　34. 流碧
10. 砚池　　　　35. 环山
11. 挥云厅　　　36. 巢凤阁
12. 介亭　　　　37. 三香堂
13. 丽云　　　　38. 凤池
14. 半山　　　　39. 漱玉轩
15. 极目　　　　40. 炼丹
16. 萧森　　　　41. 凝真观
17. 雁池　　　　42. 圃山亭
18. 嶰嶂　　　　43. 高阳酒肆
19. 绛霄楼　　　44. 清澌阁
20. 药寮　　　　45. 山庄
21. 西庄　　　　46. 回溪
22. 巢云　　　　47. 宫门
23. 白龙渊　　　48. 神运峰
24. 濯云峡　　　49. 天门
25. 蟠秀

图 6-3　宋寿山艮岳平面示意图

"其西(指主山之西),则参、术、杞、菊、黄精、芎藭,被山弥坞中,号药寮。又禾、麻、菽、麦、黍、豆、杭秫,筑室若农家,故名西庄。上有亭曰巢云,高出峰岫,下视群岭,若在掌上。自南徂北,行冈脊两石间,绵亘数里,与东山(即主山)相望。水出石口,喷薄飞注如兽面,名之曰白龙渊、濯龙峡、蟠秀、练光、跨云亭、罗汉岩"(赵佶《艮岳记》)。

"又西,半山间楼曰倚翠,青松蔽密,布于前后,号曰万松岭。上下设两关,出关下平地有大方沼。中有两洲,东为芦渚,亭曰浮阳;西为梅渚,亭曰云浪。沼水西流为凤池,东出为研池(可能即雁池,见前)。中分二馆。东曰流碧,西曰环山。馆有阁曰巢凤,堂曰三秀,以奉九华玉真安妃圣像。"下文接着又回到雁池。

"东池后，结栋山下曰挥云厅。复由磴道盘纡，萦曲扪石而上(指东山，即主山)。既而山绝路隔，继之以木栈。倚石排空，周环曲折，有蜀道之难。跻攀至介亭此最高于诸山。前列巨石凡三丈许，号排衙。巧怪巉岩，藤萝蔓衍，若龙若凤，不可殚穷。麓云、半山居右，极目、萧森居左。北俯景龙江(借景苑外)，长波远岸，弥十余里。其上流注山涧。西行潺湲，为漱玉轩。又行石间，为炼丹亭、凝真观、圌山亭。下视水际，见高阳酒肆、清澌阁。北岸万竹苍翠蓊郁，仰不见天，有胜筠庵、蹑云台、消闲馆、飞岑亭，无杂花异木，四面皆竹也。又支流为山庄，为回溪。自山蹊石蟺萦条下平陆，中立四顾，则岩峡洞穴，亭阁楼观，乔木茂草，或高或下，或远或近，一出一入，一荣一凋，四向周匝，徘徊而仰顾，若在重山大壑、深谷幽岩之底，不知京邑空旷坦荡而平夷也，又不知郛郭阛会纷萃而填委也。……此举其梗概焉。"(赵佶《艮岳记》)

《宋史·地理志》，《枫窗小牍》载有艮岳之外的景物："又于南山之外为小山，横亘二里，曰芙蓉城，穷极巧妙。而景龙江外，则诸馆舍尤精。其地又因瑶华宫火，取其地作大池，名曲江，中有堂曰蓬壶。东尽封丘门而止，其西则是天波门桥。引水直西殆半里，江乃折南，又折北。折南者过阊阖门，为复道，通茂德帝姬宅。折北者四、五里，属之龙德宫。"

从赵佶的概述来看，艮岳这一宫苑的形式，跟汉唐的建筑宫苑形式是大不相同的。从内容来看，艮岳完全是为了"放怀适情，游心玩思"而作，因此作为游息境域的山水创作是主题，是从景出发来修建的。虽然艮岳(宫苑)中亭堂轩馆楼阁类园林建筑也不少，但它们的布列是从造景上着眼的，而且以单体建筑为主，不像一般宫室那样成组建筑的。这就是说，它们是造景的产物。是根据景的要求，随形而设，列于上下，自成一景。

宋徽宗本人就是一位画家，艮岳又是按图度地兴筑的，因此在在可以体会到艮岳总布局，跟山水画创作的理论有相一致的地方，从艺术表现上，处处可以体会到以诗情画意写入园林的特色。先从艮岳的山水全景来分析，全苑是以东山(即有介亭之山)为构图中心的，山的叠掇，雄壮敦厚，又有最高一峰，是整个山系中高而大的主岳，而万松岭、南山是宾是辅。有了它们，即有了"冈阜拱伏"，而后"主山始尊"。从这里我们可以体会到园苑中掇山，立局上要分主宾，要有尊辅。这在山水画的创作上，叫作"先立宾主之位，次定远近之形"(宋李成《山水诀》)。画山的布局上，又有所谓顺逆之分。"大小岗阜朝揖于前者，顺也；无此者逆也"(宋韩拙《山水纯全集》)。南山和万松岭就是朝揖于前者，顺也。有了顺逆，也就可以"重叠压覆，以近次远，分布高低，转折回绕"(清唐岱《绘事习微》)，就可以展开山势。上引文虽是清朝人总结，在艮岳的掇山上已是这样运用了。《艮岳记》的描述"冈连阜属，东西相续，前后相属，左山而右水，沿溪而傍陇，连绵而弥满，吞山怀谷"，就是先立主山和宾辅，然后把局势开展出去，产生曲折回绕的多样变化。

山水画论认为，总的立局既定，就可以"布山形，取峦向，分石脉……安坡脚"(五代荆浩《山水节要》)。立局既定，也就可以"土石交复，以增其高，支陇勾连以成其阔，一收复一放，山渐开而势转；一起又一伏，山欲动而势长"(清笪重光《画筌》)。证诸艮岳的掇山，其形势又未尝不如此。既有峻峭之势的东部山诸峰，又有夷平之势的万松岭，更有险危之势的紫石崖；登山之道，盘行萦曲，再扪石而上，山绝路隔，继之以倚石排空的木栈。既立东山，又横南山，是重叠之势，是近山和远山，但形状又勿令相犯。东山又分东西二岭直接南山，而南山则是两峰并峙，列障如屏。随着其主山之西的岗阜，或开或合，形成幽谷大壑，或收或放，形成支陇勾连，全局势转而形动。于是才有"仰顾若在重山大壑幽谷深岩之底，而不知京邑空旷坦荡而平夷也。"

掇山时，还必须同时考虑理水来立局，当然，有山又有水，才能生动活泼。诚如宋郭熙《林泉高致集》中所说："山以水为脉……故山得水而活"。艮岳的山水布局，如前所述，是"左山而右水，后溪而前陇"。艮岳的东山与南山之间为溪谷，与万松岭之间有山涧，而且自南徂北，行岗脊两石间。水出石口，……有大方沼，……沼水西流为凤池，东出为雁池。至于南山，有瀑布下入雁池，初看起来似乎瀑布是雁池之水源，实则非也。因为这个瀑布之水是人力挑运至山顶蓄水池，赏玩时才开闸出水如瀑。蜀僧祖秀《华阳宫记》写道："又得紫石，滑净如削，面径数仞，因而为山，贴山卓立。山阴置木柜，绝顶开深池，车驾临幸，则驱水工登其顶，开闸注水而为瀑布，曰紫石壁，又名瀑布屏。"雁池之水，西通方沼和凤池，北与溪涧相通，亦即收而为溪，放而为池。瀑布、池沼、溪涧相连接，构成艮岳的水系。在这水系中，有紫石壁的人工瀑布之景；有雁池的水清沚涟漪，凫雁浮泳、栖息石间的生动之景；有大方沼，沼中有洲，洲上有亭的池岛亭洲之景；有行岗脊两石间的溪谷之景。

艮岳的又一特色是在掇山理水所创作的各个境（或境域）中，随着形势穿凿景物，拓出多样景区。东山是双岭分赴，峰势高峻，蹬道盘行，木栈险危的山景区；南山是双峰并峙，瀑布下注的山瀑景区；万松岭是夷平之势，但又设两关以增其险的高岗山景区。东山麓下，植梅以万数的梅林中，又构有萼绿华堂和轩馆等建筑，是以梅花取胜的景区。山之西种植有各种药草的药寮，是药用植物区（这跟宋徽宗好道求仙和冀长生不老有关）。西庄是田野村舍区，既有禾麻麦菽等农田，又有室若农家的村舍。专制皇帝，往往在赏心适情的别苑中布置有田野村舍，一方面是从厌倦了繁华更换趣味，欣赏田野风景出发，另一方面也借此表示统治阶级的重农，达到笼络民心巩固统治的作用。至于自南往北，有山涧行岗脊两石间，绵亘数里，与东山相望，水出石口，喷薄如兽面的白龙渊、

濯龙峡，正是一个峡谷景区。雁池、方沼、凤池有河流相通，连成一体，或池或沼或涧，各具特色，总起来形成湖沼平原景区。

艮岳中亭堂轩馆楼阁等园林建筑，不是为了以建筑取胜，而是在不同的景区里，随着形势和功能上的要求，列布上下，成为景点。也就是说，它们是造景的产物，它本身又自成一景。在这方面，艮岳中不乏范例。例如据峰峦之势可以眺望远景的地点，就有亭的布置，如介亭、半山亭以及巢云亭等。建楼阁，或依山岩而作可以更增其高峻之势，如绛霄楼；或就半山间起楼，如倚翠楼，又有青松蔽密，布于前后，而隐约其中。万松岭本是夷平之势，下为平陆。为了增其险势，上下设关隘，而不是为关隘而关隘。由于雁池，有凫雁浮泳、栖息石间之景可赏，于是其上有嗺嗺亭。方沼仅水就较平淡，为创河洲之景，于是沼中有洲，洲上有亭，芦中花间隐亭。总之艮岳的园林建筑，无一不是从造景出发，随形而设，好似"天造地设"，"自然生成"一般。

叠石掇山的技巧和手法，到了宋朝已有很大发展，在置石方面有独到的特色。周密《癸辛杂识》云："前代累石为山，未见大显。至宣和间艮岳之役兴，连轺辇致，不遗余力。"北宋宫苑中的掇山，不只是累石为山，必多运花石妆砌。这时构山必有石洞。《癸辛杂识》云："万岁山大洞数十"。

艮岳的掇山叠石，蜀僧祖秀《华阳宫记》中讲得较详。他说："筑冈阜，高十余仞，增以太湖灵璧之石，雄拔峭峙，功夺天造。"这表明艮岳是土山戴石，用太湖石、灵璧石来增进雄拔峻峭之势。接着又说："石皆激怒觝触，若踶若啮，牙角口鼻，首尾爪距，千态万状，殚奇尽怪。"可见取用的都是特选奇石，才会有这样的描述。接着又说："辅以蟠木瘿藤，杂以黄杨，对青竹荫其上。"可见不尽是石而有竹木藤萝以妆饰，更形自然。又说："又随其斡旋之势，斩石开径"，好似天造地设，"凭险则设磴道，飞空则架栈阁"，以增险势，"仍于绝顶增高树以冠之"，树

石相结合，既增强对比之感，又赋有城市山林之意。又云："从艮山之麓，琢石为梯，石皆温润净滑，曰朝真磴。"这样的琢石以成的蹬道好似在自然风景区中琢石为梯一般，更增自然之趣。至于"凿池为溪涧，叠石为堤捍，任其石之怪，不加斧凿"，也都是为了有若自然。《华阳宫记》还记载了："因其余土积而为山，山骨暴露，峰棱如削，飘然有云姿鹤态，曰飞来峰，高于雉堞，翻若长鲸，腰径百尺。"

《癸辛杂识》在"万岁山大洞数十"句后接写"其洞中皆筑以雄黄及卢甘石(生石灰石)。雄黄则辟蛇虺，卢甘石则天阴能致云雾，瀹郁如深山穷谷。后因经官拆卖，有回回者知之，因请买之，凡得雄黄数千斤，卢甘石数万斤"。如果这个记载可靠的话，阴天能致云雾也仅能一时奏效，日久无用，不足取，也不必学。

《癸辛杂识》有关于运石技艺的记载："艮岳之取石也，其大而穿透者，致运必有损折之虞。近闻汴京父老云，其法乃先以胶泥实填众窍，其外复以麻筋杂泥固济之，令圆混。日晒极坚实，始用大木为车，致于舟中。直俟抵京，然后浸之水中，旋去泥土，则省人力而无他虞。此法奇甚，前所未闻也"。

赵佶好搜取瑰奇特异瑶琨之石，单独特置在一定地点，以资欣赏，好似欣赏雕塑作品一样。但这种独立特置的石，是出之于自然之手的作品，而不是艺术家创作的作品。独立特置岩石以资欣赏的事，南朝时就有了。《南史，外传第十五》到彦之传，附及："到溉居(姓到名溉的居所)，近淮水。斋前山池，有奇僵石，长丈六尺。帝(梁武帝)戏与赌之，并礼记一部，溉并输焉。"这是有独立特置岩石以赏最早的文字记载。梁元帝萧绎的《山水松石格》，讲到怎样画石，也可以说明南朝就开始有独立特置岩石以资欣赏的事了。唐朝时就比较盛行，如《旧唐书》载："白乐天罢杭州，得天竺石一，苏州得太湖石五，置里第池上。"这里所说里第，就是白居易在洛阳居住的履道里。据近人纪流《履道里遗址和白居易家谱》一文

中曾考证履道里遗址，并有这么一段文字："履道里一带全是田野，偶遇荷塘……"我问老李(洛阳文化局)："白居易家里原有太湖石，不知落到哪里?"老李同志告诉我："白家的一块太湖石，原存周公庙，后移河洛图书馆，是我从河洛图书馆移到洛阳博物馆的，现在陈列在接待室前的鱼池里。"经他一说，我忽然想起紫薇树旁的那峰奇石……。这峰奇石，高不过两米，像万古的波涛痕，截断的碧云根，上边有几处突起的峰头，有的像怪人，有的像怪兽，有一处又像一只小猴头。白居易有一首《太湖石》诗，描写的似乎就包括这块石头。诗云："烟翠三秋色，波涛万古痕。削成青玉片，截断碧云根。风气通岩穴，苔文护洞门。三峰具体小，应是华山孙。"[20]

特置湖石，到宋时为甚。前述诸宫苑中，都提到有奇花怪石，但语焉不详。艮岳中置石，祖秀《华阳宫记》中有较详记载："以辟宫门于西(华阳宫门)。入径，广于驰道，左右大石皆林立(可见其众多)，仅百余株。以神运、昭功、敷庆、万寿峰而名之。独神运峰广百围，高六仞，锡爵盘固侯。居道之中，束为亭为庇之，高五十尺。御制记文亲书，建三丈碑，附于石之东南陬"(据《癸辛杂识》："其大峰特秀者石特侯封，或赐金带，且各图为谱")。"其余石，或若群臣入侍帷幄，正容凛若不可犯，或战栗若敬天威，或奋然而趋，又若伛偻趋进，其怪状奇态，娱人者多矣。上既悦之，悉与赐号，守吏以奎章画列于石之阳。其他轩榭庭径，各有巨石，棋列星布，并与赐名。惟神运峰前巨石，以金饰其字，余皆青黛而已，此所以第其甲乙者。乃命群峰，其略曰：朝日升龙、望云坐龙、矫首玉龙、万寿老松、栖霞扪参、衔日吐月、排云冲斗、雷门月窟、蹲螭坐狮、堆青凝碧、金鳌玉龟、叠翠独秀、栖烟舯云、风门雷穴、玉秀、玉窦、锐云巢凤、雕琢浑成、登封日观、蓬瀛须弥、老人寿星、卿云瑞霭、溜玉、喷玉、蕴玉、琢玉、积玉、叠玉、丛秀。而于渚者曰翔鳞，立于溪者曰舞仙，独踞洲中者曰玉麒麟，冠于寿山者曰南屏小峰，

而附于池上者曰伏犀、怒猊、仪凤、乌龙，立于沃泉者曰留云、宿雾，又为藏烟谷、滴翠岩、搏云屏、积雪岭。其间黄石仆于亭际者曰抱犊。……"莫石望名生意而一一题名之。其中还有较突出的如"置于宸春堂者，曰玉京独秀太平岩，置于绿萼华堂者，曰卿云万态奇峰。招天下之美，藏古今之胜，于斯尽矣。"

园池中特置湖石的风气，与当时统治阶级自上而下的爱石风尚密切相关。例如，别树一帜，称"米家山水"的画家米芾，就有爱石成癖的怪性情。据说他有一次在无为州(安徽)，看见了一块很怪很丑而又很大的石头，竟然穿了礼服向石头行礼，喊它老兄(拜石为丈的典故)。米元章外，苏东坡等文人佳士也多有石癖。到南宋时有杜绾撰《云林石谱》三卷，是我国第一本石谱。有孔传的序，时宋绍兴癸丑，即绍兴三年(1133年)夏五月望日题。序的开头云："天地至精之气，结而为石，负土而出，状为奇怪：或岩窦透漏，峰岭层移。……其类不一：……物象宛然，得于髣髴，虽一卷之多，而能蕴千岩之秀。大可列于园馆，小或置于几案。如观嵩少，而面龟蒙，坐生清思。然人之所好尚，故自不同。……好鹤，……好鹅，……好竿，……虽所好自异。然无所据依，殆无足取。圣人尝曰：仁者乐山，好石乃乐山之意，盖所谓静而寿者，有得于此。窃尝谓陆羽之于茶，……于酒，……于竹，……于文房四宝，……于牡丹，……于荔枝，亦皆有谱，惟石独无为可恨也。云林居士杜季阳(杜绾字季阳，号云林居士)，盖当采其瑰异，第其流品，载都邑之所出，而润燥者有别，秀质者有辩，书于简编，其谱宜事传也"。《四库全书提要》称"是书汇载石品凡一百一十有六，名具出产之地，采取之法，详其形状色泽而第其高下。然如端溪之类，并及砚材，浮光之类，不但谱假山清玩也。"

艮岳的又一特色是植物造景上有了新的发展，而且是以群植成景为主。祖秀《华阳宫记》中有较详描述。在"植梅万本曰梅岭"句下，接着写道："接其余冈，种丹杏、鸭脚(注：鸭脚应是银杏，非杏也)曰杏岫。又增土叠石，间留隙穴以栽黄杨，曰黄杨巘。筑修冈('修'长也)以植丁香，积石其间，从而设险，曰丁嶂。又得颓石，任其自然，增而成山，以椒兰杂植于其下，曰椒崖。接水之末，增土为大陂，种东南，侧柏，枝干柔密，揉之不断，叶为幢盖、鸾鹤、蛟龙之状，动以万数，曰龙柏陂。循寿山而西，移竹成林，复开小径至百数步。竹有同本而异干者，不可纪极，皆四方珍贡。又杂以对青竹，十居八九，曰斑竹麓。……又于洲上植芳木，以海棠冠之，曰海棠川。寿山之西，别治园圃，曰药寮。……堤外筑垒卫之，濒水莳绛桃、海棠、芙蓉、垂杨(即垂柳)，略无隙地。"以上描述，可以想象到梅岭花开时，一片香雪如海；丹杏桂枝如画，银杏秋叶金黄；嶂上丁香芬芳，石间黄杨偃；崖下春兰秋椒，坡上侧柏态奇；移竹成林，小径通幽；川上海棠，映水娇艳。

艮岳也继承了苑中养禽兽的囿的传统，但禽兽的畜养已不是为了狩猎，而是如同植物造景，建筑成景那样，是欣赏的对象，成为苑圃中的景物。艮岳中禽兽数量众多，"珍禽异兽，无不毕集"(《枫窗小牍》)。《宋史·地理志》载："及金人再至，围城日久，钦宗命取山禽水鸟十余万，尽投之汴河，听其所之；……又取大鹿数百千头，杀之以饲卫士云。"由此可见苑圃中畜养禽鸟大鹿的盛况。有些禽兽还加以驯养，能毕集迎人。《枫窗小牍》载："命市人薛翁騞扰驯狎，驾至(皇帝到)迎立鞭扇间，名万岁山珍禽，名局曰来仪所"。

正因为艮岳中有冈阜，有丛林，有池沼，也就是有可以放养水禽异兽，任它们自由生活的场所。这些既不伤害人而又可豢养的禽兽，放养委积其间，水禽的或浮泳于水上，或鸣翔于天空，鹿类的或饮水池边，或伫立岩畔，或行走于原野林中，增加了生动自然之趣。

总起来说，到了北宋，首次出现了艮岳这样纯以山水创作自然之趣为主题的宫苑。艮岳的创作不再以宫室建筑于其中为主体，而是山水风景为主体。艮岳的园林建筑，随形因势而筑，不再是单纯的建筑物，而是景的产物。艮岳的掇山理水，不再是单纯的逼真，而是以诗情画意写入园林，山水要与树木花草相结合，更加突出植物造景。艮岳的创作，体现了艺术家对自然美的认识和感情，表现了山水、植物、园林建筑等于一体的、综合形成一个美的自然和美的生活的境域。具有这样一种独特风格的艮岳，我们特称之为北宋山水宫苑。

四、花石纲

元符三年(1100年)初，哲宗病死，无子。向太后主张立哲宗的异母弟端王赵佶，当时宰相章惇认为端王"轻佻不可以君天下"(《宋史》卷二十二，《徽宗纪》4)，但向太后在总枢密院事曾布的支持下，立赵佶为帝，是为宋徽宗。赵佶本人，能书善画，三教九流无所不通，爱色贪杯，无日不歌唱作乐。赵佶即位后，更是过着骄奢淫逸，腐朽糜烂的生活，又有"六贼"(蔡京、王黼、朱勔、童贯、梁师成、李彦)跟着他一起倒行逆施，政治上黑暗统治，经济上残酷剥削，特别是弄得民不聊生、灾难沉重、不堪忍受，终于在宣和二、三年间(1120～1121年)爆发了大规模的农民起义，方腊、宋江起义和后来其他起义军。

纲是唐宋以来一种运输货物的组织，成群结队搞运输的编制。全国各地往京城运送货物时，都要编组，一组就称为一纲，这种成批运送货物的方法，叫作纲运。到了宋代，纲运的组织更加普遍，如运粮的叫粮纲，运盐的叫盐纲，运马的叫马纲，运牛的叫牛纲。《水浒》里写的生辰纲，就是大名府的梁中书，收买金银珠宝，给他丈人蔡京庆生辰，分为十一担，派杨志押送到东京。因为运送的宝物是为庆生辰的，所以叫生辰纲。所谓花石纲，就是北宋后期，为兴筑苑囿，从全国各地特别是江浙一带，往东京运送的奇花异石的纲运。当然，历史上所说的花石纲，有时并不仅仅是指奇花异石奇果，还包括强迫人民缴纳的珍禽异兽，山珍海味等各种进奉品[21]。

宋徽宗即位以后，就开始从南方运花石，最早一次是在建中靖国元年(1101年)，为修景灵西宫，下令苏州、湖州，采集太湖石四千六百块，运到东京供建筑用。崇宁元年(1102年)，派宦官童贯，在南方设立苏杭造作局，专门制造供皇宫用的雕刻、织绣、牙、角、犀、玉、金、银、竹、藤等高级工艺品。崇宁四年(1105年)下令在苏州设立苏杭应奉局，专门搜集奇花异石和各种玩赏的物品，供他独夫享受，并派朱勔主管苏杭应奉局和花石纲[21]。据《宣和遗事》载："勔(通过蔡京关系)初才致黄杨木三四本，已称圣意。后岁岁增加，遂至舟船相继，号作花石纲。专在平江(今苏州)置应奉局，每一发辄数百万贯。搜岩剔薮，无所不到。虽江湖不测之澜，力不可致者，百计出之，名做神运。凡士庶之家，有一花一木之妙的，悉以黄帕遮覆，指做御前之物。不问坟墓之间，尽皆发掘。石巨者高广数丈，将巨舰装载，用千夫牵挽，凿河断桥，毁堰折闸，数月方至京师。一花费数千贯，一石费数万缗。"为了搜奇括异就这样荒唐行事，耗费财物，巧取豪夺，给人民带来了极大的灾难。

徽宗的搜集奇花异石，朱勔是一条主要的线，还有蔡京之子蔡攸及其属下王永从、俞辄也搞应奉，往往数十船成纲。盛章调回开封作府尹时，也主管花石进奉。政和四年(1114年)以后，东南监司、郡守、两广市舶司，也都搞进奉。当时进奉的东西有太湖、灵璧等地的异石，两浙的花、竹、果、杂木、海错，福建的异花、荔枝、龙眼、橄榄，海南岛的椰子，湖湘的竹、木，两广、四川的异花奇果，登(今山东蓬莱)、莱(今山东掖县)等地的海错、文石等，种类十分繁多[21]。

花费了劳动人民无数血汗，从南方运来奇花异石所筑的艮岳，毁于何时？据史书，靖康元年(1126年)八月，金兵在宗翰和宗望率领下二次南下，十一月金兵渡黄河，不久就围困了开封(《宋史·地理志》)。《汴京遗迹志》云："及金人再至，围城日久，钦宗命取山禽水鸟十余万，尽投之汴河，听其所之（也成了开封市民充饥的食品）；拆屋为薪（因为围困日久，烧柴十分困难），凿石为炮（异石被砸烂，作为炮石），伐竹为筢篱；又取大鹿数百千头，杀之以饷卫士云。"张淏《艮岳记》："越十年（指艮岳筑成后十年）金人犯阙，大雪盈尺（冷饿以死者无算）。诏令民任便斫伐为薪。是日百姓奔往，无虑十万人，台榭宫室悉皆拆毁，官不能禁也。"祖秀《华阳宫记》云"靖康元年（1126年）闰十一月，大梁陷，都人相与排墙避虏于寿山艮岳之颠。时大雪新霁，丘壑林塘，杰若画本，凡天下之美，古今之胜在焉。祖秀周览累日，咨嗟惊愕，信天下之杰观，而天造有所未尽也。明年春，复游华阳宫，而民废之矣"。赵佶在《艮岳记》中赞美艮岳写道："天台、雁荡、凤凰、庐阜之奇伟，二川、三峡、云梦之旷荡，四方之远且异，徒各擅其一美，未若此山并包罗列，又兼其绝胜。飒爽溟滓，参诸造化，若开辟之素有，虽人为之山，顾岂小哉。山在国之艮，故名之曰艮岳。则是山与泰、华、嵩、衡等同固，作配无极。"宋徽宗的这种愿望不过是在做梦，曾几何时，艮岳变成一片废墟。赵佶本人也因国破被俘，当了九年俘虏而死在金国。

北宋灭亡后，开封长期被金人占领。金在灭辽后将都城迁至辽南京，改筑两套方城，称中都（明清北京城的西南隅）。为逃避蒙古人的进攻，金朝统治者曾一度把都城从中都迁到开封，并把开封城范围扩大。在扩建时，艮岳的泥土，被运去修筑北面新城墙，艮岳中池沼也全被填平，艮岳变成了一片平地。从此，除了还有一些艮岳遗石散落在开封各处外，艮岳遗址上就再也不存在什么艮岳遗物了。明清以来，开封多次遭受黄河水灾。黄河大水围城时，为了护城，艮岳遗石曾同其他砖石一起，被搜罗起来扔到城根水中。水退之后，有些遗石被淤埋在土里，有些在重修城墙时，又被挖出，保存了下来。由于几经沧桑，艮岳遗石，现在在开封也已经不多了[21]。

五、别苑金明池和琼林苑

东京城外别苑中，以金明池、琼林苑最著称，还由于定期开放而脍炙人口。《东京梦华录》卷之七有："三月一日开金明池、琼林苑"条。"每日教习车驾上池仪范，虽禁从士庶许纵赏，御史台有榜不得弹劾。……不禁游人。"曾慥：《高斋漫录》云："乙巳之春，开金明池。有旨令从官于清明日恣意游赏。是夜不扃郭门。"《东京梦华录》卷第七"驾回仪卫"条有："自三月一日，至四月八日闭池，虽风雨亦有游人，略无虚日矣。"

金明池

"在顺天门（即新郑门）外街北，周围约九里三十步，池西直径七里许"（《东京梦华录》）。据《汴京遗迹志》："周世宗显德四年（957年），欲伐南唐，始凿，内习水战。宋太平兴国七年（982年），太宗幸其池，阅习水战。徽宗政和中（1111～1118年），于池内建殿宇。"由于主要为观赛船争标，其布局与一般宫苑是完全不同的。《东京梦华录》卷第七"三月一日开金明池琼林苑"条，对金明池概况描写稍详，又有宋画《金明池夺标图》（图版46）可资对照，更可一目了然。《东京梦华录》卷第七"三月一日开金明池琼林苑"条载："入池门内南岸西去百余步，有面北临水殿。

图版 46　金明池夺标图（宋）

车驾临幸观争标，锡宴于此。往日旋以彩幄，政和间用土木工造成矣。又西去数百步乃仙桥，南北约数百步。桥面三虹，朱漆阑楯，下排雁柱，中央隆起，谓之骆驼虹，若飞虹之状。桥尽处，五殿正在池之中心，四岸石甃，向背大殿，中坐各设御幄，朱漆明金龙床，河间云水戏龙屏风，不禁游人。殿上下回廊，皆关扑钱物、饮食、伎艺人作场，勾肆罗列左右。桥上两边，用瓦盆内掷头钱，关扑钱物、衣服、动使。游人还往，荷盖相望。桥之南立棂星门，门里对立彩楼。每争标作乐，列妓女于其上。……池之东岸，临水近墙，皆垂杨。两边皆彩棚幕次，临水假赁，观看争标。街东皆酒食店舍，博易场户，艺人勾肆质库。不以几日解下，只至闭池，便典没出卖。北去直至池后门，乃汴河西水门也。其池之西岸，亦无屋宇，但垂杨蘸水，烟草铺堤。游人稀少，多垂钓之士。必于池苑所买牌子，方许捕鱼。游人得鱼，倍其价买之。临水斫脍，以荐芳樽，乃一时佳味也。习水教罢，系小龙船于此。池岸正北对五殿起大屋，盛大龙船，谓之奥屋。"

关于观争标的盛况，《东京梦华录》卷第七"驾幸临水殿观争标锡宴"条有较详描述："驾先幸池之临水殿，锡燕群臣。殿前出水棚，排立仪卫。近殿水中横列四彩舟，上有诸军百戏，如大旗、狮豹、棹刀、蛮牌、神鬼、杂剧之类。又列两船，皆乐部。又有一小船，上结小彩楼，下有三小门，如傀儡棚，正对水中乐船。上参军色（赵产卫：《云麓漫钞》五："优人杂剧，必装官人，号为参军色"），进致语（致语，相当于开场白，有俳谐之言一两联乃妙），乐作，彩棚中门开，出小木偶人。小船子上，有一白衣人垂钓，后有小童举棹划船，缭绕数回，作语，乐作，钓出活小鱼一枚。又作乐，小船入棚。继有木偶筑球舞旋之类，亦各念致语，唱和，乐作而已，谓之'水傀儡'。又有两画船，上立秋千。船尾百戏人上竿，左有军院虞候监教，鼓笛相和。又一人上蹴秋千，将平架，筋斗掷身入水，谓之水秋千。水戏呈毕，百戏乐

船并各鸣锣鼓，动乐舞旗，与水傀儡船分两壁退去。"

然后"有小龙船二十只，上有绯衣军士各五十余人，各设旗鼓铜锣，船头有一军校，舞旗招引，乃虎翼指挥兵级也。又有虎头船十只，上有一锦衣人，执小旗立船头上，余皆着青短衣长顶头巾，齐舞棹，乃百姓卸在行人也。又有飞鱼船二只，彩画间金，最为精巧，上有杂彩戏衫五十余人，间列小旗绯伞，左右招舞，鸣小锣鼓铙铎之类。又有鳅鱼船二只，止容一人撑划，乃独木为之也，皆进花石朱勔所进。诸小船竞诣奥屋，牵拽大龙头船出诣水殿。其小龙船争先团转翔舞，迎导于前。其虎头船以绳牵引龙舟。大龙船约长三四十丈，阔三四丈，头尾鳞鬣，皆雕镂金饰，楫板皆退光。两边列十阁子，充阁分歇泊，中设御座龙水屏风。楫板到底深数尺，底上密排铁铸大银样如桌面大者，压重底不敧侧也。上有层楼台观槛曲，安设御座。龙头上人舞旗，左右水棚排列六桨，宛若飞腾，至水殿舣之一边。水殿前至仙桥，预以红旗插于水中，标识地分远近，所谓小龙船列于水殿前，东西相向，虎头飞鱼等船，布在其后如两阵之势。须臾水殿前水棚上一军校，以红旗招之，龙船各鸣锣鼓出阵，划棹旋转，共为圆阵，谓之旋罗。水殿前又以旗招之，其船分而为二，各圆阵，谓之'海眼'。又以旗招之，两队船相交互，谓之'交头'。又以旗招之，则诸船皆列五殿之东西，对水殿排成行列。则有小舟一军校，执一竿，上挂以锦彩银碗之类，谓之'标竿'，插于近殿水中。又见旗招之，则两行舟鸣鼓并进，捷者得标，则山呼拜舞。并虎头船之类，各三次争标而止。其小船复引大龙船入奥屋内矣。"

琼林苑

琼林苑在顺天门（即新郑门）街南，与金明池相对。《东京梦华录》卷第七"三月一日开金明池琼林苑"条，有"门相对街南有砖石甃砌高台，上有楼观，广百丈许，曰宝津楼。前至池门，阔百丈余。下阚仙桥水殿，车驾临幸观骑射百戏于此。"又另有"驾幸琼林苑"条云："大门牙道皆古松怪柏。两傍有

石榴园、樱桃园之类，各有亭榭，多是酒家所占。苑之东南隅，政和间创筑华觜冈，高数十丈。上有横观层楼，金碧相射，下有锦石缠道，宝砌池塘。柳锁虹桥，花萦凤舸。其花皆素馨、茉莉、山丹、瑞香、含笑、麝香等。闽广二浙所进南花，有月池梅亭牡丹之类。诸亭不可悉数。"

《东京梦华录》卷第七"驾登宝津楼诸军呈百戏"条对所呈百戏，也有较详记述，这里略。"宝津楼之南有宴殿。驾临幸，嫔御车马在此。寻常亦禁人出入，有官监之。……殿之南有横街，牙道柳径，乃都人击球之所。西去苑西门，水虎翼巷。横道之南，有古桐(即梧桐)牙道，两傍亦有小园圃台榭。南过画桥，水心有大撮焦亭子。方池柳步围绕，谓之虾蟆亭，亦是酒家占。寻常驾未幸，习早教于苑大门，御马立于门上。门之两壁，皆高设彩棚，许士庶观赏。呈引百戏，御马上池，则张黄盖，击鞭如仪。每遇大龙船出，及御马上池，则游人增倍矣。"

《东京梦华录》卷第七"池苑内纵人关扑游戏"条说道："池苑内，除酒家艺人占外，多以彩幕缴(案，缴应作结)络，铺设珍玉、奇玩、匹帛、动使、茶酒器物关扑。有以一笏扑三十笏者。以至车马、地宅、歌姬、舞女，皆约以价而扑之。……池上水教罢，贵家以双缆黑漆平船，紫帷帐，设列家乐游池。宣政间，亦有假赁大小船子，许士庶游赏，其价有差。"又"驾回仪卫"条，讲到"莫非锦绣盈都，花光满目，御香拂路，广乐喧空，宝骑交驰，彩棚夹路，绮罗珠翠，户户神仙，画阁红楼，家家洞府，游人士庶，车马万数。……游人往往以竹竿挑挂终日关扑所得之物而归。仍有贵家士女，小轿插花，不垂帘幕。自三月一日，至四月八日闭池，虽风雨亦有游人，略无虚日矣。"接着说："是月季春，万花烂漫。牡丹、芍药、棣棠、木香种种上市。卖花者以马头竹篮铺排，歌叫之声，清奇可听。晴帘静院，晓幕高楼，宿酒未醒，好梦初觉，闻之莫不新愁易感，幽恨悬生，最一时之佳况。"

东京其他别苑园池

东京其他别苑园池，记载极简。《汴京遗迹志》载："玉津园，在南薰门外""宜春苑有二：一在固子门外，宋人号西御园；一在丽景门外，号东御园"。又"迎春苑，在丽景门外东北，名东御苑，宋初宴进士之所，每岁迎春于此。后改为富国仓。""牧苑，在陈桥之东北，宋牧养马驼牛羊之所。""以上诸苑，俱为金元兵毁，今失其故处。"

池，除金明池外，有"方池、圆池，在南薰门外玉津园之侧，宋帝临幸游赏之所。""迎祥池，在普济水门之西，宋真宗时业。""莲花池有二：一在城北时和保；一在城西北永安保。""凝碧池，在陈州门里，繁台之东南，唐为牧泽，宋真宗时改为池。"

园，除玉津园外，有"梁园，在城东南三里许，相传为梁孝王游赏之所。李白《梁园吟》云：平台为客幽思多，对酒遂作梁园歌，却忆蓬池阮公咏，因吟绿化扬洪波。一名梁苑，孝王筑吹台于苑中。"又"芳林园，在固子门里东北，宋太宗在晋邸时太祖赐其地为园，即位后号潜龙园，内有池沼。淳化三年(992年)帝幸其池，谓近臣曰：昔尹京日，无事常饮池上，今池边之树已成乔木矣。因顾教坊使郭守忠等曰：汝等前日以乐童从我，今亦皓首矣，何光阴易过如此。因登水心亭习射，中的者上亲斟满举大白，诏群臣尽醉。后广其地，号奉真园。仁宗天圣七年(1029年)改名芳林园。金兵毁之，今失其处。"

台有"吹台，在城东南三里，相传汉之鼓吹台，一名梁台，一名雪台，俗呼为二姑台，今改为禹王台，祀禹王于其上，两庑祀古之善治水者为河患也。"又"宴台，在城东北十五里，宋帝春耕田于东部，祀先农毕，享胙宴百官于此。"又"迎秋台，在固子门外，后唐庄宗所筑。宋人九日于此登高。"又"灵台，在城南二十里，梁惠王筑，一名惠王台、百花台，在固子门外，宋徽宗筑。拜郊台，在城南十里，其东又有东拜郊台，并宋时筑。"

以上诸苑园池台，皆宋时都人游赏之所，大都毁于金兵，或废或失其处，或仅存台或遗迹。

第四节　北宋洛阳名园——唐宋写意山水园

一、东京、西京的地名因朝代而异

自从汉朝以来直到隋、唐，或以长安为都城，或以洛阳为都城，因此这两个都城的城郭园林，兴筑繁盛。北宋时以汴京为都城，又叫东京，以洛阳为西京，但隋、唐时洛阳称东京或东都。《隋书·炀帝本纪》："大业元年（605年）诏尚书令杨素、纳言杨达、将作大匠宇文恺营建东京"。《两京记》曰："大业元年自古都（指长安）移于今所（指洛阳）。其地周之王城，初谓之东京，改为东都"。唐太宗时"贞观四年（630年）夏六月乙卯；发卒治洛阳宫"（《唐书·太宗本纪》）。但据《窦琎传》曰："为将作大匠，修葺洛阳宫，于宫中凿池起山，崇饰雕丽，太宗怒，遽令毁土。"唐高宗时"显庆元年（656年）。勅司农少卿田仁汪因东都旧殿余址修乾兴殿，……二年（657年）冬十二月丁卯，以洛阳宫为东都"（《唐书·高宗本纪》）。"光宅元年（684年）秋九月甲寅，改东都为神都，宫名太初"（《唐书·武后本纪》）。"神龙元年（705年，唐中宗李显年号）复曰东都，开元元年（713年，唐玄宗李隆基年号）十二月一日改为河南府，天宝元年（742年）曰东京，上元二年（761年唐肃宗李亨年号）罢京，肃宗元年（原文误应是乾元元年，758年）复为东都"（《唐书·地理志》）。

洛阳称西都，后梁时开始。"太祖开平元年（907年）夏四月戊辰，改东都为西都。"据《通鉴考异》曰："……按：（后）梁以汴州为东京，洛京为西京。（后唐）庄宗以魏州为东京，太原为西京，真定为北都。及王梁，废东京为汴州，以永平军为西京，而不云以洛阳为何京。……诸书但谓之洛京。"可见西京、西都、东京、东都为何地，因朝代而异。历史上称作五代的后梁、后唐、后晋、后汉、后周，除后唐建都洛阳外，其余均建都汴州（开封），后梁、后晋、后汉、后周均称洛阳为西都或西京。

二、唐宋洛阳第宅园林

唐时洛阳共有103个里坊，分布在北区的东部和整个南区（因洛水由西往东穿城而过，把洛阳分南北二区）。很多贵族官僚在南区营建第宅园林，有的甚至占一个里坊，除一部分作居住建筑外，大部为园地的称宅园。王铎《唐宋洛阳私家名园的位置和图注》（未发表）[22]，根据《元河南志》、《唐两京城坊考》、《洛阳名园记》和《洛阳县志》等文献资料整理而成，并根据《隋唐洛阳城的考古发掘报告》及《隋唐洛阳城的复原平面》绘制了唐宋洛阳私家名园位置示意图（图6-4）。从图中现在的村庄位置可找到昔日名园的相对位置。其准确度只说明所在里坊。

洛阳南区多公卿园池花木之胜，与引水入城密切相关。《闻见前录》载："午桥西南二十里，分洛堰，司洛水，正南十八里，龙门堰引伊水，以大石为杠，互受二水。洛水一支自厚载门入城，分诸园复合一渠。繇天门街北，天津引，龙一桥之南，东至罗门。伊水一支，正北入城，又一支东南入城，皆北行，分诸园，复合一渠，由长夏门以东、以北至罗门，皆入放漕河。所以洛中公卿庶士园宅，多有水竹花木之胜。"李格非《洛阳名园记》云："方唐贞观、开元之间，公卿贵戚开馆列第于东都者，号千有余邸"，可见当时盛况。后因五代战乱，"其池塘竹树，兵车蹂践，废而为丘墟；高亭大榭，烟火焚燎，化而为灰烬。"也就是说，唐洛阳的园宅，"与唐共灭而俱亡"。

北宋以开封为东京，洛阳为西京，公卿贵戚多于洛阳南区，就隋唐旧园葺改而为宅园。但"元丰初（元丰为宋神宗赵顼年号，元丰元年为1078年）开清汴，禁伊洛水入城，诸园为废，花木皆枯死，故都形势遂减。四年(1081 年)，文潞公(文彦博)留守，以漕河故道湮塞，复引伊洛水入城入漕河，至偃师与伊、洛汇，以通漕运，隶白波辇运司，诏可之。自是由洛舟行河至京师，公私便之，洛城园圃复盛"(《闻见前录》)。

宋时洛阳第宅园林，幸有李格非写《洛阳名园记》，对当时著称洛阳曾亲历的第宅园林二十处，加以评述，可供我们作为研究对象来了解北宋洛阳城郭园林的梗概。由于这些园林早已成为历史陈迹，并无遗址残迹遗存下来，可据以考证。下述各图，只能根据《洛阳名园记》文字记载来推想其规划内容，加以推敲后画出想像示意图来。虽然这种推敲的想像示意图并不就真能符合原状，但是只要我们的推敲是合理的，而且还可以现存的明清宅园的研究中，从侧面体验中来了解洛阳名园记中各个园的布局梗概，然后据以画出想象示意图还是可以的。这样做，对于了解我们称之为唐宋写意山水园的内容和形式，不无小助。

《洛阳名园记》评述的二十个名园，如果以园的类型来划分，可分为三类：一类可称作花园；一类可称作游息园或别墅；一类是宅园。下面不按照《洛阳名园记》所载的顺序，而按类分别加以叙述和讨论。

(一) 属于花园类型的

有三个园，即天王院花园子、归仁园和李氏仁丰园。这些园都是以搜集种植各种观赏植物及其品种为主，因此称作花园。

天王院花园子

记文开头说"洛中花甚多种，而独名牡丹曰花王"(欧阳修《洛阳牡丹记》，亦云："至牡丹则不名，直曰花")。这个地方"盖无他池亭，独有牡丹数十万本"，因此"独名此曰花园子"。据记文，洛阳"城中赖花以生者"，即靠种植牡丹以谋生的都居住在这一带，也就是说这里是牡丹花生产地区。"至花时"，这里就"张幕幄(搭帐棚)，列为肆，管弦其中。城中士女，绝烟火游之"。到了牡丹花期的时候，这里好似今日的花市、庙会一般热闹。

据王铎考证，《唐两京城坊考》安国寺条注："诸院牡丹特盛"，司马光《和君贶安国寺牡丹及诸园赏牡丹》诗里说："一城奇品推安国"，天王院花园子疑即指安国寺内天王院。安国寺位于宣风坊。

归仁园

这个园的面积占了整整一个坊，"广轮(东西或南北)皆里许"。因坊名归仁，花园就叫归仁园。园"北有牡丹、芍药千株，中有竹百亩，南有桃李弥望"。完全是花木之胜。记文有"唐丞相牛僧孺园七里桧，其故木也"。按《旧唐书》本传云：牛僧孺"洛都置第于归仁里。任淮南时，嘉木怪石，置之阶庭。馆宇清华，竹木幽邃，常与白居易吟咏其间。"牛僧孺园宋时归卢文纪，后又归张全万。"今属中书李侍郎，方创亭其中。"记文的"今"大抵在绍圣年初。李清臣，字叔直，绍圣元年(1094 年)十二月为中书侍郎，四年正月罢，知河南府。这时园中尚存有七里桧，是牛僧孺园中故物。《洛阳名园记》作者又赞曰："河南城方五十余里，中多大园池，而此为冠。"

李氏仁丰园

据记文，洛阳名花和品种有"桃、李、梅、杏、莲、菊各数十种，牡丹、芍药至百余种，而又远方奇卉，如紫兰、茉莉、琼花、山茶之俦，号为难植，独植之洛阳，辄与其土产无异，故洛中园圃，花木有至千种者"(古文对"种"和"品种"，用文不分，千种者千品种也)。"甘露院东李氏园，人力甚治，而洛中花木无不有"。按园称仁丰，可见园址在仁丰坊的甘露院东。除花木众多外，记文又说"有四并、迎翠、濯缨、观德、超然五亭"，想来是作为赏花和休息的建筑。

从记文可知，仁丰园是一个搜罗丰富的观赏植物园了。我国花卉园艺，唐宋时就很发达，而洛阳由于园林兴盛，更是争奇斗胜。记中写道："今洛阳良工巧匠，批红判白，接以他木，与造化争妙，故岁岁益奇且广。"从这段文字看来，当时已能利用嫁接变异来创新品种。

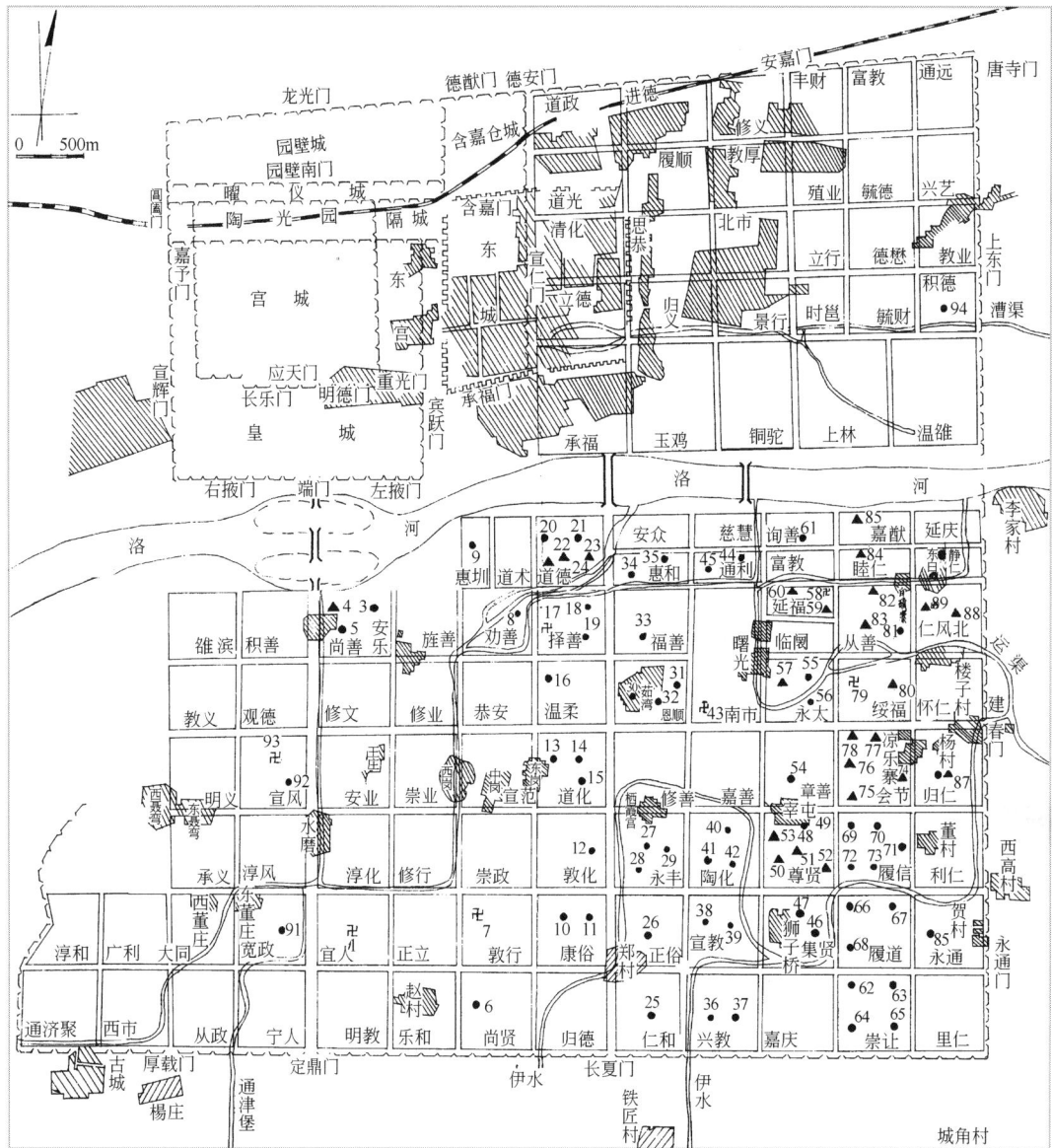

图 6-4 唐宋洛阳私家名园位置图

图例：● 唐园　▲ 宋园　〰 河渠　▨ 现村庄

宜人坊

1. 唐太守药园

尚善坊

2. 唐相武三思宅园

3. 唐太平公主宅园

4. 宋门下侍郎安焘"丛春园"

正平坊

5. 唐兵部尚书李迥秀宅园

6. 唐御史大夫狄仁杰宅园

敦行坊

7. 司农寺竹园

劝善坊

8. 唐太子师魏征宅园

惠训坊

9. 唐中宗四女长宁公主宅园

康俗坊

10. 唐左丞相燕国公张说宅园

11. 唐尚书右丞工部尚书东都留守刘知柔宅园

敦化坊

12. 唐桂州观察使李勃宅园

道化坊

13. 唐中宗第三女安定公主宅园

14. 唐益州大都督府长史赠礼部尚书皇甫无逸宅园

15. 唐中书令崔湜宅园

温柔坊

16. 唐阁门使薛贻简园

择善坊

17. 率更寺

18. 唐太尉英国公李勣宅园

19. 唐宪宗第五女宣城公主宅园

道德坊

20. 唐长宁公主宅园

21. 唐枢密使郭崇韬园

22. 宋相富弼富郑公园

23. 宋宣微南院史王拱辰环溪园

24. 宋理学家邵雍宅园

仁和坊

25. 唐兵部侍郎许钦明宅园

正俗坊

26. 唐太子傅分司东都李固言宅园

永丰坊

27. 唐尚书右仆射杨再思宅园

28. 唐户部尚书崔泰之宅园

29. 唐吴师道宅园

思顺坊
30. 唐户部尚书长平公杨纂宅园
31. 唐中书令张嘉贞宅园
32. 唐枢密使同中书门下平章事王晦叔宅园
福善坊
33. 梁刑部尚书致仕张第宅园
惠和坊
34. 唐工部尚书尹思贞宅园
35. 唐尚书右仆射燕国公于志宁宅园
兴教坊
36. 唐秘书少监赵云卿宅园
37. 唐李师道留后院
38. 唐太子少师皇甫镛宅园
39. 唐淮南节度使赵国公李绅宅园
陶化坊
40. 唐礼部尚书苏颋宅园
41. 唐太仆卿华容县男王希隽宅
42. 唐工部尚书东都留守卢从愿宅园
南市
43. 长寿寺园
通利坊
44. 唐太尉英国公李勣宅园
慈善坊
45. 唐紫微令姚崇宅园
嘉庆坊
集贤坊
46. 唐刑部尚书魏国公杨元琰宅园
47. 唐中书令裴度宅园
尊贤坊
48. 唐成德军节度使兼侍中田宏正宅园
49. 宋尊贤园
50. 宋官园
51. 宋观文殿学士张观园
52. 宋龙阁、阁直学士郭稹园

53. 宋神宗、翰林学士司马光"独乐园"
章善坊
54. 唐太子少傅豳国公窦希瑊宅园
永太坊
55. 唐鸿胪少卿张敬诜宅园
56. 唐尚书工部侍郎致仕张玄华宅园
57. 宋相吕蒙正宅园
延福坊
58. 唐福先寺
59. 宋莱国公寇准宅园
60. 宋太子太保吕端宅园
询善坊
61. 唐郭广敬宅园
崇银坊
62. 唐礼部尚书苏颋竹园
63. 唐兵部尚书顾少连宅园
64. 唐河阳节度使王茂元宅园
65. 唐太仆卿分司东都韦璀宅园
履道坊
66. 唐长寿寺果园
67. 唐刑部尚书白居易宅园
68. 唐吏部尚书崔群园
履信坊
69. 唐高祖第十七女馆陶公主宅园
70. 唐太子少保韦夏卿宅园
71. 唐武昌节度使元稹宅园
72. 唐太子宾客李仍淑宅园
73. 唐将军刘当宅园
会节坊
74. 宋节度使苗授的"庙帅园"
75. 宋相魏仁浦园
76. 宋太子太师王溥宅园
77. 宋司空致仕张齐贤宅园
78. 宋吏部尚书温仲舒园
绥福坊

79. 道冲女道士观
80. 宋礼部尚书范雍宅园
从善坊
81. 唐孝子郭思谟宅园
82. 宋太师赵普宅园
83. 宋太子太保杨凝式宅园
睦仁坊
84. 宋松岛园
嘉猷坊
85. 宋紫金台张氏园
永通坊
86. 唐虢州（今河南庐氏县）刺史崔元亮宅园
归仁坊
87. 唐宰相太子傅留守东都牛僧儒宅园
仁风坊
88. 宋李氏仁丰园
89. 宋太师赵普园
静仁坊
90. 唐观菜园
宽政坊
91. 唐榆柳园
宣风坊
92. 唐中书令苏味道宅园
93. 唐安国寺
积德坊
94. 唐太平公主
城郊
95. 宋"水北胡氏园"
96. 唐相李德裕平泉别墅
97. 唐相裴度午桥庄别墅
里坊待考
98. 董氏西苑
99. 董氏东园
100. 刘氏园

（二）属于游息园或别墅类型的

有十一个园，都位于城中，仅水北、胡氏园在郊坰，园主人经常前去游息或小住而已。各园都有它自己的特点和擅胜。

董氏西园

《洛阳名园记》中述评较详的名园之一。先据记文把西园的概况叙述一下。"自南门入，有堂相望者三。"先叙"稍西一堂，在大池间。逾小桥，有高台一。"再叙"又西一堂，竹环之。中有石芙蓉，水自其花间涌出。"再叙"小路抵池，池南有堂，面高亭。"从堂前可返至园南门（图6-5）。

西园的特点是什么？记文开头就说"董氏西园，亭台花木，不为行列区处周旋"。也就是说，亭台的布列，不采用轴线、对称等处理方式，花木的种植也

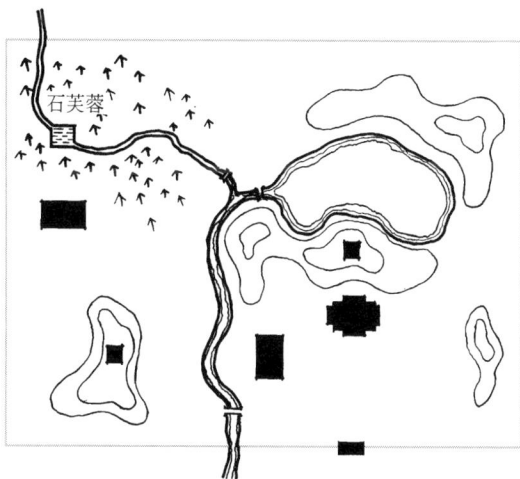

图6-5　董氏西园平面图

不成行列，为了取山林自然之胜。从记文看，西园的布局特点是能够在不大的园地中，展开一区复一区的景物。例如入园后先是三堂相望，但可望而不可即。

稍西一堂在大池间，自成一个景区，过小桥(小桥流水本身就是一景)，就有一高台，登台而望，全园之胜可以略窥，这里一"起"或称"开"的手法，也是引人入胜的一个起法。又西在竹林中有一堂。竹林深处有石芙蓉，顾名思义是石雕的荷花(这里说的芙蓉即是荷花)，但又有水自其花间涌出。这样看来，可能是竹林中有个小池，池中有石雕的荷花，水自花间涌出好似涌泉一般。在幽深的竹林中出现一个涌泉，令人清心。又到了树木森森的一区，所谓"开轩窗四面甚蔽，盛夏燠暑，不见畏日，清风忽来，留而不去"。这里，正是盛夏避暑纳凉最相宜的一区。由于林木茂盛，才能使清风留而不去，才能有"幽禽静鸣，各夸得意"之境。循林中小路穿行，忽然畅朗。

清水漾漾的湖池区。池的南堂，面高亭，互相呼应。登亭可总揽全园之胜，可说是一结。记文称"堂虽不宏大，而屈曲甚邃，游者至此，往往相失，岂前世所谓迷楼者类也。"

《洛阳名园记》作者在"清风忽来，留而不去，幽禽静鸣，各夸得意"句后赞云："此山林之景(或作'乐')而洛阳城中遂得之于此"，西园不愧可称为"城市山林"。

董氏东园

据记文"董氏以财雄洛阳，元丰中(1078～1085年)少县官钱粮，尽籍入田宅。城中二园(指董氏西园、东园)，因芜坏不治，然其规模尚足称赏"。西园的规模已如上述。关于"东园北向(园门北向)。入门有栝(为桧柏的变种)，可十围，实小如松实，而甘香过之。有堂可居，……南有败屋遗址，独流杯、寸碧二亭尚完(好)。西有大池，中为堂，榜之曰含碧。水四面喷泻池中而阴出之，故朝夕如飞瀑，而池不溢"(图6-6)。

东园是董氏"载歌舞游之"所，"有堂可居"，宴饮后"醉不可归，则宿此数十日"。东园的特色，除了可十围的栝外，大池有突出的景色。记文云："西有大池，……。水四面喷泻池中而阴出之，……而池不

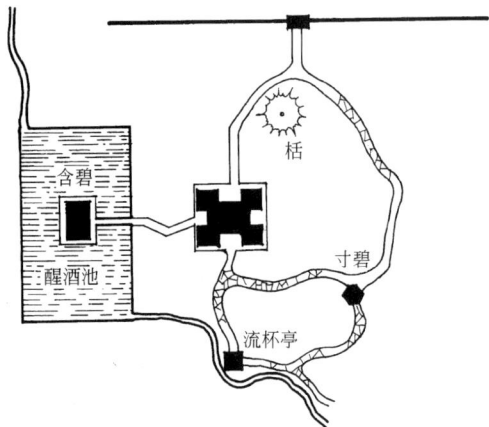

图6-6 董氏东园平面图

溢。"从这段文字看来，想必由地下引水到池，池上四周隐筑有出水口，喷泻池中如飞瀑，池底有出水孔，或可循环，所以池水不溢。这样的理水技巧，自是高人一等。记中又说，洛阳人盛醉的，"走登其堂，辄醒，故俗目曰'醒酒池'"。许是因水四面喷泻，使空气凉爽，令人清醒。

董氏西园、东园位置何坊，缺记载待考。据文意当在洛阳南区里坊内。董氏何许人？据王铎一文："董氏疑为董俨。董俨字望之，洛阳人，太平兴国三年(978年)进士，真宗朝累官工部侍郎，后以贿败，卒于大中祥符元年(1008年)。《宋史》卷307有传。"既然董俨卒于1008年，而《洛阳名园记》说"董氏以财雄洛阳，元丰中(1078～1085年)少县官钱粮，尽入田宅"，不可能在死后七十多年，因少县官钱粮而籍入田宅，所以董氏疑为董俨，不合逻辑。董氏大抵以财富蓄称，无官位，所以只称董氏。

刘氏园

"刘给事园"(王铎一文：刘氏疑为刘元瑜。元瑜，洛阳人，尝官右司谏，故称给事。《宋史》卷304有传)，以园林建筑见胜。有"凉堂，高卑制度适惬可人意"，这就是说，凉堂的高低、比例、构筑都很合适可人意。所以下文接着说"有知木经者(《木经》一书，为宋喻浩撰)，见之，且云：近世建造，率务竣立，故居者不便而易坏，惟此堂正与法合。"园西南"有台一区，尤工致。方十许丈地，而楼横堂

列，廊庑回缭，阑楯周接，木映花承，无不妍稳，洛人目为刘氏小景。"这就是说在不大面积中，楼和堂纵横相列，周围廊庑相接，成为一组完整的建筑群。不但如此，还要结合花木的种植，点缀衬托，使园林建筑更形优美。这里也可看出，古人对于建筑的环境，要用花木相结合，相得益彰，十分重视。

丛春园

"今门下侍郎安公(即安焘，字厚卿，曾知河南府)买于尹氏，岑寂而乔木森然。桐、梓、桧、柏，皆就行列。"乔木皆成行列，在《洛阳名园记》的游息园中，只此一园。这是否可以说明我国古代园中也有像西方规则式种植配置的先例，是值得研究的。据记文"买于尹氏"，推想起来，尹氏的园或许本是一个花圃的，培植有多种树苗，久不移植，生长高大而形成乔木森然。改建为丛春园时，就利用这些已成片的树木，成为一片茂林，所以桐梓桧柏皆就行列。如果这样的一个推想可以成立的话，丛春园可说是园圃地改建游息园的一个先例。丛春园布局的特点，也就是充分利用高大的行列树林来完成闭合式风景的创作。

记文关于丛春园的描述，除乔木森然皆就行列外，说到有二亭。"大亭有丛春亭，高亭有先春亭。丛春亭出荼䕷架上，北可望洛水"，借景园外。"盖洛水自西汹涌奔激而东，天津桥者叠石为之，直力滀其怒而纳之于洪下，洪下皆大石，底与水争，喷薄成霜雪，声闻数十里"。洛水穿城而过，城中洛水上建有四道桥梁，天津桥其一。丛春园本身，列树茂林，景色单纯，于是建亭以得景。大亭仅能平眺，而高亭出荼䕷架上(本身就是一景)，可借景园外，洛水的汹涌奔激，底石与水争而喷起水花，发出吼声，又成一景。像丛春园这样景物岑寂的园，由于别出心裁地建高亭借景园内外，平添多少景色，这是我国园林艺术中优秀传统之一。

据《洛阳名园记》作者自云："予尝穷冬月夜登是亭，听洛水声，久之，觉清冽侵人肌骨，不可留，

乃去。"据考，丛春园在宜人坊。

松岛

据《唐两京城坊考》，睦仁坊有"(后)梁袁象先园，园有松岛。"据《洛阳名园记》："在(后)唐为袁象先园，本朝(北宋)属李文定公丞相(即李迪，宋真宗、仁宗朝两次为宰相，曾知河南府)，今为吴氏园(不详其名)，传三世矣。"松岛之称，因园多古松。记文云："松岛，数百年松也。其东南隅双松尤奇。"古松参天，苍老劲姿，是本园的特色。此外，"颇葺亭榭池沼，植竹木其旁。""南筑台，北构堂，东北曰道院。""又东有池，池前后为亭临之。"又"自东大渠引水注园中，清泉细流，涓涓无不通处"，这样的既有池、亭，又有清泉细流的美景，"在他郡尚无有，而洛阳独以其松名(此耳)。"这是什么原因? 记文开头就说："松、柏、枞、杉、桧、栝皆美木，洛阳独爱栝而敬松"，为此园以松岛命名(图6-7)。

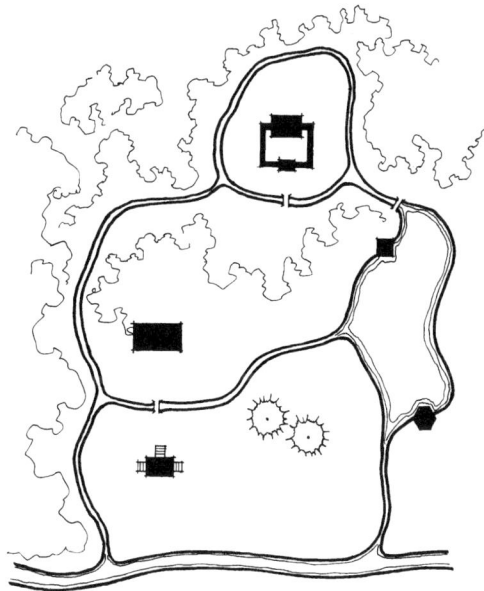

图6-7　松岛平面示意图

古松苍劲，已是称胜，加以亭榭池沼，清泉细流和竹木的种植，它就成为一个古雅幽美的游息园了。

东园

"文潞公(即文彦博，宋仁宗朝曾两次为相，曾知

河南府，封潞国公)东园，本药圃"，是以药圃改建为园的先例。"地薄(迫近讲)东城(据王铎考，在从善坊)，水渺渺甚广，泛舟游者如在江湖间也"(图6-8)。东园别无他胜，就是借一片大水成景，又立"渊映、瀍水二堂，宛宛在水中，湘肤、药圃二堂，间列水石。"

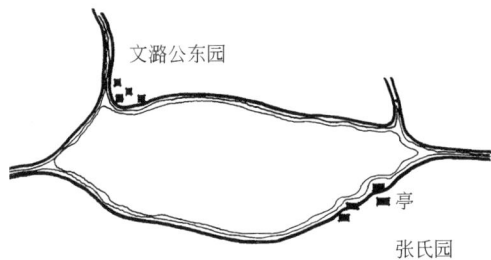

图6-8　东园、张氏园平面想像示意图

紫金台张氏园

"自东园并城而北(王铎认为，当在嘉猷坊)，张氏园亦绕水而富竹木(图6-8)，有亭四"。张氏园也是借景于东城水的，因水而富竹木，并有四亭，如斯而已。

水北、胡氏园

"水北、胡氏二园，相距十许步。在邙山之麓，瀍水经其旁。"《洛阳名园记》中仅水北、胡氏二园不在里坊而在郊坰(图6-9)。园的特点是"因岸穿二土室，(犹今之土窑洞)，深百余尺，坚完如埏埴(坚固

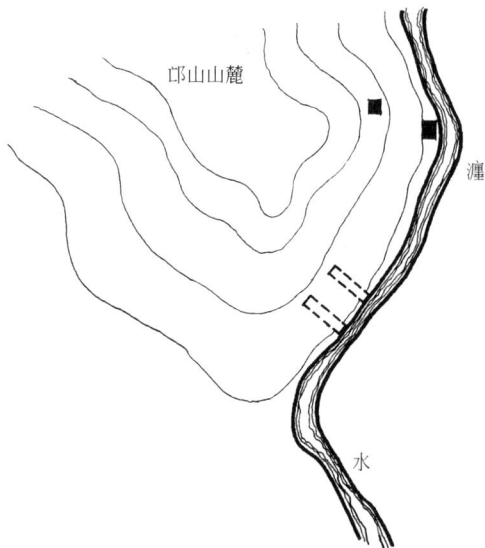

图6-9　水北、胡氏园平面想像示意图

完善好似用陶黏土砌成一般)，开轩窗其前以临水上，水清浅则鸣漱，湍瀑则奔驰，皆可喜也。"就河岸黄土塬以掘窑室，本是平常，但开轩窗其前以临水上，就有河水之景可借，如漱如哭之声可听。土室之东："有台榭花木……凡登览徜徉，俯瞰而峭绝，天授地设，不待人力而巧者，洛阳独有此园耳。"《洛阳名园记》作者对二园的造景不待人力而巧的方面加以赞赏，但对其亭台题名之不当，举例以示其失。题名不当不论外，从作者的亲身领受可见其不待人力而巧之处。如"其台四望，尽百余里，而瀍伊(水名)缭洛(水名)乎其间，林木荟蔚，烟云掩映，高楼曲榭，时隐时见，使画工极思不可图"，是巧于因借者也。又如"有庵在松桧藤葛之中(极其幽静)，辟旁牖，则台之所见，亦毕陈于前，避松桧，搴藤葛，的然与人目相会"，虽与台之所见同，但一则四望旷然纵目远览，一则自松桧藤葛之隙中，隐约窥视，意境亦自不同。

独乐园

"司马温公(司马光)在洛阳自号迂叟，谓其园曰独乐园。"司马光著有《独乐园记》，记中云："熙宁四年(1071年)迂叟始家洛，六年(1073年)买田二十亩于尊贤坊北阙，以为园。"《洛阳名园记》作者认为："园卑小，不可与他园班(列同等地位，或相比的意思)。"对独乐园的描写仅举堂轩离庵圃诸名而已。这里参照《独乐园记》加以补充(括弧内引文为《独乐园记》，不另注)。"其曰读书堂者，数十椽屋('其中为堂，聚书五千卷，命之曰读书堂')；浇花亭者益小['圃(采药圃)南为六栏，芍药、牡丹、杂花，各居其二，各种止植两本，识其名状而已，不求多也。栏北为亭，命之曰浇花亭']；弄水、种竹轩者尤小。"("堂南有屋一区。引水北流，贯宇下。中央为沼，方深各三尺，疏水为五派，注沼中，状若虎爪。自(沼)北伏流出北阶，悬注庭下，若象鼻。自是分而为二渠，绕庭四隅，会于西北而出，命之曰弄水轩。"又"沼北横屋六楹，厚其墉茨，以御烈日，开户东出，南北列轩牖，以延凉飔，前后多植美竹，为清暑之

所，命之曰种竹斋。"）

"日见山台者高不过寻丈"["洛城距山不远，而林薄茂密，常若不得见，乃于园中筑台，构屋其上，以望万安、辗辕(山名)，至于太室(即嵩山)，命之曰见山台]；曰钓鱼庵，曰采药圃者，又特结竹钞落蕃蔓草为之尔。"["堂北为沼，中央有岛，岛上植竹，圆周三丈，状若玉玦，揽结其杪，如渔人之庐，命之曰钓鱼庵。"又"沼东治地为百有二十畦，杂莳草药，辨其名物而揭之。畦北植竹，方径丈，若棋局，屈其杪交相掩以为屋，植竹于其前，夹道如步廊，皆以蔓药覆之，四周植木药(木本药用植物)为藩援(植物篱垣)，命之曰采药圃"。]

《洛阳名园记》作者在独乐园文最后说："温公自为之序，诸亭台诗，颇行于世，所以为人欣慕者，不在于园耳。"

吕文穆园

吕蒙正在宋太宗朝，两次为相，真宗朝又入相，死谥文穆，故其园称吕文穆园，在章善坊。《洛阳名园记》作者云："伊、洛二水自东南分注河南城中，而伊水尤清澈，园亭喜得之，若又当其上流，则春夏无枯涸之病。吕文穆园在伊水上流(指伊水引至长夏门西入城后水渠之上流)，木茂而竹盛。有亭三：一在池中，二在池外，桥跨池上，相属也。"由于伊水无枯涸之病，木茂竹盛，"水木清华"四字，吕文穆园可当之。三亭的布局，一在池中，二在池外，又有桥相连，这种湖亭曲桥的布置，是后世园林中常运用的传统手法(图6-10)。

(三) 属于宅园类型的

有六个园。所谓宅园就是连接在居住第宅之旁的日常游息生活的园地，或就在第宅之中，园地与居住建筑浑成一体的园宅。

富郑公园

富郑公园，即富郑公之园，富指富弼，宋仁宗、神宗朝两次为相，治平四年(1067年)封郑国公，熙

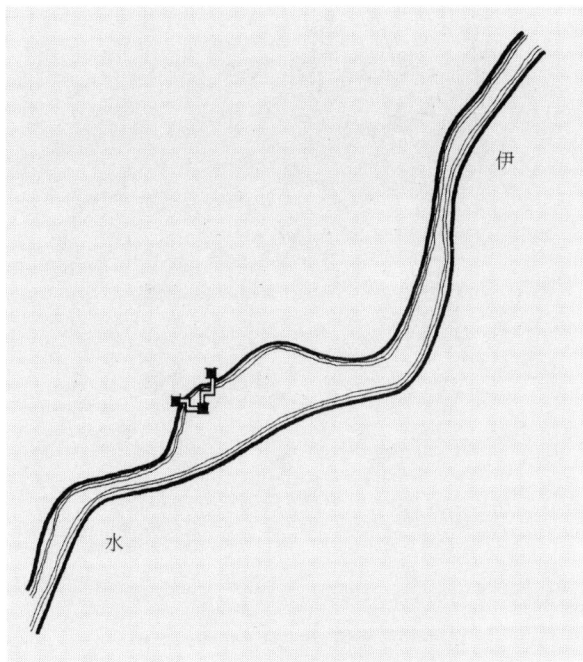

图6-10　吕文穆园平面想像示意图

宁五年(1072年)致仕，封韩国公，故宋人尊称为富郑公或富韩公。《洛阳名园记》云："洛阳园池多因隋唐之旧，独富郑公园最为近辟，而景物最胜。"对富园十分推崇。

园的概况："自其第东出探春亭，登四景堂，则一园之景胜可顾览而得。"从亭"南渡通津桥，上方流亭，望紫筠堂而还。"然后"右旋花木中，有百余步，走荫樾亭、赏幽台，抵重波轩而止。"以上是叙述水之南的一区。从堂"直北走土筠洞，自此入大竹中。凡谓之洞者，皆斩竹丈许，引流穿之而径其上。横为洞一，曰土筠，纵为洞三，曰水筠，曰石筠，曰榭筠。历四洞之北，有亭五，错列竹中，曰丛玉，曰披风，曰漪岚，曰夹竹，曰兼山。稍南有梅台，又南有天光台，台出竹木之杪"。然后"遵洞之南而东还，有卧云堂，堂与四景堂并南北。左右二山，背压通流，凡坐此则一园之胜，可拥而有也"(图6-11)。

富郑公园的章法：园自其第东出探春亭，是全园的一个小引(探春二字的题名就是一个引子)。四景堂是园中的主体建筑，是全园的起处，同时也是结处(周回而还至此为结)。从富郑公园的布局手法上来

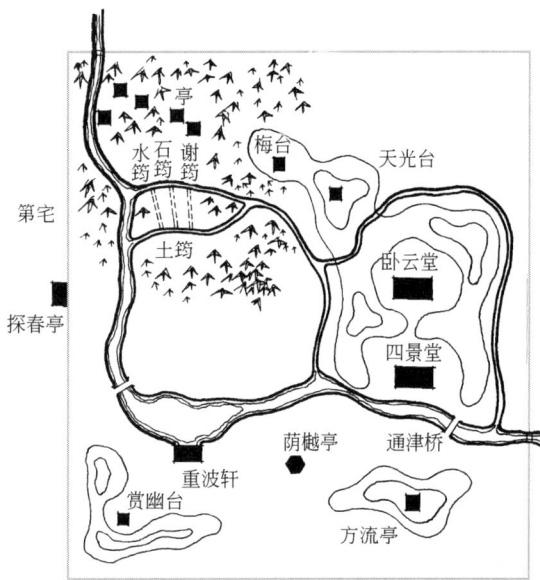

图 6-11　富郑公园平面想像示意图

看，跟董氏西园有相通一致的地方，那就是在起结开合中展开一区又一区，一景复一景的曲折变化，但又能周而复始，多样变化中又能自然而然地统一。南渡通津桥，本身就是流水小桥一景，然后上亭，可见亭筑假山上。也因此才能望紫筠堂。从这里往西走花木中，经一亭一台，抵一轩而止，这是一个景区。直北走入大竹中，是以竹景取胜的景区，其中有所谓洞者四，历四洞之北，又有亭五，错列竹中。《洛阳名园记》虽然对所谓洞作了注释，但含义仍不很明确。一种可能的解释是：以丈许大竹构成竹林中洞天，引流穿过洞天之地，小径其上。稍南到梅台、天光台，是又一景区。这些景区的划分，或用冈阜，或用竹木，或用水流，同时就用它们来范围而自成一区。这些景区好比是园中之园，各有其特色。或为深密出致之境，如旋行花木中，大竹中；或为开朗明媚之境如四景堂、梅台等；或流水小桥；或台出竹木之秒；或左右土山臂一，背压通流，是全园最胜处。总体来说，正如《洛阳名园记》作者的赞语："亭台花木，皆出其目营心匠，故逶迤衡直，闿爽深密，皆曲有奥思。"

环溪

即"王开府宅园，甚洁。"按王开府指王拱辰，官至宣徽南院使，死赠开府仪同三司。据庞之英《文

昌杂录》云："王宣徽洛中宅园尤胜，中堂七间，上起高楼，更为华侈。"园坐落道德坊，王得臣《麈史》云："王拱辰即洛之道德坊营第甚侈。中室起屋三层，上曰朝元阁。"

"华亭者南临池，池左右翼而北过凉榭，复汇为大池。周围如环，故云然也"。寥寥数语已把全园的轮廓勾勒出来，以及起名环溪之由(图 6-12)。简单说来，南有池，北复有大池，左右以溪相环接，在这个如环的水域中，布置亭榭楼台。《洛阳名园记》在上引文句之后，接着写道："榭南(指凉榭)有多景楼(即中堂起屋三层)，以南望则嵩高少室(即中岳嵩山，东曰太室，西曰少室)、龙门大谷(龙门大谷位于洛南十二里，其东山称香山，西山称龙门山，伊水自南而北穿流其间)，层峰翠巘，毕效奇于前。榭北有风月台，以北望则隋唐宫阙楼殿，千门万户，岧峣璀璨，延亘十余里，……可瞥目而尽也。"一楼一台不仅为园中之景，而且得以极望远眺，层峰宫阙尽远借入园。《洛阳名园记》接着写道："又西有锦厅、秀野台。""凉榭、锦厅，其下可坐数百人，宏大壮丽，洛中无逾者。"至于植物造景，《洛阳名园记》云："园中树(作种植讲)松、桧、花木千株，皆品别种列，除其为岛坞(在树丛中辟出空地；好像树海树山中的岛和坞)，使可张幄次(可以搭帐篷)，各待其盛而赏之。"

环溪这个宅园的布局上是有很多巧妙的手法

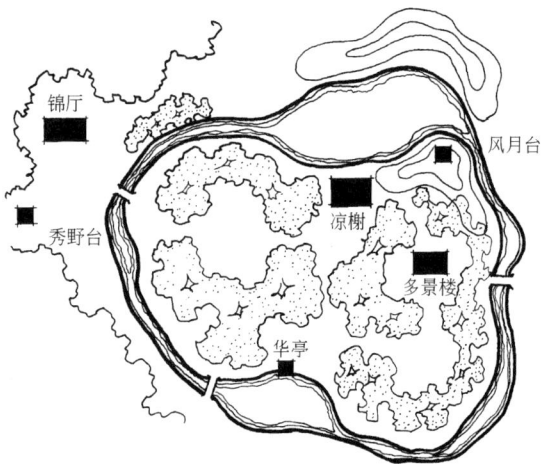

图 6-12　环溪平面想像示意图

值得我们学习的。就环溪这个水系本身的理水手法来说，也是很别致的，收而为溪，放而为池，而又周接如环，既有溪水潺潺，又有湖水荡漾，又可以泛舟。全园是以溪池的水景为主题，点以亭榭楼台和花木之胜。松、桧、花木，品别种列，已十分引人，还要"除其中为岛坞"，待花盛时可搭帐篷坐以静赏，足见匠心运用之妙，更设一楼一台，使层峰翠巘的天然风光，宫阙楼殿的建筑远景，全收揽园中，确能巧于因借。至于凉榭、锦厅建筑的宏大壮丽，尤为韵事。

苗帅园

《洛阳名园记》云："节度使苗侯既贵，欲极天下佳处，卜居得河南；河南园宅，又号最佳处，得开宝宰相王溥园，遂构之。"据考证，园在会草坊。"园既古，景物皆苍老"，例"园故有七叶二树(七叶树，学名 Aesculus chinensis 别名梭罗树)，对峙，高百尺，春夏望之如山然。"于是"创堂其北"。园中"竹万余竿，皆大满二、三围，疏筠琅玕，如碧玉椽，今创亭其南。"园"东有水，自伊水派来，可浮十石舟，今创亭压其溪。"又"有大松七，今引水绕之。有池宜莲芰，今创水轩，板出水上(意即轩临水而突出水上，水中立柱而上承轩前部)，对轩有桥亭，制度甚雄侈(对着轩的溪上有一桥亭，即桥上有亭)"(图6-13)。

古木巨称大松，景物苍老，自是难得，益以引水成溪池，或亭或轩，布置合宜，肇景自然，是苗帅园的特色。

赵韩王园

赵韩王即赵普，宋开国功臣，死后追封韩王。"赵韩王宅园，国初诏将作营治，故其经画制作，殆侔禁省"。由于是皇帝诏令职掌修建宫室的官署来起造，自然可以与禁中或大官署一样雄侈。但《洛阳名园记》所载宅园情况极简，只是说"高亭大榭，花木之渊薮"。园在从善坊。

大字寺园

《洛阳名园记》云："唐白乐天园也；乐天云：

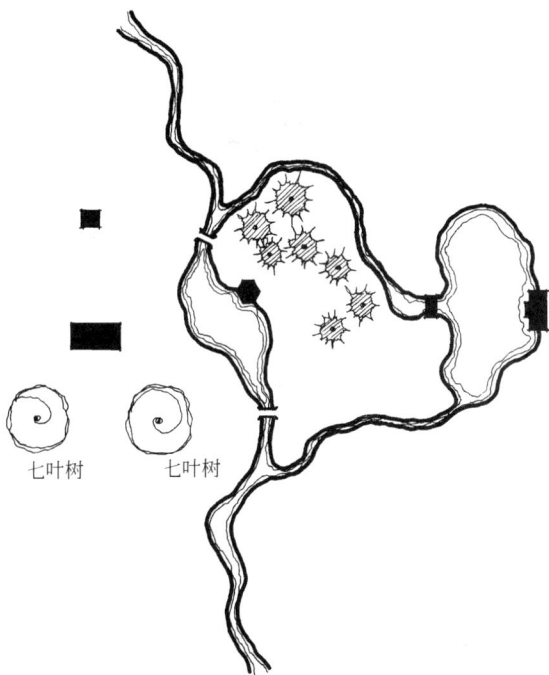

图 6-13　苗帅园平面想像示意图

'吾有第在履道坊，五亩之宅，十亩之园，有水一池，有竹千竿'是也。"按《新唐书·白居易传》有"后履道第卒为佛寺，东都江州人为立祠焉"之句，白居易在履道里的宅园，变为佛寺。"今张氏得其半，为会隐园，水竹尚甲洛阳。"北宋时，白居易宅园址已分为大字寺园和会隐园。又云："但以其图考之，则某堂有某水，某亭有某木，至今犹存，而曰堂、曰亭者，无复仿佛矣。"大抵会隐园有图传下，《洛阳名园记》作者得以按图索骥，其水其木尚存而堂亭构筑，"成于人力者不可恃也"，即易败坏，那时已废颓。

湖园

《洛阳名园记》云："在唐为裴晋公(即裴度，二次入相，封晋国公)宅园。"据《旧唐书》本传："东都立第于集贤里，筑山穿池，竹木丛萃，有风亭水榭，梯桥架阁，岛屿回环，极都城之胜概。"可见唐时裴度宅园已著称于都城。北宋时为湖园，更为时人所推崇(图6-14)。园的概况是："园中有湖，湖中有堂，曰百花洲，名盖旧，堂盖新也。湖北之大堂曰四并堂，名盖不足，胜盖有余也。"按谢灵运曾云："天下良辰、美景、赏心、乐事，四者难并"，堂称四并，未免过分，但景物可称胜有余也。

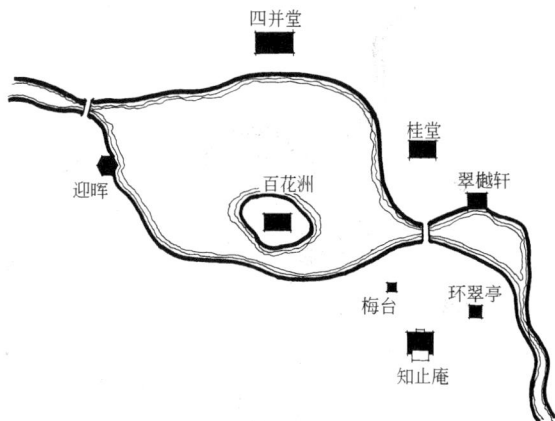

图 6-14　湖园平面想像示意图

接着写道："其四达而当东西之蹊者，桂堂也。截然出于湖之右者，迎晖亭也。过横池，披林莽，循曲径而后得者，梅台、知止庵也。自竹径望之超然，登之翛然者环翠亭也。渺渺重邃，循擅花卉之盛而前据池亭之胜者，翠樾轩也。其大略如此。"

从布局来看，湖是全园造景的中心，湖面宽阔，展开平远的水景。湖中建堂于岛洲，称百花洲，湖北岸有四井堂，二者遥相呼应，西岸有迎晖亭，正与四井堂、百花洲鼎足而三，构图平稳。这个湖园，无论从岸上望湖中，从湖上望四岸，都有亭堂为景点。又有横池（见下文），是大湖的余势，从开朗到幽闭的收拾处。

过横池，披林莽而进，别有一番境地。循曲径数折才能到达梅台、知止庵；沿竹林中小径上即可望及，然后上登一亭叫环翠亭。这一带是闭合幽曲的景区，跟开朗的湖区成明显的对比。翠樾轩的植物造景，值得注意。在轩四周遍植花卉，以衬托轩式建筑，而又前据池亭之胜，以水的光亮来反衬，使花卉色彩更形鲜明。这里是又一番明亮悦目的境地。《洛阳名园记》对于湖园的胜景还提到："若夫百花酣而白昼眩，青蘋动而林荫合，水静而跳鱼鸣，木落（树叶凋落）而群峰出，虽四时不同，而景物皆好，则又其不可殚记者也。"

《洛阳名园记》作者在记文的开头就说："洛人

云：园圃之胜不能相兼者六，多宏大者少幽邃；人力胜者少苍古；多水泉者艰眺望。兼此六者，惟湖园而已。予尝游之，信然。"可见李格非对于湖园推崇备至。

三、唐宋写意山水园小结

初唐时候，世俗地主阶级的势力就在上升和扩大，逐步取代了门阀地主。南朝大门阀势力，在齐、梁时就已腐朽没落；北朝大门阀势力，在北周、隋时才完全没落。初唐时，以皇室为中心的关中门阀，也在武则天时受到打击和摧残。"高宗、武后大搞'南选'，确立科举，大批不用赐姓的进士们，由考试而做官，参与和掌握各级政权，就在现实秩序中突破了门阀世胄的垄断。"[23]世俗地主取代门阀地主这一社会变化，到北宋政权时确定了下来。宋朝重文轻武，提倡文化。"自宫廷（皇帝本人）到市井，整个时代风尚社会氛围与前期封建制度大有变化。"[24]

唐自安史之乱后，就在藩镇割据，兵祸未断的情况之下，整个社会经济仍处在繁荣昌盛时代。中唐以来，社会的上层风尚因之日趋奢华、安闲和享乐，"长安风俗，自贞元（德宗年号）侈于游宴，其后或侈于书法图画，或侈于博弈，或侈于卜祝，或侈于服食。""京城贵游尚牡丹三十余年矣，春暮车马若狂，以不耽玩为耻"（李肇：《国史补》）。这跟众多知识分子通由考试进入或造成一个新的社会上层有关。"唐代科举之盛，肇于高宗之时，成于玄宗之代，而极于德宗之世"（陈寅恪《元白诗笺证稿》）。"这时与高（宗）玄（宗）之间即初盛唐时那种冲破传统的反叛氛围和开拓者们的高傲骨气大不一样，这些人数日多的书生进士带着他们所擅长的华美文词，聪敏机对，已益沉浸在繁华都市的声色歌乐、舞文弄墨之中。……也正是在这一时期，出现了文坛艺苑的百花齐放。……却更为五颜六色，多彩多姿。各种风格、思想、情感、流派竞显神通，齐头并进。所以真正展开文艺的灿烂图景，……并不是盛唐，而毋宁是中晚唐。"[24]

从中晚唐到宋朝，整个地主士大夫知识分子的境况有了很大的提高，文臣学士，墨客骚人取得了前所未有的优越地位。他们一方面仍沉溺于繁华都市的声色中，同时又日益陶醉于自然、田园之美中。由于地主士大夫的心理和审美趣味有了变化，要求生活和自然在心境上合为一体，即便身居市井，也能闹处寻幽，于是宅旁葺园池，近郊置别墅。

正如郭熙、郭思《林泉高致》中所说："……然则林泉之志，烟霞之侣，梦寐在焉。……不下堂筵，坐穷泉壑，……山光水色，滉漾夺目，此岂不快人意，实获我心哉，此世之所以贵夫画山水之本意也。"这种意趣也同样体现在宅园别墅的筑造中。

从上述洛阳诸名园可以看出，唐宋宅园都采取山水园形式。在一块面积不大的宅旁地里，就低开池浚壑，理水生情，因高掇山多致，接以亭廊，表现山壑溪涧池沼之胜。探园起亭，揽胜筑台，茂林蔽天，繁花覆地，小桥流水，曲径通幽，往往以人与自然处于亲切愉悦幽静的关系之中为意境。在这个以山水为主体的生活境域中，以吟风弄月、饮酒赋诗、探梅煮雪、歌舞侍宴等风雅生活为内容。这些都是反映了当时社会上层建筑意识和地主士大夫阶级的诗意化生活的要求。同时，在表现自然美的技巧上，无论是叠石掇山理水，或是植物造景，亭堂廊榭造景的运用，以及整个布局手法上都有了很大进步，能够根据作者对山水的艺术认识和生活要求，因地制宜地表现山水之真情和诗情画意的境界。这一时期的园林，我们特称之为唐宋写意山水图。

第五节 南宋临安宫苑
和吴兴、绍兴宅园

一、北宋王朝的灭亡和南宋王朝的建立

北宋初期的"不抑兼并"政策是符合地主阶级

(包括商人)和封建国家利益的。宋廷所关心的主要是掌握土地转移情况，而能按土地的多少收税就行了。宋初关于民间土地买卖虽有规定，随着商品经济的发展，土地商品化相对增强，"贫富无定势，田宅无定主，有钱则买，无钱则卖"（《袁氏世范》卷3，"富室置产当存仁心"）。地主阶级主要通过这种手段搜取了大量土地。当然，通过暴力和其他非法手段兼并土地的事例，仍是史不绝书。北宋政府也掌握有相当数量的官田，采取租佃制，对佃农进行剥削；当官府出卖土地，虽对一些权贵有种种限制，但形同虚文，最后还是落到大地主手中。北宋政府的土地买卖政策，又加速了土地兼并的过程。北宋中期以后，由于土地买卖盛行，兼并之家的财产迅速扩大，又是造成社会矛盾进一步加深的重要原因[25]。

宋朝的官户、形势户地主们有权有势，对劳动人民的剥削特别残酷，发家致富的手段极为恶劣，他们贪赃枉法，公开掠夺，经商走私，荫庇税户，从中牟利，很快暴富起来。宋朝，对于隐匿不报（或以多报少）的户口和财产有许多称呼，如"诡名挟佃"、"诡名挟户"、"诡名事户"、"诡名寄户"、"诡名身丁"等等，通称为诡名户。诡名户随着官户的增多而发展着，到了宋仁宗时已成了一个严重的社会问题，北宋中期的改革与此有着密切的关系。真宗时，由于官吏克扣军饷和苦役士兵，曾先后发生过多次兵变和士兵暴动。仁宗时由于土地兼并日益严重，阶级矛盾逐步尖锐，掀起了庆历年间农民起义风暴。农民的起义和士兵的暴动交织在一起，形成北宋中期阶级斗争的一大特色[25]。

宋仁宗与刘太后当政期间，一部分地位较低的官僚，看到了北宋社会潜伏着的种种危机，不断向宋仁宗发出了要求改革的呼声。代表人物是范仲淹，他于庆历三年（1043年）九月写了《上十事疏》呈给宋仁宗，作为他改革的基本方案（十事：一曰明黜陟，二曰抑侥幸，三曰精贡举，四曰择长官，五曰均公田，六曰厚农桑，七曰修武备，八曰减徭役，九曰覃

思信，十曰重命令）。范仲淹的十事，除以强壮为兵一项外，其他诸项在庆历三年十月至四年五月之内，先后以诏书的形式颁行全国，当时称为"新政"。庆历新政只不过是一次微小的改革，但当时一般官僚已认为难于实行，守旧派官僚更是激烈反对，进行打击甚至陷害。庆历四年六月，范仲淹以防秋为名，宣抚陕西、河东。同年八月间，富弼宣抚河北。范、富出朝后，反对派攻击愈力，终于庆历新政被他们全部推翻[25]。

仁宗统治的四十多年间，宋王朝国力衰弱，从宋政府经济收支情况看，仁宗皇祐元年（1049 年）以后，到英宗即位初治平二年（1065 年），由于庞大的军事和官禄开支，以及皇室的肆意挥霍，从无余到出现财政赤字（见《文献通考》所载从宋太宗到英宗时的收支情况）。嘉祐八年（1063 年）宋仁宗死，宋廷大办丧事，厚葬之外，罄其所有按品级赏赐官僚，国库"累世所藏，几乎扫地"。宋廷财政空虚，就拼命进行搜刮，搞得民不聊生，庆历年间士兵和农民起义斗争刚刚下去，各地农民又开展新的斗争。农民的不断斗争迫使一部分官僚重新考虑如何改变宋王朝日益贫弱的局面，要求改革的呼声又一次高涨起来，终于掀起了一次更大的变法运动，即王安石变法[25]。

王安石于庆历二年（1042 年）春，时年 22 岁，考中进士入宦途，经过了十六、七年时间，看到了北宋社会政治问题的严重性，大约在 1059 年春，写成了著名的《上仁宗皇帝言事书》（即《万言书》），指出了危机和改革的意见及方法：（1）吏治败坏，缺乏人才；（2）以治财来解决吏禄问题；（3）用现实的教训及历史的经验，对宋廷提出严厉的警告。

嘉祐八年（1063 年）三月，宋仁宗病死，赵曙即位，是为宋英宗。"有性气，要改作"。但曹皇后的垂帘听政和牵制，官僚集团的勾心斗角，使宋英宗大伤脑筋，没有任何改作，于治平四年（1067 年）正月去世。继承皇位的是其子赵顼，是为宋神宗。赵顼在即位前就很赞赏王安石的《言事书》，即位后立即起用

王安石。王安石要宋神宗打起"法先王"的旗帜，其目的就是以此作掩护进行改革，使自己在同守旧派斗争中处于理论上的有利地位，王安石变法的主要目的是为了富国强兵。为富国而推行的新法有：（1）均输法；（2）青苗法；（3）农田水利法；（4）免役法（募役法）；（5）市易法；（6）免行法；（7）方田均税法。为强兵而推行的新法有：（1）将兵法；（2）保甲法；（3）保马法（保甲养马法）；（4）军器监。还提出改革科举与学校制度。王安石的改革运动，由于或多或少地触犯了享有特权的大官僚、大地主、大商人的利益，因而遭到他们的强烈反对，每一项新法都在激烈斗争中推行的，特别是围绕着青苗、免役、保甲、免行等法的斗争，表现得尤为突出。整个改革过程中，王安石既要和反对派作斗争，还要和神宗动摇不定的意志作斗争，一度罢相，复相后又二次罢相。新法在宋神宗的主持下都依然执行，但也作了一些改变[25]。

元丰八年（1085 年）宋神宗死后，高太后、司马光当政，新法被废罢。元祐八年（1093 年），高太后病死，哲宗（赵煦）亲政，明确表示要恢复宋神宗时的新政。哲宗亲政的六年，执政者把主要精力用以打击旧党，虽相继恢复实行了元丰时的新法，但没有注意贯彻和改进，以改善宋王朝的政治经济形势[25]。

元符三年（1100 年）初，哲宗病死，高太后立端王赵佶为帝，是为宋徽宗。赵佶先打着调和新旧两党的旗号，后又表示要继承宋神宗的事业。崇宁元年（1102 年）七月，蔡京任右相，宋王朝从此进入了宋徽宗、蔡京腐朽集团黑暗统治时期。蔡京是一个卑鄙无耻的家伙，早年追随变法派，元祐初投靠司马光，绍圣初又摇身一变而为变法派。宋徽宗先后信用蔡京、王黼、童贯、梁师成、朱勔、李彦等人，时人称为"六贼"，胡作非为。宋徽宗、蔡京等反动统治集团，过着骄奢淫逸、腐朽糜烂的生活。为了满足他们荒淫无耻的需要，大肆搜刮民脂民膏，不断地增加赋税，以至巧立名目，千方百计增加剥削量。为了满足他们穷奢极侈的要求，在苏州设立应奉局和苏杭造作

局。在残酷的经济剥削和黑暗的反动统治下，南北各地人民纷纷起义进行武装斗争，有方腊帮源起义，宋江起义，梁山泊渔民的反抗斗争，高托山等起义。

宣和七年(1125年)辽天祚帝被金军所俘，辽政权覆灭，金太宗完颜晟于同年十月下诏侵宋，分军两路，西路由大同进攻太原，东路由平洲攻燕山。两路金军计划在宋东京开封会合。正月初三，金军渡过黄河。由于开封军民同仇敌忾的抗金决心，主战的李纲等人重新被起用，勤王援兵二十多万和张仙起义军都到达开封附近，准备邀击金兵。这种情况下迫使斡离不等金兵头目，在取足要挟的金银财物后，就开始退兵。但不到半年，金兵又于靖康元年(1126年)八月发动二次南侵。十一月二十五日东路金军到达开封城下，西路金军也接着来到，围攻开封。闰十一月二十五日，骗子郭京所谓神兵出战，开城就逃跑，金兵趁机攻上了开封城墙。在议和中，粘罕、斡离不大量索取金银绢帛。靖康二年(1127年)二月六日，金军下令废掉徽、钦二帝，宣告了北宋王朝的灭亡。四月一日，粘罕、斡离不带着被俘的赵佶、赵桓和赵氏宗室、大臣三千余人，以及掠夺的大量金银财物北归金朝。赵佶、赵桓二帝，分别于南宋绍兴五年(1135年)和三十一年(1161年)，先后死于金朝。

宋徽宗的近属也被掳走，仅康王赵构在外幸免。靖康二年(1127年)赵构前往南京应天府(河南商丘县)，五月一日正式即位，重建了宋王朝，史称南宋，年号建炎，是为宋高宗。这时，金朝以傀儡张邦昌被废为借口，再次准备南侵。九月初赵构听说金兵侵入河阳，准备南逃。十月初从南京出发，月底逃到扬州。建炎二年(1128年)七月下旬，金朝派讹里朵部与粘罕部主力，穷追宋高宗，企图消灭宋王朝。金军于建炎三年(1129年)正月二十七日攻占徐州前后，派拔离速、乌林答泰欲、马五率五千骑兵，奔袭扬州。二月初三金军占领天长军，离扬州只有一百多里。宋高宗就狼狈出逃，从瓜州乘小船渡江逃往镇江，再从镇江逃到杭州，诏令改州治为行宫。五月，

由杭州北上驻江宁(今江苏南京市)改为建康府，并派出使臣向金求和。七月，升杭州为临安府，准备移跸迁都。但这时十一月初，兀术部金军攻下和州后，从马家渡过江。消息传来，在越州的宋高宗再向明州(宁波)逃跑。兀术占领建康后，率军经溧水直追高宗，接连攻下广德，直追杭州。高宗得到奏报后，就率大臣登船逃向定海(浙江镇海)。金军占领杭州后，派何里、蒲卢深率军四千追袭高宗，这时高宗等已乘船逃向温州沿海。金军于建炎四年(1130年)正月占领明州，乘海船经昌国县(浙江定海)南追，遇上大风雨，又被张公裕所率的大船冲散，只得退回明州。二月，金军大肆抢掠杭州后北还。四月，宋高宗一伙才从海上回到越州。次年，改年号为"绍兴"，升越州为绍兴府，作为"行在"。在绍兴只待了一年多，就迁临安府。绍兴八年(1138年)，终于正式定临安为"行在所"，杭州从此成了南宋京城。

二、南宋临安(杭州)

杭州之名始于隋。杭州古称钱塘，秦汉时已设县治。《史记》："始皇三十七年十一月，过丹阳，至钱塘……"顾夷曰："始皇过余杭，因立为县"。汉因之。"三国时属吴，吴大帝分余杭置临水县。……晋太康元年(280年)，改临水县为临安县。……隋开皇九年(589年)……割吴兴、吴郡之地置杭州，初治余杭，未几，移治钱塘，省并新城(新登)、临安县。……大业初，改为余杭郡，统县六。唐武德六年(623年)六月，复为杭州，隶苏州总管。……(自唐经五代十国至宋，或析或复或易名，详见《临安志》，这里略)……建炎三年，……升杭州为临安府，……统县九，钱塘、仁和、余杭、临安、富阳、于潜、新城、盐官、昌化。"(周淙撰《乾道临安志》卷第二"沿革")

据吴自牧《梦梁录》卷七，"杭州"录："杭城号武林，又曰钱塘，次称胥山。隋朝特创立此郡城，仅三十六里九十步。"《乾道临安志》卷第二"城社"

条：“《九域志》：隋杨素创此城，周回 36 里 90 步。有城门十二：东曰便门、保安、崇新、东青、艮山、新开；西曰钱湖、清波、丰豫、钱塘；南曰嘉会；北曰余杭。有水门五：东曰保安、南水、北水；北曰天宗、余杭。”

“后武肃钱王(吴越王钱镠)发民丁与十三寨军卒增筑罗城，周围七十里许(这已是第二次扩建，第一次是唐大顺元年即 890 年 9 月，筑新城，环抱象山，泊秦皇山，周围凡五十余里)，有南城门，称为龙山(在六和塔西)；东城门号为南土(在荐桥门外)、北土(在旧盐市门外)保德(在艮山门外元里桥)，北城门名北关(在夹城巷)，今在余杭门外……；西城门曰水西关，在雷峰塔前。城中有门者三：曰朝天门(在吴山下今镇海楼)；曰启化门；曰盐桥门(在旧盐桥西)。”(吴自牧《梦粱录》卷七“杭州”条)括弧内今地点，引自《西湖游览志》卷一。

“宋太平兴国年间，钱王纳土(钱王指钱俶，纳土史称‘吴越归地’)……高庙(高宗)于绍兴岁南渡，驻跸于此，遂称为‘行在所’。其地襟江抱湖，……民物阜蕃，非殊方下郡比也。”(吴自牧《梦粱录》卷七“杭州”条)

隋唐旧州城的城址所在已不可确考。吴越钱镠以杭州为都城，曾两次修建扩充，城内建子城(皇城)，城外至罗城(外城)，南起江干，西到西湖、霍山(在宝石山北面)，东北至范浦(今艮山门外)，周七十里。当时的杭州城，东西狭窄，南北修长，形似腰鼓，所以在北宋就有腰鼓城之称。赵构在旧城基础上营建都城时，规模又有了扩大。其一是在吴越的子城基础上修建皇城(包括大内的宫城)，“周回九里”。其二是对“外城大有更易”，尤其是东南城垣，作了扩展，使杭州城进一步扩大了[26]。“最终成为一个南跨吴山，北抵武林门，东南蒙钱塘江，西濒西子湖的气势宏伟的大城”[27]。附南宋临安城复原想像图(图 6-15)。

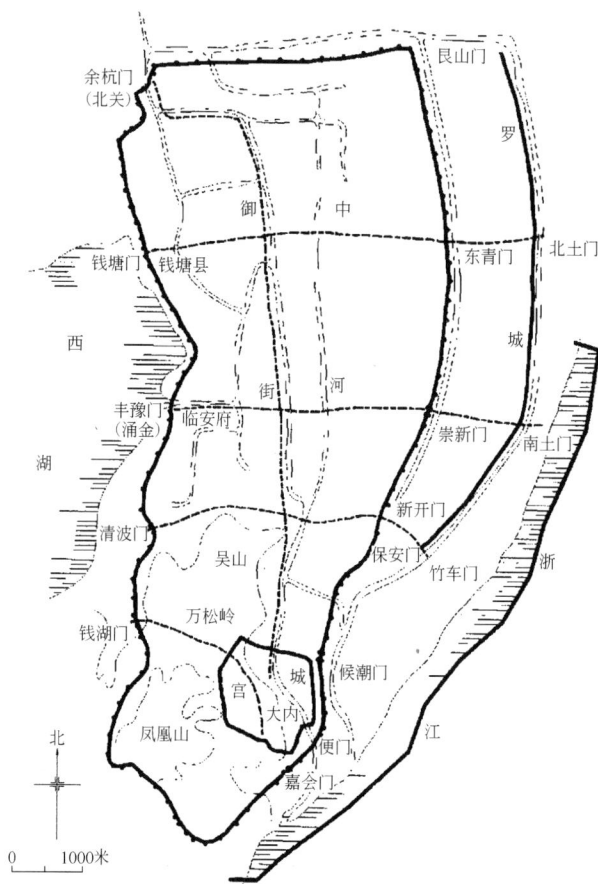

图 6-15　南宋临安城复原想像图

南宋初建的杭州城：“旱门仅十有三，水门者五。城南门者一曰嘉会(城楼绚彩，为诸门冠，盖此门为御道，遇南郊，五辂从此幸郊台路)。城东南门者七，曰北水门；曰南水门(盖禁中水从此流出，注铁沙河及横河桥下，其门有铁窗栅锁闭，不曾辄开)；曰便门；曰候潮门；曰保安水门(河通跨浦桥，与江相隔耳)；曰保安门(俗呼小堰门是也)；曰新开门。城东门者三：曰崇新门(俗呼荐桥门)；曰东青门(俗呼菜市)；曰艮山门。城北门者三：曰天宗水门；曰余杭水门；曰余杭门；旧名‘北关’是也。(盖北门浙西、苏、湖、常、秀，直至江、淮诸道，水陆俱通。)城西门者四：曰钱塘门；曰丰豫门(即涌金)；曰清波(即俗呼暗门也)；曰钱湖门。”(以上引自《梦粱录》卷七“杭州”条，括弧为引者附加，为便于认识门名。)附图 6-16，为咸淳《临安志》卷首附《南宋京城图》。

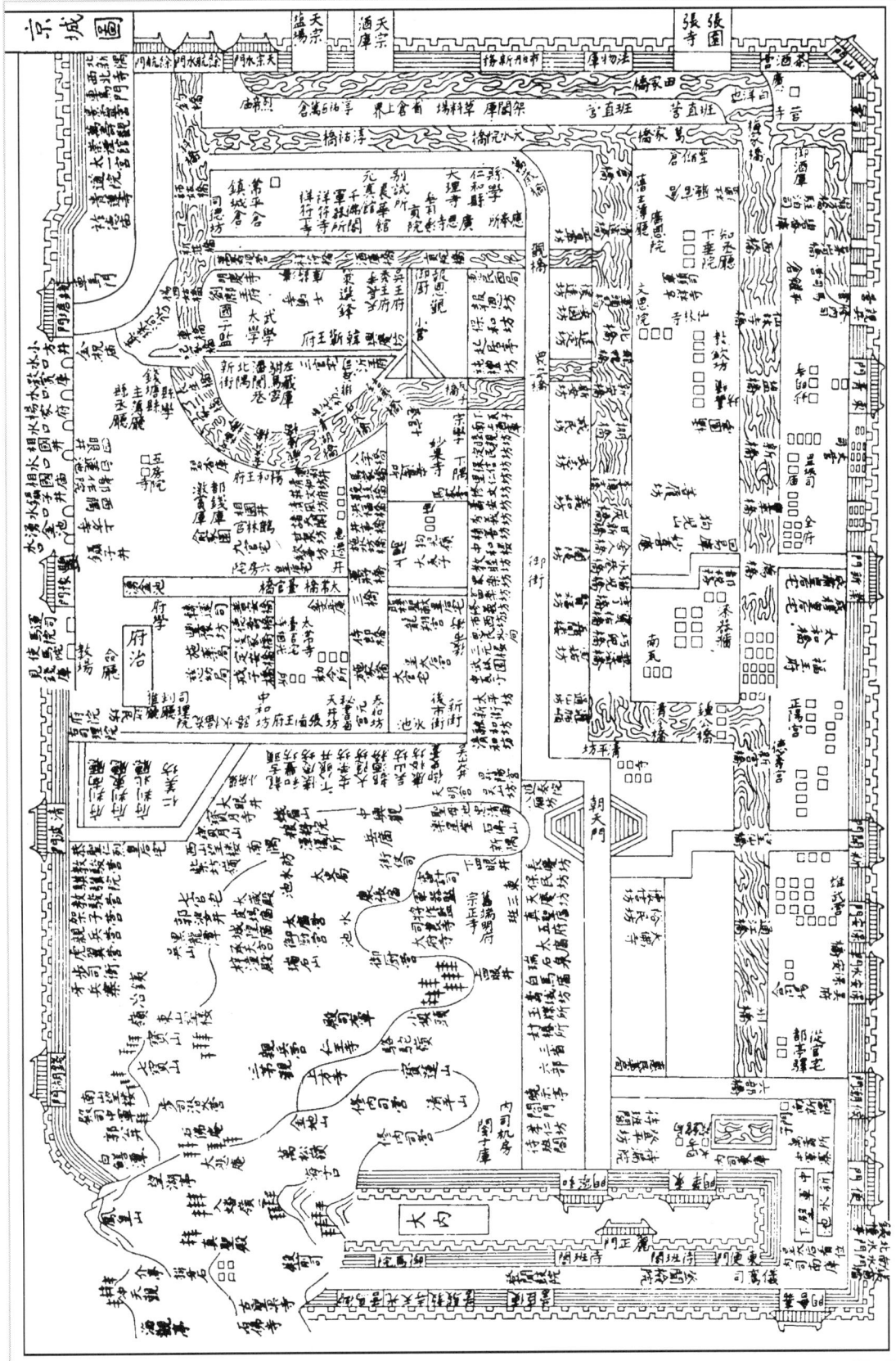

图 6-16　南宋京城图（杭州）

南宋城门的形制，"其诸门内便门、东青、艮山，皆瓮城(城门外增半月形副城)。水门皆平屋。其余旱门皆造楼阁。诸城壁各高三丈余，横阔丈余"(《梦梁录》卷七"杭州"条)。据称："城墙之外，东、南、北三面都有十多丈宽的护城河，也称城壕。城壕内侧种植杨柳，禁行人往来。早在唐代，杭州刺史崔彦曾开凿过外沙、前沙和后沙三条河渠；南宋的护城河便是在这三条河渠的基础上拓宽加深而成。城壕与钱江、运河相通。为了方便城内交通，使城内各大小河渠能与城外诸河道沟通"，开辟了水门[27]。

从《京城图》可以看出，中心线上有一条一折的御街，又叫天街(今中山路旧址)，专供皇帝通行。御街南起皇城和宁门(即今凤山门)，北至万岁桥，全长一万二千五百尺，用数万块巨型石板铺成平坦大道。街宽近二百步，街中心另辟"御道"(专供皇帝通行)，街的两边有"走廊"，供市民百姓过往，廊之内侧有黑漆权子，禁止超越。在御街与走廊之间，夹着一条砖石砌成的河道，河里广植莲藕，河岸遍栽桃李[27]。

御街之东，有条大河与御街平行，叫作"盐桥运河，南自碧波亭州桥，与保安水门里横河合。过望仙桥，直北至梅家桥，出天宗水门；一派自仁和仓后葛家桥、天水院桥、淳祐仓前出余杭水门水道"(《梦梁录》卷十二"城内外河"条)。河两岸，屋宇毗连，人烟稠密，是城里最繁华的地段。河上有桥三十二座，以六部桥、望仙桥、盐桥、仙林寺桥、梅家桥等最著名[27]。

盐桥运河之西，御街之东，那时有条"市河，俗呼小河，东自清冷桥西，流至南瓦横河转北，由金波桥直北至仁和仓桥转东(应为转西)，合天水院桥转北，过便桥出余杭水门(《梦梁录》卷十二，城内外河条)。"有桥三十五座，著名的为熙春桥、棚桥、众安桥、观桥、贡闸桥、祥符桥、全桥、万岁桥等[27]。

此外还有西河，即"清湖河，西自府治前净因桥，过闸转北，由楼店务桥至转运司桥转东，由渡子桥合涌金池水流至金文库，与三桥水相合，南至五显庙后，普济桥水相合，直北由军将桥至清湖桥投北。由石灰桥至众安桥，又投北与市河相合，入鹅鸭桥转西；一派自洗麸桥至纪家桥转北，由车桥至便桥，出余杭水门"(《梦梁录》卷十二"城内外河"条)。

总之，城内城外，大小河道四通八达，构成了完整的水网。南宋时的临安城，不亚于苏州，同样是"水港小桥多"、"人家尽枕河"，洋溢着江南水乡城市的特殊风光[27]。

临安为东南交通枢纽，有运河北通苏、湖、常、秀、润、淮诸州，有钱塘江南通严、婺、衢、徽诸州；城东二十五里有澉浦锁，是对外贸易商港；海上桅樯林立，船舶云集，各同货物在此集散。"且城郭内北关水门里，有水路周回数里，自梅家桥至白洋湖、方家桥直到法物库市舶前，……于水次起造塌房数十所，为屋数千间(按塌房就是堆栈和仓库)，专以假赁与市郭间铺席宅舍、及旅客寄藏货物，并动具等物，四面皆水，不惟可避风烛，亦可免偷盗，极为利便"(《梦梁录》卷十九"塌房"条)。

临安城内、凤凰山麓东为皇城、大内(详后)，紧挨大内，在和宁门外街北有三省(尚书、门下、中书省)、枢密院、六部(吏、户、礼、兵、刑、工)官署集中地，从都亭驿桥以西，直至青平山，宝莲山麓一带方圆三四里之地。这个中央官署区大院的大门朝南，中为堂宇高崇的都堂，是三省、枢密院诸首脑处事议政之地。都堂之南为思堂又称政事堂，政事堂周围就是六部的办事机构。云锦桥是三省六部大官每日必经的大桥，当年轿来车往，鸣锣喝道，十分热闹，人们习惯于把云锦桥称作六部桥。从六部桥西侧到万松岭，环绕皇城，又是宗室皇亲和文武大臣的集中住宅区[27]。

临安城内厢房，据《乾道临安志》载，南宋初年划分为七厢六十七个坊巷，到南宋末，《咸淳临安志》统计，已增为九厢八十五坊巷。临城区人口，据林正秋研究，咸淳年间，城区为十二万四千余户、六十余万人。城内居民结构的最大特点是从事工商业的市民和各级官吏为多[28]。

自宋室南渡以后，北方人民，扶老携幼，纷纷南迁，"四方之民，云集二浙，百倍常时"，临安京城，更是北方人民南迁的重点地区。皇室贵族、官僚地主也都避乱南来，寄寓城中近郊。他们享有各种特权，穷奢极欲，生活腐化，对造成临安的虚假繁荣，不无关系。所以当时杭州有"销金锅"之称。士大夫、词人、画家纷纷南渡，云集杭州，一时人才荟萃，济济一堂。大小商贾，辐辏骈集。南迁人口中占最大比例的还是农民和手工业者，他们是社会财富的创造者，对京城地区农业和手工业生产的发展和都市经济的繁荣，起了重要作用。

临安人口的倍增，急剧地增加了对各种消费品的要求，尤其是粮食和蔬菜。江南地区所产粮食、农副产品都以杭州为主要市场，这也推动了杭州都市经济的发展。杭州的造船（历史悠久，湖中船只、雕栏画栋，还有行驶钱塘江上海舰、大者五千料）、瓷器（可与哥窑比美）、纺织（尤其织锦、丝绸）、印刷、造纸（全国印刷造纸的中心之一）和军火等手工业，手工业的发展使商业极为繁荣。临安城内"自大街及诸坊巷，大小铺席，连门俱是，即无虚空之屋"（《梦梁录》卷十三"铺席"条）。同行业的店铺往往聚集在同一街市，称为行或团或市。如天街"自五间楼北，至官巷南街，两行多是金银盐钞引交易铺，……自融和坊北，至市南坊，谓之珠子市。""杭城大街，买卖昼夜不绝，夜交三四鼓，游人始稀；五鼓钟鸣，卖早市者又开店矣。"（《梦梁录》卷十三"夜市"条）饮食业特别发达，无论大街或小巷；城里或城外，到处皆有。《梦梁录》第十三"天晓诸人出市"条载："早市供膳……自内后门到观桥下，大街小巷，在在有之，有论晴雨霜雪皆然也"。杭城茶肆盛行，而且"插四时花，挂名人画，装点店面。四时卖奇茶异汤"，或"列花架，安顿奇松异桧等物于其上，装饰店面，敲打响盏歌卖，……夜市于大街有车担设浮铺，点菜汤

以便游观之人"（《梦梁录》卷十六"茶肆"条）。茶汤巷是因为茶肆多而得名。"巷陌街坊，自有提茶瓶沿门点茶"（《梦梁录》卷十六"茶肆"条）。酒肆中高级的如"中瓦子前武林园，……店门首彩画欢门，设红绿权子，绯绿帘幕，贴金红纱栀子灯，装饰厅院廊庑，花木森茂，酒座潇洒。……浓装妓女数十，聚于主廊槏面上，以待酒客呼唤，望之宛如神仙"（《梦梁录》卷十六"酒肆"条）。茶肆酒楼往往还有说话、讲史、小说、小唱，也是市民娱乐、休憩和消遣的场所。

繁华的京城，需要有丰富的声色娱乐文化生活，"是以城内外创立瓦舍，招集妓乐，以为军卒暇日娱戏之地。今贵家子弟郎君，因此荡游，破坏尤甚于汴都也。其杭之瓦舍，城内外合计有十七处"（《梦梁录》卷十九"瓦舍"条）。凡是表演技艺的场地，四周围上镂刻花纹图案且相互勾连的栏杆，人们称之为勾栏。每一瓦肆，少者设勾栏一二个，多者达十余个。

当时戏艺有说话（讲故事），开场有一定日子，甚或天天开场；有讲义，"讲话前代书史文传、兴废争战之事"；有说经，"谓演说佛书"；有小说，约分八种：即烟粉（专讲女鬼故事）、灵怪（妖异鬼怪的故事）、传奇（叙述爱情故事）、公案、搏刀（刀枪格斗的英雄故事）、赶棒、发迹（从贫贱到富贵故事）、变泰；有惟妙惟肖的傀儡戏，常见的有悬丝（又名牵线）傀儡，棒头傀儡，药发傀儡（表演时夹杂有火药的爆炸，造成音响效果），水傀儡（水里放着鲜鱼活虾浮萍，木偶沉浮于水，嬉游翻滚，做种种动作）。奇特惊险的杂技众多，约可分为三类：一类靠过硬功夫的传统技艺，如过刀口，穿火圈，走索孪；一类是变戏法；一类是与武术、舞蹈相结合的有情节的节目，如砍刀蛮牌、舞判、硬鬼等。杂技包罗丰富，高手巧艺迭见；还有情节完整的杂剧，已分场次，已分行当。民间艺人组成戏班，一个戏班，时称一甲，男女合演，男演员称乐人，女演员称弟子。此外，还有影戏，用皮或纸雕成人形，凭借灯光的仰射而在布幕上显影的一种戏艺。故事内容大都取材于历史，艺人边摆弄放映，

边唱话本解说，技艺高超的可以达到声情并茂、妙趣横生的境界[27]。

"释老之教遍天下，而杭郡为甚"（《梦梁录》卷十五"城内外诸宫观"条）。据《西湖游览志余》记载：杭城内外，西湖周遭，唐以前有三百六十寺；"及钱氏立国，宋朝南渡，增为四百八十，海内都会，未有加于此者也。"宋皇朝笃信道教，南宋定都临安，增修和新建的道观大批涌现，规模较大，名声较著的宫观就有三十余座。城内吴山附近更是道观汇集之地，一时大小道观竟达十余所[27]。

不仅临安城内，就是城外郊坰也极其繁华。"杭州有县者九（钱塘、仁和、余杭、临安、富阳、于潜、新城、盐官、昌化），独钱塘、仁和附郭（像汴京那样，城厢划归钱塘、仁和二县），名曰赤县，而赤县所管镇市者一十有五，……（名略）"。这些都是商业繁荣，居民集中的镇市。"今诸镇市，……户口蕃盛，商贾买卖者十倍于昔，往来辐辏，非他郡比也"（《梦梁录》卷十三"两赤县市镇"条）。又云："杭城之外城，南西东北各数十里，人烟生聚，民物阜蕃，市井坊陌，铺席骈盛，数日经行不尽，各可比外路一州郡，足见杭城繁盛矣"（《梦梁录》卷十九"塌房"条）。

以上，主要根据《梦梁录》，把临安的历史沿革、城郭、御街和河道、坊巷、人口、手工业、商业、航运和对外贸易、民间戏艺、寺观以及郊坰市镇简况作一番描述。南宋临安不仅是"东南第一州"，也是全国第一大都市，即便在 13 世纪的当时，也是世界上最繁华的大都市之一。马可波罗在《游记》中称杭州"是世界上最美丽的华贵天城。"

三、西湖

"天上天堂，地上苏杭"。这是当代的一句民谚，见于范成大《吴郡志》。但自唐宋以来直到现代，杭州的闻名国内外，全在西湖。吴自牧在《梦梁录》卷十二"西湖"条的开头说："杭城之西，有湖曰西湖，旧名钱塘。湖周围三十余里。自古迄今，号为绝景。"

元世祖忽必烈于 1271 年建国号为"元"后，再度出兵以消灭南宋。德祐二年（1276 年）正月，元左丞相伯颜驻军皋亭山，南宋奉表及国玺以降，临安小皇朝终于灭亡。它的金碧辉煌的皇宫被改成三座佛寺，其后又因火灾，化为一片焦土。可是西湖，这颗璀璨的明珠，永远为杭州焕发出光辉。

在远古时代，杭州连同西湖都是一片浅海湾。"杭之为州，本江海故地"。西湖三面环山：耸峙西南的是天竺山；依次相连的有南高峰、凤凰山、吴山诸山，总称南山；天竺山以北有北高峰、宝石山诸山，总称北山。西湖的东北面和杭州市区都是一片平原地，仿佛是三面环山所留出的一个大缺口。在远古时代，这个大缺口和汪洋大海相通。由于宝石山和吴山各向东北方向突出，构成左右相对两个伸入大海的岬，成为阻拦泥沙入海的天然屏障。在漫长的年月中，周围山岭溪涧挟带的泥沙，海水出入沉积的泥沙，长江口南岸和钱塘江入海口的大量泥沙受到吴山、宝石山的拦阻，在海湾口两侧滞留下来，形成了两个沙嘴。这两个沙嘴日益接近，终于毗连在一起，把海隔断了，于是泥沙内侧的海水，形成了地质学上称作的泻湖，即后来西湖的前身[29]。

并不是每个泻湖都能保存下来，由于海水的蒸发，水生植物的蔓衍繁殖，泻湖会逐渐干涸，形成的沼泽地、水区会逐渐湮没以致消失。西湖之所以能保持"水光潋滟"至今，还由于历代人工的疏浚和整治，据统计，"自唐至清，历代对西湖都作了疏浚，……比较主要的有二十三次，其中相隔百年以上的三次，最长时间一百六十八年，相隔二十年以下的七次，最短时间为八年。"因人而著称的，有白居易和苏东坡。"822 年（唐穆宗长庆二年）白居易出任杭州刺史，主持筑堤保钱塘湖（又名上湖，即西湖），蓄水灌溉农田。……人们为记念他的功绩，就把当时钱塘门外，即今日松木场至武林门一带白居易所筑的堤称白公堤。而今日的白堤究竟是何人所筑，已无史籍可查。……1089 年（宋哲宗元祐四年）苏轼第二次守杭，这时湖上葑田约二十五万余丈，几乎半个西湖被塞，加之漕河失利，江河行船不通，六井（指唐大历年间，刺史李泌主持的开六井，引进西湖水，供杭城市民饮用）也废。见此情景，苏轼深知保护西湖的重要……花了二十万工把葑草打捞干净，并用葑草、淤泥，自南至北，筑起一条长堤，横贯湖面，这就是今天的苏堤。堤上遍植桃柳保护堤岸，还在湖中立石塔三座，严禁在石塔塔内湖面种植菱藕，以免再次淤塞。这次大治，使西湖重又烟水渺渺，绿波盈盈。1131年（南宋绍兴元年），郡守张澄清、汤鹏举先后奏请疏浚西湖，增置开湖军兵，差委官吏，造寨屋舟只，专事撩湖之事，……1247年（南宋淳祐七年），杭州大旱，湖水尽涸，郡守赵节离开始了大规模疏浚西湖。……1270年（南宋咸淳六年），安抚潜说友继赵之后，又一次疏浚了西湖及附近河道。……南宋这四次较大的保护建设西湖，除农田灌溉、百姓饮水外，还有一个重要的原因，是偏安一角的南宋小朝廷，把西湖作为盘游之所，地方官不得不尽力经营。"[30]

远古时代这个新生的泻湖，在秦汉时期叫武林水。隋唐时由于湖在钱塘县而称为钱塘湖，以后因"其地负会城之西，故通称西湖"（傅王露《西湖志》卷一）。苏东坡的一首名诗中"欲把西湖比西子，淡妆浓抹总相宜"，又平添了一个"西子湖"的雅称。中外闻名的西湖十景，在南宋时就已形成。据南宋人祝穆撰《方舆胜览》卷一记载：近者画家称湖山四时景色最奇者有十；曰：苏堤春晓；曲院风荷；平湖秋月；断桥残雪；柳浪闻莺；花港观鱼；雷峰落照；两峰插云；南屏晚钟；西湖三塔。按南宋时的"曲院风荷"，不在今天的苏堤跨虹桥附近，而在灵隐行春桥（今称洪春桥）的溪边。"雷峰落照"，玄烨（清康熙帝）曾改"落照"为"西照"，现通称"雷峰夕照"。"两峰插云"，玄烨改名"双峰插云"。"西湖三塔"指苏东坡在治理西湖时立的三座小石塔，分列在苏堤左右两边湖中，塔形如瓶，浮漾水中，到明弘治年间（1488～1505年）倒坍，万历年间（1573～1620年），郡

守杨孟瑛重建，塔高二米，塔身中空，位置移到苏堤东面湖中小瀛洲的南边[27]。

一朝又一朝，一次复一次的疏浚装点，"湖中开始出现了小瀛洲、湖心亭、阮公墩三座绿岛；有了'塔影亭亭引碧流'的三潭印月景观；有了翡翠般的苏堤；有了桃柳相映的白堤。五点六八平方公里的湖面，开始分成外湖、北里湖、岳湖、西里湖、小南湖。"[30]附今西湖及环湖诸山河图（图6-17）。

四、宫城、大内

南宋故宫位于凤凰山东麓。这里原是北宋杭州的州治（州政府），建炎三年（1129年）二月，赵构从镇江逃跑到杭州，诏令改州治为行宫，绍兴元年（1131年）十一月诏守臣徐康国措置草创。那时金兵刚刚退走，财政非常拮据，大内宫殿很少。据《宋史·舆服志》，绍兴十二年（1142年）之前，大内仅有两个略为像样的大殿，即大庆殿和垂拱殿。大庆殿，一殿四用。《梦粱录》卷八"大内"条："丽正门内正衙，即大庆殿，遇明堂大礼，正朔大朝会，俱御之。如六参起居，百官听应，改殿牌为'文德殿'；圣节上寿，改名'紫宸'；进士唱名（殿试），易牌'集英'；明为'明堂殿'。次曰'垂拱殿'，常朝四参起居之地。"《咸淳临安志》卷一"行在所"云："文德殿，绍兴十二年（1142年）建，正衙，六参官起居。紫宸（上寿）、大庆（朝贺）、明堂（宗祀）、集英（策士），以上四殿皆文德殿，随事揭名。"据《宋史·地理志》"行在所"载："垂拱、大庆、文德、紫宸、祥曦、集英六殿，随事易名，实一殿。"据王士伦考证，认为垂拱殿是单独的一殿，祥曦殿即崇政殿，《宋史》讲六殿实一殿，是南宋绍兴初年的情况[31]。

曾几何时，"绍兴和议"于1141年订立，南宋政权早将收复中原之事，置诸脑后，偏安江南，耽乐湖山，过着醉生梦死的糜烂生活，大兴土木，营建宫室。"大凡定都二十（从绍兴四年下令建太庙起，到绍兴二十七年即1157年），而郊、庙、宫、省始备焉"

图 6-17　今西湖及环湖诸山河图

（《舆地纪胜》卷一）。绍兴二十八年（1158年）又扩建宫城及其东南外城。到此，环绕凤凰山麓，北起凤山门，西至万松岭，东自候潮门，南近钱塘江，方圆九里的范围成为南宋宫城即大内所在地。

《咸淳临安志》附有《南宋皇城图》（图6-18），但这类图也只是示其大意，具体位置和山石与本人调

查现状或遗址不尽相符。例如排衙石（或称排牙石）和介亭，调查所知，位于将台山的最高处；圣果寺的位置也不对；《咸淳临安志》和附图上，将凤凰山与万松岭之间的山岭标为八盘岭，没有九华山这个条目，现称九华山的位置正相当于八盘岭，可见八盘岭即今九华山；大内的西面，据《武林旧事》卷四载有西华

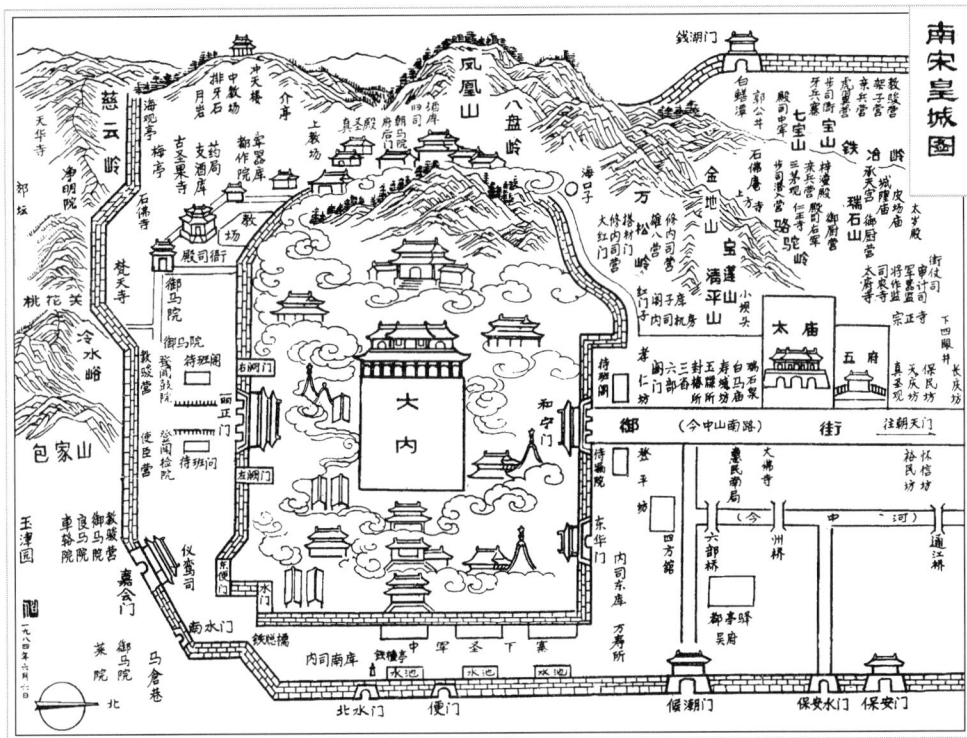

图 6-18　南宋皇城图

门，《皇城图》上有府后门，这一带的宫城城墙未画出，可能在凤凰山的山腰间。王士伦根据文献资料和调查资料，对南宋皇城的范围作了考证，认为：南至笤帚湾，西至凤凰山山腰，东至中河南段以西，北至万松岭以南[31]。

为了更好地了解宋皇城的范围和大内主要宫殿布局，有必要先叙述一下凤凰山一带的地理概况（图6-19）。凤凰山位于今日杭州西南一带层峦起伏中的一个山岭。以南部西边的乌龟山（山顶海拔高76米）向东，经金家山（山顶海拔高102米）折西北至将台山（山顶海拔高202.6米），再转北依次为凤凰山（山顶海拔高157米）、九华山（山顶海拔高116米）、万松岭（海拔高81米）。在金家山与将台山间有太祖湾；在将台山与凤凰山之间有笤帚湾。在乌龟山、将台山、凤凰山、九华山和万松岭这群山的西边为慈云岭。山岭间有一条岭路，分南北二段：南段称慈云岭路，尽处即南宋郊坛；北段称玉清路，尽处即达西湖。南宋宫城即大内，就是在这样一个群山形势中的

凤凰山东南麓的坳里修建起来的。其东界包含有俗称馒头山，可能即《皇城图》上所称回峰，是一孤独小山（山顶海拔高43.6米）。

宫城正门曰丽正，"其门有三，皆金钉朱户，画栋雕甍，覆以铜瓦，镌镂龙凤飞骧之状，巍峨壮丽，光耀溢目。左右列阙（左阙门、右阙门），待百官侍班阁子。登闻鼓院、检院相对（见皇城图），悉皆红权子，排列森然，门禁严甚，守把钤束，人无敢辄入仰视"（《梦粱录》卷八"大内"条）。"内后门名和宁，在孝仁、登平坊巷之中，亦列三门，金碧辉映，与丽正同，……门外列百僚待班阁子，左右排红权子，左设阁门，右立待漏院、客省四方馆，……沿内城有内门，曰东华，守禁尤严。沿内城向南，皆殿司中军将卒立寨卫护，名之中军圣下寨。寨门外左右俱置护龙水池。沿寨向南，有便门，谓之东便门"（《梦粱录》卷八"大内"条）。

"丽正门内正衙，即大庆殿"，又称文德殿，俗称金銮殿。"殿基高二丈，全用汉白玉砌成，殿高约百

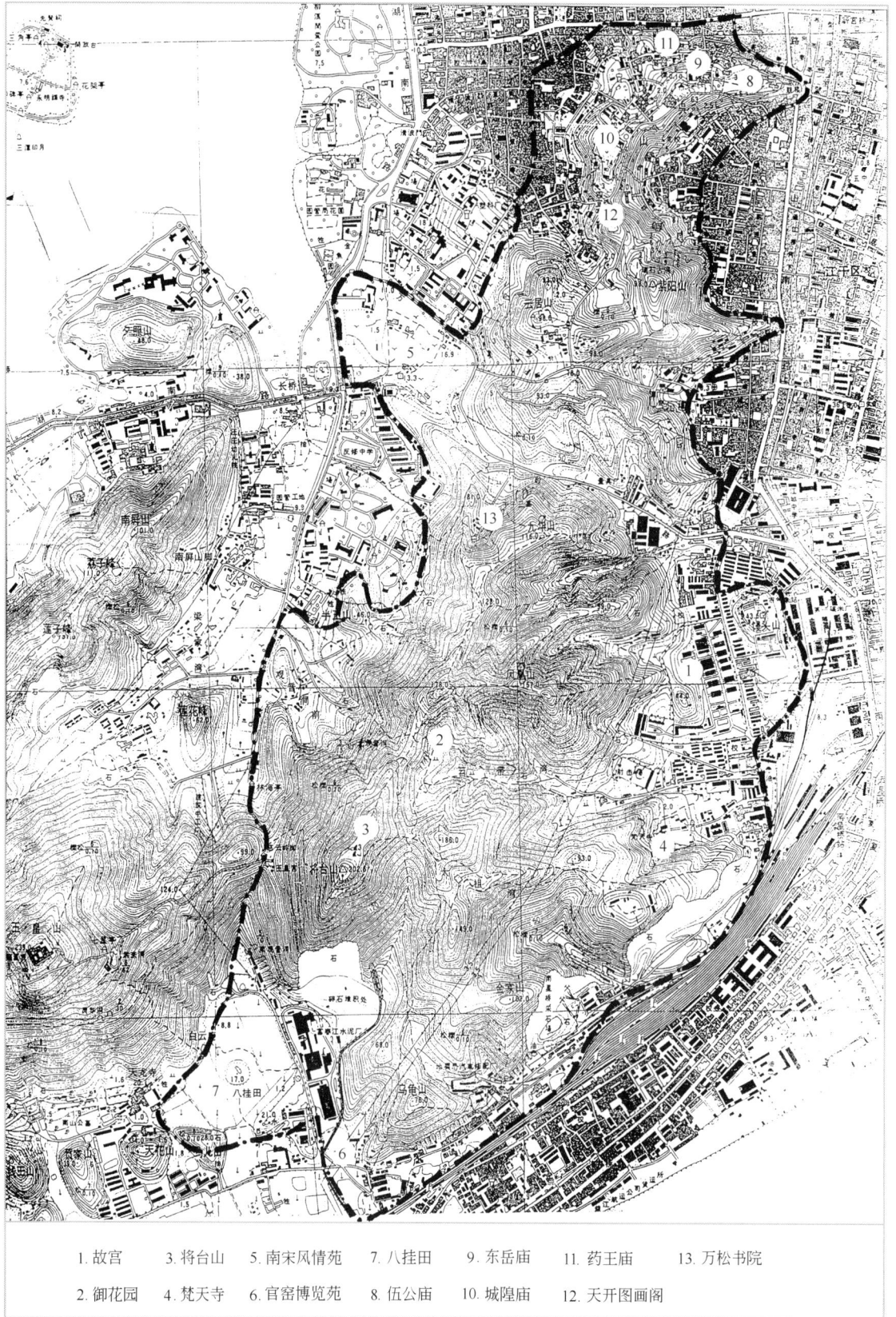

1. 故宫　　3. 将台山　　5. 南宋风情苑　　7. 八挂田　　9. 东岳庙　　11. 药王庙　　13. 万松书院

2. 御花园　　4. 梵天寺　　6. 官窑博览苑　　8. 伍公庙　　10. 城隍庙　　12. 天开图画阁

图 6-19　杭州凤凰山地理概况

尺，殿内有东西房、东西阁，正中则是高约六至七尺的平地台，上面设有金漆雕龙的宝座，两边还有蟠龙金柱，座顶正中天花板上刻有金龙藻井，倒垂着圆球轩辕镜。"[32]

大庆殿西为垂拱殿。据元陶宗仪《南村辍耕录》卷十八"记宋官殿"条，引陈随应《南度行官记》云："垂拱殿五间，十二架，修六丈，广八丈四尺。檐屋三间，修广各丈五。朵殿四。两廊各二十间，殿门三间，内龙墀折槛。殿后拥舍七间，为延和殿。右便门通后殿。殿左复一殿，随时易名，明堂郊祀曰端诚，策士唱名曰集英，宴对奉使曰崇德，武举及军班授官曰讲武（即端诚殿亦作为集英殿、崇德殿和讲武殿之用）。"

延和殿之东为崇政殿（即禅曦殿）。崇政殿之东为钦先孝思殿、复古殿、紫宸殿、福宁殿、坤宁殿，坤宁殿是皇太后之殿。贵妃、昭仪、婕妤的屋舍都在这一带。

大内的东部是东官所在，它的位置可能在馒头山的东部。《南度行官记》载："东官在丽正门内，南官门外，本官会议所之侧。入门，垂杨夹道，间芙蓉，环朱栏。二里至外官门节堂，……入内官门廊。右为赞导春坊直舍，左讲堂七楹，……外为讲官直舍。正殿向明，左圣堂，右祠堂，后凝华殿、瞻箓堂，环以竹。左寝室，右齐安，……接绣香堂便门，通绎己堂，重檐复屋，昔杨太后垂帘于此，曰慈明殿。前射圃，竟百步。环修廊右转，雅楼十二间，左转数十步，雕阑花甃，万卉中出秋千。对阳春亭、清霁亭，前芙蓉、后木樨。玉质亭、梅绕之。由绎己堂过锦胭廊，百八十楹，直通御前廊外，即后苑。"

或自延和殿循庑而西，进入后苑。后苑的位置大抵在凤凰山的西北部。这里有开阔而幽深的岙湾（岙音奥，浙东沿海一带把山间平地叫岙），山上有怪石夹列。据《南度行官记》载有关后苑部分，先述四时花木，各冠雅名，"梅花千树，曰梅岗亭，曰冰花亭。枕小西湖（官中人造大池），曰水月境界，曰澄

碧。牡丹曰伊洛传芳，芍药曰冠芳，山茶曰鹤丹，桂曰天阙清香，……橘曰洞庭佳味，……木香曰架雪，竹曰赏静，松亭曰天陵偃盖。以日本国松木为翠寒堂，不施丹艧，白如象齿，环以古松。碧琳堂近之。一山崔嵬，作观堂，为上焚香祝天之所。……山背芙蓉阁，风帆沙鸟履舄下。山下一溪萦带，通小西湖，亭曰清涟。怪石夹列，献瑰逞秀，三山五湖，洞穴深杳，豁然开朗，翠飞翼拱。"后苑是专供帝王一年四季享乐的园地。

据《武林旧事》卷二载："禁中赏花非一。……起自梅堂赏梅，芳春堂赏杏花，桃源观桃，粲锦堂金林檎，照妆亭海棠，兰亭修禊，至于钟美堂赏大花为极盛。堂前三面，皆以花石为台三层，各植名品，标以象牌，覆以碧幕。台后分植玉绣球数百株，俨如镂玉屏。堂内左右各列三层，雕花彩槛，……间列碾玉水晶壶及大食玻璃官窑等瓶，各簪奇品，如姚魏、御衣黄、照殿红之类几千朵（室内插花装饰），别以银箔间贴大斛，分种数千百窠，分列四面（盆植装饰）。……至春暮，则稽古堂、会瀛堂赏琼花，静侣亭、紫笑净香亭采兰挑笋，则春事已在绿阴芳草间矣。"

《武林旧事》卷三还有"禁中纳凉"、"中秋"、"重九"、"赏雪"诸条。"禁中避暑，多御复古、选德等殿，及翠寒堂纳凉。长松修竹，浓翠蔽日，层峦奇岫，静窈萦深，寒瀑飞空，下注大池可十亩（即小西湖）。池中红白菡萏（荷花）万柄，盖园丁以瓦盎别种，分列水底，时易新者，庶几美观。又置茉莉、素馨、建兰、麝香藤、朱槿、玉桂、红蕉、阇婆、蒼卜等南花数百盆于广庭，鼓以风轮，清芳满殿。御笕两旁，各设金盆数十架，积雪如山。纱厨后先皆悬挂伽兰木、真腊龙涎等香珠百斛。蔗浆金碗、珍果玉壶，初不知人间有尘暑也。"为纳凉就这样奢侈从事。

到了中秋"禁中是夕有赏月延桂排当，如倚桂阁、秋晖堂、碧岑，皆临时取旨，夜深天乐直彻人间"。到了重九节"禁中例于八日作重九排当，于庆瑞殿分列万菊，灿然眩眼，且点菊灯，略如元夕。

……或于清燕殿、缀金亭赏橙橘"。到了冬雪时，"禁中赏雪，多御明远楼。后苑进大小雪狮儿，并以金铃彩缕为饰，且作雪花、雪灯、雪山之类，及滴酥为花及诸事件，并以金盆盛进，以供赏玩。"中秋赏月、重九赏菊、冬日赏雪，莫不极尽铺张奢侈之能事。

大内是一座傍山临水，依势而筑，景色秀丽，庄严雄伟的宫城。不仅有巍峨华丽的宫殿楼阁，更有因势随形而筑的自然山水后苑。八百多年来，大内的宫殿楼阁，早已湮灭无存。南宋王朝灭亡的那年，宋恭帝德祐二年，即元至元十三年（1276年），"元有司封镝以行，明年民间失火，飞及宫室，焚毁过半。后十年，西僧杨连真伽宫言朝，即其基为佛寺五"（《湖山便览》卷十，南宋行宫条），即报国寺、兴元寺、般若寺、仙林寺、尊胜寺等五座大寺。元延祐、（后）至元年间，五寺先后被毁。现存的报国寺是明朝洪武二十四年（1391年）重建。据《湖山便览》卷十载："报国基即宋垂拱殿也"；"兴元寺，《游览志》云：即宋芙蓉殿址。考宋无此殿名，恐属芙蓉阁"；"般若寺，《客杭日记》云：……在凤凰山左，即旧宫地也，地势高下，不能辨其处所"；"小仙林寺，《七修类稿》云：宋后殿也，在山岗。《游览志》云：即延和殿也"；"尊胜寺，《游览志》云：即宋福宁殿，下有曲水流觞、尊圣塔、葫芦井"。总之，宫殿早已改作佛寺，佛寺早已被毁，但凤凰山及其周围，山石溪洞、成林树木依然，现在仍可看到隋、唐、五代、宋时期的遗迹。作者曾自笤帚湾西上凤凰山和将台山，又自万松岭至凤凰山一行，察看了形势和遗址。

从今日万松岭路东端折入南北向凤凰新村路，其西侧主为仓库，其东侧即凤凰新村成排居住建筑，再东就是馒头山，一个孤独小山（山顶海拔高43.6米），山上现为市气象台。山的南端有一平台，站在这里向西眺望，凤凰山和九华山好似一道绿色屏嶂，向东望去，钱塘江水茫茫，向东北远眺，城中千家万户，鳞次栉比。馒头山周遭已为居住建筑和第一碾米厂所包围。

到路南端，折西沿笤帚湾（现名宋城路）上行。先是山路北侧为中学、为市打靶场。渐上入佳境，树木成林，有一条清澈的溪流。溪流上架有一座铺有五块特厚石板的御林桥，也叫五马桥（可通五匹马并驾的车）。桥下留有一块刻有龙纹的石板，阻挡流水，成为水池，供人饮用。沿溪上山，有一水池，呈长方形，水碧底深。由于在凤凰山西侧，有人认为是南宋后苑小西湖遗址。附近发现有涵洞，据称洞通凤凰山水源。水池周围砌石十分光洁，据称即使大旱之年，池水也不干涸[33]。

沿水池上凤凰山，树木森森，林下有一片广场，延绵到山腰部。这些场地大小不一，层层叠叠，看来是各类宫殿楼阁的遗址。在一处平台上，偏东上行，到了胜果禅寺遗址。胜果寺"一作圣果，《临安志》云钱氏建，《梵志》云唐文喜建。宋庆历初，因塔额称崇圣，寺寻改胜果"（《湖山便览》卷十，"胜果寺"条）。在寺佛殿后悬岩石壁间，留下"后梁开平四年（910年）吴越王（钱镠）镌弥陀、观音、势主三佛"（《湖山便览》卷十，三佛石条）。每尊佛像高5米左右。千余年来风霜雨雪的侵蚀和人为的破坏，佛像已经形迹模糊了。悬岩石刻的上方，"旧庋飞阁，环列千佛于上，名千佛阁。阁后平顶为佛祖亭，亭左通中峰之石衕"（《湖山便览》卷十，"三佛石"条）。在刻有三圣佛石壁的下方，有一处面积约三百余平方米的台地，是胜果寺基地，现在杂草丛生，荆棘满地。寺殿基下方，又有一处石壁，石壁上凿刻有十六罗汉浮雕像（按说应为十八罗汉，但现存查数仅十六尊）。据考证是吴越王钱镠时凿刻的。浮雕像有坐（高约1米）有立（高约2米），神态各异。但有的已断手残臂，有的头已残缺，大都模糊不清。罗汉浮雕像石壁的前方下，有一处面积约五百平方米的场地，是罗汉殿基地，现为市打靶场。

从胜果寺遗址往回顺西路西行，不多步见一岩洞，岩上刻有凤凰池三字。洞下为凤凰池，泉水清澈。再向西，有通明古洞，洞口刻有"通明洞"三字，字迹秀丽。距通明洞百余步，有一个纵深四五米的古洞，洞口岩石上刻有"归云"两个篆字，尚隐约可辨。据《西湖志》记载，归云洞原名仙姑洞，洞高2米，狭而长，日出云散，日落云归。明朝仁和县令樊良枢因更名曰归云洞[33]。

据《隋书》记载，隋开皇九年(589年)，隋文帝撤钱塘郡，置杭州州治，派杨素创建杭州城。杨素选定凤凰山柳浦为杭州州治所在地。据张福全云，现经多次实地调查考察，查对《武林梵志》，证明现存的归云洞和通明洞遗迹一带是原"柳浦"所在地。这一地带，地形平坦，山势险要，背山面江，风景幽美，确实是当时建立州治最为理想的地方[33]。

凤凰山主峰下怪石林立，在主峰摩崖上刻有楷书"凤山"二字，每字约高1米有余。右方刻有"宋淳熙丁未春(1187年)洛王大通题"字样。另外，岩石上题刻很多。其中尤以摩崖石刻"忠实"二字，至今保存完好。据《成化杭州府志》记载："摩崖石刻忠实二字，为南宋高宗御书，旧有忠实亭。"忠实二字，正书横列，字径二尺四寸，笔画工整遒劲。石刻右侧，原有南宋高宗图书一方，已被凿去。此外还有一些石刻，因年代久远漫漶，很难辨识。

沿"凤山"石刻的右边上山，不久到了一片平地，拔地高数丈，岩石如林，可称小石林。先见有石如片云，刻有"×大光明"(应是"高大光明"四大字，见《湖山便览》卷十，"月岩"条，还应有光影中天四大字)，但"高"字已毁去。还有"垂帘石"等石刻，其中有座峭立石壁，"将巅有一窍，径尺余，名曰月岩"。可以很清楚向上望见岩石顶部有一圆孔。据称："惟中秋之月，穿窍而出，十四、十六则外此窍矣，余月尤斜"(《湖山便览》卷十，"月岩"条)。据《游览志》云："月岩傍有榭"，榭址已不可寻。

沿月岩两边再往上行，不久抵将台山山顶，有一处东西向平旷地，据称是南宋殿前司营(皇帝禁卫军)所在地。山顶有岩石十余"两行排列(像舞蹈时两

行排列)，如从卫拱立趋向(像卫士持戈拱立)。"因此"吴越武肃王名之曰排衙石。且刻诗石上。诗前有行书数行，云：'仙圣所居，必有祯祥之事，宫庭旋建，聊题七言八句。'余文不辨，诗厥十一字，有建瑶台、礼玉京、显真灵、镇上清等语"(《湖山便览》卷十，"排衙石"条)。字迹漫漶，今已无从辨识。有人认为远望像两排朝天的尖锐牙齿，称"排牙石"，还有别的叫法。"《云林石谱》作排牙石，《府志》谓之石笋林，《寺志》谓之队石。其地左右江湖，近在眉睫。聂心汤《县志》谓之四顾坪。"

作者又自万松岭登九华山以望凤凰山。由万松岭路上敷文书院基址。据《湖山便览》卷十，"万松岭"条："在凤凰山北，旧夹道栽松"，故白乐天诗云：万株松树青山上，许浑舟次武林下，亦有十里万松句。又岭下多蜡梅，苏子瞻诗："万松岭下黄千叶，玉蕊檀心两奇绝，是也。"今日万松岭上已很少见马尾松，岭下蜡梅更已绝迹。

据《湖山便览》卷十，"敷文书院"条："自院拾级而上，有芙蓉岩、石匣泉、可汲亭。其西有如圭峰、依云亭、振衣亭、留月台。东有掬湖台。院前有万松门、万松书院石坊。东西路又各有石坊，嘉靖三十三年(1554年)重建，新建伯王守仁撰记。"因时间关系不及细考，寻到了石匣泉。西上，林下丛灌中，"秀石巉岩，青苍玉削，垒垒然不可胜数"就是称作圭石的地段。《湖山便览》卷十，"圭石"条："沈朝宣《仁和县志》作如圭峰。自书院西上为留月崖，崖半左达为圭石。……嘉靖时顾璘等共议疏抉，因高卑为三径，且建三亭。诸石之隐现草莽者，遂皆端伟壁起。"今日，我们游踪至此，仍有同感。圭石区可成为绝妙的岩景区。

由小径直上九华山，山顶平坦，幼松成林，待以年月成长，不难恢复"凤岭松涛"之景。从九华山望凤凰山，才能领会《江月松风乐》中的："山顶有两峰，俨如髻形，目曰凤凰双髻"这一段形象的描述。

五、德寿宫和外御园

(一)德寿宫

德寿宫,是高宗赵构禅位于养子孝宗赵春以后,退居的地方。这里本是秦桧的旧第,秦桧亡故以后,第宅收回官有,改筑新宫。绍兴三十二年(1162年),赵构移居于此,就把新宫命名为德寿宫。德寿宫曾一再扩建筑新,宫址的四至,以现在的地名来说:南至望仙桥直街,北至佑圣观路,西临盐桥大河,东至城墙即吉祥巷、织造马街,范围之大可以想见。宫中湖山泉石,亭台楼榭,花石竹木之胜景很多。当时叫宫城大内为南苑,叫德寿宫为北内[34]。

偏安一隅的高宗赵构,本好湖山楼榭,孝宗为了奉养父亲,更是大兴土木。清朱彭《南宋古迹考》卷上,"宫殿考"的德寿宫条,概括了德寿宫的概貌曰:"凿大池,续竹笕数里,引湖水注之;其上叠石为山,象飞来峰,有堂名冷泉,楼名聚远。又分四地,为四时游览之所。"

吴自牧《梦梁录》卷八"德寿宫"条载:"其宫中有森然楼阁,匾曰聚远,屏风大书苏东坡诗:'赖有高楼能聚远,一时收拾与闲人'之句,其宫籞四面游玩庭馆,皆有名匾。"

"东有梅堂,匾曰香远。栽菊、间芙蕖、修竹处有榭,匾曰梅坡、松菊三径。(看茶蘼处)茶蘼亭匾曰新妍(或作清妍)。木香堂,匾曰清新。"南面,"芙蕖冈(按《乾淳起居注》作芙蓉冈)南御宴大堂,匾曰载忻。荷花亭,匾曰临赋、射厅[《乾淳起居注》云:乾道三年(1167年)三月十一日,车驾与皇太子过宫次,至球场看抛球,蹴秋千,又至射厅看百戏]。(植)金林檎亭,匾曰灿锦。池上(堂),匾曰至乐。郁李花亭,匾曰半绽红。木樨堂,匾曰清旷,金鱼池,匾曰泻碧。""西有古梅,匾曰冷香。牡丹馆,匾曰文杏(或作文香),又名静乐。海棠大楼子,匾曰浣溪。""北有椤木亭,匾曰绛叶。清香亭前栽春桃,匾曰倚翠(或作依翠、俯翠)。又有一亭,匾曰盘松。"

"高庙(宋高宗赵构)雅爱湖山之胜,于宫中凿一池沼,引水注入,叠石为山,以象飞来峰之景,有堂匾曰冷泉。"《宗阳宫志》云:"叠石为山作飞来峰,峰高丈余,峙冷泉堂侧。"孝宗《题冷泉堂飞来峰》诗,有:"山中秀色何佳哉,一峰独立名石来,……忽闻仿象来宫闱,指顾已惊成列岫;规模绝似灵隐前,面势恍疑天竺后。"德寿宫中凿石引泉,象西湖冷泉,故堂名冷泉。翰林进《端午帖子》:聚远楼高面面风,冷泉堂下水溶溶,人间炎热何由到,真是瑶台第一重。飞来峰下水泉清,台沼经营不日成,境趣自超尘世外,何须方士觅蓬瀛。这个帖子是对楼、堂、峰、泉的绝好写照。

德寿宫的名称随时更易。高宗的建宫殿,"匾德寿为名。后生金芝于左栋,改殿匾曰寿康。""后孝庙受禅,议德寿宫改匾曰重华,御之(孝宗禅位给光宗赵惇,移居这里,改名龟华宫)。次宪明太皇后(宁宗赵扩祖母)欲御,又改为慈福宫。寿成皇太后亦改宫匾曰寿慈,御之。"宫名屡易,实是一地。"继后宫室空闲,因而遂废。咸淳年间(1265~1274年),度庙(度宗赵禥)临政,以地一半营建道宫,匾曰宗阳,以祀感生帝。其时重建,殿虎雄丽,圣真威严,宫圃花木,靡不荣茂,装点景界,又一新耳目。一半改为民居,圈地改路,自清河坊一直筑桥,号为宗阳宫桥"(《梦梁录》卷八"德寿宫"条)。

(二)外御园

南宋时杭州内外,园苑丛聚,真所谓"汴州原不及杭州",格局各异的园林约近百数。除了大内后苑是就自然地貌而筑的山水园,德寿宫是仿湖山真意而凿大池,叠石山像飞来峰,凿石引泉名冷泉,筑楼四瞩曰聚远,又分四地,为四时游览之所,花石竹木之胜,皆有名匾,继承了唐宋写意山水园的传统。此外,专供帝王游赏的外御园,不下十多处,还有诸王贵戚,文武大臣的花园,约近百数。这些外御园,占地面积较大,相对选址合宜,布局得体,巧于因借,为江南山水园的先驱，私家园林，更不乏范例可鉴。诚如《梦梁录》卷十九，"园囿"，开头就说："杭州苑囿，俯瞰西湖，高挹两峰，亭馆台榭，藏歌贮舞，四时之景不同，而乐亦无穷矣。"皇帝的外御园众多，在西湖四周的，南有聚景、真珠、屏水即翠芳，北有集芳、延祥、玉壶。在湖外的，东有东御园，即富景园，五柳园即西园，城南有玉津园，西下有天竺御园等。

现将有关御园九处，简单介绍如下，引文采自《南宋古迹考》。

聚景园

"在清波门外。《都城纪胜》：旧名西园。《咸淳志》：孝宗致养北宫，拓圃西湖之东，又斥浮屠之庐九，以附益之。……《武林旧事》及《天逸阁集》载有含芳殿、瀛春堂、揽远堂、芳华亭、花光亭、瑶津、翠光、桂景、艳碧、凉观、琼若、彩霞、寒碧、花醉、澄澜等目，及柳浪（按'柳浪闻莺'一景，便在此园）、学士二桥。……按史：理宗后罕临幸，渐致荒落，故过者有'尽日垂钓覆御舟'及'空锁名园日暮花'之句。元时复为浮屠，今（指清朝）则遍地皆丘陇矣。"

真珠园

"《都城纪胜》：在雷峰前。《武林旧事》：有真珠泉、高寒堂、杏堂、水心亭、御港，曾经临幸。……园又有梅坡。"

屏山园（翠芳园）

"在钱湖门外南新路口，《武林旧事》，南屏御园，正对南屏，又名翠芳。《梦梁录》：内有八面亭堂，一片湖山，俱在目前。《咸淳志》：面南屏，故旧名屏山园，咸淳四年（1268年）尽徙材植，以相宗阳官之役，今惟门闼俨然。"

集芳园

"《咸淳志》：在葛岭，前临湖水，后据山冈。张婉仪园，后归太后。《游览志》：绍兴间妆属官家，藻饰益丽。有蟠翠、雪香、翠岩、倚绣、挹露、玉蕊、

清胜诸匾，皆高宗御题。淳祐间，理宗赐贾似道，改名后乐。"

延祥园

"在孤山四圣延祥观。《都城纪胜》：西依孤山，为和靖故居，与琼华小隐园并。"《梦梁录》称："此湖山胜景独为冠"。"考：园有瀛屿六一泉，香月、香莲二亭，挹翠、清新二堂。花明水洁，气象幽古，三朝俱尝临幸。考：香月亭环植梅花，理宗大书疏影横斜一联，刻于屏。至元（年号）为杨琏真伽所据，园遂废。"

玉壶园

"在钱塘门外南漪堂后，从玉壶轩旧名。南宋初，属刘鄜王。《武林旧事》：后归御前，有堂曰将秀，咸淳间隶慈元殿。"

富景园

"在新门外，俗名东花园。《都城纪胜》：城东新门外有东御园，今名富景园。《咸淳志》：富景园规制略仿湖山。……《七修类稿》：系德寿宫后圃，有池名百花，今园前民家尚存大池。……又考慈云寺旧名慈济，宋时皆园中址。……《游览志》：东花园。此地多名园，高孝两朝常幸东园阅市，至今有孔雀园、茉莉园。"

五柳园

"在新门外。《都城纪胜》：新门外五柳园在金刚寺北。《梦梁录》：五柳园即西园。"

玉津园

"在嘉会门南四里，洋泮桥侧。园本东都旧名。绍兴十四年（1144年），金使始来贺，天中节宴射园中。十七年（1147年）建，十九年正月，高宗始临幸。乾道二年（1166年）二月，孝宗与皇子及管军臣僚等，较射园中，亲御四矢，发皆中的。淳熙元年（1174年）九月，复于园中行宴射礼，赋诗，……淳熙二年夏四月，宴辅臣于玉津园。十一年（1184年）因龙山大阅幸园。十二年三月，因南郊宿戒幸园，……绍熙五年（1194年）光宗幸园，皇后及后宫皆从。……"

可见玉津园主要是供皇帝燕射之园。

（三）其他宅园

王公贵戚、将相大臣也竞相侈靡，构筑园宅，极其考究。兹介绍数园如下：

庆乐园、南园

南园在长桥。"《武林旧事》：光宗初赐平原郡王韩侂胄，陆放翁为记。后复归御前，改名庆乐。《蓉塘诗话》：庆乐园，韩平原之南园也。"《梦粱录》的指述："南山长桥庆乐园，旧名南园，隶赐福邸园内，有十样亭榭。工巧无二，俗云鲁班造者。射圃、走马廊、流杯池、山洞，堂宇宏丽，野店村庄，装点时景，观者不倦。"陆游《南园记》描述较详，并及造园手法，云："庆元三年（1197 年）二月丙午，慈福有旨以别园赐今少师平原郡王韩公，其地实武林之东麓，而西湖之水汇于其下，天造地设，极湖山之美。公既受命，乃以禄入之余，葺为南园，因其自然，辅以雅趣。方公之始至也，前瞻却视，左顾右盼，而规模定。因高就下，通室去蔽，而物象别。奇葩美木，争效于前，清流秀石，若拱若揖。于是飞观杰阁，虚堂广厦，上足以陈俎豆，下足以奏金石者莫不毕备。升而高明显敞，如蜕尘垢；入而窈窕邃深，疑于无穷。……堂，最高者曰许闲，……其射厅曰和容，其台曰寒碧，其门曰藏春，其阁曰凌风，其积石为山曰西湖洞天，其潴水艺稻为围、为场，为牧羊牛、畜雁鹜之地曰归耕之庄。……（然后列举了因其实而命之的堂名、亭名）……自绍兴以来，王公将相之园林相望，皆莫能及南园之仿佛者，……"。

蒋苑使花园

是定期开放的园囿。《梦粱录》卷十九，园囿条载："内侍蒋苑使住宅侧筑一圃，亭台花木，最为富盛，每岁春月，放人游玩，堂宇内顿放买卖关扑，并体内廷规式，如龙船、闹竿、花篮、花工，用七宝珠翠，奇巧装结，花朵冠梳，并皆时样。宫窑碗碟，列古玩具，铺列堂右，仿如关扑，歌叫之声，清婉可

听，汤茶巧细，车儿排设进呈之器，桃村杏馆酒肆，装成乡落之景。数亩之地，观者如市"。唐长安的曲江池，北宋汴京的金明池，都是帝王别苑，定期放人游玩，而南宋临安的蒋苑使花园，是私家园林放人游玩，是嬉乐园即今称游乐园的一个先例。

《梦粱录》卷十九"园囿"条又云："里湖内诸内侍园囿，楼台森然，亭馆花木，艳色夺锦，白公竹阁，潇洒清爽。沿堤先贤堂、三贤堂、湖山堂，园林茂盛，妆点湖山。九里松嬉游园、涌金门外堤北一清堂园、显应观西斋堂观南聚景园……""岁久芜圮，……惟夹径老松益婆娑，每盛夏秋首，芙蕖绕堤如锦，游人舣舫赏之。……张府泳泽环碧园，旧名清晖园，大小渔庄，其余贵府内官沿堤大小园囿、水阁、凉亭，不计其数。"

又云："嘉会门外有山，名包家山，内侍张侯壮观园、王保生园。山上有关，名桃花关，旧匾蒸霞，两带皆植桃花，都人春时游者无数，为城南之胜境也。城北城西门外赵郭园。又有钱塘门外溜水桥东西马塍诸圃，皆植怪松异桧，四时奇花，精巧窠儿，多为龙蟠凤舞飞禽走兽之状，每日市于都城，好事者多买之，以备观赏也。"

南宋一代，大小佞臣如群蝇逐膻，不可胜数；就中误国最甚者，计得三人：秦桧、史弥远、贾似道。奸相秦桧在望仙桥筑"格天阁"相府，其建筑之奢华，不亚于王府。秦桧死后，第宅收回官有，改筑德寿宫。

最后一个误国奸相是贾似道，他在昏庸的理宗、度宗两朝独揽朝纲十五年。对外一味割地献银求和，对内加速推行"尊崇道学"的路线，公开卖官鬻爵，使冗官浮员成倍增加，"境土蹙而赋欲日繁，官吏增而调度（开支）日广"，国家财政日益困窘。他又实施"买公田"制度，弄得"浙中大扰"，"破家失业者甚众"，社会经济进一步恶化。他还大量印发新纸币，弄得"物价益踊，楮（纸币）益贱"（《宋史·贾似道传》）[35]。

贾似道本人更是穷奢极侈，纵乐无度。他在葛岭起府第，堂宇宏伟，园苑广袤，最轩敞瑰丽的一座建筑称为"半闲堂"。理宗曾以集芳御园赐给他，改名后乐园，作为他的家庙和别墅。又于园内建造多宝阁，强令百官进献各种古玩文物、奇器珍宝。他还另拥有很多别墅，著名的有"养乐园"和"水竹院落"。如养乐园专植奇花异卉，广畜珍禽怪鱼，内有光禄阁、春雨观、嘉生堂、生意生物之府等等亭台楼阁。贾似道整天沉湎酒色，不理朝政，斗蟋蟀，逛西湖，军国大事都要上门去他府中办理。当时广泛流传着两句民谣："朝中无宰相，湖上有平章(贾特授'平章军国重事')。"[35]

德祐元年(1275 年)，贾似道再次被舆论所迫，率领精兵十三万向池州进攻，一面又派人与蒙古军讲和，遭到蒙古军拒绝。贾似道在鲁港(安徽芜湖西南)大败，不久被革职放逐，至福建漳州木绵庵，为监送人郑虎臣所杀。德祐二年，蒙古军攻入临安府，恭帝奉表请降，恭帝及谢、全两太后并宗室官吏被俘北去。不久南宋王朝灭亡[36]。

六、吴兴(湖州)、南浔园墅

吴兴，郡名。三国时吴宝鼎元年(266 年)置，治所在乌程(今浙江吴兴南)，晋义熙初移今吴兴。辖境相当于今浙江临安、余杭、德清一线西北，兼有江苏宜兴县地，其后略有缩小，隋开皇九年(589 年)废。

湖州，州、路、府名。隋仁寿二年(602 年)置州，因地滨太湖得名，治所在乌程(今吴兴)。唐辖境相当于今浙江吴兴、德清、安吉、长兴等县。南宋宝庆初(1225～1227 年)改为安吉州，元改为湖州路，明改为府。民国元年(1912 年)废。唐宋以后，湖州蚕丝业甲于东南，明、清又为制笔业中心。

南宋时由于"吴兴山水清远，升平日士大夫多居之。其后，秀安僖王府第在焉(按：宋孝宗赵昚生父赵子偁，在孝宗受禅后，封秀王，卒谥安僖)，尤为盛观"(周密《吴兴园林记》)。作者接着写道："麓

中二溪(指东、西苕溪)横贯，此天下之所无，故好事者多园池之胜。倪文节《经锄堂杂志》尝记当时园圃之盛，余生晚不及尽见，而所见者亦有出于文节之后。(按：《经锄堂杂志》记湖州城外游赏之地共四十二处，其中私园二十处。)今撷城之内外，常所经游者(计 33 处)列于后，亦可想像昨梦也。"

本书作者于 20 世纪 80 年代曾途经湖州询问调查，据称南宋园林遗迹已不可寻。这里根据周密《吴兴园林记》，对南宋时吴兴的宅园加以论述。周密生于南宋绍定五年(1232 年)卒于元大德二年(1298 年)。历官不显，以词著称。他所编《绝妙好词》，立词家著名总集。记宋、元间朝野见闻有《齐东野语》、《武林旧事》、《癸辛杂识》等书。《癸辛杂识》前集有"吴兴园圃"条，记城之内外，他常所经游园墅(33处)，后人别出单行本，名《吴兴园林记》。以下吴兴诸园墅记文录自《古今图书集成》。据记文原注，前述 18 个宅园皆城中园，后述 15 个别业在城外郊坰。大部分的园记极简，但仍可从中看出，南宋吴兴的宅园、别业与《洛阳名园记》所述北宋宅园，都属写意山水园，又各具其地方风格。

城中诸宅园，共 18 处，有规模大者近百余亩、数十亩，或"规模虽小，然回折可喜。"从记文所述诸园之胜大抵可分为四类：一以山水见胜；一以因借见胜；或并以植物见胜；以建筑见胜。

(一) 吴兴宅园中以山水取胜的诸园 (5 处)
南沈尚书园

"沈德和尚书园(按园主沈介，字德和，官至尚书[14]，园在南城，故称南沈尚书园)，依南城，近百余亩。"可见规模之大，而"果树甚多，林檎尤甚"。园中主体建筑，"内有聚芝堂、藏书室"。园中主景是"堂前凿大池，几十亩，中有小山，谓之蓬莱"。最为突出的是"池南竖太湖三大石，各高数丈，秀润奇峭，有名于时"。

北沈尚书园

"沈宾王尚书园，正依城北奉胜门外，号北村

（按：园主沈作宾，字宾王，官至权户部尚书[14]，园在城北故称北沈尚书园）。"园中凿五池，三面皆水，极有野意"，是以水景取胜。建筑"有灵寿书院、怡老堂、溪山亭、对湖台，尽见太湖诸山（远借）"。

丁氏园

"丁总领园，在奉胜门内，后依城，前临溪，盖万元亨之南园、杨氏之水云乡，合二园而为一"。背城面溪已得形胜，"后有假山及砌台"，但文中未详假山之筑如何。值得一提的，丁氏园"春时纵郡人游乐（成为公共游乐地）。郡守每岁劝农还，必于此舣舟宴焉"。

丁氏西园

"丁葆光之故居（园主丁注，字葆光），在清源门之内"。其地"前临苕水，筑山凿池，号寒岩"，有水可引而凿池筑山，是池山之胜。"临苕有茅亭"，以符野趣。

俞氏园

"俞子清侍郎（园主俞澄，字子清，官至权刑部侍郎）[37]，临湖门所居为之。"据记，"假山之奇，甲于天下"。《吴兴园林记》此条至此为止。但光绪《乌程县志》引《癸辛杂识》此条，"甲于天下"之下，尚有下文云："盖子清胸中自有丘壑，又善画，故能出心匠之巧。峰之大小凡百余，高者至二、三丈，奇奇怪怪，不可名状。乃于众峰之间，萦以曲涧，甃以五色小石，傍引清流，激石高下，使之有声淙淙然，下注大石潭，上荫巨竹寿藤，苍塞茂密，不见天日。旁植名药奇草、薛荔、女萝，丝红叶碧，潭旁横石作杠，下为石梁，潭水溢，自此出。然潭中多文龟、斑鱼，夜月下照，光景零乱，如穷山绝谷间也。"[37]

（二）吴兴宅园中以巧于因借取胜的诸园（5处）
赵府北园

"旧为安僖故物，后归赵德勤观文（按观文指官衔，即观文殿学士），其子春谷文曜葺而居之。"园中有"东蒲书院、桃花流水、薰风池阁、东风第一梅等亭"之外，由于"正依临湖门之内（湖州城东北面水

门），后依城，城上一眺，尽见具区（指太湖）之胜"。

莲花庄

"在月河之西，四面咸水，荷花盛开时，锦云万顷，亦城中之所无也。"按《吴兴志》，月河在湖州府城内贡院东，前溪支流环绕，形如初月[37]。是庄四面皆水，借景于百顷荷塘，盛开时一片锦云。

程氏园

"程文简尚书园（程大昌，休宁人，官至权吏部尚书，卒谥文简）[37]，在城东，宅之后，依东城水濠，有至游堂、鸥鹭堂、芙蓉泾。"是面水而筑堂，植芙蓉于水脉而称芙蓉泾。

倪氏园

"倪文节尚书所居，在月河，即其处为园池，盖四至傍水，易于成趣也。"

王氏园

"王子寿使君，家于月河之间，规模虽小，然回折可喜。有南山堂，临流有三角亭，苕、霅二水之所汇。"是因地而筑三角亭。又称："苕清、霅浊，水行其间，略不相混（有如泾渭之分）"。

（三）吴兴宅园中以植物取胜的诸园（4处）

前述莲花庄，亦借荷花取胜；南沈尚书园亦以果木取胜。

赵氏菊坡园

"新安郡王（据《宋史》，宋孝宗本生父子偁，子偁长子伯圭，伯圭子师夔，卒后封新安郡王）[37]之园也，昔为赵氏莲庄，分其半为之。"园的概况是"前面大溪，为修堤画桥，蓉、柳夹岸数百株，照影水中，如铺锦绣。"面大溪而有长堤画桥，已是一胜；夹岸植芙蓉垂柳数百株，花开时水中倒影，如锦如绣。又称"其中亭宇甚多，中岛植菊至百种，为菊坡，中甫二卿自命也。"可以想见金秋之日，中岛上千菊竞秀的佳境。按赵与訔，字仲文，号菊坡，为师夔孙，訔子为孟頫。中甫即仲文（二字古体通），二卿谓其官为少卿。即仲文少卿自命种菊之中岛为菊坡

（又以此为号）。

叶氏园

"石林右丞相族孙溥，号克离者所创。"石林指叶梦得，字少蕴，号石林，为尚书左丞（此处云右丞相，恐误）。此条仅云："在城之东，多竹石之胜"，一句而已。

赵氏园

"端肃和王之家（按赵伯珪子师禹，追封和王，谥端肃）[37]，后临颜鲁公池（唐颜真卿，封鲁郡公、曾为湖州刺史，池相传为其遗迹）[37]，依城曲折，乱植拒霜，号芙蓉城。""有善庆堂，最胜。"

赵氏清华园

"新安郡王之家，后依北城，有秋田二顷（以农田取胜），有清华堂，前有大池，静深可爱。"

（四）吴兴宅园中仅言其楼阁亭宇以建筑取胜的诸园（4处）

章参政嘉林园

"外祖文庄公（周密外祖章良能，字达之，曾居吴兴，曾为参知政事，谥文庄）[37]，居城南，后依南城，有地数十亩，原有潜溪阁，昔沈晦岩清臣故园也。"文中仅言"有嘉林堂、怀苏书院，相传坡翁（苏东坡）作守，多游于此。"本条除记城中所居，又言及"城之外，别业可二顷，桑林果树甚盛，濠濮横截，车马至者数反复。有城南书院，然其地本郡志之南园，后废，出售于民，与李宝谟者各得其半。李氏者（按李氏指李浃，宁宗朝为兵部侍郎，后官至宝谟阁[37]，故尊称李宝谟），后归车存斋"（见下车端明园）。

牟端明园

"本郡志南园，后归李宝谟，其后又归车存斋。"文中仅言及堂亭斋宫："中有硕果轩（大梨一株）、元祐学堂、芳菲二亭，万鹤亭（荼蘼）、双杏亭、桴舫斋，岷峨一亩宫。宅前枕大溪，曰：南漪小隐。"

赵氏南园

"赵府三园在南城下，与其第相连，处势宽闲，

气象宏大，后有射圃、崇楼之类，甚壮。"

李氏南园

"李凤山参政（李性传，字成之，号凤山，曾官参知政事），本蜀人（四川井研人），后居霅（湖州），因创此为游遨之地。"记仅言"中有杰阁，曰怀岷，穆陵（即宋理宗）御书也。"

后述在城外的别业15处，也可分为四类：或因石筑园，或巧于因借，或以植物见胜，或以建筑取胜。

（五）吴兴宅园中因石筑园取胜的诸园（5处）

赵氏瑶阜

"兰坡都承旨之别业（按园主为赵与懃，字兰坡），去城既近，景物颇幽。后有石洞，尝萃其家法书，刊石为瑶阜帖"。

赵氏魇洞

"近为赵忠惠所有。一洞宕然，而深不可测，闻昔有魇居焉。"

韩氏园

"距南关无二里，昔属平原（指韩侂胄）群从（指韩之兄弟子侄辈），后归余家，名之曰：南郭隐、城南读书堂、万松关。"此园以有"太湖三峰，各高数十尺"而著称。据记文，太湖石是："当韩氏全盛时，役千百壮夫，移致于此。"

叶氏石林

"左丞叶少蕴之故居（叶梦得，字少蕴，为尚书左丞）[37]，在卞山之阳，万石环之，故名，且以自号。"按杜绾《云林石谱》上卷，"卞山石"条："湖州西门外十五里，有卞山，在群山最为岩峛。顷朱先生居之，立石奇巧，罗布山间，巉岩磊魂，色类灵璧，而清润尤胜。叶少蕴得其地，盖堂以就其景，因号石林。"《吴兴园林记》接前文载："正堂曰兼山，傍曰石林精舍。有承诏、求志、从好等堂，及净乐庵、爱日轩、跻云轩、碧琳池；又有岩居、真意、知止等亭。其邻有朱氏怡云庵、涵空桥、玉涧，故公复以玉

洞名书"（叶梦得著有《玉洞杂书》）。接着记文转到："大抵北山一径，产杨梅，盛夏之际，十余里间，朱实离离，不减闽中荔枝也。"接着云："此园在雪最古，今(指周密时)皆没于蔓草，影响不复存矣。"

但据范成大《骖鸾录》，记述了他于乾道壬辰(1172年)冬，游北山石林云："石林松桂深幽，绝无尘事，至则栋宇多倾颓，惟正堂(即兼山堂)无恙。堂正面，弁山之高峰层峦，空翠照衣袂。自堂西过二小亭(据谈钥《吴兴志》认为二小亭即岩居和真意二亭)，佳石错立道周。至西岩，石益奇且多，有小堂曰承诏，叶云自归守先垄，经始此堂，后以天官召还(诏再起为吏部尚书)，受命于此，因以为名。其旁登高有罗汉岩，石状怪诡，皆嵌空点缀，巧过镂剜。自西岩回步至东岩(按石林有东、西二岩)，石之高壮礧砢，又过西岩。小亭(据《吴兴志》指知止亭)亦颓矣。"[37]据史，叶梦得卒于绍兴十八年(1148年)，范成大的记游北山石林为乾道壬辰(乾道八年，1172年)，相距不过二十四年，而园中"栋宇已多倾颓"，到了周密时，"皆没于蔓草，影响不复存矣！"

钱氏园

"在毗山(按《府志》毗山在府城东北五里)，去城五里，因山为之。岩洞秀奇，亦可喜。下瞰太湖，手可揽也。钱氏所居在焉，有堂曰石居。"山多秀奇岩洞，于是因山筑园，又可下瞰借景太湖。

(六) 吴兴别业中以巧于因借取胜的诸园 (3处)

赵氏绣谷园

"旧为秀邸(秀王子俑居第)，今属赵忠惠家，一堂据山椒(山顶亦曰椒)，曰雪川图画，尽见一城之景，亦奇观也。"以踞高可眺全城，借景园外而著称。

赵氏苏湾园

"菊坡所创，去南关三里而近，碧浪湖、浮玉山在其前，景物殊胜。山椒有雄跨亭，尽见太湖诸山。"此园也以借景园外而著称。

毕氏园

"毕最遇承宣(承宣使)所葺，正依迎禧门，园三

面皆溪，其南则丘山在焉。亦归云赵忠惠家。

(七) 吴兴别业中以植物取胜的诸园 (3处)

赵氏兰泽园

"园亦近世所葺，颇宏大。其间规为葬地，作大寺，牡丹特盛。未几，寺为有力者撤去。"

赵氏小隐园

"在北山法华寺后，有流杯亭，引洞泉为之，有古意，梅竹殊胜。"

章氏水竹坞

"章南卿北山别业也，有水竹之胜。"

(八) 吴兴别业中主要以建筑取胜的诸园 (4处)

倪氏玉湖园

"倪文节别墅，在岘山之傍，取浮玉山、碧浪湖合而为名。中有藏书楼，极有野趣。"

程氏园

"文简公(即程大昌)别业也，去城数里，曰河口(地名)。藏书数万卷，作楼贮之。"

孟氏园

"在河口，孟无庵第二子，既为赵忠惠婿，居雪，遂创别业于此。有极高明楼亭宇，凡十余所。"

刘氏园

记文仅言："在北山德本村，富民刘思所葺，后亦归之赵忠惠。"

七、绍兴地区、兰亭和沈园

绍兴地区有许多远古的传说，古代广泛流行的有禹会诸侯于会稽故事，又说他做了皇帝以后的巡狩，第二次到会稽，在此病死，葬在会稽山下。这些不一定实有其事。到汉时，《汉书·地理志》上也说，会稽山有禹冢和禹井。三国以后，山下出现了一所禹庙。北宋初年，朝廷又下诏迁了五户人家到山下守陵，禹庙和禹陵就这样固定下来。宋代以来，会稽山下一年一度的祭禹，成为隆重典礼，禹陵就成为一处

名胜古迹了[38]。

根据现在所知的资料，绍兴地区在古代居住着一个称为于越的部族。有确凿记载的是《竹书纪年》上说到西周成王二十四年于越到周朝朝聘的事，《左传》记载东周定王元年(公元前606年)，楚国与吴、越结盟的事。周景王八年(公元前537年)，吴(条祭时代)、越(夫康时代)两国在他们的边界，即今嘉兴一带，发生了战争。周敬王十年(公元前510年)，勾吴(阖闾)向于越发动了战争，攻占槜李等地方。周敬王十五年(公元前505年)，越王允常趁勾吴兴兵伐楚的机会，出兵攻入吴境[38]。

这次战争后，越王允常去世，其子勾践即位。他把酋长驻地，崎岖狭隘的会稽山地，北迁到山麓冲积扇的平阳，加强了兵力，与吴国发生连年不断的战争。公元前492年，吴王阖闾在战场上负伤，不久就不愈而死[38]。

继承王位的吴王夫差，他既要报父仇，又要北上称霸中原。于是，就在公元前493～前492年进兵伐越，以巩固后方。在伍子胥正确指挥下，把越国打得一败涂地，把越国残部围困在会稽山下。越国只得屈膝求和，订城下之盟，勾践夫妇作为人质去到吴国，越国实际上已灭亡。勾践割草喂马，其妻挑水除粪，胼手胝足地在吴国宫廷中服了三年苦役。他们忍辱负重，在范蠡的策划下，时刻不忘雪耻报仇。他们贿赂夫差幸臣太宰嚭，以窥测夫差的动静。有一次夫差生病，范蠡知病情不重，策划勾践尝粪便，说不久就会痊愈。不久夫差果然病好，十分欣赏勾践的耿耿忠心，最后于公元前490年，把勾践一行释放回国[38]。

返回故国后，夫差又向勾践封地百里(大抵历来山阴和会稽两县的范围)。勾践就以这片土地为基地，卧薪尝胆，不忘耻辱。范蠡利用今绍兴城所在的一个孤丘，于勾践七年(公元前490年)，开始筑城，周围二里二百二十三步，称为小城。作为于越的国都。这个小城就是后来的山阴城，设有陆门四处。水门一

处，为了迷惑吴国不使其怀疑，城的西北隅不筑城墙。其实小城西部的很大一段依靠种山，山高海拔75米，是八处孤丘中最高的，范蠡在这里建造了一所很高的飞翼楼，后来称望海亭，一直可以望到钱塘江边。吴国一有行动，这里早就可以瞭望到而进行准备。小城筑成后，范蠡接着又在小城附近筑大城，周围二十里七十步，设有陆门三处，水门三处。小城与大城，大体上就是后来绍兴城的范围。由于城邑是由范蠡设计筑造的，所以绍兴城被简称为蠡城[38]。

随着小城、大城的建成，勾践开拓了"十年生聚，十年教训"的长年计划，兴修水利，奖励农桑；发展畜牧业和淡水养鱼业；开采锡矿、铜矿，建立冶铜、冶锡的工场。建立伐木场和造船业，奖励生育，提高人民素质，进行军事训练。此外，对吴国的外交方面，主要是进贡产物，迷惑夫差，又继续贿赂太宰嚭，挑拨夫差与伍子胥之间关系。夫差在公元前484年用一把属镂之剑，要伍子胥自杀[38]。

在杀伍子胥后的第四年，夫差为了角逐中原，与鲁哀公、晋定公等举行黄池之会之际，勾践突然进攻吴国。在国君外出，号令无人的情况下，使吴国陷入一片混乱。越军掳杀了吴国的太子，冲入都城，焚烧了姑胥之台。吴国大臣派人到北方告急，夫差一面对诸侯保密，一面派人与越国讲和，总算让勾践退了兵。

接着，勾践于公元前476年再次伐吴，次年就包围了吴国的都城，到公元前473年，终于俘获了夫差(后伏剑自杀)，灭了吴国。公元前472年，勾践迁都琅琊，终于挤入中原诸侯之列[38]。

公元前334年，越为楚所败，楚人占领了原来的吴国全境。战国末期楚考烈王又占领了琅琊，于越的境域，从此又退缩到绍兴一隅。到公元前222年，秦平定了长江中下游以南的地区，降百越之君，置会稽郡。当时会稽郡范围极大，包括长江和钱塘江之间十三个县以及钱塘江以南的十三个县。当时郡治建在吴县，在绍兴地区设置山阴县，这是山阴作为一个地名

的首次出现。山阴县只是会稽郡下的一县，但受到秦统治者的重视。秦始皇三十七年(公元前210年)嬴政巡狩南方时，登上会稽山的一座山峰以望南海。这座山峰至今仍然称为秦望山[38]。

秦始皇把吴、越两国的旧地合为一郡，其意图是和他的废封建、设郡县的政策相一致的。他把绍兴地区许多于越居民迁移到今浙西的湖州、杭州和安徽的歙县、黟县、芜湖、石城等地，又把其他地区的居民迁移到山阴。此举对摧毁吴、越的旧统治势力，促使各族间的融合，和巩固秦的统治，都有很大的作用。秦以后，整个西汉都维持吴、会合治的局面。但由于生产力不断提高，人事日趋复杂，交通不便对于行政区划的影响也日见突出，终于在东汉顺帝永建四年(129年)，实行了吴、会分治。分治大体上以钱塘江为界，江北置吴郡，郡治建于吴县；江南置会稽郡，郡治建于山阴县，山阴既为会稽郡治，重新成为一郡的政治经济中心。此后，随着社会生产力的发展和人口的增加，会稽郡管辖的地区，就逐渐缩小，到三国吴宝鼎元年(266年)，辖区缩小到今绍兴、宁波两个地区[38]。

到了东晋，由于北人大量南迁，会稽郡得到了迅速的发展与繁荣，尤其是土地的垦殖扩大，手工业如造纸和陶瓷等迅速发展起来。东晋时期，还由于会稽山青，鉴湖水秀，吸引了许多文人学士来此定居，使这里的文化也有很大的提高。著名的书法家王羲之就是做官后在此定居的，尤其因兰亭之会而传颂于世。

兰亭

王羲之，字逸少，山东琅琊人，少年时就列身士大夫之林，写得一手好字，特别善于隶书，被称为"古今之冠"。"永和九年(353年)暮春之初"，王羲之邀集司徒谢安、右司马孙绰等四十二位名士，在山阴兰亭修禊，"此地有崇山峻岭，茂林修竹，又有清流激湍，映带左右，引以为流觞曲水。列坐其次，虽无丝竹管弦之盛，一觞一咏，亦足以畅叙幽情"(王羲

之《兰亭序》)。临流泛觞，人各赋诗。据载，赋成两篇的有王羲之、谢安等十一人，一篇的十五人，其余十六人因诗不成，罚酒三巨觥。王羲之为会上这些诗写了一篇序文即《兰亭序》，相传他用鼠须笔在乌丝闲黄纸上，把这篇三百二十五字的序一气呵成，文采灿然，书法卓绝，成为我国书法艺术上登峰造极的作品。《兰亭诗序》有称《兰亭序》、《曲水序》、《兰亭集序》、《兰亭记》、《临河记》、《兰亭修禊序》、《上已日会兰亭曲水诗并序》、《三月三日兰亭诗序》等等名称。

《兰亭诗序》原书早就不见，传世的只有唐人的临摹本。清乾隆帝弘历也爱好书法，搜集了许多名家的摹本，汇为一帖，称《兰亭八柱帖》，就是：虞世南、褚遂良、冯承素临摹的王羲之《兰亭序》，柳公权书《兰亭诗并序》，常福内府勾填戏鸿堂刻柳公权书兰亭原本，于敏中补戏鸿堂刻柳公权书兰亭诗阙笔，董其昌临柳公权书兰亭诗，弘历临董其昌临柳公权书兰亭诗。

兰亭已是人们常去游览风景，凭吊古迹的名胜地。但现在兰亭，早已不是东晋的兰亭，已经迁移过多次。兰亭，据《越绝书》记载，最早是越王勾践种兰的地方，位于兰渚湖边。《越中杂识》云："在山阴县西南二十七里。昔勾践种兰于此，故地名兰渚。"但兰亭的名字，则应始自汉朝的驿亭。驿亭是古代供旅途中歇宿的住所。兰亭地处去诸暨的陆道要道，设置兰亭完全可能，不过汉代的驿亭，早已不复存在，只留下了一个地名。东晋时王羲之等集合的兰亭的位置，据郦道元《水经注》载："浙江东与兰溪合，湖南有天柱山，湖口有亭，号曰兰亭，亦曰兰上里，太守王羲之、谢安兄弟数往造焉。"这里说的湖是指鉴湖，兰溪即兰亭溪，发自古博，出于深山峡谷，湍湍而下，绕过石壁山前，到达兰渚山。石壁和兰渚，两山对峙，形成内外相通的湖口，内者兰渚湖，外是鉴湖，由于这一带的湖早已湮废，湖口(有亭)的湖口在何处，已无法确定。在王羲之等集会以后，兰亭的位

置就开始迁移。嘉庆《山阴县志》有如下记载："勾践种兰渚田，汉旧县亭，王羲之曲水序于此作。太守王廙之移亭在水中，晋司空何无忌起亭于山椒（天柱山山顶），极高尽眺，亭宇虽坏，基陛尚存。"这段记载说明在东晋时，亭从湖口迁湖中，又迁山顶，移迁了多次。到了北宋的著作中，兰亭已经在山阴天章寺。天章寺的位置，根据南宋著作，可以清楚地计算出来，位于绍兴到诸暨的陆路上，决不濒湖。清朝初年有人计算过，六朝时代的天柱山兰亭，和北宋以后的天章寺兰亭，相距达三十里（全祖说《宋兰亭石柱铭》）。北宋时天章寺和兰亭，在元代末年的战乱中都被焚毁，直到明嘉靖二十七年（1548 年）郡宁沈启移兰亭曲水于天章寺前。这是一次重建，地点也非宋代故址了。明文徵明《重修兰亭记》云："绍兴郡西南二十五里，兰亭在焉。郡守吴江沈侯（启）自出郭，得其故址于荒墟榛莽中。……亭所在也，非故处，而所谓清流激湍亦已湮塞。于是剪茀次浍，寻其源而通之。引其流于故地左右，纡回映带，仿佛其旧，而甃以文石，视旧加饰，群其中为亭，榱栋辉矣，栏楯坚完，墨渚、鹅池悉还旧观。"明末清初的张岱，对兰亭故址的迁移很有研究，写有《古兰亭辨》，载《琅嬛文集》卷三。他对沈启重建的兰亭的意见是：因为这里原来有些池沼，就把亭子造在上面，又用石块筑成小沟，将稻田里的水引进来，模仿《兰亭诗序》里所说的流觞曲水，这真是儿戏。但不管怎样，清康熙帝玄烨、乾隆帝弘历都来这里游山玩水，写诗刻石立碑，康熙十二年（1673 年）、康熙三十四年（1695 年）均重建，嘉庆三年（1798 年）重修，就把现址作为兰亭的所在地，1916 年扩建，1923 年又做过一次重修；解放后几经修葺，于 1963 年公布为浙江省重点文物保护单位。

兰亭现在地处郊坰，颇有山林野趣，有鹅池、曲水流觞、亭祠建筑，古朴恬静。入园种竹成林，大门是竹门，并围以竹篱。穿过竹林小径，来到鹅池南广场，鹅池一边是石柱，一边是黄石驳岸。黄石的叠掇，上下起伏，凹凸相间，高低有致。池内放白鹅戏水，池西有三角形鹅池碑亭。碑上鹅池两字，传为王羲之父子手笔，故肥瘦有别。

过亭，池上有三折曲桥，过石桥，沿石板卵石小路，便见山石参差，蹊径曲柳，清流萦绕。这就是明代所筑曲水流觞。人们可以列坐石间，临流觞咏（管理处还制作仿古流觞用翼杯）。

面对"曲水流觞"有"流觞亭"，歇山顶，体形秀丽，色彩古朴。亭内有"曲水邀饮水"一匾，下挂一幅扇面形人物山水画，即《兰亭修禊图》，用笔恭正，设色淡雅，画中王羲之等四十二人，临流觞咏，栩栩如生。

"流觞亭"西有康熙手笔兰亭两字的碑，碑曾被砸断，今接补完好，上覆以亭，人称小兰亭。"流觞亭"后为"御碑亭"。御碑的正面碑文为清玄烨手笔《兰亭序》，碑阴为弘历手笔《兰亭即事》七律诗一首。碑高 6.80 米，宽 2.60 米，厚 40 厘米，重约三万六千斤左右。旧建有亭，后为台风所毁。亭基层层石阶台座，围以石狮、石栏，青石大碑耸立其中，气势十分雄伟。

"流觞亭"东为"右军祠"，密室回廊，清流碧沼。进门，首先见中为墨池，池中建一亭，旧额墨华亭。池称墨池，因右军临池学书，池水尽墨得名。池周，回廊四壁嵌有历代《兰亭序》等摹刻碑石。池后有厅堂三间，中悬一匾，文曰：尽得风流。屏上挂王羲之画像。还有"唐人摹王羲之墨迹"和"王羲之传本墨迹"等文物资料。

今天的兰亭，虽非东晋永和九年王羲之的聚会故址，但经明清的重建、修葺；解放后又经人民政府的整修，已成为我国和绍兴地区的一处名胜古迹。

讲到兰亭、王羲之，不能不再提一下谢灵运，因为他是东晋末年（385 年）诞生于会稽（见第四章第五节南北朝自然山水园和庄园山墅）。他住在会稽山地中，今绍兴和上虞之间的始宁墅里。他的杰作《山居赋》前面讲到是山水文学作品，也涉及园林艺术的理论部分。

从另一角度看，他在赋中对会稽山地和四明山地一带的自然环境，作了综合性描述，对地区的植物、动物经他调查而写入文内的所有野兽几种，鸟类几种，鱼类16种，树木14种（如加上缺佚两字为16种），果木14种，蔬菜十余种，水草16种等等。他指出："植物须栽，动类亦繁"，表明了没有繁茂的植物就不可能有兽类的繁衍，植物与动物的相互依存关系。他指出兽类有生存于山上的，有活动于山下的不同习性。对于树木，他指出由于地形和土壤的不同，分布上具有区域差异。他对植物种类也曾细心鉴别，如竹、箭两类的差异。所以，《山居赋》也可说是用韵文体裁写作的绍兴地区历史地理的作品。它不仅具有丰富的地理学内容，而且具有结构紧凑，描述细腻，音韵谐和，辞藻美丽的高度写作技巧[38]。

南宋沈园

沈园是因陆游和唐婉的一段悲剧而著称于世。陆游初娶表妹唐婉，"于其母夫人为姑侄。伉俪相得，而弗获于其姑（婆媳不能相处，姑厌恶媳妇）。既出（被迫赶出），而未忍绝之，则为别馆，时时往焉。姑知而掩之，虽先知挈去，然事不得隐，竟绝之，亦人伦之变也"（周密《齐东野语》卷一"放翁钟情前室"录）。"唐（婉）后改适同郡宗子（赵）士程。尝以春日出游（陆游三十一岁那年），相遇于禹迹东南之沈园。唐以语赵（士程），遣致酒肴，翁（陆游，字务观，号放翁）怅然久之，为赋《钗头凤》一词，题园壁间云：'红酥手，黄藤酒，满城春色宫墙柳。东风恶，欢情薄，一怀愁绪，几年离索。错！错！错！春如旧，人空瘦，泪痕红浥鲛绡透。桃花落，闲池阁，山盟虽在，锦书难托。莫！莫！莫！'实绍兴乙亥岁也（1155年）。""翁居鉴湖之三山，晚岁每入城，必登寺眺望，不能胜情。……未久，唐氏死。至绍熙壬子岁（1192年），复有诗。序云：'禹迹寺南，有沈氏小园。四十年前，尝题小词一阕壁间。偶复一到，而园已三易主，读之怅然。'……沈园后属许氏，又为汪之道宅"（《齐东野语》卷一）。

据当时人陈鹄《耆旧续闻》卷十云："游许氏园（沈园已属许氏），见壁间有陆放翁题词……书于沈氏园辛未（1151年）二月题……""淳熙间（1174～1189年）其壁犹存，好事者以竹木夹护之，今不复有矣。"

南宋沈园全貌，现在已无法查考。本书作者20世纪80年代赴绍兴市，市文物管理委员会方杰同志介绍了清朝人画的沈园平面图。图上，东边是七进住宅，占地不到十分之一；西边是园林，叠石成山，蜿蜒起伏，山上瀑布倾泻，山下溪流曲绕，夹岸种桃植柳，间以梅林修竹，苍松翠柏，芳轩飞阁，亭台荷池。他认为这张沈园平面图不是写实，而是绘图者根据当时沈园遗迹而创作设计的。

今天在绍兴市洋河弄（清朝称杨下街）二号，尚存有遗址残角。这个残角部分是为葫芦形水池。这种形式的池塘，在唐人诗中已经出现，因此可认为是南宋遗迹。池旁有土丘，散点着几片山石，也可能是南宋遗存下来的，布置得体，脉络相连。此外池旁有一水井。用长方砖横向交叠砌筑，形成和1963年清理的缪家桥水井完全一样，证明是宋井无疑。显然仅凭一池一丘，不足以代表南宋绍兴宅园风格，但由此可以看出南宋时好葫芦形水池和横列一丘以构成山水之境的意趣。

第六节　辽、金的建国、都城和文化

一、契丹和辽朝的建立及皇都

早在西晋、南北朝时期，在我国北方的潢河（西拉木伦河）和土河（志哈河）一带，居住着契丹族，这时还过着渔猎生活，稍后"随水草畜牧"，在各处往来迁徙。北魏时已有八个部落的确实记载，是由最初八个父系氏族繁衍发展起来的。各部既是生产组织，又是战斗单位。直到隋末，八部开始推举共同的酋长，遇有战事，召集各部落酋长共同商议，调发兵众，协同作战。但平时狩猎生产，仍由各部落独自进行。到了唐初，形成了契丹族史上第一个部落联盟，即大贺氏部落联盟。联盟长统一领导各部落的作战和生产以及对外关系；联盟长由八部聚议选举产生，但当时候选资格只限于大贺氏这一氏族。这时的契丹，南面有强盛的唐朝，北面有强大的突厥。契丹与唐朝，时战时和，一再爆发大规模的战争。契丹遭到唐朝的沉重打击后，依附于突厥，约二十年。唐玄宗时，突厥渐衰落，大贺氏部落联盟又依附于唐朝[40]。

开元十八年(730 年)，统领兵马的军事首长可突于杀死盟长邵固，从而结束了延续约百年的大贺氏联盟的时代。732 年，唐朝大举攻打契丹。可突于兵败北走，后被乙室活都长郁捷所杀。一年后，郁捷又被部落贵族涅里杀死。涅里以他所属的乙室活部为基础，收容流散的氏族、部庹，重新组成了部落联盟，推选遥辇氏阻午为联盟长，改称可汗[40]。

联盟重建后，依附于突厥。745 年，回纥灭了突厥汗国，契丹从此处在回纥汗国的统治下，约近一百年。会昌二年(842 年)，遥辇氏联盟长屈戍投附唐朝。此后的六十年间，契丹社会迅速地向前发展[40]。

907 年，痕德堇可汗时，阿保机为夷离堇(军事首领长)，展开大规模的对外掠夺，俘掠到大批牲畜和奴隶，不仅俘掠北边诸族，也深入到汉族农业地区。连年的掳掠，使契丹社会中涌进了大量的奚人、室韦人、女真人和大批的汉人。他们是外族奴隶和被统治分子。契丹本族人沦为奴隶，也成为既定的法规，逐渐造成民族成员之间的分化和对抗[40]。

契丹社会内部逐渐在形成奴隶主和奴隶两个对立的阶级。部落联盟长和军事首长的世选制，逐渐成为实际上的世袭制，培育了高居于氏族部落之上的显贵。夷离堇以下的下级军事首领也从对外作战中得到财利，成为大小不等的奴隶占有者，随之成为新贵族。奴隶制的出现，契丹国家形成的条件日益成熟了[40]。

自从鲜质可汗以来，联盟内部先后爆发了三次争夺夷离堇权位的大斗争。阿保机凭借他所掌握的挞马精兵，终于击溃了蒲古只等三族。唐天祐四年(907

年)阿保机经过部落选举的仪式，取代了遥辇，成为契丹的新首领。916 年阿保机正式废除了部落联盟的旧制度，建立了契丹奴隶主的国家。阿保机(辽太祖)采用皇帝的称号，称"天皇帝"，妻称"地皇后"，建年号神册，立子倍为太子[40]。

营建皇都　神册三年(918 年)阿保机在潢河沿岸契丹故地(内蒙古昭乌达盟巴林左旗南波罗城)"城西楼为皇都"(契丹以东向为尚，皇室居地称西楼)。天显元年(926 年)又扩建城郭，建筑宫殿寺庙。后来，辽太宗耶律德光时，皇都称上京临潢府，扩建成为城墙高二丈，幅员广二十七里的大城[40]。

上京遗址在巴林左旗林东镇南二里，正当西去祖州，南去中京，东去松辽平原的交通要冲。上京分南北二城(图 6-20)，北城为皇城，略作方形，南北长

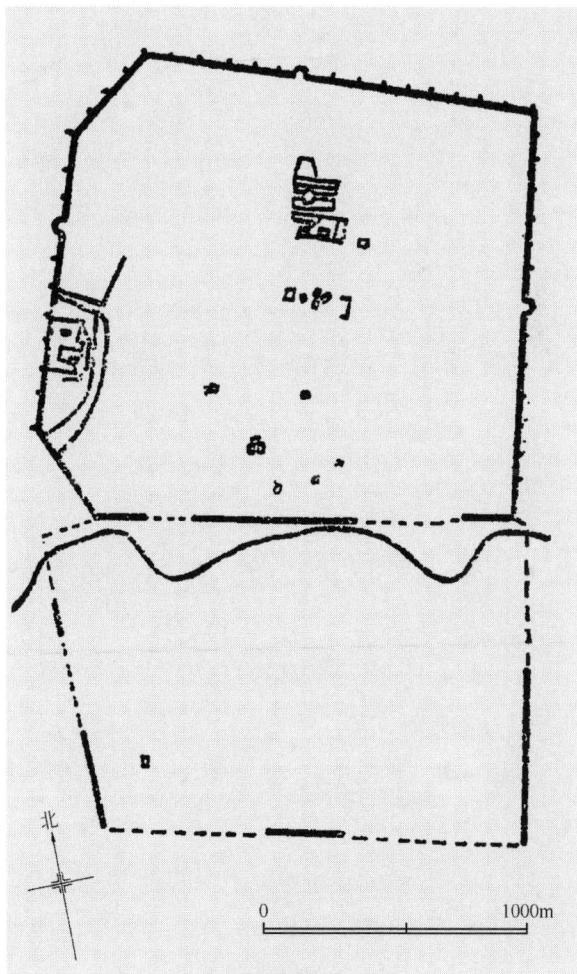

图 6-20　辽金上京城址图

2000 米，东西长 2200 米。南墙址大部被水冲毁，其他三墙各有一门，门外有简单的瓮城，墙外每隔九十步设马面。城内正中偏北是利用天然高地，经人工修整成 500 米见方的台地，其上为宫殿区。宫殿区中部横贯东西小路，东西两端通向皇城的东西两门。宫殿区以北，地形规则，可能是禁苑区域。宫殿区正南 200 米处，有矩形基址，尚有石狮两对，应为宫殿正门承天门。按文献记载，承天门外有正南街，将皇城分为东西二区，东设临潢县，西设长泰县，拟仿唐长安城的制度。皇城靠西墙正中一段，有一向北延长有三个阶次的高敞台地，台地南端有一东向寺址，可能为安国寺。寺南较多整齐的小型遗址，发现一些瓷器，可能是"八作司"（御作坊）[41]。

皇城之南另有一城，为各族劳动人民聚居之地，为矩形，宽与皇城相近，南北长约 1400 米。北墙即皇城的南墙，其他三墙较皇城墙低窄，也无马面、瓮城之设。城内有很不明显的东西门遗址，街两侧为狭小的居住遗址。横街西隅有方形高台。可能是看楼，即作监视之用的堡垒址。南城，又叫汉城，是工奴聚居之处，其中大多为俘虏的汉人[41]。

阿保机建国后，实行部落居民地区性统治，以后族萧氏（审密）世为北府宰相。统治以迭刺部核心的北府王部，以皇弟苏为南府宰相，统治乙室等三部。各部规定了固定的镇驻地区。各部夷离堇改为"令稳"，是宰相统治下的一级官员。皇帝左右，设有"宫卫骑军"，"入则居守，出则扈从，葬则用以守陵"。各地区有贵族将领统率的州县部族军，有兵事，"传檄而集"。神册六年（921 年）命大臣"决狱法"，同时设置了决狱的法官"夷离华"。契丹原无文字。神册五年（920 年）命鲁石古和突吕不，依汉字偏旁，制契丹文字。后来，迭刺又制契丹小字，数少而连贯。

阿保机建国后对外战争。神册元年（916 年）八月南侵朔州，乘胜而东。自代北到河曲，越阴山，都为契丹占有。神册六年（921 年）入居庸关，下古北口，又分兵侵掠各地，侵占了唐的大片地区。又西征吐

浑、党项、阻卜（鞑靼）诸部，至古回鹘城，越流沙，拔浮图城，契丹的政治势力由此西达甘州，西北至鄂尔浑河。天赞四年（925 年）冬，东征渤海，天显元年（926 年）占扶余城，进驻忽汗城，灭了渤海国，改为东丹国，封太子倍为东丹王，统治新占领的渤海旧地。926 年 7 月，阿保机在回军营中死在扶余城。皇后述律氏月理朵摄军国事。

天显二年（927 年）十一月，耶律德光在述律后支持下，继皇帝位（辽太宗）[40]。

二、辽太宗与燕云十六州

辽太宗统治二十年间，一再率兵马南下，展开了大规模的侵略战争。天显十一年（936 年）石敬瑭反后唐自立，向契丹求援。太宗率大军南下，大败后唐军后，在晋安（太原市西北）召见石敬瑭，约为父子，册封石敬瑭为"大晋皇帝"。932 年石敬瑭遣使臣愿以幽（今北京）、蓟（天津蓟县）、瀛（河北河间）、莫（河北任丘）、涿（河北涿县）、檀（北京密云）、顺（北京顺义）、妫（河北怀来）、儒（北京延庆）、新（河北涿鹿）、武（河北宣化）、云（山西大同）、应（山西应县）、朔（山西朔县）、寰（山西朔县东马邑镇）、蔚（河北蔚县）等十六州奉献给契丹。938 年送去燕云十六州图籍，从此归入契丹统治的领域。辽太宗把皇都建号上京，称临潢府，幽州称南京，原南京东平府（辽阳）改称东京[40]。

幽州南京　《辽史·地理志》云："太宗升（幽州）为南京，又曰燕京。城方三十六里，崇三丈，衡广一丈五尺，敌楼战橹具。八门，东曰安东、迎春，南曰开阳、丹凤，西曰显西、清晋，北曰通天、拱辰。大内在西南隅。皇城内有景宗、圣宗御容殿二，东曰宣和，南曰大内。内门曰宣教……外三门曰南端、左掖、右掖，……门有楼阁。毬场在其南，东为永平馆。皇城西门曰显西，设而不开，北曰子北。西城巅有凉殿，东北隅有燕角楼，坊市、廨舍、寺观，盖不胜书。"（引自明代佚名《北平考》卷二"辽"）

东京辽阳　辽朝东京，原是辽阳故城。辽太祖攻破渤海后，神册四年(919年)，在辽阳故城的基础上重修，以渤海户和汉户建东平郡(今辽宁辽阳市)为防御州。天显三年(928年)，迁东丹民于东平郡，升东平为南京。会同元年(938年)，辽太宗改南京为东京，治所在辽阳府[42]。

东京城的建置同于上京，也是仿拟汉城市修建，东京城的布局规模，据《辽史·地理志》载，东京城高三丈，幅员三十里。共有八门：东曰迎阳门，东南曰韶阳门，南曰龙原门，西南曰显德门，西曰大顺门，西北曰大辽门，北曰怀远门，东北曰安远门。分宫城和外城两个部分。宫城"在东北隅，高三丈，具敌楼，南为三门，壮以楼观，四隅有角楼，相去各二里。宫墙北有让国皇帝(耶律倍)御容殿。大内建二殿，不置宫嫔，惟以内省使副、判官守之。《大东丹国新建南京碑铭》在宫门之南。"外城也叫汉城，分南北二市，"街西有金德寺、大悲寺、驸马寺、铁幡竿在焉；赵头陀寺、留守衙、户部司、军巡院，归化营军千余人，河、朔亡命，皆籍于此。"[42]

辽朝地方行政区划和制度，太宗时已基本确立，到圣宗以后才逐步完备。《辽史·地理志》云："太宗以皇都为上京，升幽州为南京，改南京(辽阳)为东京，圣宗城中京(大定府，今内蒙古昭乌达盟宁城县西南大明城)，兴宗升云中(原为云州，今山西大同市)为西京，于是五京备焉。"辽朝的地方行政区划，就以五京为中心，分全国为五道：上京道、中京道、东京道、南京道、西京道。五道共辖"州、军、城百五十有五，县二百有九，部族五十有二，属国六十。"其疆域，"东至于海，西至金山，暨于流沙，北至胪朐河，南至白沟，幅员万里"(《辽史·地理志》序)，成为我国北方一个强大的封建地方政权。

会同五年(942年)石敬瑭死，子石重贵继位，向契丹称孙不称臣，太宗便有南伐之意。十二月，太宗到南京，分道进兵，大举伐晋，先不能胜，又再南侵，泰州之战，契丹又受挫败。会同九年(946年)八月，太宗自将南伐。十二月，石重贵奉表投降，后晋灭亡。会同十年(947年)正月，太宗进入后晋大梁(开封)，改穿汉族皇帝服装，受百官朝贺。二月，辽太宗改国号大辽，改年号曰大同。四月，辽太宗自大梁返回上京的路上，病死在栾城(河北栾县的东胡林)。太宗死后，皇族间随即展开了争夺皇位的斗争[40]。

三、辽朝的发展和五京

世、穆、景宗时期的斗争　辽朝，经历了世宗(耶律阮)和穆宗(耶律璟)两代统治阶级内部的激烈斗争，到景宗时期，辽的统治才又相对稳定下来。在这期间，世宗天禄五年(951年)正月，郭威在东隐帝后建元称帝，建立了后周。穆宗应历十年(960年)正月，赵匡胤发动陈桥兵变，代周自立，建立了宋朝。应历十九年(969年)二月，穆宗被杀，世宗次子耶律贤赶到穆宗枢前即皇位(景宗)，改元保宁。

景宗即位之后，宋太祖赵匡胤即领兵攻北汉，辽出兵援救，宋兵败退，保宁六年(974年)宋与辽议和。保宁八年(976年)九月，宋太祖向太原进发，辽出兵援助，宋军又失败而还。乾亨元年(979年)二月，宋太宗赵匡义领大兵攻太原。白马岭(今山西盂县东北)之战，辽兵大败，敌然等五将战死。六月，北汉降宋，赵匡义乘胜移师取幽，连下数郡，包围了南京。七月耶律沙自太原退兵来援，与宋兵战于高梁河，耶律休哥与耶律斜轸从后邀击，宋兵大败，损伤惨重，宋太宗仅以身免。乾亨二年(980年)三月，辽兵十万攻雁门关，代州刺史杨业率兵击败之。十月，辽景宗到南京，领兵攻宋。围瓦桥关(河北雄县旧南关)，宋兵来救，耶律休哥奋战，大败宋军，追至黄州(河北任丘)迎军。这样，景宗击败了宋朝收复燕云的企图，巩固了对这些地区的统治。

乾亨四年(982年)九月，景宗在云州出猎时病死于焦山(大同市西北)。韩德让与耶律斜轸受遗命，立皇子隆绪继皇位(圣宗)。圣宗时年十二，军国大事都

—

由承天太后裁治[40]。

圣宗改革与"澶渊之盟"　　辽圣宗、承天后以韩德让等汉人官僚为辅佐，对辽朝制度进行了一些改革。例如对官帐奴隶，置稍瓦部、蜀术部，与诸部并列，使这些奴隶取得部民即平民的地位。奚族等隶籍官帐为"著帐子弟"，圣宗时也各置为部，历年从周邻诸族俘掠到的大批奴隶，隶属官帐斡鲁朵，圣宗时也分别置部，由此都成为部民[40]。

圣宗时普遍实行赋税制。俘掠奴隶设置的投下州城，分赋税为二等，工商税中市井之赋归拉下，酒税缴纳给朝廷。投下俘奴由此演变为输租于官、纳课于主的"二税户"。统和十三年(995年)诏令诸道民户，仍籍州县，即不再是奴隶主完全占有的奴隶，而成为向朝廷纳税的编民。让部分寨堡的民户，迁置州县垦殖。又募民耕种滦河一带荒地。西北沿边各地设置屯田，在屯民户力耕公田，不输税赋，积粟供给当地军饷。圣宗又放宽刑法，改定十多条，改变契丹贵族以及契丹人与汉人"同罪异论"的特权，"若奴婢犯罪至死，听送有司，其主不得擅杀"，"契丹人犯十恶者，依汉律"。这些改革显示契丹族虽然仍然保留着严重的奴隶制残余，但封建制已经逐步确立起来，辽朝由此形成全盛时代[40]。

圣宗即位后统和四年(986年)三月，宋太宗三路进兵，再取燕云，连克歧沟、涿州、固安、寰、朔、应、云等州。承天后与圣宗至南京(幽州)督战，调集各地重兵反攻。四月，耶律休哥军复涿州、固安；五月，辽军在歧沟关大败宋军；六月，耶律斜轸军复朔州，擒宋将杨业。云州等宋军都弃城而走，辽军获得全胜。

统和十七年(999年)，圣宗再次亲率大兵南下，十月在瀛州大败宋军，次年正月还师南京。统和二十年(1002年)，再度南侵，破宋军于泰州。统和二十二年(1004年)闰九月，圣宗大举亲征，先在唐兴大破宋军，又在遂城、祁州、洺州获胜，十一月攻破宋德清军。辽军进至澶渊，宋遣使请和。十二月，辽宋在澶渊议成，宋以辽承天后为叔母，每年向辽纳银十万两、绢二十万匹。两朝各守旧界，辽宋不再发生大的战事[40]。

中京大定府　　中京在今内蒙古昭乌达盟宁城县西南大明城，是辽圣宗时期新建的一个都城。中京城的建置，是辽朝政治经济的新发展和辽宋关系新变化形势下的产物。圣宗时，契丹社会逐渐完成了封建化，中京依山临水，土地肥沃，宜牧宜农，同时在地理上又处于以牧为主的北方和以农为主的南方的中间地区，在这里建立陪都，可以南北兼顾；澶渊结盟后，辽、宋双方停罢干戈，和平相处，为了接待宋使和每年接受宋朝送来的礼物和岁币，中京临近中原，是辽、宋交往的适中之地。为此，辽圣宗在这里修建新都。中京建置之前，这里原是奚王府牙帐所在地。统和二十四年(1006年)，奚王帐院进奚王牙帐故地，统和二十五年，辽宋在此建城，"实以汉户，号曰中京，府曰大定[42]。"

中京城的建置规制，也与上京一样，拟仿汉地都城的制度。关于中京城的布局规划，《辽史·地理志》记载较简，宋朝路振出使契丹在他所撰的《乘轺录》中，记述了中京建置初期的情况较详。《乘轺录》云："外城高丈余，东西有步廊，幅员三十里。南门曰朱夏门，凡三门，门有楼阁。自朱夏门入，街道宽百余步，东西有廊舍约三百间，居民列廛肆庑下。街东西各三坊，坊门相对。……三里至二重城，城南门曰阳德门，凡三间，有楼阁。城高三丈，有埤堄，幅员约七里。自阳德门入，一里而至内门，曰阊阖门，凡三门，街道东西并无居民，但有短墙以障空地耳。阊阖门楼有五凤，状如京师(按：指汴京城楼)，大约制度卑陋。东西掖门去阊阖门各三百余步，东西角楼相去二里。"根据1958年发掘宁城县中京城遗址，测定出外城周四十里，证实了文献记载的官殿遗址位置。通过勘查和发掘，已探出中京的城墙、城门、城楼、城内街道、官署、庙宇、廛市、廊舍以及武功、文化两殿的建筑体制，基本上可以恢复中京城的形制[42]。

西京大同府　辽置五京，我们已述其四。这里再述西京大同府。西京大同府原为云州。云州归辽占领之后，由于这里扼西南之要冲，就成为辽的边镇。兴宗重熙十三年(1044年)，升云州为西京，府曰大同[42]。

西京城的建置，拟仿长安的规制修建。方圆二十里，敌楼、棚橹具备。有城门四：东为迎春门，南为朝阳门，西为定西门，北为拱极门。《辽史·地理志》载："辽既建都，用为重地，非亲王不得主之。清宁八年(1062年)建华严寺，奉安诸帝石像、铜像。又有天王寺、留守司衙，南曰西省。北门之东曰大同府，北门之西曰大同驿。"[42]

辽的五京，不仅是行政首府和军事重镇，也是五个商业贸易的中心和交通上的要地，它对繁荣商业，开展各族间频繁的商业往来，都起了积极的作用[42]。

兴宗、道宗到天祚帝　太平十一年(1031年)六月，圣宗在大福河之北行帐病死。长子宗真(兴宗)即位。辽朝贵族内部又展开了相互倾轧的斗争。兴宗时，对外仍能保持辽朝的威势。如因宋修治交界的关河壕堑，兴宗于重熙十一年(1042年)春陈兵境上。宋仁宗不敢与辽作战，派使臣赴辽，提出愿增岁币议和。议定，此后宋每年增加给辽的岁币银十万两、绢十万匹。

重熙二十三年(1054年)八月，兴宗死后。长子洪基继皇位(道宗)改元清宁。道宗统治时期长达45年。在这期间，贵族内部继续相互倾轧，辽朝的统治越来越黑暗了。随着封建剥削的加强，契丹农牧民、汉族、渤海农民同辽贵族、地主的矛盾和斗争日趋激烈。各族农民不断举行起义，以反抗辽朝封建统治。乾统元年(1101年)正月，道宗病死，皇孙延禧继位(天祚帝)[40]。

这时，黑龙江和松花江一带的女真族，日渐强盛。天庆五年(1115年)，女真完颜部长阿骨打建立国家，称皇帝(金太祖)，国号金，年号收国。是年

秋，天祚帝下诏亲征，期灭女真。接战不久，辽军败溃，横尸满野。天祚帝退保长春。金兵乘胜侵占辽朝等五十四州。此后，金国节节胜利，进据东京、黄龙，占有辽东、长春两路。天庆七年(1117年)，阿骨打建号大圣皇帝，改元天辅。天庆十年(1120年)，阿骨打亲攻上京，上京留守降金，天祚帝去西京。辽朝郡县至此已失去半数。保大二年(1122年)，金兵攻陷辽中京，进陷泽州。天祚帝出居庸关，至鸳鸯泊。金兵迫逼行帐，天祚帝率卫兵五千逃往云中。三月，金兵进陷云中，天祚帝逃入夹山。保大四年，(1124年)冬。天祚帝自夹山出兵，南下武州，遇金兵，败溃。保大五年(1125年)正月，天祚帝经天德军过沙漠而逃，二月在应州被金兵俘虏。天祚帝在金朝被囚一年多后病死[40]。

契丹自916年太祖阿保机建国至天祚帝被俘，在我国北部统治凡二百零九年。阿保机初即位，国号为契丹，947年太宗灭晋，建国号大辽，圣宗时(983年)改国号大契丹，道宗时(1066年)复号为辽。自阿保机至天祚帝，习惯上都称为辽朝。

在天祚帝出兵夹山前，辽皇族耶律大石就率部西去，重建辽朝，史称西辽。西辽存在于我国西北约九十多年。正如南迁后的南宋是北宋的继续一样，西辽也是辽朝的继续。包括西辽，辽朝前后经历了三百零二年的历史过程。在1218年最后灭亡了。

辽朝的建立，进一步开发了我国东北和蒙古地区，进一步密切了这些地区与中原地区的联系，为建立我国统一的多民族的祖国作出了重要贡献。

四、辽朝文化和艺术

契丹族为丰富祖国灿烂的文化作出了重要贡献。契丹族在由奴隶制向封建制转化过程中，逐步接受了汉文化，但仍保持自己的民族特色和时代特色的辽文化[42]。

阿保机时创制了契丹大小字，但有缺点，使用范围很窄，大约只在契丹贵族文人中使用，主要仍以

汉字作工具。在音韵文字学，有重要著作《龙龛手鉴》流传下来。文学上受唐朝以来吟诗之风的影响。唐诗中影响最大的是白居易的作品，宋苏轼的诗也在辽朝有很大的影响。辽朝的作者，大都模仿唐宋作家的笔法，写一些诗赋，缺乏创造革新[42]。

儒家的学说深受契丹统治阶级的欢迎。辽太祖亲谒孔子庙，说明要以儒家思想作为统治人民的工具。辽道宗时期，儒学大盛，在辽朝的政治、社会生活中起着重要作用[42]。

契丹族原来信奉原始的萨满教。以后，随着阶级结构的形成，王权的确立以及封建关系的发展，对萨满教的信仰趋于淡薄。辽朝提倡佛教是从辽太祖时开始的。阿保机建国前后，曾俘掠了大批信奉佛教的汉人，从此，佛教便传入契丹。阿保机在龙化州建开教寺(902年)是契丹创建佛寺的开端。在上京就建有多所寺院，僧尼大都是来自燕云的汉人。辽太宗崇尚佛教，佛教有了进一步传播。从圣宗时，佛教有更广泛的传播，在上京、东京、南京等地的寺院里，都大兴佛事，出现了许多高僧和儒僧。兴宗时期，在统治者大力提倡下，加上许多穷苦的人民因处于困苦之中无法解脱，也为宗教思想所麻醉，侫佛之风达到极致。

佛教经典总称为《大藏经》，简称《藏经》，也叫《佛藏》。佛经先是传抄和摹写，唐就有部分佛经刻印，五代雕刻《九经》，宋时在成都以《开元释教录》所载藏经，次第刊印，计12年完成，约五千多卷，十多万版，通称《宋藏》。辽兴宗时也雕印大藏经，到道宗时完成了五百七十九帙，称《辽藏》。更为特别的刻石板经文。今北京房山县白带山云居寺，是隋唐以来历代北方地区的佛教圣地。据智光《重修云居寺碑记》，隋朝大业年间(605~617年)僧人静琬"见白带山有石室，遂发心书十二部经，刊石为碑"，藏之于室"以备法灭"。静琬数十年，"以石勒经，藏诸室内，满即用石塞户，以铁固之。其后虽成其志，未满其愿"。静琬死后，弟子相传五世，"不绝其志"，继续刻造。但以后，刊刻便中断了。辽圣宗太平七年

(1027年)，枢密直学士韩绍芳知牧涿州，"因从政之暇，命从者游是山，诣是寺，陟是峰。既观游间，乃见石室内经碑，且多依然藏贮。""既而于石室间，取出经碑，验名对数，……"韩绍芳以所检对的石经，上奏辽廷。圣宗"留心释典，既闻来奏，深快宸衷"，遂赐普渡坛刊钱，续而刻造。自太平七年至清宁三年(1057)年的三十年间，辽朝续刻的石经，完成了《大般若经》，又刻《大宝积经》一部，合原存的《正法经》、《大涅槃经》、《大华严经》，共计2730条石碑，合称四大部经。此后在道宗前期，仍继续校勘刻造，有一段中断。大安九年(1093年)通理大师利用化缘，依靠民间资助，继续校勘刻石。至天庆七年(1117年)，善锐等人将道宗时所刻石经大碑180方及通理大师等校刻石经小碑四千八十方，埋于云居寺西南角，"上筑台砌砖建石塔一座，刻文标记，知经所在。"石经至今保存完好，是研究佛教经典的珍贵资料[42]。

佛殿和佛塔建筑　　辽朝在各地建造了许多规模宏丽的佛寺大殿和造型精巧的佛塔，这是我国古建筑的组成部分，其中有的建筑物，历经近千年的兵燹战乱和自然破坏，依然保留至今，成为瑰宝。

辽朝建筑的佛寺大殿，可以现存辽宁义县奉国寺大殿，天津蓟县的独乐寺观音阁和山西大同华严寺大雄宝殿等作为代表，这些建筑都是运用中国传统的木架结构法。奉国寺大雄宝殿，创建于开泰九年(1020年)正月，"殿高七丈，佛像称是，一名七佛寺。"大殿规模宏大，气势雄伟，是我国现存最大的木结构建筑之一，迄今已有九百多年的历史。独乐寺观音阁和山门，建造于统和二年(984年)。观音阁是一座庞大的三层阁，当中一层是暗夹层，从外表来看是两层。阁中央耸立着一尊高16米的泥塑观音像，阁就是围绕着这尊佛像建造的。阁中间留有一井宇，使佛像由底层穿过三层楼，头部在屋顶底下。阁下层的出檐有3.28米，用四跳华栱挑出，但上檐使用双抄双下昂。由于它的结构适当，所以能经得起风暴和几次

大地震，一直没有损坏。现存的山门和观音都是辽朝原物，从山门到阁原有回廊环绕，现已不存。

西京大同华严寺，据《辽史》记载，建于道宗清宁八年(1062 年)，"奉安诸帝石像、铜像。"寺内保存两座大的木构建筑，其中上华严寺的大雄宝殿，面阔九间，进深五间，规模宏大，殿内采用减柱法，省去大量柱子，空间宽敞，大殿斗栱，采用斜栱，这是辽金建筑的特殊风格。下华严寺是一座藏佛经的殿，称薄伽教藏殿，建于兴宗重熙七年(1038 年)。殿身面阔五间，进深四间。整个建筑结构严谨，形制稳健[42]。

佛塔　　辽的佛塔建筑，遍布于辽朝所属的许多地区。常见的辽塔都是八角，分若干层，这种形制，后为金朝继承，所以就形成了辽、金塔的独特风格。辽塔大多数为砖塔，有实体塔(不能入内攀登)和空体塔两类。实体塔可以现存北京市广安门附近的天宁寺砖塔和内蒙古宁城县大明塔为代表。天宁寺砖塔是辽代在旧塔址上建造的，平面为八角形，共十三层，总高 57.8 米。塔身建于方形平台上，最下部是须弥座，其上是具有斗栱、勾栏的平座和三层仰莲瓣，以承塔身。座身四面有券门和浮雕装饰，再上就是十三层的密檐，第一层出檐较远，其上十二层出檐深度逐层递减，塔顶以宝珠形的塔刹结束，造型十分优美，是我国现存密檐式砖塔中比较典型的。空体塔内部中空，可直登塔顶。这类佛塔，一般多为白色，主要用以作为藏经。现存内蒙古林西白塔子的砖塔和呼和浩特市东郊的白砖塔可以作为代表。辽道宗清宁二年(1056 年)所建造的山西应县佛官寺"释伽塔"，是我国现存最古最大的一座木塔，通常称为"应县木塔"，距今已有九百多年的历史。塔高二十丈，平面为八角形五层。各层间又夹设暗层，实际为九层。塔身为楼阁式，全部都是木结构。各层内外所用的斗栱繁复，约有六十多种。这些斗栱，是按其位置和受力的不同而各异，规模和手法变化多样，它是我国木结构技术上杰出的创造[42]。

辽代的艺术，包括雕塑、绘画、音乐和舞蹈，都具有独特的风格。辽代的雕塑有相当高的成就，现存的一些石窟石幢的雕刻和砖塔、石碑的浮雕，都是栩栩如生的作品，表现出精致出色的刀法。辽代塑像也有较高工艺水平，刘銮塑是最负盛名的。辽宁义县奉国寺大雄宝殿内的佛像、神将像，塑造得庄严魁伟，具有辽代的独特风格。蓟县独乐寺内的十一面观音立像，高五十多尺，两旁侍者像也高达十二尺，足踏莲花，神态自然，堪称辽塑杰作。大同下华严寺薄伽教藏殿内，完整地保存着三十一尊菩萨像，形体比例匀称，面形丰满，体态各异，衣饰飘带流畅自然，都非常接近真实。辽朝还在云冈大兴土木，在石窟中修整造像 1876 尊，有的是在剥蚀的石像外面泥塑，有的就空白石壁补刻，部分造像还施加彩饰。辽代绘画都取自契丹贵族的游猎生活，以画鹿画马见长，取得了重要成果。辽代绘画，元后大都失传了，今天能看到的辽画，是从辽墓中保存下来的一个侧面。壁画在辽墓出土中是大量的，明显地表现了契丹的画风[42]。

五、金朝的建立发展和都城

居住在长白山和黑龙江流域的女真族，早在战国时期，即见于历史记载，译名作"肃慎"，大约还处在使用石器时代。以后又被称为挹娄(魏晋时期)，勿吉(后魏时期)、靺鞨。五代时靺鞨始改称为女真。辽朝统治初期的女真族，仍处在氏族部落制时期。辽朝建国后，散处在辽阳一带的女真部落，由辽朝官员直接统治，编入辽朝的户籍，称为曷苏馆(合苏款)女真或"熟女真"。松花江以北，宁江以东地区的女真族，也处在辽朝统治之下，承受着勒索贡品等剥削，但不由辽官直接统辖，也不编入辽籍，因而被称作"生女真"。生女真按照氏族部落制的道路在继续向前发展[43]。

随着历史的发展，居住在按出虎水的女真完颜部发展成为一个强大的部落。大约在辽兴宗时，完颜部和白山、耶梅、统门、耶懒、土骨沦等部以至五国部等建立了松散的部落联盟。完颜部长乌古逎受部众推选为"诸部长"。辽朝加给他生女真部族节度使的称号。在辽朝的支持下，完颜部更加强大起来。辽道宗咸雍八年(1072年，女真的历史，自此始有准确年代)五国没燃部长谢野又起而反叛。乌古逎率部兵讨伐，击败谢野。但他在战后死去。子劾里钵继任联盟长。劾里钵联盟得到进一步发展，但部落间和内部也进一步展开了激烈的斗争。劾里钵在与桓赧(音碾)散达等的斗争，与温都部乌春的斗争，与纥石烈部腊醅(音胚)麻产等的斗争都取得了胜利。《金史·世纪》说他"袭位之初，内外溃叛，缔交为寇"。"因败为功，变弱为强。……基业自此大矣。"辽道宗大安八年(1092年)劾里钵病死。弟国相颇剌淑继任联盟长。辽大安十年(1094年)颇剌淑死，盈歌继任盟长。这时，各部落间的相互掳掠和斗争仍在继续。辽乾统二年(1102年)盈歌死，劾里钵的长子乌雅束继任联盟长，进而向苏滨水一带求发展。辽天庆三年(1113年)乌雅束死，劾里钵次子阿骨打继任联盟长，称都勃极烈。阿骨打曾为巩固完颜部联盟多次作战得胜。初攻辽，大败辽军，攻克宁江州城。出河店之战，女真军顺利取胜，又分路进兵，攻克宾州、咸州，占领了辽东地区。由于奴隶制的发展和对外掳掠的扩大，占领区的扩大和外族分子的涌入，奴隶主和奴隶的对立在逐渐形成，建立国家的条件成熟了。1115年正月元旦，阿骨打即皇帝位，建立起奴隶主的国家，国号大金，立年号收国。以后攻破辽朝，前已简及[43]。

金太祖对外作战，金国内部政事，全由谙班勃极烈("谙班"，大的意思，金太祖之弟)管理。金太祖病死，完颜晟被拥立作皇帝(金太宗)，改年号为天会。金太宗继续展开对辽、宋的掠夺战争，擒辽天祚帝，俘虏宋徽宗、钦宗，灭亡北宋，并进一步南下发动了对南宋的侵掠战争。前节已简及。金太宗逐步改革政治制度、官制，军事制度和经济制度，由于金朝呈现出奴隶制(金朝内地)和封建制(燕云州县)并存的

局面，政治、军事制度在不同地区呈现的不同状况，实际上正是不同的社会经济制度在上层建筑中的必然反映。不同的制度不可能在金朝统一的国家内互相平行发展，不能不发生剧烈尖锐的斗争。这个战争在金熙宗时期，便激烈地展开了[43]。

天会十三年(1135年)金太宗死，金太祖孙十六岁的完颜亶即位作皇帝(熙宗)。在宗翰等人的支持下，对金朝政治制度作了重大改革。他废除女真勃极烈制，改用辽、宋的汉官制度。中央官制，设置三师(太师、太傅、太保)，尚书省设尚书令，下设左、右丞相及左、右丞(副相)。军事机构仍由都元帅统领。地方官制，仍依辽、宋旧制设路、府、州、县四级。天会十五年(1137年)十二月，金熙宗改明年年号为天眷。天眷元年(1138年)以后，中央官制，又作了进一步的改革。颁布新的官制和"换官"的规定，加强相权，尚书左右丞相是实际掌握政权的宰相。设御史名，御史中丞掌管刑狱和重大案件。主要职责是监察官员的活动，处置官员犯法，以加强皇权的统治。建都城，定礼仪，创笔画简省的新字，称女真小字，下诏、任命都用本族文字书写。

金上京会宁府　　金朝故都城会宁府，建号上京。原来的辽上京，改称临潢府。熙宗又在上京会宁府修建宫殿。建敷德殿为朝殿，百官在此朝拜。建庆元宫，安放金太祖以下遗像，为原庙。又建明德宫、明德殿，供太后居住，安放金太宗遗像。金太宗时营建的乾元殿，改名皇极殿。以后又兴建凉殿、太庙、社稷。金熙宗仿汉制兴建华丽的宫殿，使上京的面貌大为改观[43]。

金上京会宁府，在今黑龙江阿城县南四里。西依山，东傍阿什河。城呈长方形，东西2300米，南北3300米。东北角近沼泽地，故向内收缩400米(图6-21)。城墙系土筑，现存厚3米，高4～5米，城墙外建圆形马面，角隅处有方形角楼址，城四面各有一门，均不相对，门外设瓮城。城内中部有一东西横墙，分城内为南北两部。横墙中部偏东有门。南部西

北角地势高而平，上建约 560 米见方的宫城，是宫殿区。宫城北接横墙，并利用其一段为宫城北墙。宫殿区正门向南，与城南门相对。正门前左右有高丘，是防御性的建筑。正门三洞，入正门，左右有宽大廊址，两廊之间有基址三座，前基较小，中基长约 150 米，宽约 50 米，后基略与中基相等，但其后部有宽 50 米的南北基址，与再后的一基址相连。北面基址成工字形，位于宫殿区中央，应是最主要的宫殿。主要宫殿成工字形，显然受汴梁影响。工字形中部，左右各有墙基，与宫殿区东西墙连，将宫殿区分为最后一部，相当于前朝后寝的区分。工字形基址之北正中一线，尚有南北列基址三处，两侧也有廊址，左廊之左，右廊之右，各有面积略同之南北列小型基础四处。宫殿区布局很整齐，《大金国志》记载："规模曾仿汴京，然十之二、三而已。"[44]

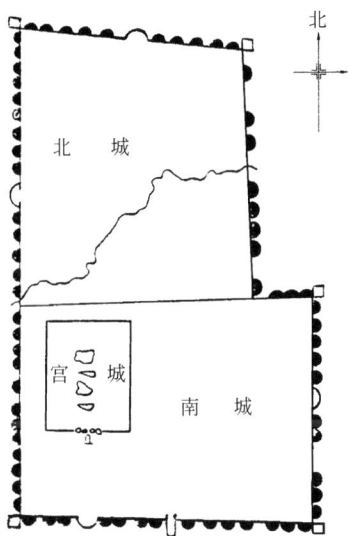

图 6-21　金上京会宁府示意图

上京北部有阿什河由西南流向东北，上溯可通松花江，为上京最方便的运输线。沿河两岸有冶铁遗址及陶窑，是上京主要的官府手工业区。据记载，城内居民分布在城北部[44]。

海陵王夺取帝位与改革　　金熙宗的改革，不能不遭到保守势力的抵制和反抗。伴随着新制的推行，以金太宗子宗磐为首的保守派和宗翰、宗干、希尹等改革派展开了反复的激烈的搏斗。先是宗磐杀高

庆裔，后来宗干、希尹杀宗磐和宗隽。金熙宗又杀希尹、右丞萧庆后，宗弼独掌政治、军事大权。皇统八年(1148 年)，宗弼死，金朝中央又陷入内部的纷争。熙宗又杀希元 查剌、裴满后及如嫔。皇统九年十二月，完颜亮联络熙宗的护卫和近侍做内应，初九夜起事，刺杀熙宗。海陵王即帝位，改年号为天德[43]。

海陵炀王完颜亮，本名迪古乃，是宗干的次子。即位后镇压铲除旧势力以巩固皇权，使用汉、奚、渤海人，对政治制度进一步改革，废行台，改订中央官制，务农时，兴修水利，治水田，发展手工业，北方生产得以恢复和发展[45]。

迁都燕京(中都)　　海陵王以前，金朝统治中心在上京会宁府。海陵王镇压旧势力后，颁布"求古诏"，相当多的上书人提出，上京远在一隅多有不便，建议迁都燕京。天德二年(1150 年)四月，海陵王下诏迁都，命右丞张浩主持修建燕京都城。三年完工。贞元元年(1153 年)，金朝把都城迁到燕京，海陵王下令改燕京城为中都，原析津府改名大兴。汴京为南京，中京(原辽中京)、大定府为北京，辽阳府仍为东京，大同府为西京[43]。

中都改建前，曾派画工至汴京，测绘了宋都城及建筑的图样，参照它的形制进行规划建设。城为二套方城(图 6-22)。据发掘遗址测量，外城东西宽 3800 米，南北长 4500 米。据《金史·地理志》："城门十三，东曰施仁、曰宣曜、曰阳春，南曰景风、曰丰宜、曰端礼，西曰丽泽、曰颢华、曰彰义，北曰会城、曰通玄、曰崇智、曰光泰。"据张清泉《金史简编》云："外城周长凡九里三十步，天津桥之北宣阳门，为正门。门内东西分设来宁馆、会同馆(为接待宋、西夏等使臣馆所)。"

都城内中部偏西的内城为皇城，"是皇帝宫城，宫殿九重三十六殿，楼阁倍之。皇帝居中，皇后居后，内省在东，妃嫔居西。内城之南，东为太庙，西为尚书省。在内城西门(玉华门)外，有同乐园、若瑶池、蓬瀛、柳庄、杏村等游乐场所"(《金史简编》)。

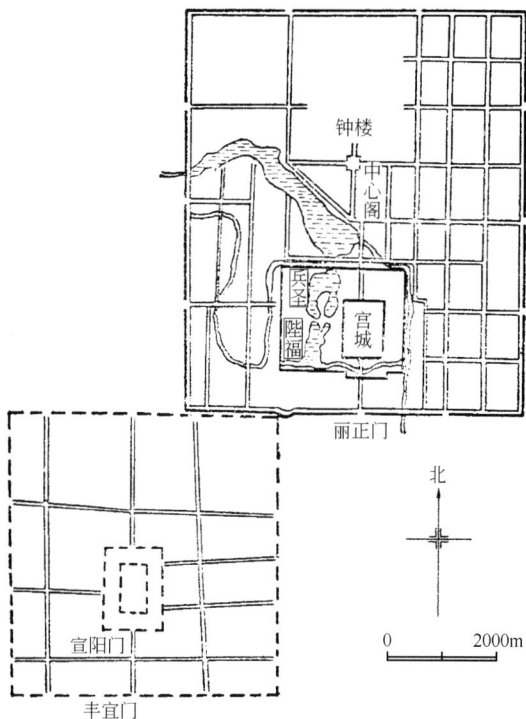

图 6-22　金中都及元大都城址图

《金史·地理志》叙述较详："应天门十一，左右有楼，门内有左右翔龙门及日华、月华门，前殿曰大安，左右挟门，内殿东廊曰敷德门。大安殿之东北为东宫，正北列三门，中曰粹英，为寿康宫，母后所居也。西曰会通门，门北曰承明门，又北曰昭庆门。东曰集禧门，尚书省在其外。其东西门左右嘉会门也。门有二楼，大安殿后门之后也。其北曰宣明门，则常朝后殿也。北曰仁政门，旁为朵殿，朵殿上为两高楼，曰东西上阁门，内仁政殿，常朝之所也。宫城之前廊东西各有二百余间，分为三节，节为一门。将至宫城，东西转各有廊百许间。驰道两旁植柳，廊脊覆碧瓦，宫阙殿门则纯用碧瓦。"

　　中都的工程浩大，役使辽汉人夫 80 万人，士兵 40 万人。贞元元年三月，海陵王入中都城，仿宋制，乘玉辂，服衮冕，用黄麾仗一万零八百人，骑三千九百余，"俨然汉家天子"。海陵王迁都后，又在大房山营建"山陵"，把太祖、太宗的棺木从上京迁到这里安葬和祭祖。迁都表明，海陵王同女真旧势力的决裂和走中原封建制的道路，便于改革，便于同汉族地主、

官僚进一步结合，也利于州府申陈和往复，减少"供馈困于转输，使命苦于驿顿"之弊。迁都对金朝和金、宋关系的影响都是深远的[45]。

　　海陵王"恃累世强盛，欲大肆征伐，以一天下，……以为正统"。(《金史》卷129《李通传》)，策划南侵宋朝，进而统一江南。正隆三年(1158 年)派左丞相张浩和李通等修建汴京宫室，作迁都南侵的准备。张浩等将宋朝在汴京的原有宫室台榭，全部拆除，"片瓦不留"，然后全部重建。《金史》卷五《海陵本纪》载："至营南京宫殿，运一木之费至二千万，牵一车之力至五百人。宫殿之饰，遍傅黄金而后间以五采，金屑飞空如落雪。一殿之费以亿万计，成而复毁，务极华丽"。又举国大调兵，"凡年二十以上，五十以下者皆算之，虽亲老丁多，求一子留得，亦不听"。又造战船兵器。《金史》卷五《海陵本纪》："其南征造战舰江上，毁民庐舍以为材，煮死人骨以为油，殚民力如马牛，费财用如土苴，空国以图人国，遂至于败"。又"诏诸路旧贮军器并致于中都。时方建宫室于南京，又中都与四分所造军器材用皆赋予民，箭翎一尺至千钱，村落间往往椎牛以供筋革，至于鸟鹊狗彘无不被害者"。这样"征敛烦急"，各族人民的起义更加风起云涌，冲击着金朝的统治。海陵王不顾北方人民起义浪潮的高涨和统治阶级集团内的不安，终于在正隆六年(1161 年)九月，按原计划南下侵宋，分兵四路。七月初八，海陵王率大军渡淮水，进兵庐州的前一天，东京辽阳府发生了政变。太祖孙曹国公完颜雍(女真名乌禄，宗辅子)，杀高存福，自立作皇帝(金世宗)。七月初八，金世宗下诏废黜海陵王，改元大定。但海陵王率领金军继续进兵。十一月二十六日，海陵王集中兵力，勒令将士于次日在瓜州渡渡江。次日拂晓，耶律元宜率领将士袭击海陵王营帐，海陵王被乱箭射死[45][42]。

　　世宗、章宗时期　　世宗在东京即位后，对新政权的组成不断充实调整。大定二年(1162 年)修订官制和礼仪制度，调整阶级关系，缓和社会矛盾，被

调发赴南侵宋的步军"并放还家",安抚流民百姓"并令归业,及时农种,无问罪名轻重,并与原免",减轻赋税和徭役,促进生产。金世宗镇压了契丹农、牧民起义后,大定二年(1162年)冬,调派重兵侵宋。大定四年十月,再次出兵,攻占盱眙及濠、庐、和、滁等州。十二月,宋又派使臣求和。大定五年(1165年)正月议和成(即隆兴和议),宋割海、泗、唐、邓等州及商、秦、西州地与金,宋向金称侄皇帝,岁币二十万两,绢二十万疋。"南北讲好,与民休息"[45]。

大定二十九年(1189年)正月,世宗病死,皇孙完颜璟即位作皇帝(章宗)。当时"治平日久,宇内小康"(《金史》卷十二《章宗本纪》"赞")。"乃正礼乐,修刑法,定官制,典章文物粲然成一代治规"。女真族封建化最后完成。章宗时,户口增息,生产发展,财政收入增加,是金朝统治的极盛时期。但在繁荣中孕育着社会发展的新危机,泰和年间(1201~1208年)已充分暴露出来,从此开始向衰落转化。章宗时已是"风俗侈靡",女真贵族和汉族地主都贪图富贵,生活奢华,而章宗也是酗饮荒政,"朝纲不正,军民胥怨"。

隆兴和议后,大定九年(1169年)世宗谕宰臣说:"朕观宋人虚诞,恐不能久遵誓约,其令将臣谨防边备,以戒不虞。"章宗即位后,对宋防御更加严密。南宋韩侂胄为平章军国事,总揽军政大权后,于泰和六年(1206年)五月,请宋宁宗下诏出兵北伐。章宗也出师应战。节节胜利,但损失亦重,因此,退军北回,以待和议。韩侂胄北伐,以失败告终。此后,军政大权落杨后、史弥远手中,杀韩侂胄,然后派使臣到金求和。泰和八年(1208年)议和达成,改称伯侄国,增岁币三十万,犒军银三百万两。金军从占领地撤回[45]。

章宗时,从金朝统治的整个看,还称较为安定,但由于连年水灾和战争,人民起义与反抗不断地进行着。泰和八年(1208年)章宗完颜璟死后,由世宗第七子永济(初作允济,避显宗讳改)嗣位,是为卫绍王。卫绍王时,"政乱于内,兵败于外,其灭亡已有征矣"。至宁元年(1213年)八月,右副元帅纥石烈执中发动宫廷政变,杀卫绍王,立完颜珣为帝,是为宣宗。完颜珣,本名吾睹补,是显宗长子。宣宗处于金朝内外交困的衰落时期,在内政上不能及时拨乱,维护封建纲纪,却信用乱臣,欲达图治,卒无成功。

蒙古南侵和金朝的衰亡 蒙古成吉思汗在1206年建国后,先出兵攻西夏。金大安元年(1209年),蒙军长驱直入西夏的中兴府,迫使西夏降服,从战略上完成对金的包围。大安三年(1211年)发动对金战争,卫绍王一面派使臣求和,一面派军抵御。成吉思汗分兵两翼,大败金军,中都被困。卫绍王接受主战派死守建策,蒙军屡攻不下,北退,中都解围。崇庆元年(1212年)成吉思汗再次南侵,攻下昌、桓、抚等州,攻西京城不下,退回阴山。至宁元年(1213年)再次出兵,攻下宣德州、德兴府,进至怀来。又下涿州、易州,随后分成三路进攻,几踏遍黄河以北。至宁元年,金廷政变,宣宗即位,向蒙古求和。贞祐二年(1214年)和议告成,蒙古回军。金蒙议和后,元帅大都监完颜弼劝宣宗南迁,"阻长淮,拒大河,扼潼关以自固。"左丞相单镒则说:"……固守京师,策之上也。南京四面受兵。……策之次也。"百官士庶皆力言不可迁都,宣宗不听,下诏南迁。宣宗离中都南逃,标志着金朝走向灭亡的道路。

金朝统治者既无力抗拒蒙古的南侵,曾企图南下侵宋,扩地立国,但遭到了南宋人民的坚决抵抗。西北的西夏这时也发动了对金朝的进攻。金朝的投降派叛金降蒙。腐朽的金朝在内外交困中最后挣扎。元光二年(1223年)十二月宣宗病危,诏立太子守绪继位(哀宗)。哀宗改年号正大,采取了一系列新措施,任用抗蒙有功将帅,一面停止侵宋,集中兵力,抗蒙救亡。正大六年(1229年),成吉思汗第三子窝阔台(蒙古太宗)继了汗位,冬大举侵掠金朝。天兴二年(1233年)汴京、中京相继陷落,哀宗自归德迁入蔡州。蔡州无险可守,与宋朝接壤,又面临着南朝的威胁。宋助蒙攻金，分道向蔡州进攻。蔡州被围三月，终于城破，哀宗在轩中自缢死。金亡。金朝的统治，在我国北方延续了一百二十年之久。女真族人民在和汉族人民长期相处中，交流了经济和文化[45]。

六、金朝文化、文学、艺术、科学

金朝文化的发展，与经济、政治的发展相适应。金初，诸事草创，尚无文字，对中原文物虽已接触吸收，仍不免加以敌视和摧残。熙宗时，始全面汉化，至海陵王时又出现金朝自己文士。“世宗、章宗之世，儒风丕变”，金朝文化已达到很高水平，它“一变五代、辽季衰陋之俗”，在某些方面的成就，亦非北宋可比，启后世文化发展之先声[45]。

金朝文学　总的来说，不脱北宋窠臼，能开后来派别或启发于后世者，主要是王若虚和元好问。王若虚，诗文之外，兼长经史考证，贡献在于初步建立了文法学与修辞学。元好问字裕之，号遗山，所著《论诗绝句》三十首，是他论诗的主要著作。金朝诗词，宗于苏(东坡)、黄(山谷)，与南宋诗词是在南北不同地区具有同一时代特色的作品，只是在内容上因人、因事、因地而不同。到金末，文学内容转向忧时伤乱，诗词方面更多的接触到现实生活。

辽、金、元是词曲相继递兴时代，杂剧戏曲在金朝得到相当的发展。诸宫调是以传唱于中国北部的一些曲调为主而形成的一种体裁，后来则掺入文人的撰作发展起来的。章宗时，诸宫调已有文人的撰作，如董解元：《西厢记诸宫调》。董解元是金朝具有市民思想的作者，金朝已盛行以杂剧的形式作戏。金代院本的发达，为后来元代用北曲谱成表演故事的杂剧打下了基础[45]。

金朝艺术　金朝艺术在绘画上也有很高成就。现存金代绘画虽少，但如张瑀《文姬归汉图》等，足见其技巧水平之高。壁画艺术发展水平和造诣也相当高。山西繁峙县岩上寺的金朝壁画，是目前保存下来的稀有精品，内容丰富，西壁为佛传，东壁是本生画，北壁画五百商人航海遇难罗刹女营救故事和一组塔院，两壁有殿阁楼台等，技巧精湛。金朝书法，亦不出北宋诸派的窠臼。在山西、河南等处发现的雕砖墓，用雕砖组成的人物画面，东北地区出土的玉雕、石雕等雕品，表明雕刻艺术在金朝也有很大发展和较高水平。

金朝科学　金朝的科学也有一定发展。赵知微重修大明历，对“天元术”(用代数方法列方程)方面有系统的研究和成就。建筑技术也有发展。如磁州石桥，始于世宗时，四十年方筑成。桥之“缔构隆崇，砻嵌致密”，“广容两轨，高以十丈，旁凿二室以泄水怒，……标以华柱，护以崇栏，……”(《磁州石桥记》)。最为雄伟的是章宗时所建的卢沟桥。桥长265米，计十一孔洞，在各孔关系上采用“联拱桥”的结构，相邻的两孔都有一共同拱脚使各拱结成整体。在建墩工程上不仅扎根牢固，而且将墩体前部筑成“尖嘴”，夏杀怒水，春击流凌。桥石栏柱台，有近五百个石狮，精雕细琢，神态动人，令人赞赏不已。金朝医药事业，也有发展。药物方面，张元素的《珍珠囊》是一部重要的药理研究著作。医学上名家辈出，尤其是刘完素、张子和、李杲和元朝朱震亨，形成医学史上四大家的不同学派。

女真原始宗教是萨满教，一种多神教。金朝建立后，在汉人、契丹人的影响下，女真人很快就接受佛教与道教，金代奉佛尤谨。金初上京就有大庆寺元寺和储庆寺以及兴元、兴王、宝胜、杯光四寺等。金占领原辽、宋地区，对佛教寺院极力保护、维修和继建。五台山是佛教四大圣地之一。金于五台山北麓创建岩上寺。千山是东北名山，亦盛寺院。王寂《鸭江行部志》记载，在东京(辽阳)到澄州(海城)之间经灵岩寺(今千山祖越寺附近)。所游之上方(今千山南部中会寺附近之高地)、九圣殿(在今中会寺)、舍利塔(今中会寺东净瓶寺塔)、水殿(今中会寺水亭又称水阁)。所载正观堂，为世宗母贞懿太后所居(在今大安寺附近)；

西岩浮图(指今大安寺西北香岩寺东山上之塔，为金时所建)；"突兀一峰，顶平如砥"，即今仙人台；龙泉谷，距灵岩寺六里处，今龙泉寺附近。可见金时寺院与今千山名寺地址略同，后来所建寺院可能在金时旧址处兴建。世宗大定二十六年(1186年)在中都的香山寺建成，赐名大永安。此外还新建一些寺塔，如辽宁开原崇寿寺及塔等。金朝道教也很兴盛，而且在丹鼎、符箓两派之外又新增全真一派，这是金朝在北方统治道教之一大变化。全真教主要由北方一些大地主所提倡和组成的。凡立教必以三教为名，其教以儒者的忠孝、佛教的戒律与道教的丹鼎熔冶于一炉，谓之全真教。

关于金朝中都郊区苑囿，为叙述方便起见，附载于下章元明清都城池苑和郊区胜地有关各节。

注释

[1] 尚钺主编. 中国历史纲要. 人民出版社，1980.197～199

[2]《中国史稿》编写组. 中国史稿. 人民出版社，1983.35～47

[3] 周宝珠，陈振主编. 简明宋史. 人民出版社，1985.8～20

[4] 周宝珠，陈振主编. 简明宋史. 人民出版社，1985.20～29

[5]《中国史稿》编写组. 中国史稿. 人民出版社，1983.49～59

[6] 周宝珠，陈振主编. 简明宋史. 人民出版社，1985.58～81

[7] 周宝珠，陈振主编. 简明宋史. 人民出版社，1985.81～102

[8] 周宝珠，陈振主编. 简明宋史. 人民出版社，1985.103～123

[9] 周宝珠，陈振主编. 简明宋史. 人民出版社，1985.448～479

[10] 陈明达. 中国建筑概论. 文物参考资料，1958.17～18

[11] 周宝珠，陈振主编. 简明宋史. 人民出版社，1985.474～525

[12] 周宝珠，陈振主编. 简明宋史. 人民出版社，1985.526～558

[13] 李浴. 中国美术史纲. 人民美术出版社，1957.196～208

[14] 李浴. 中国美术史纲. 人民美术出版社，1957.236～257

[15] 郑振铎. 中国绘画的优秀传统. 人民日报，1953-11-1

[16] 王朝闻. 动人的古代绘画. 人民日报，1953-11-2

[17] 单远慕. 开封史话. 中华书局，1983.1～38

[18] 吴涛. 北宋都城东京. 河南人民出版社，1984.1～173

[19] 刘敦桢主编. 中国古代建筑史. 中国建筑工业出版社，1980.165～167

[20] 纪流，宋垒. 洛阳散记. 中国旅游出版社，1982.59

[21] 单远慕. 宋代的花石纲. 中华书局出版，1983.1～35

[22] 王铎. 唐宋洛阳私家名园的位置和图注(未发表)

[23] 李泽厚. 美的历程. 文物出版社，1981.126

[24] 李泽厚. 美的历程. 文物出版社，1981.146～148

[25] 周宝珠，陈振主编. 简明宋史. 人民出版社，1985.150～176，177～213

[26] 陆鉴三. 南宋临安城门沿革. 政协杭州市委员会办公室编. 南宋京城杭州. 105～118

[27] 林正秋，金敏. 南宋故都杭州. 中州书画社出版，1984

[28] 林正秋. 南宋临安人口. 政协杭州委员会办公室编. 南宋京城杭州. 61～71

[29] 郑云山，龚延明，林正秋著. 杭州与西湖史话. 上海人民出版社，1980.1～3

[30] 乌鹏廷. 西湖的沧桑. 政协杭州市委员会办公室编. 南宋京城杭州，1985.220～226

[31] 王士伦. 南宋故宫遗址考察. 政协杭州市委员会办公室编. 南宋京城杭州，1985.16～35

[32] 林正秋. 南宋时期杭州的经济和文化. 杭州师范学院学报编辑室. 古代杭州研究，1981.88～90

[33] 张福全. 南宋宫城禁苑的隋唐五代遗迹. 政协杭州市委员会办公室编. 南宋京城杭州，1985.41～45

[34] 陈觉民. 南宋德寿宫. 政协杭州市委员会办公室编. 南宋京城杭州，1985.36～39

[35] 林正秋. 南宋故都杭州(前朝亡国恨，遗迹后人哀). 中州书画社，1984.111～116

[36] 王士伦. 南宋王朝的覆灭. 政协杭州市委员会办公室编. 南宋京城杭州，1985.297～302

[37] 陈植，张公驰选注. 中国历代名园记选注. 安徽科学技术出版社，1983.82～87

[38] 陈桥驿. 绍兴史话. 上海人民出版社，1982.8～86

[39] 陈桥驿. 绍兴史话. 上海人民出版社，1982.111～113

[40] 蔡美彪，周清树，朱瑞熙，丁伟志，王忠著. 中国通史第六册. 人民出版社，1979.3～141

[41] 同济大学城市规划教研室编. 中国城市建设史. 中国建筑工业出版社，1982.58

[42] 杨树森著. 辽史简编. 辽宁人民出版社，1984

[43] 蔡美彪，周清树，朱瑞熙，丁伟志，王忠著. 中国通史第六册. 人民出版社，1979.127～454

[44] 同济大学城市规划研究室编. 中国城市建设史. 中国建筑工业出版社，1982.58～59

[45] 张博泉编著. 金史简编. 辽宁人民出版社，1984

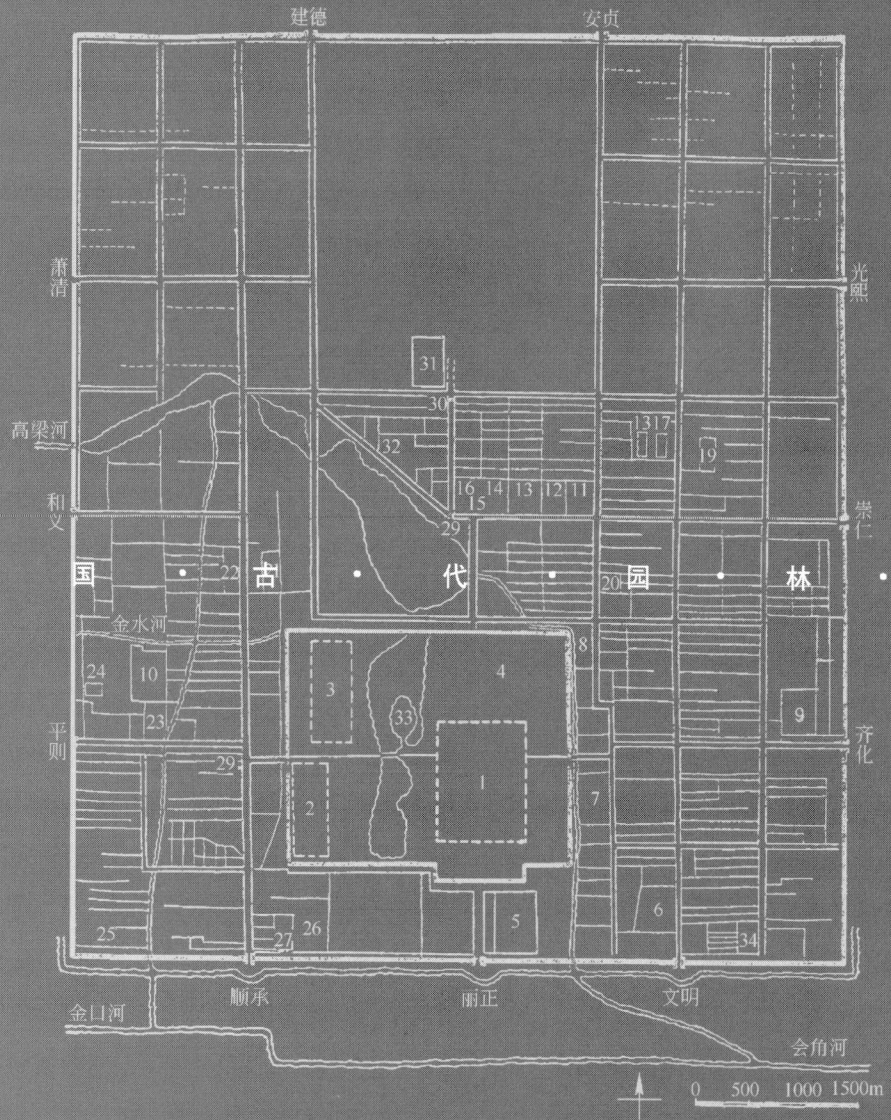

建德　　　　　安贞

萧清

高梁河

和义

光熙

崇仁

齐化

平则

金水河

金口河

顺承　　　丽正　　　文明

会角河

0　500　1000　1500m

31

30

32

13 17

19

16 14 13 12 11
15

29

22

8

4

24　10

3

33

9

23

29

2

1

7

25

26　　5　　6

27

34

第七章　元朝时期都城和宫苑

第一节　元朝的建立与和林、开平、大都

一、成吉思汗的建国

早在唐朝时期，《旧唐书》和《新唐书》里都记载着俱轮泊(呼伦湖)和望建河(额尔古纳河)东南，居住着蒙兀部。840年，回鹘汗国被黠戛斯攻灭，回鹘部民被迫向天山南北一带迁徙。之后又经一段时间，居住在额尔古纳河附近的一些蒙古部落便逐渐向西迁移到原属回鹘统治的广阔草场并扩展。此后，蒙古各部落就在西起三河之源(克鲁伦河、鄂和河、土拉河三河的发源地大肯特山一带)，东至呼伦贝尔地带的广阔草原上游牧[1]。

辽朝统治时期，塔塔儿(鞑靼)成为草原上强大的部落，并进而组成了部落联盟，构成辽朝的强大威胁。蒙古部落也受到塔塔儿的压迫。金朝统治时期，蒙古各部落才逐渐有了较快的发展。后来，乞颜部铁木真选为蒙古各部落的汗。铁木真称汗后的十几年间，先后和周邻扎答澜、泰赤乌以及塔塔儿部进行了斗争，在斗争中迅速地发展壮大起来。1206年，全蒙古的贵族在鄂嫩河源举行大会，推举铁木真为全蒙古的汗，号"成吉思汗"(意为海洋般的大汗)。这时铁木真已占领东起兴安岭，西迄阿尔泰山，南达阴山界壕各部的牧地，控制着极其广阔的地区[1]。

为了保护奴隶主的利益，实行对广大奴隶的统治，成吉思汗建立起一套政治机构。他将新占领地区的人户编为九十五个千户，分封给开国功臣和贵戚，分别进行统治。除将一些千户分配给自己的母亲、

诸弟和子侄，其余的千户则分为左、右两翼，由他直接统治。在千户以下，又分为百户、十户，分别由万户、千户、百户那颜（长官）统属。原设置的护卫军怯薛，扩充到一万名，是蒙古国家中枢的庞大统治机构。怯薛在对外作战时，作为成吉思汗直接统领的主力军去掳掠人畜，优先获得财物；平时则作为蒙古国家的实体附属物，捍卫着以成吉思汗为首的贵族统治，镇压被压迫者的反抗。怯薛中的札鲁忽赤（汉译为"断事官"），具体负责属民的分配和罪犯的判决，后来逐步形成为兼管财政和司法的官职。在蒙古建国前，部落首领发布的号令称为"札撒"（法律）。1203年，制定了完美而确切的札撒，1218年又重新规定了规章（额延）、法律（札撒）和自古以来的习惯法（约孙）。蒙古原来没有文字，1204年成吉思汗战胜乃蛮时，乃蛮的掌印官塔塔统阿被捉后，借用畏兀儿文（回鹘文）的字母拼写蒙古语，创造了蒙古族的文字。上述的千户制、怯薛、断事官、札撒等还是较为原始的，很不完备的。但是，蒙古国家的出现，结束了草原长期以来的部落纷争，蒙古社会由此进入阶级社会，确立了奴隶制。这是蒙古族历史上，也是全中国历史上的一个重大事件[1]。

蒙古国家建立后，成吉思汗即着手消除各种敌对势力，以巩固他的统治。他打击巫师势力，巩固了汗的最高权力。征服了蒙古草原北面森林地带的狩猎部落，又顺利地征服了西辽的一些属国。成吉思汗在巩固了他的统治后，随即对金朝展开了大规模的侵略，并转而向西灭亡了西辽和花剌子模。在他的晚年又消灭了西夏。

二、窝阔台与和林的兴建

成吉思汗的继承者窝阔台（太宗），进而灭亡了金朝，占领了金朝统治下的广大地区。这里居住着众多的汉人和汉化了的女真人、契丹人，进行着以农业为主的社会生产，有着发达的封建经济和文化，用征服和统治草原游牧部落的方法显然不能适用，窝阔台倚用耶律楚材等金降臣和汉族地主武装的首领，在金朝旧地逐步建立起统治秩序。蒙古侵金过程中，继续进行掠夺，军队将所攻下之地，即归他统治。因此，"自一社一民，各有所主，不相统属。"灭金之后，窝阔台命检拾中州户口，把一些州县作为汤沐邑，分赐诸王贵族。耶律楚材建议各州县官吏由朝廷任命，除规定的赏赐外，不许诸王擅自征敛。于是制定赋税制度。为了改变各路官长总领军民钱谷，权力过重的局面，耶律楚材又奏请以长吏管理民事，万户府总管军政，课税所掌钱谷，三者分治，不相统属。耶律楚材在促使蒙古适应中原的统治制度中起了一定的作用[1]。耶律楚材还常向窝阔台进说周孔之教，要他珍视和保存"南中士大夫"，设编修所、经籍所，考试儒生，中试的免去赋税，优秀的任以官职，通过这些措施，耶律楚材为在蒙古征服下保存中原传统文化作出了特殊的贡献[2]。

和林的兴建　窝阔台灭金时，从中原俘虏大批汉人工匠带回蒙古草原。1235年春，在鄂尔浑河畔回鹘汗国古城的旧址附近，兴建蒙古第一个城市哈剌和林及大汗的宫殿万安宫。万安宫仿汉族宫殿的传统仪制雕饰。宫殿的周围有诸王贵族的居邸。城内居民分为两部分：一部分为伊斯兰教穆斯林和使臣的住区，也是市场的所在地；另一部分主要是汉人工匠的住地。哈剌和林从此成为蒙古的都城[1]。

南伐和西征　1234年窝阔台在答兰答八思之地，召集诸王大臣大会，宣布各项条令，以约束诸王大臣，同时决议继续对外扩张。南伐军侵入陕西、四川，南侵襄汉；东征军东侵高丽；1241年高丽国王王皞投降；西征军继续向西方远征，1236年诸军会师，首先进攻伏尔加河中游的不里阿耳，1237年进攻钦崇，蒙古占领里海以北地区后就大举侵入斡罗思，1237年攻下也烈赞(梁赞城)，继而攻入兀拉基米尔公国，并连续攻下莫斯科等十四城，1238年二月，蒙古军攻陷兀拉基米尔城，屠掠后把城市焚毁，1239年进围乞瓦(基辅)，破城后，掳掠而去；1240年侵入波兰，攻下波兰累格尼察城，蒙古军在波兰摩拉维亚等地屠掠后，进而向马札儿进军，马札儿王逃走，一支军队追到达尔马提亚的海滨。西征军统帅拔都的大军驻营于马札儿平原，准备1242年春深入西欧。1241年末窝阔台死讯传来，蒙古军自巴尔汗撤回到伏尔加河上。西征军继续以掳掠为光荣，在斡罗思、波兰、马札儿等地进行屠杀和掳掠，直到在斡罗思领地建立统治后，才在一些大城市中设立课税使征收赋税[1]。

三、定宗到宪宗

1240年冬窝阔台下令长子贵由班师返回蒙古，1241年十一月五十六岁的窝阔台病死，贵由尚在途中。这时，成吉思汗的嫡子只剩下察合台一人，察合台请窝阔台皇后乃马真氏暂摄国政。不久，察合台也病死。到1246年秋，乃马真召集诸王，举行大会，推选贵由(定宗)继承汗位。这年冬天，乃马真病死。定宗贵由当选大汗，他已四十一岁，在位不满两年就病死。贵由死，皇后斡兀立海迷失在贵由的封地叶密立摄政，和林汗位悬空，汗位的继承再次引起纷争。直到1251年，六月，王室之长拔都定议，拖雷之妻唆鲁禾帖尼(生四子：蒙哥、忽必烈、旭烈兀和阿里不哥)在克鲁伦河和鄂嫩河源的阔帖兀阿阑之地，正式举行大会，推蒙哥(宪宗)即汗位[1]。从此，汗位由窝阔台等转到了拖雷系子孙手中[2]。

蒙哥继位后，随即镇压反对派，更改政制，加强大汗的权力以巩固他的统治。在稳固汗位后，蒙哥"自谓遵祖宗之法"，向四方展开侵掠，命其弟旭烈兀征掠西亚，1257年初灭木剌伊，又指向黑衣大食宗教国，1258年，一月，围攻其都城巴格达，二月哈

里发出城投降，旭烈兀入城，把巴格达积藏的金银财宝全部运走，蒙古兵士在城中杀掠七日后，才下令止杀。蒙哥把阿姆河以外之地，都委托旭烈兀统治[1]。

蒙哥命撒里等领兵征欣都思(印度)和怯失迷儿(克什米尔)；命宗王也古、札剌亦儿带火儿赤等领兵侵高丽；命忽必烈南征云南的大理等国，并绕道侵宋。1253年，忽必烈率领大军在六盘山度夏，秋天，大军经临洮进入藏族地区，到达忒剌(今四川松潘)，分兵三道前进，忽必烈自领中路大军经大雪山，过大渡河，又穿行山谷二千余里，抵达金沙江岸。1254年初，忽必烈军包围了大理城。大理军民出城迎战失利，城陷。灭大理后，忽必烈命兀良合台继续东征未降服的各部，自己率军北返。

四、忽必烈的建元、建号与建都

忽必烈于1251年，六月，受命总领"漠南汉地军国庶事"。忽必烈从青年时代就已结识聘请中原文士，受命治理汉地以后的十年间，继续聚集流落的儒生、门客，在他周围组成一个幕僚集团，通过他们用汉法治中原，争取汉人地主、士大夫对他的支持。他们也力图影响忽必烈，使他接受以儒学为核心的封建文化和制度，以保护地主阶级的利益。忽必烈受命主持汉地事务，常驻桓州(今内蒙古多伦)和抚州(今内蒙古兴和)之间。1256年春，命僧子聪在桓州东、滦水北选择地址，建开平府城，营造宫室，作为王府常驻之所。召真定人贾居贞，监筑府城[1]。

开平府城(后升为上都)　开平城是蒙古地区第一个有计划建造的城市。忽必烈以开平为基地，统治汉地，控制关中成为他称汗建国的基地。但忽必烈后来将中原地区作为他的立国基础，开平显然不适于作为国家的都城。1253年，五月，忽必烈升开平为上都，作为驻夏(5月至7月)的纳钵。1264年，八月，又下诏燕京(金中都，金亡后称燕京)仍改名为中都，准备在此建新的都城。

上都遗址在内蒙古自治区多伦西北八十里，滦

河上游闪电河畔。上都城分宫城、内城、外城三部分（图7-1）。

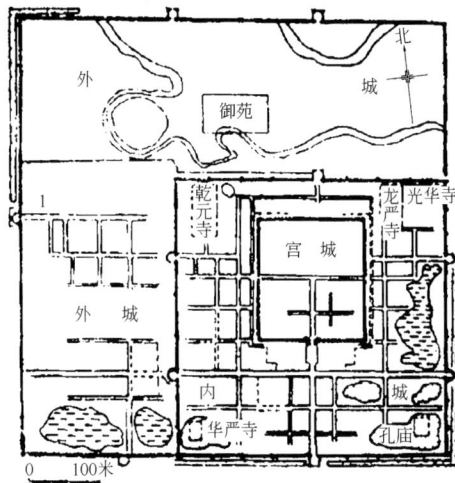

图 7-1 元上都城图

宫城在内城正中偏北，东西 570 米，南北 620 米，城墙砖砌，四隅有角楼基址。一门位于南城墙中央，门为券门，与内城南门相对。内城北正中有矩形宫殿基址，东西长 150 米，南北长 45.5 米，基址南面两侧各有向前突出部分。宫殿基址之南，散布着附有围墙遗迹的大小建筑遗址，布置形制无一定规律。围墙内有一处较大基址，常用工字形或凸形平面，为宫殿衙署遗址；有些地区无瓦片遗迹，可能系毡帐集中的地区。城内宫殿衙署混在一起，并无明显区分。宫城布局是直接受汉民族都城的传统，而且将统治者围在中心，也符合蒙古的军帐制度。

内城 1400 米见方，外砌石块，有方形马面及圆形角楼基址。城南、北各一门，有方形瓮城，东、西各二门，有圆形瓮城。城内建筑有集中四隅的现象。内城的东北隅有龙严寺、光华寺，西北隅有乾元寺，西南隅（华严寺）及东南隅（孔庙）也有较大基础，为寺庙遗址，均为长方形，其前设驰道，这也是元朝衙寺建筑常见的布置方式。其他地区遗址较少，是由于蒙古人多建造可移动的毡屋、板屋。

外城在西、北两面，围以版筑的城墙，两面长度各为 2200 米，北面二门，西面一门，皆建方形瓮

城，南面一门建圆形瓮城。城四面皆设濠[3]。

1257 年秋，蒙哥召集诸王集会，决议明年大举伐宋。蒙哥亲率大军，1258 年春到达六盘山，分三道侵宋。一年之间，蒙古军长驱而下，宋四川各地守军，相继败降。1259 年春，蒙哥领兵攻打合州（今四川合州）。宋合州守将王坚凭钓鱼城坚守。七月间，蒙哥亲自领兵到城下猛攻。宋军发炮石反击，蒙军败退，蒙哥身负重伤，死在军中。忽必烈所领的东路军八月进至鄂州（今湖北武昌）对面的长江北岸。九月，末哥遣使告蒙哥死讯，请他北返。忽必烈仍坚持渡江，围攻鄂州，与经广西、湖南北上的兀良合台军会合。十二月，忽必烈得知阿里不哥策划继承汗位，便匆忙地许宋议和，自己轻车简从北返，驻燕京近郊。1260 年，三月，返回开平，召集宗王大将，举行选汗大会。忽必烈弟末哥、东道诸王塔察儿等、西道诸王合丹等拥立忽必烈（元世组）即汗位。

忽必烈即位后，采纳僧子聪等幕僚的建策，依据汉人封建王朝的传统，颁即位诏，称皇帝，建元"中统"（自成吉思汗建立蒙古国家以来，从未建立年号）。下诏说："稽列圣之洪规，讲前代之定制，建元表岁，示人君万世之传。纪时书王，见天下一家之义。法《春秋》之正始，体大《易》之乾元"，表明他是中原封建王朝的继承人[1]。

蒙哥出兵伐宋时，命弟阿里不哥留守和林大大斡耳朵，阿蓝答儿为辅。蒙哥死后阿里不哥监国。忽必烈自立为汗后，四月，阿里不哥也随即在和林举行大会，蒙哥诸子及察合台系宗王数人，拥立阿里不哥为汗。大蒙古国出现了两个可汗，他们是兄弟，都有一部分宗室的拥护，都通过忽邻勒塔的推举。继位之争只能诉诸武力来解决了。

忽必烈即位后，首先任命亲信为燕京路宣慰使，以加强对华北的统治，四月设立中书省，总管内外百司之政，接着命亲信官员分任十路宣抚使，副使，七月改燕京路宣慰司为行中书省，八月又立秦蜀行中书省。忽必烈巩固了在中原的统治，随即命诸路输马匹

粮草于开平，以备与阿里不哥一战。九月，阿里不哥派遣阿蓝答儿领兵南下，与浑都海军会合，忽必烈命蒙、汉军迎战，大战于删丹，阿里不哥军溃败，阿蓝答儿、浑都海相继被杀。忽必烈亲率大军去和林，攻打阿里不哥。九月，至转都儿哥之地。阿里不哥败逃，退至乞儿吉思地。忽必烈命宗王移相哥统领一军留驻和林。1261年秋，阿里不哥率领翰亦剌等部众，突然袭击移相哥军(攻占和林)；乘胜南下。忽必烈得警，急忙征调七处汉军，塔察儿率军士与随从出征，十一月，两军战于昔木土脑儿。忽必烈军分右左中军，合势进攻，斩阿里不哥大将合丹火儿赤。塔察儿与合必赤分兵奋战，大破翰亦剌军。阿里不哥后军阿速台复主，再战，两军杀伤相当。阿里不哥北撤，忽必烈也还军。1262年秋，阿里不哥领兵往征阿鲁忽。阿鲁忽在普剌城迎战，斩阿里不哥大将哈剌不花，得胜而回，不再戒备。阿里不哥后军阿速台突然进至阿力麻里地区，阿鲁忽败走和田、喀什噶尔。阿里不哥进驻阿力麻里后大肆屠掠。1264年春，又值饥荒，人民死亡甚众。阿里不哥部下将士多逃至驻在阿尔泰地区的扎布汗河上的玉龙答失(蒙哥之子)，共商归降忽必烈。这时，忽必烈已取得旭烈兀、别儿哥的支持，阿鲁忽、玉龙答失也已转到忽必烈方面。走投无路的阿里不哥不得已投附忽必烈。忽必烈命宗王和将领审讯拥立阿里不哥的诸臣，被处死，又分遣使者征询旭烈兀、钦察别儿哥和察合台兀鲁思的阿鲁忽三王，决定赦免阿里不哥及阿速台罪。不久，阿里不哥病死[1]。

当忽必烈与阿里不哥相持不下的同时，1262年，二月，山东爆发了军阀李璮的武装叛乱。他以涟、海三城献于宋，还军益都，占据济南，起兵反。忽必烈急召诸路蒙汉军去济南作战，败李璮于高苑老僧口。李璮退守济南，史天泽与哈必赤定议，筑环城围济南，进行长期围困。被围四月，城中粮尽，李璮投大明湖，不死，被俘，被斩于军前。李璮之乱，只局限于益都、济南一隅，起兵五月即败死。但是，李璮之乱对忽必烈的统治政策和当时的政局产生了深远的影响。李璮之乱暴露出汉人军阀势力的发展对蒙古统治的严重威胁，忽必烈解除军阀世袭的兵权，在地方上实行军民分治，诸路管民官理民事，管军官掌兵戎，从而把各地的兵权进一步集中到朝廷。中书省官，平章政事王文统，原在李璮的幕府，又以女儿嫁李璮，人们揭露他曾派儿子王荛与李璮通消息。1262年，二月忽必烈杀王文统及其子王荛。从此对汉人幕僚增加了疑虑，逐渐疏远，任用色目人。随着蒙古向西方的侵掠，西域和中亚一带的各族人陆续随军东来，也有些人径来汉地经商。他们原属于不同的国家和民族，来到汉地后，统被称为"色目人"即"诸色名目"人。色目官员多以经商理财擅长，可以帮助元朝统治者搜刮财富，又不致像汉人军阀那样形成武装叛乱集团。忽必烈不得不在继续任用汉人的同时，开始重用色目人，以便互相牵制，也引起统治集团中蒙汉色目人之间的重重矛盾，由此出现长期的纷争[1]。

五、元朝的建号和建都

自成吉思汗建国以来，以族名为国名，称大蒙古国。忽必烈称汗后，建元"中统"，但没有另立国名，1264年，八月，阿里不哥归降后，改年号为"至元"，但还没有像北魏、辽、夏、金那样建立国号。直到至元八年(1271年)十一月，才正式建国号为"大元"，"盖取《易经》乾元之义"。"元也者，大也。大在足以尽之，而谓之元者，大之至也"。忽必烈用"大元"来取代"大蒙古国"，表明他所统治的国家，已不只是属于蒙古一个民族，而是中原封建王朝的继续。

北京地区，早在商殷时期，已经出现了居民聚落。据明•失名《北平考》，西周时已称蓟。《礼记•乐记》："武王克殷反商，未及下车而封黄帝之后于蓟"。春秋战国时期，这里是诸侯国燕国的都城蓟的所在地。《汉书•地理志》："蓟故燕国，召公所封"。《秦始皇纪》："二十一年(公元前226年)王贲攻蓟，乃益发卒诣王翦军，遂破燕太子军，取燕蓟城"。亦名蓟丘。《史记•乐毅传》《报燕惠王书》有："蓟丘之植，植于汉篁"。《水经注》曰："蓟城内西北隅有蓟丘，因丘以名邑也"。也有人说，蓟的得名，是由于到处生长开紫红花的蓟草的缘故。《水经注》又言："秦始皇灭燕，以为广阳郡"。今案《史记·秦始皇纪》，三十六郡无广阳之名。《汉书·地理志》载："高帝燕国，昭帝元凤元年(公元前80年)为广阳郡。宣帝本始元年(公元前73年)更为国(广阳国)。"当以昭帝置广阳郡为定(《北平考》卷一)。后汉时置幽州，以蓟县为刺史治所(《后汉书·郡国志》)。晋、魏仍称幽州或燕郡，隋时曾改为涿郡。《隋书·地理志》："旧置燕郡，开皇初废，大业初置涿郡。"唐时称幽州范阳郡。《唐书·地理志》："幽州范阳郡大都督府，本涿郡，天宝元年更名。"

辽朝太宗会同元年(938年)升幽州为南京幽都府(后改析津府)，开泰元年(1012年)号燕京(见《金史·地理志》)。金海陵王贞元元年(1153年)定都，以燕乃列国之名，不当为京师号，遂改为中都。金中都规划和营建已见前章，这里要一提的，就在蒙古军大举进攻的数年前，即大安三年(1211年)中都曾发生大火，"延烧万余家，火五日不绝"，城市受到很大破坏。在蒙古军攻取中都过程中，中都遭到进一步破坏，已相当残破了。战争中残存下来的一部分宫殿，在蒙古接管中都的第三年，即1217年，又发生一次火灾中，大概没有什么剩下了。繁华富丽的大安殿已变成一堆瓦砾，所谓"野花迷辇路，落叶满宫沟"[4]。

至元九年(1272年)二月，忽必烈采刘秉忠议，改中都为大都，宣布在此建都。按刘秉忠即僧子聪，1264年王鹗上奏，说子聪："久侍藩邸，积有岁年，参帷幄之密谋，定社稷之大计"，应当让他还俗做官。忽必烈诏令僧子聪复姓刘氏，赐名秉忠，拜太保，参领中书省事。开平府城就是僧子聪负责规划、营建的，至元三年(1266年)忽必烈又命他在中都营建新的都城。至元四年正月，开始修建新城，至元八年(1271年)八月动工修宫城。至元九年三月，宫城成。至元十年(1273年)大明殿成，次年正月元旦，忽必烈在正殿接

受朝贺。元朝从此定都在大都(北京)。大都成为元朝多民族国家的政治中心。元大都规模宏大，规划整齐，是当时世界著名的大都城。此后，明朝利用元大都的南大半部加以增筑，逐渐发展成为明清两朝的北京城。

第二节　金离宫到大都城

金中都历经战火已残破不堪，原来的宫殿也已荡然无存，忽必烈就完全避开废墟，在中都东北郊，风景优美，附近又有大片湖水(海子)的大宁宫(金离宫)地方开始营建。先修琼华岛，在太液池东建宫城，池西建太后宫，外以萧墙回绕西宫、琼华岛御苑和宫城作为皇城。这时，就以皇城为中心，在外廓建土城，叫作大都城，至元十三年(1276年)建成。至元二十年(1283年)，城内修建才基本完成。

一、金离宫大宁、建春、玉泉山和香山

《金史·地理志》："京城外离宫有大宁宫。大定十九年(1179年)建，(经过三次更名)，后更为宁寿，又更为寿安，明昌二年(1191年)，更为万宁宫"。

大宁宫这一离宫，金史上仅反映哪年哪月世宗幸大宁宫，幸寿安宫，章宗幸寿安宫，改名后几每年三、四月如万宁宫的记载，对于宫中规制，缺乏史录，仅反映有琼华岛和海子。从《金史·章宗纪》载："(明昌六年)五月丙戌，命减万宁宫陈设九十四所"，这一段文字，可以从侧面了解其楼台殿阁之众。又据金赵秉文《扈跸万宁宫》诗句："……花萼央城通禁籞，曲江两岸尽楼台。……荷气分香入酒杯，遥想薰风临水殿，……"写出了当时亭阁楼台和海子的景象。海子中有岛，名琼华岛，岛上构山，顶筑广寒殿。金朝人元好问《遗山集》载："宁寿宫有琼华岛，绝顶广寒殿……"。可见广寒殿是创于金，元明承之。山岛海池何时营造，不可考。据元陶宗仪《南村辍耕录》卷一"万岁山"条："闻故老言，国家(指元)起朔漠日，塞

上有一山，形势雄伟。金人望气者，谓此山有王气，非我之利。金人谋欲厌胜之，……乃大发卒，凿掘辇运至幽州城北，积累成山，因开挑海子，栽植花木，营构宫殿，以为游幸之所"。这就是琼华岛的由来。据清高士奇著《金鳌退食笔记》卷上"琼华岛"条载："余历观前人记载，兹山实辽、金、元游宴之地，……其所垒石，巉岩森耸，金、元故物也。或云：本宋艮岳之石，金人载此石自汴至燕，每石一准粮若干，俗呼为'折粮石'。"上述两种说法，根据传说，不一定可信。又据《金史·张仅言传》"护作大宁官，引宫左流泉溉田，岁获稻万斛"。可见大宁官外有大面积稻田。

金朝郊坰的离官，除大宁官外，城南(大兴)也有别官，叫建春官。城西郊有玉泉山行官和香山(永安寺)。《金史·地理志》："大兴，辽名析津，贞元二年(1154年)更今名，有建春官，镇一，广阳"。《金史·章宗纪》："承安元年(1196年)二月己巳，幸都南行官'春水'。三年正月丙辰。如城南'春水'。己未，名行官曰建春。二月己巳朔，幸建春官"。此后，有永安四年二月、三月，泰和二年(1202年)正月，三年正月，五年二月，七年二月，八年二月如建春官的记载。看来，章宗几乎每年的正、二月都要到都南行官，搞"春水"的活动。"春水"乃是金朝皇帝的一种岁时习俗的游猎活动。有关光春行官(另一行官)的春水活动，有诗为证。按光春行官在今保定西北之遂城。《金史·章宗纪》："敕行官名曰光春，其朝殿曰兰皋，寝殿曰辉宁"。《滏水集》中《扈从行》与《春水行》诗中称："光春宫外春水生，天鹅飞下寒犹轻"、"年年扈从春水行，裁染春山波漾绿……圣皇岁岁万几暇，春水围鹅秋射鹿"。"春水"就是在早春，在水区，围捕天鹅(或其他水禽)，既游且猎的传统习俗活动。

玉泉山行官，据辽史记载，早在辽圣宗时候，开泰二年(1013年)就建立了，到金章宗时又在玉泉山顶建造了芙蓉殿。玉泉山也是章宗常游幸的离官，《金史·章宗

纪》里，经常出现幸玉泉山、如玉泉山的记载。山以泉名。"泉出石罅间，潴而为池，广三丈许，……池东跨小石桥，水经桥下东流入西湖(今昆明湖)，为京师八景之一，曰：'玉泉垂虹'"(明蒋一葵《长安客话》卷三，"玉泉山"条)。香山，金时就建有寺。《金史·世宗纪》："大定二十六年(1186年)三月癸巳，香山寺成。幸其寺，赐名大永安寺。"进行了扩建，规模较大。"相传山有二大石，状如香炉，原名香炉山，后人省称香云"(蒋一葵《长安客话》卷三，"香山寺"条)。香山流泉茂时，于西山中最为著称。《金史·章宗纪》中出现多次幸香山而且有两次猎于香山的记载，但缺永安寺规制的记载。香山寺的山门东向。"入寺门，泉流有云。……泉上石桥，桥下方池。……级石上殿，殿五重，崇广略等，而高下致殊，山高下也。斜廊平栏，两两翼垂，左之而阁而轩"(明刘侗、于奕正著《帝京景物略》卷之六，"香山寺"条)。这虽是明人所写，但寺况大致如是。又正殿后有楼，为金章宗所建会景楼故址。此外，来青轩旁"为祭星台，金章宗祭星处。其西南有护驾道，章宗驾经此，道旁松阴密覆，因呼为护驾松"(蒋一葵《长安客话》卷三)。

二、元修琼华岛到宫城和皇城

本节开头就提到大都皇城和宫城、宫殿的修建，比大都城要早，而且是从重建琼华岛开始的。琼华岛原是金朝万宁官的组成部分。蒙古军在占领中都以前，先攻占万宁官，对这座离官进行了焚掠，使它遭到很大破坏。由于琼华岛在海子中，有部分建筑如岛巅的广寒殿得以保存下来。蒙古统治者积极扶植中原地区的各种宗教，当时流行的全真道(道教的一个流派)也得到重视。在山东莱州的全真道的领袖长春真人丘处机，曾受到成吉思汗的邀请和召见。他于1221年，远道来到蒙古军刚刚占领的撒马罕城，1222年，三月，成吉思汗在阿姆河畔的营帐里，第一次会见丘处机。丘处机由中亚归来后住在燕京，燕京行省石抹咸得不、札八儿等"施琼华岛为观"，而且禁止在琼华岛周围樵

薪捕鱼。不久，蒙古统治者又将琼华岛改名为万安宫（李志常《长春真人西游记》卷下），但在丘处机死后不久，全真道的道士们就拆毁了琼华岛上的广寒殿，"从教尽划琼华了，留在西山尽泪垂"。元好问在《出都》这首诗的注中也说："万宁宫有琼华岛，绝顶广寒殿，近为黄冠辈所毁"。元好问作这首诗的时间是蒙古乃马真后二年（1243年），见施国祁《元遗山全集年谱》。琼华岛从此也和万宁宫的其他建筑一样，成为一片废墟。1253年，郝经"由万宁故宫，登琼华岛"，颇有感慨地写道："悲风射关，枯石荒残，琼华树死，太液池干。游子目之而兴叹，故老思之而泪潜"。1260年，王恽《游琼华岛》诗："蓬莱云气海中央，薰彻琼华露影香，一炬忽收天上去，漫从焦土说阿房"。又有"老尽琼华到野蒿"之句，表明那时琼华岛已长满野蒿，满目荒残。[4]

忽必烈即汗位不久，就仿效金朝制度，在燕京成立了职责为修建宫殿的修内司和祇应司。"中统四年（1263年）三月庚子，亦迭黑尔丁（色目人）请修琼华岛，不从。至元元年（1264年），忽必烈又改变主意，十二月壬子，修琼华岛"（《元史·世祖纪》）。新的广寒殿很快便在原"广寒之废基"上建造起来了。《元史·世祖纪》："至元二年十二月己丑，（忽必烈命工匠制作的）渎山大玉海（贮酒缸）成，敕置广寒殿"。这个"渎山大玉海"，"玉有白章，随其形刻为鸟兽出没于波涛之状，其大可贮酒三十余石"，在元朝一直安置在广寒殿。但元朝灭亡以后，"渎山大玉海"也如石沉大海，不知下落。直到清朝乾隆年间才重新发现它落到皇城内一所道观中作腌菜坛子了，又被皇家移到北海团城承光殿前亭子内，至今尚存[4]。"（至元）三年四月丁卯，五山珍御榻成，置琼华岛广寒殿。四年九月壬辰，作玉殿于广寒殿中"（《金史·世祖纪》）。

在重建琼华岛广寒殿的同时，忽必烈就着手修建宫城和宫殿。据《元史·世祖纪》："至元四年十月戊戌，宫城成。"但根据下文来看，上举的年份可能有误。《世祖纪》载："（至元）八年（1271年）二月丁

西，发中都、真定、顺天、河间、平泺民二万八千余人筑宫城。九年五月乙酉，宫城初建东西华左右掖门"。这就是说至元九年五月还在建东华门、西华门、左掖门、右掖门。陶宗仪《南村辍耕录》卷二十一，"宫阙制度"条载："宫城……至元八年八月十七日申时动土，明年三月十五日即工"。又说："宫城周回九里三十步，东西四百八十步，南北六百十五步。高三十五尺。砖甃。"《元史·世祖纪》："至元十年（1273年）十月，初建正殿、寝殿、香阁、周庑两翼室。十一年正月己卯朔，宫阙告成。帝始御正殿受皇太子诸王百官朝贺。十一月，起阁南直大殿及东西殿，十八年二月戊辰，发侍卫军四千完正殿。"这个正殿就是世祖及以后诸帝受诸王百官朝贺的大明殿。宫城中，在世祖时续有修建，如"（至元）十九年（1282年）二月，修宫城太庙，司天台。二十八年（1291年）二月丁亥，建宫城南庐，以殿宿卫之士"。

至元十一年（1274年）四月，"初建东宫"，在太液池西的南部，忽必烈的太子真金所居。但真金在忽必烈生前就死去，其妻仍居东宫。至元三十一年（1294年）忽必烈死，其孙铁穆耳（真金第三子）继位，尊奉真金妻为皇太后，"改皇太后所居太子府为隆福宫"，后来，成为皇太后的居处，隆福宫也是一组具有较大规模的建筑群。后来，到了元朝中叶武宗在隆福宫北，修建了另一组建筑群，即兴圣宫。《元史·武宗纪》："至大元年（1308年）三月丁卯，建兴圣宫"。皇城就是以太液池为中心，围绕着池东的宫城和池西的隆福宫（和后来的兴圣宫）"筑萧墙，周回可二十里，俗呼红门阑马墙"（明萧洵《故宫遗录》）。宫城、太液池、隆福宫、兴圣宫位置，参见图7-2元大都复原想像图。

三、元大都城的布局和筑造

元大都是自唐长安以后，平原上新建的最大的都城。京城"右拥太行，左挹沧海，抚中原，正南面，枕居庸，莫朔方，峙万岁山（琼华岛），太液池，

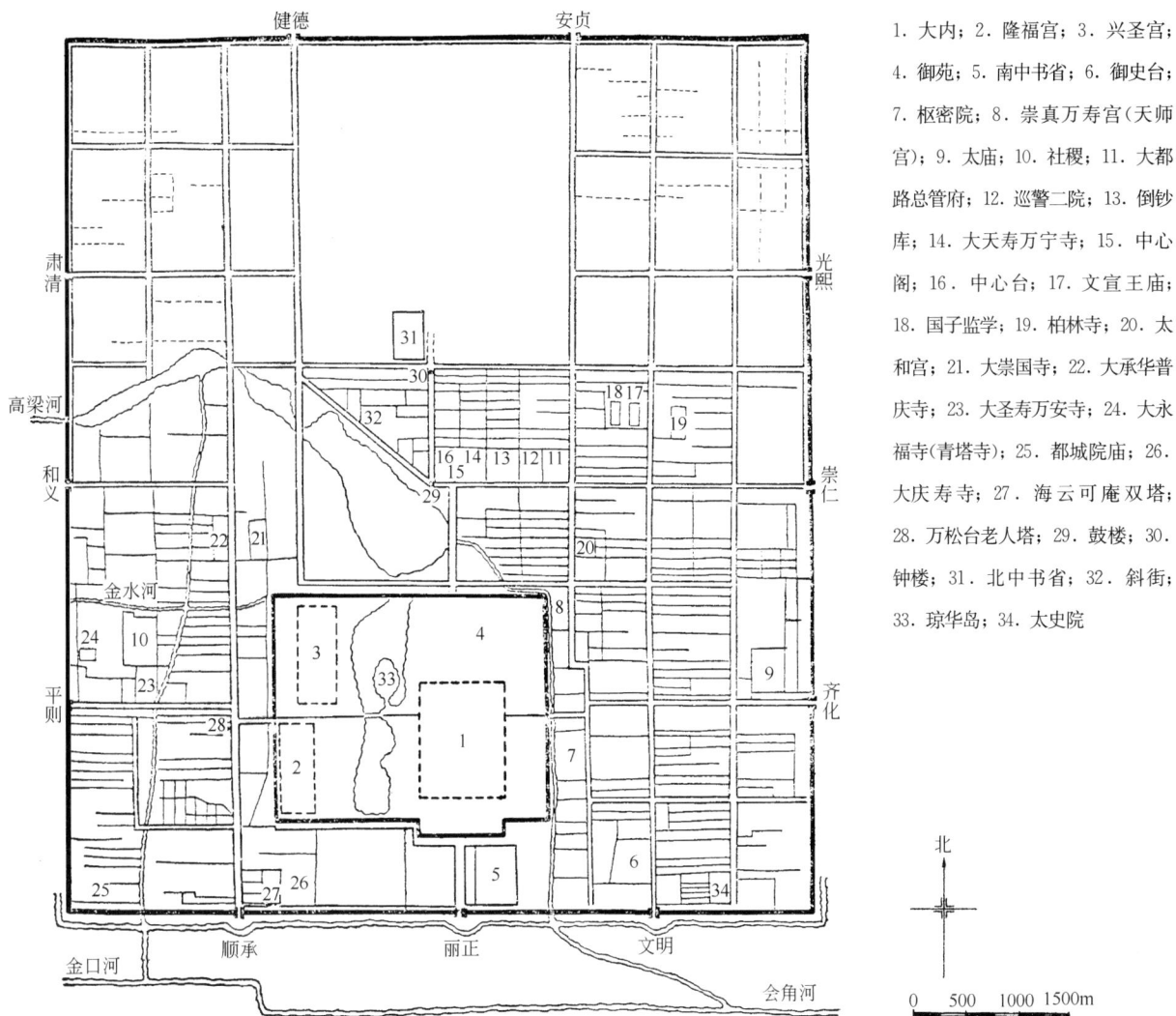

图 7-2 元大都复原想像图

1. 大内；2. 隆福宫；3. 兴圣宫；
4. 御苑；5. 南中书省；6. 御史台；
7. 枢密院；8. 崇真万寿宫(天师
宫)；9. 太庙；10. 社稷；11. 大都
路总管府；12. 巡警二院；13. 倒钞
库；14. 大天寿万宁寺；15. 中心
阁；16. 中心台；17. 文宣王庙；
18. 国子监学；19. 柏林寺；20. 太
和宫；21. 大崇国寺；22. 大承华普
庆寺；23. 大圣寿万安寺；24. 大永
福寺(青塔寺)；25. 都城院庙；26.
大庆寿寺；27. 海云可庵双塔；
28. 万松台老人塔；29. 鼓楼；30.
钟楼；31. 北中书省；32. 斜街；
33. 琼华岛；34. 太史院

派玉泉，通金水，萦纡带田，负山引河。壮者帝居，择此天府"。陶宗仪在《南村辍耕录》卷之二十一，"宫阙制度"条的开头，把大都的形势作了这样简明生动的描述。大都的建设，事先经过周密的计划，详细的地形测量，充分利用了原有条件和地理特点，尤其是以太液池琼华岛为中心以建皇城，然后制定完整的布局。

前面已经说到，大都城的整个建造是在刘秉忠"经画指授"下进行的(陆文圭《广东道宣慰使都元帅墓志铭》)，参与城址选择与计划的还有赵秉温，他奉忽必烈之命，"与太保刘云(秉忠)同相宅"，"图上山川形势城郭经纬与夫祖庙朝市之位，经营制作之方。帝命有司稽图赴功"(苏天爵《赵文昭公行状》)。具体

负责领导修建工程的有张柔、张弘略父子(《元史》附《张弘略传》)，行工部尚书段桢(段天佑)，蒙古人野速不花，女真人高觿，色目人也黑迭儿等，在这些人中，段桢所起的作用较大，他不仅自始至终参与了大都城的修建工程，而且后来长期担任大都留守，任期间，有关宫殿、宫署的维修和增设，也是他负责经营的[4]。

大都城市形制为三套方城，分外城、皇城及宫城。宫城居中，中轴对称的布局。这种三套方城、中轴对称布局是继承我国古代城市规划的优秀传统手法，从邺城、唐长安、宋汴京、金中都到元大都逐步发展形成的[4]。大都城的中轴线尤其突出。它南起丽正门，穿过皇城的灵星门，宫城的崇天门和厚载门，

经万宁桥(又称海子桥，即今地安门桥)，直达城市中央的中心阁。中心阁西十五步，有一座"方幅一亩"的中心台。其"正南有石碑，刻曰中心之台，实都中东南西北四方之中也"(《日下旧闻考》卷五十四，"城市"条)。中心台是全城真正的中心。在城市计划和建造时，把实测的全城中心作出明确的标志，这在我国城市建设史上是没有先例的创举。实际上大都南、北城墙与中心台的距离是相等的，但东城墙与中心台的距离比西城墙更要近一些，这是由于遇到低洼地带，不得已向内稍加收缩的缘故[4]。

大都"城方六十里，十一门"(图7-2)，实际上是南北略长的长方形，据解放后实地勘测，东西6635米，南北7400米，周围共约28600米。城墙全部用夯土筑成。经实测，基部宽达24米。为了加固城墙，在夯土中使用了"永定柱"(竖柱)和"纤木"(横木)。城墙的基宽、高和顶宽的比例是3:2:1。北方雨水集中，如果任凭雨水冲刷，时间一久，城墙很多倒塌。因此，在筑土城墙时，就引起争论。"至元八年，城大都。板干方新，数为霖雨所堕。"有王庆瑞(千户)献"苇城"防水之策，就是"以苇排编，自下砌上"，将土墙遮盖起来，以防雨水将土墙摧塌。用后并不能解决问题，雨水渗过苇子，仍会对土墙发生侵蚀作用。所以大都城建成后不久，就常出现雨坏外城，发兵民修治的事情。仅至元二十年到三十年(1283~1293年)之间，见于《元史·世祖本纪》里有关修治都城的记载就有八次之多。修城时动用万人，最多时达三万人。因此，不断有人提议要"甃都城"，即以砖石砌城墙。因为民力凋散，经元之世，未能实现。整个大都城，仅西城角上"略用砖而已"[4]。

大都城的十一个城门是东、南、西三面各为三个门，北面二门。"正南曰丽正(今天安门南)，南之右曰顺承(今西单南)，南之左曰文明(今东单南，又称哈达门)；北之东曰安贞(今安定门小关)、北之西曰健德(今德胜门小关)；正东曰崇仁(今东直门)，东之右曰齐化(今朝阳门)，东之西曰光熙(今和平里东，俗称广熙门)；正西曰和义(今西直门)，西之右曰肃清(今学院南路西端，俗称小西门)，西之左曰平则(今阜成门)。"门外设有瓮城，惟肃清门和健德门的瓮城土墙，还部分地残存于地面上。大都南面的丽正门有门洞三，正中一门只有当皇帝出巡时才打开，平时不开，西边一门亦不开，只有东边一门供行人往来。

大都城的四角建有巨大的角楼。现在建国门南侧明清观象台旧址，原来就是元大都东南隅角楼的所在地。城墙外部还建有加强防御的马面，其外再绕以又宽又深的护城河。

第二重城为皇城，周围约20公里，它的东墙在今南、北河沿的西侧，西墙在今西皇城根，北墙在今地安门南，南墙在今东、西华门街以南。皇城城门都用红色，称为红门。皇城南墙正中的门叫作灵星门，其位置大致在今午门附近。灵星门正对大都城的丽正门，二门之间是宫廷广场，左右两侧有长达七百步的千步廊。前已述及，皇城中部为太液池琼华岛，其东为宫城，宫城北部东北都为御苑，西部为隆福宫及兴圣宫。占地很大。关于太液池琼华岛和御苑将在下节里叙述，这里简单叙述两宫建筑群概况。

隆福宫 "南红门三，东西红门各一，缭以砖垣"。主要建筑是光天殿，七间，后有寝殿，五间，两夹四间，正殿与寝殿用柱廊相连。寝殿东有寿昌殿(又曰东煖殿)，三间，前后庑，寝殿西有嘉禧殿(又曰西煖殿)。针线殿在寝殿后，周庑一百七十二间。四隅角楼四间。针线殿后侍女直庐五所，直庐后又有侍女室七十二间及左右浴室一区。此外，有文德殿，又曰楠木殿，皆楠木为之，三间，前后轩一间。在西北角楼西有盝顶殿五间，后有盝顶山殿，在宫垣西北隅有香殿，三间。前轩一间，前寝殿三间，柱廊三间，后寝殿三间，东西夹各二间(摘自陶宗仪《南村辍耕录》卷二十一"宫阙制度"条)。

兴圣宫 在大内之西北，万寿山之正西，周以砖垣。南辟红门三，东西红门各一，北红门一。主要建筑是兴圣殿，七间，柱廊六间，寝殿五间，两夹各三间，后香阁三间。寝殿东有嘉德殿，西有宝慈殿。东庑弘庆门南有凝晖楼，五间，东西六十七尺；西庑宣则门南有延颢楼，制度如凝晖。兴圣宫后山字门为延华阁之正门。延华阁五间，重阿，周围以红板垣。阁西有东西殿，左右各五间，前轩一间。阁后有圆亭、芳碧亭、浴室、盝顶井亭等。阁右又有畏吾儿殿等。延华阁东板垣外有东盝顶殿，正殿五间，前轩三间，柱廊二间，寝殿三间，傍有附属建筑。西板垣外有西盝顶殿，制度同东殿（《南村辍耕录》）。

最后一重为宫城，"周回九里三十步，砖甃，分六门"，南有三门，东西各一门，北一门。南墙正中"曰崇天，也称午门，十一间，五门。左右趹楼二，趹楼登门两斜庑，十门。阙上两观皆三趹楼"。崇天门址约当今故宫太和殿址。"崇天之左曰星拱，三间，一门。崇天之右曰云从，制度如星拱。东曰东华，七间三门。西曰西华，制度如东华。北曰厚载，五间，一门"。厚载门址约在今景山公园少年宫前。"角楼四，据宫城之四隅，皆三趹楼，琉璃瓦饰檐脊"（《南村辍耕录》卷二十一"宫阙制度"条）。

从皇城的灵星门"直崇天门，有白玉石三虹（桥下即金水河），上分三道，中为御道，镂有百花蟠龙"。崇天门内又有一重门，中为大明门，大明殿之正门也，七间，三门；左为日精门，右为月华门，皆三间，一门。大明门是专供皇帝出入的，文武百官朝则由日精、月华两门出入（以上及以下引文见《南村辍耕录》卷二十一"宫阙制度"条）。

"大明殿，乃登极正旦寿节会朝之正衙也"。（"殿基高可十尺，前为殿陛，纳为三级，绕置龙凤白石阑。阑下每楯压以鳌头，虚出阑外，四绕于殿，殿楹四向皆方柱，大可五六尺，饰以起花金龙云，楹下皆白石龙云花顶，高可四尺，楹上分间仰为鹿顶平棋，攒顶中盘黄金双龙。四面皆缘金红琐窗，间贴金铺，中设山字，玲珑金红屏台，台上置金龙床，两旁有二毛皮伏虎，机动如生"。引自萧洵《故宫遗录》）大明殿"十一间，柱廊七间，寝室五间，东西夹六间，后

连香阁三间"。殿"中设七宝云龙御榻，白盖金缕褥，并设后位"。每遇重大庆典，帝、后同登御榻，接受朝拜。这是蒙古族的传统，我国其他封建王朝是没有这种制度的。大明寝殿东有文思殿，三间，前后轩；寝殿西有紫檀殿，制度如文思，皆以紫檀香木为之。寝殿后为宝云殿，五间，宝云殿后延春门，延春阁之正门也，五间，三门，左曰懿范门，右曰嘉则门。"正中为延春堂，丹墀皆植青松，即万年枝也。……甃地皆用濬（浚）州花版石甃之，磨以核桃，光彩若镜，中置玉台床。前设金酒海，四列金红小连。其上为延春阁，梯级由东隅而升，长短凡三折而后登"（萧洵《故宫遗录》）。《南村辍耕录》载："延春阁，九间，三檐重屋。柱廊七间，寝殿七间，东西夹四间，后香阁一间。慈福殿又曰东煖殿，在寝殿东，三间，前后轩。明仁殿又曰西煖殿，在寝殿西，制度如慈福。"此外有玉德殿，其东为东香殿，其西为西香殿，后为宸庆殿。大明殿、延春阁以及紧挨延春阁的清宁宫，成一直线，都落在全城的中轴线上。

宫城北面门曰厚载，"厚载北为御苑。外周垣红门十有五，内苑红门五，御苑红门四，此两垣之内也"（《南村辍耕录》）。

大都城内的布局　　大都城有一条明显的南北中轴线，南起丽正门直达中心阁，前面已经述及。从崇仁门到利义门之间有一条横轴线大街，与南北中轴线相交于全城中心的中心阁，但由于积水潭海子中隔，延长线向西北斜上，中心阁和中心台之西，就是当时的鼓楼，"上有壶漏、鼓、角"（报时的工具）。鼓楼之北是钟楼，"雄敞高明"、"阁四阿，檐三重，悬钟于上，声远愈闻之"（《日下旧闻考》卷五十四，"城市"）。钟楼与鼓楼，相对屹立，但元时的钟、鼓楼都不在城市的中轴线上，而是偏于稍西，到了明清时才落在中轴线上。

大都的街道规划整齐，纵横竖直，互相交错。街道的基本形式是相对的城门之间都有宽广平直的大街，组成城市的干道。但是由于城市南部中央有皇城，再加上积水潭海子在城市西部占了很大一块地

方，以及南北城门不相对应，有些干道不能相通，故有些街道作丁字相交，在海子的东北岸出现斜街。在南北向的主干道两侧，等距离地平列许多东西向的胡同。大街二十四步阔，小街二十步阔。据测，中轴线大街最宽为 28 米，其他干道为 25 米，胡同宽 5～6 米。除街道外，还有三百八十四火巷，二十九衕通（即胡同）[4]。

大都城的"祖（太庙）、社、朝、市之位"，基本符合"左祖右社，前朝后市"的规制，建造上太庙在先，社稷坛在后。忽必烈即位不久，"中统四年（1263年）三月癸卯，诏建太庙于燕京（中都）。……（至元）十四年（1277 年）八月乙丑，诏建太庙（于大都）。十七年十二月甲申，造迁于太庙。……二十一年三月丁卯，太庙正殿成，奉安神主"（《元史·祭祖志》）。后来陆续有所添筑。新建的太庙位于皇城之东，齐化门之北。社稷坛的建造较后。《元史·世祖纪》载："至元二十九年（1292 年）七月壬申，建社稷和义门内，坛各方五丈，高五尺，白石为主，饰以五方色土。坛南植松一株，北墉瘗坎壝垣，悉仿古制，别为斋庐门庑三十三楹"。《祭祖志》则云："至元七年（1270 年）十二月，有诏岁祖太社太稷。三十年上月，始……于和义门内少南得地四十亩为壝垣，近南为三坛。坛高五丈，方广如之。社东稷西，相去约五丈。社坛土用青赤白黑四色，依方位筑之。中间实以常土，上以黄土覆之。筑必坚实，依方面以五色泥饰之。四面当中各设一陛道，其广一丈，亦各依方色，稷坛一如社坛之制，惟土不用五色。其上四周纯用一色黄土，坛皆北向。"

元朝的中央统治机构最重要的是：负责一切行政事务的中书省，管理军政的枢密院和负责监察的御史台。中书省最初在皇城的丽正门内，千步廊之东。阿合马当政时，一度迁到钟楼以西，后来又迁回原址。枢密院则在皇城东侧。御史台则在文明门内，皇城以东不远的地方。大都城的管理机构大都路总管府，负责大都城治安的警巡院，都在全城中央，中心阁以东。这显然是为了控制四方[4]。

大都城内则有五十个坊，坊各有门，门上置有坊名。如万宝坊与五云坊，在左右千步廊两侧，坊门正好东西两立。坊内有小巷和胡同。胡同多东西向，形成东西长南北窄的狭长地带，由一些院落式住宅并联而成。大都的北部正中，建筑遗址甚少，可能是驻骑兵或毡帐的地区[3]。

"市"即商业区。大都的商业区主要有两处，一处设在皇城以北，钟鼓楼周围地区。钟楼以西，紧靠积水潭海子的斜街，多歌台酒馆。另一处则在皇城以西，顺承门的羊角市[4]。

大都的引水工程规模巨大，从西北郊外导引水泉解决大都的供水问题。主要供水河道有两条：一条是由高梁河、海子、通惠河构成漕运系统；另一条是由金水河、太液池构成宫苑用水系统。高梁河在和义门以北入城，汇为积水潭海子，再经海子桥往南，沿皇城东墙，流出城外，折而往东直达通州，为了使南方的漕运直达大都城内，开挖了通惠河，置闸节水。在皇城东北角处的通惠河宽约 27.5 米左右。当时的海子，稍大于今积水潭、什刹前后海的范围。来往的船只停泊在积水潭内，使积水潭北岸和钟楼鼓一带，成为商旅繁华地区。大都城内的金水河则由和义门以南约 120 米处水门入城，入城后直向东流，转而向南，几经曲折，在今西城灵境胡同西口内分为两支。北支先向东北，继而沿皇城西墙向东北流，在皇城西北角处折而向东，在今北海公园万佛楼以北、九龙壁西南处注入太液池；南支则一直向东流入皇城内，注入太液池。太液池水东流，出皇城与通惠河水会合。金水河是宫苑用水，受到特殊保护，"不许洗手饮马，留守司差人巡视，犯者有罪"。上述两条水道，都有专门的用途。城内一般居民的生活用水，主要是井水。

大都的排水工程相当完整，在房屋和街道修建之前，就先埋设全城的下水道。解放后勘探发掘，发现了当时南主干大街两旁，有用石条砌成的排水明渠，宽 1 米，深 1.65 米，某些部分顶部覆盖了石条。排水渠的竖向设计，与大都城内自北而南的地形坡度完全一致。排水渠通向城外经过城墙时，在城墙基部筑有石砌的排水涵洞，这是在夯筑城墙前预先构筑好的[4]。

第三节 元大都的宫苑、郊坰胜地
和宅园别墅

一、御苑、太液池和两岛

御苑

宫城北门为厚载门，"上建高阁，环以飞桥，舞台于前，回阑引翼。每幸阁上，天魔歌舞于台，繁吹导之，自飞桥而升，市人闻之，如在霄汉。（舞）台东百步有观星台。台旁有雪柳万株，甚雅。台西为内浴室，有小殿在前。由浴室西出内城，临海子（太液池）"（萧洵《故宫遗录》）。厚载门就是宫城北御苑的门。

有关御苑的记载较简。《顺天府志》引《析津志》："有熟地八顷，内有田。上自构小殿三所。上亲率近侍躬耕半箭许，若籍田例。……东有水碾一所，日可十五石碾之。西大室在焉，正、东、西三殿，殿前五十步即花房。苑内，种莳若谷、粟、麻、豆、瓜、果、蔬菜，随时而有。……海子水透延曲折而入，洋溢分派，沿演澄注贯，通乎苑内，真灵泉也，蓬岛耕桑，人间天上，后妃亲蚕，实遵古典"。上文表明御苑主要是种植供统治者观赏用的花木的园地。另一记载也是这样说："内有水碾，引水自玄武池（即太液池）灌溉花木。"除了花房花畦外，还有"熟地八顷"，元朝统治者为了表示重农，有时要举行仪式，拿着农具做做样子，"熟地"就是为此而置的。

太液池和两岛（图 7-3）

前引《故宫遗录》："由浴室西出内城，临海子"。接着说："海广可五六里，驾飞桥于海中，西渡半起瀛洲圆殿（仪天殿），绕为石城圈门，散作洲岛拱门，以便龙舟往来。由瀛洲殿后北引长桥，上万岁山（即琼华岛），高可数十丈，皆崇奇石，因形势为岩岳"。

按元时太液池，只包括现在北海和中海（南海当时尚未开凿）。当时太液池"周回若干里，植芙蓉（栽荷花）。"池有两个小岛：南面的小岛，称瀛洲（即今天团城所在地）上有圆殿，即仪天殿；北面的小岛，面积较大，即琼华岛，至元八年（1271 年）改称万寿山，后又改称万岁山。两个岛都是四面临水。瀛洲两侧都有飞桥，东边是木桥，西边是木吊桥，与陆地相通。"东为木桥，长一百廿尺，阔廿二尺，通大内之夹垣。西为木吊桥，长四百七十尺，阔如东桥，中阙之，立柱，架梁于二舟，以当其空。至车驾行幸上都，留守官则移舟断桥，以禁往来，是桥通兴圣宫前之夹垣"。"仪天殿在池中圆坻上，当万寿山，十一楹，高三十五尺，围七十尺，重檐，圆盖顶。"

圆台址

"圆台址，甃以文石，藉以花茵，中设御榻，周辟琐窗，东西门各一间，西北厕堂一间，台西向，列甃砖凳，以居宿卫之士"（陶宗仪《南村辍耕录》卷二十一"宫阙制度"条）。又载："犀牛台在仪天殿前水中，上植木芍药（牡丹）"。瀛洲殿后，往北引有长达二百来尺的白玉石桥，通万寿山之道也。

二、万寿山

"桥之北有玲珑石，拥木门五，门皆为石色。内有隙地，对立日月石。西有石棋枰，又有石坐床。左右皆登山之径，蒙行万石中。洞府出入，宛转相迷（指即琼华岛后山的叠石山洞）。至一殿一亭，各擅一景之妙。"（陶宗仪《南村辍耕录》卷二十一"宫阙制度"条）这是过桥登山后全山的概说。"山之东有石桥（即今陟山桥址），长七十六尺，阔四十一尺半，为石渠以载金水，而流于山后以汲于山顶也"。"转机运斗，汲水至山顶，出石龙口，注方池，伏流至仁智殿（详下）后，有石刻蟠龙，昂首喷水仰出，然后由东西流入于太液池"。这是人工汲水至山顶，出注方池，伏流至仁智殿后喷水仰出，然后分东西流入太液池的山上人工水系。过山之东的石桥就是灵圃，"奇兽珍

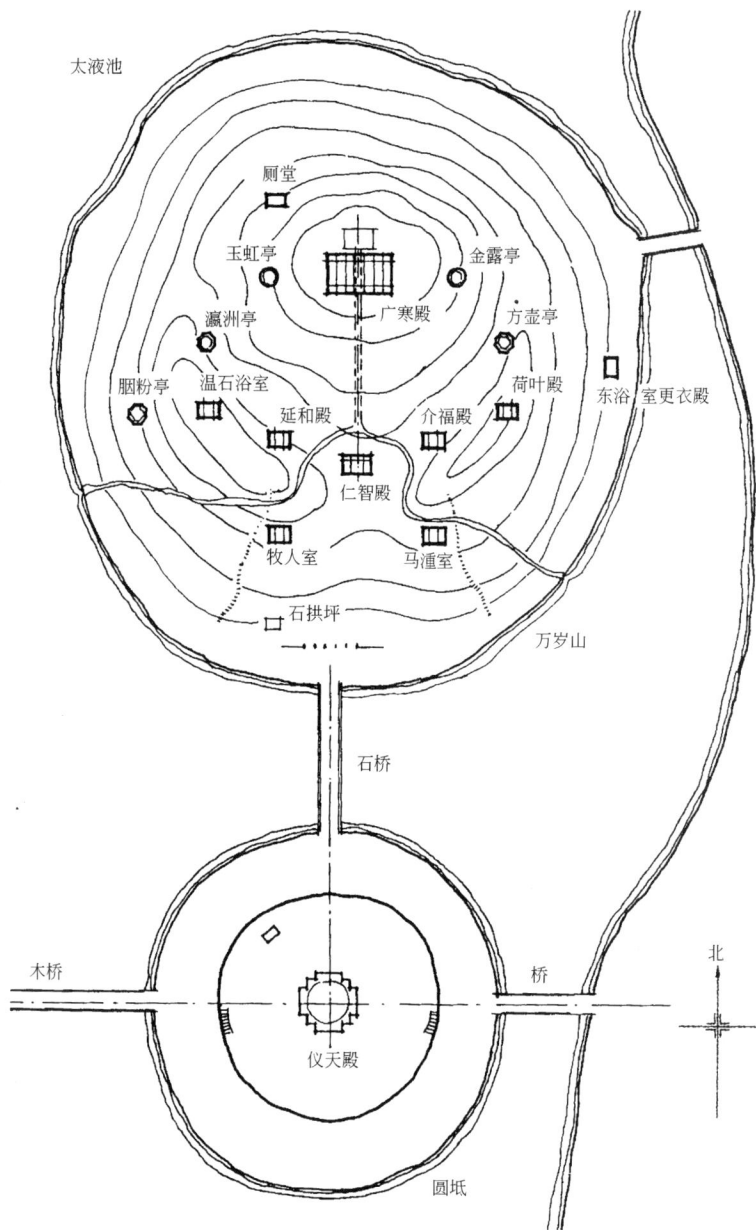

图 7-3　元瀛洲、万岁山复原示意图

禽在焉"。再往北就是太液池东岸和北岸，元时尚未有任何建设。

万寿山上建筑群，"广寒殿在山顶，七间，东西一百二十尺，深六十二尺，高五十尺，重阿藻井，文石甃地，四面琐窗，板密其里，遍缀金红云，而蟠龙矫蹇于丹楹之上。中有小玉殿，内设金嵌玉龙御榻，左右列从臣坐床。前架黑玉酒瓮一。……又有玉假山一峰，玉响铁一悬。殿之后有小石笋二。内出石龙首，以喷所引金水。西北有厕堂一间"。"金露亭在广寒殿东，其制圆，

九柱，高二十四尺，尖顶上置琉璃珠。亭后有铜幡竿。玉虹亭在广寒殿西，制度如金露"。山之半，居中为"仁智殿三间，高三十尺。""介福殿在仁智东差北，三间，东西四十一尺，高二十五尺。延和殿在仁智西北，制度如介福"。万寿山有三峰顶，正中山顶上为广寒殿，东山顶上是荷叶殿，西山顶是温石浴室。"荷叶殿，三间，高三十尺，方顶，中置琉璃珠"。在荷叶殿稍西有"圆亭，又曰胭粉亭，在荷叶稍西，盖后妃添妆之所也，八面。""温石浴室，在瀛洲前，仁智西北，三间，高二十三尺，

方顶，中置涂金宝瓶"。东、西峰与中峰之间，有"方壶亭，在荷叶殿后，高三十尺，重屋八间，重屋无梯，自金露亭前复道登焉。又曰线珠亭。瀛洲亭在温石浴室后，制度同方壶"。此外，山麓部分有"马渿室在介福前，三间。牧人之室在延和前，三间，庖室在马渿前。东浴室更衣殿在山东平地，三间，两夹"（《南村辍耕录》）。

陶宗仪对万寿山的总评是"其山皆垒玲珑石为之，峰峦隐映，松桧隆郁（山上种植以松桧为主），秀若天成"。又说"至一殿一亭，各擅一景之妙"。综观万寿山建筑群的设计，可说是仿秦汉神山仙阁的传统。殿亭的命名，也可看出仿仙境之意。如广寒、方壶、瀛洲、金露、玉虹等。广寒殿是元世祖忽必烈时的主要宫殿，不少盛典是在这里举行的。因此，这里的殿亭虽然依山因势而筑，但还是左右对称，格局整齐。广寒殿左有金露，右有玉虹。山半，三殿并列，中为仁智，右为介福，左为延和。方壶、瀛洲也是一左一右互相对称。至于设置牧人之室、马渿室等建筑，还可想见游牧民族的生活传统。广寒殿，坐落于大都城地势最高之处，耸高雄伟，光辉灿烂。登广寒殿四望空阔，远眺西山云气，飘渺山间，下瞰大都市井，栉比繁盛。万岁山和太液池，山水相映，益增光彩。山上松桧隆郁，池畔杨柳垂荫。当时的一位诗人写道："广寒宫殿近瑶池，千树长杨绿影齐"（乃贤《宫词八首》，《金台集》卷一）。

三、隆福宫西御苑

"在隆福宫西，先后妃多居焉"。"有石假山，香殿在石假山上，三间，两夹二间，柱廊三间，龟头屋三间"。"殿后有石台，山后辟红门。……又后直红门，并立红门三。三门之外，有太子斡耳朵荷叶殿二，在香殿左右，各三间"假山前殿，"圆顶上置涂金宝珠，重檐。后有流杯池。池东西流水圆亭二。圆殿有庑以连之。歇山殿在圆殿前，五间，柱廊二，各三间。东西亭二，在歇山后左右，十字脊。东西水心亭在歇山殿池中，直东西亭之南，九柱，重檐。……

池引金水注焉"。西御苑是以假山和池为骨干，山上建殿后有石台。山前有圆殿，殿后有流杯池，池东西有流水圆亭，以圆为主。圆殿前有歇山殿，殿池中东西水心亭。因属内苑，布局对称。

据萧洵《故宫遗录》对隆福宫西御苑的记载，有的地方较详，有的地方又有差异，摘录如下："自瀛洲西度飞桥上回阑，巡红墙而西，则为明仁宫（一作殿），沿海子导金水河步邌河南行为西前苑。苑前有新殿，半临邌河，河流引自瀛洲西邌地，而绕延华阁，阁后达于兴圣宫，复邌地西折咮嘁后老宫而出，抱前苑，复东下于海，约远三四里。龙舟大长，长可十丈，绕设红彩阑，前起龙头，机发五窍皆通。余船三五，亦自奇巧。引挽游幸，或隐或出，已觉忘身，况论其他哉！新殿后有水晶二圆殿，起于水中，通用玻璃饰，日光回彩，宛若水宫。中建长桥，远引修衢而入嘉禧殿。桥旁对立二石，高可二丈，阔止尺余，金彩光芒，利锋如斲。度桥步万花入懿德殿，……由殿后出披门，皆丛林，中起小山，高五十丈(?)，分东西延缘而升，皆崇怪石，间植异木，杂以幽芳，自顶绕注飞泉，岩下穴为深洞，有飞龙喷雨其中。前有盘龙，相向举首而吐流泉，泉声夹道交走，冷然清爽，又一幽回，仿佛仙岛。山上复为层台，回阑邌阁，高出空中，隐隐遥接广寒殿。"

四、四飞放泊、郊坛和南城

四飞放泊

元朝制度，"冬、春之交，天子或亲幸近郊，纵鹰隼搏击，以为游豫之度，谓之飞放"。元朝统治者"飞放"的地方有四处。一是在大都东南百里的柳林，这里本是一片沼泽区，所谓"原隰平衍，浑流芳淀，映带左右"。元朝统治者，每年春天，都要到这里纵鹰猎捕天鹅，这种制度，按照辽、金以来的习惯，也叫作"春水"，前已述及。另一处在大都正南不远的地方，叫下马飞放泊，"广四十顷"（后来明清两代增广其地，改称南苑，也叫南海子）。"下马"是近的意思，下马飞放泊是离大都城最近的一处。此外，还有北城唐飞放泊、黄堠店飞放泊等，这些大概是昔宝赤（皇帝和贵族属下的鹰户）放鹰的场所[4]。

郊坛和南城

中国封建社会的都城设计，除了宫殿之外，特别重视太庙和社稷坛的位置安排，在郊外则有祀昊天上帝、皇地祇的坛。金朝时候就有南郊圜丘坛，北郊方丘坛和风雨雷师坛等。南郊圜丘坛"在丰宜门外，当阙之巳地。圆坛三成，成十二陛，各按辰位。壝墙三匝，四面各三门。斋宫东北，库南坛壝皆以赤土行之。常以冬至日合祀昊天上帝，地皇祇于圜丘"（《金史·礼志》）。北郊方丘坛"在通玄门外，当阙之亥地。方坛三成，成为子午卯酉四正陛，方壝三周，四面亦三门。以夏至日祭皇地祇于方丘"。风雨雷师坛，"明昌五年（1194年）为坛于景风门外东南阙之巽地。岁以立春后丑日祀风师。又为坛于端礼门西南阙之坤地，以立夏后申日祀雨师，是日祭雷师于位下"。还有高禖坛，《金史·礼志》载："明昌六年（1195年）章宗未有子。尚书省臣奏行高禖之祀，筑坛于景风门外东南端，当阙之卯辰地，与圜丘东西相望。岁以春分日祀青帝、伏羲氏、女娲氏凡三位，坛上南向西上，姜嫄、简狄位于坛之第二层，东向北上。"

元朝忽必烈，"世祖至元十二年（1275年）十二月，以受尊号遣使豫告天地，……于国阳丽正门东南七里建祭台，设昊天上帝、皇地祇位二，行一献礼。自后国有大典礼，皆即南郊告谢焉。至元三十一年（1294年）成宗即位。夏四月壬寅，始为坛于都城南七里"。籍田，《世祖纪》："至元七年（1270年）六月丙申，立籍田大都东南郊。十六年二月戊寅朔，祀先农于籍田。武宗至大三年（1310年）夏四月，从大司农谓，建农蚕二坛，博士议二坛之式，与社稷同，纵横一十步，高五尺，四出陛，外壝相去二十五步，每方有灵星门。"风雨雷师坛，《元史·祭祀志》："风雨雷师之祀，自至元七年（1270年）十二月大司农请于立春后丑日祭风师于东北郊，立夏后申日祭雷雨师于西南郊。"

南城（中都）胜迹

大都新城建立后，原来的中都燕京城就被称作旧城。因新城在北，旧城在南，当时就把新城叫作北城，旧城叫作南城。南城是大都近郊的一个组成部分。忽必烈建成新城后，曾经计划把旧城居民全部迁到新城。这一计划虽未完全实行，但多数居民都先后迁到新城，因而旧城更趋于衰落，出现了"寂寞千门草芜"的局面。很多住所被拆毁，只有"浮屠、老子之宫得不毁"，所以张翥、吴师道等人诗中有："楼台惟见寺，井里半成尘"，"颓垣废巷多委曲，高门大馆何寂寥"等诗句。"北城繁华拨不开，南城尽是废池台"，北城与南城形成鲜明的对照[4]。

但是，南城有许多名胜古迹，其中著名的有悯忠寺、昊天寺、长春宫等，"侈丽瑰伟"，是游览的好地方。《日下旧闻考》卷一百四十七《风俗》，引《析津志》："北城官员、士庶、妇人、女子多游南城（特别是在三月），爱其风日清美而往之，名曰踏青斗草。"游南城成了大都居民的一种风俗习惯[4]。

城厢

大都城关各有特点。"若乃城圜之外，则文明为舳舻之津，丽正为衣冠之海，顺城（承）为南商之薮，平则为西贾之派"（黄文仲：《大都赋》）。文明门外就是通惠河，是漕船必经之地，丽正门外是贵族、官僚居住的地区，顺城（承）门和平则门外是各地来京商人和外国商人的住处。大都城诸门近郊有不少大都居民游息的胜地。如东郊齐化门外有一座东岳行宫，内有石坛，周围种植杏花，杏花开时"千树红云绕石台"。观赏杏花是大都居民的游息生活之一。大都城的西郊"佛宫、真馆、胜概盘郁其间"。元朝对各种宗教采取兼收并蓄的态度，最重视的是佛教，其次是道教，再其次是伊斯兰教和基督教等，后来为了加强对土蕃地区的控制，又极力推崇喇嘛教。大都新城落成后，元朝皇帝、皇后、贵族、官僚等不断建造新寺，较诸前代，数量更多，规模更大。元朝新建的寺庙中最有代表性的，在城中有大圣寺万安寺（平则门内，忽必烈时建，即今白塔寺）、大天寺万宁寺（大都城中心，元成宗所建），在近郊则有大护国仁王寺（大都城西高梁河畔、忽必烈皇后所建）、大承天护圣寺（西郊玉泉山下，元文宗所建）等。真宫中，以丘处机从中亚返回华北后先被安置在燕京的太极宫为最著称。金时初为天长观。"泰和三年（1203 年）十二月己酉，赐天长观为太极宫"（《金史·章宗纪》）。丘处机住后不久，太极宫改名为长春宫，白云观在当时是长春宫的一部分。长春宫自此成为全真道的中心。

五、西湖和西山

大都西郊稍远的地方，便是当时著名的游览胜地，西湖和西山。西山是那一带连绵不断的丛山的总称，其中以玉泉山、寿安山和香山最为有名。

玉泉山行宫早在辽圣宗时就建立，金章宗时又在山顶建芙蓉殿等前已述及。元朝继续成为游览胜地。

"西湖去玉泉山不里许，即玉泉龙泉所潴。盖此地最洼，受诸泉之委，汇为巨浸，土名大泊湖。环湖十余里，荷蒲菱芡与夫沙禽水鸟，出没隐见于天光云影中，可称绝胜"（蒋一葵《长安客话》卷三，"西湖"）。西湖之北有山，原称金山，后来因在此山掘得花纹古雅的石瓮，改称瓮山，西湖也叫瓮山泊。由于这里景色优美，所以当时民间有"西湖景"之称。

金朝第一个皇帝完颜亮就曾在这个地区建立了行宫。元朝中期以后，统治者又大力经营西湖地区。元文宗"天历二年（1329 年）五月乙丑，建大承天护圣寺。至顺二年（1331 年）九月乙亥，命留守司发军士筑驻跸台于大承天护圣寺东。"陈高华在《元大都》一书中曾引用《朴通事》（14 世纪中期高丽流行的汉语教科书，纯用元朝口语，对于研究元大都有重要的价值）关于西湖和护圣寺的一段生动描写：

"西湖是从玉泉里流下来，深浅长短不可量。湖心中有圣旨里盖来的两座瑠（琉）璃阁，远望高接青霄，近看时远侵碧汉，四面盖的如铺翠，白日黑夜瑞云生。果是奇哉！

那殿一划是缠金龙木香停柱，泥椒红墙壁。盖的都是龙凤凹面花头筒瓦和仰瓦。两角兽头，都是青瑠（琉）璃。地基地饰都是花班（斑）石，玛瑙幔（墁）地。两阁中间有三叉石桥，栏杆都是白玉石。桥上丁字街中间正面上，有宫里坐的地白玉玲珑龙床，西壁厢有太子坐的地石床，东壁也有石床，前面放着一个玉石玲珑酒桌儿。

北岸上有一座大寺，内外大小佛殿、影堂、串廊，两壁钟楼、金堂、禅堂、斋堂、碑殿，诸般殿舍，且不舍说，笔舌难穷。

殿前阁后，擎天耐寒傲雪苍松，也有带雾披烟翠竹，诸杂名花奇树不知其数。阁前水面上自在快活的是对对儿鸳鸯，湖心中浮上浮下的是双双儿鸭子，河边儿窥鱼的是无数的水老鸭，撒网垂钓的是大小渔艇，弄水穿波的是觅死的鱼虾，无边无涯的是浮萍蒲棒，喷鼻眼花的是红白荷花。

宫里上龙舡，宫人们也上几只舡，做个筵席，动细乐、大乐，沿河快活。到寺里烧香随喜之后，却到湖心桥上玉石龙床上，坐的歌一会儿。又上瑠（琉）璃阁，远望满眼景致。真个是画也画不成，描也描不出。休夸天上瑶池，只此人间兜率。"

从上述记文，可以了解到元时西湖湖心中有双阁，双阁之间有桥相连，作丁字形，一端通向岸边。两阁建筑华丽，大寺（护圣寺）规模宏大壮丽，使西湖更加壮丽。《朴通事》对西湖、双阁、大寺的描写生动活泼。引文的第一段和第四段，即对西湖的描写，用的是元朝口语，与前引《长安客话》中描写西湖的文言文，有异曲同工之妙。元朝诗人吴师道描写西湖景致的一首诗，也指出了大寺的宏构，双阁的华丽。诗中有"行行山近寺始见，半空碧瓦浮晶莹。先朝营构天下冠，千门万户侔宫廷；寺前对峙双飞阁，金铺射日开朱棂"。

西湖的另一方，瓮山脚下，有元朝初期政治家耶律楚材的墓，墓前耶律楚材的石像，"须分三缭，其长过膝"（吴宽：《谒耶律丞相墓》）。注：耶律楚材墓，到了明朝，被人盗掘，现在颐和园中的耶律楚材墓，是清朝乾隆年间建立的。

从西湖有河道直通大都，这就是高粱河。元朝统治者为了解决宫廷用水，为了补给通惠河北端的水量。保证漕运畅通，至元二十九年(1292年)郭守敬奉诏兴举水利，上自昌平县白浮村筑堰，引神山泉西折南转，绕过瓮山而汇聚于瓮山泊成巨浸，于瓮山泊南端，开凿河道通大都，称玉河，在和义门北的水门入城，汇为积水潭。元朝统治者游赏西湖，总是泛舟前往。在这条连接大都和西湖的河道两旁堤岸上满栽杨柳，大都的贵族、官僚、文人也竞相游览西湖，或"买舟载酒而往"，或骑马沿堤西行，"杨柳长堤马上游"，成为一时风尚。

从玉泉山再向西行，有寿安山，又名五华山。元英宗硕德八剌在寿安山修造大昭孝寺，经营多年。为造佛像，"冶铜五十万斤"。据蒋一葵《长安客话》卷三，"卧佛寺"载："两殿各卧一佛，长可丈余。其一渗金甚精，寺因以名"。这座佛寺经后代修葺，部分至今尚存，即今卧佛寺。由五华山再往西去，便是香山。山腰有金朝修建的大永安寺，到了元朝，又加以整修，"庄严殊胜于旧"。从西湖到香山这一带，当时已成为都人四时游观的胜区。特别是每年九月，到西山看红叶，已经成为一时的风尚。欧阳玄《渔家傲·南词》说："九月都城秋日亢，……曾上西山观苍莽。川原广，千林红叶同春贵。"[4]

六、元大都的宅园别墅

大都城建成后，元之"贵戚、功臣悉受分地以为第宅"，主要集中在西城。只有在贵族、功臣、"赀高"(有钱的富户)、居职(官员)等把好地都占据定以后，才允许普通百姓"作室"。封建统治阶级的受地营宅，特别是上层人物，据有华丽、宽敞、舒适的住宅，还有专供游息享乐用的宅旁园地即宅园部分。至于劳动人民的住宅，却是十分简陋的。

城中第宅，因缺乏文献记载，不可考。解放后，对元大都的勘查和发掘，《考古》1972年第六期载有《元大都的勘查与发掘》，《北京后英房元代居住遗址》

的发现，可以窥见元代中上人物的住宅情况。住宅的主院及两侧的旁院，东西宽度已近70米，主院北屋进深竟达13.47米。不仅院落很大，整个建筑也是很讲究的。据推断，这只是中上层人物的住宅。至于劳动人民住宅的简陋，从在一〇六中学发掘的一间很狭的房基来看，房内仅有一灶、一炕和一个石臼，墙壁用碎砖砌成，地面潮湿不堪。两处住宅，形成鲜明的对比。由于"京师地贵"，不仅劳动人民住处十分简陋，就是一些下层官吏和文人，也常感到"毕竟京师不易居"。

大都的宅园别业，或以园名，或以亭名，统称园亭。大都园亭在近郊者多，尤其是有泉池河水地带。据韩溪《燕京名园录》，"元之园亭在城北者曲太保之贤乐堂；在城东者董氏杏花园，其余多在城西南"。《天府广记》亦称"今右安门外，西南泉源涌出，为草桥河，接连平台，为京师养花之所。元人廉左丞之万柳园，赵参谋之鲍瓜亭，粟院使之玩芳亭，张九思之遂初堂皆在此"。考元之园亭，城内亦有之，不尽在城外也。城外园亭，城东、城北、城西亦多有之。城西南较多，除泉池河水条件外，大都城西南本是金中都，忽必烈建大都时，原中都城即成为大都城的一部分。当时的中都虽已残破，尚有几多留存，稍加修葺，便可园居。

元末有熊梦得记述元大都的书，叫作《析津志》，原书早已失传。北京图书馆善本组，从多种古籍史辑录元大都和金中都有关官署、水道、坊巷、庙宇、古迹、风俗等资料成册，名《析津志辑佚》。该书的"古迹"一卷里辑录了台、亭、楼、堂等，记载十分简单，绝大部分仅言及所在地，或何时何人建，小部分对园亭特色作简单评述。有的仅举其名而已，如亭之五花亭、寿山亭、翠云亭、锦波亭、岁寒亭、碧云亭、独秀亭、紫燕亭、湛然亭、月波亭、锦江亭、饮山亭；堂之遵海堂、厚德堂、甘露堂、文会堂等。有些园亭，《析津志辑佚》的记载极简，而其他旧籍如《帝京景物略》、《长安客话》、《宸垣识略》、《天府广记》、《燕都游览志》、《日下旧闻考》等都略识数语。

爰自旧籍采择，大体按城内、城东内外、城北内外、城西南、城西北序列汇排。

草三亭

"在南城者最多，率皆贵游之地。金朝故老，多有题咏，我朝(指元朝)增制不少。北城惟斜街南有数处，如望湖是也"(《析津志辑佚》"古迹")。

松风亭、天香亭

"俱在五门之东南御花园。今废矣。"(《析津志辑佚》"古迹")。

望湖亭

"在斜街之西，最为游赏胜处"。

万春园

"元时海子岸有万春园，进士登第恩荣宴后，会同年于此。宋显夫诗所云，临水亭似曲江也。今失所在"(《渌水亭杂识》)。

种德园

园主"赵汲古，汲古自号也。名亨，字吉甫。父仕金朝，官至燕京留守掌判，迄今有呼赵留判。家居城南周桥之西，即祖第也，有园名种德。一时翰苑元老，咸有诗题咏。有斋曰汲古，盖先生隐居之读书处也。"(《析津志辑佚》"名宦")。

野春亭

"在大都文明门外，俗号刘十二之别墅也"(《析津志辑佚》——古迹)。又载，"刘仲明，有别墅在新都文明之南。商左山扁曰：野春。一时大老咸有题跋。仲明排序十二，今此城有刘十二角头是也"(《析津志辑佚》"名宦")。

宋文玉田园

"宋文玉，居周桥之西，是其故居，与种园主赵慎独为邻。亦有田园，甚幽邃"(《析津志辑佚》"名宦")。

水木清华亭

"元侍御史王俨别业，在文明门外东南里许(明改为崇文门)，园池构筑，甲诸邸第。许有壬记云：北瞻阘阓，五云杳霭；西望舳舻，泛泛于烟波浩渺，云树参差之间"(《宸垣识略》卷九)。

双清亭

"都水张经历幕府名"(《燕石集》)。还载有宋褧的双清亭春日独坐作诗句："帝城何处不红尘，小海危亭和可人。笒箬舟航浮上闸，笙歌池馆接西津。"《畿辅通志》称："双清亭在大兴县东南通惠河上，相传元都水监张经历园也。"

大通桥诸园亭

"出东便门有大通桥，水从玉河中出，波流渲迤，帆樯往来，可达通州。三园亭依涧临水，小舠从几案前过，林间桔槔相续，大类山庄"(《燕都游览志》)。

鹿园

"大通桥东有鹿园，方广十余里。地平如掌，古树偃仰，与高冢相错。每客至则骤马惊鹿以为戏。相传是金章宗时故址，今因畜鹿于此"(《长安客话》卷四)。《帝京景物略》称："鹿园，金章宗故园也，今日蓝靛厂。"据《日下旧闻考》录此条文后有按语：蓝靛厂凡二处，一在西直门外，今西顶广仁宫即其地。一在东直门外，即此条所称鹿园遗迹也。《北游录》纪闻上："崇仁门外二里大通桥东园。旧豢养鹿处。地平如掌，漫衍可数里。"

董宇定杏花园

《天府广记》载："元人董宇定杏花园在上东门(即齐化门，明改为朝阳门)外，植杏千余株。至顺辛未(1331年)，王用亨与华阴杨廷镇、南安张质夫、莆阳陈象仲谦集。是日风气清美，飞英时至，巾幅杯盘之上皆有诗。虞集为之记，周伯琦、揭傒斯、欧阳玄和其诗，京师一时盛传。"虞集的风入松词的最末一句为："杏花春雨江南"。《宸垣识略》云："宇定，(真人)张留孙弟子三十八人之二也。"《日下旧闻考》补语："元东岳庙有石坛，绕坛皆杏花。道士董宇定、王用亨先后居之，张留孙弟子之三十八人之二也。"

漱芳亭

《天府广记》名迹载："漱芳亭在齐化门(明改为朝阳门)外，道士吴闲闲全节所建。燕地未有梅花，吴从江南移至，作亭以覆之，张伯雨赋诗有风沙不惮五千里，将身跳入神仙壶之句。"《宸垣识略》也云："初，燕地未有梅花，闲闲嗣师从江南移至，护以穹庐，匾曰潄芳亭。"

姚仲实园

"至元初，姚长者仲实于城东艾村得沃壤千五百余亩，构堂树亭，缭以榆柳，环以流泉，药阑蔬畦，区分井列，日引朋侪觞咏其间，优游四十余年，泊然无所干于世"（《雪楼集》）。

贤乐堂、燕喜亭

"延祐四年(1317年)，诏作林园于大都健德门(明改德胜门)外，以赐太保库春，且曰：令可为朕春秋行幸驻跸地。受诏阅月而成，南瞻宫阙，云气郁葱；北眺居庸，峰峦崒嵂。前包平原，却依绝崿。山回水际，诚畿甸之胜境也。中园为堂，构亭其前，列树花果松柏榆柳之属。孟频请名其堂曰贤乐，孟子所谓贤者而后乐此也。亭曰燕喜，诗所谓鲁侯燕喜者也"（《松雪斋集》）。《日下旧闻考》按语：库春，蒙古语力也，旧作曲出，今译改。

远风台

《燕都名园录》载："丰宜门外(中都南正门)西南行四五里许，有乡曰宜迁。案台为禹城韩御史所有。元时诸老率有集合，析津志所谓韩氏城南别墅也。"《析津志辑佚》仅云："远风台，在燕京丰宜门外，西南行五里。韩御史之别墅也。"

遂初亭

"在京施仁门北(中都东部正北门)，崇恩福元寺西门西街北，旧隆禧院正厅后。乃章子有平章别墅也。"

匏瓜亭

《析津志辑佚》古迹载："在燕之阳春门(中都东部南之门)外，去城十里。亭之大，不过寻丈。又匏瓜乃野人篱落间物，非珍奇可玩之景。然而士大夫竟为歌诗，吟咏叹赏，长篇短章，累千百万言犹未已。"这里仅录元王恽的匏瓜亭诗如下："筑台连野色，架木系匏瓜。舍外开三径，壶中自一家。爱吟歌白苎，酾酒脱乌纱。更喜南窗下，秋风菊半华。"《天府广记》云：

"匏瓜亭，赵参谋别墅。"《析津志辑佚》"名宦"载："赵禹卿，先世宋之汴梁人，靖康之乱始徙于燕。禹卿名鼎，奉宣命荫父职，为员外郎。升断事府参谋。于城东村有别墅，构亭曰匏瓜，故人称曰赵参谋匏瓜亭。有王鹗记文，王磐叙文。一时大老之什，咸赞德云。"

芙蓉亭

《析津志辑佚》"古迹"载："今为马头陀寺，贮藏经。此亭制作新奇，甲于南北二城匠氏。内皆拱斗，今时为槽房之冠。"

饮山亭、婆娑亭

"在彰义门(中都西部上北门)里近南，乃词客马文友别墅也"（《析津志辑佚》"古迹"）。《日下旧闻考》载："饮山及婆娑两亭，皆马文友所筑，今俱无考。"又云："应在钓鱼台，不应在草桥。"

垂纶亭

"元学上宋本故居，在都城之西"（《天府广记》卷之三十七）。

南野亭

"南野亭前临涧水，绕亭多花卉。元虞集诗：门外烟尘接帝局，坐中春色自幽亭。……前涧鱼游留客钓，上林莺啭把杯听……"（《天府广记》卷之三十七）。

玩芳亭

"在燕京东营内。乃粟院使之别墅，一时文彦品题甚富"（《析津志辑佚》"古迹"）。《天府广记》云："玩芳亭，元粟院使别墅。亭多花草，一时文人骚客来游赏多有题咏。"

遂初堂

"元詹事张九思别业。绕堂花竹水石之胜甲于都城"（《天府广记》卷之三十七）。《燕都名园录》称："九思别业……陶然亭一带。"而《日下旧闻考》按语云：张九思遂初堂，孙承泽《天府广记》亦系之草桥河各条下，然其迹已无可考。

钓鱼台

"在平则门(明改阜成门)西花园子，金章宗于春月钓鱼之地。今虽废，基址尚存"（《析津志辑佚》"古迹")。明蒋一葵《长安客话》钓鱼台条称："平则门外迤南十里花园村，有泉从地涌出，汇为池，其水至冬不竭。金时，郡人王郁隐此，作台池上，假钓为乐。至今人呼其地为钓鱼台。"到了清朝《天府广记》则云："钓鱼台在阜成门外南十里花园村，有泉自地涌出，金人王郁隐居于此，筑台垂钓(假钓变为垂钓)。元人丁氏建玉渊亭，马文友又筑饮山、婆娑诸亭，后为李戚畹别业。"

玉渊亭

据《析津志辑佚》"古迹"载："在高良河寺西，枕河堰而为之。前有长溪，镜天一碧，十顷有余。夏则薰风南来，清凉可爱，俗呼为百官厅。盖都城冠盖每集于斯，故名之。"

玉渊潭

"在府西十里，即玉河乡，元郡人丁氏故池。柳堤环抱，景气萧爽，沙禽水鸟，多翔集其间，为游赏佳丽之所。元人游此，赓和极一时之盛。"

万柳堂

陶宗仪《南村辍耕录》卷九："京师城外万柳堂，亦一宴游处也。野云廉公一日于中置酒，招疏斋卢公、松雪赵公同饮。时歌儿刘氏名解语花者，左手折荷花，右手执盃，歌小圣乐云。赵公喜，即席赋诗曰：万柳堂前数亩池，平铺云锦盖涟漪。……谁知只尺京城外，便有无穷万里思。……"

《长安客话》万柳堂条："元初，野云廉公希宪即钓鱼台为别墅，构堂池上，绕池植柳数百株，因题曰万柳堂。池中多莲，每夏柳荫莲香，风景可爱。"《天府广记》称之万柳园，元廉希宪别墅，在城西南为最胜之地。

清胜园

"在万柳之西。"

葫芦套

据《析津志辑佚》："在城南西。奉陪枢府相君祈雨南城，因过。所谓葫芦套者，乃胡君之苑也。其内楼台掩映，清漪旋绕，水花馥郁，非人间景。于是济南魏中立赋诗云：葫芦套在城南陬，不期六月乘兴到，临歧一径由崇墉，夹道高杨若引导。周遭寒溜碧

悠悠，动荡楼台影还倒。荷花荷叶展幽芬，绿水苍云竞偎靠。双双野凫戏分萍，小小渔舟出深澳。西轩虚敞眼室明，云扶远山齐戴帽。……"对相君之苑的入径、水域、楼名、荷莲之景作了一番引人的描写。

综观上引元大都诸私家园林，或就金之旧迹或新筑，也自有其北方园林特色，要以因水、因亭、因树而构园得体。因水而构，如海子岸的万春园；临涧水的南野亭；通惠河上的双清亭；大通桥一带，二三园亭，依涧临水；枕河填而为玉渊亭，前有长溪，镜天一碧；至于钓鱼台、玉渊潭更是柳堤环抱，水鸟翔集，池中多莲，风景可爱，为最胜之地。

园以亭名，为数众多，因亭而成为游赏胜处多有题咏，如草三亭，望湖亭；水木清华亭更以园池构筑，甲诸邸第而著称；漱芳亭因护覆梅花而艳称；匏瓜本篱落间物，筑台架木系匏瓜而士大夫竞为歌咏，累千万言犹未已，文学之趣味也；芙蓉亭以制作新奇取胜，因皆斗栱而为槽房之冠。

元人诸园，规模较大以植物造景取胜的，一为姚仲实之园，千五百余亩，构堂树亭，缭以榆柳，环以流泉，药阑蔬畦，区分井列是隐逸之流，于中优游四十余年，无所干于世。董宇定杏花园，植杏千余株，开时繁花如锦。大通桥东鹿园，方广十余里，地平如掌，古树偃仰，旧豢鹿处，客至骤马惊鹿为戏，可称鹿囿。

元朝文化，虽然在元杂剧的形成是我国戏剧史上重大事件，导致明人"传奇"的产生，在绘画上自我抒发意趣，不重形似和文人画的确立，是元画的特点。但是从以上宅园别业举例来看，仍不脱唐宋写意山水园的传统。除了斯亭斯园外，并没有新的发展。但个别园亭，重视笔墨意趣，通过一片树林，甚至篱落间物来传达园主的心绪观念，开明清文人山水园之端。

第四节　元朝的行政区划和文化艺术

一、元朝的行政区划

从10世纪初开始，中国处于分裂状态，延续达三

百几十年之久。赵匡胤建立宋朝以后，由于基础不巩固，政策失当，对内严防，对外忍辱苟安，国家日趋文弱，接二连三地受到外族辽、金、西夏和蒙古族的侵入。虽不断有人民起义的斗争，政府中也有抗战派和正义而奋战的将士，但终于在1127年北宋亡于金。蒙古国家的建立后，成吉思汗灭辽、西夏和金，到忽必烈即位后建元"中统"（1260年），十一年后即至元八年（1271年）十一月，才正式建国号为"大元"。至元十六年，南宋亡于元。忽必烈建立的元朝实现了中国历史上一次新的大统一，元朝的版图是我国历史上最大的，超过了汉唐盛世。元朝的地域，据《元史地理志》载："北逾阴山，西极流沙，东尽辽左，南越海浪"。（尤其是西北方面，如包括察合兀鲁思、伊利兀鲁思、钦察兀鲁思三个汗国，就伸展到翰罗思地。忽必烈即汗位建国时，这三个汗国实际上已经分立，走上独立发展的道路。但是忽必烈和他以后的元朝皇帝，在名义上仍是蒙古大汗的继承者。各兀鲁思宗王推戴的君主，有权处理本汗国的大事，但须向元朝皇帝奏报，各兀鲁思汗位的继承也要得到元朝皇帝的认可[1]。）

我们祖国今天的辽阔疆域，就是在元朝基本上定下了轮廓。中国地方行政区划中的省制也是发轫于元朝，不过元朝每个行省的辖区一般要比现在的省大得多。元朝的行政区划是中央政务机构中书省直辖河北、山东、山西，这些地方称为"腹里"；其他地方划分为十个"行中书省"，分别称为岭北、辽阳、河南、陕西、四川、甘肃、云南、江浙、江西和湖广。行中书省简称行省，又简称省。开始时，蒙古统治者在一些地方设行省作为临时的军政机构，忽必烈灭南宋以后，才逐渐把行省的设置固定下来。当时的行省是皇帝的派出机构，其官员配置与中书省大体相同，品级也相当，设丞相一员、平章政事二员、右丞一员、左丞一员、参知政事一员。行省的职责是"统郡县，镇边鄙，与都省为表里。……凡钱粮、兵甲、屯种、漕运、军国重事，无不领之"。行省的主要官员直接向皇帝负责。行省以下，则有路、府、州、县。[2] 路

设总管府，统于行省。府一级不普设，统属也不一律，或属于路、行省，或直属于中书省都。府下是否领有州、县也因地而不同，路、府、州、县都设达鲁花赤一员，为最高长官。路设总管、同知，府设知府或府尹，州、县长官也都称尹。至元二年（1265年）诏，"以蒙古人充各路达鲁花赤，汉人充总管，回回人充同知，永为定制"。府、州、县达鲁花赤也都必须由蒙古人充任。明显地表现出蒙古统治阶级的特权地位。达鲁花赤在地方官中地位最高，但往往不实际管事，成为高居于地方官之上的特殊官员。行省还可在一些地方特设宣慰司。宣慰司平时向州、县传布行省的政令，向行省转达州、县的禀请，边地有战事，则兼为都元帅府或元帅府。一些民族地区，又多设置招讨司、安抚司或宣抚司。各司的长官都称为"使"。除宣慰司不设外，招讨、安抚、宣抚等司都设达鲁花赤为最高长官。《中国通史》第七册编制有"元代行政区划表"，把中书省直辖，各行省的路、府、州、县、宣慰司、安抚司、宣抚司及其所属列成表，可供参考[1]。

除了已设省的地方以外，元朝廷还对新疆、西藏等地进行了有效的行政管辖。蒙古兴起，对天山南北一带有畏兀儿亦赤护（王）的政权，治所设在哈剌火州（今吐鲁番偏东），依附于西辽，1209年主动归附成吉思汗后，仍让亦都护管理内部事务，而派达鲁花赤进行监督。1251年，蒙哥汗曾设别失八里等处行尚书省、阿姆河等行尚书省于今新疆的东部、西部以及以西地方。忽必烈即位后以阿力麻里（今霍城西北）为军事重镇，并一度在这里设置行中书省。灭南宋后，至元十八年（1281年）忽必烈为进一步加强对天山南北的治理，设北庭都护府于哈剌火州，1283年又设别失八里、和州等处宣慰司。元廷在这里设站赤、立屯戍、行支钞、征赋税，其治理方式基本上同内地一样。此外，塔里木盆地南缘的翰端（今和田）等地，忽必烈与西北叛王争夺而派兵进驻，至元二十三年（1286年）并设置罗卜（今若羌）、怯台、阇鄽和翰端四驿。后来，大约在元泰定帝（1324～1328年）时，天

山南北归由察合台汗国管辖。[1]

西藏，从9世纪中叶起，长期处于割据纷争的局面，一直延续到13世纪。1253年，忽必烈从凉州延请八思巴到他在漠南行州的王府，他即汗位后就封八思巴为国师，后又称帝师，主要依靠八思巴实现对西藏的治理。元初，他设总制院，后改为宣政院，由他任命帝师执掌。宣政院有两重任务，一方面要管理全国释教僧徒，一方面要管理西藏的军民财务事体。在藏族聚居的地方，宣政院设有多处宣慰使以及宣抚使、安抚使、招讨使。其中，主要是西蕃等处宣慰使司都元帅府，管辖今青海一带地方；西蕃等路宣慰使司都元帅府，管辖今甘孜及昌都地区；乌思(指前藏)、藏(指后藏)、纳里速·古鲁孙(意为阿里三部)等三路宣慰使司都元帅府，管辖西藏地方。治理藏地的官员一般由藏人担任，但都必须经宣政院或帝师推举，而后由皇帝任命。元廷又在萨迦寺内委任一个"本钦"(行政长官)，实际主持西藏政务。在前藏和后藏，元廷又划分了十三个万户，任命了藏族的万户长，他们都归"本钦"管辖[2]。

作为多民族国家的元朝，依据各地区的不同情况，建立起一整套地方官制体系，从而使各民族、各地区统一于元朝廷的统治之下。

二、金元时期的文化艺术

金元时期理学的传播　和南宋并立的金朝，对于汉文化只是作为封建文明而逐步加以吸收。到金世宗、章宗，倡导汉文化，奖励儒学，宋朝的经学和理学才又在金朝继续得到传播。金朝末年，在学术上有所撰著并在社会上有所影响的学者，是王若虚和赵秉文。王若虚以金人而论宋学，得免派别的纠葛，因而议论较为客观平允，但未能独辟蹊径，成一家言。赵秉文以程朱的道德性命文学自任，在学术上少有新创，晚年值金朝衰乱，又于禅学求慰藉[1]。

蒙古灭金时期，渐与汉文化有所接触。1232年金儒士姚枢主动投靠蒙古窝阔台汗。1235年窝阔台命次子阔出伐南宋，攻下德安，俘儒生赵复，杨惟中

与姚枢在燕京建太极书院，请赵复讲授，程朱理学就在北方传播开来了。

元亡南宋，江南士大夫少数以身殉国，多数顺从了新朝。有的既未抗争死节，又不愿在元朝做官效劳，就当了亡宋的遗民。这些遗民多数是消极遁世的，隐居山林，坐禅修道，或结社吟诗，以风月自娱。但也有一部分遗民怀有强烈的反抗元朝的意识，发之于诗文言行之中。其中著名人物有谢枋得、谢翱、邓牧和郑思肖等。南宋亡了，他们深感哀痛，"壮志坚一节，始终持一心"，"重立身"，崇敬立身于天地间的英雄。他们都对故国的山水怀有无限的眷恋。他们也都喜爱松、竹、梅、菊、兰，在诗中吟唱它们，寓自己高洁的志趣和情操[2]。

金元的诗词和散曲　金元的诗词，从风格上讲，本体上是两宋诗词的延续。金初的诗人，多是被拘留的宋朝的使者，被迫留仕金朝，但又蒙情故国；不满忍辱事仇，但又无所作为，只是抒发哀思，很少有积极的情绪。金世宗、章宗时期，党怀英、赵沨、王庭筠等活跃在诗坛。他们的作品在形式上则大都模仿苏轼和黄庭坚，内容上很少触及社会矛盾。金中叶的诗风基本上是崇尚江西诗派，追求兴新奇峭，着重于以俗为雅。章宗明昌以后，作家盖趋于雕章琢句，追求形式的新巧，呈现一种华而不实的风气。

金宣宗南迁以后，一直到忽必烈建立元朝以前的一段时期，北方处在战乱之中，沦于蒙古族统治之下。元好问的"丧乱诗"就是这一时期的记录。元好问(1190～1257年)，字裕之，号遗山，忻州秀容(今山西忻县)人。他的诗"奇崛而绝雕刻，巧婉而谢绮丽，五言高古沉郁，又言乐府不用古题，特出新意"(《金史》本传)。他力矫前一时期金诗的形式主义颓风，成为金元之后北方文坛的一代宗师。他的有些诗作描绘蒙古军的肆意俘掠，记载了战乱带来的毁灭性的破坏，反映了兵乱后人民的灾难，以深厚深沉的艺术风格而达到一定的成就，但总的基调仍是消沉的。金亡之后，山西地方诗人集结在元好问周围，形成所

谓河汾诗派。他们的诗模仿中晚唐，有些诗也表现了对人民痛苦的同情。他们的风景诗，刚健清新，多有佳作[1]。

元朝初年，北方和南方的诗文各自保持原有的特色。北方作家如刘因、王磐、王恽、鲜于枢等沿着元好问所开辟的道路，学苏、黄而小变其调，清澹古朴，意尽言尽。南方作家如刘辰翁、方回、戴表元、仇远、赵孟頫等略变江西诗派的风格而崇尚晚唐，清丽婉约。他们对蒙古贵族统治下的人民痛苦有过一些揭露，也隐约地流露出悲凉的故国之思，但总的说来，思想性是薄弱的。成宗以后，作古诗模仿魏晋，律诗学盛唐，风格清丽遒壮，开始形成南北统一的诗风。稍后的虞集、杨载、范梈和揭傒斯，号为元代四大家。元末农民大起义前夕，社会矛盾日趋尖锐。在大起义战争中，文士多采远居避祸的态度。他们虽然对元朝的统治有某些不满，但更害怕人民的反抗斗争。这一时期比较著名的诗人有王冕、杨维祯等。王冕的诗，自然质朴，气骨高奇，风格有时颇似李贺。杨维祯喜作乐府诗，"大率秾丽妖冶，佳处不过长吉、文昌，平处便是传奇、史断"。一般说来，他的诗，技巧纯熟，内容贫乏[1]。

散曲　元朝诗坛上出现了一种新的文体"散曲"。散曲是文士作家基于民间的"俗谣俚曲"，又吸收词的某些特点而形成的文学体裁。散曲在元朝极为流行，取得与诗、词同样重要的地位。散曲有小令与套数两种：小令是一个曲牌的小曲；套数是不同曲牌而属于同一宫调的若干支曲连缀成套。曲子可由妓女歌唱，内容多是男女私情。也有一些曲是失意文人寄情山水，抒发心中的郁结，虽然思绪消沉，但写物状景，造语清新，在艺术上取得了不同于诗词的新成就；也有弃官退隐的文人，在曲中寄寓感慨，偶有几句同情人民疾苦的呼声。散曲套数是杂剧唱词的基础。元朝著名剧作家如关汉卿、马致远、白朴、王实甫等人(见后书)，也都是杰出的散曲作家[1]。

话本与诸宫调　宋金元时代城市经济发展，城市里出现了一些讲说故事的人，叫做说话人。他们讲故事的稿本称话本。"话"的意思即故事。"说话有四家，一者小说，谓之银字儿，如胭粉、灵怪、传奇。说公案，皆是搏刀赶棒，及发迹变泰之事。……说经，谓演说佛书。说参请，谓宾主参禅悟道等事。讲史书，讲谈前代书史文传、兴废争战之事。……还能以一朝一代故事，顷刻间提破"(《都城纪胜》)。

靖康年间，金兵围汴京，向北宋索取教坊乐人、杂剧、说话、弄影戏、小说、嘌唱、弄傀儡等各色艺人一百多家。因此，说话诸宫调等在金朝也十分流行。著名的董解元《西厢说诸宫调》就是当时说唱诸宫调的稿本。"解元"是当时人对文士的通称。董解元身世不明，大约是金章宗时人[1]。

元杂剧　宋朝的戏剧，统称作杂剧，但已没有完整的剧本流传，内容与结构都不能详知。金朝称为院本，即"行院之本"。扮演戏剧的人多为倡伎，他们所住的地方称作行院，他们的演唱本即称作院本。在金院本和诸宫调的基础上，形成了盛极一时的元杂剧。它的科白即表演动作与对话部分，承袭了院本的体制；曲即唱词部分，则明显地源于诸宫调。它的新发展主要表现在：从宋、金的叙事体改变成为代言体；在曲调上更多地采用了民谣小曲。元杂剧的形成是我国戏剧史和文学史上的重大事件。

元杂剧基本上是一种歌剧，演出时添加一些科白，借以表述剧情，使场面显得生动活泼。曲词也就是唱词，一般是由同一宫调中的几支曲子或十几个曲子组成的套曲。每一支曲子都由韵律铿锵的长短句组织而成，有其一定的格式，但在定格之外，可以增加衬字。句尾十之八九都押韵。在形式上既自由，又复杂，声律上也很优美。套曲一韵到底，配合科、白，便成为一折(相当于一幕)。元剧一般由四折组成，另外，可加"楔子"，置于各折之前或之间，充当开场或过场的作用。通常一个剧自始至终都由一个角色演唱，即由正末唱曲(叫末本)或正旦唱曲(叫旦本)。但在各折中他们扮演的人物可以不同。其他角色充当配角，只有旁白。剧本的最后有二句或四句诗时，叫"题目""正名"，用以点出剧本的主题[1]。

金元之际的杂剧，在山西一带最为流行，元初发展到大都路（今河北地区），元灭宋后，又传入江南。元杂剧到元成宗时臻于极盛。元朝的杂剧作家，有姓名可考的有一百七八十人，见于记载的杂剧作品达七百三四十种，现在保存下来的有一百六十余种。元杂剧的发展，大体可分为二期：成宗大德以前为前期，人才最盛；以后为后期。白朴可能是最早的杂剧作家，字太素，号兰谷，山西隩州（今山西河曲附近）人，写过杂剧十六种，现存三种，代表作是《墙头马上》。关汉卿，号已斋，约生于金末，可能原居解州，以后来到大都。他是一位博学多才的剧作家，并且"躬践排场，面傅粉墨，以为我家生活"，亲自参加演出。元灭宋后，他去到杭州。约在成宗时死去。他写过杂剧六十几种，现存十八种，对元杂剧的形成与发展，贡献最大，他所写的杂剧，结构严谨，人物性格鲜明，一些剧作具有较强的思想性。《窦娥冤》是他晚年写成的代表作，其他名作有《拜月亭》、《望江亭》、《救风尘》等。关剧的曲文，造语遣句，清新蕴藉，文采风流，在金元词曲中亦是上品。马致远，字千里，号东篱，大都（今北京）人，著有杂剧十三种，现存七种。马致远受到全真道一定的影响，在他的剧作中，消极遁世的思想时有表露。他长于写抒情的悲剧，语言平易而情致深浓，自成一家。他的名作《汉宫秋》描写王昭君出离汉境后，投江而死，剧中指责汉朝文武"枉被金章紫绶"、"都宠着歌衫舞袖"，边关有事，"没个人敢咳嗽"。毛延寿"叛国败盟，致此祸衅"。这是一个悲剧，情节不合于历史的实际。但它在元朝统治下演出，具有一定的现实意义。王实甫名德信，大都人，生平事迹不详。他撰剧十四种，现存三种。他的代表作《西厢记》，以董西厢诸宫调为蓝本，把唐代《莺莺传》中的轻薄少年改写成忠实于莺莺的"志诚种"，以张君瑞中状元，"庆团圆"而结束。《西厢记》以争取婚姻自由为主题，成为六七百年来流传最广的

佳作。全剧由五个四折的剧本联成一个长剧，首尾条贯。这就有足够的篇幅，便于描写情节的变化和人物的思想感情，戏剧冲突也得以向多方面展开。这种长剧的体制，为杂剧发展为"传奇"，开辟了道路[1]。

大德以后的剧作家，成就较大的是郑光祖（名德辉）。他的作品以历史剧为多，但代表作《倩女离魂》构思新奇，富于浪漫色彩。无名氏的《陈州粜米》揭露权豪势要的横行与百姓的冤苦，塑造了为民除害申冤的清官。清官戏在元朝大量出现，是昏暗的现实社会中人民大众的政治理想的反映。以北宋梁山泊起义为题材的剧作，也在此时陆续出现。宋江、李逵、燕青等为主角的戏剧，逐渐流行，使他们成为人所熟知的人物。

大德以后，杭州代大都而成为戏剧的胜地。但成宗以后，南曲也逐渐吸取北曲而得到发展。"南戏出于宣和之后，南渡之际，谓之温州杂剧"，也称为"永嘉杂剧"或"戏文"（祝久明《猥谈》）。入元以后，南戏仍很流行。南戏早期的唱词据宋词和俚谣巷曲杂凑而成，结构疏散，科诨较多，艺术形式比较自由而粗糙。北方杂剧南传之后，南戏吸收了北剧的某些优点，唱词采用联套的办法，减少了科诨，以便集中刻画人物，因而出现了南北腔合调的新唱腔。北杂剧与南北戏文的唱腔合流，形成南北曲并用的体制，最后导致明人"传奇"的产生。这是中国戏剧史的一大进步[1]。

元绘画、雕塑和建筑　北宋由于文同、苏轼、米芾等人提倡，产生了不受"形似"、"格法"的限制，自我抒发文人意趣的绘画，到了元朝就更加发展。元朝文人在蒙古贵族统治之下，往往以笔墨抒发胸中的郁结。所谓"元人尚意"，求意趣而不重形似，正是元朝画风的特点[1]。李泽厚在《美的历程》一书中有精辟的见解。他说："元画与宋画有极大不同。……然而最重要的差异似应是由于社会急剧变化带来的审美趣味的差异，蒙古人进居中原和江南，严重破坏了生产力，包括大量汉族地主知识分子（特别是江南人士）蒙受极大的耻辱和压迫，其中一部分人或被迫或自愿放弃'学优则仕'的传统道路，把时间、精

力和情感思想寄托在文学艺术上。山水画也成为这种寄托的领域之一。……山水画的领导权和审美趣味终于在社会条件的变异下由宋代的宫廷画院落到元代的在野士大夫知识分子——亦即文人手中。'文人画'正式确立。尽管后人总爱把它的源头追溯到苏轼、米芾等人，……但从历史整体情况和现存作品实际看，它作为一种体现时代精神的必然潮流和趋向出现在绘画艺术上，似仍应以元——并且是元四家算起"[5]。

"所谓'文人画'，当然有其基本特征。这首先是文学趣味的异常突出。……形似与写实迅速被放在次要地位，更强调和重视的是主观的意兴心绪。……'气韵生动'……这个本是作为表达人的精神面貌的人物画的标准，从此以后倒反而成了表达人的主观意兴情绪的山水画的标准(而这些文人画家也大都不再画人物了)。……倪云林一再说'仆之所谓画者，不过逸笔草草，不求形似，聊以自娱耳'。'余之竹聊以为写胸中之逸气耳，岂复较其似与非'。……"

"与文学趣味相平行，并具体体现这一趣味构成元画特色的是，对笔墨的突出强调。这是中国绘画艺术又一次创造性的发展。……在文人画家看来，绘画的美不仅在于描绘自然，而且在于或更在于描画本身的线条、色彩亦即所谓笔墨本身。笔墨可以具有不依存于表现对象(景物)的相对独立的美。它不仅是形式美、结构美，而且在这形式结构中能传达出人的种种主观精神境界，'气韵'、'兴味'。这样，就把中国的线的艺术推上了它的最高阶段。……正是这时，书法与绘画密切结合起来。从元画开始，强调笔墨趣味，重视书法趣味，成为一大特色。……线条自身的流动转折，墨色自身的浓淡、位置，它们所传达出来的情感、力量、意兴、气势、时空感，构成了重要的美的境界。……任何逼真的摄影所以不能替代绘画，其实正在于后者有笔墨本身的审美意义在。它是自然界所不具有的、而是经由人们长期提炼、概括、创造出来的美。……"

"与此相辅而行，从元画开始的另一中国画的独

有现象，是画上题字作诗，以诗文来直接配合画意，相互补充和结合。……唐人题款常藏于石隙树根处(与外国同)，宋人开始写一线细楷，……元人则不同，画面上题诗写字有时多达百字十数行，占据了很大画面，有意识地使它成为整个构图的重要组成部分。这一方面既是使书、画两者以同样的线条美来彼此配合呼应，另一方面又是通过文字所明确表述的含意来加重画面的文学趣味和诗情画意。……这种用书法文字和朱红印章来配合补充画面，成了中国艺术的独特传统。……"

"与此同时，水墨画也就从此压倒青绿山水，居于画坛统治地位。……正因为通过线的飞沉涩放，墨的枯湿浓淡，点的稠稀纵横，皴的披麻斧劈，就足以描绘对象，托出气氛，表述心意，传达兴味观念，从而也就不需要也不去如何真实于自然景物本身的色彩的涂绘和线形的勾勒了。……""既然重点不在客观对象(无论是整体或细部)的忠实再现，而在精练深永的笔墨意趣，画面也就不必去追求自然景物的多样(北宋)或精巧(南宋)，而只在如何通过某些自然景物(实际上是借助于近似的自然物象)以笔墨趣味来传达出艺术家主观的心绪观念就够了。因之，元画使人的审美感中的想像、情感、理解诸因素，便不再是宋画那种导向，而是更为明确的'表现'了。画面景物可以非常平凡简单，但意兴情趣却很浓厚。……"[5]

李泽厚对确立于元的"文人画"的这番精辟评论，对于了解明清文人山水园有重要意义。因此，在这里先较详地引录。

元朝初期著名的画家赵孟頫(1254～1322 年)，字子昂，号松雪，湖州人，出身皇族。他自幼学习刻苦，学识渊博，诗文、音律、书画、经济无不精通冠绝于时。在绘画上，人物、山水、花鸟、鞍马、竹石无不精工，为一时所法。他的书法，向晋、唐诸家学习，融会变化，自成一家，为一代大师。他对绘画创作的看法一是"师古"，一是"书画同法"。他说："作画贵有古意，若无古意，虽工无益。"他是院画

"形似"、"格法"的集大成者，他所追求的古意，也不过是古人的笔墨形式而已。他在其《秀石疏林图》上自题说："石如飞白木如籀，写竹还应八法通，若也有人能会此，须知书画本来同"。不可否认绘画同书法在用笔和意趣之间不无可以旁通之处，但二者却是截然不同的艺术，仅以笔法意趣这一点来认识而不涉及到绘画的内容实质，这正是一种形式主义和文人发泄的意点，这和其他"文人画"画家的思想并没有什么区别。赵孟頫又是追求意趣的文人画大家[6]。

但作为元画的代表则当推元末的四大家：黄公望、吴镇、王蒙和倪瓒。他们把水墨山水画推向了登峰造极的境地，给明清两代以巨大影响。元以前画山水多用熟纸和绢，使用湿笔，谓之"水罩墨章"。元后期诸家则纯用生纸，使用干笔皴擦，以水墨为主，或加浅绛淡彩。这些手法成为后来画坛的专尚。黄公望(1269～1354年)，常熟人，字子久，号一峰，又号大痴道人。他的山水"作浅绛色山头多岩石，笔势雄伟；一种作水墨者，皴纹极少，笔意尤为简远"。(张丑《清河书画舫》戌集)。王蒙(1308～1385年)，吴兴人，字叔明，元末避乱于黄鹤山，因自号黄鹤山樵。他的画风苍茫繁复而浑厚。吴镇(1280～1354年)，嘉兴人，字仲圭，号梅花道人。他的山水苍茫而淋漓。倪瓒(1301～1374年)，无锡人，字元镇，号云林子，别号很多。他的作风简淡而稀疏，皴法用"折带"，以别于前之人之为主的"披麻"皴。前已述及，倪瓒的画风，据自述，"不过逸笔草草""聊以为写胸中之逸气耳"。同时的王冕，善作没骨花卉，又善画墨梅，万蕊千花，自成一家[1]。

雕塑　　自元朝以来，长期在我国雕塑艺术上占主要地位的是佛教造像。元朝崇尚喇嘛教，密教的雕塑艺术因此一度盛行。元世祖忽必烈时，尼波罗(今尼泊尔)人阿尼哥入仕元廷，主持兴建大圣寺万安寺(今白塔寺)的白塔。他传入了"西天梵相"。大都宝坻人刘元，原来是个道士，后从阿尼哥学塑西天梵像，综合汉族传统工艺和尼波罗工艺之长，号称"绝

艺"。大都寺观的神像都出自他们之手。他们的作品都是以细腰、肉髻高为其特征。这类作品，就艺术本身来说，已没有多少现实主义的因素了。此外，居庸关过街塔的浮雕是元朝雕塑艺术典型风格的代表。居庸关在大都西北约一百二十里，处于两山之间的关沟上。关沟长达三十里，有南、北两口，分别立有大红门，"设扃鐍，置斥候"。元顺帝至正二年(1342年)，下令修建居庸关过街塔，至正五年(1345年)建成。过街塔的基座是汉白玉砌成的石台，下有可供车马行人经过的券门。石台之上，矗立着三座石塔。在过街塔基座券门的石壁上，刻有四大天王和其他神像，以及梵、藏、八思巴、畏兀儿、西夏、汉六种文字的《陀罗尼经咒》和五种文字(除梵文外)的《建塔功德记》。石台之上的三塔早已毁坏，但石台基座券门浮雕一直保存到现在，民间称之为"云台"，已被列为全国重点保护文物[4]。

历史学著作　　宋金元时代不断进行前代史的编修，也详于当代史的编修和史料的整理。宋朝设置史馆，分国史院和实录院；金设置国史院；元设翰林国史院。元初，忽必烈即下诏编纂辽、金、宋三史。于1345年全部编成。通志与通考，是宋元时期新创的史学体裁。《通志》是南宋郑樵编，共200卷，计帝纪20卷，年谱(他新创的体制)4卷，略(相当于正史的各志，共二十略)52卷，列传124卷。1161年成书。郑樵主张"会通"，提倡编写通史，指出断代史之失为"繁文"(重复)、"断梗"(史事不相连接)；主张据实记录，反对过去史书的褒贬美刺之法，认为史书"以详文该事，善恶已彰，无待美刺"，反对阴阳五行说，斥之为"妖学"，认为史书"专以记实迹"，这些都是独到的见解。《文献通考》元马端临编，共348卷，1307年成书。马端临仿唐杜佑的《通典》，详细记录自古代到宋宁宗嘉定末年的各种制度及其沿革。《通考》收录大量经籍、史书、传记、文集、奏议、笔记等文献，还夹叙夹议，经常加以作者的按语。《通志》、《文献通考》与杜佑《通典》被学者合称

为"三通"。

方志、地图、地理著作 方志是记载地区的历史、地理和现状的著述，包括政区演变及山川、物产、风俗、人口等各个方面。北宋初年起，出现了许多全国总地志，如《太平寰宇记》、《祥符州县图经》、《元丰九城志》等。元世祖时，命搜辑全国总地志，以明一统。1294 年成书，共 755 卷，名《大一统志》。成宗时，陆续获得云南、甘肃、辽阳等地的图志，又命秘书监增修。1303 年再次成书，共 1300 卷，刻印流传，定名《大元大一统志》。此书今已失传，仅存辑自《永乐大典》等书的残卷。专记一州一县甚至一镇的元地方志，流传下来较重要的约有五种。地理图方面，有元初朱思本绘制的《舆地图》共二卷。朱思本是元朝地位较高的道教徒，受帝代祀名山河海。他利用这个机会，旅行全国各地，进行实地调查，绘成此图。由于画面较大（长、宽各七尺），不便流传，虽也曾刻石，但未能保存传世[1]。

西游录、北使记、西游记、西使记 1219 年耶律楚材从成吉思汗西征，在西域居住六年，行程五六万里，写成《西游录》一书。1220 年金使乌古孙中端奉派使蒙古，觐见西征中的成吉思汗，返回后口述行程，由刘祈记录，题为《北使记》。全真道士丘处机，1221 年应成吉思汗之邀西行达中亚，三年后回国。随行弟子李志常记行程见闻，成《长春真人西游记》一书。1259 年，常德奉元宪宗之命前往波斯，次年回国。他的旅行历程由刘郁写成《西使记》。以上这些游记都叙述了他们经历的山川城市和沿途的民族风习，是关于西域历史地理的有价值的著述。元朝还有一些海上旅行者写作的海外地理著作，详实可靠。周达观在 1296 年随元朝使臣赴真腊一年多，回国后撰成《真腊风土记》一卷，共四十则，记述今柬埔寨的城郭、宫室、服饰、村落、出产、贸易等地理情况。汪大渊在 1330～1339 年，两次随商船出海，途经南海诸岛和印度洋沿岸数十国，还可能到过东非。他随手记下见闻，回国后编写成《岛夷志略》

一书[1]。

天文学和数学 宋朝历法共改了十几次，反映天文学研究的活跃。元朝天文学以郭守敬等编制"授时历"为最。授时历中考正七事，都是对天文数据的重新测定，主要由于郭守敬在天文仪器制造的创新和仪象观测上的贡献。元朝在天文学上还有一项重要成就，即至元十六年(1279 年)在 27 个观测站举行的大规模纬度测量，地理纬度从北纬 15°到 65°。观测结果在 14 个观测点用纬度值来比较，平均误差在半度以内，相当精细可贵。与天文学关系密切的数学在金元之际出现秦(九诏)、杨(辉)、李(冶)、朱(世杰)四大家。秦九诏在著作中发展了北宋贾宪的增乘开方法，解一个一元十次方程式，并附有算图。他还发明了整数次中一次同余式组的普遍解法，即闻名世界的中国剩余定理。金朝，数学上发明了天元术。天元术以"元"代表未知数 x，以"太"代表常数项。方法一般根据问题中已有条件，立天元一(x)为未知数(所求数)，最后列出方程式，解方程得数。李冶集天元术的大成，写了《测圆海镜》。天元术出现后，很自然地发展为天地二元术，天地人三元术和天地人物四元术。朱世杰在数学上的贡献主要是发明四元术和多种高阶等差级数术和方法。由于手工业生产的发达，商业上交换的频繁，宋元时代实用算术方面也有很大进展；一是发明了除法口诀。二是出现了完整的算码，出现了〇的符号；三是已普遍使用珠算盘[1]。

医学与本草学 元朝医学在宋金医学的基础上又有所进步。有成就的可推刘完素(寒凉派)、张丛正(攻下派)、李杲(补土派)、朱震亨(滋阴派)，号称金元医学的四大学派。危亦林是伤科专家，著有《世医得效方》二十卷，其中十八卷中有"用麻药法"，是世界上用麻醉药治病的较早记录。本草学方面，元朝有朱辕撰《大元本草》，"欲广本草以尽异方之产"，书稿未刊，现存有许有壬的一篇序文，收在《至正集》内。动物学知识方面，元王恽撰《宫禽小谱》介绍十七种鸟类的形态，是我国较早的论鸟类的专书[1]。

黄道婆和棉纺织技术的改进　　棉花是从印度传入中国的。唐朝时候，棉花已从北路传到新疆，从南路传到两广、福建，13世纪上半叶开始传入长江中下游，元时北路棉花也传到了甘肃和陕西。棉花的种植是棉纺织手工业发展的前提条件，而棉纺织技术的改进也会增加对棉花的需求，从而促进棉花种植的推广。元朝是我国手工棉纺织技术大步前进的时代。人们自然会想起黄道婆。黄道婆出生于松江府乌泥泾镇(今上海县华泾镇)一户贫苦的农家。她的生卒年份不详，大约生活在南宋末年和元世祖、成宗时期，即13世纪中叶到纪末。她幼年时因家境窘迫而流落到海南岛南端的崖州(今崖县)去谋生。黄道婆在那里度过了整个青壮年时期，学会了黎族人民的棉纺织技术。元贞年间(1295—1296年)，她怀念故乡，从崖州回到了乌泥泾。看到家乡人还在用手剖剥棉桃，用线弦竹弧拨弹棉花，便把从黎族那里学到的技术教给大家，"做造捍弹纺之具"以及"错纱配色，综线挈花"的方法。她还传授了高级的提花技术，使织成的被、褥、带、帨(手巾)呈现出"折技、团凤、棋局、字样"，光彩美丽，如画一般。不久，乌泥泾一带织出的崖州被便以"乌泾被"名闻各地[2]。

农学著作　　元朝农学也有发展，有一系列农业专著问世。先有元朝政府的大司农司(专以劝课农桑为务)，在前代农学著作的基础上，"则其繁重，撷其切要，纂成一书"，叫作《农桑辑要》，共七卷，包括典训、耕垦、播种、栽桑、养蚕、瓜菜、果实、竹木、花草、孳蓄(附岁月杂事)等十门，"博采诸书，更以试验之法"，约六万字。于至元十年(1273年)刊行于大都，后来多次刻印，颁布到全国各地，对元朝的农业生产有很大的实际影响。这部书中所引用的一些古代农书，大多数已经佚失，所以它保存了不少古农书的吉光片羽。

《农书》是王祯撰写的。王祯，字伯善，腹里东平(今属山东)人，生卒年代不详。只知他1295年出任旌德县(今属安徽)县尹，在职六年，1300年调任永丰县(今属江西)县尹。他做县官，注意劝导百姓务农，并热心公益事业，决意写一部尽量完备的农书，到了1313年才最后定稿出版。全书共22卷，约十三万六千余字。卷一到卷六是《农桑通诀》，分授时、地利、垦耕、耙耢、播种、锄治、粪壤、灌溉、劝助、收获、蓄积、种植、畜养、蚕缫、祈极诸篇，除祈极篇含有不少封建迷信的色彩，比较全面、系统地论述了农业的各方面问题，并对南北农事进行了分析比较。卷七至卷十是《百谷谱》分别叙述谷属、蓏属、蔬属、果属、竹木以及其他。卷十一至卷二十二是《农器图谱》，共列图二百八十条幅，绘出了当时的各种农具以及田制、农害、灌溉工具、运输工具、纺织工具等。每幅图都附有文字说明，介绍各种器具的来源、结构、制作和用法。在《农书》刻印后的第二年即1314年，鲁明善编写的《农桑衣食辑要》也正式出版了。鲁明善本名铁柱，明善是他的字，畏兀儿人。他曾在安丰路(治所在今安徽寿县)任肃政廉访司官员，任职期间写了这部书。全书分上、下两卷，约一万五千余字。它是按照月令的体例撰写的。全书分十二个月令，在每个月令中详细记述了农家当做的种种农事，很实用。

注释

[1]蔡美彪，周良霄，周清澍，张岂之，范宁，朱瑞熙，严敦教．《中国通史》第七册第六章元朝多民族统一国家的建立．人民出版社，1983.(7)3～402

[2]黄时鉴．元朝史话．北京出版社，1985.1～236

[3]同济大学城市规划教研室编．中国城市建设史．中国建筑工业出版社，1982.60～67

[4]陈高华．元大都．北京出版社，1982

[5]李泽厚．美的历程．宋元山水意境．文物出版社，1981.165～186

[6]李浴编著．中国美术史纲．人民美术出版社，1957.261～283

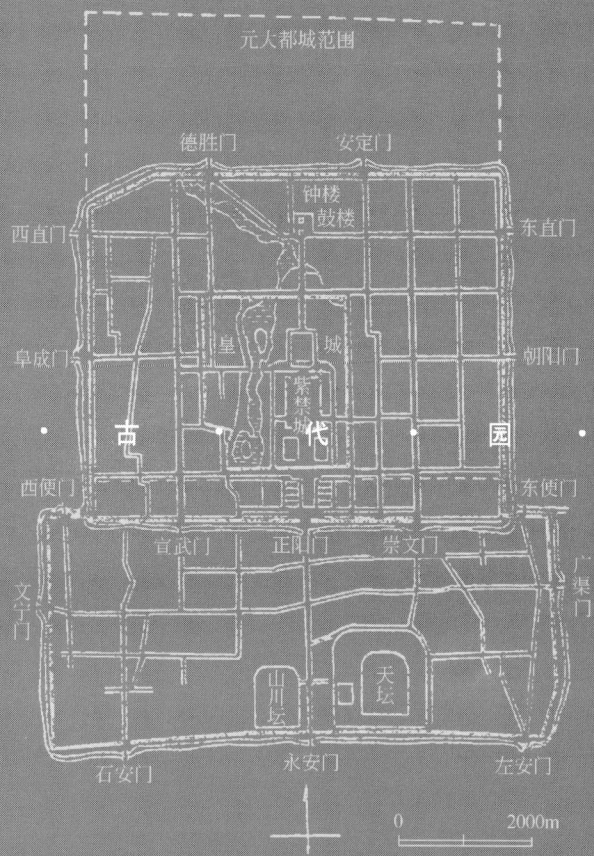

元大都城范围

德胜门　安定门

钟楼
鼓楼

西直门　　　　　　　　　　　　东直门

皇　城

紫禁城

阜成门　　　　　　　　　　　　朝阳门

·中·国·古·代·园·林·史·

西便门　　　　　　　　　　　东便门

宣武门　正阳门　崇文门

广渠门

文宁门

山川坛　天坛

石安门　　永安门　　左安门

0　　　　2000m

第八章　明清时期都城和宫苑

第一节　明朝的建立和
建都应天——南京

一、元末的战争和大明的建立

至元三十一年(1294 年)元世祖忽必烈去世，嫡孙铁穆耳即位，是为成宗。成宗在位期间实行守成政治，以缓和蒙、汉、色目官员间的冲突，政局相对稳定，经济也有所发展。大德十一年(1307 年)成宗死后近半个世纪中，长期陷入皇位争夺的纷争。元朝皇帝又大肆挥霍，特别是赏赐和佛事的开发。那时有岁赐制度，皇帝通过岁赐使蒙古色目贵族分享全国的剥削收入。元朝皇帝都信奉喇嘛教，每个皇帝即位后都要兴修佛寺，年年大做佛事，耗费了大量钱财。自元世祖以来，财政危机就无法解决并继续恶化，钞法的混乱造成经济的崩溃。元朝中期土地兼并的现象十分严重，在残酷的封建剥削下，元朝农民生活缺衣乏食，难以度日。从泰定年间(1324～1327 年)起，天灾几乎连年不断，忽旱忽涝，还有雹雪虫蝗等灾，到处都有大量饥民。政权腐败，贪贿成风，整个社会处在极度黑暗的统治之下。在沉重的阶级剥削和民族压迫下的各族人民，不断掀起了反抗元朝统治的武装起义^{见第七章[1]}。

元朝末年大规模农民战争是从至正十一年(1351 年)颍州红巾军起义开始的。当时，在河南、江淮一带，民间广传一种宗教叫白莲教。这种白莲教已经同弥勒教相混合，两者都源自佛教的净土教。白莲教信奉阿弥陀佛，主张念佛修行，最后在西方净土得到归宿，在有关经典中也推崇明王。弥勒教认为佛涅槃后世界介入苦境，等到弥勒佛现世，才成极乐世界。

白莲教首领韩山童利用民间传说，倡言天下当大乱，"弥勒佛下生"，"明王出世。"他与杜遵道、刘福通等认为时机已到，1351年，五月在白鹿庄聚众三千，杀白马黑牛，警告天地，以红巾为号发动起义，大家推韩山童为明王。不料事先泄露了消息，官军赶来搜捕，韩山童被捕杀，杜遵道、刘福通等人冲出元军包围，干脆率领队伍攻占颍州(今安徽阜阳)，举起了红旗。不久，又攻破汝宁(今河南汝南)、汝州(今河南临汝)、光州(今河南潢川)的一些县份，拥有了一支十几万人的队伍。因为以红巾为号，高举红旗，所以称红巾军或红军，或称香军(烧香拜弥勒)。

刘福通起义后，各地白莲会众及其他农民军相继起兵响应。1351年，八月，徐寿辉、彭莹玉等也在蕲州起兵，攻占州城。九月，攻下蕲水县和黄州。十月，起义军推徐寿辉称皇帝，建立国号天完，年号治平，并建莲台省，以蕲水为都城。1351年，八月，徐州李二(号芝麻李)联合贫民彭大等八人，乘夜投徐州城，四人入城，四更点火，齐声呐喊，四人在城外，也点火响应，城中大乱。天明，又树大旗募人从军，应募者至十余万。于是遣众四出作战，占有徐州附近各县及宿州、五河、虹县、丰、沛、灵璧，西至安丰、濠、泗。1351年，十二月，邓州人王权，人称布王三，与张椿等起义，攻陷邓州、南阳。进而占唐、嵩、汝诸州，陷河南府。以上起义军被称为"北琐红军"。至正十二年(1352年)正月，襄阳孟海马等起义，攻占襄阳，进军荆门、房州、均州、归州、峡州，被称为"南琐红军"。定远土豪郭子兴，聚众烧香，是当地白莲会的首领。1352年，二月，郭子兴、孙德崖及俞姓、鲁姓、潘姓首领，五人同领兵起义，攻占濠州。当地农民执兵器随从起义，达数万人。起义军的红旗布满了山野。

朱元璋，濠州钟离县(今安徽凤阳)农家子，17岁时(1344年)家乡遭逢旱蝗灾害，饥馑和瘟疫流行，他父母兄弟相继死亡，孤苦伶仃，入皇觉寺为僧。接着在家乡淮河以西一带游食三年。这一带正是白莲教传播的地方，他深受影响，也结交了一些朋友。红巾军起义爆发时，他早已回到皇觉寺。有人写信劝他投奔起义军。他先是担忧害怕，后发觉有人要告他与红巾军勾通以后，才决定"果束手以待罪，亦奋肩以相戕"，皇觉寺被元军焚掠，25岁的朱元璋在1352年闰三月投奔郭子兴，参加了红巾军的队伍。数月之间，各地农民起义蜂起，攻州得州，攻县得县，队伍不断壮大，进展十分迅猛，反映了反抗元朝统治的起义已是人心所向，大势所趋。红巾军的起义使元廷上下极大的惊恐，垂死的元朝仍然竭尽全力调动蒙汉诸军，展开了大规模的反攻战。与农民为敌的各地地主土豪也纷纷组织武装，配合官军，镇压起义。1352~1353年间各地红巾军遭到严重的挫折，但仍坚持战斗，此伏彼起。

至正十四年(1354年)正月，张士诚在高邮建立政权，自称诚王，国号大周，年号天祐。张士诚，泰州白驹场人，兄弟四人，都是运盐船的船工，兼营私贩。盐丁久苦于官役，贩私盐又受富家的凌辱，张士诚结合李伯升等壮士十八人，愤起杀多次窘辱他的官兵丘义和欺凌他们的富家，焚房舍，招纳旁近盐场少年起兵，攻泰州，有众万余。元朝派李齐招降，张士诚接受了招安，后又再次起兵，破泰州，北陷兴化县，结寨德胜湖。五月，张士诚鼓噪入高邮，拓地及于宝应。元廷又一次下诏招安，张士诚拒绝招安，杀李齐，据此称王。张士诚攻下高邮后，两淮局势为之一变。九月，丞相脱脱集合大军，兵号百万，四面环攻，围困高邮。张士诚军被困三月，军中已在议论出降。元顺帝突然下令罢免脱脱(元廷结党斗争的又一次爆发)，整个战局又出现了急剧变化，张士诚军很快复兴见第七章[1]。

当元军进攻徐寿辉军时，刘福通乘间反攻，占据安丰、汝州，进围庐州。至正十五年(1355年)二月，刘福通等迎回躲在武安山中的韩山童之子韩林儿，拥立他称帝，号小明王，建国大宋，年号龙凤，建都濠州。杜遵道、盛文郁为丞相，刘福通、罗文素为平章，刘六（刘福通弟）知枢密院事。但大宋内部随即出现了纷争。杜遵道专权，与刘福通不和，刘福通派遣甲士杀死杜遵道，自为丞相。

天完军徐寿辉部在1353年底遭元军镇压，损失极重。次年，元军调攻张士诚部，天完军又得以从容休整，再振旗鼓。至正十五年（1355年）正月，倪文俊部一举攻破沔阳，七月攻下武昌、汉阳等路。至正十六年正月，倪文俊在汉阳迎徐寿辉为帝，建都汉阳，倪文俊任丞相。天完军继续向南发展，尽有湖南诸路。

高邮战后，郭子兴也乘机自濠州发动进攻，至正十五年（1355年）攻下和阳，命朱元璋总领诸军。三月，郭子兴病死。五月间，大宋为布檄文，任郭子兴长子郭天叙为濠州都元帅，张天佑、朱元璋分任右、左副元帅。朱元璋深得郭子兴的赏识和信任，逐渐掌握了郭子兴手下大部分兵力。朱元璋在1354年攻占滁州，自成一军，以后陆续收并各地山寨的"义兵"（地主武装），改编为起义军，1355年又合并了巢湖红巾军的水师。这年元月，朱元璋用巢湖水师，乘水涨入江，由牛渚矶强渡长江，攻占采石镇，乘胜攻下了集庆上游的太平。在对元作战中，朱元璋令幕僚李善长预为戒戢军士榜，禁止剽掠，整饬了军纪（因而在民众中赢得了声誉）。早在江北初起时，朱元璋就陆续召集了一些随从起义的地主儒士，用参幕府。其中冯因用劝告朱元璋："金陵（集庆古名即今南京）龙盘虎踞，愿定鼎金陵，倡仁义以一天下"。攻下太平后，朱元璋取溧阳、溧水、句容、芜湖等处。九月，郭天叙、张天祐率军攻集庆，败死。1356年，二月，朱元璋大败蛮子海牙舟师于采石，乘胜水陆并进，攻集庆。破江宁镇，败元兵于蒋山，于是诸军竞进，拔栅攻城。攻下集庆后，朱元璋改集庆为应天府，以此为中心，发展成为一支强劲的军事力量，但名义上仍奉韩林儿的大宋旗号。

高邮战后，张士诚军损失惨重，直到至正十六年（1356年）正月，才又结集三、四千人，攻破常熟，又轻易地取得平江、昆山、嘉定、崇明和松江，守臣相继来降。张士诚继续攻打常州，不战而下，又分兵取得湖州。两月之间，张士诚顺利夺得苏松地区，占据东吴，并在作战中扩大了队伍。1356年，二月，张士诚进驻平江后，改平江为隆平郡，以承天寺为宫室，设立省院大部、百司。七月，张士诚军攻破杭州，但不久，又被元苗瑶军统领杨完者夺回。

红巾军起义前还有一支地方反元力量即方国珍。方国珍以贩盐浮海为业，1348年被人诬告遭官方搜捕，只好聚众在海上反抗。1356年以前，元朝一再招降，方国珍也一再接受元朝官职，但始终保持海上的独立力量，劫掠海上，破坏东南漕运。在农民战争的浪潮中，他也是威慑元朝的一支强大力量。见第七章[1]

在农民起义风起云涌的年代，元朝统治集团中枢长期陷于相互倾轧，统治日益衰朽，皇室腐败，顺帝却沉迷于淫乐荒荡之中，不理朝政。农民军起，各地各族地主土豪或聚众结寨自保，或组织武装，与农民军作战，或称青军，或称黄军，高邮战后，元军更加虚弱无力。衰败的元朝不得不变更排汉的政策，鼓励和依靠汉人地主武装去镇压起义的农民。

1357年，六月间，大宋丞相刘福通等，面对农民军胜利进军的形势，指挥全军，分道前进，北上作战。刘福通自率主力大军进攻汴梁。七月间打通北渡黄河的通道；八月间，攻下大名，占领曹州和濮州，西向攻卫辉。至正十八年（1358年）五月，攻打汴梁，元守将弃城逃跑，大宋军开进汴梁，以灭元复宋为号召，农民军四起拥护，声势浩大。大宋的西路军，由白不信、大刀敖、李喜喜等率领，在1357年，十月，攻下兴元北上凤翔，不久又进兵秦陇，进据巩昌。1358年，二月再攻凤翔，被元军计诱而大败，李喜喜败退入川。大宋中路军由关铎、潘诚、冯长舅、沙刘二、王士诚等率领，绕道山西北上。1357年，九月，自曹州攻下陵川，闰十月攻下潞川。1358年，二月，沙刘二部攻下晋中重镇冀宁（今太原），北进大同，被截回。关铎、潘诚两军，分道出绛州、沁州，逾太行、焚上党。进而攻大同、代州等地。关铎部因大宋军在北方被阻，九月南攻保定，不下。于是北上大同，远至塞外兴和诸郡，成为远离主力的孤军。十二月，关铎向元上都发起进攻，攻下上都城，焚毁元宫室，远近震动。随后又挥兵东进。次年正月，攻全宁，焚毁鲁王府宫室，进军辽阳，攻入高丽。东路毛贵军转战山东，连续获胜。1358年，三月，北攻蓟州、漷州，至枣林，距大都仅120里，元朝内外大震，朝臣在议论着迁都避祸。左丞相太平自彰德调军来战，毛贵受挫，退守济南。

1357年，当大宋军北上作战时，东南的张士诚却投降了元朝，被授给太尉的官职，为元朝镇压农民军。1359年五月，察罕帖木儿率领大军，自南北两道，水陆并进向大宋都城汴梁大举进攻。由于三路北上的宋军。西路受挫，中路远入高丽，东路毛贵被杀，汴梁处于孤立无援的境地，山东农民军仍在相互攻杀，而不救汴梁。八月间，元军攻破汴梁，刘福通拥韩林儿退走安丰。到1362年，韩林儿、刘福通已在安丰坚守三年有余。这时，北上的各路军已先后丧失，东起淄、沂，西越关陕，都被元军和地主武装夺去。1363年，二月，降元的张士诚派部将吕珍向安丰进攻。韩林儿与刘福通派遣使者向朱元璋部求援。吕珍攻破安丰，刘福通力战牺牲。朱元璋领兵来援，救出韩林儿，拥至滁州。小明王韩林儿以宋帝名义加封朱元璋为大宋中书右丞相见第七章[3]。

徐寿辉，天完军于1356年在汉阳重新建都后，丞相倪文俊自恃功高，图谋杀徐自立，不成，逃奔黄州。倪文俊部下领兵元帅陈友谅乘机杀倪，兼并部众，自称平章政事。1358年陈友谅领兵攻下安庆，又破龙兴、瑞州、邵武，入杭州；继而相继攻下建昌、赣州、汀州、信州、衢州，占有江西、湖广地区。1360年，五月，陈友谅拥徐寿辉领兵攻打朱元璋占据的太平。在驻军采石矶时，陈友谅乘机杀徐寿辉，自称皇帝，建号汉国，改元大义。陈友谅随即向朱元璋部占据的应天府发动进攻。

1356年，三月，朱元璋攻占集庆，四月取四镇，七月称吴国公。1356～1357两年之间，又在江浙地区连续取得胜利，连克常州、常熟，继克江宁、徽州、扬州。1358年春，攻下建德路，冬十二月攻下婺州。1359年，九月，又攻下衢州、处州，占有江左、浙右诸郡。五月，陈友谅进攻应天，谋与张士诚合兵。朱元璋计诱陈友谅领兵东来，至龙湾，朱部伏兵夹击，陈友谅败走，朱元璋乘胜夺回太平。1361年，八月，朱元璋派遣使者与察罕帖木儿通好，以解除元军的威胁，集中兵力去攻打陈友谅。1363年，七月，在鄱阳湖激战中，陈友谅中流矢而死，余部挟陈友谅子陈理逃回武昌。1364年正月元旦，朱元璋在应天称吴王，建置百官。李善长为右丞相，徐达为左丞相，常遇春、俞通海为平章政事见第七章[3]。但朱元璋仍沿用大宋龙凤年号，以示继承红巾军的传统。

北方和江南各路农民的相互残杀，使农民战争不可能较早地推翻元朝的统治。但腐朽了的元朝统治集团内，诱发了元廷与岭北宗主之争，皇帝与军阀之争，展开争权夺利的混斗，加速着元朝的灭亡。

朱元璋自建号吴王后，多方经营，不断扩充军力，扩充地区，并在占领区着力进行政权建设，整顿军队，建立军纪，招纳儒士，屯田积谷，为"平定天下"准备了条件。1366年，五月，在向东吴发动进攻时，发布文告，历叙起兵经过和政治主张，竟把红巾军起义说成是因元朝政治昏暗"致使愚民误中妖术，……酷信弥勒之真有，冀其治世，以苏其苦，聚为烧香之党"，指责起义军"焚荡城郭，杀戮大夫。荼毒生灵，无端万状"。而把各地地方武装镇压起义，叫作"有志之士""乘势而起"。朱元璋还在文告中自述他的起兵，是"灼见妖言(红军)不能成事，又度胡运(元朝)难与立功，遂引兵渡江"，还宣布了保护地主所有制的政纲。这篇文告十分清楚地宣布了朱元璋对白莲教红巾军的公开背叛和转向保护地主阶级的政治主张，也宣布了此后推翻元朝和镇压江南农民军以建立新王朝的主张。1366 年，十二月，当徐达、常遇春包围了平江，东吴旦夕可灭之际，朱元璋派遣廖永忠迎接韩林儿来应天，途经瓜洲渡江，暗中把船凿江而沉，韩林儿被害沉江而死。从此，朱元璋不再用龙凤年号，成为新王朝的代表。

平江被围困后，张士诚拒绝投降，坚持拒守，1367 年，九月，东吴军溃，徐达军攻入平江城，守军巷战失败，张士诚退入室中自缢，被人救下，押至应天。张士诚见朱元璋，闭目不语，被乱棍打死。朱元璋灭东吴之后，随即分军南下，指向割据浙江沿海的方国珍和割据福建的陈友谅。在三个月的时间内，即先后削平了浙东和福建。1367 年，十月，以徐达、常遇春统率主力军北上，攻取中原。朱元璋审度情势，出兵山东，并命宋濂发布了告天下檄文。文中说："当此之时，天运循环，中原气盛，仁兆之中，当降生圣人，驱逐胡虏(即推翻元朝)，恢复中华(汉族政权)，立纲陈纪，救济斯民"(《明太祖实录》卷二十一)。吴王元年(1367 年)十二月，朱元璋南征北伐两路大军已按计划取得胜利，推翻元朝已指日可待了。1368 年，正月初四，朱元璋在应天府奉天殿即皇帝位，世子标为皇太子，建国号大明，年号洪武。

明王朝建号，北伐军仍按原计划，进取河南。洪武元年(1368 年)三月，徐达军抵汴梁，守将降。四月，常遇春攻下洛阳，冯宗异乘胜西取潼关。朱元璋到汴梁，下令停止西进，计议北伐大都，然后再扫灭各地残敌。闰七月，朱元璋返回应天，徐达率领诸军北上，破卫辉、广平，在临清与山东明军会合，急速北进，破长芦、直沽，进据通州。元顺帝见大都不保，在二十八日夜，与太子、诸妃仓皇出健德门，北奔上都。八月初二，徐达军攻入大都，宣告了元朝统治的灭亡。朱元璋改大都名北平，以应天为南京见第七章[3]。

元顺帝逃往上都后，继续指令反攻大都，失败后又北逃应昌，于 1370 年四月病死。五月，明兵攻应昌，元皇子爱猷识里达腊奔和林。1378 年爱猷识里达腊死，子脱古思帖木儿继立。元室后裔在漠北仍然保有相当实力，与明朝为敌。

明军攻克元朝后，1369 年，二月，广东全境都为明有；1369 年，六月，广西平；这样南方地区也全部平定，只有云南少数民族地区，仍被元宗王梁王所占据。

二、明朝的南京城

南京地区，楚时才置金陵邑，秦时以金陵属鄣郡，改名秣陵县，孙权时城石头，改秣陵为建邺，西晋时改为建康，东晋、南朝以建康为都城。到隋朝统一全国后，将南朝都城建康全部破坏，城址成为一片农地。另在石头城设置蒋州，统治该地区。唐朝时，城市曾屡次改名，先后有江宁、归化、白下、上元等县名，丹阳、江宁等郡名，以及升州时为州治。五代时成为杨行密所统治的吴国的重要据点，城内曾一再扩建。到南唐时，金陵又成为都城[1]。

南唐的金陵城，经过扩建后周围达 25 里 45 步。较元朝的建康城更向南移，把石头城和秦淮河都包入城内。其范围大致在今南京的北门桥(珠江路西段)以南，南至中华门，东至大中桥，西至水西门和汉中门。城中偏北另有子城，周围达 4 里，南唐时改为宫城。宫城的位置在今小虹桥以南，内桥以北，东至升平桥，西至大市桥，东、西、南三面有门[1]。

南唐灭亡后，北宋在金陵设江宁府治。南宋初期又改称建康，作为行都。元朝时称集庆路，城市规模依旧，但经济较前繁荣，特别是纺织业。至正十六年(1356 年)朱元璋进占集庆路，改为应天府。统一全国后，定都于应天，称南京。据史载，明朝建立后，对建都地点，久议未定。朱元璋曾亲去汴梁(开封)，打算在那里建都。后来决定以应天为南京，开封为北京，采取两京制，南北兼顾。由于当时构成明朝最大威胁的是退居漠北的元朝皇室——北元。南京偏于东南一隅，北元若卷土重来，有鞭长莫及的危险，因此朱元璋又曾有迁都关中的打算，未实现，即死。

南京城在朱元璋自立为吴王后，于至正十六年（1366年）进行改建，首先建宫殿于钟山之南，并建太庙及社稷坛。洪武二年至六年（1369～1373年）南京经过两次大规模的改建。到洪武十九年（1386年）基本建成，前后达二十一年之久。建城时所用砖石木料，都是长江下游的一百五十二个府县，按照统一的规格制成。大型的城砖上都印有监造的府县及造砖人的姓名[1]。

明朝的南京城，包括外城、应天府城、皇城三重（图8-1）。

皇城偏在应天府城东南隅，系填燕雀湖（即前湖）而成，所以南高北低。宫城（紫禁城）居皇城之中偏东（图8-2），南正门为午门，门外左有太庙，右有社稷坛。午门北有五龙桥、奉天门、奉天殿、华盖殿、谨身殿，为前朝部分；后为乾清宫、省躬殿、坤宁宫，为后寝部分。这些主要宫殿都在一条中轴线上。宫城东有东安门，西有西安门，北有北安门。皇城南门曰承天门，北曰玄武门，东曰东华门，西曰西

华门。午门至承天门轴线上有端门，承天门外亦有五龙桥。沿此轴线为笔直的御道，直达洪武门及正阳门。御道右侧为文职各部，如宗人府，吏、户、礼、兵、工部，翰林院，太医院等。左侧为中军、左军、右军、前军、后军都督府，太常寺、仪礼司、锦衣卫、钦天监等。

应天府城就是现在的南京城，城周六十六里多，按照河流、湖泊、山丘等地形，从防御要求出发修建，所以成不规则形。全城共有十三个城门，东为朝阳（今中山门），转南为正阳门（今光华门），通济门，聚宝门（今中华门），转西为三山门（今水西门），石城门（今汉西门），清凉门、定淮门、仪凤门（今兴中门），转北自西而东有钟阜门、金川门、神策门（今和平门）及太平门。诸城门中，以通济门、聚宝门、三山门最为坚固，设有三重至四重的城门。全城将南唐的金陵城（包括石头城、西州城及治城），六朝的建康都城及东府城等全都包在内，达到南京历史上最大的规模[1]。

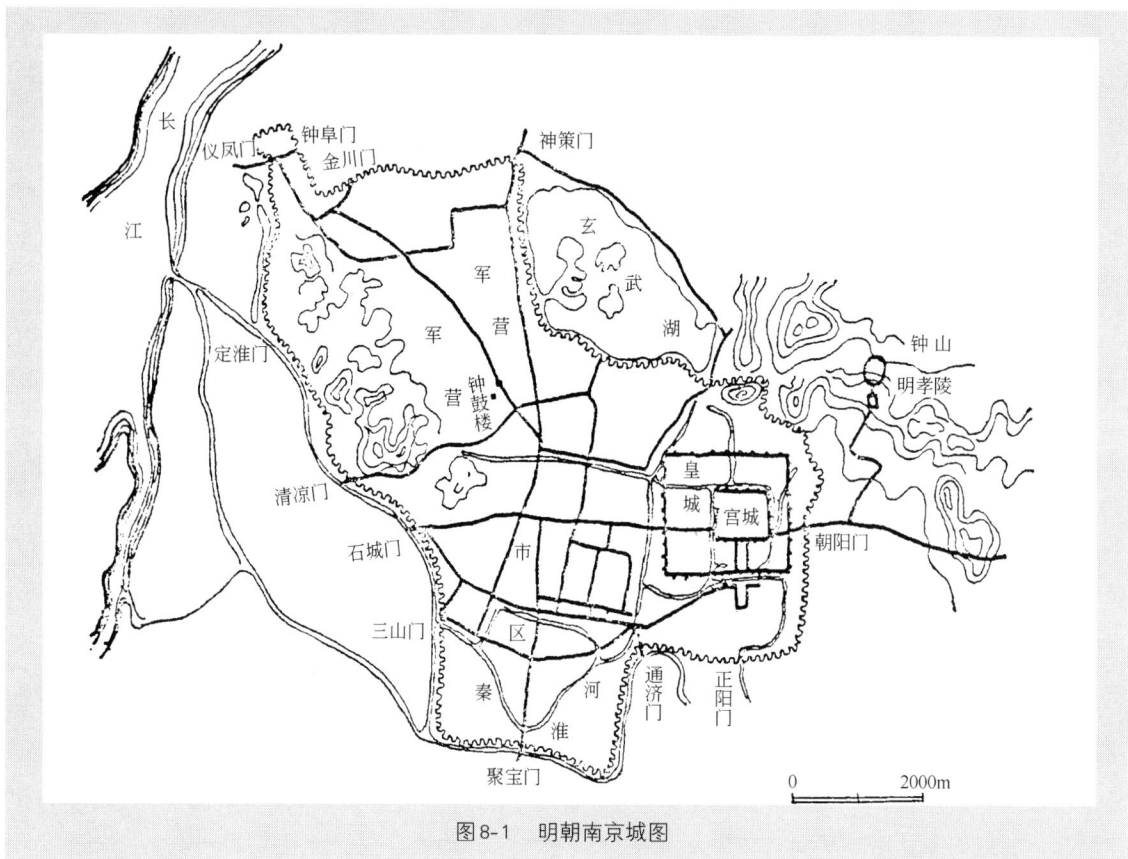

图8-1　明朝南京城图

玄武门

北

北安门　坤宁宫
春和殿　奉柔仪殿
省躬殿　先殿
乾清殿
谨身殿
华盖殿　文华殿
武英殿　奉天殿
西安门　武英门　武楼　文楼　文华殿　东安门　东华门　朝阳门
　　　　　　　　文楼
西华门　　　　奉天门
　　　　　　　午门
　　　　右掖　左掖
社稷台　　端门　太庙
社街门　　　　庙街门

承天门

现代城墙

长安右门　　　长安左门　鸾驾库

仪礼司　中军都督府　宗人府　翰林院
通政司　左军都督府　吏部　詹事府
锦衣卫　右军都督府　户部
　　　　前军都督府　礼部　太医院
旗手卫　后军都督府　兵部　东兵马司
钦天监　太常寺　　　工部
洪武门

正阳门

0　　　　500m

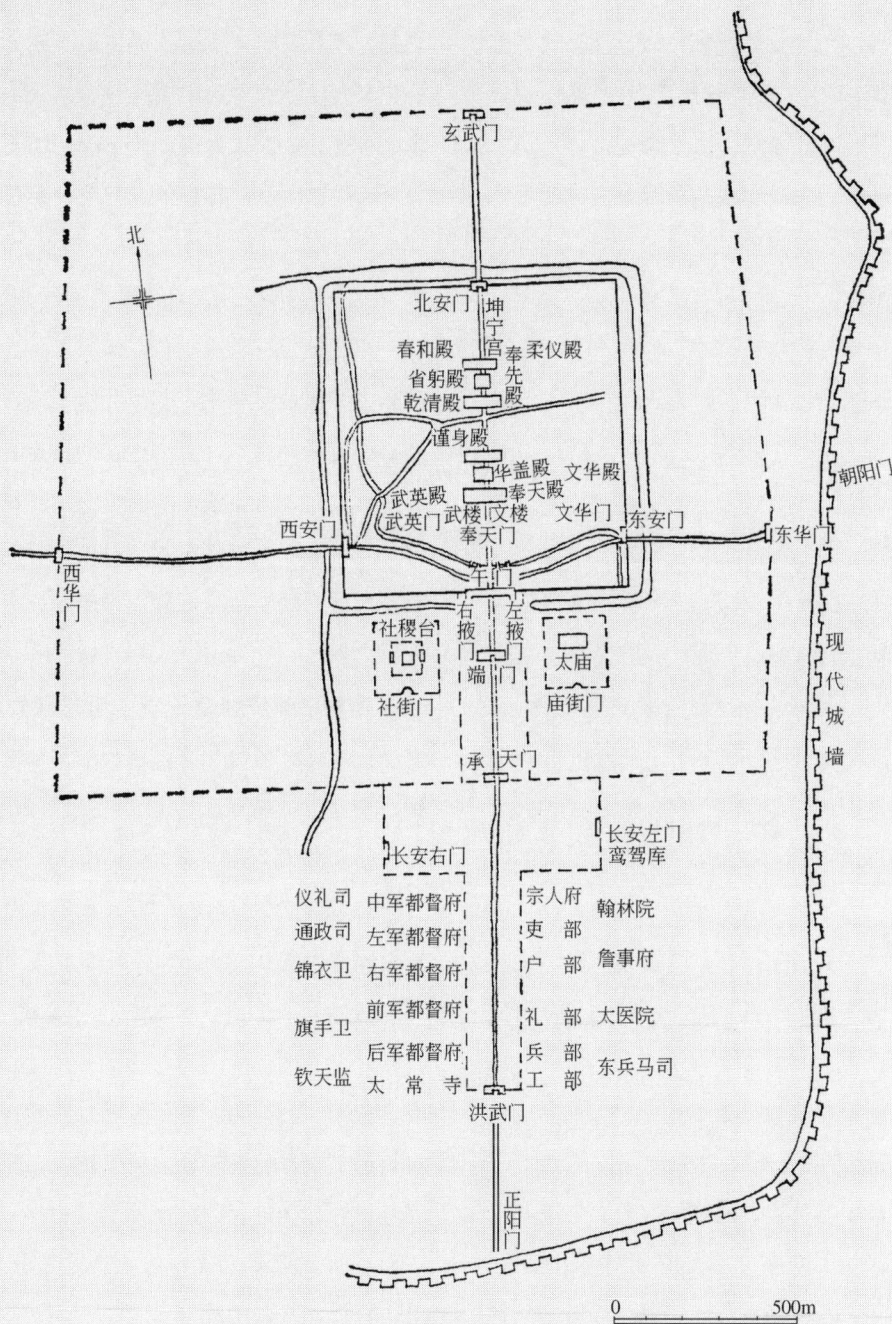

图 8-2　明朝南京宫城、皇城图

从防御需要出发，在应天府城外围，利用部分天然土坡筑外城，周围达 180 里。其范围西北直达江边，东包钟山，南过聚宝山（今雨花台）。在险要地段筑有十六座城门，即沧波、高桥、上方、夹岗、凤台、大驯象、小驯象、大安德、小安德、江东、佛宁、上元、观音、姚坊（今尧化门）、仙鹤、麒麟等门。外城与应天府城之间，为耕地及村落。

南京地形较复杂，长江从地区的西南往东北方向流过。城北有狮子山、鸡笼山等，地形起伏较大，东北为一泓大水玄武湖，东为钟山所包，南有雨花台，西有清凉山、五台山等，汉西门外为一片沼泽的莫愁湖。城内只有中部地形比较平坦，南唐金陵城就在这一带发展，明朝新建皇城宫城，则让开这一已形成的地区，在其东侧修建。

南京城于至正二十六年(1366年)进行改建,先建宫殿于钟山之南,并建太庙及社稷坛。从洪武二年至六年(1369～1373年),城市经过两次大规模的改建,到洪武十九年(1386年)才基本建成,前后达二十一年之久。建城时所用砖石木料,都是长江中下游的一百五十二个府县,按照统一规格制成的。南京的城垣极坚固。其基础,在山地利用山岩,在平地用巨大石条砌筑;城墙用大型城砖砌成,砌砖时以石灰或以糯米汁拌石灰灌浆作胶结材料,墙顶用桐油与土的拌合物结顶。墙底宽10～18米,高度12～15米,顶部宽7～12米。城垣工程的艰巨与牢固超过以往任何一个城市。

南京城内分皇城宫城、居民市肆和西北部军营等三区。市肆区即南唐以来已形成的地区,其南部接连航运要道秦淮河。这一带是繁荣的商业中心。城西北部地势较高,专设屯兵军营。在三区的交界的中央高地上建钟鼓楼。上述三区虽然都在应天府城之内,但各自平面布局不一致,道路系统也不是一个整体。

明朝南京的人口,按洪武二十五年(1392年)的统计,共达四十七万三千多人,其中匠户达四万五千户,富户一万多户,尚有禁卫军士约二十万人左右,明中叶后,人口继续有增加,曾超过一百万人。

明朝的南京也是全国经济中心之一,手工业很发达,以织造及印刷等最盛,从明初有匠户四万五千户就可知其一般。其中有官府手工业的机房及机户,有许多民间家庭手工业及私有作坊,当时以生产锦缎著名。在仪凤门外三叉河附近尚有龙江宝船厂,明初郑和下西洋的大船在此建造。聚宝山西还有玻璃厂。商业区集中于秦淮河两岸及其附近,即三山门、聚宝门外,江东门内一带,各种手工业和商号,号称有一百零三行。因商旅繁盛,曾大量建造榻房,供商旅住宿并作为货栈,在其附近又建十六楼,作为娱乐场所。

明朝的南京,也是全国文化中心之一。鸡笼山下成贤街有国子监,最盛时有几千学生,其中尚有日本、朝鲜、暹罗等国留学生。鸡笼山上还建有钦天监测候台,聚宝山上建有回回测候台。南京的宗教建筑也很多,有灵谷寺、报恩寺、天宁寺、朝天宫等,特别是报恩寺的琉璃塔,高九级,全用色彩鲜丽的琉璃,夜间燃灯百盏,号称当时世界七大奇迹之一。

明成祖迁都北京后,南京的宫殿官署仍一直保留,在政治上有特殊地位。清兵入关后,南京又曾一度作为福王的统治中心。清兵南下后,成为两江总督及江宁将军的驻地,仍为地区的封建统治中心。清朝的南京城,基本上没有什么大变化。织造手工业则更为发达,专门设有江宁织造府,以管理锦缎生产,主要供宫廷需要。最盛时,织机达三万架,男女工人达五万人[1]。

明朝中都城的建设　明建国初,朱元璋以应天为南京,开封为北京,因政治形势有很大变化,经群臣研究,又确定以临濠(今安徽凤阳县)为中都,认为"临濠前江后淮,以险可恃,以水可漕",而开封"民生凋敝,水陆转运艰辛"。也因临濠是朱元璋的故乡,祖籍所在地。营建中都工程从洪武二年(1369年)九月始,连续不断地进行了六年,到洪武八年(1375年)四月,朱元璋"亲至中都验功赏劳"。后来以"劳费"的理由停建了,以后陆续拆迁,中都仅作为禁锢皇室罪犯的场所,明末被毁,至今地面上仅留有皇城城墙遗迹(图8-3)。

中都城规模宏大,有里外三重城。最里有大内(紫禁城)周6里,墙高4丈5尺4寸,有四门(南称午门,东为东华门,西为西华门,北为玄武门),各门有门楼,四角有角楼。皇城周13.5里,砖石修垒,高2丈,开四门(南为承天门,东安门与西安门,北为北安门)。以皇城为中心的外城,包围了东西相连的日精峰、万岁山、月华峰、马鞍山和西角凤凰嘴山在内。因山筑城,土墙高3丈,城周50里443步。中都城呈扁方形,西南出一角称凤凰嘴,共开九门(南正门曰洪武门、南左甲第门、南右甲第门、西仅

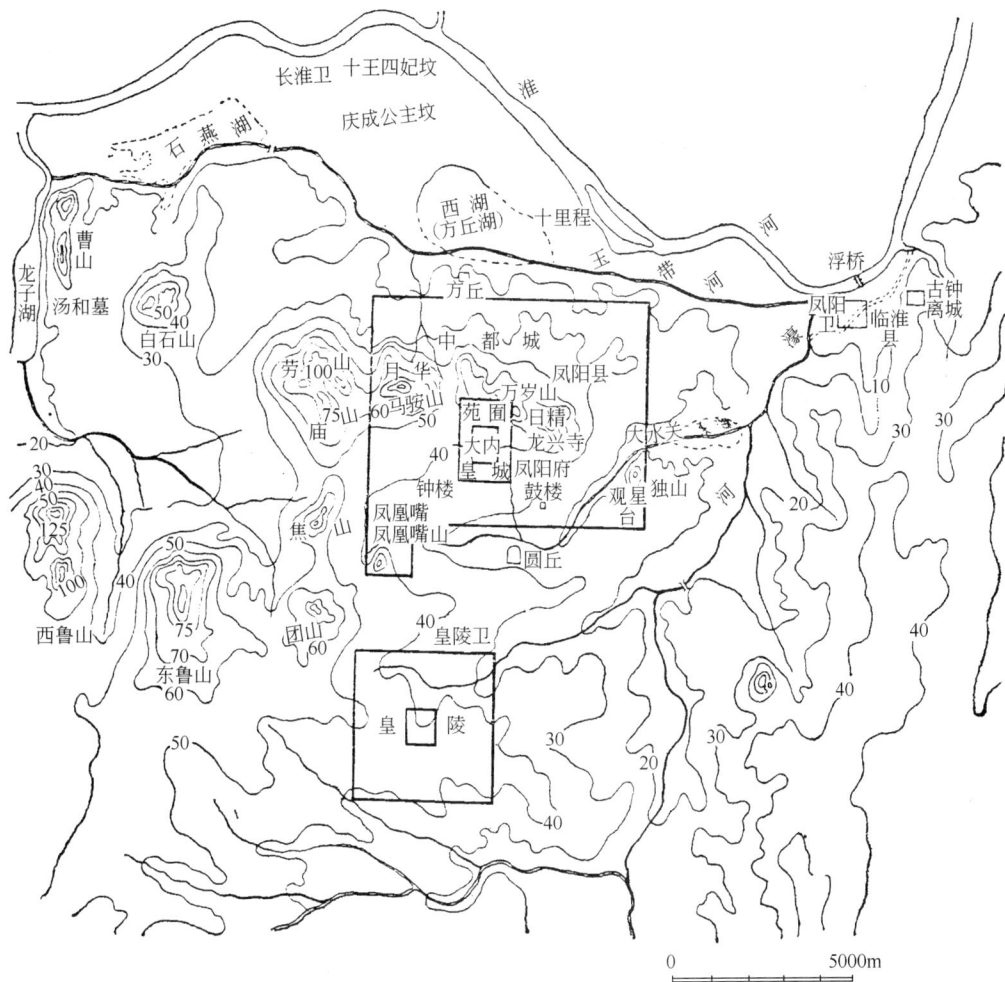

图 8-3　明中都城址位置图

涂山门，东自北至南为长春、独山、朝阳门，北二门即北左甲第门和后右甲第门）。由于不受地形及原有建筑影响，布局更为规整，充分运用以洪武门、午门、玄武门、北安门为中轴，左右对称的布置手法。从洪武门开始左右千步廊的大明门、承天门到午门长达三里多的御道两侧，对称布置了左右两翼、文武官署、太祖太社稷等。在定中都城基时就规划了街坊，记载设街二十八，坊一百零四，各有名称，由于罢建没有形成。整个中都城及其周围地区是统一规划的，城南有皇陵，城北有十王四妃坟，规模宏大。明中都虽然没有最后建成，但它的布局手法对明北京（北平）的规划起了直接的影响[1]。

第二节　朱棣靖难之役和建都北京

一、明初的建树和朱棣靖难

朱元璋经过十多年的艰苦奋战，才得以君临天下。但元末近二十年的战争中，人民流离转徙，或死于饥荒或战火。到处是灌莽弥望，一片荒凉景象，社会经济遭到严重破坏。同时，退居漠北的蒙古贵族，"其引弓之士，不下百万也；归附之部落，不下数千里也"，随时准备卷土重来，严重威胁着明朝边疆的安全。因此，朱元璋一方面大力恢复发展社会经济，巩固统治政权的基础，另一方面总结历史上成败治乱的经验教训，结合他自己的实际经验，对政治制度进行了一系列的大刀阔斧的改革[2]。

洪武初年，地方政权机构的设置仍沿袭元制，洪武九年（1376 年）朱元璋废行中书省（他自己曾做过小明王的行中书省丞相，不把小明王放在眼里）改为承宣布政使司，简称布政司，设左、右布政使各一人。布政使是朝廷派驻地方的使臣，负责宣传和执行朝廷的政令，其权力范围只限于民政和财政。布政司行政区域的划分大体和元朝的行中书省差不多，除南京、北京外，共十三布政司。布政司之下有府、直隶州（与府同级）和州（与县同级）、县两级地方政府。和布政司平行的有提刑按察使司，简称按察司，长官为按察使，掌管地方的司法；有都指挥使司，简称为都司，长官为都指挥使，掌管一地的军政。布、按、都合称为三司。彼此互不统辖，都直接听命于朝廷，这一改革把行中书省的权力一分为三，并且使三司互相牵制，达到了朝廷收回大权的目的。洪武十三年（1380 年）朱元璋借有人告发丞相胡惟庸"谋反"，对他进行抄家灭族，从此废除中书省，不设丞相，提高中书省属下的吏、户、礼、兵、刑、工六部的地位，分理朝政，各部尚书直接对皇帝负责，政务由皇帝亲裁，封建中央集权发展到了高峰，朱元璋也成了历史上权力最大的君主之一[2]。

朱元璋起于农民军，依仗自己所掌握的军事力量取得了全国统治政权，深知军队对巩固政权的重要性。洪武十三年（1380 年），朱元璋在改革中央政府机构的同时，也对军事机构进行调整。洪武初年，中央军事机关为大都督府，大都督为全国最高的军事长官。大都督府统领全国都司、卫所的军队。后来朱元璋觉得大都督府的权力太大，就一分为五，设立左、右、中、前、后五军都督府。各都督府分别管领各所属的都司、卫所。各府的长官为左、右都督，掌管府事。都督府与兵部既互相配合，又互相牵制。都督府只管军籍、军政，没有指挥和统率军队的权力。兵部虽有颁发军令、铨选军官之权，却也不能直接指挥和统率军队。遇有战事，由皇帝作出决定，兵部颁发调兵命令，军事统帅由皇帝亲自任命，然后统率军队作

战。战事结束，军归卫所，主帅还印。将不专军，军不私将，避免了悍将跋扈、骄兵叛变的弊端。都督府与兵部的权限分离开，使皇帝牢牢控制住军权，增强了封建王朝对全国人民的统治力量。对于兵制，在研究了征兵制和募兵制各有长短后，创立了一种"卫所"兵制。全国军队编为卫所军和京卫军。卫所军队的主要来源有四：一是从征（早先追随朱元璋起事和招来的地主武装），二是归附（元朝和群雄的投降部队），三是谪发（因犯罪被罚充军的），四是垛集（百姓中按人口比例征调的）。军人列入军籍，世代沿袭，儿孙代代当兵，军籍和民籍、匠籍一样，同为明朝分籍中的一种。军队耕战结合，平时既屯耕，也受军事训练，担负保卫边疆和镇守地方的任务。明王朝根据地理形势和边防需要设置卫或所。卫所的军官分别为百户、千户、卫指挥使。当时卫所遍及全国各地，京师各重地，卫所独多。至洪武二十六年（1393 年），全国有十七个都指挥使司，下辖 329 个卫，还有 65 个独立的守御千户所，军队总数约在 120 万左右。十七个都司和下面的卫所分别隶属于中央的五个都督府[2]。

朱元璋又在中央设立都察院，置十三道巡按都御史分巡各地，纠劾官吏。他对大臣们不放心，设立锦衣卫和巡检史，暗地侦察探视，使得任职的官员战战兢兢地驯服于皇帝的统治之下。

朱元璋在统一全国的前后，就赐予功臣宿将大量土地。这批新贵并不以此为满足，又通过各种非法手段，兼并掠夺土地，还私蓄奴婢，豪奴悍仆，往往依仗权势，凌暴乡里，制造了新的阶级矛盾，影响了封建秩序的稳定。在整个洪武朝，小规模的农民起义斗争在全国各地不断发生。朱元璋便对这批新地主阶级采取限制和打击的措施。前述 1380 年镇压胡惟庸的同时，趁机杀了几家公侯大官僚。自此，凡是心怀怨恨，或骄横跋扈的文武官员、大族地主，都被罗织为胡党罪犯，被灭族抄家，株连蔓引，持续多年没完没了。洪武二十三年（1390 年）朱元璋再兴大狱，又

杀了几十家公侯官员，整个胡案合计杀了三万多人。洪武二十六年(1393年)又以谋反罪诛杀大将军蓝玉，把军中的骁勇将领几杀干净，共杀了一万五千人。此外，朱元璋又常以某罪名对某个开国功臣赐死，或鞭死，或砍头。功臣宿将得以善终的寥寥无几，朱元璋对那些由于阶级的偏见不肯合作的地主阶级文人，采用"诛其身而没其家"的严厉镇压办法。朝中的许多文官也遭到他的杀戮。由于他当过和尚，起自红巾军，文字、成语上有忌讳，朱元璋对于奏章、名词，常往坏处揣摩，造成了洪武时代许多文字上冤狱[2]。

朱元璋通过一系列政治，军事改革，还不放心，鉴于宋元两朝皇室孤立，宗室衰弱，朝廷有事，宗室无力支援的历史教训，决定分封诸王，屏藩皇室。诸王在自己封地建立王府，设置官属，地位极高。诸王不得干预地方民政，王府之外，归各级地方官吏治理，惟一特权是军事指挥权。每个王府都设有亲王护卫指挥使司，护卫甲士三千至一万九千人。封在长城线上要塞的亲王则不在此限，亲王护卫兵归亲王直接调遣指挥；遇有急事，亲王封区内的卫所守镇兵也一并归亲王指挥。这一规定使亲王成为地方守军的监视人，是皇帝在地方的军权代表。朱元璋有子26人，除长子朱标立为太子，第九、第二十六子吊死外，其余23个儿子都被封为亲王，分驻在全国各战略要地，封国星罗棋布(封藩可分两类：一在边疆，一在内地)。其中太原的晋王、北平的燕王还曾多次受命带兵出塞征战，军中大将均受其节制。晋、燕二王的军权独重，立功也最多。

洪武二十五年(1392年)，太子朱标病亡，朱元璋立太子的嫡子朱允炆为皇太孙。洪武三十一年(1398年)，朱元璋亡，朱允炆即帝位，以第二年为建文元年。当时的诸王都是他的叔父，年纪较大的藩王都是久经战阵，屡建奇功，又握有重兵，自然不把年轻、孱弱没有经验的朱允炆放在眼里，违法之事不断出现。特别是燕王朱棣，"智勇有大略"，蓄谋夺取中央大权，在王宫中私制兵器，偷印宝钞，招兵买

马，搜罗异人术士。建文帝见此情状，就与兵部尚书齐泰、太常寺卿黄子澄计谋，认为燕王蓄谋已久，仓促难图，决定先削废周、湘、齐、代、岷五个亲王的藩王爵位，废为庶人。朱棣眼看就要轮到自己，采取先发制人的手段，建文元年(1399年)七月，起兵反抗朝廷。燕王首先在不到一个月内，攻拔了北平北面的居庸关、怀来、密云和东面的蓟州、遵化、永平(今河北卢龙)等州县，既排除后顾之忧，又可补充兵力。朱棣以"清君侧"的名义，率军南下，号称"靖难"之师，发生了一场皇室内部的夺权斗争，在历史上称为"靖难之役"。

燕王起兵后三年中，虽屡次取胜，但所得的城池，大都得而复失，不能巩固，而南军人数众多，分布各处要地，不禁叹息道："频年用兵，何时可止？要么就临江决一死战，不再返顾北面"。正当这时，南京宫廷里的太监偷送情报说，京城空虚，应当抓紧时机，疾进直取。燕王于建文三年(1401年)十二月，大举出兵南下，一路上不攻占城池，锋芒直指京城。第二年五月，打败扼守淮河南岸的盛庸军，渡淮攻下扬州、高邮、通州(今南通)、泰州等江北重地，作强渡长江的准备。六月初三，燕王誓师渡江，燕兵舟舻相衔，旌旗蔽空，金鼓震天。南岸上南军吓呆，经登岸燕兵精骑冲击，就全线崩溃，纷纷解甲投降，燕兵直逼南京城下。当时燕王之弟谷王朱穗与李景隆负责守金川门，燕兵一到，就开门迎降。燕王进城，文武百官跪迎。宫中火起，建文帝不知去向。有云朱允炆与后妃自焚宫中，有云从地道逃出，落发为僧，云游于滇、黔、巴、蜀之间，难以确定，成为明史上一个疑案。

燕王在群臣的拥戴下登上帝位，历史上称成祖，宣布以明年为永乐元年(1403年)，定北平为北京。朱棣进南京城后，把亲近建文帝的臣下五十多人张榜于朝堂，指为奸臣，悬赏捉拿。即帝位后，就对这些人大加诛杀。首先提出削藩的齐泰、黄子澄被灭族；拒绝草诏书的方孝孺，九族全诛，又把他的朋友门生

作为一族，也全杀掉。这次大清洗，史书称为"瓜蔓抄"，被杀的人共达数万之多[2]。

二、迁都北平和改建北京城

前述明太祖朱元璋时就曾计议都城北迁。直到永乐帝时才成为事实。朱棣即位后，首先恢复周、齐、代、岷四位亲王的封藩，但不几月又削除，而且藩王的护卫军队也几乎全被解除。然而漠北倏忽往来的蒙古骑兵仍不能掉以轻心，如何弥补因削藩而削弱的边防力量？永乐帝决定迁都北平，一则北平是他的发祥地，二则地近北面边防，天子宅此，居重御轻，可以直接加强对边防的防守。决定迁都后，就着手修浚京杭大运河，到永乐九年(1411 年)后，才真正畅通，使得南方的粮米丝帛等物通过漕运源源不断地输往北京，北方的物产也能南运，增强了南北经济的交流。

永乐四年(1406 年)，下令筹建北京宫殿，并重新改造整个北京城。"永乐十四年(1416 年)八月，作西宫(初，永乐至北京，仍御旧宫即燕府，及是将撤而新之，乃命作西宫)，为视朝之所。中为奉天殿，殿之侧为左右二殿。奉天殿之南为奉天门，……奉天门之南为承天门。奉天殿之北有后殿，有凉殿、暖殿及仁寿、景福……长春等宫"(《明典录》)。永乐十五年(1417 年)动工建宫城，十八年(1420 年)改建竣工。是年诏改京师为南京(为留都)，北京为京师，十一月以迁都北京诏天下。南京除没有皇帝之外，其他各种官僚机构的设置完全和北京一样。皇帝派一亲信在此作守备，掌管南京一切留守、边护的事务，企图依靠南京这一中心来保护运河交通线和加强对南方人民的统治[2]。

明初朱元璋攻占元大都后，曾于洪武四年(1371 年)派大将军徐达修复元大都城垣，改名北平。当时为了减少建城的工程量及缩短防线，将元大都的城北较荒凉的部分五里划出城外。永乐帝改建时，为容纳官署，延长了宫门前御道长度，将城墙南移一里；东

西墙仍是元大都的城垣。这时的北京城呈扁方形，分内城、皇城、宫城(紫禁城)三套方城。

内城东西长约 7000 米，南北长约 5700 米。[1]南开之门，中为正阳门(原曰丽正，正统初更名)，左为崇文(原曰文明)，右为宣武(原曰顺承)；东面二门，北为东直，南为朝阳(原曰齐化)；西面二门，北为西直，南为阜成(原曰平则)；北开二门，东为安定门，西为德胜门(图 8-4)。这些城门都有瓮城，建有城楼和箭楼。内城的东南和西南两个城角上并建有角楼[1][3]。

内城的街巷，大体沿用元大都的规制。在崇文、宣武两门内各有一条宽阔大道，一线直引，直达内城北部，与东直门、西直门两条大街相交。北京的街道系统都与这两条南北大道联系在一起，大干道如脊椎，形如栉比的胡同则分散在干道两旁；在胡同与胡同之间再配以南北向或东西向的次要干道。大小干道上散布着各种各样的商业和手工业。胡同小巷则是市

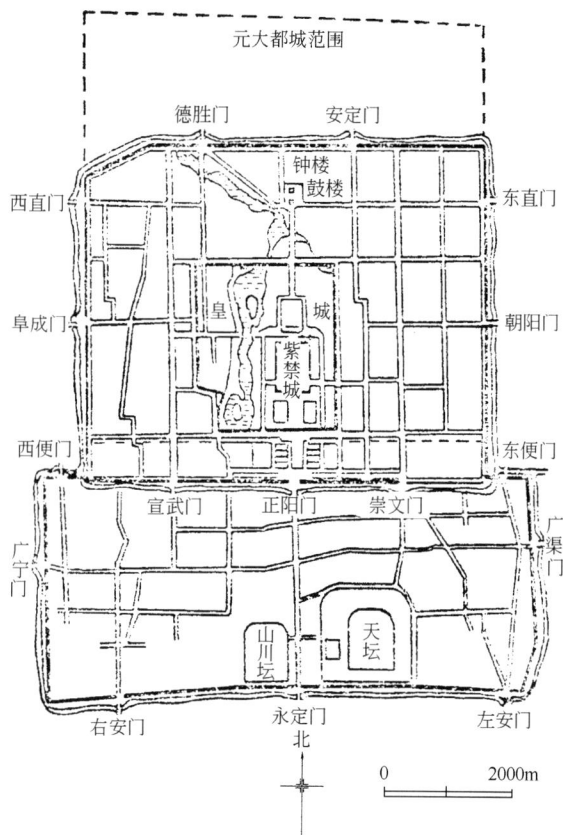

图 8-4 明朝北京城略图

天安门

大清门

北

0   100   200   300m

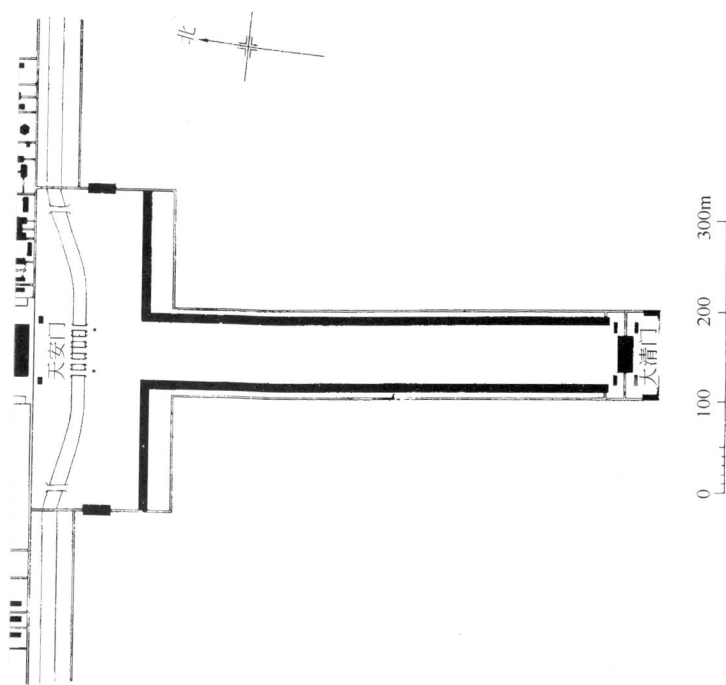

图 8-5 明清故宫总平面图

民居住区，在大小干道下面，有砖砌排泄雨水和污水的暗沟[3]。

明朝北京虽设顺天府两县，而地方分属王城，每城有坊，中城9坊，东城5坊，南城7坊，西城6坊，北城9坊，共三十六坊。这些坊只是城市用地管理上的划分，不是有坊墙坊门严格管理的坊里制。居住区以胡同划分为长条形的居住地段，间距约70米左右，中间一般为三进的四合院相并联，大多为南进口。一般居民饮用水主要靠人工凿井，按人口密度、街道大小，每条街内分布着不同数目的水井。大小街道下面，有用砖修筑的排泄雨水和污水的暗沟。

皇城位于内城的中心偏南，西南角缩进呈不规则的方形，包括三海和宫城，周围十八里余。城四向开门，正南门为承天门(清朝称天安门)，在它的前边还有一座皇城的前门称大明门(清朝改名大清门)(参见图8-5和图8-6)。大明门内左右设有太庙和社稷坛。在承天门与大明门之间有一条宽阔平直的石板御路，两侧配以整齐的廊庑，廊的外侧，隔着街道建有五府六部等衙署。承天门墩台高大宽长，下用白石须弥座，红墙上建有高大城楼，门前是一个T字形闭合广场，两侧以东、西三座门与东西长安街分隔。承天门前有玉带河，上有五座桥，广场内还配有华表、石狮，以衬托皇城正门的雄大。承天门内，其东一门内为太庙，其西一门内为太社太稷，两组建筑群[1][3]。

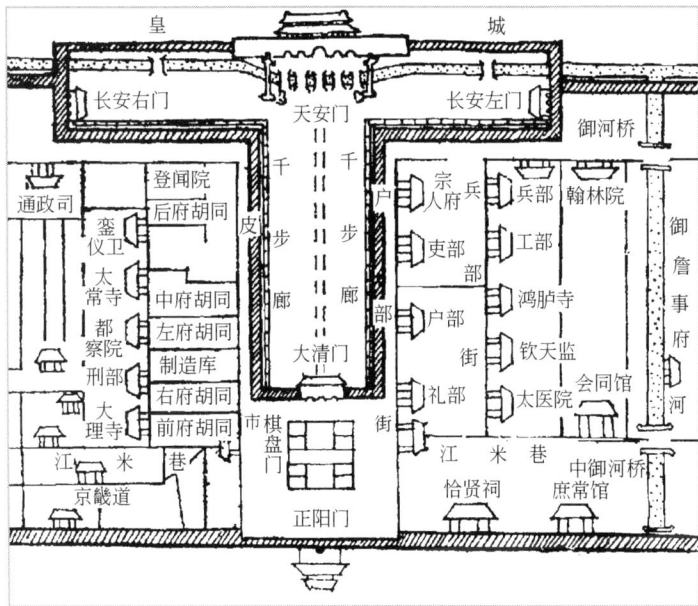

图8-6 清代天安门图

宫城或称紫禁城是皇帝居住的禁地，有规模宏大的宫殿组群。明成祖朱棣集中全国匠师，征调了二三十万民工和军工，自永乐五年(1407年)起，经过14年的时间才建成(清朝沿用以后，只是部分经过重建和改建，总体布局基本上没有变动)。宫城南北长960米，东西宽760米，外面用高大城墙(紫禁城)围绕，四角建有形制华丽的角楼，宫城外绕有护城河，四面开有高大的城门；南正门为午门(俗所谓五凤楼也)，用凹形城楼，形制特别庄严；北为玄武门正对景山；东西有东华门、西华门正对两条大街。

午门内居中向南者曰奉天门(后称皇极门)，左曰东角门(即弘政门)，右曰西角门(即宣治门)，西向曰右顺门(即归极门)，东向曰左顺门(即会极门)。奉天门内居中向南者曰奉天殿(后改皇极殿)，左向西者曰文楼(后改文昭阁)，右向东者曰武楼(后改武成阁)。奉天殿之北有渗金圆顶者曰华盖殿(后改中极殿)，如穿堂之制，再北曰谨身殿(即建极殿)，奉天、华盖、谨身殿所谓三大殿也。"永乐十九年(1421年)四月，奉天、华盖、谨身三殿灾"(《明成祖实录》)。"正统五年(1440年)三月，建奉天、华盖、谨身三殿，乾清、坤宁二宫"(《明英宗实录》)。"嘉靖三十六年(1557年)四月丙申(十三日)，雷雨大作，戌刻火光骤起，由奉天殿延烧华盖、谨身二殿，文武楼，奉天、左顺、右顺及午门外左右廊尽毁"(《明世宗实录》)。"三十七年(1558年)，重建奉天门城，更名曰大朝门"(《明典录》)。"四十一年(1562年)九月三殿成，改奉天殿曰皇极，华盖殿曰中极，谨身殿为建极。文楼曰文昭阁，武楼曰武顺阁，左顺门曰会极，右顺门曰归极，奉天门曰皇极，东角门曰弘政，西角门曰宣治"(《明世宗实录》)。"万历二十五年(1597年)六月戊寅，归极门火，延烧皇极等殿，文昭、武成二阁回廊皆烬"(《明神宗实录》)。"天启五年(1625年)……三殿开工，自天启五年二月二十三日起，至七年(1627年)八月初二日报竣"(《明熹宗实录》)。

"建极殿后曰云台门，……又东则景运门，西则隆宗门，中则乾清门，上则乾清宫。……东暖阁曰昭仁殿(先名弘德)，西暖阁曰弘德殿(先名肃雍)。……乾清宫后披东檐曰思政轩，西曰养德斋。中圆顶则交泰殿，上则坤宁宫，皇后所居。……坤宁宫所谓中宫也，宫后则为后苑，钦安殿在焉，曰天一之门，万春亭、千秋亭、对育轩(更名玉芳轩)、清望阁、金香亭、玉翠亭、乐志斋、曲流馆、四神祠(有观花殿)，有假山曰堆绣山，山上亭曰御景亭。东西二池有亭，东曰浮碧，西曰澄瑞。万历十一年(1583年)毁观化殿垒此。东南曰琼苑左门(一名嘉福)，西南曰琼苑右门(一名隆德)，钦安殿后曰顺贞门，即坤宁门也。此外则玄武门矣。皇极门之东曰会极门，门东曰文华殿，……皇极门之西曰归极门，门西曰武英殿"(《春明梦余录》)。

"正德九年(1514年)正月，乾清宫火。……遂延烧宫殿俱尽"(《明武宗实录》)。"正德十六年(1521

年)十一月，乾清宫成，世宗自文华殿入居之"(《明世宗实录》)。"万历二十四年(1596年)丙申三月，乾清、坤宁宫，二十五年二月重建"(《春明梦余录》)。"乾清、坤宁二宫告成，需石陈设，滇中以奇石四十椟分制佳名以进(名略)"(《泉南杂志》)。"乾清宫丹墀下有老虎洞，洞背为御街，洞中甃石成壁、可通往来"(《天启宫词注》)。

万岁山寿皇殿：宫城后矗立着万岁山，高十四丈七尺(约50米)，中轴线至此发展到最高峰，是突出全城的制高点，"为大内之镇山，高百余丈，周回二里许。林木茂密，其巅有石刻御座，两松复之"(《西元集》)。万岁山俗称煤山，"相传其下皆聚石炭以备闭城不虞之用者"(《野获编》)。山上有土城蹬道，每重九日驾登山觞焉。山北有寿皇殿、北果园。山南有匾曰"万岁山"。"殿之东曰永寿殿，曰观德殿"。"山左(东麓)宽旷，为射箭所，故名观德。……永寿殿在观德殿东南相近，内多牡丹芍药，旁有大石壁立，色甚古"(《悫书》)。据《春明梦余录》："万岁山高一十四丈，树木蓊郁，有毓秀、寿春、长春、翫景、集芳、会景诸亭"。

三、北京城扩建和北京城的特色

北京作为明朝都城以来，城市人口增加很快，到嘉靖、万历年间(1522~1620年)接近百万人口，内城南部形成大片市肆及居民区。还由于边防吃紧，出于防卫目的，拟筑外罗城。这事早在"成化十二年(1476年)八月，定西侯蒋琬上言，太祖皇帝肇基南京，京城之外复筑土城，以护居民，诚万世不拔之基也。今北京止有内城而无外城，正统己巳(1449年)之变，额森长驱直入城下，众庶奔窜，内无所容，前事可鉴也。且承平日久，聚众益繁，思为忧患之防，须及丰亨之日，……廷议谓筑城之役宜俟军民息肩之日举行。报可"(《明宪宗实录》)。因为财力不济而暂缓。"嘉靖二十一年(1542年)，掌都察院毛伯温等言宜筑外城。二十九年(1550年)，命筑正阳、崇文、宣武三关厢外城，既而停止。三十二年(1553年)，给事中朱伯辰言：城外居民繁夥，不宜无以围之。臣尝履行四郊，咸有土城故址，环绕如规，周可百二十余里，若仍其旧贯，增卑补薄，培缺续断，可事半而功倍。乃命相度兴工"(《明典录》)。"闰月丙辰，兵部尚书聂豹等言：相度京城外四面宜筑外城，约七十余里。得旨允行。乙丑，建京师外城兴工，……四月，上又虑工费重大，成功不易，以问严嵩等。嵩等乃自诣工所视之，还言宜先筑南面，俟财力裕时再因地计度以成四面之制。……南面横阔凡二十里，今既止筑一面，第用十二三里便当收结，庶不虚费财力。今拟将见筑正南一面城基东折转北，接城东南角，西折转北，接城西南角，可以克期报完。报允"(《明世宗实录》)。加筑外城时将天坛和先农坛都包围进去。这样，就形成了北京城的最后规模，呈凸字形。

"嘉靖四十一年(1562年)，尚书雷礼请永定等七门添筑瓮城，东西便门垛口濠池当崇叠深浚。上善其言"(《明世宗实录》)。"天启元年(1621年)十月，给事中魏大中报京城浚濠工竣"(《藏密斋集》)。

明北京城的特点：明北京城的布局，继承了历代都城以宫室为主体的规划传统。整个都城以皇城为中心。皇城前，左建太庙，右建社稷，并在城外四方建天(南)、地(北)、日(东)、月(西)四坛。皇城北门的玄武门外，每月逢四开市，称内市。这完全符合"左祖右社、前朝后市"的传统城制。它继承了过去传统，运用了强调中轴线的手法，从外城南门永定门直至钟鼓楼构成长达8公里的中轴线，经过笔直的街道，九重门阙(永定门两重、正阳门两重、大明门、承天门、端门、午门、太和门)直达三大殿，并往北延经景山、皇城北门地安门到钟鼓楼，作为中轴线的终点，沿着这条轴线上和两旁布置城阙、宫殿、建筑组群。永定门内两旁布置有两大建筑组群，左为天坛，西为先农坛。大街向北行延经正阳、大明门到承天门的门阙雄伟。承天门前的天街则横向展开，"其左曰东长安门，其右曰西长安门。凡国家有大典，

则启大明门出，……每日百官奏进，俱从二长安门入"(蒋一葵《长安客话》)。进入承天门、端门，御路导入宫城。体量大小不同的宫殿建筑集结在这中轴线上。宫城后矗立着高约50米的景山，是全城的制高点。在景山之后，经地安门，最后以形体高大的钟楼、鼓楼为中轴线的终点。总的来说，运用了强调中轴线的手法和城阙、宫殿的建筑组群，造成宏伟壮丽的景象[1][3]。

明北京城的商业区市肆分布与元大都不同。元大都时商业中心偏北，在鼓楼一带。明时城市向南发展，除鼓楼外，在东四牌楼及内城正阳门外形成繁荣的商业区。明代行业制度发展，与北宋汴京那样，同类商业相对集中，在今天的北京地名中也还可以看出，如米市大街、猪市大街、磁器口、菜市口、果子巷等。城市内有些地区形成集中交易或定期交易的市，如东华门外的灯市是在上元节前后开市十天，如西城白塔寺、东城隆福寺是利用大型庙宇的集市。

明北京城的居住区，内城多住官僚、贵族、地主及商人，外城多住一般市民。虽然全区没有也不可能有集中的绿地(除了皇帝的宫苑)，但由于住房院子中树木较多，以及贵族地主等宅园，全城呈现在一片绿荫之中。城区的水盛：城墙外有护城河；城区中有小河和湖泊。河流来自北京城西的永定河和发源于玉泉山的高粱河。水面分布基本上沿袭元大都。但明朝改建北京时，将城内河道截断，大运河的漕运不再入城，元朝漕运至京的功能已经消失，海子积水潭不再有来往的船只停泊。明朝还扩大了太液池以南的水面。护城河已仅作为防卫和排泄雨水之用。这些水面都起着调节空气和气温的作用。

第三节　明东苑、南城和西苑

一、明皇城内禁苑东苑

《大政记》载："永乐十一年(1413年)五月癸未，

端午节，车驾幸东苑，观击球射柳，听文武群臣、四夷朝使及在京耆老聚观"。《明典汇》载："永乐十四年(1416年)端午节，上御东苑观击球射柳"。但东苑不只是为观击球射柳的，而且有台池亭轩，素朴自然。《翰林记》载："宣德(明宣宗朱瞻基年号)三年(1428年)七月，召尚书蹇义、夏原吉、杨士奇、杨荣同游东苑。夹路皆嘉树，前至一殿，金碧焜耀。其后瑶台玉砌，奇石森耸，环植花卉。引泉为方池，池上玉龙盈丈，喷水下注。殿后亦有石龙，吐水相应。池南台高数尺，殿前有二石，左如龙翔，右若凤舞，奇巧天成。上御殿中，语义等曰：此旁有草舍一区，乃朕致斋之所，卿等盍往遍观。于是中官引至一小殿，梁栋椽楹皆以山木为之，不加斲削，覆之以草，四面阑楯亦然。少西有路，迂回入荆扉，则有河石甃之。河南有小桥，覆以草亭。左右复有草亭，东西相望。枕桥而渡，其下皆水，游鱼刢跃。中为小殿，有东西斋，有轩，以为弹琴读书之所，悉以草覆之。四围编竹篱，篱下皆蔬茹匏瓜之类。"这样一种以原木为梁椽，覆顶以草的殿舍，以及草亭、荆扉、竹篱、瓜架，既朴素而又富农村风味的苑园，"东苑久废，考其地当在今东华门外之东南"(《日下旧闻考》卷四十东苑的按语)。

明成祖朱棣在"靖难之役"中，曾借助兀良哈部的朵颜三卫的蒙古骑兵，大功告成后作为答谢，把大宁卫送给兀良哈三卫。北元自元顺帝死后，又过了几代，蒙古贵族内部分裂为鞑靼、瓦剌和兀良哈三部。永乐七年(1409年)，鞑靼可汗本雅失里杀死明朝使臣郭骥，引起了征战。先派淇国公邱福率兵十万征讨。邱福轻敌妄进，全军覆没于胪朐河(今蒙古人民共和国境内克鲁伦河)。败讯传来，朱棣大怒，永乐八年亲率五十万大军北征。翰难河(今前苏联境内鄂嫩河)之役，本雅失里惨败，仅存七骑逃奔瓦剌部。经此大败，鞑靼便降服了明朝。鞑靼败后，瓦剌部渐盛。瓦剌的顺宁王马哈木袭杀本雅失里，一再声称要进攻鞑靼，同时也不断明朝厚赏，妄想占有明朝的宁

夏、甘肃地区。面临挑衅性的嚣张气焰，明成祖就在永乐十二年(1414年)再次率兵亲征，在忽兰忽失温(今蒙古人民共和国乌兰巴托)大败瓦剌。第二年，瓦剌向明朝贡马谢罪。鞑靼部在明朝帮他打败瓦剌后，经过数年的恢复，渐强盛起来。于是，阿鲁台重又反叛明朝，时时出没塞下，骚扰劫掠。明成祖决意亲征，打击鞑靼的侵扰活动。永乐二十年(1422年)三月，成祖第三次出师塞北，阿鲁台战败溃逃。这之后，又在永乐二十一年(1423年)，永乐二十二年(1424年)进行第四次、第五次北征阿鲁台。就在第五次北征的归途中，朱棣病死于榆木川(今内蒙古多伦西北)[2]。

明成祖病死后，皇太子朱高炽即位，改元洪熙，是为仁宗。仁宗只当十个月的皇帝，于洪熙元年(1425年)五月病死。他在位的时间虽短，但以太子身份长年在南京监国，主持朝政，在明史上还是有影响的。仁宗死后，其子朱瞻基继位，改元宣德，是为宣宗。仁宗、宣宗统治期间，基本上继承洪武、永乐时期的政策，吏治比较清明，并在一定程度上让百姓休养生息，社会经济继续向上发展，因而，封建史学家颂扬这时期的统治为"仁宣之治"[4]。

封建文人称仁宗为人仁厚，爱护臣下，能注意老百姓的疾苦。在位期间，重用大臣"蹇夏"(即蹇义和夏原吉)和"三杨"(即杨士奇、杨荣、杨溥)，依靠他们管理朝政。蹇义为人厚重，作风谨慎，是掌管吏部的理想人才。夏原吉则精明能干，先治水有方，又向成祖提出过裁冗食、平赋役、严盐法、清仓场、广屯种等经营财政的建议，都得到采纳，永乐一朝，频年用兵；大兴土木，改建北京城，修筑宫殿；疏浚吴淞江，修大运河；制造巨舰，多次派遣郑和出使西洋诸国。朝廷的财政支出以数万万计，夏原吉精心管理，有条不紊。杨士奇刚直敢言。在永乐朝受命辅助太子监国。杨荣多谋善断，有军事才能。杨溥是仁宗当太子时的老师；为人恭谨，有"雅操"之誉。仁宗在他们的辅助下，实行了一些开明政治，本人能

够纳谏，注意到百姓在永乐时期的负担，实行与民休息的政策。如他一即位就下令停止为宫中采办宝石、金珠、马匹以及烧铸进贡等等；不许向百姓征派；凡是地方受灾，下令蠲免田赋，发放官粮赈灾；发现官吏贪赃害民的，都进行惩办[4]。

宣宗朱瞻基继位后，汉王朱高煦于宣德元年（1426年）八月发动叛乱。宣宗率大营五军亲征，直赴乐安城下，周围四门。城中人心瓦解，高煦走投无路，被迫出城请罪。宣宗执捕高煦父子，叛乱平定。宣宗在位期间，仍然重用"蹇夏"和"三杨"等一班老臣。他曾在一次外出还京的路上，下马询问在田里耕作的农民以稼穑之事，并接过农民手中的犁，只推三下已觉累，深知农民的艰辛。他常对朝臣提到历史上注意与民休养生息带来盛世的皇帝，和好大喜功，穷奢极侈，导致祸乱丧困的历史教训，总结出："国家之盛，本于休养生息；而衰弱，必由于土木兵戈"。他注意自身节俭，反对强征暴敛以供帝王享乐和充实国库的做法，对朝廷的费用和工程建设也反对奢侈。和提倡节俭相适应的是裁撤冗官。严禁将官扰害百姓。对灾荒地区，也实行蠲免田赋，开仓赈灾。在用工方面，亲贤臣，远小人。用顾佐为都御史，经过整顿，贪墨黜罢，朝纲肃然。宣宗也善于纳谏，用廉直的官员出任府、州长官。许多成为明史上的循吏清官。当时最具盛名的是况钟。

所谓"仁宣之治"，不过是实施了一些与民休息的政策，其目的无非是"弭患于未萌"，不激化阶级矛盾，避免人民的起义斗争，为了封建地主阶级的根本利益，为了朱明王朝的长治久安。仁、宣二朝的开明政策虽然有其局限性，但是，这个时期的政治还是较清明的，人民也得到了一定程度的休养生息，从而社会经济向前发展，尤其是手工业和商业有较大的前进，出现了明朝前期封建经济的繁荣景象。

二、南城

《日下旧闻考》卷四十皇城，有关东苑条后按语："东苑久废，……景泰间英宗居之，称曰小南城，盖东苑中之一区耳。复辟后又增置三路宫殿，因统谓之南城云"（关于英宗复辟详下段）。据《芜史》："东上南门之东曰重华宫，犹乾清宫之制，有两长街。西则有宜春等宫。重华宫之东曰洪庆宫，供番佛之所也。又东则内承运库，再东则崇质宫，俗云黑瓦殿是也，景泰间英庙所居。再南则皇史宬[建于嘉靖十三年（1534年）。门额以史为叓，以成为宬……以龙为䲷，皆上自制字而手书也。《春明梦余录》]，藏太祖以来御笔实录。"《日下旧闻考》在这条目下按语："明英宗北还，居崇质宫，谓之小南城。"英宗复辟，北还、北狩是什么意思，下文加以解述。

宣德十年（1435年），三十八岁的宣宗朱瞻基病死，其九岁的儿子朱祁镇继位，改下一年的年号为正统，是为英宗。即位后把在东宫伴读的太监王振提为司礼监太监。王振入掌司礼监后，倚仗着英宗的宠信，压制百官，专横跋扈，开了明朝宦官专权之端。初时，王振还不敢过于放肆，因为这时的太皇太后张氏精明能干，她把政事委托于"三杨"等元老重臣。正统七年（1442年），张太后病故，"三杨"中杨士奇于次年病死，而杨荣早在正统五年（1440年）亡故，仅杨溥在朝，但年老多病。于是，王振便肆无忌惮，为所欲为，大兴土木，役使军民在皇城内建造府第多处；役民建智化寺为他祝福；卖官鬻爵，收受贿赂，招降纳叛，结党营私；排斥异己，陷害忠良。王振如此专横奸险，英宗即使成人了仍以为忠诚，宠眷如初，可见英宗是昏庸透顶的[4]。

自永乐末年以来，蒙古瓦剌部的势力逐渐强大起来。正统四年（1439年），也先嗣丞相位，自称太师淮玉，东征打败兀良哈部，威胁朝鲜，并屡次骚扰明朝的辽东、蓟州、宣府、大同等边镇，给明朝北面的边防造成巨大的压力。正统十四年（1449年）七月，诱胁其他部落一起进攻明朝，也先带人马攻打大同。紧急的边报接连飞向北京，贪鄙的王振想乘机挟持英宗亲征，希图侥幸，冒滥边功，发出英宗亲征的命令。举朝上下震惊，纷纷谏止。英宗听信王振，坚意亲征，命其弟郕王朱祁钰留守北京。他于七月十六日率五十万军匆匆从北京出发。出居庸关，进宣府，未到大同而军中已经乏粮，士兵饿死的甚多。加之连日风雨，军心动摇。也先见英宗亲征，佯作退却，诱明军深入。八月初一，军队到达大同，英宗和王振听到前方全军覆没的真相后，异常恐慌，才决定班师。起初，准备从紫荆关(今河北易县西北)撤退，后又勒军东向，改道宣府。也先闻英宗退兵，日夜兼程追击。英宗和王振迂回周折，十三日才逃到土木堡，也不采纳迅速入关，留重兵殿后之谏。十四日，敌军追至，土木堡被重重包围。土木堡地势高，挖井二丈多深还取不到水，而南面的河流又被瓦剌军队占领，饥渴难耐。十五日，也先派使者假意讲和，并指挥军队诈退。王振下令移营取水，这时瓦剌骑兵突然从四面八方冲杀而来，明军如决堤的洪水，争先逃窜，不可遏止。英宗带亲兵突围不得出，下马盘膝而坐，遂被俘虏。英宗被俘后，护卫将军樊忠怒极，冲上去一铁锤把王振捶死。

这一仗，明朝从征的五十多个官员全部战死，士兵死伤了几十万。也先押着明军的二十几万匹骡马和所有衣甲器械等辎重，拥着英宗，退兵北去。这就是明史上的"土木之变"。封建史学家采用为尊者讳的笔法，把英宗的被俘称为"北狩"[4]。

八月十七日，英宗被俘。土木堡惨败消息传到北京，朝官一片恐慌。皇太后下诏立英宗长子朱见深(年仅二岁)为太子，又命郕王朱祁钰监国，总理国政，郕王召集群臣讨论战守之策。于谦，时任兵部左侍郎，反对南迁，力主坚守，得到郕王赞许。当时，京师的精骑劲旅都在土木堡覆没，仅剩十万多老弱病残。于谦经郕王批准，将两京、河南的备操军，山东、南京沿海的备倭军，江北及北京诸府的运粮军，全部调进北京，加强防守，人心稍为安定。文武百官认为国家正处于危难之秋，必须另定一帝以安人心。于是，群起上书，九月初六日郕王正式登上皇位，史称景帝，遥尊英宗为太上皇，以次年为景泰元年。于谦又奏准招募官舍宗丁义勇，集合附近民夫，用他们换下漕运官军，让漕运官军全部隶归神机营，操练听用。又令工部齐集物料，昼夜加工，制造攻战器具。京师九门，派都督带领士兵，出城守护，列营操练，以振军威。城外居民，迁于城内，随地安插，避免瓦剌兵的掳掠[4]。

十月，也先挟带英宗，攻破紫荆关，明朝守将战死。也先驱军入关，直指京城。于谦分遣诸将列阵于九门之外，又下命尽闭各城门，以示与京城共存亡的抗战决心，本人亲临战阵巡视指挥，激励将士勇敢作战保卫京城。十月十三日，瓦剌军攻德胜门，中埋伏，大败而逃。瓦剌军转攻其他城门，都不能得逞。在德胜门北面土城的战斗中，明朝军民配合作战，使瓦剌军又吃一大败仗。也先听说明朝各路援兵快要到了，恐怕归路被切断，于是又拥着英宗匆匆西去；于谦指挥军队乘胜追击，夺回了瓦剌沿途掳掠的许多百姓和财物。北京保卫战取得了辉煌的胜利[4]。

也先退出后，心生一计，声言要送英宗回朝。朝中主和派吵嚷议和，主战派也认为必须迎回英宗，于谦力排众议，指出敌人企图借此索取财物，并说"社稷为重，君为轻"。各边镇的将帅也主张抗战。也先在景泰元年(1450年)又几次侵扰，都受到严厉打击。以英宗相要挟的阴谋不成，明朝又拒绝与他议和，逼使也先无计可施，为了恢复与明朝的通贡和互市，也先在景泰元年八月不得不将英宗送回北京，英宗回到北京后，当个太上皇，幽居在崇质宫，谓之小南城，或南宫。

景帝虽从亲王地位登上帝位，但太子为英宗长子朱见深。为此，景泰三年(1452年)废太子朱见深为沂王，立己子朱见济为太子。一年多后，朱见济夭折。有些官员请复朱见深的太子地位。景帝认为自己尚年轻二十九岁，等又有了儿子后立为太子。不料就在景泰八年(1457年)正月，景帝病倒了。朝中以石亨、徐有贞等一伙密谋趁景帝病中，迎英宗复辟。正月十六日半夜后，以边官报警，带兵千人进入皇宫，直奔南宫，撞门毁墙，接出英宗，拥至奉天殿升座受朝贺。这一场宫廷政变，在历史上称它为"南宫复辟"，又叫"夺门之变"。英宗复辟后，废景帝仍为郕王，并把这一年改为天顺元年。病中的景帝被迁到西宫，没几天就死了。有说是被害死的。景帝究竟是怎样死的，成了明史上一个疑案。景帝死后，被以亲王的礼仪葬于西山。

"南城在大内东南，英宗北狩还，居之。……既复辟，……寻增置各殿为离宫者五，大门西向，中门及殿南向，每宫殿后一小池跨以桥。池之前后为石坛者四，植以栝松。最后一殿供佛甚奇古。左右回廊与后殿相接，盖仿大内式为之"（《涌幢小品》）。为此，南城又称南内。如《明英宗实录》载："初，上在南内，悦其幽静，既复位，数幸焉。因增置殿宇，其正殿曰龙德，左右曰崇仁，曰广智。其门南曰丹凤，东曰苍龙，正殿之后，凿石为桥。"《芜史》载："正殿之后则飞虹桥也。桥以石为之，凿龙鱼水族于石，传自西域得之。"而《明宫史》则云："桥以白石为之，凿狮、龙、蛙、鳖、鱼、虾、海兽，水波汹涌，活跃如生，云是三宝太监郑和自西域得之，非中国石工所能制者。桥之前，右边一块缺损，云是中国补造"。桥南北表以牌楼，曰飞虹，曰戴鳌。左右有亭，曰天光，曰云影。其后垒石为山，曰秀岩，山上平中为圆殿曰乾运。（《芜史》载："桥北有山，山下有洞，额曰秀岩，以蹬道分而上之。其高高在上者乾运殿也。"）其东西有亭，曰凌云，曰御风。其后殿曰永明，门曰佳丽。又其后为圆殿一，引水环之，曰环碧。其门曰静芳，曰瑞光。别有馆曰嘉乐，曰昭融，有阁距河曰澄辉，皆极华丽。天顺三年（1459年）十一月工成，杂植四方所贡奇花异木于其中。每春暖花开，命中贵陪内阁儒臣赏宴。《可斋笔记》载："天顺三年己卯七月，赐游南城，中有宫殿楼阁十余所。"接着记述了门、殿、石桥、牌坊、亭、山等，如《实录》同。又云："移植花木，青翠蔚然，如凤艺者。工既

毕，遂命同学士李贤、吕原往观焉。"

宣宗时东苑与英宗复辟后南内相对照，其布局和造景，迥然不同，因人而志趣、意境不一也。

三、明西苑

"西苑在西华门西，创自金而元明递加增饰。金时祇为离宫，元建大内于太液池左，隆福、兴圣等宫于太液池右。明大内徙而之东，则元故宫尽为西苑地。……门榜曰西苑。"太液池"在西苑中，南北亘四里，东西阔二百余步。旧名西海子。……金时名西华潭，明又称金海"（《宸垣识略》卷四皇城二）。明彭时《赐游西苑记》，对西苑范围简述如下："西苑在宫垣西，中有太液池，周十余里，池中驾桥梁以通往来。桥东为圆台（今团城），台上为圆殿（即元之仪天殿，明之承光殿），殿前有古松数株。其北即万岁山（琼华岛），山皆太湖石堆成，上有殿亭六七所，最高处，广寒殿也。池西南又有一山，最高处为镜殿，乃金元时所作。其西南曰南台（清为瀛台），则宣庙（朱瞻基）常幸处也"（《可斋笔记》）。

据《长安客话》：西海子在"永乐间，周回建置亭榭以备游幸，赐名太液池。"又云："琼华岛，亦永乐间赐名。"明时西苑，原无区划，大抵以琼华岛为中时，南台在其南，五龙亭（初为太素殿）在其北，椒园、紫光阁东西对峙。到了清朝，"禁中人呼瀛台（明时为南台）为南海，蕉园为中海，五龙亭为北海"（《宸垣识略》卷四皇城二）。这就是中、南海和北海名称的由来。

根据资料来看，万岁山即琼华岛部分，在明朝时候跟元朝时候并无多大更换，但从琼华岛往北就增建有不少景物，至于中海、南海部分都为明时建置。明宣宗（朱瞻基）、英宗（朱祁镇）都曾命大臣游西苑，所有赐游西苑记，从中可以了解明朝西苑的概略。

"宣宗八年（1433年）四月二十六日，上命勋旧辅导文学之臣游西苑。翰林则少傅杨士奇、杨荣、少詹事王英、王直，……与焉"（《翰林记》）。杨士奇《赐

游西苑诗序》云："宣德八年四月，上以在廷文武臣日勤职事，不遑暇逸，特敕公、侯、伯、师傅、六卿、文学侍从游观西苑，偕行凡十有五人。自西安门入，循太液之东而南，观新作之圆殿，改作之清暑殿，二殿皆皇上奉侍皇太后宴游之所。降而登万岁山，至广寒殿，而仁智、介福、延和三殿及瀛洲、方壶、玉虹、金露之亭咸得遍造。……"《东里集》）。又王直《记略》对万岁山又有所补充："六月七日，陪少师少保及诸学士于太液池上，焚三朝实录草本，诏许游万岁山，观金元遗迹。中官引自圆殿后度石桥，桥中空二丈许，用一大舟实其中以通行者。既度入山门，门有三，中为御路众从左右门入。山皆奇石叠成，相传金人取宋艮岳石为之，至元增饰加结构焉。山趾两旁皆有门，蹑石级而上，至半有三殿，中曰仁智，左曰延和，右曰介福，独广寒殿在其顶。又有瀛洲、方壶、玉虹、金露四亭在延和、介福之后，昔皆穷极侈丽，今犹有可观者。山右之半有废井，深不可测，中人云下与海通，有蛟蜃焉。山下一石曰庆云，奇峰万变，盖艮岳之绝奇者。又有康干石。康干，国名。石乃松木入河，水浸渍久而成者，其木理宛然。凡诸殿宇皆仍其旧，未尝修治，……"《王文瑞文集》）。

明英宗也曾召大臣游西苑，李贤、韩雍、叶盛等各有《赐游西苑记》的制作，对西苑的椒园和万岁山，尤其对后者有较详的叙述。这里把李贤（作为正文）、韩雍（括弧中文，作为补充）的记文，互为补充，摘采如下：

"天顺己卯（即天顺三年，1459年）首夏月，上命中贵人引贤与吏部尚书王翱数人游西苑。入苑门即液池（池广数百顷，……隔岸林树阴森，苍翠可爱），蒲苇芰荷，翠洁可爱。循池东岸北行，榆柳杏桃，草色铺岸如茵，花香袭人。行百步许（可二、三里），至椒园，松桧苍翠，果树分罗，中有圆殿（在丛树中），金碧掩映，四面豁敞，曰崇智（在丛树中）。南有小池（金鱼池），金鱼游戏其中。西有小亭临水，芳木匝

之，曰玩芳（殿之北有钓鱼台，南有金鱼池）。"以上这一段景物都在今中海。

"又北行（可三、四里）至圆城（即今团城），自两披洞门而升，上有古松三株。枝干槎枒，形状偃蹇，如龙奋爪拿空，突兀天表。前有花树数品，香气极清。中有圆殿曰承光。北望山峰嶙峋崒嵂，俯瞰池波荡漾澄澈，而山水之间，千姿万态，莫不呈奇献秀于几窗之前（韩文云圆殿，观灯之所也。殿台临池，历阶而登，殿之基与晘睨平）。西有长桥跨池下（以舟作浮桥，横亘池面，注：指金鳌玉蝀桥前身）。过石桥（注：指有积翠、堆云的永安桥）而北，山曰万岁，怪石参差（山在池之中，磊石为之，高数十仞，广可容万人。山之麓以石为门，门内稍高有小殿。环殿奇峰怪石，万状悉有。名卉嘉木，争妍竞秀。琴台、棋局、石床、翠屏之类，分布森列。峰有最奇者名翠云，上刻御制诗。琴台上横郭公砖，击之皆铿锵有声）。为门三（注：元明为拥木门五），自东西而入，有殿倚山左右，立石为峰，以次对峙。西周皆石磴，岙岊龈腭，藓封萝络，佳木异草上偃，旁缀樛葛荟翳。两披叠石为蹬，折转而上，岩洞非一（沿西坡北上有虎洞、吕公洞、仙人庵），山畔并列三殿，中曰仁智，左曰介福，右曰延和（注三殿为元朝原有）。至其顶，有殿当中，栋宇宏伟，檐楹翚飞，高插于云霄之上。殿内清虚，寒气逼人，虽盛夏亭午，暑气不到，殊觉旷荡萧爽，与人境隔异，曰广寒（注元朝原有）。左右四亭在峰之顶，曰：方壶、瀛洲、玉虹、金露（注：四亭皆元朝原有）。其中可跂而息，前崖后壁，夹道而入，壁间四孔，以纵观赏，而宫阙峥嵘，风景佳丽，宛如图画。（徘徊周览，则都城万雉，烟火万家，市廛官府、僧寺浮图之高杰者，举集目前。近而太液池晴波，天光云影，上下流动。远而西山居庸，叠翠西北，带以白云，东而山海，南而中原，皆一望无际，诚天下之奇观也。）"从这段描述来看，明时并无增益，但从下文从琼华岛沿两岸而行，增建有不同的景物。

"下过东桥(注:指今日陟山桥前身),转峰而北,有殿临池曰凝和(注:大抵今日船坞一带)。二亭临水,曰拥翠、飞香。(过石桥,复折北,循岸数百步,至九间殿,门外系五、六小舟,稍北有船房,苦龙船其中)。北至艮隅(注:东北角)见池之源(注:指今日北海公园后门由积水潭引水入池的北闸)(韩文:又北行数里至北闸,上横小亭,钓竿数十,线饵具备,垂之清流,嘉鱼纷集)。西至乾隅(注:西北角),有殿用草,曰太素(注:明天顺年间创建,今之五龙亭即其旧址)。殿后草亭,画松竹梅于上,曰岁寒。门左有轩临水曰远趣,轩前草亭曰会景。循池西岸南行,有屋数间,池水通焉,以育禽鸟(有蓄水禽之所二,相去数里,皆编竹如窗,下通活水,启扉以观,鸟皆翔鸣)。又南行数弓许,有殿临池曰迎翠,有亭临水曰澄波。东望山峰,倒蘸于太液波光之中,黛色岚光,可掬可把,烟霭云涛,朝暮万状。"以上是今北海、池东岸,折西至北岸,再折南行池两岸之景物也。

"又西南有小山子。[南数里至小教场,观勇士习御马。又西南至小山子,名赛蓬莱。入其门有殿,殿前一大池,中通石桥,东西二小阁立水中。桥南有娑罗树(七叶树),人所罕见,殿之后复有三殿,其阶益上益高,至绝顶则与万岁山坤艮相望]至则有殿倚山,山下有洞,洞上石岩横列密孔,泉出迸流而下曰水帘,其淙散激射,最为可玩。水声冷冷然潜入方池,龙昂其首,口中喷出,复潜绕殿前为流觞曲水,左右危石,盘折为径。山畔有殿翼然,至其顶一室正中,四面帘栊,栏槛之外,奇峰回互,茂树环拥,异花瑶草,莫可名状。下转山前一殿,深静高爽。殿前石桥,隐若虹起,极其精巧。左右有沼,沼中有台,台外古木丛高,百鸟翔集,鸣声上下。"

"至于南台,林木阴森(乃循故道出,东南行数里立小石桥,桥上有亭,过而上崇坡为南台)。过桥而南,有殿面水曰昭和。门外有亭,临岸沙鸥水禽如在镜中。游览至此而止。"

这两篇游记把明英宗年间西苑,描述得简明详

实。现据其他资料,再稍加补充如下。"西苑门迤南,向东曰灰池,曰乐成殿,曰水碓、水磨"(《芜史》)。《日下旧闻考》按语云:乐成殿、水碓、水磨等处后易为无逸殿、幽风亭。(又云:南花园在西苑门迤南,东向,明时曰灰池。种植瓜蔬于炕洞内,烘养新菜,清朝改为南花园,杂植花树,凡江宁苏松杭州织造所进盆景,皆付浇灌培植。又地暖室烘出芍药、牡丹诸花,每岁元夕宴时安放。)

《西元集》载:"承光殿南,从朱扉循东水浒半里,崇闳广砌,中一殿,碧瓦穹隆如盖,又贯以黄金双龙顶,璎珞悬缀,雕枕绮窗,朱楹玉槛,八面旋匝,曰崇智殿。殿后一亭金饰,北瞰池水。转西至临漪亭,又一小石梁出水中,有亭八面,内外皆水,云钓鱼台。殿前牡丹数十株,名芭蕉园。"

"芭蕉园在太液池东,崇台复殿,古木珍石,参错其中,又有小山曲水。实录成,于此焚稿"(《甫田集》)。按芭蕉园,亦名蕉园,即椒园。

《西元集》又载:"从芭蕉园南循水,过西苑门半里,有闸泻池水转北,别为水池。中设九岛、三亭。一亭藻井斗角为十二面,上贯金宝珠顶,内两金龙并降,丹槛碧牖,尽其侈丽。中设一御榻,外四面皆梁槛,通小朱扉而出,名涵碧亭。其二亭,制少朴,梁槛惟东西以达厓际。东有乐成殿,左右楹各设龙床,殿后小室亦设龙榻,皆宣皇游历处也。殿右有屋,设石磨二,石碓二,下激湍水自动,田谷成,于此春治,故曰乐成。"

《芜史》云:"由金海桥玉熙宫迤西曰棂星门。迤北曰羊房夹道,牲口房、虎城在焉。"《燕都游览志》载:"虎城在太液池之西北隅,睥睨其上而阱其下,阱南为铁门关而窦其南为小阱,小阱内有铁栅如笼,以槛虎者。虎城西北隅有豹房。"又云:"百兽房在虎城之后,连楹南向。"如《金鳌退食笔记》:"太液池北紫光阁旁有百鸟房,多畜奇禽异兽,如孔雀、金钱鸡、五色鹦鹉、白鹤、文雉、貂鼠、舍狸狲、海豹之类。"据《明崇祯遗录》云:"西内有虎城畜虎豹,旁

有牲口房，养珍禽奇兽。上曰：民脂民膏，养此何用！遂杀虎以赐近臣，余皆纵之。"按百兽房、豹房久废。

早先太液池之北，有乾佑阁（宫中谓之北台），"建自明万历年间，高八丈一尺，广十七丈，磴道三分三台而上。倒影入水，波光荡漾，如水晶宫阙。天启时毁之，即其处为嘉乐殿"（《金鳌退食笔记》）。

"太素殿……嘉靖二十二年（1543 年）三月，更五龙亭。五亭中曰龙潭，左曰澄祥，曰滋香，右曰湧瑞，曰浮翠。二坊南曰福渚，北曰寿岳。三洞上隆寿，中玉华，下仙游。其素左、素右二门，天启七年（1627 年）六月塞之。三洞，天启元年（1621 年）毁"（《明宫殿额名》）。

南台，据《燕都游览志》："在太液池之南，上有昭和殿（李贤记中已述及），北向，踞地颇高，俯瞰桥南一带景物。其门外一亭，不止八角，柱拱攒合，极其精丽。北悬一额，直书趯台坡三字（注：因此，南台一名趯台陂）。降台而下，左右庙宇各数十楹、不施窗牖。又其北滨池一亭，额曰湧翠，则御驾登龙舟处。"

"从南台绕西堤，过射苑，有兔园。其中垒石为山，穴山为洞，东西分径盘纡而上，至平砌又分绕至巅，布凳皆陶埏云龙之象。砌上设数铜瓮，灌水注池，池前玉盆内作盘龙昂首而起，激水从盆底一窍转出龙吻，分入小洞，由大明殿侧九曲注池中。殿旁乔松数株参立，百藤萦附于上，复悬萝下垂，池边多立奇石，一名小山子"（《西元集》）。

按兔园，兔园山即小山子，又名赛蓬莱，小蓬莱。按兔儿山即旋磨台（《春明梦余录》作旋坡台，朱彝尊又作旋坡台，其实一也）。据"老监云，明时重九或幸万岁山，或幸兔儿山清虚殿登高。宫眷内臣皆着重阳景菊花补服，吃迎霜兔、菊花酒。今山前亭观尽废，池亦就湮，仅余一亭及清虚殿"（《金鳌退食笔记》）。

又"太液西堤出兔园东北，台高数丈，中作团

顶小殿，用黄瓦，左右各四楹，接栋稍下，瓦皆碧。南北垂接斜廊，悬级而降，面若城壁，下临射苑，背设门牖，下瞰池，有驰道可以走马，乃武皇（明武宗即正德帝朱厚照）所筑阅射之地"（《西元集》）。按武宗所筑阅射之地名曰平台，后废。

第四节 明朝的科学文化

前述朱元璋死后不久，燕王朱棣以建文帝"削藩"违反祖制为借口，发动"靖难之役"，夺取了政权，坐上了帝位，改元永乐，史称成祖。为了巩固皇位，永乐初年他就削除藩王的军权，在经济上，继承洪武朝的经济政策，使永乐朝的社会经济取得新的发展。他又派遣太监郑和多次出使西洋诸国，促进了和亚、非三十多个国家的友好往来，在早期世界航运史上写下了光辉的一页。在处理国内各民族关系方面，他采取努力通好和积极防御的政策，增进中原和周边各少数民族之间经济、文化交流，实现政治安定的局面，使明朝的政令行使到外兴安岭内外、天山南北和西藏高原，对巩固和发展我国统一的，多民族的国家作出了贡献。

一、三宝太监下西洋

15 世纪初期，郑和作为明王朝的使臣，率领庞大的中国远洋船队，接连七次远航西洋，遍及印度洋、亚、非两大洲的三十多个国家和地区，沟通了中西交通的航道，促进了中外文化交流和贸易往来，为中国人民和南洋各友好邻邦播下了友谊的种子。[5]

郑和本姓马，小字三宝，云南昆明人，出生于世代信奉回教的回族家庭。出兵云南，平定西南的战乱中，年仅十二岁的郑和被明军俘获至军营，以后又辗转送至朱棣的身边充当侍童。在"靖难之役"中，郑和侍从军中，参与战事，出入战阵，建立了汗马功劳。朱棣登皇帝位后，便提拔郑和为内官监太监。永乐元年（1403 年），他得到朱棣亲信的和尚道衍（即姚

广孝）的召引，接受菩萨戒，又成了佛门弟子，法名福善，因此人们称他为三宝太监。

郑和下西洋，据说是由于朱棣疑建文帝（朱允炆）逃亡海外，借出使之便，寻觅下落；并且想"耀兵异域，示中国富强"（《明史·郑和传》）。由于朱棣是用武力从侄儿建文帝手中夺得皇位，前朝遗老认为这是"夺嫡"，不合正统观念，有的公开反对，有的消极抵制，不予合作，朱棣为了巩固统治地位，派遣使臣分别出使到近邻各国，用这一办法来"宣扬国威"，提高他在国外的威望，扩大他的政治影响，同时防备那些逃居海外的臣民，联合起来进行反抗。另一方面，当时国内社会经济的发展，统治阶级刮取了大量物质财富，"府藏衍溢"，也就有能力承担大规模外事活动的巨大开支。生产的发展，有可供出口的物资，不仅使开展对外贸易成为可能，而且也是人们的迫切需要；同时也需要进口人民生活和发展手工业用的物资，如香料、染料、胡椒等；而那些王侯新贵、地主豪绅，更希望通过对外贸易换取满足他们奢侈生活欲望的消费品。

郑和下西洋，每次组织庞大的船队，大船五六十艘，连同中小船只，合计二百多艘。使团的人员多至两万多人，除负责保卫的军卒之外，还有众多的水手。船上有各色专业人员，如火长（负责罗针）、碇手（司舵）、军匠、民匠，任翻译的"通事"、办理交涉事务的"行人"，以及医生、伙夫、书算手等等。每艘船上装载着备用的粮食、淡水、盐、茶、酒等日用品，以及作为交换用的铜铁、绸缎、织锦、瓷器、铁器等各色货物[5]。

宝船最长的有四十四丈，宽十八丈，载重量约一千吨。船队编有名号，船号如"济和"、"安济"、"清远"……船名有"大八橹"、"二八橹"之类。最大的船上，装有九桅、十二帆。当时航行，他们白天用指南针导航，夜间则以"牵星术"定向测距。即巩珍在《西洋番国志》所说的"观日月升坠，以辨东西，浮针于水，指向行舟"。经过长年积累、记录，

凡是针路、开船时间、淀泊处所、暗礁、浅滩、急流等等，莫不一丝不苟加以标志、说明、绘图，终至完成了举世闻名的《航海图》和《铖位图》（已佚），这是我国于15世纪初，对世界海洋地理学的重大贡献。担任通事官的马欢、费信和巩珍等三人，都留下了记载有航行经过，所到诸国的风土人情，山川道里以及当地居民的生产和生活资料等方面的著作。费信《星槎胜览》，马欢《瀛涯胜览》，巩珍撰《西洋番国志》早已被翻译成外国文字出版，广为流传，成为中外学者学习研究航海知识、航运史，以及西洋各国历史、地理的珍贵资料[5]。

二、嘉靖万历年间资本主义萌芽的产生

嘉靖、万历年间，随着生产的发展，丝织业的生产关系发生重大变化，机户之间的竞争日趋剧烈，有的因亏损而破产，或失去生产资料，成为以出卖劳动力的雇佣工人；有的赢利日多，不断扩充机房，增添织机，雇佣工人，成为以剥削佣工为主的工场主。加上农村的破产农民，进城镇依靠出卖劳力为生，一些丝织业发达的城镇，涌现出数以千计的织工。"机户出资，机工出力，相依为命"，工人受雇于机户，"日取分金"，"朝不保夕，得业则生，失业则死"。不仅丝织业，其他如采矿、制瓷、榨油……行业，也都存在类似情况。总之，这期间，已经在少数地区，特别是沿海地域的一些手工业中，零星地出现了资本主义生产关系的萌芽，它是由于封建社会内部生产力的增长，商品经济进一步发展的必然结果[6]。

生产的发展，工农业的进一步分工，国内大小市场与商品流通扩大了，城镇人口增多了，而且繁荣昌盛。原以自然经济为主体的定期圩集、庙会等，便改变了除农产品的相互交换外，还有商人、手工业者参加，规模也扩大了。"集县贸易，周方散"。此外还出现各种专业性的圩集，如棉花市集、布市、丝墟等。有的市集即由临时的、定期的集市逐步发展成为大规模的工商业市镇，如长江中游的刘家隔，吴县盛

泽镇等。市镇之外，在工商业发达的基础上，还出现了较大城市。大的城市在"两京、江、浙、闽、广诸省"，其次是苏州、松江、淮阴、扬州诸府，此外著名都市还有临清、济宁、仪真、芜湖等州县以及瓜洲、景德镇诸镇。这些通都大邑，都是商业繁荣的重镇，集中各地物产，进行各种贸易。大都会的繁荣兴盛和新城镇的兴起，促使城镇居民大量参加工商业活动，或从事手工业生产，或经商贩卖商品，商品经济繁荣发达[6]。

由于商品经济不断发展，国内市场繁荣，沿海商民强烈要求开放对外贸易。隆庆年间，撤除了不准贩洋的禁令，沿海人民纷纷扬帆载运货物到海外通商贸易，主要到南洋群岛诸国和东洋的日本，有的远至亚、非两洲的某些地区。行销海外的物产除金银器、生丝、绸缎、瓷器、药材之外，还包括果品、糖、纸以及漆器、纱绢等等。对外贸易的开展，更加刺激和推动国内商品经济的进一步发展，同时对外贸易所获白银增多，促使白银在国内也逐渐变为流通的货币[6]。

综上所述，明朝自嘉靖、万历年间以来，商品生产和交换已相当发达，资本主义生产关系的萌芽在发展起来。尽管在开始之时，它还是零星的，散见于个别行业、个别地区，但作为新生事物，必将冲破封建社会的压迫和行会势力的束缚，不断向前发展，如果没有外国资本主义的影响，中国也将缓慢地发展到资本主义社会[6]。

三、明朝的科学技术

随着社会经济的发展，明朝科学技术方面也取得了新的成就。当时我国的科学技术水平与西方比较，还不见得落后。这从郑和下西洋的时间之早、航程之远、造船技术的高明、航海经验的丰富就可以表明。然而，明朝已是封建社会的衰老时期，封建的政治制度在各方面都充满腐朽性，封建生产方式的规模狭小，都严重地阻碍科学技术的进一步发展，或停滞不前。到了明朝后期，我国的科学技术水平已远远落后于西方。虽然如此，这个时期也产生了如李时珍、徐光启、徐霞客、宋应星等优秀的科学家，在医药学、农学、地质地理学、手工业生产技术等方面取得了卓越的成就[7]。

李时珍和《本草纲目》 李时珍字东璧，号濒湖，是明朝著名的药物学家。正德十三年(1518年)他诞生于湖广蕲州(今湖北蕲春县)一个世代行医的家庭。李时珍自幼生活在医学世家的环境中，耳濡目染，从少年时代就对医药学发生兴趣，随父兄采药。父亲为病人诊治时，常侍从旁听，帮抄药方，学到不少医药常识。明朝科举盛行，其父为改变家庭的社会地位，督促李时珍读书应试走仕宦之途。李时珍19岁中了秀才，但以后三次乡试都落第。李时珍坚决不再应试，他父亲也改变初衷，转而支持他从事治病医药事业。从24岁开始，李时珍便随父正式行医，不久便成了为人们爱戴的名医。

李时珍治病，注重"辨证施治"，脉证合参，用药注意药性，灵活应用。他好读医书，富有钻研精神，对传世的《本草》颇有研究。他发现前人所编的本草书，因年代久远，药物不全，新发现的药物品种没有记载；分类混乱，错误不少；药物名称混杂，"或一物而析为二三，或二物而混为一品"；所附绘图，或不全面，有物无图，或则说明有误……他认为正确鉴别药物品类，认识药物特性，发展祖国医学，对于行医至关重要，因此立下雄心壮志，要对本草书来一番革新重编。于是他认真阅读除医药专著之外，"凡子、史、经、传、声韵、农圃、医、卜、星相、乐府诸家"无不毕览，并记录可资参考的资料，还把医疗实践中的经验、心得随时记录下来。李时珍更注重野外采集和实地调查考察。足迹所到，除蕲州城北的龙峰山外，还有湖北的太和山(即武当山)，江西的庐山，以及安徽、江苏、河南等地，解决了不少书本上的疑难问题，对各类药草，"一一采视"，认真鉴别，详加记录，他还虚心向当地农民、渔民、猎人、樵夫、果农、工匠等各色人请教，向群众征集了许多民间治病处方和经验。

嘉靖三十一年(1552年)，35岁的李时珍为楚王朱英㸑的儿子治好了气厥病，被任命为楚王府的奉祠正(官名，主管祭祀礼仪)兼管良医所的事，几年后又被举荐到京城太医院任职，使李时珍有机会翻阅珍藏的医药书籍，认识珍贵药材和外国贡献的药物，增广见识。嘉靖四十年(1561年)，李时珍已44岁，由北方回湖北老家，便开始着手钻研本草药书，从事《本草纲目》的编写工作。以唐慎微的《证类本草》为基础，结合李时珍自己搜集的新资料，根据新的体例，进行新的创作，编写规模宏大，内容丰富，图文并茂的药物学专著。《本草纲目》先后三易其稿，经历了二十多年的努力，直到万历六年(1578年)才最后脱稿[7]。

《本草纲目》全书共五十卷，190多万字。重把药物分为16部、62类，收载药物1892种(比前人增加了74种)，载入药方11091个(比以前医书增加四倍)，同时附有动植物插图1110幅[7]。

《本草纲目》具有重大的科学价值。它对前人的成果既有订正又有补充，从而提高我国的医药学水平。它确立新的以药物自然属性进行分类，把矿物性药物分为水、火、土、金四部，植物性药物分为草、谷、菜、果、木五部，动物性药物分为虫、鳞、介、禽、兽、人六部，部之下区分不同的类，类之下又细分不同的种，做到了"物以类从，目随纲举"，"博而不繁，详而有要"，对于药物性能的说明，也做到纲目有序，条理清楚。如以某药物名称为纲，下列具体条目，以"释名"说明药物名称来源和依据；"集解"说明产地、形态和采集方法；"修治"说明炮炙方法；"气味"说明药物性质；"主治"说明药物功用；"发明"说明临床经验和药理等等，该书记载了众多的动植物和矿物，所以又是一部植物学、动物学和矿物学专著。当然，由于时代和科学发展水平的局限，《本草纲目》中也存在一些缺点和错误，如认为蝉是由

蛴螬或转丸变的，萤火虫是腐草或竹根变的。但毕竟瑕不掩瑜，它仍不失为一部伟大的古代医药学巨著。

万历二十一年(1593年)，76岁的李时珍与世长辞了，三年后，《本草纲目》在南京首次刊印，1606年流传至日本，先后出版两种日文译本。以后又传入朝鲜和欧洲各国，被翻译成拉丁、法、朝、德、英、俄等国文字，其影响遍及世界各地，对世界药物学和植物学产生了积极的影响[7]。

徐光启和《农政全书》   徐光启，字子先，号玄扈，嘉靖四十一年(1562年)出生于上海一个商人兼小地主家庭。他通过读书应试，35岁考中举人，42岁考中进士，先后在翰林院、詹事府和礼部任职，晚年被崇祯升任尚书，内阁大学士。但是由于明朝末年政治腐败，权臣用事，宦官专政，使得他身在其位却不能任其事，并且屡遭排挤打击，未能在政治上有所建树。他关心国家命运，人民疾苦，钻研科学文化，特别是农学知识，晚年编著《农政全书》，用科学的方法，总结了中国传统的农业知识和生产经验，并吸收西方科学技术，成为一部"总括农家诸书"的农业科学巨著。

徐光启认为"富国必以本业，强国必以正兵"，积极提倡"农本"思想，注意农业知识，并亲自种植农作物，探索发展农业生产的经验。他"察地理，辨物宜，考之载记，访之土人"，甚至亲自执耜耕植，备尝草木之味，才"缀而成书"[7]。

徐光启是最早将西方科学知识介绍给中国人民的科学家。万历二十八年(1600年)他在南京结识了西方传教士利玛窦、熊三拔等人，开始接触西方科学。他下苦功夫研习西方的数学、天文、历法、水利等科学知识。他与利玛窦合译欧几里得《几何原本》六卷，还译著有《勾股义》、《古算器释》等数学著作，使我国数学从筹算、珠算过渡到笔算。他对天文、历学也有很深造诣，译著有《崇祯历书》等。他还同熊三拔合作翻译《泰西水法》，以水利促进农业

生产发展，同利玛窦合译《测量法义》，最先把地图说和经纬度的概念介绍入中国。最为重要的是总结我国历代农学著作和当代农业生产经验，吸收西方科学技术，编著成农业科学巨著《农政全书》。

《农政全书》大约于天启五年至崇祯元年(1625～1628年)之间写成。生前未及刊印，死后(1633年病殁)在崇祯帝索取遗著时献出。崇祯十二年(1639年)，经陈子龙、谢廷桢、张密等人增删整理刊行。全书60卷，约50多万字，分12门，包括农本、田制、水利、农器、农事、开垦、栽培、蚕桑、牧养、酿造、造屋、家庭日用以及荒政等方面，其中以开垦、水利和荒政为全书重点。"农本"记述历代有关农业生产、农业政策的经史典故及诸家议论；"田制"论述古代农学家关于田制的论述和他自己研究心得；"农事"中收集了古代各种耕作方法以及农业季节、气候的知识；"农器"用图谱形式介绍各种农业生产和农产品加工的工具；"水利"用绘图方式介绍各种灌溉工程和水利机械，并介绍了西洋水利；还讲述了各种谷物、蔬菜、果树、桑、棉、麻等作物的选种、播种、施肥技术、行距等栽培技术；还有关于牲畜的牧养、食品的加工，以至消灭虫害，荒年赈灾，野生植物的利用等无不详录备载，议论精到，是一部综合性的农业科学著作。

《农政全书》著作的特点是：总结保存了我国古代劳动人民的许多农业生产经验和技术，又及时总结了明代和徐光启本人的农业实践经验得以流传推广；注意辑录农业文献资料(已经散失的赖此书得以部分保存)，还吸收老农、老圃的经验；注意提倡经济作物的种植和推广，如棉花、乌桕、茶叶等，详细论述了有关品种、栽培技术、采取、制作等办法；在学术思想上注意破除迷信，宣传"人定胜天"的观点，反对保守思想。他说："土性有宜不宜，人力亦有至不至，人力之至，抑或可以回天，况地乎?"有助于人们破除迷信，解放思想，推动人们从事实践和探索。

《农政全书》这部"考古证今，广咨博讯"的农业名著，是中华民族文化宝库中的一份珍贵遗产。

徐霞客及其《游记》　　徐霞客原名徐弘祖，字振之，别号霞客，是南京常州府江阴县(今属江苏省)人，生于万历十四年(1586年)，死于崇祯十四年(1641年)，享年五十五岁。祖上世代都是大地主，生活优越富裕，使他能结交当时名人学者，家里藏书丰富，使他有机会博览古今史籍、舆地志、山海图经等。青年时代曾应试不得意从此不求仕宦，肆志读书，尤喜涉猎历史、地理和游记一类书籍，深深被书上所描绘的壮丽山河所吸引，决心走出书斋，"穷九州内外，探奇测幽"，进行实地考察，探索大自然的奥秘。从二十二岁那年，他便外出旅行，直到去世前一年，持续了三十多年，经历了千辛万苦，周游祖国大地十九个省、市、自治区，遍览了名山大川，所到之处，对地貌、地质、水文、气候、植物等都作了深入调查考察，用日记的体裁，把调查研究的结果作了科学记录，写成《徐霞客游记》一书。

在当时的历史条件下，外出旅行，交通不便，尤其访名山必须跋山涉水，披荆斩棘，甚至攀崖登壁，穿越幽洞，常置身于荒野险僻之处，出没在深山老林之中，无处投宿，只能栖身破庙或睡卧树下石畔，真所谓风餐露宿，不避风雨，不畏虎狼，不惧艰辛。为探寻山壑的奥秘，山脉的走向，河流的渊源，登山必达顶峰，探洞务至幽邃，穷本溯源，严肃认真。在旅途中，还经常遭受强盗抢劫，甚至杀害的危险。他那坚定的信念，超人的意志，锲而不舍，百折不挠的精神，令人钦佩!

《游记》的"文字质直，不事雕饰"。明末钱谦益称它是"世间真文字"。潘耒作序称赞它"向来山经地志之误，厘正无遗；奇迹异闻，应接不暇。然未尝有怪遇侈大之语，欺人以所不知。"他又说《游记》的优点，就在于"精详，真实"。所以后人评论说它是一部以清丽新奇的散文体裁写成的，既是文学名篇，又是重要的地理学文献。

《游记》对景物风光的描绘，令人神往，更加热爱祖国的壮丽山河。但是，游记的更高价值还在于它是一部科学巨著。它的主要贡献：有对江河源流的勘察和辩论，如写《记源考》以勘察事实论证了金沙江才是长江的正源，对怒江、盘江、澜沧江等许多水道的源流作了辨正；有对地形地貌的考察和研究，其中关于我国西南地区石灰岩的分布和地貌特征的描述，有重大的科学价值，是世界上最早的记述；有对动物、植物与环境关系（生态学、植物生态学）与植物种类分布（区系植物地理）的情况，如对黄山气候的冷暖，坡向与植物生长关系的调查，游诸山时对植物形态特征的描写；有对矿产物产、水文气候的观察和记述，等等。

在我国历史上，在没有政府资助的条件下，纯粹以考察自然为目的，毕生从事旅行调查事业的，徐霞客是亘古第一人。徐霞客是我国17世纪初期一位杰出的旅行家和学识渊博，富有实践精神的地理学家。他的《游记》是我国文化宝库中的瑰室，他的业绩永远值得后人景仰和怀念[7]。

宋应星和《天工开物》　　宋应星，字长庚，江西奉新县人，约于万历十五年（1587年）出生在封建地主家庭，曾祖宋景曾曾任南京工部尚书，督修过宫殿，族人宋应和曾任工部员外部，使他从小耳濡目染建筑和手工业等方面知识。万历四十三年（1615年）他和哥哥宋应昇同科中举。崇祯七年（1634年），宋应星被任命为江西分宜县教谕，四年以后出任福建汀州推官，崇祯十四年升任安徽亳州知府。不久，明朝覆亡，清兵入关，宋应星弃官返乡，终老山林，卒年大约在清朝顺治末年（1661年前后）。

宋应星博学多才，著作不少，有《卮言十种》、《画音归正》、《杂色文》、《原耗》（这四篇已失传）和《天工开物》等多部。近年来又发现四篇佚著，即《野议》（议论明朝政治得失）、《思怜诗》（愤世忧民的内心激情的表露）、《论气》和《谈天》（关于自然科学方面的著作）。但是成就最高、影响最大的是这

部百科全书式的科学巨著。《天工开物》写作于分宜任上，崇祯十年（1637年）由友人涂伯家刊行。

《天工开物》全书分上中下三卷，又细分为十八卷，每卷一目，即"万粒第一"（写粮食作物和植物油原料的生产）；"乃服第二"（写衣服原料的生产）；"彰施第三"（写染料制造）；"粹精第四"（写粮食原料加工）；"作咸第五"（写食盐的生产）；"甘尝第六"（写糖的制造）；"陶埏第七"（写砖、瓦、陶器的制造）；"冶铸第八"（写金属器物的铸造）；"舟车第九"（写各种车辆、船只的类型、结构及功用）；"锤锻第十"（写金属器物的铸造）；"燔石第十一"（写炼炭、石灰及各种矿石的烧炼）；"膏液第十二"（写油类的榨取方法）；"杀青第十三"（写造纸）；"五金第十四"（写各种金属的冶炼）；"佳兵第十五"（写兵器、火药的制造及使用）；"丹青第十六"（写颜料的制造）；"曲蘖第十七"（写酵母剂的制造）；"珠玉第十八"（写珠宝玉料的开采）。全书附有123幅插图，绘制精良，和文字说明互为表里，相互补充[7]。

《天工开物》是一部有重大科学价值的科学技术著作。首先，它大量记载了我国古代手工业的发展状况，总结了先进的农业和手工业生产经验。在农业方面，对主要粮作物水稻的记述最为详尽，介绍了不同品种，记述了从浸种、育秧、施肥到耕耙、除草、防治病虫害等一系列生产过程。记录了用骨灰和石灰改良土壤的先进经验，在冷浸田使用"骨灰蘸秧根"的最早使用磷肥的记录，提出了"种性随水土而分"的物种变异说，为改良品种提供科学根据。书中还载有利用不同蚕蛾品种杂交而"幻出嘉种"，即利用杂交优势产生新的优良品种。在手工业方面，介绍了丝织业生产中结构精良复杂的提花机，能织出各种精美丝绸的织造工艺，是当时世界上最先进的纺织机械。记载了冶炼业中的大型失蜡精密铸造法，铸钱时的砂型铸造工艺和我国劳动人民最先创造的"灌钢"法炼锌密封加热技术等。

其次，《天工开物》十分重视生产数据。对生产

各种产品所需的时间、人力、原料、生产工具的规格、尺寸、效率，各种金属的比重，合金成分的比例，……都有具体数据说明，这是难能可贵的，是重视实际的科学态度。据今人研究，很多数据是有科学根据的。从而有助于后人判断当时生产力发展水平[7]。

再次，《天工开物》用科学分析阐述了自然界和生活中的一些现象，破除人们的某些迷信观念。例如，他解释了田野的鬼火是磷火现象；"夜火珠"的"夜光乃其美号，非真有黑夜放光之珠也"；说明窑变是原料变质所引起的，并非什么神秘现象等。

当然，《天工开物》由于时代的局限，也存在不足之处，对某些数据说明和生产技术的叙述，有不正确甚至错误之处，有些记载还保留迷信的传说。但是，瑕不掩瑜，《天工开物》一书，不仅在我国，也是同时代世界上不可多得的科技著作。

《天工开物》刊行后不久就重版，可见在当时就流传广泛。但后来在我国一度失传了。17世纪末，它流传到日本，受到重视，给予高度评价。1869年，法国东方学家于莲与商华酿合作，将《天工开物》译成法文，译名为《中华帝国古今工业》。1882年德国人布莱斯奈德著《中国植物》一书，也引用了这部著作。解放后，我国在浙江宁波发现了崇祯十年的原刻本，影印出版。

四、明朝科举和思想文化

明朝科举制度和"八股文"　　明朝初年，封建统治阶级大力提倡程朱理学，用来麻痹和控制人们的思想。朱元璋在位时，设立太学，只准儒生学习"五经"及孔孟之书，讲学与授程朱理学。朱元璋命令儒臣编辑《性理大全》颁布天下，还敕撰《四书大全》，规定科场以四书五经为内容，以朱熹的传注为准则，否则便被视为"离经叛道"。成化(1465年)以后，甚至连作文的程式也规定一律采用死板格式的"八股文"。八股文是明清科举制度规定的文体(直到

清末光绪年间才被废除)，也叫"时文"、"制义"或"制艺"。每篇由破题、承题、起讲、入手、起股、中股、后股、束股八部分组成，其题材和内容必须根据朱熹的《四书集注》，不许有作者自己的思想，这叫作"代圣贤立言"，实际上是封建王朝用来束缚知识分子思想的手段。

但是，严密控制思想的结果，却造成思想的僵化，学术上的因循守旧和无所创新，理学也日趋衰落。明初虽然有一些理学名家，如薛瑄、吴与弼、胡居仁等，名声虽大，不过死守先儒教条而已。等而下之，只知死背章句，钻营利禄，严重地脱离实际，十足的迂腐无能。明朝中叶后，社会矛盾激化，不仅政治危机严重，同时也出现了思想危机，统治阶级内部的一些人，对理学产生了怀疑，旧有的教条已不可能解决现实存在的社会危机。为了维护腐朽的封建统治，必须另辟蹊径，寻找新的麻醉人民的理论工具。生在这一历史时代，作为统治阶级一员的王阳明，痛切感到皇朝政权的腐败，统治阶级道德的沦丧，为了"挽世道，救人心"，"辅君淑民"，巩固封建统治，便在批评朱熹客观唯心论的基础上，结合其平生的政治实践经验，建立起一整套主观唯心主义的理论体系。

王阳明及其心学　　王阳明名守仁，字伯安，浙江余姚人，生于成化八年(1472年)，卒于嘉靖七年(1528年)。出身于官僚地主家庭，自幼熟读儒家经书。十一岁时随其父王华(曾任南京吏部尚书)到北京读书。十八岁时向理学家娄谅求教，听他讲"格物之学"。二十一岁时还相信朱熹的学说，照朱熹的说教去做"格物致知"工夫。有一回他和友人对庭院中在秋风中抖动的一丛翠竹"格"起，日夜苦思冥想，想从格竹来体认天理。经历了七昼夜，一无所得，反而疲惫不堪而病倒了。格竹的失败，使他对朱熹的学说产生了怀疑，转而去研读佛、老，听道士谈养生之道，向和尚问禅机，在思想上颇受佛教禅宗主观唯心主义的影响。

王阳明二十八岁考中进士，进入官场。正德十一年(1516年)被任命为都察院佥都御史，派往赣南及福建汀州、漳州等地镇压农民起义。他除用武力进行血腥的镇压数以万计农民外，还强制推行一系列反动措施，如"十家牌法"，举办"团练"，组织地主武装力量。正德十四年(1519年)他主动起兵勤王，俘获反叛朝廷的宁王宸濠(前已述及)。嘉靖七年(1528年)广西思恩、田州、八寨等地爆发了瑶族、僮族人民反抗苛政的斗争，王阳明又一次被委派出征广西，围剿少数民族的反抗斗争。他采用剿抚并用的两手策略，对少数民族实行残酷的镇压。王阳明一生的政治生涯，充分表明他是一个双手沾满人民鲜血的刽子手。他又从镇压人民反抗斗争的经验中，总结出一条反动的政治经验，即所谓破山中"贼"易而破心中"贼"难。为了宣扬封建伦理道德，消除人们内心的反抗思想，维护封建统治，他提出一套主观唯心论的学说，到处授徒讲学，流毒甚广[7]。

正德元年(1506年)，王阳明因援救谏官戴铣等而触犯了宦官刘瑾，被贬到贵州龙场驿当驿丞。他官场失意，意志消沉，日夜静坐，寻求内心的解脱。据说，一天夜里，他突然顿悟洞彻了"格物致知"的道理，即一切的知和理都在自己心中，不必外求，此即所谓"龙场悟道"。三十八岁时，被聘往贵阳书院讲学，提出了"心外无物"、"心外无理"、"致良知"、"知行合一"的主观唯心主义哲学思想。

王阳明心学的主要内容：首先发挥宋朝陆九渊的"宇宙便是吾心，吾心即宇宙"的命题，进而提出，"心者，天地万物主也"，"心之本体无所不该"，由"心外无物"，又引出"心外无理"，所谓"物理不在吾心之外，离开吾心而求物理，无物理矣。"他举例说，有"孝亲"、"忠君"之心，就有孝亲、忠君之理，把孝亲、忠君等封建道德观念说成是人心固有的，要人们加以发扬、实践，并以此摒除不合封建道德观念的"欲念"，做"忠臣"、"孝子"，这样就不会去做"犯上乱"，危害封建统治秩序的事。这就是王阳明这种理论主张的政治目的[7]。

王阳明又提倡"致良知"的学说。所谓"良知"，源孟子的先验论，认为各种道德知识、判断是非善恶的能力是天赋的，即"不虑而知"、"不学而能"。王阳明进一步加以发挥而说："知是心之本体，心自然会知。见父自然知孝……便是良知，不假外求"。王阳明认为"良知"虽然"人人之所同具者也，但不能不昏蔽于物欲，故须学(并通过道德修养)以去其昏蔽"，恢复良知固有的各种美德。怎样"致良知呢?"他说："致知必在于格物"，他所谓"格物"，也就是"格心"，"格"就是"正"的意思，即改正心中的私心杂念，发扬善心，摒弃"物欲"，使"良知"不受"昏蔽"，也就是要人们放弃物质生活的追求而忠实地信奉各种封建道德，遵守封建统治秩序。所谓"用良知格物之功胜私复理"。

此外，王阳明还反对朱熹的"知先行后"说，提出"知行合一"论。不过，王阳明所说的"知"和"行"和常人所理解的知、行概念不一样。他说，人见到新美色，产生喜爱的感情这既是知，也是行；人闻见其味而感到厌恶，同样的既是知，也是行。可见他所说的"知行合一"，是把人的意念、感觉当做行，混淆了主观认识和客观行为之间的界限，否认了知和行的差别。他还说："人必有欲食之心，然后知食。欲食之心即是意，即是行之始矣。食味之美恶，必将入口而后知。……必有欲行之心，然后知路。欲行之心即是意，即是行之始矣。"他一方面把主观的思想动机说成是"行"；另一方面，又把"入口而后知食之美恶"说成是"知"。他否认了知和行的差别，知和行不能分开(合一)，"知是行的之意，行是知的功夫。知是行之始，行是知之成。若会得时，只说一个知，已自有行在，只说一个行，已自有知在"，完全是唯心主义的认识路线[7]。

王阳明宣扬的"知行合一"论，还是以"致良知"为准则。他说的"知"是知"天理"，"行"也是行"天理"。"我今说个知行合一，还要人晓得一念发动处，便即是行了。发动处有不善，就将这个不善的念克倒了，须要彻根彻底，不使那一念不善潜伏在胸中"。这样，"良知"本体得以恢复，也就是理学家所宣扬的"存天理，灭人欲"[7]。

王阳明的"知行合一"记述中也有一些合理的因素，如"食味之美恶，必经人口而后知"，又如他说的"知而不行，只是未知"，强调了知则必行，强调"行"的思想，纠正那种空谈生命，不重实践的流弊[7]。

王阳明是在批判朱熹哲学的基础上建立起他的心学，这在当时，客观上对打破思想界的僵化，反对旧权威、旧教条发生了积极的作用，因此曾风靡一时，然而他的这套主观唯心论的宗旨，是以另一种方法来麻醉人民。从思想上配合他在军事、政治方面对人民的镇压，维护封建统治，因而其主流是反动的[7]。

离经叛道的李贽　　与王阳明的主观唯心主义发展的同时，也存在着唯物主义思想家对唯心论错误观点的斗争，如罗钦顺、王廷相等尖锐地批判了王学的"万物皆备于吾心"，以及"致良知"的唯心主义观点。另一方面随着时间的推移，王阳明学派也繁衍出许多流派，其中有的恪守师说，有的命题却发展到与王阳明学说的本义相违背，被称为"王学'左派'"。到万历年间出现了进步思想家李贽。他奋起揭露统治阶级和道学家的伪善和无能；敢于公开向封建传统观念挑战，勇于批判盲目尊孔诵经的迷信思想；通过剧烈的论战阐述了一系列闪耀着光辉的先进思想，在晚明的思想界独树一帜，放出异彩[7]。

李贽号卓吾，嘉靖六年(1527年)诞生在福建泉州一个海商世家的家庭。到他父亲时，家境已经破落。七岁时丧母，随父读书识字，虽然读了一些经书，但对朱熹的传注，特别反感，毫无兴趣。他后来回忆说："余自幼倔强难化，不信学(指道学)、不信道(指道士)、不信仙释(指神仙和僧侣)"。为了维持生活，想通过应举，谋个一官半职，不得不读四书五经和一些时行的八股文章。嘉靖二十八年(1549年)，

考进泉州府学，三十一年(1552年)赴省城应试，考中举人，三年后(李贽二十九岁)选任河南辉县教官，又做过国子监博士，礼部和刑部的小官，直至云南姚安知府。二十年的宦游生涯中，他无时不受顽固派的异视和排挤，也目睹了官场的黑暗与腐朽，更加疾恶那班道学官僚的昏庸、无能与伪善，终于不等任期届满(作了三年知府)，于万历八年(1580年)便"谢簿书，封府库"，辞了官。万历九年秋后，李贽携眷离开云南到湖北黄安，寓居耿家的"天窝书院"与大官僚耿定理及其兄耿定向讨论学问。万历十三年(1585年)挚友耿定理病殁。李贽和耿定向的论学观点有分歧，感情破裂，被迫离开耿家。于次年送妻女回闽，然后只身移居府城龙潭湖芝佛院，过着半僧半俗的生活。

李贽身在龙湖，但并不是遁迹山林。他对黑暗现实的不满仍然耿耿于怀，"蓄积既久，势不能遏"，就以著书立说，从事讲学进行斗争。他博览群书，"寒不停，暑不辍，夜不休"，以古鉴今，"读书论世"。他善于独立思考，目光敏锐，见解独到，日积月累，写下了大批富有批判精神的著作，其中以《焚书》、《续焚书》、《藏书》、《续藏书》最为著名，是李贽反道学、叛"圣道"的代表作。

李贽中年以后接受了王阳明的学说，在姚安任上和龙湖期间又受到佛教禅宗唯心主义观点的影响。但由于他的出身、教养，特别是他的生活经历和所处时代的影响，促使他的思想能突破王学和佛学的羁绊，在反对假道学，批判封建传统思想的理论斗争中，提出了自己具有时代特点和启蒙主义色彩的进步的社会政治思想。

首先，他痛斥盲目尊孔的迷信思想，认为孔子是人不是神，也要穿衣吃饭，也要高官厚禄，不做鲁国的司寇、摄相，恐怕他一天也不能在鲁国安身。针对道学家胡说的"天不生仲尼，万古长如夜"的谬论，反唇相讥幽默地说："怪不得羲皇以前的人，白天也得点着纸烛走路！"李贽对宣称孔子是"至圣至贤"，凡事"不可不信仿，不能不依仿，不容不依

仿",反驳说:"天生一人,有一人之用",要是一切都得效法孔子,那么千古以前无孔子,人们不就一事无成,做不得人了吗?甚而大胆提出,不以孔子的是非为是非。他认为时代变了。不能拿孔子过去的说教作为今日衡量是非的准则。他还公开指出,"六经"只不过是史官、臣子对当时统治者的"褒崇"和"赞美"的言词,而《论语》和《孟子》不过是孔门弟子记忆师说,残缺不全的笔记,这些都不足据,更不可捧为"万世之至论"。这样,李贽顶着"非圣无法"的罪名,对当时社会上尊孔诵经的迷信思想进行了揭露和批判[7]。

其次,李贽尖锐地揭露了所谓道学家是假道学、伪君子、两面派,他们"阳为道学,阴为富贵,穿着儒雅,行若猪狗"的反动本质;他们都是一些无才、无学、无识的人,口里背诵章句,满怀仁义道德,心里想着高官厚禄;他们迂腐无能,平日只知打躬作揖,临事则面面相觑,绝无人色;他们办事必引经据典,抱着先王的规矩,要把方的柄安放到圆的洞眼里,真是愚蠢可笑[7]。

李贽对封建的传统观念也进行公开的批判,被认为是"惊世骇俗"的言论。他无视男尊女卑的封建礼教,公然倡言:"人有男女之分;而见识高低则没有男女之别"。他同情寡妇,赞扬寡妇再嫁,批判程颐的"饿死事小,失节事大";称赞卓文君和司马相如相爱是"善择佳偶",合乎"自然之性";公然赞赏武则天以女人之身统治天下,说她是有作为的女政治家。

李贽还公然提出"人必有私"的观点。董仲舒所宣扬的"正其谊不谋其利,明其道不计其功",不过以此欺骗世人,掩盖其贪婪、自私、贪财、好利的反动本性。他宣称自私是人的天性,"势利之心"是"禀赋之自然",举例说连孔圣人也不能免于私心。他还说"财之与势,固英雄之所必资"。他把私心说成是合理的,是对封建道德观念的大胆挑战,是有其进步意义的。他的这种思想,包括他强调发展个性的主张,反映了时代的特点,是和当时日益增长着资本主义因素相联系的,反映了工商业者追求金钱物质、自由发展工商业的经济要求。当然,把自私之心说成是人的本性的观念是错误的。因为私有观念是在人类社会出现私有制和阶级对立时才产生的,随着私有制的消灭和剥削阶级思想的清除,自私的观念也将不复存在[7]。

李贽的革新言论和对顽固守旧的道学官僚的批判,也被反动势力用来作为构陷李贽的罪证。他们群起而攻之,施加种种政治迫害,诬蔑李贽是"狂诞不经,大逆不道",最后于万历三十年(1602 年)由昏庸的万历皇帝亲颁圣旨,以"敢倡乱道,惑世诬民"的罪名,把李贽严拿治罪。这时李贽已是七十六岁高龄,不堪侮辱,持剃刀自割咽喉而死。他的著作也惨遭烧毁不许存留!与明朝统治者的愿望相反,李贽死后"名益重,而书益传",而明王朝的反动统治却在不断剧化的社会矛盾冲击下,不可避免地走向灭亡[7]。

五、明朝的诗文、小说和戏曲

明朝在文学领域里的主要成就是小说,戏曲创作也相当发达。明初虽有宋濂、刘基、高启这样的诗文作家。写出了一些揭露元末动乱、现实黑暗、富有社会内容的作品,但在明开国后一百多年中,在文坛上占统治地位的却是"三杨"(即杨士奇、杨荣、杨溥)为代表的"台阁体"派。三杨官居高位,长期辅臣,是"台阁重臣",所以人们称其诗文为台阁体。他们的诗文,充满了粉饰太平、歌功颂德的内容,平庸呆板、肤廓空虚。其次,称有影响的李东阳为首的"茶陵派",在散文方面主张师法先秦,诗歌方面追求声调格律,但总的看来,仍不脱台阁体的圈子。明中后期,文坛上也发生变化,以"前七子"(李梦阳、何景明为首,包括徐祯卿、边贡、王廷相、康海、王九思)和"后七子"(以李攀龙、王世贞为首,包括宗臣、徐中行、吴国伦、梁有誉、谢榛)为代表的复古派先后在文坛崛起。他们在反对台阁体的空廓、浮泛和八股文的恶劣影响方面有一定的积极意义，但又主张"文必秦汉、诗必盛唐"，以模拟古人为能事。这时以归有光等为代表的"唐宋派"和以公安人袁宗道、袁宏道、袁中道三兄弟为首的"公安派"，先后极力反对复古派，他们反对贵古贱今和模拟古人，提出文学要有质，能独抒性灵，发前人之所未发等主张。但他们的创作成就都不大[7]。

但是，小说方面，明初以来在传奇小说、话本和杂剧的基础上就有了新的发展。特别是嘉靖、万历以后，随着商品经济的高度发展，资本主义因素在一些地区和部门开始萌芽，新兴的工商业城镇日益增多，市民阶层更加壮大，适应市民阶层的需要，反映市民生活的文学创作呈现出繁荣兴盛的景象，涌现出不少优秀的长篇通俗小说和短篇白话小说，以及风靡一时的戏曲。

《三国志演义》　　这是一部划时代的长篇章回小说，作者罗贯中，名本，别号湖海散人，山西太原人（一说浙江钱塘），生于元末，死于明初。关于三国的故事，早在晋和南北朝时期就已经在民间广泛流传，唐宋时有讲唱三国故事的，元朝除杂剧中有大量三国戏之外，还流传有话本《全相三国志平话》，不过叙事简略，文笔粗糙，而且有的内容荒诞无稽。罗贯中编写时，对荒诞不经的内容加以删除或改写，补充了许多历史上的真实材料，把头绪纷乱的三国历史，按照年代、事件、人物井然有序地进行组织描绘，铺张润饰，使之成为一部具有广阔社会历史内容、文字生动、故事情节丰富多彩，引人入胜的历史小说，充分表现了作者的创造精神和卓越的艺术才能。

《三国志演义》通过三国纷争离合的故事情节描写，生动地叙述了统治阶级内部各派政治势力之间尖锐复杂的矛盾和斗争，在一定程度上反映了历史的真实。作者宣扬封建正统观念、英雄造时势的唯心史观以及天命论等错误思想。作者对黄巾起义军是极为敌视的；清楚地表明拥刘反曹的正统观念，把刘备写成宽厚仁爱、坚守信义的典型，把曹操写成乱世的奸雄，集中了封建统治阶级的残酷、阴险、狡诈、极端损人利己的象征而加以贬斥。《三国志演义》还塑造了许多具有鲜明性格的典型人物，如诸葛亮作为杰出的政治家和军事家的典型；又如关羽的威武刚强，义重如山；张飞的豪爽莽撞，疾恶如仇；以及赵云、黄忠、周瑜、鲁肃等等人物，无不各具个性，形象栩栩如生，影响深远的艺术形象。不过，有些地方由于描写夸张过分，难免损害了人物形象。《三国志演义》在重要战役和战争的描写方面也富有特色，给人以有益的启示。《三国志演义》这种文学体裁的出现对后来长篇历史小说产生巨大的影响，它所描述的故事内容为以后的戏剧和说唱文学提供了丰富的题材[7]。

《水浒传》　　是描写我国宋朝农民起义的著名的长篇小说。《水浒传》的作者是施耐庵，关于他的生平事迹人们所知甚少。宋江是一个真实的历史人物，以他为首的农民起义军的人物故事在民间流传很广，有的内容被写为话本，有的编成戏曲。流传至今的元刊《大宋宣和遗事》，简要地描写了梁山泊聚义（首领三十六人）的故事梗概，其中叙述了"杨志卖刀"、"智取生辰纲"、"宋江杀惜"以及受招安征方腊等故事。施耐庵就是在这一基础上，广泛搜集民间的传说、话本和戏曲中的水浒故事，加以连缀改编，创作了不朽的长篇巨著《水浒传》百回本。后来又经过文人和艺人的不断加工增改，到了明后期已出现了多种繁简不同的版本。万历年间，余象斗增写了"征田虎"、"征王庆"的故事，扩充为一百二十回本。

《水浒传》的创作艺术特色之一是善于塑造典型人物，它所描绘的一百零八个好汉，有一大批是具有鲜明个性，富有传奇色彩的英雄典型，如写李逵、鲁智深、武松、林冲、石秀等等，无不各具特色，有血有肉。作者在刻画人物性格特征时，善于把握人物的不同身份和经历，通过具体故事情节的展开，在尖锐复杂的斗争中表现各个人物的性格，具体而生动，又合乎情理。其次，在语言运用方面，作者能从群众口语中锤炼出生动活泼、通俗准确的文学语言，在铺张叙述时又有合理的想像和夸张，写景抒情，做到情景交融，恰到好处。此外，在记述起义军斗争故事时，人民群众的斗争经验和战略战术时，也写得饶有情趣，富有哲理。如"三打祝家庄"篇章，曾被毛泽东同志称赞为具有唯物辩证法的事例[7]。

《水浒传》全面地反映了以宋江为首的农民起义斗争由产生到发展，最后走向失败的全过程。书中写了封建统治阶级代表人物如高俅和西门庆、毛太公、祝朝奉等地主恶霸、土豪劣绅的丑恶、贪婪凶残的反动本性，依财仗势，为非作歹的罪恶勾当。形象地具体地揭露了"官逼民反"，"乱从上起"这一历史事实。但是后半部写起义军接受招安，为封建王朝效劳，宣扬投降主义、忠君思想，这是应予批判的糟粕。统治阶级利用这一点来愚弄人民。但是，革命的人民却从中包括《三国志演义》汲取斗争经验和军事战略，用来进行反抗斗争[7]。

《西游记》 明朝嘉靖万历年间，继"三国"、"水浒"之后，又出现一部描写神魔斗争的幻想小说。它结构宏伟，故事奇妙，想像丰富，是我国著名的浪漫主义长篇小说。

《西游记》的作者吴承恩，字汝忠，号射阳山人，淮安府山阳县（今江苏淮安县）人，生卒年不详（大约 1510—1581 年）。他从小聪慧敏捷，博览群书（尤其神怪故事、稗史小说），下笔成文。他科场失意，贫穷潦倒，大约四十岁左右才补为岁贡生，后来当过长兴县丞等小官，因生性倔强，耻于官场应酬，罢归故乡。晚年，他汲取民间神话传统中的精华，发挥丰富的想像，以高超的艺术表现才能，完成了《西游记》的创作。故事渊源于唐太宗时僧人玄奘赴天竺（印度）取经的历史记载。南宋时就有话本《大唐三藏取经诗话》，写"猴行者"神通广大，能降妖伏虎，

助玄奘到西天取经。到了元代，故事情节又有新的发展，内容更为丰富奇妙，改编成《西游记平话》。同时也出现了有关取经故事的剧本，如杨纳著《西游记杂剧》，吴承恩就在传说、平话和杂剧的基础上，进行再创造的[7]。

《西游记》全书一百回，首先写孙悟空的出世，大闹天宫，充满造反精神，是全书的精彩部分；其次写玄奘奉诏取经的故事前后；接着写取经征途中，历经八十一难，历尽艰辛，受尽厄难，以坚强的毅力和坚定的信念，克服道道难关，化险为夷，实现取经的目的。《西游记》的艺术特色是富有想像力。他用描绘神魔斗争的故事，暗喻封建社会复杂的社会矛盾和斗争，对明朝中叶的黑暗现实，统治阶级的昏庸残暴，进行有力的讽刺。通过故事的铺张和描绘，成功地塑造了孙悟空这一理想化的英雄形象。他具有勇敢、机智、刚毅、乐观的性格，善于明辨是非，识别真伪，疾恶如仇，敢于蔑视权威（天宫的玉帝），大无畏的反抗精神。孙悟空身上集中体现了劳动人民的优秀品质和战斗精神。同时也生动地刻画了猪八戒的憨厚朴实，天真单纯但带点自私毛病的性格特征，塑造成惹人喜爱的喜剧式人物；唐僧的虔诚善良，但有平庸忍让的缺点。

《西游记》由于取材于西天取经的佛家故事，因此在内容上有宗教色彩，宣扬佛法无边，因果报应、宿命论、三教合一等宗教迷信思想；有些诗词和对话也就反映了玄虚神秘的佛教义理；有些细节描写难免带有庸俗无聊的成分。但是，作为一部具有神奇幻想特色的神魔小说，在群众生活中产生深远的影响[7]。

《金瓶梅》 大约万历年间，社会上出现了一部暴露性的写实小说，它不写神魔斗争，也不写英雄武侠、才子佳人的悲欢离合，而是真实地描绘民间社会的日常生活，反映明朝中后期黑暗的政治和社会现实，它就是著名的长篇小说《金瓶梅》。

《金瓶梅》的作者，历来众说纷纭，尚无定论。

全书共一百回，其内是截取《水浒传》关于武松杀嫂的故事，加以烘染和扩大。小说的中心人物是西门庆，全书详尽细致地描述了这一开中药铺的破落户、市井恶棍、奸骗有夫之妇，谋财害命；巴结官吏，投靠权门，包揽词讼，欺压百姓，多方钻营利禄，过着荒淫无耻的生活，最终因纵欲身亡，死后一家妻妾离散，人财两空。《金瓶梅》写的是宋朝故事，实际上是抨击明朝的社会现实，通过写西门庆因缘攀附、发家致富和纵情声色，揭示了明朝许多宦官、朝廷权贵，勾结地方豪绅、富商，鱼肉人民，聚敛钱财，声色犬马的贪婪本性、丑恶灵魂和道德的沦丧。《金瓶梅》以描写现实社会中人物，尤其是市井百姓，以及家庭生活为题材，反映了许多明朝中后期社会政治、经济、风土民情诸方面的历史情节，具有很高的历史价值。它开创了所谓"世情小说"的先声，推动了现实主义创作方法的进一步发展，它生动地描绘了许多不同身份的人物，如市井无赖、帮闲篾片、娼妓优伶等，塑造了一些具有鲜明个性的典型人物，如西门庆、潘金莲、应伯爵、陈经济等等，无不刻画入木三分。《金瓶梅》在艺术上存在的严重缺点是：作者对所描写的社会现象缺乏鲜明的爱憎感情，对丑恶现象只是客观地描述，未能有所批判，甚而带有欣赏的态度，特别是书中大量的色情描写，更反映了作者思想上庸俗的情趣。另一方面，作者想利用小说的内容进行惩恶劝善的说教，结果却宣扬了因果报应和虚无主义的"色空"观念[7]。

短篇白话小说"三言" 明中叶以后，随着市民阶层的壮大和印刷业的发达，除大量刊行宋元话本之外，适应市民阶层的需要，反映市民生活情趣的短篇白话小说也日渐兴盛起来。其中最具代表性，而且流传广泛，影响巨大的要算天启年间冯梦龙编撰的《古今小说》，也即《喻世明言》、《警世通言》和《醒世恒言》，合称"三言"。

冯梦龙(1574—1646年)字犹龙，号墨憨斋主人，别号龙子犹，苏州府长州县(今属苏州市)人。崇祯三年(1630年)补为贡生，曾任训导、知县等官。他毕生致力于通俗文学的编写和刊行工作，先后改编过小说、戏曲和民歌等多种通俗文学作品，如《平妖传》、《新列国志》、《挂枝儿》、《山歌》等民歌集，但以"三言"为最著名。

"三言"是根据120种宋元明话本小说加以改编而分册刊行的。在改编过程中，冯梦龙做了大量去芜存精的遴选工作，选录出脍炙人口的优秀名篇，按章回小说的形式，给每篇加了整齐的回目，并作了文字修饰，其中有一部分则是冯梦龙自己的创作。冯梦龙酷爱李贽的学说，强调通俗文学的社会教育作用比儒家经典还大，能使"怯者勇，淫者贞，薄者敦，顽钝者汗下"，比《孝经》、《论语》更能打动人的感情，可以教化人民，特意把"三言"分别取名"喻世"(用来明喻世人)、"醒世"(唤醒世人)、"警世"(警戒世人)，而不只是供人们在茶余饭后的消愁解闷。这在当时是有反封建正统思想的进步意义的，也是资本主义萌芽这一时代特点在文学理论方面的反映[7]。

"三言"故事内容取材广泛，有出自史传或唐宋文言小说，有属于民间故事，不少篇章已成为众口传诵、群众喜闻乐见的名篇，如揭露封建官吏办案不公，任情用刑的《十五贯戏言成巧祸》，写官宦子弟恃势作恶，欺压善良的《灌园叟晚逢仙女》，有揭露严嵩父子的结党营私，排斥异己，陷害沈炼一家罪行的《沈小霞相会出师表》，有写教坊名姬怒斥李甲的忘恩负义和孙富的奸诈虚伪之后，把百宝箱沉入江中，自己投江自尽的《杜十娘怒沉百宝箱》，对封建礼教、等级制度和金钱势力发出悲愤的控诉。《施润泽滩阙遇友》写吴江县盛泽镇机户施复拾金不昧，和蚕户朱思结成患难之交，后来经过十年经营，由一张织机扩充到三、四十张，成为具有数千两银子资本的工场主，反映了明后期资本主义萌芽的产生和发展的事例，有深刻的社会意义。"三言"中也有不少回目宣扬封建礼教，美化地主阶级，歪曲劳动人民的形象，其内容陈腐，思想反动，情调庸俗的糟粕部分[7]。

《牡丹亭》等戏曲　　明初戏曲作品影响较大的有高则诚《琵琶记》、施惠《拜月亭》、徐畈《杀狗记》等。这些作品虽然在一定程度上对当时社会现实中存在的不平等关系，或者封建的等级观念有所揭露批判，更多的则是宣扬封建的伦理道德，借助戏曲进行说教。嘉靖、万历以后，随着资本主义生产关系的萌芽和反理学思想的兴起，在戏曲创作方面也出现了新的气象。在舞台表演艺术方面有魏良辅对弋阳腔、海盐腔的改革，吸取民间戏曲优美的腔调和音乐，创立昆腔，器乐则采用笛、管、笙、琶合奏。在剧本创作方面，创作了不少以描摹男女爱情生活，暴露封建专制黑暗，批判封建礼教的罪恶为题材的剧本，比较著名的有李开先《宝剑记》，梁辰鱼《浣纱记》。传为王世勇所著《鸣凤记》等。但是，成就大，对当时和以后的戏曲创作产生重大影响的，是汤显祖所创作的《还魂梦》（又称《牡丹亭》）、《南柯记》、《邯郸记》和《紫钗记》。汤显祖是江西临川人，四种传奇故事又都以做梦为全剧的关键，故合称"临川四梦"，他的书斋以"玉茗堂"为名，所以又称"玉茗堂四梦"。

汤显祖，字义仍，号若士，嘉靖二十九年（1550年）出生，卒于万历四十四年（1616年），终年67岁。他自幼好学，博览群书，21岁乡试中举，34岁考中进士，次年任南京太常寺博士，五年后迁任礼部主事。不久因上疏揭露时政弊端，批评执政阁臣，对神宗进行讽谏，结果被贬为广东徐闻县典史，万历二十一年（1593年）调任浙江遂昌知县，被誉为循吏，而不善官场应酬，于万历二十六年（1598年）被劾，便辞职回家，从此专心从事写作。

汤显祖颇受李贽思想的影响，主张文学创作应抒写性灵，表现内心的真情实感。《牡丹亭》（《还魂记》）写的是官宦小姐杜丽娘和柳梦梅真诚相爱的故事，改变以往爱情剧的常套，而用梦里钟情，死生离合的故事展开情节，具有浓厚的浪漫主义色彩。剧本

表现了杜丽娘敢于冲破封建礼教束缚的大胆和热情，以及柳梦梅对爱情的坚贞和忠实，歌颂了青年男女追求婚姻自主方面所作的不屈斗争。剧中的一些曲文写得流丽，人物的内心描写精巧细致，在写意、谐趣、传神、绘色诸方面都达到高度的艺术水平。当然《牡丹亭》在思想艺术上还存在缺点，还没有完全摆脱郎才女貌、一见钟情的窠臼，对封建礼教的叛逆和反抗也不够彻底，故事的结尾还是套用"大团圆"的常套等等。但总的说来，《牡丹亭》不失为一部反映现实，具有一定进步性和深刻性的杰作[7]。

永乐大典　　永乐元年（1403年）七月，明成祖朱棣为了稳定统治秩序，争取"宿学大儒"为新政权服务。同时也为了粉饰太平盛世，决定编辑一部超越前代的大型类书，下诏谕命翰林学士解缙等，召集人员，把"散载诸书"的古今事物，分类搜辑，"统之以韵，辑为一书"，以备皇帝随时披览。这既有助于朝廷从中吸取历代统治者施政治民的经验，又可以驱使大批官僚士大夫埋首于古书堆，以消除眷恋建文朝的怀旧情绪。

永乐帝特意指示解缙等，书稿除文渊阁的藏书之外，还要广泛"购募天下书籍"，从上古亘至当世，旁搜博采，凡是有文字以来"经、史、子、集百家之书，至于天文、地理、阴阳、医卜、僧道、技艺之言"，不厌浩繁，务必网罗无遗，做到"包括宇宙之大，统会古今之异同，巨细精粗，粲然明备"。当时的编辑方法是参照《韵府群玉》和《回溪史韵》的体裁，把每个字依照"韵母"的次序排列，叫作"用韵以统字"，然后把各类事物如天文、地理、朝章国典、戏曲、诗文等随字收载，即所谓"用字以系事"。如天文志书，列在"天"字下，平话书籍列入"话"字，戏文列入"戏"字。当时把经、史、子、集中的重要典籍，整部、整编地以书名或篇名为标题，把书的内容一字不差地载入各个不同字目之下。这样的编辑方法，终于保存了极其丰富的资料。

解缙等先是急于求成，在永乐二年（1404年）十

一月，便把匆促编就的书稿，取名《文献大成》呈进。朱棣看了不甚满意，觉得取材不够完备，加派姚广孝、刘秀篪等同为监修官，当时参与其事者先后约近三千人。又经四年的通力合作，书稿在永乐六年（1408年）编辑就绪，朱棣亲自撰写序言，并题名为《永乐大典》。全书计22937卷（其中有凡例、目录60卷），装订成11095册，总计三亿七千多万字，工程浩繁博大，成为中国有史以来第一部综合性的大类书，其搜罗之广，内容篇幅之繁富，卷帙之众多，在当时世界文化领域中也是名列前茅的[7]。

《永乐大典》修成之后，因卷帙浩大，未能刊印，原抄本（或称正本）最初藏在南京文渊阁。永乐十九年（1421年），明成祖迁都北京，《大典》随之北移，藏于宫内"文楼"。嘉靖三十六年（1557年），宫内失火，三大殿及"文楼"、"武楼"被焚，经嘉靖督促抢救，《大典》幸免遭厄运。担心孤本再遭意外，嘉靖于四十一年（1562年）命阁臣等组织人员开始誊写一部新本，称之为副本，于隆庆元年（1567年），副本誊录完毕，和正本分别藏在文渊阁和皇史宬。《大典》成了深藏宫内、束之高阁的秘典，一般人不得披览研讨，因之未能发挥应有的效用。崇祯二年（1629年），因屡测日食时刻不验，徐光启奏请选刻《大典》中记载日食的部分。这是明朝惟一的《大典》单行刻本。

明亡之际，文渊阁再次焚毁，正本可能因失火而毁灭。清雍正年间，副本已成了孤本，移藏于翰林院，从此，一些学士和编修官员才有机会阅看。乾隆年间，清朝为编辑《四库全书》，便从《大典》中辑出佚书五百多种，其中经部66种、史部41种、子部130种、集部175种，合计达4926卷。不少宋元以来亡佚的图书，因有这部《大典》才得以保留，得以重刊流传。

到了清朝后期，清廷腐败无能，《大典》管理不善，不断被窃失落（有些出入翰林院的官员，偷偷带出）。咸丰十年（1860年）英法联军入侵北京和光绪庚子年（1900年）八国联军在北京的肆意掳掠，使《永乐大典》遭受空前的浩劫，或则被焚毁，或则遭抢劫，几乎丧失殆尽！劫后余烬，《大典》存于国内公私之手已经寥寥无几，但失落在欧、美、日等外国人手里的数量却比留存国内的多好几倍。中华人民共和国成立后，经多年的积极搜集和整理，截至1959年止，共获得《永乐大典》原本215册，加上复制本等，合计得730卷，1960年由中华书局影印出版，其中有不少珍贵的古代文献资料[7]。

六、利玛窦与西方科学文化的传入

明朝末期的万历、天启和崇祯年间（1573～1644年），欧洲的一批耶稣会士联翩到中国进行传教活动。与此同时，他们带来了西方的科学文化技术，为长期停滞不前的中国科学文化的苏醒和发展注入了积极因素，起了积极的作用[7]。

耶稣会是天主教会中和马丁·路德派新教进行斗争的一个组织。当时欧洲资本主义因素的发展，急需向外开辟市场和进行殖民掠夺。1498年，葡萄牙人瓦斯科·达·伽马开辟了欧洲通往印度的新航路，此后，葡萄牙殖民主义者的魔爪伸到了东方。他们于16世纪初强占了印度的果阿和满剌加（即马六甲）。嘉靖十四年（1535年），葡商借口遇风，要求上岸曝晒货物，乘机入据澳门。嘉靖三十六年（1557年）又擅自扩充居住地区，建造城垣，构筑炮台，自行派官管理，澳门就这样被据为殖民地。当时葡萄牙的武力尚不足以打开明朝封建帝国的大门，便采用宗教宣传，派遣传教士，想方设法打入中国内地。葡萄牙国王的请求，得到了罗马教皇的批准，于是一批耶稣会士便漂洋过海来到中国，妄图利用其十字架与袈裟的麻醉作用，配合火炮与刀剑，打开古老帝国的大门[7]。

当时的明帝国仍是东方的一个封建大国，来华的传教士，经过观察分析，认识到在中国传教，决不是强大的舰队、军队或武力所能奏效的。他们下了一番刻苦的功夫，学习汉语，研究儒家经典；结交名士，跻身儒林，取得士大夫的信任；同时著书立说，介绍西方的科学技术，引入西洋的奇器异物，以此作为打开中国大门的敲门砖。在这些活动中，影响最大的当数利玛窦。[7]

利玛窦是意大利马塞拉塔人，1552年生，出身贵族家庭，1571年19岁时加入耶稣会，1580年为司铎（神甫），1582年来到澳门，以后又到肇庆、韶州、南昌、南京等地进行传教活动。为了传教，他勤学苦练，对于儒家的经籍、诸子百家、中国历史，无不通晓，并能流畅地讲汉语和用中文书写。当时的士大夫誉为西儒，乐与交游。一些达官显宦也与他过往，结为知交。徐光启和李之藻甚至接受洗礼，加入天主教。利玛窦把从欧洲带来的奇器异物，如世界地图、浑天仪、三棱玻璃镜、自鸣钟、救世主和圣母的油画像等一类东西赠送给明朝官员，以取得他们对传教活动的支持。每到一地，他还把这些东西公开陈列展览，任人参观。好奇的民众摩肩接踵前去参观，门庭若市，耶稣会的名声不胫而走，影响日益扩大[7]。

万历二十八年（1600年）利玛窦和另一耶稣会士庞迪我携带方物进京进贡明神宗。万历在便殿召见，询问天主教的教义和西方的民风国政，并赐宴慰劳，明廷还赐给屋宇，允许他们长住北京。利玛窦带来方物中最有价值的是那幅《坤舆万国全图》。当时我国的民众还相信着天圆地方的说法，利玛窦的世界地图使中国人第一次知道人们生存的大地是个球体，懂得了世界有五大洲（亚细亚洲、欧罗巴洲、利米亚洲、亚墨利加洲、墨瓦腊尼加洲）。今天看来还存在着错误，但它毕竟开拓了人们的眼界，增长了见识[7]。

此外，利玛窦还向民众介绍了天体知识，解释了日食、月食的道理，并制造浑天仪、地球仪供人观赏。他还和李之藻合译《乾坤体义》。他与徐光启合译《几何原本》，介绍欧几里德平面几何学的系统理论；合译《测量法义》与《测量异同》两部应用几何的著作，大大丰富了中国原有的几何学知识；与李之

藻合译《同文指算》，一部应用数学著作，第一次向中国人介绍了比例级数，开平方和开立方的方法等。万历三十八年（1610年）利玛窦病死于北京。朝中公卿代为向神宗请求赐予葬地。神宗赐葬北京西城外，墓在阜成门外二里沟栅栏[7]。

利玛窦之外，来华的耶稣会士较为著名的还有汤若望、邓玉函等人。汤若望是日耳曼人，1591年生，1611年入耶稣会。万历四十七年（1619年）到达澳门，天启二年（1622年）进京，清康熙五年（1666年）病死于北京。他与罗雅谷等人受聘修订历法，经过七年的时间，至崇祯八年（1635年），历书著成，取名《崇祯历》，比《大统历》准确，和日月星辰的运行及节气变化都相符合，其中的《星录》部分，绘出了整个天体的恒星图，它在我国天文学史上是前所未有的。在论述宇宙结构时，虽然仍采用天主教会坚持的地球中心说，但同时也介绍了哥白尼的太阳中心说，并应用了他的一些天文计算法。明朝末年，女真族崛起，建立后金政权，并经常入犯辽东。甚至进入长城，骚扰京畿。徐光启上疏力请多铸西洋火炮，以加强城池的防守，抵御后金的进攻。天启二年（1622年）熹宗命兵部到澳门聘用西洋人进京造炮。人们称这种火炮为"红衣大炮"。又因最早见自佛郎机人（葡萄牙人），又叫"佛郎机炮"。崇祯十五年（1642年）明朝又聘请汤若望监铸大炮二十门和一批较小的火炮，并传授使用方法[7]。

万历四十六年（1618年）天文学家伽利略的好友、日耳曼耶稣会士邓玉函给中国带来了第一架望远镜，并于崇祯七年（1634年）献给了崇祯皇帝。邓玉函与中国学者王徵合著《远西奇器图说》四卷，阐述了物理学中力学的重心、比重、杠杆、斜面、滑轮等理论，并介绍了一些简单的机械构造和钟表的结构原理。邓玉函还写作了人体解剖生理学专著《人身概说》，以及《测天约说》、《黄赤、距度表等》天文学著作。意大利传教士熊三拔著的《泰西水法》是一部水利科学著作，共六卷，前五卷专论水利知识、第六

卷介绍诸如抽水机、蓄水机等水利机械的构造、图式和原理[7]。

早期的耶稣会士是为传教而来中国的，但是在他们当中，对待中国所持的态度却很不一样。有一派主张在传教时持强硬的态度，不惜施用威力，甚至存有领土要求的野心。另一派认为到中国传教，一定要做出善意的表示，主张要了解中国，熟悉中国文化。所以，这一派为达到传教的目的，向当时中国知识分子，介绍西洋学术文化和科学技术。这在当时适应了中国社会经济发展的需要，也迎合了明朝为富国强兵、增强武备的需求，因此受到当时官僚士大夫如徐光启、李之藻等的欢迎，推动他们积极翻译西洋学术和科学技术著作，这对于发展我国科学技术，在客观上起了积极的作用。因而，我们不应把这时的耶稣会士和鸦片战争后的代表资本主义侵略势力来华的传教士等量齐观，一笔抹杀，而应看到由于他们和当时中国科学家的共同努力，传入了西方的科学文化，对当时中国社会和科学技术的发展，起了积极的作用[7]。

第五节　明末到清初历史简述

一、明中叶后的腐朽

从神宗起明王朝一天天走向没落的深渊。神宗信任太监张诚，宠爱郑贵妃，生活上日趋腐化。他贪财好货，对人民施加残酷的剥削和压榨。在宫中，神宗过着荒淫无耻、饮酒纵乐的生活，他的奢侈浪费也是十分惊人的。他还想死后永远享福。万历十一年（1583年）二十一岁时就到天寿山明皇陵一带物色"吉壤"。第二年就动工建陵，大约用了六年时间，耗费白银八百余万两，才完工。神宗的腐朽昏庸，还表现在深居简出，对朝政万事不理。群臣的奏疏，凡不合他的心意，一概"留中"（留在宫中），不批不发。他在位四十八年，却有二十多年不召对臣僚共议

朝政[8]。

神宗为满足其穷奢极侈的欲望，从万历二十四年（1596年），便派大批亲信宦官分赴全国各地充当矿监税使，肆意搜刮民脂民膏。矿监和税使对人民穷凶极恶地欺压和榨取。引起各地城镇人民的强烈不满，终于铤而走险，群起反抗。万历二十七年（1599年）四月，山东临清人民最先爆发反对税使马堂的斗争。同一年，湖广荆州地区也发生了数千群众抗议税使陈奉入境征税的斗争，持续至万历二十九年（1601年）的四月，迫使朝廷使臣不敢入境，陈奉也被撤回北京。同年，在江南著名丝织业城市苏州，也爆发了以织工葛贤为首反对税使孙隆的斗争风暴。在东南沿海对外贸易的重要商港——福建漳州月港，也爆发了一场反税监高寀的斗争。此外，史册记载的还有万历三十年（1602年）江西上饶、景德镇等地市民火烧税署，驱逐矿监潘相的斗争；三十四年（1606年）云南腾越人民杀死税监杨荣等二百人的斗争；三十六年（1608年）辽东前线军士反对税使高淮克扣军饷的兵变。……接连不断的斗争，说明了封建社会后期，随着商品经济的发展和资本主义的萌芽，城镇的社会阶级结构发生了新的变化，于是出现了自发的反抗封建剥削和压迫的群众性斗争。当然，这些斗争还是分散的，缺乏彼此间的联络呼应，没能汇合成反封建的革命洪流，不可能提出明确的政治口号，终究不能够冲破封建统治制度的桎梏。这是和当时资本主义生产关系还仅仅处于萌芽状态的情况相适应的[8]。

嘉靖后期，东南倭乱特别猖獗。倭寇的祸害早在明初就已出现。15世纪后期，日本进入战国时代（1467~1573年），各封建诸侯为了争权夺利，扩张势力范围，彼此征战不已。在兼并战争中的溃兵败将，失掉军职的武人，也即所谓"浪人"，便沦为海寇。还有一些嗜利的日本商人，由于明朝对贸易加以限制，牟利无门，也沦为海盗。这些人沦落荒岛，浪迹海洋，成群结伙，形成一股明火执仗侵扰中国沿海的邪恶势力。他们都来自日本，所以人们称之为"倭

寇"，这是因为日本在古代叫"倭奴国"而得名的。嘉靖三十四年(1555年)，明朝从山东调戚继光到浙江御倭前线。他在抗倭斗争中发挥了重要作用，成为一位名垂青史的抗倭英雄[8]。

嘉靖、万历以来，随着社会矛盾的加深，统治阶级内部不同政治集团之间矛盾日益严重，东林党与所谓邪党你争我夺，势同水火。到了天启年间(1621～1627年)宦官魏忠贤专政，邪派官员投其门下，结成阉党，左右朝政，鱼肉百姓，陷害忠良，胡作非为。天启七年(1627年)秋八月，熹宗病死，无子，其弟信王朱由检入继帝位，改元崇祯，即为思宗。熹宗死后，阉党失去依靠，东林党人纷纷上书弹劾，崇祯帝下令把魏忠贤贬谪凤阳，后又派人逮捕治罪。忠贤闻讯，畏罪自杀。由于当时内忧外患，矛盾重重，崇祯帝本人生性猜疑，为了控制百官，加强统治，不久就重蹈覆辙，信任宦官，在整个崇祯朝东林党和阉党仍潜伏地对立着，时有纷争。这个斗争一直继续着，直至朱明残余势力彻底覆亡为止[8]。

二、努尔哈赤和后金的建立

就在明王朝国势衰落之际，我国东北境内的女真族(后改为满洲族)崛起，乘机逐渐统一，强大起来。

明英宗正统初年，蒙古部落不断对东北地区进行侵扰。最北的野人女真部也在宣德年间强大起来，不断南侵。因此，居住在松花江、牡丹江流域的海西女真、建州女真各部也就被迫不断南迁，先后迁至苏子河上的赫图阿拉(今辽宁新宾)。建州女真迁至赫图阿拉后，和明朝的关系更为密切，进行贸易。明朝以布、绢、缎、米谷、铁器等物资换取女真族的马、牛、羊及土特产人参、貂皮、木耳、木菇等物。通过贸易，一方面大批生产工具与生活必需品输入女真，促进其生产的发展和生活的提高；另一方面，女真土特产大量输出，也繁荣了女真内部经济，促进了女真社会的发展。由于汉族文化的影响，使建州女真的社会从奴隶制的低级阶段向高级阶段迅速发展，到努尔哈赤时代，终于出现了女真族各部落的大统一。

努尔哈赤生于嘉靖三十八年(1559年)，出身于建州左卫奴隶主家庭。他童年丧母，备受继母虐待，为了独自生活，出奔抚顺，靠采松子、挖人参过活，并学会汉语。他曾投到明辽东大将李成梁帐下为将，出入战阵，英勇作战而受器重。后来，万历十一年(1583年)，明军攻打建州右卫首领阿台时，努尔哈赤的祖父(觉昌安)和父亲(塔克世)随军前往。在战斗中被明军误杀，他就此怀恨，返回建州，立志图强报仇。他以祖遗十三副铠甲武装部众，攻杀仇人尼堪外兰。又经过五年的征战，征服了建州女真各部。建州女真部的统一和内部经济的发展，使努尔哈赤成为女真族中最强大的力量[8]。

在建州女真部的统一中，努尔哈赤采取远交近攻的策略，对海西女真、蒙古、朝鲜修好，对明朝廷岁岁朝贡。明朝也对他进行笼络，万历十七年(1589年)封他为都督佥事，二十三年(1595年)封他为龙虎将军。此后，努尔哈赤又把统一战争推向整个女真族。野人女真部在战争中归顺；万历四十一年(1613年)海西女真的大多数部落被征服；万历四十四年(1616年)，他派兵进入黑龙江、精奇里江(前苏联境内的结雅河)和牛满河一带的萨哈连地区，征服散居此地的各民族部落。至万历四十七年(1619年)，就完成了女真各部落的统一事业，并征服了东北地区的其他弱小民族[8]。

在军事兼并的同时，努尔哈赤还在政治、经济、文化等方面进行改革。首先，是创立八旗制度。他把每三百人组成一个牛录，五个牛录组成一个甲喇，五个甲喇组成一个固山，各级首领均称额真。先只有四个固山，每个固山有一面旗，分为红、黄、蓝、白；后来又增设镶红、镶黄、镶蓝、镶白四旗，合为八旗。每个旗的固山额真由贝勒担任。贝勒就是女真族中的王，是女真贵族，称为旗主。一般旗民称为旗下，旗民"出则为兵，入则为民"。"无事耕猎，有事征调"，兵民合一。其次，采取推荐和选拔方式，根据德才，录用官员，设议政五大臣，与八旗旗主一同议政，参决机务；颁布法制，命专人负责审理诉讼案件。第三，创制文字，万历二十七年（1599年）命额尔德尼等人以蒙古字母与女真语音拼成新文字（后来被称为老满文）。第四，发展手工业生产，下令开采金银矿，兴办冶炼业，鼓励民间养蚕。

万历三十一年（1603年），努尔哈赤在苏子河畔修建赫图阿拉城，以后又加修外城，作为其辖区的政治、经济、文化中心。万历四十四年（1616年），努尔哈赤在赫图阿拉称汗，国号大金，年号天命。历史上称为后金，他还为自己的家族创设"爱新觉罗"为姓，女真语"爱新"是"金"，"觉罗"是"族"，就是"金族"的意思[8]。

万历四十六年（后金天命三年，即1618年）四月，努尔哈赤以"七大恨"告天，誓师伐明。他乘明朝不备，攻取抚顺，连败明军，全辽震动。明朝着慌，在次年二月调集大军十余万人，兵分四路，由辽东经略杨镐指挥。企图一举将后金歼灭。努尔哈赤洞察明军分兵合击，声东击西的战略，集中了八旗所有的军队，西向抵抗兵马最多，威胁最大的杜松一路。杜松轻敌冒进，想趁后金大兵未到，迅速攻占界凡城，自带一万精锐抢渡浑河。后金军队早有准备，预先把浑河上游堵起来，待明军半渡时，决堤放流，明军淹死无数，而且兵在两岸。就此失去联系和互援，努尔哈赤率军到达时，仅派两旗兵力救援界凡，而以六旗兵力抄明军后路，攻打杜松的萨尔浒大营。金兵突然从天而降，明军仓惶失措，匆匆列阵对战。是日，黑雾弥天，明军燃起火炬，金兵却好从暗处向明处射击，矢如密雨，踰堑拔栅，顷刻间明军防线被突破，溃不成军，金兵狠追猛杀，明军尸首遍野，血染山冈。萨尔浒明军被歼后，金兵马不停蹄，渡过浑河，从背后包抄攻打界凡的明军，很快就被金军消灭，第一路军就这样全军覆没。此后，第三路军、第四路军都被歼灭。经略杨镐闻报三路兵马尽败，急令第二路军退兵，全师而还。这一战，历史上称之为"萨尔浒之战"，是一个集中优势兵力打歼灭战的著名战例[8]。

萨尔浒战役之后，后金的军事力量增强，其政治野心和掠夺财富的欲望也愈来愈大，不断发动侵略掠夺战争。萨尔浒战役的当年，金兵又攻取开原、铁岭。天启元年（后金天命六年，1621年），后金又攻破军事重镇沈阳和辽阳，连克七十余城。努尔哈赤先迁都辽阳，天启五年（后金天命十年，1625年），又把都城迁至沈阳，改名盛京。

三、皇太极称帝，改国号大清

天启六年（1626年）努尔哈赤率军进攻宁远，遭到袁崇焕的英勇抗击中负伤败退，不久病死。努尔哈赤死后，诸子争夺汗位。第八子皇太极实力最强，终于夺得了汗位。天启七年（1627年），改元为天聪元年。自此，皇太极在经济上、政治上和军事上进一步施行改革。经济上，保护和奖励农业生产，严禁奴隶主虐杀奴隶，把八旗奴隶主庄下为奴的汉人，分屯别居，成为一般农民，经营封建式生产，发展手工业和商业。政治上，提高汗权，改革国家机构，仿明制设六部（吏、户、礼、兵、刑、工）和内阁形式的内三院：内国史院（负责记录君主起居、诏令、编写实录），内秘书院（负责代君主及六部撰写文书），内弘文院（负责注释古今政事，为君主进讲），又称都察院，负责监察刑审事务；制订封建法典"十恶"和"军律"；开科取士，充实各级官僚机构；创制新满文等。军事上采取扩大兵源的措施，崇祯八年（天聪九年，1635年）另编蒙古八旗，又把投降的汉军编成汉军八旗[8]。

皇太极于即汗位后的第十年（1636年）称帝。废去"金"的国号，改为"大清"，又改族名女真为"满洲"，改元崇德。在盛京（沈阳）重修城垣，新建官殿（图8-7）。沈阳故官分三组建筑群。东路建筑群的主体是大政殿，坐北朝南，十王亭分列两侧，是努尔哈赤和左、右翼王八大贝勒行使权力的地方。这路建筑布局反映了八旗制度的特点。中路兴建较晚，中轴线上包括雄伟壮丽的大清门，金碧辉煌的崇政殿，高高在上的凤凰楼，庄严肃穆的清宁宫，体现了封建帝王南面独尊、君权至上的气势，是皇太极接受朝贺、处理政事的地方。西路有戏台、嘉荫堂、文溯阁、仰熙斋等，则是清入关后修建的。沈阳故宫建筑融合了多民族的建筑艺术，如大木架结构、飞檐斗栱、琉璃瓦、盘龙柱等是汉族的建筑特色；寝宫和祭祀在一处，三面火炕、火地，窗户向外开、烟囱建在屋后、八角钻尖式、相轮宝珠、八个力士、梵文天花等等则是满、蒙、藏等少数民族的建筑特色。又陆续修筑了实胜寺(俗称黄寺)、东、西、南、北塔。实胜寺的吗哈噶喇佛楼是为了宣扬喇嘛教，纪念察哈尔林丹汗之母献元代传国玉玺，笼络蒙藏而修筑的。永光、广慈、延寿、法轮等东、南、西、北四塔的修建，体现后金统治者威镇四方，天下一统的野心。努尔哈赤死后，修了福陵(东陵)，皇太极死后，修了昭陵(北陵)，连同以前在新宾修的永陵，合为清朝东北三陵。三陵的修建，全按帝王陵寝的规格，以示生前虽未能统治全国，而死后却要君临天下[9]。先征服朝鲜，解除后顾之忧；其后，出兵蒙古，迫使蒙古各部共奉皇太极为可汗。天启七年(后金天聪元年，1627年)五月率兵进攻宁锦防线。先攻锦州，受到袁崇焕有力抗击，转攻宁远，受到明军红夷大炮的轰击，死伤惨重，大败而去。崇祯二年(后金天聪三年，1629年)十月，皇太极亲自率军入塞劫掠。他取道蒙古，从喜峰口入关，攻陷遵化，直抵北京城下，袁崇焕率军千里驰援，但北京城中流言飞语，说他拥兵纵敌，"引敌胁和"，将与后金订立"城下之盟"。皇太极造谣说袁与他有密约，并故意让被俘宦官知晓，放他逃回报告崇祯帝，崇祯信以为真，把袁崇焕逮捕凌迟处死。皇太极在北京城下斩兵杀将，并在撤兵时，攻破了沿途许多州县。此后，又在崇祯七年(后金天聪八年，1634年)。崇祯九年(清崇德元年，1636年)，崇祯十一年(清崇德三年，1638年)侵入长城骚扰，攻州破邑，掳走大量金银、人口。崇祯十三年(清崇德五年，

1640年)，清兵攻打锦州，失利。第二年，皇太极再次出兵进犯，并增强兵力猛攻。明朝派蓟辽总督洪承畴率兵十三万援救锦州。皇太极驻兵松山与杏山之间，集中兵力打击洪承畴的援军。他派兵打败塔山护粮的明军，夺取明军粮草，又在杏山松山的通道挖深壕，隔绝两地交通，切断运粮通道。粮道一断，明军军心动摇，把步军撤至松山，背城而阵。没过几天，粮尽，总兵吴三桂、唐通、王朴等率兵突围，皇太极早就料到，预先伏兵在半路邀击，派兵追打。明军且战且退，溃入杏山，再逃往宁远，又在半路中伏，仅吴三桂、王朴两个总兵脱身逃到宁远。松山城中，还有洪承畴和一万多残兵败将，被清军围住，多次突围，皆未成功。至崇祯十五年(清崇德七年，1642年)二月，松山已被围半年，城市粮尽，副将夏承德为内应下城破，洪承畴被俘。洪承畴被俘到盛京，皇太极命汉籍官僚范文程前去劝降，又亲自劝慰，洪承畴叩头请降。明朝上下十分震惊。当时，以李自成、张献忠为首的农民革命力量正蓬勃发展，明朝企图转而与满洲贵族勾结，绞杀农民起义军，秘密与清议和，后内情泄露，举朝大哗，和议破裂。皇太极见议和不成，就在崇祯十五年十月派兵入关，攻陷蓟州，

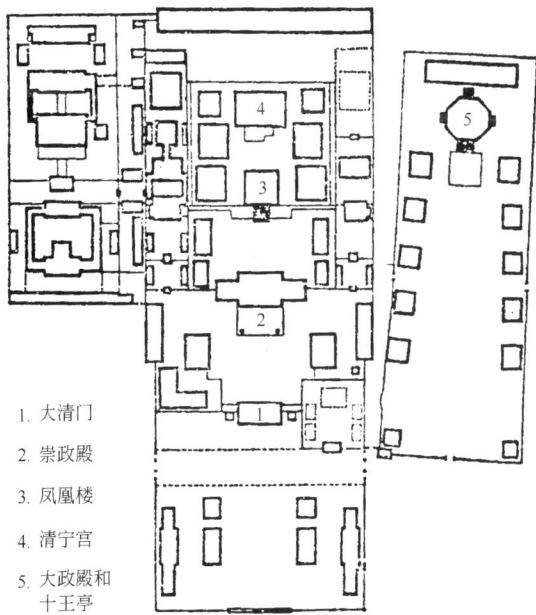

1. 大清门
2. 崇政殿
3. 凤凰楼
4. 清宁宫
5. 大政殿和十王亭

图 8-7　沈阳清故宫平面图

深入河北、山东，连破三府、十八州、六十七县，共八十八城，掠夺金银数十万两，驼马牛羊55万多头，俘虏人民36万。崇祯十六年八月，皇太极暴病亡故，六岁的儿子福临即位，是为清世祖，由叔父多尔衮和济尔哈朗辅政，以明年为顺治元年[8]。

四、农民大起义和明朝的灭亡

明天启、崇祯年间，社会矛盾日益尖锐，朝政腐败不堪，经济上，整个地主阶级疯狂兼并土地，对农民残酷剥削，北方几乎年年发生天灾，旱涝相继，还有飞蝗之灾。在天灾人祸的双重煎熬下，人民别无生路，惟有揭竿而起。天启七年（1627年）三月，斗争的烽火在陕西澄城县首先点燃。第二年王嘉胤又在府谷县聚众起义。农民反抗斗争的熊熊烈火，形成燎原之势。崇祯三年（1630年），李自成奋起投入斗争洪流，他所领导的起义军在斗争中锻炼成长，成为中坚力量，在推翻朱明王朝的斗争中起了主要的作用[8]。

李自成出生在陕西米脂县李继迁寨的一个贫穷农民家庭里，十几岁时给地主放过羊，做过工。二十岁时，父亲在贫病中死去，李自成到本县银川驿当马夫。崇祯三年（1630年），明廷大裁驿站经费中，李自成被裁。为了生活，他曾向艾举人借债，高利盘剥使他债台高筑，无力偿还。艾举人串通县令，把李自成抓起来，戴上沉重枷锁，游街示众，不给饮食。幸有同在驿站的穷弟兄搭救，终于杀死艾举人，投奔不沾泥张存孟的起义军。李自成从小练就武艺，膂力过人，善于骑射，又有胆略，当了队长。崇祯四年（1631年），张存孟战败降明，李自成毅然率部离去，投奔自称"闯王"的高迎祥，成了一名勇敢善战的"闯将"[8]。

崇祯七年（1634年），明朝特设山西、陕西、河南、湖广、四川五省总督，专办"围剿"起义军事宜。官军对义军采取包围战术，七月李自成败退陕南，误入兴安（今安康县）的车箱峡，峡口被官军封死，又遇大雨连绵四十天，处境非常危险。李自成采

用顾君恩诈降计，出峡后，立即厮杀，重又纵横于陕西、甘肃、河南三省。之后，洪承畴调任五省总督，东出潼关入豫（大部分起义军转战会集于河南），与山东巡抚朱大典合力围攻。为了粉碎敌人的围剿，起义军十三家七十二营将领于崇祯八年（1635年）正月举行了历史上著名的"荥阳大会"。会上李自成提出"分兵定所向"的战略方针得到了赞同，组成五路大军，分头出击。其中由高迎祥、李自成、张献忠率领的一路军队，以明朝的中都凤阳为主攻方向，突破明军的东部防线，攻下凤阳，焚毁明朝皇帝的祖坟，给明朝统治者以沉重打击。

凤阳战役之后，张献忠率领一部转战在江淮流域。高迎祥、李自成所部经豫打回陕西。崇祯九年（1636年）七月，高迎祥在进攻西安战斗中，中伏被俘，壮烈牺牲。李自成被部众共推为闯王。崇祯十年（1637年），明朝兵部尚书杨嗣昌策划一个"四正六隅十面张网"的"围剿"义军的战略。在明军凶残围杀下，有些起义军被消灭了，有的义军头目降明，充当帮凶。崇祯十一年（1638年）四月，张献忠部也在湖北谷城接受明廷的"招抚"。农民起义的形势急转直下，李自成处境十分困难。同年十月，李自成部在潼关南原遭到洪承畴和孙传庭的优势兵力合围下，经浴血奋战，仅李自成和刘宗敏等十八人突围，隐伏在陕西商（商县）、洛（洛南）山中[8]。

轰轰烈烈的农民起义运动一时声息全无，明军中还传说李自成已被杀死，明朝统治者认为农民军已被"扑剪殆尽"，得意忘形，庆贺大捷。李自成在山中并不灰心丧气，他一边总结起义成败的经验教训，一边聚集散失的旧部，整顿人马，准备东山再起。崇祯十二年（1639年）五月，张献忠在谷城重新起兵，李自成也在商洛山中打出"闯"字大旗。第二年，挥师打进河南，队伍迅速扩大到几十万人。李自成农民军针对明末土地高度集中和赋税苛重的现实，提出了"均田免粮"的纲领，每到一地都宣布"三年免征"或"五年不征"，并支持农民夺回被地主霸占的土地。

针对当时贫富不均，提出"割富济贫"的口号；针对明廷对工商业者的掠夺，提出"平买平卖"。同时加强了纪律整顿，规定军队自带帐篷，不住民房；行军时爱护庄稼，有让马匹践踏庄稼者处斩；"不淫妇女，不杀无辜，不掠资财"，起义军内部上下平等，首领间同座共食，彼此以"兄弟"，"尔我"相称。崇祯十四年(1641年)正月，起义军攻破洛阳，福王朱常洵被捕镇压，把福王仓库中数十万石粮食和数十万金钱发给贫苦百姓。起义军迅速发展到一百多万人，紧接着起义军三打开封城，杀死三个明朝总督，消灭几十万明军。

崇祯十五年(1642年)底，李自成攻下湖北重镇襄樊。次年三月，义军在襄阳建立政权，改襄阳为襄京，李自成称"新顺王"。中央设置上相国、左辅、右弼为内阁，下辖吏、户、兵、礼、刑、工六政府。六政府设置侍郎、郎中、从事等官。地方建制分省、府、州、县四级，崇祯十六年(1643年)五月，李自成召开军事会议，讨论下一步战略进攻方向。李自成采纳顾君恩的意见。翌年十月攻破潼关，杀死孙传庭。十一月破西安，分兵取甘肃、宁夏等地。崇祯十七年(1644年)五月，李自成在西安正式宣布建国，国号"大顺"，年号"永昌"，改西安为西京，并调整加强了中央政权机构。同时，恢复封建的五等爵号，大封功臣，初具开国规模[8]。

二月，李自成乘胜前进，指挥大军东渡黄河，出兵山西，攻克太原。此后，义军兵分两路向北京挺进，一路由故关(今河北井陉西南)、真定(今河北正定)、保定北上；李自成率主力经大同，宣府而下。三月中旬拿下北京门户居庸关，十七日抵达北京城下，开始了攻击战。十八日太监曹化淳开彰义门迎降，外城遂破。十九日凌晨，皇城也被攻破。崇祯帝鸣钟召集百官，无一人应召，大营兵将皆逃散，孤家寡人，走投无路，爬上万寿山(今景山，也称煤山)，吊死在寿皇亭旁的一棵槐树上，朱明王朝宣告灭亡。三月十九日，李自成头戴白毡笠，身穿蓝布箭衣，骑着乌龙驹，在夹道群众欢呼声中，由德胜门进入北京城。大顺军攻下北京之后，并没有积极地从政治、经济、军事等方面采取措施加以巩固。而却忙于搜抄明朝库藏的金银和拷官追银，把金银熔铸成饼，运回西安。大顺军宣布"免粮"，不征田赋，以没收官僚地主和官府财富为军队给养和政权其他支出的重要来源。建立政权后仍然如此，就会因财源不稳定，使政权中心无法固定于一个地方，不能克服以前的流寇主义；同时也不利于争取敌对力量的归顺，进京后仍拷掠降官，追索赃银，致使一些正在观望的明朝将官站到大顺政权的对立面去，是严重的失策。

巨大的胜利冲昏了大顺将士的头脑，普遍滋长了轻敌麻痹思想。明朝中央政权虽然被推翻，在江南还有五十万军队，就是那些投降的明朝将官也都出于形势所迫，一旦形势发生变化，随时可能叛变。大顺政权将几十万大军屯驻京城，把近在肘腋的关外大敌置于脑后。在繁华的都市里，一些将官的生活开始腐化了，有的人甚至过起笙歌燕舞的享乐生活，下层的士兵，抵不住城市腐朽生活的侵蚀，军纪开始败坏，斗志消沉，战斗力大不如前。李自成由于阶级的局限，缺乏长远的政治目光，对当时复杂的政治形势缺乏清醒的认识，对大顺将官日渐腐化和军纪松弛的现象，没有采取断然的措施加以制止和整顿，也不能抓紧战机，乘胜追击残敌[8]。

李自成对山海关方面的吴三桂缺乏足够的警惕性。当李自成派明朝降将唐通带着金银、锦帛对吴三桂、高第招降时，二人都接受招降，移交山海关镇城的防务。吴三桂奉命率所部进京朝见新主，半路遇从北京逃出的家人，向他报告了吴襄(吴三桂之父)被权将军刘宗敏抓去拷打追银，陈圆圆也被刘抓走。吴三桂顿时怒火冲天，咬牙切齿地骂道："不灭李贼，不杀权将军，此仇不可忘，此恨亦不可释!"立即率兵奔回山海关。打败唐通，占领关城。这就是史家常说的"冲冠一怒为红颜"之事。吴三桂令三军戴孝为哀，传檄远近，"报君父之仇"，还在这幌子下，和满洲贵族勾结，请求大清出兵[8]。

吴三桂反叛消息传到北京后，李自成召开军事会议，商讨出征的方略。军情紧迫，李自成亲自出征。他带了六万军队，于四月十二日出发，赶向山海关。四月二十二日，大顺军在山海关一片石遭到吴三桂和清兵的优势兵力夹击，惨遭失败。四月二十六日，李自成败归北京。山海关一败，清军入关，军事形势对大顺不利，粮草也难以解决。于是，李自成于二十九日在武英殿即皇帝位，第二天便率领部队撤出北京，向陕西转移[8]。

五月初二，清军在摄政王多尔衮的率领下，由吴三桂引导，开进了北京城。十月初，福临在北京登皇帝宝座，颁即位诏于天下。从此，在中国历史上出现了清王朝。

五、清初各族人民继续抗清斗争

李自成大军撤到山西时，牛金星进谗设计杀李岩、李牟，刘宗敏带领自己部众离开李自成前往河南，大顺政权内部分裂。到后来形势更加不利时，牛金星却投降清王朝当大官。李自成带领部队且战且退，入据西安。清军兵分两路猛进，一路从山西进军榆林、延安，一路从河南直取潼关。顺治二年（1645年）正月，潼关失守，北路清军又占领延安。李自成腹背受敌，不得不放弃西安南撤，经襄阳、入武昌。这年四月下旬，当撤退到通山县的九宫山地区时，李自成率领二十几位将士远离营房，上山察看地形，遭到当地地主武装的突然袭击，李自成等全部壮烈牺牲。

张献忠在崇祯十一年（1638年）四月伪降，名义上受抚，实际上仍然保持独立，拒不接受熊文灿的改编，积极筹集粮饷，不忘练兵，制造兵器。崇祯十二年（1639年）五月六日，在谷城重举义旗。七月，在房县的罗猴山设伏，痛打明军主力左良玉部，歼敌上万。崇祯帝大为震惊，派内阁大学士、兵部尚书杨嗣

昌亲自督师"围剿"农民军。张献忠的对策是"以走致敌"，趁四川防守单薄之机，于崇祯十三年（1640年）突入四川，直达川北的剑阁、广元，后又挥戈南下。当明军入川之后，张献忠突然折而东向，使明军扑了一个空。顺利地过了夔门、巫山，进入湖广。崇祯十四年（1641年）二月，义军遇杨嗣昌使者，杀使者取下军符，赚开襄阳城，把襄王朱翊铭斩首，打开仓库，拿出十五万银子赈济饥民，其余作为农民军给养。攻克襄阳后，张献忠转战于河南、湖北、安徽一带。崇祯十六年（1643年）五月，攻下武昌。张献忠在武昌称大西王，设五部六府、开科取士。义军逮捕楚王，把他装进笼里投入长江。他打开楚王仓库，发银赈济饥民。蕲州（今湖北蕲春县）、黄州（今湖北黄县）等二十几个州县闻风归附。八月，张献忠撤出武昌，进军湖南、江西，连克长沙、常德、吉安、襄州（今江西宜春县）等重镇，震动广东。张献忠起义军南下，大大鼓舞了江南人民的反封建斗争。江西、福建、广东、浙江等地的佃农、奴仆纷纷组织起来，反对封建地主阶级的经济剥削和政治压迫[8]。

崇祯十七年（1644年）春，李自成军向北京挺进，张献忠利用明朝无力西顾的有利时机，挥师西向，攻入四川。六月攻下重庆，八月克成都，秋季奄有两川。十一月张献忠在成都称帝，建国号大西，年号大顺，改成都为西京。大西政权建立后，窜伏山野的明朝官员和地主、士绅纷纷组织反动武装，对新生政权进行疯狂反扑，斗争极其残酷。张献忠断然进行无情镇压。在斗争中，张献忠没有讲究策略，对首恶元凶和可以分化争取的力量没有区别对待，打击面太宽，惩罚手段过重，杀得太多。顺治二年（1645年）十一月，清朝曾发布一纸招抚诏书，威逼利诱、软硬兼施，要张献忠早降。张献忠毫不妥协，断然拒绝招抚。顺治三年（1646年）清朝派肃亲王豪格和汉奸吴三桂率军由陕南入川，攻打大西军。是年七月，张献忠撤出成都率兵北上，迎击清兵。十一月开抵西充的

凤凰山，由于叛徒的出卖，遭到清军的突然袭击，张献忠不幸壮烈牺牲，时年四十岁。余部由孙可望、李定国等人率领，南下云贵，继续坚持抗清斗争[8]。

南明的抗清斗争　　大顺攻陷北京，崇祯帝吊死煤山的消息传到陪都南京，城中官员一片慌乱，为使朱明王朝苟延残喘，忙着拥立新君。在拥立谁为新君的问题上发生分歧。马士英勾结四镇总兵，派兵把福王朱由崧接到南京。福王先于崇祯十七年(1644年)五月称监国，没过几天，就正式即帝位，以明年为弘光元年。这个由阉党余孽拥戴的皇帝所组织的政权，十分腐败，以兴复为名，借口筹办军费而大事搜刮，滥征赋税，公开卖官鬻爵。昏聩的弘光帝，躲在深宫，纵情声色，置国事于不闻不问。幻想清兵停止南侵，能够苟安江南，派使团带十万两白银、千两黄金、万匹缎绢为礼，割山海关以外的土地，每年纳银十万两为议和条件，向清朝乞求议和。清贵族志在全国政权，不是半壁河山，不仅拒绝议和，而且指责弘光"僭立江南"，并在进攻陕西，打败大顺军之后，调出一支军队进攻弘光政权。当清兵节节南下之时，弘光政权内部党争方酣。一路无阻，于四月中旬抵达扬州。史可法坚守孤城，血战十日。城破，史可法自杀未死，被俘，劝降不屈，于是从容就义。扬州陷落时，明将刘肇基等率领残部和城中百姓继续与清兵展开巷战，直至人尽矢绝。清朝统治者妄想杀一儆百，下令屠城，惨遭杀戮的百姓达几十万人，尸积如山，血流成渠。这就是历史称为"扬州十日"的悲惨事件。扬州城破，明朝防守长江的将领逃之夭夭，士兵纷纷投降。清军渡过长江，一路无阻，于五月十六日开进南京城，弘光帝于五月十一日仓惶出奔，在芜湖被俘，后又押至北京斩首。弘光政权约一年就覆亡了。

南京沦陷后，浙中的明朝官员和士大夫于顺治二年(1645年)闰六月拥立鲁王朱以海监国于绍兴，拥有浙东的绍兴、宁波、温州、台州等地。同时，唐王朱聿键在福州称帝，改福建为福京，改福州为天兴府，建元隆武，管辖的地区有福建、广西、云南、贵州、湖南的全部和安徽、江西、湖北的一部分。在封建时代，天无二日，国无二君，唐、鲁两王热心于名号之称，君臣之分，势同水火，不能和衷共济，联合抗清。鲁王的大权操在宦官和军阀手里，内政腐败。清兵很快就在顺治三年(1646年)三月过江，自取绍兴，温州和台州等地也相继陷落，鲁王在张名振的保护下，漂泊海上，无处安身。顺治四年(1647年)虽然克复了福建三十个州县，但由于内部不和，不久就全部丢失，鲁王重又飘零于浙、闽海涯，过着"以海水为金汤，舟楫为朝殿，落日狂涛，君臣相对"的凄凉日子。后来投奔郑成功。郑成功收复台湾后，就把他接到台湾。康熙元年(1662年)鲁王老死在台湾。隆武朝大权操在郑芝龙手中，拥兵数十万，坐望义军与清兵厮杀，不发一卒。眼看隆武政权无望，暗中与清兵勾结，密定成约。清军于顺治三年六月进攻福建，郑芝龙将长达二百里的仙霞岭防线的守军撤走。清兵长驱直入，攻下福州。隆武帝正在延平(今南平市)，急忙出奔汀州(今长汀县)，被清军追上杀死，隆武政权灭亡。

隆武帝胞弟朱聿鐭逃到广州，被大学士等所拥戴，于顺治三年十一月初二称监国。因两广、湖广总督等已在十月拥立桂王朱由榔监国于肇庆，朱聿鐭急忙于初五日称帝，改元绍武。肇庆方面即于十一月十八日拥桂王即皇帝位，以次年为永历元年。这样，两个政权就为争"正统"而展开斗争。这时清军兵分两路，直指广州。十二月十五日，清兵攻破东门入城，朱聿鐭慌忙从后庭逾墙出逃，被清兵俘获，自杀。历时四十天的绍武政权就这样告终。永历政权在大顺、大西农民军的支持下，曾经收复一些地方，永历二年(1648年)，永历朝拥有广西、广东、江西、湖南、四川、云南、贵州等七省之地。但永历帝是个懦弱无能、贪生怕死的庸才；官员也多腐败无能，热心搜刮民脂，聚敛财宝，内部仍闹党派之争。永历三年(1649年)，清兵攻克江西、湖南。次年，又占领两广。永历帝从肇庆逃至梧州，又再逃到南宁。永历六年（1652年）奔贵州，依靠大西军将孙可望。永历十年（1656年），李定国接永历帝至昆明，永历十二年（顺治十五年，1658年）九月，清军分三路进攻云南。次年，永历帝踉跄逃入缅甸，被缅王接至缅京阿瓦附近的者梗，过着竹棚草房为宫殿的流亡生活。吴三桂为捕杀永历帝向清廷请功，于顺治十八年（1661年）率兵十万入缅甸。这一年缅甸发生政变，国王之弟杀死国王，夺取王位。新缅王为巩固政权，于第二年扭缚永历帝及其眷属，献于吴三桂。吴三桂把永历帝父子绞杀于昆明，南明最后一个政权覆亡。

江阴、嘉定人民的抗清斗争　　清朝统治者刚入关进驻北京，在"代报君父之仇"的幌子下，做了些笼络人心的事。顺治二年（1645年）清军在陕西再败大顺军后，加强了中原的统治力量，分兵攻打南明弘光政权。同时露出其民族压迫者的真面目，强制推行一套残酷的民族压迫政策。在经济上，清贵族圈占汉人房地给八旗将士，强迫丧失土地的汉族农民在八旗庄下为奴，忍受压榨；在政治上，为防止和镇压汉族人民的反抗，限令民间马匹兵器尽数交官，实行一家犯法，十家连坐的保甲统治；在军事上，实行军事征服，以残酷的屠杀来维持其民族压迫的统治。还在心理上施加侮辱，强迫汉族人民改变民族习惯，剃发易服，遵从满人风俗。尤其是"留头不留发，留发不留头"的野蛮政策，使得汉族人民难以忍受。著名的江阴、嘉定人民抗清斗争都是因强制剃发而激发的[8]。

顺治二年（1645年）六月，清军占领江阴，派去知县方亨，收缴民间武器，严令剃发。各阶层人士异常激愤，表示"头可断，发决不可剃"。方亨急忙暗中请兵镇压，更激怒了广大群众。闰六月初二，全城罢市，四乡农民闻风涌向城里，捕杀方亨和监押剃发的清兵。全城百姓组织守城战斗，连老弱妇女也担负起做饭、救护和缝纫等事务。清兵前后结集攻江阴城的达24万人。清兵久攻不下，多次派人说降招安不

成。后来，清兵调来几十门西洋大炮轰城。八月二十日破城，城陷后，清朝统治者下令"满城杀尽，然后封刀"。全城百姓无一投降，遭屠杀的达十七万二千多人。与此同时，嘉定人民也围绕反剃发而激起抗清斗争。义军坚守孤城十余日，最后由于连日大雨，城墙坍塌，清兵乘机猛攻，七月初四城破，清兵进城后屠杀百姓二万多人。清兵撤退后，嘉定人民重兴义旗，继续斗争，七月二十六日，清兵再次破城，嘉定人民又遭受一次大屠杀。八月，明朝把总吴之蕃组织义军反攻嘉定，结果失败；清兵第三次屠杀嘉定人民。这就是血淋淋的"嘉定三屠"事件[8]。

大顺军在李自成死后，分两支南下，分别抵达湖南湘阴和常德。大顺军联明后，一度使抗清形势好转，湖南大部分失地都被收复。但由于南明地主阶级的腐朽，大好抗清形势遭到破坏。由于南明政权的排挤和牵制，使大顺军不断遭到挫折。大顺军各部先后进入巴东的巫山山区，分布在川、鄂边界一带，独自开辟抗清根据地，形成了历史上所称的"夔东十三家"。十三家军一边生产，一边战斗，不断打击清军。在大西军失败和永历政权覆亡后，康熙元年（1662年）清军从四川、湖广、陕西三路合攻十三家军，经过一年多的艰苦奋战，主要将领先后牺牲。康熙三年（1664年）清军利用叛徒带路从后山攀上，攻进山寨，全军三万余人，除百余人被俘外，无一投降，表现了农民阶级坚毅不屈的精神[8]。

郑成功反清斗争和收复台湾　　郑成功（1624～1662年）原名福森，又名森，字明俨，号大木，福建泉州南安人，郑芝龙之子。顺治三年（1646年）元月，清军进攻福建，八月郑芝龙尽撤仙霞关守兵。十一月清军入泉州，邓芝龙决计迎降。郑成功哭谏不听，"遂密带一旅遁金门"。十二月初，郑成功于安平起兵抗清。其后以南澳为根据地，多次出兵攻打浙江、福建、广东等地的清军。顺治十六年（1659年）五月，郑成功率十七万军队北战，分水陆两军进围南京。曾占据了四府三州二十四县，由于兵力过于分散而又轻

敌,最后在南京城下为清将梁华凤所败。郑成功仓促退回金、厦。郑成功决计驱逐荷兰侵略者,收复台湾作为反清根据地。顺治十八年(1661年)二月,郑成功在思明州(厦门)召开军事会议,决定进军收复台湾[10]。

三月,郑成功令其子郑经及部分将军留守金、厦,亲率二万五千人进军台湾。四月二十日官兵下船,四月三十日晨抵达台湾海面,午后大舻船齐进鹿耳门。在熟悉水道的何延斌引导下,避开荷军的炮火,趁着涨潮,由鹿耳门登陆。台湾汉族和高山族人民获悉后,群情欢腾。郑军登陆后,荷兰侵略军驻台总督揆一遣战将拔鬼仔率乌铳兵前来冲杀,被一鼓而歼。揆一又派阿尔多普上尉率领两百名枪兵乘舢板阻挡中国帆船靠岸;因见郑军强大,退回台湾城。在海上,荷军以最大军舰"赫克托"号领先,企图阻止中国战船靠岸,郑成功沉着镇定,指挥六十艘大型战船包围荷兰船,开炮击沉"赫克托"号,用火船焚烧荷兰甲板船,着了火的"格拉弗兰"号与"白鹭"号逃回台湾城。

郑成功打退敌人反扑之后,包围了赤嵌城。郑成功斥退了来"谈判"的"来使",派兵猛攻。湾民导之曰:"城中无井泉,所饮惟止一水,若塞其源,三日告困矣"。荷兰侵略军在"孤城援绝,城中乏水"的情况下投降了。郑成功传谕揆一出降,荷兰殖民者还妄想用议和来拖延时间。郑成功识破诡计,从五月起,布置军队围困台湾城,一方面加紧政治、经济建设,收复其他地方。"改赤嵌地方为东都明京,设一府二县……改台湾为安平镇";整顿法纪,惩办贪官污吏;团结高山族人民,共同打击荷兰侵略者;实行军队屯田;税收和贸易方面采取有利于开发台湾发展经济的措施。郑成功的各项措施获得了广大台湾人民拥护。"南北路土社,闻风归附者接踵而至",郑成功出巡时,"男妇壶浆迎者塞道"[9]。

康熙元年(1662年)一月,在围困台湾城八个月后,郑成功决定对台湾城进行强攻。二十五日清晨,

重炮猛轰乌特利支堡,当晚占据了该堡。面对强大攻势,二月一日,荷兰侵略者只好"一致同意并决定……交出城堡",在投降书上签字[9]。

郑成功率军驱逐荷兰殖民者,收复祖国领土台湾,在中华民族反对外国侵略的斗争史上写下了光辉的一页。他是我国杰出的民族英雄。郑成功收复台湾后不久病死,其子郑经统领军队,据守台湾,割据一隅[9]。

六、清朝封建皇权的加强

清朝入关之初,它的制度和政策开始发生重大变化,经济上从封建农奴制慢慢地让位于封建租佃制;在政治上,带有原始军事民主的"合议制"已不能适应入关以后对广阔而动荡的汉族地区实行有效统治的要求,封建专制集权的趋势日益加强,皇权也在日益集中。清朝封建专制皇权的加强,经历了从皇太极、顺治、康熙到雍正一百年时间,皇帝与旗主,诸王以及各种势力集团之间进行了长期斗争,到雍正时,设立军机处,权力集中于皇帝一身[10]。

努尔哈赤统治时,制定了八旗旗主"同心干国"、"共议国政"的政治体制,设置议政王大臣会议以及诸王对中央六部的掌管,决定军国重事时,需"集众宗藩"商议,"而量加采择";但随后也采取加强皇权,限制旗主诸王的权力,拥有镶黄旗、正黄旗、正蓝旗,即上三旗,又设立内三院直接听命于皇帝,但下五旗仍为诸王掌握[12]。

清朝入关前的半年,皇太极死去,面临诸王争夺继承人的斗争,主要是皇太极的长子豪格和努尔哈赤第十四子、皇太极之弟、具有杰出的政治和军事才能的多尔衮。以豪格为首的两黄旗势力和以多尔衮为首的两白旗势力发生了尖锐的对立。为渡过分裂的危机和保持统一产生一个折中方案:立皇太极的第九子,年仅六岁的福临为帝,并以多尔衮、济尔哈朗辅政。接着,形势急转直下,清兵大举入关,进攻李自成起义军。清军攻占北京后,有人主张"留置诸王以

镇燕都，而大兵则或还宁沈阳，或退保山海"，多尔衮坚决反对这种短视，后退的方针，他说"先帝尝言，若得北京，立即徙都，以图进取"。在多尔衮的指挥下，清军兵锋所至，势如破竹，席卷了大半个中国。在一片胜利声中，诸王、各旗之间的内部矛盾缓和了，多尔衮的权力和威望更加扶摇直上。多尔衮利用摄政的权力，采取了种种措施，以巩固自己的地位。首先削弱议政王大臣会议的权力，接着又罢诸王兼理部务，以各部事务由尚书掌管，而听命于摄政王。

顺治七年十二月(1651年1月)，多尔衮死，顺治亲政，政局大变。两白旗失去了首领，多尔衮身后被贬削爵，财产没收。这场政变使政治上保守的济尔哈朗、鳌拜的势力抬头，某些政策措施发生了后退的倾向。如一度恢复了诸王管理部务的旧制，对中央各部院的汉官，进行"更定"、"甄别"，或照旧供职，或降级使用，或勒令"致仕"，或革职为民，永不录用。但清王朝要统治全中国，击败南方抗清力量不得不适应广大地区先进的经济、政治和文化，就不得不笼络汉族的上层。年轻的顺治帝具有比较清醒的头脑，颇想有所作为，对汉族文化也有较深的了解。他虽然在政治上与多尔衮处在敌对的地位，但在政策的方向上却一脉相承，仍重用汉族官吏，提倡汉族文化，沿着多尔衮的道路继续进行内政、司法、财政方面的调整和改革。[10]

顺治十八年正月(1661年12月)顺治死，八岁的太子玄烨(康熙)即位，以第二年为康熙元年，以索尼、苏克萨哈、遏必隆、鳌拜四人辅政，保守势力又次抬头。他们篡改的顺治遗诏中给顺治栽上了十四条罪状；明显地反映了他们保守落后的政治观点：要求抵制"汉俗"，保存淳朴旧制；要求重用满臣，反对信任汉官。但是，这种逆历史潮流而动的趋势不可能长久维持。此后，康熙帝逐渐长大成人，为了恢复经济，安定秩序，巩固统治，又不得不回到多尔衮、顺治的轨道上来。[10]

康熙六年(1667年)玄烨亲政，鳌拜集团仍把持着权力，不肯归政。鳌拜的专权跋扈行径威胁了玄烨的地位，同时也驱使各种反对势力迅速地集结到玄烨一边，寻求保护。玄烨虽然年轻，却具有特殊的才能和自己的理想。他的抚养人和保护者是祖母孝庄皇太后。孝庄是皇太极之妻，顺治帝之母，在满族亲贵中极有威望。同时，满族统治者中间新的一代已经成长起来，这新的一代以索额图(索尼之子，玄烨皇后的叔父，常年侍卫玄烨，被提拔为吏部右侍郎)、明珠(侍卫出身，任内务府总管，被提拔为刑部尚书、弘文院学士)为代表成为年轻皇帝的心腹和依靠力量。为了要夺回权力，玄烨派亲信掌握了京师的卫戍权。康熙八年五月(1669年)玄烨以迅雷不及掩耳的手段，逮捕了鳌拜；又宣布鳌拜三十条罪状，将他永远拘禁，其党羽被处死。玄烨夺回政权后，立即宣布永停圈地，平反苏克萨哈事件，甄别官吏，奖励百官上书言事，开始了清朝政治史上新的一页。鳌拜集团的清除，使清王朝的进一步封建化得以贯彻实现，为进一步恢复、发展生产，清除割据势力，实现国家统一，反对外来侵略扫清了道路。[11]

第六节　清北京城、三海和御花园

一、清北京城的变化

明亡后，清朝仍建都北京，整个城市布局没有什么变化，全沿用明朝的基础。但局部的更改和新建，使北京城有了变化。清初由于火灾及地震，宫殿颇多毁坏，在康熙时重修。现存故宫的宫殿建筑大都是当时重建以及康熙以后新建的。

清故宫的全部建筑分为外朝和内廷两大部分(参见图8-6)。外朝以中轴线上太和、中和、保和三殿为主，占据了宫城中最主要的空间，三大殿都是在一个三级的工字形的大理石台基上。宫城的正门是午门。进午门后，在弯曲的金水河(跨有五座金水桥)的后面，矗立着外朝的正门太和门，太和殿就在其后，太和殿前的庭院，平面方形，面积 2.5 公顷，是宫城内最大的广场，以其开阔有力地衬托太和殿的宏伟。太和殿建筑，采用重檐庑殿的屋顶，三层白石台基，面阔十一间；甚至屋顶的走兽和斗栱出跳的数目也最多；御路和栏杆上的雕刻，彩画与藻井图案使用龙凤等题材；色彩中用了大量的金色；月台上的日晷、嘉量、铜龟、铜鹤等也只有这里才可以陈设。除太和殿以外，其他建筑的屋顶制度与开间等都依次递减，装饰题材也有所不同。至于红色的墙、柱和装修，黄色的琉璃瓦，则是皇宫建筑所专有的色彩。太和门内两侧又有文华、武英两组宫殿。[3]

内廷以乾清宫、交泰宫、坤宁宫为主。这组宫殿的两侧有居住用的东西六宫和宁寿宫、慈宁宫等；最后还有一座御花园，宫城内还有禁军的值房和一些服务性建筑以及太监、宫女居住的小屋。[3]

清北京的城市范围、宫城及干道系统都没有什么更动。但是居住地段有改变，如将内城一般居民迁至外城，内城各门驻守八旗兵并设营房，内城建有许多王亲贵族的府邸，并占有很大的面积，屋宇宏丽，大都有优美和富丽气概的花园。

清朝自康熙，尤其是雍正、乾隆以后，在西北郊风景优美地带兴建离宫别苑，如静明园、静宜园、圆明园及长春园、万春园、清漪园。康熙时在京城以外的承德修建避暑山庄，作为行宫。清朝皇帝很少居住宫城中，多在行宫、离宫居住理朝政。皇亲贵族为便于上朝，府邸多建在西城。这就使政治生活转移至西城。

清朝商品运输主要靠大运河。这时的大运河由城东通往通州，因而仓库大多集中东城。由于东城经济得到发展，出现了不少地区性和行业性的会馆建筑，因此有"贵西城，富东城"之谚。

清北京城及近郊，除原有的、自辽元以来诸坛庙、佛寺、道观、清真寺等宗教建筑外，由于清朝崇奉喇嘛教，增建了一些喇嘛庙，最著名的有雍和宫和西黄寺。雍和宫址本是明朝内宫监、太监宫房。清初为雍亲王府，即胤禛即位前的府邸。胤禛即位后，雍正三年(1725 年)，命名雍和宫，实为特务衙署"粘杆处"。雍正十三年(1735 年)因停放胤禛棺柩，将宫内门、殿等处改易黄瓦(前为绿瓦)。此后立雍正影像于永佑殿，名为神御殿，雍和宫就成为清帝供祀祖先的影堂。乾隆九年(1744 年)改为喇嘛庙。宫的规模宏丽，分院落五进，主要建筑有天王殿、雍和宫、永佑殿、法轮殿、万福阁。法轮殿大殿前后出抱厦；平面呈十字形，殿顶设有五座小阁，阁上饰小型喇嘛塔。万福阁内有著名的大佛立像，高达 25 米，为整块檀香木雕成。万福阁旁有永康阁和延绥阁，以阁道相通，三间连为整体，成为一组气势雄壮的构筑。金碧辉煌的雍和宫是北京最大最完整的喇嘛庙。

二、清西苑——南海、中海、北海

前节已述及，到了清朝，大抵以琼华岛为中时，"禁中人呼瀛台为南海，蕉园为中海，五龙亭为北海"(《宸垣识略》卷四、皇城二)。今天，人们以团城、琼华岛、太液池北部的东岸、北岸为北海地区，以蕉园旧址、水云榭、紫光阁等为中海地区。以瀛台为中心及其东部诸殿为南海地区(图 8-8)。现据《日下旧闻考》卷二十一(西苑一)，卷二十二(西苑二)，卷二十三(西苑三)，卷二十四(西苑四)，卷二十五(西苑五)。引自《国朝宫史》有关南海、中海部分分述如下，括弧内引文为原"臣等谨按"的按语。

"西华门之西，为西苑。榜曰西苑门，入门为太液池"。

南海瀛台 "西苑门循池东岸西折，临池面北正门曰德昌门，门内为勤政殿(五楹北向，额曰勤政)，殿后为仁曜门"。

"仁曜门南为翔鸾阁(广七间，左右延楼回抱各十九间)，阁后东楼曰祥辉，西曰瑞曜。由阁而南为涵元门，门内东向为庆云殿，西向为景星殿，正中南向为涵元殿。"涵元殿是瀛台的正殿，东西各一殿成组。

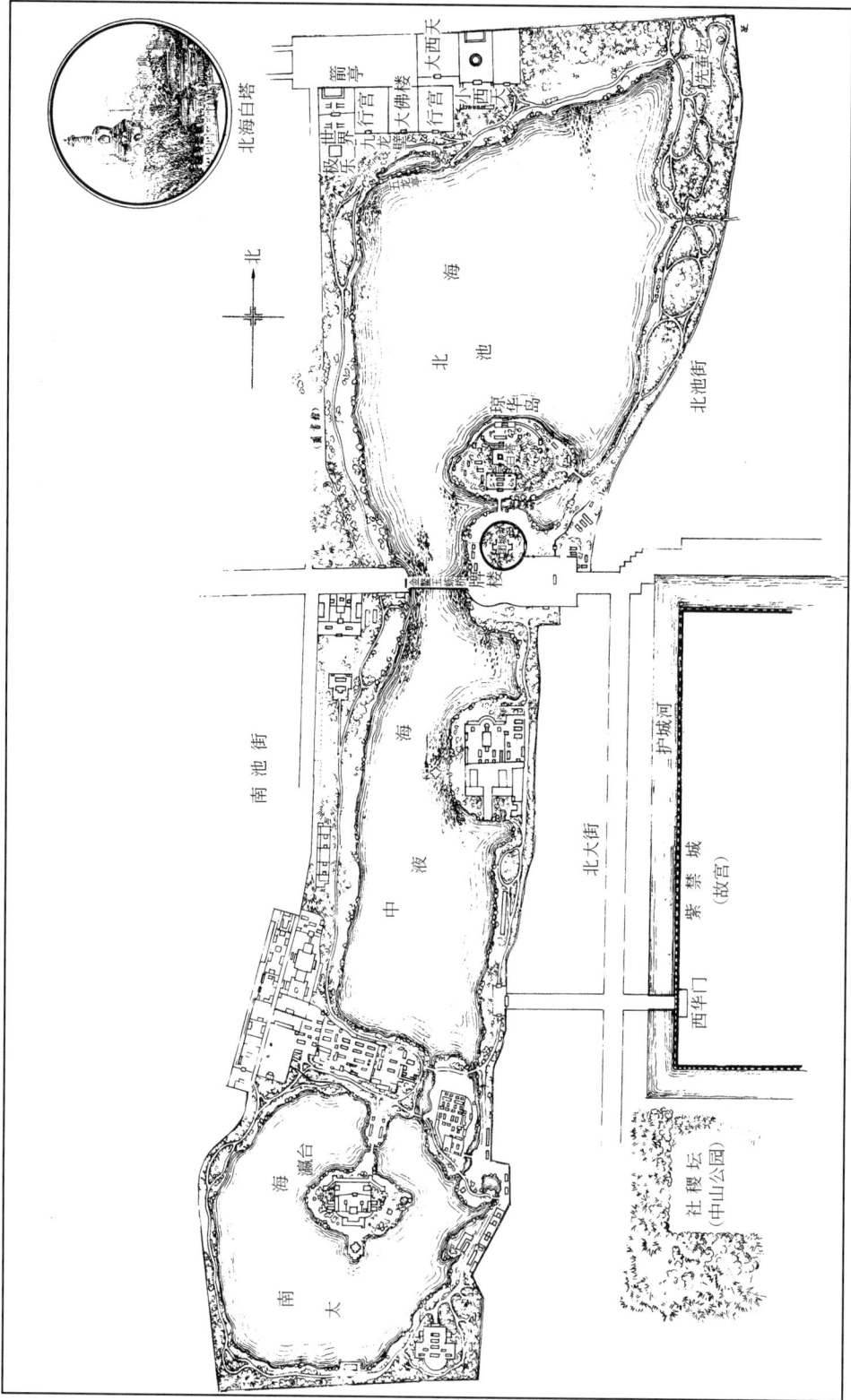

图 8-8　清西苑南、北、中海平面图

"涵元殿之东为藻韵楼，西为绮思楼（藻韵楼绮思楼上下各六楹），正北相对为香扆殿（三楹、殿之东有室三楹北向，额曰溪光树色，北接三楹西向，额曰虚舟；殿之西有室三楹北向，额曰水一方，北接三楹，额曰兰室）。香扆殿后南向曰瀛台（为明时南台旧址，清顺治年间稍加修葺，皇上御书额曰瀛台），东为春明楼，西为湛虚楼（有木变石在春明、湛虚两楼之中）。瀛台临水为迎薰亭"。以上是瀛台中轴部分，下面转而述涵元殿之东藻韵楼以东和涵元殿之西绮思楼以西部分。

"藻韵楼折而东南向者为补桐书屋，北向者为随安室"。据乾隆九年（1744年）御制补桐书屋的诗云："瀛台双桐向所有，因循枯一成独树。……爰命郭橐为补足，佳荫依然罨绿窗"。后来，所余老桐，因循复枯，惜其材制为四琴（乾隆十年，御制《四琴诗》）。

"补桐书屋又折而东为待月轩"。（南一间为海神祠，北建六方亭于石岩之上，额曰镜光亭。绿树环绕，浓阴如绘。有桑柘一株尤苍古，旁临水际。构亭于水中，为切鱼亭。转石径而南，为牝谷）。

转到"绮思楼西崇台北为长春书屋（三楹南向），后室曰漱芳润"（绮思楼之西，山上为台，额曰八音克谐。）"长春书屋西池亭曰怀抱爽。"（怀抱爽左右山石间有剑石二，恭勒皇上御书曰插笏。）

以上瀛台为中心的部分是在仁曜门南，若由"仁曜门东，沿堤过昆仑石渡桥，桥上有亭曰垂虹。又沿堤东南一亭曰俯清泚。""南液池北岸有人字柳者，数百年以上物也。今秋仆于风，命补种之，因成是赋"（御制《人字柳赋》序）。现尚存人字柳即清时补植者。"俯清泚稍北曰淑清院（皇上御书额曰水流云在）。""淑清院东北有室曰葆光"。"淑清院左渡桥为韵古堂（韵古堂旧为蓬瀛在望，临液池可望瀛台，故名。后江右大吏献临江新获周铸钟十一枚，考定为铸钟，贮之堂内，易名韵古）"。

"韵古堂左侧有垣门，门东为流杯亭（垣门康熙书额曰曲涧浮花，乾隆书额曰流水音）"。"流杯亭北

为素尚斋。素尚斋西有室，曰得静便，向南室曰赏修竹，廊曰响雪（斋东叠石，上镌御书曰紫云，曰功夺造化）。响雪廊东南室曰千尺雪。千尺雪又东为鱼乐亭。"

"循池岸而南为日知阁（建石梁上，其下为水闸，太液池水从此出，达于织女桥）。阁后左门东南为春及轩，轩左为交芦馆，又左为芸斋。芸斋稍南为宾竹室，室南为蕉雨轩。蕉雨轩南为云绘楼（三层北向）。楼西有室，曰韵磬。又西南为清音阁（阁上下与云绘楼通，有门曰印月，门外东南则船坞也）。"解放后，云绘楼已拆建于陶然亭公园内。"清音阁沿堤而南为同豫轩。同豫轩后为鉴古堂。左为香远，右曰静柯。"

在没有转到仁曜门以西的丰泽园静谷等之前，先叙述南海的南岸部分的宝月楼。"瀛台之南，隔池相对者，为宝月楼。"弘历《宝月楼记》云："宝月楼者，介于瀛台南岸适中，北对迎薰亭，……顾液池南岸逼近皇城，长以二百丈计，阔以四丈许。地既狭，前朝未置宫室，每临台（指瀛台）南望，嫌其直长鲜屏蔽，则命奉宸既景既相，约之栎之。"这一段文字说明建宝月楼的缘由。工程进行迅速，"鸠工戊寅（乾隆二十三年，1758年）之春，落成是岁之秋。"接着说明为什么宝月楼为二层，"盖是楼之经始也，拟以三层，既觉太侈，则减其一，延不过七间，袤不过二丈。据岸者十之四，据池者百之一。池不觉其窄，岸不觉其长。"表明建楼比例的确当。建楼就为了可以远眺四方之景物。记云："拾级而登，布席而坐，则云阁琼台，诡峰古槐，峭蒨巉岩，耸翠流丹，若三壶之隐现于镜海云天者，北眺之胜概也。凭窗下视，迥出皇城，三市五都，隐赈纵横，贾贸坶鄝，列隧百重，华益珂马，剑佩簪缨，抚兹繁庶，益切保泰与持盈，此则南临之所会也。于东则紫禁紫微，左庙右社，规天矩地，因上因下，授时顺乡，玉堂金马，惭茅茨于有虞，法卑室乎大夏。……而其西则西山起伏连延，朝岚夕霭，气象万千，春雨霁而农兴，秋霜落而林殷，是又神臬绣壤，下视三都与两京也"（弘历

御制《宝月楼记》)。

宝月楼即今新华门，是民国初年改名的。"宝月楼西为茂对斋……茂对斋右为涵香室……斋西为延赏亭"。

中海部分　　再转到"仁曜门西为结秀亭，亭西为丰泽园。"按文载："仁曜门西，屋数楹。圣祖仁皇帝(即玄烨)养蚕处也。建亭于桥(桥上之亭也)，榜曰结秀。又西一水横带，稻畦数亩，为丰泽园，圣祖(玄烨)每亲临劝课农桑。世宗宪皇帝(胤禛)岁耕籍田，先期演耕于此。我皇上(指弘历)举行旧典，率循不废。"弘历《丰泽园记》云："西苑宫室皆因元明旧址，惟丰泽园为康熙间新建之所。自勤政殿西行，过小屋数间，盖皇祖养蚕处也。复西行，历稻畦数亩，折而北，则为丰泽园。园内殿宇制度惟朴，不尚华丽，园后种桑数十株，……"。

"丰泽园门内为惇叙殿(按惇叙殿旧名崇雅殿。乾隆壬戌七年，1742年)，宴王公宗室于此。联句赋诗，因移'崇雅'额于别殿，易名惇叙。"惇叙殿名又称颐年殿，民国初年改名颐年堂至今。"惇叙殿东为菊香书屋，殿后为澄怀堂"。(菊香书屋联曰：庭松不改青葱色，盆菊仍霏清净香。又弘历《菊香书屋诗》有"屋无长物有诗书，暂尔盘桓意淡如"之句)。据《中南海》画册介绍，解放后毛泽东同志"就住在这里，一直到1966年8月迁到中南海'游泳池'居住。又说："毛泽东同志一生爱好读书，在他的办公室、卧室里都摆满了大量书籍"。"澄怀堂北有楼，榜曰退瞩楼(上下七楹)。"

"丰泽园西有亭，曰荷风蕙露。与亭相对有门"。(南面石刻额曰静谷。……北面石刻额曰云窦。)入门为崇雅殿。殿后东为静憩轩，西为怀远斋，后有台。其南隔水相对为纯一斋。这里屏山镜水，云岩奇秀，掇山叠石，有若自然，而且"假山岁久真山似"(弘历《静憩轩诗》)。这里竹柏葱茏，华林芳径，别开静境。

"德昌门西，有门东向，入门循山径而南，为春耦斋"。云木含秀隔池相对，有延楼数十楹，榜曰：听鸿楼(上下五十有四楹，与春耦斋相对)。由径南折而东，

面北为植秀轩。弘历的听鸿楼诗有"延楼俯液池，春水恰生时"之句；植秀轩诗有"山轩名植秀，四面围绿竹"之句。"植秀轩折而西为石池。度池穿石洞出为虚白室(三楹东向)，又南有亭，曰竹汀亭，南为爱翠楼(楼在竹林中)"。"由竹汀折而西为棕亭。又由楼南下，有佛宇一所(佛宇临池北向，额曰大圆镜中。其东稍北有石门，石门以外即荷风蕙露亭也)。"

前述以东岸半岛上出湖面的水云榭蕉园旧址和西岸的紫光阁为中海区。"春耦斋循池西岸而北为紫光阁(紫光阁在明武宗朱厚照时为平台，后废台，改为紫光阁，清朝因之。玄烨常于仲秋集三旗侍卫大臣校射，复于阁前阅试武进士，后循以为例)。""紫光阁后为武成殿。""紫光阁之北为时应宫(雍正元年即1723年建。前殿祀四海、四渎诸龙神像，东西为钟鼓楼，正殿祀顺天佑畿时应龙神之像，后殿祀八方龙王神像)。"

"西苑门循池东岸而北为蕉园旧址，向北为蕉园门(蕉园即芭蕉园，一名椒园，内有前明崇智殿旧址，稍南即万善门)。""蕉园门之南稍折而西，面南为万善门，门内为万善殿""万善殿后圆盖穹隆为千圣殿(千圣殿中奉千佛塔一，高七级，正殿东西建楼各三楹，南向)"，东为迎祥馆，西为集瑞馆(迎祥馆、集瑞馆在朗心、悦性两楼之旁，东西结宇，各与圆殿相通)。"万善殿之东(院房之间)为内监学堂(后移置他处)。"

"万善门西行抵水埠，有亭出水中，曰水云榭"。(水云榭中有石碣恭刊御书太液秋风四字，为燕山八景之一。)

"水云榭之北有白石长桥，东西树坊楔二，东曰玉蝀，西曰金鳌(金鳌玉蝀桥跨太液池以通行人往来。桥西红墙夹道，两门相对，南即福华门，北为阳泽门，达阐福寺。桥东即承光殿。桥下洞七，中洞南向右刻额曰银潢作界，北向石刻额曰紫海回澜)。"由此就进入团城、北海区。

三、清朝的团城

"金鳌玉蝀之东有崇台，即台址为圆城。(用砖

垒砌，城边作城边垛口，城高5米余，全部面积约4500平方米。）两掖有门，东为昭景，西为衍祥，中为承光殿"（承光殿俗名团殿，即元时仪天殿旧址）。清初团城的情况（图8-9）大部分保留着明时样

子。康熙七、八年间（1668～1669年）承光殿倒塌。康熙二十九年（1890年）重建承光殿，并把圆殿改成了十字形平面的重檐四面歇山式的建筑，乾隆年间又进行了较大修建之后，成了现存的情况。

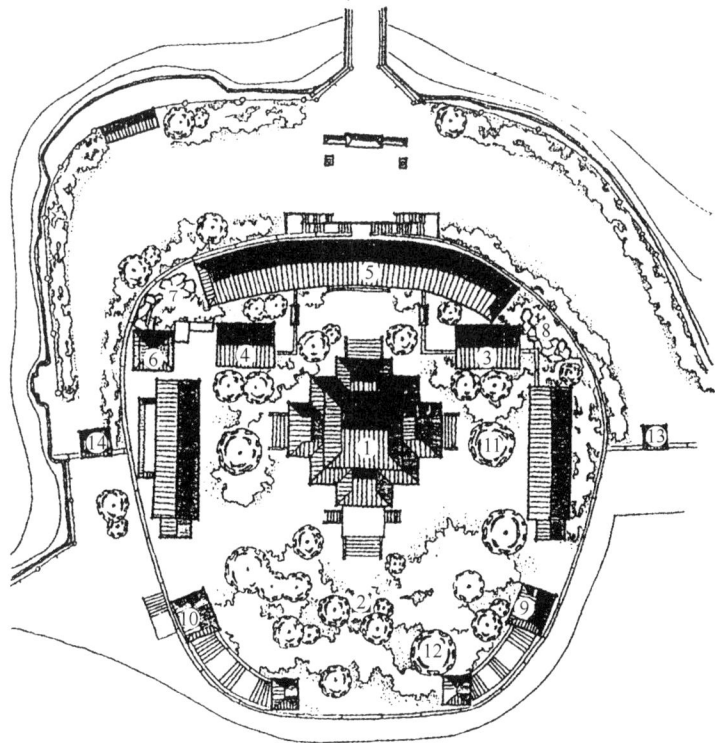

图8-9　清初团城平面图
1. 承光殿；2. 玉瓮亭；3. 古籁堂；4. 余清斋；5. 敬跻堂；6. 沁香亭；7. 镜澜亭；
8. 朵云亭；9. 昭景门；10. 衍祥门；11. 遮荫侯；12. 白袍将军；13. 承光左门；14. 承光南门

由昭景门或衍祥门沿回旋砖磴道上登城，磴道出口处有罩门各一间，单檐庑殿顶，正中承光殿，"殿南有石亭，以置元代玉瓮"。（玉瓮径四尺五寸，高二尺，围圆一丈五尺，恭镌皇上御制玉瓮歌于上，并刻词臣四十人应制咏玉瓮诗于柱间。）前已述及，元时曾置万岁山广寒殿内，后沦没在西华门外真武庙中，道人作菜瓮。弘历命以千金易之，仍于承光殿前为起一小亭置之。"承光殿后为敬跻堂，堂东为古籁堂，又东为朵云亭。堂西为余清斋（均为三间单檐硬山式）"。余清斋西有回廊与沁香亭相通。殿后沿着团城的边缘环列廊屋十五间，名为敬跻堂。堂的东西因势堆置假山，山上建亭，东为朵云亭，西为沁香亭，其后曰镜澜亭。廊屋亭山组成一组景物如环，与琼华岛上山石和建筑群遥相辉映。

承光殿内供有玉佛坐像，高约1.5米，全身为一整块白玉雕成，洁白无瑕，光泽清润，头顶及衣褶嵌以红绿宝石，传是清光绪时自缅甸送来。殿前庭中有青松数株，耸拔参天，皆数百年古树。承光殿东侧有栝子松，顶圆如盖，传金代所植，另有白皮松二，探海松一。弘历登团城，正值炎热难当，树荫之下，清风拂过，暑汗全消，封栝子松曰遮阴侯，白皮松曰白袍将军，探海松曰探海侯。承光殿前尚有古柏数十株，树色苍翠，疏密相间，配置合宜，更加衬托出团城上古雅幽静景色。

"团城北驾石梁，南北树坊二，南曰积翠，北曰堆云，过桥即琼华岛"。积翠堆云桥的桥身稍带曲折，把两组不在同一轴线上的建筑群，即团城承光殿和琼华岛永安寺，极为巧妙地联系在一起，桥两端一南一

北的坊都各对殿、寺的轴线。

四、清朝的北海

明清以来，北海是供宴为主的内苑，有的时候皇帝也在这里召见大臣，有时奉母后来此观看放灯、冰戏等等。清朝以来，北海总的范围，仍为明朝之旧，但建筑规模有了较大的变化。首先是白塔的建立。琼华岛上广寒殿是在明万历年间倒塌的，倒塌后就未加修复，清世祖顺治听从了西域喇嘛的话，在顺治八年(1651年)把广寒殿废址和四周亭子等拆除，建筑了巨大的喇嘛塔，即白塔，把万岁山称作白塔山，把原在山畔的殿堂拆除，另改建永安寺普安殿。其次是乾隆年间的增建，前后有三十年光景，增添了许多建筑，增加了不少内容。除了增建白塔山四面的许多楼阁亭台(弘历《白塔山总记》和《塔山南面记》、《塔山西面记》、《塔山北面记》、《塔山东面记》有详细记述)外，又重修或增修了东岸的濠濮间、春雨林塘殿、画舫斋，东北角的先蚕坛，北岸的镜清斋、天王殿琉璃阁，澄观堂、阐福寺，西天梵境等斋堂梵宇，形成今日所见的规模(图8-10)。

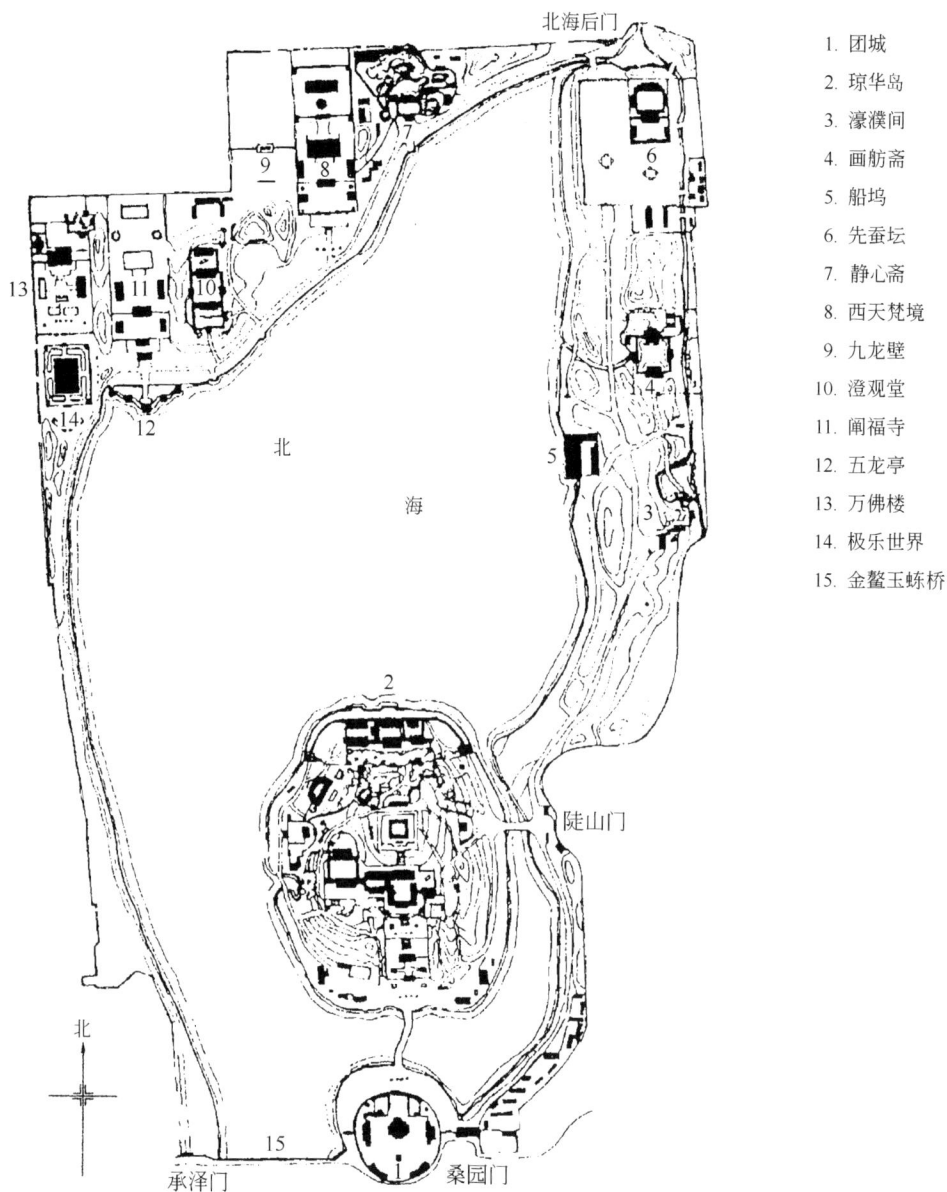

1. 团城
2. 琼华岛
3. 濠濮间
4. 画舫斋
5. 船坞
6. 先蚕坛
7. 静心斋
8. 西天梵境
9. 九龙壁
10. 澄观堂
11. 阐福寺
12. 五龙亭
13. 万佛楼
14. 极乐世界
15. 金鳌玉蝀桥

图 8-10　清北海总平面图

作为禁城内苑的北海部分，就其主要形势来说，北面、西面是一片碧波澄澈的湖水（称海），东南端山岛伫立，环湖东岸和北岸的陆地稍展，而西岸狭长。就全苑来说，总面积共 70 多公顷，水面占了一半以上，可说以水为主，但因琼华岛石山耸立，楼阁密排，白塔高耸，成为全园的焦点。山岛水面相结合，东供景山、故宫之景，交相辉映，构成壮丽景色。全苑布局大体可分琼华岛区，东岸地区，北岸、西岸地区以及北海本身四个区。

北海

北海本身，水面开阔，天光云影，上下浮动。泛舟湖上，清波荡漾，白塔延楼的倒映俪影，十分秀丽。在陡山桥和永安桥之间一湾狭湖，岸边垂柳依依，又是一番景物。北望五龙亭倒影水中，若飘若动，更增景色。

琼华岛区（图 8-11）

岛上构筑精美，在布局上还是继承着秦汉以来蓬莱瀛洲，仙人楼阁的传统。前山梵宇庄严，后山岩洞石室，委转相通，西面陡崖峭壁，险危奇突，北面有临水的延楼环抱。总的说来，以掇山构洞见胜，以罗布上下的精美建筑见胜。

永安寺门对"堆云"坊，"入门为法轮殿（五楹，内奉释迦佛）。殿后拾级而上（有坊树焉，南曰龙光，北曰紫照），左右二亭，东曰引胜，西曰涤霭（引胜亭内石幢恭刊御制《白塔山总记》，涤霭亭内石幢恭刊御制塔山四面记）。亭后各有石，东曰昆仑，西曰岳云。""涤霭亭后由甬道拾级而上，左右有方亭二，东曰云依，西曰意远（云依、意远亭下各有石洞，其东洞有额曰楞迦窟）。正中为正觉殿，殿后为普安殿。普安殿前东为宗镜殿，西为圣果殿，殿后石蹬层跻为善因殿（殿内供梵铜佛像），殿后即白塔"。

永安寺墙之左之右，各有蹬道。"永安寺墙之左，缘山而升为振芳亭，再升为慧日亭。又南，穹碑二（一为顺治八年即 1615 年建塔恭纪文，一为雍正十一年即 1733 年重修恭纪文）。""永安寺之西山半有亭（额曰蓬壶挹胜），又西由山麓蹑而上，为悦心殿。悦心殿后为庆霄楼（南向，上下各七楹，额曰云木含秀），楼后有亭曰撷秀。悦心殿之东为静憩轩"。自永安寺门至此为塔山南面之景。

"庆霄楼之西有延廊，环抱山石间，筑室其中，为一房山。由房内南间石岩蟠旋而下，为蟠青室"。"庆霄楼之西为揖山亭"。若从"悦心殿前循山西行有石桥（石桥南北坊楔各一，南向曰涵秀，曰濯锦，北向曰挹源，曰艳雪，渡桥有坊，坊南向曰芳渌，曰舞藻，北向曰静游，曰纫香），为琳光殿，殿后为甘露殿"。"撷秀亭之西有亭南向，曰妙鬒云峰。甘露殿后有殿，曰水精域"。"琳光殿之北延楼二十五间，左右围抱相合，为阅古楼。（乾隆丁卯岁即十二年，1747 年）以内府所藏魏晋以下名人墨迹钩摹勒石，御定为三希堂法帖三十二卷，既成，作延楼于琼华岛之西麓，嵌石壁间，用期贞固，因名曰阅古"。"阅古楼后楹平临山池，建石亭于上（石亭御书额曰烟云尽态），北为亩鉴室。"自庆霄楼之西至此，为塔山西面之景。

"阅古楼北为漪澜堂。（据琼岛北麓，规制略仿金山，五楹北向，堂后左右有过山石洞。从阅古楼岩墙门出转东则邀山亭。又东北则酣古堂，三楹西向。倚石为洞，循洞而东，有屋三楹，前宇后楼额曰写妙石室）"。"漪澜堂正中北向有碧照楼（门额曰湖天浮玉），长廊六十楹，左右环绕俱有楼，东尽倚晴楼，西尽分凉楼"。"碧照楼之左为远帆阁（北向，与碧照楼分峙）。远帆阁后为道宁斋"。"漪澜堂之右有堂额曰晴栏花韵（西室额曰壶天，东室额曰宜雪），前有台与堂相对，堂右为紫翠房（三楹，即顺山房也）。紫翠房之东为莲华室，相对有小室，额曰真如（室内供梵王像）。"

上述围踞琼华岛北麓的建筑群，概括起来，就是以漪澜堂、道宁斋为中心，左右大致对称地布置一组建筑群：漪澜堂与道宁斋之北，左右分别有碧照楼和远帆阁，并联以长廊六十楹（长达 300 米），东西尽端分别有倚晴楼、分凉楼，成为半环北麓的屏障。

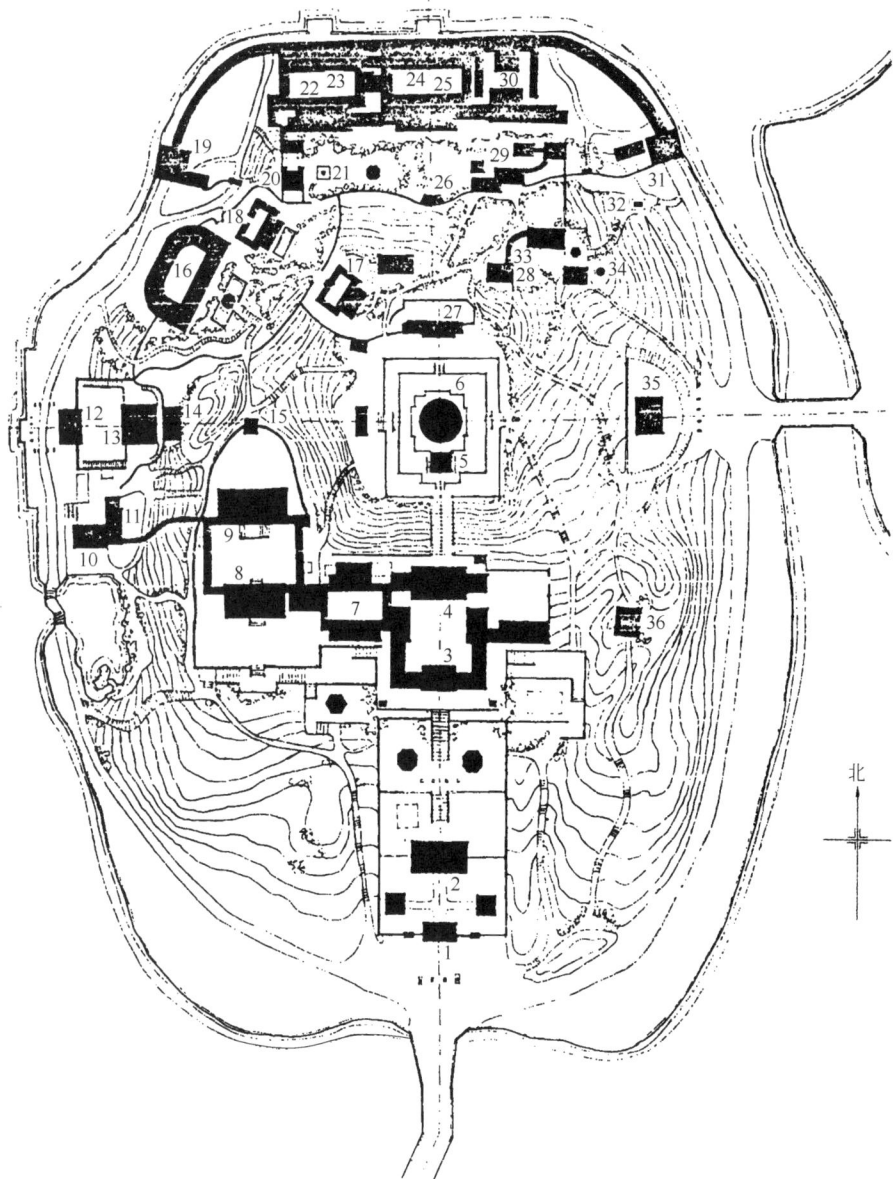

图 8-11　琼华岛平面图

"漪澜堂后石洞出山顶有亭为折扇形，额曰延南薰，其东上有亭，额曰一壶天地。一壶天地之东为环碧楼，楼前有小石平台（环碧楼上下四楹北向，楼后接宇三楹南向，在石壁之下者为盘岚精舍）"。由"环碧楼绕廊而下，为嵌岩室"。由环"延南薰西渡石桥有亭曰小昆邱。亭西南上有平台石柱，为铜仙承露（承露台后垣额曰碧虚，西南小楼三楹，额曰得性楼。楼下额曰延佳精舍。北小室额曰抱冲室。楼之左右翼以山廊，历磴而下，小宇一间，额曰邻山书屋。屋之

前即为道宁斋矣。自漪澜堂至此为塔山北面之景)"。

"由白塔东下至山足为智珠殿（三楹东向供文殊佛像），殿后缘山径折而北为交翠庭。交翠庭北回廊环绕而下为看画廊。下有石室，中涵岩洞，洞内供大士像，别有小楼（洞门上石刻真如二字。庭之下，廊之侧，攀援石洞而出为古遗堂，三楹，北向。对之者为峦影亭。门额曰梢云，曰霏玉。古遗堂下为见春亭。由看画廊折而东至山麓，有石碣恭刊御书琼岛春阴四字，为燕山八景之一。见春亭在琼岛春阴石碣之南。

自智珠殿至此为塔山东面之景)。"

前面已述及琼岛区以掇山构洞见胜，有许多叠石的技巧值得我们很好地学习。塔山的形势是南缓西湖北陡，叠石技法因势随形而不同。前山部分以永安寺白塔这组建筑群为主体，用石主要为建筑提供台地基础。叠石方面主要是依势而点，或顺着坡势散点山石，或顺着蹬道石阶来列点山石，或采用蹲配的方式；或在崇台基础垒山石包角并外引；或运用多种堆石形体于路转处；或是景或作障景，以及作为独特的意象表现形式的堆石形体。至于琼岛后山部分，整个是叠石掇山，形式多样，组合丰富。尤其是岩洞石室，委转相通，或上或下，光怪离迷，成为大块文章。先就石洞来说，从山顶倚石为室的"酣古堂"东室下梯进"写妙石室"，一路委转而下直到山麓的"盘岚精舍"等处；从后山东部"看画廊"下石室，攀援石洞而出为"古遗堂"；从筑室山石间的"一房山"南间，蟠旋而下为"蟠青室"；这些洞室的布局，极尽高下曲折，光怪离奇之至。至于塔山西部的叠石，确能写出陡崖峭壁之势，特别是以居低的"亩鉴室"盘曲山道穿石而上，山道半隐半显。从平临山池，御书额曰烟云尽态的石亭，仰望峭壁岭岈，径只容人，妙极自然。到了后山北下部，又有横势的岩层掇叠，显得层理深厚而又体势合宜。总之，塔山西部、北部的掇山叠石使人有仿佛置身在石质山区的峰峦崖壁的境域中，妙若自然而又那么横趣逸生。

塔山北部、西部的轩堂斋室大都能因势以构颇见匠心。或依附石山上，或陡立崇台上，或高踞峭壁，或低守山麓，山石与建筑交相融合。不仅室内有洞，洞外有室，互相贯通，而且通过游廊，高下连接，或飞下，或叠落，或扒山，也各别有一番风味。

北海东岸地区

过陟山桥往北就是北海东岸地区，自南往北增筑了濠濮间和春雨林塘、画舫斋两个景区以及先蚕坛一组建筑。

过桥往北不远，"路西有水殿(十有一间)，以藏御舟(即船坞也)。路东门三间西向(即通常称濠濮间景区的园门)，入门循廊蹑山而北，有堂据山巅北向者曰云岫，西向者崇椒"。从"崇椒室长廊曲折北下，有轩临池，曰濠濮间"(图 8-12)。濠濮间景区地块南北狭长，中为水池，东、西、北三面土山环水。东面土山，紧贴园墙，窄带状向北平伸，西面土山，山峰盘踞在南端，往北缓延而下到北端又突起，与北面和东面的土山组合成峡谷之势。入园门，经崇椒室的随山转的爬山廊北下，到廊子尽端柱间，才透露出一方泓水和轩榭和石梁。三面土山为土山戴石，山脚以石为篱。石皆青石，以进、出水口石洞处理，按青石节理面的变化挑伸，较为成功。"轩北石梁曲折，池面北接石坊，坊上石刻横书，南向曰：山色波光相罨画，北向曰：汀兰岸芷吐芳馨"。

"由石门而北，门三楹(春雨林塘、画舫斋景区的南门)"。画舫斋景区(图 8-13)南北两端的土山都穿墙

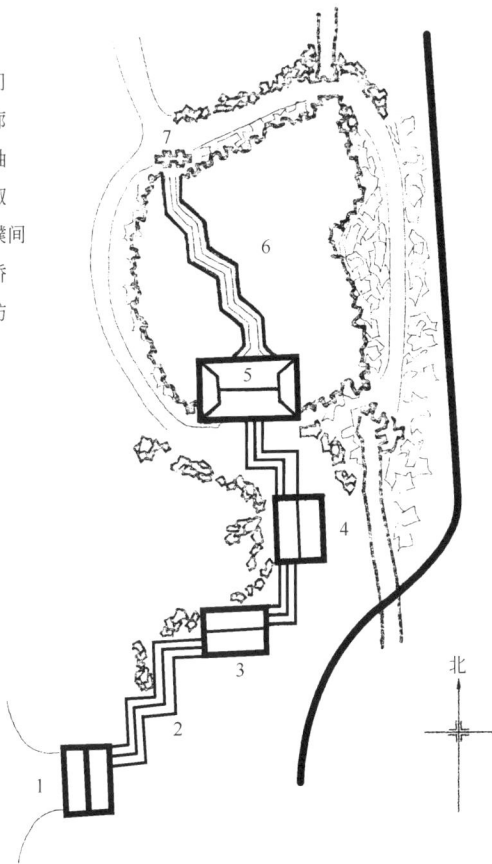

1. 园门
2. 曲廊
3. 云岫
4. 崇椒
5. 濠濮间
6. 曲桥
7. 石坊

北

图 8-12　濠濮间平面图

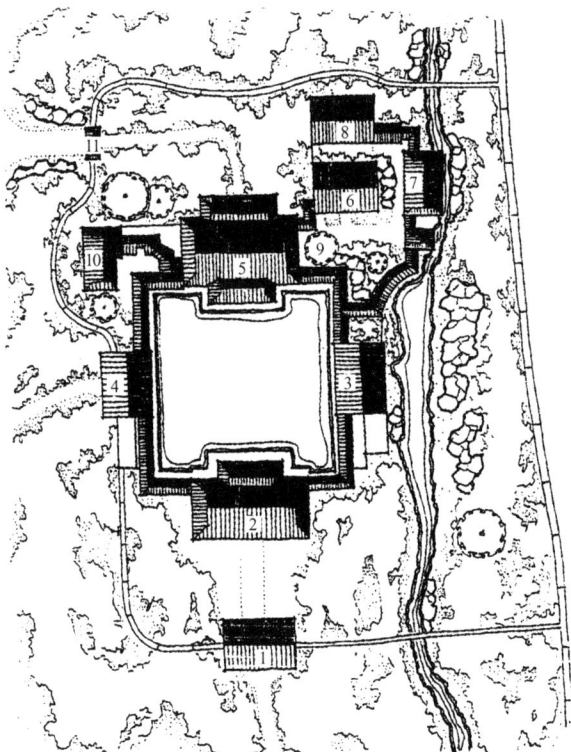

图8-13 画舫斋平面图

1. 宫门；2. 春雨林塘殿；3. 镜香室；4. 观妙室；5. 画舫斋；
6. 古柯庭；7. 得性轩；8. 奥旷室；9. 唐槐；10. 小玲珑室；11. 垂花门

而过，不被围墙切割。南面的土山向北呈喇叭形，收口的地方即园门，进门后山势又松展开来。"入门为春雨林塘（殿内额曰动静交养，后轩额曰空水澄鲜）。池北相对为画舫斋（额曰竹风梧月）。池上两廊各有室，东曰镜香，西曰观妙"。这就是说，南为春雨林塘，北为画舫斋，有回廊相连，东廊有室镜香，西廊有室观妙，围成一院方池。这个方池成了周围廊室殿斋凭栏欣赏的中心。"画舫斋左（即东）水石间有古槐一柯，构亭其间，额曰古柯庭"。这株古槐树龄约在六七百年。"庭东廊宇接一小厦，额曰绿意廊，与古槐相对。廊之北曰得性轩。古柯庭后有室西向，额曰奥旷"。这一组自成一个精巧院落，尤其是依盘枯古槐，散点山石，间以花草，是绝妙一幅树石画，庭殿东壁前的叠石小品，更见匠心独运。"树古庭因古，偶憩辄怡悦。满院绿琼阴，一窗黄夹缬"（弘历《古柯庭诗》）。"画舫斋之右（即西）池上架石梁，构廊其上，曲折达于西室，

曰小玲珑（室内额曰真趣）"。

前述路西有水殿，"水殿之北有龙王庙，庙后小渠亘之，自太液池注水入春雨林塘者也。上有桥，桥南北坊各一"（解放后龙王庙已拆，改建青少年水电站）。"渡桥即蚕坛。""先蚕坛在西苑东北隅。坛东为观桑台（台高一尺四寸，广一丈四尺，陛三出）。台前为桑园，台后为亲蚕门，入门为亲蚕殿。亲蚕殿后为浴蚕池，池北为后殿。官左为蚕妇浴蚕河（浴蚕河自外垣之北流入，由南垣出，设闸启闭）。南北木桥二，南桥之东为先蚕神殿（西向，左右牲亭一，井亭一，北为神库，南为神厨），北桥之东为蚕所（亦西向，为屋二十有七间）"。

北海北岸地区

太液池北岸，自西向东增建有镜清斋，西天梵境，澄观堂，五龙亭北阐福寺、观音殿、万佛楼等。除镜清斋为园中之园，澄观堂为阐福寺东书屋，都为佛楼梵宇，参差矗立，成为佛国世界。

镜清斋（后称静心斋）占地面积不大，东西长约110米，南北进深约45米，呈矩形地块，独立自成一个景区可称作园中之园（图8-14）。

"镜清斋正门三楹，南向，俯临太液。入门为荷沼，沼北为堂五楹。斋内额曰不为物先"。"镜清斋之东，临池有屋，为抱素书屋。抱素书屋东廊下为韵琴斋。韵琴斋二楹，西向，其南接厦临于外，额曰碧鲜，廊下为过水处也"。"镜清斋之西有山池石梁，筑室其上，榜曰画峰室"。"镜清斋之后北临山池，上为沁泉廊。廊西有岩，岩上为枕峦亭。沁泉廊东有石桥，桥北绕池，由石磴而上为罨画轩。循轩东廊而南，有屋两楹，北俯清沚，榜曰焙茶坞"。

按《日下旧闻考》有关镜清斋的记载很简略到此为止，上述各建筑大抵成于乾隆二十年（1755年），而西北角的叠翠楼等未录，大抵建成稍晚。

从布局来看，由于南北进深不大，大体运用了周接以廊屋室轩，在所围成的东西长的中部空间兴造山水。全园可分南小半和北大半。南小半包括镜清斋殿及殿东的抱素书屋小院，是供居住和读书的部分。

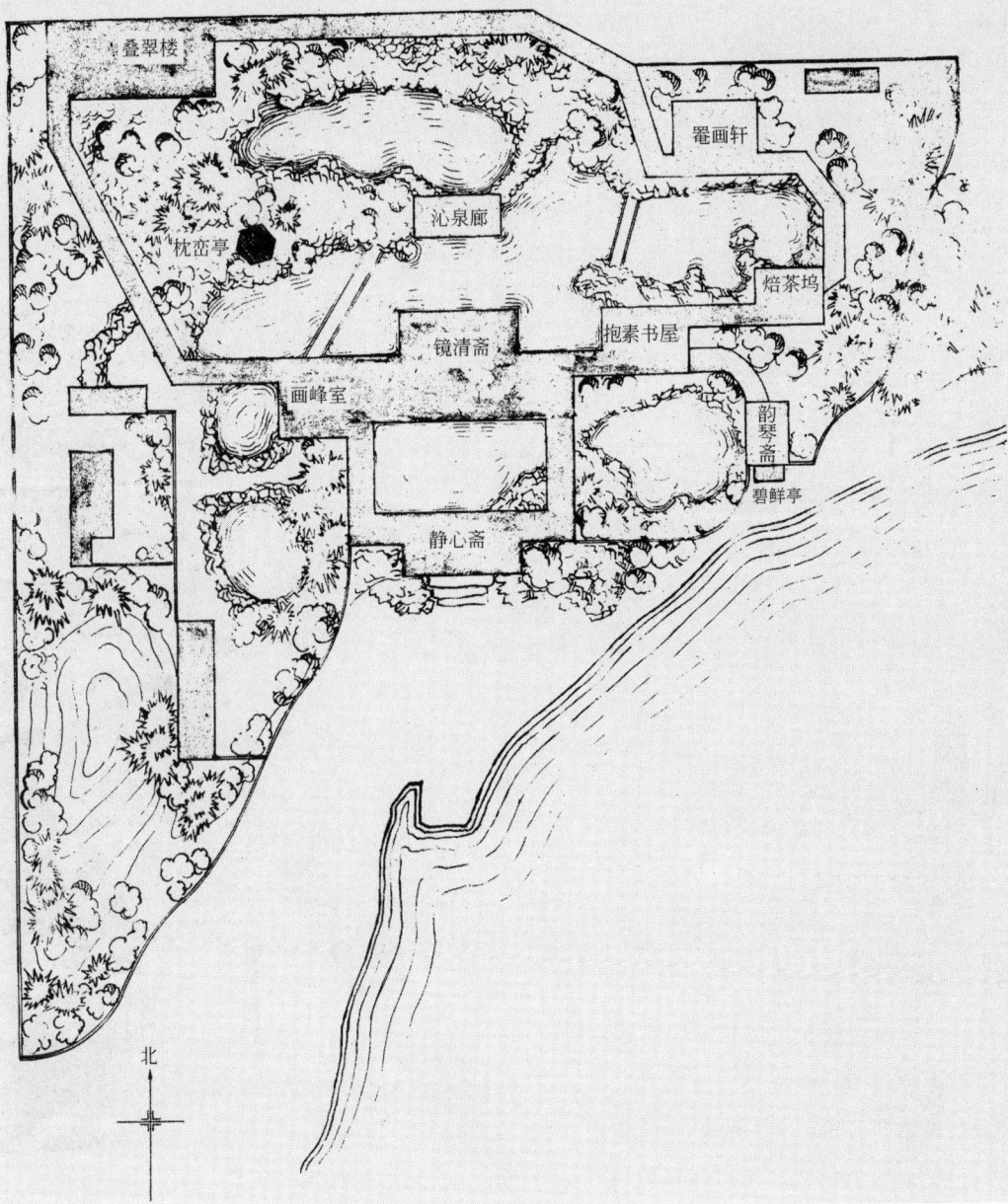

图 8-14　镜清斋(静心斋)平面图

北大半为山石水池，是供游息的部分。镜清斋是正殿，弘历诗："临池构屋如临镜"，因此称镜清。方池中立有秀削的太湖石。斋东抱素书屋为另一小院落。小院中心为池，池周驳以山石，散漫理之，但有凹有凸，有高有低，有立有横参差错落，十分有致。池南为一湾漏墙，池西为粉墙，池东南和池西角隅都有堆石形体，并皆佳妙。池东廊下的韵琴斋，其南接厦露

于外为半亭，额曰碧鲜。韵琴斋不为"调轸拭徽"，而是"阶下引溪水，雨后声益壮。不鼓而自鸣，猿鹤双清(注：近世琴谱中有猿鹤双清)畅。冷冷溶溶间，宜听复宜望"(弘历：《韵琴斋诗》)。

　　后园的凿池掇山，峰峦岩洞的堆叠，传出自张南垣父子之手。总的山水形势是：石山主要分布在北面和西面，山势自西北向东南倾斜，至平地复有山障

迭出；南卧长形水池，东部的水与山石组成如礁湾，西部的水、山石驳岸，转南如渊潭，长池东西分别以汉白玉拱桥和木栏平桥以沟通南北，池北"沁心廊"横立虚支，水从廊下跌落。

先就掇山而言，过汉白玉拱桥，东有蹬道上"罨画轩"，西入小片平地，南有石峦与地相隔，北为环状峭壁，如入坞中，置身其间，四周的叠石或争或让，或出或入。西登石山错综，一层复一层，仿佛深山之中，意境深远。从抱素书屋后的"焙茶坞"有飞廊斜上"罨画轩"，把园的东角抱住，然又有扒山廊斜上，平转西直连"叠翠楼"最高处。如果在池南走道或低平处，从下而望游廊，仿佛天上云间。从叠翠楼前而下，或古槐下嘉石玲珑，或山径旁山石列点散点而又连成一脉。叠翠楼西侧有扒山廊斜下，直达长池的西南角，再前就是镜清斋西侧的一个院落。

"沁泉廊"西，即西面石山和上有"枕峦亭"的石山，都是下洞上台。尤其是枕峦亭所坐落的石峦，错落有致。如果以焙茶坞斜上和飞廊西望长池，前景是汉白玉拱桥，中景是沁泉廊，后景是枕峦亭石峦，以及背衬园外琉璃瓦顶，形成一幅层次深远的纵轴山水。

镜清斋这一景区，可称是绝好创作的山水园艺术作品。无论是总的山水布局，还是园林建筑和亭廊轩屋及小桥的排布，特别是掇山叠石的奇巧手法，都值得我们细心推敲钻研学习的。

从"镜清斋沿堤西南为西天梵境(西天梵境有琉璃牌坊)，南临太液池，南向榜曰华藏界，北向榜曰须弥春。坊北山门榜曰西天梵境。入门为天王殿(今日称西天梵境为天王殿)，左右石幢二，左刻金刚经，右药师经，殿后为大慈真如殿。殿后历级而登，有大琉璃宝殿，殿二层，榜曰华严清界。殿四面回廊六十七楹，四隅各有楼相接。"

"西天梵境之西有琉璃墙(墙以各色琉璃砖砌成，每面有九龙，今称九龙壁)，墙北为真谛门。门内为大圆镜智宝殿。殿后有亭曰宝网云亭，亭北及左右屋宇四十三楹，皆贮四藏经板之所也"。

琉璃墙之西，"阐福寺(下详)东为澄观堂"。"堂内恭悬御书额曰水天清永。堂后有殿，额曰寄清净心"。《日下旧闻考》记载至此而止。其实殿后有快雪堂，是弘历看王羲之所写快雪时晴法帖的地方。堂有两廊，都有石刻法帖。庭中东、西各置峰石一，东面的题有"云起"二字，取王维："移石动云根，植石看云起"之意，西面峰石无题，但就形体、姿势而言，胜过"云起"。

"太液池之北有亭五所，谓五龙亭也，其北为阐福寺"。翼然临于水裔的五龙亭，明朝建，"中曰龙泽，左曰澄祥，曰滋香，右曰涌瑞，曰浮翠。亭建水中，面临北海。亭后石坊二，南向额曰性海，北向额曰福田"。

"阐福寺乾隆十一年(1746年)建。入寺门为天王殿，殿后额曰宗乘圆镜。再后为大佛殿，规制仿正定隆兴寺，重宇三层，上层恭悬御书额曰大雄宝殿，中曰极乐世界，下曰福田花雨。极乐世界前驾白石桥，环流为坊四座，四面各有方楼一，正中为佛殿。佛殿之北为普庆门，入门南北置坊二座。左右浮图二，中为万佛楼(阐福寺又称万佛楼，由此)，楼三层。左树宝幡竿，右立石幢。楼之东曰宝积楼，西曰鬘辉楼。左右各有门，东门内为澄性堂，堂后方亭曰湛碧亭，西达致爽楼。北为镜藻轩，南为澄碧亭。亭北廊曰清约池，轩西曰澹吟亭。西门内构八方亭，树中石塔，镌刻贯休画十六应真像。再后有殿，额曰真实般若"。"阐福寺之西有门，外为通衢，即阳泽门道也"。

五、紫禁城内四御花园

为了满足封建帝王在大内居住平日游息需要，到乾隆时共设置了四处御花园：三寝的最后一宫相邻的御花园；建福宫西御花园；慈宁宫花园；宁寿宫西路花园(乾隆花园)。

(一) 御花园

"坤宁宫之后北向正中为坤宁门。门外即御花园(图8-15)，左(东南角)曰琼苑东门，右(西南角)曰琼苑西门"。御花园区东西宽约一百四十米，南北进深八十余米，明永乐十五年(1417年)建，清朝承明宫后苑而略加改作。"御花园内珍石罗布，嘉木郁葱，又有古柏藤萝，皆数百年物"。弘历咏诗句有"禁松三百余年久，女萝(指藤萝)施之因亦寿"。又如："摘藻堂边一株柏，根盘厚地枝擎天。八千春秋仅传说，厥寿少当四百年。御园松柏森森列，居然巨擘标苍颜"。

"御花园正中为天一门"("天一门前列金麟二"还有供观赏的陨石台座，东面一块为含砾瑛砂岩石，西面一块，白底上有像人作拜姿势的彩纹，传称"孔明拜北斗")。"天一门北南向为钦安殿"，殿前阶下左右为古白皮松(钦安殿祀元天上帝，中顶安渗金宝瓶，殿前方亭二)。"钦安殿东稍北，(倚宫墙)叠石为崇山(全部石山)，山正中有石洞(石洞门额曰堆秀，左侧恭镌皇上御书"云根"二字)。""崇山顶有亭曰御景亭(明

万历十一年，1583年建)，山之东(倚宫墙)为摘藻堂"(摘藻堂向为藏弄秘籍之所，以经史子集四部分置。乾隆三十八年(1774年)，命汇集《四库全书》。复命择其尤精者录为《荟要》，计一万二千册，于堂内东西增置书架皮弄，仍依四库之序)。"摘藻堂东为凝香亭，堂前有池，池上为浮碧亭，亭之南为万春亭(按亭为明嘉靖十五年，1536年改建，重檐，上圆下方，四面均有抱厦，作十字折角形，周围绕石栏，阶陛四出)，再南向西者为绛雪轩(绛雪轩前多植海棠)，绛雪轩南即琼苑东门。"

"钦安殿西稍北(倚宫墙)为延晖阁"，即明朝清望阁(阁上额曰凝清室)。与"延晖阁相对为四神祠，阁西为位育斋，斋西为毓翠亭。斋前有池，池上为澄瑞亭，即亭为斗坛，亭南为千秋亭(与万春亭同年改建，平面及木作制度亦同，惟顶稍异)，又南为养性斋(养性斋东向者七楹，南北向，相接者各三楹，皆有楼)。

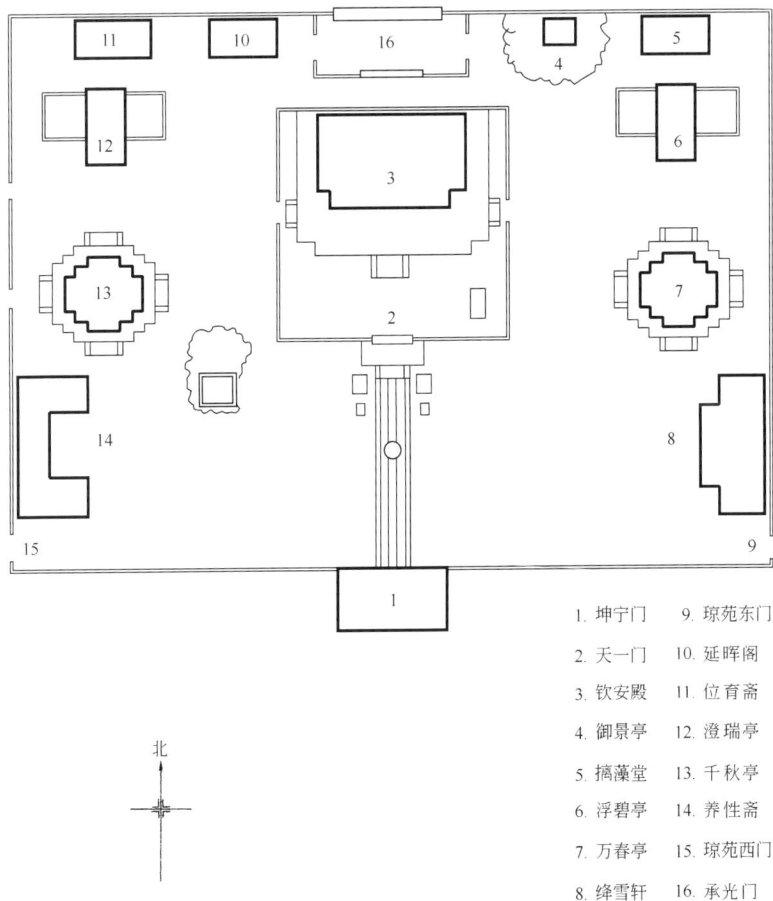

1. 坤宁门 9. 琼苑东门
2. 天一门 10. 延晖阁
3. 钦安殿 11. 位育斋
4. 御景亭 12. 澄瑞亭
5. 摘藻堂 13. 千秋亭
6. 浮碧亭 14. 养性斋
7. 万春亭 15. 琼苑西门
8. 绛雪轩 16. 承光门

图 8-15　御花园平面图

养性斋南即琼苑西门"。

(二) 建福宫西御花园

"百子门之北向为乾西五所，近东者今为重华宫，皇上(指弘历)龙潜时(做太子时)旧邸(西二所)也。宫之前曰重华门，门内为崇敬殿(殿内额曰乐善堂)，乐善堂之后为重华宫"。重华门的西面有乾隆五年(1740年)建的建福宫。为什么"创名建福"，据弘历的赋中话说："盖是地也，围于宫墙而弗加扩，卑于路寝而弗增华。畏炎歊之相逼，乃托兴乎清嘉"。又云"忆当元二年，廿七月守制，宫居(居养心殿)未园居，夏月度两次。炎热弗可当，……图兹境清凉，结宇颇幽邃。庶可诇烦暑，以为日后备(以备慈寿万年之后居此守制)"。

"建福宫后为惠风亭，又北为静怡轩(庭前梅树二株)。静怡轩后为慧曜楼，楼西为吉云楼。吉云楼西为敬胜斋(其庭中垣门上东向恭镌御书额曰朝日晖，其东山石恭勒御题曰飞霱)。敬胜斋垣西为碧琳馆(碧琳馆东向楼上额曰静中趣)，碧琳馆南为妙莲华室。妙莲华室南为凝晖堂。凝晖堂之前为延春阁，北与敬胜斋相对。"可惜1923年6月27日夜，该处敬胜斋起火，延烧静怡轩、慧曜楼、吉云楼、碧琳馆、妙莲华室、延春阁、积翠阁、玉壶冰(中正殿、香云)等处，焚余仅存下惠风亭和一片山石。

(三) 慈宁宫花园

"隆宗门之西为慈宁宫(慈宁宫顺治十年1653年建)，乾隆十六年(1751年)重加修葺。东为永康左门，西为永康右门，正中南向为慈宁门，前列金狮二。慈宁宫左殿宇二层，东有门曰慈祥门，与启祥门遥对"。"慈宁宫花园中为咸若馆(慈宁宫花园前宇为咸若馆，供佛。馆之左为宝相楼，右为吉云楼。宝相楼南为含清斋，吉云楼南为延寿堂。池上为临溪亭。咸若馆后楼宇御书额曰慈荫楼)"。

(四) 宁寿宫及西路花园 (乾隆花园)

(图8-16，图8-17)

"奉先殿东为夹道，即苍震门前直街也。街东为

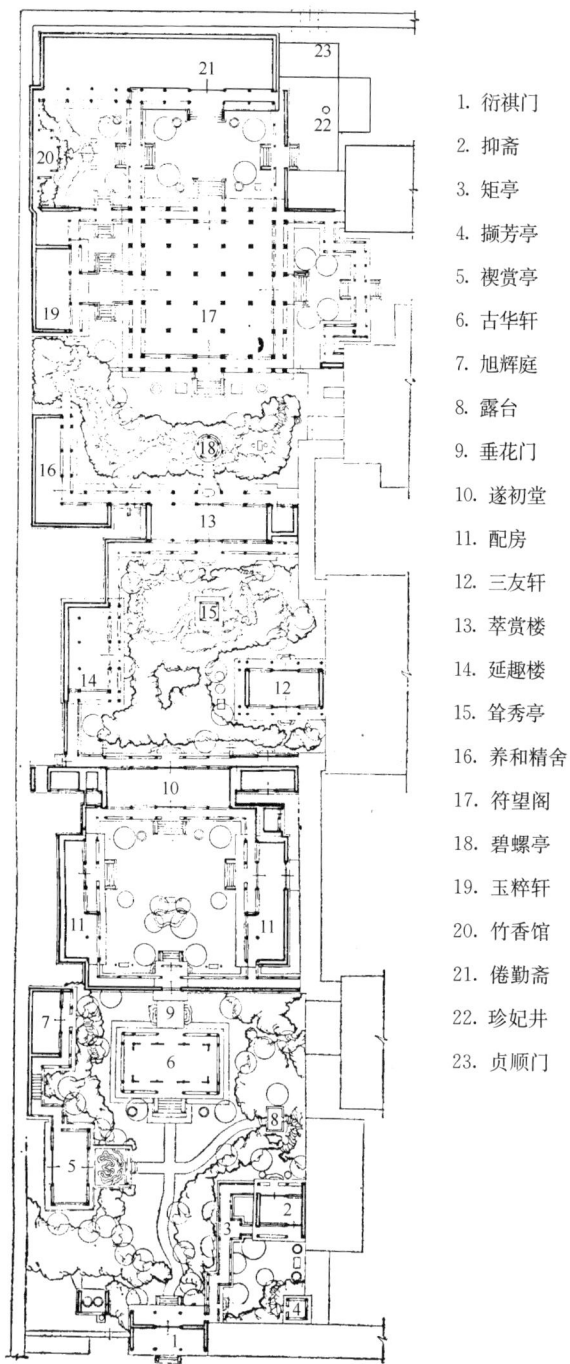

图8-16 宁寿宫西路花园(乾隆花园)平面图

1. 衍祺门
2. 抑斋
3. 矩亭
4. 撷芳亭
5. 禊赏亭
6. 古华轩
7. 旭辉庭
8. 露台
9. 垂花门
10. 遂初堂
11. 配房
12. 三友轩
13. 萃赏楼
14. 延趣楼
15. 耸秀亭
16. 养和精舍
17. 符望阁
18. 碧螺亭
19. 玉粹轩
20. 竹香馆
21. 倦勤斋
22. 珍妃井
23. 贞顺门

宁寿宫。(宁寿宫建自康熙年间，乾隆三十六年即1771年皇上命重加增葺。)宫垣南北一百二十七丈有奇，东西三十六丈有奇。门六正中南向者，恭悬御书额曰皇极门。东出者曰敛禧门，西出者曰锡庆门，又西向者曰履顺门、曰蹈和门，东向者曰保泰门。皇极门之内曰宁寿门，门内为皇极殿，殿庑东出者为凝

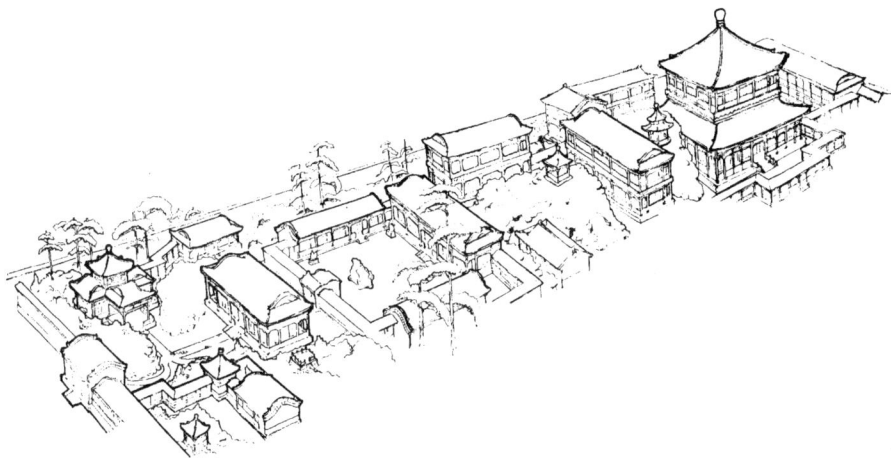

图 8-17　宁寿宫西路花园(乾隆花园)鸟瞰图

祺门，西出者为昌泽门。皇极殿后为宁寿宫"。"宁寿宫后亘以横街，其东即保泰门，西即蹈和门，正中为养性门，门内为养心殿"。

中一路　"正中为养性门，门内为养性殿。养性殿西宇额曰香雪堂，堂两庑壁嵌置敬胜斋石刻。养性殿后为乐寿堂。乐寿堂之西为三友轩。乐寿堂后为颐和轩，轩两庑壁亦嵌置敬胜斋帖石刻。(其)东暖阁之南室额曰随安室。西暖阁外亭额曰如亭。后厦额曰导和养素。颐和轩后门额二，一曰引清风，一曰挹明月。门内为景祺阁。阁东厅宇三楹，阶前湖石上刊文峰二字，石洞口刊云窦二字，山亭额曰翠鬟"。"养性门至景祺阁，是为宁寿宫之中一路"。

东一路　"保泰门北崇楼三重，上额曰畅音阁。其北与畅音阁相对者为阅是楼。阁后殿宇前后共四所，前殿额曰寻沿书屋"。"后殿之东曰景福门，正中南向者为景福宫。景福宫正殿后为梵华楼，楼稍西为佛日楼"。"自保泰门至佛日楼是为宁寿宫东一路"。

西路　"蹈和门内曰衍祺门，门内东宇额曰抑斋。东南隅亭额曰撷芳亭，其北额曰矩亭。抑斋后为古华轩，轩西亭额曰禊赏亭。亭北为旭辉庭。古华轩后为遂初堂，额曰养素陶情"。遂初堂"后叠石屏门刊额曰承晖，曰挹爽。其西为延趣楼，东向。楼外亭额曰耸秀亭，北为萃赏楼。萃赏楼西连楼六楹为云光楼，楼内额曰养和精舍。萃赏楼后圆亭额曰碧螺，其

北相对南向者为符望阁。阁下南门左额曰欣遇，右额曰得全。符望阁前垣门东额曰延虚，曰惬志，西额曰挹秀，曰澄怀。阁后为倦勤斋。倦勤斋西廊外门额曰暎寒碧，内为竹香馆。符望阁西门外为玉粹轩，东向，其南室额曰得闲室。北为佛室。又北为净尘心室。室后门额曰超妙。"

"景福宫之后为兆祥所，今为皇子所居。西为花园，又西即神武门也"。

注释

[1] 同济大学城市规划教研室编. 中国城市建设史. 中国建筑工业出版社, 1982. 71~82

[2] 娄曾泉, 颜章炮. 明朝史话. 北京出版社, 1984. 23~70

[3] 刘敦桢主编. 中国古代建筑史. 中国建筑工业出版社, 1980. 277~294

[4] 娄曾泉, 颜章炮. 明朝史话. 北京出版社, 1984. 84~110

[5] 娄曾泉, 颜章炮. 明朝史话. 北京出版社, 1984. 75~84

[6] 娄曾泉, 颜章炮. 明朝史话. 北京出版社, 1984. 111~160

[7] 娄曾泉, 颜章炮. 明朝史话. 北京出版社, 1984. 270~350

[8] 娄曾泉, 颜章炮. 明朝史话. 北京出版社, 1984. 170~269

[9] 辽宁《清史简编》编写组. 清史简编(上编). 辽宁人民出版社, 1980. 43~46

[10] 戴逸主编. 简明清史(第一册). 人民出版社, 1980. 178~218

[11] 戴逸主编. 简明清史(第一册). 人民出版社, 1980. 247~266

[12] 辽宁《清史简编》编写组. 清史简编(上册). 辽宁人民出版社, 1982. 201~237

·中·国·古·代·园·林·史·

第九章　清朝的离宫别苑

第一节　康熙、雍正、乾隆时期社会经济和科学技术

康熙帝玄烨是清朝入关后的第二位皇帝，在位六十一年(1662～1722年)。他的统治能顺应当时社会发展的需要，采取适应生产关系变化的措施，发展了农业、手工业和商业，利用儒家学说来巩固封建统治，为清王朝的强盛奠定了基础，并开创了延及于整个18世纪的所谓"康乾盛世"。雍正帝胤禛在位不过十三年(1722～1735年)。乾隆帝弘历在位六十年(1736～1795年)，初期励精图治，使清朝的统治达到强盛的顶点，社会经济出现了繁荣的景象。但弘历好大喜功，连年用兵，耗费甚巨，再加上南巡北狩，铺张奢靡，大兴离宫别苑的修建；乾隆中叶以后吏治腐败，贪污腐化，到乾隆末期已是国库空虚，民穷财尽，由盛极转向衰败，清朝的危机也越来越深。

玄烨十三岁时，即康熙六年(1667年)亲政，康熙八年五月(1669年6月)逮捕了鳌拜。鳌拜集团的清除，扭转了倒退的政策趋势，搬开了阻碍历史前进的绊脚石，使清王朝的进一步封建化得以贯彻实施，为进一步恢复、发展生产，清除割据势力，实现国家统一，反对外来侵略扫清了道路。[1]

一、实现全国的统一，奠立广阔的版图

清朝入关后到康熙初期，全国还没有真正统一，南方有"三藩"割据势力，拥兵自重；西北边疆有蒙古准噶尔部上层分子制造民族分裂，东南海上则有郑成功后代，占据台湾等。

三藩即平西王吴三桂(驻防云南，兼辖贵州)、平南王尚可喜(驻防广东)、靖南王耿精忠(驻防福建)，

在其控制区内，任意把持和掠取当地资源，借以扩充实力，给当地人民带来极大的祸害。康熙十二年（1673 年），尚可喜上疏要求归老辽东，玄烨借机同意，并下令撤藩。是年十二月（1674 年 1 月）吴三桂发动叛乱，迅速占领沅州、常德、衡州、长沙、岳州等地，声势浩大。吴三桂自称周王，天下招讨都元帅。不久，耿精忠响应叛乱，占据广西和福建。吴三桂党羽，大多是提镇大员，拥有重兵，散布各地，也纷纷树起叛旗；陕西提督王辅臣叛于宁羌；尚可喜之子尚之信据广州叛，使清廷大受震动。整个长江以南以及陕西、甘肃、四川，不是被叛军占据，就是处于战火中。玄烨调度全局，谨慎从事，以湖南为主要战场，以江西、浙江为东线；以陕西、甘肃、四川为西线。各个战场相互配合，把叛军分割开，不使之打通一气。同时，又采取"剿抚并用"的方针，对吴三桂坚决打击，对随同叛乱的王辅臣、耿精忠、孙延龄、尚之信则打击和招抚并用，对投降的叛军，"即与保全，恩养安插"，大力进行分化、瓦解和争取。在战争中，清廷又注意团结汉族地主阶级。[1]

战斗进行了两年多，战场形势发生逆转，西线的王辅臣于康熙十四年（1676 年）夏，向清朝投降；清军攻入仙霞岭后，耿精忠势穷乞降；不久广东和广西的尚之信、孙延龄等也纷纷投降清朝。于是清军集中力量于湖南战场，加强对吴三桂正面攻势，并派兵深入广西，扰乱叛军后方。同时展开政治攻势，使吴三桂的军心发生动摇，其重要将领向清朝投降，年已 74 岁的吴三桂，为了鼓舞士气，竟于康熙十七年（1678 年）在衡州称帝，国号大周，改元昭武，大封百官诸将，但也改善不了叛军的逆境。这年秋天吴三桂病死，其孙吴世璠继位，改元洪化。清军趁机进攻，加强水师，进迫洞庭湖，断绝了岳州的饷道，岳州叛军弃城逃走。从此，叛军一蹶不振，先后退出长沙、衡州；清军跟踪追击，收复了湖南、广西、贵州、四川的大片土地。康熙二十年（1681 年），清军分路攻入云南，年底攻破昆明，吴世璠自杀，延续八年之久的"三藩之乱"

结束。[1]

台湾自郑成功死后，由其子郑经继续统治。这时国内满汉之间的民族矛盾已相对地缓和，据台湾来抗清斗争，已没有多大意义和作用。由于郑氏集团内部矛盾的加深，郑经和他叔父郑袭的火并，各个派系争夺权力，许多将士感到没有出路，渡海归降了清朝。"三藩"叛乱时，郑经出兵占厦门，攻泉州，与耿精忠一时勾结，一时又反目相攻，军事行动失去了政治方向。平定"三藩"叛乱后，玄烨主张"宜乘机规取澎湖、台湾"，以"底定海疆"，在福建沿海调兵造船，布置进取。康熙二十二年（1683 年），福建水师提督施琅率战船三百，水师二万，自福州攻澎湖。经七天激烈的战斗，郑军大败，守将刘国轩乘小舟逃回台湾。台湾以澎湖为门户，澎湖被占，极为震恐。"群情汹汹"，郑克塽率众出降，清军胜利地进驻台湾，得到台湾人民的支持与拥护，当地的高山族也纷纷出迎清军。康熙二十三年（1684 年）清廷在台湾设一府三县：台湾府和台湾、凤山、诸罗三县，隶福建省。自古以来就是我国不可分割的领土台湾，至此又重新统一于清朝政府的管辖之下。[1]

平定准噶尔叛乱　准噶尔部是厄鲁特蒙古四部之一。厄鲁特蒙古，元朝时游牧于今外蒙古以西，天山以北的漠西一带，当时叫卫拉特，明初叫瓦剌，明末清初称厄鲁特，共分四部：和硕特部，游牧于乌鲁木齐附近；准噶尔部（亦称绰罗斯），游牧于伊犁；土尔扈特部，游牧于塔尔巴哈台（雅尔）附近；杜尔伯特部，游牧于额尔齐斯河。四部中以准噶尔部势力最强。

准噶尔部上层分裂势力，在沙俄的策动下，多次掀起背叛祖国，割据一方的叛乱，延续了康、雍、乾三朝，不仅祸害别部人民，也给本部人民造成重大灾难，给中国统一和进步事业带来极大的危害。清廷在各族人民的大力支持下，同叛匪进行了长达七八十年的斗争，才彻底平定了叛乱，维护了国家领土主权，巩固了西北边防，打击了沙俄侵略势力，促进了统一多民族国家的巩固和发展。[2]

由于准噶尔分裂势力被彻底消除，背井离乡达一百四十年之久的土尔扈特部，决定摆脱俄国的羁绊，重返祖国。乾隆三十五年(1770年)十一月，全族十数万众启程，历时八个月，行程万余里，面对沙俄数万大军的追击堵截，且战且走，付出巨大牺牲，于翌年六月到达伊犁，人户仅存其半。清廷把他们安置在伊犁河流域放牧。首领渥巴锡等亲到承德避暑山庄朝见乾隆帝，弘历封渥巴锡为汗，策伯克尔多济、舍棱为郡王，"分领旧、新土尔扈特二部"。[2]

平定西藏大农奴主叛乱　　西藏，古称唐古特，又称图伯特，隋唐时称吐蕃，唐贞观年间，文成公主与松赞干布结亲。她带去唐朝所铸释迦牟尼佛像，是为西藏传布佛教之始，僧侣称喇嘛(唐古特语，无上之意)。元世祖忽必烈尊吐蕃僧八思巴为"国师"，喇嘛教便盛行于西藏。当时喇嘛都着红色衣冠，被称为红教。明初，宗喀巴改革宗教，着黄衣，称为黄教。黄教禁止娶妻生子，崇尚苦行，盛行于前藏，并创立一种嗣续法，说达赖、班禅两喇嘛不死，由呼毕尔罕(化身)辗转出世，即所谓呼毕尔罕(转世)制度。达赖一世敦根珠巴，是吐蕃王室后裔，世为藏主，出家为黄教的宗主，就兼辖西藏政权。达赖二世根敦嘉木错，不屑问世俗事务，设立第巴等官处理西藏政治、经济等事务。明嘉靖二十二年(1543年)达赖三世锁南嘉木错时，其影响扩大到蒙古、青海等地。蒙古俺答汗曾孙嗣为达赖四世，势力达到漠北、伊犁一带。明崇祯十年(1637年)达赖五世罗卜藏嘉木错嗣位。大农奴主桑结被达赖五世用为第巴，他以达赖名义招厄鲁特蒙古和硕特部顾实汗拥兵入藏做"护法王"，"尽逐红帽，花帽诸法王"，使班禅移居后藏扎什伦布寺坐镇统治。顺治九年(1652年)十二月达赖五世到北京晋谒顺治帝，清廷拨款重修布达拉宫。[2]

康熙二十一年(1682年)达赖五世死，反动大农奴主桑结，"秘不发丧，……凡事传达赖命行之"，支持分裂割据势力噶尔丹向喀尔喀蒙古进攻，并以调停为名阻挠清军对噶尔丹作战。平定准噶尔叛乱后，桑结的阴谋败露。康熙三十五年(1696年)清廷遣使责问他匿不奏闻达赖已死，桑结才不得不承认，自行拥立了达赖六世。桑结的独擅藏政谋叛清廷的罪恶活动，遭到顾实汗之孙拉藏汗的反对，于康熙四十四年(1705年)在蒙藏人民和清廷支持下，诛杀了桑结。康熙五十六年(1717年)，准噶尔汗策妄阿拉布坦派大策凌敦多布，率精兵六千入藏。拉藏汗一面向清廷告急，一面率兵抗敌，终因寡不敌众，退保拉萨。由于西藏大农奴主分裂叛乱势力的里应外合，城破拉藏汗被杀。翌年，清廷派兵赴援，全军覆没。康熙五十九年(1720年)派两路大军入藏平叛，沿途受到西藏各阶层僧俗人民的欢迎。大策凌敦多布前后受敌，狼狈逃遁。叛乱平定后，清廷封噶尔藏嘉木错为"承教度生达赖喇嘛"，封康良鼐为贝勒、藏王，总揽藏政。[2]

清廷为彻底解决西藏地方政治首领之间的纷争，雍正四年(1726年)议定于西藏驻扎大臣，直接监督西藏地方政务。雍正五年一月命大学士僧格，副都统马拉为首任驻藏大臣。大农奴主阿尔布巴趁僧格未到达之机发难，杀害了康济鼐，引兵向驻守后藏的颇罗鼐进攻。雍正六年(1728年)颇罗鼐率后藏兵击败隆布鼐，直捣前藏。各庙喇嘛纷议，擒阿尔布巴等叛乱头子，"磔阿尔布巴等于市，……藏地复安"。[2]

乾隆十二年(1747年)颇罗鼐次子珠尔默特嗣爵，他代表西藏最反动的大农奴主势力，阴谋驱逐驻藏大臣。乾隆十五年(1750年)驻藏大臣付清和拉布敦设计诱杀了珠尔默特，但因手下无兵，亦被叛乱分子所杀害。清廷闻讯即命四川总督率师入藏平叛。川军尚未到，达赖喇嘛的卫队在西藏僧俗人民的帮助下平定了叛乱。从桑结到珠尔默特的叛乱，表明西藏大农奴主阶级是祸乱的根源，必须限制他们的权力，改革西藏的政治和宗教制度。清统治者宣布废除藏王制。在噶厦公所"分设噶隆四员共同办事"，"遇有重要事务，禀知达赖喇嘛和驻藏大臣，遵其旨而行"，提高了驻藏大臣的地位，同时也确定了达赖喇嘛不仅是宗教首领，也受命王朝的政治首领。[2]

英国殖民者占领印度后，曾于乾隆三十九年（1774年）和四十八年（1783年）两次遣使入藏，阴谋迫使清廷签订奴役性的通商条约。阴谋破产后，又唆使廓尔喀（尼泊尔）入侵藏。乾隆五十三年（1788年）廓尔喀封建主勾结西藏大农奴主向后藏侵犯；乾隆五十六年再度入侵，大掠扎什伦布寺，焚杀抢掠，残害藏族人民。乾隆五十七年二月，清廷派遣大将军福康安率满、汉、蒙、索伦等各族军队万余人入藏抗击侵略军。清军节节胜利，将廓尔喀侵略军全部逐出中国国境。廓尔喀在遭受惨重失败下，交出所俘中国将士和所掠扎什伦布财物，遣使求和，表示永远不再侵犯中国。清廷为进一步巩固西藏边防和限制大农奴主对西藏政局的控制，于乾隆五十七年（1792年）颁行"金奔巴（藏语称瓶为奔巴）掣签制"，解决大农奴主操纵达赖、班禅等的转世问题。乾隆五十八年正式公布"钦定西藏章程"，规定了西藏的政治、经济、军事、对外交涉、司法等方面的最高法律，对西藏政治、宗教制度作了全面改革，加强了对西藏的管辖。[2]

雍正年间，平定青海大农奴主叛乱后，为加强对青海的统治，清朝改西宁卫为西宁府，设青海办事大臣。青海的藏族人民由清廷的道、厅、卫直接管理。从此巩固了清朝在青海地区的统治。[2]

乾隆时，还两次出兵平定了大小金川土司的叛乱。为防止土司继续叛乱，清廷在这一地区废除了土司制，改置州县，设美诺、阿尔古二厅，隶四川省。同时，将四川西北的各土司，也相继改隶州县。这就巩固和扩大了西南地区自雍正以来的"改土归流"的成果，从而加强了边疆和内地的经济文化交流。乾隆时，还平定"回部"（维吾尔族）布那敦、霍集占弟兄叛乱，结束了维吾尔族分裂局面，为维吾尔族的发展及其进一步加强与中原地区经济、文化交流创造了条件。[2]

随着割据分裂势力的一一平定，康、雍、乾统治时期，采取了一系列措施，如："笼络各族上层"；

"镇以重臣，屯以劲旅"；"因其教不易其俗，齐其政不易其宜"的因俗而治的政策；设立府县制，推行"改土归流"（将土官改为流官，废除土司世袭制）；建立边境卡伦（哨所）与巡边制度；设立驿站军台加强边疆与中央的紧密联系等。这种种努力虽然目的是巩固封建统治和加重剥削，但在客观上顺应了多民族国家向前发展的趋势，对巩固祖国边疆维护国家统一和领土完整，防御西方资本主义国家特别是沙皇俄国对我国的侵略，起了积极作用。[2]

二、适应生产关系变化的措施

清初为维护满洲贵族和汉族地主利益，顺治二年（1645年）颁发诏令，规定：在农民大起义中，被农民分掉的土地财产，都要一一归还本主，违者依"党寇"罪论处，支持地主豪绅复"祖业"，进行反攻倒算。同时，支持满洲贵族疯狂地掠夺土地，清廷三次下令圈地。被圈占的所谓"无主荒地"实际上早为农民所垦种，圈占就是抢夺农民的胜利果实。还常常"指民地为官庄，作私田为无主"，一并霸占过去。当时圈地的手段十分残暴，"圈田所到，田主登时逐出，室中所有皆其所有"，致使京畿一带农民流离失所，"道殣相望"。清朝把圈占土地，统称为旗地，分配给皇室（叫皇庄）、王公（叫王庄）、八旗官员和兵丁（俗称旗地）。皇帝、诸王和八旗官僚在旗地役使大批奴仆从事生产。奴仆主要是从辽东庄田迁来的"庄丁"，他们没有人身自由，累世不得迁徙，实则是封建制下的农奴。又颁发"投充令"，强迫当地汉人"投充"，以补充庄田上的农奴，沦为农奴的汉人，不堪剥削和压迫，纷纷逃亡。为此，清王朝曾多次严申极其残酷的"逃人法"。强制推行农奴制生产关系的一系列法令，使在明末农民战争中已经削弱的人身依附关系又加强了，不仅加深了阶级矛盾，也激化了民族矛盾。清王朝刚建立就宣布：地亩钱粮俱照前朝合计录原额，按亩征解。把赋役制度重新加在人民头上。随后又有辽饷、练饷的加派，还有杂差。这种赋外有赋、差外有差的情况，顺治末康熙初，几乎到处存在。[3]

康熙帝亲政后，采取了一些适应生产关系变化的措施。康熙八年(1669年)，下令对分得废藩田产的农民"免其变价"，至于"无人承种余田"，则"招民开垦"，谓之"更名地"。康熙九年又下令"更名地内自置田土，……著与民田一例输粮，免其纳租"。把已收上来变价银两，折作田赋，同时对占有废藩田地的农民，也只收田赋而不再征收地租。这样，在明末农民起义斗争中获得土地的佃农，避免了重新沦为佃农而暂时保住了自耕农的地位。[3]

明末清初，全国有大量无主荒地。清廷于顺治六年(1649年)就颁布"垦荒令"，招徕各处逃民开垦荒田，给以印信执照，永准为业，三年之后按亩征粮。但由于耕熟之后，往往有人(地主土豪)认业，遂起讼端，因此，"垦荒令"遭到了农民的顽强抵制，未见成效。土地荒芜，税源不足，造成清朝财政的困窘。玄烨为了发展生产，扩大税源，采取种种措施鼓励开荒，如一再放宽起科年限，从四年、六年到十年，康熙二十二年(1683年)规定抛荒地"以后如已经垦熟，不许原主复问"，这就使垦荒令的推行，排除了一个障碍。到乾隆三十一年(1766年)，全国耕地面积达到七百四十余万公顷，比顺治十八年(1661年)增加了34.8%。[3]

顺治初年，清廷为了保证丁税的收入，"立编审法，以稽人民之数，后定为五年一举，丁增而赋亦随之"。广大农民为抵制赋役剥削，或远逃他乡，或隐匿户口。这种情况一直延续到康熙时期。康熙五十一年(1712年)玄烨下令以康熙五十年在籍人丁数额为准征收丁银，而以后增加的人口，不再征收钱粮。这样最大限度地保住丁银收入，查明隐匿户口加以控制，但杜绝不了隐匿户口的现象。因此，康熙五十三年(1714年)御史董之燧主张将丁银按地亩均派，但没有实行。雍正元年(1723年)胤禛采纳了"将丁银摊入田粮内"的奏议，次年"令各省将丁口之赋，摊入地亩，输纳征解，统谓之地丁"，这就是所谓"摊

丁入地"，"丁徭与田赋合而为一"。这一大变革，反映了农民对国家人身依附关系削弱了，在法律上也有所反映，如雍正六年清廷规定："不法绅衿私置板棍擅责佃户者照违制律议处，衿监吏员革去衣顶职衔，杖八十"。虽然在现实生活中地主害佃迫户的现象是比较普遍的，但是在法律上，地主已无权对农民妄加私刑了。[3]

由于生产力发展和阶级斗争的冲击，局部地区残存的农奴制生产关系，到康、雍、乾统治时期基本瓦解，处于"贱民"地位的人也取得了平民资格。匠籍，是封建国家为手工业者所专立的户籍。早在元朝，统治者就把工匠编入"匠籍"，使他们沦为国家工奴、子孙世承其业。到了明朝有所改变，在籍工匠每年定期为官府服役，其余的时间，可独立经营自己的手工业，产品可以拿到市场自由出售。嘉靖八年(1529年)下令：按"匠籍"向匠户征收银两，谓之"班匠银"，以此代替工匠轮班服役的制度。清初匠籍混乱不堪，"或子孙徒业，匠籍仍存，或人户逃亡，鬼名空寄，以致征解无从"，已无法按匠籍征收"班匠银"了。康熙三年(1664年)，为了保住"班匠银"这笔收入，下令"班匠价银，改入条鞭内征收"，即摊入地亩中征收，"匠籍"也随之逐渐废除。但官府以"当官"或"应官"为名，对工匠铺户进行种种科派的现象仍很严重。雍正二年(1724年)废除工匠当官差的制度；乾隆年间，又多次重申这一禁令。此后，官府役使工匠，普遍地采取雇募的办法。随着"匠籍"的废除，官府手工业进一步削弱，民营手工业在整个手工业中的优势地位更加巩固了。在清朝除铸钱、军器和火药制造业由官府垄断以外，其他手工业都以民营为主。[3]

三、社会经济的发展

农业 康、雍、乾统治时期农业生产的发展，首先表现在耕地面积的扩大(官方统计，乾隆时达740多万顷)和劳动人口的增加(乾隆中叶已达2亿多

人口）。还表现在水利的兴修上，如对黄河、淮河和运河的治理，河患相对减轻，运河的航运得以畅通无阻。另一项大工程是海塘的修建。修建坚固耐久的"块百篓塘"（用装满石块的大竹篓堆叠而成的海塘，又用木桩固定竹篓，十分坚固），还有"鱼鳞石塘"（用大石条砌成，自下而上的每层石条都稍向内缩，状若鱼鳞，故名）。捍海石塘的修建，有力地保护了东南一带富饶之区，使大片良田沃野免受海潮的侵袭，对生产的恢复和发展具有重大意义。康熙年间永定河的治理也是一项较大的水利工程。此外，还兴修了许多小型水利工程，修复和扩建了许多原有的渠堰、堤坝，治河和兴修水利对农业生产的恢复和发展，都起了积极作用。

由于耕地面积扩大，兴修水利，改进种植技术，改良和引进新品种，粮食产量有较大幅度的提高。江淮以南的水田，一般亩产二、三石，个别膏腴上田可高达五至七石。当时有"湖广熟，天下足"之谚。江浙、湖广、粤东等地都有双季稻的种植。安徽的农民在原来稻谷杂粮均不宜种的"高阜斜坡"上种植旱稻。高产的玉蜀黍、甘薯的推广，也取得了重大成就。玉蜀黍在明末还少见，到了清朝种植日益普遍，视为"正庄稼"。甘薯于明代传入中国，当时在江、浙、闽、广一带种植，清朝甘薯的种植已推广到全国各地，并成为重要粮食作物。[3]

在粮食增多的基础上，经济作物的种植也有了较大的发展。当时棉花的种植已遍及全国各地。江苏、浙江、湖广、河南、河北、山东都是棉花的重要产区。甘蔗在广东、台湾、四川等地已有大面积种植。明朝传入我国的烟草，在清朝也被推广到全国各地。此外如茶叶、苎麻、蓝靛、花生、药材等作物的种植也都在不断扩大。[3]

劳动人民在长期的农业生产实践中，不断总结经验，使农业生产技术有很大提高。施肥技术有"酿粪有十法之详，粪田有三宜之用"；在作物换茬方面，有一套成熟的经验，达到保持地力增加收获；还采取套种的办法，以提高土地利用率。由于农业生产技术的改进，使农产品的产量提高，品种增多，这就为手工业发展，商品经济繁荣提供了物质条件。[3]

手工业 康、雍、乾统治时期，丝织业的发展很突出。明朝丝织业中心的苏州和杭州，清初曾遭到严重的破坏，康熙以后得到恢复并有较大发展，而且工艺上创造了新的风格。江宁的丝织业明时还不很发达，到了清朝却超过了苏、杭而成为最大的丝织业中心，出产的"江绸"、"贡缎"，质地精良，驰誉全国。清初才兴起的广州丝织业，发展更快，出产的线纱、牛郎绸、五丝、八丝、云缎、光缎等，康熙时已是畅销国内外的名贵商品了。[3]

棉织业在当时是最普遍的一种家庭副业，全国各地农村，几乎都能纺纱织布，"秋收之后，家家纺织"，城市里还有大批专以纺织为生的手工业者。松江府纺织女工能把棉花弹到极熟，使"花皆飞起"，用这种棉花纺织成布，名叫"飞花布"，质地细密，光泽如银，备受人们的喜爱。还有以蚕丝作经线，以棉纱作纬线织成的兼丝布和绒布也是松江著名的特产。此外，松江出产的线绫、三梭布、漆纱、方巾、剪绒毯等都是被誉为"天下第一"的棉织品。无锡的棉织业也很发达，所产棉布的精细程度虽不及松江，但坚固耐久，销路也很广。随着棉织业的发展，棉花印染业也兴旺起来，有专门的染坊和字号。每一字号有工人数十名，漂布、染布、看布、行布各有专人作业。当时染布的技术很高，染出的棉布，花色品种，名目繁多。当时染印花布的技术有刮印（用灰粉、胶、矾调成糊状，先在白布上涂作花纹，布匹染色后，刮去灰粉，则"白章灿然"）和刷印（用刻有花卉、人物、鸟兽等花纹的木版在布上刷印，印出的花布，"华彩如绘"）。还有专门端布的端坊。端匠们把布匹放在大石板上，布上置一滚木，滚木上压以千斤重的凹字形端石。端匠们用脚踏端石两端往来运转，则滚木如同擀面杖在布上反复滚动。经过这一加工，使布质紧薄而光，可以少着灰尘，专为适应西北地区的顾客需要而生产的。

矿冶业也有较大的发展。在各类矿冶业中铁矿采冶业占有重要地位，一般都是一面开采矿石，一面就地冶炼。云南铜矿采冶业，康熙中叶以后，迅速发展起来。历史悠久的四川煮盐业，这时也有很大发展。当时四川盐井深达数十丈以至数百丈。开凿这样的盐井，工程艰巨复杂，往往需四五年甚至数十年才能完成。为了便于在崎岖不平的山区运输卤水，盐工林启公创造了盐枧。盐枧是用许多打通了竹节的大竹连接而成的管道，通过这种管道，可以利用虹吸作用使卤水从盐井源源不断地流向灶房以供煎煮。当时的盐厂都是富商巨贾合资经营的，每一盐厂的工人动以万计，盐厂内部分工很细，有十多种不同专业。另外还有许多医工、井工、铁匠、木匠为盐厂工作。清朝的瓷器业在明朝的基础上有所发展，产地共约九十多处。最大中心江西景德镇，到乾隆时，有"民窑二、三百区，终岁烟火相望，工匠人夫不下数十余万"。景德镇的民窑有三种：自制瓷坯自行烧造者谓之"囤窑户"；一面烧造自制的瓷坯，一面代烧别人瓷坯者谓之"搭窑户"；专烧别人瓷坯者谓之"烧窑户"。瓷器的生产过程很复杂，分工也很细密。当时除青花、五彩等比明时更加精美之外，又有豇豆红、素三彩、胭脂水、粉彩、珐琅彩等新的创作。这一时期福建、广东、四川等地的制糖业也有所发展，台湾则后来居上，一跃而为全国主要的产糖区。[3]

商业和城市 康、雍、乾统治时期农业和手工业的发展大大促进了商业的繁荣。国内的商业运输相当发达。北起通州南达杭州的大运河，是沟通南北的交通动脉；长江是横贯东西的交通干线；南起广州经灵渠入湘江而达长江的航线则是岭南与内地联系的纽带。乾隆时又修治了金沙江的水道，使云南的商船可以顺流而下直达苏杭。北方的陆路商运也很发达，商人常远至蒙古、新疆进行贸易，在商业活动中，许多富商大贾积累起数十万两以至数百万两的资金，形成了巨大的商业资本。当时资本最雄厚的是盐商、票

商、行商等享有特权的商人。随着商品经济的发展，乾隆时出现了专门经营汇兑、存款、放贷业务的机构，称作"票号"。票号多为山西富商开设。行商是享有垄断外贸特权的商人，其资本多达数千万两。也有一些不享有封建特权的商人，把一部分资金投资于手工业。他们或开设作坊，或向手工业者借贷工本，包买成品，从事产品加工，通过不同形式把商业资本转化为工业资本，从而促进了手工业的发展和资本主义萌芽的增长。[3]

随着商业的发展，城市也日趋繁荣。江宁城内商贸云集，过着豪华生活。苏州在乾隆时已是"十万烟火"的大都会，其财富"甲于天下"。当时的杭州也是"百贸所聚"的商业城市，繁华不减苏州，所谓"上有天堂，下有苏杭"。此外，镇江、扬州、无锡等地都是当时东南地区著名的城市，其工商业都比明朝有所发展，汉口镇在明中叶才开始发展起来，至清朝已成为拥有"人烟数十里，贾户数千家"的大都会，这里为"千樯万舶之所归"，号称"船码头"，是华中地区货物的集散地。随着运河航运的发展，运河沿岸的城市如淮安、清江浦、临清、济宁、天津等处也比以前更加繁荣。北方城市如北京、盛京、济南、开封、太原、宣化等处都有不同程度的发展。沿海城市如厦门、广州等地也都随着对外贸易的发展而日益繁荣。当时广州的濠畔街"有百货之肆，五都之市，天下商贾聚焉"。"香珠犀象如山，花鸟如海，蕃属辐辏，日费数千万金，饮食之盛，歌舞之多，过于秦淮数倍"。当时地方市镇的发展更为突出，如苏州吴江县，在明朝还只有四镇三市，康熙时已增至五镇七市，其中盛泽镇的商业贸易规模不亚于县城。有些大镇如佛山、汉口、景德、朱仙镇已发展成为与省会齐名的大都市。在广大农村中集市贸易也更加普遍，北方的"集"，南方的"墟"，西南地区的"场"或"行"都是农村的定期市场。每当逢集开市时，四面八方的农民、商贩都来贸易、交换农业产品和生产工具。当时的对外贸易也有发展。康熙二十二年（1683

年)统一台湾后，宣布开放海禁，准许商民出海贸易。康熙二十四年于广州、漳州、宁波、云台山四处设置海关，与外国通商。康熙五十九年(1720 年)，以朝廷指定的特权商人组成公行，经理对外贸易，禁止其他商民与外商接触。乾隆二十二年(1757 年)，又限定于广州一港对外通商，外贸全归广州十三行垄断。对外贸易尽管继续受到清廷的种种限制，但由于我国劳动人民生产的商品价廉物美，出口量与日俱增，尤其是茶和丝，瓷器也被大量运销国外。此外，棉布、药材、铁锅等也都是当时出口量较大的商品。通过对外贸易，外国的棉花、毛织品、香料以及各种工艺品也输入我国。当时我国还是以自然经济为主的国家，进口商品在国内销路不广，而我国又有丰富的物资可供出口，所以我国在国际贸易中尽管遇到西方资本主义国家的竞争，却仍能暂时保持出超的有利地位。乾隆五十七年(1792 年)我国对英、美、法、荷、西班牙、丹麦、瑞典等国出超额就达二百四十来万两。商品经济的繁荣，刺激了资本主义萌芽的滋长，促进了农业和手工业的发展，密切了城市和乡村、内地与边疆的联系。[3]

四、科学技术的成就

康、雍、乾统治时期，随着生产的发展和经济的繁荣，科学技术也取得新的进步。当时我国出现了许多优秀的科学家，有男有女，有汉族有少数民族的。他们在研究祖国传统文化的同时，吸取西方科学技术的成果，并在这个基础上有所发明、有所创造。

天文、历法、数学　　有王钧阐(1628～1682年)对中西天文历法进行综合研究上创立新法，自成一家，他的新法对于日食、月食以及金星凌日的推算都很精确。梅文鼎(1633～1721 年)，终生不做官，专心研究天文历法，所著《古今历法通考》是我国第一部历学的史著。他在数学方面的成就更为突出。他所提出的对于十二面体、二十面体等多面体体积的计算方法也是当时传入的西方数学所未涉及的问题。他对

勾股定理创出了新的证法，对几乎失传的垛积术和招差术，进行了深入研究，阐发其原理并创出新解。梅毂成(1681～1764 年)主持编纂的《律历渊源》初步总结了中西天文历算知识，反映了当时我国的科学水平，是一部重要的科学著作，又如明安图(1692～1765 年)积思三十余年撰写的《割圆密率捷法》初稿，不仅独立地论证了求圆周率三个公式的"立法之原"，而且创造出超过当时世界科学水平的十个新公式，总称为割圆十三术。满族科学家博启，对数学很有研究，其成果对数学运算产生很大影响。特别值得大书的是这一时期有些妇女冲破封建礼教的束缚，为我国古代科学事业的发展作出了卓越的贡献，多才多艺的王贞仪(1768～1797 年)是其中有代表性的一个。父亲是医生，不仅医术高明，还精通数学及占卜星象之术。她自幼博览群书，后跟父海内行医，搜集、整理不少民间验方；写了许多反映劳动人民生活、描写各地风物的诗歌。同时，开始了对自然科学的研究。她特别注重科学实验，创造性地搞了一个月食和月望的土办法实验，她坚持夜里观天星，从实际需要出发，较好地掌握了气候变化与农业生产之间关系的规律，能根据自然条件的种种变化，准确地预报天气演变，她从地球是圆的这个命题出发，得出"各方之天顶随其人环立而异"的论断，进而得出空间位置都是相对的，宇宙没有上下正倒之分的科学结论。她以自己科学实践的结果，批判了唯心主义，坚定地宣称"天浑然物也。"[4]

农学和水利学　　康、雍、乾统治时期，有许多知识分子，广泛搜集农民种田、艺圃的生产经验，总结农业生产的经营管理方法，整理前人农书。各书对农业全面地加以论述，或就某一门类写成专著，反映了这一时期农业技术进步情况。最早的一部比较完备的农学著作是张履祥编《补农书》，上卷收录明代《沈氏农书》，下卷总结了南方农民种植水稻的丰富经验。其他主要著作有：曹溶的《倦圃莳植记》，江灏等人的《广群芳谱》，孙宅揆的《区种图说》，刘应棠

的《梭山农谱》，盛百二的《增订教稼书》，蒲松龄的《农蚕经》，杨屾的《知本提纲》，张松的《山蚕谱》，方观承的《棉花图》，陈玉璂的《农具记》，陈芬生的《捕蝗考》，陆廷灿的《续茶经》，陈鼎的《竹谱》和《荔枝谱》，叶天培的《菊谱》等。[4]

这一时期，水利学的成就也很可观。一些有经世致用思想的知识分子，学习治河的理论，搜集整理治河的经验，研究治河的方略，有的人还能把数学、工程学的成就，用于治理河患的实际工作中去，收到了一定的成效，并写下了有价值的水利科学著作，不下二三十种，五百余卷。这一时期，对于黄河下游修堤防汛取得显著成绩，对水利学贡献最大的当数陈潢和靳辅。靳辅在康熙十六年至三十一年(1677～1692年)任河道总督，敢于力排众议，举贤任能，对水利的兴修，水利学的建树，起了一定的积极作用。靳辅关于治河的著作多出自幕僚陈潢(1637～1688年)之手。[4]

医药学　康、雍、乾统治时期，基础医学、临证医学、药物方剂学等，都取得了新的进展。这一时期名医辈出，他们都重视对医学理论的研究。《黄帝内经》等几部医经，都有人整理和注释，写成专著。名医内科有徐大椿(1693～1771年)；外科有王维德(1669～1749年)；妇科有付山著《付青主女科》；小儿科的临证经验更加丰富，夏禹铸《幼科铁镜》和陈复正《幼幼集成》是两部综合性的儿科著作。这一时期温病学达到了很高的水平，从伤寒中分出，成为独立医科。药物学、方剂学也有发展，如赵学敏《本草纲目拾遗》，新增加716种药物，在分类上又增加了"藤"和"花"两部，这一时期，由官府编纂的《古今图书集成·医部全录》及《医宗金鉴》是两部集大成的医学巨著。这一时期，西方医生纷纷前来我国行医，有的因医术高明，被任命为御医。西方医生曾用"金鸡纳"治好康熙帝的疟疾。我国的针灸术经荷兰、德国医生介绍到欧洲。俄国也派留学生学习我国的"种痘法"和"检疫法"，回国后用"人痘接种法"预防天花。这一时期，中西医学的频繁交流，对中西医学的发展起了很大作用。[4]

土木建筑和火器制造　康、雍、乾统治时期，建筑的成就主要表现在北京皇宫的扩建，离宫别苑的修建，和承德避暑山庄及外八庙的庞大建筑群上。这些将在下一节中叙述。在反侵略和维护国家统一的战争中，玄烨曾多次下令制造火器军械。到乾隆二十一年(1756年)钦定的火器种类有：鸟铳枪十七种，各种火炮八十五种。这一时期，出现了许多火器制造家，戴梓就是其中具有代表性的一个。他发明的"连珠铳"和"冲天炮"，在当时是很先进的热兵器。[4]

第二节　承德避暑山庄

避暑山庄是清朝康熙帝开始，在热河上营沿武烈河西岸一带狭长的谷地上修建的离宫别苑，在《热河志》和《承德府志》中称作热河行宫，康熙帝亲题"避暑山庄"的匾额后，在康熙和乾隆的诗文中，才见有"避暑山庄"四字，有了承德地名后，有人称它为承德离宫，坐落在今河北省承德市北部，距北京约250公里。

一、承德的由来和发展

承德，作为一个城市来说，是因避暑山庄的兴建而发展起来的，作为一个地名，是雍正年间才开始有的。从自然地理区域上说，承德属于冀北山地热河丘陵区西南部一个东西向断陷盆地。承德以及围场一带是我国河北草原区之一，历史上曾是蒙古游牧之地。据史籍记载，这一带在殷周时代是山戎、东胡少数民族居住的地区，西周时属燕侯势力范围；战国时代隶属燕国的渔阳、右北平、辽西三郡。西汉到魏晋时，这一带属幽州，匈奴、乌桓、鲜卑曾在这里居住；东晋以后，这一带是汉族和少数民族混居的地区，唐末归契丹族的辽，后归女真族的金。元朝统一中国后，这里是蒙古族活动的地区，属上都路的兴州兴安县、宜兴县；明初隶属北平府，后改北平行都司，承德一带先属兴州卫，后并入诺音卫。清朝建立后，由于当时的历史条件，热河的地理位置，"左通辽沈，右引回回，北控蒙古，南制天下"，引起统治阶级的注意。为了适应避暑山庄的建立，人口的增多和社会经济的发展，清政府先后设置了厅、州、府。雍正元年(1723 年)设热河厅，十一年(1733 年)改设承德州，这就是承德地名的由来。到了乾隆七年(1742 年)罢州，仍设热河厅；乾隆四十三年(1778 年)改设承德府，属直隶省。由于当地军事地位重要，乾隆三年(1738 年)设热河副都统，嘉庆十五年(1810 年)升为热河都统，都统署仍在承德府治所在地。[5]辛亥革命后，1914 年，直隶省的长城以北地区划为热河、察哈尔两个特别区域；热河特别区的治所在承德。1928 年，热河特别区改为热河省，省府仍在承德。1948 年承德解放后设市。1955 年，撤销热河省建制，承德市划归河北省。[6]

清朝初年，承德这个城市还未兴起之前，这里原有一个小居民点，叫热河上营(图 9-1)。其南还有一个小居民点，叫热河下营，即《清一统志》所记载的下营子，它的位置在今承德市半壁山以南，接近武烈河入滦河处。至于热河上营的位置，志书上没有明确记载，随着承德早期城市的迅速发展，很快被"淹没"在市区之中了。初步推断应在今承德市中心二仙居东北、流水街以北，大约相当于现在龙王庙、皮袄街、太平街和中华路西口一带。从一个"人烟尚少"的小居民点，迅速发展成为一个"市肆殷阗"的都会，主要由于木兰围场设置后，建立了一系列行宫，特别是热河行宫兴建后，避暑山庄成为仅次于北京的一个重要政治中心。玄烨自康熙四十七年(1708 年)以后，弘历自乾隆十六年(1751 年)以后，几乎年年都要到避暑山庄居住，一住便是四五个月，一般是四五月出口外，九十月返回北京。避暑期间就在山庄处理军政事务和接见少数民族王公贵族。他们每次前来，除皇室成员外，还有大批满汉王公大臣及其随

从，有的因屡次随行，就在山庄附近建立府第。乾隆年间，蒙古王公的府第也不少。康熙、乾隆两朝的统治阶级上层，在这个城市里是占有一定地位的。[7]

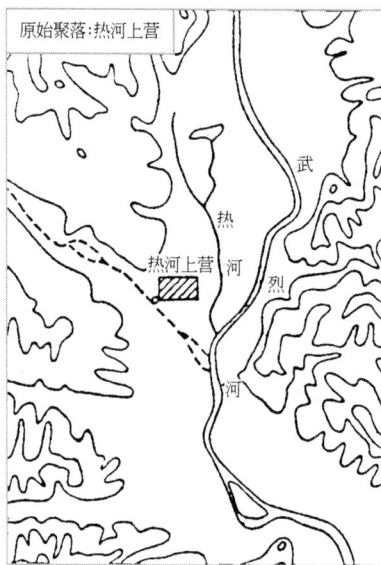

图 9-1 原始聚落: 热河上营示意图

为了供应统治阶级奢侈生活的消费需要，商业贸易迅速发展起来，使承德这个城市一开始就成为很大的消费市场。乾隆年间有人记道："买卖街在山庄西，最称繁富，南北杂货无不有"。山庄西指丽正门以西，相当于现在西大街东段火神庙一带。[7]清初沿长城各口都设有税卡，惟独古北口不设税卡，往来不征税。这一措施使大批客商往来于长城内外，许多蒙古族的骆驼商队也来这里进行贸易，于是承德迅速发展成为市井繁华的都会。据当时朝鲜使书记载："即入热河，宫闱壮丽，左右市廛，连亘十里，塞北一大都会也"(朝鲜朴趾源《燕岩集》卷五，《热河日记》《漠北行程录》)。据统计，清末时承德有大小商铺四百余家，各行各业，应有尽有，商业繁荣。[8]

在这个迅速发展的城市中，占了人口最大比例的是农民、手工业者和其他工匠夫役等劳动群众。承德及其附近的居民，大都是山东、直隶、山西等省的贫苦百姓，为了逃避沉重的田赋租税以及水旱灾害，才离乡背井，迁居于此。早在康熙十年(1671 年)，这一带已明令放垦，允许关内农民前来开垦耕作。其

后，在滦河及其支流两岸比较肥沃的土地，相继建立大量皇庄，一些蒙古王公相继将部分牧场改为农田，出租给汉族和蒙古族的农民耕种。正是由于关内贫苦农民大批涌入垦耕，就为日后大规模的劳役准备了劳动力。所以当康熙四十二年兴建避暑山庄时。集中了大批贫苦农民、手工业者和工匠，聚居在热河上营及其附近，也有一部分人在这里长期定居下来，变成了城市人口。据康熙五十一年（1712年）统计，承德地区就有十多万人。随着避暑山庄的兴建，承德的人口才急剧增长起来，随着承德这个重要政治中心的形成，户口日滋，俨然一大都会。[8]

承德是一座塞外山城（图 9-2），重要市区位于武烈河河谷西侧，平均海拔 375 米，这条河谷南北狭长，东西两岸山岭对峙，中间最狭处相距不到一公里，最宽处不过一公里半。现在的武烈河绕过市区南端的半壁山，下注滦河。承德周围，群山起伏，峰峦怪石，奇特突兀。以地质成因看，"承德砾岩层"的岩石是由红色砾岩和砂页岩组成，质地软硬不一，垂直节理发育。在漫长的地质年代，它们一方面受构造运动的影响而逐渐抬升，另一方面由于风化作用和流水侵蚀，松软的部分被侵蚀，较坚硬的岩层保留下来，久而久之便形成千姿万态的地貌类型。有的成为临河危立的谷壁陡崖，如市区南面的半壁山。有的下部淘空，上部坚硬岩层得以保留，成为额状崖；或者崖壁淘空成洞窗，形成"天桥"或"象鼻山"等特殊地貌，如天桥山的峰崖高处，天桥的桥洞豁朗，像是鬼斧神工精凿的危桥。有的方山岩岭经过不断侵蚀，坍塌而成奇形怪状的石柱、石林、石挺和多种地貌形态。如武烈河东河的蛤蟆石，位于群峰之顶，昂首缩

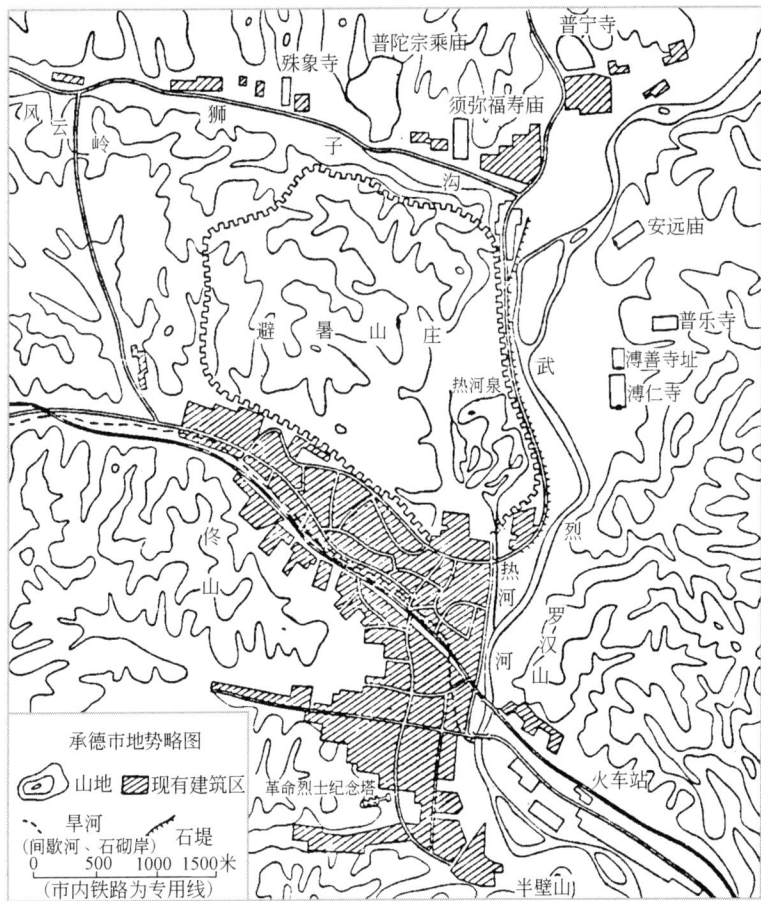

图 9-2　承德市地势略图

腹，好像准备突然一跳，跃入蓝空。罗汉山宛如一尊袒胸露腹的弥勒佛屈膝盘腿安坐在武烈河畔，隔河俯瞰着市区。在西面，距市区约二十公里，有著名的双塔山，它们像两位老人的头像，背靠在一起。当你转换一个方向，景态又突变，"须臾马首齐向东，两峰体合一峰"，看到的是"石屏方整卓然起"，有如半空落下一块青玉石。更奇特的是市区东面的磬锤峰（又名琵琶山），在山巅的一块硕大的台面平顶边沿，突然挺立，上肥下瘦，状若洗衣槌，俗称棒槌山（据有关部门测量：棒槌山海拔 596.29 米，石棒槌与石基座总高 59.42 米，其中石棒槌高 38.29 米）。远在一千四百多年前，北魏地理学者郦道元的《水经注》就有记载，书中称作石挺，有"挺在层峦之上，孤石云举，临崖危峻，可高百余仞"的描写。市区的中心部分以北，就是著名的避暑山庄。承德市是群山环抱风

景优美的山城，因盛夏凉爽而著称的避暑胜地。[6]

承德地区在康熙九年(1671年)以前，垦种的土地不多。到了乾隆六年(1741年)，据统计，热河东西共有旗地二百万亩，从关内来的贫苦农民垦种土地又有数十万亩。粮食产量逐年上升，甚至还可每年有数万斤余粮接济各地。但另一方面，由于垦种而山林被毁，水土流失，生态平衡遭受破坏，到乾隆三十年(1765年)以后，已经是"垦遍山田不见林"的状态了。

二、木兰围场和喀喇和屯行宫

避暑山庄的修建，跟玄烨的出巡口外，行围射猎密切相关。顺治八年(1651年)清世祖福临开始入关后第一次塞外巡幸，其路线是出北京，经沙河，出独石口，然后到内蒙古的多伦，召见翁牛特、巴林等蒙古部族的首领，还巡视了多仑诺尔、克什克腾、翁牛特、喀喇沁、四旗后一带的蒙古高原，然后从今围场县境取道今滦河镇土城子回京。为期近两个月的塞上之行，是清朝统治者为了解决民族问题维护国家统一目的的一次尝试。康熙十六年(1677年)玄烨第一次出巡，沿着顺治帝行经的路线，并在喀喇和屯(今滦河镇)南边住过一宿。康熙二十年(1681年)，玄烨在平定了三藩叛乱后，二次出巡，沿途一面习武射猎，一面相地度势，选择围场地址，并以喀喇沁、敖汉、翁牛特诸旗敬献牧场的名义，设置木兰围场，东西三百里，南北近三百里，总面积达一万多平方公里。"木兰"是满语"哨鹿"的意思。猎人顶着制作的鹿头，吹起木制长哨，模仿雄鹿的鸣声以引诱雌鹿，这种诱猎方式称"哨鹿"，木兰围场周围和各隘口均以树栅又称柳条边为界，其内按地形划分为六十七个小型围场(据《承德府志》卷首26)，派有官兵驻防，禁止百姓入内。自设置木兰围场后，康熙帝除了二十一年(1682年)因出巡东北，三十五年(1696年)因出征喀尔喀蒙古，追击噶尔丹叛军以外，在位期曾经四十八次率八旗官兵出塞行围习武。玄烨对围猎一举这样重视是因为通过围猎可以习武，训练部

队，加强武备。正如他自己所说："围猎与讲武事，必不可废"。行围时除了宗室王公贵族参加外，还有蒙古各部的上层人物，所以围猎之举跟清朝加强对蒙古的管辖，巩固北方边防的政治意图，密切相关。清朝统治者把"木兰秋狝"作为一项重要的政治措施，每年或间岁都要举行。胤禛即位，虽然忙于巩固皇权，内部倾轧斗争，停止了行围，但是定下规矩："后代子孙，当遵皇考所行，习武木兰，毋忘家法"。弘历(乾隆帝)把木兰行围的规模更加扩大。据统计从康熙到乾隆、嘉庆，共举行秋狝之典一百零五次。[9]

由于清朝皇帝经常赴木兰行围，促成了口外一系列行宫的建立，如两间房、鞍子岭、化渔沟(桦榆沟，今化育沟)、喀喇和屯(今滦河镇)、热河上营、蓝旗营、波罗和屯（皇姑屯，今隆化)、唐三营等。其中喀喇和屯行宫，较具规模，分宫和苑两部分。

喀喇和屯位于伊逊河与滦河汇流之处，是滦河上的一个重要渡口。这里河谷宽广，土地开阔，风景也相当优美。喀喇和屯是蒙语，汉译为旧城(黑城、乌城)，也有蒙汉合用而称为喀喇城的。它原来是一座古城，位于今滦河镇的滦河小学一带，1940年前还残存半截城墙，至解放前已荡然无存。清初顺治八年(1651年)，摄政王多尔衮曾计划在此"修建水城一座，以便往来避暑"(《清世祖实录》卷46)，但没有来得及实行，这年十二月就死在喀喇和屯。顺治帝北巡时曾在喀喇和屯停留一天。康熙帝首次北巡，曾在屯南住宿一夜，估计这时还没有修建行宫，因为此后二十三年，玄烨连年巡塞，都没有在此地住过。[9]

喀喇和屯行宫的修建，约在康熙四十年(1701年)前后。喀喇和屯行宫位于喀喇和屯东北三里，正对伊逊河口，靠滦河南岸。宫殿部分有房屋数十间，据张玉书《扈从赐游记》称："茅茨土阶，不彩不画"。苑的部分有水流从滦河引入，水南有"松鹤清樾"和"泉萝幽映"两座大轩，它们从东西两侧烘托着松林岗上的佛寺，一座贮有藏经的慈云大士阁。滦河中心有一小岛名小金山，山上构筑两个亭子，宛如

镇江金山的流云亭和谷流亭。苑东北在伊逊河中心的沙洲上，伫立着"烟月清真"轩和"积翠"，"碧玉鏧"亭，云座亭轩临水而筑。此外滦河北岸尚建有滦阳别墅。从行宫渡浮桥可登小金山，并与滦阳别墅相通。[9]

喀喇和屯行宫的规模虽然不大，但因河谷宽阔，水面宽广，四周山上树林茂密，夏日暑气尽消，诚是避暑胜地。在布局上能因势随形，点缀殿阁亭轩，风景更加明媚。行宫初步建成后，玄烨很乐于出巡时在此居住。据《清圣祖实录》记载，康熙四十一年（1702年）在这里居住了九天，四十二年住了十一天，四十三年住了二十六天，四十五年住了三十二天。康熙四十二年，玄烨的五十岁生日就在这里度过，他的侍从们集资给他盖庙祝寿，庙叫穹览寺。玄烨在《穹览寺碑文》中写道："朕避暑出塞，因土肥水甘，泉清峰秀。故驻跸于此，未尝不饮食倍加，精神爽健，所以鸠工此地，建离宫数十间。"又自述在避暑期间，"日理万机，未尝少辍，与宫中无异。"可见这里是他在口外避暑时处理军政事务的行宫。[9]

喀喇和屯行宫，早在1924年就被奉系军阀拆毁，松林岗上树木也被砍伐一空。现在，行宫的旧址上，盖起了承德钢铁厂的附属医院和学校，松林岗上是滦河镇的苹果园，层层环绕，却满山头的各种苹果树，每到秋天，果实累累，十里飘香，站在松林岗俯瞰，不再见有轩亭，远眺双塔山、滦河一带，钢厂、电厂、机械厂、丝绸厂等厂房林立，一片社会主义建设的新景象。

三、避暑山庄的修建

自从热河被玄烨发现那里气候宜人，风景优美以后，他一边行围射猎，一边踏勘新的行宫地址。康熙四十一年（1702年）闰六月十四日，玄烨带着太后、诸子和王公大臣从喀喇和屯进驻热河下营，很可能住在内务府所属的皇庄里。他从这里出发，为建立行宫而勘察，并访问村老，发现一处比喀喇和屯的自然环境更优，风景更美的地方，这就是热河上营。玄烨在"芝径云堤"这首诗中记述了他在此建行宫别墅的经过。他说："万几少暇出丹阙，泉水乐山好难歇"。在避暑"漠北"时"访问村老"，得悉上营这一带"众云蒙古牧马场，并乏人家无枯骨（坟冢）"占地建宫苑，不致毁庐舍农田，影响农业生产。这里"草木茂，绝蚊蝎，泉水佳，人少疾"，真是疗养佳地。这里地形复杂，具备各种不同的地貌景观。有峰峦突兀，林木茂密的山岭，有幽静深邃的峡谷，峡内有流泉迸发，有蜿蜒回环的山涧湖泊，有平坦绿草如茵的草地。山上"万壑松，偃盖重林造化同"，以及其他植被景观，有"磬锤峰，独峙山麓立其东"和其他自然形胜可资因借，真是塞外山清水秀，风光明媚，难得的天然胜区，"自然天成地就势，不待人力假虚设"。于是玄烨亲自设计和指挥，调集了大量的民夫工匠，先从疏浚湖泊和筑堤着手，所谓"命匠先开芝径堤，随山依水揉辐齐"，开始了热河行宫的营造工程。工程以上万人的规模加速进行，翌年即康熙四十二年七月十六日，玄烨再次到热河上营时，行宫已有了雏形。汪灏在《随銮纪恩》中写道："七月二十三，闻驾发汤泉（今承德县头沟区汤泉），去行宫北门迎候，……午刻入行宫，臣灏等仍入朵殿直庐。"可见当时已经有宫殿和城门。大抵到康熙四十七年（1708年）初步建成。从此热河行宫便替代了喀喇和屯行宫，成为玄烨和弘历及以后历朝清帝在塞外巡行、避暑和从事重要政治活动的中心了，从康熙四十八年（1709年）到康熙五十二年（1713年），玄烨又进行了二期工程，宫墙也改建成，山庄的规模即已大定。玄烨去世后，在胤禛执政的十三年中，避暑山庄基本上没有进行土木工程建设，胤禛本人没有去过避暑山庄，也未去过木兰围场举行秋狝之典。到了乾隆时候，弘历进行了大规模的改造和扩建，从乾隆六年（1741年）到乾隆五十五年（1790年）近四十年的不断经营，才最后完成。

避暑山庄分宫和苑两部分。行宫部分只占山庄南部很小一个点，是皇帝处理政务和居住的地方，苑才是主体部分。

四、避暑山庄在我国园林史上的地位

就天然山水胜区以筑离宫别苑的可追溯到汉武帝时。刘彻曾把骊山下原是秦始皇以石作室砌池的"神女汤泉"或叫"骊山汤"加以扩建，作为汤浴游息地。隋文帝杨坚又加以修建，并广种松柏树木。唐太宗李世民诏令阎立德营建"汤泉宫"，规筑的宫殿楼阁，极尽豪华之能事。这里变成帝王常临幸的胜地。唐玄宗李隆基更大肆扩建，治汤井为池，池在宫室中，宫殿成组，周围筑以罗城，取名华清宫，又称华清池。唐朝帝王大抵十月而往，冬尽而返，可称冬宫。隋唐时代另一著称的离宫是九成宫。隋时名仁寿宫，位于陕西麟游县。那里地势高亢，气候凉爽，是避暑胜地。九成宫的营建以天台山为中心，山虽不高，而其阳崇崖崛起，南临杜水，西枕马坊河，总的形势既有群山环抱，又有水流其中，风景优美。宫殿楼阁是随着山势高低而修筑，嵯峨豪华。以上详见第五章第二节唐长安城宫苑、郊坰胜地和离宫别苑。无论是华清宫或九成宫，宫址都选在天然山水胜区，也都是因势而筑宫室，宫殿参差覆盖，以长廊相连接而成建筑组群，因此在形式上仍不脱秦汉建筑宫苑的窠臼。[10]

清朝康熙时的避暑山庄，不仅规模宏伟，而且在风格上和唐之华清宫、九成宫是截然不同的。它不以豪华嵯峨的建筑群见胜，而是巧于因借以突出自然美，使崇山峻岭水态林姿更加优美为主要内容，只是为了居住游息生活要求而随形随景布置殿斋亭榭。我们特称它为自然山水宫苑。可以毫不夸张地说，自汉唐以来，无论元明，还没有一个像避暑山庄那样的表现自然美的，即天然山水见胜的宫苑，在这一点上可说是前所未有，终清之朝也没有第二个可称为自然山水宫苑的了。[10]

避暑山庄(图9-3A、B)总面积根据测图计算，大约为560公顷或8400多亩，是清朝修建的离宫别苑中最大的一个，占今市区面积之半。庄址的四界东面是武烈河；南面是市街；西面是广仁岭的西沟；北面是狮子岭、狮子沟。山庄的整个外围线近似一个多边形，周围筑有宫垣并雉堞。宫垣是叠石堆砌的"虎皮墙"，随山势起伏、地形变化而筑，其西面和北面的宫垣，沿缘山脊而造，其东北隅一段，由山脊直下伸到开旷的谷原，好似长城一般，然后沿武烈河西岸平伸直达山庄的东南角。据《热河志》记载，宫垣周长约十六里三分，宫垣本身高约一丈，厚约五尺。宫垣四周原来还设有40座"堆拔"(守卫兵营房)。山庄南面有三门：中为丽正门，东为德汇门，西为碧峰门，门上都有面阔三间的城楼。山庄东北有惠吉门，或称北门，西北有西北门，另有流杯亭门、仓门等专用门。

就自然地势来讲，山庄的地形复杂，有山岭、有沟谷、有泉洞、有湖沼、有谷原等多种地貌景观。山岭部分约占山庄总面积的76%，乃宫以山庄命名，正体现了山区是主体的这一特色。山岭部分，岗峦起伏，峡谷交错，有大抵自西北往东南走向的山峪四条。谷内有涓涓细流的山涧和四条主沟。由南往北，依次为水泉沟，水泉沟西端的西峪(又称榛子峪)、梨树峪和松林峪以及松云峡(又称旷观沟)。除西峪较短，走向为微偏西的南北向外，其余三条都是西北东南走向。在避暑山庄的东部偏南有一泉，叫作热河泉，不仅出水较旺，且水温也较高，即使隆冬季节也不会结冰。由于这个泉水以及山涧奔汇而来的水，构成低地的湖泊区(经玄烨、弘历疏浚开辟成多个湖区)。湖泊区北部是一望无垠的呈三角状谷原，有山地，有榆杨之属的树林。湖区和谷原的平均海拔高约350米，由于地势较高，林木茂密，水面开阔，直接影响到这里的小气候，即使在盛夏季节，也凉爽宜人；到了冬季，由于这一带山峦恰似为谷原湖区树起一道巨大的风障，有效地阻挡了西北寒风的直接侵袭，所以气候比附近地区较为温暖。

殊象寺

普陀宗乘庙

须弥福寿庙

普宁寺

普佑寺

狮

子

沟

武

烈

河

西北门

宜照斋

含青斋

敞晴斋 广元宫

玉岑精舍

碧静堂

松

旃檀林

水月庵

云

山近轩

斗姆阁

北枕双峰

南山积雪

旷观

峡

创得斋

梨

梨花伴月

树

灵泽

龙王庙

峪

试马埭

万

树

园

安远庙

大

榛

子

秀起堂

鹫云寺

四面云山

小

榛

子

峪

有真意轩

食蔗居

松林峪

绿云楼

珠源寺

澄

湖

如意

湖

上湖

流杯亭门

普乐寺

溥善寺遗址

溥仁寺

碧峰寺

芳园居

花神庙

戒得堂

镜

湖

碧峰门

坦坦荡荡

下湖

银湖

文园

东遗址

德汇门

市

丽正门

区

北

图例

山庄宫墙

堤坝

道路

建筑

湖泊

0 100 200 300 400 500 m

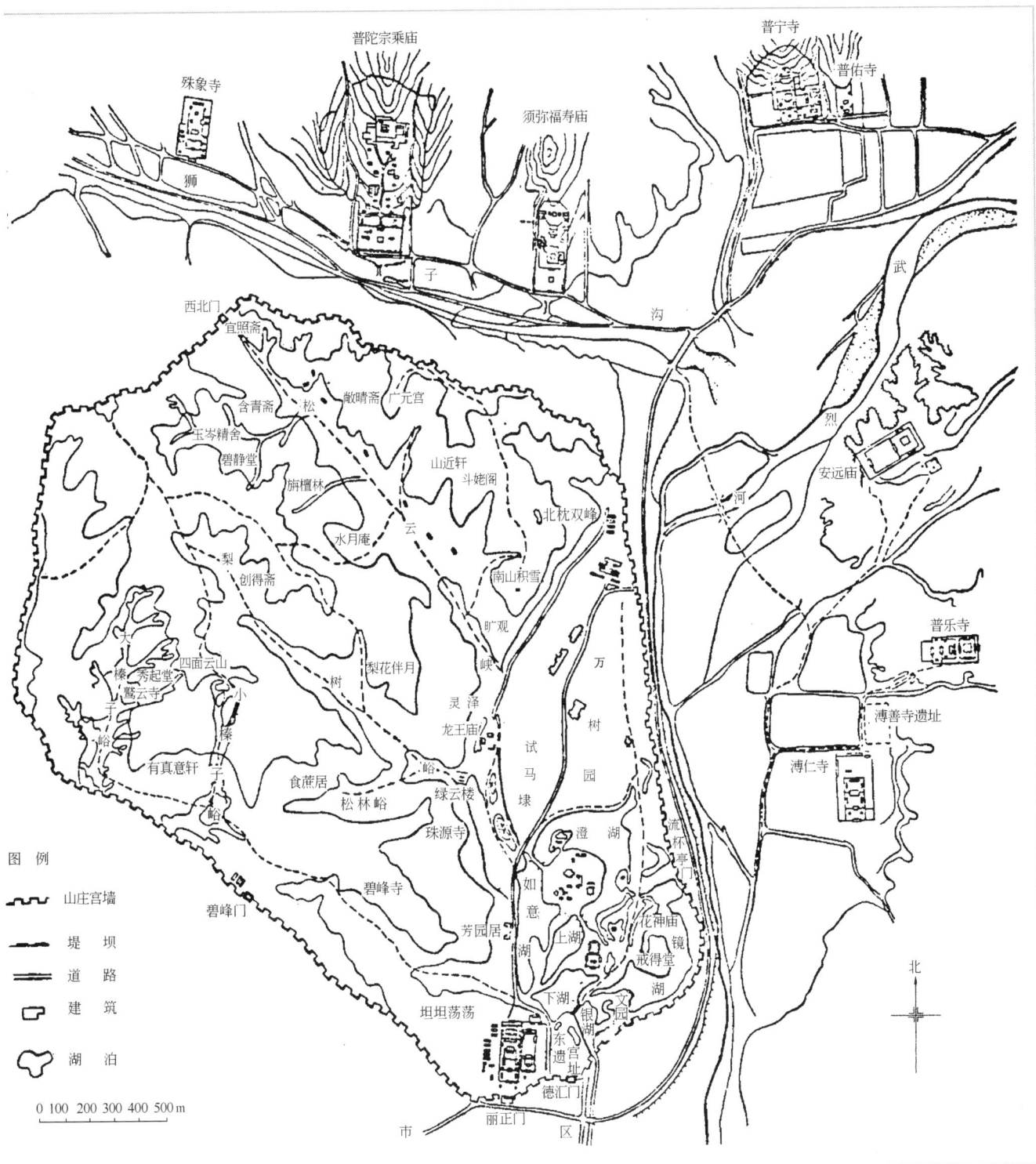

图 9-3A 乾隆时期避暑山庄平面图

就自然植被来说,承德的自然植被属夏绿林,树种以松栎为主,树种大体上与华北平原区近似。松有辽东红皮油松和黑皮油松(学名略,以下同);栎属有槲树、栓皮栎和辽东栎等,杨属有辽杨、山杨。其他树种有五角枫、刺楸、榔榆、泡桐、枫杨、水榆、椴、丁香、盐肤木、漆树、合欢、枸子、溲疏、皮树、紫珠、枳椇等。森林破坏后,荒丘上或阳坡上滋生旱性灌木如酸枣、荆条、胡枝子等。野生果木有秋子梨、棠梨、山荆子、花红、山楂、山杏、毛桃、君迁子、小叶悬钩子等。藤本的有蔓性落霜红、络石等。避暑山庄山地土壤为棕壤和灰棕壤。山地原植被也是以松栎为主,山地区和谷原区都残存有上述主要树种,可以想见当时山庄的植被景观。虽然山庄的树木早经破坏,今天却可看到残存的苍翠的油松古树,尤其是松云峡一带;还有亭亭如华盖的栎树。谷原上,榆杨柳之属的巨树参天;试马埭一片绵软如绿茵的草地。春夏是山花怒放,如雪如海,入秋后树叶变色,或红或黄,锦绣天成。玄烨、弘历的七十二景诗中有相当一部分是咏赞植物之景的。充分运用自然植被和人工补植以润饰和创作植物景域,是避暑山庄特色之一。[10]

避暑山庄(亦即承德市)周围有优美山峦景色可资因借(前已述及的就简略):南望有形似僧帽的冠帽峰;东南望近处有罗汉山,远处有峰峦高低不一如鸡冠状的鸡冠山;东望近处有磬锤石、蛤蟆石,再远处有天桥山;西望广仁岭一带岗峦起伏;北望金山黑山一带峰峦重叠,景色如画。此外,随着年月的发展,山庄外围的附近山岭上陆续建有雄伟壮丽的寺庙十一处(详后),可资因借,这在园林史上更是绝无仅有的。[10]

在我国北方有这样一块天然山水胜地,有交错的岗岭溪谷,有平坦的谷原树林,有低凹的湖沼洲岛,有蔚然深秀的植被景观,又有周围山峦奇景,实是难得的一块宝地。避暑山庄虽然具备了山峦林泉的天然形胜,但毕竟是朴素的自然,是自然自己形成的景物。如果不能在创作上充分掌握山水形象,而且加强地、突出地、具体地、巧妙地运用艺术手法,把自

然形象的美表现出来,也是枉然。避暑山庄,无论在总布局方面,度宜以开拓景物方面,随形因势而筑造方面都有独到之处,有很多地方值得我们深入学习,分析研究,归纳总结。尤其是今天,在开发建设自然风景区、风景名胜区时,有很多地方可以借鉴和灵活运用。[10]

避暑山庄不是一次建成的,从康熙年间到乾隆年间,先后经历了八十多年时间,玄烨、弘历祖孙两位皇帝的累续经营。由于他俩的不同艺术构思和意趣而形成不同时期的不同风格,这在我国园林史上也是绝无仅有的。总的说来,康熙年间避暑山庄不愧是自然山水宫苑的典范。玄烨的规划思想、艺术构思在突出自然山水之美,无论辟湖筑洲,或布置建筑都以突出形胜为主题。至于殿屋轩榭的营造,为与自然环境相和谐,顶用灰筒泥瓦,楹柱不施丹雘,栋梁不施彩绘,以纯朴素雅的格调为主。到了乾隆年间,庄内兴筑日繁,次第建造了寺观九处,既用琉璃瓦顶,又施彩画栋梁、丹雘楹柱,破坏了山庄的朴素自然的格调,又仿江南名园建筑规划,增筑众多轩阁亭榭、园中之园,其中虽不乏佳作,具新意和匠心而值得借鉴,但总的说来,逐渐改变了玄烨时原来的风格,亦步亦趋于汉唐建筑宫苑,以布局新颖,错落有致,富有变化,自成一局的建筑组群见胜。为此,从园林艺术上分析评价避暑山庄时,不能以乾隆五十五年(1790年)最后工程完成的园状为对象,而要按照不同的经营阶段,即康熙年间的和乾隆年间的避暑山庄两个部分来分析其不同的艺术构思和不同的风格。

从避暑山庄营建的历史过程来说,可以划分为康熙时期和乾隆时期两个部分。从山庄的营建工程来说,康熙时期又可划分为两个阶级。从康熙四十二年(1703年)到康熙四十七年(1708年)山庄初步建成为第一阶段。这一期工程主要是湖洲区和环绕湖洲进行的约十五景,山区的"万壑松风"、"梨花伴月"两组建筑以及制高点上的"锤峰落照"、"南山积雪"亭等。从康熙四十八年(1709年)到康熙五十二年(1713年)是热河行宫发展的第二阶段。这一期工程分三方面进行,重

点是修建山庄的正宫部分，开辟了两处新的湖面，增建了一些园林建筑如水心榭、畅远台等，同时改建了宫墙。这个宫墙改建工程是康熙五十年(1711年)玄烨处罚原江南江西总督大贪官噶里出资改造。

乾隆时期弘历进行了大规模的改造和扩建，工程上也可分作两个阶段。从乾隆六年(1741年)到乾隆十九年(1754年)为第一阶段。这一期工程主要是维修原有建筑(包括正宫)，调整改建了湖洲区的几组建筑群，新辟镜湖、银湖和环绕新湖区的文园狮子林、戒得堂等，把山庄的宫墙东南隅相应向外突出，形若弓背，迫使武烈河东移，逼近山麓，还新建松鹤斋、永佑寺等处。从乾隆二十年(1755年)到乾隆五十五年(1790年)为第二阶段。这一期工程，在山庄内增建了湖洲区仿江南名园的多组建筑，重点经营了山岭区多组建筑组群以及山庄内的八处寺庙(连同第一阶段永佑寺，山庄内共建寺庙九处)。这一阶段也是修建"外八庙"重大工程的阶段。

避暑山庄根据地形特点和功能上组景上要求，大体可以划分为七大区域，即行宫区、湖洲区、谷原区、湖岗区、水泉沟区、梨树峪区、松云峡区(再分为松云峡谷道景区、松云峡西支谷景区、松云峡东的北山区南部、松云峡东的北山区北部)。

行宫区

为了行文方便起见，对行宫部分不分康熙乾隆，综合简述如下。行宫区在山庄南部自成一小区，后门通别苑，包括"正宫"、"松鹤斋"、"万壑松风"和"东宫"四组宫殿建筑(图9-4)。

正宫 在行宫区的最西边，是清朝皇帝在承德时处理政务和居住的宫区。玄烨原拟以如意洲上宫殿为主要场所，但因如意洲受湖水限制，宫殿比较狭小，无法展扩，下令将"万壑松风"西南的山头开掉，将土石方向东和南推移，填高垫平，形成一片宏敞空旷的台地，盖起正宫。它的平面成南北长的长方形，四周有围墙，组成大小不同的九进院落，分为前朝后寝两个部分，建筑布局严整、对称。正宫的大门

即"丽正门"，门前有巨大的红照壁，进内又有一座面阔五间的大门，两侧腰墙相连，各辟一掖门。东西各布置平房五间，叫外朝房，门内又为一层院落，东西也各有平房五间，叫内朝房。内朝房北，耸起一道高大的红墙，正中有五间大门，额曰"避暑山庄"。这个门内正中大殿叫"澹泊敬诚"殿，是皇帝接见王公大臣处理朝政和举行大典的正殿，面阔七间，单檐歇山顶，全部木材用楠木，通称楠木殿，除梁头上有绿色彩画外，全部不施彩饰。正宫又有一殿，五间，题曰"依清旷"(弘历改题"四知书屋")殿后是一排"十九间房"，中部三间为佛堂，名"宝筏喻"，其他大概是放置皇帝出巡的仪仗之类用房。过了夹道进门就是正宫后院。正中主要建筑是皇帝的寝宫，面阔七间，高二层的"烟波致爽"(嘉庆和咸丰就死在最西一小间寝室)。寝宫左右置有四个居住建筑小院，为后妃等居住的地方。寝宫后另有高楼突起，上下各五间，八窗洞达，可眺望庄内别苑景色和远处山峦朝夕阴晴的变换，因此叫"云山胜地"。楼前堆叠有小假山，有蹬道岩梯，可循级而登楼的第二层，"凭窗远眺，林峦烟水，一望无极，气象万千"。楼后有垂花门即正宫后门，叫"岫云门"。出门即别苑部分的"驯鹿坡"。

松鹤斋 正宫东旁并列的一组建筑群，称作"松鹤斋"，建于乾隆十四年(1749年)，原是乾隆母亲的住所，与正宫有侧门相通。大殿七间，前后廊，弘历题名"松鹤斋"，后改"含辉堂"(已不存)，斋后有十七间照房(也已不存)，夹道北后院为"继德堂"(现仅存石砌台基、柱础等遗迹)。堂后有"五门楼"，格式与"云山胜地"类似，名"畅远楼"。

万壑松风 出后院的宫门另有一个院落，称"万壑松风"，建筑组合较有变化，主要建筑是面阔五间，进深二间的大殿，通称万壑松风殿(弘历时改名纪恩堂)，殿为两侧曲廊环抱，与散布的几座平房相联络。南面正对纪恩堂有平房三间名"鉴始斋"。万壑松风殿正位在行宫山岗尽处，据岗背湖，形势优越，原有古松数百，北望湖光山色在长松掩映中，风景绝佳。北坡有石砌蹬道，下可达万壑松风桥，进入湖洲区。

1. 照壁
2. 石狮
3. 丽正门
4. 午门
5. 铜狮
6. 宫门
7. 乐亭
8. 配殿
9. 澹泊敬诚殿
10. 依清旷殿
11. 十九间殿
12. 门殿
13. 烟波致爽殿
14. 云山胜地楼
15. 岫云门

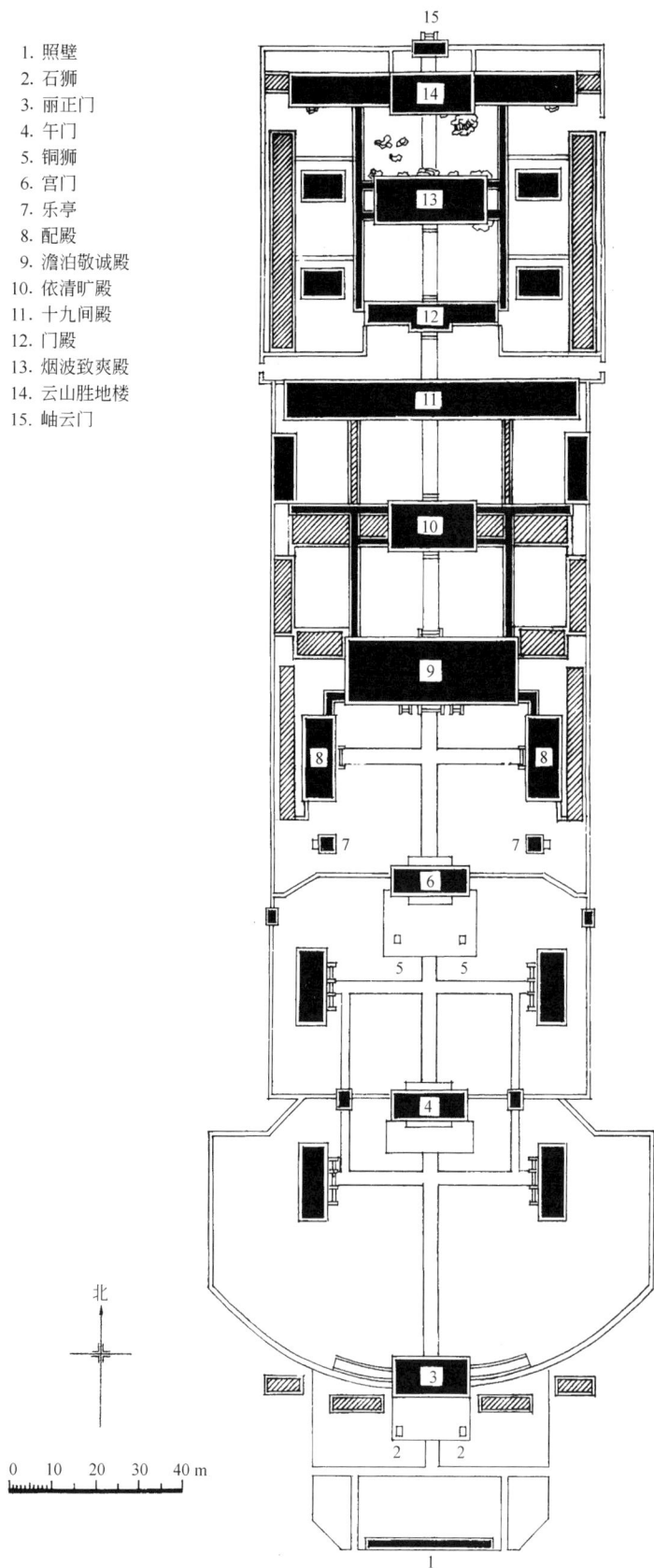

北

0 10 20 30 40 m

图9-4　避暑山庄行宫部分平面图

东宫　在松鹤斋东，南对德汇门，建于乾隆十六年(1751年)，主要建筑依次有门殿、前殿、清音阁、福寿阁、勤政殿、卷阿胜境殿等。前殿面阔十一间，周围廊后部中央凸出三间过殿与清音阁相连。"清音阁"平面三间，楼高三层(俗称大戏楼)，阁中有天井、地井及转轴。楼南是"福寿阁"，为五间楼房，是清帝赏宴看戏的地方，周围接以廊屋。阁后为"勤政殿"，清帝在山庄时常于此处理日常政务。殿后即"卷阿胜境"，面阔三间，带三间抱厦坐落湖岸。东宫一区，解放前毁于火灾(1945年)，残存一大片基址，仅卷阿胜境殿已于1979年重建。

五、康熙年间的避暑山庄

避暑山庄的天然形胜，诚如《热河志》上所说："阴阳相背，爽垲高朗，地居最胜，其间灵境天开，气象宏敞。俯武烈之水，把磬锤之峰，宫中左湖右山，回抱如环。"山庄是以山为突出的特点，但山泉山涧与热河泉诸水汇合而成水系湖沼更是引人入胜部分。所以有人说山庄的形胜是"水心山骨"。玄烨经营山庄的初期工程的重点是理水、筑堤、造洲，可见其"胜趣实在水"。为了开发湖沼区的风景，经过匠心独运，对湖沼地区加以开凿、疏浚、堆土造洲以及堤桥的筑造，形成几个形式不同而意趣各异的水面和洲岛。经过改造过的湖沼区，下文称为湖洲区。洲岛上随形因景而构筑亭轩或因居住需要而有成组的建筑群时，也要先乎取景，巧妙安排。[10]

玄烨对山岭区的经营主旨是意在保存原有的植被景观和幽谷溪涧、峰回路转的自然景观。除了因居住生活需要，在近湖山岗和峪口布置有建筑外，主要是因山造景，借景而筑。大抵随形势而在山隈、山坞、山坡、度地合宜而构筑平台奥室、曲廊轩馆。山间道路大抵迂回曲折，上下连环相通，有溪谷之间架以大小石梁为渡。由于"四面有山皆入画"，主要山巅上各冠以亭，登高远眺，景色天成。[10]

总的说来，玄烨经营山庄的规划思想和艺术构思是要突出自然山水之美，即使是辟湖筑洲，布置建筑，也以突出自然形胜为主题。为了使殿屋轩榭等园林建筑与自然环境相和谐，顶用灰黑筒泥瓦，楹柱不施丹藻，栋梁不施彩绘，以纯朴素雅的格调为主。不仅因山因水造景，而且巧于因借，无分内外，使人感到山庄和自然山川融为一体，是大自然的一部分。[10]

避暑山庄的苑区，为了评叙方便起见，可以划分为湖洲区、谷原区、湖岗区、山岭区四部分，每一部分又再按形胜划分为景区和景点。景区、景点只是我们今天为了分析、评价古代园林时，或在设计现代公园时所采用的专用名词，对于古人来说，并不存在这种概念。目前，景区、景点的概念也不是很明确的。一般的说，景点就是景物本身，可以是一组园林建筑，独立成为一个单元的，可以是一亭一榭单体建筑，本身是一景，又可眺望四周因借成景的，都可称为景点。景区是一个较大范围的境域，或由数个景点联结而成，或因山依水而连成，或主以植物造景形成的景域，或高低错落曲折变化的建筑组群，或筑山、置石、植物、园林建筑综合形成的境域。[10]

避暑山庄初步建成后，玄烨曾有用四字题名三十六景（见下），每景一诗有序。清朝冷枚的《避暑山庄图》所描绘的，大体上就是第一阶段初步建成时情况。这里要指出，三十六景并不就是三十六个景区。

有时所谓一景仅是一组建筑中某个单体建筑的题名，如"青枫绿屿"为一门屋的题名；或数量只是一组建筑群的个体题名，如"无暑清凉"、"延薰山馆"、"水芳岩秀"是如意洲上整齐排列的三重建筑的分别题名。"观莲所"（亭名）只能说是一个景点，连同亭后的四合院建筑，景称"金莲映日"，是如意洲景区的组成部分。沿澄湖北岸的四亭，即"甫田丛樾"、"莺啭乔木"、"濠濮间想"、"水流云在"以及据山巅的四亭，即"四面云山"、"锤峰落照"、"南山积雪"、"北枕双峰"，都是平眺或居高远眺的景点的题名。但"南山积雪"、"北枕双峰"却与"青枫绿屿"（本身也是一个景区）合成一个景区。[10]

附：康熙题三十六景
1. 烟波致爽　2. 芝径云堤　3. 无暑清凉
4. 延薰山馆　5. 水芳岩秀　6. 万壑松风
7. 松鹤清樾　8. 云山胜地　9. 四面云山
10. 北枕双峰　11. 西岭晨霞　12. 锤峰落照
13. 南山积雪　14. 梨花伴月　15. 曲水荷香
16. 风泉清听　17. 濠濮间想　18. 天宇咸畅
19. 暖流暄波　20. 泉源石壁　21. 青枫绿屿
22. 莺啭乔木　23. 香远益清　24. 金莲映日
25. 远近泉声　26. 云帆月舫　27. 芳渚临流
28. 云容水态　29. 澄泉绕石　30. 澄波叠翠
31. 石矶观鱼　32. 镜水云岑　33. 双湖夹镜
34. 长虹饮练　35. 甫田丛樾　36. 水流云在

附：乾隆题三十六景
1. 丽正门　2. 勤政殿　3. 松鹤斋
4. 如意湖　5. 青雀舫　6. 绮望楼
7. 驯鹿坡　8. 水心榭　9. 颐志堂
10. 畅远台　11. 静好堂　12. 冷香亭
13. 采菱渡　14. 观莲所　15. 清晖亭
16. 般若相　17. 沧浪屿　18. 一片云
19. 蘋香沜　20. 万树园　21. 试马埭
22. 嘉树轩　23. 乐成阁　24. 宿云檐
25. 澄观斋　26. 翠云岩　27. 罨画窗
28. 凌太虚　29. 千尺雪　30. 宁静斋
31. 玉琴轩　32. 临芳墅　33. 知鱼矶
34. 涌翠岩　35. 素尚斋　36. 永恬居
注：第五景"青雀舫"为一叶龙舟之名，在西船坞。

（一）湖洲区

　　康熙帝经营山庄时首先开辟湖洲区(图9-5)。山庄的湖沼通称塞湖(取意塞外湖泊)，探水之源，主为热河泉和山涧常流水汇注聚成。水浅处难免有沼泽地，于是疏浚以增水深，起泥以筑堤洲。工程首先以芝径云堤着手，筑小洲芝英，东北达如意洲，东达云朵洲，折北为金山等大小不同，形状各异的洲岛。各洲的湖岸曲折自然，极少石砌，多以草木覆被固岸，仿佛天成。水面分割成澄湖(现约9公顷)、长湖(已不存)、西湖(已不存)、半月湖(已不存)、如意湖(现约5公顷)、上湖(约2公顷多)、下湖(约2公顷多)和第二阶段开辟的镜湖(约7公顷)、银湖(1.3公顷)等，或广而短，或狭而长，或开朗明亮，或曲折平静，形式各异，意趣各殊的多个水面，但不显得琐碎(图9-5)。特别是由于跨水的水心榭的筑造，构成下湖和

银湖的水面标高不同，桥下因落差而形成长宽的水幕。因这两个湖的水面较西部诸湖水面低约尺许，通流处需加闸板相隔断，因此诸湖容易保持如镜的水面，映出倒影俪景。至于澄湖，一则因东西长而显得开阔，一则由于热河泉的水温高，于是悠悠烟水意境天成，背衬一片草原树木，还有淡淡云山可资远借，在诸湖中独具特色。总之上述种种理水筑洲手法上变化，使得自然水景更加丰富优美。康熙时湖洲区大抵可划分为以下几个景区。[10]

　　芝英洲景区　芝径云堤本身逶迤曲折，径分三枝，列大小洲三，形若芝英(即"环碧"所在小洲)，若云朵(即静寄山房和清舒山馆所在洲)，复若如意(即如意洲)。芝英洲小(图9-6)，形若灵芝，故名。洲上有毗卢帽木牌坊二座，南部为一组小型建筑，为不规则四合院，有殿三间，玄烨题称"环碧"，南部门殿西侧围墙向北的拐角处，开有发券的小门，

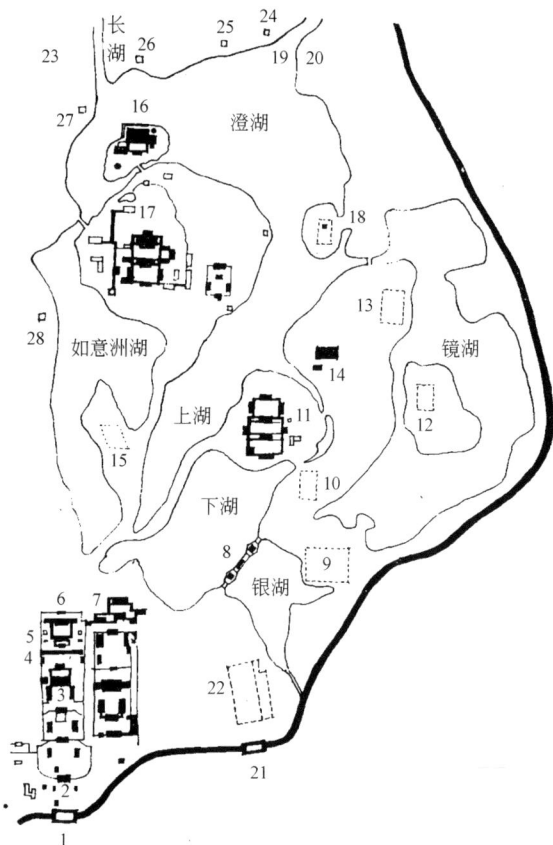

1. 丽正门　　　2. "避暑山庄"门　3. 楠木殿
4. 十九间殿　　5. 烟波致爽　　6. 云山胜地
7. 万壑松风　　8. 水心榭　　　9. 文园狮子林
10. 清舒山馆　　11. 月色江声　　12. 戒得堂
13. 花神庙　　　14. 静寄山房　　15. 采菱渡
16. 烟雨楼　　　17. 如意洲　　　18. 金山寺
19. 热河泉　　　20. 东船坞　　　21. 德汇门
22. 东宫　　　　23. 文津阁　　　24. 甫田丛樾
25. 濠濮间想　　26. 莺啭乔木　　27. 水流云在
28. 芳渚临流

图9-5　避暑山庄湖洲区略图

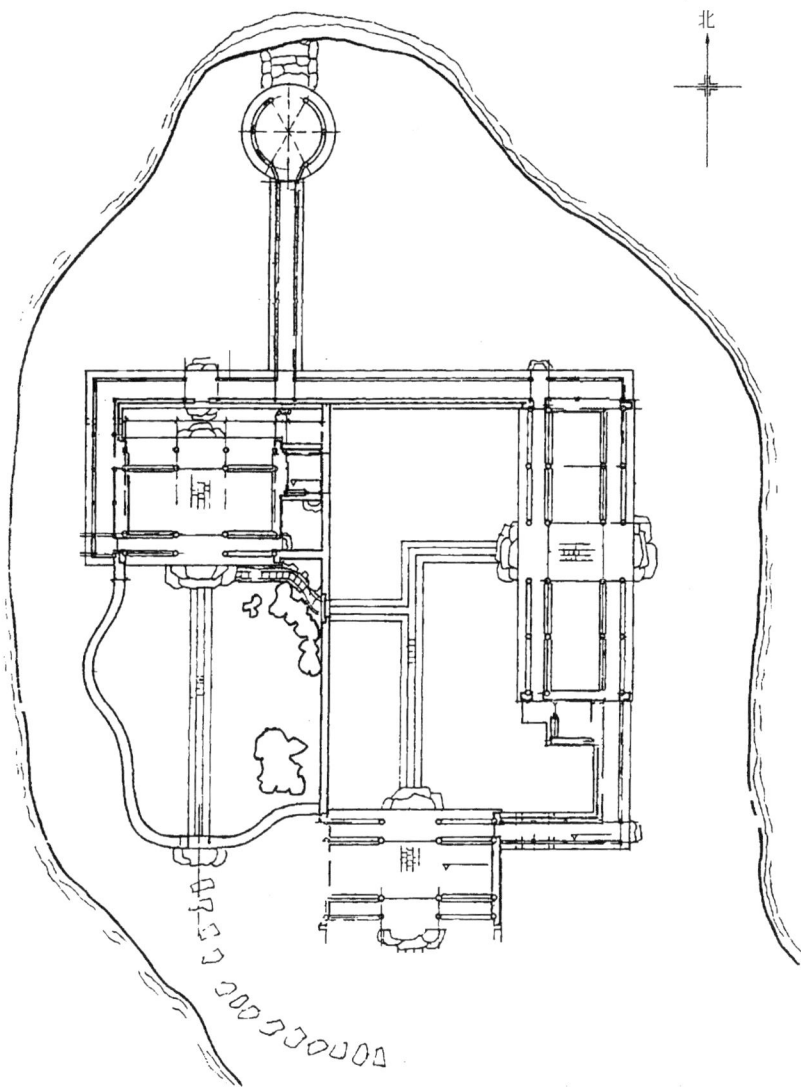

北

图 9-6　芝英洲平面图

空间，其东北、东部和东南三面都堆叠有土岗，拥抱着中部大片平地，惟独敞开西面，正因为景物在西，而有临水建筑数组。洲上建筑群主为居住用，建于康熙四十二至四十七年（1703～1708年），山庄营建初期，玄烨即居住此洲，所以主体建筑是在轴线上整齐排列的三重殿屋，依次为面阔五间的门屋，题名"无暑清凉"，第二重正殿面阔七间，题名"延薰山馆"，左右各有配殿，周接回廊七，成为第一进院落，第三重殿屋称"水芳岩秀"（原为 15 间，是玄烨读书静养处，后改为五间），为第二进院落，殿后有围墙，围成半圆形的庭院。因山庄是离宫别苑，其建筑不必拘泥于整齐格局而可灵活布置。所以在前院有一条东西向辅助轴线，西端有四合院一所，有殿西向称"金莲映日"、"殿前有广庭数亩，种植有金莲花万本"

门上刻有"环碧"二字，小洲北端有一草亭，名采菱渡，亭有折廊与前部建筑相连。从万壑松风桥而下，漫步堤上至此，是湖洲区第一个景区。建筑已不存，小洲上杂木丛生，颇有野趣。[10]

　　如意洲景区　如意洲是湖洲区面积最大的洲岛（图 9-7），面积约 4.5 公顷，形圆近方（连同芝径云堤，状若如意故名），四面环水，北与东为澄湖，南为上湖，西为如意湖。为了不致一览无余和划分

《热河志》），据称"金莲花本出五台，移植山庄，……每晨光启牖，相形临铺，金彩鲜新，烂丝匝地"（《热河志》）。毛莨科金莲花属，学名为 *Trollius chinensis* Bge.，华北地区海拔较高山地都有分布，例北京百花山顶，称作白草伴的海拔高 1800 米的草地带，就有很多金莲花成片野生。如意洲西河湾中荷花特盛，特建亭称"观莲所"以赏荷，亭北有廊与金莲映日殿相接。[10]

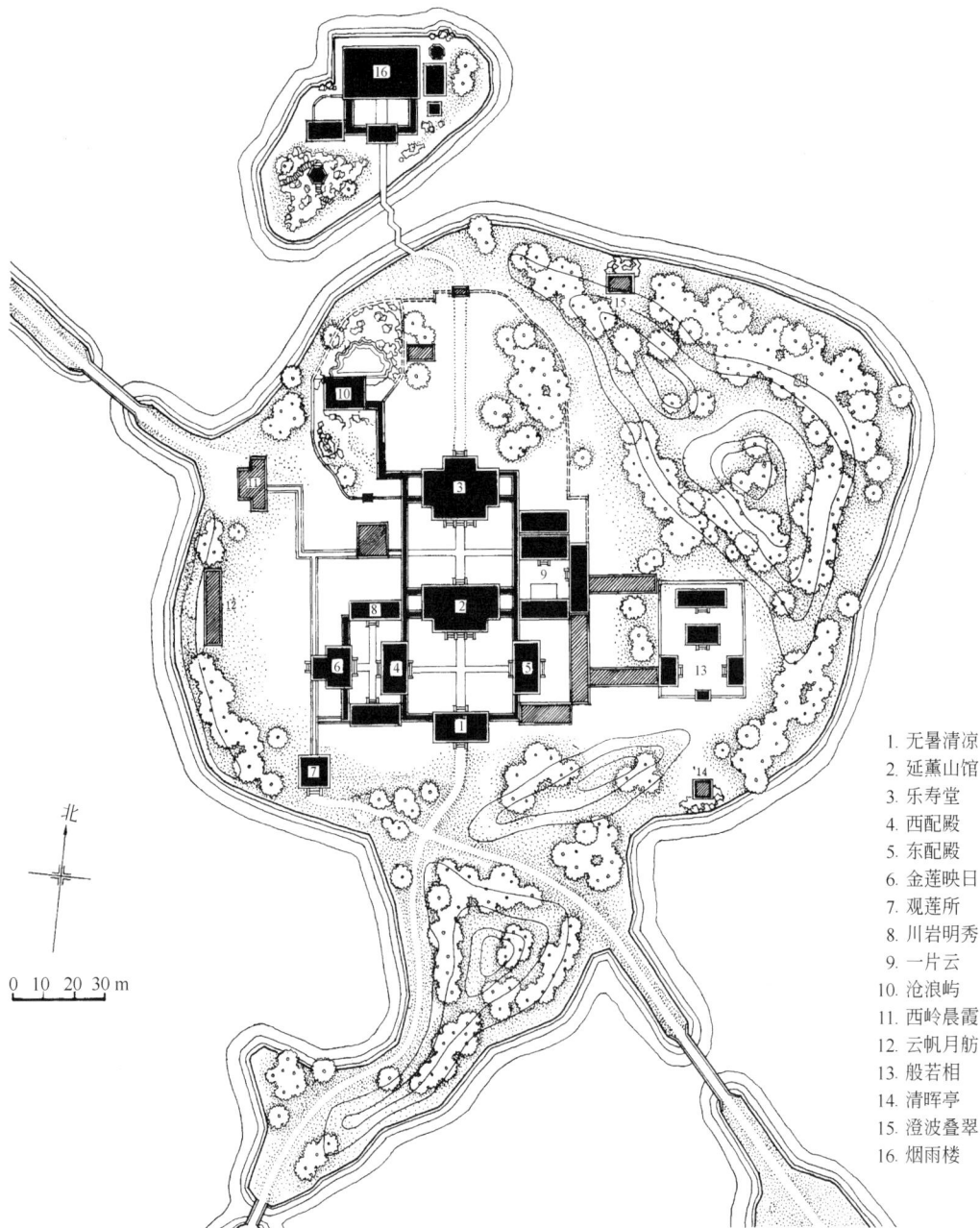

北

0 10 20 30 m

1. 无暑清凉
2. 延薰山馆
3. 乐寿堂
4. 西配殿
5. 东配殿
6. 金莲映日
7. 观莲所
8. 川岩明秀
9. 一片云
10. 沧浪屿
11. 西岭晨霞
12. 云帆月舫
13. 般若相
14. 清晖亭
15. 澄波叠翠
16. 烟雨楼

图 9-7　如意洲平面图

如意洲西北部，康熙时有景点二，一个叫作"云帆月舫"，一个叫作"西岭晨霞"，现在连遗址也不可寻。据《热河志》称："云帆月舫在如意湖北，延薰山馆之西，临水仿舟形作室，周以石栏，窗棂洞达，上有楼面北"，楼大体像舵楼一般，可登以北眺叠翠远景。参看《避暑山庄图咏》上的图，舫不在水际而在岸上，《热河志》上也说："前把湖波，后衔沙渚"，

它只是仿舟形作室而不就是舫舟。由此往北有"西岭晨霞"，据《热河志》载："有梯可降；方知为上下楼"，就是说它是上下二层的阁式建筑。洲的西北角有独立山园叫"沧浪屿"，建于康熙四十二年（1703 年），（现已修复）。据《热河志》载称，面积很小，"不满十弓，峭壁直下，有千仞之势，中为小池，石发冒池，如绿云置空。"又载："西岭晨霞

阁后，沿缘而下，有室三楹，窗外临池，四周石壁，空嵌谽岈，后檐北向，额曰：'沧浪屿'。"总之，这个景点的面积虽小，却能小中见大，削壁有千仞之势，石壁能空嵌谽岈，想见当时叠石之妙。乾隆初年如意洲上建筑群焚毁后，弘历在重修时，"云帆月舫"和"西岭晨霞"这两处未再修复。[10]

如意洲的东部，在土山怀抱中，由二重小院组成的小庙，名为法林寺。前院有殿三间，额曰"般若相"，左右有配殿；后院有殿，七间。在如意柄的突出处，布置有一榭面南，叫"含润亭"，与月色江声景区的后殿"湖山罨画"互为对景（榭已毁）。又在东岸中部突出处设一虚亭，顶为四方攒尖，名曰清晖亭（也已毁）。在东北岸土山之阴临水建有长方形榭名曰"澄波叠翠"。该榭面临澄湖最广阔的水面，北部青翠的层峦映入湖中，当微风吹拂时，水波与倒影动荡变幻，更为优美。[10]

月色江声景区 从芝径云堤末端的分支，即过万壑松风桥后东行的支堤，堤北即上湖，堤南即下湖，来到云朵洲西部略呈圆形的月色江声洲（因门屋额曰月色江声而名，见下）（图9-8）。洲的西面为上湖之水，洲的西南为下湖之水，洲的东北为澄湖尾水，与云朵洲东部清舒山馆景区仅一溪之隔。洲上建筑群，建于康熙四十三年（1704年），主要为居住用与如意洲的相同，显然具有轴线，在轴线上为四重殿屋，四周围以墙廊。第一重是面阔五间，歇山顶堂屋，也就是门屋，额曰月色江声。据称每当月明之夜，湖水从水心榭闸门泄下，沥沥有声，彻夜不绝，故名。第二重是面阔七间的"静寄山房"；第三重是面阔七间的"莹心堂"，堂后庭中高叠青石成组的假山，掩挡着最后一组左右各有配殿，正中为"湖山罨画"的四合院建筑。正如如意洲景区的情况一

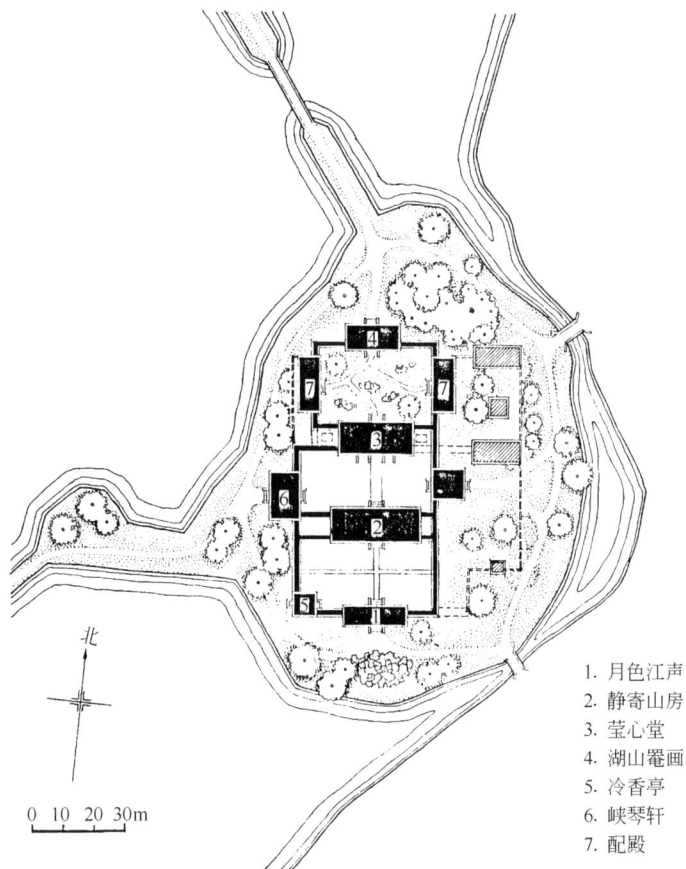

北

0 10 20 30m

1. 月色江声
2. 静寄山房
3. 莹心堂
4. 湖山罨画
5. 冷香亭
6. 峡琴轩
7. 配殿

图9-8 月色江声景区平面图

样，除了居住建筑规制严整外，居住生活上还必须有可以赏心悦目之处。所以在第一进院落墙廊的西南角建有一亭，叫作"冷香亭"，方形面东，因为那一带湖内荷花盛开时，清香袭人。在第二进庭院西面有配殿叫作"峡琴轩"，东面也有一配殿，这些建筑尚存。从《热河志》附图来看，静寄山房这组建筑群的东隅另有一跨院，院中有一亭，现都不存。总的说来，这一组静寄山房建筑群，由于西边墙廊部分有一亭（冷香）一轩（峡琴）的安置而增加了变化，是借景以成，尤其墙廊部分与一般的形式相反，它是外廊内墙，正因为西面是湖水，在廊里可因借湖光山色，以增情趣。[10]

水心榭景点 如从"卷阿胜境"后背入别苑，先来到水心榭（图9-9）。榭址原是旧宫墙下的出水闸门，宫墙向外扩，开辟了银湖后才修建的。这个跨水长桥，分三段，上有三个单体建筑，中间的长方形阔

0 1 2 3m

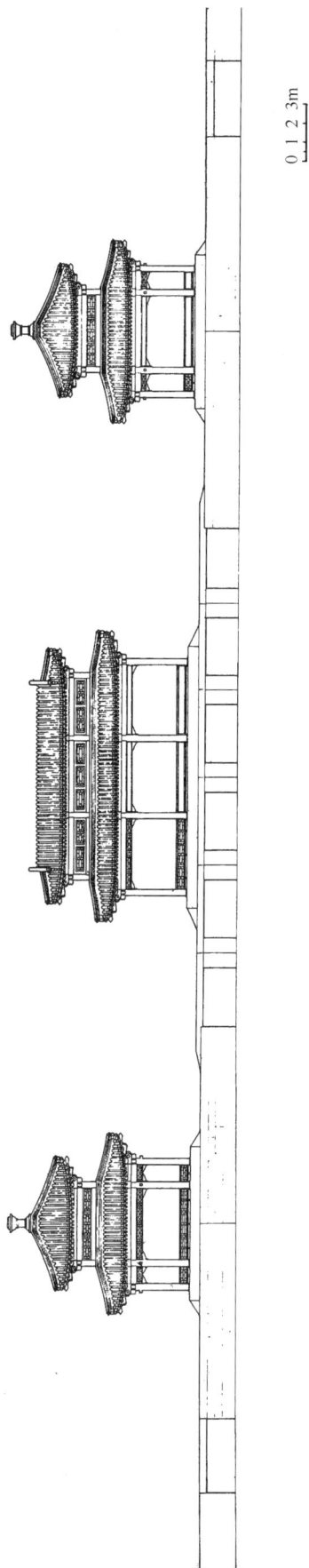

图9-9 避暑山庄水心榭正立面图

三间的双檐亭(也称榭)，重檐飞椽四面洞朗，两边各为方形重檐亭，总的题名叫作水心榭。原来桥的南北二端各有一座牌坊，现不存。如前已述，由于建堤桥使下湖和银湖的水面标高不同，形成宽长的水幕，本身就是一景。有诗赞美说："一缕堤分内外湖，上头轩榭水中图。"登水心榭凭栏南望，罗汉峰等山岗青翠，上下天光，影落湖中；北望湖水浩荡，远处金山的上帝阁，碧空楼台，幻成异彩；面北遥见"南山积雪"，独居山顶，西望"锤峰落照"榭和背后起伏山峦；真是四面皆成画景。而水心榭本身，尤其在晨雾弥漫中，好似画舫在水心荡漾，水静时三亭倒影湖中，更增诗意。[10]

清舒山馆景区 过水心榭东行，就来到云朵洲东部的清舒山馆景区(图9-10)，与月色江声景区仅一溪之隔。景区的西部有高约一米的土岗为障，从月色江声洲越溪而来，要经由小径登岗，忽然见到岗外别有一番湖光山色，原来东面敞着平静开朗的镜湖，湖后宫墙屹然在望，墙头上栖息着庄外群山的山峰。背依土岗的东南平地上布置着清舒山馆这组建筑群。山庄的湖岸都是自然式驳岸，惟独这里南岸、东岸是条石驳岸。这是因为这里原是宫垣墙址，后来辟镜湖，宫垣向外推移。清舒山馆区建筑都已不存。据《热河志》记载和附图来推想，其规制大体分三个院落，错落布置。从山岗下来，就是"学古堂"和"颐志堂"两个建筑，一横一竖成局，背衬岗阜，面临小溪，使庭院气氛朴素宁静，是静读养志的好地方，沿着通镜湖的小溪北岸东行，砌有石岸栏杆，来到中部的院落，门殿面阔五间题曰"清舒山馆"，后为正室叫"承庆堂"，东间叫"冰壶"，西间叫"含德斋"，有长廊连接，后檐额曰："聚云复岫山房"；西南角有别殿，叫"萝月松风"。景区东部，临水筑有"畅远台"和"静好堂"。据《热河志》和附图看，畅远台是下层为廊，上层为楼屋，顶为平台的建筑；静好堂就在台的西边，周围有塞竹丛碧，堂外有

图 9-10　避暑山庄清舒山馆鸟瞰图

飞楼(澄霄楼)，登台或登楼都可眺望镜湖景色，北部金山诸景，以及庄外远景。总的说来，清舒山馆景区，由于西面和北面是土岗，南面虽有一溪，但溪对面仍是土岗(属文园)，东面是开阔的镜湖，三面环岗一面水，构成既清静又舒畅的境域。清舒山馆这组建筑群虽然格局整齐，但西有学古、颐志两堂，一横一竖，又有别殿东向，稍加变化，然后从沿溪的栏杆步廊到东部的畅远台、静好堂和飞楼，可以登高四眺，展开境界，引人入胜。[10]

东岗金山景区　以上所述是康熙年间湖洲区的主要景区情况，然后是沿着澄湖东岸岗阜起伏的部分，可称作东岗区。康熙时期，仅经营了南端凸出水际的金山岛(图9-11及图9-12)。它跟东岗仅一溪之隔，岛的南、西、北三面为澄湖之水所抱。金山岛完全是人工创作的，是仿镇江的长江中金山的形胜之意而筑，故名。岛上除西部有小狭条平地外，全部用岩石堆叠成石山，最高处约九米左右。石山的四面，用块石层层上叠，层次分明，同时又纵横林立，显得气势雄伟。特别是石山东面跟东岗平行的小溪两旁，山石壁立，

形势陡峭，如同峡谷一般，手法高超。石山的顶部辟一平台，台南有一殿，叫作"天宇咸畅"，面阔三间，南向，殿后耸立着一座高三层八方形的崇阁，《热河志》上称上帝阁。崇阁本身高约十多米，是湖洲区最高的多层建筑，成为湖洲区的一个构图中心。登阁北望，近处谷原部分树木茂密，远处庄外群山重叠，南望湖洲各景区，历历在目。金山岛的西部，临澄湖一面，有可舍舟上登围有栏杆的平台，台后靠着山麓，构殿面阔五间，叫作"镜水云岑"。据《热河志》载称，殿西有曲廊回抱如半月形，凭廊依堂眺望湖上烟云和水影的变化，佳景如画，尤其是夕阳西下时，澄湖的波摇垂影，非常美丽。殿后原有爬山廊，顺着山势直上，连接到"天宇咸畅"。又据志载，镜水云岑殿北，有游廊奔北又转东，连接到金山岛东北隅突入水际的"芳洲亭"。总的说来，金山景区由于相地合宜，构筑得体，虽然取镇江金山形胜之意，但并不即是镇江之金山，无论在环境与规制上，也不可能相同，山庄的金山有其独特的新意。山庄的金山岛虽然面积有限，但运用了叠石以掇山，创造

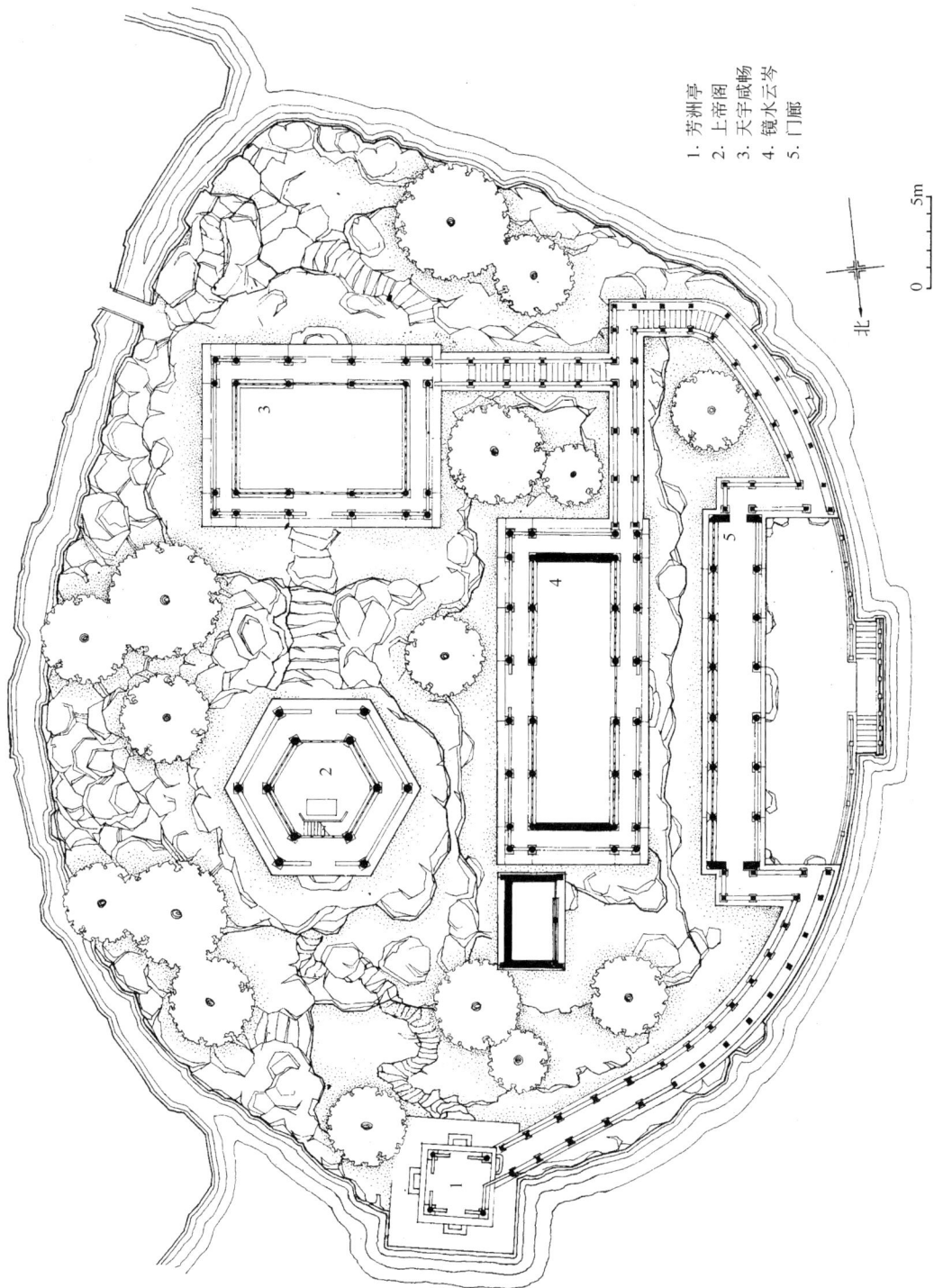

图 9-11 避暑山庄金山立面图

1. 芳洲亭
2. 上帝阁
3. 天宇咸畅
4. 镜水云岑
5. 门廊

北

0 5m

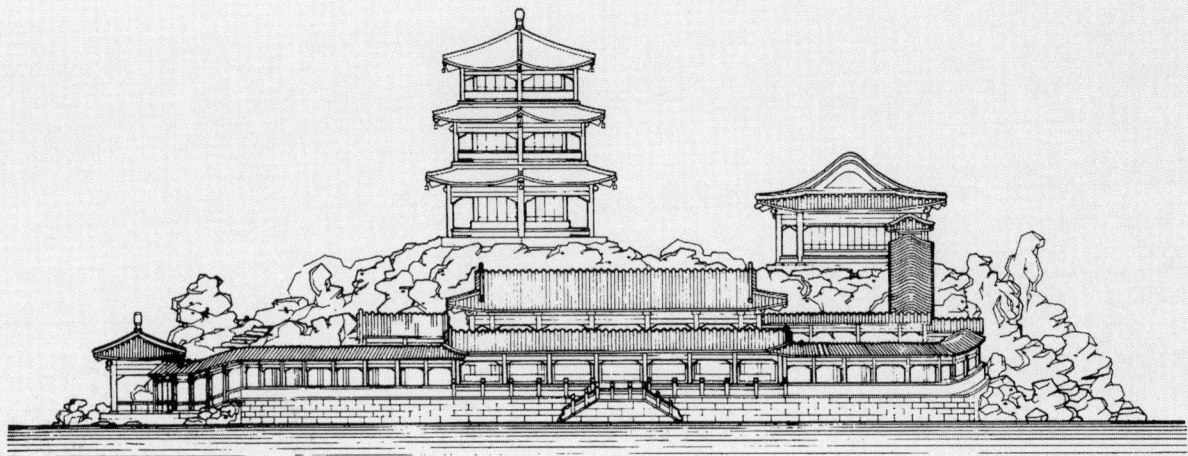

图 9-12 避暑山庄金山正立面图

了不同高度的空间，产生曲折变化的景物。由于山石纵横林立而又有层次，虽陡高而无局促之势，尤其东边小溪两岸，石壁对峙，虽然狭窄，但颇幽邃。镜水云岑的建筑布置，煞费心思，不直接临水而倚于山趾，正由于这里湖面较狭，逼之于前不若让之于后，可使水面显得开阔些，视界的范围也得以扩大些。[10]

如果我们的游程，从芝径云堤的东枝起，或从水心榭起，一路上真是一景复一景，一区又一区，一直在动在变，好似没有止境一般，直到金山岛，上帝阁突兀高拔，成为一顶点。登阁四望，过境的景物又历历在目，得以连贯起来，形成总的印象，这就叫作结或合，但结而余意未尽，登阁北望，"香远益清"、"热河泉"，谷原上草地树林，北山的"北枕双峰"、"南山积雪"亭等许多景物又展示眼前，引人深入，这就叫作放或开。我国园林布局往往就是在一收一放，一开一合中产生曲折变化，丰富多彩的景物，然而又能连贯起来，可以归纳为"起结开合，多样统一"八个字。[10]

东岗热河泉景区 在东岗北端，澄湖东北夹角曲水(湾)的南岸有一组园中之园，叫作"香远益清"(现不存)，是由东西两个院落组成。东部是个三合院，前殿五间，额曰"香远益清"，后殿名"紫浮"，南北两殿之间有一配殿，庭院以长廊回绕。西院北为面阔八间的"依绿斋"，南为与香远益清有廊相连的

重檐方亭名曰"含澄景"。由于热河泉水经这组建筑的西侧绕到南面自流入澄湖，所以依绿斋前，含澄景亭下，池沼参差，湖水分流，出依绿斋，中多青萍，别有情意。[10]

夹角曲水北，与紫浮相对的为东船坞。在香远益清组建筑后有一桥，跨越热河泉水面，直达澄湖东北角，这里又有一组建筑，正殿面阔三间，叫作"蘋香沜"，蘋香沜后用竹篱围成方形院子，有种瓜的瓜圃等。自此就转入谷原区了。

(二) 谷原区

澄湖以北是一片大平野，从西岭山麓开始斜向东北，东为宫垣，形成大三角地，近千亩面积(约64公顷余，与湖洲区面积相当)。这片广袤的谷原可分为：东边部分称"万树园"，占去了平野的大部分，其西部称"试马埭"，原是一片草地；北边部分和尖角地建有寺庙和其他建筑。[10]

四亭景点 在澄湖北岸，由东往西环列等距(亭与亭间距约120米)分布有四亭："甫田丛樾"、"濠濮间想"、"莺啭乔木"、"水流云在"。亭皆临水面南，也可划在湖洲区，又是谷原区始点。最东的"甫田丛樾"，靠近热河泉处，亭为单檐六角形。"濠濮间想"亭为六角双檐，前对如意洲，背衬万树园，水木明瑟，鱼鸟因依，若濠景之乐，故名。"莺啭乔木"亭

与前二亭不同，为长方形(在此亭之东有弘历立的卧碑，名为绿毯八韵碑)。澄湖北岸最西，靠近引水渠的水流云在亭，体形比较复杂，是在方亭的基础上四面又加有凸出的附间。[10]

万树园景区 万树园这一区滋长有数百年的古榆、巨槐、老柳，茂林嘉树荫成幕帏。早先这片茂林中，飞雉野兔，交息其间，后来山庄中豢养的鹿，大部来此就食。这里也是秋凉时徒步行围的狩猎场。西部的草地，绿茵如毯，放马奔驰使人心身怡爽。康熙及乾隆时期，蒙藏等族王公入觐，就在万树园中张幕赐宴。有马戏、摔跤、焰火等燕乐的场所。有蒙古包帐地，布置在永佑寺西侧(图9-13)。分前后二组，前组正中布置一个体积较大的蒙古包，包前搭有遮阳的平顶棚，左右两侧各布置有三个较小的蒙古包；后部的诸包，大概是饮宴时作辅助使用部分。可惜的是这片茂林早已被毁，仅存老榆四五株而已。总的说来这一大片丰草茂林，不仅是澄湖的绝妙背景，也是连接北岭和湖洲区的链子，茂林草原，点缀着蒙古包，保持着蒙古草原风光的特色。[10]

万树园东部景区 沿宫墙有几组建筑。有的是乾隆时期建，为了行文方便起见，除舍利塔外，分叙如下，先是在东南尽处，沿墙建殿屋数间，自成一组，题名"春好轩"，建于乾隆二十一年(1756年)。在庭院外围还有一道围墙。南有门殿，北有叠石假山，山上一亭，名曰巢翠。自春好轩往北，原有一片佳地，桧柏蔚葱，因有数百年老树，就在虬枝垂荫处构轩三间南向，名"嘉树轩"。嘉树轩往北来到"永佑寺"(图9-13)。寺南向，寺门外原有牌坊三，山门面阔五间；前殿阔五间，供弥勒佛；大殿叫宝轮殿，东西厢各有配殿；再进为后殿，阔五间，后殿的东面另有一殿，叫能仁殿。以上这些殿屋都不存。[11]

宁静斋景点 万树园西部，试马埭北端靠近引水渠，建有宁静斋一组建筑。斋面阔五间，后有楼额曰清敞淡泊。斋前有门殿，四周有围墙成长方形院落。[11]

澄观斋景区 万树园北端为一块三角地区。只有

与宫墙垂直的东西向引水渠，位于宫墙处的引水闸门上，建有面阔五间的阁，玄烨题额曰"暖流暄波"。暖流表示武烈河水发源于距承德西北三十余里的汤泉。由于闸上建阁，也是一景(现不存)。引水渠将西达山麓南折前跨渠建有四角方亭，与暖流暄波阁相对，名曰望源亭。在暖流暄波阁往北就是山庄东北门，名惠迪吉门。这条引水渠成为本景区的南界，往北三角地区，布置有澄观斋、宿云檐、曲水荷香三组建筑群(都不存)。这三组建筑构成谷原区的最后景区，而且由于这里地势向北逐渐升起，三组建筑建在不同标高上。[11]

三组建筑的中间一组为澄观斋，是玄烨召集儒臣在此编纂校理书籍的地方。这组建筑为长方形院落，从前院的院门进入，有东西两配殿，经配殿，绕过月洞门后才能到达澄观斋，因为前后院坐落在不同的标高上。斋后有敞亭名曰翠云亭。亭北面对山岩，崖上刻有玄烨写的"云岩"二字，斋与亭用廊连接。澄观斋组西，在康熙时期仅有一单檐六角亭，叫作"曲水荷香"，乾隆时期改建成为一组有较多建筑的院落。澄观斋组以东的一组叫作"宿云檐"，建于乾隆十八年(1753年)，其主要建筑是靠近山崖的二层面阔五间的阁。由于地形关系，建在二层的平台之上。阁前为用围墙围成的狭长空间，使阁的地势显得更加高矗。宫墙到此也顺着山坡向上西折而筑，与宿云檐组成一幅壮丽的景观。登阁向东南回望，万树园一片茂林，以及亭轩楼阁参差的湖洲区都在眼底，是整个万树园东部景物的一结。[11]

(三) 湖岗区

为了叙述方便，从地形上把面向湖洲区和谷原区的山麓山坡山岗部分并建有景点、景区的划为带状的一区，称湖岗区，由南及北，顺序列述。

望鹿亭景点 出正宫后门即为宽阔的缓坡(乾隆时题名驯鹿坡，树石碣于坡两道旁)。坡上青松隆郁，秋后青草依然茂密，山庄滋繁的鹿，常成群来此游食，成为一景，建置一亭，曰望鹿亭。

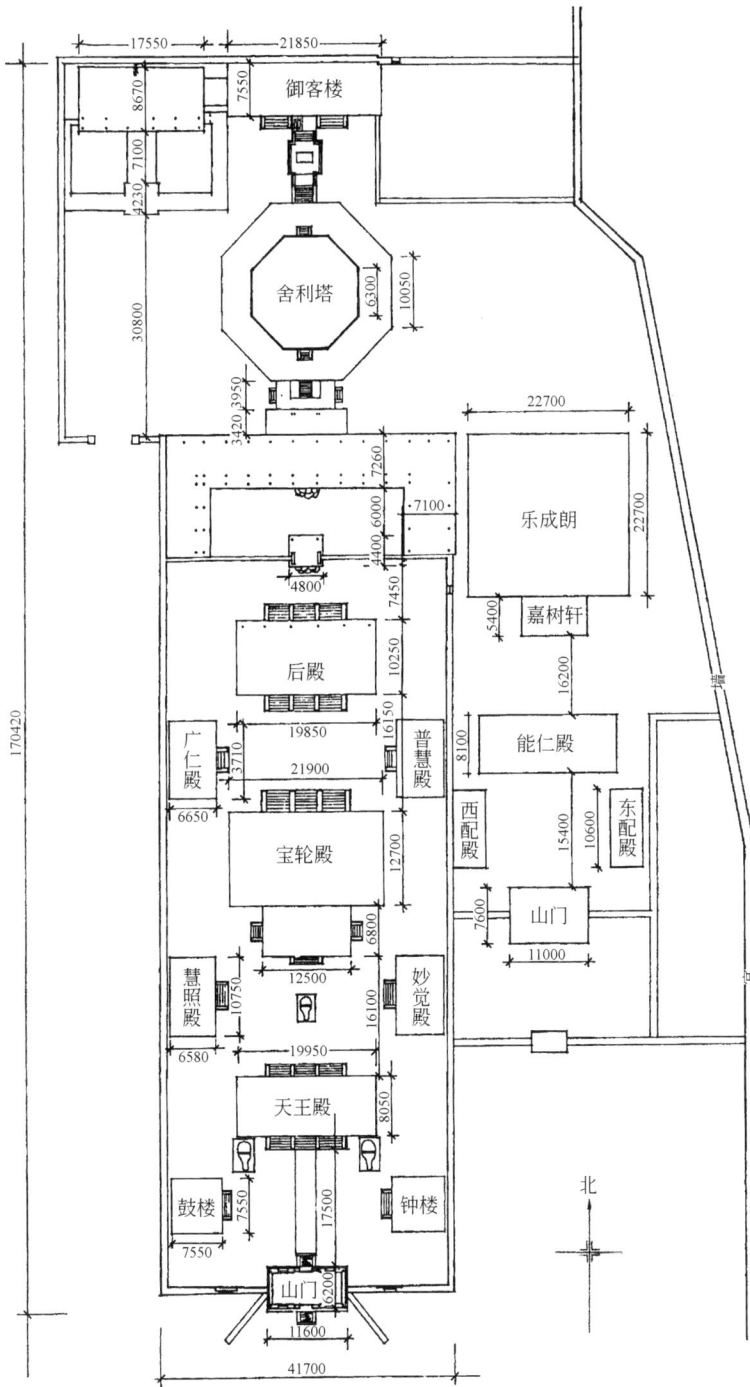

图 9-13 避暑山庄永佑寺平面图

绮望楼景点　在望鹿亭西南的山岗上，行宫区附属房称"宫仓"以西靠近宫墙处，康熙时期建有一组建筑叫"绮望楼"。建筑是布置在削平的山坡之上，外有围墙，平面呈长方形。绮望楼是九楹朝北的二层楼。其北与之相对的是五楹的二层楼。两楼之间，东西有配殿，用长廊围楼形成内院。在绮望楼南的宫墙上还建有城门楼，名曰"坦坦荡荡"。登楼下视市镇，庐舍环列。

芳园居区　从正宫的"岫云门"下"鱼鳞坡"，沿如意湖西岸北行，从山麓东望湖区，"堤曲纵横，洲平屿直，亭榭隐映，意境别致。"这片山麓部分，南头原有"芳园居"一组建筑，是宫苑里买卖日用品等货物小市场（现不存）。往北，在如意湖曲口（原弯入长湖之口）稍南的转角口有一亭叫作"芳渚临流"，位置非常恰当，一方面使这一段曲岸有了重心，一方面跟如意洲上"云帆月舫"，遥遥相对，各据一方。[10]

锤峰落照景点　在芳园居西南，水泉沟口小山顶上建有长方形"锤峰落照亭"（图9-14）。因为从这里眺望山庄东界外磬锤峰的角度最适宜，而且每当夕阳西下返照，一片似火，晚霞中的孤峰挺出，更显得奇特壮丽。[10]

临芳渚景点　由芳园居往北，在如意湖曲口北，澄湖北岸西端，有水渠东—西便与陆地分隔而成三角洲，洲上置有"临芳渚"建筑。在长方形小院内有前后三幢建筑，后面的殿称临芳渚，表示这里有曲渚回汀，葩秀卉芳的景色。前殿五间面南，与采菱渡遥遥相对。殿前石矶临流，湖水清甘，游鱼可数，故殿名知鱼矶。殿西有西船坞。[11]

长桥景点　长湖口原有南北跨水的长桥，桥北有宝枋，额曰"双湖夹镜"，桥南也有一枋，额曰"长虹饮练"。长桥跟水心榭，恰好一北一南遥相呼应，但长桥宝枋早已不存。这一带湖水也有所淤塞，日本帝国主义统治时期将长湖，还有半月湖填平，充作靶场，使昔日瀑布飞溅，玉喷珠跳的景色，变得面目全非。

远近泉声景点　在临芳渚洲的西北，临长湖边建有一组建筑，由布局相同的两院组成。每院都是廊子围着一殿，呈长方形，两院并合，呈正方形（田字形）。西院的殿，面阔三间，玄烨题额"远近泉声"；

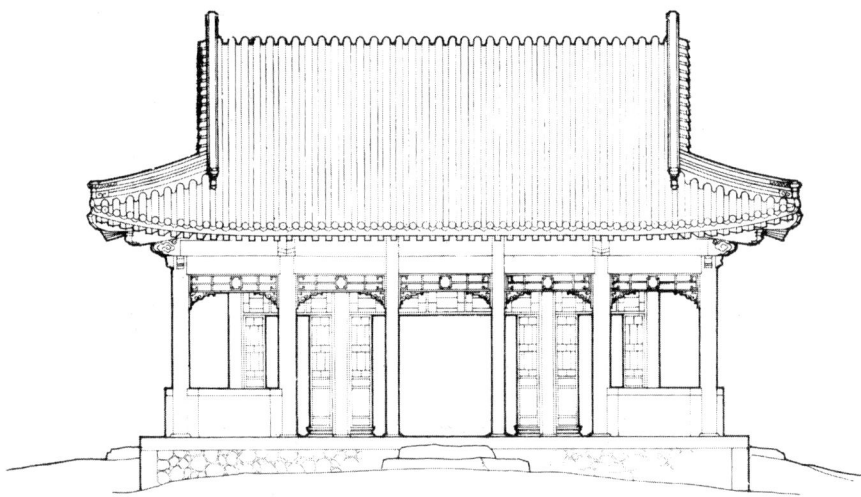

图9-14　锤峰落照亭立面图

东院的殿，面阔三间，名曰聚香斋，远近泉声的西北，在湖中小岛上另建有一亭，名曰听瀑，因亭正对西山山崖有瀑布泄流之处。[10]

石矶观鱼　在长湖水最宽处西岸，石矶天成，俯视湖水，空明如镜。于是倚崖临流建榭，面对长桥，额曰"石矶观鱼"。

涌翠岩景点　由石矶观鱼往北，梨树峪口南坡上，建有一组建筑，称"涌翠岩"，因有瀑自岩而下，岩前建殿三间，额曰涌翠岩，有楼三间为佛庐，额曰"自在天"等，是一小型佛寺，规制颇为别致。[10]

龙王庙景点　梨树峪口北的山头，建有一庙，是在圆形石砌平台上建的圆形双檐亭，玄烨题额"灵泽"二字，为祀龙神而建，故称灵泽龙王庙。这里地势较高可俯视万树园全貌。

云容水态　沿龙王庙山下溪流往北，进松云峡大道东口外，有殿屋东向，面阔五间，玄烨题额"云容水态"。从松云峡出的溪流在殿前流过，是入山前歇息赏景的景点。殿西南的半山上有一双檐圆亭，名曰笠云亭。

曙朝霞　沿山麓引水渠西行(渠成为万树园北界)，其北端形成有半月形湖，名半月湖(已淤塞)，中途山麓下建有一方亭，面东，名曰曙朝霞。[11]

湖岗区诸景点虽互不相属，但最能说明园林建筑要因景而设，要借景而成，"宜亭斯亭，宜榭斯榭。"

(四) 山岭区

山岭区面积广大(约 427 公顷)，地形复杂，沟谷交错，如前所述，有四条自然沟峪为骨干，依山就势，布置景点和景区。康熙年间，玄烨对山岭区景物的开发和建设，主要在峪口和进沟峪后选择形胜之处，就原有地形稍加改造，布置景点或景区，在主要制高点山峰上冠以四亭。

水泉沟区　山岭区最南的第一条沟峪就是水泉沟，有称榛子峪或西峪的。本书把主沟称水泉沟，而把北部的由东北西南走向的两条小峪总称西峪(榛子峪)，第一条即后来弘历建"有真意轩"南的一条称为小榛子峪；第二条即后来弘历建鹫云寺、静含太古山房、秀起堂三组建筑群的那条称为大榛子峪(西峪)。康熙时期，仅在近沟口筑"松鹤清樾"和西峪东部山顶上建"四面云山亭"。

松鹤清樾　进水泉沟口不远，据称那里"香草遍地，异花缀崖，夹岭虬松苍蔚，鸣鹤飞翔"，就依岗群地而筑"松鹤清樾"，是为皇太后居住颐养的一组建筑。建筑群背山面溪，由三个长方形院并列组成，各院各有单独的门屋。东院的正殿，题名"松鹤清樾"，有左右配殿。中院的正殿题名"风泉清听"。据志载，那里有泉自西峰间流出，微风吹拂，滴石上

作琴音，是以水的乐音成景而题称"风泉清听"。西院是辅助用房，有 L 形长房。[11]

四面云山亭景点　玄烨对西峪虽未曾经营，但在最高峰顶建一亭，名曰四面云山，该亭具控制水泉沟、西峪和梨树峪一带的作用。登亭东眺可见天桥山浮于云际，南望僧帽诸峰列如屏障，北则远眺金山、黑山重峦叠嶂达天际，西则广仁岭逶迤西去。[11]

梨树峪景区　梨树峪是由南而北的第二条沟，进东口不多远就有叉口，左进即往西转北的支峪为松林峪，右进即朝西北方向就是梨树峪正峪。

梨花伴月　进正峪，一路平岗逶迤，不觉远近，路左下，惟闻幽涧潺鸣，不觉寂寞。行约里许，路北山坡上有一组依坡而筑的建筑群，山门额曰梨花伴月(解放时仅存断垣残址)(图 9-15)。这里原地形并无显著变化，于是依岗群台地三层而筑，布局严密，总平面呈田字形(图 9-16)。门殿(山门)三间，后出廊，硬山卷棚顶，后带抱厦一间。门殿以内为庭院，中辟水池，架石板桥，东西配殿各三间。由宝�坻而上第一层台地，中为前殿，称"永恬居"，面阔五间。院内为假山，殿后依山坡散点岩石成径，仿佛不由人作，是其巧妙处。循石间小径行进，又登一宝坻而上第二层台地，中为内殿，面阔九间，称"素尚斋"，背依山岗，已是尽处。[10]

由永恬居到素尚斋台地的左右两旁，筑有依地形成五层台阶跌落的叠落廊(爬山廊)，即廊基依山坡作梯级形，梯及百重。由于廊顶为翼变歇山顶，即山花向前，作歇山式，如从下眺上，只见一个歇山面接一个歇山面，仿佛直上云霄，仰视素尚斋，好似空中楼阁，更显结构上巧妙之处。[10]

澄泉绕石　从梨花伴月山门前上行里许，"有亭北向，圣祖(玄烨)御题曰：澄泉绕石"(《热河志》)，为一临溪敞亭，现不存，亭址也掩没不可寻。

松云峡区　山庄最北一条也是最大一条沟峪，全长 1600 多米。峡谷两侧，青峰屏列，峡内清溪潺鸣，为山岭区景色最为优美的地区。这一带山岭，由

图 9-15　梨花伴月复原鸟瞰图

于在山庄北部，也称北岭。若不登山而深入峡内，道旁大松高耸，左下涧水流鸣，颇有十里云松的胜概。康熙年间，峡内仅稍有建设，惟东北山部有几个景点、景区建设。

旷观　松云峡东南口外，先是"云容水态"（见湖岗区），稍北在山麓低平处，架屋临路，叠石为堞，其上建有楼，西向，面阔三间，额曰"旷观"（因此，有称松云峡为旷观沟）。这是进入松云峡的关口，也是起点，最后到达山庄的西北宫门，是从山庄到狮子沟对岸狮子园等处一条要道。

松云峡东北山区　康熙时，在东北山区南部因山就势建有"南山积雪"、"青枫绿屿"和"北枕双峰"。

南山积雪亭　在万树园西北的山，即北岭东部南端的山岭，其山头略呈驼峰的形式。进松云峡不远，离路北登，路陡势峻，先抵据峰以筑的一亭，叫"南山积雪"。亭为单檐四角形。冬季登亭，可眺望庄外远处复岭环拱，岭顶积雪皑皑，皎洁耀目；或雪后登亭环视庄内，楼阁亭轩，披上雪装，皎然寒玉琼阁，故题名曰南山积雪。

青枫绿屿　由南山积雪往北，稍下，正在驼峰凹间即山鞍部分有一组建筑，叫作"青枫绿屿"（图9-17）。这组建筑坐落在脊部，即建筑轴线与山脊重合，东临悬崖，西为缓坡，构成一级台地（图9-18）。在轴线中心上朝南布置门殿，面阔三间，前后廊，卷棚硬山式屋顶，殿名"青枫绿屿"；后殿（主殿）五间，玄烨题名为"风泉清听"，成为主要院落。院落西侧地势低下（2米左右），跌落处以山石处理，原为院墙，后来从门殿西山墙接以曲尺形转角房四间，主室在角隅，正对西面山坡平基槭林，所以弘历时题名为吟红榭。紧接吟红榭为围房六间，北间开有侧门通向外面。按青枫绿屿之"枫"，不是南方的枫香树（*Liquidambar formosana*）而是北方俗称元宝枫的平基槭（*Acer truncatum*），夏季叶色浅绿。志称"北岭多枫，叶茂而美荫，其色油然"，到了夏天，"浅碧浓青，全山一色"，故有青枫绿屿之称。"入秋，万叶皆红，丹

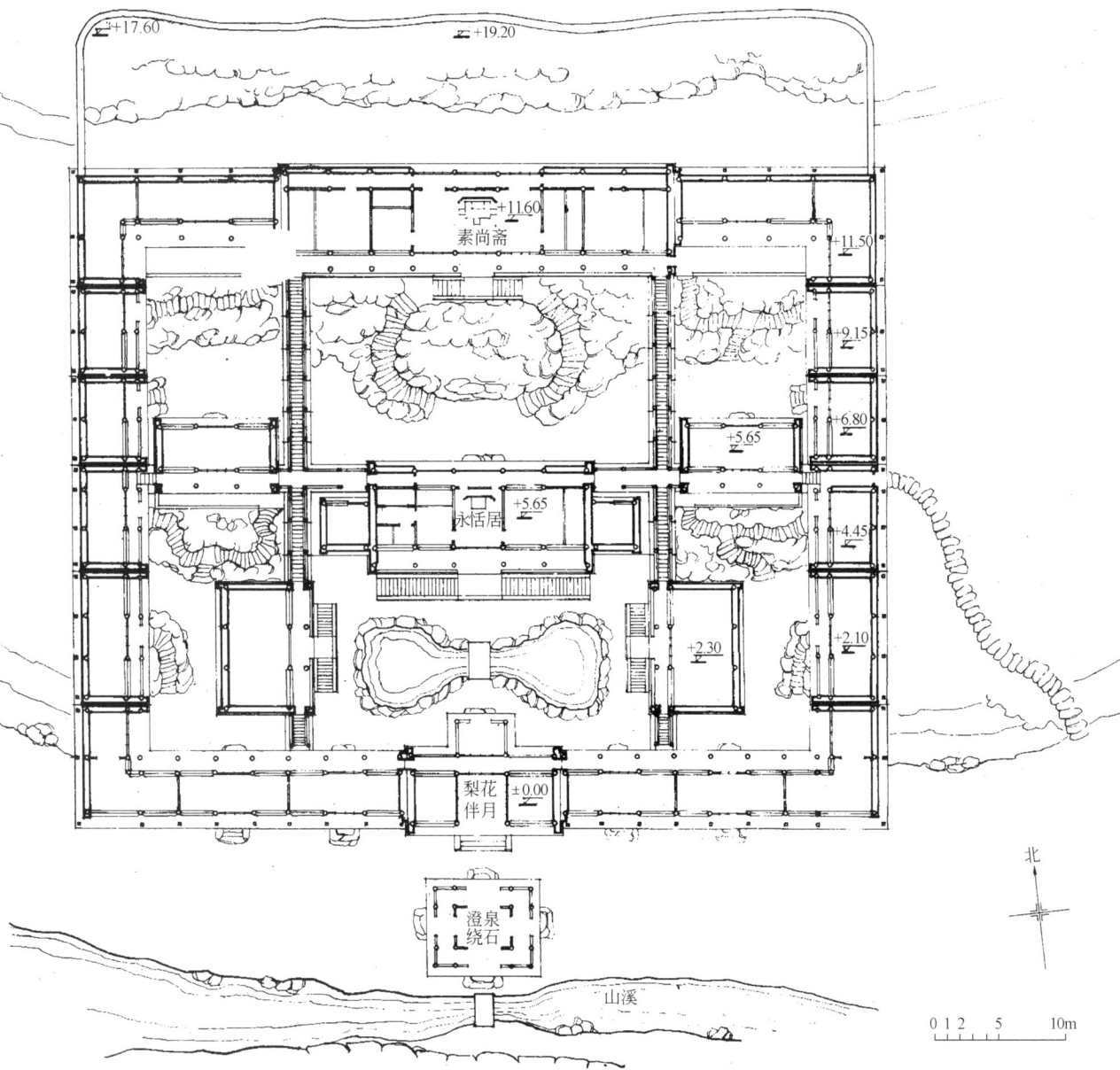

图 9-16 梨花伴月复原平面图

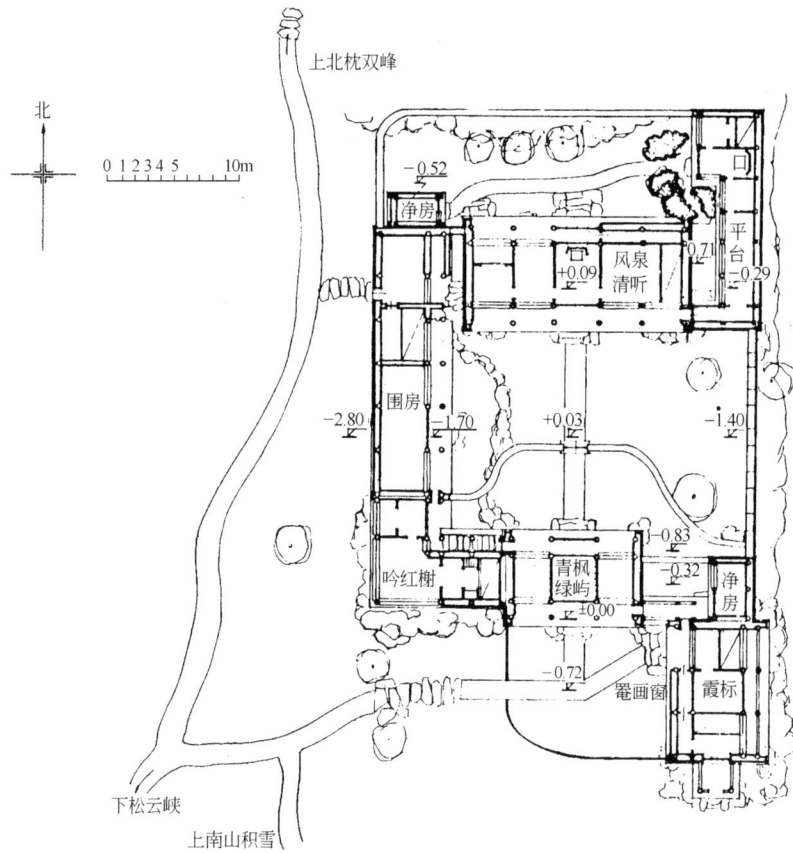

北

0 1 2 3 4 5   10m

上北枕双峰

净房

−0.52

风泉
清听

平台

口

+0.09

−0.7

−0.29

围房

−2.80

−1.70

+0.03

−1.40

吟红榭

青枫
绿屿

−0.83

净房

±0.00

−0.32

霞标

−0.72

罨画窗

下松云峡

上南山积雪

图 9-17　青枫绿屿复原平面图

图 9-18　青枫绿屿复原鸟瞰图

霞竞采"，又是一番景色(故又有"霞标"、"吟红榭"之筑，见下段)。

院落东侧沿山崖，俯瞰岭下树木森森(万树园)、寺院隐映(永佑寺等)，平眺远景则有安远庙及其南之诸寺。但为了范围起见，沿山崖筑粉墙一道，墙上设磨砖边框的什锦窗(清朝宫苑中这种窗内往往可在夜间燃灯)，从窗窥景，幅幅如画。[12]

门殿前廊东接抄手抱廊，南折通至东南隅突出的称作"霞标"殿的后廊。霞标殿建于崖端，面阔三间，有前后廊，硬山卷棚式屋顶，在南山墙又出小抱厦一间。殿内部三间各自分开，中心间面东，可欣赏东面上下风景；北次间向西，可观赏西侧坡枫林；南次间向南，通过小抱厦正对南山积雪亭。据称每当夏季旭日初升，红霞映满天际，蔚为奇观，所以"青枫绿屿"景区也有用"霞标"为景区名。从各殿窗框外眺，景列远岫，峰岭烟云，林泉山石，幅幅如画(因此，弘历又命名为"罨画窗")。

门殿与后殿(风泉清听)间院落，由于从吟红榭后室到霞标后筑有弧形粉墙，正中开月亮门(从康熙时绘图看为竹篱，入口编为月亮门式)把庭院一分为二。最为特殊的是在后殿东侧接有南北长的一座六间平顶配房，因平顶可登临，故名平台。平台临崖建造东向，南部以廊子通往风泉清听殿，北部的西间进深加大，这样在后殿山墙与平台西廊之间形成一狭条小天井，一则以排雨水，一则为平台诸室采光。天井北端堆叠有假山，下有山洞可通外，同时从西侧有蹬道盘旋而上平台顶部。[12]

青枫绿屿这组建筑的平面，基本上属于规整格局，但通过利用地形之差，或为廊屋，或为漏墙，其东南突出一榭，其东北接以平台，有内向又有外向，在规整中有错落，统一中有变化，显得体态大方而又富于意趣。这是山庄内康熙时期园林建筑规划的特征。[12]

北枕双峰亭 经青枫绿屿面前的山路，顺岭向上，到达北岭的最高峰，峰顶建有方形大亭，名叫

"北枕双峰"。冠顶以亭，既是利用制高点可俯视庄内诸景，又可远借庄外诸景。登亭北望，西北面的金山有一峰拔起，势极峻峭，东北面黑山也有一峰拔起，势极雄伟。这个远景中的两峰如双阙对拱，适与此亭鼎峙，因而有北枕双峰的题名。[10]

六、乾隆年间的避暑山庄

弘历对山庄的经营，从乾隆六年(1741年)到乾隆五十五年(1790年)，达50年之久，也可分为两个阶段。第一阶段主要为了居住游息而调整、改建了如意洲上几组建筑，因为洲上建筑，在乾隆初年，曾遭火灾焚毁。但经弘历修复后其规制跟玄烨时已有出入，有的如"云帆月舫"等毁后未再重建。弘历又新辟了银湖和镜湖景区，并把宫墙向东外推。湖洲区诸岛几乎为新建的建筑群占尽。最北端，青莲岛上新建"烟雨楼"，最南端，银湖东有仿倪云林《狮子林图》画意所建"文园狮子林"，镜湖中一岛上的"戒得堂"，云朵洲北的"汇万总春之庙"等。到了第二阶段(1755～1790年)，兴建日繁，不仅庄外的外八庙，工程惊人浩大，而且在山庄内还修建了九组寺庙、一座舍利塔。在水泉沟、西岭、松林岭、梨树峪和松云峡的山上和深处，新建了不少工程浩大的建筑组群(景区)。有些建筑组群不仅体量宏伟，工程艰巨，而且追求曲折多变的形式，注重建筑装饰和精雕细刻。尤其是寺庙多采用琉璃瓦顶，楹柱丹薄，栋梁彩绘，色彩华丽，完全离开了康熙年间要求自然素朴的风格，使整个山庄的面貌有了改变。

弘历在营建园林上是有他个人特点的，常以所好江南名胜，仿其意而建置离宫别苑中，成为苑中之园。由于弘历的奢求，恨不得把天下名园都仿其规制而建在宫苑中，所谓"移天缩地在君怀"，不仅避暑山庄中有仿名园名胜之作，而且在北海、圆明园、长春园、清漪园的营建中，无不如此。由于他的这种追求，在他所建或扩建的离宫别苑中往往兴筑日繁，最终以建筑组群见胜。避暑山庄，不仅湖洲区建筑占尽，而且

在山岭区的山腰山岭、山谷深处尽端，经营了许多建筑组群，诚如弘历自写《避暑山庄后序》上所说："较之汉唐离宫别苑，有过之而无不及。"[10]

(一) 湖洲区

青莲岛景区烟雨楼 在如意洲北有一呈菱角果仁形小岛，旧称千林岛，后名青莲岛，面积约 0.34 公顷，与如意洲有曲桥跨水相通。乾隆四十五年 (1780年) 在岛上建了一组建筑 (图9-19)，中心建筑是北面临水的"烟雨楼"，仿浙江嘉兴南湖的烟雨楼之意，为欣赏澄湖烟雨之景而筑。过桥上岛，南有门殿面阔三间，进门左右有廊连通烟雨楼，形成方形院落。烟雨楼体积庞大，四周有廊，内用隔扇。楼下北面临湖部分伸出有平台，围有石栏杆。澄湖水面宽广，每当雨时，雨打湖面激起烟雾，浮在水上，朦胧迷漫，顿增胜概。由于热河泉水温暖，天气凉时也自能引起烟云。凭栏北向平眺，对岸近景有四亭散置，背衬乔木森森，早先驯鹿在林下闲步，另有一番深意。

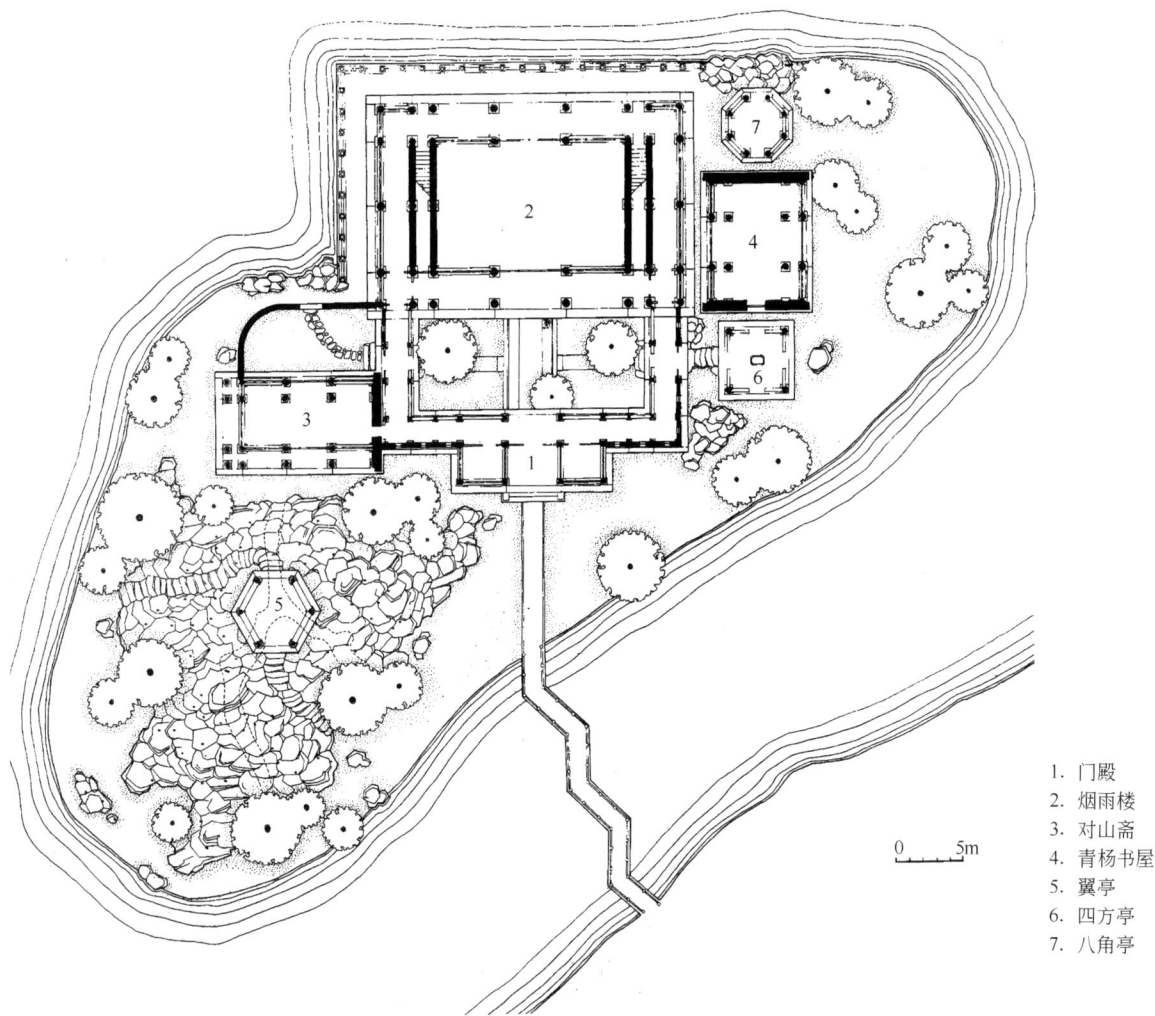

1. 门殿
2. 烟雨楼
3. 对山斋
4. 青杨书屋
5. 翼亭
6. 四方亭
7. 八角亭

0　　5m

图 9-19　烟雨楼平面图

烟雨楼又有亭斋石洞，构成一组建筑群。楼东廊外建有"青杨书屋"，面阔三间，书屋外青杨蓊蔚。书屋南和北各有一亭；南亭四方形，外有坐栏，内有隔扇；北亭八方形，上无楣子，下无坐栏。楼西廊外有屋面北，阔三间，叫作"对山斋"。斋之南掇有假山，下构石洞，上有六角亭，叫作"翼亭"。上述之亭，或四方或八方或六角，地图式各不同，也各有其因。作为眺景的亭，它的地图式是圆、是方、是多角、是梅花式，常跟周围环境和因借要求密切相关。北亭所以采用八方，因为可资远借的景是多个方向，需要有多个视角的亭式。例如从亭的东北两柱之间，望庄外安远庙的景色，最为优美，就因为这个视角最合适，所见既不是正面也不是正侧面，而是稍斜的正面，这个视角人使安远庙高耸的立体感，格外突出。从其他面的两柱之间可以看到永佑寺舍利塔，或看到磬锤峰，以及它们映入湖中的倒景，面面有画如幅。对山斋南假山上翼亭，亭柱与山顶竖立的峰石构成视框多个，而且每个视框中有一个视景，西为珠源寺，西南为芳渚临流，南为如意洲上建筑群，东南为金山岛上帝阁，东北为永佑寺舍利塔，西北为文津阁。总的说来，青莲岛的地面不大却布置有体积庞大的一楼与一屋一斋三亭和假山石洞相接，但并不显得拥挤，正由于平面布置确当，体形组合合宜，又有可资远借的四面景物，使人们视野不断向外扩展而目不暇接，也就显不出地面狭小了。[10]

文园狮子林景区　　湖洲区最南端新辟银湖的东岸新建有仿倪云林《狮子林图》画意的"文园狮子林"，建于乾隆五十一年（1786年）。文园景区（图9-20）的南面就是宫墙，北面和东南面是山岗，形成半月形屏障，东外即镜湖三水和水南一抹宫墙，西面敞向银湖，从这里引水入园，构成文园中水系。文园北与清舒山馆仅一溪之隔，整个地形是西低东高，层层渐起到东界山岗为止，岗上有一亭，叫作"仞鱼亭"。文园就是随着这个地形地势中进行布局，模山范水，仿《狮子林图》画意而有十六景。

文园全部已毁，建筑都不存，假山洞也都坍圮。但可根据《热河志》记载和附图，约略推想原来规制如下。文园正门西向（向银湖），是面阔五间的门殿，额曰"狮子林"。殿后即溪水往南往北回抱两头尽处汇成小水面，叫作"小瀛湖"，构成半环形水面。门殿后跨水有拱形石桥，过桥就是三面环水，四周都是假山的文园中心部分。这里的主建筑是四面洞朗的敞轩叫"纳景堂"，面临清水，背衬叠石，将水景和石

景与建筑组合在一起。堂后（即东）稍上，另有一组建筑，呈品字形排列，正中是"清闷阁"高二层，左是"探真书屋"，右是"清淑斋"。清闷阁后（即其北）依山突起一楼，叫作"延景楼"，楼东又有一水池，池面一轩，叫作"横碧轩"。延景楼北面是叠石堆山的假山部分，构有委曲的石洞，叫作"云林石室"。文园北界的山岗上，从仞鱼亭开始，有墙顺着山脊而筑，直达东部峰上"占峰亭"。它是一个梅花地图式的笠亭。亭南有蹬道下至石桥，桥下有藤萝架，随桥曲复斜。再上，沿山岗到园东北角，另有亭式佛阁，叫作"小香幢"。总的说来，文园虽说是仿名家画意来叠石掇山理水，写出峰峦泉壑溪湖的笔意，但毕竟不可能按图鸠地而筑，还是要因地就势来创作的，为居住游息需要而布置园林建筑。文园右水左山，利用水构成半环形水系（文园东南角有水门，小舟可由银湖泛入，绕过纳景堂前，穿虹楼，折至延景楼），利用叠山构成半月形屏障，在其怀抱中构筑斋屋楼阁，高低错落有致，丰富了景色。既有面轩小池，又有曲桥藤架，景色幽静，既有山岗起伏之势，又有叠石假山、委曲石洞之幽邃。登临高楼崇阁或冠顶之亭，远近山色水光，尽纳眼底，使视界开阔畅朗。虽然假山已坍塌，但从坍址中仍可看出当年匠心和叠石手法的巧妙之处。[10]

戒得堂景区　　清舒山馆东北，镜湖水中有一小岛，平面呈蛙形。岛上有弘历七十岁时，乾隆四十五年（1780年）修建的一组建筑，叫"戒得堂"。小岛下大上小，四周环以山岗，中为平地，好似山中小盆地，其中规划了组合相当复杂由三部合成的一组建筑。可惜建筑早已不存，只能凭《热河志》记载，推想其规制如下（图9-21）。岛仅西南角尖与云朵洲有桥相通，上岛沿南岸东行至正门。整个建筑群为长方形，由三院组成。主要部分在轴线上，前为戒得堂正院正方形，东院为南北与戒得院等长而东西窄的长条形院落，北院横在正院、东院之北。正院面南，前临湖水，门屋面阔三间，进门为庭院，北为面阔五间的

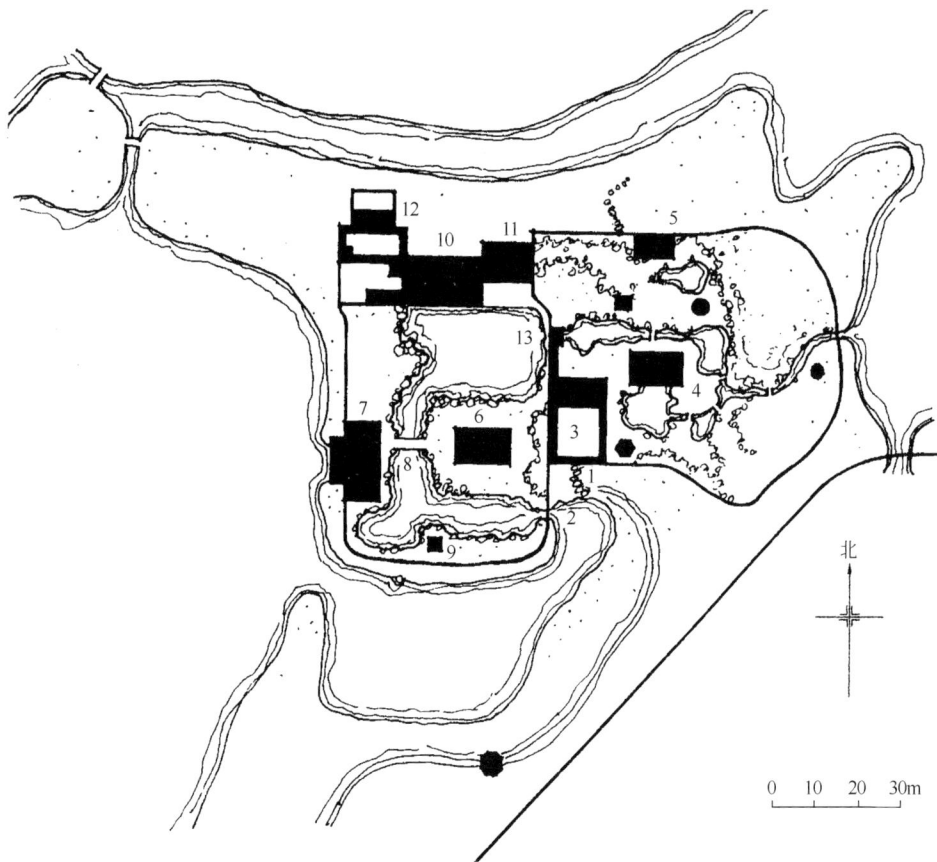

图 9-20　文园复原平面图

1. 园门；2. 水门；3. 纳景堂；4. 延景楼；5. 云林石室；6. 清淑斋；7. 横碧轩；8. 虹桥；
9. 占峰亭；10. 清闷阁；11. 小香幢；12. 探真书屋；13. 过河亭

正殿"戒得堂"，堂背有庑伸出，额曰"镜香亭"。亭后有一开阔庭院，庭中有一小池，池周叠有山石，仿佛山池。因池水如镜，又植有荷花，故亭名镜香。从门屋起，东西两亭为外墙内廊的墙廊，庭院部分周接以回廊。

北院有与正院同一轴线上的二门，面阔三间，在轴线北端屋处，有层楼突起，叫作"问月楼"，楼两侧的围墙都是漏砖墙，这个问月楼所设是全组建筑的一结，登楼四眺就可冲破壶中天地，放开眼界，尤其能望到金山的天宇咸畅，高立岗顶，引人亟欲深探。楼院西部堆叠有假山，假山之巅有亭曰"群玉"，其南有一轩相对，名"含古轩"。跟戒得堂平行居西的跨院，前后有轩屋三重，南第一重叫"桂荫堂"，第二重叫"来薰书屋"，第三重即"含古轩"，前后用廊连接。桂荫堂南有面阔三间俯临流水的"面水斋"。

总的说来，戒得堂岛的四周即围以土岗，堂屋又围以墙廊，在层层重围下更增厚了宁静的气氛。为了在宁静中不显呆滞，于庭中心有山池之筑，使之生动，有漏窗墙使之不致闭塞。然后突起层楼，得以放开眼界。这样先紧收而后又一放，对比之下，更增舒畅开旷之感。[10]

汇万总春之庙(通称花神庙)　清舒山馆区北的云朵洲北部中有一径奔万树园。洲西部山坳间弯卷部分建有"养仙鹤的圈"，后改建为屋二幢，用墙围成长方形小院，后来称为新所，是管理山庄的官吏所居住的地方。洲东部有向东突入镜湖水际，好似半岛般的小区。这里地形平坦，乾隆四十七年(1782年)建有"汇万总春之庙"。因为供的是花神，称花神庙，在建筑组合上跟一般寺庙不同，别有风趣。它是为点景而筑(图9-22)。建筑早已不存，据《热河志》载，山门

北

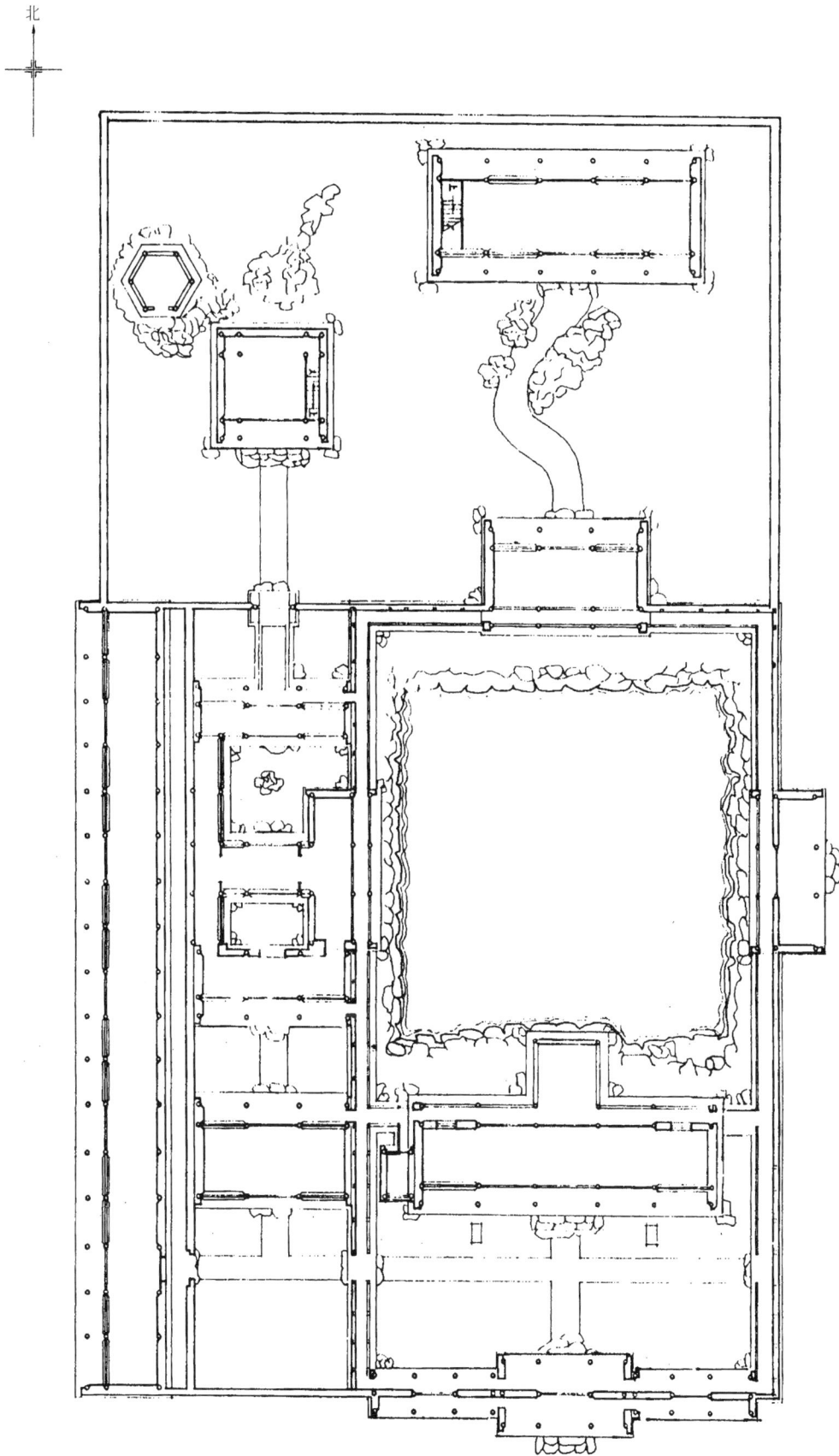

图 9-21　戒得堂平面图

南向临水，面阔五间，两侧接以有风窗的漏墙。正殿，面阔七间，供十二月花神，东西厢配殿，各面阔三间，周接以回廊，合成一院。院东北角有一洞门，外通长方形跨院，别有一番境地。跨院的三面都是透空的明廊，惟独北面是墙廊。庭中堆叠有假山，上有一小亭。东廊的正中段，建有一楼叫"峻秀楼"，面向镜湖，与戒得堂问月楼相呼应。北墙正中有书屋，叫"华敷坞"。

（二）谷原区

永佑寺舍利塔 永佑寺是乾隆十六年（1751 年）始建，到二十九年（1764 年）舍利塔才建成。弘历在永佑寺北建八方形九层的浮图叫作"舍利塔"，拔地耸天，高约 65 米。塔式仿南京报恩寺塔和杭州六和塔。据志载，弘历鉴于在北京同期开工的二塔，一已被烧，一

倒塌，就下令已开工的舍利塔的工程中止，另行改建。后来，塔为仿木结构砖塔，最下层以上全用青砖，角隅部分刻出圆柱状，而斗栱檐椽全用绿色琉璃瓦，斗栱间小壁用黄色琉璃瓦，宝顶为金属包金，金光灿烂。塔今尚存，但塔的最下层的八面廊庑，廊外四周的玉石栏，部分已不存，塔的最下层壁面有浮雕佛像，也因日晒雨淋而剥蚀。对于舍利塔，有人认为除靠寺外，建非其地，不足为训；有认为在平野尽地，拔地而起塔，成为湖洲区各处可资因借的构图中心，是合宜的，同时也使平野单调的林冠线有了高耸线条的对比，全景也就生动起来了。

（三）湖岗区

在梨树峪口西外的岗上，弘历建有布置紧凑的珠源寺和精巧的绿云楼。

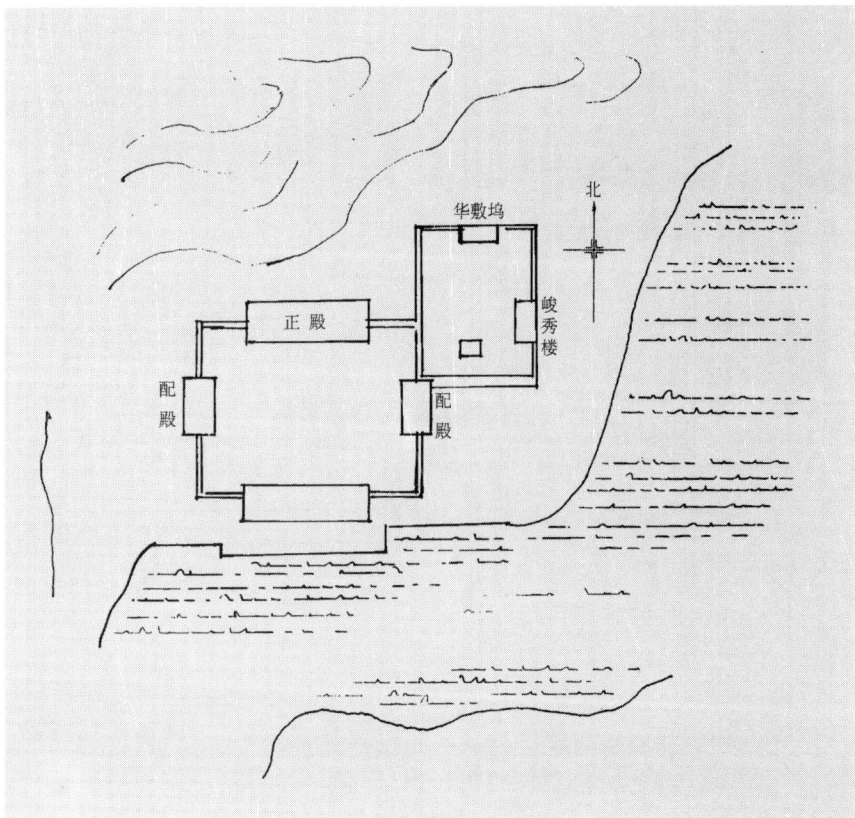

图 9-22　花神庙平面图

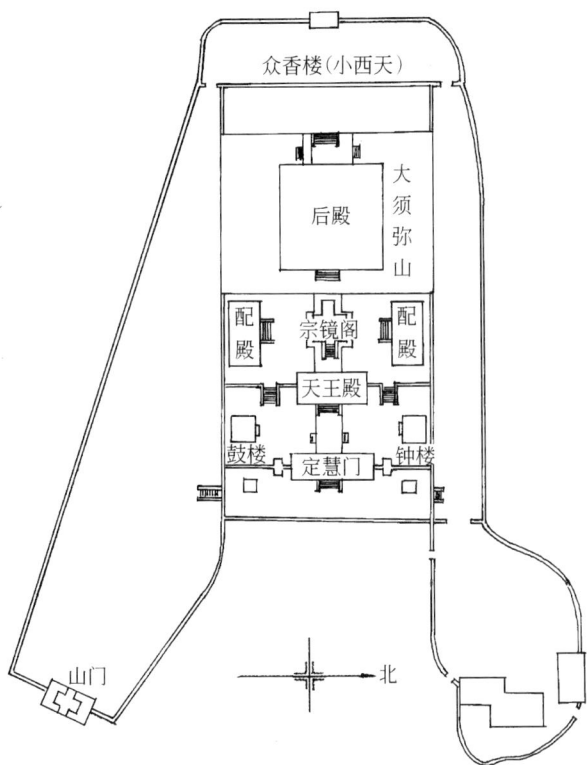

图 9-23　珠源寺平面图

珠源寺　梨树峪口西，"石矶观鱼"的后山，面对长湖、澄湖的山岗上，乾隆二十五年（1760年）依山势层层起筑有一组寺庙即"珠源寺"（图9-23）。顺山麓曲径行进，先抵一石桥，桥前桥后原建有石坊。过桥拾级登山，在半山有山门东向，额曰珠源寺（这个山门是珠源寺仅存建筑）。过山门北桥而上，在面向湖区的坡上，辟台地数层建寺。第一层是寺庙门殿前广场，左右各有幢竿。门殿面阔三间，额曰定慧门。进门殿为第二层台地，左右是钟、鼓楼，正中是前殿称天王殿，院落很窄。天王殿后为佛阁，额曰"宗镜阁"，全为铜铸（与清漪园的宝云阁铜殿式样结构同），抗日战争胜利前为日本帝国主义所盗走。阁后是第三层台地，建有后殿，称"大须弥山"，供一切诸佛菩萨。这层台地的后沿原建有面阔十三间二层的飞楼，名"众香楼"（俗称小西天）。珠源寺这组建筑除铜殿外，无特殊处，但在朝山布局上有突出的特点。山门从中轴线上移开，建在寺的东南。先是顺山麓曲径抵一桥，桥前后有石坊，进山门又再拾级而

上，逐步引入青松掩映的寺庙，曲折有致。

绿云楼　由寺庙门殿前广场东下至另一小院，在下临长湖的峭壁之上，形势险峻。院北临崖面湖有楼高起，二层，额曰"绿云楼"，旁有面阔三间的敞轩，额曰"木映花承"，前有三间屋的"水月精舍"。绿云楼北就是前述涌翠岩小寺。

长湖景区　长湖与引水渠间的洲上，康熙时仅在南渚建"远近泉声"，弘历时自此向北建有玉琴轩、千尺雪、文津阁三处景点（图9-24）。

玉琴轩　自远近泉声向北，达临流潈水处，建有一组建筑，据称它正当"曲涧湍流"，"潺潺众玉中，韵合宫徵"，好似抚琴的乐声，故名"玉琴轩"。建筑现不存。轩为五开间，面南，东侧有屋三间向前突出。轩后和东南有长廊周回，前与一方亭相连。溪流穿过院内，从南廊墙下流出。东廊则与另一处建筑千尺雪相接。[11]

千尺雪　在玉琴轩的东面，于引水渠中叠石成坝，水满没坝而过，产生悬流喷薄，卷沫跳波，若雪花飞舞，或云以瀑得名，瀑源来自山根。主要建筑为面阔五间，面对此景而筑，名曰"千尺雪"。或云以仿明赵宦光"吴中寒山千尺雪"的画意所绘四周藏贮于此地而命名。

文津阁　玉琴轩之北，隔渠与宁静斋相对的地方，有弘历于乾隆三十九年（1774年）营造的，为贮藏《四库全书》而筑的一组建筑叫"文津阁"。这组建筑，四周围以山墙，自成椭圆形庭院，墙内树木茂盛，南、东各开一门（图9-25）。正门面南，为宽三间房屋。进门见山，下构石洞，上有亭台，东为台，叫"月台"，西为亭，叫"趣亭"（今仅存基础）。假山北建有一阁，面阔七间，高二层，叫作"文津阁"，阁仿宁波范氏天一阁的规制。阁西侧建有双层檐的碑亭。阁前有池，池周散点山石，池畔垂柳劲松。在建筑与假山衔接处，有一豁口，成为自然门户。一堵假山隔断遮挡于前，一池清水侧映白云山影，造成全院一种宁静气氛。

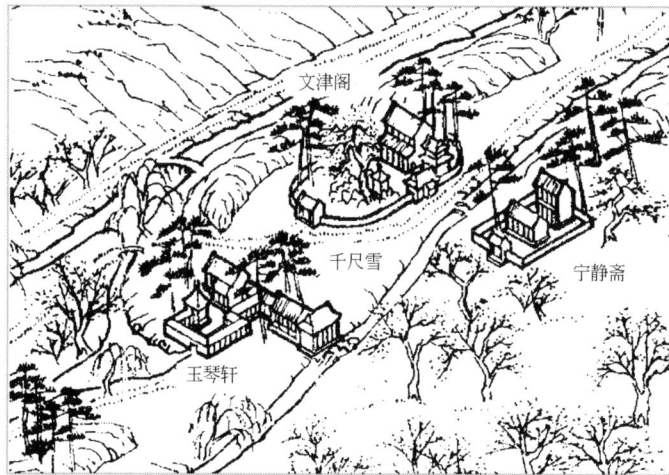

图 9-24　玉琴轩、千尺雪、文津阁鸟瞰图

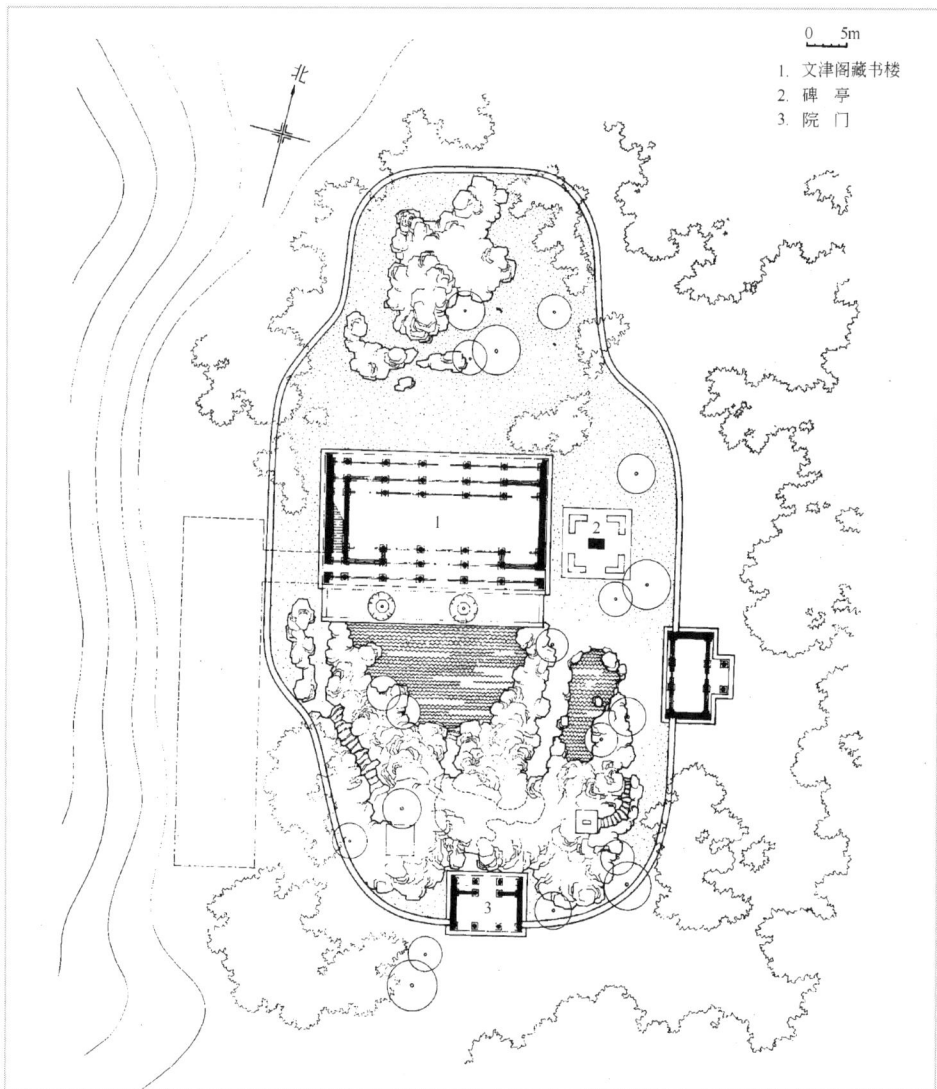

1. 文津阁藏书楼
2. 碑　亭
3. 院　门

图 9-25　文津阁平面图

《四库全书》是乾隆三十八年(1773年)开馆编纂的一部卷帙浩繁的、三万六千二百册的钦定四部典籍大丛书。纂书目的是为了规范人们的思想，纳入儒学范畴，妄想根除抗清思想，销毁了为数众多的所谓禁书。1774年先于宫内文华殿之后建"文渊阁"，专为储藏《四库全书》之用；后又陆续建"文源阁"于圆明园，"文津阁"于避暑山庄，"文溯阁"于奉天(沈阳)，分别各贮一部。后又再缮写三部，藏于扬州之"文汇阁"，镇江之"文宗阁"，杭州之"文澜阁"。总计共缮写了七部，到辛亥革命后，仅存四部且不全。原藏避暑山庄文津阁的一部最完整，现藏中国国家图书馆。[10]

(四) 山岭区

山岭区面积广大，地形复杂，自然风景最胜。如前所述，康熙时候，意在保持原植被景观，原有幽谷溪涧、峰回路转的自然景观，仅在个别山隈、山坞、山坡，度地合宜随着形势而构筑平台奥室，曲廊轩馆数处而已。到了乾隆时候，大力经营山岭区，以沟峪为骨干，从峪口到谷底，从山麓到峰顶，或依岩依坡，或就深搜奥，或就岗辟地，或踞顶连谷，修建了众多建筑组群(包括九处寺庙)。这些山林建筑中有相当一部分是规模宏大、工程艰巨、布局同自然形势相结合而又曲折多变的组群。山岭区各组建筑群，在清朝末年已逐渐颓圮，后经地方军阀、日本侵略者和国民党统治时的肆意破坏，现仅剩残垣废址，绝大多数基址面目全非，或仅存一堆荒土瓦砾，有的已很难找出确切的柱位或台基。多数根据实地勘察，结合《热河志》的记载，仍可看出布局上因势而筑和创作景物的构思和意图，是学习在自然形胜区如何布置园林建筑组群的优良范例。

(五) 水泉沟区

碧峰寺 进水泉沟，过松鹤清樾再西进，两旁树木茂郁。经过长八尺幅七尺的大石桥，来到林木深处有一处较开阔的谷地上，建有一寺叫作"碧峰寺"，并把溪流也围在寺院内(现仅存几间坍屋和基址)。据志载，寺建于乾隆二十九年(1764年)，山门东向，进寺左钟右鼓，前殿天王殿；正殿双层檐，名曰法华宝殿，有东西配殿松风殿和水月殿；后进为经楼，额曰："宗乘阁"，这样的组合跟一般寺庙同(图9-26)。但主寺后院以南北长的庭院，有书屋南向临流，叫作"味甘书屋"，其西为长廊北端建有"丛碧楼"，飞檐屋槛，高出树梢；廊南端有亭曰回溪亭，建于发券的砖台之上，下有水门(溪流由此入寺)。西北角有一水池，池周叠石。总之，这个后院是寺庙的庭园，景物十分幽致。

过碧峰寺西进，途中路北有卧碑，上刻弘历写的古栎歌，有小径折西南就是碧峰门，为一重台式城门。

西峪景区 过古栎歌碑前进，到水泉沟头较开阔的峰回路转处，即小榛子峪谷口。雨后，山水都汇集于此。为了排泄雨水，在沟尽头的宫墙脚下设有铁栅门。过此谷口，若往北顺支谷(即小榛子峪)上行，达"有真意轩"，建于乾隆四十六年(1781年)；若往西北上山岗，就是西峪(即大榛子峪)上三组建筑群，自南而北而东为"鹫云寺"，建于乾隆四十六年(1781年)，为"静含太古山房"，建于乾隆二十七年(1762年)，为"秀起堂"建于乾隆二十七年(1762年)。

有真意轩 建在谷中，坐西南的山岗中腰部，包括有一个小山头(图9-27)。这组建筑就以小山头分水岭为中心线，分为东西两部分。东部是长方形院落，院门南向，进院西界"有真意轩"本身东向，南有"小有佳处"，北有空翠书楼南向，门屋、轩、楼三者有廊连接，自成院落。西部妙在轩后小山头筑有一方亭，叫作"对画"。因为这个亭正对着东西向小山谷里一面削立的崖壁，雨后"云崖飞瀑，万象生明，倏忽变幻，如见荆关妙笔"，故名。西部又有一亭台跨建于溪涧之上，溪水从院中穿过。其南依山坡又筑有亭等。这样由山头亭、溪组成的西部，善于因势借景而设，富于自由、活泼的风格，与东部整体格

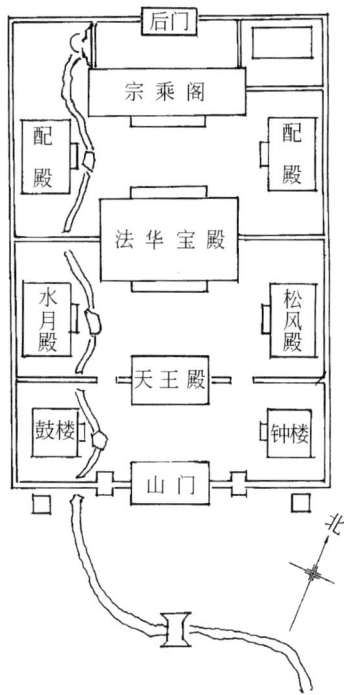

图 9-26　碧峰寺平面图

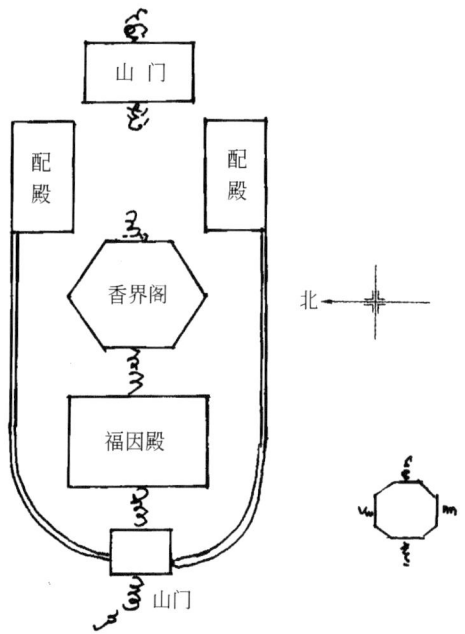

图 9-28　鹫云寺平面图

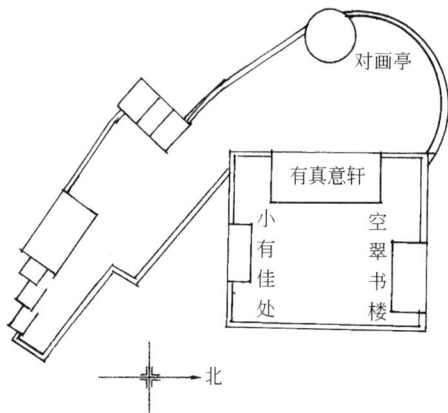

图 9-27　有真意轩平面图

局形成对比。

鹫云寺　从有真意轩折返谷口从西北行，路渐斜上，攀至岗口，忽然开朗，前面是一片山岭起伏连绵的景色。从这个山岗向北斜上，直达一座山峰，然后山路又转向东北，再进就是鼎足而立的三组建筑群（仅存基址）。鹫云寺（图 9-28）虽是后建，却位居在前，踞南面一个平岗上。东西两面临谷。寺东向，形制规整，但格局与一般佛寺不同。寺前后有山门。东进山门，左右有配殿，中为六方形高三层的楼阁，叫作"香界阁"，阁后是一栋二层的殿，叫"福因殿"。寺址西墙（后墙），圆弧形，西北面沿山岗边缘而筑，下即山谷，巧于因势而筑。出后山门南下转百数十米，建有八方亭。

静含太古山房　出鹫云寺后门，循蹬道曲折直下涧底，过一单孔石桥，然后上登就到达静含太古山房这组建筑（图 9-29）。山房建在两条山谷相交的北山头上，与鹫云寺南北相望。进门为一小三合院，院中堆叠着假山。西房即静含太古山房，建南坡上侧，面阔三间，朝向西南，从这里外望，有万嶂环云之势。有廊连接到北面临崖建小楼，面阔三间，高二层，名叫"不遮山楼"，楼下有曲径转折山腰蹬石间，楼西有游廊连接到西南在山嘴端部悬崖上的趣亭。

通过静含太古山房明间，可至北部小院。院的北端为一方形石台，上建一亭，名"清凉甘露"，亭内供自在观音像一尊。紧贴石台前堆叠有假山，

有蹬道东可至院墙旁门，出后门沿蹬道上山至秀起堂。总的说来，静含太古山房这组建筑，总占地不大，仅380平方米，却安排了山房、楼、廊、亭（占地185平方米），建筑密度较大，但地处环境，极为幽静。此外，在其东西两侧的沟涧中部，用山石叠砌两级跌落，每当雨后山水盈涧，即形成两处瀑布，更增山林风趣。[12]

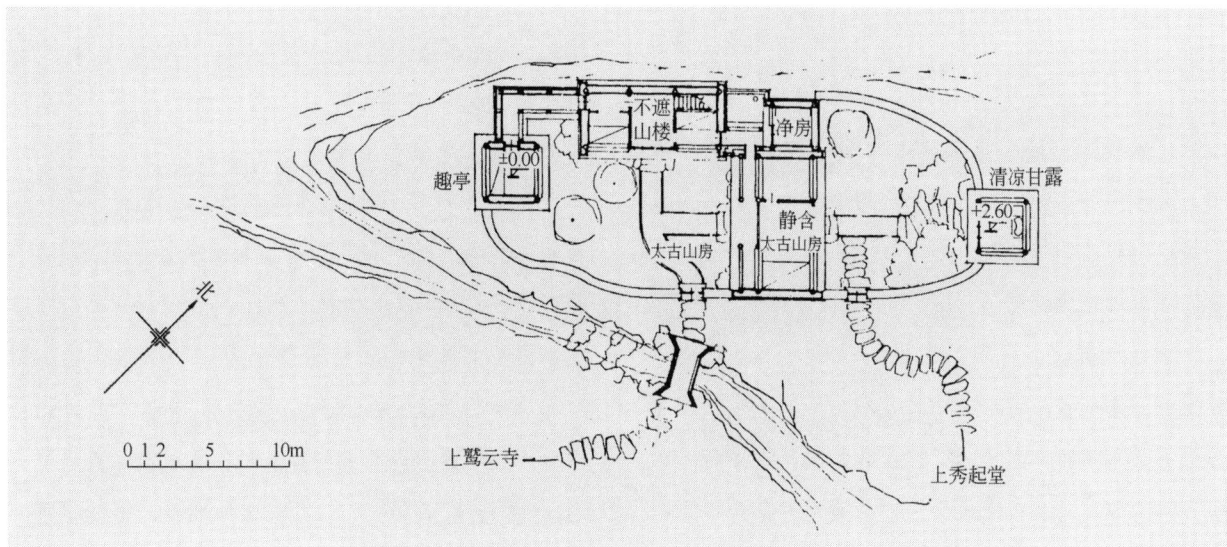

图 9-29　静含太古山房复原平面图

秀起堂　鹫云寺的东北为"秀起堂"，跨着东西向的山谷而建，是西峪景区三组建筑群中规模最大，工程复杂，高低错落，建造巧妙的一组建筑群（图9-30）。秀起堂布置在深山峪中，横跨有沟涧，即一条山涧由东向西贯穿，把用地分为南北两组，另一条斜走的山涧又将北部分为东南一小块、西北一大块。沟涧两侧地形陡峻，由涧边至北部围墙角，高差约14米左右，建筑就得依地形高低而错落布置。主要建筑布置在山谷北部即朝南坡上，依岗群台地而筑堂、楼、书屋等园林建筑；山谷南部即朝北坡上，依岗脊筑有作正门的门屋和曲廊，并有墙廊跨谷连接到北部东南隅。[10]

从鹫云寺东出，沿谷东北上行，便有假山壁立，北折而至秀起堂门屋。门殿三间，南向后出廊。门上

悬弘历题匾"云牖松扉"。入门后，出后廊为缓坡，东行至跨涧的单孔石桥，过桥可至北部的"绘云楼"。后廊东部接有游廊，若从桶子门东，接有一敞庭，面阔一间（面阔达6.2米，普通一间为3~4米），周围为廊，正对山涧北部最高主体建筑"秀起堂"。敞庭往东地形逐步升高，至东南隅"经畲书屋"高差达4.25米，这中间以云段跌落式游廊相连，同时随着地形游廊折向东北。经畲书屋踞小山头上，面阔三间，前出廊，面向西北，右接净房一间。屋后（东南面）有半圆形围墙，构成幽静的小院。[12]

经畲书屋东侧有游廊依地形折而下行，跨越沟涧，其中跨山涧上一间的台基上开方形水门。自此游廊层层下跌，最后与北部东南小块上"振藻楼"下殿前廊相连。经过振藻楼，游廊又贴北岸石条金刚墙向

西、向北延伸，直至"绘云楼"下面的前廊。这段游廊中部有一间通向外面，出廊可缘假山蹬道上至秀起堂下部的月台。整个游廊连同它所通过的屋、楼的前廊，从门殿起连同侧廊把南北全部建筑联系起来。而山涧南岸的廊子层层上升，东部的廊子层层下跌，到了北部又紧贴石墙，其间曲折变化，构筑之妙，实属罕见(图9-31)。

由东而西和由东北西南走向的两条山涧汇合处山凹中突起振藻楼，二层，是一个曲尺形建筑，南向三间，西向两间，后部依崖。二层部分可由底层楼梯上登，也可由上部平台进入，是前二层后一层的形制。振藻楼后面(东北)有方亭，高踞条石砌筑的月台顶部，为单檐四角攒尖顶形式。亭西侧有石踏步，下踏步可进入振藻楼的二层。[12]

山涧北部，从建筑群的纵向来看，依地形用条石砌为三个平台。过单孔石桥，在盘石间一折而上至一层平台，上建"绘云楼"。名虽为楼，实际是一面阔三间的殿，只是在它的下面对应建三间前廊，而明间辟为楼梯，从南面看去像是二层楼房。东西的墙各出抱厦一间，通过两抱厦可进入绘云楼的东西次间。从绘云楼登二十多步为前廊平台，再东折拾级而上，方是主体建筑秀起堂前的大月台。大月台北秀起堂，面阔五间，周围为廊。这样，从纵向看，数叠而上，方是主体建筑，形势雄伟，如在天半(图9-32)。

秀起堂整组建筑的东南面以半封闭式游廊围绕，东面、北面、西面绕以围墙。在秀起堂西的围墙开一角门，出门后沿蹬道至半山的眺望亭。

眺望亭景点　建于乾隆二十七年(1762年)，为一单檐八角亭。在东山头上即康熙时四面云山亭。

西峪龙王庙　在西峪深处陡崖之上，有城台跨涧，水门上建方形殿三间，是山庄又一龙王庙，为西峪最后一个景点。

松林峪景区　前已述，进梨树峪东口不远就有岔口，左行(往西)折西北就是呈L形的松林峪。路径狭窄，草木深茂，路左为潺潺涧水。

瀑源、观瀑亭　初进有"瀑源亭"，遗址已不可寻；再进西北坡上有为观赏瀑布而建的"观瀑亭"，至峪底深处有"食蔗居"，后二者尚有遗迹。

食蔗居　进峪顺谷势缭绕数折，跨过几座小桥，两旁山壁峭峻，真有空谷幽静之感。循山径北上不远，忽仰见山谷上依岩壁建有轩屋，但又仅见屋角，那里就是依岩辟地而筑的"食蔗居"一组建筑，建于乾隆二十六年(1761年)。大门为一间小门楼，入门后即叠有假山。进门左侧(即南)一个高达七米的条石砌筑高台上建有大方亭，名"倚翠亭"，旁接爬山曲廊通向主殿，并有蹬道通至下面。主殿"食蔗居"，东向，面阔三间，北侧有爬山廊曲折下至堂屋二间，额曰"小许庵"，一面南向院内，另一面临涧，院东北小山头上布置一亭名曰"松岩"，下面堆叠山石蹬道。此亭与庭院关系似在内外之间，饶有妙趣。门楼左右则有院墙与台和庵相接。食蔗居这组建筑，面积不大(占地约580平方米)，但布局紧凑，高低错落有致，尤其是从峪口一路来此，山径幽静，转深转妙。题名"食蔗居"表明如食蔗般渐入佳境，十分确切。

从食蔗居旁山径登岭，循山脊行，可直趋四面云山亭。

梨树峪景区　康熙时仅在离峪不远的地方建梨花伴月一组和澄泉绕石一榭。弘历在峪谷最深处，靠近谷底东侧的坡上，建了一组结构精巧的建筑群，叫作"创得斋"，建于乾隆二十五年(1760年)，现仅存废址。

创得斋　创得斋的地位正处于两条山溪汇合处，有两个小山头，巧妙地因势构筑，形成高低错落，与溪相结合的一组。门屋东向，阔三间，屋后有庑，侧通曲廊，连接到踞山头为屋的创得斋。斋南向，面阔三间。斋后右偏，建有一楼，称"夕佳"，与斋有廊相通。门屋后有台阶可下，过一跨溪单孔小石桥，再由步石上登曲廊，直行至跨溪而筑，下为半圆形洞上

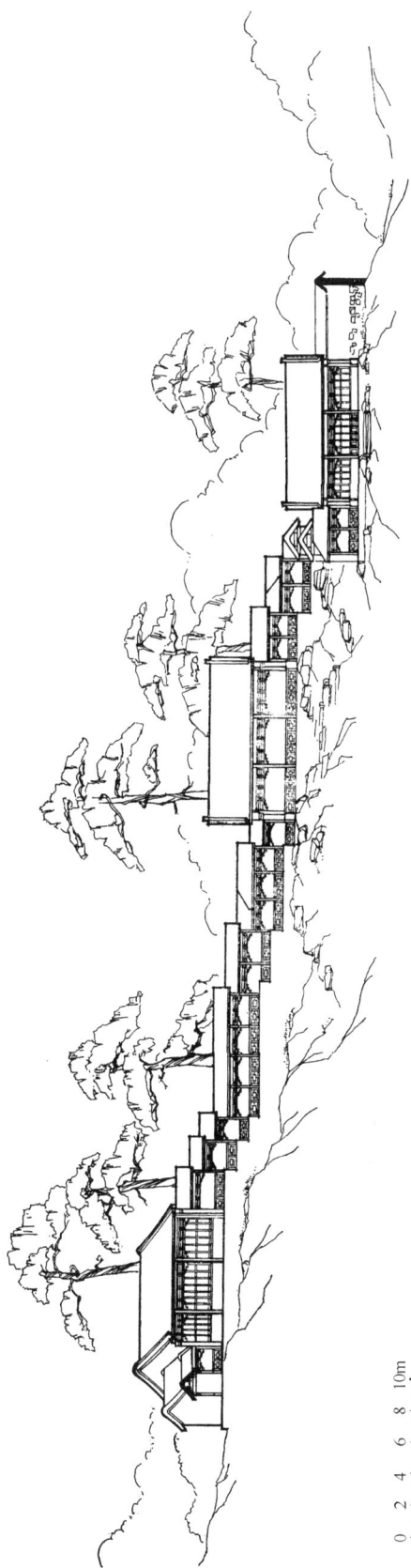

图 9-31 秀起堂南岸立面图（经畲书屋）

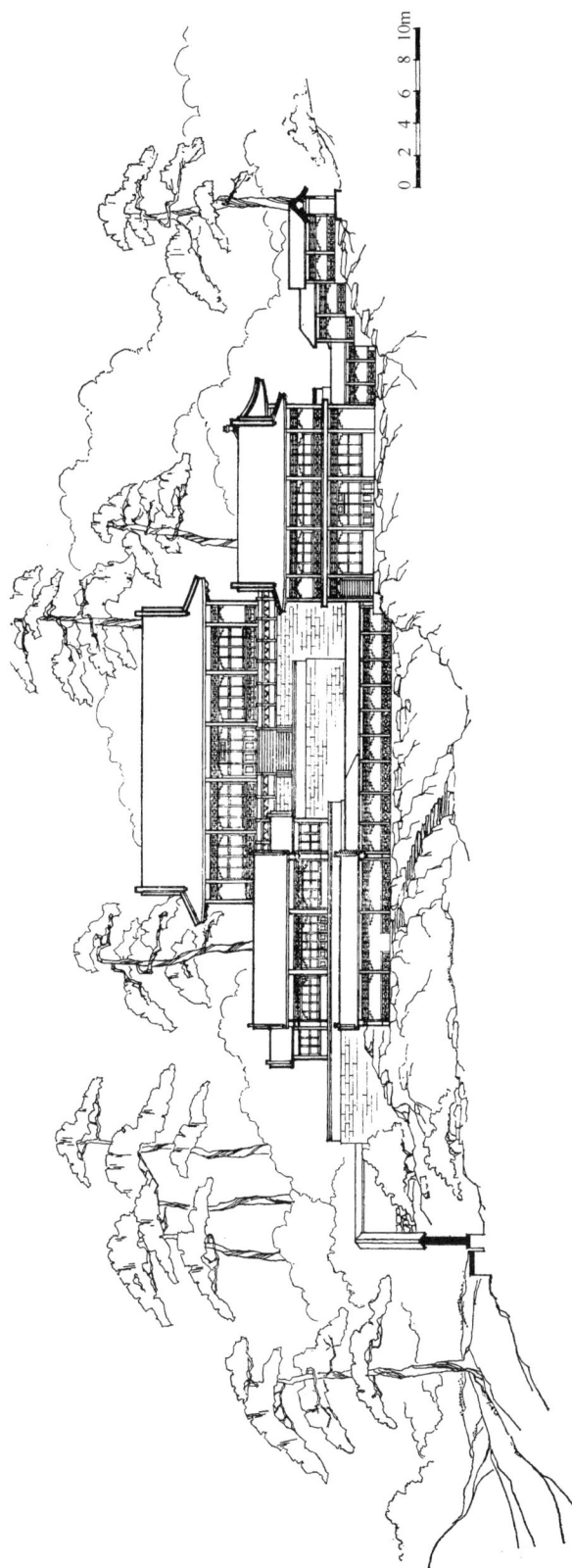

图 9-32 秀起堂北岸立面图（绘云楼）

为阁亭的建筑，叫作"枕碧室"。创得斋是梨树峪最深处的一组，虽然仅一斋一楼，尚曲折有致，一桥一阁南北呼应，更增强了崖峻壑深之势，又有苍劲青松成林，更造成了深邃气氛。

(六) 松云峡区

松云峡如前所述是山头最大的一条沟峪，两侧青峰并列，峡内清溪潺鸣，是山岭区景色最美的地区。康熙时，仅在沟口有旷观和东北部山地有南山积雪亭、青枫绿屿、北枕双峰亭等建设。到了乾隆时候，峡内及两侧山地成为重点经营的地区，园林建筑组群布置之多，居诸峪之冠。为了叙说方便，按自然地形可划分为以下几个地区或景区：松云峡谷道(从沟口到西北门)；松云峡西支谷景区(水月庵、旃檀林)；松云峡西北支谷景区(含青斋、碧静堂、玉岑精舍)；松云峡东北山区，其中东南山头康熙时期建的南山积雪、青枫绿屿、北枕双峰为一景，乾隆时期建斗姥阁、山近轩、广元宫、敞晴斋为一大景区。

松云峡谷道景区 这是松云峡谷景点景区的一条脉络，也是从山庄到狮子沟对岸罗汉堂、广安寺、殊像寺等要道。

清溪远流 松云峡的峡口有城关式的"旷观"。过此不远有西依山、东面峡的松云峡口第一组建筑群，叫作"清溪远流"。这组建筑分为上下两组院落。下院为不规则的小院落。上院为四合院形式，中轴线与峡垂直，主殿名"清溪远流"，依山筑于平台之上，左右有依地势上下而布置的配殿和曲廊。在院落小门前(其东)，还有临路而筑的休息用殿屋。在这组建筑之西的小山头上，建有单檐攒尖方亭，名曰"凌太虚"，可以眺远。

山神庙 过清溪远流，在溪旁绿荫下，有卧碑，碑刻弘历写的《林下戏题》诗。再进，在峡东山坡上辟有台地，上建一座四合院式小庙，叫"山神庙"。沿庙侧山路可达东北山岭区几组建筑群。

从卧碑直到西北门，峡路上没有什么建筑，如前所述，道旁大松高耸，左下涧水潺流，颇有十里云松之概，最后到达西北宫门。

宜照斋 西北宫门的左上(即其北)山坡上有一组建筑，称"宜照斋"，建于乾隆三十三年(1768年)，是皇帝由狮子林园等处返回山庄的休息之处。建筑群由三个院落组成。主要院落是不完全对称的四合院形式。进门殿后前院为一门院。正殿宜照斋面西，其北有"属霄楼"、南有"邻类榭"。后院有古松、有叠石，因就古林而建堂，名曰就松堂，面西，与邻类榭有廊相连接。堂后有亭，名曰积嘉。[11]

松云峡西中部支谷景区 松云峡谷道中部，其西有两条支谷，南边一条支谷半山腰有"水月庵"，建于乾隆二十六年(1761年)，北边一条支谷山脊有一组佛寺"旃檀林"，建于乾隆三十年(1765年)。

水月庵 以松云峡西一条小溪旁的缓坡上登，似乎平淡无景可寻，忽见一白色石坊出现在小台地上，登上石坊小息外望，忽见磬锤峰正嵌在坊框中成为框景，可见此坊位置设计之妙。再上就到水月庵。庵分两个院落。进庵门前院，中为主殿，左右配殿，无特殊处。但院北侧墙有小门通到后院为园林式小院。在面对群山的空隙一线虚处，建有"山心精舍"，由于这里地势比石桥更高，从这里看磬锤峰之景更为完整。出后院小门登山，半山腰又建一方亭，叫"放鹤亭"，[11]景色更为开阔。

旃檀林 从水月庵西北绕过深壑，就可望见远处东西向的横岭上，坐落着一组庞大的建筑群，就是山间佛寺"旃檀林"。由于顺岭脊而建，下临陡坡，因此前沿和台地都砌有竖壁。登山上坡，先从一段石阶，登上平台，有石栏围绕，又登一段石阶才是门楼式山门，叫作"澄霁楼"。登楼远眺，视野开阔，霁景澄鲜，故名。楼北，即同一轴线北端，就是面阔三间的旃檀林正殿。楼与殿之东为东院，院中有人工开凿的岩顶"天池"(贮水池)。面对池(即池西)有一殿，叫"瞻轩堂"。东院的东、北为半弧形围墙。东院的南界就是从澄霁楼起，沿峭壁而建的长廊，连接到东南端的"超然宇"和"云润楼"。超然宇是云润楼的下层，建于高台之上。云润楼与长廊是同一水平高度上，从长廊走过来，不感觉云润楼为楼，从楼内有楼梯下到超然宇，才知云润楼为上楼。楼与殿之西为西小院，依古松建有二层楼阁，叫作"松云楼"，院前沿也有从澄霁楼连接过来的廊房。充分利用地形所造成高低错落，不同水平台地的变化使建筑有升降的感觉，是这组建筑突出的特色。[11]

松云峡西、北部支谷景区　松云峡西，最北的一条东西向支谷，离东口不远小岗上有"含青斋"，建于乾隆二十八年(1763年)，同年又于支峪深处建"玉岑精舍"。翌年即乾隆二十九年(1764年)，又于含青斋南支峪深处建"碧静堂"(也可从创得斋北，过岗到达碧静堂)。

含青斋　进支谷不远的小岗上，有叠石天然成阶，至顶上架岩为屋的一组建筑，叫作"含青斋"。斋屋面北，左有屋称"挹秀书屋"，右有屋是"松霞室"，有依山廊围绕，构成一组。这里谷崖峭峻，势极奇特，又架岩依石为屋为室，益以松林阴森，更增奇趣。含青斋这一组跟松云峡东的北山上"敞晴斋"，正好隔峡遥遥相望。

碧静堂　在支谷中部，过含青斋后，沟分两岔，继续向西北行，至玉岑精舍，向东南沿涧东侧的蹬道前进，即达"碧静堂"。碧静堂这组建筑(图9-33)，面对着山谷，三面山岗环抱，在有两条山涧和三条山脊的"丫"字形峡谷中。这里的地势，从涧底到山脊最高处的高差约14米。由于地形关系，建筑群分上下两部分布置，还由于入口关系，主要建筑都是"倒座"，即坐南面北。下部建筑群由门殿和曲廊连接到跨西涧的"净练溪楼"；上部建筑群，正中为主殿碧静堂，往西往后连接到"静赏堂"，往东跨东涧下至"松鍪间楼"(图9-34)。后过含青斋，沿涧东侧的蹬道前进，折西过一座跨在东涧上小石板桥，然后沿中部山脊上石蹬道上行，尽端就是一个重檐八角亭，作为园门。亭门西侧

连以围墙(墙越西涧处开有水门)，往西南连接至"净练溪楼"西墙；亭门东侧也有围墙，墙跨东涧呈弧形南接至松鍪间楼。门殿后紧接一段曲廊，向南向西三折而下至净练溪楼。楼跨西涧上，下面为条石砌筑的城台，中辟拱券水门。台上建小殿三间，大抵为前出廊卷棚硬山式。据弘历诗："峡上三间俯碧莹，虽无楼实有楼形"，又："跨溪有室本非楼，似阁居然溪上头。无水每疑名不副，雨余今日练光流"，可见名虽为楼，实际上只是城台上建屋而已。西涧平时无水，雨后洪发，可依阁欣赏湍流奔泻的壮景。

入亭门后，通过一段走廊来西折前，有门出为蹬道。蹬道分为两岔：西岔筑在山脊正中，直奔主殿碧静堂；东岔下至东涧，过一小桥，沿涧至松鍪间楼。碧静堂三间，前后廊，虽为主殿，但从使用来看，主要活动的殿屋是西侧的静赏堂。建筑上以碧静堂为主，制用叠落廊，顺着地形向西各伸出一个建筑。向西南伸出的是静赏堂，三间，前后殿，向东北伸出的是松鍪间楼，其间以三折曲廊相连。由廊跨越东涧处下为条石垒砌的基座，并开有水门。此廊可能逐渐提高，直接进入松鍪间楼的二层。松鍪间楼面阔二间。堂内有楼梯下底层，前出廊，楼西北角有假山，砌为蹬道，连接东涧底石桥。[11][12]

上部建筑组的后墙弯建在山坡上，墙内有假山石垒砌的挡土墙。出碧静堂后廊，可沿此假山石蹬道上至后门，从静赏堂后廊也有蹬道折至后门，出后门又有一段蹬道曲折上至山顶，越山可到创得斋。[12]

总的说来，碧静堂这组建筑位在翠谷环抱中三条山脊夹有两涧、北低南高的地势中，巧妙地利用了地形特点，把建筑分成上下两部，下部布置精巧，曲廊西折，临涧越池，架以虚阁；上部正中为主殿，东伸向南一楼，西屈后北一堂，若人在舞蹈中前后屈伸两臂状，变化有致。建筑虽仅存残址，但这里古松保存比较完整，顺山脊左右错落交复，创造了"曲蹬出松萝，阴森漏曦影。夹涧千章木，天风下高岭"的气

去创得斋

甲

静赏堂
+7.37

碧静堂
+7.09

净房

松罄间楼

+9.49
楼层

+6.81 底层

+5.98

净练溪楼

-0.50

+1.39

-4.45

门殿
±0.00

-5.25

-5.07

+1.19

北

0 2 4 6 8 10m

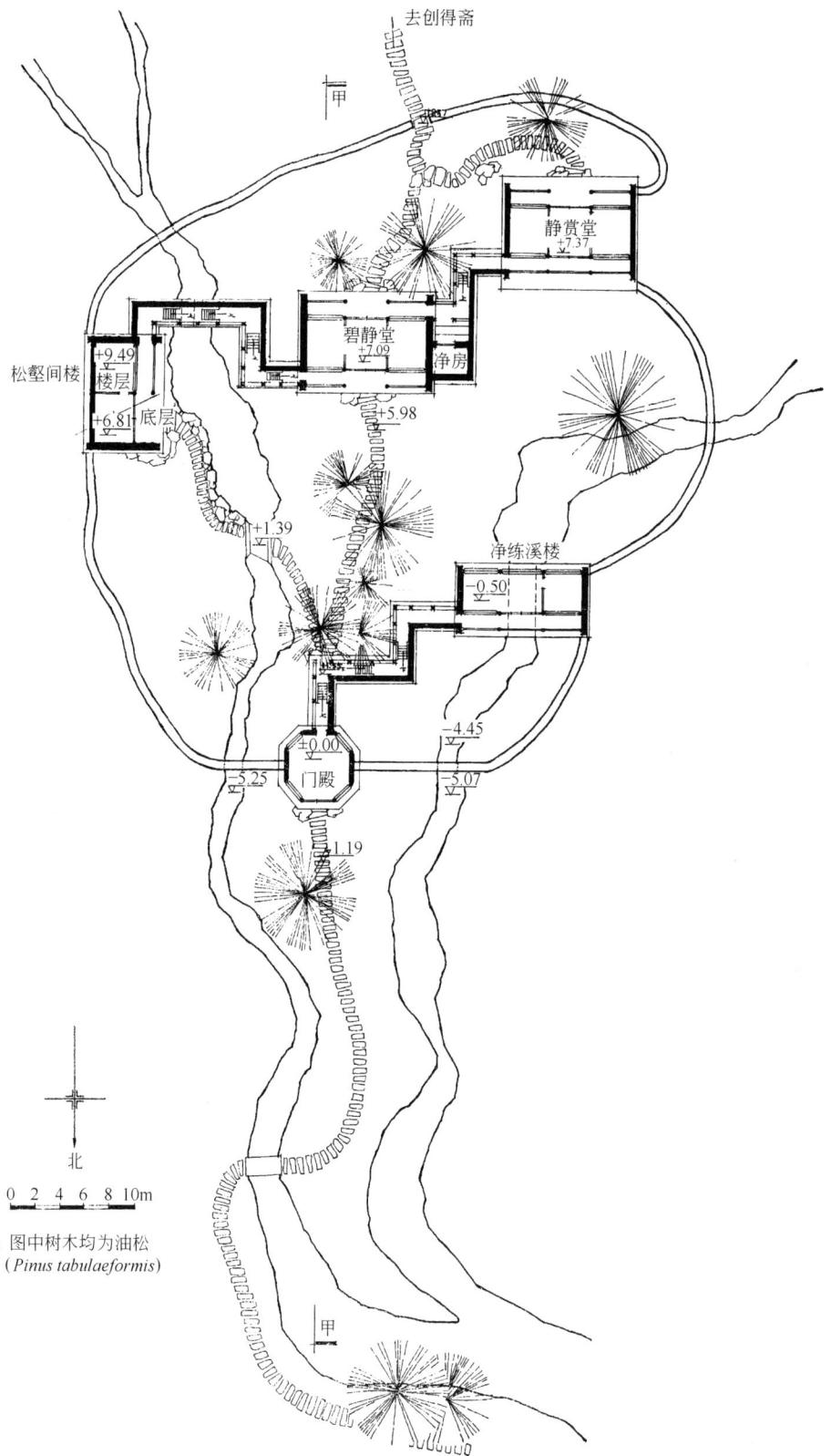

注：图中树木均为油松
（Pinus tabulaeformis）

甲

图 9-33　碧静堂平面图

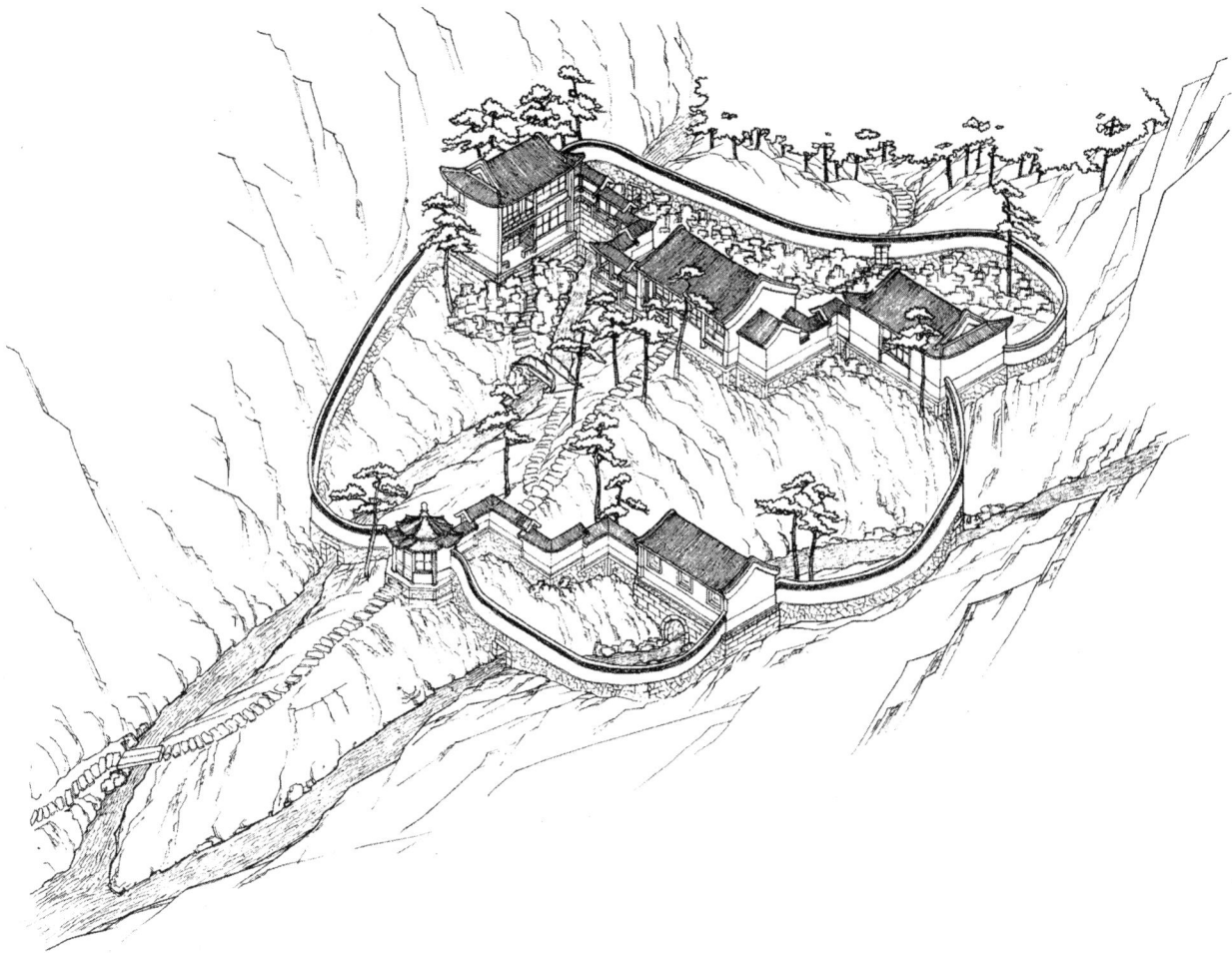

图 9-34 碧静堂复原鸟瞰图

氛，尤其是亭门至碧静堂的五棵油松，在增强层次的深感方面起了很重要的作用。[13] 由于坐落在背阴谷中，"碧静"二字表达了此处翠谷之"碧"和环境的幽"静"。

玉岑精舍 从碧静堂溯涧而上，可通至"玉岑精舍"，这是山区最西北的一组建筑(仅存遗址)，也是松云峡西北支谷景区的尽端或结尾处。这里有一条东西向的支谷山涧，与北面急降的小支谷山涧垂直交汇，交汇点就作为此园中园的中心(图9-35)。夹谷的山坡露岩嶙峋，构成山小而高，谷低且深，陡于南北，缓于东西，矶头屹立的山壑的风貌(图9-36)。在这样一处回旋余地不大，又被山涧分割的山地里构筑，煞费匠心。创作者根据形势。"借僻成幽，细理精求"的原则，认为"精舍宅用多，潇洒三间走"，

因势就景安排了三室二亭，为了范围，从东南门侧接蛇形墙，跨涧顺脊弯向北处"贮云檐"，南界和西界有曲折墙廊连至贮云檐。

从山门入，蹬道西折至迎门面设"玉岑室"，三楹，面东西，为北山墙面水，室西北向有曲廊连至主体建筑"小沧浪"，面阔三间，位居汇流中心之南，居中得正，形势轩昂，前后有廊，南向北梁，北临深涧，成为赏景中心。小沧浪西接曲廊至"积翠"室，折北至跨涧而筑的"涌玉"亭，坐西向东，前后出抱厦，左右接山廊的枕涧亭，山涧从亭下穿出，故名"涌玉"。从涌玉亭上仰东北，见"贮云檐"居高临下，体量虽小，形势显赫，高台矗立，硬山斜走，台下石洞穿流，台前玉岩交流，飞流奔瀄，屋后背山托翠，孤松挺立，俨若边城要塞。这里横云掠空的景色

随时可得，取名"贮云檐"，名实相符，从涌玉亭有爬山廊上接至贮云檐。这个爬山廊有两种可能性，一是层层跌落的叠落廊，一是顺坡斜飞的爬山廊。从廊的遗址看，原台阶级遗址清晰，台阶多至一连数十级。若为叠落廊，未免太琐碎，复原模型鸟瞰图上，姑且以斜走爬山廊复原作比较。[13]

松云峡、东北山区 弘历时除松云峡东北山麓的敞晴斋建于乾隆二十六年（1761年）外，在后期连续建有多组建筑群，有斗姥阁；有山近轩，建于乾隆四十至四十四年（1775～1779年）；有广元宫，建于乾隆四十二至四十三年（1777～1778年）；有广元宫南的翼然亭和广元宫北的古俱亭，建于乾隆四十三年（1778年）。

敞晴斋 前述与含青斋隔松云峡东西相望的一组建筑叫"敞晴斋"，踞顶依阳坡而筑。据称该处视野宽阔，尤其在秋高气爽的晴日，游目驰骋，苍碧千里，故题名"敞晴"。门屋偏一侧，院内主殿为敞晴斋。斋右前为"青绮书屋"，与斋平行而建；斋右为"绘云楼"，与斋垂直而建。斋、屋、楼三者之间连以爬山廊。[11]建筑都不存，门屋前有路可上至"广元宫"和"古俱亭"。

斗姥阁 从北枕双峰亭沿山脊向西北行进，山势越来越高，到了山头有依赖的一侧而建的小型道观，叫"斗姥阁"。由宝垲登上庙门，进院正殿"慈荫天枢"，配殿"蓬山飞秀"等，布置在垒筑的高台上。登阁俯览，纵横交错的山谷之景和起伏下奔的山峦之景展现在视野中。

山近轩 过斗姥阁后，越山脊到西坡分水岭

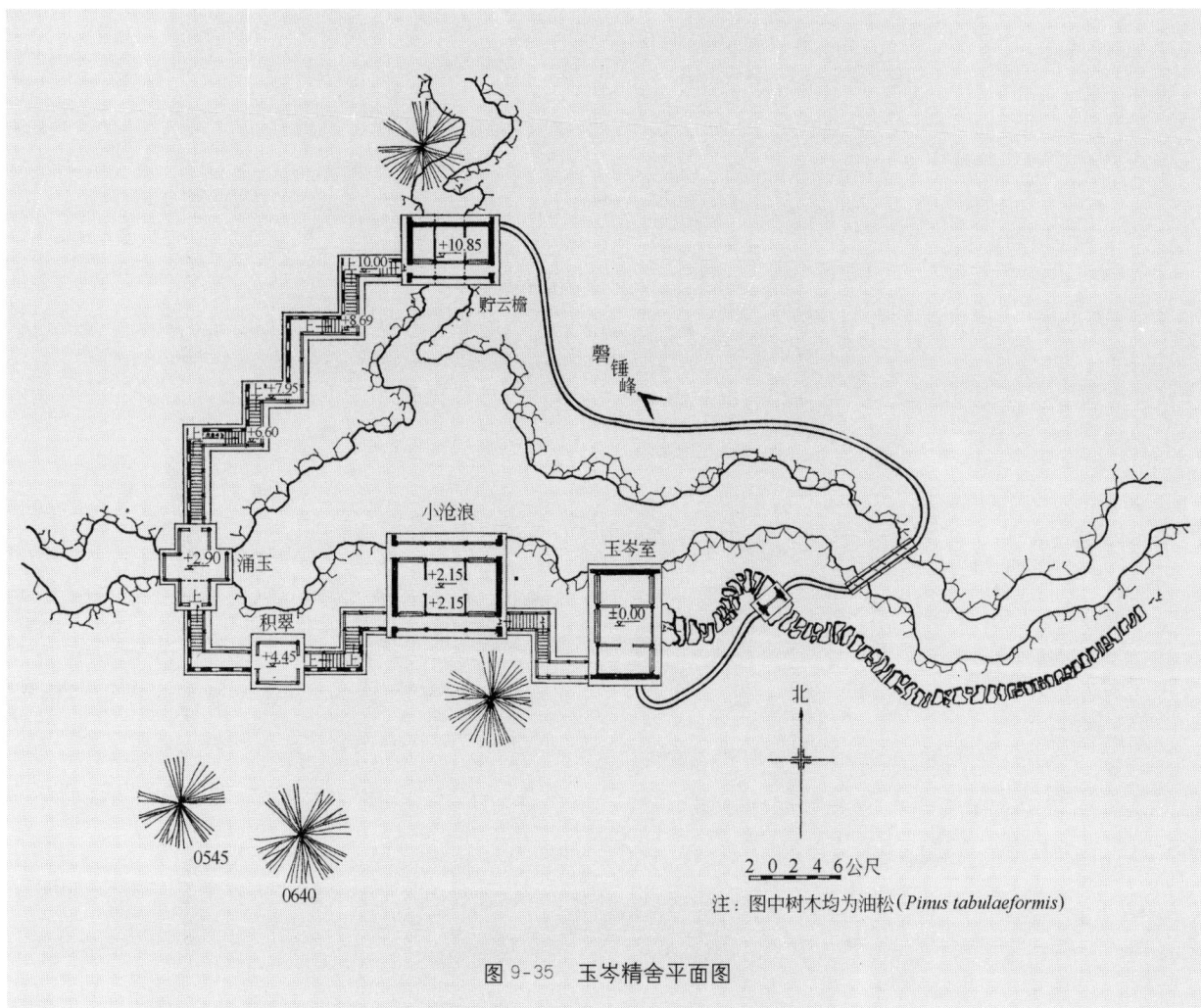

图 9-35　玉岑精舍平面图

注：图中树木均为油松（*Pinus tabulaeformis*）

图 9-36　玉岑精舍复原鸟瞰图（松鹤间楼）

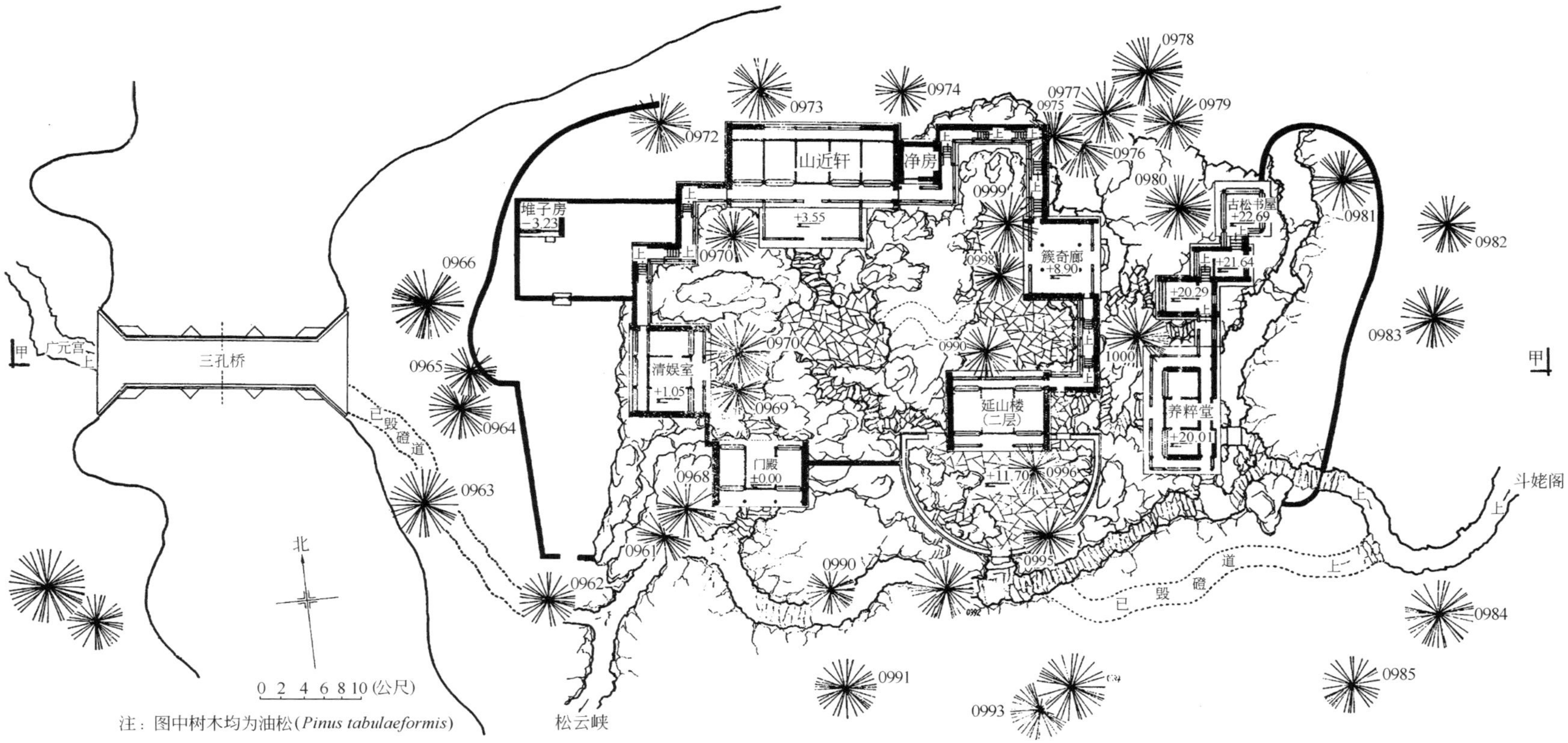

图 9-37 山近轩平面图

注：图中树木均为油松（*Pinus tabulaeformis*）

上，那里建置了一组工程艰巨、气势雄奇的建筑群，题名"山近轩"（图9-37）。前后施工竟用了四年时间。由于这组建筑群选址在陡峭的山脊上，在东西约长70米的地段内，地形高差达25米余，于是在南北两崖之间，以石墙假山叠砌而成四个台地，大小不一，由东往西自然跌落，从而可以把园林建筑分别筑于不同高度上。

通常都由斗姥阁下至山近轩为便，因为那里山坡较缓，并铺有块石蹬道。也可由松云峡中部（西折进水月庵支谷），东折上行即进山近轩支谷。上至有一条沟涧（源从山近轩北的由东而西的山涧，至此折而向南）横前，跨建有适应深壑地形而高十多米的三孔大石桥一座（图9-38），桥长27米，宽5.5米。由于跨度大，底脚深，颇为壮观。为与山林相适应，桥身朴实，护以低矮简洁的石栏板，桥头让出足够回旋的坡地。若不过桥往西北可上至广元宫，过桥往东可转至山近轩门殿。

山近轩建筑群（图9-39）西下部为南北狭窄第一层台地，紧邻崖边，建有两间堆子房和小院，属辅助建筑，其西其北为曲墙，过三孔大石桥即可望见围墙。第二层台地，面积最大一块，布置门殿和主体建筑山近轩一组，第三层台地建"延山楼"，东部第四层台地又是狭窄长方院落，有"养粹堂"和"古松书屋"，最东为随地形而筑的曲墙。从立面图（图9-38）有层层叠上，大有"山近在咫尺"的气概。

门殿阔三间，南向（确切地说偏西南），前出廊。进门后的庭院几乎全部叠掇假山，以蹬道通往周边建筑。院北为主体建筑山近轩，面阔五间，前后廊、前带三间抱厦。由山近轩正殿前廊向西折南的曲廊，可下至"清娱室"，面阔三间，前后廊，门殿和清娱室都居低，主体建筑山近轩石台高2米多。由正殿前廊向东过净室，可沿爬山廊曲廊层层上登至"簇奇廊"，高踞石台上。簇奇廊，名为廊，实则是大开间的方形的周围廊的敞厅。此厅前后通敞。后面（东面）紧靠第四层台地，有两条蹬道盘折而上分别到达养粹

堂和古松书屋。敞厅南有廊转至延山楼。从山近轩抱厦南下，可通过东部假山的山洞内蹬道上至簇奇廊，也可沿陡峻假山上至延山楼。

延山楼在院东南隅，面阔三间，北向，建于第三层台地上，是一个靠崖楼。北向为二层，底层平接庭院地面；南向一层，因南面拱出一半圆形平台，平台地面与二层平接。平台以五层条石砌成，围以半墙，台上有叠置小石并植有油松，南面半墙留缺口，直接与院外蹬道相通。整个山近轩组群，以殿、室、轩、楼和廊墙，西南以台代墙，组成方形院落，无须用长墙相围，建筑位于不同高程，从而高下起伏而富变化。

山近轩组东即第四层台地，既陡又狭，成狭长方形院落，布置了一小组建筑。南部为"养粹堂"，面阔三间，周围廊，西向，面对延山楼的东山墙。后廊向南可直接通至院外蹬道。堂内夹道往北通过一间游廊即可至"古松书屋"，由两间小殿和一座方亭，以"跌落房"形式组成，不仅平面相错，而且高度逐间升高。这三个建筑都临崖顶建造，房基下有条石砌的高台座。据《热河志》载，此三间均为草顶。养粹堂和古松书屋之东，有顺山势建曲墙一道，内部以山石砌为挡土墙。养粹堂后有蹬道通至曲墙南端小门，出门可顺山路往东至斗姥阁。

广元宫 从山近轩往北登山道，或从松云峡上山，不经前述三孔大石桥即往北登山道，仰望东北山岭最高处有一组规模宏大的寺庙，具有绝顶凌云，与天相齐之势，称"广元宫"，是仿泰山顶碧霞元君庙的规制，以"为民祈福"的名义而建。整个寺庙分为三个院落，庙门外树有一对幡竿。正门处理十分隆重，在一个有雉堞的城门上，建有三个发券洞的歇山顶的门楼。城门楼的两侧又连以面阔三间、歇山顶的门殿。前院的南北两侧墙上又有单券的侧山门。前院内堆叠有假山，左右为钟鼓楼，也是断开围墙而建，而不是独建的。中院正中有一重墙方形亭，叫作"馨德亭"，主殿为"仁育殿"，东西有配殿。后院中主

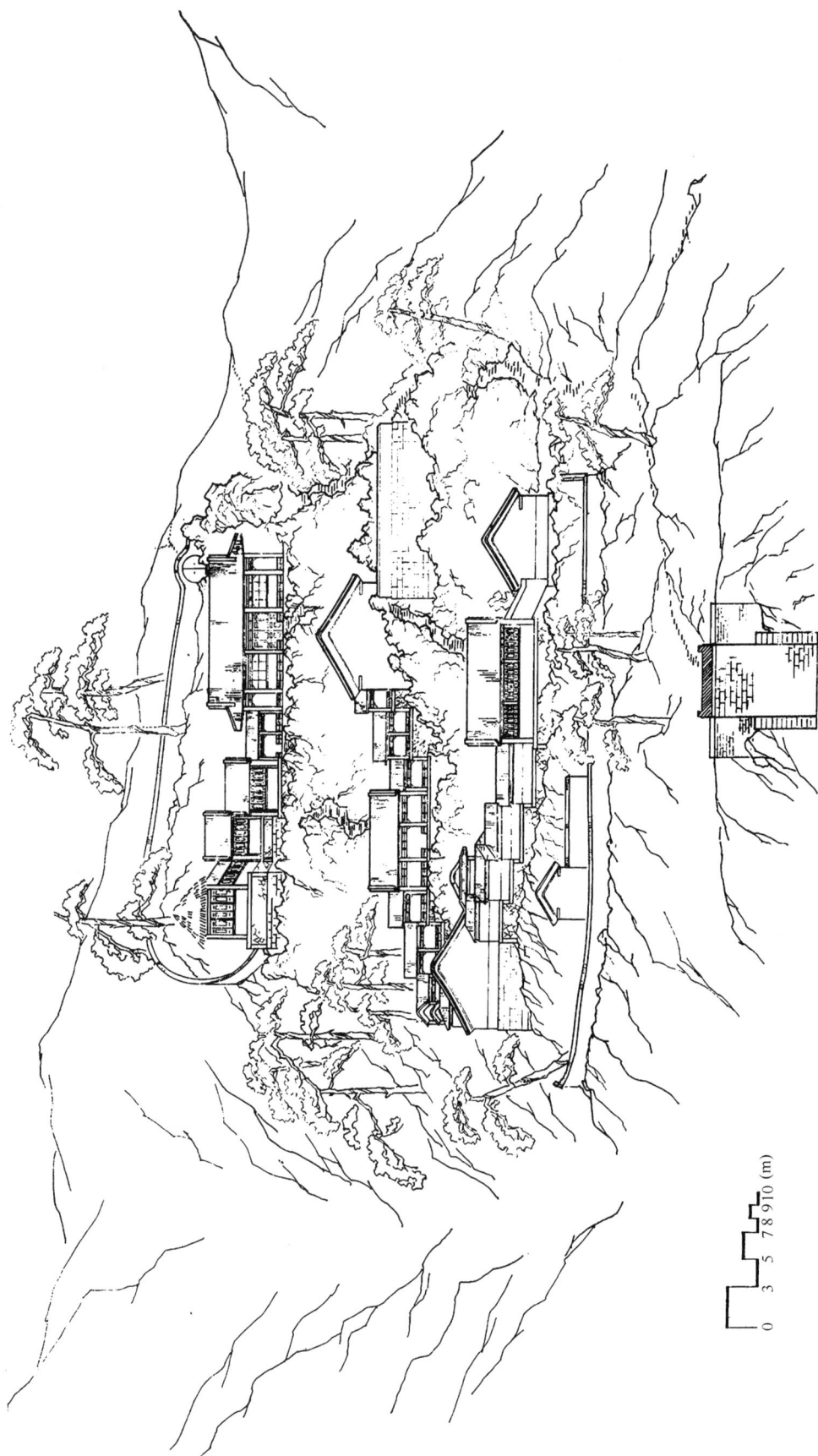

图 9-39 山近轩立面图

0 3 5 7 8 9 10 (m)

要是堆叠的假山，半圆围墙和后山门。广元宫的规制与一般寺观不同的特点是：不仅山门建筑特别隆重，而且钟、鼓楼、配殿和侧山门等都是断开围墙而建，这样，既经济用地，又更能显示其外形的丰富变化，高低错落，楼阁碍云，好似天上官阙。

古俱亭 广元宫后山门外，有路可奔山头上一亭，叫"古俱亭"。登亭可眺望庄外诸寺之胜。西北望有狮子林和狮子园（乾隆时修，已废），有罗汉堂（已毁），广安寺（已毁）和殊像寺诸胜；正望即普陀宗乘之庙，气势雄伟壮丽；东北望即须弥福寿之庙，尤其居大红台群中的妙高庄严殿，殿顶金龙银瓦，辉煌夺目；更东远眺普宁寺的大乘阁，高拔云霄。此亭完全因景而设，使人得以纵目狮子沟北诸庙，气象万千，景色宏伟。此亭可称整个避暑山庄的最后一结。[10]

注：以上各建筑组群即景区或景点的始建年份均引自盛悦亭《承德避暑山庄古园林建筑群体概况》一文，载于《古建园林技术》1984年第二期（总第3期）第42～47页。

对于避暑山庄，本文分别就康熙时期和乾隆时期两个大阶段来叙述的。由于景区、景点众多，为了醒目起见，附山庄最后完成时按分区和景区景点的划分列表如下，以便探索。

附：避暑山庄分区和景区、景点划分表

1. 行宫区

    1—1　正宫

    1—2　松鹤斋与万壑松风

    1—3　东宫

2. 湖洲区

    2—1　芝英洲（环碧）景区

    2—2　如意洲（延薰山馆）景区

    2—3　青莲岛（烟雨楼）景区

    2—4　月色江声洲（静寄山房）景区

    2—5　水心榭景点

    2—6　云朵洲（清舒山馆）景区

    2—7　文园狮子林景区

    2—8　戒得堂景区

    2—9　花神庙景点

    2—10　东岗金山（天宇咸畅）景区

    2—11　东岗热河泉景区（包括香远益清、东船坞、蘋香沜）

3. 谷原区

    3—1　四亭景点（澄湖北岸）

    3—2　万树园景区（包括蒙古包）

    3—3　万树园东侧景区（春好轩、嘉树轩、乐成阁、永佑寺）

    3—4　澄观斋景区（包括暖流暄波、望源亭、曲水荷香、云岩、宿云檐）

    3—5　万树园西侧宁静斋景点

4. 湖岗区

    4—1　望鹿亭景点

    4—2　绮望楼（坦坦荡荡）景点

    4—3　芳园居（包括芳渚临流景点）

    4—4　锤峰落照景点

    4—5　长桥景点

    4—6　临芳渚景点

    4—7　远近泉声景点（包括听瀑）

    4—8　珠源寺（包括绿云楼）

    4—9　涌翠岩景点

    4—10　灵泽龙王庙景点

    4—11　云容水态景点（包括笠云亭）

    4—12　长湖洲景区（玉琴轩、千尺雪、文津阁）

    4—13　曙朝霞景点

5. 水泉沟区

    5—1　松鹤清樾（风泉清听）

    5—2　碧峰寺

    5—3　有真意轩

    5—4　西峪景区（鹫云寺、静含太古山房、秀起堂）

    5—5　四面云山亭、眺远亭景点

    5—6　西峪龙王庙景点

6. 梨树峪区

    6—1　松林峪景区（瀑源、观瀑亭、食蔗居）

    6—2　梨树峪景区（梨花伴月、澄泉绕石、创得斋）

7. 松云峡谷道景区

    7—1　旷观景点

    7—2　清溪远流景点（包括凌太虚亭）

    7—3　山神庙景点

    7—4　宜照斋

8. 松云峡西支谷景区

    松云峡西（的）中部支谷景区

    8—1　水月庵

    8—2　旃檀林

    松云峡西（的）北部支谷景区

    8—3　含青斋

    8—4　碧静堂

    8—5　玉岑精舍

9. 松云峡东的北山区南部

    9—1　南山积雪亭景色

    9—2　青枫绿屿景区

    9—3　北枕双峰亭景点

10. 松云峡东的北山区北部

    10—1　斗姥阁

    10—2　山近轩景区

    10—3　广元宫（包括宫南翼然亭景点）

    10—4　敞晴斋

    10—5　古俱亭景点

七、避暑山庄的衰微破坏和新生

    避暑山庄最后建的工程可能是"文园狮子林"，建于乾隆五十一年（1786年）。大抵到乾隆五十五年（1790年），全部工程建成，不再有任何新建。乾隆六十年（1795年），弘历退居太上皇，于嘉庆元年（1796年）月，把帝位传给颙琰。这一年弘历已是八十六岁。嘉庆二年（1797年）五月，弘历仍照例赴山庄

避暑。嘉庆四年（1799年）正月弘历在北京死去。当弘历退居太上皇之后不久，湖北白莲教徒以及后来各地农民等发动起义，动摇了清王朝的统治，清朝的军事力量也已腐朽不堪，将领们贪污挥霍的情况也十分惊人，整个清封建王朝趋于腐朽没落。从嘉庆二十五年（1820年）九月，颙琰（即嘉庆帝）在山庄的寝宫死后，直到咸丰十年（1860年），这四十年间，清朝皇帝没有去山庄避暑，山庄也就无人维护管理而萧条冷落了。[9]

    道光二十年（1840年），英国发动了侵略中国的鸦片战争，强迫中国签订了不平等的《南京条约》。法、美、俄等外国侵略者接踵而来。咸丰六年（1856年）十月，英、法侵略者又一次发动了侵略战争，即第二次鸦片战争。咸丰八年（1858年）四月，英法联军窜到天津大沽口外，五月二十日攻占大沽炮台，五月二十六日进占天津，并扬言要进兵北京。清朝被迫派出钦差大臣同英、法、俄、美四国进行谈判。清朝政府在外国侵略者的军事威胁之下，被迫分别签订《中俄天津条约》、《中美天津条约》、《中法天津条约》、《中英天津条约》，出卖了大量的国家主权。咸丰十年（1860年）七月底，英法侵略者又窜到大沽口外，八月二十四日攻占天津进逼北京。清朝虽然调集了军队防堵，但经几次战斗后溃败之势不可免，僧格林沁秘密地建议奕詝（咸丰帝）速离北京，九月十八日奕詝下诏宣战，九月二十日八里桥一战，清军溃败。九月二十二日奕詝仓惶从圆明园出走，逃往承德，把其弟恭亲王奕訢留在北京"授为钦差便宜行事全权大臣，督办乱局"。躲在山庄的奕詝，在此批准了丧权辱国的《中英北京条约》、《中法北京条约》和丧失大片中国领土的《中俄北京条约》。咸丰十一年（1861年）八月二十二日奕詝死在烟波致爽寝宫。遗诏当时只有五岁的载淳为皇太子。皇太子生母那拉氏是咸丰宠幸的贵妃，有极大政治野心。在载淳嗣位后改年号"同治"，尊那拉氏为皇太后，徽号"慈禧"，和恭亲王奕訢合谋发动北京政变，达到垂帘听政目的。那拉氏篡权得逞，很大程度上依赖外国侵略者的支持，因

此向外国侵略者献媚讨好，使中国社会的半殖民地半封建化进一步加深。由于人民蒙受沉重的苦难，农民起义烽火连天，清朝统治者在北京忙于镇压太平天国革命和捻军起义，再也没有巡幸塞外和居住山庄了。那拉氏下令停止避暑山庄的修理工程，却又用大量资金大力经营北京西郊的颐和园供自己享用。山庄因不再使用而任其倾圮，又无维修费而日趋败坏。到清朝末年，山庄内不少建筑，因失修而屋顶渗漏，木料糟朽，彩绘剥落，石条风化等败坏。山庄内的文园和珠源寺的部分建筑已坍塌，山庄外的寺庙也荒凉破败，如须弥福寿之庙等。光绪二十六年（1900 年）八国联军侵入北京，将皇宫里的文物珍宝洗劫。1901 年慈禧由西安避难后返回北京，便将山庄库房的珍贵物品运往北京。曾经煊赫一时的山庄，已经满目荒凉，建筑破败。[9]

辛亥革命后，北洋军阀统治时期，山庄遭到进一步人为破坏和盗卖。1912 年 12 月袁世凯调熊希龄任热河都统，熊派亲信清点山庄内宝物运往北京存于故宫"古物陈列所"，借机从中私窃和赠人。1913 年后姜桂题任热河都统时，居然大肆拆毁山庄的建筑，盗卖木材。山庄内的戒得堂，汇万总春之庙，金山的镜水云岑殿和芳洲亭；热河泉南岸的香远益清殿和北岸的蘋香沜；永佑寺除舍利塔以外的全部殿宇；山区松林峪的食蔗居，西峪的有真意轩；松云峡口的云容水态，东北山区的青枫绿屿等，又借在离宫陈列文物为名，将一批珍贵文物，包括外八庙的装船运走。又把溥仁寺与安远庙之间的林带，于 1915 年和 1917 年两次砍伐卖树。在奉系军阀统治热河时期，继汲金纯、阙朝玺以后，汤玉麟于 1928 年任热河都统，改为国民党政府的国旗，事实上仍是汤玉麟独霸一方。期间山庄的文物和建筑又一次遭到洗劫和破坏，拆毁了无暑清凉、金莲映日等建筑。最为严重并无法恢复的是他伐卖了庄内很多大树古松。外八庙部分不仅珍物、佛尊被盗走，佛殿、

回廊被拆毁盗卖，而且大量砍伐古树，如安远庙四周古松不下四百多株以及其他寺庙的古松、老榆、巨槐被伐约二千八百多株。[9]

1931 年九一八事变后，日本帝国主义侵占东北，1932 年 3 月组织满洲国，1933 年大举进攻热河，占领承德，避暑山庄成为日军盘踞大本营后，师团司令部就设在东宫，将长湖、半月湖填平充作靶场。开始还因伪满傀儡的面子，声称要保护文物并拟修缮，不多久就露出真面目，佛尊、经文、珍品偷运。在日本侵略战争已趋尾声的 1944 年，把制作奇巧、雕刻精美的珠源寺铜殿宗镜阁，拆卸后运至日本。日军占领期间还拆毁古建筑九十多间。[9]

1945 年 8 月日本无条件投降，坚持敌后抗战的八路军配合苏蒙联军，光复热河，于 8 月 19 日解放承德。人民政府立即成立离宫管理处，着手山庄的保护管理工作。然而，1946 年国民党发动内战，解放军进行战略转移，承德为国民党十三军石觉部占领，日军仓促投降未及运走、曾由我军妥加保存的珍物都被掠劫一空。当我军在全国战场转入反攻之后，盘踞承德的十三军加紧构筑防御工事，强征民工修筑一百五十多个"母堡"和三百多个"子堡"，中坚部分就筑于山庄和外八庙。山庄里的珠源寺、广元宫、碧峰寺、碧静堂全部殿阁楼台都拆毁了，外八庙的若干钟楼、鼓楼、僧房等均被拆掉，用以修碉堡。经过这最后一次严重摧残和浩劫，山庄里瓦砾成堆，满目荒芜；外八庙只剩下破烂不堪的空架子。[9]

1948 年 11 月中国人民解放军开进市区，承德重见光明，回到人民怀抱里。为了抢救、保护，人民政府成立了避暑山庄管理处和外八庙管理处，组织了古建队，积极开展保护、维修工作。1950 年起，青莲岛上烟雨楼开始重修和彩绘。随后如意洲上水岩云秀（乐寿堂）、延薰山馆、一片云、般若相、月色江声洲上的月色江声、静寄山房、莹心堂、湖山罨画、湖岗区的文津阁，山岭区的南山积雪都次第重修，避暑山庄成为劳动人民游憩和进行政治、文化活动的园地。

1961年国务院公布的全国重点文物保护单位，承德避暑山庄、普陀宗乘之庙、须弥福寿之庙、善宁寺、普乐寺都名列其中，其他寺庙也是省级文物保护单位。根据中央领导部门指示，承德市委、市政府积极制订了1975～1984年承德避暑山庄、外八庙整修工程十年规划，整个整修工程规模相当宏大，在积极执行中。正宫和万壑松风两大组建筑已彩绘一新，湖洲区修复最多，面貌已有很大改观，湖岗区的锤峰落照、芳园居，山区的四面云山亭等及宜照斋也已修复。山庄在变，承德市也在变。随着祖国在社会主义经济的迅速发展，四个现代化初步实现，避暑山庄必将变得更加美丽，外八庙更加雄伟，环境绿化美化更加出色，承德市将以一个清洁优美的现代化的山城出现！

八、外八庙建筑群

避暑山庄不仅本身有优美的山水环境，庄外还有可资因借的山峦奇景，而且随着年月的进展，山庄外围的附近山岭上陆续建有雄伟壮丽的寺庙十一处，可资因借（图9-40），这在园林史上更是绝无仅有的。然而，所谓外八庙的修建，并不像有人所说那样，在山庄修建时就有了规划，与山庄浑然一体。外八庙的修建大多数是清王朝在解决北部、西北部边疆和西藏问题的历史过程中，政治上宗教上需要、纪念夸耀军事胜利的需要和借朝见清帝的少数民族王公贵族、嘛嘛教班禅和达赖观瞻、居住的需要而次第建造的。它不是任何个人，无论玄烨或弘历事先能预见历史而规划

在胸的。

外八庙是从康熙五十二年(1713年)到乾隆四十五年(1780年)之间陆续修建的。原有寺庙十一座，现仅存七座(见下文)。由于当初十一座寺庙均归北京雍和宫管辖，其中十座寺庙在北京都有下处(即办事机构)，总共八个"下处"(溥仁、溥善两寺为一处，普宁、普佑两寺为一处，其他几座寺庙各为一处)，因而习惯上称作外八庙。

原有十一座寺庙名称和建置年份如下：

溥仁寺(俗称前寺)建于康熙五十二年(1713年)。

溥善寺(俗称后寺)建于康熙五十二年(1713年)，已不存。

普宁寺(俗称大佛寺)建于乾隆二十年(1755年)。

普佑寺建于乾隆二十五年(1760年)今已不存。

安远庙(俗称伊犁庙)建于乾隆二十九年(1764年)。

普乐寺(俗称圆亭子)建于乾隆三十一年(1766年)。

普陀宗乘之庙(俗称小布达拉宫)建于乾隆三十六年(1771年)。

广安寺(俗称戒台寺)建于乾隆三十七年(1772年)，仿西藏式戒台，通称白戒台，今已不存。

殊像寺建于乾隆三十九年(1774年)，仿香山寺建。

罗汉堂建于乾隆三十九年(1774年)，仿浙江海宁安国寺的罗汉堂。今已不存。

图9-40　承德避暑山庄及外八庙鸟瞰图

须弥福寿之庙(俗称班禅行宫)建于乾隆四十五年(1780年)。

溥仁寺和溥善寺 是玄烨六十岁时，正值清朝平定了厄鲁特蒙古准噶尔部噶尔丹武装叛乱，各部蒙古诸王公祝寿因而修建的，它们位在武烈河东岸磬锤峰下。溥善寺已不存，溥仁寺现存正殿，玄烨题额曰"慈云普荫"，内供三世佛，即过去佛(迦叶佛)、现在佛(释迦牟尼佛)、未来佛(弥勒佛)和两名侍者，两侧有十八罗汉像。溥仁寺内有巨碑两座，其一为玄烨写的《溥仁寺碑记》。[5]

普宁寺 在避暑山庄东北约五公里，北山脚下，地势比较开阔；为纪念平定准噶尔达瓦齐叛乱，弘历下令依西藏三摩耶庙之式建造。庙内碑亭有《普宁寺碑文》记其事，以及刻有满、汉、蒙、藏四种文字的《平定准噶尔勒铭伊犁之碑》和《平定准噶尔勒铭伊犁之碑》。普宁寺规模宏大，建筑保存比较完整(现已重修)。山门南向，整个建筑群体可分两部分：由山门至大雄宝殿为前院，宝殿之后大乘之阁及其附属建筑为后院。前半部基本采用汉式寺庙建筑布局。由山门、碑亭、天王殿及其两侧钟鼓楼构成。正殿大雄宝殿有须弥座台基并围以石栏杆、重檐歇山顶，殿顶覆盖绿色琉璃瓦，正中有镏金铜舍利塔。殿内供巨大的三世佛，两侧有十八罗汉。东西配殿为单檐歇山顶，殿内现存放一群与人等高的木雕罗汉像(原是罗汉堂的)，造型生动，个性鲜明，面目传情，栩栩如生，具有一定艺术价值。

殿后为十分奇特而又宏伟的主体建筑大乘之阁，前后左右环列有18座小型建筑。沿东西蹬道而上即是前窄后宽的三角殿。三角殿北面耸立在须弥座台基上为大乘之阁，高达36米多，高大、巍峨壮丽。在体形组合上，正面外观为六层重檐，向上逐层有很大的收分，顶部四角各有呈方亭形的攒尖顶，中间高出一层，为一大方亭形攒尖顶，形成五顶耸峙，中顶突出的轮廓，并运用楼阁、殿、亭多种形式，显得极为错落复杂。阁内供"千手千眼菩萨"，高27.28米，胸宽6米，

重120吨以上的木雕佛像头顶一尊小佛(因有巨大千手千眼菩萨，当地群众称为大佛寺)。全身四十二只手，每手一只眼睛，持一件武器或法器。大佛造型匀称，衣纹飘带流畅，面部富表情，是一件大型木雕艺术品。大佛两侧，东有长髯、拱手、穿芒鞋的男像，名为"婆娑仙人"。西面的女像，名"功德天女"。两像约高18米，都为木雕。

大乘之阁前后左右，有根据佛教宇宙观修筑和喇嘛教的小型建筑，包括四个喇嘛塔(代表佛的"四智"，佛教中构成世界的地、金、水、风四种元素的象征)，四个重层内台(象征四大部洲)，两个矩形白台(象征太阳和月亮)。"依西藏三摩耶庙为之"，指的就是这一部分。[5]

安远庙 在山庄东北武烈河东岸的岗阜上，矗立着仿伊犁固尔扎庙的安远庙。庙内有一碑，上刻弘历写的《安远庙瞻礼书事(有序)》，叙述了修庙缘起，因原伊犁庙已在叛乱被毁，也为了迁居热河的达什达瓦部人的膜拜顶礼而兴建。安远庙的建筑布局方正密合，原有围墙三层，最内层围墙是用64间平房连接起来的围廊，绘有释迦牟尼一生演化的故事壁面，名"佛国源流"。这种围廊是喇嘛教庙的常见建筑，称为"嘛呢噶拉廊"。今已无存。主体建筑是普度殿，坐落在围廊的正中，是一座三层建筑，底层采用西藏堡垒式的建筑形式，但没有藏式的梯形盲窗，上二层为重檐歇山顶，殿顶用黑色琉璃瓦。歇山高耸，背衬远处群山和蓝色天空，烘托出宗教的严肃庄穆气氛。殿内第一层供大型木雕地藏王像，第二层放弘历打猎用衣物武器等。殿内以佛像故事为题材的壁画满墙。[5]

普乐寺 在武烈河东的山岗上。从山庄向东望去，磬锤峰就在普乐寺的旭光阁(俗称圆亭子)身后，层次分明，衬以周围山峦和绿色田野，风光如画，普乐寺是一座汉式庙宇建筑，但山门朝西，既为了顺应山岗地形，也为了面向避暑山庄。普乐寺前半部与一佛寺地并无差别，但正殿"宗印殿"屋脊正中的琉璃塔，殿内藻井用喇嘛教六字真言图案，左右配殿的金

刚塑像反映了喇嘛教寺庙的特点。普乐寺的主体建筑是在后半部称作"阁城"(亦称经坛,或经坛城)的建筑,其形制颇具特色。在一个用砖石砌筑的三层方形高台上建有圆形殿座,叫作旭光阁。高台的外(下)层墙内原有一圈廊房(现已不存),从外层的前后均有踏道分左右上达中层,中层墙上有雉堞,四角和四边正中均有琉璃喇嘛塔。中层的南北有单条路道登上上层,上层围以石栏杆,台上建有内外各有柱十二根上覆重檐圆顶的旭光阁,外形近似北京天坛祈年殿,但规模略小。旭光阁内,中央在圆形石制须弥座(即佛教密宗的"坛"或"道场")模型,中间供奉乐王佛(俗称欢喜佛)铜像一尊。寺内现存有弘历写的《普乐寺碑记》记述了兴建的缘起,从政治上着眼,主要为了团结蒙古、维吾尔以及哈萨克、布鲁特各族上层人物,"亦宜有以遂其仰瞻,兴其肃恭,俾满所欲,无二心焉(《普乐寺碑记》)"。[5]

普陀宗乘之庙 在山庄之北的狮子沟北坡,是一座具有特殊建筑艺术价值的寺庙,由近40座佛殿、僧房组成,外八庙中规模最大者,占地22万平方米,修建时间最长,自乾隆三十二年(1767年)三月动工;至三十六年(1771年)八月建成,历时四年半。

普陀宗乘之庙是仿西藏拉萨布达拉官的法式修建的(普陀宗乘就是藏语布达拉的汉译)。庙依山势而筑,前部和中部筑于河谷和缓坡,后部高踞山岭,气势宏伟,巍峨壮观。庙的前部是相当整齐的汉式建筑。山门南向,进山门后,迎面有一座以黄色琉璃瓦覆顶的方形的屋檐碑亭,碑亭中是乾隆三十六年所立的《御制普陀宗乘之庙碑记》、《御制土尔扈特全部归顺记》和《优恤土尔扈特部众记》三块巨型石碑。碑亭往北是富有藏族色彩的五塔门,高十余米,有拱门三,门上建喇嘛塔五座,形式各异。五塔门以北是华丽的琉璃牌坊。再往北,在呈长方形山坡上依逐渐高起地形,高低错落、疏密有致地散置有30多座白塔、僧房,平面布局极富变化。在这一群白台建筑的北面正中,耸立着庙的主体建筑大红台。

大红台充分利用了地形地势,使这组建筑气势宏伟而又参差有致。大红台的正面,其下为大白台,高近18米,下部使用花岗岩石料,上部是砖砌。壁面有三层盲窗,窗为紫红色,壁面为白色,红白相间,色彩鲜明。在大白台之上矗立着高达25米的大红台,下宽59.7米,上宽58米,有明显的收分,在大红台的中线部分,从下到上有佛龛六个,均装饰有黄紫相间的琉璃幔幛。佛龛左右,排列窗户七层,达于台顶,最下一层为汉式长方形窗,上六层均为藏式梯形窗,有的是真窗,有的是盲窗。整个台(大白台与大红台)全高43米,宽约60米,庄严宏大,背衬蓝天,轮廓分明。[5]

大红台为平顶,内外均有女儿墙,上面配置有亭台殿阁。大红台的四面有卷棚歇山顶的"洛伽胜境"殿和高三层的戏台,有文殊圣境、千佛阁等建筑,中心是高处于群楼之中的重檐攒尖的"万法归一"殿。殿顶和另外三个重檐亭子都覆盖镏金铜瓦,金光闪耀,与大红台的红墙白石交相辉映。

须弥福寿之庙 在山庄东北狮子沟北山阳坡,普陀宗乘之庙的东边,是外八庙中修建最晚的一座喇嘛庙,乾隆四十五年(1780年),弘历七十岁,六世班禅自西藏日喀则来承德祝寿,弘历就特建该庙作为班禅居住和讲经之处,故俗称班禅行宫。班禅在日喀则住扎什伦布寺,藏语扎什意为福寿,伦布意为须弥山,须弥福寿就是藏语扎什伦布的汉译。该庙仿照扎什伦布的形制修建,因而又称扎什伦布庙,规模较大,占地37900平方米,仅次于普陀宗乘之庙。庙依山坡而筑,山门南向,前临狮子沟。从跨狮子沟区的五孔石桥到山顶宝塔有明显的中轴线。进山门,正北方有一重檐歇山顶碑亭,亭壁四面开拱门,亭内是《御制须弥福寿之庙碑》,一块整石制成,高约25尺,形制宏大。在碑亭以北,地势逐渐高起,沿石级而上,有华丽的"三间四柱七楼"式的琉璃牌坊,过此就是庙的主体建筑巨大宏伟的大红台。

大红台中央入口处的门饰以琉璃墙,广大的壁面上有窗户三层，每层有窗13个，窗为汉式，长方形，有窗扉两扇。窗头上浮嵌琉璃制的垂花门头。大红台为藏式平顶，内外均有女儿墙，四角有小殿。大红台内部为群楼，中央是"妙高庄严殿"，即六世班禅传法讲经处。殿是三层，上下贯通，重檐攒尖，覆盖镏金铜瓦，即所谓"金顶"，瓦片成鱼鳞状，屋脊则成波状，每个屋脊上有两条巨大镏金黄龙(共八条)，一向上，一向下，造型生动，腾跃欲飞，中央宝顶成钟形。大红台西北有"吉祥法喜殿"，面阔五间，进深五间的重檐巨阁，与大红台相通，是六世班禅的住室，同样是金顶。大红台西北隅接单层白台，上建"吉祥法喜殿"为主的一组建筑，是班禅随员、弟子居住之处。庙的最后部分是建于高处山坡上的七层琉璃宝塔。[5]

殊像寺 是山庄北现有三座庙中最西的一座。先是乾隆二十六年(1761年)弘历陪其母亲去山西五台山烧香。五台山有殊像寺，寺内有文殊像。回北京后，命人按样刻石像，并仿殊像寺建"宝相寺"于北京香山，以供奉之。承德殊像寺就是照宝相寺修建的，而其殿堂楼阁大体仿照五台山的殊像寺。殊像寺规制是汉族寺庙形式，前部依次是山门、钟鼓楼、天王殿、东西配殿，主体建筑是在一座35级的高台上的会乘殿。殿面阔七间，覆黄色琉璃瓦，殿后有坐落于山石玲珑的假山之上的"宝相阁"，阁为重檐八角形，阁内原有巨大的骑狮文殊像，高12米左右，两旁还有侍者像。可惜的是后部采用庭园建筑手法的宝相阁、亭室等附属建筑今已不存，只有假山断垣和几林古松。

外八庙宗教建筑的精粹 承德的外八庙是我国宗教建筑中弥足珍贵的遗产。在一个环形带上集中了如此众多风格各异的寺庙，既有汉族寺庙形制的，又有新疆、蒙古的喇嘛庙的形制，然而又不是单纯的模仿和再现，而是集中、融合了汉、藏等各民族宗教建筑形式，体现了多民族建筑风格的结合，并有所独创。外八庙在选址上相地合宜，或山麓，或高阜，或

山坡，各异其趣，而且在规划上巧妙地利用周围的自然风景，或以附近山峦为背景或以相邻寺庙之间，互为因借，而且有意识地都面向避暑山庄，从各个寺庙能看到山庄，从山庄也能观赏各寺庙。各个寺庙在布局上各有特点，大部分既严整又有明显中轴线，但又随形而筑，高低错落有致。有的寺庙运用了园林艺术手法，尤其后期营建的借自然地形地势布置假山叠石，用山石筑台和蹬道，建筑角隅配石，造成建筑与山地结合自然和谐的效果。各寺庙的主体建筑形式不一，或利用地形，或突出建筑本身的巍峨宏伟，造成强烈的崇高庄严的宗教感染力。外八庙的营建，有它一定的政治历史背景，特别是为了对少数民族的联系和统辖，采取了种种措施。由于蒙藏诸族笃信喇嘛教，清朝采取"用示尊崇，为从宜从俗之计"的方针，因而利用喇嘛教成为重要措施之一，广建寺庙，"俾满所欲，无二心焉"。总之，外八庙这组工程宏伟的寺庙建筑群，是清朝利用喇嘛教对蒙藏各少数民族进行统治的形象表现的产物，耗费了大量的民脂民膏，每一座寺庙都凝结着劳动人民的血汗。

第三节　西北郊海淀和五园三山

北京的西北郊地区，由于特殊的地理环境，有山有水，又地处封建王朝都城的近郊，自辽金以来就有行宫别苑佛寺的兴建。特别在明、清两朝，这里曾经是名园别苑集中的地带(图9-41)。北京西北郊地区包括三部分：一是西直门到海淀之间长河以北海拔50米以上的台地部分。二是海淀一带大片海拔40~50米之间的低平原，这里水源丰富，往往平地出泉，汇成大小湖泊和溪河，形成水系；西面，万寿山和玉泉山双双拔地突起，远处西山蜿蜒连绵，峰峦如屏。三是香山和自香山直达低平原边缘的东坡，由于山脉走向成环抱之势，其中有幽静的溪谷，也有开阔的坡地。[14]

一、西北郊台地寺园

第一部分主要是旱地，村落稀少。元建大都后，

为解决大运河水源不足，忽必烈采纳郭守敬的建议，在昌平的白浮村筑堰，把神山诸泉之水先西引再转南，流经青龙桥，绕过瓮山而汇聚于山南的瓮山泊（昆明湖的前身），再流入金河故道，从和义门（明改称西直门）北的水门入城，流入积水潭，再穿城至通州。从瓮山泊东南角开引水渠，流经巴沟低地和万寿寺高地与高梁河相接，后称长河。《日下旧闻》卷九十八部四八，对"高梁之水"的按语："高梁其旧名也。自高梁桥以上亦谓之长河。""高梁桥在西直门西半里，跨高梁河"（《大清一统志》）。"过高梁桥，杨柳夹道，带以清流，洞见沙石。佛舍傍水，结构精密，朱户粉垣，隐见林中者，不可悉数"（《珂雪斋集》）。自元朝以来，有些寺、园，到清朝已无从查考。如"齐园在西直门稍右…园中海棠甚多，西凿一曲硐，引桥下水灌之，上作板桥，亭边有丛竹。""园尽则高梁桥矣"（《燕都游览志》）。今无考。《长安客话》载："浃高梁桥北，精蓝棋置。每岁四月八日为浴佛会，……四方来观，肩摩毂击，浃旬乃已，盖若狂云。"《帝京景物略》也说这里"夹岸高柳，丝丝到水。绿树绀宇，酒旗亭台，广庙小池，荫爽交匝。岁清明……，都人踏青，……舆者……骑者……塞驱徒步……。是日，游人以万计，簇地三四里。浴佛，重午游也，亦如之。"长河沿堤一带古刹甚多，有的已无查考。如《元史·世宗纪》载："至元七年（1270年），建大护国仁王寺于高梁河，十一年（1274年）三月寺成。"今无考，以下就清朝曾修缮或新建诸寺和园为主，简述如下。

倚虹堂、乐善园

西直门外高梁桥之北，宫门五楹，正宇为倚虹堂。《日下旧闻考》按语："乾隆十六年（1751年），圣母皇太后六旬万寿，自长河至高梁桥易辇进宫，因建是堂。"倚虹堂西二里许为乐善园，园门三楹，北向。是处旧为康亲王园亭，颓废已久。乾隆十二年（1747年）重加修葺成园，为龙舸所必经。据《乐善园册》载："乐善园宫门内跨小溪南为穿室，东向，曰意外

味。转石径而南，为于此赏心，内间北向为含清斋，东为潇碧，北为约花栏，南有轩为云垂波动。含清斋对河敞宇为池月岩云，中穿堂为翠微深处，内为蕴真堂，南宇为气清心远，别院有室曰鸾举轩"。又载"于此赏心之西南为又一村，左有亭为揽众翠。意外味之西穿堂为'得佳赏'，西为兰秘室，再西为环青亭碧。兰秘室之北有宇为赏仁胜地。"又"园门内有楼为冲情峻赏，东北为红半楼，其旁崎岩上者为踞秀亭。冲情峻赏之西南有室为画所不到，东为揖长虹，再东为荫林宅岫，内宇为古欢精舍。"又载："园门以西临河敞宇为自然妙有，西室为风湍幽响，再西有轩为诗画间，为玉潭清谧，亭为个中趣。亭北敞宇为坐观众妙，西出河口，折而南，有室为致洒然，接宇为光碧涵晖。稍东曰远青无际，后为云林画意，再东有轩为心乎湛然，折而南为绿云间。"

极乐寺

距高梁桥西三里，为极乐寺，至元时建，据《帝京景物略》："天启初年犹未毁也，门外古柳（据《燕都游览志》称：高拂天，长条跪地，可扫马蹄），殿前古松（据《长安客话》称：松身鲜翠嫩黄，斑驳若鱼鳞，大可七八围许，盖奇物也），寺左国花堂牡丹。"《春明梦余录》称："寺成化中建（应是至元间建，成化中建当是重修），中有牡丹园，春日游展恒满。"

大正觉寺

乐善园西三里许曰大正觉寺，即明时大真觉寺或称真觉寺。据《帝京景物略》载："（明）成祖文皇帝时（永乐间），西番板的达来送金佛五躯，金刚宝座规式，诏封大国师，赐金印，建寺居之。寺赐名真觉。成化九年（1473年），诏寺准中印度式，建宝座，累石台五丈，藏级于壁，左右蜗旋而上，顶平为台。列塔五，各二丈，塔刻梵像、梵字、梵宝、梵华。中塔刻两足迹。"这种规制，在我国前所未有。因金刚宝座平台上，小塔五座，故俗称五塔寺。乾隆二十六年（1761年）重修。大殿五楹，后为金刚宝塔。塔后

殿五楹，塔院之东为行殿。"陟其顶，山林城市之胜收焉"（《维山集》）。

大慧寺

正觉寺北有大佛寺即大慧寺，明正德八年（1513年）司礼监太监张雄建，赐额曰大慧，"……寺有大悲殿，重檐架之，中范铜为佛像，高五丈，士人遂呼为大佛寺"（《绿水亭杂识》）。"寺后有高阜，积土甃石为之，广袤几二里。山上有真武祠，踏青士女正月先至其地"（《燕都游览志》）。

白石桥（今尚存）

有元朝镇国寺早废，稍北有驸马都尉万公白石庄，"台榭数重，古木多合抱，竹色葱蒨，盛夏不知有暑。附郭园亭当为第一"（《燕都游览志》）。《帝京景物略》载："万驸马白石庄有爽阁、郁冈轩、翳月池。"清时已废。

万寿寺

在正觉寺西五里许，明万历五年（1577年）建，清乾隆十六年（1751年）重修，二十六年（1761年）再修。明朝万寿寺，据《帝京景物略》："中大延寿殿，五楹，旁罗汉殿，各九楹，后藏经阁，高广如中殿。左右韦驮，达摩殿，各三楹，如中傍殿。方丈后，辇石出土为山，所取土处，为三池。山上，三大士殿各一。三池共一亭，……山后圃百亩，圃蔬弥望，种莳采掇，晨数十僧。寺成，赐名万寿。"清朝重修后概况，据《日下旧闻考》载："寺门内为钟鼓楼，天王殿，为正殿，殿后为万寿阁，阁后禅堂。堂后有假山，桧皆数百年物。山上为大士殿，下为地藏洞，山后无量寿佛殿，稍北三圣殿。最后为蔬圃。寺之右为行殿，左则方丈。"

万寿寺之东为广源闸（俗称豆腐闸），乾隆三十六年（1771年）弘历制《过广源闸换舟逐入昆明湖沿绿即景杂咏》云："广源设闸界长堤，河水遂分高与低。过闸陆行才数武，换舟因复溯回西。"万寿寺稍西为三笑庵（相传为明朝旧刹，清朝重加修葺）。过此为麦庄桥。麦庄桥之西为长春桥。度桥为广仁宫，供

碧霞元君，旧名护国洪慈宫，俗称西顶，万历间始建。康熙五十一年（1712年）改今名。又万寿寺之西称"苏州湖"，有仿江南河湖的一组临河建筑。

第二部分海淀区包括万泉庄、巴沟、挂甲屯、成府至水磨一带，是永定河"洪积扇"下缘的泉水溢出带。整个地区内地下水的水量大而通畅，多具承压性质。地下深层有丰富的喀斯特水。承压水的出现可能是受着地下喀斯特水顺裂缝上升的影响。[14]海淀在古代，曾经是一片有大小溪湖的水区。明万历时蒋一葵《长安客话》卷之四，郊坰杂记的海淀条云："水所聚曰淀。高粱桥（见前）西北十里，平地有泉，澎洒四出，淙泊草木之间，潴为小溪，凡数十处。北为北海淀，南为南海淀。"又云："北淀之水来自巴沟，或云巴沟即南淀也。有石梁一，是曰西沟（土人称嵝峋）。""巴沟之旁，有水从青龙桥河东南流入于淀，延而南者五里为丹陵沜，又南为陂者五六，出于巴沟，达白石桥，与高粱水合。"《长安客话》引了王嘉谟的西勾桥诗，但未引他所著《丹陵沜记》。清孙承泽《天府广记》卷之三十七载有都人王嘉谟《丹陵沜记》云："帝京西十五里为海淀，凡二，南则觫于白龙庙，又南凑于湖，北斜邻峋嵝河（《长安客话》中称嵝峋）。又西五里为瓮山，又五里为青龙沜。河东南流入于淀之夕阳，延而南者五里，旁与巴沟邻，曰丹陵沜。"这个丹陵沜，早在13、14世纪之间就已成为都下的胜区，《丹陵沜记》中云："西向之东有古祠一，断碑迺元上都路制使朵里真撰。文云丹陵沜，尚余数行，余皆磨灭。沜虽小，然忽隐忽潴，连以数里，可舟可钓，……负山丛丛，盖神皋之佳丽，郊居之选胜也。"至晚明时期，南方水田耕种技术已传到了北方，这里已开辟有稻田，改变了自然面貌。所以明蒋一葵在《长安客话》中说："北为北海淀，南为南海淀。远树参差，高下簇攒，闲以水田，町塍相接，盖神皋之佳丽，郊居之选胜也。"王嘉谟《丹陵沜记》又云："沜之大以百顷，十亩潴为湖，二十亩沈洒种稻，厥田上上。湖圜而驶，于西可以舟。其地

虚敞，面阳有贵人别业在焉，土木甚盛。最后为楼一区，沂自垣以西，入于楼之唇，为小湖……上有竹万个，……又有石苔、沙棠、甘菊、忍冬、幽兰之类，蘪芜蔓延，以入于沂。竹最美，亦帝京之仅有也。楼下为城，高可四丈，竹箨蒙之，根如苍龙，土石迸出。登楼则沂当其腹以贯于南，荧曜如银。其十亩外有大查，铁锁缆之，以度行者，度而南则为官道，东入海淀。循沂而西，或南或西，町塍相连，有石梁一，是曰西勾，复潴为小溪。上有大盘石，有小石，瑟翠可爱。溪中倒映见西山诸峰如镜，小鱼淰淰如吹云。又南为陂者五六，沂水再潴为溪，有村一，是东雉，土人汲焉。始入地中，出于巴沟，自沟达于白石以入于高梁(河)，是为西郊。自高梁合二潞是为东潞云。溯而北，自岣嵝而北入于西湖(即今昆明湖)。"

由于这一带水源丰富，自然景色优美，明朝皇亲贵戚和大臣在这里兴建别墅，如明神宗万历年间(1573～1602年)，米万钟在北海淀营建的勺园，万历帝的外祖父武清侯李伟在勺园的上流营建的清华园，都是明朝名园中的杰作(将于下章的北京明清宅园节中评述)。明清之际，这些园林在战争中遭到破坏，早已湮没无存。

海淀地区，由于源流不同，形成了两个水系，即玉泉山水系和万泉河水系。玉泉山水系发源于玉泉山，它是断裂带深层涌出的喀斯特水，水量丰富，水质优良。泉水由山麓顺地势注入瓮山泊(即昆明湖)，一部分则北流经青龙桥至肖家河，向东流入清河。元朝初年，城内开凿太液池(三海)，为引瓮山泊水以济太液池，就在青龙桥设水闸，将流入肖家河的水拦住，提高了瓮山泊的水位，并把昌平神山泉引来的水注入了瓮山泊，然后从瓮山泊东南角开引水渠引水入城，流经巴沟低地和万寿寺高地与高梁河相接(这一段即今日所称长河)，然后入什刹海积水潭。万泉河水系导源于万泉庄。万泉庄至巴沟一带，处处出泉，泉水四去，潴而为溪，由于万泉庄以南地势渐高，水不能南流，只能向北流注汇入万泉河的两个分支，沿

途又汇集了昆明湖和长河地区下泄的地面水和其他泉水，清朝时经过几处(园林)曲折和分合，殊途同归，最后在长春园东北界外不远处汇聚，缓缓流入清河(图9-41)。

二、海淀和畅春园

满族统治者入关之后，忍受不了北京夏天的炎热，摄政王多尔衮时曾准备择地筑城避暑。顺治七年(1650年)七月，多尔衮谕令户部加派几省地丁银249万余两，"输京师备用"，但同年十二月，多尔衮病死，筑城避暑计划就被搁置起来。到了康熙，三藩等叛乱平定，全国初步统一，出现比较安定局面，经济有所发展，财力比较充裕，玄烨着手在北京西北郊经营离宫别苑。康熙十六年(1677年)在原香山寺遗址建香山行宫，后改为静宜园，建玉泉山行宫，命名为澄心园，后改名静明园。在静明园建成后不久，在明武清侯李伟的清华园旧址上兴建了在北京西郊的第一座离宫别苑，作为他"避喧听政"和居住的地方。后来在热河修建了避暑山庄(见前节)。胤禛当王子时，玄烨曾将畅春园北一里许地名后华家屯的一座前明私园赐给胤禛。赐园初成，玄烨亲题园额曰圆明园，当时规模较小，约六百亩左右。康熙六十一年(1722年)，玄烨病死，胤禛即位称雍正帝。雍正三年(1725年)，在圆明园原有基础上加以扩建，四面拓展，园的范围达三千亩左右。在南西延伸，"建设轩墀，分列朝署。俾侍直诸臣有亲事之所。构殿于园之南，御以听政"。(胤禛《圆明园记》)，改赐园为离宫别苑。终胤禛之世，除举行重大典礼，返紫禁城宫中，一直居住圆明园，就连避暑山庄也未去过。到了弘历(乾隆帝)即位后，大兴土木，以后改建和扩建了康熙、雍正年间兴建的畅春园、静明园(玉泉山)、静宜园(香山)、圆明之园，并借疏浚西湖的机会新建了清漪园(万寿山)。这五个园就是人们常说的五园三山(或三山五园)。

从康熙到光绪年间，海淀地区还修建有不少赐

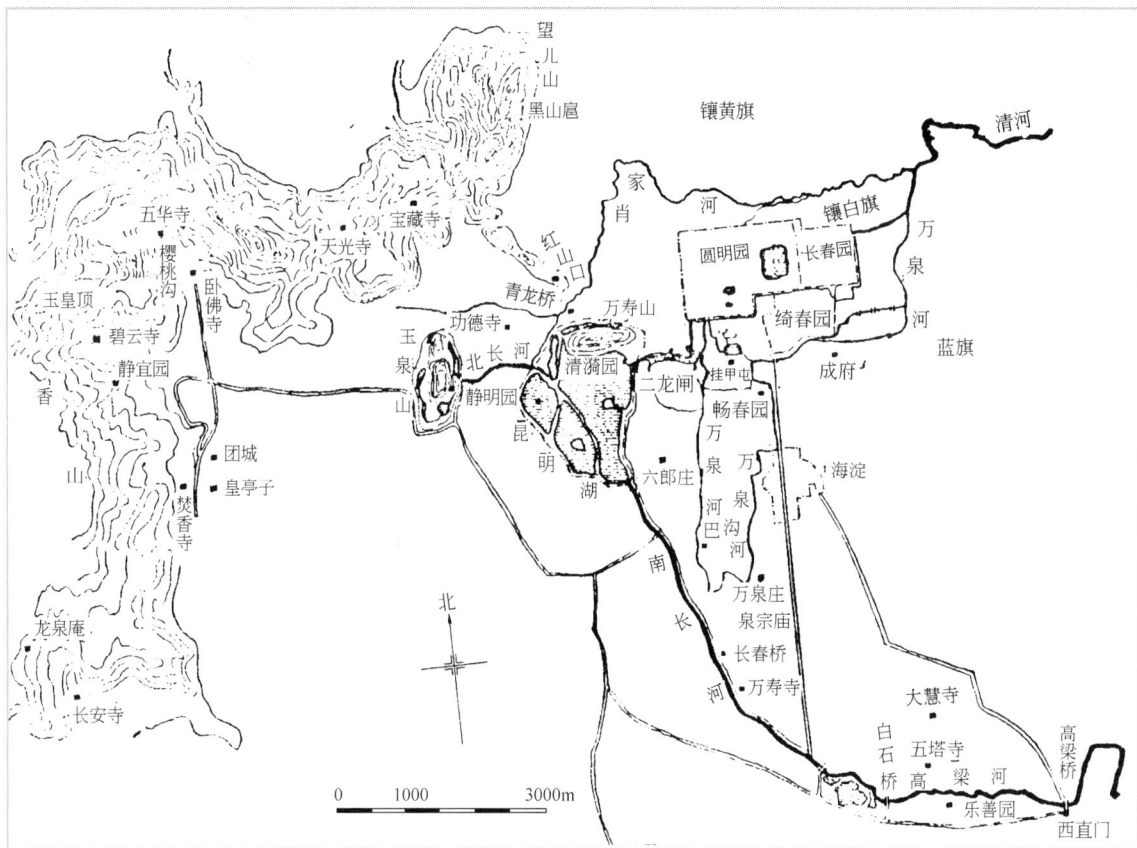

图 9-41　清朝北京西郊地形、寺园分布示意图

园。王府花园，将在下章北京明清宅园节中叙及，这里先叙五园三山中的畅春园、静明园(玉泉山)、静宜园(香山)三处，至于圆明园和清漪园将另节分别论述。

畅春园

据玄烨《畅春园记》云："都城西直门外十二里曰海淀，……自万泉庄平地涌泉，……汇于丹陵沜。沜之大，以百顷，沃野平畴，澄波远岫，绮合绣错，盖神皋之胜区也。朕临御以来，日夕万几，罔自暇逸，久积辛勤，渐以滋疾。偶缘暇时，于兹游憩，酌泉水而甘，顾而赏焉。"这一段文字，表明他为什么在建了短期居住的香山行宫和玉泉山行宫之后又想兴建离宫别苑的思想。此外，康熙帝初年，北京大内宫室因遭火灾而重修时，为了防火的需要，把各院之间用高墙隔开，形成许多封闭的院落，更不适宜于尤其是夏天居住。他想起了丹陵沜的胜区，前明戚畹武清

侯李伟的别墅，"因兹形胜，构为别墅(即清华园)"。"当时韦曲之壮丽，历历可考，圮废之余，遗址周环十里。虽岁远零落，故迹堪寻。……古树苍藤，往往而在。"清华园本是明海淀地区一个以水和水景为主体的名园，园虽废，但渺弥的水面，岛堤的分隔，总的形势尚存。玄烨"爱诏内司，少加规度，依高为阜，即卑成池。相体势之自然，取石甃夫固有。……宫馆苑籞，足为宁神怡性之所"(以上引文均见玄烨《畅春园记》)。记中所云内司，据《国朝画识》卷八，即叶洮。"叶洮字金城，青浦人，善山水，喜作大斧劈。康熙中只候内廷，诏作畅春园图本。图成称旨，即命监造。"据玄烨自称，畅春园与明朝清华园比较，"视昔亭台丘壑林木泉石之胜，絜其广袤，十仅存夫六七。惟弥望涟漪，水势加胜耳"(玄烨：《畅春园记》)。

畅春园大约于康熙二十九年(1690年)前后完工，

作为玄烨"避喧听政",长期居住的离宫别苑。据曹汛《自怡园》一文中,认为据《康熙实录》、《康熙起居注》记载有二十六年二月二十二日康熙已驻跸于畅春园,并临朝听政,接见臣僚。到了康熙后期,玄烨经常赴塞外狩猎习武,炎夏曾住喀喇和屯行宫和常住后来落成的承德避暑山庄。据吴振棫《养吉斋丛录》卷之十八云:"计一岁之中幸热河(即避暑山庄)者半,驻畅春者又三之二"。乾隆帝时期,这里是皇太后颐养之园,《日下旧闻考》按语:"皇上(弘历)祗奉慈宁,问安承豫,每于此(指畅春园)停憩。因在圆明园之南,亦名前园云。"弘历诣畅春园问安皇太后的诗,《日下旧闻考》载有乾隆六年(1741年)、七年、九年、十二年、十三年、十四年、二十年、二十五年、二十六年、二十八年、三十三年、三十五年、三十六年、三十七年、三十八年、四十年,直到四十一年正月所作,而四十二年(1777年)弘历作的无逸斋诗注中提到"向每逢请安后,即退居此斋,……孰意升遐乃在御园,而此室转成苦荼,曷禁悲痛。"据《日下旧闻考》,胤禛和弘历都在畅春园中建立:"圣祖仁皇帝(玄烨)为太皇太后祝釐,建永慕寺于南苑,世宗宪皇帝(胤禛)为圣祖仁皇帝荐福,建恩佑寺于畅春园。乾隆四十二年,皇上圣孝哀思,绍承家法,于恩佑寺之侧敬构是寺,名曰恩慕寺,为圣母皇太后广资慈福。"畅春园自玄烨建成后,胤禛仅增建恩佑寺,到乾隆时,弘历又改建和增建了一部分园林建筑。

畅春园虽已毁,根据清中叶佚名氏绘制的《五园三山及外三营地图》(色绘,板框95.8厘米×170.5厘米)和《日下旧闻考》卷七十六有关畅春园建筑(分中路、东路、西路)的记载可以得出畅春园的粗略概貌。周维权同志根据金勋所绘平面图(见Maurie Adam《Yuen Min Yuen》)再参照《日下旧闻考》绘制成"畅春园平面示意图",建筑仅标示其大概部位[14](图9-42)。

畅春园既是玄烨"避喧听政",又是一年中大部分时间在此居住的地方,就有宫与苑分置的两部分,统称为宫苑。为了严格内外之别,位置安排上大都宫在前,苑居后。畅春园南端的宫廷部分包括外朝内寝(或前朝后寝)。宫廷建筑的布局,必须按照正殿面南,一正两厢,严格对称和南北中轴线上贯穿几进院落的规制。但离宫中的宫室建筑,在体形、尺度、色彩和装修等方面,毕竟不同于大内的宫廷建筑,可以较为朴素,尺度可较小,用卷棚灰瓦屋顶,用本色柱梁不加丹护等,与自然协调。

畅春园大宫门五楹,"门外东西朝房各五楹,小河环绕宫门,东西两旁为角门,东西随墙门二,中为九经三事殿。殿后内朝房各五楹"(以上及以下引文均见《日下旧闻考》卷七十六)。进"二宫门五楹,中为春晖堂,五楹,东西配殿各五楹,后为垂花门,内殿五楹为寿萱春永。左右配殿五楹,东西耳殿各三楹,后照殿十五楹。"这两进院落连同其后的照殿属内寝部分。"照殿后倒座殿三楹为嘉荫,两角门中为积芳亭,正宇为云涯馆。"这组建筑院落是从宫廷过渡到后苑的部分。

从云涯馆后渡水开始,进入了后苑部分。"馆后渡桥,循山(一座叠石假山)而北,有河池(河池左右环抱,中为一大洲),南北立坊二,为玉涧金流。门内为瑞景轩,轩后为林香山翠。又后为延爽楼,三层九楹。楼后(为水面,为了区分起见,本书称之为前湖)河上(《日下旧闻考》称之为河,实为湖)为鸢飞鱼跃亭,稍南为观莲所。楼左为式古斋,斋后为绮榭。"从大宫门,九经三事殿、春晖堂、寿萱春永、云涯馆、瑞景轩、林香山翠、延爽楼到鸢飞鱼跃亭都是在南北主中轴线上。延爽楼高三层,居北端,是中轴线上重点建筑。洲的东西有河环抱,"筑东西二堤,长各数百步,东堤曰丁香堤,西堤曰兰芝堤,皆通瑞景轩。西堤外别筑一堤曰桃花堤。"据乾隆帝时,大学士张文贞在《赐游畅春园至玉泉山记》中,有一段描写这部分园景的文字:"纵观岩壑,花光水色,互相映带,……至花深处是时丁香盛开,数千树远近烂漫。"丁香堤如斯,桃花堤盛开时将更为妖艳。《日下

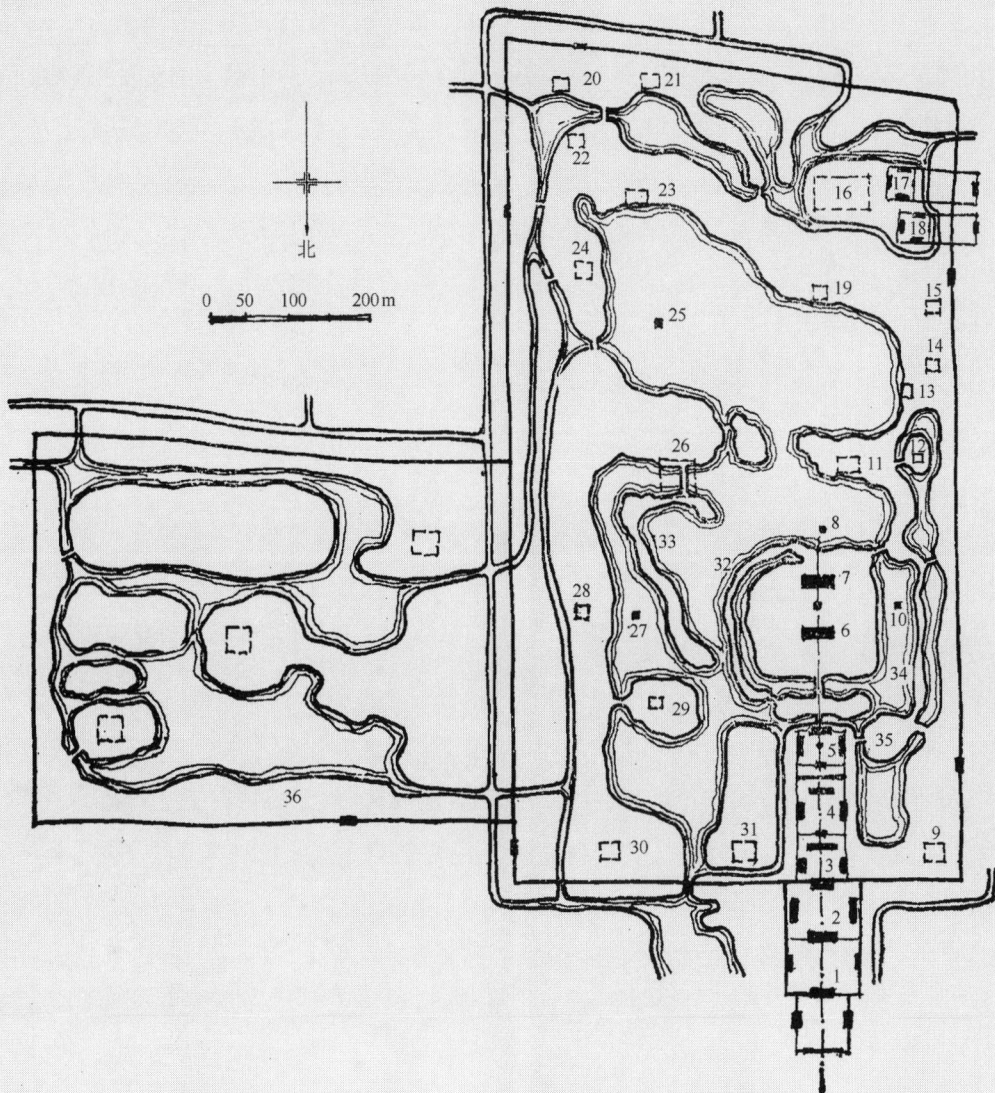

图 9-42　畅春园平面示意图

1. 大宫门；2. 九经三事殿；3. 春晖堂；4. 寿萱春永；5. 云涯馆；6. 瑞景轩；7. 延爽楼；8. 鸢飞鱼跃亭；9. 澹宁居；

10. 藏辉阁；11. 渊鉴斋；12. 龙王庙；13. 佩文斋；14. 藏拙斋；15. 疏峰轩；16. 清溪书屋；17. 恩慕寺；18. 恩佑寺；

19. 太仆轩；20. 雅玩斋；21. 天馥斋；22. 紫云堂；23. 观澜榭；24. 集风轩；25. 芯珠院；26. 凝春堂；27. 娘娘庙；

28. 关帝庙；29. 韵松轩；30. 无逸斋；31. 玩芳斋；32. 芝兰堤；33. 桃花堤；34. 丁香堤；35. 剑山；36. 西花园

旧闻考》按语接前写道："东西两堤之外，大小河数道，环流苑内(形成河湖水系)，出西北门五空闸达垣外，东经水磨村，趋清河，西流则出马厂北注入圆明园，自宫门至此为畅春园中路(即中轴线诸建筑)。"

畅春园水系如上述，除了洲的东西有河渠环抱外，洲后的水面较大，本书称之为前湖，其北水面更大，本书称之为后湖，洲之东堤外，自南至北为河渠

式水体；洲之北，前湖环其北和西，分流汇成两个水面；后湖水面最大，其北又有沿北界曲折的或收或放河渠式水流。这就是所谓"大小河数道，环流苑内"的概况。园林建筑结合河湖堤阜的形胜，或散点成景，或临水，或居水中，或跨水，或桥廊穿插，或为组群自成小区(园中园)。

畅春园东路，据《日下旧闻考》记载，从云涯

馆东南角门外出至东南角的澹宁居开始，然后沿东部水系直上至思慕寺为止。"云涯馆东南角门外转北，过版桥为剑山(大型土石掇山)，山上为苍然亭，下为清远亭，由山东转为龙王庙，过清远亭沿堤而南，河上筑南北垣一道(为了隔离)，中有门，西向曰广梁门，门内为澹宁居(畅春园东南角)。""澹宁居前殿为圣祖(玄烨)御门听政、选馆、引见之所，后殿为皇上(弘历)旧时(作皇孙时)读书之处。"

为便于了解方位，先说一下畅春园的主要园门有：南面的大官门；东面的南为大东门，北为小东门；西面的南为大西门，北为小西门；北面的西北门。

"大东门土山(即剑山)北，循河岸西上为渊鉴斋，七楹南向。斋后临河为云容水态，左廊为佩文斋五楹，斋后西为葆光(斋)，东为兰藻斋。""渊鉴斋之前，水中敞宇三楹，为藏辉阁，阁后临河为清籁亭。佩文斋之东北向为养愚堂，对面正房七楹为藏拙斋。"从"渊鉴斋东过小山口北有府君庙(神像如星君，旁殿奉吕祖像)。"从"兰藻斋循东岸而北，转山后，西宇三楹为疏峰(轩)，循岸而西，临湖正轩五楹为太朴。"

"太朴轩之东有石径接东垣，即小东门，溪北(即沿北界溪河环流中)为清溪书屋(为玄烨安寝之所)，后为导和堂，西穿堂门外为昭回馆(导和堂东穿堂门，即恩佑寺佛殿后也)。清溪书屋之西为藻思楼，后为竹轩。"到了胤禛登基后，为玄烨荐福而增建有恩佑寺，"建于苑之东垣内，山门东向，外临通衢，门内跨石桥，三殿五楹，南北配殿各三楹。""恩佑寺之右(后)为恩慕寺(弘历为圣母皇太后广资慈福而敬构)，殿宇规制与恩佑寺同。"这两座寺宇的山门至今尚在(在北京大学西校门的西南，西颐路的西侧)，是畅春园仅存的遗迹。

畅春园西路，由南而北顺叙。"春晖堂之西，出如意门，过小桥为玩芳斋，山后为韵松轩。"按玩芳斋旧名闲邪存诚，玄烨所题额，雍正二年(1724年)，胤禛曾读书于此，乾隆四年(1739年)毁于火，重建

此斋。"二宫门外出西穿堂门为买卖街(建于河之南岸，略仿市廛景物)，南垣外为船坞门，内别宇五楹，北向。""由船坞西行数武，即无逸斋(康熙年间赐理恭亲王居住，嗣理密亲王移居西花园，遂为年幼皇子皇孙读书之所)，东垂花门内正宇三楹，后跨河上为韵玉廊，廊西为松筜深处。自右廊入为无逸斋门，门内正殿五楹。西廊内正宇为对清阴，廊西为蕙畹芝原。"

"无逸斋北角门外近西垣一带(长条地)，南为菜园数十亩，北则稻田数顷(农田风光)。无逸斋后循山径稍东有关帝庙，东过板桥、方亭为莲花岩，对河为松柏闸(按松柏闸河之东岸即兰芝堤，西岸即桃花堤也)，关帝庙后(其东)为娘娘殿，殿台方式建于水中。"

前湖折西处北阜与后湖西部南岸之间有一组建筑，主要建筑为凝香堂，与前湖东部北岸的渊鉴斋，遥遥相对。所以《日下旧闻考》载："凝春堂在渊鉴斋之西，东室三楹为纯约堂"，因东室纯约堂为玄烨御题，即称为纯约堂。"乾隆十二年(1747年)重修，以奉圣母慈豫，皇上(弘历)御题是额。""纯约堂东为招凉精舍。河厅之西为湾转桥，桥北圆门为憩云。迎旭堂后回廊折而北为晓烟榭，河岸以西为松柏室(额曰翠岩山房)，其左为乐善堂，别院有亭，为天光云影，松柏室后出山口临河为红蕊亭。自天光云影后廊出北小门登山(北小门外山间门上镌极览二字)。东宇为绿窗，山北为回芳墅红蕊亭，东为秀野亭，自回芳墅北转山口过河，"可以看到后湖西部的"水中杰阁为蕊珠院。"弘历的蕊珠院诗序有"上摩清颢，下瞰澄波"之赞和诗句有"地是上清无暑境，庭名不老到仙都"之称。

"蕊珠院北埠上层台为观澜榭(在后湖西北隅)，西河厅三楹。东河厅四楹，为坐烟槎台，榭后正宇为蔚秀涵清，后为流文亭。""蕊珠院之西(岸)过红桥北为集凤轩(又一组建筑)。轩前连房九楹，中为穿堂门，门北正殿七楹。殿后稍左为月崖，其右有亭为锦陂，渡河桥西为俯镜清流。"按"由俯镜清流穿堂门西出循河而南，即大西门，延楼四十二楹，其外即

西花园之马厂也。"

"集凤轩后河桥西为闸口门，闸口北设随墙，小西门北一带构延楼，自西至东北角上下共八十有四楹。西楼为天馥斋，内建崇基中立坊，自东转角楼，再至东面，楼共九十有六楹。中楼为雅玩斋，天馥斋东为紫云堂。""自玩芳斋至此为畅春园西路，再西则为西花园矣。"

西花园 "西花园在畅春园西，南垣为进水闸，水北流，注于马厂诸渠"（《日下旧闻考》卷七十八，以下同）。西花园大部分为水面，尤其中部荷池为大，沿池分四所。主要建筑东部有讨源书屋一组，西部有水露轩一组。

"西花园河北正殿五楹，为讨源书屋。左室五楹，右为配宇，再后敞宇三楹，为观德处。"弘历制《讨源书屋记》云："畅春园之西有屋数楹，临清溪，面层山，树木蓊蔚，既静以深。"又云："今以问安视膳之暇，亦每憩此，咨政抡材"，并有讨源书屋视事诗。"园西南门内为承露轩，后厦为就松室（弘历有诗云：构室实非难，老松特艰致。因教室就松，满院覆凉翠），东有龙王庙"，园西北另有门即西花园之左北门也。"西北门内正宇五楹，后室三楹，旧称为东书房。其右为永宁寺。寺内正殿三楹，配殿各三楹，后殿五楹，内供十六罗汉。寺门外为崇台，台后为船坞。""永宁寺西为虎城，稍西为马厩，再西为阅武楼。"

西花园的中心部分"前有荷池，沿池分四所，为皇子所居。"四所的建筑情况是："南所门三楹，二门内正殿五楹，东廊门内正室九楹，西廊门内正室五楹，南所之东为东所，门三楹，门内正殿五楹，西廊门内正室二层，再西正室七楹。由东所而西为中所，门三楹，门内正殿五楹，东廊门内正室三楹，东为垂花门，正室二层，各三楹，西廊门内正室二层，各三楹。南所之西为西所，门三楹，门内正殿五楹，西廊门内正宇二层。"四所之中以中所的规制较大。

西花园是畅春园的附园，在建筑布局上较为自

由，主要为皇子居住的地方，以居住建筑（四所）为主体，荷池水面较大，以水景为主，树木蓊蔚，既静以深。

三、静明园（玉泉山）

静明园是清朝著称的"五园三山"之一，位于西北郊平原的西北缘突起的两座小山之一即玉泉山之阳。康熙十九年（1680 年）就玉泉山的南坡和玉泉、裂帛湖一带改建为行宫，命名澄心园。三十一年（1692 年）易名为静明园。到乾隆十五年（1750 年），弘历在就瓮山和西湖兴建清漪园的同时，对静明园开始进行大规模扩建，把玉泉山、整个山麓和湖河地段全部圈入宫垣之内。十八年（1753 年）再次增建，命名"静明园十六景"。二十四年（1759 年）全部建成。乾隆五十七年（1792 年）时，又对全园进行了一次大修。[16]

玉泉山呈南北走向（瓮山呈东西走向，与之相垂直，一则为弓，一则为箭），山不大，纵深约 1300 米，东西最宽处约 450 米，主峰高出地面不过 50 米左右，但横看成岭，从瓮山西望，它的两个侧峰南北拱伏，与主峰相呼应，背衬西山，轮廓清丽。山不在高，有泉则名，玉泉山就以泉名。"泉出石罅，潴而为池"（《长安客话》）以形成多组泉湖而更著称（泉详下书）。《燕都游览志》称："玉泉山沙痕石隙随地皆泉"，形容泉眼之多。

据《金史·地理志》载："宛平有玉泉山行宫"，这是玉泉山有文字记载的最早的行宫建设。金章宗完颜璟建芙蓉殿行宫后，多次到玉泉山临幸避暑，《金史·章宗纪》："明昌元年（1190 年）八月，……六年四月，……承安元年（1196 年）八月，……泰和元年（1201 年）三月，……三年三月，……七年五月，幸玉泉山。"但芙蓉殿址在何处，明朝人已难寻其迹。《帝京景物略》云："山旧有芙蓉殿，金章宗行宫也。昭化寺，元世祖建也。志存焉，今不可复迹其址。"清朝人也未发现遗址，《日下旧闻考》卷八十五静明

园按语："山麓旧传有金章宗芙蓉殿，址无考，惟华岩、吕公诸洞尚存。"

山以泉名，玉泉山的泉池；明人已有描述诗咏的有三组。最大的一组在山的南麓，即《长安客话》中首载的："泉出石罅间，潴而池，广三丈许，名玉泉池。池内如明珠万斛，拥起不绝，知为源也。水色清而碧，细石流沙，绿藻翠荇，一一可辨。池东跨小石桥，水经桥下东流入西湖(即今昆明湖)，为京师八景之一，曰'玉泉垂虹'。国初王英诗：'山下泉流似玉虹，清冷不与众泉同。……出洞晓光斜映月，入湖春浪细含风。……'。"第二组泉池在山的东南麓，名叫裂帛湖。《帝京景物略》有绝妙的描写："去山不数武，遂湖，裂帛湖也。泉迸湖底，伏如练帛，裂而珠之，直弹湖面，涣然合于湖。……湖方数丈，水澄以鲜，深而浮色，定而荡光，数石朱碧，屑屑历历，漾沙金色，波波紫紫，……湖水冷，于冰齐分，夏无敢涉，春秋无敢盥，无敢啜者。"又云："去湖遂溪，缘山修修，岸柳低回而不得留。石梁过溪，亭其湖左，曰望湖亭。"第三组泉眼在金山寺(在华严右半里)，《长安客话》载："山有玉龙洞，……洞出泉，昔人甃石为暗渠，引水伏流，约五里许入西湖，名曰龙泉。上建有望湖亭。"

望湖亭是明朝北京西北郊著名的胜地，《帝京景物略》载有众多的望湖亭诗咏。但据《帝京景物略》，望湖亭在裂帛湖，亭其湖左，曰望湖亭，而《长安客话》则云在金山寺的山上。金山寺，据《帝京景物略》称："寺今荒破，未废尔。寺亦洞，曰七宝。……径寺登平山，望西湖，月半规，两堤柳，虹青一道，溪鍪间，民方田作时，大河悠悠，小河箭流，高田满岭，低田满岘。"明人的金山寺诗，这里略摘数首中断句，如王孟震《金山寺》云："地入金山胜，联镳快此登"；李荫《金山寺》云："石趾金山寺，山平水怒生"；释如愚《金山寺》云："数步门临水，凭空阁倚山"等。而明人的望湖亭诗，有的说在湖畔，如"路傍孤亭颜望湖，……众山崒嵂立槛

外，……环亭飞瀑流明珠"(杨荣《望湖亭》)；如"柳护溪桥辇路……一半湖光影树，一半湖光影山"(王樵《望湖亭》)；如"湖平开一槛，亭迥复临湖"(姚汝循《望湖亭》)；如"寺前杨柳绿荫浓，槛外晴明白映空"(文徵明《望湖亭》)；如"孤亭斜倚玉泉隈，槛外明湖对举杯"(于慎行《望湖亭》)等等。有的望湖亭诗说在山上都用登而俯瞰西湖之胜，如"为览西湖胜，来登最上亭"(刘效祖《登望湖亭》)；如"天畔孤亭敞，凭栏落照穿。湖光檐漾动，山色镜平悬"(程瑶《望湖亭》)；如"独上湖亭望，霸空万里明。槛疑天上立，槎是半边行"(何景明《望湖亭》)；又如"来登望湖亭，始尽览历妙。布席依岩嵌，波望领佳要"(李梦阳《望湖亭》)等等。有的文集中也说亭在山上，如《前溪集》载："循玉泉山而西二里为观音寺。寺依山，入门有洞，深广二寻。出洞拾级而上，亭曰望湖。"又如《南濠集》载："补陀寺在玉泉山半门内，即吕云洞。寺右踏石级上望湖亭。"若据《袁中郎集》云："望湖亭不作于龙潭而作于裂帛湖上，真无识上"。又明确指出在湖上，大多数诗也说亭作于泉隈、湖畔。望湖亭址已无考，姑存二说。

玉泉山上有众多寺庙，或寺即洞。前引元朝建昭化寺，"志存焉，今不可复其迹"，《珂雪斋集》云："裂帛从玉泉山眼出，溢而为渠，依山瞰泉为昭化寺基，今已废"，认为在裂帛湖的山坡上。明朝正统年间(1436～1449年)，英宗朱祁镇建有上华严寺、下华严寺。据《长安客话》华严寺："玉泉山有古台基三，即辽金元三主游幸之地，故名上下华严。登玉泉之巅，望华岩在烟云缥缈中，神秀郁然，山为增胜。嘉靖庚戌(嘉靖二十九年，1550年)，为虏火所烧(指被瓦剌军烧毁)。"又载："华严寺有洞二，一在山腰若鼠穴，道甚险。一在殿后，深数十武，曰七真洞，或云即翠华洞。"又"七真洞壁间镌元丞相耶律楚材及先相国夏言鹧鸪天二词。"(但据《帝京景物略》云："洞壁刻元耶律氏词也，人曰楚材者，讹。")《潇碧堂集》说有二洞："华严寺左有洞曰翠华，中有石林可憩息，

题咏颇多，苔渍不可读。又有石洞在山腰，若鼠穴。寺北石壁泉出，其下作裂帛声，故名裂帛泉。有亭可望西湖，故名望湖亭。《珂雪斋集》也说："华严寺后有窦，深不可测，其上为望湖亭，见西湖明如半月。"据此望湖亭在华严寺右。明人有不少游华严寺诗而且点出古迹，如"华严狐鼠洞，耶律鸲鹆词"（姚涞《游华严寺》）；倪岳《游玉泉华严寺》更是描写得淋漓尽致："门外寒流浸碧虚，玉泉山上老僧居。芙蓉云锁前朝殿，耶律诗存古洞书。曲洞正当虹饮处，好山（指瓮山好山寺）相对雨晴初。笑攀石磴临高顶，浩荡天风袭客裾。"有的称赞说："都下多名刹，岩栖此更奇。……山远云如阜，沙明日满池"（姚涞《游华严寺》）。有描写上登之艰，如"扪萝陟巇路嶒嶒，熟径苔荒久不登"（王鏊《游华严寺》）；如"绕绕苍厓磴，追随此上方。千峰凌日起，一水入湖长"（胡汝焕《华严寺》）；又如榭榛《游翠岩七真洞》云："一拳奇秀处，松映石青青。"《长安客话》仅云"寺有二洞"，而《义山集》则称："华严寺凿山为洞，下上凡五处（但没有提洞名），深者二三十步，浅者十余丈。"

我们在引证望湖亭址的文中已提到了观音寺、吕公洞等。《前溪集》载："循玉泉山而西二里为观音寺。寺依山，入门有洞，深广二寻。……山后有小洞可坐二人。洞北有大洞，方阔，两旁石榻可坐，旁刻字曰玉泉观音洞。剔藓辨之，下三字乃后人续刻者。相传金章宗避暑于此，上有芙蓉殿，漫不可寻，但荒榛碧瓦而已。出洞寻旧路而西，有废庵，又一洞亦曰观音洞，山麓有吕公洞。"据《南濠集》："补陀寺在玉泉山半门内，即吕公洞。"据《长安客话》："玉泉山有吕公岩，……下临一潭，广丈余，水净苔深，绝无世间寒燠。"此外据《燕都游览志》云："玉泉山有吕公岩，下临一潭，广丈余，山上有看花台、卷幔楼。"据《日下旧闻考》转载后按语：看花台、卷幔楼今皆无考。又《钱文肃集》载："崇真观在玉泉山下，观外小涧环流，桥坏，循岸西清浅处以渡。其前

累石为台，台下甃方池，池上有斗室曰灵渊斋。"《日下旧闻考》转载后按语：崇真观，灵渊斋今皆无考。

明朝到清初，玉泉山一直是郊游胜地。众多的游玉泉山诗，无不咏泉，如"玉泉之山下出泉，泉流萦折如虹悬"（胡广《玉泉山》）。如"嶂雾岩云涌玉泉，长流未似瀑流悬。声惊素练鸣秋壑，光讶晴虹饮碧川。飞沫拂林空翠湿，跳波溅石碎珠园"（邹缉《玉泉山》）。如"跳珠溅玉出岩多，尽日寒声洒薜萝。秋影涵空翻雪练，晓光横野落银河"（曾棨《玉泉山》）。又如"浮花溅玉落崔嵬，径出千岩去不回。白日半空疑雨至，青林一道指烟开"（林环《玉泉山》）。此外，前已列有关望湖亭、金山寺、华严寺、裂帛湖诸诗。玉泉山的泉、石、亭、寺之胜为时人所颂咏赞歌不绝。

清朝康熙十九年（1680年）开始在玉泉山建行宫，又经乾隆帝二次扩建，这时的静明园把玉泉山和山麓的河湖地段全部圈入宫墙内，其范围，南长约1350米，东西宽约590米，总面积约为65公顷（975亩）。[16]乾隆时，"园内为门六"，"宫门五楹，南向。门外东西朝房各三楹，左右罩门二"，前为三座牌坊所形成的宫前广庭，再前为高水湖（详后）。"东为东宫门，为小南门，又东为小东门。园之西北为夹墙门，稍南为西宫门。""门外左右朝房，中为石桥，桥西即达香山之跸路也。""其中水城关闸一（在南宫墙之西段），及东宫门南闸，宣泄玉泉，由高水湖东南引入金河，与昆明湖水合流为长河"（《日下旧闻考》）。

乾隆初年，为了使大运河的通州到北京一段的畅通，仰给于玉泉山汇经两湖之水不被截流而去，于乾隆十四年（1749年）冬开始进行一次大规模的西北郊水系整理工程。西湖的水源除了来自玉泉山诸泉外，尚有西山一带的大量"伏流"可资利用，于是确定了水系整理工程的两个主要内容：一、结合兴建清漪园来拓展、疏浚西湖作为蓄水库，经扩大后的西湖改为昆明湖；二、完善玉泉山、香山一带泉水和涧水的拦蓄汇聚措施。为此，乾隆帝在扩建静明园的同时

疏浚了玉泉山东麓的裂帛湖、镜影湖、宝珠湖，南麓的玉泉湖，西麓的含漪湖以及串联于它们之间的河渠，形成7个完整的河湖水系，环绕于山的东、南、西三面，再由小东门北的五孔闸流经玉河，通过玉带桥而导引入昆明湖。另外还把寿安山、香山一带拦蓄的泉水和洞水通过石渡槽导引入于玉泉山水系。[16]

清漪园建成后，乾隆帝命在玉泉山东面的一带洼地上开凿养水湖，作为昆明湖的辅助水库，二十四年（1759年）为了扩大农田灌溉，又在静明园南宫门的南面，就原来的一个小河泡"南湖"开拓为"高水湖"。高水湖因水成景，于是拆卸畅春园西花园内的"先得月楼"，迁建于湖的中央，命名为"影湖楼"。登楼观赏玉泉山、万寿山以及远近的田畴湖泊，四面佳景入画，正如弘历《影湖楼》诗中所描写的"玉峰塔影近窗外，万寿山光远镜中。"高水湖于乾隆二十五年（1760年）竣工，与养水湖连成一片。湖东岸设闸门，湖水暴涨时可以提闸通过金河宣泄于长河之中。高水湖是因兴修水利而创为风景，弘历的《泛舟至影湖楼》诗就有"本因蓄水计，而成揽胜所"之句，并誉之为"此是玉泉胜常处，静明两字注真诠"。[16]静明园水系及附近河道湖海分布如图9-43所示。

静明园经咸丰十年（1860年）英法侵略军的焚掠破坏，大部分建筑物已荡然无存。周维权同志根据一些间接材料如《日下旧闻考》，弘历的诗以及其他片断游记的描写，再参照解放前北平建设局测绘的遗址图和现状情况，绘制出概略性的乾隆时期的静明园总平面图（图9-44）。

由于《日下旧闻考》卷八十五静明园的叙述，"谨依御制十六景诗次序，条列于后"，为易于了解静明园本身山嵌水抱的形胜，即山貌山景和环山水系的水景相结合的风景特色，我们按照玉泉山山脊的走向和沿山麓的河湖关系，将全园分为三个景区即南景区、东景区、西景区三部分加以描述。

南景区包括玉泉山的主峰及其西南面的侧峰和沿山南麓的平地，布列着玉泉湖、裂帛湖以及纤曲萦回的河渠。由于山岭像屏障一样挡住了西北风，小气候冬日温和；由于平地比较开阔又有较大水面，夏日也较凉爽，因此南景区成为全园主要建筑的集中区，而玉泉湖则是这个景区的中心。

南"宫门内为廓然大公，正殿七楹，东西配殿各五楹"。这一组建筑是静明园的宫廷区。《日下旧闻考》又载："廓然大公十六景之一，后宇额曰涵万象"，五楹南北有月台临湖。"廓然大公之北临后湖（即玉泉湖），湖中为芙蓉晴照（十六景之一），"檐额曰乐景阁"。玉泉湖，南北长约200米，东西宽约150米，虽然在静明园中湖面最大，但因在湖中东西纵列三岛（袭一池三山的传统格局），显不出大水面。仅中央岛上有乐景阁这组建筑，布局对称均齐，与廓然大公宫廷组和南宫门三者在一条南北中轴线上。乐景阁两层五楹，楼下东西次间内藏图书180部，楼上明间设宝座，余各间均设坑床，是皇帝读书和观赏湖景的地区。据弘历《芙蓉晴照》诗有序："峰萼如青莲华，其巅相传为金章宗芙蓉殿遗址（芙蓉晴照），名适暗合，非相袭也。"

玉泉湖的西、北两面倚嵌于主峰和侧峰的侧翼间，"山畔有泉，为玉泉趵突，其上为龙王庙"（《日下旧闻考》，以下引文同）。"玉泉趵突为十六景之一，亦为燕山八景之一。旧称玉泉垂虹。第垂虹以拟瀑泉则可，若玉泉则以山根仰出，喷薄如珠，实与趵突之义允合。详见御制玉泉趵突诗，并御制天下第一泉记。""泉上碑二，左刊天下第一泉五字，右刊御制玉泉山天下第一泉记，臣汪由敦敬书。石台上复立碣二，左刊玉泉趵突四字，右勒上谕一通。"西岸的建筑较多。"龙王庙之南，循石径而入，为竹垆山房（十六景之一）。"弘历《竹垆山房》诗有序曰："南巡过（无锡）惠山听松庵，爱其高雅，辄于第一泉（指玉泉）仿置之，二泉固当兄事。"山房"南为开锦斋，后为观音洞，其上为赏遇楼。""观音洞之南为真武庙，后为吕祖洞，旁为双关帝庙。""双关帝庙迤南为圣因综

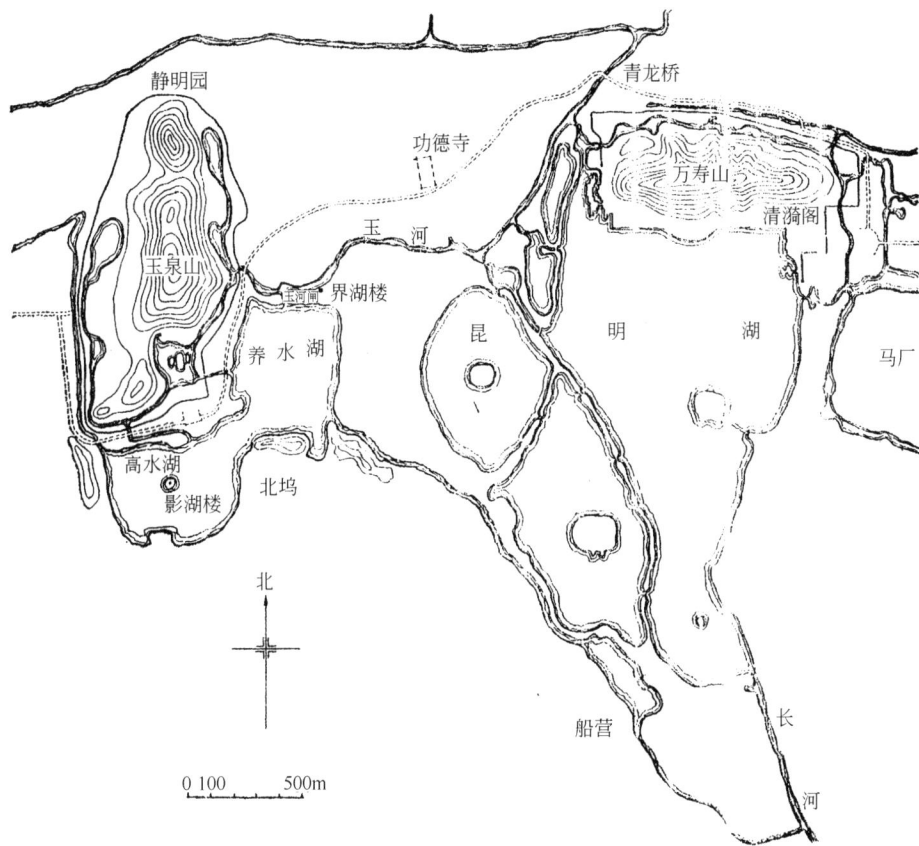

图 9-43　静明园附近水道湖泊分布图

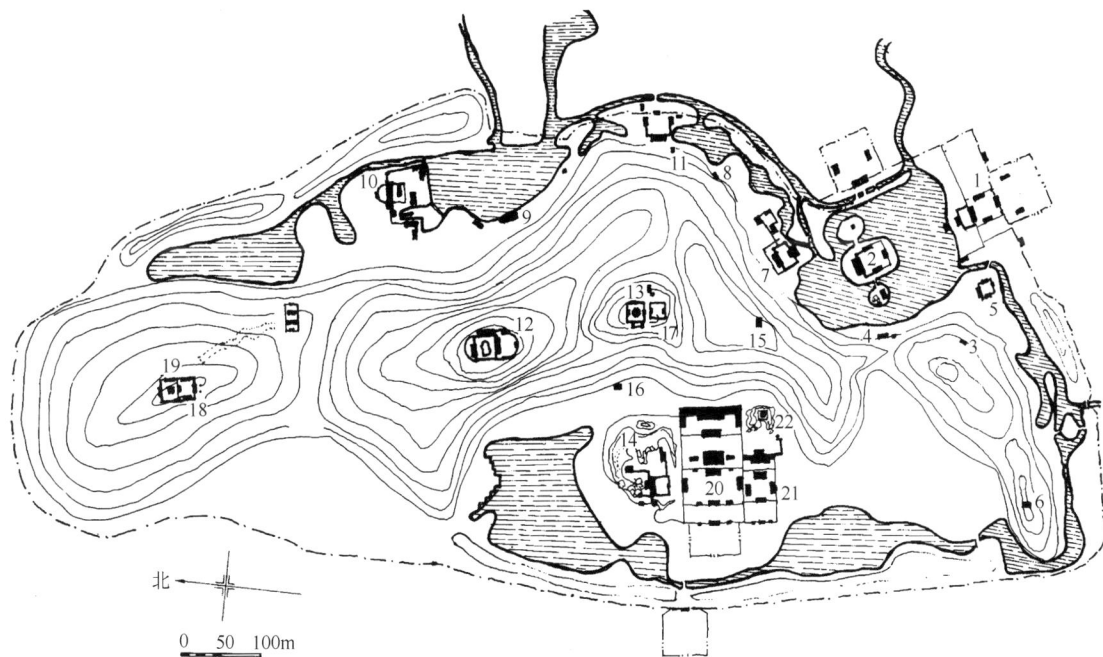

图 9-44　乾隆时期的静明园总平面图

1. 廓然大公；2. 芙蓉晴照；3. 绣壁诗态；4. 玉泉趵突；5. 圣因综绘；6. 溪田课耕；7. 翠云嘉荫；8. 裂帛湖光；9. 镜影涵虚；10. 风篁清听；11. 碧云深处；12. 峡雪琴音；13. 玉峰塔影；14. 清凉禅窟；15. 云外钟声；16. 采香云径；17. 香岩寺；18. 妙高寺；19. 妙高塔；20. 仁育宫；21. 圣缘寺；22. 琉璃塔

绘(十六景之一,据弘历《圣因综绘》诗序云:荟萃西湖行宫八景于山之坤隅,恍揽两高而面南屏,坐天然图画间也)",“其西为写流轩,轩后为层明宇,又西(坡上)为福地幽居,后为冠峰亭。”“福地幽居之西(山上)梵宇为华藏海(体量不大而造型精致),又西为绣壁诗态(十六景之一,弘历绣壁诗态诗序云:‘石崖巉峭壁立,名之曰绣,取杜老绝壁过云句意也。’)”《日下旧闻考》按语云:“由华藏海循山,从东南行,俯临溪河,河水引玉泉西南流,由水城关达高水湖。”“绣壁诗态之西为溪田课耕(十六景之一),又西为进珠泉。”按语:“园内自垂虹桥以西,濒河皆水田。”“疏泉灌稻畦,……农家景色历历在目。”这就到了南景区的西端。

玉泉湖的北岸由于水道萦回,借山麓平地布置了一组建筑,为两进院落,正厅曰华滋馆,楠木梁柱,装修精致,后为翠云堂,乾隆时是弘历游览静明园时驻跸之处。华滋馆门额题曰翠云嘉荫(十六景之一)。据弘历《翠云嘉荫》诗序云:“双栝(两株千年古栝)郁然并峙,相传为金元时植。元吴师道玉泉诗有云:长松古栝见未有。殆即是耶!因树为屋,故以嘉荫为名。”这里竹篁丛生,又临湖,所以诗中有云:“翠影虚窗外,寒涛敞座边”之句。华滋馆东为跨院,有“甄心斋”和“翠云堂”,有曲廊粉垣环抱着一个中为山石水池的小庭院,颇为幽静。“翠云嘉荫之东为小南门,稍南为东官门五楹,门外朝房左右各三楹”(《日下旧闻考》)。进官门后,河上跨石桥三座。

翠云嘉荫往东折北就是裂帛湖,“昔人谓泉从石根出溢为渠者是也”(这里就是裂帛湖光,十六景之一)。湖北岸有一组建筑,主为“含晖堂,后为清音斋,斋前为裂帛湖光,斋西东麓为碧云深处,东为心远阁。”据弘历诗:“数竿竹是湘灵瑟,一派泉真流水琴”,以风动竹篁,泉涌溢出,如瑟如琴而入景。斋、堂与厢房组成院落,东出就是小东门。“小东门外长堤石桥上建石坊二,迤东为界湖楼”,这已是园外。

“由心远阁折而北为罗汉洞(四壁满刻五百罗汉像),又上为水月洞(供奉观音菩萨),又西山麓为古华严寺(即华严洞,明朝华严寺遗址),寺后为云外钟声(弘历《云外钟声》诗序云:园西望西山梵刹,钟声远近相应,寒山夜半殆不足云),东为伏魔洞”(《日下旧闻考》卷八十五)。

南景区最主要的景点,也可说景区的焦点是雄踞于主峰顶上的“香严寺”。这组建筑群依坡势而层叠构筑。寺的东跨院为“鹤安斋”,西跨院为“普门观”,后院建七层八面的琉璃砖塔。弘历把这处景点题名为玉峰塔影(十六景之一)。据弘历《玉峰塔影》诗序:浮图九层,仿金山妙高峰为之,高踞重峦,影入虚牖(佛塔各层供铜制佛像,中有施梯可以登临而上)。“窣堵最高处,苕苕霄汉间”,“结揽八窗达”(弘历诗句),极目四眺,西北郊平原的平畴田野村舍,远近的湖光山色园林,尽收眼底。玉峰塔不仅是静明园的制高点,也是周围园林或地域内足资借景的景点。它与南侧峰顶的华藏塔(见前),北侧峰顶的妙高塔(见后),遥相呼应。

玉峰塔亦名定光塔,建成于乾隆十八年(1753年)。据二十四年(1759年)弘历写的《登玉泉山定光塔二十韵》及注云:“于(北海)大西天仿江宁(南京)报恩寺(舍利塔)、万寿山(清漪园)仿杭州开化寺(六和塔)皆欲建塔。既而大西天者毁于火,(乾隆二十三年,即1758年)万寿山者又建而弗成(出现严重倾圮现象),故并罢之,并有志过(自责意思)工作”(括弧内为本书作者注)。

东景区包括玉泉山东坡、山麓一带,镜影湖和宝珠湖以及北侧峰顶妙高寺和位马鞍形山脊中部的峡雪琴音等。

东景区的主要水面和建筑组群在镜影湖。湖呈南北狭长形,长约220米,东西最宽处约90米,北部湖岸弧形。环湖散列有建筑,北岸为主体建筑集中成组,各建筑都面朝水域从而构成以水景为主题的园中之园。

若从“裂帛湖光”北行,先有一人字形小池,为试墨泉，其西山麓处有观音阁，额曰坚固林（"其上迤西山麓为华严洞，……又上为香严寺"）。试墨泉北，沿镜影湖南端有分鉴曲（弘历诗句："曲径沿堤两鉴分，云容岚态总堪欣"）和写琴廊（弘历诗句有："曲折回廊致有情，槛依泻玉静中鸣"）。镜影湖的西岸凸处为"镜影涵虚"（十六景之一）。据弘历诗序："泉至前除，汇为平池，澄泓见底，荇藻罗罗，轻鲦如空中行，泆流沸出，若大珠小珠落盘中"。又有"漱远绿"。斜对面印湖的东岸北部有临水建水榭五楹，称"延绿厅"，弘历《延绿厅诗》有："杳嶂威纤列绣屏，每当过雨便来青"诗句。北岸的建筑组群以"风篁清听"（十六景之一）为主体建筑，两层五楹，以此为轴心，向东向南向西展开。这里以植竹为主，弘历《风篁清听诗》序云："竹近水则韵益清，凉飔暂至，萧然有渭滨淇澳之想"。诗句有"水木翳然处，端宜相此君。每因机虑息，常有静声闻。"风篁清听南有廊连至创得斋，曲廊东延至临水的如如室。风篁清听东有廊东伸折南至绕屋双清，其南有廊西延至如如室，这样以曲折回廊围成庭院，其中有叠石和竹为主。风篁清听西邻两层的近青阁，再西为撷翠楼，架岩跨洞构筑于湖北的水口部位，再以曲尺形廊连接至水口西南的方亭"飞云隈"。整组的建筑以风篁清听为主体，沿着湖岸的坡地高低错落，左右展开，构成一组主次分明，曲折有致，既围合又通透的园林建筑组群。

镜影湖之北为宝珠湖。湖西岸南端，沿山坡建置有"舍经堂"，共两进院落，其前（即东）临水为"书画舫"。《日下旧闻考》载："书画舫前有泉出于岩畔，汇为池，御题曰涌玉，曰宝珠（故称宝珠湖）。"从舍经堂，循山道可登山顶。

东景区的山地建筑有二组；主要的一组在北侧峰顶上"妙高寺"。寺前有石坊，额曰灵鹫支峰。寺内院落西进，第一进山门内为正殿，额曰江天如是，供三世佛。第二进称"该妙斋"，周绕以回廊，中央为喇嘛塔"妙高塔"，是园内另一制高点。北侧峰的南面山坡上，散布有楞伽洞、小飞来、极乐洞等洞景。另一组建筑是位于马鞍形山脊当中部位的峡雪琴音（十六景之一），弘历《峡雪琴音诗》序云："山巅涌泉潺潺，石峡中晴雪飞洒，琅然清圆，其醉翁操耶！"这组建筑房屋架岩构筑共两进。第一进正厅额曰丽瞩轩，东曰俯青室；第二进设小戏台可供小型演出，北为罨画窗。俯青室与罨画窗均东向开窗牖，可俯瞰昆明湖一带平野之景。夹雪琴音附近还有"丛云室"、"松鹤庭"、"翠迎亭"等单体亭榭点缀于山间。

西景区包括玉泉山山脊以西的山麓全部平坦地区，包括含漪湖及其水道。

玉泉山西麓的南半部，地段开阔平坦，这里建置了园内最大的一组包括道观、佛寺的建筑群。道观"东岳庙"规模较大，居中，坐东向西共四进院落。第一进"仁育宫门外建三面坊楔，中曰瞻乔门，二层曰岳宗门"。第二进中为仁育宫正殿，供"奉东岳天齐大生仁圣帝像……，左曰佑宸殿，右曰翊元殿，又左为昭圣殿，右为孚仁殿"。第三进"正殿后为玉宸宝殿，奉昊天至尊玉皇大天尊玄穹高上帝像。"第四进"又后为（后罩殿）泰钧楼；左为景灵殿，右为卫真殿"（《日下旧闻考》）。紧邻东岳庙南侧修建了座规模略小的佛寺"圣像寺"，也有四进院落。第一进为山门及天王殿，第二进正宇"能仁殿"，第三进后殿"慈云殿"，左为清泞斋，右为阆风斋，第四进为庭园形式，有叠石，中有琉璃塔。紧邻东岳庙北侧修建了一个特殊的园中园，用园林布局手法，有叠石假山，有堂楼亭轩随宜错落于山石之间，并以曲廊连接成组。这个园中园，弘历题名为"清凉禅窟"（十六景之一），也为修禅礼佛，所以弘历《清凉禅窟诗》序中云："佛火香龛，俨然台怀净域（把这里环境比拟为山西五台山的台怀镇）"，在诗句中有"比拟白莲社"，与东晋白莲社名士结庐营寺相比拟。清凉禅窟的正宇名"嘉荫堂"，南面有"挹清芬"和"静缘书屋"两个小轩。堂东有假山上建"霞起楼"，西为方亭"犁云亭"。

"仁育宫前迤西度桥，为园之西宫门"。

清凉禅窟东北有一条蹬道，题名"采香云径"（十六景之一），由此可上登香严寺。"其南有楼曰静怡书屋"。弘历《采香云径诗》序云："由禅窟右转，东北行，蹬道盘纡，山苗硐叶，翡馥缘径。""采香云径稍北，折而东，为招鹤庭，南为峡雪琴音。"

清凉禅窟北面有湖曰含漪湖，面积略小于玉泉湖，但湖中无岛洲。湖北岸临水建有"涵漪斋"，斋前设游船码头。清凉禅窟之西为临水的"飞淙阁"，东为"练影堂"，稍南为"挂瀑簷"，"涵漪斋之西夹墙门外为妙喜寺"。按语云："自妙喜寺以西为静宜园界。"

西景区尚有一南一北两个景点，西麓南端平地，在溪内深耕东北，有水月庵，又东为城关，"城关建自康熙二十年(1681年)，圣祖(玄烨)御题额曰函云。"在含漪湖北，沿山的西麓北行可达"崇霭轩"这组建筑，"其东为含醇室，后为咏素堂"。堂后抱厦神台上供观音菩萨像，庭院内有一石洞。

以上是清乾隆朝静明园全盛时期的概况。

玉泉山本以泉名，山虽不高，但山形秀丽，林木蓊郁，多幽穴石洞，随地皆泉而形成五个泉池，连以河道，萦绕于山的东、南、西三面，分别因借山势结合建筑而成为五个不同形体不同风格的水景为主题的园中园。到了乾隆时期，在进行水系整理工程修建清漪园的同时，疏浚了玉泉诸池并开拓了蓄水湖养水湖，后又连成一片，使静宜园的东、南、西为湖泊所怀抱。与此同时，静宜园中兴筑日繁，共有大小建筑三十多组。其中寺庙就有十一所，大的如东岳庙，小的如水月庵，或洞或寺，属于宫廷性质的三所，其余属于园林建筑，此外有塔四座。弘历的营园，为仿江南的名胜之形或意而置诸园中(见前避暑山庄)。静明园的建置，虽不乏因地制宜、借景而成的佳构，但总的说来，微嫌繁琐。弘历又从其审美观点和成景主题，命名"静明园十六景"，即廓然大公、芙蓉晴照、玉泉趵突、圣因综绘、竹垆山房、绣壁诗态、溪田课耕、清凉禅窟、采香云径、峡雪琴音、玉峰塔影、风

篁清听、镜影涵虚、裂帛湖光、云外钟声、翠云嘉荫。

嘉庆年间，静明园仍然保持着乾隆时期的格局。到了道光年间，为了节省内廷开支，曾一度撤去园内的陈设而暂时加以封闭。咸丰十年(1860年)，西北郊诸园遭到英法侵略军焚掠，静明园也未能幸免。园内建筑物大部被毁，以后就一直处于半荒废的状态。光绪帝时曾部分地加以修复。辛亥革命后，作为公园向群众开放，在南宫门及正宫的遗址上修建旅馆，利用玉泉山的泉水开办汽水厂。日伪时期，曾修缮加固了玉峰塔，香严寺也按原样修复。

到北京解放前夕，静明园内的建筑如香严寺、云外钟声、伏魔洞、华滋馆、龙王庙、竹垆山房、真武祠、垂虹桥、含辉堂、清音斋、东宫门等，或劫后幸存，或经后期修复；东岳庙、圣像寺尚残存部分殿宇。此外，佛塔、幽洞、奇石以及"十六景"的大部分尚能看到。玉泉湖、裂帛湖、镜影湖和部分水道仍如初。

四、香山寺、静宜园(附碧云寺、卧佛寺)

北京西北郊诸山总称西山，由于特殊地理环境，金元以来就是郊游胜地，兴建有不少佛寺、梵刹、行宫别苑、精舍名园。明蒋一葵《长安客话》载："西山，神京右臂，太行山第八陉。图经亦名小清凉。""入金山口数里，西山忽当吾前。诸兰若内，尖塔如笔，无虑数十。塔色正白，与山隈青霭相间，旭光薄之，晶明可爱。六七转至大石桥，流泉满道，或注荒池，或伏草径，或漫散尘沙间(今天已不复能睹此)，是西山诸水会处。香山、碧云(佛寺)皆居山之层，擅泉之胜。"对于西山四季景色，更是描绘得淋漓尽致："西山春夏之交，晴云碧树，花气鸟声，秋则乱叶飘丹，冬则积雪凝素，种种奇致，皆足赏心，而雪景尤胜。故京师八景，一曰'西山霁雪'。"

香山寺

香山名称的来由，据金李晏《香山记略》云：

"西山苍苍，上干云霄，重冈叠翠，……中有古道场曰香山。相传山有二大石，状如香炉，原名香炉山，后人省称香云。"明刘侗、于奕正《帝京景物略》则称："或曰：香山，杏花香，香山也，香山士女，时节群游，而杏花天，十里一红白，游人鼻无他馥，经蕊红飞白之旬。"

"香山寺址"，据徐善《冷然志》："辽中丞阿勒弥（满洲语，旧作阿里吉）所舍，殿前二碑载舍宅始末，光润如玉，白质紫章，寺僧目为鹰爪石。"香山有行宫、佛寺始自金世宗完颜雍的大定年间。"大定中，诏匠构与近臣同经营香山行宫及佛舍"（《金史·本传》）。《金史·世宗纪》载："大定二十六年（1186年）三月，香山寺成，幸其寺，赐名大永安寺。给田二千亩，粟七十株，钱二万贯。"据记载：金章宗完颜璟曾多次幸香山并有所建树，"明昌四年（1193年）三月，幸香山永安寺及玉泉山。承安三年（1198年）七月，幸香山。八月，猎于香山。四年（1199年）八月，猎于香山。五年八月，幸香山。泰和元年（1201年）六月，幸香山。六年九月，幸香山"（《金史·章宗纪》）。忽必烈也曾幸香山，"元世祖幸香山永安寺，见书辉和字于壁，问谁所书。僧对曰：国师兄子特尔格书也"（《元史·本传》）。元仁宗爱育黎拔力八达于"皇庆元年（1312年）四月，给钞万锭修香山永安寺"（《元史·仁宗纪》）。到了明朝英宗朱祁镇的正统年间（1436～1449年），太监范弘在永安寺旧址上"拓之，费钜七十余万（两）"（《帝京景物略》卷之六），遂成大寺。

香山多古迹，《帝京景物略》称："山多迹，葛稚川井也，曰丹井。金章宗之台、之松、之泉也，曰祭星台，曰护驾松，曰梦感泉。"所谓古迹，有的可考，有的仅传说而已。据《日下旧闻考》按语：丹井殆即今之双井也。据《北平古今记》载："元仁宗延祐四年（1317年）四月，祭遁甲神于香山。今香山有金章宗祭星台，于史无所考，或是元时祭遁甲神之地。"据《南濠集》载："又有梦感泉。金章宗常至其

地，梦矢发泉涌，且起掘地，果得泉。其后僧以泉浅浚之，遂隐。"护驾松、梦感泉无考。《帝京景物略》文云："仙所奕也，曰棋盘石。石所形也，曰蟾蜍石（即今之蟾蜍峰）。山所名也，曰香垆石（香垆石应即清称玉乳峰）。"

明朝时期，香山寺成为都人首游胜地，仅《帝京景物略》载明人咏香山、香山寺的诗不下百数十首。《帝京景物略》赞云："京师天下之观，香山寺，当其首游也。……丽不欲若第宅，纤不欲若园亭，僻不欲若庵隐，香山寺正得广博敦穆。岗岭三周，丛木万屯，经涂九轨，观阁五云，游人望而趋趋，有丹青开于空际，钟磬飞而远闻也。"关于明时香山寺庙建筑，《帝京景物略》云："入寺门，廓廓落落然，风树从容，泉流有云（入门即泉流）。寺旧名甘露，以泉名也。泉上石桥，桥下方池（鱼池），朱鱼千头，投饵是肥，头头迎客，履音以期。级石上殿，殿五重（五个院落），崇广略等，而高下致殊，山高下也（依山拾而筑）。"这组殿宇的东、西、北三面是自然的山林，散布有亭轩景点。《帝京景物略》云："斜廊平榍，两两翼垂，左之而阁而轩。至乎轩，山意尽收，如臂右舒，曲抱过左。轩又尽望，望林搏搏，望塔芊芊，望刹脊脊。……世宗（朱厚熜即嘉靖帝）幸寺，曰：西山一带，香山独有翠色。神宗（朱翊，即万历帝）题轩曰来青。"《长安客话》则云："来青轩在佛殿东，……轩五楹，栏楯外垣以砖壁，下临绝壑，玉泉诸峰按伏其前。……凭栏东望，不但芙蓉十里，粳稻千顷，尽在目中，而神京龙蟠凤舞，郁葱佳气，逼窗而来，大挹山川之秀，信为诸胜地方第一。"

"来青轩而右上，转而北者，无量殿，其石径廉以闶，其木松。转而右西者，流憩亭，其石径渐渐，其木也，不可名种"（《帝京景物略》）。而《长安客话》关于流憩亭和绝顶的描述则云："香山寺……殿槛外两山环拥，穿磴道可二里，有亭曰流憩。又数里指绝顶左右诸山，俱若屏息环卫者。山外北向，层层峰峦奋迅而出，西望杳杳，有水如白玉玦，即浑河

也。"《长安客话》作者认为："流憩亭不及来青轩甚，然下视寺垣，如堕深壑，仰视山巅，高插云霄，亦奇境也。若寒泉亭可无坐矣。"

香山的寺庙，在明朝，除香山寺外，尚有洪光寺(清朝时也划在静宜园内)。《长安客话》载："自香山折洪光寺，仅里许，蹬凡九曲，历十八盘而上(十八盘静宜园时名霞标蹬，为廿八景之一)，级级树松柏一行，如列屏嶂，诸山所无。"《帝京景物略》也赞称："所縣径也奇，径以外不见径也。柏左右葺之，空其间三尺，俾作径(作者注：今登十八盘，仿佛泰山之柏洞而尤密)。柏有直者干矣，奇在枝横，干不尽修也，……人行径中，上丁丁雨者，柏子也。下跄跄碎者，柏枯也。耳鼻所引受，目指所及，柏声光香触也。径而上，百步一折，每尽一折，坐磴手柏息焉。从枝叶隙中，指相语：上指玉华寺，再上指玉皇阁(在碧云寺之北，普觉寺之南的木兰陀有玉皇阁)，下指碧云寺，再下指弘法寺(弘法寺址今无考)"。

"洪光寺建自郑长侍同(姓郑名同，为常侍)。长侍生高丽，其国王李裪，遣入中国，得侍宣宗(朱瞻基，年号宣德，1426～1435 年)。后复使高丽，至金刚山见千佛绕毗卢之式，归结圆殿，供毗卢，表里千佛，面背相向也。自为碑文，自书之"(今尚存殿基址)。

明朝建有庙尚有"玉华寺在洪光寺东。寺后有池，泉流涓涓不绝。山房跨十余楹，称玉华别院。越硐折而西北，有小院，名慈寿庵"(《宸垣识略》)。[明] 王嘉谟《玉华寺诗》有"层峰开净域，十丈控丹梯。坐瞰平湖浅，中分万岭低"诗句。

到了清朝，康熙初年，玄烨曾临幸香山诸名胜，十六年(1677 年)于香山寺，"建行宫数宇于佛殿侧，无丹护之饰，质明而往，信宿而归，牧围不烦"(见弘历《静宜园记》)。弘历又记云："乾隆癸亥(乾隆八年，1743 年)，予始往游而乐之。""乾隆乙丑(乾隆十年，1745 年)秋七月，始廓香山之郭，薙榛莽，剔瓦砾，即归行宫之基，葺垣筑室。佛殿琳宫，参错相

望。而峰头岭腹凡可以占山川之秀，供揽结之奇者，为亭，为轩，为庐，为广，为舫室，为蜗寮，自四柱以至数楹，涂置若干区。越明年丙寅(1746 年)春三月而园成，非创也，盖因也。"这个"因"，就兴建了众多的佛殿琳宫和园林建筑群，凡为景二十有八，在内垣为景二十，在外垣为景八(图 9-45)。

静宜园

(乾隆时)为了行文方便起见，可区分为行宫区、内垣诸景区、外垣诸景区、外垣北别院四部分。先说行宫区，《日下旧闻考》载："静宜园前为城关二，由城关入，东西各建坊楔(城关、坊楔均不存)，中架石桥，下为月河(今正修复中)，度桥左右朝房各三楹，宫门五楹(宫门东向，称东宫门)"。"宫门内为勤政殿五楹(视事之所；二十八景之一，今仅存殿基址)，南北配殿各五楹(修饰尚存)，殿前为月河(今正修复中)。"《日下旧闻考》按语："月河源出碧云寺，内注正凝堂(见心斋)池中，复经致远斋而南(石水槽尚存小部分)，由殿右岩隙喷注(叠石有喷水岩隙尚可辨出)，流绕墀前。"勤政殿后其北、其西各有一组建筑组群自成景区。"勤政殿后北(景区)为致远斋，南向，五楹。斋西为韵琴斋，为听雪轩(院落尚在，建筑已非)，东有楼为正直和平(不存)。""勤政殿后西(景区)为横秀馆，东向。其南亭为日夕佳，北为清寄轩、横秀馆。后建坊座，内为丽瞩楼(二十八景之一)，五楹，后为多云亭。"以上建筑除多云亭修复外，余均不存，现香山电话局后部大概即丽瞩楼旧址。关于丽瞩楼，弘历《丽瞩楼诗》有序云："勤政殿依山为屏，取径于屏之南，折而东，平冈数百步，缭以周垣，奥室数楹，颜曰静寄。缘石磴左右上，华表桀峙，岑楼隐峰，审曲面势，时惟朝阳，因山为基，斯楼最其胜处。"丽瞩楼后南为绿云舫(二十八景之一)。弘历《绿云舫诗》有序云："园中水皆涓涓细流，不任舟楫，因仿避暑山庄内云帆月舫为斋室，而以舫名之"(绿云舫，辛亥革命后就基地改建小白楼)。

"丽瞩楼迤南(又一景区)为虚朗斋，斋前石渠为

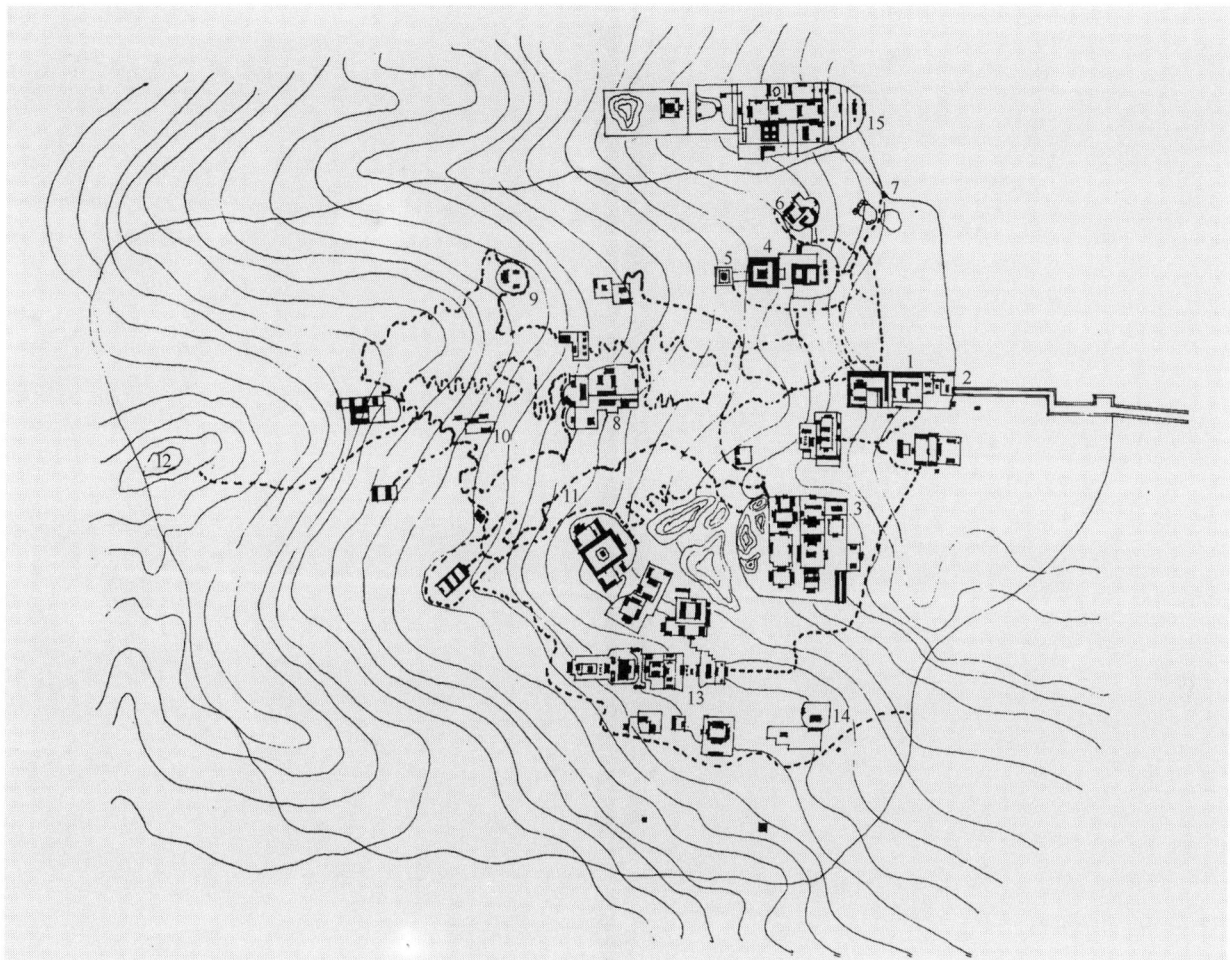

图 9-45　香山静宜园平面图

1. 勤政殿；2. 东宫门；3. 学古堂；4. 昭庙；5. 琉璃塔；6. 正凝堂；7. 北宫门；8. 玉华岫；9. 芙蓉馆；
10. 朝阳洞；11. 森玉笏；12. 鬼见愁；13. 香山寺；14. 双清；15. 碧云寺

流觞曲水，南为画禅室，后为学古堂，东为郁兰堂，西为伫芳楼，又后宇为物外超然，其外(景区外围)东西南北四面各设宫门。"这是静宜园中一组较大建筑组群。弘历《虚朗斋诗》有序云："由丽瞩楼而南，度石桥，为北宫门(指虚朗斋景区宫门)。沿涧东行，折而南，为东宫门(虚朗斋景区宫门)。中为广宇迥轩，曲廊洞房，密者宜燠，敞者宜凉，宋梲不雕，楹槛不饰。砻石围庑之壁，书兹山旧作，与摹古帖参半。南为曲水，藤花垂蔓其上。响南一斋曰虚朗。"《日下旧闻考》按语云："学古堂前周廊嵌御制静宜园二十八景诗石刻。"又云："虚朗斋为二十八景之一，相传即永安村地(这一组缭以周垣的建筑群，早毁，辛亥革命后经翻改修建，有姊妹楼等。1982 年贝聿

铭设计新修香山饭店于此)"。

"东宫门外(指行宫殿东宫门)石路二，南达香山寺(现可由勤政殿南新路前往)，东建城关(不存)，达于带水屏山(也是景区名称)。""带水屏山，门宇三楹南向，西为对瀑，北为怀风楼，其左为琢情之阁，东南为得一书屋，西为山阳一曲精庐。"(带水屏山这组建筑群早不存，惟对瀑的叠石尚存，解放后这里凿有大池，称静翠湖。)

"带水屏山之西(西上)为璎珞岩(二十八景之一)。"弘历《璎珞岩诗》有序云："横云馆(按《日下旧闻考》文中未见有此馆名，馆址不详)之东，有泉侧出岩穴中。叠石如宸，泉漫流其间，倾者如注，散者如滴，如连珠，如缀旒，泛洒如雨，飞溅如雹。萦

委翠壁，淤淤众响，如奏水乐。颜其亭曰清音（亭今修复），岩曰璎珞。亭之胜以耳受，岩之胜与目谋，澡濯神明，斯为最矣。"其上（指璎珞岩上）厅宇三楹为绿筠深处（二十八景之一，厅今已修复）。

绿筠深处之东，有上山旧道，东口有坊楔（基座尚存），往西，道两旁为店肆，即所谓买卖街（早毁），鸟瞰图上可见。《日下旧闻考》未载。璎珞岩东稍南为翠微亭（二十八景之一）。弘历《翠微亭诗》序云："宫门之南，古木森列，山麓稍北，为小亭。入夏千章绿荫，禽声上下；秋冬木叶尽脱，寒柯萧槭。天然倪迂小景。""翠微亭东有亭为青未了（二十八景之一）。"弘历《青未了诗》序云："南山别嶂为宫门右臂，群峰苍翠满目，阡陌村墟，极望无际。玉泉一山，蔚若点黛，都城烟树，隐隐可辨"（翠微亭，青未了，鸟瞰图上有，今亭址淹没不可寻）。"青未了迤西，岩际为驯鹿坡（二十八景之一）。""驯鹿坡迤西有龙王庙（不存），下为双井（不存），其上为蟾蜍峰。"

蟾蜍峰为二十八景之一，明高毂《文义集》中谓之虾蟆石。"香山有巨石二，状如虾蟆，石下二井相去丈许，水深才三四尺，俯手可濯。井底沙石历历可数，近寺人家皆取给焉。"弘历《蟾蜍峰诗》序云："香山寺西岗，巨石侧立如蟾蜍，哆口张颐，睅目蟠腹，昂首而东望"，描写尽致（解放后，因蟾蜍石西有部队山洞入口，划为禁地，不得入内。原可由香山寺南侧门径达，若可开放也可由今双清别墅西部泉源处筑蹬而上）。据《日下旧闻考》按语："双井水东北注松坞云庄池内，入知乐濠，由清音亭过带水屏山，绕出园门外，是为南源之水。"

"蟾蜍峰北稍东为松坞云庄，又东有楼为凭襟致爽，后为栖云楼（二十八景之一）。"弘历《栖云楼诗》序云："予初游香山，建此于永安寺西麓，适当山之半。右依层岩，左瞰远岫，亭榭略具"（楼和亭榭早毁，惟南依层岩，叠石作径其间，上下盘行，仍具野趣。今双清别墅即据其址复池亭，建一屋）。

香山寺为二十八景之一，"香山寺前石桥下方池为知乐濠（二十八景之一）。"寺"前建坊楔，山门东向，南北为钟鼓楼，上为戒坛，内正殿七楹。殿后厅宇为眼界宽，又后六方楼三层，又后山巅楼宇上下各六楹"（除山门外，其他殿厅楼宇均不存）。"香山寺正殿门外有听法松（二十八景之一，松尚存），山门内有娑罗树（即七叶树，已不存）。"

"香山寺北为观音阁（据《日下旧闻考》按语：观音阁上层额曰普门圆应，下层曰性因妙果），后为海棠院，院东为来青轩（二十八景之一，轩内悬玄烨题额曰普照乾坤），西为妙高堂。"据乾隆十一年（1746年）弘历制《来青轩诗》有序云："由香山寺正殿历级东行，过回廊而东，为来青轩。《帝京景物略》谓明神宗所题，今额已不存矣。远眺绝旷，尽揽山川之秀，故为西山最著名处。""香山寺北有无量殿（按语：无量殿山门额曰楞伽妙觉）。"（今香山寺北有山门，额曰楞伽妙觉四字，据称为后人所书）。《日下旧闻考》又载："来青轩西南为欢喜园。"又载："香山寺北稍西六方亭为唤霜皋（二十八景之一）。"

"香山寺西北，由盘道上为洪光寺，山门东北向，内建毗卢圆殿（仅存殿址），正殿五楹，左为太虚室，又左为香岩室（二十八景之一）"（殿室均不存）。"洪光寺前（即北）盘道间敞宇三楹为霞标磴（二十八景之一，建筑不存）。"盘道，累石为磴，凡九曲，历十八盘而上。"霞标磴之北为玉乳泉（二十八景之一）。"据弘历《玉乳泉诗》序云："行宫之西，循仄径而上，有泉从山腹中出，清泚可鉴。因其高下，凿三沼蓄之。盈科而进，各满其量，不溢不竭"（或云：玉乳泉在谷中小平台上，泉水碧清如玉，由谷缝中流到一石池中，终年常满，不溢不干。此与弘历诗序所述不符，今勘查，镌有罗汉影三字岩下有小平台，铺装，下行路旁丛薄中有以石砌边水池，干涸。故先录此待考）。"玉乳泉西稍南（西南坡上）为绚秋林。"《日下旧闻考》按语："绚秋林为二十八景之一。岩间巨石森列，镌题曰萝屏，曰翠云堆，曰留青。"弘历《绚秋林诗》序云：山中之树，嘉者有松、有桧、有柏、有槐、有榆，最大者有银杏，有枫(槭树)，深秋霜老，丹黄朱翠，幻色炫彩，朝旭初射，夕阳返照，绮缬不足拟其丽，巧匠设色不能穷其工。"这个绚秋林景区不是今天从玉华山庄眺望到的，另一面南北坡上黄栌纯林，也不像黄栌林那样入秋艳如红霞，而是"丹黄朱翠，幻色炫彩。"绚秋林下镌有题字的三石尚存。《日下旧闻考》按语又云："又上为观音阁，额曰鹦集崖，崖旁勒仙掌二字，下有石临泉，镌题曰罗汉影"(按语中所指观音阁，可能指绚秋林北上较远有遗址一处，据称为观音阁址，今日可由松林别墅前山路西北方向上行，渐见路东谷上，岩间巨石森列。由小径转登岩间为观音阁遗址，但初勘未寻见崖旁勒仙掌二字。又据按语，镌题曰罗汉影之石应在观音阁下，但未寻见，不应在玉乳泉，可能后人所镌)。

"绚秋林北为雨香馆(二十八景之一)，后为洒兰书屋，其南为林天石海"(建筑均不存)。

以上"自勤政殿以迄雨香馆，是为内垣，为景凡二十。"又按"内垣凡六门，曰东南门，曰东北门，西曰约白门，西南曰如意门，西北曰中亭子门，北曰进膳门。"

内垣外垣诸景，《日下旧闻考》是依弘历制静宜园二十八景诗次第编载的：在叙述内垣二十景时按诗次第尚可；但外垣诸景按诗次第时，方述及西区某景点，忽又跳至西北区某景点。为了叙明位置时，"××北"，这个北可能就在某建筑之北，也可能距离较远；"××北度岭为××"，可能要度好几个岭。为了便于按图索骥，这里把外垣诸景分为西区和西北区两个部分，并按路线顺叙。

西区包括森玉笏、晞阳阿、晞阳阁、香雾窟等。从洪光寺西上(过阆风亭)再向西顺石级上行，只见树木阴郁，峰岩屹立，就到了森玉笏(二十八景之一)。这里景色弘历《森玉笏诗》序云："山势横峰侧岭，牝谷层冈，㪱洞曲径，不以巉削峻峭为奇。而遥睎诸岭，回合交互，若宫、若霍、若岌、若峘、若峤、若峀、……嵯峨嶔崟，负异角立。积雪映之，山骨逼

露。群玉峰当不是过也。"《日下旧闻考》载："玉华寺西南(方位对但距离较远)峰石屹立，上勒御题，为森玉笏(尚存)。东北为超然堂，堂南为旷览台，后为碧峰馆(建筑不存，基址尚存)"(今日从下面砌有石级，可登崖顶，顶上建有一亭)。又载："森玉笏东北峰上有亭为隔云钟(二十八景之一)。"弘历《隔云钟诗》序云："园内外幢刹交望，铃铎梵呗之声相闻。近者卧佛、……、远者华严、……。每静夜未阑，晓星欲上，云扃尚掩，霜籁先流，忽断忽续，如应如和，致足警听"(亭址不可寻，今日也不复能有云钟之景)。

过了森玉笏的峰石稍下，复上(径旁有小坊座基)来到一平台(可能即晞阳阿，理由详下)，西行数武即朝阳洞。《日下旧闻考》载："丽瞩楼北度岭为晞阳阿(二十八景之一)。其北坊座一，东坊座一，西为朝阳洞，后为观音阁。"根据"丽瞩楼北"，又有"后为观音阁"，那么晞阳阿似应在前述从松林别墅上芙蓉坪路上观音阁之前。但又云"西为朝阳洞"则相隔很远，晞阳阿似应在朝阳洞附近。踏勘中，香山公园管大璞同志认为平台即晞阳阿，我们上平台后，沿径东行，路旁又有一小坊座基，这样符合文中所云：其北坊座一，东坊座一，西为朝阳洞。据弘历《晞阳阿诗》序云："逾丽瞩楼而北，过小岭，有石砑立，虚其中为厂，可敷蒲团晏坐，望香岩来青，缥缈云外。其南数十步复有巨石，卓立如伟丈夫，俗呼朝阳洞。《日下旧闻》不之载，盖无僧寮亭榭，为游人所忽耳。命扫石壁烟煤，芟除灌莽，取楚词为之名。"据此，景名晞阳阿，俗称朝阳洞。又从朝阳洞旁林间小路西延不远有俗称研药亭遗址，石上刻有弘历诗，下注"晞阳阿作"四字。以上种种证明朝阳洞一带景名晞阳阿。至于后为观音阁，绝非"岩旁勒仙掌二字"的观音阁。《日下旧闻考》按语：朝阳洞……后为观音阁额曰"净界慈云"而非"鹦集崖"。今从平台拾级而上，在朝阳洞顶上新建有一亭，可能即观音阁之址。

从朝阳洞北上，有面积较大长方形基地，即香雾窟遗址。《日下旧闻考》载："芙蓉坪西南(方位对，距离甚远)为香雾窟(二十八景之一，即静室也)，东南北小坊座各一，东面大坊座一(东面大坊座前有小坊座，故东有两坊座)，正宇七楹(均不存)。后为竹炉精舍(不存)，其北岩间有西山晴雪石幢(幢存，西山晴雪为燕山八景之一)，又北为洁素履(不存)。"从静室前西行，盘行登山，再折北直上主峰，俗称鬼见愁，海拔高 571 米。峰顶是巨大岩石，又名乳峰石，石西岩壁如削，形势险峻。曾建有亭，名重阳亭(今在北门内，沿北垣建有缆索座车，可乘坐直登鬼见愁)。

"香雾窟南稍东为栖月崖(今称栖月山庄)，厅宇三楹。其西宇为得趣书屋(建筑今已修复)，距崖半里许，设石楼门，镌题曰云阙(今不存)。"弘历《栖月崖诗》序云："玉华岫之北，宛而中隆，清旷衍夷，缀以闲馆。"说明了因势缀馆之由。

西北区包括玉华岫、芙蓉坪、重翠崦等。从静室东行，山路盘曲，经多景亭(今修)。抵玉华岫(今称玉华山庄)，或由洪光寺经阆风亭北上登玉华岫，或由芙蓉坪下至玉华岫。《日下旧闻考》载："重翠崦东南为玉华寺，山门东向，正殿三楹(寺殿早废)。殿西南厅宇为玉华岫(二十八景之一)，其东为皋涂精舍(建筑已改建)。""寺北门内有石洞出泉，称玉华泉(泉已涸)"(这里处全园中心，南面有轩有台，现设有餐厅、茶座，是秋日赏红叶的好地方)。据《游业》载："(玉华)寺后有池，泉流涓涓不绝。山房跨砌十余楹，称玉华别院。越砌折而西北，有小院名慈寿庵"(今玉华三院可能即是庵址)。由此而行北上抵重翠崦(今称玉华四院)。《日下旧闻考》载："栖月崖北为重翠崦(二十八景之一)，厅宇三楹(现已改建为院落)。其下为龙王堂，堂下有泉(堂、泉不存)。"据弘历《重翠崦诗》序中云："崦字，字书所略，而唐宋人诗多用之者。疑岩岫复叠处如所谓一重一掩耳。"重翠崦西稍南，后建有梯云山馆，《日下旧闻考》

已载。

"外垣之北别垣内佛楼为宗镜大昭之庙(亦称昭庙)。门东向，建琉璃坊楔。前殿三楹，内为白台，绕东南北三面上下凡四层。西为清净法智殿，又后为红台，四周上下亦四层。"

"昭庙之北度石桥为正凝堂，堂北为畅风楼"，正凝堂这组建筑今称见心斋，明嘉靖年间建，不在弘历二十八景之内，故《日下旧闻考》仅录正凝堂名。见心斋是园中园建筑，院内有半圆形大水池，池西有轩三楹，其他三面环围以回廊(外墙内廊)。轩后两侧有假山和苍翠树木，树林中建有一亭，极为幽静。池中养金鱼，有泉水自龙头口中喷出，水声淙淙。"正凝堂迤北为碧云寺(详后)。"

静宜园与静明园、清漪园、圆明园等遭受同一厄运，于咸丰十年(1860 年)和光绪二十六年(1900 年)被侵略者英法联军和八国联军破坏焚烧，园里大部建筑烧成灰烬，园内树木也被人盗伐。但静宜园的山谷林泉之美仍然引人入胜，二十八景中自然景物如森玉笏、芙蓉坪、璎珞岩、蟾蜍峰、玉乳泉、朝阳洞等依然长存。以建筑题名的诸景，大都只存一些残迹了。香山的树木虽屡遭盗伐，但仍然有许多古松古柏古银杏，百年以上古树有五千余株，占北京市全市古树二万余株的四分之一，名木如听法松，成为园中特色。尤其是园西南的大片黄栌，入秋霜叶红于二月花，如彩如霞，景色壮丽。香山红叶，秋意最浓。春天里，园中杏花、桃花、李花、丁香等和各种山花齐放，花团锦簇，到处飘香；夏天里浓荫匝地，处处凉爽，尤其阴雨日，山林之间云雾飘游，轻柔妩丽；冬天里，不但下雪时可赏雪景，就是不下雪时，园内依然松柏苍翠，流泉淙淙。

辛亥革命后，有些官僚富商在园里建了私人别墅，许多名胜被占为私有。如香山寺旧址最上面，建有几排轩房，作为旅舍。经香山寺下，由西南石坡而上，就到了双清别墅(原为松坞山庄)，围以墙垣，自成一园。园的北角，有两处清泉从岩石中流出，故名双清。泉水贮入小池，顺石槽流入大荷花池中，养有金鱼，入夏满池荷花。池旁有茅亭、叠石、轩屋。双清西面高峰上有块大石，即蟾蜍峰。又如由香山寺往东，经过一些新修的宅院，到了一座过门楼，上有一座茅亭，叫作半山亭。在这里可远眺玉泉山、昆明湖以及村舍田畴。又如洪光寺早毁，现在寺里的房屋是后来兴建的别墅。以下也是《日下旧闻考》里未记载的：过洪光寺不远，在半山亭北，又有一方亭，茅顶朱柱，叫作阆风亭。过阆风亭向西顺石级上行就到森玉笏，顺石道再向前行，有一石洞，就是朝阳洞。从这里就可看到登山必上的鬼见愁高峰，这是香山的主峰，峰顶是巨大的岩石，又名乳峰石。巨石西岩壁如削，形势险峻。据《长安可游记》："香山有乳峰石，时嘘云雾，类匡庐香炉峰，故名。"但弘历《玉乳香诗序》云："《长安可游记》谓山有乳峰，时嘘云雾，类匡庐香炉峰。不知玉液流甘，峰自以泉得名耳"，鳌正为玉乳峰。登山顶眺望，永定河水由西北大峡谷中向东南流去，形如飘带，隐约可见卢沟桥横跨河上；近望玉泉山、万寿山、昆明湖历历在目；西北山外还有群山，屏障叠翠。早先，天气晴朗时，还可看到北京。

碧云寺

《长安客话》载："自洪光折而东，取道松杉中二里许，从槐径入，一溪横之，跨以石梁，为碧云寺，壮丽虽逊万寿，而金碧鲜妍，宛一天界。大抵西山兰若，碧云、香山相伯仲。碧云鲜，香山古。碧云精洁，香山魁恢。"

据《帝京景物略》："碧云，庵于元耶阿利吉，寺于正德十一年（1516年），饰于天启三年（1623年），土之人亦曰于公寺云。"《春明梦余录》载："碧云庵建于元耶律阿勒弥（译音不同），正德中内监于经拓之为寺，天启三年，魏忠贤重修之，土人呼为于公寺。"《涌幢小品》叙由更详："香山碧云寺，正德中御马监太监于经所造。经以便给得幸，导上于通州张家湾榷商贾舟东之税，岁入银八万之外，即以自饱。斥其余

羡为寺于香山，而立冢域于寺后。上尝亲辛焉，为之赐额。嘉靖初，下狱瘐死，籍其家，而寺与墓独存（清朝时，寺后冢域已毁）。"

自静宜园建成后，出外垣北宫门西折即碧云寺山门，东向。《长安客话》云："从槐径入"，《帝京景物略》云："寺从列槐深径"，明张邦奇《和人宿碧云寺之作》的诗句也说"谷口树连寺，深林天色微"。但今天的槐径，仅外侧仍为古槐成行，内侧已改种毛白杨。记载说：远远就能听到流水潺声（指寺前一溪横之），明姚汝循《碧云寺》诗也写道："策马随流水，穿林到碧云。"穿林"一溪横之，跨以石梁"，所谓溪即今白石桥下几丈深的沟壑，沟内早先泉水常流，今仅雨季有水。"寺门有石狮二，雕镂绝工"（《长安可游记》）。寺因山下上，筑台殿层层而上，"历数百级，乃登佛殿"。进寺门第一层殿有金刚力士二像（俗称哼哈二将），高4.8米，姿势勇猛生动，雕工精细传神。第二层殿内有明朝铸造的铜弥勒佛高2.5米，形态慈祥浑厚。再往后是正殿的前院，"殿前甃石为池，深丈许，水蓄泄极妙。引自寺后（最后一个跨院）石镬，镬嵌以石兽，泉从兽吻汩汩喷薄入小渠，人以卓锡名之。泉味极佳，寺僧导之过斋厨，绕长廊，出殿两庑，左右折复汇于殿前石池。金鲫千头，沟沫水面，投以胡饼，嗳哑有声"（《长安客话》）。院中有古树娑罗树（即七叶树）两株，一高一矮，有古树银杏和白皮松。还有两座元朝的石雕经幢，一至顺二年（1331年）立，一元统三年（1335年）立。白石黑章，碑俚不文，而石文也以存（《帝京景物略》）。正殿中主供释迦牟尼佛，殿两侧有十八罗汉塑像，四壁顶上还有木雕唐玄奘取经的故事，雕工精细，殿顶有彩绘的金龙藻井。其后又一大殿，名普明妙觉殿。

寺最后有金刚宝座塔，建于乾隆十三年（1748年）。塔高34.7米，仿印度金刚宝座大精舍的式样建造的，但出檐部分和花饰又杂有我国传统的建筑风格。塔及塔座即高大的台基全部由汉白玉石砌成。台

基上部雕有许多佛龛，龛内的佛像雕得十分细巧，塔座凡三层，在台基上层拱门内，有石梯可登台座上面，四周围以雕石栏杆，台西建塔七，有五座石塔和两座小型藏式塔，中央一座石塔高十三级，其余四座石塔高十级，塔上都有精美的雕刻，塔顶罩着刻有八卦花纹的铜盘。登上塔台，望周遭及寺内，"万峰围殿阁，碧色净如云"（何栋《碧云寺诗》）。石塔前面的大院内，有一座别致的石牌坊，上面除雕有麒麟、狮子、八仙过海以外，还在两旁雕了八个人像，旁边刻上：相汝（意指蔺相如）、诸葛（诸葛亮）、文添祥（文天祥）、陶远明（陶渊明）等人名，从这些错别字来看，这座牌坊上的石刻，是劳动人民按照自己传授的图谱设计雕刻的。院里还有两座圆形碑亭和一棵有九个树枝长得一般高的九龙柏。

碧云寺轴线的两翼，即其南、其北有两个跨院。南跨院是一座田字形的建筑，名为罗汉堂，也是乾隆十三年（1748年）所建，是仿照杭州净慈寺建的。堂顶上有五座小白塔，四周有四座，中间一座稍大，堂内有五百罗汉塑像，大小与普通人相仿佛，形态生动，各有独特的表情。堂内还有七座佛像和一座蹲在梁上，一尺多高的济公像，非常有趣。这样，堂内共有508个佛像。罗汉堂后为藏经阁。北跨院原是行宫，《日下旧闻考》载："寺北为涵碧斋，后为云容水态，为洗心亭，又后为试泉悦性山房（按语：是为泉水发源处）。"皆临幸憩息之所，匾额皆御题。

碧云寺的一部分成为革命文物是由于1925年3月，孙中山先生逝世后，将善明妙觉殿，改为孙中山纪念堂。解放前，堂里只挂有一张孙中山先生的纸像和几只陈旧的花圈，粉墙剥落，满屋灰尘。解放后，1954年人民政府进行彻底整修，翻盖了孙中山纪念堂，两旁的配殿改建为明亮整洁的展览室，堂和展室，朱柱画梁，描金彩绘，十分富丽。堂内迎面是一座中山先生半身塑像，像后有雕镂精美的雕漆影壁；右边放着前苏联政府赠送的钢盖玻璃棺材，这是1925年孙中山先生逝世入殓半月后才运到的，虽然

没有使用，但是它却成为一件极有意义的纪念品；左边陈列了中山先生的遗墨和遗著，两边的墙壁上嵌有大块汉白玉石，石上刻《孙中山致苏联书》，当中山先生卧病不起时，还念念不忘"联俄"，他在这封信里热切地写道："希望不久即将破晓，斯时苏联以良友及盟国而欢迎强盛独立之中国。两国在争世界被压迫民族自由之大战中，携手并进，以取得胜利。"中山先生这一愿望，后来已完全实现。两个展览室的第一展览室里，陈列着中山先生早年革命活动的照片；第二展览室里，陈列先生领导民主革命活动的照片，其中有中山先生亲自指挥战斗的情景，和中山所写"今后之革命非从俄为师断无成就"的墨迹。此外，在金刚宝座塔台基上层拱门内，有汉白玉石刻着"孙中山先生衣冠冢"八个金色大字，1925年3月中山先生逝世后，灵柩曾暂厝在这个塔座下面的石洞里，1929年5月，灵柩移往南京紫金山麓中山陵埋葬，中山先生原来的衣帽，仍留葬在这里。

卧佛寺

卧佛寺在西郊寿安山东南，"寺唐名兜率，后名昭孝，名洪庆，今（指明朝）曰永安，以后殿香木佛，又后铜佛，俱卧，遂曰卧佛云"（《帝京景物略》）。据《长安可游记》："卧佛寺名寿安，因山得名，卧佛，俗称也。"元朝英宗时始建寿安山寺，"英宗即位，是年（至治元年即1321年）九月建寿安山寺，给钞千万贯。十月，命拜珠督造寿安山寺"（《元史·英宗纪》）。又载："至治元年春，诏建大刹于京西寿安山……三月，益寿安山造寺役军。十二月，冶铜五十万斤作寿安山寺佛像。二年（1322年）八月增寿安寺役卒七千人。九月，给寿安山造寺役军匠死者钞，人百五十贯，幸寿安山寺，赐监役官钞，人五千贯"（《元史·英宗纪》）。到了泰定帝时，于"泰定元年（1324年）二月，修西番佛事于寿安山寺，三年乃罢"（元史·泰定帝纪）。"天历元年（1328年），立寿安山规运提点所。三年，改昭孝营缮司。"昭孝寺之名始见，"至顺二年（1331年）正月，以寿安山英宗所建寺未

成，诏中书省给钞十万锭供其费，仍命雅克特穆尔、萨勒迪等总督其工役；……"(《元史·文宗纪》)。

昭孝寺到明英宗时又加以拓建，并赐名寿安寺。据宪宗《寿安寺如来宝塔铭碑》云："寺创于唐，……历年既远，其规制悉毁于兵，漫不可考矣。正统中(1436～1448年)我皇考英宗睿皇帝临御日久，天下承平，民物蕃庶。……乃眷是寺，鼎新修建，构殿宇以及门庑，杰制伟观，穹然焕然，……已乃勒赐今名(寿安禅寺)，颁大藏经一部，置诸殿。……迩来又三十有余年矣。……乃暇日因披图静阅，知寺犹有未备者。命即其前高复其危，丹垩之饰，周匝于内外，……既又于其下构左右二殿，各高二丈而赢四尺，经始于成化壬寅(1482年)春三月，落成于冬十一月。既成，藏舍利塔中，……成化十八年(1482年)十一月立。"

到了清朝，雍正十二年(1734年)改名十方普觉寺。清世宗(胤禛)《御制十方普觉寺禅碑文》云："朕弟和硕怡贤亲王以无相悉檀，庀工修建，嗣王弘晈弘晓继之，捨赀葺治。于是琳室梵宇，丹臒焕然，遂为西山兰若之冠。"又云："此七宝床上石佛，现前丈六金身，盖覆大地，占断三际，不往不来，岂非一佛卧游十方普觉欤？因名之曰十方普觉寺，而勒是语于碑。"但俗称仍为卧佛寺(图9-46)。

明朝都人之游卧佛寺，为卧佛，也为看娑罗树。《帝京景物略》云："香山之山，碧云之泉，灌灌于游人。北五里，曰游卧佛寺，看娑罗树也。山转凹，寺当山之矩，泉声不传，石影不逮。行老柏中数百步，有门瓮然，白石塔其上，寺门也。寺内即娑罗树，大三围，皮鳞鳞，枝槎槎，瘿累累，根挓挓，花九房峨峨，叶七开蓬蓬，实三棱陀陀，叩之丁丁然。周遭殿墀，数百年不见日月，西域种也。初入中国，嵩山、天台，与此而三。"

所谓娑罗树，西域种也，完全是僧人附会(详下)而云。据《帝京景物略》对娑罗树的枝叶、花、果实的形态描述，完全符合我国产七叶树的形态特征，至于"西域种也"这句话不对，《渌水亭杂识》早就指出："五台山僧侈言娑罗树灵异，至画图镂版，然如

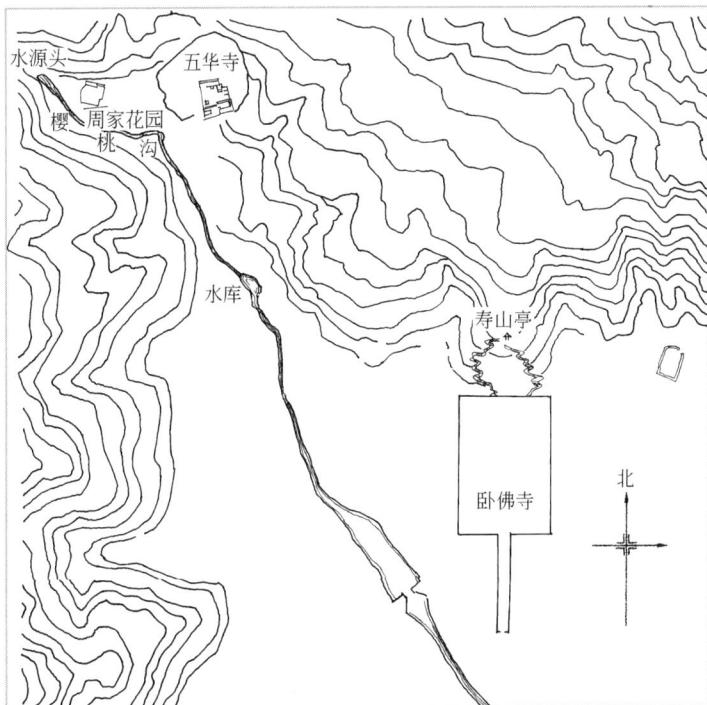

图9-46　卧佛寺及水源头平面示意图

巴陵、淮阴、安西、伊洛、临安、白下、峨眉山，在处有之。"七叶树隶七叶树科 Hippocastanaceae，七叶树属 Aesculus，全世界约25种，我国原产两种，一是七叶树，又称娑罗树、天师栗、猴板栗，学名为 Aesculus chinensis，原产黄河流域，陕西、河南、山西、河北、江苏、浙江等省及北京西山一带。另一种通称猴板栗，或刺五加，学名为 Aesculus wilsonii Rehd. 原产湖北、四川、湖南、浙江等省，生长于海拔500～1800米的山地。《渌水亭杂识》中提及产地来着，包括了我国原产的两种，只是没有分清为两个种。

《帝京景物略》所称"白石塔其上"的寺门早已无存。清朝时，卧佛寺内进山门有殿五重，还有配殿以及东、西跨院。山门外有琉璃牌坊一座；进山门

（第一重殿），两旁有二金刚力士塑像。入前殿为四大天王像和弥勒佛塑像。再进第三重殿就是三世佛殿，三世佛是指过去、现在和未来代身。三世佛的两旁还有五彩泥塑的十八罗汉像，第四重殿就是卧佛殿，一丈五尺五寸长的侧卧的铜佛像，安在殿中心一座高大的榻台上。铜佛一臂平伸，一臂旁曲托头，侧向内卧，铜佛身旁环立十二座小佛像。据说这是释迦牟尼佛在印度枸尸那伽城临终前，卧在娑罗树下向他周围的十二个弟子嘱咐一些事情的情景。因此，殿前种的七叶树，附会为娑罗树。殿后院（第五重）有座高阁，过去是藏经楼。

前称卧佛像有二：一香檀像，传为唐贞观年造，早已无存；一铜像（今存），传为明宪宗成化年间造，而碑记未详，朱彝尊根据元史记载，认为"安知非冶铜五十万斤所铸耶？"至于殿前七叶树二株（《日下旧闻考》称尚存）早已不存，惟后人在前殿中庭路左植有七叶树一株，寺内多古柏成林，后人闻植有栾树、桑树等，三世佛殿两侧各有古银杏一株，后院有古槐多株。

卧佛寺的东跨院，主为寺僧居住，共五进院落，最后一进正屋为楼。西跨院为行宫，行宫南端大门三楹，进门迎面为青石假山，中分东、西谷路，出为长方池，中跨拱桥，过桥至正宫门，进门为第二进，正殿七楹，左右配殿；第三进正屋五楹，左右耳房（现改为行宫餐厅），第四进中为方池（经扩大并加石栏杆），池后为新修复的敞榭，第四进的西垣现改为游廊。

卧佛寺后垣有东北便门、西北便门。出门有山道左右绕上寺后寿安山一小山头，今筑有一亭，称寿山亭。登亭俯望卧佛寺，琉璃碧瓦黄脊，在阳光中闪耀，平眺左右西山余脉臂抱，中为开阔谷原。

出卧佛寺西便门，《长安客话》载："门西有石盘，方广数丈，高亦称足，无纤毫刓缺。上创观音堂，前余石丈许，周以栏楯。石盘下有小窦出泉，淙淙琤琤，下击石底，听之冷然。"《帝京景物略》的描述则云："泉注于池，池前四五古杨，散阴云云（古杨不存，今有古柏和栾树）。池后一片石，凝然沉碧，木石动定，影交池中。石上观音阁（即观音堂），如屋复台层。阁后复壁，斧刃侧削，高十仞，广百堵。"在"泉注于池"文字之前，《帝京景物略》作者叹曰："游者匝树则返矣（指看了娑罗树就身去），不知泉也。……不知泉也，又不知石。"不知泉石，既指观音阁泉池，也指西去三四里皆泉石的水源头后洞（详下段）。《日下旧闻考》的按语云：观音阁即观音堂，建在大盘石上，阁前为方池，阁左为山庙，庙旁有重修水漕碑记，无撰人姓名，嘉靖辛丑（1541年）立。

今日或从游廊北出，或敞榭西出，即可从树丛中看见大盘石，但大盘石东部用岩镶补谈不上"无纤毫刓缺"。观音阁早已不在，今盘石上筑有方亭，阁后岩壁，依然如斧刃侧削，虽然，"十仞百堵"未免夸张之辞也，盘石前方池今种有白花睡莲，山庙已半绕以垣作为接待之所。重修水漕石碑不存，方池前，左右叠掇有点景青石堆，又建有重檐亭，称万松亭（亭南有古杨二株）。

"隆教寺在观音堂右，度桥而至，泉从寺前过也。"《日下旧闻考》按语：隆教寺在观音阁西半里许，明碑二：一勒谕碑，成化六年（1470年）立，……（碑文主为明确四至，从略）；一隆教寺重建碑，大学士眉山万安撰，成化二十二年（1486年）立，略云："成化庚子（十六年，1480年），香山之原，廊旧庵作寺，赐名隆教，……与寿安寺相望。"隆教寺早废，今下观音阁西行岩石间，过一平台，台后为池，想即度桥之处，隆教寺遗址已改建为园中之园。利用原寺后挡土石壁东角，叠石构成人工瀑布，下泻至水池，池南平台上建敞榭，园西北土丘上建一亭，亭前下并立原明碑二。

"过隆教寺而又西，闻泉声，泉流长而短焉下流平也。"由此进入两座青翠山峰阁的一条外宽里窄的"水尽头"石涧。也就是"循壁（指观音阁后石壁）西去，三四里皆泉皆石也"（《帝京景物略》）的这条山洞。水尽头亦名水源头。盛云："西山水源头，西去水尽头"（《青鞋踏雪志》）。水源头既指"泉所源也"之处，也用以指山洞。《帝京景物略》"水源头"条目的开端写道："观音石阁而西，皆溪，溪皆泉之委；皆石，石皆壁之余（描写确切）。其南岸皆竹，竹皆溪周而石倚之。燕故难竹，至此林林亩亩，……"（可惜今日不复能睹此胜景）。

进洞后奔水源头或其上的游程，古人记载不一："西上圆通寺，望太和庵前，山中人指曰：水尽头，泉所源也。又西上，广泉废寺，北半里，五华寺。"对于这段记文，《日下旧闻考》有按语云："圆通寺，太和庵，广泉寺今并废。五华寺本朝碑一，……康熙二十五年（1686 年）立，又明碑一，……嘉靖十一年（1532 年）立，略云：都城之西，寿安山之北，有古刹圆殿，历久隳圮。宣德初，有僧成公东洲禅师见其地径幽僻，山水环绕，遂卓庵于此。迄今五十余年，栋宇腐挠，遂僦工营之。经始于成化五年（1469 年），落成于乙未年（1475 年）。"

另一段记文提到有普福庵等。《枸虚集》载："从卧佛寺入山一里许有石洞。洞旁仄径，缘而上为普福庵（《日下旧闻考》按语：俗呼为红门，今废）。自普福庵上半里有五华阁（按语：遗址在普觉寺之东，今并废）。山隙一小寺，寺侧有亭（按语：山隙小寺及寺侧之亭皆无考）。两泉合流于前，一出巨石下，一流细石间。上有蹊，望之若穷，而隐隐复有楼阁。"

又一段记文，提及有普济禅寺等。宋彦《山行杂记》载："由卧佛寺殿右侧出小门西数十步……为观音堂。前临池，右有泉，有桥。度桥为隆教寺，泉从寺前度，沂泉行三里，上岭为五华寺，下岭复循水行，再登一岭为广泉寺。循故道下复上得圆通庵，其右为太和庵。泉水源于此。一方亭据其上，傍泉多乌椑文杏。度泉有鸟道，行三里许，为普济废寺。寺前一岭，上有圃，中一石如钵，水冬夏不涸，村民都取汲于此。"《日下旧闻考》按语："普济寺遗址尚存，有断碑一，明僧道深撰，正统十一年（1446 年）立，略云：香山乡五华之西，层峦巨壑，叠嶂悬崖，双涧交流，千岩毓秀，可为梵刹，募众缘鸠工建造，额曰普济禅寺。又建尊胜宝塔一座，兴工于正统八年（1443 年），完于丙寅（1446 年）之秋，……尊胜塔废址在寺东高三尺余"。

普济寺侧有"白鹿岩"，据《日下旧闻考》按语，"相传普济废寺后山巅即其地云。"为什么叫作白鹿岩？据《大江集》载："瓮山西北线横岭，白鹿岩在焉。有白石如幢，屹立岭上，微有字画，然薄蚀不可辨矣。岭外连峰不断，一峰最异，白鹿岩也。岩高数十丈，嵌空欲堕，中虚可旋两车。岩左一隙如窗棂，下视深窅，不知所际。相传辽时有仙人骑白鹿往来斯岩，故名。登岩顶睄万寿山，如竖掌指。有古桧一株，根出两石相夹处，盘旋横绕，倒挂于外，大可百围，色赤如丹砂。"

以上记文都没有提到退谷、退翁亭、烟霞窟等，直到清《天府广记》才有记载："水源头一涧最深，退谷在焉。后有高岭障之，而卧佛寺及黑门（即广慧庵）诸刹环蔽其前，冈阜回会，竹树深蔚，幽人之宫也。"又云："谷口甚狭，乔本荫之，有碣曰退谷。谷中小亭翼然，曰退翁亭，亭前水可流觞。东上则石门巍然，曰烟霞窟。入则平台南望，万木森森，小房数楹，其西三楹则为退翁书屋。"《日下旧闻考》按语："退翁亭及石门上隶书烟霞窟三字额今尚存，余迹俱圮废。"

水源头不仅以泉胜、石胜，还以花胜。据汤右曾《水源头诗》云："……我闻水源头，迢遰入榛薄。……水细流涓涓，沙明石凿凿。……溪迦路频转，玲琮下略行。再过乃得之，源深流不涸。……水清可以鉴，泉甘可以勺。小憩登顿疲，徐悟游赏乐。归途穿蒙茸，草树纷枝格。樱桃花万树，春来恐灼灼。……"可见当年这一带樱桃成林（今天樱桃树已经很少，仅沟南头还有一些），至于什么时候人们开始把这条山涧叫作樱桃沟，已不可考。

今人游樱桃沟，无论从卧佛寺西便门出去，穿游廊往集秀园(北京植物园北园建的竹园),或沿山麓水泥路经额曰樱桃沟的路门,或如古人经观音阁、隆教寺遗址而下,殊途同归一水泥大道,前行,树木渐多,景色渐佳,抵谷口有小水库,是解放后北京植物园(北园)所修建。过此,树木更密,冷风习习。由于涧底乱石间引植的水杉,生长茂密,郁郁葱葱,望不见水,但闻泉声淙淙,古人所谓"泉流长而声短者也。"这里可借用《帝京景物略》的描写竹,改为:皆水杉,水杉皆溪周而石倚之。由此越往里趋,树荫越浓,忽见路东有一斜上水泥路,可能原是《枸虚集》所说"洞旁仄径,缘而上为普福庵。……上半里有五华寺"的仄径改建成水泥路。由此上坡不远就是五华寺遗址,水泥路到此为止,再上又为石径。不上斜坡而前行,来到一座连接涧东西两山的拱桥以前,道分两路:或由石涧中行,直奔水源头;或渡桥上坡,经私人花园而到水源头,后者是辛亥革命后,在西边山上依势修建别墅后形成的。

石涧中行,有形状大小不一的石块,被水冲得光滑圆润,泉水在石间叮咚缓流而下。洞旁械树、栾树、构树等杂生,还有后植的刺槐,两岸峭壁,斜伸出苍劲的杂树,人行涧底,正如《帝京景物略》所描写的"皆溪、溪皆泉之委;皆石,石皆壁之余,漫行涧中,心宁神怡。"

经私人花园的一路,过桥上坡,左旁有大石刻有"退谷"二字,下署梁启超补题,再上有山庄式园门,门上额曰:鹿岩精舍。进门有一丛翠竹迎人。西口山道,抵一平谷,有屋三楹。前有廊,正悬舒同写"水流云在之居"匾额。再左上,屋亦三楹,但三面有出廊,悬有舒同写"石桧云巢"匾额。坡下为花园,种植有牡丹等花木,早先有玉兰大树一株,解放后死去。

出花园北门往上不远,见路旁有青石,上刻"保卫华北"四个大字。1935年"一二·九"运动中党领导先进青年的群众组织在樱桃沟举办了三期夏令营。"保卫华北"四字是当年参加第一期夏令营的清华和北大两位学生刻写的。过青石而下洞,便是水源头。

据《春明梦余录》:"水源头两山相夹,小径如线,乱水淙淙。深入数里有石洞三,旁凿龙头,水从龙口喷出,又前数十武,土台突兀,有石兽甚钜,蹲跪台下,相传为金章宗清水院。章宗有八院,此其一也。水分二支,其一伏流地中,至玉泉山涌出。"《日下旧闻考》按语:"水源头石洞及石兽今尚存,土台及龙口喷水处不可复辨矣。"时至今日,石兽亦不存,还是古人所云:"至则磊磊中,两石角如坝,泉盖从中出"为是。

水源头的对面有巨石,今称元宝石,下为洞,内置石榻。洞前上数步,有板根抓石缝间,亭立石上,旁生小树倒垂,人称石上松,其实是侧柏。过去有人附会洞即白鹿岩之洞,石上松即《大江集》所述及古桧,非其地非其状而非也。水源头前有仄径可上,转至一方亭,南面二石柱上刻有对联,上联"行到水尽处",下联为"坐看云起时",退翁周肇祥题。石上柏与退翁亭遥峙,下有盘石,可坐数十人。《春明梦余录》又载:"卧佛寺西南里许为广应寺,寺有白松,箕踞其下,望见碧云、香山诸寺。寺西为木兰陀。"《天府广记》云:"广应寺之西为木兰陀,由寺前鸟径西指,过小桥三、四,径渐峻,盘旋入云。上建玉皇庙,栋宇洁饰。殿南别院有轩有室,石楼摇摇,踞山之巅。殿北深涧悬崖,水出洞中,旁为鱼池,为药栏,为篁丛,殿侧有满井,水可手掬。西山山顶之井,广泉寺与此为二,甘洌似中泠。谷中瀹茗取给二井。"《日下旧闻考》按语:玉皇庙明碑二:一为……天启元年(1621年)立,一为……后有万历四十八年(1620年)等字。

第四节　圆明三园

圆明三园为圆明园、长春园、绮春园三个紧相毗邻平面上合成倒品字形的离宫别苑群(图9-47)。圆明园是胤禛在作皇子的时候,"拜赐一区(在海淀畅春园、挂甲屯以北），林皋清淑，波淀渟泓，因高就深，傍山依水，相度地宜，构结亭榭"（胤禛《圆明园记》），作为游乐的园苑。园既成，康熙帝（玄烨）赐名圆明园，这是圆明园有史之始。胤禛登位后雍正二年（1724年）就制订扩建总体规划，并在园的南端建置了正大光明殿、勤政亲贤殿作为听政朝贺的地方，在殿前分列朝署作为臣子视事的地方，雍正三年（1725年）八月胤禛就首次驻跸圆明园，四年（1726年）就在园御门听政。[19]同时，园内又加修葺建置，圆明园的规模就大体具备。胤禛还写了一篇《圆明园记》。

长春园跟圆明园并列而居其西：弘历即位后以畅春园作为太后居住奉养的别苑，以圆明园作为"御以听政"、"临朝视政之暇"、"游观旷览之地"。不久（至迟乾隆十年），就开始修建长春园。但乾隆三十五年御制长春园题名的序中却说什么"筹他日之安居，兹维卜始。……每几暇揭来游憩，拟毫期恒此颐恬，以纪元六十载为衡，积愿笑惟奢望；……"然后在"倦勤他日拟菟裘"诗名下自注："予有夙愿，若至乾隆六十年，寿登八十五"彼时亦应归政，故邻圆明园之东预修此园，为他日优游之地。实则非由衷之言也，因为长春园至迟于乾隆十年（1745年）就开始兴工，当时不可能就想到归政后优游。档案中记载："乾隆十年十月，传旨为长春园庙宇做欢门幡七堂"，首次出现长春园字样，表明长春园已在建设中。"乾隆十二年（1747年）六月，传旨做御笔长春园匾，于是年九月十八日做成挂讫。六月，传旨沈源画长春园图一张。"这就是说，长春园内主体建筑群已经建成，才命沈源作画。此后，长春园中断续还有增建。有的很晚才建成，如档案记载了乾隆四十八年（1783年）：是年，长春园内添建远瀛观成。又乾隆五十一年（1786年）三月，传旨：长春园全图上添画如园、映清斋、鉴园、丛芳树、狮子林，得时贴在此中大有佳处楼上南墙。按：乾隆十二年曾传旨沈源绘长春园全图……今传旨添画……事隔近四十年，长春园内景区多有添建，故命原图上添绘增建诸景。[19]

绮春园在圆明园东南、长春园西南，其名到乾隆三十四年（1769年）始见于档案，档案中载："乾隆三十四年十月，传旨做御笔绮春园匾，于乾隆三十五年三月初九日做成挂讫。"过去发表的论文都引《清史稿·职官志》："乾隆三十七年增绮春园总领一个"这段记载，认为绮春园建成于乾隆三十七年，据上引档案资料该园当建成于乾隆三十四、三十五年间。档案中又一段记载："是年，奉旨：春和园改为绮春园。"据此绮春园的前身为春和园，春和园不曾见于著述，亦不详其归属。又"是年，奏请：绮春园内殿宇既多，地面辽阔，理宜酌派人员专司其事。"可见是年已届建成。以后续有修建。附：嘉庆年间（清仁宗颙琰年号）大学士傅恒及其子福康安赐园，死后缴进，并入绮春园修葺，又将庄敬和硕公主赐园和成亲王寓园西爽村联辉合并，形成绮春园西路的一部分，原有部分即绮春园东路，颙琰曾有《绮春园三十景诗》之作，有道光帝（清宣宗旻宁）跋。道光时期，该园用以奉养太后太妃。被毁后于同治十二年重修时改名万春园。档案："同治十二年（1873年）七月初一奉旨绮春园改名万春园，敷春堂等座亦奉旨改名。"

乾隆时期，圆明、长春、绮春三园同属圆明园总管大臣统辖，因此，一般通称的圆明园也包括长春、绮春二园在内。为了明确起见，或称圆明三园。此外，还有圆明"五园"之称。乾隆中叶以后，档案中始见"五园"之名，即圆明园、长春园、熙春园、绮春园、淑春园这五个相邻的御园。档案载："乾隆四十七年（1782年），正月，奉旨淑春园改为春熙院。""乾隆五十二年（1787年）十一月，圆明园、长春园、熙春园、绮春园、春熙院五处，共额设食一两钱粮园户头目二十名，……园户匠役六百四十七名。"这就是说，乾隆四十七年后，四园一院（五处）并称。

一、圆明园略史

历史上的圆明园是清朝康熙年间，皇四子胤禛"藩邸所居赐园也。"清朝初期曾将北京西北郊许多明朝的私园收归内务府奉宸院，有的再分赐给皇室成员和贵族官僚，胤禛在《圆明园记》开头写道："圆明园在畅春园之北，……在昔皇考圣祖仁皇帝(玄烨)听政余暇，游憩于丹陵沜之涘，饮泉水而甘。爰就明戚废墅(即明武清侯李伟的清华园)，节缩其址，筑畅春园。熙春盛暑，时临幸焉。朕(写记时已是雍正帝)以扈跸，拜赐一区。林皋清淑，波淀渟泓，因高就深，傍山依水，相度地宜，构结亭榭。……园既成(康熙四十八年，公元1709年)，仰荷慈恩，锡以园额曰：圆明。"这是圆明园名称的由来，上述"园既成"的年份是玄烨赐名圆明园的年份，至于什么时候拜赐一区开始建园，因缺乏记载无从查考，但始建时间应早于康熙四十八年是没有问题的。

圆明园原址是否是明朝故园？从"拜赐一区"来说，大抵也是明朝皇戚或官僚的私园废墅，收归内务府奉宸院，再分赐的园区之一。具体事例很多，详见下章清朝北京宅园。除了胤禛《圆明园记》中提到园内"林皋清淑，波淀渟泓"，即有流泉、有河流、有汇成湖泊塘沼的水体即"淀"，以及茂盛的林木之外，没有提到任何景物，布局或亭榭之类，因此，圆明园原址是一个废墅或仅是泉湖遍布的一区，缺乏依据，难下定论。

胤禛作皇子时始建的圆明园其规模有多大？有人认为："赐园的规模不能超过皇帝居住的畅春园(一千、二百亩)。……可以推测康熙时的圆明园的具体范围大致是后湖和前湖及其周围，面积为六百亩左右约略近方形的地段。园门设在南面，与前湖、后湖恰好在一条南北中轴线上，成较规整的布局。"[17]有人认为，"康熙年间圆明园的规模已远远超出以后湖为中心的六百亩范围。"理由：一是据胤禛《圆明园记》载："及朕缵承大统，……时逾三载，……始命所司酌量修葺，亭台丘壑，悉仍旧观。惟建设轩墀，分列朝署，俾侍值诸臣有视事之所。构殿于园之南，御以听政。"这表明当时扩建仅圆明园的外朝部分。二是"另据笔者查考，《清世宗御制文集》二十六卷

(雍邸集)载有胤禛的'园景十二咏'诗，大约写于康熙五十八年(1719年)。其中有'桃花坞'、'耕织轩'、'深柳读书堂'和'菜圃'等数景。它们分布于圆明园后湖西北的'武陵春色'，直北方向的'映水兰香'，福海西北岸和园西北隅北宫墙的顺木天地区。这说明，康熙年间圆明园的规模，已远远超出以后湖为中心的六百亩范围。至少，东西宽250米，南北长1100米，占地在1200亩以上。……据《养古斋丛录》十八卷记载，圆明园'园之东，有东池，雍正间命名福海，地约百顷，…'。这就是说，福海是雍正间命名的，以前称东池(亦称东湖)。这表明福海的开凿年代可能早于雍正年间。"[18]

康熙帝玄烨死后，皇四子胤禛即帝位。据杨乃济就《圆明园档案史料选编》一书的选材辑成《圆明园大事记》载："雍正二年(1724年)正月，奏准为圆明园扩建工程采办木植，奉旨由内务府派员前往围场一带采伐林木。按：……是雍正二年圆明园之扩建，开围场伐林之先例。"又载："是年，潼关卫廪膳生员张尚忠为圆明园扩建查看风水。按：据该件所示，雍正二年已制订圆明园扩建之总体规划。"[18]首先扩建"外朝"部分，包括大宫门、二宫门、外、内朝房和值房，以及正大光明殿、勤政亲贤殿。"雍正三年(1725年)八月二十七日至二十九日，雍正首次驻跸圆明园，圆明园之作为离宫，应自即日始。"同时，也表明是年八月底前，大宫门内外之朝房殿宇应已建成。"七月，委派商人于长生采办圆明园所需石料。"这表明"园内景区之扩建已全面铺开。""雍正四年(1726年)正月，雍正驻跸圆明园，谕'每月办理政事与宫中无异'，廷臣皆应'照常奏事'。按：据此知雍正在圆明园内御门听政。"[19]

雍正年间的扩建，除上述将中轴线往南延伸，在原赐园的南面拓展扩建外朝部分外；又就原赐园的北、东、西三面，利用原来多泉水流，改造成河渠水网，就高垒土叠石，堆成岗阜，连成山谷，在溪岗萦回中构筑众多园林建筑组群；在福海及其周围因景而

筑多组园林建筑群；在沿北宫墙的狭长地区续有多组建筑；总计园林建筑组群，可称景点景区的已不下数十处，满布于圆明园三千亩范围内。

二、圆明园四十景及圆明园诸图考

所谓圆明园四十景，是乾隆九年(1744 年)，由弘历把到这时为止的圆明园景物，取景四十，各赋有诗，命沈源、唐岱绘四十景图，汪由敦书写四十景诗，加上胤禛的《圆明园记》和弘历的《后记》，合为《御制圆明园图咏》。

附：御制圆明园诗(即四十景)目录

1. 正大光明(五言排律)
2. 勤政亲贤(五言律)
3. 九州清宴(四言古)
4. 镂月开云(五言六韵)
5. 天然图画(七言古)
6. 碧桐书院(七言绝句)
7. 慈云普护(调菩萨蛮)
8. 上下天光(六言绝句)
9. 杏花春馆(七言律)
10. 坦坦荡荡(五言古)
11. 茹古涵今(七言律)
12. 长春仙馆(五言律)
13. 万方安和(五言律)
14. 武陵春色(七言绝句)
15. 山高水长(五言律)
16. 月地云居(调清平乐)
17. 鸿慈永祜(七言排律)
18. 汇芳书院(七言绝句)
19. 日天琳宇(五言绝句)
20. 澹泊宁静(七言古)
21. 映水兰香(七言律)
22. 水木明瑟(调秋风清)
23. 濂溪乐处(五言古)
24. 多稼如云(七言绝句)
25. 鱼跃鸢飞(五言绝句)
26. 北远山村(六言律)
27. 西峰秀色(七言古)
28. 四宜书屋(七言古)
29. 方壶胜境(七言律)
30. 澡身浴德(五言古)
31. 平湖秋月(调浣溪沙)
32. 蓬岛瑶台(七言律)
33. 接秀山房(五言律)
34. 别有洞天(五言绝句)
35. 夹镜鸣琴(调水仙子)
36. 涵虚朗鉴(五言律)
37. 廓然大公(五言古)
38. 坐石临流(七言绝句)
39. 曲院风荷(七言绝句)
40. 洞天深处(五言古)

当然，即使是乾隆九年时，圆明园内的景物并不限于四十景，有的也未列入，如圆明园西北隅紫碧山房。凡是在乾隆九年后修建的，在图咏中当然也不可能有，即以弘历的四十景来说，雍正年间已建有多少，其说不一。据刘敦桢的《同治重修圆明园史料》一文称"乾隆七年营安佑宫，九年成，御制《四十景诗》，凡篇中所收建筑无雍正题咏者，疑皆建于此数年内(乾隆初年前)。"又附有注称《日下旧闻考》卷八十至八十二，"圆明园四十景内，无雍正题署者，计月地云居、山高水长、慈鸿永祜、多稼如云、北远山村、方壶胜境、别有洞天、澡身浴德、涵虚朗鉴、坐石临流、曲院风荷十一处。其慈鸿永祜即安佑宫，在园西北，仿景山寿皇殿之制，奉康熙、雍正二代御容，乾隆七年建，其余年代待考。"[20] 这就是说四十景中注明有雍正题咏者为二十九景。但周维权《圆明园的兴建及其造园艺术浅谈》一文中云："据《日下旧闻考》的记载，乾隆时期命名的'四十景'有二十八景，曾经胤禛题署过。"[17] 不仅相差一景而且其中有三景说法相反。刘文认为水木明瑟、映水兰香有雍正题署，而周文则未列入胤禛题署过的景内。周文列入胤禛题署过的二十八景中有多稼如云，而刘文则列为无胤禛题署过的十一处之一。近张思萌又作了一番考证："根据《日下旧闻考》的记载统计，圆明园共有雍正御题匾额109条(附有详表)。其中100条属四十景中的二十七条，每景少则一匾，一般为二至七匾，最多的万方安和达十四匾，这二十七景是：……(略)。镂月开云和长春仙馆虽无胤禛题额，但这两景分别是康熙'驾临'和雍正间的弘历读书处，当为雍正时已有无疑。另外，澡身浴德一景所包括的'深柳读书堂'和'溪风松月'，坐石临流一景所包括的同乐园'永日堂'和舍卫城'普福宫'、'仁慈殿'、'寿国寿民'诸匾额皆为雍正御笔。……据此可知，圆明园四十景，雍正时至少有三十一景，几乎满布于圆明园的三千亩范围。"又说："圆明园四十景中的另外九景(曲院风荷、北远山村、鸿慈永祜、月地云居、山高水长、多稼如云、别有洞天、涵虚朗鉴、方壶胜镜)是否皆为乾隆间所建也需要具体分析的。据《清史稿》载，安佑宫(即鸿慈永祜)建自乾隆七年(?)，此为九景中惟一肯定建于乾隆者。多稼如云虽无雍正题咏，但弘历《乐善堂集》十三卷却有篇多稼如云赋，说明雍正时可能已有此景。"[18]张恩荫引的《乐善堂集》是弘历宝亲王时期作品。本书作者查朱家溍、李艳琴辑《清·王朝〈御制集〉中的圆明园诗》，在清世宗(胤禛)御制文集的《四宜堂集》卷三十，有《多稼轩劝农诗》。[20]查杨乃济《圆明园大事记》："雍正八年(1730年)十月，活计档内首次出现'秀清村'字样。按：秀清村，即圆明园四十景中之别有洞天，乾隆十六年(1751年)五月初五日活计档中载有：'传旨着将秀清村现挂别有洞天匾一面摘来，收拾见新，得时在檐内帘架上挂'可资佐证。故知别有洞天一景亦早在雍正朝即已建成。"《圆明园大事记》又载："雍正十一年(1733年)五月，活计档中出现'北门内北苑山房'字样。"按：四十景之一的北远山村一景，坐落于大北门内，正对大北门稍偏东，可能北苑山房即北远山村之旧称，若如此则北远山村一景亦早在雍正朝即已建成。从上举三例证可知前云无雍正题署的九景中的多稼如云、别有洞天、北远山村在雍正朝已

建成。总而言之，圆明园的布局在雍正帝时已基本定型，重要的景区、景点建筑组群已基本建成，弘历即位后只稍有改建和增建。

乾隆时新建并有年代可考的建筑，按年序叙述如下。前引张恩荫"安佑宫建自乾隆七年"，括弧内打了个问号。因为据《圆明园大事记》："乾隆二年(1737年)二月，传旨御笔'安佑宫'、'清净地'等匾七面，于同年十二月二十日做成，悬挂于安佑宫。"按：《日下旧闻考》卷八十一记"安佑宫建自乾隆七年，乾隆御制安佑宫碑文又称：'鸠工于乾隆庚申，而蒇事于癸亥'，即乾隆五年至乾隆八年，二说已相互矛盾，今档案又记乾隆二年已做成悬挂安佑宫匾额，估计安佑宫或分期兴建，或建成又经改建。"《圆明园大事记》载："乾隆三年(1738年)六月，传旨做映水兰香匾额，于同年九月二十七日做成悬挂，知是年映水兰香一景已做成。八月，奉旨莲花馆(多稼如云旧称)改建工程赶至九月内完工。此时福海东、西、北岸工程全面兴工。九月，传旨做饮练长虹、一碧万顷、天宇空明、夹镜鸣琴等匾额十九面，分属福海四周诸景区，知是年该等景区已陆续建成。""乾隆四年(1739年)正月，传旨做濂溪乐处等匾额八面，由此知濂溪乐处一景已于是年建成。十一月，传旨做坦坦荡荡匾额。按：金鱼池从此改称坦坦荡荡。"另一按语："雍正时各景区多以三字命名，如万方安和旧称万字房，坦坦荡荡旧称金鱼池，武陵春色旧称桃花坞，镂月开云旧称牡丹台，天然图画旧称竹子院，碧桐书院旧称梧桐院。"据《日下旧闻考》卷八十，有按语云："圆明园四十景中世宗(胤禛)御题四字额者凡十有四，正大光明殿其一也，余如牡丹台今为镂月开云，蓬莱洲今为蓬岛瑶台，乃乾隆九年皇上(弘历)恭依避暑山庄三十六景四字题额之例，更锡嘉名，用昭画一。"《圆明园大事记》接着载："乾隆五年(1740年)三月，传旨做御笔方壶胜境景区各处匾额二十面，于同年十月十五日做成挂讫。由是知是方壶胜境一景已于是年建成。六月，传旨做御笔苏堤春晓匾额。由

是知苏堤春晓一景已于是年建成。"又"乾隆七年（1742年）九月，传旨做涵虚朗鉴匾额，于乾隆八年闰四月做成，安挂于云锦墅殿内。按：涵虚朗鉴一景当于是年建成。""乾隆九年（1744年）九月，传旨将安佑宫图、……四张收贮在册页上。十二月，传旨将世宗（胤禛）及当今（弘历）御笔字二张分别裱在四十景册页头册、二册画前，于乾隆十一年四月十四日裱成呈进。"档案记载，自乾隆十年（1745年）至乾隆二十四年（1759年）都是属于长春园的工程、做匾等，直到乾隆二十五年及以后，才又有圆明园工程。"乾隆二十五年（1760年）七月，圆明园紫碧山房添建纳翠轩、石帆室、翼翠亭、澄素楼、二宫门等，""乾隆二十六年（1761年）六月，紫碧山房兴修石洞。""乾隆二十七年（1762年）九月至二十八年七月，圆明园官门前开挖水泡、河道，挪改石道。"这个开挖形成的水泡、河道称前湖。《日下旧闻考》卷八十，在"园内为门十八"这段叙文的按语云："大官门前辇道东西皆有湖，是为前湖。"这个大官门前东西有两个椭圆形小湖的前湖与我们通称圆明园前湖、后湖的前湖，名称虽同，地点和水体不同。《日下旧闻考》卷八十，在叙及正大光明殿、勤政亲贤殿之后，"正大光明左有湖，亦称前湖"，这就是我们通称圆明园有前湖、后湖的前湖，湖北的岛即为九州清宴景区。乾隆二十九年（1764年）略仿海宁陈氏安澜园之意，重修四宜书屋，更名曰安澜园。《日下旧闻考》："四宜书屋，四十景之一，额为世宗（胤禛）御书。皇上（弘历）即于其地略仿海宁陈氏安澜园之意，因以命名。"详御制安澜园记，并御制安澜园十景诗（均为乾隆二十九年所写）。《圆明园大事记》又载："乾隆三十四年（1769年）十二月，圆明园内慎修思永添建花神庙，共三十四间，游廊二十四间；桃花深处添盖垂花门一座，游廊十八间；全碧堂添盖房四十间，添砌墙垣五十九丈三尺，……。""乾隆三十五年（1770年）四月，圆明园天宇空明添建澄景堂、清旷楼、华照楼等共二十一间，游廊二十五间"。"乾隆四十年（1775年）四月，传

旨做御笔文源阁匾，由是知文源阁已于是年建成。"但《日下旧闻考》称："文源阁乾隆三十九年建，与文华殿后之文渊阁、避暑山庄之文津阁，皆以贮四库全书。"四十年"十二月，茨荷香湛绿殿东边添盖点景房"。"乾隆四十四年（1779年）五月，传旨制做法源楼匾额，由是知法源楼已于是年建成。"到乾隆四十六年（1781年）还续有改建，档案载是年"十二月，蓬岛瑶台日日平安报如音方亭并平台、游廊俱改建楼座，""乾隆五十年（1785年）十一月，慎修思永（即濂溪乐处殿，檐额曰慎修思永）后殿改建知过堂（乾隆四十七年建成），实净销银……"；最后"乾隆六十年（1795年），还于"六月，修理圆明园内木库、金棺库、丧仪木器库。""按：贮备金棺及丧仪木器，以备皇帝、后妃死于园内时用"。[19]

前述《御制圆明园图咏》于乾隆九年（1744年）完成。据杨乃济《圆明园大事记》，悉圆明园图的绘制过程如下。"乾隆元年（1736年）正月，传旨着冷枚将圆明园殿宇处所照画过热河图样每处画一张，汇总画一张。四月，传旨着冷枚现画圆明园殿宇处，俟汇总时，令郎世宁、唐岱、沈源绘画。十一月，传旨着唐岱、郎世宇、沈源画圆明园图一幅。此图后于乾隆三年五月十一日由唐岱画得，贴于九州清宴景区西一路第二进殿清晖阁。按：《日下旧闻考》卷八十记有：'清晖阁北壁悬有圆明园全图，乾隆二年命画院郎世宁、唐岱、孙祐、沈源、张万邦、丁观鹏恭绘'所记当即此图。然档案记载传旨于乾隆元年，绘成贴讫于乾隆三年，非乾隆二年也。"又"乾隆二年二月，传旨将圆明园图改放高八尺，宽三丈二尺，大官门外画卤簿銮驾，随从之人俱穿蟒袍补褂，园内房屋添设栽花木、打扫地面人物等项，该图于同年闰九月初十日由沈源画成呈进。"[19]

关于四十景图咏，据《圆明园大事记》载："乾隆三年（1738年）正月，传旨：圆明园着沈源起稿画册页一部，沈源画房舍，着唐岱画土山树石。五月，传旨：着将圆明园各所合画册页一册，"又"乾隆四

年(1739年)三月，奉旨：着周鲲画圆明园大册。"又"乾隆六年(1741年)三月，传旨将方壶胜景(境)、蓬岛瑶台、慈云普护图增入圆明园册页内。"又"乾隆九年(1744年)九月，传旨将安佑宫图、汇芳书院图、前垂天贶图、清净地图绢画四张收贮在册页上。十二月，传旨将世宗(胤禛)及当今(弘历)御笔字二张分别裱在四十景册页头册、二册画前，于乾隆十一年(1746年)四月十四日裱成呈进。"圆明园四十景册页，绢本设色，每幅绢心宽二尺另四分，长二尺，连装池棱边宽二尺三寸五分，长二尺六寸。檀木夹板装为二册。原存圆明园中，1860年英法联军抢掠焚烧圆明园后，存于法国巴黎国家图书馆(1928年程滪生先生从该馆摄得画图及题咏照片，并在国内出版了单行本)。中国国家图书馆有武英殿刻本(1795年)《御制圆明园四十景诗》二册。

此外，乾隆年间尚有《御制圆明园图咏》木刻本行世，分上、下两卷，卷各二十图，有大学士鄂尔泰、张廷玉等为御制诗作注，一并发行，前有胤禛的"记"、弘历的"后记"，卷尾附侍读观保的跋，全文由张若霭书，图由鸿胪寺序班孙佑、沈源绘。原木刻本未见，但此图咏于光绪十三年(1887年)七月由天津石印书屋摹勒上石印行，书首的扉页，"记"和"后记"仍用朱印，仍分订二册，木夹板装为一帧。木刻本的四十景图与设色绢本四十景图相对比来看，取景上、构图上、细部上，略有出入。木刻图的画山背景大都较简，衬景的树木较疏，露出建筑细部较多。慈云普护景区的钟楼，木刻图上明显为六角形，而铜版图则不似，尤其是蓬岛瑶台，木刻本的取景较当，三岛明显，而铜版图因夸张中部之岛而失真，所以木刻本也自有其参考价值。

除了宫廷绘制圆明园图外，私人绘制的流传下来的也有多种。较早的一图是同治十二年(1873年)重修圆明园时，样子雷绘制的一幅《圆明园平面图》。"它的内容有一个特点是在图中将各个景区殿屋标示出分间与柱网位置，这是其他各种图所没有的。除此

以外，还有单体房屋平面图、平面与立面互相结合图、单面殿屋立面图"，"图纸大小不等，尺度不一"。[22]"样子雷"即"样式雷"，指雷氏家族，"自康熙中叶始，前后六代二百余载，世守圆明园楠木作与样式房掌案二职。……雷家藏有园林宫殿之建筑模型及图样多种。"[23]据方裕谨辑《原中法大学收藏之样式雷圆明园图样目录》，不仅有圆明园图、全图、草底、内围外围河道全图、中路各座立样全图和地盘图、北路课农轩慎修思永殿多处总签册底以及有关九州清宴、奉三无私、紫碧山房、西峰秀色等地盘或添盖装修图等外，还有圆明园、长春园、绮春园三园地盘图、长春园图、长春园外围内围河道图、西爽村图、狮子林图、西洋楼图以及绮春园全图、天地一家春等草图、地盘画样等。[23]刘敦桢《同治重修圆明园史料》文中发表了样式雷的局部图和烫样照片四十多幅。[20]

光绪年间，清朝人绘制有关圆明园图，中国国家图书馆舆图组藏有多幅。先是《五园三山及外三营地图》，清佚名制(光绪二十三年，1897年)，色绘，不注比例，版框95.8厘米×170.5厘米，五园即畅春园、静明园、静宜园、圆明园、清漪园；三山即香山、玉泉山、万寿山；三营即健锐营、精捷营、火器营。另一幅《五园三山及外三营地图》，清佚名制(光绪三十年，1904年)，绘画工艺稍好，但无论前者或后者，不注比例也不成比例，方位也不正确，只能表示五园三山及外三营的大体位置，因为不是测绘的，各园内诸景、诸建筑的分布位置都不确切。

中国国家图书馆藏圆明园水系河道图有三幅：一是图名《圆明园全图》，清佚名制(光绪十六年，1890年)，为平面图，包括长春园、绮春园，岗阜用赭色线勾出轮廓，建筑庭院用蓝线勾出外围轮廓，详绘水道湖池，用墨绿色，特别明显，景名用小红纸签书写贴上，不注比例，版框141.5厘米×244.0厘米；二是《圆明园泉水并河道全图》，清佚名制(宣统二年，1910年)，色绘，不注比例，圆明园仅绘及园外

河道，全图自颐和园昆明湖东部及南长河以东，圆明园以南整个万泉河水系，是西郊这一带泉水并河道的全图，色绘，不注比例；三是《圆明园河道图》，佚名制，不注比例，版框 78.0 厘米×108.0 厘米。以上三图都不是测绘，不注比例，只能是示意图。近年何重义、曾昭奋对西郊海淀地区水系作了调查研究，绘制有《清代中叶北京西郊(玉泉、万泉水系)园林分布示意图》，详绘了水系，虽注比例但水系也只是示意而已。

馆藏近代绘制的圆明园平面图有二幅。一是金勋先生绘制《圆明园复旧图》，民国 20 年(1931 年)绘制，比例 1∶400，版框 178.4 厘米×327.3 厘米。刘敦桢《同治重修圆明园史料》一文中发表《圆明长春万春三园总图》，就是"依北平图书馆金勋先生所绘者重摹，惟加注地点，又依样式房雷氏旧图，增圆明园大营门、照壁，余如原图。"[20] 张驭寰认为："这一幅图中的景区各建筑布局位置，也不是非常齐全的，由于历年园中自然和人为的破坏，一个时期的园子和另一个时期的园子状况都有很多的变化，所以各时期绘制的平面图也都是不一样的。例如有的景区建筑数量多，也有的景区建筑不齐全，甚至没有测绘出来，因而都不是十分准确的。"白日新认为：金勋先生绘圆明长春万春三园总平面图，……从图名(注：指万春)到内容都反映了同治重修特点，同治朱笔残卷对三园八处稍作改名，在该图都有所反映，细查其景区布置，这八处亦都符合同治重修设计。同治十二年(1873 年)，金勋先生尚未诞生，全总图应系同治十二年重修时设计图的复制品。"又云：该图所附营造比例尺、若干景区与全园地形比例尺寸之间比例存在一些问题。"[24] 另一幅是 20 世纪 30 年代当时北平市政府工务局实测，1933 年 10 月色印《圆明长春万春园遗址形势图》，原图长 140 厘米，宽 98 厘米。"据说在测绘时，曾翻找柱础、台基边缘，进行实测，……其中有些建筑位置无法测出时，又查询样子雷原图填补的，这一幅平面图要算是比较准确的了。"[22] 据白

日新研究，金勋的三园全图"在反映同治重修圆明三园设计上是有所本的，是研究三园被毁前后平面的一份重要资料。但是作为探寻三园毁前形象的依据则十分不足的。"认为"1933 年实测图，对于当时尚存的地形地貌及建筑遗址做了记录。是非常可贵的。图中所记建筑有四种情况。(1)1860 年(咸丰十年)三园毁后一直没有破坏的基础，……这些基础反映了道咸时期的平面布局，有的也是乾嘉时期遗物。(2)1873～1874 年(同治十二年十月至十三年七月)重修时已做了新的设计，与原状相比大为改观……(3)同治重修时重点改建部分，……如圆明园九州清宴、万春园天地一家春、清夏堂等处，……部分或全部基础反映了同治重修特征。(4)至 1933 年实测时已破坏无存的建筑基础，实测者根据有关资料用虚线补绘。实测者所选用的资料时期不一致。……(举例)……由此可知，1933 年实测图中有将乾嘉、道咸、同治重修三个不同的时期的平面图加以混合的情况。"[24]

此外，中国社会科学院"1978 年编写《中国古代建筑技术史》，在搜集资料时，由北京建筑设计院徐镇同志送来一包旧图，在其中发现一幅胶布图，已破烂不堪，经仔细观察原来是一幅圆明园(三园)的总平面图。图长 84 厘米，高 60 厘米，全图用黑墨水绘制在图布上，当受潮湿后，墨线线条，已成为粉末，轻轻一动，线条粉末即可掉下来。经过复制成为一幅图。"发表在《圆明园图》第一集，作为《一张三十年代初期的圆明园图》一文的附图。[22] 同期还发表有色印的《圆明长春绮春三园总平面图》，系何重义、曾昭奋绘制，1979 年 2 月，说明：本图根据 1933 年及 1963 年地形图、《钦定日下旧闻考》、《圆明园四十景图咏》等有关图、书、文献资料；并对遗址进行全面踏勘和局部实测后修订制成，并有《附记》一文和《圆明长春绮春三园园林建筑景物名录》。

鸟瞰图方面北京国家图书馆藏有《圆明园鸟瞰图》，(仅圆明园本身，不包括长春、绮春园)，佚制者名，旧绘本一幅，色绘，比较精美(图 9-48)。20

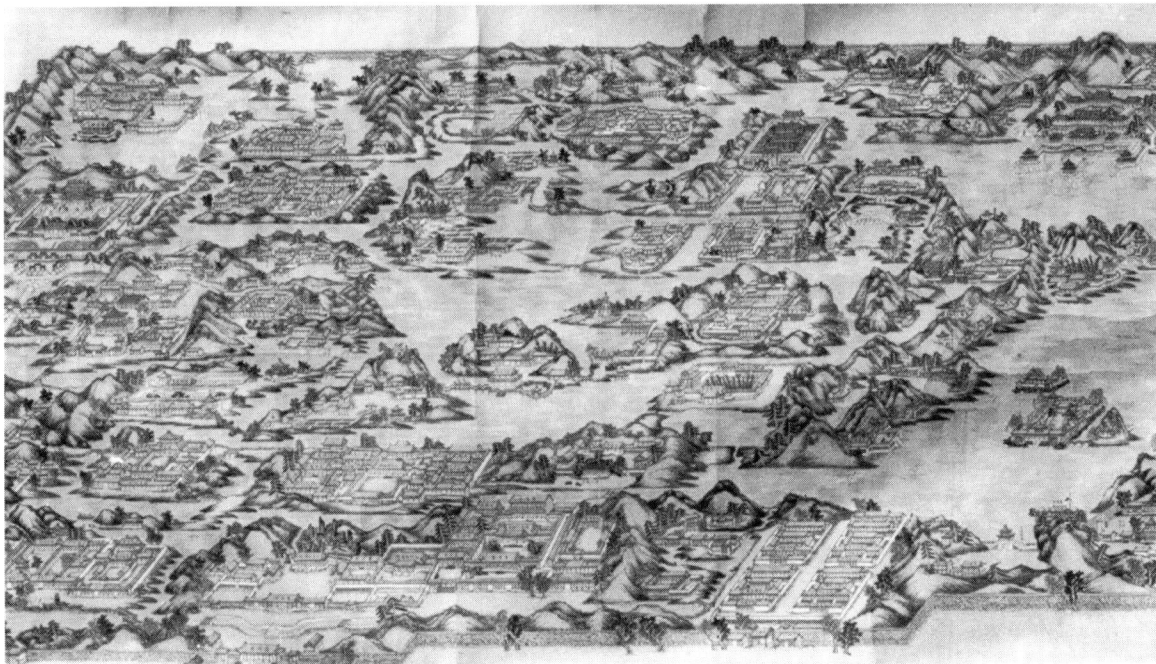

图 9-48　圆明园鸟瞰图(清佚名旧绘本)

世纪 30 年代梁思敬先生做过《圆明三园盛时之鸟瞰图》，表现出了三园的总体关系和宏伟气魄，但由于画幅限制(画面仅 2 米×1.5 米)，细节较略。20 世纪 70 年代，白日新为了制作《圆明三园鸟瞰复原图》，曾长期整理有关资料，进行考核研究，逐步认识三园毁前形象，先画有第一稿，画面为 300 厘米×80 厘米，远看整体效果较差。1979 年用了三个月时间绘制第二稿。"为了突破总体与分景布局在一张图内表现的困难，以画面线上不小于五百分之一的比例绘透视图，则画幅不小于 5 米。以此为基本要求作过多次草图，现选用的视距相当于 10000 米，视高为 3000 米。这是为了避免因前部与后部透视变形过大使后部更难绘制，基本采用中心透视，但局部视点略有调整。""表现技法上吸取了界面的一些特点，色彩以浅绛为基，杂以小青绿。""绘制时将宽 6 米高 1.5 米的画幅先统一起稿，用方格坐标网法求出地形与建筑，然分解成七块逐块绘制，最后合一皴点渲染着色。"这是在求出圆明、长春、绮春三园道咸时期总平面图和空间形象后，表现三园总体形象的巨幅鸟瞰图，既

表现了圆明三园的宏伟气魄，又再现了各个景区的地形地貌即山水，各个建筑组群以及树木花草的点缀，是难能可贵的、精确绘制的艺术巨幅作品。

三、圆明园的内容和布局

兴建圆明园的基本思想，在胤禛的《圆明园记》中已提得很明确，就是为了要"宁神受福少屏烦喧，而风土清佳，惟园居为胜。"对于好燕游的帝王来说，禁宫的建筑格局严整，法式一定，即使雕栋画梁，也易久居生厌；禁宫中虽也有内苑御园，例如清故宫的宁寿宫中，有养性门西的御花园，但局面很小，庭院局促，不能满足帝王燕游的欲望，于是离宫别苑的营建年繁。别苑中的建筑，不拘宜于格式，可以有曲廊回屋的变化，更重要的是可以"因高就深，傍山依水，相度地宜，构结亭榭"，取得自然之趣。在这样一个林泉花木，沟壑涧池的园林环境中，"地形爽垲"，风光明媚，气候优良，"土壤丰嘉，百汇易以繁昌，宅居于兹，安吉也"(以上引文均见胤禛《圆明园记》)。清朝帝王，自玄烨(康熙帝)以来，每到熙春

盛夏，就在离宫别苑居住，为能"避暑迎凉"，只在冬至大礼的前夕才返回禁宫，过了农历新正，郊视完毕后，就又再到别苑中居住。这就说明了为什么清朝的几个著名的宫苑，如畅春园、热河避暑山庄、圆明园、清漪园(后为颐和园)等，都有朝贺理政的宫殿和作为臣子视事的朝署值衙的建筑。圆明园初为皇子邸园，胤禛即位后，为了"御以听政"才扩建有临朝视政的正殿，"宵披章奏"、"召对咨询"接见臣子的殿(玄烨以来，美其名曰勤政殿)，还"分列朝署，俾侍直诸臣有视事之所。"

封建帝王为游息燕乐而营建的离宫别苑，必然是规模宏敞，内容丰富，风土清佳，景物多彩。圆明园自不例外，而且无论是山水、景物的创作上，园林的布局上，建筑的布置上，都有其突出的成就，独特的特色，是中国园林艺术上一个光辉的杰作。

圆明园位在北京西郊一个泉源丰富的地段，圆明园的创作能够巧妙地利用这一地区自然条件的特点，把自流泉水(包括引入万泉和玉泉两个水系)四引，用溪河方式形成自己的完整水系，同时就可运用溪河作为构图上分区的范围线。又把水汇注在低洼或原有陂淀，形成众多水面，大小水面和河道占全园面积的一半以上。大的水面称海，如福海宽达六百余米，中等水面如后湖，宽约二百米左右。其余众多小水面，宽度约四五十米至百米不等。回环萦流的溪河把这些大小水面串联为一个完整的河湖水系，在功能上提供了乘舟游览和水运的方便。在挖溪河湖池的同时，就高垒土叠石堆成岗阜(最高山峰不超过 20 米，通常高 10 米左右)，彼此连接，形成众多的山谷隈坞。在这些溪岗萦环的境域中，随形就势，构筑成组的园林建筑群，诚如胤禛《圆明园记》中所写："因高就深，傍山依水，相度地宜，构结亭榭"。就是在这样的形势中创作了一区又一区，一景复一景多样变化的宏伟园林，这正是圆明园布局上的特色。古人对于布局的基本原则之一，叫作"景从境出"，就是说景物的丰富和变化，都要从"境"产生，这里所谓

"境"，也就是布局的意思。明朝董其昌在《画旨》中论到布局时说："要以取势为主"；明赵左在《论画》中也提出"各以得势为主"；清朝方薰的《山静居画论》里不仅讲到布局须相势，更申论到"随势生机，随机应变"。总起来说，上引各家的说法都认为山水画的布局须先相势、取势，随着形势产生机趣，获得景物，随着景物的变化要有布局，如果景物的变化没有一定的布局时，那就杂乱无章，不成其为画了。园林创作上布局又未尝不是如此。圆明园的布局就是创作众多的曲水周绕、岗阜回抱的可以构景的形势，或者说境域。如果仅仅曲水回绕而且一望平坦，就难能有形势可言，正因为有岗阜回抱才得以或障或隔，就得以因高就深，傍山依水，创作出各种形势——境，然后不同的景就出之于不同的境了。

我们再来观察一下各个处所或称景区、景点的形势，并以环绕后湖和福海的景区、景点为例。它们或背山面水，例如上下天光、镂月开云、平湖秋月、君子轩、藏密楼等处；或左山右水，例如柳浪闻莺、涵虚朗鉴、雷峰夕照、接秀山房等处；或前有山障后临阔水，例如湖山在望、一碧千顷、南屏晚钟、别有洞天等；或在山岗环抱之中，宛若盆地一般，例如武陵春色，安佑宫和宫前牌楼区，廓然大公及其南小区等；或居隈溪之中，四面临水，好似水乡一般，例如曲院风荷、濂溪乐处；或正临水面，以水取胜，例如九孔桥、花神庙、澹泊宁静、汇芳书院、方壶胜境等处。上述是就其总的形势来说，当然每一景区、景点又各有其独特的形势，只要处处匠心灵运就能异境独辟。

园林的布局当然不是单纯的山水地貌创作，圆明园的布局不仅从山水地貌创作上着手，同时还从建筑布置上着眼，因为建筑才是圆明园的表现主题。它们与局部山水地貌和树木花草的布置相结合，从而创作出丰富多彩、性格各异的景点、景区和园中园。

圆明园的建筑类型是极为丰富的，建筑物个体的尺度与宫中、寺庙中同类型的建筑无论是柱高、开

间和进深要小一些。这也与全园的堆山叠石都不高大，水面也不宽有关。除了后湖(宽200米)、福海(宽600余米)外，一般都是小水面或仅一弯泓水；除九孔桥外，一般都是简朴的小桥、平桥。建筑物的个体形象，除少数殿堂外，大都能突破官式规范的束缚，甚至采取民居形式。"园中殿宇，除安佑宫、舍卫城与正大光明殿外，鲜用斗栱，屋顶形状，仅安佑宫大殿为四注庑殿顶，其余为歇山、硬山、挑山，咸作卷棚式，一反官殿建筑之积习，其平面布置，亦于均衡对称中力求变化，有工字、口字、田字、井字、卐字、偃月、曲尺诸形及三卷、四卷、五卷诸殿(附注：慎德思永为三卷殿，天地一家春为四卷加后抱厦)。……亭之平面，有四角、六角、八角、十字、流杯、方胜数种，以爬山、叠落各式游廊与殿宇委曲相通，为园中风景元素之一。桥梁则有圆拱、瓣拱、尖拱及木板桥多式，又或覆以廊屋，若古之阁道。其余内部装修与坊楔、船只，名目繁夥，不能殚举。要皆争妍斗奇，竭当时智力、物力所及，博一人之欢。目之者，誉为万园之园，贻书海外，津津乐道，殆非全无所本者也。"[20](刘文还附有殿堂亭平面和桥船立面共40式。)

圆明园中，建筑群体的组合上，除了少数为帝王后妃等居住寝所的建筑群，例如九州清晏，保合太和殿、十三所等格局严整，以及像茹古涵今，长春仙馆等建筑组合略有变化外，各个景区的建筑组合都是富有变化的。虽然都是平屋曲室，但在组合上或错前或错后，并依势而用爬山、叠落等游廊连接组成。不仅平屋的地图式有异，廊的样式也不同，或墙廊、或复廊、或敞廊、或直或曲或弯，各依势因景而定。总之，各个室屋的安排，看起来好象散断，实际是左呼右应，曲折有致，极尽变化之能事。所有这些有错落有曲折的变化，绝不是平面构图上单纯追求形式上的变化，而是为了构景而有的，各有其造景主题要求。令人惊奇的是圆明园中数十组建筑群的组合没有两组是雷同的。有着这样众多的各具其妙的园林建筑组合

样式，正是我们学习祖国园林建筑平面布置的优秀范例。

圆明园在园林艺术成就上，虽然以建筑组群为表现主题，但跟北京其他的宫苑是不同的。圆明园不像颐和园那样有着万寿山上佛香阁建筑群或北海琼华岛上白塔建筑群那样宏伟的建筑作为全园中心，并以此来表现帝王的至尊庄严。然而圆明园却以包罗丰富的景点、景区(圆明园约有一百多个景点、景区)，众多的精美建筑群，来表现帝王的尊荣富贵。从总平面图约略地一看，可以看出圆明园虽然有福海和后湖为水系的中心，但主要还是溪涧四引和岗阜隈坞的安排，在溪岗曲绕或回抱中，结合形势布置建筑组群，就形成一个景区，或以单幢的或成组的建筑，其作用在于点景或就此赏景，或兼而有之的称景点。这样的造景布局，很明显跟北宋山水宫苑即艮岳那样以艮岳为主体，岗连阜属，东西相望，前后相属，左山而右水，后溪而旁陇，连绵弥满，吞山怀谷，水流横于前，串以池沼，亭榭台阁，列于上下，创作自然山水诸景的表现形式是不同的。圆明园的每个景区、景点各有其不同的造景主题的表现，从平面图上看，都是以不同组合的建筑群为主体。除了少数例外，圆明园中大部分景区都是四面绕以溪河，也就是说每个景区就好比是隋炀帝时西苑中每个院都有水渠曲绕。但隋西苑，仅有十六院，每院建筑组合基本相同，而圆明园的景区众多，变化多样；隋西苑有北海，海中三神山，圆明园有福海，海中有蓬岛瑶台。大体说来，圆明园的表现形式跟隋西苑可说是属于同一类型的，即山水建筑宫苑。虽然隋西苑在建筑组合、规模、布局、精美上远不如圆明园的后来居上。

圆明园在园林艺术上的成就，主要是除创作山水地貌的形势，结合建筑组群以构景之外，树木花草的种植也自有其特色。就全园说，无论山岗上、山坡上，遍植林木芳草，葱郁翠密；或依山面湖，竹树蒙密；庭院中嘉树张荫，草卉丛秀；尤多花木，所谓"乐蕃植则有灌木丛花，怒生笑迎也"(弘历《圆明园

后记》)。总的说来，松竹树木葱郁，四季花木怒放，沼有蒲莲，池养锦鳞，鸟语禽鸣，宛若优美的大自然环境。园中之所以能"景物芳鲜，……花凝湛露，"还因为水源好，土壤条件优越，"地形爽垲"，从而"槛花堤树，不灌溉而滋荣；巢鸟池鱼，乐飞潜而自集。盖以其地形爽垲，土壤丰嘉，百汇易以蕃昌"（胤禛《圆明园记》）。

虽然圆明园各景点、景区的种植，不能一一详考，但从四十景图咏的诗序可以了解到园中有不少的景是以植物作为造景主题的：如镂月开云，以牡丹胜，"前植牡丹数百本"；天然图画以竹胜，"庭前修篁万竿"；碧桐书院因"庭左右修梧数本"而命名；"杏花春馆"环植文杏，花开如霞；武陵春色则"山桃万株"；濂溪乐处的命名因荷花"此处特盛"；曲院风荷，也因"荷花最多"而有是名。总之，采用了以群植某一观赏植物成景的传统手法，但又结合建筑组群构成景区。

帝王的宫苑，在内容上不只是为了"宁神受福""旷观游览"，必然要反映出封建统治阶级的意识形态，体现在布局上、建筑内容上和命名上。例如，环绕后湖的九岛，象征"禹贡九州"，寓意"普天之下莫非王土"，还有寓意四海升平的九州清晏、万方安和。有标榜帝王孝行的鸿慈永祜，有歌颂帝王德行的涵虚朗鉴、茹古涵今。宗教是封建统治的精神支柱，有取材于佛经的洛迦胜景和舍卫城（供奉佛像），有仿雍和宫后佛楼的日天琳宇；有取意于道家仙山琼阁的方壶胜境和象征东海三神山（一池三山格局）的蓬岛瑶台。有清朝最崇拜普设的关帝庙，祀花神的汇万众春之庙，此外有龙王庙、刘猛将军庙等。有表示崇文尊道，贮四库全书的文源阁；有表示崇农弄田的多稼如云和竹篱茅舍、田家风味的北远山村。此外，为了适应园居生活上的需要而有酬节听戏的同乐园，园西之南北长街为模仿民间市肆的买卖街，有锡宴校射陈火戏之地，在山高水长区中央的空旷地。

清朝离宫别苑中，圆明园是继承德避暑山庄后又一伟构，"规模之宏敞，丘壑之幽深，风土草木之清佳，高楼邃室之具备，亦可称观止。实天宝地灵之区，帝王豫游之地，无以逾此"（弘历《圆明园后记》）。

封建帝王虽好声色之娱，穷奢极侈以建宫苑，却常用漂亮的词句来掩饰其本意。耗费了巨大的财富来垒土掇山，凿泉引流注湖，创作了山水风景，还说是由于"取天然之趣"，所以能"省工役之烦"。其实是殿宇楼阁，曲廊亭榭，构结精美，却用"采椽枯柱素甓版扉，不斫不枅，不施丹艧，则法皇考（康熙帝）之节俭也"作为掩盖。当然不斫不枅，不施丹艧，外形上淳朴，确能跟自然环境协调，但绝不是什么节俭。同时，就是这些外观朴素的殿屋建筑，其室内装修、装饰和陈设往往精美华丽无以复加，特别是天地一家春。如此劳民伤财来营造宏伟的宫苑以宁神受福，还说什么"不求自安而期万方之宁谧，不图自逸而冀百族之恬熙"，真是睁开眼睛说瞎话（本段引文均见胤禛《圆明园记》）。

四、圆明园的规模和区划

圆明园是清朝全盛时期最著称的离宫别苑之一，在北京西北郊挂甲屯之北，占地三千多亩，从胤禛作皇子时开始建园，即位后扩建宫廷区，修葺亭台丘壑，规模基本具备。弘历即位后，续有新建、改建，到乾隆九年（1744年）告一段落，已经是三十五年时间了。从乾隆十年后，弘历致力营建长春图，大抵到乾隆二十四年（1759年）长春园西洋楼区、新建水法都已工竣。此后对圆明园续有添建，例如从二十五年（1760年）到二十七年（1762年）对紫碧山房续有添建和思永斋改修殿宇、游廊等；乾隆三十四年（1769年）添建花神庙；乾隆三十五年（1770年）还对天宇空明添建堂楼；乾隆四十年（1775年）文源阁建成；乾隆四十四年（1779年）法源楼建成，乾隆四十六年（1781年），蓬岛瑶台方亭并平台、游廊俱改建楼座；乾隆五十年（1785年）慎修思永后殿改建知过堂；乾隆五十三年

(1788年)添建雷神殿；直到乾隆六十年(1795年)六月，还修理圆明园内木库、金棺库、丧仪木器库(以上均摘自杨乃济辑《圆明园大事记》)。

圆明园园址为横L字形(匚)，"园内为门十八，南曰大宫门，曰左右门，曰东、西夹道门，曰东、西如意门，曰福园门(在东，进即洞天深处)，曰西南门(进即十三所)，曰水闸门，曰藻园门(西南角)。东曰东楼门，曰铁门(转而至东为长春园的苑墙)，曰明春门，曰随墙门，曰蕊珠宫门，西曰随墙门(或称西北门，西垣仅一门)。正北曰北楼门(或称大北门)。为闸三，西南为一空进水闸(在藻园门之东)，东北为五空出水闸(在明春门北)，为一空出水闸(在蕊珠宫门北)。水出苑墙经长春园出七孔闸，东入清河"(《日下旧闻考》卷八十，圆明园一)。

宏伟壮丽的圆明园，大体上可依水系构图分为五大区(图9-49)。第一区包括大宫门、分列朝房、各衙门直房以及朝贺听政的正大光明殿、勤政亲贤殿组合保合太和殿组，可称作宫廷区。第二区总称后湖区，包括环着后湖为中心的九岛(即九州清宴和逆时针方向为序的镂月开云、天然图画、碧桐书院、慈云普护、上下天光、杏花春馆、坦坦荡荡、茹古涵今)，包括九岛东面(自北而南为序)的曲院风荷、苏堤春晓、九孔桥、前垂天贶和洞天深处、如意馆；包括九岛西面(自北而南为序)的万方安和、山高水长、十三所、长春仙馆以及西南隅的园中园即藻园。第三区可称北园区，虽也有水系联络，但不像第二区那样有较大水面的后湖为中心而明显，就地位来说，大体还可分为东、中、西三部分，东部(自北而南为序)包括西峰秀色、舍卫城、坐石临流和同乐园；中部包括濂溪乐处、汇万总春之庙、武陵春色、柳浪闻莺、文源

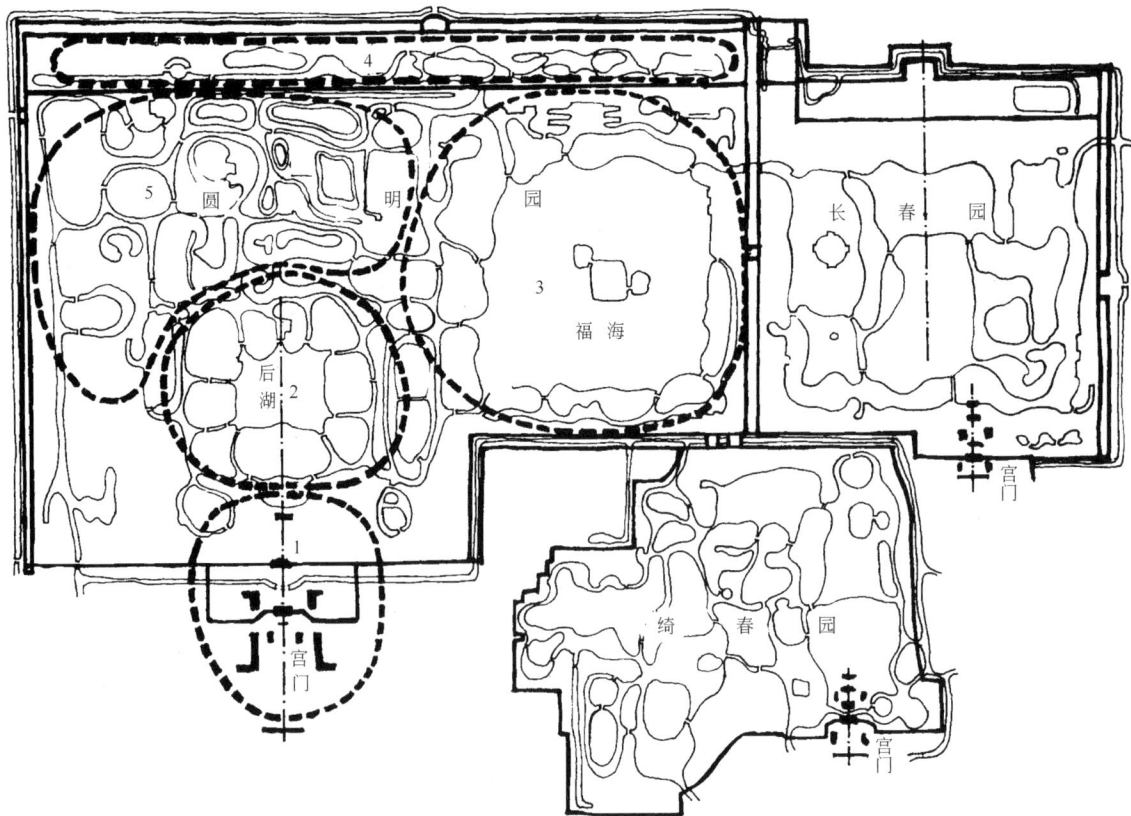

图 9-49　圆明园分区图

1. 大宫门—宫廷区；2. 九州景区；3. 福海景区；4. 北部景区；5. 西部景区(集锦式散点景区)

阁、水木明瑟、映水兰香和澹泊宁静；西部包括汇芳书院、鸿慈永祜、日天琳宇、瑞应宫、月地云居和法源楼。第四区可称福海区（或东园区），福海中心为蓬岛瑶台，环海南岸（自西而东为序）有湖山在望、一碧万顷、夹镜鸣琴、广育宫、南屏晚钟、西山入画、山容水态和东南隅园中园别有洞天；东岸（自南至北为序）有观鱼跃、接秀山房、涵虚朗鉴、雷峰夕照、福海东北隅的方壶胜境和蕊珠宫以及三潭印月；北岸（自东至西）有藏密楼、君子轩、水山乐、双峰插云、平湖秋月和安澜园；西岸（自北而南为序）有廓然大公、深柳读书堂、延真院、望瀛洲和澡身浴德。第五区为内宫垣北墙外的长条地区简称内垣外北条区，包括自东起有天宇空明、关帝庙、若帆之阁、北远山村、鱼跃鸢飞、多稼如云、顺木天，到西端的紫碧山房止。

从功能上说，第一区即宫廷区是专为受朝贺听政和理政而设置的。第二区即后湖除了帝王后妃王子居住的寝殿如九州清宴、慎德堂、长春仙馆、十三所等外，其他景区都是为了游憩燕乐的园林建筑组群。第三区即北园区的各组建筑群大都有特殊的用途，如安佑宫是供奉清圣祖、世宗等神位的祖庙，月地云居是包括有严坛、大悲坛、宴坐水月道场的庙宇，日天琳宇是截断红尘的化外之城，普贤源海是禅区，汇万总春之庙是供十二月花神的庙宇，文源阁是藏书之处，同乐园是市货娱乐的地方，舍卫城是为了供各地进献的佛像而筑，其他为园林建筑。第四区即福海区，福海中心的蓬岛瑶台是神仙传说，一池三山的格局，环绕福海诸景点，景区大都是仿江南名胜或名园之意来建造的，全都是赏心游乐的建筑组区。第五区，有一部分是封建帝王为了调换口味，在宫苑里建成农村样式的北远山村，显示帝王重农有稻田等多稼如云。

第一区 圆明园正南大官门前的"辇道东西皆有湖，是为前湖（后改建）"。"乾隆二十七年（1762年）九月至二十八年七月，圆明园官门前开挖水泡、河

道，挪改石道"（《圆明园大事记》）。弘历有前湖诗云："御园之前本无湖，而今疏浚胡称乎？石衢之右地下湿，迩年遭潦水占诸。衢左亦不大高衍，往来车马愁泥涂。因卑为泽事惟半，取右益左功倍俱。……役成春水有所受，路东泞去诚坦途。"官门前有宽阔的广场，其南建有影壁。大官门五楹，卷棚歇山顶，门前有巨大的镏金铜麒麟一对，原为石，"乾隆六年（1741年）七月，传旨将圆明园宫门前石麒麟一对移至安佑宫，新做铜麒麟一对安设圆明园宫门。""门前左右朝房各五楹，其后（转角曲尺形朝房）东为宗人府、内阁、吏部、礼部、兵部、都察院、理藩院、翰林院、詹事府、国子监、銮仪卫、东四旗各衙门直房。……西为户部、刑部、工部、钦天监、内务府、光禄寺、通政司、大理寺、鸿胪寺、太常寺、太仆寺、御书处、上驷院、武备院、西四旗各衙门直房。……"（《日下旧闻考》卷八十）。这里成为清朝宫廷的缩影，理政统治、发号施令的枢纽。"大官门内为出入贤良门（是为二宫门）五楹，门左右为直房，前跨石桥，度桥东西朝房各五楹，西南为茶膳房，再西为缮书房，东南为清茶房，为军机处。"又按语："东西设两罩门，各衙门奏事由东罩门递进。……门前河形如月，中驾石桥三，其水自西来，东注如意门闸口，会东园各河而出。"

"出入贤良门内为正大光明殿（四十景之一）七楹（单檐歇山卷棚顶），东西配殿各五楹，后为寿山殿，东为洞明堂"（《日下旧闻考》）（图9-50）。弘历《正大光明殿诗》有序云："出入贤良门内为正衙，不雕不绘，得松轩茅殿意。屋后峭石壁立，玉笋嶙峋，前庭虚敞，……"。"正大光明殿东为勤政亲贤正殿（四十景之一）五楹。勤政亲贤之东为飞云轩，东有阁为静鉴，其北（第二进）为怀清芬，又北为秀木佳荫，转后为生秋庭（共四重院落）。静鉴阁东为芳碧丛（第一进），后为保合太和，正殿三楹，后为富春楼，楼东为竹林清响"（《日下旧闻考》卷八十）。芳碧丛、保合太和以东为如意所、十八间库。

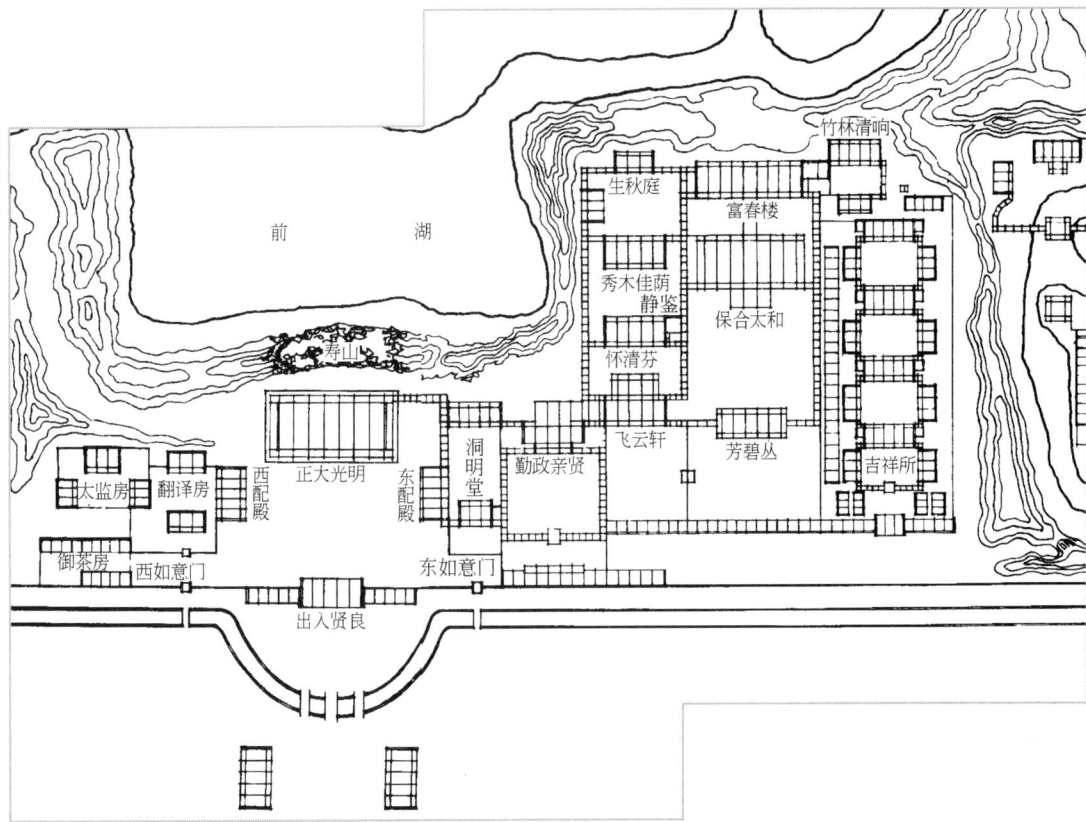

图 9-50　正大光明殿、勤政亲贤平面图

第二区中部绕后湖的九岛　"正大光明殿后有湖,亦称前湖(近长方形,但非大宫门前的前湖)。湖正北为九州清宴景区(图9-51)的圆明园殿五楹,后为奉三无私殿七楹,又后为九州清宴殿七楹。"从大宫门、二宫门、正大光明殿、圆明园殿、奉三无私殿、九州清宴殿,位于圆明园中惟一的一条南北中轴线上。三重大殿的东西建筑群是后妃们的住所。"东为天地一家春,西为乐安和,又西为清晖阁,阁前为露香斋,左为茹古堂,为松云楼,右为涵德书屋。"这个居住建筑组群总称九州清宴景区(四十景之一)。在"清晖阁北壁悬圆明园全图"(传旨着画和画得贴讫年月见前文考证)。

九州清宴区之东为镂月开云(四十景之一)(图9-52)。《日下旧闻考》卷八十载:"在富春楼之后,即纪恩堂,北为御兰芬。"镂月开云原名牡丹台,胤禛时景题多以三字命名,乾隆九年(1744年)易今名。前植牡丹数百本。后列古松青青,环以杂卉名葩,胤

禛曾奉玄烨携皇子弘历,祖孙三人在此赏牡丹,所以弘历《镂月开云诗》有"犹忆垂髫日,承恩此最初"之句。弘历在《赋得御兰芬诗》序中又云,"镂月开云……,即旧所谓牡丹台也。其后斋堂名之曰御兰芬。盖一轩一室,向背不同,景概顿异,而兴趣因之亦殊。故园内每有一区宅而名十数者,率是道也。"

镂月开云北的岛即天然图画景区(图9-53),"有池一区,池西北方楼为天然图画(四十景之一)。楼北为朗吟阁,又北为竹㙨楼。东为五福堂五楹。堂后迤北殿五楹,为竹深荷净。其东南为静知春事佳,又东(有桥)渡河为苏堤春晓"(《日下旧闻考》卷八十)。天然图画旧称竹子院,弘历在《天然图画诗》有序云:"庭前修篁万竿,与双桐相映,风枝露梢,绿满襟袖。西为高楼,折而南,翼以重榭,远近胜概历历奔赴,殆非荆关笔墨能到。"因此命名天然图画。至于苏堤春晓景点,于乾隆五年(1740年)建成(见《圆明园大事记》"乾隆五年六日,传旨做御笔苏堤

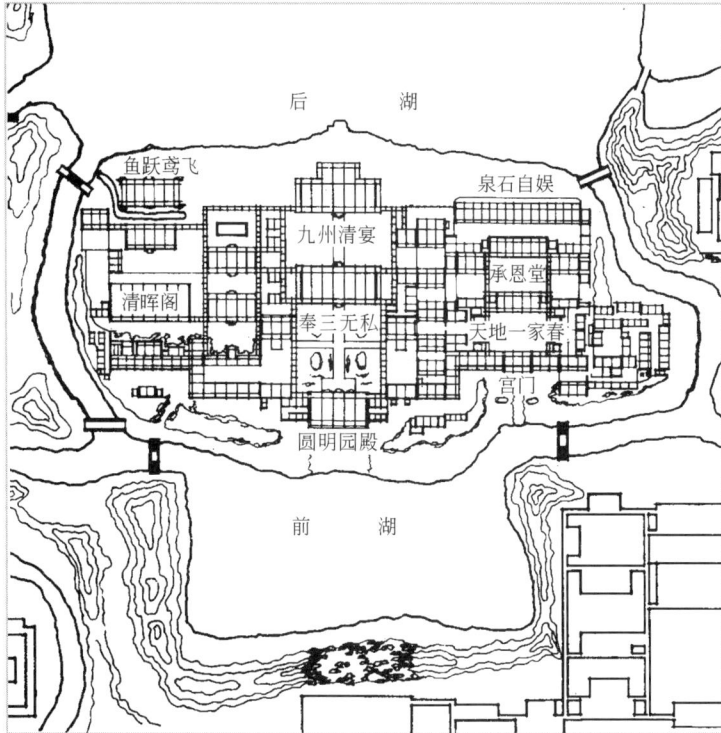

图 9-51 九州清宴平面图

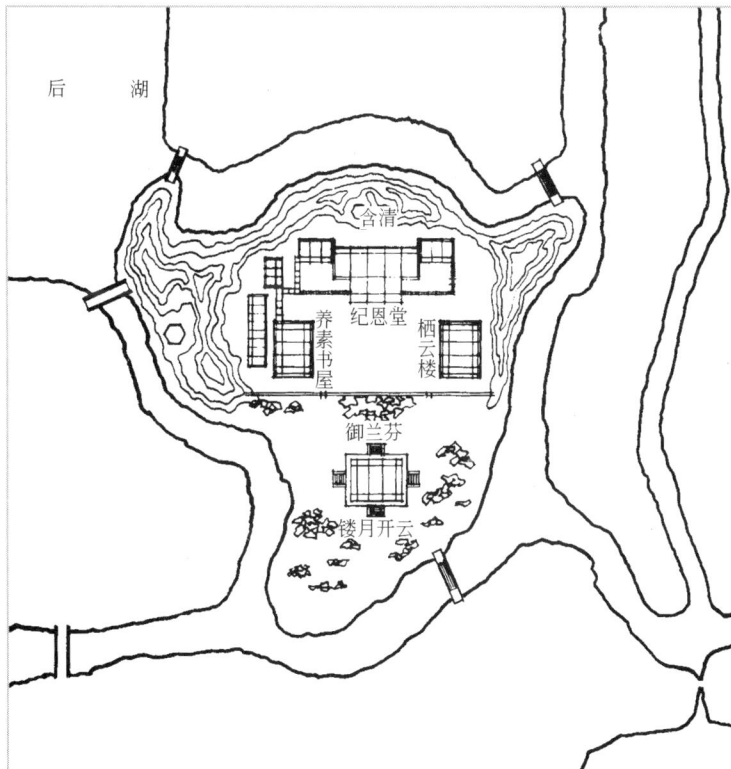

图 9-52 镂月开云平面图

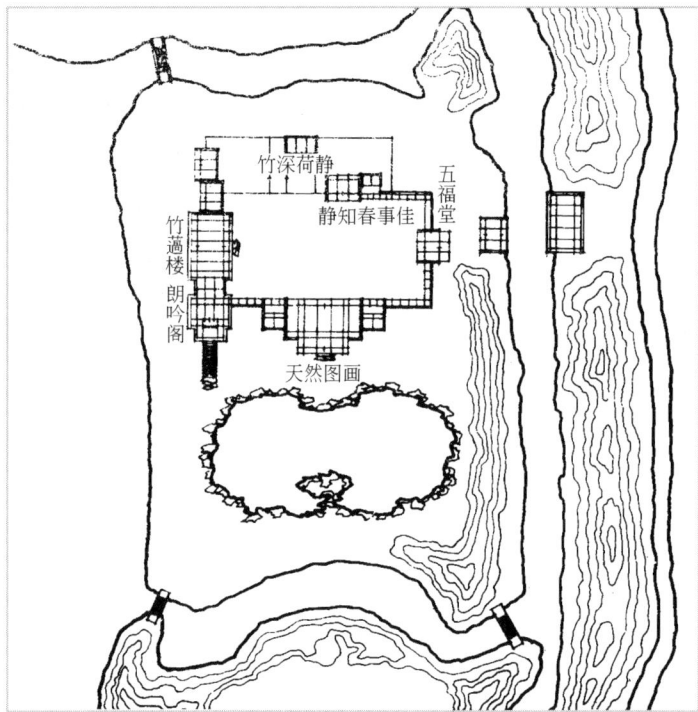

图 9-53　天然图画平面图

春晓匾额，于四年七月二十日做成挂讫"。

"由五福堂渡河而北，山阜旋绕，内为碧桐书院（四十景之一）（图 9-54），前宇三楹，正殿五楹，后照殿五楹。其西岩石上为云岑亭。"这组建筑群旧称梧桐院，既有山阜旋绕，外又环以带水，中建书院，弘历诗有序云："庭左右修梧数本，绿荫张盖，如置身清凉国土。"

"碧桐书院之西为慈云普护"（图 9-55），岛形西部凹入面水，北、东绕以山阜，"前殿南临后湖三楹，为欢喜佛场。其北楼宇三楹，有慈云普护额，上奉观音大士，下祀关圣帝君，东偏为龙王殿，祀圆明昭福龙王。"（《日下旧闻考》卷八十）慈云普护，四十景之一，既供欢喜佛又供观世音，既祀关帝又祀龙王，佛神并举，弘历《慈云普护词》序云："一径界重湖间，藤花垂架，鼠姑当风。有楼三层（西北角），刻漏钟表在焉（称钟楼）。殿

供观音大士，其旁为道士庐，宛然天台。石桥幽致，渡桥即为上下天光。"

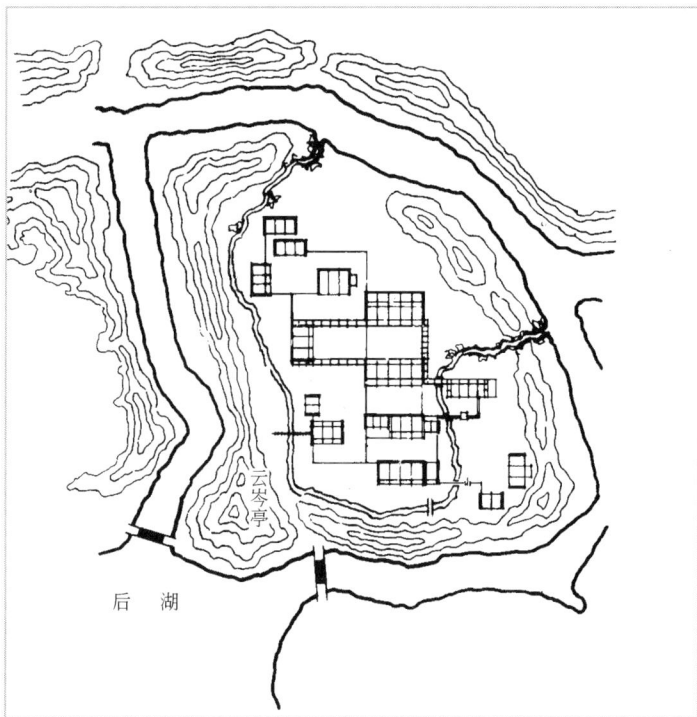

图 9-54　碧桐书院平面图

《日下旧闻考》卷八十载："慈云普护之西临湖有楼，上下各三楹，为上下天光（四十景之一）（图9-56），左右各有六方亭（岛上东、北、西绕以山阜），后为平安院。"按语云："右六方亭额曰饮和，……左六方亭额曰奇赏"。弘历《上下天光诗》序："垂虹架湖，蜿蜒百尺，修栏夹翼，中为广亭（即指左右有桥架湖，中为六方亭）。縠纹倒影，混漾楣槛间。凌空俯瞰，一碧万顷，不啻胸吞云梦。上下天水一色，水天上下相连。"描写未免有夸张之处，但其意取法于云梦之泽也。

"上下天光之西折而南，度桥为杏花春馆（四十景之一）（图9-57），西北为春雨轩。轩西为杏花村。村南为涧壑余清，春雨轩后东为镜水斋，西北室为抑斋，又西为翠微堂"（《日下旧闻考》卷八十一）。弘历《杏花春馆诗》有序描写了此处景物："由山亭逦迤而入，矮屋疏篱，东西参错，环植文杏，春深花发，烂

然如霞。前辟小圃，杂莳蔬蓏，识野田村落景象。"

"杏花春馆之西，度碧澜桥为坦坦荡荡（四十景之一）（图9-58），三楹。前宇为素心堂，后宇为光风霁月。堂东北（廊接）为知鱼亭，又东北为萃景斋，西北（曲尺廊接）为双佳斋"（《日下旧闻考》卷八十一）。这里是全园惟一整形水池，为养鱼观赏之故，旧称金鱼池。弘历《坦坦荡荡诗》有序云："凿池为鱼乐国，池周舍下，锦鳞数千头，喁唼拨剌于荇风藻雨间。回环泳游，悠然自得。"诗句有"凿池观鱼乐，坦坦复荡荡。泳游同一适，奚必江湖想?"

"坦坦荡荡之南为茹古涵今（四十景之一）（图9-59），五楹南向。其后方殿为韶景轩，四面各五楹。韶景轩前东为茂育斋，西为竹香斋，又北为静通斋"（《日下旧闻考》卷八十一）。这是一组"缭以曲垣，缀以周廊，邃馆明窗"，总平面成方形的建筑群。弘历《茹古涵今诗》序还有："嘉树丛卉，生香蓊葧"之句。

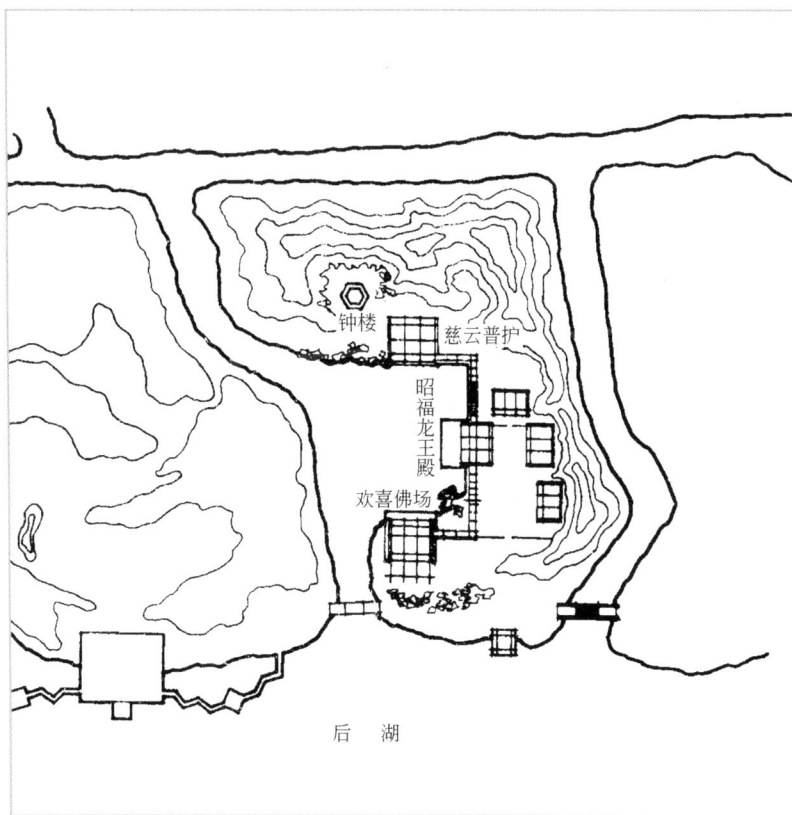

图 9-55　慈云普护平面图

图 9-56　上下天光平面图

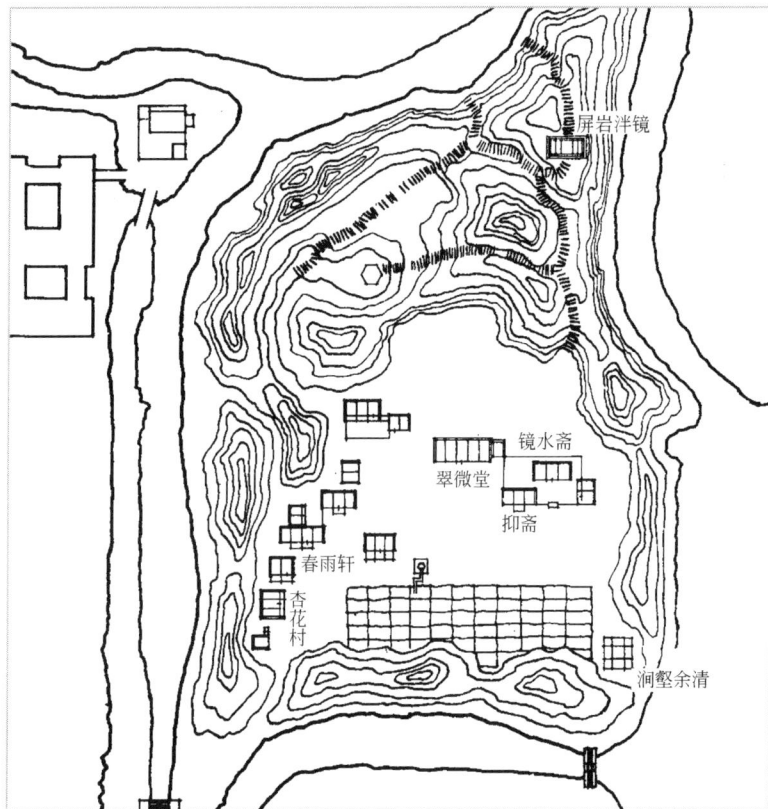

图 9-57　杏花春馆平面图

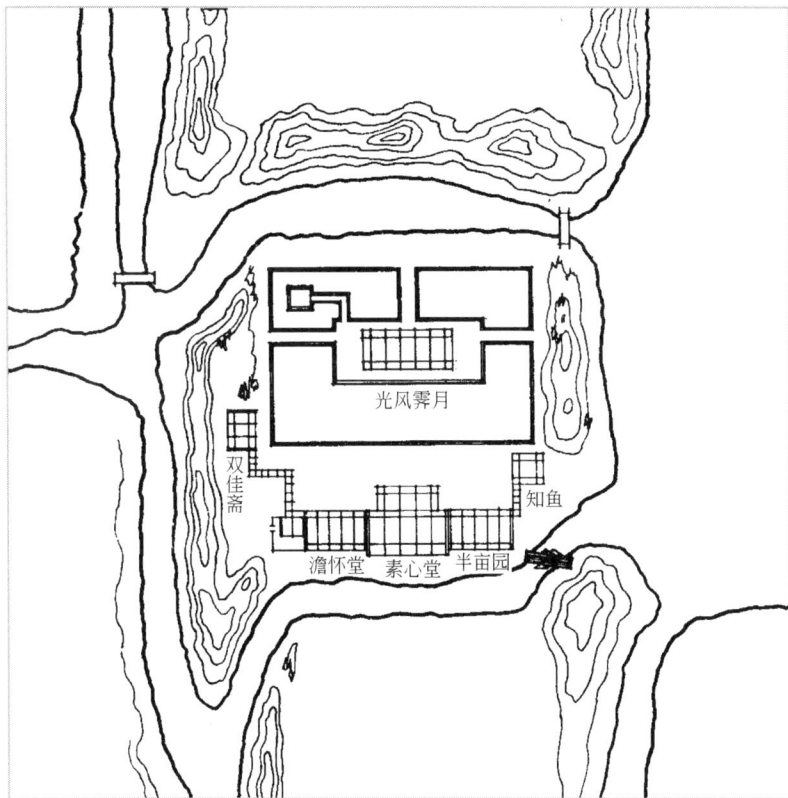

图 9-58　坦坦荡荡平面图

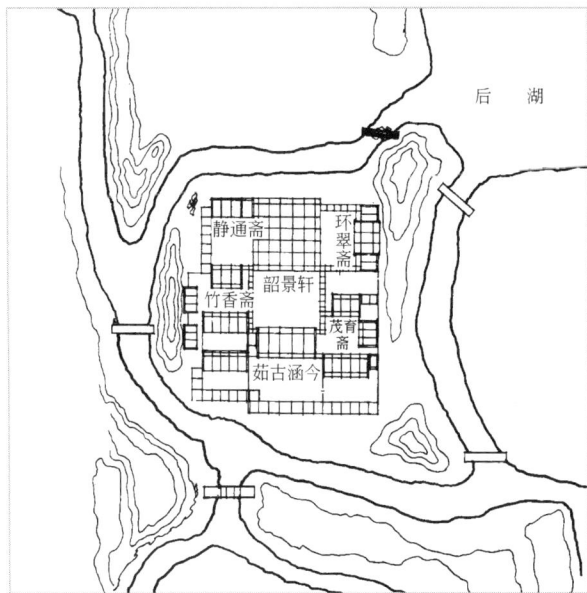

图 9-59　茹古涵今平面图

以上是环绕后湖的九个洲岛景区概况。

第二区东部　"曲院风荷（四十景之一）（图 9-60），五楹南向。其西（曲廊相接）佛楼为洛伽胜境"（《日下旧闻考》卷八十二）。弘历《曲院风荷诗》序

云："西湖曲院为宋时酒务地，荷花最多，是有曲院风荷之名。兹处红衣印波，长虹摇影，风景相似，故以其名名之。"弘历自乾隆十六年（1751 年）后，曾六次南巡，南巡中凡是他所中意的江南园林或风景，就命随行的画师摹绘成图，作为宫苑建置时参考。这一处是因风景相似而袭西湖一景之名，有时直接以江南某园为蓝本，"略师其意"，就其天然之势"而建置园中，成为园中之园，不仅圆明园中有，长春园中有，避暑山庄和清漪园中莫不如此"。

曲院风荷之南，有长湖，"跨池东西，桥九空（称九孔桥），坊楔二，西为金鳌，东为玉蝀。金鳌西南河外室为四围佳丽，玉蝀东有亭为饮练长虹，又东南度桥，折而北，设城关，为宁和镇。其东南为东楼门"（《日下旧闻考》卷八十二）。长湖西有长近一里的土堤，略仿西湖苏堤之意，称苏堤春晓（前文天然图画景区时已提及此景点之名）。湖南端为南船坞。

船坞南偏东有如意馆。"洞天深处（四十景之

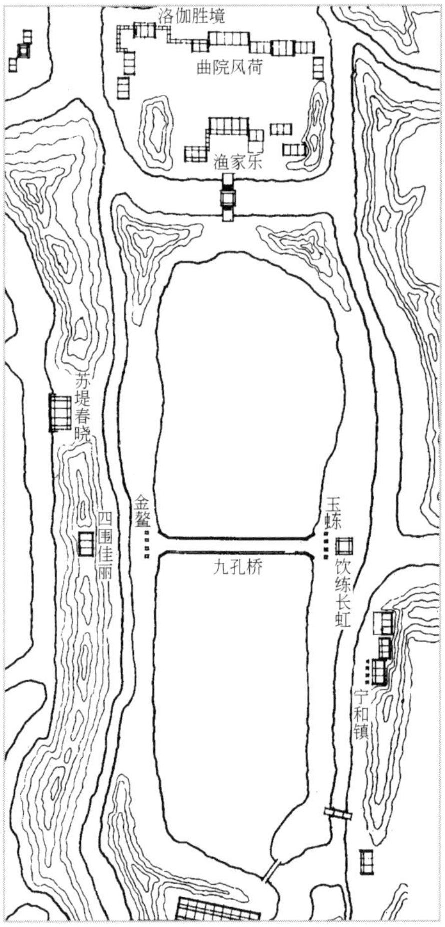

图 9-60　曲院风荷平面图

一)在如意馆西稍南(图 9-61)。前宇乃诸皇子所居，为四所。东西二街，南北一街。前为福园门。四所之西为诸皇子肆业之所。”这里有河回绕成前宽后狭二小岛。“前(宇)为前垂天贶，中为中天景物，东宇为斯文在兹。后(小岛上)为后天不老”(《日下旧闻考》卷八十二)。弘历《洞天深处诗》序云：“缘溪而东，径曲折如蚁盘。短椽狭室，于奥为宜。杂植卉木，纷红骇绿，幽岩石厂，别有天地非人间。少南即前垂天贶，皇考(胤禛)御题，予兄弟旧时读书舍也。……”

第二区西部　“万方安和(图 9-62)在杏花春馆西北，建宇池中，形如卍字”(《日下旧闻考》卷八十一)。池长方形，构卍字宇于池东北角，旧称万字房。弘历于乾隆九年(1744 年)《万方安和诗》序仅云：“遥望彼岸，奇花缬若绮绣。每高秋月夜，沆瀣澄空，圆灵在镜，此百尺地宁非佛胸涌出宝光耶!”而二十九年(1764 年)御制《万方安和九咏》之序云：“圆明园西首，于湖上筑室作卍字形，万方安和其总名也。为四十景之一。回廊面面各标胜概，曲折向背辄复不同，就四言标榜者得景凡九。皆皇考御笔也。其二三言者尚不在此数，夫室一区耳，而为景不可胜计，岂诚点缀之擅天巧哉!”万方安和的长湖之西为西船坞。

“万方安和西南为山高水长楼(图 9-63)，西向九楹，后拥连冈；前带河流，中央地势平衍，凡数顷”(《日下旧闻考》卷八十一)。山高水长为四十景之一，按语云：“其地为外藩朝正锡宴及平时侍卫校射之所，每岁灯节则陈火戏于此。”

“茹古涵今(环后湖的九州之一，在西南隅)之南为长春仙馆(图 9-64)，门三楹，正殿九楹。后殿为绿荫轩，正殿西廊后为丽景轩。”“长春仙馆为皇上(弘历)旧时赐居，四十景之一”。弘历《长春仙馆诗》有序云：“循寿山口西入，屋宇深邃，重廊曲槛，逶迤相接。庭径有梧有石，堪供小憩，予旧时赐居也。今略加修饰，遇佳辰令节，迎奉皇太后为膳寝之所，盖以长春志祝云。”“长春仙馆之西(为相连另一组建筑)为含碧堂，五楹。堂后为林虚桂静，左为古香斋，其东楹有阁为抑斋。林虚桂静东稍南为墨池云，后有殿为随安室。”

圆明园西南隅为藻园(图 9-65)，有池榭堂轩，自成园中之园。主要建筑，“内为旷然堂，五楹。堂后为贮清书屋。旷然堂东池上为夕佳书屋，稍北为镜澜榭，东南楼为凝眺，为怀新馆，西北为湛碧轩，西南为湛清华”(《日下旧闻考》卷八十一)。

第三区西部　“山高水长之北，度桥由山口入，梵刹一区为月地云居(四十景之一)(图 9-66)，殿五楹，前殿方式，四面各五楹，后楼上下各七楹。月地云居之东为法源楼(乾隆四十四年即 1779 年建成)，又东为静室，西度桥，折而北为刘猛将军庙”(《日下旧闻考》卷八十一)。

“月地云居之后，循山径入，为鸿慈永祜(四十景

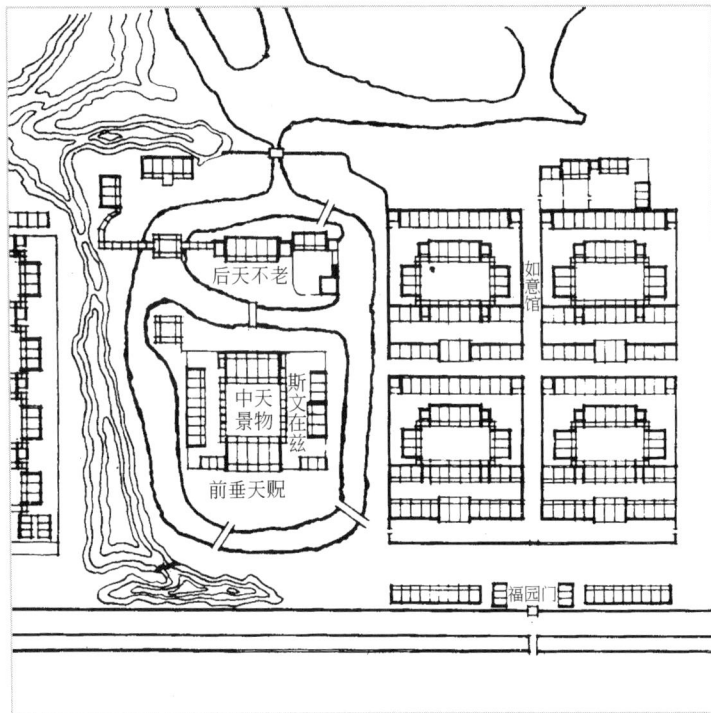

图 9-61 洞天深处平面图

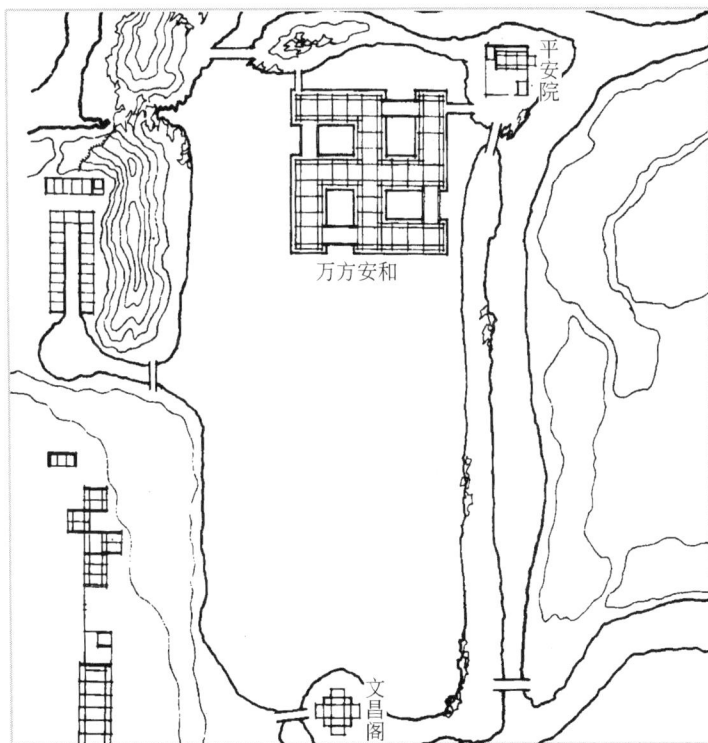

图 9-62 万方安和平面图

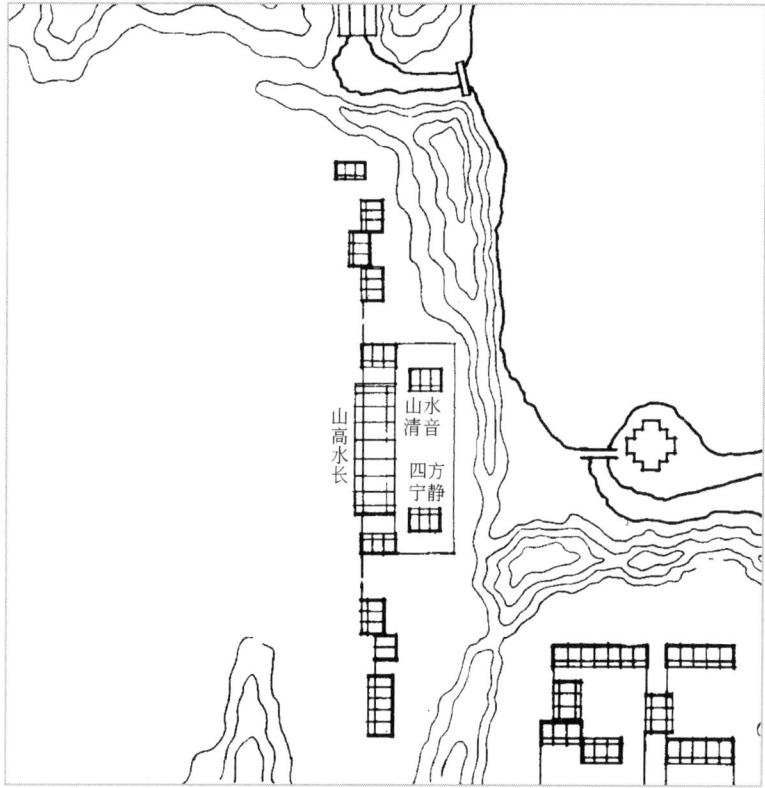

图 9-63 山高水长平面图

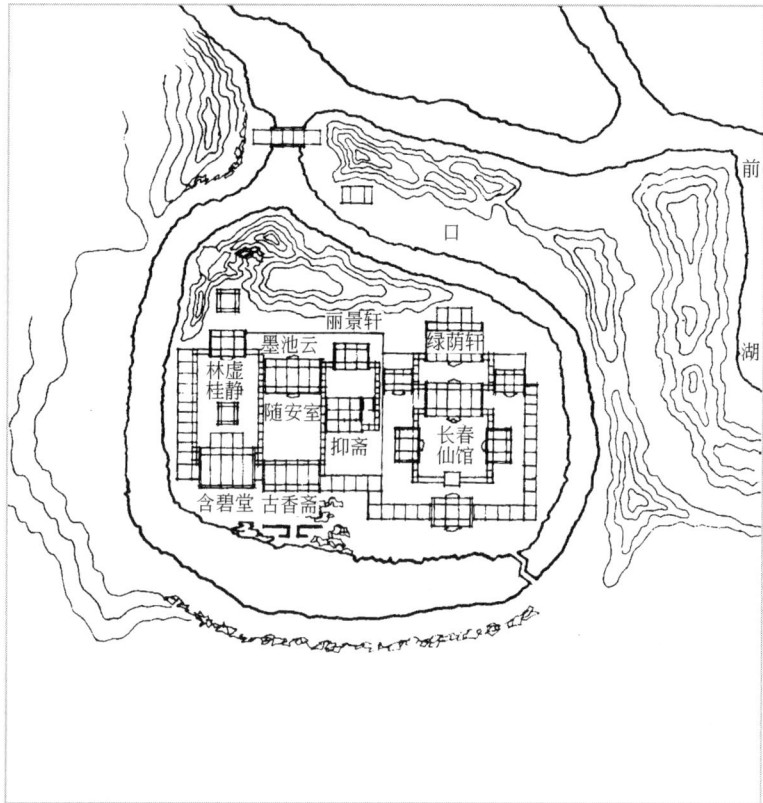

图 9-64 长春仙馆平面图

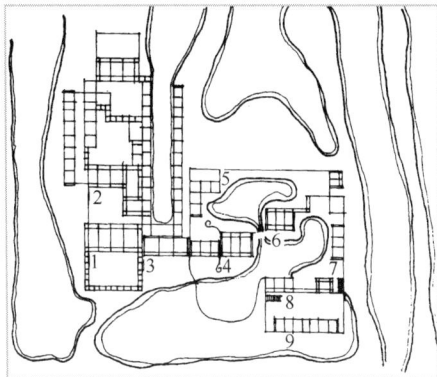

图 9-65　藻园平面图

1. 旷然堂；2. 贮清书屋；3. 精藻楼；

4. 湛清华；5. 湛碧轩；6. 镜澜榭；

7. 夕佳书屋；8. 凝眺楼；9. 怀新馆

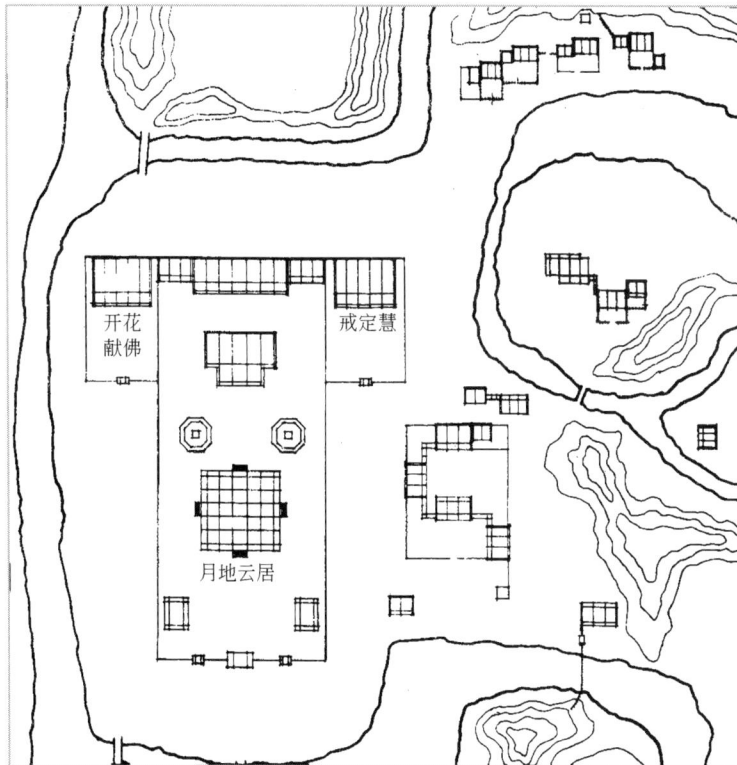

图 9-66　月地云居平面图

之一)(图 9-67)，安佑宫前琉璃坊座南面额也。左右石华表各一，坊南及东西复有三坊环列，其南为月河桥。又东南为致孚殿，三楹西向。宫门五楹南向为安佑门，门前白玉石桥三座，左右井亭各一，朝房各五楹。门内重檐正殿九楹，为安佑宫。殿内中龛敬奉圣祖仁皇帝(玄烨)圣容，左龛敬奉世宗宪皇帝(胤禛)圣容。左右配殿各五楹，碑亭各一，燎亭各一"(《日下旧闻考》卷八十一)。按语："安佑宫建自乾隆七年(1742 年)，皇上(弘历)恭仿寿皇殿之制，敬奉圣祖、世宗圣容，岁时朔望瞻礼于兹。"

"鸿慈永祜东垣外径连冈三重，度桥而东，则汇芳书院也(图 9-68)(四十景之一)。内宇为抒藻轩，后为涵远斋，斋前南垣内为翠照楼，东垣内为俯云楼，又东为眉月轩(月牙形)。俯云楼西为随安室，(翠照楼)，又东敞宇三楹为问津，逾溪桥数武有石坊，为断桥残雪"(《日下旧闻考》卷八十一)。弘历《汇芳书院诗》有序云："阶除闲敞，草卉丛秀，东偏学月

牙形，构小斋数椽，旁列虚亭，奇石负土争出，穴洞嵍砑，翠蔓蒙络，可攀扪而上问津石室，何必灵鹫峰前?"

"汇芳书院之南为日天琳宇(图 9-69)，西前楼下之正宇也。其制有中前楼、中后楼，上下各七楹，有西前楼、西后楼，上下各七楹。前后楼间穿堂各三楹，中前楼南有天桥，与楼相属。天桥东南重檐八方者为灯亭，西前楼南为东转角楼，又西稍南为西转角楼，中前楼之东垣内八方亭为楞严坛。又东别院为瑞应宫，前为仁应殿，中为和感殿，后为晏安殿"(《日下旧闻考》卷八十一)。按语："日天琳宇，四十景之一，……其规制皆仿雍和宫后佛楼式，中前楼上奉关帝，……西前楼上奉玉皇大帝，……此外凡楼宇上下皆供佛像及诸神位。瑞应宫诸殿皆祀龙神。"

第三区中部　"万方安和后度桥折而东，稍北，石洞之南为武陵春色(图 9-70)。池北轩为壶中日月长，东为天然佳妙，(有廊连)其南厦为洞天日月多佳

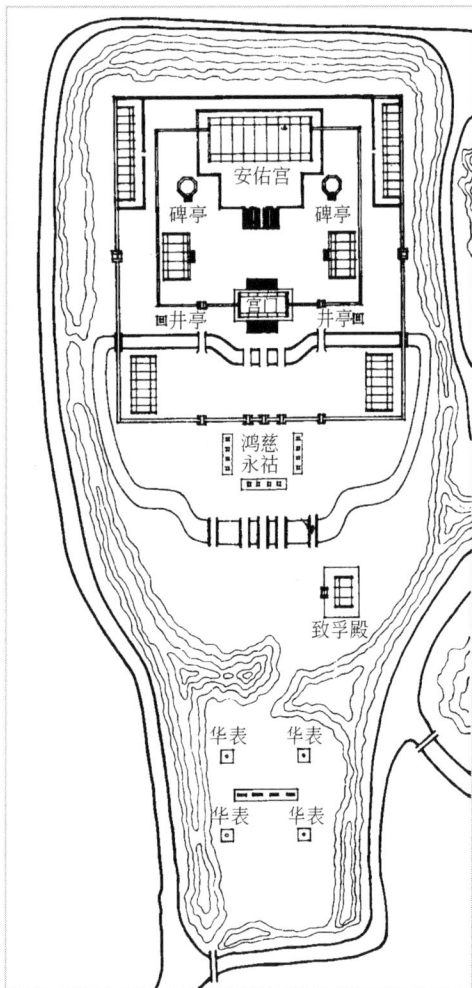

图 9-67　鸿慈永祜平面图

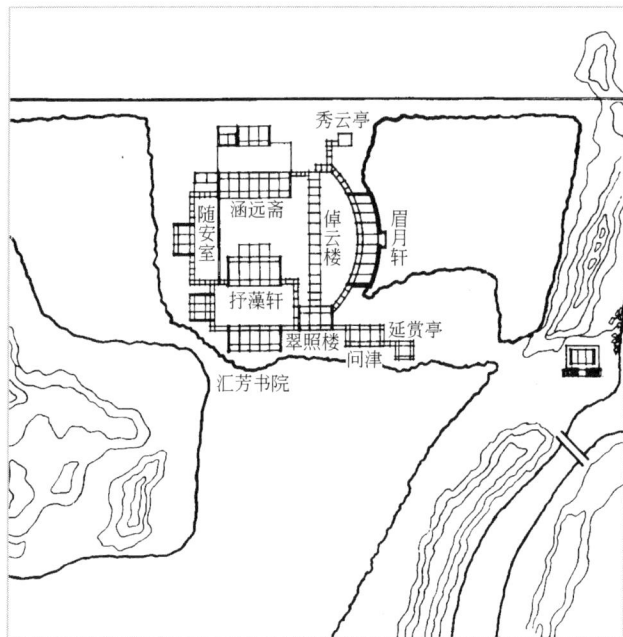

图 9-68　汇芳书院平面图

景(这是一组建筑)。武陵春色之西为全璧堂(另一组建筑物),东南亭为小隐栖迟。(全璧)堂后由山口入(抵武陵春色景区的西北隅一组建筑群),东为清秀亭,西为清会亭,北为桃花坞。坞之西室为清水濯缨,又西稍北为桃源深处。坞东为绾春轩,轩东南为品诗堂"(《日下旧闻考》卷八十一)。按语云:"武陵春色,……四十景之一也。旧总名桃花坞,雍正四年(1726 年)皇上(指弘历)读书于此,颜曰乐善堂,旋移居长春仙馆。武陵春色石洞内额曰壶中天"。弘历《武陵春色诗》有序,出色地描写了这一区的景物:"循溪流而北,复谷怀抱。山桃万株,参错林麓间。落英缤纷,浮出水面,或朝曦夕阳,光炫绮树,酣雪烘霞,莫可名状。"

水木明瑟西北,"环池带河,为濂溪乐处(四十景之一)(图 9-71),正殿九楹。后为云香清胜。东垣为芰荷深处,折而东北为香雪廊,其东(应是濂溪乐处西)有楼,为云霞舒卷。楼北,亭为临泉(有廊与云香清胜相属)"(《日下旧闻考》卷八十二)。据弘历《濂溪乐处诗》序云:"苑中菡萏甚多,此处特盛。小殿数楹,流水周环于其下。每月凉暑夕,风爽秋初,净绿纷红,动香不已。想西湖十里野水苍茫,无此端严清丽也。""濂溪乐处之南为汇万总春之庙(以祀花神),正殿为蕃育群芳,五楹。殿东北楼为香远益清,楼西为乐天和,为味真书屋。又西为池水共心月同明,庙东沿山径出为普济桥"(《日下旧闻考》卷八十二)。

武陵春色迤东偏南,"稻田弥望,河水周环,中

图 9-69　日天琳宇平面图

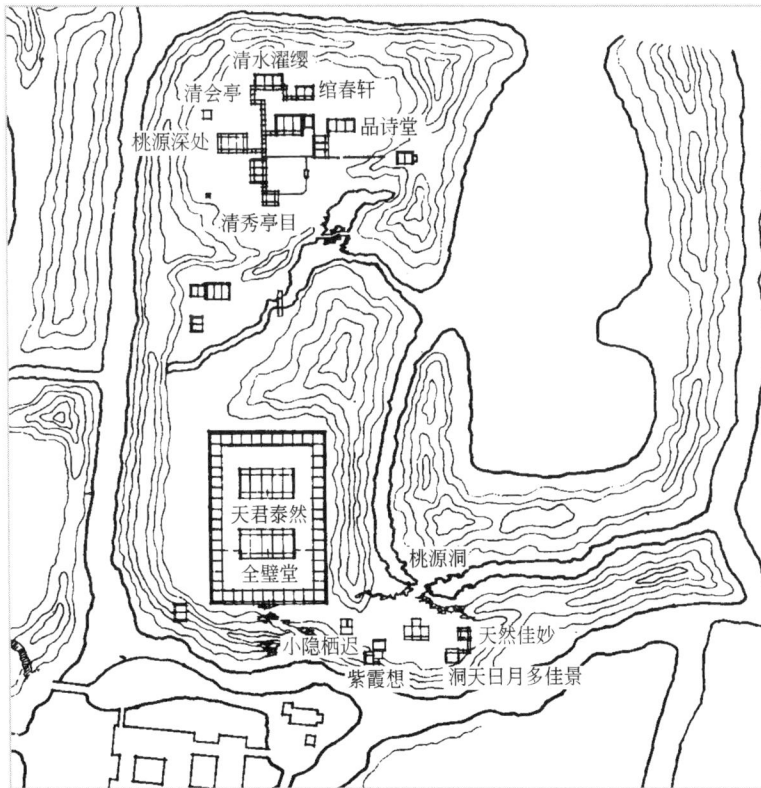

图 9-70　武陵春色平面图

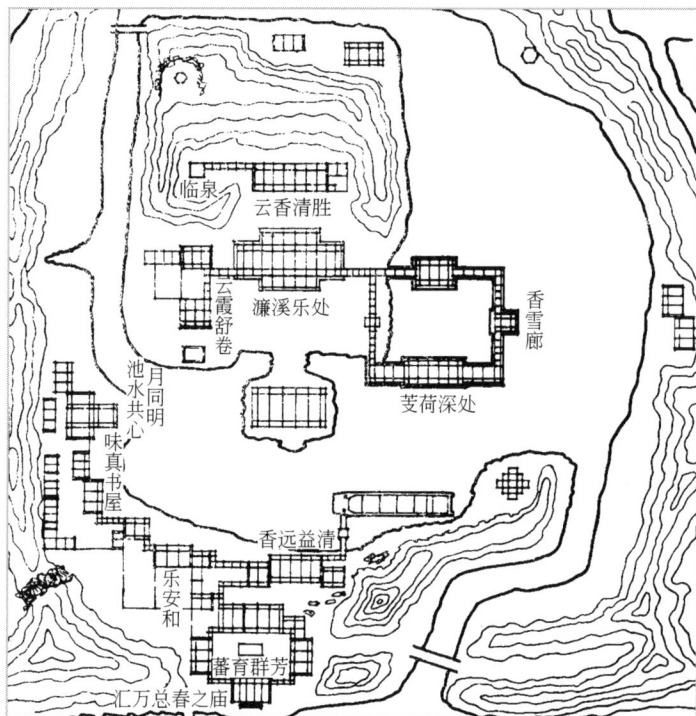

图 9-71 濂溪乐处平面图

临泉

云香清胜

云霞舒卷

濂溪乐处

香雪廊

芰荷深处

月同明

池水共心

味真书屋

香远益清

乐安和

蕃育群芳

汇万总春之庙

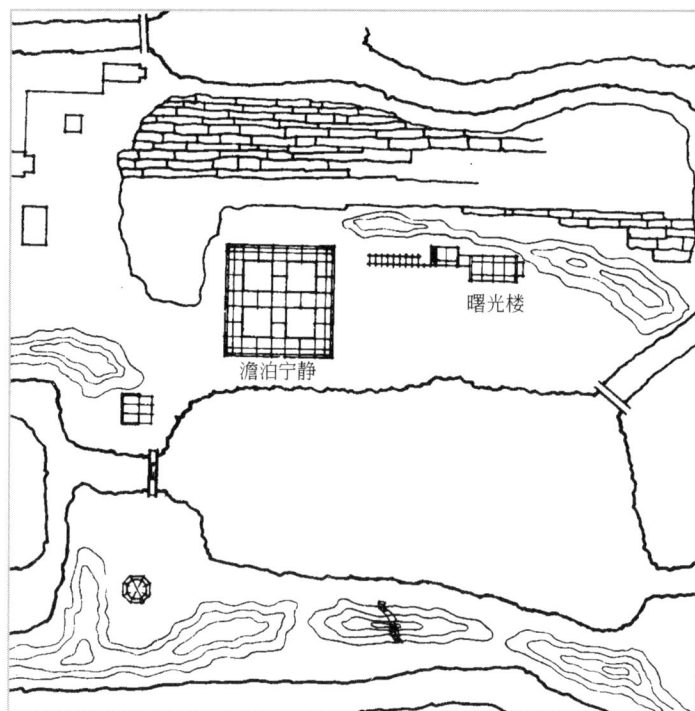

图 9-72 澹泊宁静平面图

澹泊宁静

曙光楼

有田字式殿，凡四门，其东、北面皆有楼，北楼正宇为澹泊宁静（四十景之一）（图9-72），东为曙光楼。殿之东门外为翠扶楼，西门外别垣内宇为多稼轩（非四十景之多稼如云，乃属澹泊宁静景区的小园，弘历曾有多稼轩十景诗），南向、七楹。其东临稻畦者前为观稼轩，后为怡情悦目，为稻香亭，又东稍北为溪山不尽，为兰溪隐玉。多稼轩西池南为水精域，西偏，为静香屋，为招鹤磴，池后东北为寸碧，西北为引胜，正北为互妙楼"（《日下旧闻考》卷八十一）。弘历的多稼轩十景诗有序云："……朴室数楹，面势序豁，东牖临水田，座席间与农父老较晴量雨，颜曰多稼（景一）。……出多稼轩，假山嶙峋巉峭，尺寸千里，盘石磴而上，缚竹为亭，名曰寸碧（景二）。……石溪方可

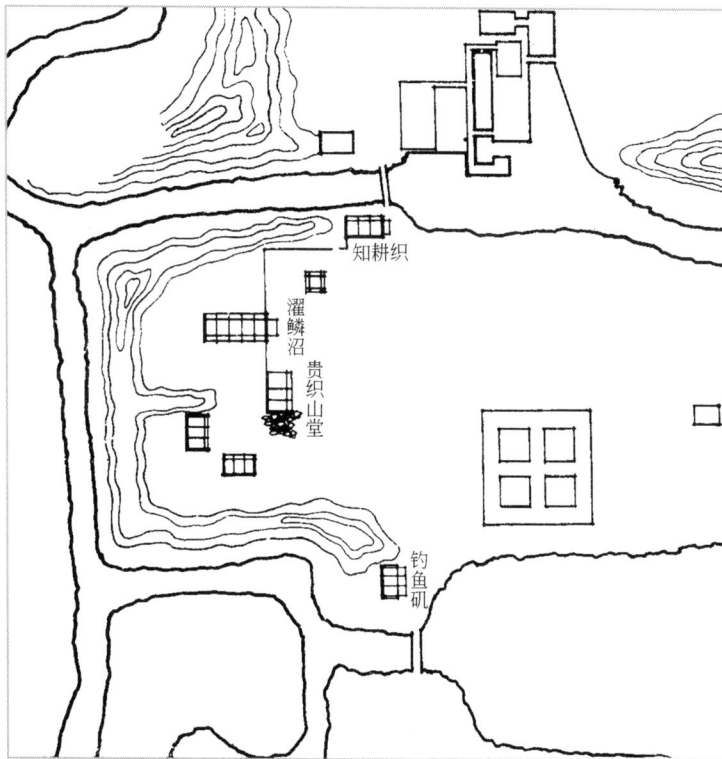

图 9-74　水木明瑟平面图

半亩，朗榭临之，飞泉潈潈有声。杜甫诗云：心在水精域（景三）。信能传神，……水精域之西，一室萧然，柳宗元所谓视之既静者，于斯屋（名静香屋，景四）有会心焉。……憩于室，窗为宜，登于磴，台为宜。此轩（观稼轩，景五）在台上，不施户牖，故观稼恒于此。……回廊接小亭，独出水中，时弄竿线，不在得鱼否耳（亭曰钓鱼矶，景六）。……岈然洼然之间，羽客（指鹤）彳亍缓步，虽不招之，而意有顾惜弗去者矣（曰招鹤磴，景七）。……山之妙在拥楼，而楼之妙在纳山，映带气求，此互妙（楼名，景八）之所以得名也。……穿池贮净水，孤月喜居之（印月池，景九）。……印月池之右，别为一

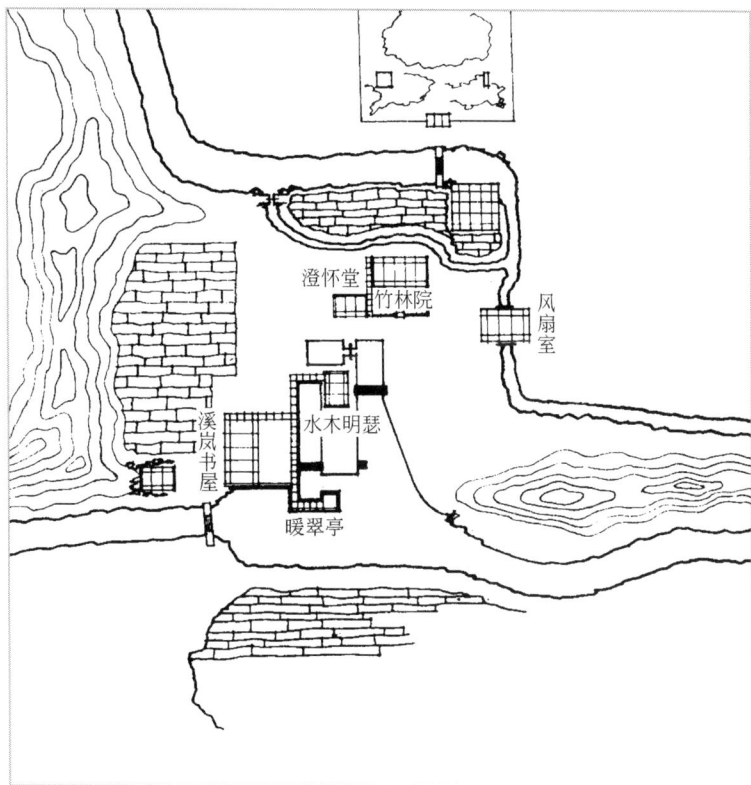

图 9-73　映水兰香平面图

沼，有闸通水，育热河美鲫鱼数百头，取携为便(右濯鳞沼，景十)。"

"澹泊宁静度河桥而西为映水兰香(四十景之一)(图9-73)，西向，五楹。东南为钓鱼矶，北为印月池。池北为知耕织，又北稍东为濯鳞沼，映水兰香西南为贵织山堂，祀蚕神"(《日下旧闻考》卷八十一)。上述映水兰香诸建筑和池沼，弘历归之于多稼轩。按乾隆九年(1744年)弘历《映水兰香诗》序云："在澹泊宁静少西，屋旁松竹交阴，翛然远俗。前有水田数棱，纵横绿荫之外，适凉风乍来，稻香徐引"，但到乾隆二十四年(1759年)弘历作《多稼轩十景诗》又把映水兰香的景点与多稼轩诸景点，合称十景。

"映水兰香东北为水木明瑟"(四十景之一)(图9-74)。其西有暖翠亭，西南为溪岚书屋，其北为澄怀堂、竹林院，东北有风扇室。据《圆明园大事记》："雍正五年(1727年)闰三月，传旨做水法上翎毛风扇一份，安于风扇室。按：此一风扇室，当即水木明瑟之风扇室，如是则该景区早在雍正五年即已建成。"弘历《水木明瑟词》序云："用泰西水法引入室中，

以转风扇，泠泠瑟瑟，非丝非竹，天籁遥闻，林光逾生净绿。"

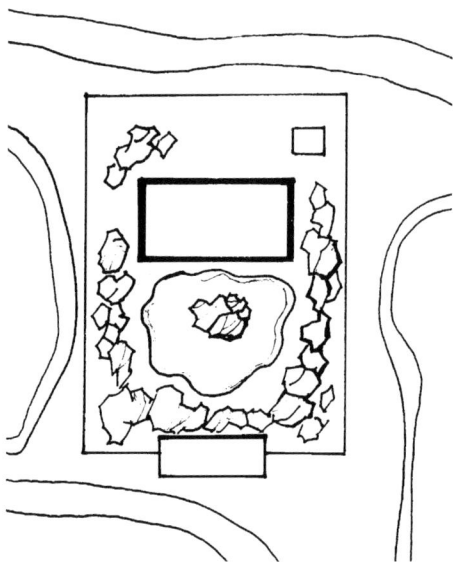

图9-75　文源阁平面图

"水木明瑟之北稍西为文源阁(图9-75)，上下各六楹。"御制《文源阁记》云："藏书之家颇多，而必以浙之范氏天一阁为巨擘。因辑四库全书，命取其阁式以构庋贮之所。"文源阁，乾隆四十年(1775年)建成(见《圆明园大事记》)，与文华殿后之文渊阁、避暑山庄之文津阁，皆以贮四库全书。乾隆四十一年(1776年)，弘历《文源阁诗》云："四库犹辽待，图书今古披。"(弘历自注：我皇祖古今图书集成凡一万卷，虽无永乐大典之多，而考核精当，不似彼限韵割裂，因于文源、文渊、文津三阁各贮一部，以旧有之书已庋之厨矣。)诗中还说"前后绕清池"，阁前有清池，有假山，是三阁的同一格式。文源阁前有巨石，名玲峰，刊弘历制《文源阁诗》，阁东亭内石碣刊弘历制《文源阁记》。乾隆四十年，弘历《玲峰歌》："将谓湖石洞庭产，孰知北地多无限。

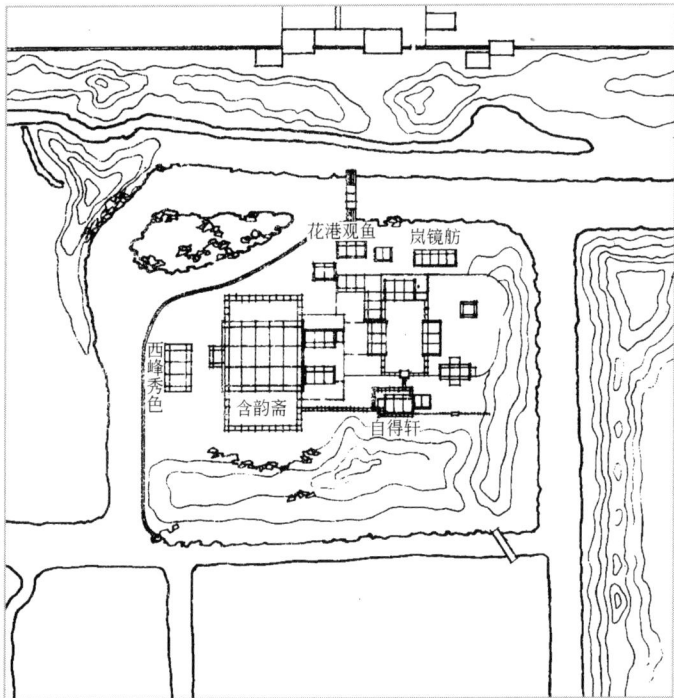

图9-76　西峰秀色平面图

万钟异石大房山(米万钟得异石于大房山，欲致之园中未果，弃良乡多年)，有奇必偶斯为伴。……米未能致今致之，青芝岫屏湖裔馆(弘历运至于昆明湖之乐寿堂，名之曰青芝岫)。……兹峰(指玲峰)有过无不及，名曰玲实称岂舛?……大孔小穴尽灵透，凸实凹瘗仍巉嵯。……一峰峙我文源阁，育秀通虚映万卷。……"

文源阁西为柳浪闻莺，取西湖的又一景名。

第三区东部 文源阁东北为西峰秀色景区(四十景之一)(图9-76)。洲西"有室临河西向为西峰秀色"(《日下旧闻考》卷八十二)。弘历《西峰秀色诗》序云："轩楹洞达，面临翠巘，西山爽气，在我襟袖。"据载，雍正时逢七夕邀后妃人等于此设筵乞巧，有彩棚珠盒之盛。"河西松峦峻峙，为小匡庐(西北石山仿庐山景色，有洞府，称三仙洞，洞门面西，可容二百人)，后有龙王庙。""西峰秀色之东为含韵斋，又东为一堂和气，又东南为自得轩。后垣东为岚镜舫，西(临河)为花港观鱼"(《日下旧闻考》卷八十二)。

"西峰秀色之南为舍卫城(图9-77)，前树坊楔三，城南面为多宝阁，内为山门，正殿为寿国寿民，后为仁慈殿，又后为普福宫，城北为最胜阁"(《日下旧闻考》卷八十二)。

舍卫城以南，大街东西两侧为仿民间市肆的买卖街。其西，一水之隔的山坞中为景点兰亭(图9-77)，其南有一水横隔，度双桥，入溪水周环的长方形洲岛，西半为坐石临流(四十景之一)(图9-77)，东半为同乐园(图9-77)。据《圆明园大事记》："雍正四年(1726年)八月，活计档案内首次出现同乐园及铺面房字样，由是知同乐园及买卖街当时均已建成。"又"雍正七年(1729年)六月，传旨做西峰秀色后铺面房匾四面，计：川流老铺、水玉馆、留春居、远馥斋。按：据此可知圆明园内之买卖街不止于同乐园西北的南北长街一处。"

乾隆九年(1744年)弘历作《坐石临流诗》并序，仅对兰亭景点有描绘，而未及坐石临流建筑本身，更未对舍卫城和同乐园有所描写。但从《四十景图咏》

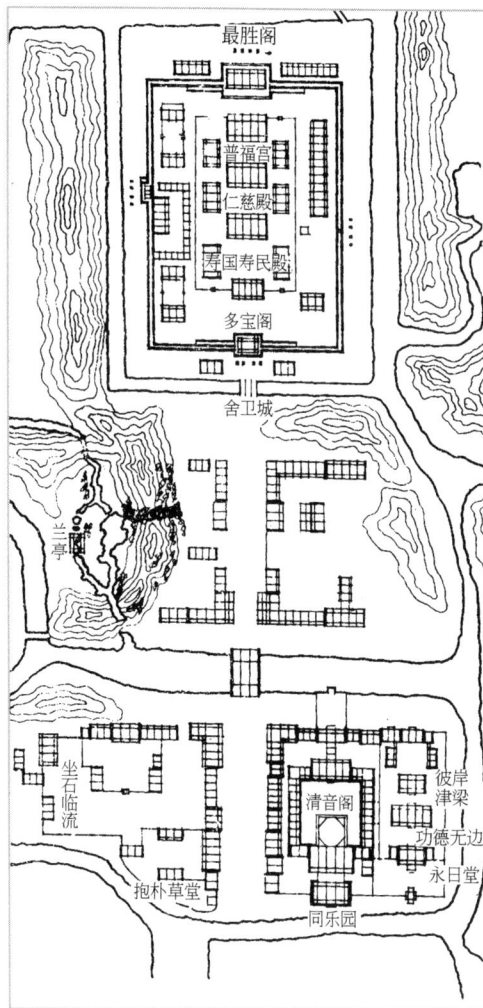

图9-77 坐石临流平面图

的坐石临流鸟瞰图和测绘平面图来看，包括了买卖街、兰亭、同乐园和坐石临流四部分。兰亭的形势最为幽深。北有岗阜沿舍卫城西河直奔南，又有岗阜自西横向东伸，与南北岗阜直角相交，呈反写的L字形。南北岗阜自此趋南又再弯向西南角，形成北、东、南三面环山，网开西面的、中有溪池的山隈。一股水，从文源阁前奔东而来，至两山相交处经管道穿山而出，以山涧形式奔流而下，再分成两股。东侧一股沿山麓有聚有曲，西侧一股形成曲水，又再合而流入分隔兰亭与坐石临流间的河道。兰亭就建在曲水处。诚如弘历《坐石临流诗》序所云："仄涧中，潨泉奔汇，奇石峭列(涧溪堆叠有石)，为坻(水中小陆地)为碕(弯曲的岸)，为屿(小岛)为奥(可能指墺，意为可居住之地)。激波分注(两股),潺潺鸣籁,可以漱齿,可以泛觞。作亭据胜处,泠然山水清音,东为同乐园。"可见所描绘的是兰亭景点。

关于兰亭建筑形式,由于中山公园于1971年在唐花坞西新树立起一座石柱的八方亭,很容易引起原兰亭为八方亭的误会。虽然八根石柱与石刻图屏是圆明园坐石临流一景的遗物。据资料,这八根石柱是在1910年首先从圆明园运到颐和园,存放在耶律楚材祠中。然后又于1935年从颐和园运到中山公园存置在车库房里,直到1970年前才取出重建八方亭。这八根石柱为正方形,每面宽50厘米,高约4米余。第一柱刻有唐虞世南摹兰亭序;第二柱刻有唐褚遂良摹兰亭序;第三柱刻有唐冯承素摹兰亭序;第四柱刻有唐柳公权书兰亭诗墨迹;第五柱刻有戏鸿堂刻柳公权书兰亭诗原本;第六柱刻有清于敏中补戏鸿堂刻柳公权书兰亭诗阙笔;第七柱刻有明董其昌仿柳公权书兰亭诗;第八柱刻有乾隆帝自己临董其昌仿柳公权兰

亭诗。石屏高6尺,阔5尺,屏的正面(阳面)刻有王羲之等四十二人在会稽山阴兰亭修禊活动的图,图上方刻有弘历于己亥(1779年)暮春题兰亭八柱册并序的全文。屏的阴面则刻有弘历于己亥、壬寅(1782年)、乙巳(1785年)诸年所制诗多首及诗注。这块石屏是1917年从圆明园运到中山公园的,当时曾建造了一座三楹四面出廊的廊亭来安放这块石屏(亭于1970年前后建八方亭施工时拆除)。原兰亭的形状,从《四十景图咏》等图来看,其形制均似长方形,为重檐、歇山、筒瓦、元宝脊、三间的长方敞亭。据记载,此亭原为木柱,后来才易以石柱。[25]

坐石临流本身为一组建筑群,"轩宇三楹,西向"东有抱朴草堂。"同乐园,前后楼五楹,南向。其前为清音阁(大戏楼),北向。东为永日堂"(《日下旧闻考》卷八十二)。永日堂后为功德无边,再后为彼岸津梁。同乐园与坐石临流之间,"中有南北长街。街西为抱朴草堂(属坐石临流组)。"

第四区(福海区) "福海亦称东湖,周广凡数顷(面积近30公顷)"(《日下旧闻考》卷八十二)。福海中央作大小三岛,为蓬岛瑶台,四十景之一(图9-78),旧名蓬莱洲,后易今名,"蓬岛瑶台在福海中央(居中大岛正宇),门三楹,南向。正殿七楹。殿前东为畅襟楼,西为神州三岛,东偏为随安室,西偏为日日平安报好音。由蓬岛瑶台东南度桥为东岛,有亭为瀛海仙山,西北度桥为北岛,正宇三楹"(《日下旧闻考》卷八十二)。弘历《蓬岛瑶台诗》有序云:"福海中作大小三岛,仿李思训画意,为仙山楼阁之状,岌岌亭亭,望之若金堂五所、玉楼十二也。真妄一

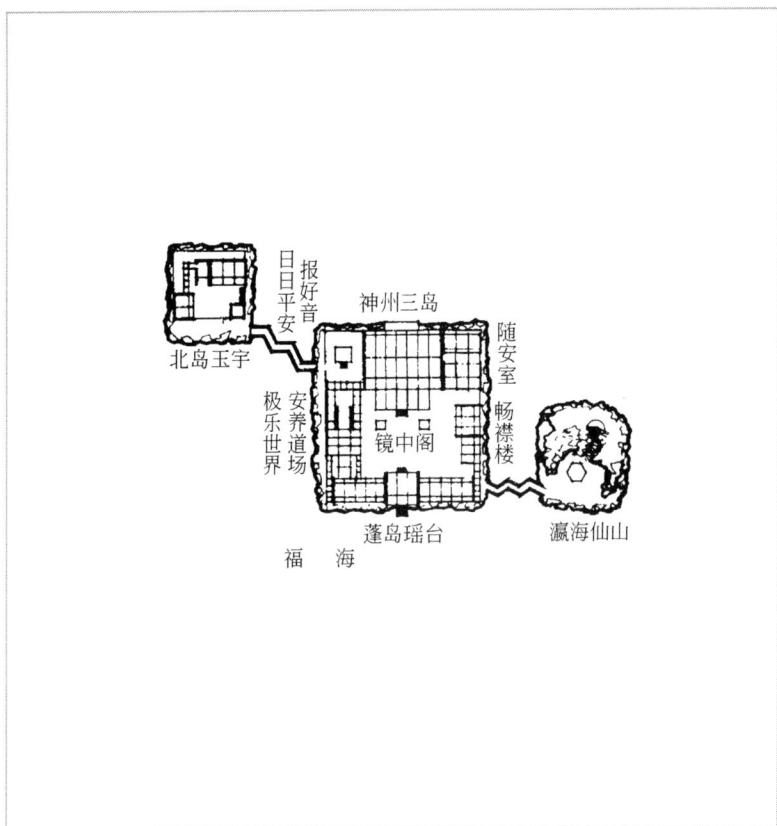

图9-78 蓬岛瑶台平面图

如，小大一如，能知此是三壶方丈，便可半升铛内煮江山。"

关于环绕福海的各景点、景区，从西南隅湖山在望开始，逆时针方向叙述。湖山在望景点，其东南及西有岗阜拥抱，北眺福海及诸岸之景在望。有佳山水，洞里长春题额。迤东为倒写的凹字形洲屿即夹镜鸣琴景区（图9-79）。凹水的南岸有聚远楼，凹水北口"架虹桥一道，上构杰阁。俯瞰澄泓，画栏倒影，旁崖悬瀑，水冲激石罅，玲琤自鸣，犹识成连遗响（注：成连，春秋时人，伯乐曾跟他学鼓琴）。"景区题名"取李青莲两水夹明镜诗意"而有（弘历《夹镜鸣琴词》序）。夹镜鸣琴"东为广育宫（夹两山之中）。前建坊座，后为凝祥殿"。"广育宫奉碧霞元君，殿额曰恩光仁照。""宫东（东阜北麓）为南屏晚钟（景点）。""又东渡桥（至又一洲屿，中横有东西向岗阜），（冈阜

北临水）为西山入画（景点），为山容水态（景点）"（图9-80）。岗阜南麓"有敞宇，北依山，南临河，为别有洞天（四十景之一），五楹"，这里是福海东南隅的一个园中园。别有洞天前有长桥跨水，对岸为另一组建筑群，"西为纳翠楼，西南为水木清华之阁，阁西稍北为时赏斋"（《日下旧闻考》卷八十二）。弘历《别有洞天诗》有序云："苑墙东出水关曰秀清村，长薄疏林，映带庄墅，自有尘外致。"

从山容水态渡桥往北为长形洲屿，称接秀山房景区（图9-81），东部有三小岗阜相续。在北阜、中阜之间，沿湖岸为接秀山房"正宇三楹西向。后稍东为琴趣轩，其北方楼为寻云，东南为澄练楼，楼后为怡然书屋。寻云楼稍东佛室为安隐幢。接秀山房之南为揽翠亭"（《日下旧闻考》卷八十二）。在中阜与南阜之间有一组建筑，称观鱼跃。

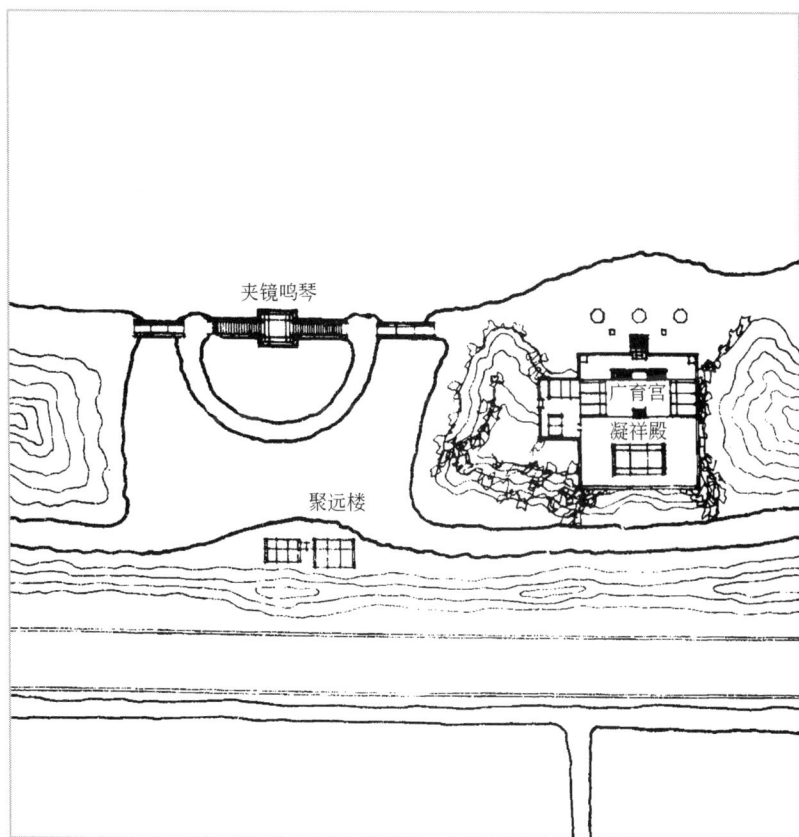

图 9-79　夹镜鸣琴平面图

图 9-80　别有洞天平面图

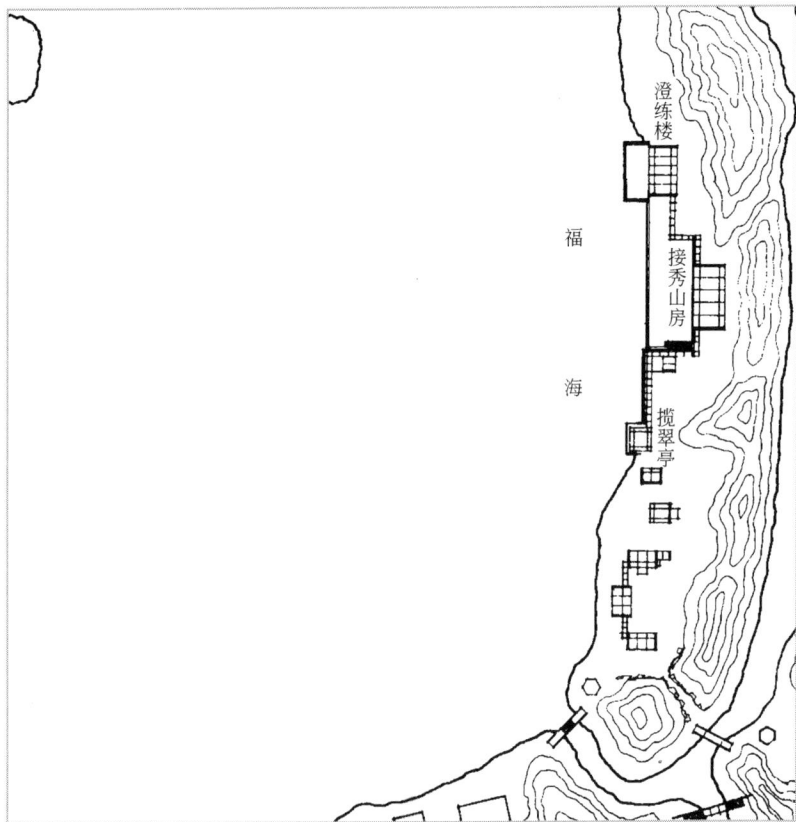

图 9-81　接秀山房平面图

沿岸往北为北突一角的半岛，东部有岗阜，为涵虚朗鉴景区（图9-82）。"涵虚朗鉴（四十景之一）在福海东，即雷峰夕照正宇。"按语云："涵虚朗鉴（圖）……旧悬湖西（澡身浴德）澄虚榭，后移置湖东雷峰夕照轩宇内"。因此这个景区就称为涵虚朗鉴。雷峰夕照正宇之北稍西"为惠如春，又东北为寻云榭，又北为贻兰庭，为会心不远，其

南（另一组建筑）为临众芳，为云锦墅，为菊秀松蕤，为万景天全"（《日下旧闻考》卷八十二）。弘历《涵虚朗鉴诗》有序云："结宇福海之东，左右云堤纡委，千章层青。面前巨浸空澄，一泓净碧，日月出入，云霞卷舒，远山烟岚，近水楼阁，来不迎而去不距，莫不落其度内，如如焉亦无如如者，吾得之于濠上也。"序描写得尽致。

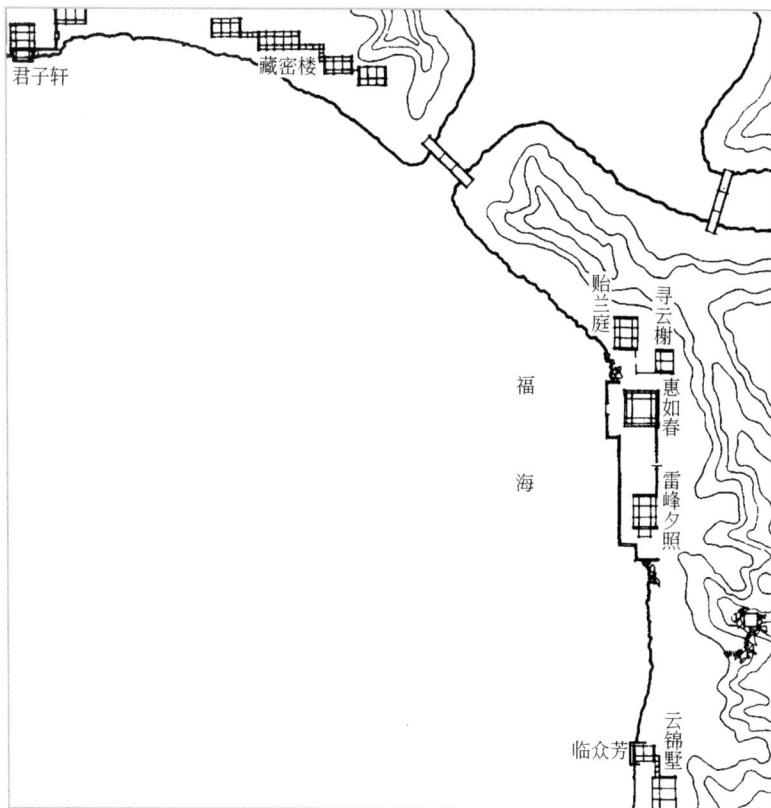

图 9-82　涵虚朗鉴平面图

涵虚朗鉴北，福海的东北隅为泓水一湾（如池），"临池（正中）楼宇为方壶胜境（四十景之一）（图9-83），上下各五楹。南建坊座二"，从《四十景图咏》方壶胜境鸟瞰图和平面图看：方壶胜境楼宇往南伸入水中长方形台，上建迎薰亭，楼宇东接锦绮楼，再折南接水中十字形集瑞亭，楼宇西接翡翠楼，再折南接水中十字形凝祥亭。方壶胜境北之"楼宇为哕鸾殿"，东为紫霞楼，西为碧云楼，"又北为琼华楼"，东为千祥殿，西为万福阁。"哕鸾殿东为蕊珠宫，宫南船坞后有龙王庙"（引文均见

《日下旧闻考》卷八十二）。方壶胜境西北为三潭印月（景点）。这里北、西、南三面有岗阜绕抱，中为东西长的小水面。中部架桥，桥上建亭，桥西池中设三石塔，桥东水折南东流入方壶胜境水湾中，入口架桥南北曰涌金桥。弘历《方壶胜境诗》序中认为"海上三神山，舟到风辄引去，徒妄语耳。要知金银为宫阙，亦何异人寰？即境即仙，自在我室，何事远求？此方壶所为寓名也。"随后接叙："东为蕊珠宫，西则三潭印月，净渌空明，又辟一胜境矣。"把蕊珠宫和三潭印月也包括在方壶胜境景区内。

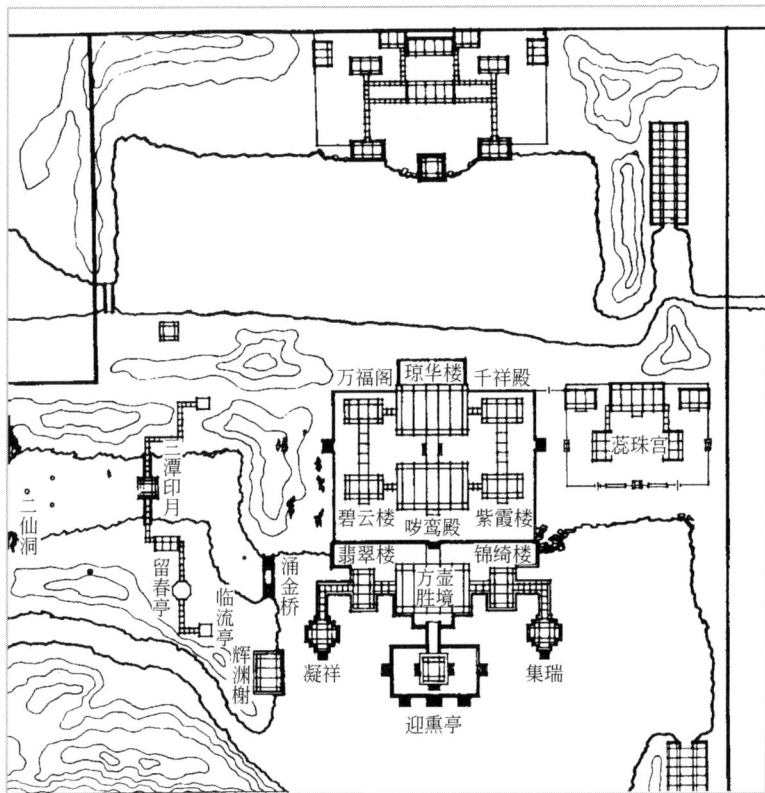

图 9-83 方壶胜境平面图

从涵虚朗鉴北渡桥,至东西长洲屿,北部障以岗阜。洲的东端为藏密楼(图9-82),在岗阜半抱中面水而筑,平屋一折;中部山凹处为君子轩;西端临水为山水乐(图9-84),其北在山西麓为双峰插云组建筑(图9-84)。西渡桥为菱角形岛屿称平湖秋月(四十景之一)(图9-84),正宇三楹。"东北出山口临河为花屿兰皋"(《日下旧闻考》卷八十二)。弘历《平湖秋月词》序云:"倚山面湖,竹树蒙密,左右支板桥以通步屧。湖(指福海)可数十顷,当秋深月皎,激潋波光接天无际。苏公堤畔,差足方兹胜概。"由于建筑离水面较远,与杭州平湖秋月相比,徒有虚名逊色多矣。弘历曾六次南巡。在南巡中,凡是他所中意的江南风景和名园,就命随行画师摹绘成图以归。圆明园、长春园、清漪园以及避暑山庄等离宫别苑中,从乾隆时期开始,常直接模仿江南名园和风景点,或仿其意而筑,作为苑中景点和景区或园中之园,但往往仅风景略似,或略有

其意,或仅徒有其名而已,很少在仿中有新意之作。

平湖秋月区东北与君子轩区西北为水湾,水湾"东西(有)船坞各二所,(西船坞)北岸为四宜书屋五楹,即安澜园之正宇。"四宜书屋,四十景之一(图9-85),胤禛时建成,乾隆九年(1744年)弘历《四宜书屋诗》序云:"春宜花,夏宜风,秋宜月,冬宜雪,居处之适也。冬有突厦,夏室寒些,骚人所艳,允宜兹室,君子攸宁。"到乾隆二十九年(1764年),弘历"即于其地略仿海宁陈氏安澜园之意(修葺),因以命名。"所以弘历制《安澜园记》中云:"四宜书屋者,圆明园四十景之一,既图既咏,至于今已历二十年也。土木之工二十年斯弊,故就修葺之便,稍为更移。"又云:"就四宜书屋左右前后略经位置,即与陈园曲折如一无二也。"乾隆二十九年园成,除记外,有《安澜园十咏》有序。"入园门(东南)朴室三间,背倚峰屏,右临池镜,颜曰菲经(馆),不减陈氏藏书楼

也。"《日下旧闻考》载："四宜书屋五楹，即安澜园之正宇。东南为菲经馆，又南为采芳洲，其后为飞睐亭，东北为绿帷舫。"关于飞睐亭，《十咏》中写道："一峰秀拔，亭据其上，每当纵望园外，稻塍千顷皆在目中，直与农夫田父共较雨晴矣。"关于绿帷舫，《十咏》中写道："曲廊宛转构水上，偶一凭槛，烟水在襟袖间，何必真舫?"名曰舫，实为曲廊。"四宜书屋西南为无边风月之阁，又西南为涵秋堂。"《十咏》中对此阁写道："界域有边，风月则无边。"和"月藉清风摇籁影，风邀明月奏琅音"诗句。对涵秋堂写道："西临长河，波光翻影，动摇楣栊间"。和"不论何时此偶坐，总如爽气面前浮"诗句。"四宜书屋之后(北)，延楼高敞，不施厨障，为纳烟月契神处。又似在陈氏竹堂月阁间。""楼西稍南为远秀山房。"《十咏》中写道："房筑假山上，而远纳西山秀色，所谓全宾全主。"烟月清真楼"北度曲桥为染霞楼。"《十咏》中称："名曰染霞，而实近水"，诗中有"池上层楼敞紫霓，水中楼影亦含清"之句。

平湖秋月之西、福海西北隅为廊然大公(图9-86)，是环福海诸景区中最大的一区。四面岗阜回抱，中偏北有曲池，北入小湖，湖周以建筑。乾隆九年(1744年)弘历有《廊然大公诗》并序，二十年(1755年)又有《廊然大公八景诗》并序

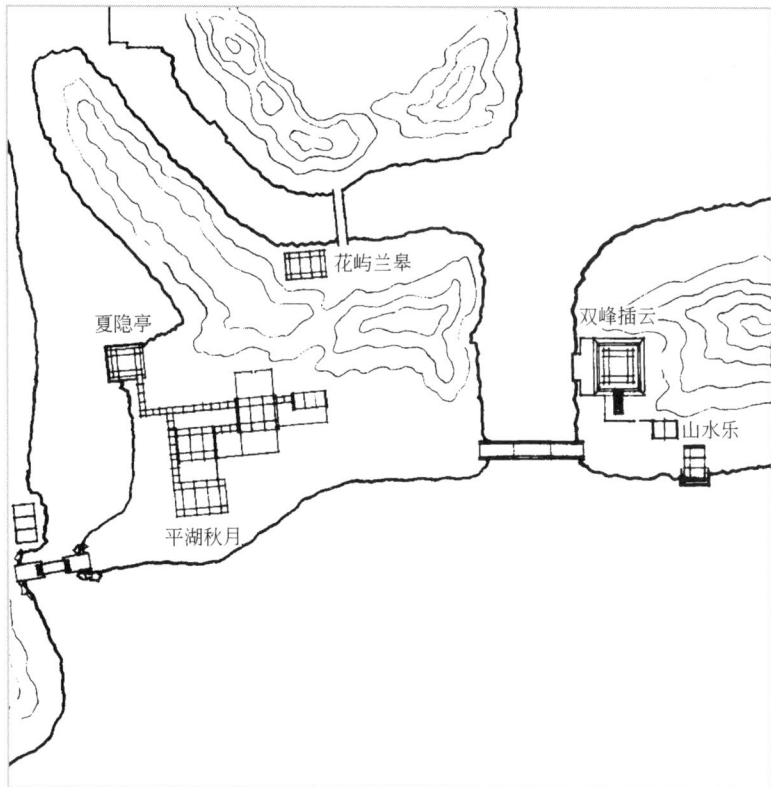

图 9-84　平湖秋月平面图

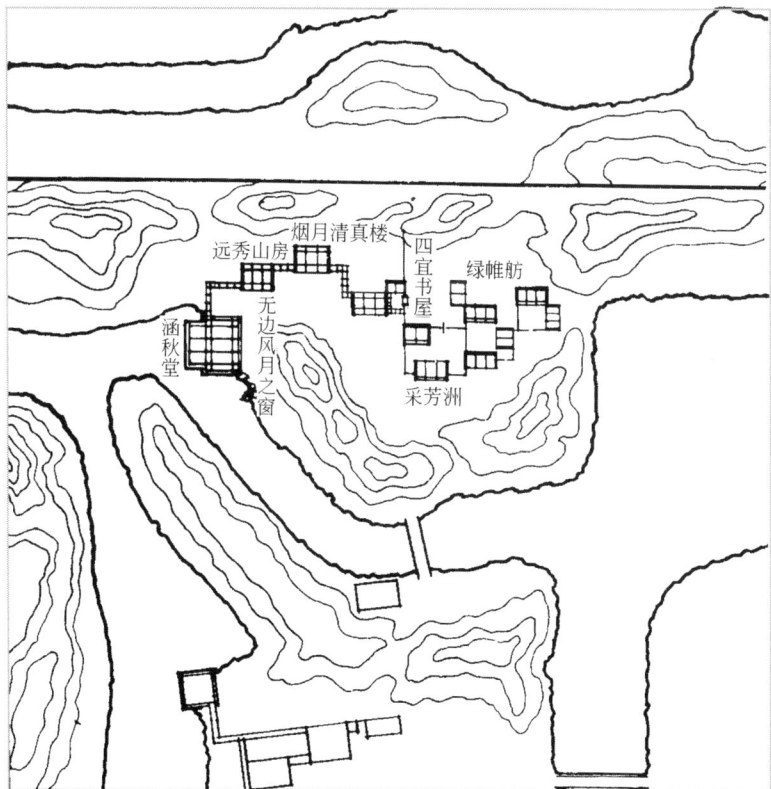

图 9-85　四宜书屋平面图

肆捌壹

之作。由于这一景区各建筑之名和位置，中国圆明园学会主编《圆明园》第二集中付印四十景图咏的廊然大公平面图过简，何重义、曾昭奋绘制的圆明、长春、绮春三园总平面图的廊然大公附景物名录，个别建筑名不详出处，有的考诸《日下旧闻考》记载不相符，因此，主要根据弘历二诗和《日下旧闻考》记载加以叙述。

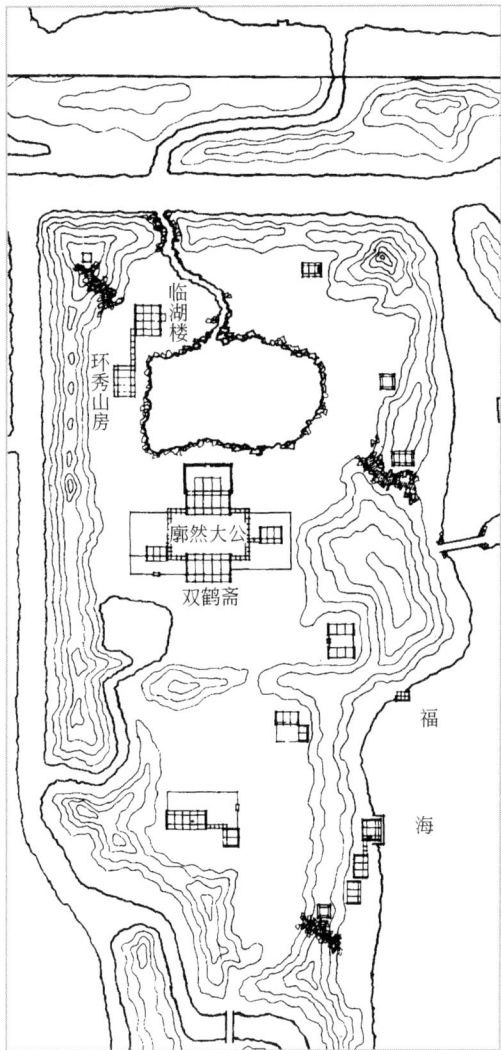

图 9-86　廊然大公平面图

弘历《廊然大公诗》序："平冈回合，……后凿曲池"，把整个形势描述出来。"廊然大公，正宇七楹，前为双鹤斋。"弘历《廊然大公八景诗》序对廊然大公正宇的描写是"前接陌柳，后临平湖，轩堂翼然，虚明洞彻。……廊然大公匾即在后室，一泓涵碧，颇有物来顺应之趣。"诗中有："会心恰当读书时"句，并注"是处昔(指胤禛时)又名深柳读书堂。""循双鹤斋(正宇)而西，跨湖为桥，圆如半璧，映水则为满月，缭以长廊，悠然濠濮间想"(《廊然大公八景诗》)。廊然大公"东北为绮吟堂"，弘历《八景诗》序中云："机政之余，拈吟适兴，每遇佳景，不觉绮思浚发。"堂因以名。从绮吟堂起，绕湖逆时针方向为序有，绮吟堂"又北为采芝径，又北径岩洞而西，为峭蒨居。"居后"北垣门外有楼为天真可佳，峭蒨居西为披云径。"弘历《八景诗》序中称此处"奇石岭岈回护，径出其中，烟云往来，披拂襟袖"，是以径名披云。披云径"又西亭为启秀，又西稍南为韵石淙。"弘历《八景诗》序中称启秀亭是"山巅笠亭，孤标秀出，左顾飞瀑，右挹云林，尽得此间胜概。"诗中有"林光泉韵无非秀，都付山亭秀占全"之句。对韵石淙则称是处"曲涧奔泉，玲琮作金石声，韵出天然是谓云山韶濩。"转至湖"西北平台临池为芰荷深处，垣外为影山楼。"弘历《八景诗》序中云："面东为楼，杜陵句曰：平陵以南纯浸山，动影窈窕冲融间，斯楼有焉。"诗中有"因迥为高结构清，层楼因得影山名"之句。"双鹤斋(组)西为环秀山房，西北为临湖楼"(《日下旧闻考》卷八十二)。廊然大公组建筑群南，在岗阜环抱中另有平屋和曲廊连接的建筑(图 9-86)，不详其名，缺乏资料，难以查考。

在不详其名建筑组群南，有自西北向东南弯的曲水。曲水之南为又一小区，岗阜主在西。度桥，山麓下有溪月松风(图 9-87)，其南为平屋曲廊一组为深柳读书堂(图 9-87)。《日下旧闻考》按语："深柳读书堂、溪月松风额皆世宗(雍正)御书"；《圆明园大事记》载："雍正四年(1726 年)六月，传旨做雍正御笔匾额二十六面，分属镂月开云、天然图画、杏花春馆、廊然大公、瑞应宫、深柳读书堂、如意馆等景区。"据此，廊然大公与深柳读书堂为两处，但弘历《廊然大公八景诗》中咏双鹤斋诗句自注："是处昔又名深柳读书堂"，未知孰是。深柳读书堂南，背依岗阜临湖建有望瀛洲(图9-87)，额弘历所书。从景的关系来看，这一小区应归在廊然大公景区为是。

由望瀛洲度桥为福海西南隅一区名澡身浴德(四十景之一)(图9-87)，西部障以岗阜，东北角又一小阜，小阜南，"澄虚榭，正宇三楹，东向。南为含清晖，北为涵妙识(联为一组建筑)。折而西向为静香馆，又西为解愠书屋，西南为旷然阁"(《日下旧闻考》卷八十二)。弘历《澡身浴德诗》序称："福海西墉，平漪镜净，黛蓄膏停，竹屿芦汀，极望淼淼，浴凫飞鹭，游泳翔集。"

第五区 即圆明园内宫垣北墙外长条地区，又有南北短墙分隔成东、中、西三部分。东端，在方壶胜

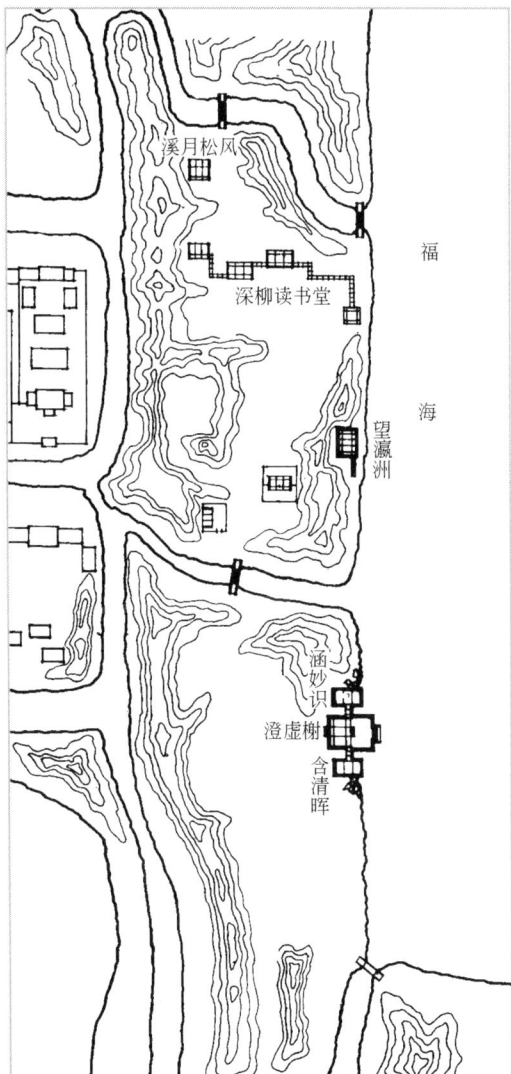

图 9-87　澡身浴德平面图

境、三潭印月北，"度桥为天宇空明(前临狭长方形湖)(图9-88)，其后为澄景堂，堂东为清旷楼，西为华照楼"(《日下旧闻考》卷八十二)。

中部，自西起，在"濂溪乐处迤北对河外稻塍者为多稼如云(图9-89)，正宇五楹。前宇为芰荷香。正宇东稍南有室为湛绿"(《日下旧闻考》卷八十二)。弘历《多稼如云诗》序云："坡有桃，沼有莲，月地花天，虹梁云栋，巍若仙居矣。隔垣一方，鳞塍参差，野风习习，被襫蓑笠往来，又田家风味也。"多稼如云为四十景之一，是显示重农，所谓弄田之处也。"多稼如云东北为鱼跃鸢飞(图9-90)，四面为门，各五楹。东厢为畅观轩，西南为铺翠环流，楼南有室为传妙，又南出山口为多子亭"(《日下旧闻考》卷八十二)。鱼跃鸢飞，四十景之一，弘历《鱼跃鸢飞诗》序云："榱桷翼翼，户牖四达。曲水周遭(此为曲池)，俨如萦带。两岸村舍鳞次，晨烟暮霭，蓊郁平林，眼前物色活泼泼地。""鱼跃鸢飞之东，禾畴弥望，河南北岸仿农居村市者为北远山村(四十景之一)(图9-91)。北岸石垣西偏为兰野，后为绘雨精舍，其西南为水村图。又西有楼，前后相属，前为皆春阁，后为稻凉楼，又西为涉趣楼，右为湛虚书屋"(《日下旧闻考》卷八十二)。弘历《北远山村诗》序云："循苑墙度北关，村落鳞次，竹篱茅舍，巷陌交通。"以上多稼如云、鱼跃鸢飞、北远山村莫不表现田野村舍之景为主题。"北远山村东北度石桥，折而西为湛虚翠轩，又西为耕云堂，又西为若帆之阁(通常总称此景区为若帆之阁)"(《日下旧闻考》卷八十二)。再西有关帝庙、北寿庙。

西部，西北角为紫碧山房(图9-92)，周缭以垣。进宫门，"前宇为横云堂"，紫碧山房正宇檐额曰：乐在人和。山房东叠有假山，"岩洞中为石帆室"，接西南纳翠轩。"东南为丰乐轩"，后接北为景晖楼。山房北为霁华楼。山房西为池，"池上为澄素楼，西北为引溪亭。"紫碧山房不少建筑是乾隆时添建。《圆明园大事记》载："乾隆二十五年(1760年)七月，圆明园

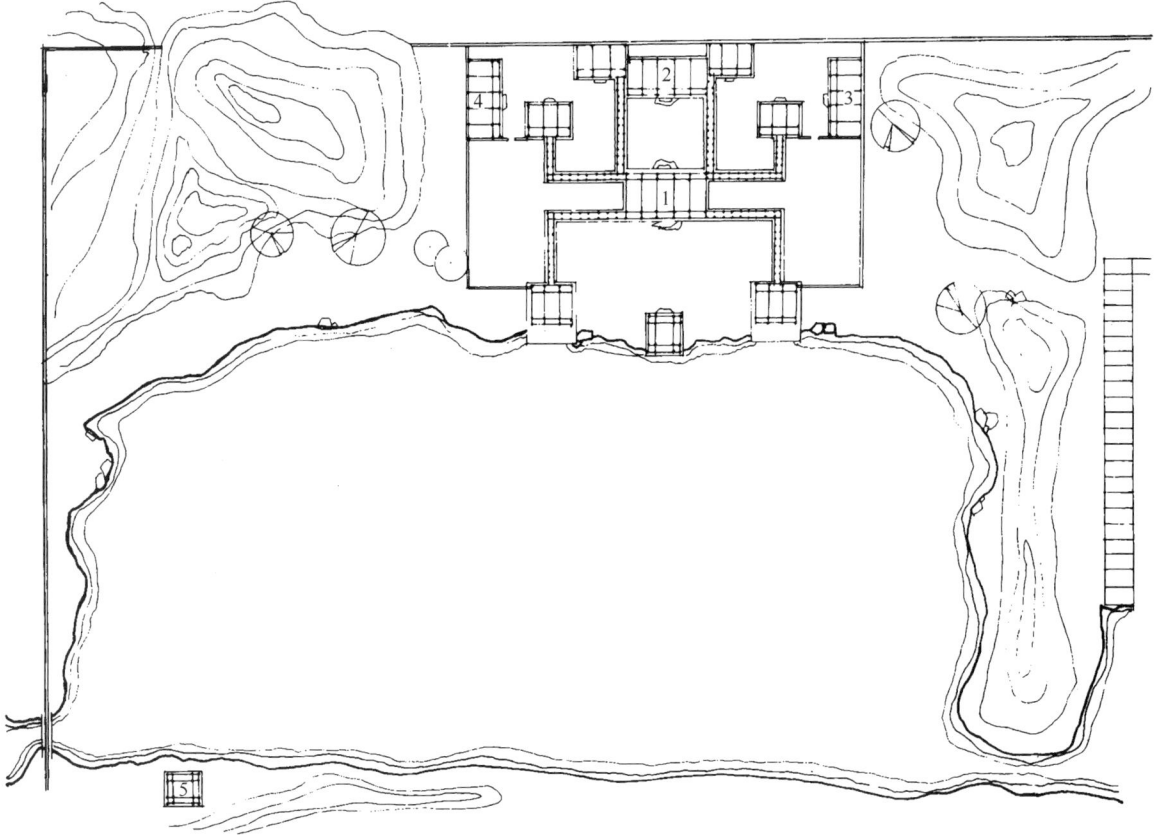

图 9-88　天宇空明平面图

1. 天宇空明；2. 澄景堂；3. 清旷楼；4. 华照楼；5. 怡性丘壑

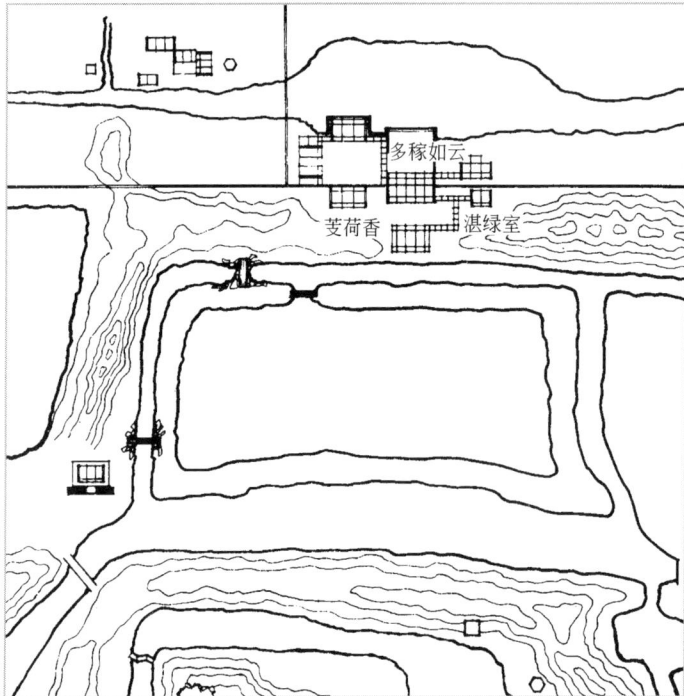

图 9-89　多稼如云平面图

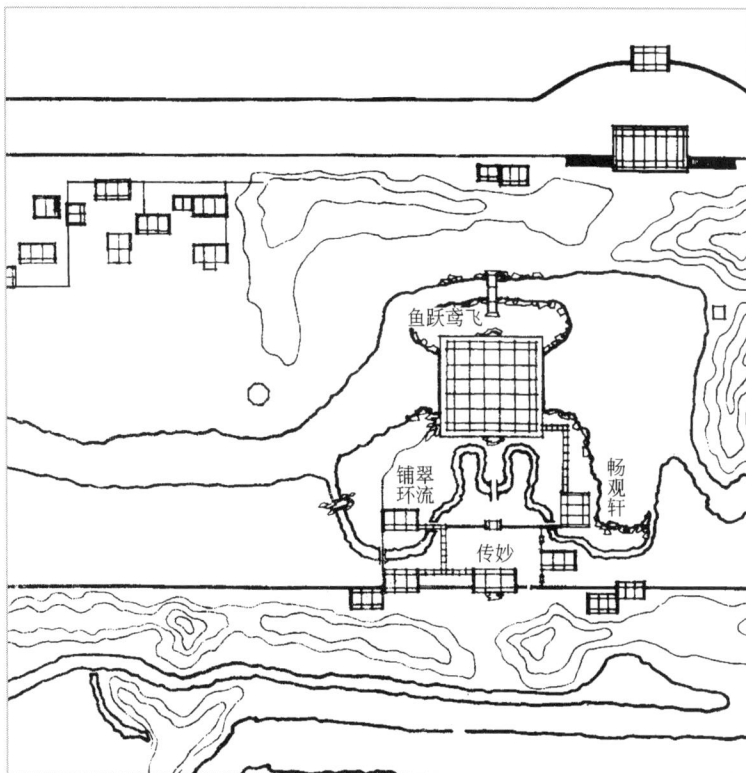

图 9-90　鱼跃鸢飞平面图

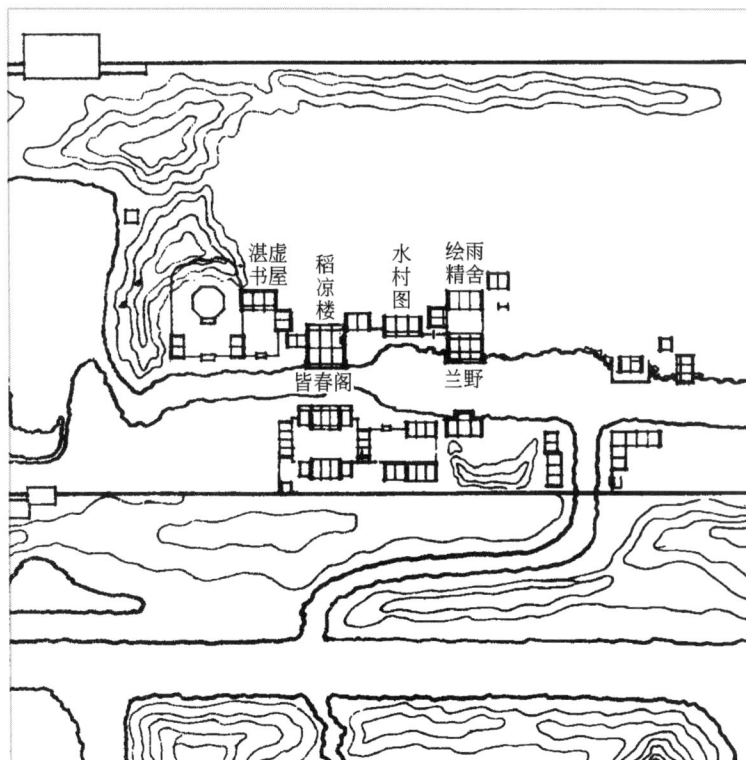

图 9-91　北远山村平面图

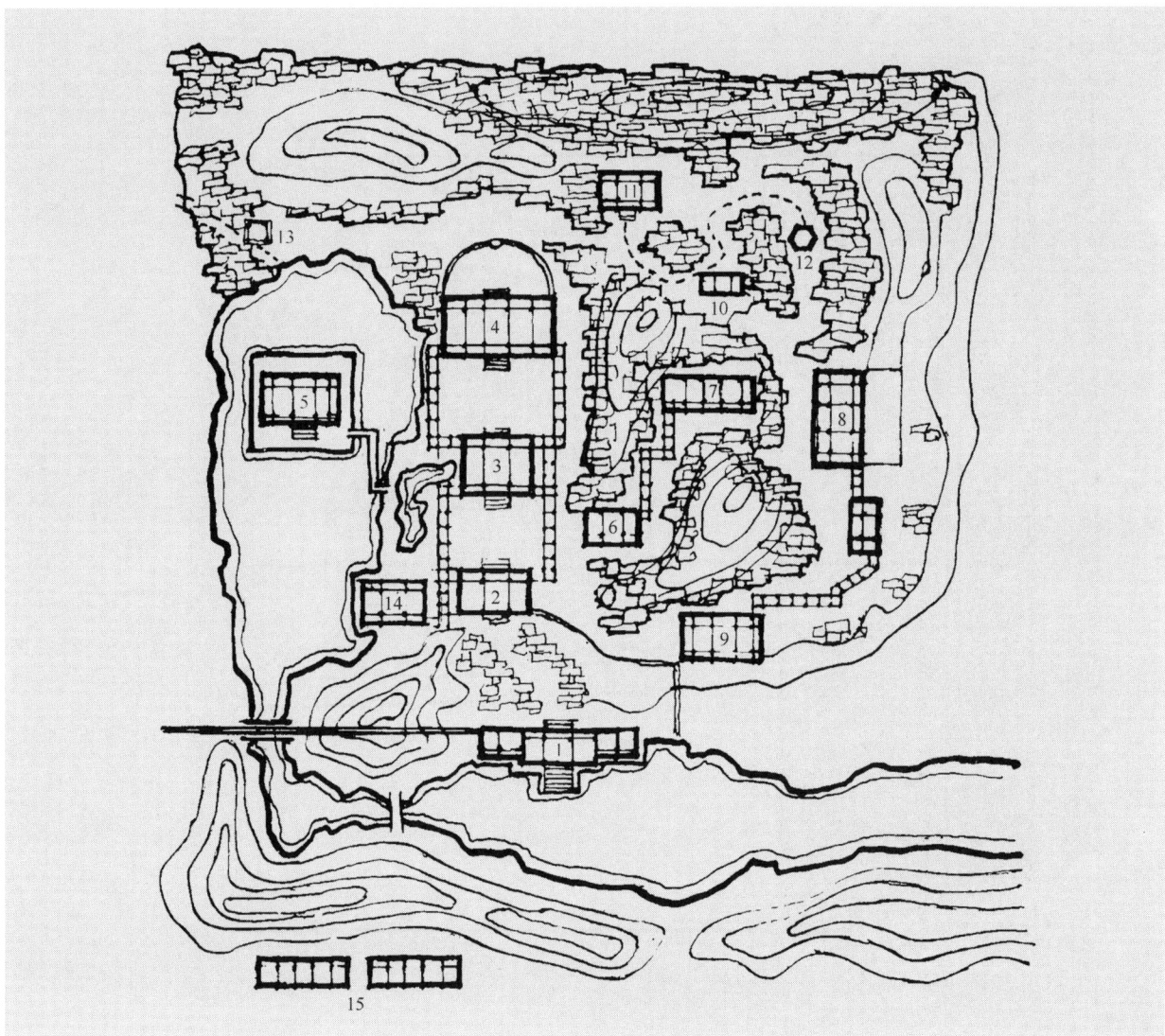

图 9-92　紫碧山房平面图

1. 宫门；2. 紫碧山房；3. 横云堂；4. 乐在人和；5. 澄素楼；6. 纳翠轩；7. 石帆室；8. 景辉楼；9. 丰乐轩；

10. 叠云溪；11. 霁华楼；12. 仙台；13. 引溪亭；14. 含余轩；15. 值房

紫碧山房添建纳翠轩、石帆室、翼翠亭、澄素楼、二宫门等。”“乾隆二十六年(1761 年)六月，紫碧山房兴修石洞。”“乾隆二十七年(1762 年)七月，圆明园紫碧山房、秀清村添建殿宇。”紫碧山房前有河东流，不远处绕回成环溪，环溪之中为顺木天。

五、长春园及西洋楼区

圆明园三园之一的长春园跟圆明园福海区并列而在其东，面积稍大于福海区，约 70 公顷。两园之间有夹墙相障。福海区东宫墙中段有明春门可通长春园的西宫门。“长春园(园址)本圆明园东垣外隙地，

旧名水磨村。(弘历时)就添殿宇数所，敬依长春仙馆赐号，锡名曰长春园，额悬宫门”(《日下旧闻考》卷八十三长春园)。关于长春园的兴建之由和始建于乾隆十年，前已考证，兹不赘述。

长春园的总布局(图 9-93)既不同于圆明园的溪涧四引，结合冈阜形成众多景区的布局，也不同于福海区那样以福海为中心，围环景区、景点。长春园总布局的骨干虽然也是水系，但由于利用岛屿洲堤的布列，形成有聚有散的水域。长春园的北半部，有两条南北长堤相隔，形成三个较大湖面，在南半部形成一些河湾回流。建筑布局也比较疏朗，主要建筑群建在

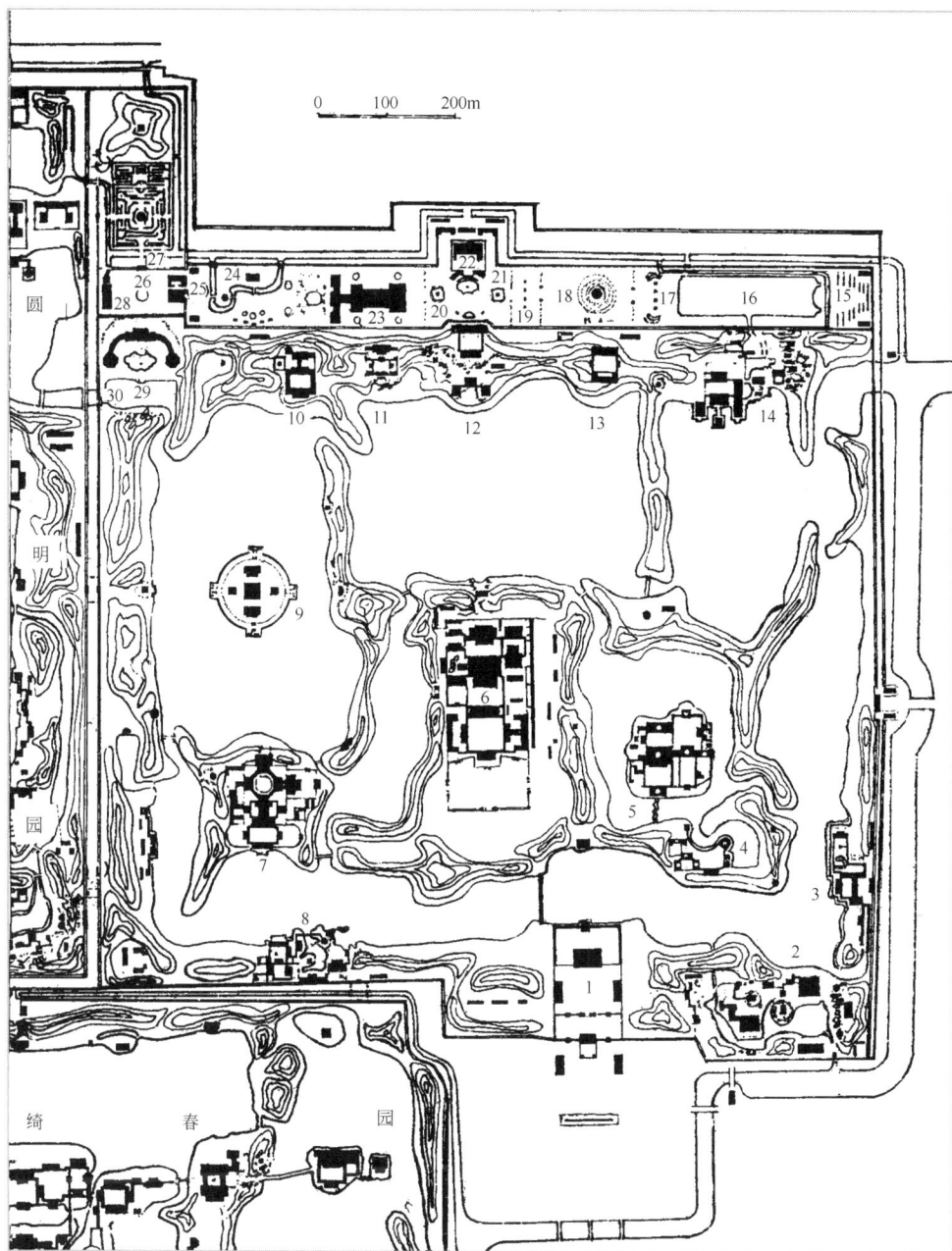

图 9-93　长春园总平面图

1. 澹怀堂；2. 如园；3. 鉴园；4. 映清斋；5. 玉玲珑馆；6. 淳化轩；7. 思永斋；8. 蒨园；9. 海岳开襟；10. 法慧寺；11. 宝相寺；12. 泽兰堂；13. 转湘帆；14. 狮子林；15. 线法墙；16. 方河；17. 螺丝牌楼；18. 线法山；19. 西牌楼；20. 观水法；21. 大水法；22. 远瀛观；23. 海宴堂；24. 方外观；25. 养雀笼；26. 万花阵花园门；27. 万花阵；28. 蓄水楼；29. 谐奇趣；30. 线法桥

水系中心大岛上，其余园林建筑或建水中小岛上，或散布四周较狭窄的陆岸上，大都因水成景，有其独特风格。北垣外狭长地段为特殊的西洋楼区。

长春园大体可区划为四部分：南岸及东岸；中部岛区及西岸；北岸；北垣外西洋楼区。南岸偏中为宫门及澹怀堂；其东（东南隅为如园），折北（东岸南端）为鉴园，再北（东岸中段）为东宫门；澹怀堂西为蒨园。中部包括全园中心的大岛上淳化轩景区，其东水中小岛上为玉玲珑馆和其南的映清斋；大岛西的水中小岛上为思永斋景区和其北居水中央的海岳开襟；思永斋对岸（西岸）为得全阁景点。北岸从东端开始为狮子林，其西为转湘帆，居中为泽兰堂，堂西为宝相寺，又西为法慧寺，西端为谐奇趣。谐奇趣是西洋楼区的序曲，包括蓄水楼、养雀笼和万花阵的一个特殊景区。由养雀笼迤东西洋楼区，首为方外观，其东为海宴堂，再东为远瀛观（居中）、大水法、观水法。再东为西牌楼、线法山、螺丝牌楼、方河、线法墙。

南岸从宫门入澹怀堂。"长春园宫门五楹，东西朝房各五楹，"大宫门前左右列范铜麒麟各一，其南建有影壁。进宫门，居中"正殿为澹怀堂（九楹）"左右各有配殿，"后为众乐亭（北临河），亭后河北（一水之隔）敞宇为云容水态，其西稍南为长桥"（《日下旧闻考》卷八十三）。众乐亭后的河为东西长形河（可称南长河），河上架桥长约40米，是园中最长的一座木石结构大桥，称长春桥，桥的南北两端建有四角单檐亭两座。[26]过桥即登中央大岛。

出澹怀堂东垣门，由山径东行，即如园的园门。如园（图9-94）是位于长春园东南隅的一个园中园，环以冈阜，中凿曲水。曲水由西折东，潴为小池，南出闸入万泉河。如园"门三楹西向，内为敦素堂，堂北稍东为冠霞阁，又东为明漪楼"（《日下旧闻考》卷八十三）。日下旧闻考仅对如园园门一组建筑有所叙述，独缺东部，焦雄《长春园园林建筑》一文中有如园鸟瞰图并描述较详："进园门为天然佳妙，西有殿堂一

座，名静虚室。……室前叠置环形假山一座，峰峦中环抱白石月台一座，名观景台。台下花池，植名贵品种牡丹数百本。过观景台有一组大型叠山，山势向中心收缩。山顶建有六角亭一座，山南有五楹殿堂一座，名叫惟绿轩。轩西有偏房三间，往北有曲廊可通秀林精舍。……前有小溪，对岸散置假山数座，渡桥迎面有三楹殿堂一座，名桐荫轩。这里种植梧桐数株。轩西侧有三楹殿堂一座，名叫新赏室，相传每年桐花盛开之时，乾隆来这里赏桐，……轩西摆置几组散置山石，成环状。在石林中，有三楹殿堂一座，名为委宛藏。从这里步桥过河，有七楹两层楼阁一座，名为含碧楼：楼北侧，水体开阔，水清见底。河北岸有一座大型叠山，山峦挺秀，洞壑相通，……峰石中间，有五楹殿堂一座，名叫清瑶榭，与对面含碧楼形成对景。从清瑶榭向北行，……东端有单檐尖十角亭一座，名为延清亭。……亭西部有廊可通西部小亭，亭西侧有三楹殿堂一座，名为含翠轩。由此往南为养云轩，轩西有敞宇一座。……在此小憩，可观赏园中景色。含碧楼之东，背山临水有月牙形高台一座。……沿山往北散置峰石数座，山上山下林木葱郁。在上有三楹殿堂，名观丰榭，沿山路往北行，有六角重檐亭一座，名为纳翠亭，建于半山上。"[26]

图9-94　如园鸟瞰图

延清楼东北或从纳翠亭下度桥为鉴园（狭窄东岸的南端），是东岸惟一园中园（图9-95）。"敞宇五楹西向，北为漱琼斋，其东为师善堂"（《日下旧闻考》卷八十三）。据焦雄《长春园园林建筑》一文中鉴园鸟瞰图来看，地形虽然狭窄，建筑布局严谨，两套院落由北往南沿西水折走，再折沿东垣一院。"正宇（在中部）为蔼然静云五楹殿堂一座。东西庑廊二十间。廊西有殿三间，为桐荫书屋，……是读书之处。北有两层楼阁一处，名叫乃源阁，收藏着历代图书字画，是圆明三园中之第二座皇家图书馆。阁之南北两侧各建有书斋三楹。北有游廊，中砌鱼池，池之四周围以白石雕栏。池北有曲廊可达益寿轩。轩之东北有五楹殿堂一座，名叫古月轩。轩东北有三楹殿堂一座，名叫退省斋。斋东北有三楹殿堂一座，……平面呈"["形，中间石砌水池，名临画廊，廊南有山。"[26]鉴园之后有船坞。"由鉴园北山径折而东为东宫门（亦称大东门），楼宇上下各七楹，东向。南北朝房各三楹，其外为护河，有石桥"（《日下旧闻考》卷八十三）。

"澹怀堂迤西滨河水石之间为蒨园"（图9-96），是南岸西部又一园中园，该园北临南长河，东西两侧均为断山。蒨园有门南向，出即绮春园东北角门。弘历《蒨园八景诗》有序云："一亭一沼，爱静神游之乡；非壑非林，自足天成之趣。此中大有佳处，物外聊尔寄情。"这可说是对蒨园的总评价。

蒨园正门在园的西部，"门西向"，进门，"门左碑亭一，刊重摹梅石碑"，门"内为朗润斋三楹，其东为湛景楼，又东为菱香沜"（《日下旧闻考》卷八十三）。弘历写湛景楼诗句为："楼临内外湖，地高望斯远。湛然虚且明，絜矩出治本。"弘历写菱香沜诗句有："风前度弥静，雨后香益清。仿佛吴兴岸，菱歌唱晚晴。"

"朗润斋西有石立于园门内，为青莲朵。"青莲朵即南宋德寿宫芙蓉石，弘历建蒨园时运来京师。相传，南宋时石旁有古梅一株，后来到明清，又把一石一梅刻在石碑上，称梅石碑。到乾隆时梅已久枯。所以弘历《重摹梅石碑置青莲朵侧而系之诗》云："昔年德寿石，名曰青莲朵。梅枯石北来，惟余碑尚妥。"又序中有："青莲朵者，盖壬申（乾隆十七年，1752年）初到时所命名。""从朗润斋往北，为菱香沜，五楹，南北有游廊可通。"[26]中部引有曲水，"中建曲

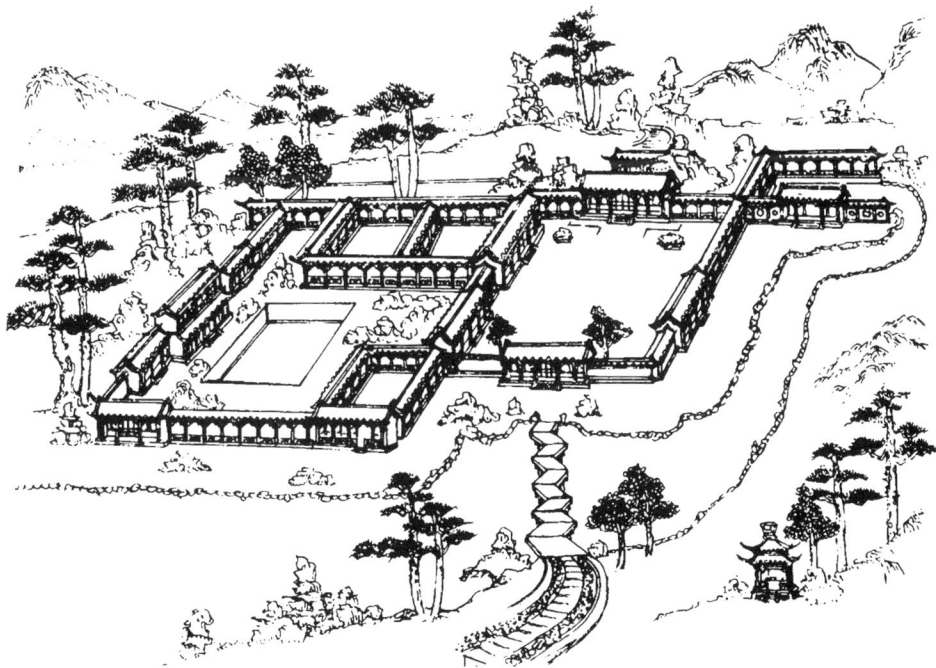

图 9-95　鉴园鸟瞰图

图 9-96　蕳园鸟瞰图

桥"，水南为折云堂。"过曲桥不远，有六角单檐小亭，名为标胜亭。过亭山路迂回，山环中有四角亭一座，通过曲廊，有五楹卷棚歇山殿堂一座，名叫别有天。"（《日下旧闻考》载："山池间为标胜亭，又东南为别有天"）。从别有天"转过曲廊，进入该园假山区。山势崎峭，孤峰苍翠，高低起伏。出假山区过河，有城关一座。过城关，有廊可通委宛藏（南角门外别院），殿西，有半圆形建筑物两座。峰南有四角亭两座，小巧玲珑。亭西有廊隔开，形成一个独立院落，亭名韵天琴。"[26] 据弘历诗，名韵天琴是由于"石激出淙乳，俨中宫商音。""西部院落较宽阔，院中散置峰石，栽植梅花数本，是蕳园中最幽静之处。"[26]

　　从澹怀堂西北度桥至水系中心大岛（图 9-97），或从"云容水态西北循山径入，建琉璃坊楔三（牌楼两侧砌以短墙），其北宫门五楹（前出月台），南向。"进宫门后中轴线上为三重院落。宫门"内为含经堂七楹（四进勾连搭式），后为淳化轩，又后为蕴真斋"（《日下旧闻考》卷八十三）。弘历有《夏日含经堂诗》称它"高轩能却暑，邃室亦生凉。"（相传此处是乾隆归政后，在这里诵经礼佛之处，淳化轩是后拓命名的。）乾隆三十五年（1770 年）弘历《淳化轩诗》自注云："内府藏有淳化阁帖初拓，既为订正重刻，因于含经堂后回

廊分嵌石幅，廊之中拓为是轩（淳化轩），即以帖名名之。"也就是说，"以藏重刻淳化阁帖石而作也。""爱于长春园中含经堂之后，就旧有之回廊，每廊砌石若干页，恰得若干廊，而帖石毕砌焉。廊之中原有蕴真斋，因稍移斋于其北，即旧基而拓为轩"（弘历《淳化轩记》）。

　　"含经堂宫门西，有五楹两层楼一座。楼北有垂花门，进门一组大型叠山，山势雄伟。转过山口有五楹殿堂名涵光室，四周环以游廊，室后左右峰石陡起。……在两山环抱中，建有三楹坐西朝东殿堂一座，名叫三友轩。过轩往北，有三楹宫门一座，进宫门正北有坐北朝南九楹两层楼阁一座，名理心楼。"[26]

　　"蕴真斋宫门东为味腴书屋，两层七楹，它与西部焚香楼相对。……楼北侧有戏台一座，院内建有东西庑廊。正北有殿五楹（神心妙运），殿后摆置山石数座，种植名贵花木。院西有月门，达淳化轩后门。"[26]

　　"蕴真斋东墙外为长街，每年正月开市三天，由宫内太监，打扮成商人，在店铺中出售各种物品，开市过后，铺门即紧紧关闭，冷冷清清，一片寂静。"[26]

　　淳化轩区之东，湖中有岛，岛上为玉玲珑馆区（图 9-98），东南有弯水，对岸为映清斋，形成对景。"正宇为正谊明道五楹，北为林光澹碧，东为鹤安斋

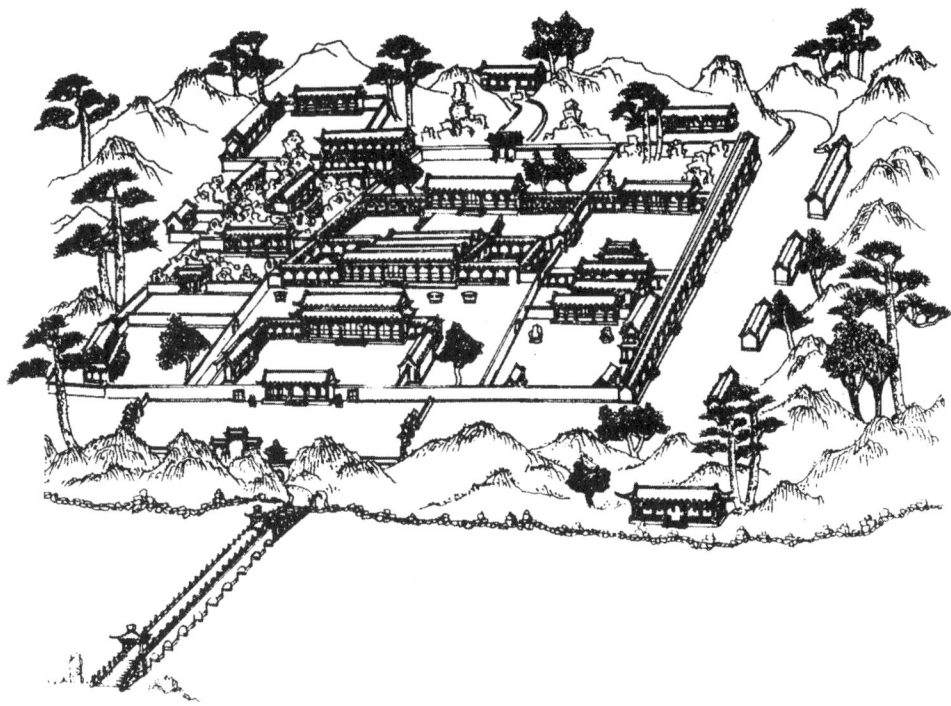

图 9-97　蕴真斋和淳化轩鸟瞰图

（一组建筑），西南为蹈和堂（一组建筑）"（《日下旧闻考》卷八十三）。焦雄《长春园园林建筑》一文中云："正宇为正谊明道，七楹，前出抱厦，建月台丹陛，……过正谊明道，有十楹殿堂一座，名为益思堂。东西由十二间庑廊沟通。堂西有三个小院组成。中间院落有三楹坐东朝西殿一座，名为蹈和堂。堂南院落有田字式建筑物一座，名为林光澹碧，南有廊一道，通至一座四角亭，名为朝辉亭。玉玲珑馆东有重檐攒尖四角方亭一座，东西有十五间庑廊可通鹤安斋，斋五楹。过鹤安斋又有东西向游廊二十一间，廊尽头有小亭一座，名为狎鸥亭。亭东部有三楹殿堂一座，名为陶嘉书屋。西部院中有山石一座，名为玉玲珑石。"[26]弘历之《玉玲珑馆诗》有"湖石三四峰，湘筠三四个。月下诡状狞，风前清影簌"等诗句描写。玉玲珑馆岛南有之形桥通至卧耳形岛，外围为山，内水一湾，岛上即映清斋景区（图 9-99）。湾北口为昭旷亭，三楹。亭东南接弯形曲廊，至三楹四卷十六间鸳鸯厅水轩一座，名为映清斋。正南有五楹楼，名时望楼，从楼东

可拾级而上。步西曲廊，通三楹撷景堂。堂南有四角方亭。[26]

淳化轩岛西南，旧园后、河北岸为思永斋景区之岛（图 9-100），前临南长河，后面阔水，四隅突出，正门为湖山眺望，后为"思永斋七楹"，东配殿为湖山深秀，西配殿为溪山入画。斋后为眼界宽，再"北楼宇临池为山色湖光共一楼，斋东别院为小有天园"（《日下旧闻考》卷八十三）。《日下旧闻考》所叙过简。据焦雄文："思永斋正殿七楹，匾额为静便趣。庑廊左右七间，南北十间，互相沟通。斋北为眼界宽，殿堂内的百宝精雕镶嵌条案上，陈设有青铜宝鼎等珍贵玩物。出东月门有七楹行宫一座，名随安室，是休息处所。由眼界宽往北，有八角曲廊一座，形成一个水庭，白石雕栏，池中放养金鱼。廊之东西两侧，建有复廊沟通东西建筑，东为涵虚，西为翠秀。出涵虚可通小有天园，出翠秀可达横色亭。鱼池北高台上建有五楹殿堂一座，名为冷然室。它是思永斋最后一处建筑。"[26]

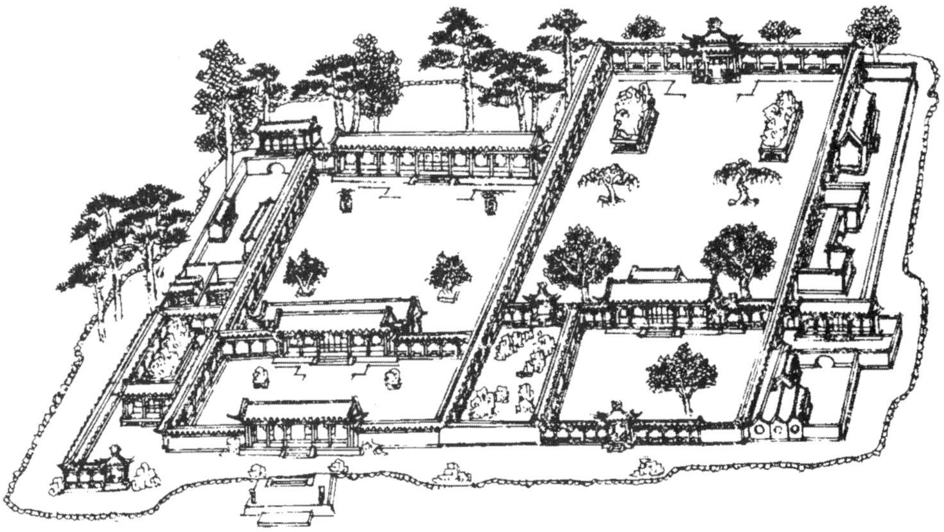

图 9-98 玉玲珑馆区鸟瞰图

图 9-99 映清斋区鸟瞰图

小有天园(图 9-100)是仿杭州汪氏之园，筑成后弘历写了一篇《小有天园记》，述仿意筑园之由。记云“左净慈，面明圣(西湖)，兼挹湖山之秀，为南屏最佳处者，莫过于汪氏之小有天园。盖辛未(乾隆十六年，1751 年)南巡所命名也。去岁丁丑(乾隆二十二年，1757 年)，复至其地，为之流连，为之倚吟。归而思画家所为收千里于咫尺者，适得思永斋东林屋一区，室则十笏，窗乃半之，窗之外隙地方广亦十笏，命匠氏叠石成峰，则居然慧日也。范锡为宇，又依然壑庵也(汪氏别业旧名)。激水作瀑，泠泠琤琤，

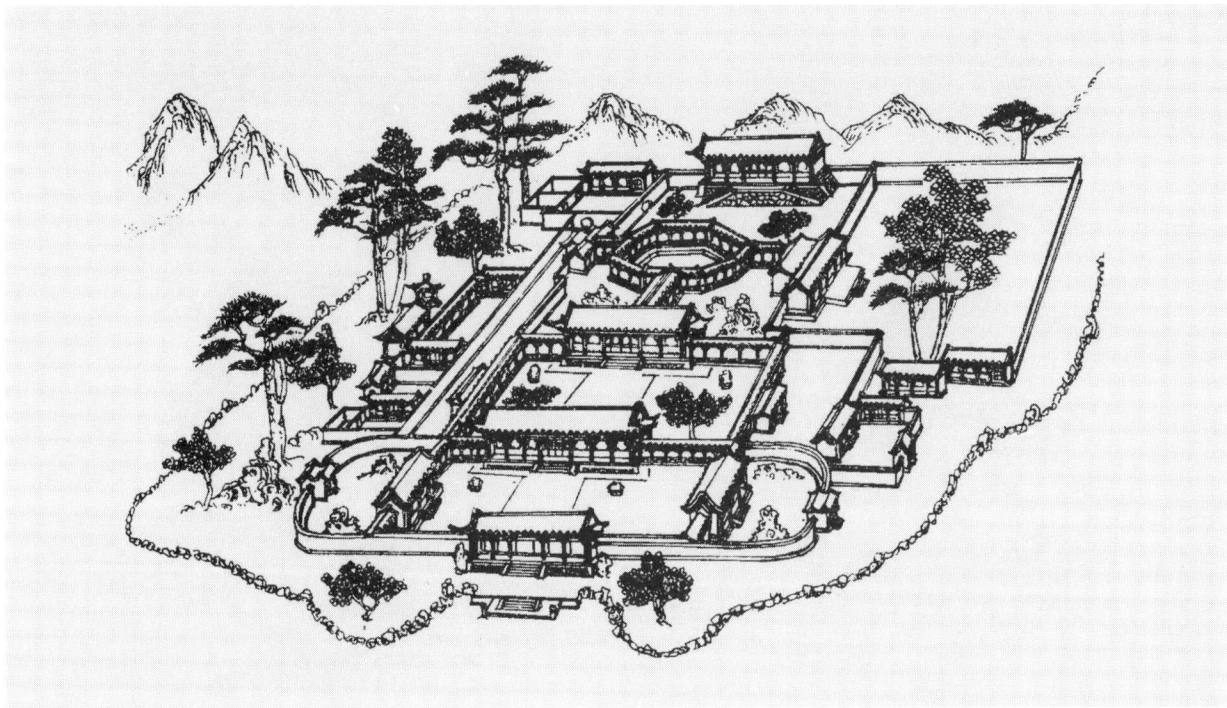

图 9-100　思永斋区鸟瞰图

不殊幽居洞之所闻。而黄山松树子虽盈尺，有凌云之概，夭矫盘挐。高下杂出，于石笋峭蒨间，复与琴台之古木苍岩玲珑秀削不可言同。何况云异？吾于是知天地间之景无穷，而人之心亦无穷。境有异，而人之心无有异。夫此为轩、为亭、为磴、为池、为林泉、为崖壑，固不可历历手攀而足陟之者。使目击道存，会心不远；则此为轩、为亭、为磴、为池、为林泉、为崖壑，又何不可历历手攀而足陟之乎？"此记对园林造景之道有所发挥。

"思永斋西稍南，河外(对岸)为得全阁(景点)。南为宝云楼，北为远风楼"(《日下旧闻考》卷八十三)。远风楼北有小水湾，北有花神庙。"思永斋(岛)北河池潆汇，中有圆式崇基，其上楼宇三层，为海岳开襟，四旁坊楔各一。"所谓圆式崇基为圆形双层石台，俱为玉石栏杆。三层即前、后、中，"前后殿均为五间三抱厦成两卷形歇山卷棚式殿顶，中层殿宇为亭式方楼四明各显五间加廊，上层檐四明各显三间，四脊攒尖方亭顶，上安圆式铜亭顶包金。"[27]"殿前东西列太湖石二块，为玲珑上等象皮青太湖石，……此(海岳开襟)处树木以白皮松为最盛，浓荫遮地。殿

之东西以云片石堆砌假山，并爬满紫藤、凌霄及爬山虎。"[27]

海岳开襟四面有码头，"海岳开襟之西河池外(西对岸)有亭为流香渚，亭北为罨画溪。"按语："流香渚之西循山径行，即达圆明园之明春门(出长春园西官门即圆明园明春门)"(《日下旧闻考》卷八十三)。"流香渚为十六方柱之双檐四角亭。"[27]

据《圆明园大事记》："乾隆十二年(1747年)正月，传旨做御笔含经堂、林光澹碧、宝云楼、天心水面、玉玲珑馆、澹怀堂等匾额十八面，……据此知是年长春园内之主体建筑澹怀堂、含经堂、玉玲珑馆均已建成。"(十二年)六月传旨做御笔长春园匾，……传旨着沈源画长春园图一张。"是以长春园当于乾隆十二年基本建成。虽然，谐奇趣及淳化轩、后殿均为以后修建。

长春园北岸东端为狮子林景区(图9-101)。弘历《狮子林八景诗》序云："狮子林之名，赖倪迂图卷以传。此间竹石丘壑皆肖其景为之，冠以旧名，志数典也。"弘历《续题狮子林八景诗》序中又指出："倪瓒原卷中自识，与赵善长商榷作狮子林图，且属如海因

公宜宝弄云云，是则为图本自倪，而叠石筑室已在疑似，何况历岁四百余年，室主不知凡几更，而今又属

黄氏矣(指乾隆时)。则今之亭台峰沼，但能同吴中之狮子林，而不能尽同迂翁之狮子林图，固其宜也。"

图 9-101　狮子林景区鸟瞰图

狮子林景区以叠石取胜，峰石掇山布局，有三大组群，其一在南界，其二在中部，其三在东北。最西部建筑格局严正。正殿五楹，卷棚歇山顶。前为倒山字形台座突入水中，中座为单檐攒尖亭，曰养月亭，东、西座各为三楹敞宇，形成对称。正殿北为华邃馆三楹，东西游廊相接形成院落。华邃馆西侧，有小组叠山，呈环状，山环中有单檐八角亭一座，名翼然亭。华邃馆东廊中部为东配殿，名横碧轩。轩前有长方形水池，池上架平桥。弘历《狮子林八景诗》咏横碧轩诗句有"文轩筑溪上，溪水如带横。"长池南部即狮子林叠山第一组群，形成南部一道屏障。南有占峰亭，东有圆卷式闸口一孔，有石额上刻狮子林。弘历咏占峰亭诗句有："虽是假山亦有峰，发峣砝硪转饶趣。历艰陟顶得稍平，四柱小顶翼然据。"在峰石间有亭名澄清亭，亭东又有一亭名潦清亭。亭北有圆形小池，池北建楼，名延景楼。楼在回峰叠置的石林中。[26]弘历咏延景楼诗句有："诡石玲珑栈径通，入来浑似万山中。近峰远渚揽次第，秋月春风观色空。"

澄清亭前有东西石砌驳岸，亭北部有方池，方池北岸有五楹殿堂，名为清淑斋。南临水有石栏杆，其西北东三面砌以粉墙，东西有月门可通。斋东北有小院，东南西三面为什锦花窗回廊，北为三楹殿堂，名纳景堂。弘历诗序："镜水写形，遇以无心，而景自为纳(通过漏窗)，斯堂所得，迫乎近之。"堂北渡之字桥即小香幢，所谓"一间楼涌小香幢，调御琉璃朗慧钉"(弘历诗句)。纳景堂西北为清閟阁一组建筑，前有小池，池前有山，为狮子林主峰。[26]，清閟阁五楹，后檐西部游廊五间，接西部北小院之探真书屋。[27]池南叠山西部有蹬道石梯数十级，可升至西端方台上。[27]弘历有咏蹬道之诗序云："此虽叠石而成，亦自觉风云可生足底。"

清閟阁之东以太湖石堆叠高峰；台下为进水涵洞。[27]渡飞虹而过，从延景楼往西北，是狮子林叠山第三组群。这里"令吴下高手堆塑小景"，"一邱一壑都神肖"，洞府四通八达，是全园主景区。东北留有谷口，可达北端之云林石室，此室白石砌成，坐北朝南，左右置峰石。[26]弘历有诗云："洒然

石室额云林，元镇流风若可寻，却与田盘开别面（盘山静窗山庄中向有云林石室），古松都隐剩嵌岑"（假山虽肖吴中，稚松皆新种，固不如田盘古松林立也）。

狮子林景区落成较晚，据《圆明园大事记》："乾隆三十七年（1772年）九月，新建长春园内狮子林纳景堂、清闷阁。延景楼区对交由苏州织造做成，并安挂至各处，由是知狮子林一景已于是年建成。"

狮子林景区之西为一景点，前为丛芳榭，后为琴清斋。弘历作《丛芳榭诗句》："曲廊回抱疏轩敞，阶俯琳池波决溮。缭以纱疏碧且虚，延爽障寒幽复朗。宴息四序无不宜，恒春花镇念芳蕤"等句。再西又一组建筑，北为平畴交远风，南为转湘帆，再西，即北岸正中部位的泽兰堂景区。前临阔湖，背依高岗。垒土叠石甚高，构成崖壁深谷，又依势择险而筑。北冈上正殿为泽兰堂，十五间两卷式，东顺山套殿两卷四间，西跨院为值房。[27]这里依岗势而下，或构成深谷曲洞，或构成悬崖峭壁，或石峰独立，或叠石成壁，无不佳妙。泽兰堂南为爱山楼，五楹，前后转角游廊相通。"爱山楼上额曰天风海涛，楼下额曰山静云闲。"再南为翠交轩（三楹），轩下石室为熙春洞"（《日下旧闻考》卷八十三）。泽兰堂区不仅叠石取胜，有深谷曲洞，上架石梁飞桥，而且山顶石隙间暗砌水池，蓄满清水，缓缓流出成飞泉细瀑。[27]

由泽兰堂区度城关而西"为宝相寺，山门南向。内为澄光阁（左配殿为松关，右配殿为云窦），后为昙霏阁（左为平远，右为合翠），又后于崇基上有殿为现大圆镜"（《日下旧闻考》卷八十三）。宝相寺西"为法慧寺，山门（额曰普香界）西向。（法慧寺）内为四面延楼，后殿为光明性海，其西别院有（八面七层五色）琉璃方塔"（《日下旧闻考》卷八十三）。

据《圆明园大事记》："乾隆十一年（1746年）六月，传旨做长春园内法慧寺、宝相寺、丛芳榭、平畴交远风等御笔匾额二十二面，于乾隆十二年八月初十日做成挂讫。"据此知以上各景点早在狮子林建成之

前二十六年就已建成。

北岸最西端为谐奇趣（图9-102），是长春园中最早建成的西洋楼和水法之处。长春"园内诸河之水由圆明园东垣之一空闸五空闸流出，（进长春园后）环绕各所（即各景区景点），又东出七空（孔）闸，灌溉稻田"（《日下旧闻考》卷八十三）。水进长春园后为长方形小水面，西跨有线法桥，水北即谐奇趣。再北为花园广场，场西为蓄水楼，东为养雀笼，再北为万花阵，这样组成南北短轴线，左右对称规划特点的一区。此后才往东逐步建成方外观、海宴堂、远瀛观（建成最晚）、线法山、方河、线法墙，总称西洋楼区。

在长春园起造以水法为主体的西洋楼建筑群，（图9-102、图9-103），标志着欧洲建筑与园林艺术于18世纪首次引入中国宫苑领域。据童寯《北京长春园西洋建筑》一文："乾隆十二年（1747年），当高宗（弘历）偶见西洋画中喷泉而感兴趣时，问郎世宁（Castiglione，Joseph）谁可仿制。郎即推荐教士蒋友仁（Benoist，Michel），帝随命蒋在长春园督造水法，建筑由郎世宁、王致诚（Attiret，Jean Denis）、艾启蒙（Sichelbarth，P. I.）等负责，并由汤执中（D'Incarville，F. P.）主持绿化。"[28]

圆明三园虽于同治十年（1860年）英法联军侵入北京时焚毁，西洋楼区也同时沦为废墟。幸有长春园西洋楼铜版画二十图传世，得窥建筑画貌。早在乾隆五十一年（1786年）耶稣会教士晁俊秀或称赵进修（P. Michael Bourgeois）从北京函告巴黎图书馆印刷部主任 L. F. Delatour，说已绘成园图20幅并刻铜版，就是指这群西洋楼图样。铜版印本原大0.64米×1.10米，分藏于北京、沈阳两地皇宫和热河行宫。[28]这20幅铜版图乃西洋楼全部完成后所绘竣工透视图，不是施工图。童寯和其他人文中都称铜版画是郎世宁所绘。近据《圆明园大事记》："乾隆五十一年（1786年）四月初一，将刻得西洋楼水法殿铜版二十页并印得纸图一百份安设斋宫呈

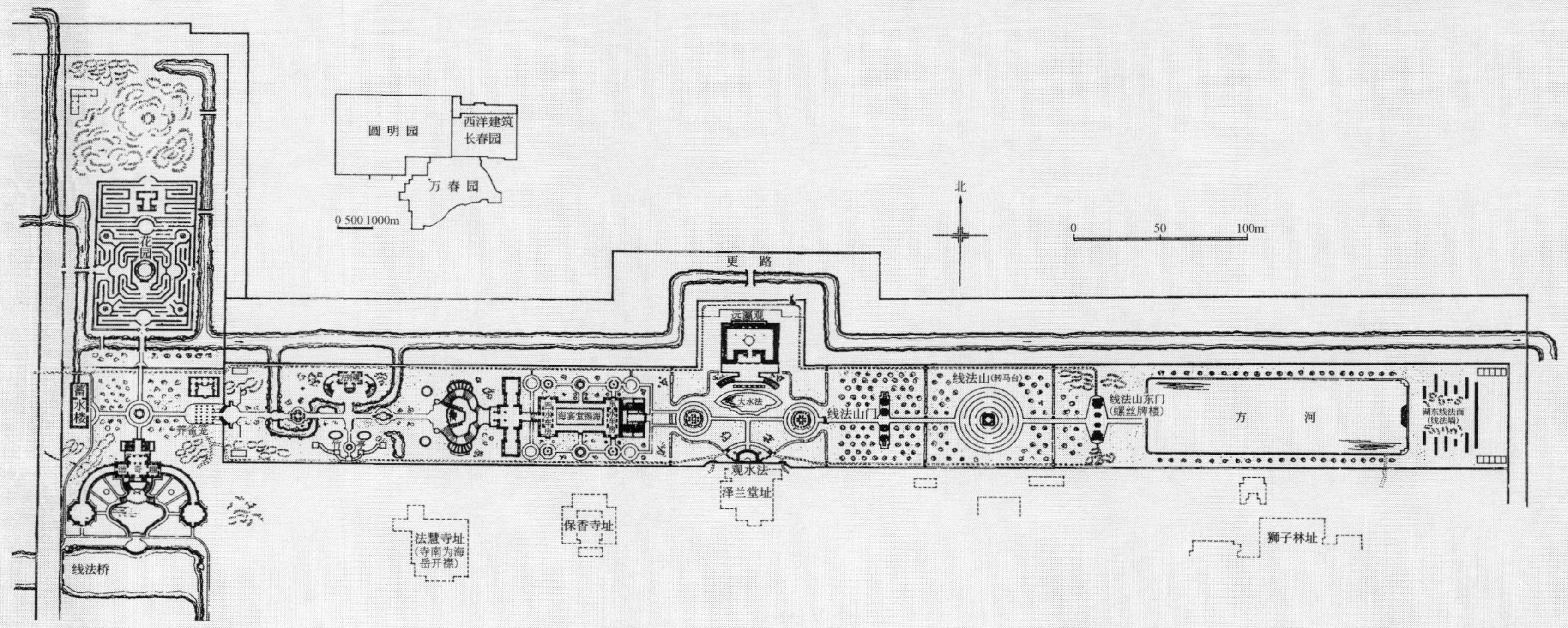

图 9-102 长春园西洋建筑群总平面图

览，该图系由西洋人伊兰泰起稿。"又按语："此二十张铜版图中有远瀛观图一幅，档案中明确记载远瀛观建成于乾隆四十八年，而郎世宁早在乾隆三十一年即病逝北京。所谓郎世宁绘制铜版图之说显然失实。"

谐奇趣正楼高三层，上层三楹，中、下层七楹，南面[图9-104(A)]从左右两边曲廊伸出八角楼厅，是演奏蒙、回、西域音乐的地点。南面弧形石阶前有大型喷泉与水池，北面[图9-104(B)]双跑石阶前也有喷泉与水池。[28]南面喷水池中间有西洋翻尾大石鱼一尾。嘴上翻，水由口内喷出，高五丈余。环池有铜雁18只，水由口出喷作曲形。沿池边有四铜羊向池中喷水。池外东西有小型喷水池二座，楼下石券内亦有小喷水池二座。[27]同时又建蓄水楼（图9-105），在谐奇趣西北，专供谐奇趣南北两面喷泉用水。

前述，谐奇趣在从圆明园进水口长河北，湖北建以石栏。线法桥凡五券，每券上口刻有兽面，水由口内喷出注湖，桥上有西洋座钟形假门一座，上嵌巨大时辰表一具。门南北障以雕刻花墙。[27]

谐奇趣北为花园，十字甬路中心圆形，周围环以铜栏，修有水法台一座，甬路用细砖铺地，路旁用砖砌成花坛，五色石子砌成花纹，各色花栽植其中。环圆坛及四分地中，等距点以修剪成三层至五层的松柏，园西部为蓄水楼（图9-105），五楹，高两层，楼北连有平台三楹，内为养水池。园东部为养雀笼及鸟房，养雀楼作为进长春园西洋楼区的入口，下段再述。花园北面后又添建花园门，形似西洋座钟（图9-106），门之两旁为花墙。[27]门北过木桥即是西方称作迷阵（Maze）但又有已改变的万花阵（图9-107）。西方的迷阵，在整形场地上规划出无数来复夹道，夹道两旁有矮树形成植篱为垣，高挡视线。游人进入后，随道而进，绕进绕退，迷失方向，找不到出口为乐。长春园西洋楼的万花阵不用植篱而改用1.5米高青砖刻花矮墙。[28]墙顶作池形，中植罗汉松。从平面四看，

阵四角各有八方阵眼，各植龙爪槐一株。阵正中石台上，筑圆顶双檐八角亭一座，中设西式座椅。阵之四门皆安铁栅栏。若进阵之西门，须按图方能至中间圆亭。阵北门内建西洋楼三间，由西侧折梯上登。小楼前左右石狮各一，背驼宝瓶，内有铜管，喷出之水高二丈余。[27]万花阵北为另一小区，筑山及山径较自然，山上建方亭一座，西北角有曲尺形平屋。

谐奇趣这一区的建成，大约在乾隆十六年。据《圆明园大事记》载："乾隆十五年（1750年）三月，传旨着造办处成造水法池内之铜鹅铜鸭。按：此一水法池即长春园西洋楼中最早建成之谐奇趣，是年工程尚在进行中，尚未予命名。十一月，传旨长春园内水法处正楼平台上铜栏杆着改做琉璃栏杆，水池泊岸上铜异兽交铸炉处依原样制作。"到"乾隆十六年（1751年）二月，传旨做御笔谐奇趣匾额，由是知谐奇趣已于是年建成。"次年"十月、十一月、共计九批西洋物件均奉旨交水法殿（谐奇趣）内陈设，内有西洋玻璃灯、西洋显微镜、西洋挂镜、西洋幔子、西洋天球仪等。"又"乾隆十八年（1753年）十一月，传旨着郎世宁仿西洋铜版手卷款式画水法房大殿、游廊、亭子内之通景画。"

到了"乾隆二十一年（1756年）四月，郎世宁为长春园东边新建西洋式花园起地盘样稿呈览。奉旨：照样准做。按：谐奇趣东边之西洋花园应属方外观一带，亦可能系西洋楼一区最东端之方河、线法墙、线法山一带"（《圆明园大事记》）。从养雀笼起迤东到线法墙这条东西狭长地区的总布局看，基本上采用了轴线对称的形式。整个东西方向主轴线长约800米，由于建筑物和植篱的间隔分成了几段，以下就从养雀笼说起。

养雀笼明面五间三卷式（图9-108），正中为券门，共二十四柱，正看（从花园东望其西方面）近似中国五楼牌坊，侧面成三卷式。但东出卷门回望其东立面（图9-109）仿佛半环形西洋牌坊三楹。[27]从养雀笼券门东望，正中是平直的园路，前面对着海宴堂，可说是养雀笼至海宴堂东西中轴线，北侧是方外观，

图 9-104A　谐奇趣南立面图

图 9-104B　谐奇趣北立面图

图 9-105　蓄水楼东立面图

图 9-106　万花阵花园门北立面图

图 9-107 万花阵花园鸟瞰图

图 9-108 养雀笼西立面图

图 9-109　养雀笼东立面图

南侧是竹亭。这里从方外观西北从北河引入曲水先直奔南穿路，然后折东，再北回穿路，再东经方外观前而折北入河。在往返穿水的中段的路中建有八角石亭，在方外观桥以东段路中建有花坛树池。它们既是方外观前一东一西相对的景点，又是东西中轴线上两个焦点。

方外观楼(图9-110)上下各三楹，下层明间带门罩子平台一间，覆以石栏杆，可从上层出台眺望。上层两山俱有角门，可由半环形石梯上下出入。隔水南为竹亭五(图9-111)，有游廊相连。亭瓦窗柱俱用湘妃竹制成，不施寸木。窗柱俱镶嵌五色珠石蛤蚌，烫蜡见光，中亭之正前(亭北)有圆形小喷水池，再北左右为荷花池。[27]

海宴堂是西洋楼中最大的建筑，体形宏伟，西向，阻断了东西中轴线，至此似乎已是尽头，这样从养雀笼到海宴堂成为一大景区，海宴堂主要立面西向(图9-112)，两层十一开间。上层明间建门罩子一座，明显三间，上安冲天栏杆戴番花葫芦顶一堂，其南北次梢各二间有石刻券口窗，再次南北腋间各二间，为方亭式屋顶，下层平台各二间，上安露顶石栏杆各一堂。楼前左右对称叠落石梯环抱喷水池。明间

两柱间之台上石豹各一，口中喷水于水扶梯式扶手墙石槽而入池。池正中石蛤蜊一座，其上为转轮水法，再上有二鱼喷水，左右双分流于池中。池正中有喷水台座，两侧各排八字石台六个，上坐铜铸喷水兽面人身，共十二尊，组成规定的地支十二属(子鼠、丑牛、寅虎、卯兔、辰龙、巳蛇、午马、未羊、申猴、酉鸡、戌狗、亥猪)，代表十二时辰。每隔一时辰(相当现在两小时)依次按时从兽口中喷水，正午由十二铸体同时喷水注池中。池前(西)左右西洋八角石鼎各一，高八尺余，和这十一间正楼角扶梯连接的是东部安放水车、水库的十一开间工字楼(图9-113)，中段有砖砌高台，上置养鱼池(蓄水池)。池东西长八丈五尺五寸，南北宽一丈八尺五寸，深四尺九寸，盛水180吨。池周包满锡板，防止渗漏，池中又养游鱼，称为锡海。工字楼两翼是东、西两水库房，房内各有水井，上安轧水机，把水旋转上升注锡海，再利用地心引力经过铜管流向诸喷泉。工字楼的南面和北面各有喷水池一座，为八角形。两池有二铜猴在树捅马蜂窝，手中托印，水激树，群蜂飞舞，二猴作惧状，南面东池内，一铜猴坐假山上，手执雨伞一把，水由伞

图 9-110　方外观正立面图

图 9-111　竹亭北立面图

图 9-112　海宴堂西立面图

图 9-113　海宴堂北立面图

顶上喷，复落伞上，下流如瀑雨，名为猴打伞。工字楼东立面门前有曲折石阶下达地面(图 9-114)；通向东院"大水法"。[27][28]

海宴堂以东是大水法即远瀛观这一组喷泉和建筑，位置居西洋楼区中心偏西，往北凸出成南北长方形，在南北短轴线上可划分为北、中、南三部分，北部即高台上建筑远瀛观，中部为大水法，南部为观水法。远瀛观(图 9-115)坐北朝南筑高台上，位置最高，全部皆为汉白玉石雕刻筑成。主楼的楼顶三层檐庑殿式，宽五色琉璃圆光瓦，垂脊桷嵌五色琉璃香草卷云花纹，明间门罩白玉石柱一对，刻下垂葡萄叶，深雕三寸余，明间上顶正中用圆光百锦窗一座。东西梢间为四面钟形亭。楼四周建白玉石券口窗，楼前左右列石狮子一对。楼台基座东西有弧形石梯各二十余级，环抱台基下的喷水池。石梯与方台之间隙用精美的太湖石及花木填空。[27]远瀛观一度是香妃住所，乾隆

图 9-114 海宴堂东立面图

图 9-115 远瀛观正面图

三十二年(1767年)为陈列法王路易十六所赠挂毯而改造过内部。[28]

中部即大水法的喷泉水池(图9-116)。北有西式牌坊紧靠在远瀛观的台基下，牌坊前正中有半圆七级水盘一座，层层喷水，主池半圆海棠式，池正中有一铜鹿南向似跑，其角分八杈，由各杈尖上喷水。铜鹿东西各有铜狗五只，水由口中喷出射向铜鹿，为此俗称十狗喷鹿。池之东复有大形翻尾海猪各一，水由海猪口中喷出，射远三丈。池之沿岸安放带座石花盆，内植三层线法松(所谓松大抵为桧柏，塑型修剪成三级)。池南东西两侧各有十三级方形喷水塔一座。塔顶有铜制笈黎十六角，喷曲线水落池中，十三层塔节节有水溢流。中部左右配植有九层线法松。

南部的观水法是帝王坐此以观赏水法的地方(图9-117)。台正中设宝座，左右列二铜鹤，二鹤对衔铜横梁，条下横布五色玻璃六棱坠子，由宝座靠背拉黄铜顶棚至前方鹤嘴横梁，成一个五尺长凉棚。台前左右列石鼎炉各一台。宝座后有西洋麾盖一座。再后是半圆形石屏风，中嵌石刻屏心五件，中间一块雕刻军旗甲胄刀剑火炮炮弹，其他四块亦刻刀枪盾牌甲胄等。在石屏的东西两侧有方形小塔各一，塔两旁有玉刻花盆。石屏东西有钟形门(即巴鲁克门)二座，接以松墙[27]。

由大水法再东是线法山，介于两座西式牌坊之间。两座西式牌坊上檐成一平直线，雕花石券门三座，柱方形，是为线法山正门(图9-118)。线法山(图9-119)作圆形，山上建双檐八角四券石亭。山四面有盘旋蹬道，折叠上下三层，道宽五尺。道旁嵌黄绿色琉璃矮墙，路旁密植小松。这区也称转马台，因弘历曾环山跑马。线法山以东为双檐六角三亭西式门三间，即线法山东门(图9-120)，俗称螺丝牌楼，门的南北各有月形荷花池，中植白莲。[27]

最东，隔长方形方河望见"湖东线法画"(图9-121)又名线法墙；其前南北两边分砌平行砖墙五列，可张挂油画。绘香妃故乡新疆的阿克苏回教建

筑十景，随时变换。最后障以远山轮廓，孤山萧寺，作为天幕，意境无尽，方河倒影既提供衬托，又增加透视距离，强化幻觉，作为园景结尾。[28]西洋楼区建筑群到此为止。

长春园此界所以会布置有这样一些西洋建筑和水法，无非是弘历偶见西洋画中喷泉而感兴趣，好奇而在宫廷中建此，聊备一格。虽然主要仿建西洋形式建筑和喷泉，但毕竟是在中国营造，要适应、符合中国帝王的意图、兴趣和宫廷需要，在突出西洋形式时又混合有中国特色。童寯《北京长春园西洋建筑》一文中指出，长春园西洋楼建筑风格属洛可可范畴，并在注中列举美国人丹比(E.Danby)1926年著《圆明园》一文，法国人德茂兰(Georges soulie de Morant)所著《中国历代艺术史》都称西洋楼为洛可可风格。西洋楼全部建筑用承重墙，平面布置，立面柱式、檐板、玻璃门窗，以及栏杆扶手等，都是西洋做法。屋顶有硬山、庑殿、卷棚、攒尖各式，用筒瓦、鱼鳞瓦、花屋脊及鱼鸟宝瓶等装饰，属中式，只是不起翘。雕刻装饰细部夹杂中国式花纹，还有太湖石、铺地、竹亭等点缀更具中国特点。喷水塔、喷泉与喷水池边带华化装饰。海宴堂西面水戏避用西方裸体雕像，而代以铜铸鸟兽畜虫和十二属，都是善于运用中国艺术习惯的巧妙手法。[28]大规模地仿西洋式建筑和喷泉，这在我国园林建筑史上还是第一遭，总的说来不免有不中不西，不伦不类的缺点。

六、绮春园

在圆明园福海的东南、长春园旧园的西南，隔一墙就是圆明三园之一的绮春园(图9-122)。前已述绮春园的前身是春和园，"乾隆三十四年(1769年)奉旨：春和园改为绮春园"。"春和园不曾见于著述，亦不详其归属。""是年十月奉旨做御笔绮春园匾，于乾隆三十五年三月初九做成挂讫"(以上引文均见《圆明园大事记》)。绮春园大抵建成于乾隆三十四、三十五年间，又《圆明园大事记》载：

图 9-116　大水法南面图

图 9-117　观水法正面图

图 9-118 线法山门正面图

图 9-119 线法山

图 9-120　线法山东门

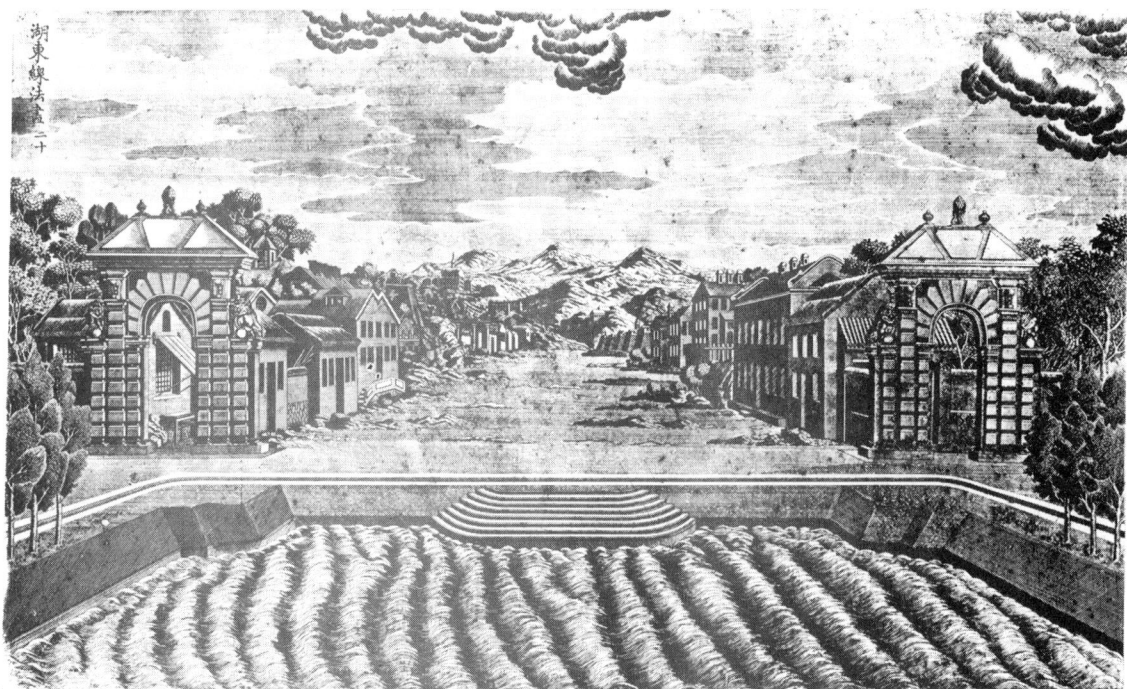

图 9-121　从方河看线法山

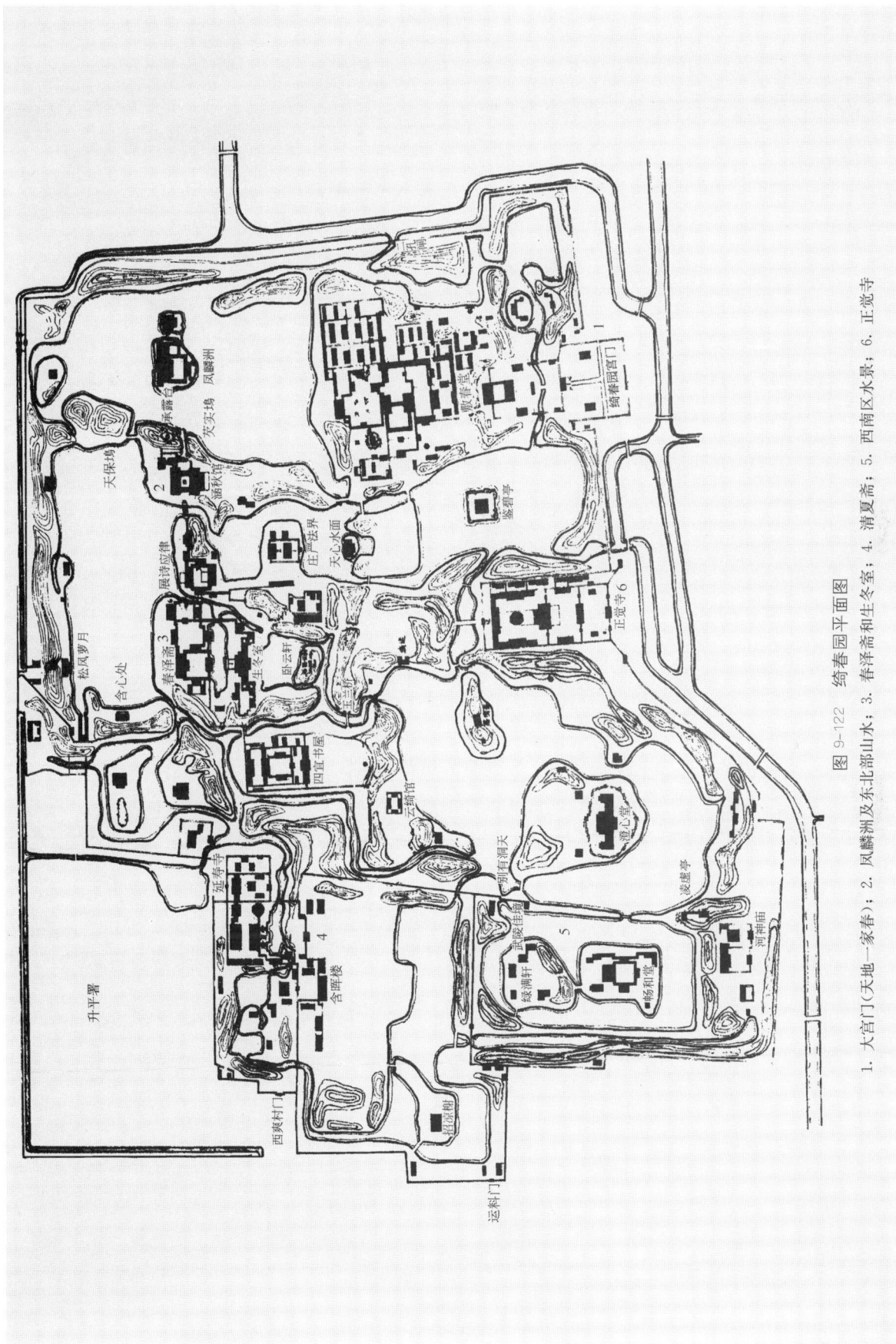

图 9-122　绮春园平面图

1. 大宫门（天地一家春）；2. 凤麟洲及东北部山水；3. 春泽斋和生冬室；4. 清夏斋；5. 西南区水景；6. 正觉寺

"乾隆三十八年（1773年）十月，奏请新建正觉寺安设喇嘛住持焚修，由是知绮春园内之正觉寺业已建成。"但乾隆年间绮春园的规模多大，有哪些景物，缺少资料。《圆明园大事记》载："乾隆三十四年（1769年），奏请：绮春园内殿宇既多，地面辽阔，理宜酌派人员专司其事"，可见原园殿宇很多。到了嘉庆初年，把大学士福康安赐园，庄敬和硕公主赐园含晖园，成邸寓园西爽村联晖楼皆并入绮春园，形成绮春园西路部分，原有部分即绮春园东路，从此规模宏远矣。据《圆明园大事记》："嘉庆六年（1801年），是年，绮春园内新建西爽村、含淳堂、展诗应律、敷春堂四处，均已建成。""嘉庆十四年（1809年）五月，绮春园添建宫门、勤政殿、烟雨楼、涵秋馆、茂悦精舍以圆明园内……"。嘉庆帝（颙琰）曾有《绮春园三十景诗》、有道光（旻宁）跋，包括东西两路之景。

两个赐园并入绮春园后，西爽村、含晖园均改名："嘉庆十三年（1808年），奉旨：西爽村仍称绮春园宫门，嗣后一切称谓书写俱不得再有西爽村字样（据此知西爽村即绮春园宫门一带之前身称谓）。""嘉庆十六年（1811年）五月，奉旨：含晖园嗣后改呼南园。"到了"道光八年（1828年）正月，传旨：嗣后南园着即归为绮春园名目，不必再写南园字样"（以上引文均见《圆明园大事记》）。

道光二年（1822年），绮春园用以奉养皇太后、太妃等，道光后也移居绮春园，从此畅春园的地位逐渐下降。是年，熙春园奉旨赏给惇亲王绵恺，而春熙院已于嘉庆七年（1802年）赏庄静固伦公主，自此圆明五园易为三园。

绮春园改称万春园是在圆明三园焚毁后同治十二年（1873年）拟重修圆明园时改称的。"《雷氏旨意档》里记雷思起奉旨进园查勘时（同治十二年十月初三），园名仍旧称圆明绮春。……用万春园取代绮春园始见于同年月的二十七日，《雷氏旨意档》中记该日进呈万春园等处烫样。"[24]

绮春园到嘉庆年间向西扩展，并入几个赐园，因此西界犬牙参差，南界也有曲折。无论是原园部分或并入的赐园中，都以小型水面为主，然后连缀成水渠。所以这是一座以许多小园穿插着多处景点和建筑组群而组成的离宫别苑。

绮春园的宫门在整个园的东南角。宫门前建有影壁和东西朝房各五间。宫门内有月牙形御河，渡桥后即二宫门。进二宫门，正中是凝晖殿，东西有配殿各五间，正殿后又有一殿名中和堂，背依岗阜。其后整个大岛上被称作敷春堂的建筑组群所占，在中轴线上先是颐寿轩，东西配殿，第二进即敷春堂正殿（万春园三十景之一），有廊连接至后殿，再北为问月楼（三十景之一）。中轴线以西，建筑较舒朗，先是敷春堂前西为舒卉轩（三十景之一），折西为淙玉轩（三十景之一），淙玉轩直北为镜缘亭（三十景之一），再北在问月楼之西南为蔚藻堂（三十景之一）。中轴线以东建筑较稠密，颐寿轩东为含远，折北为翠云崇霭。后殿之东为凌虚阁（三十景之一），再东为翠合轩（三十景之一）。问月楼东南有廊接澄光榭（三十景之一），榭东南为协德斋。再东为行列式建筑东所与西所，妃嫔贵人的住所。

大岛的东南有双曲小水面，西部水中有一圆形小岛，环水有冈阜，岛上和对岸有亭轩的配置。大岛的西南有较大的水面，水中有方形石岛，上建一亭叫作鉴碧亭。这个水面的北部有凹形岛，凹中又有小岛，岛上建筑为天心水面，凹岛东岸南北各有小桥通大岛。这个水面的西部有一组寺庙叫作正觉寺。正觉寺门南出园，门内第一进为天王殿，左右钟鼓楼，第二进为三圣殿，左右五香佛殿，其后院中为文殊亭，两厢为六大金刚殿；最后为最上楼和左右穿堂，后门通园内。

敷春堂大岛北面有较大水面，湖中有小桥连接近圆形小岛二，一较大一小，较大岛西部有堤达岸通涵秋馆，这一景点称作凤麟洲（不在三十景之列）。较大岛上一组建筑，南为风来扬辉，北殿为凤麟洲；小岛上有殿名颐养天和，涵秋馆一组建筑在长形小岛北部，岛南端有小桥通联大岛的西北角；岛北端渡桥为天保坞半岛。涵秋馆东有冈阜南北走向，北山建有仙人承露台。

大岛西北部有数洲并列，形状各异，中部有近非字形较大的洲岛。非字岛东北一横为展诗应律一组建筑(不在三十景之列)。口字形建筑，南为戏台，北为展诗应律，东为吟玉轩，轩东有廊折北接益春轩，再东接含碧斋，斋东渡桥至涵秋馆。非字岛东中一楼为庄严法界一组寺庙，其西又有一组建筑，名不详，非字岛西北一横为春泽斋一组建筑群(三十景之一)。建筑群西部南临小水为承心榭，北为春泽斋；承心榭东为水心榭(三十景之一)，北为茂月精舍。再东、南为苕香室(三十景之一)，北为华滋庭(三十景之一)，室东有廊往北接至庭中途有亭名十字亭。非字岛西中一横为生冬室一组建筑。居中正殿即生冬室；东翼为茵茵榭，折北为含韵；西翼为静虚榭，折北为月香花影。非字岛西下一横的西端有玉兰桥通四宜书屋，其上点状小洲为卧云轩，其下在冈阜间建有景点面西称滴远。

非字岛西有反写 L 形小洲，竖笔北部有四宜书屋(三十景之一)，其西南有景点建筑，称云绮馆，其西北有景点称知乐轩。非字岛西北小洲，西障岗阜，东南景点会心处，非字岛北的较大水面的北岸，岗阜北障，西端有景点松风萝月。非字岛西南又有较大水面，水中东北有小岛，岛上两阜之间为湛清斋。水面南有稍大一岛，上建澄心堂一组建筑，中即澄心堂，东翼为绮旭轩，西翼为垂虹榭。

绮春园最西部，可分北、中、南三段，北段东端为延寿寺，后殿竹林院(三十景之一)。寺西为清夏堂一组建筑，有曲水经寺和堂前。清夏堂临水，东接天临海镜；堂北为兰皋蒍爽，东接镜虹馆；西有喜雨山房(三十景之一)；隔水南有官门。官门西为含光楼(即旧时联辉楼，三十景之一)，楼北为延英论道。中段南部有东西横列水面，水中西部为羹匙形小岛，岛

上建招凉榭。南段为南北长水面，大部为相连二岛所占，北岛上散列有绿满轩(在西南)，有皎镜涵空(西北)，有面镜心空(在北)，南岛上为畅和堂一组建筑，畅和堂居北，南为松路花龛，西为澄霞宇，周接以廊，其西北有馆名开襟馆。水之南有冈阜，冈阜环抱中有河神庙，西连为宅神天诏，再西有七室源建筑，再西为关帝庙。水东有堤，堤北端为别有洞天，其南为武陵佳境；堤南端有亭建阜上曰凌虚亭。

绮春园的水，主要从它南面的万泉引水入园，一在畅和堂西南，一在正觉寺西流入澄心堂南的水面，一在正觉寺东引入鉴碧亭所在水面，是主要引水口。西部诸赐园并入绮春园，园内水泉才得到连贯沟通，最后汇流从东部出口流入东垣外的万泉河。

七、圆明园的掠焚、再劫和遗迹

封建帝王的宫苑是禁地，一般人不得入内，也几乎没有私人的记载，除了个别情况下赐大臣从游而有记载，如明朝有多篇赐游西苑记。圆明三园虽有御制的和景诗以及官修延录园册(如《钦定日下旧闻考》等)可资参考，毕竟是官方的记载，言简不赅，难以表达出圆明园伟大的总貌。我们在本节开始对圆明园总的布局和特殊风格的评说，也只是根据资料、平面图和遗迹的踏勘后个人的体会。但在乾隆年间，弘历请了不少西洋教士，在宫苑里作画，并设有画院。他们就住在圆明园的如意馆里，有时得到许可在园内游览。此外就是英法联军之役侵略军中有些人记载了他们看到圆明园后的印象；下面仅摘录一位西洋人眼中的圆明园的片段。

法国人格罗西(M. L. Grocier)谈到圆明园的山水布局时说："这个巨大的宫苑，园地的全部，布置着人工所造的小山和丘陵。有高到两丈，甚至于五六丈的。这些小山的分布，都是按照计划来经营的。""清澈的水泉，是来自宫苑外的高山，灌溉山谷的底部后，即行分散。最后又汇合成大大小小的湖泊。"他提到花木和岛路时说："在小山的斜坡上，花卉树木，

布满其间，……园中有很多道路，称之为羊肠小路，确很恰当，有的通过山谷，有的临近河流，也有的通过丛密的森林，忽而转折而行，忽而贯通大路。这些小路都铺上小的石块。"关于园内殿宇亭榭等园林建筑，他说道："在每一个山谷里，都有依其特有的计划而构造的宫殿。建筑的正面是用圆柱和窗牖并涂上金色再加上彩色的髹漆，墙垣是用灰砖建成，再雕镂上花纹，屋顶覆以彩色的琉璃瓦，红、黄、蓝、紫掺杂配合，变化万千，形成极其美观而悦目的境界。仅仅为了装饰的亭阁，它的宽大程度就是够帝王和他的随从作为住所之用，真是令人不敢置信。仅仅一个宫殿就需消费库金四百余万法郎，而其他家具等物并不计算在内。在这样一个巨大的宫苑圆明园中，大约有二百多座宫殿，并附有护卫和太监的住所，这些宫殿之间的距离，大约相隔数米，都有墙垣或林木掩盖着。"[27]

关于景物，他提到了福海，"一个巨大的湖，人们称它为海，……它的直径约一英里半地，海的中心还矗立着岩石的小岛，上面建有宫殿，结构极为精美，这小海的海岸，参差不齐，很有风趣，时而深藏为海湾，或伸出成为海峡或半岛，有的海岸是石块砌成的；有的是形象狰狞的岩石所堆成的，也有翠绿如茵的细草，积成为天然的斜坡，通向大海。……我所看到的游船中，都是装饰得非常华丽的，大小不一，形式也各有不同，最大的船有长到六丈六或八丈四的"。他又说："宫殿有的建在岩石的高处，可以临高下望，景色奇绝，变化万千，可以看到用作点缀的桥梁和空谷兰花，绿荫里闪耀着金碧辉煌的高大宫殿，庭院中陈列着繁花异卉；小山上的泉水瀑布徐徐地流下，这样美妙无比的景致，真迷人心目，令人有置身仙界之感！"[29]

上引几段文字，为言不多，但已把圆明园的概貌勾画出来而且赞颂备至，难怪到过圆明园的一位法国教士王致诚(Attiret Jean Denis)写信回国称赞圆明园为万园之园(Garden of Gardens)，圆明园就是由众

多的数以百计的景区或园中园组成宏伟的宫苑。

虽说是帝王的宫苑，但园中的山水泉石，殿堂亭榭，无一不是劳动人民所营造的，一草一木，无一不是劳动人民所种植的，凝结着劳动人民的血汗。圆明园的建成是中国园林艺术上一个光辉的杰作，"规模之宏敞，丘壑之幽深，风土草木之清佳，高楼邃室之具备，亦可称观止……帝王豫游之地无以逾此(弘历《圆明园园咏》后记)"。最堪痛恨的是圆明园在19世纪中叶为帝国主义侵略军所洗劫和焚毁。

关于焚毁圆明园的记载，中国方面的记述不多，而外国方面约记述是比较多的，还有译文的如《北平图书馆馆刊》第七卷第三、四号圆明园专号欧阳采薇所译《西书关于焚毁圆明园记事八篇》[28]。还有专书如 Count D' Herisson 著：《The Book of Imperial Summer Palace at Peking》等。我国近人论述圆明园的专著有觉明(向达)《圆明园罹劫七十年纪念述闻》、程演生《圆明园考》、刘敦桢《同治重修圆明园史料》、陈文波《圆明园残毁考》等。20世纪80年代中国圆明园学会主编《圆明园》迄今已出第四集，曾转载了不少近人有关圆明园的文章和图等。还有不少今人发表的文章。这里简述如下：英法帝国主义在1860年农历九月从大沽北犯，十月五日侵占了海淀，六日占领圆明园，第二天就开始劫掠圆明园中珍宝。十月十七日联军司令部正式下令可以自由劫掠；于是英法军官士兵疯狂掠夺。侵略军洗劫圆明园后还不满足，英使额尔金(Lord Elgin)再发表他的罪恶声明说："只有焚毁圆明园一法，最为可行……足以使中国及其皇帝生极大的震动……"。英联军司令格兰特(General sir Hope Grant)完全支持额尔金这一毁灭人类文明的罪恶声明，并致函法军司令孟多邦(General de Montauban)让他合作说："……圆明园宫殿为重要之地，人所共知。毁之所以予中国政府以打击，造成惨局者为此辈，而非其国民。故此举可谓最严创中国政府，即就人道而言，亦不能厚非也"，还想为他们的罪行辩解，找理论根据，还把破坏人类文明的举动，说成是

有道理的。帝国主义及其侵略军决定下令焚毁圆明园。十月十七日清晨英国密克尔(John Michel)骑兵团一大队就开始赴圆明园放火,华美壮丽的圆明园就这样被国际强盗们毁灭了。国际强盗的罪行还不只如此,十月十九日再派密克尔马队烧清漪园,焚毁了大报恩延寿寺、卍宇殿、五百罗汉堂、后山苏州河两岸房等,又烧玉泉山(静明园)十六景、香山(静宜园)二十八景等,同时把畅春园和海淀镇也一起放火烧毁,英法兽军这种破坏文物和野蛮残暴的罪行是近代史上绝少见的。

圆明园从雍正二年(1724年)扩建,有了听政理事殿堂朝房作为离宫开始,到咸丰十年(1860年)被洗劫焚烧为止,前后经营了约一百四十年,不知耗费了多少天下财力和物力,来营建这座宏伟壮丽的宫苑。兴建、扩建加上一百四十年中年年要修葺所用的建筑修缮总费用,是难以估计的;宫内陈设、金珠宝物以及历代珍藏下来的书籍古画历史文物,总的价值是无法用数字来计算的。所以圆明园的被洗劫和焚毁,不只是毁灭了世界上独一无二的万园之园,在人类文化史上的损失也是无法估计的,遭到了世界进步舆论的谴责。1861年11月25日,法国伟大的文学家雨果在致巴特尔金上尉的信中写道:东方的夏宫(圆明园),"是一个令人震惊,无可比拟的杰作。""我们教堂所有财富加起来也无法和这一东方巨大的,且又漂亮的博物馆相比较。""有一天,两个强盗闯进了夏宫,一个进行洗劫,另一个放火焚烧。""在历史的审判台前,一个强盗叫作法国,另一个则叫作英国。"

圆明三园,嘉庆年间还有富裕财力修缮了安澜园、舍卫城、同乐园、永日堂,后来又修建省耕别墅,建造了万春园大宫门,还修葺敷春堂、清夏斋、澄心堂、接秀山房等,后来又并入含晖园、西爽村、成邸寓园等。到了道光年间财力已感不足,旻宁(道光帝)宁可撤了三山(万寿山、玉泉山、香山)的陈设,取消了夏季去热河避暑和秋季去木兰狩猎,而对圆明三园的装修,仍不遗余力。据现藏三园档估单中载:

道光每年的岁修表,就用银十万两。新建或翻修的宫殿尚不计算在内。"三撤"足见捉襟见肘。到了咸丰一代,第一次鸦片战争后,中国开始沦为半殖民地半封建社会。这次战争后不到十年又爆发了伟大的太平天国革命。这时清朝的统治政权已处在风雨飘摇中,但咸丰依然过着荒淫无耻的生活。咸丰死后,同治(载淳)帝登极时,年纪很小,由东、西两太后来垂帘听政,实际上政权掌握在西太后慈禧一人手中。同治十二年(1873年)春天,载淳已经长成,慈禧假意把政权交给他,同年他又结了婚。同治十三年是慈禧四十岁生日,载淳为了有所举动,以奉养两宫太后为借口,下令修复圆明三园。但也遭到反对,如御史沈淮上奏请求缓修,载淳很不高兴,还痛斥他一顿。修复,实际上是慈禧的主意,她过惯了奢侈的生活,不愿在皇宫里居住,她要修复,谁反对也没有用的,以后连反对修园的恭王等也为了向她讨好而相继地捐献银两。

圆明园虽然被洗劫、焚烧,仍然是清朝的禁苑,仍然有门监看守着。因为圆明三园的范围很大,有不少建筑物还侥幸免受火烧而存留下来。但腐败的清朝廷当时并未对毁坏的程度进行过调查,不知道哪些建筑尚完好存留着,直到同治十二年(1873年)为了重修圆明三园,派员查勘毁后遗址而首次有了官方报告记载。据雷氏《旨意档》载:是年十一月初九内务府大臣明善、堂郎中贵宝奏对圆明园尚存十三处;计:庄严法界、双鹤斋、紫碧山房、鱼跃鸢飞、耕云堂、慎修思永、知过堂、课农轩、顺木天、春雨轩、杏花村、文昌阁、魁星楼。"上列诸建筑中,属万春园者,仅庄严法界一处,余如双鹤斋即廓然大公,紫碧山房、鱼跃鸢飞……课农轩,耕云堂属北远山村;慎修思永,知过堂,属西峰秀色;与顺木天、八方亭及前述双鹤斋等,俱在圆明园之北部,其春雨轩、杏花村,系杏花仙馆之一部,位于后湖西北,属中路。文昌阁、魁星楼地位无考。""综上而言,此园虽经英人有组织之焚毁,卒因范围辽阔,北部僻远之建筑多数幸免回禄，亦可云不幸中之幸矣。"其实残留的建筑，不仅仅是贵宝所报的十三处，例如蓬岛瑶台、林渊锦镜、藏舟坞及长春园的海岳开襟，万春园的大宫门，正觉寺等都尚存留而漏报的，此外附属建筑存者尚多，雷氏重修诸园，每粘现存二字，足窥一二。[20]

由咸丰十年(1860年)被毁至同治十二年(1873年)拟重修时，其间经过十三年的失修，所有残余建筑被风雨摧残得很严重，加上当地地痞流氓乘看守不严，又偷掠拆倒不少，更增加重修的困难。

"圆明园自同治十二年八月，谕令内务府兴修后，首定修建范围；由样式房、销算房进呈图样，烫样；估计工、料；同时拆除残毁墙垣，清运渣土，于是年十二月提前供梁，翌岁次第兴修。""此次修理计划，据张嘉懿先生所藏内务府《采办木料奏底》，当时拟修殿宇共计三千余间。属于圆明园者，为南部大宫门、出入贤良门、正大光明殿、勤政殿及附近朝房、值所，供朝觐治事之用。次为九州清宴殿、慎德堂一带，为历代帝、后寝宫，即俗称圆明园中路者。其余殿宇亭榭，若安佑宫、藻园、上下天光、万方安和、武陵春色、杏花春馆、同乐园、舍卫城、双鹤斋、西峰秀色、紫碧山房、北远山村等，或酌量修理或止清除渣土，俱属于圆明园中路、北路，即福海以西及迤北一带。其福海附近，仅治明春门一处，余未修造。属于万春园者，有大宫门、天地一家春、蔚藻堂、清夏堂数处，备慈安、慈禧二太后之临幸。而两园道路、桥梁、船只、河道、泊岸、码头、围墙、阁楼等附属工程，亦同时择要兴修。"[20]

当时清朝的财力已十分枯竭，也缺乏建筑大材料，乃拆圆明园船坞四座，每座十三间，以其大柁改做安福官大殿等二十七处正梁。还拆掉了迎春园空闲园寓二百余间，三山(万寿山、玉泉山、香山)坍塌殿宇木植，来补救一时的急需，又下令到湖南、湖北、广东、广西、四川、福建、浙江等省，要每省采办大件的木料，报明数字，迅速运京……终于因经济窘困无法再等，材料缺乏的绝境下，十三年七月恭亲王奕

诉、醇亲王奕譞奏请停修后，七月二十九日同治不得不下令将动工了将近一年的修复工程停止。同治十三年七月末停工时，各殿座以材料未齐，工程进程迟速不一，除由内务府派员勘查，造具《各座已做活计做法清册》有案，并结算各项工费外，其仅供大梁而大木架构未立者十五处，俱复绳紧标，添栓压风绳保护梁架。光绪元年(1875年)四月，急派员将各处正梁撤下，妥当保存。[20]

圆明园再停工以后，管理事务的大臣及所辖的郎中，主事苑丞、苑副、库掌及三旗护军等的职务仍旧，这说明统治者对重修圆明园的心不死，随时准备修复起来。光绪初年，圆明三园尚有小规模的修复。到了甲午中日战争前后，慈禧还想修复圆明园北路的慎修思永、课农轩、鱼跃鸢飞、文源阁及中路的天地一家春等处。"光绪二十四年(1898年)四月初九，慈禧、光绪等至圆明园，进藻园门至后湖，乘船至课农轩、观澜堂等处，慈禧谕为修理课农轩绘图呈览"(《圆明园大事记》)。总之为了迎接慈禧四十岁生日，曾进行了小部分修复。

不二年，即光绪二十六年(1900年)，八国联军侵犯北京，慈禧与光绪逃往西安，京城遭到了酷劫，秩序大乱，八旗兵不但不抵抗，反而勾结地痞流氓在各处抢劫，城外的驻军与恶霸们乘机大肆洗劫西部各苑的陈设，圆明园也不例外，又一次遭到拆毁建筑，盗卖建筑木料以及石料、铜狮等，还砍伐大树，大件作建筑材料卖，小件的烧成木炭出卖。这样，在同治、光绪两朝修复的少数建筑也荡然无存了。到了"光绪三十年(1904年)八月初一，奏准裁减圆明园司员，委署主事等十员"(《圆明园大事记》)。宣统末年，园内"麦陇弥望，如行野田中"(谭延闿《圆明园附记》)，这就是说园地已被旗民次第垦为耕地稻田。[30]

辛亥革命后，圆明园无人管理，园中的遗物，又被军阀、官僚、政客纷纷盗走。初期，"1915年江朝宗致函溥仪内务府，请求拉运圆明园山石及兰亭石

柱，供社稷坛开拓公园"（《圆明园大事记》）。即在建造中央公园（现为北京中山公园）时，移置了兰亭八柱帖，万春园内铜人承露盘的石座与长春园西洋楼、远瀛观的石栏（现在中山公园南门内对面）及海岳开襟和别有洞天的太湖石等，徐世昌拆走了鸣鹤园与镜春园（今北大校舍）中最完整的殿宇的木材，这是军阀掠园的开始。以后，王怀庆拆掉舍卫城、安佑宫大墙及西洋楼石料来建造他自己的适园（与东北义园仅一墙之隔）。《圆明园大事记》载："1921年10月，十六师军人数百人，大车数十辆，拆毁北大墙、饣饣门大墙、舍卫城墙，盗运砖块。""1922年9月，十三师军人拆毁西大墙，盗运砖块私行售卖。9月，刘京兆尹派大车六十余辆，盗运园内太湖石，共计四百二十二车。""1923年5月，西山天平沟教堂派人拆毁西大墙砖块，用大车盗运"。"1925年2月，燕京大学翟牧师盗运安佑宫石柱。是年，中央公园续拉运圆明园太湖石、云片石点缀公园。"前燕京大学建校舍校园时，在圆明园取材不少，比较著名的圆明园遗物有安佑宫华表三根（另外一根被军阀运至天安门，后来北京图书馆建馆时，将天安门这一根运去，又将燕京大学多余的一根拿来，凑成一对），龙凤丹陛台阶石一块，汉白玉石麒麟一对（以上物品现在北京大学办公楼前）；长春园西洋楼的海宴堂前喷水台两座（现在北大西校门内南路），此外尚有观水法宝座正面的石屏风五块，本来也放在北大朗润园内，1982年，由圆明园遗址公园管理处诸同志努力，将这五块石屏风放在观水法宝座正面的原来位置上。另外在北大校园内尚有不少西洋楼的精美雕刻，未被利用而散在北大民主楼的前后。[30]

1930年北京图书馆建筑文津街新馆时，除了前述安佑宫华表一对外，还有该馆大门前的石狮子一对，本是长春园大东门外石狮子，还有文源阁石碑两块，福海西岸望瀛洲的昆仑石一块和黄色太湖石两块，楼西有象皮青太湖石一块，带汉白玉石座。[30]

又北京颐和园东宫门丹陛台阶石，取自安佑宫大殿前，仁寿殿前的铜狮豸一只，取自长春园二宫门。还有协和医院，东交民巷各处……，也都取用了不少圆明园中遗物。据成府村与北京大学附近的居民说：自民国成立以后，几乎每天都有很多装满了圆明园残料的车辆经过。[30]

20世纪30年代末，圆明园遗址只有少量的菱芡水田和颐和园事务所经营的福海一带的苇子地。到了日本占领时期的1940年前后，由于北京粮食紧张，就有人平山丘填河湖开辟稻田，隙地种粮食，但数量很少，面积也不大。这些人基本上都是园内的土著，原来太监和园户们的亲属后人，直到解放初期，园址内人口增长很缓慢，极少量地流入了一些人，大都是当地土著从定兴、新城两县引来的亲友。[31]抗日战争胜利后，作者曾数往圆明三园遗址，先是去参观前湖那里有个果园，种植有西洋樱桃，前湖、后湖的水域尚好而养着鱼。后湖东的天然图画尚存有五福堂门殿和天然图画朗吟园的台基和台阶，建筑遗址可以看到大宫门、正大光明殿、万方安和（基址卍字形显著）、紫碧山房（尚存有部分堂室）、舍卫城（城垣尚有残留，高大坚厚）。除个别平桥、三孔拱桥外，还有曲院风荷前的九孔桥较为完整。福海已是芦苇丛生，南岸花岗石堤虽有倒塌，尚在，蓬岛瑶台三个小岛上石基尚存在，方壶胜境的突入水中三亭的基石和岸石虽塌尚存。此外有不少建筑遗址尚可辨认。长春园中连建筑遗址也难以辨认，惟西洋楼的残迹较多，如大水法正面与远瀛观的巨大的汉白玉石门尚屹立存在着。绮春园的正觉寺，当时为清华大学单身教职员宿舍，除殿内佛像等早已全部拆去，内部装修有所改造，安装了地板，但这片建筑还保持完好。圆明三园，虽然从建筑看已是一片荒凉的废墟，但山水格局依然保存原有面貌，湖沼河流，除部分辟稻田、植芦苇外，水源尚好，部分地方仍有自流喷水，丘陵岗阜也基本完整，山石、山洞大体未变或稍有坍塌，如杏花春馆、紫碧山房、廓然大公、泽兰堂、狮子林等处。原有树木和花木早被砍伐。除少数古桧古松外，所存无几。

解放后 20 世纪 50 年代初时，中国科学院北京植物园的选址，曾经考虑过在圆明园遗址建园而未果，周总理曾指示：圆明园遗址要保护好，地不要拨出去，以后有条件，可以做一些修复。北京市人民政府根据总理指示精神，发出了圆明园一草一木不准动的指示。有关部门对修复方案进行过多次酝酿。从 1956 年起，北京市园林局在遗址范围内征购了除稻田以外的全部耕地，进行了大规模的全面绿化植树，1959 年底，北京市规划管理局正式将遗址划定为公园用地，规划面积六千三百五十多亩，比圆明三园原有面积大一千一百多亩。1960 年 3 月，海淀区公布圆明园遗址为区属重点文物保护单位。

由于当时仅征购了耕地，稻田没有征购，农民已建房子没有考虑，农民不断有迁入，没能从根本上解决农民的问题，到了三年困难时期，生产队又把征购了的土地要了回去。从那时开始，人口也迅猛地流入，于是大规模地进行着平山、填河、造地、砍树、拆遗址、盖房子的活动，日益严重。更有甚者，公社一级的马场、猪圈、鸡场、鸭场、大型的面包厂、区供销社的土产部、区级的印刷装订厂、机械修造厂、打靶场……都在圆明三园这块遗址上发展了起来。绮春园的小南园，即含晖楼一带，解放初期建造起一所新的学校即 101 中学。有些地方由于山石被拉下水中，山土全部填入水中，去造一块面积不大的农田，即使按图索骥也找不到什么遗址痕迹了。前述绮春园正觉寺，20 世纪 60 年代后期，清华大学退出，海淀机械修造厂便进入，特别是 1975～1977 这两三年中，大量修造厂房及生活区，乱拆乱建，并砍伐了近百株松柏树。至此，圆明三园中硕果仅存的惟一完整的一组寺庙建筑，也宣告消失。[31]

粉碎"四人帮"以后，圆明园遗址的保护管理工作得到了加强。1976 年底，在北京市园林、文物部门的关心下，海淀区成立了圆明园管理处。1979 年 8 月，北京市将圆明园遗址列为市重点文物保护单位。1980 年 8 月 13 至 19 日，由中国建筑学会历史学术委员会发起召开纪念圆明园罹劫一百二十周年学术会，会上通过讨论，发出了《保护、整修和利用圆明园遗址倡议书》，并发起成立中国圆明园学会。1982 年 10 月 18 日，中国圆明园学会等三十三个学术团体在故宫午门城楼联合举行圆明园罹劫一百二十二周年纪念会。1983 年 7 月，党中央、国务院批准了《北京市城市建设总体规划方案》，明确规定将圆明园遗址整修成为遗址公园。市政府成立了以北京市副市长白介夫同志为首的圆明园遗址公园筹建委员会，并由市政府拨专款，先修建长春园围墙。随着我国经济体制改革的发展，保护、整修、利用圆明园遗址的工作也出现了新局面。最近圆明园管理处和当地农民联合成立圆明园遗址公园开发建设公司，合资协力，建设圆明园，从根本上解决了征地、拆迁房屋和农转工的难题，为圆明园遗址的保护，整修和利用开辟了一条新的道路。近年，圆明园遗址整修工程，从福海景区开始，清挖福海及周围河湖水系，整修堤岸，恢复了海中之岛和东岛即瀛海仙山的叠石和亭，西岛的日日平安报好音一组建筑，今后还将按照规划逐步整修。

我们相信，在党中央、国务院和北京市人民政府的领导下，通过各方面的努力，圆明园遗址必将以新的面貌出现在祖国的首都。

第五节　清漪园——颐和园

清漪园（颐和园的前身）始建于乾隆十五年（1750 年），是一座以瓮山（原称金山，弘历建清漪园后改称万寿山）和瓮山泊（又称大泊湖、金海，明时称西湖，弘历建清漪园后改称昆明湖）为主体的离宫别苑。颐和园是光绪十二年（1886 年）载湉（光绪帝）为讨慈禧的欢心把英法帝国主义焚毁的清漪园修复后更改的名称。

一、瓮山和瓮山泊——西湖

清漪园所在地区早在金元时代就已经是郊野的

风景名胜区,有行宫别苑的建置。金天德三年(1151年)金的第一个皇帝完颜亮就曾在这个地区建置了行宫。当时的山称金山,元朝以后称瓮山。《帝京景物略》卷之七载:"瓮山,去阜成门二十余里,土赤渍,童童无草木。山南若洞而圮者,小驻台也。山初未名瓮也,居此一老父语人曰:山麓魁大而凹秀,瓮之属也。凿之得石瓮一,华虫雕龙,不可细识,中物数十,老父则携去,留瓮置山阳……嘉靖初,瓮忽失。"或云:以其山形似瓮而得名。瓮山的南面一带,地势低洼,两边群山和玉泉山诸山,潴而成一片湖水名瓮山泊,又名大泊湖(乾隆时经疏浚开拓水面后称昆明湖)。

元世祖忽必烈营建"大都"时,将玉泉山的泉水引入都城作为宫廷的专用水,百姓不能截取,甚至"濯手有禁"。至元二十九年(1292年)为了补给大运河北端的水量,保证漕运畅通,郭守敬在昌平的白浮村筑堰,提蓄神山诸泉之水,先西行然后转南,流经青龙桥再绕过瓮山而北聚于瓮山泊,又于瓮山泊南开凿河道,沿河加筑土堤以障水南行,从和义门(今西直门)北的水门入城,在河道的南段先后修建了两座闸门,即高梁桥闸和广源闸(至元二十九年建)以控制流量,然后穿城而过,经通惠河注入通州的北运河。经过这一番整治之后,通惠河航运畅通,南方的粮船可以直达大都城内的积水潭。瓮山泊也从早先的汇聚玉泉诸水的天然湖泊改造成为具有调节水量作用的天然蓄水库。[32]

由于水域的扩大,水位得到控制,环湖和山麓出现寺庙园苑,逐渐成为西北郊游览胜地。元朝时候,在湖滨山麓较重要的建置有二:一是位于瓮山西面、湖北岸的大承天护圣寺,另一是元朝丞相耶律楚材墓,位于瓮山南麓,大泊湖东。据《长安客话》卷三载:"西湖上有功德寺,旧名护圣寺,建自金时,元仍旧"。而《日下旧闻考》引《元史·文宗纪》载,"元天历二年(1329年)五月,以储庆司所贮金三十锭、银百锭,建大承天护圣寺。"按语云:"大承天护圣寺

创自元时,规制钜丽,至正初毁而复修。明宣德间修建,改名功德寺,至嘉靖时遂废。"废因详后。据《长安客话》卷三载:"功德寺,旧名护圣寺,建自金时,元仍旧。"云:"功德寺修于宣德二年(1427年),因改今名。正殿及方丈凡七进,基皆九撰,拟披庭制度,费数十万缗。"《怀麓堂集》称:"功德寺甚宏敞,后殿尤精丽,殿柱及藏经笥皆锥金。锥金者,布纯金为地,鬏彩其上,以锥画之,为人物花鸟状,若绘画然。又有刻丝观音一轴,悬于梁际,此宋元物,寺僧云禁中所赐也。"又据《南濠集》称:"功德寺旧名护圣,前有古台三,相传元主游乐更衣处。或曰此看花钓鱼台也。寺极壮丽,中立二穹碑:其一宣宗章皇帝御制建寺文;其一元旧物,番字莫能读也。毗卢阁崇可数寻,凭栏而眺,一寺之胜皆在目前。盖寺倚山而创。寺西景皇帝陵及蔚悼王墓在焉。"《日下旧闻考》按语:"功德寺前古台久废,元明碑皆无考。"《长安客话》卷三还描述了功德寺前古木"半朽腐,若虬蛟出穴,爪鬣撑拏,大皆三四十围。寺两侧皆古松,枝柯青翠,蟠屈覆地,盖塞外别种。有庵曰松林,游人于此憩焉。"古木古松早不存。功德寺修建后,"宣德十年(1435年)宣庙(朱瞻基)西郊省敛,驻跸功德寺。因留鸾仗寺中,自后遂为列圣驻跸之所。"关于寺废因由,《长安客话》卷三载:"嘉靖中,世庙谒景皇帝陵,……既而上驻辇寺中,中饭罢,周行廊庑,见金刚像狞恶,心忽悸而怒,因以宫殿僭踰,坐僧不法,撤去之,寺遂废。"《日下旧闻考》按语:"本朝乾隆三十五年(1770年)奉敕重修。正殿曰……大胜因殿。殿后有亭,中设镂木七级浮图,每级皆供佛像,其下层为铜佛。"

关于耶律楚材墓,《长安客话》卷四载:"距(瓮山)南麓数百武为耶律楚材墓。西湖正当其前(明时瓮山泊改称西湖)"。据《帝京景物略》卷之七则称"(瓮)山下数十武,元耶律楚材墓。墓前祠,祠废像存,像以石存也。石表碣、石马虎等,已零落,一翁仲,立未去。"但自明朝以后,"岁久弗治,渐就芜没

（汪由敦《元臣耶律楚材墓碑记》）。弘历修建清漪园时圈在园内。"弘历《题耶律楚材墓》序云："墓在瓮山好山园之东；昔年营园时，以其逼近园门，故培土为山其上以藏之。闻其为楚材之墓久矣。……因命所司仍其封域之制，并为之建祠三间，使有奠锡申酌之地。"

明朝直称瓮山泊为西湖。《长安客话》卷三载："西湖……受诸泉之委，汇为巨浸，土名大泊湖。环湖十余里，荷蒲菱芡，与夫沙禽水鸟，出没隐见于天光云影中，可称绝胜。"《水经注》云："西湖东西二里，南北三里，盖燕之旧池也。渌水澄澹，川亭望远，为游瞩之胜所。"《纪纂渊海》亦称"西湖在玉泉山下，环湖十里为一郡之胜观。"对于西湖，"土人称之必曰西湖景"（《朔记》）。《长安客话》卷三之西湖条："武林黄汝亨记游谓：沧州白石，青蓣碧草，寻崖漱流，冲沙雪窦，不能无吾家西湖之想。……今北人直以西湖十景呼之，则不免杭州作汴州矣。"《宛署杂记》第二十卷志遗八载有相传的十景之名曰："泉液流珠、湖水铺玉、平沙落雁、涉涧立鸥、葭白摇风、莲红坠雨、秋波澄碧、月浪流光、洞积春云、壁翻晓照。"

明朝文人墨客经常到这里游湖登山，写了许多游记诗篇佳句。乔宇《游西山记》有关西湖瓮山一段云："……连镳出阜成门，指山以望。……缘溪向北……又二十里为西湖，即玉泉所潴者。右侵冈坡，滉洋一碧。堤之东侧稻畦千亩，接于瓮山之麓。上有寺，曰圆净。因岩而构，凳为石磴数寻，游者必拾级聚足以上。绝顶有屋曰雪洞，俯面西湖之曲。由中而瞰，旷焉、茫焉，如驾远翮，凌长空。……时天高气清，木叶尽下，平田远村，绵亘无际，虽不出咫尺之间，而骋眺于数百里之外，群峰拱乎北，众水宗乎东，荡胸释形，将与寥廓者会。……"王衡《游香山记》，前段述及西湖部分云："……出高梁桥，转而北，杨柳行植者三。余以中央水次行，以取凉。……进而河渐广，界以长堤，为西湖。湖在堤之左，盖荷

渠菱芡之薮。堤右则林田豆场，长杨左右障之。时荷花已开甚。纤溇纷陈，浅深在水。植者如翘鬟，偃者如羞妆。茨芽菱花，重以青黄相间。……数里为龙王庙，庙湫潭为龙潭。又一里许而荷花与湖尾俱穷。穿青龙而西，得玉泉山焉。"关于诗篇方面，《帝京景物略》卷之七录有十多首，这里略摘录部分诗句如下："雨余凫雁满晴莎，风动寒香散芰荷。……秋光森森连天似，山势层层到岸多。好是斜阳湖上景，莲花莲叶绣回波"（王英《西湖》）。"春湖落日水拖蓝，天影楼台上下涵。十里青山行画里，双飞白鸟似江南。……"（文徵明《西湖》）。《天府广记》卷之三十五载有袁中道记云："……是为西湖也。每至盛夏之月，芙蓉十里如锦，香风芬馥，士女骈阗，临流泛觞，最为胜处矣。"

《长安客话》卷三西湖条又云："近为南人兴水田之利，尽决诸洼，筑堤列塍，为沼为畲，菱芡莲菰，靡不毕备，竹篱傍水，家鹜睡波，宛然江南风气，而长波茫白似少减矣。"《帝京景物略》卷之七瓮山条称："度山前小桥而南，人家傍山，临西湖，水田棋布，人人农，家家具农器，年年农务，一如东南，而衣食朴丰，因利湖也。"总之，明朝时候的西湖好一派北国水乡风光！诚如王直《西湖》诗中所云："堤下连云秔稻熟，江南风物未宜夸。"

到了明孝宗（朱祐樘）时候，瓮山南坡中部兴建有圆静寺。据《宸垣识略》："圆静寺，弘治七年（1494年）助圣夫人罗氏建，因岩而构，凳为石磴，游者拾级而上。山顶有屋曰雪洞，俯视湖曲，平田远村，绵亘无际。"《长安可游记》也称："瓮山圆静寺，左俯绿畴，右临碧浸，近山之胜于是乎始。"据《山行杂记》对寺庵的记载更祥："瓮山前有仁慈庵，入门三百步，两旁椿树夹之。登石磴二十级，有堂三楹，两庑翼之。西庑前为楼庵，左为圆静寺，寺门度石桥，大道通湖堤，门内半里许，从左小径登台，精蓝十余。室之西殿三楹，左右精舍一间，据山面湖。"圆静寺虽不及功德寺的壮丽，但相地合宜，据胜以筑，也为瓮

山增色。二寺相隔三里，据《怀麓堂集》："西湖方十余里，有山趾，其涯曰瓮山寺，曰圆静寺。左田右湖，又三里为功德寺。洪波衍其东，幽林出其南，路尽丛薄，始达于野。"

据《长安客话》，"(西)湖滨旧有钓鱼台，武庙(即明武宗朱厚照)幸西山，曾钓于此。"或云，明武宗曾在湖滨筑别苑叫作好山园，并把瓮山名称改回来叫金山，把大泊湖叫金海。关于好山园，明万历时蒋一葵著《长安客话》，明崇祯年间刘侗、于奕正著《帝京景物略》均不见有记载。据王道成，关于好山园的情况学术界有两种说法：一说为明代的私家园林，曾一度归宦官魏忠贤所有；一说为建成于乾隆初年，它的位置紧邻耶律楚材墓园之西，可能就是清漪园内的玉澜堂的前身。[33]

二、清漪园时期

清朝初期，西湖瓮山的情况虽未变，但寺庙等因年久失修，有的倾圮，有的已半荒废，风貌上已远不如昔年。清朝入关后的第一代皇帝顺治在位期间(1644～1661年)，主要力量放在统一全国的军事行动上。康熙帝在位期间(1662～1722年)，清王朝对全国的统治终于确立起来，开始在北京西郊地区较大规模地修建离宫别苑，例如畅春园、静明园、静宜园等以及热河避暑山庄。雍正帝即位后，大营圆明园，写有《圆明园记》，乾隆帝即位后又有所建置，并在工程告一段落后，于乾隆九年(1744年)写了一篇《圆明园后记》，并夸称圆明园："规模之宏敞，丘壑之幽深，风土草木之清佳，高楼邃室之具备，亦可称观止。实天宝地灵之区，帝王豫游之地，无以逾此。"接着昭告"后世子孙必不舍此而重费民力，以创建苑囿。"然而，不几年弘历就自食其言，再耗民力，于乾隆十四年(1749年)在西湖瓮山开始兴建大报恩延寿寺和清漪园。

名不正则言不顺。弘历的兴修清漪园，先是借凭治水而开拓西湖，于乾隆十五年(1750年)三月十

三日上谕中宣布改西湖之名为昆明湖；又因乾隆十六年(1751年)适逢皇太后钮钴禄氏六十寿，弘历为庆祝母寿，于乾隆十五年选择瓮山圆静寺的废址兴建大报恩延寿寺，同年三月十三日上谕，改瓮山之名为万寿山，乾隆十六年奉旨以万寿山行宫为清漪园，是根据《诗经·伐檀》："河水清且涟漪"之意命名瓮山后官为清漪园。但是年弘历只写了一篇《万寿山昆明湖记》，只谈治水之由，记湖之成和建寺之故而不及其他，正因为有背初言(《圆明园后记》中之言)，有愧于心。其实在建佛寺的同时，万寿山南麓沿湖一带，相应建有厅堂亭榭，此后全山兴筑不绝，规模宏伟，直到十年之后，弘历才写了《万寿山清漪园记》，开头就说："万寿山昆明湖记作于辛未(乾隆十六年)，……万寿山清漪园成于辛巳(乾隆二十六年，1761年)，而今始作记者，……亦有所难于措辞也。夫既建园矣，既题额矣，何所难而措辞？以与我初言有所背，则不能不愧于心。……予虽不言，能免天下之言之乎？"但又辩解曰："盖湖之成以治水，山之名以临湖，既具湖山之胜概，能无亭台之点缀？事有相因，文缘质起，……"最后又不得不承认"圆明园后记有云，不肯舍此重费民力建园囿矣，今之清漪园非重建乎？非食言乎？以临湖而易山名，以近山而创园囿，虽云治水，谁其信之？然而畅春以奉东朝，圆明以恒莅政，清漪静明一水可通，以为敕几清暇散志澄怀之所，……园虽成，过辰而往，逮午而返，未尝度宵，犹初志也。"所有这些措辞无非是为了聊自解嘲而已。

弘历，在清朝历史上是一位有作为的皇帝，同时也是一位好大喜功的统治者，更是一位不惜耗费钱财民力来修造宫殿苑囿，奢侈挥霍，尽情享乐的逍遥天子。自乾隆六年(1741年)到十四年(1749年)，先后扩建北海、中南海禁苑、圆明园、畅春园、静明园、静宜园；十五年(1750年)兴建清漪园，十六年(1751年)兴建长春园，直到乾隆四十八年(1783年)远瀛观成，不断添建近二十多年，对承德避暑山庄的扩建经营从乾隆六年(1741年)开始到五十五年(1790

年)达 50 年之久。乾隆十九年(1754 年)又兴建盘山静寄山庄。除了这些大中型离宫别苑外,还在紫禁城内修建慈宁宫花园、建福宫花园、宁寿宫花园等御花园。此外,弘历数下江南以及北方各地巡行途中所建的行宫不下二十多处。史称"乾隆盛世",也是中国封建社会的最后一个繁荣时期。弘历为国家表面的富足鼎盛局面所陶醉,挟持皇家的富厚财力,新建、扩建众多离宫别苑,其规模之宏大,工程之艰巨,实为宋、元、明以来所未有。乾隆帝以后,清王朝的国势逐渐走向衰落,盛世的繁荣实际上掩盖着尖锐的阶级矛盾和四伏的危机,道光二十年(1840 年)鸦片战争之后,中国社会走上了半封建半殖民地化的道路。咸丰六年(1856 年)英法帝国主义发动了第二次鸦片战争。咸丰十年(1860 年)英法侵略军攻入北京,焚毁了五园三山。清漪园惨遭焚劫后,到处一片凋零破败的景象。政治的危机,经济的窘迫,使得清朝统治者一时很难再顾及苑囿的修造。同治十二年(1873 年),虽想修复圆明园,终因国库穷蹙经费维以筹集,动工不久便在朝野一片反对声中下马。直到光绪十二年(1886 年),为了讨好那拉氏(慈禧皇太后)动用海军经费,在清漪园废址上修建颐和园。

清漪园昆明湖的扩成,如前所说,跟西北郊水系的整理工程相关。乾隆初期,随着西北郊诸别苑、赐园、梵宇的陆续建成,当时的水源万泉庄和玉泉山水系如被大量截流而去,势必影响京城宫廷用水和漕运。弘历曾派人详细考查了通惠河水源情况,在他撰写的《麦庄桥记》一文中提到:"元史所载通惠河引白浮、瓮山诸泉者,今不可考。……所称万泉庄其地者,其水皆不可资。所资者惟玉泉一流耳。"他认为:"如京师之玉泉汇而为西湖,引而为通惠,……人但知其源出玉泉山,……而不知其会西山诸泉之伏流,蓄极溢涌,至是始见,……盖西山、碧云、香山诸寺皆有名泉,其源甚壮,以数十计。然惟曲注于招提精蓝之内,一出山则伏流而不见矣。玉泉地就夷旷,乃腾迸而出,潴为一湖"(《日下旧闻考》卷九十九)。

为了增加水量,将寿安山、香山一带的大小泉流汇集起来,利用石渡槽导引而东汇合玉泉山之水,再经过一条输水干渠名叫玉河而注入西湖。同时在西湖以西,玉河以南的地带,利用原来的零星小河泡开凿成一个浅水湖名叫养水湖,作为聚蓄这一带的天然水的湖泊。但养水湖的地势略高于玉河,因此在养水湖与玉河西端联通的短渠西端建闸桥,以节制流量,稳定养水湖的水位。又由于玉河两岸开辟的稻田日多,需水倍增,于是在乾隆二十四年(1759 年)在"玉泉山静明园外接拓一湖,俾蓄水上游以资灌注"(弘历《影湖楼诗》序),命名为高水湖,它连同养水湖都是辅助灌注西湖的水库。西湖的水源增加了,但"西海受水地,岁久颇混淤"(弘历诗句),"夫河渠,国家之大事也。浮漕利涉灌田,使涨有受而旱无虞,其在导泄有方而潴蓄不匮乎!是不宜听其淤阏泛滥而不治。因命就瓮山前,艾苇荄之丛杂,浚泥沙之隘塞,汇西湖之水,都为一区"(《弘历万寿山昆明湖记》)。乾隆十五年(1750 年)弘历诗句又云:"疏浚命将作,内帑出余储。乘冬农务暇,受值利贫夫。蒇事未两月,居然肖具区。""湖既成,因赐名万寿山昆明湖,景仰放勋之绩,兼寓习武之意。得泉瓮山而易之曰万寿云者,则以今年(乾隆十六年)恭逢皇太后六旬大庆,建延寿寺于山之阳故尔。"

疏浚后的"新湖之廓与深两倍于旧"及"湖成水通,则汪洋澒沆,较旧倍盛,于是又虑夏秋泛涨或有疏虞。……今之为闸为坝为涵洞,非所以待泛涨乎?非所以济沟塍乎?非所以启闭以时使东南顺轨以浮漕而利涉乎?昔之城河水不盈尺,今则三尺矣。昔之海甸无水田,今则水田日辟矣"(弘历《万寿山昆明湖记》)。新湖的湖面往东扩展到万寿山东南面的一条南北走向的旧堤。这条旧堤本是康熙时期,为了防止地势较低的畅春园免受西湖泛滥水患而修筑的,由于它在畅春园的西面,故名西堤。为扩大新湖轮廓,就利用这条旧堤,进行加固改造而成为湖东岸的大堤,并改名东堤。弘历为此事写了一首《西堤》的诗以说明原委："西堤此日是东堤，名象何曾定可稽"。并加注："西堤在畅春园西墙外，向以卫园而设，今昆明湖乃在堤外，其西更置堤，则此为东矣。"以上注中的其西更置堤的堤是指湖区纵贯南北的大堤(即建有六桥的西堤)"西堤之外为西湖(不是明代的西湖而是指西堤以西的水域)，其西南为养水湖。"总的来说，西堤以东的水域即西湖和养水湖等，水域较小而浅。"西湖"本身又有一堤斜隔，分为"上西湖"、"下西湖"(为了区别起见而暂拟名)。

此外，在昆明湖的西北角另开有小河道往北延伸，经万寿山西麓，由东北门西墙下闸口出，连接到北面的清河，也就是昆明湖的溢洪干渠。干渠绕过万寿山西麓再分出一支渠兜转而东，把原先沿北麓的零星小河泡联辍而成后溪河(一般也称后湖)。《日下旧闻考》卷八十四按语载："万寿山后溪河亦发源于玉泉，自玉河东流，经柳桥曲折东注。其出水分为三，一由东北门西垣下闸口出，一由东垣下闸口出，并归圆明园西垣外河，一由惠山园南流出垣下闸，为宫门前河，又南流由东堤外河，会马厂诸水，入圆明园内。"昆明湖、西湖、小河道和后溪河形成了清漪园的整个水系。

在疏浚、拓展昆明湖的同时，利用淤泥土方除固堤和筑湖中诸岛外，还用后溪河的土方改造万寿山东半部的山形，使具余脉南伸。由于建清漪园前，原西湖是以荷花和堤柳之盛而著称于当时，至于瓮山则是"土赤涷，童童无草木"(《帝京景物略》)。所以建清漪园时对瓮山进行了大量植树绿化，前山阳坡，土干瘠薄，侧柏成林为主，间以油松、庭树。后山阴坡，土润较肥，以油松、白皮松为主，更多荫树花木，改变了童山面貌。诚如弘历诗句所云："叠树张青幕，连峰濯翠螺"(《首夏万寿山》)和"山花繁茂种，依山趣自殊"(《山花》)。

除宫殿建筑集中在宫廷区外，结合山水环境，在湖区、在前山、在后山分布有园林建筑成组的园中园，或单体建筑成景点，据周维权根据资料考订，乾隆时期清漪园内的建筑物和建筑组群共有一百零一处。[32]

清漪园从乾隆十四年(1749年)开拓西湖工程起，到乾隆二十九年(1764年)全部园工完成，前后用了十五年时间，耗费了巨大的财力、物力和人力。据乾隆三十二年(1767年)七月十七日内务府大臣傅恒等奏折："……万寿山自乾隆十五年兴修起，至二十九年工竣，……实净销银四百四十八万二千八百五十一两九钱五分三厘……。"但这个数字仅是建筑工程的工料花销，并非建园的全部用银，如整治工程，殿堂陈设，家具、树木花草种植等等用银尚未包括在内，[32]其间人力物力的浪费是十分惊人的。例如万寿山上佛香阁，据清代历史档案记载，最初建造时并不是后来那样的八角三重檐楼阁，而是一座九层的高塔。乾隆二十三年(1758年)，当塔已建至第八层时，突然遵旨停修，继而全部拆毁，后又改建楼阁。仅是这一建一拆，就耗费白银四十六万余两，浪费之大可想而知。[33]

清漪园建成之后，当时北京的西北郊就有了人们所说的"五园三山"(或称"三山五园")。乾隆以后的嘉庆、道光两朝，清漪园仍然保持着原来的规模、内容和格局，只有极个别的增减和易名。例如：嘉庆年间，改惠山园之名为谐趣园并加建涵远堂；拆除乐安和；拆除南湖岛上的望蟾阁，改建为涵虚堂；道光年间，因公主多于皇子而平毁凤凰墩上的会波楼及配殿等。

咸丰十年(1860年)九月，英法侵略军进犯北京，清文宗奕詝仓惶逃往热河避暑山庄，十月五日联军占领海淀，六日占领圆明园，第二天开始劫掠和纵火焚毁圆明、畅春、清漪、静明、静宜诸苑。完整存在了一百零九年的清漪园，数日之间被劫被焚十分惨重。尤其是宫廷、南湖岛、前山东段和后山东段和中段，除了个别建筑物之外，几乎焚毁殆尽。清漪园的这片废墟直到光绪十二年(1886年)开始修建，光绪十四年(1888年)改名颐和园，颐和园的工程结束于光绪二十一年(1895年)，历时约十年之久。即使是颐和园的修成，后山部分未全修复，清漪园时期被英法侵略军焚毁后的残败景象，直到解放后依稀可见。光绪、慈禧重建后的颐和园，其性质已变，从作为一个离宫别苑，改变为行宫别苑，建置方面也都有所更动和增减，虽然大体上按清漪园的格局修复，但在局部上已不尽相同。这里是根据间接的资料如《日下旧闻考》和内务府有关清漪园建设的档案，弘历的诗文，以及某些建筑遗址，大致推出复原的叙述。

三、清漪园的内容和布局

清漪园是弘历在位时除长春园外独自主持新建的别苑。北京西北郊的五园三山中的圆明、畅春、静宜、静明诸苑，虽经弘历扩建，但都是在玄烨，胤禛上代已建的基础上有所增益扩建，有时繁琐，有时受既定格局的限制，难免有牵强的地方，当然也有佳笔。惟有清漪园完全新建，结合西湖瓮山的山水环境，按照弘历的意图主之。山前湖区、万寿山前山、宫廷区，在乾隆十五年到十九年这四年中已陆续竣工，从乾隆二十年后，陆续修建后山诸工程，有计划地分期完成全园工程(图9-123)。

清漪园的性质，据弘历《万寿山清漪园记》中云："然而畅春以奉东朝，圆明以恒莅政，清漪、静明，一水可通，以为敕几清暇散志澄怀之所。"前文曾述及弘历因食言建清漪而在记中以此聊自解嘲，然而也道出了清漪园是为了散志澄怀而建，着重在自然山水之情，有天然之趣，忘尘市之怀，作为其奢侈生活内容的又一面。

清漪园的范围，包括万寿山和昆明湖，其宫墙仅修筑在东界北端城关到西北角城关之间：东起文昌阁城关，往北折向西绕过万寿山北麓的后溪河北岸到如意门，再折向南止于"宿云"城关。至于昆明湖的东、南、西沿岸都不筑有宫墙(今有宫墙是修颐和园时建)，因此难于定出清漪园占地的确切面积，大体说来，约计295公顷，水面约占四分之三。也由于三面不设宫墙，使园内园外连成一片而更形广阔，也更有利于借景。

清漪园有着优美的自然环境，地势自有高凸低凹，万寿山巍然矗立，昆明湖千顷汪洋，湖光山色，相映成趣，近景有玉泉山，有稻畦千顷、农家村落，远景有晴峦秀丽的小西山。这个地区原就是自然风景胜区，经人力经营，依山临水建筑亭阁楼台，长廊轩榭，湖中又筑有长堤岛洲，成为帝王的豫游的行宫别苑。清漪园作为弘历所喜爱并有"何处燕山最畅情，无双风月属昆明"的赞语。

作为行宫别苑，和宫与苑分置的规制，清漪园也不例外而有宫廷区，即紧接于园的正门东宫门内一个相对独立的小区。"宫门五楹东向，门外南北朝房。驾两石梁，下为溪河，左右罩门内有内朝房，亦南北向，内为勤政殿七楹"(《日下旧闻考》卷八十四)。弘历《万寿山清漪园记》中云："园虽成，过辰而往，逮午而返。未尝度宵"。虽有勤政殿，一般也不在这里进行政治活动，只具有象征性意义。弘历主要居住在圆明园，清漪园是日常游息饮宴之所，宫殿、辅助用房所占比重极小，多半集中在宫廷区。

清漪园是看重山水之情的山水建筑官苑。从平面构图上来看，辽阔的湖区是全园的主体，从立体构图上来看，巍然的万寿山是主体，然而这个山和水彼此又互相关联。辽阔的湖跟巍然的山是平面和立面的对比，纵形和横形的体量对比，是动和静的情态对比。成为对比的湖和山又互相借资而呈现了湖光山色的多种形态，荡舟湖上时，万寿山及其豪华壮丽的建筑群是视景的焦点，身在山上时，湖水清澈涟漪以及堤桥岛洲辉映又成为视景的焦点。但到了后山后溪河区，则又是一番景色。缘河行忽狭忽宽，或收或放，两岸树木森森，轩馆堂斋，列于上下，而惠山园这一园中之园正好是后溪河的收拾处。我们可以这样说：水是清漪园的灵魂，广阔明朗的昆明湖和曲折幽静的后溪河是构成清漪园风景特色的主体，益以万寿山这一大块文章和豪华壮丽的建筑群，和因地制胜的园林建筑互相结合而呈现了多样的风景主题，我们把它归属为山水建筑官苑。

为了叙述的方便，全园布局上可划分为四大景

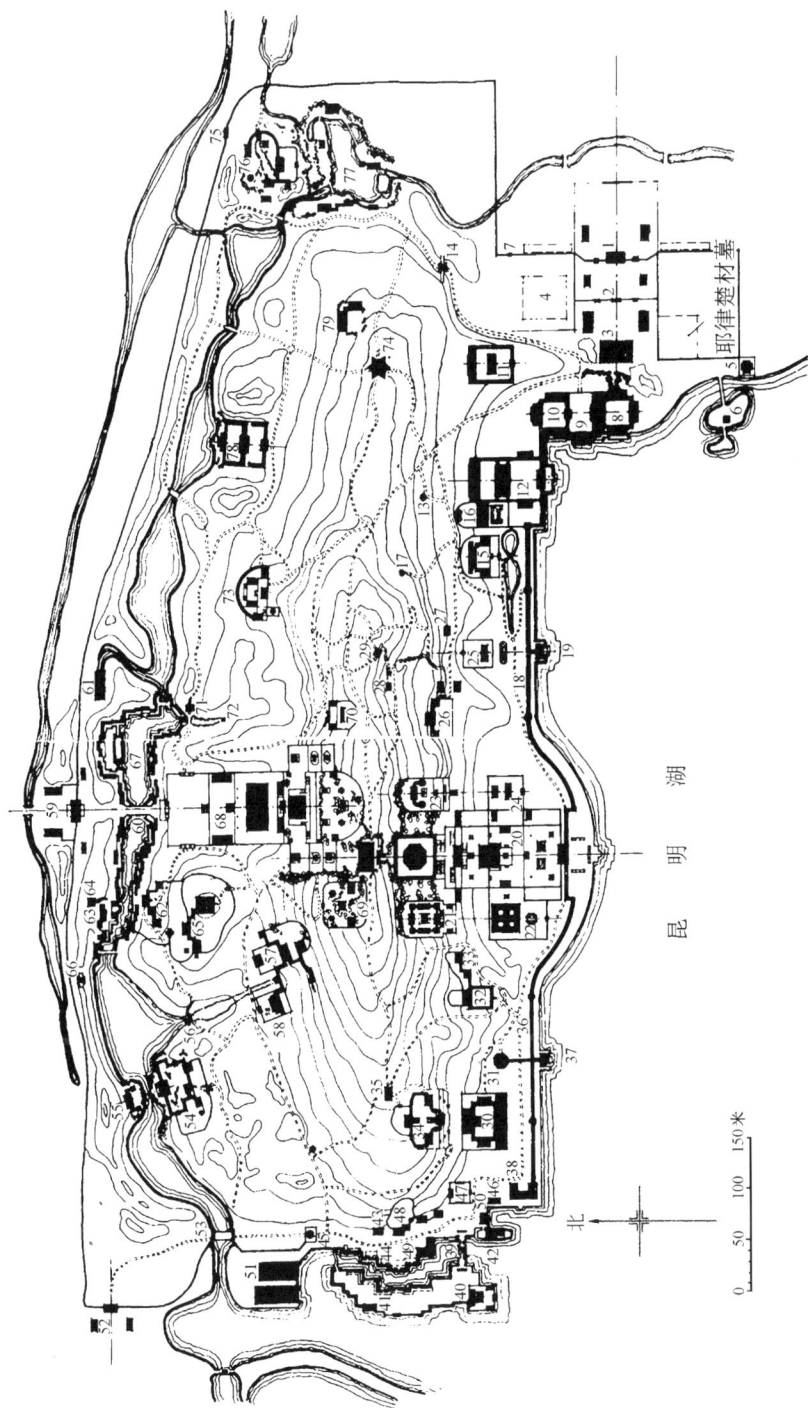

图 9-123 清漪园万寿山总平面图

东宫门一带：1. 东宫门；2. 二宫门；3. 勤政殿；4. 茶膳房；5. 文昌阁；6. 知春亭；7. 进膳门
前山东段：8. 玉澜堂；9. 夕佳楼；10. 宜芸馆；11. 怡春堂；12. 乐寿堂；13. 含新亭；14. 赤诚霞起（紫气东来）；15. 养云轩；16. 乐安和；17. 餐秀亭；18. 长廊东段；19. 对鸥舫
前山中段：20. 大报恩延寿寺；21. 宝云阁；22. 罗汉堂；23. 转轮藏；24. 慈福楼；25. 无尽意轩；26. 写秋轩；27. 意迟云在；28. 重翠亭；29. 千峰彩翠
前山西段：30. 听鹂馆；31. 山色湖光共一楼；32. 云松巢；33. 邵窝；34. 画中游；35. 湖山真意
后山中段：36. 长廊西段；37. 鱼藻轩；38. 石丈亭；39. 云会寺；40. 五圣祠；41. 水周堂；42. 石舫；43. 延清赏；44. 西所买卖街（小苏州街）；45. 贝阙；46. 浮青树；47. 蕴古室；
后山西段：48. 小有天；49. 旷观堂；50. 寄澜堂
后山西段：51. 北船坞；52. 西宫门；53. 半壁桥；54. 绮望轩；55. 看云起时；56. 澄碧亭；57. 暖春园；58. 味闲斋；59. 北楼门；60. 三孔石桥；61. 后溪河船坞；62. 绘芳堂；
后山中段：63. 嘉荫轩；64. 妙觉寺；65. 构虚轩；66. 通云；67. 后溪河买卖街；68. 惠山园；69. 云会寺；70. 善现寺；71. 寅辉；72. 南方亭
后山东段：73. 花承阁；74. 昙花阁；75. 东北门；76. 霁清轩；77. 惠山园；78. 云绘轩；79. 延绿轩

区：山前湖区、前山景区(附宫廷小区)、后山景区、后溪河区。首先把各景区的大体布局总的方面加以分析，然后分区论述其造景及手法。

山前湖区。水面辽阔，北宽南尖，近似三角形，南北长约 1930 米，东西最宽处近 1600 米，总水面约 227 公顷。由于筑堤和洲岛的分隔，水域可划分成四个湖面。首先是由于西堤的纵隔而分为昆明湖和"西湖"两大部分。昆明湖又因有十七孔长桥连接到广润祠和澹会轩所在的岛(后人称南湖岛)所横隔成两个湖面：通常把南半的湖面称作南湖；北半的昆明湖本身的水面最为辽阔。昆明湖、南湖都以广润祠所在的岛为构图中心，但南湖本身又有水中小岛凤凰墩为次要构图中心。西湖部分也因有一堤斜隔而划分为两个小水面，为了叙述方便暂拟名称为上西湖和下西湖。上西湖、下西湖又各以藻鉴堂和冶镜阁的岛洲为构图中心。

昆明湖的东堤，北有文昌阁与东岸湖中二岛(较大岛上为知春亭)板桥相接，组成一处景点；东堤中部在十七孔长桥及桥东的廊如亭成为又一景点；主堤南端，全园角尖上跨有绣漪桥，湖水收束于此，出而连接长河。

西堤上跨有各式桥梁六座以沟通"西湖"与昆明湖之水，沿堤建茅亭八座名八扇亭，作为弘历游湖时的警卫哨所。西堤的南端建有楼阁一座名景明楼。西堤北端即绕万寿山西麓的河道及长岛"小西泠"穿插形成港汊湖泊纵横的水网带。这一带建置有耕织图、染织局、水村居、蚕神祠、西所买卖街(又叫小苏州街)以及小庙宇、小园等。

前山景区即万寿山的南坡及山脊。万寿山东西长约 1000 米，南北最大进深 120 米，山顶高出地面约 60 米，山势陡峭，山麓沿湖有狭长的带状平地，这里有著名的长廊如腰带，从东到西的山麓和山坡上汇集有建筑组群二十多处和点景的单体建筑十多处。最为突出的大报恩延寿寺这最大的一组建筑群，雄踞中央，构成前山的南北中轴线。

后山景区即万寿山北坡部分，坡势较前山为缓，南北最大纵深达 280 米。从西到东分布着十多组建筑群和景点建筑。中央部位的佛寺须弥灵境是又一组大建筑群，直下与横跨后溪河中段的三孔石桥及其北面的北楼门构成后山、后溪河的一条南北中轴线。

后溪河景区自西端的半壁桥到东端的惠山园。后溪河全长约 1000 米，在河中段两岸建置园内另一形式买卖街，称后溪河买卖街。此外，后溪河的西端和东端的山麓部分有几组建筑群，而以惠山园为其收拾处。

四、清漪园景区的景点和园中园

下面将就清漪园各景区的景点、园中园或个体建筑选择具有代表性的分别加以论述，并尽可能根据档案文献、诗文资料、图样等相互参照，还其原貌。按山前湖区、前山景区、后山景区、后溪河区顺序叙述。

(一) 山前湖区

文昌阁、知春亭 山前湖区东堤，北为文昌阁，是在方形、敦实、高大的城关上建置的两层楼阁，下层供奉文昌星君，上层供奉玉皇大帝。阁的平面呈十字形，中央歇山顶，南北卷棚勾连搭，另在城关四角建四座小亭，衬托主阁。

在文昌阁西北的近岸湖中，平卧着两个小岛，其间有小桥连接成一体，东岛较大，岛上建置有重檐攒尖顶的方亭——知春亭，并有六跨石板桥与东岸连接。这个岛、亭、桥与文昌阁组成东堤北端的一个景点。知春亭小岛，一方面与玉澜堂、夕佳楼、水木自亲等临湖建筑互为对景，一方面范围了昆明湖东北角半抱状小水面，增加了亲切气氛。知春亭小岛又是可以北眺山麓临湖建筑，西眺西堤、西湖和玉泉山远景，南眺廊如亭、十七孔桥、南湖岛诸景的重要景点。

廊如亭，十七孔桥、南湖岛 东堤的中部有十七孔长桥连到湖中心的一个大岛，桥的东端偏南建置一座特大型八角重檐亭即廊如亭，岛、桥、亭结合成为一组景点。

清漪园建园之前，原西湖东岸（明朝称西堤或西湖长堤）有龙王庙。《山行杂记》称："长堤五六里，堤柳多合抱，龙王庙据其中。"《潇碧堂集》载："步长堤息龙王庙，香风绕袖。"弘历开拓西湖为昆明湖，把龙王庙址保留在湖心，堆筑大岛（后人称南湖岛），岛上重新修建为广润祠。《日下旧闻考》载乾隆十五年御制《广润祠诗》序："昆明湖上旧有龙神祠，爰新葺之而名之曰广润云。"

南湖岛位置正好在昆明湖最大水域的中央，无论从山上或湖上，自东堤或西堤眺望湖面，它都是一个视景焦点，如点睛一般，同时从南湖岛又可四面环眺，四周景色全收眼底。

南湖岛的平面近似椭圆形，东西宽约120米，南北长约105米，面积为一公顷。在开拓疏浚西湖而堆筑湖岛时，可能就考虑到建筑布局和得景成景条件，在地形创作上，岛的北部堆土较高，形成有起伏的山岗，并在山岗最北端叠石筑台，台上建三层高阁即望蟾阁。这样，既提高了岛屿的高度，又形成了湖中有山的形势。山岗和北半部以山林为主，掩蔽了也成为岛南部较密的建筑群的北嶂。岛的东面，由于东堤一带缺乏景色，因此东部的堆土成山也较高，山上密树成林，构成树障。岛的西面则相反，有西堤六桥、上下西湖以及玉泉、西山远景，历历在目，因此敞开岛的西部，树木也较稀疏，以利纵观湖光山色。岛的南部主要有两组建筑群：偏东的广润祠，是供奉龙王的庙宇建筑，偏西的澹会轩是一组四合院型居住建筑群。广润祠和澹会轩分别构成东、西两侧的南北向轴线。岛的中央为雄踞高台之上的涵虚堂与左右的配楼云香阁和月波楼，成鼎足而三的配列，并构成岛中央南北向中轴线。这一东一西一中的三条轴线各有一端延伸到岸边而成为码头或水榭。涵虚堂这组建筑轴线，跟万寿山中轴线上排云殿、佛香阁、智慧海及其左右配列，隔水遥遥相对。登堂凭栏北望，万寿山全景如一幅长卷横展眼前，丛翠中高阁崇楼金碧辉煌，俯视昆明湖绿波中画舫点点。鉴远堂在岛南临水而筑，这里的湖水波平如镜，遥望西岸垂柳护堤，南望凤凰墩（详下），在烟水悠悠中，又是一番景色。

南湖岛的周围全部为石砌驳岸，在岛的东南角上与长桥交接的部位有一个方形小院场，院场的南面临湖设码头，东面建牌楼，正对长桥桥头，北面为广润祠的山门；西面为澹会轩的入口垂花门。这个院场是从长桥或水上到湖岛建筑群的一个过渡空间。

岛由一座宽8米、长150米的十七孔长桥与东堤相连，式仿卢沟桥，每个石栏柱顶都雕有小狮三、四，姿态各异，桥栏尽处，各有大石狮一个。长桥不仅是连接东堤和洲岛的桥梁，而且无形中把昆明湖水面划分，同时桥本身又是湖上一景，无论从万寿山上俯望，或从东西堤上眺望，都可成为视景焦点，尤其是水中倒影更显得优美动人。长桥东端偏南建置的廊如亭，它所以体形特大，据称亭乃是停放大轿和大臣跪迎跪送的地方。有时皇帝与翰苑词臣们在亭内作诗饮酒之会，亭内的额枋和主柱上需要悬挂诗额、诗联，实用上需要，不能不大。[32]岛、桥、亭三者互相结合成一组，为了取得均衡，亭的体量自然不能不大。在廊如亭的斜对面，长桥东端偏东北，有"镇水铜牛铸东岸"（弘历《铜牛》诗）。

前述湖水收束于绣漪桥，为石制高拱桥（俗称罗锅桥），桥面石级急峻，实际为交通上需要少，着重在水面观赏，或登临桥顶，凭眺湖光山色。"绣漪桥北湖中圆岛，上为凤凰墩。"据弘历《凤凰墩》诗："渚墩学黄埠（在锡山之阳，四面临水，此墩适相肖），上有凤凰楼。一镜中悬画，四时长似秋。山容空外秀，波态席前浮"（《日下旧闻考》卷八十四）。后来到道光年间，因公主多于皇子，奉旨拆除凤凰墩上建筑，仅存一孤洲。

西堤六桥 前述瓮山泊，不仅到了明朝目之、拟之，称之为西湖，清朝乾隆年间虽经疏浚拓展为昆明湖，但也有仿杭州西湖那样邑郊风景胜地来规划清漪园的意图，尤其是西堤。弘历在《万寿山即事》一诗中透露道："背山面水地，明湖仿浙西。烟波三竺寺，花柳六桥堤"。据称西堤是仿杭州西湖苏堤筑起来的。西堤以东水深域阔岸立，游船可以畅通，堤西是芦苇丛生，港汊较多，只有小舟可择路划行或撑篙而过。堤长约四里半，本身架有六座桥，既利湖水相通又有景色创作。堤上的六桥，除界湖桥、玉带桥无亭外，其他四桥上都建有敞亭，式样各异。亭桥是仿自扬州瘦西湖的一种建筑形式。

据《日下旧闻考》卷八十四载六桥名称："西堤之北为柳桥，为桑苎桥，中为玉带桥，稍南为镜桥，为练桥，再南为界湖桥，桥之北为景明楼"（注：过去有些资料把柳桥和界湖桥搞颠倒了）。为了叙述方便，自南而北为序。第一桥是界湖桥，桥南建有牌坊。在界湖桥之北到第二桥之间，堤上筑有景明楼。第二桥叫练桥，因桥下水流循堤南流好似匹练一般故称；桥上建有重檐方亭。第三桥叫镜桥，四望湖水如镜，桥上建有重檐六角亭。第四桥为玉带桥，通称伛偻桥或驼背桥，因桥身如蛋形拱起，式同绣漪桥而形制小，桥下碧波荡漾，倒影成环。五桥叫作桑苎桥，桥上建有重檐阔三间的长形亭。第六桥为柳桥，桥上建有重檐长方亭。西堤上大量种植柳树，同时柳间栽桃，形成柳绿桃红的景色，弘历在《昆明湖泛舟作》一诗中写道："千重云树绿方吐，一带红霞桃欲然。"以及"柳桃改观六条桥"之诗句。总之，西堤六桥是串缀在柳绿桃红堤上的六颗明珠。使西堤更加景色宜人入画。

上下西湖 西堤以西的水域称西湖，在镜桥与玉带桥之间有一堤斜向西南横隔，分为上、下西湖。下西湖的湖心有岛，岛上建有藻鉴堂、烟云舒卷殿和春风啜茗台一组建筑。有荷池，有柏树杂木，四周多灌木。登岛非舟不能达，藻鉴堂"堂西湖岸为畅观堂"，是又一组建筑。乾隆三十年(1765年)弘历《畅观堂诗》描述了其形势是"左俯昆明右玉泉，背屏镜治(阁名曰治镜阁，详下)面溪田。四围应接真无暇，

一晌登临属有缘。"乾隆三十四年(1769年)又一诗云"回廊曲转处，向北有书堂(怀新书屋)。远揖山峭蒨，近披湖渺茫(有睇佳榭)。诗聊说情性，图以阅耕桑(是堂北对耕织图)。便是畅观所(点出堂名)，敬勤敢暂忘!"畅观堂西北，上西湖的湖中有圆城。"湖中圆城，为门四，其上为治镜阁"(《日下旧闻考》卷八十四)。又按语"圆城四门，南额曰蠡风图画，北曰蓬岛烟霞，东曰秀引湖光，西曰清含泉韵。其中复为重城，四门额曰南华秋水，曰北苑春山，曰晖朗东瀛，曰爽凝西岭。阁制凡三层，下曰仰观俯察，中曰得沧州趣，上悬治镜阁额。"

山前湖区的昆明北湖、南湖(以长桥为界)上下西湖四个水域都划出有一定水浅范围种植荷花。弘历在他所制多首诗中提到赏荷，例如"白水平拖如匹练，红莲绣出几枝花"(乾隆二十五年，1760年《绣漪桥》诗)。"深红淡白尽开齐，水面风来香满堤。谁道秋湖乏春色，春光恒在六桥西"(乾隆二十一年，1756年《昆明湖荷花词》)以及"六桥西畔荷花多"等诗句，表明尤以西堤以西的水域中荷花最为繁茂，最堪观赏。水面辽阔的昆明湖，以荷胜仅是一个方面，以洲岛堤桥胜是又一方面；最足称胜的还是泛舟湖中以欣赏湖光山色。据记载专供帝后水上游览的御舟，先后建造了"镜中游"、"芙蓉舰"、"万荷舟"、"锦浪飞凫"、"澄虚"、"景龙舟"、"祥莲艇"、"喜龙舟"等，还有备膳船、运水船、茶船以及各种运输板船，共约二十多只。大型的如"喜龙舟"，船身长十三丈五尺，中宽三丈三尺，装修陈设极尽豪华之至。

为了由水路从大内航运清漪园、玉泉山，玉河和长河也按照水上游览航道的要求加以规划，沿长河建置了一系列码头和殿宇，如西直门外高梁桥畔的绮虹堂是水路和陆路的中转站。乾隆十六年(1751年)秋天，长河—昆明湖—玉河—玉泉山这条水路正式通航，也成为一条长达12公里的皇家专用水上游览线。

自乾隆十六年(1751年)起，弘历命健锐营兵弁

定期在昆明湖举行水操。据《日下旧闻考》卷八十四载按语："今上乾隆十五年，于其地建大报恩延寿寺，命名万寿山，并疏导玉泉诸派，汇于西湖，易名曰昆明湖。设战船，仿福建广东巡洋之制，命闽省千把教演。自后每逢伏日，香山健锐营弁兵于湖内按期水操。"据内务府大臣和尔经额奏折载：现有水操船十六只。这个船队以南船坞为基地，南船坞在下西湖之南的一个小水域。

延赏斋、耕织图、水村居　上西湖的"治镜阁北湖岸为延赏斋，西为蚕神庙，北为织染局，其后为水村居"（《日下旧闻考》卷八十四）。按语云："延赏斋在玉带桥之西，前为玉河斋，左右廊壁嵌耕织图石刻，河北立石勒耕织图三字。蚕神庙每年九月间织染局专司祈祀，又清明日于水村居设祀。织染局内前为织局，后为络丝局，北为染局，西为蚕户房，环植以桑。又西隔玉河皆稻田，河水自此西接玉泉为静明园界。"山前湖区部分到此为止。

（二）宫廷区、前山景区

前述清漪园的性质时已叙及宫廷区建筑。勤政殿后就接连到前山景区的山麓部分。前山景区先述中轴线，随后是山麓临湖部分，然后是山腰东段、西段和山脊部分。

作为一个宫苑，总要表现出帝王的至尊无上，而且常常通过宏伟的建筑群来显示。清漪园万寿山的前山中央部分正是壮丽的建筑群集中地区，构成一条明显的南北中轴线，并依轴线的左右对称布置建筑，形成东西两条次轴线，在清漪园时期中轴线上为大报恩延寿寺，东侧次轴线上为转轮藏和慈福楼，西侧次轴线上为宝云阁和罗汉堂。

大报恩延寿寺　是弘历修建清漪园的借口之一，是为祝母后（皇太后钮钴禄氏）六十整寿，表孝心报亲恩、祝长寿而建。寺自湖岸至山顶，沿山坡逐层起台地而筑。《日下旧闻考》卷八十四载："大报恩延寿寺，前为天王殿，为钟鼓楼，内为大雄宝殿，后为多宝

殿，为佛香阁，又后为智慧海。"可分为由下而上的前、中、后三部分。

前部，临湖为寺前场院，建牌楼三座、尼玛幅杆二座，山门即天王殿，五楹。山门内庭院西厢为钟楼，东厢为鼓楼，钟鼓楼之北各建石幢一座。庭院正中长方形水池，上跨石桥，过桥第一层台地，寺之正殿即大雄宝殿坐北，面阔七间。殿内当中供奉三世佛，背供南海观音，沿东西山墙供十八罗汉。殿前出月台，月台正中建碑亭一座，石碑上刻弘历制《万寿山大报恩延寿寺记》全文；东配殿额真如，西配殿额妙觉。正殿后第二个台地院，坐北为后罩殿多宝殿，五楹，殿内供旃檀古佛，殿前设八字形石磴道，东西厢各建碑亭一座，东勒金刚经，西勒华严经。

中部倚半山腰构筑石砌高台，台平面方形，边长45米，地面高程约42米，台的南壁高23米，设置八字形大石磴道。石台上最初要修建的是一座九层佛塔称延寿塔，是弘历第一次南巡时看到杭州开化寺六和塔巍峨壮观，归来后在清漪园最显要位置上仿六和塔而建的重点工程。在塔身修建到第五层和第八层时，弘历还赋诗以纪其事，但到乾隆二十三年(1758年)接近完工的时候突然发现坍圮的迹象，奉旨停修，全部拆除。弘历为此还写了一首《志过》的诗自谴。拆塔是因工程事故，又由于京师西北隅不宜建塔的风水迷信和其他原因，不再恢复建塔而改建阁即佛香阁。佛香阁为平面八角形，外檐四层，内檐三层的楼阁，第一层供千手观音菩萨，第三层供旃檀古佛，屋顶为八角攒尖顶。

佛香阁居石台中部，沿四周建回廊成廊院形式，其东、西、北三面就坡因势堆叠山石，构筑假山。假山内洞穴蜿蜒穿插于山道间，把佛香阁与转轮藏、宝云阁、多宝殿沟通起来，作为往来通道。但在堆叠的技法上较诸北海琼华岛后山洞稍逊一筹。

大报恩延寿寺的后部有一条盘旋在假山石堆叠的山道，逐级上登来到了一座五色琉璃牌坊，额"众香界"。北出就是雄踞山顶的智慧海，面阔五间，两

层，全部用砖石发券构筑(俗称无梁殿)。殿内供观音、普贤、文殊菩萨。外墙用黄、绿两色的琉璃花饰和琉璃小佛像饰面，歇山屋顶部的瓦件，以紫、蓝诸色相间，屋脊为各色琉璃纹样的花脊。前山中轴线就以这样富丽灿烂的建筑作为结束。

佛香阁东侧山坡上为转轮藏一组建筑。正殿面阔三间，两层三重檐，屋顶式样别致作成绿琉璃瓦三个勾连搭攒尖顶。两翼以飞廊连接到东西配亭，配亭为上下两层，有木制彩油四层木塔可转动即转轮藏。木塔贮经文、佛像，转动木塔即可代替诵经。正殿和两翼环抱而成的庭院正中崇台上耸立着一座高大的石碑(俗称湖山碑)。碑的造型仿嵩山嵩阳观唐碑的样式。碑的正面刻弘历写"万寿山昆明湖"六个大字，背面刻弘历制《万寿山昆明湖记》全文。据《日下旧闻考》卷八十四按语："慈福楼……，楼后崇台上石幢勒万寿山昆明湖六字，后刊御制昆明湖记。"慈福楼正殿面阔五间，楼下供三大士，楼上供毗卢佛，后罩殿是帝后拈香礼佛时休息处。

"大报恩延寿寺之西为罗汉堂，田字式。"按语载："罗汉堂为门三(东、南、西三面)，……堂内分甲乙十道，塑阿罗汉五百尊，堂之东有亭，卧碣上勒御制《五百罗汉记》。""罗汉堂后为宝云阁。"按语："宝云阁范铜为宇，御题额曰大光明藏"(《日下旧闻考》卷八十四)。这就是说宝云阁全部用铜铸造，重檐歇山顶，阁高7.5米，重约207吨。阁后院中，汉白玉须弥座之上，周围以回廊，回廊的四隅各建角亭。四面各建有三开间的配殿，北半部随山势的升起而作成叠落廊，南面的配殿，额曰"浮岗暖翠"，即这组建筑的正门，设八字形石磴道，直达内庭。[32]

罗汉堂 宝云阁下，与慈福楼东西相对为罗汉堂，平面呈田字形。《日下旧闻考》卷八十四载："罗汉堂田字式，为门三，南曰华严真谛，东曰生欢喜心，西曰法界清微。堂内分甲乙十道，塑阿罗汉五百尊，……""堂之东有亭，卧碣上勒御制《五百罗汉记》"，堂之前有八角形水池，象征八功德水。佛经中

所谓八功德水指具备八种功能即甘、冷、软、轻、清净、不臭，饮时不损喉，饮时不伤腹的净水。

以上是前山主轴线上和分列左右的各组建筑。

整个前山，顺着山麓、山腰和山脊部分因势布列上下的园林建筑，有轩有斋，有亭有厅，主要是借景因景而设，大都各具特色，富有变化和景趣，用长廊把山麓东段、西段各组建筑联系起来。

前山山麓东段"勤政殿后北达怡春堂，西为玉澜堂，北为宜芸馆，馆之西为乐寿堂"(《日下旧闻考》卷八十四)。以上为东段主要建筑。

怡春堂 勤政殿后往东北赴赤晨霞起小道，往西北上山小道相交的三角地建有怡春堂正殿和后罩殿，圈以墙廊(光绪修颐和园时在其址上扩建为德和园)。

玉澜堂、宜芸馆 勤政殿西近湖处有一组建筑称玉澜堂，分两进院落。第一进院落正殿为玉澜堂，东配殿霞芬室，西配殿藕香榭，周接以廊。第二进为庭园，庭中以假山作为主景，分成东西两组。假山的堆叠虽基地面积不大，但也峰峦迭起，洞壑相通。庭园西面临湖有楼两层，名叫夕佳楼。由于是楼在立面上高出于平房之上，打破了沿湖建筑群的平板单调感，又可登楼眺望湖景和西山，尤其是夕阳中景色最佳。宜芸馆为正殿，其东配殿为近西轩，西配殿为道存斋，组成一院落。从布局而言，也可视为玉澜堂的后院。[32]

乐寿堂 清漪园时期的乐寿堂建筑，类似紫禁城内宁寿宫的乐寿堂。据有关档案材料上记载，乐寿堂正殿面阔七楹，朝南凸出五楹以加大正殿的进深，朝北凸出三楹抱厦，内部两旁作成"后楼"(夹层)，楼下是书斋，楼上供佛像。乐寿堂的东西配殿均为五楹穿堂殿，东称绿天深处，西称怗澹清漪。正门也是五楹穿堂殿，面临湖水，题额曰：水木自亲。"乐寿堂前(靠南)有大石如屏，恭镌御题青芝岫三字，东曰玉英，西曰莲秀"。弘历于乾隆十六年(1751年)制《青芝岫诗》有序。序云："米万钟《大石记》云：房

山有石，长三丈，广七尺，色青而润，欲致之勺园，仅达良乡，工力竭而止。今其石仍在，命移置万寿山之乐寿堂，命之曰青芝岫而系以诗。"诗句有："天地无弃物，而况山骨良？居然屏我乐寿堂。青芝之岫含云苍，崔嵬刻削衷直方"（《日下旧闻考》卷八十四）。

乐安和、扬仁风 "乐寿堂后折而西为方池，池北为乐安和"（《日下旧闻考》）。据档案资料记载，乐安和面阔五楹，后出抱厦，两侧和后部有夹层的仙楼（自道光年间被拆毁后迄未恢复）。乐安和这组建筑自成一院，入口为圆洞门，进门南部为方池。池后随山势起伏，布置假山叠石，北端最高处为扇面式小殿，称扬仁风。

"乐安和之西长廊相接，直达石丈亭（长廊最西端）"（《日下旧闻考》卷八十四按语）。长廊另详后专条，这里先一提，接着仍叙述前山东段各景点。

"乐安和西北为养云轩，轩后为餐秀亭，亭西为无尽意轩，又西稍北为圆朗斋"（《日下旧闻考》卷八十四）。

养云轩、餐秀亭 这组建筑自成一院，门为钟式门，额题川咏云飞，门前为葫芦形水池。正殿称养云轩，东配殿曰随香，西配殿曰含绿。养云轩后山坡上建有一亭曰餐秀。"亭后石壁上勒御题燕台大观四字。"（《日下旧闻考》卷八十四按语）。

意迟云在、无尽意轩、写秋轩、圆朗斋 餐秀亭西下有敞厅三间，称意迟云在，背叠山石，傍通曲路。再下为无尽意轩，与长廊的对鸥舫在同一轴线。这组建筑，自成一院，前临荷池，周绕曲垣，其西北为写秋轩、圆朗斋一组平面对称均齐的建筑群。由于地势关系，对基址的局部地形作了较多的改造。北部削山砌筑崖壁，南部填土铺砌宽敞的平台。正厅写秋轩方形居中，左右分列两个重檐方亭曰寻云亭，曰观生意，有斜廊相通，若把它们连起来看，整组建筑的组合，心裁别出，好似鸟在飞翔时展开两翼一般。在可以小憩的亭和平台可远眺湖光景色与俯视圆花台等近景。圆朗斋作为东跨院，紧贴平台的东侧布置并有

斜廊相连为一体。南房称瞰碧台，北房称圆朗斋，均为三楹，卷棚硬山顶的斋屋。瞰碧台面南敞开，便于俯瞰昆明湖景色，故称。

重萃亭、千峰彩翠 圆朗斋景点，位于前山山麓东段干道的尽端，往东为意迟云在。北循蹬道可上至重萃亭，供文殊菩萨，再上为千峰彩翠，为城关上单层阁之名，往南下达湖岸长廊。

长廊 前山的山麓临湖部分建有长廊，东起邀月门，西至石丈亭，这个长达728米，共273间的走廊好似望不到尽头一样的深远。它像一条彩带般压在山脚，既把山麓东段、西段的各组建筑联络起来成为一种交通建筑物；它本身也起造景作用成为园中一景。长廊始建于乾隆十九年（1754年）以前，1860年被焚毁，现存长廊是光绪年间修颐和园时按原样重建。

为避免过长过直易有单调感，长廊的修建，在平面上并非一条直线，而是直中有曲有变化。即在中央部位随湖岸的突出而弯成新月状，正中折向排云门，形成临湖的广场，以突出中轴线上主建筑群的显要地位。有变化即在长廊中间又穿插有四亭两榭。两个水榭，对称地布置在中央主轴线的两旁，成为长廊东、西两翼的中心，并突出到水中。在东的为对鸥舫，与无尽意轩的轴线对应，在西的为鱼藻轩，与山色湖光共一楼轴线对应，既丰富了临湖的景观，又成为观赏湖面平远水景的景点。四亭中除东段第一亭留佳亭不与山坡景点成一定轴线对应关系外，东段第二亭称寄澜亭与写秋轩轴线对应，西段秋水亭与云松巢轴线对应，清遥亭与听鹂馆轴线对应。[32]

作为前山山麓诸景的联络带以及它本身的造景作用，长廊的尺度比一般的游廊要高大，廊宽2.28米，柱高2.52米，柱间2.49米。273开间的柱间上部都一律安装楣子，下面一律装设坐凳栏杆，所有梁、枋上都施以苏式彩画，搭袱子中当年绘有杭州西湖风景。乾隆年间，弘历曾派如意馆画师到杭州西湖写实，得西湖景五百四十六幅，没有雷同，没有杜

撰，然后再移绘到 273 间长廊枋上。这些枋画可称是园中珍贵的艺术品。长廊中全部彩画约八千多幅，除西湖风景外，还有人物故事、翎羽花卉等彩画。[36]

前山山麓西段 "宝云阁西为邵窝，为云松巢，又西为澄辉阁。阁东南有三层楼(三层楼上御书额曰山色湖光共一楼)，楼西为听鹂馆。听鹂馆西为石丈亭，为石舫"(《日下旧闻考》卷八十四)。

云松巢、邵窝 云松巢、邵窝这一组在宝云阁下西南，依势错落布置。这里松柏蓊郁，是前山最富于山林野趣的地段，建筑群的布置充分利用了地形特点。这组建筑包括东、西两部分。云松巢位于西部是一座由曲垣斜廊围合成院落的单体厅堂。庭院部分因原来坡势较陡而筑成两层台地。云松巢面阔五间，正中凸出三开间敞轩供休息用，堂前两侧不建厢房而用叠落廊上下贯通，与南墙围合成一庭院。庭的外墙上饰以什锦窗可以观赏院外景色。南入口垂花门外利用山石堆叠成高近 5 米的蹬道，外墙转角处也以山石包嵌，使建筑与环境较好地结合起来，堂后围以曲垣。邵窝是一座以厅、亭、廊穿插布置的小园。邵窝是面阔三间、硬山顶的厅堂，由于厅堂所处地势较高，厅前建置有宽敞平台，以便南眺湖景，它的西侧接曲折的爬山敞廊与云松巢连通，廊中部还穿插一亭，称绿畦亭。为了与环境相适应，建筑物的尺度都是较小，如爬山廊宽仅 1.32 米，柱高 2.3 米。色彩以清雅素淡为基调，不用琉璃瓦饰。宋朝邵康节有居室名安乐窝。名曰邵窝，取安乐之意。[32]

听鹂馆、三层楼 听鹂馆是在一个高起的台地上按四合院形式布置的建筑群，庭院北面的正殿建小戏楼一座，供小型演出之用。戏台之所以面南而设，据说是为了弘历在此粉墨登场的缘故(《颐和园志略》)。所谓三层楼即题额曰湖光山色共一楼的建筑物，楼上层供千手千眼观音，下层供出山观音。由楼经走廊至长廊的鱼藻轩，成轴线对应。[32]

画中游、澄辉阁 听鹂馆北面的山坡上有一组分两个层次的建筑群称画中游(第一层次中心)和澄辉阁(第二层次中心)。这组建筑群所处的地位条件有两个特点：一是它正处在前山西南坡的转折部位，从这里向南、向西都有宽广的视野，南可观赏前湖洲岛，西可远眺玉泉、西山。二是这里的地面坡度较大，约 20 多度，依坡而建的亭、台、楼、阁之间互相很少遮挡，形成有空间层次的变化。具有这样一些特点条件，就能充分发挥既是"景点"又"点景"的双重作用。

画中游这组建筑群，以楼、阁为重点，以亭、台为陪衬，以爬山游廊上下串连，又运用较大量的叠石假山和浓密的松柏树木，构成以建筑见胜的山地小园，它因坡就势大体上分为上下两个层次。爱山楼、借秋楼和石牌坊以南的庭园部分为第一层次。它以八方形阁画中游为中心，东接爱山楼，西接借秋楼，顺地形的等高线布置叠落状的三层台地。第二层次以澄辉阁为中心，由两条环抱状爬山廊抱合起来。整组建筑群有四座主要建筑物：画中游突出于建筑群中轴线的最南端，澄辉阁位于中轴线的最北端，而爱山、借秋两楼分列于一东一西。四者用廊连接构成重点突出，左右均衡，前后衬托，互不遮挡，有如仙山琼阁的画意。[32]

画中游为两层敞阁，是第一层次的主体建筑，采取阁的形式，平面八方形，重檐顶。由于立基于陡峭的山坡上，前后高差约 4 米，所以下层的柱子不得不顺着山石起伏而长短不一，阁两旁的爬山廊也依着山石之升起而连接爱山、借秋两楼。爬山廊中部建有两座八角重檐攒尖小亭，既用以陪衬主体，又可经此穿行石洞而登临阁的上层。阁的上层空透开敞，东、南、西三面都可凭栏远眺，立柱与楣子、木栏杆构成一幅幅美景的画框。从框中透视，人们仿佛置身画境，如游画中，故称。[32]

画中游阁后是一组假山，是利用天然裸露岩石上再叠石而成。假山的布置使山石与阁与廊紧密结合，更增添了山地建筑的特有情趣。[32]

经假山北面的石牌坊，就可抵达第二层次的庭园。这个庭园由爬山廊环抱而成，它的南北进深很浅而东西方向拉得宽，使庭园的进深与面宽成1：3的比例，避免了局促感。由于庭园的地面坡度较大，因此，两侧的爬山廊和北面正中的澄辉阁都能以前部建筑物作为远眺湖山时的近景陪衬。[32]

湖山真意　经澄辉阁后面的垂花门，循山道而上，可登临"湖山真意"敞轩。这座阔三间四敞的单体建筑物位于前山山脊西端的地形转折点上，从亭里俯瞰昆明湖清波如镜，西眺玉泉山的塔景正好在两柱之间，天然成一幅框景。亭的北面有山石叠成屏障，半抱亭址。

石丈亭、石舫　"听鹂馆西为石丈亭，为石舫"（《日下旧闻考》卷八十四）。前述长廊西尽头处为石丈亭，亭中有太湖石高约丈余，北宋米芾嗜石，尊石为丈，因以名亭曰石丈。亭北有树西临小水湾曰浮青榭，榭西北，南临小水湾有堂曰寄澜堂，小水湾西水中为石舫。弘历《石舫记》云："余之石舫，盖筑之昆明湖中，不依汀傍岸，虽无九成之规，而有一帆之概。"舫又叫船厅，是一种建筑在水边，模仿船形的厅堂建筑。舫虽固定，却令人似有置身于舟楫之中以赏水景的感受。弘历《石舫记》又云："弥近烟云之赏，迥远风浪之惊。鸥鹭新波，菰蒲密渚。涌金漪而月洁，凝玉镜而冰寒。四时之景不同，朝暮之观屡易。"据记载，这里原是圆静寺放生台，弘历就遗址用巨石雕造而成船体，上部的舱楼原本是传统的木构船舱式样，分前、中、后舱，后舱为二层（光绪年间，那拉氏慈禧将舫改建，详后颐和园）。

前山西麓及长岛、西所买卖街　《日下旧闻考》卷八十四载："石舫之北有楼为延清赏，西为旷观斋，又西为水周堂。"西堤北端从桑苎桥到柳桥这一段堤以东为狭长形水域，是前湖通后溪河过渡衔接的水道。在靠近前山西麓水中有一条窄长形似新月的洲渚，可称为长岛。它把水面分为东、西两个航道，长岛西面的航道比较宽阔，景观也比较开朗，长岛东面的航道很狭，临河建筑密集仿江南水街市肆，即西所

买卖街。长岛南有荇桥通至前山西麓。下面就从前山西麓说起。

蕴古室、延清赏　浮青榭北的山麓下有一组建筑，格局严整，正殿曰蕴古室，东西有配殿。往北一组建筑，则前后相错。南为穿堂殿，为斜门殿，北有小亭名小有天，其北有楼为延清赏，楼上下三层。上述几组建筑已是属于贝阙以南沿河地段的西所买卖街（又叫小苏州街），位于街的东侧部分。

西所买卖街、旷观斋　清漪园中仿江南水乡河街市肆的有两处，一在后溪河西段，一即此处。它与后溪河买卖街不同的是建筑物背面朝河，是前街后河的布置形式。在长岛东这条狭窄而又曲曲折折的（或称万字河）航道上，具有苏杭一带常见的有河无街的格局。西所买卖街的店肆，据资料记载，有集彩斋、鸣佩斋、日升号、蕙兰轩、瑞生号、百味馆、六合号、天露店、万醇楼、益伟号、天章号、致和斋、集锦楼、漱芳号、秦和馆、裕丰当等。西所买卖街南端临河有曲尺形建筑为旷观斋。[32]

荇桥、五圣祠、水周堂　在石舫之北，一桥横跨，即荇桥，是通长岛的桥梁，桥上为敞亭。桥之西长岛南端为五圣祠，有正殿供五圣神，有后罩殿，正殿东西有配殿，长岛北端为水周堂。长岛西部临水一带是饰以各式什锦窗的白粉墙垣，点缀有几处码头。从水周堂眺望隔水的西堤上烟树迷漾，宁静的水面倒映着天光云影，一派自然景色如画，远眺西北水域的水村野居，则又是另一番情调。

贝阙、北船坞、半壁桥、西宫门　《日下旧闻考》卷八十四按语云："自此（指西所买卖街）以北建城关，额曰宿云，檐曰贝阙，上有楼，奉关圣，御书额曰浩然正气。循城关以北，折而西，是为园之西门矣。"贝阙是城关式建筑。通常园林中的城关，下面是砖砌筑的墩台，中开拱券门，安板门两扇，台顶周为雉堞一圈，台上部是城楼，它可以是楼阁式，也可以是亭殿式样。清漪园的贝阙，下为城关式，上建八角重檐亭。贝阙的西北为北船坞，与西所买卖街为对

景，但船坞经嘉庆间扩建后体量过大，尺度上不相称，破坏了景观。过城关迤北，渡后溪河西口一石桥，曰半壁桥，再北、折而西是为园之西宫门。宫门外有南、北朝房。

（三）后山后溪河

后山即山阴部分或曰北坡部分，坡势较前山为缓，南北纵深较前山为大，最大处可达280米进深，地面较宽。由于是北坡，土层较厚，土壤较湿润，因此树木森森并有高大的松柏。以油松为主，间有白皮松。落叶树有榆、椴、槭、槐、杨、柳之属，有不少树龄在二百年以上的松、柏、榆、槐等古树。到处灌木丛生。春天里自然成林的山桃盛开，一片粉云，接着山杏夺艳，还有各种野花，例如紫花地丁、山丹、飞燕草、风铃草、桔梗、紫菀等从春到秋相继开放，花色鲜美。其次，后山部分的形势也与前山不同，山势起伏不一，横贯的山路随势盘桓，虽然有上有下，但坡度平缓。后山的东、西原有排泄山水的沟壑，经整理修治润饰后造成涧谷美景。

前述，《帝京景物略》载："山后一亩泉，今失去。"泉虽失，但地下水源仍较丰富，雨后沟壑的山水也可截留，更有充裕的湖水可以引用，于是在后山山麓，就低挖河，开挖了一条由西至东的后溪河，全长约1000米。再利用挖河的土方，在河的北岸堆山丘，形成两山夹一水的峡谷形式。后溪河的水面忽宽忽狭，忽收忽放，曲尽幽致。后溪河的水是从西堤的最北的一座桥即柳桥身下流过来的，又再经半壁桥下进入后溪河的起点。临河及北坡山麓，随着形势而有多组园林建筑的景点，除河道还有山麓道路来连通。山腰以上另有一条山路，连贯山腰以上和山脊的园林建筑组群。除了贯穿东西的后溪河、山麓路和山腰山路之外，还有一条南北主轴线，从北楼门起过三孔长桥，登两层高台到须弥灵境，然后登上山顶的香岩宗印之阁。为了叙述方便起见，先叙中段主轴线，然后西段，最后东段。

后山主轴线 后山主轴线与前主轴线不在一条线上。后山主轴线上佛寺建筑，体量巨大，不像前山主轴线上佛香阁等成为湖山之景。登后山大庙应由北楼门进。《日下旧闻考》卷八十四载："北楼门在万寿山之北。门外东西朝房，内为直房。其南为长桥，桥南佛寺。三面立坊楔，内为须弥灵境，后为香岩宗印之阁，阁东为善现寺，西为云会寺。"

从北楼门进园，开始有两座小土山遮住望向两侧的视线，过了山口就直抵三孔大石桥，这时人们的注意力完全被对面华丽的牌楼和仰之弥高的宏伟大庙所吸引。过桥上第一层台地为寺前广场，也是后山东西干道与后山主轴线交叉点。长方形广场的北、东、西三面各建牌坊一座，外围种植白皮松与柏树，至今尚保存着树龄二百年以上的白皮松二十余株。往南即往上为第二层台地，高出第一层约2.8米，仅在东西两侧建配殿，东曰宝华楼，西曰法藏楼，均为面阔五间的两层楼房。再上，第三层台地高出于第二层4.6米，建有体量巨大的正殿"须弥灵境"。正殿面阔九间，总长47.7米，进深六间，总深29.4米，重檐歇山顶，黄琉璃瓦殿式做法。殿内北面石造神台上安木胎金背光莲花座，上供三世佛三尊，菩萨二尊。这座大殿的开间尺寸和梁柱用材仅次于大内太和殿一等，在当时的北京也得上少数几座大型建筑之一。须弥灵境是与承德的普宁寺分别在两地同时兴建的同一形制的汉、藏混合式佛寺。它的殿堂布局按照"七堂伽蓝"传统的规制。但由于地形限制而省去山门、钟鼓楼和天王殿，仅有正殿和东西配殿。须弥灵境殿南面即其上，高出于地面约10米的金刚墙之上为西藏式的大红台，南北全长85米，东西宽130米。这里的山势比较陡峭，整组藏式建筑群的布置以居中而偏于北的香岩宗印之阁为中心，周围环着许多藏式碉房建筑物和喇嘛塔，分别在若干层的台地上随坡势而交错布置。[32]

据称这个藏式寺庙部分是直接以西藏地区的一座著名的喇嘛寺——桑鸢寺作为规划设计的蓝本。

桑鸢寺又名三摩耶，位于札囊县的雅鲁藏布江北岸。公元8世纪起，吐蕃赞普赤松德赞为了宣扬佛教，从印度迎请密宗大师莲花生入藏传经，于762年(唐代宗宝应元年)特为大师修建这座规模宏大的桑鸢寺。桑鸢寺的主体建筑是大殿"乌策殿"，平面正方形，外檐三层，下层为藏式，中层为汉式，上层的五个攒尖顶相峙是模仿中印度式样，所以是一座藏、汉、梵混合风格的建筑物，造型很别致。在乌策殿外面四角的分位上分别建置绿、白、红、黑四色的喇嘛塔，周围环绕布列着四大部洲殿，八小部洲殿、日殿、月殿。香岩宗印之阁虽以桑鸢寺作为蓝本，但并非简单的抄袭，还吸取藏区山地寺院和内地汉式寺院的传统手法，因地制宜地有所创造。[32]

香岩宗印之阁最下层金刚墙，墙上镶嵌成排成列的藏式盲窗而做成"大红台"的形式，这样就使得全部建筑物都能承托展露出来，颇有西藏山地喇嘛寺院的气度。主体建筑香岩宗印之阁，平面略近方形，面阔五间，总宽19米，进深五间，总深17.5米。内檐两层，首层的后攒金柱之间安有石造神台，台上供铜胎站像四十二臂观音。外檐北面是两层廊步，东、西、南三面墙身饰以藏式盲窗，墙身以上则为三重屋顶，第一重单檐四注顶，第二重亦为单檐四注，但在四角另起四个方形攒尖顶，第三重为居中的单檐庑殿顶。总之，主体建筑香岩宗印之阁通体为汉式楼阁建筑的形象(仅东、西墙上以藏式盲窗点缀)，华丽璀璨，体量高大而凌驾于一切之上。香岩宗印之阁这个建筑群的中心，同时也象征着世界的中心——众神居住的"须弥山"。据《阿昆达摩俱舍记》的描写，须弥山位于大海的中央，山顶的四角各有一峰，中央为金城，城外四面建四苑，在茫茫大海中环绕着须弥山布列着四个大洲即四大部洲，这就是人类居住的地方。此外"复有八中洲是大洲眷属，谓四大洲侧各有二中洲"，此即所谓"八小部洲。"香岩宗印之阁的五个屋顶相峙的格局，显然就是须弥山顶的金城及四峰或四苑的象征了。香岩宗印之阁北面的山门殿为一座

长方形的碉房式平台。台上建梯形平面的汉式单檐庑殿顶小殿，内供增胎红法身马头金刚(模仿南海中的"南瞻部洲"，状为佛的肩胛骨，呈梯形平面)。香岩宗印之阁的南面，居于中轴线的顶端的正方形碉房式平台，台上建汉式单檐攒尖绿顶小殿，内供增胎黄法身布绿金刚(模仿北海中的北俱庐洲，呈方形平面)。香岩宗印之阁西面有一座平面如新月形的碉房式平台，台上建汉式单檐庑殿顶小殿，内供白法身不动金刚(模仿东海中的东胜身洲，状如半月)。香岩宗印之阁东面有一座略近椭圆形平面的碉房式平台，台上建汉式单檐庑殿顶小殿，内供绿法身救度佛母(模仿西海中的西牛贺洲，状如满月)。此外，分别位于四个大殿的左右或前后的八个体量较小一些的碉房或平台及其上的平顶小殿，即所谓八小部洲。香岩宗印之阁的西南侧和东南侧各有长方形碉房式平台一座，台上建汉式庑殿顶小殿，殿内分别供黄法身狮象佛母，黄法身斗母。这就是日光殿和月光殿，象征出没回旋于须弥山两肩和佛的两肩的太阳和月亮。如上所述的这些内容组成了佛经中所谓一"世界"，香岩宗印之阁建筑群南端的半圆形围墙象征着世界的终极——铁围山。可以看出西藏式部分的建筑布局正是佛教的这样一个宇宙观的完整而形象的反映。[32]

香岩宗印之阁建筑群不仅因主体建筑的体量高大，形象华丽而十分突出，而且有四大部洲，八小部洲的层次变化。在建筑的个体设计上，展示了汉、藏两样风格的不同程度的融糅，在总体布局上，则以中轴线和左右的辅助轴线作为纲领，于繁复中显示严谨，变化中寓有规律。更有甚者，香岩宗印之阁这个部分，兼有山地园林的风趣。在这个地段范围内，因山就势，堆叠山石，假山叠石与各层台地之间有磴道盘曲，树木间植。一座座精致的塔、台、殿堂布列于嶙峋的山石间，点缀以五色的琉璃，映衬着苍松翠柏，更有叠石而筑的蜿蜒的洞穴，这样，把佛寺与造园相结合，构成别具风味的具山地园林景观的佛寺。它把宗教的内容与园林的形式结合起来，把宗教的庄

严气氛与园林的赏心悦目统一起来，运用造园的手法来渲染、烘托佛国天堂的理想境界。[32]

云会寺、善现寺　香岩宗印之阁西为云会寺，它完全采取园林形式，因势叠石，坡路曲折，环筑建置，松柏参天，幽雅清静。正殿"香海真源"供毗卢铜佛，又有一馆曰清音山馆以及重檐六角亭等。香岩宗印之阁东为善现寺，正殿"三摩普印"，供三世佛，有法藏楼。

（四）后山后溪河西段

以北楼门到须弥灵境的主轴线为中心线，将后山后溪河划分为西段和东段两部分顺序叙述。当年游后山后溪河，多从前湖乘船经半壁桥下进后溪河，弘历诗中写的"山阳放舟山阴泊"，即是一证。后溪河的起点，先是较狭的水面，忽向北扩展成为一湾河水，然后又忽然一收。就在这个收缩处，两岸山石壁立好像峡谷一般，峡口的南岸安置了绮望轩，北岸安置了看云起时，隔岸相对峙。过了峡口，水面忽然又一放，向南尖突，形成一个三角形水面。这个三角水面的顶点就是后山西段一条山沟的尽处，雨季时候，后山西半部的雨水径流就汇集到沟中，下泄到后溪河里。为了预防山水冲刷，沟两旁垒有防洪墙，在入河地点建有涵洞，洞上建有方亭曰澄碧亭，既是工程又是装饰成景。从方亭这里上行或从后山过了贝阙登山腰的山路上行，都可到达味闲斋和贻春园这两个景点或小园。三角形水面东，过了通云关就进入了狭而曲直水路，沿河两岸是挨肩接踵的铺面房，河岸也用整齐的料石砌筑。这里就是茶幡酒旗，店铺林立的买卖街(或称苏州街)，宛若江南水乡的水街。水街过三孔石桥后就属后山东段了。

绮望轩、看云起时　分别位于后溪河西峡口的南北两岸。位于南岸山坞地段的绮望轩是一组结合地势布置的建筑群组成的小园或景点。这个小园的东西宽70米，南北深47米，南半部地僻境深，北面居高临河。小园因势而筑分为三部分：北面临河为主庭，

南面为内院，西面为侧院，都有通外的园路出入口。

主庭周环以曲折的游廊形成庭院，正厅绮望轩面阔五间，敞厅形式，建置在北临后溪河的高台之上，它的左右和两侧的游廊对称布置。若循水路在峡口登码头登岸，沿4米多高的八字蹬道拾级而上，来到敞厅绮望轩，由于正门和游廊推到临水的最外沿，使得岸边游人虽逼迫台脚也能仰观建筑全貌，从而更显出其居高临水之势，成为后溪河西端最引人入胜的景点。进入轩，就面对主庭中利用地形高耸而堆叠山石形成的3米多高的假山，把主庭再划分为两半，也增进了纵向景深。过山石南行穿过方亭进入内院，或西行经过游廊进入侧院。进内院也可从高台下面的拱门进山洞，循隧道而登临内庭。进入侧院顿觉空间幽闭，周围的岗阜、山洞和郁郁的浓荫，吸引着人们继续穿越山洞或园门而步入更富于野趣的后山岗坞区。

如果从相反方向，即从山腰的山路，经山洞式园门而入内院，再进至临水的绮望轩，将会体验到另一番从幽邃到开朗、从山到水的景观变化。

与倚望轩隔水相峙的"看云起时"是一组小型园林建筑，互为对景。北岸看云起时的石矶突入水中，石矶后部的看云起时正厅，平面呈冂形，左右两个配亭伸出于两侧，加强了两岸峡口形成的对峙之势。这一东一西的配亭，既是纵览峡口东西两面河景的观赏点，也是分别从半壁桥泛舟接通峡口或从三孔长桥下西望的景点。

后溪河买卖街　买卖街在后溪河的西起通云城关，经三孔长桥下，到东段的寅辉城关，全长约270米，是一处模仿江南水乡集镇的河街市肆而筑。是弘历取悦于皇太后，为了满足她喜爱的江南水乡集镇风光而制造的河街。《日下旧闻考》清漪园册没有记载，弘历的诗文亦从未提及。据零星资料和遗址看，买卖街的布局，令水有歧路，岸有曲折，每隔一段距离架设各式桥梁跨越河面。两岸的建筑具体模仿浙东一带常见的"一河两街"的格局，但店面则采取北方风格的牌楼、牌坊、拍子三种式样。[32]

据内务府有关档案的记载，买卖街的全部店面估计约二百余间，其中牌楼式的至少有六座，牌坊式的十五座，拍子式的六十座。各行各业的买卖应有尽有，例如履祥泰是鞋店，细香铺是香烛店，云干斋是文具店，品泉斋是茶馆，帖古斋是古玩店，妙化斋卖供器，吐云号专卖烟草，经纬号是绸布店，芳雅斋是酒楼等等。除大量平房外，至少有楼十余座。每逢帝、后临幸时，以宫监扮作店伙顾客，水上岸边熙来攘往，一时十分热闹。[32]

买卖街的重点在东部，三孔石桥以东，河面放宽，放宽处达45米，为了求得曲折变化，在水中靠北堆筑一个长岛，岛的东西两端各架石拱桥和木板桥。绕着长岛形成一条环状水路，船行其中，仿佛置身水网，几乎每一转弯，都有店铺或桥梁的对景。东南端寅辉城关峭壁脚下，水面出现一个九十度的弯，过此就进入水面一收又一放，两岸树木森森，景趣幽静的后溪河东段了。

（五）后山后溪河东段

三孔桥以东的买卖街，在后山主轴线以东地段。从寅辉城关及其西南的南方亭开始，上山坡可达花承阁，沿河东行可达云绘轩一组园林建筑。从花承阁登山脊东行先是昙花阁，阁东北为延绿轩。从云绘轩沿后溪河东行，到了后溪河东尽处，北为霁青轩、南为惠山园两个园中园。从惠山园西南行，过赤城霞起城关又回到宫廷区勤政殿。

寅辉、南方亭　前述买卖街东段，水面放宽，在东南端水面来了一个九十度的弯，看到在峭壁绝涧上的城关寅辉。这个形势并非天成地就，而是通过造园家的巧思，在沿一条排水山沟的东侧把山脚切成一块三角形，形成一段高十米的断崖，排水沟被截断在中间，从这里一下子挖深到原出水口的标高，于是造成了绝涧。北部的假山也配合着延伸过来，使后溪河拐两个九十度的弯，直逼崖下。人在河中仰望城关更觉雄伟奇特。由于寅辉城关南依高山，北踞断崖，西

临深涧，东面是曲折的水路，大有"一夫当关，万夫莫开"之势。由于位置绝佳，从各个角度欣赏，都各有其制胜之处。[35]从城关沿陡坡下水路上行，在山涧口建有方亭曰南方亭。

花承阁　是一组园林化佛寺建筑群，全部建置在一个直径约60米，倚山而筑的半月形高台上。原址是一个从山坳里突出来的，其状如舌的小山包，就势建造高台更加突出了这个局部地形的典型特征。高台前沿与地面的高差达7米。半月形高台的中轴线部位为坐南朝北的三合院型的佛寺"莲座盘云"。寺址依坡势分作两层台地，北面是两座牌楼山门，院中有特置的太湖石和石座，南面正殿面阔三间，内供观音菩萨像，为硬山黄心绿卷边琉璃屋顶。[32]

沿高台的外缘建半月形游廊，通长三十七开间。廊的东端接叠石而成楼梯平台上的六兼斋；廊的西端接花承阁，坐东朝西。名为阁，实为依陡坡而筑，面东一层，面西两层的错层楼屋。花承阁南面为塔院，院中置八角形、七重檐、高五丈余的多宝琉璃塔，"黄碧彩翠，错落相间。飞榴宝铎，层层周缀。槏窦户牖，不施寸木。黄金为顶，玉石为台。千佛瑞相，一一具足。坐莲花座，现宝塔中。轮相庄严，凌虚标胜。用稽释典，名曰多宝佛塔"（弘历《万寿山多宝塔颂》）。总之，塔的造型华丽精巧，堪称工艺珍品，在苍松中更显得光彩夺目。由于坐落在建筑群的最高部位，塔本身的高度约16米，成为后山东段的一个观景焦点，从许多地点上都能看到它的神姿。

花承阁的高台与后山干道之间有一片宽约30米的缓坡地带，上种植有一片松林，建筑群隐藏在这道翠障之后，路上的游人只能透过树障隐隐约约窥见高台和游廊，加大了景深感，西面山谷里是一片山桃，春天花开如红云，大有桃源深处是仙家之感。弘历有《花承阁诗》云："月匡早种千年树，云构常承四季花。何必饵芝将炼石，陵尘是处即仙家。"

昙华阁、延绿轩　从花承阁上山脊东行最东端制高点上有一座楼阁，名昙华阁。从1860年拍摄的

一张照片上可以看出,它的平面为五方形,象征昙花的五瓣;它的立面高二层,重檐攒尖琉璃瓦顶,檐口下有垂莲柱的装饰,第二层设平座可凭栏远眺,底层为周围廊,下面的平台亦呈五瓣昙花形。阁上层供弥勒佛,下层供栴檀佛。这座造型别致的佛阁,1860年被焚毁(光绪十八年,1892年,在原址上改建为景福阁)。

昙华阁东北为延绿轩。《日下旧闻考》卷八十四载:"(云绘)轩东为延绿轩,后廊有楼,为随安室。"弘历《题随安室》诗中有句云:"花承阁东岭,结宇敞而幽。忽步阶梯降,方知上下楼。"

云绘轩 从花承阁东行到了背靠(南依)后山坡,左右伸山臂拥抱,前敞(北面)临水的小地形,也可说是三面环山,一面临水的形胜,环境颇为幽静。这里的园林建筑也就相应地做成两进四合院的布局。从南门入,第一进的前厅曰云绘轩,面阔五间,作成过厅的形式;第二进的正厅曰澹宁堂,面阔七间,临水一面凸出三间抱厦,其前设码头,可从后溪河坐船至此而上。厅东西各有叠落廊,配合叠石和山洞,意趣自然。

惠山园 后溪河的东段,三放三收,水到东端,一由东北门西垣下闸口出,一由东垣下闸口出,并归圆明园西垣外河;又一由惠山园水池南流出垣下闸,为宫门前河。惠山园不仅是后溪河东端尽处,也是全园东北隅的一个园中园。是仿无锡惠山的寄畅园建造的。弘历《惠山园八景诗》有序云:"江南诸名墅,惟惠山秦园最古。我皇祖(康熙帝)赐题曰寄畅。辛未(乾隆十六年,公元1751年)春南巡,喜其幽致,携图以归,肖其意于万寿山之东麓,名曰惠山园。一亭一径,足谐其趣。"

无锡寄畅园位于惠山东麓,以一座古庙的旧基作园址。它西向惠山,东南借景锡山,东北方向有新开河(可通大运河),惠山的名泉顺着山势流入园内。寄畅园内的土石假山的堆叠高超,宛若园外真山的余脉。以水池为全园的中心,建筑疏朗。因园址本是古

庙,有千年古樟。这样,以山、水、古树、建筑相结合,创作出高台曲池、长廊复室、澄池嘉树、叠石清泉(八音洞)等园林胜景。

惠山园在清漪园东北角的幽邃地带,在其北侧有土丘和高出地面5米左右的七块岩石,宛若万寿山余脉东麓。这个地段的地势比较低洼,从后溪河引来的水流入园内潴以为池。由于这里与后溪河之间有将近2米的落差,经穿山加工成峡谷,引水如水瀑,类似寄畅园的八音洞。惠山园处东北角,环境幽静深邃,但它与东宫门、宫廷区相距不远,又位于后溪河水道的尽端,水陆交通却很方便。从总布局来看,惠山园既是前山景区向东北方向的一个延伸景点,又是作为后山后溪河景区的一个收拾点,有了它,清漪园的东北隅这一角落就变活了。[32]

清漪园时期的惠山园,据《日下旧闻考》卷八十四记载:"惠山园规制仿寄畅园,建万寿山之东麓。""惠山园门西向,门内池数亩,池东为载时堂,其北为墨妙轩。""园池之西为就云楼,稍南为澹碧斋。池南折而东为水乐亭,为知鱼桥。就云楼之东为寻诗径,径侧为涵光洞,迤北为霁清轩,轩后有石峡,其北即园之东北门。"这就是惠山园建成初期的基本布局情况。嘉庆十六年(1811年)曾加以改造扩建,并改名谐趣园,咸丰十年(1860年)被焚毁,光绪十八年(1892年)重建,今天的谐趣园大体上就是重建为颐和园时的面貌。

惠山园的入口选在西南角位,这是因为一方面与自南经赤城霞起城关过来的山道与自北经后溪湖过来的水路相衔接,另一方面,通过西南角入园后为斜角方向上望全园,透视效果良好,能扩大园的深度和层次。

惠山园的理水以水池为中心,水面曲尺形使水面在东西和南北方向上都能保持70~80米的进深,避免了寄畅园锦汇漪在东西向过大过浅的弊病。惠山园水池的四个角位都以跨水的廊、桥来划分出水湾与水口,增加水面层次,意图与寄畅园相同,东南向斜

跨的知鱼桥与寄畅园的七星桥的位置、走向也大致相同。惠山园又以挖池的土方堆筑池东南和东北角沿界墙的土丘，一以遮挡高大的界墙，一以陪衬北部的叠石假山，仿佛是万寿山以连绵不断之势自西向北再兜转到池的东南的形胜。[32]

惠山园的建筑，环曲池而建，比较疏朗，以曲廊将池南与池东、池西岸的个体建筑相连贯。尤其园北部更以山石林泉取胜。园建成后，弘历自云："得景凡八，各系以诗"作《惠山园八景诗》。惠山园的主题建筑物是池东岸的载时堂(今知春堂)，若以知鱼桥来说，堂在桥东，故弘历诗句云："桥东为堂"，环境"爽垲奥密，兼有其胜，风漪澜縠，泛影檐际。"它的位置是"背山得胜地，面水构闲堂。"堂北，"曲径迤东，疏轩面势，壁间石刻，翠墨留香"，轩即墨妙轩，"轩内贮三希堂续摹石刻，廊壁间嵌墨妙轩法帖诸石。"水池的西北，"抗岭岑楼，每当朝暮晦明，水面山腰，云气蓬勃，顷刻百变"，因此楼曰就云楼(今瞩新楼)。"楼南闲馆，俯瞰远碧，流憩之余，神心俱澹"，就是指楼南东临水的澹碧斋(今澄爽斋)。"过就云楼而东，苔径缭曲，护以石栏，点笔题诗，幽寻无尽。"这条叠石构成的曲径名寻诗径。"石栏遮曲径"还有条石洞，那里有类似寄畅园八音洞那种逐层跌落的流水。寻诗径北径侧多奇石，"为厂为窦，深入线天，层折而出，仿佛灵鹫飞来"的涵光洞。至此已叙六景，另一景为水乐亭(今饮绿亭)在池南岸。弘历诗序云："绕池为园，亭在南岸，洞庭广乐，恍然遇之。"据云前述石洞的叮咚声，在此可以听到，咏水乐亭诗云："石泉真可听，丝竹不须多。声是八音会，徵为六合和。""水乐亭之东，长桥卧波，与秋水濠梁同趣。"此即知鱼桥。为一青石平桥，桥东端有牌坊，桥西即载时堂。

惠山园，尤其水池北岸一带水石林泉，情调自然，山与水紧密结合，相得益彰，但经嘉庆十六年(1811年)的改建，池北岸建置体量较大的涵远堂(原为墨妙轩)，光绪十八年(1892年)重建时，又在北部的水池与叠石的结合部位，增筑了曲廊，隔开了山水之间的密切关系，人工建筑的气氛增强，失去了惠山园原来的风格。

霁清轩 惠山园的北面，有巨石冒出地面，粗犷有力，劈削如斧刃，又从后溪河引来另一股水经石峡东出，在这样既有巨石又有水流的基础上，建造了另一座园中之园——霁清轩。[32]

从惠山园北蹬道绕过叠石假山，再穿过小巧的垂花门进入一个小庭院，迎面就是面阔五间，周以回廊的正厅霁清轩。轩北临曲涧，东有小亭，西有清琴峡，曲廊环绕。过轩北，地势陡然下降(相差约5米左右)，在北部布置低矮的廊，以便从正厅北望，能收借园外田野之景。霁青轩的西侧，西南源头的峡口，筑有清音峡馆，因下有石峡，细流如琴韵，故名。

五、颐和园简史

清漪园的焚毁 从乾隆十五年(1750年)兴建大报恩延寿寺起，到乾隆二十九年(1764年)，清漪园工程全部完成，前后历时十五年。嘉庆、道光两朝，除了极个别建筑的增损、易名外，清漪园仍然保持着乾隆时期的规模、内容和格局，没有什么大的变动。

咸丰十年(1860年)九月，英法联军攻占北京，五园三山同遭焚毁，完整存在了109年的清漪园除了个别建筑外，几乎焚毁殆尽，特别是前山中段，后山中段和东段，东宫门，南湖岛等地毁坏惨重。

咸丰十一年(1861年)十一月，由恭亲王奕䜣代表清廷出面与英、法签订《北京条约》。联军退出北京，劫后清漪园仍由内务府原管理机构接管，每隔五年，按惯例对园内各殿宇的陈设作一次清点。同治三年(1864年)的两份《陈设清册》中载有下列建筑的名录：

前山：勤政殿 文昌阁 宜芸馆 玉澜堂 夕佳楼 乐寿堂 养云轩 无尽意轩 餐秀亭 重翠亭 大雄宝殿 智慧海 转轮藏 宝云阁 山色湖光共

一楼　云松巢　邵窝　石丈亭　浮青榭　寄澜堂　蕴
古室　小有天　斜门殿　穿堂殿　近清赏

　　后山：绘芳堂　静佳斋　金粟山　袖岚书屋
清可轩　蕴真赏惬　翠籁亭　三摩普印　清音山馆
香海真源　知春堂

　　昆明湖：广润祠　畅观堂　怀新书屋　睇佳榭
景明楼　春风啜茗台　澄鲜堂　络丝房　织机房

　　以上这些殿宇连同未毁于火的砖石、琉璃构造的
桥梁、城关、牌楼、无梁殿、多宝塔……大抵就是清
漪园劫后幸存的，但残破不堪的建筑物了。[32]

　　那拉氏(慈禧)想修复圆明园、清漪园的始末。

　　咸丰十年(1860年)五园三山被烧毁，那拉氏从
热河回到北京之后，不得不常年居住在紫禁城里，很
不甘心。同治七年(1868年)八月，叶赫那拉氏通过
太监安德海授意御史德泰，奏请修理园庭，遭到激烈
的反对而未果，同治十二年(1873年)载淳亲政。这
年八月，在那拉氏授意下，以奉养东、西两宫太后为
借口，下令修治圆明园。清漪园内残存的部分建筑物
被拆卸，将其旧料充作圆明园修建殿宇之用。但是，
大臣等纷纷上疏，请求缓修，加上物力艰难，经费支
绌，国库空虚，园工进行不久，载淳就不得不宣布停
止修治。[37]

　　同治十三年(1874年)载淳病死，那拉氏选择醇
亲王奕𫍽的年仅四岁的儿子载湉为皇位继承人，即光
绪帝，那拉氏又一次垂帘听政。光绪十年(1884年)
那拉氏借故罢免恭亲王奕䜣的职务，重用奕𫍽。奕𫍽
为了保持自己的权势和地位，千方百计讨好那拉氏，
于光绪十一年五月，修治西苑即三海的工程开始了。
接着，那拉氏又处心积虑筹备修复清漪园作为他长住
的行宫别苑。西苑未遭英法联军的焚毁，稍加修葺，
所费不多，易行。清漪园已成废墟，如要修复，首先
是经费难于筹措，其次，在民穷财尽之时，大兴土
木，势必引起激烈的反对，于是利用人们要求创办海
军，抵抗帝国主义侵略的愿望，借办海军之名，行修
清漪园之实。[37]

　　光绪十一年九月(1885年10月)设立海军衙门，
以奕𫍽总理海军事务，奕劻、李鸿章为会办。千方百
计筹措得来的办海军经费，其中大部分在那拉氏的授
意下由海军衙门拨交颐和园工程处使用。为了把重修
清漪园与办海军拉上关系，光绪十二年八月十七日
(1886年9月14日)奕𫍽奏请恢复昆明湖水操，九月
初十日(10月7日)，翁同和在《日记》中写道："海
军衙门会神机营奏，在昆明湖试小轮船，复乾隆水师
之旧。"按乾隆十五年(1750年)弘历曾于昆明湖内
"设战船，仿福建、广东巡洋之制，命闽省千把教
演"，"每逢伏日，香山健锐营弁兵于湖内按期水操"
(《日下旧闻考》卷八十四)。但昆明湖毕竟不是练水
师的地方，不久就陆续裁撤。现在居然要在昆明练海
军，岂不滑天下之大稽。其实，"复乾隆水师之旧"，
只不过是为修复清漪园找借口，因为，恢复水操，就
可以用恭备太后阅看水操为名，修缮清漪园各处建
筑。因此，水操恢复之日，也就是清漪园工程开始之
时。为了掩人耳目，光绪十三年十二月(1888年1月)
又"设水师学堂于昆明湖。"[37]

　　谎言是不能持久的，那拉氏在清漪园大兴土木
的消息已经流传开来，有可能遭到反对而像同治年间
修圆明园工程一样被迫停止。光绪十四年(1888年)
二月初一的上谕，正是在这样的情况下颁布的。上谕
以孝养为理由，以弘历为先例而云："万寿山大报恩
延寿寺为高宗纯皇帝倚奉孝圣宪皇后三次祝嘏之所，
敬踵前规，尤征祥治。其清漪园旧名，谨拟改为颐和
园；殿宇一切亦量加葺治，以备慈舆临幸。"从此，
清漪园改名颐和园。为了欺骗，上谕中还说经费来
源，"悉出节省羡余，未动司农正款，亦属无伤国
计"，真是一篇谎言。[37]

　　那拉氏以为经上谕的解释，颐和园工程就可以
顺利进行了。但是，事与愿违，颐和园工程继续遭到
人们的谴责。而光绪十四年十二月十五日(1889年1
月16日)紫禁城贞度门失火，延烧太和门及库房等
处。一些官员借此为上天示儆而上疏请求停止颐和园

工程。那拉氏也不得不发布一道懿旨，提到"遇突知微，修者宜先。所有颐和园工程，除佛宇及正路殿座外，其余工作一律停止。"表面上说停止，实际上照常进行。光绪十六年(1890年)十月，御史吴兆秦仍奏请节省颐和园工程。那拉氏大怒，对吴兆秦进行严厉的申斥和严加议处。为了不让别人再提兴修颐和园的事，干脆宣布颐和园工程将次就竣，交付使用。光绪十七年(1891年)四月二十日的上谕云："前经降旨(指光绪十四年的上谕)，修葺颐和园恭备慈禧端佑康颐昭豫庄诚寿恭钦献皇太后慈舆临幸。现在工程将次就竣，钦奉慈谕，于四月二十八日幸颐和园，即于是日驻跸，越日还宫。从此往来游豫，颐养冲和，数十年宵旰忧勤，稍资休息……"发布上谕为了使颐和园工程得以进行下去。所以，不久海军衙门又拨给颐和园工程处白银一百万两，工程不仅没有就竣，仍在大规模进行。一些大的工程如佛香阁、德和园、谐趣园等甚至才刚刚开始。为了赶在光绪二十年(1894年)十月初八，那拉氏六十岁生日之前完工以便举行庆典活动。那拉氏原来打算全面恢复清漪园时期的规模，但由于经费筹措困难，材料供应不足，不得不一再收缩，最后，完全放弃了后山、后溪湖和昆明湖西岸而集中经营宫廷区、前山、南湖岛、西堤，并在昆明湖沿岸加筑宫墙。建园工程一直进行到光绪二十年才大体完成，前后历时八载。同年，清王朝在中日战争中遭到失败，光绪二十一年(1895年)裁撤海军衙门，颐和园工程只好随之停止。颐和园的工程，可以说和海军衙门共命运，相始终。[37]

由上所述，颐和园的兴建，开始于光绪十二年(1886年)，结束于光绪二十一年(1895年)，历时约十年之久，但颐和园的名称却开始于光绪十四年(1888年)。

颐和园建成后，那拉氏每年正月就带着载湉住进园内，直到十一月返回紫禁城。她在园内接见臣僚，处理政务，颐和园的性质就与清漪园不同，已经改变成为居住兼作政治活动的行宫别苑，在北京除大

内以外的另一个政治中心。

前述光绪二十年(1894年)那拉氏六十整寿，早在二年前就开始筹备在颐和园举行万寿庆典。但由于中日战争中我方节节失利，陆军两次惨败于朝鲜。黄海一战，经营多年的海军全军覆没。战败消息不断传来，全国人民群情激愤，那拉氏不得不颁发懿旨，宣布"所有庆辰典礼，着在宫中举行，其颐和园受贺事宜，即行停办。"

战败后的清廷，与日本缔结马关条约，割地赔款，丧权辱国。在这国家民族的危难之际，朝野一部分有识之士正酝酿着一次改良主义的"变法维新"运动。光绪二十四年(1898年)四月二十三日，已亲政的载湉下诏宣布"变法"，四月二十八日在颐和园仁寿殿召见维新派首脑康有为，任命康有为在总理衙门章京上行走，特许专折奏事。但撤帘后的那拉氏仍然掌握着政权并在暗中组织反动力量，阴谋布置推翻新政。八月初六强迫载湉颁布上谕请求那拉氏再次"垂帘听政"。维新派人士或遭诛杀，或被迫流亡海外，中国资产阶级的这次维新运动，仅存在于一百天就被以那拉氏为首的顽固派扼杀了。从此，载湉完全失去人身自由，在那拉氏住园期间，玉澜堂就成了这位傀儡皇帝的囚室。[32]

光绪二十六年(1900年)，华北民间爆发反对帝国主义，带有宗教色彩的义和团运动，由山东而河北，如火如荼地遍及东北、山西、河南等地。是年五月，义和团进入北京包围东交民巷外国使馆区，那拉氏不得不改变镇压的方式，施展利用的策略，悍然下诏向各国宣战。八月当八国联军进攻，兵临北京的时候，他却带着载湉仓皇出走，逃往西安去了。八国联军进入北京，八月十五日沙俄军队首先占领颐和园，英军和意大利军也相继进驻，在园内盘踞达一年之久。园内各殿宇的陈设被劫掠一空，内外装修也遭到很大破坏。[32]

那拉氏在西安指派奕劻代表清廷与列强签订空前屈辱的辛丑条约，联军退出北京。光绪二十八年

(1902年)那拉氏返回北京，立即动用巨款把劫后残破不堪的颐和园进行修复。光绪三十年(1904年)，在她七十岁生日的那一天不惜耗费国帑，再次于排云殿举行万寿庆典的活动。

光绪三十四年(1908年)载湉、那拉氏相继病死，年仅三岁的溥仪嗣皇位，由隆裕太后执掌朝政。这时清朝已日薄西山、奄奄一息，在高涨的革命形势下，隆裕再也无心颐养冲和，遂下诏停止游幸颐和园，移居大内。[32]

1911年辛亥革命推翻了清王朝的统治，建立民国。北洋军阀当政时期，根据袁世凯与清廷签订的《优待清室条件》，允许溥仪逊位后保持皇帝尊号，居住大内，颐和园仍由这个小朝廷的内务府管理。1914年，颐和园作为溥仪的私产首次售票开放，直到1924年溥仪被逐出宫，颐和园才收归国有，辟为公园开放。1949年北平解放后，疮痍满目的颐和园回到人民手中，经过整修，成为闻名于世的名园胜地，开始了它的历史的新篇章。

六、颐和园时期的重建、改建

颐和园的性质变后，宫廷区就成为外朝和后寝共九进院落以及德和园、东八房、奏事房和辅助用房。外朝牌楼、广场、东宫门、仁寿殿构成一个东西向中轴线。

东宫门、牌楼、仁寿殿　东宫门是颐和园的正门，门为三明两暗，灰瓦卷棚歇山顶。正中三间门洞，专供皇帝本人出入，两边的门洞供王公大臣出入，太监、兵役等只能从南北两侧的罩门出入。东宫门外广场东端耸立着一座高大的牌楼，是园东面一个起点，也起引景作用。当人们来到牌楼时，万寿山佛香阁景致正处在牌楼柱枋构成的画框之内，牌楼正面额上题"涵虚"，影射水，背面额上题"罨秀"，暗指山。这个题额暗示人们在牌楼后面便有秀丽的湖光山色和对颐和园的联想。过牌楼以西的广场，宽120米，深150米，开朗畅达。越过月牙河进入宫门前广场，

尺度开始收缩，宽50米，深70米，东面是长三十多米的影壁，广场正中矗立着一块巨大的太湖石，南北两厢为外朝房，东宫门前有一对造型生动的铜狮。[32]

进东宫门后第一进庭院，进深很浅，南北两厢九卿房各九间，院内满植柏树，整齐茂密。再进仁寿门，到了仁寿殿前的主庭。仁寿门内以一块挺拔的巨大湖石作为屏障。正殿仁寿殿(清漪园时为勤政殿)是前朝的主体建筑，面阔七间，进深五间，周围以廊，卷棚歇山青瓦顶。殿前月台上陈设铜炉铜兽等。南北两厢配殿各五间。庭中布置有苍松翠柏和散置的湖石。仁寿殿北有水井一眼，水味清甜，那拉氏曾用此水服药解暑，特赐名叫延年井。

后寝　清漪园时下述建筑原为帝、后游园时休息、饮宴场所，重修颐和园时变为居住建筑。玉澜堂改为皇帝的寝宫，宜芸馆改为皇后的寝宫，乐寿堂改为那拉氏的寝宫。那拉氏二次垂帘听政后，每年住园时，把载湉带到园中囚禁于玉澜堂，东、西、北三面通道都用砖墙阻隔，正南有那拉氏所派亲信太监在值房日夜监视。

乐寿堂正殿为院中北堂七间，西套间是那拉氏的卧室，东套间是她的更衣室，东、西配殿是日夜侍候她的女官、宫女的值班室，后殿是专为她存放衣服和装饰品的地方。乐寿堂东殿门外有一座前后两层的大院落，是那拉氏的心腹太监李莲英的住处，统称总管大院。由于那拉氏的特别宠信，竟然破例住进那拉氏寝宫的附近，赏他住永寿斋正殿。[37]

德和园　它是重建颐和园时在清漪园的怡春堂旧址上扩建而成的，一组包括四进院落，以大戏楼为主体的建筑群。园门、大戏楼、颐乐殿、后照殿、后垂花门等建筑物依次布置在南北轴线上。

德和园大戏楼是有三层演出台面的，所谓"崇台三层"形式。这种戏楼不仅舞台的面积大、层数多，而且还设有地下层。在演出个别场面时，三层台面上都有演员在演出。据升平署剧本附属的串头本和排场本记载，这种三层大戏台的上层名福台，中层名禄台，下层名寿

台。台址一般在四合院的南部，舞台向院内突出，可从北、东、西三面观看演出。

德和园大戏楼总高约22米，第三层檐口以下的高度18米。底层舞台面阔三间，总宽17米，进深三间，总深16米；台面四周共十二柱。第二层结构柱与首层柱对齐，但台面略小。第三层结构柱向里收缩，层高也略微降低，台面也更小一些。戏楼的三层台面都可演戏，每一层都有上、下场门，但主要表演区在首层中央。舞台必须面对颐乐殿内明间（那拉氏及帝后看戏地方）也要兼顾东西厢廊（东设王公大臣座次，西设总管太监李莲英及内官座次），为此，舞台的北、东、西三个方向敞开。舞台后部空间作成夹层的"仙楼"形式，楼下是上、下场门，楼上供乐队演奏，设小楼梯上下。在舞台正中天花板上挖了七个"天井"，在舞台台面上接了六块活动地板称为"地井"。天井、地井都可通向后台，在演出某些戏剧的特殊场面时，角色可以从天而降，也可从地下钻出，雪花可以从天井飘下，水可以从地井喷出，使演出空间突破首层台面的局限，创造更为逼真的效果。舞台天花板作成穹顶状，台面下安置水缸，起聚音作用以增强音响效果。戏台的南面是相连的二层楼房，其作用相当于后台的化妆室、道具间等。整个戏楼的平面呈十字形，体形有高有低，富于变化。[14]

颐乐殿面阔七间，地平标高比戏台首层台面约高出22厘米，使得颐乐殿的主要观赏点能看清全部台面上的活动，从观赏点至戏台台面的水平距离为17米，仰视时，其仰角正好可把三层戏台都包括在内而不被遮挡。殿后为小四合院，正北是五开间的后罩殿，左右为耳殿，供那拉氏听戏时更衣、休息之用。[32]

养云轩 光绪年间重建后，门内有轩五间。那拉氏住园时，这里作为嫔妃、格格、命妇休息之所。如意馆画师缪素筠，以及那拉氏宠爱的女官德龄、容龄两姐妹亦曾居于此。[36]

福荫轩 在养云轩后的半山坡上一个小园福荫轩，俗称卷殿。从东面叠石构洞为门的东口，穿门洞经曲廊可通主轩室内，若从前面登轩，先见形势峭立、叠石成壁的台基，拾级而上为一平台，平台北面斜筑着平屋顶的福荫轩。福荫轩这个建筑物的结构别致，好像一幅舒开中的画卷一般，这种法式称作舒卷式。站在这个轩的廊子里，在不同地点眺望外景时，视景自不一样，也因为廊本身有凹有凸。

国花台 又名牡丹台，在排云殿以东，依山垒土为层台，始建于光绪二十九年（1903年），台上遍植牡丹。那拉氏自尊为老佛爷，常以富贵花王牡丹自比，因而敕定牡丹花为国花，并命管理国花的苑副白玉麟将国花台三字刻于石上。[36]

排云殿、佛香阁、智慧海 排云殿是那拉氏在乾隆大报恩延寿寺旧址上重建，易今名。那拉氏修排云殿时，嫌门前过于空阔，乃下令建造金碧辉煌的大牌楼。牌楼落成后，又觉势孤不雅，在两侧分列十二块地支压石。乍看如乱石，细看为相形，即鼠、牛、虎、兔、龙、蛇、马、羊、猴、鸡、狗、猪等十二属相。这十二块山石原为畅春园中的风水压物。牌楼南面临湖有御舟停泊处，俗称龙口。每年端午、中元、中秋三节，都要在龙口码头悬灯结彩，湖中放河灯、焰火。

佛香阁于咸丰十年（1860年）被英法联军焚毁后，那拉氏重修颐和园时又按原样重修。阁高41米，以八根坚硬的大铁梨木为擎天柱，内供接引佛三尊。智慧海是现存不多的清漪园时代的建筑物之一。但1900年8月15日，沙俄侵略军将智慧海抢掠，破坏一空。至今智慧海琉璃砖上满刻嵌饰的观音佛像，个个脸上残缺，就是那个时候留下的伤痕。[36]

宝云阁 在英法联军火焚清漪园时虽幸免于火，但阁内陈设却被抢掠一空。1945年日本投降时，日军将阁内铜供桌抢走，后在天津港追了回来。[36]

清宴舫 前述，它的前身是明朝圆静寺的放生台，弘历改台为用大理石堆砌成、上设中式楼房的舫，更名石舫。那拉氏第一次重修园时，仍将石舫充放生、垂钓之用。第二次重修时，乃仿翔凤火轮样式，建起西洋舱楼，增设机轮。石舫长36米，船楼为木结构，舱内墁花砖，嵌五色琉璃，陈设西洋桌椅。盛夏季节，那拉氏每天在舱楼上用早点、吃夜宵，故将石舫改名清宴舫。[36]

景福阁 万寿山脊最东端山顶上，清漪园时建有昙华阁（见前），那拉氏重修颐和园时改建为景福阁。昙华阁是两层的，改建后的景福阁为单层建筑物，平面呈十字形，有三个卷棚屋顶前勾连搭接以加大进深，阁的后部为敞厅，前部为抱厦，周环以宽敞、方整的平台。[32]景福阁的位置正遥对着昆明湖的十七孔桥，站阁前抱厦俯望，以知春亭为前景，廊如亭、长桥、涵虚堂、南湖岛成一条长幅的画景，非常优美，尤其在阴雨季节，水色空濛迷离的雨景，更加令人神往。

荟亭 从景福阁西行山脊上，来到荟亭，它是用两个六角亭相套成一体的、样式特别的亭子。再往西就是千峰彩翠。

千峰彩翠楼 这是一座在万寿山东部山脊、在福荫轩北上的有城楼的城关式建筑。据说那拉氏重建颐和园，风鉴家说，山顶太空，可以望见园外的六郎庄。郎与狼同音，那拉氏属相是羊，一羊遇一狼况尚且不敌，何况遇六狼，因此内忧外患，一次比一次严重。于是那拉氏在山顶修建千峰彩翠楼，用以镇压六狼，并把六郎庄改名为太平庄。[36]

益寿堂 在景福阁东北方有益寿堂一组建筑，位在路北。街门为垂花门，门内有益寿堂五间，东、西配殿各三间，四周围以砖墙。这里是宫中治病疗养的住所。

乐农轩、如意庄 景福阁东北，益寿堂东下有茅屋数间，额书乐农轩，又叫如意庄，轩旁有永春斋、平安室，是仿农村风味而筑的小区。但据陈文良、魏开肇、李学文《北京名园趣谈》，"清漪园（万寿山、昆明湖）"一章中有"自在庄"一节即如意庄。据称：光绪二十九年（1903年）那拉氏在乐寿堂东北的半山腰建一组建筑，其样式如农村中的茶馆酒肆，称自在庄。馆伙全由太监扮装，那拉氏常常带领后妃、宫女逛自在庄，或坐在竹篱茅舍的茶馆里饮野茶几，

或坐在野灶山厨的酒馆里喝酒吃点心。那拉氏称之为"逛野景儿"。[36]

谐趣园 从乐农轩东下山坡就可抵谐趣园门；或从益寿殿后，径由德和园东侧夹道经东北厅，经过题名叫赤城霞起的城关式建筑，也可来到谐趣园面西正门。现存谐趣园是那拉氏重建颐和园时改建、扩建的。总的布局仍然是以面积约二三亩左右的水池为中心。环绕着往东横伸的池周，布列了亭台楼榭并用曲廊回接，围成一个小天地。进正门前廊，有曲桥通往在水中的方亭知春亭，又用曲桥接到临水的引镜亭，阔三间，其东有廊通到洗秋亭，它是一个宽三间四敞的建筑，背依山岩，前临水，紧接着又是一个方亭，建湾口，叫饮绿亭。水池南部就是这四亭相望。

出饮绿亭，折东前行数步，有斜依水边用青石铺的平桥，叫作知鱼桥，桥的东西两端都有石牌坊。过桥登阶就是建筑在一个白石台上的知春堂，西向湖池。堂北接有走廊，行数步拐角处是一个重檐八方小亭，折西曲廊数折，通涵远堂的后庑。涵远堂是谐趣园的中心建筑，是正殿。在弘历时此地原名墨妙轩，原有三希堂的续摹石刻，那拉氏改建为涵远堂时把原轩中石刻移到宜芸门。堂西又有曲廊通瞩新楼（清漪园时原名就云楼），上下二层，上层的墙脚跟园外山路的地面路平，西向辟有门，下层依低下的岩壁筑造。因此，从园外看来以为是一个轩式平屋，但到园内看它分明是两层高的楼。楼下曲廊南通澄爽斋（清漪园时原名澹碧斋），斋前有月台，凸出水际。斋之南有廊通到正门殿屋。

在涵远堂和瞩新楼之间，即水池西北隅进水口，有刚竹一片，往北行山石间，碧水淙淙好似山洞一样，但洞宽不过三五尺。洞上架以板桥，穿桥下循洞旁石径上后，才发现好似泉流一样的水源乃是后溪河之水。我们可以这样说，谐趣园乃是后溪河水汇为池的一个收拾处，又是一个园中之园。

涵远堂后，叠石成岗，堆筑十分自然。堂东新建湛清轩，轩前一条小径往东北行，夹径山石叠岗，好

像一条深远的山谷，走不多远，折向西行却是一扇墙门，出人意料，折向西南行就是知春堂北的重檐八方小亭的东口。从涵远堂西廊北出，有蹬道上行，走上山岗见有垂花门，门内就是霄清轩这组建筑（见前）。

在结束颐和园的新建、扩建前，附提一下知春堂后假山正北的配膳房，三间南向，三间西向，庭中有莲池。那拉氏、帝后住园时，此处专作奶子席。全席奶品多达 108 种，全用牛奶、奶油、奶豆腐等奶料制成，为满洲最珍贵的筵席。

注释

[1] 戴逸主编.《简明清史》第一册. 人民出版社，1980. 247～266

[2] 辽宁《清史简编》编写组. 清史简编(上册). 辽宁人民出版社，1982. 201～237

[3] 辽宁《清史简编》编写组. 清史简编(上册). 辽宁人民出版社，1980. 140～169

[4] 辽宁《清史简编》编写组. 清史简编(上册). 辽宁人民出版社，1980. 170～200

[5] 承德市文物局，中国人民大学清史研究所编. 承德避暑山庄. 文物出版社，1980. 1～7

[6] 金涛. 承德史话. 上海人民出版社，1983. 1～13

[7] 侯仁之. 承德市城市发展的特点和它的改造(初稿). 承德市城市建设局印，1975

[8] 金涛. 承德史话. 上海人民出版社，1983. 31～33

[9] 承德市文物局，中国人民大学清史研究所编. 承德避暑山庄. 文物出版社，1980. 40～48，65～73

[10] 汪菊渊. 避暑山庄发展历史及其园林技术. 北京林学院林业史研究室编. 林业史、园林史论文集(第二集)，1983. 1～10

[11] 顾士明. 避暑山庄的总体布局与园林艺术特色. 内蒙古土建学会园林绿化学术委员会印，1979

[12] 王世仁. 避暑山庄山区园林建筑

[13] 孟兆桢. 避暑山庄园林艺术理法. 北京林学院林业史研究室编. 林业史、园林史论文集(第二集)，1983. 12～40

[14] 周维权. 北京西北郊的园林. 清华大学建筑工程系编. 建筑史论文集(第二辑)，1979. 72～126

[15] 何重义，曾昭奋. 圆明园与北京西郊园林水系. 中国圆明学会筹委会主编. 圆明园(第一集)，1981. 42～52

[16] 周维权. 玉泉山静明园. 清华大学建筑系编. 建筑史论文集(第七辑)，1985. 49～67

[17] 周维权. 圆明园的兴建及其造园艺术浅淡. 清华大学建筑工程系. 圆明园的过去、现在和未来，1979. 1～10

[18] 张思荫. 圆明园兴建史的几个问题. 中国圆明园学会主编. 圆明园(第四集)，1986. 23～28

[19] 杨乃济. 圆明园大事记. 中国圆明园学会主编. 圆明园(第四集)，1986. 29～38

[20] 刘敦桢. 同治重修圆明园史料. 中国圆明园学会. 圆明园(第一集)，1981. 121～171

[21] 朱家潘，李艳琴. 清王朝《御制集》中的圆明园诗. 中国圆明园学会编. 圆明园(第二集)，1983. 54～57

[22] 张驭寰. 一张三十年代初期的圆明园图. 中国圆明园学会主编. 圆明(第一集)，1981. 93～94

[23] 方裕谨辑. 原中法大学收藏之样式雷圆明园图样目录. 中国圆明园学会主编. 圆明园(第二集)，1983. 73

[24] 白日新. 圆明长春绮春三园形象的探讨. 中国圆明园学会主编. 圆明园(第二集)，1983. 22～25

[25] 赵光华. 圆明园之一景坐石临流考. 中国圆明园学会主编. 圆明园(第一集)，1981. 58～66

[26] 焦雄. 长春园林建筑. 中国圆明园学会主编. 圆明园(第三集)，1984. 12～20

[27] 赵光华. 长春园建筑及园林花木之一些资料. 中国圆明园学会主编. 圆明园(第三集)，1984. 1～11

[28] 童寯. 北京长春园西洋建筑. 建筑师，1980. 156～168

[29] M. Labbe Grosier: De La China, TomVI，p. 340～353 转引《北平图书馆馆刊》七卷三、四号

[30] 王威. 圆明园. 北京出版社，1980

[31] 赵光华. 圆明园及其属园的后期破坏例举. 中国圆明园学会. 圆明园(第四集). 12～17

[32] 周维权. 颐和园. 清华大学建筑系(油印征求意见稿)，1984

[33] 王道成. 颐和园历史考辨. 中国人民大学清史研究所. 清史研究集(第一集)

[34] 田力. 颐和园史话. 中华书局. 名胜古迹史话，1984. 77～117

[35] 金柏苓. 清漪园后山的造园艺术和园林建筑. 中国圆明园学会. 圆明园(第三集). 150～161

[36] 陈文良，魏开肇，李学文. 北京名园趣谈. 中国建筑工业出版社，1983. 290～324

[37] 王道成. 颐和园修建年代考. 中国人民大学清史研究所. 近代京华史迹，1985. 472～482

汪菊渊 著

中国古代园林史

（第二版） 下卷

中国建筑工业出版社

下卷目录

傅忠勇公恒第　豫亲王府　且园　羞园　李昌宅　东院
方园　睿亲王府　宝源局地　蹇尚阿宅　那桐府花园
梅兰芳宅　野园　佟国维宅　段祺瑞宅　某府邸园　某宅
世中堂府　阿文成公祠　刘墉中堂府　刘墉又一府邸
刘文清公故第　溥仪宅　海棠院　孚王府　莲园

(六) 内城东中北(正白旗)/ 伍柒贰

泽公府　李莲英宅　半亩园　诚亲王邸

诚固山贝子府　某公之府　隆福寺　余康安宅　余园

裕鲁山制府第　徐世昌住宅　大学士崇礼宅

朝靴李故居　宝中堂(鋆)宅　蒙古赵王府　吴佩孚宅

某府　庄王府　马辉堂宅　曹爷府　梳刘宅　王怀庆宅

汪由敦宅、寸园　恭亲王府　增旧园　顺天府

肃王府　惇亲王府　恒亲王府　达公府

(七) 内城东北(镶黄旗)/ 伍柒肆

董书平宅　荣源府、可园　步军统领衙门

洪文襄承畴第　履亲王府　固山诚贝子府

蒙古阿克图王府　僧忠亲王邸　德壮果公第　清集王府

宝文靖公鋆第　肃宁府　绮园　理亲王府　循郡王府

雍和宫花园　小德张宅　范文肃公故居　松文清公筠第

璧星泉制府昌居　祝家园　王爷府　孚王府

(八) 内城西南(镶蓝旗)/ 伍柒陆

云绘园　荣亲王府　石镫庵　象房　袁克定宅

熊希龄宅　某宅园　倭文端公仁居　醇亲王府

姚伯昂总宪旧居　周作人宅　绿雨楼　彭尚书丰启故居

梁士诒宅　礼王府　许文恪乃普故居　疑野山房

桂杏农园

(九) 内城西中南(镶红旗)/ 伍柒柒

月张园　广宁伯故居　明客氏私第　东顺承王府

宣家园　述园　蝶梦园　宝竹坡侍郎故宅

裘日修第　定固山贝子府　绚春园　郑王府　定郡王府

常园　孔亲王府　礼亲王府　康亲王府　礼塔园

吕氏园　奎公府　张文襄祠

(十) 内城西中北(正红旗)/ 伍捌零

质郡王府　果亲王府　景亲王府　楝贝子府　恂郡王府

端王府　祖大寿故居　傅增湘宅　许文恪宅园

谦郡王府　奎公府　某王府　富双英宅　鄂文端公第

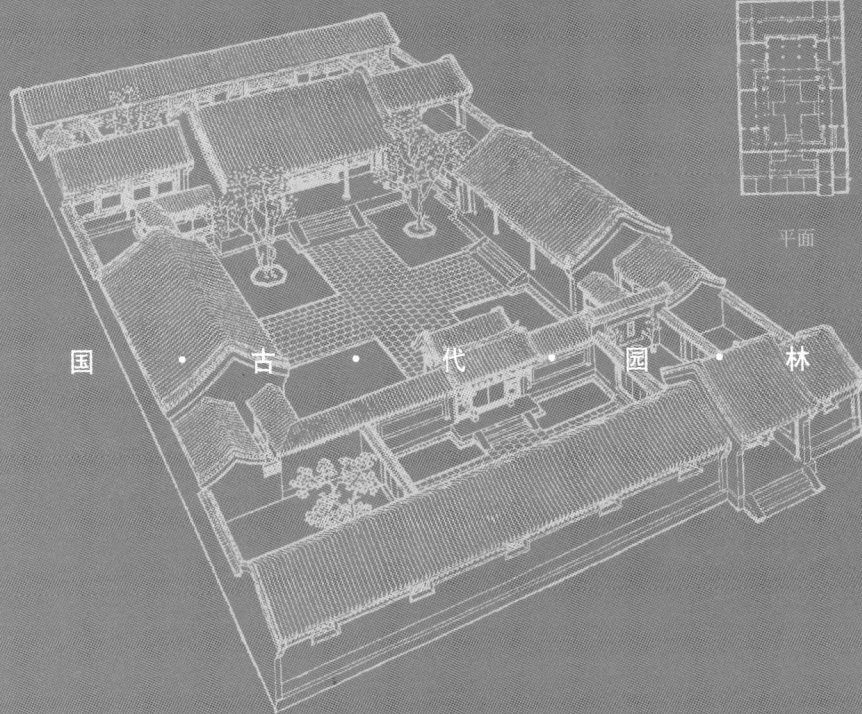
平面

· 中 · 国 · 古 · 代 · 园 · 林 · 史 ·

第十章 北京、华北、江苏明清园墅

　　明清时期城市在数量上较前代有了更大的增长，在面貌上也更加繁荣。这时期的住宅仍随着民族、地区和阶级的不同，产生了很大差别。汉族住宅除黄河中游少数地点采用窑洞式住宅以外，其余地区多用木构架结构系统的院落式住宅。这种住宅的布局、结构和艺术处理，由于各种自然条件和社会因素的影响，大体以秦岭和淮河流域为界，形成南北两种不同的风格。北方住宅可以北京四合院住宅为代表，而在南方住宅中，长江下游的院落式住宅，又与浙江、四川等山区住宅及岭南的客家住宅、少数民族住宅具有显著的差别。藏族住宅和维吾尔族平顶住宅各有其特点。[1]各地区各族住宅布局和特点，我们将在有关的各章节中再行叙述。

第一节　北京明清园墅

　　宅园就是建于第宅之旁的园林。在封建社会里，官僚和地主都有其大家庭，还有婢仆等，需要大量居住房屋。因此他们的第宅是多进的院落式或重叠式建筑组群。北京的四合院布局，一般按着南北纵轴线对称地布置房屋和院落。住宅大门内迎面建影壁，自北转至前院。南侧的倒座通常作客房、书塾、杂用间或男仆的住所。自前院经纵轴线上的二门，进入面积较大的后院。院北的正房供长辈居住，东西厢房是晚辈的住处，周围用走廊联系，成为全宅的核心部分。另在正房左右，附以耳房与小跨院；或在正房后面，再建后罩房一排(图10-1)。住宅的四周，由各座房屋的后墙及围墙所封闭，一般对外不开窗。大型住宅则在二门内，以两个或两个以上的四合院沿纵深方向排列，也有横向排列，有的还在左右建院。[1]

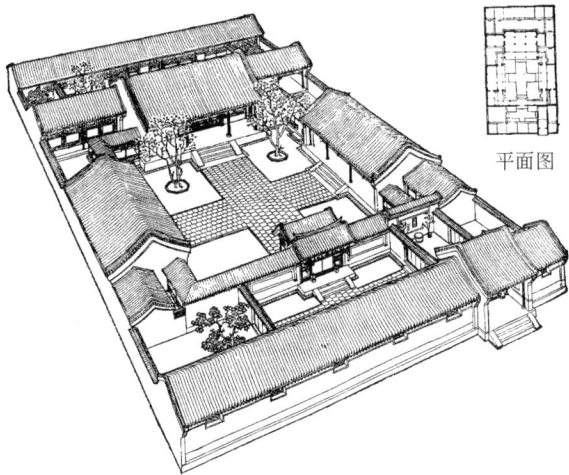

平面图

北京典型四合院住宅鸟瞰图

图 10-1　北京四合院

有些私家第宅在宅左或右或后部单独占地，另设自成一体的花园称宅园，有些私家第宅只在庭、院部分分散点山石、筑厅山、埋缸池、砌花坛、布置花木，以享自然之趣，就称庭园。本书所说宅园不限于位在城中、建于第宅之旁的园，也包括建在郊野，园主人经常前去游憩和小住的园林。这类园有时称别业或别墅，或就其功能来说，称作游息园。宅园与别墅合称园墅。

北京自元建大都后，稍有私园构筑。明朝改建北京城后，不仅城中宅园兴筑日盛，尤其是北湖（即积水潭）和西北郊，别业名园众多。北方造园以得水为贵，而城中因乏泉源，少河水可引，一般仅筑山石小池。由于地段有限，掇山仅拟山之余脉，叠石亦多小品，偶得有奇石就独立特置以资欣赏。

一、北京明朝园墅

明朝北京城内名园不下二十多处，城郊别业名园更众，惜早已荒废或经清朝人改建，仅可从史籍记载中了解一二，个别如勺园保存有画卷得以观画索骥。这里只能就旧籍有记载的，大体按城东内外、城北内外、城南内外、西城内外汇列如下：

（一）城东内外

吴匏庵亦乐园

"在崇文街，有海月庵、玉延亭、春草池、醉眠桥、冷澹泉、养鹤阑，今不可考"（《宸垣识略》卷五）。《春明梦余录》仅载："海月庵在皇墙之西，乃吴文定宽之居。"韩溪《燕都名园录》文中话为"皇城之西，殆即东城墙之西，崇文门街第"。《宸垣识略》亦乐园条的考按：……《春明梦余录》以为在皇城之西，……其实亦传闻之辞耳。今考河南彭氏所藏张见阳补画玉延亭图，有赵宽赋序云：春坊先生所居崇文街第，有园一区名亦乐，中有亭曰玉延。赋首又云："并东郭之青阳。则斯亭应在东城。"亦乐园的布局、造景亦无考，仅知有庵有亭有池有桥有泉有阑而已。

泡子河诸园

为了借水以得景，东城角泡子河两岸曾布列园墅。《帝京景物略》卷之二载："崇文门东城角，洼然一水，泡子河也。积潦耳，盖不可河而河名。东西亦堤岸，岸亦园亭，堤亦林木，水亦芦荻，芦荻下上亦鱼鸟。"而《宸垣识略》则称"前有长溪，后有广淀，高堞环其东（东城墙），天台（观象台）峙其北。两岸多高槐垂柳，空水澄鲜，林木明秀，不独秋冬之际难为怀也。……城内自德胜河外，惟此二三里间无车尘市嚣，惜无命驾者耳。"明、清两代都认为这是城中一胜地。明陆启浤《泡子河》诗："不远市尘外，泓然别有天。石桥将尽岸，春雨过平川。双阙晴分影，千楼夕起烟。因河名泡子，悟得海无边。"但两岸的园亭如何？惜语焉不详。《帝京景物略》称"南之岸，方家园、张家园、房家园。以房园最，园水多也。北之岸，张家园、傅家东西园。以东园最，园水多，园月多也。路回而石桥，横乎桥而北面焉。中吕公堂，西杨氏沁园，东玉皇阁。水曲通，林交加，夏秋之际，尘亦罕至。"据此，房园、东园为最，以园水多也。其他如傅氏濯园、张园、杨氏沁园，《帝京景物略》载有咏园诗句。如刘侗《夏日于司直招饮傅氏濯园》诗中有"隔水寂闻弦，游人各偶然。绿香榆柳夏，青动芰荷天"这样的描写。蔡复一的集张园玩月，时积雨新霁，因而有"素练随风展，鲛珠片片虚。……荷香风断续，杯影亦萧疏"等诗句。冯可宾《题杨氏泌园》有"帝里开林水，城隅岛屿分。层楼虚日月，复径隐烟云。……微风动荷叶，珠露侧纷纷"等。关于吕公堂或吕公祠的诗较多，因为吕公堂"北去贡院里许，春秋试者士，祷于吕公，公告以梦，梦隐显不一，而委细毕应"（《帝京景物略》）。文彭《夜过吕公祠》诗有："祠下水盈盈，秋如此夜清。……问梦平生足，闲游屡约成。一宵眠自适，明日事还生。"文肇祉《读书吕公祠》诗有："望望江南在，芳祠绿树遮。苔花侵画壁，池影动檐牙。……晚凉桥上坐，月色到兼葭。"葛一龙《秋夜同武仲宿吕公堂》诗，有"草木自烟霭，居廛半水周。帝城偏一角，仙路入高秋"。据《宸垣识略》，"吕公堂，……明成化年建，嘉靖中锦衣千户陆桧新之。万历甲寅（1614年）赐名护国永安宫。"又"太清宫在吕公堂南，即玉皇阁。"又云："河上诸招提苦无大者。"清朝时"水滨之颐园废圃，多置不葺。"

杨文敏荣杏园

《天府广记》载："文敏随驾北来，赐第王府街，植杏第旁，久之成林。"杨文敏有《雅集图序》，仅言及正统二年（1437年）"适休暇之辰"，馆阁诸公过予，因延于所居之杏园。……时春景澄明，惠风和畅，花卉竞秀，芳香袭人，筋酌序行，琴咏间作，群情萧散，衎然以乐。谢君精绘事，遂用着色写同会诸公及当时景物。"又提到"倚石屏而坐者三人，……傍杏花而坐者三人，……"可知除杏花外尚有叠石如屏。

据《宸垣识略》：明时"园亭之在东城者曰梁氏园，曰杨舍人泌园（注：在泡子河），曰张氏陆舟，曰恭顺侯吴国华为园，曰英国公张园，成国公适景园，后归武清李侯，曰万驸马曲水园，曰冉驸马宜园，园故仇鸾所筑，鸾败，归成国公，后归于冉。"

梁家园

"在十间房南，明时都人梁氏建，亭榭花木，极一时之盛。地洼下，有水可以泛舟。后圮废。乾隆间即其地建寿佛寺"（《宸垣识略》卷十）。

成国公园

据《帝京景物略》卷之二："园曰适景，都人呼十景园也。"关于园的内容，《帝京景物略》描写较详，曰："园有三堂，堂皆荫，高柳老榆也。左堂盘松数十科，盘者瘦以矜，干直以壮，性非盘也。右堂池三四亩，堂后一槐，四五百岁矣，身大于屋半间，顶嵯峨若山，花角荣落，迟不及寒暑之候。下叶已兔目鼠耳，上枝未萌也。……数石经横其下，枝轮脉错，若欲状槐之根。树傍有台，台东有阁，榆柳夹而营之，中可以射。繇园出者，其意苍然。"这个园，因古树而其意苍然。不仅有高柳老榆，还有盘松古槐。李东阳有《成国公槐树歌》称之"拔地能穿十丈云，盘空却荫三重屋。"袁宏道《适景园小集》不仅称园中建筑"一门复一门，墙屏多于地"，对于园中植物除榆柳松槐外，还盛称"盆芳种种清，金蛾及茉莉。苍藤蔽檐楣，楚楚干云势。竹子千余竿，丛稍减青翠。"刘应秋《夏日集成国公山亭》诗中言及："高台亭子禁城东，……榆柳周遭荫洞色，……阁后古槐何岳岳。"吴彦良《重九适景园登高》诗，也述及槐、竹，如"……槐古阅今人。荒径亭初址，新畦竹又筠。"阮泰元《适景园看杏花》："春明胜集午桥庄，红杏株株间绿杨。嫩草平铺纹卷浪，层台宛转势成航。"也以红杏胜。文中虽没有谈到叠石，但"数石经横其下，枝轮脉错，若欲状槐之根"，尤有突出新意。

《宸垣识略》称："成国公适景园在东四牌楼西北，地名十景花园。"今日地名叫作什锦花园。适景——十景——什景——什锦，讹为转音。适景园清时已悉为民居，建国后占地建房，面目全非。

曲水园

《帝京景物略》载："驸马万公曲水家园，新宁远伯之故园也。燕不饶水与竹，而园饶之。水以汲灌，善淳焉，澄且鲜。"在北方能有丰富水源、茂盛竹林是极为难得之事。关于曲水园的布局和内容，《帝京景物略》曰："府第东入，石墙一遭，径迢迢皆竹。竹尽而西，迢迢皆水。曲廊与水而曲，东则亭，西则台，水其中央。滨水又廊，廊一再曲，临水又台，台与室间，松化石攸在也。"这一段描写全园的水，因水而廊而亭而台，形景宛然。对于松化石，作者认为"木而化钦？闻松柏槐柳榆枫焉，闻化矣，木尚半焉，化石非其化也，木归土而结石也"；接着下面一段就不科学了，说什么"松千岁为茯苓，茯苓，土之属也；又千岁为琥珀，又千岁为瑿，琥珀与瑿，石之属也。"接着又谈到石的形似，为人所构想。"夫石亦有形似，不可以化言之，洞壑中，有禽若，兽若者矣，可谓之物化乎？古丈夫仙佛若者矣，人天化乎？楼若、城若、塔若者矣，人所构造以化乎？"接着又谈到松化石曰："然石形也松，曰松化石，形性乃见，肤而鳞，质而干，根拳曲而株婆娑，匪松实化之，不至此。"

按《帝京景物略》把曲水列在卷之二城东内外这一卷内，但《宸垣识略》则载："万驸马曲水园在大兴县东园中，有松化石，其半尚存木质。"《燕都名园录》则注："北剪子巷北口有巨第，崇垣浓荫，拟即其地。"

宜园

《帝京景物略》称："冉驸马宜园，在石大人胡同（今外交部街）"，但《宸垣识略》载："宜园在大兴县东，冉驸马园也。"

关于园的内容，《帝京景物略》称："冉驸马宜园，……其堂三楹，阶墀朗朗，老树森立，堂后有台，而堂与树，交蔽其望。台前有池，仰泉于树杪堂溜也，积潦则水津津，晴定则土。客来，高会张乐，竟日卜夜去。"这是正园部分。接着说："视右一扉而局，或启焉，则垣故故复，径故故迂回。入垣一方，假山一座满之，如器承餐，如巾纱中所影顶髻。山前

一石，数百万碎石结成也。风所结，实为石；硇所结，硐为石；波所结，浮为石；火所结，灰为石；石复凝石，其劫代先后，思之杳杳。"《宸垣识略》也言："有石假山，名万年聚。"

据《帝京景物略》称："园创自正德中咸宁侯仇鸾（按仇鸾赐第，即石亭旧宅，固在石大人胡同），后归成国公朱，今庚归冉。石有名曰万年聚，不知何主人时所命名也。"

对于怎样才是"宜"，《帝京景物略》宜园条首句曰："堂室则异宜己，幽曲不宜燕张，宏敞不宜著书。垣径也亦异宜，蔽翳不宜信步，晶旷不宜坐愁。"

张园

"东城有英国公张园，铁狮子胡同北，志和尚之第，即张园故址。后有土山可望顺天府学，即古之柴市也。以今地望考之，第一助产学校当是其地"（《燕都名园录》）。

月河梵院

"僧道深别院也，池亭幽雅，甲于都邑"（《春明梦余录》）。明程敏政写有《月河梵院记》描述甚详，见《篁墩集》。"月河梵院在朝阳关南首蓿园之西。苑后为一粟轩，曾西墅道士所题。轩前峙以巨石，西辟小门，门隐花石屏，屏北为聚星亭，四面皆栏槛。亭东石盆高三尺，夏以沉李浮瓜者。亭前后皆石，少西为石桥，桥西雨花台上建石鼓三。台北草舍一楹曰希古。东聚石为假山，峰四，曰云根，曰苍雪，曰小金山，曰璧峰。下为石池，接竹引泉，水涓涓自峰顶下，池南入小牖为槐屋。屋南小亭中庋鹦鹉石，重二百斤，色净绿，石之似玉者。凡亭屋台池悉编竹为藩，诘屈相通。自一粟轩折而南，东为老圃，圃之门曰曦光，其北藏花之窖。窖东春意亭，四周皆榆柳。穿小径以行，东有板桥，桥东为弹琴处，中置石琴，上刻曰苍雪山人作。少北为独木桥，折而西为苍雪亭。亭下为击壤处，有小石浮屠。循坡陀东上为灰堆山，山有聚景亭，望宫阙历历可指。亭东曰竹坞，下山少南门曰看清，结松为亭，逾松亭为观澜处。远望

月河水自城北逶迤而来，触断岸潺潺有声，别为短墙，以障风雨，曰考槃榭，路旋而北，门曰野芳，少南为蜗居，东为北山晚翠楼。苑僧道深通儒书，宣德中住西山苍雪庵，赐号圆融显密宗师。后归老乃营此自娱，自称苍雪山人。"

以一僧居然归志，聚众生之资以营此梵院自娱，不胜浩叹，虽然，梵院也以石胜，如轩前峙以巨石，聚是亭前仍皆石，桥亦石，更聚石为假山，有峰四，有水涓涓自峰顶下，有重二百斤、色净绿的鹦鹉石，有石琴，无一不石，或亦嗜石成癖之流。

以上城东内外。转至城北，先有英国公园。

（二）城北内外

英国公园

即英国公赐第之园。薛蕙《英国公山亭宴集》诗首句："东第君王赐，西园宾客来。"可见园在第西。"英国公赐第之堂，曲折东入，一高楼，南临街，北临深树，望去绿不已。有亭立杂树中，海棠族而居（可以想像，当海棠花开时，亭周一片红霞）。亭北临水，桥之。水从西南入，其取道柔，周别一亭而止。亭傍二石，奇质，元内府国镇也，上刻元年月，下刻元玺。当赐第时，二石与俱矣。亭北三榆，质又奇，木性渐升也，谁撋令下，既下斯流耳，谁披复上，左柯返右，右柯返左，各三四返，遂相攫拏，捺捺撇撇，如蝌蚪文，如钟鼎篆，人形况意喻之，终无绪理（对榆树枝姿的描写可谓淋漓尽致）。亭后，竹之族也，蕃衍硕大，子母祖孙，观榆屈诘之意。用是亭亭条条，观竹森寒。又观花畦以谿，物之盛者，屡移人情也。畦则池（因为有花畦蔬畦，可汲以灌），池则台，台则堂，堂傍即阁，东则圃。台之望，古柴市，今文庙也。……东圃方方，蔬畦也，其取道直，可射（一道两用）。"

积水潭、水关诸园

京城之水，皇城内太液池，"天上水也，"是帝家专用；西城外之水所聚曰海淀，曰丹沴，"天涯水

也"；城内欲"游，则莫便水关"（引号内文均见《帝京景物略》卷之一）。"志有之，曰积水潭，曰海子，盖志名，而游人不之名。游人诗有之，曰北湖，盖诗人名，而土人不之名。土人曰净业寺（因水阳有净业寺，名为净业湖），曰德胜桥，水一方耳。土人曰莲花池，水一时耳。盖不该不备，不可以其名名。土人曰水关，是水所从入城之关也"（《帝京景物略》卷之二，水关条）。这个"水关在德胜门西里许，水自西山经高梁桥来，穴城趾而入，有关为之限焉。下置石螭，迎水倒喷，旁分左右，既噙复吐，声淙淙然自螭口中出"（《燕都游览志》）。据《宸垣识略》，高梁河水，"将近城，分为二：外绕都城，开水门；内注潭中（积水潭），入为内海子（太液池），绕禁城出巽方，流玉河桥，合外隍入于大通河"（《湧幢外品》）。

"禁城中（有）外海子，即古燕市积水潭也。""海子在府西三里，汪泽如海，中有芰荷凫鸥可玩"（《纪纂渊海》）。"元时既开通惠河，运船直至积水潭。自明初改筑京城，与运河截而为二。积土日高，舟楫不至，是潭之宽广，已非旧观。故今（指清时）稍近德胜桥者为积水潭，稍东南者为十刹海，又东南者为莲花泡子（多植莲），其实（一水也）皆从积水潭引导成池也"（《大清一统志》）。

明初北湖，虽与运河截而为二，舟楫不至，积土日高，但据《帝京景物略》，仍方广三里而且一泓湖水如镜净。于是"其深矣，鱼之，其浅矣，莲之，菱芰之，即不莲且菱也，水则自蒲苇之，水之才也。北水多卤，而关以入者甘，水鸟盛集焉。沿水而刹者、墅者、亭者，因水也，水亦因之。"环湖的刹墅园亭，《帝京景物略》列举如下"立净业寺门，目存水南。坐太师圃、晾马厂、镜园、莲花庵、刘茂才园，目存水北。东望之，方园也，宜夕。西望之，漫园、湜园、杨园、王园也，望西山，宜朝。深深之太平庵、虾菜亭、莲花社，远远之金刚寺、兴德寺，或辞众眺，或谢群游矣。"本书积水潭诸园就以上列述为序。

积水潭还是明时浴马处。"岁初伏日(《燕都游览志》为每年三伏日),御马览内监,旗帜鼓吹,导御马数百,洗水次(《燕都游览志》称浴马湖干,如濯云锦)。"这里还是放花灯和冰戏之处。"岁中元夜,盂兰会,寺寺僧集,放灯莲花中,谓灯花,谓花灯。酒人水嬉,缚烟火,作凫、雁、龟、鱼、水火激射,至菱花焦叶。是夕,梵呗鼓铙,与燕歌弦管,沉沉眛旦。"入秋以后"水秋稍间,然芦苇天,菱芡岁,诗社交于水亭。"入冬以后"冬水坚冻,一人挽木小兜,驱如衢,曰冰床"("作小冰床,各坐于上,一人挽行,轮滑如骤驶"——见《燕都游览志》)。雪后,集十余床,鲈分尊合,月在雪,雪在冰("好事者恒觅十余床,携炉酒具酌冰凌中"——见《燕都游览志》)。对于明时都人来说,"游,则莫便水关",春夏秋冬,季有所宜。

净业寺

"从德胜门西,循城下行,径转得此寺,昔为智光寺之基"(《燕都游览志》)。《明水轩日记》称:"净业寺门临水岸,去水止尺许。"案《燕都游览志》则云:"寺前旧作厂棚,列席浮尊,宴饮殊适,今废矣。""其东有轩(二楹),坐荫立柳,荷香袭人,江南云水之胜无以过此"(《明水轩日记》)。

孙如《游净业寺》诗:"禅堂入暮可曾关,……水流深阔正如闲。苍然野岸灯初过,迥尔疏林月始湾。风定湖光分半翠,不知是影是真山。"戴九元《集净业寺湖亭》诗句有:"湖上濠边秋色深,蓼花芦叶共萧森。平潭树逐波光动,隔岸林连夕照阴。鸥梦乍惊邻寺磬,鸿声欲度满城砧。……"袁宏道:《游北城临水诸寺,至德胜桥水轩》诗中有句云:"一泓寒水半庭莎,赚得白云到城里。……稻花水渍御池香,槐风阵阵宫云凉。一番热雨蘸波沸,穿檐扑屋生荷气。乍时波墨乍清澄,云容闪烁螭蛟戏。帘波斜带水条烟,北窗雨后蔓清圆。……"以及《暮春游北门临水诸寺,至德胜桥水轩待月》诗中:"一曲池台半婉花,远山如髻隔层纱"。以上诗均引自《帝京景物略》,都对北湖的云水之胜,作了绝妙写照。

太平庵

"太平庵在净业寺北(《日下旧闻考》按语:太平庵在净业寺西,游览志作北,误)。循城垣有桥,桥下为水关,清流漱漱,南流入大湖。岸左为庵,庵小而洁"(《燕都游览志》)。

定国公园

"环北湖之园,定园始,故朴莫先定园者。……园在德胜桥右,入门,古屋三楹,榜曰太师圃,自三字外,额无匾,柱无联,壁无诗片。西转而北,垂柳高槐,树不数枚,以岁久繁柯,阴遂满院。藕花一塘,隔岸数石,乱而卧,土墙生苔,如山脚到涧边,不记在人家圃。野塘北,又一堂临湖,芦苇侵庭除,为之短墙以拒之。左右各一室,室各二楹,荒荒如山斋。西过一台,湖于前,不可以不台也。老柳瞰湖而不让台,台遂不必尽望"(《帝京景物略》卷之一)。

环湖多园筑,正如贺世寿《集定国公园亭》诗中所说:"郊市尘方急,行宜向水涯。"吴惟英《社集定国公园》诗中也说:"城西喧未去,辄得此园林。"定国公园不仅因水而筑,而且屋古无匾无联,高树繁柯满阴,藕花一塘,土池不甃,岸卧乱石,若自有者,土垣不整,湿生青苔,虽有堂室,荒如山斋,都能得自然野趣,不知身在城市。"荒落澄湖曲,尘飞了不侵"(吴惟英《社集定国公园》),而且"苑外湖光净,桥西野色分"(张学曾《社集太师圃》)。

镜园

"孝廉刘伯世别业,堂三楹,南有广除,眺湖光如镜,故名镜园。下有路,委折临湖。门作一台,望山色遥青可鉴。台下地最卑,眺湖较远,今属冉都尉"(《燕都游览志》)。《帝京景物略》录有米万钟《花朝落一日,集刘伯世镜园》诗,释法止《秋蓉集镜园诗》。

莲花庵

"从兴德寺折北而西,疏林朗樾,含吐余清。后一台，瞰湖阳诸寺，若列眉案。今未详其处"（《宸垣识略》卷八）。《帝京景物略》录有多首莲花庵诗，于慎行《莲花庵潭上夕饮》一诗："禅宫遥倚北楼开，楼下平湖照客来。金水环城全象汉，莲花涌寺宛成台。"还可以说明一些情况。

刘茂才园

"创三楹北向，无南荣，东累层级而降，下作朱栏小径。北轩二楹，南有小沼种莲，北扉当湖东，有书室，上作平台。此地居湖中，乃南北最修处，所以独胜"（《燕都游览志》）。

相国方公园

"在城北水关西，与太平庵相接，即元石湖寺址"（《宸垣识略》卷八）。《帝京景物略》定国公园条曾提及"万历中，有筑于园侧者（园指定园），掘得元寺额，曰石湖寺焉。"《春明梦余录》："元石湖寺在德胜门内北湖旁，后为方阁老园。"《日下旧闻考》按语则称："石湖寺无考。方园据太平庵崇祯七年碑末记云，本庵东有园地八丈九尺，东至方家园南，西并至湖边，北至城路，是方家园虽亦久废，可即太平庵而得其故址矣。定园、镜园俱废。"

漫园

"在德胜门积水潭之东，米仲诏（万钟）先生所构，中有阁三层。先生尝为湛园、勺园（详见后面城内外诸条），及此而三"（《燕都游览志》）。漫园今无考。《帝京景物略》录有米万钟《漫园初成》、《立春漫园社集》诗，陈以闻《立春日米仲诏招集漫园》诗，刘道贞《辛未上巳前一日集漫园》诗等。

湜园

"湜园者，太守苗公君颖别业也，西面望湖"（《燕都游览志》）。

杨园

"在湜园稍南，杨侍御新创"（《燕都游览志》）。
湜园、杨园今俱无考。

虾菜亭

"在德胜门水关西，明戴大圆建"（《大清一统志》）。

金刚寺

"即般若庵也。背湖水，面曲巷，盖舍弃光景，调心坊肆，庵者，泊然猛力，使人悲仰"（《帝京景物略》）。《宸垣识略》称："金刚寺在积水潭东南抄手胡同，……寺有石刻金刚经，今无存。"《帝京景物略》又叙寺内"旧有竹数丛，小屋一区，曲如径在村，寂若山藏寺，僧朴野，如自未入城市人。万历中，蜀僧省南大之，前立大殿，后立大阁，廊周室密，奂焉。……寺西庑，石刻金刚经……士大夫看莲北湖，来憩寺中，僧竟日迎送，接谭世事，折旋优娴，方内外无少差别。"

兴德古刹在金刚寺后，今名兴德禅林。

李长沙别业

"在地安门北，集中西涯十二咏……今其遗址不可问"（《渌水亭杂识》）。西涯为李东阳幼时故居。

银锭桥

"在地安门海子三座桥之北，此城中水际看西山第一绝胜处也。桥东西皆水，荷芰菰蒲，不掩沦漪之色。南望宫阙，北望琳宫碧落，西望城外千万峰，远体毕露，不似净业湖之逼且障也"（《燕都游览志》）。

英国公新园

园在银锭桥观音庵旁，为英国公所筑。据《帝京景物略》云："崇祯癸酉（1633年）岁深冬，英国公乘冰床，渡北湖，过银锭桥之观音庵，立地一望而大惊，急买庵地之半，园之，构一亭、一轩、一台耳。"为什么一望大惊，大抵由于周遭之景深深地牵动了他的心。买地营园，仅构一亭、一轩、一台又怎样能得景呢？原来"但坐一方，方望周毕，其内一周，二面海子，一面湖也，一面古木古寺，新园亭也。园亭对者桥也。过桥人种种，入我望中，与我分望。南海子而外，望云气五色，长周护者，万岁山也。左之而绿云者，园林也。东过而春夏烟绿，秋冬云黄者，稻田也。北过烟树，亿万家瓮，烟缕上而白云横。西接西山，层层弯弯，晓青暮紫，近如可攀。"

新园之新，新在相地合宜，新在巧于因借，不仅因新筑也。由于地宜，于是水景、园景、人景、林景、田野景、村景、山景，种种美景尽入园中，得来不费分文。

三圣庵

"德胜门东，水田数百亩，沟浍浍川上，堤柳行植，与畦中秧稻，分露同烟。春绿到夏，夏黄到秋……。三圣庵，背水田庵焉。门前古木四，为近水也，柯如青铜亭亭。台，庵之西。台下亩，方广如庵，豆有棚，瓜有架，绿且黄也，外与稻杨同候。台上亭，四观稻，观不直稻也，畦垄之方方，林木之行行，梵宇之厂厂，雉堞之凸凸，皆观之。"

(三) 外城左安门外
韦公寺(弘善寺)

"寺在左安门外二里，武宗朝(正德帝)常侍韦霈建。赀竭不能竟，诏水衡佐焉，赐额弘善寺。寺东行一折，有堂，堂三折，有亭，亭后假山，亭前深溪。溪里许，芦荻满中，可舟尔，而无舟"(《帝京景物略》)。

韦公寺虽为寺而"寺无香火田地，以果实岁。树周匝层列，可千万数。寺南观音阁，蘋婆一株，高五六丈。花时鲜红新绿，五六丈皆花叶光。实时早秋，果着日色，焰焰于春花时。实成而叶渴矣，但见垂累紫白，丸丸五六丈也(注：今日植物分类学上蘋婆系蘋婆属 Sterculia 树木，主产热带，中国产的约 7 种，分布广东、海南、云南、四川西部，这里所说的蘋婆不可能指 Sterculia，可能指与柰、槟子等海棠果一类)。寺内二西府海棠，树二寻，左右列，游者左右目其盛，年年次第之，花不敢懒。寺后五里柰子树，岁柰花开，柰旁人家，担负几案酒馔具，以待游者，凭卖旬日，卒岁为业。……看花日暮，多就宿韦公寺者"(《帝京景物略》卷之三)。

《天府广记》弘善寺条，指出："寺后有西府海棠二株，高二寻，每开烂如堆绣，香气满庭，昔人

恨海棠无香。误也。"考一般海棠无香，西府海棠(*Malus micromalus* Mak.)也无香，但野海棠(*Malus theifera* Rehd.)花白色或淡红色，有芳香。

《日下旧闻考》卷九十载："韦公庄寺馆俱新整，而临流一亭尤为游屐所凑。隔里许有柰子古树，婆娑数亩，春时花开，望之如雪。三夏，叶特繁密，列坐其下，烈日不到。公安袁宏道尝谓戒坛老松、显灵宫柏、城南柰子，可称卉木中三绝云"(原刊引自《长安客话》，但遍查《长安客话》无此条)。袁宏道有三绝之说，《帝京景物略》韦公寺则有京师树七奇之说："京师七奇树，韦公寺三焉。天坛拗榆钱也，榆春钱，天坛榆之钱以秋。显灵宫折枝柏也，雷披一枝，屏于雷中，折而不殊，二百年葱葱。报国寺矬松也，干数尺，枝横数丈，如浅水荇，如蛀架藤。卧佛寺古娑罗也(七叶树)，下根尽出，累瘿露筋，上叶砌之，雨日不下。与韦公寺内之海棠也，蘋婆也，寺后五里之柰子而七也。"

韦氏别业

见《燕都游览志》："韦氏别业，四围多水，荻花芦叶，寒雁秋风，令人作江乡之想。"

(四) 西城内外和西北郊

京都名园以西城内、外和西北郊为最。

房园

"李阁老胡同中有耿氏房园……。案麻城耿定向曾赎李文正公旧第改为公祠，岂耿氏园亦即定向所筑乎"(《日下旧闻考》)。

湛园

"即米仲诏先生宅之左。先生自叙曰：岁丁酉，居长安之苑西(近西长安门)，为园曰湛"(《燕都游览志》)。米万钟自题湛园诗："主人心本湛，以湛名其园。"园"有石丈斋、石林、仙籁馆、茶寮、书画船、绣佛居、竹渚、歙云亭。曲水绕亭可以流觞，即以灌竹。竹外转而松关，又转而花径，则饮光楼在望，众香国盖其下也。别径十数级，可以达台，是为猗台，

俯瞰蔬圃"（《燕都游览志》）。这段自叙，寥寥数语简述湛园概况。

古云山房

"米太仆万钟之居也。太仆好奇石，蓄置其中。其最著者为非非石，数峰孤耸，俨然小九子山也。又一黄石，高四尺，通体玲珑，光润如玉。一青石，高七尺，形如片云欲堕。后刻元符元年（宋哲宗年号，1098年）二月丙申米芾题。又有泗滨浮玉四篆字。太仆尝以所蓄石令闽人吴文仲绘为一卷，董玄宰、李本宁尝为之题"（《天府广记》）。

"古今好石者，自襄阳（米芾）后，人辄称太仆矣。"闽人陈衍写有《米氏奇石记》云："米氏万钟，心情欲澹，独嗜奇石成癖。宦游四方，袍袖所积，惟石而已。其最奇者有五，因条而记之。为灵壁者二，一高四寸有奇，延衮坡陁，势如大山，四面皆蹲跧磈硊，如绘画家皴法，岩腹近山脚特起一小方台，凝厚而削，台面刻伯原二字，小篆佳绝。伯原，胜国人，（元）杜本之字也。本能工书，尤以篆籀知名，所著有篆诀，此其遗物也。其一块然，非方非圆，浑璞天成，周遭望之，皆如屏障，有脉两道，作殷红色，一脉阔如小指，一细如缕丝，自顶上凹处垂下，如湫瀑之射朝日也。石可高八寸许，围将径尺，其声视前石尤铿亮，色皆纯黑，凝润如膏，俱磬山产也。更三石，一英德产，如双虹盘卧，玲珑透漏，千蹊万径，穿孔勾连，云烟宛转，欲兴雷雨，高四寸许，长七尺有奇。一兖州产，又曰出峄山深谷中，灰褐色，巉岩浑雅，坚致有声，大如拳。一韶州产，即仇池石也。铁色靓晶，声如响磬，大亦如拳，而峰峦洞壑，层叠窈窕，奇巧殊绝，米公刻其底曰小武夷。五石罗列，各具形胜，皆数百年物。……"上述诸石，非罗列园庭广庭，或宜立轩槛或装次假山之石，而是可登几峰室中观玩的奇石或称石玩或景石。

《池北偶谈》卷十九谈艺有"米太仆研山"一条："米太仆友石（万钟）家藏一研山，有七十二峰，洞壑奇绝。每天欲雨则水出，欲露则先燥。……又宝一风字砚，太仆知六合县时，尝入觐北京，往返两月余，砚墨犹未燥也。……"

袁伯修寓（抱瓮亭）

"袁伯修寓近西长安门，有小亭曰抱瓮，伯修所自名也。亭外多花木，西有大柏六，长夏凉荫满阶。梨树二，花甚繁，开时香雪满庭。隙地皆种蔬，宛似村庄。小奴负瓮注水，日夜不休"（《春明梦余录》）。

王文安英有园

"在城西北，种植杂蔬，井旁小亭环以垂柳，公余与翰苑诸公宴集其地"（《天府广记》卷之三十七）。

李公园

"为李时勉园，在文安园之傍。二园当在今西便门外迤北、阜成门迤南一带"（《燕都名园录》）。

槐楼

"在报国寺左，武清侯李公别业，置三层楼于上，层级升之，碧梯赤栏，隐见苍霞碧露间，望之胜于登焉"（《燕都游览志》）。按槐楼今无考。

尺五庄

《啸亭杂录》谈京师园亭，谈及"右安门外有尺五庄。"《燕都名园录》称尺五庄为"夏日游玩之所。其西北为柏家花园，有长河可以泛舟，有高楼可以远眺。汤西崖有《自黄村归经草桥》诗……。（至清），沦为废颓，不可复旧，改为茶社，荷池半亩，砌为上方"。

三里河

"元时名文明河，接通惠河为漕储运道，今铁闸尚存"（《春时梦余录》）。"正阳门外东偏有古三里河一道，东有南泉寺，西有玉泉庵，……出三里河绕出慈源寺八里庄五箕花园一带，直抵张家湾烟墩港，地势低下，故道俱存。冬夏水脉不竭"（《桂文襄集》）。

李皇亲新园

"三里河之故道，已陆作乂，然时雨则淳潦，决决然河也。武清侯李公疏之，入其园，园遂以水胜。以舟游，周廊过亭，村暧隍修，巨浸而孤浮。入门而堂，其东梅花亭，非梅之以岭以林而中亭也，砌亭朵朵，其为瓣五，曰梅也。镂为门为窗，绘为壁，瓮为地，范为器具，皆形以梅。亭三重，曰梅之重瓣也（台阁梅），盖米太仆之漫园有之。亭四望，其影入于北渠，渠一目皆水也。亭如鸥，台如凫，楼如船，桥如鱼龙。历二水关，长廊数百间，东指双杨而趋诣，饭店也。西望偓如者，酒肆也。鼓而又西，典铺、饼炸铺也。园也，渔市城村致矣。……"（《帝京景物略》）。吴惟英《游李武清新园泛舟》诗云："海淀微嫌道路长，背城林地又新庄。……环榭作台浑是水，绕花沿柳半为廊。莫愁酒尽双杨下，村店青帘带夕阳。"私家之园而有酒肆饭铺等，独有此园。

钓鱼台

"平则门（阜成门）外迤南十里花园村，有泉从地涌出，汇为池，其水至冬不竭。金时，郡人王郁隐此，作台池上，假钓为乐，至今人呼其地为钓鱼台"（《长安客话》卷三）。《帝京景物略》则称："出阜成门南十里，花园村，古花园，其后村，今平畴也，金王郁钓鱼台，台其处。郁前玉渊潭，今池也。有泉涌地出，古今人因之。郁台焉，钓焉，钓鱼台以名。"

钓鱼台、玉渊潭的形胜，冯琦《钓鱼台》诗二首，描写得淋漓尽致。其一云："翳然林水处，便自远人寰。麦垄凫双没，藤轩蝶四环。高低春涧柳，深浅夕阳山。"

草桥

"右安门外南十里是草桥，方十里，皆泉也。会桥下，伏流十里，道玉河以出，四十里达于潞。……土以泉，故宜花，居人遂花为业。……草桥去丰台十里，中多亭馆，亭馆多于水频圃中"（《帝京景物略》卷之三）。

祖氏园

"在草桥，水石亭林，擅一时之胜。游草桥、丰台者，往往过焉"（《宸垣识略》卷十三）。

惠安伯园

"园在嘉兴观西二里，其堂室一大宅，其后牡丹，数百亩一圃也。""余时荡然藁畦耳，花之候，晖晖如，目不可极，步不胜也。客多乘竹兜，周行塍间，递而览观，日移晡乃竟。""花名品杂族，有标识之，而色蕊数变。间着芍药一分，以后先之。""都城牡丹时，无不往观惠安园者"（《帝京景物略》）。按惠安伯即明太傅张元善，惠安园或称牡丹园为其别业。袁宏道在《袁中郎集》写道："惠安伯张元善园中牡丹，自言经营四十余年，筋力半疲于此花。自篱落主门屏，无非牡丹也。最后一空亭，周遭皆芍药，密如韭畦，约有十余万本。"袁宏道还写有《游牡丹园记》，袁及其他文人写看牡丹或芍药的诗不少。

白石庄

"白石桥北，万驷马庄焉，曰白石庄。庄所取韵皆柳，柳色时变，闲者惊之，声亦时变也，静者省之"（《帝京景物略》卷之五）。《景》作者对柳的鉴赏十分细致，他们说："春，黄浅而芽，绿浅而眉，深而眼。春老，絮而白。夏，丝迢迢以风，阴隆隆以日。秋，叶黄而落，而坠条当当，而霜柯鸣于树。"白石庄"柳溪之中，门临轩对，一松虬，一亭小，立柳中。亭后，台三累，竹一湾，曰爽阁，柳环之。台后，池而荷，桥荷之上，亭桥之西，柳又环之。一往竹篱内，堂三楹。松亦虬，海棠花时，朱丝亦竟丈，老槐虽孤，其齿尊，其势出林表。后堂北，老松五，其与槐引年。松后一往为土山，步芍药牡丹圃良久，南登郁冈亭，俯翳月池，又柳也"（《帝京景物略》卷之五）。

海淀

"水所聚曰淀。高梁桥西北十里，平地有泉，潈洒四出，淙汩草木之间，潴为小溪，凡数十处。北为北海淀，南为南海淀。远树参差，高下攒簇，间以水田，町塍相接，盖神皋之佳丽，郊居之选胜也"（《长安客话》卷四）。

正由于西郊海淀一带，有泉源清流，可因水而筑，而且土壤丰嘉，饶美树芳菲，还有西山和田野之景可资因借，皇亲大官都在此择地筑园。这一带明朝名园有二，东西相直：一是武清侯李皇亲园，或称李戚畹园；一是米太仆万钟的勺园。文籍上，李园的记载较简，但足窥概要；勺园的记载较详，而且有米万钟手笔的《勺园修禊图》遗存下来，得以按图索骥。

李园

《帝京景物略》载李园："方十里，正中，挹海棠。"这就是说，堂是全园的中心。"堂北亭，置清雅二字，明肃太后手书也。亭一望牡丹，石间之，芍药间之，濒于水则已。"这就是说，堂北有清雅亭，从亭望出去尽是牡丹，花开时一片锦绣，完全以花胜，牡丹花期较短，为了延长赏花期，间以芍药，使花期可延至六月。石间之，为了增势。花畦尽则水，于是"飞桥而汀，桥下金鲫，长者五尺，锦片片花影中，惊则火流，饵则霞起。"这里描写了水中金鲫的活泼之情，稍受惊就像火一样流窜，授以饵，群聚而争，如一片霞起。"汀而北，一望又荷蕖，望尽而山，剑铓螺矗，巧诡于山，假山也。维假山，则又自然真山也。"从小洲往北，又是一片水，水中皆荷花，是又一以花胜之景。荷尽而见假山，叠掇宛如真山。"山水之际，高楼斯起，楼之上斯台，平看香山，俯看玉泉，两高斯亲，峙若承睫。"在山水之际，构筑楼台，就是为了把西山秀色，尽收眼底。

《帝京景物略》接着又云："园中水程十数里，舟莫或不达，屿石百座，槛莫或不周。"这表明园中全水程之长，但船也不能全达，槛栏也不能全护，于是有屿石百座。又云：这些屿石产"灵璧、太湖、锦川百计。"接着又描写了园中树木花卉繁众，"乔木千计，竹万计，花亿万计，阴莫或不接。"总的说来，李园特色以水之长胜，以花之壮丽胜，以名石百计胜。

勺园

勺园主人米万钟，字仲诏，宛平县人，祖先是陕西安化县人。他年少时就以文章翰墨著称。因性好奇石，用"友石"为号，不但喜画石，也工画山水。他曾在京城和西郊构三园：漫园、湛园(均见前)和勺园，但勺园为最。

勺园之胜，《春明梦余录》中，用三十二字就把勺园的轮廓、布局勾画出来。文云："园仅百亩，一望尽水，长堤大桥，幽亭曲榭，路穷则舟，舟尽则廊，高楼掩之，一望弥际。"由此可见勺园的特色是一望尽水，水景为主，而以堤桥分隔水面，构成多个景区。

上述米万钟的《勺园修禊图》是一幅长手卷画，王世仁在所著论文中认为，"作者在绘图时，看来是绕着园林，从不同的角度上来画成的。"[2]王世仁根据原图及文字考证，把勺园的平面布置作出部分想像图(图10-2)，并据此对图中所见一些中国庭园布置方法作了初步分析。这里根据《帝京景物略》卷之五海淀条中有关勺园的记载，《日下旧闻考》卷二十二中引载的勺园内容(较详)和王世仁的文和图，综合重组后，把勺园的主要内容描绘如下：

抵勺园园门之前，有一条路，"入路，柳数行，乱石数垛"(《帝京景物略》)。这条路径，名曰"风烟里"。"路而南，陂焉。陂上，桥高于屋，桥上，望园一方，皆水也。"这一部分，王世仁描绘的勺园平面想像图之一(图10-3)可供参照。抵勺园前，先见树丛中有一荆扉，扉门前有驻马小台地。进扉门前望，面前是一片清水。在桃柳夹道的弯曲的长堤中部有一座拱桥，透过拱桥的桥洞可以望见隔水一带的粉垣和亭馆。顺长堤弯曲前进，来到堤中之桥，桥名"缨云桥。"站桥上望出去，所见皆水，而"水皆莲，莲皆以白。""水之，使不得径也。栈而阁道之，使不得舟也。堂室无通户，左右无兼径，阶必以渠，取道必渠之外廊。"以上是勺园的前奏曲部分。

"下桥而北，园始门焉。"屏墙上勒石，"崔滨"二字。"入门，客惝然矣。意所畅，穷目。目所畅，穷趾。"这段文字描写了人们从进园门间，就有一种迷离的感触。入门，折而北，为一独立景区，叫作"文水陂"，但眼前为一堵粉墙所障，仅墙头微露树木

图10-2 勺园之一部分布置想像图

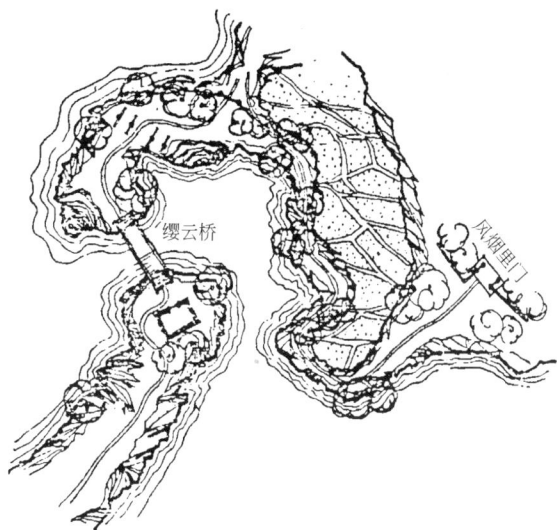

图 10-3　勺园平面想像图之一(风烟里)

楼台，令人急欲进门一游，这在园林布局手法上叫作一起。"文水陂"区(图 10-4)的门之外，水际置茅屋数间，竹篱几许，对门临溪又有一月台突入水面，铺虎皮石，为渡船码头。

入"文水陂"门，也就立即进入跨水而筑的平桥上的一座榭式建筑物，叫作"定舫"，明窗洞开，边走得以边眺左右。出"定舫"，往西行，有一高阜，

上有台，题曰："松风水月"。这块高凸的台地上，有古松数株，松荫下置有石桌棋盘，清雅古朴。立古松下前眺，隔水有"勺海堂"、"逶迤梁"及它们后背的四方亭，左望有"太乙叶"、"翠葆楼"；右望即前述"定舫"和"文水陂门"，全园景色都在望中，是全园制高点。出"定舫"往西北行，在山阜断处，有跨水六折的曲桥，叫作"逶迤梁"。过桥而北就是"勺海堂"。它是一座敞厅式建筑，堂前有宽大的月台，台上蹲置怪石一，倚石傍有大株括子松(注：括子松，叶三松，即今所称白皮松)，勺海堂东端有廊，直通"太乙叶"，它是一个屋形如舫的建筑。廊子、太乙叶连同驳石池岸，围成一个小水面，别具一格。

总的说来，文水陂这一景区的中心是高凸水上的台地"松风水月"，主要建筑是勺海堂，主题是水。由于逶迤梁和堤岸的连接，隔出一个小水面，由于廊、太乙叶和驳石池岸又围成一个小水面，这两个小水面既各自独具情趣而又连成一水。运用山石驳岸，曲桥直廊，舫亭台堂的组合，构成曲折景物，既互相借资，又彼此呼应，使景物转深。

太乙叶的东南为另一景区(图 10-4 之左半)。先

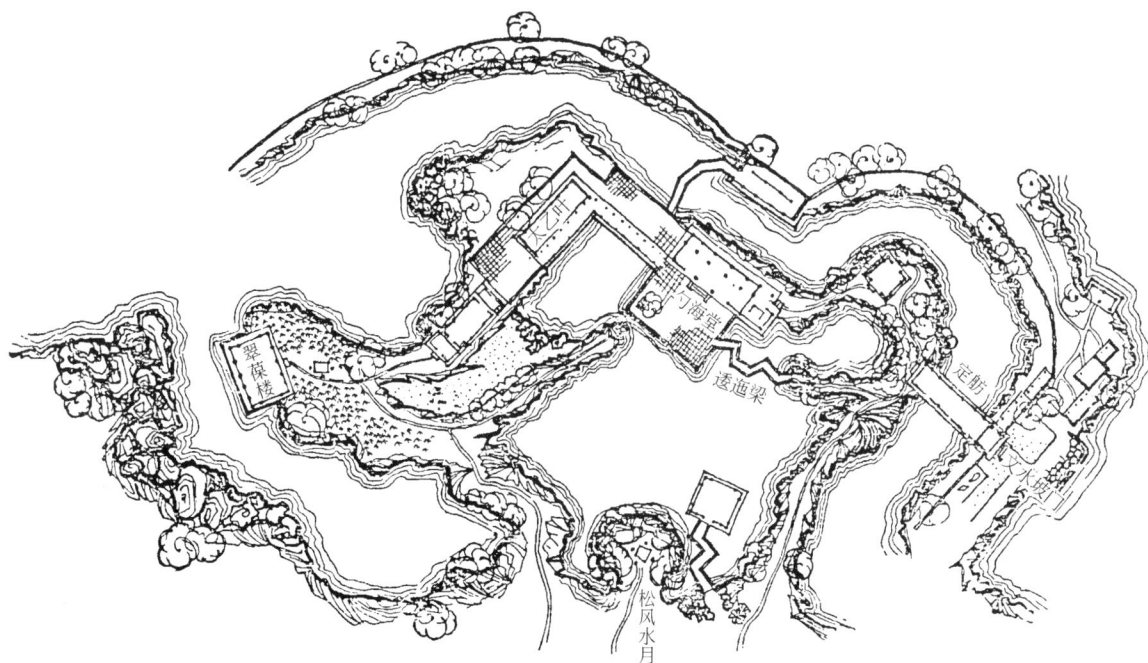

图 10-4　勺园平面想像图之二(文水陂景区)

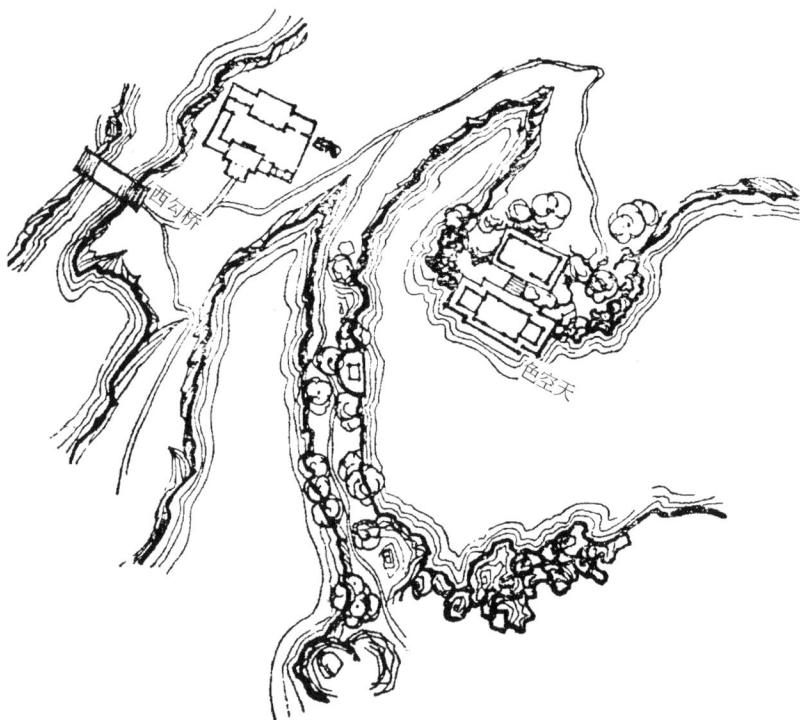

图 10-5　勺园平面想像图之三（色空天）

是一片茂密翠筠的竹林，竹中立有碑，刻"林于澡"三字，竹梢上隐约露出一高楼之顶。穿竹林，至水际，果然有一座重楼，叫作"翠葆楼"，半出水面，隔水对岸，尽是瘦长山石，林立如屏。登楼远眺，西山景色最为优胜。米万钟曾有诗曰："更喜高楼明月夜，悠然把酒对西山。"

到了翠葆楼，水穷有舟北渡，这个渡口名"槎枒渡"。渡水北岸一带就是勺园的尽头，最后一个景区（图10-5）。这个景区的中心建筑是"色空天"。这座建筑的前部突入水际，它的后背有石阶，拾级而上为一台，台上置阁，阁周围尽叠山石，嶙峋有致，并有古松数株。登阁启北窗外望，则隔水为稻畦千顷。勺园的北界，不用缭垣，使园内外融成一片。

勺园可说是以水为主题的名园，它的特色，一言以蔽之，曰：水、水、水。从当时诗人咏勺园的诗句来看，确也如此。例如："到门惟见水，入室尽疑舟"（袁中道）；"绕堤尽是苍烟护，傍舍都将碧水环"（米万钟）；"亭台到处皆临水，屋宇虽多不碍山"（公鼐）；"几个楼台游不尽，一条流水乱相缠"（王思任）。

从勺园的布局来看，无不因水而构图合宜。其水，或一望无际而迷离，或堤隔成湖，或曲水似溪，或环水而筑，形成不同水面，情趣各异而无不归之于水。由于一方皆水，水皆莲，莲皆白，藕花放时，洁白自好，尤擅一胜。至于堤弯、径偏，取道必渠之外廊，无一不因水也。亭榭舫廊，或临水际，或半突水际，或停立水中，或其形如舫疑舟，也无一不因水也。

勺园以及明朝诸名园莫不以素雅、得自然真趣为意境。就勺园而论，如入路，乱石磊落，高柳隐之，然后是荆扉、竹篱、茅屋，自然野趣横生，或一堵粉墙，但墙头微露树木楼台，或竹林茂密，而梢头隐约露出高楼，引发游欲。或地势自高，上筑平台，或垒土筑台，台上置阁，或水际势低，乃筑重楼，莫不居高以临，得远借园内外诸景。无论亭榭舫廊，或临池，或夹岸，或偏径，莫不顿置婉转。叶向高的《过米仲诏勺园》一诗，确能道出勺园的特色，转录于此为结："幽筑藕花间，荆扉日日闲，竹多宜作径，松老恰成关。堤绕青岚护，廊回碧水环。高楼明月夜，莞尔对西山。"

明朝北京别墅园林中，李园与勺园不仅东西相值，而且各有千秋。《帝京景物略》卷之五载有叶公台山对二园的评价如下："福清叶公台山，过海淀，曰：李园壮丽，米园曲折。米园不俗，李园不酸。"《春明梦余录》则认为："李戚畹园钜丽之甚。然游者必称米园焉。"

（五）北京明朝宅园风格

总的说来，北京的宅园，到了明朝，较诸元大都时，有了蓬勃发展，在风格上，继承了唐宋时期山水园的传统而又有新的发展，更着力于山水的写意，更趋向于素朴、自然的意境追求。

北京城中园乏泉源，又少河水可引，一般宅园中，筑池则为山石小池，而且"积潦则水津津，晴定则土，"难以为水也。掇山仅拟山之余脉，限于地也。叠石亦仅筑小品，或得有奇石，则独立特置，以资鉴赏而园。或多花木名种，极一时之盛景而园著称。

由于北方气候旱热，营园以得水为贵。故公卿亭墅中著称的，以位于泡子河两岸、北湖周围和海淀一带为最。这些名园不仅借水因水得景，而且充分适用山、石、水、木的结合，巧于因借的手法，以创作素雅，得自然真趣的宅园别墅。这种风格上特色，不仅北方的明朝宅园具有，证诸江南地区的明朝宅园，如苏州明朝王氏拙政园，武汉地区明朝宅园，也都具有相同的风格。关于这一点，我们将在以后有关章节中论述之。

此外，明朝宅园中，建筑分布疏朗，莫不因景而顿置，所谓"宜亭斯亭，宜榭斯榭"，即亭榭轩屋的构筑，除了功能上需要外，是因景的要求而构筑，是景的产物，同时它本身也成为一景，得以与其他景物，互相借资，互为呼应。

但无论在北方或南方，到了清朝，特别是乾隆及以后时期，宅园中建筑日盛，构筑趋繁，甚或周以回廊。由于构筑趋繁，这类园林也可称作建筑庭园，虽然从总的风格来说，属于明清文人山水园范畴，但明朝时期、清康熙时期、清乾隆时期及乾隆以后时期，各时期的风格又有异别，将在以后有关章节中再加以申论。

二、北京清朝园墅

前章已述及，清朝仍建都北京，城市范围，整个布局，干道系统等都没有什么更动。但是，居住地段有改变，将内城一般居民迁至外城居住，内城建有许多皇亲国戚和达官的府邸及花园。

住宅建筑，经过长期的经验积累，特别是明、清的住宅营建日盛，已形成了一套成熟的结构和造型，通称为四合院。这种住宅布局，按着南北纵轴线对称地布置房屋和院落。住宅大门多位于东南角，门内迎面建影壁，自此转西至前院。前院南侧的倒座通常作客房、书塾、杂用间或男仆的住所。自前院经纵轴线上的二门(有时为装饰华丽的垂花门)，进入空间较大的后院，院北的正房供长辈居住，东西厢房是晚辈的住处，周围用走廊联系，成为全宅的核心部分。另在正房的左右，附以耳房与小跨院，置厨房、杂屋和厕所。或在正房后面，再建后罩房一排。住宅的四周，由各座房屋的后墙及围墙所封闭(参见图10-1)。一般在前院(前庭)、后院(建后罩房的也可称中院、中庭而不称后院)院内栽植庭荫树或花木、果木，或筑台种花，或陈设盆景，构成安静舒适的居住环境。皇亲国戚、官僚地主的大型住宅，则在二门内，以两个或两个以上的四合院向纵深方向排列，有的还在左右建别院。更大型住宅，则在住宅左右或后部营建花园，构成优美自然的生活境域。

清朝时期，无论是内城或外城，宅邸、宅园的兴建日盛，文献上有记载可查的，至少在一百五十处以上，超过明朝。清朝北京宅园可分为二类：一类是官僚地主的宅园，由于园主来自南北各地，文化修养和崇尚不同，因此宅园的风格多种多样，但又受北京地理、气候、植物等条件的限制，在布局、假山叠石、理水、植物布置、建筑形式上又有其共同的特点。一类是皇亲国戚的府邸宅园，由于他们的地位特殊，仿效宫苑之体，也自有其王府花园的特点。

北京清朝府邸宅园知多少，清末有位韩溪曾作《燕都名园录》一编，并在序中云："闻尝博览于燕都掌故，帝京景物，日下旧闻，汇近畿之史实，志建革之演易，心窃好之，欲钩稽梳理为燕都作一有系统之书，力所不逮，积而未能也。爰撷拾旧说，汇而排比，期诸异日考订，萃其残余而成此编，亦删存并不废之意云尔。"又云："北京史实谭者甚多，古迹考述也，宫殿叙略也，独于私人园林所论颇勘。斯编即以此书发轫，采择旧籍，汇最故实，殊尤多所发明，且载籍浩繁目所不及，难免萱漏，是尚有待于宏博补正。"序末为"戊寅（光绪四年即 1878 年）仲秋记于枣园。"

但这部《燕都名园录》所载包括北京明朝宅园，排列顺序是东城 11 个园，北城 8 个园，西城 15 个园，南城 33 个园，郊坰 40 个园，总计 107 个园，不仅明朝北京宅园遗漏不少，至于清朝北京府第宅园则遗漏更多。

辛亥革命后，有些王府和大的宅邸被鬻售，有不少园被改建或换了样，也有不少新的府第宅园。这些新的园主中有总统、政客、军阀、达官、富商，也有文人学者、艺术家中的经济条件富裕者。新建的宅园中也有西式的，或中西混合式。

建国后，北京作为中华人民共和国的首都，城市建设蓬勃发展，初期的北京市城市建设总体规划中，对于城中的府第宅园，是逐步地到全部地拆毁重新建筑楼房呢，或者选择一部分有园林艺术价值的重点宅园加以保护、进行修缮，或者维持现状、任其失修，没有作出明确规定，这是一个值得认真考虑讨论的问题。直到 20 世纪 60 年代，这个问题一直没有引起市领导的足够重视或在总体规划中加以明确。1964 年建工部建筑科学研究院园林组曾组织力量，对北京旧宅园进行了普查，据称约一百多处。但他们在勘查中，地址明确曾踏看过作了极其简单记录的共约五十余处，其中有几处作了测绘（作者仅获得半亩园和桂春园平面测图，是否尚有其他园的测图，因建研院并未正式发表调查论文，资料也在十年动乱中散失，不详）。此后十几年动乱中，许多宅园又进一步受到破坏，情况严重。为了抢救历史园林，为发掘和整理园林艺术的遗产提供条件，北京市园林局汪菊渊和北京林学院城市园林专业的部分教师联合起来，从 1978 年 6 月开始，对北京现存清朝宅园进行了调查，在初步调查 38 处宅园的基础上，选出其中保存较完整的

恭王府邸园、刘墉中堂府宅园、半亩园、马桂堂宅园、那桐府花园、莲园和可园七处，集体讨论分工整理，绘制了图纸，并作了初步分析。于 1979 年 7 月 20 日写成报告，呈报市、中央领导同志，希望能引起重视，保护古园，后来又以论文方式，在北京林学院《林业史园林史论文集》第一集上发表[3]。

就 20 世纪 70 年代末而言，不少府邸宅园已被改建或拆毁。明朝宅园，除个别建筑、山石和树木，有所保存以外，就宅园整体来讲，几乎荡然无存。清朝著称的府邸宅园，也大都因据为私宅，年久失修而荒颓，或历遭毁坏，有的水池被填，或假山叠石被拆除，或建筑倒塌；据为机关公有的，往往因扩充需要把名园拆毁，改建楼房，面目全非，无迹可寻。例如原坐落于西斜街的桂春园就是这样，非常可惜。

本书作者在上述初步进行北京清朝宅园的调查研究后，进而采录旧籍中所载资料和现状调查中所得情况，一一作出索引卡片，汇而按《宸垣识略》所附绘图分为皇城东西（图 10-6），内城东南、正蓝旗（图 10-7），内城东中南、镶白旗（图10-8）、内城东中北、正白旗（图 10-9），内城东北、镶黄旗（图 10-10），内城西南、镶蓝旗（图 10-11），内城西中南、镶红旗（图 10-12），内城西中北、正红旗（图 10-13），内城西北、正黄旗（图 10-14），外城东北（图 10-15），外城东南（图 10-16），外城西北（图 10-17），外城西南（图 10-18）及西郊共十四部分分区录载府邸宅园之名，地址及简单记述。个别面积较小，调查中尚有残存景物则附及。文献资料较详的府邸宅园，并经实地调查的则叙述较详并加分析。最后，选几处宅园进行分析评述。

为了便于按图索骥，按照附图传统，上为南，下为北，左为东，右为西。查照胡同、街名时每分图都按先右至左，先上后下的顺序排列。

（一）皇城

明朝"悉为禁地，民间不得出入。"到了清朝，"建极宅中，四聪悉达，东安、西安、地安三门以内

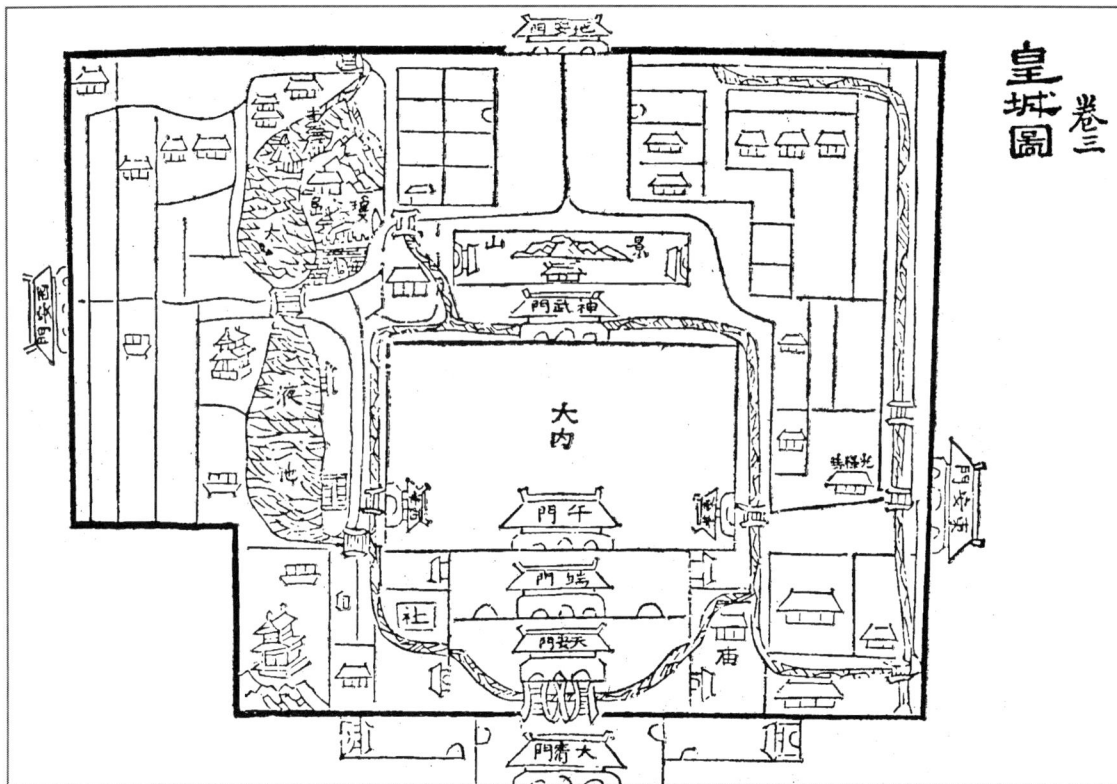

图 10-6　皇城东西

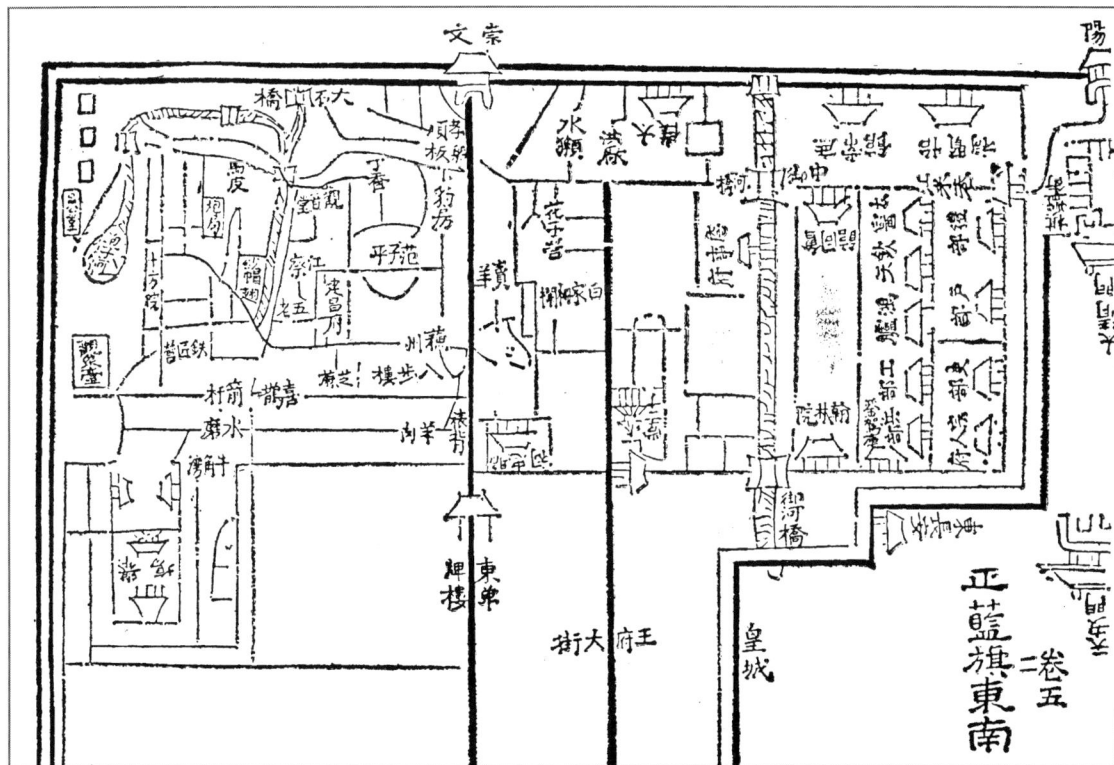

图 10-7　内城东南、正蓝旗

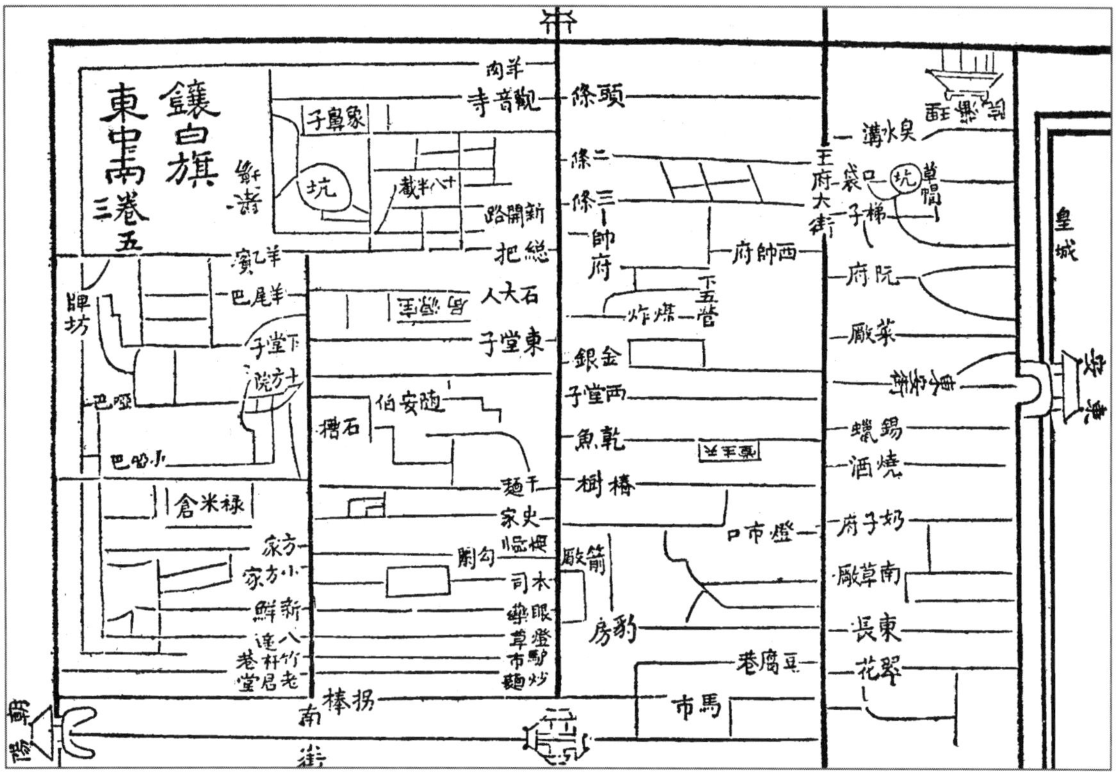

图 10-8　内城东中南、镶白旗

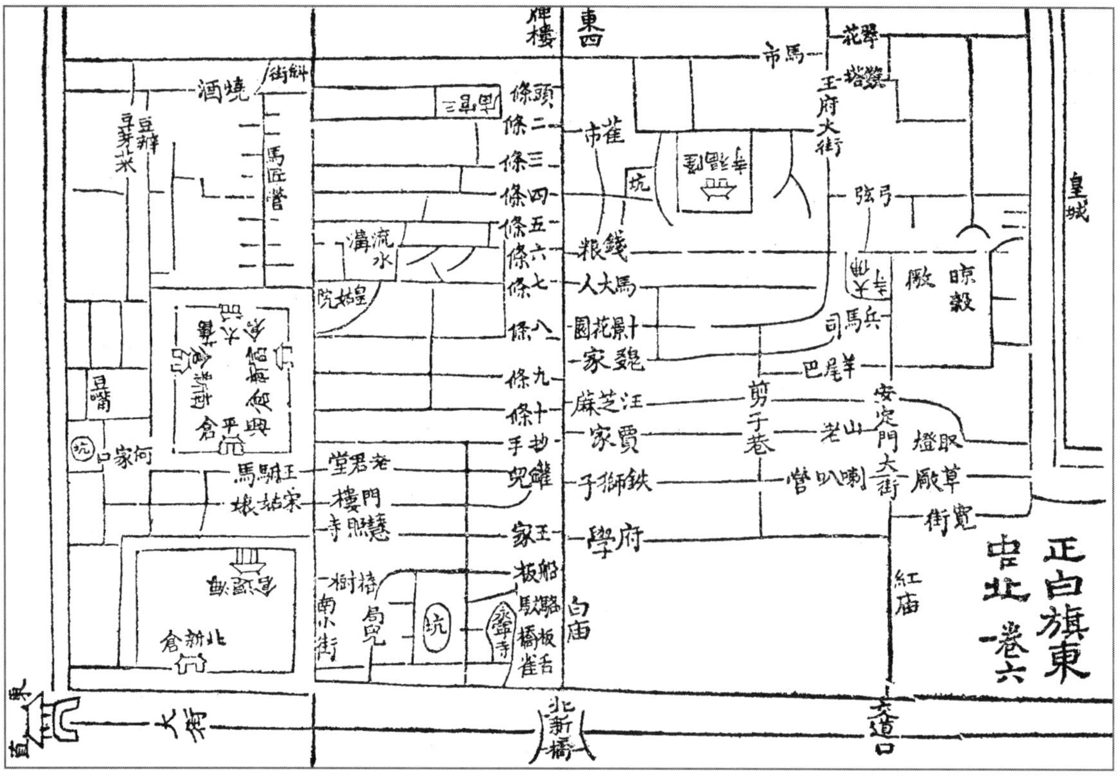

图 10-9　内城东中北、正白旗

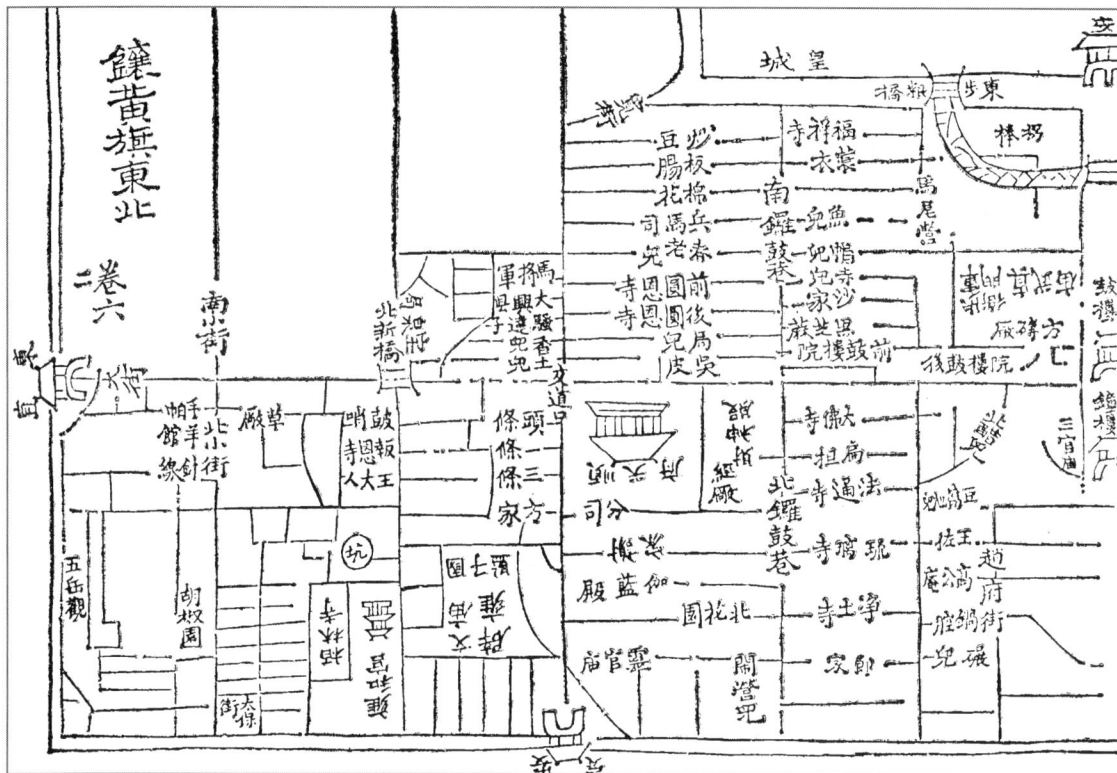

图 10-10 内城东北、镶黄旗

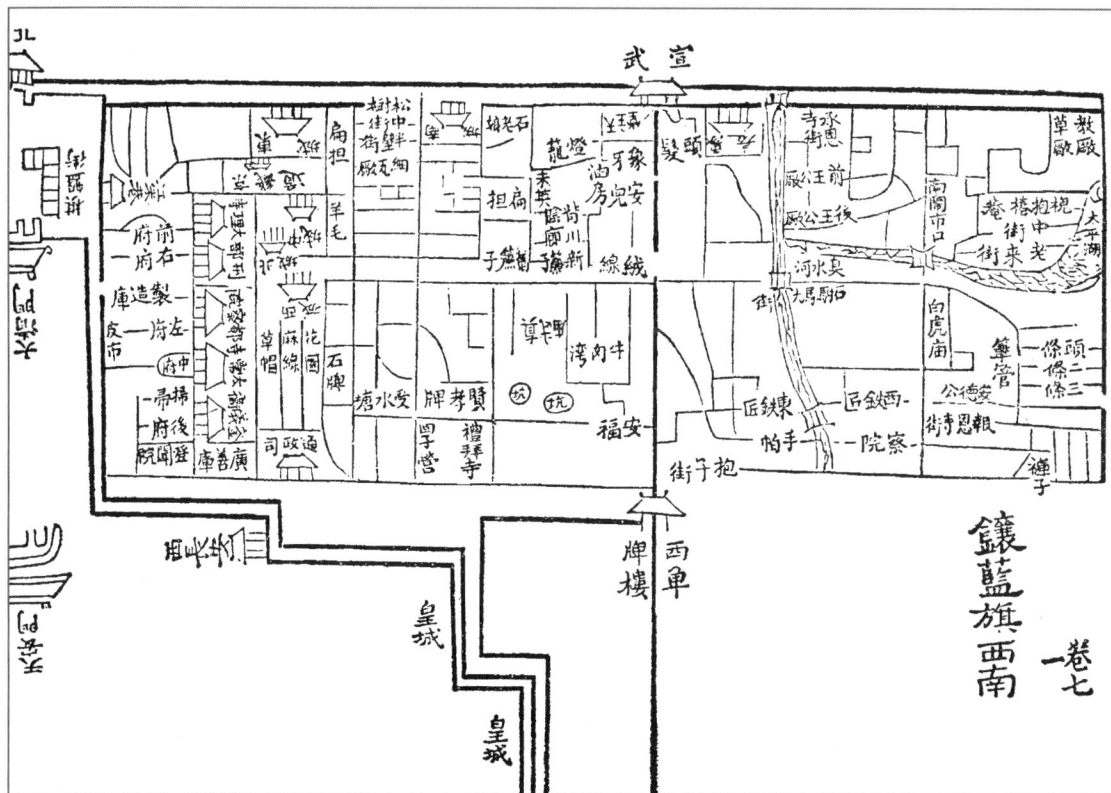

图 10-11 内城西南、镶蓝旗

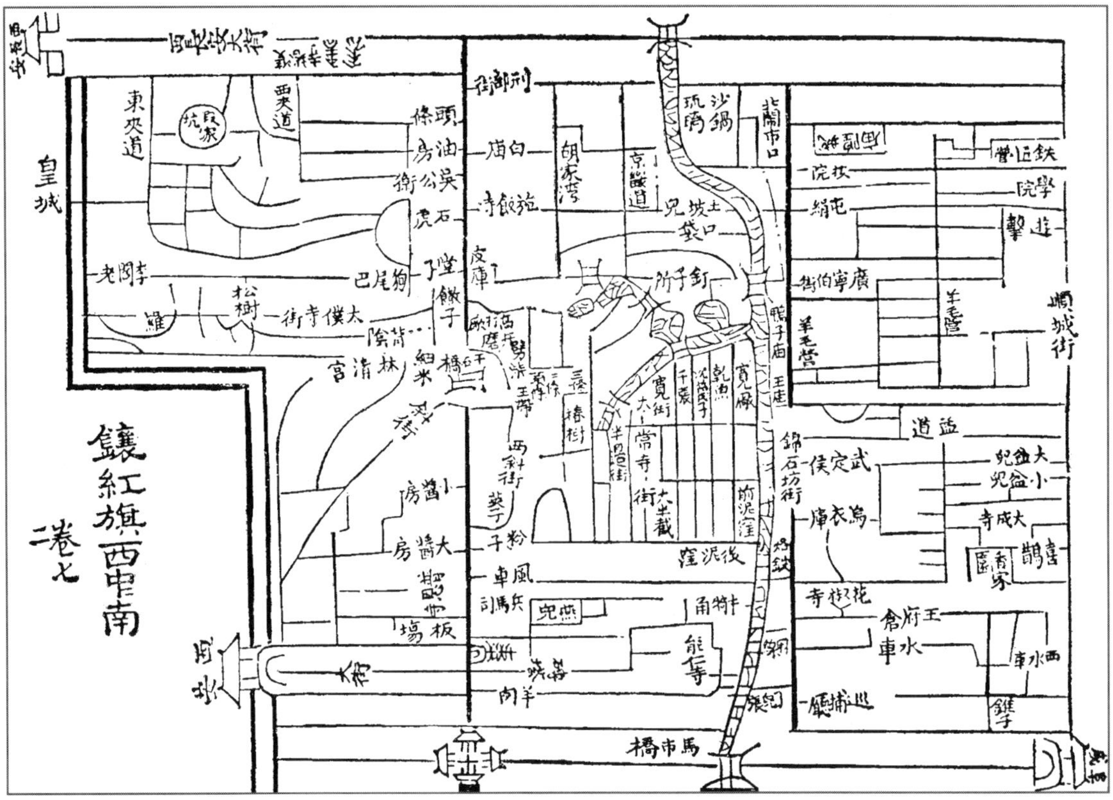

图 10-12　内城西中南、镶红旗

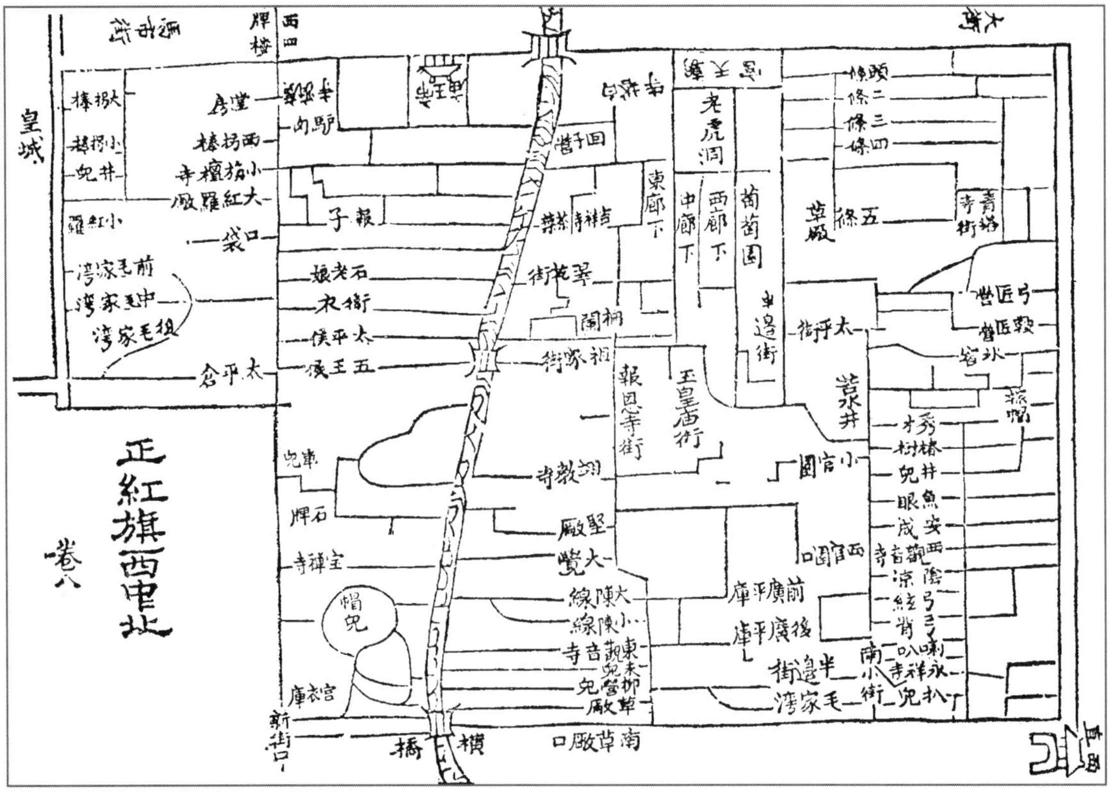

图 10-13　内城西中北、正红旗

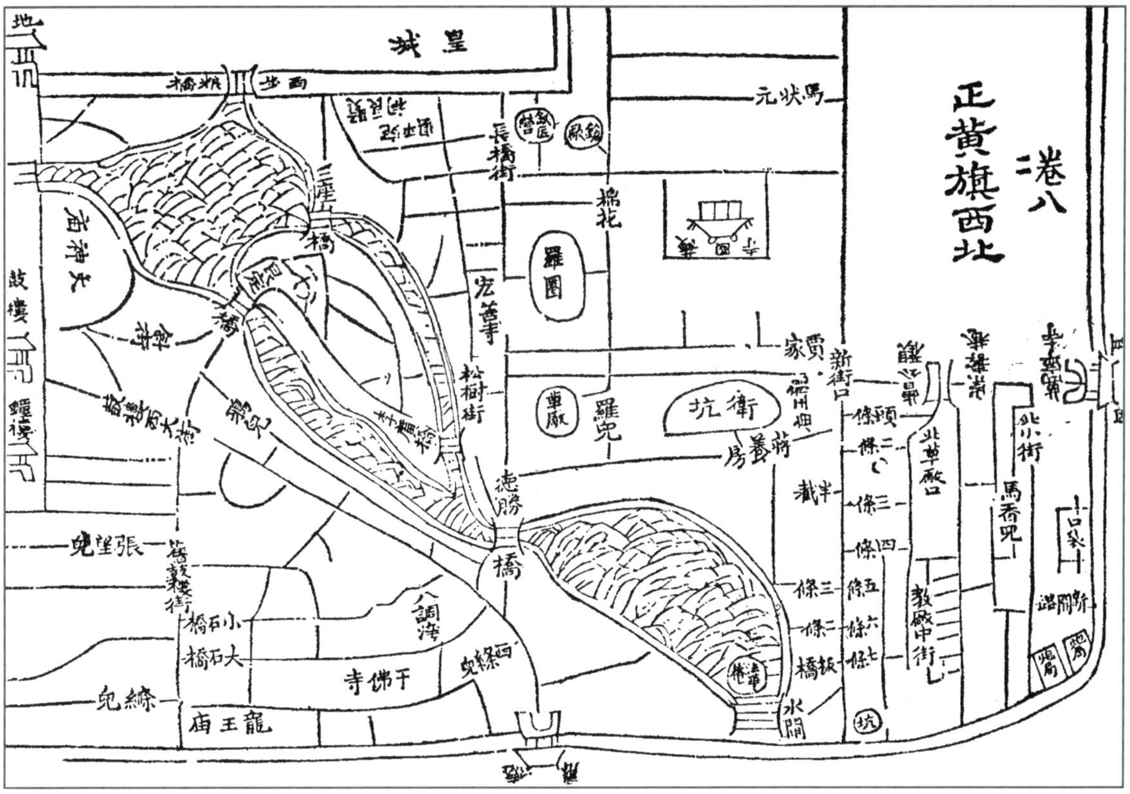

图 10-14　内城西北、正黄旗

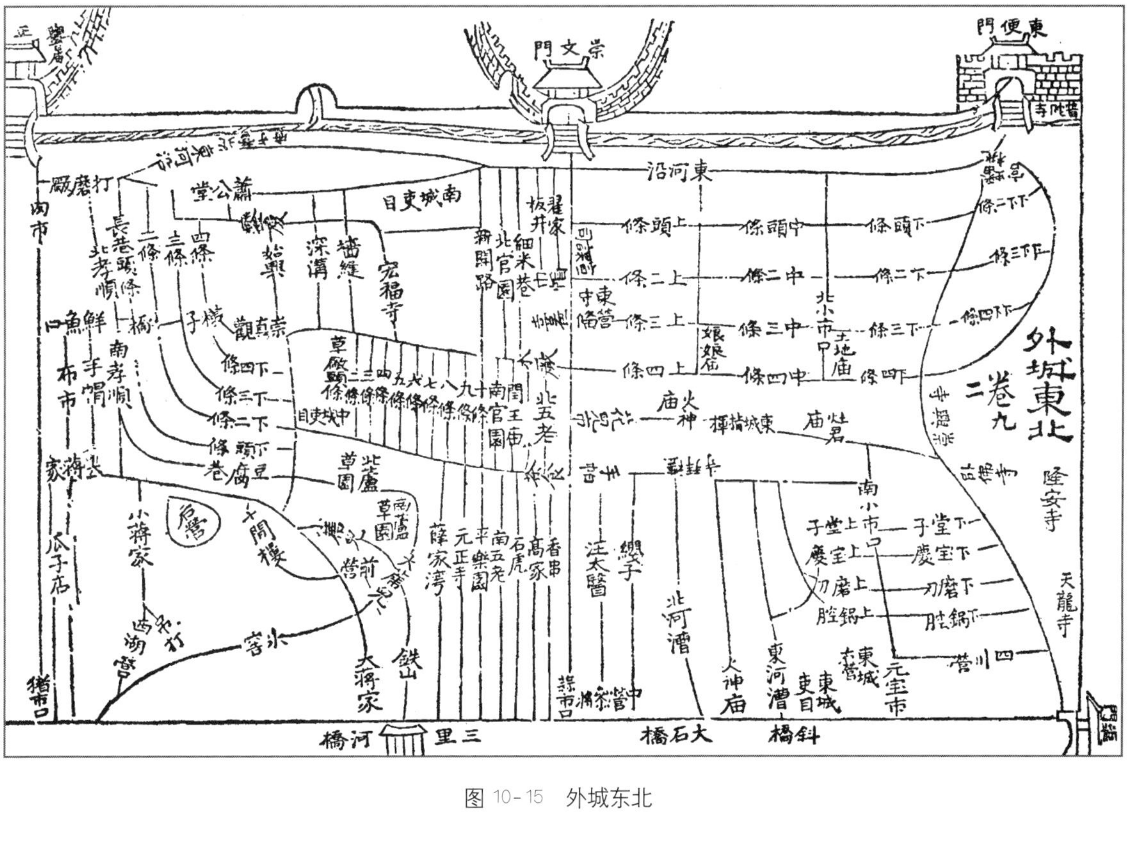

图 10-15　外城东北

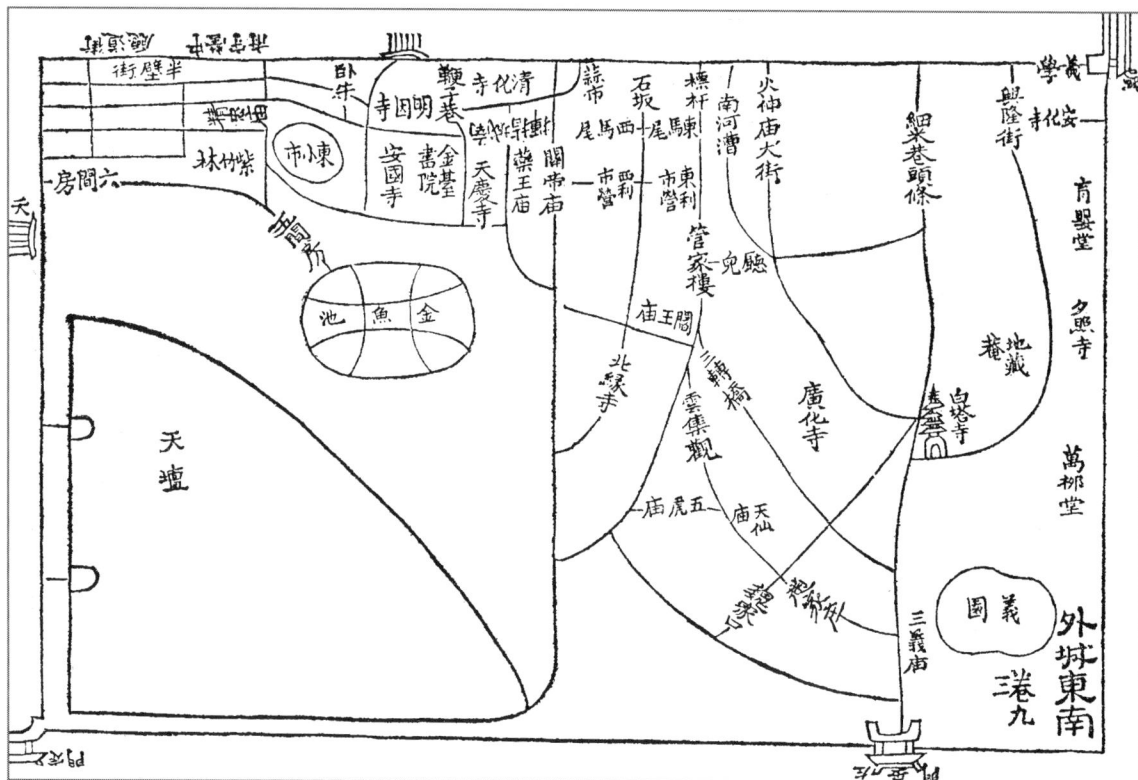

图 10-16　外城东南

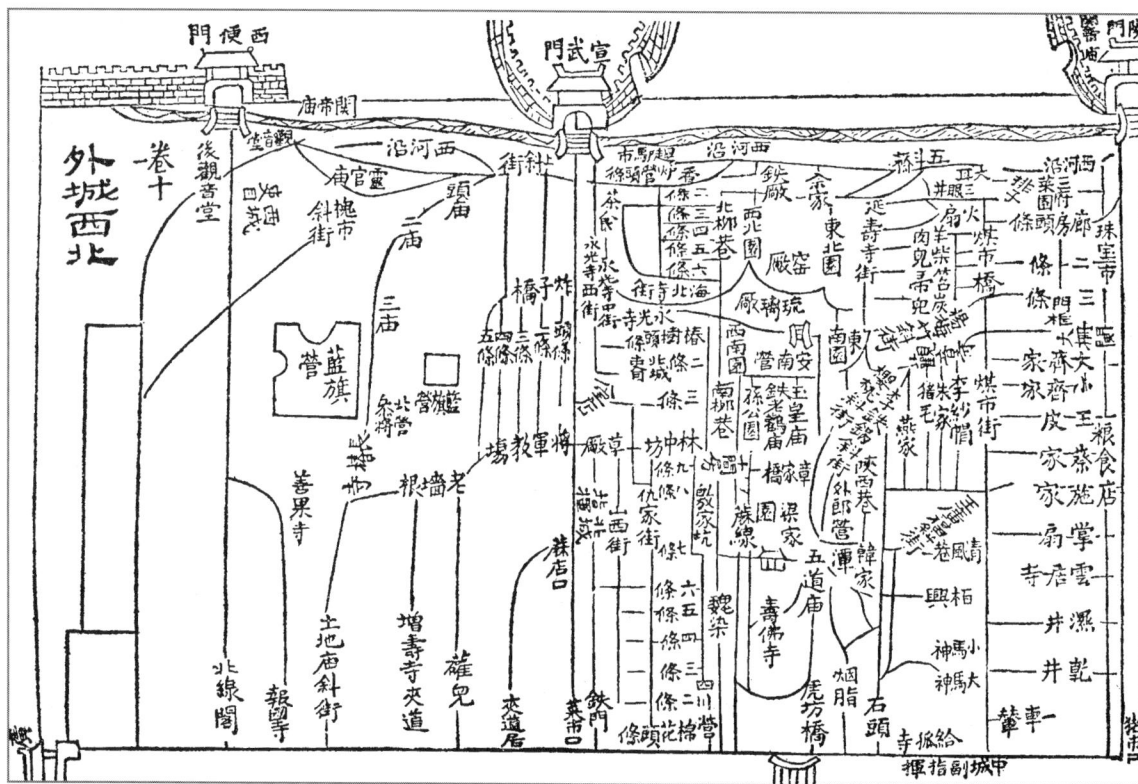

图 10-17　外城西北

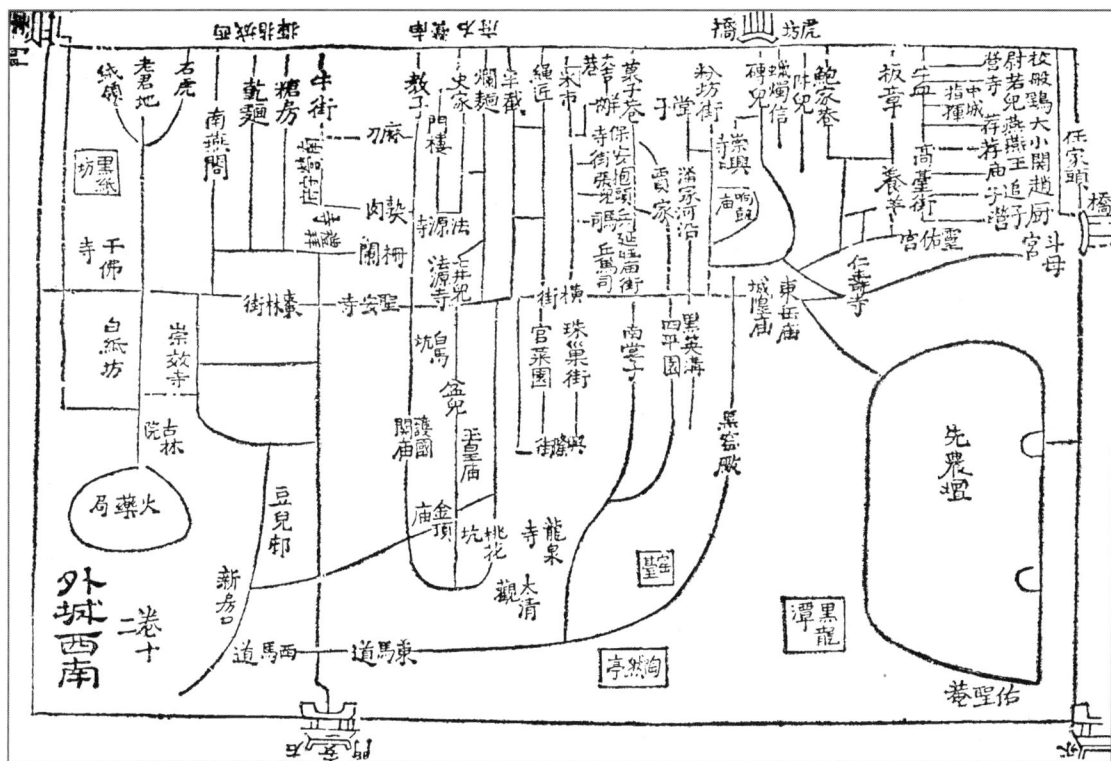

图 10-18 外城西南

紫禁城以外，牵车列阓，集之齐民，稽之古昔，前朝后市，规制允符"(《京师坊巷志稿》卷上)。据《日下旧闻考》："顺治十五年(1658年)四月丙戌，内三院复宗人府疏言：皇城为皇上宸居，诸王在内居住，所属人员，往来出入，难以稽察，应迁居于外。从之。"

(二) 皇城东(中西坊)

睿忠亲王旧府

"在明南宫，今为缎疋库"(《啸亭杂录》)。案：王讳多尔衮，太祖十四子。

普度寺(东安门内南河沿)

旧名吗噶喇庙，国初(清初)睿忠亲王曾作府邸。"明之南内，今已拆尽。按后遗迹，惟普胜、普度二寺似犹是旧殿之仅存者。普度寺殿宇极宏、佛像极奇，皆西天变相。……殿外作龙尾道，直抵山门，道旁古松林立，清荫甚美"(《天咫偶闻》)。

武英亲王府

"东安门大街有东安桥，亦称皇恩桥。"《啸亭杂录》："武英亲王府在东华门，今为光禄寺署。"《藤荫杂记》："寺为英亲王故邸，规模宏敞，今半空闲。"案："王讳阿济格，太祖十二子，初封武英郡王，晋亲王，顺治八年(1651年)以罪除"(《京城坊巷志稿》)。

左文襄祠(北池子大街)

"东安门内东安桥口有关帝祠，地极狭隘。""左文襄入都，僦居东安门内。《盾鼻余沈》自记有石鼓阁，即此"(《天咫偶闻》)。

志锜旧居(地安门内中老胡同)

志锜为珍妃、瑾妃之弟。其居现为工厂，花园拆除，成了库房，无遗迹可查。

朱彝尊赐居(黄瓦门之东)

朱彝尊《曝书亭集》："康熙癸亥(1683年)，予入直南书房，赐居黄瓦门之东。"

李莲英宅(黄化门大街19号)

俗呼黄华门或黄化门，应为黄瓦门，音之讹也。南向，四合院，三进，现为卫生部及北京医院宿舍，正院建筑尚完好，原有花园在宅东，已全部拆除，建了平房。

某王府(景山东街45号)

南向，四合院，二进，规模较大。

(三) 皇城西(中东坊)

庄士敦旧居(地安门内油漆作胡同一号)

马占山将军曾居此，现为劳动部宿舍。花园不大，只有一小座掇石假山及一半亭。

西华门赐第

有多处，如："米紫来汉雯侍讲，赐第西华门"(王士禛《香祖笔记》)。"张文端英，以谕德赐第西华门后。蒋扬孙、查声山赐第西华门内"(《茶余客话》)。以上见《京师坊巷志稿》卷上。

(南长街54号为一大府；南长街府前街1号为大府，七进)。

李莲英宅(北长街会计司25号)

李莲英有多处宅邸，此又一也。

(北长街58号为一大府。)

宣城第园

"在灵济宫前，府第中园也。众木参天，夹竹桃二大树。层台高馆，不下数十，张席者日无虚地"(《燕都游览志》)。《日下旧闻考》按语：灵济宫久废，今土人呼灵清宫者即其旧址。济呼为清，声之转也。

(四) 内城东南(正蓝旗)

肃亲王府(在南玉河桥东)

见《宸垣识略》卷五。

淳亲王府(在玉河桥西岸)

见《宸垣识略》卷五。

裕亲王府(在昭忠祠西台基厂)

见《宸垣识略》卷五。

从乾隆京城图看，主要是住宅建筑，右旁有小园、水池、山石。

安郡王府(在台基厂南口)

见《宸垣识略》卷五。

汤文端金钊第(在长安街中街)

见《天咫偶闻》卷二。

(明嘉定伯周奎第)"国朝(指清)三等伯穆赫林居之。子孙不能守，惟门堂仅存。听事后杂树扶疏，乱石簇拥，中间似有亭址。……"见《天咫偶闻》卷二。

于忠肃祠(在裱背胡同)

"芜废已久，近始重修，浙人逢春秋闱，居为试馆。"见《天咫偶闻》卷二。

盛伯奚花园(在西裱背胡同)

杨氏园(喜鹊胡同有杨氏园)

见《顺天府志》。

清末泡子河

"吕公堂，……泡子河东岸，自昔久著灵异，春秋闱士子祈梦者最多。今梦榻尚存，而祈者鲜矣。……壬辰春闱，余假馆其家(门外卖药人王姓家)。每晨光未旭，步于河岸，见桃红初沐，柳翠乍舒，高墉左环，春波右泻，石桥宛转，欲拟垂虹，高台参差，半笼晓雾。"描写自然之美景依然，但园亭已不存，所以接云："河之两岸多园亭旧址，今无尺椽片瓦之存。然其景物澄挹，犹足留连忘返。……慈云寺，在河西岸，颇宏。后阁尤古，惜半已就颓，尚未全废。若东岸之华岩寺、太清宫皆成平地。……其西一带，炮厂、盔甲厂之街衢，皆拆成白地，铁梅庵先生故居即在此，今亦不可问。大抵城隅之地，尤易荒废，以去市远，居者不便，故家不能保其室庐也。……"(《天咫偶闻》卷二)。

(五) 内城东中南(镶白旗)

大阮府(大阮府胡同15号、17号)

大阮府为何人之府，未见载籍，花园部分的沿革亦不详。据称花园部分在建国前为王正廷的住宅。建国后，原大阮府的住宅部分为铁道部宿舍，花园部分为东华门医院门诊部。花园位于住宅西侧，其前部为四合院，北面是五间，勾连搭三卷硬山的厅堂，堂后出三间抱厦。堂中有雍正题的匾，曰含辉堂。阶前有小径引向假山；穿过山洞登山，山的北端尽处为平台，上建有一堂，五间，前出抱厦三间。由平台伸出几条蜿蜒的山径，路边有零星散置太湖石。山上有古槐一株，栾树数株，树荫匝地，仿佛城市山林。堂的东侧接以廊，廊转而向南，沿东墙斜下，直达前院，斜廊中途穿一半亭。花园面积不大，呈长方形，但叠以青石假山，建以一堂一廊半抱，疏朗清雅，颇有特色。

福山王文敏宅、袁世凯宅（锡拉胡同 8 号，11 号，我们调查时为 13 号、15 号直到 19 号都是原袁宅。应为锡蜡胡同，今名锡拉）

调查时为红十字会宿舍。花园位于住宅东部，叠石假山水池等已不存，建筑亦多有拆改。但调查时尚可看出，花园以游廊（平顶）分隔成三个院子，前院以山石为主景（仅残存），后院以水池为中心；池已填，尚存池中水榭建筑，西院以花胜。虽分三院，院各具一胜，但由于廊为空廊，仍相连属，各院仿佛园中之园。

恂郡王府（南草厂胡同北口）

从乾隆京城全图看，王府中部有园，叠有假山，筑有亭轩。现不存。

沈文定公（桂芬）**第**

居东厂胡同。公本无屋，借居瑞文庄公（麟）第（《天咫偶闻》卷三）。

荣禄府第（东厂胡同东口 1 号）

明魏忠贤东厂，清荣禄府第，辛亥革命后为黎元洪府第。南向，六进，东带花园，调查时园已毁多，见有竖置青石二，一刻"嵌崎磊落"，一刻"崖半口高"。

徐世昌宅（东厂北巷、太平胡同一号）

荷兰军火商曾住此，建国后为中国民主同盟中央所在地。府第建筑富丽，有双龙抢珠彩绘，有龙头，有精致落地罩、槅扇，有琉璃砖贴面，有壁炉。园在东院，原有圆明园石雕多件（大抵是徐世昌移来），恢复圆明园遗址公园后已物归原地。园北面罩楼为四间半。

荣禄府（王府大街、东厂胡同东口）

按"王府大街，元名丁字街，见析津志。明建十王邸于此，称王府街"（《京师坊巷志稿》卷上）。《明成祖实录》："永乐十五年（1417 年）六月，于东安门下东南，建十王邸，通为屋八千三百五十楹。"荣禄府址在明时为东厂外署，清时归为荣禄府第；辛亥革命后，袁世凯购以赠黎元洪；后又售给中日文化事业总委员会作会址。建国后归中国科学院图书馆。园已改，留存部分山石，据称为明代。

那王府（马市大街路北）

马市大街今称美术馆东街。

曾国藩宅（马市大街 7 号）

四合院附跨院一，院中有假山，现为某幼儿园。

怡王府（北极阁三条 4 号，后改 71 号）

南向五进，调查时前部诸屋为中国话剧团占用；后进为无线电原件厂占用（门在新开路胡同 94 号），为北京邮电学院实验工厂。

宁郡王府（在东单牌楼北大街）（载《宸垣识略》卷五）

怡亲王旧邸（在头条胡同）

同治初，载垣死磬室，爵归宁王后人袭，此邸赐孚郡王居之。载垣后人迁居二条胡同，其奕世收藏俱携出卖之，三十年始尽，书画悉有明善堂印（载《天咫偶闻》卷三）。

傅忠勇公恒第（在二条胡同）

"规制宏大，布局华丽；为一般名士园囿所不及"（《燕都名园录》）。"当时园亭落成，高宗（弘历）曾临幸之，赐名春和园。忠勇初建此园，其正厅事用楠木，高大逾制。及闻将临幸，亟易以它材，其原材遂别修一寺。今其后人尚居此"（《天咫偶闻》卷三）。

豫亲王府（在东单牌楼西三条胡同）

见《宸垣识略》卷五。

且园（在帅府园胡同）

"宜伯敦茂才所构，有小楼二楹，可望西山。花畦竹径，别饶逸趣。伯敦名晕，满洲人，生有僬才，寄怀山水。性复好事，风雅丛中，时出奇致"（《天咫偶闻》卷三）。

羞园（在煤渣胡同）

"余友续耻庵居邻营署（神机营署，在煤炸胡同），……耻庵，满洲那拉氏。……耻庵以苏许园之多才，学张长公之避世。座盈佳客，家富藏书，自署其居曰：羞园。暇则与二三友人，闲踏天街，倾囊谋醉，今之振奇人也"（《天咫偶闻》卷三）。按"渣或作炸"。

李昌宅（东总布胡同34号）

此外53号、17号均为大宅。按《京师坊庵志稿》，应为总铺胡同，铺俗讹捕，或讹布，《宸垣识略》附图上作总把，误。

东院（在总铺胡同东城畔）

"昔时歌舞地，今寥寥数家如村舍，犹记旧游有陈家园，郝家亭子，树石楚楚，今无存矣"（《宸垣识略》卷五）。

方园（在东院之东）

"园毁，建净业庵于其址。殿左庑有镇阳林潮书元许鲁斋演千字文，以明万历十一年（1583年）刻石嵌于壁，今已废。方园犹存其名"（《宸垣识略》卷五）。

睿亲王府（在石大人胡同东）

见《宸垣识略》卷五。

宝源局地（在石大人胡同）

"本明石亨宅"，"每天阴月晦，鼓鼙之光，上彻霄汉，此为工部局"（《天咫偶闻》卷三）。袁世凯时建外交部于此，自后，改称外交部街。

赛尚阿宅（东堂子胡同20号后改49号）

清朝的"总理各国事务衙门在东堂子胡同，故

大学士赛尚阿第也。总以亲王，副以卿贰章京。分为数股，有英股、法股、俄股、美股等名，皆以六部司员充之，不分满汉。……"（《天咫偶闻》卷三）。

据此，总理衙门原先本是赛尚阿的府第，咸丰元年（1851年），太平天国起义爆发之后，清朝廷惶恐万状，急命赛尚阿、乌兰泰等前去镇压，但太平军突破清军的围追堵截，迅速北上，攻下永安，并占领了长江中下游的许多重要城镇。1853年3月，太平天国在天京定都，正式成立了与清王朝相对峙的农民革命政权，咸丰帝气急败坏，下诏切责赛尚阿"调度无方，号令不明，赏罚失当，以致劳师糜饷"，即着"遂职逮京治罪……论大辟，籍其家。"这样赛尚阿府第便第一次变易主人。由于太平天国占领了南方近半个中国后，滇钱便不能照常运到北京了。由别处收铜铸造又极端困难，万般无奈，只好以铁代铜，于"咸丰四年三月二十日（1854年4月17日）开始设立铁钱局"。东堂子胡同这组建筑就第二次易主人变成了铁钱局。后来为了设总理事务衙门，通常简称总理衙门，又称总署、译署，对衙署地址的选择费了一番苦心，后来奕䜣等在奏折中说："此次总理衙门，义取简易，查东堂子胡同，旧有铁钱局公所，分设大堂满汉司堂科房等处，尽足敷用，无容另构。惟大门尚系住宅旧式，外国人往来接见，若不改成衙门体制，恐不足壮观，且启轻视。拟仅将大门酌加改修，其余则稍加整理，不必全行修改"等等。[4]

"经过改建后的衙门大门今天依然存在。大门的正南有一道八字形的、灰色方砖砌成的照壁。一进大门有一条高大而宽敞的木结构'一'形走廊，现在虽已破旧，整个院落仍然颇有气魄。由走廊向北，直通一座三间的二门，走进二门便是一处较大的四合院。四合院正北是此院最高大的房屋，……就是当时……大臣们议事、办公的地方，此房的两侧，各有三间厢房。"建国后作为公安部宿舍时，正房和东厢房已于1982年冬被拆毁了，在原址上兴建一座家属大楼[4]。新建了许多平房，拥挤不堪。除几座主要厅堂尚完好

外，其他已看不出原来模样。现东部跨院尚存有一段带漏窗的游廊，有一座歇山顶、近四方形的建筑，可能是原花园中四面厅之类建筑改建的，这里也许是原花园遗址，但因留下痕迹太少，难以查考。

那桐府花园(在金鱼胡同 1 号)

为清宣统时大学士官中堂那桐(字琴轩)的府邸及花园，按：鱼或作银，那琴轩花园详见下文"北京清朝名园例析"专节，这里略。

梅兰芳宅(无量大人胡同 6 号，今称红星胡同 9 号)

住宅最后一院，北房三间，院中有青石叠山，颇有趣味，原有水池已填，青石早拆，建东单公园时被运走作叠假山用。现为外交部宿舍。据《京师坊巷志稿》："元危素说字集：京师寅滨里有无量寿庵者，……"。《日下旧闻考》："今无量大人胡同，相传即无量庵故址，而地界不合。以坊巷胡同集考之，盖名吴良大人胡同，而后人附会之耳。"

野园(灯市口)

"世家自减俸已来，日见贫窘，多至售屋。能依旧宇者，极少。以余所见，如续顺公沈氏、靖海侯施氏，皆数易其居，赁屋以处。至今未易者，惟佟府福文襄后人，果毅公后人，张靖逆后人尚是旧第耳。佟府有野园，介受兹先生福自号野园，即此，至今尚在。相传此府即明代严世蕃第"(《天咫偶闻》卷三)。据《燕都名园录》："曹润田总长所居，在佟府夹道，当是野园旧地。"

佟国维宅(在佟府夹道)

段祺瑞宅(在佟府大院)

某府邸园(内务部街 1 号、5 号，又改 11 号)

现为人民解放军总政治部宿舍，进大门后，西边为第一垂花门，门内三进；又西为第二垂花门，门内二进，东边直后为花园部分，有假山透蜒，有山洞，另有亭，有敞厅，有流水。

某宅(在演乐胡同)

陆定一宅在此。按演乐胡同，俗讹为眼药胡同

(《宸垣识略》附图即作眼药)。

世中堂府(灯草胡同 14 号)

四进，院带走廊，现为居民住宅和机关宿舍，分为几部分。世中堂的后人尚住本院。因建筑较晚(光绪年间)，房屋尚完好，花园部分较小，已不存任何景物。

阿文成公祠(在灯草胡同)

"大学士一等诚谋英勇公阿第在灯草胡同"(《宸垣识略》卷五)。《京师坊巷志稿》案："乾隆时大学士定西将军阿桂封诚谋英勇公，谥文成。"今子孙尚居之。

刘墉中堂府(礼士胡同 129 号)

按：原名驴市胡同亦称骡市，今名礼士胡同，府园详下文"北京清朝名园例析"专节，此处略。

刘墉又一府邸(礼士胡同 45 号，后改 41 号)

现为市财贸系统毛泽东思想学习班。花园在院东，仅存小山和二亭。土山用砖围砌，上有一亭，油漆一新。

刘文清公故第(在驴市胡同西头南北皆是)

"其街北一宅改为食肆，余幼时屡过之，屋宇不甚深邃。正室五楹，阶下青桐一株，传为公手植。街南墙上横石，刻刘石庵先生故居七字。今屋皆易主，北宅久坼，横石亦亡矣"(《天咫偶闻》卷三)。

溥仪宅(前炒面胡同 8 号)

仅存一小亭。

海棠院(在豹房胡同)

"法华寺，在豹房胡同，明代建。……寺之西偏有海棠院，海棠高大逾常，再入则竹影萧骚，一庭净绿。桐风松籁，畅人襟怀，地最幽静"(《天咫偶闻》卷三)。

孚王府(九爷府，朝阳门内大街 117 号)

府邸规模较大，正院几进房子坎墙均贴六角形绿色琉璃面砖，建筑保存比较完好。原花园在府的东部已被拆除，仅留数株大松，现为中国科学院情报研究所。

莲园(朝内南小街新鲜胡同内红岩胡同 19 号)

占地约 5 亩，西半是住宅，东半是宅园，具体情况详下文"北京清朝名园例析"专节，这里略。

（六）内城东中北（正白旗）

泽公府(北皇城根 29 号)

即东皇城根北街，府南向，大房一间，房两层。

李莲英宅(弓弦胡同 1 号)

建筑规模较大，有三进四合院，西部有花园，有花厅、长廊、小亭和青石假山均残，一部分建美术馆时拆除。辛亥革命后，该宅曾被德国人买去，后又归杜聿明作公馆，建国后作卫生部宿舍用。

半亩园(牛排子胡同 2 号)

在弓弦胡同（东西向）内中段有南北向的小胡同称牛排子胡同。因建国后为公安局占用，早已不能进去，原大门应在今黄米胡同 6 号，改在园北的亮果厂大佛寺街拐角。《天咫偶闻》称之为完颜氏半亩园，"园本贾胶侯中丞（名汉复，汉军人）宅，李笠翁（名渔，浙江布衣）客贾幕时为葺斯园"（《鸿雪因缘图记》）。"后改为会馆，又改为戏园。道光初麟见亭河帅（完颜氏）得之，大为改葺，其名遂著"（《天咫偶闻》卷三）。所以称完颜氏半亩园。园详见下文"北京清朝名园例析"专节，这里略。

诚亲王邸(在大佛寺北)

"诚亲王名允祉，封诚王，邸在大佛寺北，瑶华道人，即王子也。诗画皆有重名于世。……今改公主府矣"（《天咫偶闻》卷三）。

诚固山贝子府(在取灯胡同)

见《宸垣识略》卷六。

某公之府(大佛寺西街 11 号、12 号)

建筑规模较大，东向，门前有石狮一对，沿革不详。现为中医医院和中医研究所。

隆福寺(在东四牌楼北隆福寺胡同)

"月逢九、十日，庙市。门殿五重，正殿石栏，犹南内翔凤殿中物。今则日供市人之摸抚，游女之依

恐。且百货支棚，绳索午贯，胥于是乎，在斯栏亦不幸而寿矣。……惟寺左右唐花局中，日新月异。旧止春之海棠、迎春、碧桃，夏之荷、榴、夹竹桃，秋之菊，冬之牡丹、水仙、香橼、佛手、梅花之属。南花则山茶花、蜡梅，亦属寥寥。近则玉兰、杜鹃、天竹、虎刺、金丝桃、绣球、紫薇、芙蓉、枇杷、红蕉、扶桑、茉莉、夜来香、珠兰、建兰到处皆是。且各洋花，名目尤繁，此亦地气为之乎。此外，西城之护国寺，外城之土地庙，与此略等。而士大夫所尤好尚者，菊也。……名目多至三百余种。……其精者，于苗苗之始，即能指名何种，栽接家不敢相欺。购秧自养，至秋深更胜于栽接家。故登巨室之堂，入幽人之宅，所见无非花者，春明士夫风趣，此为首称"（《天咫偶闻》卷三）。隆福寺并非宅园，但言及花事较详，摘录如上，以供参阅。

余康安宅(东四北二条 1～4 号)

余园(原名漪园)(东四北三条英家花园 27 号至 30 号)

"园即明东厂遗址。……咸丰初瑞麟始筑园……题为漪园……庚子，园为俄兵蹂躏，越三年，佛氏乃开放漪园而改为余园，取劫后存余之意。设余园饭庄及茶馆，照相馆供人游览，创北京公园之先例。后为荣禄所有……"（《燕都名园录》）。余园时，有叠石假山，小桥流水，凉亭戏楼，游廊画舫，饭庄照相馆，极一时之盛，抗日战争胜利后，即日益凋敝，今为居民住宅，除部分建筑及杂乱堆置的零散石块外，余皆不存。

裕鲁山制府第(在班大人胡同)

"制府官江南，有政声，晚节殉难甚烈。今其子孙尚承袭世职，此巷本义烈公班第所居，公之祖也"（《天咫偶闻》卷三）。

徐世昌住宅(弢园)(在东四五条东口，铁匠营路北 3 号、27 号)

原 3 号与 27 号间有跨越一条小胡同即铁匠营的过街楼，可联成一体，过街楼早已拆除。3 号现为

128 中学校址，日伪时曾作为特务机关。房屋及花园部分早已拆除，遗存不多。27 号现仍为徐的后辈私人所有，现住部分原为一跨院，是祠堂及存书用。北房五间，联东房成曲尺形，有匾曰：寿石山房，系徐世昌（水竹邨人）本人所写。南面是七间楼。院中立石一块，题刻"殁园"二字。

大学士崇礼宅（东四六条 36 号、38 号）

现为轻工业部展览工作处及轻工业部家属宿舍。花园居于整个宅院的中部，园内现存方亭一，园亭一，七间带前廊勾连搭的建筑一座。从园西侧门进为另一小院（据云原为祠堂）。有北房五间，硬木隔扇，满刻字，北房东头接三间亭，面向园子。院中尚保留有部分叠石假山。

朝靴李故居（钱粮胡同 15 号）

北向，四合院。

宝中堂（鋆）宅（马大人胡同 24 号）

南向，中部为四合院二进，东、西为花园，现为女十一中，又改一六五中学。

蒙古赵王府（什锦花园胡同 9 号、10 号）

南向，府门二，平列院落三，现为居民住宅。按：什锦花园即十景花园。

吴佩孚宅（什锦花园胡同 11 号）

旧称状元府，府门三，平列院落三。院中有大枣树一株，径一米以上，极为难得。

某府（东四什锦花园胡同 15～17 号）

格局较大，历史不详，现为铁道部规划院。

庄王府（东四什锦花园胡同 25 号、26 号）

南向，府门二，平列院落二。

马辉堂宅（魏家胡同 44 号）

马辉堂宅园，为现存清末宅园中规模较大者，据了解宅园主马辉堂是清末慈禧时承造宫苑和王府邸园的四大营造主之一。详见"北京清朝名园例析"专节，这里略。

曹爷府（东四九条西口内吉勾府 34 号、35 号）

旧称曹谷府，东为住宅，西为花园。敌伪时，

日本特务金碧辉曾占住宅部分居住。以后，李宗仁曾在花园部分居住。建筑院落较狭小，但雕饰繁复，似乎受外来影响，进门后第二进院子里，在西房（平顶）的一端又加出了一个三开间的似轩的建筑，前面为月牙河，因此可能是旱船即舫的建筑物。花园内叠石假山已坍，仅留下一小堆石，月牙河等已填平，现为中国青年报宿舍。

梳刘宅（即慈禧梳头太监住宅，东四九条 32 号、甲 32 号，后改 61 号）

梳头刘是慈禧的得意太监，住宅之规模较大，可见其生活阔绰。现宅及园为外贸部招待所，轻工业部制盐工业设计室和外贸部幼儿园三家分占，进甲 32 号大门，迎面为三间过厅，穿过厅便是假山叠石（叠石已拆），山上一座凉亭（现改为三间房）。以假山分隔成东西二院，西院有北房、西房，南为过厅，厅前院内原有月牙河，小桥。桥已拆除，月牙河被填。厅右有六角亭，左有建在高台上的轩三间，轩两侧接坡廊。东院以戏台为主，南房七间，中三间作为戏台的出入口，两侧各二间，作为后台和化妆室，正对戏台为七间正房，为观戏之用。东西各厢房三间。北方王府达官宅园中、会馆中，花园与戏楼有密切关系，也是不可或缺的。原宅至今虽然已经有了不少修改，但基本格局尚保持如上述。

王怀庆宅（东四十一条 13 号）

此处原为京剧演员奚啸伯之祖父奚侯爷之住房，后为王怀庆所买，后来王怀庆搬至七条居住，靳云鹏曾住过，靳后又搬到棉花胡同南锣鼓巷居住。建国后为民航局宿舍，后又盖大楼，旧房全无，仅余大门。

汪由敦宅、寸园（辛寺胡同 10 号，或汪家胡同乙 74 号）

案：辛寺应为新寺胡同，见《京师坊巷志稿》，"汪文端由敦第在东城十三条胡同。今名汪家。有黼黻宣勤，六典持衡赐额"（《藤荫杂记》卷四）。现门牌号屡改，调查时，门牌又改为 17 号、19 号，17 号东院原为花园，19 号西院为居住院落，花园已不存。

恭亲王府(在铁狮子胡同)

见(《宸垣识略》卷六),案:"恭王讳常颖,世祖五子,今为承公府"(《肃亭杂录》)。

增旧园(在安定门街东铁狮子胡同)

《燕都丛考》引《增旧园记》云:"增旧园名天春园,在安定门街东铁狮子胡同,乃康熙年间靖逆侯张勇之故宅。明季为田贵妃母家,名姬陈园园曾歌舞于此,道光末年先考竹溪公由鸭儿胡同析居后赐以万金,因其基而修葺之,故更名曰增旧园。园有八景:一、停琴馆,二、四围亭,三、舒啸台,四、松岫庐,五、古莓蝶,六、凌云阁,七、开梧秋月轩,八、妙香阁。"

顺天府(府学胡同17号)

"在交道口之西,即元之大都路总管署也。地极宽阔,堂亦宏状,其私宅甚小,厅事中有秦小岘侍郎书额并堂记"(《天咫偶闻》卷四)。

肃王府(船板胡同18号)

北向,府门至后楼共四进。

惇亲王府(在齐化门内斜街)

案:朝阳门,俗沿元称曰齐化门。"王为文宗之弟,耿介成性。府门之内,俭如寒素"(《天咫偶闻》卷三)。

恒亲王府(在齐化门内烧酒胡同)

见《宸垣识略》卷六。从乾隆帝京图看,府邸规模宏大,园在西中部。

达公府(地安门东大街即张自忠路11号)

四合院,有八角亭。

(七)内城东北(镶黄旗)

董书平宅(雨儿胡同甲5号)

雨或作鱼。宅园中有花厅,太湖石假山,假山已拆除,石运走其他地方。

荣源府、可园(帽儿胡同3号、4号、5号)

可园部分为清末北京私园中保存比较完好的宅园之一,详见下文"北京清朝名园例析"专节,这

里略。

步军统领衙门(帽儿胡同22号)

南向,规模较大,四合院六进,西跨院。"按:京城之所以司地面者不一。曰步军统领,所以司内城盗贼者也。曰外营汛,所以司外城者也。曰五城巡城御史,所以司间阎词讼者也。曰街道厅,所以平治道塗者也。曰顺天府尹,大(兴)、宛(平)两县,职在郊坰,城内无其责也"(《天咫偶闻》卷四)。

洪文襄承畴第(在南锣鼓巷路西)

"门庭俨然,悬有顺治乙未科进士等匾,其名则洪汝亨,当是文襄诸子"(《天咫偶闻》卷四)。

履亲王府(在东角楼宽街)

见《宸垣识略》卷六。

固山诚贝子府(在角楼宽街)

见《宸垣识略》卷六。

蒙古阿克图王府(炒豆胡同23号,新改63号)

案:即交道口南九条,南向,大门及厅房共九间,已析为民居。

僧忠亲王邸(在炒豆胡同)

"专祠在宽街。按:王本蒙古科尔沁郡王,以功晋爵"(《天咫偶闻》卷四)。

德壮果公第

"在炒豆胡同,其后人尚居之"(《天咫偶闻》卷四)。

清集王府(炒豆胡同甲乙丙5号、23号)

三个四合院,两层,规模较大。

宝文靖公鋆第

"在于南兵马司路东"(《天咫偶闻》卷三)。

肃宁府(菊儿胡同,即交道口南二条)

《天咫偶闻》卷四载:"交道口西有巷曰肃宁府,明魏良卿封肃宁伯居此。至今巷口大石狮一肖然尚在,第则不可问矣。"菊儿胡同为今名,按:《宸垣识略》附图,《京师坊巷志稿》作局儿胡同,局或作桥。现分东西两院,东院为新华社,系旧式建筑;西院为外交部占用,为西式楼,尚有山石,或为原花园

部分。

绮园(秦老胡同 35 号，原 18 号，即交道口南五条)

原为励廷方宅，后归内务府，现为国务院招待所和领导同志居住，先是一排房，后为四合院，再后为一排罩房，迎门为青石构体，堆叠较有姿，以代照壁。

理亲王府(在北新桥北王大人胡同)

见《宸垣识略》卷六。

循郡王府(在方家胡同)

见《宸垣识略》卷六。

雍和宫花园(在国子监之东)

"地本世宗(胤禛)潜邸，改为寺，剌麻僧居之。殿宇崇宏，相设奇丽"(《天咫偶闻》卷四)。寺"前为昭泰门，中为雍和门，内为天王殿，中为雍和宫。宫后为永佑殿，殿后为法轮殿。西为戒坛，后为万福阁，东为永康阁，西为延宁阁，后为绥成殿，宫西后为关帝庙，前为观音殿"(《宸垣识略》卷六)。"宫东为书院，乃昔之山池。入门(三间)为平安居、如意室，石假山环之。正室曰太和斋，后为海棠院，又后延楼一带，树石丛杂"(《天咫偶闻》卷四)。据《宸垣识略》卷六则云："(太和)斋之东，其南为画舫，南向，正室曰五福堂。斋之西为海棠院。北有长房，更后延楼一所。西为斗坛，坛东为佛楼，楼前有平台，东为佛堂。"《天咫偶闻》卷四还载述了："寺僧分四学，曰天文学，曰祈祷学，曰讲经学，曰医学。学各有经论，文字不能相通，故始入某学，终身不迁。上殿诵经，座位亦分四列。惜其经皆梵文，无从证其法之精粗。"

小德张宅(安内永康胡同 3 号、甲 3 号，改 5 号、7 号)

小德张是清末隆裕太后的得宠太监。这所住宅尚在施工中，辛亥革命成功，即停建，民国 6 年(1917 年)张勋复辟，小德张赠给张勋住，张勋事败，宅归秦姓住，而小德张本人未住过。日本侵占北京时，该宅成为华北电业部门保健局(医院)用。建国后，作为邮电部宿舍，住宅部分基本完好，花园在住宅东侧，部分叠石及亭尚存在。

住宅部分与一般四合院，不尽相同，院子较小，房间距离很近，不全是以走廊连接，有些是穿堂房，院内走廊墙面镶蓝、白、绿色瓷砖，地面铺花砖，除住室外，对面尚有马号及暖花房，花窖共三排，每排七间(尚存)。南部是空旷院子，可能是种菜养花用，住宅东侧花园内主要建筑是一座五间、带前后廊勾连搭的正门，厅前左右各有两排柏树(据云：此处原为叠石假山)。外三面以花铁栏杆围绕。厅后北面是太湖石假山，穿过山洞有一排五间带前廊卷棚硬山建筑。据云：原建筑前搭瓦楞铁皮棚，红漆木支柱，汉白玉石墩，现仅石墩尚存。建筑的西北角有三间带女儿墙的平房，题曰：自乐居(尚在)，女儿墙及门窗四框皆饰以雕花精细的砖雕。自乐居前围成一小院，散点青石数块，花园东部，仅北面有一六角亭，瓦楞铁皮顶，也有不少砖雕装饰，亭周围以铁花栏杆。据云：原先沿东墙向南转西直到正厅的旁边都是叠石假山，山上有一亭，现均不存。

总的说来，园的布局及园内的建筑物都明显地受外来影响，住房带洋房味，瓦楞铁皮顶、铁花栏杆等，园及园中建筑似可代表清末受外来影响的一例，但小德张宅园，堆筑装饰过分，叠石亦然，给人以庸俗之感。

范文肃公故居(在交道口头条胡同)

"交道口头条胡同，有地名范家大院，考其地为范文肃公故居，开国元勋，功在社稷，子孙簪缨接武，今零替矣"(《天咫偶闻》卷四)。

松文清公筠第

"在(交道口)二条胡同，今子孙仍居之"(《天咫偶闻》卷四)。

璧星泉制府昌居

"在方家胡同"(《天咫偶闻》卷四)。

祝家园

"此在安定门西，为祝御史别业，另崇文门外板中胡同为另一祝家园。另先农坛西黑龙潭之西有祖园，常误为祝园"（《燕都名园录》）。

王爷府（北小街吉兆胡同东）

后为段祺瑞住宅。

孚王府（北小街）

为女子文理学院。

（八）内城西南（镶蓝旗）

云绘园（园在太平湖西）

孙古云《云绘园诗》自注："园在宣武门内太平湖之西。"太平湖一带，可称田野式胜地。《天咫偶闻》卷二有这样记述："太平湖，在内城西南隅角楼下，太平街之极西也。平流十顷，地疑兴庆之宫，高柳数章，人误曲江之苑。当夕阳衔堞，水影涵楼，上下都作胭脂色，尤令过者留连不能去。其北即醇邸故府，已改为祠，园亭尚无恙。"《京师坊巷志稿》卷上对太平湖的记述是："城隅积潦潴为湖，由角楼北水关入护城河。桥二：一在湖北，一在西南隅。"太平湖靠外城西南隅，一直是公众游憩地，建国后曾辟建为太平湖公园。修建北京地下铁道时，填湖变平地为街道和建筑物，存太平湖东里是地名。

荣亲王府（老莱街）

《啸亭杂录》："贝勒喀尔楚浑宅在太平湖，今为荣亲王府。"《宸垣识略》则称"荣亲王府在老莱街。"

石镫庵（在象房西承恩寺街）

《天咫偶闻》卷二云：石镫庵在"元代为吉祥庵，明易今名。国初（清朝初）诸老皆有题咏，汤西崖少宰诗所谓'肖然削出此香台，恰在兼葭野水隈'者也。今其地并无兼葭、野水，信沧海桑田矣。然西傍官沟之上，窄巷相通，石桥互接。或倚茂树，或亘颓墙。金晃刹竿，最多古寺。花依篱角，略辨人家，且城带西山，离离瘦碧，尘飞夕日，点点疏红，虽不能遽角胜江南，亦无复东华尘梦矣。"

象房

象来街因此而得名。《天咫偶闻》卷二记述了象房之始末如下："象房，在宣武门内，明之旧也。咸丰已来，滇南久乱，朝班无象者十余年。至同治戊辰（同治七年，1868年），云南底定，缅甸始复贡象七只。余庚辰（光绪六年，1880年）入都，曾往观之，至甲申春（光绪十年，1884年），一象忽疯，掷玉辂于空中，碎之，遂逸出西长安门。物遭之碎，人遇之伤。掷奄人（太监）某于皇城壁上如植。西城人家，闭户竟日，至晚始获之。从此象不复入仗，而相继毙矣，京师遂无象。"

袁克定宅（石驸马大街，即今新文化街1号、2号）

原住宅及园已全部拆除，现为北京铁路局招待所。

熊希龄宅（石驸马大街24号）

花园已拆除，现为女子中学校址。

某宅园（石驸马大街47号）

现为粮食部宿舍，园在住宅之西侧一小院内，中间为一椭圆形水池，青石护岸，池南部用条石搭桥，呈十字形，一端悬臂排出伸入池中水面上；另一端通往假山，假山位于池之西岸，面池背墙，山顶有用湖石搭成小门洞，假山水池，虽占地不大，但高低错落有变化。东北角，有一组叠石及一半山亭（亭已不存）。

倭文端公仁居

"前门城根西城察院之左，子孙至今居之"（《天咫偶闻》卷二）。

醇亲王府（鲍家街4号）

府邸布局规模大，前后四进，东西两跨院。

姚伯昂总宪旧居

"在东铁匠胡同，其中听秋馆、竹叶亭、小红鹅馆诸名尚存。先生安徽桐城人，嘉庆乙丑（嘉庆十年，1805年）进士，工书画。……"（《天咫偶闻》卷二）。

周作人宅（南半壁街4号，现为北新华街甲3号）

周作人曾住此，墙外可见园中山石，但未进入调查，现为化工部宿舍。

绿雨楼

"陆元裕深旧邸也，在正阳、宣武二门之间，东日素轩，北曰潜室，其中为书窟。文裕记载集中，今已失其处"（《日下旧闻考》卷四十九）。

彭尚书丰启故居

"麻线胡同极东道北一第，……有山池花木之胜，今久易主矣，彭第尤巨丽"（《天咫偶闻》卷五）。

梁士诒宅

后为卫立煌宅，在麻线胡同东口可能即其址。

礼王府（西皇城根9号）

布局宏阔，并列五进。

许文恪乃普故居

"石老娘胡同极东道北一第，为许文恪乃普故居，皆有山池花木之胜（指与彭尚书故居并言），今久易主矣。"

疑野山房（西皮市）

《燕都丛考》引彭文敬自订年谱："己卯住西皮市苇间公寓，寓中叠石为山，颇多乔木，韩桂龄尚书颜曰：疑野山房。"

桂杏农园

《竹叶亭杂记》："宣武门内武公旦胡同，桂杏农观察卜居矣。宅西有园，曲榭茅亭之前凿小池，砌石为小山，屹然苍古，为群石冠，苔藓蒙密，摩挲石阴，得万历三十年三月起堆叠山高倪修造十六字"。案燕都以堆石著名为华亭张南垣、张然父子，半亩园、怡园皆其手笔，为海内艳称，兹之高倪则又先于张氏父子，其事迹尚待考。

（九）内城西中南（镶红旗）

月张园

《燕都游览志》："月张园在阜成门内，傍城垣下，入门，两垂柳拂地，黛柏苍槐，深环石砌，堂后枕一池，甚修广，倒影入屋楹，周遭菜畦，今属冉都尉矣。"但据《天咫偶闻》，疑在都城隍庙前一带，曰："都城隍庙在城隍庙街，元之旧也。……庙西有地名花园官，尚有陂塘遗迹。疑古月张园所谓'阜成门内傍城下'是也。"又案：《顺天府志》谓："月张园有

谓在下斜街者，疑未足据。"

广宁伯故居（广宁伯街14号）

"广宁伯刘荣永乐十九年（1421年）七月封，追进侯，其故居尚在此"（《京师坊巷志稿》卷上）。

明客氏私第（丰盛胡同）

此外《啸亭续录》载：公宏眺宅在丰盛胡同。

东顺承王府（锦什坊街）

《宸垣识略》附园作锦石坊街，王府规模宏敞，府门南向，前、中、后厅，东、西楼，东、西广场，现为中国人民政治协商会议全国委员会所在地，最南建全国政协礼堂。

宣家园

"在阜成门内，旧为宣城伯卫公别业，旁多宅宇，外有菜圃百塍。后属之焦鸿胪，称焦园，又属之毛户部，称毛园。旧有射堂为习武地，今废矣。牡丹数种，向为京师第一。先辈言，初创时多奇石。石皆有名，曰隅虎、曰伫鹄、曰惊羽、曰奋距，今不知所之矣"（《燕都游览志》）。

述园

"恩楚湘先生龄宅阜成门内巡捕厅胡同。先生于嘉庆间，曾官江苏常镇道。慕随园景物，归而绕屋筑园。有可青轩、绿澄堂、澄碧山庄、晚翠楼、玉华境、杏雨轩、红兰舫、云霞市、湖亭、罨画窗十景，总名述园"（《天咫偶闻》卷五）。

蝶梦园

"阮文达公蝶梦园在上冈。公有记云：辛未（同治十年，1871年）、壬申（同治十一年，1872年）间，余在京师赁屋于西城阜城门内之上冈。有通沟自北而南，至冈折而东。冈临沟上，门多古槐，屋后小园，不足十亩，而亭馆花木之胜，在城中为佳境矣。松、柏、桑、榆、槐、柳、棠、梨、桃、杏、枣、柰、丁香、荼蘼、藤萝之属，交柯接荫。玲峰石井，嵌崎其间。有一轩二亭一台，花晨月夕，不知门外有缁尘也。余旧藏董思翁自书诗扇，有'名园蝶梦，散绮看花'之句，常悬轩壁，雅与园合。辛未秋，有异蝶来

园中，识者知为太常仙蝶。继而复见之于瓜尔佳氏园中，……壬申春，蝶复见于余园，……园故无名也，于是始以思翁诗及蝶意名之。秋半，余奉使出都，是园又属他人。……此园今已改为花厂，无复亭台花木，祗石井存耳。士夫近多喜住东城，趋朝便也。西城旧屋，日见其少，真如昌黎所谓：一过之再过之，则为墟矣者。故西城菜圃最多，菘韭连畦，固画栋雕甍之变相也。"（《天咫偶闻》卷五）

宝竹坡侍郎故宅（在白庙胡同）

裘日修第（旧吴三桂宅，在石虎胡同）

南向，布局宏阔，前后三进，大小十二院，有园洞门、八角门相通，曾为蒙藏学校校址，现前部为木工厂，大部分为市公安局幼儿园（1958年搬进）占用，德胜院曾是天主教神父居住，最后一进为修女住所。

定固山贝子府

"在石虎胡同"（《宸垣识略》卷七）。

绚春园

"尹文端第在今定府大街（也）。第有绚春园，又名晚香"（《天咫偶闻》卷四）。

郑王府（皮库胡同甲10号）

府第布局宏阔，前后共六进，有石狮一对。现为教育部，早经拆建大楼。据《履园丛话》记载，府有园曰惠园。

"惠园在京师宣武门内西单牌楼郑亲王府，引池叠石，饶有幽致，相传是园为国初李笠翁手笔，园后为雏凤楼，楼前有一池水甚清冽，碧梧垂柳掩映于新花老树之间，其后即内宫门也，嘉庆己未（嘉庆四年，1799年）三月，主人尝招法时帆祭酒，王铁夫国博与余（钱泳）同游，楼后有瀑布一条，高丈余，其声琅然，尤妙"（《履园丛话》卷二十）。

定郡王府

"在乾石桥北钢瓦市"（《宸垣识略》卷七）。

常园（桂春园，西斜街19号、20号）

原本有山石堆叠和水池（西部）以及亭廊轩屋花

架等，中国建筑科学研究院曾测绘有平面图（图10-19）。解放后为马恩列斯编译馆占用，宅园被拆除修建大楼。

孔亲王府（在东斜街东口）

礼亲王府

"在西安门外东斜街酱房胡同口"（《宸垣识略》卷六）。

康亲王府（礼王府，大酱房胡同西口）

府位于大酱房胡同及西皇城根之间。建国前为华北大学校址，现为内务部。建筑科学研究院调查资料：据察存者老先生云：此府明即有基础，为周奎府邸，清分为二，一为礼王府，一为定王府，房屋尺寸高大，府门甚雄壮，宏大之气魄为醇亲王府（在后海）所不及，房屋大部业经修改，但仍能看出旧规模。花园在宅邸西部，如乾隆京城全图所绘。园已毁坏，祗有残迹可寻，从现存石堆看，大部为青石，原为青石假山，假山上一亭，于1962或1963年拆除。北房五间尚存，西房四间，基部为青石，掇高约1米许。登石级而上，看来原似为水榭之类建筑，从乾隆京城全图上看，是处原有游廊及亭，这个亭子的后面为一排排住房，京城全图上是处有散点山石和游廊，除园外，值得一提的是正中第四进院的院门悬有康熙三十二年（1693年）闰五月二十一日赐和硕康亲王匾一块（臣杰书）曰："为善最乐"。进院正面为九间正厅，前出五间抱厦，再前为紫藤架，厅两侧接以斜廊，东西房平面近似方形。北面近门处左右各建有湖石一块，这一进院内建筑布局较活泼，并有花石点缀。调查时花园中有石碑一块，惜字迹斑驳，已不可辨认。

礼塔园（砖塔胡同）

"园为徐尚书会沣故宅……塔指万松塔"（《匏庐诗存》）。万松老人塔明已有之。《帝京景物略》云："万松老人，金元间僧也。……自称万松野老，人称之曰万松老人。居燕京从容庵。漆水移剌楚材（即耶律楚材），一见老人，遂绝迹屏家，废餐寝，参学三年。老人以湛然目之，……老人寂后，无知塔处者，

图例:

➡ 入口
▨ 瓦房
▧ 灰房
▭ 廊
假山
树
花棚

0 5 10 20 米

北

西

斜

街

水 池

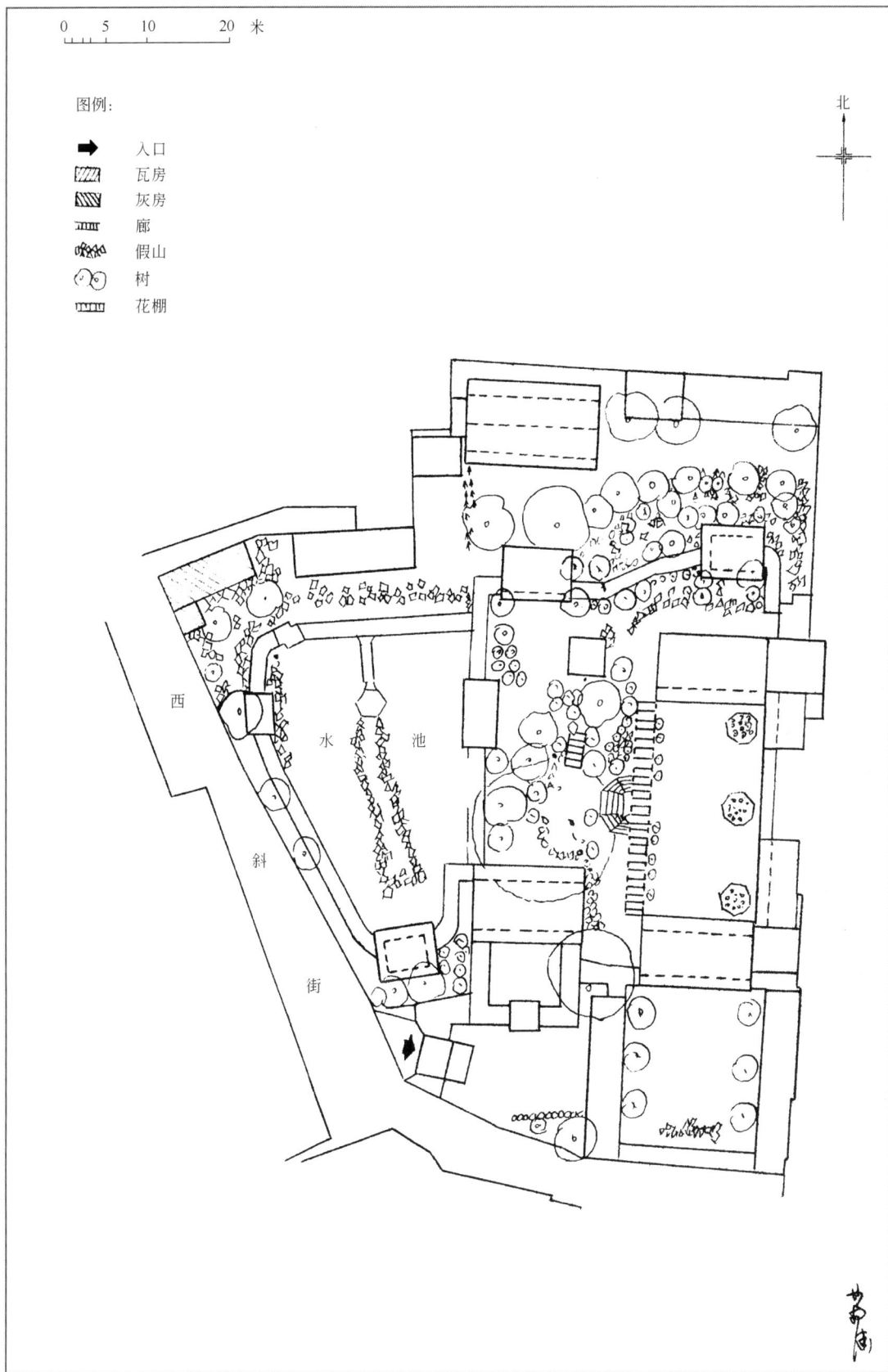

图 10-19 常园(桂春园)平面图

今(指明朝)干石桥之北，有砖甃七级，高丈五尺，不尖而平，年年草荣其顶，群号之曰砖塔。无问塔中僧者。不知何年，人倚塔造屋，外望如塔穿屋出，居者犹闷塔占其堂奥地也。又不知何年，居者为酒食店，豕肩挂塔檐，酒瓮环塔砌，……二百年不见香灯矣。万历三十四年(1606年)，僧乐庵讶塔处店中，入而周视，有石额五字焉，曰：'万松老人塔，'僧礼拜号恸，募赀赎而居守之。虽塔穿屋如故，然豕肩、酒瓮、刀砧远矣。"《日下旧闻考》卷五十，有按语云："万松老人塔在西四牌楼南大街之西，其北则砖塔寺胡同也。塔在民居中，原额无存。本朝乾隆十八年(1753年)奉敕修九级，仍旧制，塔尖则加合者也。"

吕氏园(双塔寺后)

据《燕都游览志》云："吕氏园有朝爽楼，在双塔寺后……"据《宸垣识略》卷六："朝爽楼在双塔寺后，吕氏园中楼也，今无考。按今双塔寺后有名菜园者，或即其地。"

奎公府(背阴胡同12号)

南向，前后三进。

张文襄祠(背阴胡同)

门榜：楚学精庐。

(十)内城西中北(正红旗)

质郡王府(在宫门口葡萄园)

果亲王府(在葡萄园)均见《宸垣识略》卷七。

景亲王府(东官园)

从乾隆京城全图看，府邸中部有花园，有叠石假山水池。

楙贝子府

"在西直门内半壁街。贝子为成哲亲王后人，此府昔为九公主所居，宣宗第九女也"(《天咫偶闻》卷五)。

怕郡王府(在南草厂北口，西直门内大街南)

已无可调查。

端王府(南草厂、端王府夹道)

庚子间曾遭火，后为学校，中间屡经拆改。现

为中国科学院心理研究所、幼儿园等占用，基本上已看不出原模样，尚残存少量建筑、破亭、假山，又石狮二、铁狮二。

祖大寿故居

"在祖家街(故居)今改为正黄旗官学。其屋全是旧制，厅事、正寝、两厢、别院，一一俱在。屋中装饰皆存，昔制足令观者兴故家乔木之思"(《天咫偶闻》卷五)。

傅增湘宅

藏园(石老娘胡同7号)据云最早为明朝某官宅第，东北军阀张宗昌曾住此，以后为傅增湘所有。宅中湖石有些是九门提督王怀庆所送(盗自圆明园遗址)。傅本人布置宅园及叠石共用三年时间。宅园详见"北京清朝名园例析"，这里略。

许文恪宅园

"石老娘胡同极东道北一第，为许文恪乃普故居，……有山池花木之胜，今久易主矣"(《天咫偶闻》卷五)。

谦郡王府

"在五王侯胡同"(《宸垣识略》卷八)。

奎公府(宝禅寺街16号，现为宝产胡同25号)

解放初为北影宿舍。20世纪60年代调查时，进正门，迎面为照壁。转东往北有垂花门，门内原有叠石假山可上登，下有山洞可穿行达歇山顶榭式建筑。其东有一阁式建筑，其西南角有叠石小品。

进府门转西往北又有一垂花门，进门为四合院，东有洞门，进为一大花园，别有天地。在园东沿墙堆叠假山石尚存。东北角沿东墙有爬山廊可上登假山中部顶的平顶式榭，又有爬山廊沿东墙直下东南角。改为宿舍后，对原建筑加以部分扩建、增建，假山也已拆除。

某王府(在太平胡同1号及3号，现为新太平胡同11号)

解放初归北影作宿舍，于1952年建楼时将花园全部拆除，山石埋入地下做地基，仅存原花园最后的

一排罩房五间。

富双英宅(前公用库，现为前公用胡同)

富为张作霖手下军官，据云为造此宅，六个月未发军饷。园在住宅前部及西部，用铁花栏杆隔开。原有石砌长方池，青石假山，松柏和丁香等，现已拆除。

鄂文端公第

"西城帅府胡同(现为西四北二条)，为西林鄂文端公第"(《藤荫杂记》卷四)，原为明武宗威武大将军府也，今已废。

大拐棒胡同、小拐棒胡同花园

大拐棒胡同、小拐棒胡同均有附花园住宅。小拐棒胡同甲66号后院有山石，有廊、亭、轩等建筑及花木。

庄亲王府

"在西四牌楼北毛家湾"(《宸垣识略》卷八)。建国前，前毛家湾3号和5号均为四合院附花园，尤以3号为大，可能是庄亲王府原址，后人折卖为二或三。5号曾是蒋梦麟住宅；3号为余荣昌住宅，建国后改建医院。"文化大革命"期间，林彪在前毛家湾营宅，前毛家湾这条街成为禁区。

毛家湾3号余宅

建国前作者曾多次前往，但当时尚未从事园林史研究工作，未进行测绘，也未作记录。就记忆所及，该宅为多进院落，花园具相当规模，与一般王府的格局相似。现就记忆所及简述如下：

整个府邸布局可分为三个小区：东部为多进跨院并有庭园；中部为多进院落住宅；西部为花园。住宅正门在东南角，进门迎面为照壁，转而为东西长条形院落。院落南侧为倒座，即依墙而筑平房一排，通常作杂用间，杂住房及男仆的住所。院落东端有圆洞门通东跨院，西端也有洞门，通车房及花园。

长条院落北侧正中为第二重门，即依南北纵轴线对称布置房屋的中部的宅门。门前植有槐树。进二门，左右连接有廊并向北延伸转至正厅，形成第二个

院落。正厅面阔三间，为会客之所。厅前种有海棠二株。厅后为宽敞夹道，夹道东端有瓶式门通东跨院，西端也有瓶式门通花园。夹道北侧正中为第三重门。进三门为空间较大的正院，门左右连接有廊，院北的正房五间供长辈居住，东西厢房为晚辈居住，与正房有廊连接，有边门通饭厅。正房后有卧石一座，北对面阔三间、左右带耳房的住房。这个小院东部有铁皮顶走廊通后，西部种有旱柳、柿树和枣树等。再后为后罩房一排，依北墙而筑。

进长条院落东洞门，南侧为倒座房一排，房前有竹篱，与篱北小园分隔。小园东侧近墙有藤萝架，园中种植多种花灌木。小园北部为厅房三间，作书房用。房前植有海棠，其西有花池子(花台)，其南有香椿等，其北有花盆座，盆内植月季、浮莲，正对夹道东端瓶式门。书房后为厨房等小院，其西北即正院东厢房之东为饭厅。再北又有住房两排以及杂用小屋。

进长条院落西洞门，南侧为车房、仆房，西有马厩。由竹丛小径往北有门，进入花园部分。夹道西端瓶式门也通花园，正院西侧也有门通入花园。从正院西侧门进园后，北侧为花厅三间，厅前左右植有梧桐各一，厅东叠有山石，厅后杂树成林。厅南有芍药畦分列左右。再南为椭圆形水池，池周驳以湖石。池南种有合欢及榆叶梅等花灌木，丛前有石桌石凳，丛后又有叠石，再南为土山与前院相隔。花厅之西又掇有土山，上有城堞式建筑，可登临以眺望全园。山前有荷花池一。总的说来，花园部分布置简朴，假山叠石有致，花木交映，处处有景。尤以花厅处精，前横芍栏水池，西枕土山城堞，幽静清雅，为全园核心。

庄亲王府(在西四牌楼太平仓胡同)

已拆除建楼。

(十一) 内城西北(正黄旗)

靖逆侯张勇第

"在西直门街。侯之勋，已具国史，后裔尚能守世业"(《天咫偶闻》卷四)。

马中骥宅(在马状元胡同)

"顺治中满洲状元马中骥所居"(《天咫偶闻》卷四)。

泊园(在护国寺后)

为故将军永隆宅(见《燕都名园录》)。

张廷玉赐第(护国寺街西头)

"张文和公赐第,在护国寺西。后又赐史文靖公、王文庄公,最后为汉军李氏所居,今废"(《天咫偶闻》卷四)。

护国寺街有多处府邸,如护国寺街8号,为高级领导居住,禁入。护国寺街97号,有园有叠石。护国寺街112号(后改52号)为规矩园,无山石树木。护国寺街117号(后改18号),为总参谋部宿舍,据称园中某石有弘历题字"山青云根"、"石林弥贵"。

固山贝子(讳弘景)**府**(在蒋养房胡同)

现为积水潭医院,院内北部尚保存有池、土山及部分建筑物。

惠郡王府

"在西直门新街口"(见《宸垣识略》卷八)。

后海诸园

"自地安门桥以西,皆水局也。东南为十刹海,又西为后海。过德胜门而西,为积水潭,实一水也。……若后海则较前海为幽僻,人迹罕至,水势亦宽。树木丛杂,坡陀蜿蜒。两岸多古寺,多名园,多骚人遗迹。诒晋斋居其北,诗龛在其西,虾菜亭、杨柳湾、李公桥、十刹海皆萃此地。湖上看山,亦此地最畅。……成(王)邸故府,即在北岸"(《天咫偶闻》卷四)。

英煦斋协揆居

"在李公桥北后海之西岸。原居史家胡同,此系敕归后所称居"(《天咫偶闻》卷四)。

作者按:李公桥即李广桥,亦作藜光桥。《法式善存素堂文集》:"煤厂为李西涯故居,西则李广桥,宏治(原文为宏治,应为弘治,明孝宗朱佑堂年号,1488~1505年)时太监李广以符箓获幸,桥或广所造。

奸珰遗秽,桥亦蒙羞,后人易名曰藜光。又嫌文饰,不如直名李公桥。"(引文摘自《京师坊巷志稿》)

小西涯、法梧门祭酒故居

"在松树街东头,李公桥西墙下第一家。今已无人居,老树数株,茆屋半敧,灌园人栖止"(《天咫偶闻》卷四)。

清贝勒(载涛)**府**(李广桥西街10号)

南向,门前石狮子,建筑屋迭,分三路(即三小区)。后归辅仁大学。

李广桥东街某宅园(柳荫街24号西面)

解放初期某领导曾住此,后为李广桥东街门诊部。门诊部人员迁兰州后,归西城区工业局办七·二一工人大学,后又归市出版局西城区装订厂使用。宅园北部为居住西式平房。房前小园内有五角水池,池中心有落地式喷泉,高1.2米。池南有古柏一,古白皮松一。园南部有叠石假山如屏风。假山石中有象皮青(可能是艮岳遗物)数块,弥足珍贵。假山北有对称种植的龙爪槐两株。从西式平房和五角水池喷泉来看,此园大抵是民国初期就旧园改建而成,有古树、有叠石,但又有近代喷泉,中西合璧。

恭忠亲王府

即通称恭王府(李广桥1号;府邸正门由前海西街13号进;现开西门,由柳荫街进园西部)。"恭忠亲王邸,在银定桥,旧为和珅第。从李公桥引水环之,故其邸西墙外,小溪清骏,水声雪然。其邸中山池,亦引溪水,都城诸邸,惟此独矣。珅败,以赐庆亲王。相传乾隆之末,诸王相聚,语及和珅,争欲致之法。王独无言,仁宗(嘉庆)及诸王诘之。王曰:我自顾无此大志,但欲异日分封时,得居其第足矣。一笑而罢。珅败,上(指嘉庆帝)竟如其言(和珅宅归永璘,并修建庆王府,详见下庆王府条目)。恭邸分府,乃复得之。邸北有镜园,则恭邸所自筑"(《天咫偶闻》卷四)。关于恭王府萃锦园,详见《北京清朝名园例析》专节。

载家小府(传)

即镜园(大翔凤胡同5号) 有花园,内饰假山。

建国后，为高级领导居住。

附：三座、银锭、李广、德胜四桥

在前海与后海之间有二桥矣，南为三座桥，北为银锭桥。三座桥为俗称，原名越桥。越或作月，座或作转。旧名海子桥，见《燕都游览志》。银锭桥以形名。海潮观音寺在南湾。《燕都游览志》：银锭桥在三座桥北，城中水际看西山第一绝胜处。桥东西皆水、荷、菱、茈、蒲，不掩渝游之色。南望宫阙，北望琳宫碧落，西望城外千万峰，远体毕露，不似净业湖之迫且障也。李广桥注见前。在后海与积水潭之间有德胜桥，北通德胜门，为德胜门内大街。"德胜桥，玉河水由积水潭至桥下合流，南径李广桥，东迤为十刹海，有耍货市。……桥东有永泉庵，北有佑圣寺，唐遗刹也。少东为寿明寺"（《京师坊巷志稿》）。

庆王府（定阜大街西端路北）

府第"坐北向南，西临德胜门内大街，东接松树街，北界延年胡同，呈长方形。……这里便是清末最后一代的庆亲王府。"[5]最早的庆王府"在三转桥，系和珅宅"（《啸亭续录》），也就是前列恭亲王府条目中所述：珅败，嘉庆帝就和珅之宅赐给庆郡王永璘居住。嘉庆二十五年（1820年）三月，庆郡王永璘临死时才晋封为庆亲王。这就是前期庆王府。

永璘死后，三子绵愍只承袭庆郡王爵，成为第二代庆王。按清朝的封爵制度，除清初八个铁帽子王可永远世袭王位外，其他亲、郡王，则世降一等。这就是说，亲王的子孙在承继爵位时，要按照亲王、郡王、贝勒、贝子、镇国公、辅国公等爵位的顺序，依代递降。所以永璘的三子绵愍只承袭庆郡王爵。绵愍无子，死后由绵志之子奕綵继之，本应继续降爵，但是道光帝赐奕綵袭庆郡王爵，成为第三代庆王。五年后，因奕綵服中纳妾，被革爵。以后又由永璘第五子绵悌袭镇国公，不久又因事由镇国公降为镇国将军。绵悌死，永璘第六子绵性之子奕劻继承，袭辅国将军爵。至此庆王族系已由亲王降至将军。奕劻以辅国将军衔仍住在豪华的庆王府内，显然不合规制。咸丰元年（1851年）恭亲王奕䜣分府，清廷决定将辅国将军奕劻府第，官为经营，赏给恭亲王居住。于是前期庆王府就成为恭王府了。[5]

前期庆王府赏给奕䜣之后，奕劻于咸丰元年三月奉旨换府，新府位于定阜大街，规模一百六十多间。咸丰五年（1856年），奕劻已从辅国将军晋升为贝子，光绪十年（1884年）晋封为庆郡王。奕劻封王后，其王府仍在定阜大街，其后一直住在这里。这里就是后期庆王府。

后期庆王府原为道光朝大学士琦善宅第。此府始建于何时，现已无从查考。《乾隆京城全图》上，在此府的位置上是"崇寿寺"。琦善宅当建于乾隆以后的嘉、道年间，可能是道光十年至二十年，琦善任直隶总督时期，这也只能是推测而已。

奕劻，由于善于逢迎慈禧太后，得以不断晋封，青云直上。光绪十年（1884年），奕劻被封为庆郡王，管理总理各国事务衙门。光绪十一年，会同醇亲王奕谖办理海军事务，与醇亲王、李鸿章一起，挪用海军军费为慈禧修建颐和园，深得慈禧赏识。光绪十二年，命在内廷行走，光绪十五年（1889年）授右宗正；光绪二十年（1894年），慈禧六十大寿时，又亲下懿旨晋封奕劻为亲王。光绪二十六年（1900年），继中日战争之后，列强又组成八国联军攻陷天津，进犯北京。慈禧挟光绪帝仓皇西逃，命奕劻在京，会同李鸿章作为清政府的全权大臣，与八国联军议和。他们卑躬屈膝，卖国求和，与俄、英、美等十一国公使签订了《辛丑条约》，从此使中国完全陷入殖民地、半殖民地的深渊。由于奕劻卖国有功，光绪二十九年（1903年）又授军机大臣，兼管外交、财政、练兵等，总揽清廷大权。光绪三十四年（1908年），"命以亲王世袭"，享受了清朝亲王的最高待遇。但是，还没容得他的子孙们承袭王位，清王朝就在宣统三年（1911年）辛亥革命的风暴中覆灭了。1912年清帝逊位之后，奕劻离开了居住六十多年的庆王府，同载振一起携带巨款避居天津。1918年病死。[5]

奕劻在位时，利用职权卖官鬻爵，贪污受贿，是个远近闻名的赃官。他父子起居、饮食、车马、衣服异常挥霍，尚能储蓄巨款。他又利用贪污巨款，对庆王府大加扩建修饰。奕劻刚搬进琦善宅第时，只有房屋一百六十多间，到奕劻时在府内大兴土木，修建了万字楼和戏楼，建筑华丽精致。大门口是纯粹封建王朝的特殊形式，朱红大门，进门后自东向西并排五套大院落，大小楼房约近千间。院内主房有九处，高大如宫殿，只是屋顶为泥瓦而不是琉璃瓦。庆王奕劻住西边的两套院子。一座精美的二层绣楼，雕镂彩绘，巧夺天工，是西院的主要建筑之一，至今仍保存完好。府中每幢房子都有匾额，如"宜春堂"、"承荫堂"、"乐有余堂"、"契兰斋"等等。奕劻住在宜春堂。契兰斋是客厅。长子载振住在乐有余堂。靠西墙是后园，园内有一座相当宏伟的戏楼，楼为二层，楼内可同时容纳三四百人。以后这个戏楼被烧毁，现在其遗址上修建起一座礼堂。

1918年奕劻死后，载振同其弟载捕、载抡分居，将庆王府用墙隔成三个院落，各有大门出入，载抡居东院，载捕居中院，载振居西院。不久，庆王府发生了大火，将中院全部烧毁。载捕、载抡遂先后迁居天津。1924年，载振也在天津购买了太监小德张盖的旧英租界三十九号大楼，把它作为天津的庆王府，度起寓公生活。北京的旧庆王府只留下部分老佣人看房。1928年方振武的军队设司令部于庆王府内，占据年余，走时将所有家具物品携带一空。1940年左右，载振将王府售与伪华北行政委员会，售价伪币约四十五万元，三房平分。抗日战争胜利后，国民党政府接收了庆王府。国民党政府教育部编审会和国民党空军北平地区司令部设在府内。[5]

解放以后，庆王府回到了人民手中，中国人民解放军华北军区司令部就设在庆王府中。从20世纪50年代初直到今天，庆王府一直是北京卫戍区所在地。

钟郡王府

"愉郡王府在三座桥西。……后为钟郡王府"（《京师坊巷志稿》）。清朝道光帝的第八子奕详，咸丰帝即位后，封为钟郡王。奕详的府邸，称为钟王府，最早是在西城大水厂的郑亲王府。事要追溯到咸丰十一年十一月（1861年12月），慈禧发动政变，把八位顾命大臣革职拿问，将肃顺处斩，令载垣、端华（郑亲王七世孙）自尽，并革去亲王爵。郑亲王爵降为"不入八分辅国公"，家产被查抄，郑王府被内务府收回。同治三年（1864年），把郑王府分给钟郡王奕详，从此便改作钟王府。同治七年（1868年）王奕详死，无子，载滢过继为嗣，袭贝勒爵，仍住钟王府（即原郑王府）。同治十年（1871年）十二月，载滢居住的钟王府赏还郑亲王端华的裔嗣，贝勒载滢则迁到载璜的原愉王府。所以《京师坊巷志铭》说愉王府后为钟郡王府。但载滢只袭贝勒爵，至此，钟王府实际上就不复存在了。贝勒载滢在光绪二十六年（1900年）因罪革爵，归本支。光绪二十八年，醇贤亲王奕谭的第七子载涛，奉慈禧太后懿旨过继给钟王奕详为嗣，仍承袭贝勒爵。所以他们所居住的原愉王府只能称为贝勒府，当地居民就称它为涛贝勒府。[6]

载涛住贝勒府即愉王府，虽在规模和建筑上不如郑王府那样气派，但它布局严谨，建筑精巧，从北向南排列着一套连一套的四合院。南边有一个花园，面积不大，亭廊环绕，景致幽雅。此园现仍保留一部分。因为载涛喜欢养马，在王府的西南面辟出一块地作为马圈。府的西面还有一座木结构的戏楼，据说可容纳几百人，民国时被拆除。[6]

旧涛贝勒府在"一九二五年三月，以十六万元租金"租给罗马教廷，作为辅仁大学的校址。辅仁大学在涛贝勒府花园南面的空地及马圈遗址上，增建了一座中、西式结合的新楼，作为辅仁大学的主楼。楼的四角和中心是三层，其余是二层，楼顶盖绿琉璃瓦，楼内有图书馆、实验室及教室等五百多间，还有一个可容千人的大礼堂。这在20世纪30年代的北京，可算是一座现代化的建筑了。1930年主楼建成后，辅仁大学部迁入楼内，并在楼角另辟新门，为定阜大街一号。1952年辅仁大学与北京师范大学合并，原辅仁大学主楼从此成为北京师范大学化学系所在地。1984年这座有独特风格的大楼已被列为北京市文物保护单位。[6]

在辅仁大学迁入主楼后，余下的涛贝勒府校址就留给辅仁附中男生部使用。1952年，辅仁男中改为北京市第十三中学。1963年，第十三中学将原贝勒府二道门内的院落拆除，盖起了新的教学楼，府的西部及戏楼遗址夷为平地，扩建为操场。现在，只有府门、二道门和北部一些院落仍保留着昔日的风貌。

什刹后海醇王府（后海北河沿23号）

后海的醇王府是清朝第十二代醇王载沣的府邸。第一代醇王奕譞故府原在内城西南隅角楼下太平湖畔。所以旧日北京常把太平湖畔的醇王府称作"南府"（或旧醇王府），而把后海岸边的醇王府称作"北府"（或新醇王府）。奕譞为何要把王府迁往什刹海？据孔祥吉在《什刹后海醇王府》一文中揣测，其原因有二：一是格于祖制；一是后海风景别致。清制：皇帝出生地，称之为"潜龙邸"，皇帝即位后，他人即不得常住下去。奕譞"以现居赐邸，为皇帝（光绪）发祥之所，……应否恭缴之处，伏候皇太后训示遵行。"慈禧见了奏折后，欣然允诺，发布谕旨，将旧府"开为官殿，著准其恭缴。贝子毓橚府第，著赏给醇亲王居住，并赏银十万两，由王自行修理，俟修竣后再行移居"。于是成亲王府就变成醇王府。

上面说到的贝子毓橚，是成亲王永瑆的曾孙，在慈禧的懿旨下，只好移居到"西直门内半壁街空闲府第一所"居住，并赏给搬迁费一万两。于是堂堂的成王府就这样易换了主人。作为成邸之前，据史料记载，这里本是康熙朝大学士明珠的旧居。[7]

清时，过了银锭桥的后海，"人迹罕至，水势亦宽，树木丛杂，披陀蜿蜒"。这里风景优美，吸引了许多王公贵族来到后海周围建立府邸。深受康熙帝恩宠的明珠得以在这里占据一席之地，建立宅邸。[7]

由于明珠专擅朝政，货贿山积，很快成为众矢之的。康熙二十七年御史郭琇上书严劾。措词严厉的奏章递上之后，康熙帝当即下令，罢免了明珠大学士职务，"交领侍卫内大臣酌用"。后来，授为内大臣，不再柄政。此后，二十多年中，明珠在后海宅邸中，过着清闲的晚年。明珠于康熙四十七年（1708年）去世后，他的后世子孙并未能长期居住下去。到了乾隆朝后期，这座华丽的住宅即被权相和珅巧取豪夺。嘉庆四年（1799年）"三月和珅以罪诛，没其园第，赐（成亲王）永瑆"、"没其宅赐（庆亲王）永璘"（《清史稿》永瑆传・永璘传）。永瑆为乾隆帝第十一子，聪颖过人，读书用功，乾隆五十四年（1789年）即已封为亲王，但得到明珠的宅邸作为王府是嘉庆四年以后的事了。[7]

永瑆得到园子之后，按照王府的规制，大兴土木进行改建。他修建了朱红正门五间，僚以崇垣。全府可分居住和生活中心的东部和作为花园的西部。成王府的平面可参见今测醇王府及花园平面图（图10-20）。东部并列三个院落：东跨院建有佛堂、祠堂；中院建有二重门内的银安殿及其后进的神殿；西跨院主要是居住建筑。西部的花园，有一池横卧，绿水环绕，自成水系，外围以山障，中建以亭台堂斋，以及花木之胜。山围水绕，别具一格。清制，没有皇帝的允诺，无论是哪个王府，概不许引河水入园。所以北京一般宅园中，虽筑有水池，只能"积潦则水津津，晴定则土。"永瑆得到皇帝特许，引来了活水，使全园有了一派生机。有了水源，就可开挖池溪，并有土方得以掇山建坞，形成山水园。永瑆为了感激皇上特许引水之恩，在园内池边的游廊中间，特修恩波亭。[7]

永瑆由于才能出众，嘉庆四年（1799年）正月，开始在军机处行走，并且总理户部三库事务，很快构成了对其弟嘉庆帝的威胁。于是他在翌年七月主动提出辞去管理户部三库的职务。嘉庆帝进而免去其军机大臣的职务（借口："自设军机处，无诸王行走。因军务较紧，暂令永瑆入直，究与国家定制未符，罢军机

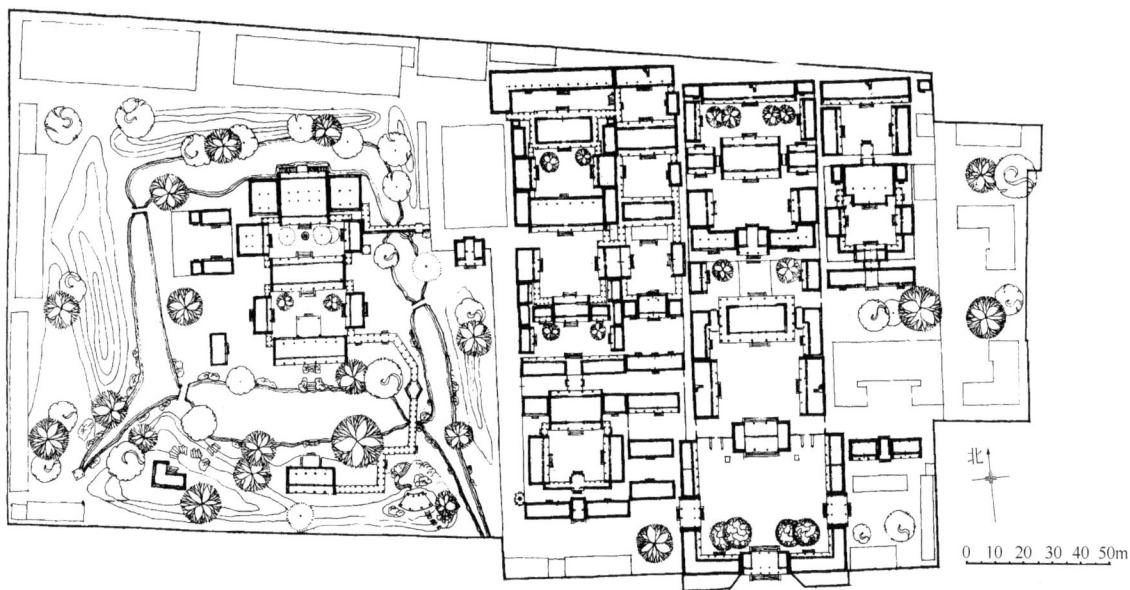

图 10-20　醇王府及花园平面图

处行走")。此后，永瑆常常呆在府中，闭门修省，把很多精力，用在练习书法上，士大夫得其片纸只字，重若珍宝。他学问渊雅，风度高迈，"置之士大夫中，亦当居第一流"（《天咫偶闻》卷四）。但他的子孙，多以行为不检，暴病而亡，这对成亲王刺激很大，以致患了狂痫症，"卒以狂疾致死，积蓄的万贯家财，亦皆为仆从掠去，府藏为之一空"。[7]

奕譞得到了后海成亲王府之后，对已衰败的王府，大力地进行了整修。现测绘的醇王府及花园平面图如图 10-20 所示。醇王府有大门二重，但平时都由东、西阿思门出入。东部的中路（即中院）轴线上，二门内为银安殿，东西各有配殿。再过一道门，又一四合院，中间是神殿，其后为楼阁。中路轴线上建筑，像其他王府一样，都用绿琉璃瓦，脊吻兽。东跨院仍为祠堂和佛堂。东院和中院一般不住人，主要用于举行各种仪式和供奉神佛。[7]

醇王府的活动中心和居住处所在西院，有高大的院墙与中院隔开，中间是狭窄的更道。西跨院由南至北共三进院落。前进院正厅为宝翰堂，后边的二进为钟灵所。再往后的正厅是九思堂，与其相对的是思谦堂。九思堂也是奕譞的室号，他自称"九思堂主

人"（太平湖畔的南府也有九思堂）。思谦堂则是载沣夫妇的卧室。正厅的南侧都有配房和后罩屋。[7]

奕譞的这次重修，重点是西跨院及花园。他疏通了花园里的水道，重整了戏台及其北面的东寿堂、畅襟斋等建筑。戏台东侧有游廊折南曲奔至池南一建筑。南边土岗，东有篑亭，西为听雨坞。北面的台、堂、斋在一条轴线上，规整雍容华贵。西南面有游廊曲栏的穿插，一亭一坞的横坐，山石花木的点缀，显得格调清新。

奕譞费了很大力量修葺王府，到光绪十五年（1889 年）迁于今府（《道咸以来朝野杂记》），据推算，他只住了一年多时间就病故了。长子载沣就成了第二代醇亲王。载沣为人胆小怕事，能力又极平庸。然而，由于慈禧同醇王府的特殊关系，于光绪二十七年（1901 年）把荣禄的女儿瓜尔佳氏，指婚给载沣，预示着载沣要在不久的将来担当重任。光绪三十三年（1907 年）"丁未政潮"使慈禧决定，醇亲王载沣"在军机处学习行走"。这时的载沣年仅二十五岁。光绪三十四年"十月十四日，两圣（光绪帝、慈禧皇太后）不豫，辍朝，……十月二十日……夜半十二点钟，……奉懿旨，授醇亲王载沣为摄政王，王长子溥仪，

入宫教养，并在上书房读书。十月二十一日，……皇太后亦濒危险，……命醇亲王立时回邸，抱阿哥(溥仪)入宫，年甫三岁。……十月二十二日，晨兴，惊悉大行皇帝于二十一日酉刻龙驭上宾，今日辰初，用吉祥轿还宫，巳时开殓。阿哥即皇帝位于枢前。……夜半十二点钟，……惊悉太皇太后升遐。……"(见《恽毓鼎日记》)。[7]

由于醇王府又出了皇帝，载沣当了监国摄政王，故当时有人称之为"摄政王府"。自然，这里又成了"龙潜邸"。清王朝又拟于中海某灵圃建立一个新的醇王府。但府未建成，清王朝已被推翻。民国13年(1924年)，溥仪被从紫禁城撵出后，先止于醇王府，嗣乃移居天津。后来王府及花园也日益破败。到了建国前夕，醇王府及花园已荒败破烂不堪。[7]

建国后，人民政府屡次拨出巨款，对这座王府进行维修保护。初期住在那里的卫生机关对原建筑十分爱护，其中轴线上的建筑几乎原封不动。1959年根据党中央和国务院的决定，醇王府花园成了宋庆龄名誉主席在京的住所。在宋庆龄主席与世长辞后，这里又成了她的故居纪念馆。[7]

乐氏花园(前海西沿18号)

现墙角有界石，刻乐达仁堂四字。曾是蒙古人民共和国大使馆。解放初期，宋庆龄名誉主席曾在此居住，郭沫若院长生前居此。

进门即是长条形南北长东西狭的花园横在眼前。中部为长形土山，后因修汽车东回车道而中分为二。园北端为南向中式庭院，二进，前进四合院，有步廊连接正房与侧房，后进为一排房。园西为西式楼房，现已有墙隔开。园本身无特色，土山上植白皮松等树木，仿佛城市山林，园东沿墙为草坪，散植花灌木少许。

张之洞宅(白米斜街11号)

现为托儿所棋艺社、公安局交通队、居民住宅等所用。从现状看，原来房屋建筑较零乱，靠后海南河沿的一面都是楼房，建筑的年代不一，因此式样也

各异，三幢勉强凑在一起成一长排。花园除尚存有几块山石外已无痕迹。据查存耆先生介绍，其花园有江南湖北宅园风格。

(十二) 外城东北

查氏园(崇文门外三条胡同)

(录自《燕都名园录》)

祝氏园(崇文门外板井胡同)

"崇文门外板井胡同，有祝姓，人称米祝。盖自明代巨商，至今家犹殷实，京师素封之最久者，无出其右。祝氏园向最有名，后改茶肆，今亦毁尽。国初人多有祝家园诗词。《宸垣识略》谓在先农坛西，《藤荫杂记》谓在安定门西，皆非也"(《天咫偶闻》卷六)。

"今草场(或作厂)胡同东有平乐园、南官园、北官园、贾家花园等名，要皆昔时园亭遗址"(《宸垣识略》卷八)。

附图外城东北(图10-15)有三里河故道诸地名而无三里河之名，兹摘录有关资料于下以供参考。"三里河元时名文明河，接通惠河为漕储运道，今铁闸尚存"(《春明梦余录》)。"正阳门外东偏有古三里河一道，东有南泉寺，西有玉泉庵，至今基下俱有泉脉，……冬夏水脉不竭。见今天坛北芦苇园(即芦草园)草场九条巷，其地下者俱河身也，……"(《桂文襄集》)。《日下旧闻考》按语："玉泉庵今存，在芦草园西蓆儿胡同内。南泉寺、缆竿市在三里河桥东、隶南城。'又'三里河旧为漕运河身……故今日南河漕、薛家湾、河泊厂，均其遗迹也"。

(十三) 外城东南

夕照寺

"在万柳堂西北，创建年月无考。或云：燕京八景有金台夕照，此寺之所由名也。据赵吉士育婴堂碑记云：夕照寺，顺治初已圮，仅存屋一楹。盖其来久矣。雍正间，文觉禅师元信尝退居于此。殿宇修洁完

整。乾隆间，地藏殿两墙，左为王安昆书高松赋，右为陈寿山画双松，皆一时名笔。长元按：东南寺院多停旅榇，故旧址重新，颇宏敞，夕照，南台，是其最著者也"（《宸垣识略》卷九）。

万柳堂(即拈花禅寺)

"在广渠门内东南角，为本朝大学士益都冯溥别业，后归仓场侍郎石文柱。康熙四十一年(1702年)石氏建大悲阁大殿、弥勒殿、捨僧住持。圣祖御书拈花禅寺额赐僧德元，今恭悬大悲阁上。康熙时开博学鸿词科，待诏者尝雅集于此。检讨毛奇龄有万柳堂赋。今基周围一顷余，内有小土山，即昔时莲塘花屿也"（《宸垣识略》卷九）。

按万柳堂在京有二。"元廉希宪万柳堂在今右安门外草桥相近，……此则临朐冯溥别业，盖慕其名而效之者也"（《日下旧闻考》卷五十六）。

关于建园情况，毛奇龄《万柳堂赋》有序云："万柳堂者，益都相公冯公之别业也。其地在京师崇文门外，原隰数顷，污莱广广，中有积水，淳潴流潦。既鲜园廛，而又不宜于梁稻。于是用饟钱买为坻场，垣之墅之，又偃而潴之，而封其所出之土以为山。岩隄块曲，被以杂卉，构堂五楹，文阶碧砌，芘兰薜苣，菽蔓于地。其外则长林弥望，皆种杨柳，重行叠列，不止万树，因名之曰万柳堂。岁时假沐于其中，自王公卿士下逮编户马医佣隶，并得游谦居处，不禁不拒，一若义堂之公人者。"朱彝尊《万柳堂记》则云："度隙地广三十亩，为园京城东南隅。聚土以为山，不必帖以石也，捎沟以为池，不必甃以砖也。短垣以缭之，骑者可望，即其中境转而益深。园无杂树，迤逦上下皆柳，故其堂曰万柳之堂"。

《天咫偶闻》卷六有一段文字云："京师园亭，自国初至今未废者，其万柳堂乎，然正藉拈花寺而存耳。"道出了园难久立而寺易存耳。"盖自古园亭，最难久立，子孙不肖，尺木不存。《帝京景物略》所载，今何如乎？石湖之治平寺，古人已有行之者矣。"震钧又指出："然园地多硷，实不宜柳。野云所补，既

无存。潘文勤又种百株，亦成枯柟。惟池水清冷，苇花萧瑟。土山上有松六株，尚是旧物。"可见仅慕名而效，但土非其宜，然补植不已，只落得丛生耳。

南台寺

"在夕照寺后，亦古刹也"（《天咫偶闻》卷六）。"南台寺在安化寺南，康熙年重建，有钟一"（《宸垣识略》卷九）。

鱼藻池

俗称金鱼池，"在三里桥东南，天坛之北，畜养金鱼，以供市场"。前章已提及"金时故有鱼藻池。旧志云：池上有殿，榜以瑶池。殿之址今不可寻矣。居人界池为塘，植柳覆之，岁种金鱼以为止。池阴一带园亭甚多，南惟天坛，一望空洞，每端午日走马于此"（《帝京景物略》）。到了清朝，"今则居人几家，寥寥类村屋而已。池亦为种苇者所侵，地多于水。国初尚有端午日游赏之举，……今久废"（《天咫偶闻》卷六）。《燕都游览志》则称："都人入夏至端午，结篷列肆，狂歌轰饮于秽流之上，以为愉快。"

放生池

"在火神庙街。顺治中，浙人范思敬建。……放生池既成，延一老宿居之，……乾隆中，果邸重修之，后渐颓。光绪初，僧洞天募而新之，别建幽室数楹，颇为明净。种花数亩，秋菊尤盛"。

金台书院(鞭子巷即锦绣巷头、二、三、四条东)

"本洪文襄园。施公世纶尹京兆，谋欲建书院，商之于洪后人某，不允。而施必欲得之，乃为之闻于朝云：洪氏愿施此园为义学。圣祖嘉之，御书：广育群才额赐之，洪氏乃不敢争，遂建书院。至今为京师首善，肄业极盛"（《天咫偶闻》卷六）。

(十四) 外城西北

梁文庄公诗止居

"正阳门外杨梅竹斜街内。'清勤堂'，赐额也。堂左有味经斋，隔墙葡萄累累，其斋因以青乳名之"（《天咫偶闻》卷七）。

得树堂(王士禛故居)

(火神庙夹道在小李纱帽胡同西,又称青风夹道,今名小力胡同。)

且园(李铁拐斜街)

案且园在内城帅府园胡同,宜伯敦茂才所构。此处之"且园是宜伯敦为其父所筑"(《燕都名园录》)。

韩元少尚书寓(韩家潭,现韩家胡同)

符右鲁户部曾"所居韩家潭。床帏之外,书签画卷,茗碗香炉,列置左右。几案无纤尘,四时长供名花数盎"(《天咫偶闻》卷七)。

芥子园(在韩家潭)

"康熙初年,钱塘李笠翁寓居,今为广东会馆"(《宸垣识略》卷十)。"长元按:笠翁芥子园在江宁省城,有所刊画谱三集行世,京寓亦仍是名。"据道光间庆麟《鸿雪因缘图记》的《半亩营园》中云:"忆昔嘉庆辛未(嘉庆十六年,1811年),余曾小饮南城芥子园中,园主草翁言,石为笠翁点缀。当国初鼎盛时,王侯邸第连云,竞侈缔造,争延翁为座上客,以叠石名于时。内城有半亩园二,皆出翁手。"陈从周教授绘有芥子园平面图(图10-21)并附记。记中最后云:"该园已毁,不复见其规模。今叶退翁恭绰以草图属绘,存此写影,亦所谓人间孤本耶?陈从周记,一九六三年制。"

阅微草堂(纪晓岚故居,在虎坊桥大街)

王阮亭寓居

"在琉璃厂火神庙西夹道。有藤花,为阮亭手植,尚存"(《宸垣识略》卷七)。

朱竹垞寓居

"在海波寺街,有古藤书屋"(《宸垣识略》卷十)。案:康熙甲子(康熙二十三年,1684年)朱彝尊初罢禁职,自黄瓦门移居宣武门外有诗(略)。《曝书亭集》:"僦宅宣武门外,庭有藤二本,柽柳一株,旁帖湖石三五,可以坐客赋诗。"朱竹垞在此纂《日下旧闻考》,见自叙。赵吉士《寄园集》:"甲戌元夕,饮于章云中翰汉翔古藤书屋诗的自注云:寓为金文通

之俊甲午旧邸,递传龚芝麓、何蕤音(《藤荫杂记》:何蕤音元英寓此名丹台书屋)。朱竹垞以及中翰,互易主矣。"此后,黄俞邰,周青士诸君先后寓此。"古藤书屋……其扁字作两行,乃龚端毅公为金孝章所书,古藤久已不存,而扁额亦不可问矣。"但《京师坊巷志稿》又载:"今古藤靠壁,铁干苍坚,古色斑剥,洵百余年物。特屋未宏敞,大第已析为三四,宅西偏赁施小铁阿卿朝干"等。

孙公园(南柳巷南口以东,孙公园亦地名)

"孙少宰承泽(退谷)故居在章家桥西,名孙公园"(《宸垣识略》卷十)。

据《京师坊巷志稿》卷下有前孙公园和后孙公园。前孙公园条下摘有查慎行《敬业堂集》云:"官有鹿寓孙公园"……晃方纲《复初斋集》云:"壬辰春还都,赁孙公园居,以屋中有合欢一株,因名青棠书屋。"后孙公园条下摘有《藤荫杂记》:"孙公园后,相传为孙退谷侍郎别业,前为安州陈尚书第,后有晚红堂,吴白华司空官翰林时赁住。为茶陵彭大司马维新旧第。宅后一第,有林木亭榭,沈云椒侍郎寓焉。有兰韵堂,……叶继雯《刿林馆诗集》,移居诗注:庚中冬移居后孙公园即退谷研山堂也。……案孙氏别业今为安徽会馆。"

梁家园(亦地名,在十间房南)

"明时都人梁氏建,亭榭花木,极一时之盛。地洼下,有水可以泛舟。后圮废。乾隆间即其地建寿佛寺"。"寿佛寺即梁家园,乾隆四十四年僧莲性募建"(《宸垣识略》卷十)。

吴梅村旧寓(虎坊桥北的魏染胡同)

"毕沅《灵岩山人诗集》:梁瑶峰移居魏梁胡同相传为吴梅村旧寓诗……《敬业堂集》:庚寅秋大槐蔽湫隘,不能容,迁居魏染胡同,西邻枣树一本,已累累垂实矣,余下榻于东偏,故名枣东书屋"(《京师坊巷志稿》卷下)。《宸垣识略》长元按:"康熙间汤少宰寓此。集联云:旁人错比扬雄宅,异代应教庾信居。手书悬于柱。"

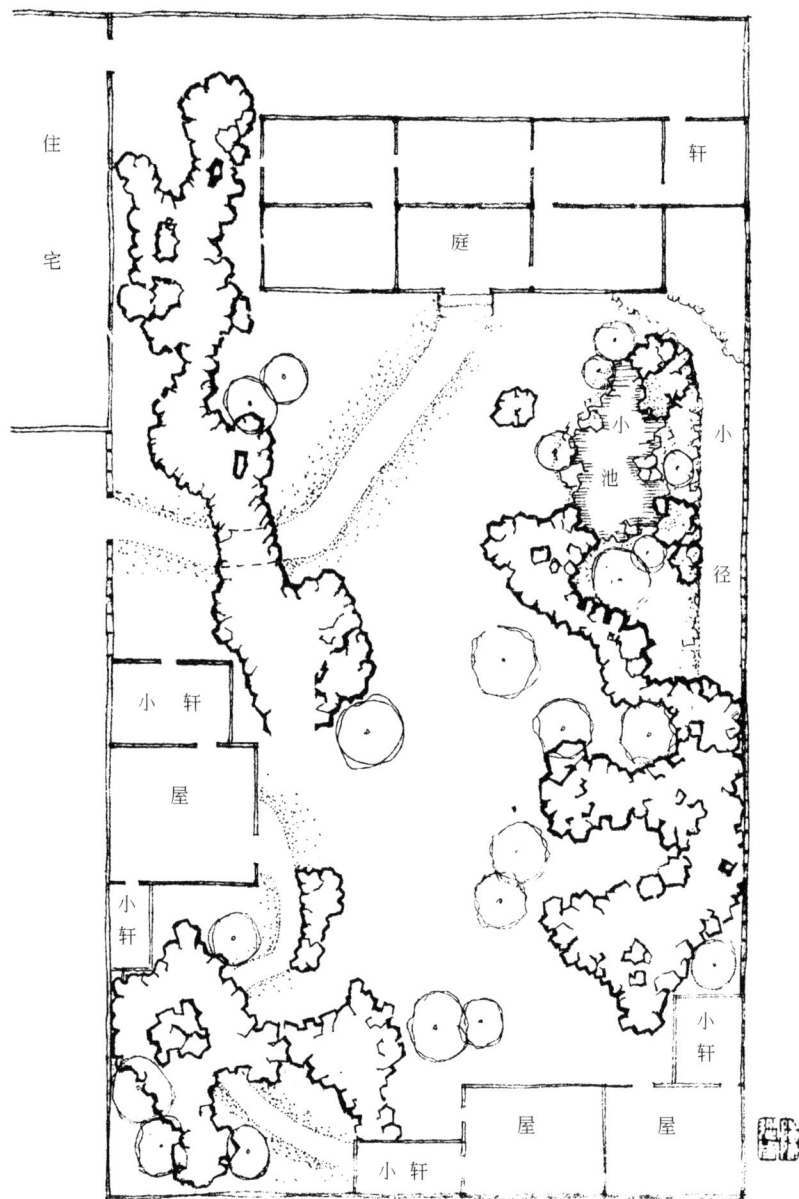

图 10-21　芥子园平面图

众香园(虎坊桥西炭厂)

见《燕都名园录》

迈园(八角琉璃井)

"园即洪北江旧居"(见《燕都名园录》)。

时晴斋(椿树胡同)

"严荣编《三述庵年谱》:乾隆丁丑(1757年),考取内阁中书舍人。戊寅(1785)五月,抵京师,寓椿

树胡同。赵翼《瓯北诗集》移寓椿树胡同诗有:时晴區额墨光浮,犹见尚书手笔留。……自注:寓即汪文端师时晴斋书室。又云:拂姗京少寓舍,汪文端师故第也。旁有小园,师题曰时晴斋,旧尝分赁他人,京少今并僦之"。

爱日堂(绳匠胡同,绳匠或作丞相)

"大学士陈文简元龙邸在绳匠胡同北,有圣祖御

书爱日堂额。西有园亭，通北半截胡同"（《宸垣识略》卷十）。

松筠庵（达智桥 40 号，旁门二号）

《旧都景物略》载："松筠庵在宣武门外炸子桥，现名达智桥，为明杨筠山先生故宅。西偏有谏草堂，有极山塑像，壁嵌劾严嵩奏疏，为道光时住持僧心泉募建，石刻为海盐张受之手摹，谏草堂题额为何绍基所书。"《藤荫杂记》云："庵旧不祀佛，塑幞头神像，相传为城隍神。乾隆时，杨给谏寿楣巡城，知为杨忠愍故宅，因榜于门曰忠愍故宅，而庵仍名松筠。"

松筠庵北向，正院三进，建国后为广内眼镜工厂占用，调查时尚存有八角攒尖亭，据称石刻壁嵌尚在屋内。

嵩云草堂（达智桥 19 号）

南向，大门内第一进院有堂门、垂花门、假山、走廊；二进院有东、西、北三个跨院，精忠祠石碑一块。据《京师坊巷志稿》云："有河南会馆，颜曰嵩云草堂。"又"乾隆丁未（1787 年）胡司寇季堂会诸僚友，酿金立祠，绘公像及同事诸公神位，有古槐一株，忠愍手植。"

顾侠君小秀野堂（上斜街）

《京师坊巷志稿》云："顾侠君嗣立家吴中，有秀野堂，京寓宣门壕上，背郭环流，杂莳花药，查查浦颜曰小秀野，并系以诗。侠君自题云：数间小屋傍城西，纸阁屏风新品题。……草堂春柳正鬖髿，芍药红兰渐著花。生怕梦归难识路，却教移得到京华。……案汪沆《槐庐诗话》：顾侠君入都，寓宣武门三忠祠内，小屋数椽，颜曰小秀野，自题二绝句，一时名流和者甚众"。

旧某县长宅（上斜街 24 号）

现为上斜街托儿所。据云原为国民党某县长宅，建国后曾作为市工会宿舍。东跨院后面（院之东北角）有一亭及叠石假山，早已被毁。

朱竹垞寓居（在槐树斜街，即下斜街）

《曝书亭集》：自古藤书屋移寓槐市斜街诗云：

莎衫桐帽海棕鞋，随分琴书占小斋。志去逢春心倍惜，为贪花市驻斜街。

槐树斜街曾是花市。《人海记》："槐树斜街旧时古树夹路，今每月逢一二日为市集，槐亦何有存者。"冯昮《六街花事》："丰台种花人，都中日为花儿匠，每月初三、十三、二十三日，以车载杂花至槐树斜街市之。"按：张宪玉笥集大都即事诗，有小海春如昼，斜街晓卖花之句。知花市自元时已然矣。

槐移

"查初白寓居，在槐市斜街"（《宸垣识略》卷十）。

婆娑亭、饮山亭

"在彰义门内元马文友别墅，今无考"（《宸垣识略》卷十）。

畿辅先哲祠（下斜街 80 号）

现为北京市第十四中学，建筑尚存，原有花园具相当规模，已拆除，其地另起新楼。传说在一个办公室内有一块壁碑石刻地形图。调查时据该校周老师云，曾多方寻搜，迄未找到。

懺园

"在增寿寺夹道，贵抚王燕别业，今尚存"（《宸垣识略》卷十）。

祁文端公寓藻宅

"居宣武门外之四眼井，地近大报国慈仁寺。公退之暇，杖履往来。寺后毗卢阁，乾隆中拆去，其基隆然。公于其上建小阁三楹，立石记之。又何子贞编修绍基，张石州穆二人，起顾亭林祠于庙左，集同人祀之。……今寺已全颓，山门倒尽，不久将成白地矣"（《天咫偶闻》卷七）。

《析津日记》：慈仁寺亦呼报国寺，盖先有报国寺在寺之西北隅也。僧院中尚存辽乾统三年（1103 年）尊胜陀罗尼石幢。《日下旧闻考》：今报国寺西北有寺无额，士人呼小报国寺，辽幢今无之。《明史·外戚传》：孝肃周皇后有弟吉祥，儿时出游去为僧，家人莫知何在，……行之报国寺伽蓝殿中，召入见后，且喜且泣，欲爵之不可，厚赐遣还。宪宗立，为建大慈仁寺，赐庄田数百顷。……"

善果寺

"在慈仁寺后，完然无恙。山门内左右廊有悬山，大殿颇卑，与蓝淀厂广仁宫相类，疑此皆金元旧宇"（《天咫偶闻》卷七）。

李将军园

"在西城，其遗无考"（《宸垣识略》卷九）。但录有徐乾学饮李将军园诗。

同园

"在西城，今无考"（《宸垣识略》卷九）。但录有查慎行上巳后五日同园看花诗。

施愚山宅

"施愚山寓居在铁门，今宣城会馆"（《宸垣识略》卷十）。并录有王士禛过宣城馆诗。

（十五）外城西南

先农坛

"居永定门之西。周回六里，缭以周垣。岁三月上亥，上率王公九卿躬耕。……"（《天咫偶闻》卷七）。

"先农坛之西，野水弥漫，荻花萧瑟。四时一致，如在江湖，过之者辄然退思。……"（《天咫偶闻》卷七）。

野凫潭

"在先农坛西。积水弥然，与东城鱼藻池等。其北为龙泉寺，又称龙树院。有龙爪槐一株，院以此名。久枯，僧人补种一小株。院有二楼，东楼为满洲高士炳半聋所筑。……"（《天咫偶闻》卷七）。

黑龙潭

"在先农坛西偏，有龙王亭，亦为祈祷雨泽之所。乾隆三十六年（1771年）命工鸠治，修饰整洁。（按）京师有三黑龙潭，一在城西（郊）画眉山，一在房山县，一在南城黑窑厂（即先农坛西偏）。其潭一方池尔，水涸时，中有一井，以石甃"（《宸垣识略》卷十）。

祝家园

"在先农坛西，左都御史祝氏别业，今无考"（《宸垣识略》卷十）。录有王士禛同人招集祝氏园诗。据《天咫偶闻》："《宸垣识略》谓在先农坛西；《藤荫杂记》谓在安定门西，皆非也。"震钧认为祝氏园应是崇文门外板井胡同之园。

黑窑厂

"为明代制造砖瓦之地，本朝均交窑户备办，此厂遂废。其地坡坨高下，蒲渚参差，都人士登眺往往而集焉。长元按：今废窑上建真武殿三楹，翼以小屋，道人居之。路口有灵官阁，坡径纡回，盘折而上，可以眺远，名曰窑台。夏间搭凉篷，设茶具。重阳后，苇花摇白，一望弥漫，可称秋雪，亦城南一胜地也"（《宸垣识略》卷十）。

慈悲庵

"在黑窑厂南近城垣西偏，为陶然亭北院，内有辽寿昌五年（1099年）慈智大德师佛顶尊胜大悲陀罗尼幢并记。又庭前有金天会九年（1131年）四月石幢，四面各镂佛像。其三隅刻咒文，皆西域梵书，而标以汉字曰净心法界陀罗尼、观音菩萨甘露陀罗尼、智炬如来心破地狱陀罗尼，惟一隅漫漶，仅辨年月。则招提胜境，由来旧矣"（《宸垣识略》卷十）。

陶然亭

"在潭之南，又名江亭，江郎中藻所建，自来题咏众矣"（《天咫偶闻》卷七）。亭名陶然。"取白居易诗：更待菊黄家酿熟，与君一醉一陶然。今士大夫恒于此谶集焉"（《宸垣识略》卷十）。"宣南士夫宴游屡集，宇内无不知有此亭者。其荒率之致，外城不及万柳堂；渺弥之势，内城不及积水潭，徒以地近宣南，举趾可及，故吟啸遂多耳"（《天咫偶闻》卷七）。

两冢

在陶然亭之东，有香冢及鹦鹉冢。相传香冢为张春崾侍御瘗文稿处；鹦鹉冢则谏草也。《香冢铭》云："浩浩愁，茫茫劫。短歌终，明月缺。郁郁佳城，中有碧血。碧亦有时尽，血亦有时竭，一缕烟痕无断绝。是耶？非耶？化为蝴蝶。"又诗云："萧骚风雨可怜生，香梦迷离绿满汀。落尽天桃又秾李，不堪重读瘗花铭。"《鹦鹉铭》云："文兮祸所伏，慧兮祸所生。呜呼！作赋伤正平。"

清朝封建统治者为了巩固王朝的统治，自乾隆三十七年(1772年)将陶然亭一带的土挖去加筑外城，致使陶然亭地区的地势低于水关，从西南城流出来的污水，到此无法排出，聚集在陶然亭一带居民区周围，杂草丛生，蚊蝇满室，严重地威胁着居民的健康。建国后，1952年春，人民政府在这里进行卫生整理工作，疏浚了臭水塘，挖除了芦苇丛。短短几个月，陶然亭地区就根本改变了面貌。原来的苇塘变成了总面积达17万多平方米的新湖，用挖起来的泥土，堆起了七座小山，山上修建小亭，园内种草植树……进行了陶然亭公园规划设计，按设计进行了建园工程，成为新型的社会主义文化休息公园。

龙泉寺

"在黑窑厂西，不知创于何时，有明谢一夔碑，载成化(明宪宗朱见深年号)间，僧智林修复，为缁流挂锡之地。本朝康熙间，僧海鬯重修"(《宸垣识略》卷十)。

刺梅园

"在南城，近黑龙潭，今无考"(《宸垣识略》卷十)。录有曹贞吉游黑龙潭还过刺梅园诗。

封氏园

"在南城，有古松。相传金源时物(形如偃龙，浓荫数亩，雍正时松已无存)，今无考。""长元按：同园，刺梅园，疑即李将军、封氏二园，俟考"(《宸垣识略》卷十)。"封氏园，一作风氏园，(在)龙泉寺之东"(《燕都名园录》)。

方盛园

"宣外贾家胡同南口内，为东西小巷，东至贾家胡同，西至张相公庙。"东西小巷内方盛园，"旧为皖肥昆曲名家方成圆先生故宅(乾隆时)"(《燕都名园录》)。

录》)。

李筠客居处(保安寺街)

"渔洋老人曾住保安寺街，故邵青门与渔洋书云：奉别将十年，回忆寓保安寺街，踏月敲门，诸君箕坐桐阴下，清谈竟夕，恍然如隔世事。……"(《天咫偶闻》卷七)。

康有为故居(米市胡同、南海会馆)

怡园

"宛平王敬哉相国怡园，跨米市、烂面两胡同，今其子孙贫窭，割裂出售与人。其东米市胡同者已归胡云坡少寇季堂，开地重建，水亭杰阁，颇称幽雅"(《京师坊巷志稿》卷下)。

又据《宸垣识略》："怡园在横街西七间楼，康熙中大学士王熙别业。中有额曰席宠堂，曰耆年硕德，曰曲江风度，皆圣祖御赐。今亭馆已圮，其地析为民居矣"(《宸垣识略》卷十)。又"长元按：七间楼在横街南半截胡同口，即怡园也，相传为严分宜别墅。其北半截胡同有听雨楼，则东楼别业，今归查氏。又王氏(贞)青箱堂在米市胡同关帝庙北，今归胡大司寇。其宗祠在绳匠胡同南，外为民居，有王氏宗祠四字，砖刻尚存"(《宸垣识略》卷十)。

据《居易录》："宛平王公怡园，水石之妙，有若自然。华亭张然所造也。然字陶庵，其父号南垣，以意创为假山，以营邱、北苑、大痴、黄鹤画法为之。峰峦湍濑，曲折平远，经营惨澹，巧夺天工。唐杨惠之变画而为塑，此更变为山水平远，尤奇矣。"

《茶余客话》谓："(怡园)园石为陶庵所作(张南垣子张然，字陶庵)。"据传，瀛台、玉泉、畅春苑及怡园皆其所布置。

四屏园(屏俗讹平)

"毛西河四屏园送吴郎中归里赋诗，园在横街口，荒冢累然"(《藤荫杂记》)。

壶园

"地在米市胡同，有井，又老槐一株。道光乙未、丙申间(1835～1836年)，徐廉峰宝善居此，名曰壶园"（许宗衡《玉井山馆集》壶园诗自注）。壶园诗："朱坊紫陌宣南路，旧井秋槐尚夕阳。当日园林盛宾客，一时文谠有沧桑。"

粤东会馆（戊戌变法会议厅，米市胡同南口，南横街26号）

原建筑东向，规模较大，有花园、有戏台楼。今花园已失原状，戏楼早毁，仅留存一般建筑。

大学士陈文简元龙邸

"在绳匠胡同北，有圣祖御书爱日堂额。西有圆亭，通北半截胡同"（《宸垣识略》卷十）。

按绳匠或作丞相胡同，除陈邸外，"时孙屺瞻同作堂在绳匠胡同，今改作休宁会馆，屋宇轩敞，为京师会馆之最"（《京师坊巷志稿》卷下）。《水曹清暇录》亦云："绳匠胡同有休宁会馆，盖前明许相国维桢旧第也。屋宇宏敞，廊房幽雅，有古紫藤二，马樱桃花一，相传乃相国手植。"

周于礼听雨楼（绳匠胡同）

"周于礼号立崖嶂峨人，官至大理寺少卿"。"所居听雨楼，在绳匠胡同，为明严介溪别墅。国初徐健庵尚书居之，继归于溧阳史文靖公，其后分为数区，毕秋帆得之，为宴会觞咏之地。秋帆出为观察，遂归大理。按：今此居尚存，历为要津所据，诚宣南第一大宅"（《天咫偶闻》卷七）。

一亩园

"在大丞相胡同，先师荣吉甫先生棣曾居之"（《天咫偶闻》卷五）。

接叶亭（烂面胡同）

"烂面胡同有接叶亭，国初汤西厓少宰居焉，查他山有诗。至乾隆中尚知其处，见法时帆诗集。今久迷处所，张叔宪自名其居为接叶亭，然非故趾也"（《天咫偶闻》卷七）。《藤荫杂记》云："接叶亭在烂面胡同中间，汤西崖少宰居焉。赋诗云：中丞宰木拱，大令宿草深。注：四十年前，傅雨臣感丁中丞居此，沈涧房大令尝寓焉。……雍正时张南华鹏翀居之，……乾隆丁巳（1677年），沈椒园侍郎寓，……

后为查中丞礼、祝芝塘德麟寓，稍葺治……，今归吴漪园太史裕德"（《藤荫杂记》卷八）。据查氏《铜鼓书堂集》言："移居宣南坊，庭多杂树，古藤数本，荫屋二三间，足供憩息。"正因庭多杂树，所谓接叶殆指此而言。"汤西崖咏离中草木至五十二首，可谓蕃矣。"

按：烂面亦作㜷眠，后改烂缦胡同。翁方纲《复初离集》有移居诗，最后为："街坊烂面名元好，不敢随人作懒眠。"又《寄园寄所寄》云："京师二月淘沟，秽气触人，烂面胡同尤甚，深广各二丈，开时不通车马焉。"

法源寺即古悯忠寺

"在菜市口西南烂面胡同之西，唐贞观十九年（645年）建。东西有两塔，高可十丈，是安禄山、史思明所建。明正统中改名景福。本朝雍正九年（1731年），发帑重修，赐额曰法源寺，有世宗（胤禛）御书联额，又御制法源寺碑，内阁学士、礼部侍郎励宗万奉敕书。乾隆间，有皇上御书心经碑，四十三年（1778年）重修"（《宸垣识略》卷十）。《天咫偶闻》："法源寺即古悯忠寺。悯忠台尚存，高阁及双浮屠已不可考。西廊嵌唐《宝塔颂》石刻。僧院中牡丹殊盛，高三尺余。青桐二株，过屋檐。城南隙地，最多古藤。国初尚存封氏园、刺梅园、王氏怡园、徐氏碧山堂、赵氏寄园、某氏众春园，皆昔日名流燕赏，骚客盘桓之所。今不过二百年，已如阿房、金谷，不可复问。而宣南士夫亦无复经营之力矣"（《天咫偶闻》卷七）。

寄园（在菜市口南教子胡同）

"高阳李文勤公别墅，其西墅又名李园，……其后归赵恒夫给谏吉士，改名寄园"（《藤荫杂记》卷七）。《曝书亭集》："赵恒夫所居寄园，浚池累石，分布亭馆，种花木，海内名士入都，恒流连不忍去。按：园在教子胡同，今圮。"教子胡同寄园为赵吉士先居，后沈归愚、张南华、王述庵、吴穀人、王艺泉皆尝侨寓焉。《笥河文集》："赵给事吉士居城西悯忠寺侧为寄园，尝以名其所著说部，后园益圮，剥其一角，老树十余尚存，前辈名流多居此。今为余及门宣城张侍讲焘慕青所侨寓，取古诗庭中有奇树之义，以嘉树名其屋。"《复初斋集》："蒋香泾莲花寺寓斋分饮诗自注：寺西为寄园旧址，吾师沈榕溪旧居也。又心余、谷人、瘦铜同日移居诗自注：赵氏寄园旧址，……谷人新居即张涵斋侍讲旧居，其先王述庵居之，谷人斋名烟梦舫。"

蒲褐山房

"乾隆庚辰（1760年）十月，迁寓教子胡同赵吉士寄园故址，屋内古木八九章，曾数百年物，先生署其室曰蒲褐山房、曰闻思精舍，境地深静，市尘隔绝"（《王述庵年谱》录文见《京师坊巷志稿》）。

按：教或作轿，教子胡同或作轿子胡同。

新园（枣林街）

"张黄门维赤字螺浮，有新园在枣林街，龚合肥过饮诗，柳市城闉百尺居，枣林街是一囊书"（《藤荫杂记》）。

崇效寺

"俗名枣花寺，花事最盛。昔，国初以枣花名。乾隆中以丁香名，今则以牡丹名。而'青松红杏'卷子，题者已如牛腰。相传僧拙庵本明末逃将，祝发于盘山，此图感松山杏山之败而作也。其图画一老僧趺坐，上则松荫云垂，下则杏英露艳。首有王象晋序，后题以竹垞、渔洋冠其首，续题者几千人，亦大观也。……"（《天咫偶闻》卷七）。

王姓轩亭

"南河池，俗呼莲花池，在广宁门外石路南……有大池十亩许，红白莲满之"（《燕都名园录》）。

冯园（广宁门外小屯）

"城西花事，近来以冯园为盛。园在广宁门外小屯，春月之牡丹、芍药，秋季之菊为最。城中士夫联镳接轸，往者麇集，园主人盖隐于花者也。园中又蓄珍禽数头，锦鸡、孔翠之属，飞舞花间，洵谐奇趣"

（《天咫偶闻》卷九）。

按：广宁门俗称彰义门，义或伪仪。彰义，金之正西门也。

（十六）郊坰

《天咫偶闻》云："城南（郊坰）诸园，零落殆尽，竟无一存。惟小有余芳遗址，为一吏胥所得，改建全类人家住房式，荷池半亩，砌为正方。又造屋三间，支以苇棚，环以土垄，仿村茶社式为之，过客不禁动凭吊之慨矣。"

碧霞元君庙（永定门外）

"俗称南顶。旧有九龙冈，环植桃柳万株。南郊草桥河，五月朔游人麇集，支苇为棚，饮于河上。亦有歌者侑酒，竟日喧阗。后桃柳摧残，庙亦坍破，而游者如故。近年有某侍御奏请禁止，遂废其地，与昔日金鱼池相仿佛"（《天咫偶闻》卷九）。

年氏园（在草桥）

见《宸垣识略》卷十三，并录有沈德潜过草桥年氏园看芍药诗。《燕都名园录》云："园在草桥，有堆阜，有名花，松涛塘坡，菰蒲林亭。"

祖氏园（在草桥）

"予游祖氏园，中有古池台，云是元人旧迹，然无从考其为何氏园也"（《天府广记》）。《日下旧闻考》卷九十录此条并有按语：祖氏园遗址今废。《宸垣识略》卷十三云："祖氏园在草桥，水石亭林，擅一时之胜。游草桥、丰台者，往往过焉。乾隆初年，归于王氏，今又易主矣。"又录有王士禛《祖将军园亭诗》，宋荦《游祖氏园诗》，沈德潜《看丰台芍药过王氏园诗》等。

图斡布别墅（在阜城门外钓鱼台）

"图斡布，满洲人。……中岁即以疾见告，筑室于西郊外数里。篱扉芳檐，轩窗清雅。院中叠石为山，奇峰蒨崒。路径迂折，饶多清趣。后圃艺花种蔬，公亲灌课"（《天咫偶闻》卷四）。"图裕轩学士斡布有野圃，在阜城门外钓鱼台。翁覃溪曾为之记曰：

屋在圃之中，南向三椽，曰菜香草堂。折而西，二椽上有小楼曰山雨楼。南迤为栏架木，叠石为台，台下二椽，北向折为廊，东向，又东为茆亭。南横木为桥，桥下荷数十柄。每夏月出入，步其上，倾露满襟袖。其南篱门也，门外方池积水，沿而东，过土阜，则新疏官渠也。土阜高下，隔水望山。而坐卧可致者楼与草堂之所得也。亭东诸畦，凿井引泉，而交响于菜香之间者。取少陵诗而总名之，所谓：野圃泉自泣者也。此圃久废"（《天咫偶闻》卷九）。这一段记述较详。

（十七）西北郊

西直门

"在京城西之北门外，修石道二十里，至圆明园。""高粱河在西直门外半里，为玉河下游，玉泉山储水注焉。高粱，其旧名也。自高粱桥以上，谓之长河"（《宸垣识略》卷十四）。

齐园（在西直门稍右）

"园中有板桥，海棠甚多，西凿一曲涧，引桥下水灌之，上作板桥，亭边有丛竹"（《燕都游览志》）。《宸垣识略》（卷十四）称："园尽则高粱桥矣。园中有板桥、丛竹海棠甚多。"

高粱桥

"西直门外石道转北，有坊二。南坊曰长源、永泽，北坊曰广润、资安。过桥为倚虹堂，由此溯长河为乐善园"（《宸垣识略》卷十四）。

"过高粱桥，杨柳夹道，带以清流，洞见沙石。佛舍傍水，结构精密，朱户粉垣，隐见林中者，不可悉数"（《阿雪斋集》）。

《天咫偶闻》（卷九）有一段文字，简述了从西直门直至海淀的沿途景点。"西直门而西北，有如山阴道上，应接不暇。去城最近者，为高粱桥。明代最盛，清明踏青多在此地。今则建倚虹堂船坞，御驾幸园，于此登舟。沿河高楼多茶肆，夏日游人多有至者，而无夏踏青之俗矣。南岸乐善园久毁，近又以墙围之。再西则为可园，俗称三贝子花园，今亦改为御园。又西北岸极乐寺，明代牡丹最盛。寺东有国花堂，成邸所书。后牡丹渐尽，又以海棠名。树高两三丈，凡数十株。国花堂前后皆海棠，望之如七宝浮图，有光奕奕。微风过之，锦袍满地，今海棠亦尽。又西北岸大正觉寺，俗称五塔寺，今亦毁，惟五塔存。又西北岸则万寿寺，寺建于明代，乾隆中重修，为太后祝厘之所。寺极宏丽，大殿后叠石象三神山，旧有松七株，最有名。光绪庚寅（1890年）后，楼火，并松俱烬。……寺西城关为万寿街，俗称苏州街。两行列肆，全仿苏州。旧传太后喜苏州风景，建此仿之，今已毁尽。又西为麦庄桥，又西为广仁宫，在南岸，地名蓝靛厂。火器营驻此，街衢富庶，不下一大县。广仁宫，岁四月庙市半月，土人称西顶。盖北方多山，庙必在山极顶，因连类而及，谓庙亦曰顶，此土语也。又北东岸有化成寺，又北至海甸。海甸，大镇也。自康熙以后，御驾岁岁幸园，而此地益富。王公大臣亦均有园，翰林有澄怀园，六部司员各赁寺院。清晨趋朝者，云集德胜、西直二门外，车马络驿。公事毕，或食公厨，或就食肆。……自庚申（1860年）秋御园被毁，翠辇不来。湖上诸园及甸镇长街，日就零落。旧日士夫居第，多在灯笼库一带。朱门碧瓦，累栋连甍，与城中无异。后渐见颓废，无复旧时王谢燕矣。……乙酉（1885年）冬，有诏：天下今已太平，可重修清漪园，以备临幸，改名颐和园，于是轮蹄复集。然官民窘乏，无复当年欢趣矣"。

《藤荫杂记》作者则称："高粱桥沿长河至万寿寺，亭榭仿平山堂（扬州），春游惟此最胜。"

上述自高粱桥之北至海淀诸园，如倚虹堂、乐善园等，虽非宅园（已是御园），而是行宫性质。诸寺为宗教建筑，前文有的已言及。但为了行文连贯起见，赘述附此。

倚虹堂

"西直门外高粱桥之北，宫门五楹，正宇为倚虹堂。"按语："乾隆十六年（1751年），圣母皇太后六旬万寿，自长河至高粱桥易辇进宫，因建是堂。皇上临幸御园，每于此侍膳视事，宫门额曰云楣星鄂，与倚虹堂额皆御书"(《日下旧闻考》卷七十七)。

乐善园

"倚虹堂西二里许为乐善园，园门三楹，北向。"按语："是处旧为康亲王园亭，颓废已久。乾隆十二年(1747年)重加修葺(改作长河行宫)，其上游与昆明湖相接，为龙舸所必经云。"

"乐善园宫门内跨小溪南为穿堂，东向，曰意外味。转石径而南，为于此赏心，内间北向为含清斋，东为潇碧，北为约花栏，南有轩为云垂波动。含清斋对河敞宇为池月岩云，中穿堂为翠微深处，内为蕴真堂，南宇为气清心远，别院有室曰鸢举轩。"按语："……鸢举轩垣外是为园之南门"(《日下旧闻考》卷七十七)。

"于此赏心之西南为又一村，左有亭为揽众翠。意外味之西穿堂为得佳赏，西为兰秘室，再西为环青亭碧。兰秘室之北有宇为赏仁胜地"。"园门内有楼为冲情峻赏，东北为红半楼，其旁峙岩上者为踞秀亭。冲情峻赏之西南有室为画所不到，东为挹长虹，再东为荫林宅岫，内宇为古欢精舍。""园门以西临河敞宇为自然妙有，西室为风湍幽响，再西有轩为诗画间，为玉潭清谧，亭为个中趣。亭北敞宇为坐观众妙，西出河口，折而南，有室为致洒然，接宇为光碧涵晖，稍东曰远青无际，后为云林画意，再东有轩为心乎湛然，折而南为绿云间。"

环溪别墅(三贝子花园)

据张润普老先生谈：三贝子相传原为清朝异姓郡王衔忠统嘉勇贝子富察氏福康安，三贝子花园是他的私人别墅，正名称环溪别墅。因他是傅恒的第三子，所以人们把他的别墅就叫三贝子花园。后来该园又属清内务府郎中文麟所有，改称继园，因事查抄家产后，地属公有，遂成为农事试验场的一部分。[9]

清末农事试验场到动物园

清朝末年的农事试验场是由乐善园、三贝子花园、广善寺、惠安寺及小部分民房、稻田先后合并而成的。其旧址在今动物园的东部和北部，三贝子花园在中部和西北部，广善寺(今中国科学院植物研究所内，寺已不存)和惠安寺(今气象局托儿所内，寺已无存)均在园的西南部，民房、稻田在东部(图10-22)。光绪三十二年(1906年)，载泽、端方等五人为了讨好慈禧，从东西洋买回了一些虎、豹、狮子、鸵鸟、斑马之类的新奇鸟兽，寄养在广善寺的东空院内，经过两年多的搜罗，添置了一些动物和植物，又建造了几座兽亭，就把现在动物园内东南角的地方辟成小动物园，当时人称万牲园。光绪三十四年(1908年)始售票开放，后因万牲园名称不雅，即改称为象征性的农事试验场了。在军阀、敌伪和国民党统治时期又改名为中央农事试验场、天然博物院等等。我们如今在园内看到的畅观楼、鬯春堂、豳风堂、来远楼、荟芳轩和松风萝月亭等，还都是前农事试验场的建筑。畅观楼在园的西北部，为慈禧的寝宫，因而建筑华丽，楼东面有荷池，楼前尚存一对铜犼。在它的南面就是鬯春堂，它玲珑地布置在茂林奇石中间。这所房子曾为辛亥革命时期激进分子宋教仁居住过，后宋在上海被袁世凯暗杀，人们为了纪念他，于民国2年(1913年)在这鬯春堂北面的小柏林中，建立了纪念碑，在荟芳轩之南，又有彭、杨、黄、张四烈士墓，他们是辛亥革命时期的杨禹昌、黄之萌、张先培三人，于1911年1月因刺杀卖国贼袁世凯未成遇难和彭家珍刺杀满清贵族大臣良弼未中遇难而牺牲的烈士。后人为纪念先烈，在1913年把他们的遗骨迁葬于此，并建墓碑，供人瞻仰。[9]

在军阀、敌伪和国民党统治时期，农事试验场遭受到严重破坏，到建国前夕已破烂不堪，动物园已经奄奄一息，只剩下十多只瘦猴，一只瞎了眼的鸸鹋和三只不能走路的鹦鹉。建国后人民政府对动物园进行了巨大的改造扩建工程。除油饰修缮了原有一些古建外，先称西郊公园，于1955年4月改称北京动物园。前后不断新建了现代化的兽舍及其活动场所，使

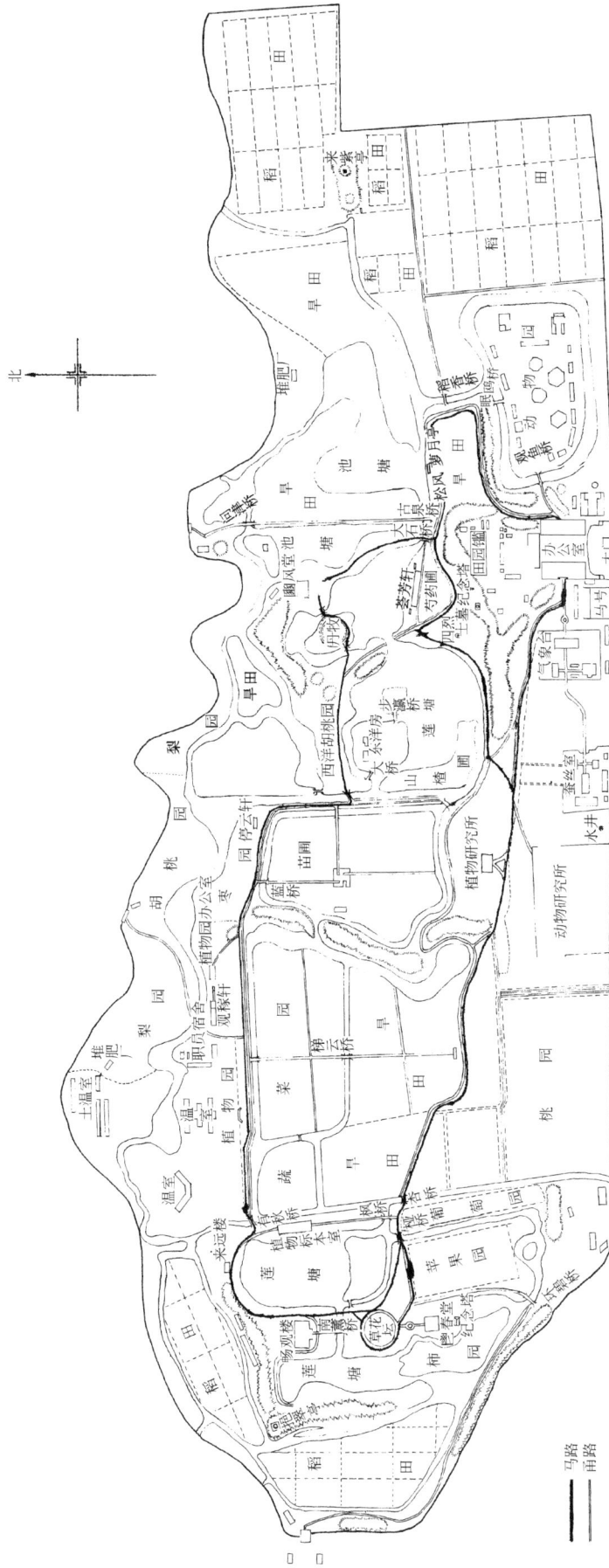

图10-22 清末农事实验场全图

其面貌焕然一新。到目前为止，园中已有数百余种、三千多只珍禽异兽，是我国也是国际上最著声誉的大型动物园。[9]

极乐寺

"去高梁桥三里，明成化中(1465～1487年间)建。门外有二柳，高拂天，长条豌地，可扫马蹄。(寺)中有松亦佳。成化中，寺内牡丹最盛，春日游骑恒满。寺东有雨花亭，西为通霞观。有老柏四株，两人抱之不能合也"(《宸垣识略》卷十四)。或云："殿前有松数株，松身鲜翠嫩黄，斑剥若大鱼鳞，可七八围"(《潇碧堂集》)。《燕都游览志》则称："殿前四松遮荫，不见一人。寺左国花堂，花已凋残，惟存故畦耳。堂左有三层台，望西山，惜树封之。"《日下旧闻考》按语："极乐寺今尚存碑二，明嘉靖间立；一为大学士袁郡严嵩撰；一无撰人姓名。"

大慧寺(大佛寺)

"大佛寺在西直门北三里香山乡畏吾村(今称魏公村)，明正德中(1506～1521年)，太监张雄建，赐额曰大慧，并护敕勒于碑。寺有大悲殿，重檐架之，范铜为佛像，高五丈，土人呼为大佛寺"(《宸垣识略》卷十三)。据何华《大慧寺》一文："寺内原有一尊五丈来高铸造极为细致的大铜佛，……可惜那明代的铜佛，在敌伪时期，被日本侵略军毁掉了。目前大悲殿内虽然仍旧屹立着一尊大佛，并有两个胁侍菩萨，却都是木胎砺粉描彩的，为建国前所补制，形象甚为笨拙，与殿内两山墙下原来明代保留下来的二十八诸天塑像比较起来，就太欠和谐协调了。""二十八诸天虽然都是佛的护法，当时的匠师们都能根据(他们)不同的性格，塑造出彼此各异的神态。……这二十八神像，一一各具情意，加上服装的衬托、彩色的渲染，更显得生动逼真，不愧为现存明代塑造艺术的杰作，同西山碧云寺清代塑造典型的二十四诸天相比较，只有过之无不及。""诸天背后山墙和北墙上，是一套大的彩色工笔连环画，内容既非佛本生故事，也不是一般庙宇所谓有的十八层地狱转轮画，而是描写一个普通人，终身为善，超生得道的故事，这可能是结合当时太监们那种今生无所希望，只有多做好事，以求善终的空虚心灵而创作的。壁画的题材比较新颖，人物描绘尚细致而传神，色彩多用红，十分鲜艳。""大悲殿是一座重檐庑殿顶的建筑，面宽五间，进深三间，外檐斗栱较大，起了一定的支垫作用，并不完全像清代末期建筑上所用斗栱只起装饰作用。台基较高，整体看来，有庄严敦实之感。……""大慧寺是明正德八年(1513年)司礼监太监张雄所创建，当时规模很大，有殿宇一百八十一间，清乾隆二十二年(1757年)重修过一次(仍保留着明代风格)。光绪年间已逐渐圮毁，只剩下大悲殿一处，上述二十八诸天和壁画就是和大悲殿一同保存下来的。"[10]

大真觉寺

"在极乐寺西"。明永乐时，"西番板的达来送金佛五躯，金刚宝座规式，诏封大国师，赐金印，建寺居之。寺赐名真觉。成化九年(1473年)，诏寺准中印度式，建宝座，累石台五丈，藏级于壁，左右蜗旋而上，顶平为台。列塔五，各二丈，塔刻梵像、梵字、梵宝、梵华。中塔刻两足迹。他迹，陷下廊摹耳；此隆起，纹螺若相抵蹲，是跅趾着迹涌，步着莲生。灯灯焰就，月满露升，法界藏身，斯不诬焉。……塔前有成化御制碑，曰：寺址土沃而广，泉流而清，寺外石桥，望去绕绕，长堤高柳，夏绕翠云，秋晚春初，绕金色界"(《帝京景物略》卷之五)。

《日下旧闻考》载："乐善园西三里许曰大正觉寺，大殿五楹，后为金刚宝塔，塔后殿五楹，塔院之东为行殿。"按："大正觉寺即……所谓真觉寺也。明永乐间重建金刚塔，成于成化九年，凡五浮图，俗因称五塔寺。乾隆二十六年(1761年)重修。正殿额曰心珠朗莹"。

据《燕都游览志》认为："真觉寺原名正觉寺，乃蒙古人所建。寺后一塔甚高，名金刚宝座。从暗窦中左右入，蜗旋以跻于颠，为平台。台上涌小塔五座，内藏如来金身。金刚座之左偏又一浮屠，传至宪宗皇帝生葬衣冠处。前临桥，桥临大道，夹道长杨，绿荫如幕，清流映带，尤可取也。"

万寿寺

"正觉寺西五里许为万寿寺，自正殿后殿宇佛阁凡六层。"（《日下旧闻考》卷七十七）。万寿寺，"明万历五年(1577年)建，殿宇极其宏丽。左钟楼，前临大道。钟铸自永乐，径长丈二，内外刻佛号、弥陀、法华诸品经，蒲牢刻楞严咒。铜质精好，字画整隽，……名曰华严钟，击之声闻数十里。……后钟弃于荒地。本朝乾隆十六年(1751年)称钟于城北觉生寺，有御制碑，清、汉、蒙古、西番四体书"（《宸垣识略》卷十四）。

万寿寺"国朝乾隆十六年重修，二十六年(1761年)再修。寺门内为钟鼓楼，天王殿，为正殿，殿后为万寿阁，阁后禅堂。堂后有假山、松桧皆数百年物。山上为大士殿，下为地藏洞，山后无量寿佛殿，稍北三圣殿，最后为蔬圃。寺之右为行殿，左则方丈"（《日下旧闻考》卷七十七）。

万寿街

"万寿之西路北设关门，内有长衢列肆，北达畅春园，为万寿街，居人称为苏州街"（《日下旧闻考》卷七十七）。

广源闸

"在西直门西七里，至元二十六年(1289年)建（《水部备考》）。出真觉寺循河五里，玉虹偃卧，界以朱栏，为广源闸，俗称豆腐闸即此闸。引西湖水东注，深不盈尺。宸游则储水满河，可行龙舟。缘溪杂植槐柳，合抱交柯，云覆溪上，为龙舟所驻"（《长安客话》）。"英庙、文宗两朝御舟藏广源闸别港"（《燕石集》）。"广源闸座，本朝以来频加修葺，恭值圣驾经行，于此地易舟，始达绣漪桥至清漪园"（《日下旧闻考》卷九十八）。弘历于乾隆三十六年(1771年)制《过广源闸换舟逐入昆明湖沿缘即景杂咏》，有："广源设闸界先堤，河水遂分高与低。过闸陆行才数武，换舟因复溯回西。万寿寺无二里遥，墙头高见绣幡

飘。……夹岸香翻禾黍风，无论高下绿芃芃。……"等句。

佟氏园

"海淀佟氏园，有董文敏书瑞园石刻，申拂珊副宪甫寓园时，搜剔于墙东草棘中，为赋长歌移寓过园诗，诗云：偶寻断石留书法，即论栽松仿画家"（《藤荫杂记》卷十二）。

畅春园建成后，康熙帝就驻跸于畅春园，并临朝听政，接见臣僚，并颐养避暑。玄烨又把畅春园附近的地段分赐给皇子皇室、王公贵族大臣们建造别墅园林，使他们在扈跸畅春园时能有一个近便的休息游赏之处。于是许多私家别墅园林，拱卫在畅春园以东以北诸胜处，自南而北、自东而西顺序叙述如下：

洪雅园

"即明（与李园东西相对的）米万钟勺园，今为郑亲王邸第"（《宸垣识略》卷十四）。清王朝建立后，勺园归皇家所有，乾隆时改名洪雅园，又称墨尔根园。嘉庆时为睿亲王所有，称睿王花园（图10-23）。该园与西郊诸园一样，被英法侵略军烧毁。1920年后，遗址归燕京大学所有。原园中的主要水面(文水陂)就是今北京大学校园中的未名湖。花园范围东起未名湖以东，西至今北大西门(就是原睿王花园西门所在)。清朝时园中景物，有和珅所写的一副对联，描写了水景和水中石舫："画舫平临萍岸阔，飞楼俯映柳阴多；夹镜光澄风四面，垂虹影界水中央。"今石舫仍存，对联石刻也保存在北大校园中。[12]

睿王花园

睿王花园位于畅春园下游。万泉河水经过畅春园之后，才流进睿王花园。园中除有宽阔的湖面外，内部还分出小的溪流，环绕着高阜，西部丘阜连绵，溪流回转，野趣自成。归燕京大学所有后，这里大部分被填平，建成燕京大学的中心区。[12]

集贤院*

睿王花园的南边，有一处叫作集贤院(时人曾误称为吉祥院)，是清皇朝的高级公寓园。当年也是河

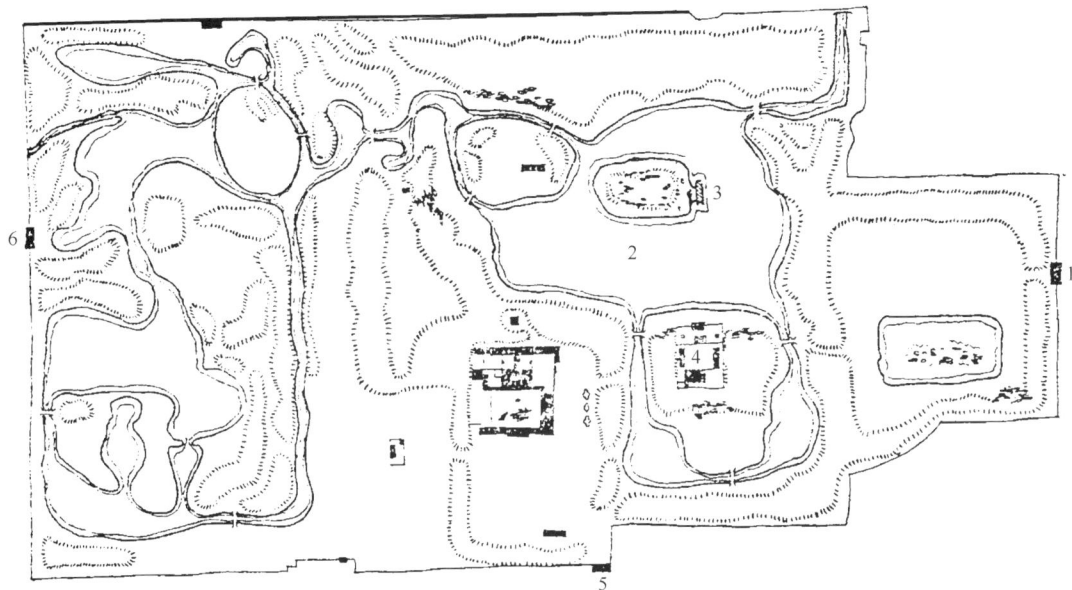

图 10-23　睿王府花园平面图

（据北京市文物局资料重绘）

1. 东大门；2. 文水陂；3. 石舫；4. 慈济寺；5. 南门；6. 西门

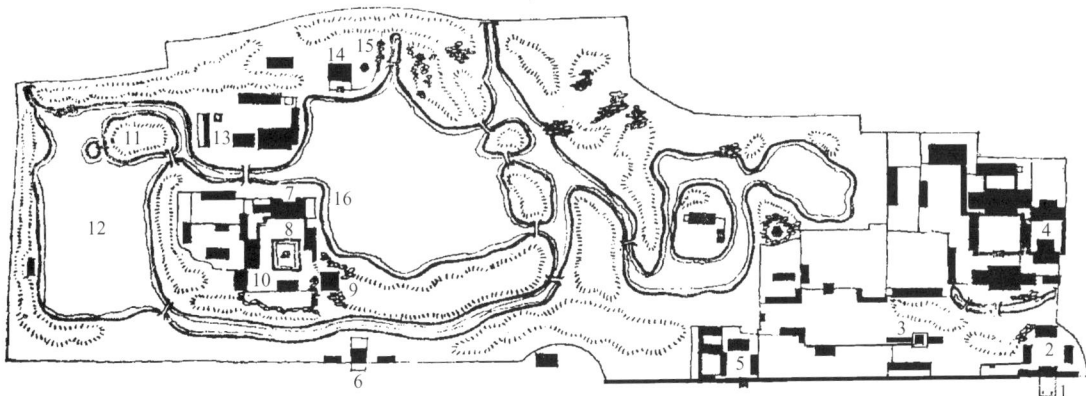

图 10-24　鸣鹤园平面图

1. 正门；2. 二门；3. 城关；4. 戏台；5. 膏药庙；6. 丽春门；7. 延流真赏；8. 金鱼池；
9. 方亭；10. 颐养天和；11. 福岛；12. 西泡子；13. 井亭；14. 花神庙；15. 龙王亭；16. 钓鱼台

湖遍布，建筑物就安排在三个形状大小不同的岛子上。与西郊诸园一样，受到英法侵略军最野蛮、最彻底的破坏。目前，这里已是一片平地，改作多家占用，遗址上仅留下一座方亭。

鸣鹤园

睿王花园整个北界长条地就是鸣鹤园与镜春园。鸣鹤园（图10-24），全园面积近9公顷，东西长约500米，南北最宽处近200米。全园可分东、西两部分：主要的起居、待客、戏台等建筑物集中在东部，占地

近五分之一；西部是具有山水形胜和园林建筑群的游园。正门在全园东南隅，过二门渡桥就是规模较大的居住建筑群，并有戏台小院。二门以西的土丘建有城关，再西有膏药庙一组建筑。

西部园林显然是经过精心规划，山水面貌富于曲折变化。南界居中辟有丽正门。以烟斗状主岛为中心，两侧配置有较宽畅水面，西侧为长方形西泡子，东侧为湖岸曲折近菱形之池，沿岛南侧和北侧有小溪将两湖连接。环湖岸外围以土丘。西泡子的东北角有

一小岛叫福岛。主岛的烟斗斗把部分(即东部)横卧一座小土山。烟斗部分是以一个方形金鱼池为中心的园林建筑群,由厅堂、回廊组成一个庭院。庭院东南角有叠廊可拾级而上至山上方亭。庭院西面的厅堂为颐养天和,北面的厅堂为延流真赏,东接钓鱼台。园址归燕京大学后,山上亭子曾经过修茸,至今仍屹立在山上。主湖曾改作北大学生游泳场。主湖北岸有花神庙和龙王亭。

镜春园

鸣鹤园东边原有一小园,叫作镜春园,它与鸣鹤园(还有北边的朗润园)原来是一个整体,后来被清朝皇帝分割开来,赐给三家皇亲筑园。镜春园的遗址,早已不可辨认,录此存照。[12]

朗润园

在鸣鹤园东北,位于万泉河南岸。它的水源由睿王花园流来,从西北角归流万泉河。全园(图10-25)中心是一个大岛,岛的四周为溪河,或收或放,大小不一,曲折有致,东北角水面较大似湖。

全园外围环以土山。园门在东南隅。进园门后,穿过山间小路,度过平桥到主岛上,迎面就是特置的

多姿的湖石,湖石后面,堆叠一座陡峭的土山。主岛上中心建筑群,前后两个大院,东西各有回廊围起。廊为内敞外墙,墙有各式花窗。建筑群分东西两部,东部的南厅堂称寿和别墅,北厅堂称恩辉余庆。寿和别墅南为东所,西部在轴线上有三座厅堂,其南为中所。其西又有一小院,南称西所,北为益思堂。岛上主建筑恩辉余庆和寿和别墅,至今尚基本完好。朗润园曾是恭亲王奕䜣的住所,现在是北大教职工的住宅。[12]

蔚秀园

在畅春园北,以水见胜的园(图10-26)全园中大小湖面上十处,大小形状各异,但互相贯通,形成回环水系。因水系形成有三岛和三半岛。居中有一南(较小)北(较大)两岛,其西有南北长的条岛,由桥梁相联系。园东界有半岛突入水面;西南也有一半岛突入南湖,湖之南(园东南隅)主为土山的半岛。进宫门,即主为土山的半岛,主要建筑物分布在居中两岛上。南岛上有两组建筑,其西南隅有一小花园,由瓶门进入。小花园东有园墙伸向水岸,在岸边以"卷书"状作为结束,颇为别致。此岛较大,建筑组群规

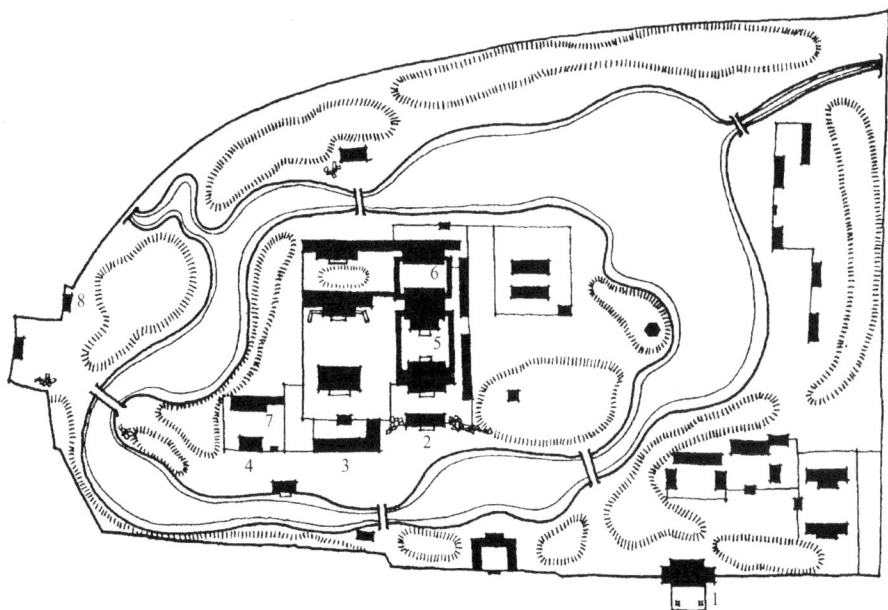

图 10-25　朗润园平面图
1. 宫门;2. 东所;3. 中所;4. 西所;5. 寿和别墅;6. 恩辉余庆;7. 益思堂;8. 后门

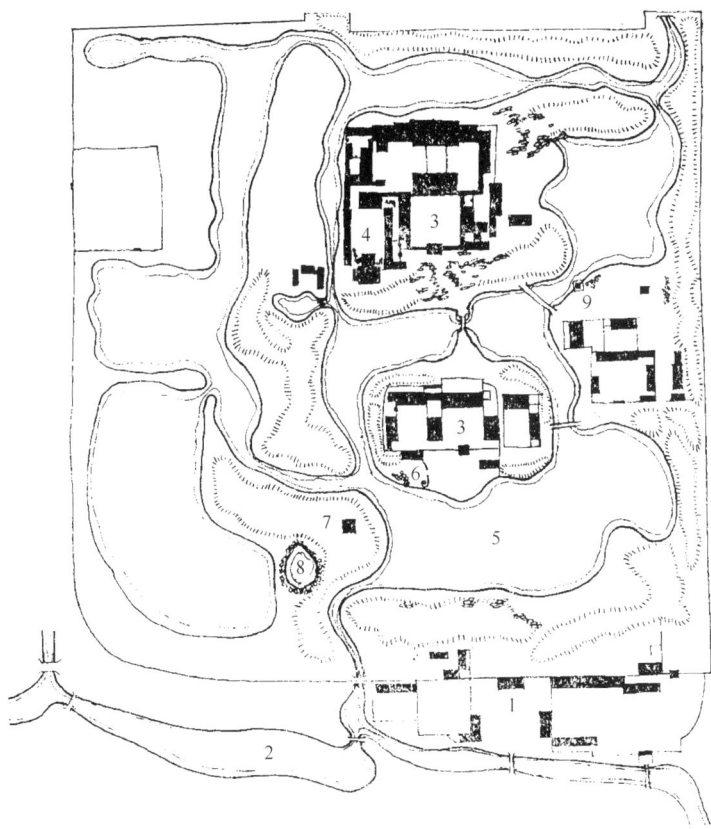

图 10-26　蔚秀园平面图

1. 宫门；2. 万泉河；3. 正房；4. 戏台；

5. 南湖；6. 小花园；7. 亭；8. 金鱼池；9. 紫琳浸月

模也大，并有戏台建筑。西南半岛上有一亭和山凹间的金鱼池。东界半岛遗址上还保留着一块"紫琳浸月"的石碑。

目前，园北部及西部的湖面已被填平，东北角的出水口也不可复见，剩下来的三个水面，因多年淤塞，已成几潭死水。[12]近年来，北京大学新建楼房多幢，面目全非。

承泽园

在蔚秀园之西。在万泉庄汇成的万泉河西支，也向北流，一部分水流入圆明园，一部分水流东进，注入承泽园（图 10-27）。清乾隆时，昆明湖开了二龙闸，引水东出，与万泉河这一支流汇合，承泽园就处于汇合处的

东边，地位优越，获得了充足的水源。承泽园有两道河从西向东横贯园的中腰，再出东墙与万泉河主流相遇。南北两河之间夹有窄条形土岛，陆地部分主要在两河之南和之北。园门偏在东南，进大门后，迎面为一堵拐角照壁，人们只好转西再折北，过南河的平桥，穿过坐在窄岛上的二门，再过北河的小桥，进入三门后，才来到一座垂花门。垂花门后面，才是主体建筑群所在，有多组院落。东北角有小院为观音庵。主建筑群西面有较大的湖面（北河在西部先放而为湖，然后收而为溪）。围绕这个小西湖有亭榭楼阁，形成全园的风景中心。湖南岸的小山北麓滨水有一座水榭（或称亭），水榭北面有平台入水。湖北岸建筑主体是一个三卷棚大厅和一幢两层楼阁（称北楼）。楼阁东西两头有叠落廊，上引至二楼。叠廊及楼上前廊都面向湖面，是赏景休憩的近水楼台。目前，园中的山、水、建筑，还较完整，保存较好，若要重加修饰清理和进行绿化，就是一座美丽的清代别墅园林之一。[12]

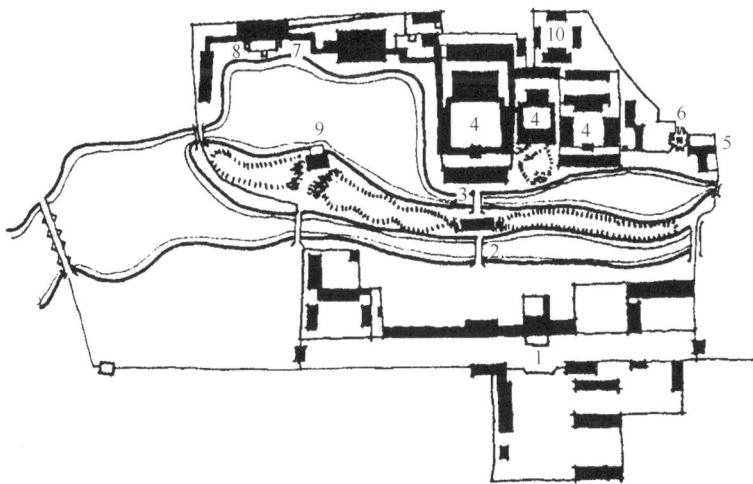

图 10-27　承泽园平面图

1. 大门；2. 二门；3. 三门；4. 正房；5. 小堂；6. 城关；

7. 叠廊；8. 北楼；9. 亭；10. 观音庵

吴家花园

在海淀挂甲屯，附畅春园的西花园的北侧，与承泽园仅一墙之隔。高冀生的考证：承泽园原是清道光帝为其四女所建的花园，曾称四公主园，后来道光帝重新分园，将承泽园分给其子醇亲王的儿子载沣，故后人又称承泽园为亲王爷花园。以后，载沣又将此园传给长子，并在此园西侧另建一园，两园建筑相近，池水相连，一墙为界，有门相通。此另建的园即后来的吴家花园，其建造年代大约在光绪初年前后。[13]

清末，这组花园房产卖给了曾任大清银行总务局局长，1918 年任盐业银行总经理，最后任蒋介石总统府秘书长的吴鼎昌(1884～1950 年)所有。由吴之妻、妾各占一园。吴鼎昌及其妻住在西部园中，故后来就被称为吴家花园，传名至今。[13]

目前吴家花园由于多年来许多单位的占用，原有的水面已填平，改成了操场。园内的假山石、竹丛全没有了，在园内又增建了不少建筑物，可以说已面目全非。经多方查访及实地考察，区分原建与后建，初步复原如图 10-28 所示。全园近似承泽园，有一河横贯中腰，另一流放而为两个湖面，将全园划分为南

北两院。南院即前院，主为接待和工作之用；北院即后院，为居住生活之所。两院之间为河、池及假山分隔，西段有一石桥沟通南北。这个中间的花园部分不仅有水有假山，而且四周植以青竹、绿树，景色优美。[13]

大门在南，大门内两侧是服务人员用房。前院分为三个小院，各院均以回廊围成院落，组成品字形平面。中间院子较大，形成主体，经过厅来到正厅(五间)，这里是会客议事等重要活动场所。东侧院内只有三间西房，其他三面以围廊围合成院。东侧回廊中部有八角攒尖亭，与叠落回廊相接，构成西房的对景。值得一提的是，现在八角亭内尚存放有一面大石屏风，石屏高 180 厘米，宽 192 厘米，厚 2 厘米，是用一整块大理石制成的，安放在高 75 厘米的硬木屏座上。屏面上的大理石天然纹理构成了一幅立水飞山的浩瀚景色，屏角上有阮元(乾隆年间进士、道光年间官至体仁阁大学士、加太傅)题刻"山飞水立"四字。西侧院内东、西、南三面均有房，北面是回廊，并有垂花门，由此通花园及后院。回廊都作成一面空一面实，装有冰纹隔窗，使院内外隔开。[13]

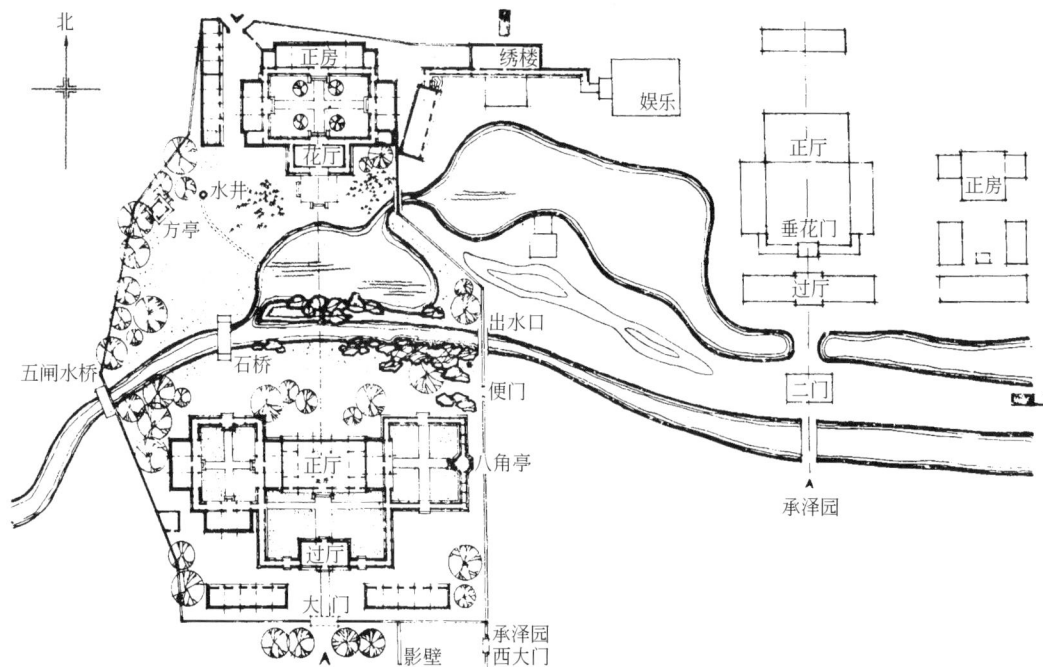

图 10-28　吴家花园平面复原图

后院属四合院式布局，但一般应是垂花门出入口的位置处，却是一座花厅，花厅朝南的一面，设有大约40平方米的室外平台。北房为正房五间，带耳房，东西两厢各三间，是主要生活用房。内院比较大，约有280平方米，种有树木、花草。后院之西另有长条形服务用房九间，房顶上有气窗，其南有生活水井。[13]

前后两院之间的花园部分，以水面为主。池水引自万泉河水系，由五孔进水桥闸流入园中，分为两股，其中一股如河流状穿园而过，流进东邻承泽园，另一股在花厅前放而为湖，构成园内水景，然后再由出水口流向承泽园而东去。在两股水分流后的中间隙地，堆叠有土丘叠石，尤其是河流南岸部分。花园中池边种竹及花木，外围多大树，池中有莲荷。这里景色最优美。花园的西北角近垣处有四方攒尖亭一座，亭基地面高出周围地面约一米。亭内小憩，居高临下，可以展示园中最好主景部分。此外，亦有承泽园的两层楼阁可资借景，使庭院景观更丰富更多层次。[13]

澄怀园

"在海淀，大学士张廷玉赐园，继大学士刘统勋居之，毁于火，后为内廷翰林公寓"（俗称翰林花园）（《宸垣识略》卷十四）。又录有沈德潜游澄怀园诗："名园水木互潆洄，地近离宫绝点埃。……行到苑墙遥指点，此间今号小蓬莱。"《藤阴杂记》云："澄怀园为上书房内直诸臣寓斋。大学士漳浦蔡公绘澄怀八友图，谓同时陈尚书惠华、程文恭景伊、张文恪泰开、观总宪保、二周学士长发、王章、梁少詹锡屿也。汪文瑞、秦文恭作记。前后内直诸公，皆有题句。蒋苕生士铨代涂少司空逢震二律擅

场，诗云：水土清华退食同，直疑楼阁在虚空。地邻海淀兼三岛，人异淮南正八公。……"《履园丛话》二十："澄怀园……尚书房暨南书房诸臣侍直之所。芳塘若镜，红藕如船，杰阁参差，绿槐夹道，真仙境也。"澄怀园与西郊诸园同样遭1860年和1900年两度蹂躏破坏。遗址后改作"东北义园"，现在是一片桃园，所产水蜜桃为京郊名产。现在这个桃园的东北角，仍傲立着三棵胸径一米多的古杨树（二青杨），是澄怀园的惟一遗物，也是北京地区罕见的古杨树。

熙春园和近春园

万泉河水从蔚秀园——鸣鹤园——朗润园的墙外静静地流过。这一段的北岸有绮春园（后来改称万春园），万泉河至此，有部分水量流入绮春园中，主流则紧贴着绮春园和长春园垣墙，向东向北流去。它的另一分支，在绮春园东南处，则分成两股，向东流入今清华大学范围内。这两股水之间，原来有一座清朝皇亲的私园，叫作熙春园（图10-29）。道光年间，熙春园

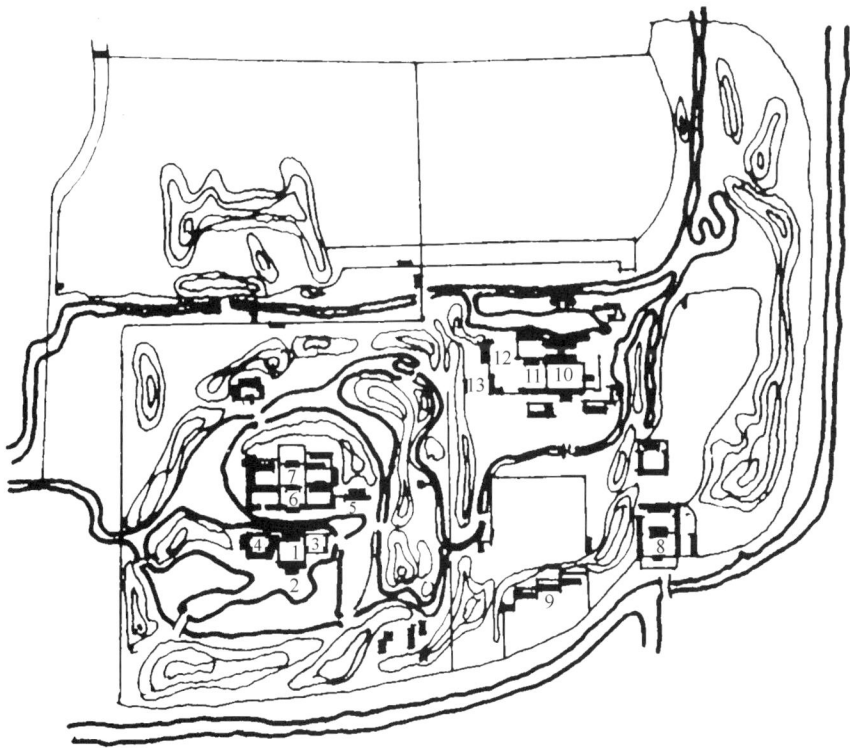

图 10-29　熙春园平面图

1. 尊行斋；2. 环碧堂；3. 藻竹居；4. 花韵轩；5. 涵春书屋；6. 嘉熙斋；7. 临漪榭；8. 永恩寺；9. 马圈；10. 工字厅；11. 抱厦；12. 西宫门；13. 点景房

被一分为二：东北部分仍称熙春园，是道光帝第五子的邸园；西南部分命名为近春园，归道光帝第四子所有。四子奕詝当了皇帝(咸丰)以后，把近春园改称清华园(图10-30)，并进行了部分扩建，咸丰题了园匾。[12]

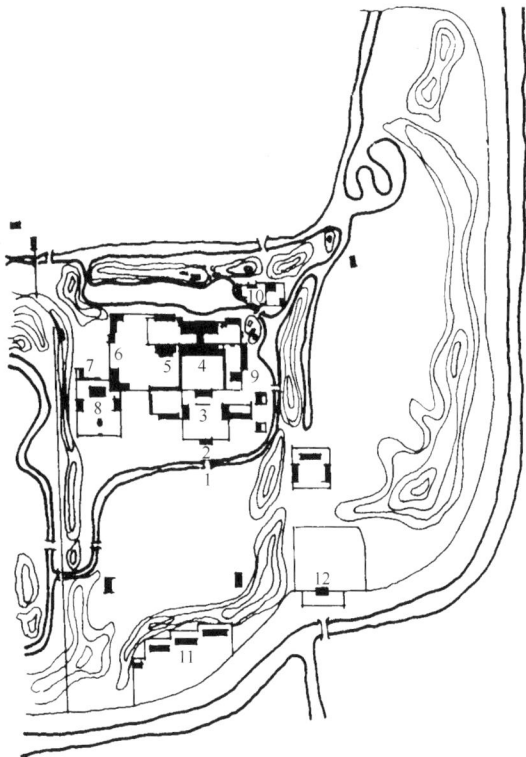

图 10-30　清华园平面图
1. 木桥；2. 宫门；3. 二门；4. 工字殿；5. 抱厦；6. 西宫门；7. 点景房；8. 古月堂；9. 值房；10. 平台；11. 马圈；12. 永恩寺

清华园旧址，包括现在清华大学礼堂区至水木清华一带及其以南大片地区，主要园林建筑群今称工字厅，工字厅(殿)北面有平台临水，即水木清华。水面不大，东西横伸。北岸及西岸以土山为屏。山上松柏苍郁，水面宁静如镜，一片水木清华景色。土山之北便是万泉河，河水可灌入湖中。湖东岸的一组建筑物已全部改观。目前，这里有两个亭子，分别被命名为"闻亭"和"自清亭"，以纪念清华大学著名教授闻一多先生和朱自清先生。

熙春园范围内为河湖所环绕，主要建筑物分布在两个大岛上，以水景取胜。英法联军焚毁西郊诸园之后，同治帝曾用拆东墙补西墙的办法把熙春园完全拆光，所得建筑材料搬去重修圆明园。现在，这里是

一片荷塘，一个荒岛，部分水面改建成游泳池或滑冰场。原先与万泉河相通的水道，早被填掉，不可复见。虽说是荷塘荒岛，于夏秋间仍然景色宜人。朱自清先生早年所写的著名散文《荷塘月色》，就是描写这个地方。朱先生逝世后，清华同仁曾在荒岛上建一座茅亭，纪念朱先生，亭名就叫作"荷塘月色"。

自怡园

"自怡园在海淀，大学士明珠别墅"(《宸垣识略》卷十四)。但海淀是个大范围的地名，具体在海淀何处，过去不清。近人曹汛据戴璐《藤阴杂记》卷十二："明大傅珠自怡园延唐东江、查他山课子(揆叙)。唐有园居杂咏十四首，……东江哭揆恺功诗：犹有高斋旧宾客，可怜水磨好园林。知园在水磨村，今为长春园。"这一段文字认为园在水磨村。曹汛在《自怡园》一文中又据查慎行诗句："鸡鸣觉村远"的说法来看，自怡园离水磨村还有一段距离。从揆叙："鹊语先喧水磨村"的说法来看，水磨村是在自怡园的南边。水磨村的地名，今尚见用。自怡园已无遗址可寻，戴璐谓：自怡园，今为长春园，既然归到长春园范围内，自然就无址可寻，据估计，大体就在长春园的东部、万泉河以西一带。[11]

自怡园始建于何时，未见明文记载。曹汛根据查慎行《敬业堂诗集》卷八有《相国明公新筑别业于海淀傍既度地矣邀余同游诗以记云》一诗，作于康熙二十六年(1687年)寒食以后，园当建于是年内。其时，明珠正为相国(武英殿大学士)不一年(康熙二十七年)就罢政，未几授内大臣二十年，康熙四十七年(1708年)卒。[11]

据明珠之子揆叙(生于康熙十三年)在《益戒堂自订诗集》卷一《夏日园居杂兴八首》其七云："指点园林旧画师，王维孤棹再来迟。伤心盛夏成迁逝，回首芳春忆别离。……"又诗后有注云：云间叶洮为余家筑园，归后再至京师，殁于涿州。据此，自怡园是青浦著名画家兼造园叠山艺术家叶洮设计并建造的。[11]

自怡园早包容在长春园内，或有些被利用改造，

但无园图流传下来，概貌不详。据查慎行《敬业堂诗集》卷四十一有《自怡园二十一咏偕西崖前辈赋呈副相揆公》诗咏，为康熙五十二年所作，所写当为自怡园后期盛时的情况。二十一咏为箕筜坞、双竹廊、桐华书屋、苍雪斋、巢山亭、荷塘、北湖、隙光亭、因旷洲、邀月榭、芦港、柳汼、艾汊、含漪堂、钓鱼台、双遂堂、南桥、红药栏、静境居、朱藤径、野航。一咏即一景，或为一景区。从诸家次韵所咏各诗，同是一景而感受不同，各有妙得。总起来看，自怡园具相当规模，是以水景为主，既追求素雅风格，也不失繁华气象，是府邸宅园特色。

自得园

在今颐和园东北界外，清末时改为升平署，是宫廷梨园住所。该园水源自昆明湖后溪河引得，园内形成许多大小湖泊，其中有一个大湖，湖中有一个圆岛，成为全园风景中心。目前遗址上的山水还基本上保存着原来的轮廓，但全部建筑物均已不见踪迹。[12]

渌水亭

"在玉泉山麓，大学士明珠别墅，子侍讲成德尝于此亭著大易集义粹言。"又"查慎行《渌水亭与唐实君话旧诗》：镜里清光落槛前，水风凉逼鹭鸶肩。……江湖词客今星散，冷落池亭近十年。"（《宸垣识略》卷十四）。

日涉园

"在西山麓。查慎行《日涉园送春诗》：惊雷掣电夜窗明，忽转云头又放晴。梦里似曾听雨过，晓来不碍看山行。……"等句（《宸垣识略》卷十五）。

王文靖别业（容园）

"自柳村、俞家村、乐吉桥一带有水田。桥东有园，其南有荷花池，墙外俱水田种稻至蒋家街，为宛平大学士王文靖别业。……文靖为崇简子，以汉人参与军机为有清第一人，城内所营怡园已见前文"（《燕京名园录》）。

三、北京几处清朝宅园例析

前已言及，1978 年 6 月作者曾与北京林学院多位教师合作，对北京现存清朝宅园进行了调查。在初步调查 38 处宅园的基础上，选出保存较完整的七处，查阅了资料，进行了图纸绘制，并作了初步分析。这里将七处中六处，即半亩园、莲园、那桐府花园、可园、马桂堂宅园和恭王府，进一步整理资料，评述如下：

（一）半亩园

"半亩园，在京师紫禁城外东北隅弓弦胡同内，延禧观对过。园本贾胶侯中丞(名汉复，汉军人)宅，李笠翁(名渔，浙江布衣)客贾幕时，为葺新园。叠石成山，引水作沼，平台曲室，奥如旷如。易主后，渐就荒落。乾隆初，杨虎莘员外(山西生员)重为修整，顾子若孙专务持筹，遂改为囤积所。旋归春馥园观察(名庆，满洲人)，又改为歌舞场，均园林之一变也。道光辛丑(1841 年)，始归于余(指麟庆)"(《鸿雪因缘图记》三集"半亩营园")。

"半亩营园"的首段文字已将地名(胡同名因宅园易主，开门朝向而有异，详后)点明，园始建于清初，本贾汉复园，山池台室，李渔所经营。但易主后渐就荒落，乾隆初一改囤积所，再改歌舞场，令人叹园林之因人而盛衰也。

贾汉复时府邸，东部为住宅，西部为园，园貌如何，因缺乏文献资料，难以复原。虽然麟庆文中提到叠有石山，引有水流池沼，园林建筑有平台曲室，仅此而已。叠石部分既出于李渔之手，而李渔(生于明朝后期)在清初以叠石名于时，园以是著名，为时人所赏识。麟庆在文中亦云："忆昔嘉庆辛未(1811 年)，余曾小饮南城芥子园(在韩家潭)中，园主草翁言，石为笠翁点缀。当国初鼎盛时，王侯邸第连云，竞侈缔造，争延翁为座上客，以叠石名于时。"还谈到："内城有半亩园二，皆出翁手，余闻而神往。计自辛未至辛丑(1841 年)，凡三十年，园归于余，以少年企慕所不可必得者而竟得之。"道光二十一年(1841 年)园易主归麟庆后，"命大儿崇实请良工修复，绘图烫样，均寄江南（时麟庆在江南任河道总督），因定。"由此可见，园经麟庆的修复、改葺、增筑后，成为当时人们所赏识的名园。

震钧《天咫偶闻》卷三有"完颜氏半亩园"条，指出："在弓弦胡同内牛排子胡同。国初为李笠翁所创，贾胶侯中丞居之。后改为会馆，又改为戏园。道光初，麟见亭（麟庆，字见亭）河帅得之，大为改葺，其名遂著。"又加评语云："纯以结构曲折，铺陈古雅见长。富丽而有书卷气，故不易得。"接着陈述了"每处专陈一物，如……"（详后）。最后提及完颜氏家世和先生（指见亭）故，已近六十年。"完颜氏门庭日盛，此园亦堂构日新（可见麟庆后人还有所修建）。满洲旧族，簪笏相承，无如完颜氏之盛且远者。其先出金世宗，国初未入关时，已有显仕者。顺治中，阿什坦学士字海龙，以理学著。……即先生之祖也。其后和存斋素（世）、留松斋（保）、完颜晓岩（伟）皆为一代伟人。见亭先生继之，崇文勤（实）、嵩文恪（中）继之。文勤公曾官盛京将军，……文恪公官尚书，为余（震钧）己丑座师。……"。所以《天咫偶闻》半亩园条目前加完颜氏三字。

如果要对半亩园加以分析评述，只能以完颜氏半亩园为例。因为麟庆著有《鸿雪因缘图记》共三集，其中有关半亩园的记文共七篇，即"半亩营

园"、"拜石拜石"、"娜嬛藏书"、"近光伫月"、"园居成趣"、"退思夜读"和"焕文写像"，每记即绘一园。这些记文和图提供了半亩园中主要景物的写实资料，从而可据以绘制出完颜氏半亩园的复原示意平面图，虽不中亦不远矣（图10-31）。

据北京市城市规划管理局综合处《半亩园应作

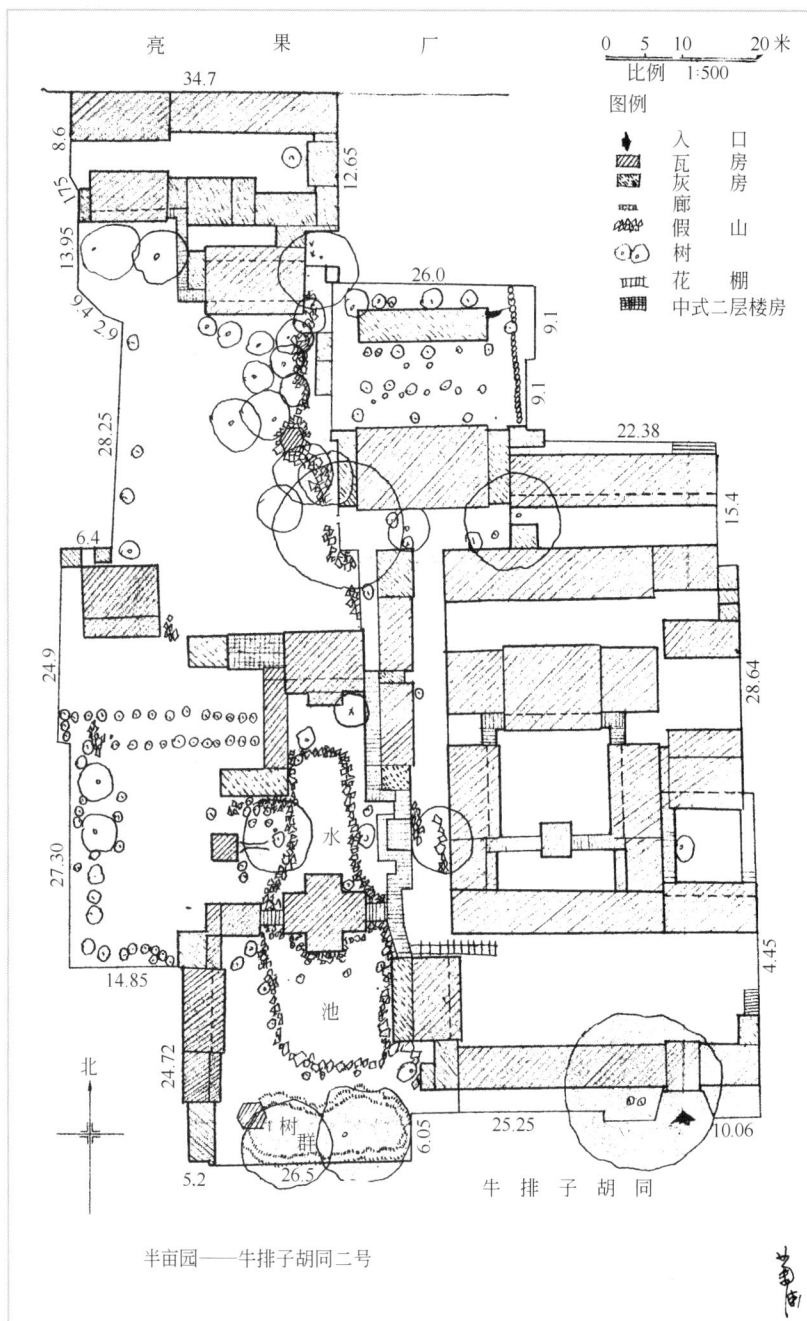

图 10-31　半亩园复原示意图

为重要文物加以保护并合理利用》（1979年2月）报告中指出："清末为瞿鸿机所有，民国后为其子瞿兑之所有"。当时陈设已虚，仅宅邸亭池皆存。据孙敏贞写《半亩园》文中云："1921年时曾为郭筱麓所有，陈设已虚，亭池皆存，进行修葺后作为宴客之所，后逐渐颓废。"[3] 据规划局综合处报告："抗日战争后其主要部分，后卖给天主教会是为牛排子胡同教堂"。北京建国后为政府接收。经综合处访问市房管局房管处及区房管局房管处了解，坐落牛排子胡同2号、亮果厂甲10号的半亩园宅邸及园，业主为比利时普爱学校，普爱学校成员之一姓名为万广里，因帝国主义间谍案，中级法院判决将房产没收（1955年5月12日）。规划局附件中又云：内蒙古天主教总主教王学明来函关于圣母会的财产问题中写道："……1945年胜利以后，圣母圣心会还在北京牛排子胡同购买了一处院落，名半亩园，是一个旧王府。圣母会曾在此处作为在内蒙活动的总支会。大约于1952年8月为政府接收。"可见抗日战争胜利后，半亩园为天主教圣母会购置，1952年8月为政府接收，1955年5月法院判决后收为公产。此后，其东半部（宅邸部分）归中国科学院、中共中央宣传部及北京大学三单位，作为家属宿舍；其西半部（包括宅园部分）归市公安局占用。

上述半亩园宅邸不仅门牌号建国后有变动，就是胡同名也因改开大门朝向而有异。大体说来，今美术馆北有一条胡同为弓弦胡同（东西向），弓弦胡同的东段有一条南北的小胡同为黄米胡同，弓弦胡同的中段有一条南北的狭小胡同为牛排子胡同，已不通行。与弓弦胡同平行而在坊北的为亮果厂胡同，其东口即大佛寺东街拐角。

半亩园的宅邸为科学院、中共中央宣传部、北京大学三单位的家属宿舍，半亩园本身及东半部宅院为市公安局占用。前三单位占用部分的门牌，原为牛排子胡同1号，现改为黄米胡同9号，门南向；原第二进改门东向，为黄米胡同7号；原第三进改门东

向，为黄米胡同5号。公安局占用部分原为牛排子胡同2号，后来将大门改在北面，为亮果厂胡同6号，原牛排子胡同1号与2号是相通的，因归属不同单位后已隔断而不相通。

公安局占用半亩园及东半部宅院。宅院部分基本未动，原大门南向，连有倒座房一排，然后第二排照房，房前巷东有洞房可通东部。进第二道门又有一排照房，进垂花门为正院（四合院式），正院东为跨院。再后又有照房和倒座房。这部分建筑布局比较规整，建筑做法也较精致，建筑细节和内外装修也很讲究，现在基本保持原样，这是值得珍惜，并应加以保护和保存的。

半亩园本身就在整个宅院的西部，中间有夹道将园与宅院分隔。夹道的南端有六角形洞门，上横有碑，刻半亩园三字。

从《鸿雪因缘图记》（以下简称《图记》）中"半亩营园"的图上看（图10-32），夹道的西墙南段，开有形式不同的园门二（南似为葫芦形，北为长方形）。从复原示意平面图看，全园布局上可分为三部分：入园门后为半亩园主体部分；其西（即全园中隔部分）有南北纵列的，上为平台下为廊屋的一组建筑，这组建筑的北端有二层楼阁（阁西连延有竹石山院，再西为嫏嬛藏书小院从建筑组合说与延光阁同一线上，从园说原西半北界）；再西（即园西半部）有小桥流水，修竹花果，坊亭廊榭，片石假山，富自然之趣。这是半亩园布局的梗概，下面分三部分，据《图记》加以描述。

半亩园的主体部分：北为五楹卷棚顶的正堂名曰云荫，前有抱厦；东侧为前后小卷的厢房，向南延伸有上为台下为廊的曲尺形建筑，中曲扩大部分平台上建有小轩；西侧即上为宽台下为廊屋的中隔部分墙；云荫堂前为比较宽畅的中庭；南为长方形水池，背依南墙。

云荫正堂建筑外部装修，从图中看，窗棂全作冰裂纹，檐下挂落和坐凳栏杆都采用直线式图案。震

图 10-32　半亩营园

钧《天咫偶闻》中曾言及半亩园"纯以结构曲折，铺陈古雅见长。富丽而有书卷气，故不易得。每处专陈一物，如永保尊彝之室专弆(藏)鼎彝；嬛嬛妙境专藏书；退思斋专收古琴；拜石轩专陈怪石，供大理石屏，有极精者。端砚、印章累累，甚至楹联亦磨石为之。"云荫正室陈何物？"中设流云槎，为康对山物，乃木根天然，卧榻宽长皆及丈，俨然一朵紫云垂地。左方有赵寒山草篆'流云'二字，思翁、眉公皆有题字。此物本在康山，阮文达以赠见亭先生者，信鸿宝也。"

云荫堂抱厦阶前，左置日晷，右置湖石，均有座，东西又各植松一株。中庭南置盆栽四，均有盆架，除荷花缸显而易见外，其他三盆为花木。中庭布置规整，虽简而自有其雍容华贵的气度。庭南水池，从图中看，周砌条石，外围以矮栏杆，池西北角有水下流似为进水口。据《天咫偶闻》的记述："大池盈亩，池中水亭，双桥通之，是名流波华馆。"但《图

记》中，无论是图是文，都没有盈亩这样规模的水池，池中也没有水亭和流波华馆之名，更没有双桥通之。震钧的描述如斯，也许园归麟庆之前有之，但无他证，录此存疑。

中隔部分的主体是南北纵列的，上为平台、下为廊屋的建筑，其北端另起一楼，其南端横列上为平台、下为斋轩的建筑，靠壁理以假山石洞。由于它，无形中将园分隔成东半与西半，但似隔非隔，因此，两半虽各异其趣，而又联成一体。从《图记》的"半亩营园"图幅上(图 10-32)可以很清楚看出这一结合山石的建筑组群的概貌；从《图记》的"近光伫月"(图 10-33)和"退思夜读"(图 10-34)的文字和图幅，更可了解到细节部分。

这组建筑的一个特点是上为平台，而且"台广丈有咫，长倍之"，可登临赏游(从图幅上可以看出)，凭空增大了活动空间。这登临游赏活动，既"宜于清晓夕阳，而尤宜于月。"台上也可具杯酌以饮，或抚

图 10-33　近光伫月

图 10-34　退思夜读

琴弄弦或小坐欢聚，不一而足。另一特点是平台北端横列一楼，称近光阁，可远借皇城诸景。《图记》"近光伫月"中云："近光阁在平台上，为半亩园最高处，以其可望紫禁城大内门楼，琼岛白塔，景山寿皇殿并

中峰顶万春、观妙、辑芳、周赏、富览等五亭，故名。"又一特点是这组建筑的南北长的中段，上为平台而下为东廊（曝画廊）、西轩（海棠吟社）。再一特点是南端横列的退思斋屋的南壁，靠壁理以湖石假山并

有山洞，洞通斋屋。

据《图记》"近光伫月"中描写：台"南有松生石洞上(图10-32)，传系笠翁手植。其西石磴三折(图10-32)，即来路。"这一段文字描述了靠斋南壁理叠的湖石假山，下有石洞，松传系笠翁手植，假山传系笠翁所叠，1978年调查时，假山部分已倒坍，残存有石洞及石磴一折，可上登平台，所坍湖石已被填水池中。这种掇山手法，正如《园冶》中所称"峭壁山"。"峭壁山者，靠壁理也，藉以粉壁为纸，以石为绘也。"(《园冶·掇山篇》)。但半亩园的峭壁山，还理有石洞，"入洞再转，为退思斋"(《图记》)。《园冶》又云："理者相石皱纹，仿古人笔意，植黄山松柏古梅美竹"和理洞法所云："上或堆土植树"，因此，植松与掇山可能在同时，同为笠翁所叠所植。

入洞再转为退思斋。据《图记》"退思夜读"中描述："退思斋在半亩园海棠吟社之南，后倚石山，有洞可出。前三楹面北，内一楹独拓东窗，夏借石气而凉，冬得晨光则暖。"从退思夜读图幅(图10-34)上可看到东间独拓的东窗。由于南壁掇山，所以除一门通石洞外，面南无门窗。据麟庆自云："余之家居养疴也，自夏徂秋，每坐此(指退思斋)读名山志以当卧游，读水经注以资博览。"又在"近光伫月"篇中写道："对斋为偃月门"。这个偃月门从"半亩营园"图幅中，"近光伫月"图幅中，都可看到在近光阁院南隔墙露出偃月门的上半段。

中隔建筑的中段为东廊西轩，从"半亩营园"和"近光伫月"图幅上都可看出。"近光伫月"文中指出："西轩为海棠吟社。……东出为曝画廊。廊及退思斋顶即平台也。"大抵因"院有海棠二"所以西轩称为海棠吟社。

假山部分，前已叙及"其西(指石洞上松之西)石磴三折，即来路"可能一折下东，一折下中，一折下西。"下磴东有亭曰留客处"，即下西折的石磴的东有称留客处的亭。1978年调查时，尚存一方亭，可能即称留客处之亭也。据"近光伫月"文中云："过

亭为小桥"，这个小桥已属园西半部景物，详下。

半亩园西半部的南段为小桥流水，西依廊榭；入中段则以坊亭美竹见胜；北段有片石假山横列，过此为拜石轩和娜嬛妙境三院并列。

前已述及，园中诸轩斋专陈一物为长，拜石轩专陈怪石，娜嬛妙境专藏书。据"拜石拜石"一文云："半亩园以石胜，缘出李笠翁手，故名。顾西山石青质薄多片，其礌砢黄而有致者，出永宁山，今封禁。园中所存(指退思斋南壁山)，尚康熙间物。余命崇实(麟庆长子)添觅佳石，购得一虎双笋，颇具形似，终鲜绉、瘦、透之品。乃集旧存灵璧、英德、太湖、锦州诸盆玩，并滇、黔朱砂、水银、铜、铅诸矿石，罗列一轩(颜轩曰拜石)，而嵌窗几以文石，架叠石经石刻，壁悬石笛石箫。轩前后凡六楹。后三楹：一贮砚，一贮图章，一镌米元章洞天一品石论于版壁。前三楹：一木假石，高九尺，质系泡素，洞窍玲珑；一是石，围四尺，上勒晋卞忠贞公壶诗，成哲亲王(讳永瑆)诒晋斋跋，色黑而黝，古光可鉴；一大理石屏，高七尺，九峰嶙峋，旁镌阮云台先生点苍山作，屏即先生所赠也，又插牌一，天然云山，云中一月，影圆而白，山头有亭，四柱分明，承以檀座，座镌吴匏庵、姜西冥跋，谓为山高月小。"

从"拜石拜石"图幅(图10-35)看；轩前出敞廊，廊宽可设椅几；前三楹，中隔以冰裂纹落地罩，西间陈九峰嶙峋大理石屏，中间陈木假石一座，东间陈星石。轩前台阶用片石，蹲配以山石。庭中设花台，雕以回文。台前陈设三：中间似为木假石，有座；东似为盆栽虎刺，西似为盆栽仙人掌，皆用块石为座。庭东有一石形似虎，殆即崇实所觅所谓一虎双笋者。院西隔以虎皮石墙，院南界以片石假山，从而自成小院。此外，虎皮石墙外半露一亭，有美人靠者。

《图记》"娜嬛藏书"篇云："半亩园最后，垒石为山(大抵即'拜石拜石'和'娜嬛藏书'图幅中所见片石假山)。"顶建小亭(图幅中未画)，其南横板作桥，下面人行("娜嬛藏书"图幅中可见)。西仿娜嬛

图 10-35　拜石拜石

山势，开石洞二(图幅中未画)。后轩三楹，颇爽垲，颜之曰娜嬛妙境。请汤雨生都督篆而自集句为楹帖曰："万卷藏书宜子弟；一家终日在楼台。……统计八万五千余卷。盖萃六七世之收藏，数十年所贻赠而后得此，亦云富有。"从"娜嬛藏书"图幅(图10-36)来看：正中一楹，北置坑座，可坐卧阅书，旁为充梁书架，即以书架代落地罩，与东间相隔。东间，北置床榻一，东墙满置书柜、书架，临窗设长书桌案一，可抄录或写作用。西间，北置书柜书架，临窗设书桌。从图幅看：轩前有葡萄棚架(认为是葡萄棚架的理由见后节)；院中四角陈盆栽器，北为书带草二，南为红蕉、铁树各一，即文中所云："阶前植书带草、铁树、红蕉，俱文品。"院东有廊，前为竹编屋架，攀有藤本。院南以片石假山为界，这段假山与拜石轩南的假山相连，把西半部分隔成北小半(包括拜石轩、娜嬛妙境两小院)和南大半(包括中段和南段)。

西半的中段景物，主要见"园居成趣"篇文及图幅。从图幅(图10-37)看，主景是方亭，"前临流水

小桥(拱桥)，后植修竹，间以石坊(石坊后墙即'院有海棠二'的中隔部分的小院西墙)，旧额潇湘小影，余集楔帖为联曰：寄兴于山亭水曲，得趣在虚竹幽兰"。文中云："园中花果有海棠、蘋婆、石榴、核桃、枣、梨、柿、杏并葡萄二架"。这里所说园中花果不是专指西半中段部分而是就全园而言。"并葡萄二架。一巨者在西南隅，旁倚方亭"。这就是本图幅中的一架，另一架在"娜嬛藏书"轩前(因为除此之外，未见其他图幅中画有棚架)。文中又在"间以石坊……得趣在虚竹幽兰"句后又云"不数武，墙阴处有亭如扇面式，颜曰小憩，题楹帖云：得三隅法，是一转机。"但图幅中未画有扇面亭，又图幅中东南隅湖石假山，大抵就是退思斋西南隅的假山部分。

流水小桥以南的部分可参见"焕文写像"篇文及图幅(图10-38)。图右云(实为北)可见前述小桥(拱桥)，桥东水流至假山下，并见退思斋的一角。泉水自南(图左)流北(图右)折西又弯而东流拱桥下。图南(实为东)方池半露。溪流南段横跨有小板平桥。溪

图 10-36　嫏嬛藏书

图 10-37　园居成趣

图 10-38 焕文写像

一，虽居室中，与坐洞中无异矣。"据此，半亩园中，退思斋及其南壁假山与洞与上述同一手法，认为假山和洞出自李笠翁手，信不虚也。又"洞中宜空少许，贮水其中而故作漏隙，使涓滴之声从上而下，旦夕皆然。"前述流水折东而流至退思斋屋角，很可能还引入洞中。到了西半，溪水北流，潺潺石间，横跨板桥，馆立石矶，自是山野之趣。其北，方亭为主，前临流水小桥，后植修竹潇湘，诚如亭联所云："寄兴于山亭水曲；得趣在虚竹幽兰"。以上一切景物都可以在东厢曲廊上坐到台廊上俯视而得，更有甚者，近光阁上可以远借紫禁城大内门楼塔山诸亭之景，为最要者。

西，叠石成层岩，又似有潺潺清水流于石间。层岩西立有玲珑池馆及廊，馆中坐有二人，文中云："闰七月，余承命于役东河，焕文来送，邀陈朗斋同坐玲珑池馆流云槎上"。可见画中坐二人即麟见亭与陈朗斋。据前述，流云槎本在云荫堂，可能为了写像而移此作座。

总的说来，《图记》所描绘的完颜氏半亩园无论是布局造景，叠石理水，建筑组合，确有其独到之处，不愧道咸（道光、咸丰）以来北京宅园中的名园之一。园虽名曰半亩，其实约近亩许，也还是面积有限。在这一亩之地中，既立基以定厅堂，又接以房廊，连以轩馆，结合巧妙；既靠壁理以石山，又横列青石叠空如娜媛形势。上台下廊屋的建筑纵列，无形中将园分东西两半。东半体形规整，南有方池，但东侧有曲廊小楼加以变化。靠壁理山，计成在《园冶》中早已言及，谓之峭壁山，与李渔《闲情偶寄》中"山石第五"的石壁有异，但李渔论及石洞云："假山无论大小，其中皆可作洞。洞亦不必求宽，宽则借以坐人。如其太小，不能容膝，则以他屋联之，屋中亦置小石数块，与此洞若断若连，是使屋与洞混而为

（二）恭王府萃锦园

恭王府是清朝恭王奕訢的府邸，邸北连有花园名萃锦园，是北京现存较完整的、建筑宏丽、花园精美的一处亲王府邸。恭王府位于前海（什刹海）三座桥西北，今北京市西城区前海西街十七号，西临今柳荫街，南迄前海西街，东至毡子胡同（乾隆时名厂门口），北止大翔凤胡同（原称大墙缝胡同），整个府邸花园占地十余亩（图10-39）。

恭王奕訢是清道光帝旻宁第六子，咸丰帝奕詝的异母弟（咸丰帝奕詝为孝全成皇后所生，恭亲王为孝静成皇后所生）。咸丰元年（1851年）封恭亲王，次年四月分府，移居宫外，迁至邸第。咸丰三年（1853年）命在军机大臣上行走。咸丰四年（1854年），送授都统、右宗正、宗令。咸丰五年（1855年），孝静成皇后崩，因上封号问题，奕訢触怒了奕詝，遂以"礼仪疏略"的罪名，罢军机大臣等职，仍准"在内廷行走，上书房读书"。咸丰九年（1859年）授内大臣。咸丰十年（1860年），英法联军攻陷北京，授钦差全权

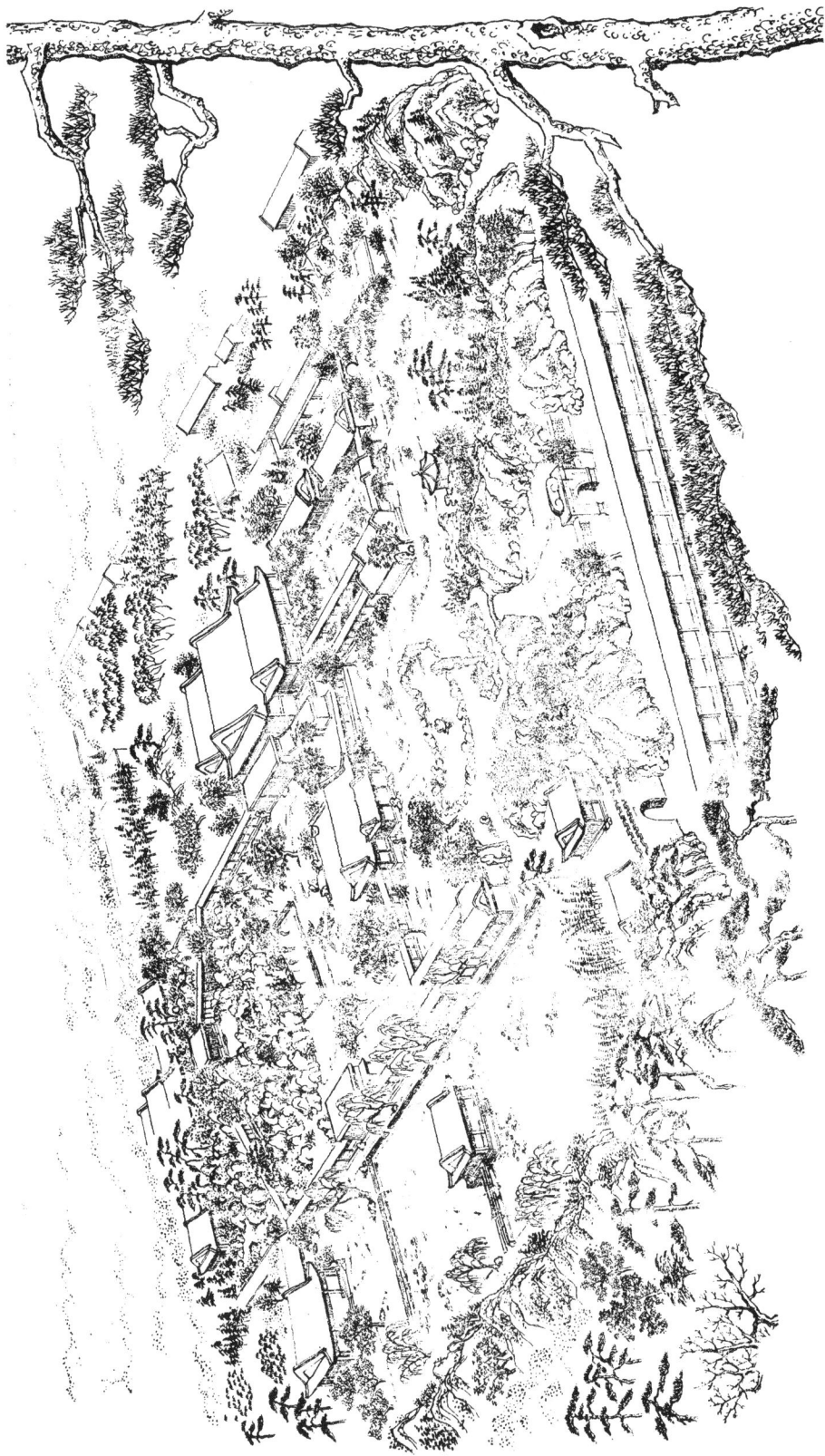

图10-39 恭王府花园鸟瞰图

大臣，留京与侵略者进行谈判，签订《北京条约》。次年，咸丰帝死，奕䜣与慈禧太后发动夺权的辛酉政变，出任议政王，再任军机大臣，并主持总理各国事务衙门，总揽内外政权于一身。后因权势过大，遭慈禧太后疑忌，于同治四年(1865年)，以"内廷召对，时有不检"为口实，罢去议政王，仍在军机大臣上行走。光绪十年(1884年)，又以"委靡因循"为借口，被逐出军机处及总理各国事务衙门，停亲王双俸，令"家居养疾"。光绪十二年(1886年)，复发亲王双俸。光绪二十年(1894年)，中日战争爆发后，他利用慈禧、光绪间帝后党争，三任军机大臣，兼管总理各国事务衙门，督办军务，节制各路统兵大臣，直至光绪二十四年(1898年)去世。奕䜣一生，经历了道光、咸丰、同治、光绪四朝，数主军机，参与枢要，不论其在职或赋闲期间，均对当时政局具有较大影响，是清廷重要决策人物之一。[15]

恭王府的历史沿革　　咸丰元年(1851年)奕䜣封恭亲王后，移居宫外，分府迁至原庆王府(由来详后)，从此庆邸改称恭王府。在庆王邸之前为乾隆晚期宠臣和珅的宅第。和珅当年住的这所宅院是圣上御赐或自行购置，抑为买地兴建，以及何年在此修筑？因无史料可据，故已无从查考。但不论何种情况，这座大型宅第的营造不会早于乾隆四十一年(1776年)和珅出任户部侍郎之前。[10]《北京清代宅园初探》一文中认为和珅营造府第大约在乾隆十九年(1754年)至二十三年(1758年)是错误的。单士元在《恭王府沿革考略》一文补叙中也认为"惟据恭王府现尚悬有慎郡王书'天香庭院'匾一方。慎郡王名允禧，康熙第二十一子，雍正朝封贝勒，乾隆即位晋王爵，乾隆二十三年(1758年)卒。以时代考之，此匾非庆王、恭王能有，当系书与和珅者。据此知和珅建邸时期，在乾隆十六年(1751年)至二十三年间也。"[16]但据吕英凡《邸园精华恭王府》一文中指出，乾隆二十三年时，"和珅还是一个八、九岁的幼童。"[10]错误是由于慎郡王书"天香庭院"这一匾的年代而引起的。吕英

凡认为"此匾决非和第之物，应是后来庆王或恭王府时期有人从别处移来或购置的。"[10]

在和珅营造宅第之前，这里是否有过大规模的宅第？大多数学者根据乾隆十四、五年间(1749～1750年)绘制的《乾隆京城全图》中，今恭王府的位置上只是居民住房，并设有规模较大的府第之类，因此认为有据可证的，仅可追溯到和珅府第。但据周汝昌《恭王府考》一书中"三、意见的商量(之二)"，提出："有两种旧迹深可注意。一是太湖石所叠假山……已有不止一位内行指出，湖石本身及叠法，都是明代或清初遗物，后来已不再有这样做法了。这是一。方池上正面的石假山，叠有山洞，即滴翠岩秘云洞，洞内的最正中，立有一块石碑，镌刻了一个行书大'福'字，上方并刊有'康熙御笔'的一颗印记，镌刻甚精。'福'字字体独长，确是康熙笔迹。(原注：此碑福字与印记，是原刻旧迹。在上侧出现了'丁午'年的字样；字口不整。按干支纪年中并无'丁午'，只有丙午、丁未。或系后人所妄加胡乱挖刻，这个碑也说明了这样的问题：若认为此处府园本系和珅始建，那么他是乾隆晚年才得宠的亲信，……如要刊刻皇帝赐的'福'字。当然要把乾隆的福字奉为奎章宸翰，……如何去刻……七、八十年以前的康熙'福'字？……(再晚的府主，更不会'抛弃''当今'却去刻康熙的'福'字。相反，早先竖立的康熙的字碑，任何后来府主也不敢再去触动、搬掉'先朝皇帝'的御笔，因为，那要被视为大不敬之罪)"。"再举一例：恭亲王奕䜣的诗集《萃锦吟》卷三，页三十一，有一个诗题，说到'因于邸中朗润园置酒为贺，有一句诗是'怡神在灵府'，原注云：'园内设席处敬悬仁庙(康熙)御书匾额曰怡神所'。怡神所，载滢的诗集中也屡次提到，而不列入'二十景'中，明其为原有的一处建筑之故。……以上迹象证明，早在康熙时，已有此府此园了，……此一府园虽然早先的府主有待查明，但绝非和珅当政时的'新产品'。"[17]

周汝昌在《恭王府考》(四)论证的增添(丙)旧巢

新燕这一节中又提出：和珅的府第的地点有可能是明朝李广的私第。李广是明朝在刘瑾之前的，阁臣宰相目之为元恶，御史给谏视之为大奸的大太监。此人以"符箓祷祀"而得爱宠，尤其是孝宗皇后张氏。李广在弘治年间（1488～1505年），不可一世，四方贿赂，后被治罪抄家。给事叶绅上疏，劾李广八大罪，"盗引玉泉，经绕私第，罪四"（《明史》卷一百八十）。《明史》卷三百四，为李广立小传，中云："……四方争纳贿赂，双擅夺畿内民田，专盐利巨万。起大第，引玉泉山水，前后绕之。"这里说的"玉泉"即指从西山引入京城以内的"后三海"之水，也称玉河水。按元朝以来，"玉泉""玉河"水是皇家专用，任何人不准引水（除特许），到清朝也相沿不异。为此，"盗引玉泉，经绕私第"成为八大罪之一。从《明史》之文，可见李广是从后海引玉泉水南行，经其宅之西侧，折而东流，整包其府宅（前后绕之），而流向前海，引水架桥，所以桥名李广。按明嘉靖时张爵《京师五坊胡同集》中即作李广桥。清朝蒙古族诗人法式善在《西涯考》中说：（李西涯故居地名煤厂）厂西则为李广桥，……然而奸珰遗秽，桥亦蒙羞，后人易名藜光（文人杜撰，无人依从）。又嫌文饰，不如直名之曰李公桥为当（改属李西涯为好），但人们一直照旧称呼李广桥。[17]

据《天咫偶闻》卷四："恭忠亲王邸，在银定桥，旧为和珅第。从李公桥引水环之，故其邸西墙外，小溪清驶，水声雪然。其邸中山池，亦引溪水，都城诸邸，惟此独矣。珅败，以赐庆亲王。……恭邸分府，乃复得之。邸北有鉴园，则恭邸所自筑。宋牧仲有《过银定桥旧居》诗，或即此第乎？"文中开头说从李广桥引水环之，正可与上文所叙李广起大第，"盗引玉泉，经绕私第"互为印证。此外，此府还可能是宋荦的故居。从宋荦《西坡类稿》卷四十四《筠廊偶笔》页十三明白记叙"盖所居乃前朝中贵旧业。"[17]

总起来说，周汝昌认为：和珅建府之前，李广在此早起大第，故址几经兴废，后来很自然地还是赐给大太监居住，清初入关后收了，给了"相国"等级

的宋权作府邸（才有"所居乃前朝中贵旧业"之句），是完全可能而且符合历史情况的。《筠廊偶笔》撰成于顺治十一年（1654年），到康熙时，此宅必为另一达官或贵家所住，所以恭王府园之内存有康熙时旧迹旧石。周说是有理由的，是有记文依据的。

当然，恭王府地址，可能是明朝李广第园的故址也好，清初为前朝中贵旧业也好，宋权作府邸也好，都没有关于第宅建筑和邸园的描述记载，即便到了和珅作为府第后的邸园的情况也不清楚，除了劾和珅"二十大罪"中提到的两个地方与邸园有关。"和珅，钮祜禄氏，字致斋。满洲正红旗人。最初以文生员承袭其父常宝职为轻车都尉。后在銮仪卫当差，选抬御轿。他虽出身卑微，但仪度俊雅，聪明异常，且善窥人意，应对机敏，博得乾隆的赏识和信任。因之官运亨通，青云直上，于乾隆四十年（1775年）起连续提拔，很快迁升户部尚书（乾隆四十一年）。后数年间，又升太子太保、军机大臣、议政大臣、吏部尚书、协办大学士管理户部等职。五十四年（1789年）乾隆将其最宠爱的小女儿固伦和孝公主赐婚于和珅的儿子丰绅殷德。嘉庆三年（1798年）授一等忠襄公。真可谓富贵尽有，位极人臣。"……"深得乾隆宠信的和珅，骄奢淫逸，结党营私，卖官鬻爵，贪污纳贿，积蓄了大量资财，是我国历史上有名的大贪官。因有乾隆为其撑腰，谁也不敢动他一根毫毛，直到嘉庆四年（1799年），太上皇乾隆去世，和珅失去靠山。嘉庆亲政，才将和珅治罪，赐令自尽，抄没全部家产。"《嘉庆实录》所载和珅'二十大罪'中，提到两个地方与恭王府有关：一是说和府所盖的楠木房屋，'僭侈逾制'，庆颐堂（即恭王府的锡晋斋）里的多宝阁与隔断式样，都是仿照大内宁寿宫制度建造的。二是说和珅宅第花园里的观鱼台（即恭王府花园原水池中的水榭），与皇家圆明园的蓬岛瑶台无异。此外，和珅宅中尚有只能在宫内养心殿、乾清宫、皇极殿等处暖阁才能修建的装饰'毗户帽门口四座'，以及还有连王府也不能设置的'太平缸五十四件，铜路灯三

十六对'。……都可以使我们想像到当日和珅的狂妄，及其宅第的排场。"[15]

和珅死后，革去公爵，仍留伯爵，由其子丰绅殷德承袭。不久又革去伯爵，停其世袭，留下宅第，一部分给和孝公主与这位额驸居住；另一部分，于同年四月赏给庆郡王永璘，从此这里便改成了庆王府。庆王永璘，是乾隆帝十七子，与嘉庆帝为同母兄弟。乾隆五十四年（1789年）封贝勒，嘉庆四年（1799年）封郡王。嘉庆帝把和珅宅第赏给了永璘。在他搬进去之前，须按郡王府的规格对和珅宅第进行一番改建。中路建筑的那些只有王府才准用的兽吻、绿琉璃瓦等，应是这次所添换。当时和孝公主与额驸仍住一部分，直到道光三年（1823年）和孝公主死后，整座府邸才全部归于庆王。不过永璘早在三年前便去世了。死前，嘉庆二十五年（1820年）三月晋封亲王（所以又有庆亲王府之称）。之后，永璘的后代，又在这座王府里居住，直到咸丰初奕訢分府，永璘的孙子辅月将军奕劻才由这里迁出。从此，庆邸便改成了恭王府。[15]

在恭王未正式迁入前，内务府应对原邸有所兴修，奕訢在居住过程中，也可能对原邸进行局部修筑和调整。哪些是内务府兴修，哪些是奕訢修筑已不可考。幸而除个别建筑焚毁或倒塌外，府邸建筑及花园基本保存完好。就现存恭王府建筑形制及装饰风格来看，大都保持着乾隆晚期和嘉庆初年的原样。

恭王府的布局　　恭王府由府邸（在前）与花园（在后）两大部分组成（图10-40）。府邸部分的建筑规制，南北厅堂排列为多进。平面布局上，又可划分为中、东、西三组院落。中轴一组院落为四进，前部为一座三开间的大门，东西各有旁门三间。大门前有石狮一对。大门之外沿南边围墙有两排倒座房，是王府的办事机构。在东西围墙建有两座辕门（称阿其厅门）通街，作为主要出入门户，这是清朝王府建筑惯用的格局。

府邸部分：进了大门，正北便是二门，穿过二门，便是中轴上正殿。它是府里最主要的建筑，俗称银安殿，在重要节庆时，才开放使用。可惜于1921年元宵节，因烧香失火，全部焚毁。现在连早先能看到的原来的石台基和柱础也没有了，后人又在通道两旁种植了树木。再往北，进垂花门便是府里重要建筑嘉乐堂。它是一座硬山顶、前出廊的五开间的后殿，气魄雄伟。左右有东、西配殿，堂与东西配殿转角处以廊屋相连接。据说后殿本无匾额，原是"神殿"，为萨满教祭神、祭祖的地方，是王府中最神圣的所在。左配殿为神器库，右配殿为银库。在后殿的右侧，竖有一根杆子，名唆啦竿子，亦称神竿，它映在地上的太阳阴影，一般人是不许践踏的。中轴线上的建筑物，都覆以绿琉璃瓦和琉璃屋脊、兽吻，西厢配殿则覆以灰筒瓦。[15]

东边一组院落，现存三进房，两个院落。正厅及东西配房都是五开间，硬山顶灰筒瓦。中院正房名多福轩，是奕訢的客厅，墙上满挂各体福字，院里植有一架藤萝。后院正厅名乐道堂，是奕訢的起居处所。[15]

西边一组院落三进完整。中院正厅即和珅时的葆光室，两侧各有三间耳房和三间配房。葆光室北，即中院与后院之间有隔墙和垂花门，垂花门南沿墙有竹围。进垂花门，向北一面，上悬"天香庭院"一匾，不署名，不称上款，只钤一颗慎郡王印。门北院中有古树两株；已有约二百年树龄的西府海棠。后院正厅，即和珅时庆颐堂改成的锡晋斋。当时庆颐堂的多宝阁和隔断式样，都是"仿宁寿宫乐寿堂的款式，为勾连搭式结构，厅内有暖阁布局，进深宽大，退间宏敞，设计精巧，只是较乐寿堂规模稍小而已。"[18]锡晋斋的东配房名乐古斋，西配房名尔尔斋。锡晋二字是奕訢因该厅珍藏有西晋文豪陆机的墨迹《平复帖》而命名的。尔尔斋是存放其他碑帖的地方，大抵以其他碑帖与陆机的比较之下，不过尔尔的意思。乐古斋则是陈列古董的所在。[15]

人期风胡同

北

4850
4820

柳

5 0 5 10 15米

4808

4865
4085
5332
5265
4817
5188

5330
8 9
10
5450 5172 5202 5236 5162
4832
5

原有古建

后建建筑

1. 嘉乐堂
2. 天香庭院
3. 瞻霁楼
4. 宝约楼
5. 园 门
6. 戏 楼
7. 水 榭
8. 福来峰
9. 流杯亭
10. 榆 关

梁永基 绘
1978.9.

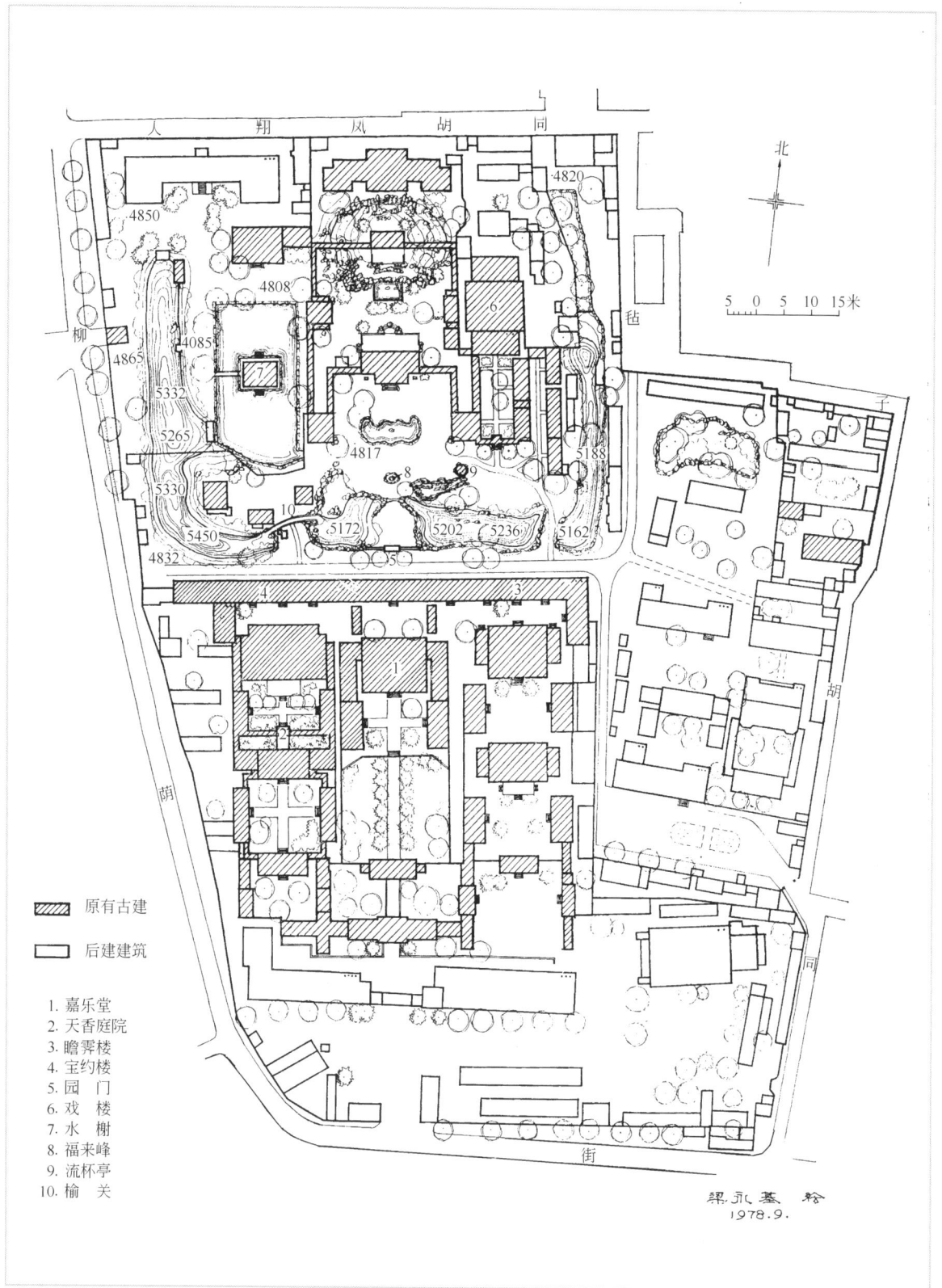

图 10-40 恭王府府邸和花园平面图

在这三组院落的北边是东西一百七十多米长的一幢两层的后罩楼，东、西端向南延伸，好像把三组院落拥抱在怀似的。楼房贯连五十余间，俗称九十九间半，楼上东边悬有"瞻霁楼"匾额，西边悬有"宝约楼"匾额。楼前出廊，后墙上每间上下各开一窗。在楼中部偏西一间的下层开有一个过堂门（后来堵砌），通向府后花园。此门与花园南墙西部刻有榆关二字额的旁门相对。[15]但是，据刘蕙孙《名园忆旧》一文中提到"我看见的后楼……并不是像今天一间间的房子，而是房子里面有一座假山，假山从平地通向二楼，从山洞里钻入沿石级小行，出来就上楼了。辅仁接收房子时，假山还在，但年久失修，不少地方都摇摇欲坠，并且尘封蛛网，挂碍很多。……后来辅仁女院将此楼改作女生宿舍，就把假山拆去，改为今状。"[19]据文献记载楼内假山为木假山。

邸园部分：邸园萃锦园又名朗润园。"奕䜣的诗集《萃锦吟》卷三，页三十一，有一个诗题，说道：因于邸中朗润园置酒为贺。"按"朗润园本是恭王的西郊海淀赐园的名称（后为燕京大学校园之一部分，仍称此名），后来他把邸园也称为朗润园（并把皇帝御书匾额照摹了一个副本，也悬在府园之内）。以后有称府园为萃锦园的，或因其诗集《萃锦吟》而得名。"[17]

邸园南墙中部开门，为中西合璧拱券形式样，雕有石花，俗称洋门（可能受乾隆长春园西洋建筑影响），旁连短墙（有漏窗），短墙东西两侧用戴石土山的南壁为界。园门上方，南北各镶有石刻门额，南面题字：静含太古；北面题字：秀挹恒春，点出了府邸和邸园的不同意境和情趣。[3]

邸园总平面近方形，东西宽约170米，南北长约150米，总面积25710平方米，合38.5亩。据图分析，各种用地大致比例如下表：

邸园主要是日常游息的生活境域，而生活上多种

	面积(m²)	占全园面积(%)
水　　面	1584	6.1
山　　地	3852	16
建　　筑	6286	24
绿　　地	11462	53.9

活动大都围绕各个建筑进行，因此，一般宅园中建筑占很大比重（但较诸明清苏州宅园的建筑比重为小）。就全园建筑布局看，东北部建筑密集，西南部比较疏朗，如果从园的西北角向东南方划一条对角线的话，就可明显地看出上述建筑布局的特点，邸园中的中心部分是宴客会友用的厅堂。左侧有一组建筑院落，北面是观剧用的大戏台；右侧是一大的湖池和散落在池南北和东侧的堂榭轩廊。[3]

全园设计构思仿皇家宫苑，布局上有明显中轴线，从南到北一贯到底，与府邸中院的轴线相连接。邸园的东北部与西部也各自有以主要建筑为主的轴线，邸园南界的东豁口和西豁口也与东院和西院的轴线相应。这是王府邸园在布局上的一个特点。[3]

全园地形原较平坦，经就低凿池，因阜掇山，亭廊堂榭列布上下的水园，属明清文人山水园风格。从地貌创作上山系处理来说，东、南、西三面掇有马蹄形的土山，环抱全园，在中轴线上又有两段叠石假山，总起来形成一个平面图上中线有断续的"山"字形山系。整个马蹄形带状土山，既范围了全园整个空间，又是从园中眺望湖池、榭轩诸景的背景。分开来说，南界的戴石土山，除了起与府邸之间有所分隔的作用外，本身又是表现峰峦洞壑的作品。东界的土山比较平淡，仅起与东部罗王府邸建筑遮隔作用。西界的土山沿西墙直北，有起伏，有叠石，不仅起隔离外界干扰和湖池轩榭的背景作用，而且在东麓部分和建筑相结合以构成多个景点。中轴线上，由于掇山和建筑相结合，从南到北，形成四个层次的空间。从理水来说，主要是西部有较大的湖池区。池呈长方形，南北长56米，东西宽32米，面积1892平方米，合2.7亩，池中央有岛，岛上建有水榭，东岸有长廊，西岸

为山麓和小品，南有一组建筑，北有双卷棚大型建筑，自成以水景为主的景区。其水源诚如《天咫偶闻》卷四中言及，是"从李公桥引水环之，故其邸西墙外小溪清驶，水声雪然，其邸中山池，亦引该水。"这个玉河水，没有恩准特许是不能引的。不然的话，李广为何以"盗引玉泉，经绕私第"成为八大罪之一呢？李广治罪，其水亦废，历年既久，水道也不免湮塞，无特许之旨，后难再引。有可能和珅建第时，又赐引水。一则和珅得乾隆帝的宠任；二则乾隆帝又把最钟爱的幼女固伦和孝公主赐婚于和珅之子丰绅殷德，就是君臣亲家，得以恩赐使公主夫家的西墙外小溪清驶。此外，和珅的《嘉乐堂诗集》中分明写出他的家园有池，而且池中有观鱼台（与蓬岛瑶台无异而成为罪状之一），再证以和珅妾英卿连的《泪诗》之一："晚妆惊落玉搔头，宛在西湖十二楼。魂定暗伤楼外景，池中无水不东流"，清楚地写出园中有池，不住东流，就不像是引井水以灌满，成渟蓄静止之水。这个引水一直保持到恭亲王府时。因为和珅死后，府邸虽赐庆郡王永璘，但和孝公主与额驸仍住原处（引水仍不废），直到道光三年（1823年）和孝公主死后，府邸才全部归于庆王。到了咸丰初分府，奕䜣迁入庆邸，改成恭王府，"西墙外小溪清驶"引水依然如故。至于怎样引进湖池，可能有暗水道入园，穿围绕府而过。据1962年报刊报导北京艺术师范学院因建筑新房挖掘地基时发现有一条石沟暗水道，可相印证。此外，池西岸有石雕龙头四，目前显见有西北角及西南角的，石龙头已很破旧，或半归损残。石龙头有从园外引水至此喷水入池，有为溢水口。据过去园中住者称，夏天下大雨，平地可有积潦，而池水绝不见蓄满或漫溢，就可能从溢水龙口入暗水道通泄。

邸园景物　　在没有讲到邸园景物之前，先叙述一下恭亲王死后府园的沿革。奕䜣于光绪二十四年（1898年）逝世，由其长子载激的嗣子溥伟承袭王爵，仍住原府。这时，王邸的产权仍属内务府，溥伟只握有作为使用凭证的"龙票"，并没有标志所有权的房契。辛亥革命后，民国政权撤销了清廷内务府，王府遂成了私人产业。溥伟为了维持其奢侈挥霍的生活，也为筹集复辟活动经费，在20世纪20年代，将龙票抵押给北京天主教会西什库教堂，谋得几万两白银。到了30年代，原押款再加历年利息，其负债总额将近二十万银元，这笔债务溥伟早已无法偿还的了。1932年，辅仁大学通过教会之间的联系，以一百零八条黄金代他偿还了这笔款项，取得王府的产权。1937年辅仁大学因扩充女生宿舍，收回房产，将恭王府改作女生院（又称辅仁女校）。自1937～1949年，在辅仁大学占用恭王府的十二年中，曾拆去原邸某些厅室内的部分装修，还在邸园西北角新建一幢三层楼房，作为司铎书院（司铎即神甫的代称，辅仁大学时神甫教师等住在这里，故名）。建国后，从1950～1966年间，恭王府先后为几个单位所使用，继辅仁大学之后则为北京师范大学、北京艺术学院、中国音乐学院等。这个时期兴修的新建筑主要有二：一是1955年在王府大门的东南，盖了一个食堂；一是1959年在王府大门前东西两街，盖了两幢形状相同的四层教学大楼（即琴楼和画楼）。这些新的建筑，与王府原有殿宇建筑很不协调，尤其是教学大楼，遮挡府门，大大减少了当年王府具有的雄浑气势。[15]

迄20世纪60年代，府邸部分除银安殿于1921年被焚毁，后罩楼和部分殿宇内部装修有所拆改外，基本保存完好。邸园部分建国前作司铎书院，建国后曾为宗教事务管理局使用，后归公安部作为局长以上干部宿舍、前苏联专家宿舍。20世纪70年代我们去勘看时，湖池的北一半填成平地；另一半也被垃圾快要塞满淤平。诗画舫变成岸边榭屋，池东岸长廊全用砖、灰砌塞，成了一堵死墙。最著名的西府海棠尚残存一二株。这里还办了一个幼儿园。邸园的中轴部分诸建筑，由于多年来修缮不力，及1976年唐山大地震的影响，部分建筑坍坏，如安善堂两侧的廊、屋建筑倒塌。东部戏楼南一进院落的正房及东西两厢，先后倒塌并行拆除；戏楼及其邻近建筑为西城区空调设备厂占用。土山及院庭里野生构树苗、灌木和杂草丛生，荒芜凄凉。石山及其他叠石都有坍坏处。沁秋亭的曲水槽已用水泥填满抹平。恭王府及邸园的破坏和变动，已引起各有关方面的重视和保护修复的呼吁。早在1962年4月有人提出为了拟在恭王府建曹雪芹纪念馆，敬爱的周总理曾去看恭王府，对于府园是不是大观园，总理说："要说人家是想像，但人家也总有些理由"；"这个地方是个很好的地方，确实不错"；"不要轻率地肯定它就是红楼梦的大观园，但也不要轻率地否定它就不是，作个公园也不错嘛，要好好保护起来，修起来，不要破坏它。"（北京市基本建设委员会规划设计处《访问王昆仑先生记录》1978年8月21日，述及总理视察和部分对话记录。）1982年2月23日公布：国务院将恭王府及花园，定为全国重点文物保护单位，并建立了恭王府修复管理委员会。现文化部恭王府修复管理处，于1982年开始，积极进行萃锦园的修复，并于1988年7月7日试行对外开放。

萃锦园的景物描述，主要根据作者早期调查时的旧状以及载滢《补题邸园二十景》等资料。虽然恭亲王奕䜣有《萃锦吟》诗集，但是除了个别诗题说到"因于邸中朗润园（即萃锦园）置酒为贺"和诗句"怡神在灵府"的原注曰怡神所等外，没有关于园景的诗咏。到了光绪二十八年（1902年），奕䜣之子载滢还居邸园后曾有邸园二十景之咏。《雪桥诗话余集》卷八说："滢贝勒光绪壬寅（二十八年）归本支，还居故园。"载滢《云林书屋诗集》卷二，有《补题邸园二十景》之作。所谓补题，是指邸园曾在同治年间重修，当时也未曾有园景题咏，直到癸卯（光绪二十九年，1903年）才补作这二十首五言诗（原书注明作于癸卯）。载滢的诗文并不高明，描写景物比较简略，方位细节虽有题注，有的也难据以定址。无论如何，这二十景诗是信而可据的第一手资料，可借以了解邸园在清末的一些景况。下面根据布局分为中（轴线）部、东部、西部分别叙述。

中部包括南山：进正中园门，由于东西两侧的土石假山的断崖环抱，形成一个进深18米的收缩的小空间，是未进主园大空间前的过渡空间。置身其间，徘徊仰顾，仿佛在大壑出谷底而不知在京邑之感。这个小天地同时也起到障景作用，使人们进园后不能尽窥全景，但透过北端"青云片"叠成的单梁洞门，可以隐约窥见主园前部的厅堂。由于欲扬先抑的手法，当你穿过洞门后，豁然开朗，山池厅堂廊榭在望，逐层（四进）次第展开。

在没有向纵深展开各进景物前，先就南山的东西两侧叙起。从幽谷东侧蹬道上山，岭顶散置剑石似锋，刚劲秀拔，其中有两块刻有字（调查时发现，可能还有其他刻字剑石），一为"峭石得天撰"，一为"易曰：介于石，石终日，贞吉"（《易系辞下》）。据载滢《补题邸园二十景》之四"吟香醉月"诗题云："南山丁香甚蕃，与山前桃花连枝辉映，春来缤纷馥郁，甜雪烘霞；尤宜月明人静，影乱香清，而一咏一觞，弥添幽趣。"南山东段这一部分大抵即"吟香醉月"。诗句有：桃杏珊瑚枝，丁香珠玉蕾，……正觞醉明月，良夜千金买等句。南山东段的西北隅，有青石叠成的假山孤峤，可能是后来增掇的，与"沁秋亭"、"垂青樾"相关联，为方便起见，放在东部叙述。南山的西段岭上也竖青石成峰，而且山径窄曲，更富山野之趣。这里大抵即载滢所题二十景之六的"樵香径"。它的诗序云："缘妙香亭（详西部）折而东，立石如人，树荫匝地，山半窄径，才可容步，而纤曲盘旋，真如樵路。石隙杂植野卉，多不知名，古人雨过苔滑之诗，宛为此山景写照也。"诗句有：石径府花淑，幽意同山樵；……拾级拔蒙密，萝木枝蔓交；攀风听鸟语，踏翠行云坳。林烟深寂寂，天籁鸣萧萧等。南山西段在与西界的南北长、带状土山南端的连接处，作弧形城墙式通道，下有洞门（称榆关）通西豁口，形成立体交叉的游园路线。弧形城墙的东端竖有青石一块，上刻"翠云岭"三字，题款人"芳林"。

南山的东段和西段的土山的面，皆以青石为短墙，山北面和悬崖部分也都用青石作"矾头"或包镶。

中部主园，穿过"青云片"洞门后，为第二进或称层次（以幽谷为第一进），迎面耸立着挺拔高大的太湖石。这块峰石高有5米，以瘦取胜，缺乏空透和形体变化。石上镌有字，已淋蚀，尤其是第一字，但隐约可察出为独乐峰三字（早先材料说是福来峰三字不确）。这个特置峰石的后边横列着一蝙蝠形小水池称福河。池边水面下为条石砌成，其上叠青石驳岸，但池形呆板，俗称元宝池，至于影射"招宝"、"福来"，更不足取。池西有水道与大池相通，水自西来入池前，跨水有石块铺叠成平桥（有人认为此即渡鹤桥不确，理由见下文）。池中心有以碎石围成喷泉，文献中不见有记载，想是近人后建的。池北正中土阜高台上建有主园的重要建筑，位于中轴线上，即五开间的安善堂。堂前有抱厦，堂东西两侧有斜廊延伸，折而南下连接东西配房。东配房名明道堂，堂与东部大戏楼别院的建筑相联属；西配房名棣华轩。厅堂之前和东西两侧有小型独块山石特置陈设。下承以精细石雕基座，山石种类有枇石、紫砂石等多种。

安善堂北面为平台，下阶便进入第三进空间，是全园最高的叠石假山，也是全园主景部分。全山用房山石（或称北太湖石）掇成。山前凹有方形水池，池中散点玲珑山石三组，饶有意趣。据称早先水池的水面较现状为大，也没有栏杆。据载滢《补题邸园二十景》之七"渡鹤桥"诗小序云："桥当园之中央，长虹卧波，四顾浩如。余所豢鹤，每值冬令，辄立其上，意其就水取温欤？"有认为蝙蝠池西铺石平桥为渡鹤桥不确，因为载滢明言当园之中央，而这里才正当园中央。渡鹤桥应是木桥才能取温，决不是铺石平桥。这里近鹤苑（在最后幅房子的东侧），为此渡鹤桥可能是在此池上建木桥，早毁。池后即称作滴翠岩的石假山。隔池便可窥见洞壑隐映池北。

石山前部的结构为下洞上台，即石山的下部为

洞为壑，石山顶部构成平台，平台之上再筑榭。山洞北面的洞壁即作为上台的挡土墙。石洞东西部各有爬山洞道进主洞内，并可盘上洞顶小台地。洞内居中部分与洞壁相连，立有一石康熙书写福字石碑。从爬山洞盘至自然式小台池，由此通过山石砌成的自然式的"宝坻"，登上山顶最高一层平台。这个山石宝坻，做得自然，十分精巧，虽取法于宝坻，而又突破通常宝坻为整形制作的框框，特别是中间挡墙收进，形成山岫，呈现出虚实明暗多样变化之妙。整个假山，叠石手法较高，显然出于高手，惜不详其名，无从查考。台上之榭是全园中轴线上最高点，为三开间敞厅，故后名曰邀月。或云：台曰邀月，榭曰绿天小隐。据载滢《补题邸园二十景》之九，假山题名"滴翠岩"，诗序云："岩以太湖石为之，叠壁谺砑，不可具状，复凿池其下。每风出山静，暮雨初来，则藓迹云根，空翠欲滴……"。诗句有："径石叠悬岩，壁立千层峭。……烟雨滴空翠，嶙峋透云窍。……四望画屏开，登高领其要"等句。《补题邸园二十景》之十，"秘云洞"的诗题云："洞在滴翠岩下，峭石倒垂，曲折深邃。洞深处凿石为磴，盘旋可至岩上云窦零芬，苔痕晕翠。"诗句有："岩下洞深窈，拔翠弯环入。石径幽且塞，扑面风习习。响答空谷声，云气辄嘘吸。阴崖无暑夏，复登苍苔湿。……"等。《补题邸园二十景》之十"绿天小隐"诗的小序云："于重岩叠嶂上，构屋三楹，其后茂林蓊郁，翠蔓蒙路。……"等。诗句有："寄身城市间，托兴烟霞外，闻园卧绿天，小隐怡情最"等句。人们登上台榭，居高临下，视野开阔，全园在望，真所谓登高领其要。台榭的两侧有爬山廊直通第三进院落的东西配房，西配房曰"韵花簃"，东配房属大戏楼这组建筑。

石山后部，有盘山道隐约山石间，下引到山脚北，有凹有凸，东西横列的建筑，组成最后一进空间，也是全园收拾处。这组建筑平面呈蝙蝠形的五开间蝠殿，俗称蝠房子。它前后东西两侧各接出三间，有如蝠翼呈直角的耳房，整个形制特殊。由于山脚腾

空与北面建筑台基相接，下面便腾出空间，作为建筑台基下东西向的通道，构成立体交叉组合，心裁别出。北沿建筑各间均有山石作为踏垛，或作为抱角的点缀，都做得浑厚朴实，与建筑台基浑然一体，使本来平滞、呆板的建筑，变得自然生动。载滢《补题邸园二十景》之十一"倚松屏"和之十二"延清籁"，大抵属于这组建筑。"延清籁"诗小序云："窗外小山，如屏如阜，苍松翠柏，错综其间，凉飙乍至，天籁徐闻；且与北牖修篁，交相辉映，令人心旷神怡……"显然指蝠殿建筑，现殿后为太湖石照壁，壁前种疏竹。"倚松屏"显然指蝠殿某室。载滢"倚松屏"诗小序云："余所居室，迎面叠石成峰，居然青嶂，中间石隙生松一株，亭亭翠盖，瘦石相依如屏。"

邸园东部：由南山与东山相连处有一豁口为东部入口处，景称曲径通幽。据载滢《补题邸园二十景》之一"曲径通幽"诗的小序云："园之东南隅，翠屏对峙，一径中分，遥望山亭水榭，隐约长松疏柳间。夹道老树干云，时闻鸟声，引人入胜。"诗句有："行行入园路，山树青葱茏；曲折数十步，豁然蹊径通。"载滢明言在东南隅，东豁口里才是"曲径通幽"，早先材料和吕英凡《邸园精华恭王府》之中，都把入园正门中的幽谷部分，目为"曲径通幽"，非也。由此径折向西北，就可看到东部主要院落大戏楼建筑组群南的垂花门和门前左右的龙爪槐，这里称作"垂青樾"。载滢《补题邸园二十景》之二"垂青樾"诗题云："进山数武，植架槐(即龙爪槐)数本(建国后仅存两本，修复时又补植两本)，枝柯纠缦，俨然棚幕。每当夏日，憩坐其下，觉清风时至，炎夏全忘，且杂卉满山(指对面的南山)，绿云窣地，尤能动我吟怀。"垂青樾前右有亭名沁秋亭。载滢《补题邸园二十景》之三："沁秋亭"诗的小序云："亭在垂青樾左近，环以假山怪石"，这就是前文所云青石假山孤峙。但从手法上看，远不如南山西段的掇山手法高妙，显然是不同时期由不同匠师所掇，或后来增掇的。从钩缝材料看，也是晚于西段假山的做法。从这段青石假

山的北磴道上登，顶为平地，四周青石环立，东南角有一井，可汲水顺石槽流下至沁秋亭中。"亭中凿石成渠(所以又称流杯亭)，引山后井水注之，随势回旋，清音雅致。亭为八角形，就在假山的东北角下，引到亭内的山石踏踩，颇具高低转折、变化自然之妙。垂青樾之南有"艺蔬圃"一区。载滢《补题邸园二十景》之五"艺蔬圃"诗题云："怡神所(在大戏楼北)之南，隙地一区，背山向阳，势基平旷，爰树以短篱，种以杂蔬，验天地之生机，谐庄田之野趣。"诗句有：辟地不盈亩，荷锄理荒秽；编荆设藩篱，葵藿随时艺；开陇复通渠，井华资灌溉(大抵就利用沁秋亭傍假山之井)。

进垂花门内，院落有东房八间和西房三间。院落中一片竹林，院落的正北，就是王府的大戏楼，为三卷勾连搭式建筑，其北即怡神所。戏楼的东西有石屏，叠石而成，绕此为东山北段的一个豁口，由此可出东园门。戏楼的北面有另一院落，原有东房两间，北房五间。有人说这里才是真正的"天香庭院"，府邸内锡晋斋南虽挂有天香庭院之匾，但非也。此说不知是否确实，待考。

邸园西部：邸园西部是以大型长方形湖池为主体和主景。池中心有岛，岛上有水榭。池南有鼎足而立(亭、房、斋)的一组建筑。池北有五间双卷大型建筑。池东岸即中部西界的廊屋；池西岸即西山及山麓诸景点。

邸园的西豁口内，榆关前右，有小庙一座名龙王庙。进城门洞左折，有三间敞厅，名秋水山房，位在西部中轴线上，山房东，有平面为十字形的妙香亭。(在亭左、樵香径北的假山区的乱石中倒卧有镌"听莺坪"三字的片石，可能原就竖立此处。据载滢《云林书屋诗集》卷五有《闻莺》一题，句云："我园片石题佳名"，小注曰："园旧有石，镌'听莺坪'三字。"石既云旧有，可能是同治年重修前恭王府就有，也可能更早就有。)山房西有益智斋。据载滢《补题邸园二十景》之十九，这里为"养云精舍"，诗题云：

"秋水山房之西，依岩为屋，凡六楹，结构曲折，备极幽致。室小而精，尚朴去华，几案清洁，罗列图书及鼎彝数事，渊然静穆，古香袭人。"从这段描述，可见西山南端东麓叠有岩石，才能依岩为屋。

由这组鼎足而立的建筑群再北，就是全园最大水面的长方形湖池，水面宽阔，可荡小舟，其中的水榭，就是和珅时的观鱼台，奕䜣时改名为诗画舫。水榭也位在西部的中轴线上。由于载滢《补题邸园二十景》之十三"诗画舫"诗小序开头云："缘堤长廊，虚明朗鉴，而珏纹梭影，荡漾楣牖间，活泼泼地。"既然说缘堤又为长廊，因此有人认为诗画舫是池东岸的长廊。但这个长廊是属邸园中部连接第二进(棣华轩)和第三进(韵花簃)的西界的廊屋，不能名之曰舫。小序接着又云："取古人画舫之意，以陆为舟，以坐当游。"既曰舫，我国园林中的舫，大抵半在陆半入水，也可基本上都入水，岸上长廊而称之曰舫，似难以解释。以坐当游，在榭中才能落座，在廊中只是行走。至于"珏纹梭影，荡漾楣牖间"，只能池中之榭才得有如此景色。据载滢的诗首句云："两水夹长廊，乔柯荫四邻"，这个两水可能指西部的大池和滴翠岩前水池，长廊正夹在这两水之间。从诗句"徐行胜摇荡，不系任逡巡"，又似指廊而言，尤其是"乔柯荫四邻"，若为池中水榭是无法有乔木荫四周的。从小序和诗句来看，尤其是"水陆各自适，鱼鸟相与亲"，载滢所咏的诗画舫既指水中之榭，也指缘堤长廊。

湖池北有五间双卷棚建筑，名澄怀撷秀，它的东耳房，名韬华馆，连接至邀月台西侧的爬山廊。"澄怀撷秀"前有著名的西府海棠数本，载滢在《补题邸园二十景》之十四，称此景为花月玲珑。诗序云："方塘北岸，海棠数本，春深花发，灿如霞绮。"因归辅仁作司铎书院时即20世纪40年代，顾随先生任教辅仁大学时曾常入园赏海棠作诗，海棠今已不存。再北就是王府的花房了。

前述邸园西山，沿西墙直北，主要起隔离外界干扰和湖池厅榭的背景作用，但本身也经点缀而有多景。西山的南端，载滢《补题邸园二十景》之二十称"雨香岑"，诗序云："养云精舍(即益智斋西)之后，叠嶂崇峦，峭石林立"。可见这里有叠石之作，而且"凭窗观之，峻耸入云。"这一段"山上花木最繁，每当好雨轻风，则落红成阵，绿窗香溢，最可移情。"诗句有："窗外叠层岑，山高景亦好，红叶绚秋风，峭蒨接芳草。攀磴(这里有磴道可上山西眺)招落霞，倚树听啼鸟，瘦石凸玲珑，云烟交昏晓"等。山麓岸边还有一景曰"浣云居"，载滢《补题邸园二十景》之十六"浣云居"诗小序云："小山深树间，编竹成篱，俨然茶社，且临清沼，茶烟林霭，时出芦荻间，颇具山村风味。"西山中段之景，即载滢《补题邸园二十景》之十七"松风水月"。诗序云："是处松峦森郁，池水沦涟，当月上东山，万籁俱寂，唯河漫漫泠泠，非丝非竹……"以及诗句"池水自虚静，长松本无声，风月一相遇，视听偶然成"等，写出了景境。中段山麓下西岸处为另一景，即载滢《补题邸园二十景》之十八"凌倒景"。诗序云："西枕奇峰，东邻水榭，左右碧桐修竹，结绿还青。值风静波澄，则水底楼台，历历可鉴(因此题曰凌倒景)，幻耶真耶? 非笔墨所能到也。"西山的北端，载滢题为《补题邸园二十景》之十五，曰"吟青霭"。诗序云："西山坳处，细草如茵，山葩夹径，间以老松，偃蹇如盖如屏。尤宜夕阳西下，好鸟时鸣，俯瞰澄波，洗心悦性。"

总起来说，恭王府邸园是北京现存清王府花园中规模较大，保存比较完整的一处。从园林艺术上说，诸如设计构思、布局、山水地貌创作都有一定价值和独到之处，尤其在运用建筑与掇山相结合组成不同景区的手法上，掇山叠石的手法上(早期部分)，厅堂廊榭的建筑工程工艺上，植物与景相结合的布置上都有一些独出心裁，别具一格之处，应加以研究总结和借鉴。

附：恭王府邸园与大观园

《红楼梦》里的大观园，20世纪20年代以来的红学家中不少人认为必有所据而探索、寻觅。早期，胡适根据袁枚《随园诗话》而有随园说，后来又改为"写的是北京，而他心里要写的是金陵"。俞平伯认为"红楼梦所记的事应在北京，却掺杂了许多回忆想像的成分，所以有很多江南的风光"。20世纪50年代周汝昌认为"曹雪芹的园子是有模型在胸的"，提出恭王府说。60年代，吴心柳《京华何处大观园》文中同意周说，看来周汝昌于1978年借《红楼梦》中宝钗诗"芳园筑向帝城西"为题，博引推考恭王府邸园是大观园的蓝本。此外，还有吴世昌的"随园加创作说"，赵冈的"江宁织造署说"等。但不少专家认为大观园不是以某个具体的园子为蓝图。1943年，吴伯箫在《漫谈大观园》一文中认为：大观园绝不是空中楼阁，它必是依着它的时代和环境而产生的……它受着当时皇家园林……的影响较大。……这些皇家园林做了大观园的底本。1963年禹真在《大观园平面图的研究》一文中指出《红楼梦》中生动地塑造了贾宝玉和林黛玉两个封建礼教的反叛典型，还刻画了众多形形色色的人物。"这么多的典型性格，是在一定的时间背景，一定的空间环境，和一定的人物关系中显现出来的。"又说："为了塑造出艺术典型，必须构思那典型性格所赖以展现的典型环境，即是，在人物关系上，应有谱可循；在时间季节上，应有历可依；在空间环境上，应有图可按"。"大观园是红楼人物活动的艺术环境，是伟大的现实主义作家曹雪芹用生动的语言文字描绘出的，中国古典园林的理想模型。他总结了江南园林和帝王庭苑的建筑特色，对后世园林的建造产生过深远的影响。"吕英凡在《邸园精华恭王府》一文中指出："《红楼梦》里的大观园，是曹雪芹精心设计的一个焕发出特殊光影的古典园林建筑的艺术形象。……有人提出现实生活中的大观园的种种传说和附会。探索与寻觅的结果，恭王府花园竟成了最符合人们心目中大观园模式的所在。"

我们在《北京清代宅园初探》文中指出："从历史记载看，曹家获罪被抄是在康熙死后的雍正五年（1727年），曹雪芹乾隆十五年（1750年）迁往北京西郊。家中贫困潦倒，只是啜粥度日。乾隆二十九年（1764年）曹雪芹死时《石头记》仅完成八十回，亦未刊行。"曹雪芹生前写红楼梦，自然是不可能为咸丰元年（1851年）修建恭王府邸园为大观园的蓝本，也绝不可能以和珅府邸为大观园蓝本，因为和珅府邸的营造不会早于乾隆四十一年（1776年）和珅出任户部

侍郎之前。那么为什么恭王府邸园经近人考查有不少地方近似大观园中景物，也自有其渊源。

"自《红楼梦》脂砚斋评本于乾隆初年传抄问世以来，久为名公巨卿所鉴赏，几乎家有此书。"吕英凡在注中还提到：现存最早的"脂评"有：清刘铨福藏甲戌（乾隆十九年）本，十六回；怡亲王府藏己卯（乾隆二十四年）抄本，四十一回又两个残页。周汝昌在《恭王府考》的"残痕依约"的附录一有一段按语：从和珅父子诗集中，可以窥见似曾受到过《红楼梦》影响的一些痕迹，如"金钗十二浑闲事"、"琉璃隔世界"、"倦赏何妨梦有知"等诗句。乾隆死后此书抄本流传颇广，身为皇亲贵胄的奕䜣也许是爱读《红楼梦》一书的，因此，园中有某些部分仿佛大观园中某处是十分可能的。所以，说奕䜣邸园中某些部分据大观园某些意境而设计修建的才符合历史事实。奕䜣的次子载滢在他的《云林书屋诗集》中，写了总题为《补题邸园二十景》的组诗和小序，其实不止二十景；有些景是在小序中指名而已。值得注意的是有些题名却与大观园中题名极相似，有的竟完全一样。如"曲径通幽"，在大观园里是进园门后，"只见一带翠嶂，挡在前面……其中微露羊肠小径"。而载滢所写第一景"曲径通幽"在"园之东南隅（东豁口），翠屏对峙，一径中分"。虽位置不同，但使人感受的却是同样的情景。"又如二十景中（之七）的渡鹤桥，很可能取材于《红楼梦》七十六回林黛玉史湘云中秋对月联诗的意境。……除此之外，大观园里有的、萃锦园中似乎也有：大观园有茅屋泥垣，分畦为亩的稻香村，萃锦园就有背山向阳，树以短篱的艺蔬圃；大观园有四面临池，跨水接岸的藕香榭，萃锦园就是缘堤长廊，虚明朗鉴的诗画舫；大观园中有花团锦簇，别透玲珑的怡红院，萃锦园就有结构曲折，备极幽致的养云精舍，……萃锦园与大观园尽管如此相似，却不是曹雪芹小说中的原型，人们美好的愿望，终归代替不了真实的历史。"[3]尽管如此我们也应看到，正是由于这部巨著的影响，恭王府邸园本身山石泉池亭阁廊榭在布局上、手法上都有独到之处，别具风格。因此恭王府及邸园的修整保存，不仅有历史意义，还有其造园艺术上的学术价值。对邸园应加以保护，尽快整理修缮开放的愿望，已于1988年实现，并将充分发挥其历史、文化、学术价值的和旅游点的多方面作用。

(三) 可园

在北京，题名"可园"的有二处：一在西郊西直门外，俗名三贝子花园，正式名称叫可园，已见前；另一"可园"位于皇城东北角，今帽儿胡同九号，是咸丰年间所建的宅园，园主之名荣源。

园内存有石碑，刻有"可园"记文，为荣源之三侄志和所写，立碑时间为咸丰十一年(1861年)。关于荣源的经历，碑文写道："由西曹出任监司，游升文伯，……自军务既兴，奉命掌江南北兵糈，历数年之久"。又云其"平生操履俭约，廉俸所入，……少余，慨然谋林泉之乐，此可园之所由创也。"荣源

对兴建宅园有如下的见解："凫诸鹤洲，以小为贵，云巢花坞，惟曲斯幽。若杜佑之樊川别墅，宏景之华阳山居，非所敢望，但可供游钓，备栖迟足矣，命名曰可，亦窃比卫大夫苟令苟完主意云尔。"文中道出了园名的来历，也反映了园主兴造宅园的意图和设想。

记文又云："园在皇城东北隅，拓地十弓，筑室百堵，疏泉成沼，垒石为山。凡一花一木之栽培，一亭一榭之位置，皆着意经营，非复寻常蹊径。"斯语不假。根据现场调查，可园位于宅园之东，南北长约100米，东西宽约76米，面积约为四亩多一点，是一个南北长，东西短的长方形园地(图10-41)。

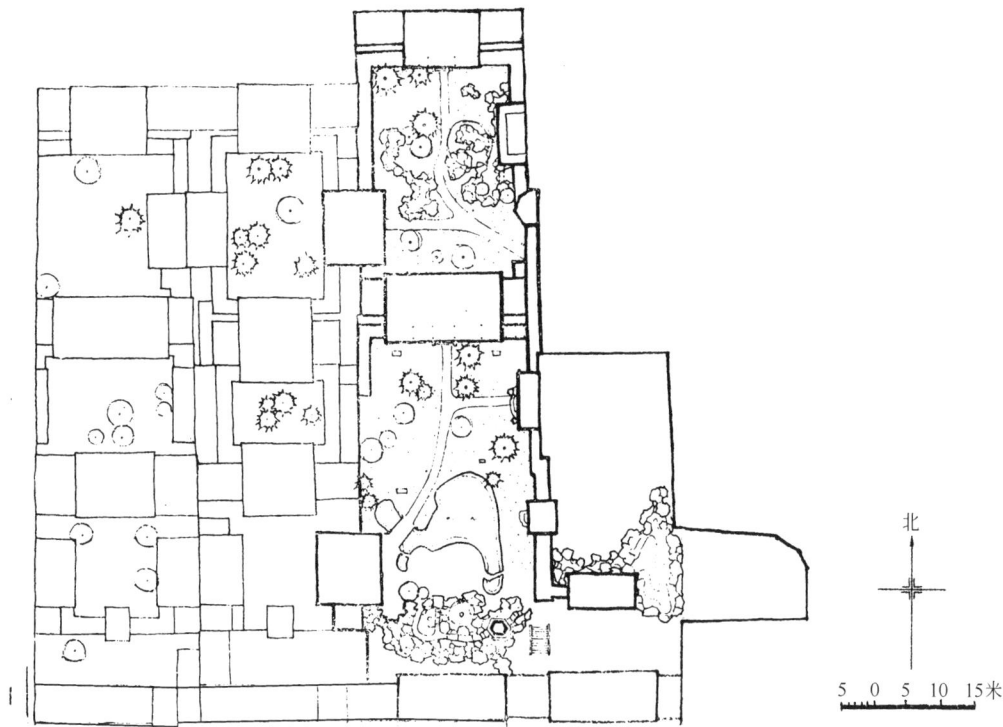

图 10-41 可园平面图

由于园之南北和东西长度相差悬殊，在总布局上，利用建筑、假山、水池作为分隔，使之减少过于狭长的感觉并丰富了纵深空间层次的变化。主体建筑坐落在中部偏后，而将园分隔为前后两部分或两进。前后两部分，主次分明，性格也不相同。前部南有假山、中有水池、北为平原，疏而畅朗，后部中庭掇石山，曲折幽致。二者又以边廊相沟通，联为一体。总

的说来，全园以建筑为主，山水为辅，以树木为点缀(图10-42)。

除了主体建筑(中部及后部厅堂)以外，其余建筑依周边而设，而且东西两侧皆以廊为主。这种周边式的布局，特别是不占据东西横向有限的空间，对于扩大空间感，有明显的效果。由于园在宅邸之东，自宅邸入园是自西而东，西界建筑以廊屋为主，南有双卷

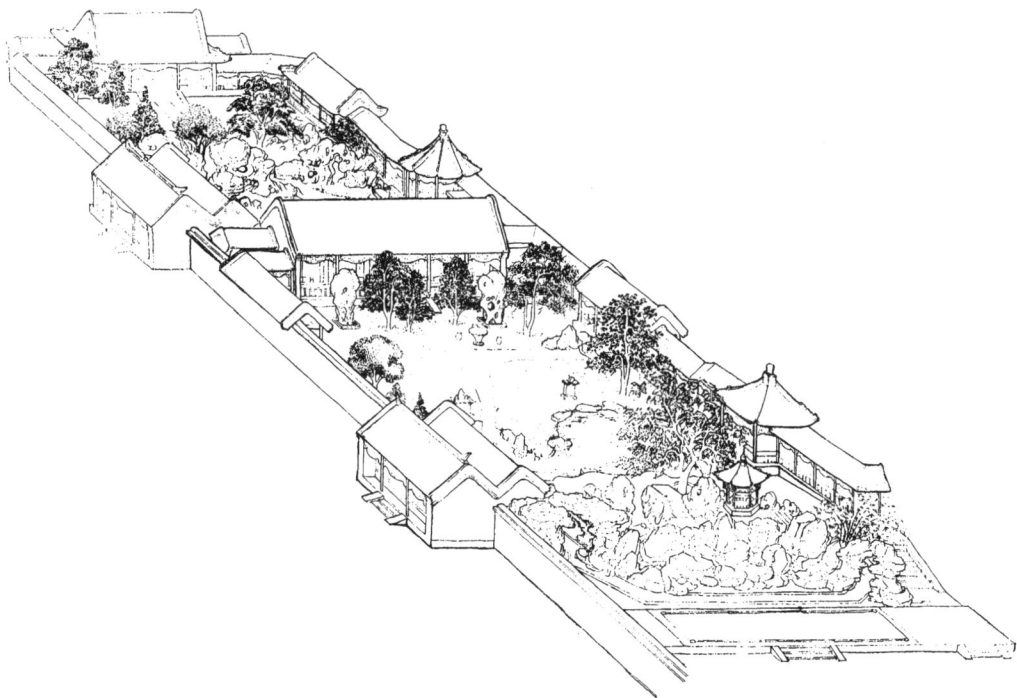

图 10-42　可园鸟瞰图

园门进入前园，北有双卷园门，进入后园。东界建筑，坐东向西，廊亭形式多变，高低错落。东廊南端（本可向东延伸至东部假山，今已隔断）不几间而入四方攒尖半壁亭，再以曲折之廊通至卷棚半壁亭，再折接至八角亭，再达后园卷棚歇山顶阁楼。

前园南端为假山，面对主体建筑，既作为南向入园的障景，又是厅堂的对景。假山高约3米多，山的结构为外石内土，包石不见土的做法。这座假山采用了两种石材，即北京常用的青云片和房山石。两种石材分别用于山之南北两面，是由于形势所需。山的南面视距甚为迫促，以近求高，用青云片石垒成，以横向挑伸为主。东西各有一个梁柱结构的单环洞作为从南向入园的进口。由于狭条空间经过压缩后再经环洞入园，便显得更为疏朗了。山的北面用房山石，以竖纹为主。东端有平坦处，置六角亭以增山势。其外叠石部分做成"谷"状，使其北的池中之水似由谷引出，使山水得以结合。叠石手法上较突出的是中部有一个挑伸的小平台，下面用"悬"的做法，显示了钟乳垂柱的自然景观。其结构主要依靠相互挤压，个别

着力处有水平向钢榫衔接。假山上植以榆、槐之类树木几株，树干占地不大却又浓荫蔽日，增强了山林的意味。1978年调查时尚有古槐一株，但20世纪80年代中被砍伐，不胜惋惜之至。假山北有菱形水池，水池周围散置有石，比较零乱，和假山显然不是出自同一匠师之手，可能是后来改建的。前园北界的厅堂前面有对称的"特置"湖石，以及亭廊前的山石"踏跺"和"蹲配"，都具有相当的水平。

后园庭中假山全为房山石垒成，其布置，从手法上说可分为两部分。一部分位于中轴线附近，因高低交错而突破了整形的格局，同时也使后园有所分隔和不致一眼望穿。另一部分山石位于东侧台、阁附近，以环洞引入，台下为洞室以求空间的变化。台的边角以山石相抱，或作散点，较为自然有致。

可园是清末北京宅园中保存较完好的作品，在园林艺术风格方面具有北方的地方色彩，无论是布局上、叠石手法上都有值得研究的价值。可园在建筑装修方面也有特点，所有挂落都是木雕松、竹、梅的自然图案，不落常套。前园的后半，现为草地，可能是

后改或吸取了西方庭园草坪的表现。

（四）那桐府花园

那桐府是清宣统时大学士官中堂那桐（字琴轩）的府邸，坐落在今北京东城金鱼胡同一号。府邸的西部为住宅，东部为花园，通名那家花园。花园里原有金鱼池、金鱼胡同由此而得名。建国后，其西部住宅已拆毁，建和平宾馆，花园部分作为宾馆职工宿舍等用，金鱼池被填平改作舞池。花园东部包括原有戏楼等建筑，1979年调查时已被拆毁，改为北京市计算中心的建筑基地。

就调查时现状而言，除花园主体部分外，其西面一组院落的建筑保存十分完整，那桐府花园的平面图见图10-43，鸟瞰图见图10-44。

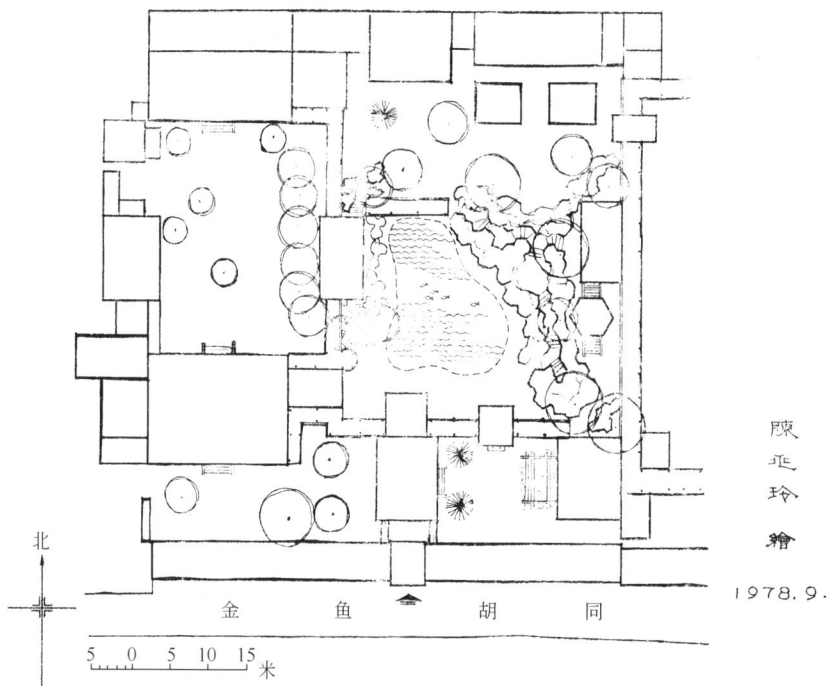

图 10-43　那桐府花园平面图

入园大门面街朝南。进入大门，向东转到一个小院落。这个院落的北有游廊，廊正中为方亭、穿亭就到达花园部分。进大门往西为设有厅堂（三卷棚）的另一组院落。这个院落的东北角有曲廊与花园相连。花园的主体部分采用了挖池作湖，叠石成山，植以树木，来获得山水情趣，并运用曲廊、叠落廊和高台建筑，变化建筑物高程等方法来组织空间，使小小一个庭园中观赏点不断转换，产生丰富多彩的景象。

花园的中部是西池东山为主。花园的东、南、西三边有不同形式的廊子围绕，与院落部分既有分隔，又相互渗透融为一体。池形近葫芦状，面积约200平方米，池周点缀以山石。山为高约4～5米的青石假山，西北东南走向。山的造型不算高手，惟几面都有盘绕而上的磴道，山顶有两个平台可供休息，可停步俯瞰全园，视线开阔，增加了情趣。假山东麓有一座六角亭，但所处环境局促，非所宜也，推测或为后来增建。山之东的长廊属于东园的西界。

池西有太湖石环绕而筑的高台，台上是一座五间勾连搭卷棚悬山建筑，南北两端均连接叠落廊。沿池南小路西行至尽头处为设有什锦窗的白粉墙，墙前点缀以太湖石壁山；折北于湖石间有自然台阶，可拾级而上抵达上述的高台与建筑。这一小局部的布置如

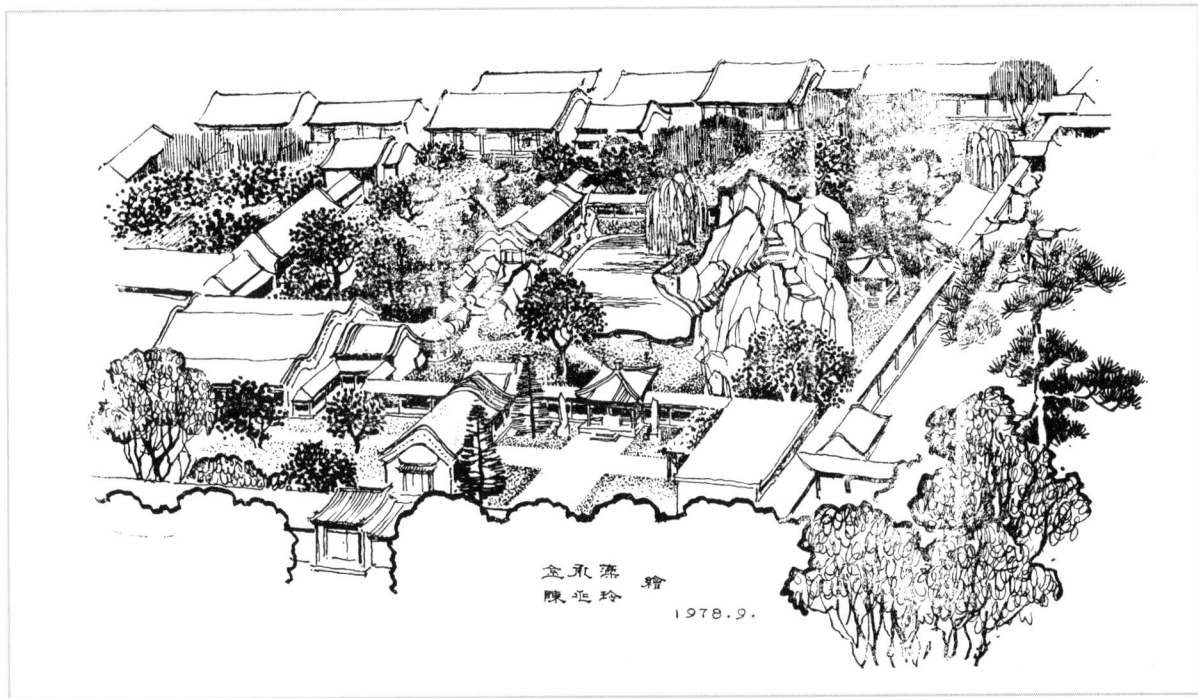

图 10-44　那桐府花园鸟瞰图

台上同行走在两石之间，十分别致。池北有小段游廊临水，廊后有青石假山，穿过青石山洞，顺着自然山石行也可到达高台与建筑。这组青石单过梁山洞的处理手法也很巧妙。登台上建筑，居高临下，向东可俯瞰金鱼池，仰眺青石东山，是观赏园景的好地方。台上建筑西立面对着西部院落，院内疏植有合欢数株，并点缀有海棠、丁香、山桃等花木；据说以前的植物种类更多，春、夏、秋三季，季季有花可赏，众芳争艳。花园的西南隅，于南北向(叠落廊)和东西向(西院廊)两组廊子交接处，加出一个半圆亭，增加了变化，既可与台上建筑相呼应，同时作为从西南院落到花园的入口，又可坐以赏池山之景。这种处理手法有独到之处。至于池南的曲廊、方亭既是进入大门后前院的一个组成部分，又是花园内的观赏建筑。上述这些从院落到花园转折处的建筑处理，无论是从位置选择上、造型创作上、结合造景上都是比较成功的，值得借鉴的。

那桐府花园是幸存的少量清末花园中比较完好的一座，尤其西组院落中各种树木花木都很健壮。早先曾要利用原址建造和平宾馆职工宿舍楼或新宾馆楼，曾呼吁保留这座具有山石水池变化建筑的花园。曾几何时，到了 20 世纪 80 年代末叶，终于难逃厄运，被毁而改建新楼。

(五) 莲园

莲园坐落在今北京东城朝内南小街新鲜胡同内红岩胡同 19 号，占地约五亩(3600 平方米)，西部是住宅，只占总面积的三分之一，东部是宅园，占总面积的三分之二(图 10-45)，是园大而宅小。莲园的历史不很清楚，依据建筑形式，山石手法，可以推断出是晚清的作品。从周接以廊的格式看是仿苏州宅园的做法，虽然亭堂廊树的建筑形式仍为北方清式，叠石手法也自不同。调查时，园内见有早已荒芜的整形植篱，带有木地板的平顶八角亭和圆形喷水池等，这些西方式种植、建筑和设施，大概是后期园主增建的。据称 20 世纪初，这里曾经被英国银行家购置作为宅园。

宅园即花园部分呈长方形，南北长约60米，东

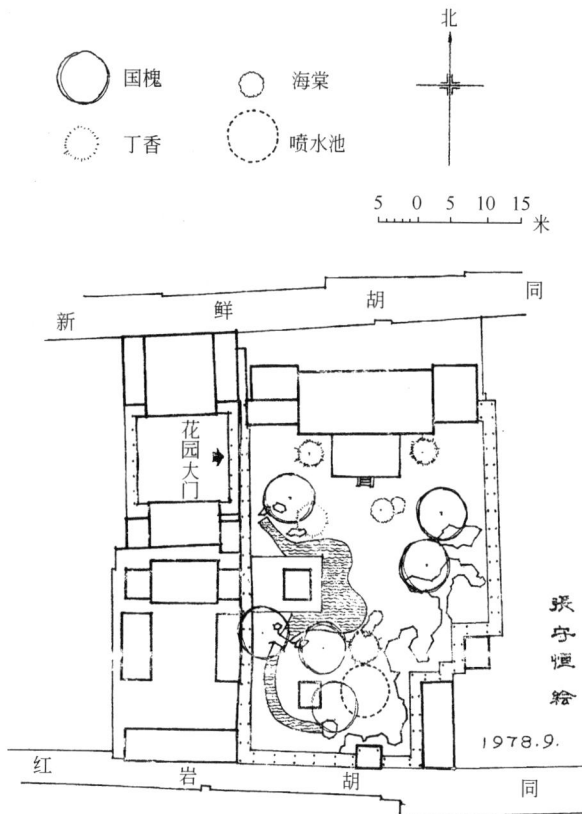

图 10-45　莲园平面图

西宽约 40 米。园门在西界偏后，即宅邸最后进的东廊尽端。从全园总体布局看（图 10-46），北界正房为

大厅，前有平台，南界游廊正中突出卷棚小亭，与主厅南北遥遥相对，是无形中轴线。园中部西半挖有腰形水池和小溪，池西有亭，突入水中。中部东侧叠有山石假山，并与廊、双卷棚建筑相结合。全园周接以回廊，达到了点明环境与全气候游览的双重目的，这种例子在北方宅园中还是不多见的。

园中正房是坐北朝南的五开间大厅，卷棚歇山顶。厅前有平台一座，虽高不足半米，但宽敞开朗，长砖铺地，成为从建筑到庭园的一个过渡地段，既可驻足以观全园，又给主厅增添了精雅的气氛。主厅两侧配有耳房，为卷棚硬山顶，左右耳房与东廊、西廊相连。由于园的地势向南渐高，游廊亦随之升起。西廊直奔南端折东后，南廊正中也是最高点地段，突出有卷棚小亭一座。前已述及与主厅南北遥遥相对。亭座背倚壁墙，前瞰水池，在得景上取得了最大的控制面。亭前有山石台阶，北下到园中。南廊的东端有双卷棚（勾连搭）建筑，坐镇东南角，再经一轩屋折向北小段游廊后，长廊沿东界直奔主厅东耳房。

水池溪流不仅为增添活泼泼的情趣，也为结合建筑而作。池西中部有平台上建四角攒尖顶方亭一座伸入水中。台边有精雕的汉白玉栏杆，池畔有大槐遮荫，是消夏观莲之所。池水自亭北一座假山处发源，经小溪折东，至亭前汇而成池。池水再经小溪向东南方向流经一座汉白玉石雕小桥，然后隐没在山石之间，给人以"流水悠悠远去若无尽处"的联想。池南小溪弯处另建有四角攒尖方亭一座。水池旁边堆叠有几组山石，与东部主山相呼应。

东部主山由东北至西南斜向而立，结合几组山石，给人以千山层叠，连绵不尽

图 10-46　莲园鸟瞰图

的感觉。其中即东北角山叠置成一道2米多高的曲折峡谷，初看上去似是一座峭壁屏障，走到近前，才发现有石级蜿蜒而上，如登峻岭，同时也丰富了园内的游览路线。

园内古树主为松、槐，厅前种有丁香、西府海棠等花木，此外还有核桃等树，全园都在绿荫之中。

总起来说，站在主厅前平台上，放眼南望，先是将视线引到面前一片平地，然后是水池，是亭，是山石，是卷棚小亭，层层迭升。偏东则石山峭壁，峰顶露出双卷棚堂顶，背衬天空，眺望之下，一景又一景，一层复一层，使人顿感心旷神怡。莲园可说是在有限的面积内，创造了富有层次的空间，既有小溪水池，又有峻山峭壁的景趣，使园主得以在这样一个山水之乐的居住环境中生活。莲园不仅是一个有特点的作品，其中有很多造园手法值得我们研究学习。

（六）马辉堂宅园

马辉堂宅园坐落在北京东城今魏家胡同44号，亦称什锦花园，为现存清末宅园中规模较大者，占地约十亩。据了解园主马辉堂是清末慈禧时承造宫苑和王府邸园的四大营造主之一。

宅第和园的平面呈倒品字形（图10-47）。宅第的大门，面街朝北。进北门后，巍然一山障前，令人不知个中底细，这里可称北庭。庭东一抹界墙，墙东为宅第部分，有东西并列四合院两组。北庭假山南麓有大厅，连同其南山一东一西的园林建筑，鼎足而立，围成长方形园地，这里可称为中庭。由中庭往南折东，为另一园地，有池亭山石，四周环以墙廊，可称南庭，它是宅园的主体部分。

北庭之山，原为土山戴石，据称原来山上叠石，竖立如峰，横亘如峦，颇有气势，现仅存顽石一二。假山东端，一臂南伸。据称东南尖端与界墙东南隅墙脚都有叠石，上部相互连接，拱如环洞，现不存。又称原有一小溪，循假山东麓直奔南下，现也不存。

假山南麓，与东臂半抱下，坐北的正房是一座

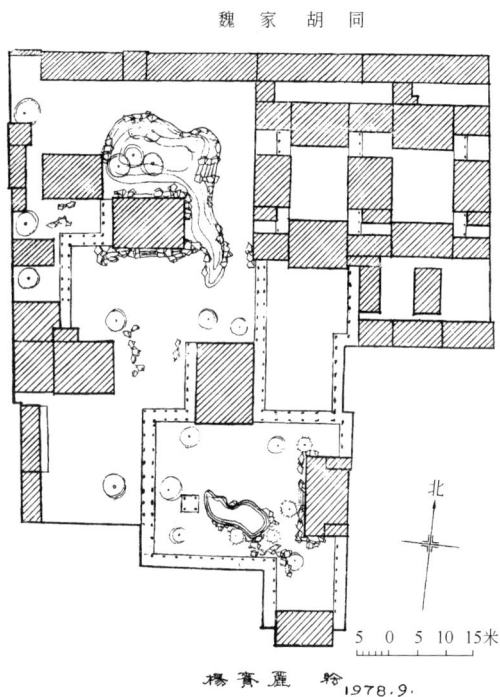

图 10-47 马辉堂宅园

卷棚歇山顶大厅，前后有山石蹲配。厅西接以爬山廊，一折向南至中庭西南角一组建筑，中庭东南角有另一勾连搭卷棚建筑，北屋面朝北，属中庭，南屋面朝南，属南庭。勾连搭卷棚建筑之东，宅第部分两组四合院南，三边环接以回廊，组成长方形空间，原作何用，不详，现为水泥铺地，据称后居人们以此作为舞池。中庭西南角一组建筑之南又有一空地，据称原为一片树丛，另有一番境地。

中庭东南，豁然另一天地，中有池亭山石，四周环以墙廊，自成小园。小园北为厅堂即中庭勾连搭建筑的南屋部分，西接以廊，一折奔南，再沿南墙东行，至东南小院。小园中水池横列，池周驳以山石，现仅池东南角残存叠石，池西有一亭，亭中有井，原来就是汲井水以灌池。小园东界有一座面西悬山顶建筑，形制颇为别致。小园东南叠石如山之余势，现已颓废，残有洞门，出至突出小院，有南房三间。

马辉堂宅园，本以叠石掇山见胜，但山石几经拆迁，现仅存北庭土山上顽石数块和东南角残余叠石小品，宅第两组四合院建筑尚完好，厅堂轩榭等园林建筑也尚完好而构筑别有一格，值得学习研究。

第二节　天津、保定、山西、山东明清园墅

一、天津明清宅园别墅

（一）天津的发展

天津，由于它优越的地理位置和交通条件，在历史上很早(唐宋时期)就成为重要的商业城镇。《畿辅通志》上称天津"地当九河津要，路通七省舟车……当河海之要冲，为畿辅之门户"。天津位于海河下游，华北五河(北运河、永定河、大清河、南运河、子牙河)在此汇集入海，是诸河津要，河海之要冲。天津地处渤海湾内向西凹入的大陆部分的顶点，从天津到华北、西北等重要城镇都比较近便，内河航运发达，又是大运河重要转运点，即所谓路通七省舟车。[20]

唐宋时期，天津一带的蚕桑业和盐业十分兴旺，加上重兵屯驻，居民点逐渐增多。其中一个较大的居民点，北宋时称泥沽寨(或河平寨)，金朝(12世纪)时，有了直沽(直沽寨)名称。直沽地方正当海河及其五大支流与卫河的交汇处。卫河流域很广，经济开发也很早，航运很盛。由于三汊河(海河、南运河、子牙河三水汇流)附近地势较高，不受洪水泛滥影响，故最先形成居民点(三汊河口在今天津狮子林桥一带)。元建都北京后，京津成为南粮北调的转运点、海河周围形成了市肆仓库集中地，当时它为海津镇。元人诗中有"晓日三汊河，连樯集万艘"，可见当时漕运的繁盛。元朝在此设"镇抚史"、"兵马司"。明朝初期，燕王朱棣和他的侄儿惠帝争夺皇位，起兵从直沽渡河南下，称帝后迁都北京，将直沽改名天津，即天子渡津之处。明永乐二年(1404年)筑城设卫(天津卫)。清朝并兼长芦盐货运销中心。雍正三年(1725年)改天津卫为天津州，九年(1731年)改天津府。至清中叶道光年间，天津人口约达20万，城内居民近

半，余多分布在城外东北沿河地区。[20][21]

天津旧城位于海河东岸，面积约1.8平方公里(城周约4.5公里)，是一座东西长、南北短的长方形城市。周围辟四门，城中道路呈十字形，有南、北、东、西四条街，中心置鼓楼，是一座典型的封建城市。北门外向东随河湾环城的估衣街、巨鹿街、宫北大街、东新街等，北门以西的竹竿巷、针市街、太平街等处商店比较集中。大体说来，北关还有南市，是商业、手工业、娱乐场所集中地段，非常繁荣。[20]

（二）天津的古园林

天津园林大抵始兴于明朝而盛于清朝。明朝于永乐九至十三年(1411～1415年)大力疏浚南运河，进一步促进了漕运的发展，商业、盐业的相对集中，使天津的地位日益重要，盐商富贾、文人墨客纷纷定居天津。当时官僚地主商贾，大多沿南运河、海河及金钟河、城厢一带选址筑园。往往相地合宜，借景河干，建亭台廊榭，植柳榆花木，构成宅园别墅。有文字记载可查的，兴建最早的园是明正德年间(1506～1521年)闲郎中汪必东的百岁园。到了清朝康熙、雍正年间是天津筑园盛行的时期。但明清诸园早已湮没，文字资料传留也少，我们只能简略地加以叙述如下。

百岁园、浣俗亭

明正德年间汪必东(当时任户部主事)于户分司署内建造的公署花园，称百岁园。从他自赋园中之亭《浣俗亭》诗，可以推想其概貌。诗云："十里清池一堨台，病夫亲与剪蒿莱。泉通海汲应难涸，树带花移亦旋开。小借江南留客坐，远疑林下伴人来，方亭曲槛虽无补，也称繁曹浣俗埃。"从诗句来看，此园以水饶见胜，十里清池，泉通不涸。临池有砖石砌的台(一堨台)，有方亭曲槛。设施虽简，足以在从政余暇时憩息悦神，文人还借亭名浣俗，以示清高。

这类公署花园还有清康熙初兵备薛柱斗在盐政署后院中建的环水楼，闲兵备朱士杰于西门外演武厅建的宜园等。宜园有亭曰宜亭。园中盛植菊花，是深

秋赏菊之地。有诗云："寻菊到宜亭，空郊眼倍青；沙痕分野圃，秋色赛目丁"为证。此外，雍正二年(1724年)莽鹄立于盐政署内建的绎志轩，也是政暇休憩之所。

问津园和一亩园

两园系兵部郎中张霖(字汝作，号鲁庵)所营造。问津园又称小玉云山，园内树石蒽蒨，亭榭疏旷。张霖经常在园中款接文人名流，据云诗酒之宴无虚日，彬雅之风翕然。一亩园面积不大，却有垂虹榭、绿宜亭、红坠楼、遂闲堂等建筑，是以建筑组群见胜。有诗云："却登水上楼，遥见海边树，……回首槽邱台，巷巷隔烟雾"。园虽小，但有楼，登以远借烟树之景，张霖后来遭事被籍，从此亭馆荒芜。

同期宅园

与问津园同一时期出现的园墅，还有"七十二沽草堂"、"老夫村"和"帆斋"等。其中帆斋是张霖之弟张霆于三汊河口自筑的别墅，内有琴海堂、云厂、阅耕堂、茶圃欸乃书屋、旧雨亭、蝶巢、艳雪龛、诗星阁、卧松馆诸胜。[21]

思源庄

张霖的曾孙张映辰在张霖墓园建造了思源庄。这个庄的面积不大，也是作为文人汇集闲游之地。营园重视花柳之胜和田野借景，兹举二诗为证。一诗云："芍药池南柳色边，小桥横锁墓门烟；几时不到思源望，细雨春深种麦田"。又有诗云："门前流水碧于油，夹岸垂杨系钓舟；麦气花香寻不见，随风吹过小桥头；闲庭寂寂只书声，不卷湘帘水葷横，睡起茶香清沁骨，又凭曲槛听流莺。"两诗描写了花柳之胜芍药杨柳，小桥横锁，流水碧油，钓舟系岸，麦田透香，好一派北方水乡田野风光，景色宜人。

水西庄

天津清朝宅园别墅中，占地面积大，营建规模宏，艺术水平高者，当首推水西庄。它是清朝雍乾年间芦盐巨商查日乾与其子辈营建的别墅。这个庄园坐落在天津城西三里南运河南岸。查日乾(1667~1741

年)以办京师引盐而致富，长于持筹，也潜心究史，晚年著有《史胶》。查日乾于雍正元年(1723年)相地选址营造水西庄，雍正十一年(1733年)第一阶段工程告竣，时任文渊阁大学士的陈元龙为查日乾作《水西庄记》。水西庄方圆百亩，建有揽翠轩、枕溪廊、数帆台、藕香榭、花影庵、碧海浮螺、泊月舫、绣野簃、一犁春雨等。[22]

水西庄景物，幸存有朱岷绘《秋庄夜雨读书图》得赖以推考。该画现珍藏天津市历史博物馆。朱岷生卒不详，约与查日乾年辈相近。原籍江苏武进，受查为仁(查日乾长子)延请来津，十分欣赏天津及诸园林。他在《初到津门》诗中说："潞卫交流入海平，丁沽风物久闻名。京南花月无双地，蓟北繁华第一城。柳外楼台月雨后，水边鱼蟹逐潮轻。分明小幅吴江画，我欲移家过此生。"这首诗既是当时天津风貌的写照，又表明他要逐家定居天津之意。

《秋庄夜雨读书图》是朱岷应当时读书庄内的查日乾三子查礼(时年方二十二岁)的要求而作。画面上端有朱岷自题款，曰："丁巳(乾隆二年)秋，茶坨居士(查礼的号)读书于水西庄。时丛荷初散，晚菊竞舒，零雨连霄，靡间旬日，深得园中幽旷之致，爰属余作图记。余因按其亭轩之高亚，浦淑之萦洄，并写其莽苍萧瑟夜雨意。积日经营，撰成此幅。昔人观辋川图不必身诣其地而神游于南坨北坨之侧，览斯图者亦当作如是观。(下款)品七十二泉主人愍。"[22]

该图是写夜阑秋雨中的水西庄全景的，是按水系、山岗的布局，树木、山石的结合，因势随形的建筑布置，画出了全景，但又不枸泥于写实，同时旨在写出莽苍萧瑟夜雨的意境。睹图给人以仿佛置身水湾山林之间的感受。水西庄何人设计不详，但从图可以看出追求天然情趣的山水布局，引水手法，亭台廊榭、曲径平岗的布置，都别具一格。细阅该图，右下方有一荷池，临水建筑想是藕香榭了。池左岸上角有一亭，可能即碧海浮螺亭。图右上角可能即花影庵。上方建筑，中坐夜读人，可能即揽翠轩。轩左前有曲径蜿蜒于平岗，下接红板桥，过桥上岛，左有曲折而上的枕溪廊，廊尽可能即泊月舫，隐约可见。再左有一台，台上有亭式建筑，想是数帆台了。本图是惟一可据以推考乾隆二年前水西庄原貌的文献。

此后，查为仁(查日乾之长子)于乾隆四年(1739年)主持营建了水西庄园中之园——"屋南小筑"，供查日乾娱息之用；又于乾隆十二年(1747年)构筑了另两处园中之园——"小水西"，作为他自己晚年栖息之所。查为仁之二弟查为义于乾隆二十三年(1758年)在水西庄之东偏辟"介园"。介园乃取一介之意。乾隆三十六年(1771年)弘历奉皇太后东巡，临幸天津，驻跸介园，见紫芥盛开，遂赐名芥园。之后，水西庄亦称芥园。道光年间庆云诗人崔旭有诗曰："芥园高傍卫河旁，楼阁参差映绿杨；曾是当年诗酒地，行人犹说水西庄。"足见时人将芥园与水西庄是混称的，因此有水西庄又名芥园之说。[22]

现存有《水西庄修禊图》(藏天津历史博物馆)，作者田雪峰，绘于道光二十七年(1847年)有认为是水西庄全园图，其实非也，田雪峰描绘的只是后来修葺的芥园。乾隆年间，芥园是皇帝驻跸之所，是芥园盛期。因人事变迁，盛衰转瞬，从道光中叶开始，芥园逐渐窥败。"朱栏画栋，一再过而为墟，俯仰之间已成陈迹"。道光二十二年(1842年)直隶按察使陆建瀛(字立夫，湖北沔阳人)分察天津，倡议修葺芥园。道光二十六年(1846年)，芥园修葺一新，恢复了"古柳藏门，杂花侍石，绕具幽趣"的面貌。转年，花沙纳等九人于芥园行修禊事，田雪峰绘《水西庄修禊图》记之。图付与河神庙寺僧收藏。[22]

从田雪峰绘《水西庄修禊图》可以看到修复后芥园的面貌。图左下角为原河神庙牌坊及山门(河神庙是乾隆三十五年，1770年所建)，庙门内三人围桌，其右特置巨大湖石，三人在鉴赏。往右过板桥便是歇山楼，桥下即琵琶池。不过桥上行为夕阳亭，再右为御碑亭(乾隆三十六年所建)，亭后又有特置巨大湖石。乾隆二十三年所建芥园和成为驻跸之所后的新

建，均赖此图查考。[22]

光阴荏苒，三十年后，至光绪四年(1878年)芥园已然荒废。僧与亭台率多枯槁，长芦盐运使如山受寺僧深远的请求，重新门宇。光绪十六年(1890年)，芥园"多业艺花"。光绪庚子之后，河神庙为兵所踞，芥园草木多被践踏，遗迹遗物荡然殆尽，寺僧性成还俗，《水西庄修禊图》遂存其家，现藏天津历史博物馆。[22]

同期诸园

当时与水西庄相邻或隔河相对的园林，尚有"浣花村"、"艳雪楼"、"曲水园"(又称"康园")、"虚舟亭"、"锦怀园"、"郭园"、"枣香村"、"锡南轩"、"杞园"、"环青园"、"萧闲园"、"寓游园"等等，有的以种植海棠和山桃取胜，花开时灿烂如锦，有的以田野水景取胜，宛似江南村落，有的荷花绕亭，有的名花满圃，各具特色。可以这样说，天津园林盛于康乾年间，道光以后到光绪年间，古园林逐渐败坏，或遭摧残，很少新筑。有荣园，是镇压农民起义的所谓"李善人"的花园。当时园内树木葱郁，丘壑幽秀，鸟语花香，颇饶逸趣，又有数顷广水面，植以芦苇，形成山水明瑟之地。金钟河畔的芳药园，广植芳药各种一百畦，花时绚丽多彩，游人如云，亦是一胜。[21]

寺庙属园林

各地寺庙往往因有古木名花或山石庭园而著称，天津亦然。如城东南角的水月庵，西北角的慈惠寺，南门外的海光寺等，饶有古木，广植名花。此外，天津南运河的大觉庵一带，是养花集中地，有二百多年养花业历史，花场很大，辟有花市，年上市约三万盆。[21]

景点名胜

昔日天津卫有十六景之称，其中"镇东晴旭"、"定南禾风"、"安西烟树"、"拱北遥岭"这四景就是指天津城四门可望风光。南郊八里台曾是"荷菱涨渠，舟楫往来"，消夏避暑的胜地。西沽以"春晴晓

日，桃红柳绿"之胜成为春游胜地，每当花期，游人如蚁。沿海河东西的葛沽道上，也是桃李夹岸，春晴晓日，观者不惮其路遥，趋之若鹜。

（三）天津宅园风格

我们在北京明清宅园文中曾指出："北方造园以得水为贵，……于是相地以泡子、北湖和海淀为合宜。"天津的营园也是如此，大多沿南运河、海河及金钟河一带，相地合宜，借景河干，引水为溪池，垒土石为岗，建亭台廊榭，植柳榆花木而构园得体。虽然有些宅园，面积不大，以建筑见胜，也必建楼以借景园外。大多数园林，尤其是问津园、思源庄和水西庄等风格，继承了唐宋写意山水园的传统，着重于水和素雅的自然情趣的意境为主。充分运用艺术技巧，掇山理水，结合园林建筑和植物题材来造景，但又有天津宅园独特的特色。水西庄可与北京的勺园相媲美。

天津虽因地势低洼，土多盐碱，但沿河一带园林中，桃李海棠花木繁茂，槐柳榆椿树木众多，尤以柳为盛，如天津地名有"柳林"、"柳滩"等都因柳而得名。过去文人留下的诗句如"清明佳节雨丝丝，绿遍津亭杨柳枝"，"丁字沽边柳万条，青青一带锁红桥"，可以领会当初天津的杨柳青青的风貌。[23]

附：通州珠媚园

珠媚园在通州城东北隅。有州人王景献者，尝为广州太守，得前明顾大司马旧第，为增筑之。极池台花木之胜，其正中为花对堂，堂前大紫薇二株，海内罕见，明时植也。余（钱泳）由福山渡海到州城，……置酒园中，欢会竟日，因书四绝句云："……一湾春水曲通池，池上桃花红几株。为语园丁好培植，再栽垂柳万千丝，朱廊寥落暮云多，满径苍苔绊薜萝。置酒恋恋人欲去，紫薇花发再来过。"（仅录第三、第四绝句。引文见钱泳《履园丛话》卷二十园林。）诗人慨叹，若能再栽垂柳，桃红柳绿，形胜更佳。

二、保定古莲池

（一）保定的发展

保定，在春秋战国时期，是"古燕南之地"，或云："燕之南陲，赵之北鄙"。秦时属恒山郡，汉时设乐乡县。北魏太和元年（477 年），北魏正人在此设城置守（《魏书·地形志》），名为清苑县，属河间郡。隋唐间改隶莫州（据《弘治保定郡志》）。安史之乱和五代时期，北方契丹族长期入据，梁、唐、晋、汉、周连年交替混战，使这里的人民大量死亡和流散，清苑县城也因遭兵燹，成为一座残破不堪的芜城。北宋立国后，因这里是同辽国接界的军事要冲之一，赵匡胤于建隆元年（960 年）下令在清苑废城西南七里处重建新城保塞军，太平兴国九年（984 年）升军为州。保州就是现今保定市的基始。[24][26]

保定作为一个重要城镇的发展，是随着北京历史地位的转变而开始的。金建中都于燕，保定变为京师门户，天会五年（1127 年）金灭北宋，统占中原，七年（1129 年）改保州名为顺天军。金贞祐元年（1213 年）蒙古军分三路南下攻金。其西路于是年十月十七日攻陷顺天军城，实行残酷的屠城。这就是史书上记载的"金贞祐间举城罹锋刃，老幼无子遗"的那次惨变。全城财物抢掠一空，民居衙署付之一炬，土城夷平，军城至此成为狐兔出没其间的废墟。

贞祐三年（1215 年）蒙古人攻占中都城，此后又占领华北广大地区。兴定二年（1218 年）金将张柔据守中山等地，迎战蒙古军于易州狼牙山，战败被擒，归降。1225 年成吉思汗委任张柔为行军千户，保州等处都元帅。张柔先建立帅府于满城县。由于满城地僻山区，不利于他的扩军和有效控制所占据地盘，1227 年移镇保州。他注意到保州所处地理位置有极重要的战略价值，虽因城乱已荒废十四年，荆榛遍地，仍决心用数年时间全力经营。张柔"画市井，定居民，置官廨"（《元史·张柔传》），度地势作新渠，引水入城，并扩展了旧城，城方十二里。元好问《顺天府营建记》，对此做了详实的记载。这时期的保定成为燕南第一大要埠。[24][26]

明朝对土城稍加修葺并加砖，仍以保定为京南第一重镇。洪武年间，改为保定府。永乐元年(1403年)二月迁北平行都司于保定。到了清朝康熙八年(1669年)，直隶巡抚衙门由正定迁到保定，雍正二年(1724年)升级为总督部院，从此，保定就成为直隶省省会。清朝末期，保定仍不失为京畿重地，军事要镇。芦沟桥至汉口铁路，芦保段于1899年1月通车，保定至定县段1901年通车，京汉全线于1906年通车。从此，保定仍在军事上的重要性更加突出起来。民国以后，保定为直隶首府，直系军阀驻地。

津、保同称北京的两翼。天津改为通商口岸后，保定的地位有了变化。全国建国后，天津成为直辖市，河北省会又时而迁津，时而回保，1968年迁往石家庄，1986年12月国务院确认保定为历史文化名城。[24]

(二) 保定的文化教育

张柔开府于保州，重建市井时，就"迁府学于城东南，增其旧制"(《元史·张柔传》)。张柔及其副帅贾辅虽是武将，但都通晓经史，"二家藏书皆万卷"。贾辅于古莲池建"万卷楼"，专藏经史。此后，张柔"于金帛一无所取，独入史馆取金实录并秘府藏书，求访耆德及燕赵故族十余家卫送北归"(《元史·张柔传》)。由此可见，保定在元初对保存封建文化起过一些特殊作用。明朝有二程(程颢、程颐)书院(后改为金台书院)及上谷书院。金台书院建于嘉靖二十年(1541年)。到了清朝中后期，保定文化得到进一步发展。雍正十一年(1733年)诏谕各省建立书院。直隶总督李卫奉旨后，选在莲池创办书院，因地取名为莲池书院(又称它为直隶书院、保定书院)。又在莲池南设南园，作为文人学士聚会、诗文唱和的场所。为了接待往来保定的皇戚贵臣，又在书院之东，增建"皇华馆"，作为贵宾馆。[24]

清末，随着资产阶级改良派的出现，开始提倡新学。先是光绪二十八年(1902年)袁世凯在保定训练新军，设陆军速成学堂，同时成立将弁学堂、师范学堂及巡警学堂。光绪三十年(1904年)清廷实行维新，下诏废除科举，开办学校，各地书院也更名易辙。莲池书院改称"校士馆"，不久又改名"文学馆"。同年建置直隶保定图书馆，接收了莲池书院的全部藏书，一直存到至今，藏有不少善本古籍。同年又设农务学堂(以后演变为河北省立农学院，今河北农业大学前身)，后来又成立保定陆军大学。在一个中小城市，同时设立这么多的高等学府，这在当时是不多见的。民国后，1912年河北省立第二师范学校(即保定二师)将莲池书院旧址改建为第二师范附属小学。其后，校舍布局数次变动，书院的遗迹今已不可复见了。[24][26]

(三) 保定的名胜古迹

保定地区在长期的历史发展中形成了丰富的历史文物和名胜古迹。如易县有燕下都遗址、紫荆关、荆轲塔和清西陵等；满城县的西山里有陵山，东坡上有汉中山靖王刘胜及其妻窦绾之墓(著称于世的金缕玉衣就是从这两座墓里出土的)；清苑县冉村有抗日战争时期留下的冉庄地道，定县有宋朝开元寺塔，高84米，是国内最高的砖塔，八角十一层，每层回廊上还留下许多历代名人题咏；曲阳县城的西南角有一座很大的古建筑北岳庙，始建于北魏，历唐、五代、宋、元、明、清各朝代相袭在此设祭北岳神。至于保定市内名胜古迹有古莲池、直隶总督署、大悲阁、钟楼、天水桥等。[24]

古莲池将专节叙述详下，这里简述位于保定市中心的大悲阁。据《顺天府营建记》载，金代即建此阁，但金末元人毁城，此阁想亦不能幸免。《畿辅通志》和《清苑县志》上都说是张柔所建。阁通高31米，三檐，歇山布瓦顶，檩枋均绘苏式彩画。保定周围地势平坦，惟此阁高峻，十几里外可望见，古人有"只园金阁碧云端"之句，便是形容此阁的高大雄伟。[24]

（四）古代保定北方水乡

保定的东、南、北三面是一望坦荡的冀中平原，高拔的太行山脉西峙于百里之外。发源于城西北约三十里的一亩、鸡距二泉的清苑河，蜿蜒流贯此地，东注白洋淀，经大清河直达津沽入海。五代以前，保定的东北大部分尚是沼泽之地。到金末元初，张柔建城后，市区之内十分之四还都是水。元好问《顺天府营建记》中说："……满城之东有南北泉，南曰鸡距，以形似言，北曰一亩，以轮广言（其阔一亩）……此二泉合流由城外壕出为减水口，……水偎吾州跬步间耳！……乃弃之空虚无用之地。吾能指使之，……乃度地势作为新渠，凿西城以入水。水循市东行，由古清苑几百举武而北；别有东流，垂及东城而西，双流交贯由北水门而出。水之占城中什之四，渊绵舒徐，青绿弥望。为柳塘，为西溪，为南湖，为北潭，为锦云口。当夏秋之交，荷芰如绣，禽容于内飞鸣上下，若有与游人共乐而不能去。舟行其中，投网可得鱼，风雨鞍马间令人渺然，有吴儿洲渚之想……"。可见当时引水入城之妙和城中不亚江南水乡风光之想。元郝经在《横翠楼记》中也说，保定由于"塘泺贯城而入，城市之间，遂有江湖之色。"[25]北方水乡自有其别于江南水乡的独特之处，在这样环境中的莲池园囿，自必胜甲畿南。

（五）古莲池的始建和历史发展
古莲池的始建

临漪亭与古莲池什么时候始建为园林？目前尚未发现这座古园的始建物证，而且也无金末以前的文物遗存和文献记载可资佐证在元以前确实存在。明确载有它的始建时间的各种史料皆出自元明时代，并且说是元代始建张柔凿池构亭。但到16世纪后半叶出现唐建说。明·陈其愚于隆庆元年（1567年）撰《临漪亭记》中云："古保郡之尚鸡距泉穴城而来，流杂阛阓间，唐上元建有临漪亭"。明·查志隆于万历十五年（1587年）撰《重辟水鉴公署碑记》的碑文云："金台郡（保定府）治前故有池，广衍可数十亩。或曰古莲池云。池上故有亭，亭以临漪名，肇自唐上元时"。清末郭云半撰《莲池台榭记》断言"自唐上元二年凿池建亭"（此文写于光绪四年，1879年）。

孟繁峰《临漪亭与古莲花池始建年代考》一文，搜集了充分的资料加以分析、推敲和考证，辨明了唐建说的不确，无只字可证实。唐建说主要基于陈其愚的《临漪亭记》，很可能由于他对郡志一段文字破读引起的。明成化八年（1472年）修，弘治七年（1494年）刊行的《弘治保定郡志》卷22上有这样一段文字："临漪亭在府城内临鸡水上元时建"（不加标点原文），把它破读为"临漪亭在府城内，临鸡水，上元时建"，其实应正读为"临鸡水上，元时建"。由于"上元"年号，唐高宗、肃宗两朝都曾使用过从而有唐高宗上元二年（675年）始建和唐肃宗上元年间（760~761年）始建的说法。其实隋唐五代时保郡城址也不在今址。元好问《顺天府营建记》和郝经《临漪亭记略》，虽然文中也没有直接点明始建时期，但都说到了保定泉流纵横的水乡风光和亭榭台观的临水而筑。考在此以前的史料都没有引水入城的记载。元好问《顺天府营建记》明言："乃度地势作为新渠，凿西城以入水，……水之占城中什之四，渊绵舒徐，青绿弥望，为柳塘，为西溪，……为园囿者四……"；郝经《临漪亭记略》也明言"鸡水控长山而东，穴保而入，激为流，疏为渠潴为陂，……台楼亭观雄列鸡峰者肖如也……"；即便是陈其愚《临漪亭记》"……鸡距泉穴城而来……建有临漪亭"，因此若无鸡水在元时引入城内，那来临鸡水之畔而建亭呢？可见历史上"元建说"是正确的。严格说来，始建时期在金末，或金元之交为宜。因为"元"是忽必烈至元八年（1271年）才定的国号。蒙古人没有灭金和至元年号之前，只能采用金的年号。亭园的始建应在金正大四年（1227年）之后。因为蒙古人攻陷保定，时在崇庆二年（1213年）冬，"举城罹锋刃，老幼无子遗"，遂成废墟。直到金正大四年张柔在副帅贾辅等人协助下，驱使在南方战争中俘虏来的军民来重建这座荒城的。[26]

元好问《顺天府营建记》详实载云："承平时（指金代前的保州），州民以井泉碱卤不可饮食为病，满城之东有南北泉，南曰鸡距，以形似言，北曰一亩，以轮广言……此二泉合流由城外濠出为减水口，……水限吾州跬步间耳……乃弃之空虚无用之地。吾能指使之，则井泉有甘洌之变，……乃度地势作为新渠，凿西城以入水。水循市东行，由古清苑几百举武而北；别为东流，垂及东城而西，双流交贯由北水门而出。水之占城中什之四，渊绵舒徐，青绿弥望。为柳塘、为西溪、为南湖、为北潭、为云锦口。当夏秋之交，荷芰如绣……风雨鞍马间令人泄然，有吴儿洲渚之想……为园圃者四，西曰种香，北曰芳润，南曰雪香，东曰寿春……城居既有定属，即听民筑屋四关，以复州制。"从以上引文中，我们可以看到张柔重建复兴后的保州，因引水入城，面貌发生了巨大变化，成为北方水乡，燕南大都会。文中提到四处园圃，其中的种香园为张柔自占，雪香园拨给乔维忠作花园，其他依次分配。临漪亭原是雪香园中的一亭。[26]

雪香园等四园圃自建城的1227年动工，大约在1234年前就都已修成。元宪宗元年（1247年）六月，乔维忠的次子乔德玉在园中的临漪亭举行宴会，求郝经作文记胜，郝经就写下了《临漪亭记略》一文。这是我们今天可看到的有关莲池和亭的最早记载，从中可以了解到张柔建保州城时引水入城："鸡水探长山而东，穴保而入，激为流，疏为渠，潴为陂，浸而为溪，析而为塘。台楼亭观雄列鸡峙者肖如也。"接着说："别流沂布，由千户乔侯之第园而出，出而东则亭，亭则乔侯之别第也。面水者三，右池而左回，屋重而庑列，鲜渌漪然，榜曰临漪。"接着说，这里"茂树葱郁，异卉芬茜，庚伏冠衣，清风戛然，迥不知暑。"赞赏这里"澄澜荡漾，帘户疏越，鱼泳而鸟翔，

虽城市嚣嚣而得三湘七泽之乐，可谓胜地矣。"[26]

不久，雪香园为张柔之子张宏范所占有并大加修缮，修筑水门，"崇构馆榭，始成钜观"（见郭棻《郡县图说》）。这时，1236年贾辅于临漪亭北修建了万卷楼，存放收藏的古今图书。从此，楼亭交相辉映，形成了新的景观。[25]

四园池亭的荒废

前述四园到元朝后期全部荒废，主因由于地震。至元二十六年（1289年）保定路发生了相当于七级左右的大地震。据《保定府志》载：当时"地陷，黑沙水涌出，坏官署不可胜计，压溺死伤数十万人"，可见当时破坏程度的严重，园圃建筑亦在所难免。刘骃于至元二十八年（1291年）写的《高氏园记》中就提到这些名园，"近皆废毁"。直到1368年元朝灭亡为止，没有对这些名园重修的记载。张、乔、贾、何等家族在元朝中期以后就迅速走向了衰落，无力对震毁的园林加以修葺而任之荒废。种香园、雪香园等园名，时过境迁，逐渐地被人们遗忘。不过，到明朝中期，还有种香园和雪香园遗迹尚存的记载。《弘治保定府志》载及种香园"在府治北，元张万户（指张柔）开渠灌水以养莲花，中有看花亭，基址尚存。"雪香园虽因地震而废，但园内池深水存，荷花不衰，成为惟一震后保存下来的莲池了。以后的志书中都把它随俗传记为莲花池或古莲池了。明朝中叶以后，莲池之水得到官府的重视，改建为公署园林，到清乾隆年间又改建为行宫。[26]

公署园林——水鉴公署

元末明初期间，由于战乱和繁重的赋役征敛，保定的社会经济再度受到极大的破坏，永乐年间保定人口尚不满万。永乐初年将保定府衙门建在与莲池一街之隔的路北。路南仅残存池塘的莲池，成为保定府佐贰官、幕僚、吏胥等人临池起房修舍的用地，逐渐变成官府附属办事衙门和私人宅第的地带。这种情况一直延续到明嘉靖四十四年（1565年）知府张烈文辟地重修莲池园林，情况才有所改变。[26]

张烈文任保定知府后，政暇之余常来莲池荡舟游乐。他认为这个经久(包括地震)不枯，阔达三十亩水面，犹如一面清鉴，关系到保定一郡的人文风气，不可寝废，于是出官费加以修建，池中蓄鳞艺莲，环池杨柳如槛，并在塘北清除了一些住房，修筑围墙，开辟门户，在池正北傍岸依照原样重建了临漪亭，隆庆元年(1567年)竣工后，这座稍加修缮的池亭成为官府独占的公署园林。同知陈其愚还写了一篇《临漪亭记》来记述莲池焕然一新的景物。

此后，万历四年(1576年)知府张振先又加以维修。万历十五年(1587年)知府查志隆又在此基础上进行了较大规模的整修和扩建。他审地度势，认为临漪亭东与理刑厅有一墙之隔，厅东又同私宅敝庐隔墙相连，既杂乱拥挤有碍观瞻，又使衙署与莲池之间来往不便，遂决定重新调整布局，用高价收买民房，拆除改建为北连府署大街，南达池岸的通道。此外，还拓广园地，"葺其所坏，益其所未备"，夹岸新构堂、榭、廊、庑、庖厨、庇舟水庐等建筑，这时的莲池展现出荷香四溢、游鱼满池的秀丽风姿，并以园林建筑和植树种花，基本上恢复了初建时所具有的潇湘情趣，并以"莲漪夏滟"的称号列为保定古城八景之一。

园池重修后，查志隆还亲自撰写了一篇记文勒于碑石，记叙了他这次重修的情况并突出地说明了他重修的深刻用心。这就是要以莲池湖塘作为一面"水鉴"，来验照自己度量是否宽宏，志向是否凝定，施政是否清廉，行为是否符合知府正堂上挂的"正大光明"匾额之意。他告诫今后来此宴乐的官吏、僚佐，不要徒事游玩，也要以此水为鉴，鉴身、鉴心，看是否有负皇恩和苍生。为此他特地在甬道上增建一门，上悬"水鉴公署"四字横匾。这就是莲池历史上曾以水鉴公署作为别称的由来。[26]

行宫别苑——城市蓬莱

清朝初期康熙八年(1669年)，直隶巡抚衙门由正定迁到保定(雍正二年升级为总督部院)，保定府就成为直隶省省会。康熙四十八年(1709年)保定知府李仲文认为"畿辅之内，水利多兴，昔襟回城市，育物钟灵，实保郡所独也。"在巡抚等官员支持下，又对莲池进行了一次修建，浚渠挖池，广植树林，营造堂舍和修缮工程，莲池面貌又复一新。[25]但这时，公署园林的性质未变。

雍正十一年(1733年)直隶总督李卫奉旨在保定建书院。他看到莲池的林泉深邃，是读书的好地方，决定在莲池西北角万卷楼西部建立书院，因地称莲池书院。书院占地约近三亩，中分东西两院。东院有圣殿、考棚与院长、校官之居；西院为斋舍及讲堂。又在莲池内设南园，作为文人学士聚会、诗文唱和的场所。为了接待往来保定的皇戚贵族，又在书院之东，增建"皇华馆"，作为贵宾馆。莲池书院在当时很著名，清朝不少卓越的学者曾执教于此，造就出不少颇具才识的"莲池俊秀"。该书院标领一省学风，声播四方，一度成为海内外学子向往的直隶省文化中心。所以，莲池不仅以名园著称，还因书院而成名。[25][26]

到了乾隆时期，莲池从公署园林变为行宫别苑。乾隆十年(1745年)莲池改为行宫，同时将书院的南园改建为"绎堂"，并修筑起墙垣使书院与行宫隔开。从乾隆十一年(1746年)到五十七年(1792年)计四十六年中，弘历曾先后六次巡幸五台山礼佛(前三次陪同皇太后，携带皇后)，每次都要在保定莲池行宫驻跸休息(每次到来之前都要照例加以修饰)。

乾隆十五年(1750年)直隶总督方观承，为了把莲池营建成帝皇后妃们优游玩乐的园囿，大力浚疏池渠，扩大池塘面积达十六亩，遍植荷莲，并在夹岸原有景物和建筑的基础上进行了扩建和增建，使莲池行宫蔚为大观。著名的莲池大规模的整建和重修，乾隆五十七年(1792年)又拨帑币七千两扩建莲池，别苑内已是假山叠巘，奇花争艳，古木森荣，鹤舞鹿鸣。池中岛浮楼台，倩影清鉴，画舫容与，桥亭映带。环池庭院重重，珠玑充盈，飞光溢彩，玲珑幽雅，别有洞天。山、水、楼、台、亭、堂、廊、榭，参差错落、组成了著名的莲池十二景，使这一园囿胜甲畿南，博得了"城市蓬莱"的盛誉。[26]

莲池十二景

莲池十二景大约完成于乾隆二十六年(1761年)之前。当时由总督方观承命人将莲池行官分景绘图十二幅，称《莲池十二景图》，并由他和莲池书院院长张叙分别就每一景题诗于图旁，精工托裱，进呈御览。弘历看后，亦用朱笔题诗于后。到道光二十年(1840年)下诏裁撤行官，同治年间又将莲池恢复为行官。当时对莲池有过重修，并由时任莲池书院院长黄彭年的夫人刘氏，重绘了十二景图，删掉了方、张二人题诗，只保留了弘历的御笔题咏，以之进呈慈禧太后，这个十二景图是对莲池绘图记胜而作，充分反映了莲池鼎盛时期的华美面貌(十二景图现藏北京国家图书馆善本部。原名为《保定名胜图咏》，已为孤本，中缺篇留洞一景)。十二景的名称是：春午坡、花南研北草堂、万卷楼、高芬阁、笠亭、鹤柴、蕊幢精舍、藻泳楼、篇留洞、绎堂、寒绿轩、含沧亭。[26]

隆乾时期莲池行官的盛貌，随着历史的变迁、沧桑的变幻，早已无法看到。但把现存的文献资料图咏遗迹，互相印证推敲，不难描述出当时景物概貌。总体来说，莲池水面约占整个苑囿的三分之一，池塘是整个园林的主体和中心。池分南北两塘：北塘的水面较大，东西横长，塘中一岛，上建一亭；南塘的水面窄小，呈新月形，两塘之间有东、西水渠相连。总的布局，依傍池塘随池水的聚散、回环，布置有厅堂楼阁亭桥等建筑与花木、山石相互结合，构成景点院落。由于市区地势平坦，缺乏地形变化，于是在苑囿的东南隅，因高阜堆山，上建小型亭轩。在南北两塘相连的东渠水旁，又叠石掇山，断处堆成陡崖悬石，以增山势，山中有洞，洞内高下盘旋，曲折有致。从洞北侧有山道上至山顶，有一茅亭，可俯瞰莲池全景。

为了叙述的有序可循，姑且将莲池的景物院落分成七区。(1)叠巘庭廊区：包括大门、春午坡、鹿柴、濯锦亭、半壁廊等。(2)草堂书院区：包括花南研北草堂、皇华、万卷楼、高芬阁、莲池书院。(3)北塘亭桥区：包括整个北塘、池中笠亭、曲径桥、宛虹桥等。(4)书舫鹤柴区：包括洒然桥、课荣书舫、鹤柴等。(5)蕊幢精舍区：包括西院的十诵禅房和藏经楼，东院的煨芋室和篆窠等。(6)中岛南塘区：包括南北两塘之间的中岛上藻泳楼、篇留洞，南塘水区和含沧亭。(7)南园绎堂区：包括寒绿轩、观景楼、绎堂等。

叠巘庭廊区　当年由北向苑门进入莲池行官，从《春午坡》景图看，苑门为通常灰筒瓦顶，三楹，前为廊的建筑，质朴淡雅。穿过两重小院落，迎面便是叠嶂式假山。这样，从市井入苑，要先经两重素净的院落是为了使人们在心理上产生一种远尘屏俗的感觉。迎面便是假山遮目，至此仍难窥园中烟景，这正是传统上不让人一览无余，先掩后露，引人入胜的手法。假山分南北两座，北山中间辟一峡谷幽径以供穿行。此山陡峭，其南坡势缓，"叠石逶迤陂陀，掩映上下，杂植牡丹数百株"。每当春晴日午，牡丹盛开，艳如彩霞，正如苏东坡"春午发浓艳"的诗句所咏，命名此景为春午坡。这个假山院落的东、西、北三面有廊庑环护。循廊左出是一座幽静的院子，中有明职亭，再东转南为鹿砦，就是行官养鹿之处(后修直隶省立图书馆之处)。循廊右出，或绕春午坡沿山间小径转出假山向南，有濯锦亭和半壁廊。穿过半壁廊，顿时前景开阔，一泓碧波的池水，以及水中亭桥、隔岸轩榭，隐约在望，或从柳荫中、亭柱间透视到景物，更加引起人们探胜的愿望。[25][26]

草堂书院区　这个区位在北塘北岸呈长带状边界地。长带地最东为花南研北草堂，然后是万卷楼，正中临池为高芬阁，再西为莲池书院。"花南研北"在春午坡之南，莲池水畔之北(约即明朝保定府署理刑厅处)。从《花南研北草堂》图景看，它是一座有敞厦为门的院落，正面草堂阔三楹，襟宇高洁古朴，檐庑静深轩昂，是宾宴的场所。弘历驾临行官，亦在此召见直隶官员。堂院左右隔墙分带二座小院，有月门相通。左院名"重闻之居"，供饮宴前后憩息之用。右院名"因树轩"，是由复道回廊组成的庭院。复道即是建在画廊顶部，雕栏环绕的平台走道，平常可登廊顶平道，信步行走观赏，雨天可在下层廊中漫步，玩味湖泊山林烟雨空蒙的景色。[26]

万卷楼 在"因树轩"之北，约距西岸百步。从《万卷楼》景图看，楼为双层，呈"门"字形，卷棚歇山顶，画栋雕梁，镂刻栏槛。楼内陈列历朝赐书御制诗章。万卷楼前是复道回廊围成的两进院落，中间界以南向的厅堂五楹，其前有雄伟壮观的宸咏亭，亭内放置一通御制诗碑，四周悬挂御书"绪式濂溪"（即弘历手书所作莲池十二咏诗章总名）。

万卷楼东，本是雍正十一年（1733年）直隶总督李卫建造的宾馆，名为"皇华"，为接待来保定的皇戚贵族疆臣而建。乾隆十年（1745年）后，莲池改为行宫，皇华改建为帝寝。[26]

万卷楼西便是莲池书院。雍正十一年（1733年），诏谕各省建立书院。直隶总督李卫鉴于城中"椸接垣连，择地不易"，而莲池"林泉幽邃，云物苍然"，是读书良地，责成清苑县令徐德泰负责，在莲池西北部，"因旧起废"，修建书院。据黄彭年撰《莲池书院增修讲舍碑记》，书院地址位于万卷楼西部，长十丈，宽十六丈，占地约近三亩，中分东西两院。东院有圣殿、考棚与院长、校官之居，西院为斋舍及讲堂。同时又在莲池东南红枣坡一带划出五六亩地，筑起围墙，建厅堂五间、瓦舍三间和一所凉亭，作为书院的别馆，名叫南园，专供书院学生在此自学和相互研讨之用。[26]

高芬阁 位于池北岸正中。从《高芬阁》景图看，阁上下两层，长阔各三楹，飞阑桀峙，峻拔挺秀，下俯清流，是临池赏荷的佳地。取《晋书》中"高芬远映"的词意，以高芬二字名阁，名景。阁西有奎画楼与之相连。奎画楼中藏有清康熙帝御书石刻十七方。石质为紫玉，字涂绿色。楼前黛柏苍翠，楼后古松参天。[26]

北塘亭桥区 北塘水面较大而平静，可称一泓碧波。从宛虹亭看，池塘中心垫地筑岛，岛上有笠顶式、五柱虚敞的圆形小亭，亭亭玉立在水中央，因形而名笠亭而图称宛虹亭（元明时期的三面环水，一面傍岸的临漪亭不在池中，早已拆去，后人多以此亭为临漪亭，实误）。小岛"前（南）跨飞梁（宛虹桥），后（北）延曲桥（曲步桥）"，联成一线，把北塘分成东塘与西塘，弘历诗中曾说："垂虹宛宛跨堤喷，一笠横空与半分"。亭南的飞梁是形如满月卧波的拱形木桥，过桥便是中岛藻泳楼等。亭南的曲桥是贴水曲折的五步曲桥，可通北岸上楼阁。亭以湖石疏柳为伴，人居亭中，望四周纹石错落，池中莲荷高下，水面亭楼倒影，池边垂柳拂波，景色之美，冠于全园。[25][26]

书舫鹤柴区 由高芬阁傍岸西行，穿层层岩嶂，来到本区，从《鹤柴》景图看，先是廊庑式小石桥，桥名"洒然"，是池水入口处。过洒然桥南行，就是"长樱平榭，倚碧涵虚"的课荣书舫。"课荣"出典于晋潘岳《芙蓉赋》中"课众荣而比观，焕卓擎而独殊"句，借以点染出这里景境的佳妙。这个临水的舫式建筑，名虽称书舫，皇帝来此并不开卷研读，而是赏丝竹管弦，轻歌曼舞的场所。课荣书舫后为鹤柴，顾名思义就是养鹤之处。所以称这里"湖石参差，槐柳联阴，仙客羽衣，翩跹其下"。又有诗云："池边双白鹤，水宿不另飞，明月敞虚阁，芦花吹缟衣"，这里是以白鹤、明月、虚阁、芦花构成佳景。从景图看，虚阁前有台，可以凭栏垂钓，故而又叫钓鱼台。[25][26]

蕊幢精舍区 由课荣书舫沿石径南行转东，茂林修竹之中坐落着两重庭院（东院和西院），从景图看，西院朱门之内向里，是"十诵禅房"，过禅房是藏经楼。按"十诵"是"十诵律"的简称，总指佛门的十项戒律。禅房名《十诵》意即"肃规堂"也。藏经楼"内奉大雄教典七千余卷"，可见该院是园中的佛宇。

相连的东院，有南北相向的精舍二，各为三间。一舍题名"煨芋室"，另一题名"篆窠"。煨芋一词，出自《邺侯外传》一书，说的是唐朝李泌遇仙说有做十年宰相命分的故事。此后"煨"芋一词就成了际遇仙人而得天机的典故。"篆窠"的"篆"字系指道教的秘文秘录。虽不见记载但篆窠可能是专储道经文篆之所，因而这个东院应是当年园中的道官。[26]

关于"蕊幢精舍"的蕊幢一词出自佛典华严经中"华藏世界海"一说，此说九洲之外，四面有香海环绕，烟波浩渺的香海中有一仙岛，名为蕊香幢，是诸佛跻临论法讲经的处所。根据《乾隆十二景图》"奚总其名谛云"的记注，可知蕊幢精舍是今佛、道两院的总称。[26]

中岛南塘区 北塘与南塘之间有岛地呈肾脏形，面积约二亩，居苑围中部姑且称中岛。前述，莲池之水是从西北隅进苑，过洒然桥下注入。入池后，原来自西向东的自然流向分为南北两大股。北流直接向东，穿过曲径桥向南，过课荣书舫前向东，南流经西渠入南塘再至东南渠，这样环绕流过中岛南侧，过东南渠、穿舍浪亭与北流会合，共出东渠出水口。以东、西水渠连接南北两塘，从而形成全苑水系。东、西出入水口皆有水闸，用以控制调节池中水量。这样，既便于池水形成蜿蜒潆洄的态势，又保持池水澄澈空明的效果[26]。

中岛前临北塘，后临南塘，东西有渠，四面环水。岛的东部叠掇有假山，因此地形东高西低。岛的西南坐落有藻泳楼，"前矗巉岩，后临芳渚(南塘)，池水三面环之，嘉木扶疏以映阶，灵石限楗以延牖"。楼为马鞍形双重檐脊，底层红柱明廊，栏槛回绕。楼堂上下，棱窗锦幔。当时这里是帝王与词官仆臣分曹射覆、诗赋酬唱之处。楼左有游廊复道，可直接来到藻泳楼楼上。登楼循栏四望，园中四方诸景，尽陈眼前。"步移影转，处处叹绝"这一诗句，道出了此楼的修造，在于综览全园的妙旨。藻泳楼底层，当年名为"澄镜堂"，堂上悬有"理笏"二字匾额，此出自

宋朝米芾见奇丑巨石，遂肃然整衣正冠，持笏下拜，呼石为兄的典故。澄镜堂外也有峻岩巨石特置，理笏亦是赞石之意。[26]

藻泳楼东北有危岩耸立、怪石嶙峋的假山和石洞(参见《篇留洞》景图)。山间修有栈道，供人盘回上下。山上松柏苍郁，花草繁盛，拈花、提篮的仙女石雕，掩映其中。假山内有山洞名篇留洞，洞名取自苏轼诗中"清篇留峡洞"的名句。弘历先后四次题诗于此(到此曾是四篇留)。洞有山下西、南两处入口，可秉烛、笼灯而入，洞内高下盘旋，曲折深邃，处处空灵。洞内的顶、壁皆由钟乳石精叠巧筑而成，在灯烛的照耀下，呈现出云浆流动，幻影迭出的万千气象。可由山顶洞口而出，出洞后即可见一亭，名乐淆亭，翼然独峙于山顶。该亭内设有雕镂精美的汉白玉石桌、鼓凳，供憩坐。登亭眺望，但见南塘之水，由蜿蜒环抱这山南、东、北三面的溪涧中流过，注入北塘。俯瞰莲池，一泓碧水，水中笠亭如浮，一曲一拱桥接南北，以及北岸楼阁，西岸舫轩，交织成画。[26]

南塘水面较窄，其南岸为园中地势最高的红枣坡，因此塘南是垒石而成的崖岸，陡峭嶙峋。崖岸中部，在参差的石缝中有向池增注水的东水门，淙淙清流从崖石上纵横淋漓，像流云落霞一样，跌落水中。[25]

含沧亭 南塘东北的入水，经东南渠绕篇留洞假山南、东、北三面，回流入北塘的入水口处有青石小亭桥一座。桥为平桥，亭因桥而成敞廊式，顶部为马鞍脊，两旁柱间有曲槛可供凭坐。这里因水道骤狭，水势激越，沧浪有钟磬之声，因名此亭为含沧。名虽曰亭，实似水榭，当时人们又称它为"沧浪水榭"。含沧亭东北是由半壁廊映带两翼的水东楼。水东楼西北不上百步，即是濯锦亭。[26]

南园绎堂区 南塘东南本是雍正十一年(1733年)建莲池书院时单辟的南园。乾隆十年(1745年)莲池辟为行宫时，将书院的南园改建为绎堂。绎堂在塘南一座假山之后(见《绎堂》景图)。据《礼记·射

义》解释，"绎"为："射之为言绎也，绎者，各绎已之志也"。这就是说"绎"即"射"，通过引弓射箭的技艺竞赛，来表现射者的意志和才能。行宫的绎堂，是专为皇帝在此观看他的扈从和应召而来的将弁、武举的射箭比赛。兴之所至，皇帝与亲贵也在此射箭为戏。绎堂的东北，建有一楼，双层，木雕彩绘，名曰观景楼[26]。

寒绿轩 观景楼东北，有一处颇富山林村墅清趣的景区。这里修竹成林，翠绿欲滴，庭院、疏篱，幽藏其间。从《寒绿轩》景图看：竹林深处围有竹篱的一栋瓦屋便是寒绿轩，其南别有月门相通的院落，名为"竹烟槐雨之居"(此名摘自宋代词人吴文英的梦窗词句)。紧邻寒绿轩北，还有座建于石基之上的凉堂，名为"岩榭"。图中最前跨在南塘口东渠之上的石桥(今尚保存完好)，当时名为"绿野梯桥"[26]。

展示十二景图和以上描述，莲池行宫的绮丽风貌，历历在心目中，"宴罢不知游上谷，几疑城市有蓬莱"的赞颂，洵非虚誉。

庚子之厄与离苑再建

清朝后期，封建社会和经济已日趋没落和衰败。莲池行宫自乾隆以后，嘉庆十六年(1811年)颙琰巡幸五台山曾驻跸于此。道光二十年(1840年)鸦片战争后，清廷财政日益困绌。道光二十六年(1846年)，在民穷财匮，"祸乱"四伏的形势下，道光帝被迫下诏裁撤行宫，宣称皇帝从此不复靡费巡幸，以示"节俭"。莲池作为行宫的历史也告一段落。同年直隶总督纳尔经额在接旨后，将莲池行宫改为宾馆。借口加强军备，在池南宽广处扩建绎堂。开辟"校阅五营兵技"的校场，一时这里竟成了满汉旗兵、绿营的练兵场[26]。

1851年爆发了曾席卷大半个中国的太平天国革命运动。不久，捻军起义也使北方烽火燎原。同治七年(1868年)清廷镇压了捻军起义，统治者弹冠相庆。署理直隶总督的官文，为举行"中兴盛典"，特令驻保练军头目唐训方率军大修莲池。这时建筑已经残

旧，景物大不如前。同治十年(1871年)直隶总督李鸿章奉命在莲池设局编纂《畿辅通志》，总纂黄彭年和清河道陈鼐等人以莲池建筑残旧建议修葺。当时有重修原建筑，有改建如改鹤柴、课荣书舫为君子长生馆，有新建如池南土山上六幢亭等。当时，黄彭年夫人刘氏重绘了十二景图，删掉了方、张二人题诗，只保留了乾隆的御笔题咏，以之进呈慈禧太后。这个十二景图是对莲池记胜而作，充分反映了莲池鼎盛时期的面貌[26]。

光绪二十年(1894年)，甲午中日战争爆发。前方，清朝海军全部覆没，陆军败报也纷至沓来，慈禧太后却仍忙于她的六十庆典。为给太后诞辰献媚，直隶布政使陈宝箴拨巨额库银修葺莲池，使园中"山石、林泉、亭榭、台阁焕然一新"来粉饰太平[26]。

光绪二十六年(1900年)，八国联军攻陷北京，慈禧太后挟持光绪帝逃往西安。同年十一月英法德意联军侵占保定，烧杀淫掠，人民惨遭涂炭，莲池行宫文物珍玩被抢掠一空，藏书楼和一些台榭亭馆被焚，整个莲池成为荒芜瓦砾之所。光绪二十七年(1901年)辛丑条约签订后，袁世凯继李鸿章任直隶总督。是年秋为了迎接由西安回銮北京途中的那拉氏，不顾国库匮竭，不惜民力，将保定南关永宁寺(今保定市第二中学)改建为行宫，重修莲池作为离苑。直到光绪二十九年(1903年)春才竣工。是年春，慈禧得知竣工禀报，在谒西陵后，绕道保定，到莲池巡幸三天。尽管有此次修复，但是昔日珍贵文物典籍已荡然无存，花南研北草堂、万卷楼、宸咏亭、奎画楼、绎堂、蕊幢精舍、观景楼、复道回廊等园林建筑都不复存在，高芬阁、藻泳楼也未恢复其原貌，勉强修起，改称为藻咏厅、高芬轩。北塘水中笠亭，改建为上下两层的楼亭。胜甲畿南的城市蓬莱十二景，已面目全非![26]

清末至建国前莲池

庚子事变以后，迫于革命斗争一触即发的形势，清廷拟借维新变法之举以延缓行将崩溃的腐朽统治。

当时财政危机严重，清廷已无力继续修复战乱遭劫的离宫别苑。保定莲池，也逐渐任其荒废，那时一些保定官员认为与其让它荒芜，不如向百姓开放，一方面可售票获利，一方面借此以示朝廷维新。于是光绪三十二年(1906年)直隶布政使增韫下令将莲池稍加整修，对外开放(为公园)。当时每张门票售价铜元两枚，可进园自由参观，但还有一个特殊规定，即不准男女同日游览，每星期六专售女票。到1914年，当时的保定国民政府官员才取消了这项规定。[26]

莲池开放的头一年，清政府为了笼络人心，令清苑知县黄国煊在园中西南部(今西小院)建立了昭忠祠，奉祀在甲午战争、庚子事变及卫国战争中为抗击帝国主义侵略而阵亡的将士。次年，整理在庚子战火中遭破坏而被弃置的残碑断碣中，发现了黄彭年于光绪初年修建六幢亭而收藏的六幢(辽二、金一、元三)陀罗尼经刻石尚且完好，于是在红枣坡上重建六幢亭。光绪三十四年(1908年)，卢靖任直隶提学使，为收拢文人，重新把莲池建成读书治学之所，募集款项在过去的鹤柴处盖起一座四十二间的双层图书馆楼，收藏图书两千多种(主要是莲池书院遗存下来的古籍)，后又购置一些新书和报刊杂志，对外开放阅览。这是直隶省省立最早图书馆。至此，莲池已增建了三处新建筑，园林面貌又有所改变。[26]

民国以后，1917年夏，保定发生了一次历史上罕见的水灾，莲池平地水深数尺，园中建筑又有塌圮，水中亭也被洪水冲倒。直隶军阀曹锟为了沽名钓誉，将昭忠祠改为奉祀辛亥滦州起义牺牲军官的灵堂，假借"保存文物，光大名区"的名义，派出爪牙在民间大肆搜刮文物古玩、花木湖石置放园中。1920年将"莲池公园"改名为"古莲花池"，请当时大总统徐世昌亲书古莲花池横匾悬挂在二门过道中。[26]

1920年直皖战争爆发；1922年第一次直奉战起，张作霖、冯玉祥、吴佩孚倒戈、作战、言和；1927年晋军阎锡山入据保定；1928年5月国民革命军攻克保定；1930年冯、阎举兵倒蒋，……十多年间，保定始终处于交战区，军阀先后在莲池列幕宿营，对莲池亭台楼阁等建筑摧残，致使莲池壁断垣残，水干池涸，"残骸狼藉，不堪言状"。1931年春河北省长王树常倡议重修莲池，前任省长商震率先捐资五千元，经三个月完工，工程共花费一万一千元，所谓重修，也只能是修修补补，没有多大的效益。[26]

自七七事变后保定沦陷起，到1948年的十多年中，在日伪、国民党的统治下，莲池无人整修，至建国前夕已是山倒池淤的破败景象。[26]

今日莲池

1948年10月保定市解放，人民政府在莲池成立"民众教育馆"。1951年正式设置"莲池文化馆"，统一管理图书、博物、宣传和园艺等项工作。凡属莲池一切兴革，统归文化馆负责。当时政府即筹措25万斤小米折款，来修葺墙垣、桥梁、油漆彩绘古建筑。在池南开辟了游艺场，买了金钱豹、海豹、非洲鼠、金鱼等动物供人观赏。又在藻咏厅东建了儿童体育场。古莲花池成了人民憩息游乐的园地。[26]

但是建国后莲池的保护和维修工作曾走过一段曲折的道路。在建国初期，由于对保护文物的重要性认识不足，曾拆除了藏经楼、煨芋室和戏楼等一批古建筑物，改建为新式办公大楼和文物库楼。这一改动(以后还有)破坏了园林布局的和谐与风格。文物库楼南部原有占地十几亩的松鹤园，也被外单位划占，再加上以后不断割占，使著名的古莲池仅剩三十余亩。[26]

1952年11月22日，毛泽东主席视察了莲池。他回忆起当年("五四"运动前到过莲池)莲池旧景，颇有感慨地说："不是那个样子了！"对毁掉原古建筑改建新式文物库楼一事作了批评，并嘱咐要把这座名胜古迹保管好。[26]

1956年，河北省人民政府公布"古莲花池"为省级重点文物保护单位。1963年的特大水灾，使园中一些古建筑受到了严重损坏。西小院、莲池西门等多处倒塌，水心亭发生倾斜，园内到处污泥浊水，杂草丛生，在保定市人民代表大会上，代表们纷纷建议抢救古园。政府重新组建了"莲池管理处"，加强对莲池保护工作。在各处忙于救灾，经费十分紧张的情况下，管理处的同志发扬自力更生、勤俭办事业的精神，开始了较大规模的修复工作。清挖了湖底和排水沟；自寻石料砌成了长130米、高2米的湖坡；又堆起了三座青石假山、两座太湖石山、一座奇石山，所用石料多达一千多立方米（但由于叠石水平低，若工程砌坡；美好湖石可特置、散置以点景，却垒砌成丘为败笔）。1965年保定市政府拨款五万元，重建了西小院，开设了阅览室，重修了莲池大门，把原来的过堂门二重小院落，改建成王府式大门，拆除了叠嶂即两截山之一，移来两座石狮，对放门前（这种改建。从园林艺术上说，不一定确当）。接着，翻修了濯锦亭，对其他古建筑全部加以油漆彩绘。园中栽植数百株松柏槐杨、垂柳青桐以及修竹花圃。园容焕新（但失古园风貌），游人日增。[26]

1966年开始的"文化大革命"，使党的文物政策横遭践踏，文物工作受到严重摧残。管理处同志为莲池的命运焦急。幸好周恩来总理关于在"文化大革命"中加强保护文物的讲话传来，使他们备受鼓舞，想出了许多巧妙的方法，凡是有可能受到冲击的文物都采取各种应对形式保护起来，使得莲池文物古迹经过这场动乱后，基本上保存完好。在此期间，既有极"左"路线的干扰，又无经费的保障，但管理处的同志仍尽力坚持修建工作。1967年就重修了水心亭，加固了亭址，增高了亭身。以后又陆续新建瓦房28间，修桥4座，新建走廊44间，翻修半壁廊4间、亭子5座、响琴榭3间，铺筑了环绕池岸的石子甬路800多米等。特别是为了解决水源问题（原护城河已改为排污沟）打了深水井，购置了变压器和各种水泵，以便防旱、排涝，保持池水的洁净。1975年又在春午坡和濯锦亭之北修建一座牌楼。此后又翻修了君子长生馆，增大跨度2～5米，使之更为宏丽高敞。重修的宛虹桥，桥身通体皆用汉白玉石料。此后还陆续

有修缮。到1982年7月，河北省人民政府重新公布了"古莲花池"为省级重点文物保护单位，并批准建立了莲池文物管理所。[26]

今日莲池正门改为歇山翘角，三门三楹，朱漆彤绘大门，门上悬挂徐世昌所书"古莲花池"大字横匾，门外一对石狮雄踞左右。步入大门，迎面一座太湖石假山（北半因修大门被拆除）。南坡正中嵌有"春午坡"三字刻石，左右立有弘历即景题咏的四块石碣。春午坡左侧为东碑廊，右侧为西画廊。绕过春午坡后为一座三楼五斗彩绘牌楼。步过牌楼，西南滨临池水处是一座重檐，飞檐微翘，红柱擎托的濯锦亭，濯锦亭东对面是原直隶省图书馆楼。此楼南面毗连水东楼。水东楼西与君子长生馆隔岸相对，楼为两层，下层宽展，上层内缩，空出敞豁的楼台，其边沿有双层雕栏保护。

由濯锦亭往西，北塘北岸为碑刻长廊（长廊北原是花南研北草堂、万卷楼、高芬阁、莲池书院长带状北界地）。沿池岸东行槐柳荫下，先有一轩名高芬轩（这里原是高芬阁）背倚半壁长廊，前后共作两间，三面虚敞，北为粉壁，壁间有康熙帝擘窠书"龙飞"二字刻石。再往西有一块太湖石矗立在曲径桥头，石腰镌刻有篆书"太保峰"三字（原为显官郑襄敏公所有，清代曾在保定灵雨寺中，寺废圮后散失民间，1965年莲池管理处发现移园中保护）。过曲径桥来到北塘中央水心亭，笠亭毁于庚子，1963年在此重建。亭通高约三丈，八角双层重檐攒尖顶，攒金柱间装修棱花隔扇门窗，下层檐柱间有坐凳相连。亭北曲径桥衔亭接岸，宛虹桥，环空飞架中岛。登亭四眺，池东水东楼掩柳帘后依稀可辨，池西君子长生馆临漪潇洒，倒影可掬。环视一泓碧水，莲开荷香袭来，令人心旷神怡。[26]

仍从曲径桥北西行，先见湖石之间，浓荫之下有四方攒尖顶的小亭，亭内设有石桌、石凳，亭名洒然。再西，现园西北角是一组建筑群，由响琴洞、响琴榭、响琴桥和响琴楼组成。响琴洞是当年鸡距泉水注入园

中池塘的一段濠涧。濠的外沿构筑成一把头西尾东平面放置的古筝形象。在"古筝"的头部，响琴榭跨筑其上，榭顶造型极似一架扬琴；而"古筝"的尾部有状如竖弦琴的响琴石桥横架涧、塘的联结处。涧内散置嶙峋的礁石，桥下急流击石发出悦耳清音，听琴楼在响琴榭北（已被隔在园墙外，为外单位占用）。[26]

从响琴桥南行，就是紧临北塘西岸正中的君子长生馆，为歇山五脊虎殿式建筑，面阔五间，进深二间，四周明廊宽敞。正间前面突出有罗锅脊抱厦三间，抱厦之外有平台建于水中（行宫时代这里是课荣书舫）。在君子长生馆南北两侧各有一座相互对称的配房，北是洁净的"小蓬莱"，南是清雅的"小方壶"。君子长生馆后西便是行宫时代鹤柴。小方壶南，便见面东雕花月门，门内修竹掩遮着一重院落。这里原是行宫中的鹤柴南苑，1965年重修为西小院。院内松竹盈庭，宁静肃穆，院墙东、北、西三面有廊庑环绕，坐南朝北是六间带有廊檐的青砖瓦舍，现辟为图书阅览室。再南就是行宫时代的蕊幢精舍区，建国后拆除了藏经楼、煨芋室和戏楼等一批古建筑，改建为新式办公楼和文物库楼。[26]

度过连接南北两塘间的西渠北口平桥，来到藻咏厅。原藻泳楼1900年被焚毁，1902年在原基地上重建为厅，1919年又修建成现状。藻泳厅建于宽阔的台基上，面阔五间，进深三间，双马鞍形屋脊，檐角微翘，其廊、槛、窗、门的式样保持原藻泳楼时的格调。现在作为专用展厅，门前甬道两旁松柏茂密，一对铁狮雄踞其间，甬道北端临水一座太湖石假山耸立，山间立汉白玉石雕神女麻姑，腕悬拂尘，手托寿桃。藻泳厅东有建国后新建的殿堂式茶社（原复道游廊地址）。再东即下为山洞的园中最大一座假山，山上四周怪石林立，奇姿异态，意趣横生，山的西北或从含沧桥南来，有石级折上登山顶平缓，空旷处峙立着一座体态空灵的四角小亭，早先本为香茅覆顶的草亭名"乐淸"，庚子年间毁于火，修复时建为现状，并改名为观澜亭。此山之下即是篇留洞，弘历手书即

景诗刻石，今尚存于洞口及洞内岩壁上。篇留洞有三个洞口（山西、山南、山顶）可以出入。[26]

出篇留洞西口折南，在连接南北两塘的东渠阔口上，一座三拱石桥将中岛与南塘南岸连接起来。此桥通体由汉白玉石砌成，主拱顶端吸水兽头造型朴拙浑厚，刀法粗犷洗练，具有典型的元代风格，显然是元代初建遗物，但桥栏透雕净瓶莲叶，为建国后重修时的新作。此桥虽经历代重修，但桥身仍为初建原物，原称绿野梯桥。[26]

过绿野梯桥南，向东可通寒绿轩，现轩面阔五间，进深一间，西向。轩前修竹成林，苍翠清新。竹林南是园中最高的假山——红枣坡。山坡枣枝葱茏，间有松柏柳堤。有亭高耸山顶，三面虚敞，一面成壁的四角形。亭内布列六幢辽、金、夏的陀罗尼石经柱，因之，取名六幢亭。沿石阶下山，来到翼然欲飞去的六角小亭，当时亭边一井泉水甘洌，亭南为蔬园，相传此亭原名如意亭，来此陶冶田园逸兴，以见清高如意。后来，一些科考中落榜，思量读书人老死科场贻误终身的可悲境，叹息还不如回家种田，遂有人提笔把"如意"改为"不如"，以后成为此亭的定名。现今小亭尚在。亭西南蔬圃早已改为露天影院，作为莲池文化生活的场地之一。[26]

到此，今日莲池已走遍全园。自元以来几度兴衰，由私人宅园而公署属园，而行宫别苑，而公园。现在虽非原貌，园地也被割占，但基本上保持一定规模。我们切望，随着国民经济的发展，城市和园林工作新局面的开拓，作出按乾隆时期莲池行宫的规模，进行恢复的长远规划，分期按规划建设，恢复这座城市蓬莱的原有艺术魅力，古园新貌放射出更加绚丽夺目的光彩！

注：上述古莲池的景名，在整理本稿时据2001年1月由孙侍林、苏禄炬主编的《古莲花池图》一书作更改。

三、山西明清宅园别墅

本书第四章第二节魏晋北朝的都城和宫苑，第

三节南朝的都城建康和宫苑，这两节仅述及这个时期内规模较大、使用时间较长的三大都城即邺城、洛阳和建康，以及迄南朝为止历代在三大都城营建的宫室苑囿。就山西来说，西晋以来尚有晋阳也居重要地位，属于地区性封建统治中心城市之一。晋阳古园林可上溯到北魏末期。因此，本节述及太原明清宅园将兼及北齐至宋朝。我们赴新绛调查唐绛守居园池时，发现新绛县尚遗存有清朝时期建的宅园几处。此外，太谷县，古称阴邑，也是山西有名的大县。自明迄清，平遥、太谷的"商贾之迹几遍行者"，逐渐成为清朝的票号业中心城市。太谷县的殷富是建造巨宅别墅花园的经济基础。所以本书"山西明清宅园别墅"就以晋阳（太原）、新绛、太谷为序进行叙述。

由于查阅《山西通志》等志书，发现本书"北宋洛阳名园"中提及的湖园和独乐园，据志书云：不在洛阳而在山西。北宋洛阳名园大都就隋唐旧园葺改而为宅园。例如洛阳的湖园，《洛阳名园记》云："在唐为裴晋公宅园"。据《旧唐书》本传，只说他在"东都立第于集贤里，筑山穿池，……梯桥驾阁，岛屿回环，极都城之胜概"，并未提及宅园的名称，北宋时就遗址改建后称湖园。查《山西通志》载，裴晋公湖园，位于山西闻喜县；在县东四十里重泽之间。但《山西通志》没有述及湖园布局，二说孰是，待考。也许裴度在闻喜县原有湖园，在东都立第另建宅园，其宅园到北宋时改建后宋人袭称湖园。无独有偶，《洛阳名园记》中有独乐园："司马温公在洛阳自号迂叟，谓其园曰独乐园。"而《山西通志》则云，独乐园位于山西夏县，在县西三十里之处，是又一独乐园。据《名臣录》云：司马光居于洛，其兄司马旦居于夏县，司马光每年去看望其兄一次，司马旦有暇时也到洛阳看望其弟司马光。据此，司马旦在夏县之园，也称独乐园。洛阳的独乐园，《洛阳名园记》中有叙述，而夏县的独乐园如何？不详。

(一) 晋阳（太原）的发展和古园

晋阳，远在春秋时期就存在了（见《左传》），那

时晋国大夫赵简子的家臣董安于和尹铎，已经先后把晋阳修建得有坚实的城堡，较大的宫殿（殿柱还是用铜做的），但毕竟还是一个小城。到了西晋末，并州刺史刘琨为了防御匈奴的侵袭，展筑了晋阳城，扩大成为高四丈，周长二十七里的城池（据《元和郡县志》），但后经多次战乱的破坏。到了北魏末期，高欢入据晋阳，设大丞相府，控制了东魏（都城在邺）政权，大力经营晋阳为根据地，以成霸业，因而晋阳被称为陪都（《隋书·地理志》）。[27]

先是高欢于北魏普泰元年（531年）在晋阳城兴建大丞相府，东魏武定三年（545年）又营造晋阳宫。后来其子高洋篡魏称帝，建立了北齐王朝，年号天保（550年）。兹后，在北齐政权二十七年中，对别都大兴土木，大治宫室，起建大明宫，兴筑十二院，其辉煌壮丽的程度，远远超过了当时的都城邺（今河北临漳）。据史籍记载，天保七年（556年），为在晋阳修筑宫苑的各种工匠劳力多达三十万人（《晋乘蒐略》卷十三），可见工程的浩繁巨大了。

大明宫这组建筑组群，主要有宣德殿、崇德殿、景福殿、德阳堂、万寿堂等。万寿堂坐落在花园里。园中堆有假山，建有凉亭，植有花木，是宫中之苑。到北齐后主高纬天统三年（567年），大明宫的主体建筑大明殿才建成（《北齐书》卷八）。大明宫内殿堂楼阁宏伟，绿树浓荫掩映，宫周诸门即景福门、景明门、昭德门、昭福门的门楼高耸（门外均建有亭），已自形成一座大明宫城了。[27]

北齐还在晋阳西郊的晋祠大兴土木，在难老泉、善利泉上建起了泉亭，在悬瓮山腰筑望川亭，在晋水侧兴建了清华堂、流杯亭、宝墨堂和环翠亭等，成为帝后王公游幸之所，所以到唐朝仍为北都之胜。唐人李吉甫的《元和郡县志》引姚最《序行记》云："高洋天保中，大起楼观，穿凿池塘，……至今（指唐朝）为北都之胜"。北齐还在晋阳西山凿佛龛、雕佛像、建佛寺；著名的这尊依山凿刻的大佛高二百尺，虽然比乐山大佛低，但要早建一百六十二年。[27]

隋炀帝杨广，初封"晋王"，即帝位后，加紧修建晋阳，在北齐的晋阳宫外围筑了周七里的城垣，命名为新城，在新城西又新建了一座周八里的仓城；又于大业三年（607年），在城西北隅（大明宫城北）新建了一座晋阳宫城，其面积远远超过了大明宫城（见《古城晋阳示意图》）；他在晋阳潜丘修建了大兴国观（即兴国玄坛），还征集民工凿开东通太行、北达管涔山汾阳宫的驰道，使晋阳成为交通便利，建筑宏伟的繁华城市。[27]

隋末，李渊父子起兵晋阳而有天下，认为晋阳是"王业所兴"之地，锐意修建，列为北都和北京。唐朝的晋阳已经成了横跨汾河两岸，由三座城池连接组成的大都市了。在汾河西岸晋水之东是一座高四丈周四十二里的大城，大城内又包括有隋晋阳宫城、大明宫城、新城和仓城四座小城。这个大城称为府城或州城，也叫西城。城内也仿京城长安分隔成许多个坊，如崇信坊、永宁坊、龙泉坊等等。在汾河东岸与西城相对的另一座城叫东城，是贞观十一年（637年）并州大都督府长史李勣主持修建的。因为东城内的井水苦涩难饮，又修筑了从西城外把晋水引穿西城的晋渠之水延伸，架汾河引到东城的水利工程，以解决民饮用水。东西两城之间，又有一座跨汾河的"跨水联堞"的中城，把东西两城连为一体，所以也叫连城，它是武则天时并州长史崔神庆主持兴建的。其后，河东节度使马燧又复修晋渠工程，还潴成隍塘蓄水，又把汾水分出许多小流环城流绕，两旁都栽上杨柳。唐朝还在晋阳修建了柏堂、节堂、起义堂、受瑞坛、宾宴厅、北厅、使院、山亭等建筑；还有那些达官显宦的高门宅第和宅第改变的寺庙，如正觉寺、开元寺、解脱寺等等；这些建筑围绕着晋阳宫和大明宫，散落在清流绿柳间，使晋阳城里更为富丽堂皇而又清雅秀丽。综观晋阳三城的形势，悬瓮山西峙，晋水依西城西墙而过，汾河穿中城南流，晋渠横穿西城，过中城，跨汾河，达东城，许多小流环城流绕，夹岸杨柳飘扬，楼榭相望，用现在的话来说，可以说是一座风景园林城市了。[27]

隋建的晋阳宫苑，发展到唐朝，又增加了宣光殿、建始殿、嘉福殿、仁寿殿等。另外还有一座寝殿，叫万福殿，是开元十一年（723年）唐玄宗幸晋阳时下榻之地。殿周宫门数重，可通各个游赏之处。殿北有玄福门、宣德门通至玄武楼；殿东有东闱门、昌明门，可通葡萄园；殿西有西闱门、威凤门，可以到太液池。晋阳宫中的太液池面积也不小，池中建有四边形回廊大亭，每一面就宽达八间，可徘徊游赏。另外还有九曲池，流水弯曲，有如蛇行。

宋初城毁和重建　唐以后的五代，后唐、后晋、后汉和北汉几个王朝，也都把晋阳定为西京、北都和北京。然而到北宋太平兴国四年（979年），宋太宗赵光义攻占晋阳，北汉主刘继元出城投降，部将杨业停止战斗归顺的情况下，赵光义仍下令焚毁晋阳城，次年又引汾河晋水倒灌废墟，毁城灭迹。金代元好问《过晋阳故城书事》诗中有"不论民居与官府，争教一炬成焦土，至今父老哭向天，死恨河南往来苦"，说的就是这次浩劫。[27]当时大部分居民移至河东平晋城，还有部分居民移至唐明镇，即今太原城的西南角。宋初太平兴国七年（982年），将唐明镇扩建，改称阳曲，到宋仁宗天圣初年又称太原府，即今城址的部分地区，其范围北至后小河，东至桥头街。据说在修建时，因风水迷信之故，将道路均修成丁字相交，以便钉成龙脉。当时商业、手工业在南关一带，至今尚保留有剪子巷、铁器巷等地名。[28]

柳溪胜地　由于新城紧傍汾河，而古时汾河每当夏秋之际常发生暴涨，有时河水能冲到西城墙下，威胁着太原人民生命财产的安全，宋仁宗天圣三年（1025年）并州知州陈尧佐在汾堤以东，太原城以西，又筑了一道五里防水堤，又引汾水潴成湖泊，在湖畔堤旁植柳几万株，形成一片柳林春水，名为柳溪。又在堤上建造了一座凌云高阁，起名"彤霞阁"，成为当时游乐地。此后，宋神宗熙宁年间（1068～1077年）陕西兼河东宣抚史韩绛，宋哲宗元祐年间（1086～

1094 年)武安军节度使知太原府韩缜,这两兄弟相继守太原时,又对柳溪作了增建。在溪中造起一座宏丽的"枞(音 dì)华堂"(出于《诗·唐风·枞杜》"有枞之杜,其叶湑湑"之句,意思是花叶繁茂)。从堂后直通芙蓉洲,洲里鲜荷婷婷,自是一番景色。后来又在"彤霞阁"东边建起一座"四照亭",在湖水中建起"水心亭",这样柳溪上亭堂楼阁与红荷绿柳相映成趣,成为郊游胜地。[27]

(二) 明清的太原城

金朝、元朝,长达三百多年来,太原遭受了不少兵燹战乱,尤其是元末统治集团间的战争,城市建筑大部破坏,给太原人民带来了巨大的灾难。洪武元年(1368 年),朱元璋的北伐军徐达、常遇春部进入太原时,已是十室九空,没有人烟的空城了。洪武三年(1370 年)朱元璋封其三子朱棡为晋王驻守太原,开始修建晋王府,洪武九年(1376 年)对太原城进行扩建,列为九边重镇之一,将太原旧城向北、东、南三面作了大幅度扩展,并建南关,筑起三丈五尺高的城墙,外面砖砌,开了八道城门,形成了周围二十四里的大城,还挖了三丈深的护城濠,可称得上"深沟高垒"了。各道城门上修建了重檐翘角,巍峨壮观的城楼,在四个城角上建有高大的角楼,在四面城墙上还建了 92 座小城楼,在城楼之间又筑起了 32 座敌台。仰望太原城郭,楼台环绕,雄伟壮观,气势非凡,明王世贞在其《适晋纪行》中也说:"太原城壮丽甚,二十五埠垺作一楼,神京不如也。"[27]

太原城内的楼阁比比皆是。鼓楼坐落全城中央,下为通道,上为三重高楼。其楼东西长百余步,南北宽八十余步,重檐歇山顶,三层各七间,下层二十六根露明柱,飞檐翘角,前面悬匾"声闻四达",后面悬匾"威镇三关",气势雄伟。登楼四顾,全城尽收眼底,东山屏障,如带汾流,双塔文峰,皆入画面。该楼始建年代无考,据碑记顺治十七年(1660 年),嘉庆二年(1797 年)重修过(民国二十二年即 1933 年重

修彩画后设为晋绥物产陈列馆,1950 年已拆除)。其次是钟楼,最早在寿宁寺(即打钟寺),后移泰山庙前。楼高约二十丈,建于金朝正隆四年(1159 年),楼檐有匾"兔氏钟声"。楼内有正隆四年闰六月所铸大铁钟一口,高一丈,周一丈九尺四寸,民国八年尚存,后不知去向。钟楼早已倒坍。此外,太原还有作霖楼、明远楼、奎光楼、聚奎楼以及雄风楼、高明楼、唱经楼等等。[27]

太原的阁也不少,以通明阁(旧址在今太原第三中学内)最出名,规模壮丽,高耸凌云,阳曲增八景之一的"仙阁朝霞",即指此阁。除此,还有文明阁(今府西街)、坤德阁(今桥头街)、映衣阁(今大中市)、升华阁(今府东街)等等。楼阁之外,太原的牌坊尤其多,明晋王府前有四牌楼,东西羊市、活牛市十字口也有四牌楼,都察院、太原府、阳曲县前都有牌楼或过街牌楼,各王府、司道衙门,各宫观寺庙,各书院及科第门前都有牌坊,还有些节孝牌坊,大大小小不下百十座。城内寺庙很多,仅关帝庙就有二十处之多。太原自明朝展城后,城里非常空旷,居民不多,民房稀疏,而这些楼、阁、牌坊就显得突出了。加上王府花园中的楼阁、城墙上的城楼敌台,互为衬托,使太原城显得格外壮丽辉煌。昔日有"花花正定府,锦绣太原城"的民谣,说明太原城真正的锦绣时期是在明朝。[27]

(三) 明朝晋藩花园

明朝太原城中最庞大的王府是晋王府,它的面积约占太原城的六分之一。各晋藩王的府第花园,大多建于晋王府的周围,形成了一片连一片的王府宫室建筑群。另一方面晋王的子孙后代,累累封王,都要建王府,造花园。所以到明朝中后期,许多晋藩王府花园相继出现,竞相比美,盛极一时。

晋王府

在南北主轴线上建有几进宏伟的宫殿,类似皇宫格局,称为宫城。宫城前左有天地坛,是晋王祭天地之处;右有王府花园,建有山石池亭楼阁。晋王府

开有三道门，即东华门、西华门和南华门。围绕宫城还有一道夯土外城墙，叫萧(肖)墙，这就是东肖墙、西肖墙、南肖墙和北肖墙。清顺治三年(1646年)晋王府失火，燃烧月余，全部化为灰烬。晋王府宫廷园林建筑，在规划设计、建筑布局、园林造景、植物布置等方面想必有较高水平和相当豪华。未留下府内详情的文字记载，一炬后仅存废墟就很难弄清它的具体布局了。[27]

除晋王府外，晋藩花园比较出名的有：

靖安园

在晋王府的西边，也叫西园，是靖安王朱新环的花园。这个花园重门深邃，青松如壁，草木茂密，兰竹青青。园中有"青蓼阁"高入云霄；阁前有三座园亭，左亭题"瑶天鸿水"，右亭题"云林清籁"，中亭为"会心处"。另外园中还筑有画船亭，布置有奇石异卉，曲径高台，林鸟池鱼。[27]

远溪园

在晋王府北边，从位置看，也当是晋藩王的花园。园内叠石成假山，引水为池沼，建有最乐楼、澄然阁、窈窕亭，布置有不少佳木美卉。由于花园靠近北面城墙，比较僻静。

河东园

在晋王府后边，是河东王府的花园。园内筑有峻阁、高台、园亭，堆有假山，凿有鱼池，池中有水榭，布置有奇葩异卉，景色宜人。

熙景园

在晋王府西北角，也叫西景园，是晋藩东平王府的花园。[27]

金粟园

在现在的小五台，是河东王府的别墅。前身是王道行的桂子园。王道行阳曲人，是明嘉靖年间进士，曾做过苏州知府、河南按察使和四川右布政使，为官清正廉洁。在四川任上遭受当道者的排挤而还乡，就在小五台一片高阔的空地修建了此园。桂子园中有一座坐北向南的斐堂，堂稍东是雨足轩，轩前修

竹百余棵，显得淡雅清新。在斐堂左边有个莲花池，池前又有个小鱼池，池上有桥，桥上可以观鱼。跨过小桥，太湖石假山挡其南。假山紧贴南城墙，山上有座逍遥亭，亭后有数间矮屋，向西可接承恩门(新南门)城楼，是个登高远眺处。西头顺城墙而下有土岗，岗东有个"清虚"亭，周围栽有龙爪槐等。树下设置石床石凳，引水成溪，从脚下环绕流过，这里是品茶对弈的好地方。园子的东头，有个祠堂和茅亭，北头是园门。园内除了池莲、龙槐、竹子和其他花草外，最出名的是几株大桂树，每当金秋，满园飘香，所以名为桂子园。桂子园不仅园内造景，还可借景园外，在私园中是较为出名的宅园。[27]

王道行去世后，子孙辈无能，桂子园遂被河东王所夺，进行了大规模的拓展改建，成为河东王的别墅，改名为金粟园，明末清初保定人魏一鳌，有一篇《游金粟园记》，对此名园作了详细记述。

一进金粟园门，迎面便是壮丽的牌坊，名为金粟坊，过坊少许，向西经过一段迂回的石砌小径，有两座相连的屋宇，叫桂藁轩和岁寒居，绿窗朱户，高敞开朗，回廊环抱，上悬匾额"西园翰墨林"，是读书写字之处。过坊向东，有一带篱笆，以树枝架一坊门，上书"苍云坞"。里边树竹森森，群花众开，是以植物见胜的园中园。向南，高处有一个院落，叫"丹药院"，种植牡丹、芍药之类，院内明堂开阔，帘卷窗净，是夏日纳凉之所。面丹药院，有一座玲珑山石围绕的高楼，名为"望汾楼"。登楼游赏，视野开阔，楼下有金鱼池，水深尺许，游鱼可数。池上架一小桥，池周密布垂柳，浓荫四合。林深处隐隐有流水声，是为"流觞曲水"。这里有枯松怪树，老状离奇，树下一大石，上有楷书"古木仓烟"四字。由这里东望，有几亩花畦菜地，中间一条小路，下通锦云乡和富春亭。从这里回首来路，高低差足有两丈余，望见高处楼台殿阁，掩映于郁郁葱葱树林之中，令人作天际清凉界之想，因而人们称它为小五台。从富春亭向西，槐荫深处，还有一座宏丽的槐荫亭。若南向拾级

而上，便可登上倚城假山，山后城墙上五步一台，十步一楼，颇为壮观。这座倚城假山可能是当年桂子园的山石假山，或经过扩建。人行山上(城墙上)，如履树梢，俯瞰园景，树海绿波，那些高低起伏、聚散有致的亭台楼阁，随绿波时隐时现，令人神往。[27]

金粟园在清初顺治年间虽已冷落衰败荒芜，尚还残存。后来，小五台只有个大土庵，中有魁星阁，来省乡试的学子就住在这里(到了民国年间，这里建有学校，辟有大操场。民国八年的第七届华北运动会在这里举行。建国前这里已成荒丘。20世纪50年代拆除了残留的城墙，随着城市建设的迅速发展，这一带面貌已彻底改观)。[27]

晋藩花园不只上述几处，除金粟园外大都规模不大，大都建有高峻的楼阁，筑有山石池沼园亭，植有名花树木，但没有一个能留存到清代，全在明末就败颓了。[27]

(四) 太原明朝宅园

明朝太原不仅有多处晋藩花园，也出现了多处士绅宅园别墅，作为他们怡情养性优游之所。有些宅园的名声还超过了晋藩王府花园，桂子园(见前)就是一例。私园中比较出名的有：

日涉园和澹明园

园址在五福庵的东南侧，最先由本地人李成名兴建，初名日涉园。李成名，字心白，万历三十二年进士，曾官太仆寺卿，佥都御史，在巡抚赣南时严黜贪官污吏，为宦官魏忠贤所忌，被革职。明崇祯初复起用，先后任户部右侍郎和兵部左侍郎。此园是他革职回籍和告退后的住所，园中有山石、小桥，"流觞曲水"等。李成名死后，园归裴姓，改名澹明园。

民园

在城内东北隅，是本地人万自约的花园。他曾做过顺天府尹，所以人们也称他的花园为万京兆园。园子偏僻幽静，建筑不多，林木茂密，颇具山林野趣。

傅侍御园

在五府噗子街，是傅霈的花园，傅霈字应霭，阳曲人，曾作咸阳令和华亭令，后以御史家居此园。

傅少参园

有两处，一在东城墙下草场街，一在圆通观右侧。少参是职称，究系何人，无考。傅家园里树木稠密，花草繁多，山石壁立。后山上建有华馆，山下有深洞，山前有楼，楼前有池，池中有鲤。池中临岸筑亭，亭前松柏交错，织成凉棚，在它的两侧还有牡丹亭和菊花亭，为当时府城中园林之最。此园明末毁于兵火，到清初仅存残树几棵。

可蔬园

在新南门街，是王辰的宅园。王辰原名陈震，曾任诸城县令，后改名王辰。该园时人也称王少参园。

郝家园

在大东门里北头，是郝本的宅园。郝本，本地人，成化进士，曾官陕西佥事。这个园内有楼名叫绿烟阁，又有亭台环绕，上有青松翠柏，下有紫荆千树，浓荫幽静，花香馥郁。[27]

张主政园

在城隍庙街。

桂子园

在城内东南隅小五台，为王道行的花园，后归河东郡王，拓展扩建为金粟园，见前已述。

(五) 太原晋祠名胜

晋祠位于太原市区西南28公里的悬瓮山麓，背山临水，古木蓊郁，鱼沼莲池，楼阁亭台，环境宜人，风景优美，是太原地区兴建时代最早、历史沿革最久的三晋名胜。北魏郦道元在《水经注》中说："山海经曰，悬瓮之山，晋水出焉，晋智伯遏晋水以灌晋阳……后人踵其遗迹，蓄以为沼，沼西际山枕水有唐叔虞祠(不是今存的叔虞祠)。水侧有凉堂，结飞梁于上，左右杂树交荫，希见曦景，致有淫朋密友，羁游宦子，莫不寻梁契集，用相娱慰，于晋川之中，最为胜处。"这里说的后人虽不知何时何人。但由于此注，可以肯定，晋祠的创建年代不会晚于北魏，而且当时已有沼、有祠、有凉堂、有飞桥。到了北齐天保年间(550～559年)高洋在建晋阳宫的同时，对晋祠也大加修建，在难老泉、善利泉上建起泉亭，在悬瓮山腰筑起望川亭，在晋水侧兴建了清华堂、流杯亭、宝墨堂和环翠亭等，成为帝后王公游幸之所。[27]

尽管北魏时有小祠凉堂之筑，但引人栖身游乐的还是那山林水泉之胜。北齐高纬曾改晋祠为大崇皇寺，后石敬瑭，追封唐叔虞为兴安王，有人题匾额为兴安王庙，但都没改变山水园林的格局。直到宋朝开始，兴筑年盛，布局改观，才有所变化。先是北宋天圣年间(1023～1032年)，在晋水侧靠山兴建了一座供奉叔虞母亲邑姜的圣母殿。这是一座面宽七间、进深六间、重檐歇山顶的雄伟大殿。殿身四周围廊，是现存宋《营造法式》"副阶周匝"之规定形制最早的实例。殿前廊柱上缠绕木雕盘龙8条，殿前又筑了一座构筑奇特的"鱼沼飞梁"，从而把大殿衬托得庄严肃穆。圣母殿内四十多尊宋代侍女泥塑都是服饰艳丽的宫女，各自表现出不同的形态和神情，是伟大的雕塑艺术作品。到了金朝，大定八年(1168年)，又在鱼沼飞梁前增建了一座供献祭品的献殿，面宽三间，进深四椽，单檐歇山顶。到了明朝，万历三年(1577年)，在献殿前加"对越"牌坊，两侧设钟鼓楼，前面起水镜台。这样就形成了以圣母殿为主体，有主轴线，左右对称的庙宇形制，变成了一座寺园。明清以来又有不少增建(见《晋祠示意图》)。[27]

晋祠有不少古树名木，那斜倚横躺，如龙若蚺的"齐年柏"，传为西周时所植，已有二千七百多年树龄，"古柏齐年"，即指此景；还有长龄柏、汉槐、隋唐槐、长寿松、卧云松、献瑞松等等苍松翠柏、老槐高桧，使晋祠更显得古老深远，幽雅宁静。可惜这些古树多在晚清被砍伐掉了。对晋祠来说最珍贵的景物是水，是日夜不息、湍流不止的难老泉。它是晋水的源头，泉水从悬瓮山下约5米深的石岩里涌出，流量达每秒钟一点八立方米(1.8吨)，是晋祠风景的命脉，也是当地人民的命脉(民用、灌溉用、工业用)。泉水碧绿青翠，一眼见底、水温常在18℃左右，浮萍在水中四季常青。李白诗有"晋祠流水如碧玉，百尺清潭泻翠娥"，是对泉水之胜的绝妙写照，范仲淹游晋祠诗赞颂泉水的功绩是"千家溉禾稻，满目江乡田"，后人把难老泉水与宋塑侍女和古柏齐天，誉为"晋祠三绝"。[27]

晋溪园

在晋祠庙外陆堡河南面，奉圣寺的北头，是明朝王琼的别墅。王琼，太原人，成化二十年(1484年)进士，初为治理和管理漕河的官，后升户部尚书和吏部尚书，其间曾获罪被革职下狱，又被谪成边防绥德，嘉靖六年(1527年)又迫令回原籍为民。晋溪园就是他儿子为他修建养老的园子。没有其他文字记载，县志引刘龙《紫岩集》里，有一段涉及晋溪园的记述：在池沼华馆间，栽有花卉竹子，在稻畦塘岸，蒲草茵茵，流水击石，激起弥漫的珠雾，颇为清闲秀润，富有雅趣。王琼有一首题为《晋溪别墅》的七言诗前半云："家山谁用买山钱，竹坞当溪亦胜缘。菡萏池通苹叶水，垂杨门俯稻花田。"可见该园不过有荷塘竹坞、垂杨稻畦之类，很少营建，可算一个田园。之后，晋溪园改为晋溪书院，到清朝后期便半倒塌了。[27]

(六) 太原明清城外诸胜
西湖景

在明清时代，太原南关的西边，靠近老军营那里，有片浩荡的水面，虽不深，范围却很宽阔。水中有座巍巍关圣庙，大概是先有庙，后来因那里地势低凹，雨水渠水聚集，日久终成水乡泽园，庙也围在水中。在它的东北还有一座观音堂，岸边有个把茅亭，几家养鱼种藕人家。每当夏季，这里水平如镜，波光粼粼，楼亭相望，鲜荷娉婷，周围又有丛丛芦荻，一派水乡风光，由于柳溪到明朝初年就只剩残垣断壁，到清朝就完全无迹可寻，这里便成了明清时期人们游玩之地，来此不过看看水面，或散步，或钓鱼，却把它称为西湖景，还起了一个漂亮的别号，叫"水晶宫"。[27]

双塔寺

西湖景在南关西，以水景胜，而双塔寺在城外东南，遥遥相对，以砖结构建筑见胜。双塔寺本名永祚寺，创建于明朝，规模不大，但有自身特点。一是庙门堂殿坐南向北，与一般寺庙的坐向正好相反。二是寺内主体建筑大雄宝殿全部是青砖结构，不见一根木头，却也有斗栱、檐飞、檐柱、阑额，都是精美的仿木砖雕。殿内还有华丽的砖雕藻井，可说是砖结构建筑中的杰作。三是庙外东南高丘上双塔并峙，称为宣文塔。这两座塔都是八角十三层。北塔高 54.76 米，南塔高 54.78 米。1982 年在修复施工中，从塔顶铁铸覆盖上发现了建塔铭文，万历三十六年（1608年）兴工，至四十年（1612 年）完工。塔内有台阶能盘旋而上。建塔后三百七十多年中，太原历经几次大地震，但两塔岿然不动（解放战争中，北塔受到炮弹的轰击，塔身二层至八层被打掉半边，迄 20 世纪 80 年代依然屹立，工程之坚固，实在令人惊叹）。该塔已于 1984 年国庆前夕全部修复。[27]

昔日阳曲八景之一的"双塔凌霄"就是指永祚寺庙外并峙的宣文塔，直指云端。北塔是太原最高的建筑，也成为太原的标志。在太原，牡丹与双塔齐名。大抵明朝后期，双塔寺的牡丹名种繁多，就在一方出名了。每当立夏前后牡丹盛开，游人如云。游双塔、看牡丹，几乎家喻户晓，成为一种盛事。[27]

（七）太原明清城中诸胜
纯阳宫

纯阳宫本是建于宋末的一座小庙，供奉唐朝道士吕洞宾（道号纯阳子）的道观，人们也叫它吕祖庙。到明朝万历年间，本已衰落的道教又复兴盛起来，藩王朱新扬、朱邦祚于万历二十五年（1597 年）重新规划布局，进行大规模的扩建和改建，使宫内出现了楼亭台阁石洞，而且设计新颖、构筑奇巧。明清以来，纯阳宫成为太原一个游观去处。[27]

纯阳宫规模共四进院落（参见《纯阳宫示意图》）。宫门前建有四柱三楼的牌坊，门侧有唐宋古槐两株，枝叶茂盛，蔽日参天。宫门的门额"衢悥之门"（道德之门）用了两个古字。查王竹溪编纂《新部首大字典》作"衢"（同导），作"悥"（同德，惪之讹）。纯阳宫内，古柏婆娑，曲折幽深，碑碣匾额多为乩笔。纯阳殿（俗呼吕祖殿）居第二进院的正中，是座单檐歇山式方形建筑，占去院中心绝大部分，东西两侧为配房。绕到殿后，却见山石壁立，上有楼阁，下为石洞，洞券上题"别有洞天"，楼檐下悬匾"瀛洲妙境"。穿洞而入是第三进院，布局奇特。院中心为一双层阁，底层平面正方形，上层却是八角钻尖亭，有飞桥通北楼。院呈八角形，八方均为砖券窑洞，人们叫它"九窑十八洞"。窑上四周覆楼，四角有四座九角钻尖亭，均由楼廊串通，这组建筑道家称为"八卦楼"。第四进院也是四周覆楼的四合院，但除正楼底层是砖石结构的窑洞外，其余是木结构建筑。靠南砌有台阶，是登三、四两院所有楼亭的惟一上下通道，这种布局也是罕见的。正楼背后，面向文瀛湖，筑有危阁三层，是乾隆年间知府郭晋邀本地人曾召南督工建造的，名为小天台。扶梯而上，登阁远眺，湖光市井，城楼雉堞，尽入眼帘。[27]

纯阳宫，建国前夕却沦为相士麕集、周围泥棚土屋壅塞、灰渣堆积如山、楼倒屋坍的境地。建国后才拆迁泥棚，清理整顿，修复建筑物，辟为太原市文物馆。1953 年合并于山西省博物馆，并将原宫门外空地，连同牌坊圈入馆内，堆叠有太湖石假山，山上建亭。东侧关羽亭内有关羽提刀跨马的铜像，西侧建有陈列东魏、北周等古代石刻碑廊。这个新院连同原纯阳宫成了一连四进院落的格局。[27]

松花坡和杏花岭

松花坡是过去一条很短的街道名称，再早，却是一片松柏茂盛的园林，名叫松花园，因这片地连着金鸡岭(现已不存)，地势高，又有许多松柏树，所以地名叫松花坡。有人认为松花园是明晋王府的花园，因为它的位置正好在晋王府外的南面。也有人认为是一家姓李的花园，因那里有条小巷过去叫"李家走道"，传说住着姓李的御史一家。

杏花岭位于明晋王府的东南隅，一般都认为原是晋王府的花园，明亡后，随着晋王府的焚毁，这里也变成杂树丛生的官地，当初的园内情况不得而知，不过从清朝以至民国年间，这里变成以杏、榆为主的茂密林带，是当时太原城内一块大面积的公共绿地。光绪二十八年(1902年)，山西农林学堂(今太原六中)建立，从杏花岭公地划出一百亩作农事试验场，场外还是大树林(民国八年，有两个团的军队在林中演习作战，还觉绰绰有余，可见林地之大了)。[27]

后小河

在今省人民政府背后，东西缉虎营南边，系一长条河水。原本是宋建太原城的北城濠，久而久之，形成一条小河，明朝扩展太原城，它便成了城内的一条小河，叫后小河，也叫小儿河。河上有座九仙桥，也叫九间桥，为河上通道，把河分为东西两段。东后小河北岸，靠古圆通寺，重楼叠阁，古色古香。西后小河北岸居住人家，沿河植柳成荫，成为附近居民夏日乘凉散步之地。南岸紧邻学府令德堂之涵静楼，成为西后小河可借一景[民国十年(1921年)以后，两岸逐渐填土，河水渐窄渐微，终至干涸，最后成了平地]。[27]

晋祠孙家别墅

晋祠由于风景秀丽，有条件的常在那里建立别业，作为消夏游憩之地，孙家别墅就是其中之一。清朝乾隆年间，太谷城内巨富孙某来晋祠游玩，深爱此地，就在庙前原纸房村买地二亩，修建小园，盛夏来住。据清末刘大鹏的记述，园的布局大致如此。园门在西北乾位；园内北有南向花厅一所，南有北向高台一座，修建得飞檐雕栏，秀楣画栋，格外辉煌。中部

凿有鱼池，小溪弯曲成"卍"字形，流水淙淙不绝于耳。由于园小，栽树不多，但在厅台池畔，曲径溪边，摆设盆花，四时不绝。园内西南角有小屋数间，东南角辟有花圃，东北角为厨下，西北为园门。门外西来一股流水，至门左分为两股，一股南流不多远便折而向东穿过园墙进入园内，流经花圃从东南角流出。另一股由园外向东，至园外东北角折向南流，又与头一股汇合流去，看来这个小园在溪水上作了些文章，使小园别开生面而著称。同治年间孙家已衰落，也不来过问这份产业，园丁成了园主。光绪三年(1877年)，山西遭灾，园丁便开始拆卖园内木石，园子荡然无存。[27]

晋祠东园

清朝晋祠地区有个东园，园主杨菊痴，本名杨向阳，晋祠南堡人，太原县学生员，他酷爱菊花，就在南堡东围起一片园地，作为他培植菊花的所在，称东园，自号菊痴。东园起初只有北屋数间，但园内榆柳垂荫，桃李争艳，种菜几畦，有一池游鱼，渠水穿绕，几丛青竹，颇有一番田园风情，主人志趣在菊，专心培育，名种数十，高于别家。后来他又修建了一处楼屋园亭，名为"玉烟书屋"，并在园内设立诗社，邀集同好，吟菊为乐。[27]

晋祠潜园和桃园

潜园在晋祠东北面的田野上，靠近赤桥村，园地十数亩大，石筑围墙，以荆棘为篱。主人梦醒子在《潜园记》中说："其地负山面野，宽阔十数亩，中有茅屋数椽，蔬菜几垄，桃李两三行，枣梨百余树，葡萄、架豆、花棚、芝蕙、圃葱、蒜畦、兰溪、苔径、梅坞、瓜田，水声淙淙，日夜聒耳。"这是蔬果足以自给的隐居田园。记中又说："园何以名潜，取《小雅·正月》篇，'潜虽伏矣'。"潜者藏也，是园主人逃避现实，潜藏隐居之意，但不是隐于山林，而是伏于田园。

桃园在晋祠奉圣寺东南，靠于堡墙，也有十多亩大。园内只茅屋数间，绿水萦绕，杨柳依拂，花棚

豆架，瓜田草畦，葡萄梨杏，葱蒜韭陇。但桃树特多，盛开时节，红粉满园春花烂漫。[27]

阳曲静安园

上述清朝数园都在晋祠，现在转到城北郊从清至民国年间有名的静安园。它在城北五十里的青龙镇，主人姓王，人称王百万，是清朝阳曲县的富户。他的花园也叫王家花园，王家的宅院在青龙镇街路南，由大楼院、账房院(也叫花厅院)、花园、卜洞院、书房院等大大小小十几个院子组成。这片住宅院从乾隆年间就开始修建了。至同治光绪年间，王家传到王绳中、王荣怀父子，财力渐大，王荣怀便以捐纳(拿钱买官)的办法捐得京官(其五代孙说是兵部侍郎)，便携眷住在北京。光绪三年(1877年)，山西大旱，赤地千里，饥民求活，廉售劳力，王荣怀便于是年在家乡大兴土木，堆筑假山，大规模扩建他的花园(参见《青龙镇静安园示意图》)。[27]

王家宅院以大楼院为主院，以西为上，所以有坐西朝东的楼窑七间(下为七眼窑，窑上七间楼)，大出檐，露明柱，从楼檐一直通到楼下窑前台阶上的柱基石上，南北两侧有厢房，院为方砖铺地，前有两柱牌坊式垂花门。出门，穿过厅，便是账房院，院南厢便是通花园的花厅。花厅宽敞，两面明窗，坐在厅内就可看到花园及山上的全景。由花厅进花园，厅前有一大鱼缸，能盛一百担水，周设栅栏，旁立石猴等小品，摆有棕榈、五针松等大木桶盆栽。花园的院中心凿有长方形大鱼沼，蓄有五色鱼，沼上横架石板桥，两侧有矮的"花栏墙"，花栏墙上全摆盆花(注：山西气候较冷、较旱，无霜期短，花木盆栽为主。庭院、园林中常设置"花栏墙"放盆栽或鱼缸。它是一米多高，漏空如栅栏般短墙，上可置放盆缸)。鱼沼西边山下，有一人造假山石洞，洞额上刻有"洞源"两个尺大篆字。[27]

花园的西面、南面，都被高耸陡峭的山石包围；西面半山腰有"下棋亭"；南面半山腰有一较大型亭，亭后再上有一座"玩月楼"，若从山下看，楼似在山顶上，其实还在山腰里。山坡上有几条蜿蜒小径，上通玩月楼。从玩月楼续上主山顶，顶上又有三间高阁，匾书"巽阁"二字(因方位在东南巽位)。八月中秋，桂花飘香，月圆如镜，打开巽阁前后隔扇，一轮明月穿过巽阁，正好落在玩月楼上，所以这楼是赏月绝佳之处。

回到花厅，厅旁另建有月洞门，是花园的园门，扇形门额上刻有"静安园"三字。进园门，紧贴东围墙有一带随山起伏、曲折上爬的半壁沿山长廊(爬山廊)，当地人叫"面山房"，可以通到玩月楼楼上。[27]

王家宅院建筑不事彩画，一律着楠木色，给人以清淡雅致之感。静安园的最大特点是因地制宜，利用原有的土崖表面叠造假山，楼阁廊亭，筑造山上，构成琼阁仙山之景。昔日园里的山上山下，遍是松槐花木多种名花。由于树木密遮，浓荫覆盖，连山石上、屋瓦上都长满了绿茸茸的苔藓，给人以郁郁森森，满眼幽绿的景象。[27]

光绪二十六年(1900年)，八国联军侵陷北京，慈禧太后和光绪帝逃西安途中路经青龙镇，在王家宅院住了一夜，并向王绳中提出借款，据说王家拿出百万银钱，只空口封了个"百万绳中"，不过王家从此声势显赫，人称"王百万"，他的花园也更出名了。[27]

四美园和新美园

太原东米市街路南27号(今开化市西街94号)院内，是清朝至民国著名的宅园，从前叫四美园，后来叫新美园。据说四美是指良辰、美景、赏心、悦事四者俱备的意思。新美园却是由一部小说出了名的。这就是清人魏秀仁的《花月痕》。这部小说写的是太原的事，而且是在新美园成书的。"书中园景多据此，新美园因之著名焉"。《花月痕》小说有这么段描写："(杜采秋)到了太原，就寓在菜市街愉园。这园虽不甚大，却也有些树木池亭……"；"刚到菜市街，……便到愉园。转过油漆粉红屏门，便见五色石砌成弯弯曲曲羊肠小径，才到一个水磨砖排花月亮门。……进得门来，却是片修竹茂林挡住。转过竹林，方是个花门，见一所朝南客厅，横排着一字儿花墙。从墙孔里望去，园里又有几处亭榭，竹景萧竦，鸟语咶噪，映着这处厅前罂粟虞美人等花，和那苍松碧梧，愈觉有致。"又"北窗外一堆危石，叠成假山，沿山高高下下，遍种数百竿凤尾竹，映着纱窗，都成浓绿。"小说中的菜市街就是现实中的米市街，小说中的愉园景物，大部分是新美园的景物。[27]

新美园从清朝后期到太原解放，一直是以饭店旅馆而存在。小胡同两侧有几个跨院，花园院中有五间朝南的客楼，楼台前有平台凉棚，再前横假山，山侧有十二层六角绿琉璃砖塔一座（即现在儿童公园南湖的琉璃塔），山前建有亭，再往南有花木，园子不大，北高南低，东有鱼池，东南角有戏台（除鱼池、戏台外），其余建筑在建国后的 1952 年还都存在。[27]

附：山西永和县、翼城县宋朝宅园

永和乐安庄

《山西通志》载有乐安庄南北二园，位于山西永和县，在东关古城的东北隅，是宋朝枢密直学士薛氏，致仕归家后营建的庄园，因其封郡之名而称乐安，有南北二园。园中北有堂称逸老，东有堂称三圣，西有堂称无无。此外建有一台，称明月台。

翼城东园

《山西通志》又载有东园者，在山西翼城县内县治之北，是宋朝宣和年间（1119—1125 年）县令向淙所建，邑人丁产师作记，园内有静乐轩，其南有亭，称锦江亭，其北有台，称邀月台。稍北，建有叠翠亭，更北还有一亭，称五柳亭。

（八）新绛县清朝宅园

1982 年作者在新绛调查唐绛守居园池时，发现县内还遗存有清朝时期营建的宅园几处。这些宅园虽然已经残破，但根据残址还可绘成复原示意图，耆老的回忆和一些资料可据以进行一些粗略的分析。

薛家花园

在今新绛城内桥北路（原槐道街）83 号，为薛氏家宅的一部分，从第宅大门往北拐四个弯，进入"映碧门"，即是称作花园的庭园部分（见薛氏花园平面图）。清末时园主薛玉麟，字书田，号植德，光绪至民国年间人。据薛氏家谱，薛氏为唐薛仁贵后裔，明崇祯年间由稷山迁绛。宅园原主不详，但据庭园中坐北的四明厅正梁上二行墨字所记："例授儒林郎布政使司布政司理问宅主王谊时乾隆四十九年三月二十七日子时上梁大吉"，此厅为清朝中期所建。又据庭南的南楼二层正梁上虽无墨字，观察看其建筑形制为明朝格式，而且南楼护墙用铁"扒钉"为圆环，亦可证明。据新绛的老人介绍，明朝建筑"扒钉"为圆环，清朝建筑"扒钉"为梭形。因此估计第宅建于明末清初，系薛氏先人购自王氏。[29]

薛家花园实是一四合院式建筑庭园，南北长 33 米，东西宽 22 米，基址为长方形，地势北高南低，建筑因势随形而筑。南半中部为近方形水池，南北架石拱桥。池北为平台、上台建四明厅，三间歇山顶，为薛氏家庙。池南横列一楼，称南楼，三间半，重檐卷棚顶，外檐装修二层为直棂槅扇，这个建筑形制似为明代建筑。池西有台，台上北建攒尖顶望月亭，南建榭曰西榭。池东沿墙建有廊屋，北高南低，依势而下，中有阶七级。总的说来，庭园面积虽小，但由于建筑随势而有高低错落，随形而有起伏曲折，中部一池，倒影参差，益增景深。宅园西北隅为一幽静小院，有书斋两间。斋前庭院的西墙，实为木槅屏风六扇，有门与内宅通。[29]

薛家宅园传至今日，早已作为一般民居，水池也早已填没，东西亭榭游廊虽然残存也都改为住房用，但整个庭园的原来面目，尚可依稀辨出。[29]

乔家花园

在新绛县城内孝义坊。园主乔佐洲，生于嘉庆年间，道光十三年（1833 年）因捐赈而授恩赏举人。花园在宅院南部（见乔家宅院花园平面图），南北长 61 米，东西宽 49 米，占地 4.5 亩，呈长方形，边高中低似盆地一般。园由宅院东北角天井下台阶四、五十级，出曲廊南入园中。这个入口处为一长方形小院落，西建土窑三间，窑上建楼，土窑作花窖用。窑南折东西复廊(二层)，长廊东端为一方亭。花园布局较简洁，中部为一鱼池，中架石拱桥，呈眼镜式。池水由鼓堆泉水渠引入，由龙头注入池中，池深1～2米。池周及拱桥均有栏杆围护，鱼池南有小径环绕一座假山。假山跨度约2米，高约3米，东、西各有洞穴，洞通山南窑楼建筑，下面为三孔土窑，窑上建楼。可由假山东面上至二楼。[29]

调查时，据乔佐洲四代孙乔世锡(调查时年69岁)言，在他孩提懂事时，园已破损，亭廊快倾塌，池水早枯竭。宅院及花园现为新绛县人民医院、交电公司仓库和民居。[29]

王百万花园

在新绛县城内贡院巷15～17号，花园在宅院南。园主韩城(陕西)王某，名不详，清同治年间人，家富万贯，故号称"王百万"。花园部分，东西宽21.4米，南北长24.6米，略呈长方形，占地约0.8亩，地势北高南低，高差约一米许。所谓花园实为一院落式建筑庭院，因厅堂亭廊及假山的布置，无形中分隔成三个庭院(见《王百万花园平面图》)。为了叙述方便起见，把全园东半部称作主庭院，西半部以中横高台上亭轩为分隔线，其南为西南小院，其北为西北小院(东有假山与主庭院相隔)。

从宅院到花园入口洞门在庭园东北角，洞门券上有砖雕阳文"荐馨"二字额。入内，迎面为一砖雕照壁。旁贴东墙有梯级可上至二层游廊(下为窑洞)建筑(照壁及梯级已毁)。壁后转入面东的"敬享"门，穿门进入园东半部的主庭院。主庭北有厅，厅堂三间，硬山顶大出檐；南有楼，即重檐带明廊的西楼，厅、楼南北相对。主庭东有廊屋，即从梯级上登的楼廊，廊窄，宽仅一米余，是带装饰性构筑。下为土窑，窑有砖券洞门，门上砖雕阳文"恪斋"二字额。主庭西凸出五边的八角亭，即横在西半部中间，在一米高台基上营建的东为亭西为轩连接的舫式建筑。

前述庭园西半部因中横亭轩而分为两小院。西南小院，地势较低，北为筑在高台上亭轩，西为西花厅，门开东北，形成小院。西北小院北为北花厅，西为游廊，南为亭轩，东为假山，组成一封闭式小院，颇为幽静。假山体量不大，但叠得错落参差有致。

总的说来，此园充分运用了建筑的平面布局及形制的变化，高低错落，横竖相交，互为呼应，匠心别具，独树一格。

王氏死后，此园及宅院已数易其主，先归芦氏，芦又卖给张氏，张又卖给商务会，民国15年以来为稷山王思珍的古董铺。园早已破残不堪，建国后，作为民居，又新建一些临时性建筑，颇为杂乱。[29]

陈园

在新绛县朝殿坡高崖上，园主陈其五，民国初国民党军官。园未建成，陈即离山西，后散作民居。因形制奇特，附录于此。

陈园面积不大，占地约三亩，分为东一小块，自成长9.8米，宽7.0米的土墙小院，西一小块，为南北长35米，东西宽37米的花园部分，园内建筑布局呈凤凰展翅形(见《新绛县陈园平面图》)。[29]

东小院大门为民国初期仿哥特式的砖筑门楼，东西两扇为八字形。门楼顶部虽残，其他尚完好，砖雕匾额楹联尚存，字迹清晰可辨。中门上，周雕花纹，中为阳文陈园两字匾额。门柱砖雕长联上联为："堆些茅草种些花，花圃草庐无半点俗尘气"，下联为："远看峨山近看水，水清山秀在一幅图画中"。门楼东扇照壁，额曰"日涉"，下雕梅花鹿；西扇照壁，额曰"成趣"，下雕仙鹤图；外侧砖柱长联，东侧上联为"快开数亩荒田，种花栽竹，偏适陶情养性"，西侧下联为"好筑几间土室，冬暖夏凉，最宜樽酒局棋"。两联概括了园内外景物，也阐明了园主建园的意图。门内土墙小院，东壁有砖券圆洞门(现堵塞，可能东面未建宅院)，西壁为进花园洞门。

花园部分建筑布局，由"凤凰眼"、"凤凰头"、"凤凰翅"、"凤凰身"及"凤凰脚"八个单体建筑组成。凤凰头即最南端正中的玩月亭。玩月亭建筑平面，半圆半方，是筑在 1.2 米高砖台上的小型亭阁式建筑，总高 4.8 米。由于此亭居全园制高点，可登以东望市肆，南眺由鼓堆泉引来的清渠流水和峨嵋岭倩影，北眺龙兴寺古塔，如在一幅图画中。所谓凤凰眼就是在南界东、西两端，平面为 1/4 圆的土坯墙装饰性建筑象征凤眼。[29]

凤凰翅在园中部，呈两翼展开的两个砖木建筑，一位于北偏东 45°角处，一位于北偏西 45°角处，平面近方形，但柱廊为扇形。再北，与凤头在一条中轴线上，末端建筑，是一土券圆顶土窑的厅堂建筑，是园主迎宾会客场所。土窑不耐风雨，故早毁，现仅存残垣断壁。至于凤凰脚，因未及建，无从推测。[29]

（九）清朝的票号业中心城市——平遥、太谷

平遥、太谷一带，由于地少人多，人民多出外经商。两城都位于从北京至陕西的交通要道上，城内商业比较发达。清道光年间首创的票号日升昌原址在平遥城西街。日升昌票号前身为西玉成，在北京有分号。当时山西商人在京经营干果业的很多，通过镖局解银颇不方便，道光四年（1824 年）西玉成即改为日升昌专营汇兑，后各大城市均设分号，营业很好，以后陆续又有许多票号开业。太谷也先后开设不少票号，光绪时达到全盛。[30]

平遥城在洪武三年（1370 年）扩建，周长 13.8 里，不十分规则，南城呈弯曲形。平遥城南北各一门，东西各二门，城墙砖砌，城门处有瓮城，城墙有垛口，现城垣保存尚完整，部分敌楼尚完好。县衙在西南部，接近主要街道的交叉口跨街建有市楼。太谷城原建于北周建德四年（577 年），周围 10 里，明景泰元年（1450 年）重修。太谷城为正方形，每边一门，东、西大街与南大街交于城市正中，在交叉口上跨街建有鼓楼，鼓楼以北即为衙门，北大街偏西，商业店铺集中在东、西大街及南大街，文庙在城内西南角。[30]

太谷、平遥的沿街店面建筑都十分讲究，用黑

漆木雕刻，内部也装饰得十分华丽。票号建筑前面为店面，中间为管理部分，后有客房，与院落式住宅相似。城内的一般住宅质量也远较其他城市为高。太谷城内大半住宅用砖墙，楼房很多，内部用的材料也很好。可见城市集中居住一些由票业而致富的商人。[30]

当时由票号业致富的商人确有建园的经济基础，但很少建造宅园。考其原因主要有：他们集中精力于经营致富，在家乡广置田地以固本（商人多兼地主），兴建住宅，力求坚固，高墙厚壁并设岗楼，以防备盗贼；常年经商在外，很少时间在家，少暇布置花园，还深恐宅第内花木茂盛，易于藏匿歹徒。所以平遥、太谷还有祁县，原系山西票庄发祥荟萃之地，富户巨商虽多，高墙深院的住宅也多，而建造宅园别墅者较少，既有也规模较小，或仅有庭园而已。[31]

（十）太谷的庭院、庭园和宅园

太谷一般住宅都用三三制，即正房、厢房、下房等都是三间，围成四合院。较大的住宅，也有正房五间的，厢房在里院七间、外院五间，或里院五间，外院二间的，显得庭院狭长，长宽比常是 3：2，5：2 或 3：1 以上。加以房舍较高，更显得院心窄小，太谷民风民俗所致，殷富之家营宅如建城堡，房高，屋顶常为内向的一面坡式，仅向内设窗，外观砖墙壁立森严。总之，高墙小院，封闭性强，日晒较少，所以夏不太热，但缺乏光照，也不利于种植树木花草，只宜放置一些耐阴、半耐阴的盆花和鱼缸等。[31]

一般的庭院布置是，在厅前筑有高一米左右的花栏墙。墙是一字形或凹字形，有的还中间高两端低。花栏墙上放置盆栽树木花草。还常喜在花栏墙前放置鱼缸一二，有的专为养鱼，有的储水浇花用。但也有不满足于这种封闭、呆板的庭院，为打破四合院左右对称的格局，或在局部空间采取压低建筑高度以使庭院显得宽敞、透光，或在院中点缀叠石和花木成

为庭园；或运用高低、虚实、藏露的建筑，造成了空间形体的多种变化，重在建筑，成为建筑庭园。太谷的宅园一般和住宅毗连，占地不大，地面无起伏，掇有小山和廊榭亭楼等园林建筑见胜。郊野的别墅，常是庄园形式。[31]

太谷的历史庭园、宅园与别墅近年来几无保存完整的了，或仅部分保存。下面就太谷较著称的，有资料和现状可据的，以庭院、庭园、宅园、别墅为序叙述如下。

康氏庭院

城内福寿巷五号康宅，已建有百余年，布局尚保存清式旧貌。宅门位于住宅东南角，为木质垂花门楼，门廊宽大。进门迎面见影壁，依南轩东山墙而设。影壁下设须弥座，上斜贴磨砖对缝的方砖，转入正院为典型四合院，北面正房七间，三门四窗，一坡硬山顶；东、西厢房各三间，也是一坡硬山顶；南面为轩，三间成一通间，一门二窗，窗作直棂式。各房檐下均铺设石基，墙为"里软外硬"（即土坯墙外包砖）。正院中心有一花坛，中植枸杞一丛，据说已生长一百余年，树高丈余，荫蔽大半（西院），已废。

孟氏小园

太谷县有名为"大巷"的一条小巷里有着孟姓的大宅，老宅大厅后有一处两进院落，在建房时就留下了一个小门，使这二进小院可单独成一个独立小院（参见孟氏小院平面图），在大巷24号（今改为32号）。孟氏小院入口前有一条长十余米的一小弄，弄端有面东八角形洞门。进门便是又一进小院，有东西小厢房和北面的小过厅。值得注意的是小过厅的北面成一敞轩，出轩或由过厅东侧小巷转进第二进小院，完全是庭园的格局，故称之为孟氏小园。小园东西为小轩，北面是二层的家庙。小园的西南墙角堆叠有峭壁山，园的东南角墙上开着长方形大漏窗。庭园中种植着丁香和玫瑰，小径上还架着藤萝。庭园虽不大，却掇山植树，颇觉清雅。

据孟氏后裔回忆，此院在咸丰年间曾修缮过。

小过厅灰筒瓦卷棚顶，外形古朴，窗棂雅致。北楼式样也较古拙，但东西小轩的木雕装修比较华丽。庭园中最突出的是西南墙角的峭壁山，完全用山西产的砂积石小料垒成。[31]

山西不产湖石，常用当地所产黄石和砂积石堆筑假山。一般大中型假山，以土为主，再用黄石或砂积石叠掇其上，即土山戴石的形式，但在小园中，只好作小型石假山。孟氏小园中以砂积石叠掇峭壁山的做法大致如下。在墙上适当的部位先钉上大蘑菇钉（即圆头的蘑菇状大钉子），然后将小块砂积石的孔密挂在钉上，就这样以墙作靠背，凭借这种凌空突起的"挂石"，连挂带垒，堆就一座高耸、险峻的石假山。孟氏小园的峭壁山，依墙傍轩而起，宽3米，高达4米，所用石料大者长宽仅1米，小者长宽只30～50厘米，但却叠得有峰有谷。更妙的是山峰一侧直接小厅屋檐，每逢下雨时，过厅的屋檐水可全部泻在山顶上，再沿石间小沟蜿蜒流下，若天然瀑布，直落入山麓下的小池中，池是一口大缸，外围以八角石栏。山顶上还置小庙一、小塔一。[31]

孟氏小院今尚存，但峭壁山早已倒塌。现园主孟宪晴仍将残石聚在一处。据了解，太谷的峭壁山原有多处，如三官巷原有一院墙上贴石作峭壁山，中开月洞门以通内宅，赵铁山宅也有一座峭壁山贴墙而起。据称有的堆山，手法巧妙，但几经变乱，已无存者。[31]

赵铁山第宅和宅中园圃

赵昌燮，字铁山，一字惕山，晚年亦字省斋，是清末民初山西有名书法家，久居太谷，其宅第在太谷城内田家后，现家宅尚存大半。陈尔鹤、赵景逵曾两次实测、摄影和调查访问，绘出《赵铁山住宅及花园总平面图》。赵氏第宅由多个四合院的基本单位组成，平面布局可划分为最东院（已废），东大院（包括东偏院、东院和园圃）与新院（包括拔贡院、西院与"心隐庵"）。全宅第分三个时期建成，最东院建筑最早，名"种福园"，为祖祠，久废，图上用虚线表示，南有种福园入口。东偏院与东院建造于同时期，为赵氏兄弟渔山、桂山、云山居住；拔贡院与西院建造最晚，于宣统元年(1909 年)落成。

东大院由家宅巷路北门楼入内。大门楼面宽九间，中央开门，为寿字石础砖券大门，其二层在 1984 年末拆毁。入门为一长方形院子，迎面有卷棚顶五开间南楼，建于高台基上，有三间"福禄"府第门，中央悬匾曰：御史第，此门平时关闭，从东侧月洞门进东偏院，北有门通内宅。前庭西有三间敞棚，作车马厩用。东院二进，东西厢房，北为大过厅"怀安堂"，面宽五间，进深三间，南面明廊檐柱，金柱粗可两人合抱，全厅十分宏敞(惜于 1980 年为房管所拆毁)。三进北座正楼，面宽五间，硬山顶带抱厦，楼高约 12 米，为整个第宅区最高建筑，东西厢，"里软外硬"一坡顶。里院西厢最南一间有门可通拔贡院过厅；东厢最北一间有门可通东偏院西轩。

从东院第一进庭东月洞门可进入东偏院，这是狭长条的四进院落。出洞门迎面是依东墙建的东楼六间，南三间为大客厅，北三间为新客厅，是宅主会客处。与新客厅相连的北一间为会客后休息室，屋内北侧有楼梯可上二层。第一进还有峭壁山一座贴墙而起，基长约 3 米，宽约 1.5 米，主峰最高处约 2 米，中叠有石洞。第二进院在新客厅北，依墙筑有东厢五间，原为宴请厅，上为贮藏室，已毁，再北接东厢三间，西对可通东院的旁门。第三进院，有"里软外硬"东西厢相对，各五间，北为卷棚顶带门厅的一堂二屋式的过厅。第四进即最里院，北为正楼三间，东为里软外硬厢房三间，西为木构小轩三间，布局不对称。轩内有月洞门通东院后进东厢房。[31]

宅第的西半部、南半部及西南隅为园圃，圃北为拔贡院，拔贡院西为西院(即书房院)，其南为"心隐庵"。宅内园圃，其南有墙(与东大院南墙相连)，中有门楼入口，因此，可以自成一大院。门楼悬"兄弟登科"匾，入门两边为敞棚，敞棚北为花墙，花墙内东侧为果园，西侧为菜圃，圃中有井一眼。果园占

地 520 平方米，有莲花池一(3 米×2 米)，池南有枣树一，西侧植龙爪槐二，沙果一，槟子一，北端为葡萄大架及金银花、忍冬、瓜蒌架。架下散置石块，大架北端为墙中开月洞门，门上有"心田艺圃"四字。再北为方砖铺地的庭院，庭西植香果一，庭东置有桌一墩四。

庭院北墙为拔贡院大门，是一座垂柱贴墙门楼(太谷俗称"倒挂门楼")，门楼下悬"拔贡"二字匾，门前石阶三级，门侧有拴马桩二。拔贡院门楼及南厅都有砖雕砖框花窗，颇为华丽。拔贡院分前后二进，前进过厅五间、后进正厅三间都建有斗栱，过厅檐柱、金柱有傅金粉残迹。正厅前有卷棚顶抱厦一间，今厅内格扇尚存，极为精致。正脊陡板砖雕文房四宝、琴棋书画，中央"三节楼"已毁，但香炉、花瓶等砖雕饰尚完好。前后进东西厢均为一坡顶，正脊陡板有葡萄、牡丹、兰花等雕饰，木结构部分均加彩绘，雕梁画栋、堆金沥粉的上五彩，都十分讲究，可以想见当年宅第之华丽。

从拔贡院门前有铺石路通至西院(俗称书房院)的路口，设一秋叶形小门，门上题砖刻"碍眉"二字，进门下石阶三级折北由一八角洞门进入西院。西院有三进院落，因东西较狭(约 10 米)，在布局上打破"里五外三隔过厅"的传统格局，第一进以廊轩楼厅组成不规则庭院，是一个小巧玲珑，比例合度的建筑庭院。第二进中院狭长，虽列东西厢，但其北过内院过厅、中开门，有台阶。后进为独立小院，东西列小轩，北为高台上的正楼。具体地说，进八角洞门，西侧是二层、三楹、卷棚顶的南楼，即小藏书楼，下层为入口，北连曲尺形复道游廊。进洞门东侧有石梯十二级，可登游廊二层和花厅顶部平台。小院东廊为起伏式二层游廊五楹。东廊南头上悬一匾，清刘石庵书"煮茗别开留客处"，南北两梢间柱上挂有刘石庵书楹联两副。小院西屋为"里软外硬"小厦三间，称"绀斋藏书室。"小院北为平顶花厅(顶为平台)二间半，花厅内悬何绍基写"咏花小舫"匾，厅两侧都为通

道，东与游廊相接，有木屏门可直通南北。廊及花厅上层铺有方砖，边上围以砖刻栏杆。第二进中院狭长，两厢各为"里软外硬"一坡顶五间，北为卷棚顶一堂二层的内院过厅，隔断中院与后院，中间开门，上台阶、过厅堂、入后院，院东西各有小小的半轩，有极精致的透雕挂落，北面为建在高台基上的正楼三间，明间有精致的木构贴墙垂柱门楼，楼上梁架瓜柱作人字叉手。西院基本上尚保存良好。[31]

西院之南为"心隐庵"独立小院，北房三间，中间开门处稍向内凹、门楣悬三晋书法家杨秋湄篆书匾额："啜墨饮香听棋读画之轩"，两旁悬傅山书木刻楹联。北房有南窗二、东窗一，后接偏厦二间，偏厦东窗正对"碍眉"小门。北房前有小院，院东开小门，通园圃；院南有南房三间。[31]

孔祥熙宅园

孔祥熙在太谷的住宅和花园，系1930年购自太谷破落士绅孟广誉家的老宅，孟氏这座老宅自乾隆年间开始兴建，以后逐渐扩建，到咸丰年间才告完成，孔祥熙购置后，仅就局部加以修葺，所以还保持着清中叶的建筑风格，而且是太谷城内现存最大，保持也较完整的一座大宅院。这座住宅和花园位于太谷城内西南维"无边寺"（白塔寺）的西面，北临上观巷，南隔民居通南寺街，东临南大方巷，西靠杨庙巷。现在这座住宅和花园已划归太谷师范学校。[31]

这座住宅及花园占地较大，东西宽91米，南北长69米，总面积为6324.5平方米，折合9.5亩。平面布局由多组套院横向排列组成；最东为东花园，东西宽24.5米，南北长63米；其西为正院，宽16米，长63米；再西为较狭长套院，北半为书房院，宽9米，长26.4米，南半为厨房院，宽10.6米，长30米；又西、北半为西花园，宽16.9米，长32.4米，南半为戏台院；最西套院，宽24.5米，北小半为西偏院，南大半为墨庄院，沿西界墙建有长条西厢房。[31]

孔氏住宅各套院之间多用明廊与抱厦或面宽二

至五间的过厅相隔。主要建筑物使用斗栱飞檐，造型壮丽，木结构部分饰以"上五彩"彩绘，雕梁画栋，堆金沥粉。各院之间有垂花门、宝瓶门或八角洞门相通。相邻的院与院之间的房间与隔墙上，有六角、八角、长方或圆形等各式窗户，既加强采光与墙面装饰，又可作窥视邻院景物之用。除了居住、生活建筑院落外，还结合有与书房院毗连的西花园和东部独立自成一格的东花园，增添了园林情趣。西花园面积约547.56平方米（折0.82亩），东花园1543.5平方米（折2.32亩），东西花园占地共3.14亩，恰为住宅总面积（9.5亩）的三分之一。名曰花园，限于自然条件，实为建筑庭园。

正院：北面为主要出入口，有富丽堂皇的木结构门楼街门，檐下饰以花替斗栱，院分三进。进街门，先是带有五间空廊的门厅，冂字形，两边为敞轩。空廊东有八角门，可通入东花园。二门为砖雕垂花门，后为五间卷棚顶过厅，由此进入第二进。过厅南廊下西侧有小门可通书房院与西花园。穿过厅迎面有官厅三间，硬山顶雕花正脊，北有廊柱，十分宏敞，此为主大厅。厅北东西两厢均为单出水大出檐房（太谷传统民居建筑，太谷方言称撅臀厅），东名"三有堂"（即有猷、有为、有守），西名"三多堂"（即多福、多寿、多男），这里是内眷居住之所。穿官厅或官厅东侧夹弄可达后院，东楼、西楼女眷居住；中为南楼，一层有抱厦朝北，原悬挂傅山先生所书"谨节亭"匾额，二楼悬有"瀛洲风范"匾额。这所正院是院主人栖息及接待宾客的主院。[31]

书房院：在正院之西的北半，面积237.6平方米，北面为硬山、一坡式书房三间，名曰："日知月无忘斋"，里屋木隔断（太谷方言叫"立乘"）上有"芝兰室"匾额。中为小庭，南为过厅。此院与赏花厅院毗连。[31]

厨房院：在书房院过厅南面为一狭长院落，总面积318平方米，东厢、西厢为厨房及杂物房。[31]

戏台院：在赏花厅院南面，可由赏花厅院水池南的过厅入院，或过厅东侧有题为"沁心"的砖砌瓶式洞门入内。戏台面北，为一木构精美有斗栱飞檐、雕梁画栋的建筑；东西两厢为看厢，一坡硬山顶。戏台院是观剧宴客之所。[31]

西偏院：东与赏花厅相连的西厅、西偏厅七间，西北角筑台高5.5米处建一木构方亭，为岗亭，登亭可俯瞰西花园之景，北观街巷，东眺白塔。现岗亭已毁，仅留台基。[31]

墨庄院：为一四合院式的院落，北厅硬山顶五间，上悬"墨庄"两字匾额；东西两厢单坡硬山顶；过厅三间，卷棚顶，再南为南厅已毁。据说此院原是孟家的账房院。[31]

西花园：东与书房院毗连，西有带月洞门的院墙，面积为547.46平方米。庭园布局，北为硬山一坡式，面宽五间出檐深远带明廊的大厅——赏花厅；南为有精致木雕抱厦的卷棚顶过厅三间；中部凿地为多边形池塘，用石条砌成，深一米余，池中心建一正方形石台基，石基架于1.4米高的四根石柱上，石基上架一木构小方亭，亭作银锭花瓦垂脊圆山布瓦顶，题"小陶然"，北悬赵昌晋书"涵泳"匾额，小亭体形高耸，挺拔秀丽，亭南北架有石拱小桥，小巧古朴，池周围石雕栏杆，形式古朴。[31]

东花园：园的东、北两面毗邻大街，墙高8～10米，西接正院之楼和花园复廊，南有南楼，形成长方形封闭式空间，占地2.32亩。在平坦的地面上，封闭的空间中，筑造者完全利用房基的大幅度高差造成院落的起伏。此园建筑平面布局是南北有带明廊的楼，中间以过厅隔成南北两个部分，再以东、西游廊连贯南北。

花园南区——东花园进口除前述由正院北的门厅空廊东侧八角门外，有东花园本身园门，在南区南界的西端，为八角形洞门，东为南楼，西接舫轩。入园即可见庭园中游廊起伏，厅堂、楼台、轩舫、高低不一，错落有致。除了将全园分成南北两部分的过厅（已毁）位置偏中，建于低处外，其他廊轩楼台均沿高

墙建筑，若坐在厅中赏玩景色，只见高楼崇阁尽收眼底，而不觉数十丈外即为迫人高墙。[31]

南楼的北面突出有长8.6米宽3.9米的平顶抱厦，其平台可充戏台，抱厦顶紧接南楼的二楼楼面。二楼南有明廊，登楼可北眺花园内景物，东南俯瞻市廛。沿南区东墙有高低错落的轩廊台亭的建筑。中为爬山廊沿墙斜上，北端与东轩相连，南端上达一亭通南楼二层，廊亭的栏杆为石制，样式朴素。在廊亭上可近眺借景无边寺中的白塔。东轩为有带形围廊一坡歇山顶的小轩（三间），轩的座基筑在高1.85米的台基上。沿南区西墙为两层的长廊，廊前部向东突出筑一船厅，仅为一般"舫"的前半，西舫北端有阶梯可上舫顶和长廊二层。舫顶与长廊均以方砖铺地。舫顶和长廊二层距地面高达3.3米。白昼可登台观景，夜晚可纳凉赏月。[31]

花园中区——作为分隔全园的过厅，东耳房和游廊，呈曲尺形，现已全毁。据基址，梁长丈八，南有抱厦，北面出檐深远，有宽2米的回廊。想当年园主人面南置身过厅之中，只见南起高楼，东建轩廊，西筑廊舫，庭植嘉木，景物宜人；回身檐下回廊中，又可坐观北区的假山小亭和楼阁。[31]

花园北区——北界为二层卷棚顶的楼阁，平面呈L形，楼前堆叠有高丈余黄石夹土的假山，山东部北高南低，颇有层次，山西部半腰建一六角高亭，亭甚小巧，有石径可通。山上植柏、椿、楸树各一，桑二和少量灌木。此区以假山、小亭作主景，东西两边为游廊，南有过厅的挑檐当敞轩，北起高楼作背景。北区东墙起房，房西侧建廊，使东边呈起伏之势；西边复廊（两层）贴西墙而筑，北可通北楼二层，廊前植丁香等花木，使西廊呈若断若续之姿。北区面积虽小，却有山有亭，有轩廊楼阁，有柏椿花木掩映，一扫平地造园的呆板局面，增添了耐人寻味的园林气息。[31]

宅园的兴废：前述此处第宅原为太谷孟氏所有，建自乾隆年间，到咸丰年间完成。1930年孔祥熙以

两万枚银元购得，以后略加修缮，迄无新建。抗战期间，日本侵略军警备部及兵站、医院曾先后在此驻扎。日本投降后，阎锡山的特务机关特务组驻在这里，建国后为县地方政府接收，先后作为晋中第三中学和太谷师范学校校址。现在各院建筑物尚基本完好，部分作了装修，但所有匾额、家具陈设、木屏风、木刻楹联以及屋脊上脊吻、兽头等均已损失或捣毁，部分敞轩楼阁改作学生及教职工宿舍，东花园的假山、过厅房廊等已毁，但大体面目犹存。[31]

武家住宅和花园

武家是太谷有名的财主，其住宅和花园隔巷相望，各成一局。花园部分：东西宽 35 米，南北长 70 米，有门三，主要是西园门，与隔巷的宅门相对。东有小门通向东部第宅，南墙西端有街门。西园门有八字照壁，照壁砖刻浮雕，一为"三羊开泰"，一为"六鹤同春"。入门登一平台，平台宏敞，周匝石栏，台中植松四株。台北为北花厅三间，装饰华丽，所装隔扇全雕红楼梦中人物。北花厅外南北两面设通透的花栏墙和腰门。以北花厅北面的大抱厦为中心，东厢设东亭，北建书斋九间，东小门内置藤萝架，组成北部庭院。平台以南的南部以南花厅为中心，厅北为戏台，戏台北南侧有带石柱栏杆的游廊，北为看廊，组成南部庭院。南花厅南叠有石假山，东西长 3 米，南北宽 2 米，石多窍，有洞通南北。南花厅西设西花厅，其南即街门。庭植各类树木，除松外有侧柏、榆、杨、海棠、枣及各种果树，并有一指粗、一人多高竹一丛。此外，园内均摆盆花，计有黄花夹竹桃、夹竹桃、石榴、桂花、无花果等，秋有各式菊花。院中甬道均以方砖墁地。[31]

此园日军入侵时开始损坏，但大部尚好，建国后归为银行公产。1957 年刘致平同志至太谷调查时，此园尚完整，并绘有平面图。20 世纪 70 年代为建银行宿舍，将花园全部折毁，今已无遗迹。所附武家住宅和花园平面图为武家后裔武酒钧同志提供。[31]

孙家花园

在太谷中学内，原有花园二个，在清末已破落。花园中有二层的长廊，周匝以汉白玉栏杆，楼阁是"方砖墁地滚金梁"（这是民间最高级的建筑），隔扇用黄杨木制成。院内有池，池上架有汉白玉小桥，掇有太湖石的小假山；庭植迎春、丁香等花灌木。最有名的是四个大鱼缸，缸口大到可三四人合抱，太谷称之为"四大金刚"。现园址已为太谷中学改建为教学楼。[31]

养怡别墅

在太谷城内，东后街东岳庙巷路东顶头，原是孟老五、孟老六的别墅，约建于清道光年间。园内有假山、凉亭、各式花草和楼房，还饲养有猴。抗战期间，此园已沦为赌场，现已全毁。[31]

上叙住宅、花园、宅园俱在城内，郊野村镇设置的别墅山庄有孟家花园、杜家花园、山庄青龙寨、范氏东西花园和张润芝花园等，但大多已毁。

孟家花园

是清朝中叶太谷县望族孟氏在县城东二里许的杨家庄村西修建的一座别墅。孟氏建造这座别墅，除供其家族避暑游乐外，也邀集当地骚人墨客，诗酒唱和。此外，将大部分土地划为花畦菜圃和瓜棚豆架，长期雇有园丁，专门培植花木，供城内宅院中陈设的应景盆花，以及新鲜瓜果蔬菜。同时在住院的东北角设有当铺。实际上，它既是别墅，又是庄园，而且还经营当铺，当铺内经理人员也就是庄园的管家。[31]

孟家园址，地势平坦，南北长约 200 米，东西宽约 110 米，总面积约 22000 多平方米（33 市亩），为一长方形地段。全园的总体设计是，中心部分为可息可居的建筑院落和可游可观的水池假山，其东、南、西三面为花畦、菜圃和瓜棚豆架所包围，这样的一种布局堪称别开生面。

中心部分居住建筑为东西并列的几组院落组成。北面临街，从北之东的入口进庄园，先是作当铺区的东院，往西为祀天后圣母的中院，再西为寝室、书斋、西厢的西院。从中院往南穿过尚德堂就是以亭轩廊堂组成的"洛阳天"。再南就是池水如环，中有一厅，外有榭廊的"四明厅"区；再南就是土山戴石的假山区。

东院：入口东为临街的五大间卷棚顶的二层楼房，乃当铺的店面部和质品贮藏室；南为一堂两屋的五间过厅，厅宏敞，出厦也很精致，系当铺掌柜兼管理人员的住所。院内原有合抱的老槐和长势旺盛的枸杞。厅南东西两面花墙均有月洞门，东通花圃，西通洛阳天，十字甬路将庭院划成四畦，种植有丁香、榆叶梅、连翘等花灌木。庭园南面为坐标低于院落一米的平面为正方形的观赏楼(俗称绣楼)，楼下中部有四个大圆暄门直通楼板顶，原是存放花木盆景处所，楼上高度仅2米，四面开窗，为女眷登楼赏景之处。[31]

中院(祀神天后楼)：进北门往西为中院，北面是一座卷棚顶二层楼房，正面外墙雕琢着精致的龟纹图案，木构外檐装修精美，斗栱飞檐，雕梁画栋，并安装着铁铸盘龙滴水。楼上供奉天后圣母像，系园主人为保佑其江淮商业水上运输安全的祈禳之所。天后楼一层南中建有较大的抱厦，厦顶为二层楼门外的平台，东南西三面有砖雕勾栏，平台与二层的垂柱木构，带木栏杆的长阳台通连。抱厦正面的两侧的梁柱之间均饰有木质的玲珑剔透的蟠龙雀替或通间华替，配以龙昂角科斗栱和翘起高度很大的翼角飞橡，更显得飞檐翼出，如禽鸟之争啄。楼前东西两厢各建小轩两间，大轩三间，与木构牌坊式小门东西衔接。院南为宽敞的过厅五间，原有匾额为"尚德堂"，由此可通往前的"洛阳天"区。[31]

西院：中院之西的西院，是一所三进院落。北房五间，系园主人及家属避暑游赏来此的寝居处。寝室南正中为三间过厅，为园主人书斋。书斋寝室之西建有前后各五间的西厢，由此可通瓜棚豆架区。寝室和西厢相交的北风岔，建有一四方形攒尖顶的二层小楼，原为护院人的岗亭。岗亭西连接一砖雕照壁，再西有一小门可通厨房院。寝室书斋间小庭内原有合抱老槐一株已死。现仅存参天古柏两株。书斋西面有小门可南通另一院落、西通瓜棚豆架区。小门西又一砖

雕照壁直抵西厢前墙，墙外又突出一个六角半亭与西厢相通。另一院落为品字形排列，北为屋三间，是僮仆居处。其西突出，外形如舫的小花厅，其东为花厅，东北角有折角游廊，通尚德堂西墙角门。再南为小花厅与水榭间庭园，有小游廊连接，东有月洞门通"洛阳天"院，西洞门通瓜棚豆架区。[31]

洛阳天院以有一幢小巧的三开间亭轩而得名。轩东紧挨观赏楼的西墙，相距仅1米许。往北通过有圆券大门的停放轿车的棚后直达北正门，往南经曲折的游廊至四明厅。洛阳天庭院(轩西)中心的北面，登石阶上高台为尚德堂过厅，庭院南侧正中有木构牌坊一座，题额"色映华池"，牌坊东西有砖砌一人高花墙。洛阳天庭院内古柏参天，翠竹摇曳。过牌坊有石拱桥南通四明厅。[31]

水池假山区：这是庄园中专供游乐赏心的山水小区。北为如环的水池，中心建厅，东北有曲廊，西北有水榭抱角；池南为戴石土山，向北伸出东臂和西臂将水池半抱于怀。池中心的四明厅，坐标离塘底在1米以上，北有石拱桥与洛阳天庭院的"色映华池"牌坊相对。水池西北角为曲尺形水榭，东北角为曲折的长廊，廊南端有东西向长廊通四明厅北回廊。四明厅西南有"之"字形带栏杆的石板桥，过桥往北为依山傍水的"迎宾馆"。东西向长廊下筑有三孔砖砌涵洞，为厅北池塘进水处。池南戴石土山占地面积约1600平方米，高约10米多，山坡散置杂石，间有带孔窍的砂积石点缀其间。山上有亭两座，面对迎宾馆和四明厅的半山置有六角小亭，山顶建一小小方亭，登顶可俯望园景和园外田野。周围林木成荫，芳草叠翠，山腰有蓄水池可植藕养鱼，山坳筑有石洞可通往山南平地。[31]

孟家花园的兴废沿革：孟家花园建于清朝中叶，光绪庚子年(1900年)于义和团运动后，把它赔偿给美国在太谷的基督教公理会，其时在园内设立贝露女学。宣统元年(1909年)铭贤学校(美国欧柏林大学的纪念学校)与贝露女学互换校址，铭贤将天后楼改名

为崇圣楼(祀奉孔子),尚德堂作为教室与礼堂,假山上的小方亭作钟亭定作息,原寝居与书斋院作为校长院。抗战期间,铭贤学校南迁,校址被日军侵占,即有所破坏,池塘干涸,树木被伐,花圃荒芜,建筑失修。1950年冬,铭贤学校由四川归来,1951年改组为山西农学院。1952年为扩建,将大假山全部拆毁,在假山原址建大礼堂。"洛阳天"亭、木牌坊、长廊、石拱桥、石板桥及花墙在十年动乱中全拆毁,残余建筑作为学校仓库,虽继续利用,但年久失修,已破损不堪。20世纪80年代由于将扩建校舍,部分建筑物将继续拆毁或迁移。[31]

孟园已大部不存,虽非省内名园,但可作为山西晋中清朝庄园、别墅这一类型的代表,手法上也还有可借鉴之处。[31]

杜家花园

杜家花园位于阳邑镇,是杜氏的别墅园,始建时间无考,可能在乾(隆)嘉(庆)期间。此园倚地势建造,呈台地园状,同时由园外引水,使园中富有水趣,故而颇具特色。但此园在1920年前后为杜氏后裔拆毁变卖,即已破落。20世纪50年代初,园中尚存松柏古木和花窖,到20世纪70年代在此建拖拉机站将园基推平,这座台地园,已无遗址可寻。幸有清末李善福(太谷郭里人,为一名中医)所绘《晋谷阳邑镇西墙外杜家花园全景画图》,图中还绘有游园人物、骡马车等,增添了风趣。今据调查、访问资料、实地踏勘和李善福的杜家花园图以说明之。[31]

花园在阳邑城边西门外,地势北高南低,分作几阶台地以筑园。由入阳邑镇的大道边就可见用大条石垒起如城墙一样的园墙。园门向东,冲着进镇的大街,门前有松、柏各两株。进园门可见南边有围护以大树的高围墙(园的南界),近门处就是一座坐北朝南的大院(即称作莲花室的院子),是全园最东边的一处院子,其西(即中部)为莲花池假山区;最西为"水阁凉亭"。

进园门折北入莲花室院落,正中为一面坡的门楼,东西两厢各三间敞轩。门楼前院中东西置大荷花缸两个。据《杜家花园图》上所注此院为"莲花室",即以此名院。门楼东侧有砖梯可登上层平台,由图估计,高约5米,平台上为一小院,北为三间的"东客室",东西两厢为轩,轩东西墙上都设圆窗,院南置花栏墙。[31]

进园门最西处的"水阁凉亭",在太谷园林中常见,但此处比较精致。水池长方形围以石栏,池中心建小轩三间,即所谓的凉亭。轩周也围以石栏,轩中设桌凳、南北通以石桥,池周植垂柳数株。由此东返至中心部是一直径约8米的莲花池。池匝以石栏,中植荷花。池北为"客室"三间,客室北墙依高台,客房两旁建花台各一,其西植竹一丛。池东又一圆形水池,池上架一座2米余宽的拱形石桥,桥的拱券下有"龙头",引台地泻下的水由龙头入池中。这个池的西北叠有高约2米、宽2米余的湖石假山一座。池东即莲花室院的西墙,在墙西南角独置有湖石。[31]

过池上石拱桥,入角门为一小平台,北有石台阶,登石阶即上至第一层台地的平台。这层平台离地面高约3米,东西长约40米,南北宽约9米,周砌花栏墙,下铺方砖。这层台地空敞,可凭栏俯瞰下园的池、亭、树、花,仰视台上屋宇连片,花木扶疏,是承上启下的过渡地带。这层台地的东、中、西各有石阶上登第二层台地的东小院、中院和西大院。

第二层台地比第一层台地又高2米,最东为东小院,中建"正客房"三间,院中东西各置花台一,此院南基及东侧水渠边,贴石筑峭壁山,从而小院似有建于山巅之感。中院的中线南部置有圆攒尖顶四柱小亭可息,亭北、东、西俱为敞轩,轩壁镶有石刻碑帖可观,实是一个碑帖展览院。第二层台地的西大院,向北伸去。西院前为一东西长约15米,南北宽约9米的大平台。平台北为西大院院墙,墙中央设一瓶式洞门,上镶"沁心"小匾,墙东西各开一洞窗。入门为一庭院,正中为三间前出廊的大厅,东西设厢房五间,大厅悬匾作"大观"二字。厅北为二层戏台,上层置杜大统书并自镌"兰亭序"。院西侧设门通向西侧小院,建客室二套,每套各三间,又置有六角亭一。[31]

杜家花园作为别墅有居住的院落和客房、客室,这些建筑与太谷一般居住建筑相似。各院自成格局,互不相通,也因所建院落随阶级台地而筑的缘故,另一方面,由此而有"庭院深深深几许"之感。园中平地部分,西部有水阁凉亭,自成一景,但与中部莲池假山不相联结。莲池一圆一椭圆,池形重复而且东西并列,不相连贯。第二层台地虽然空敞,但缺乏布置。第二层台地的三院,如上述各不相通。总的说来,杜家花园的惟一特色是能因地制宜,随形依势而筑院落。虽有水阁方池、圆池,互不相连为憾,但园沿西河沟而筑,可能由西河沟引水入园,在一层台地东引入之水,以自然落差,造成小瀑布而流入水池(虽然水不可能常有),形成动静二种水景。峭壁山之作,尤其宜于台地式园的土壁,依壁叠石,得天然之势。园中除松柏竹柳外,有牡丹、芍药、桂花、石榴、夹竹桃、无花果等地栽和盆栽的花木,建有花窖,可知盆栽花木不少。园虽已不存,但从李善福所绘的杜家花园全景画图看,除画出了台地式园的全景外,还绘有游园人物、骡马车等,增添了园中风趣。

青龙寨的迁善庄

清朝太谷的大财主,每逢酷暑必进山避暑,故在太谷的南山里建有不少避暑的山庄。现可考的计有:在大涧沟里有孙家建的"大涧寨";在咸阳口里,沟子村贠家建的"四棱寨";在黄背凹,有孙、孟两家建的"赤伍庄";在青龙寨,有北洸曹家建的"迁善庄"。这些山庄都建在山峁上,内造重院,外围高墙,这些山庄有的随着财主败落因无人管理而遭破坏,有的已易主而重修,但经抗日战争中战火的毁坏和后人的拆毁,至今大多已成废墟,或仅剩残垣断壁。其中惟有青龙寨的迁善庄,尚大体保存完好。[31]

迁善庄在山峁上,依势建墙,墙将整个山峁全部包住,外墙高三丈五丈不等,墙底厚五尺,呈梯形垒起,顶宽三尺。石墙上以大砖加砌垛口,远观如石城堡(南山里那些山庄虽只剥残垣断壁,可是远观还似古堡屹立山峁上)。墙下石壁韧立,真可谓:安居庄内,固似金汤。[31]

庄南低处围以外墙,形似瓮城。庄门石券高一丈五尺,厚一丈五尺,上嵌石匾"迁善庄"。门外有一丈五尺宽的深沟,统以外墙,故使内外墙下全成峭壁。深沟上架吊桥,桥以五根木椽为基,上铺石板,此桥架在门外的石平台上,平台东南围以石栏,栏板还雕以长寿如意图案。由石平台向西可通下山山路。庄门如此装修,既富丽又不失雄壮,可见当年设计之用心。[31]

入寨(进庄门)即一方形的小天井,天井东侧小窑为门房,西侧小门外为一向上的石梯,石梯高丈五,向西渐上就成为石板路,路尽头就是块石券成的内寨门。内寨门高丈余,上嵌"紫燕"小石匾。门内是正庄院,门外是外院。

外院比正庄院低丈五,院北有石窑三间,中间为龙王庙。院东为磨房,西为碾坊。西墙有石贴面土窑五间,原为饲牲口用房,窑顶即正庄院的地面。院东即为外墙,可借垛口远眺群山。紫燕门内即为正庄院。入门为一前庭,庭四周石墙。庭西又一院。建坐南向北石窑五眼,原为仆役所居。庭北有院门通内院,内院中心为一座假山,山高三丈,山的东麓高台基上建有一面坡的小轩三间,轩旁有尺余宽的石径通向山上。[31]

内院中心的假山是原山峁上的一块巨石,建内院时以巨石为中心,随势小平地基,在假山北面建小院三座。留此巨石,稍加修整就成假山,正是"真作假来假亦真"。山南面全为巨石原状,富天然之趣;北面山脚有石砌半月形小水池,池边围以石栏;假山腰部用块石砌以狭窄小径,蜿蜒通向山顶;山顶设一卷棚顶的小轩,俗称下棋亭,轩中置瓦桌、瓦凳;山东麓石台基上筑以小轩。这种依天然巨石以筑假山,筑轩亭小池,加以点缀成景的做法还是少见的。

假山北建院三座，西建一座，每院正面建石窑五眼，东西建石窑三眼。其中以山北面三院的正房最为讲究，窑面贴石工整、平滑，室内粉壁，绿油坑围，各室后面都有暗室。[31]

庄内无泉水，也无水井，饮水需至半山井中担来，所以庄中不种大量树木花草，只有老树几株。

据寨中《重修龙王庙碑记》，可知建庄经过："范家庄青龙寨之巅有龙王小庙一所，不知所创。如按嘉庆十六年（1811年）碑记，知为村民祈年祷雨之所也。咸丰癸丑岁（1853年）先大父出重金购得斯寨，以为避暑消闲地，而庙亦属焉。……光绪丙申秋（1896年）……见其风雨凋零，墙垣颓坏，恐其日久就倾，……遂议重修。而庙居山右之凹处，蕞尔一楹，……今因寨功大兴，并新斯庙，于是因其旧制，凿山为壁，叠石为墙，卑者使崇，隘者使宏，鸠工既建，而庙貌遂尊……"。由这块立于光绪二十五年（1899年）的碑记中，清楚地说明了迁善庄的始建于咸丰，至光绪年重修。此庄一直为曹氏家属避暑消闲之处。据范家庄老人回忆，1937年日军侵入华北时，曹家携男带女，来庄避难，同时还带有城内的财主们。至1940年日侵略军入寨，火焚正庄院而毁坏。建国后，山庄已无人看守。1988年3月，我们（《太谷县园林志》作者陈尔鹤，赵景逵等）由范家庄沟口沿小路去青龙寨，上山小路时断时续，半小时才登上山脊，望石墙耸天蹲于崒上，其势之雄如城池般，仅垛口已毁。入寨见外院石窑已毁，正庄院内石窑大体完好，仅损失门窗之类，少量窑及院墙倒坍，假山边及假山上的二轩已毁，假山原貌尚完整。

范氏东、西花园

离县城东北五十余里的范村，村中有两个花园即东花园、西花园，园主是明初范朝引，也属别墅之类。东花园位于范村东北部，今已辟为农田。原园南北见长，占地约八亩，大门朝西设，偏南侧。入门南面有墙，将全园分成南北两部分，南墙东侧有一门沟通南北院。北院中部有一座土山戴石的假山，其上有

凉亭，且建有一小庙，假山下部有洞，可通达山顶，洞前是鱼池。院东北隅建有魁星庙，至今土台基尚存，庙南又有一假山，土台基亦在。南院部分的西北有正房五间，西墙中部有关帝庙，已不存，只见土台基；南院的东南部有一魁星阁，而空处植柳、楸、枣、桃等树。[31]

西花园：亦南北为长，占地十二亩，大门朝南，分内外两院。外院西墙处有西房十间，院心作打粮场，周边植有枣树、槐树、臭椿等。两院隔以二层过街楼，共五间，中间是过道，可达内院。过街楼两侧有墙与周围墙相连，并在连接处形成一块空地，可供车辆停放。进入内院，两侧东西房各三间，房前各植一排牡丹，东房前有井一眼。东西房往北均有倚墙游廊，彩画华美。坐北正房十间，东侧倚墙，西侧植有黑枣树（君迁子）。正房前有井一眼，又有盘道假山一座，山上栽植柏树，山前是一戏台，台下设大花窖。戏台前又有一座戴石土山，山上有凉亭，山下有洞，可通山顶，山旁有鱼池，池上架桥。这里有山与池之筑，惜今已不存[31]。

张润芝花园

园主张润芝是太谷有名财主，居城内，于侯城镇外的"神头"东侧，建此别墅园，作避暑用。园占地四十余亩，有正房十间，东西房各五间，为园主避暑居处。园中设六角亭、荷花池、金鱼池。由于有神头泉水可引，得以种荷、栽竹，除多种花木外，还植有各种果树。园虽无特色，但有水为贵，树木繁茂，惜今已不存。

四、济南、青州、潍坊宅园

（一）济南的泉湖和园亭
济南的发展与变化

济南是黄河下游古老的城市之一。早在新石器时代这里即为黑陶文化地区（1920~1921年间，在距今济南城市以东35公里的龙山镇城子崖首次发掘出新石器时期的黑陶，一般称作龙山文化）。殷朝末叶

在龙山镇始建了谭国。春秋时期，约公元前694年济南已筑有城郭。到了战国时期，济南属齐国，筑有历下城，为齐国的国防要塞。自晋永嘉年间（307～312年）以来，一直是山东地区的封建统治中心。元朝称济南路，明洪武元年（1368年），置山东行中书省，以济南为省治，并增设官署。洪武四年（1372年），将城墙内外筑以砖石，周围12里，置四门：东名齐州、西名泺源、南名舜田（后改历山）、北名汇波。清康熙五年（1666年）山东巡抚以明代旧德王府为基础建巡抚衙门，并以此为中心来扩建城市。东西门不正对，南北轴线止于城墙，不与南门直通，但城垣方正，与一般封建府城同。德国帝国主义占据青岛及1904年（光绪三十年）胶济铁路通车后，利用济南成为由青岛向西部伸展势力的一个据点。当时清政府的惧外心理日益严重，所以把济南、周村、潍县三地自动辟为商埠，这种商埠区就是变相的租界。济南商埠区范围包括纬一路以西，纬十路以东，胶济路以南，经七路以北的一个小区域。民国成立后为岱北道治，废府设县，1929年改为济南市，并与历城、长清两县划界。1937年日本帝国主义侵占济南。1945年日本投降后又为蒋介石集团盘踞。1948年9月济南解放后为省辖市，为山东省省会，是全省政治、经济、文化的中心。

济南因在济水之南，故名济南。济水又名大清河，自金元以来与黄河合道，统称黄河，济水和大清河的名称也就消失了。济南又在历山（今千佛山）之下（北麓），古时又名历下。济南旧城内和郊区多泉水，有七十二名泉，故有"泉城"之称，郊区多山，城区有大湖，山水辉映，有"一城山色半城湖"的写照。济南名胜古迹很多，同时又是一个具有光荣革命传统的城市，留下了很多革命遗址和革命纪念地。城区三大名胜为大明湖、趵突泉和千佛山。千佛山历史悠久，有隋朝造像和规模较大的兴国寺。南郊有西门塔，始建于北魏，为我国现存最古老的石建筑物。另外还有造型精美的龙虎塔和九顶塔。有龙洞，在东南

山区，岩石陡峭，壁土千仞，山清水秀，森林茂密。有较完好的隋唐摩崖造像和庙宇遗迹。远郊明水镇的百脉泉在金元时期列为七十二名泉之一，现在水势仍旺，四时喷涌。在长清县境的灵岩寺是我国四大名刹之一（四大名刹：浙江天台国清寺、湖北江陵玉泉寺、江苏南京栖霞寺、山东长清灵岩寺）。灵岩寺千佛殿内四十尊彩色泥塑罗汉像被誉为海内第一名塑，是我国稀有的历史文物珍品。济南不仅名胜多，景色秀丽，而且北临黄河，南依群山，地理位置十分优越，是京青、京沪两大铁路的交点，交通方便，是黄河下游历史名城，百万人口以上大型城市。[32]

济南的泉湖和园亭

古代的济南，泉水出露众多，北部地势低洼，吞纳了众多泉水和雨季山水，聚成了湖泊密布的沼泽地带。据《水经注》记载，一千四百多年前，城西诸水北流为泺水，在今五龙潭至小明湖一带，汇成一个净池，名叫大明湖（这是古大明湖，非今大明湖），至宋朝称为四望湖；城东南的泉水，北流为历水，中经珍珠泉一带时，河床曲折，适作"曲水流觞"，因此名为流杯池。流杯池水又往西北注入历水陂，宋时叫西湖，它的面积包括了今大明湖而宽阔得多。在古大明湖和历水陂的北面，是一个港汊交错的大湖，连鹊山的南部也浸在湖中，故称鹊山湖，因当时湖中荷花繁盛，也叫莲子湖。上述湖水都经由济水（大清河，今黄河为其故道）东流入海的。南宋初期，人民为了利用这一带广大田地，开辟了小清河，使这一带积水得到更好的宣泄，变为平陆。古大明湖也逐渐变为街市，仅五龙潭内本身多泉而保留下来。小明湖也是古大明湖的残余部分。历水则改从今大明湖的东北入小清河，使原来的历水陂只承纳珍珠泉泉群的水，面积也变小。这个湖泊宋时称为西湖，可能由于在古城垣的西部故名。另外宋朝的百花堤约在今历山街一带，把湖水分成东西两部分，现在的小东湖就是从那时沿袭下来的。西湖从金代起就袭用了大名湖的名称。[32]

金代以后，泉水河湖的变迁不是很大。济南泉

多的形成，由于南部山区有大面积的含水层，市区北部有不透水的火成岩三面阻隔，再加上由南向北倾斜的地形，构成了泉水出露的完备条件。随着外界自然条件和人为条件的影响，一些泉有时淤塞迷失，又有些新泉不断产生。金代有人根据群众中流传，立了"名泉碑"列举了城内和郊区的泉七十二处，元代于钦在《齐乘》中载有《名泉碑记》，列举七十二泉名和泉址；明晏壁又作了《七十二泉诗》，一一加以吟咏。七十二泉很多已不可寻，明清以后也有一些新泉产生如九女泉、琵琶泉、玛瑙泉和玉乳泉等。据山东省地质局水文地质队1964年调查，仅在市区就有天然泉108处，人工泉8处，其中属七十二名泉的有29处。[32]

在不足4平方公里的济南旧城内外，集中了天然泉水百余处，这不仅在国内为独有，在世界上也是罕见的。形形色色的众多水泉，有如天女散花般分散在旧城内外，有的成组成群地形成了趵突泉、黑虎泉、五龙潭和珍珠泉四大泉群，有的独立分散形成了家家泉水。古人选择了这样一个泉区兴建城市，并巧妙地开凿护城河，把四大泉群联系在一起，汇流入大明湖（今天只有珍珠泉群的水流入大明湖），古人在大明湖修建的汇泉堂、汇波楼和汇波桥等都说明这里是众泉汇集之处。古人还在各主泉、名泉地段，筑以园亭堂祠，形成名胜佳地。

五龙潭、贤清园

五龙潭泉群位于旧城西门外，以五龙潭、古温泉为中心，曲水流觞，泉池众多约有二十一处，都流入西护城河，会同自南流来的趵突泉水，向北流入小清河。主泉五龙潭是以附近五泉之水汇流一处，状如深潭而得名。清朝文人桂馥曾在这里建潭西精舍，为当时名园。方振潭《潭西精舍》诗："天然成结构，曲折使人迷；花径窗三面，茅亭水半溪。芳林入幽处，画壁尽留题；倚杖桥边立，听泉日向西"。生动地描绘了精舍胜境。后来桂馥友人周永年在精舍的东北方设立了我国第一座供公众阅读的图书馆——籍

书园。

贤清园在五龙潭的北面，今俗称三娘子湾或李家池子。据《续修历城县志》记载，该园曾名朗园，有"朗园数亩纳清流，万卷藏书百尺楼"的诗句，对园的具体描述是："藏书万卷，种竹千竿，入门巨竹拂云，清泉汹涌过亭下，飒飒如风雨声，汇为方塘，周五六十步（与现存泉池相仿），名贤清泉……"。泉北有临水厅堂，堂后又一水池，"宽大如前，蓄金色红鱼百尾，皆长两三尺。"今建筑已不存，但泉眼仍较旺，有开发价值。[32]

趵突泉群和诸园

趵突泉群在护城河的西南角，以趵突泉和白龙湾为中心，共有泉34处（其中划入今趵突泉公园的有14处），公布范围约17公顷。主泉趵突泉直奔跳跃，蔚为奇观，《水经注》就有"泉源上奋，水涌若轮"的描述。在趵突泉周围，原有许多小泉，呈众星捧月的形式。南面曾有无忧、石湾泉、酒泉和湛露泉等（都载入72名泉的）现已荡然无存；北面和西面的满井泉、杜康泉和登州泉等，虽然尚有迹可寻，但是一个已被覆盖，两个隔在趵突泉公园西墙外。金线泉在古书记载上仅次于趵突泉，漱玉泉和柳絮泉都与李清照故居有关，西部的万竹园，在古代已是名园。

目前在趵突泉公园内胜迹有泺源堂，在趵突泉池北，为二层阁楼，黄琉璃瓦歇山顶，殿前有卷棚抱厦，悬水而建，始建年代不详，据《历城县志》记载，元朝元好问曾重修过。有娥英屏在泺源堂后，相传是纪念舜的二位妃子娥皇和女英的，始建年代不详。有观澜亭，在趵突泉池西部，邻水建筑，为红柱黄琉璃瓦攒尖顶方亭，明天顺五年（1461年）建。有李清照纪念堂，在柳絮泉和漱玉泉的北侧，方形花墙小院，厅房之间，院内植有海棠花。有尚志堂，在金线泉附近，原名金线书院，为清朝巡抚丁宝桢所建。

万竹园在趵突泉公园西面，古时是一片水沼，名叫白龙湾。趵突泉群的34泉有半数以上分布在这一带。元明时建有万竹园，是当时私园中最著名的。

园内有望水、东高、白云等数处名泉，精舍、环廊等园林建筑。明晏壁《望水泉诗》云："万竹园中景趣幽，双泉一脉望登州；碧梧百尺栖丹凤，雪浪千堆戏白鸥。"足见园景的幽趣。

黑虎泉群

黑虎泉群在护城河东南角，沿南护城河东段排列，共有泉14处，分布范围约1.5公顷。诸泉，有的在河岸，有的在河中。这组泉群在历史上的变化较大，《七十二名泉碑记》记载了黑虎、金虎泉、南珍珠泉和鉴泉等，至于九女泉、白石泉、玛瑙泉和琵琶泉等都是明清以后的新生泉。这一带地形高差较大，漫步护城河边，南岸高峻，俯视河中。串串气泡从河底涌出，此起彼落，泉不胜数。黑虎泉有三个涌水虎头，水花四溅，冷气森然。

珍珠泉群

珍珠泉群位于旧城的中心，也可说居于泉池水系的中心，以珍珠泉、濯缨泉为主，分布范围约5公顷，共有泉10处都流入大明湖。主泉珍珠泉，池长方形，面积约亩半，泉水明净清澈，泉水从地下涌出，带着大量气泡，有如一簇簇美丽的珍珠，争先恐后地向上翻涌。古人有咏泉诗云："白云楼下水溶溶，滴滴泉珠映日红；渊客蓦来无觅处，恐随流水入龙宫。"泉池南原有一列石碑，为清康熙年间物。珍珠泉的东侧有溪亭泉、楚泉和散水泉，今尚完好。

明英宗之子朱见潾封为德王，霸占这名泉区修建王府。据《历城县志》载："济南德藩故宫，面南山负百花洲，宫中泉眼以数十计，皆澄澈见底，石子如柽，蒲然青州……"。当时亭台楼阁极为豪华。明崇祯十二年（1639年）清兵攻陷济南，楼阁大部被烧毁。清康熙五年（1666年），就德王府旧址改建巡抚衙门。民国时改为都督府和省府，"七·七"事变后，军阀韩复渠弃城潜逃时，又被火烧毁。建国后人民政府在一片废墟上重新整理建设。

这一带地势较低，水源丰沛，通往大明湖的小溪，清澈见底，水草荡漾。从珍珠泉到曲水亭一带是当年《老残游记》作者刘鹗经常出入的地方，他所描写的"家家泉水，户户垂杨"，就是指这一带。[32]

大明湖和沿岸诸园

四大泉群和分散诸泉的水，通过护城河或大明湖流入小清河。今大明湖的湖面有四十六公顷多，"一城山色半城湖"的城指旧城而言。在古代，南岸中段的鹊华桥上雨天眺湖最胜而有"鹊华烟雨"美名；北岸小沧浪的水榭，秋高气爽，风平浪静时可俯览佛山倒影。南湾北峰，尽收眼底。

遐园

大明湖南岸中段稍西，东北两面临水的角地有遐园，宣统元年（1909年）山东提学史罗正钧创办山东图书馆时所建。图书楼仿浙江宁波天一阁的式样建造的。庭园布置有水池曲水，叠石假山，亭榭廊桥，精巧合宜，尤其叠石技艺，颇足称道。由遐园往西，伸湖中岬地上建有稼轩祠，是纪念我国南宋抗金英雄和伟大词人辛弃疾的祠堂。

铁公祠、小沧浪

转到大明湖北岸西段有铁公祠，是纪念明朝山东布政使参政铁铉而建。铁铉是河南郑州人，因抗拒燕王而被处死的。小沧浪始建于乾隆五十七年（1792年），是清朝盐运使阿林保所建。据说是仿苏州沧浪亭之意而建，故名小沧浪。此地在古代称北渚，广植荷花，《续修历城县志》载："小沧浪者历下明湖西北隅别业，即杜子美所言北渚也。鱼鸟沉浮，水木明瑟……"。这里的布局，翁方纲在《小沧浪记》中写道："……周以回廊，带以弯桥，有亭翼然，有台豁然。地不加高而城南千佛诸山皆在几席，水香花气，摇扬于半波峰影之间……"。在秋高气爽，风平浪静之时，可俯见佛山倒影，若即若离，若隐若现，有海市蜃楼之趣。

北极阁、南丰祠、汇波桥

转到大明湖北岸东部，有一组高峻的楼台群，称北极阁，也称北极庙，是道教的庙宇，始建于元朝，到明朝曾重修。东端有南丰祠，是为纪念宋朝文学家曾巩而建。曾巩在济南作太守时，水灾为患（1072年），他倡修水利，建立水北门，平了水患，人民因他治水有功，建祠纪念。祠内有荷池，临水建四面厅，可坐赏湖景。南丰祠东北有汇波桥，也叫汇波门，实为水闸涵洞，上建有桥称汇波桥。明洪武四年(1371年)建有汇波楼，傍晚登楼观夕照最佳，有"汇波晚照"一景之称。[32]

汇泉堂、历下亭

在大明湖东部的湖中有一小岛，岛上原建有汇泉寺，这里在古代是济南诸泉汇来的地方，寺早坍塌，建国后重修改名汇泉堂。在汇泉堂西南，即大明湖东南部的岛上有历下亭。据考证，曾接待过大诗人杜甫的历下亭，约在今五龙潭附近古大明湖上，也就是《水经注》中所说的客亭。唐天宝四年(745年)，杜甫与李北海在此亭饮酒赋诗，留下了"海右此亭古，济南名士多"的诗句，可见此亭在唐以前就有了。古亭早已踪影不存。后人为纪念杜甫，曾多次修建历下亭。北宋时在今大明湖的南岸修建历下亭。据《续修历城县志》记载，明诗人李攀龙于嘉靖二十四年(1545年)沿用旧名重修历下亭，到清朝中又被毁。今日所见历下亭是咸丰九年(1859年)又重修的。亭居岛的中央，重檐八角，亭北有厅五间，亭南有回廊，亭岛四面环水，碧波荡漾，岛周柳丝拂面，十分清雅。

(二) 青州名胜和园亭

青州的历史发展

青州市城区，过去是益都县和青州府治所在，所以多少年来，一直是一城两名，既叫益都城，又叫青州城。青州市区附近地下保存有大量的原始社会遗址，既有"龙山文化"，也有"大汶口文化"。原始社会末期这里聚居着一个绝大繁盛的民族，当时的中原人称他们为"东夷"。20世纪60年代，在苏埠屯乡的苏埠屯发掘了一座商代古墓，经考证鉴定是一个奴隶制小诸侯国最高统治者的陵墓，证明远在殷商时期，这里就有了高度发达的奴隶制文化。"青州"一词最早见之于《尚书·禹贡》，记载着大禹治水之后，按照山川形势，把全国分为九州，青州就是这九州之一。那时候的青州地面广大，"海岱为青州"就是说东到大海，西到泰山之间这块地方叫青州。所以青州仅仅是个笼统的地域概念，不是什么行政区划，也没有什么州治城池。[33]

后来，西汉王朝在这里设置了个广县，城址就在现今青州市区西南四里的瀑水涧一带。汉武帝元封五年(公元前106年)把全国划分为十三个刺史部，青州刺史部驻在广县城，所以广县城也叫青州城。西晋末年，军阀混战，广县城遭到严重破坏。为适应战争形势的需要，青州曹嶷于怀帝永嘉五年(311年)，在广县城西北处，依山傍水，另筑新城，取名广固，自当割据一方的青州刺史，东晋安帝隆安三年(399年)，鲜卑人慕容德在这里定都，建立了南燕国。义熙六年(410年)。东晋大将刘裕灭南燕，夷广固，封羊穆之为青州刺史，羊穆之又在广固城址以东，南阳河北岸，另筑一座新城，起名东阳。北魏献文帝皇兴三年(467年)，东阳城为北魏所攻占。经四、五十年的和平发展，东阳城人口骤增，商号林立，原有的街巷显得狭窄和拥挤了，孝明帝熙平二年(517年)秋，在阳水南岸增筑南郭，这就是后来的南阳城，也就是今天的青州市区。南阳城与东阳城只隔一条河，河上有桥相通(先是木结构虹桥，后来改为石桥)。[33]

青州市现辖益都镇，"益都"这一名称由来已久。西汉武帝元朔二年(公元前127年)封淄川懿王子刘胡为益都侯，这个侯国的故城在今寿光县城以北十五里处的王胡城。那时，西汉王朝还设置了益县，县城在今寿光城南八里处的益城村。三国曹魏建国之初，改益县为益都县。北齐天保七年(556年)冬，把益都县治迁来东阳城；北周建德六年(577年)，又把青州总管府从临淄迁来东阳。自那以后的一千三百多年间，东阳、南阳二城一直是历代王朝的名城重镇。隋唐宋元明清历朝的地方行政建制名称虽有所变更，但是这里作为一处重要的政治、经济、文化中心的地位始终没变。南阳城在元朝以前原本是土城，明洪武二年(1369年)，守御都指挥叶大旺，将原来的城墙加高数尺，又在土墙外面砌一层厚砖，使得这一古老城池更加雄伟壮观了。城墙高三丈五尺，周长十三里有奇，面积约为2.64平方公里。城墙外面还围有一道一丈五尺深、三丈五尺宽的壕沟，沟里灌水为河。城开四门，东门曰海晏，西门叫岱宗，南门为阜财，北门称瞻辰。从高处望去，由蜿蜒曲折的城墙所勾画成的轮廓，很像一头雄健的虬牛卧在那里，所以人们又称它为卧牛城。[33]

青州的文物古迹

青州"右有山河之固，左有负海之饶"。城南、城西是绵亘数百里的泰沂山脉，峭峦峻峰，接地连天；东、西两侧，弥淄两水平行穿过，弥河碧波荡漾，淄河飞流直下，双双蜿蜒北去，探首渤海；城北则是坦荡的鲁北平原，沃野千里，一望无垠。今天青州市区恰好坐落在胶济铁路同新修的益羊铁路相接的T字路口，交通方便。特殊的地理条件，寒暖适中的北温带气候，使这里风光秀丽，名胜荟萃；久远的文化和历史人物给青州遗存了丰富多彩的历史文物和古迹。这里就云门山、驼山和玲珑山略加描述。

云门山离城最近，出南门跷首远望，只见山峦如黛，奇峰兀立就是云门山，在城南五华里处。山下松柏如海，郁郁葱葱，山上危崖峭立，巉岩高耸，山顶"云门洞"从那个略呈方形的"大云顶"底部纵穿而过，南北相通。洞高阔数丈，可容上百人。每逢夏秋季节，常有云雾从洞中穿过，如滚滚波涛，缭绕峰巅，将亭阁庙宇托于其上，若隐若现，宛如仙境，故有"云门仙境"景名。洞北有一泉，名为二龙泉。洞南西侧，有一天然构造罅隙，口如井状，深不可测，夏秋季节，常有云雾泛出，名叫"云窟"。云门山顶阳坡，有大、小石窟五个，石刻造像二百七十二尊，主要为西方三圣像(即阿弥陀佛、观音和大势至菩萨)，也有力士、释迦多宝二佛说法像，还有供养人

像等。这些造像绝大多数附有准确的开凿年代，仅第一窟的小龛中就有开皇八年(589年)、开皇十年、开皇十八年、仁寿二年(602年)等题记十多处。虽经一千多年的沧桑变易，风雨剥蚀，这些造像仍保存基本完好。云门仙境，历来得佛、道两教的青睐，隋唐时期这里成了佛门弟子的胜地。唐以后，道教崛起，道士们一度取代佛徒占据了云门仙境。元朝，他们把佛教原来供奉在半山腰的灵光菩萨像撤掉，改为道观，取名"灵官庙"。明朝，他们又在山巅建造了"东岳大帝行宫"、"天仙玉女祠"等。明嘉靖年间，青州衡王府的典膳周全，在山后东侧开凿了一个"万春洞"，也叫"希夷石室"，当地人称"陈搏洞"。洞高1.6米，宽1.2米，深达5米，洞内南侧，雕有陈抟老人枕书长眠的石像一尊，北侧是两个空炕台。云门山由于天然形势奇秀，历代佛道两教的经营，千百年来赢得许多文人墨客、善男信女和达官贵人来朝或游，留在山上众多的摩崖题刻，最突出的是山阴悬崖上镌刻着海内罕见的巨大"寿"字，结构严谨、端庄大方，落款系周全写。这个"寿"字高7.5米，宽3.7米，单是下部的"寸"就高2.22米。山巅除东岳大帝行宫和天仙玉女祠外，东端有伫立"望海峰"上的东阆风亭，跷首东望，可见一缕银色的玉带跃出翠谷，飘落茫茫原野，那是两岸盛产青州银瓜的弥河；登临西端的西阆风亭，远眺西方，绵延数百里的泰沂山脉，接地连天；登山巅北望，青州城郭楼房瓦舍或夜间的万家灯火，尽收眼底。[33]

驼山

位于青州城西南方，离城12里，主峰海拔408米，被称为"驼山千寻"。它绵延数里，顶上双峰对峙，远望似卧着的骆驼。驼山不仅以陡峭的山峰、古老的松柏以及盘桓而上的"天梯"闻名，而且有众多的石窟造像和道教建筑"昊天宫"等文物古迹而著称。驼山山前，悬崖耸空，峭壁峥嵘，夏秋季节常有云雾缭绕，著名的驼山摩崖石窟造像群就在这里。崖壁间并排着五座石窟和一处摩崖，共有大小佛像六百

三十八尊，最大的高达 7 米多，最小的还不足 10 厘米。这些大小不一的石佛，雕刻技术精湛，造型优美生动，尤其是第一窟内观音菩萨像和第二、第四窟内菩萨像。据有关部门专家鉴定，它们早的诞生于北周，晚些的刻成于中唐，是我国古代造像中的珍品。

驼山，在历史上也曾经饱受过佛道之争的沧桑变易。现存山顶的昊天宫，是一组规模宏大的道观建筑群，分为七宝阁、玉皇殿、戏楼、东西配殿和廊房等，占地南北长约 150 米，东西宽约 100 米。玉皇殿为木石结构，雕梁画栋，气势雄伟；七宝阁系石质无梁双拱阁楼式建筑，结构奇特。院内南侧有两眼深池，名曰天泉；南门外还有"天河"、"天桥"和五龙池等。东门外不远处的山岩下，有净海池。池水清澈见底，不见泉水外涌，却四季盈溢，怎么汲用，水位不见下降，这就是志书上所记载的"龙湫"。山门外，古柏夹道，柏树下自然错落的青石如同条凳石几，似为香客游客而设。昊天宫始建年代现已无从查考，但从石碑上查知至元二十七年（1290 年）就重修过了。[33]

玲珑山

坐落在青州城西南二十里处的群山环抱中，它三面崖壁如削，只有一条蜿蜒小径可以通达山顶。山体遍布各式各样的洞穴，有的前后串联，有的上下相通，有的内外套接。洞内的石头，千姿百态，令人联想翩翩。人游洞中，有时像进入宽阔的厅堂；有时像钻进窄狭的壶嘴；有时越进空间越小，光线越暗，似到尽头，可是拐过一弯之后，忽然出现一束亮光，循亮光前去，越进越开阔，及至豁然开朗处，竟是到达山峰的另一侧了。人们根据各个洞穴的洞景特点、神话传说和丰富想像，分别命名为串心洞、通天洞、仙宝洞、观音洞等等。另外还有一些高悬崖壁、人不能攀的洞穴，里面有何景物，无从知晓。除了奇妙洞景外，还有山上兀立云端的奇峰危石，不乏诱人的魅力。玉皇顶、凌霞关、卡天门等，都别开生面，独有妙处。天降石、飞来石、虽属附会，却也惟妙惟肖。

偌大一块天降石，少说也有三、五吨重，搁置在一根孤耸的石柱子顶上，背观着缓缓移动的白云，仿佛柱在摇，石在动，随时都有滚落的可能，飞来石从天外飞来，溅落"瑶池"的姿态更是逼真，尽管池水早涸，人立池边，还会觉得脸上凉森森的，似乎有溅起的水星洒落双颊。

玲珑山如此玲珑，后人还因山上有郑道昭的碑铭而游赏。郑道昭北魏开封人，"少而好学，综览群言"，对书法颇有研究。郑道昭所处的南北朝时期，在文字书法上逐渐地由汉隶向楷书演变，并且在演变过程中形成了具有独特风格的"魏碑"体。据说保存到现在的魏碑，全国至多二百种，其中能自成流派的只有十家，郑道昭就是这十家之一。郑道昭留在世上的四十多处碑铭，玲珑山上就有三处，山顶两处：一曰《白云堂题名》，一曰《北峰山题名》，山下一处曰《白驹谷题名》。《白云山题名》全文是"荥阳郑道昭白云堂中解易老也"，刻在山前通天洞内的西壁上。《北峰山题名》全文几字："荥阳郑道昭解衣冠处"，据志书记载，它在山巅祠宇东北门侧，可惜现已找不到了！山下一处最为著名，那就是刻在北峰溜内一块巨大石壁上的《白驹谷题名》，是郑道昭要回洛阳前最后一次游玲珑山时留下的。当逢公祠中的主持道人请他题字留念，他挥毫写下了十五个径尺大字："中岳先生荥阳郑道昭游槃之山谷也"。这十五个字不仅大得出奇，而且结构宽博，笔意苍老。住持道人惊叹不已，只是看那词意不像是给祠中写的，就托辞道："寒祠狭窄，偌大字幅儿实在挂不开呀！"郑道昭冲道士一拱手说，烦请仙长费神，就把它镌刻在白驹谷中的石壁上吧！说罢又重新提笔，写了"此白驹谷"四字。老道士选了个好位置，那里石质细密，又背风避雨，且人迹罕到，所以虽经历了一千四百多个春秋，那十九个大字仍完好无损，实属难得。[33]

范公亭与顺河楼

这两组古建筑同处于青州城西门外一块小盆地里。背靠古青州城墙，面对范公亭水库，南阳河曲折穿流其间。这里地势低洼，绿树浓荫，酷暑季节里仍觉得凉爽宜人，冬季里，因背风向阳，潺潺溪水从不结冰。范公亭，开头是范仲淹亲自筹建，后来历代几次重修。皇祐二年(1050 年)范仲淹以户部侍郎知青州，为政清廉，爱抚吏民，深得人心。据说，当时青州一带流行"红眼病"，民间人人难免。范公亲自汲水制药，发放民间，很快制止了疫病的流行，百姓感激不尽。恰在这时，南阳河畔忽然冒出泉水来；水质纯净，甘甜可口，群众取名醴泉，范公亲自筹措、督工，在泉子上建了一座亭子。后来人们感念范公，就把醴泉叫作范公井，亭子叫作范公亭。范公死后不几年，井、亭就被战火摧毁了。事隔五十年之后，金朝的山东东西路副统军兼同知益都府事完颜齐，"欲发前贤之迹，慰青人之意"，按照图志的记载，询问附近老年人，找到故处，把泉子掘了出来，并在泉上重构新亭，以纪念范仲淹。再后来，又是人亡亭废，泉子却被保留下来。天顺五年(1461 年)明英宗朱祁镇敕命内臣到这里汲泉水制药，药名"青州白丸子"。同时又建新亭四楹，翼于泉上，并在亭后建起三间祠堂，追祀范公。以后数百年间，亭子和醴泉几次毁于战火或洪水，但是每次过后总有人重修。今日范公亭，大致为清朝末年重修后的规模。亭子为六角形，亭后为三贤祠，是后人纪念和祭祀宋朝的范仲淹、富弼、欧阳修三位知州而设。富公祠、欧公祠的故址原在瀑水涧旁，明朝末年移建范公祠之右，三祠并列，统称三贤祠，顺治十八年(1661 年)知府夏一凤在重修这些古建筑的同时，于三贤祠后面的崇台上新建"后乐亭"三楹作为游乐之用。范公亭北面有一片高地叫"范公台"，辛亥革命后，人们在台前建了幢八间亮窗出厦的"澄清轩"作为游憩休息处所。[33]

偶园

偶园在青州城里今民主南街路东，本是清朝康熙年间文华殿大学士冯溥的宅园，当地俗称冯家花园。当年冯家花园北接古朴宽大的冯氏宗祠，东北连接楼台参差的冯宅，从而形成一组第宅、宗祠、宅园三结合的群体。冯溥"端敏练达，勤劳素著"，深得康熙帝的信任，康熙十年(1671 年)拜文华殿大学士。十一年他上书乞休未准，康熙二十一年(1682 年)冯溥七十四岁时又上书乞休，这回获准了。"冯溥既归，辟园于居第之南，曰偶园"(咸丰《青州府志》)。

偶园的原貌，据冯溥的曾孙冯时基所著的《偶园记略》介绍，除去为数众多的竹木花卉以外，主要的建置有：一山(人工堆叠的假山)、一堂(佳山堂)、二水(洞泉水、瀑布水)、二门(偶园门、楮绿门)、三桥(大石桥、横石桥、瀑水桥)、三阁(云镜阁、绿格阁、松风阁)、四池(鱼沼、蓄鱼池、方池、瀑水池)、四亭(友石亭、一草亭、近樵亭、卧云亭)。另外，还有小斋、幽室、茶房等建筑。[33]

偶园的规模，虽不算大，但却能构园得体，布局合宜，是今存清朝康熙年间山东宅园的典范之一。园门上有一匾额，上书偶园二字。门内的四扇屏上镌刻着明朝高唐王的篆书。园内亭阁棋布，怪石嶙峋，山池假山，有若自然，花木扶疏，竹柏森森。前园部分，建国后整修，草坪花缘，荫木花架，在显要处，重点处分别置立有宁、寿、康、福四块湖石，虽经雕琢而形似，但不着斧痕。园中最具特色，最富魅力的是佳山堂前，以三峰假山为主体的这一景区，基本上保存原状。佳山堂正对假山的中峰，堂前峰后是块不大的庭地，古柏挺拔，花卉丰艳。堂西南是饰以紫花石(人称美女石)的近樵亭，下临池水。陡立的石壁上(假山部分)有一股水作瀑布状注入池中，然后循假山山根向东流去。水上叠石为桥，过桥可钻入假山的一个石洞，先往东南走，再往南一折，路越来越高，不知不觉地登上山腰，这就是假山中峰的西麓。向东攀上主峰之巅，远山近树一览在目。峰东北临水，壁上有石窟，俯身入窟，开始光线昏暗，婉转西行，顿觉开朗，原来是已经进入一个方丈石屋了。洞屋顶有一裂缝，阳光自缝中射入，耀人眼目。再向南转，洞顶有一圆孔，可从孔中窥天。继续前行，三面都有石砌的台阶，拾级而上，就可到达假山中峰的东麓。峰顶东，横有石桥，下临绝洞，有泉水自洞中曲折流出，汇入西来的瀑布水，沿山根北去，流入方池。洞北山坳间有一小亭，就是卧云亭。亭后石径崎岖，盘桓而上，可达假山的东峰。若沿石径北去，可登松风阁，举目四望，全园景色尽收眼底。

偶园的假山，从造景方面说，山峰主次相弼，溪谷洞壑，形成层次，显出山势的峻峭浑厚，洞中盘桓曲折有致，有可取之处。但从叠石技巧上说，虽非高手，也属中上，有些地方过于呆滞，甚或有败笔之处。但我国现存康熙年间堆叠的假山，又未经整修失其原貌的已属凤毛麟角，偶园假山希望能妥加保护原貌。

(三) 潍坊 "十笏园"

潍坊旧名潍县，是山东古老城市之一。汉以前属青州地域。西汉元封五年(公元前106年)汉武帝把全国划分为十三个刺史部，青州刺史部驻在广县城(也叫青州城)。隋朝改青州为北海郡，置潍州。唐朝废潍州，宋初改为北海军，后又升北海军为潍州。明朝洪武时，将潍州改为潍县，隶属于莱州府管辖，一直沿袭到清末。潍县地处鲁中平原的腹地，气候温和，自古以来即"通工商之业，便渔盐之利"(《潍县志》)。从明朝到清末，经济十分繁荣，为山东地区的茶叶、土布、豆油的主要产销地。封建文化也颇为发达，出过不少文士，如清朝著名的金石学家陈介祺就是潍县人，他的"万印楼"至今尚在。名画家、扬州八怪之一的郑燮(板桥)乾隆年间在此做过七年知县，为官清廉，爱护百姓，结交了不少诗友，写下了不少诗人题韵。有一年山东发生灾害，他开仓放粮，犯了私放官粮之罪而被罢官；贬往扬州。他晚年专心写诗作画，他的诗、书、画称为三绝。据《潍县志》的记载，在较长的繁荣时期内，富商、地主、官僚们经营宅园成风，城内有著名的宅园七座，城郊有九座。这些私园均擅山池花木亭馆之胜，其中最负盛名也是目前硕果仅存的一座就是十笏园。[34]

十笏园在今潍坊市胡家牌坊街，原为清朝咸丰光绪年间本城乡绅丁善宝的宅园。丁善宝字黻臣，号六斋，咸丰时输巨款捐得举人和内阁中书衔，能诗文，著有《耕云囊霞》等文集刊行于世。丁家的邸宅规模很大，北面靠近旧城的北城墙，南临胡家牌坊街，东为梁家巷，西界郭家巷，共有二十多个院落，近三百多间房舍。从建筑平面布局看，参差不齐，显然是逐渐拓展扩充起来而构成的。邸宅内有两座宅园，北面的后花园面积较大，现已完全夷为平地；西南面有座小花园即十笏园，于光绪十一年(1885年)建成。据丁善宝自撰《十笏园记》，这里原来是明朝刑部郎中显宦胡邦佐的故居，清初归陈姓，又归郭姓，后为丁善宝购得。当时的房舍已大半倾圮，故仅保留了北部较完整的一座三开间的楼房，其余均"汰其废厅为池"，改造成小型宅园，"以其小而易就也，署其名曰十笏园"。笏是封建社会大官上朝叩拜皇帝时手里捧的笏板。只有十个笏板那么大，用来形容园池之小的意思，其总面积只有二千平方米，却建有亭台楼榭二十四处，房屋六十七间，园池部分有水池、小岛、曲桥、假山、游廊，布置紧凑，不显拥塞，小巧隽永，各得其妙，是潍县城内诸园之冠，鲁中一处具有晚清特色的名园。

十笏园，如上所述，是在旧住宅基址上改建而成，将中部南半"汰其废厅为池"而筑园池假山，中部北半保留原有一楼而增筑，东、西各有跨院。进园门折至西跨院，共两进院落。前院靠后为"深柳读书堂"，原为客厅又是丁宅的家塾。西厢为秋声馆和静如山房，接待客人和下榻之处。院内种有花卉竹藤和特置湖石，抬望东北见春雨楼顶憩墙顶。后院，南为诵芳书屋，屋北有大铁佛；北为小书巢。东跨院中，西邻假山的"碧云斋"为丁善宝的居室。

中部南半的园池假山区是全园的灵魂。在此区内，水池占去约一半面积，池呈近长方形曲岸形式，池中建榭；池东岸屏列着湖石假山；池西岸为呈曲尺形游廊，池南岸有十笏草堂；北岸有漏墙横列，其北即中部北半的砚香楼、春雨楼建筑组群。池中偏北所建三开间水榭，名四照亭，临水的四面均设美人靠坐凳，可以环览四周景色，是园池区的构图中心。东岸的湖石假山倚东跨院的西墙而堆叠，近似峭壁山的做法。山形北高南低，脉络沿池的东岸逶迤而下，设蹬道洞壑盘曲于假山中。山的主峰高约五米，上建六角形小亭，叫蔚秀亭。登亭能远眺城外程符山和孤山，可借景于园外。亭本身同时也是园内多处可见及的点景建筑物。山的峰峦构形有优有劣，大抵经后来修补已非原貌。但总的布局，以溪谷形成若干层次，却也能显出山势的深厚，临水部分的石矶参错，曲岸回环，颇有几分韵致。山脉下至池东南角伸出一个小岛，上建六角单檐小亭，名漪岚亭。这座亭子小巧玲珑，柱间距仅75厘米，高约二米，利用建筑物的小尺度来衬托出假山的峰峦之势。建国后，在假山南端的顶部建三开间小亭，名落霞亭。这座小亭与北面主峰上的蔚秀亭，池东南角的漪岚亭，三者互成犄角之势，烘托着中心建筑四照亭而形成对比的效果。漪岚亭西池中布列着湖石之簇，大概有三仙岛的寓意。[34]

水池的南岸留出空地一方，其南就是倒座厅"十笏草堂"。它与隙地之间原来界以竹篱一道，现改筑为云墙，虽有洞门通达，但毕竟隔断了十笏草堂与园池在景观上的连贯性，这样的改筑是不确当的。十笏草堂的东边还有一个月洞门通至东跨院的居住区，洞门两旁堆叠有山石，似是假山的余端。[34]

四照亭的西面有曲桥连接到池北岸西北角。这座曲桥为三孔的拱桥，不同于常见的石板平桥，可能经过后来的改建。桥的一端直通游廊转北岸或南下的游廊。游廊呈曲尺形，沿池西岸直下，为单面廊，临水一面设坐凳栏杆，凭栏以眺水池亭岛及东岸假山，景色佳妙，岸脚为山石堆叠成的自然驳岸，错落有致。廊西墙设有洞门二，通西跨院，洞门分别与四照亭和漪岚亭构成对景。游廊的南端有一方亭名"小沧浪"，这里也是坐观山池景色的观景点，亭东置有剑

石一座。[34]

水池东北隅的岸边建有船厅"稳如舟"，西面临水而接水，北面设门，可通至假山北端蹬道。由于船厅位置在山阴，前后遮挡，显得局促，又不前伸水中，因而不能充分发挥船厅作为水景点缀和眺望的作用。[34]

水池的北岸横置漏空云墙一道，当中设八角洞门及临水的月台。洞门前置有以漏为主的湖石一块。这道漏墙以北即为中部北半的一个小型院落。正房即明朝胡宅留下来的那座两层楼房，作为丁宅的藏书楼，名叫"砚香楼"，面阔三间，上层的南面出有外廊，可在此俯瞰全园之景。砚香楼的西厢为春雨楼，也是一座两层的楼房。首层绕以回廊，连接于园池区游廊。第二层的东、南两面开窗，凭栏俯瞰山池亭榭，尽收眼底。从砚香楼往南，通过漏墙的洞门，经四照亭到十笏草堂，这样构成一条贯穿园池的中轴线。这种做法在一般小型宅园中很少见到，但从现状看，却也收到了丰富纵深层次的效果。[34]

总的说来，十笏园是在旧宅基址改建而成，布局上将园池放在中部南半。水池以四照亭为构图中心，池东面叠以湖石假山，峰峦溪谷形成层次，从而构成山水园的景色，西岸以游廊为景，又是赏景之线。北半则以砚香、春雨两楼形成安静的院落。池区楼院虽有墙隔，但为漏墙而得以彼此通透。至于以砚香楼、四照亭、十笏草堂构成中轴线，这种做法在私人宅园中无论南北实属少见(仅北方王府邸园才有)。有诗云："欲醉春雨楼，砚香十笏堂。桥通四照亭，漪岚小沧浪。"这首诗把园池景物概括了，但未述及壁山。安丘王瑞麟曾有《沁园春》一阕描写该园景物："三弓隙地拓开尽，子久云林费剪裁。有方塘半亩，镜湖潋滟，奇峰十笏，灵璧崔巍，曲榭留云，清泉戞至，野草闲花手自栽。萧闲甚，是看山已足，五岳归来"。这首词虽多有夸张溢美的地方，但也道出了园地虽小却有池山之胜，亭桥廊树，布局紧凑，小巧玲珑的特色。

第三节　金陵、镇江、扬州明清园墅

一、明朝的南京城

明朝的南京城就是将晋及六朝时代的建康城、南唐扩建的金陵城等都包括在内而加以扩建的都城。魏晋南北朝的建康城，在第四章第二节魏晋南北朝的都城和宫室中建康一节已述及。陈文述《金陵历代名胜志》[35]有金陵历代地图考，是据资料绘出想像示意图，有《吴越楚地图》、《秦秣陵县图》、《汉丹阳郡图》、《孙吴都建业图》、《东晋都建康图》可供参考。隋统一全国后，将南朝建康都城全部破坏，成为一片农地，另一石头城设置在蒋州，统治该地区（见《隋蒋州图》）。到了唐朝，城市名称屡次改易，先后有江宁、归化、白下、上元等县名，丹阳、江宁等郡名，以及升为州（隋蒋州、唐升州）的州治。到南唐时，改名江宁府，又成为国都。南唐的金陵城，经扩建后，周围达25里45步，较六朝的建康城更向南移，将石头城及秦淮河都包入城内。其范围大致在今天的北门桥以南，南至中华门，东至大中桥，西至水西门和汉中门。城中偏北另有子城，周围达4里，南唐时改为宫城。其位置在今天小虹桥以南，内桥以北，东至升平桥，西至大市桥，东西南三面有门。[36]

南唐灭亡后，北宋在金陵设江宁府治。南宋时又改称建康，作为行都，同时也是南宋朝廷铸钱及织染业的中心。元朝时称集庆路，城市规模依旧，但经济较前繁荣，特别是纺织业。元至正十六年（1356年）朱元璋进占集庆路改为应天府，后来统一全国，即定都于此。明建国初，朱元璋曾决定以应天为南京，开封为北京。不久攻占了元大都，元朝亡。由于政治形势的大变化，经群臣研究，又确定以临濠（朱元璋的故乡，祖籍所在，今安徽凤阳县）为中都。营建中都工程从洪武二年（1369年）九月开始，连续不断地进行了六年。到洪武八年（1375年）后，以"劳费"的理由停建，以后陆续拆迁，仅作为禁锢皇室罪犯的场所，明末被毁，至今地面上仅留有皇城城墙遗迹。南京虽定为都城，由于偏居东南一隅，位置不适中，不便于对北方边防的管理，朱元璋曾拟迁都关中，未实现即死。朱棣（明成祖）登位后，迁都北京。[36]

明朝的南京城，于元亡前至正二十六年（1366年）进行改建，首先建宫殿宫城于钟山之南，并建太庙及社稷坛。洪武二年至六年（1369～1373年），城市经两次大规模的改建，到洪武十九年（1386年）基本建成，前后经营共达二十一年之久。

明朝的南京城，包括外城、应天府城、皇城三重。南京地形较为复杂，起伏也大，素有龙蟠虎踞之称。长江由西南向东北流过，西北有狮子山、北有鸡笼山，山北有玄武湖，东有钟山，南有雨花台，西有清凉山、马鞍山等，其外为一片沼泽的莫愁湖。只有应天府城（都）中部地形较平坦，南唐金陵城就在此一带发展，明朝新建皇城，就让开这一南唐以来已形成的市肆区，而在其东侧填燕雀湖而修建。[36]

外城：主要从防御需要出发，在应天府城外围，利用山丘地形，部分天然土坡筑城，周围达180里。其范围西北直达江边，东包钟山，南过聚宝山（今雨花台）。在险要地段筑有16座城门：沧波、高桥、上方、央岗、凤台、大驯象、小驯象、大安德、小安德、江东、佛宁、上元、观音、姚坊（今尧化门）、仙鹤、麒麟等门。外城与应天府城之间，仍为耕地及村落。[35]

应天府城（即现在的南京城）：城周计六十六里多，按照河流、湖泊、山丘等地形以及防御要求进行修建，故成不规则形。南京的城垣极坚固，其基础在山地利用山岩，在平地用巨大石条砌筑。用大型城砖砌城墙。建城时所用砖石木料，都由长江中下游的152个府县，按照统一的规格制成，大型的城砖上都印有监造的府县及造砖人姓名。砌砖时以石灰或以糯米汁拌石灰灌浆做胶结材料，墙顶用桐油与土的拌合物结顶。墙底宽 10～18 米，高度 12～15 米，顶部宽 7～12 米。城垣工程的艰巨与牢固超过以往任何朝代的城市。[36]

应天府城全城共有 13 个城门，即：朝阳(今中山门)、正阳(今光华门)、通济、聚宝(今中华门)、三山(今水西门)、石城(今汉西门)、清凉、定淮、仪凤(今兴中门)、钟阜、全川、神策(今和平门及太平门)。以聚宝、三山和通济门最为坚固，设有三重至四重的城门。全城将南唐的金陵城(包括石头城、西州城及治城)、六朝的建康都城及东府城等全部包在内。南京城内分皇城、居民市肆及西北部军营等三区。[36]

皇城：偏在城东南隅，系填燕雀湖(即前湖)而成，所以南高北低。皇城及宫城布局完全继承历代都城的规划而又加以发展。宫城(紫禁城)居皇城之中，南正门为午门，左有太庙，右有社稷坛，宫城二侧有东安门及西安门，皇城二侧有东华门及西华门。午门北有五龙桥、奉天门、奉天殿、华盖殿、谨身殿，这是前朝部分；后为乾清宫、省躬殿、坤宁宫为后寝部分。这些主要建筑都在一条轴线上，从午门到宫城北门北安门和皇城北门玄武门。午门前轴线有端门、承天门，其外亦有五龙桥。沿此轴线往南为笔直的御道，直达洪武门及正阳门。御道右侧为文职各部，左为军都督府、太常寺、仪礼司等，这种总体布局大部为以后的明北京城布局沿袭，甚至城门、宫殿名称也都沿用。[36]

南京城内居民市肆区即南唐以来已形成的市肆区，其南部接连航运要道秦淮河。这一带为繁荣的商业中心。秦淮河两岸及其附近，即三山门、聚宝门外、江东门内一带，集中有各种手工业及商号，号称一百零三行。明朝的南京也是全国的经济中心之一，手工业很发达，以织造及印刷等最盛。织造业有官府手工业的机房及机户，还有许多民间家庭手工业及私有作坊，当时以生产锦缎著名。在仪凤门外三叉河附近尚有龙江宝船厂，明初郑和下西洋的大船在此建造。聚宝山西还有玻璃厂。城西北地势较高设有屯兵军营。在皇城、市肆及军营三区交界的中央高地上建有钟鼓楼。这三个地区虽然均在应天府城之内，但各自的平面布局不一致，道路系统也不是一个整体。[36]

明朝的南京城也是全国文化中心之一。鸡笼山下成贤街有国子监，最盛时有几千学生，其中尚有日本、朝鲜、暹罗等国留学生。鸡笼山口还建有钦天监测候台，聚宝山上建有回回测候台。南京的宗教建筑也很多，有灵谷寺、报恩寺、天宁寺、朝天宫等，特别是天宁寺的琉璃塔，高九级，全用色彩鲜丽的琉璃。[36]

明成祖朱棣迁都北京后，南京的宫殿官署仍一直保留，诚如王世贞在《游金陵诸园记》[37]文中所说"其所置官司与神京(指北京)埒，吏卒亦危割其半"，官吏兵卒驻南京者近半，在政治上有其特殊地位。清兵入关后，南京又曾一度作为福王的统治中心。清兵南下后，成为西江总督及江宁将军的驻地，仍为地区的封建统治中心。清朝的南京城，基本上与明朝时无大变化。织造手工业则更加发达，专门设有江宁织造府，以管理锦缎生产，主要供宫廷需要。[36]

二、明清金陵园墅

金陵一地，虽然六朝时代曾经繁荣灿烂，极一时之胜，但经隋的破坏，苑囿废灭，古迹难指。唐宋以来，虽升州治，但绝少有可称名园的记述。无论六朝，即唐宋以来的园林第宅，也都湮灭，不能实指其处。明兴，明太祖虽然奠都于此，不过大规模地营造了都城，包括外城、应天府城、皇城三重，并没有修建什么规模大的苑囿。但当时权贵士大夫盛行营建第宅园林、朱偰在《金陵古迹图考》中云："以陪京之繁盛，士大夫丽都闲雅，润色升平，选胜探幽，园墅林立。"

明朝金陵园墅，直到万历年间，才有王世贞著《游金陵诸园记》，记幸得一游之园凡三十有六。《游金陵诸园记》有序，开头说："李文叔(李格非字)记洛阳名园十有九，洛阳虽称故都(宋称西京)，然当五季兵燹之后，生聚未尽复，而所置官司，自留守一二要势外，往往为倦宦之所寄秩，其居第亦多寓公之所托息，顾能以其完力致之于所谓园池者，皆极瑰丽宏博之观。而至金陵为我高皇帝(明太祖死后之庙号)定鼎之地，……内外城之延袤，盖自古所创有，……若江山之雄秀，与人物之妍雅，岂弱宋之故都(指洛阳)可同日语？而独园池不尽称于通人若李文叔者，何也？岂亦累洽全盛之代，士大夫重去其乡，于是金陵无寓公，且自步武而外，皆有天造之奇，宝刹琳宫，在在而足，即有余力，不必致之园池以相高胜故耶？"文虽如此说，但又认为金陵诸园，度必远胜洛中。序接着说："余……召陪留枢(王世贞于万历十六年即1588年为南京兵部右侍郎)，职务稀简，得侍诸公燕游于栖霞、献花、燕矶、灵谷之胜，约略尽之。既而获染指名园，若中山王诸邸(明功臣徐达封魏国公，卒后追封中山王，这里指其后裔所修诸邸)，所见大小凡十，若最大而雄爽者，有六锦衣之东园；清远者，有四锦衣之西园，次大而奇瑰者，则四锦衣之丽宅东园；华整者，魏公之丽宅西园，次小而靓美者，魏公之南园、与三锦衣之北园，度必远胜洛中。"王世贞特别推崇魏国公后裔诸园，而且认为"度必远胜洛中"的理由是"盖洛中有水、有竹、有花、有桧柏，而无石，文叔记中，不称有垒石为峰岭者，可推也。"序最后说："洛中之园，久已消灭，无可踪迹，独幸有文叔之记，以永人目，而金陵诸园，尚未有记者，今幸而遇余，余亦幸而得一游，又安可无记也？"

《游金陵诸园记》中徐氏诸园，大多没有特题的园名，但称东园、西园、南园、容易混淆或称×锦衣之东园或家园，所谓锦衣指什么官职？陈植、张公弛选注《中国历代名园记选注》一书中王世贞《游金陵诸园记》一文前加以注解云：(1)徐达封魏国公，卒后追讨中山王。长子辉祖一派，留在南京，世袭魏国公。次子增寿一派，永乐后居北京，袭封定国公(明

刘侗《帝京景物略》有定国公园)。除冢子袭封外，其余子孙大多在南京都督府所属锦衣卫指挥司里做官或担任个名义职，《游金陵诸园记》称锦衣或锦衣指挥。(2)辉祖曾孙俌，袭封魏国公，正德十二年(1517年)卒，谥庄靖，赠太傅，故东园一称太傅园。(3)王世贞作兵部右侍郎时，魏国公为俌之曾孙邦瑞，作《游金陵诸园记》，在邦瑞卒后，袭封魏国公的是邦瑞子维志，《游金陵诸园记》称魏公。(4)《游金陵诸园记》中提到的，徐氏家族世系，表列为：

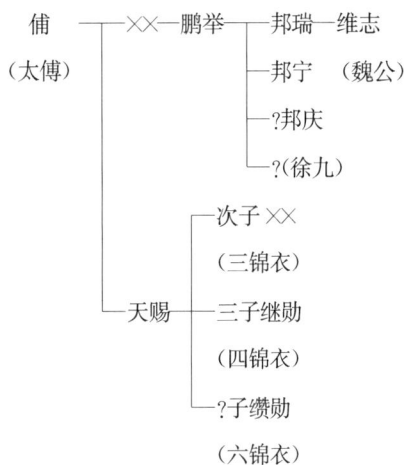

近代有陈诒绂著《金陵园墅志》一书，卷上记述明朝金陵园墅一百一十有四，清朝金陵园墅一百六十八，民国园林十二处，大多数仅举园名园主和所在地点，或简述园容、园林建筑景点名，少数记述稍详。该书卷中编录了专园记文五十余篇；卷下编录了游金陵名胜名园的诗咏。此后有朱偰《金陵古迹图考》，商务印书馆1936年出版，其中第十三章园林及第宅的第一节园墅，分城内外为数区，记述诸区中园墅共47处，大多简略，仅个别稍详或附录有诗或记。这里将《游金陵诸园记》、《金陵园墅志》、《金陵古迹图考》诸书所记明清金陵园墅，经整理后按《金陵古迹图考》分为城内西南隅、城内西部、城内东南隅、城中部、城东及北部、城外六个区，分别记述各个区内园墅。明朝时为某园，清朝时就某园址拓辟或分割为二的，或易为某园的诸条，也在明某园下分条列述，便于查考。

（一）城内西南隅

"金陵园墅林立，其西南尤佳。六朝以来之名迹，如晋孙楚酒楼(志云在城西南)，刘宋南苑(梁改名建兴苑，志云在瓦官寺东北)，南唐宋齐邱南园(志云在城西南)，宋绣春园(在淮水西南)，赏心亭及张咏折柳亭(志云在上下二浮桥之间)，皆不能实指其处矣。明兴，凤台左右，园林相望。王侯子弟，纱帽隐囊，招集宾朋，风流跌宕。……此外文人墨客各占胜区，月夕花晨，觞咏间作，则多不可胜举。"[38]

西园

"西园者，一曰：凤台园，盖隔弄有凤凰台，故以名。亦徐锦衣天赐所葺，今以分授二子(天赐次子三锦衣××及三子四锦衣继勋)，析而为二，当别称西园矣。"[37]按作《游金陵诸园记》时西园园主即继勋，故《游金陵诸园记·序》中称此处为四锦衣之西园。四锦衣居大功坊东，别有四锦衣东园。三锦衣居近凤凰台，故《游金陵诸园记》有三锦衣家园。朱偰《金陵古迹图考》园墅一节，称西园园主为徐申之，"徐申之锦衣之西园，实为其冠"，不知何所据，但对西园的描述："园中有古栝及石，皆宋时物也，……今松已无存，而胡氏愚园(即西园)尚有刘秀高题名石焉"，可见即四锦衣之丁园。

西园"在郡城南稍西，去聚宝门二里而近。入园为折径以入，凡三门。始为凤游堂，堂差小于东之心远堂，广庭倍之。(凤游)前为月台，有奇峰古树之属。右方栝子松，高可三丈，径十之一，相传宋仁宗手植以赐陶道士者，且四百年矣，婆娑掩映可爱。下二古石，曰紫烟，最高，垂三仞，色苍白，乔太宰(乔宇)识为平泉(指唐李德裕平泉山居)甲品；曰：鸡冠，宋梅挚与诸贤刻诗，当其时已贵赏之；曰：铭石，有建康留守马光祖铭。二石(指鸡冠、铭石)卑于紫烟，色理亦不称。(凤游)堂之背，修竹数千挺，来鹤亭踞之。从凤游堂而左，有历数屏(指用花木丛植如屏，花开时称花屏)，为夭桃、丛桂、海棠、李、

杏数十百株。又左，曰牵秀阁，特为整丽。阁前一古榆，其大合抱，不甚高，而垂枝下饮芙藻沼，有潜虬渴猊之状。沼广袤十许丈，水清莹可鉴毛发。沼之阳，垒洞庭、宣州、锦川、武康杂石为山，峰峦、洞穴、亭馆之属，小于东园，而高过之(指与一名太傅园的东园中有峰峦洞壑亭榭之属，具体而微的小蓬莱相比而言)。其右侧小沧浪，大可十余亩，匝以垂杨，衣以藻萍，鲦鱼跳波，天鸡弄风，皆佳境也。南岸为台，可望远，高树罗织，畏景不来。北岸皆修竹，蜿蜒起伏。小沧浪垂尽，复得平坡一，四周水环之，华屋三楹。"[37]

关于凤凰台，《游金陵诸园记》云："唐李白侈其观有三山二水之句(李白《登凤凰台》诗：凤凰台上凤凰游，……三山半落青天外，二水中分白鹭洲，……)。其踪迹不可复识。徐锦衣天赐以其地之近，又与所营蒐裘邻也，崇其土则曰凤凰台，疏井而甘，则曰凤凰泉，而傍阜之高者，曰凤麓台。"

《金陵古迹图考》所志徐申之锦衣之西园，认为是诸园之冠。又引"顾文庄《古村诸园诗序》谓：其水木森秀，山谷窈窕，惜堂宇钜丽差损山泽间，仅中有古栝及石皆宋时物也。"可见所志即一名凤台园之西园也。又引"武伦《西园诗》注：谓宋仁宗为升王时手栽松以赐陶道士即此。"按"宋仁宗为皇子时封升王，虽指南京当时名为升州而言，但宋朝皇子例不出居封国，故仁宗未尝一至江宁，宋道士事相传旧说，或有据，亦必是道士自京师携归，前人已有辨之者"(见《中国历代名园记选注》第163页"西园"条注)。

《游金陵诸园记》另有一条西园(今愚园)。"西园旧为徐公子业，水木最为森秀窈窕，中有古栝及石，皆宋时物也，实为诸园之冠，诗：西园坦迤接华林，窈窕经丘树色深，朱户昼扃唯鸟雀，不知谁抱薜萝心。此园再易主，归桐城吴中丞。中丞名用，字体中，著作极富，历官蓟辽总督，以忤珰归老园中，懿行载在皖志。子曰昶，中书舍人，品高学博，能世

其业。"[37]

吴本如中丞园

《金陵古迹图考》载：吴本如中丞园即徐氏西园，有葆光堂、澄怀堂、海鸥亭、木末亭、荼蘼轩、桃花坞、梅岭、菊畦、荻岸、桐舫、茆亭、南轩、云深处诸胜。

胡氏愚园

《金陵古迹图考》载："胡氏愚园者，煦斋太守之所筑也。前临鸣羊街，后依花盝岗。明为西园后为吴中丞园，兵燹以来，瓦砾纵横。煦斋乐其幽旷，货而有之。"邓嘉缉《愚园记》，描述颇详，作于光绪四年（1878年）十二月，摘录如下："凤凰台西隙地数十亩，榛芜蔽塞，瓦砾纵横，兵燹以来，窅无人迹，旧为明中山徐王西园，煦斋太守乐其幽旷，货而有之；又以市产与崇善堂易其余之闲地（已较西园拓宽），因高就下，度地面势，有宫室台榭坡池之胜，林泉花石鱼鸟之美，规模宏敞，郁为巨观，一时宴游，于是焉萃，信乎人物之盛，甲于会城者矣。门东向，临鸣羊街，后倚花盝岗，明之时有遘园，顾又庄之所筑也。门以内，栌栌节棁，髹漆雕绘，南北相向，爽垲之屋数重，奉太夫人居养于内，且以安其家室焉。"这是宅第的部分。

"屋之西别为园，主人名之曰愚。……自是入园，绕廊，北绕而西，镵石曰寄安，……嵌于壁。又逶迤西上，稍拓为槛，曰分荫轩，置几案数事，……凿壁为门，阖之，以示境之不可穷。转而南下，至于无隐精舍，面南，屋三楹。……庭中植桂四、五株，杂艺鸡冠，老少年之属。……庭左数十步为春晖堂，……其前甃石为池，荇藻漾碧，水清见底。池侧有小阁洼然居累石中，两旁皆假山，岭岈嵌崟，历落万状。阁左，出乃达于堂。循假山而西，磴道盘折而登于巅，孤亭耸峙，若飞鸟之将翔。（据记当时）以机引曲池水为瀑布，返泻于池，铮铮声若琴筑。其东仿倪高士狮子林叠石空洞，曲道宛转，忽升以高，忽降以下，径若咫尺，而不可以跨越，游者眙

眩，几迷出路。与西山相对峙，皆可以来会于堂下。斯堂轩豁洞敞，列屋延袤，为一园之胜，署曰：清远堂。……入其右，为水石居，前临清塘，大可数亩，芙蕖作花，疏密间杂，红房坠粉，掩映翠盖。长夏南窗毕启，薰风徐来，荷香暗袭……。堂之左，连闼洞房，为主人操琴之所。……其上有阁，可以望假山，启后户，曲径如羊肠，缭以疏篱，竹树蒙密，中为竹坞，轩窗四辟……循篱南行，至课耕草堂，不翦茨，不丹漆，规制俭朴，略如农家。旁列茅亭，引水蓄鹅鹜，正西面塘，溉水田亩许……水南为榭，居草堂之北阴，是为秋水蒹葭之馆，水木明瑟，湛然清华。沿塘筑长堤，夹树桃、柳、芙蓉，杂花异卉，春秋佳日，灿若云锦。循堤而南不百步，有高阁窿然踞冈阜之上，梅花几三百本，枝干虬曲如铁……。登阁而眺，东北诸山烟云出没，如接几席，因名阁曰延青。时见南邻茂树，拂郁云表，分荫轩所由名也。陂陀东下，度石桥，北与清远堂正对，为主人家祠。……度垣得小丘，若岵若屺。拾级百步许，有面东之屋数楹，编竹为藩篱，海棠八九株，花时嫣红欲滴，为春睡轩。后瞰果圃，多桃李梅杏枇杷，青黄累累，鲜美可摘。出篱门值塘之东堤，堤旁临水之榭，署曰柳岸流光。……隔岸望课耕草堂，风景似在村落间。又东一塘，扣而通之，朱桥碧栏横亘于上，……。度桥弯环曲径，葡萄连架，覆蔓垂藤，绿荫蔽日。入西向一门，为楼三楹，与水石居相近。其中积轴万卷，庋置如屏，……。循楼而东，直达回廊，复与无隐精舍接矣。"[39]

《愚园记》最后概括地说："凡斯园之中，各据胜概，而隐有内外之概限。……自回廊以西，至藏书楼为内园（'擅山石之胜'《金陵古迹图考》），自藏书楼以西，循长堤，东至竹坞为外园（'饶广远之致'《金陵古迹图考》）；必穷日登览始遍。竹坞东出，别有门可通往来。"[39]

徐锦衣家园

按《古今图书集成·园林部》录王世贞《游金

陵诸园记》中标题为徐锦衣家园,按《弇州山人续四部稿》中所载园名为三锦衣家园,仅"徐"与"三"一字之别,实指同一家园。按《金陵古迹图考》载有三锦衣之凤台园:"王弇州《名园记》所谓奇峰峻岭、参差峥嵘,怪木素藤,樛互映带者也。后废,地属凤游寺。"这段引文与徐锦衣家园之文同。

"徐锦衣家园,与凤台基址相接,在宅第之后"(《古今图书集成·园林部》)。"三锦衣家园:徐三锦衣者,东园君(指徐天赐)之仲子,而凤凰台主人也"(《弇州山人续四部稿》)。"穿中堂,贯复阁两重,始达后门,门启,折而东,五楹翼然,广除称是,为月榭以承花石。复折而东,启垣,则别一神仙界矣。始由山之右,蹑级而上,宛转数十武,其最高处得一楼,东北钟山,紫翠在眼。……自是东,其窦下上迤逦,皆有亭馆之属,伏流窈窕穿中,石桥二,丽而整,曲洞二,蜿蜒而幽深。益东,则山致尽而水亭三楹出矣。亭枕池南而北向,启扉则三垂(东、西、北三面)之胜,可一揽而既"(《弇州山人续四部稿》)。池水清泠鉴毛发,朱鱼有径尺者,鼓鬣自姿。奇峰峻岭,参差峥嵘,怪木素籐,樛互映带,朱楼画阁,上割云而下超波,真使人应接不暇。

凤台园

《游金陵诸园记》另有一条凤台园,文如下:"旧为魏公别业,后属上瓦官寺,诸髡次第平其台,芟其树,而税与灌园者,名胜尽陯,诸髡且自咤为青铜海矣。诗:伤心千古凤凰台,萧瑟僧寮伴草莱,歌扇舞衣无处觅,西风蝉咽不胜哀。"

万竹园

"万竹园与瓦官寺邻,不百武……亦魏公家物。主者,邦宁公嬖子也。""园有堂三楹,前为台。台亦树数峰,墙可高数仞,朱楼扃铃甚固,启之亦殊壮。左厢三楹,亦可布席。此外则碧玉数万挺,纵横将二三顷许,偃蹇自得,幽深无际。赤日避而不下,凉飔徐发。惜未凿池引水,以益鱼鸟之致耳。"

《金陵古迹图考》载:四锦衣之万竹园。王弇州谓其地大多种竹,今名尚存(指万竹园作为地名,今犹存)。

佚园、尔祝园

"张太守孚之佚园,王太守尔祝园,皆分万竹园地,顾文庄谓其古树深篁,杳然异境。"[38] "佚园,上元张孚之运使文晖园及同邑王尔祝太守尧封园,皆分徐公子万竹园地拓之。顾文庄谓其古树深篁,杳然异境。"[39]

佚园

"张太守孚之佚园,旧为徐公子万竹园,张与王太守分其地而有之。堂榭具存,古树深篁,杳然异境。诗:万箇琅玕抱石斜,朱阑深锁但栖鸦。自从仲蔚辞三径,谁为羊求扫落花。张孚之,名文晖,治台郡有能声。孚之亡后,其少子循质率诸孙读书其中。"[37]

尔祝园

"王太守尔祝园,即所分徐氏之一也。中有高楼古树,颇自苍然。太守生前,足迹曾不一至,园丁灌艺而已。诗:高台杰阁倚崔巍,叠石疏花面面开,为问辋川文杏馆,几从裴迪赋诗来。"[37]

新园

"许长卿新园,在张氏佚园之北,亦万竹园地也。长卿购之,为起亭馆,迤旷可数百丈,花木秀野。长卿恒与客啸咏其中。诗:半亩方塘看戏鱼,豆棚瓜架日萧疏;高斋把酒听黄鸟,恰是江南四月初。此园曾归王孟兴文学,亦数易主。"[37]

邓氏青蟹堂

《金陵古迹图考》载:邓氏青蟹堂即万竹园址。[38]

同春园

《古今图书集成·园林部》载:"同春园者故齐王孙所创也。"而《弇州山人续四部稿》所载为:"同春园者,故齐藩之孽孙某所创也。"陈植、张公弛选注:"齐藩,明太祖第七子齐王榑卒后,子孙废为庶人,景泰五年齐庶人徙置南京,至曾孙长鑿,始免于监管，万历间有裔孙名承垛，见《明史》一一六。"《金陵园墅志》则载："同春园，在沙湾，齐王孙朱可涅园。可涅读书通大义，广延宾客，远近慕之。"

同春园，"其地在城西南隅，去某之居第，武可数也。入门可方驾（可并行两车），转而右辟广除豁然，月台宏饬，峰树掩映，嘉瑞堂承之。自是复得一门，有堂曰荫绿。……许太常记所谓垂柳高梧，长松秀柏，绿荫交加，覆于栏槛者是也。堂北向，其背枕水而阁，曰藻鉴。傍为漱玉亭，太常所谓亭下有泉，泉外植竹千挺，泉流有声，琅玕成韵成也。垒土石为山，逶迤上下；亭馆列焉，多牡丹、芍药，花时烂熳，大足娱目。"[37]"主人今逝矣，故不恒扃闭，群公时时过从，以故声称与东、西二园埒，实不如也"（据《弇州山人续四部稿》）。

吴孝廉园

"吴孝廉孔璋园。园为齐王孙业（即同春园），吴以善价得之。地故倚北城隅，多竹与桂，望之阴森蔽天日。诗：城阴竹色胜梁园，六十年来箓不繁；闻道幼舆丘壑在，不妨移石动云根。此园今归邓太史元昭，馆舍楼阁，修治一新。"[37]

何参知露园

"西北枕凤凰台，亭馆池树，参差多致。旧为哈公所创，屡易主矣。后为方士醒神子馆。参知得之，小为拓润，与遯园（见下段）东西相望也。诗：琪花璚树近堪攀，海上求仙去不还。独剩文成马肝石，参差叠作大何山。"[37]按《金陵古迹图考》作："何公露凤嬉园。西北枕凤台山，亭馆池树，参差多致。"[38]又据《金陵园墅志》称："疏园在花盝岗，江宁何公露藩参，湛之别墅，一名凤嬉园，亭馆池榭，参差多致。旧为哈氏园，湛之得此，小为拓润。博雅堂扁，张即之书。"[39]何参知露园、凤嬉园、疏园、哈氏园，名虽不同，实则一也。

味斋园

"卜太学味斋园，在花盝岗，西枕上瓦官寺。地既高旷，有楼三楹，面东而峙，遍览城内外，最为登

眺胜处，俯视西园，如接几案矣。诗：嵯峨飞栋入烟空，俯视皇州一气中，谁向赏心夸绝景，已专丘壑大江东。"[37]《金陵园墅志》有"卜园，在花盝岗，卜太学味斋园。……（以下记文同《游金陵诸园记》而简）。"

遯园

"顾邻初太史遯园，在杏花村中，因举村中之园，各纪以诗。小序曰：杏花村方幅一里内，山园据其什九，虽奥旷异规，小大殊趣，皆可游也。间与同人散步其中，稍得胜赏，因各为一诗纪之，惜不能如李文叔之记名园，使人足当卧游耳。"[39]《金陵园墅志》亦记有遯园，并有诸景点，楼阁堂斋之名下：遯园，在花盝岗，江宁顾文庄、起元园（此处园室名不同）起元避居园中，七征不出，家有七召亭。园有小石山、横秀阁、耕烟阁、郊旷楼、快雪堂、月鳞花径、高卧室、懒真草堂、五已堂、间得亭、露研斋、明月半轮窗纳晚凉处、丈室、依志居、劈纱舫诸胜。"[39]

按凤凰台、瓦官寺、花盝岗、杏花村均为明清金陵古城西南隅诸地名。

张氏园

"在花盝岗，江宁张元度、茂才、振英园。家徒壁立，窗外杂植杞菊。左图右史，焚香扫地秩如也。隙地种竹数十竿，因号苦竹。君与顾文庄（遯园主人）邻近，互相过从。"[39]

茂才园

"李象先茂才园，在古瓦官寺南，余遯园之右，面东，门有长榆数株，清阴夹巷。旧为宁伯邻书屋，仅老梅数株耳。象先扩而润之，幽邃有幽趣。诗：瓦官寺南高树阴，中有幽人横素琴。曲房小径殊还往，夜静独闻钟磬音。"[37]

长卿园

"许典客长卿园，在骁骑仓，西北为九天祠，有堂、有阁、有亭、有轩，翼然具体。（园）内绣球花绝大而茂，可与凤台西（园）紫薇竞秀，他所未有也。诗：元度闲情问薜萝，征石选花倚婆娑。名园不浅春

华色，总让中庭玉树多。"[37] 按许长卿有新旧二园：旧园即上述为九天祠之园；新园，在张氏佚园之北，亦万竹园地也，见前已述。

陆文学园

"在许典客园(即长卿园)南，有池种荷芰，小亭踞其上，花架绮错，望之斐然。诗：一点妖红泛绿波，曲池芳树影婆娑，不妨静引南薰坐，自按江南子夜歌。"[37]

羽王园

"在骁骑仓东南，有池可种莲，新架高阁，延瞩东南诸山。诗：欲隐何须更买山，即有高阁迥尘寰，夸他建业千峰出，尽在危栏指顾间。"[37] 按《金陵园墅志》在邺园条中载："其弟(指顾文庄之弟)羽王鸿胪起凤园，在骁骑仓前街，有池可种莲，高阁突兀，延瞩东南诸山。"[39] 那么，凤园即是羽王园。

楠园、贞园

《金陵园墅志》在上文后接着写道："周南起楠园，在仓北，修竹数十竿，小屋数椽，饶有野趣。太复郎中起贞园，屋宇花竹，其规模大概如邺园。"[39]

太复新园

"太复新园在九天祠之北，地平旷，新构屋宇，莳花木，其规模大概如邺园而加整饬。诗：自爱山林引兴长，更怜花草媚池塘。行园处处皆相似，唤作新丰也不妨。"[37] 据此，《金陵园墅志》所载贞园即太复新园。

熙台园

"汤太守熙台园在杏花村口。地不甚广而多佳树，亭子外老杏数株，花时红霞映地。诗：杏花村外酒旗斜，墙里春深树树花，莫向碧云天末望，楼东一抹缀红霞。"[37]

李氏小园

"邻人李氏小园，在汤园(汤熙台园)之东，西塘相连，弯环清澈，堤上垂杨，大可合抱，杏花斜拂水面，老干铁立，亦可赏也。诗：小池微亚绿杨低，黄鸟春晴不住啼；何处一樽堪引醉，小桥斜日杏花西。"[35]

吴家花园

"在杏花村东，即徐氏西园基，桐城吴本如中丞用光居金陵(时之园)。有葆光堂、澄怀堂、海鸥亭、木末亭、荼蘼轩、桃花坞、梅岭、菊畦、荻岸、桐舫、茆亭、南轩、云深处诸胜。"[39] 《金陵古迹图考》称之为吴本如中丞园，"有葆光堂……诸胜"这段六字同。

方太学园

"方太学子中园，在村东城下，古屋数间(土垣版扉，人不知有园也)，中有牡丹致佳。旧入门皆修竹，今不复茂矣。雪浪和尚曾寓此中，余过之谓可辟世。诗：修竹晴看绿雪飞，古墙深巷隐双扉，不须更说喧难避，苔径由来展齿稀。"[37] 按《古今图书集成》载括弧中文字"土垣……人如不知有园也"放在"今不复茂矣"之后，而《金陵园墅志》则放在"古屋数间"之后，今据以订正。

武文学园

"在下瓦官寺东，双扉常局，闻多花竹，错以山石。未及游其藩，第从凤台西见杏树繁盛异常，为之延眺而已。诗：咫尺桃源未问津，隔墙红树拥残春，自嗤尚浅王郎兴，啸咏还期待主人。"[37]

大隐园

"徐元超公子大隐园，在仙鹤街，经营于嘉靖中，明亡后犹属徐姓，后张稼兰居之。"[38]

无射园

"许无射园，在萧公庙东。入门曲房宛折，至迷出入。转入庙后，地忽宏敞，颇以竹树缀之。诗：人间玉斧自仙才，隐洞深依古殿开，宛转曲房何处入，直疑瑶馆秘天台。"[37]

张保御园

"在许无射园北，旧为王太学馆，保御得之。中有屋三楹，清寂可人，亦多佳树，友人沈不疑常称之。诗：曾从沈约间郊居，此地仍堪赋遂初，苦竹自深人不到，可能重驻子猷车。"[37]

海石园

"张庄节公海石园，在萧公庙。海石高二丈许径三尺有余，具四面相，玲珑透漏，海气所蒸，五色烂然。幽房曲室，最为雅靓。有清绣堂。"[38]

石巢园、冰雪窠

"石巢园在司库坊，阮大铖园。世人秽其名，曰袴子裆。"[39] "冰雪窠在司库坊阮氏石巢园址，（清）江宁陶衡川孝廉购拓之，改名冰雪窠。如涤之以冰雪焉。老树清池，盎然古趣，遂名其地曰陶园。咸丰癸丑（1853 年）上元秦文学士妻何与从姊侄女同殉难池中，世所称三烈者也。"[39]

怡园

"吴岐祥怡园，在护国庵。"[38]

可园

"在红土桥西（古名乾道桥，与安品街接壤，今改为安品街），先君子（指《金陵园墅志》作者陈诒绂之父）于宅后隙地辟而拓之，莳花植树。"[39] 园主写有《可园记》云 "可园，非园也，余强名以为园也。地纵横无半亩，而堂寝庖湢间之筑园者当不若是。然高者山，深者坞，邃者径，实斯园之所自具，虽欲不园之不可也。于是即听事之侧，启门而入，颜其堂曰于斯堂，为应接宾僚之所。……稍进为养和轩，……读书之斋也。杂花络壁，芳草侵阶，虽未及园而有园意焉。再进，则凝晖室，前梅后蕉，冬夏皆宜。南启明窗，北开洞户、寒昼日燠、暑宵月凉，盖吾父母之所燕息也。室之后有廊，砌下遍莳长春，四时皆花，取室之名以名之，曰凝晖廊。廊之穷有复室，曰征文考献之室。……北牖洞达，清风徐来。院中有榴一株，旧植之所仅存者。又曰瑞花馆，因己卯（光绪己卯即 1879 年）之岁，丽春并蒂同心，而锡此号也。至此而园在目中矣。自凝晖室廊东出，历篱门一道，梅花夹道，瘦枝冷艳，最宜雪月，是为寒香坞。稍折而北过篱门数步，至丛碧径，梧竹交荫，寥天皆绿，夏日不到，三伏如秋。由是路渐曲，地渐隆，就山势之坡陀，历级而上，则望蒋墩在焉。万屋鳞次，钟山如

龙，朝晖夕阴，气象千变，园之最高处也。从墩下稍南，有亭翼然，面对西岭，石头诸山，拱列几案，延清（亭名）之名所由来也。过冈而东，是为蔬圃，青黄历落，交错若绣，芳香媚舌，味胜肥甘。而园之地至此尽矣。"陈诒绂在《金陵园墅志》可园条历举园中诸景较《可园记》所述为多，据称："有养和轩、寒香坞、丛碧径、望蒋墩、延清亭、蔬圃、香无隐廊（由此以下诸名均为记中所无）、蕉径、豆篱、桐竹交翠堂、蠹窠、稚松坪、通溜桥、看山待月之台、留春亭、读来生书斋、冶麓山房、棠芬书屋、蜇斋、洗桐书屋、竹巢、荀禾斋……。"[39]

僻园

"在古长干（今改为中华路），本魏国（公）家人所筑。襄平佟汇伯中丞国器，居金陵得之。水边郭外，地旷景饶，屋宇参差，林峦错落，牡丹芍药各千百本，池莲岸柳，高下咸宜，一名南园。南陵老人所谓一树一花色，无时无鸟声也。后为历阳牧夏禹贡所有，则万竿苍玉、双株文杏、锦谷芳丛、金粟幽香、高阁松风、方塘荷雨、桐轩延月、梅屋烘晴、春郊水涨、夜塔灯辉所称十景。"[39]

（二）城内西部

城西诸园，据记、志，明时有金盘李园，乌龙潭之园，扫叶楼及清凉山数园。清朝时以随园为最著，因园主袁枚以诗名盛于时，一时士大夫多从之游，园遂盛称于世。龙蟠里亦有数园见于志。

金盘李园

"徐氏两西园之外，复有称西园者一，曰：金盘李园，魏五公子邦庆之别业也。去石城门可一里而近，门俯大街。有堂三楹，颇卑浅，后为台。循台而东北转，可三十武，椰榆挟之，高杨错植，绿阴可爱。……又三十武，有堂三楹，南为台，列湖石四、五，下植牡丹。堂之阴，叠石为山，高不寻丈，其址皆凿小沟，宛曲环绕，可以流觞，而不知水所从出。山麓为亭，亭下为洞，洞不能五、六尺，倚墙而窦，

竹扉蔽之，或云：墙后复有山，山之中有池，当是流觞之水之委也。……左右老栝八株，大者合抱，偃蹇婆娑，生意犹尽。自此西南，径屡折，……有屋数十楹，甃甓缭之，前树粉墙。其西垣外竹万个，杂高榆数十，与落照相鲜新。……东北高阜，亭其上，曰：碧云深处，可以东眺朝天宫，北望清凉、瓦官浮图，乌龙之灵应观，亦有佳处也。大较魏氏诸园，此最宽广，而不为伦列，得洛中遗意。……金盘李者，得之故李将军，金盘事诞妄不可信。"[37]

乌龙潭

"在小仓山麓，旧说晋时有乌龙见，故名。唐颜鲁公置为放生池，潭上旧有放生庵，为祀（颜）公处。按《唐书》乾元二年(759年)诏天下临江带郭，各置放生池八十一所，公(指颜鲁公)所置在秦淮太平桥侧。兹潭在清凉山，今之城内，昔为城外，当秦淮西北沿石头将入江处，所谓临江带郭相合也，邵阳魏刺史源居金陵，筑为别墅，曰小卷阿，有宛在亭，在其中央，岚影波光，风景胜绝。今亭垂圮，潭亦渐淤，然山光水色，固犹昔日也。"[38]

金太守与陈中丞园(佚其人名)

"皆在乌龙潭侧，停画舫于潭中，天然图画也。"[39]

山水园

"在乌龙潭侧。上元唐宜之长史，时弃官归里，临潭筑室，山光水色，远眺高吟。黄俞邰称其处世疏寒而不伤于刻露。"[39]

寤园

"在乌龙潭北，旧安茅止生总兵元仪园。轩亭错落散处盈山坡陀间，又构木凳石如幔亭，朱栏回互之，浮泊潭中，名曰喻筏。"[39]

扫叶楼

"在清凉山南麓(善司庙后)，即半亩园也。上元龚半千、贤隐居处，绘一僧持帚作扫叶状，因以名楼。有联云：四面云山朝古刹；一天风雨送残秋。凭栏静坐，城外帆樯过石头城，影掠窗前；而莫愁湖、雨花台，皆迢迢在望。今属善庆寺，品茗之胜地也。"[38]上引文括弧中"善司庙后"为《金陵园墅志》扫叶楼条中文字，又在"影掠窗前"四字之后，作："其高旷有如此者。今其楼犹复旧观，有僧庵而修葺之。"[39]

祓园

"在清凉山下，卓忠贞敬祠园。其六世孙发之于万历间秦允建祠并筑园，有虎岩鹤潆莲旬无山堂，笠广汐山锄月湾，呼龙蟹寒江榭，药草畦，葱柯坪，剑壑嫙虹，螺髻庵，悬鼓峰，直树林诸胜。杨龙友为图，董玄宰跋。"[39]

遯园

"在清凉山侧，龙溪李匡俣侍郎赞元居金陵拓之，群山环拱，构高亭俯瞰长江，与杜茶村吟咏其中，时称李杜。"[39]按另一遯园，在花盝岗，乃江宁顾文庄起元园。

樸园

"在清凉山侧，孝感熊文端赐履居金陵所拓者，有洗心亭、寻孔颜乐处亭、藏密斋、深造斋、潜窟室、学易堂诸处。韩慕庐谓其有武陵柴桑之胜。"[39]

亓园

"在清凉山侧，本熊氏朴园基，上元朱问源观察澜，得而拓之，改曰亓园。有通觉晨钟，晚香梅萼画舫，书声清流，映月古洞，纳凉层楼，远眺平台，望雪，一叶垂钓，接桂秋香，钟山雪声十景。"[39]

随园

"在小仓山，旧为隋织造园。袁枚官江宁县令，亦筑园于此，易隋为随。"[38]袁子才筑园后，曾撰六记(随园记，随园后记，随园三记，随园四记，随园五记，随园六记)，又有《随园二十四咏》。此外，尚有袁起《随园图记》。钱泳《履园丛话》二十，有"随园"条；《鸿雪因缘图记》有"随园访胜"条。

袁枚的《随园记》，首先叙述了小仓山形势："金陵自北门桥西行二里，得小仓山。山自清凉山胚胎，分两岭而下，尽桥而止，蜿蜒狭长，中有清池水田，俗号干河沿。河未干时，清凉山为南唐避暑所，盛可想也。凡称金陵之胜者，南曰雨花台，西南曰莫愁湖，北曰钟山，东曰冶城，东北曰孝陵，曰鸡鸣寺。登小仓山，诸景隆然上浮，凡江湖之大，云烟之变，非山之所有者，皆山之所有也。"接着讲到这里原有园，始于清"康熙时织造隋公当山之北岭，构堂皇，缭垣牖，树之荻千亩，桂千畦，都人游者，翕然盛一时，号曰隋园，因其姓也。后三十年，余宰江宁，园倾且颓弛，其室为酒肆，舆台嗌哎，禽鸟厌之，不肯妪伏，百卉芜谢，春风不能花。余惻然而悲，问其值，曰三百金，购以月俸。"袁子才看上了小仓山这个形胜，悲隋园已荒芜，于是以月俸购其址筑园，"茨墙剪阖，易檐改涂，随其高为置江楼，随其下为置溪亭，随其夹涧为之桥，随其湍流为之舟，随其地之隆中而敹测也、为缀峰岫，随其蓊郁而旷也、为设宦窔(宦窔泛称屋宇)。或扶而起之，或挤而止之，皆随其丰杀繁瘠，就势取景，而莫之夭阏者。故仍名曰随园，同其音，异其义。"园落成作记于己巳即乾隆十四年(1749年)三月。

袁简斋(袁枚之号)在《随园后记》的开头写道："余居随园三年，捧檄入陕，岁末周仍赋归来。所植花皆萎，瓦斜堕梅，灰脱于梁，势不能无改作。"他没想到离园一年就荒。于是"率夫役，艾石留砚，土脉增高，明之丽，治之有年，费千金而功不竟。客或曰：以子之费，易子之居，胡华屋之获，而俯顺荒余何耶？"袁枚的回答，道出了营园必须有能主之人的道理。他说："夫物虽佳，不手致者不爱也。味虽美，不亲尝者不甘也。……公卿富豪，未始不召梓人营池囿，程巧致功，千力方气，落成，主人张目受贺而已。问某时某名而不知也，何也？其中亦未尝有我故也。惟夫文士之一水一石，一亭一台，皆得之于好学深思之余，有得则谋，不善则改，其莳如养民，其刈如除恶，其创建如开府，其浚渠篑山，如区土宇版章，默而识之，神而明之，惜费故无妄作，独断故有定谋，及其成功也，不特便于己快于意，而吾度材之

功，若构思之巧拙，皆于是征焉。"他又提出了营园必须不断改善，"今园之功虽未成，园之费虽不赀，然或缺而待周，或损而待修，固未尝有迫以期之者也。"最后"叹曰：作者不居，居者不作。余今年载三十八，入山志定，作之居之，或未可量也，乃歌以矢之曰：前年离园，人劳园荒，今年来园，花密人康。我不离园，离之者官，而今改过，永矢勿谖。乾隆癸丑(十八年，1753年)七月记。"按袁枚于乾隆十七年因父丧解官，返宁重缮随园，从此不再出仕，直到嘉庆二年(1797年)八十二岁时，死在随园。

《随园三记》讲到了"园林之道，与学问通。"引用了孟子的话，"人有不为也而后可以有为"于营园上。"吾于园则然。弃其南，一椽不施，让云烟居，为我养空游所。弃其寝，陊剥不治，俾妻孥居，为我闭目游所。山起伏，不可以墙，吾露积不垣，……地隆陷不可以堂，吾平水置桀如史公书，旁行斜上而已。不筮曰，不用形象言，而筑毁如意，变隙地为水为竹，而人不知其不能。屋疏牖，而高基纳远景，而人疑其无所穷。以短护长，以疏彰密，以豫蓄材，为富以足其食，徐其兆而不趋为牿，工而恤夫使吾力常沛然有余，而吾心且相引而不尽，此治园法也，亦学问道也。丁丑(乾隆二十二年，1757年)三月记。"《随园四记》提出了营园之理，首先说："人之欲惟目无穷，……目仰而观，俯而窥，尽天地之藏，其足以穷之耶？……园悦目者也，亦藏身者也。人寿百年，悦我目不离乎四时者是，藏吾身不离乎行坐者是。"随后说到随园的行坐四时之宜："今视我园，奥如环如，一房毕，复一房生，杂以镜光晶莹，澄澈迷乎，往复若是者，于行宜。其左琴，其上书，其中多尊垒玉石，书横陈数十重，对之时倜然以远，若是者于坐宜。高楼障西，清流洄洑，竹万竿如绿海，惟蕴隆宛暍之勿虞，若是者与冬宜。琉璃嵌牖，园有雪而坐无风，若是者与冬宜。梅百枝桂千丛，月来影明，风来香闻，若是者与春秋宜。长廊相续，雷电以风不能点吾之足，若是者与风雨宜。是数宜者，得其一差强人

意，而况其兼者耶。余得园时初意亦不及此，二十年来庸次比偶，艾杀此地，弃者如彼，成者如此，既镇其薆矣，夫何加焉。年且就衰，以农易仕，弹琴其中，咏先王之风，是亦不可以己乎！……丙戌（乾隆三十一年，1766年）三月记。"

《随园五记》中提到他治园的特点之一："余离西湖三十年，不能无首丘之思，每治园戏仿其意，为堤为井为里外湖为花港为六桥为南峰北峰。当营构时未尝不自计曰：以人工而仿天造，其难成乎？纵几于成，其果吾力之能支，吾年之能永否？今年（乾隆三十二年，1767年）幸而皆底于成。嘻！使吾居故乡，必不能终日离其家以游于湖也。而兹乃居家如居湖，居他乡如故乡。骤思之，若甚幸焉，徐思之又若过贪焉。然读（周）易贲（卦二十二）之六五曰：贲于丘园，束帛戋戋。吝，终吉。辅嗣注云：施饰于物，其道害也，施饰丘园，吉莫大焉。谓丘园草木所生，本质素之处，故虽加束帛，虽吝而终吉。左氏曰乐操土风，不忘本也。余虽贪不知止，而能合于易以操土风，或免于君子之讥乎！彼世之饰朱门涂白盛者，或为而之居，居而不久，而余二十年来，朝斯夕斯，不特亭台之事，生生不穷，即所手植树，亲见其萌芽拱地，以至于蔽牛而参天，如子孙然，从乳哺而长成而壮而斑白，竟一一见之，皆人生志愿之所不及者也，何其幸也。虽然草木如是，吾亦可知，吾既可知，则此后有不可知者在矣。戊子（乾隆三十三年，1768年）三月记。"

《随园六记》主要讲到袁枚的父亲"卒于江宁，欲归葬古杭，虑舆机之艰，不果。欲随葬兹土，又苦无瘗宅，因此慢葬十有七年。今年春有形家来谋园西为兆域者，余同往视，则小仓山余脉平远夷旷，左右有甗陬岸庨，草树翳荟，封以为茔，宰如也。……以己丑（乾隆三十四年，1769年）十二月十六日扶枢窆焉。茔离园仅百步……茔旁隙地旷如，……为己生圹，将植梅花树松，……，而且还留有其妻，其妾之生圹。沿茔西有高岭，凡僮从扈养婢姬之亡者，聚而

痤焉。"按：袁枚自乾隆十四年（1749年）随园落成后，除中有一年捧檄入陕外，一直居于斯园，直到嘉庆二年（1797年）八十二岁时辞世，经营斯园并享林泉之乐达四十五年。袁枚逝世那一年，有遗嘱云："随园一片荒地，我平地开池沼，起楼台，一造三改，所费无算。奇峰怪石，重价购来，绿竹万竿，亲手栽植。器用则檀梨文梓、雕漆枪金；玩物则晋帖唐碑，商彝夏鼎，图书则青田黄冻，名手雕镂；端砚则蕉叶青花，兼多古款，为大江南北富贵人家所未有也。"可见其经营购置之豪侈和所费之无算（引文见《中国历代名园记选注》）。

袁枚对随园虽写有六记之多，大都寄一时的感慨，其中也有论及园林之道、治园之法，但对随园之景，所述甚略。由于他的才名，文人墨客，宾从络绎，随园也因而远近知名。他在世时，曾有多位名手分别画过随园图，这些图大都已经毁失。后来，他的族孙袁起（号竹畦）据旧摹稿本重绘《随园图》，并附有《图说》，于同治四年（1865年）印行。《图说》描写较详，下面将专述。袁枚死后，他的子孙，大都有功名、有家产，因而随园也还能保持到嘉庆年间。袁枚孙祖志在《随园琐记》追述旧事时说："典试提学以及将军、都统、督、抚、司、道，或初莅任所，或道出白门，必来游玩，地方官即假园中设筵款待。游园之人，以春秋日为多，若逢乡试之年，则秋日来游之人，更不可胜计。缘应试士子总有一、二万人（案：南京乡试，包括今江苏、安徽、江西三省），而送考者、贸易者，又有数万人，合而计之，数在十万人左右，既来白下，必到随园，故每年园门之槛，必更易一、二次。"

随园到道光初年就开始荒芜。钱泳《履园丛话》卷二十的"随园"条："随园在江宁城北，依小仓山麓，池台虽小，颇有幽趣。乾隆辛亥（乾隆五十六年，1791年）春二月初，余始游焉。时简斋先生尚健，同坐蔚蓝天，看小香雪海，梅花盛开，读画论诗者竟日。至道光二年（1822年）九月，偶以事赴金陵，则

楼阁倾颓，秋风落叶，又是一番境界矣。"据道光年河都麟庆(见亭)《鸿雪因缘图记》初集"随园访胜"条云："……王璞山曰：君曾到随园否？答曰未也。……今太史往矣，园虽荒而景如故，君盍往观。余应曰：诺。寻径抵园，则见因山为垣，临水结屋，亭藏深谷，桥压短堤，虽无奇伟之观，自得曲折之妙，正与小仓山房诗文体格相仿。"附有"随园访胜图"，参以袁起《图说》可得其梗概。

随园，直至咸丰三年(1853年)以后，因战乱毁废。"今(指民国年间)旧迹荡然，仅有清袁随园先生墓碑，当乾河沿南山坡上，袁子才先生祠，破椽一楹，当乾河沿北；今又筑为马路，随园旧迹，扫地尽矣。"[38]

据袁起《随园图说》的开头云："《随园图》成，友人互传观，会游斯园者，探纸上之亭台，证鸿泥之往迹，不禁感慨系之，而未尝至园者，谓余曰：君因园亡、作图，既跋厥由，更仿辋川，标其名目，山楼水阁，固已详矣；至若经营之巧、景物之感，夺天工、乘地势、极人力，与夫一花一石、宜春宜冬、弃取因材、命名之义，览者终觉茫然，曷再缕析而分疏之，虽山重水复，难穷其妙，而升堂入室，了如指掌，庶免披图仍有迷津之憾耶？乃复为说曰"

"……过红土桥，即随园。柴扉北向，入扉缘短篱、穿修竹、行绿荫中，曲折通门。入大院，四桐偶立。面东屋三楹，管钥全园。屋西沿篱下坡，为入园径。屋右拾级登回廊，北入内室。顺廊而西，一阁，为登陟楼台胜境之始，内藏当代名贤投赠诗，谓之曰诗世界(据袁枚孙祖志《随园琐记》云：先大父有《诗话》立刻，海内投诗者，不可胜记。其佳句之入选者，无论矣，至所投之原稿，日积月累，庋置如山，于是葺是屋以储之，颜之曰诗世界)。由是北折入藤花廊(廊因藤名)，秋藤甚古，根居室内，蟠旋出户而上高架，布阴满庭。循廊登小仓山房(《琐记》云：山房三楹，居北山之巅，面对仓山，为园中主室)，陈方丈大镜三，晶莹澄澈，庭中花鸟树石，写

影镜中，别有天地。……东偏耩室，以玻璃代纸窗，纳花月而拒风露，两壁置宣炉，冬爇炭，温如春，不知霜雪为寒。檐外老桂，凉荫蔽日，顿令三伏忘暑，颜之曰：夏凉冬燠所(《琐记》云：山房之左，有室一区，颜曰：夏凉冬燠所。南窗极宏敞，檐外桂树，薰风徐来。窗下大几，嵌滇南大理石，长几及丈，阔半之……东壁嵌玲珑木架，上置古铜炉百尊……)。登唐梯上曰南楼(《琐记》云：绿晓阁在小仓山房侧，夏凉冬燠所之上，亦曰：南楼。《图说》以绿晓阁与南楼各为一事。)启窗见龙舟山、鸡鸣塔、台城、孝陵诸胜景。山房前悬李阁学集句、沈补萝书楹帖，曰：此地有崇山峻岭，茂林修竹，是能读三坟五典八索九邱。绕大镜后，入北室，曰盘之中，谓隐者之所盘旋也(《金陵园墅志》的随园图记文如此，《历代名园记选注》作：谓盘旋如蜗牛中也)。再北而之西，轩曰古柏奇峰(《琐记》云：古柏得自黄山，《集》所称毁门而进者也。庭前矗立，旁树怪石。俨若峰峦，室中题古柏奇峰四字)，阶下璎珞柏，高不盈五尺，虬曲心空，而皮仅存，苍藓如鳞，上生嫩条翠叶，袅袅迎风，傍一石，玲珑如静女垂鬟，盈盈相向。轩之西，曰金石藏，庋鸡碑、雀篆、钟鼎文字，及璜、琥、尊、垒焉。再折而南，芍药满台，花影压栏，如堆锦绣。园丁锄地，得石刻隶书环香处三字，饶有古趣，遂为室额(《琐记》云：当构室时，锄地得旧砖数方，检取有字四，选三砖以颜其额。)西达小眠斋，丹桂绿蕉，清阴绕榻，华胥一枕，远绝尘嚣(《琐记》云：面东，南楹屈曲而幽远，……为廿三间屋最僻之所，静中佳境也，故堪小眠)。斋侧穿径绕南出，曰水精域，满窗嵌白玻璃，湛然空明，如游玉宇冰壶也。拓镜屏再南出，曰蔚蓝天，皆蓝玻璃，诗所谓'客来笑且惊，都成卢杞面'者，即此处。上登绿晓阁，朝阳初升，万绿齐晓，翠微(亭名在清凉山上)白塔，聚景窗前。下梯东转，曰绿净轩，皆绿玻璃，掩映四山，楼台竹树，秋水长天，一色晕碧(《琐记》云：列屋两间，窗嵌全绿色玻璃，有榻有几，有厨有

架，架上尽列印章图书，四坐生凉，一尘不染，因绿而净，因净愈绿）。出轩北，至曲室，饰以五色玻璃，如云霞散绮，斑斓炫目，乃谓曰：玻璃世界（《琐记》云：为室二重，窗嵌西洋五色玻璃，光怪陆离，目迷心醉）。毗连东轩，曰嶙山红雪，皆紫玻璃。廊外西府海棠二株，花时恍如天孙云锦，挂向窗前（《琐记》云：屋如舟式，窗嵌全红色玻璃，南檐外垂梅棠二株，当春着花，灿若云锦）。（案：西府海棠与垂丝海棠并非同种，不知孰是）。自轩而北，为书仓，藏书万卷，手加丹黄［《琐记》云：（书仓）随园藏书三十万卷处也。为室三楹。南槛迎风，东、西、北三面皆环列厨架，缥带纷纭，芸香馥郁］。出仓而东，仍至小仓山房。由庭东侧穿复道下，曰南台，高逾百尺，当园之中，俯临群境，延纳众景。台上银杏大四十余围。园内有银杏三，皆千余年物，而此树最高，翠干拂天，清阴匝地，筑室其下，取申屠蟠故事，撰额曰：因树为屋。自是东下坡入园，凡书室外，皆有回廊环抱。出小眠斋西行，长廊十丈，汇集同时名公、巨卿、骚人、女史、开士、羽客诗翰于此，号曰诗城（《琐记》云：廊壁尽糊投赠题壁之诗，不下数千万首，上更凿石刻诗城二字）。去西数十弓，山椒构亭，曰香雪海，绕以梅花百余株，疏影横坡，寒香成海，不啻罗浮、邓尉间也（《历代名园记选注》作七百余株；《琐记》云：诗城之下，种梅五百本，山巅筑亭，颜曰：小香雪海）。迨此而北麓之胜已毕。"

"回向东，由水精域一带廊外，迤逦至嶙山红雪外下坡，达第三层阁，面南山如翠屏，乔木千章，琅玕万个，俯瞰山下游人如行画中，乃以渊明句为额，曰悠然见南山。阁后下复道，南至第二层阁，曰需雅阁。西下回廊至小栖霞阁，东上坡至诗世界，下坡即南台（《琐记》云：有楼三层，面山而结，凭栏一望，全园在目。又云：楼之二层，题曰：南轩，中藏《小仓山房全集》之版，平时扃闭。按：《琐记》不载需雅阁，据《图说》语意，楼为三层，第三层为悠然见南山，第二层为需雅阁，其下层，当为判花轩。凡此

三层，上下不自相通，各有复道出入）。由台东出回廊，且折且下，玉兰、海榴，环列于右，万石鳞缀，杂植牡丹、兰、蕙、朱樱、红蕉、拱抱于左。廊腰构亭，曰群玉山头（《琐记》云：南台之左，回廊如折叠式，迤逦而下，中构小亭，曰：群玉山头）。下是随廊再折再下而东，万柳阴中，深藏水榭，曰柳谷。后枕牡丹岩，前凭菡萏池，水面豁然而开，天宇朗照，螺峰扫黛，丝柳垂金，浸影于鸭绿波中，时有鸳鸯翡翠，往来游戏，沉李浮瓜，最宜消夏，无复知有襜襕红尘者。楹联云：不作公卿、非无福命都缘懒；难成仙佛、为读诗书又恋花，良有以也（《琐记》云：垂柳之中，有轩三楹，背山临流，极称轩爽。山上遍种牡丹，花时如一座锦绣屏风，天然照耀。夜则插烛千万枚，以供赏玩，花下排日延宾，通宵宴客，殆无虚晷）。（襜襕，夏日出行所戴遮阳的笠帽等。）西出回廊，修篁一林，隐石峰七，瘦削离奇，迎人而立，曰竹请客（《琐记》云：柳谷旁有篱，圈竹一丛，中有奇石七峰，取竹林七贤之意，亦曰：竹请客）。南出圆篱门，登池心桥，亭曰双湖，两水如镜，左右夹亭，柳浪荷风，清心濯魄（《琐记》云：湖上有桥，桥上有亭，颜曰：双湖。桥之西为里湖，种红芙蕖，东为外湖，植白菡萏；水面风来，天心月到，可以放艇，可以垂纶）。下亭，垆土甃长堤，间植桃柳，蜿蜒仿西泠里、外湖，目之曰：桃花堤。池水自西山来，下通北门桥，绕秦淮出西水关赴长江，长流不断。附堤建闸，使清波洄洑，不放落红轻到尘市，曰：回波闸。过闸不数武，双亭并峙，曰鸳鸯亭（《琐记》云：沿堤而南，于山凹水曲处建两亭相为连属，如叠双方胜式，号曰：鸳鸯亭）。登亭仰望对山楼台中人，恍若仙人凌空游戏于蓬莱阆苑焉。出亭而再之西，跨堤杠石桥，风清月朗，老鹤立桥上，昂颈长鸣，游鱼跳浪，跋刺相应，天机活泼，皆成诗境，名曰渡鹤桥（《琐记》云：长堤横亘于湖中，两旁间以桃柳，迤逦不断，堤半有桥，名曰：渡鹤，盖石梁也）。下桥顺堤南行，过吊桥，登南山，羊肠径曲，竹木交荫，中

一笠红亭，曰半山亭(《琐记》云：山半结亭，以棕代瓦)。游览至此，宜小憩焉。亭西陟重岗，古柏六株，互蟠成偃盖，因之缚茅，曰：柏亭(《琐记》作六松亭，云：结松为亭，其数六株，天然成就，不假人力)。出亭，度涛声翠影，崎岖而上，跻高峰，筑室于颠，曰：山上草堂，翛然林木，有濠濮间趣。其上曰：天风阁，登阁四顾，则长干塔、雨花台、莫愁湖、冶城、钟阜、虎踞龙蟠，六朝胜景，星罗棋布于窗前，遥望三山、白鹭洲，江光帆影，映带斜阳，历历如绘，非山之所有者，皆山之所有也，至是则南山之迹已穷。乃复转武下山，重过吊桥，向北，堤行至水西亭。夕照涂黄，波光泛碧，垂竿于万藕花中，香风熨袂，鸟语留人(《琐记》云：水西亭亦名垂虹亭，在湖之西，形如巨艇，周以红栏，万竿修竹，两岸芙蓉，西山之水，皆由此趋入于湖)。出亭再北，渡平桥，穿丛林，磬折而入石洞，曰：神清之洞。穿洞东出，楸、桂回合，奠堂于中央，曰小栖霞，宦窔幽寂，可琴、可棋、可觞咏、可茗话，后临深潭，潜流湛爽，四时不涸，曰：澄碧泉。上有五鬣松，夭矫拏空，乃六朝故物。沿潭怪石，如人、如兽、如卧、如立，嶙岈万状。石隙杂莳兰、蕙、海棠、玉簪各卉，满山种木芙蓉，花放如锦屏风，号曰：芙蓉屏。堂侧，登回廊，上达二层阁。出堂绕篱东行，曰：判花轩，曰暖南夤，芦帘深护，为冬日藏花所(《琐记》云：判花轩在三层楼下，面临牡丹台，此额最久，盖前主人设茶肆时，即有此名，先大父既扩其园，而仍其旧焉)。由轩过南台下，再缘竹篱，东上回廊，仍达群玉山头。廊尽，上山坡，而园中之景毕。”

“园东南隅竹树中，露永庆寺浮屠，倚廊相对，每逢上灯，万盏琉璃装成一支火树，恍在园中，为园亭罕有之景。西南百步外，柏翠松苍处，为先太史佳城，登楼在望，时时得除茂草，灌宰树，审谛其墓石(注：袁枚中进士后，选翰林院庶吉士，故称太史。佳城谓坟墓。宰树指坟上木)。园外不筑墙垣，而从无穿窬之患。就山起楼台，常易敧颓。附园有水田菜畦百亩，足供春秋祭扫及岁修洒涓之资。”

翠微亭

麟庆《鸿雪因缘图记》“翠微问月”条：“翠微亭在清凉山顶。山在金陵城内西北隅、高踞石头，下临大江，上有寺曰清凉，建于吴，宋改广惠，其东有楼曰扫叶，西有阁曰江天一线，巅则亭也，南唐时建。旧藏有董羽画龙、李后主八分书、李霄逵草书，称三绝。余于抵金陵日，先登此亭。见三山峙于西南，秦淮中亘，东南一塔，金轮耸出云表，雄丽冠浮图，城内广衢修巷，甃石如辫，江潮通城，舲艎便利，市廛辐辏，空无游尘；城外则长江自西而东，沙洲绵渺，帆影出没烟树中，隐隐如画，令人萧然意近。寻入寺访问，古迹已不可得。……”。

寓园

“在小仓山麓，钱塘袁香亭树居金陵所拓者，有卧雪堂、归云坞、百醉亭、半亭、端居阁、小喰轩、羡香书塾诸处。”[39]

盋山园

在龙蟠里，安化陶文毅澍所筑也(易盋为博)。园兼惜阴书院、四松庵处，金陵印心石屋在其中(有御书石刻)。倚山麓为石台，冠屋于上，山巅有亭曰听秋，魁松桧而立，陶公所谓金陵山水，盘互映带，俨如图画者，亭实有焉。今仅余惜阴书院，为江苏省立图书馆。[39]《金陵古迹图考》则称：“今惜阴书院为国学图书馆，南京藏书最富之所也”，当是民国年间事。

据马沅《盋山园记》云：“盋山小园，旧以梅著名，岁久荒圮。嘉庆癸酉(嘉庆十八年，1813年)余友陶君子静招余读书其中。宿莽具薙，芳华载馨，相厥土宜，杂莳他树。”接着描述园中植物之景如下：“遂乃缭垣以竹，界道以阑。阑左老梅映带丛桂，中间高柳扶疏。其阴，蔷薇、珠藤，匝篱缘壁，来禽若榴，纵横散步。其右，多石少土，不容大树，略补疏梅，悉种垂柳。春烟甫生，庭户如隐，秋风既流，澄江隔叶。柳外高阁，西南其户。阁后小屋，环以丛蕉，绿荫蔽空，盛暑不入，六月息羽，此为乐国。前有草堂，挟其两腋，披以芍药，又有双柳，拂垣而出，垂于堂角。柳中夭桃，朱绿相倚，上临高台，下荫修竹，占地半弓，阴晴万忘。"造景以梅为主，正如记中所云："陶子分梅余壤，植柳特多，其他花树，但作点缀。"[39]

余霞阁

"余霞阁在盋山西麓，江宁陶涣悦、济慎兄弟读书别墅。有古松四株，天矫腾挐。胡晚晴以四松庵表其门阁，姚惜抱书额。稍下，深柳读书堂，乃陶文毅所增建者。"[39]

管同《余霞阁记》的开头，点明盋山之胜曰："府之胜萃于城西，由四望矶而稍南，冈陵然而复起，俗名曰盋山。盋山者江山环翼之区也。而朱氏始居之，无轩亭可憩息。山之侧有庵，曰四松，其后有栋宇，极幽，其前有古木丛篁极茂翳，憩息之佳所也。而其境止于山椒，又不得登涉而见江山之美。吾乡陶君叔侄兄弟率好学，乐山楼，厌家宅之喧阗也，购是地而改筑之，以为闲暇读书之所。"这一段叙述为何在此筑园之由。"由庵之后，造曲径以登，径止为平台。由台而上，建阁三楹，殿以书室。室之后则仍为平台而加高焉。由之可以登四望。桐城姚郎中为命名，曰余霞之阁。盋山与四松，各擅一美而不可兼并，自余霞之阁成而登涉憩息者始两得而溃憾焉。"据姚鼐《余霞阁记》，更言及阁筑于嘉庆十八年（1813年）冬。"江宁城西四松庵，僧弥朗居也。庵后有山，有轩南向，本民居，众买其地归于庵。方葆岩尚书尝邀余登之，喜其崇敞而惜其荒秽也。嘉庆十八年冬，陶熙卿暨其从子子静，乃出财饬其敝坏，种卉木，治石磴，作室为陶氏读书之所。又于轩后为阁一间，西向临江，尽收江南北之山于楹内，观于夕阳时尤宜。俾余名之，乃取谢朓诗语以表其美，且著阁所由始焉。"[39]

深柳读书堂

"在龙蟠里，上元顾石公训寻云拓而居之。用陶公旧名堂，面乌龙潭，高柳短垣，不出户庭，山水皆所有矣。""堂之胜，大抵如此。"[39]

薛庐

"在龙幡里，全椒薛桑根太守时雨，主江宁尊经讲习时所筑者。"自清朝同治以后，有多人撰《薛庐记》。汪士铎《薛庐记》、《薛庐第二记》云及："薛慰农先生以名进士官两浙，引疾归，主讲吾郡尊经、惜阴两书院。郡人爱而敬之，不能舍先生，乃构数椽于乌龙潭侧，以常羊其间，岚影波馨，淡人尘虑，不减石楼八节滩也。"《薛庐第二记》亦云："昔游浙水，今住秣陵，讲堂一开，簦笈四集，白驹苗蕡，维絷殷拳，夏宅清凉，小筑数堵，先生睠之，以为讲舍。"谭献《薛庐记》也谈及："全椒薛先生，家世儒者，教授乡里……尝设教于杭州西湖之上，……而群弟子以先生容也，乃结屋湖滨，表游息之迹，氏之薛庐，先生大布之衣，邛竹之杖，徜徉其间。……同治八年（1869年），先生去杭州，设教于石城山下……先生大年六十有三，……群弟子以先生少长是也，乃结屋小西湖，表游息之迹，氏之薛庐。……于是千里而外，遥遥两薛庐，润色山川，增成故实，献皆得观厥成。"袁昶《薛庐记》也同样提到："桑根先生有惠政于杭。既解郡符，去杭之日，士民歌咏不忘，卜筑湖上，榜曰薛庐，以志去思。所谓以水溉石犹可泐，以水溉民，不可泐者也。晚主秣陵讲院者岁一周矣，乃发兴霞表，轶情飞遯，遂命番畣锸、缚竹数椽，门下士助成之。"又刘寿曾《薛庐记》，将白香山晚年与薛桑根晚年相比拟："昔白香山年四十四为江州司马，筑草堂于香炉峰下。居草堂未二年即守忠州，未几内召……年五十一出守杭州，又二年分司东都，卜宅履道里，其明年守苏州，又二年内召，……至太和二年（828年）年五十七，再以太子宾客分司东都，定居履道里，赋池上诗，自是居洛中不复出。……吾师桑根先生以名进士官两浙，年四十六由邑令擢知杭州，……年四十八即移疾去官……主讲十杭之崇文书院……为营薛庐于西湖风味寺……以讲席居杭州者三年。以有乡关之思，飘然东归，领江宁尊经书院。

……先生居江宁者又十年，喜其风上，筑屋于盋山，门弟子更醵钱如役，如杭州凤林寺故事，亦颜曰薛庐。亭馆清旷，花树繁殖，先生顾而乐之，谓寿曾曰：此吾之池上矣。"又，王廷训《金陵薛庐图记》，图不传，其记复识杭州与江宁之薛庐来由，并提到湖舫会课一节："……师遂援病乞退。时崇文虚讲席，继抚马端敏公聘主之崇文，故在西湖之麓，波光恋影，缭匝垣宇。先是明巡盐御史蒋公课士其地，遇发题之日，命舟十数，置茶鼎酒铛其中，与诸生分居之，轻篷软桨，往来于六桥三竺之间，既暮，则鸣钲数声，各纳课卷，师仿行之，谓之湖舫会课。一时东南俊秀半列门墙，先后掇科第者不下数十辈。门下士感念师教，相与筑庐湖上，命曰薛庐。流水当门，梅花绕屋，师或策杖过之，以为不减香雪海也。居二年，移席江宁，主讲尊经、惜阴两书院。……今年夏，在院诸君以师念西湖不忘，遂各醵金筑庐于乌龙潭。……潭本称小西湖，同人筑庐于斯，盖欲师之居江，一如居浙耳。……"

以上诸记，只叙筑庐来由，不及其园。睹顾云：《薛庐记》，乃得其详。"薛庐在盋山，光绪六年(1880年)桑根先生门下士为先生筑之，以俪西湖薛庐(先生挂冠后主杭州讲席，其人士为筑)，先生扩之，为别墅者也。门对盋山麓，入之修竹被径，植杂卉其下。历一室，有门题曰西岩招隐，入之曰永今堂，轩楹靓旷，阶梅花时，四座为馨逸。堂后曰冬荣春妍之室。室西隅，构木方丈，雕鬃之，笼以纱，先生石刻小像在焉。东隅有门，入之曰双登瀛堂，冠以楼曰仰山堂。之东曰吴甄书屋，此先生别构之者(其门榜曰全椒薛氏试馆)。冬荣春妍室后，有石介然立笋，削如危峰，幽草环苏，与庭蕉竞绿。依石海棠一，花时香色俱酣，如赤城霞起。又入曰瘪园(用茅氏旧名)，界竹篱为径，篱下植莴萝，旁行斜上，所在延缘，当其既花，如千万散金星缀碧纱幛。直篱之中，编竹门如月，倒栽槐一，亭亭如张盖，四时之卉翳焉。入月门，木芍药尤盛，……拾级上曰有叟堂(用旧名)，堂

东室一，轩其前，曰夕好。直夕好轩有鬶门，题曰山光潭影。堂西室一，界其中，前题曰抱膝，后曰半潭秋水一房山。又西曰蛰斋，室小而幽，庋四部书为屏障，榻于其间，热名香，啜苦茗，先生蠲尘梦所也。斋后曰美树轩，堂枕乌龙潭，隔潭蛇山几焉。琉璃轩窗之山水佳胜，莫不介柳色苹香来晤坐客。外甃雨花石子为堤，纳潭水其中，俾朱鱼宅焉，曰半壁池桥。堤之西，偏榜曰作濠濮间想。其阴曰杏花湾，有海鹤二，循堤雅步，自饶尘外姿。过桥曰芳草间门，美树轩垣门也。垣外有水如塍，隔水榜曰作两家春，则比邻所宅。东偏栅堤为门，榜曰山光照槛。水绕廊堤，植以阑而疏笼卉木于内。立蛇山麓，回望堤柳，绕潭外围，如巨绿环无端，中抱红阑，杂花间之，如彩虹半偃其身，而宛在之亭，巍立相辉映。状景者辄曰图画，此岂图画能写耶？堤舣画船一，题曰薛舫。时一放棹，容与沈潭邈然，与烟波俱远矣。"[39]

上文中提到的美树轩，有左宗棠《美树轩记》，提及："张鲁生星使自日本归，寄我美利加国蔬树种子。有树种名明石屋树者(注：树种名待查)，才盈咫耳，余以贻慰农山长。山长种之龙蟠里，未期年而已壮如儿臂，高出檐上矣，因颜其树旁小斋曰美树轩，索余作榜书并志之。"[39]

(三) 城内东南隅

城东诸园，大半荒废或无存，或今已改变，兹就《游金陵诸园记》、《金陵园墅志》等记志可考者，列举于下：

东园

"东园者，一曰太傅园，高皇帝(指朱元璋)所赐也"。地近聚宝门(今中华门)。故魏国庄靖公僃爱其少子锦衣指挥天赐，悉橐而授之(案：徐达长子辉祖曾孙僃，袭封魏国公，正德十二年卒，谥庄靖，赠太傅，故是时称太傅园)。时庄靖之孙鹏举甫袭爵而弱，天赐从假兹园，盛为之料理，其壮丽遂为诸园甲。锦衣自署，号曰：东园，志不归也(谓徐天赐从袭封魏

国公的长侄鹏举手里，夺取太傅园，盛为料理，改名东园），竟以授其子指挥缵勋（六锦衣）。[35]

初入门，杂植榆、柳，余皆麦垅，芜不治。逾二百武，复入一门，转而右，华堂三楹，颇轩敞，而不甚高，榜曰：心远。前为月台数峰，古树冠之。堂后枕小池，与小蓬莱对。山址激滟，没于池中，有峰峦洞壑亭榭之属，具体而微。两柏异干合杪，下可出入，曰：柏门。竹树峭蒨，于荫宜，余无奇者。已从左方窦朱板垣而进，堂五楹，榜曰：一鉴，前枕大池，中三楹，可布十席；余两楹以憩从者。出左楹，则丹桥迤逦，凡五、六折，上皆平整，于小饮宜。桥尽有亭翼然，甚整洁，宛宛水中央，正与一鉴堂面。其背、一水之外，皆平畴老树，树尽而万雉层出。右水尽、得石砌危楼，缥缈翚飞云霄，盖缵勋所新构也。画船载酒，由左溪达于横塘（在秦淮河南岸），则穷。园之衡袤几半里，时时得佳水。长辈云：武庙（明武宗朱厚照）狩于金陵（正德十四年即1519年冬至南京，留住至十五年闰八月回北京），尝于此设钓，乐之，移日不返，即此亭也。或云：钓地在心远堂后。[37]

《金陵古迹图考》中称此园为"东花园，在苑家桥，今白鹭洲，徐锦衣之东园也。"又云："东园壮丽为诸园冠，有园丁苑姓居桥旁，故桥以苑名矣。今园已泯，仅余茶肆草亭，今（指民国年间）改名白鹭洲公园。"[38]

茉莉园

"东园主所分也，蔬圃菜畦，地颇幽僻。金陵俗：中秋月夜，妇女有摸秋之戏，以得瓜豆为宜男，常往是间也。"[39]

四锦衣东园

"尽大功坊之东，为东园公之第二子继勋宅，今所称四锦衣者也（按：东门公指徐天赐。天赐占鹏举所继承之太傅园而有之，改名东园，王世贞遂以东园公称之）。……主人为东园公爱子，所授西园，为诸邸冠，顾以远，不时至。益治其宅左隙地为园，尽损

其帑，凡十年而成，顾以病足，多谢客，客亦无从迹之。己丑春（万历十七年，1589年）忽要余游焉。"[37]

"入门，折而东南向，有堂甚丽，前为月榭。堂后一室，垂朱帘，左右小庭，耳室翼之。折而西，得一门，则广除廓落，前亦有月榭，以安数峰，中一峰高可比到公石（按《南史·到溉传》云：'到溉有奇僵石，长一丈六尺，……输至华林园，都下纵观，称为到公石'）。而嵌空玲珑，莫可名状，云故吴郡物也。……北有危楼，其趾已可三尺，凡二十余级而登。前眺则报恩寺塔，当窗而耸，得日而金光漾目，大司冠陆公绝叫而以为奇。启北则峰峦环列。下稍进，则华轩三楹，北向以承诸山。蹑石级而上，登顿委伏，行余窈窕，上若蹑空而下若沉渊者不知其几。亭轩以十数，皆整丽明洁，向背得所，桥梁称之。所尤惊绝者，石洞凡三转，窈冥沈深，不可窥揣，虽盛昼亦张角灯导之乃成武。罅处煌煌，仅若明星数点。吾游真山洞多矣，未有大腧胜之者。水洞则清流泠泠，旁穿绕一亭，莹澈见底。朱鳞数百头，以饼饵投之，骈聚跃唼，波光溶溶，若冶金之露铓颖。兹山周幅不过五十丈，而举足殆里许，乃知维摩文室容大千世界，不妄也。"[37]

市隐园

"市隐园者，鸿胪姚元白所创。姚君与故顾尚书璘、许太常毂、邢侍讲一凤、余洗马孟麟游，诸贤之诗，称之不置。"[37]《金陵园墅志》则称"市隐园在油坊巷，江宁姚元白典客渼（浙）园。……渼园居侍养，闻与顾东桥、顾清甫等为友。冯维敏拟名仕隐。其子之裔增建海月楼于中。"[39]《金陵古迹图考》所载与上文同，接云："（元白）孙履素拓南面而大之，以北半归何侍御淳之，命曰足园"（足园详下节）。

市隐园之景，《游金陵诸园记》云："入堂后一轩，虽小，颇整洁，庭背奇树古木称是。转而东，一轩颇敞。出门穿委巷百余武始得园。叩北扉而入，茅亭南向，伛偻犹妨帻。其左小山，以竹藩之，不可登。前为大池，纵横可七、八亩。其右有平桥，狭仅

容足，蜒蜒而前。桥尽得平屋五楹，所谓中林堂者也。池前亭台桥馆之属略矣。堂后一轩枕池，曰鹅群阁，半敞矣。时久旱得雨，坐阁中雨声琅琅，已而平波尽鳞，蹙风欲立，遥望所谓小山者，黑云幕幕，殆若泼墨，意颇洒然。"[37]

《金陵园墅志》市隐园条目，仅述及景名，但较《游金陵诸园记》中所述为多，云"有玉林、茶泉、中林堂、思元室、春雨畦、观生处、容与台、鹅群阁、洗砚矶、柳浪堤、秋影亭、浮玉桥、芙蓉馆、鹤径、萃止居、借眠庵诸处。"[39]

足园

《金陵园墅志》载："足园，在油坊巷，江宁何仲雅侍御淳之，购市隐园北半拓之，改曰足园。"[39]《金陵古迹图考》增注云："淳之字仲雅，巡按福建有政声。明亡后，龚尚书鼎孳絜顾眉娘寓此，值其初度，张灯谯客，而园名益振。今皆无存(指市隐园与足园)。"

塔影园

"在油坊巷，即市隐园故址。(隋朝)熊编修本园，傍有借影园、龚廓园，诗注云：即江淹宅基也。"[38]

武氏园

"武氏园者，宪副武君之弟，太学某所构也。……从瓦官寺……西南行里许，得武氏园。"[37]据《江宁府志》："武氏园，在南门内小巷，武宪副叔名易者所创。"

"园有轩，四敞，然无所蔽日。其阳为方池，平桥，度之可布十席。桥尽，数丈许为台，有古树崇峰之属，菉竹外护。池延衺不能数十尺，水碧不受尘，时闻瀄瀄声，盖清溪所借流也。其右有精舍，启镯而入，堂序翼然。又西一楼，陈张颇丽，中供吴小仙伟所画吕祖像(殊不称)，闻武君静敛不涉外事而奉佛，时捐囊为施，亦一佳士也。"[37]

丁继之水亭

"秦淮两岸，试馆如林，率筑古榭。傍南岸者以合肥刘氏河厅为冠，盖在丁字帘前遗址左右(对河水

港歧出如丁字形，所谓帘前丁字水也)。或曰即丁继之水亭，复社会文处也。《桃花扇》尝纪其事，常张灯，曰：复社会文，闲人免进。"[38]

长吟阁

《金陵园墅志》长吟阁条载："崐山吴子充扩，自称河岳顽仙，移家南京，筑阁秦淮上，啸咏其中，朱夔声诗有秦淮别派小成湖之句。"[39]《金陵古迹图考》所载亦同，云："在桃叶渡旁，明吴子充筑阁河上，啸咏其中。朱元律诗所谓：秦淮别派小成湖是也。今亦无存。"[38]

随园

这个随园不是袁枚的随园，随园江宁焦茂慈太守润生园。润生乃殿撰竑子。顾文庄诗赠随园，有句云："常忆牛鸣白下城，宋朝宰相此间行。园地当东冶亭左右。"[39]《金陵古迹图考》亦指出："随园，在次南湾，晋汝南王南渡居此，旁即东冶亭，六朝士大夫饯别之所也。明焦太守润生之随园在焉。今无存。"[38]

韩氏园

"在剪子巷，古名周处街，巷内江宁(明)韩襄宇通政国藩园。石山中峰高可二丈，名贤题跋甚众，从徐氏东园购得之。"[39]。今亦无存。

快园

"在箍桶巷，江宁徐子仁茂万霖园。(明)武宗南巡时幸其园，御晚静阁下钓鱼，失足落水中。园内遂筑宸幸堂，浴龙池。今虽废为邱墟，而春水鸭栏，夹以桃柳，人皆呼为小西湖云。"[39]《金陵古迹图考》又云："后园数易主，至清为凌霄所得。"[38]

瞻园

瞻园有二，一是徐中山王达园，在大功坊(今改中华路)，详下。这里指的"瞻园，在武定桥东，江宁秦涧泉学士(清嘉庆时)大士归里所筑者。士人以其官名所居曰大夫第(今改为长乐路)。大士取欧阳永叔：瞻望玉堂，如在天上之意，名曰瞻园。有东山楼，日与子弟吟讽其上。又树柏梓桐椐四本于庭，名

堂曰百子同居之堂。旁有秋声馆。相传园址本明桐城何文端如宠赐第。"[39]

息园

"在淮清桥东(今改为建康路)，上元顾东桥尚书璘园，即江总宅基。有井字楼，载酒、映月、宜晚三亭。而见远楼高三十丈，八窗轩豁，都城内外属之一览。清乾隆时，见远楼犹存。"[39]

（四）城中部

"以淮北及杨吴城濠之南为界。城中第宅相望，官署林立。"[38]

魏公南园

"魏公南园者，当赐第之对街，稍西南，其纵颇薄，而衡其长。入门，朱其栏，以杂卉实之。右循得二门，而堂，凡五楹，颇壮。前为坐月台，有峰石杂卉之属。复右循得一门，更数十武，而堂凡三楹，四周皆廊，廊后一楼，更薄，而皆高靓瑰丽，朱甍画栋，绮疏雕题相接。堂之阳，为广除，前汇一池，池三方皆垒石，中蓄朱鱼百许头，有长至二尺者，附栏而食之，悉聚若馈锦。从右方十余折而上，得亭楼一，……从左逶迤而下，甲馆、修亭、复阁、累榭，与奇石怪树，绣错牙互。左折而下，……治轩三楹，其丽殊甚而枕水，西南二方，峰峦百叠，蛇攫独饮，得月助之，顷刻变幻，势态皆殊。"[37]

魏公西圃

"魏国第中西圃，盖出中门之外，西穿二门，复得南向一门而入，有堂翼然，又复为堂，堂后复为门，而圃见。右折而上，逶迤曲折，叠磴危峦，古木奇卉，使人足无余力，而目恒有余观。下亦有曲池幽沼，微以艰水，故不能胜石耳！锦衣云：当中山王赐第时，仅为织室马厩之属，日久不治，转为瓦砾场。太保公(中山王徐达七世孙鹏举，嘉靖四年加太子太保)始除去之，征石于洞庭、武康、玉山；征材于蜀；征卉木于吴会，而后有此。至后一堂，极宏丽，前叠石为山，高可以俯群岭。顶有亭，尤丽，曰：此则今

嗣公(维志)之所创也。所植梅、桃、海棠之类甚多，闻春时，烂熳若百丈宫锦幄也。"[37]

徐九宅园

"徐九为魏公叔，第与公府，相对而居。入门，厅事颇壮，然北向。从右门折，稍西南，则厅事转而南向，益壮。前有台，峰石皆锦川、武康，牡丹十余种，被焉。右启一门，则厅事更壮而加丽。前为广庭，庭南朱栏映带，俯一池，池三隅皆奇石，中亦有峰峦、松、栝、桃、梅之属。亭馆洞壑，萦错交加丹垩，左右画楼相对，而右独崇，踞石台为三层。时久旱得雨，登楼而饮，则烟雾幂房，忽近忽远，皆有姿态。主人云：右方园尤丽，即鬻于魏公所谓南园者也。"[37]

瞻园

瞻园有二，前已述及，其一为清嘉庆时秦涧泉学士在武定桥东所筑(见前城内东南隅园墅部分)。又其一，即在大功坊之瞻园。据《金陵古迹图考》载："瞻园，徐中山王达园，在大功坊(今改中华路)。园以石胜，有最高峰，极其峭拔。其余石坡，梅花坞，平台，抱石轩，老树斋，翼然亭，竹深处诸胜，皆名实相符，石之下多邃洞，窈曲盘纡，颇称屈折。清改为藩园，悉仍其旧。咸丰中毁，乱后重建，非复前规矣。今为内政部，园大部为某学校所建。"[38] 童寯《江南园林志》则云："瞻园，本明初徐达中山王府西偏小园，在大功坊。清高宗南巡时曾驻跸于此，题曰瞻园，并仿其制于京师西郊长春园内，即如园也。"瞻园昔以石胜，传系宣和遗物。有厅曰静妙堂，前后方池二，有沟可通。咸(丰)同(治)战后，景况全非，湖石且有先后散入邻园近宅者。

据刘叙杰《南京瞻园考》一文称"瞻园之名，在明代以前，尚未见诸金陵文献。明、清以降，南京园林以此命名的，考有二处：一在城南武定桥东，原属清嘉庆时学士秦涧泉，现已不存。……另一在今中华路东之瞻园路，左邻太平天国革命历史博物馆(均指建国后而言)，相传明初属开国元勋魏国公徐达宅。

清初改宅为兵备道署，后为布政司署；太平天国都天京时，一度作东王杨秀清（王府），夏官副丞相赖汉英府第；清末复置官廨；民国以后，部分析为民居，其他仍作官舍，而园皆从属。"[40]

刘叙杰在文中用了"相传明初属开国元勋魏国公徐达宅"一语，由于明朝中叶以前文献中皆未述及大功坊徐府中是否建有园池。据诸记，明魏国公徐达府邸所在大功坊，是"明太祖以魏国勋业非常，于居地左右特建一坊，以旌表之"（明，周晖《金陵琐事》）。明，程省三《上元县志》载："徐太傅宅，在大功坊，左带秦淮，右通古御街。公讳达，开国元勋，洪武初赐第于此。"……据载："徐达府邸所在的大功坊，面积相当可观，位置大约在今中华路（明古御街）以东，夫子庙（明天府学）以西，建康路南至秦淮河北之间，但有明一代对徐氏第宅园林记载不多，而明初时尤少，或与当时法制严峻，以及永乐间徐氏子孙置身之境遇有关。按朱元璋即位后，对官民宅第、舆服、器用制度，颁有多诏令，凡凿池造园、多占民地等，均在禁止之列。（明·顾起元《客座赘语》卷五：'……国初以稽古定制，约饬文武官员家不得多占隙地妨民居住，又不得于宅内穿池养鱼，伤泄地气，故其时大家鲜有为园圃者。即弇州所记诸园，王世贞《游金陵诸园记》大抵皆正（德）、嘉（靖）以来所创也。'）虽功臣勋贵亦不得僭越，违者重惩。因而削官系狱或牵连党祸者，史籍颇不乏人。既而燕王发难，兵燹战乱凡数年，及南定金陵后，对效命惠帝诸臣，非因即戮，连坐甚广。徐达长子辉祖，以拒战及不肯迎降，本在诛收之列，后以父功大及姊为燕王妃得免，然已除爵幽第，无复昔日权势。辉祖殁，子钦一度复爵，旋又被罢。在此政治形势下，徐氏身家悬于一发，无暇顾及其他，当属合乎情理。"[40]

"据王世贞《游金陵诸园记》，……魏国公子孙的园林别业，明中叶时在南京内外已有多处。……其中仍无瞻园之名，但所云魏公第中西圃即徐氏诸园中惟一位于赐第之右者，于王氏诸记中已有较详描

述。"[39]魏国第中西圃记文前文已述及，这里仅再录有关建圃一段如下："……当赐第初，皆织室马厩，日久不治，悉为瓦砾场。太保公始除去之。征石于洞庭、武康、玉山；征材于蜀；征卉木于吴会，而后有此观。后一堂，极宏丽，前叠石为山，高可以俯群岭。顶有亭，尤丽，所植梅、桃、海棠之类甚多，闻春时烂熳，若百丈宫锦幄也。'"上文说明此圃非建于徐达，而是甚久以后的某太保公。按《明史》一百五·功臣世表一所载，徐达子孙官太保仅二人：即七世徐鹏举于嘉靖四年（1525年）封太子太保；十世徐弘基于天启元年（1621年）加太子太保，崇祯十四年（1641年）加太傅。再依王世贞生卒，可知西圃之兴建者，应为徐鹏举，时间则在嘉靖初或中叶。其次所述圃址在府第之西，与宅室仅有三门之隔，且入圃后右折即登山，又多用湖石等，都与后来瞻园情状大致相符，后以瞻园地即原西圃故址之一部，盖亦有所凭据。"[40]

据《游金陵诸园》中魏公西圃，载有"湖石假山、山顶亭与植梅、桃、海棠之类甚多，但未言池沼……。在我国传统园林中，池沼与山石、花木、建筑同为重要组成因素，若园中有一定水面，如今日瞻园南、北二池者，则记载中绝不至于全部阙录。而王世贞游记中所云徐氏园林凡十有一处，仅万水园无水，而魏国第西圃未予载过，良可异也。凡此种种，故疑自始建至清初，园中尚未凿有池沼。"[40]

"永乐北迁后，徐氏在南京的子孙，仍世守其业。除袭爵及钦命奉祀皇陵外，自天顺至崇祯间，六世均为南京守备，领军府事，权势又复显赫。其族居诸第所建园林，在正德、嘉靖时一度达到高潮，乃至明末，方次第圮废或易主，但其中一直未见有魏国西圃改属他姓的记载。估计有明一代，此园因附于国府，故得以保存始终。"[40]

"及入清鼎革，徐氏爵除，原国公府改为衙司，但大功坊之名及邸中园亭仍循其旧。"清·余怀《板桥杂记》云："中山公子徐青君，魏国介弟也。……造园大功坊侧，树石亭台，拟于平泉、金谷，……乙酉（顺治

二年，1645年)鼎革、籍没田产，遂无立锥，……其居地易为兵备道衙门。……"清·于成龙、尹继善《江南通志》卷三十·舆地志·古迹(康熙二十三年，乾隆六年)："瞻园在江宁县大功坊，明魏国公徐达赐第内西偏竹石卉木为金陵园亭之冠。"后来，"乾隆帝二次南巡时，驻跸江宁，曾亲临此园并为之题额(瞻园)，目为一时盛举。后来又奉旨仿其制，建如园(或作茹园)于北京西郊的长春园。以上诸事亦见文献。"[40]

"世传瞻园之名，出于乾隆南巡所赐，根据(刘叙杰)手头资料，情况恐非如此。"[40]在朱彝尊《曝书亭集》卷十九中，录有《题瞻园·旧雨图》诗二首，这是记载瞻园最早的史料。诗中写道："壮年踪迹任西东，老去诸余念渐空，醉地至今犹恋惜，大功坊底小园中。……按朱彝尊生于明崇祯元年(1628年)，卒于清康熙四十八年(1709年)。此诗为康熙二十年(1681年)典试江南，再至江宁时所作，云壮年来游，当在顺治、康熙之交。诗中小园即瞻园，则其名至少在康熙早期已经存在。"[40]

"其次，袁江《瞻园图》也可以给我们若干旁证，其作者袁江系雍正时廷画供奉，生卒时间不详。根据他存世的十余幅作品，署年是康熙三十七年(戊寅，1698年)至雍正二年(甲辰，1724年)来推测，他大概生于康熙初。《瞻园图》未署年月，但从熟练细腻，纤毫不苟的笔法来看，绝非老耄之作。估计成画仍在康熙末至雍正间。""稍晚之文献属《江南通志》，撰于康熙二十三年及乾隆六年，其中有关瞻园的内容已见前述，也是现知最早的正式官方记录。""此外，袁枚的《小仓山房外集》和《随园诗话》中，亦言及少时游瞻园与移园中牡丹事，且均在乾隆二十二年(1757年)二次南巡以前。由此可见，瞻园之名非清(乾隆)帝所加，似已毋庸疑议，其时限至少可上溯康熙之初。"[40]

清初瞻园情景，幸存有"雍正时界画名手袁江所绘之《瞻园图》，是研究清初该园面貌重要材料"(图10-48)。"依图中所绘，园在衙署之西，其间有高墙夹弄相隔。视其占地规模，当较今日之广袤，内有

山、石、池、桥、竹、木、花、草、轩、馆、楼、台、亭、廊之属。其中部亘为以岗丘，分园为东、西二部。东部之北，叠湖石假山，山顶平台上建三开间歇山顶其兽吻之二层楼阁，踞园最高处，登临可以远眺近览，苍山碧山皆在目下。前设小庭，植木数本，旁侧另有房舍小院一区。半山施单檐卷棚敞轩，亦三开间，前蠹虬松，周列峰石，颇饶古趣。附近有六角亭及方亭各一，偃枝俯石，垂丝拂波，左右皆诸矶临水，极富江南舟乡景色。亭下则清池一泓，叠湖石为岸，东侧有小轩面水，以折廊围园墙成小院，中杂置树木石峰。池南驳岸平直，上建月台甚广，甃以方砖，近水处更砌平台一座，统以低矮石栏，可供憩坐。再南有厅堂瑰丽壮伟，面阔三间，匝以回廊，屋顶为单檐歇山附前后卷棚，施脊兽与兽吻。壁面均设落地隔扇，作四面厅形式，视其体量与装修，应为园中主要厅堂，檐下有匾曰：□山□堂，厅旁复有步廊面向两侧。此堂之南为园墙及树木所掩，不甚明晰，由画面观之，似为庭院而非池沼。园东侧院墙上辟门二，南端之门与衙署间联以走廊，门上有额(镌二字，仿佛为'瞻园')。度为入园之主要通道。北端之门差小，亦无廊庑与门额，当属次要入口"[40](以上为园东部)。

"中部山岗多植大树，其地异峰突兀，怪石峥嵘；岩谷洞壑，隐现于山溪曲径之后，茅亭野舍，遮映于老林古木其间，景色层叠综错，深远莫测，颇富山林野趣。"[40]

"西部较平坦，北端亦凿一池，其岸土多石少，适与东区成一对比。池北有湖石峰若干及竹林一区，西南建三开间卷棚歇山厅堂一座，亦四面厅式样，有廊围绕，并直西与园西廊屋相衔接。厅南为广庭，半砌以地砖若月台，半施以花阶铺地，中央置有湖石峰之花坛。院周栽树数株，另罗列盆景若干。南缘有附平台及前廊之硬山房屋一栋。"[40]

"综观此园，东部以池、峰、厅、楼为主，中部倚山林野趣取胜，西部则偏于深庭幽筑，各具所长，

图 10-48 袁江瞻园图图

景色殊异，由此可见当日筹划用心之良苦。"[40]

"与今日(指建国后)瞻园相较，其东部北端之假山与池，东、南两侧之建筑位置均甚相似，月台与中部丘岗亦有踪迹可寻，惟西部已全归湮没，无片瓦寸木可供参考。"[40]

"乾隆以后，园又渐归圮败，据嘉庆十六年(1811年)《江宁府志》所载，明时徐氏诸园大半已废，魏国西圃亦在其列，然此志未称其为瞻园，颇使人费解。据传旧日园中有十八景，至道光庚子(二十三年，1843年)再修时，已不能指其所在。太平天国定都南京后，改藩署为王侯府衙，但对瞻园未有只字记载。继而同治甲子(三年，1864年)天京之役，清军陷城巷战及焚掠殊烈，金陵民房官舍大多玉石俱烬，度此园亦不能幸免。尔后再建为藩署，园复经同治、光绪整修，然其规模已大不逮，且景物多改，无复以山石冠金陵。"[40]

据清李宗羲《江宁布政使署重建记》："江宁布政使之署，在城南大功坊，前明大将军徐中山王之故邸也。堂宇阔深，园沼秀异，在省城推为甲第。……今上同治三年(1864年)，官军既克金陵，……瓦砾遍地，官斯土者，率寓民居，……未遑言营缮也。……又一年(按即同治七年，1868年)，……乃于署之西偏瞻园故址，因其水石之旧，薙莽除秽，扶阤累倾，临池为榭，冠皋以亭，……同治八年(1869年)仲春之月，川东李宗羲书。"

据同治十三年(1874年)撰《上江门县志》卷五·城厢·右东南第九甲："司门口，署本徐中山王故邸，金鳌《金陵待征录》载：瞻园以石胜，有最高峰，最峭拔，友松、述云、长生、凌云、仙人、卷石，亦名称其实。石之下邃谷，集祥、伏虎、仙姑、三猿、明通、垂云诸洞，盘行曲邃，足增幽况。又有石坡、梅花坞、平台、抱石轩、老树斋、北楼、翼然亭、钓台、板桥、稀生亭、竹深处诸胜，乱后重建，非复旧观矣。园内有普生泉，上有石刻，详全面。"同书卷十一·建置、江宁藩司衙署："……又旧制瞻园已圮，今续造花厅三间、垂花门一间、走廊七号、六角亭一座，并

月台、石桥、驳岸，均系藩司梅公捐廉修建。……"

到了光绪年间的记文有光绪六年(1880年)《续纂江宁府志》卷八·名迹中载有："……南行历大功坊(明徐氏宅)，其东折为藩司署、粮道署(皆徐达宅、藩署之瞻园，其小圃也，石洞杳窈，今塞)……"。有黄建笎《瞻园记》，云："瞻园为高宗纯皇帝南巡时，赐藩署以名斋也。考园本前明中山王故邸，相传以石胜。有友松、倚云、倦人诸峰，磐石、伏虎、三猿诸洞，玲珑峭拔、曲邃盘纡，惜毁于兵燹。同治四年乙丑(1865年)，南昌梅少岩制军承宣是邦，重修治焉。石胜嶒嶙，回廊曲折，纵未能尽复旧观，而胜迹犹赖以存(按：李宗羲《江宁布政使署重建记》云系'同治七年，……乃于署之西偏瞻园故址，因其水石之旧，薙莽除秽，扶阤累倾，临池为榭，冠皋以亭……'。此云：同治四年，不知孰是)。光绪二十九年癸卯(1903年)夏，余承乏斯篆，公退余闲，览园已新芜，盖距乙丑又岁四十年矣。今年春，爰捐赀略加修葺，补栽修竹，复其亭曰：绿墅；于西隅山坡辟一草榭，曰：迎翠；深林峭石，四望宜人，观斯园之兴替，慨今昔之各殊，因记而刻诸石。光绪三十年(1904年)，岁次甲辰，夏月，顺德黄建笎拜书。"后二年，又有李佳《瞻园记》云："江宁布政使署，乃有明中山王故邸，西偏小园，额名瞻园，为纯庙南巡驻跸时御园。园中仅以石胜，厅事之楹，前后方池二，竹树无修大者，盖经兵燹荒芜；而官斯土者，又半视为传舍，无人葺治故耳。……光绪三十二年(1906年)，岁次丙午，秋七月，长白李佳继昌。"

"辛亥革命后，衙廨改为江苏省长署，嗣又属内政部及水利委员会等。但园址数经官、民侵削，范围日狭，花木凋零、峰石徙散，虽有几次小葺，均不能制其圮落，两朝名园，遂又沦为败庑荒草。"[40]

抗日战争前，童寯于1937年写成《江南园林志》一书中，在现况篇南京条有瞻园的简志和瞻园平面图(图10-49)。"当时入园亦须经过官署，主要门户在东墙近中处，较袁江图所绘者稍北。园北犹存湖石假

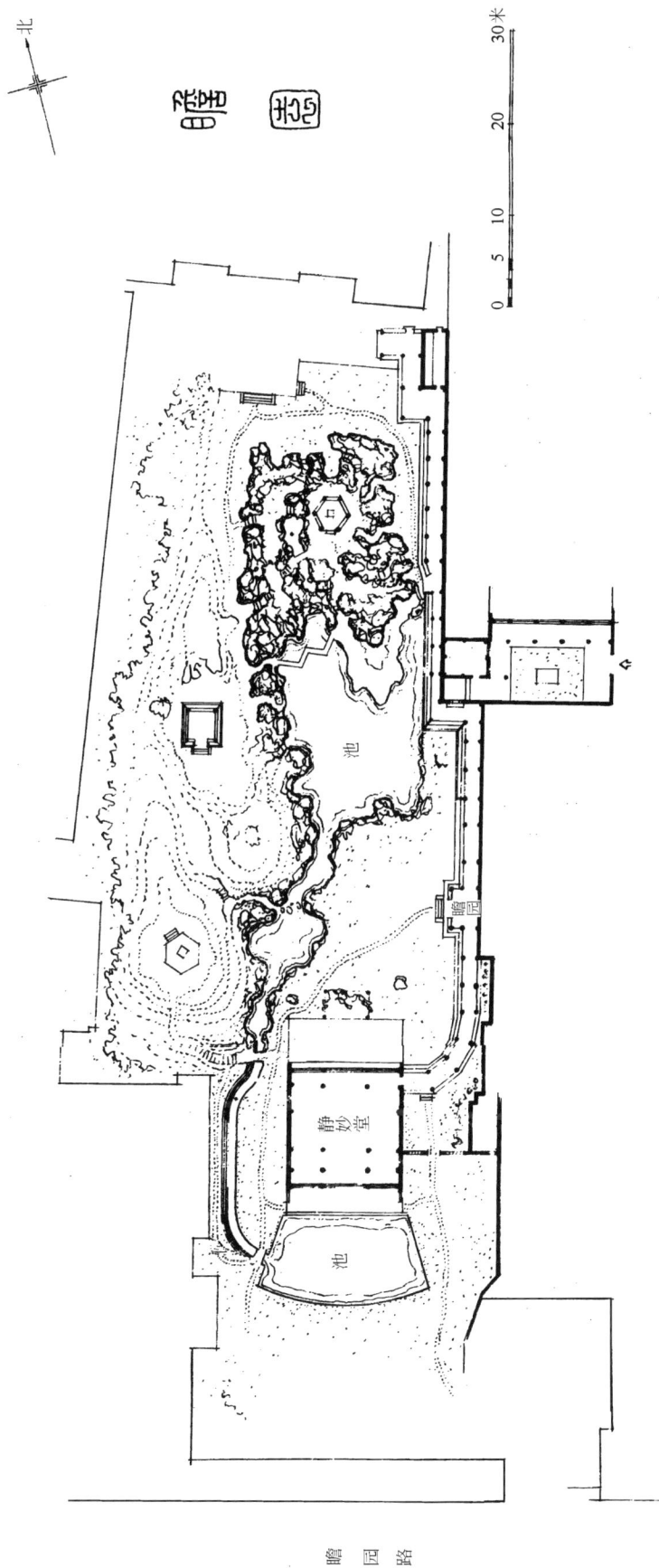

图 10-49　瞻园平面图

山一区，然规模似不及过去描述之宏伟，且洞壑均已湮没，山巅惟建六角亭一座。山下有池，曲岸皆湖石砌，犹存若干旧日风貌，但西北角凌波之三折石桥，与西南隔通南池之蜿蜒小溪，即为老园所未有。静妙堂在南端，形体居园中建筑之冠，前有轩廊临南池，池呈扇面形，拘谨而少变化，堂北有小月台接北池南之草池。园东依墙建长廊，平易强直。园西为陂陀土阜，其上丛植杂树，有六角亭及方亭各一点缀其间。依文献及现状观之，以上格局，为清末至建国前者，数十年未有大改。"[40]

"建国后，人民政府重视古迹保护，瞻园因具有相当的历史与文化价值，故被列入省级文物保护单位。"[40] "1958年开始进行了一些维修工作，市委曾就此作过一系列指示：不但要将诸园妥善保护，且要起坠兴废、供人民游览娱乐；还要为接待国际友人提供一个适当场所，以利宣传我国传统的文化艺术，进行文化交流。1960年委托南京工学院建筑系刘敦桢教授率南京工学院建筑系、建筑科学研究院合办建筑理论及历史研究室的部分成员负责对该园进行全面的规划设计和整建工作。至1966年建成目前的规模，规划中没有实现的部分，还有待以后继续完成。"[41]

"瞻园虽历经沧桑，但仍保留了一部分明清的山、池、建筑规模，具有一定的古典园林的基础，这为该园的建筑提供了必需的物质条件；同时在设计和修建过程中，充分运用了苏州古典园林的研究成果，推陈出新，使新整建的瞻园不但较好地继承与发扬了我国园林艺术的优秀传统，并在某些方面对造园艺术有新的发展。"[41]

叶菊华《南京瞻园》一文对建园特点、艺术价值作了系统的论述，分布局、山石、理水、建筑、植物配置五部分，这里仅介绍布局的部分。"整建前瞻园的布局以假山为主，水面为辅，建筑点缀其间。全园南北长，东西窄，景区主要向纵深展开。大厅静妙堂为主体建筑，将园划为南北二大景区，此堂既是游览者活动的中心，也是全园的主要观赏点。堂北过一

草坪，隔水池以北假山为对景；堂南接水榭为一扇形水池。……因历史的变迁，园主几经更替，全园只存留原有的山、池、建筑外，灵活运用我国传统的造园理论和手法，对该园进行了旨在起坠兴废的规划和设计。"[41]

整修规划设计的主要内容："首先为改变静妙堂南面的残缺、荒芜景象，修建了一组较为封闭的入口庭院，使游者入园不致一览无余，变原规整式水池为大小二池，二池间以步石相隔，似分非分；并新堆湖石假山一座（下文中称南假山），与静妙堂隔水相望。其次将园东走向僵直的亭廊全部拆除，改建为富于变化的曲廊，从而为堂北过于开敞的古景区，增加若干小景区，以达到小中见大的艺术效果。另外，北假山原体量不够高大，且遮不住山后园外的高楼，因此在山顶平台上加叠一石屏，为避其孤单，又在园东北角新堆一座峭壁山，作为烘托，于绝壁下新挖一水池，与北假山前水池相连通。通过上述处理，使北景区宛然为一片山水重重的自然景色。"[41]

"由于该园面积较小，远不能满足广大群众的游览需要。徐氏旧园，也远非目前仅存面积。因此于1965年对该园进行了扩建规划设计。其扩建内容是：在园东部建一组建筑群和亭廊、草坪及水院。建筑群是为了接待宾客；亭廊和水院可增加全园的欣赏内容和景区画面，后因'文化大革命'开始，规划扩建部分暂时未能付诸实施。"[41]

缘园

"在大王府巷徐中山王园址。上元邢花农、茂才、崐购而拓之，有亭高耸，登之则冶城山色如在衣襟带间。其余又有梅花涧、通幽阁、花雨楼、石浪径、碑廊、岸舟、环碧轩、蓉叶巢诸处。一曰邢园。其诗注云：池中旧有铁塔寺塔影。"[39]

半亩园

"在金沙井，江宁杨竹村观察筠园，饶山石之胜，有合欢花二株，与石峰高出层檐。"[38]

继园

"在督院西街（今改为园府西街），上元李纫秋所

筑也。初，纫秋父南康太守欲就家为园，未果，纫秋兄弟乃继为之园。有芳霭轩、窥园堂、通幽境、挹翠亭、达观楼、屏山阁、绿净居、画舫斋、霏香亭、观鱼堂诸胜，越二年乃成，乞管异之名园，异之善其继志，遂名之曰继园云。"

西园

据童寯《江南园林志》称，"煦园，即清两江督署之西园，本明初黔宁王沐英宅第，一度为太平王府。"《金陵古迹图考》："西园在国府参谋本部，有石舫，系太平天国遗迹，更有水榭、漪澜阁、夕佳楼诸胜，山石点缀颇佳。"[38]

商园、楝亭

"商园临入府塘，为清江宁织造府旧园，所余山池无几。有楝亭，传为曹雪芹写红楼梦处"（童寯《江南园林志》）。《金陵古迹图考》载："楝亭，正八府塘，旧江宁织造署也（今为国货展览会）。清雍正时，曹寅在署筑亭课子，树楝其侧，名曰楝亭。或曰：曹雪芹写红楼梦之所也。"

李鸿章宅园

"立法院花园，旧为李鸿章宅园，窗曲深邃，饶山石林泉之胜。"[38]

絜漪园

"在羊皮巷，溧水濮青士太守文暹园。大小塘五，多白菡萏，树干皆果实，后接菜畦，自成村落，游者妄其身在园中也。迨文暹养山东，而园亦易主矣。"[39] 今废。

（五）城东及北部

志记所载园墅较少。

武定侯园（竹园）

"武定侯故园在竹桥西。汉府之后，有土墙横亘里许，其中皆竹，而北其窦，闯而入，乃武定侯之故园也。面东一轩，稍入复得一堂，亦面东，又十余武，水亭三楹，临池南向。又数十武，复得一池，其外皆竹，大者如碗，去西可三十丈而杀，南北总五十

丈而赢，东则汗漫无际矣。鸢梢翔空，畏日不下，轻飔徐来，戛玉敲金。三伏之际，不待遇阮公然后把臂入林也。"[37]《金陵古迹图考》称之为"竹园，在竹桥西汉府之后，明武定侯园也。今废，地属毗卢寺。"

竹坡园

"竹坡园在城北隅坡山，上元朱氏佚其名，卜筑高峰，结盟耆旧，仿香山洛社之会。素爱竹，手植万竿，号竹坡，名其园曰竹坡园。暇日焚香鼓琴，为疏篁搴翠之曲。其子江村绘竹坡图，沈麓村序之。"

庸园

"在大悲巷，上元罗叔重上舍鼎亨园，杂植果木，有古方井，水极清澈。今改雍园。"[38]

半野园

"在双龙巷东东仓巷，为诗人刘必晖之孙梦芳所筑。园中有秋水堂，青松白石山房，梅花书屋，积翠轩，因山楼，爱夕亭诸胜，今废。"[38]

晚香庄

"在鸡笼山后，上元蔡友石太仆世松园，后居民多艺菊为业，名晚香庄，擅泉石之胜。"[39]据《金陵古迹图考》称晚香山庄，多一山字："在鸡鸣寺北胥家大塘，蔡友石观察赐为屋舍，名曰晚香山庄。今废，案：顾文庄云：鸡笼山后沿水径而上，萝木蒙翳，初若无有，豁然开朗，别一世间，池数十亩，旁植杨柳，中种荷芰，水田邨舍，仿佛桃源，即此。"[38]

据《金陵园墅志》载，明时城中诸园尚有多处，兹附录斐园、欣欣园二处如下：

斐园

"在孝侯台侧，江宁张幼仁园。幼仁佚其名，善画能诗，尤喜莳花木，每岁酿酒数十瓮。园中偏种罂粟、虞美人、阿蓝、诸葛葛之属。每花开时，晨起取芦荻作数十管，每管剪插时卉数十茎，令童子持至市卖花，市肴馔而归，客至，出家酿，治所市之物以供杯酌，如此者数十年。"[39]

欣欣园

"欣欣园，鹤山冯晋渔中书启蓁主江宁凤池讲席

时所筑之园。后即名其地曰欣欣园街(今改丰富路)。园有绉云峰，樱桃砖舍，古木百余株，皆大合抱，干宵直上。又有缨络松，森森偃盖，尤为世所罕觏云。"[39]

《金陵园墅志》所载清时城中诸园尚有以下多处。

苇园

"苇园在碑亭巷，江宁侯康衢太守学诗园。庭中梅树八月开花，花皆绿萼，故名堂曰八月梅花草堂，旁有环胜阁。"[39]

因寄轩

"因寄轩佚其地，上元管异之孝廉同读书处，先有抱膝轩，在柏川桥侧。"[39]管同写有《因寄轩记》云："予旧以抱膝名轩，且为之记，颇传于人。后数年，迁居于故居之北，又一年移于其西，复辟轩焉，为读书会友之所。轩之所据，一院而二屋。院广四席许，可稍种艺。……屋之所向，一东一西，西窗而东户，风雨寒暑可迁坐而相避也，视前轩(指前之抱膝轩)为稍适矣。予自艺兰数十茎，外弟陈生，惠南阳罂粟，老友仰韩，为植月季、荼蘼、谖草、凤仙之属。春雨既降，群绿尽坼，霏红流香，到我几席，于是予日居之乐甚。"至于轩名之来由，管同曰："吁！自予归江宁，迁居者十矣，居是里也，其迁者三矣。……庸距知是轩之必为久居乎？庸讵知是轩之不为暂居乎？暂屈焉寄也，久居焉亦寄也，知其为寄而寄而乐焉，昔人之所谓因也。会游京师，陈侍御希祖书因寄二字以赠，遂以名轩，而归而记之。"[39]

五亩园

"五亩园孙渊如观察星衍居金陵，旧内有古松五株，一名五松园。有小芍坡，蒹葭亭，留余春馆，廉卉堂，枕流轩，窥园阁，蔬香舍，绿斐茨，晚雪亭，鸥波舫，燠室，啸台诸胜，寻为茶肆。俞陶庵太守合绣春园故址，设凤池书院。后书院移武定桥东，而旧址废矣。"[39]

芥子园

"芥子园在赤石矶，金华李笠翁渔，居金陵时拓

之。园门自题联云：孙楚楼边觞月地，孝侯台畔读书人。"[39]

聚峰园

"聚峰园在小彩霞街，佚其人名。园中有太湖石，头锐旁张，作款款点水之势，名曰飞燕投湖。"[39]

怀齿园

"怀齿园，巡道署园，在奇望街(今改为建康路)与洞神宫毗连。溪光山色之亭，渌波桥，青溪园应得其遗址一二，其岘亭为方坳堂观察昂所建。"[39]姚鼐写有《怀齿堂岘亭记》云："金陵四方皆有山，而其最高而近郭者钟山也。诸官舍悉在钟山西南隅，而率蔽于墙室，虽如布政司署瞻园，最有盛名，而亦不能见钟山焉。巡道署东北隅有废地，昔弃土者聚之成小阜，杂树生焉。观察历城方公一日试登阜，则钟山翼然当其前，乃大喜。稍易治其巅，作小亭，暇则坐其上，寒暑阴霁，山林云物，其状万变，皆为兹亭所有，钟山之胜于兹郭，若独为是亭设也。公乃取见山字合之，名曰岘亭。"[39]

适园

"适园，粮道署园，地即名道署街，老桂数株，花时最佳，其余与怀齿堂略似，今为卫戍司令部。"[39]

琴隐园

"琴隐园在纱帽巷，汤贻汾所筑之园。有十二古琴书屋，琴清月满轩，画梅楼，还我读书斋，吟改斋，延禄山房，商彝周敦汉瓦晋砖之室，鸡鸣长伴读书斋，凌云阁、幽篁里，五十年尚友之斋，默斋、琴台、百步廊、黄花径、梅门藤幄、薜荔柏、戏鸳池、渡鹤桥、鹦鹉冢、凌云峰、十三峰、七贤峰诸胜。旁有狮子窟，背山面水，极幽洁之致。咸丰癸丑(1853年)殉节于园池中，赐谥贞愍。"[39]

张侯府园

"张侯府园在江宁府城东，国初为靖逆侯张勇所建，今为刘观察承书得之。园不甚广，大厅东偏，有赐书楼一座最高，可以望远，万家烟火，俱在目前，

亦胜地也"（钱泳《履园丛话》卷二十）。

（六）城外

杞园

"王贡士杞园在聚宝门外小市西之弄中（或作'在聚宝门之西，可半里，度委巷，转至其处'见《中国历代名园记选注》）。门对大河，河北为帝城。入门，得堂三楹，南向，庭中牡丹数十百本，五色焕烂若云锦，绣球花一本，可千朵。从牡丹之西，窦而得芍药圃，其花三倍于牡丹，大者如盘，裛露迎飔，娇艳百态。茉莉复数百本，建兰十余本，生色蔚渟可爱。傍一池，云有金边白莲花，甚奇。于洛中拟天王院花子园，盖具体而微。"[37]

刘园

"刘园在聚宝门（中华门）外，上元刘舒亭文陶园，一曰又来园，有刘公墩，菡萏居，虚明堂，蒙青阁，拥翠堂，豆花棚，访林桥，罢钓湾，绿尖阁，多竹居，小桃源诸胜。占地无多，而随堤布置，疏落有致。"[39]"今诸景尽废，园墙亦圮，惟疏柳数株，掩映小桥之上，犹有昔日风味也。"[38]

日涉园

日涉园有二：其一"在城南，顾居士铭园，又构北麓草堂，有翠虚亭，驻鹤山房，印玉池以为憩息之所。自号北麓，与顾东桥，陈子野，盛伸衮，姚元白等相友善，家多樽垒彝鼎，珍石奇花以自娱。晚年栖心内典治净室甚精，题曰四松方丈，又自号室幢居士。"[39]其二"在青豀侧，休宁陈仰韩茂才兆骐居金陵所构者，植果树数十株，有轩曰兰，读书其中。"[39]

漆园、桐园、樏园

"在钟山之阳，洪武初造海运及防倭战船，油漆樏缆，用费繁重，乃立三园，植漆、桐、樏树各千万株，以备用而省民供焉。今废，树亦皆尽。"[38]

天阙山房

"在南门外（今改为中华路），即牛首山。江宁朱

海峰郎中润身罢官归所筑别墅，植滇茶名卉其巅，至今名其茶曰海峰茶。"[39]

莫愁湖园

"莫愁湖园者亦徐九别业也。出三山门（一名水西门），不数百步而近，其园左有楼台水阁花榭之属，而以泽水，故多摧塌，主人不暇饬，然其景为最胜，盖其阴即莫愁湖，衡不能半里，而纵十之，隔岸坡陀隐隐然，不甚高而迤逦有致。登楼纵目无所碍。每夕日将堕，山水映幕，宛若李将军金碧图。"[37]

"莫愁湖，在水西门外，相传南齐时卢莫愁居此，故名。莫愁旧有数说，析述于左：

（1）莫愁洛阳说。梁武帝《河中之水》歌云：河中之水向东流，洛阳女儿名莫愁，莫愁十三能织绮，十四采桑南陌头，十五嫁为卢家妇，十六生儿字阿侯，卢家兰室桂为梁，中有郁金苏合香；头上金钗十二行，足下丝履五文章，珊瑚挂镜烂生光，平头奴子擎履箱；人生富贵何所望，恨不早嫁东家王。又《乐府解题》曰：歌和有莫愁洛阳女说，此盖最初之传说也。

（2）莫愁石城女说，《唐书·乐志》云：莫愁乐者，出于石城乐，石城有女子名莫愁，善歌谣石城乐，和中后有忘愁声，因有此歌。《古今乐录》曰：莫愁乐亦云蛮乐，旧舞十六人，梁八人。唐张籍诗云：'莫愁家住石城西，月坠星沉客到迷，一院无人春寂寂，九原何处草萋萋。……'。按张籍和州人，此所谓石城，盖即金陵之石头城。宋乐史《太平寰宇记》从其说，始有莫愁湖之名。

（3）莫愁系竟陵之石城女而非金陵之石城女说，洪迈《容斋随笔》云：莫愁郢州石城人。梅鼎祚曰：金陵莫愁湖以石城误名耳，非误始周（指周美成）也。（周美成《西湖一阕》，专咏金陵，有'莫愁艇子曾系'之语。）又《乐府清商曲》西曲'莫愁乐'云：莫愁在何处，莫愁石城西，艇子打两浆，催送莫愁来，闻欢下扬州，相送楚山头，探手抱腰看，江水断不流。此所谓莫愁，亦指楚之莫愁。马士图：《莫愁湖

志》，亦尝列举是说，谓石城在竟陵，非金陵之石头也。"[38]

"按文学上之传说，本飘忽靡定，如游丝悠扬，浑无定着。"……[38]

"至于莫愁湖之名，始载于宋·乐史《太平寰宇记》，嗣后吟诵者日多，湖名日著。明初筑楼其侧，相传为明祖与徐中山弈棋之所。中山棋胜，明祖以湖输之，遂为徐氏汤沐邑。明社既屋，日就荒凉，及李尧栋出典江宁郡事（乾隆五十八年癸丑，1793年），公余之暇，往来莫愁湖上，辄称为金陵第一名胜。惜其倾颓，捐俸为建郁金堂三楹，又于堂西补筑湖心亭，杂植花柳，以仍其旧。……"[38]

据长白麟庆《鸿雪因缘图记》莫愁寻诗条："莫愁湖在江宁水西门外……临湖有楼三楹，颜曰胜棋，相传明太祖与中山王徐达奕戏以为注，遂输湖为赐庄，至今渔税仍归徐氏。年久楼圮，乾隆时李松云太守葺而新之。余于游山后出城，入华岩寺径澄湖楼，则见荷钱贴水，柳丝织烟，城倚石头，波光明媚。楼上奉中山王，赭袍金冠，英风勃勃；楼下悬莫愁像，云鬓花貌，仙骨珊珊。"这是道光年间湖、楼情况。

"及洪杨兵起，鞠为茂草。金陵既平，曾国藩督两江，以同治十年（1817年）修复莫愁湖胜棋楼，并收买姚姓别墅荒基，点缀亭榭。曾常往来其间，有'江大小阁坐人豪'之句，后又名其阁曰曾公阁，旧有肖像，今移置胜棋楼。此莫愁湖之沿革也。"[38]

胜棋楼

"在莫愁湖东岸，即郁金堂故址。旧属华严庵，今改为莫愁湖公园，入门垂柳依依，一院寂寂，登楼而望，钟山龙蟠，石城虎踞，遥眺江北诸峰，远山横黛，秀出云外。晚景苍茫，尤饶胜景，而湖名莫愁，楼祀中山，六朝金粉，开国元勋，尤令人凭吊不止也。"[38]

以上是按城区的西南、西部、东南、中部、东及北部以及城外分区列述明清金陵园墅，《金陵园墅志》中尚有不少佚其地（地址不详）的园墅记载，这里

仅述明朝二园如下：一仅种扁豆而已；一则以石胜。

豆花园

"佚其地，江宁陈叔嗣元胤家贫，园中仅种扁豆，豆花盛开时起坐其中，烹茗焚香，孤吟不辍，即以豆花名园。"[39] 虽贫，园中仅种扁豆，却能自得其乐。

爱园

"佚其地，江宁俞仲芳茅彦园。有塾廊、湄楼、沤阁、滟亭。芥圃，旁有池，累石为洞。后其孙平子，酒酣豪举，以石赠人，而池水大，极疏旷之致。"[39]

三、镇江园林胜区

镇江地区古称润州，隋开皇十五年（595年）置，以州东有润浦得名。治所在延陵（唐改丹徒，今镇江市）。辖境相当于今江苏镇江市、丹阳、句容、金坛等县地。北宋政和三年（1113年）升润州置镇江府。治所在丹徒。辖境相当于今江苏镇江市及丹阳、金坛两县地。元朝至元十三年（1276年）改为路，明朝复改为府，1912年废。

镇江地当江南运河入长江之口，为南北交通枢纽。战国时代，"镇江当时是吴入淮的要道。东汉末年，孙策、孙权都曾把镇江作为活动的根据地。……六朝时，镇江的重要性日益增加，它既是商业城市，又是军事据点。"[42]

"镇江是南京的屏障，镇江一失，南京就难再守了。开皇八年（588年）杨坚（隋文帝）征服南方的陈朝，就是命贺若弼先攻占镇江，再下南京的。后来北方兴起的统治者进攻江南，常常采取这条路线。明代中叶以刘六刘七为首的农民起义军由北方向南方发展，也是先到镇江，打败官军，再攻南京。1659年，民族英雄郑成功的抗清部队进攻南京，也是先下镇江这条路线，……1853年，太平军占领了镇江。……名将李开芳等率领的北伐军，也是从镇江渡江，向北挺进的。"[42]

镇江以江山名天下，其西南方多山，其东北面坡陀起伏，扬子江经由其北而流过（图10-50）。从南

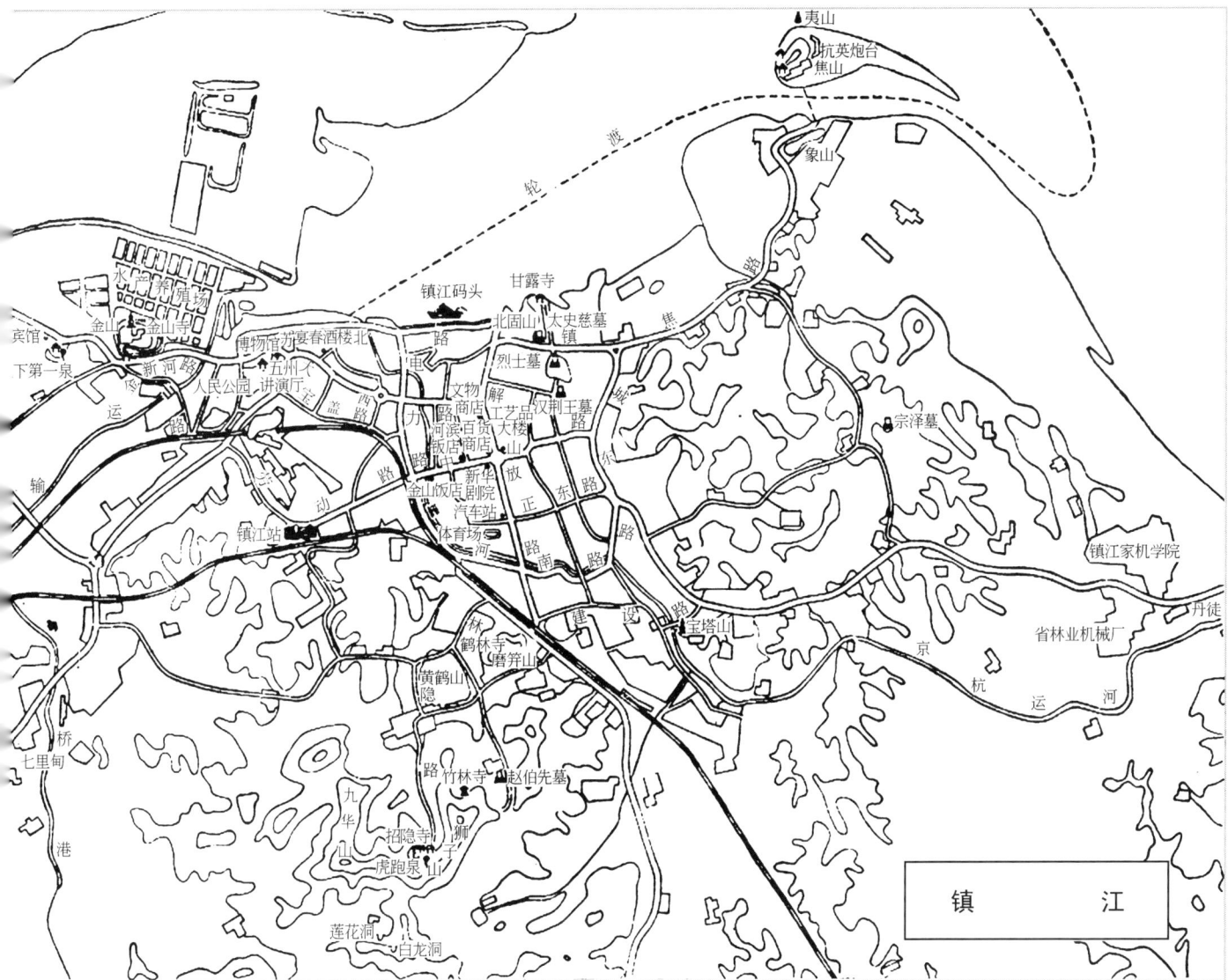

图 10-50　镇江名胜古迹略图

北朝以来，镇江就以山环水绕、风景优美受到人们重视。镇江最著名的风景名胜区是三山——北固山、金山、焦山和南郊的三古寺——紧靠磨笄山和黄鹤山的鹤林寺，夹山下的竹林寺和招隐山山腰中的招隐寺。这些胜区各具特色：金山以绮丽著名，焦山以雄秀见长，北固以险固争雄，南郊以幽静取胜。[42] 彭宗孟撰《江上杂疏》认为："润州山水当以焦山为最幽旷奇绝，他莫之比。次则金山之钜丽，然颇为俗嚣所秒。绵邃杳远，回互起伏，令人夐然世外，则招隐为

胜。北固内宾铁瓮，外控金焦，长江流其下，群山包其前，亦其流亚矣，玉山（案：可能指金山，因金山一名浮玉山，因为山在江心，江水奔腾，山就好像在浮动一般，后来沙滩不断增长，约百年前和陆地连接起来），下瞰江水，怒石突起波面，坐渔矶可濯足，然非履巉岩而下，几无足观。银山（即蒜山，因为蒜山和金山相近，既有金山，也该有个银山，所以明朝以来，蒜山就变成了银山），绝顶独出，南北一望，苍然千里，然山石崱重，……鹤林竹院最古，惜圮

甚。近稍复之，仅辟草莱耳，若壁间断碣，犹绍圣（北宋哲宗年号 1094～1098 年）元丰（北宋神宗年号 1078～1085 年）所遗，足为诸寺之冠。……"。

（一）北固山胜区

古人认为京口是东南第一郡，北固是京口第一山。北固山在城区处东北。北面紧贴大江。在古代，江面很阔，山的东西两旁也是一片江水，所谓"陡入江，三面临水"。山的南面是称作铁瓮城的城墙。所以，从形势上看，北固山是雄壮而险固。登山顶眺望大江，苍苍茫茫！无边无际。后来江面逐渐变窄，江水逐渐退去，但山的东西两旁，还留下一些池塘，如山西面的秋月潭，走马涧、天津泉、凤凰池等，山东面的海涵河、放生池等。今天这些池塘小河，差不多也都干涸了。[42]

北固山有三峰：前峰、中峰和后峰（图 10-51）。三峰之间有一条狭长的埂把它们连接起来。这条埂叫作龙埂，又名甘露岭，共长 183 丈。前峰与中峰之间的埂，在明世宗时已经凿去。过去，前峰北面有一小段城墙，成冂形，上有十三个城门。朝北上下二层各三门，朝东上下二层各二门，朝西上层一门下层二门；镇江人称之为十三门，抗日战争期间被拆毁了。中峰俗称百果儿山。峰顶原有一座建筑，称作北固山房，又叫玄武殿。后来国民党省政府把它拆去，另筑一座气象台。后峰是最北一峰，也叫北峰，后峰的北面悬在江上，是一片陡峭的石壁，叫作五圣岩，高约 14 丈 5 尺。后峰虽然是北固山主峰，但在南北朝以前，山上还颇荒凉，只有一座小亭，后来山上建筑不断增加，到了唐朝已有很多亭台楼阁，十分华丽。李白曾有诗写道："丹阳北固是吴关，画出楼台烟水间。"[42]

北固山山上山下的名胜古迹很多，其中有的与三国时期的史迹有关。有的因三国演义中的故事而盛称。如甘露寺刘备相亲，其实三国时期北固山上还很荒凉，甘露寺是唐敬宗宝历中（825～827 年）李德裕创

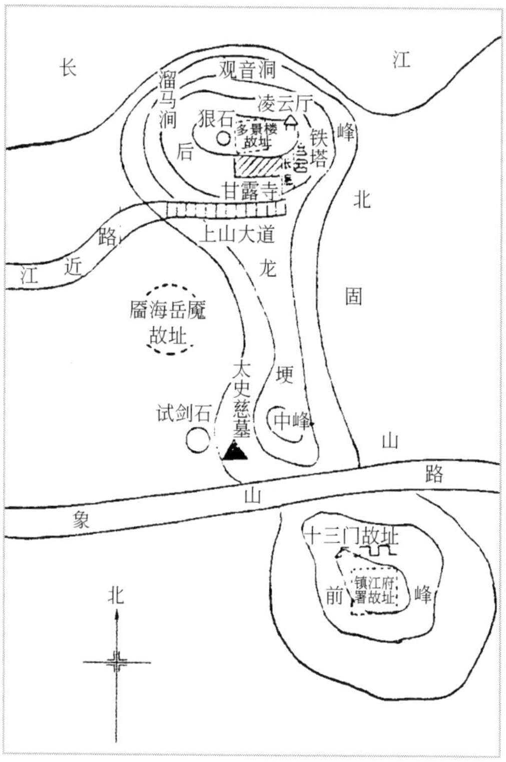

图 10-51 北固山区名胜古迹示意图

建的。据《三国志》："建安十四年（209 年）刘备收牧荆州，婚吴如京（即京口）。"那时，吴国太已逝世七年（《三国志》"建安七年，权母吴氏薨"），乔玄已死了二十六年，骸骨早已腐朽，怎能到甘露寺来相亲。又如狠石，相传孙权与刘备常踞此共谋抗曹操。又如溜马涧，或称走马涧，或称跑马坡或驻马坡，相传为汉昭烈走马处，又如试剑石，相传当年刘备与孙权各默祝心事，各用剑斫石，都应手而裂的故事。[42]

甘露寺、多景楼、凌云亭

最初的甘露寺是建在山下的，后来寺屡遭火焚，到了宋朝才迁建到山上。自宋至今，屡毁屡建，时建山下，时建山上。甘露寺背后，后峰的顶上（唐临江亭址），有始建于宋朝的多景楼。楼有三层，面对大江，东、西、北三面凭栏远眺，景色最佳。东望江水滔滔，直奔天边，焦山浮沉万顷烟波之中。西望千峰万岭，重重叠叠；俯望平阔江面上，帆轮交织飞驶。江北岸一片青绿，就是肥沃的淮扬平原。……宋朝曾巩曾说过"欲收佳景此楼中，徙倚栏杆四望通……"

米芾认为它是"天下江山第一楼"。多景楼东面，在后峰最高处，有一个方亭，叫作凌云亭，或摩云亭，或天下江山第一亭。它是明末崇祯年间建造的，原系木质构成，道光三十年(1850年)换成石柱。亭外有陡峭的石壁悬在江上，形势有点像南京的燕子矶，但更雄壮秀美。多景楼毁后，这里是眺望江景最佳之处。[42]

观音洞和甘露渡

北固山土层很厚，陆游《入蜀江》上说："此山多峭壁如削，然皆土也。"惟有后峰临江的一面有陡峭的石壁。《京口记》上称这里为悬水峻壁，又五圣岩。岩下有一洞，叫作观音洞，深约二三丈，高广各丈余，中有庞时雍所写"云房风窟"四个大字。洞内凉气袭人，夏日来此，暑意全消。在洞内看江上风帆往来，听江涛拍击石岸，别饶幽趣。观音洞西首，后峰下面，是古甘露渡。现在附近建为江边公园。

海岳庵、研山园

北固山的西麓有米芾海岳庵故址，据蔡绦《铁围山丛谈》上记载，米芾以研山向苏仲恭学士换得甘露寺园地，营造一庵，叫作海岳庵，庵中收藏着晋、唐人的墨迹，法书和名画，米芾整天在庵里欣赏观摩。所谓研山，就是一块供赏玩的石头，系南唐后主李煜的旧物。石头径长尺许，前耸三十六峰，皆大如手指。海岳庵后来被毁，土地辗转归于岳飞的孙子岳珂。岳珂在这里建造一座园林，叫作研山园，是当时有名的园林之一。后来明代有人在研山园的废址上重建了海岳庵，清乾隆年间改建为宝晋书院。在太平军和清军交战中书院全部建筑为战火所毁，现在已找不到一点遗迹了。[42]

(二) 金山胜区

金山在市区西北角，和北固山东西相望。金山原来在大江中。唐杜光庭《洞天记》上说："金山，万川东注，一岛中立。丹辉碧映，揽数州之奇于俯仰之间。"唐张祜咏金山诗中有"树影中流见，钟声两

岸闻。"这两句被推为古今绝唱。宋朝沈括咏金山诗中说："楼台两岸水相连，江南江北镜里天……"；明朝莫启咏金山诗中说："金山屹立大江心，四面波光映梵林……"；清朝杨启《京口山水记》中也写道："金山在城西七里大江中"，可见千余年来金山一直是在江里的。后来，由于沙滩不断增长，约在百年前金山和陆地连接起来。[42]

金山一名浮玉山，因为山在江心，江水奔腾，山就好像在浮动一样。金山自唐代起开始著名，"金山寺号为胜景"；宋朝以后名声更大，汪彦音说："盖宇宙区奥，古今胜处也。"明人都穆更认为"金山在扬子江心，其胜概为天下第一。"金山屹立江心，不仅风景壮丽，而且形势十分雄险。自古以来，又成为军事上的重地。山上有座大庙，叫作金山寺，规模宏大，从山脚到山顶，一层层的殿阁，一层层的楼台，把山密密地包裹起来，远远望去，只见金碧辉煌的庙宇而看不到山。所以自明代以来就流传着："焦山山裹寺，金山寺裹山"的说法。

金山寺最初创建于东晋，原名泽心寺，宋朝改名龙游禅寺，清初又改称江天寺。但自唐朝起就通称为金山寺。寺内建筑很多。据《京口山水记》记载，除天王殿、大雄宝殿、藏经殿外，还有一塔、二台、四亭、六阁、十殿等。其中最著名的是妙高台、楞伽台、留玉阁、文宗阁等。此外，吞海亭和留云亭也较著名。金山寺出过不少对佛学有高深造诣的名僧，在佛教界也享有崇高的地位。这座古刹过去曾多次遭到火焚。1948年春又发生大火，被焚去大雄殿、藏经殿等主要建筑二百余间，幸存楞伽台、观音阁、慈寿塔、留云寺等。建国后人民政府大力整修，虽然不似从前的崇楼杰阁金碧辉煌，但是长廊平台，花坛凉亭，却也别饶画意(图10-52)。

妙高台、留云亭

金山的最高峰叫作妙高峰。峰南原有妙高台，是宋朝著名和尚佛印建造的。台紧挨着悬崖，"高逾

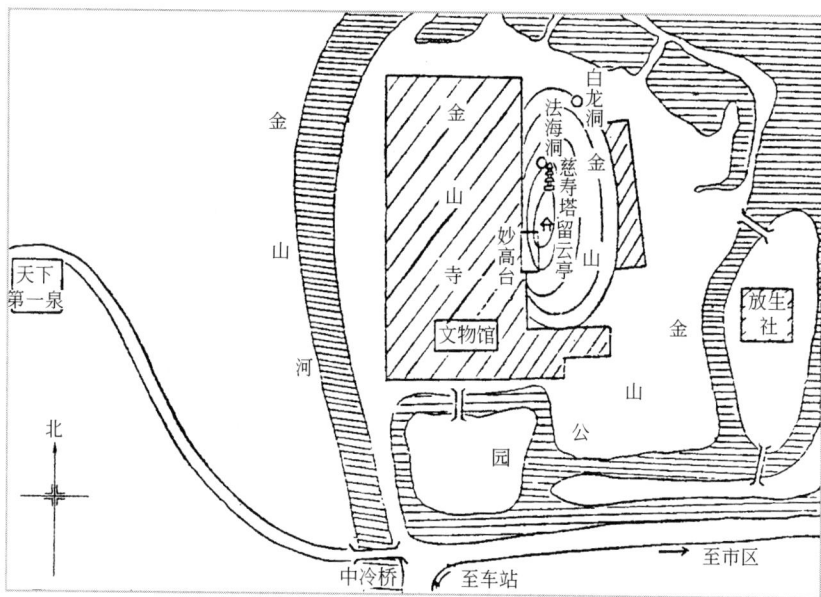

图 10-52　金山区名胜古迹示意图

称法海洞，洞中有一尊肉身金像，

十丈，上有楼阁。"后来屡毁屡建，到 1948 年金山大火，又被焚毁。中秋登妙高台赏月，自古以来，被认为是天下绝景。镇江赏月最好的地方有三：一是北固山的多景楼；一是焦山的华严阁；一是金山的妙高台。登山最高处，有亭一座，就是留云亭，在这里可俯览全山全寺，也可远眺四面的山光水色。亭中有大石碑，上刻清康熙帝所题"江天一览"四个大字。

慈寿塔、裴公洞(法海洞)

金山西北面有慈寿塔，始建于宋朝。原来是两座，南北相向，都名荐寿塔，一作荐慈塔，又名双塔。后来双塔都倒掉。明隆庆三年(1569 年)在荐寿北塔的故址重建了一座塔，即慈寿塔。太平天国时，这座塔又被损毁。现在的慈寿塔是 20 世纪初叶在慈寿塔旧址上重建起来的。现在的慈寿塔，共有七级，级间有梯，可以逐级攀登。七级中，各级高约丈余，中有佛像，四面有门，门外有围着栏杆的走廊，在廊中凭栏远望，四周景色如画。

在慈寿塔的西面，有一个悬崖；由下仰望，形状奇特，有点像古画中的鬼脸，称作头陀崖或祖师崖。崖上有个不大的洞，因为金山的开山祖师裴头陀初到金山时，住过这个洞，所以叫作裴公洞。现在通

现在庙里的和尚说是法海的真身。自从白蛇故事流传以后，法海已成为家喻户晓的封建制度的化身。凡是到金山来的游人，都要去看一看他的狰狞面目。大抵一些富有想像力的人把金山的神话和西湖白蛇故事联系起来，经几百年的衍变加工，最后就产生了一个优美的神话和戏剧——白蛇传了。[42]

白龙洞

金山的东北麓有一个小山洞，叫作白龙洞，原来叫龙洞，也叫蟒洞，又叫珠洞。传说洞中原来被一条毒蛇盘踞着，它常吐出云一样的毒气，触到毒气的人往往得病以至死亡。唐代著名和尚灵坦禅师到金山来时，才把毒蛇收服了。白龙洞只有一间卧室大小，石壁有一条很深的裂缝，可以容一人出入。《金山志》上说它深不可测，和尚更神乎其词，说它直通到杭州。[42]

附：朝阳洞

在白龙洞的右首(今万佛楼旁)有一洞叫朝阳洞，又叫观音洞。洞上是一片悬崖，叫作日照岩。当金山还在江心的时候，早晨太阳初升，最先照射到这里，所以这里是观日出最适宜的地方。据说朝阳洞还有一种奇观，就是太阳初出水面时，洞口布满着闪烁的金光，自从金山上陆以后，这种奇景已经不能再见了。[42]

(三) 焦山胜区

焦山在市区东面八、九里大江中，需搭渡船至山下。焦山和金山相距十余里，过去金山在水中，"金焦两山崒然天立，镇乎中流，超遥擅胜。"焦山的风景早已出名，但过去由于交通不便，游人不多，盛名不如金山。焦金二山各具特色，焦山高大，金山小巧；焦山以苍翠的竹木取胜，金山以辉煌的梵宇争

长；焦山山裹寺，金山寺裹山。焦山原名樵山，东汉末年因焦光隐居在此，改称焦山，又名谯山，又名双峰，因焦山上面有两个峰；又称狮岩，因为焦山的外形很像两头雄狮(一说山上有处悬岩叫狮子岩)。和金山一样，又叫作浮玉山。[42]

焦山上竹林繁茂，树木葱茏。山上多悬崖峭壁，主要建筑物都集中在山的南麓，画檐朱柱掩映在绿丛中，非常秀丽。山的周围是苍茫无际的江水，波涛从上游不停地奔腾吼叫着，焦山镇静勇敢地挡住了冲激，气象十分雄壮。古人说，长江是天堑，焦山是中流砥柱，这话十分确当。[42]

焦山的对面，大江的南岸，也有一座山，名叫石公山。据说它的形状像两只大象相向而伏，所以又叫象山。焦山东北，江中还有两座小山，都叫松寥山。但是根据志书记载，只是靠近焦山的一座山叫作松寥山，又称瘗鹤山，另一座叫寥山，又叫小焦山或海门山或鹰山。它们分峙江中，像石阙一样。古人认为这里是大江、汉水朝宗于海的门户，所以称为海门。焦山上主要建筑有定慧寺、华严阁、吸江楼等(图10-53)。[42]

定慧寺

原名普济禅院。相传始建于东汉献帝，宋朝改称普济庵，元时被火焚毁。明宣德年间，一位名叫觉初心的和尚重建寺院，后来又不断扩充，清初才改名定慧寺。天王殿前原来有两株古树，西首一株古柏称为六朝柏，东首一株七叶树，又名天师栗。七叶树早已病死，古柏也于20世纪50年代枯死。天王殿后是大雄宝殿，很壮丽。大殿西侧是海云堂，又名枯木堂。著名的焦山古鼎和其他文物原藏在这里。抗战期间，古鼎丢失，堂也废圮。[42]

华严阁

在定慧寺西，是一座二层楼的建筑，楼上东、南、西三面都是大玻璃窗，窗外有宽阔的阳台，台旁围以栏杆。凭栏眺望，风景特佳。华严阁也是赏月最好的地方。瘗鹤铭原来是刻在瘗鹤岩的下面，岩在华

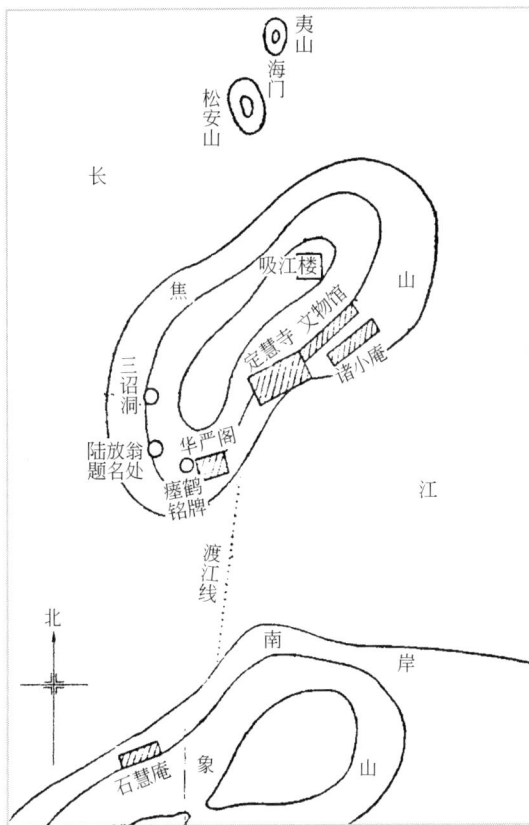

图 10-53　焦山区名胜古迹示意图

严阁西侧，紧靠江傍。过去夏季水涨，岩带被江水淹没。后来岩崩裂，铭也坠入江中。直到康熙五十二年(1713年)，镇江知府陈鹏年才邀人将它捞起，并把它安置在焦山寺一个新建的亭子中。后来又几次移置，现在铭碑被嵌置在华严阁西首的墙壁上。

三诏洞、吸江楼

过瘗鹤岩，到半山，有一个石窟，称作三诏洞。东汉灵帝、献帝时人焦光，因当时中原人民纷纷起义，社会动乱，他避乱来到镇江，隐居在焦山的洞中。皇帝听到他的高名，曾经三下诏书，征他去做官，他没有去。这就是三诏洞名称的由来。从三诏洞上山，经过幽静的碧桃湾，数折到别峰，再上就到山的绝顶——东峰。山上杂树很多，竹林尤其茂盛。山的绝顶上有一座小楼，叫作吸江楼，从前称为汲江亭，现在通称四面佛亭，亭里有座木刻的佛像，像有四张面孔，分向东西南北四面，表示这里可以眼观四

面，耳听八方。从吸江楼上眺望江景，最为壮观。[42]

岩上石刻、精舍小庵

焦山多悬岩，岩上多古人石刻。焦山上原来有许多精舍和小庵。这些舍、庵都各具特色：有的以建筑胜；有的以花木出名；有的藏有名贵文物；有的拥有重要碑刻。可惜在抗战期间，多半被日本侵略者炮毁。焦山上的舍、庵多集中在定慧寺东首。在紧靠大江一面的有松寥阁、水晶庵、海若庵、自然庵等。松寥阁建于明万历年间，水晶庵建于明成化年间，过去庵中藏有不少珍贵文物，可惜抗日时期，多为日军破坏。海若庵，旧为海神庙，过去庵内有花园，叠石成山，跨水作桥，小巧而精致。今只存断墙残壁了。自然庵现尚保全，结构别致。庵内紧靠大江的一面有一座方厅，叫作船厅。过去焦山旁没有沙滩，厅外就是江水。厅的四面都是大玻璃窗，通明透亮。船厅外面有走廊通到其他建筑；北面是假三层的北极阁，东面是二层的黄叶楼，楼外还有一座小巧的花园。[42]

和自然庵等一排建筑相对的有玉峰庵、海云庵、香楼庵、石壁庵等，也都各具盛名。玉峰庵中有一株据说是宋朝栽植的古槐。海云庵内过去石刻最多，宋时庵中还有二座墨宝，一座内有瘗鹤铭碑，一座内有陀罗尼经石幢，后来两亭都毁，墨宝也不存在了。香林庵内花卉特别，以牡丹出名。石壁庵原来是以藏有宋朝张即之写的金刚般若波罗蜜经著名。此外，焦山的半山腰上还有观音阁和别峰庵，但因年久失修，现在已残破不堪了。[42]

（四）南郊三古寺

镇江南郊多山，峰峦重叠，林谷幽深，风景优美，主要名胜有鹤林、竹林、招隐三古寺（图10-54）。

鹤林寺

鹤林寺紧靠两座山。黄鹤山（又叫黄鹄山或鸿鹄山）和磨笄山（相传系南北朝戴颙的独生女磨笄守贞的地方，山名由此而来）。鹤林寺就位于磨笄山的北麓，创建于晋朝，原名竹林寺，唐朝改称鹤林寺，又曾称

图 10-54　南郊区的名胜古迹示意图

竹院。自唐到现在，这寺几度兴毁，最后一次修建是在太平天国革命失败以后。鹤林寺内外名胜古迹有杜鹃花、十三松、苏公竹院、茂叔莲池、黑漆光菩萨、古墨林、米芾墓等等。

鹤林寺从前以花木著名，特别是唐代，寺中更以杜鹃花名满天下。后来因战乱杜鹃花和寺一起被火焚去，到宋时，和尚把红踯躅种在杜鹃台上，冒称是唐朝的杜鹃花。自宋至今，近千年来，寺僧也不断栽种杜鹃花。十三松：鹤林寺前原来有许多巨大松树，到了明朝，松树只剩下十三株，称为十三松。苏公竹院：寺内右边有一大院，院中长满了苍翠的修竹，据说是苏东坡栽的，所以叫作苏公竹院。茂叔莲池：寺左边有一座小池，叫茂叔莲池，据说是周濂溪（茂叔）所凿，他曾借住在寺中读书。黑漆光菩萨：鹤林寺中原有一尊佛像的名称，他是宋时鹤林寺法明和尚的像。他精通医术，特别是产科，常到农村中为农民治

病。有一年天大旱，人们焦急万分。法明和尚决定舍身求雨。他在院中燃起柴火，自己投身入火，浑身被烧得漆黑光亮，人们非常感动，后来为他在庙中塑了一尊像，并尊之为黑漆光菩萨。古墨林：鹤林寺中碑刻很多，和尚把它们集中起来，砌在壁间，称为古墨林。[42]

竹林寺

就在夹山下面，山上原来竹木繁茂，修竹万竿，巨松千株，还有栎、柏、枫等树错综其间。抗战期间，这满山松竹被日本侵略军疯狂摧残，抗日胜利后，又遭国民党军滥肆砍伐，到建国前，已经松竹无存，童山濯濯了。建国后，人民政府封山育林，植树数万株，不久将重现长松修竹的美景。竹林寺原来位于大片竹林中，是明末一位叫作林皋的和尚创建的，又叫夹山禅院。清初重修后，寺的规模宏大，太平军和清军在南郊作战时，寺毁于兵火，同治间又重建，但规模不及从前的一半。抗战期间，一部分房屋(如方丈室)被日军焚毁。竹林寺山门前有凝翠亭，背山面水，旁多巨树，可以小憩。入山门，过大殿，拾级而登，右转到客堂。客堂后面有一方小石池，称为林公泉，再右转有一座小园。最高处有一亭，叫作挹江亭。从这里北望，可以从山峰之间看到屋宇栉比的市区，烟波浩渺的长江和雄壮秀丽的三山。[42]

招隐寺

位于招隐山的山腰中。招隐山即兽窟山，在南郊诸山中最为幽邃秀丽。山中花木繁茂，除松、杉、柏、栎、槐、榆外，从前还有大片梅林和桃林，春来花开，绚烂如锦。山中最吸引游人的是深秋的红叶。山上枫树、槭树和乌桕很多，经霜以后，树叶都变成深红色，红于二月花。招隐山另一特色是鸟类很多，其最著名的鸟有两种，一叫带鸟，一叫黄鹂。

招隐寺最初建在山上，由戴颙的故宅改建而成。五代时寺从山上移建到现在的地址，一说明嘉靖年间才建在这里。太平军和清军在南郊作战时，寺全部毁于战火。同治光绪年间慧传和尚重建了大殿、读书台、听鹂山房等，但规模远不如前。抗战期间，一部分房屋又被日军焚去了。读书台是寺中一座小巧的三间平房，窗明几净，是读书好地方，叫作读书台。传说南北朝时萧统(昭明太子)在这里读了几年书。读书台附近有一座建筑，叫作增华阁，据说萧统的《文选》就是在这里编成的。增华阁东南面的山上有玉药亭，亭旁原有一座玉药仙踪堂。玉药亭东南有虎跑泉，上有小亭，名虎泉亭，泉为方池状，池中央有井，泉眼就在井中。又有鹿跑泉在虎泉亭的东面，上有鹿泉亭。现在亭已破旧，泉亦趋枯涸。还有珍珠泉，在招隐山下，相传是萧统所凿，因泉里水泡从水底涌上，像一颗颗珍珠一样，故而得名。招隐寺对面山顶上有一个山洞，叫作招隐洞，又叫狮子窟，当初招隐寺建在山顶，这洞是寺中的一部分。后来寺改建到山腰，洞和寺便分为两个景点。洞不大，也不深。相传山未开辟时，此洞为狮子占住，所以叫狮子窟。也有人说，山中并无狮子，洞的得名是由于洞外怪石林立，其中有一块大石，形状很像狮子。从前洞外还有不少建筑物，小巧精美，四周又有苍松修林，景色宜人。可惜这些建筑物早已毁坏无遗了。[42]

（五）其他名胜

镇江不仅郊区多山，就是城内也有八山(日精山、月华山、寿丘山、唐颓山、城隍山、达家山、紫金山和钱家山)，五岭(乌凤岭、骆驼岭、燕支岭、梅花岭和凤凰岭)。其间还有溪有泉有花木。这里仅举蒜山和梦溪园二处。

蒜山

在市区西端，京畿岭之北。据说山上多产泽蒜(即山蒜)，因此得名。古代江面很阔，蒜山的北面就紧临大江。大概到明代，江边沙滩增长，蒜山离江边渐远。于是人们错误地把江边的一块二丈多高的石碛指为蒜山，而把蒜山改称为银山(因蒜山和金山相近，既有金山，也该有个银山)，所以明朝以来，蒜山就变成银山了。后来又把银山南面的一峰称作云台山。

这样，原来一座蒜山，就变成了银山和云台山二座山了。银山上原来有大片松林和许多寺院，太平军和清军在这里大战时，全部毁于战火。同治三年（1864年），帝国主义分子涌到镇江，银山被强行租去，并在上面盖了一些洋楼。国民党时期，反动官僚和买办资产阶级占据。建国后这座名山才回到镇江人民手里。云台山在20世纪20年代被建设成一座公园。为纪念资产阶级革命先驱者赵伯先，被命名为伯先公园。[42]

梦溪园

在市区东南隅，达家山西南，乌凤岭附近。这里有小溪，有丘岭，巨木萧疏，风景很美。园是沈括建造的。据他自述，园地有很多大树，"巨木蓊然"；有一泓清溪，"水出峡中，渟萦杳缭环地之一偏者，目之曰梦溪"，有百花堆，"溪之土耸然为丘，千本之花缘焉者，百花堆也"；有楼，"腹堆而庐其间者，翁之楼也。"还有所谓竹坞、杏嘴、壳轩、远亭、岸老堂等胜景。[42]

四、扬州明清园墅

（一）扬州地名演变

扬州，古九州之一。《尚书·禹贡》："淮海惟扬州。"《周礼·职方》："东南曰扬州。"《尔雅·释地》："江南曰扬州。"按淮指淮水，海指黄海，江指长江。周敬王三十四年（公元前486年），吴王夫差在扬州筑邗城，并开凿河道，东北通射阳湖，西北至米口入淮，用以运粮，这是扬州建城的开始和邗沟得名的由来。自汉以来，扬州作为州名，汉武帝所置十三刺史部之一，辖境相当于今安徽淮水和江苏长江以南及江西、浙江、福建三省；湖北英山黄梅、广济；河南固始、离城等地。东汉治所在历阳（今安徽和县），末年移寿春（今安徽寿县）、合肥（今合肥市西北）。三国魏治在寿春；吴治在建业（今南京市）。西晋治所在建邺（即建业改名，后又改建康）。其后辖境渐小。

自后一直是州、路、府名：隋开皇九年改吴州为扬州，治所在江都（今扬州市），辖境相当今江苏扬州市、泰州市及江都、高邮、宝应等县地。元改为路，明改为府。清辖境相当今江苏宝应以南，长江以北，东台以西，仪征以东地。

又曾有江都作为郡名、府名。隋大业初改扬州置，治所在江阳（今江苏扬州市），辖境相当于今之江苏淮南江北地区及镇江、丹阳、句容，安徽天长、全椒、滁县地。唐武德三年（620年）改南兖州。隋炀帝大筑江都宫苑，定为行都。五代吴定都扬州，升为江都府。南唐迁都江宁府，以此为东都，治所在江都（今扬州市），辖境相当今江苏扬州市及江都、高邮、宝应和安徽来安等县地。后周显德中复为扬州（以上见《辞海》）。

（二）明清时代的扬州城

扬州早在唐朝就是国内最大商业中心城市之一，规模很大。后周显德五年（958年），因城大难守，另筑小城。宋理宗时，为防御金兵南下，于宝祐三年（1255年），在旧城西北角，即原来的广陵城位置筑宝祐城。又在其南（即明清扬州城及其城北部分），另筑大城。为了使两城联系方便，又在保障湖（今瘦西湖）一带筑夹城。因宋金间战争，整个城市受到很大破坏。元朝重点修复了大城的一部分，即明代扬州城（今之旧城），旧城周围1775丈5尺，有5个门：左东门又称海宁门；西门又名通泗门；南门又名安江门；北门又名镇淮门；还有小东门。南北各有水门二。[43]

明代因商业手工业进一步发展，由于运河在城东，在旧城与运河沿岸已形成商业中心。嘉靖时，日本海盗曾侵入扬州焚掠，为了加强防御并保护已形成的市区，于嘉靖三十四年（1555年），在旧城之东加筑城墙，称新城。新城与旧城接，东、南、北三面共长8里，计1542丈。有七个门：挹江门；便门，又名徐宁门；拱宸门，又名天宁门；广储门；便门，今名便益门；通济门，又名缺口；利津门，后名东关。沿旧城东濠有南北水关二，东南二面以运河为城濠，北面开濠与运河通。[43]

(三) 历代扬州园墅的兴衰

扬州园墅的历史，可以上推到西汉，但有文献可以稽考的园墅历史，还得从南朝宋元嘉二十四年(447年)开始，那时南兖州刺史徐湛之，于广陵蜀冈之"宫城东北角池侧"，营构"风亭、月观、吹台、琴室"，"以极游宴之娱"(见《太平寰宇记·淮南道》卷一百二十)。它们是正规的园林构筑了。到了隋朝大业年间(605～618年)，炀帝更于扬州"长阜苑内，依林傍涧，竦高跨阜，随城形置"归雁、回流、九里、松林、枫林、大雷、小雷、春草、九华与光汾十宫(《太平寰宇记·淮南道》卷一百二十)。其建筑的规模宏大，为扬州园林史上宫苑的顶点。[44]杨广最初到扬州是在开皇十年(590年)，江南高智慧等人反抗杨坚的统治，兴起兵戈，杨坚(隋文帝)派杨广做扬州总管，镇守江都。杨广做了皇帝之后，曾来扬州三次：第一次大业元年(605年)八月前来，翌年四月回东都；第二次大业六年(610年)三月前来，次年二月往涿州；第三次大业十二年(616年)七月前来，十四年(618年)被杀。杨广在未来扬州之前，先做好了行程的准备，开凿由河南通到扬州的运河，"发百万壮丁开河"，实际上当时在河工上服役的不下三百六十多万人，到河工全部完成时，共死去二百五十多万人(见《开河记》)。杨广的开挖和修浚运河，当时给人民造成的灾难是极其深重的。但也要看到其后效，由于这条运河，把扬州和各地的水路交通联系起来，使扬州成为掌握南北水路的枢纽，不仅促进了扬州的经济繁荣，对促进南方和北方经济的联系以及政治的统一，都发挥了很大作用。[45]

唐朝，扬州呈现出繁荣景象，不少诗人描写扬州的繁盛，如"十里长街市井连，月明桥上看神仙"(张祜诗)，"夜市千灯照碧云，高楼红袖客纷纷"(王建诗)；"见说西川景物繁，淮扬景物胜西川"(杜荀鹤诗)。《资治通鉴》记述："扬州富庶甲天下，时人称扬一益二。"扬州不仅是南北交通的枢纽，江淮的漕米、盐铁和各种货物，都要由扬州转运至各地；扬州也是对外贸易的重要港口。当时，大食(今阿拉伯)、波斯(今伊朗)人来华经商的很多，扬州专门设有波斯胡店。"安史之乱"以后，北方人口南流，大批涌入扬州，使扬州居留的人口更加集中，物资交流更加频繁，财贿储积也更加丰厚。[45]私营宅园的风气，也达到了盛况。当时的扬州出现了"暖日凝花柳，春风散官弦"与"园林多是宅"般的情景。虽然缺少文献记录，也没有像《洛阳名园记》那样专志，据《太平广记》里记载，在扬州青园桥东，有裴谌的樱桃园。园里"楼阁重复，花木鲜秀"，其景色之好，使人有"似非人境"的感受(《太平广记·裴谌》卷十七)。又如郝氏园，园有"鹤盘远势投孤屿，蝉曳残声过别枝，凉月照窗欹枕倦，澄泉绕石泛觞迟"(《重修扬州府志·古迹一》卷二十)。所描景物已显示出寄情于山水之间的写意园。又如席氏园，据地方志记载，遗址在今扬州南门城外，宋朝改名为静慧园。大抵唐朝诸园，都以姓氏名园；到了宋朝，很少以姓氏名园。[44]

宋朝扬州的营园，于公署官衙里建园之风较诸前朝后代，显得格外兴盛一些。北宋时扬州衙里有"郡圃"之辟，到南宋宝祐五年(1257年)，贾似道镇守扬州，于"州宅之东"，重建郡圃，自是规模益大。据明嘉靖《惟扬志·公署志》卷七记载，是圃"历缭墙入，可百步，有二亭，东曰翠阴，西曰雪芗。直北有淮南道院，后为两院，通竹西精舍。后有小阜，曰梅坡。上葺茅为亭，曰诗兴。坡之东北隅，有亭曰友山。循曲径而东望，飞檐雕栏，缥缈于高阜之巅，是为云山观，即环碧亭旧址，乃于池上为露桥以渡。桥之北，翼以二亭，曰依绿。南有小亭对立，曰弦风，曰箫月。又百余步，始蹑危级而登云山。东望海陵，西望天长，南揖金焦，北眺淮楚。其下为沼，深广可舟。山之趾二亭，曰濠想，曰剡兴。钓矶在其南，砌台在其北。水之外为长堤，朱栏相映，夹以垂柳。阁于南为面山亭，于东曰留春，曰好音；于西曰玉钩，曰驻履。观之直北，画栋层出，为淮海堂。堂其东，巨竹森然。亭其间者，曰对鹤。又东为道院，曰半闲。堂之后，为复道而升，与云山并峙，可以眺远者，为平野堂，即观稼旧址。"[44]虽然圃中堆有山阜，挖有池沼，深广可舟，有露桥、有长堤、有钓矶有台，着意山水；但构筑繁琐，有道院精舍，有阁有堂，而构亭特众，不下十六之多。

宋朝扬州公署园圃，除上述的郡圃外，还有早期欧阳修在蜀冈上建"平山堂"，周淙在九曲池上建"波光亭"，彭方在学宫里建"植四柏名亭"，赵葵于统制衙门里建"万花园"，不下十数。宋时有私家宅园，虽不如唐朝"园林多是宅"般兴盛，但也迭见于文献记载。如郑兴裔建的"矗云亭"，郭杲建的"羽挥亭"，满泾建的"申申亭"，"朱氏园"、"丽芳园"、"壶春园"，以及陶毂所建的"秋声馆"，都是宋朝扬州私园的一些实例。两宋时代的园，有不少是以亭以馆以阁以台名园的。但这些园名并不表示仅馆、亭、台、阁的单体建筑而已，它们只是园的主体建筑，同时有池水树木之胜。例如波光亭，即是于九曲池废址，"浚池，引诸塘水注之，建亭其上。又立亭于池北，筑风台月榭，东西对峙，缭以柳明"而成的一所园林。再如羽挥亭，是在城的东北，"穴城作门，面水架亭"而成的一处胜景(以上引文见《重修扬州府志·古迹》卷三十、卷三十一)。此外，随着"花石纲"事件的兴起，一些珍奇的湖山峰石开始在扬州园林中出现，增添了叠石意匠。[44]

到了元朝，扬州的园墅，从现存的文献记载来看，不仅公署庭园寥落，而且私家宅园也屈指可数，比较著名的园墅，瓜洲有"江风山月亭"，路学有"采芹亭"，以及"明月楼"、"瞻云楼"、"居竹轩"、"平野轩"、崔伯亨家园子等。元朝扬州园墅有一种以平远山水，或是单一题材为主的风尚，如平野轩，倪

瓒曾为之绘过《平野轩图》，并系以七言绝诗一首，是以"平野风烟望远"为主题，辅以"雪筠霜木"布置而成的园。又如居竹轩，绝无崇山峻岭与平流涌瀑，只是"植竹于庭院间，圃其宴息之所"(引倪瓒诗)，造成一种"老夫住近山阴曲，万竹中间一草堂"的境界(引王元章诗)，用以表达园主人的那种"定居人种竹，居定竹依人"(引元成廷珪诗)的隐逸思想。又元人崔伯亨家园，乃清代洪徵治家倚虹园的前身，倚扬州西部城垣，仁水而筑。当然不是所有元朝扬州园墅都表达元人山水画意，但不少园从平淡中取得意境，不出有元一代画风的格局。[44]

明朝初叶，运河经整修又成为南北交通的枢纽，两淮区域盐的集散地。中叶后由于其他商业和手工业的发展，资本主义经济的萌芽，城市更趋繁荣。明朝中叶以后，扬州的商人，以徽商居多，其后赣(江西)商、湖广(湖南湖北)商、粤(广东)商亦接踵而来。由于经济繁荣也兴起了大量筑园建宅。随着徽商的到来，又来了徽州的建筑匠师，使徽州的建筑手法融合在扬州的建筑艺术之中，各地建筑材料，由于舟运畅通源源到达扬州，附近苏州香山匠师也来扬献技，使扬州建筑艺术更为增色。[46]明朝园林见于著录的，有"皆春堂"、"江淮胜概楼"、"竹西草堂"、"康山草堂"与行台"西圃"、学廨"苜蓿园"，以及"荣园"、"小东园"、"乐庸园"、"偕乐园"、"遂初园"，以及郑氏兄弟(元嗣、元勋、元化、侠如)四园，即嘉树园(元嗣)、影园(元勋)、五亩之宅二亩之间(元化)、休园(侠如)。明朝扬州的园墅，从见于著录来看，除竹西草堂远在城北三里之外，大都在府城内外的近边。当时的士大夫大都寄情于山水、宅园的构筑，属于城市山林性质，而且叠石凿池，在有限的空间构成众多山水之胜的意境。[44]

到了清朝，特别是乾隆年间，扬州的园墅之胜达到了鼎盛时期。清朝初期，扬州有八大名园，即王洗马园、卞园、员园、贺园、冶春园、南园、郑御史园与篠园。这八大名园中有一些是前代的旧园子，如

郑御史园，即是明御史郑元勋家的影园。但从这八大名园的分布来看，最迟在康熙年间，随着清帝的南巡，扬州的园墅已经从城市山林(宅园)的圈子，拓展到湖上林园胜区的阶段。如贺君吕家的东园，就在保障湖南岸莲性寺的东偏；卞氏园与员氏家园，在保障湖的北偏小金山后；冶春园，在保障湖大虹桥西岸；王洗马园，在旧城北门外问月桥西偏，保障湖的尾间；程梦星家的篠园，在保障湖向北折向平山堂那段湖水的西偏。出现了与湖山映带的情况。[44]

到了清朝中期，主要是乾隆之际，扬州园墅出现了鼎盛的局面，城市山林(宅园)遍布街巷，湖上园林胜区，罗列两岸。由于弘历(乾隆帝)的屡次南巡，大事修建亭阁廊榭，扬州的绅商们想争宠于皇家，达到升官发财的目的，也大事修建园墅，这个时期的园林，尤以湖上林园和胜区的营建为盛。从著录看，胜区自城东三里上方山禅智寺开始，称作"竹西芳径"。沿着漕河经天宁寺及天宁寺西园，重宁寺等为又一区。然后自高桥向西逶迤二里至迎恩桥亭止，两岸排列档子，称"华祝迎恩"，为八景之一。自迎恩桥直行向西有邗上农桑、杏花村舍、平冈艳雪、临水红霞四段，至长春桥止。自迎恩桥少西南行，至北门桥止，为草河支流一段，有毕园、傍花村等。从草河支流南端的明月桥以西，北岸自慧因寺至虹桥凡三段即城闉清梵、卷石洞天及西园曲水为又一区。由大虹桥南向，延伸到城南古渡桥附近有砚池染翰、九峰园等为又一区。自大虹桥起，先是大洪园(倚虹园)有二景即虹桥修禊和柳湖春泛。由虹桥往北东岸有二段，即荷浦薰风和香海慈云为又一区。再北，为四桥烟雨和长春桥西岸的水云胜概。虹桥以北西岸有长堤春柳、冶春诗社，在长堤口有韩园、桃花坞。在保障湖中有梅岭春深。法海桥西岸有莲性寺、白塔、贺氏东园等。自开莲花埂新河抵平山堂，两岸皆建名园。北岸构白塔晴云、石壁流淙、锦泉花屿三段。南岸构春台祝寿、篠园花瑞、蜀冈朝旭、春流画舫、尺五楼五段。最后为蜀冈，三峰突起。中峰有万松岭、平山

堂、法净寺诸胜。西峰有王烈墓、司徒庙及胡、范二祠诸胜。东峰最高，有观音阁、功德山诸胜、冈之东西北三面，围九曲池于其中，池即今之平山堂坞。以后叙湖上林园胜区就按上述为序。

总而言之，从玄桥至迎恩桥，再西至长春桥；从问月桥西至七虹桥；从大虹桥南至古渡桥；从大虹桥保障湖(今称瘦西湖)北至长春桥西，延至法海桥；由此自莲花埂新河至平山堂；"两岸花柳全依水，一路楼台直到山"，几无一寸隙地。有之则自乾隆之际。据《扬州画舫录》袁枚序(乾隆五十八年，1793年腊月)云："记四十年前，余游平山。从天宁门外，挖舟而行，长河如绳；阔不过二丈许，旁少亭台，不过晏潴细流，草树卉歙而已。自辛未岁(乾隆十六年，1751年)天子南巡，官吏因商民子来之意，赋工属役，增荣饰观，参而张之。水则洋洋然回渊九折矣，山则峨峨然隥约横斜矣。树则焚槎发等，桃梅铺纷矣，苑落则鳞罗布列，阗然阴闭而雪然阳开矣，狩猷休哉！其壮观异彩，顾、陆所不能画，班、扬所不能赋也。"后来，里人谢溶生序中也说："增假山而作陇，家家住青翠城闉，开止水以为渠，处处是烟波楼阁"。沈三白在《浮生六记》中也说："即阆苑瑶池，琼楼玉宇，谅不过如此"。李斗在《扬州画舫录》中引刘大观关于杭苏扬三地之胜的比较："杭州以湖山胜，苏州以市肆胜，扬州以园亭胜"，认为此言"洵至论也"。从而享有"扬州园林甲江南"的声誉。

湖上林园胜区，迟至乾隆三十年(1765年)初，已建有卷石洞天、西园曲水、虹桥揽胜、冶春诗社、长堤春柳、荷浦薰风、碧玉交流、四桥烟雨、春台明月、白塔晴云、三过留踪、蜀冈晚照、万松叠翠、花屿双泉、双峰云栈、山亭野眺、临水红霞、绿稻香来、竹楼小市与平冈艳雪二十景。是年，复又增筑绿杨城郭、香海慈云、梅岭春深、水云胜概四景。书于两淮盐运司文宴时的牙牌上，遂有二十四景之称。这时虽有二十四景之称，其实不过"十余家之园亭"(《浮生六记·浪游记快》)，因为有的园，聚有二景或

多景于一园。[44]

乾隆以后，清朝的统治开始动摇，走向下坡。还在嘉庆年间，湖上林园胜区已随之中落了。未署作者姓名的《水窗春呓》一书的作者写道："余于己卯（嘉庆二十四年，1819年），庚辰（嘉庆二十五年，1820年）间，侍母南归，犹及见大小虹园，华丽曲折，疑游蓬岛，计全局尚存十之五六。比戊戌（道光十八年，1838年）赘归于邗，已逾二十年，荒田茂草已多。"那种"犹有白头园叟在，夕阳影里话当年"的感叹之情，也就油然而生。[44]早在道光十四年（1834年），阮元作《扬州画舫录跋》，道光十九年（1839年）又作《后跋》，历述他所看见的衰败现象，已到了"楼台荒废难留客，林木飘零不禁樵"的地步。[46]

清朝中后期，扬州的湖上林园胜区，虽说已经一蹶不振，但城市山林宅园，反而稍稍得到复苏，如筑于嘉庆二十三年（1818年）的个园，筑于道光二十九年（1849年）的棣园等，还有二分明月楼、鄂石诗馆、朱草诗林、寄啸山庄、小盘谷和容园、絜园、壶园、刘庄、梅花书院的退园、卢氏的意园等。大抵在城市中有限空间宅园里构筑山林意境。其间花窗泄景、半壁亭台、贴墙作山、环阁筑池等等手法的涌现，都是限于面积而又能达到小中见大的目的。当然也有占地面积较大的，如棣园即是。到了清朝末年与民国初年，随着经济的衰落，交通上失去其原有的地位，扬州湖上林园，越发不振，城市山林宅园也衰落，或只是庭园而已。也有个别佳构，能有山林的余意，如晚清时期建的珍园，民国初年建的蔚圃。[44]

以上是关于扬州园墅历代兴衰的梗概，下面将分别就扬州府城明朝园墅，新旧城清朝园墅，进行叙述，最后是湖上林园胜区。

（四）扬州明朝园墅

明朝扬州的园墅，从现有著录来看，除竹西草堂远在城东北三里而外，多在府城内外的近边。有些园的著录很简，有些园的著录较详，并有近人加以推

敲和分析。这里的叙述，先旧城后新城为序。

小东园

"在东城内，前临城濠，明中丞王大川宅后园也。池中有阁，有涵虚亭。……是园久圮，今亦无考。"[44]

苜蓿园

在学廨西，明嘉靖年间，训导欧大任建。欧"始于廨之西，葺理小斋，读书于其中。斋后有园，地皆硗确，杂以瓦砾，雨后尽种苜蓿，因题曰苜蓿园。是园虽简，而客尝满斋中，相与谈尧、舜、周、孔之道，食盘丰苜蓿，意萧然适也"（《重修扬州府志·古迹一》）。今扬州府县两学宫皆毁，已无踪迹。[44]

荣园

在旧城新济桥，明末汪氏所筑，取陶渊明之"木欣欣向荣"句义而名园。构置天然，为江北绝胜。往来巨公名卿多宴饮于此间。县令姜埰不胜周旋之烦，愤曰："我且为汪家守门吏耶？"汪氏惧恐，而毁园以报。仅一石尚存，玲珑嵚崎，号称"小四明"。园久毁，无迹可考。[44]

康山草堂

在新城东南隅康山街东首。明永乐年间，平江伯陈瑄泸治运河，委土于此，隆然成山。嘉靖中，增筑新城，循其麓为址，山入于城。天启至崇祯间，大理寺卿姚思孝葺为山馆。董其昌署其楣曰康山草堂。后废为民居。清乾隆年间，布政使衔江春构其旁屋，拓其三面，以复思孝之旧而增廊之。[44]下见清朝园墅节中康山草堂。

偕乐园

在广储门外，明万历二十年（1592年），太守吴秀建于梅花岭，环岭构亭台馆榭，为府县官衙游宴之所，名之曰偕乐园。久圮不存。[44]

前述明末郑氏兄弟有四名园。今述其二。

休园

在新城流水桥，乃明郑侠如就宋人朱氏园故址所筑。园宽五十亩，坐北南向，"在所居后，间一街，

乃为阁道，遥属于园东偏，虽游者亦不知越市以过也。阁道尽而下行如坂，坂尽而径，径尽而门"（此处及以下引文均见宋介三《休园记》）。门内为林园。"门而东行有堂，南向者语石也。堂处西偏，而其胜多在东偏。""堂之东，有山障绝伏，行其泉于墨池。山势石突起，山麓有楼曰空翠。山趾多窍穴，即泉源之所行也。楼东北则为墨池。阁右有居，曰樵水者，亦墨池之所注也。池之水，既有伏行，复有溪行，而沙渚蒲稗，亦淡泊水乡之趣矣。之南，皆高山大陵，中有峰峻而不绝，其顶可十人坐。稍小于顶，有亭曰玉照，然江南诸山，坐亭则不见，坐顶则见，以隐于林木也。此园雨行则廊，晴则径（江南诸园，无论苏扬均赋此特点）。其长廊，由门曲折而属乎东。其极北而东，则为来鹤台，望远如出塞而孤。亦如画法，不余其旷则不幽，不行其疏则不密，不见其朴则不丈也。此园占地既广，山水断续，由来鹤台之西，西南屋于池北如舟，芦英水鸟泊之。自是而西，又廊行也，则为墨池之北，沃壤而多树，……"。宋介三在记中认为："然是园之所以胜，则在于随径窈窕，因山行水"，因地制宜，自然成章。

影园

据《扬州画舫录》："影园在湖中长屿上，古渡禅林之北。旁为郑氏忠义两先生祠，祠祀郑超宗（即郑元勋）、赞可（即郑元化）二公。园为超宗所建。园之以影名者，董其昌以园之柳影、水影、山影而名之也。"影园的园主为郑元勋，在他为计成《园冶》一书题词中就写道："予卜筑城南，芦汀柳岸之间，仅广十笏，经无否略为区画，别现灵幽。"又曰："予自负少解结构，质之无否，愧如拙鸠。宇内不少名流韵士，小筑卧游，何可不问途无否？"对计成推崇备至。又在《影园自记》中写影园之营，"又以吴友计无否善解人意，意之所向，指挥匠石，百不失一，故无毁画之恨。"可见影园不但是计成规划设计，而且亲自指挥施工的。按"古渡禅林在湖中长屿上，为金山下院"。影园也如湖中长屿上，"古渡禅林之右，宝蕊楼

之左，前后夹水。隔水蜀冈，蜿蜒起伏，尽作山势。柳荷千顷，萑苇生之，园户东向。隔水南城脚岸，皆植桃柳，人呼为小桃源"（引文见《扬州画舫录》）。郑元勋《影园自记》中这样写道："卜得城南废圃，将葺茅舍数椽，为养母读书终焉之计。"又影园之址云："外户东向临水，隔水南城，夹岸桃柳，延袤映带，春时舟行者，呼为小桃源。"

影园的布局和内容，《扬州画舫录》载："入门山径数折，松杉密布，间以梅杏梨栗。山穷，左荼蘼架，架外丛苇，渔罟所聚。右小涧，隔涧疏竹短篱，篱取古木为之。围墙甃乱石，石取色斑似虎皮者，人呼为虎皮墙。小门二，取古木根如虬蟠者为之。入古木门，高梧夹径。再入门，门上嵌（董）其昌题影园石额。转入穿径多柳，柳尽过小石桥，折入玉勾草堂，堂额郑元岳所书。堂之四面皆池，池中有荷，池外堤上多高柳。柳外长河，河对岸，又多高柳。柳间为阎园、冯园、员园、河南通津，临流为半浮阁。阁下系园舟名曰泳庵，堂下有蜀府海棠二株。池中多石磴，人呼为小千人坐。水际多木芙蓉。池边有梅、玉兰、垂丝海棠、绯白桃。石隙间种兰、蕙及虞美人、良姜洛阳诸花草。由曲板桥穿柳中得门，门上嵌石刻淡烟疏雨四字，亦元岳所书。入门曲廊，左右二道入室。室三楹，庭三楹，即公读书处。窗外大石数块，芭蕉三四本，莎罗树一株。以鹅卵石布地，石隙皆海棠。室左上阁与室称，登之可望江南山。……庭前多奇石，室隅作两岩，岩上植桂，岩下牡丹、垂丝海棠、玉兰，黄白大红宝珠山茶、磬口蜡梅、千叶榴、青白紫薇、香橼，备四时之色。石侧启扉；一亭临水，有姜开先题菰芦中三字，山阴倪鸿宝题瀫翠亭三字，悬于此。亭外为桥，桥有亭，名湄荣。接亭屋为阁，曰荣窗。阁后径二。一入六方窦，室三楹，庭三楹，曰一字斋，即徐硕庵教学处。阶下古松一，海榴一。台作半剑环，上下种牡丹芍药。隔垣见石壁二松，亭亭天半。对六方窦为一大窦，窦外曲廊有小窦，可见丹桂，即出园别径。半阁在湄荣后径之左，陈眉公题媚

幽阁三字。阁三面临水，一面石壁。壁上多剔牙松，壁下石洞，以引池水入畦。洞旁皆大石怒立如斗。石隙俱五色梅。绕三面至水而穷。一石孤立水中，梅亦就之。阁后窗对草堂。园至是乃竟。园之旁有余地一片，去园十数武。有荷池、草亭，预蓄花木于此，以备捡绌。"[47]

20世纪80年代初，扬州园林处吴肇钊同志根据史料绘出了影园复原平面图和鸟瞰图(图10-55，图10-56)。1982年10月发表了《计成与影园兴造》论文，对影园的选址和影园的总体布局作了研究分析。在山水布局下又分借山、掇山、叠石和理水进行论述。对园林建筑布置和单体以及植物题材都作了分析。最后论影园的启示，归纳出以下几点：巧于因借；以简寓繁，以少胜多；情景相融，意趣横生等。该文作者认为："影园面积不足十亩(不包括其菜园和花圃部分)，在江南属中小型规模的宅园。影园是以水为中心，山为衬托的山环水抱的园林境地。通过借景能够突破自身在空间上的局限，借入周围环境内的极佳景色，延伸与扩大视野的广度和纵深度，使园子与自然景色融汇一体，人作与天开紧密结合。⋯⋯影园是湖上一岛，被内外城河环抱。岛中的水面形成岛中有湖，小内湖上的玉勾草堂的小岛，这又成了湖中又有岛的情况，然又是湖中有岛、岛中有岛。步步深入的空间显得布局层层叠叠，格外深邃，是蕴藉含蓄的情调。⋯⋯全园建筑量少，为使建筑融入大自然之中，故采用散点式布置。建筑因景而生，体现出疏朗而质朴的自然情调。⋯⋯顺自然之势，顺理成章地安排观景路线。凡人之所处，目之所见，都能感到诗情画意。观赏路线有节奏地串联大小空间，在变化与曲折中求空间上的深度、广度和层次，大大增加了园林内部空间的层次。"[48]

吴肇钊认为"在位于苏北平原的扬州，塑造出山环水抱确实不易，其山林创作手法妙处是：(1)借山：影园北面隔水蜀冈，蜿蜒起伏，尽作山势，登读书楼则平山、迷楼皆在项臂。南眺江南诸山，历历在

目，若可攀跻。⋯⋯正是计无否在园说篇强调的，'远峰偏宜借景，秀色堪餐'，⋯⋯'借者园虽别内外，得景则无拘远近'⋯⋯晴山耸立的江南秀色，古寺凌空的平山胜景，皆尽化为己有了。(2)掇山：⋯⋯园内大的地形起伏，也就是人工堆的山。在园的东南部是土山，松杉成林；北部是石包土山，按陡壁处理。为什么堆山选在东南与北边呢？从影园位置图中不难看出，这两边远处都有山，园内的掇山拟为园外山向园内的延伸，是主山的余脉。然平地又起，中间通过丛林连接，这样使园内的掇山与天然山势气韵相连，似与真山一脉相承，连成一体。⋯⋯江南淡淡的云山，园内是陪衬平冈山坂、漠漠平林，显得山体更为平远，构成一幅山水长卷；北面较近的蜀冈，园内是呼应色泽苍古的千仞峭壁、虬曲古松一二，显得山势宏大高远，恰又是一幅山水立轴。影园内的掇山，既以真山为依据，又融合在真山之中，正是计无否以假为真、做假成真的理论的实例。(3)叠石：影园书房'庭前选石之透、瘦、秀者，高下散布，不落常格⋯⋯。室隅作两岩，岩上多植桂，缭枝连卷，溪谷嶻岩，似小山招隐处。岩下牡丹，⋯⋯而以一大石作屏，石下古桧一，偃蹇盘蹲'(郑元勋《影园自记》)。如计成所写：'凡掇小山，或依嘉树卉木，聚散而理，或悬岩峻壁，各有别致。''或有嘉树，稍点玲珑石块；不然，墙中嵌理壁岩，或顶植卉木垂萝，似有深境也。'影园内也正是如此。影园池中多石磴，园中石壁，围墙甃以乱石，石取色、斑如虎皮者，莫不与《园冶》中叠石手法相一致。(4)理水(标题本书作者增)：水体处理贵在萦回，萦回了就能产生脉流贯通，全园生动的效果。影园是东、南、西三面环水的半岛，环抱的水系把园地范围起来。形成自然的园界。内外城河北通瘦西湖并直达蜀冈，往南可流入古运河。"《影园自记》中载："北通古邗沟、隋堤、平山、迷楼、梅花岭、茱萸湾，皆无阻⋯⋯盖从此逮彼，连绵不绝也。"⋯⋯使视觉空间与联想境界都无限地扩展开去了。影园"四方池，池外堤，堤高柳"，

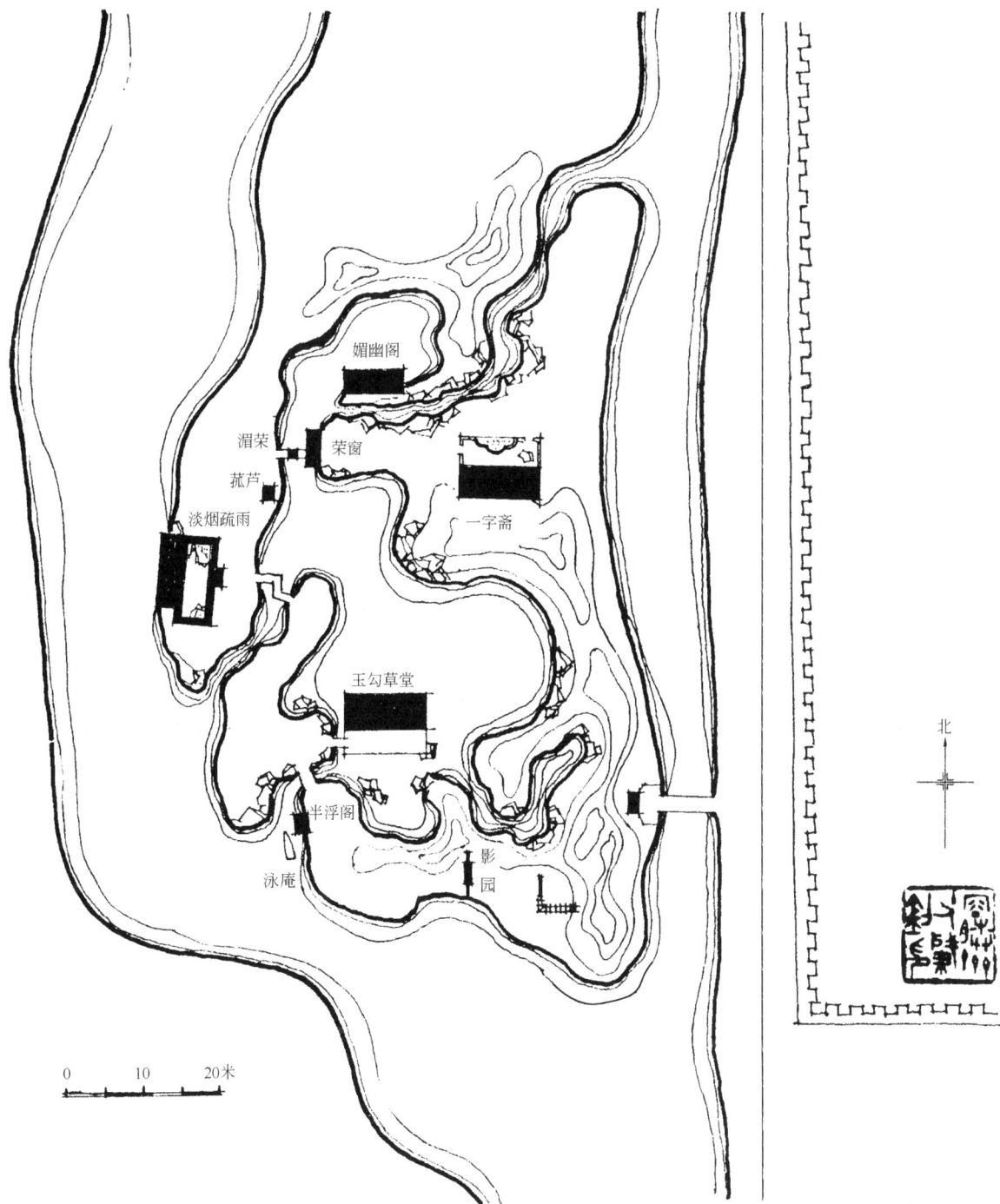

图 10-55　影园复原平面图

借助高柳的分割，使岛内视线范围起来，并与外面广阔的水面产生隔离，得到的是一片平静如镜的闭锁的小内湖风景。茅元仪《影园记》中载："有水一方，四面池。池尽荷，远萃交目，近卉繁殖。……"这样就"岛中有湖"。当过小石桥看到中央是玉勾草堂小岛，这又成了"湖中有岛"的情况。层层叠叠，……步步深入。总的说来是"湖中有岛，岛中有湖"，又是"湖中有湖，岛中有岛"。当进入"淡烟疏雨"，穿曲廊登上读书楼，周围景色尽收眼底。……然步履园内，环岛卉木，亭台楼阁，假山水池，曲折起伏，变

图 10-56　影园复原鸟瞰图

化无穷，与简单的外部构图产生了强烈的对比，更觉含蓄深邃。以上是通过岛、堤、桥、岸的分割处理，从大处着眼，使水体产生趣味不同、余意不尽的感觉。……整个水面以聚为主，聚中有分。特别是在池面的中间部位，……收缩成夹峙之势，使水面像个葫芦。……"水狭而若有万顷之势矣。"水面上散点的石磴，既可丰富水景，也增加天然山水朴质的美。影园的水还注意了深邃幽奇变化莫测意境的塑造。媚幽阁三面水，一面石壁，壁下石涧，以引池水入畦，涧旁皆大石怒立如门。……影园水景的成功是与山的紧密结合分不开的。中间"湖平无际之浮光"，并收入柳影、水影、山影。山林之影倒入池中，愈增深邃、含蓄的感觉，令人心旷神怡。[48]

（五）扬州清朝园墅

前已述及，到了清朝中晚期，湖上林园胜区，

虽说已经一蹶不振，但城市山林宅园，反而稍稍得复苏，也出现一些名园。以下先就旧城、后及新城诸园墅为序列述如下。个别民国初年修建宅园也附入。

旧城诸园墅

亢园

在小秦淮头敌台至四敌台之间，乃青盐商亢氏于城阴所构之园。长里许，临河造屋一百间，俗呼为"百间房"。乾隆末年，其址尚存，而亭台堂室已无考。今已无迹可寻。[44]

合欣园

本亢园旧址，改为茶肆。大门在小东门外头敌台，门可方轨。门内用文砖亚子，红栏屈曲，叠石数十阶而下，为二门。门内有厅三楹，题曰秋阴书屋。厅后住房十数间，一间二层，前一层为客座，后一层

为卧室。或近水，或依城，游人无不适意。久已无存。[44]

小秦淮茶肆

在五敌台。入门，有台阶十余级。螺转而下，有小屋三楹。屋旁有小阁，黄石嶙岣，石中古木十数株。下围一弓地，置石几石床。前构方亭，亭左河房四间，久称佳构，后改名"东篱"。今已无迹可考。[44]

大涤草堂

在大东门外河沿上，清康熙三十四年（1695年）石涛和尚筑。其地兰竹丛生。三十七年（1698年）石涛给八大山人信中云："平坡上老屋数椽，古木樗散数株。阁中一老叟，空诸所有，即大涤草堂也。"是堂久圮。[44]

城南草堂

在小东门内。傍城之阴，构精舍。有珍卉秀郁，文窗窈窕之概，是为城南草堂。堂系布衣陈章后裔陈思贤居址。据甘泉汪荣先所撰《白石山人还居城南草堂记》云："于还居之先，获异石焉，称植于堂之东南隅，遂以白石山人自号。是石也，璁珑丈余，莹洁比石，有拔出尘俗之概。"记在嘉庆十一年（1806年）中夏。山人殁后，园遂废。今已不可考。[44]

小园

在小牛录巷，某氏住宅东北之内院，夹道之尽头，小园在焉。墙东北隅，有一亭。……其南玫瑰一丛，牡丹一本。……其西稍南，透骨红梅花一株，金银花一株，藤本螺结殊古。南出垂花门，得小院落，木笔一株如盖，高出木阁。向北有屋三楹，西北经游廊，向西月光门外为客室。由北入，折而西，有门额曰"花木翳如"。有木香一株，引蔓出墙外。石笋高三尺，色若碧琅玕，斑纹特奇。枇杷、天竹，及不知名野花杂莳其间。向南有屋两楹，东向因墙为窗。当亭之西窗，楼影横斜。如荦画，殆擅一园之胜。……今其园不存。[44]

半吟草堂

在小牛录巷，为冶春后社诗人布衣巴雨峰所居，

有屋二间，名曰"半吟草堂"。堂下多杜鹃，尝于花时觞客。今已不存。[44]

思园

在文选巷，乃陈逢衡之别业。此园原先系郑氏园亭，后归陈氏，易名为思园。园有瓠室、读骚楼诸胜。其园已不存。[44]

樊圃

在府署东，乃樊预所居，竹院清幽，小有园林之胜。今已不存。[44]

桥西花墅

在府东街，乃太史臧谷之旧居。有楼屋数间，余地略栽松竹。太史喜种菊，称"种菊生"，又号"菊隐翁"，晚号"菊叟"。今已无复园林遗意。[44]

楼西草堂

在文昌楼之西，乃诗人萧畏之所居。有小筑数椽，间莳花树。庭有西府海棠一棵，高出檐际，花时烁烂若锦。……后为李介石赁居，今已无存。[44]

秋集好声寮

在北门街顾家巷龙光寺之西偏，乃清乾隆间江春所筑别墅。园久圮不存。[44]

徐氏园

在蔡官人巷，原系晚清间朱相汤旧居，后归徐芝岫所有。徐氏复购邻边蔡氏地，廓而充之，有庾信小园之胜。今园已不存。[44]

萃园

在旧城七巷4号宅内。园门南向，"萃园"二字额。萃园旧为潮音庵故址。清宣统末年，丹徒包黎先于此筑"大同歌楼"，未几，毁于火。民国七、八年间（1917～1918年），盐商集资改建是园。……建国后，收归公有。今是园由南门而入，循左岗北行，缘墙一带，竹树交加，绿草披纷。平岗上，筑六角草亭一。……岗尽头，朝南有瓦屋三楹，偏处一隅。屋前平地凿小池，池栽睡莲，意态清新。屋之西，又有四方亭一，立于低阜。……由此行不远，又有玉宇在焉，房基作工字形，仿五亭桥款式。原先为草亭五

座，后改成瓦屋连宇，明间之前，复建一亭台，……缘西行，有廊曲折逶迤而来，尽头有小院一区，是一处幽僻之所在。若随廊南去，有高阁一事。……现园中花卉鲜秀，环境雅洁，为扬州地区第一招待所待客之所在。[44]

息园

在旧城小方巷，民国7年(1918年)冶春后社诗人胡显伯，于大同歌楼一侧兴建。是园之中，有楼五楹，上曰眺雪，下曰箫声馆。园内花木相间，竹石相倚，尤多垂柳。……今与萃园连成一片，并入扬州地区第一招待所。

怡庐

在旧城嵇家湾2号宅内，民国初年，钱庄业经纪人黄益之建。是园设计，出自叠石名家余继之手。园分前后两个院落。前院大门东向，门内有游廊三折，坐北有花厅一座，依院西墙，叠一撮宣石山子，山旁种花植木，地坪全以鹅卵石铺砌，甚为雅洁。院墙以西，有"两宜轩"，自成小院落。院落南北两头，各有精舍一间，一额题"寄傲"，一额题"藏拙"。花厅间后，有一狭长天井。北依花墙，叠雪石为山，植竹少许，蓊蓊郁郁，陡增人间清趣。随路曲折，步至后院，面南构书斋三间，朝北以湖石砌一花坛，与前院隔着一道花墙，两边景物相互辉映。后院虽不若前院宽绰，自有通透之感，而无窒息之虑。怡庐之胜，胜在一厅一室之设，一石一木之植，无不因地制宜，无不以构意为上。……为扬州晚出园林中，富有清新格局之一类。20世纪60年代初，乐群幼儿园设此，今为干部宿舍。[44]

辛园

在仁丰里89号宅内，乃周耙扶家园。园在住宅西偏，园门偏东南，门屋瓦顶，状如半亭。内有楠木花厅一座，厅之南，有老树挺拔，漏窗泄景。园之南墙东西两头，各留一门。门之外，仅有狭长隙地，别无长物，亦不可通行，用以加深意境。厅之北，有斑竹丛生。今汶河街道办事处设于此。[44]

珍园

在九巷22号住宅之东偏，园门西向，旧额书题"珍园"二字。内有游廊四折，与三间层楼相连。楼之南，叠一座湖石山子，中有洞曲，上有盘道，下有水池两曲，更在山石之东，有半亭掩映。若循山洞北出，上有吴让之题"觅余步"石额。此地临水，水上飞梁。过此即达层楼所在。园中余地，惟栽竹枝，竹中植有乌峰石二三，圈以湖石落地坛，虽属无山，而山意自在其间。今层楼、游廊皆拆除，新建一洋楼，门亦改在东偏，为珍园华侨招待所。[44]

倦巢

在正谊巷20号住宅之东偏，坐北朝南，乃清光绪年间徐芝岫所建。取义"倦鸟归巢"而名园。目前园中只余疏疏落落黄石花坛，别无长物。[44]

赵氏园

在赞化宫西首第一家，今由旌忠寺巷33号出入，俗称后李府，乃布商赵海山营筑。园在住宅西偏，在园之南，有客座三楹，接以回廊，折向花厅，廊檐蜿蜒至月洞门处，作半亭状，原尚具园林规模，惜山石颓败。"文化大革命"中，园已拆除，重建宿舍一区。[44]

讷庵

在史巷11号宅内。为钱瑞生家园，今为市人民武装部干部宿舍，惟房廊保存较好，尚余花木少许，山石已圮，仅存残迹。[44]

秦氏意园

在旧城堂子巷6号住宅之西南隅，乃清乾隆年间，太史秦恩复所筑，曰意园。旧有图画，民国十年(1921年)，秦氏后裔付装池，有跋可了解园容，曰："乾隆之末，……就居室之旁，构小园，曰'意园'。于园中累石为山，曰小盘谷，出名工戈裕良之手。面山厅事，曰'五笥仙馆'，旁为'享扫精舍'，右为'听雪廊'。廊之南，北向屋五间，曰'知足知不足轩'。由廊而西，逶迤达'石砚斋'、'居竹轩'。……洪杨之乱，屋毁于兵。所谓小盘谷者，亦倾圮。"同治年间，秦氏后人补栽竹石，广植花木，筑草堂数间，为春秋佳日盘桓或延宾之所。今时，园已不存，惟史望之所书之石额残字尚嵌在意园东北墙上,别无其他遗留。[44]

半亩园

在三元巷 20 号,坐北南向,乃邱谓青家小园。园在住宅西南隅,山石已废。南有一亭,北留一厅,别无所存。

刘氏小筑

在粉妆巷 19 号住宅之北,系盐商刘敏斋营建。是园进门为通道,中植老槐一株。左折入一院,南沿叠一座湖石山子。东北隅,山石贴墙起峰。西北有一石坛,北面有花厅三间,东西两面修以游廊。花厅明间后沿留有狭长天井一方,设有漏窗,以虚补实。贴墙叠黄石少许,其间植一株梅花。花厅之东,另辟一厢房,自成一小院落。天井一隅叠石少许,原先植有藤花,今时补栽天竹一丛,意趣殊异当年。园主人瞩目于花木配置。厅之东,植以绣球;厅之西,种有红枫;厅之南,栽丹桂两树。园虽不大,四季景色转换,令人耳目常新,别具一番匠心。[44]

秦氏小筑

在实惠巷 4 号宅内。是园在住宅之西,坐北朝南,在东西两墙上,嵌有淳化阁帖石刻六方,旧有走廊覆盖,今圮。园之南隅,尚有半亭一事,亭下原先有池,亦已颓败填没。园之北,尚有一厅和黄石少许。[44]

刘氏庭园

在甘泉路 4 号,刘竹筠住宅之东偏。园门西向,坐北有花厅三间。厅之南,叠黄石为山。山之侧,栽花植木。原有短廊角门堂与厅屋连接,今圮。花厅东侧,有门墙一道,与庭院隔断。侧门内,别有一狭长天地,居中坐落书斋一事,于天井两头,稍稍叠石,少少栽花,是一个静中养静之所在,整个庭院建筑与布局,手法简朴,全无繁复杂沓之感。[44]

匏庐

在甘泉路 81 号宅内,民国初年卢殿虎所建。是园横长,略带开阔,可分为东西两部分。园之东部,以回廊通连,南向旧植细梧三五株,瘦长如修竹,饶有清妍之姿。东南一隅,坐落半亭。亭栏临水,池水由此北折,水池尽头,有轩三间。随路一转,或东登半亭,或缘池西去,达于园之西部。西部园中,筑花厅一座,劈园为南北两半。北半以黄石叠坛,种花植木其间。南半以湖石垒山,假以老树青藤,自然一片葱郁。山之右,有水阁一,阁下临池,池水澄碧,时有红鱼悠游其中。步至极西处,仿佛已到绝处,忽又现出一门,有砖路北去。迎面一叠黄石,逶迤而东,又好似别有洞天,进得门来,于不知不觉中,重又回到原来地方,虽属景物依然,却给人观感一新。匏庐至今尚保存良好,是扬州晚出园林中,以横长别致见称。今由扬州市重工业局住用。[44]

孙氏园

在福寿庭 10 号,已划入新华中学,园在住宅西偏。20 世纪 60 年代初,尚存湖石山子一座。池虽填没,但石梁还在。今已无存。

学圃

清乾隆间,马曰璐《学圃八咏》中,有双槐双荫之居,即林楼、绿净池、帆影亭、桐花舫、碧山楼、舒啸台、柳筱诸胜。扬州旧有府县二学宫,皆有园。[44]

新城南诸园墅

容园

在阙口街流芳巷内,先是清武汉黄德道员黄履昊筑,后为贵州巡抚江兰所得,以为觞咏之地。道光初年,归运判张运铨氏所有。是园广达数十亩,中有三层楼,可瞰大江。凡赏梅、赏荷、赏桂、赏菊,皆各有专地。演剧宴客,上下数级,如大内式。另有套房三十余间,回环曲折,不知所向。园有古藤,大可合抱,池极宽广,甲于一郡。[44]

别圃

在阙口门内,清黄履昂所筑,今已无考。[44]

康山草堂(清时)

明末废为民居,清乾隆年间,布政使衔江春构其旁屋，拓其三面，以复思孝之旧而增廊之。植诸卉木，重楼邃室，曲槛长廊。又穿池架梁，列湖石绕之。登台望远，城外漕河帆樯，往来如织。隔江山色，近在几案。山之左为观音堂，宋元间古刹也。晨钟夕梵，与山径松风相唱答。其西北隅，为候选道徐本增园。园故多古树，每春夏时，浓荫密布，蔚然以深。今复道相通，联成一景。乾隆南巡，迭次临幸是园。当时楼台金粉，箫管烟花，极一时之盛。……江春身后，因欠公帑，园乃入官。道光间，阮元领买康山正宅官房时，园在其侧，已荒废不可收拾。民国31年（1942年）之际，山前改为正谊中学，山上为僧寺。大半已成荒丘，惟山麓嵌有石刻董其昌书"康山草堂"四字。今已平毁，无迹可寻。

万石园

在康山。是园旧为汪氏宅，清雍正十二年（1734年），余元甲所筑，积十余年而成，传以石涛和尚画稿布置。是园，山与屋分，过山方有屋。入门见山，山中大小石洞数百，用太湖石以万计，故名"万石园"。园有樾香楼、临漪栏、援松阁、梅舫诸胜。乾隆间，元甲死，园遂废，山石归康山草堂。今已无迹可考。

鄂石诗馆

在南河下居士巷，乃清代郎中陆钟辉之旧居，嘉庆中，为中书舍人黄文辉宅。有连柯别墅、文石轩、碧阴山庄、卫书楼、沁春楼诸胜。今不可考。

易园

在康山南偏，为清乾隆间歙县盐商巨子黄晟所筑。以其中三层台，称为杰构。黄氏于是园刊刻《太平广记》与《三才图会》书两部。后园废，今不可考。[44]

退园

在南河下街，与康山草堂比邻，乃清人徐赞侯所筑，在住宅后。园有晴庄、墨耕学圃、交翠林诸胜。乾隆南巡时，江春借之为康山草堂之退园，遂与北部之水竹居并称于时，后园废，今无迹可寻。[44]

寄啸山庄

在新城徐凝门内，乃清光绪年间道台何芷舠所建，或名何园。因在住宅之后，坐北朝南。住宅大门在花园巷东首，园门在刁家巷内。它是清朝扬州比较晚出的大型宅园。由于园主人曾经担任过清王朝驻法国公使馆职务，宅园中建筑出现了一些西洋格调，但楼横堂列，廊庑回缭，在平面布局上，园林建筑形式上仍具中国传统。

是园共分东西两部（图10-57），大门在东西两部园林之间，门庭北向，先是一座高大的磨砖门楼。为二门，即何园的正门，门楣上方嵌有"寄啸山庄"四字砖额，门内为复道，即门内与穿廊相接，门上为串楼，与楼下廊扣合，叫作复道。道左右分，向左转折入园的东部。东部园中，南有馆舍一，未名，西面贴墙而筑，东、南、北三面临空。馆南有狭长隙地，旧时栽竹植木，东部园中央有（船）厅三楹，南向明间廊柱上悬一副木刻楹联，云："月作主人梅作客，花为四壁船为家"。厅四周，以鹅卵石铺设地坪，纹作"水波粼粼"状，以厅为船，给人以水的意境。厅的四壁皆是明窗。厅的东南有老槐荫蔽，山石少许，点缀其间。厅的东北，以湖石贴墙作山，山势时起时伏，逶迤而西，有石磴可登，行至东北隅山巅置一亭，可歇足俯仰。由山亭西去，有小径南下，前后即厅的所在。或循山径西行，拾级可以登楼。楼面东而立，西北两面贴墙，东南有阁道环绕。楼上为"半月台"，每当月上东山时，可于此观月出景色。人立台畔，与厅屋飞檐几乎相平，或俯或仰或平眺，景色不同。由此随楼廊两折，转入西部园。楼下为精舍两间。东廊壁间嵌有苏东坡法书"海市帖"刻石。[44]

园西部面积较东部为大，有复道绕其三面，间以楼阁亭台之属，山石独占西南一区，中央辟一偌大水池。北依墙有明楼三楹，支以两翼，俗呼"蝴蝶厅"。这一带的复道，装置着铁制的西洋格调的空花栏板。于楼上凭栏，可纵观全园景色。水池东首、水心筑四方亭一。亭侧有鱼梁南北出，北出至明楼，南

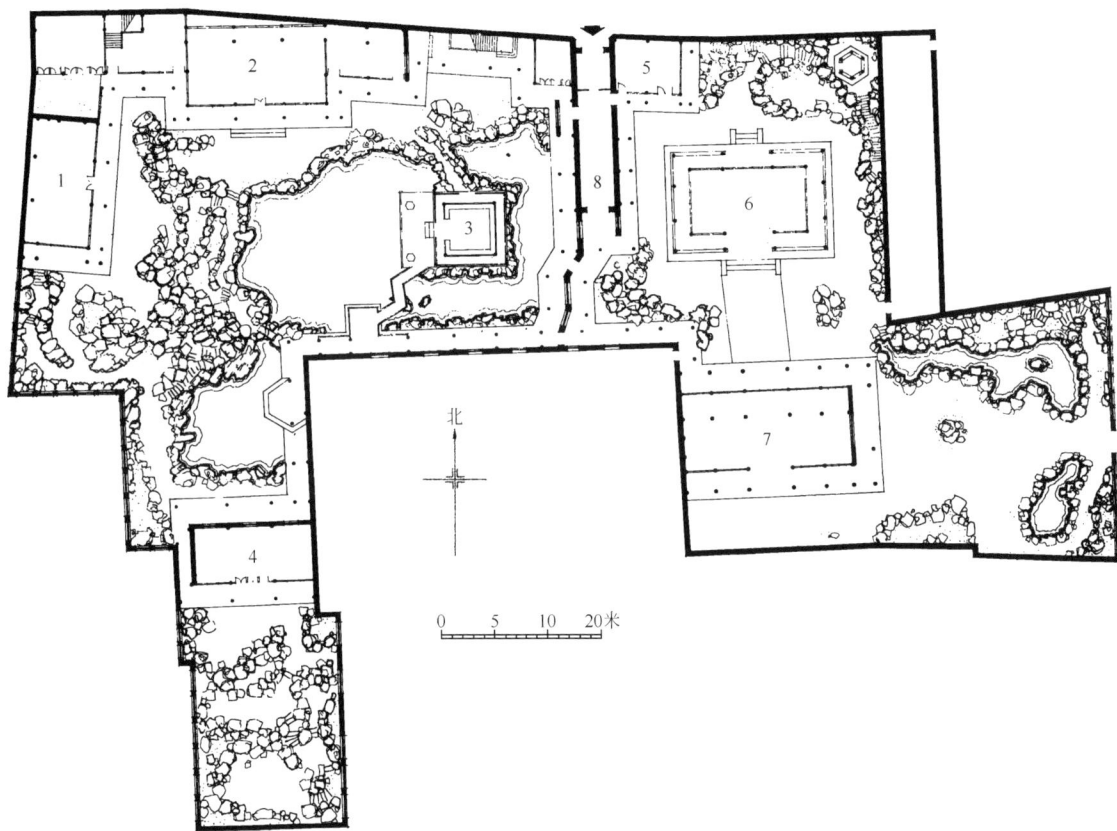

图 10-57 寄啸山庄平面图

1. 潜山馆；2. 蝴蝶厅；3. 方亭；4. 书斋；5. 半月台；6. 四面厅；7. 馆；8. 复廊

出曲桥三折，转入复道。亭中可倚栏俯视鱼游之乐，环视楼阁之美。有人把此亭说是"纳凉拍曲的地方"，称它为"戏亭"。亭中演戏，可以"利用水面的回音，增加音响效果"，又可利用回廊作为观剧的看台。池的西南有一座湖石山子，突兀于水际。山上有石磴盘旋，山腹有洞曲迁回，山半植有白皮松两株，枝干虬曲。山池之西，又有一座黄石山子拔地而起，与东西两半的湖石山子相接。贴园墙之西南，又属湖石峰峦，有磴道曲折而下，山麓隐一斋室。在三山（先湖石而黄石又湖石）一水隐映处，有馆舍三间面东。过此北行，即明楼，可由楼的右翼拾级而登。上为楼屋五楹，楼面南临水而立，于此凭栏，可览可眺，可歌可啸。全园景物全在指顾间。循楼东三折，上为串楼与阁道，下即回廊，总谓之复道。在东廊壁间，嵌一部唐人双勾王羲之《十七帖》刻石，西廊壁间，嵌石刻颜真卿三表法帖。复道尽头，有楼阁一，独居小园

一面，上有栏槛临虚，下为馆舍三楹。西南有一带湖山掩隐，上盘下谷，游人至此，几疑无路可循，恰在木石隐蔽处有一门，门内为园主人住宅。[44]

寄啸山庄虽属晚出，但在布局造园手法上颇有新意。虽以厅堂为主，却以楼廊与假山贯穿分隔，上下脉络相存，构成一个整体。是园东、南、北三面，上有串楼，下有回廊，迁回曲折，层层叠叠，形成立体交通，双层赏景的园林。东部园景主要环水展开，用水石以衬托建筑，使山色水光与亭阁楼廊及其影相映成趣，虚实互见。由于园景分成高下两个层次，转换成前后左右四面，同一园景，由于角度的转换，能给人以耳目一新的感受，这正是寄啸山庄高超之处。

庾园

在南河下江西会馆对门，乃赣省盐商筑以觞客之所。园基不大，而点缀极精。花木亭台，山石水池，各擅其胜。时至20世纪60年代初，园中尚有一

峰，峰上北向有一轩。循石级而下，达四面亭。山下旧有水池，石栏还在，但池已填没。四周除却老树两本而外，空旷有余，不复有花木鲜秀之感。[44]

平园

在花园巷西首，与棣园后门相对，为民国年间盐商周静成所建。园在住宅西偏，门楼南向，迎面有敞厅三间。折向西行，有月洞门，门额上刻楷书"平园"二字。是园分前后两部，间以一道花墙。园之南，稍稍偏东处，有广玉兰两株乃是百年古木。于花墙正中，辟一圆门，面南门额上刻"惕息"两字，面北门额上刻"小宛风和"四字。园之北，有一大院落，南向有花厅五楹。院之东西两墙上，各有角门一，东角门上题"夕照明邨"，西角门上刻"朝辉净郭"四字。沿南墙北向，圆门左右，各有湖石山子一叠。山之侧，东植凌霄、黄杨，西植木犀、碧梧。整个庭院虽不大，实有净郭与明邨风貌。[44]

片石山房

在新城花园巷东首，坐北朝南，先为清乾隆间吴家龙别业。据钱泳《履园丛话》卷二十，"扬州新城花园巷又有片石山房者，二厅之后，湫以方池，池上有太湖石山子一座，高五六丈，甚奇峭，相传为石涛和尚手笔。"其地"后为一媒婆所得，以开面馆，兼为卖戏之所，改造大厅房，仿佛京师前门外戏园式样，俗不可耐矣。"后在光绪年间，为吴辉模修葺居之。而今只余山石残迹一区。[44]

是园西偏有湖石山子(图10-58)，平面上是横长形的倚墙山，从今存气势来看，西首应为主峰，挺拔奇峭。山腹中空，有洞曲两转。缘峰岩之右，越石梁，踏蹬道，可攀至绝顶。蹬道之西，有蜡梅一株，枝叶蔓生，浓荫掩路。山之巅，山石更加空灵。峰下筑正方形石室(用砖砌)两间，所谓片石山房，指此石

图 10-58　片石山房西部假山立面

室而言。山下旧有水池屈曲，现已填没。向东山石蜿蜒。现园之东偏又有湖石山子(图10-59)，原与西偏山石接连，今被一门一屋拦腰切断，已失去昔日逶迤之势。东偏山石中空，其西、南两面，皆有谷口，可绕登山石之巅。蹬道上空，有老藤一架，蒙茸独自成荫，衬托出山林深邃之意，旁有罗汉松一株，径粗近尺，高可逾丈。山石之南，有面阔三间的楠木厅，其建筑年代当在乾隆年间。山石之北，旧有一楼，今已废去。是园山石布局手法，大体上还继承了明代叠山的惯例，不过重点突出，使主峰与山洞更为显著罢

0　1　2米

图 10-59　片石山房东部假山立面

了。全园布局主次分明，虽然地形不大，布置却很自然，疏密适当，片石峥嵘，很符合片石山房这一园名含义。[44][46]

卢氏意园

在新城康山街22号住宅后身，坐北南向。卢氏家园建于清光绪年间。今时，只存半亭一，"水面风来"旧馆一区，以及后楼一座。园中山石水池，已荡然无存，惟曲梁石板犹在，尚可窥见昔日之规模。[44]

魏氏逸园

在新城康山街24号宅内，为清光绪年间魏仲蕃所建，又名"蕃园"。园在住宅西偏，坐北南向。今余山石少许，漏窗数面，以及砖刻门楼一座，别无长物。[44]

八咏园

在大流芳巷29号，相传为丁宝源旧宅。园在住宅西偏，坐北朝南；分为南北两部。南部已圮，于西廊下，虚设角门与花窗寓意。北部保存较好，园门作月洞形，东边接以修廊，与园中央四面厅相接。厅之南，以湖石贴墙作山，山下凿池，山石缘池三转。厅之西，有一角雪石从墙角伸出。厅之东，筑有黄石山子与花坛一座，并在一支峰石上，刻有"几生修得到，一日不可无"联句。循此北向，有花墙一道，墙内另有小院落，名之为"藤花榭"。院门口有上联为"读书养性"，下联为"花鸟怡情"联句一副。转由黄石山南去，倚石筑墙，上辟漏窗五面。东西皆有通道，右出可达四面厅，左出与走廊相连。向东一转，步入住宅。最前为照厅，次为客厅，向后有住房三间，再后有楼，楼后止于"补园"。[44]

补园

原系八咏园之后园，有弥补不足之意。角门额石上刻"补园"二字，门上有联云："虚心师竹，傲骨友梅"。门墙左侧，嵌有横长条石一方，上刻"此君吟啸处"五字。角门之内，有楼屋数间，楼后为园。园有黄石花坛，其北有桂花一树。沿园东墙，广植无花果。又有屋宇其间，修以短廊，曲折而又别

致。今已改动多多，无有耐人寻味处。

濠梁小筑

在流芳巷口，与补园相连。原系明代遗园，今时只存遗址，已无实际可循。[44]

退园

在广陵路8号之西，今已圈入扬州市第七中学校园内。不知何许人建，亦不知始建于何时。惟在郑谷所书"数帆楼"匾上，有"清光绪二十二年"字样。园中山石水池已填没，尚余楼层一区及花木少许，往昔登楼远眺，穷目数帆之余韵，不复存在。[44]

刘庄

在广陵路64号宅内，清光绪年间，名"陇西后圃"。后归盐商刘氏，于民国11年（1922年）鸠工修理，改名"刘庄"[图10-60(缺)]。徐镛为撰《刘庄记》云是园："台榭轩昂，树石幽古，颇及曲廊邃室之妙。庭前白皮松二株，盘根错节，非近代所有。"因曾设"怡大钱庄"于此，俗称怡大花园。[44]

是园以屈曲见长，共分四个院落。前院园门东向，面西门额上有"余园半亩"四字（刘庄亦称余园），南向有厅一座，西南有短廊与半亭相接。沿南墙以湖石筑坛，上植白皮松二，花木少许。由短廊西北出，步至西院，院中修竹亭亭。沿北墙以黄石叠山，有磴道可上串楼。由前院东北出为东院，北向有楼阁临虚，用湖石贴墙作山，山之前，凿地为池，缘岸垒石。此地虽非山水胜境，亦属别有洞天。后院在东、西两院之后，惟余山石少许，房廊零落。

二分明月楼

在广陵路91号宅内，建于清朝中叶，主人姓员，名已佚，后为贾颂平购得。在短巷尽头，西向有一门，门内即园。园之极北，有南向长楼七间，明间上悬钱泳书题"二分明月楼"匾额，楼栏临虚，作美人靠，可供息坐。在园之东，有黄石山子一座，由此可以拾级而登东阁。阁西深三间，进深一架，与长楼相呼应，在园之西南隅，又有馆阁三间。旧有游廊，自此迤逦而北，今圮。在园之中，以黄石顺势堆筑平

冈，高出地面稍许，犹如浮出水面之汀屿。此地虽无高山峻岭，倒也别出心裁。平冈之中，原有四面厅一座，已移走，遗址旧痕尚清晰可见。在园之东南隅，起阜为山，或堆花坛，均以黄石叠造，其上植树栽竹。沿着南墙向东折去，墙上置漏窗数面，透映园南花木屋宇，在花墙壁间，嵌有碑石一方，字迹已漶勒，几不可辨。园之东阁下有一井，井栏石上，勒有"道光七年杏月员置"数字当是员氏园中旧物。[44]

"二分明月楼"是扬州园墅中惟一旱园水做的独例。全园虽属有山无水，而流水常在。这一构思，恰是煞费苦心，可称扬州名园之一。[44]

邱园

在广陵路 82 号住宅西偏，民国初年染料商人邱天一建。园内一山在北，以黄石所叠，山有洞室屈曲。南向有客座三间。一山在南，以湖石堆筑。北向，又有书斋两楹。园中因地种花植树。今归扬州市纺织品公司所有，已无园林胜迹可言。[44]

贾氏庭园

在大武城巷 1 号宅内，系清光绪年间盐商贾颂平所建，现已改作幼儿园。此处庭园，在两屋之间，凿地为池，稍稍叠石，养鱼其中，四边以廊通连。于小小一方天井中做文章，很为别致。旧在住宅西偏，有较大园子一所，已废不存。[44]

小盘谷

在大树巷 58 号，原为清光绪年间两江两广总督周馥购自徐姓重修而成的居址。至民国初年复经一度修整。[46]园在住宅东侧（图 10-61）。二门之后，南向一厅。厅之左，为公巷。巷之南首，西向有月洞门一，门额上刻隶书"小盘谷"三字。园分东西两部（图10-61）。踏进园门，先入西部。南沿有湖石山子一叠，山下有洞室曲折，洞尽而廊，廊尽而谷。谷之西口，有石梁三曲，飞架鱼池之上。或入园门径至园西之水阁，阁三面临水，与池东耸峰相峙，是凭栏观鱼，临窗看山最佳处。[44]阁南故山，拔地峥嵘，名九狮图山，峰高约九米余，惜民国初年修缮时，略损原

状。[46]出谷之北口，临水断岩，水中掇石衔立，世人谓之"踏步石"，又名"约略"。由此越水，踏步石尽头，贴墙有洞曲两折，石壁上刻有"水云深处"四字额。洞曲尽头，有悬蹬可以拾级而登峰顶。顶之东南，平整如盘，建有山亭（名风亭），以憩以眺，于此可西顾水阁凉厅，小桥绿水，东眺花木丛隐，修竹掩翠诸景物。由山绝顶处沿东廊拾级而下，即到园之东部。东西两部之间，以回廊与花墙隔开。在廊的南首，筑有连枝带叶的桃形门，额题"丛翠"二字。今时，东园景物已毁，正修复中。踏进东园，向右一折，随回廊弯曲，步至尽头，有花厅三间，厅前植木立石，种花栽竹，有庭院格局。由丛翠门向左手一折，随回廊北去，在回廊与台阶之间，廊壁上辟有一个角门，门内别有天地。南向则廊，北向则谷，通达裕如，非大手笔不能为此。[44]

周氏"小盘谷"，是扬州诸园中，尤以叠石掇山来说，可称上选作品。山石与洞曲，山峦与谷的叠置，水池与步石、曲桥，廊墙的间隔，前院与后园，处处运用以少胜多，小中见大的艺术手法，正是危峰耸翠，苍岩临流，水石交融，浑然一片了。园内没有崇楼复廊（例寄啸山庄），但池山幽曲多姿成图。[46]此园是扬州现存清朝中叶园林中，山石水池、亭台廊阁，保存较好而又比较杰出的宅园。现归扬州市商业招待所住用。[44]

田氏小筑

在新城居士巷 31 号宅内，坐西朝东，乃西医田悦邱家园。在园之北，叠湖石山子一座，上有蹬道，可拾级登楼。园的东南有修竹亭亭。在园之西，又有中西合璧的客室三间，别有风味。[44]

容膝园

在金鱼巷 5 号，园主人姓氏已无可考。建国前，为方小亭别室所居，建国后，收归公有，今城南街道办事处驻此。

园在室之南，北向有堂屋三间，中间为花墙一堵。墙正中，有门六角，颜其额曰"容膝"。门两侧

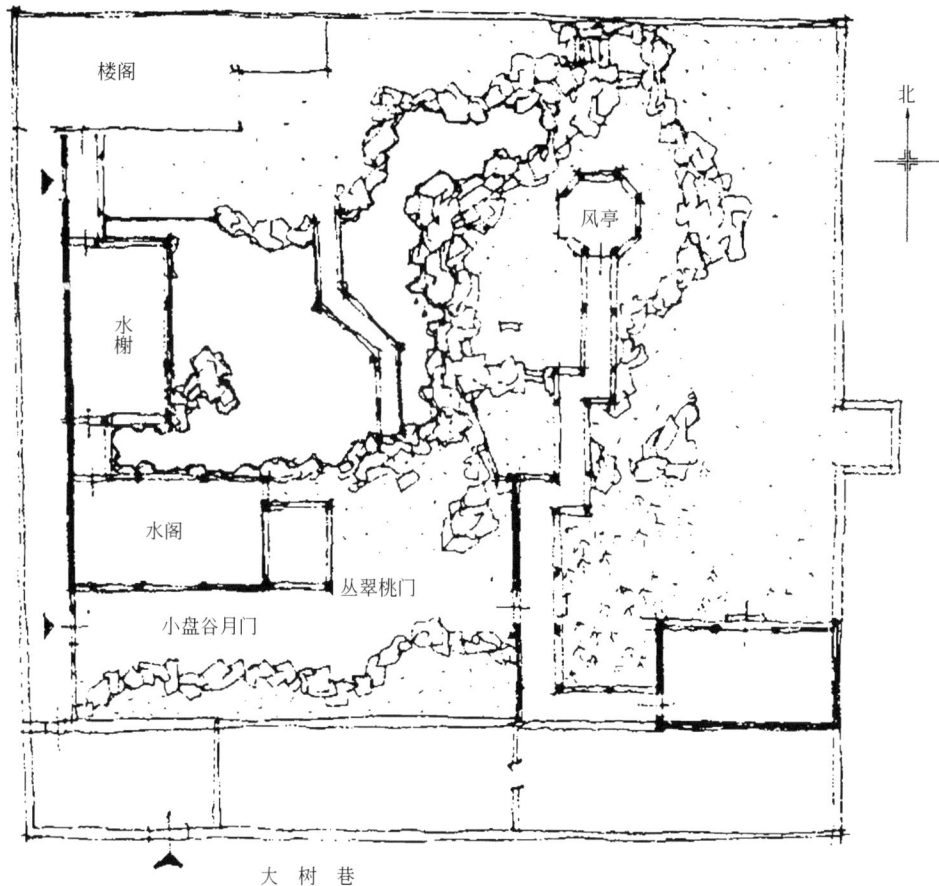

图 10-61　小盘谷平面图

上方，辟漏窗两面。角门内，有地甚小；在园内东北隅，叠山石一撮，植花木少许。在园西侧，贴墙筑半廊与半亭连续。于园之西南，横断园林，造客斋三间。斋南留有隙地，小有洞天。整个园地，纵深约三十步，宽仅十余步，而山石、花木、亭廊(仅半壁)俱备。虽云"容膝"，但也能容三朋四友，快晤其间。[44]

洁园

在仓巷 39 号，原是光绪年间《圣武记》作者魏源家园。园在住宅西偏，旧有"古微堂"、"秋实轩"、"古藤书屋"诸胜。旧时，园中山石水池，花草竹木与斋室轩堂，虽递有兴废，但旧时遗迹，尚可辨识。建国后，改为扬州党校，今时其址尚存，园已不存。[44]

梅氏逸园

在引市街 46 号，坐北朝南，清光绪年间梅慕陶建，园在住宅东偏[图 10-62(缺)]，有花厅三间，遍

植缨络松、黄杨、蜡梅和广玉兰，以及花椒、枫树和柑橘等树。虽山石已废，亭屋无多，但还有花木参差错落之致。[44]

祇陀精舍

又名"祇陀林"，在新城引市街 84 号住宅东偏，原为民国初年军阀徐宝山家园，后改为徐氏家庵。今南向有厅屋数间，西面筑有穿廊，三面环墙列漏窗二十面。山石水池已圮没，尚余黑峰石二，极为秀拔，为它处宅园中所未见。其余，松一柿一，花草少许，地势拓大，环境轩敞。[44]

蔚圃

在风箱巷 6 号宅内。是园先属陈氏，后归许姓，今为广陵街道办事处驻地。此园圃(图 10-63)，坐北朝南，自成一小院落。园门额石上刻"蔚圃"二字。园墙北向，叠有湖石山子一座，山上绕以青藤，有葱

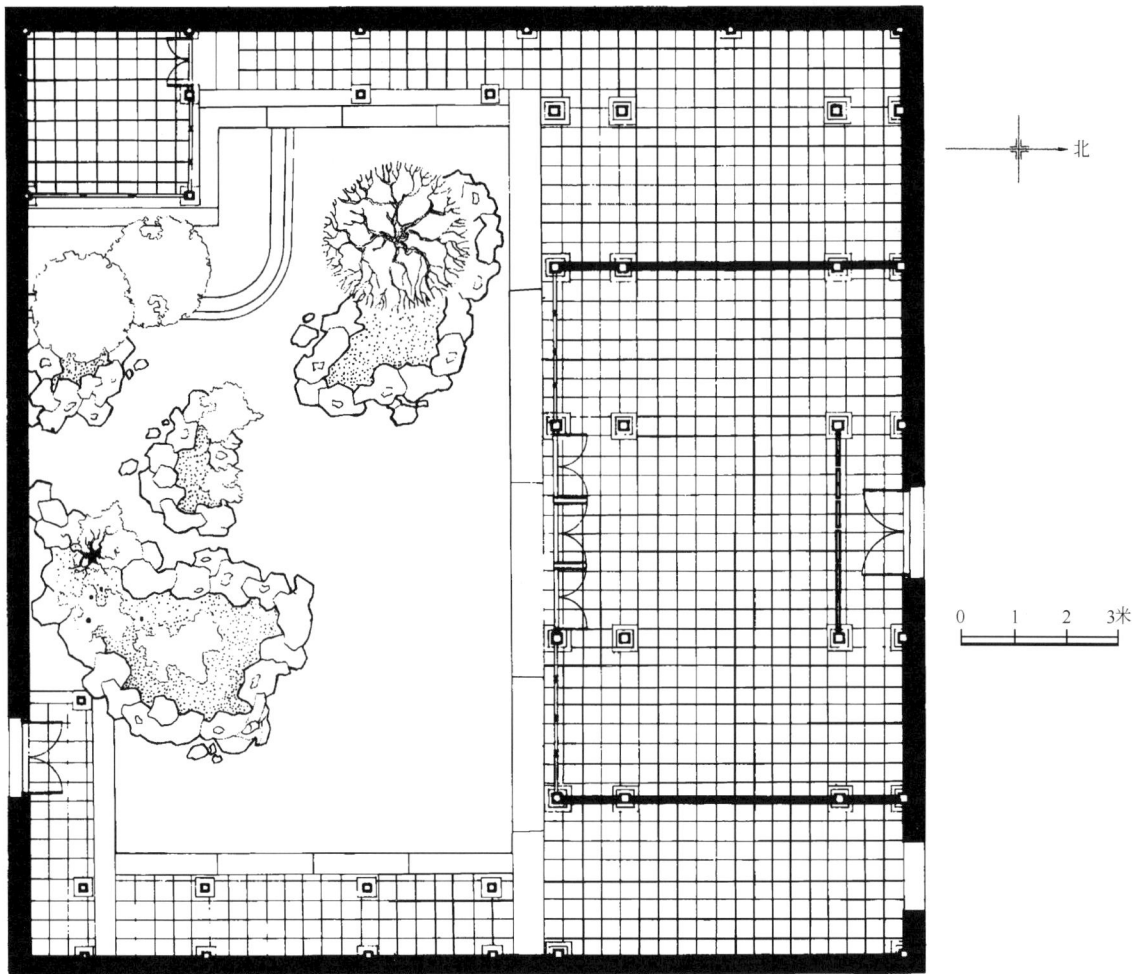

图 10-63　蔚圃平面图

茏之气，南向有一厅，两翼支以短廊。东廊为南北通道，西廊与水阁相接。阁下凿有水池两曲，鱼游浅底。虽说小院布置寥寥，而幽情自在其中，多清新之感，是扬州庭园中保存较好且有特色的庭园。

杨氏小筑

在新城风箱巷 22 号宅内，乃杨伯咸所筑。园在住宅东偏，规模甚小，园门西向，朝南有书斋一座。斋南以砖墙隔成南北两个小院落。在隔墙西偏，留有六角门一。门之内，东叠湖石平岗，不起峰峦，山石之下，凿一水池，犹如苏州天平山钵盂泉式样。西南隅筑一半亭，亭之北，修以短廊，廊尽头，即角门所在。是园较旧城中"怡庐"尤小，宽广仅十步挂零，但以小中见大为长，此园出自造园名家俞继之手笔。

俞氏家居丰乐下街"冶春园"，继之擅叠庭院山石，兼善种花，"怡庐"而外，史公祠梅岭之山石，即其最后叠石一例。[44]

小圃

在夹剪桥 10 号住宅西南隅，乃清同治年间户部主事陈象衡所建。园门北向，与宅门客厅相对。月洞门墙两侧上方，各辟漏窗一面。园之南，以湖石垒筑花圃，西南隅有半亭一事，接以短廊，与园西北之书斋通连。东北有半轩一座，对面叠黄石花坛。坛圃之中，栽竹植木。"小圃"之义，乃片石假山，半壁亭廊，花木少许之谓也。[44]

魏园

在水胜街 40 号住宅西偏，旧为盐商魏次庚居址，今为扬州市图书馆古籍部。前后有房屋五进，藏书已逾十万，并别有地方文献专藏。

宅西园东有火巷南北。巷之半，左手有一月洞门，门内即园之所在。园东南有半阁飞檐。缘园之南之西行，湖石花坛络绎，并植以青桐、玉兰和架花少许。园之中，原有吹台一座，上悬郑板桥书："歌吹古扬州"匾额一方。吹台东北，横隔花墙一堵。墙上有门，门内另有一小院落，叠黄石少许。旧有旱舟系于此地，今已与吹台一并移至瘦西湖上。一移在"夕阳红半楼"旧址；一移在"西园曲水"城中，为湖上风光增色不少。今其园已拆除，改作员工宿舍。

纫秋阁

在翠花街，即今之新胜街，乃清乾隆年间《扬州画舫录》作者李斗之居址，阁外种梅十数株。乾隆四十六年(1781 年)，金棕亭见歌者居纫山，小史李秋枝寓于此阁，遂题"纫秋阁"三字额，今无旧迹可考。[44]

黄氏园

在流芳巷口，乃清嘉庆二十二年(1817 年)黄春谷之新居。其宅有白石山子，高二丈，相传为前明所遗，今无迹可考。[44]

徐氏园

在南河下街 84 号，军阀徐宝山曾寓此园，今民办跃进幼儿园设于此。园在住宅东偏，分前后两个院落。前院东侧，有客室四楹，余下皆圮。后院之东有山石，西有竹，面南有楼三间，有串楼与西阁相连。园之东，尚有银薇两株，别无长物遗留。[44]

毛氏园

在江都路 107 号，系盐商毛升和所筑，后归谢氏，今为扬州市房产公司办公所在。目下，厅堂馆室俱废，惟存山石花木一角。[44]

丁氏园

在江都路 76 号宅内，乃民国初年两淮盐运使丁乃扬所筑，今已圮不存。[44]

双桐书屋

在左卫街，即今之广陵路，乃清嘉庆初年张琴

溪即王氏旧园增筑而成。"园门北向，进门转右有竹径一条，由竹径而入，小亭翼然，亭中四望，则修桐百尺，清水一池，曲径长廊，奇花异卉，真城市中山林也"(钱泳《履园丛话》)。道光年间，"则亭台萧瑟，草木荒芜矣"(《履园丛话》)。今已无所考。[44]

江园

在阙口门大街，即今之江都路，乃清朝侍郎江晼香家园。园有"回廊曲榭，花柳池台，直可与康山争胜。中有黄鹂数个生长其间，每三春时，宛转一声，莫不为之神往"(《履园丛话》)。钱泳曾于此把酒听鹂。"未三十年，侍郎员外叔侄相继殂谢，此园遂属之他人。"后圮无考。[44]

静修俭养之轩

在齐宁门内，乃鲍肯园所筑。园中"四围楼阁，通以廊庑。阶前湖石数峰，尽栽丛桂、绣球、丁香、白皮松之属"(《履园丛话》)。园久圮，今已无考。[44]

新城北诸园墅

吴氏园

在小东门外译经台，清初，吴氏于此四面环台构筑别墅。雍正年间，蜀僧大岩，即其址为仓圣殿。荒亭花树，整而新之。复筑华严堂、山门于姜家墩路西。门内层级而上二山门，额曰乐善庵。今已无考。[44]

樗园

在广储门西偏，"嘉庆甲子、乙丑(1803～1804 年)间吴门王铁夫学博为仪征书院山长，寓此最久"，今已不可考。

樊家园

在新城广储门内，今其地尚以园名，已无实迹可考。[44]

王家园

在东关街"盛世岩关"，与马氏街南书屋邻近，为近人张世进所居，今已不存。

爱园

在东关街，乃清康熙间盐商巨子汪懋麟所居。

园中有抱来堂、硃砂井、墨池，并有百尺梧桐、千年枸杞两株，时有联云"百尺梧桐阁，千年枸杞根"，即是此谓，一时名士多觞咏其间，……其时枸杞尚存，而老梧已萎。所苗新枝，无复曩时亭苔百尺之盛。此园屡易其主，道光间为运司房科孙姓所有。往后，园废不存。[44]

安氏园

在东关街安家巷，乃清乾隆年间盐商安麓村之宅。府尹吴笏庵告病归里，寓居于此，著有《笏庵诗集》。在其移居诗中，极序此地亭馆园林之盛，后鬻于个园主人黄至筠。个园主人性好风雅，以千金购黄山谷墨迹，属钱梅溪勾勒石上，称为精品。石凡六十方，嵌是园之壁。光绪中，太史刘湘年侨寓此间，获见园内石刻"黄帖"，即购为家园，名其园曰约园。[44]

约园

以觞咏之会，称盛于时。民国十六、七年间，《黄帖》刻石，鬻于南通周氏，园遂就荒。后改归富春花局，为种花之所。富春茶社主人陈步云寓居于斯。今其地仍为富春花园花圃所在。筑园屋一区，楼一座，兼营茶社，名曰"富春花园茶社"。[44]

半园

在新城东门内，乃总宪李坤所葺，已无考。

双桥一石一梅花书屋

在双桥巷，乃清嘉庆年间黄春谷与其兄次和所居，庭前有一奇石，高二尺许，种一梅，题其室曰"双桥一石一梅花书屋"。今已圮之不存。[44]

街南书屋

在东关街薛家巷西偏，乃祁门马曰琯、马曰璐昆季所筑。中有丛书楼，藏书百橱，每多善本。乾隆三十八年(1773年)开四库馆，马氏贡献尤多。其地在东关街之南，因名其居曰"街南书屋"。其居有园，园有十二景。景为小玲珑山馆、看山楼、红药阶、透风透月两明轩、石屋、清响阁、藤花庵、丛书楼、觅句廊、洗药井、七峰草堂、梅寮诸胜。以小玲珑山馆最负盛名，杭州厉樊榭、鄞县全谢山、仁和杭大中诸名流，往来扬州，皆住马氏小玲珑山馆，因是"街南书屋"之名，为之所掩。山馆之筑，因获太湖玲珑块垒，不加追琢，备透、皱、瘦三字之奇。因其高出檐表，邻人惑于形胜家言，嫌其有碍风水，而不得立，埋之于土。后马氏中落，园归汪雪礓。汪氏乃康山之门客，能诗善画，是园门石额"诗人旧径"四字，即其手笔。汪氏得是园，其石已无可踪迹，以他石代之。金棕亭过园中觞咏，询及老园丁，获知埋石处，其时雪礓声光藉甚，而邻人已无复当年倔强，遂集百余人起土石出，而立于馆。惜石之孔窍，为土所塞，搜剔不得法，石忽中断。道光时，所见之巍然独存者，较旧时玲珑瑰磊，不过十之五耳。汪氏后人不能守其业，是园旋归运司房科蒋氏。又从而扩充之，朱栏碧甃，烂漫之极，转而失其本色。且将马氏旧额，悉易新名。继归黄右原所有，其兄绍原主其事，始渐复其旧观。民国后，玲珑石尚存，为段氏购载而去。今其园已无实迹可考。[44]

个园

在东关街318号宅后，乃清嘉庆年间，黄至筠于寿芝园故址所建。(刘凤诰于嘉庆二十三年，1818年撰《个园记》中云："个园者，本寿芝园旧址，主人辟而新之。")是园(图10-64)南向一圆门，额石"个园"二字。门外两侧(坛地)绿竹婆娑，有峰石(石笋)植其间，俨俨意在竹林之间。门墙两侧，有巨制磨砖漏窗泄景，迎门为一厅，四面空明，置身其间，园中四面景色在望。厅南湖石花坛上，栽竹而外，植以丛桂，即名桂花厅。厅之西南，为阁楼，为竹丛。厅之西北，有湖石山池一区，池梁洞曲，山顶松云，水底沉鱼，如同清凉世界。[44]具体地说，湖石山子，有人称曰"秋云"(黄石秋山对景，故云)。山下池水流入洞谷，渡过曲桥，有洞如屋，曲折幽邃，能发挥湖石形态多变的特征。因为洞屋较宽畅，洞口上部山石外挑，而水复流入洞中，兼以白色青灰，在夏日更觉凉爽。此

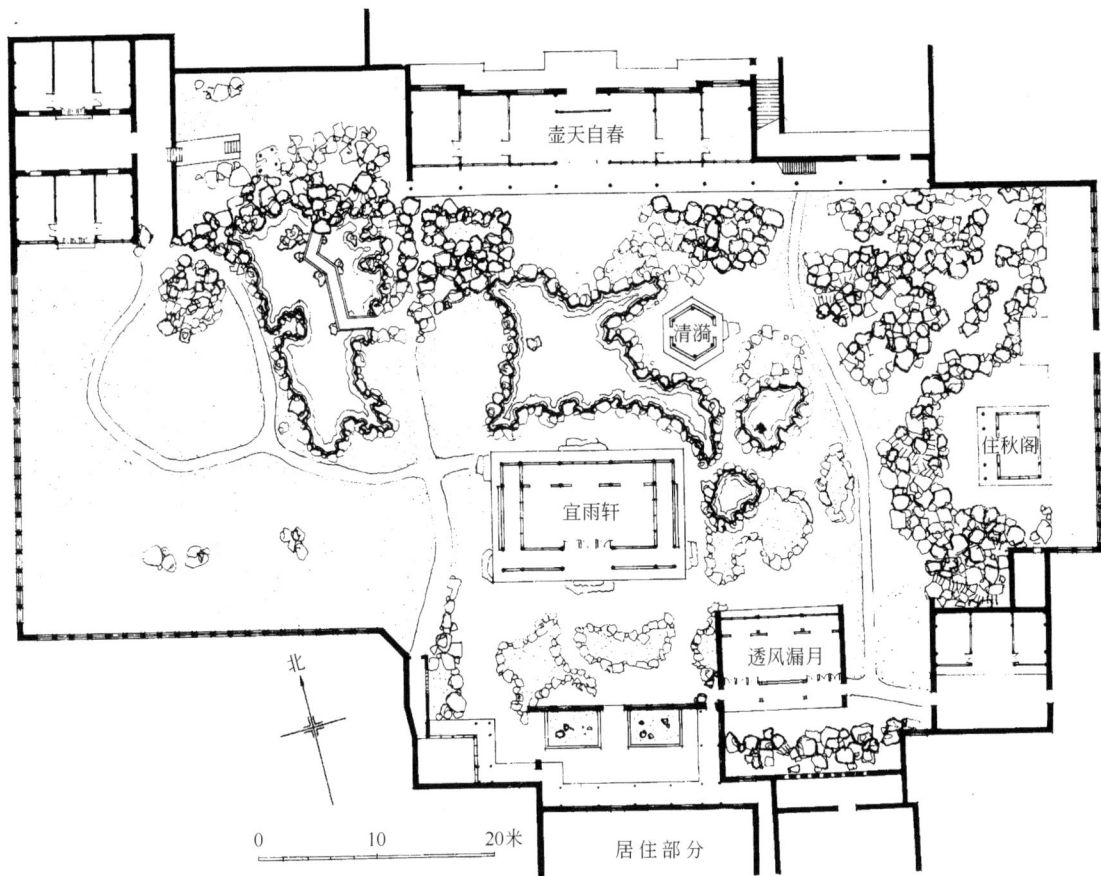

图 10-64　个园平面图

处原有"十二洞"之称。山子正面向阳，夏日里，阳光与风雨中石面所起阴影变化，煞是好看，因此有人称它为"夏山"。山南今很空旷，过去当为植竹成林地方，想来万竿摇碧，流水湾环，别是一番境界。从湖石山的磴道引登山巅，转至长楼。[46]厅之北，沿墙有长楼（七间）横亘于两山之间，山连廊接，木映花承，登楼可鸟瞰全园。厅后楼前，凿平池，筑小亭（六角）一。厅之东北（长楼西）黄石山子突兀而起，山顶隐现一亭，亭出楼表，似与云接。山峰参差错落，磴道上下盘旋。[44]磴道置于洞中，洞顶钟乳垂垂（以黄石倒悬模拟钟乳石），天光隐隐从石窦中透入。山中还有小院、石桥、石室等运用，别具一格，登山顶亭，见群峰皆置脚下、北眺绿杨城郭、瘦西湖、平山堂及观音山诸景，远借入园。山南即厅，东有楼屋一叠，居于黄山尽处，楼旁有一斋，悬姚正镛题"透风漏月"匾额。斋室之东之南，旧为宣石山子一区，今

存其南山残迹。宣石为白色雪石。墙东列洞，引隔墙春景入院。[44][46]

嘉庆往后，园已就荒。兹后，黄氏子孙析居，西边一宅与园亭，展转属丹徒李韵庭昆仲所有。其时，园中白皮松柏两株尚存，乃数百年物。后又归江都朱氏。另一宅，为个园后人黄锡禧所居，时与张午桥、刘树君、汪研山诸名士唱和。禧之子，名沛，号艾生者，到上海悬壶，有一指神封之称。其所居，旋归纪氏，民国23年（1934年），屋后尚翠竹斑斑，犹有个园遗意。今其园尚存，已经几次修葺，1981年冬，于是园湖石山上，增筑一亭，于黄石山上，重建一轩，并已正式开放。[44]

小倦游阁

即观巷天顺园之后楼，清嘉庆十一年（1806年）之际，为书法名家包世臣之居址。今已无实迹可考。[44]

梦园

在湾子街东岳庙西，清同治年间，盐运使方浚颐筑。园壁嵌石刻黄山谷法书十七方，收藏宋元以来法书名画极夥，著有《梦园书画录》及《梦园丛说》。民国间，是园仍属方氏，而今已无亭园遗意。[44]

沧州别墅

在新城紫气东来巷，园在住宅东偏，坐北南向，旧属龚氏，后归顾育才，旋又属许仲衡所有。建国后收归公用，归儿童教养院住用，是园分前后两个院落，以花厅一事，亘卧其中。花厅以南为前院，以黄石叠砌假山，并有古木依稀，境界清幽。花厅以北为后院，院落稍小，以宣石贴墙作山，已剥落过半，壁间尚可见石痕累累，"犹有远山过墙来"的意境。今属干部休养所，园已毁。

小苑

在新城地官第14号宅后，民国年间盐商汪伯屏所建，今为扬州制花厂住用。是园门额上嵌"小苑春深"四字刻石，因以名园。此园可分为东西两部分。园之西部，南向有馆、室两事，朝北叠石，植树少许。园之东部，疏峰朗植，东北偏筑精舍一区。总观全园景物，在平淡无奇之中，给人以妩媚爽快之感。今于是园改建工艺楼一座，无复园林遗意。[44]

在住宅二门东西两侧，另有两个小院落，东区一院，于南北两厅之间，在左右两边，各叠湖石山子一座，衬以花木，铺以鹅卵石地坪，不仅窗明几净，且有日丽风清之致。西边一院，在其西南，架屋修廊；在其东北，建半亭一事；在其东、南两面，叠有湖石山子和花坛，栽花植木，绿叶扶疏。此处馆舍装修，在精致中颇多富贵气息。[44]

李氏园

在双忠祠巷1号，建于何时失考，为李云卿住宅。是园之中，只余黄石假山一座与厅堂一事，双忠祠即在此址，为纪念李庭芝抗元事迹而设，原有庭芝神龛木主，姜才配享其间。[44]

壶园

在东圈门22号宅内，先是盐商某氏园，后于清同治年间，为太守何廉舫购得，增筑精舍三楹，曰"悔余庵"。园内旧有宋宣和花石纲遗物一事，长约一丈有余，为细鹅卵石结成。其上有山有池，丘壑天然，乃是不可多得之山石名品，今已移至瘦西湖上。是园现归友谊服装厂住用，房廊屋宇，山石花树，已改变多多矣。只余下厅、阁、亭、台和树石残迹，尚可窥见往昔之一斑。在壶园中竹，竿高仅逾丈，粗仅及铜元大小，节短而色泽青黄，为扬州园林中仅见之品种。[44]

华氏园

在新城斗鸡场2号宅内，为盐商华友梅家园。园在住宅东偏，坐北南向。是园之中，筑四面厅一事，几净窗明，显得格外空临。置身其间，可以作面面观。在厅之南，有湖石山子一叠。东南隅，垒宣石山子一座。山下有池，池上构半亭一事。厅之北，有楼一列。楼之东，叠一座黄石山子，上有蹬道，可循级登楼，虽已颓废，但尚具规模。是园虽有楼台之美而无花木之鲜秀。20世纪80年代，山石已被人掘走。

逸圃

在东关街356号宅内，坐北南向，左邻个园。逸圃是钱庄业经纪人李鹤生所筑，相传买自"朱四麻脚"。建国后，收归公用，扬州市国画院曾经设在这里（图10-65）。是园筑在住宅左偏，跨进大门，即抵园门。大门作月洞形，门额上题"逸圃"两字。进得园来，顺着东壁，贴墙叠一列湖石山子，逶迤而北。山尽头有半亭耸然，亭下凿一深池。池之北，面南为客座三间。沿此转入西侧火巷，不数步，左手有角门一，额曰"问径"。内有庭院一隅，内筑精舍三楹，树石其间，也小有旨趣。过此，直北行，火巷尽头，又有园门在焉。门内是一个拓大院落，山石在东，楼阁偏于西北。院之西南偏，有老本紫藤一架，蒙茸成荫。昔缘山而北有串楼与高阁相接，缘山而南与层楼相连，皆已圮坏不存。[44]

北

0 1 2 3 4 5米

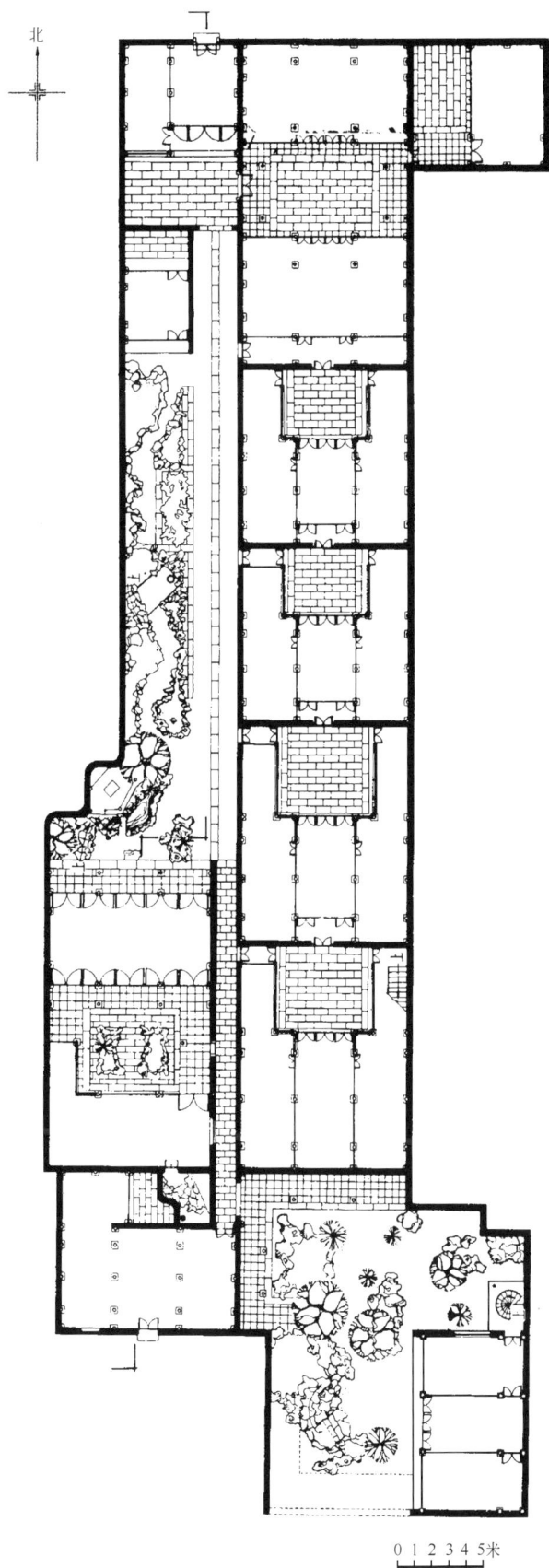

图 10-65 逸圃平面图

峨园

在东关街南马监巷与观巷之间 201 号宅内。是地旧谓之"夏总门",乃一条呆巷,入巷不远,路边有一水井。越水井,抵巷顶头,西向有一门,即峨园所在。南向有厅屋三间两厢,明间名"问耕堂"。堂之南,有院墙一带,中辟一门,门之南有园一区。在园之西北隅,有湖石山子一叠,上建方亭一事,两面倚墙,两面空临,中悬一匾,上题"吟秋阁"三字。园之东,有平屋一列,颜其额曰"知味厨"。南向一带,竹树交加,如临大野。是园已屋颓山摇,荒芜多时。[44]

冬荣园

在东关街 98 号宅后,今由 84 号侧门入内。园内垒土为山,植以怪石,参差错落,突起处为高峰。旧时峰顶结茅为亭,广栽松梅。今仅剩老本残枝,惟痕迹犹在。此处山林,土山戴石,与其他园中山石做法迥异,自出心裁,别具一格。土山隐伏处,是为低阜,自西南向东北移去,与园后小院落之馆舍连接。院内有南向馆舍三间两厢,迎面以抄手游廊环绕。馆舍之前,叠石作花坛,东种苍松一本,西植黄杨一株。苍松枝干虬张,黄杨姿态天骄。两木如伞如盖,皆是百年以上老树。今于此改为宿舍区域。[44]

芸圃

在大草巷 30 号住宅之东,园主人不知何许人。园中有山石少许,船厅一事。江都张甘亭题有园额"华为四壁"。[44]

蛰园

在彩衣街 34 号宅内,坐北朝南,为邑人杨子木产业。是园夹在两厢住宅之中,于两厅之间,叠一座湖石孤山,架空突起。依山傍岩,植一株木犀,虽属独木,却也是郁郁葱葱。两厅之间,有地较宽广,垒土为岗。岗上垒石堆土,栽花植木,颇有小林气息。于园之东北隅,以湖石筑花坛,只植一株黄杨,娇娆多姿,枝干虬曲,似由树桩盆景之本下地而成之古木。[44]

沈氏园

在弥陀巷 46 号,即小花园巷西首第一家。园在宅之东北偏,坐北南向,今归工农兵医院住用。此园原先规模甚大,可分为东园与北园两部。今时,园西墙东壁,尚存有一座黄石山子,山之巅有一阁。登阁以石蹬为道。山之腹,有洞两曲。北部园中,南向有一厅,西向有一座亭台,现已改作饭厅和藏物之所。至于东园,已一无长物可寻。是园毁于十年动乱期间,今惟余厅屋而已。[44]

朱草诗林

在弥陀巷内小花园巷东首 44 号宅内,系清名画家罗两峰故居。园在住宅西偏,坐北朝南,有精舍两间,坐西朝东,又有客室一事。西南依墙筑半亭,上悬"倦鸟巢"三字匾,乃真州吴让之书题。亭与客室之间,接以短廊。沿园之东墙,修廊一折,北与精舍相连。廊南壁,辟一门,东与厅堂相通。后"朱诗草林"转鬻于仪征金氏,并有所增筑。建国后,划归扬州市文物管理委员会保管。[44]

震氏朱草诗林

在弥陀巷内,乃清朝甘泉知县震钧致仕之居址。因慕罗两峰之为人,邻于罗氏故址,并颜其居曰"朱草诗林"。今已无迹可考。[44]

瓢隐园

在新城运司公廨 43 号宅内,清光绪年间画家许幼樵所建。是园山石营构,均出自画家手笔。今尚留有厅廊、山石、水池与名花古木,犹可窥见旧时梗概。[44]

芸园

在太平巷 30 号,不知何时何人所建。园在住宅之后,今惟余山石少许,玉兰一株而已。[44]

黄家园

在东圈门南,莲花桥之东,黄家园巷 2 号宅内,以黄石叠山。屡为工厂占用,无复园林旧迹。[44]

(六) 扬州园墅总说

扬州的宅园别墅,明朝的与清朝的风格不同,这在扬州园墅历代兴衰一节中已经述及。扬州明朝名园中，规模比较大的休园和影园，都是士大夫寄情于山水之作，在平原上叠石掇山凿池，构成多样景色，正如计成《园冶》中所说，"虽由人作，宛自天开"，休园"之所以胜，则在于随径窈窕，因山行水"，自然成章。影园之胜，则在于"前后夹水，隔山蜀冈蜿蜒起伏，尽作山势。环四面，柳万屯，荷千顷。……高处望之，迷楼，平山皆在项背。江南诸山，历历青来。地盖在柳影、水影、山影之间，无它胜。"

到了清朝康熙乾隆年间，园主以盐商等富商为多，为显耀其富有或还捐得空头官衔的身份，大都既追求豪华，又要标榜风雅。为期望得到南巡的玄烨、弘历的"御赏"，有模拟帝皇宫苑中手法，建筑物的尺度上，题材的品类上都力求高敞华丽，即以楼厅而言，有面阔多至七楹，还有楼层复道相连，叠石上用巨峰名石，因地势平坦，土壤为含钙黏土(西北山丘区)或砂积土(东南冲积平原)，多植名花异木。这些方面也自形成扬州园墅与江南其他地方包括苏州宅园有不同特点。[46]

营园必须因地制宜，扬州属江淮平原，土地坦旷，水位不太高。因此在掇山理水上，大型宅园，多数中部凿池，厅堂建筑为一园的主体，两者必相配合，池旁筑山，点缀亭阁，同连复道，然后以山石、花墙、树木为间隔，造成有层次富变化的景物。这个类型可以寄啸山庄、个园为代表。中小型宅园，则倚墙叠砌山石(峭壁山)下辟水池，适当地配以水榭游廊，结构比较紧凑。小盘谷、片石山房都是这种布置的实例。至于庭院，则根据住宅余地面积的多寡，或院落的大小，安排少许湖石立峰或黄石成冈，旁凿小池，辅以水榭。或用湖石、黄石垒坛种植芍药、牡丹、竹、桂等形成花坛、树坛。总的说来，扬州宅园的平面布局较为平整，但如逸圃却又利用狭长曲尺形隙地，构成平面变化，是一个突出例子。扬州宅园的妙处在于立体交通，形成多层观赏线，如复道廊、楼、阁以及山子的窦穴、洞曲、山房、石室，都能上下沟通，自然变化多端了，但就水面与山石，建筑相互渗透发挥作用来说，未能做到十分交融。驳岸多数似较平直，少曲折湾环。水面置桥，多为曲桥，总因水位过低，有时转折僵硬，缺少自然凌波的感觉。步石以小盘谷所采用的最为妥帖。值得一提的是员姓二分明月楼的做法，为旱园水做的孤例，将园的地面压低，其中四面厅则筑于黄石台基上，望之宛如置于岛上，园虽有山无水，而流水自在意中。[44][46]

旧有"扬州以名园胜，名园以叠石胜"的传诵，对扬州的叠石有很高的评价。园墅之中，若要叠得好山，必须胸有丘壑。扬州明朝以前的园中的叠石掇山，已不知出自何人之手，也无遗迹。而晚明时代的影园，其叠石出自《园冶》作者计成的手笔，有《影园记》为据。相传明末石涛和尚也是一位叠石名师，花园巷片石山房里的湖石山子，相传是他的遗迹。余氏万石园里的山石，说是以石涛和尚的画稿布置而成的。与石涛同期或稍后一些的叠山匠师张南垣，叠过"白沙翠竹江村"的石壁。仇好石叠过静香园怡性堂的宣石山子，其山"如车厢侧立"一般；其时，好石"年二十有一，因点是石，呕尽了心血，得痨瘵而死"。在苏州叠过环秀山庄的石山子的匠师戈裕良，曾于"乾隆之末"来到扬州，于旧城堂子巷，为太史秦恩复"就居室之旁，构小园，曰意园。"据秦氏后裔秦荣甲在《意园图跋》中说，"于园中累石为山，曰小盘谷，出名工戈裕良之手。"至今残石尚在秦氏住宅西南隅壁间。至于湖上园林"卷石洞天"中有太湖石山子，"搜岩剔穴，为九狮形，置在水中，上点桥亭。"据李斗手书九狮山条幅真迹中说九狮山叠成"中空外奇，玲珑磊块"，其形如"蛟龙奔泉，擎猿伏虎，堕者将压，翘者欲飞"，而且"有窍有镰，有筋有棱"，犹如"手指攒撮，铁线疏剔"过一般，这座山是清朝佚名董道士所叠。[44]

清朝嘉庆道光年间，特出的作品以雄伟称，当推个园了。个园的黄石山子高约九米，湖石山子高约六米，规模较宏大，难免有不到之处，但总的说来，不失为上乘之作。以苍石奇峭论，当推片石山房了；而小盘谷的曲折委婉，逸圃的婀娜多姿，都是佳构。棣园的洞曲，中垂钟乳，实属罕见。其他如寄啸山庄的石壁磴道，亦属佳例。扬州园墅中最为突出的是"峭壁山"（《园冶》中语）。其手法的自然逼真，用材的节省，空间的充分利用，在江南首屈一指。片石山房、小盘谷、寄啸山庄、逸圃、余园等皆有妙作。晚清以来，扬州园墅中叠石，首推余继之构筑的冶春、怡庐、匏庐和蔚圃等庭园中的山石，是一些以明秀玲珑见称的小品。此外，扬州堡城的许多世代相传的花农中有王姓的一支，自清乾隆年间王庭余以来（他是一个叠石垒山的匠作世家），至今还有一位人称王老七的老者，从事种花叠石数十年，平山堂西园内的黄石山子和水池驳岸，就是他的作品。总而言之，营建扬州园墅的山石花木建筑的是历代的匠师们，名园的山石胜迹都是他们聪明才智的结晶，而在漫长的岁月中，他们的姓氏，除个别稍有记述外，大都湮没无闻了。[44]

扬州园墅虽以叠石掇山取胜，但扬州本地并不出产山石，全靠外地运来。多利用盐船回载，近则取自江浙的镇江、高益、句容、苏州、宜兴、吴兴、武康等地，远则自皖赣的徽州府属、宣城、灵璧、河口等处，有湖石，有黄石，有宣石，有高资石，更有少量奇峰异石罗致西南诸省的，因此石材的品种较多，因石而叠的形式也较多。但由于来料较小，峰峦多用小石包镶，根据石形、石色、石纹、石理、石性拼成整体，中以条石或砖为骨架，铁器支挑，加固嵌填后，浑然天成。由于石料品种多，不但有以黄石、湖石叠掇的山子，也有以宣石堆叠的山子，甚至一座园中堆叠三至四种石质山子，如个园与八咏园。《园冶》一书中，已有园山、楼山、厅山、馆山、书房山和峭壁山之分。所谓园山是指一园之中的主山、大山；所谓楼山，乃楼隅之山；厅山，乃厅前之山；馆山，乃馆际之山；书房山乃书房院落之山；峭壁山，乃依壁而筑之山。这些山子，在扬州园墅中都可找到实例。[44][46]

花、木是园林中组景的重要题材。扬州地势平坦，土壤干湿得宜，气候及雨量也适中，所以花、木也易滋长。扬州的园墅，有以名木名花而出名的，即使是清朝晚期和民国初年的园墅，也有两三株乃至十数株百年以上古树，由于它们是在前代园墅旧址上增建、改建和兴建而来的。如影园里的古桧，有"偃蹇、盘��、柏肩"之势，其旁一桧，虽"亦寿百年，然呼小友"，其古由此可知！又有"西府海棠二，高二丈，广十围，不知植何年，称江北仅有"（《重修扬州府志·古迹二》卷三十一）。甘泉行窝里的"银杏一树，大将十围，高十余丈"，园主人"乃就树筑土为幸埠，埠北筑基为堂"，以为行窝的一个重要的组成部分。这些古树赋园墅以苍古之意，增色不少。因此，有些园墅就以古木名园，如双槐园、百尺梧桐阁、双桐书屋等。扬州园墅中，可见的树木有松、柏、栝、槐、榆、枫、银杏、梧桐、杨柳、女贞、黄杨等，各有其不同姿势风格。花木有桂花、蜡梅、碧桃、红杏、海棠、玉兰、广玉兰、丁香、梅花、山茶、杜鹃、木香、蔷薇、月季、牡丹、芍药、芙蓉、天竹、紫藤以及芭蕉、竹子等。尤其是竹子，不论园墅大小，都以栽竹为雅事，故而有"宁可食无肉，不可居无竹"之说。无论为了遮荫，或亭榭旁，或曲廊转处，或水旁池中，或山石隙间，或厅轩堂前，植物的布置，因组景所需，各有其宜，这里不一一叙说。扬州园墅中往往有以黄石、湖石垒成坛而种植花木。种花以芍药最盛。宋朝陈师道在《后山丛谈》中说："花之名天下者，洛阳牡丹，广陵芍药耳。"《芍药谱》载："扬州芍药，名于天下，非特以多为夸也。其敷腴盛大而纤丽巧密，皆他州所不及。"扬州芍药品种中最为名贵的，即是"红蕊而黄腰"，名曰"金带围"的那种。它最早出现于宋朝州衙之后园。宋时种植芍药之盛，载于王观《扬州芍药谱》，称朱氏园之芍药，"最为冠绝，南北二圃，所种几于五、六万株。意其自古种花之盛，未之有也。"扬州芍药之盛，一直延续至清朝。乾隆六十年(1795年)，篠园芍药圃中，"开金带围一支，大红三蒂一枝，玉楼子一枝，时称盛事"。其他如影园，于崇祯十六年(1643年)"园放黄牡丹一枝，大会同人赋诗"。贺园于乾隆九年(1744年)五月开赤白莲花一枝，"时以为瑞"。[44]

扬州建筑有其独特的成就和风格。扬州的住宅主要位于通东西坊巷中，取得正南的朝向或北门南向。通南北的坊巷中，亦有些住宅要利用正南或偏南的朝向，产生了东门南向或西门南向的住宅。又运用总门的办法，将若干中小型不同平面的住宅，利用一个总门，灵活地组成一个整体。这样，在坊巷中，它的外貌仍旧十分整齐，而内部却有多样变化。扬州城区今日尚存的大中型住宅都有一个特点，都配合着大小不等园子和庭院，使居住区中有绿地，形成安适的居住环境。扬州住宅平面一般采用院落式，以面阔三间的厅堂为主体，也有面阔到五间的，即《工段营造录》(《扬州画舫录》卷十七)所谓，"如五间则两梢间设槅子或飞罩，今谓明三暗五"，也有四间、二间的，按地基面积而定。虽然也有面阔七间的，其实仍以三间为主，左右各加两间客厅，如康山街卢宅的厅堂。前录中提到"火巷"，即大中型住宅旁设的弄巷，是女眷、仆从出入之处，宽阔的可乘轿出入。宅园大都在宅之东偏，或西偏，或西南隅或东北偏，或宅南，或宅后，也有个别例外。如明朝休园，宅与是园，中间一街，乃为阁道；又如清光绪年间建刘庄，占地面积不大，但分前、后、东、西四个院落。园之所以要分成四个院落，实在是因为挤在左邻右舍和自家住宅之间筑园的缘故。[44]

扬州园墅中造屋有其独特的成就。钱泳《履园丛话》卷十二载："造屋之工，当以扬州为第一，如作文之有变换，无雷同，虽数间之筑，必使门窗轩豁，曲折得宜……盖厅堂要整齐，如台阁气象；书房密室要参错，如园亭布置，兼而有之，方称妙手。"在装修方面也很讲究。明计成在《园冶》兴造论里就讲到："凡家宅住房，五间三间，循次第而造"，惟园林屋宇按时景为精，方向随宜。住宅里或园子中"虽厅堂俱一般"，但"近台榭有别致，前添敞卷，后进余轩。必用重椽，须支草架。高低依制，左右分为。……"。证诸影园以及其他名园皆为典例。园墅中各种园林建筑，各有不同的用处。屈复在《扬州东园记》里说得好，"堂以宴，亭以息，阁以眺"。计成《园冶》讲到"堂者，当也。谓当正向阳之屋……"。"斋，……盖藏修密处之地"。室，"实为室。……《左传》有窟室，《文选》载：……指曲室也。""房者，防也。防密内外以为寝闼也。""重屋曰楼，……造式，如堂高一层者是也。""台者，持也。言筑土坚高，能自胜持也。园林之台，或掇石而上平者，或木架高而版平无屋者；或楼阁前出一步而敞者，俱为台。""阁者，四阿开四牖。""亭者，停也。人所停集也。""榭者，藉也。藉景而成者也。或水边，或花畔，制亦随态。""轩式类车，取轩轩欲举之意，宜置高敞，以助胜则称。""卷者，厅堂前欲宽展，所以添设也。""廊者，庑出一步也，宜曲宜长则胜。……随形而弯，依势而曲。或蟠山腰，或穷水际，通花渡壑，蜿蜒无尽，……。"(叠落廊)等各种园林建筑各有其旨趣。至于如何布置，计成认为："凡园圃之基，定厅堂为主"，要"先乎取景"，而后"择成馆舍，余构亭台"。

计成的这个定论，在扬州园墅中有许多实例可寻，不一一赘述，扬州园墅中，在建筑方面最具特色的是长楼，复道，廊楼。虽然厅堂是主体，有些厅如楼后，形成楼厅必建在尽端了。楼屋复道的延伸往往连续不断，甚至可绕园一周如寄啸山庄，盛时个园。然后安排一些小轩、水榭，适与此高出建筑起了对比作用，至于借山登阁，穿洞入穴，上下纵横，令人迷途。其他的舫榭临水，轩阁依山，亭或映水或踞山顶。以及因地形面积的限制，园林建筑物可做一半，如半楼、半阁、半亭等，随宜而置。[44][46]

在扬州园林建筑中，"楼之佳者，以夕阳红半楼、夕阳双寺楼为最"（《扬州画舫录》）。阁之佳者，有平山堂后晴空阁，是康熙十二年(1673 年)汪懋麟修复平山堂时，于堂后拓地而建，以其上为"真赏楼"，以其下为"晴空阁"。还有贺氏东园里的云山阁，汪氏静香园里的涵虚阁，天宁寺行宫御苑里的文汇阁，皆属翘楚一方，名闻四海的佳构。堂之佳者，以康山草堂最负盛名，怡性堂构制最精，系仿泰西营造法建造，成为我国 18 世纪除北京圆明园西洋楼而外，仅知的一座仿照西洋的建筑物。"桥之佳者"，当"以九狮山石桥及春台旁砖桥、春流画舫中萧家桥、九峰园美人桥为最"（《扬州画舫录》），而以虹桥之名，最为远近遐迩。其"朱栏跨岸，绿杨盈堤，酒帘掩映，为郡城胜游之地"。虹桥原名红桥；虹桥之盛，在于修禊。以桥之结构言，莲花桥最为精绝。莲花桥，俗称五亭桥，为四桥烟雨一景中四桥之一（四桥即虹桥、长春、春波与莲花桥）。案以上所举楼、阁、堂、桥之最的所在园，大半属湖上园林部分，详见下文。扬州湖上园林，往往以水为胜。水景取胜中，除却桥梁而外，还有水廊、水阁、水馆、水堂、水楼等等建筑。据《扬州画舫录》中说："湖上水廊以四桥烟雨之春水廊为最。水阁以九峰园之风漪阁、四桥烟雨之锦镜阁为最。水馆以锦泉花屿之微波馆为最。水堂以荷蒲薰风之来薰堂为最。水楼则以园（倚虹园）之修禊楼为最。盖以水局胜也。"[44]

扬州园墅的墙门也具特色。现存宅园多数集中于城区，四周是磨砖砌的高墙，配合了砖刻门楼。"门楼"，《园冶》上云"门上起楼，象城堞有楼以壮观也。无楼亦呼之。"但宅园的外墙和内墙，酌情粉白外，有时用在《扬州画舫录》中经常说及的"花瓦墙"，也就是今天通常所说的墙壁上形形色色的花窗。花窗的作用，以增加墙面的美感；二是透窗供景的重要手法，便闭而透，绝而生；使近物有远景衬托；使小中见大，给人以深远无穷与层次无尽的感觉。朱江曾于1957 年编写苏杭二州《花窗》一书时，把它分为三个类型；一是洞窗；二是漏窗；三是花窗。所谓

洞窗即"月洞窗"。所谓漏窗，即是以几何图案构成的"透漏窗"。花窗是指在壁洞内用支架堆塑成花草、树木、鸟兽画面的"壁窗"。扬州宅园中，只有洞窗和漏窗两种形式，不见或少见有堆塑松鹤和柏鹿图的花窗。洞窗方面的形式多种多样，有书卷、有亚方、有圆月、有扇面等等。寄啸山庄是洞窗为数最多，但以小盘谷里的形式较为古朴。还有一种大胆的做法，就是连续在一面墙壁上列洞成行，以为"透风漏月"。这种做法，仅见于个园，是别处从未见过的一个孤例。扬州的漏窗，以水磨砖叠砌成大块几何图形最为精绝。[44]

扬州宅园在建筑布置方面最有特色的是楼层的利用，复道延伸连续不断。就单体建筑的外观而论，介于南北之间，而结构与细部的做法，亦兼抒两者之长。台基，早期用青石，后期用白石；踏跺多用天然山石，随意点缀，颇觉自然。柱础有北方的"古细镜"形式，也有南方的"石鼓"形式；柱则较为粗挺。窗则多数用和合窗。栏杆亦较肥健。屋角起翘，虽大都用"嫩戗发戗"（由屋角的角梁前端竖立一根小角梁来起翘），但比苏南来得低平。屋脊则用通花脊，比苏南的厚重。漏窗、地穴（门洞）工细挺拔，图案形式变化多端，轮廓完整。门额都用大理石或高资石，少用砖刻。建筑的细部手法简洁工整，在线脚与转角的地方，略具曲折，比较直率，但刚中有柔，耐人寻味。[46]

扬州园墅中，还有一个突出的特色，那就是在许多园中的廊庑壁间，嵌着一方方的碑石，既有历代书家的法帖，又有当代名人的绘画和书法，还有宅园的图记，这不仅为园林增加了不少古董，而且还增加了不少书卷气息。许多名园，往往撰有园记，每篇园记，又是一篇篇上好的文学作品。扬州园林的历史及其盛况，不仅述有专篇，著有专集，还时常散见在清朝文学名著里。如《浮生六记》、《儒林外史》，都有许多引人入胜的描绘。[44]

前述，到了清朝中叶，扬州园林出现了鼎盛的

局面，城市山林，遍布街巷，湖上园林罗列两岸。尤以湖上园林为盛。从北门城外起到蜀冈平山堂，"两岸花柳全依水，一路楼台直到山"。正如乾隆二十八年(1763年)就聘于扬州的苏州沈三白《浮生六记·浪游记快》中所写"癸卯春(乾隆四十八年，1783年)，余从思斋先生就维扬之聘，……渡江而北，渔洋所谓：'绿杨城廓是扬州'一语，已活现矣。平山堂离城约三四里，行其途八九里。虽全是人工，而奇思幻想，点缀天然；即阆苑瑶池，琼楼玉宇，谅不过如此。其妙处在十余家之园亭，合而为一，联络至山，气势俱贯。"钱泳在《履园丛话》平山堂条中说："余于乾隆五十二年(1787年)秋始到(扬州)，其时九峰园、倚虹园、筱园、西园、曲水、小金山、尺五楼诸处，自天宁门外起直到淮南第一观，楼台掩映，朱碧鲜新，宛入赵千里仙山楼阁中。"作者又慨叹地说："今隔三十余年，几成瓦砾场，非复旧时光景矣。"[47]

(七) 扬州湖上园林

蜀冈保障河(图 10-66)

在未叙高桥至迎恩桥段竹西芳径、华祝迎恩湖上园林之前，先叙新城北广储门外的梅花书院、天宁寺、行宫以开其端。

广储门

"在新城北，亦曰镇淮门，其城外市河，上通便益门，下通天宁门。游船所集，与便益门等。左岸有梅花书院、史阁部墓诸古迹。"

梅花书院

"明湛尚书若水书院故址也。嘉靖间……因选地城东一里，承甘泉山之脉，创讲道之所，名曰行窝，门人吕柟……书甘泉二字于门，又撰《甘泉行窝记》。行窝门北有银杏树一株，就树筑土为埻，上埻筑基为堂，题曰至止堂。其心性图说在北埻，钟磬在东埻，琴鼓在西埻，学习诚明进修敬义二斋在东序。燕居在

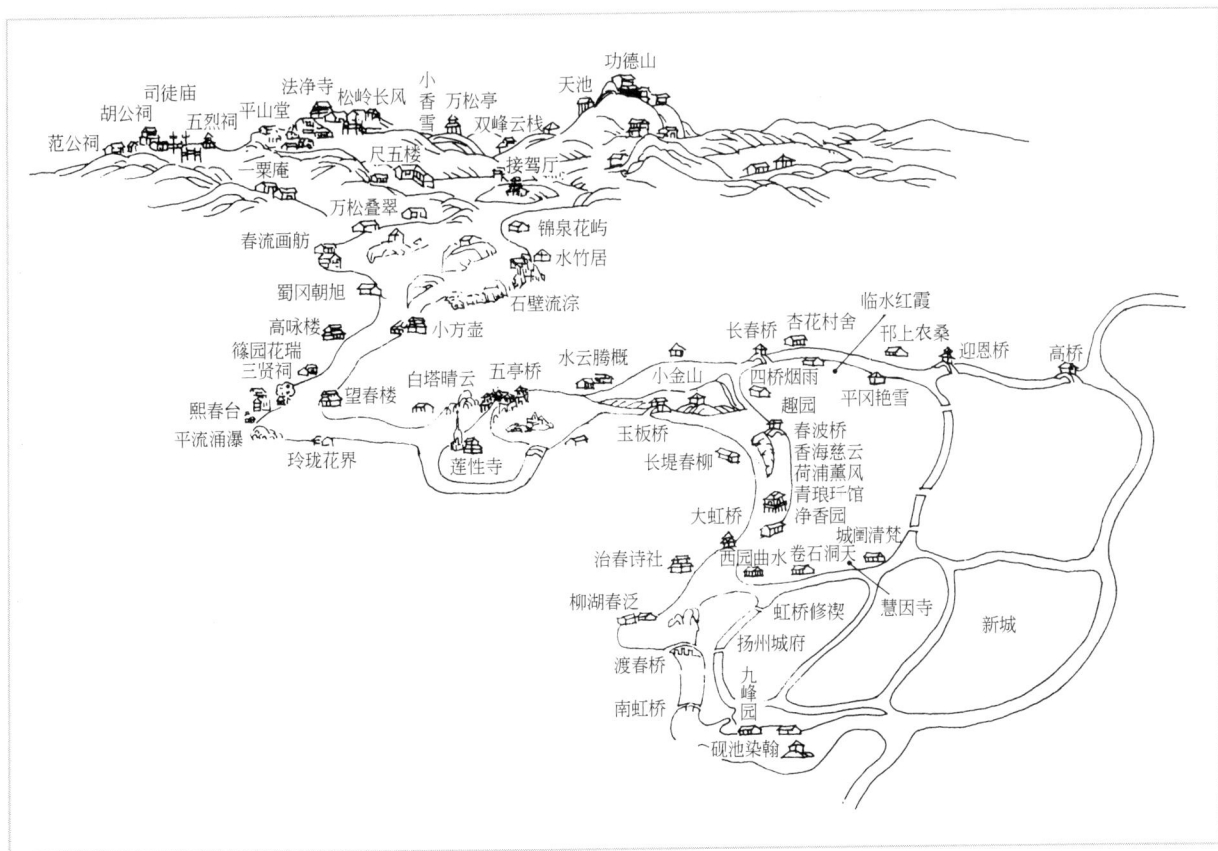

图 10-66　蜀冈保障河全景图

堂北，厨库在燕居左右，缭以周垣凡六十有二丈。垣外有沟，沟外有树。……通山朱廷立为巡盐御史，改名甘泉山书馆。……万历二十年（1592 年），太守吴秀开浚城濠，积土为岭，树以梅，因名梅花岭。缘岭以楼台池榭，名曰平山别墅。东西为州县会馆，名之曰偕乐园。……三十三年（1605 年）……巡按御史牛应元改名之曰崇雅书院。……崇祯间，书院又废。国朝雍正十二年（1734 年）……邑士马曰琯重建堂宇，名曰梅花书院。前列三楹为门舍，其左为双忠祠，右为萧孝大祠。又三楹为仪门，升阶而上，为堂凡五重，复道四周。又进为讲堂，亦五重。东号舍六十四间，旁立隙宇，为庖厨浴湢之所。西有土阜，高丈许，即梅花岭也。岭上构数楹，虚窗当檐。檐以外凭墙而立，四望烟户，如列屏障。下岭则虚亭翼然，树以杂木。……乾隆初年，复名甘泉书院。戊戌（乾隆四十三年，1778 年）长白朱孝纯由泰安知府转运两淮，又名梅花书院，而廓新其宇。于市河之西岸立大门，自书梅花书院匾，刻石陷门上。甬道二十余丈，雕墙高五丈，长十余丈。墙下浚方塘，种柳栽苇，面塘为大门。……更以浚塘之土，累积于右，树以梅，以复梅花岭旧观。岭下增构厅事五楹，亭舍阁道，点缀其间。"[47]后书院迁至新城左卫街，往日之书院园亭，圮之无存，惟有梅花岭土阜尚在。[44]

天宁寺

未说天宁寺，先提拱宸门。"拱宸门在新城西北，亦曰天宁门。城内天宁坊，亦曰天宁街，名起于城外之天宁寺也。寺左有兰若，为寺中东园下院。北折为东园便门，又东折为梅花岭。寺右有杏园，为寺中西园下院。……天宁街乃古天宁寺山门旧址。旧有华表，俗称牌楼口，牌楼高二十丈，额曰朝天福地。……迨改建新城，寺在城外，华表遂废。"

"天宁寺居扬州八大刹之首。寺之始末墓址，郡志未经核实，故古迹多所重出。……以今考之，今天宁寺距拱宸门数武，门内为天宁街，只三百余步，法云寺后址居北柳巷之半，其半二百余步，合而计之，

纵不过二百余步。今杏园兰若为寺东西址，杏园距天心墩百数十步，由杏园至兰若二百余步，……天宁居其北，乐善居其东，法云居其南，其实皆谢宅也（谢安领扬州刺史，建宅于此）。古之谢宅，当自法云起至天宁止，并今之彩衣街之半，北柳巷之半，为民居者皆是也。"[47]

枝上村

"天宁寺西园下院也。在寺西偏，今归御花园，旧有晋树二株。门与寺齐，入门竹径逶迤，花瓦墙周围数十丈，中为大殿，旁建六方亭于两树间，名曰晋树亭。……南构弹指阁三楹，三间五架，制极规矩。阁中贮图书玩好，皆都世珍。阁外竹树，疏密相间。鹤二，往来闲逸。阁后竹篱，篱外修竹参天，断绝人路。""行庵，马主政家庵也，在枝上村西偏，今归御花园，门在枝上村竹径中。门内供韦驮像，大殿供三世佛，殿前梧桐三株。由殿东角门入，小屋四间。复由屋西角门入，套房二间。过此则为枝上村竹园。"[47]

让圃

"张士科、陆钟辉别墅也。在行庵西，今属杏园。本为天宁寺西院废址，……（张氏、马氏）各鬻其半。构亭舍为别墅，名曰让圃，门在枝上村竹径中，前种桃花，筑舍雨亭。门中构松月轩，复围明简庵略禅师退院入圃中。退院旧有银杏一株。……轩右为云木相参楼。楼右开萝径，通黄杨馆。开梅坪旁有遗泉，建厅事，额曰碧梧翠竹之间。其后即枝上村竹圃。"[47]

杏园

在寺西偏，昔为让圃、行庵旧址，今为是园，一名西园下院。门临御马头，门上杏园石额，……门内土阜隆起，西皆僧寮，中构住房三进，以备随营之用。东接行宫，建廊房十余楹。""兰若在寺东偏，即寺之东园下院。……中有进玉楼、藏经院、待漏馆、山磬房诸精舍。丹阳灯客，恒寓于是。"[47]

重宁寺

"在天宁寺后，本平冈秋望故址，为郡城八景之

一。或曰东岳庙旧址，有高阜名太山者是也。雍正间，戴文李借寺后隙地构辨仪亭，为宾客饮射之所，榜于门曰入林。乾隆四十八年（1783 年）于此建寺。……门外植古榆数十株，构大戏台。山门第一层为天王殿，第二层三世佛殿。……殿后三门，中曰普照大千，左曰香林，右曰宝华。门内屋立四柱，空中如楼，上不屋板，下垂四阿若重屋，供瓦窑圣，类牟尼，左供阿赤尔马仪，类普贤，右供红胜拨帝，类观音。……迤东有门，门内由廊入文昌阁，凡三层，登者可望江南诸山，过此则为东园矣。"[47]

东园

"在重宁寺东。先是郡中东园有二：天宁寺之东园，即兰若，系天宁寺下院分房；莲性寺之东园，即贺园。皆非今江氏所构之东园也。江氏因修梅花书院，遂于重宁寺旁复梅花岭，高十余丈，名曰东园，建枋楔，曰麟游凤舞园。门面南，高柳夹道。中建石桥，桥下有池，池中异鱼千尾。过桥建厅事五楹，赐名曰熙春堂。……堂后广厦五楹，左有小室。四围凿曲尺池。池中置磁山，别青碧黄绿四色。中构圆室，顶上悬镜，四面窗户洞开，水天一色，赐名俯鉴室。……是室屋脊作卐字吉祥相。室外石笋迸起，溪泉横流。筑室四五折，逾折逾上。及出户外，乃知前历之石桥、熙春堂诸胜，尚在下一层。至此平台规矩更整，登高眺远，举江外诸山及南城外帆樯来往，皆环绕其下。堂右厅事五楹，中开竹径，赐名琅玕丛。其后广厦十数间。为三卷厅，厅前有门，门外即文昌阁。"

"东园墙外东北角，置木柜于墙上，凿深池，驱水工开闸注水为瀑布，入俯鉴室。太湖石蟠八九折，折处多为深潭，雪溅雷怒，破崖而下，……乍隐乍见，至池口乃喷薄直泻于其中。此善学倪云林笔意者之作也。门外双柏，立如人，盘如石，垂如柳。游人谓水树以是园为最。"[47]

"东园水法皆在园外过街楼。过此路西有东园便门，路东有梅花书院便门。直路出砖门，西折绕梅花

岭北，又为东园重宁寺便门。折入北岸，抵天宁寺。……道旁屋舍如买卖街做法（见后），谓之十三房，亦以备随营贸易也"[47]

天宁寺行宫

"行宫在扬州有四：一在金山，一在焦山，一在天宁寺，一在高旻寺。天宁寺右建大宫门，门前建牌楼，下甃白玉石，围石栏杆。甬道上大宫门、二宫门、前殿、寝殿、右宫门、戏台、前殿、垂花门、寝殿、西殿、内殿、御花园。门前左右朝房及茶膳房，两边为护卫房。最后为后门，通重宁寺。""后宫门在重宁寺旁，多隙地，平时为艺花人所居，南巡时，诸有司居之。……左掖门通天宁寺西廊，为便门。右掖门通御花园。园本天宁寺西园枝上村旧址，起造楼阁，点缀水石。造铁塔高丈许，仿正觉寺式。……后入大内，晋树围入园中西南角，其让围之半，今归杏园。"[47]

"御书楼在御花园中。园之正殿名大观堂。楼在大观堂之旁，恭贮颁定图书集成全部，赐名文汇阁。……文汇阁凡三层，亲庋楹柱之间，俱绘以书卷。最下一层，中供图书集成，书面用黄色绢。两畔橱皆经部，书面用绿色绢。中一层尽史部，书面用红色绢，上一层左子右集。子书面用玉色绢，集面用藕荷色绢。其书帙多者用楠木作函贮之。其一本二本者用楠木版一片夹之，束之以带，带上有环，结之使牢。"[47]

买卖街："天宁门至北门，沿河北岸建河房，仿京师长连短连廊下房及前门荷包棚帽子棚做法，谓之买卖街。令各方商贾辇运珍异，随营为市，题其景曰丰市层楼。"[47]

以下分景段叙述，先是高桥至迎恩桥的"竹西芳径"和"华祝迎恩"。

竹西芳径（图 10-67）

"竹西芳径在（城东北五里）蜀冈上，冈势至此渐平，……上方禅智寺在其上。门中建大殿，左右庑序翼张，后为僧楼，即正觉旧址。左序通芳药圃，圃前

竹西芳径

图 10-67 竹西芳径景图

有门，门内五楹，中为甬道，夹植槐榆。上为厅事三楹，左接长廊，壁间嵌三绝碑，为吴道子画宝志公像、李太白赞、颜鲁公书，后有赵子昂跋。岁久石泐，明僧本初重刻。又苏文忠公次伯固韵送李孝博诗石刻，廊外有吕祖照面池。由池入圃，圃前有泉在石隙，志曰蜀井，今曰第一泉。寺有八景：在寺外者，月明桥一，竹西亭二，昆邱台三，在寺内者，三绝碑一，苏诗二，照面池三，蜀井四，芍药圃五。"[47]

"寺左建竹西亭。亭名本取小杜诗'谁知竹西路，歌吹是扬州'句，因建亭于北岸皂角树下。后改名歌吹，屡毁屡复，又改祀王竹西，今移建寺左，旧址遂墟。"[57]乾隆十九年（1754年）翰林院编修程梦星重建，名仍其旧。亭西有昆台，相传宋欧阳修以为游观之胜。清乾隆三十年（1765年）弘历临幸是园；四十八年（1783年）候选州同府维梓重修，今已湮没不存。

高桥、新河

高桥在城东北五里。《嘉靖淮扬志》谓之上方砖桥（以桥属之上方寺也），《漕河通志》云，改名北来桥（以桥属之北来寺也）。"新河古名市河，《嘉靖淮扬志》云：在府治东二十步，由南水门至北水门。城外

图 10-68　华祝迎恩景图

四围皆通舟。《国朝府志》云：市河自府城便益门外高桥运河口起，历保障河砚池口至南门外，出二通沟而接运河。又自便益门吊桥起，绕城东北，一从新城拱宸门水关至挹江门水关，出针桥而接运河。一从旧城北水关至南水关，出响水桥而东接运河。明、清开浚重浚，后又浚保障河以潴内河之水，皆今之所谓新河。乾隆帝从香阜寺易轻舟由新河直抵天宁门行宫。是地新河，即自高桥至砚池之市河故道。辛未（1751年）浚深，两岸设档点景，名其景曰华祝迎恩（见下），故又谓之迎恩河。又此河旧为运草入城便道，故又谓之草河，河自高桥起，至迎恩亭下，分为二支，一支北去，出长春桥，入保障；一支南去，出鞠桥，抵北门。"[47]

华祝迎恩（图10-68）

华祝迎恩为八景之一，自城外东北隅高桥向西逶迤二里至迎恩亭止，"两岸排列档子，淮南北三十总商分工派段，恭设香亭，奏乐演戏，迎銮于此。档子之法，后背用板墙蒲包，山墙用花瓦，手卷山用堆砌包托，曲折层叠青绿太湖山石，杂以树木，如松、柳、梧桐、木日红、绣球、绿竹。分大中小三号，皆通景像生。工头用彩楼、香亭三间五座、三面飞檐，上铺各色琉璃竹瓦，龙沟凤滴。顶中一层，用黄琉璃。彩楼用香瓜铜色竹瓦，或覆孔雀翎，或用棕毛。仰顶满糊细画，下铺棕，覆以各色绒毡。间用落地罩、单地罩、五屏风、插屏、戏屏、宝座、书案、天香几、迎手靠垫，两旁设绫锦绥络香襟。案上炉瓶五事，旁用地缸栽像生万年青、万寿蟠桃、九熟仙桃及佛手香橼盘景。架上各色博古器皿书籍。次之香棚，四隅植竹，上覆锦棚，棚上垂各色像生花果草虫。间以幡幢伞盖，多锦缎、纱绫、羽毛、大呢之属，饰以博古铜玉。中用三层台，二层台。平台三机四杈，中实镔铁，每出一干，则生数节，巨细尺度，必与根等。上缀孩童，衬衣红绫袄袴，丝绦缎靴，外扮文武戏文，运机而动。通景用音乐锣鼓，有细吹音乐、吹打十番、粗吹锣鼓之别。排列至迎恩亭，亭中云气往

来，或化而为嘉禾瑞草，变而为甘云醴泉。"[47] 这里不厌其详，一一摘录，以见帝王南巡，仅迎恩一段的档子的豪奢靡费，莫此为甚。

"高桥、迎恩桥，做法同。两崖甃石鲸兽，栏楯镂镐如玉，中流驾木贯铁纤连之。过桥亭雕檐峻宇，出没云霞。上可结驷，下可方舟。"

自迎恩桥直行向西，至长春桥而上，有"邗上农桑"、"杏花村舍"、"平冈艳雪"、"临水红霞"四景段。

邗上农桑、杏花村舍 (图 10-69)

"邗上农桑在迎恩河西(岸)、(清奉宸苑卿王勋)仿圣祖(康熙)耕织图做法，封隈为岸。"[47] "由迎恩桥北折而西，临堤为亭，亭右置水车数部，草亭覆之。依西一带，因堤为土山，种桃花。山后茅屋疏篱，人烟鸡犬，村居幽致，宛然在目。其西为仓房。又西仿西制为风车，转动不假人力。又西为饎饷桥，桥西当河曲处，堤折而南，面东为歌台，台后为极丰祠，以祀田祖。"[49]《扬州画舫录》则称"祠前击鼓吹幽龀台，左有碙房，右有浴蚕房、分泊房、绿叶亭。亭外桑阴郁郁，时闻斧声。树间建大起楼，楼下长廊至染色房、练丝房。房外为练池，池外有春及堂。堂右有嫘祖祠、经丝房、听机楼。楼后有东织房、纺丝房。房外板桥二、三折，至西织房，成衣房，接献功楼。自此以南，一片丹碧，塞破寒波烟雾，尽在长春桥外矣。"[47]

"西岸矮屋比栉，屋前地平如掌，辘轴参横，草居雾宿，豚栅鸡栖。绕屋左右，闲田数顷。农具齐发，水车四起。地坊不行，秧针刺出。鸡头菱角，熟于池沼。葭菼苍然，远浦明灭，打谷之歌，盈于四野。……。"杏花村舍自浴蚕房始。河至此愈曲愈幽，鸥鹭往来，清风泛于樽俎，高柳映人家，奇松衬楼阁。由碙房屋角至浴蚕房。……过此有小水口，上覆板桥。过桥至绿桑亭。堤随河转，屋亦西斜，为分箔房。……大起楼接于分箔房尾，竹木护村，邱园自适"[47]

"蜀冈诸山之水，细流萦折，潜出曲港，宣泄归河。大起楼南，以池分之，千丝万缕，五色陆离，皆从此出，谓之练池。池之东西，以廊绕之。东绕于染色房止。……西绕于练丝房止。……练池以西，河形又曲，岸上建春及堂，四面种老杏数十株，铁干拳而拥肿飞动。……嫘祖祠，祀马头娘也。……祠右沼堤种竹，竹后长廊数丈。廊竟，横置小舍三间，为经丝房，经机所持丝也。……屋右接听机楼。……楼台疏处栽桑树数百株，浓绿荫坂。下多野水，分流注沼。沼旁为纺丝房，与经丝房对。居其名，织房十余间，以东西分。……成衣房十余间，纺砖刀尺，声声相闻。……杏花村舍止于此。平时园墙板屋，尽皆撤去。居人固不事织，惟蒲渔菱茨是利，间亦放鸭为生。近年村树渐老，长堤草秀，楼影入湖，斜阳更远。楼台疏处，野趣甚饶也。是地为临水红霞之对岸，稍南则长春桥矣。"[47]

平冈艳雪 (图 10-70)

"平冈艳雪在邗上农桑之对岸，临水红霞之后路。迎恩河至此，水局益大。夏月浦荷作花，出叶尺许，闹红一舸，盘旋数十折，总不出里桥外桥中。其上构清韵轩，前后两层，粉垣四周，修竹夹径，为园丁所居。山地种蔬，水乡捕鱼，采莲踏藕，生计不穷。……自清韵轩后，梁空磴险，山径峭拔，游人有攀跻偃偻之难，有艳雪亭。……水心亭在艳雪亭之侧，筑土为堵，一溪绕屋。……渔舟小屋居平冈艳雪之末。湖上梅花以此地为胜，盖其枝枝临水，得疏影横斜之态。……再南为临水红霞。"[47]

临水红霞 (图 10-71)

"临水红霞即桃花庵，在长春桥西，野树成林，溪毛碍桨。茅屋三四间在松楸中，其旁厝屋鳞次。植桃树数百株，半藏于丹楼翠阁，倏隐倏见。""桃花庵僻处长春桥内，过桥沿小溪河边折入山径，巉嵲难行。小澳夹两陵间，屿亦分而为两。""前有屿，上结茅亭，额曰螺亭。亭南有板桥接入穆如亭。亭北砌石为阶，坊表插天，额曰临水红霞，折南为桃花庵，大

图 10-70　平冈艳雪景图

图 10-71　临水红霞景图

门三楹，门内大殿三楹，殿后飞霞楼三楹。""楼前老桂四株，绣球二株。秋间多白海棠、白凤仙花。""楼左为见悟堂，堂后小楼又三楹，为僧舍。……楼右小廊开圆门，门外穿太湖石入厅事，复三楹，额曰千树红霞，庵中呼之为红霞厅。""厅面河，后倚石壁，多牡丹。厅内开东西牖，东牖外多竹，西片牖外凌霄花附枯木上，婆娑作荫。……厅前多古树，有拏云攫石之势。树间一桁河路，横穿而来。河外对岸，平原如掌，直接蜀冈三峰。白塔红庙，朱楼粉郭，了在目前。""迤东曲廊数折，两亭浮水，小桥通之。再东为桐轩，右为舫屋。又过桥入东为枕流亭。穿曲廊，得小室，曰临流映壑，室外无限烟水，而平冈又云起矣。平冈为古平冈秋望之遗阜。北郊土厚，任其自然增累成冈，间载盘礴大石，石隙小路横出。冈烧中断，盘行萦曲，继以木栈，倚石排空。周环而上，溪河绕其下，愈绕愈曲。岸上多梅树，花时如雪，故庵后名平冈艳雪。"[47]

以上是自迎恩桥直行向西，邗上农桑、杏花村舍、平冈艳雪，临水红霞四景段。"自迎恩桥少西南行，至北门桥止，为草河内支流，亦称草河。小迎恩桥在迎恩桥南，自是越小市桥、鞠桥，会于北护城市河。东岸有叶公坟、傍花村、毕园。西岸为北门外大街。扬州街道以临河者为下岸。……是街上岸有建隆寺、竹林寺、铁佛寺、龙光寺、灵鹫寺、碧天观、茶庵、木兰分院、天雷坛。下岸有醉白园酒楼、双虹桥茶肆。"

叶公坟

"明刑部侍郎叶公相之墓也。墓后土阜，高十余丈。前临小迎恩河，右有石桥，土人称之为叶公桥。相传为骆驼地，其上石枋石几翁仲马羊，陈列墓道。里人于清明时坟上放纸鸢，掷瓦砾于翁仲帽上，以卜幸获，谓之飞墦。重阳于此登高，浸以成俗。"[47]

傍花村

"傍花村居人多种菊，薜萝周匝，完若墙壁。南邻北垞，园种户植。连架接荫，生意各殊。花时填街

绕陌，品水征茶。"[47]

《扬州园林品赏录》载：傍花村，在北门城外叶公桥南，为清庶吉士余广文隐居之处。广文结庐其间，颜其室曰餐英小榭。……其弟鸣禄，同居于此。下街餐英别墅主人余继之，即鸣禄之曾孙。今其地已改建为新住宅区。"

红叶山庄

"在傍花村内，为清光绪年间邑人王子衡之别业。四周花柳成行，园林幽静，春时有黄鹂三两，鸣于翠柳，游人载酒其间，倾听好音，往往流连忘返。旧有小楼，极轩敞。登楼展望，湖光山色，均列眼前，今已圮毁。"[44]

毕园

"在小金山后里许。""小金山圆如伏釜，四围环水。远近十里中，皆埋铁镬，古治水者以此压水，俗称李王锅。近称长春岭为小金山，与此小金山异。"毕园"门前用竹篱围大树数十株。厅事三楹，额曰柳暗花明村舍，……厅后住房三楹，左廊有舫屋二三折在树间。右圃种桂，构方亭，李仙根书曰瑶圃。"[44]园"原先为毕本恕所建，后归盐商罗干饶所有。今其址已为农田。"[44]

以下叙述旧城北门北岸，自慧因寺至虹桥凡三景段：城阊清梵一，卷石洞天二，西园曲水三。

镇淮门

"在旧城正北，本为南门，嘉靖间曰拱宸，今曰镇淮。……南岸沿城地名松濠畔，即北水关外地。北岸小水口，即古市河之通高桥者。上有砖桥通行旅，土人鞠氏所筑，谓之鞠家桥。或曰桥北傍花村多菊，故名，今两旁甃砖，上覆桥板。东岸双虹楼，飞角峭出，西岸观音庵为女尼所居。门外为租马局，……湖上人租之，取其缓行以代步耳。是地即北门马头。"[47]

慧因寺

"舍利律院即今慧因寺，建自宋宝祐间，谓之舍利庵。……乾隆辛未（1751 年）赐名慧因寺……寺旁

旧为王洗马园，今皆归入寺中。寺右建城闉清梵牌楼。沿堤甃石岸，设阶级为码头，其上即慧因寺。楼下大门，寺楼十楹。楼下门供布袋像，大殿供三世佛十八应真。对面为楼下经堂，殿左为方丈，右为云堂。云堂两庑为僧寮，中设讲座，座后设屏，屏后小川堂。入大士堂，两旁悬十八尊者石刻。……其外为御碑亭，珠宫璇室，鹿苑鹦林。北郊景致，乃其始也。是地皆毕本恕建，今归罗氏。"[47]

城闉清梵(图 10-72)

"在北门外对河，问月桥之西。""自慧因寺至斗姥宫及毕、闵两园，皆在城闉清梵之内。由寺之大士堂小门至香悟亭，四面种木犀，前开八方门。右临河为涵光亭、双清阁、听涛亭，曲廊水榭，低徊映带。""涵光亭面城抱寺，亭右筑小垣，断岸不通往来。……亭中水汽如雨，人烟结云，仅此一亭，湖水之气已足。……亭右通双清阁。此园罗氏(称罗园)。""后一层建文武帝君殿。右为斗姥宫。山门外设水马头，中甃玉板石。正殿供老君，殿上为斗姥楼。""殿左为三元帝君殿，上元执薄，神气飞动。殿后即斗姥宫大门。……北郊诸园皆临水，各有水门，而园后另开大门以通往来，是为旱门，即斗姥宫大门之类。""殿右

住屋三楹，……由廊入河边船房，额曰南漪。""后檐置横窗在剥皮松间。树下因土成阜，上构栖鹤亭。""栖鹤亭西构厅事三楹，池沼树石，点缀生动，额曰绿杨城郭。……此为闵园，今归罗氏。""之西南小室，中有门通芳园。""芳园，种花人汪氏宅也。汪氏行四，字希文，吴人、工歌。乾隆丙辰(1726 年)来扬州，卖茶枝上村，与李复堂、郑板桥、咏堂僧友善。后构是地种花，复堂为题匀园额，刻石嵌水门上，中有板桥所书联云，移花得蝶，买石饶云。是园水廊十余间，湖光激滟，映带几席。廊内芍药十数畦。廊西一间，悬溪云旧额。……廊后构屋三间，中间不置窗棂，随地皆使风月透明，外以三脚几安长板，上置盆景，高下浅深，层折无算。下多大瓮，分波养鱼，分雨养花。后楼二十余间，由层级而上，是为旱门。"[47]

绿杨村

"在慧因寺之西，于绿杨城郭旧址重建，村前置绿杨村三字额。初入村，跨以板桥。沿堤花木成行，树杪远见长竿，大书绿杨村三红字，故有白旗红字绿杨村之说。临河茶肆，精舍数间，坐位雅洁。村之中心，编竹为篱，中植四时盆景花木。循篱而东，修竹

图 10-72　城闉清梵景图

千竿，干霄直上。丛竹中，有茅亭一，署曰冷香亭。亭之东，凿池种荷，四周则环植杨柳。绿荫深处，茅屋三五间，为上等品茗之所，夏季小集其间，凭栏赏荷，泃为消暑胜境。今其地圈入花木鸟虫鱼公司，已非旧观。"[44]

李氏小园

"在北门城外问月桥北，乃卖花翁汪髻所筑，郑板桥寄居之所。……是园后为卖花翁李叟种菊之地，并设茶肆于内。时李叟年八十有余，咸丰与同治以前湖上风景，犹能道及其详。翁殁后，园渐荒废，今已不存。"[44]

堞云春暖

"在北水关外城河南岸，与绿杨城郭一景相对，即昔之所谓松濠畔处，乃巡抚江兰与其弟江藩之别墅。门外建板桥以通游人，岸上为屋十余间，长与对岸慧因寺至丁溪相起止。前建韵协琅璈戏台，台与慧因寺相对。……台左开窄径，沿层坡得竹间阁子，复取路蜿蜒，窄不盈尺。入敞室为荣春居，复由竹中小廊入厅事，网户朱缀，踞一园之盛，旁设平台，由台而下，入屋三楹，为水石林，游船过此，直是一片绿屏。早已圮之不存。"[44]

卷石洞天（图10-73）

"卷石洞天在城闉清梵之后，即古郧园地。郧园以怪石老木为胜，今归洪氏（清奉宸苑卿衔洪征治家所有）。以旧制临水太湖石山，搜岩剔穴为九狮形，置之水中，上点桥亭，题之曰卷石洞天。人呼之为小洪园。园自芍园便门过群玉山房长廊（廊与河蜿蜒），入薜萝水榭。榭西循山路曲折入竹柏中，嵌黄石壁，高十余丈，中置屋数十间，斜折川风，碎摇溪月。东为契秋阁"。"过此又折入廊，廊西又折。折渐多，廊渐宽，前三间，后三间，中作小巷通之，覆脊如工字，廊竟又折，非楼非阁，罗幔绮窗，小有位次。过此又折入廊中，翠阁红亭，隐跃栏槛。忽一折入东南阁子，躐步凌梯，数级而上，额曰：委宛山房。"（山）房竟多竹，竹砌石岸，设小栏点太湖石。石隙老杏一株，横卧水上，夭矫屈曲，莫可名状。……其

右建修竹丛桂之堂，堂后红楼抱山，气极苍莽。其下临水小屋三楹，额曰丁溪，旁设水码头。其后土山逶迤，庭宇萧疏，剪毛栽树，人家渐幽，额曰射圃，圃后即门。"[47]

注：上段中"丁溪，盖室前之水，其源有二，一自保障湖来，一自南湖来，至此合为一水，而与小秦淮水相汇，形如丁字，故名。"[44]"季雪村居射圃，地宽可较射，中构小室四五楹，皆雪村所居，雪村有水癖，雨时引檐溜贮于四五石大缸中，有桃花、黄梅、伏水、雪水之别，风雨则覆盖，晴则露之使受日月星之气。用以烹茶，味极甘美。"[47]"小洪园后门为旧时且停车茶肆，其旁为七贤居，亦茶肆也。"[47]

西园曲水（图10-74）

"西园曲水（在卷石洞天之西），即古之西园茶肆。张氏、黄氏（清副使黄晟）先后为园，继归汪氏（乾隆四十年，1775年，继归候选道员汪义）。"[47]"乾隆四十八年（1783年）候选知府汪灏再修，又归徽州歙县盐商鲍诚一所有。依水之曲，以治亭馆，石假藩篱。"[44]"中有濯清堂、觞咏楼、水明楼、新月楼、拂柳亭诸胜。水明楼后，即园之旱门，与江园旱门相对，今归鲍氏。"[47]

濯清堂，"堂前方池，广十余亩，尽种荷花。"觞咏楼，"楼之左作平台，通东边楼。楼后即小洪园射圃，多梅。因于楼之后壁开户，裁纸为边，若横披画式，中以木榻嵌合。俟小洪园花开，趣抽去木榻，以楼后梅花为壁间画图，此前人所谓尺幅窗无心画也。""觞咏楼西南角多柳。构廊穿树，长条短线，垂檐覆脊，春燕秋鸦，夕阳疏雨，无所不宜。中有拂柳亭。……北郊杨柳，至此曲尽其态矣。""新月楼在拂柳亭畔，与田园冶春楼相对，湖上月最早处也。""水明楼本杜工部残月水明楼句而名之也。图志谓仿西域形制。盖楼窗皆嵌玻璃，使内外上下相激射故名。""水明楼后，即西园后门。后门即野园酒肆旧址。康熙间，林古渡、刘公戬，陈其年曾饮于此。"[4]"

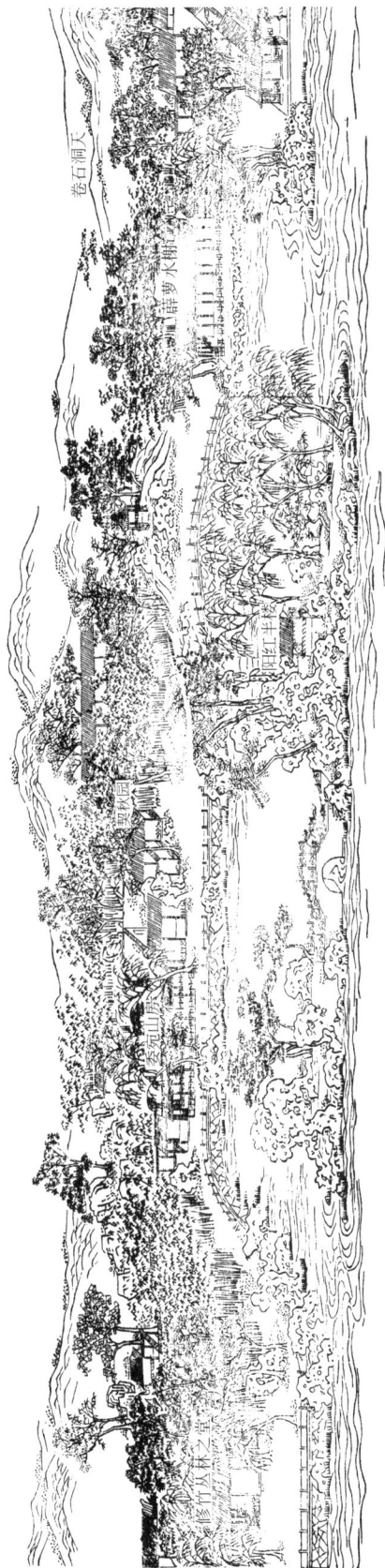

图 10-73 卷石洞天景图

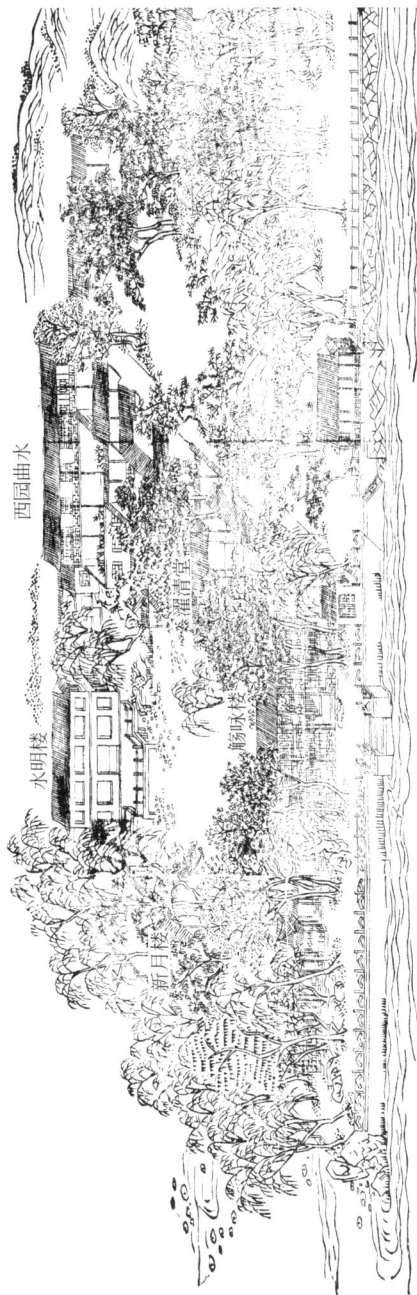

图 10-74 西园曲水景图

自此之后，湖上园林叙述顺序，先是保障河最南砚池口古渡桥东的砚池染翰、九峰园等，北上至大虹桥包括虹桥修禊、柳湖春泛等。然后由大虹桥经春波桥至长春桥包括荷蒲薰风、香海慈云等为东路，瘦西湖的长堤春柳、梅岭春深等为西路。然后自长春桥西包括白塔晴云等冈东北岸和春台祝寿、蜀冈朝旭、万松叠翠等冈东南岸。最后经由微波峡、平山堂坞，至蜀冈三峰，东峰有功德山诸胜，中峰有平山堂、法静寺诸胜，西峰为五烈墓等诸胜。

砚池染翰（图 10-75）

"砚池染翰在城南古渡桥旁。""古渡桥以石为之，狭小不通画舫，往来惟渔艇而已。《天禄识余》云：扬州北三桥、中三桥、南三桥，号九桥，不通车，不在二十四桥之数，此类是也。""砚池即南池……志又曰南池距九峰庵不远，南池即莲花池。……《平山堂图志》云：隔岸文峰有塔，俗称文笔，故称南池为砚池，汪氏因于南园题曰砚池染翰。"[47]

九峰园

"歙县汪氏得九莲庵地，建别墅曰南园，有深柳读书堂、谷雨轩、风漪阁诸胜。乾隆辛巳（1761 年），得太湖石九于江南，大者逾丈，小者及寻，玲珑嵌空，窍穴千百，众夫辇至。因建澄空宇，海桐书屋，更围雨花庵入园中，以二峰置海桐书屋，二峰置澄空宇，一峰置一片南湖，三峰置玉玲珑馆，一峰置雨花庵屋角，赐名九峰园。御制诗二，……注云：园有九奇石，因以名峰，非山峰也。"[47]

"九峰园大门临河，左右子舍各五间，水有缆舸系舟，陆有木寨系马。门内三楹，设散金绿油屏风，屏内右折为二门。门内多古树，右建厅事，名曰深柳读书堂。"或云："堂前黄石叠成峭壁，杂以古木阴翳，遂使冷光翠色，高插天际。盖堂为是园之始，故作此壁，欲暂为南湖韬光耳。旁有辛夷一树，老根隐见石隙，盘踞两弓之地。中为恶虫蚀空，不绝如缕，以杖柱之，其上两三嫩条，生意勃然，花时如玉山颓。"或云："堂前构玻璃房，三、四折入谷雨轩，右

为延月室，其东南阁子，额曰玉玲珑馆。是屋两面在牡丹中，一面临湖。"（"谷雨轩种牡丹数千本，春分后植竹为枋柱，上织芦荻为帘旌，替花障日，花时绮牖洞开。……辟卍字径，开川字畦，……花过后各户全扃。"）"轩后多曲室，车轮房结构最精。"（"谷雨轩旁多小室，中一间窗牖作车轮形，谓之车轮房，一名蜘蛛网。"）"数折通御书楼（即雨花庵旧址，楼右开门，嵌雨花庵旧额石刻于门上），楼右为雨花庵，庵屋四面接檐，中为观音堂，右为水廊，廊外即市河。楼前门上，石刻砚池染翰四字。门外石板桥（'三折，桥头三岌人立，其洞穴大可蛇行，小者仅容蚁聚，名曰玉玲珑，又名一品石，图志云：相传为海岳庵中旧物'）。过荷塘至堤上方亭（'石板桥外湖堤上建方亭'），额曰临池（'亭前为园中舣舟处，有画舫名曰移园，为汪氏自制'）。东构小厅事，颜曰一片南湖，至此全湖在目。旁为风漪阁（'一片南湖之旁，小廊十余楹，额曰烟渚吟廊。……其东斜廊直入水阁三楹，额曰风漪，……是阁居湖北滣'）。左有长塘亩许，种荷芰。（'湖水极阔，中有土屿，松榆梅柳，亭石沙渚，共为一邱，其下无数青萍。每秋冬间，艾陵野兔，扬子鸿雁，北郊寒鸦，皆觅食于此。风雨时作激湧，状如下石，钟山对岸，南堤洞中，飞动成采，此湖上水局最胜处也。'）沿堤芙蓉称最，最东小屋虚廊在丛竹间，更幽邃不可思拟。（'风漪阁后东北角有方沼，种芰荷，夹堤栽芙蓉花。沼旁构小亭，亭左由八角门入虚廊三四折，中有曲室四五楹，为园中花匠所居，莳养盆景。'）阁后曲室广厦，轩敞华丽，窗棂皆置玻璃，大致数尺，不隔纤翳，窗外点宣石山数十丈，赐名澄空宇扁额。（'烟渚吟廊之后，多落皮松剥皮桧。取黄石叠成翠屏，中置两卷厅，安三尺方玻璃。其中或缀宣石，或点太湖石，太湖即九峰中之二峰，名之曰玻璃厅，上悬御扁澄空宇三字。'）厅右小室三楹，室前黄石壁立，上多海桐，颜曰海桐书屋。（'室后二峰屹立，至是九峰乃全。'）屋右开便门，门外乃园之第二层门也。"[47]

"园中九峰(乾隆南巡见之)，奉旨选二石入御苑，今止存七石。高东井文照九峰园诗云：名园九个丈人尊，两叟苍颜独受恩，也似山王通籍去，竹林惟有五君存。"[47] 是园久已圮，惟园一峰尚存。民国初年，城内建公园，移至迎曦阁前。十年动乱期间，陈达祚先生移至史公祠内梅花仙馆保存，至今遂得屹立无恙。[44]

古渡禅林

"在湖中长屿上，为金山下院"。

御舟水室

"在古渡禅林后堤，庋屋水上。一舟庋屋五楹，龙凤各二舟，庋屋四层，两旁用红黄竹席围之，以避风雨，名曰藏舟浦。"[47]

明影园

在湖中长屿上，古渡禅林之北，前已述及，今已无迹可考。

南红桥

"本南湖狭处，编木渡水，后湖嘴渐出，辄植木成杠，谓之南桥，红其栏，谓之南红桥。春草夏蒲，秋苂冬苇，远浦明灭，小桥出入，一段水局最盛。过桥西岸，入秋雨庵路"。[47]

美人桥

"在扫垢山尾砚池。南岸自中埝以下，地脉隆起，直趋塔湾。静慧园即在中埝分支。坛巷以上，土阜隆起，直趋扫垢山，秋雨庵即在扫垢山尾。其中湖田十数顷，水大为湖，水小为田，谓之美人峒。峒口建石桥，谓之美人桥。……西为社稷坛，居民筑屋其上，谓之坛巷。其下乃扫垢山，接西门二钓桥西岸之都天庙巷。"[47]

静慧寺、静慧园

"静慧寺本席园旧址，顺治间僧道忞木陈居之。……康熙赐名静慧园……寺周里许，前有方塘，后有竹畦，树木蒙翳，殿宇嵯峨，木陈塔在其中，为南郊名刹。木陈之后，寺将颓废，歙县人吴家龙重修。"[45]

主园

"在静慧寺旁，绩溪程邦瑞筑。程氏流寓扬州，有地仅数弓，往来栖迟，尝镌为《主园图》，四方名人，多有吟咏。今已无考。"[44]

秋雨庵

"本里人杨氏出家之地。临潼张仙洲感于梦，构为庵，名曰扫垢精舍。康熙五年(1666年)，灵隐大殿落成后，八月十三日早，落月中桂子；浙僧戴公过扬州，遗四五粒于庵中种之，因又改名金粟庵。庵四周皆竹，竹外编篱，篱内方塘，塘北山门。门内大殿三楹，院中绿萼梅一株，白藤花一株缘木而生。两庑各五楹，环绕殿之左右。后楼五楹，为方丈。庵左为桂园，园中桂树是月中种子，花开皆红黄色。右为竹圃，又名笋园。园中有六方亭，名曰竹亭。"[47] 上述曾改名金粟庵，乾隆间，庵僧祖道，字竹溪，善琴工诗，改名秋雨庵。……后毁于兵火，重建于同治，仍名秋雨庵。再后遂荒废，惟余破屋三间，古佛一座。今已圮之不存。[44]

渡春桥

"在花山涧中，三孔皆方。上用黄石嵌水裂丈，最称诡制。上通二钓桥，下通涧中。桥东接虹桥修禊。"[47]

虹桥修禊 (图10-76)

"虹桥修禊，元崔伯亨花园，今洪氏别墅也。洪氏有二园，虹桥修禊为大洪园，卷石洞天为小洪园。大洪园有二景：一为虹桥修禊；一为柳湖春泛。是园为王文简赋冶春诗处，后卢转运修禊亦于此，因以虹桥修禊名其景。……恭邀(弘历南巡，临幸是园)赐名倚虹园。园门在渡春桥东岸，门内为妙远堂('园中待游客地也，湖上每一园必作深堂，饬庵寝以供岁时宴游，如是堂之类)，堂右为饯春堂，临水建饮虹阁，阁外方壶岛屿，湿翠浮岚。堂后开竹径，水次设小码头，逶迤入涵碧楼。""涵碧楼前怪突兀，古松盘曲如盖。穿石而过，有崖峻嶒秀拔，近若咫尺，其右密孔泉出，迸流直下，水声泠泠，入于湖中。有石门划

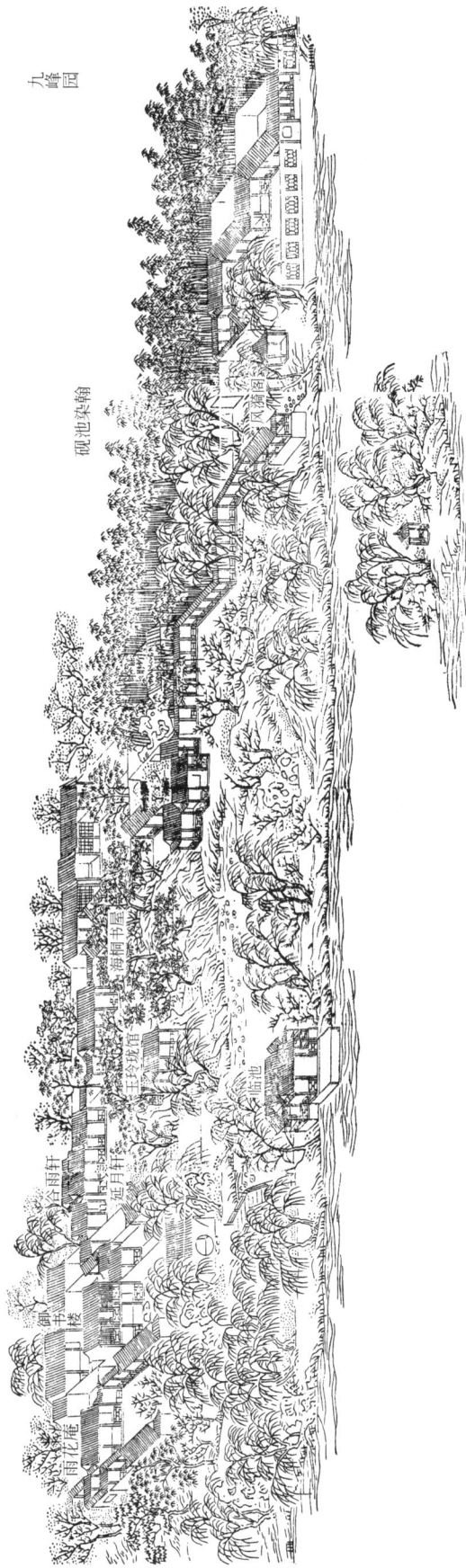

图 10-75 砚池染翰景图

图 10-76 虹桥修禊景图

裂，风大不可逼视，两壁摇动欲摧。崖树交抱，聚石为步，宽者可通舟，下多尺二绣尾鱼。……楼后灌荫郁莽，浓翠扑衣。其旁有小屋，屋中叠石于梁栋上，作钟乳垂状。其下巉岏岪嵝，千叠万覆。七八折趋至屋前深沼中。屋中置石几榻，盛夏坐之忘暑，严寒塞墐，几上加貂鼠彩绒，又可以围炉斗饮，真诡制也。""楼后宣石房（即上段所述），旁建层屋，赐名致佳楼。""致佳楼五楹，……是楼亦在崔园旧址之内。楼后皆新辟荒地，并转角桥西口之冶春茶社围入园中，自是园始三面临水，水局乃大。"由致佳楼"直南为桂花书屋，右有水厅面西，一片石壁，用水穿透，杳不可测。厅后牡丹最盛，由牡丹西入领芳轩，轩后筑歌台十余楹，台旁松柏杉楮，郁然浓荫。近水筑楼十余楹，抱湾而转。其中筑修禊亭，外为临水大门，筑厅三楹，题曰虹桥修禊。旁建碑亭，供奉御制诗二首。"[47]

"倚虹园之胜在于水，水之胜在于水厅。自桂花书屋穿曲廊北折，又西建厅事临水，窗牖洞开，使花山涧湖光石壁褰裳而来。夜不列罗帏，昼不空画屏，清交素友，往来如织。晨餐夕膳，芳气竟如凉苑疏寮，云阶月地，真上党慰斗台也。"

柳湖春泛（图 10-77）

"柳湖春泛在渡春桥西岸，土阜蓊郁，利于栽柳。洪氏构草阁，题曰辋川图画，阁后山径蜿蜒入草亭，曰流波华馆。馆西步平桥入湖心亭，复于东作板廊数折入舫屋，曰小江潭。皆用档子法，谓之点景，如邢上农桑、杏花村舍之类。"

上述"辋川图画阁三楹在杨柳间。树光蒙密，日色玲珑，禽鸟上下，水纹清妍。""流波华馆后墙在湖滣，前荣在湖中。地上庋极，板上以文砖亚次，步之一片清空。……馆右复作板廊数折入湖心亭，左作宛转桥，曲折上小江潭。"[47]

冶春诗社

"在虹桥西岸。康熙间，虹桥茶肆名冶春社。……旁为王山蔼别墅。……后归田氏，并以冶春社围入园中，题其景曰冶春诗社。由辋川图画阁旁卷墙门入丛竹中，高树或仰或偃，怪石忽出忽没，构数十间小廊于山后，时见时隐。外构方亭，题曰怀仙馆（馆八柱四荣，重屋十脊，临水次，前荣对镇淮门市河）。馆左小水口，引水注池中，上覆方板。入秋思山房（在水树间）。其旁构方楼，通阁道，为冶春楼。楼南有槐荫厅（三楹），楼北有桥西草堂，楼尾接香影

图 10-77　柳湖春泛景图

楼。"冶春"楼上三面蹴虚，西对曲岸林塘，南对花山洞。北自小门入阁道，两边束朱栏，宽者可携手偕行，窄者仅容一身。渐行渐高，下视阑外，已在玉兰树薫。廊竟接露台，置石几一，磁墩四，饮酒其上。直可方之石曼卿巢饮，旁点黄石三、四级。阁道愈行愈西，入香影楼。……楼北小门又入一层。楼外作小露台，台缺处叠黄石，齿齿而下，即是园之楼下厅也，额曰桥西草堂。……堂后旱门，通虹桥西路。"

"桥西草堂，右由露台一带，土气积郁，叠以黄石，嶙峋棱角，老树眠卧侍立，各尽其状。中构六角亭，名曰欧谱，四方亭名曰云构。"[47]

"是园阁道之胜比东园，而有其规矩，无其沉重，或连或断，随处通达。"[47]

虹桥

"虹桥即红桥，在保障湖中。府志云：……朱栏跨岸，绿杨盈堤，酒帘掩映，为郡城胜游地。鼓吹词序云：……朱栏数丈，远通两岸，彩虹卧波，丹蛟截水，不足以喻。而荷香柳色，曲槛雕楹，鳞次环绕，绵亘十余里。春夏之交，繁弦急管，金勒画船，掩映出没于其间，诚一郡之旧观也。文简游记云：出镇淮门，循小秦淮折而北，陂岸起伏，竹木蓊郁。人家多因水为园亭溪塘，幽窈明瑟，颇尽四时之美。……林下尽处，有桥宛然，如垂虹下饮于涧，又如丽人靓妆照明镜中，所谓红桥也。红桥原系板桥，桥桩四层，层各四桩，桥板六层，层各四板，南北跨保障湖水口，围以红栏，故名红桥。丙辰（1676年）黄廊中履昂改建石桥，辛未（1691年）后，巡盐御史吉庆、普福、高恒相次重建。上建过桥亭，红改作虹。"[47]

"虹桥爪为长堤之始，逶迤至司徒庙上山路而止。长堤春柳、桃花坞、春台祝寿、篠园花瑞、蜀冈朝旭五景，皆在堤上。"[47]以下先述虹桥东岸诸景，然后叙及西岸、堤上。

荷浦薫风（江园、净香园）

荷浦薫风在虹桥东岸（为清布政使衔江春所筑），一名江园（乾隆二十二年，1757年，改名官园），乾隆二十七年（1762年）皇上赐名净香园。"……园门在虹桥东。""江园门与西园门衡宇相望。闪开竹径，临水筑曲尺洞房，额曰银塘春晓。园丁于此为茶肆，呼曰江园水亭，其下多白鹅。"亭外"清华堂临水，荇藻生足下。……堂后箣筜数万，摇曳檐际。左望一片修廊，天低树微，楼阁晻暖。堂后长廊逶迤，修竹映带。由廊下门入竹径，中藏矮屋，曰青琅玕馆。……接青琅玕馆之尾，复构小廊十数楹，额曰春雨廊，廊竟广筑杏花春雨之堂。……今其堂已墟为射圃矣。修廊之外，水中乱石漂泊，为浮梅屿。河至此分为二。……是屿丹崖青壁，眠沙卧水，宛然小瞩。廊下开门为水马头，额曰绿杨湾。……门外春禊亭（额曰春禊射圃）在水中，有小桥与浮梅屿通。""绿杨湾门内建厅事，悬御匾怡性堂三字。……栋宇轩豁，金铺玉锁，前厂后荫。右靠山用文楠雕密箐，上筑仙楼，陈设木榻，刻香檀为飞廉、花槛、瓦木阶砌之类。左靠山仿效西洋人制法，前设栏楯，构深屋，望之如数十百千层，一旋一折，目眩足惧。……外画山河海屿，海洋道路，对面设影灯，用玻璃镜取屋内所画影。上开天窗盈尺，令天光云影相摩荡，兼以日月之光射之，晶耀绝伦，更点宣石如车厢侧立。由是左旋，入小廊，至翠玲珑馆。小池规月，矮竹引风。屋内结花篱，悉用赣州滩河小石子，甃地作连环方胜式。旁设书椟，计四。旁开楼门，出至蓬壶影。……是地亦名西斋，本唐氏西庄之基，后归土人种菊，谓之唐村。村乃保障旧梗，俗曰唐家湖，江氏买唐村，掘地得宣石数万。石盖古西村假山之埋没土中者。江氏因堆成小山，构室于上，额曰水佩风裳。……（是石为石工仇好石所作。好石年二十有一，因点是石，得痨病而死）。怡性堂后竹柏丛生，取小径入圆门。门内危楼切云，名曰江山四望楼。"楼之尾接天光云影楼，"曲尺相接，楼下不相通，而楼上相通。""楼后朱藤延蔓，旁有秋晖书屋及涵虚阁诸胜。""涵虚阁在江山四望楼之左，凡四间，后窗在绿杨湾之小廊内，游人多憩于此。""秋晖书屋在天光云影楼左一层，为江山四望楼后第一层，制如卧室，游人多憩息于此。"

"涵虚阁外构小亭，置四屏风，嵌荷浦薰风四字。过此即珊瑚林、桃花馆；对岸即来薰堂、海云龛。而春波桥跨园中内夹河，桥西为荷浦薰风，桥东为香海慈云。是地前湖后浦，湖种红荷花，植木为标以护之。浦种白荷花，筑土为堤以护之。堤上开小口，使浦水与湖水通。上立枋楔，左右四柱，中实香海慈云之额。""浦中建圆屋，屋之正面对水门。左设板桥数折，通来薰堂。""来薰堂在春波桥东，前湖后浦，左为荣，右靠山，入浣香楼。"（圆）"屋上有重屋，窗棂上嵌合海云龛三字，屋中供观音像"。有"舣舟亭，浦中小泊地也。""涵虚阁之北，树木幽邃，声如清瑟凉琴。半山桶叶当窗槛间，影碎动摇。斜晖静照，野色连山。古木色变，春初时青，未几白，白者苍，绿者碧，碧者黄，黄变赤，赤变紫，皆异艳奇采不可殚记，颜其室曰珊瑚林。……由珊瑚林之末，疏桐高柳间，得曲尺房栊，名曰桃花池馆。……北郊上桃花，以此为最，花在后山，故游人不多见。每逢山溪水发，急趋保障湖，一片红霞，汩没波际，如挂帆分波，为湖上流水桃花，一胜也。"[47]"江园中勺泉，……本在保障湖心，江氏构亭，穴其上。上安辘轳，下用阑槛，园丁游人，汲饮是赖。后因旁筑土山，岁久遂随地脉走入湖中，而亭中之井瞀矣。""由

倚山亭之北，筑墙十数丈，中种梧竹，颜曰：藤暌竹径。盖至此夹河已会于湖，于湖口构迎翠楼。……黄园之锦镜阁，即在楼南。"[47]

"嘉庆以后，江园荒废，旧景无存。民国20年（1931年）于是园故址，兴筑熊园，以祀辛亥革命烈士熊成基。园基占地约三亩，四周随地势高下，围以短垣，并将湖中浮梅屿收入范围。园地面南，筑享堂五楹，以旧城废皇宫大殿材料改造，飞甍反宇，五色填漆，一片金碧……直至十年动乱期间，方被拆毁。"[44]

四桥烟雨

黄园、趣园（图10-78）"四桥烟雨，一名黄园，黄氏别墅也。上赐名趣园（乾隆二十七年，1762年，弘历赐名）。……黄氏兄弟好构名园，尝以千金购得秘书一卷，为造制宫室之法，故每一造作，虽淹博之才，亦不能考其所从出。""黄氏本徽州歙县潭渡人，寓居扬州。兄弟四人，以盐筴起家。晟字东曙，号晓峰，行一，……家康山南，筑有易园；刻太平广记、三才图会二书。……履暹字仲昇，号星宇，行二，……家倚山南，有十间房花园，……四桥烟雨，水云胜概二段，其北郊别墅也。履昊字昆华，行四，……家阙口门，有容园。履昂字中荷，行六，家阙口门，有别圃，改虹桥为石桥。"[47]

图 10-78　四桥烟雨景图

"是园接江园环翠楼；入锦镜阁，飞檐重屋，架夹河中。""锦镜阁三间，跨园中夹河，三间之中一间，置床四，其左一间置床三，又以左一间之下间置床三，楼梯即在左下一间，下边床侧，由床入梯上阁，右亦如之。惟中一间通水。其制仿工程则例暖阁做法，其妙在中一间通水也。""阁之西一间，开靠山门。……阁门外屿上构黄屋三楹，供奉御赐扁趣园石刻，……亭旁竹木蒙翳，怪石蹲踞，接水之末，增土为岭，岭腹构小屋三椽，颜曰竹间水际。""阁之东一间，开靠山门与西一间相对。门内种桂树，构工字厅，名四照轩。……轩前有丛桂亭，后嵌黄石壁，右由曲廊入方屋，额曰金粟庵。……是地桂花极盛，花时园丁结花市。""涟漪阁在金粟庵北，……阁外石路渐低，小栏欹欹，绝无梯级之苦。此栏名桃花浪，亦名浪里梅。石路皆冰裂纹。堤岸上古树森如人立，树间构廊。……由是入面水层轩。轩居湖南，地与阶平，阶与水平。""涟漪阁之北，厅事二，一曰澄碧，一曰光霁，平地用阁楼之制。由阁屋下靠山房一直十六间……阁尾三级，下第一层三间，中设疏寮隔间，由两边门出第二层三间，中设方门出第三层五间，为澄碧堂。……由澄碧出第四层五间，为光霁堂。堂面西，堂下为水码头，与梅岭春深之水码头相对。""光霁堂后，曲折逶迤，方池数丈。廊舍或仄或宽，或整或散，或斜或直，或断或连，诡制奇丽。……(曲室)额曰云锦淙。""过云锦淙，壁立千仞，廊舍断绝。有角门可侧身入，潜通小圃。圃中多碧梧高柳，小屋三四楹。又西小室侧转一室，置两屏风。……从屏风后，出河边方塘(上赐名半亩塘)。""由竹中通楼下大门。"[47]

"四桥烟雨，园之总名也。四桥：虹桥、长春桥、春波桥、莲花桥也。虹桥、长春、春波三桥，皆如常制。莲花桥上建五亭，下支四翼，每翼三门，合正门为十五门。"

水云胜概 (图 10-79)

"水云胜概在长春桥西岸，亦名黄园。黄园自锦镜阁起，自小南屏止，中界长春桥，遂分二段。桥东为四桥烟雨，桥西为水云胜概。水云胜概园门在桥西。门内为吹香草堂，堂后为随喜庵。庵左临水，结屋三楹，为坐观垂钓。接水屋十楹，为春水廊。廊角沿土阜，从竹间至胜概楼。林亭至此，渡口初分，为小南屏，旁筑云山韶濩之台。黄园于是始竟。"[47]

"吹香草堂……南入随喜庵，供白衣观音像"，"坐观垂钓三楹，与春水廊接山。春水廊中用枸木，无梁无脊，坐观垂钓则用歇山做法，以此别于廊制也"。"春水廊，水局极宽处也。……临水甃岸，构矮屋名春水廊。众流汇合，皆如褰裳昵就于廊中者"。"胜概楼在莲花桥西偏。……楼前面湖空阔，楼后苦竹参天。沿堤丰草匝地，对岸树木如昏壁画。登楼四望，天水无际，五桥峙中，诸桥罗列，景物之胜，俱在目前。此楼仿瓜洲胜概楼制，瓜洲胜概楼创自明正统间"。"莲花桥北岸有水钥，康熙间为土人火氏所居。林亭极幽，比之净慈寺。山路称为小南屏。……后蠡于园中(指黄园)，名额之构方亭，即以小南屏旧。"[47] "据《扬州览胜录》云：小南屏，即在今徐苍水墓一带。徐墓已于20世纪70年代平去，地入瘦西湖公园，惟余树色而已。"[44]

跨虹阁

"在虹桥爪，是地先为酒铺。迨丁丑(乾隆二十二年，1757年)后，改官园。契归黄氏，仍令园丁卖酒为业。……阁外日揭帘，夜悬灯。帘以青白布数幅为之，下端裁为燕尾，上端夹板灯，上贴一酒字。……铺中敛钱者为掌柜，烫酒者为酒把持。凡有沽者斥数掌柜唱之，把持应之，遥遥赠答，自成作家，殆非局外人所能猝辨。"[47]是阁久已不存。

下转虹桥西岸：

冶春诗社

在虹桥西岸虹桥茶肆旧址，由大洪园辋川图画阁旁卷墙门入。见前柳湖春泛景区，不赘述。

长堤春柳 (图 10-80)

"长堤春柳在虹桥西岸，为吴氏别墅，大门与

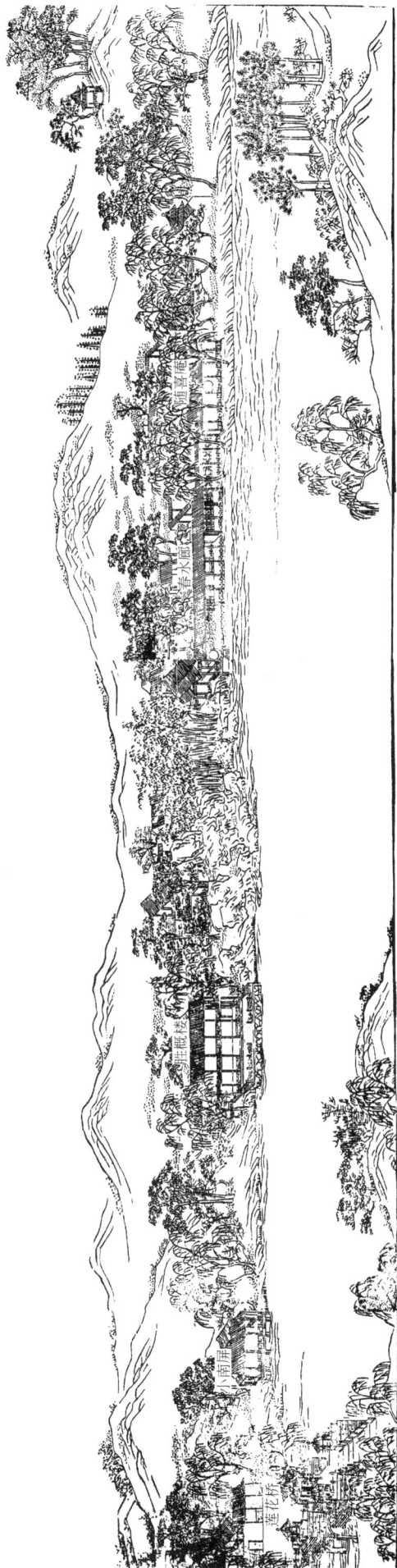

图10-79 水云胜概景图

冶春诗社相对。"[47] "初为清同知黄为浦别业，后于乾隆四十年(1775年)候选知府吴尊德重修居之。"[44] "扬州宜杨，在堤上者更大，冬月插之，至春即活，三四年即长二三丈。……或五步一株，十步双树；三三两两，跂立园中。构厅事，额曰浓阴草堂。……又过曲廊三四折，尽处有小屋如丁字，谓之丁头屋，额曰浮春"。"是地为桃花坞(见下)比邻，桃花自此方起，花中筑晓烟亭"。又有"曙光楼面东，以晓色胜。城中人每于夏月侵晓出城看露荷，多在是"。[47] "是景(露珠荷花)于嘉庆后，日渐荒废。至咸丰年间，堤上杨柳亦不复存在。民国四年(1915年)邑人补筑长堤春柳，起于虹桥西岸，至徐园而止，长约一里，宽约一丈。沿堤遍种杨柳，间以桃花。堤之中途，建一过街亭子，额曰长堤春柳，……每岁二三月间，堤上之宝马香车，与湖中大小画舫，往来于桃花柳荫丛中，如入天然图画。民国十年(1921年)湖水大涨，桃花淹没殆尽。建国后，此地划归扬州市园林管理所，种桃植柳，以复旧观。"[44]

以下为长堤上诸园：

韩园

"在长堤上，国初(清朝)韩醉白别墅。……后为韩奕别墅，继又改名'名园'，筑小山亭。……闲时开设酒肆，常演窟儡子。(儡子)高二尺，有臀无足，底平，下安卯栒，用竹板承之。设方水池，贮水令满，取鱼虾萍藻实其中，隔以纱障。运机之人在障内游移转动，《金鳌退食笔记》载水嬉，此其类也。"[47]

桃花坞 (图10-81)

"在长堤上，堤上多桃树，郑氏于桃花丛中构园。"前长堤春柳条中，述及桃花自吴园方起。"扫垢山至此，……种树无不宜，居人多种桃树。北郊白桃花，以东岸江园为胜，红桃花以西岸桃花坞为胜。"桃花坞"门在河曲处，与关帝庙大门相对。""园门开八角式，石刻桃花坞之字额其上。……内构厅事，额曰疏峰馆"。"桃花坞与韩园比邻，竹篱为界，篱下开门。门中方塘种荷，四旁幽竹蒙翳。构响廊，庋板架

水上，额曰澄鲜阁。……自是由水中宛转桥接于疏峰馆之东。""疏峰馆之西，山势蜿蜒，列峰如云。幽泉漱玉，下偪寒潭。山半桃花，春时红白相间，映于水面。花中构蒸霞堂，……复构红阁十余楹于半山，一面向北，一面向西，上构八角层屋，额曰纵目亭。……至此，则长春岭、莲性寺、红亭、白塔皆在目前。""中川亭树多竹柏，构亭八翼，四面皆靠山脊，中耸重屋。""由蒸霞堂阁道，过岭入后山，四围短垣，蜿蜒逶迤，达于法海桥南。路曲处藏小门。门内碧桃数十株，琢石为径，人伛偻行花下，须发皆香。有草堂三间，左数椽为茶屋。屋后多落叶松，地幽辟，人不多至。后改为酒肆，名曰挹爽，而游人乃得揽其胜矣。"[47] "是园后圮，民国4年(1915年)于此建筑徐园。"[44]

附：徐园 "园门面南，门首石额草堂'徐园'二字……园门内，有大荷池一。池之四周，叠以太湖石，并环植桃柳。池东有小板桥一，与湖水通，池北面南有享堂三楹，……享堂前，围以石栏，左右列大铁镬二，重各数斤千。以太湖石为座，位置天然。夏植荷花于其内，实为绝大盆景(盆栽)之奇观。仪征焦汝霖撰有《铁镬记》，在享堂东碑亭前。碑亭内，壁嵌《徐园碑记》，……亭前额曰羊公片石。享堂西，面东有客厅三楹，即冶春后社所在。社前长松参天，怪石当路。对面回廊突起，廊壁间，嵌有冶春后社碑记，……循廊而西，小门外，有矮屋三间，为游客栖息处。屋外老树扶疏，雅有林峦景致。又有古梅十余本，与桃李之属，相间成林。面南有船厅三楹，游人筋客，多在此间。厅前紫藤数株，植木为架，春时着花，宛如璎珞。木笔玉兰，点缀左右。藤花下，叠太湖石数座，中有如老人伛偻形者，颇奇伟。此石系由湖东三贤祠辇来，称为名品。太湖石前，置石幢二，一为唐代物，一为五代物。户后花圃，以牡丹为盛，以芍药为大观，并有金带围名种在焉。船厅东偏，修竹千竿，环列左右。丛竹中，以松木建小亭一，内置石桌，可以小憩。亭东有大石碑一，刻倚虹园三大

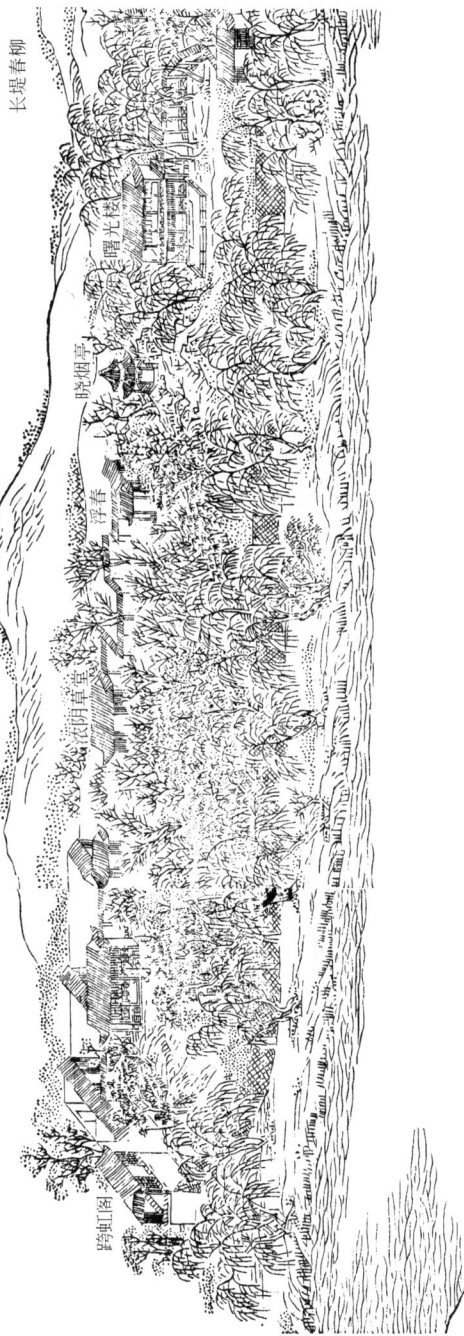

图 10-80　长堤春柳景图

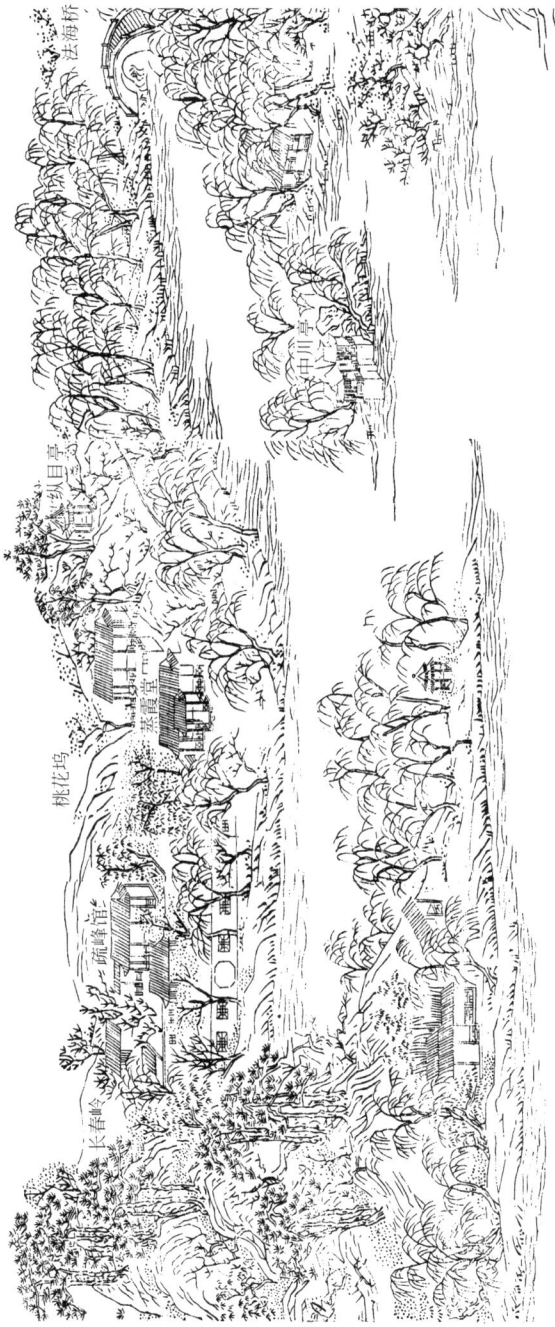

图 10-81　桃花坞景图

字，盖百年前旧迹，移置于此。船厅西有长廊一道，极尽曲折之致，廊尽处，为园之后门，门前有额曰大河前横，对岸即梅岭春深所在。是园至今犹在，无大改易。"[44]

梅岭春深（图 10-82）

"梅岭春深即长春岭，在保障湖中，由蜀冈中峰出脉者也。丁丑（1757 年）间，程氏（于湖中）加葺虚土，竖木三匝，上建关帝庙，庙前叠石码头。左建玉板桥，右构岭上草堂。堂后开路上岭，中建观音殿。岭上多梅树，上构六方亭。岭西复构小屋三楹，名曰钓渚。程氏名志铨，字云恒，……筑是岭三年不成，费工二十万，……后归余氏，余熙字次修"。[47]

"岭在水中，架木为玉板桥。上构方亭，柱栏檐瓦，皆裹以竹，故又名竹桥。湖北人善制竹，弃青用黄，谓之反黄。……是桥则用反黄法为之。""关帝庙殿宇三楹，……庙右由宛转廊入岭上草堂。堂在岭东，负山面西，全湖在望"。"堂东构舫屋五楹，筑堤十余丈，北对春水廊，南在湖中。大竹篱内，上种杉桐榆柳，下栽芙蓉。堤尽构方亭，为游人观荷之地"。"岭西一亭依麓，额曰钓渚。……亭下有水码头"。

"西麓石骨露土，苔藓沚滞。……中有山峒，峒口垒石凳砖为门，涂紫泥墙，额石其上，题曰梅岭春深。由是入山，路窄如线，在梅花中蜿蜒而上，枝枝碍人。其下大石当路，色逾铜锈。仰视岭上，路直而滑，不可着足。穿岩横穴，遍地皆梅。……中一亭如翼，南望瓜口，微微辨缕。……又转又折，鸟声更碎，野竹深箐，山绝路隔，忽得小径。攀条下阁道，过观音殿，始登平台，由台阶数十级下平路，宽可五尺，数步至岭上草堂。是岭本以梅岭春深门为上山正路，迫增建观音殿，乃以岭上草堂为山前路，梅岭春深门为山后路。"[47]

"此园虽毁于咸丰兵火，复建于光绪年间，但其旧景，尚依稀尤在。……垣门面湖而立，门额梅岭春深四字石刻，……岭高数丈，山路蜿蜒，势极幽险。岭上建一亭，阮元署曰风亭。南望瓜洲，北眺蜀冈，左右湖山，收来眼底。……岭后有山路一条，迤逦而下。近山麓处，有石梁一道。石梁下为山涧，山雨下注时，如百尺飞泉，直射洞底。石梁两旁，山石点点，断腭相望。过石梁，便至观音殿，所谓香海慈云一景，移此即是。岭前垣门之右，建厅事三楹，面东

图 10-82 梅岭春深景图

临湖，水局宽阔，为游人玩月之所，署曰月观。……月观前长廊，护以木槛，槛外有疏柳三五株，横卧水际。月观迤西湖边，旧有御碑亭。民国 23 年(1934年)，改筑为观自在亭，内置石桌，供游人小憩。逾亭而西，西湖有精舍一区，旧称琴室，……琴室后有屋三楹，为僧人栖息处。僧房之左有小门，入于净室，四方游人来此消夏，多寓此间。室外花木幽深，并多老桂。琴室之西，为湖心律寺，首进为山门，次为关帝殿。寺迤西，面湖有四面厅三楹，署曰湖上草堂，……堂前围以石栏，左右并植苍松、碧梧、紫藤之属。是处水际极宽，往来画船，均经堂下。湖岸杨柳，水面荷花，与碧波蓝天相映。高坐堂上，平览莲花桥、白塔诸胜，全湖风景，烟水全收。由是堂迤西，有一厅面南临水，署曰绿筱沧涟，旧名绿阴馆。二分竹，三分水；泃为佳境。由此迤西为长渚，渚之尽头，有吹台，又署曰钓鱼台，即前述游人观荷之地。游人到此，颇有濠上观鱼之想。是园景物，至今一一犹在。"[44]

"法海桥在关帝庙前，东西跨炮山河。炮山河受蜀冈、金匮、甘泉诸山水，由廿四桥出是桥，乃得与保障湖通，故炮山河亦名保障河。……是桥创建已久，府志以明火指挥重建为始。……惟法海寺建于元至元间，寺既有征，桥以寺名，自当断以元至元间为始。"[47]

莲性寺(图 10-83)

"莲性寺在关帝庙旁，本名法海寺，创于元至元间。(康熙四十四年，1705 年)圣祖赐今名。……寺门在关帝庙右，中建三世佛殿，旁庑十余楹，……后建白塔，仿京师万岁山塔式。塔左便门，通得树厅，厅角便门通贺园。厅外则为银杏山房。""寺中多柏树，门殿廊舍，皆在树隙，故树多穿廊拂檐。……殿后柏树上巢鹤鸟无数，其下松花苔藓，作绀碧色，加之鸟粪盈尺，游人罕经。中建台五十三级，台上造白塔，塔身中空，供白衣大士像。其外层级而上，加青铜缨络，镏金塔铃，最上簇镏金顶"[1]。

东园

"东园即贺园旧址。""为山西临汾贺君召建。始建于雍正，建成于乾隆七年(1742 年)。""贺园有修然亭、春雨堂、品外第一泉、云山阁、品仙阁、青川精舍、醉烟亭、凝翠轩、梓潼殿、贺鹤楼、杏轩、芙蓉

图 10-83　莲性寺景图

汴、目瞒台、对薇亭、偶寄山房、踏叶廊、子云亭、春山草外山房、嘉莲亭。今截贺园之半，改筑得树厅、春雨堂、夕阳双寺楼、云山阁、菱花亭诸胜。其园之东面子云亭，改为歌台，西南角之嘉莲亭，改为新河，春山草外山亭，改为银杏山房，均在园外。另建东园大门于莲花桥南岸。其云山阁便门，通百子堂。"[47]

"春雨堂柏树十余株，树上苔藓深寸许。中点黄石三百余石，石上累土，植牡丹百余本。圩墙高数仞，尽为薜荔遮断。堂后虚廊架太湖石，上下临深潭，有泉即品外第一泉。其北菱花亭……亭北为夕阳双寺楼，高与莲花桥齐，俯视画舫在竹树颠"。"云山阁在夕阳双寺楼西，……其址久已无考。……贺园于此建阁，复名云山，今因之"。"得树厅银杏二株，大可合抱，枝柯相交"。"丙寅（乾隆十一年，1746 年）间，以园之醉烟亭、凝翠轩、梓潼殿、驾鹤楼、杏轩、春雨亭、云山阁、品外第一泉、目瞒台、偶寄山房、子云亭、嘉莲亭十二景，征画士袁耀风绘图，以游人题壁诗词及园中扁联汇之成帙，题曰东园题咏。"[47] "是园久已不存，已无踪迹可循"。[44]

莲花桥

"在莲花埂，跨保障湖。南接贺园，北接寿安寺茶亭。上置五亭，下列四翼洞，正侧凡十有五。月满时每洞各衔一月，金色滉漾。乾隆丁丑(1757 年)高御史创建。"

冈东诸胜：

"乾隆二十二年(1757 年)，高御史开莲花埂新河抵平山堂，两岸皆建名园。北岸构白塔晴云、石壁流淙、锦泉花屿三段。南岸构春台祝寿、篠园花瑞、蜀冈朝旭、春流画舫、尺五楼五段。"[47]

白塔晴云(图 10-84)

"在莲花桥北岸。岸湑外拓，与浅水平。水中多巨石，如兽蹲踞。水落石出，高下成阶。上有奇峰壁立，峰石平处刻白塔晴云四字。阶前高屋三间，名曰桂屿。屿后为花南水北之堂，堂右为积翠轩。轩前建半青阁，阁临园中小溪河。溪西设红板桥，桥西梅花里许。筑之字厅，厅外种芳药。其半为芳厅，前为兰渚，后为苍筤馆。复数折入林香草堂，堂后入种纸山房。其旁有归云别馆，外为望春楼，楼右为西爽阁。"[47]

"(莲花)桥南小屿，种桂数百株，构屋三楹，去水尺许。……屋前缚矮桂作篱，将屿上老桂围入园中。山后多荆棘杂花中，后构厅事，额曰花南水北之

图 10-84　白塔晴云景图

堂。……积翠轩在屿北树间……屿西半青阁，……阁前嵌石隙，后倚峭壁。左角与积翠轩通，右临小溪河。窗拂垂柳，柳阑绕水曲，阁外设红板桥以通屿中人来往。桥外修竹断路"。"园中芍药十余亩，花时植木为棚，织苇为帘，编竹为篱，倚树为关。游人步畦町，路窄如线，纵横屈曲，时或迷失不知来去。行久足疲，有茶屋于其中，……名曰芍厅。""芍厅后于石隙中种兰，早春始花，至于初夏，秋时花盛，一干数朵，谓之兰渚。渚上筑室三间。……过此竹势始大，筑小室在竹中，额曰苍筤馆。""春夏之交，草木际天，中有屋数椽，额曰林香草堂。……堂后小屋数折，屋旁地连后山，植蕉百余本，额曰种纸山房"。"种纸山房之右，短垣数折，松石如黛，高阁百尺，额曰西爽。其西竹烟花气，生衣袂间，渚宫碧树，乍隐乍现，后山暖融，彩翠交映，得小亭舍，曰归云别馆。""望春楼前有圆池，左右设二石桥，曲如蟹螯，额曰一渠春水。……池前高屋五楹，露台一方。台外即新河湾处，大石侧立，作惊涛怒浪，……飞楼杰阁，崛起于云霄之间，复道四通于树石之际。……额曰小李将军画本"。"西爽阁前夹河处，堤上树木苍茂。构小屋高不盈四五尺。枋楣梁柱，皆木之去肤而成者，名曰木假亭，如苏老泉木假山之类，今谓之天然木。是园为程宗扬建，今归巴树保。"[47] "是园久毁无存，今为一带村舍。"[44]

石壁流淙(图 10-85)

"石壁流淙，一名徐工(俗称)，徐氏(士业)别墅也。乾隆乙酉(1765 年)赐名水竹居。……是园由西爽阁前池内夹河入小方壶。中筑厅事，额曰花潭竹屿。厅后为静香书屋，屋在两山间，梅花极多。过此上半山亭。山下牡丹成畦，围以矮垣，垣门临水，上雕文砖为如意，为是园之水码头，呼为如意门。门内构清妍室，室后壁中有瀑入内夹河。过天然桥，出湖口，壁中有观音洞，小廊嵌石隙，如草蛇云龙，忽现忽隐，峕玉居藏其中。壁将竟，至阆风堂，壁复起折入丛碧山房，与霞外亭相上下。其下山路，尽为藤花

占断矣。……如是里许，乃渐平易，因建碧云楼于壁之尽处。园内夹河亦于此出口。楼右筑小室四五间，赐名静照轩。轩后复构套房，诡制不可思拟，所谓水竹居也。园后土坡上为鬼神坛。坛左竹屋五六间，自为院落，园中花匠居之。""厅西屿上筑屋两三间，名曰小方壶。""水廊西斜，蓊蒲芝皋，接径而出。中有高屋数十间，题曰花潭竹屿。……屋后危楼百尺，栏槛涂金碧，楹柱列锦绣，望之如天霞落地。右入浅岸，种老梅数百株，枝枝交让，尽成画格。中建静香书屋，汲水护苔，选树编篱，自成院落，如隔人境。""静香书屋之左，土径如线，隐见草际，乾松湿云，怪石路齿，建半山亭以为游人憩息之所。"[47]

"石壁流淙，以水石胜也。是园辇巧石，磊奇峰，潴泉水，飞出巅崖峻壁，而成碧淀红淙，此石壁流淙之胜也。先是土山蜿蜒，由半山亭曲径逶迤至此，忽森然突怒而出，平如刀削，削如剑利，襞积缝纫，淙嵌洴岨，如新篁出箨，疋练悬空，挂岸盘溪，披苔裂石，激射柔滑，令湖水全活，故名曰淙。淙者众水攒冲，鸣湍垒濑，喷若雷风，四面丛流也。"[47]

锦泉花屿(图 10-86)

"锦泉花屿，张氏别墅也。徐工之下，渐近蜀冈，地多水石花树，有二泉。一在九曲池东南角，一在微波峡"。"张氏于此筑水口，引入园中夹河"，遂题曰锦泉花屿。由篛竹轩、清华阁一路浓荫淡冶，曲折深邃，入笼烟筛月之轩。至是亭沼既适，梅花缤纷。山上构香雪亭、藤花书屋、清远堂、锦云轩诸胜。旁构梅亭，山下近水，构水厅，此皆背山一面林亭也。山下过内夹河入微波馆，馆在微波峡之东岸。馆后构绮霞、迟月二楼，复道潜通。山树郁兴，中构方亭，题曰幽岑春色，馆前小屿上有种春轩。"[47]

"篛竹轩居蜀冈之麓，其地近水，宜于种竹，多者数十顷，少者四五畦。居人率用竹结屋四角，直者为柱楣，撑者榱栋，编之为屏，以代垣堵，皆仿高观竹屋、王元之竹楼之遗意。张氏于此仿其制，构是轩，背山临水，自成院落，盛夏不见日光。上有烟带

其杪，下有水护其根，……佳构既适，陈设益精。竹窗竹槛，竹床竹炕，竹门竹联。……盖是轩皆取园之恶竹为之，于是园之竹益修而有致。""过箖竹轩，舍小于舟，……盖清华阁也。""笼烟筛月之轩，竹所也。……游人至此，路塞语隔。身在竹中，不闻竹声。湖上园亭，以此为第一竹所。""竹外一亭翼然，额曰香雪。""藤花榭，长里许，中构小屋，额曰藤花书屋。""遂构清远堂于藤花书屋之北，以为是园宴宾客之地。""锦云轩在东岸最高处，多牡丹，园中谓之牡丹厅"。"东岸观音山尾，任嘉卉恶木，不加斧斤，令其气质敦厚。中有古梅数株，……惟花时香出，……乃可得见，爱于其上建梅花亭。亭外半里许，竹疏木稀，岸与水平，临流筑台，称曰水厅。""微波峡，两山夹谷，波路中通，树木青丛，拂蓬牵船，狭束已至，行之若穷，山转水折，忽又无际，东岸构微波馆。""馆后绮霞楼，……楼后复道四达，层构益高，额曰迟月楼。楼后峡深岚厚，美石如惊鸿游龙，怪石如山魈木客，偃蹇嵯巍，匿于松杉间。……构亭其上，额曰幽岑春色，馆前宛转桥渡入小屿。屿上构种春轩，如杭州之水月楼，冯积困之无波艇。是园为张氏所建，张正治，字宾尚，诸生。"[47] 园久废，今已无存。

冈西南岸：

春台祝寿（图 10-87）

"春台祝寿在莲花桥南岸，汪氏（廷璋）所建。由法海桥内河出口，筑扇面厅。前檐如唇，与檐如齿，两旁如八字，其中虚棂，如折叠聚头扇。厅内屏风窗牖，又各自成其扇面。最佳者，夜间燃灯厅上，掩映水中，如一碗扇面灯。厅后太湖石壁。攀峰脊，穿岩腹，中有石门。门中石路齿齿，皆冰裂纹。路旁老树盘踞，与游人争道。小廊横斜而出，逶迤至含珠堂。""园中池长十余丈，与新河仅隔一堤。池上构楼，旧名镜泉，今易名环翠。""池高于河，多白莲。堤上筑花篱，为疏棂间之，使内外水气相通。上置方屋，颜曰玲珑花界。……玲珑花界之后，小屋两间。屋后小池，方丈许，潜通园中。大池亦种荷，颜曰绮绿轩。"[47]

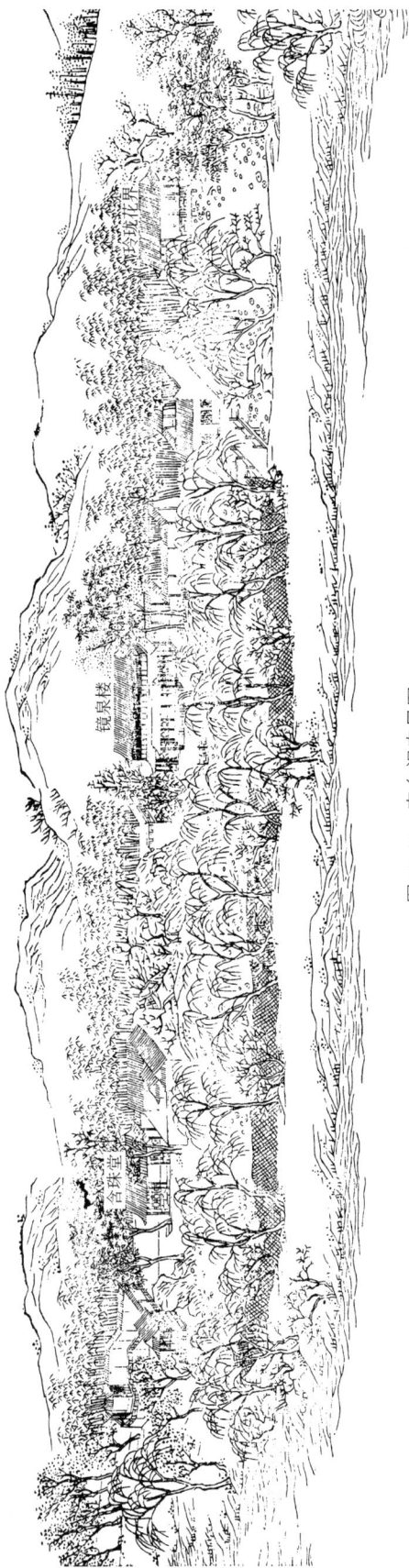

图10-87 春台祝寿景图

熙春台

"在新河曲处，与莲花桥相对。白石为砌，围以石栏，中为露台。第一层横可跃马，纵可方轨，分中左右三阶皆城。第二层建方阁，上下三层，下一层额曰熙春台。……柱壁画云气，屏上画牡丹万朵。上一层旧额曰小李将军画本，……今额曰五云多处。……飞甍反宇，五色填漆，上覆五色琉璃瓦。两翼复道阁梯，皆螺丝转。左通圆亭重屋，右通露台。一堂金碧，照耀水中，如昆仑山五色云气变成五色流水，令人目迷神恍，应接不暇。"[47]是台今已无迹可寻。

廿四桥

"即吴家砖桥，一名红药桥，在熙春台后。平泉涌瀑之水，即金匮山水，由廿四桥而来者也。桥跨西门街东西两岸，砖墙庋版，围以红栏，直西通新教场，北折入金匮山。桥西吴家瓦屋圩墙上石刻烟花夜月四字，不著书者姓名。《扬州鼓吹词》序云：是桥因古之二十四美女吹箫于此故名，或曰即古之二十四桥，二说皆非。按二十四桥见之沈存中《补笔谈》，记扬州二十四桥之名，曰浊河桥、茶园桥、大明桥、九曲桥、下马桥、作坊桥、洗马桥、南桥、阿师桥、周家桥、小市桥、广济桥、新桥、开明桥、顾家桥、通明桥、太平桥、利国桥、万岁桥、青园桥、驿桥、参佐桥、山光桥、下马桥，实有二十四名。美人之说，盖附会言之矣。"[47]

听箫园

"在廿四桥西岸，编竹为篱门。门内栽桃杏花，横扫地轴。帘取松毛缚棚三尺，溪光从茅屋中出。桑鸡桂鱼，山茶村酿。朱唇吹火，玉腕添薪。当炉之妇，脍炙一时。故游人多集于是，题咏亦富。……管希宁为之作图。"[47]此园今已无存。

篠园（图 10-88）

"篠园本小园，在廿四桥旁，康熙间土人种芍药处也。……园方四十亩，中垦十余亩为芍田，有草亭，花时卖茶为生计。田后栽梅树八、九亩。其间烟树迷离，襟带保障湖，北把蜀冈三峰，东接宝祐城，南望红桥。康熙丙申（康熙四十五年，1716 年），翰林程梦星（字伍乔，一字午桥）告归，购为家园，于园外临湖浚芹田十数亩，尽植荷花，架水榭其上。隔岸邻田效之，亦植荷以相映。中筑厅事，取谢康乐'中为天地物，今成鄙夫有'句，名'今有堂'。种梅百本，构亭其中，取谢叠山'几生修得到梅花'句，名修到亭。凿池半规如初月，植芙蓉，畜水鸟，跨以略约

图 10-88　篠园花瑞景图

(步石)。激湖水灌之，四时不竭。名初月汧。今有堂南，筑土为坡，乱石间之，高出树杪，蹑小桥而升，名南坡。于竹中建阁，可眺可咏，名来雨阁。又筑平轩，……名畅余轩。堂之北偏，杂植花药，缭以周垣，上覆古松数十株，名馆松庵。芍山旁筑红药栏，栏外一篱界之。外垦湖田百顷，遍植芙蕖，朱华碧叶，水天相映，名曰藕糜（毛诗：糜与湄通）。轩旁桂三十株，名曰桂坪。是时红桥至保障湖，绿杨两岸，芙蕖十里。久之湖泥淤淀，荷田渐变而种芹。迨雍正壬子（1732 年）浚市河，翰林倡众捐金，益浚保障湖以为市河之蓄泄，又种桃插柳于两堤之上。会构是园（篠园），更增藕塘莲界，于是昔之大小画舫至法海寺而止者，今则可以抵是园而止矣。是园向有竹畦，久而枯死，马秋玉以竹赠之，方士庶为绘《赠竹图》，因以篠名园。庚申冬（1740 年）复于溪边构小亭，澄潭修鳞，可以垂钓；莲房茨实，可以乐饥……名之曰小漪南。"[47]

"三贤祠即篠园，乾隆乙亥（1755 年），园就圮，值卢雅雨转运两淮，与午桥为同年友，葺而治之。以春雨阁祀宋欧阳文忠公（欧阳修）、苏文忠公（苏轼）、国朝王文简公（王士禛），以小漪南水亭改名苏亭，以今有堂改名旧雨亭。时枝上村、弹指阁改入官园，因于堂后仿弹指阁式建楼，名曰仰止楼。……复于药栏中构小室数十间，招僧竹堂居之，以守三贤香火。其下增小亭，颜曰瑞芳。逾年，午桥卒，转运（卢雅雨）傲园赆瞻其后人。"[47]

"篠园花瑞即三贤祠。乾隆甲辰（1784 年），归汪廷璋，人称为汪园。于熙春台左撤苏亭，构阁道二十四楹，以最后之九楹，开阁下门为篠园水门。"[47]汪园"已湮没无存，一片农家田园。"[44]

蜀冈朝旭（图 10-89）

"保障湖西岸，篠园之北，以蜀冈列轴于东故名。"[44]"蜀冈朝旭，李氏（志勋）别墅也。李志勋筑初日轩、眺听烟霞、月地云阶诸胜。今归临潼张氏（绪增），至乾隆壬午（二十七年，1762 年）是园临河建

楼，恭逢赐名高咏。……又赐清韵堂额。楼前本保障湖后莲塘，张氏因之，辇太湖石数千石，移堡城竹数十亩。故是园前以石胜，后以竹胜，中以水胜，由南岸堤上过篠园外石板桥，为园门，门内层岩小壑，委曲曼回。石尽树出，树间筑来春堂。厅后方塘十亩，万竹参天，中有竹楼。竹外为射圃，其后土山又起，上指顾三山亭。过此为园后门，门外即草香亭。"[47]

"（来春）堂之前激清储阴，细草杂花，布满岩谷。水色绀碧，积溜脂滑，方之云林，当不过是。""数椽潇洒临溪屋，在来春堂左，小室如画舫。有小垣高三尺余，中嵌花瓦，用文砖镂刻蜀冈朝旭四字，与堤透迤。东南角立秋千架，高出半天，令人见之愈觉矮垣之妙。由堤入山，山尽步小堤上。""旷如亭在东岸小山上。过此山平水阔，水中筑双流舫，后增丁字屋。周以红栏，设宛转桥，改名流香艇。……至是有长廊数十丈。"

万松叠翠（图 10-90）

"万松叠翠在微波峡西（保障河西岸，蜀冈朝旭之北），一名吴园。本萧家村故址，多竹，中有萧家桥。桥下乃炮山河分支由炮石桥来者。春夏水长，溪流可玩。上构厅事三楹，厅后多桂，筑桂露山房。"房"前有小屋三四间，半含树际，半出溪湄。开靠山门，仿舫屋式，不事雕饰，如塞塘废宅，横出水中，颜曰春流画舫。"由是"过萧家桥入树石中，得屋四、五楹。冉冉而转，入厅事三楹，与水更近，颜曰清阴堂。"堂左"旷观楼十二间如弓字，每间皆北向，盖至此三山渐出矣。……楼后老梅三、四株。中有一水如江村通潮，可以单棹而入。水上构两间小屋，题曰嫩寒春晓。"昔萧村有仓房十楹，临九曲池。是园因之为水廊二十间，由露台入涵清阁。……旁增水厅五楹。水大时，石础松楗，间在水中，紫荇白苹，时来屋里，题曰风月清华。……过此土脉隆起，构绿云亭。……亭旁石上题曰万松叠翠。吴园至此乃竟。"[47]

"是园胜概，在于近水。竹畦十余亩，去水只尺

许，水大辄入竹间。因萧村旧水口开内夹河通于九曲池，遂缘旧堤为屿，屿外即微波峡西岸。近水楼台，皆于此生矣。"[47]今已无存。

尺五楼

"尺五楼在九曲池西角坡上，大门在炮石桥路北。门内厅事三楹，西为十八峰草堂，东为延山亭。亭东为尺五楼，楼后为药房。十八峰草堂谓黄山有十八峰，(园主)汪氏(汪秉德)居黄山下，旧有是堂，因择园内是屋名之。""延山亭在竹树中，……左右廊舍，比屋连甍。由竹中小廊入尺五楼。楼九间，面北五间，面东四间，以面北之第五间靠山，接面东之第一间，于是面东之间数，与面北之间数同，其宽广不溢一黍，因名曰尺五楼。其象本于曲尺，其制本于京师九间房做法。""尺五楼面东之第五间楼，下接药房。先筑长廊于药田中，曲折如阡陌。廊竟，小屋七八间，营筑深邃，矮垣镂缋，文砖亚次，令花气往来，氤氲不隔。"[47]"是园自道光中叶，销毁殆尽，惟尺五楼犹存。阮元晚年归里，每登尺五楼延山亭避暑。时至民国初年，平山堂僧人尚能知尺五楼故址所在，今已无迹可寻。"[44]

微波峡九曲池

"微波峡在两山之间。峡东为锦泉花屿，峡西为万松叠翠(均见前)。峡中河宽丈许，不能容二舟，故画舫至此，方舟者皆单棹而入，入而复出，为九曲池。山围四匝，中凹如碗。水大未尝溢，水小未尝涸，今谓之平山堂坞。坞中建接驾厅，八柱重屋，飞檐反宇。……后设板桥，桥外则水穷云起矣。是园为汪光禄孙冠贤彝士所建。"[47]"今曲池犹在，亭台全毁。"[44]

蜀冈

"扬州，山以蜀冈为首。……今蜀冈在郡城西北大仪乡丰乐区，三峰突起。中峰有万松岭、平山堂、法净寺诸胜，西峰有五烈墓、司徒庙及胡、范二祠诸胜，东峰最高，有观音阁、功德山诸胜。冈之东西北三面，围九曲池于其中，池即今之平山堂坞。其南一线河路，通保障湖。"[47]以下叙胜，由东及西为序。

功德山

"亦名观音山，高三十三丈，在大仪乡，为蜀冈东岸。上建观音寺，一名观音阁。……明《维扬志》云即摘星亭旧址，《方舆胜览》谓之摘星楼。元僧申律开山，明僧惠整建寺，名曰功德山，又名功德林。后僧善缘建额山门曰云林，严运使贞为记，本朝(清)商人汪应庚重新之。丁丑(乾隆二十二年，1757年)后，商人程梅子玙瓚复加修葺，上赐功德林、天池二匾。"[47]

"功德山蜿蜒数里，东南通于莲花埂，即今莲花桥，北大路即为观音香路。过街门上有功德山石额，过街屋即寿安寺茶亭。直路上山，谓之观音街，亦名花子街。香市以二月六月九月为观音圣诞，比之江南大小九华、三茅诸山之胜。上山诸路：东由上方寺过长春桥，入观音街上山；南由镇淮门外虹桥里路，过法海桥、莲花桥入观音街上山；西由西门街过廿四桥，上司徒庙神道，逾蜀冈西中二峰上山。若水码头则在九曲池东，甃石为岸，上建枋楔，颜曰鹫岭云深。""鹫岭云深上岸，过山亭野眺之过街亭，右折入功德山头门。……左折上二山门，……大殿五楹，……后为地藏殿，……殿左小殿三楹，为百子堂。山门外右有平台便门，中构厅事，有方池，池边小屋数折，即御书天池处。大殿右庑便门，土径下山，山下即松风水月桥。"[47]"山下陂池，即得胜湖。程氏种荷，筑水楼三楹，板廊四五折，额曰芰荷深处。"[47]

山亭野眺(图10-91)

"在观音山水码头。有远帆亭，……亭旁筑台三四楹，榭五六楹。廊腰缦回，阁道凌空。"[47]

双峰云栈(图10-92)

"双峰云栈在九曲池。《九朝编年录》云：宋艺祖破李重进，驻驿蜀冈寺，有龙斗于九曲池，命立九曲亭以纪其事。是后又称波光亭，《江都县志》云：乾道二年(1166年)，郡守周淙重建，以波光亭匾揭之。……已而亭废池塞。庆元五年(1199年)，郭杲命工浚池，引注诸池之水，建亭于上，遂复旧观。又筑风台、月榭，东西对峙，缭以柳阴，亦一时清

图 10-91　山亭野眺景图

图 10-92　双峰云栈景图

境也。又五龙庙亦作九龙庙，《府志》云，在九曲池侧。……又《府志》云：宋熙宁间(1069～1077 年)郡守马仲甫于九曲池筑亭，名曰借山。……借山亭下有竹心亭，宋淳熙二年(1175 年)吴企中建。此皆九曲池古迹。今之双峰云栈，即是地也。"[47]

"双峰云栈在两山中，有听泉楼、露香亭、环绿阁诸胜。两山中为峒，今峒中激出一片假水，潆于万折栈道之下，湖山之气，至此愈壮。"盖"蜀冈中东两峰之间，猿扳蛇折，百陟百降，如龙游千里，双角昂霄。中有瀑布三级，飞琼溅雪，汹涌澎湃，下临石壁，屹立千尺。乃筑听泉楼。""环绿阁在功德山石隙中，……下有瀑布泻入池中。旁有露香亭，……上建栈道木桥，道上多石壁，桥旁壁上刻松风水月四字。"[47] "栈道虽毁于民国年间，但两峰间之瀑布，雨后犹有可观。今已不存。"[44]

万松岭

"中峰之东，山脊耸峙，上多松柏，即万松岭。岭上建万松亭，江外诸山，至此一览可尽。岭内空地多梅树，即十亩梅园。岭外水塘即九曲池，岭外即平山堂码头。"[47]

"万松岭，歙人汪应庚所建。就东中二峰冈势中断，旁尾下削，由峒口松风水月桥山麓细路三四折上岭，冈连阜属，苍翠蓊郁。上建万松亭，亭中供奉御书小香雪石刻。"[47]

小香雪

"小香雪即十亩梅园，在今万松岭内，西界平楼，东至万松亭后坡下。其北寿藤古竹，缪辘不分。修水为塘，旁筑草屋竹桥，制极清雅，上赐名小香雪居。"

法净寺（图10-93）

"法净寺即古大明寺。《宝祐志》云：大明寺即古栖灵寺，在县北五里，又名西寺。寺枕蜀冈，上旧有浮图九级，见于《大观图经》。……后数天，天火焚塔俱尽。《嘉靖志》云：宋景德中，僧可政复募民财建塔七级，名曰多宝。……既而塔与寺俱圮。……明万历间，郡守吴平山即其址建寺，复圮。崇祯间，巡漕御史杨仁愿重建，本朝顺治间，郡人赵有成捐募增修。康熙间，圣祖赐澄广匾及内织绫幡。雍正间，汪应庚再建前殿、后楼、山门、廊庑、庖湢。金坛蒋衡书淮东第一观五大字，刻石嵌门外壁上。寺东建藏经楼、云盖堂、平楼。……乾隆间，……于寺西增建文昌阁、洛春堂。……寺门面南，始于明火光禄文津所辟。前建枋楔，四柱三檐，木皆香材。檐下藏冻雀数万，危若鹊栖，仰如伞盖，下甃白玉石地。古树对立，挐云攫石。两垿墙八字向，右垿西折为平山堂大门，左垿东折墙上，即蒋湘繁所书淮东第一观石刻处。门内天王地藏三世佛殿、万佛楼，均如丛林制度。殿左古栖灵塔基，即《览胜志》云：塔址在今云盖堂是也。殿后为万佛楼五楹。康熙十五年（1676年）五月朔，江北地震，楼倾，此汪氏复修者。楼后厅事三楹，为方丈，中有老杏一株。诸山皆以是寺为郡中八大刹之首。"[47]

图 10-93　法净寺景图

平山堂(图10-94)

"平山堂在蜀冈(中峰上,大明寺内西偏)上。……堂之大门仍居寺之坤隅(门上额题文章奥区四字)。""门内植老桂百余株,琢石为阶,凡三十余级。上筑石台,即行春台,台上老梅四五株,即欧公柳、薛公柳、左司糜师旦属扬帅种柳处。上建厅事。颜曰平山堂。匾长一丈六尺,为郑谷口八分书。……蛟门拓堂后地建真赏楼,楼下为晴空阁。""真赏楼本晴川阁旧址,阁名取平山栏槛倚晴空句。……汪氏改阁为楼,取遥知为我留真赏句,遂以真赏名。""楼上祀宗诸贤,堂下为讲堂,额其门曰欧阳文忠公书院,乾隆元年(1736年)汪应庚重建。增置洛春堂,又于堂西建西园。自是改门额为平山堂,书院之名始革。此山堂兴废之大略也。"[47]

"平山堂之后,为谷林堂,相传宋元祐年间苏东坡守扬州时建,取其诗,谷深下窈窕,高林合扶疏句意名之。……宋以后堂圯不存,清代同治年间,方浚颐改建于此。谷林堂三字额,旧为方运使所书,今额乃黄汉侯先生集苏字而成。""谷林堂后为欧阳祠,清光绪五年(1879年)盐运使欧阳正镛重建,有平江李文度所撰碑文石刻,嵌于祠外西山墙壁间。祠宇五楹,中供石刻欧阳修画像,系摹自清内府藏本。……今平山堂、谷林堂与欧阳祠犹在,已经几度维修。"[44]

平远楼

"平远楼仿平远堂之名为名也(乃清汪应庚与其孙汪立德建)。楼本三层,最上者高寺一层,最下者矮寺一层,其第二层与寺平,故又谓之平楼。尹太守为之记,……楼后建关帝殿,旁为东楼,楼下便门通小香雪,即题松岭长风处。"[47]"光绪末年,楼已荒废,民国23年(1934年)重修。楼之后,为晴空阁,原在平山后,久圯。同治中重建于此,改为念佛堂。佛堂之北为四松草堂。草堂之南,旧植四松,后枯其二;今已补植。草堂东偏为洛春堂,亦汪应庚建,盖以欧公《花品叙》中所言,洛阳牡丹天下第一之语,因而名堂为洛春,堂前后,叠石为山,种牡丹数十本。……堂毁于兵……火,重建于同治。现时堂犹在,而山石已圯之不存。"[44]

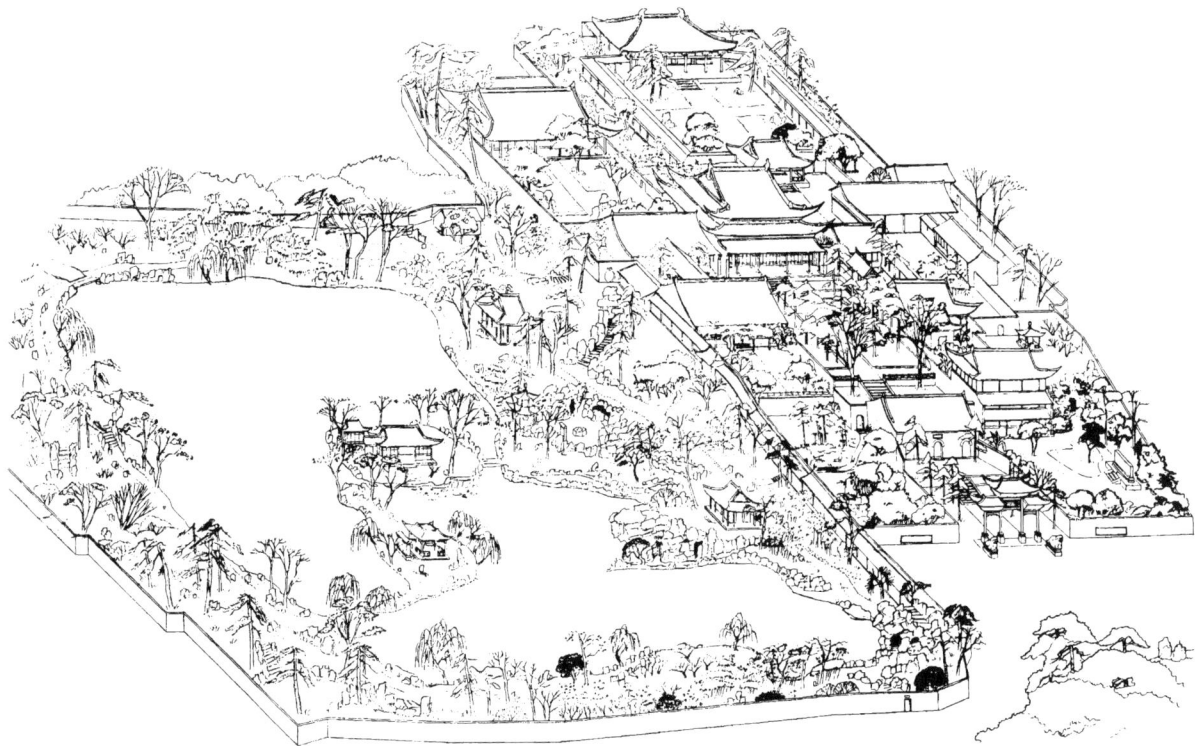

图10-94 平山堂景图

西园(大明寺)

"在法净寺西,即塔院西廊井旧址。卢转运虹桥修禊诗序云:自乾隆辛未(1751 年),始修平山堂,御苑即此地。园内凿池数十丈,瀹瀑突泉。废宛转桥,由山亭南入舫屋。池中建复井亭"。亭"高十数丈,重屋反宇,上置辘轳,效古美泉亭之制。""亭前建荷花厅,缘石磴而南,石隙中陷明徐九皋书第五泉三字石刻,旁为观瀑亭。亭后建梅花厅,厅前奇石削天,旁有泉泠泠。"[47]

"西园之右,山势折入西南,山民编竹为篱,种树为园,藤萝杂卉,列若墙壁,内构矮瓦三四楹。树间多鹤,清夜辄唳。秋深风栗霜柿,缀若繁星。居人逢市会则置竹凳茶灶于门外,以供游人胜赏,谓之西园茶棹子。"[44]

"是园经咸丰兵火之役,已付劫灰。民国已还,惟余古木藤萝,荒池怪石,使怀古者增无穷之感喟。今园门北向,上额砖刻芳圃二字。门内,由黄石山径而下,右有乾隆御碑亭一,左为徐九皋书第五泉。泉南有康熙御碑亭一事,泉西凿有广池,池中有复井亭、船舫。池南有榭临水,榭之南为语石山房。池西高阜隆然,筑一亭,池北筑一堂,渐复园亭胜迹。"[44]

西峰墓祠、五烈墓

"在蜀冈西峰。先是西峰有双烈墓。……(以后)汪应庚遂修五烈墓,以昔之双烈祠亦增塑三烈像,为五烈祠。"五司徒庙:"在西峰。……司徒庙迹莫考。……引述《南史》、《搜神记》、《菽园杂记》、《揽胜志》、《小志》诸书。""司徒庙神道直通廿四桥。庙前建枋楔,两旁石马羊各二。大门三楹,中悬额曰显应司徒庙,两垁塑泥马。入为二门三楹,左右开角门,中楹建歌台。大殿供五司徒像,殿后空舍三楹"。范文正公祠:"在西峰,明崇祯间巡按御史范良彦建,以公四子配享。"

安定胡公祠

"在西峰。本为安定书院故址,后改为司徒庙,今复改为公祠"。一粟庵:"在司徒庙神道东南山麓。庵本高邮龙琳寺下塔院"。新教场:"在西峰司徒庙神道下。南围蜀冈三峰,北列江上诸山,东接破山口,西绕新河。

乾隆庚寅(1770 年)白秋斋云上镇扬州,相度是地以农隙讲武,正月择吉辰操演,谓之游府出行。九月祭旗纛,谓之迎霜降。二者皆湖上嘉会。"

附:瓜洲、仪征之园

锦春园

"在瓜洲城北,前临运河,……园甚宽广,中有一池水,甚清浅,皆种荷花。登楼一望,云树苍茫,帆樯满目,真绝景也"(《履园丛话》)。

朴园

"在仪征东南三十里,巴君朴园、宿崖昆仲以其墓旁余地,添筑亭台,为一家子弟读书之所,凡费白金二十余万两,五年始成。园甚宽广,梅萼千株,幽花满砌。其牡丹厅最轩敞,……有黄石山一座,可以望远,隔江诸山,历历可数,掩映于松楸野戍之间。而湖石数峰,洞壑宛转,较吴阊之狮子林尤有过之,实淮南第一名园也"(《履园丛话》)。

第四节 无锡、苏州明清园墅

一、无锡园墅

(一)无锡的建置沿革

无锡地区的成陆与长江三角洲的成因是分不开的。7500 多年前,由于多次海浸,古太湖断陷盆地成为古长江口的海湾,无锡地区绝大部分被海水淹没,现今的惠山、锡山等山脉是当时海湾内的岛屿。几千年来由于人类经济活动的需要,自然河流与人工河流相互沟通,这样,就形成了河网密布的太湖平原。[50]

商殷时期,无锡这一带被称为荆蛮之地。相传周太王古公亶父的长子泰伯和次子仲雍,为了王位继承问题,远奔江南荆蛮之地,做了当地人民的君长,自号句吴,从此开创了吴国的历史。后来,周朝封仲雍的曾孙周章为吴国君,遂称吴国。东周时公元前 473 年,越国灭了吴国,公元前 334 年,楚威王灭越,尽取故吴之地。战国后期,公元前 262 年,黄歇被封为春申君,无锡一带成为黄歇的封地。公元前 221 年秦始皇统一全国后,把全国划分为三十六郡，无锡地区属于会稽郡。[50]

据方志记载，汉高祖五年(公元前202年)，无锡设置县治。无锡作为县的名称，首次载入《汉书·地理志》。西汉初年，无锡先后为楚王韩信、荆王刘贾和吴王刘濞的封地。汉文帝时恢复秦的旧称，并为会稽郡。汉武帝元封元年(公元前110年)封多君为无锡侯，无锡为无锡侯的封国。征和四年(公元前89年)国除，恢复为无锡县。新莽时(9年)，曾经一度改名有锡县。东汉光武帝即帝位时(25年)，仍复称为无锡。三国时，吴国撤销无锡县，分无锡以西一部分设毗陵典农校尉。晋太康元年(280年)恢复无锡县的名称，隶属毗陵郡，毗陵郡后来为晋陵郡。隋朝地方行政建置，改为州县两级制，晋陵郡为常州，无锡县属常州。唐朝划全国为十五道，无锡属浙江西道常州，无锡县属常州。宋朝改道为路，无锡属两浙路之浙西路常州。元初设中书省，无锡隶江淮中书省，后属江浙行中书省，无锡县升为无锡州。明初改常州路为长春府，后又改为常州府，隶江南省，降无锡州为无锡县。清初，无锡县属常州府。雍正四年(1726年)，无锡县分为无锡、金匮两县。咸丰十年(1860年)，太平军建苏福省，锡金两县合并为无锡县。宣统三年(1911年)辛亥革命发生，国民党人在无锡成立了锡金军政分府。中华民国元年(1912年)，锡金军政分府又合并为无锡县。此后，直到1949年解放，无锡县的行政建置没有变化。1949年4月23日，无锡解放，经苏南行政公署决定，将城、郊区划为无锡市，原无锡县所属各乡镇仍为无锡县。1952年苏南、苏北行政公署合并重建江苏省，无锡市为省辖市。[50]

(二) 无锡城市与经济的发展

无锡是一个历史悠久的古老城市。泰伯奔吴后，自号句吴，定都梅里(今无锡县梅村)，在这里建造了一座土城，城周3里又200步，外廓30余里，城内建官室住宅，城外辟农田耕作。这座泰伯城直到吴王阖闾迁都姑苏，后来吴国被越国灭亡后，逐渐荒芜，变成了废墟，被称为"故吴墟"。由于历代的破坏，古城遗址早已湮没

于地下，荡然无存。战国后期，春申君黄歇受封后，曾在无锡舜柯山筑城，称为黄城。汉朝无锡设置县治后，建造城邑。据《越绝书》记载：无锡城周二里十九步，高二丈七尺，门一楼四，其郭周十一里二十八步，墙一丈七尺，门皆有屋。城墙采用夯土建筑，城址正好湮没于现今无锡城区之下。[50]

无锡地处亚热带，气候温暖湿润，土地肥沃，为农业、手工业的发展提供了优越的自然条件，适宜于种植水稻、桑树、油菜等作物，河湖池塘宜养殖淡水鱼和水生作物，成为自古闻名的鱼米、蚕丝之乡。六朝末期，江南已成为全国富庶地区之一。至隋唐时期，大运河的开凿和畅通，更使运河沿岸的无锡城的商业和手工业日趋繁荣，成为江南名城之一。唐末五代间，中原因战争频繁受到很大破坏，而南唐和吴越(今江浙一带)相对地稳定，江南有进一步开发。宋朝无锡县城更趋繁荣，人口已超过十万。北宋乾兴元年(1022年)，县令李晋卿主持修筑子城，首次用砖筑城，设四城门。城南规模宏大的南禅寺内，于雍熙年间(984~987年)，建造了一座雄伟的砖塔，八角七级。崇宁三年(1104年)，宋徽宗赵佶锡名妙光塔。这座古塔，虽经多次重建改建，至今依然耸立在城南朝阳广场东侧与湖光山色交相辉映。宋朝无锡县城，经济商业十分繁荣，文化也较为发达，办学之风也应运而生，促进了无锡学术的繁荣。无锡是历史悠久的商业城市，历代为江南大米的主要集散地之一。明清以来，江南大米多在此集中，经大运河北运北京。当时主要米市集中于城北运河两岸的北塘一带，运河西岸都是堆栈，东岸则是米市场。[50]

(三) 无锡的风景名胜区

无锡的风景名胜区在唐宋之际就已闻名于世。无锡县城西郊的惠山，素以"名山胜泉"著称。这里，山形奇丽，"九峰相连接"，西面临水，"五渚连萦浸"，林石幽秀，波光水雾，远远望去宛如一条游动的青龙。《枕中记》中称它为西神山，邑人称为九龙山。唐朝陆羽对惠山特别欣赏，写有

《惠山寺记》，认为登惠山绝顶俯瞰五湖，其气势要比"鹤林望江"、"天竺观海"、"虎丘平眺"壮观得多，还认为"江南山浅水薄"，都不及惠山有"山泉滂注崖谷"。许多唐朝诗人把惠山描写成神仙之境的"青莲界"，境界清幽。景色奇丽的惠山，在宋朝仍然吸引着许多文人墨客的吟咏唱及，留下大量诗文。惠山的泉水特别引人入胜，陆羽把它列为第二，被人绝称为天下第二泉。到了宋朝，惠山名泉，更受人们重视和赞誉。[50]

明朝中叶，经济恢复，手工业发达，安定繁荣，加上山明水秀的自然环境，使得建宅筑园之风盛极一时，自明嘉靖至清乾隆之间，大小官僚、地主纷纷相地筑园，其中迄今遗存的有寄畅园和愚公谷。

寄畅园

明凤谷行窝到寄畅园　　上已述及，无锡惠山素以名山胜泉著称，惠山景色秀丽，第二泉位于惠山寺旁。山泉绕注僧房，经寺塘泾（俗称惠山浜）注入大运河。旧时无锡的官宦之家，纷纷在山麓筑别墅。据志书记载，早在元朝时，在古刹惠山寺的北侧，有两所僧舍，一名南隐，一名沤寓。这里背靠惠山，中有土墩，周围还有数百株古木乔松，山麓有禅房，环境十分幽静。到了明朝中叶的正德年间，历任户、礼、兵、工四部尚书的秦金，看中了这些地方，合并二僧舍之地为园，称凤谷行窝，这便是寄畅园的前身。[50][51]

秦金（1467～1544 年），字国声，号凤山，世居无锡富安乡胡山（又名凤山，今胡埭附近），弘治六年（1493 年），中进士，任南京户部主事，后曾把守开封，做过山东左布政司，巡抚湖广，历任四部尚书，进阶太子太保，明嘉靖二十三年（1544 年）七十八岁病故，追谥"端敏"。一生荣禄，非同一般。秦金在城内西水关有他显赫的尚书第。嘉靖六年（1527 年），他从户部尚书任上告老回家，就在购得南隐、沤寓僧舍筑园，为他怡性养老、与友人吟诗酬唱之所，故称行窝。园筑成后，他写了《园成》、《成斋》两诗：

"名山投老住，卜筑有行窝，曲洞盘幽古，长松冒碧萝，峰高看乌渡，径僻少人过，清梦泉声里，何缘听玉珂。""小结吾庐阅岁华，检身功就更齐家。浮生滚滚怜尘世，独倚春风看落花"园中有高墩、池洞、古木、长松、僻径和流泉（即二泉），布置简朴，一派自然山林野景。"凤谷"是寓园主的别号与园名，并与惠山的别名龙山相对应。"行窝"即别墅。

秦金死后，园归族孙秦梁所有。秦梁（1515～1578 年）于嘉靖二十六年（1547）中进士，官至江西右布政使。嘉靖三十九年，秦梁之父秦瀚（1493～1566年）在凤谷行窝中凿池、叠山，从事拓建，并有《广池上篇》描述园景，云："百仞之山，数亩之园。有泉有池，有竹千竿，有繁古木，青荫盘旋，……。有堂有室，有桥有船，有图焕若，有亭翼然，菜畦花径，曲涧平川……。"可见此时的园景较秦金时较为丰富了。园亦偶称为凤谷山庄。[50][51]

秦梁卒于万历六年（1578 年），园归他族侄秦燿所有，才有了重大的改筑。秦燿（1544～1604 年）字道明，号舜峰，隆庆五年（1571 年）中进士，官至右金都御史，在巡抚湖广期间，受同僚炉忌，诬陷而被解职，于万历十九年（1591 年）回到老家，时年仅 48 岁。中年遭此打击，悔恨之余，看空一切，寄情山水，修筑园林。他着手浚池塘，堆假山，兴土木，种花草，经几多寒暑，得二十景。二十景是：嘉树堂、清响斋、锦汇漪、清籞、知鱼槛、清川华薄、涵碧亭、悬淙涧、卧云堂、邻梵阁、大石山房、丹邱小隐、环翠楼、先月榭、鹤步滩、含贞斋、爽台、飞泉、凌虚阁、栖元堂。他每景题诗一首，咏物抒怀，总名之曰寄畅。秦燿罢官家居后，十分喜爱王羲之《答许椽》诗的旨趣和意趣，诗曰："取欢仁智乐，寄畅山水阴，清泠溪涧濑，历落松竹林。"他显然以涧濑之清白，松竹之高洁自况，并表示虽处境冷落而无悔，故改园名为"寄畅"。园落成于万历二十七年（1599 年），秦燿邀集当时名士王穉登、屠隆各撰《寄畅园记》一篇。刻石今存于园壁。[50]

王穉登的《寄畅园记》叙园景较详，摘录如下："辟其户(园门)东向，署曰寄畅，……折而北，为扉，曰清响，……扉之内皆箐筜(竹子)也。下为大陂，可十亩。青雀之舳，蜻蛉之舸，载酒捕鱼，往来柳烟桃雨间，烂若绣缋，故名锦汇漪，惠泉支流所注也。长廊映竹临池，逾数百武，曰清籞。籞尽处为梁，屋其上，中稍高，曰知鱼槛，……循桥而西，复为廊，长倍清籞，古藤寿木荫之，曰郁盘。廊接书斋，斋所向清旷，白云青霭，乍隐乍出，斋故题霞蔚也。廊东向，得月最早，颜其中楹曰先月榭。其东南重屋三层，浮出林杪，名凌虚阁。水瞰画桨，陆览彩舆，舞裙歌扇，娱耳骇目，无不尽纳槛中。阁之南，循墙行，入门，石梁跨洞而登，曰卧云堂，……右通小楼，楼下池一泓，即惠山寺门阿耨水(方池)，其前古木森沉，登之可数寺中游人，曰邻梵。邻梵西北，长松峨峨，数树离立，箕踞室面之，……旁为含贞斋，阶下一松，亭亭孤映，松根片石玲珑，……出含贞，地坡陀，垒石而上，为高栋曰鹤巢，……阁东有门入，曰栖玄堂，堂前层石为台，种牡丹数十本，……堂后石壁倚墙立，……出堂之东，地隆然如丘，曰爽台。台下泉自石隙泻沼中，声淙淙中琴瑟，临以屋曰小憩。拾级而上，亭翼然峭蒨青葱间者，为悬淙。引悬淙之流，鷖为曲涧，茂林在上，清泉在下，奇峰秀石，含雾出云，于焉修禊，于焉浮杯，使兰亭不能独胜。曲涧水奔赴锦汇，曰飞泉，……西垒石为洞，水绕之，栽桃数十株，悠然有武陵间想，飞泉之浒，曲梁卧波面，而如蜻蜒雌霓，以趋涵碧亭，亭在水中央也。涵碧之西，楼岿然隐清樾中，曰环翠。登此，则园之高台曲榭、长廊复室、美石嘉树、曲径迷花、亭醉月渚，靡不呈祥献秀，泄密露奇，历历在掌，而园之胜毕焉。"

王穉登认为："大要兹园之胜，在背山临流，……故其最在泉，其次石，次竹木花药果蔬，又次堂榭楼台池籞；而淙而涧，而水而汇，则得泉之多而工于为泉者耶？匪山、泉曷出乎？山乃兼之矣。"

寄畅与明朝苏扬诸名园同样以水胜，以一泓池水为主，掇土为山，土石相间，淙淙曲涧，构成山水骨架，盖以花药嘉树，因景而设堂榭廊楼，诗情画意，继承了唐宋写意山水园的传统，又有题景，楹联等文学趣味的特色。

"园成，(秦燿)日涉其中，婆娑泉石，啸傲烟霞，弃轩冕，卧松云，……"(王穉登《寄畅园记》)，直到六十一岁病故。秦燿卒后，寄畅园被析为二处，分属嫡妻安氏所生埈、埏二子和侧室张氏所生坦、堦二子管摄。清朝初年，寄畅园析而为四，分属四房子孙掌管。康熙初年，秦炘曾孙秦德藻时又将园居归并为一，加以改筑，这是改名寄畅园后一次大改动。秦德藻(1617～1701)字以新，号海翁，曾受封光禄大夫，其子秦松龄(1637～1714)，于顺治十四年(1657年)罢翰林院检讨职回锡。父子两人慕名当时叠石匠师张涟的技艺，并聘请其侄张钺改建寄畅园，在园内堆叠黄石假山(即八音涧一组)和巧妙的泉水处理。他把寄畅园原有的布局重新作了安排，去掉了二十景中的一些景点，知鱼槛等体量较小的亭榭都改换了形制，新建了一座七星桥，新添置了一座太湖石奇峰——美人石，改筑悬淙涧为三叠泉，引二泉之水曲注而层分，有高山深涧之气概。改建后的寄畅园，尤因自康熙二十三年(1684年)至乾隆四十九年(1784年)整整一百年之间，玄烨、弘历祖孙二帝前后12次南巡江南，每次必游寄畅而使园墅更誉满海内。康熙帝首次(1684年)南巡过锡，游了寄畅园，大加赞赏，题了"竹净梅芳"、"松风水月"、"溪光山色"等词句。后来又五次赏游寄畅。康熙帝在四十二年(1703年)第四次游园时，秦松龄的长子道然，得以随驾进京，奉旨在皇九子允禟处教书。康熙病故，四子胤禛继位后，便无情诛灭同胞兄弟，允禟也被贬斥，革除其宗人籍。秦道然也受到牵连，于雍正元年(1723年)问罪下狱，园亦被没收，直到乾隆帝接位(1736年)，才得到昭雪出狱。乾隆十六年(1751年)，弘历首次南巡游寄畅园时(图10-95)，园墅刚刚恢复，

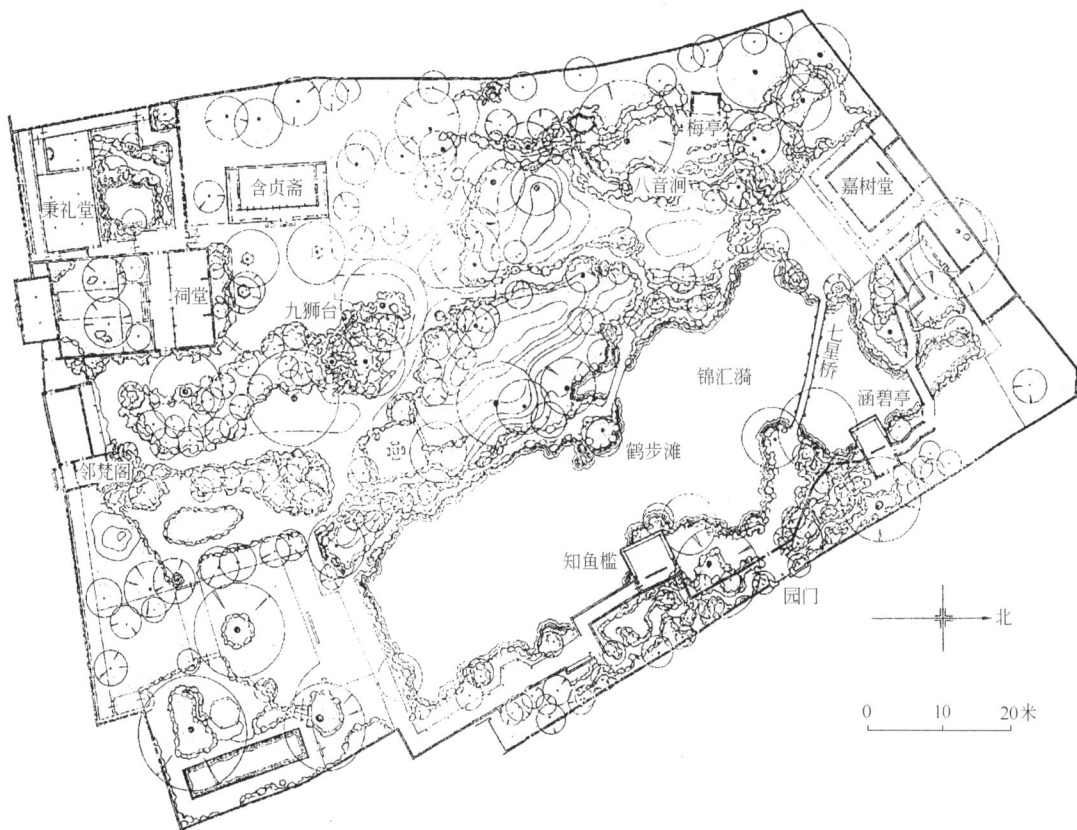

图 10-95 寄畅园平面图

深爱其幽致，图画以归，在清漪园（即后为颐和园）的万寿山东麓，仿其意而建一园，命名为惠山园。1757 年他二次游寄畅，1780 年第五次南巡时叹曰："仿斯早已成八景，愧是卑称大禹宫"，惠山园不可能达到寄畅那样的美妙，于 1811 年改名为谐趣园。其实谐趣园也自有其妙处特色，至今一南一北，互相辉映。[50][51]

寄畅园随着秦道然的开释而发还，但已破败不堪。乾隆十一年(1745 年)，秦道然、蕙田父子集合秦德藻 24 房子孙合议，将嘉树堂改为秦德藻一支的专祠，各捐祭田，秦瑞熙一房(第 22 房)独资修葺祠、园，由第 22 房子孙世代掌管园产。这样，寄畅园就由秦氏的私家别墅，改为秦德藻一支后裔共有的祠园(亦称孝园)，避免了园产的分割、转移和任意改建。[50]由于自明朝秦金凤谷行窝到寄畅园数百年中，虽然有分析有合并，但一直为秦族所有，故寄畅园又称秦园。

咸丰二十年(1860 年)庚申之役，寄畅园内建筑

尽毁，秦族后裔，虽也有几个依靠祖产族田做过一些修葺，但未能完全恢复旧貌，使我们至今无法想像环翠楼、先月榭、卧云堂等景点的原貌。[51]建国后，党和政府为了保护园林名胜，对惠山风景区进行了全面规划和建设，1953 年冬至 1954 年春，寄畅园也得到了整修：贞节祠、秉礼堂作了改造修缮，疏通了泉水，补种花木，修筑假山、驳岸，关闭东门，改由南门出入。从此，寄畅园成为锡惠公园的一个园中之园。[52]

寄畅园现状、布局和手法 现在寄畅园的面积不大，约 15 亩，其中水面 2.5 亩，占 17%，土山 3.5 亩，占 23%。寄畅园历经兴衰，一度形将湮没，建国后经初步整修，与历史上的记载相比，虽然古树大为减少，旧有建筑大半无存，但是园的范围和景物布局大体相似，在园西南角增辟了建筑、庭院，修筑了假山、水池，使全园风致，泉石树木之胜未减，并有一定的发展，仍不失为具有独特风格的江南名园(图 10-96)。

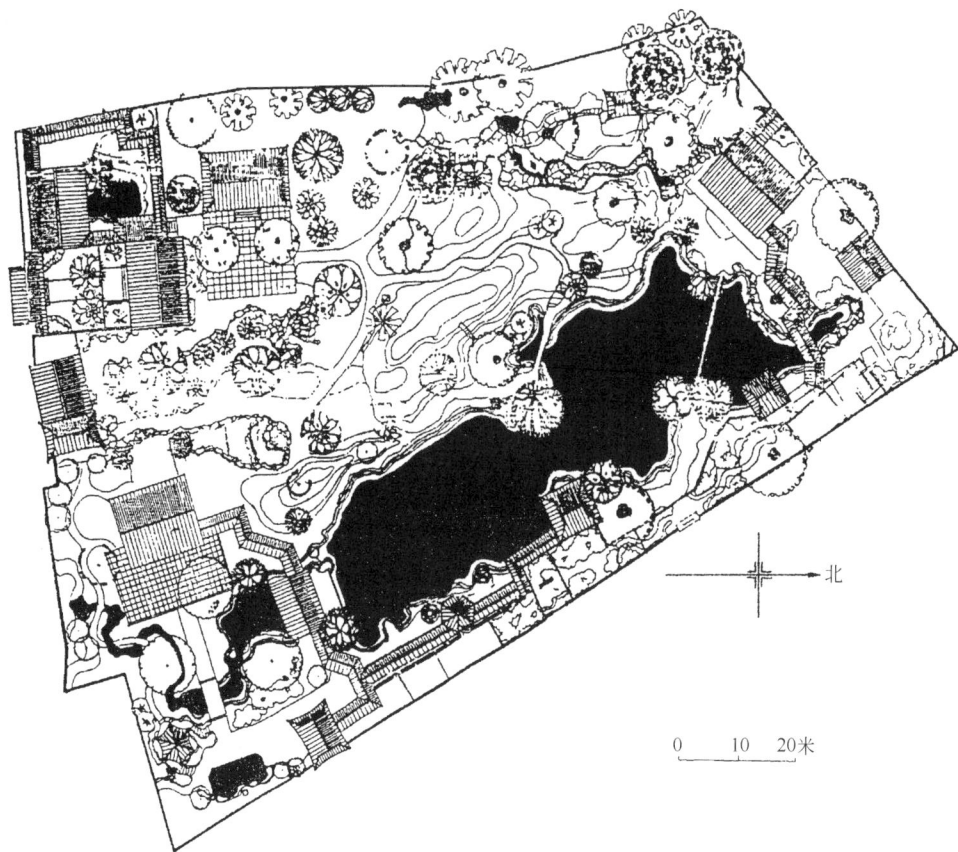

图 10-96　寄畅园修复规划总平面图

寄畅园西靠惠山，南傍惠山寺，北为田野，东临秦园街(今惠山横街)，南北长，东西狭，地势西高东低(图 10-97)。寄畅园的总体布局是结合园内地形地貌和周围环境，因高培山，就低凿池，借景园外，创作了与园址南北长向相平行的水池和假山。全园是以一泓池水为中心；池东为一系列临水廊亭，背东面西，借景惠山；西部为黄石假山，堆成平冈坂陂，中有岩壑洞泉，景色幽深。

现在的寄畅园的入口，改在惠山寺香花桥畔，门楣上挂着弘历手书"寄畅园"匾额。穿过门厅，院中老桂对峙，北为敞厅，匾额大书秦金原名"凤谷行窝"四字。由此可有两路通向园内；一路右进(折东)，经曲折的石径，穿过山洞，过碑亭到达水池锦汇漪区；一路经西边庭院秉礼堂、含贞斋到八音洞。[51]

敞厅西一组庭院，中为小池，池边湖石玲珑，池南为秉礼堂，旁接一段曲廊环合。出月洞门，下台阶便到含贞斋，面东。院前有一脉山冈自北而南，迎

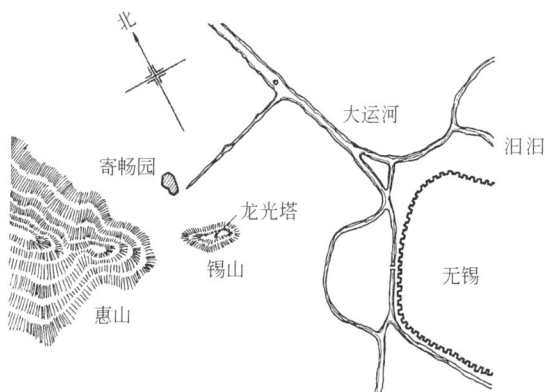

图 10-97　寄畅园位置示意图

面有一峰，全由湖石叠成，称为九狮台，据说可揣摩辨认出姿态各异的九头狮子，这不过是晚清的匠作而已。过含贞斋北行不远便是黄石堆叠的谷道，八音洞这一景区。

黄石假山在园内与水池基本平行，相互生色。假山的堆叠是当作惠山的余脉来布置的，南北蜿蜒，与横卧西侧惠山的脉络一致，气势相连。假山高度一

般在3～5米，与水池比例相称，在透视感上，正好与惠山自然错落，浑然一体。假山与水池又能相互衬托，山映水中，水漾山摇，相互辉映。[52][53]

明朝园中掇山，以土为主，土石相间。寄畅园的假山，也是土多石少，而石用黄石，与惠山的土质石理合宜，体势相称。假山的叠掇有冈有谷，有脉有麓，坡脚停匀，起伏自然。山上树木森森，盘根错节，更增山林情趣。假山内部安排的岩壑洞泉，就是八音洞，总的说来是洞道盘曲，林壑幽深。谷道总长约36米，谷深在1.6～2.0米之间。谷道两旁的黄石堆叠时以横卧为主，注意纹理相通，石面相连。运用了挑、悬、立、卧等技巧，人行其间，但见奇岩夹径，窄处仅容一人通过，峰回路转，富于变化。山上林木荫蔽，足下流泉汩汩。八音洞的设计，是利用了流经墙外的第二泉伏流，引导到假山中来。源头之水，由墙外石隙流入，啮石而出潜流入寒泉中，再流入石盂，水由盂口跌落至下一级水潭，然后化为清流曲涧，自西而东，忽左忽右，忽明忽暗，几经曲折，极尽变化，因落差造成的玲琮水声，空谷回响，犹如八音齐奏，故名(此洞原名悬淙洞)。洞水最后将近泄口时，又跌落至下一级水潭，由暗道入锦汇漪。假山临池处有一片伸向池际的石矶即鹤步滩，与曲折在山麓水涯的小径相连。石矶高出水面少许，平展河脚，奔驱水中，使水石相错，联络紧密。

出洞口，忽然开朗，南北伸展的锦汇漪呈现眼前。锦汇漪面积只有三亩半，但给人以池水弥漫，平波开朗的感觉。由于桥和廊桥的斜跨，将池水北部分成两个不同情趣的水面，更增曲折潆回之趣。在池的东北，先是由七块石板组成的七星桥斜渡水上，使水面分隔成东北角幽闭水面和其南的长约七十多米的开阔水面，中部又有收缩。由于周围山石、桥亭、绿化的点缀，从南北两端看池景，一层复一层，有分有聚，有大有小，有虚有实，显得格外生动幽深。在七星桥东北，又有一座廊桥，隔断尾水，使人不知水去何向，更增幽深。此外，靠近鹤步滩两侧，还有两座小石梁，半浸碧波，各隔成小角水面，而小水面的三面为巉岩半抱，水波不兴，似泉若渊，更具幽趣。[51][52]

锦汇漪东岸，接近园界，地面浅迫，布置着一组临水亭廊建筑，背向秦园街(今惠山横街)，面对惠山。原先园门在东，入园后原先的这一带建筑，有先月榭、清响斋、霞蔚亭等建筑已毁，目前尚存修复的有郁盘亭和知鱼槛，被设置在正面欣赏山水园林的处所。这组建筑处理得曲折有致，富于变化，单是廊的构筑就有贴墙筑廊，跨水架廊，亭后复廊等不同手法。游人沿廊观赏，步移景异，如入画境，左顾右盼，目不暇接。知鱼槛是这组建筑的主体，突出池上，三面环水，方亭重檐，玲珑剔透。这里正对对岸鹤步滩，滩头枫杨斜干，迎面舒展，滩后层岩重叠，其上巨树茂密，山容霭霭。这里，凭栏俯眺，碧波中鱼藻泳动，举目抬望远山的烟景和全园景物尽收眼底。由槛南短廊折至长廊，中间为郁盘亭。亭旁老树离立，姿态苍劲，树根虬结，古拙入画。

水池南北，明清时原有两组建筑，衔接着山水两端。北端的一组，原由环翠楼、大石山房等组成，早已不存。现在环翠楼原址，建有敞厅三间，面对锦汇漪，所见水面，正是南北最长向，益觉得水景深远，左列亭廊，右旁山冈，极目所至，可纵览全园。这里设有茶座，品茗观景，最为赏心悦目。池南端原有一组建筑群，据明王稚登《寄畅园记》，由卧云堂、天香阁、凌虚阁等组成，都已湮没，成一空旷地坪。现有巨樟一株，浓荫广覆，树下有六角石亭一座，原立有许多御碑，现均不存。只有亭前(东)的长方池和池前靠壁的美人石，依然如旧。这块孤独瘦立的湖石，乾隆帝曾题诗改名介如峰，介即孤高之意，湖石首大腰细，像个介字，所以这样命名自有其道理。建国后，在这一区的西背面进行扩建，地坪之后堆有湖石假山——九狮图，即前述九狮台。绕过假山，就是新建秉礼堂和今日入园的园门处了。[51][52][53]

愚公谷

愚公谷是无锡又一建于明朝万历年间的园墅，当时被誉为四大私家名园之一，但清初就已毁，只留下一、二处残山剩水，当年繁茂众多的花木，也余下迄今尚存的一株银杏和从枯桩上萌生出来的玉兰，原来华美的厅堂亭榭，则早已荡然无存。建国前，遗址上仅存一片杂乱破落的祠堂、丛葬地和坟屋。1958 年在建设锡惠公园时，彻底拆改了遗址上破旧建筑，重新种植了树木花草，并在低处挖了宽广 21 亩的映山湖，经规划设计和二十多年的建设，已形成春申涧（黄公涧）、映山湖、滨湖山馆、金粟堂、荷轩、景山草堂、碧山吟社、锡麓书堂、垂虹廊、伴泉月洞门等景点，成为无锡市综合性公园——锡惠公园中的一个重要组成部分（或称映山湖愚公谷），有郭沫若手书的愚公谷匾额放在入口处，以标志废园又成新"谷"的巨大变化。[54]

附 1959 年映山湖愚公谷规划图（图 10-98）。

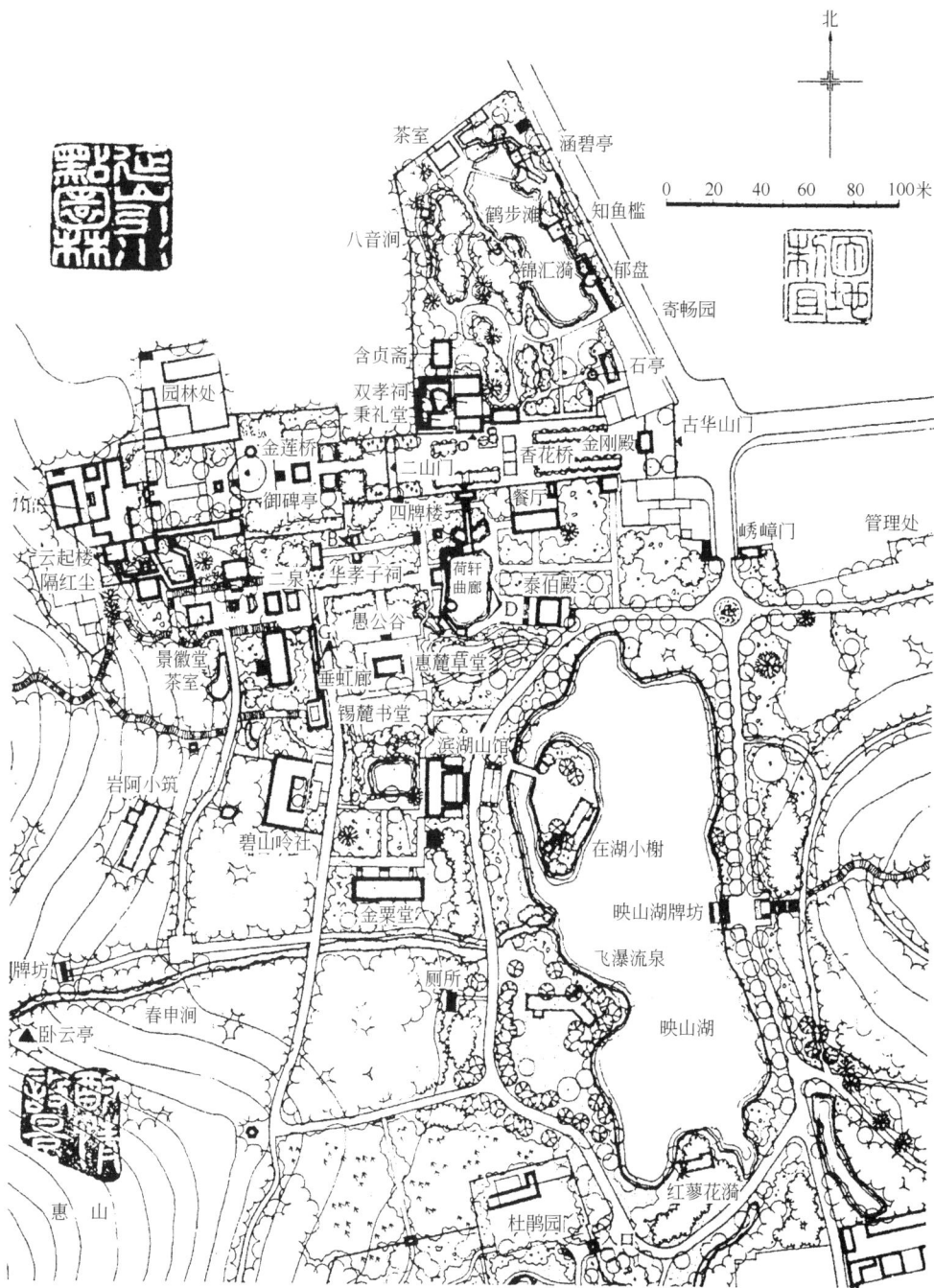

图 10-98　映山湖愚公谷规划图

明愚公谷的主人是万历年间提学副使邹迪光。邹迪光字彦吉，号愚谷，别号六度居士，明万历二年(1574年)进士，授工部主事，后任湖广提学副使，掌管科考，据说"具大眼力，所拔楚才，百不失一，以故门人感恩，馈遗最厚"(《锡金考乘录》)。也许是同仕忌妒，或别的原因，遭到礼部非议，被迫解职，即邹迪光自称的"不四十便拂衣归"。仕途受挫，归营园林。他在城中有豪华的宅邸，又在惠山之麓购地营造他的别墅——愚公谷。[54]

愚公谷在锡惠两山之间，南依黄公涧，北抵惠山寺，西为名泉里，东临秀嶂街(图10-99)，全园面积约五十余亩。明以前，这里有听泉山房(又名龙泉精舍)。早先，在二泉不远处有一口山泉，水自石缝中流出，称为龙缝泉(今尚存)。明洪武初，有僧人净月，在此居住，筑有龙泉精舍。到了明正德年间，有个金事叫冯夔，号称龙泉居士，又改筑为园。冯死后，又有同知顾起沧将此改为墓地，称玉鹿玄丘。邹迪光罢官后，自称"余解组归，

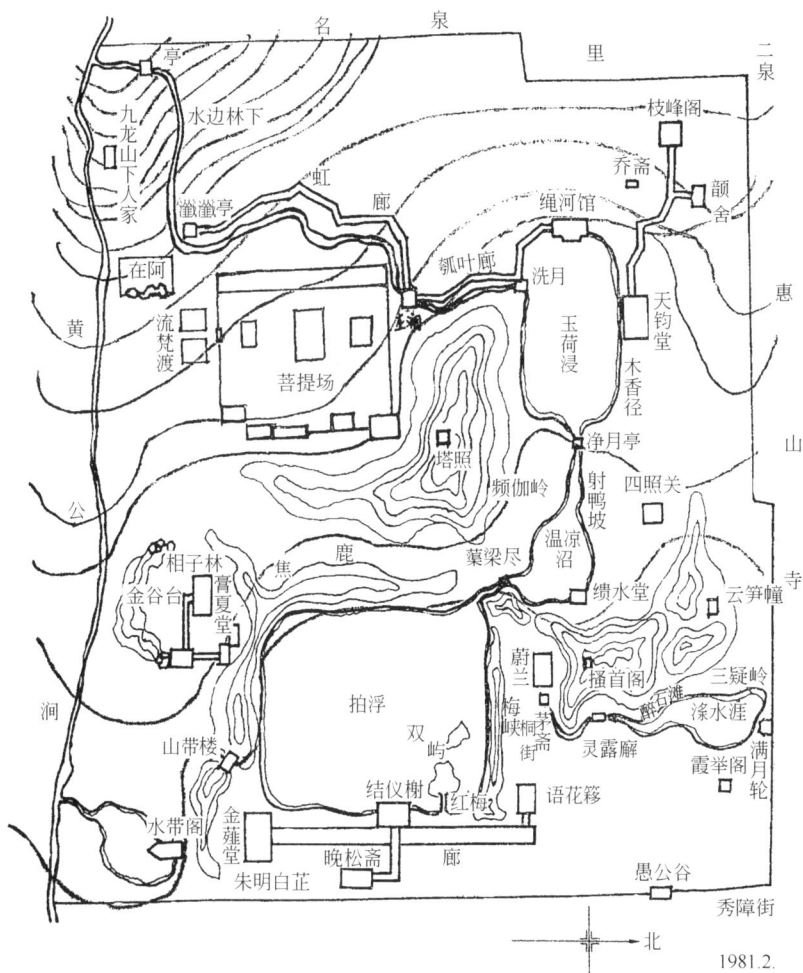

图 10-100　愚公谷平面想像图

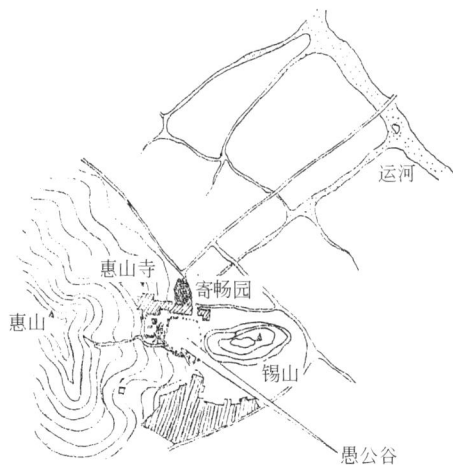

图 10-99　愚公谷位置示意图

散发林皋，靡所事事，买山九龙之区，以供枕漱而已"。所谓买山九龙之区，即指此，实际上是买了一块荒芜的墓地，比寄畅园大三倍多，要修建园林，其困难不知要大多少倍。故当时有人嘲笑他是"不米而炊，未卯而求"，似乎太不自量力，而他则"与丘壑盟，亦益深交，亦益密嗜，亦益不可解"，不惜家财，废寝忘食，自称以愚公移山之志，今日叠一石，明日治一沼，年复一年，持之以恒，辛劳十余年，园终于建成。从此，他又自号愚谷，又因柳宗元文章中曾有愚溪、愚丘、愚泉、愚堂……的记述，而独无愚谷，因而将此园命名"愚公谷"。[51][54]

关于愚公谷，邹迪光曾于万历甲寅(1614年)写了一篇八千多字的长文《愚公谷乘》，对园内景物，以及造园立意，山水处理，建筑布置，花木种植等都

作了详细描述和阐明见解。此外，还有数十首七律五言咏诗和记略等。根据这些资料，能粗略地勾画出全园的布局(图10-100)。[51][54]

从文中看，这所园墅山占二，水占四，建筑占三，花木占一。水占的比重最大，连同山共占六，对水的利用和山的处理十分重视。邹迪光认为："园林之胜，惟是山与水二物。无论二者俱无，与有山无水，有水无山，不足称胜。"他在愚公谷的营造中，确实做到了以山、水为胜的这一点。在理水上，他将黄公涧的山水引入园后仍为涧，涧作三折，垒坝五道，造成上下不同的山涧水景，然后流入玉荷浸、温凉沼、拍浮等水池。他以园外锡惠二山为主山，依山取势，在园内改造地形，布置了频伽、三疑、焦鹿等岗阜。这样，把黄公涧水引入园，曲折迂回，收而为溪，放而为池，在岗阜之间，使山光水色，相映成趣，正如他自己所夸耀的那样，"以九龙山为千百亿化身之山，以二泉水为千百亿化身之水，而皆听约束于吾园，斯所谓胜耳"。从建筑上看，"为堂者四，为楼者三，为阁者六，为亭者七，为斋者五，为榭者二，为廊者六，为桥者三，为馆者一，为舍者三……"建筑在全园占三，这么多建筑物，其耗费之大，可想而知。至于花木之胜，下详。[51][54]

黄茂如在《愚公谷小志》一文中，根据所勾画的平面示意图，划分八个景区，每一景区各有数个景点。愚公谷园门有二。正门在南界西端，傍黄公涧而立，上书"揭车坞"，后改"九龙山下人家"。另一园门在东界北端，书"愚公谷"三字。以下叙述，从正门入园为序。

(1) 山涧水景区。文称，自二泉至黄公涧三百步内，"乔木罗列障日"，是天然屏障。引涧水入园后，水作三折，垒坝五道，至第三折处，涧水潜伏入地，至瓠叶廊处又涌流地面，随廊腾跃，至倚锻处一泻而入玉荷浸。夹涧两崖，悉植桃梅杨柳、梧桐、橙橼、芙蓉等花木。中间清流曲折和由于堰坝的堵截，使上涧流急，如"武士带甲，星斗绚耀"，下涧水流从容，

如"美人靓妆，烟云斐亹"，真可谓喧静疾除，声与境移。邹迪光自称"求吾园于水石，此为最胜处"。此区主要景点有水边林下，瀫瀫亭、虹廊、在阿等。

(2) 玉荷浸、天钓堂。玉荷浸是一长方池，大约亩许，种荷花，养金鱼，下通近三角状温凉沼。浸、沼连接处设一堰，堰上筑净月亭。此区聚水为池，鱼戏荷动，夜间明月照池，清光幽境如入广寒宫中。主要建筑，池北为天钓堂，临玉荷浸而立，宽敞宏丽，堂中可设二十桌酒席，是邹迪光听曲、宴客和作大幅书画之所。堂后种白玉兰十二株，花开时，削玉万片，露出墙垣，如一群素女。堂东廊连至颉舍、乔斋、枝峰阁，登阁可赏惠山古刹。临温凉沼有射鸭坡、缋水堂、藻梁尽诸景点。

(3) 频伽岭。浸沼之南有山，以土为主，名频伽岭。岭上一亭，名塔照。惠山屏后，如端坐长者，即在园中，前对锡山，林密不见山体，惟峰巅龙光塔高擎半天，夕阳返照，光映大地，如黄金遍布。烟雨之时，山色空荡，若有若无。岭上登眺，两山景色澄明，悉如琉璃世界。邹迪光自认为这里是全园登高观景的最佳处。

(4) 菩提场。这是园主为自己布置学佛"清净世界"，别具特点。建筑布局严整，中为佛殿，有四禅天，八解堂、一乘楼，分别放置弥勒、弥陀、释迦佛像，以及幡幢、缨络、钟鼓之类，佛具一应俱全。右为僧舍十余间，有宿食井臼。左为邹迪光自己诵经学佛的居处，有九莲台、七征斋、六通楹、十住斋、五印楼等。菩提场植有松柏、橙橼等树木，更有自称来自佛国杜鲁故尔多的梅花百余棵，开时一片晶莹，清香四溢，令人如置身香雪海之中。场南出有一方塘，为流梵渡，一池碧水，含青受绿。

(5) 三疑岭。在浸、沼之东北，以挖池之土堆就的土阜，高不过六丈，点以山石，植以松树。岭上有路三，故作迷径，使人不知去向，倍增游趣，故名三疑。岭北有具茨楼，为夏月乘凉之所，南有搔首阁，可眺览九龙山群峰，取谢眺"搔首问青天"之意。下

有茅斋、灵露廨等景点。傍三疑岭有醉石滩，山石错置，可作几座，在此小息，上盖绿荫，下有清池，幽雅之致。滩尽为渌水涯，招风受月，同为佳景。尽端为六角半亭，倚墙而立，出亭，步石级而上为霞举阁，登阁，全园景物尽收眼底。

（6）相子林。是邹迪光除菩提场外另一拜佛吃素之所，自名"安养国"。就规模来说，相子林比菩提场小得多，但建筑布局较自由。主要建筑为膏夏堂，堂前垒石为台，植牡丹百余本，称金谷台。此外，有赏兰花的椒庭，赏蜡梅的洛如斋，还有供生活、佛事所需的洞穴香菰、弥楼窟、寂光土、摩黎舍、小有天等，都以清净素洁为主。

（7）拍浮。为一方塘，大约四亩，在三疑岭南，为全园水流的汇聚处。塘东北角有二屿，为凿池时保留老树，留土成屿，自成一景，称为双屿。池中养鹤六头，鸳鸯数百，取景于水鸟之中。拍浮之北上有蔚兰亭，俯视前塘，水光潋漾，山黛浮沉，有置身蓝天之感。亭后植桂花五十，延伸至三疑岭。亭之下有梅峡，有梅二百株。此外尚有供眺赏的小亭名"云笋幢"，筑于涧上佳花丛中，供人静息赏花的寮榭名"蝶慕"，以及作为全园尽境的"语花簇"等景点。

（8）朱明白苎。这是邹迪光家眷居住的内苑，偏于园东。入门有廊十六间，必要时可隔成小书屋，廊中央架间为阁，名"结倚榭"，俯临拍浮，可登眺赏月。廊后有芷柱于壁间，不露一木的金蕙堂。拍浮南，有依山而筑的山带楼，邹迪光自己的卧处就在山带楼下，名为"紫药房"，其东有水带阁，阁前一池，跨池有小榭，名半舸，过水带阁有晚松斋，是邹迪光的读书处。在内苑，管家婢女等也各有居室。邹迪光在此地消受清风明月、山水美景，得意地自夸这里为安乐窝。

邹迪光的后半世在愚公谷度过，也不过三十年左右，就与世长逝。他生前想舍园给佛刹的愿望未能实现。同为接受遗产的次子邹德基(字公履)，虽有天才，工诗文书画，但不会经营资财，而且玩世不恭，招摇走险，就在九龙山下，为仇人所杀。后人不振，家败

园废，以致任人分割，沦为荒丘，前后不过五十年，就烟消云散了。建国后，政府已在遗址上修建起一座新的愚公谷、映山湖，作为综合性锡惠公园的园中之园。

二、苏州园墅

（一）苏州的建置沿革

商殷时期，苏州、无锡这一带，被称为荆蛮之区，苏州地区产生了最早的原始文化，即以巫咸、巫贤为代表的巫文化。泰伯、仲雍来到江南梅里(今无锡梅村)，建立了句吴，开创了吴地的历史。到了吴王诸樊始从句吴南徙苏州。到吴王阖闾(公元前514~496年)，才开始筑城，相传为伍子胥所筑(或参与设计)，当时称为阖闾城，城周围达四十七里(与现在的苏州城不相上下)，内外挖有城壕及河道，开辟有陆门八座，水门八座。吴国的都城建立后，有三四十年之久，成为当时东南一带政治和经济的中心。周元王三年(公元前473年)，越王勾践灭吴，苏州归越；周显王十四年(公元前355年)楚威王灭越，苏州又归楚，到了战国末年，楚考烈王封相国春申君黄歇于吴，经常住在苏州。[55]

吴越在秦始皇时为火所毁，秦始皇二十六年(公元前221年)，分天下为三十六郡，苏州地方属会稽郡，始置吴县，郡治、吴治设于吴国故都(今苏州城址)。汉高祖刘邦五年(公元前202年)立从兄刘贾为荆王，更会稽郡为荆国，建都于吴。刘邦十二年(公元前195年)，封刘濞为吴王，建都广陵(今扬州)，会稽郡属吴所有。刘濞被杀后，又置会稽郡，苏州属会稽郡，归扬州刺史管辖，领县二十六。一直到东汉顺帝永建四年(129年)，才分浙江以西置吴郡，治苏州，领县十三；浙江以东为会稽郡，治山阴，领县十四。三国时代，苏州一度为孙权的根据地，后来建都建业(今南京)，于苏州置吴郡，领县十五。西晋时，太康元年(280年)，苏州属扬州，翌年又分置昆陵郡，太康四年(283年)又割吴县，置海虞郡(今常熟)，领县十一。这时吴郡、吴兴、丹阳，并称"三吴"。

到了东晋时代，苏州一度改为吴国(晋成帝封弟司马岳为吴王)，但到南朝刘宋时代，仍为吴郡，领县十二。此后历经南朝、宋、齐、梁、陈四代，大部分时期叫作吴郡，小部分时期叫作吴州，它的疆域范围，并没有多少变动。[55]

隋文帝杨坚开皇九年(589年)，隋兵灭陈，废吴郡，改吴州为苏州(因姑苏山得名)，领县五，这是苏州得名之始。可是大业元年(605年)，又改为吴州，三年(607年)，又改为吴郡。到了唐朝武德四年(621年)，才复置苏州。唐太宗贞观元年(627年)，李世民分天下为十道，苏州属江南道。唐玄宗天宝元年(742年)，又一度改为吴郡；唐肃宗乾元元年(758年)复改为苏州，领县七，属浙江西道。经过隋朝大运河的开凿，唐朝较长期的统一，江南一带比较安定，到了唐朝后期，苏州开始繁荣起来。当时东南沿海一带船舶往来，可由吴淞口直达苏州城下，苏州对外贸易也就日趋发达。五代时期吴越国兴修水利，奖励耕织，苏州地区成为东南最富庶的地方之一。[55]

到了北宋开宝八年(975年)，赵匡胤平定江南，改中吴军为平江军。太平兴国三年(978年)，改平江军为苏州，属两浙路。宋徽宗政和三年(1113年)，升苏州为平江府。迄今还存有当时的城市平面图——《平江图》石刻(现存苏州文庙)，可据以研究宋朝平江城市建设的可靠资料(图10-101，平江府图，据碑拓简画)。《平江图》的绘制，运用了我国传统的古代地图画法，即在平面位置上，把构筑物和建筑物的外形轮廓、规模、立面造型等描绘出来。平江图石碑是在南宋绍定二年(1229年)刻成的。

根据《平江图》，可以看出当时苏州(平江府)的规模。已经和现在的苏州差不多。城市平面呈南北长、东西短的长方形，城墙略有屈曲。城门有六：北面(东北)一门称齐门；南面(西南隅)一门称盘门；东面二门曰娄门、葑门；西面二门曰阊门、胥门(胥门门楼，《平江图》作姑苏台三字，其西有桥曰胥门桥)。城墙外有宽阔的护城河，城门旁都有水门。城

内的河道，纵横交错，纵的有六，横的有十四，尤以城北部分河道密布(现在的苏州尚有三横四直)。城内街道呈方格形，主要街道呈井字形或丁字形相交。由于许多小河与街道平行，常是前街后河，河上架有许多桥梁。城中央略偏东南是平江府、平江军的府治所在，称子城。子城周围筑有城墙(可称衙城)，是当时地区政治军事中心的府州城市的特点。城市中分为许多坊。宋时佛、道两教并崇，因而寺观建筑很多，在《平江图》上记载有一百多处，大的寺庙还建有高塔。大的寺观：城北有天庆观(现在玄妙观)、报恩寺及塔(现在北寺)、能仁寺；城东有定慧寺、万岁院(现在双塔)；城西有开元寺、瑞光寺等。另外在郊区北有虎丘山云岩寺、枫桥寺(现在寒山寺)，往南画有阳山、何山、岩崿山、华山、天平山、灵岩山、姑苏台等，都用示意的方法，绘在城西外(平江图上城市范围、道路、河道、桥梁以及重要建筑物等位置都是相对准确的，按一定比例绘成，有较高测绘水平)。

元世祖至元十三年(1276年)，改平江府为平江路，置总管府，属江淮行省(后改江浙行省)，领县二，州四。明初，洪武元年(1368年)改平江路为苏州府，直隶中书省。永乐十九年(1421年)，苏州改隶南京。弘治十年(1497年)割昆山、常熟、嘉定三县地，置太仓州，仍属苏州府。苏州府领州一(太仓)，县七(吴县、长洲、昆山、常熟、吴江、嘉定、崇明)。明朝后期，苏州已经成了一座手工业城市，明朝丝织业的中心。顺治二年(1645年)，清兵渡江，南京、苏州、杭州相继沦陷，东南文物又遭了一次浩劫。清朝苏州辖境又有变动。雍正年间，为了加紧剥削，升州增县，升苏州府属的太仓州为直隶州，割镇洋、嘉定、宝山、崇明四县属之。增县是：分长洲县地，另置元和县；分昆山县地，另置新阳县；分常熟县地，另置昭文县；分吴江县地另置震泽县。[55]

辛亥革命推翻了清朝统治。但是，继之而起的是北洋军阀混战的局面，在军阀纷争中，苏州曾经遭到不断的破坏。到了国民党统治时期，苏州便成了

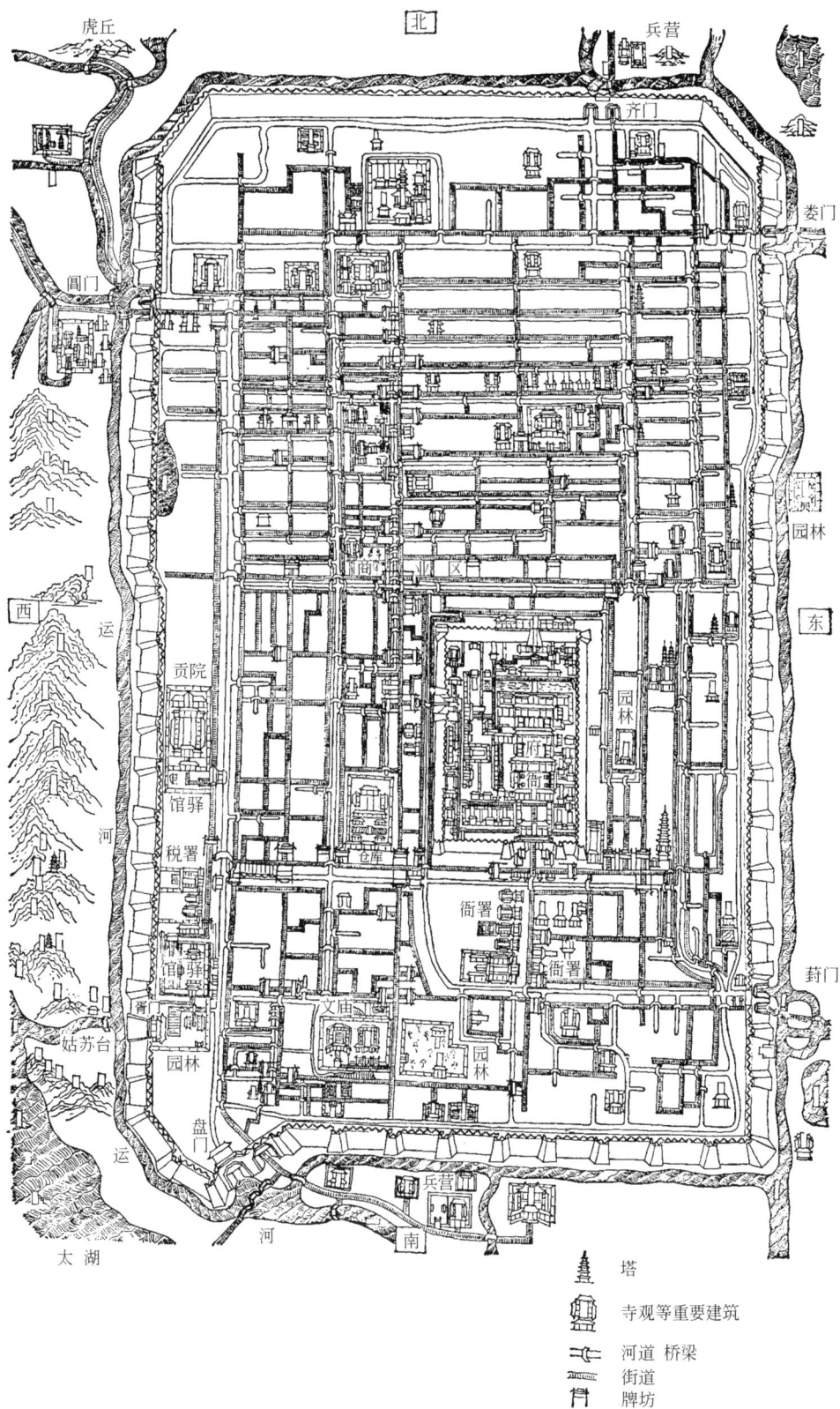

北

虎丘

兵营

齐门

娄门

阊门

园林

东

西

运

河

贡院

馆驿

税署

仓库

园林

衙署

衙署

葑门

运

姑苏台

园林

文庙

园林

盘门

兵营

太湖

河

南

塔

寺观等重要建筑

河道 桥梁
街道
牌坊

图 10-101 宋平江府图

官僚、地主、买办资本家享乐的地方，纷筑花园，经营别墅。所谓"上有天堂，下有苏杭"的旧苏州只不过是少数的官僚、地主、买办阶级的天堂。当时国民党统治者，对民族文化遗产及历史文物建筑，不但不知爱护，还随意破坏。到抗日战争时期，敌伪又肆意摧残，所以苏州的名胜古迹，便日益趋于残破和荒废了。建国后，苏州成了劳动人民自己的城市，社会面貌有了根本的改变。人民政府对苏州市的名胜古迹，做了一系列的整修建设工作，多处历史名园得到修复，名胜之区如灵岩、天平、虎丘，也一一加以修复建设。这个富有历史意义和文化价值的苏州市，现在已经建设得更为完善，更加美丽了。[55]

（二）苏州的山水和吴越至汉古迹

苏州是江南一座古老、美丽的城市，山明水秀，向来称为风景胜地。苏州位居太湖之滨，太湖东北流出的水，都经过苏州外围湖塘水道，而总归于长江。城的东北面有阳澄湖，东面有金鸡湖、独墅湖，黄天荡、东南面有尹山湖，西南面有澹台湖和作为太湖一个内湾的石湖等。苏州的西部，从太湖北岸，迤逦东来的有邓尉山和玄墓山。从这里分为两支：一支东北行，有灵岩山、天平山、支硎山（因晋朝名僧支遁曾憩游其上，平石为硎，故称）。岝崿山（俗称狮子山），尽于虎丘；一支东南行，有穹窿山、尧峰山、横山即七子山（又叫踞湖山）、姑苏山，尽于楞伽山（俗称上方山）。山不甚高，但山势雄伟或秀丽。太湖及诸湖泊与环湖诸山，构成苏州山明水秀的境域，湖光山色，美不胜收。其间更有吴越至汉崇台宫苑的古迹。[55]

春秋初期的吴国本在句吴，到了吴王诸樊，始南徙苏州，到阖闾才开始筑城。阖闾和夫差在滨湖山地，先后营造了规模宏大的离宫别馆和苑囿。据《吴郡图经续记》卷下《往迹》中，述吴王故址云："长洲苑，吴故苑名，在郡界。昔枚乘谏吴王云：汉'修治上林，杂以离宫，积聚玩好，圈守禽兽，不如长洲之苑；游曲台，临上路，不如朝夕之池'。《吴都赋》

亦云'带朝夕之濬池，佩长洲之茂苑。'注云有朝夕池，谓潮水朝盈夕虚，因名焉。庾信《哀江南赋》云：'连茂苑于海陵，跨横塘于江浦。'亦取诸此。""鱼城，在吴县西横山下，遗址尚存。盖吴王控越之地，宜为'吴城'。谓之'鱼城'，误也。横山之旁，冈势如城郭状，今犹隐隐然。又有射台，亦在横山。"又云："石城，在吴县东北（一本作西北）。故为离宫，越王献西子于此。山有石马，望之如人乘之。"又云："华池、华林园、南城（一本作南池）宫，故传皆在长洲界，阖闾之故迹也。……又有吴宫乡，陆鲁望以谓在长洲苑东南五十里，盖夫差所幸之别观（一本作'别馆'），故得名焉。……《传》云：越败吴于夫椒处，夫椒即包山也。湖岸极清处为消夏湾，乃吴王游观之地。"又云："鸡坡墟者，畜鸡之所；豨巷者，畜彘之处；走狗塘者，田猎之地也，皆吴王旧迹，并在郡界。又有五茸，（眉批：五茸今松江）茸各有名，乃吴王猎所。"[58]

《吴郡志·古迹》云："射台、华池、南城宫、姑苏台、鲲山、鸥陂、游台、石城、长洲、林园、石龙，以上悉吴阖闾故迹。《吴越春秋》云：'阖闾既立夫差为太子，使将兵屯守，而自治宫室，立射台于安平里，华池在平昌，南城宫在长乐里。阖闾出入游卧，秋冬治于城中，春夏治于城外姑苏之台，旦食鲲山，昼游苏台，射于鸥陂，驰于游台，兴乐石城，走犬长洲焉。'《越绝书》云：'石城者，阖闾所置美人离城也。'《吴地记》云：'石城，吴王离宫，越王献西施于此城。'又云：'林园在华林里，石龙在龙坛里，里在乌鹊桥东，皆阖闾作。'"按此等遗迹今皆不可知在何处。石城或与石湖有关。《越绝》及《吴越春秋》等书中有安平里、长乐里、华林里、龙坛里、诸里名，可见在坊名未起前，先有里名也。[58]

古代历史上负盛名的姑苏台，据《吴郡志》卷八云："在姑苏山。《旧图经》云：'在吴县西三十里。'《续图经》云：'三十五里。一名姑胥，一名姑余。'《史记正义》云：'在吴县西南三十里横山（注：即今七子山）西北麓姑苏山上。'又引唐·崔颢《姑苏台賦》云："崔子勤学少闲，与客游于横山之下，有台肖然，出于群山，荒基峻岖，高切云间。……于是与客伛偻而上，抵其上之绝［顶］（岭），快四面之遐睹，南望洞庭夫椒之山，湖水澄澈，其名消夏湾者，吴王避暑之所也；北望灵岩馆娃之宫，廊曰响屟，径曰采香者，吴之别馆，西子之遗踪也；其东吴城，射台巍巍；其西胥山，九曲之逵。"照此之叙，似乎唐时尚有其遗址。

《吴郡图经续记》卷中云："姑苏山，在吴县西北三十五里，连横山之北，或曰姑胥，或曰姑余，其实一也。传言阖闾作姑苏台，一曰夫差也。"也有认为台是阖闾始筑，夫差扩建。《吴郡图经续记》又云："昔太史公尝云：'登姑苏，望五湖。'而今人殆莫知其处。尝欲披草莱以访之，未能也。"可见宋人已不知其处。又据元陆友仁《吴中旧事》云："雕檐绮户，倚晴空如画。曾是吴王旧台榭。自浣纱去后，落日平芜行云断，几见花开花谢。……余每登姑苏台，读潘庭坚柱间《洞仙歌》，辄徘徊不忍去。元统三年冬，郡守济南张侯新修此台，易去旧柱，遂不复存。"元统为元惠宗（即顺帝）的年号，元统三年即至元元年（1335年）。读此，知元统前曾有姑苏台，有山可登，有屋宇可题，元统三年曾加修葺，而朱长文《吴郡图经续记》云：令人殆莫知其处。以元人登临极便之处，而宋人作志诿云"莫知其处"，此必朱长文以后，宋人为装点名胜而新构可知。朱氏之书成于元丰七年（1084年），前于元统之修葺二百五十年。[58]

馆娃宫，据《吴越春秋》："阖闾城西，有山号砚石，上有馆娃宫。"砚石山即灵岩山，因山下连崦村，产石可以做砚，又名砚石山。又有吴王井、响屟廊等名目。《吴郡志》卷八《古迹》云："吴王井，在灵岩山腰，大石泓也。相传为吴王避暑处。""响屟廊，在灵岩山寺，相传吴王令西施辈步屟，廊虚而响，故名。今寺中以圆照塔前小斜廊为之（现已不复存在）。白乐天亦名鸣屟廊。"[55][58]

香山与采香径，《吴郡志》卷十五《山》："香山，

胥口相直。吴王种香于此山，遣美人采香焉。旁有山溪，名采香径。"《吴郡志》卷八云："采香径，在香山之旁，小溪也。吴王种香于香山，使美人泛舟于溪以采香。今自灵岩山望之，一水直如矢，故俗又名箭泾。""香水溪，在吴故宫中。俗云：西施浴处，人呼为脂粉塘。吴王宫人濯妆于此溪，上源至今馨香。古诗云：'安得香水泉，濯郎衣上尘。'"[55][58]

上述响屟廊、吴王井等古迹，廊不能实指其处，定其所在，大概是后人用来附会旧迹，点缀名胜，或编有美丽的传说。又《述异记》载："梧桐园，在吴宫，本吴王夫差旧园也，一名琴川。"这可能是我国以传统名木来命名的最早的园。语云："梧宫秋，吴王愁。"

自春秋战国以后，见于文字记载的，有汉朝吴王刘濞大造宫室苑囿，在城郊原为吴王阖闾、夫差游猎的长洲苑，扩建成规模宏伟的长洲茂苑。三国时代，苏州一度为孙权的根据地，据记，五代时，吴越王钱镠的建园已在城中，详下。

（三）苏州城区自晋至五代园墅

苏州历史上记载最早的宅园是晋朝顾辟疆园，称为"怪石纷相向，池馆林泉之胜，当时吴中第一。"有王徽之（子猷）王献之（子敬）慕名游顾辟疆园的记载。《世说新语·简傲》云："王子猷尝行过吴中，见一士大夫家极有好竹。主已知子猷当往，乃洒扫施设，在厅事坐相待。王肩舆径造竹下，讽啸良久。主已失望，犹冀还当通。遂直欲出门。主人大不堪，便令左右闭门不听出。王更以此赏主人，乃留坐尽欢而去。"另一则为王子敬（献之）游园记载云："王子敬自会稽经吴，闻顾辟疆有名园。先不识主人，径往其家。值顾方集宾友酣燕，而王游历既毕，指麾好恶，旁若无人。顾勃然不堪曰：'傲主人，非礼也！以贵骄人，非道也！失此二者，不足齿之伧耳！'便驱其左右出门。王独在舆上，回转顾望，左右移时不至，然后令送著门外，怡然不屑。"按王徽之（子猷）、王献之（子敬）为一家人，其性情相类固也。但此二事太

相像了！第一，都是经过苏州，听得有好园林而往游。第二，都是不通报而径入，不理主人。第三，主人均怒，加以侮辱。一闭门不听出，一驱其左右出门。所不同者，子猷更以此赏主人，留连尽欢而去，子敬则司舆无人，踉跄自出耳。天下有此巧合之事耶！王世贞刊本，存前一则而删后一则，盖亦见其为复出也。[58]《吴郡图经续记》则录后一则王献之游园之情最后云：盖献之之肆，辟疆之隘也。又云：辟疆园唐时犹在，顾况尝假以居，郡守赠诗云："辟疆东晋日，竹树有名园。年代更多主，池塘复裔孙。"今莫知其所（《园第》六）。

《吴郡图经续记》又载任晦宅见于皮（日休）、陆（龟蒙）诗，有深林曲沼，危亭幽砌。而任君弃泾县尉，归居于其间。鲁望诗云："吴之辟疆园，在昔胜概敌。前闻富修竹，后说纷怪石。风烟惨无主，载祀将六百。草色与行人，谁能问遗迹。不知清景在，尽付任君宅。"据此，殆即辟疆之园耶。（《园第》九）按读陆龟蒙诗，则任晦宅固取辟疆园也。观"前闻富修竹，后说纷怪石"之语，则晋人已擅堆假山之术。[58]

《吴郡图经续记》又云：戴颙宅，故传北禅寺是也。……颙居剡下，复游桐庐。桐庐僻远，难以养疾，乃出居吴下。士人共为筑室，聚石引水，植木开涧，少时繁密，有若自然（《园第》七）。由此可见其时吴中园林，已能营作山水，有若自然。

唐朝后期，苏州开始繁荣起来，对外贸易也趋发达，白居易有诗写苏州，"人稠达扬州，坊闹半长安。"韦应物、白居易、刘禹锡等先后出任苏州太守，著名诗人李白、杜牧、李商隐、皮日休等慕名来苏，游览太湖山水，凭吊吴城古迹。白居易在宝历元年（825年）任苏州刺史时，修筑山塘长堤，长达五百五十多丈，并种桃柳二千多株，开创了苏州较大规模的绿化植树的历史。当时城中宅园记载，除上述任晦园池，多语焉不详，有韦应物山庄、陆龟蒙别墅（在吴县甪直镇，至今有遗址、墓地、斗鸭池、古银杏等）。[57]

到了五代，中原纷争，而吴越地处东南一隅，比较太平，人口集中。吴越王钱镠命他王子钱元璙镇守苏州，号称中吴府。朱长文《乐圃记》载："钱氏时，广陵王元璙者，实守姑苏，好治林圃，其诸从徇其所好，各因隙地而营之，为台为沼，今城中遗址颇有存者。"当时吴越统治阶级在苏州大兴土木，营造园苑和佛寺，著名的有东庄和南园，皆元璙及其子文奉经营三十年，极园池之胜，奇卉异木，及其身见皆成合抱，又累土为山，亦成岩谷，……跨白驴缓步花径，或泛舟池中。及诸别第，花卉异木，名品千万，崇冈清池，茂林珍水。南园，在城西南（现今三元坊、孔庙、苏州中学直到南门一带地区），园内有安宁厅、思元堂、清风、绿波、迎仙三阁、清涟、涌泉、清暑、碧云、流杯、沿波、惹云、白云等八亭。又有槲亭二，就树为榱柱，及迎春、百花等三亭。西池在园厅西，有龟首、旋螺二亭（在池中心，形如旋螺），又有茅亭三，茶、酒库、易衣院。酾流为沼，积土为山，岛屿峰峦，出于巧思。元璙近戚节度使孙承佑的宅园在南园东侧，即沧浪亭之前身。此外，元璙于城外阳城湖畔，另建有一座南园。前临巨浸，后掘亩丘，聚奇石为山，环以花竹，有撷芳径、观鱼槛和听鹤亭等景。[57]

（四）苏州宋元园墅

到了北宋，苏州称平江府，除城中部设平江府、平江军的子城外，城北、城东、城南、城西都有大的寺观塔亭建筑（见前），城市的经济繁荣，也为大量营造第宅园墅创造了物质基础。还由于北宋末年宋徽宗在汴京营造艮岳诸苑，在苏州设置"苏杭应奉局"，大办"花石纲"，残酷压榨剥削江南人民，另一面也对苏州的筑园营墅具有重大影响。现在苏州名园中一些著名太湖石，不少是花石纲的遗物。当时，不仅在城里建造了许多宅园，同时在城外郊区秀丽的太湖山水之间，田园村落之旁，也兴造了许多别墅山庄，当时城里著名的园亭有沧浪亭、乐圃、蜗庐、韦宅、同乐园、万华堂、万卷堂等；郊外有石湖别墅、吴山的南村、华山的就隐、东山的沈氏园亭、虎丘的通幽轩和尹山何仔园亭等。[57] 以下简述宋朝最著称的几个园墅如下：

沧浪亭

沧浪亭为宋朝诗人苏舜钦在庆历四年间1044年始建。此地积水弥数十亩，旁有小山高下曲折，与水相萦带，旧为吴越钱氏近戚节度使孙承佑的池馆，就在南园偏西。苏舜钦(字子美)因罪废南游流落苏州。时值盛夏，嫌土居褊狭，思得高爽可以抒怀之地，建造宅舍。一日，在城东南浪游，无意中发现一处杂花修竹，草树郁然，崇阜广水，不似城中的弃地。经访诸老，得知是吴越孙氏池馆。苏舜钦爱而徘徊，遂以钱四万买了这块三向皆水，纵方五十六寻的地块(约二十亩)。临水建一亭，以孟子"沧浪之水清兮，可以濯我缨，沧浪之水浊兮，可以濯我足"之意，取名沧浪亭，以此自胜乐。除自撰《沧浪亭记》和吟咏沧浪亭诗多首，曾邀好友欧阳修共作沧浪篇，有"清风明月本无价，可惜只卖四万钱"之句。这时沧浪亭，前竹后水，近借沧浪之水，远借廊外群山，所谓"近水远山皆有情"。除临水之亭外，仅竹丛中有户轩，别无其他建筑，幽雅清旷。之后，章惇化以三百贯买下沧浪亭，包括隔水对岸的"洞山之池"(即后来的可园)。章惇化广其故地为大阁，又为堂山上，又在"洞山之地"的土下发现许多嵌空的大石，可能是吴越钱氏时遗物，用以增累其隙，两山(沧浪亭和洞山)相对，遂为一时雄观。南宋初，沧浪亭成了抗金名将韩世忠的第宅，也是他觞咏游钓之地。

沧浪亭在明朝时为僧舍妙隐庵。在明嘉靖年间，知府胡缵宗将庵改筑韩世忠祠堂。其时，僧人释文瑛寻古遗事，复建苏子美始建的沧浪亭，并请归有光作《沧浪亭记》。至万历年间，园又荒废。直到清康熙三十四年(1695年)，巡抚宋荦重建沧浪亭于山之岭，实同开创。详下节苏州明清时期园墅。[47]

乐圃

乐圃是朱长文的宅园，建于元丰年间(1078～

1085年)。此处，五代时，为吴越钱元璙的金谷园故址，宋时为景德寺。朱长文筑园后名曰乐圃，取孔子曰"乐天知命"之意。园内有乐圃堂、朋云斋、归隐桥、蒙斋、咏斋、邃经堂、琴台、灌园亭、华严庵、墨池亭、笔溪亭、冽泉、峨冠石、鹤室、钓渚、见山冈、西圃草堂、西丘、千龄桧、宝于山茶、临溪桧、隔溪竹、施柏、花鼎足松、偃柏等共二十六景，具山林之趣，高冈、清池、乔松、寿桧之胜。除珍木花卉，有桑麻嘉蔬，瓜果梅李，或农或圃。有溪渚可渔，有斋堂可息，以娱宾友，以待亲属。

乐圃后为学道书院，又改为兵备道署。元末为张适所居，称"乐圃林馆"。明宣德中期，杜琼得乐圃东隅地整理之，名曰"东原"，构如意堂以奉母，筑延绿亭；又有木瓜林、芍药阶、梨花、堘红槿藩、马兰坡、桃李蹊、八仙架、三友轩、古藤格、芹涧桥等十景。到清朝康熙初年为申时行后裔申继揆的药栏(即蘧园)；乾隆年间属刑部侍郎蒋楫，后为尚书毕沅宅；道光年间为汪氏耕荫义庄，堂曰环秀山庄。[56] 详见下节苏州明清园墅节。

同乐园

为朱勔所建，其父朱冲。据陆友仁《吴中旧事》云："朱冲微时常以卖药为业，后其家稍温，易为药肆，生理日益进。以行不检，两受徒刑。既拥多资，遂交结权要。……其子勔，因赂中贵人，以花石得幸，时时进奉不绝，谓之花石纲。凡林园亭馆，以至坟墓间，所有一花一木之奇怪者，悉用黄纸封识，不问其家径取之。浙人畏之如虎。"又云："平江自朱勔用事，花木之奇异者尽移供禁籞，下至墟墓间珍木亦遭发凿。山林所余，惟合抱成围，或拥肿朴散者，乃保天年。"[58]

朱勔在采办花石纲的同时，在苏州为自己营造花园别馆，"甲弟名园，几半吴郡"，同乐园就是其中之一。"勔有园极广，植牡丹数千本，花时以缯彩为幕帘覆其上，每花饰金为牌标其名，如是者里许，园夫畦子，艺精种植及能垒石为山者，朝释负担，而暮纡金紫，如是者不可数计。因中有水阁，作九曲路以入，春时纵妇女游赏，有迷其道者设酒食邀之，或遣以簪珥之属，人皆恶其丑行。一日勋败，检估其家资。……不数日已墟其园，所谓牡丹者皆折以为薪，每一花牌估值三钱。勋诛，又窜其家于海岛"《吴中旧事》）。

石湖别墅

石湖是太湖的一个内湾，在苏州城西南十二里。《姑苏志》载："太湖支流自胥口又东，出吴山南，曰白洋湾；折北汇于楞伽山（上方山）下，曰石湖，界吴县、吴江之间，有茶磨诸峰映带，颇为胜绝。……湖东一溪，即越来溪，与木渎水合北流出横塘桥，东入胥门运河，曰胥塘，北流阊门运河，曰绦云港。"[55]

石湖，相传是范蠡带了西施入五湖的地方。又据古籍记载，南宋时诗人范成大在越来溪故址建造亭榭，称石湖别墅。随湖山之观，地势高下而为台榭，有农圃堂、北山堂、千岩观、天镜阁、玉雪坡、锦绣坡、说虎轩、梦鱼轩、绮川亭、盟鸥亭、越来城等处，以天镜阁为第一。同代诗人杨万里曾评曰："公之别墅曰石湖，山水之胜，东南绝景也。"范成大不仅是大诗人，还是一位园艺家，他在石湖栽梅种菊，著有《梅谱》和《菊谱》。石湖别墅后来成为余庄，现在已经恢复。[55][57]

石湖之上，有楞伽山，俗名上方山。山上有楞伽寺（一名兜率寺）。山顶有七级浮图，塔影玲珑，风光神秀，还有一亭，叫作望湖亭，湖上有行春桥，船由湖中经过，但见一带长林，波光塔影，山色如画。苏州旧时风俗，每年八月十八日，士女聚于石湖，作"串月之游"。所谓"石湖玩月"即指此，为近郊胜景之一。

吴山南村

卢瑢在石湖西，吴山下筑园南村，扁曰吴中第一林泉。吴山在尧峰山之东，因吴越广陵王之子钱文奉建吴山院于此得名。卢园有：紫阁、带烟堤、吴中第一林泉、佐书斋、吴山堂、紫芝轩、玉华台、苍谷来禽坞、逸民园、植竹处、江南烟雨图、香岩、湖山清隐厅、玉川馆、山阴画中、杏仙堂、藕花洲、桃花

源、曲水流觞等三十景。

此外，在洞庭东山、西山、光福邓尉山、天池山（华山）、虎丘附近，也兴建有园亭别馆。

南宋时苏州经过两次浩劫：一次是南宋高宗（赵构）建炎二、三年（1128～1129年）的金人南下；一次是南宋恭宗（赵㬎）德祐元年（1275年）的蒙古人南下。因为外族侵略者的肆行破坏，苏州当时的工商业遭受很大摧残，生产力大为减退，有许多著名的文物建筑，也遭受兵燹破坏。[55]

元世祖忽必烈至元十三年（1276年），改平江府为平江路，置总管府，属江淮行省（后改江浙行省），领县二、州四。那时的苏州，虽然经过兵火，但还保持着旧日繁荣的基础。元朝中期后，苏州的营园活动，仍有一定的发展，著名的有狮子林、绿水园、石涧书隐等。

元狮子林

其址为宋朝章综故宅花园，多竹林怪石。元泰定年间（1324～1328年）天如禅师（师姓谭氏吉安永新人）遁迹于松江之九峰间十有二年，振锡来吴，结屋树竹，号狮子林。天如去世，其徒卓峰立师克嗣，请危素作《狮子林图序》（危素，金溪人，字太朴，元至正间以荐授经筵检讨，明初为翰林侍学士，有危学士集）。至正二年（1342年）天如禅师惟则之门徒为其师买地结屋，建狮林寺，至正十四年（1354年）欧阳玄《狮子林菩提正宗寺记》云："地本前代贵家别业，师门人为其师购建者也。有竹万竿，竹下多怪石，有状如狻猊者，故名师子林。且师得法普应国师中峰本公，中峰倡道天目山之狮子岩，又以识其授受之源也。因地之隆阜者，命之曰山，因山有石崛起者，命之曰峰，曰含晖、曰吐月、曰立玉、曰昂霄者，皆峰也。其中最高状如狻猊。是可谓狮子峰。其膺有文，以识其名之。立玉峰之前，有旧屋遗址，容石磴可坐六七人，即其地作栖凤亭。昂霄峰之前，因地洼下，浚为涧，作石梁跨之，曰小飞虹。他石或跂或蹲，状类狻猊者不一，林之名，亦以其多也。寺左右前后，

竹与石居地之大半,故作屋不多然而崇佛之祠,止僧之舍,延宾之馆,香积之厨,出纳之所,悉如丛林规制。外门扁曰菩提兰若。安禅之室曰卧云,传法之堂曰立雪。庭旧有柏曰腾蛟,今曰指柏轩,有梅曰卧龙,今曰问梅阁。竹间结茅曰禅窝,即方丈也。上肖七佛,下施禅座,间列八镜,光相互摄,期以普利见闻者也。""(至正)十二年易名菩提正宗寺。"明洪武初,倪瓒曾过之,如海上人邀其作,为之绘图并题字,名声大增。至明嘉靖间废,后为贵家所得,万历年间住持僧重修,清康熙、乾隆南巡,先后多次游狮子林,详见明清狮子林(欧阳玄《狮子林菩提正宗寺记》见《百城烟水》)。

元朝末年,人民不堪压迫,纷纷起义。元顺帝至正十六年(1356年),张士诚从苏北起义,渡江南下,占领苏州一带,初称周王,建都苏州后改称吴王,并改苏州为隆平府。他一方面修缮城池,从事建设,一方面举兵北上,与朱元璋对抗。但是不到十年(1367年)朱元璋攻下了平江,灭了张士诚。张士诚曾在城内建造宫殿王府(现在苏州城中心废王基一带,便是当年张士诚的王府故址),扩建宏丽壮观的景云楼、齐云楼,在城东桐芳巷建锦春园等。[55][57]

(五) 苏州府明清园墅

明朝建立后,改平江路为苏州府。到了明朝后期,苏州已经变成一座手工业城市,而且变成了明朝丝织业的中心。明万历年间,苏州"郡城之东,皆习织业",东北半城到处都是经营丝织业的手工业工厂和手工业作坊。据《明神宗实录》"吴民生齿最繁,恒产绝少,家抒轴而户纂组。机户出资,机工出力"。"工匠各有专能",并有固定工与临时工的区别。全市织工、染工至少均在千人以上,都是"浮食奇民,朝不谋夕;得业则生,失业则死"。临时工即"无主者,黎明立桥以待……什百为群,延颈而望……若机户工作减,则此辈衣食无所矣。"这里描写的苏州,已经宛然是资本主义萌芽时期的工业城市的情形了。到了

清朝,苏州仍是江南丝织业中心,而苏州刺绣又很早就驰名远近,所以,清政府为了满足宫廷内的奢欲,在苏州设织造府来加强对民间丝织品的搜刮。[55]

明清时期苏州不仅经济繁荣,文化艺术尤其是绘画艺术有进一步发展。我国山水画到了元朝又一变,有黄公望(大痴)、王蒙(黄鹤)、吴镇、倪瓒(字元镇,号云林)为元四家。元画与宋画有极大不同。最重要差异是由于社会急剧变化(蒙古族进据中原和江南),山水画成为他们精神情感思想的领域之一,"文人画"正式确立。所谓"文人画",有其基本特征,首先是文学趣味的异常突出。其次从元画开始,强调笔墨趣味,重视书法趣味,成为一大特色。从元画开始,画上留有大空白题字作诗,以诗文来直接配合画面,相互补充和结合,加重画面的文学趣味和诗情画意。元画的重点已不在客观对象的忠实"再现",而只在如何通过某些自然景物以笔墨趣味来传达出艺术家主观的心绪观念,更为明确地"表现"了。画面景物可以平凡简单,但意兴情绪却浓厚。自然对象山水景物成了发挥主观情绪意兴的手段。在这方面,倪云林可算典型。发展到明清,便形成一股浪漫主义的巨大洪流,在倪云林等元人那里,形似基本还存在,到明清的石涛、朱耷以至扬州八怪,形似便被进一步抛弃,主观的意兴心绪压倒了一切,并且艺术家的个性特征空前地突出了(以上参见李泽厚著《美的历程》)。

明朝中叶与时代潮流相吻合,出现仇英、沈周、文徵明、唐寅并称吴门四家,他们共同体现了这种倾向,这就是接近世俗生活,采用日常题材,笔法风流潇洒,秀润纤细,更自由地抒写自己的主观世界,追求气韵神采的笔墨效果,成了他们的艺术理想(见李泽厚著《美的历程》)。

文人画的确立,明清的画风,对明清园墅的创作具有重大影响,形成明清文人山水园,这将在下章中论述。

苏州风物清嘉,人文荟萃,使大批地主官僚封建统治阶级在此购置田地,营建第宅园墅,从明朝正

德年间到清朝道光年间，历时三百多年不衰。以后，在清末同治、光绪年间又一度盛行宅园的营建。据石秀明《苏州明代宅园》一文中称："根据记载，在明代二百七十六年中，有宅园 271 处，加上宋元遗留下来的范义庄、沧浪亭、绿水园、乐圃林馆、五亩园、石湖别墅、就隐(在华山)、章综宅园(元末张士诚婿潘元居之)、周伯琦宅园(张士诚筑，明永乐时为春赐第)、狮子林等十处，共 281 处。[56]据黄玮《苏州造园史纲要》中称："苏州府明代有第宅园林 188 处，加上辖县的第宅园林 155 处，总数达 343 处。"[57]虽然，

石秀明和黄玮二人有关苏州明朝园墅的统计数字有差异，但总在三四百处，何况还可能有未载入志书内的园墅。建国后，据南京工学院中国建筑研究室调查，苏州园墅不下七十多处。虽然其中一部分久已成废墟，或厅堂花木颓毁过半，仅剩假山池泊略存原来面目；但大体尚完好，规模俱在的还不下三十多处。这里，就有文字记载的苏州府明清园墅中较著称的，先叙城中宅园(图 10-102)，次及近郊园墅，后及山区、湖区胜迹园墅。城中宅园先是西城北半部及南半部，后及东城北半部及南半部为序。

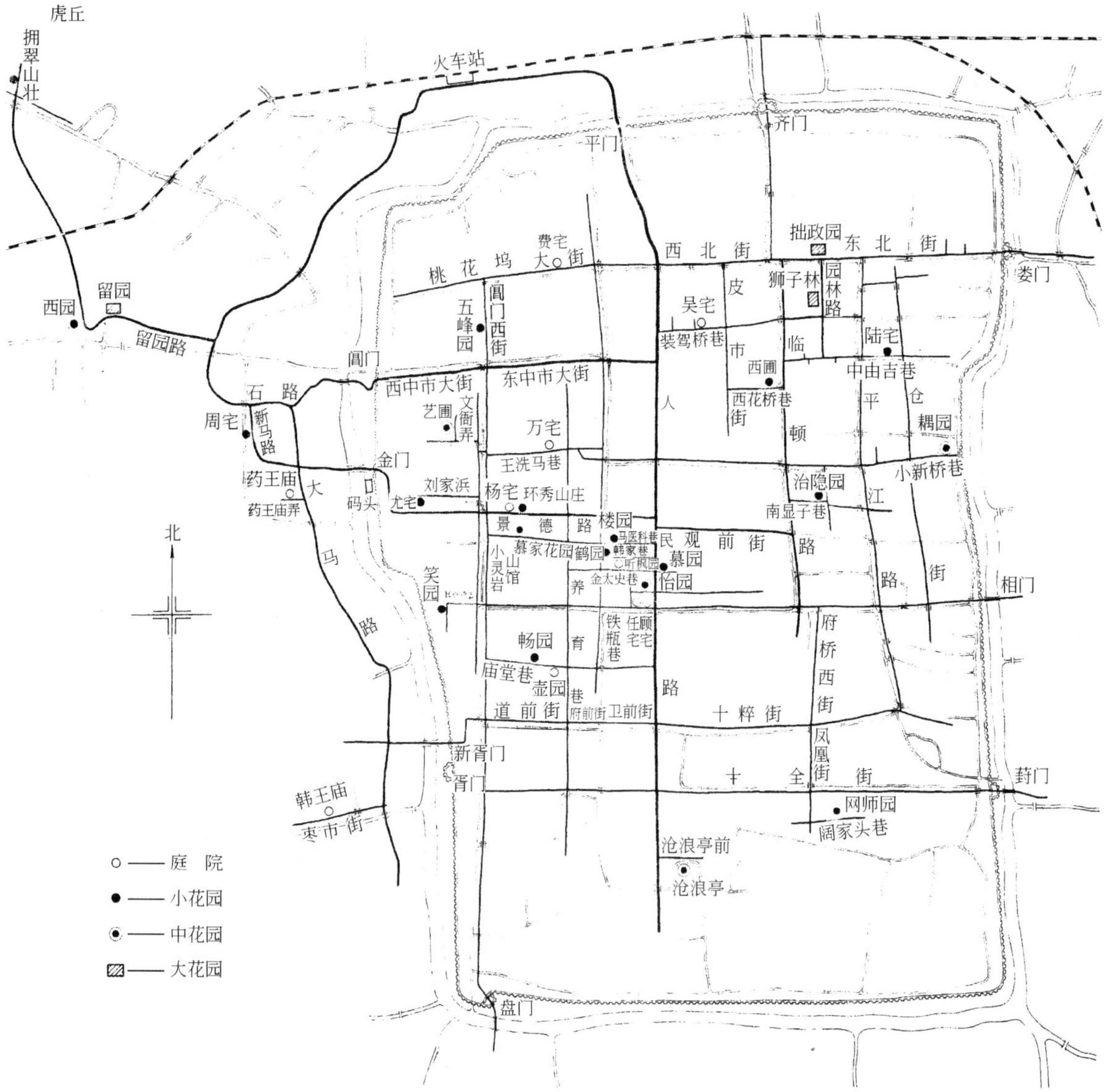

图 10-102　苏州城内主要宅园位置图

怡老园

明正德间王鏊的宅园，在城西，宅前称柱国坊，宅后称天官坊。明正德间，太监刘瑾当道，王鏊看不惯阉党用事，告退致仕回里。为避政锋、恋旧迹，喜住东洞庭山旧宅。其子王延喆仿照东洞庭山故居景物，建怡老园于居宅之后，为乃父城中憩赏之所。园建成后，王鏊与沈周、吴宽、杨循吉等结文酒社，而文徵明、祝允明、王守、王宠、唐寅、陆粲先后拜称弟子，徜徉于此园二十年。此园直接模仿东山实景造园，属写实主义创作方法的例子。园子旁靠夏驾湖，临水筑室，城堞环峙其西，近借城墙，作为太湖西洞庭山的缩影。园中有古松、老桧百株，花竹承茂，石骨如铁，苔藓如茵，藤萝掩映，苍翠极目。至于厅、堂、亭、榭，莫不因宜而设，有清荫、看竹、玄修、芳草、撷芳、笑春、抚松、采霞、闻风、水云等诸胜。

该园经过八代人，直到崇祯末年的近一百四十年间仍不改其原貌。清朝康熙年间，该园还盛极一时，惟第宅部分，入清后，成为江苏布政使衙门。乾隆年间，花园部分已经衰败，芳草堂等园林建筑多倾倒。建国后，该园局部尚残存，十年动乱后，第十八中学据为校舍，拆去部分旧建筑和假山，填平水池作操场。目前仅存有一座明代厅堂和一座明代住宅楼。[56]

药圃—艺圃

宝林寺东有园，原为学究袁袠(字绳之，号祖庚)的醉颖堂。后归文徵明曾孙文震孟所有，称药圃，中有世纶堂，又有青瑶屿，为文震孟读书处。清初，药圃为莱阳姜垓侨寓。按姜垓是崇祯四年(1631年)进士，初官仪真令，后升礼科给事中。崇祯十五年(1642年)以直言指为欺罔之罪，廷杖一百，免死，押狱十年余，十七年(1644年)二月，充军宣州卫，不到一个月，明朝灭亡，姜垓由浙东辗转到苏，得文震孟宅侨居之，更名敬亭山房，敬亭山为宣城之山，是姜垓的所谓"君恩免死之地，死不敢忘"，因而命其堂为敬亭山房。今艺圃园内山池布局大致仍因明末

清初旧况，全园面积约5亩。但据清朝康熙年间王翚(石谷)所绘《艺圃图》，池北原无水榭，临池仅作平台，平台之西原有厅堂(即敬亭山房)，现已不存，其前的荷池曲桥也有所改观。[56][59]

艺圃(图10-103)　正门朝东，前有照壁(在文衙弄5号)。姜氏艺圃旧况：入门后，经曲折的巷道至尽处有延楼三间，称延光阁。稍进，有世纶堂，为文氏旧物。再进，为大厅，即东莱草堂，是主人筵见宾客之所，称东莱者，表示不忘其故乡。由堂向右，称博饪斋，为炊事处。由堂折而西，有水池二亩余，方广弥漫，具浩瀚汪洋之态。池中种植荷花、菖蒲、垂柳之属。池北为堂五间，称念祖堂(即今博雅堂)，为主人祭祀的家祠，该堂原为文震孟栖止之所，清兵入据苏城时，沦为马厩，清初姜氏重新整修为堂。堂之前，有宽广的前庭，前庭东，有旸谷书堂、爱莲窝，为姜埰长子姜安节讲学处。念祖堂后，有香草居，四时读书乐楼，为姜埰次子姜实节幼塾。由念祖堂的廊庑迤逦向西，即为敬亭山房。此外，还有红鹅馆、六松轩，形制曲折而工丽，也是姜实节读书处。山房之北有改过轩、绣佛阁；山房之西有响月廊；山房之前为西水池。在东西二池之间有三折板桥，称度香桥，桥南为南村和鹤柴(即现在的芹庐)，这二处环境幽曲，林木深蔚。池南堆土为山，山顶平台称朝爽台，高明而敞达。水边峰石十数座，正对念祖堂的一峰最高，叫垂云峰。山池一带，林水优美，有奇花珍卉、幽泉、怪石之胜。池东，对着爱莲窝的亭为乳鱼亭。山的东南，有枣树数株，其旁，姜安节建一轩，称思嗜轩。姜实节又在改过轩西侧，建谏草楼、思故居、巾箱阁，以藏姜埰文集和图书。[56]

道光年间，艺圃曾进行过整修，并在念祖堂前平台南，加建五间跨水的水阁(水榭)，两旁建了厢房，在堂与阁之间的小院中，设湖石花台。太平天国战争时，艺圃遭到破坏，后又整修。整修后，西部水池与敬亭山房现已不存，东池的东围墙向东推出，在乳鱼亭旁建小庐，在朝爽台上建六角亭，南村改为崇

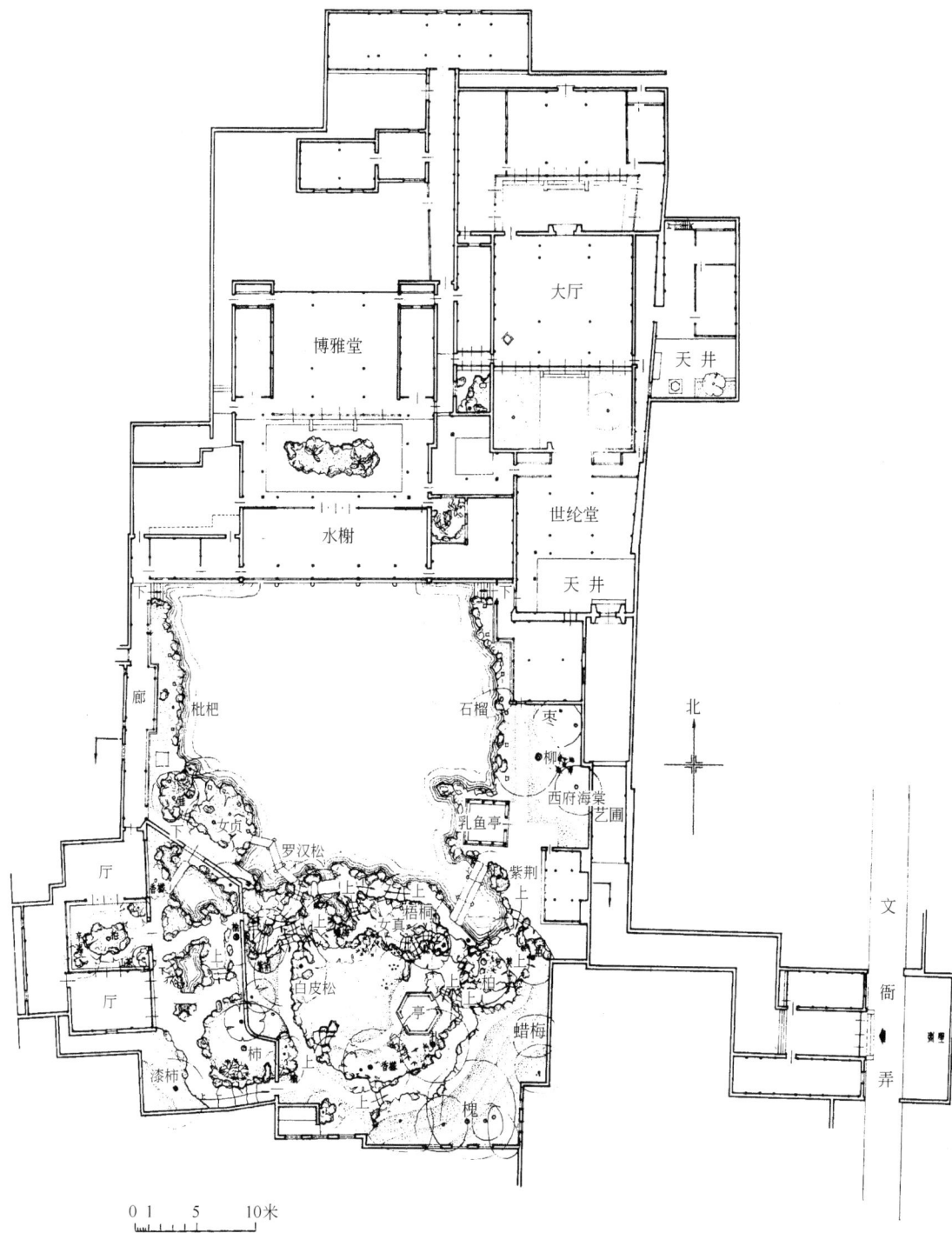

图 10-103 艺圃总平面图

庐。曲桥荷池也有所改观。园的总体布局，虽有一些改变，但仍以水池为中心，池北以建筑为主，池南堆土叠石为山，山上林木茂密。水池占地约一亩，以聚为主，墙、水面显得开朗辽阔，但在池东南角处理为小水湾，池的西南角，有水湾经伏流穿过围墙，潴成小池，散置湖石花木，缭以粉墙，围成芹庐水院一区。池南假山以土为主，构有山洞，水边和山道，以石包土。临池用湖石叠成绝壁和危径，山石叠法有横

图中文字：博雅堂、大厅、天井、水榭、世纶堂、天井、北、廊、枇杷、石榴、枣、柳、西府海棠、艺圃、文衙弄、罗汉松、女贞、乳鱼亭、紫荆、厅、梧桐、真、白皮松、亭、柏、蜡梅、厅、柿、漆柿、槐

0 1 5 10米

有竖，有凸有凹，大小相间，颇有变化，绝壁下石径，贴水而过。如果从池东崖小径至乳鱼亭（木构，明代遗物），过微拱的石板桥，来到山下，路分为二：一路入山洞而盘折登山至六角亭；另一路沿绝壁下危径西行，而至池西南角的曲桥，西通回廊及圆洞门内水院。水池东西两岸地形较狭，虽缀以疏朗的亭榭树石，但缺少层次。综观全园，布局疏朗、简练、质朴、自然，仍保留有明代园林风格。如果从池北望池南假山，山石嶙峋，树木葱郁，仿佛城市山林。至于沿池用湖石叠成峭壁石径，更是明清间苏州常用的叠山理水方式，池水、绝壁、石径三者结合相互衬托以成景。

民国期间，艺圃为七襄公所（绸业公所），建国后被公布为市级文物保护单位，但先后为苏昆剧团、桃花坞木刻年画社所用。1962 年 2 月本书作者赴苏调查时，大门朝东，仍前有照壁。进门经夹弄折北转西，再折北来到穿堂，其南有匾额题"艺圃"（光绪丁亥仲冬之月）。过了穿堂，再经一段夹弄来到一门，上有额题"经纶化育"四字。进门为一小庭，庭后一堂为世纶堂，堂后有小横弄，弄北为贴砖木门，门内有庭，过庭为大厅，厅有楼，西有厢。从小横弄折南转西，有门，进为庭院，院中有湖石花坛，庭南为水阁五楹，庭北为博雅堂。堂后又一庭院，已为昆剧团、越剧团改筑为排演场。穿庭往西又有一庭，庭的西南角为廊门，进门即沿西界墙廊（西边为墙，东边敞开）。墙廊东沿池有狭通一人的土路。墙廊南端通芹庐水院，若出沿水院斜墙东南行，即上假山。斜墙中部有一圆洞门，门上题有"浴鸥"两字，进洞门过跨池小桥，西边为一小院从圆洞门进内，门上题"片云"二字，背面为"可憩"二字。小院中为庭，三面为建筑。庭中有湖石花坛，庭北为一堂，庭西为长方形轩，庭南又一轩，轩东面全是隔扇。过小桥，别院东部为水池、土山，散置湖石花木，东南角有蹬道和门，出为假山的南界。临池用湖石叠成绝壁危径，沿水似栈道一般，叠石山洞、山道尚完好。登山的西南

部有一六角亭，当时亭顶为锌皮，颇煞风景，乳鱼亭的比例似嫌较大，由池西望东时，遮住后轩，位置亦欠佳。总的说来，池山尚完整。到了十年动乱期间，艺圃成为民间工艺厂仓库和裱糊车间，假山被拆毁修了防空洞，水池被填去大半，树木被砍伐，毁坏严重。五间水阁已于 1981 年倒塌两间。20 世纪 80 年代中期决定由苏州市园林管理局整修。

绣谷

"在阊门内后板厂，国初朔州刺史蒋深筑。初刺史之祖坟，成进士后，隐居读书，偶课园丁雏草，土中得一石，有绣谷二字，作八分书，遂以名其园。园中亭榭无多，而位置颇有法，相传为王石谷手笔也。康熙三十八年己卯（1699 年），刺史尝集郡中诸名宿作送春会，……赋诗作画，为一时之盛。刺史之子仙根亦好风雅，乾隆二十四年（1759 年）又作后己卯送春会，……世传《张忆娘簪花图》，即于是园作也。嘉庆中，为叶河帅观潮所得，道光初，又归南康谢椒石观察，作板舆之奉，今又为婺源王氏所有矣"（钱泳《履园丛话》二十，绣谷条）。

王洗马巷七号某宅书房庭园

这所住宅建于清光绪年间，在住宅的东南隅有书房庭园一区（图 10-104）。书房庭院，处境僻静，小巧有致（图 10-105）。由于书房建筑四周装置透空的隔扇和槛窗，不仅使室内空间敞朗，无局促感，而且四周都有景可观而显其巧妙。书房西侧有小院，内点湖石，植桂成景。书房东面正对庭园主体。书房南有斜廊，沿南界东行，尽端接以亭，书房北有廊北行折东，南北二廊如臂怀抱庭园。庭园东部堆土成阜，用湖石叠成石洞，或列成花台，或环成树池。南有曲径先上登亭，由亭再穿洞而下。园中布置有桂花、紫薇、海棠、木香等花木。此院用地虽小（约 300 平方米），但布置有山有洞，有廊有亭，湖石散置，花木周植，既有纡曲，又富层次，是苏州住宅中庭园布置有代表性的一例。[59]

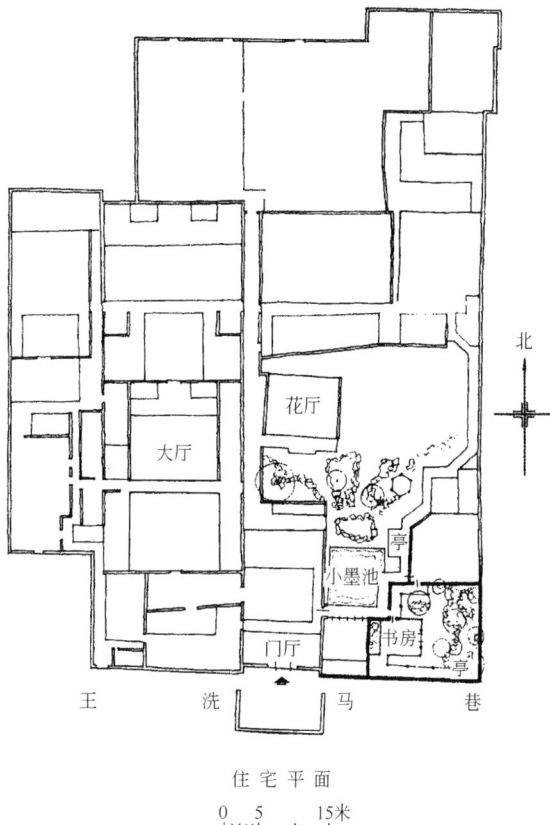

图 10-104　王洗马巷住宅平面图

住宅平面

0　5　15米

书房庭院平面·

0 1　　5　　10米

图 10-105　王洗马巷书房庭园平面图

乐圃(宋)—申时行宅园(明)—环秀山庄(清)

　　宋前，此地为五代广陵郡王钱元璙的金谷园故址。宋时为景德寺。宋绍圣年间(1094～1098年)太学博士朱长文(伯原)筑为乐圃。元末为张适所居称乐圃林馆，明宣德中期杜琼得乐圃东隅地整理之，名曰东原……。到清朝康熙初年为申时行后裔申继揆的药栏(即蘧园)，乾隆年间属刑部侍郎蒋楫，后为尚书毕沅(秋帆)宅。这一段简史，在前段宋元园墅节中已述及。钱泳撰《履园丛话》二十的乐圃条中记及："申文定公致仕后，又构得之。有赐闲堂、鑑曲亭、招隐榭诸胜，尝赋诗云：'栖迟旧业理荒芜，徙倚丛篁据槁梧。为圃自安吾计拙，归田早荷圣恩殊。山移小岛成愚谷，水引清流学鑑湖。敢向明时称逸老，北窗高枕一愁无。'又有《园居诗》云：'乐圃千年迹，萧斋五亩身。蓬蒿常谢客，花竹总宜人。……'"清康熙初年为申继揆的药栏时，有来青阁闻于苏城。乾隆年间属蒋楫时，于居宅大厅之东，建求自楼五间，贮藏经籍。在楼后垒石为小山，掘地三尺余，得自古甃井，有清泉流出，颇类涌泉，合而为池，导之行石间，命之为飞雪泉。后为毕秋帆所得时，引泉垒石，种竹栽花，拟为老年退息之所。余(指钱泳)为辑《乐圃小志》二卷赠之。尚书殁后(嘉庆二年，1797年)，家产入官，无托足之地，一家眷属尽住圃中，可慨也已。"兹后又为相国孙士毅亲属居之(孙士毅字智治，别号补山，爱蓄奇石，有米颠癖，督学黔中时，得文百石一品，称其居为百一山房)。嘉庆十二年(1807年)前后，孙毅士长孙孙均，请叠山大师戈裕良在厅前叠湖石假山一座，所谓"奇礓寿藤，奥如旷如"者也(即今存之假山)。(孙均号古云，袭封伯爵，后因病废，革去爵位。)道光二十一年(1841年)前后，孙宅入官；县令信笔批给汪氏。在汪小村、汪紫仙的倡议下，建汪氏宗祠；立耕荫义庄，置田一千亩，重修东花园，并署其堂曰环秀山庄，以为游憩之所；从此称花园为环秀山庄了。园中有问泉亭、补秋舫、半潭秋水一房山亭诸胜(详下)。太平天国庚申(1860年)之役，颇有损毁。光绪二十四年(1898年)秋，汪秉斋重加修葺，建边楼与有谷堂庭院，汪西溪在边楼圆洞上题为"颐园"。

抗日战争前，山庄沦为住宅，后来，园中大部分园林建筑被拆卖，并在花园西建一幢二层的小洋房，仅存山池和补秋舫。现有海棠亭，是建国后从西百花巷程宅移来，但体制别致，形式独特，精雕细镂，实属罕见。1963年3月，环秀山庄被公布为市级文物保护单位。假山的石室上有一株青枫，干径近1米，不幸于1965年死去。1970年后，占用的儿童用品厂，在水池以南盖起二层的混凝土厂房，拆去了部分山石；水池南原有一株白玉兰树，胸径1/2米，老而不衰，繁花满树，为全市之冠也被砍去；毁坏较为严重。20世纪80年代初叶，由于环秀山庄内湖石假山为我国叠石掇山的一颗明珠，有很高的艺术价值和历史价值。王鏊祠堂是苏州明朝古建筑，也应抢救、保护、维修、利用。也由于苏州的游览事业有蓬勃的发展，需要增辟属于历史名园的游览点，来满足旅游上的需要。王鏊祠堂与环秀山庄正好南、北相连。苏州市园林局石秀明《苏州环秀山庄修复的探讨》一文中认为：修复后仍统称为环秀山庄，王鏊祠堂成为这座宅园的正宅部分和主要入口，环秀山庄则为花园部分，合二而一，作为一座完整的历史名园向游人开放，并提出了修复方案有二。修复方案一，打破原有"有谷堂"庭院的布局，按新的构图设想进行布置。修复方案二，是以恢复原貌为指导思想而做的。现在按原样修复南部的王鏊祠堂和北部环秀山庄。[56]

上述，道光二十一年（1841年）以后，孙氏宅园变成汪氏宗祠，立耕荫义庄，重修花园部分称环秀山庄。祠堂和义庄在西部，花园在东部。花园部分占地约三亩，其南半为署名环秀山庄的四面厅和厅南的有谷堂构成的庭院，其北半主为池山（池上理石山），占地约一亩左右，假山并有"半潭秋水一房山"亭，北有"补秋舫"（或称补秋山房），有曲廊相接，由舫南折至问泉亭（图10-106）。

池山部分（图10-107）的布局，以掇山为主，曲池相辅，池上理山，妙境独具。掇山则先起脉于园的东

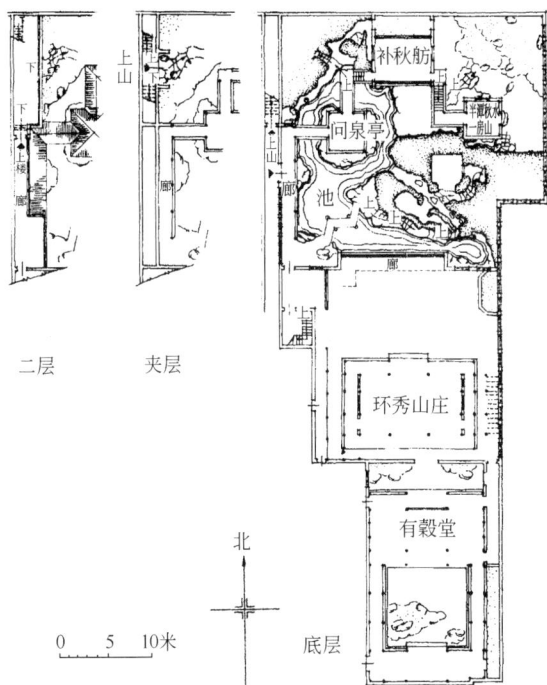

图 10-106　环秀山庄总平面图

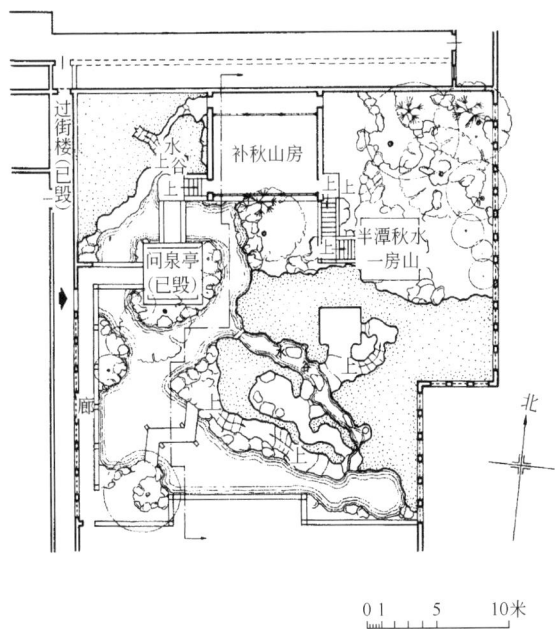

图 10-107　环秀山庄池山平面图

北隅，为平冈低阜，向西南延伸于池中，池上理石山，在数弓之池上，创作出层峦重叠，秀峰挺拔，悬崖峭壁，峡谷幽深，洞穴潜藏，穿岩径水，种种山岳景观，有若自然。理水则以曲池形式，缭绕石山的南面和西面，又有山洞径流于西北向东南的幽谷中，构

成水中有山，山中有水的妙境。

就山的布局来说，东北隅的平冈低阜为土山，随坡势散置横列湖石。湖石主山分前后两部分，其间有两条峡谷，一自南向北，一自西北向东南，会于山的中央。前山全部用湖石叠成，呈现出峰峦重叠、秀峰挺拔和峭壁之势，山体内虚空为洞府石室。后山临池用湖石作石壁，与前山之间形成宽1.5米、高4~6米的有洞峡谷。前后山虽因谷分，但体势连绵，由东向西奔趋如层峦，至高处忽然断为悬崖峭壁，止于池边。山的主峰在西南，以三个较低的次峰卫立，状若趋承。[59]总之，石山雄奇突兀，有"尺幅千里之势"的评价。

从署名环秀山庄四面厅北的平台西北隅（池山的西南隅）开始，渡三折曲桥，到湖石山西南麓，顺临水石径东行。石径北依4米高的峭壁，临水基石（他处亦然），则凹凸有致，使水混石下，石影落池。这样，水得石而幽，石得水而活。东行至近前山东南隅有一洞门（从这里起可称为上行路线），循洞内小径而折，忽然敞朗，乃一洞府，洞直径约3米，高约2.7米，其上壁湖石有孔多处，以利采光通风，洞内设有石桌石凳，石桌旁有直径约1/2米的石洞，下通池水。洞西口即幽谷山洞，跨洞有分水石，就石陟步而过，其北有"广"（"因岩为屋曰广，盖借岩成势，不成完屋者为广"……计成《园冶》），在"广"前有蹬道，拾级由后山盘旋而上（此后就是顶行路线），山径据险而设，前行十余步，来到湖石山上部，这里高出地面4米余，俯瞰曲桥水池，如处悬崖上，再进则菱形石条跨谷上如天桥，过石梁东行再折西而登，来到如环洞门，往北穿洞门而行，又见有块岩跨幽谷的西北端上空，可称寄岩桥。过此，有一北支小径，可下至补秋舫，若上登就来到湖石山最高处（其下即洞府），山峰高出水面7.2米，前山南部悬崖出挑1.2米，体势突兀。

花园北半部：从湖石山东北起，由山石叠成峭壁石潭，在古枫树北下，有亭翼然，依山临水，取名

"半潭秋水一房山亭（或称阁）"，亭下即是石洞流泉。由亭西面下石级折北至补秋舫（又称补秋山房），山房后有夹弄小院，夹弄两端可见有跌水，由补秋山房西下折南过板桥小岛上问泉亭，或沿池山西边的走廊北上，折东过板桥达问泉亭，走廊上有边楼可供眺望或俯视全景。问泉亭东有假水口，叠成幽深的水穴状。

环秀山庄的湖石掇山，匠心独运，立意奇巧，不仅意境深远，而且手法高妙。就总体来说，作者能师法自然，把石灰岩喀斯特地貌固有特征，峰峦洞壑的形象，经过艺术的概括提炼，集中表现在数弓之地上，有峰峦、悬崖、峭壁、洞谷、飞梁、洞府、石室等景观，变化莫测。以湖石山为欣赏主体时，无论远望近看，各异其面。若从四面厅和平台远望石山（主要欣赏面），则见层峦重叠，气势雄大；若从补秋山房南望（次要欣赏面），则见悬崖峭壁，突兀直立；若从东亭、西亭平望，则以看水景和山林为主；若登边楼俯视，则又全景在望。若身临其境，入山上行顶行，不下百余米，先是临涯狭径，然后穿洞入府，出则两壁峭立，山洞淙淙，再上危蹬险径，度飞梁，直登山巅，真是步移景异，境界各异。

就叠石掇山的手法来说，凡峰、壁、洞、峡主面湖石的选用上，多取体大的石块板，其多涡而皱的一面，拼接之处，皆用石纹、石色相同的一边，自然脉络连贯，体势相称，整个石山，仿佛巨石天成，浑然一体，立在必要处，间以瘦漏生奇。至于山洞的结构，不用条石封顶，而用穹隆顶或拱顶的技法，犹如天然喀斯特溶洞，既逼真而又坚固。钱泳《履园丛话》十二，堆假山条云："……近时有戈裕良者，常州人，其堆法尤胜于诸家，……尝论狮子林石洞，皆界以条石，不算名手，余（指钱泳）诘之曰：不用条石，易于倾颓奈何？戈曰：只将大小石钩带联络，如造环桥法，可以千年不坏。要如真山洞壑一般，然后方称能事。"环秀山庄的湖石假山已历时二百余年而无开裂走动的迹象，信然。至于石壁上挑出的悬崖，戈氏也用湖石钩带而出，既自然又耐久，不像有些假

山用花岗岩石条作悬臂梁挑出，再在条石上放置或钩挂石块，年久石块易崩落，于是条石毕露，无从掩饰。明清以来构筑的宅园，不乏湖石掇山构洞之作，但如环秀山庄的湖石假山那样杰出的作品，即不曾再度出现。

景德路某宅庭园

前已述王洗马巷七号某宅书房庭园，而此宅庭园更小巧(图10-108)。在楼房北大厅前有小院，略堆土成阜，布置花木，并有二小亭。其后进更有一厅前庭园，东侧有棚架南接以亭，西侧有斜廊，东行接以亭。这是小庭园又一例。

梵门桥弄某宅(图10-109)

进门厅后，在住宅大厅东侧为庭园，南建旱船，中点湖石花木，后为棚架和花厅，为小庭园又一例。

刘家浜某宅庭园(图10-110)

住宅后庭园部分，前有厅堂称涵生堂，后庭以曲洞为主，洞旁曲岸土阜叠以湖石，周植棕榈、广玉兰、青枫和黄杨，别有一格。

香草垞

香草垞在高师巷，文震亨(字启美，文徵明曾孙文震孟之弟)，天启中(1621～1627年)以恩贡，为中书舍人，购冯氏废园而建。香草垞对门即文徵明故宅停云馆。文震亨(1585～1645年)，除书画得其家传，著有《琴谱》、《香草诗选》等音乐、诗歌、游记等著述外，有关园林学方面有《长物志》、《怡老园记》、《香草垞志》三种。据志记载，香草垞中有奇石、方池、曲沼、四婵娟堂、绣铗堂、笼鹅阁、斜月廊、众香廊、啸台、玉局斋、乔柯、鹤栖、鹿砦、鱼床、燕幕等胜，还有小竹、细草、水石盆景、盆花，都命以佳名，供四时陈列。该园清初归贡生朱纯钧居之，以后渐废。清光绪年间，属江阴邓氏，面目全非。[56]

小灵岩山馆

据石秀明《苏州明代宅园》的申时行宅园条，申宅在宋时为乐圃，"或云：乐圃在清嘉坊，入清后为毕沅小灵岩山馆和慕天颜的慕家花园。"刘敦桢

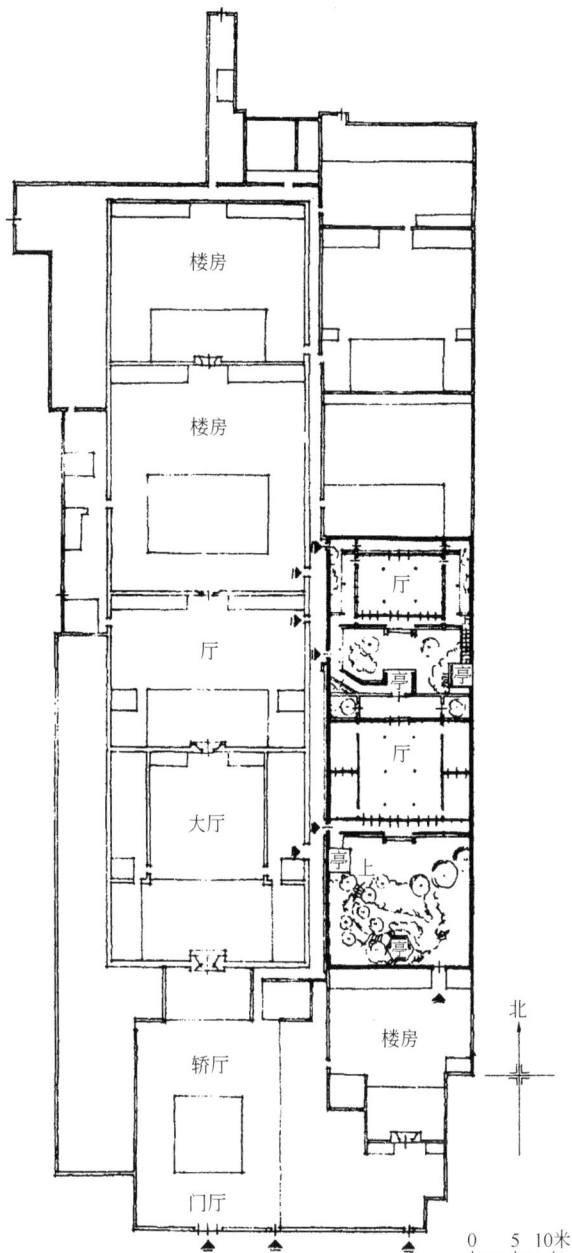

图 10-108 景德路某宅平面图

《苏州古典园林》第84页《苏州主要古典园林位置图》中，在蒋宅花园路点有小灵岩山馆位置，无文字记叙，但在图版部分的四，叠山部分有图版二：一是小灵山馆叠石的石钟乳；一是庭院中叠石峰，用多块湖石竖叠成峰，手法欠佳。

鹤园

由蒋家花园往东行即韩家巷，四号为建于清末的官僚私园。据园中石刻民国金天羽《鹤园记》云：

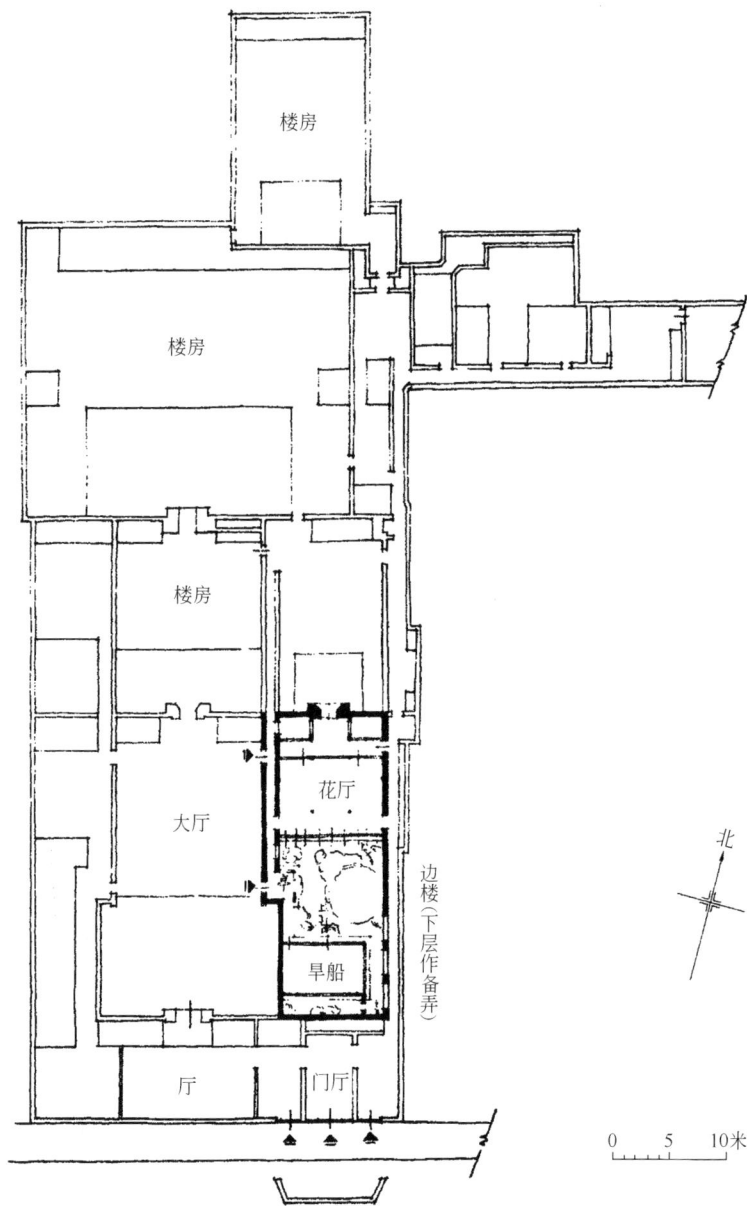

图 10-109 梵门桥弄某宅平面图

廊，中间以亭，数折达大厅及厅西书屋。四面厅北，散点峰石，栽花配树，另成小景。其西，有小桥架曲池的尾水上，通至池西重檐梯形馆。馆东为曲廊，北通大厅。馆南即园的西南隅；堆有土阜，上建六角小亭，散植花木松桐。[59]

此园规模较小，布局接近庭院。居中山池安排，湖石堆叠，不落俗套，尤以一湾池水向土阜方向伸延成尾水，水口架小桥，有源头深远之意。但三座厅堂(门厅、四面厅、大厅)大小朝向近似，缺乏变化。东侧翼有曲廊，过于曲折，与园墙构成几个小院，点以花石，增添景色。[59]此园今为苏州政协联谊会所在地，现经修葺，恢复了旧观。

息园

"即顾氏依园旧址，族弟槃溪购而葺之。中有妙严台，相传为梁简文帝女妙严公主葬此。嘉庆十三年(1808年)，濬池得古碣，是四至界牌，知唐、宋时尚有防护也。十六年(1811年)，又添建先武肃以下五王家庙于前，北向，有江苏方伯庆公碑记。按府志，宋信安郡王孟忠厚府在间邱坊巷，有藏春园，或即其地。其东为秀野园，康熙中翰林顾嗣立所居，有秀野草堂额，一时名士，如朱竹垞、韩慕庐辈俱有诗纪之"(钱泳《履园丛话》二十园林)。

听枫园

金太史巷 4 号住宅，内有小庭园称听枫园(图10-112、图10-113)。园在住宅东北隅，中以自南而北的两罍轩、味道居、听枫仙馆和平斋为线，分成三个小庭园。由东南角入庭园有廊屋称适然。沿东墙有廊

"清光宣间，华阳洪鹭汀观察……卜宅韩家巷，而规其西为圃……榜之曰鹤园"。园位于住宅西侧，面积近二亩，布局以水池为中心，周围布置山石、花木和建筑(图 10-111)。园东南隅用门厅方式为入园处，厅五间，北墙有花窗，可隐窥园景。出门厅东北角有曲廊接至四面厅东侧。四面厅居近中，园北界的大厅遥相对。两厅之间，凿以曲池，环池叠湖石，配植多种花木与松类，构成主景。出四面厅西北角，又有曲

广玉兰

黄杨

青枫

棕榈

青枫

涵生堂

北

0 1 5 10米

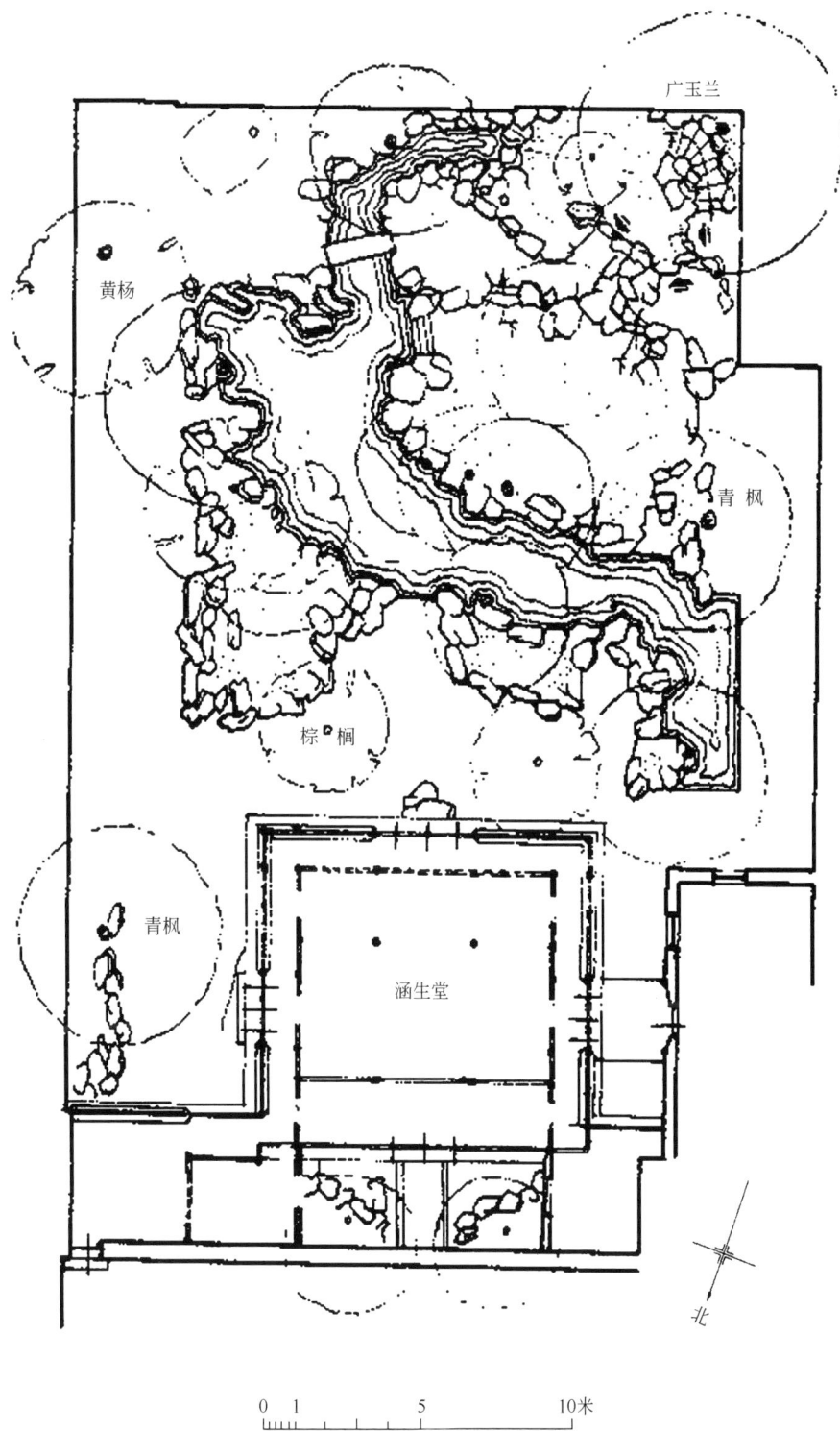

图 10-110 刘家浜某宅平面图

北

书屋

大厅

馆

龙柏

桂

桂

龙柏

广玉兰

桂

紫薇

夹竹桃

含笑

山茶

亭

桂

真

枸骨

落羽松

桂

紫薇

梧桐

海棠

桃

黑松

黑松

白皮松

白皮松

桂

楸

木香

广玉兰

四面厅

海棠

广玉兰

梧桐

罗汉松

樱花

槿

西府海棠

紫藤

丁香

桂

黄杨

桂

构

朴柏

黄杨

白皮松

亭

门厅

女贞 桂

女贞

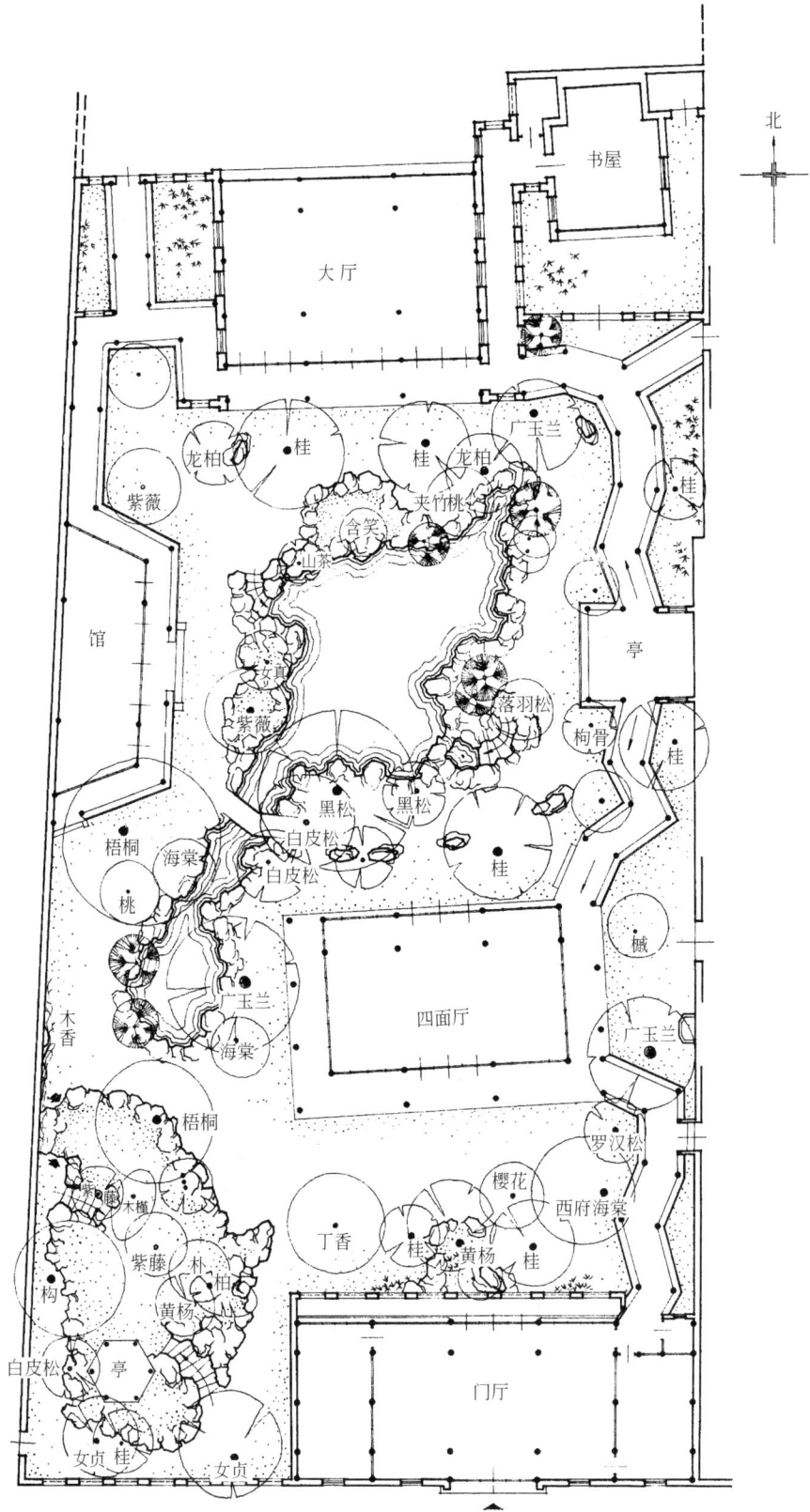

图 10-111　鹤园平面图

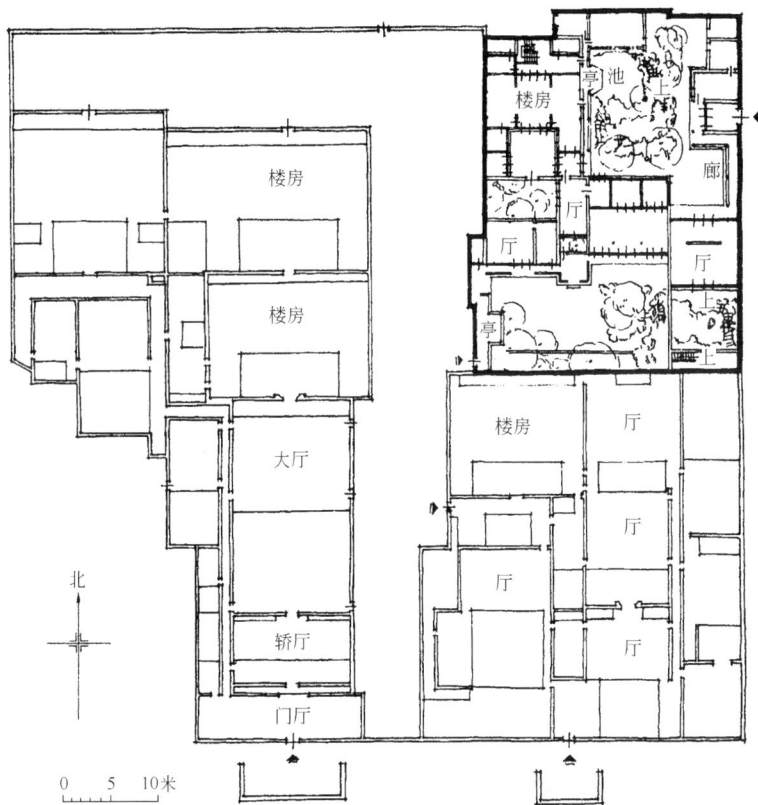

图 10-112　金太史巷 4 号住宅平面图

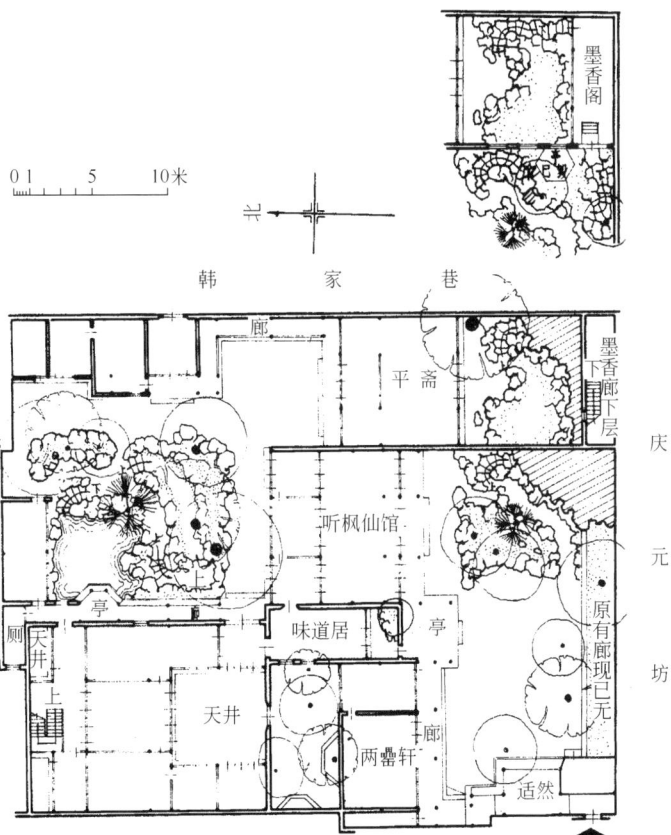

图 10-113　金太史巷 4 号听枫园平面图

直北达墨香阁，西有小曲廊连接轩，居、馆东的长廊，半中有亭，东西两廊之间为庭园，北堆有土阜和山石。平斋之东与墨香阁之间又有小阜山石。听枫仙馆之西的庭园稍大，西南角有小池，其余部分为土阜并叠石成景。

怡园

怡园，在护龙街（今人民路），建于清末同治光绪年间顾文彬（子山）的私园。据清俞樾《怡园记》称："顾子山方伯既建春荫义庄，辟其东为园。以颐性养寿；是曰怡园"。园西与祠堂毗连相通，南与住宅隔巷相对（图10-114）。怡园总平面东西狭长，面积约9亩，分东西两部，两部之间用复廊相隔（图10-115）。东部原是明朝尚书吴宽住宅的旧址，西部是顾氏清末建园时扩建。两部境界不同，东部以庭院建筑为主，西部是新建重点，水池居中，环以假山；花木、亭榭轩馆，东、南、西三面周接以廊。

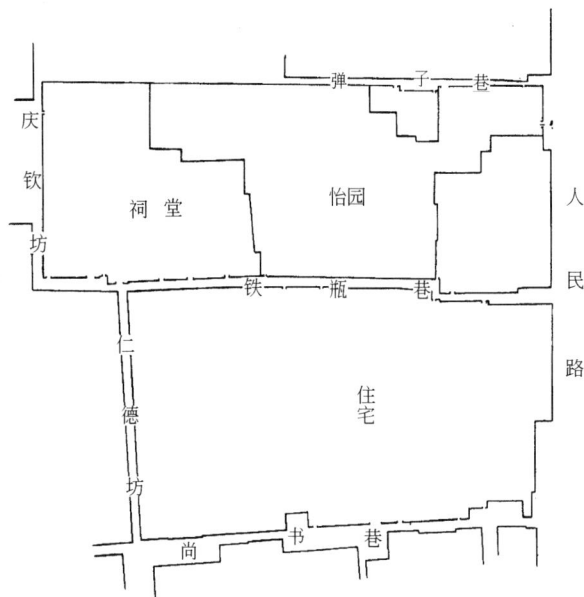

图 10-114　怡园住宅祠堂位置图

怡园在苏州清代园林中是建造较晚的一个，园主力求吸取苏州各园的优点，如复廊是采取沧浪亭的一部，假山参照环秀山庄池山，而不见其雄奇，荷池比网师园的为广而不见其辽阔。本拟集锦，但罗列较多或非其地、非其体、非其法，反失特色，相形见拙。据称，怡园在建造时收买了三个废园的湖石，所以园中无论立峰、横堂、池岸、花台，不乏佳石，怡园本有四多之称，即湖石多、联额多、白皮松多、动物多，因历年遭受破坏，现在只剩湖石一多了。

怡园原由住宅入园，门在东南角，现在园门（1968年新建）在东北角，临人民路。进园门入东部小院，经曲廊南行便是玉延亭，这里有石刻董其昌的对联，走廊壁上，嵌了历代许多书家石刻。再由曲廊北行，到四时潇洒亭，后有竹林，林中有泉名天眼。从四时潇洒亭起，走廊分为两路；其一循廊向西，过玉虹亭（亭侧壁上，嵌有元朝画家吴仲圭画竹石刻），到石舫（这里陈设的都是石制用具），再西就是复廊北端的锁绿轩，也是园西部的起点。另一路循廊往南，先经东部主要建筑坡仙琴馆（又名石听琴室），北窗外有两块湖石，很像两个老人埋着头在听琴的样子。琴馆南为拜石轩（又称岁寒草庐），为一座四面厅，轩北庭院里列有许多怪峰湖石（取米芾拜石的意思而名拜石轩），轩北轩南庭园中遍种银杏、松柏、冬青、山茶、方竹、蜡梅等，有冬天里常绿的，所以又叫作岁寒草庐。

东部和西部中隔的复廊曲行，墙壁的漏窗不仅可沟通两面景色，增加景深；其本身也图案各异，精巧美观。

怡园西部布局，以东西狭长的水池为主，以桥分隔成三片水面和尾水。池北叠湖石假山，下有山洞，上列峰石和亭，建筑布置在池南侧。自西部起点锁绿轩西行上山有六角亭，名小沧浪，亭中挂有木刻祝枝山草书联。亭后有石如屏，名屏风三叠，是怡园奇石之一。从小沧浪上山左转进山洞，洞内有石桌石凳，洞底疑无路，但暗处有一石缝，可只身侧行，便可通至山顶，有螺髻亭，是园中最高处。从亭循石级下行，出慈云洞便是抱绿湾（是池水中部水面名称）的北岸，沿池北行入绛霞洞，自下而上，再自上而下，便出洞到了荷池北的金粟亭，这一段布置显得曲折有趣。亭的周围全是桂树，四面石峰林立，环境幽美。

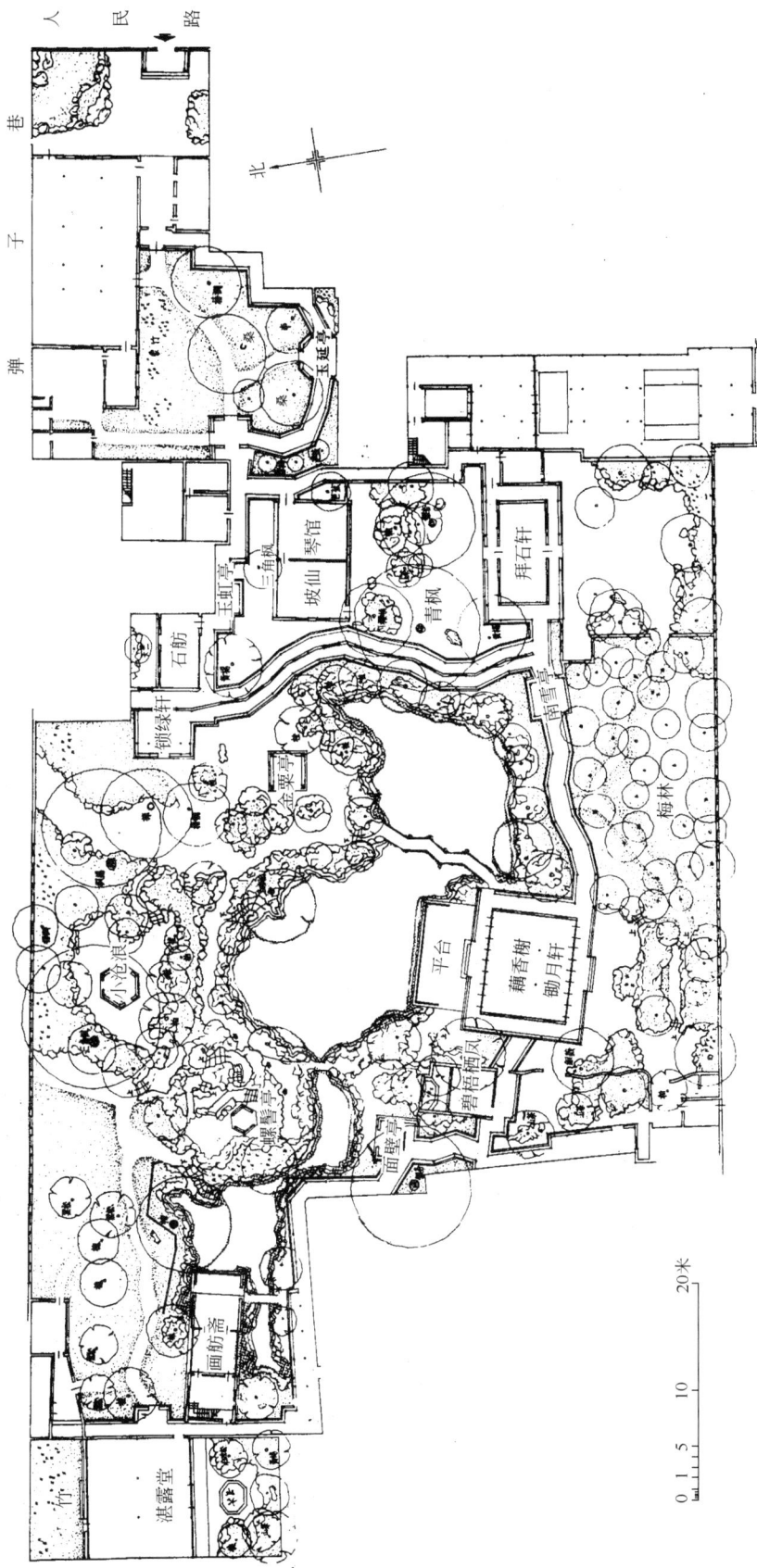

图 10-115 怡园总平面图

从金粟亭南行度池上曲桥来到荷池南面的主要厅堂。此厅内部作成鸳鸯厅形式，北半厅称藕香榭（又名荷花厅），有平台临池，夏季可在此赏荷；南半厅称锄月轩（又叫梅花厅），宜早春在这里赏梅花牡丹。藕香榭内部装修原颇精致，但毁于日本帝国主义占领期间。藕香榭内陈列有黄杨、楠木等古老树根桌椅，一半天然，一半人工，古雅可爱，中间一椅镌有文字，知是清初冒辟疆的遗物。

藕香榭东有廊与南雪亭相接，这里正是复廊的南端，东面就是岁寒草庐（拜石轩），南面是梅林，西北面隔着一泓池水，遥对金粟亭。坐南雪亭三面展望，各有不同景色。由藕香榭西行有小屋，匾题碧梧栖凤。庭中东边为云墙，墙上开一个月洞，上嵌何绍基书"邀窟"二字。西边有长形小屋，名旧时月色轩。碧梧栖凤馆前廊和旧时月色轩左廊壁上嵌有唐伯虎、米南宫等书家石刻多方。馆西经曲廊至面壁亭，壁间悬一大镜，螺髻亭正映在镜内，别有风趣。

从面壁亭沿廊西行到尾水，过桥为旱船建筑，底层叫画舫斋，楼上叫松籁阁，斋额悬有俞曲园等书"碧涧之曲古松之阴"八字，内部装修精美，为当地旱船之冠。旱船东面对着池东假山石壁，竹木交加，颇有野趣。最西到一独立封闭庭院，中为三间宽敞的大厅，称湛露堂，堂南院中筑牡丹花台，外植有白皮松及山茶、桃等花木，堂北为竹林。全园至此为止。

畅园

庙堂巷 22 号畅园位于住宅东侧（图 10-116、图 10-117）。园以水池为中心，周缭以廊、亭、舫、屋和环形路线，面积虽小（约一亩余），园景却丰富而有层次，是苏州有代表性的小园之一。[59]

园门设在东南角。入宅经门厅及小院至桐华书屋。北出，视界忽然开朗，全园池水亭廊在目。水池居园内中心，南北狭长，南端弯面，大部以湖石为岸，疏植花木，近池南端以曲桥分水面为二，池东傍水建长廊，先直后曲，有高低起伏。廊间设小亭两座，南名延辉成趣，平面六角形，北名憩间，为方形

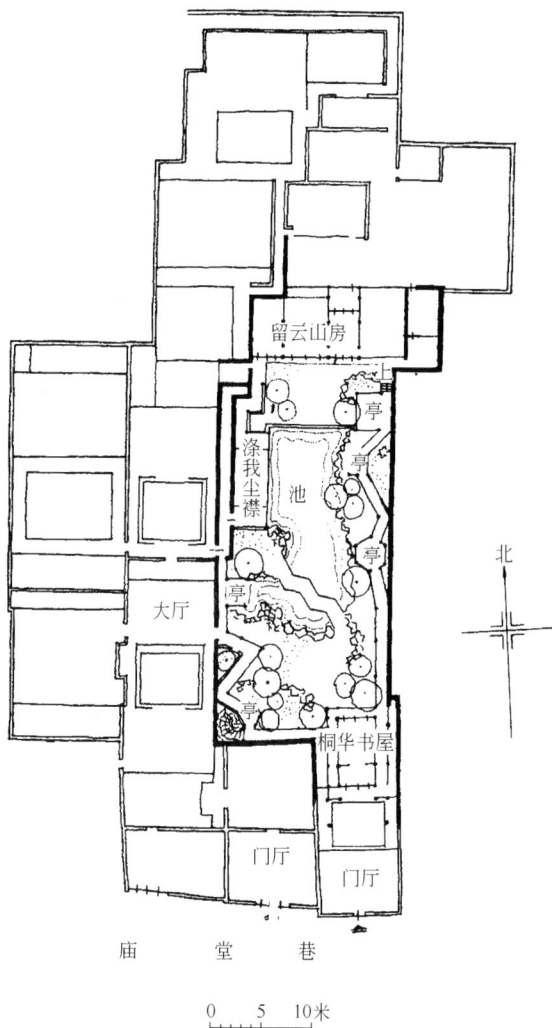

图 10-116　畅园住宅平面图

半亭。曲廊与院墙间留有隙地，内点湖石，植竹和芭蕉，并于廊墙上开洞门和漏窗，构成框景，再北曲廊尽处有较大的方亭，由此北上折西即至全园主庭留云山房，厅南设平台，宽敞平坦，前临水池。由山房经曲廊南行，至池西船厅，称涤我尘襟，此厅平面南北狭长，东向临池，惜其基座僵直，出水过高，权衡欠妥。由此循廊南行过一方亭，亭东临湾水。沿曲廊上至园西南角的待月亭。亭建于假山上，是园内最高处，可俯瞰全园。由亭顺石级可下石洞，由亭东斜廊东行就是进园处桐华书屋。[59]

壶园

庙堂巷 7 号壶园位于住宅西侧（图 10-118A、B），

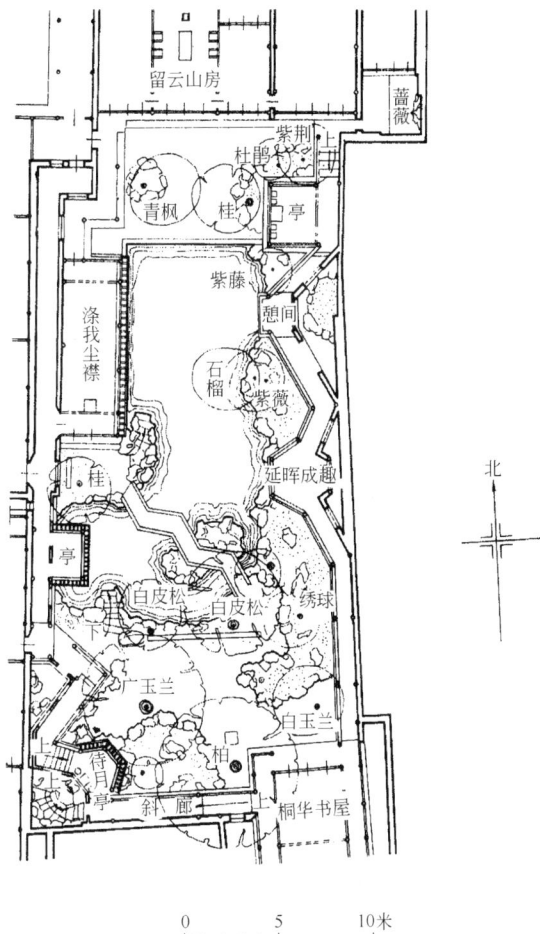

图 10-117　畅园花园平面图

园门在园东南，作圆洞形，入门即为走廊，北通一厅，南接一轩，走廊中部有六角半亭一座。园以南北狭长曲池为中心，池岸低平。北面厅前平台挑临水池之上，六角半亭凌水而建，增加了水面的开阔感。园内不叠假山，仅在池周散置石峰若干，间植白皮松、海棠、蜡梅、天竹和寿星竹等，掩映于水石廊亭之间，池上架小桥两座，以沟通水池东西两岸，小桥低矮简朴，惟铁制栏杆与全园风格不相协调。园西界为高墙，上部开漏窗数方，再蔓以薜荔之类，沿墙布置花台、石峰、小竹，形成小品，西北角厅前湖石花台与水池、小桥的结合也较别致。[59]

此园面积仅约 300 平方米，但池水曲折多致，池上小桥及两岸树木湖石错落布置，白皮松斜出水面，

富有层次变化，是小园中以水池为主景的佳例。[59]此园已毁。

残粒园

装驾桥巷 34 号原为扬州某盐商住宅，有中、东、西三路（图 10-119），残粒园在住宅东路花厅东侧（图 10-120）。全园面积很小，约 140 平方米，但能布置水池、假山、花木，构成曲折高下而有层次的园景。

由住宅后部经圆洞门"锦窠"入园，迎面有湖石峰作屏障，园内布局以近圆形水池为中心，沿周布置花台树丛，池岸用湖石叠砌，以石矶挑于池面，东南墙角和池岸边各立有石峰，与入门处石峰相呼应。池西紧靠界墙叠湖石假山一座，山中有石洞，入洞循石级上达一半亭名栝苍亭，亭侧有门可通花厅。此亭居全园最高点，是主要观赏处。残粒园面积虽小，但能运用传统手法，小中见大，半亭、石洞、水池、花台的位置高下相称，尺度适当，组合紧凑。但池岸嫌高，且少起伏，四周墙面也缺少变化，是不足之处。[59]

苏州府东城最北的是拙政园，然后依次往南叙述。

拙政园

拙政园"在娄、齐门之间（今娄门内东北街），本唐陆鲁望故宅。在元为大宏寺。明嘉靖初，御史王敬止（王献臣字敬止，号槐雨）因寺基为别业，名拙政园，后归徐氏"（童寯《江南园林志》）。清冯桂芬所修的同治《苏州府治》、《吴县志》都说："嘉靖中，王御史献臣因大宏寺（一称大弘寺）废地营别墅。"上述"嘉靖中"和"因大宏寺废地营别墅"的说法都不确，与事实不符。按：王献臣于弘治六年（1493 年）考中进士，任行人、御史等职。仕途初期，因"令部卒导从游山"，被"东厂"（当时的特务机构）发现，并指责他擅自委任军政官，皇帝下令把他抓起来，打了三十板子，贬为上杭县丞。弘治十七年（1504 年）因参与"张天祥事件"被逮捕。降为广东驿丞，明武宗继位后（正德年号），把他调为永嘉知县。王献臣虽

通禄堂

厅

亭

池

红叶山房

轿厅

厅

厅

厅

厅

门厅

庙　　堂　　巷

北

A

0　　5　　10米

A 壶园住宅平面图

厅

腊梅

壶园

石榴

下

亭

白皮松

罗汉松

寿星竹

垂丝海棠

厅

北

0 1　　5　　10米

B 壶园花园平面图

图 10-118　壶园

然在巡视大同边境时，曾揭露守边将领"避寇、丧师"罪，在大同、延绥干旱时，提出过免去当地百姓的赋税"以宽军民"的意见。但是，他在为政期间，贪婪、享乐，司空见惯，还大肆搜刮民脂民膏。他的仕途生活，时用时废，于正德初年辍政还乡，退居林下。他凭借豪势，强占了大弘寺庙产，据为己有，筑室种树，挖池堆山，建造规模宏大，号称三十一景的拙政园。石秀明在《苏州明代宅园》的拙政园部分指出，拙政园建于嘉靖中，与事实不符，始建年代在明正德八年（1513 年）前后。刘敦桢《苏州古典园林》拙政园的注三中引文徵明《王氏拙政园记》所称："君甫及强仕，即解官家处，所谓筑室种树，灌园鬻

蔬，逍遥自得，享闲居之乐者，二十年于此矣"。由此推算建园之始，应在正德八年。又依王献臣《拙政园图咏跋》所说："罢官归，乃日课僮仆，除秽植楥，……积久而园始成，其中室庐台榭，草草苟完而已，采古言即近事以为名。献臣非往湖山，赴庆吊，虽寒暑风雨，未尝一日去，屏气养拙几三十年。"则推算建园之始应在正德四年左右。"嘉靖中"之说，大概由于文徵明的《王氏拙政园记》写于嘉靖十二年（1533 年）五月。当时的大弘寺并不是废地，寺庙还存在，庙里还有佛像与和尚。王献臣把和尚赶走，把佛像搬迁，甚至于刮去佛像上的金皮，被时人讽为"王刮皮"。王献臣建园后，借用晋潘岳《闲居赋》中

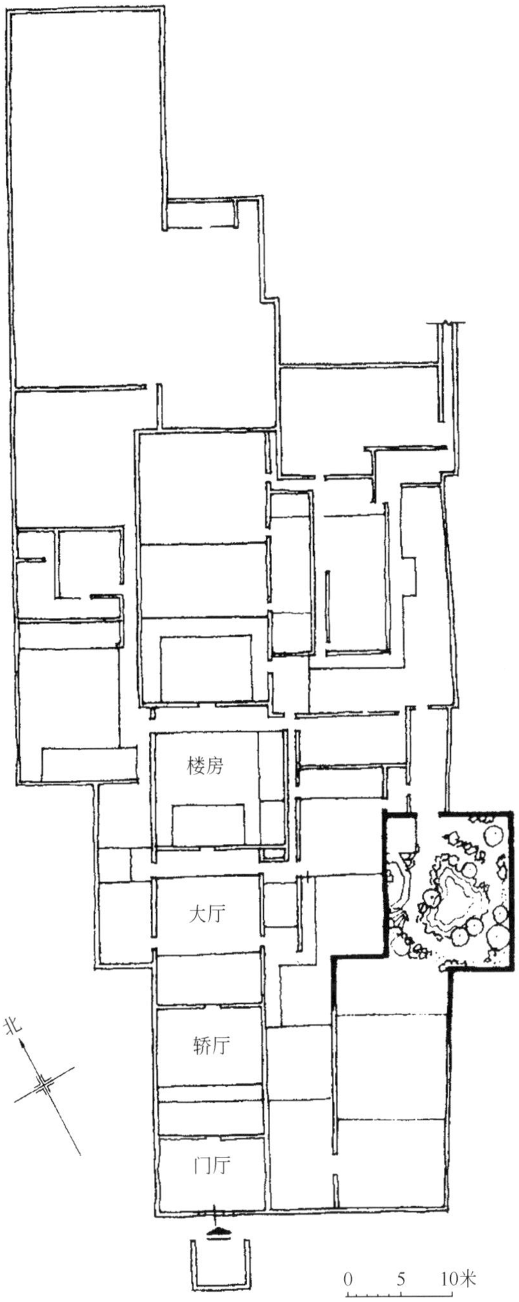

图 10-119 残粒园住宅平面图

0 1   5米

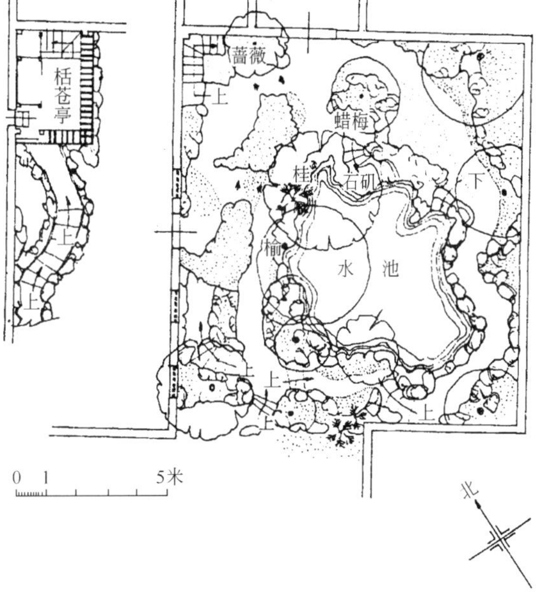

图 10-120 残粒园花园平面图

"庶浮云之志,筑室种树,……灌园鬻蔬,……此亦拙者之为政也"的语意,命名为拙政园。所谓"庶浮云之志"纯属欺人之谈。文徵明在《王氏拙政园记》中已直言不讳地把王献臣的本意揭露出来了。"所为区区,以岳自况,正聊以宣其不达之志焉耳!而其志之所乐,固有在彼而不在此者,是故高官肰仕人所乐乐,而祸患攸伏,造物者每消息其中。使君得志一

时,而或横罹灾变,其视未杀斯世而优游余年,果孰多少哉?君子于此,必有所择矣。"他以潘岳自喻,寄名清高,不过为了表达他不得志的情绪,他的真正志趣乃在追求高官厚禄的仕途。[56]

明朝王氏拙政园占地颇广,规模较大,园容以混漾渺弥的池水胜,"环以林木",临水畔岸布以堂楼亭轩,"皆因水为面势"。园中"凡为堂一、楼一、为亭六,轩(二)、槛、池、台、坞、涧之二十有三,总三十有一"。这就是以地貌以水以建筑以植物组成园景三十一景(以上及以下引文均见文徵明《王氏拙政园记》)。幸有文徵明《拙政园图册》传世,我们得以了解当时的营园风尚和园景中所表现的思想情调,以及经营位置。按图索骥,可与现存的亭屋对照,了解其变迁。

文徵明《拙政园图册》,共三十一开,每半开绘一园景,亦即当时园景为数三十有一;对开是文徵明的自书诗文,另外还附有他楷书的《王氏拙政园记》。后面并有明林庭㭿跋,清载熙摹的"拙政园图",文鼎摹的园景"瑶圃",以及吴骞、钱泳、吴云、钱杜、苏惇元、何绍基等跋语六则。林庭㭿的跋语中称赞这个画册是"有声画,无声诗,两臻其妙"。苏惇元跋

语则云"其诗文雅健，画兼南北宗，书备行楷篆隶各体，凡三十一帧，而皆不相袭，衡山诸长，毕萃于此。"故钱泳题签册首曰："衡山先生三绝册"，实在是正确的评语。[60]

据文徵明《王氏拙政园记》称：园"在郡城东北，界娄、齐门之间。居多隙地，有积水亘其中，稍加浚治"就形成"潐漾渺渺，望若湖泊"的池水，还别疏小沼、溪涧、伏流等理水方式。再"环以林木"，而"林木益深，水益清"，这就道出了该园的幽胜与野趣。在池北建楼，所谓"为重屋其阳，曰梦隐楼"，登楼可远眺城外诸山。"为堂其阴，曰若墅堂"，即在池南建若墅堂(相当于现在远香堂的位置)。此园在唐为陆龟蒙故宅，皮日休曾称陆龟蒙住宅云"不出郭郭，旷若郊墅"，故称堂为若墅堂，堂三间加两耳房。"堂之前，为繁香坞"，为草屋三间，其旁杂植牡丹、芍药、丹桂、海棠等。"其后，有倚玉轩。轩北，直梦隐(与梦隐楼隔水相对)，绝水为梁，曰小飞虹"。倚玉轩旁有美竹、昆山石配植其旁，水上架飞桥为小飞虹。"逾小飞虹而北，循水西行，岸多木芙蓉，曰芙蓉隈"(园中除此处外，有不少园景是因布置花木而称)。"又西，中流为榭，曰小沧浪亭。亭之南，翳以修竹，经竹而西，出于水滣有石(有石磴伸入水中)，可坐，可俯而濯，曰志清处。至是，水折而北，潐漾渺渺，望若湖泊(这是主池)。夹岸多佳木，其西多柳曰柳隩。东岸(小沧浪亭之北)积土为台(高约一丈)，曰意远台。(台之下)植石为基，可坐而渔，曰钓碧。遵钓碧而北，地益迥，林木益深，水益清。驶水尽(西北隅)。别疏小沼，植莲其中，曰水花池。池上(池边)美竹千挺，可以消凉，中为亭，曰净深，循净深而东，柑橘数十本，亭曰待霜。又东，出梦隐楼之后，长松数植，风至泠然有声，曰听松风处。自此绕出梦隐之前，古木疏篁，可以憩息，曰怡颜处。又前，循水而东，果林弥望(植林檎数百株)，曰来禽囿(按："来禽"即"林檎")。囿尽，缚四桧为幄，曰得真亭(取左思招隐诗："竹柏得其真"之语为亭名)。

亭之后为珍李坂(地势高阜，植李其上)，其前为玫瑰柴，又前为蔷薇径(都是以所植花木取名)。至是，水折而南，夹岸植桃(花时灿如红霞)，曰桃花沜。沜之南为湘筠坞(种植湘妃竹)。又南，古槐一株，敷荫数弓，曰槐幄。其下，跨水为杠(小桥)，逾杠而东，篁竹阴翳，榆槐蔽亏，有亭翼然而临水上者，槐雨亭也。亭之后为尔耳轩(陈列水石盆景)，左(东边)为芭蕉槛(有芭蕉一株，文石一座，栏杆一曲)。凡诸亭、槛、台、榭，皆因水面势。自桃花沜而南，水流渐细，至是(槐雨亭南)伏流而南，逾百武，出于别圃丛竹之间，是为竹涧。竹涧之东，江梅百株，花时香雪烂然，望如瑶林玉树，曰瑶圃。圃中有亭，曰嘉实亭(取"江南有嘉实"诗句名之)；泉曰玉泉(实则圃中有井，其水甘洌味媲美北京香山玉泉，故名)。"至此文徵明归纳下园景而云："凡为堂一(若墅)，楼一(梦隐)，为亭六(小沧浪、净深、待霜、得真、槐雨、嘉实)、轩(有二：倚玉、尔耳)、槛、池、台、坞、洞之属，二十有三，总三十有一。"文徵明的拙政园记对园容的描述，至此为止，以下对"名曰拙政园"作了一番议论(见前)，最后说"徵明漫仕而归，虽踪迹不同于君，而潦倒末杀，略相比偶，顾不得一亩之宫，以寄其栖逸之志，而独有羡于君。既取其园中景物，悉为赋之，而复为之记。嘉靖十二年岁在癸巳五月既望。"

王献臣死后，拙政园屡更园主。先是王献臣之子，在一夜赌博中将园输给徐泰时(少泉)。徐氏在修筑时，池台有所改变。据钟惺《梅花墅记》所载，拙政园在明万历末年，尚为徐氏所有。崇祯四年(1631年)，拙政园东部十多亩地荒废后，为侍郎王心一买去。崇祯八年(1635年)，建成"归田园居"，王氏掇山理水，建堂筑楼，设景丰富，为其父还乡养老之所(后废，至建国前尚存遗址)。中、西二部，清兵入据苏州后，被占为兵营和养马场，园中荆棘丛生，马粪高数尺。顺治十年(1653年)，徐氏后人以三千金贱售给相国陈之遴(号素庵，海宁人)。园中有连理宝珠山茶，花时红烂如霞，祭酒吴伟业有诗咏之。陈之遴充军塞外辽阳，园没收入官，作为驻防兵将军府。后撤去旗军将军府，为王、严二营将所居，所谓迭居营将，后又改为兵备道行馆。当其时，据载已有"飞楼突厦，丽栋朱甍，崇山广池"，可能已形成中部两座山岛及山北水面。既而为吴三桂的女婿王永宁（钱泳《履园丛话》误作王永康）。王氏增葺壮丽，崇饰雕镂，易置丘壑。三桂败事，乃籍入官。[56]

康熙十八年（1679 年），拙政园成为苏松常道新署。后苏松常道裁撤，散为民居，以后逐渐成为榛莽丛生，狐兔出入的秽区。西部为王皋闻、顾壁斗两富室分别买去，后来严公伟也居此。未几，西部又为太史叶士宽所有，改名书园。园后归程氏，继为观察沈元振宅第，旋属汪美基居之，又为赵姓住宅。[56]

中部于乾隆三年（1738 年）之前归太守蒋棨（诵先）所有。蒋棨对园进行了除秽翻新的大修。诚如清沈德潜《复园记》所云："前此为拙政园，……百余年来，废为秽区，既已丛榛莽而穴狐兔矣！主人得其地而有之，谓荒宴可戒，而名区不容弃捐也，于是与客商略，因阜垒山，因洼疏池，集宾有堂，眺远有楼有阁，读书有斋，燕寝有馆有房。循行往还，登降上下，有廊、榭、亭、台、碕、沜、邨、柴之属。既已经营缔造历有年所矣。戊午（乾隆三年，1738 年）、庚申（乾隆五年，1740 年），余两经其地，谓是园告成，将丰而不侈，约而不陋，百里之内可以接踵乐郊，而郏鄏营学山茧园也。时予方之京师，未及俟其断乎何日，日月既久，常往来于心。丁卯（乾隆十二年，1747 年）春，以乞假南归，复游林园（园早告竣），觉山增而高，水浚而深，峰岫互回，云天倒映，堂宇不改，而轩邃高朗若有加于前；境地依然，而屈盘合沓疑新交于目。秾柯蔽日，低枝写镜，岸敧怪状之石，砌列不名之花。主人举酒酌客，咏歌谈谐，萧然泊然。禽鱼翔游，物亦同趣。不离轩裳而共履闲旷之域，不出城市而获山林之性。回忆初游，心目倍适，屈指数之，盖园之成已四、五年于兹矣（据此，园约成于 1742～1743 年）。

旧观仍复，即以复名其园。"蒋棨死后，复园日渐荒芜，后归潘师益及其子潘皓所有，潘氏构有瑞棠书屋。到嘉庆中叶，为孝廉海宁查澹余（世倓）所得，修葺年余，乃复旧观。道光年间，归相国平湖吴敬（菘圃）及其子吴晋德为质库，称吴园。[56]

咸丰十年（1860 年），太平军攻克苏州，中西两部分属李秀成忠王府，到同治二年（1863 年），王府尚未完工，太平天国失败，中部入官，改为江苏巡抚衙门，西部归汪氏所有。同治十年（1871 年）中部被巡抚张之万改为八旗奉直会馆，花园仍恢复拙政园旧称。光绪二年（1876 年），西部为张履谦割去，建为补园。[56]

1911 年，江苏都督程德全（雪楼）在园中召开江苏省临时议会。1937 年抗战爆发，曾被日机轰炸，部分建筑被毁，后被汉奸陈则居占为伪江苏省政府的一部分。抗战胜利后，柳亚子办国立社会教育学院于此。[56]

1949 年建国后，为苏南行署苏州专员公署，1951 年 11 月专员公署退出，苏南文物管理委员会迁入办公，将园林部分略加修葺后开放。1954 年苏州市园林管理处整修了中部旧址、西部补园，并在原归田园居（东部）遗址重新建园。

现在的拙政园，面积约六十多亩，以中部为主，西部仍保持光绪初年张氏补园的面貌，东部虽在建国后新建，以平冈草坪为主，配以山池亭阁，但内容贫乏，布局松散，园林建筑，互不连属，有待改进、充实和提高。原拙政园位于住宅北侧，原有园门是住宅间夹弄的巷门，中经曲折小巷而入腰门进园。为了交通关系，1962 年新辟的园门已移至东部原归田园居遗址，新建园的南面，但为了体现原布局的手法仍从腰门入园说起（图 10-121）。

中部是全园的精华所在。经曲折小巷而进腰门，当门一山，黄石叠成，犹如屏障，使人不能即见园景，是为障景。绕廊西行，豁然开朗，正面为远香堂，堂后池水广阔，池中有土山，俨如岛屿，主景在

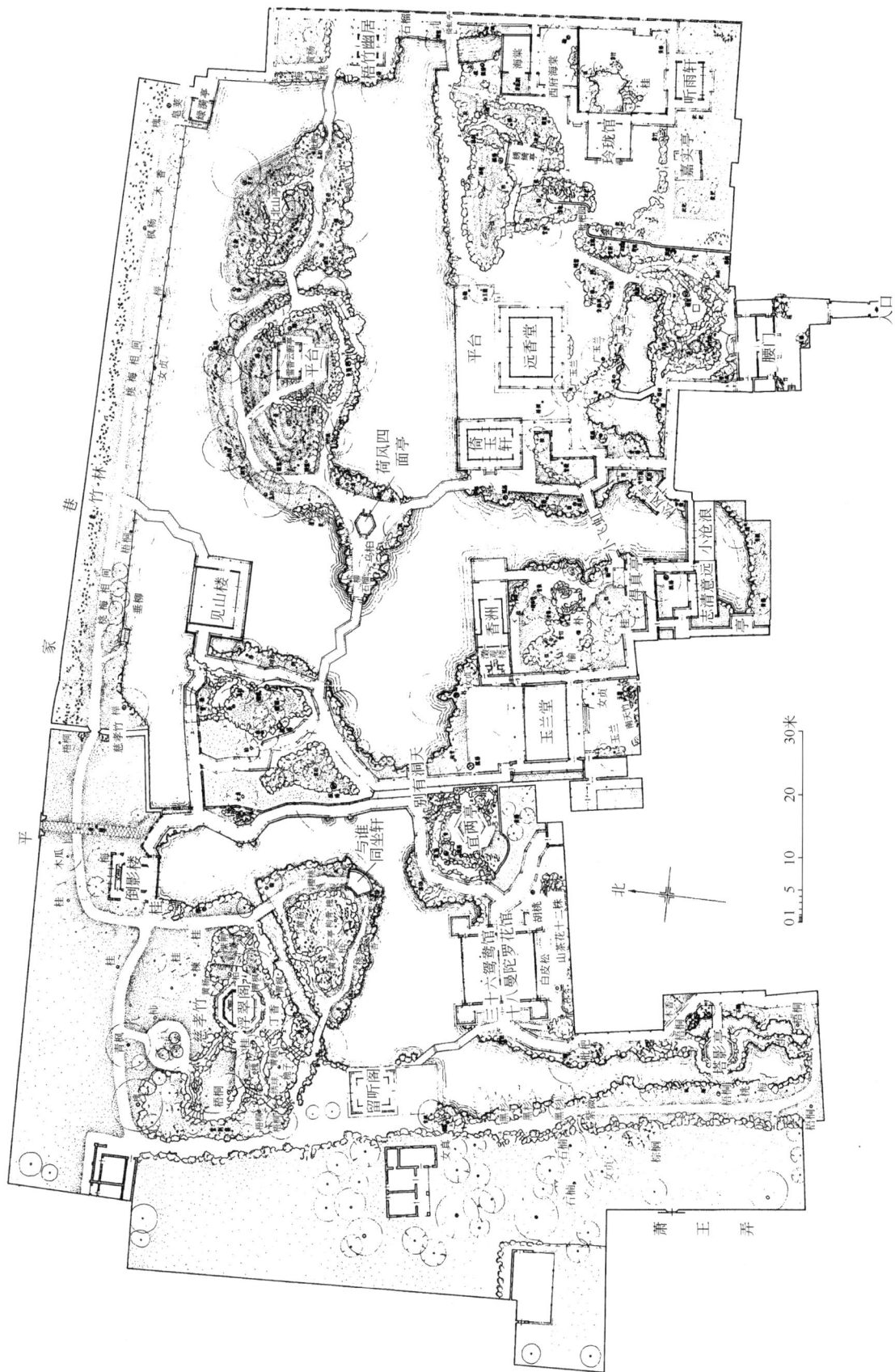

图 10-121 拙政园中西部平面图

望。中部面积约 18 亩半，水面占约三分之一。总体布局以水池为中心，原本潆漾渺弥，望若湖泊，但经百年来的荒废，到乾隆初年蒋诵先得其地而重建时，不得不"因阜垒土，因洼疏池"而以汀洲山岛分隔水池，使水面有聚有分，岛上竹树苍翠，使山石与亭榭，半掩半露，犹如江南太湖芦汀山岛烟水弥漫的水乡景色，显然以池、山为中心。

水池南岸中段从腰门入，假山小池和北临水的远香堂、倚玉轩(南轩)为一区，是中部活动中心。往西经小飞虹桥廊往南到水阁小沧浪构成幽静的水院是又一小区，南面与住宅相通。折而往北为玉兰堂、香洲，自成独立庭院，由远香堂往东，用云墙分隔的东南隅为枇杷园和海棠春坞。由此沿东界墙北行有倚虹亭(由亭东出即东部归田园居旧址)。其北，尾水湾处有梧竹幽居。由此经曲桥西行为北山亭所在的山岛，跨洞上小桥西即建有雪香云蔚亭的山岛，折西南经三角形汀洲(中心有荷风四面亭，再渡曲桥到池西北隅的柳荫路曲和池中见山楼这一区。水池北岸为狭长地段，虽沿墙密植竹林和花木为障，但围墙平直，池岸呆板，仅东端点有绿漪亭，差堪人意)。

主体建筑远香堂采取四面厅做法，四周长窗透空，得以环观四面景物。堂南有小池和黄石假山，可能是明繁香坞的位置，远香堂相当于拙政园初建时若墅堂的位置。堂北临池设宽敞的平台。远香堂西接倚玉轩(南轩)。池水自倚玉轩西分出一湾水向南展伸至墙边，从小飞虹廊桥斜渡向南为得真亭，再南为横跨水口小沧浪，西侧为亭廊。这一带水面幽曲、亭廊相围组成恬静的水院，由小沧浪凭槛北望，透过小飞虹，遥见荷风四面亭，以见山楼作远处背景，显得景色层次深远。水院北为香洲与玉兰堂一组。香洲旱船与倚玉轩横直相对，水面较窄，旱船内有大镜一面，反映对岸倚玉轩一带景物，也是增加景深的一法。玉兰堂南小院内，主植玉兰，沿南墙筑花台，立湖石数块，配以南天竹和小竹，别具情意。

从远香堂往东，北半有土山一座，叠以黄石，

山上建绣绮亭，山南即枇杷园，南半西界为云墙。园内种植枇杷为主，圃中一亭叫嘉实亭，这里可能即明拙政园中种江梅百株的瑶圃，后改种枇杷，而亭仍名嘉实。园东有听雨轩(在南)、玲珑馆(在中)、海棠春坞(在北)一组建筑，用曲廊相接，隔成几个小空间。海棠春坞庭中有垂丝海棠、西府海棠数株；玲珑馆后有小池，叠石为岸，自然贴切。

梧竹幽居为方形亭，四面为圆洞门，南望海棠春坞，北望勤耕、绿漪，西望池上东西两岛，均在环中。过曲桥，上东边山，山上有六角形的北山亭(待霜亭)，西边山上建长方形平面的雪香云蔚亭，两山间，隔以小溪，使在组合上联为一体，划分空间，分为南北两个水面。两山结构以土为主，戴以山石，向阳一面黄石池岸起伏错落有致，背面则土坡苇丛，自然野趣横生。山上遍植树木，尤其山间曲径两侧，乔木丛竹相掩，浓荫蔽日，岸边散植藤萝，颇有城市山林气氛。从西边山下汀洲，中建六角形荷风四面亭，汀洲南有折桥，通倚玉轩；西面曲桥，衔接随形曲抱的柳荫路曲组成的，中为山石花木的廊院，转北至池中见山楼，楼为园中重要对景。

柳荫路曲南端有半亭称别有洞天，由亭西出即拙政园西部，清末光绪三年(1877 年)为张履谦割去，建为补园。补园的总体布局也以水池为中心，但由于地形狭长，水池呈曲尺形，中部水面稍大，西角一分支向南延伸，东北角一分支向北延伸。池北及东北为假山，中部横有东北向西南小溪，溪北建有平面八边形、两层的浮翠阁，溪南岛水湾处建扇面形与谁同坐轩。池西建有临水、一层的留听阁。池南岸为主体建筑三十六鸳鸯馆，可由住宅部经曲廊达馆内。馆平面为四方形，采用鸳鸯厅形式，中间用隔扇与挂落分为南北两半，北半厅称三十六鸳鸯馆，南半厅称十八曼陀罗花馆(因馆南小院中植山茶花)。四隅各建耳室一间，原作为演唱待候等用。由于此馆因使用要求体形硕大，但基地狭窄，迫使向北挑出水上，以致池面被挤，失却辽阔之势，同时也不能表现出建筑本身的特

点。馆西之水即由池西南角向南延伸的分支，水面狭窄，缺乏曲折开合变化，塔影亭，犹如添足。馆东角地叠石为山，山上建宜两亭，登亭既可俯望补园全景，又可近借中部拙政园景色，故称。自亭往北，或出别有洞天往北，沿池东北分支有长廊北伸，廊曲折起伏涉水而建，构筑别致，凌水若波。廊接东北隅倒影楼，楼形倒映于水中。这一带是西部补园中景色最佳处。这一带池水原与拙政园中部水池相通，分园时筑墙堵水，水面也被隔绝。建国后西部与中部合并，又辟水洞沟通两边池水，临水波廊的墙面也增开漏窗，对丰富和互借景色起到良好的作用。

在东部归田园居址上新建园部分，面积约31亩(图10-122)。今日拙政园大门建在新园东南角，经广场入门，后有堂曰兰雪堂。新园东半部为大片草坪，中央建亭曰天泉亭。新园中部堆有土山，山上树木森郁，山顶立小亭曰放眼。四周曲水萦绕，向东聚为清池，池东南角安有芙蓉榭。新园初创，为适应广大人民群众休息游览和文化活动的需要，布置有草坪、假山、曲池和亭榭茶室等建筑物。但如前已述，布局松散，内容空泛，既不能显示传统山水园特色，也没有现代园林气息。

明清狮子林

狮子林现位于苏州城东北园林路，在拙政园之南。狮子林园址，原为宋时章綜故宅花园，元末至正二年(1342年)，天如师惟则之门徒为其师买地结屋建狮林寺，竹林外多怪石等情况，前已具述。明初洪武五年(1372年)诗人高启和王彝等同游狮子林，并有《狮子林杂咏》十二咏，书石刻之，在王彝《游狮子林记》中所叙明初狮子林，其布局与内容与元时同，记云："其地特隆然以起为丘焉，杂植竹树。丘之北洼然以下为谷焉，皆植竹，多至数十万本。……凡丘之巅踵自之，四峰外，诸小峰又数十计，且丛列怪石，什佰为群，而所取道往往经纬其间。"明洪武初画家倪瓒(字元镇，自号云林居士)时年已老，作狮子林图(图10-123)。近人误以为叠石系云林所筑，非

也。钱泳《履园丛话》二十，狮子林条云："元至正间，僧天如、惟则延、朱德润、赵善长、倪元镇、徐幼文共商叠成，而元镇为之图，取佛书狮子座而名之，近人误以为云林所筑，非也。"观图，倪瓒自记首句"余与赵君善长，以意商榷，作狮子林图"；画中前有寺门傍竹林，进则高树长立，古树苍劲，后则石峰林立，最高者状类狮子，其余磊块丛列。无论记文或图，均未见有山洞。惟近百年后，曹凯(正统进士，景泰擢浙江广参政)的《咏狮子林八景诗》，中有"冈峦互经亘，中有八洞天，嵌空势参差，洞洞相回旋"，那么当时已经叠有八洞(注：现有洞二十一)。据载，明嘉靖年间被豪家占为私园，万历年间复为圣恩寺，寺住持僧清庵至京师，求颁龙藏，肃皇太后赐之。崇祯末年，居士陈日新倡建藏经阁，复构大殿。[61]

关于狮子林的命名，龚炜(康熙、乾隆年间人)在《巢林笔谈》续编卷下，150狮子林条云："地以林名者，有竹万竿成林也；林以狮子名者，缘竹外多怪石如狻猊状也"。又云："几百年来兴废不常，恭奉銮舆巡幸(指康熙、乾隆南巡)焕复旧观"。清朝康熙、乾隆南巡，曾先后多次游狮子林。乾隆二十七年(1762年)、三十年(1765年)，来回四游狮子林，因得倪瓒《狮子林图》，改寺名为画禅寺，赐"真趣"二字匾，并有诗和图。诗曰："一树一峰入画意……端知城市有山林"。狮子林图(见乾隆三十六年《南巡盛典》)，园与寺之间有墙相隔，从此寺园分离。图中寺位于南，有山门，大殿、藏经阁。园在寺北，有山池、峰石、修竹、古树，有飞虹石拱桥、御碑亭、御书楼；池紧临西界墙，池北有厅堂、古松。园与寺的布局，与今相似，但范围略小，无西部土山。[61]

清代中叶，有不少关于狮子林的题咏，尤其是对曲折回环的山洞作了描绘，但对叠石掇山的技艺有不同的评价。例乾隆、嘉庆年间赵翼的《游狮子林题壁兼寄园主黄云衢诗》："取势在曲不在直，命意在空不在实。……一簣犹嫌占地多，寸土不留惟立骨。山

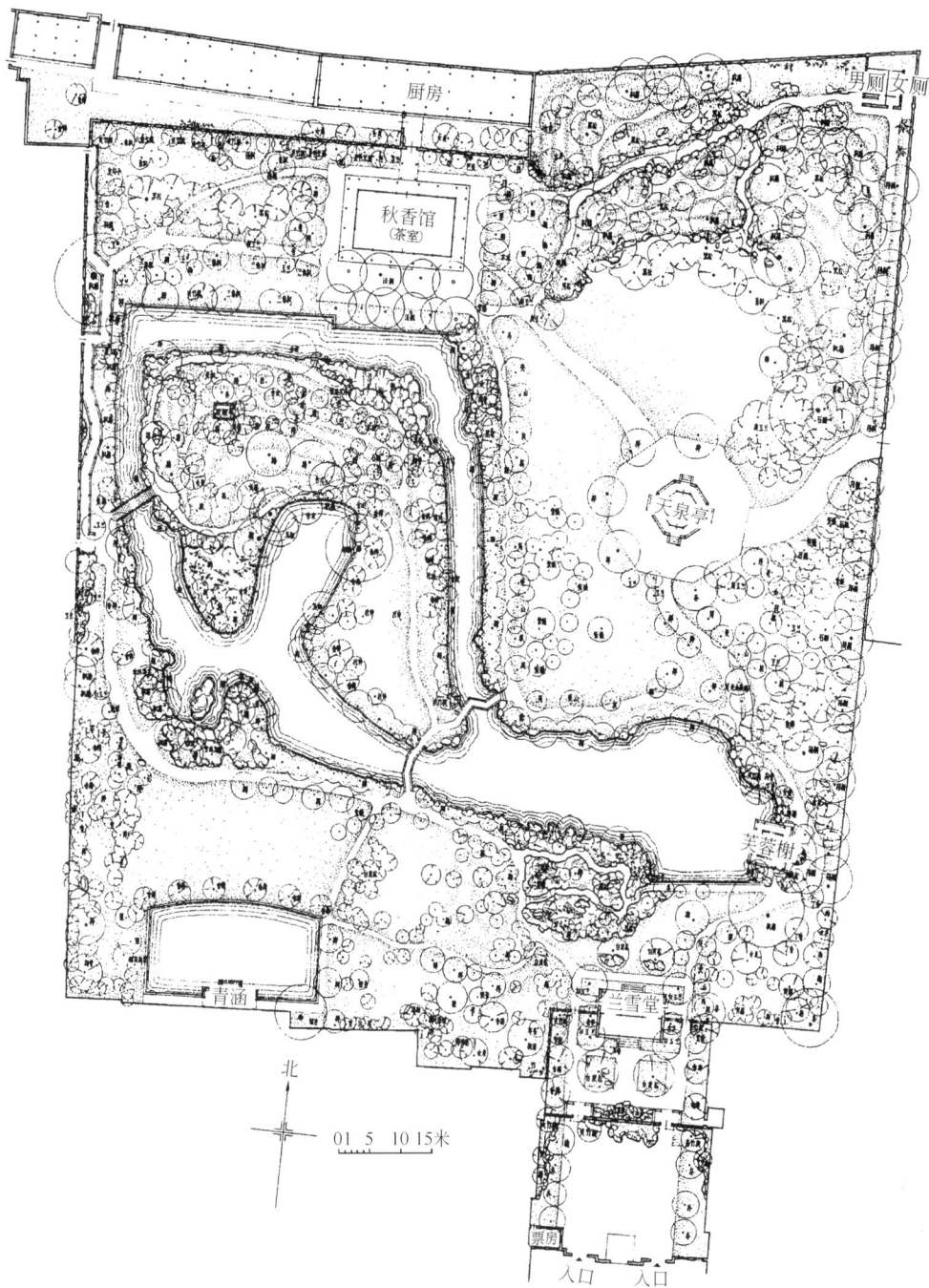

图 10-122 拙政园东部平面图

厨房

男厕 女厕

秋香馆
(茶室)

天泉亭

芙蓉榭

青涵

兰雪堂

票房

入口 入口

北

01 5 10 15米

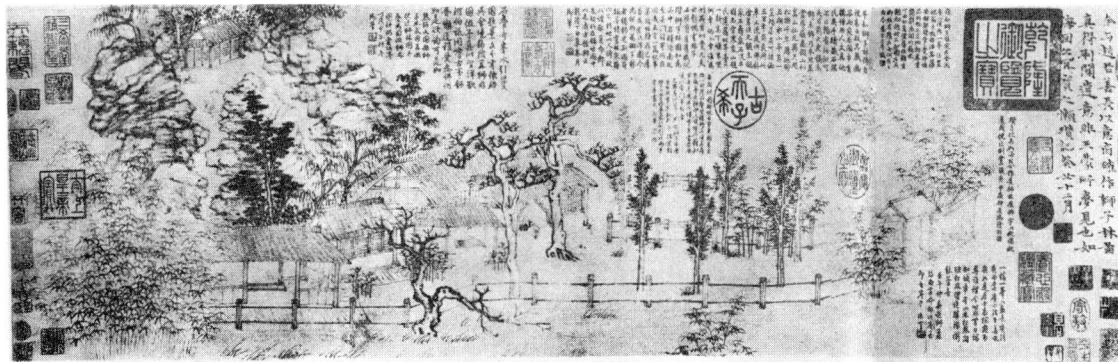

图 10-123 倪瓒狮子林图

蹊一线更纤回，九曲珠穿蚁行隙。入坎涂愁墨穴深，出幽蹬怯钩梯窄。上方人语下弗闻，东面来客西未睹。有时相对手可援，急起追之几重隔⋯⋯"。赵翼对叠洞的曲折回环，赞誉备至。但嘉庆九年(1804年)间沈复《浮生六记》卷四中有这样一段评狮子林假山的话："城中最著名之狮子林，虽曰云林手笔，且石质玲珑，中多古木；然以大势观之，竟同乱堆煤渣，积以苔藓，穿以蚁穴，全无山林气势。以余管窥所及，不知其妙。"至于叠石构洞的技法，钱泳《履园丛话》十二堆假山条，引戈裕良对狮子林石洞的评述："近时有戈裕良者，常州人，其堆法尤胜于诸家，⋯⋯尝论狮子林石洞，皆界以条石，不算名手，余诘之曰：不用条石，易于倾颓奈何？戈曰：只将大小石钩带联络，如造环桥法，可以千年不坏，要如真山洞壑一般，然后方称能事。"

清末，狮子林虽仍属黄氏，但园已荒废。民国初年归李雪峰所有，拟修葺而未成，待价出沽。时值贝仁元正度地建祠，民国七年(1918年)购下园址。这时的狮子林已颓废于荒榛蔓草、碎瓦颓垣中。贝氏先在园东南隅隙地建家祠，祠在余址筑族学校舍。祠、舍建成后，遂缮葺园部，并向池西扩大，原属王姓之地并入园内，堆置土丘。当年胜迹，惟存乾隆"真趣"二字御额及御碑，分别建真趣亭和御碑亭。旧有指柏轩、问梅阁、卧云室、立雪堂诸胜，悉循故址，重建新楹，恢复旧观。其他堂庑轩馆、楼台馆阁、亭榭池沼皆随形建置，其间掺糅了一些西式手法。自1918年至1926年经营改建九年始成，用费七、八十万银元。贝仁元自撰屏刻《重修狮子林记》。并作屏刻《狮子林图》。全园面积约15亩(包括祠堂部分)，1963年列为苏州市文物保护单位，1982年升为江苏省文物保护单位。

现在狮子林(图10-124)，是民国贝氏重建改建的，布局以池山居中为主景，池东、南二面掇石为山，池西为土阜，环池面山，筑以厅室亭轩，主要布置在池东、北两面，而以长廊周环，贯通四周，总的

形成向心的布局。

现在的园门在东侧原来家祠南，入口处东向园林路。过门厅由祠西通道至燕誉堂，为鸳鸯厅形式。堂前小庭有湖石牡丹花台中立石笋，台两旁各植玉兰一株。堂北为小方厅，名"园涉成趣"，后院内散立石峰。后院西侧有海棠式门洞，进去往北就是揖峰指柏轩，是园内正厅，形体较大，两层。轩南一座小桥架小池上，渡桥便是有名的湖石假山。山上罗列石峰石笋，有会辉、吐月、玄玉、昂霄等名称，最高的叫作狮子峰。山内阴洞高下盘曲，连绵不断，进了洞，必须顺着山路走，否则就会绕来绕去，仍在原处，而且每换一洞，有不同的景象，旧时有"桃源十八景"之称。山上古柏数株，生石缝中，虬根盘绕。假山中央围成平地，筑楼名卧云室，仿佛置身石林之中。转出可与燕誉堂、小方厅相通。假山西侧有狭窄的水涧，涧西是筑在池中心的一组假山，涧北端有两组假山跨涧相连接，这样连绵成整体，颇具匠心。涧南端跨涧建有修竹阁。

指柏轩西有竹园，再西为古五松园，这是园中仅存的前代建筑。庭院内散列石峰。此处与小方厅后院内石峰，皆体形俯仰多变，石体多孔穴，用铁件钩挂石料，水泥嵌缝，反映了民国初期缺乏巨石而不得已的技法。五松园东南临池建造有荷花厅，原二层于20世纪50年代坍毁，70年代迁建，现为硬山花厅，厅前有平台，是赏荷最佳处。厅西为存有乾隆题额的真趣亭，金碧辉煌，这是苏州宅园中惟一的孤例。再西是暗香疏影楼，楼前水中有水泥石舫，呆笨与环境不相协调。自荷花厅至此这一带建筑，都是东西横列，缺乏变化。自荷厅平台西假山西南角，有曲桥横隔水中，中建湖心亭，有画蛇添足之嫌，并使水面散碎。

池西面有土山戴石，是贝氏扩大园址时，掘池堆土而成，山上树木森森，北靠西墙有飞瀑亭，是园西最高处，用湖石垒成三叠，下临深涧，上有水源，源自指柏轩后水塔而来，有机钮，开之即成人工瀑

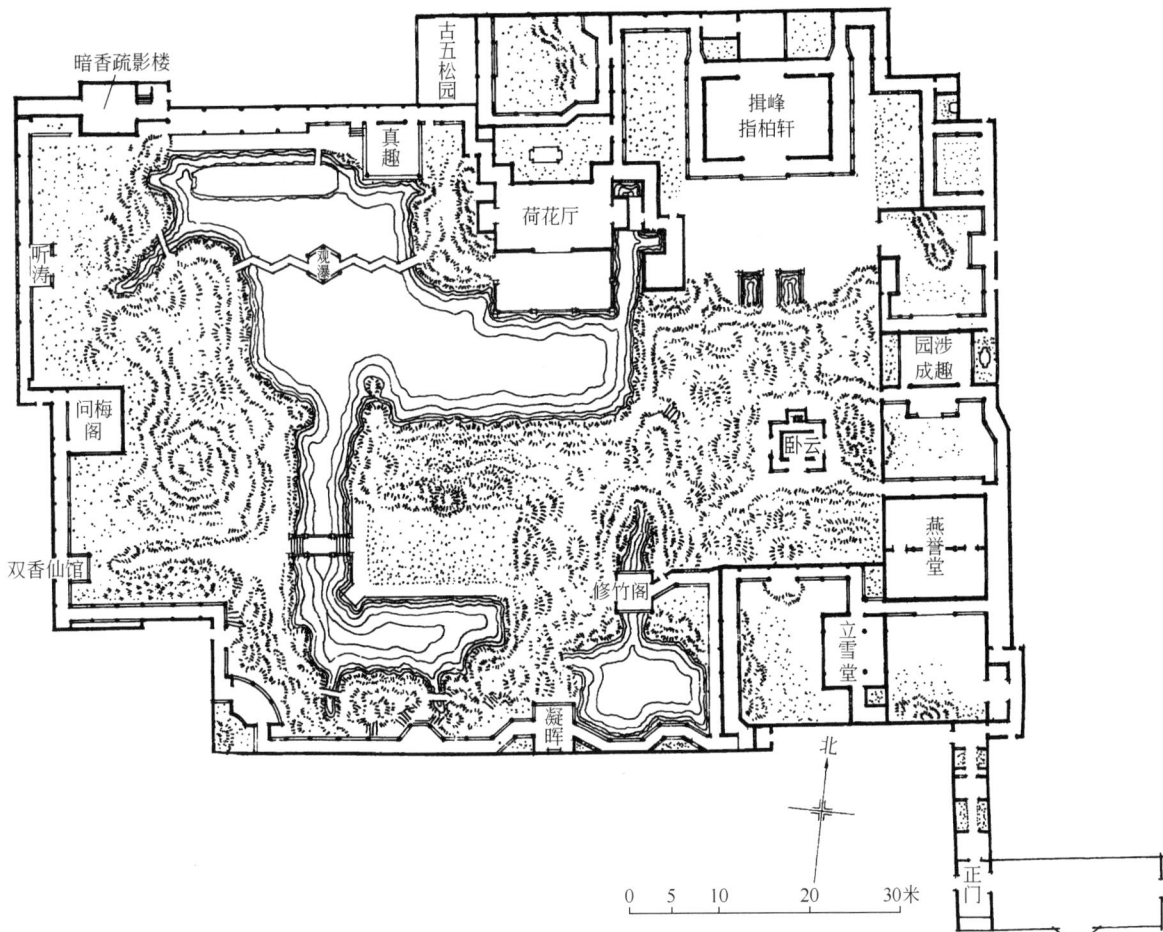

图 10-124　狮子林总平面图

布，三叠而下，是苏州宅园中惟一人工水景。由亭南进有问梅阁，是园西景物中心，阁内窗纹器具，皆雕刻成梅花形，阁前种梅多本，再南为双香仙馆。观瀑亭、问梅阁（形体过大）、双香仙馆以沿西墙的回廊相接，自双香仙馆循廊南行折东，角隅上有扇子亭，沿南墙长廊东行高低起伏，其间有半亭二，先是文天祥诗碑亭，然后是御碑亭。廊前（即北）沿西叠石成岸，石径曲折盘绕，至修竹阁附近有小赤壁一处，叠黄石为拱桥，仿天然石壁，较为自然。南墙回廊东端，北折为复廊，由廊转东即达立雪堂（在燕誉堂西南）。至此，周而复始。

怀云亭（朴园）

"怀云亭在东白塔子巷，乾隆间郡人沈观察某占买大乘庵旧基，而造为园宅，未及三十年，而售于周

勷斋太守。太守复拓而广之，颇有幽趣，改名朴园。有一峰名归云，甚峭。其东为蒋氏种梅亭，春时百花齐发，群艳争芳，系乐安全盛时四十八第之一，今归潘氏，为古香亭。"（钱泳《履园丛话》二十，怀云亭条）。

耦园

在小新桥巷6号某宅，因有东西两园，故称耦园（耦与偶通）。其中东园建于清初名涉园。钱泳《履园丛话》二十，涉园条云："涉园在新桥巷东，郡人陆阌亭太守所筑。园不甚广，东近城垣，有小郁林、观鱼槛、吾爱亭、藤花舫、浮红漾碧诸胜，近为崇明祝氏别墅。"清道光顾震涛《吴门表隐》卷五及《吴县志》卷三十九下涉园条云：涉园原为清初保宁知府陆锦私园，又名小郁林。其后迭更园主，曾属祝、沈、

顾等姓。清末为沈秉成所有，扩建西部而成耦园。自后因年久失修，房屋回廊已有倒塌，花木也都凋零。建国后，先将东园予以修复开放，西园近年予以修缮（图10-125）。

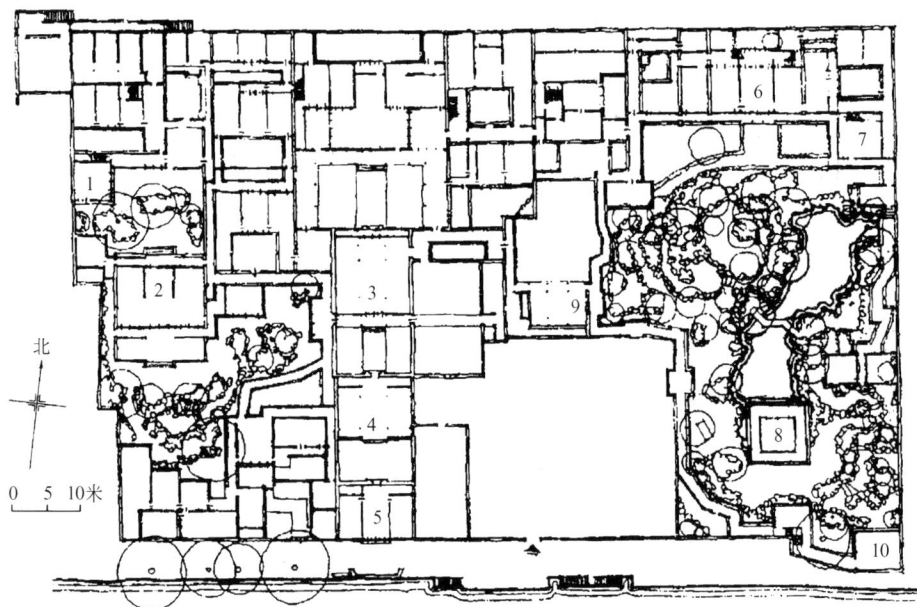

图 10-125　耦园总平面图

1. 藏书楼；
2. 织帘老屋；
3. 大厅；
4. 轿厅；
5. 门厅；
6. 城曲草堂；
7. 双照楼；
8. 山水间；
9. 枕波双隐；
10. 听橹楼

西园部分在住宅中轴线西侧，比较简单，以书斋为中心，分成前后两个小院。书斋称织帘老屋，三间前廊，屋前设宽敞的月台。南面前院中部突出，构有假山一座，间置湖石，杂植花木。屋北即后院，散置湖石，种有树木，西侧建有二层藏书楼。

自中轴线上经门厅、轿厅至大厅，往东经两重小院而至小客厅，再东便是东园。东园占住宅东半，面积约4亩，布局以山、池为中心，北有堂、楼，池东有曲廊，西端接亭，池南有跨水南建水阁，池西为假山，西界为廊，行南折东为阁道接小楼。

园北的主体建筑是一组重檐的楼厅，东南角略突出，内辟小院三处，重楼复道，总称城曲草堂。中部是大厅三间，旧日园主宴聚处。楼厅前西南为黄石假山一座，可分东西两部分，东半部较大，自厅前石径可通山上东侧的中台和西侧的石室。平台以东，山势增高，转为绝壁，直削而下临于水池，绝壁东南角有蹬道，依势下降池边。绝壁叠得气势峭拔，颇为精彩。假山西半部较小，山势自东而西，逐级下降平缓，边缘止于小客厅的右壁。东西两半部之间，辟有谷道，宽仅一米余，两侧悬崖凹凸，形似狭谷，故称邃谷。

沿假山东侧为南北狭长的水池，西北接大厅东双照楼前一亭，有曲廊南通临水小亭。池水自东北向西南延伸，中腰有一曲桥架于水上。池南端有阁跨水而建，称"山水间"。水阁内有岁寒三友落地罩，雕刻精美，为苏州各园之冠。山水间之南，沿界阁道接至东南角小楼，名听橹楼，楼北面土坡，以黄石作边，砌成阶石状，盘以石径，掩以竹丛，散植花木，自成小区。

东园部分，虽然也外环以堂楼廊亭，中为池、山，形成向心的布局，但中心以假山为主，水池旁衬黄石假山，叠掇自然，不论绝壁、峡谷、蹬道，石块大小相间，有凹有凸，有横有直或斜，互相错综，而以横势为主，犹如常熟虞山黄石自然剥裂的形象，是苏州各园中黄石叠山较为成功的一例，可能是清初涉园的遗物，山上不建亭阁，而在山顶、山后铺土处种植槐柏花木，与壁缝所长悬葛垂萝相配，自有城市山林的风味。但山顶石室为清末所加。

洽隐园、惠荫园

惠荫园在苏州东城临顿路的南显子巷内，有着一段历史沿革。最初为明嘉靖年间太学归湛初所创，当时称归氏园。其中台榭山池洞壑为明代造园大师、画家周秉忠(字时臣，号州泉)规划设计的。园中峰石玲珑，洞壑幽曲，尤其后称小林屋洞，最为知名。园林建筑有米文堂等。后归胡汝淳所有，改称洽隐山房。明末崇祯十七年(1644 年)甲申之乱，屡经兵火，日渐荒芜。[56]

清初，其中数亩为顾基蕴(天朗)购为栖隐之地。顾氏为明末爱国团体复社的成员。明亡后，绝意仕途，息心尘外，与尤侗等名流饮酒赋诗以寄其志。就购得此地，刈棘除秽，栽竹种花，重新构园，虽无层峰叠嶂之奇，也无广厦华堂之美，但有洞石玲珑、云林掩映之趣。他广为收集山茶花名种，植于园中，称宝树园(名副其实的专类花园)，顾其蕴之孙顾秉忠在园中筑安时堂，风格朴雅，取"鸢飞鱼跃，触目化机，随时处中，所谓安安者在是矣"之意。并在园中隙地凿池叠石，有结蘅草庐、澄碧亭、芥圃诸胜。太平天国革命战争后，安时堂属机织局，园亦荒废。

洽隐山房的另一部分，分清顺治六年(1699 年)为韩贞文(亦是复社中人)购为栖隐之地，建宅园，初名洽隐，后称惠荫园。康熙四十六年(1707 年)，不慎失火，房屋尽毁，惟有东南部古石洞和奇峰异石尚存。乾隆十六年(1751 年)，建屋于古石洞口，陈设书籍古玩，供休息用。蒋蟠漪篆书"小林屋"三字，勒条石于古洞上，遂称为小林屋洞。

洽隐园后为皖人倪莲舫购得，略加修筑，改为皖山别墅。咸丰十一年(1861 年)为太平军所占，有一部分在战乱中毁坏了，另一部分有所增建。同治初，李鸿章为江苏巡抚时，改为安徽会馆，奏建忠烈程公祠(祭祀程学政)。蒯子范做苏州知府时，又增筑渔舫、棕亭，范围较前扩大。同治末，巡抚张树声(字振轩，合肥人)又奏建淮军昭忠祠，盖在程公祠西南，后来李

鸿章又续拨款让赵宗道把花园部分加以修葺，并在园后厅堂两庑走廊上，嵌刻《惠荫园八景序并目》、《惠荫园总图》及八景图石刻。于是惠荫园的规模包括了四部分：东为安徽会馆，西为忠烈程公祠和昭惠祠，中为惠荫园。[56][62]

《惠荫园八景序》说道："惠荫初名洽隐，基明之归氏，后为韩氏有。其小楼屋，凤踞胜概，与诸园异面目，记(指小林屋记)所谓苔藓若封，烟云自吐，可想也。"又云："或有增损，致失其旧"，指太平天国革命期间。接着说道："合肥伯相抚吴时(指李鸿章)，奏购为忠烈程公祠，并为皖人士宴息之所(安徽会馆)。而蒯太守子范，因增构渔舫、棕亭名胜。水碧染衣，天远接黛，气疏以旷。"从这时起有了所谓惠荫园八景。王凯泰题《惠荫八景》如下：渔舫曰柳荫系舫；琴台曰松荫眠琴；一房山曰屏山听瀑；小林屋曰林屋探奇；藤崖曰藤崖仾月；荷坨曰荷岸观鱼；云窦曰云窦收云；棕亭曰棕亭霁雪。[56][62]

民国年间，惠荫园已有所失修。建国后，惠荫园因为包括有许多房屋，纷纷被机关学校所占用。惠荫园本部及安徽会馆改为苏州市第一初级中学，建筑与花园尚存完好，为了学生们的安全，在小林屋洞前面，筑了一道竹篱封闭，把池塘(荷坨)填平。20 世纪 60 年代初，被定为市级文物保护单位。1970 年秋，原来的建筑除忠烈祠祭堂、安徽会馆一部分建筑保存外，其他建筑被拆去，古银杏及古紫藤被砍掉，小林屋洞上假山石被送到石灰厂去烧石灰，古石洞被埋在土堆下，不见天日。苏州市第十五中学在园南部建了四层楼教室，在小林屋洞北建了两层楼教室，损坏极为惨重，难以恢复。[56]

本书作者于 1962 年 2 月赴苏州调查诸名园时，曾赴惠荫园得睹小林屋洞及残存诸景。从安徽会馆大门进去，经过几处院落、回廊来到惠荫园的范围。小林屋洞位于方塘(已填平)东南，先是湖石错立，石洞的洞口低于周围，藏而不露。从堆叠得天然成阶状的湖石群，拾级下到洞口，但见地上微露积水。洞口较狭

小，望洞中昏黑幽暗。经三折板桥进入洞内，沿洞壁有栈道。到了洞中深处有水一泓，清可鉴物，为水洞。借洞外射进的光线可看到洞顶倒垂的钟乳石，才知洞中妙处。虽然是人工堆叠的石洞，像在天然岩洞内一般。折进，前路狭窄，几经转折，拾级而上，又入另一洞府（为旱洞），洞较宽畅，西侧有光透进，顿生明朗之感。复进，洞道更狭，不久出洞，但见出口就近在入口的西侧，可见洞的曲折盘旋上下而绕的设计之精妙。前已述及，小林屋是明周秉忠的作品，乃仿太湖西洞庭山的道家称作第九洞天——林屋洞的所谓"石床神钲，玉柱金庭"的洞府景观。在一弓之地构造的小林屋，比诸西洞庭山林屋洞更为曲折而奇巧，是我国叠石构洞的珍品。

洞口右侧，有老鹰石及鸡公石，似老鹰由空中俯击，极有"鹰隼击高秋"之势，是苏州著称的湖石之一。西面洞侧有古银杏一株，拾级而上原有一所敞轩（现已改作校舍），当轩有一块太湖石，作狮子蹲踞状，东边还有催铃石，西边有几枝石笋，都极为玲珑（惜如前述，断送石灰厂）。山石中裂，有古藤一株，如怒龙穿石而上，盘空天娇，分辟为二，各绕银杏高枝，扶摇直上，势欲擎云。下面植一石碑，题着"韩慕庐先生手植藤"九字（合肥李国环题）。（藤及银杏都是数百年物，惜被砍毁。）这里是全园最高处，景名藤崖伫月。[56][62]

小林屋洞北，为荷花池（即半亩方塘），称荷垞，有三曲走廊横跨池上，景名荷岸观鱼。池东有一房山、云窦和琴台；池西为碧环小舍。当年回廊曲径，一面傍山，一面临水，"方塘半亩，碧鉴眉岁，净莲百茎，红亚藻荇"，原本十分幽美，现在方池填平，面貌全非。池北有院落三进，厅事三间称鉴馨阁，西庑回廊墙上，嵌有惠荫园总图及八景图石刻，并有序文。隔院为藏书楼。鉴馨阁西有一水池，池上架三折板桥，桥头有曲廊连池北的舫形建筑，即渔舫。水池以西有假山一座，山上建六角亭，便是棕亭。渔舫前面，有虎、豹、狮、象各石，据说雪后初霁，形状极肖，所

以棕亭霁雪列为八景之一。[56][62]

惠荫园本部，无论是布局上、叠石上都别具匠心，尤其是小林屋的叠造，能出奇制胜。不胜惋惜的是该园损坏惨重，湖石古木被毁，小林屋洞被埋。

东庄

东庄（也称东园）地处葑门天赐庄东南内城河，十全街西溪与平江河交汇处，三面环水。它是吴氏世居之处，面积六十亩，状元及第、翰林院修撰吴宽之父吴孟融时，庄内有续古堂、拙修庵、耕息轩、知乐亭、南池、振衣台、折桂桥诸胜，园内有稻畦、桑园、果园、菜圃、麦邱、竹田等，极富田园风味，岁时耕耘，能体验农家之乐。吴宽之侄吴奕，增建看云、临渚二亭于园内。[56]

东园后为徐廷裸所有。徐氏加以改建，另辟蹊径，增添假山、洞壑和水景之作，明文学家袁宏道曾为文盛赞其园云："画壁攒青，飞流界练，水行石中，人穿洞底，巧踰生成，幻若鬼工，千蹊万壑，游者几迷出入。"根据这段记述，可知当时园中叠有不少假山，尤其是墙前掇山和峭壁山，已到了入画的境界。有下挂的瀑布和潺潺的溪洞，有幽深的山洞可以穿行，游者几迷出入。文学家的笔下，难免有些夸张，但看来假山的堆叠，近于后来的狮子林。

瑞云峰（湖石）

《吴门表隐》卷一载："瑞云、紫云、观音三峰，玲珑高耸，宋朱勔所得。后归郧阳董氏，移置东园徐氏（为留园前身）。瑞云峰，乾隆四十四年（1779 年）移之织造府西行宫内。紫云峰之失。观音峰今屹立半边街踏坊外。"瑞云峰今尚在带城桥苏州市第十中学，玲珑剔透，有七十余眼，为吴中诸湖石之冠。

网师园

网师园在带城桥南阔家头巷。古时这里"负郭临流，树木丛蔚，颇有半村半郭之趣"。网师园原为南宋官僚史正志的万卷堂故址，当时称渔隐，占地面积相当大（史正志，扬州人，花石纲发运使，官职侍郎）。他死后，其子将园赏给丁氏，分割为

四，园也荒废。

直到清乾隆中叶(1770年)时，宋宗元(光禄寺少卿)购得其一部分，建成此园，始名网师。大抵借渔隐原意，自比为渔人，改称网师，或云因园近"王思巷"，因而取相似之音，名为网师园。原拟作为养亲退隐之所，以享田园之乐。但是不久，授任官职，再上长安，待再归里，田园已荒废，惟林池鱼鸟犹存。宋氏死后，园又日就颓圮。乾隆末年，瞿远村偶过其地而买之，再加修建。乾隆六十年(1795年)钱大昕《网师园记》云："带城桥之南，宋时为史氏万卷堂故址……襄卅年前，宋光禄悫庭(注：宋宗元)购其地，治别业为归老之计，因以网师自号，并颜其园，盖托于渔隐之义……光禄既殁，其园日就颓圮，乔木古石，大半损失，惟池水一泓尚清澈无恙。瞿君远村……遂买而有之。因其规模，别为结构，叠石种木，布置得宜，增建亭宇，易旧为新。地只数亩，而有纡回不尽之致，居虽近塵，而有云水相忘之乐。"经远村经营，遂成现在布局规模基础，成为名园，称"瞿园"。清嘉庆年间，园中的芍药十分著名，当时曾与扬州芍药并称。瞿氏之后，李香岩代为主人，更园名为"蘧园"，因园在宋苏舜钦筑沧浪亭之东，亦称"苏邻小筑"。以后园归吴加道，清光绪十一年(1885年)又转而归李鸿裔(眉生)所有。园几经兴衰，有所增补，如撷秀楼即为光绪年间所建。[59][61]

辛亥革命后，1917年园转归军人张广建(金波)，改名逸园。1932年张善之、张大千兄弟卜居姑苏网师园，善之尤擅画虎，在园内豢养一乳虎，虎死后曾在殿春簃西侧造虎儿之墓(1983年张大千病逝前，书"先仲兄所豢虎儿之墓")。1958年由苏州市园林管理处接管，进行全面整修，起颓兴废，删除杂芜，又扩建了梯云室一区庭院和冷泉亭、涵碧泉等处，使这座久已散为民居的名园焕然一新。1963年苏州市人民政府公布网师园为市级文物保护单位；1982年国务院公布网师园为全国重点文物保护单位。[61]

网师园位于住宅西侧和后部，面积约8亩余(包括花圃及厅堂部分)，由阔家头巷住宅大门经轿厅折西有小门，楣上砖刻"网师小筑"，即此园入口。住宅后部也有边门和园相通。(图10-126)。

住宅部分，南临阔字头巷，大门前由照墙和跨巷而建的东西巷门组成完整的门庭广场，照墙前植有盘槐四株(现存二株)。正宅由门厅、轿厅、大厅(万卷堂)、内厅(撷秀楼)四进组成，布局严整，左右对称，屋宇宏敞，装修华美。万卷堂前庭有雕镂精致的"藻耀高翔"砖刻门楼。撷秀楼可登楼以览全园胜色。

网师园的布局和现状，大体可分为四个景区：南面以小山丛桂轩和蹈和馆、琴室为一区；中部以水池为中心，环池山石、花木、建筑为又一区；北面的五峰书屋、集虚斋、看松读画轩为又一区；隔墙西殿春簃、冷泉亭别为庭院一区。原下房和扩建的梯云室小区庭院。

从门额有砖刻"网师小筑"四字的园门进去，便是小山丛桂轩，是传统的四面厅形制，但体量较小。轩前后叠石，南对湖石花台，丛桂成林；北依黄石假山"云岗"，山上疏植枫、桂、玉兰；东侧木香附壁，小径隐现；自轩西循廊南折至蹈和馆和琴室，这里走廊蟠回宛转，自成一封闭小院。小山丛桂轩是园中主要建筑，四面成景皆入画，尤为秋日赏桂佳处。[59][61]

从山石丛立错综中的小山丛桂轩西行，经爬山廊"樵风径"，或东而沿溪小径，穿云岗而北，就进入主园，景色豁然开朗，池水一泓，清澈荡漾，中部水池面积约半亩，略呈方形，水面聚而不分，仅西北角伸出水湾，东南角引出尾水如小溪，使水有源而流不尽之意。西北角水湾上，渡以平板折桥；东南角小溪上跨以微拱小石桥。濒池而建的水阁、亭廊、石桥皆低凌水面，池面开阔，池岸低矮，用黄石叠岸，下直上横挑出，凹凸若有洞窟状，使池面有水广波延，动荡不尽之意。池中不植莲蕖，使天光山色，廊屋树石，反映于池中，丰富了景色。[59][61]

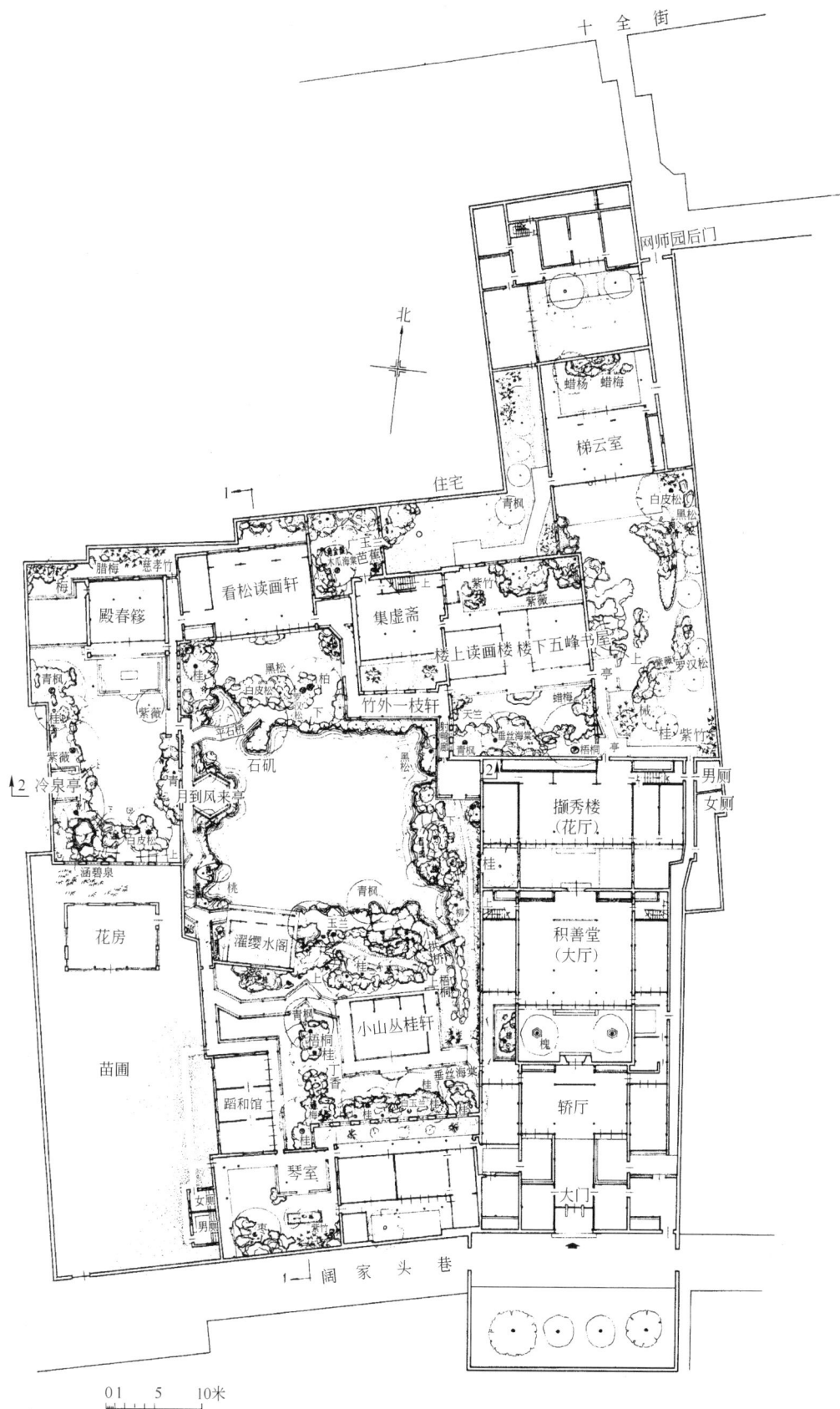

图 10-126 网师园总平面图

池南岸云岗，叠石深厚古拙。冈东临崖，小桥溪流，有摩崖石刻"磐洞"，系南宋遗物：冈西轻巧的濯缨水阁，面水临崖，确有沧浪水清之意。池东，靠住宅一面为高墙，运用空亭、空廊和墙面假漏窗，墙前叠石植藤和临水石矶，别有情趣。池西，由樵风径爬山廊通向高挑出水面上的月到风来亭，清风明月，收览无余。出亭再北，渡平石桥，便是看松读画轩、集虚斋等主要建筑退隐于后的池北景区，在建筑与水池之间或亘以假山、花台或隔以树木、庭院，使体量较高的厅堂楼屋不致逼压池面，也增加了园景的层次和深度。

这里先说出月到风来亭再北后，西折进入"殿春簃"书院这一别院的情景。院北面有屋南向，由内外书房组成，额名殿春簃。其前平畦一片，原为芍药圃，以赏芍药著称，芍药花开在春末夏初，因此取名殿春。芍药圃南院西，置有湖石石峰起伏，叠石成花台，西南转角有古泉"涵碧泉"亦名"树根井"，泉北有冷泉半亭，内置灵璧石峰。美国纽约大都会艺术博物馆内的中国庭院"明轩"，就是以殿春簃为蓝本，而由苏州古典园林建筑公司承建的。

出月到风来亭再北，渡平石桥，或自殿春簃东侧走廊转入，为看松读画轩，庭前有树龄数百年的古罗汉松和桧柏（可惜古罗汉松已于1982年衰亡），有虬枝斑驳的白皮松和黑松，一幅苍松古柏图画。其前，平冈曲径石矶，恰在水边。轩与水阁，南北相望。若从池南北望，看松读画轩隐现于树丛中，其东北有一前一后的楼参差配列，高耸的松柏与贴水的平板桥、石矶亘列于前，组成有层次有错落的图画。看松读画轩之东，前有临水建筑"竹外一枝轩"，再东为"射鸭廊"（射鸭是古代宫中的一种游戏）。循廊东北为"五峰书屋"庭院。书屋为从前藏书之处，二层，楼下称五峰书屋，楼上称读画楼。庭院前后，峰石挺秀，花木丛竹，屋后转入集虚斋，亦为读书之所。五峰书屋东的庭园及其北"梯云室"庭院布局，在1958年修复时有所改动，湖石植坛，花木松竹散

植，西南有亭廊布置。室前有假山蹬道通书楼，取"梯云取丹"之意而名，室内落地花罩，尤为精美，梯云室北为原下房建筑和后门。[61]

网师园面积不大，但布局紧凑，以水池为中心，沿池布置自然，建筑小巧精致，尤善于利用墙角、廊畔、斋前、屋后咫尺之地配置小景。网师园叠石掇山也有特色，除古拙的黄石云岗和池岸用石挑出凹凸，石径石岸曲折错落外，其他庭院用湖石，或峰或块，组合自然，或小空间内点缀石笋，用石得当，植物布置上，种类少而精，花木大都种植在围石坛中。全园山池建筑，植物结合自然，景融一体，是苏州中型宅园中的优秀一例。

明、清沧浪亭

沧浪亭在城南三元坊附近（文庙东、可园南）。五代末，这一带曾是吴越钱氏近戚中吴军节度使孙承祐的池馆，后荒废；北宋苏舜钦在此临水建沧浪亭；南宋初曾为韩世忠所居；元明时为僧舍大云庵，达二百余年，明嘉靖年间，释文瑛复建沧浪亭，至万历年间，园又荒废。这在苏州宋朝著称诸园墅一节中均已述及，兹不赘。

清康熙三十四年（1695年），巡抚宋荦（字牧仲，号漫堂，又号西陂，官至吏部尚书，诗与王士祯齐名），得至距其使院仅一里的沧浪亭遗址，只见野水潆回，巨石颓扑，小山蓊翳于荒烟蔓草间，人迹罕至，于是极谋修复。宋荦构亭于土阜上（宋时临水，今移山上），得文徵明隶书沧浪亭三字，为其楣。亭旁有数株百年前老树。又于东西沿池岸构自胜轩，西端临池建屋三楹为观鱼处，题名皆取自苏子美记中语和诗句之意。跨溪建石桥以通游道。亭南翼以修廊，曰步碕，廊与原有的苏公祠堂相接。宋荦有暇常往游览，而且为了使沧浪亭能经久不废，特为其置办供维持之用的七十余亩僧田。为今后有考，自著《重修沧浪亭记》立碑。巡抚吴存礼奉康熙帝赐御书，勒碑建亭于步碕东廊。乾隆三十年（1765年）弘历南巡时前往游览并留题，《南巡盛典》中有记载，并有沧浪亭

图。图中亭在山巅，有桥入园，并有观音阁、南宫门等。乾隆四十五年(1780年)，沈复(字三白，著《浮生六记》)家居沧浪亭畔，颇擅水石林树之胜，东与沧浪亭爱莲居仅一壁之隔，板桥内一轩临流，名曰我取，取"清斯濯缨，浊斯濯足"之意。中秋日携眷属晚游沧浪亭，过石桥进门，折东，曲径而入，叠石成山，林木葱翠，亭在土山之巅，循级至亭心，周望极目可数里……月到波心，胸怀爽然。由此可见，乾隆时的沧浪亭仍保持康熙时的旧貌。[61]

道光七年(1827年)江苏巡抚梁章钜见昔沧浪亭倾移，久思修复，与陶澍等商量，均同意，于是度材鸠工，挟扑易朽，凡六阅月，顿复旧观。又整修了亭左旧有的子美祠及韩世忠、宋荦二祠。又规取东部隙地，作为觞咏之所。同时期，巡抚陶澍复得吴郡名贤画像五百余人，钩摹刻石，建名贤祠于东南原地。并以道光帝御书建"印心石屋"。咸丰十年(1860年)后太平天国时期，园毁于战事。同治十二年(1873年)巡抚张树声重建，修复了名贤祠、沧浪亭等。除亭址仍旧，仍为宋荦之制，其他轩馆堂庭均重建，改变很多。亭之南，地最爽恺，建堂三楹曰明道堂，取名于苏子美之记。此次修复用工六万一千五百有奇。[61]

1922年颜文樑创办苏州美术专科学校，后迁校沧浪亭，并在沧浪亭东新建西洋罗马式校舍，实煞风景。1937年日本帝国主义侵华，沧浪亭又遭破坏，亭馆倾圮。1941年高冠吾集资修复，历时二月，费三万五千余元。1949年新中国成立后，沧浪亭经多次整修，成为劳动人民的游息胜地。1963年列为苏州市级文物保护单位。十年动乱时期曾被单位占用而停止开放。1976年后经过整修，逐步恢复园貌。1982年列为江苏省级文物保护单位。[61]

沧浪亭于苏子美初建时，本来以五代南园遗址的崇阜广水为特色，构亭北碕，前竹后水，近借沧浪之水，远借廊外群山，所谓"一径抱幽山"，"近水远山皆有情"。除临水之亭，竹中之轩外，旁无民居，一派清旷幽雅自然景色。到清康熙年间，宋荦重修沧

浪亭时，布局已有所变化，亭由水边迁于山巅，临水建自胜轩和观鱼处，绕山建以修廊，"步碕"，与亭南之苏公祠相接，跨溪横桥，由此入园。到乾隆四十一年后，土阜上叠石成山，建筑较多。以后道光、同治年间，建筑规模日趋宏大，已非昔日景观。

今日沧浪亭面积约16亩(图10-127)，布局以北半的假山为主，水面在园外成为外景，环山建以廊亭，南半为堂馆祠楼建筑群。园门北向，门前设桥，曲桥有石坊，上刻沧浪胜迹四字。渡桥入园，门厅东南两壁间，嵌有沧浪僧画的沧浪亭图，苏子美《沧浪亭记》和宋荦、梁章钜的《续修沧浪亭记》。门厅西侧临池有藕花水榭(原爱莲居)，循廊东行为转角处面水轩，轩南便是隆阜高起的假山。由面水轩东行有复廊一道，曲折上下，一面沿水，一面沿山，中隔廊壁置漏窗，沟通园内外景色，即将园外的水和廊内的山联成一气。漏窗图案，精美生动。这种既隔又通的复廊是以后怡园、狮子林采用的先例。复廊东端近处有方亭一座，即钓鱼台(观鱼处)，建石台上，三面临水，纳凉观鱼，最为相宜。由观鱼处后面，穿过复廊，沿假山上去便是沧浪亭。

假山自西而东形体较长，主为土阜，四周山脚叠石护坡，沿坡砌蹬道。目前从叠石看，可分东西两段。东段主用黄石，土石相间，有真山趣味，山上路径曲折，有豁谷之致，是较早时期所叠；西段杂用湖石堆砌，比较杂芜，是晚期修补所成。在山下(西北)凿池成潭，山脚立大石块，刻流玉二字。在山上此处下望有如临深渊之概。山上林木森然，箸竹遍生，封满山石，更显得山色天然。环山绕以修廊，配以亭榭，东段最高处的沧浪亭，方形，建筑古朴，亭柱上刻有"清风明月本无价，近水远山皆有情"一联。但后来南面建明道堂，西南面有五百名贤祠等壅塞其前，即使登亭，也不能远眺。后来只好于南端建看山楼，作为补救。

明道堂是园中最大建筑，显得庄严静穆，苏州有名的三块宋碑刻(天文图、地理图、平江府图)拓片

图 10-127 沧浪亭总平面图

挂在其中。堂南为广庭，庭南为瑶华境界，中有清同治年间江小云书"瑶华境界"匾额。堂与屋北南相对，自成院落。在明道堂西，东段假山南为一长五间的清香馆，间有分墙，中间贯通，如画廊形式。清香馆后（南）为五百名贤祠。再南，掩映在翠竹丛中有曲折小屋三间，便是"翠玲珑"，境极清幽，取苏子美诗句"日光穿竹翠玲珑"之意。全园最南部，由明道堂后沿着右边走廊前进，穿过花墙洞门，便到看山楼，楼建在一座假山洞屋即"印心石屋"上，结构精巧，翼角飞举，造型秀美。看山楼下石屋两间，中置石凳，屋额刻有清道光帝书"印心石屋"四字，石屋前砌假山石围成小院，洞门上刻有林则徐书"圆灵证鉴"四字额。看山楼原为眺远而建，但今日因南有高楼障前，无论山色田墅，都成梦影。

现状的沧浪亭，以北半部为胜，土石假山，石径盘回，树木森郁，箸竹丛生，景色自然。水面在外，成为外景，但沿水复廊，别具匠心，透通水山。南半部明道堂，五百名贤祠等庭院等布置简疏缺乏园林气氛，惟翠玲珑建筑三曲，掩映石竹丛中，较为别致，看山楼造型秀美，但因环境已变，失去原意。

可园

可园位于城南三元坊，与沧浪亭隔水相对。南宋时在沧浪亭范围之内，至清雍正年间，始名"近山林"为附属于行台的花园，后曾名乐园，又改名可园。

早在五代时，可园和沧浪亭一带是吴城钱氏近戚孙承祐的池馆别墅。北宋时，这里成了"崇阜广水"、"杂花修竹"的弃地。苏舜钦发现此地后，以四万钱购之(诗句：清风明月本无价，可惜只卖四万钱)，构沧浪亭临池，亭前竹林。水之阳即北岸，即后成为可园之地区，也是大片竹林。之后，章惇化三百贯买下沧浪亭，包括隔岸的"洞山之地"(即后来的可园)，扩建时在"洞山之地"土下发现许多嵌空大石。南宋初，沧浪亭曾为韩世忠的宅第，曾大事扩建，可园是其第宅的一部分。再后，沧浪亭为大云庵二百多年，此段期间，可园历史不详。直到清雍正七年(1729 年)，江苏巡抚尹继善废祠改建近山林行台，为官僚宴集之地。近山林是附属于行台的花园，园内有山有水，以邻近崇阜广水，林木苍翠的沧浪亭而得名。后曾改名乐园，取"智者乐水，仁者乐山"之意，但被人误认为行乐之乐。乾隆年间，有位大吏认为行乐不可训也，遂改名为可园。

道光七年(1827 年)，朱兰坡主持正谊书院，当时书院寝室甚隘，西面的可园颇敞而近，作为使节燕集之所，自撰《可园记》。同年，江苏布政使梁章钜，将可园归于书院，并进行修缮，有观鱼种荷的清池、抱清堂、垂钓平台、坐春舻、濯缨处、环池廊庑以及北部的小园小池、启轩、内舍。咸丰十年(1860 年)可园毁于战事，光绪十四年(1888 年)可园进行重建，有主厅学古堂(即抱清堂)、藏书楼、一隅堂、浩歌亭等。光绪三十一年(1905 年)，先后为江苏游学预备科，江苏存古学堂(包括可园西南的沈文悫祠堂。民国年间，此处为省立苏州图书馆。建国后，为苏南工业专科学校、苏州医学院使用。1963 年列为苏州市文物保护单位)。[61]

可园现状尚保护良好，尚未开放。可园布局以水池为中心，四面厅堂亭廊环池而置，土山位于池北堂后，山池古树，修竹梅林，与对岸沧浪亭相映成趣。园中水池亩许，蓄鱼种荷，池水清泓可挹。池岸低平，缘涯垒石可憩，平台临池可钓。沿岸植枫杨、榆、朴、梅、竹。

可园大门与沧浪亭入口隔池相对。进门厅内临池月洞门上有苏州近代著名书法家蒋吟秋所题砖刻"小西湖"。把清堂位于池北，四面观景。北临清池，借沧浪亭苍古林木之景；南面为浩歌亭，山丘梅林；西廊原有舟形坐春舻亭，借风观月，后为舠亭；东部有思陆亭(即一隅堂)。原有冬日筵客的濯缨处三间，有廊庑相接，现已部分毁损。园北部原有小池小园、启轩和内舍，已经改建。园西部，属学古堂时建藏书楼，楼下为博约堂，尚完好。《可园记》和《学古堂记》碑刻现存西廊庑壁面。可园原盛栽梅花，有"江南第一枝"之誉的铁骨红古梅，现已不存。

可园现存面积约十亩，东为正谊书院故址，西为沈文悫生祠。现已列入近期建设规划，准备整修后开放。[61]

苏州近郊区和辖县诸园墅：

留园

留园在阊门外三里，明朝称花步里(明袁宏道《袁中郎先生全集》卷十四："园在阊门外下塘；清钱泳《履园丛话》:在阊门外花步洞庭")。明嘉靖年间太仆寺徐泰时(字同卿)在此地置东西两园。东园内有池有石,花木翳然,颇具濠濮间趣,为徐氏觞咏之所。据万历年间袁宏道(字中郎)记载:"徐同卿园,在阊门外下塘,宏丽轩举,前楼后厅,皆可醉客,石屏为周生时臣所堆,高三丈,阔可二十丈,玲珑峭削,如一幅山水横皴画,了无断续痕迹,真妙手也。"可见东园规模宏丽,搜罗异石,延名手周时臣(秉忠)筑假山,叠石如屏,如一幅横皴山水画,可见其拼叠之妙。现留园中部池北、池西假山,下部以黄石堆叠,可能是当时遗物。上部后经多次修理,杂置湖石,较琐碎而零乱,画意全无。西园为徐泰时之子徐溶所居,后舍宅为寺,即今之戒幢律寺。

清乾隆年间,东园为刘恕(号蓉峰)所有的别业,经在旧地上修葺增建,于嘉庆三年(1798年)落成,"竹色清寒,波光澄碧,擅一园之胜,因名之曰寒碧庄"[见嘉庆六年(1801年)钱大昕《寒碧庄宴集序》]。后亦称寒碧山庄。刘恕性好石,聚太湖石十二峰于园内。观月有亭,藏书有阁,招邀朋旧相与诗酒唱酬,成为吴中之胜地。园在花步里,故又名花步小筑。嘉庆二年(1797年)钱大昕为《华步小筑》题识,今存砖刻。民间又俗称刘园。清中期的刘园,其规模东自揖峰轩,西至中部山池涵碧山房一带。乾隆五十四年(1789年)王学浩绘有寒碧庄图,可见竹、树、峰、水之情;乾隆五十九年(1794年)绘寒碧庄图,可见池岸整砌护有栏杆,有玲珑湖石和山石等。到嘉庆二年刘懋功绘《寒碧山庄图》,形象地描绘了全园诸景颇详。寒碧山庄自道光年可供人游览。钱泳《履园丛话》卷二十,寒碧山庄条:"寒碧山庄在阊门外花步洞庭,刘蓉峰观察所筑,园中有十二峰,皆太湖之选。道光三年(1823年)始开园门,来游者无虚日,倾动一时。"

清咸丰末年,苏州遭兵燹,阊门一带数十里高台广厦尽为煨烬,惟刘氏一园巍然独存。此后十余年,园中水石依然,但亭树倾圮,逐渐荒芜。光绪二年(1876年)盛康(字旭人,号方伯)出资购得,缮修增筑,

平之、攘之、剔之,使嘉树荣而嘉卉苗,奇石显而清流退,凉台、燠室、风亭、月树,高高下下,迤逦相属,园貌焕然一新,"遂谐刘园之音,命名为留园",也有长留天地间之意。留园的规模在寒碧山庄(中部)的基础上,扩建了东部为冠云峰建造的一组建筑群,北部的又一村和西部的土石假山自然山林一区。[61]

日伪时期,留园又遭严重摧残,曾作兵营马厩。建国前夕园已芜秽残破不堪。建国后,经政府保护,20世纪50年代初就投资抢修,留园得以全面修复。1961年由国务院公布列为全国重点文物保护单位。

留园(图10-128)包括住宅、祠堂、辅房和宅园共占地约50亩,宅园部分约28亩,是苏州大型宅园之一。住宅建筑早毁不存,现为五福弄民居。家祠在中部,四进祠堂结构完整,现为医药公司仓库占用。宅园西南角上原是宅园的附属下房,现散为民居。留园入口设在正宅和家祠之间。当时园主为邀请宾客游园或节时开放游览以及修缮之需,故专辟园门。今天留园入口仍保持原有格局。入大门后,经曲折的长廊和两重小院,到达"古木交柯",迎面一排漏窗,透过漏窗隐约可见山池亭阁以及轩楼层次,是半揭全园的序幕。

扩建后留园布局可分为四部分:中部是寒碧庄原有基础上山池之区;东部为华丽精雅的轩馆庭院区;北部是竹林深处的又一村;西部是山林丘壑的别有洞天。东、北、西三部分是光绪年间扩建的。

中部山池水木明瑟,西北为假山,水池中偏西南,西南为建筑,这样使山池之景置于受阳一面。由古木交柯西出华步小筑,北为绿荫轩,旁有大青枫绿荫如盖(今古青枫已衰亡,补植青枫树尚小)。轩东为明瑟楼,有"步云"石梯可登楼,楼依涵碧山房(为主厅),房前有宽敞的平台,面临水池,房后(房南)有牡丹台小院。从涵碧山房西循爬山廊可上至西部假山高处,桂树丛生,中有亭名"闻木樨香轩"。山为土筑,叠石为池岸蹬道。假山用石以黄石为主,整体看来,山石嶙岣,气势深厚,尤以西南一带较好,但在黄石上列湖石峰,大致后来修缮增置,既不协调,也

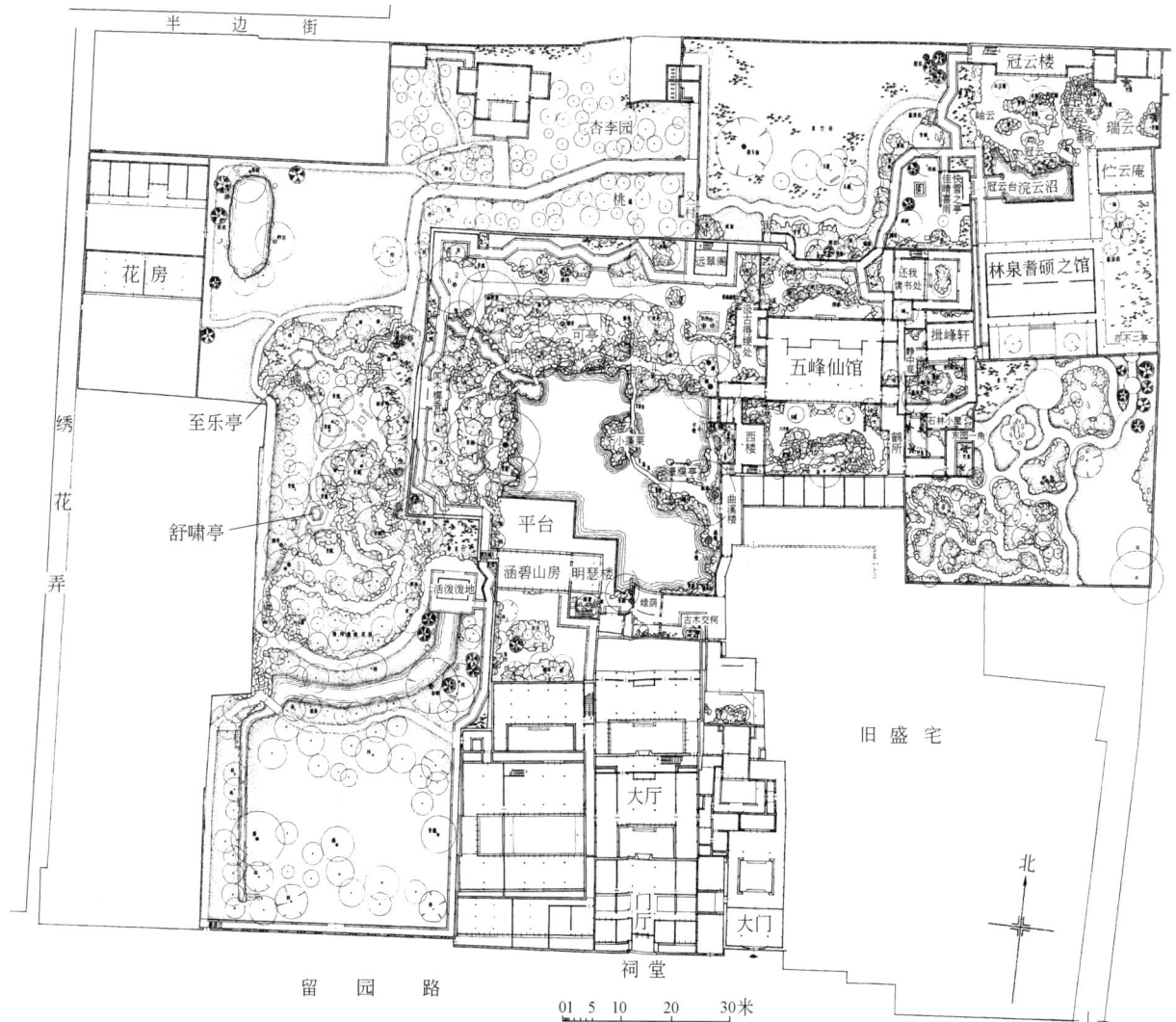

图 10-128　留园总平面图

嫌琐碎。假山西段与北段之间有山涧，似水之源。洞口有石矶，上架石梁，渡桥上池北假山，上有六角小亭，名可亭。假山东界及北界有爬山廊曲廊延接至西端远翠阁。登闻木樨香轩或可亭俯视，园中部景色尽收眼底。池水东南成湾，由于平台和建筑关系，这一带池岸，规整线直，稍嫌呆滞，而且绿荫轩距水面嫌高，不及网师园濯缨水阁的位置得当。池东以小岛"小蓬莱"及平桥划分出东北湾一小水面，与东侧清风池馆和濠濮亭组成一个小景。池东岸南段为曲谿楼，有文徵明书曲谿二字嵌在门墙上。这一带原有古拙枫杨斜出水面，使环境幽静水影生动。但枫杨现已不存，虽经补植，终非昔比。

东部：从曲谿楼下进入东部（上梯登西楼）壁间有著名的留园碑帖石刻。北进有水轩幽敞，即清风池馆。后边通过走廊到五峰仙馆又名楠木厅（梁柱用楠木），是苏州宅园中规模最大、装修陈设最精致的厅堂建筑，厅南前院内叠湖石假山，是苏州各园厅山中规模最大一处，叠掇精巧，相传有石像十二生肖形态，后院假山洼处砌有山石金鱼缸自然可玩，前后两院通过厅内的纱槅，相映成趣。五峰仙馆西北角联有"汲古得绠处。"

五峰仙馆与"林泉耆硕之馆"之间，有一组曲折精巧的小楼书房庭院。五峰仙馆厅山前院东有大框窗如画的鹤所（旧时由住宅入园之门在鹤所附近）。从鹤所东南角门循廊一折可进入盛氏扩建的仙苑停云庭院和"东园一角"。东园一角旧有戏台已毁，现改建为曲径秀亭，林木苍翠的现代式小园。由鹤所东直北。先是石林小屋小院，然后经过砖刻"静中观"门洞进入揖峰轩，轩窗口处置有竹石，轩前庭院中立湖石峰，其西为"还我读书处"。以廊和墙围成大小各异的多个小院，或置湖石、石笋，或植翠竹、芭蕉，或种松柏、花木，构成各具画意的小院。

由五峰仙馆后循曲廊北上东折为一座高爽的"佳晴喜雨快雪之亭"，自成一小院落，亭有楠木屏风六扇，雕刻的走兽花木颇为精巧。绕屏门后出圆洞门，紧接"冠云台"、浣云沼，南有林泉耆硕之馆，北为矗立"留园三峰"的峰石园和北界冠云楼这一盛氏新建区。盛氏葺治留园二十年，先后购得冠云峰等奇石和隙地后，于光绪十七年（1891年）立峰筑屋建成斯区，成为留园的组成部分。林泉耆硕之馆是鸳鸯厅建筑，比五峰仙馆略小而精，中间有屏门隔开为两半，前后两部制作不同，前半梁柱有雕刻，后面无雕刻，中央屏门两面分别为《冠云峰图》和《冠云峰序》木刻。馆北浣云沼，半方半曲，池水清澈。在沼西冠云台，既可观峰石的倒影，又可赏附着枸杞古藤（现古藤已衰亡）的岫云峰。沼北矗立峰石，以冠云峰为吴中太湖石峰尺度最高者（高达三丈），相传是明朝东园旧物。冠云巨峰雄秀，位居正中，东西两侧有瑞云、岫云相辅。三峰下面，湖石围成花坛小径，罗列小峰石峰，点缀花草松竹。冠云峰东北有冠云亭，亭依一座小假山，上假山石级，到冠云楼。登冠云楼前望，可以一览园中全景，后望到虎丘一带风景历历在目。冠云楼下中间壁上嵌有古化石一方，现出鱼蟹等动物骨骼形象，浣云沼东，瑞云峰之南为仁云庵。

北部：冠云楼西出走廊是一片竹林，这里原有"亦豁庐"、"花好月圆人寿楼"等，已毁。进"又一村"洞门，原是一片桃、杏、李、竹以及瓜架等，富有农家田园风光，取意于陶渊明柳暗花明又一村的意

境。这里现在辟为盆景园。

西部：又一村西往南为长条带地，占地有十多亩，称"别有洞天"区。西部之北为土石相间隆阜。山上有一片枫林，春夏绿荫蔽天，深秋灿烂如霞，与中部银杏的入秋叶老，红黄相映，秋色宜人。枫树林中，原有亭三座已毁坏，现恢复西南一座名"舒啸亭"，西北一座名至乐亭，西部南为平地，山前平地间围小溪一道由东北折西向南流去，转折处有石桥。溪尽头处，壁上嵌有"缘溪行"三字。溪两岸遍植桃花杨柳，以符《桃花源记》中缘溪行的情景。山的东麓，即溪源处有跨溪而建水轩"活泼泼地"。在水轩前廊看枫林秋色，非常美丽。活泼泼地东侧有长廊绕西部东界再折西至缘溪行三字尽端。从活泼泼地东曲廊北上有"别有洞天"砖刻额边门，进门就回到寒碧山房。

戒幢律院（徐氏西园）

前述明嘉靖年间徐泰时置东西两园。西园为其子徐溶舍宅为复古归原寺。崇祯八年（1635年）延报国茂林祇律师开山，改名戒幢律院，园居其西。茂殁，建全身塔于此（见《百城图咏》）。咸丰同治兵燹，寺园均毁。民国年间寺已重新建，今园也修复。园的主体在放生池，池中心立亭（称湖心亭），有曲桥达两岸。岸东有四面厅及长廊，与罗汉堂比邻，岸西修为花园。关于西园、戒幢律院，略识数语附此。

西出阊门，北去虎丘的山塘、半塘一带有不少明清的园墅别业。这里仅举登虎丘前的便山桥南塔影园和二山门西侧的拥翠山庄为例。

塔影园

虎丘便山桥（今望山桥）南数武的塔影园是文肇祉（文徵明孙文彭子）的别墅。他在山塘南岸，诛茅结庐、凿池疏泉，名海涌山庄（虎丘初名海涌山）。池成而塔影见，故又称塔影园。园处郊胜，萧疏豁朗，文彭题云："篱豆花开香满园，赤阑桥畔塔斜悬，偶思小饮沽村酿，门外鱼虾上泊船。"一派村野风光。园后为居士贞所有，居士贞去后，园渐颓败。明天启年

间，园为松陵赵氏所有，临池结屋，稍具规模。清顺治六年(1649年)，明南京国子生顾苓(云美)购园改建称云阳草堂。顾氏于园中筑室称松风寝，于室外三面各种长松数十株，沐日浴月，吐纳烟云，风声籁籁，昼夜不绝，门楣间勒明崇祯帝书"松风"二字，名为取景，实为怀旧。此外还有倚竹山房、照怀亭。亭周高梧如沐，落落清阴，取"梧桐月向怀中照"之意。登照怀亭，"览烟云之瞬息，识世变之靡常，沂流光之空明，喻予怀之渺渺"，为抒其遗民的怨怼。[56]

拥翠山庄

拥翠山庄在虎丘二山门内的西侧山坡。二山门即断梁殿，旧名梁双殿，为元朝建筑，正梁为两木接合而成。山庄的始建缘于清光绪十年(1884年)洪钧、朱修庭、彭南屏、文小坡与寺僧云闲访获梁代憨憨泉，泉水甘冽。于是众人集金在泉旁隙地，随山坡形势高低筑垣并建屋十余间，名拥翠山庄。按憨憨泉相传为梁代憨憨僧所凿，井旁石刻憨憨泉三字，为宋朝吕仲卿所书。

山庄掩映在西坡绿树之中(图10-129)，面南门墙上有醒目的龙、虎、豹、熊四个石刻大字，刚劲有力，为咸丰七年(1857年)桂林陶茂森书刻，由他处移此。登石级入园门，院内小轩三间，名抱瓮轩。轩外东南即憨憨泉。轩后地形升高，石墙壁立，东侧向下有便门通憨憨。轩北不远处有阶可登平台，上建问泉亭，指向古泉。亭西北二面为湖石假山，并立石峰数块，间植花木，布局简洁紧凑。园西界有月驾轩与亭相呼应，轩系光绪十三年(1887年)，江苏巡抚松骏所建，内置有虎丘古称海涌峰的石碑。亭的东下方是临山径的拥翠山房，属后人所建。沿假山蹬道宛转而上，便是全园的主要建筑灵澜精舍。舍前平台可近览山庄园亭，远眺狮子山景。精舍的东侧有宽大的石平台，北望可借云岩寺塔(虎丘塔)，凭栏可俯观千人石、试剑石等景色。从问泉亭到灵澜精舍，高下曲折，景物宜人。在精舍轴线的北端，隔小院建后堂，名送青簃，两侧斜廊相连，形成幽静庭院，内植桂

花、石榴数株。[61]

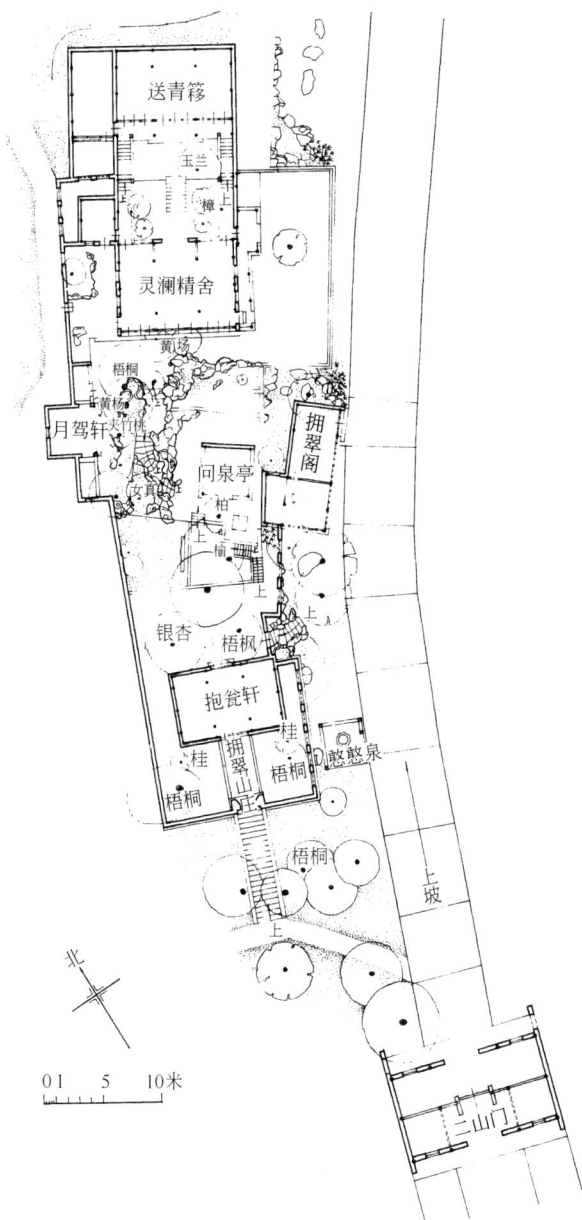

图 10-129 拥翠山庄总平面图

拥翠山庄因筑于山坡，内无水池，但访泉建园，借泉点景，别具一格。全园随地形辟台地四层。园前后部的抱瓮轩、灵澜精舍和送青簃三组建筑庭院为规则式布局，但中间问泉亭组，则有湖石假山，间植花木，曲折有致，富于变化。拥翠山庄的营建，既善于因地制宜，台地四层，逐层升高，又巧于俯借远借园外景物。山庄本在虎丘景中，又自成一景区，是一座别具风格的山林园墅。

虎丘附识

虎丘旧名海涌山，早在春秋时吴王夫差将其父阖闾葬在此处（传说，葬后有白虎踞墓上因名虎丘，实际在虎丘西南有狮子山，即崔峨山，形如卧狮，苏州人俗语有狮子回头望虎丘之说，可以推测，虎丘也以象形得名）。虎丘山并不高大，远望不过是平野中一个小丘，但登山而至千人石，便觉气势雄伟，仿佛身在深山大壑间，由于风景幽美，历代名人在这里留下不少遗迹。晋代的王珣、王珉在山下建别墅，后来舍宅为东、西二寺，会昌时，迁二寺于山上，合二为一，名云岩寺。自隋至清末，虎丘曾被毁七次，历朝寺宇，都成灰烬。现有建筑，皆后来重建，现存古迹，仅宋建云岩塔和元建断梁殿。

进二山门直奔上山，路东侧有巨石裂而为二，很像剑劈，相传吴山铸剑得干将、莫邪，以此石试剑，这是一种附会之说。在试剑石对面有巨石，很像一个大枕头，后人附会说是晋高僧生公在此休息，以此石为枕，故名枕头石。在路尽头有大石，广数亩，平坦如砥，高下如削刻，气势雄壮。相传生公在此说法，列坐而听者千人，故名千人石。其上有生公讲坛四字，为唐李阳冰所书，或云为宋蔡襄所书，已不可考。在千人石后，别有洞天之内，两岸划开，峭壁如削，中涵石泉，即剑池。根据古书所载吴王阖闾墓即在其下，葬时以宝剑三千殉葬，秦始皇为了求剑，曾经发掘过一次，剑没有找着，却将山石凿成水池，有一丈五尺多深，因此，名为剑池。但据宋朱文长说法，剑池是古人冶炼宝剑时淬剑之池。崖上有明代石刻云：万历间，剑池水涸，见吴王墓门，以土掩之。照此吴王墓好像确在此地。1955 年为清除垃圾淤物，用抽水机抽干池水，发现池北尽头水底，有石缝上锐下宽，入其内如一穴，可容四五人，穴北有壁，用大青石板叠砌，显然为人工所作，是否即为墓门，难以确定。

虎丘塔原名云岩寺塔，其地乃晋王珣琴台故地，隋时始建木塔，后毁。现塔为砖石结构，凡七级，建于五代末年，因年久失修，塔身倾斜有损裂，已经危险，1957 年加以修整，每层用钢筋加固。在整修时，于第二层夹层内，发现石函，内有木匣，匣内藏写经七卷，匣底有墨笔题字，为建隆二年（宋太祖年号，961 年），这一发现证明了建塔正确年代。现虎丘云岩寺塔为国家重点文物保护单位。

光福邓尉的耕渔轩、雪屋和晚香林。

耕渔轩

光福镇西的耕渔轩，建于元末明初，园主徐达左（字良夫），自称躬耕而食，垂钓而渔，暇日挟册而学，筑耕渔轩而隐居，不求仕进，与名人相唱和，自得其乐。园踞湖山之胜，旁依鸣凤岗，下临虎溪下淹湖，以鸣凤冈、邓尉山、龟山等为背景，而虎溪碧波千顷汇身于下，隔山看山，层峦叠翠，环绕于外。园中有扶苏之林，葱倩之圃，园外有松、筠、橘、橙、青青郁郁，梅花成林，芬馥烂漫。景泰中，徐达左的曾孙徐季青于轩左构先春堂。后园渐荒废。

清嘉庆初，刑部侍郎查澹余（世倓）购耕渔轩遗址以及邻近的林、亭、池、馆，重加葺治，称邓尉山庄，绿波环绕，峰岭若屏，妙景天成，共有二十四景。进门树丛蓊郁，曲径逶迤，有大厅五间，储藏古籍，称思贻堂。堂后峰峦罗列，有英石一座，峻嶒秀削，叫小绉云。辟峰之北，巍然高峙的是御书楼。楼东多古树，树旁建屋，叫静学斋。斋的西北有回廊盘桓，称"月廊"，取杨诚斋"月到西廊第二间"诗意。循廊可达斗室，称宝褉龛。临摹隋开皇本兰亭集序嵌石于壁。龛后有隙地种蔬果，称蔬圃。面圃筑轩，仍称耕渔轩。轩外柳堤纤曲叫杨柳湾。堤尽有高阁凌空，为"塔影岚光阁"，邻借光福铜观音寺塔。阁西有小楼相连属，称"澹滤簃"，登楼看山，翛然物外，取"青山澹吾虑"之意而名之。楼东为藏书画处，称读画庐。稍南有池水一泓，澄清如镜，叫钓雪潭，倚栏观鱼，使人作濠濮间想。潭上有舫，右称银藤舫，屋檐下古藤纠结，绿荫如幄；左称秋水夕阳吟榭，临水朝南一屋叫金兰馆。潭水折北，有石桥横架于潭上，叫鹤步徛。徛东有一亭建于土阜之巅，为石帆亭，登亭可远眺邓尉西之石帆山。亭旁有斜坡蜿蜒而西，种梅树数十株称索笑坡，坡上有屋三间，为梅花屋，是园主赏梅读史处。由坡而上，称听钟台，遥听山寺钟声。自台而下，有茅屋四壁遮挡，惟南面开窗，叫无棣传经室。向西为逃禅处，称春浮精舍。其南以槿为篱，修竹万竿，遮天蔽日，中藏清凉世界，称竹居，门窗几案尽为竹制。[56]

邓尉山、香雪海附识

邓尉山在城西南六十里。相传汉时有邓尉隐居于此，所以叫作邓尉山。从苏州沿木渎公路前往，绕出滨湖一带连山之后，到光福镇。这一带起伏的山岭，叫光福山。东麓二里有妙高峰，下有七宝泉，西有寿岩泉。山西北有龟山，上有光福塔，所以俗称塔山。光福一带，山深地僻，是太湖北岸的一个奥区，不过是邓尉的前卫。邓尉在万山之中，太湖绕其西、北两面，地势幽僻。山中人以种梅艺茶为业，山坞里过去都是梅花，开花时，繁花似雪，暗香浮动，微风吹过，香闻数里。正北半山旁有亭一座，作梅花式，顶作仙鹤形，前面有碑，大书香雪海三字。或云清康熙时，宋荦在山半崖石上题香雪海三字，其名遂著。不过20世纪30年代以来，梅花被砍伐很多，香雪海也仅徒具虚名。建国后，梅花亭已经修复，梅林也扩种，经过多年培养以后，香雪海当可渐复旧观。[55]

司徒庙

邓尉山的山坞正中，有祭祀东汉邓禹的司徒庙。庙前后二进，规模不大。但东南别院中，有四棵古柏，却很著名。相传古柏为汉时物（明人笔记中已经提到，所以至少有五六百年以上历史）。这四棵古柏，分别号称为"清"、"奇"、"古"、"怪"。所谓清者植株挺直，茂如翠盖；奇者卧地三曲，形同之字；古者秃顶扁阔，半朽如掌；怪者体如螺丝，斜卧地上，如倒走虬龙，据说是受雷霆震击，劈而为二，绝而复苏者。这四棵古柏，的确是邓尉山的一个奇观。[55]

雪屋

儒生徐孟祥，结庐于光福南街，为读书之所。以白茅盖顶，白垩涂壁，不加华饰，名为雪屋，表示屋主洁白不染，志行高洁，屋建成时，正值雨雪，一白千里，遍覆大地，万物埋没，不见生机。然而，生意藏于雪屋之中。雪屋是有寓意的，简陋朴素的宅园，其寓意是：孟祥居于深山，不为世用，穷困在下，如隆冬雪覆，郁郁不得志也。[56]

晚香林

晚香林在光福邓尉山旁凤冈，昆山顾天叙退休后，在光福筑室养老。他在居室墙外，发现一块本山之石，挺然如舟，领人挖土剔石，渐挖渐大，花了七年时间，全石袒露，高如石矶，平如砥石，奔腾如浪，俨然一块绝妙如画的巨石，是真胜假，是天然胜人工，就地以自然山石成景。他在石旁构小亭，叫"石浪"，取其形似。建成一轩叫"画不如"，取其景胜。有一斋称"蝉叶"，取"蝉叶自蔽"之意。有阁叫清音，有台为景范，称寝室为"第一玄"，采自陈希夷诗："欲知睡梦里，人间第一玄"。称墅名为"翔鸿"，取"翔鸿安可笼"之意，他把自己比作正在自由飞翔而不能用笼子关起来的大雁，也寓意人虽退休而志不休，真乃"老骥伏枥，志在千里"也。有廊名雁影，取"雁过长空，影汛寒水"之意，所谓人过留名，雁过留影也。韩魏公诗："莫嫌老圃秋容淡，且看黄花晚节香，"因而命其宅园为晚香林，为保持晚节而自勉。[56]

晚香林是一座处处富有文学意味，以斋室廊墅命名，自况意趣的宅园。

天平山、白云泉附识

天平山在城西南二十多里（灵岩山北）。山多奇石，环形异状。山下古枫数百株，深秋一林红叶，成为天平胜景。又有古松数百株，林中有很多鹰巢，老鹰飞翔上下，是天平另一特色（现已不存在）。从山麓上去，半山有白云泉，泉声潺潺，以唐朝白居易"天平山上白云泉，云本无心水自闲"的两句诗而得名。

据《苏州府志》卷六记载，它是"吴中第一水"，西壁撑空，下临深渊。石罅中别有一泉，注出如线，叫作一线泉，即所谓钵盂泉。又有古松螺蚪如盖，叫作华盖松现已不存。前面有阁，叫作白云晶舍，却倚悬崖，前临平野，是品茶饮泉憩息处。[55]

从白云泉而上，便是龙门。由于这里两崖划开，对立如门，仰望青天，仅余一线，故又称作一线天。从此上山，一路都是奇石。"飞来峰"高可二丈，上锐下侈，微附盘石；"卓笔峰"高约三丈，截然卓立于此石之上；"大石屋"，三面壁立，上覆二大石；另有小岩，上面有盖，斜蔽其顶，叫作"头陀崖"；还有五丈石、卧龙峰、巾子峰等都是山石奇迹。

山上最高处，叫作望湖台，上面有一大石，作圆形，面向太湖，水天相接，东、西洞庭山，缥缈湖山，风光胜绝。[55]

山南古有白云寺，后来是宋朝范仲淹的功德院。明代天平山庄清朝改为高义园。现已整修一新，房舍依山建筑，共分四进，而以第二进御赐楼（乐天楼）为精美。有白云亭，形制奇特，有水池，湖石砌岸自然。山坞里（东坞）有范氏的祖墓。西面有"笔架峰"，其后群石林立，叫作"万笏朝天"，上有石刻，是清朝钱大昕所书，笔力雄劲。[55]

寒山别业

天平的支山，叫作寒山，石壁峭立，飞瀑如雪（叫作千尺雪），有阁叫作听雪阁。附：清龚炜《巢林笔谈》卷二白云泉条，称："天平山之白云泉，西山幽丽奇处也。予谒范墓登此，泉声潺潺，与千尺雪竞爽。"将千尺雪与白云泉并赞。

寒山别业在天平山之寒山岭，为赵宦光（凡夫）所筑，与其妻陆卿偕隐于此。宦光因天然地形，自辟岩壑，构小宛堂，藏书其中，家具陈设，翛然绝俗。别业中有云中庐、弹冠堂、清晖楼、千尺雪诸胜景。尤以千尺雪，引山泉沿峭壁飞流而下，最为胜绝，脍炙人口。

灵岩山、寺附识

灵岩山在城西南二十五里的木渎镇。因为山下的连嵫村，产石可以做砚，所以又叫砚石山。依照《吴城春秋》、《越绝书》记载，山上是吴王夫差馆娃宫的故址，所以有西施洞、响屧廊、吴王井等名目，大概是后人附会旧迹点缀风景。但山势雄伟，风景秀丽，全山数万株松林，极苍翠之致。松林在上世纪七十年代因患松干蚧病害全毁。后补植国外松。

从山麓而上，半山有石鼓及石龟，形状毕肖。左端有石罗汉。再上去是百步街，不远即到灵岩寺山门。从山门前望，有一水通太湖，其直如矢，叫作采香泾。山顶上的灵岩寺，系晋朝的陆抗舍宅改建；东晋时有名僧智积，曾从西土来此居住。宋朝太平兴国元年（976 年），孙承祐为他的姊姊吴越国妃建砖塔于此，明万历二十八年（1600 年）塔被雷火所毁，后又重建。现在从山门进去，先是大雄宝殿，寺内的塔，叫作灵岩塔。塔前有石壁耸起，叫作灵芝石。循南西上，从前有一道小斜廊，便是传说中的响屧廊，现在已经不复存在了。

灵岩寺右，有高台地一方，现寺僧已辟为花园，布置山石。上有井二口，圆的叫作吴王井，八角形的叫智积禅师井。前面有池，大旱不竭。再西登山，最高处叫作琴台，相传为西施鼓琴之所。从琴台南望太湖，东西两山，滴翠浮碧，如在白银世界之中，风景异常秀丽。[55]

灵岩山馆

"灵岩山馆在灵岩山之阳西施洞下，乾隆四十八九年（1783、1784 年）间，毕秋帆先生所筑菟裘也。营造之工，亭台之胜，凡四五载而始成。至五十四年（1789 年）三月，始将匾额悬挂其门，曰灵岩山馆，……。二门曰钟秀，……自此盘曲而上，至御书楼，皆长松夹道，有一门甚宏敞，上题丽烛层霄四大字，……由楼后折而东，有九曲廊，过廊为张太夫人祠，由祠而上，有小亭曰澄怀，观道左有三楹，曰：画船云壑，三面石壁，一削千仞。其上即西施洞也。前有一池，水甚清冽，游鱼出没可数，……池上有精舍曰砚石山房"（钱泳《履园丛话》二十，灵岩山馆条）。

又云："至嘉庆四年(1799年)九月，忽有旨查抄，以营兆地例不入官，此园尚无恙也。自是日渐颓圮，苍苔满径。至丙子年间(1816年)，为虞山蒋相国孙继焕所得"。

逸园

"逸园在吴县西脊山之麓，康熙中，孝子程文焕庐墓之所。右临太湖，左有茶山、石壁诸胜。每当梅花盛开，探幽寻诗者必到逸园，其主人程在山先生名钟，即孝子孙也。……其所居曰'生香阁'，阁下为'在山小隐'，琴尊横几，图籍满床，前有'钓雪槎'，其西曰'九峰草庐'、'白沙翠竹山房'、'腾啸台'，下临'具区'(指太湖)，波涛万顷，可望缥缈、莫釐诸峰，虽员峤、方壶，不是过也。……在山亦旋卒，一子尚幼，为地方官买得而造行官，则向之亭台池馆，皆化而为方丈瀛洲矣。乾隆四十五年(1780年)高宗纯皇帝南巡，驻跸于此，……回銮后，此园遂废，今隔四十年，已成瓦砾场，无有知其处者"(钱泳：《履园丛话》卷二十逸园条)。

西洞庭、洞山林屋洞附识

"西洞庭，周八十余里。……其峰缥缈最高(有鹰头石，然有草无木，多土少石)。缥缈之南，其左偏坡陀为竹坞岭，东为上方山。又东罗汉山，……罗汉南鸡笼山，一得山。竹坞南为飞仙山，稍西为秦家山。自秦家岭折而南逾抛壶岭，为下方山，稍东为洞山，林屋洞在焉………却洞山西走，长而狭者为梭山，明月湾在焉；一峰斗入湖为石公山，可盘湾在焉。其右诸峰，……又南为圻村山，中有石屋。稍东为龙头山，梭山、龙头之间是为消夏湾。缥缈之东，山势分为二，……缥缈之西，其高者为华山……缥缈之北，其高者曰涵峰"(录自《百城烟水》)。

"洞山，有林屋洞，面西。王文恪公题'第九洞天'，赵凡夫山人题'左神虚幽之天'于石。入洞如石屋，近口干，或可坐。稍进便如泥淖。以洞外地高于内，水积然也。如更前，便须俯身贴地而入。昔先外祖吴敏庵公尝言：徐武功有贞曾游林屋，偕有胆勇

者数十人，备鲑粮，继膏烛，奋身而入；并携石工自随，遇有不可入处，便凿'隔凡'二字。但顶闻风浪之声，似穿湖底，蝙蝠扑面，石乳沾身，其中奇窅茫不能悉。名雨洞，俗称龙洞"。"雨洞：循麓而南，山根一穴甚小，然好事者指为'林屋三门'，但其上其旁石壁陡削。王文洛题曰：伟观。""旸谷洞：面东，下瞰如深渊。""摩崖刻无碍居士《道隐园记》。居士，宋尚书李弥大也，退老于此。""其石尤胜者为曲岩，范文穆记其来游月日，想见为昔贤赏心处。玩花台，马舍人筑，分列可坐。伏象岩，二石绝似大象，万历间张元举题。无阂庵，赵凡夫书，万历间里人吴氏建"(录自《百城烟水》)。

石公山

"石公山在明月湾之西，与三山对。山有石公庵，石壁甚高峭。归云洞：面西，严太守剖辟而榜之。寂光洞：面南，在庵之东北。云梯：面东南，严天池太守题。联云峰：面东，石壁如帷嶂，王少傅题。一线天：又名风弄，面东，石南北拆，自麓达顶。石公石婆：山下大石坡甚广，傍水有大石二，俗称石公石婆(已被开山采石毁)。落照台：在庵之上，每年九月十三日，日落时晴明，看日月对照。石梁蟠龙：在山下，水涸则见"(录自《百城烟水》)。

东洞庭王氏二园：

静观楼

明正德户部尚书，文渊阁大学士王鏊的静观楼，在东洞庭山陆巷。此楼后枕寒山，前临莫湖，西洞庭山渺然如屏横列其前。湖中诸山，或远或近，出没于波涛之间，烟霏开合，顷刻万状，包山隐隐，太湖茫茫。此楼依山傍水而得湖山之胜。[56]

蠡舟园

蠡舟园为王鏊二兄王鏊所筑。王鏊隐居不仕，筑宅园于东洞庭山之野，取庄周"藏舟于壑"之意，名蠡舟园。王鏊周游四方，秦、楚、吴、越，无不涉足，泛舟江湖，自由去留，极其如意。但水以载舟，亦能覆舟。某次出游，乘舟于大泽，飓风随

作，波涛汹涌，茫然不知所归，虽有救，而余悸憧憧。年老后，不愿再以身试险。藏舟于壑，而避风险，以求其安。换言之，隐居于瑬舟园，以防世变之不测也。[56]

甪直梅花墅

甪直许自昌的梅花墅，改建于明万历末年，用暗管把园外之水引入园内，以水取胜。

进园门后，有杞菊斋，过斋盘蹬而上，便是映阁，由阁中观览景物：有廊通水，有亭跨水，有桥踞于水，山石、垂柳、修竹掩映其间。出阁再上登，可见到园西部用山石叠搓的峰峦、岩、岫等山景，纵目四望，见廊子围绕着水池，墙又围绕着廊子，钩连映带，隐、露、断、续，可望而不可即，这显然是沿着水池周边布置的建筑空间。池中荇藻，池边林木，绿染衣裙。从映阁下，入浣香洞，洞尽见石梁跨于小池上。过石梁，穿小西洞，登招爽亭。亭下池边，苔石斑驳，称锦淙滩。一廊隔水，竹树交光。折而北，有三角亭一，称在涧亭。再前，有一亭名转翠，怪石一尊立于亭旁，名之曰灵举。绕水的走廊称流影，廊接一亭叫碧荷亭，转南数十步，为维摩庵，再四、五十步，有一桥称漾月梁，桥上有亭，可临水观月。渡桥入得闲堂，堂的体制宏丽，堂前平台可坐百人，是歌舞娱客之地。堂西北构"竟观居"，奉佛。自映阁至得闲堂，由幽邃到弘敞，自得闲堂至竟观居，由宏敞到清寂，境界转换得体。竟观居临水，一面有浮红渡，渡北有藏书楼，再前为鹤籞、蝶寝。得闲堂东，建涤砚亭临墙，有门达墙外湛华阁。墙外是另一境界。最后有滴秋庵收尾。总的说来，梅花墅是一座以水为中心，水体处处渗透，处处贯通，亭廊堂后，竹木花石，布置合宜的宅园。[56]

羡园

"羡园在木渎王家桥侧。清道光八年（1828年）钱端溪所筑，称端园，并自为记。端溪能诗，盖隐居不仕者。木渎故有潜园、息园，咸丰兵燹，俱成灰烬。惟端园独存，旋归严氏。光绪二十八年（1902年）重茸一新，号为羡园（图10-130）。今之友于书屋及延青阁等处，皆端园旧胜。北临田野，登楼凭窗，远瞩天平，近望灵岩，极游目骋怀之致。园内布置，疏密曲折，高下得宜。木渎本多良工，虽处山林，而斯园结构之精，不让城市。惟失修已久，日就颓败"（童寯《江南园林志》）。近年已修复。

水木明瑟园

"明瑟园在上沙，初吴江高士徐介白隐居于此，后郡人陆上舍稹增拓之，遂称胜地，秀水朱竹垞检讨为作明瑟园赋，后复荒芜。乾隆五十二年（1787年），其族孙万劢尝得王石谷所绘园图见示，余为补书朱赋，于后忽忽三十年，又为毕秋帆尚书营兆地，今且松籁如怒涛声矣"（钱泳《履园丛话》卷二十）。

吴江县同里镇退思园

同里镇是江南水乡文化古镇之一，早在唐宋时代，已有非常繁荣的商业，宋元以来尤多名家望族，士大夫彬彬辈出。由于地方富裕，风物清幽，得舟楫之便，招引了如倪瓒、顾德辉、姚广孝、董其昌、沈德潜、陈祖范等著名文人来同里寓居，或授徒讲学。园池亭榭在同里这个名镇上先后兴建起来。据现存同里文献得悉有：南宋诗人叶茵的水竹墅别业，系跨江滨河而成，至今遗址可寻；元有江浙财帛司副司宁昌言的万玉清秋轩；元末有沈万三之婿陆仲和所建，包括疏柳桥、饮马桥和南北走街在内的宅园；同时还有叶振宗利用同里湖几个圩洲，联以大小桥梁，广达数里的水花园；明末有陈王道御史的浩庵园，中有三松书屋、春草池塘等馆舍；清朝有兵部尚书金士松后人的笏园等等；以上都是规模较大，兼有亭林池馆、烟水泉石之胜的宅园。建国前，同里尚有私人宅园包括退思园共六所，田野园林一处，即南云草庐；公有园林四、五处。其中被日本侵略军烧毁的罗星洲，更是经营了几百年，修建在烟波浩渺的同里湖中，有着多重殿宇楼阁、旱船游廊和荷池柳堤，堪与南湖烟雨楼、西湖湖心亭比美争胜的水上园林。[63]近年已恢复并扩建。

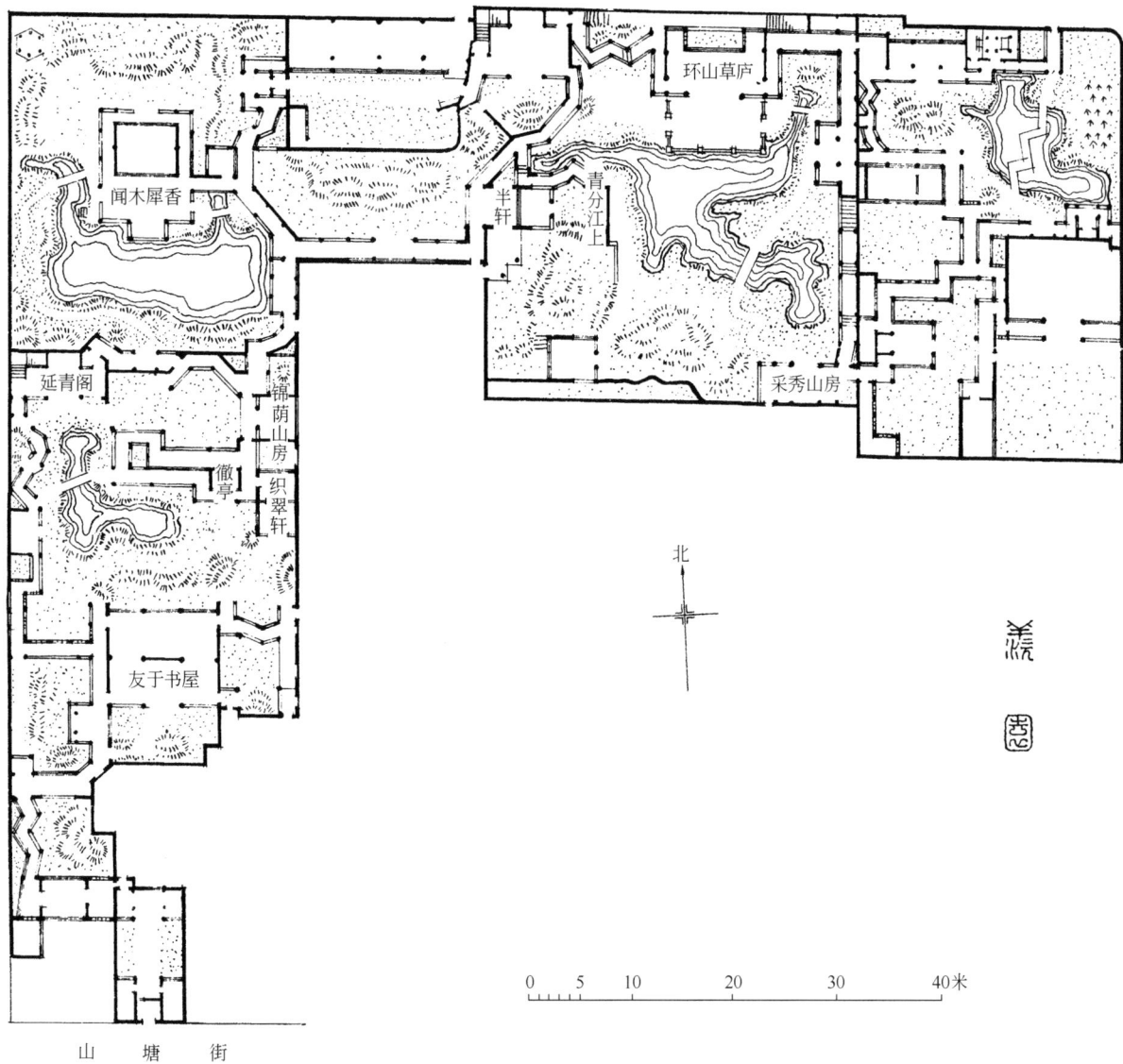

图 10-130　羡园平面图

退思园是任兰生(字畹香)的宅园。任兰生同里人，生于道光十九年(1839年)，因屡试不中，同治三年(1864年)捐同知投效安徽军营。后因镇压捻军有功擢升，光绪七年(1881年)升凤(阳)颍(州)六(安)泗(洲)兵备道，十年(1884年)内阁学士周德润劾其"盘踞利津，营私肥己"而查办，翌年解任归里。任兰生于光绪六年(1880年)就在同里水竹墅故址，修建了南云草庐，1885年退居乡里，已任了八九年兵备道，宦囊充盈，于是另建新第宅园，于光绪十三年

(1887年)落成的第二年以十万两银营建此园，取名退思(退则思过之意)。落成的第二年(1888年)任氏就病卒，这是退思园没有园记碑刻，一些屋宇没有定名或未经名人题咏的原因。此园关闭了二十多年。清末民初小主人任味之(传薪)斥巨资，在园东盖大楼、请名师，创办丽则女学(旧制中学)，花园是女学的一部分。以后又长期供小学所用。这个阶段，保护完好。直到建国后20世纪50年代初，虽因举办女校和数次人员更迭，但园的基本布局和主要建筑未有变动。

1958年"大炼钢铁"时开始破坏，后来修了一下。十年动乱中，三家工厂同时占用，住宅部分被辟为行政用房，轿厅和花厅因设车间而遭毁，不少建筑随意被拆被改，原有门窗栏杆挂落隔扇不翼而飞，梁柱蛀空，墙倒壁塌，退思草堂的屋顶开天窗，被作为危险品仓库，假山石被砸碎，只留骨架基石，九曲回廊支离破碎，断断续续尚有残存。园中古罗汉松被锯，花木被砍，杂草荆棘丛生。1982年决定修复，好在园林骨架还在，局部眉目可见，经规划设计，宅园部分基本按原布局安排，建筑按旧制修复和重建，退思园才免于毁灭，重获生命。[63]

退思园是任兰生请袁龙设计的。袁龙（1820～1902年）字怡孙，号东篱。袁氏为同里望族。东篱幼承家学，早岁为诸生而不应乡试，潜心诗词书画篆刻考据诸学，以授徒卖画为生。宅后自建小园，以粉墙作纸，用黄石叠成壁山，疏栽竹木，似倪元镇平远小景，名曰复斋别墅。园中亭馆窗腹，均亲手雕刻书画。故陈去病《王石脂》在述及东篱时说："（先生）澹泊宁静，翛然物外，尤有遗民之风，所居复斋别墅，亭馆幽蒨，花木扶疏，闻皆先生躬操锯凿为之，故得真趣。"[63]

退思园及第宅占地九亩八分（原袁家田址），第宅部分在西，退思园（约5亩）在东（图10-131）。第宅门在西南隅，第宅西部从轿厅进去为两进大厅，即花厅和正厅，中有天井。东进第宅中部，最南为五间下房，然后是两进走马堂楼各五间，上下檐廊相接，挂落栏槛，中为天井，典雅明敞，这是居住部分。进东腰门到第宅东部，中为宽大的古木遮荫的迎宾庭院，院北为六楼六底（下为两个厅）的坐春望月楼。与之相对的（院南）是各为三间的岁寒居和迎宾室。庭院西廊正中有靠西朝东的画舫式船厅三间，庭院东侧是座四面有景的叠石假山。庭院四周边檐廊相通。大抵由于地形局限（东西宽、南北窄），不能把厅堂楼屋放在一条中轴线上，于是把厅堂、内宅、迎宾庭院三组并列、巧妙安排，同时把第宅东近方形较大地块作为宅

园，足见匠心。

在迎宾庭院东廊中部有楣题退思小筑的月洞圆门进入退思园，便是三面临水的水香榭，驻此，全园景色在望。全园布局以碧水一泓为中心，绕池辟景，西岸及南有榭舫台轩，东岸为树木丛密的叠石假山和亭屋，北岸则为主要建筑退思草堂。水香榭正处在南北游廊中心。往南九曲回廊，即九间嵌有"清风明月不用一钱买"九个缕空小篆字的漏窗曲廊。再前东折入闹红一舸石舫，这是船身浮在水上而船屋在岸的小型船厅，再南就到了辛台，它是方形两层鸳鸯式临水建筑，故称为台。楼上为北向敞轩，轩顶为卷棚式歇山顶，三面有栏无窗，南面有室（硬山顶）高爽明亮。登梯而上，扶栏回顾，绕池屋宇皆贴水而设，东岸假山耸峙，有亭翼然山巅，池北退思草堂端坐，前有平台临水，辛台楼东有双层廊（俗称天桥）接水轩"菰雨生凉"。由辛台下钻至另成一院落两进厅堂，中隔花墙天井，俗称桂花厅。厅西有门可直达园外，是不经内宅出入花园的另一路线。

厅北即回廊，闹红一舸西南，有叠石台景和桂花、榆树。由辛台折东可见池边高达5米的峰石（系灵璧所产），经天桥向西，可经大假山石级而下，转身就到菰雨生凉轩，轩是破二作三硬山顶建筑，北面濒水，长窗疏栏，遥望池西北角揽胜阁，水面特宽，最富濠濮间趣。夏日在此赏荷，花叶偎依，伸手可接。轩壁置有大镜，映像所及，景界倍增。从菰雨生凉转北，便进入池东岸假山区。先则沿池穿绕几重山洞，继则盘行而上似乎是建在山巅眠云亭，亭为四方歇山卷棚大戗角，造型生动秀美，在此纵目，园内外景物皆为我有，从后山下山，始知眠云亭原是两层，底屋被叠石所掩，故绝似建于山顶者。江南园林，构造山亭若斯为仅见，由山后转身北向，过三曲石板桥，来到退思草堂前宽阔的贴水石平台。退思草堂是园中主要厅堂，卷棚歇山顶，堂左水涯山坞之际，有琴房一楹，前临水，后翠竹。堂西有廊至小弯转角处，为揽胜阁，挨坐春望月楼山墙而设。阁前回廊而

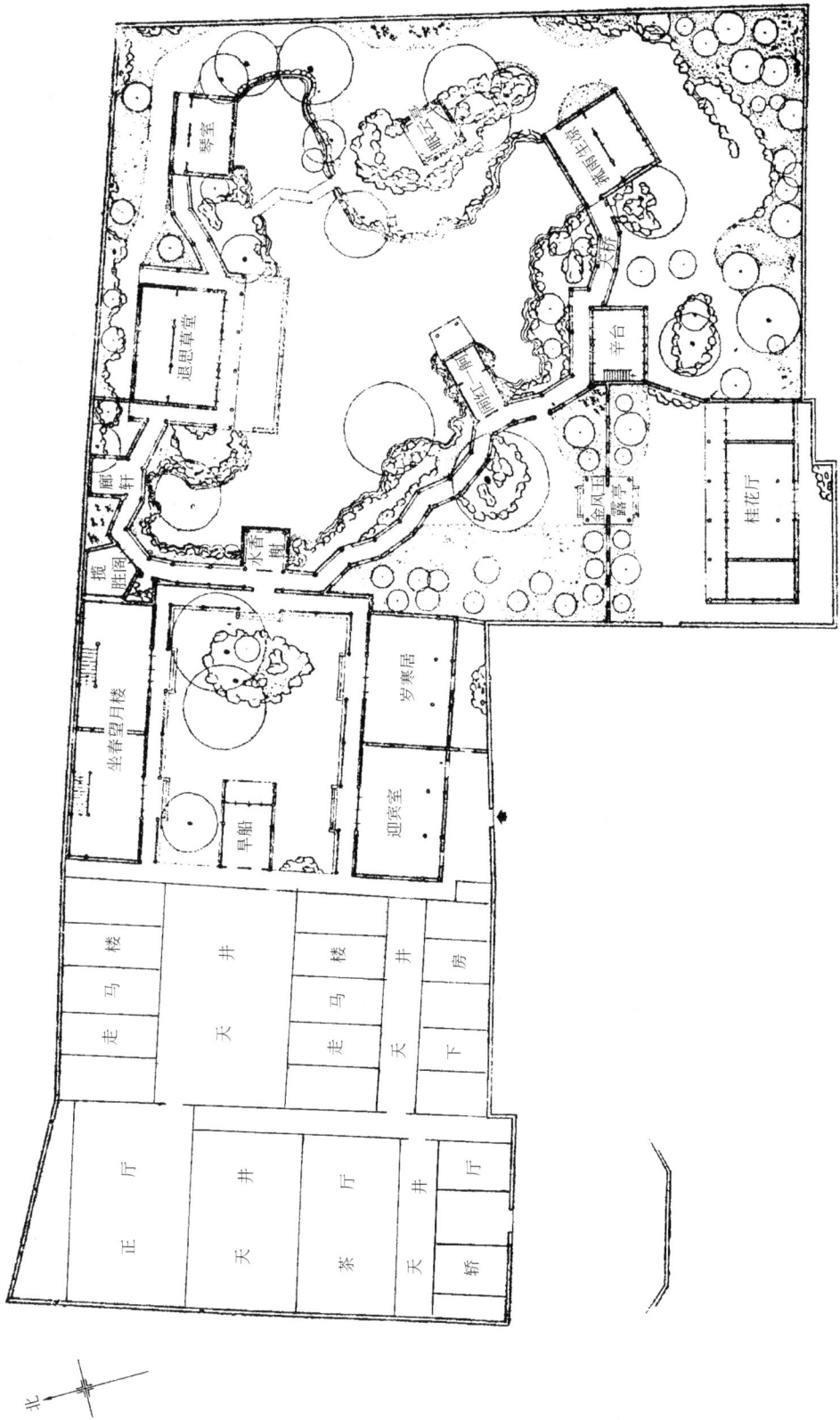

图 10-131 退思园第宅平面图

南，廊壁有十二条书条石刻，是清初名画家恽寿平临古法书帖。再南就回到了水香榭。[63]

（六）苏州明清宅园风格的分析 [64]

明清时期，苏州局势安定而繁荣，科举登第、做官归来的就大建宅邸，于是城市宅园林立。明清两代构筑并存留下来的不下一百数十处，有的可上溯到唐末吴越时代，如沧浪亭原址原是钱元璙的花园，宋庆历四年（1044 年）诗人苏子美始建沧浪亭于园中。网师园曾是南宋史正志"万卷堂"故址，他的宅园称为"渔隐"，占地甚大，后荒废，到清乾隆时，宋宗元购得一部分故址而建网师园。狮子林原本是元至正年间（1350 年左右），天如禅师为纪念中峰和尚而在菩提正宗寺东所建，清乾隆时改名画禅寺，园后变为黄氏私宅，辛亥革命后变为贝氏宗祠。这些有悠久历史的名园，大都几经荒废、易主，而又重建、改建，早已不是本来面目。就是明朝始建的拙政园、惠荫园、环秀山庄、留园等，也是或荒芜多年，或被毁过半，到清朝而又重建、改建的。拙政园的历史变迁最为复杂，先是私家宅园，后没入官为府署，再后又变为民居，又一度分割为二。清乾隆十二年（1747 年），园中部归蒋诵先，加以整修，改名复园，池山布局已非原来面目，太平天国时复经改建为忠王李秀成王府的部分，园西部割归张履谦后另建补园；园东部改为八旗奉直会馆。

明朝构筑的宅园在形式上究竟跟清朝的有什么不同？虽然由于现在缺乏保存完好的明朝作品，不能明确断定，但还可从少数文献资料来多方探讨。例如拙政园有明朝嘉靖年间文徵明的《王氏拙政园记》，可据以与现状进行比较，从其间异同来探讨明朝苏州宅园形式的特色。有些宅园如艺圃等大体仍保存明朝规制；网师园中部的池、山布局仍继承着明朝遗风；惠荫园的小林屋洞是明朝构筑的水假山杰作。从清朝时重建、新建的留园、环秀山庄、怡园等，也可看出不同时期宅园创作的风尚和手法的变化。

明清宅园的内容和形式

宅园就是建于第宅之旁的园林。在封建社会里，官僚和地主都有其大家庭，还有婢仆以及门下宾客，需要大量居住房屋，因此他们的第宅常是多进的，重列式或院落式建筑群。有些私家第宅就只在庭、院部分散点山石、筑厅山、埋缸池、布置花木，以享自然之趣，并不在宅旁单独占地，另设自成一体的宅园部分。例如景德路旧杨宅（《苏州旧住宅参考图集》第89 页），铁瓶巷旧顾宅（同上书第 107 页）、金太史场平斋（同上书第 133 页）、葑门旧彭宅（同上书第 138 页）等，各个庭院部分点以山石、花木，可说是住宅与庭园合一的著例。

在城市里构筑第宅，为了不失城市的物质生活享受，同时又得享受大自然的情趣，就在居住建筑群的一旁布置了以山水为骨干的花园，作为日常游息宴客的生活境域。这个园林部分可说是居住部分的扩大和延伸，但又自成一体。有的宅园面积很小，占地不过一亩多，如环秀山庄；有的面积稍大，占地三四亩，如网师园、艺圃等；占地在十亩以上的有沧浪亭、狮子林、怡园、拙政园、留园等，其中以留园面积最大，占地达 50 亩。

这些宅园的园主大都是退休、辞归或被斥的大官僚，或当地豪门、士绅、大地主。怎样来构筑宅园呢？清乾隆年间沈德潜在《复园记》中所写："略因阜垒山，因洼疏池，集宾有堂，眺远有楼有阁，读书有斋，燕寝有馆房，循行往还，登降上下，有廊、榭、亭、台、碕、泩、村、柴之属"——可说概括了一般宅园经营缔造的内容，有了这样一个宅园，于是"不离轩堂而共履闻旷之域，不出城市而共获山林之情。"

这种宅园里的"城市山林"，并不是写实地模仿自然山水或"罗十岳为一区"的缩景，而是通过艺术手法创作山水真意，达到诗情画意的境界，继承了唐宋写意山水园的形式。所谓"山水园"，不能仅从字面上去理解，认为只是山和水而已，它包括了树木花草、亭楼廊榭等题材所构成的生活境域，而以山水泉石为骨干。因此宅园的山水园形式，就是在城市里的第宅中，创作一个具有山林之趣的生活境域。还必须达到他们所爱好的"处处要有景，幅幅有画意"的境地，从而使园主人的生活理想化、诗意化。

苏州宅园的形式是山水园，是以池、山为中心。但明朝宅园与清朝宅园的池、山布局是不同的。先就明朝拙政园来看，据文徵明《王氏拙政园记》称："界娄、齐门之间，居多隙地，有积水亘其中，稍加浚治，环以林木"，于是"溟漾渺渺，望若湖泊，夹岸皆佳木"。由此可见拙政园中部池中有汀洲山岛，可能是"百余年来废为秽区，既已丛榛莽而穴狐兔"之后，清乾隆时蒋诵先得其地而重建"复园"时所经营，沈德潜《复园记》中提到"略因阜垒山，因洼疏池"。他在复园修建过程中曾两经其地，后一次"丁卯春，以乞假南归，复游林园，觉山增而高，水浚而深，峰岫互回，云天倒映。"但不论是明朝时望若湖泊，或后来的池中列汀洲山岛的拙政园，都显然以池、山为中心。明朝艺圃的花园部分以一泓池水为中心，而在其南掇山，更显然是依山抱水，以池为主。

清乾隆、嘉庆年间修建的网师园和留园中部，显然也都以一泓池水为中心。但网师园的池形近方，池东南角和西北角有突出的小回水以增变化，池南岸东部叠掇有"云岗"石山，北岸有平冈曲径，西岸有高低起伏的水洼土阜。而留园的池形带心字形，南岸为榭阁月台建筑，北岸掇叠有带石土山，西岸掇筑台地式带石土阜。在惠荫园中，就小林屋洞，环碧小舍这部分来看，原有"方塘半亩"（现已淤平），塘南有曲廊斜贯其上，再南则山石玲珑，折东就是水假山小林屋洞。这一部分的设计显然是以一池一洞为主。再就后来扩建的渔舫、棕亭部分来看，也是以池、山为中心。环秀山庄面积虽小，仅厅北有一池，池上理山，还是以池为中心。

沧浪亭面临塘河，未进园已有因水引人入胜之感。园中以假山为中心，环以曲槛回廊，廊和楼以因借外景取胜。狮子林虽以假山多石峰和石洞著称，但就全园来说，仍以池、山为中心，四周接以回廊。怡园由于全园东西长，北高南低，因此在理水上用狭长形塘河式水体，掇山上北半因阜垒山并掇石洞，南半设缓坡，但就全园来说，也是以池山为主的布局。

总的说来，由于具体条件的不同，理水掇山的方式就不一样，有的池畔掇山，有的池上理山，有的池中列汀洲山岛，从而形成不同风景表现的山池骨干，然后在这个基础上树以花木，环以建筑，从而构成山水园的全形。

明清宅园的布局

苏州明朝和清朝构筑的宅园的布局，具有共同的特点，即在较小面积的园地里表现不同的山水风景。宅园是日常游息的生活境域而又占地有限，在布局上必须因势随形地增加层次或划分景区，而且要一层又一层，一景复一景地引出曲折与变化。增加层次和划分景区的常用措施主要是粉墙、漏墙和廊，有时也用假山、树丛。但在具体手法上，又因各园的具体情况而异。

苏州的明清宅园虽然都是文人山水园，在风格上基本相同，但由于时代的不同，社会的变化和风尚的差别，园林中所表现的思想情调和艺术形式都有显著的变化。虽然缺乏各个时期保存完好的园林作品，但从不完全的文献资料和园林现况来对照比较，还是有可能对各时期园林创作的特点进行探讨的。

王献臣的拙政园可谓明朝嘉靖年间士大夫宅园的代表作。从文徵明《王氏拙政园记》可以看出当时的风尚和园林中所表现的思想情调。拙政园园址本是"积水亘其中"在郡城东北的一片闲地，已符"地偏为胜"的条件，"稍加浚治"就形成"溟漾渺渺，望若湖泊"的池水。再"环以林木"，而"林木益深，水益清"，这样道出了该园的幽胜和野趣。在水的处理上，除了溟漾渺弥的大池外，"别疏小沼，植莲其中，曰水花池"——这是大中见小的一个处理。又"自桃花泮而南，水流渐细，至是伏流而南，逾百武出于别圃丛竹之间，是为竹洞"——这是别具匠心的又一理水方式。"几诸亭、槛、台、榭，皆因水面势"——可见园林建筑之属是因势随景而设。在大池南"为重屋其阳，曰：梦隐楼"；"长松数植，风至泠然有声，曰听松风处"；"缚四桧为幄，曰得真亭"；"篁竹阴翳，榆槐蔽亏，有亭翼然，而临水上者，槐雨亭也"，"江梅百株……曰瑶圃。圃中有亭，曰嘉实亭"……所有这些叙述都说明楼、亭之属都是景的产物，是赏景憩息之处，同时它本身又成为景中之景。楼亭之属在布局上确能"宜亭斯亭，宜榭斯榭"，自然而然地不落痕迹。明朝拙政园尤致力于山林之趣："夹岸皆佳木，其西多柳，曰柳隩"，"别疏小沼植莲其中……池上美竹千挺"，"长松数植……古木疏篁，""又前循水而东，果林弥望，曰来禽圃"；"竹涧之东，江梅百株，花时香雪烂然，望如瑶林玉树，曰瑶圃"——从这些事例中可以想见当时城市山林的情景。然而，上述这种意境对于当时的士大夫来说，只因"潦倒未杀，优游余年"，对此"以寄其栖逸之志"而已。

再就明朝时构筑的另外几处宅园来看：艺圃、惠荫园大体仍保存着明朝天启、崇祯年间宅园的特色。留园旧址虽是明朝徐泰时始建的东园，但久已荒废，直到刘恕才能旧址重建，更名寒碧山庄，又名刘园，在规制上已非原来面目；但中部和西部布局和手法仍继承着明朝风格。网师园虽是清乾隆年间宋宗元购得"鱼隐"一部分故址修建，后又荒芜，到嘉庆年间瞿远村重修；但就中部的布局和手法而言，仍然继承着明朝遗风，并有若干新的发展。

艺圃宅园部分位在夹道之西，北半是一泓池水，南半是带石土山，又在假山西边运用斜行墙隔出一个小院，增加了变化。就水池部分来说，池形近方，但在池东南角突伸回水，上设板桥，水边有崖壁，情景更富层次、变化。而在池之西南角，也有礁岛，小桥隔成回水，并用伏流的方式通入小院。池南依山叠石成崖，崖下有临水石径，既狭且险，犹如栈道一般。

从明朝拙政园和艺圃这两个宅园看来，可见嘉靖、万历、天启、崇祯年间的池山布局，大抵以一泓池水为主。而当水源充裕、面积广大时，更是混漾渺弥，望若湖泊；往往在池的一角突伸成回水或尾水，斜架板桥，增深情景；或又设伏流引至别院而成水池。常在池边因阜掇山，池岸多用黄石垒砌。临水有建筑时，池水常伸入阁基之下。假山以土山为主，便于种植竹木，土山上蹬道夹石成径，山上叠石常因种竹植树而掩藏不露(沧浪亭也是这样)。此外，明朝已有用湖石掇山的，如惠荫园的小林屋洞(水假山)便是。可见用湖石掇山，亦不是始自清朝。

康熙年间乃至乾隆中期以前建的宅园，如环秀山庄、网师园等，虽然就时间说是清朝，但从布局和手法来看，基本上仍继承了明朝遗风。到了乾隆中期和以后，才开始有显著的变化。网师园可说是乾隆初期构筑的代表作(但小山丛桂轩南小院和西部别院的叠石等似是嘉庆年间重修时叠掇详后)。网师园的中心是一泓池水，池形近方，东南突伸尾水，西北角的回水区横贯曲桥，池岸全用黄石叠砌，池畔掇山。池的南岸东部有叫"云岗"的石山；池的北岸西部有平冈曲径；池的西岸是高低起伏的水涯土阜，并沿西墙筑曲廊，中途凸出有亭，名叫"月到风来"。从池西望池东北，只见竹外一枝轩、射鸭廊和撷秀楼山墙错落，情景幽深。可以看出网师园的池山布局与艺圃的布局基本类似，手法上也颇相近。由此可见，乾隆初期的宅园布局仍继承明朝遗风，但同时又开始出现了后来盛行的用接以回廊、轩屋错列的手法(留园、改建过的沧浪亭、狮子林等更为显著)。可以这样说，乾隆初期、中期筑园的风尚和它的布局，正处在一个转变的阶段。

乾隆中期以后，无论是嘉庆年间构筑或改建的，如留园以及网师园的南小院和西部别院，或同治、光绪年间始建的如怡园，在布局上是掘池东南，掇山西北。池形带曲，近心字形(而不是近方)，西北角突然伸出溪涧，池岸仍多用黄石垒砌。池南临水楼阁台榭，错落有致；池西叠掇台地式带石土阜；池北假山多用湖石(而不是黄石)；池东山墙漏窗，影映水中。全园沿界周接以回廊。"临水楼阁参差"和"四周绕以回廊"，成为清朝这个时期宅园布局的一个公式。清朝末期改建过的沧浪亭、狮子林是这样，光绪年间始建的怡园亦复类是。这种布局如运用恰当时，可以周而复始地在廊下行进，既不受雨淋日晒，又可随时从各个角度欣赏不同的园景。但如过分的运用，就易造成拥挤局促之弊，如改建后的狮子林是。

作者认为在网师园的小山丛桂轩南小院中，西部殿春簃别院中以及撷秀楼后院中的叠石(都用湖石)，在手法和风格上跟中部的(仍继承明朝遗风)判然有别。留园也有相类情况，除中部环池的叠石尚继承明朝遗风外，在五峰仙馆南的厅山，石林小院的叠石，显然是发展到清朝中叶后的产物。

明清宅园创作中的艺术手法

苏州明清宅园创作中的艺术手法是多种多样的，这里只就布局上景区划分、水池处理、掇山叠石、园林建筑和植物题材的运用等方面，着重从明清各时期风尚的不同，加以探讨。

景区划分：明清宅园中划分景区的手段通用墙、廊、假山、树丛等，只是在具体手法上各有不同。

从文徵明《王氏拙政园记》的描述中，可知芙蓉隈是以一面弯水和丛植木芙蓉组成景区；在小沧浪和志清处之间则采用"翳以修竹"的分隔方式；此外，珍李坂、玫瑰柴、蔷薇径、桃花沜、竹涧都是运用某一种植物题材为主来组成景区。明朝构筑的艺圃面积较小，花园部分的布局是南山北水；但在山的西边用斜行墙隔一别院，增加变化。由此可见在明朝宅园中，多用树丛划分景区空间，有时也用墙来达到同一目的。

到了清朝乾隆初期，往往就用廊、桥、漏墙来划分空间，组成景区。从归王永宁之后的拙政园中部的新建部分而言，就可看出这时的变化。例如在远香

堂西南用"小飞虹"廊桥划分小水面，环以游廊，形成以这个小水面为中心的廊院。同时在其东南有一庭秋月啸松风亭，西边有得真亭，两相呼应。从得真亭往西，接以游廊直奔北，就以廊为西界，北以"香洲"为界，水面为池水——这样无形中又自成一小区。再看拙政园中部的东南，有称作枇杷园的一区，西边是折走的云墙，北边就以上建绣绮亭的土阜为障，南边和东边都以粉墙为界。从西北角圆洞门进入枇杷园这一景区，有嘉实亭和叠石成景的小院，用短墙接到玲珑馆，这样就把亭院东南部隔成一个小庭，它的北面用漏墙跟海棠春坞这一小区间隔开。

但在宅园中划分主题与风趣截然不同的大区时，则通用墙、廊隔开。留园中部和西部的主题表现不同：中部以池、山为中心，环以廊亭楼阁，表现湖泊水涯景色；西部是带石土山，山上一片枫林，表现山林之趣。因此在这两部分之间就以粉墙为界。拙政园的中部和西部在风趣上颇有差别，因此也以墙为界；而在西半亭以南和以北一段的廊墙上又开设漏窗，以免两区景色完全隔绝。又如留园的中部和东部虽然风趣不同，但联系密切，从池东的曲谿楼、西楼、清风池馆转到东部的五峰仙馆、林泉耆硕之馆等庭院区，就以楼屋的下层作通道，墙的西面开漏窗，隐约看到池山区景物，这样既是从池、山到庭院的过渡，而又把两部分适当地贯通起来。

水池处理：在各个不同时期的宅园中，水池处理的手法也是判然有别的。

明朝天启、崇祯年间，在一泓池水的形式上，为了增加变化，常在池的角隅突伸成回水，锐角平渡板桥，回水尽处或径设巉崖，或转入溪涧。锐角的板桥往往低平接近水面，与桥后的巉崖峭壁相对照，既使水势深远，又增山态峥嵘。艺圃和网师园中部的水池处理，正是这种手法的代表作。又如拙政园的小飞虹，由于回水的水区稍大，用廊桥等依角点缀，可谓别具匠心，使景色频增变化。

到了乾隆中期以后，处理水池的风尚有了改变，

常把水面分为大小，别为主次。例如清朝拙政园的大池，就用汀洲山岛划分水面。而设有池岛前的大池望若湖泊，自有一种弥渺浩瀚的气概。现在，从倚玉轩或柳荫路曲都有曲桥连到汀洲，洲上一亭，叫作荷风四面。两座曲桥交接于汀洲，使香洲前的水面自成一区。过荷风四面亭往东，雪香云蔚亭位于山岛偏东高处，岛东有小桥，与有待霜亭的另一小岛相连。这一系横贯水池的洲岛处理，使大池分为南北两大水面。同时，在其西北因有见山楼和接岸的曲桥，而又分出一小水面。拙政园的西部(即补园)，也用山岛划分水面，但因池身原已狭小，亘以山岛就更显得比例不当。

在嘉庆、光绪年间构筑或改建的宅园中，有用湖心亭、曲桥来划分水面的，例留园中部、狮子林和怡园的水池部分。由于水面原已较小，有时处理不当，效果并不良好，尤以狮子林为最。狮子林之水池，在南半既有假山石洞伸入池中，并扩大成为方洲；在北半又有湖心亭、曲桥斜贯西北，再殿以石舫；这样，就使整个水面支离破碎，拥挤不堪。怡园的水池为长形。在这长池前半水面较宽的中腰部分，斜贯以曲桥，其意图可能是为了增深情景和层次。但由于池水的水位较低，使桥身高出水面过多，反而明显地把水区划分为二，不能算是成功的手法。

再就池岸处理来看，明朝拙政园的大池，记文中未提到垒石为岸，大抵以自然土岸为主。但在临水有楼阁台榭等建筑时，则均以条石砌岸。例如："台之下植石为矶，可坐而渔，曰：钓磐"。艺圃的水池北临水阁，就用条石砌岸，而且池水伸入阁基之下，仿佛水就从那里溢出一般。池之其他三面都用黄石垒砌，尤以南边最富变化，大小相间，上下错置，有竖有横，有凹有凸。网师园水池驳岸也全用黄石垒砌，尤其是运用上凸下凹的巧妙手法，使石影落池，益增生趣。

掇山叠石：明朝始建的或继承明朝遗风的宅园，如艺圃、网师园、沧浪亭、拙政园等，掇山皆以带石土山为主，便于种植竹木，山上蹬道，夹石成径，山侧临水，叠石成崖。叠石、筑洞多用黄石，此石的石纹劲直，可横可竖，石性朴质，且成块状，可层层垒立，宜用以表现断崖峭壁之势。叠掇石山时，都用横竖相间和连、透等手法，有进有挑，有凹有凸，有环(洞)有透(孔)，特别是横与竖的对比更能显出峻拔之势。网师园中的"云岗"，堪称运用黄石叠山的代表作。

惠荫园的小林屋洞可能是明朝用湖石构洞叠山的首次创作。石洞位于方塘东南，先是湖石错立，因石洞的洞口低于周围，藏而不露。从堆叠得天然成阶的湖石群拾级下到洞口，但见地上微露积水，洞中昏黑幽暗。经三折进入洞中，沿壁有栈道。到了洞中深处四望，方才看出妙处，借洞外射进的光线还可看到洞顶倒垂的钟乳石，像在天然岩洞内一样。折进，前路狭窄，几经转折，拾级而上，又入另一洞府，洞较宽敞，西侧有光透进，顿生明朗之感。复进，洞道更狭，佝偻而行，不久出洞，但见出口就在入口的西侧，可见洞内曲折盘旋上下的设计之精妙。据载称，小林屋洞乃仿洞庭西山林屋洞的构造，来表现石灰岩洞的洞中天地。

到了乾隆、嘉庆年间，湖石掇山有了新的发展。环秀山庄的池上理山，据传系戈裕良之创作，可谓乃湖石掇山中最杰出的作品。最令人惊叹的，首先是在数弓之地上创作出层峦重叠，秀峰挺拔，峡谷幽深，洞府岩屋，兼而有之的意境。出厅右，从西南望池上石山，山峦层次甚为幽深。环秀山庄的池上理山，全用湖石。湖石性润，体形不一，石面有涡有皱，有透有漏，叠石手法上只要稍微差次，就成了百衲僧衣。例如狮子林的湖石假山，虽然洞内高下盘旋，曲折变幻莫测，但山上峰石林立，排比如刀山，构洞又瘦漏太甚，处处有眼，不耐细看。而环秀山庄的湖石掇山，却不仅意境深远，而且手法高妙。细察其湖石的选用，取其多涡而皱的一面，拼接之处皆有石纹石色相同的一边，自然脉络连贯，体势相称，仿佛巨石天成，浑然一体，只在必要处，间以瘦漏出奇。山侧临水基石，侧凹凸有致，使水淲石下，石影落池。这样，水得石而幽，石得水而活。环秀山庄的池山虽为石山，但实系外石内土，植以树木，根系深入盘固，枝叶繁茂，石面藤萝蔓延，不愧城市山林之称。

乾隆中期构筑的宅园中，不乏以湖石掇山构洞之作，但如环秀山庄那样杰出的作品，却不曾再度出现。怡园在构筑之初，虽抱兼收名园之胜的雄图，却未能推陈出新，独创一格。怡园的湖石排布疏落、玲珑，较诸狮子林似略胜一筹，但若与环秀山庄对比，则相形之下，巧拙自见。但乾隆中期以后构筑的宅园中叠石有另一特色，是在庭院部分设置厅山和壁山，在技法上也有了新的发展。留园五峰仙馆前庭的厅山即一著例。虽然这个厅前筑山，列有五峰，略觉直逼于前，但堆叠得颇有意趣，不显呆板。同时又在庭院西北角凸出的小空地上，叠石而成余脉之势，西边廊墙辟出宽大的砖框漏窗可透望出去，使空间扩深。这时，在墙前叠石点景，并构筑"堆石形体"的手法也较前有所发展。网师园小山丛桂轩南小院中，靠墙用小块湖石围成不规则外围线的小园地，然后在其中点石成景(包括单点、聚点、散点等)，颇饶意趣。较突出的是在东南隅有用湖石堆叠构成立体结构的、具有一定形象的"堆石形体"，这个堆石形体主用连、透、环、斗等手法，仅偶见有挑、悬的做法，但叠来生动玲珑。网师园西部殿春簃别院的庭中，在东、南、西三面都依墙叠石成壁山。堆叠时，主要用"堆石形体"和"单点、聚点、散点相结合，组成山景。又有用小块湖石围成植坛的做法。这样，既可抬高土面，有利排水，而使坛内花木生长良好，且可与庭院内点石或壁山相协调呼应。如留园中在涵碧山房的庭院及远翠阁前，都有围石植坛的制作；东园一角虽是近代构筑，却也围石成坛，种植花木。

上述的这些叠石方式，到了光绪年间更为发达。如怡园东部坡仙琴馆的北窗外，单点有两块湖石，据称很像两位老人埋着头在听操琴的样子。拜石轩的北

庭中，聚点有怪石多处。较出色的是锄月轩南的壁山，依墙叠石垒土，自然形成台地三层，各层边缘竖湖石包镶，台地上种有牡丹、梅、竹，并点以峰石、石笋。

园林建筑：各种园林建筑，包括堂、楼、阁、亭、廊、榭、墙等，都有其不同的功能用途和取景特点。

如在明朝到清朝中叶以前构筑的宅园里，厅堂都是四面开朗，周围设有檐廊，以便于眺望景物。拙政园的远香堂因水面势，沧浪亭的明道堂因山面势——都是体积高显而成为园林中的主体建筑。以后构筑的宅园，又把厅堂移至庭院建筑群中的主要位置，把檐廊装上隔扇，同时在厅堂内部还用屏门隔扇分为前大半、后小半，如狮子林的燕誉堂，留园的五峰仙馆、林泉耆硕之馆，拙政园的三十六鸳鸯馆等。三十六鸳鸯馆的建筑形制较为别致，在结构上运用卷棚数卷来扩大进深，在四角有耳室。据称这种耳室在实用上可作为侍者歇息或优伶化妆更衣处。推想起来，大抵清乾隆时期昆曲在苏州盛行，士大夫的宴会笙歌之乐的生活，需要有适于演曲的厅堂，檐廊移隔扇内，厅堂的使用面积就可增大，同时把厅堂移到庭院建筑群内，也便于眷属观戏听曲之用。

楼的位置，在明朝宅园中，大都位于厅堂之后，如王氏拙政园的梦隐楼。也有位于半山的，或近水际的。沧浪亭的见山楼，筑在一座假山洞屋之上，结构精巧。它位处全园最南，也居于最后，在布局上可称为一结。虽结而余意未尽，更上一层楼，可穷千里目。留园的冠云楼也位在东部的最后，登楼前望，园中全景在目，后望可借景园外，虎丘一带风景如画；留园的明瑟楼，临水面池，构成池景的一角，各有所宜。拙政园的见山楼，临水越池，又是一种形势。登楼的方式大都是在室外叠石为岩梯，或更筑爬山廊。由于楼高二层，体形高显，也常成为园中一景，尤其在临水背山的情况下更是如此。

阁与楼近似，但较轻巧。阁的建筑大都重檐二

层，四面开窗。它的平面或为长方形，如留园远翠阁；或为八角形，如拙政园留听阁。临水的就称水阁，如网师园濯缨水阁。

亭是憩息赏景建筑，又是园中一景。亭大小不一，式样众多，总以园地随形制宜为上。有方形的，如拙政园绿漪亭；圆形的，如拙政园笠亭；长方形的，如拙政园雪香云蔚亭、绣绮亭；六角形的，如拙政园荷风四面亭；八角形的，如拙政园塔影亭；折扇形的，如拙政园与谁同坐轩。也有游廊中途突出而成为亭的，如网师园月到风来亭、留园闻木樨香轩；或在廊尽之处设亭，如怡园锁绿轩和南雪亭；或在转角上设亭、轩，如狮子林、沧浪亭的回廊上，还有依墙依门洞做半亭的，如拙政园的倚虹亭及网师园五峰书屋东洞门等。

廊的运用在苏州宅园中十分突出。它不仅是连接建筑之间的有顶建筑物，而且是分划空间、组成景区的重要手段，同时它本身又成为园中之景。一般的说，廊有"随势曲折，谓之游廊；愈折愈曲，谓之曲廊；不曲者修廊；相向者对廊；通往来者走廊；容徘徊者步廊；入竹为竹廊；近水为水廊"（李斗《扬州画舫录》卷十七工段营造录）。"或蟠山腰，或穷水际，通花渡壑，蜿蜒无尽"（计成《园冶》）。拙政园的柳荫路曲，在柳树间随形曲抱组成廊院，从倒影楼到别有洞天一段水廊，好似浮码一般。网师园和留园中部池西岸游廊都是随地形上下升落。沧浪亭的复廊，既因水面势而曲，又避外隐内；怡园的复廊，既划分了两个主题表现不同的东部和西部，又是通连南北的纽带。留园东部五峰仙馆后的曲廊是在敞朗中有曲折，中部近北墙的曲廊，则是直中有曲，曲处虚出小空地，在这些小空地里，或点以湖石，或配以花草，或植竹树花木，都有意外的情趣。

在清朝中叶以后构筑的宅园中，往往环绕全园界墙筑以回廊。如狮子林有环园回廊；留园中部的回廊还连接到东部；沧浪亭既有环山回廊，又有南部建筑群的回廊。在这三个名园里，游人可以完全在廊中行走观景。

苏州宅园里的墙，不仅以透空灵巧的漏窗著称，而且还有作对景用的洞门。漏窗的式样众多，尤其是留园和怡园，范例比比皆是。对景洞门的著例有：拙政园里从枇杷园北墙洞门望雪香云蔚亭，好比环中画景，狮子林小方厅后院海棠式探幽门洞中画景等。各类园林建筑如厅、堂、亭、榭的洞门，也是式样众多，而且形成对景。如拙政园里梧竹幽居亭，四面为墙，中有洞门，各自构成一幅画景；自别有洞天半亭洞门望园景，如在环中。

植物题材：苏州宅园对植物题材的运用，在上文布局、划分景区、水池处理、叠石掇山、园林建筑各段中都曾结合起来谈到，这里只稍加补充。

苏州宅园中植物种类不下一百多种，都是当地久经栽培和大家喜闻乐见的树木花草。在当时封建社会条件下，士大夫、地主乐于种植某些种类，也有因物取祥的原因在内。例如种榉树象征中举；紫薇象征高官；萱草忘忧；紫荆和睦；石榴多子、多孙；松柏常青永贞；玉兰、海棠、牡丹、桂花齐栽，象征玉堂富贵等。不过人们愿意栽种这些园林植物，主要还是由于它们的姿态、花容、色、香等令人喜爱。

从文徵明描述的拙政园来看，明朝嘉靖年间好用某一种花木的大片丛植，来构成一个局部意境，如芙蓉隈、桃花沜、珍李坂、蔷薇径等。带石土山上的植树，喜用多种树木的群植方式，从而富有山林之趣；有时也采用以某一种树为主的方式，如沧浪亭山上箸竹满布，留园西部土山上以枫树为主。大抵到了乾隆中期后，园中构筑日盛，转而趋向于以少数植株为一组的丛植，或采用二三种、几株树的群植，从而着重欣赏树木的情意。最突出的做法还是以粉墙为纸，点以湖石，配置竹、蕉、花木，便具画意。成功的范例很多，不一一列举，这种做法成为苏州宅园的特色之一。此外，用湖石围成植坛，点以竹木花草；或在回廊曲院虚出的小空地中缀饰以花木或石，也都饶有生趣。

植物题材的配置，首先要得其性情。人们在充分认识它们的形象表现和生态习性后，就能根据主题的要求来进行配置。如在土山上或石山上，在水旁或建筑旁，在庭院、廊院、小庭，或墙前、廊外、漏窗前，都要因地制宜，随形结合。以树木本身的结合而论，既有同一树种的丛植，又有多种树种的群植。群植时还须注意形体对比、色彩对比和花期的配合等。就全园来说，植物题材的结合布置，还应注意四季景色的调剂，所谓四季观赏不尽，而在园中某个局部，又常须侧重某一季节的特色。如拙政园的海棠春坞着重海棠花开时的春景，荷风四面亭偏重水池荷莲的夏景，十八曼陀罗花馆以赏冬开的茶花为主。又如怡园，在南雪亭和廊南有梅林，以赏冬尽春来时香雪海为主；锄月轩以赏牡丹为主；而全园多植银薇，仲夏时节在浓荫前透出白色细花，成为怡园的一个特色。留园西部土山上一片枫林，入秋红于二月花，这是以秋色为主景的著例。至于松、柏、石楠、樟树、冬青、女贞、黄杨等常绿树种，又各有所宜。花木的种植，或以粉墙为背景，或用浓绿、淡绿树丛来衬托，要以色彩对比的效果而定。不仅粉墙为纸，可有画意；在砖框漏窗前配置植物恰当，最便于构成框景。

简短的结论：在封建社会里，士大夫和地主的家居生活，要求建造以山水为骨干、饶有山林之趣的宅园，作为日常游息、宴客、聚会的生活境域。为了逍遥自得，而享闲居之乐，他们因阜掇山，因洼疏池，创作山水真意，同时有厅堂楼阁、亭台廊榭、名树木花草之胜。

苏州现存明清构筑的名园，大都几经荒废，几度更换园主，数经匠师改作，但均可看出不同时期所构筑的宅园，其间有显著的变化。分期的界线不在明清之间，而可分为乾隆中期以前和以后两个时期，乾隆初期却正是一个转变的阶段。

明朝宅园的布局大抵以一泓池水为主，水源充裕，面积广大时更望若湖泊，如明朝的拙政园。这时池形近方，常喜在池的一角延伸成为回水或尾水，斜架板桥，回水部分叠成岩崖，例如艺圃便是。同时在池边因阜掇山，以带石土山为主，便于种植竹木。康熙年间筑园，基本上仍继承明朝遗风。到乾隆初期开始有了变化，如网师园可谓代表作。园中以一泓池水为中心，池形也近方，池东南角突伸成尾水，西北角有回水，池畔南岸东部叠掇有石山，西岸则有高低起伏的水洼土阜。同时在池的东北出现了楼阁台榭错落和周接以回廊轩屋的雏形。到了乾隆中期以后，宅园中池山布局仍继承明朝规制，池近心形，而且临水楼阁台榭参差错落，并在池周绕以回廊——这简直成为这个时期的一个公式。清末改建过的沧浪亭、狮子林是这样，光绪年间构筑的怡园也是如此。

这些风尚的变化影响到具体的手法。首先，就划分空间组成景区来说，明朝宅园中以运用树丛山障为主，到了清朝乾隆初期，常运用廊、桥、漏墙等作为手段。在划分主题表现与风趣显著不同的大区时，通用实墙、复廊加以分割。乾隆中期以后，尤好以曲廊回抱构成格式各异的庭院。其次，在水池处理方面，明朝做法已见前述；到了乾隆中期以后，风尚有所变化，常把水面分为大小、主次，尤喜以汀洲山岛来划分水面。嘉庆、光绪年间构园时，还有用湖心亭、曲桥来划分水面的。第三，在掇山叠石方面，明朝以带石土山为主，叠石构洞多用黄石，横竖相间，连环斗透，有凹有凸，有进有挑。惠荫园小林屋洞是明朝宅园中用湖石构洞（水假山）的首创作品。环秀山庄的池上理山，在数弓之地创作出层峦叠秀、峡谷幽深的意境，实为成功之作，而在叠石手法，则取多涡和皱褶的一面，拼接之处皆用石纹石色相同的一边，自然脉络连贯，体势相称，巨石天成，浑然一体，必要处间以瘦漏生奇。乾隆中期以后的宅园多喜在庭院筑厅山、壁山，在技法上有了新的发展。又如墙前叠石成景和堆叠立体结构，完成一定形象的"堆石形体"，也都较前有了更大的发展。靠墙或在庭中用块石围成植坛，点以花木竹石，方式颇为新颖可喜。第四，在园林建筑方面来说，到了清朝乾隆中期以后，园中构筑日盛，厅堂移庭院建筑群中，居于主要的位置，檐廊也装上了隔扇。廊的运用更是突出。在廊院和曲廊所围成的小空地上，点以竹木花石，饶有情趣。临水楼阁台榭参差错落，并在池周绕以环廊，已成为固定的公式。同时，漏墙、漏窗和对景洞门的运用也更趋发达。第五，在植物题材方面，明朝多用大片丛植来构成一个局部的意境，如芙蓉隈、桃花沜、珍李坂、蔷薇径等。清朝中叶以后，多用少数几株的丛植或群植，借以欣赏树木的性情。此外，以粉墙为纸，点以蕉竹石树和围石成坛的方式以及砖框漏窗前配置植物构成框景等，也都富有画意。

第五节　松、太、沪明清园墅

"松、太、沪"借用旧道名松太道和上海道，这里指常熟、太仓、嘉定、南翔、昆山、松江和上海等地。

一、常熟明清园墅

（一）常熟的建置沿革

常熟为全国历史文化名城之一，早在四、五千年前，先民就在这块土地上生息繁衍，在谢桥乡、南郊元和塘东岸、加林塘东北岸、尚湖东北岸东南岸，陆续发现多处属于新石器时代中、晚期的松泽文化、良渚文化遗址的实物。据《常熟沿革考》：常熟"古列蛮服，僻介江海之滨。……周初，泰伯偕仲雍逃至荆蛮，遂开吴国。吾邑乃为吴国之北境。历春秋战国，……我邑又归楚。秦始皇并天下，地属会稽郡吴县。汉为吴县之虞乡。后汉属吴郡吴县。……三国孙吴时，改名南沙，为沙中，……晋太康元年（280年）就虞乡置海虞县，咸康七年（341年）又置南沙县，梁天监六年（507年）增置信义郡，海虞、南沙二县均属之。大同六年（540年）又分置常熟县，此为常熟之名所自始，陈因之，隋平陈，废信义郡，以所领海虞、南沙二县入常熟，于其地置常州，旋移常州治晋陵，

常熟复为县，属苏州。大业初，苏州复称吴郡，唐武德四年（621年）后，又称苏县，常熟仍属之。五代时，属吴越钱氏地。宋政和（1111~1118年）中，升苏州为平江府，常熟属平江府。元朝元贞元年（1295年）升常熟县为常熟州，明洪武（1368~1398年）初，仍降为县，弘治十年（1497年）析常熟双凤乡隶太仓州，前清因之。雍正三年（1725年）又析常熟之东半，置昭文县。民国元年（1912年）废昭文县。仍统合为常熟。长三千年地位地名之变革也。"

常熟建城有记载始自唐。据光绪壬午年（1882年）研田俞允福写《常昭同城图说》云："按常昭西邑县城，滨江控海，为苏郡北门锁钥，在昔古迹已不可考。唐武德（618~626年）初，始迁虞山之下。《祥符图经》载：城周二百四十步，高一丈，厚四尺。（南）宋建炎（1127~1130年）中，始建五门，城郭之制略备。元至正十八年（1358年）张士诚据吴，以常熟为要害，甃砖城围九里三十步，高二丈二尺，颇称完固。明永乐中，岁祲饥，民盗易食，至嘉靖间，则城址夷为平地。（嘉靖）三十二年（1553）倭寇入，知县王公始重筑之，凡五月毕工，城周一千六百六十丈。高二丈四尺，内外皆渠，外渠之广倍于内，惟西北环山而垣。无水关。城门凡七：东曰宾汤（大东门），西曰阜城（西门），南曰翼京（南门），北曰镇海（旱北门），东南曰迎春（小东门），东北曰望洋（水北门），在山巅者曰虞山门。万历中知县张公增城陴，加女墙，后知县耿公易城门之名，东北曰镇海（水北门），西北曰镇江（旱北门），山巅曰镇山（虞山门）。雍正三年（1725年）分建昭文县，自镇海东门东历滨汤，达迎春门水关，属昭文；自镇海门西历镇江、镇山、阜成门，达翼京门，至迎春门水关，属常熟。城内自镇海门南至通江桥、炳灵公庙，南循东言子巷，逾醋库桥，历河东街、显星桥，跨大街，东至迎春门水关，左为昭文，右为常熟。"

（二）常熟城中虞山

虞山因周太王古公亶父次子仲雍葬此而得名，

遍布西周春秋时代吴文化遗址。"山由西向东延伸，东端蜿蜒入城，长 6.55 公里，宽 2.5 公里，周围 23 公里，主峰高 259 米。南坡以岩石为胜，北坡以溪洞著称。磊砢多石，奇石危崖，山色秀丽，峻拔巍峨。西南的尚湖，与山平行。"[65]"尚湖又名照山湖、常湖，俗名山前湖、西湖(因常熟另有昆承湖称东湖而名)，……湖盆东西宽 7.5 公里，南北长 2～3 公里，面积约 12.5 平方公里，相传姜尚避商纣曾隐钓于此，因名尚湖。此湖碧波荡漾，平明如镜，水边芦苇丛生，堤上柳槐成荫，青山映绿，环境幽美。湖四周有泾、浦、港、塘可通四乡。……此湖在'文化大革命'中，因围湖造田被毁，1984 年 12 月至 1985 年 8 月，复湖还水面积八平方公里，在湖周土堤上，绿化造林，现正在湖中各小岛上建设诸多景点，为市游憩胜地。"[66]

城垣之内，虞山辛峰，高 79.2 米，上有重檐六角碑亭，始建于南宋，初名望湖亭，因亭可望东西二湖而名之。嘉定三年(1210 年)县令徐次铎，取登亭一览景色全收之意，更名"极目亭"。明嘉靖间更名为"达观亭"，万历间复更名辛峰亭。亭历代屡经修建，亭高 8 米，飞栋丹壁，葫芦宝顶，巍然居顶，为古城标志。"辛峰夕照"为虞山十八景之一[66]。

城中虞山东麓，有商末仲雍卒后葬此，依山建筑，山下墓门有"敕建先贤仲雍墓门"石坊，背刻"清权坊"。旁有"南国友恭"，"至德齐光"石坊、石亭、墓碑等。左有仲雍鲁孙、西周初年为吴君周章陵墓墓碑。仲雍墓东是春秋时人，孔子的学生言子墓，依山而建，墓门横额"言子墓道"，坊内"影峨池"上跨石拱桥，名"文学桥"。桥后，清乾隆帝书"道启东南"、"灵萃句吴"石坊。登坡而上，半山亭内，有清康熙帝书"文闻吴会"额，两侧石亭，内立御祭文碑。墓有明崇祯九年(1636 年)立"先贤子游言公墓"青石碑。虞山古墓群四周苍松翠柏，气势磅礴，红墙环绕，规制宏伟，苍然古朴。[65][66]

南麓有高台、方亭，台高 3.54 米，南北 14.64 米，东西 12.75 米。相传为梁昭明太子萧统游学著述之处。台上石亭为明弘治间邑令杨子器所建。嘉靖间重建。石亭、长方形砖木结构，高 3.65 米，纵 5.16 米，横 4.60 米，单间，顶为卷棚式。亭中正中壁嵌石刻"读书台"三字，右侧嵌砌石刻，上部镌刻昭明太子萧统像，下部为跋文。台下周围植榆、榉、栎、朴等树，皆为四五百年物。台后有焦尾泉和焦尾轩，冬日雪霁极目远眺银装素裹，分外妖娆。台为虞山十八景之一，名"书台怀古"，又称"书台积雪"，1977 年曾辟为公园，1984 年 4 月撤销，恢复为读书台。[66]

北麓，苍松翠竹，清泉汩汩，曲折幽深，层叠错落，颇具青山麓地之野趣。西南"翠环"小筑，庭前"沁雪"石，传为元赵子昂"鸥波亭"遗物。[65]

登上东山顶，箬帽峰下有维摩寺，由僧法远建于隆兴元年(1163 年)，初名石屋维摩庵，中有石井名"涌泉"。明初，僧寿松建观音殿。明宣德四年(1429 年)，僧昙敷建天王殿并甃石为路，改名维摩寺。万历间，僧法乘建"金粟堂"、"不二法门"及方丈室，后圮。清康熙间，僧起雍暨陆瑞升筹建大慈殿。乾隆三十年(1765 年)邑人屈承霖重修(顾镇撰记)。有殿、堂、廊、轩、楼、阁、园、池之胜，登"望海楼"，可南览尚湖，北望大江，为一邑名刹，与慧日、破山、三峰诸寺齐名。咸丰十年(1860 年)毁于兵火，光绪间重建。[66]登山巅，有烽燧墩，以块石营叠成穴，近年发掘，获千年的陶器。此春秋石室，古貌尚存。[65]

箬帽峰山腰有洞，名石屋洞，因是处有石如屋。突兀于岩边，旁有洞穴石室，传为太公望避商纣曾居此。每逢雨后初霁，洞水奔流飞泻，状如白练倒悬，银光闪闪，眩目清神。石屋洞之下端洞旁刻"飞寒"二字，明人孙克弘书。迎面大石上，刻"桃源涧"三字。昔日涧之两侧遍植桃树，落英逐流而下，银波斑斓，故名，亦为虞山十八景之一，曰："桃源春霁"。[66]

虞山中部，北麓有江南名刹兴福禅寺。南齐间，邑人柳州刺史倪德光舍宅为寺，始建大慈寺，梁大同三年(537年)改名兴福寺(相传因在大雄宝殿内有石，高出地坪，石纹左看若兴字，右看若福字，改称兴福寺)，唐贞观后曾称破山寺。(兴福寺山门前有降龙古洞，为石尾洞、桃源洞之上游，习称破龙洞，附近之山亦称破山，寺亦曾称破山寺。)会昌年间武宗灭佛毁寺，至大中年间再复。咸通九年(868年)懿宗赐破山兴福寺额。后屡有废兴。寺背山而筑，门前破龙洞迂曲而过，杳嶂四遮，古木参天，殿堂亭廊，自南而北分为五列，并有东西两园，主体建筑集中在中轴线上，山门、天王殿、大雄宝殿等。有两层飞阁，相传系五代高僧彦称为虎拔箭处，称救虎阁，清陈揆重建。尚有禅房、四高僧殿、藏经楼、观音堂、龙王殿、空心亭、讲堂、印心石屋、日照亭等，多为清代建筑或清代重建。东西两园建筑，疏密相间，曲径生幽，间有放生池、白莲池、空心潭、君子泉、廉饮堂、米芾砚亭等点缀其中，更增生趣。寺内原有唐桂、宋梅，惜今已不存。[66]

中部主峰有剑门石壁。山脚昔有"洞天福地"石坊，入坊沿阶拾级而上，至剑门山巅。因山道峻险陡狭，宛如长鞭，故称霸王鞭。剑门是处有巨石临崖，两壁直立如削，中有一缝如门户，故称剑门。传说为吴王夫差所辟，石壁高约数丈，中缝仅容转身，气势极为雄伟峻险，为虞山十八景中最有名的一景，称剑门奇石。石为水成岩结构，崖面皴皱层叠。石面有镌刻清康熙帝题字"烟岚高旷"，依稀可辨。[66]

虞山西端，层峦叠嶂，峰回路转。坡北有小石洞，在小云栖寺内。古寺已毁，仅存山门，进山门数十步，便见石洞。是洞深丈余，上窄下宽，泉踞其半，拾阶而下，底层石崖覆盖如屋，可容十余人。洞内冬暖夏凉，泉从石隙溢出。水珠渐沥，碧水盈盈。洞壁有"天下名泉"、"露珠泉"石刻(昔有"冽泉"石刻已佚)，因滴水如珠，泉味甘冽而名，洞口有古紫藤一株，蟠根虬枝，攀悬洞顶，状如华盖。苍老古朴，为罕见名木，小石洞东约半里，此地原有古今三

庙，庙后山麓有老石洞。洞口题"冷泉"二字。洞深数十米。有石级曲折而下。洞无水，甚暗，入洞须秉烛以行，前后数十步，寒如冬，烛无风而灭。清末邑人季厚熔于洞中题"秉烛游"，并筑"古今三庙"以祀巫咸、姜尚、虞仲。[66]

东越山梁，即秦坡涧，全长百余米，习称陈婆涧。涧顶东为石城峰，西为七里墩，涧中巨石累累，直至山巅，为虞山最长之山涧。每当大雨，飞流湍急，瀑布由上下冲，搏击洞石，声震长空，宛如雷吼。是涧为虞山十八景之一，称"秦坡瀑布"。建国后因开山取石，景观已略损。[66]

(三) 常熟明清园墅

常熟以虞山、尚湖为主体而有山、水、泉、涧、崖、洞等自然景观，风光独擅。明清以来构筑有不少宅园别墅，至今尚存有十多处。明朝园墅以东皋草堂、小辋川、拂水山庄最为著名，然则林泉花木，早已化为蔓草荒烟，清朝或就明遗址建园，或新建，以燕园为最著称。

东皋草堂

又名瞿园，明左少参瞿汝说所筑，其子稼轩先生式耜增拓之。《履园丛话》载，在大东门外，旧志载在水北门外扈成村，今有地名"花园上"者，具于水北门大东门之间。当时园址甚广，园内原有"浣溪草堂"(华亭董其昌书额)、"贯清堂"(莆田宋珏书额)、"镜中来"(吴门文震孟书额)及"桃堤柳障"、"菊圃香城"、"中流塔影"、"竹林禅诵"、"四廊香雾"、"虹桥醉月"、"蓉溪泛棹"、"画桥烟柳"、"绀阁香灯"、"湛阁听莺"、"竹堂观画"、"别浦蒹葭"、"水槛乘凉"、"东楼月上"等三十六景。时人有"徐家戏子瞿家园"之语，视为虞山二绝，清同治间为赵之恺(叔才)所购，孙子湘题额曰"东皋老屋"，亭台树石，犹有存者。钱泳《履园丛话》中云："道光癸未(道光三年，1823年)余(钱泳)偕蕴山弟往游，烹茶坐话，有沧桑之感焉。"现在大东门鸭潭头六号，园内诸景

大部已废，一树一石犹存遗迹。[67]据陈从周《常熟园林》中云："今建筑都非旧物，仅存花厅一，其前凿小池，旁有廊可通至池南假山，古木一二，犹是数百年前旧物。"

小辋川

明万历间侍御钱岱所构，在西城九万圩，城水一带，缭绕回环，有水门可容游船出入。内有"蓝田别墅"、"水木清华堂"、"临湖阁"、"风景濠梁轩"、"聚远楼"等名胜。系仿王右丞的蓝田辋川之胜而筑。又南有"空心亭"凌空结构，下铺镂空雕刻地板，以透水面凉气，为夏日避暑之所，今多已无遗址可寻，仅环秀的"山满楼"、"四照轩"后的假山，及"舞袖"、"独秀"等石，尚有一些遗迹。[67]

拂水山庄

在西门外拂水岩下，为明崇祯时钱牧斋别业。中有"偶耕堂"、"明发堂"、"朝阳榭"、"留水馆"、"秋水阁"、"小苏堤"、"玉蕊轩"等诸胜。牧斋并自题山庄八景："锦峰清晓"、"香山晚辈"、"春流观瀑"、"秋原耦耕"、"水阁云岚"、"月堤杨柳"、"杨圃溪堂"、"酒楼花信"，一时传诵。今其地称花园浜，尚存石桥废址，及河东君柳如是墓。[67]

水吾园、赵园、赵湖园

水吾园在西门内九万圩，初名水壶园，又名水吾园，原为明万历监察御史钱岱"小辋川"部分遗址。清嘉庆、道光间为吴峻基所有营构，池塘一片，水清如镜，外通城河，内架石梁，长廊蜿蜒，夏日荷花盛开，香闻数里，故又名水园。园内亭榭花木，点缀清雅。清同治、光绪年间，阳湖赵烈文寓居常熟，购得是园作别业，门额"静园"改名为"赵园"，俗称"赵吾园"。辛亥革命后归常州盛氏施舍给天守寺为下院，改名"宁静莲社"，又名"祇园"，供僧侣居之。建国后为县立师范校舍。[67]

是园园门东向，傍临九万圩。全园半以大池为主，其西南两面周以游廊，东面缀以水阁，旱船在池的南端，其前有九曲桥可导至池中小岛，岛西有环洞

桥(柳风桥)，园外水即自北入内。北有"能静居"。南向，是一座三进院落，西行贯长廊，名"先春"。廊中有榭北向，设石制几案。又西侧北面有经堂五间。直西长廊名"殿春"，折而向北，依围墙而筑，中置八角及方形台榭各一。墙外老柳盈堤，偃卧波上。远望虞山峰峦起伏，蔚然深秀，借园外虞山景，引山色入园。即北端建(环洞)桥，名"柳风"，城内之水自柳风桥入，名"静溪"。溪之北，南向有楼，名"天放楼"，为赵烈文藏书之处。溪南有小假山矗立，晴岚挺秀，掩映波光。山西麓有石梁与柳风桥通；山南有九曲黄石板桥跨水面。中设石台，僚以石径，南达"似舫"石船。舫后有老柳数株，名"舫栖浪"，洄溪曲折如篆，旁有湖石山子一座，挺拔俊秀，玲珑剔透，折向东有黄石假山，平岗小坡，上有亭已废，仅存石井栏，名"梅泉"。并有桧柏三株，虬枝参天，蟠根嵌石，为钱氏"小辋川"遗物。[67]

建国后，该园为常熟师范学校使用。池水亦辟操场而部分填没。

虚廓园

又名虚廓居，俗称曾家花园，位于城区西隅翁府前7号，与赵园相邻。亦明钱岱小辋川部分遗址，为清同治光绪年间刑部郎中曾之撰(曾朴之父)构筑。园正门原在内城濠九万圩，后改今址。[66]

曾氏先有"明瑟山庄"，在山塘泾岸，系曾退庵所建，有山庄十大景图咏。其子启表又辟经园。[67]该园以清池为中心，借山取景，水光山色，融为一体，园中建筑，别具匠心。入门正中即有池塘，源头活水从城河入。环池有黄石假山，名"小有天"，山巅筑亭，山下有"盘矶"，镌刻"虚廓子濯足处"。东北二隅砌围廊，壁嵌曾济之《勉耕先生归耕图》、《山庄课读图》两部石刻，并有李鸿章、翁同和等书法石刻三十余块，池中央筑有"莲花世界"(荷花厅)，架木栏红桥(九曲桥)相通。池内植莲万枝，莲花世界为暑日赏荷之处。池边遍插桃柳，柔枝拂地，间以红梅、绿竹、翠柏、丹枫、佳木繁荫，各尽其态，有城市山林

之妙。"寿尔康室"旁植红豆树一株，已历数百年，西有"邀月轩"，或称"仁月轩"东南隅为"水天闲治"阁，庭中白皮松、香樟，均为明代钱氏所植，并有太湖石山一座，有竖石名"妙有"，其旁镌刻小字为："曾之撰撰于清光绪二十年并书"。文曰："余营虚廊园以虞山为胜，未尝有意致奇石，洒落成而是石适至，非所谓运自然之妙有者耶，即以妙有二字题其巅，石高丈许，绉瘦透三者咸备。光绪二十年七月初三日曾之撰撰并记男朴书"。由此向东越长廊直达"归耕课读庐"，可登"琼玉楼"《孽海花》、《鲁男子》作者曾朴(曾之撰之子)晚年居此著书。[66]

抗日战争后，园亭部分摧毁。建国后，"入门水榭三间，其前池水逶迤，度九曲桥至荷花厅，……厅后小院一方，植山茶数本，东折又有一院，均曲折有度，为此园今日最完整处，东首残留假山废墟，其间的廊屋亭台皆已不存。"[68]该园曾为常熟师范学校和县委党校使用，现由苏州师范专科学校使用。[66]

半亩园

位于旱北门外北部一公里之报慈桥。是园原系明宣德年间副御史吴纳所筑之别业"思庵"及万历年间吏部郎中魏浣初之"乐宾堂"两遗址。清乾隆嘉庆年间由赵用贤裔孙同汇购得，合老宅进行扩建，作为自娱会友之所。道光十二年(1832年)，同汇孙奎昌于旧居东辟地半亩，营治半亩园。同治间，奎昌子宗建于园之东造"旧山楼"，为藏书外，又建"梅花百树"，是园尚有"秦权汉镜铁如意之斋"、"梅花一卷廊"(因贮元人王冕《梅花手卷》而名)、"总宜山房"、"梅颠阁"、"双梓堂"、"古春书屋"、"过酒台"、"拜诗龛"、"非昔轩"等。园内有白皮松、香樟、银杏、红豆等古树名木，红豆树迄今仍开花结子。此园现为集体企业使用，大部建筑已被毁或改作他用。[66]

壶隐园

在西门内西仓前，"致道观西南，明左都御史陈察旧第。嘉庆十年(1805年)，吴竹桥礼部长君曼堂得之，筑为亭台，颇有旨趣，其后即虞山也"(见钱

泳《履园丛话》壶隐园条，同时还提及：越数年复得彭家场空地，亦明时邑人钱允辉南皋别业旧址，造为小筑，田园种竹养鱼，亦清幽可憩)。吴峻基字曼堂，著有《虞琴草堂吴十一诗稿》，有忆家园诗九首(每首诗一景点)：1.别有洞天；2.似舫；3.不碍云山阁；4.裁竹亭；5.翠屏环霞；6.含馨阁；7.逍遥园外山居；8.桐荫风；9.大好湖山。单师白《海虞诗话》称大好湖山为三层楼，登之可拓眼界、二层则贮书处，比年以塌毁可虞，削去顶层。清季园为丁祖荫(别号初我)所得，榜其书屋曰"湘素楼"。今为县中宿舍[67](图10-132)。

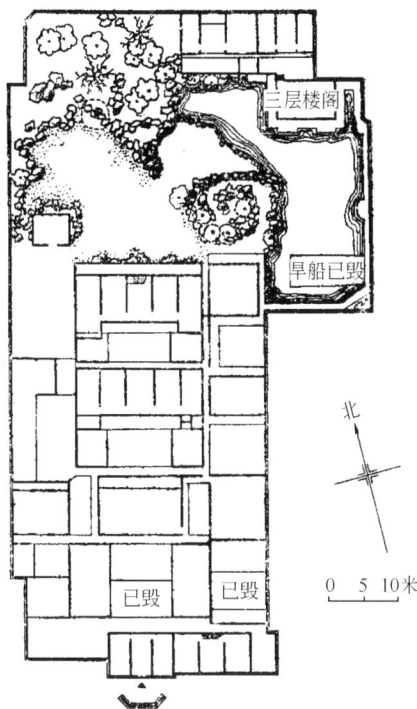

图10-132 壶隐园平面图

燕谷、燕园

址在城内辛峰巷(北门内令公殿右见《履园丛话》)，初名蒋园，清乾隆间台湾知府蒋元枢所筑。"后五十年，其族子泰安令(蒋)因培购得之，请晋陵戈裕良叠石一堆(叠黄石假山)，名曰燕谷"(见《履园丛话》燕谷条)，因此易名燕谷园或燕园。此园至清末为邑内士绅，外务部郎中张鸿(隐南)所得，自署

为燕谷老人，童初馆主，张鸿即《续孽海花》作者。建国后，该园先后由市(县)公安局、文化馆等单位使用，现为市(县)皮革厂使用，有的园景已损坏废圮，部分如小池假山、绿转廊、三婵娟室、仁秋簃、燕谷等近年正在修复，已列为省级文物保护单位。[66]

燕园平面狭长，东界炳灵公殿戏楼，南临辛峰巷，西界蒋氏旧宅，中部有门通宅第，北临琴川第五弦(图10-133)。全园可分为南、中、北三部分。现在从辛峰

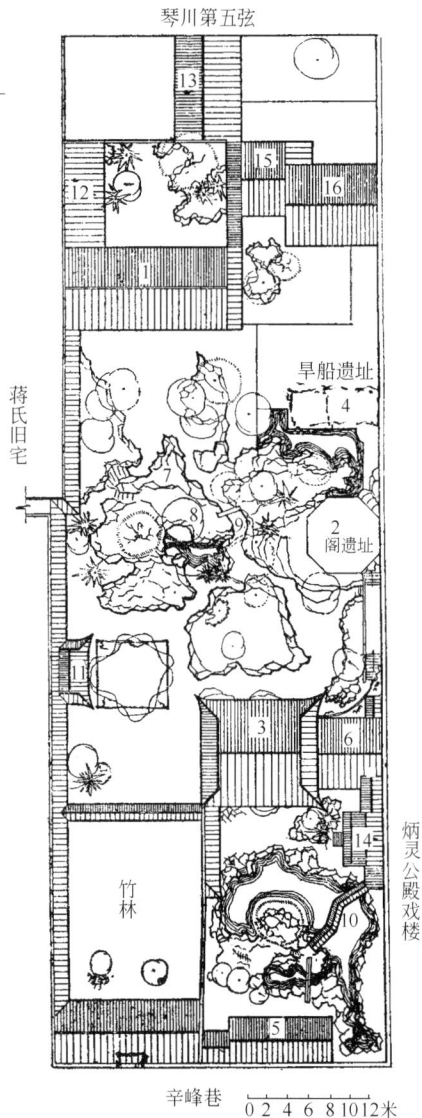

图 10-133　燕园平面图

1.五芝堂；2.赏诗阁；3.三婵娟室；4.天际归舟；5.童初仙馆；6.诗境；7.燕谷；8.引胜岩；9.过云桥；10.绿转廊；11.仁秋簃；12.冬荣老屋(梅屋)；13.竹里行厨；14.梦青莲花庵；15.一瓶阁；16.十愿楼

巷一个小石库门入园，门屋五间北向。其西有长廊直奔北，经中部稍折至北部五芝堂。院中原有竹林，林后有廊东西横贯，连通三婵娟室、诗境，将南部与中部分隔开，循廊至园东南隅，有一小池平面曲折如耳廊状，池旁耸立湖石假山，山间立峰，其形多类猿猴，山巅有白皮松一本，高达数丈，玉树临风，虬枝映水，池水沿山麓曲北绕向东南，西分小支，上架小桥，尾水至东南角书斋旁，尽曲折环抱之致。池山南有书斋四间，称"童初仙馆"。池中部架三曲石桥，上复有廊，称"绿转廊"。廊桥北侧尽端有西向一楼名"梦青莲花庵"，登楼可望虞山。池山北有方形花厅三间，装修讲究，是南部与中部相通的过渡，其东旁有屋称"诗境"，屋后上砖梯登中部山东的赏诗阁，图八边形，亦西向，用意与楼相同，可远望虞山。

中部主体为东、西假山二区，用黄石堆叠，虽用横向叠缀，但有变化，浑成一体，虽由人作，宛若虞山南坡奇石危崖。戈裕良在苏州环秀山庄所叠池上湖石山可称一绝，此处掇山可称黄石山中的一绝。东西二山犬牙相错紧嵌，上贯石梁，称"过云桥"，山下有洞，曲折可通。西山的东南凹处。有小池，水流入洞，内点有步石。洞口上为引胜岩。西山的后背西北角，有磊砢叠成山径危崖。径尽洞口，拾级而下。东西山巅都栽松植竹，秀若天成。东山有水沿东、北麓曲成小池，池北直线形，有旱船临水(仅废址)。船称"天际归舟"。西山的西南，西界的长廊中间突出一树，称"仁秋簃"。

长廊直奔燕园北部，先是内厅三间，称"五芝堂"，主人居住之处。堂后西为"冬荣老屋"(又称"梅屋")。与堂成L形相交成庭，庭中古树成荫。堂东有廊，北通"竹里行厨"，东为"一瓶阁"与"十愿楼"，前后错叠。

燕园，诚如钱泳在《履园丛话》燕谷条所云："园甚小，而曲折得宜，结构有法"，地形虽狭长，但用横廊与厅室分隔南部与中部；又有东、西两石山横亘中部森然，使人有深不可测之感，东南隅小园中，

山循水，水循山，曲绕环抱，山石嶙峋，别有天地，尤其中跨三曲廊桥，南渡复有支流上小桥导入仙馆，极曲折之幽趣。中部黄石山，因地制宜，蹊径独辟，布局巧思，颇有新意，堪称黄石假山中的上乘。

顾氏小园

环秀街顾氏小园主厅，"似建于明末，施彩绘，有木制瓣形柱与栌，在苏南尚属初见。"厅南小院置湖石杂树，楚楚有致。厅北凿大池，隔池置假山，山下洞壑深幽，崖岸曲折，似仿太湖风景。山上有白皮松一株，古曲矫挺，厅东原有廊可通主假山，今已不存。假山后虞山如画，成为极妙的借景。""此园布局仅用一古池，崖岸一角，招虞山入园，简劲开朗，以少胜多，在苏南仅此一例。"[68]

庞氏小园

有荷香馆，花厅三间南向，厅前东侧倚墙建小亭，亭隐于假山中，门后有一小池，其上贯以三曲小桥，岸北复有假山建筑物，今已不存。[68]

唐氏宅园

位于城区县南街。是园占地仅半亩，然匠心独运，筑有亭、台、轩、榭。其布局中心为一小池，上有三曲石桥，池四周堆假山较高，植花木，俯视池水，有如临深渊之感。沿墙环以游廊，其北筑旱船半截，又筑半亭多处。园景玲珑，富有诗意，现由市图书馆使用。[66]

之园

又名九曲园，习称翁家花园。位于城区西南隅荷香馆，系清光绪间布政使翁曾桂（翁同和侄子）所筑。是园建筑得宜，小中见大。园内水池环绕，池架九曲石板桥，涓涓清流从里城河贯入，并有亭、榭、舫、轩诸景。回廊映水，榆柳成荫，花木扶疏，别饶佳趣。"半溪亭"、"抱爽轩"等匾额，多为翁同和手笔。该园现为市人民医院使用。[66]

二、太仓明清园墅

（一）太仓的建置沿革

太仓，"其地平衍，无名山峻岭，惟穿山巨石屹

立"，"穿山（一名枫山）在州治东北四十二里，崇一十七丈，周三百五十步。山有洞通南北往来，故曰穿"（《太仓州志》）。据记，太仓地区古城有复城、鸿城。"古城，越王余复君所治，在娄门外八十里。鸿城，故越王城，娄门外百五十里。""清雍正三年（1725年）升太仓为直隶州，析置镇洋县，同城而治，领县田，曰：镇洋、崇明、嘉定、宝山。"

太仓位于苏州的东边，嘉定的西北。元朝时代，朱暄等人筹办海运，在此设立码头。元朝的海运由此而入，太仓就发展成为繁华的城市，元末，"方（国珍）张（士诚）之乱，千门万户，荡为灰烬，然自有明二百年来，休养生息，中叶以后，第宅园林之盛，甲于东南。是时国家丰亨豫大，士大夫告归，以其俸余，与父老故人为乐，藉以提倡风雅。至（天）启，（崇）祯末造，水旱盗贼，危亡立见，而当时所称巨人硕德乃以亭台花木为宴安之具。岂其时连年荒歉，散财则虑不逞之徒反以酿乱，而又不忍斯人之坐以待毙，是用劳其力而济之。寓以工代赈之意，此或前辈之苦心，非后人所敢轻议。然至今日，沧桑变更，城南外繁甚之区，昔时高楼大厦，游目骋怀之所，大都荒烟蔓草仅识遗墟，……"（《镇洋县志》）。时至今日，连遗墟也不可寻。

（二）娄东园林

据《太仓州志》卷二封域下载："吾娄园林之盛，甲于东南，然大半在城西南县境，在州境者有乐隐园……"，计二十四处。据《镇洋县志》卷一封域载："园林则花园堂……"，计二十三处。所录诸园，除个别稍详外，大都仅及园主之名，园址所在而已。王昶《娄东园林志》仿《洛阳名园记》、《吴兴园林记》体例，录名园十有三处，记叙较详，州志、县志、园志中合计共四十六处，即王氏园、安氏园、离薋园、北园、吴氏园、学山园、田氏园、日涉园、季氏园、王氏廪场泾园、弇州园、澹园、南园、乐部园，其中元朝筑四处。

乐隐园

"元翟考祯筑，地名团溪。在沙溪镇，杨维桢有记"（《太仓州志》）。

来鹤园

"张寅《五曲溪集》云：来鹤园西有田十余亩，周围有溪五曲，中有屋三楹，元制也。州城元时屋仅见此，以其远市廛不遭兵燹，故能独存"（《太仓州志》）。

花园堂

"元朱清筑，后为捕盗司署，在太仓卫归址东"（《镇洋县志》）。

王氏园

据王昶《娄东园林志》："王氏园元驭宗伯所治。"据州志："在鹤来堂后，大学士王锡爵所居。"《娄东园林志》所记全文："王氏园，元驭宗伯所治。宅后东西可三百余尺，南北三之，其阳为菜畦，畦尽修垣，窦而入十余步，横隔大池。循桥得径，右方为亭，亭上覆明瓦为榭（是亭亦榭，顶覆明瓦少见）。亭前累石成小岛，盘沼渧渧。有襄阳人者，能于石隙引机作水戏（惜未详言水戏之状）。左方池稍广，前后堂楹，各具种牡丹多至三百本，菊再倍外，复多名花果。其最者曰蘋婆、曰麝香红李、寿星桃。按今太常颇修广台榭备昔，无所谓菜畦者，疑尽当新筑。牡丹芍药则艺东郊，菊亦不专植（意诸花在东郊圃地养植，将花时布置园中）。"

南园

"明处士陈继善筑，在涂菘，龚诩有记"（《太仓州志》）。本书著者按：州志，是志中，娄东园林以南园命名者共有四处，此其一。

西墅

"处士刘橄别业，在穿山，文徵明有诗"（《太仓州志》）。

驻景园

"处士陈符所辟，在涂菘，龚诩有记"（《太仓州志》）。

东庄

"处士陈蒙所辟，在双凤镇，有东庄八景诗"（《太仓州志》）。

樊春圃

"参政郏鼎所辟，在双凤镇，有西山、梅岩、浣溪亭、漏雪峰诸胜。"

丹山

"在双凤镇陈泠宅后，其五世孙汪筑，有竹桥、芝屋、幽轩诸胜，周锡有诗"（《太仓州志》）。

后乐园

"宁波知府周坤筑，在双凤镇，中有东山，周锡有登东山诗"（《太仓州志》）。

三山

"府判周锡筑，在双凤镇，有石亭、耕云台，郏鼎有闰九日登三山诗"（《太仓州志》）。

安氏园

"杭州训导安邦筑，在城东北，王世贞有记"（《太仓州志》）。《娄东园林志》载："安氏园，僻州东北。前阻小溪，水右与阴，皆田可稻，农欢历历耳目，左通一门入，除竹为径，数十步得一室。下踞桥之折南北，复为修径。藩其右，以圃种花木，中亭一茅舍一。其北径尽稍西，为莲花池，水亭据之。抵中门，则堂阁及庖厨在焉。主人曰：邦者罢江右司训归，日课园丁溉植，花事独胜。按今园颇凉废，不复可游，然人犹呼为安家园。"又《太仓州志》总编修王祖畬按：咸丰庚申兵燹，梅花楼亦毁，东西遗址，半属他姓，仅存宅后遗址二十七亩零。光绪初，由太原裔孙，公呈立案，以后永远不得再有买卖云。

离薋园

"尚书王世贞别业，以鹦舸桥第之左，世贞自为记，后钱氏居室，即其故址。畬（王祖畬）按：离骚，薋录葹以盈室兮，判独离而不服。薋录葹皆恶草，时弇州（王世贞）罹家难，有憾于分宜匿迹家乡，故以为此，欲且离之也"（《太仓州志》）。《娄东园林志》记是园称琅琊离薋园，描述较详。"琅琊离薋园，鹦舸桥东第之左。门不五步而渠，桥踞之，临桥而门，榜曰离薋园。东西不能十余丈，南北三之。入门为蟠松二，方竹十余茎。最高有亭，曰壶隐。其三方皆梅，可二十树。前叠石为山颇盘，沼蓄朱鱼，山亘可丈许，中有涧、有洞、有岭、有梁。右方书室二，左种竹，竹间亭曰晞发。壶隐后得小圃二，栏以竹，杂种桃杏木药诸属。圃尽得径为广除，列孤峰，累洞庭石，左右玉蝶梅，绿萼梅各一，大可荫台。临台屋五楹，曰鹦适轩。左室以得竹，曰碧浪；右室可栖客，曰小憩，后池曰芙蓉沼，沼后距墙咫尺而近覆垂柳。度小憩室，折而西北，侧楼三楹，其前庖湢浴室。弇州自为记。今终岁掩门，不审近状。按弇州所居曰新庄，子士麒于宅后辟地曰约园。弇州有记，今分属人，不叙。"

北园

"举人曹巽学所辟，在沙溪镇。……疑即王昶志云曹氏杜家桥园"（《太仓州志》）。《娄东园林志》："曹氏杜家桥园，乡进士茂来所治，故杜氏地，因袭名。地多乔木，遍列修竹，一池绝泓，行亭其上，水中旧累石若三山，今去。层阁丙舍，最宜居游，茂来性好修筑。成辄厌去，沙头一园，大地数亩种鱼，鱼巨而肥。玉兰木樨，株可数围，高出堂外。"

黄氏园

"参政黄元勋即陈氏故居改筑，在北园（曹氏杜家桥园）左"（《太仓州志》）。

西园

"本缙云令马良宅，在直塘杨木桥西。桂林道凌必正葺治为园，中多玉兰，荫十余亩，又名玉树园，后归举人崔华"（《太仓州志》）。

南园

"亦凌必正筑，又名南坨，在直塘重冈桥北，有九如堂，屿雪亭"（《太仓州志》）。

吴氏园

"副贡生吴云翀宅后读书处"。《娄东园林志》："吴氏园在州南稍西，太学云翀宅后读书处，地不能五亩。逶左方入，一楼当之，前为方沼，沟于楼下，栽通后池，水启西窦。出得岩岭，上下亭树，山阴有堂，堂右层楼，左浸平池，中曲桥度东汻。亭冠其

阜，后植绿竹。以地限不能有所骋目。按云翀我友进士继善，祖好读书，轻财急义，弇州称其赀倾州邑，乃末年强半以善事费，宜子孙多贤哉。"

学山园

"尚书子张灏所筑，在海宁寺西偏，俗称张家山，李继贞有记"（《太仓州志》）。《娄东园林志》："学山，司空子张夷令宅后园在海宁寺西偏。有门东向，入循夹弄折而北，启扉得广庭，深十余丈，横杀之。上架紫藤，当开时绝胜。堂三楹，曰罨蔼，后轩曰谈昔。轩临池，池约二三十亩，作湖溪势。西北二方亘高冈，列种松。设平船，逡轩右放中流，望冈上松，听松声，疑在岩壑。直西有亭六角，曰放眼。船抵西北阿，寻松中一间屋，曰云巢。数十步，佛阁、吕公祠。东岸石滩浸水，堤中断尝不可行。旧时池东北屋曰沤社，屋内累湖石作岩洞，后架浮图，城外可望见，人谓怪尽云，今最夷旷。按夷令名灏，天如从兄，此园曾属天如，固我西州路记事为凄冽。"

静逸园

"国朝赠府尹钱陛别业，后为毕氏享室"（《太仓州志》）。

钱园

"中书钱廷别业，在州治东，黄与坚记"（《太仓州志》）。

勺园

"学博毛张健筑，在太平铺后，俗呼毛家园，后归举人陆建连"（《太仓州志》）。

依绿园

"本盛氏别业，在北巷，后归毛成肃，复割赁他姓"（《太仓州志》）。

茧园

"在州治东南，旧为侍御陆毅忆园，道光年间归江西巡抚钱宝琛，改今名。兵燹后，孙深州和州溯耆解组归，重葺治之，颜居室曰学耕，亲自课农焉。茧园在中丞宅后，咸丰初树桑数百株，为乡里倡。庚申之乱，鞠为榛莽，此邦人士犹眷念颐叟之泽不置"（《太仓州志》）。

南园

"瞿智筑，杨维桢记"。

锦溪小墅

"明参政陆昶筑，在城东南隅，何乔新记略。福建参知政事陆公通昭，家太仓城之巽隅。所居之西有地数百弓，规为园。园之左，澄溪溶溶自东南来，芙渠菱荷，列植其间。花时烂若锦绣，故以锦云命溪云。孟昭爱其幽雅，遂徙家于兹。前为堂五楹，扁曰宝敕，所以藏列圣所赐玺书也。次为层五楹，扁曰寿安，所以奉其母太宜人也。又次五楹，扁曰世荣，所以居其诸子也。东一轩，聚石为山，扁曰翠去小朵。园之东西为亭二，其一，幽兰白芷，香袭中袂，扁曰洒香，其二，晨风暮霭，翠浮几席，扁曰霏翠。合而名之曰锦溪小墅，因其址也"（《镇洋县志》）。

菽园

"参政陆容筑，在明德坊西，中有成趣庵，独簧亭、容并有诗"（《镇洋县志》）。

洞庭分秀

"太仓卫指挥江某筑，俗呼江家山，在樊村泾西。山下石洞中有碣，载桑悦诗及毛澄、庞碣、刘应祥联句。后归张氏，改名曰涉园，石碣尚存，联句亦完好，惟桑诗漫漶不可识。后归黄氏为享室"（《镇洋县志》）。

田氏园

"镇海卫田千户田某筑，在太仓卫左，王世贞有记。旋归凌氏，后归杨氏，今废址又称杨家山"（《镇洋县志》）。《娄东园林志》记较详："田氏园，故镇海卫千户筑，在太仓卫左。穿一巷而东百步，得隙地，累土石为丘，高寻丈余，广袤十之。太湖石数峰，亭馆桥洞毕具。大树十余章，一望美荫。池岸环垂柳，水亦渺渺。田败，属大司马凌公，不复修治，大树亦几尽。按今园归杨氏，树乃郁茂，台榭亦颇修备。"

日涉园

"都督杨尚英筑，在太仓卫治西南，园成四载，子指挥之庆转售他姓。后归郁禾，许旭有过郁计登日涉园和作"（《镇洋县志》）。《娄东园林志》杨氏日涉园条还载有："前棹楔，左亭右榭，中凉堂，縣回廊，则便房奥室，后庖廥所在，列太湖石、灵璧峰石，竹木蔬果，以次植。今转售人，不称游地。"

季氏园

"观崇季德甫筑，在南门外度津桥稍东，王世贞有记"（《镇洋县志》）。《娄东园林志》载："季氏园观察公竹隅所治，在南门外度津桥稍东。枕濠水，有轩一楼一，皆不甚宽广，中大池，若方境，中央构亭，桥通之。轩四隅及右方一台，皆周艺牡丹。侧柏一株尤奇秀。今属吴氏。"

王氏麋场泾园

"世贞世父都事憬筑。园初成，胜冠吴郡，郡人尤子为之图。后废，峰石徙弇山园"（《镇洋县志》）。《娄东园林志》载："王氏麋场泾园，弇州世父静庵筑。弇州山园记云：循松柏屏而西，有亭瞰崖，稍西为静庵。出庵西折数十武，为山堂。堂之阳有台，列怪石名卉，东西修竹亘数百步。辟堂扉而北，得大方池，中浸芙蓉菱芡。左右石门，入分二桥，各有亭。水左深入石洞，度梁抵崖。崖穷复为深涧，上横石。取道而西抵矶石山，被以白华，曰：雪山。诸山辅皆土冈，委曲抱麋场泾若率然。眷万松鳞鬣之。园初成，胜冠吴地。后伯子败废，凡峰石尽徙治中弇。"

"按以上节录弇州诸园小记。中惟麋场泾园，今夷为平畦，不复可仿佛；余或仅存，亦有加饰者，丘木且托传文哉。"

弇山园

"尚书王世贞筑，俗呼王家山，在隆福寺西，广七十余亩，中蠹三峰……"（《镇洋县志》）。王世贞曾为弇山园作记八篇，陈叙园景甚详，惟嫌篇幅较长，不如《娄东园林志》中："弇州园"的记文较简而全。关于园名，王世贞自云："园所以名弇山，又曰弇州者，始余诵《南华》而至所谓'大荒之西，弇州之北，意慕之，而了不知其处。及考《山海西经》，有云：'弇州之山，五彩之鸟，'……偶展《穆天子传》，得其事曰：……则是弇山者，帝姬之乐邦，而群真之琬琰也，……"又说："始以名吾园，名吾所撰集，以寄其思而已。"

《娄东园林志》："弇州园，俗呼王家山，在隆福寺西，前临小溪。园亩七十而赢，左方近建祠，祀弇州先生。祠后故小祇林藏经阁址。阁废，存石桥，曰梵生。右得木门，镣知津桥。取道弇山堂。堂东折而北，为长溪，有水西注，跨石桥，曰萃胜，踞三山口。三山者曰西弇、中弇、东弇。俗呼西为旱山，中、东为水山。度桥即西弇，循岭北得一滩，曰突星。右峰二，据岭而颓，径数武，径断，两石不接尺许。洞水下流，通小龙湫。湫西南一线道伛偻，上曰石公弄。更数武，有岩中盘石，曰息岩。径尽一磴，曰误游磴。寻得洞，曰陬牙。上横大石梁，曰青虹。循西下入洞屋，屋上架重楼，曰缥缈楼，是三弇最高处。西望娄水如练，马鞍山在三十里外，北望虞山，百里而近曰大观楼。南稍东得石磴，东北十级而下。门曰隔凡，为三弇第一洞天。水左与天镜潭含覆怪石，北取蜿蜒洞，俯视若一星，曰潜虬。出洞稍南为枕流滩。更北遇小石梁，值青虹下，曰雌霓。复入陬牙洞，转登超然台，少西曰丛桂亭，寻抵绾奇台，下数级有石傍出水，可以钓，曰忘鱼矶。小转抵月波桥，得中弇，中弇在水中，月波南稍东折，列危峰。不数武，得洞曰率然。过洞西南折而下，有石卧水如钓矶，旧藏经阁未毁，正距南岸，为唤渡处，曰西归津。循洞东转度清波梁，小转而南，两壁上狭卧一石，曰小云门，转入磬玉峡，峡石声如磬，故名。转可十五级，得石栏，为壶公楼。左下穿石梁，曰鳌背。度石梁有亭，曰徙倚，南折下数级，得东泠桥，而中弇尽。桥为东弇道。今桥废，寻东弇则渡小舟。分胜亭以南尽竹木，无复峰壁。亭东北斜上三级得广台。台凿石为芙蓉屏。石西面修可五尺余，广倍之，曰云根嶂。嶂下窦曲折穿芙蓉屏，曰流觞所。更十余级而下，为大滩，滩势直下，几不能收足，曰娱晖滩。障背双井，俯瞰若虎丘剑池。稍东一亭，曰嘉树，小舟北度，登岸循廊而西，为文漪堂，俯视方池，宽广

可数亩。堂三楹，与壶公楼对，收中弇、东弇胜。堂左折而入，得广除三楹，曰凉风。过凉风稍东，面北为门，枕通流，榜曰瑯琊别墅。他所载尔雅楼、小酉楼、振屧廊诸处，今皆为居室，不复可游观"。

"按先生自记弇园凡八。今历岁且转售人，不复旧胜。但此园名在天下，不同凡墅，故约略入记，就所存详记，感慨系之矣。"

澹圃

"太仓王世懋筑，在城西南隅，去弇园半里，世贞有记。世懋殁，分赁他姓，其半为香象庵。清康熙间，有烈尼周氏，以拒暴见杀，庵毁"（《镇洋县志》）。《娄东园林志》记载园容较详："王敬美澹园在城西南隅，去弇山半里而遥。前门凿池半规，右浚长沟，可四百尺。外植高榆间丛筱。入门辟广地为收获场，轩曰学稼，启左庑，入精庐，凡四重，重各五楹，辅丙舍及仓庾庖庙。右庑如左，启扉寮廊。平台前为小池，叠石滋牡丹。中为堂三楹，曰明志。后枕大池，与学稼轩拱堂。右折而南，为书室。北渡小平桥，入一门，循左廊折而北，为小轩。中除叠数峰，皆灵璧英石。又折而东，穿水阁，三方皆池，多植莲。缘水阁而北稍西，复一轩，折而西得煖室二，雪洞一、浴室一。复缘东启短垣出，得复道，夹修竹，亘而北，皆傍池。池半横一桥，东通果园。桥长可七十尺，广五之一，果园尤旷，种柑橘食品，隙地艺蔬菜。自桥返竹径，复折而北，更渡一桥，稍东得崇台，杂植诸卉。元美有记。今赁各姓侨居。"

南园

本明朝"太傅王锡爵种梅处，在城南潮音庵北。孙太常卿时敏拓而大之，有绣雪堂、潭影轩、香涛阁、水边林下、烟垂雾接诸胜"（《镇洋县志》），钱泳《履园丛话》南园条，首段文同县志，但在"诸胜"之后，接着写道："皆种梅花，至今尚存老梅一株，曰瘦鹤，亦文肃手植也。余于乾隆庚戌（五十五年，1790 年）早春，曾同毕涧飞员外过之，已荒芜不堪矣。"《镇洋县志》在"诸胜"之后，接着写道："嗣

斥绣雪堂为问梅禅院，后仍归王氏，延族父玠居之。玠传时敷，时敷传恭，居于此。恭殁，东偏赁华氏。嘉庆年恭从子瀜，即水边林下故址，建鹤梅仙馆。道光初，邑人鸠资赎毕业所赁屋，归鹤梅仙馆。后十余年邑绅钱宝琛、钱元润等鸠资重葺，奉锡爵栗主，以王世贞、吴伟业附。咸丰季年毁于寇。同治初，里人集款建台光阁于鹤梅仙馆旧址。九年（1870年），置知州蒯德模复潭影轩，增建逊志堂、忆鹤堂、栽花小憩、寒碧舫等处，移安道书院于此。光绪年，王氏后裔奉锡爵以下栗主于台光阁，以人日祀。”

童寯：《江南园林志》南园条，简及："本明王锡爵园，其孙清初画家时敏增拓之。"提到"有二峰，曰簪云、待儿，移自弇山园者"。二峰一节为其他志文所未及。

乐郊园

乐郊园亦名东园，"太傅王锡爵种芍药处，在东门外半里许。孙太常卿时敏拓为园林，有藻野堂、揖山楼、凉心阁、斯仙庐、埽花庵、春晓台、香绿步、梅花廊、剪鉴亭、镜止舫、峭蒨诸胜。清岩虞惇有记"（《镇洋县志》）。

《娄东园林志》对本园的叙述较详。"东园，王文肃公别墅。出东郭数十武，入南偏舍，一门。度小石桥，历松径，缒平桥，启扉得廊。廊左修池，宽广可二三亩。廊北折而东，面池有楼，曰揖山。循左，屋数间，右石径，后多植竹。竹势参天，有阁曰凉心。度竹径，南累石，穴上置屋如谯楼。且行小折，启一扉，曲室数十楹。有阁斜望凉心少弱。出而东，更折而南，小山平起，上隐桂林，山尽便得一门，内为期仙庐。庐前颜曰：峭蒨。凿方沼，中突二峰。不数步，入扫花庵。再进，得小板屋。推户，平畴百十顷，看耕稼。庵前系艇，刺艇。上下冈坡，回互周见。南泛藻野堂，堂蔥然向大。阶下莳芍药，满阡陌。舟及岸，憩小平桥，紫藤下垂。古木十余章，逮水如拱揖。东折石径，见梵阁，藏松际。北泛遇小崖，循崖登望，木石起伏，夹路树影冒衣。崖穷一

窦。有屋倚水傍，通廊。廊衍水中，委曲达亭。上东折，缒平桥，还揖山楼下，园中桥三、楼二、亭二、阁一、庵一、庭一、佛堂一。水前后通流，嘉木卉无算。""按文肃性闲适，罢相归，喜辟游观地，如城南隅有南园，多种梅；东城有东畴，多种芍药，皆据胜，以东园著，不复次。"

杜家桥园

"举人曹巽所筑，在城北五里，故杜氏地，因袭名"（《镇洋县志》）。《娄东园林志》则称："曹氏杜家桥园，乡进士茂来所治，故杜氏地，因袭名。

贲园

"吏部王士骐别墅，在太仓卫东"（《镇洋县志》）。

蕃圃

"尚书王在晋别址，在西郊二里许"（《镇洋县志》）。

西田

"亦曰归村，太常卿王时敏别墅，在西城十二里归泾上，有农庄堂、稻香庵、霞外阁、锦镜亭、西庐诸胜，吴伟业有记"（《镇洋县志》）。

梅村

"旧为明吏部王士骐贲园，亦名萃庄。清祭酒吴伟业拓而新之，易今名。中有乐志堂、梅花庵、娇雪楼、鹿樵溪舍、苍溪亭、桤亭诸胜"（《镇洋县志》）。

避村

"在贲园东，本明漳浦同知吴震元别墅，即陆容菽园故址也。后归清兴化守许焕，中有鸿雪堂，恢宏壮丽，为一园之冠，前临大池，种荷花。北垒石，高十数丈，玲珑如剔，后废园分赁他姓"（《镇洋县志》）。

颐园

"在旱泾桥东，旧为黄氏小山堂，后归金闻鹤，拓而新之"（《镇洋县志》）。

怿园

"在樊树泾西即洞庭分秀故址，经历黄朝霖购归改筑，吴县冯桂芬有记"（《镇洋县志》）。

三、嘉定明清园墅

现属上海市的郊县嘉定、青浦、松江、南翔等地，有不少明清宅园别墅遗存。其中著称的都已成为今日上海的游览胜地。

平芜馆

见《履园丛话》卷二十："嘉定有张丈山者，以贸迁为业。产不逾中人，而雅为园圃。邻家有小园，欲借以宴客，主人不许，张恚甚。乃重价买城南隙地，筑为园，费至万余金。署曰平芜馆。知县吴盘斋为作记。遂大开园门，听人来游，日以千计。张谓人曰：吾治此园，将与邦人共之，不若邻家某之小量也，识见亦超。"

秋霞圃

在今嘉定县镇东大街城隍庙后，是明朝中叶工部尚书龚弘创建的宅园，据同治《嘉定县志》卷三十所载，系当时尚书龚弘的住宅，因又称"龚氏园"。秋霞圃布局别致，风格独特，厅堂楼阁等较大建筑物较少，以山石池沼、花卉木竹、曲径亭台为主，有松风岭、莺语堤、岁寒径、层云石、桃花潭、题青渡、寒香室、百五台、数雨斋、酒雪廊等十景。[69]关于龚氏园(后称秋霞圃)始建年代，《上海风物志》，陈从周《嘉定秋霞圃和海宁安澜园》一文[70]，都说创建于嘉靖年间，但近人侯旭《嘉定秋霞圃析疑》一文中考述，认为龚氏园始建于龚弘第一次告退时，即明弘治十五年(1502年)。年仅51岁。[71]

"龚弘死于嘉靖二十五年(1546年)，他死后不到十年，家道衰落，他的曾孙便将秋霞圃卖给一个姓汪的徽州商人"。[69]这里龚弘死的年份有误，据侯旭考述，"龚弘生于明景泰辛未(1451年)四月十八日，享年七十有六"。王世贞所撰《大司空蒲川公传赞》云："……享年七十有六"。从出生年月日推算，殁于明嘉靖五年(1526年)而不是殁于嘉靖二十五年(1546年)否则龚弘享年将为九十六。[71]

据《嘉定县志》载："尚书曾孙敏卿遭奴变(注：

明末发生奴仆索契斗争，史称奴变)，家中落，宅售徽商汪姓。""万历元年(1573年)，龚弘四世孙龚锡爵中举，汪姓商人又将园子赠送龚氏"，并又加以整修。"明末清初，弘光乙酉(1645年)七月，龚氏后裔龚方中嗣子龚孙玹等参加了震惊江南的，以侯峒曾、黄淳耀二先生为首的抗清斗争。龚孙玹率全家协助侯峒曾父子坚守嘉定城，据记载：'……抗清时分守东门，日夜认真巡视。城破，拼死巷战，受伤七次，力尽而死。妻金氏奔到后，也跳入池水而死。'龚氏后裔在此斗争中殉难十余人。就此龚家又告式微，汪姓后裔再次购下秋霞圃。"[71]

"雍正四年(1726年)，汪家将园子捐给城隍庙作为庙园"[69]"作了官僚地主酬神宴客及清谈娱乐的所在。[70]"乾隆年间，东面的沈园也归并城隍庙，与秋霞圃连接，添建即山亭、迎霞阁、碧光亭、池上草堂。自此，春秋佳日，游人熙熙攘攘，络绎不绝。"[69]

"咸丰十年(1860年)至同治元年(1862年)太平军东征期间，嘉定经历了三次争夺战，秋霞圃被烧毁，仅剩部分池水山石，直到光绪二年(1876年)重建池上草堂、舟而不游轩等。此后，又修复丛桂轩，内设茶肆，并造延绿轩，租给美真轩照相馆。"[69]

"辛亥革命后，各地多将寺庙改作学校，1920年，嘉定的城隍庙和秋霞圃内也开办了启良中学，拆改了一部分园景，抗战时期，秋霞圃为侵略军盘踞，设军医院，院中受到很大摧残。1946年学员复课，却无力修葺园林。建国后，经过多年准备，正打算修理，却遭到'文化大革命'，破坏更大，几乎失去园林的面目，直到1979年才开始修缮。至今，西部景物集中的七亩多地已全部恢复古园风貌。"[69]

"修复后的秋霞圃，在西南设园门，进门有一小庭院，松石修竹，门厅面东，又一小院，竖立山石。穿圆洞门，经花圃曲径，然后进入园内。这一带多竹，现有金镶白玉嵌，湘妃竹，紫竹，佛肚竹等十三种。"[69]

秋霞圃面积不大(约八亩左右)，平面略呈长方形，布局以山取胜，以水为中心(图10-134)。中间一

图 10-134 嘉定秋霞圃平面图

1. 山光潭影厅；2. 延绿轩；3. 扑水亭；4. 即山亭；5. 丛桂轩；6. 舟而不游轩；

7. 池上草堂；8. 屏山堂；9. 归云洞

泓池水横东西，池北为黄石假山一座，池南为缀石土阜大假山，园内主建筑在池北偏东的四面厅，额曰"山光潭影"。厅前是石板铺成的月台，临池砌有石栏，凭栏可赏园中山光水色，峰石高树倒映池中俪影，厅后小院，有牡丹台，旁有一座峰石，像横卧的古琴，因此取名"横琴"。[69][72]

厅西有一座黄石假山，峰峦峭壁，深藏丘壑，尤其所叠峭壁，手法颇佳。山下有归云洞，曲折深邃。山上筑亭，名"即山"，初建于乾隆年间，1922年重建。早先在亭中可望东北城隅，春日里青翠一新，山后北麓筑有一轩，名"延绿"东与四面厅相接。黄石假山前临池有亭名碧光亭，俗称扑水亭，一度易名二六轩或宜六轩。[69]

水池南为土阜大假山，缀以湖石而成，沿池构成曲岸石矶断续，水池湾环于东和北。水仿佛自山中出而复汇于池，西出一叉湾，北麓东有曲桥跨水，西断岸则架以平板小石桥，桥名"涉趣"。是天启元年(1621年)书法家娄坚所题，刻于石壁上。土山中部有一曲径，把山分为南北二脉，山上数峰，老树参天，枝叶茂盛。葱茏郁德，身临其境，如入深山，而有城市山林之称。[69]

池西水湾处有一座"舟而不游轩"建筑，俗称旱船，船头临池畔，船后部建筑如厅，其西又有"池上草堂"，若相连，仿佛鸳鸯厅。堂外粉墙缭绕，墙北小院。再北，面水一轩为丛桂轩，周植桂树多株，轩西又一小院，两个小院内都置有湖石、芭蕉修竹等，惟丛桂轩西小院内有"福、禄、寿"三星石。池西仅有一弓之隙地，但堂轩小院，山石竹木，布置合宜，耐人寻味。[69]

池东还有屏山堂(现在墙外)，与池西丛桂轩，隔池遥遥相呼应。堂东原有花墙，墙外一园，即明沈弘正园，有凝霞阁等，也归并城隍庙，设学校时多被拆去改建。如今正拟重浚清镜塘，修复屏山堂、凝霞阁，并对城隍庙大殿，寝宫进行修葺。[69]

孔庙、汇龙潭

嘉定镇南大街的孔庙，与庙前的汇龙潭，原为一体，今则以潭水和水中应奎山为主体，向东面和东北扩展，另辟一园，园名"汇龙潭"，与孔庙共同组成嘉定的一个风景区。[69]

孔庙，始建于南宋嘉定十二年(1219年)，当时称文宣王庙，仅有一座大殿和化成堂三楹，淳祐九年(1249年)在大殿前凿泮池，建兴贤坊，咸淳元年(1265年)又重建大殿，名为大成殿，元朝改建化成堂为明伦堂。由于庙前不到半里路，有一座留光寺，据说破坏了孔庙的风水，天顺四年(1460年)在庙前堆了一座土山，算是起了屏障作用。万历十六年(1588年)又将庙前附近的新渠、野奴泾、唐家浜、南北杨树浜五条河流汇合成一大池塘，凿成汇龙潭，使土山屹立在潭中央，取名应奎山。对此，当地人称为"五龙抢

珠"，汇龙潭之名就是这样来的。于是庙前出现了"澄潭如镜碧参差，一一平冈倒影垂"的景色。[69]

明以后，孔庙又不断扩充，平添了许多景物，如辟桃园，构陆居舫、闻籁居、众芳亭等，成为庙园。明人罗列了"疁庠八景"(疁乃嘉定古称)。这八景是：汇龙潭影、映奎山色、殿延乔柏、黉序疏梅、丈石凝晖、双桐揽照、启震虹梁、聚奎穹阁；至今大多还可见到。[69]

汇龙潭北有一条宽阔的甬道，两端峙立着兴贤、育才两座石坊。潭畔还有一座仰高坊，面对棂星门。坊外临潭有石栏，栏上有镌刻的小石狮七十二只，姿态各不相同。凭栏可望"汇龙潭影"和"映奎山色"二景。自辟为庙园后，潭上跨石梁九曲桥和湖心亭，从桥上通至应奎山，又名四宜山。山周围堆叠着嶙峋峰石，山顶建有凌云亭。潭东有双层的奎星阁，可登阁观景，水中倒映阁影，别有情趣，"聚奎穹阁"一景，就是指此而言。此阁在抗日战争初被炸毁，此次修园，才得以重建。[69]

潭东原是一块空地，如今铺了草坪。草坪南面有一座精雕细琢的"百鸟朝凤"台。这本是上海市闸北区塘沽路原沪北钱业会馆内保留下来的一座戏台，因原处无法保存而拆迁于此改建的，这座戏台建筑十分富丽，尤其是藻井最为精致。藻井最高处是一面圆镜，叫作"明镜"。穹形部分用曲木搭成架子，再用小斗小栱拼成螺旋状，望去错综复杂。每个栱头上都雕成小鸟状，彩漆飞金，绚丽堂皇，圆形的藻井外面尚有四角，称"角蝉"，雕刻着凤凰，四面额枋上，还刻有十二幅三国故事浮雕，显得金碧辉煌。[69]

汇龙潭园东叠山凿泉，溪流潺潺，有石亭小桥、曲径、竹丛，景色宜人。[69]

疁城秦园

疁城是嘉定的古名。据秦元璇在《中国文物报》(1990年10月18日)写了一篇《嘉定秦园应是崇祯周皇后娘家花园》一文，指出在嘉定县城中，南大街与彭家弄之间有一座古园遗址，建国前叫作秦家花园。

据说，秦园曾是明朝周娘娘的娘家花园，娘娘是嘉定附近塘娄人，自称苏州人，明史有"庄烈帝愍皇后周氏，其先苏州人"，"周奎，苏州人，庄烈帝周皇后父也，崇祯三年，封嘉定伯"的记载，道光初秦溯初购得此园，遂名秦园。据作者秦元璇说："我家有六代人曾居于园宅中，我的童年也是在园中度过的。建国后，园改为少年宫，'文化大革命'中园址古迹濒临湮没。"

"秦园有龙墙、石舫、燕子矶、三曲桥等，核心部分面积约10亩，园宅约14亩，宅外土地约14亩，共占地38亩。""园虽已湮没，'清朝有一士人在同治年代写了一篇《畛城秦园》的文章，详尽地描述了道光年代秦园的湖光山色，奇花异石，亭台楼树，诗词楹联等。'余又遍畛城，虽别园好处，总不若此园一处"，文章刊在建国前江苏出版社出版的《后聊斋志异》一书上。秦元璇《嘉定秦园》(1990年12月3日《中国旅游报》)云："几经沧桑，秦园古迹濒临湮没。我1989年4月重返家乡时，见园中山已平，水已填，奇花异石无踪影；仅存绿地数片，古井一口，古树七棵"(见《中国旅游报》1990年12月5日)。她还根据资料和记忆绘成秦园平面示意图(图10-135)和鸟瞰示意图(图10-136)一并发表。

这里主要根据《畛城秦园》一文，参照绘图概述如下。《畛城秦园》开头说："道光初，嘉定秦公官拜观察，家豪富，宅建广厦数十间，取向阳之泰宅，朝东焉，后有园曰秦园。"这里所说"宅后"指住宅群之西。"出后扉(东宅宝善堂部分之西扉园门)，有长廊(自小墨池直奔北，曲折再北至东北隅假山下)，额曰寻芳辰所。红栏两抱，其式冰梅。廊东(后扉至廊之间小院)碧梧高出檐，梧下侧屋亦精，又植冬青一株。廊西墙下多木兰，其花与香异于草本，墙半绕月季花，红白杂黄。出廊有权酌书屋三楹。挂联云：'树影披风人酿酒，衣香满月各传杯'，此书屋(位居长廊之半中处)南北开窗，陈设书画玩器，靡不精美。东轩横睡妃榻，为睡花轩。西轩横琴桌设古琴，焚古

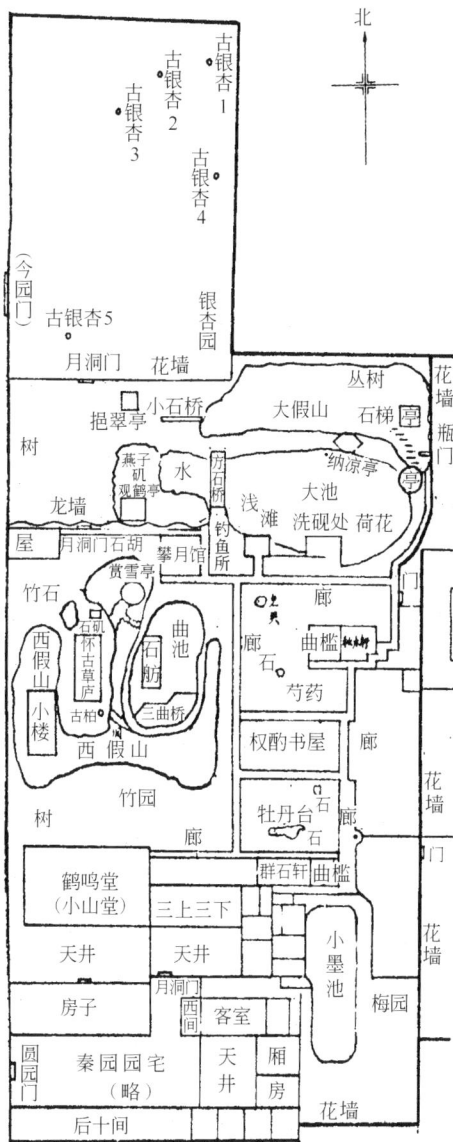

图 10-135 秦园平面示意图

炉万寿香，几皆紫檀，为养心轩。书屋南阶下(庭院中)，怪石怒立，类三星像。旁卧石如狮像，砌碎石亦巧。花台植牡丹，花巨如盆，开时璀璨鲜锦。旁玉兰甚高，开如堆雪，石砌围萱花鲜草，盖取玉堂富贵之意也。书屋北阶下，亦以巧石作花台，中竖笔峰石，围植芍药花。五色粲然。书屋四角有修廊曲折，东廊红绿胡互"(《畛城秦园》)。

"廊尽(廊之北)见聚石筑池，围数十丈，多白荷，泊采莲小舟，蓄鸳鸯白鹭戏水。月夏晚间荷风纳凉，香风袭人。池南畔倒丝垂杨数株，下砌白石码头，为

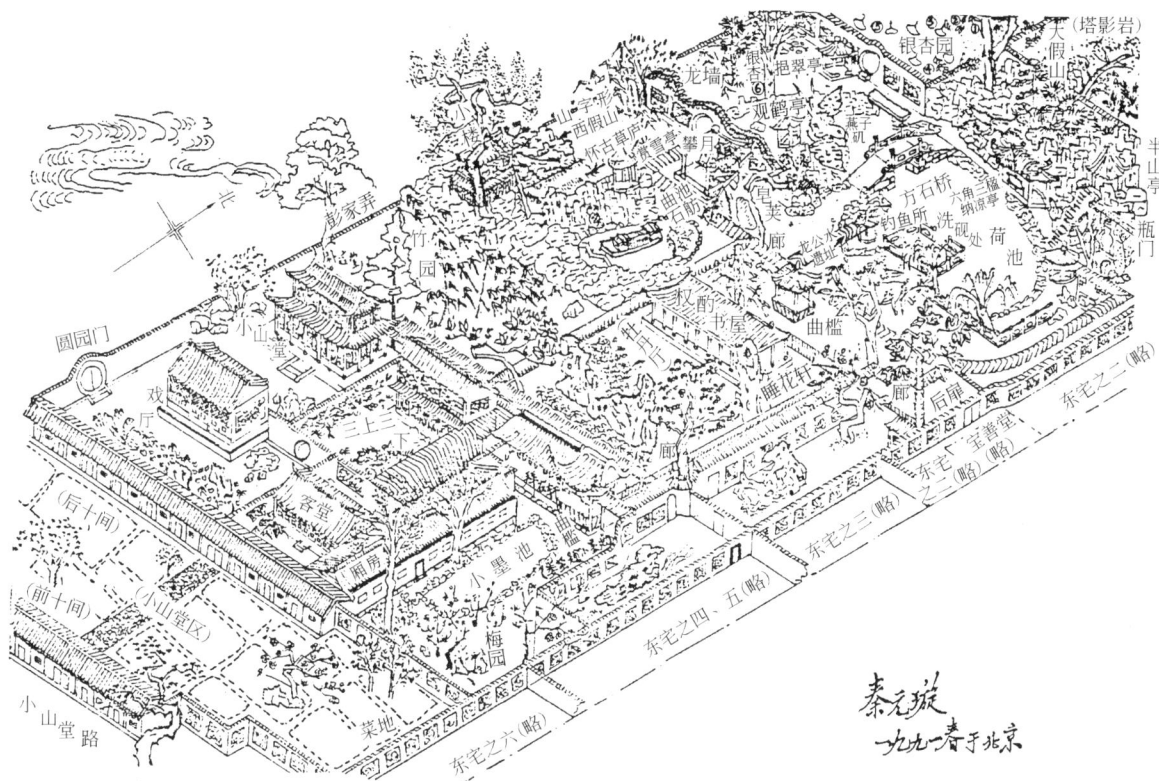

"东宅之一"，西临南大街，东濒横沥河，简称"秦家十间头"，占地约5亩。

图 10-136 秦园鸟瞰示意图

洗砚处。垂杨下隙地栽垂丝海棠、凤仙、汉宫秋、鸡冠、秋葵。此处有曲栏，两面开窗，夏垂缘帘，冬张玻璃。凭栏南望芍药，北望荷池，颇有逸景。此廊可走入权酌书屋也，池北畔对垂杨，有六角小亭三间，几凳亦六角形，额曰纳凉。下悬一联，曰：'俗向波心浴，香从水面清。'亭北有假山一带（占园之东北隅），高二、三丈，植洋松、栗子树、丹枫、红绿桃、绣球。石隙多水仙、白鹤、针金（金针）、牵牛花，高处植榴树，石径曲折。"

接着叙池西，园西北隅小区之景物："自权酌出修廊（西边）则有一圆亭，内皆圆器。从亭东走假山石径，可入纳凉亭。亭西有方石桥，南北横之，水滨又横一小石桥（东西横之）。向西边过小石桥，有把翠亭，器皆方形，四面花木散馥。亭北面多修竹，有夜来香棚。把翠亭南面砌石岭，意仿燕子矶。上有小石亭，额曰观鹤，为放鹤所，联云：'鸟声随树转，人影傍池浮。'小径崎岖，多奇草、橘柚、葡萄，观鹤

亭边（由西至东）砌水浪纹粉墙（即龙墙）直至池边。墙绕朱藤、金银花、木槿，摇曳者芙蓉、虞美人、夹竹桃、金带围等类。离方石桥数武，有方石，为弈棋所。把翠亭西有平屋数间，为花房，园丁住房。方石桥南首又曲部一带，此处浅滩为钓鱼所，廊檐下挂网竿，以便随手取乐。从浅滩转入曲廊，此廊向南可入权酌书屋，从廊半可转入假山纳凉亭等处。"

水浪墙南至鹤鸣堂（小山堂）为又一景区。从平面图可看出，堆叠有山字形假山石洞，凹中有池有馆。据文："此曲廊（指方石桥南首）西首别有风景。水浪墙南面作一方亭，内柱十六根，为赏桂食无肠公子处，额曰：攀月馆，联曰：'金粟园中谁摘艳，紫娥宫里孰偷香'。对面金银桂十数株。有小曲石池（假山东凹中），水流暗通假山下池。地中有窍，常闻水声潺潺，往来不绝。小曲石池中浮三曲石桥，有石栏，桥畔有旱船，雕栏窗细，倚窗可观池中金尾鱼。内陈设精巧，额曰载月，联曰：'乔公能荡桨，苏子好吟

诗.'小曲石桥南,曲折通石洞。洞上以湖石砌峰,植芭蕉、松柏,有山林风景,旱船不啻泊山下焉。"

"出石洞(假山西凹中)有怀古草庐三楹,攀月馆西窗下多玫瑰、雪梨树,水浪纹墙南面砌石胡同,可走入后面花房。石胡同上有修廊连方亭,下砌怪石颇高。高处有圆亭,为赏雪处。坐亭中,外可望野景,园中风景尽在目前矣。赏雪亭下亦有石洞。此洞可入怀古草庐。洞中有小洞,即入旱船之路也。洞上堆的如悬崖,多花木异草。旱船背即怀古草庐之内,藏古今书籍,陈设精雅。隙地多兰、绣球。有梅与杏接为一树者,开时或一枝杏花,或一枝梅花,更觉可观。其香倍于寻常,花更璀璨。中堆假山,分丘壑,有方隙地,具石台石几,可弈棋酌酒,入山隅更有幽景,每在隙中草花绚采。此处花木竟有不识者。自此石径入旱船,可入小曲石桥,高处可入石桥上峰。"

"怀古草庐西一带,堆湖石如平崖。上有曲槛小楼三楹。启窗可观城中景致,亦可为巡夜所。南面又有花厅三间,为补过堂。联云:'客至岂空谈四壁图书聊当酒,时来无别事一帘花鸟欲催诗。'对面朝北厅又三间,为演堂戏所,额曰吸古作今,联曰:'男无假女无真暗将旧事重新演,我如醒你如梦尽以今人当古观。'此外有后园门石围墙矣。秦公宴客恒在此堂也。东路有廊可以入权酌书屋。"

"权酌东南处又有曲槛,出槛则别有趣景一处(东南隅一小区)。广半亩,聚石筑曲池。池畔茅舍数椽,陈设皆古雅。多栽翠竹奇草,有怪奇湖石,砌如禽兽形,真洗尘恨之处也。额曰:别俗,联曰:'怕事忍事不生事自然无事,平心宁心不欺心何等放心。'又一联曰:'得意客来情不厌,知心人到话投机。'茅舍外有三丈隙地,植瓜菜食物,有避世为圃之意。外即围墙矣。"

以上是《嘤城秦园》一文中对秦园的描述。"至咸丰庚申(1866年)兵燹后,园中亭榭伤损,陈设空空,草木零落,同治癸亥(1863年)姻长观察杨家濂甫艺方督军征敌乱,居此,余避战乱借宿其家。观察

慷慨命余读书,闲则好游园中风景。但见诸亭空空,蟋蟀满面,从前陈设玩器,想像如在目前,怪石花木为蔓草绕折者不少。纳凉亭下,池荷存残叶数张而矣。余恒至钓鱼之处,俗志顿觉一新。……虽此时径生荆棘,犹觉游乐不尽也。"他对秦园推崇备至,云:"余又遍游嘤城,虽别园数处,总不若此园一处。……里人闻之笑曰:此秦园未经战乱之前,如此如此。今虽萧条,而花木亭石之景尚可畅怀游目也。恐尔贵乡未必有此园也。余嘤然莫答,疾趋而归,故详知秦园风景。甲子(1864年)王师克复梁溪,乙丑(1865年)归故里。寒暑更易,至甲戌(1874年)倏经十载,余赏梦常北园也,故略书之。"

《嘤城秦园》一文对园中景物描述颇详尽,但作者何人已不可知。

四、南翔明清园墅

南翔的建置沿革

南翔位于嘉定东南,据《南翔镇志》(清嘉庆十一年,1806年)上称:"槎溪古嘤地,萧梁时建白鹤南翔寺于此。因寺成镇,遂以寺名,六朝迄唐属娄,属昆山,迨南宋析昆山置嘉定,乃改隶焉。历元明至国朝(清)皆用之。此地在邑地之南,水脉回环湾蓄四郊,有湾形为卍字,商贾辐辏,民物殷繁,为诸镇之冠。别名槎溪者,因三槎浦在境内也。"

明正德嘉靖间,由于倭寇屡次侵犯,镇区多毁于火,及清代又逐渐恢复后发展。《南翔镇志》载:"……生齿日繁,厘舍日扩,镇东新街南黄花场,北金黄桥外,渐次成市……"。镇的形成主要是走马塘与横沥两河交汇于此,成为一个农业的及手工业的集散地,市区也沿此二河发展成十字形。[72]

关于南翔寺的建造,还有一段传说。相传南北朝梁天监年间(503~509年),南翔镇还是一片农田,农民耕地时挖出一块大石头,从此以后,经常有一双白鹤飞来,伫立在石上,有个德齐和尚认为这是奇

迹，乃四处化缘，造了一座寺庙，寺成后，这双白鹤便向南飞翔而去，再也不回来了。有人在石上题诗一首："白鹤南翔去不归，惟留真迹在台基；可怜后代空王子，不绝薰修享二时。"德齐就将寺庙命名为白鹤南翔寺。后来此寺香火颇盛。周围形成市集，发展成镇，就以寺名为镇名。如今除了十字路口的两座五代砖塔相峙外，已无寺庙的痕迹。[69]

据镇志记载，镇内宅园有宋朝昭园、明朝猗园等十二处，清朝戴氏园、施家园等十二处。[72]除猗园外，"南翔其他诸园，仅小有亭榭，大部悉为花圃"（童寯《江南园林志》）。

猗园

明嘉靖年间，曾任河南嵩县通判的南翔人闵士籍所建，聘请嘉定著名竹刻家朱三松参加设计，取诗经"绿竹猗猗"（美盛的意思），命园名为猗园。明末，为贡生李宣之购得。未久，因北方农民大起义的影响，嘉上海一带发生奴仆索契斗争，史称"奴变"，李宜之全家被杀，园林荒废。到清乾隆十一年（1746年），洞庭东山南人叶锦购得并修葺增饰，更名为古猗园。[69][72]

清康熙年间，古猗园前造了一座城隍庙。乾隆五十四年（1789年），古猗园作为城隍庙的灵苑，成了镇人游览之地。"嘉庆中，曾经重葺。太平之役，多所损毁，同治七年修复，近改为公园"（童寯《江南园林志》）。抗日战争期间，古猗园大部分园景遭到侵略者轰炸，成为废墟。1958年进行修复，从原来的二十余亩扩充到九十多亩。[69]

原来的古猗园是以戏鹅池为中心，亭台以池为中心而筑，并堆有土山。水不深而显曲折，山不高而有层次，给人以幽雅清新之感。戏鹅池西有逸野堂，俗称楠木厅，又称四面厅，宽敞精致，早先内悬董其昌书"华严墨海"匾额，现早已散失。厅外铺地有用碎石拼出的"八仙"图案（逸野堂重建后，四周铺地为冰裂纹，中间仍恢复嵌以"八仙"图案）。厅前盘槐，婀娜多姿；厅周有用

湖石堆叠起来形态各异的"五老峰"；厅南假山取名"小云兜"，山洞忽明忽暗，曲折含蓄令人神往。[69][73]

临池有一榭，名"鸢飞鱼跃"。池水形成一湾，岸上有土山名"小松冈"，池北又有清碧山房、春藻堂、藕香榭、鸳鸯厅等几处建筑。现今都未恢复。临池有一旱船，称"不系舟"。池西则为长廊，还有鹤守轩、玉映居、梅花厅和一座假山，题名小罗浮，池南有浮筠阁，贴水而筑，与不系舟遥遥相望，阁中梁木椽子都是雕刻成竹形的，俗称竹节亭（如今修复的为水泥结构，虽也仿竹但失去古意）。阁后是一座大土山，山上山下翠竹成林，俗称竹枝山。竹枝山上有一方亭，取名"补缺亭"，又名"缺角亭"，这是1931年九·一八事变后，南翔镇上爱国人士集资建造的。亭缺东北翼角，表示东北沦陷，其余三翼角上都塑有似伸出的一只拳头，表示对侵略者的抗议和收复国土的决心。竹枝山南还有一座封闭的厅堂，前有院落，隐藏于高墙之内，称南厅。厅后临小河，那就是园外了。[69][73]

1937年"八·一三"抗战之后，园内只剩下南厅、不系舟、微声阁和五老峰以及二株老盘槐，孤立在废墟间。1958年重建时，恢复了戏鹅池东面和南面的景物，北面和扩充部分，搞成现代公园，有大草坪、动物园、儿童乐园、餐厅等，失去古园林的特色。近年来，经过一番改造，才得以逐步恢复为民族形式山水园面貌。现在的古猗园，仍是以大片池水为中心，除了戏鹅池外，西南又辟大池。临池有亭榭山石，如鸢飞鱼跃、不系舟、浮筠阁、竹枝山。最近，在逸野堂废址上又重建大厅，并在西部兴建一座松鹤园。[69]

南翔砖塔

前面关于南翔寺的建造，讲了一段传说，以及在寺周围形成市集，发展成镇，就以寺名为镇名的来历。后来除了十字路口的两座五代砖塔相峙外，已无寺庙的痕迹。

南翔砖塔原形八角七层。每层有壶门，直棂窗平座，神龛"大可三抱，高三丈许"，底层直径为186厘米。古建筑专家根据塔的形制和结构，认定其为五代至北宋初年所建。砖塔坐落在现嘉定县南翔镇香花桥北堍，原对峙在始建于梁天监年间的南翔寺山门内。清隆三十一年(1766 年)，"层数杰阁冠四方"的南翔寺毁于大火。惟独砖塔巍然屹立。嗣后，砖塔四周民居迭建，古迹氛围荡然无存。千余年来，砖塔经风雨，面目疮痍；塔基湮没于地下，塔身面砖酥成粉末；斗栱、腰檐、平座、栏顶所剩无几；塔刹相轮全无踪影。1962 年，砖塔被列为上海市级文物保护单位。"文化大革命"中被降为县级，1980 年又重新升格为市级。1983 年底，上海市文物保管委员会和嘉定县人民政府着手筹划砖塔的修复保护。

遵循古建筑维修必须"修旧如旧"的原则，1984 年开始，同济大学的教授、各建筑设计院的高级工程师等古建筑专家们纷纷到现场，考察调研，详情论证，确定修复方案。市、县文物工作者以塔身上残存的构件和塔基周围乱层中觅得的瓦当、滴水、斗栱等碎片为依据，并参阅大量有关文献资料，反复揣摩，精心绘制了各种构件图。1985 年底，上海市房屋修建公司古建筑工程队的能工巧匠们与文物工作者同心协力，继承和发掘传统建筑工艺，讲求质量，精心施工，经砖窑烧制的 32 种规格各异的上万块砖坯，块块都经过人工铲平刨光，并恰到好处地补入塔身，其工夫之深，难度之大，由此可略见一斑。[74]

南翔砖塔的修复工程从测绘、设计、动迁、施工直到环境廓清及保护设施的完竣，历时五年，耗资20 万元，修复后的塔高 11 米，东西相望，布局对称，塔上那火焰形的壶门，简朴的直棂窗、精巧的斗栱，细腻的栏板和挺秀的塔刹，无不再现了唐宋时期的建筑风格。[74]

青浦曲水园

从嘉定经安亭，到青浦镇。这里有一座曲水园，原是西南青浦城隍庙的庙苑。此园建于清乾隆十年

(1745 年)，先是在庙东建有觉堂、得月轩、歌薰楼、迎晖阁，并凿成小池，架桥梁，叠山石，取名"灵园"。二十年后，又增添旱舫、夕阳红半楼、凝和堂等。不久，又再度拓地庀材，浚池累山，池中种芙藻，沿池筑荷花厅、迎曦亭、涌翠亭、喜雨桥等。嘉庆年间，青浦知县杨东屏在园内宴请学使刘云房，看到园临大盈浦，园内池水潆回，取"曲水流觞"之意，改名为曲水园。咸丰十年(1860 年)，太平军进军青浦，战火纷飞，园景毁去不少。光绪十年(1884 年)，次第修复，全园得二十四景，如今大部分尚存。

园南面的凝和堂和花神祠前，均有小院，缭粉墙，设花坛。数十年来栽植有不少名贵的树木，如白皮松、金桂、女贞都很硕大，花神祠前一株山茶花，是上海最大的山茶花之一，还有一株古老的罗汉松，上面盘缠着一枝古老的凌霄，古木交柯，也属少见。

池畔有三亭一厅，亭为迎曦、涌翠和小濠梁，厅即荷花厅，池东还有旱船，名"舟居非水"。池南湖石假山蜿蜒，丘壑层出。山上峰石嶙峋，筑有亭台和四层之景周阁，登高眺望佘山，天马等九峰，似成一线，故称"九峰一览"。山下还藏山洞，曲折幽深。游人身历其中，大有"同游路忽迷，闻声人不见"之趣。[69]

山后又有池，池上跨几曲石桥，通至镜心庐，这是三间窈窕小屋，建于宣统年间。凭槛临池小坐，水明如镜，庐称镜心。此外，还有老紫藤，放生池，长廊等。[69]

1927 年后，曲水园改名中山公园，掺杂有不少现代公园布置，如草坪、水桥、水泥小道等等，已失去古园风貌。[69]

昆山半茧园

在东城桥北，本明嘉靖时叶氏春玉园，其后嗣增拓，改称茧园。清初园析为三，叶氏族人割其半葺之，称半茧园。旋归陆氏。乾隆中，并入新阳邑庙，嘉庆道光间重修。园中小有堂前有寒翠石，为宋王氏"快哉亭"旧物，苏东坡曾题识之。元时属顾德辉之

玉山草堂，柯九思曾见而下拜。清嘉庆八年(1803年)，移石于此(童寯《江南园林志》第三十七页)。

五、松江园墅

松江的建置沿革

松江曾是府名，元至元十五年(1278年)改华亭府置，治府在华亭(今上海市松江县)。辖境相当今上海市吴淞江以南地区，明清时曾为全国棉纺织业中心，有衣被天下之称。1912年废。

据说，早在两千多年前，吴淞口东南，山明水秀，风光绮丽，吴王寿梦为狩猎游览，在此处作一亭，并题名华亭。华亭(即花亭之意)，即今日上海市松江县。[76]

松江园林最兴盛时期是在明代，当时松江工商业航运业非常发达，……同时也是一座综合发展的城市，经济极为繁荣，是我国东南一大重镇，政治上出现了徐阶为首的士大夫集团，文化艺术方面出现了董其昌、陈继儒、莫是龙、沈克泓、顾正谊为首的松江画派，松江当时已设府，在经济文化上达到了高峰。这时期，许多富家争相建造园林，觅石引水，植林开涧，于是大小园林遍布全城，并造就了一批造园名家，如张南垣造园垒石，闻名天下，名徒遍布江南。明代是松江园林最多，造园艺术达到鼎盛的时期，据府志记载，松江著名的园林就有三十多处，如云间洞天、清越堂、来鹤堂、横云山庄、自日山庄、竹溪别业、万春亭、竹景园、南园、玉阑宇、云松草叠、赐金园、宿云坞、静园、塔射园、梅园、古倪园、啸园、熙园、复园、濯锦园、秀甲园、孙家园、因而园、莫园、董园等，其他不知名的园林就更多了。这些千姿百态景色幽美的园林与当时松江第一佳胜旧西湖(瑁湖)的一览楼、环碧亭、风月台、八角井、咏波亭及龙潭八景的月影潭心、西林夕照、翠华旭日、远浦归帆、芦庵听雨，大寺晚钟、堂荫遗碑、柳荫鱼唱和城郊的三泖九峰等秀丽风光，再加上宏伟的佛教建筑兴教寺塔、西林塔、普照寺、实相寺、大华寺等组成了规模宏大的风景名胜游览区。[76]

明朝松江园墅主要有：

适园

位于华亭县北，是明朝尚书陆树声的别墅。

芝园

地华亭县东北，马嵯寺的西边，是明朝人何三畏营建的。

孙家园

位于华亭县披云门外，是明朝人孙克弘的别墅。

傲园

位于华亭县南，是明朝翰林孔目何良俊在自己的别业中构筑的园。

秀甲园

位于娄县秀墅桥的北边。

赐金园

位于娄县谷阳门外，是尚书王鸿绪的别墅。

熙园

位于华亭县积桥的左方，是明朝光禄丞顾正心的别墅，面积很大，约百余亩。《江宁通志》中附有明朝人张宝臣所作的熙园记，叙说较详。此文的大意说：熙园距东廊三里左右，面临着水，门内建有四美亭。开启左扉向北走，则见落落长松，潇潇疏竹夹植于径。行走数十步，则见有危楼翼然而立，榜额为熙园二字。这是园的启途。向东入于山径，苍苔碧藓，与武陵道相似。中折而北，俯仰盘旋而入，则有深壑嵌于空中，时闻有淙淙之声，使人觉得山背是否有龙湫。复折而向南行，逾过峻岭，则层峦划然而开，如同天门，该处有流觞曲水，下面有听莺桥。花开时可在此观花。有芝云堂倚桥而面临南方，其前面有奇峰万叠，又有古树参天，苍茫云际。向下走，则有华沼一曲，荷香十里，使人恍然忆起太液池头。好事的人欲穷其幽致，则常常从东麓入，而从西隅出，如登九折坂，一路上只见八玉溪涧。怪石岧岧，林薄阴翳，幽崖晦谷，隔离天日。这样走下去，从中午走到黄昏，才能穿窦而出。走出来以后，人们觉得又饿又倦，想卧倒休息。这时人们已经目眩汗浃，魂摇摇而不能出一语。背面有图阁药房，霓连云蔓，复道相属，人们走下去往往迷失故道，这里陈列着商周时代的鼎彝，唐宋时代的图画，数量极大。这是主人安神思道之所，若非酌霞枕香之友是不能到此处的。凭楼向西眺望，则见旋台飞观隐隐呈现于树杪之间，冠以玉树，琼花掩映，人在下方是一望不见的。堂的左方有长廊，隔岸即为响屧。土阜蜿蜒，杂植梅杏桃李诸树，春花烂发，白雪红霞，极目而望，真觉得置身于众香国中。绕廊北行，走过飞虹桥，桥平而宽，滑泽可坐，桥畔有邀月大士阁兀然而立，题着水月如来四个大字。稍向东行，则为池上亭。再向东去，走过板桥，则见一轩，名为与清轩。轩前临广池，波涛荡漾，有许多鱼出没，时见绣尾银鳞，追逐水中，大鱼乘浪而飞，水花四溅，游人张网而得鱼，可称快事。遥望南岸，但见皓壁绮疏，隐隐呈现于绿杨碧藻之中，壶瀛宫阙，非坐世所有。向北而行，则至北山平冈一片，高梧修竹左右蔽荫。向西走即到齐青阁，向北一望，只见平畴绿野，下面有村庄，只不见鸣鸡吠犬而已。阁前广除周绕，可驰骏足，翠屏壁立，对面为峭菁郁盘，时有羽裳之客，斑衣之友游娱其上。沿着台阶向下走，则见靠水一带屋雕栏绣，楹虹飞霞。时时听见歌声出于帘箔之中，那就是小秦淮。南有回廊，绕行之间，即能闻到微微的梅檀香气，那里是罗汉堂，堂内供有三尊佛像，旁列五百罗汉，设有各种佛具。堂后有水阁三楹，收藏佛经甚多，时时听见高僧诵经之声，琅琅而出于牖外，俨然古招提。堂前有巨石一块，高度有十丈多，四面玲珑，真是襄阳谱中之物(或云：这是全国闻名的万斛峰，是照园主人化万石大米购得，为江南立峰之王)。当彼得到此石的时候，没有将盘载来，运途中船翻石沉，打捞时先得一盘，后捞到石头，两相吻合，真是神奇。构筑罗汉堂时，掘地得一古铁缸。其大可容十斛，后来以它当作焚炉使用，也是一件异物，堂左供奉关壮缪，走出去就到了芝云堂。堂的右方有旷然广庭。至此，全园

景物全看尽了。这个园子里，石为第一，水为第二，亭台花木桥梁之兴为第三。

清钱泳撰《履园丛话》二十"园林"，记松江园林凡三。

塔射园

松江张氏有塔射园，在东塔街后，归为许氏别业，郡人张孝廉维煦购得其半，葺为小园。以近西林寺塔故名。园中有紫藤花，开时烂漫可观。

啸园

啸园在娄县治东，明太仆卿范惟一所筑。内有振文堂、天游阁诸胜。乾隆间沈氏虞扬得之，再为修造，清池峭石，窈若深山，不知在城市间也。

右倪园

右倪园在松江府城北门外，沈绮云司马恕所居，今谓之北仓，即姚平山构倪氏旧园而重葺者也，相传元末倪云林避乱尝寓于此。恐亦附会。园中湖石甚多，清水一泓，丛桂百本，当为云间园林第一。

醉白池

现今松江县最著称的园林是醉白池，坐落在松江县城西南。

醉白池是清顺治康熙年间华亭人顾大申的私园，在此以前，据说原是宋朝进士朱之纯的谷阳园和明朝画家董其昌的私园，明末荒废，仅留下一些山石池沼和残旧的亭榭，顾大申在废园的基础上重建的私园。顾大申曾做过工部主事，擅长绘画，园林布局是他自己设计的。早年此园面积不大(十多亩)，以一泓池水为中心，三面有亭榭山石，东南则借景于园外的乡野风光，农田茅舍，小桥流水，别有一番情趣。

以醉白池为园名是有缘由的。唐朝诗人白居易晚年脱离了官宦生涯，回到洛阳，常与好友在园中的池畔饮咏，作《池上》诗，有"若为寥落境，仍值酒初醒"二句，以一醉为乐。北宋时宰相韩琦慕白居易之风雅，辞官后在宅旁池上筑醉白堂，日与友朋饮酒

赋诗，尽山水园池之乐。顾大申慕白居易、韩琦之风雅，就也以"醉白"为池名和园名。[69]

清乾隆年间，园为娄县人顾思照所得，又加修葺，成为当时诗人墨客结社唱和的场所。清嘉庆年间，为地方上的善堂购得，内设育婴堂和收租处（松江当时有全节堂、育婴堂、老人堂都拥有大量土地，出租给农民），抗战时被日本侵略军占领，拆除和改建一部分园景，长期关闭。直到建国后，才恢复为园林，并向西扩建，至此全园已占地八十余亩。但1959年后扩建部分（可称外园），一度采取公园布局，有大草坪、树丛、儿童公园等。1980年起内园部分大规模修建，恢复了明清年代古园的风貌。外园部分自1986年起，按古园林进行逐步改造，凿荷池，建曲廊，造九曲石板红栏杆桥，还将松江一些废园中的古迹移来，如"五色泉"等，渐与古园风貌相协调。[69][75]

穿过白粉墙，有一庭院，院中有池，有五间大厅，额为雪海堂，今作茶室，再过一小院，就看到醉白池的风光了。南半池有曲廊环绕，东岸看大湖亭、小湖亭、水榭；西岸有六角亭；北部池岸有大樟树，粗大的女贞和牡丹台。池上草堂跨于水上，原来挂着清初画家王时敏所题的八分隶书"醉白池"字匾，"文化大革命"中被毁，今额为画家程十发重书。凭槛俯望，水中堂榭亭台、花木山石，与岸上原物相映成趣。[69]

北面，厅东北角西尾建一旱船屋，题名"疑舫"，额为董其昌所书，乃明朝旧园之物，也在"文化大革命"中被当作"四旧"破坏。现"花为中壁船为家"匾额为邑人张权通所书。厅后古紫藤盘根错节，枝干纵横，每逢紫藤花开，令人心旷神怡。园的后半部多存古树，流水潆绕，土阜起伏，紫藤满架，银杏高耸，峰石玲珑。但西面有一座西式平房，似一别墅，古园中出现这样一座建筑，未免大煞风景。[69][75]

过石桥朝北，乐天轩与四面厅隔池相望。左有

凌霄怪石，据府志载：该石系明朝书法家张弼（成化进士，官南安太守）致仕，两袖清风，载此廉石而归。池东，"花露涵香"、"莲叶东南"两亭（可能即上文所说大湖亭、小湖亭）临池而筑。再朝东便是宝成楼，它由清代大门、轿厅、宝成楼三座古建筑组成。登楼远眺，池畔风光尽收眼底。[75]

池南有廊，廊间壁上，有《云间邦彦图》石刻二十八块，镌刻明清松江府乡贤名士百余人之画像，出于清乾隆间徐璋（瑶圃）手笔。后有散失，名画家改琦（七芗）补绘，画像中有徐阶、潘思、陆深、董其昌、张照、莫是龙、陈子龙、夏允彝和夏完淳父子等历史人物。[69]

廊中圆洞门内，为清道光年间仓房，现改成碑刻画廊、正中列置着：元赵孟頫"赤壁赋"石刻，清郑板桥"难得糊涂"碑，以及"醉白池记"碑等，池西南"半山半水半书窗"亭，半立池中，亭北卧树轩旁，四株百年女贞犹如四个美女亭亭玉立于池旁。进醉白池内园大门，有五间大厅，于清末建造，厅前广植梅树，称作雪梅堂，房屋高大宽敞，是松江最大的厅堂。民国元年，孙中山先生来松视察同盟会松江支部，曾以雪梅堂作演讲场所，并于堂前合影留念。[75]

醉白池内园1980年大规模修建，恢复了明清年代古典建筑的风貌，并从民间收集明代的紫檀椅，清代的八仙桌、太师椅、琴桌茶几等红木家具作摆设。另新辟园景二组，一在雪梅堂前花苑地，以园内有一高数丈的二乔玉兰而定名"玉兰院"。由陆俨少题额，驰名中外的顾绣"玉兰图"（吴玉梅绘画）悬于堂中，厅前荷池围以湖石，一步玲珑桥横架水上，檐出六面之玉兰亭筑于池畔。出亭又有三曲长廊过黄石山洞入赏鹿园，此园以春秋战国时期吴王茸城射鹿之典故而定名，建于1983年。园内笠亭水榭，树绿花香，流水淙淙，幽雅清静。水榭后花窗长廊，西接门厅，东通赏鹿厅，厅中悬程十发所作"吴王出猎图"，中堂对联由任政题书。[75]

外园占地60亩，1959年扩造，以小桥流水荷池

长廊为主景。1986年按古典园林改建，砖雕照壁、雕花厅、儿童乐园相继落成。坐落在新改建的西大门庭院内的砖雕照壁，系苏州陆墓御窑一带民间收集的清代古方砖制成，宽3米长7米，饰以茸鹿奔放在三沙九峰之间，仙鹤飞翔于云间古城之中，仕女游宴在醉白池园林之内，题意新颖，内容丰富，充分体现古城松江的悠久历史及风光优美的水乡风情。进西大门朝东，便是雕花厅，为清嘉庆年间古建筑，比苏州东山雕花楼早100年。整个建筑突出木雕传统工艺。厅内装饰大型木雕立屏，前厅为"百花齐放"，后厅系"赤壁大战"，花卉和人物栩栩如生。位于西大门南端的儿童乐园，进口是伐角飞檐的古式门厅，四周以古式花墙漏窗与外界相隔，远远望去宛如一组古典庭院，与众不同，别有风味。[75]

九峰山

九峰山色秀丽　松江县城北面的九峰，起伏错落，景色清幽，犹如九颗翡翠明珠，晶莹夺目，历来为文人学士吟诗作画、修道隐居之地，曾留下许多历史胜迹。因岁月流逝，年久荒芜，现多已湮没，但九峰却风姿依旧，神韵犹存。[77]

1. 凤凰山　位于九峰之首，因山形似展翅欲飞的凤凰而得名，山上苍松翠竹，古藤盘曲，山中原有"芙蓉庄"、"梅花楼"、"山月轩"、"来仪堂"、"三星阁"、"凤凰泉"、"东海亭"、"锦溪桥"等景点、古诗赞颂："一峰云气接蓬莱，白云磷磷护碧苔。几向凤凰池上望，不知何日凤凰来"。[77]

2. 库公山　与凤凰山紧邻的是库公山，秦时元桑子(库公)隐居于此，故名。山上原有库公"弈棋处"、"藏书岭"、"鼓琴矶"、"洗鹤滩"、"放鹿亭"、"采药径"等景点。[77]

3. 佘山　又名兰笋山(康熙南巡至佘，食山笋闻有兰香而赐名)，分东西两峰，主峰高达百余米，为上海市郊诸峰之冠，自古以来就是著名游览胜地。全山密林修竹，清风自引，缀以诸多景点，引人入胜。山上旧有胜迹："佘上草堂"、"白石山房"、"慧日双

衣"、"宣妙修竹"、"佛香泉石"、"普照寺"、"潮音庵"、"弥陀殿"、"遂高园"、"山月"、"标霞峻阁"、"鹦鹉冢"、"骑龙堰"、"秀道者塔"、"眉公钓鱼矶"等，都极负盛名。[77]

4. 辰山　为九峰之四，又名神山，元代武当弟子彭氏素云曾隐居于此，后盘坐而逝，葬于山腰，故有"彭祖庙"、"素翁仙家"、"神驼仙馆"等遗迹，还有"镜湖晴月"、"金沙夕照"、"晚香亭"、"义士古碑"、"甘白山泉"等景点。[77]

5. 薛山　又名玉屏山，因唐代薛道约居此而得名。薛山景色清幽，山径盘曲，主要景点有"学士亭"、"薛老庵"、"仙人床"、"梅花峰"、"青莲池"、"宜晚堂"、"苦节碑"、"紫芝岩"、"兴云岭"等。[77]

6. 机山　原为西晋陆机就读之地，故名。山上原有"吕公祠"、"吏部园"、"双蛟螯"、"鸡鸣岭"、"真珠浦"、"绿云河"、"醉花阁"等，山下有平原村。

7. 横山　又名横云山，为纪念西晋陆云而得名。山顶原有"白龙洞"。传说可通淀山湖。山下有"祭龙潭"、"小赤壁"，山洞还有"云鹫庵"、"联云嶂"、"丽秋壁"、"三冷涧"、"忠孝祠"等，还有苏东坡曾游的"仙云馆"、"凝翠轩"、"万年松"等景点。横山虬松翠竹，奇石耸立。[77]

8. 天马山　因山形似"天马行空"而得名，又相传春秋时吴国铸剑名匠干将曾在此铸剑，故又名干山。古时山上多琳宫梵宇，山下多寺庙香火，景点遍缀全山，游人繁盛，古迹有"上峰古寺"、"下峰古寺"、"岳祠"、"来鹤轩"、"双石鱼"、"留云壁"、"餐霞馆"、"濯月泉"、"八仙坡"、"二陆草堂"、"看剑亭"、"试剑石"、"淬剑池"、"舞剑台"等。[77]

天马山上现仅在偏西的中峰孤零零地残留着一座倾斜的"护珠塔"。原先在护珠塔前曾有建筑宏伟的圆智教寺，如今寺毁塔存，成了上海仅有的七十三宝塔之一。因护珠塔塔身倾斜，所以又名"天马山危塔"或简称"松江斜塔"。[78]

天马山护珠塔建于北宋时代的元丰二年，即

1079 年，至今已有九百多年的历史。塔体为砖木混合结构，七层楼阁形外廊，八角形平面。塔基由砖石混砌相当坚固，塔身用青砖砌筑，各层檐口、扶梯、楼板及塔心构件等都是木构，若加上塔尖铁刹风铃，护珠塔原高约 30 米。[78]

宝塔建成后在南宋淳祐五年(1245 年)进行过修葺装缀，以后历经元朝、明朝的风雨沧桑，年久失修，塔身斑斑驳驳已显老态龙钟，在清朝乾隆五十三年(1788 年)，因山寺进行佛门庆典，秉烛烧香点燃爆竹不慎惨遭大火，结果烧去了该塔的塔心木、楼板、木扶梯及各层屋檐，仅存一柱砖身和残缺的腰檐，这场火灾的毁坏，开始引起塔身倾斜。[78]

后来，佛僧流散另投庙门，只剩下孤单单的护珠塔空守在光秃秃的野山岗上。据说，灾后有人在斜塔砖缝中发现元丰钱币，遂拆砖觅宝，使底层砖身西北角逐渐被拆毁，出现了一个大窟窿。[78]

如今，护珠塔仅存高度为 18.82 米，塔尖偏离塔身受力轴心垂线竟达 2.27 米，它虽然没有意大利比萨斜塔那样的高大，那样的名声，但建造年代早于意天利比萨斜塔，并以倾斜 6°51′52″ 的罕见倾斜度，而超过了比萨斜塔一度半。[78]

虽然塔体局部受压区沿砖缝已有四十五度开裂趋势，爬上山顶，近塔仰视，则仿佛斜塔龇牙咧嘴地俯望观者，欲倒之势好像随时都可能劈面而下，令人胆战心寒。但这座历近千年的古塔已在山野峰巅摇摇欲坠地坚持了两百余年。据记载，自乾隆年间至今，无数次的狂风暴雨、雷电闪劈，曾将天马山下的楼房民宅掀掉刮倒，但位于峰顶的倾塔依然如故，悴然撑立。[78]

9. 小昆山　列于九峰之尾，是陆机、陆云的故里。素有"玉出昆冈"的赞誉。古迹较多，山巅旧有"九峰寺"、"二陆读书亭"，山间有"红菱渡"、"杨柳桥"、"七贤堂"、"紫藤径"、"涌月台"、"白驹泉"、"宝奎阁"、"玉光亭"等景点。

六、上海园墅

上海的建置沿革

上海位于长江入海处的南岸，有黄浦江深水航道而成为天然良港。由于地理位置所形成的优越的交通条件，城市发展得很早，据史籍记载，南宋时已在这里形成市镇。上海镇，在旧城区的东门外沿黄浦江一带形成繁盛的商业贸易区。元至元二十九年(1292 年)设上海县治，明朝末期这里的商业和手工业已相当发达。嘉靖年间为防倭寇侵扰，而筑圆形城墙。

上海曾经是道名，苏松太道的通称。清乾隆六年(1741 年)改苏松道置，驻上海县，辖苏州、松江、太仓三府、州。二十五年(1760 年)改为松太道，嘉庆十六年(1811 年)复旧。1912 年废，因驻上海，通称上海道。

清道光年间，鸦片战争后，根据《南京条约》，于 1843 年上海开辟为商埠，帝国主义相继而来，开设租借地，从此就使上海发生了变化，从一个小城市，迅速地发展成为中国甚至远东最大的城市，成为帝国主义在中国进行经济侵略的最大基地，旧中国的工商业中心，世界闻名的"冒险家的乐园"。[79]

上海园墅，明朝有顾氏露香园、陈氏日涉园，今均湮没，但均有记可资考证。钱泳撰《履园丛话》卷二十园林，载上海诸园有豫园、日涉园、吾园、从溪园等。

露香园

在上海旧城内西北隅，地名九亩地，明万历年间顾名世筑，朱察卿撰记。据嘉庆《松江府志》录：顾名世，字应夫，嘉靖三十八年(1559 年)进士，历官工部主事，尚书司丞；朱察卿，字邦宪，《府志》卷三有传。

《露香园记》文如下：上海为新置邑，无"郑圃"、"辋川"之古，惟黄歇浦(即黄浦江，春秋时楚相黄歇所开浚)据上游，环城如带。浦之南，大姓右族林立，尚书朱公园最胜；浦之东入西，居者相埒，而学士陆公园最胜，层台累榭，陆离矣（尚书朱公园可能即乌泥泾朱尚书园，据王世贞《豫园记》豫园"五老峰"移自乌泥泾朱尚书园，学士陆公园，为上海浦东陆深别业，名后乐园，地广一顷余。陆深，嘉靖十四年（1535 年）为光禄卿、侍读学士。太守顾公（顾名世之兄名僧，字道夫，官道州知府）筑"万竹山居"于城北隅，弟尚宝先生因长君之筑，辟其东之旷地而大之，穿池得旧石，石有"露香池"字，篆法螺扁，为赵文敏迹，遂名曰"露香园"。

园盘纡澶漫，而亭馆嵂崒，胜擅一邑。入门、巷深百武，夹树柳、榆、苜蓿，绿荫葳茂，行雨中可无盖。折而东，曰："阜春山馆"，缭以皓壁，为别院。又稍东，石累累出矣。"碧漪堂"中起，极爽垲敞洁，中贮鼎彝琴尊，古今图书若干卷。堂下大石棋置，或蹲踞、或陵耸、或立、或卧，杂花芳树，奇卉美箭，香气苾芗，日留枢户间。堂后土阜隆崇，松、桧、杉、柏、女贞、豫章，相扶疏蓊菱，曰：积翠冈，陟其脊，远近绀殿黔突俱出，飞帆隐隐移雉堞上，目豁如也。一楹枕冈左，曰："独莞轩"，登顿足疲，借稍休憩，游者称大快，堂之前，大水可十亩，即"露香池"。澄泓渟澈，鱼百石不可数，间芰草饲之，振鳞捷鳍，食石栏下。池上跨以曲梁，朱栏长亘，池水欲赤。下梁则万石交枕，谽谺镠辖，路盘旋，咫尺若里许。走曲涧入洞，中可容二十辈，秀石旁挂下垂，如笏、如乳。由洞中纡回而上，悬磴覆道，嵾嵯戬蠞，碧漪堂在俯视中，最高处与"积翠冈"等。群峰峭竖，影倒露香池半，风生微波，芙蓉盈青天上也，山之阳，楼三楹，曰："露香阁"。八窗洞开，下瞰流水，水与露香池合，凭槛见人影隔山历乱，真若翠微杳冥间，有武陵渔郎隔溪语。而楼左有精舍，曰："潮音庵"，供观音大士像，优昙花、身贝叶杂陈棐几。不五武，有"青莲座"斜楱曲构，依岸成宇，正在阿堵中，造二室者，咸盥手"露香井"，修容和南而出。左股有"分鸥亭"。突注岸外，坐亭中，尽见西山形胜。亭下白石齿，水流昼夜滂濞若啮，群鸦上下去来若驯，先生忘机处也。先生奉长君日涉于园，随处弄笔砚，校雠坟典，以寄娱。暇则与邻叟穷奕旨之趣。共啜露芽，嚼米汁，不知世有陆沈之苦矣（录自《中国历代名园记选注》第 118～121 页）。

露香园不仅布置曲折周旋，以土阜松杉之属积翠冈胜，以大水（可十亩）露香池胜，以曲洞入洞，洞中秀石旁桂如笏如乳若溶岩洞胜，以亭馆楼阁胜，从而"胜擅一邑"。《选注》在《露香园记》文前加注云："生于崇祯末年。和名世子湛（字伯露）认识的叶梦珠在所撰《阅世编》里说："露香园，……顾氏汇海别业也。……豪华成习。凡服食起居，必多方选胜，务在轶群，……园有嘉桃……家姬刺绣，巧夺天工。……迄今百有余年。露香之名，达于天下，……"。所谓"嘉桃"，即直至近代还知名的"露香园"桃，刺绣是尤有盛誉的"露香园顾绣"，《阅世编》甚至还提到"糟蔬佐酒"，其中之一就是至今还称为"露香瓜"的酱菜。叶梦珠又说：法制藕粉，前朝惟露香园有之，这就不大为人所熟知了。古人有因为家有名园而传名的，也有园因主人而知名的，要说园以物名，"露香园"是少见的一例。

日涉园

清钱泳撰《履园丛话》卷二十园林，载上海诸园有豫园、日涉园、吾园、从溪园，这里先录日涉园、吾园、从溪园，后及豫园。日涉园在上海县治南，明太仆卿陈所蕴别业，后归陆氏起凤，至其玄孙耳山先生锡熊贵，尤增筑之。园中旧有竹素堂，为吴门周天球题，三面临流，最为宏敞。高宗朝，先生以总纂四库书成，蒙赐杨基画松南小隐图，即以园中传经书屋改为松南小隐，以敬奉之，纪恩也。此园垂二百余年，陆氏至今世守（《履园丛话》）。

吾园

在上海城西，邑人李氏别业，得露香园水蜜桃种，植数百树，桃花开时，游人如蚁。园中有带锄山馆、红雨楼诸胜，桃林中筑一亭，二鹤居之，每岁生雏，畜之可爱（《履园丛话》）。

从溪园

在法华镇，亦邑人李氏别业，法华故多牡丹，为东吴之冠，而园中所植者尤蕃茂，花开时，园主人必设筵，宴请当道缙绅辈为雅集焉（《履园丛话》）。

豫园

"在上海城内，明潘恭定公恩之子方伯允端所筑，方伯自有记。其地甚宽广，园中有乐寿堂，董思翁为作乐寿堂歌书于屏障。字径三四寸许，其墨迹至今存焉，余于张芥航先生案头见之。堂前为千人坐。有池台之胜，池边有湖石甚奇峭，名五老峰，有玉玲珑、飞骏、玉华之名，相传为宣和遗物也。今造城隍庙于其中，为市估所占，作会集公所，游人杂遝，妇女如云，医卜星相之流，亦无不毕集，虽东京大相国寺不能过之（《履园丛话》）"。

明朝的豫园　下文均引自潘允端《豫园记》：园东面，架楼数椽，以隔尘世之嚣。中三椽为门，扁曰"豫园"。入门西行可数武，复得门，曰"渐佳"。西可二十武，折而北，竖一小坊，曰"人境壶天"。过坊得石梁，穹隆跨水上。梁竟，面高埠，中陷石刻四篆字，曰"寰中大快"。循埠东西得堂，曰"玉华"。前临奇石，曰"玲珑玉"，盖石品之甲，相传为宣和漏网，因以名堂。堂后轩一椽，朱槛临流，时饵鱼其下，曰"鱼乐"。由轩而西，得廊可十余武，折而北，有亭翼然覆水面，曰"涵碧"。阁道相属，行者忘其度水也。自亭折而西，廊可三十武，复得门曰"履祥"。巨石夹峙若关，中藏广庭，纵数仞，衡倍之。鳌以石如砥；左右累奇石，隐起作岩峦坡谷状。名花珍木，参差在列。前距大池，限以石阑，有堂五椽，岿然临之，曰"乐寿堂"，颇擅丹艧雕镂之美。堂之左室曰"充四斋"，由余之名若号而题之，以为弦韦之佩者也。其右室曰"五可斋"。……池心有岛横峙。有亭曰"凫佚"。岛之阳，峰峦错叠，竹树蔽亏，则南山也。由"五可"而西，南面为"介阁"，东面为"醉月楼"，其下修廊曲折可百余武。自南西转而北，

有楼三椽，曰：徵阳，下为书室，左右图书，可静修。前累武康石为山，峻嶒秀润，颇惬观赏。登楼西行为阁道，属之层楼，曰"纯阳阁"。……由阁而下，为"留春窝"。其南为葡萄架，循架而西，度短桥，经竹阜，有梅百株，俯以蔽阁，曰"玉茵"，玉茵而东为"关侯祠"。出祠东行，高下纡回，为冈、为岭、为涧、为洞、为壑、为梁、为滩，不可悉记，各极其趣。山半为"山神祠"。祠东有亭北向，曰"挹秀"，挹秀在群峰之坳，下临大池，与乐寿堂相望。山行至此，藉以偃息，由亭而东，得大石洞，窅窱深靓，几与张公、善卷相衡。由洞仰出为"大士庵"，东偏禅室五椽，高僧至此，可以顿锡，出庵门奇峰矗立，若登虬，若戏马，阁云碍月，盖南山最高处。下视溪山亭馆，若御风骑气而俯瞰尘寰，真异境也，自山径东北下，过"留影亭"，盘旋乱石间，转而北，得堂三椽，曰"会景堂"。度曲梁，修可四十步，梁竟，即向之所谓广庭，而乐寿以南之胜，尽于此矣。乐寿堂之西，构祠三椽，奉高祖而下神主，以便奠享。堂后凿方塘，栽菡萏。周以垣，垣后修竹万挺，竹外长渠，东西咸达于前池，舟可绕而泛也。乐寿堂之东，别为堂三椽，曰"容与"。琴书鼎彝，杂陈其间，内有楼五椽，曰"颐晚楼"，楼旁庖湢咸备，则余栖息所矣。容与堂东，为室一区，居季子云献，便其定省，其堂曰"爱日"，志养也。大抵是园，不敢自谓"辋川"、"平泉"之比，而卉石之适观，堂室之便体，舟楫之沿泛，亦足以送流景而乐余年矣。

清朝邑庙西园　据清乔钟吴《西园记》载："西园在城隍庙西北，即明潘方伯豫园故址。乾隆二十五年（1760年），邑人相与醵金购其地，仍筑为园，以仰答神庥。庙寝之左有'东园'，故以西名之，历二十余年，所费累巨万"。这就是说，乾隆盛世时，上海商业兴旺发达，一些绅商为了能有一个集中活动的场所，发起醵资恢复重建豫园，从乾隆二十五年（1760年）开始兴建，到四十九年（1784年）竣工，历时二十五年，园成改名西园。重建后的厅堂亭楼均易新名。

《西园记》载："园址约七十余亩，南至寝庙，西北两面皆缭以垣，其东为通衢，构楼数间，迤昼南北，中辟园门，入门西行，有石梁穹隆南北跨溪上者，系豫园旧筑，溪南银杏一株，相传恭定手栽，过石梁而北，为玉华堂，仍旧名而重建者。堂前奇山屹立，即《豫园记》所称玲珑玉，为宣和漏网是也。离玉华而西为得月楼，盖取近水楼台之意，楼西傍池岸，修廊曲槛，南达于绿杨春榭。由得月楼而北，稍东，岩石斛舟泊于岸者，曰'烟水舫'，自舫而行，其宏广高垲居一园之正中者，为三穗堂，堂之前分植桧柏，面当大湖，颇具广远之势，湖心有亭，渺焉浮水上，东西筑石梁，九曲以达于岸。亭外远近植芙蕖万柄，花时望之料若云锦。由三穗堂东北行，入竹篱间，曰'万花深处'，花间有轩，曰'可乐'，轩前隆然而起者，土丘上列嘉禾，其西为留春坞，其东北迤逦相属者，为花神阁，与花神阁参差相峙者，曰'听涛阁'，以阁边松柏作风涛声，隐隐与黄浦飞涛声相杂也，绕篱转西北，渡溪桥，则山石突屹从人面而起。入山径西行转北而东，有堂曰'萃秀'，颇峻洁。堂前峰峦罗列，杂树纷敷，游者憩此，忘其为疲焉。由萃秀堂出，右仰巨山，层崖峭壁，森森若万笏状，其金碧秀润之气，常扑人眉宇，遥望之若壶中九华，天造地设，几不知其为人力也。从麓而上，盘旋二三百步，陟其巅，视黄浦吴淞皆在足下，而风帆云树，则远及数十里之外，睹至此称大快。自山而下，循小溪西南行，西岸蒲草交杂，度小桥复入山，由洞中环行而上，至秀石亭，可小憩。复下，南入洞行，有亭临大湖，曰'流觞处'，坐亭中可酌而饮之。山中花卉杂开，四时不绝，山南有洞，每逢骤雨则飞泉淙淙，漂入于湖。自亭西北行，有数椽三面绕池皆艺荷，曰'莲厅'，厅东南筑亭桥一，以通于西南境。由厅而东北，过凝云桥，望见最高者曰'熙春台'，台凡三层，以地僻故，游者鲜登焉。自桥而行，寻转而南，红栏阁道，屈曲数十步，其左濒河，抵憩舫。由舫入内，得门曰'云边别艺'。入门有堂曰'致

远'，其上为楼，曰'涵碧'，涵碧之左有楼甚窄而高者曰'磬楼'，以楼形似磬故名，凭楼纵览，则园之东南景皆瞭然在目。出憩舫南度石梁，入山洞，右折有阁，东向迎朝日，曰'凝晖阁'，其以洞中南行盘绕而出山上，则挹翠亭在焉，亭左立奇石，高寻丈，形貌古怪，曰'魁星石'，自王氏素园移置于此。下山沿溪而南，有厅西南，其后轩俯大湖，东与湖心亭相望者，曰'濠乐舫'。南行渡小桥，有室西北，曰'绿荫轩'，室后南向，额曰'千岩竞秀'，前列木石，为西南尽处。自此而东，傍大湖以南者，曰'东墙酒墅'，曰'清芬堂'，堂四面皆植丛桂。东北隅有鹤闲亭，又东曰'飞舟阁'，曰'绿波廊'，曰'春禊阁'，至吟雪楼，而园之胜概尽此矣。"

与明朝豫园相比，总的格局未变。但重建后的厅堂亭楼均易新名。如原来的乐寿堂改建为三穗堂，仍保持宏敞高闳，成为上海各业商人集会之处，每月初一和十五，官府派人来此，向绅商宣读"圣谕"，逢到皇帝生日，商人们来此朝贺万寿。此外，年逢干旱做道场祈神求雨，也在这里举行，嘉庆年间，上海的商业行会，日渐增多，有的便借豫园厅堂设立公所。道光初年，官府索性出具告示，将西园分给二十几个公所管辖。自此，公所各筑高墙，自立门户，形成一个个小园林。[69]

道光二十二年（1842年）西方殖民主义者打开了上海的门户，从此国家忧患重重，豫园更是几度遭劫。首先是鸦片战争失陷吴淞口，侵略军占领上海城，一度驻军于豫园和城隍庙，大肆破坏，还将荷花池当作水池，使许多景物遭到摧残，以致风光如洗，一片凄凉。咸丰三年（1853年）上海小刀会举行武装起义，曾在宏丽轩敞的点春堂内设立指挥部，起义军失败突围后，又遭到反动派一场焚掠。五年后太平军东征，清政府勾结英法侵略军入城防守，豫园又沦为兵营，经过了这几场灾难摧残，有半数小园子变成废墟，夷为平地。光绪初年，有人在废墟上造起了一些房屋，开设茶馆酒肆。荷花池西南的一片隙地上，又

来了一些江湖卖艺者，诸如相面测字的、卖梨膏糖的、拉洋片的……使得城隍庙大殿前后成了一片热闹的市场。至于已成大公所的内园、点春堂、萃秀堂等处，这时又重建了厅堂，修复了园景，每逢朔望之日和年节对外实行开放，每年春秋，还在这里举行兰花会、菊花会、梅花展览，一度又出现盛况，成为庙宇、市集、园庭之荟萃。富商士绅，诗人画家，善男信女以及浪子荡妇纷纷而来汇聚此地。随着市集的不断发展，这里竟又变成了一座驰名全国的小商品集散商场，昔日豫园的大半面积已被占去，园景跟着逐渐湮没。抗战时期，万花楼一带还一度被流氓盘踞，开设赌台，再也无人来此观赏园景了。[69]

从上述记载，可知豫园原是明朝潘氏的一个家园，几度经营成名园，后因家业衰落，园林荒芜，到了明末清初，豫园曾数易其主，清乾隆年间，上海绅商为了能有一个集中活动的场所，拟恢复重建豫园，历时二十五年。园曾改名为西园，道光鸦片战争后，豫园几度遭劫，破坏不堪。1956 年人民政府拨款整修，成为胜地。

豫园与内园　豫园与内园皆在上海旧城内邑庙（城隍庙）的前后，嘉庆丙子二十一年（1816 年）秀水叶作康撰《西园萃秀堂记》首句云："上海邑初有二园，东园即内园所谓小灵台也，外园即西园，前明潘方伯豫园故址。"

豫园是明朝上海人潘允端，曾任四川布政使，为"豫悦老宗"（侍奉其父明嘉靖间刑部尚书潘恩）而建。据载，嘉靖年间，尚书潘恩的次子潘允端，"嘉靖己未（嘉靖三十八年，1559 年），下第春官（应礼部会试落第）"（潘允端《豫园记》），郁郁不乐，便在宅西菜畦上，"稍稍聚石凿池，构亭艺竹"（《豫园记》）。三年后，潘允端中了进士，出任刑部主事、南京工部主事以至四川布政使等官职，造园事便告中辍。十六年后，到明万历五年（1577 年），潘允端解职回乡，"一意充拓"（《豫园记》）即再度经营扩建此园。聘请了当时掇山名家张南阳担任设计和叠山。园林布局虚

实互映，大小对比，高下相称。曲折有法，前后呼应，充分体现了园林艺术的特色，花了近十年时间，造成了一座占地七十余亩的江南园林，并曾亲撰《豫园记》一文，详叙园中胜景；堂馆轩榭，亭台楼阁，达三十余所。还缀以大池溪流，奇峰异石，参差其间。尤其是以武康黄石叠山，峻嶒秀润，洞壑深邃，几与张公、善卷（宜兴二洞）相衡。此园规模足与明代的苏州拙政园、太仓弇园媲美，公认为是江南名园。取名豫园的意思，潘允端自说，造此园为的是"愉悦老亲"，"豫"与"愉"两字相通。其实万历十年（1582 年），其父潘恩已死，此园倒成了他自己晚年享乐的地方。他在园内设宴演戏，收罗展示古玩字画，请仙修庙卜课，所以经常车马盈门、宾客满堂。食客、释道、相士以至妓女无一不有。由于长期挥霍无度，加上造园所耗，以致家业衰落。潘允端殁后，子隙不图经营，坐吃山空，园林遂成荒芜，到了明末清初，此园曾数次易主。园内几处较大的厅堂，一度改为佛堂和书院，而亭台倾圮参半，只剩得几块巉岩危石，荒草池塘，有些地方，又成为菜畦。[69]

建国后，上海市文化局和文物管理委员会十分重视这个名园，除加以管理外，逐步进行修整。1956 年人民政府就拨款到豫园进行修整，重又使这座古老的园林恢复了青春，现在成为全国重点文物保护单位。近年来，随着旅游事业的发展，它又成为国内外旅游者向往的一处胜地。[69]

现今的豫园可以分为六个景区（大假山，萃秀堂，鱼乐榭，点春堂，玉华堂，会景楼，内园），每个景区都各有独特的景色，入园不久即可看到大假山，层峦叠嶂，洞壑深邃，清泉飞瀑，虽然高仅十米许，望去似有高山磅礴之势，此山既可远望，又可近视，隔池坐在仰山堂后眺望，宛如一幅元人黄公望的山水画。从山下往上观看，则如石笋朝天，有如苏州天平山之景，嘉木高树，陡生秀润之气，扑人眉宇。登山则蹬道曲折，坡陀突兀，至山巅可俯瞰全园。当初之年，站在望江亭里远眺，黄浦江上帆樯林立，历历在

目，自有一番乐趣。可惜今天视线已为高楼所挡，不复再见昔景。至此，深感四百年前名手张南阳叠山有术，以块块顽石，堆砌得自然浑成，宛若天造地设，鬼斧神工。莅身其间，真若进入深山大壑一般，感到无限幽深。[69]

叶金培在《豫园》一文，对现状豫园，认为基本上是同治初年又重建了一些厅堂和修复部分园景的面貌，仅仅是明朝豫园的一部分，就现状来看，基本上由三个空间所组成：1. 以山水为主的空间——大山；2. 以建筑为主的空间——点春堂；3. 过渡空间——鱼乐榭，水洞花墙。

叶金培认为：由于明代豫园"乐寿"的主题，"寿比南山，福如东海"的意识，因此，作为"南山"的大山，其构思应该是一座高耸、庄重的"神山"。……就现状来看，大山是充满画意的，雄浑、庄重、切合主题，……大山具有三远的特色。通过次峰的衬托，小桥的衬托来体现高远；通过峰峦的前后层次，洞壑的虚实，使层次推远，通过山脉延伸来表现平远，大山的绝对大小有限，主峰高仅 12 米，但在感觉中(无论是看或是游)其艺术感受均远大于实际的大小，即小中见大。这是由于由仰山堂望大山的视距适宜，其次各组成部分的比例得体以及前面所提到的三远。另外，山路组织的合宜，曲折迂回，起落盘旋，欲上先下，欲开先合等。张南阳的作品大山，虽系由武康黄石堆掇而成，但来自自然，是大自然花岗岩(火成岩)峰峦的艺术概括。若以豫园的大山与黄山试比较，则颇具"始信峰"的意趣。以顽夯的方解体(黄石)掇成拔立，外廓近乎直线的峰，运用来自花岗岩节理的国画中的斧劈皴来组织山的纹理，因此，气势雄深浑然一体，加之各峰之间的参差错落以及与水的渗透，因此大山便深得花岗岩山岳那种既雄浑，又幽邃的情趣。[80]

大假山东面峭壁下的萃秀堂，堂前山石罗列，苑若幽谷中的一座精舍，恬静僻寂。园初建时，入门后数十步有一石坊，曰"人境壶天"。当年潘允端一

心向往的"壶中日月"，只不过十多年光景，即告破灭。今日园中游人很难想像什么"壶中日月"，不过萃秀堂一隅游踪鲜至，涉足其间，倒是会感到别有一番天地。[69]嘉庆丙子(1816 年)重秋秀水叶缠康撰《西园萃秀堂记》中云："居园之正中曰三穗堂。堂东折北，由石径行，曲而进，有堂曰'萃秀'。盖取一园之山光水色，竹坞花栏，吐纳弥薄，别成妙界。"

点春堂景区是以建筑为主的景区，但园亭轩敞，花木阴翳，泉水潆回，涓涓不尽，这一景区还包括和煦堂、藏宝楼，与点春堂同处一条中轴线上。其间还有一座小戏台(打唱台)，半跨池上，建筑雕镂镶金，精美富丽，甚是别致。[69]

我国园林，尤其是宅园，发展到了清朝，建筑比重日益提高，但是给人的艺术感受仍然是居住游憩于大自然山林之中，在建筑密集的情况下，山水仍然是园林的主体。叶金培在《豫园》一文中指出：点春堂这一组建筑群，有堂、楼、台、轩等数量多，体量大、密集，然而又要使它们融于山林的自然情趣之中，这是很独特的。但是，中国的园林艺术却正出色地解决了这一命题。其手法是：

1. 在空间的边、角掇山，使它仿佛来自园外穿墙而入，这样既打破了僵直的界墙，同时又于联想中扩大了空间的境界，使建筑犹在山坳而具有山居的色彩；

2. 因山而引水，使水与建筑相联系，这样，空间显得更为生动、空灵，也更具山林情趣；

3. 为了加强这一区的自然幽深意识，在水体的形状上采用了曲尺形、"冖"形，由放而收，强调了该空间纵深的方向性。除了水体本身的收放外。在空间上也是先放("打唱台"南水面与"快阁"这一区)而后收，在"和煦堂"东南隅再隔以粉垣，于是使该处的溪涧介于建筑与粉垣之间的极度狭窄的空间之中，从而使空间更为自然、深邃。另外，角隅的分隔还使得边缘的游览线("快阁"——"静宜轩"——"听鹂亭")在景色上隐现呈趣，置身于小小的角隅空

间而有置身幽深的山坳之感；

4. 为了强调城市山林的意境，还力求使建筑尽量与山池树石结合，如其中的粉垣就与山石融为一体，仿佛建筑是营造在自然山林一般。

这样，这一景区虽然建筑密集，但于端方中见曲折，于规则中见自然。[80]

东面"快阁"下有二洞，洞壑深邃，这是清代同治年间重修的。据说原洞是仿名手常州人戈裕良之技法，顶上不用条石为梁，而代以铁钩，望去不见人工痕迹，好像自然天生而出。但重修时已无人娴熟此法，只得用了条石。快阁为双层，就坐落在双洞之上。右侧还有抱云岩，奇峰突兀。瀑布湍急，望去如一险峰。[69]

"鱼乐榭"、"水洞花墙"是又一个景区。这里曲槛临流，饵鱼其下，可得庄周的濠上之乐。向前望去，峰石下溪流蜿蜒，中流一埭花墙隔水而立，上嵌花窗，下辟半圆小洞，清澈的溪水穿洞而过，似向远处流去，不见尽头，利用有限空间，给人以无穷无尽的感觉。[69]

"鱼乐榭"、"水洞花墙"这一组在客观上起到了大山（"甲"）与点春堂（"乙"）间的过渡作用。在空间方向上，"甲""乙"是纵向，而其侧是"横向"，在方向上正好起到转折与联系的纽带作用。水体采用横丁字形（"卜"形），强调了从"甲"至"乙"的空间流动的方向性。平铺直叙是缺乏动势的，只有强调层次与节奏，才能加强动势。于是这一区又以一道"水洞花墙"将空间一隔为二，从而使空间由收（"会心不远"处）而放（"万花楼"处），产生了运动感，使联系"甲""乙"的纽带更为生动。这一区沿边缘的假山，在感觉中犹如是园外大山所延伸进来的余脉，因此有一种动势，水体也似乎源自大山，然而又伏流到"乙"，真是处处逢源，来去无踪，从而成为一处生生不息，充满生命活力的空灵境界，一条联系"甲""乙"的活纽带。[80]

这一区中"会心不远"系取自《世说新语》：

"简文帝入华林园，顾谓左右曰：会心处不必在远，翳然林水，便自有濠濮间想也，觉鸟兽禽鱼，自来亲人。"这是借助于文学而于联想中扩大境界。同样，"万花楼"前那一道石栏又使其下深洞顿时在感觉中受"深"、受"险"，从而使环境更为空灵，深邃。[80]

玉华堂、会景楼是 1959 年拆去杂设的摊棚、商铺、茶楼后改建起来的景区。其中玉华堂前的玲珑玉石，又称玉玲珑，曾一时名驰申江。潘允端《豫园记》中称："相传为宣和漏网"。有关玉玲珑的传说很多，有一说，这块美石原是乌泥泾朱氏园中之物，后移到浦东三林塘储昱的南园，因储女嫁与潘允端的孪生兄弟潘允亮，便将此石归赠豫园。潘允端认为它是宋徽宗时搜罗的花石纲遗物，特别加以珍视。清代有人记述，玉玲珑运过黄浦时，正遇风浪，舟石俱沉。潘允端雇了一批船夫，泅入水中，用铁索穿起玉玲珑，终于拉上岸来；又说同时拉上岸的，还有一块大石，正好配成玉玲珑的座子，大小恰巧吻合。玉玲珑运上岸后，须从北门入城，要绕一大段路。潘允端仗着权势，另在迎黄浦的城墙上开了一个大口子，就是后来的小东门。关于玉玲珑本身，也有许多的说法。因为此石多孔，有说在石下燃一炉香，便可孔孔冒烟，在石顶上注一壶水，又会孔孔流泉。这些说法一直流传至今，仍为人所津津乐道。认真考据起来，都属无稽之谈，因为打捞大石之说别处也有所闻。苏州原织造府里的瑞云峰，杭州的文澜阁，均有石亦名玉玲珑，古来都有沉入太湖或钱塘江，打捞出后亦获得一个石座。其说如出一辙。至于小东门，其实是明代翰林院学士陆深夫人梅氏捐款开辟，与潘允端毫无关系。而冒烟流水之说，经豫园的工作人员屡做试验，从未发生过此种新奇现象，可见这些传说的荒诞不实了。[69]

内园本是自成一体的所在，与豫园并不相及，如今却改造成园内之园，也构成了一个景区。这里占地仅二亩有余，园内除设置了占地过半的大厅、假山和"串楼"外，还布置了池沼、曲廊、小轩、旱船

"不系舟"、亭阁等。游人来此并不感到景物的拥挤。若非造园者的精心设计是不能及此的。那座并不高耸的假山，像个大花台，看去耐人玩味。古人说"动观流水静观山"，因而大厅匾额题为"静观"，即取意于此。坐在厅内静观厅前假山，则花木扶疏，峰石奇形异状，千姿百态，山上有九狮石，是人工叠成的。而那些狮、猴、虎、鹿形状的天宫石，却是来自太湖边，经过千万年来的湖水冲击所形成。[69]

叶金培在《豫园》一文的内园部分中写道：内园地仅二亩，范围又近似端方，然而布局却有着自己的特色。……园子不大，然其主体建筑"静观"却庞大惊人，其前墙也极宽绰，进入园中颇觉疏朗，真不知园林之大几许。这种"疏处疏"的手法在小园中是颇为破格的。然而，园中间"小灵台"高耸，边缘楼台周接，却不是"密处密"。小小的内园由于强调了疏密变化，加强了它们之间的对比，使矛盾激化，故反而取得了理想的效果。

以墙分隔空间且运用自如，这是内园一大特色。墙垣随形曲直，因势起落，与山、石融为一体，犹如狂草中飞舞的线，它给园林增添了无穷的活力。内园也以水为主，它出自"小灵台"而洞至"静观"之东汇为小池而阴出。小池使"静观"既旷且幽，从而提高了其作为主体建筑的价值。出自"小灵台"的水本极小，充其量不过一条小水沟而已，但一经安上石栏，则"幽谷深涧"之感便油然而生，借助于联想而拓展了境界。[80]

需要一提的是中外游人对今日豫园的龙墙颇感兴趣，原来这里共有四条龙墙，一条在大假山畔，长龙缭绕，似在卫护这座杰出的大山。一条在点春堂西墙，龙头穿过朵朵云彩，正在戏耍一只金蟾。在原点春堂前门进口处，有双龙抢珠。此外，内园里也有一垛龙墙。我国古代园林，花墙上有塑朵云状，并不塑龙，因为龙是封建帝王的象征，是不能随便用作建筑物上装饰的。园林里擅砌龙墙，还是清末才出现的。先是那时上海的租界里有些洋人或买办，在私人花园

别墅里塑造了几条龙墙，无人敢去干涉，龙的尊严才逐渐打破，于是，商人们的会馆公所里也随之出现了龙墙建筑，但那龙只塑三、四个爪子，以避去五爪金龙之嫌。真正讲究园林艺术的人们，是不喜在山光水色、林木披芳的园林里出现很多龙凤装饰，流于俗气。豫园里的四条龙墙，龙身用瓦片组成鳞状，龙头又颇有气势，尚不显得太俗，但这些并不看做是园景中精华，大不过寻求一点点缀罢了。[69]

今日豫园外尚有一个景区，就是荷花池、湖心亭和九曲桥。这里原是豫园的中心，而今景物虽依然，却无法与修复后的豫园"团圆"，是为一件憾事。潘允端在《豫园记》中说："池心有岛横峙，有亭曰'凫佚'。"清代乾隆间重建西园后，此池叫作绿波池，池中心的湖心亭，是乾隆四十九年(1784年)重建的，当年这里别有一番风光。……经过百年沧桑，如今景物多变，只有东面得月楼，仍是昔日园林的面貌。沿池有几家饮食店，房屋高筑，大大冲淡了池畔的清旷之感。湖心亭在一百多年前开设了"宛在轩茶馆"，因为生意兴隆，六十多年加建一座方形的建筑，显得臃肿。1924年，将原来木栏石板的九曲桥改建为钢筋混凝土结构，形成十八曲，而池水面积比当年缩小许多，跟亭桥的体积望去颇不相称。近十多年来，虽迭次疏浚荷花池。可是终阻止不了杂物秽物的堵塞，以致池水不清，荷花难开，红鱼遭殃。1982年，已对荷花池进行疏浚，但愿早日池上绿波涟涟红莲盛开，亭榭恢复旧观，池畔柳暗花明，一番"城市湖光"，必更吸引远近游人，怡然神往。[69]

注释

[1] 刘敦桢主编. 中国古代建筑史. 中国建筑工业出版社，1980.312～345

[2] 王世仁. 勺园修楔图中所见的一些中国庭园布置手法. 文物参考资料，1957(7).20～24

[3] 汪菊渊，金承藻，张守恒，陈兆玲，梁永基，孟兆桢，杨赉丽，孙敏贞. 北京清代宅园初探. 北京林学院. 林业史园林史论文集(第一集)，1982(2).49～61(附图见《附图集》)

[4] 张瑞萍. 总理各国事务衙门旧址. 中国人民大学清史研究所编. 近代京华史迹, 1985.135~141

[5] 许放. 庆王府的变迁. 中国人民大学清史研究所编. 近代京华史迹, 1985.112~120

[6] 许放. 京华何处钟王府. 中国人民大学清史研究所编. 近代京华史迹, 1985.121~127

[7] 孔祥吉. 什刹后海醇王府. 中国人民大学清史研究所编. 近代京华史迹, 1985.94~111

[8] 朱家溍. 乐善园和三贝子花园的有关史料. 文物参考资料, 1957.52~55

[9] 向群. 北京动物园. 北京文物工作队编. 北京名胜古迹, 1979.79~80

[10] 何华. 大慧寺. 北京文物工作队编. 北京名胜古迹, 1979.52~53

[11] 曹汛. 自怡园. 中国圆明园学会主编. 圆明园(第四集), 1986.224~229

[12] 何重义, 曾昭奋. 圆明园与北京西郊园林水系. 中国圆明园学会编. 圆明园(第一集), 1981.42~57

[13] 高冀生. 北京海淀吴家花园漫考. 中国圆明园学会编. 圆明园(第三集), 1984.187~191

[14] 麟庆(见亭). 鸿雪因缘图记(初集、二集、三集). 道光丁未(1847年)秋七月重雕于扬州, 光绪丙戌(1886年)上海同文书局石印

[15] 吕英凡. 邸园精华恭王府. 中国人民大学清史研究所. 近代京华史迹. 中国人民大学出版社, 1985.79~93

[16] 单士元. 恭王府沿革考略. 辅仁学志(第七卷第一、二合期), 1938. 文化部文学艺术研究院红楼梦研究室编. 大观园研究资料汇编, 1979.116~121

[17] 周汝昌. 恭王府考——红楼梦背景素材探讨. 上海古籍出版社, 1980

[18] 于树功. 恭王府. 北京文物工作队编. 北京名胜古迹, 1962年油印, 1979年10月铅印. 43~44

[19] 刘蕙孙. 名园忆旧. 文化部文学艺术研究院红楼梦研究院编. 大观园研究资料汇编, 1979.110~113

[20] 同济大学城市规划教研室编. 中国城市建设史(下编). 中国建筑工业出版社, 1982.137~140

[21] 魏德保. 关于天津古园林兴衰及其变迁的探讨(未发表稿)

[22] 郭鸿林. 天津水西庄文献考略. 天津历史博物馆编. 馆刊创刊号, 1986.29~34

[23] 陈丽笙. 天津园林的特色. 中国园林学会编. 中国园林, 1986(1).30~31

[24] 王玲. 古城保定与北京. 北京市社会科学研究所. 城市问题丛刊(第二辑). 49~56

[25] 冯秉其, 张一平. 保定莲池. 古建园林技术, 1985(2)43~47

[26] 孟繁峰等编著. 古莲花池. 中国人民政治协商会议河北省委员会文史资料研究委员会. 河北人民出版社, 1984

[27] 郑嘉骧. 太原园林史话. 山西人民出版社, 1987

[28] 同济大学城市规划教研室编. 中国城市建设史(上编). 中国建筑工业出版社, 1982.83~84

[29] 陈尔鹤. 新绛县明清宅园实录(未发表稿)

[30] 同济大学城市规划教研室. 中国城市建设史(上编). 中国建筑工业出版社, 1982.107~109

[31] 陈尔鹤, 赵景逵, 郭来锁, 高德三编. 太谷县园林志(送审稿). 太谷县志编委办公室编印, 1988

[32] 马荫芳等. 济南泉水与园林(未发表稿)

[33] 陈万增. 青州史话. 济南明天出版社, 1987

[34] 周维权, 冯钟平. 山东潍坊十笏园. 清华大学建筑系编. 建筑史论文集(第四集), 1980.1~8

[35] 陈文达. 金陵历代名胜志. 道光初年刊行. 南京翰文书店铅印

[36] 同济大学城市规划教研室编. 中国城市建设史(上编). 中国建筑工业出版社, 1982.71~74

[37] 王世贞. 游金陵诸园记. 古今图书集成. 经济汇编考工典第一百十七卷园林部汇考一中华书局影印

[38] 朱偰. 金陵古迹图考. 商务印书馆. 民国二十五年, 1936

[39] 陈诒绂. 金陵园墅志. 南京翰文书店, 1934

[40] 刘叙杰. 南京隐园考. 中国建筑学会建筑历史学术委员会主编. 建筑历史与理论(第一辑), 1980.66~73

[41] 叶菊华. 南京瞻园. 南京工学院学报. 1980(4)

[42] 姚荷生. 镇江的名胜古迹. 江苏人民出版社, 1957

[43] 同济大学城市规划教研室编. 中国城市建设史(上编)中国建筑工业出版社, 1982.104~106

[44] 朱江. 扬州园林品赏录. 上海文化出版社, 1984

[45] 王鸿. 扬州散记. 江苏古籍出版社, 1985

[46] 同济大学建筑系, 陈从周编著. 扬州园林. 上海科学技术出版社, 1983

[47] 清李斗. 扬州画舫录. 中华书局, 1960

[48] 吴肇钊. 计成与影园兴造. 扬州市土木建筑学会, 扬州市园林处: 铅印论文, 1982

[49] 清赵之壁撰. 平山堂图志(十卷). 乾隆年间刻本, 清光绪九年(1883年)欧阳利见重州本四册

[50] 王赓唐, 冯炬之编. 无锡史话. 江苏古籍出版社, 1988

[51] 徐武等编. 无锡风物志. 南京江苏人民出版社, 1981

[52] 刘国昭, 黄茂如. 寄畅园的历史及其造园艺术的初步分析. 无锡市园林处. 园林科技资料(第一辑), 1979.1～13

[53] 李正, 汪君法. 延山引水点园林——无锡寄畅造园艺术初探. 无锡市园林处. 园林科技资料(第一辑), 1979.14～26

[54] 黄茂如. 愚公谷小志. 无锡市园林处. 园林科技资料(第三辑), 1981.43～49

[55] 朱偰. 苏州的名胜古迹. 江苏人民出版社, 1956

[56] 石秀明. 苏州明代宅园, 1983年(未发表稿)

[57] 黄玮. 苏州造园史纲要, 1983年(未发表稿)

[58] 顾颉刚著, 王照华辑. 苏州史志笔记. 江苏古籍出版社, 1987

[59] 刘敦桢. 苏州古典园林. 中国建筑工业出版社, 1979

[60] 杨宗荣. 拙政园沿革与拙政园图册. 文物出版社. 文物参考资料, 1957(6).56

[61] 黄玮. 苏州清代宅园, 1983(未发表稿)

[62] 朱偰. 记苏州惠荫花园——一个以水假山著名的花园. 文物出版社. 文物参考资料, 1957(6).32～33

[63] 王稼冬. 退思园调查报告. 江苏省园林学术委员会, 江苏省园林科技情报网编辑. 江苏园林(第一期), 1984.31～35

[64] 汪菊渊. 苏州明清宅园风格的分析. 园艺学报(第2卷), 1963.177～192

[65] 邵忠. 平畴崛峨山映水、十里青山半入城——常熟虞山风景区. 园林, 1989(3).26～27

[66] 常熟市地方志编纂委员会. 常熟市志(初稿)第二十五编. 文物、园林、名胜志, 1988

[67] 中国人民政治协商会议常熟县委员会. 常熟地方小掌故(上册、下册), 1980

[68] 陈从周. 常熟园林. 文物参考资料, 1958(3)45～49

[69] 吴贵芳主编. 上海风物志

[70] 陈从周. 嘉定秋霞圃和海宁安澜园. 文物, 1963(2).39～46

[71] 侯旭. 嘉定秋霞圃析疑. 园林, 1989(3).18～19

[72] 同济大学城市规划教研室编. 中国城市建设史. 中国建筑工业出版社, 1982

[73] 许梦. 古猗园. 园林, 1989(3)

[74] 吴义, 维新. 重展风姿的南翔砖塔. 园林, 1989(3).19

[75] 陈天祥. 江南名园醉白池. 园林, 1989(1).48

[76] 赵林云. 松江古园林(上). 园林, 1989(1).25

[77] 袁通泉. 秀丽山色论九峰. 园林, 1988(3).22～23

[78] 应朝. 松江斜塔——比"比萨斜塔"更早, 更斜的古塔. 古建园林技术, 1985(1).28～30

[79] 同济大学城市规划研究室. 中国城市建设史. 第一章帝国主义控制下由"租界"发展的城市, 第一节上海的畸形发展. 120

[80] 叶金培. 豫园. 中国园林史研究成果论文集(第一集). 153～160

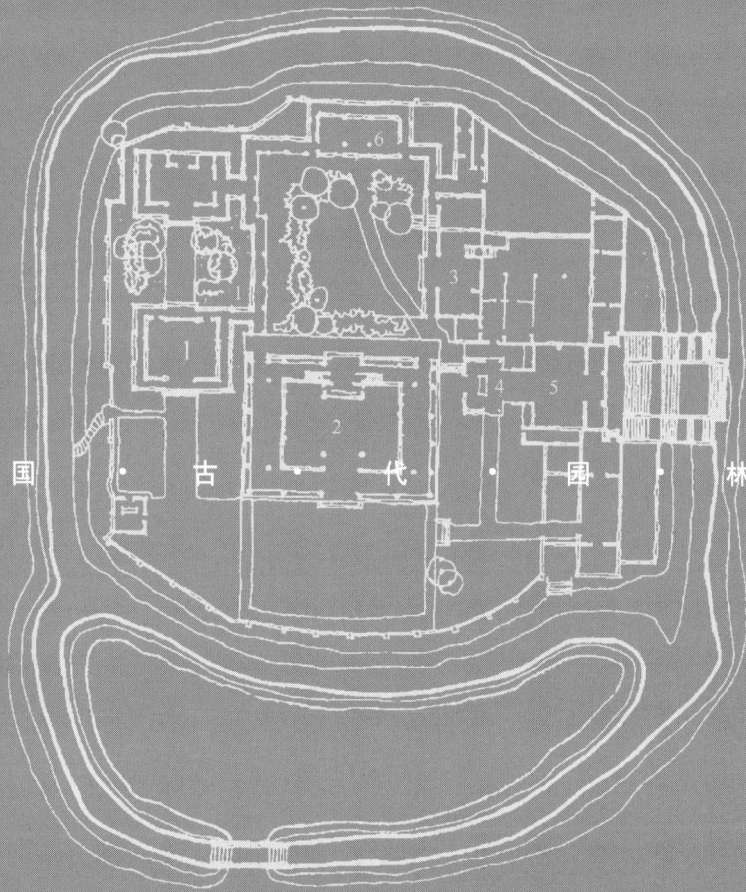

·中·国·古代·园·林·史·

第十一章 浙、皖、闽、台、中南、岭南、西北明清园墅

第一节 嘉、湖、杭、绍明清园墅

一、嘉兴明清园墅

嘉兴是府、路名，宋庆元元年(1195 年)升秀州为嘉兴府，治所在嘉兴(今属浙江)，辖境相当今浙江省杭州湾以北(海宁县除外)、桐乡县以东地区及上海市所辖吴淞江以南诸县地。元改为路，辖境缩小限于浙江境内，明初复为府，1912 年废。

据钱泳《履园丛话》二十"园林"，明清时嘉兴有倦圃、曝书亭、南园等园墅。

倦圃

"嘉兴府城西门内有倦圃，即宋岳鄂王孙倦翁珂故宅，圃甚宽广，俨若山林。嘉庆甲子(1804 年)三月，尝同家恬斋过，圃中荒废久矣。近为陈氏所购，葺而新之。据朱竹垞《曝书亭集》所载，有丛菊径、积翠池、浮岚、范湖草堂、静春轩、圆谷、采山楼、猬溪、金陀别馆、听雨斋、橘田、芳树亭、溪山真意轩、容与桥、潄研泉、潜山、锦淙洞、留真馆、澄怀阁、春水宅诸胜，俱仍旧题，为嘉禾胜地。"

曝书亭

"在嘉兴之梅会里，朱检讨彝尊筑。仅有一亭，吾乡严秋水先生书额，汪蛟门为集杜诗一联以赠，曰：会须上番看成竹，何处老翁来赋诗。嘉庆初，扬州阮云台先生督学浙江，尝过访，既为修葺，又刻集杜诗一联于石柱，并赋诗纪之。道光七年(1827 年)，东莱吕公延庆知县事，又捐俸重修"(《履园丛话》)。

"咸丰年间，未遭战火。同治五年(1866 年)重修。于亭后置三楹。宣统三年(1911 年)又重修。近浙

就荒废，仍由朱氏子孙守之。其东邻为南园旧址"（童寯《江南园林志》）。

南园

"李元孚名原，嘉兴王店人，通申、韩之学。所居南园，即王复旦梅墅旧迹，在曝书亭后园中。有延青图、听月廊、藕溪草堂、凉舫、玉兰径、见山亭、梅花岭、桂屏片云轩、虚舟息机处、镜香桥、知乐亭凡十三景，元孚俱有诗，命曰《南园杂咏》，诸前辈亦多和作，为一时之盛，元孚殁后，竟成弃地，近复种为桑园。事隔五十年而元孚尚未葬，停枢园中，可叹也。"

落帆亭

"在城北杉青闸。闸建自宋，有吏舍及亭。明天启末重构。清光绪六年(1880年)重修有记云：'亭名落帆，肇自南宋，历朝修葺，记详载志；庚申……，禾郡为墟。'落帆亭及其前之叠山，为杉青闸精粹；酒仙祠则在范围之外，"（童寯《江南园林志》）。

南湖

曾历称陆渭池、马场湖。由于它由东、西二湖组成，且形似鸳鸯交颈，故又称鸳鸯湖。南湖水域约624亩，湖中有四岛，东南湖有湖心岛、湖滨岛二处，俗称大南湖、小南湖，西南湖有三岛均称放鹤洲。[1]

与湖心岛隔水相望的湖滨岛，面积8亩。清光绪年间，嘉兴民间组织"惜字会"，为供祀传说中的汉字创造者仓颉，在岛上建祠一座，称仓圣祠，祠内有仓颉塑像，祠前一泓清池，因形似砚台，故称砚池，池南矗立着高3米，酷似蛟龙出水的舞蛟石，石上舞蛟二字为元代大书法家赵孟頫所书。湖滨岛上花木繁茂，垂柳依之，鹤亭隐于林中，古藤盘虬架间。岛北有一临波曲桥与湖滨公园相连，是南湖又一处游览胜地。[1]

西南湖中，有古今放鹤洲二处。古放鹤洲位于西南湖南端。唐德宗时，陆贽始建宅园于此，明末贵阳太守朱茂时重建。筑有亭榭桥阁及果园、菜圃等。

清初，放鹤洲渐成村落。西南湖北端的放鹤洲建于清末。遍植垂柳，浓荫似盖。曾是游览佳所，二十年后渐趋荒废。[2]

南湖，不仅是江南著名的游览胜地，近代以来还是我国闻名的革命圣地。1921年7月，中国共产党第一次全国代表大会就在今上海兴业路76号，一幢一楼一底的石库门楼房内举行。它是中共"一大"代表李汉俊与其兄当年的寓所，1921年7月23日晚，来自湖北、湖南、江西、山东、广东、贵州等地的十三位代表(还有两位共产国际代表)聚首这里。代表们用了六天时间集中讨论党的纲领和工作计划。会议虽然是非常保密的，但时间一长，又有两位外国人，难免引起注意。7月30日上午代表们刚坐定，一个中年男子(后查明系法国租界巡捕)突然闯入会场假装找人，于是代表们紧急撤离……第二天，大会匆匆转移到嘉兴南湖一艘游船上继续举行。

烟雨楼

"在南湖中，四面环水，乃五代时广陵王钱元璙所建。南宋宁宗时，王希吕重修，明(朝)嘉(靖)、万(历)间，增填淤土，构筑亭榭，并拓台为钓鳌矶，开放生池名鱼乐国，遂成胜地；万历十年(1582年)石刻(指'钓鳌矶'三字)犹存。清初康(熙)、乾(隆)两帝南巡，数次重修，并仿其制于热河之避暑山庄。(嘉兴烟雨楼)咸丰年间毁于战火。同治年后，稍有修筑，民国以来，始复旧观。惟与清初烟雨楼图(见《南巡盛典》)相较，则当时正门，适在今宝梅亭下，居全部最后。今日正门向东北，系乾隆间重修改建。"清龚炜《巢林笔谈》续编卷上有"檇李烟雨楼"条，云："檇李烟雨楼，四时皆宜，予自己巳(乾隆十四年，1749年)登此，得领彪湖春色，忽之五年往矣。重阳在望，桂香犹复袭人，龙楼涌翠，悬以秋日，别具晶莹，再得芙蓉冒绿池，则全美矣。登眺之余，卖茶者采菱饷客，色味迥殊。因思荷香雪景，又不知何年得备览此胜？癸酉(1753年)重阳前二日，书于角里街之观稼楼。""《晃采馆清课》云：'嘉禾郡城皆水，烟雨楼当高阜之胜，雕窗绮阁，四面临湖；其妙在烟雨拂渚、山雨欲来时，渔船酒轩，微茫破雾，但闻橹声伊轧耳。'然烟雨与楼台之妙，纯为诗人幻梦。清高宗壬午(1762年)临幸，未逢气候之巧，故御碑题诗，有'自过江后总开晴'之怨。楼之有赖于烟雨者，盖南湖水狭，四望皆岸，甚少极目丘壑、汪洋无际之感，惟朦胧云雾、山色有无中，始觉近于理想耳"(童寯《江南园林志》)。

湖心岛上建有烟雨楼，相传取唐朝诗人杜牧"南朝四百八十寺，多少楼台烟雨中"的诗意命楼。今日以烟雨楼为主体建筑，逐渐形成一个古建筑群(图11-1)。登临湖心岛，拾级而上便是清晖堂，堂南侧为菱香榭，北侧是菰云簃。烟雨楼左右前后有碑亭、亦方壶、鉴亭、来许亭、宝梅亭、鱼乐国等，错落有致，回廊曲折，庭中假山玲珑剔透，岛上古木葱茏，花木扶疏。登楼远眺，烟波浩渺，水天一色，心旷神怡。岛上还保存着一批珍贵的历史文物，有宋朝黄山谷、苏轼、米芾的诗碑石刻，元朝吴镇的风竹刻石，明董其昌手书鱼乐国碑，有御碑两块，上刻乾隆

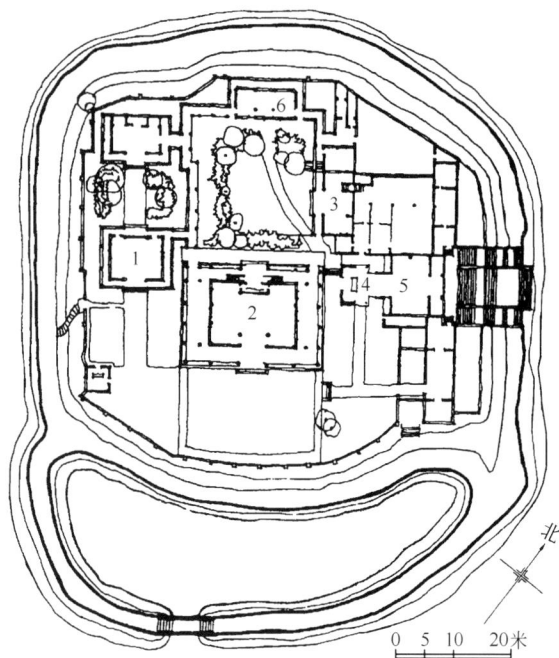

图 11-1　烟雨楼平面图(嘉兴)

1. 鉴亭；2. 烟雨楼台；3. 亦方壶；4. 碑亭；5. 清晖堂；6. 宝梅亭

帝游南湖诗十四首，在碑廊上还嵌有嘉禾八景图咏碑刻："南湖烟雨"，"汉唐春桑"，"东塔朝暾"，"茶禅夕照"，"杉闸风帆"，"禾墩秋稼"，"韭溪明月"，"瓶山积雪"，描绘了古时嘉兴秀丽的风貌。[1]

附：嘉善二十五峰园

"二十五峰园，在嘉善县城内环整坊科甲埭，本海昌查氏旧园，有春风第一轩、八方亭、清梦轩、平远楼诸胜。园多湖石，洞壑玲珑。今归苏州汪厚斋氏，终年关锁，命仆守之。三十年来，园主人未尝一至也"(钱泳《履园丛话》二十)。

二、海宁安澜园

海宁在嘉兴西南，旧有硖石之称，因两山夹峙得名。西有硖石镇为海宁县治。海宁地处较僻，本不以园著称，清玄烨(康熙帝)南巡，未曾至海宁，但弘历(乾隆帝)南巡六次，除第一次(乾隆十六年，1751年)、第二次(乾隆二十二年，1757年)外，曾四次到海宁，驻跸安澜园(乾隆二十七年，1762年；三十年，1765年；四十五年，1780年；四十九年，1784年)，乾隆二十七年(1762年)第三次南巡后，并将安澜园景物仿造到北京"圆明园"中的"四宜书屋"前后，于乾隆二十九年(1764年)建成，亦名其景为安澜园。[1]

安澜园原系南宋安化郡王王沆故园(见《海昌胜迹志》)，明万历间陈元龙的曾伯祖与郊(官太常寺少卿)就其废址开始建造。因园在海宁城的西北隅，以西北二面城墙为园界(园门地点今称北小桥)，而陈与郊又号隅阳，所以用隅园命名，当地人则呼为"陈园"。隅园时期仅占地三十亩，到明末崇祯间，从葛征奇晚眺隅园诗"大小洞壑鸣"，陆嘉淑隅园诗"百增涵清池"与"池阳台外水连天"等诗句来看，园之水面渐广，景物又胜于前了。到清初，园略受损坏，雍正时已到岁久荒废的地步。雍正十一年(1733年)陈元龙以大学士乞休归里，就"隅园"故址扩建，占地增至六十余亩，更名"遂初"。当时胤禛(雍正帝)

赐书堂额"林泉耆硕"四字。从陈元龙的遂初园诗序来看。"园无雕绘，无粉饰，无名花奇石，而池水竹存"，以"幽雅古朴"见称，还是保存了明代园林的特色。陈元龙活到八十五岁（殁于乾隆元年，1736年)。[1]

陈元龙殁后其子邦直(官翰林院编修)，园居凡三十年，乾隆四十二年(1777年)八十三岁去世。据陈瑢卿《安澜园记》称："迨愚亭老人(即陈元龙之子邦植，号愚亭)扩而益之，渐至百亩。楼观台榭，供憩息，可眺游者三十余所，制崇简古，不事刻镂。乾隆壬午(乾隆二十七年，1762年)纯皇帝(乾隆帝卒谥庙号)南巡，复增饰池台，为驻跸地，以朴素当上意，因命名以赐，园由是知名。"据《南巡盛典》："安澜园在海宁县拱宸门内，初名隅园，前大学士陈元龙之别业也，镜水沦涟，楼台掩映，奇峰怪石，秀削玲珑，古木修篁，苍翠蓊郁，乾隆二十七年，皇上亲阅海塘，驻跸于此，赐名安澜园。"园址近海塘，取"愿其澜之安"的意思。

因为封建帝王的四次驻跸其间，复经陈氏的踵事增华，遂成为当时江南名园。沈三白《浮生六记》卷四所谓："游陈氏安澜园，地占百亩，重楼复阁，夹道回廊。池甚广，桥作六曲形，石满藤萝，凿痕全掩，古木千章，皆有参天之势，鸟啼花落，如入深山，此人工而归于天然者。余所历平地之假石园亭，此为第一。曾于桂花楼中张宴，诸味尽为花气所夺。"这是乾隆四十九年(1784年)八月所记，正是弘历第六次南巡、第四次到安澜园之后，即该园全盛时期。沈三白对园林欣赏有一定的见解，对安澜园有这样高的评价，可以想见造园艺术的匠心了。陈瑢卿于嘉庆末作《安澜园记》描绘得相当细致，就是该园全盛时期结束后开始衰落时的记录。[2]《安澜园记》最末一段云："自老人没，一再传于今，园稍稍衰矣；然一丘一壑，风景未异，犹可即其地而想像曩时，过此以往，年弥远而迹就湮，余恐来者之无所征也，故记之。"

到道光间园渐衰废，陈其元《庸闲斋笔记》卷一："道光戊子(道光八年，1828年)余年十七应戊子乡试，顺道经海宁观潮，并游庙宫及吾家安澜园，时久不南巡。只十二楼新葺。"……此外，台榭颇多倾圮，而树石苍秀奇古，池荷万柄，香气盈溢，梅花大者夭矫轮囷，参天蔽日，高宗皇帝诗所谓"园以梅称绝"者是也。管庭芬道光间过陈氏安澜园感怀诗有句云："残碣依然题藓字，闲庭到处长苔钱。""垣墙缺处补荆榛，竟有乌菟雄兔人。""回廊渐长野蔷薇，瓦压文窗草没扉。""尘凝粉壁留诗迹，风接朱楝任鸽飞。"该园已成"儿童不知游客恨，放鸽驱羊闹水涯"了。咸丰七、八年间(1857～1858年)被毁。旋为其子孙折卖尽。到同治间陈其元重至该园时，据他所写的《庸闲斋笔记》卷一中云："同治癸酉(同治十二年，1873年)重游是园(安澜)。已四十六载矣……尺木不存，梅亦根株俱尽，蔓草荒烟，一望无际，有黍离之感，断壁间犹见袁简斋先生所题诗一绝云，……以后则墙亦倾颓不能辨识矣。"这时的安澜园几乎全废了。据冯柳堂著《乾隆与陈阁老》一书所载，及友人郑晓沧教授所云：在清末该园一隅建达材高等小学，校舍原有盘根老树皆不存，校舍以外，丘陵起伏，桥池犹存，残垣有时剥去白垩，赫然犹是黄墙。民国初园址辟为农场，尽成桑田，石之佳者又为邻园吴姓小园(吴芷香建)移去。今日我们只能见到部分土阜与零星黄石而已。水面亦填塞一部分，"六曲桥"尚存，低平古朴，宛转自如，……弘历御碑已折断，场地置于断垣中。筠香馆一额亦系弘历御笔，边框制作成竹节状，甚精，现移悬于陈宅中。[2]

安澜园幸有图和记传世，安澜园图今传世的有乾隆三十六年(1771年)所刊《南巡盛典》中的"安澜园图"；陈氏后代陈赓虞先生所藏"陈园图"；及钱镜塘先生藏"海宁陈园图"。……钱本今藏浙江博物馆，与"陈园图"相似，如今根据遗址并陈元龙《遂初园诗序》、陈瑢卿《安澜园记》与两园相勘校，皆能符合《南巡盛典》所载"安澜园图"与陈元龙《遂初园诗序》中所记吻合，则是该园早期景物，还存遂初园时期的样子。其后经过乾隆三次驻跸其间，陈氏屡承宠锡，于是园林更修筑得讲究与豪华了。尤其乾隆四十九年（1784年）第六次南巡（第四次驻跸安澜园），弘历还带了他的十五子颙琰（嘉庆），十一子永瑆及十七子永璘同到海宁，在"陈园图"中可以看到有"太子宫"的一组建筑，大约为当时皇子居住之处，其他更有"军机处"的一组行政性建筑，都是这园中特出的地方。再从绘画笔调与原装用绫来看，亦属嘉庆间物，图中景物又复与陈璂卿所记相符，则"陈园图"之作是安澜园全盛时期后的写本，为今日研究安澜园的最具体与完整的资料了。[2]

据陈璂卿《安澜园记》："曲巷深里之中，双扉南向。来游者北面入数武，有亭翼然，峭石特立，刊纯庙赐题五言诗。驻跸凡四次，故碑阴及旁皆遍焉。稍折而西，历一门，中为甬道。左右古榆数十本，参天郁茂，垂枝四荫。道尽为门三楹，奉御书'安澜园'三字榜与楣。进又一门，而缭以垣，不复可直望。乃更西，折入小扉，为廊三折，而至'沧波浴景之轩'。轩面池，有桥焉，曰：小石梁，为入园之始径云。自轩后东出，有屋九架，背于前而面于后，左右皆厢，庭平旷，历阶而登为正堂。由其左，循廊而入，后又有室，左右亦各翼以厢，是内外二室者，老人（承上文愚亭老人，即陈邦直）所自居，故并未有名。老人秉资高明，早直丝纶之阁，及奉相国考终，遂幡然定谋，养志林泉，平居不即于宅而于园，偃仰啸傲，夷犹几三十年。春秋佳日，招集群从，酌酒赋诗，效李青莲'桃李园'之会。又嗜音律，蓄家伶，遇宴集，辄陈歌舞，重帘灯烛，灿若列星。老人中坐，年最高，而风采跌宕，若神仙然，一时从容闲雅之色，播闻远近，人争慕之。"

"小石梁之西，戟门双启，内藤花二树，共登一架，架可盈庭，径必自其下而入。春时花发，人至游蜂队中，紫英扑面，鬓影皆香。其南为堂，旧名'环碧'，今奉御书'水竹延清'及'怡情梅竹'二榜于中。堂后为楼，面广庭，负曲沼，幽房邃室，长廊复道，甲于一园，入其内者，恒迷所向。凡自仁庙（指康熙帝）以来所颁宸翰及驻跸陈充上用燕赏好玩之器，并贮楼中，楼前曲折而右，有轩然于湖上者，'和风皎月亭'也。三面洞开，湖波潋滟，秋月皎洁之时，上下天光，一色相映。北瞻寝宫（乾隆帝在园中居住，见下文，旧称赐闲堂，自奉宸居，其额遂撤），气象肃穆，南顾赤栏曲桥（大抵即沈复《浮生六记》中所云：池甚广，桥作六曲形的曲桥，桥未题名）。去水正不盈咫；西望云树苍郁万重，意其所有无穷之境。其南十数武，'澂澜'之馆，以补亭望月之或有不足。别有廊南行以达'挼藻楼'之西偏，挼藻楼者居环碧之西，檐桷与堂逦迤相接。旁有桂六、七树，开最早。楼四面皆麗庑（一作丽楼、离楼，即窗），南则其正向也，阶濒池，砌石作洲，暗水入于其际，可供泛觞，因摹右军'曲水流觞'四字颜其前；北牖有契神玉版石，镌御临东坡尺牍数行。自'古藤水榭'西来为'环碧堂'，又西来至此，皆面水，隔岸有山，亦合沓而西，为之障焉。由楼右小庭垣角斜出，即为赤栏曲桥。既过桥，历山径二十余武，豁然开朗，一亭中立，桄桂（即银桂）十余本周绕之，'天香坞'也。'群芳阁'踞其东南，由阁底入，更东南行，绕'漾月轩'之后，而入于其中。轩东向濒水，故其前不可入也。迤南，沿池为堤，过竹扉，转向东行，经一亭，可六、七十步，始北转，至'十二楼'，南向面水者为'南楼'，其左东向者，为'东楼'，转而北向者，为'北楼'，亦面水，与'古藤水榭'斜相望。由南楼之西，有山路达于水滨，水似溪，通以小杠。过溪，山下有堤，南行陟山，寻折西而北，登'群芳阁'，道旁有树，本分而复合者，交枝枫也。若不陟山则绕堤北行，出于阁下。复经天香坞，斜趋西北入月门，经一小楼，又西北，入一扉，睹木香满架，架旁翠竹，幽荫深秀。西走，折而北，出水次，小堤迤北而接以虹梁，称'环桥'，桥之南，西折入竹扉，有亭北向，为方胜之形，亭后修竹秀石，脩然意远，迤西东向跨水而居者，为'竹深荷净'，'环桥'正当其面，左出，过'璞石'之桥，甚小，可一人行，转向池之北岸，沿之而东十三、四步，有径北去，循行至'筠香'之馆，馆之名，纯庙所命也。盖是处多竹，左右翠竹弥望，内外不相窥，故得是名。馆左，丛竹之中，又别有径东去，复曲而南，'环桥'之北，当以山壁，绿筱蒙密，路顿穷。循壁西转，其途始见，旁有小屋临池，可望'竹深荷净'。一门在道左，窥之，琅玕正绿，即'筠香馆'东别出之径也。东行数武，北望，有层楼耸然掩映于竹树之间，意复为之无尽，然其他奇径，亦至楼止耳。"

"舍是而东，倏入山径，左右皆高岭，古木凌汉，风篁成韵，池亭台观，不可复见，仿佛有猿啼、狖啸、鹯鹤悲鸣之象；向登'和风皎月之亭'所言'西望云树，苍郁万重'者，至此始信其境之果不同也。山渐开，径亦渐宽，一举首而寝宫在望矣。寝宫，旧称'赐闲堂'，自奉宸居，而其额遂撤。为屋三架，架各三层，譬井田然，周以步楹，三面若一，皆拾级而登，东则别为二廊，前一廊东去为'梅花山'，遍种梅、蕨类不一。林尽板桥，隔岸有屋相接，即环碧堂之后楼也。稍北一廊亦东去，入门有屋三架，后有楼亦如之，以为宸游翰墨怡情之所。其东皆屈曲步廊，一东一南行，或接以飞楼，或联以栈阁，委宛而达于老人自居之室。宫后一峰矗立，多植篑筜，西北有磴可上，逼视城堞。自山径来，在宫之右，转步而前。庭广数亩，宽平如砥，栏俯清流，縠纹渺远，望隔湖山色，在烟光杳霭之中，夏日荷翠翻风，花红绚日，虽西湖三十里，无以过之。缘湖西南堤行，抵'碕石矶'。有亭俯于水滨，可偃卧垂钓。返行数步，有登山之径，在绿筱间。寻之至巅，又一亭，榜曰'翠薇'，四周皆箭竹，密不可眺瞰。绕亭而北，亦有径可下云。若命舟，则于'梅花岛'板桥之西，便可鼓枻西入于寝宫前之大湖。又西循堤而行，南过'碕石矶'，有港西北去，遂入'环桥'，迄'竹深荷净'、璞石桥而止宫前。放乎中流，东南过曲桥，分两道。一南行，水渐

狭，经'群芳阁'，下之堤，过石矼，乃出溪口，西至'漾月轩'，而东迄于'十二楼'之'南楼'；一东行，经'挨藻楼'与'环碧堂'及'古藤水榭'，乃北转过小石梁，又北入于飞楼。亦渐狭，不胜篙楫，然涓涓者仍西流而达于梅花岛之板桥焉。"

"若夫负陵踞麓，依水临流，或藤篑一椽，或花藏四甎，因地借景，点缀闲闲，皆有可观，不能殚记。"接着，作者不胜感慨地说："嗟乎！天地之道，以变化而能久，故成毁恒相倚伏。蛇虺狐兔之区，忽焉而湖山卉木。骚人文士，佳冶窈窕，听莺而携酒，坐花而醉月，览时乐物，咏歌肆好，日落欢阑，流连不去，何其胜也！至于水阁依然，风帘无恙，而其人既往，事不可追，有心者犹俯仰徘徊，兴今昔之感，矧当华屋山邱，遗踪歇绝，其慨叹当复何如耶？夫自湖山卉木而更渐，即于蛇虺狐兔之时，非数百年不能尽复其故，而硕果之剥，必有值其时而无可如何者，又况生也有涯，神智易敝，更不若草木之坚与花鸟之往来无息也，不尤可太息耶？"

三、吴兴南浔明清园墅

吴兴，今湖州市，现存清末园墅，据《江南园林志》录有以下诸园：

潜园

"在东门内，清末陆心源构，有荷池、山石、亭桥、楼、阁，但少曲折之致。"人称陆家花园。

鹭鸶别墅

"在横塘，清末沈镜轩捐筑义庄，因葺斯墅，其子扩而大之，称沈氏义庄。"按：现为青年公园。

"市中又有丁园、潘园，皆近构，而以花木著称。"

附南浔(镇名)诸园，录自《江南园林志》：

宜园

"在镇东，清末收藏家庞虚斋所构。东南角为家祠，西与张氏园第比邻，南半亭榭曲折，北半荷池开朗，别具一格。南浔虽多大园池，无能与此争者。

朱祖谋题园额云：'春宜花，秋宜月，夏宜凉风，冬宜晴雪；景与兴会，情与时适，无乎不宜，则名之曰宜园也亦宜'，况周仪《宜园记》称'园主人善书画，精鉴藏。构园之始，规划不经师匠，一树一石，自饶画趣。'殆计成所谓'七分'者也"。

东园

"在宜园西邻，清末张定甫构。有荷池，临水筑阁，曰绿绕山庄。"现不存。

适园

"在南栅新开河，清末张石铭构。本明董氏园旧址。园有大池，分内外两部；外园有石山回廊，内园有四面厅土山。"

原荷花池有九曲桥，到土山有天桥。山洞用钩带法，不用条石封顶。另有名石，题曰美女照镜。

刘园

"在南栅万古桥西，清末刘贯经构。池广称十亩，即古之挂瓢池。"园有西式住宅，颇为刺目。"北部为义庄家庙。池之南岸，有屋曰小莲庄，人因以名园焉。"

觉园

"在镇南，园中两池南北并列，屋宇又杂用日本式及西式，地大而无曲折。"

"南栅又有刘氏留园、崔氏桃园、海氏述园。述园为太平战役以前所辟，余则皆清光绪中叶创始也。"

南园

又称徐家花园，清末富商刘承干建，园尚完整。现为南浔中学校址。有著名的嘉业堂藏书楼。有石，阮元题名啸石，是石为阮相国莅浙时鉴赏之物，今归沈居茂庭。

皕宋楼

上述南浔镇上有嘉业堂藏书楼，而湖州皕宋楼，（位在湖州东街一街派出所内）曾名震海外。作者于1980年冬至湖州调查时，得读1980年12月19日的《吴兴报》，才得以了解。该报第三版载徐重庆《湖州皕宋楼》一文，颇有史料价值，摘录如下："皕宋楼（皕音必，意为二百），是清末四大藏书家之一陆心源的私人藏书楼。陆心源(1834～1894年)字刚甫，号存斋，晚号潜园老人，浙江归安(吴兴)人。他又是史学家，尤熟宋史，精于校勘。官至福建盐运使，一生致力金石书画的收藏，著有《潜园总集》。"

"太平天国起义运动失败后，陆心源也就乘时搜觅在战火中流散各地的珍贵古籍。花费十多年的心血。到光绪八年(1882年)间统计，已购集十五万卷之多。其中宋版书约二百种，亦有较多的元版。当时著名的宁波天一阁藏书也只有五万卷，宋版不过十余种而已。陆心源的藏书楼分为三室：一名皕宋楼，收藏宋元刻本与钞本；一名守光阁，藏明清精刻本；普通书则藏于十万卷楼。"

"光绪二十年(1894年)，陆心源病逝，藏书楼就无人管理。十二年后，即1906年，日本人岛田翰寻踪至湖州，登楼观书，只见一片尘封狼藉，颓败不堪。他即以日本三菱财团岩崎家属的代表身份，与陆心源的八子陆树藩商谈购买藏书。时值陆树藩在上海经营湖丝亏本，又感到藏书楼已无力维持下去，答应出让。先索价白银五十万两，日本方面一压再压，终于丙午正月十八日(1906年2月11日)以二十五万两正式成交。半年之后，陆心源所有藏书，被全部载运到日本。岩崎家属以此为基础，建立了静嘉堂文库，名蜚全球。陆心源藏书中，有许多是孤本，国内再无有复本。书运往日本后，举国震惊……"。

"1928年，郭沫若去日本。他在日本十年间，就曾利用静嘉堂文库的所藏资料，写成了有关中国古代社会研究及甲骨文与金文的研究著作，在思想学术史上大放异彩。可叹的是，迄今为止，我们仍看不到流失在日本的皕宋楼藏书的全部精华。这无疑是我国近代史上惨痛的一页。"

四、杭州明清园墅

录载有杭州明清园墅的清朝人著作，较早的有厉鹗《东城杂记》。厉鹗自号樊榭山民，生于康熙三十一年(1692 年)，卒于乾隆十七年(1752 年)，据其自序，书成于雍正六年(1728 年)。他所撰这部笔记，除了两宋、元、明的异闻轶事，尤其是关于古杭东城的名胜、古迹、文物及其来历，以至诗、文、词咏等等很有史料价值。其次是钱泳(1759～1844 年)《履园丛话》二十，园林卷，近人童寯《江南园林志》也简及杭州明清园墅。

西岭草堂

"洪武中，天台徐大章(一夔)有《钱塘泯上人西岭堂续记》云：钱塘泯上人，志行绝俗，早依云门法师受度。至正中，云门来主下天竺之席，上人实侍左右。其所栖息，则西岭之草堂近焉。西岭草堂者，唐元和中(800～820 年)，杭之高僧道标师所居也，……上人甚慕焉。……将谋复作草堂，会兵燹日炽，而西岭之胜沦没于风尘之中，上人曾不少沮，仍择地郡城之东，构屋四楹，限以周垣，植竹与树。其前旧有陂池，春夏水长，水气上行，与竹树会，清芬可挹。上人闭门危坐，……而西岭岩峣，宛在眉睫间，因署名曰西岭草堂，致其志也。……"(《东城杂记》)。

高云阁

"明，云间莫云卿(是龙)有闻于时，近吾杭莫云卿(如琼)，亦以文雅好事，为名流所重，……家东园，有高云阁，疏泉列树，颇极清旷。……"(《东城杂记》)。

金中丞别业

"金学曾，字子鲁，号省吾，仁和人，隆庆戊辰(隆庆二年，1568 年)进士。……今东城土桥畔，公别业在焉，里人尚目为金衙庄也。公常为太夫人造望江楼，极高，风帆沙鸟，在阑槛间，兼擅水木之胜，窈窕明靓，远隔市嚣矣"(《东城杂记》)。

皋园

"皋园在城东隅清泰门稍北，少司农严颢亭先生所筑，即割金中丞别业之半。中有梧月楼、沧浪书屋、跨溪、小太湖、墨琴堂、绿雪轩、芙蓉城、怡云亭诸胜。修竹一林，平山一簣；蒹葭杨柳，罨岸被

涯。引外沙河之流，从水门穿垫入园中，流经亭阁间，束而为涧，展而为沼，縠纹镜光，随风日波荡，复注篱外长沟，以达于东河。倚杖闲听，潺湲有声，城市所无也。诸虎男匡鼎与先生书云：皋园真异境也。翠竹修然，古梅澹冶；窗前流水，时杂桃花；杰阁凭虚，湖山秀映。先生奉太夫人娱老其中，又何异安仁之卜居洛涘。莱子之奉水蒙山耶？……"(《东城杂记》)。

钱泳在《履园丛话》卷二十园林中的皋园条云："余以嘉庆元年(1796 年)自半山看桃花回，同海丰张穆庵都转访之，园主人托故不纳，怅然而返。至道光壬辰岁(道光十二年，1832 年)，又为严河帅烺卜筑于此。国初严公官少农，今河帅严公号小农，俱住此园，斯已奇矣。其明年冬，余偶至杭州，又偕范吾山观察访之，甫入门，见丛桂编篱，枯槐抱竹，正顾盼间，园丁出报云，有官眷游园，不便入也。乃知一游一豫，俱有小数存乎其间。"

《江南园林志》云："嘉、道间，园归章氏，又属严氏。同治以后，改为局署。园中老树甚多，屋宇多已改造，旧存部分，如沧浪书屋等，亦屡经重修。"

药园

"药园在东城隅，与皋园相望。明季吴文学我鲍，名溢，构。轩槛虚敞，竹木萧森。玉照堂前，玉兰一株，大可数抱，高花如雪，盖百余年物。康熙中，萧山毛西河太史(奇龄)与吾杭诸名士于立夏前一日集此作送春诗，时囊笔数十人，多有佳句。……"(《东城杂记》药园送春句条)。

东里草堂

"元至正间，有王维贤者，隐居嗜古，所交多胜友，筑东里草堂于城东。张光弼题诗云：周遭多是及肩墙，马过犹知旧草堂。苔径雨晴蝴蝶乱，药阑风暖牡丹香。诗篇未觉为时重，杯酒能留共日长。岂是辋川无作者，邻同裴迪赋山庄。……"(《东城杂记》)。

城曲茅堂

"蓝瑛，子田叔，杭人，善画山水，知名于时。

家东城，自号东皋蝶叟，又号东郭老农，榜所居曰城曲茅堂。……"（《东城杂记》）。

兰菊草堂

"徐子贞，元末，隐居城东，号匏瓜道人。洪武初，仕为潭府典宝正。所居曰兰菊草堂。天台徐一夔为之记云：钱塘徐子贞，廉介有雅操，筑草堂于东城隅，独莳兰与菊，而日循行其间。客或见之，曰子爱此耶？子贞曰：吾爱其与吾性合尔。既而大书兰菊草堂四字，而请予记。盖兰之为物，生于涧谷深绝之地，人虽不采，而清芬细馥，洒洒然于风露之下，有不求媚于人之意焉；菊之为物，发于卉木凋落之后，时虽挚敛，而幽姿雅艳，采采然在风霜之表，有不争妍于时之意焉；之二物者，有道之士所不弃也，……"（《东城杂记》）。

半亩居

"半亩居，一名孝慈庵，近艮山门城东隅。顺治初，里中周氏子兄弟出家，奉母于此。中有放生池，积水深净，风篁绕户，人迹罕到，真憩寂地也，……"（《东城杂记》）。

庚园

"沈秀岩（绍姬）《庚园纪胜诗序》云：余家东城横河，当双桥之中，门临流水，左带岩城，右环官市，其北即庚园也。园为从祖庚庵公所创，经始于顺治丁酉（顺治十四年，1657 年），历七年而工始竣。其中叠石为山，疏泉为沼，间以竹木，错以亭台。即一花一草，必使位置得宜，详略有法。室宇落成，少不当意，即毁而更张之，鸠匠庀材，糜以万计。园亭之盛，甲于会城。芳酝盈罍，嘉宾满座。主人方秉烛夜游，乐以忘返。予小子，忝列群从之末，尚叨广厦之被。念山树无尽，臣缕有穷，虽殊坠天之忧，敢忘履霜之戒？犹恐曲终人散，一时胜地，湮没不传，故不揣愚蒙，援笔为诗，志其梗概，藏之楼中，未敢陈于诸大人之前也。康熙二年（1663 年）九月。"这是纪胜诗序，下面对庚园和诸景各系一诗。

"庚园云：千金叠一邱，百金疏一壑。泉石惨经

营，花叶纷相错。经春有余妍，凌霜无损择。一水悬树杪，三峰穿帷幕。中有庚公楼，飞梯连复阁。书库初落成，酒池将次凿。鱼鸟且无恙，琴尊谅有托。迎送不下床，宾至但酬酢。玉津已邱墟，兰亭久寂寞。盛事原不常，俛仰幸无怍。人生贵适意，何为自束缚？行乐庶及时，高怀寄寥廓。"

"东轩云：步入庚园路，三折到东轩。已见山林志，殊忘耳目喧。红芜绕曲砌，青萝被短垣。果熟鸟窥径，雪销人负暄。多有问津徒，一觉情易谖。谁知权舟处，未即是桃源。"

"楫翠亭云：兹亭犹未名，姑字曰揖翠。当前众壑积，倚槛群峰对。桂林绕其右，筼园环其背。旁有陆羽灶，茶烟出垣内。松风自相借，寒涛响谿碓。振衣登层楼，晖睍穷万态。遥望湖上山，晴霄泼浓黛。雨气多空濛，云气常暧曃。恍惚几变迁，因之生远慨。"

"雪洞云：复道何逶迤，重门殊窅窱。心旷境自宽，地偏天遂小。严冬不知寒，虚明长达晓。壁床净如拭，残梦方未了。明月不成轮，零星下林篠。不闻人籁声，孤怀转清悄。"

"樵城书屋云：依山筑土城，蜿蜒入林麓。高复增三版，广不逾十幅。门设昼常关，纵横交曲木。负郭屋数椽，居然类盘谷。松疏夏反寒，桂深冬转燠。讵容长者车，聊慰樵者足。日暮负樵归，篝镫还且读。"

"卧云阁云：杰阁浮林端，长共孤云侣。想与人境殊，恓恓闻天语。轧轧银浦机，丁丁桂窟杵。六月生昼寒，积雪径尺许。高卧绝尘缨，谁当共尔汝？"

"玉玲珑云：缥缈玲珑峰，岧峣耸空碧。（石名玉玲珑，灵隐包园中物也，高数丈，大十围，数百人挽之，历两月余始达庚园。）将军从天下，万夫从辟易。掌嫌巨灵短，腹笑伯仁窄。色比芙蓉润，烂若蛴螬蚀。嘈呀振洪钟，潺湲流素液。大不如虎踞，瘦不如熊立。棋分复星布，旅进若拱揖。何时灵鹫山，移向此中植？杂以丹青树，苍崖翠欲滴。孤梅发单瓣（红

梅，单瓣者不易得），素李垂黄实。兰蕙丛其阴，蓊翳百鸟集。兴至时一登，攀萝蹻危壁。晞发平峦上，箕踞石门侧，欲令众山响，呼童取铁笛"。

"瀑布云：山阴何所有？华宇结三楹。素霓凌空来，迢迢度帘旌。危梁宜白石，雪浪涌涛声。下有小龙湫，木叶不敢撄。山川信天造，孰谓人力营？娱目极志意，中怀犹怦怦。汲汲顾日影，厌厌秉夜爇。缅思爽鸠乐，悠然怆我情。"

"西圃云：一径直如发，遥遥复西去。渐觉热客疏，遂与老圃遇。双橘何阴森，孤松自盘踞。瓜韭三四畦，枣栗八九树。酒库七楹足，米廪十年贮。行尽丁字廊，别有斋心处。歌吹杳不闻，幽鸟自相语。焚香埽一室，嗒焉澄我虑。肥甘岂不佳？蔬果亦可茹。竹因醉日移，书为愁来著。四序如转风，百年难暇豫。高明神鬼瞰，满盈圣贤惧。悄悄怀殷忧，深心托短句"（《东城杂记》）。

以上诸诗，描写淋漓，引人入胜。

半山园

"沈秀岩半山园纪略诗序云：半山当庚园之北，两园相距才隔一巷耳。若登庚园北楼望之，林光岩翠，袭人襟带间，而鸟语花香固自引人入胜。其东为古华藏寺，每当黄昏人定之后，五更鸡唱之先，水韵松声，亦时与断鼓零钟相答响。门署唐句曰：桥通小市家林近，山带平湖野寺连。盖实景也。先是家从祖为子弟谋下帷之所，始辟其地。堂无数仞，山才一簣，因蓄鱼而凿池，偶结篱而护竹，既而踵事增华，山日益高，水日益深，台榭轩廊，翚飞鸟革，遂月异而岁不同矣。夫土水之工，兴之甚易，而节之甚难，忆自甲辰（康熙三年，1664 年）经始以来，历今且数稔，犹未罢役，将复有事于雪堂，其势然也。半山视庚园稍广，虽邃丽不及，而疏落可喜，颇有山林之致。……东山别墅，仍开北海之尊；南浦停云，旧是西园之室。一时名士，……凡遇宴集，间出新裁。……予从诸父讲业之暇，游咏其间，……因忆庚园畴昔之编，复缀古体十三章，更为半山园临一副

本。倘异日陵谷变迁或亦髣髴其大略焉。时康熙庚戌（康熙九年，1670 年）仲冬下浣也。"

"深柳读书堂云：亭亭山际云，漠漠园中树。但闻读书声，不见读书处。烟光浮远碧，晴空卷香絮。一径袅如螺，试从此路去。曲砌绕鸥波，飞甍振凤翥。环视半山中，兹堂独雄踞。鹤偕流水闲，花以回风聚。春柳讵长青？秋风毋乃遂。愿得千丈绳，为我维羲驭。"

"半山云：石山仿大痴，土山临小米。两山据东偏，唇齿长相倚。西北又一山，遥隔烟林里。质之绘史中，北苑差相似。咄哉十亩园，半为山所峙。园因以半名，山亦以半字。后山植如笏，前山平如几。偁几挹翠薇，拄笏看云起。宛然山中人，岂复类城市？城市与山林，谁能辨彼此？"

"曲池云：地皋易为池，取土列屏岫。绣鱼尾渐成，回塘白石甃。潜水作绿波，望之如莺胄。第惜荇藻肥，翻觉芙蓉瘦。有客抱琴来，花边了残昼。泠然拂素指，潺潺响寒溜。"

"平山阁云：池水清且涟，倒影插虚阁。仰视百尺雄，岩岩势如削。恰与山树平，长借云根拓。拾级敢辞劳？登眺殊不恶。四望无遁景，一览穷丘壑。东连给孤园，风幡隔林薄。微闻清梵声，名心顿萧索。"

"西轩云：回廊经北牖，水槛倚南池。冬日烘帘早，春云渡水迟。奇峰列夏云，丹树生秋姿。客如落花聚，晤言日在兹。丝肉奏新声，松涛忽间之。凭轩揽西爽，披襟当凉飔。言将待明月，休揦手中卮。"

"井字廊云：西轩西复西，廊形作井字。买得马膯花，丹黄如列肆。花繁径逾窄，风定香转炽。即此井中天，居然有殊致。"

"苹系（斋名，其形如舫）云：舟居不在水，陆居不在屋。一苇为苹系，宛然处林麓。舟中何所载？寥寥书几簏。舟中何所事？丁丁棋一局。布帆喜无恙，櫂歌如可续。岂不怀五湖？风涛苦翻覆。春水偶到门，秋山长满目。借问张子同，何似林君复？"

"花深处云：飞湍从北来，经东复西注。绕过竹

尽头，流入花深处。花深路纡折，药阑各回互。苏红与欧碧，高下若棋布。伊兰丛舞草，佛桑倚铁树。奇卉不可穷，按谱率难赋。翻呈陶家径，结篱环菊圃，视此觉太疏，吾心有余慕。”

“水西阁云：离离莺粟畦，迤西有水榭，缚竹为棍梠，参差若鳞亚；危阁俛中流，石梁互虚汉。苹风枕上回，荷珠座中泻。稍与图史亲，差喜人事谢。客来偶问津，弹棋消长夏。”

“雪堂云：雪堂虽未成，其势不容已。卫垩久矣储，莱石今方砥。虚廊积文杏，舍旁除苦李。昨闻徙鹿柴，言将煅竹里。俄惊椎凿声，丁丁筑素杝。杞人一何愚？中宵叹息起。灵光既已焚，柏梁旋复圯。否泰自乘除，兴此或废彼。人生百年中，忧乐长相倚。讬讽谅无繇，短歌聊用纪”（《东城杂记》）。

半山园诸诗与庚园诸诗同样描写淋漓，引人入胜。

竹深亭

“城东地腴美，多水而宜竹。竹色深碧，笋稍晚，与西谿种略异。洪武中，浔阳张来仪（羽）《竹深亭记》云：杭城之东偏，有地曰戚家园，周广十亩。通衢外，环限以脩垣，其中民舍若干区。舍西有大竹数百竿，青秀敷腴，蓊若深谷，烦嚣攸祛，忘在阛阓，然居人莫知为胜。吴兴沈君某僦庐于斯，悼众之遗，乃增亭竹间，以娱宴休，命之曰竹深亭。亭纵一筵，衡广倍之；栋宇简易，疏棂闲静。林园之胜，专于是矣。……”（《东城杂记》）。

玉玲珑阁、玉玲珑馆

《东城杂记》云：“玉玲珑，宋宣和花纲石也，上有字纪岁月，苍润嵌空，叩之，声如杂佩，本包涵所灵隐山庄旧物。沈氏用百夫牵挽之力致之庚园，后归龚侍御翔麟，因以名其阁焉。”

钱泳《履园丛话》中则称曰玉玲珑馆。“玉玲珑馆在城南横河桥前，大宗伯姚公立德所居，以窗前有湖石号玉玲珑，故名。按此石相传为宋宣和花石纲之遗，本包氏灵隐山庄旧物也，后归沈氏庚园，又归龚侍御翔麟，已屡易主矣。其石高丈许，颇有皱瘦之趣。道光癸巳（道光十三年，1833 年）冬日，余偶访顺德张云巢都转，曾一至焉。”

潜园

“潜园在张御史巷，其门北向，前仪征令屠琴隖得余姚杨孝廉别业，增筑之。园中湖石甚多，清池中立一峰，尤灵峭，名曰鹭君。道光壬辰（道光十二年，1832 年）岁，嘉兴范吾山观察得之，自徐州迁居于此，赋诗云：‘窗前有石何亭亭，频伽铭之曰鹭君。当时得者潜园叟，太息主客伤人琴。此石之高高丈五，四面玲珑洞藏府。峭然独立波中央，但见群峰皆伏俯。瘦骨棱嶒莫傲人，羽毛为累失秋林。何日出山飞到此，不辞万里同归云。石乎！石乎！何不油然作云沛霖雨，空老荒山吾与汝。安心且作信天翁，莫羡穷鸮衔腐鼠’”（《履园丛话》）。

长丰山馆

“长丰山馆在涌金门外，郡人朱彦甫舍人得王氏别业而扩充之，盖其先世居休宁之长丰里，故名。园中有搴云楼，六桥烟柳，尽在目前，可称绝胜。舍人豪迈好客，每于春秋佳日，与郡中诸名宿载酒题襟，致足乐也。戊戌（道光十八年，1838 年）六月，余借寓楼上，有诗赠之云：搴云楼外水如天，楼上团团月正圆。清酒一壶诗百首，全家同泛采莲船”（《履园丛话》）。

《江南园林志》载杭州清末诸园有：

红栎山庄

“在花港观鱼侧，为高云麟别业，故称高庄。或云：园系彭玉麟为高氏所筑，以酬旧谊者，故匾额题咏，年代均在同治十年（1871 年）以后”（《江南园林志》）。

汾阳别墅

“汾阳别墅，即郭庄，昔之宋庄也。在卧龙桥北，滨里湖西岸。有船坞，西式住宅，仅占一角。园林部分，环水为台榭，雅洁有似吴门之网师，为武林池馆中最富古趣者”（《江南园林志》）。

金溪别业

"金溪别业在金沙港，系唐氏祠园，又称唐庄，祠成于清光绪间，复于其东北为园亭，惟年久失修，将归湮灭"（《江南园林志》）。

水竹居

"水竹居，在丁家山下，即刘学询别业称刘庄。近重葺一新，为湖上别业中最大者。可分为祠、墓、园、宅诸部，又划一部为旅舍"（《江南园林志》）。

漪园

"漪园，在雷峰西，明末白云庵旧址。清初汪献珍重葺。易名慈云，复增构亭榭。高宗南巡，赐名漪园。现已荒圮"（《江南园林志》）。

《江南园林志》又云：以上诸园（除皋园外），皆为咸（丰）同（治）兵火以后所建，且皆靠里湖。三潭印月在苏堤东小瀛洲，有三角亭，万字廊。孤山公园图书馆、博物馆一带，高下为园；博物馆即昔之文澜阁，阁前山池颇精。西泠印社与此连为一气，同为孤山游赏佳地焉。

小瀛洲三潭印月

小瀛洲是苏堤东用疏浚西湖挖出的泥沙堆积成的湖中岛。三潭印月是岛南端湖中竖立着的三座石塔。

"小瀛洲的形成，并不归于大自然的神力，它是人工疏浚西湖，用挖出的泥沙堆积成的。全岛陆地2公顷，水面4公顷，……通过长期的造园的实践，尤其是近些年来添建了曲廊、水榭、花鸟馆、尺幅花窗，临水驳磡设矶，岛上植树莳花，庭柱挂匾置联，在取法自然、创造空间、组景层次等方面，手法多样，形式别致，使它越变越美，是杭州园林艺术的精华，是我国古典园林的杰作。"[3]

"小瀛洲园林艺术布局的显著特点是：湖中湖，岛中岛，园中园，面面有情，环水抱山、山抱水。人们从小瀛洲前船埠起，到'我心相印亭'后船埠，在这条轴线上，南北系以曲桥，东西连以柳堤，形成桥堤的纵横格局。其间，曲桥为全岛的中轴线。使全岛的设施，前后左右相互呼应，一气呵成。而且，这座曲桥不是一上岸就见到，而是通过二座园林小筑和一段50来米的空间园地才能见到。这样，在交通上既便利游人集散；在组景上又避免一览无余，使前景豁然开朗，有先抑后扬之妙。再则，由于曲桥应用了不同的曲度和方向，游人信步其间使距程延长，环视四周，可收百顷之汪洋，纳四时之烂熳，俯视湖中，游鱼可数，睡莲田田，心头油然涌起轻快、舒展之诗意。"[3]

"……造园要曲折有度，要有变化，要创造空间，通常称之为创造景区，每个景区自成一局，而景区与景区之间，互有联系。在这方面，小瀛洲最突出的表现手法，就是利用纵向的曲桥和横向的柳堤，把内湖区划成'田'字形的四个水面，丰富了园林层次，此其一。二是，运用粉墙、漏窗来创造空间。如人们行走在迎翠轩十字路上的四方亭前，就被远方的'竹径通幽'的洁白粉墙所吸引，小小'竹径通幽'的巧妙设置，既分隔又互通，确有以小见大的深远境界。小瀛洲施用灰塑的飞禽花木的精美构图，装饰成为墙上'梅鹊争春'等为题材的漏窗，这是别具一格的。巧妙的漏窗，又闭锁又开朗，达到内外空间渗透，在有限的空间里创造出无穷的意境，使游人赏景趣味加深。"[3]

"……匾联是我国园林艺术中最经济和独具特色的造景手法。游人可以通过建筑和景物的赋诗题名，丰富联想，引起更深的自然美欣赏和对人生哲理的联想。如小瀛洲上与开网亭彼此对景的'亭亭亭'，它取自明代聂大年'塔影亭亭引碧流'的诗句，亭外是'亭亭清绝，冉冉荷香'的景致，这正合亭柱上的'两岸凉生菰叶雨，一亭香透藕花风'的联对，小瀛洲南端的'我心相印亭'意谓'不必言语，彼此意会'。……尤其是岛南端我心相印亭前，竖立着2米许的三座石塔，塔身中空，塔面有五个圆孔，当塔里点上蜡烛，烛光透过圆洞倒映水中，宛如一个个小月亮，与天空倒映湖中的明月相映，清风徐徐，微波轻皱，特别是正在'月到中秋分外明'的中秋之夜，游湖赏月，别具诗韵雅意。正如明代张静之的诗说：'片月生沧海，三潭处处明；夜船歌舞处，人在镜中行'。"[3]

西泠印社

"驰名中外的西泠印社，坐落在杭州西湖孤山之巅，大门为圆形的月亮门，面临外西湖。它是我国创办最早的一个研究金石篆刻的学术团体。根据《西泠印社志》的记载：它创于甲辰(光绪三十年，1904年)，成于癸丑(民国2年，1913年)……印社大约占地30亩，园林建筑布局紧凑，设计精巧。大小十来座亭台，依山傍势，安置在山坡、水池、曲径、叠石之间，构成一个高低参差、疏密有致的整体，显示出我国造园艺术的传统风格。"[4]

"游人从南面步入月亮门，是一泓莲花池塘，西边有结构简朴的小筑，名竹阁，初建于唐代中期。白居易任官杭州时，喜爱在此偃息，曾经留下《宿竹阁》的诗句：'晚坐松檐下，宵眠竹阁间'。现在阁外丛植着娟娟翠竹，别具特色。竹阁对侧一座四角飞檐建筑，这便是柏堂。据记载，早在南朝陈文帝天嘉二年(561年)，此地有坚如金石的古柏数株，北宋时高僧志诠曾在柏树山岩之旁筑堂，取名柏堂。……今柏堂里面有西泠印社发展史展览。由柏堂之侧通过一小石坊拾级上山，其间穿过一段亭廊，便是宝印山房，现为接待外宾进行书画篆刻文化交流的场所。其西端是仰贤亭，亭壁嵌有丁敬、郑板桥、赵之谦等有名印人的摹刻画像。与仰贤亭毗邻的就是山川雨露图书室。里面供应西泠印社著名的印泥、印章、石砚、碑帖、画谱以及佳笔、陈墨等刻印和文房用具。山川雨露图书室之后是印泉，泉壁上印泉两个斗大的字是日本印人长尾甲所题。这是中日两国篆刻人士友谊交往的历史见证。印泉之上，经鸿雪径，途中有凉堂，堂壁一隅嵌有宋代民族英雄岳飞草书唐代韩愈《鸳鸯吟》碑刻九块，字体奔放，为世上罕见。"[4]

"自凉堂拾级而上山巅，园地忽然开阔，有1600多平方米，这是印社庭园艺术最精湛的部分，具有'占湖山之胜，撷金石之华'的优美境界，整个庭园布局平面呈不规则形，空间作开敞式处理。南面是四照阁，初建于宋代，现阁为1924年重建。亭阁四面临空，窗户洞达。凭窗观景，各有情趣。……四照阁的北面为人工开凿的小龙泓洞，洞壁龛龛中有印社社长吴昌硕造像，宽衣博袖，面西趺坐。龙泓洞前还篆石聚水为池，池旁有皖派篆刻创始人邓石如立像。洞顶偏北最高处是题襟馆，馆内粉壁嵌有《研林诗墨》真迹碑刻三十块。馆外墙壁上所嵌石碑上刻着吴昌硕的饥看天画像，是晚清'上海画派'的名画家任伯年所绘。人体的轮廓线多用笔的中锋勾勒，线条粗壮有力，提示出人物的特定个性和精神气质。与题襟馆隔池互相呼应的便是华严经塔。此塔于1924年，由印社社员弘年筹建，塔为实心建筑，共11级。这座石塔是印社显著的标志，亦是印社山顶整个庭园的构图中心，从鸿雪径沿石级而上，它又以此构成对景。"

"纵观全局，整个西泠印社园林，在自然山岩的基础上进行艺术加工，在分隔空间方面不用围墙，而是交错使用建筑、岩洞、竹丛、树木，景色自然。园林植物配置注意结合地形，随低就高，石塔之旁配以高大乔木槲栎、青松作衬景，池边缀以低矮的杜鹃、瓜子黄杨作添景，山阜种植修竹、梅花来造景。此外，在印社范围内并多处运用篆刻、雕像、楹联、匾额丰富园景。山顶又凿岩为池，游鱼怡然其间，塔影倒映其中，益增秀雅生趣。特别是以小龙泓洞至华严塔一带的山石泉池和园林花木的处理，最为得体，富有中国传统山水笔意。"[4]

五、绍兴明清园墅

绍兴，府、路名，南宋绍兴元年(1131年)升越州置府，以年号为名，治所在会稽、山阴(今绍兴)，辖境相当今浙江诸暨以北的浦阳江和曹娥江流域及余姚以北地区。元改为路，明初复为府，1912年废。

绍兴明清园墅有青藤书屋、寓园等。兰亭现址是明嘉靖二十七年(1548年)后重建的，清朝有过重修和扩建，建园后又几经修葺。

青藤书屋

"青藤书屋在绍兴府治东南一里许，明徐文长(徐渭)故宅，地名观巷。青藤者木莲藤也，相传为文长手植，因以自号。藤旁有水一泓曰天池，池上有自在岩、孕山楼、浑如舟、酬字堂、樱桃馆、柿叶居诸景。国初陈老莲亦尝居此，皆所题也，后屡易其主。乾隆癸丑岁(1793年)，郡人陈永年翁购得之，翁之子侄如小岩、九岩、十峰、士岩辈皆名诸生，好风雅，始将天池修浚而重辟之。复求文长手书旧额悬诸坐上，即老莲所题诸景亦仍其旧，并请阮云台先生作记，一时游者接踵，饮酒赋诗，殆无虚日。嘉庆戊申(按嘉庆年号无戊申年，戊申应是道光二十八年而钱泳死于道光二十四年不可能于二十八年重游会稽，此处引用本为中华书局出版，1979年12月第一版的《履园丛话》，嘉庆戊申肯定有误，待查考)余重游会稽曾寓于此，为作《青藤书屋歌》云：'昔我来游书屋里，青藤蟠蟠老将死，满地落叶秋风喧，似叹所居托无主。今我来时花正芳，青藤生孙如许长，天池之水梳洗出，天矫作势如云张。花开花落三百载，山人之名尚如在。……'"(钱泳《履园丛话》)。

据乾隆钞本《越中杂识》卷古迹中青藤书屋条云："青藤书屋右府城中观巷，明徐渭故居也。青藤是渭手植。今尚存。藤下一池横小平桥，桥承以柱，题曰砥柱中流。桥北一巨石，俯临水际，题曰天汉分源。后渭自北归，题东寮之壁云：'童时画壁剥成泥，圆泽投胎锦水西，一念忽穿三十载，竹梢寒雨覆窗低，'皆渭手笔也。书屋今为金氏书舍，门侧碑刻徐文长先生故里。"

青藤书屋在今前观巷，整个院落占地不到二亩，但布局得法，分东园、天池、北园三个小区。现东园中疏植桂花、蕉丛、翠竹、女贞、蜡梅、石榴等花木，经由小路入腰门，便是堂屋，前临天池。

兰亭

古兰亭地方，据《越绝书》记载，最早是越王勾践种兰的地方，位于兰渚湖边(种兰渚田)。兰亭的名字，大概始自汉朝的驿亭(汉旧县亭)，至于东晋王羲之于永和九年(353年)在此修禊时的兰亭已非旧貌。汉朝的驿亭早不存在。只留下一个地名。

兰亭原址几经兴废。据嘉庆《山阴县志》记载："勾践种兰渚田，汉旧县亭，王羲之曲水序于此作。太守王廙之移亭在水中，晋司空何无忌临郡起亭于山椒，极高眺矣。亭宇虽坏，基堑尚存。明嘉靖戊申(嘉庆二十七年，1548年)郡守沈启移兰亭曲水于天章寺前，康熙十二年(1673年)知府许宏勋重建。三十四年(1695年)奉敕重建，有御书兰亭序，勒石于寺侧，上覆以亭。三十七年(1698年)复御书'兰亭'二大字，悬之其前，疏为曲水，后为右军祠，密室回廊，清流碧沼，入门架以小桥，翠竹千竿，环绕左右。乾隆十六年(1751年)，翠华临幸，有御制兰亭即事诗，又恭咏皇祖，抚帖御笔及兰亭杂咏诸诗"。又云："嘉庆三年(1798年)知县伍士备偕绅士吴寿昌茹芬等重修，寻查明旧亭址在东北隅，土名石壁山下，已垦为田属。……"可见弘历时修兰亭已毁，故重修。而重修的位置已向西南方向迁移，即现在兰亭建筑群的位置。

兰亭是江南著名的园林胜地之一，建国后几经修葺，于1963年公布为浙江省重点文物保护单位。兰亭园林的大门是竹门并围以竹篱。入园，穿过竹林小径，迎面是一座三角形鹅池碑亭。亭内竖立一块大石碑，上书鹅池两字，字体肥瘦有别，相传当年王羲之提笔刚写了个鹅字，恰好圣旨到，他急忙去接旨，他的儿子王献之顺笔添上池字，父子合璧，成为千秋美谈。一折到鹅池，王羲之性爱鹅，故凿鹅池，沿池布叠黄石，凹凸相间，起伏有致，取法自然。池上架三折石桥。过石桥，沿石板卵石混铺小路，便是曲水流觞，山石参差，蹊径曲折，清流萦绕，人们可以列坐石间，临流觞咏。

其北为流觞亭，歇山顶，体形秀丽，色彩古朴，亭内有曲水邀欢处一匾，下挂一幅扇面形人物山水画，即兰亭修禊图，用笔恭正，设色淡雅，画中王羲之等四十二人，临流觞咏，栩栩如生。流觞亭之西，有兰亭碑，碑文兰亭两字为玄烨手笔。碑曾被砸断，今已接补完好，上覆以亭，人称小兰亭。亭后临水。由流觞亭直北为御碑，正面碑文是玄烨手笔《兰亭序》，碑阴有弘历手笔《兰亭即事》七律诗一首。旧建有亭，后为台风所毁。碑高6.80米，宽2.60米，厚40厘米，约3000斤左右，层层石阶八角形台座，围以石狮石栏，青石大碑耸立其中，气势十分雄伟。

流觞亭之东为右军祠，祠中密室回廊，清流碧沼，走进门厅首先见到的是墨池，池南北架有平桥，直通正厅。桥中部建一亭，旧额墨华亭。以墨池为中心，四周辅以回廊，回廊四壁嵌有历代《兰亭序》摹刻碑石，后有厅堂三间，中悬一匾，文曰：尽得风流。屏上挂有一幅王羲之画像，还有唐人摹王羲之墨迹及王羲之传本墨迹等不少文物资料。

第二节　皖、闽、台、中南明清园墅

一、芜湖徽州明清园墅

明清时期安徽的园墅，因限于资料缺乏调查，仅录《履园丛话》二十有芜湖的长春园和本书作者经歙县时调查所知唐模村"小西湖"。

长春园

"长春园在芜湖北门外，即宋张孝祥于湖旧址，本邑人陈氏废园，山阴陈岸亭先生圣修宰芜湖时，构为别业。园中有鸿雪堂、镜湖轩、紫藤阁、剥蕉亭、鱼乐洞、卓笔峰、狎鹭隈、拜石廊八景，赭山当牖，潭水潆洄，塔影钟声，不暇应接，绝似西湖胜概。曩余楚北往回，屡寓于此，时长君恒斋、次君默斋皆与余订兄弟之好，极文酒之欢。迨先生擢任云南，此园遂废矣，惜哉！后三十年而为邑中王子卿太守所购，故名希右园，有归去来堂、赐书楼、吴波亭、溪山好处亭、观一精庐、小罗浮仙馆诸胜，时黄左田尚书亦

予告归来，日相过从，饮酒赋诗，为鸠江之名园焉"（钱泳：《履园丛话》二十）。

歙州与徽州　歙州，州名，隋开皇九年(589年)置。治所在休宁(今休宁县万安)，后移治歙县。唐辖境相当今安徽新安江流域、祁门及江西婺源等地。宋宣和三年(1121年)改名徽州。徽州治所在歙县，辖境相当今安徽歙县、休宁、祁门、绩溪、黟县及江西婺源等地，元升为路，明改为府，1912年废。以产纸、墨、砚著名。

唐模村檀干园

歙县唐模村位于县城东北约十华里处。村东有檀干园，依山傍水，风景秀丽，俗称小西湖。相传清初唐模村有一富商姓许，因老母想往杭州西湖游览，苦于路途遥远，交通不便，老母难于承受舟车之苦，于是出资拓塘垒坝，人工凿湖，模拟西湖风景，有三潭印月、湖心亭、白堤、玉带桥等，供母娱游，故有"小西湖"之称。[5]

据《歙县志》记载："檀干园在唐模，昔为许氏文会馆，清初建，乾隆间增修，有池亭花木之胜。并宋、明、清初人书法石刻极精。"据记载：檀干园三塘相连，宽亘十亩，灌田六十亩，向北沿湖堤连"玉带桥"，左为外湖，右为里湖，直达镜亭。[1]

赴檀干园，先是途中一个八角石亭，亭分上下两层，上层中空，四边有虚阁，飞檐翘角，古朴别致。亭左小桥横卧。石板路边，檀干溪水清澈见底。沿着石板路，顺着溪水蜿蜒向前，有一座为康熙进士许承宣、许承家"同胞翰林"树立的石牌坊，雄伟壮丽，图案精致，雕刻细腻。过了石牌坊，便到了檀干园大门遗址处。旧时这里有门楼、"响松亭"、"环中亭"等建筑，还有一个伸向荷塘的水榭，名"花香洞里天"，惜今已毁。现在的园景是：左边溪水潺潺，隔岸溪边是一随溪而弯曲的山岗，称"平顶山"，过去岗上古木森森，后渐荒芜，曾一度改称"荒园山"。路边、溪边生长着高大的樟树与枫香，还有不少檀树和紫荆，"檀干园"之名就来源于此。[5]

"小西湖"的湖面不大，"四周堤岸全用料石砌成。一座用石柱、石版筑成的曲桥，通向湖中的长形湖心亭"（《徽州报》1982年8月28日4版）。亭即镜亭，是檀干园全园的中心，犹如画舫，静静地泊在水面上，亭外是一个石砌平台，站立平台可以眺望四周青山、田野。"亭内至今仍藏有蔡襄、米芾、祝枝山、董其昌、八大山人、苏轼、朱熹、赵子昂、文徵明、倪元璐、查士标等历代名家的书法碑刻。行、草、隶、篆各体一应俱全，这么多的书法精品集于一处，为爱好者欣赏和研究书法艺术提供了有利条件"（《徽州报》1982年8月28日4版）。

檀干园的建筑布局是因地制宜，散点布置，相互因借，以增景胜。从正门沿溪而行，路旁有一座木结构凉亭，用双连环组合架设，十分精巧。亭上一副对联："花红涧碧纷烂漫，天光云影共徘徊。"桥南两块石碑，一书"清听"，一书"引岚"，是翰林许承尧的手笔。桥南平顶山的尽头原有一座"魁星楼"，规模宏大，早已倾圮。后来在遗址上修建了一座依山傍水，玲珑挺秀的"大树亭"，与"镜亭"隔湖相望，登临可以饱览全园景色。今亦毁废。东面有文昌阁，就是以文会友的许氏文会馆了。[5]

由于清溪流水，使檀干园与村庄相连接。缘溪进村，夹溪为两条石板路，路随溪转，沿路筑屋，屋前建有跨街敞廊，设有栏杆，可供行人休息。溪上每隔数十步，有小桥联系两岸，这样，清溪、石板路自然地把园地与村庄串联在一起，形成一个整体。人们进出唐模村，必走石板路，必经檀干园。[5]

檀干园历尽沧桑，几经浩劫，虽已毁坏过半，但山环水抱的情景依然。北耸青翠欲滴，秀色堪餐的黄山余脉，南横古木参天，宛若锦屏的平顶山，中掩荷塘和犹如画舫静泊水面的镜亭，"澄怀风景檀清华，小谪南天向客夸，系马唐模温旧梦，水心开遍白莲花"，这是晚清诗人徐同善（歙县人）对唐模檀干园风光的赞美。这一优美如画的古园林，随着我国旅游事业的发展，将得到修复，再焕发其青春。[5]

唐模村中有棵古银杏树，相传系唐朝古木，那么已有一千多年树龄，这棵古树高约二十点六米，树干直径有二点二米。树根相互盘绕，露出地面，犹如一座小山丘；树冠覆盖面积约一亩半，夏天浓荫覆盖，成了耕牛的"避暑胜地"，牛粪、牛尿自然也为它提供了优质肥料，使它一直长得枝繁叶茂，年年果实累累（《徽州报》1988年8月29日4版）。

竹山书院

"竹山书院建于歙县雄村之东，据《歙县志》记载：'竹山书院，雄村桃花坝上，乾隆间里人曹翰屏建。'设计精巧，颇具匠心。首先相地合宜：新安江围绕村庄蜿蜒而过，两岸树影婆娑，水面波光闪烁，远处山峦起伏，群峰竞秀，沿着逶迤的江岸走去，可见断断续续的堤坝残道，这就是当年桃红柳绿、落英缤纷的桃花坝，竹山书院就建在江畔坝上，是一处雅致的古园林。它和周围苍柏互相穿插，与村庄建成一体。既幽静偏僻，又无孤独之感。"[5]

"竹山书院将皖南民居的建筑形式糅合到园林建筑之中，外形飞檐翘角，粉墙黑瓦，素雅清淡，鲜明耀眼，与周围的村居很协调。正门是三间四柱的门楼，外框用大块青石磨光平墙垒砌，椽檐口以上逐层挑出，盖以青瓦，飞角走脊。……进门后迎面有块石碑，是著名诗人沈德潜所写的《竹山书院记》。书院内部四院相套，回廊穿插，……在露天的庭院中，树木花草，欣欣向荣，在第三进的狭长院落中，种有枇杷、梅花、竹子等。经过这院中的回廊花墙，跨过一边门，便来到美丽雅致的桂花厅。厅前院中有十数株百年以上的桂花树，枝干遒劲，叶片浓密，绿荫满院。每当中秋之时，树上缀满金黄花朵，芳香飘逸，沁人心脾。桂花厅是书院中的主建筑，建于高台之上。登临桂花厅，近观院内桂树之清幽，远眺院外松竹之翠绿，江上风帆，随波缓驰，别有一番景趣。厅前的栏杆用雕凿砖石装饰，玲珑剔透，清新淡雅。厅的左侧屹立着一座文昌阁，阁高三层，飞檐画栋，八面玲珑；每角悬挂有铜铃，风过铃响，余音回荡。阁的顶部呈银白色，上尖下粗，中有曲颈，形似葫芦瓶，由锡铸成。尖顶高出翠林绿树，远远便可望到。"[6]

"竹山书院确是一个具有徽州特色的古雅园林，虽没有堆山挖池，广植花木，但远山青黛，江水悠静，环境幽雅，开阔的自然景色，突破了小小院落的局限。身临其境，更觉悠然自得，乐而忘返。"[6]

二、福建明清园墅

(一) 福建福州的建置沿革

福建，简称闽。秦始皇统一中国后，置闽中郡，这是福建简称闽的由来。闽中郡辖境相当今福建省和浙江省宁海、天台以南灵江、瓯江、飞云江流域。秦末废。福建之名，始于唐初，上元时 (674～676 年) 设福建节度使，管辖福、建、泉、漳、汀五州，因取五州首次二州得名。宋雍熙二年 (985 年) 改两浙西南路，置福建路，治所在福州 (今福州市)，辖境相当今福建省。元至元十五年 (1278 年) 改置福建行中书省。二十二年 (1285 年) 并入江浙行省。全省又分为八路，故又有 "八闽" 之称。明置福建省，后改福建布政使司，清为福建省，直至现在。

福州本是州、路、府名。唐开元十三年 (725 年)改闽州置福州，因州西北福山得名。治所在闽县 (今福州市)，辖境相当今福建龙溪口以东的闽江流域和洞宫山以东地区。五代时一度改为长乐府。元改为路，辖境缩小。明改为府，1913 年废。

"福州，置福建省会所在地。宋治平年间 (1064～1067 年)，太守张伯玉发动居民按户种植榕树，从此榕荫满城，所以福州又称榕城。"[7]榕城城中有三山挺秀，双塔耸立。三山即屏山 (又称越山)、于山 (又名九仙山) 和乌石山 (简称乌山，又名道山)。双塔即白塔和乌塔。白塔即定光塔的俗称，耸立在于山西麓。乌塔即崇妙保圣坚牢塔的俗称，耸立在乌石山东麓，与定光塔东西相对，有 "榕城双塔" 之称。

(二) 福州古园林

桑溪

在福州东郊，金鸡山之北，源出青鹅山。它在登云路 (山石) 下的一段溪涧，水流迂回曲折，清澈见底，名称 "曲水" 相传，这里便是闽越王的流筋之处。所以福州古代园林的历史，可追溯到汉初闽越王无诸时代，距今已有 2100 多年。据宋代《三山志》记载，汉代闽越王无诸曾在桑溪 "流杯宴集"。这比兰亭的 "曲水流觞" 要早 550 年。[7]早先，曲水两岸桃花翠竹、绿草如茵，修禊亭即建在曲水之滨，附近又有龙窟等石洞，周围山冈起伏，怪石嶙峋，岩壑幽雅。每当风和日暖之春，游客如云。至北宋时，景物诸多荒废。……明徐熥、徐𤊹兄弟查考了郡志又找到了曲水遗迹，劈除榛荆，稍事修整，上巳日 (三月三)约谢肇浙、邓原岳、曹学佺、林宏衍、陈荐夫等来此举行过一次盛大的修禊活动。……仿效流觞韵事，每人赋四、五言诗各一章，徐𤊹和谢肇浙还各写一篇《桑溪颂序》，并把盛况图画下来，合订一集，流传至今，脍炙人口。……[7]

西湖

位于福州市区西门卧龙山下，在古代也是王公贵族的私家园林。据史料记载：晋太康三年 (282年)，郡守严高率众凿西湖，方圆数里，潴西北诸山之水，为农田灌溉之用。五代时，闽王王审知的次子王延均继位称帝，在西湖 "筑室其上，号水晶宫"。园内建造亭台楼榭，湖中设楼船。王延均还从自己 "军府" 内的住处，修建了一条 "复道" 从内城跨越出外城直达水晶宫。于是，西湖便成了王延均的御花园。到了宋代，西湖的面积更为扩展，形成了 "仙桥柳色"、"大梦松声"、"古堞斜阳"、"水晶初月"、"荷亭晚唱"、"湖心春雨"、"澄澜曙莺"、"湖天竞渡" 等名景。[7]宋辛弃疾词云："烟雨偏宜晴更好，约略西施未嫁"，因而有 "小西湖" 之称。后来，西湖几经淤塞和疏浚。清康熙年间，林则徐率众浚湖后又为湖岸砌石。"1914年辟为公园,当时可供浏览的陆地面积仅59.3亩,建国后几经扩大,已达275.15亩。湖中有开化、谢坪、窑角三屿,湖滨有荷亭和大梦山,以柳堤和玉带、飞虹、步云三桥通联,构成一幅整体画图。园中浓荫覆盖,幽香阵阵,更有苑在堂、桂斋等古迹掩映其间,湖面轻舟碎影,水榭卧波,湖光山色,令人陶醉,福建省博物馆设在园中"(以上引文见《中国名胜词典》福建部分)。

(三)福州城内花园

古代福州城内花园甚多,不仅"三坊七巷"中的大户人家宅院中多有园林布置,而且还专有一条"花园巷"地名沿用至今,……时至今日已经找不出一处完整的古园林遗迹了。……现仅将有迹可寻的几处较著名的古园林记述如下。[7]

州西园

建于宋朝,坐落在福州北门府里(现新民路),今为福州市第三中学的校园,因园景早已被毁,详情已不可考。[7]

芙蓉园

相传为唐朝宰相陈靖的私园,坐落在福州城内花园巷6号,是著名的古园林之一。花园巷就因其胜而得名,园内有假山、水池、亭台楼阁,规格较大,……清末为盐商龚易图所有,抗日战争期间又被转卖给柯顺直。建国后,该园曾为民革福建省委办公处,后归房管局,分配作民居。如今园内大部分为鼓楼区公安分局所用,后院部分改搭板棚充作民居,约有20家住户。园中的假山奇石,已在数年前拆运到西湖公园,仅存少许园景遗迹。[7]

光禄吟台

又名玉尺山,闽山保福寺。坐落在光禄坊省高级法院院内,系宋初建法祥院内的一组庭院,依山凿池,小桥回廊,构筑颇为精致。如今院中巨石上仍存有宋朝福州郡守程师孟所书"光禄吟台"及题咏石刻,已列入市级文物保护单位。[7]

西陂园

建于元朝末年,园主陈友定。园中有平章池等景致。明朝时已日渐破损,清朝年间全园被毁,遗址在今福州动物园南面及西门闸湖面。[7]

石仓园

建于明朝,园主为曹学佺,坐落在城郊洪塘乡,该园毁于清中叶,现存遗址为空地。[7]

中伎园

又名西园,系明朝督舶内监高氏宅园,址在怀德坊西宦园里。该园清朝时被分割变卖,改作尼房,渐被毁,到抗日战争时期,已无迹可觅。[7]

宿猿洞

建于明朝,园址在环城路西南,园子今已不存,悉为市科委办公楼所占。[7]

环碧轩

清乾隆年间林和所建,清末时易主,为盐商龚易图家园,建国后辟为省西湖宾馆,几经翻建后园子早已面目全非,现仅存少许残迹。[7]

半野轩

清乾隆年间修建,园主吴继笺。园址原为福州最早的寺庙乾元寺半野轩。民国年间曾为福建省主席刘建绪公馆,现为省军区第三招待所,位于北大路136号。园址范围内尚存有数十亩大的水池,一处石板桥(名曰:钓鲈桥),一座石柱五角亭和一段木构半壁游廊。[7]

双骖园

建于清朝光绪年间,园主龚易图,园址在今乌石山省气象局院内,抗日战争期间被毁,仅存有几株大树。

将军府花园

始建于明朝弘治年间,清兵入关后改称将军府花园。园主初为林庭棉,后易主归将军衙门,园址现在省立医院内,规模较大。抗日战争期间,花园遭到部分破坏,但总体格局和主景犹存,直到解放以后。不幸在"文化大革命"中全园破毁,如今只能见到少许特置景石，如"登云"、"寒碧"等。[7]

杏坛

又名三百三十三怪石园，建于清朝年间，原是学台府，园址在福州延安中学院内，民国军阀割据时期被毁。[7]

伊园

建于清朝道光年间，园主王景贤，园址在中山路。民国初年，部分被割卖，抗日战争期间，园景大量被毁。1945年后，伊园一度被改为福建省农学院、省商业学校和国民党省党部。建国后为省军区后勤部驻地，现为省商业厅。伊园后院部分的假山，尚存少许遗迹。[7]

大梦山房

建于清朝，园址在西门陆庄，旧迹今已不存。大梦山又名廉山，位于福州西湖之滨。广袤二华里，高不及40米。昔时苍松蓊郁，排翠崇岗，轻风徐拂，远近闻声。"大梦松声"被誉为福州西湖前八景之一。今则松竹滴翠，花木似锦，山巅有大梦山亭，东南麓有石磴引入假山洞府，盘旋而上，可登亭凭眺全湖景色。环山麓一带地势迂回，西南有平章池等古迹，系元末平章陈友定西陂园遗址，南为明朝薛家池馆，东为清朝萨玉衡侍郎读书处"廉山草堂"，1957年合并改建为福州动物园。[7]

欧冶池

又名剑池，池畔有冶池园。建于清朝，园主邵朗霞。园址在市区北部的鼓屏路东城隍庙后的冶山脚下，现为省财政厅后院。相传春秋战国时期，这里是欧冶子铸剑处，故得"冶山"和"剑池"名，后代沿冶山而筑的土城就称"冶城"。据宋《三山志》记载："唐元和中(806～820年)僧惟斡浚池，得铜剑、刀环数枚，送武库。当时，冶灶犹有在竹林间者"。古时，欧冶池范围很大，周回数里，池畔还有利泽庙、剑池院、五龙堂、欧冶亭等。宋黄裳《欧冶池》诗云："惟有越山池尚在，夜来明月古犹今"。元泰定五年(1328年)曾于池畔立大石碑一座，名"欧冶池官池碑"，现陈列在于山天君殿碑廊里。明张时彻《剑池燕集》诗云："岩畔紫芝开几许，与君今夜泛瀛洲"。可见当时水面之大，至建国前夕尚有现在的四倍之广。欧冶池今已列为市级文物保护单位。水面仅有数亩，为一面砌驳岸的方池。池畔现有"欧冶子铸剑处"石碑及剑光亭、喜雨轩、石舫等。[7]

桂斋

建于清朝，位于西湖荷亭之侧，为一精美的私家宅园。清道光八年(1828年)，林则徐丁父忧在籍守制，倡议重浚西湖。动工前先在荷亭北皇华亭故址建宋李纲祠堂，并在祠旁架屋三楹，植桂两株，取李纲晚年住所名称，亦叫桂斋。次年冬，浚湖开始。林则徐常住此亲临工地指挥。咸丰元年(1851年)即林卒的次年，六月十二日州人士奉林则徐遗像祀于此。民国年间在斋旁建室一间，称"林文忠公读书处"，并新建一座禁烟亭。桂斋后被毁坏，数年前才由福州市园林处重新设计整修一新。[7]

南公园

始建于康熙十四年至十八年间(1675～1679年)，原系平南王耿精忠的私园"耿王庄"。当时园内面积约500余亩，湖面约占200余亩，可荡舟泛游。庄园内叠有假山，砌有石桥，建有亭台楼阁水榭等，种有荔枝、龙眼、榕树、紫薇、梧桐等树木。后因耿精忠谋反失败，此园被毁。清同治年间左宗棠任闽浙总督时，辟为桑园。左宗棠死后，在桑园内建左公祠一座。1915年许世英任福建巡监时才辟为南公园，有桑柘馆、荔枝亭、藤花轩、望海楼诸胜。抗日战争时期毁为废区，园地大多被占建作民房。建国后，1963年福州市园林处接管南公园后，逐步开展修复工作，使其初具规模。[7]

萨家花园

建于清末民初，园主萨福畴。园地甚大，现为省政府温泉宾馆，旧迹无存。

三桥俱乐部

建于清末民初，园主刘昆仲。园址在水部河边，现为省机电学校宿舍，园已毁。[7]

其他宅园

如在宫巷中原有沈家花园；在文儒坊陈宅中亦有一花园，今池已被填；在灯笼巷王庆云宅中有状元府花园；在南巷6号宅中也有花园；在乌山北侧有芝石山斋、蒙泉山馆、八旗会馆内庭园等。蒙泉山馆系宣统皇帝溥仪之师陈宝琛后裔的宅园，规模较大，至今仍有旧迹可寻。[7]

福州郊区的螺州和林浦等地的大户家族宅邸里，也还存有一些小宅园的遗迹。如螺州陈若霖府第内藏书楼前的庭园。陈若霖系螺州人，清康熙年间官至刑部尚书，其府第内仍存有较完整的清式建筑五楼，即沧趣楼、北望楼、还读楼、曦楼、赐书楼。[7]

清福州人林枫《榕城考古录》中记载，南宋国都破后，皇帝赵昺航海流亡到林浦，驻兵九曲山，建行宫于林浦乡中平山上，丞相陈宜中手书"平山福地"刻于石。现在林浦有一条街还称御道街。这座南宋末代皇帝的最后一处行宫。建筑形式比较简朴，规模也不大，宅园部分亦简单，仅在院落天井中栽植少量花木。行宫门前有两株参天古榕，荫满襟江平台，蔚为壮观。[7]

（四）福州明清园墅风格分析

有关福州明清园墅的记载都很简略。一般的说，庭园在布局上都位于住宅一侧，与花厅相连，面积规模较大时，自成一体。多采取山水园形式，无论大小都有山石和水池，池上架有石桥。规模大时，水面亦大。如半墅轩今尚存有数十亩大的水池，一处石板桥；如欧冶池，当时水面宽达500多米；如南公园，园内面积约500余亩，水面占约200余亩。规模较大的园中都叠有假山，如伊园的后院部分，今尚存有假山少许遗迹，如大梦山房更有假山洞府；南公园亦叠有假山。有的园更有特置峰石，如将军府花园，"文化大革命"期间被毁，今尚散见有少许峰石，如"登云"、"寒碧"等。假山大多采用太湖石砌筑。明清

时，苏州的盐商有很多来闽做生意，海路须走外洋。货船从苏州返榕时，为压重船舱以减轻颠簸，便运来了不少太湖石。[7]

园林植物以乡土树种为主，有榕、梧桐、荔枝、龙眼、白玉兰、广玉兰、松、竹、梅、紫薇、月季、蜡梅等。园林建筑不多，亭台楼阁水榭，比较简洁，尽量采用和传统福州民居风格相统一的布局和形式。[7]

讲究诗情画意，趣在小中见大，主要园景均有题刻或楹联点题，通过文学意趣的开拓以求得小中见大。有的依湖、山而筑更着重于借景自然。[7]

从文化社会学的角度来考察，福州古园林与苏州古园林之间还有着一定的历史脉络关系。从南宋至明清，有数任苏州知府为福州人。……这些知府达官隐退返乡之后，模仿苏州园林的风格经营家园，逐渐传为风尚。……所以，福州古园林的基本风格与苏州古园林有许多相似之处，惟独园主的经济实力不及苏州的富商世家，因而园亭规格一般都比较小，园林建筑也比较简洁，尽量采用和传统福州民居风格相统一的布局形式，装饰色彩上比较素净，质朴、单纯。[7]

（五）泉州的建置沿革

泉州，现为市名，在福建省东南沿海晋江下游北岸，隋唐以后泉州为州、路、府治。州名始自隋开皇九年（589年）改丰州置泉州，治所在闽县（今福州市），辖境相当今福建全省，唐前期分置建、漳、武荣等州后，泉州辖境缩小为闽江下游地区。唐景云二年（711年）改武荣州置州。治所在晋江（今泉州市）。元改为路，明改为府，宋元时辖有今晋江流域、澎湖群岛及厦门、金门、同安等市、县。宋元祐二年（1087年）在州城置市舶司，南宋、元时是全国最繁盛的海外贸易中心。城南有"蕃坊"，为阿拉伯等国商人聚居处。元初意大利旅行家马可·波罗誉为世界最大商港之一。

泉州是一座历史悠久的文化古城，是国务院公

布的全国第一批24个历史文化名城之一。也是我国的主要侨乡之一。

泉州古城平面形似鲤鱼，遂称鲤城。五代清源军节度使留从效拓建城垣时，环城遍植刺桐树，故又名刺桐城。泉州枕山面海，风景优美。城北清源山、朋山（双阳山），城西的紫帽山和城南的罗裳山，号称四大名山，古人盛赞它"山川之美，为东南之最"。有大批形成闽南独特风格的古建筑，如东西双塔为南宋建八角五层楼阁式仿木构的花岗石塔，是我国古代石构建筑的瑰宝；开元寺大殿的石柱百根，婆罗门式浮雕青石柱；梁式大石桥，首创"筏形基础"，以建桥墩，种植牡蛎以固桥基。还有许多精美的古园林，灿若繁星。这些古园林与南晋古曲、梨园古戏、惠安石雕、闽南古建筑艺术等文化遗产一起，共同构成了泉州这座历史文化名城形象。

（六）泉州古园林

泉州的古园林始于建州时的唐朝。宋元时期有很大发展，延至明清，仍然兴盛不衰。从见之于志载的，现存古园林遗址考证，有力地说明泉州古园林源远流长。东湖始创于唐，是泉州历史上第一个公共游览性的园林。东湖水面浩瀚，湖上建有亭榭寺宇。宋时开拓，浚湖挖泥，堆以山墩，通以绮桥，缀以绮林。明复整修，胜景空前。[8]

官邸花园和私家园墅，宋元以来有很大发展，五代时有郡圃，有清源军节度使，晋江王留从效花园称南园，后舍宅为佛寺，即现承天寺。宋时有状元宰相梁克家府第的金池园、万桂堂等。南宋时期，王朝偏安一隅，许多皇亲国戚、达宦显贵入闽避战乱，建府邸花园，比比皆是。宋王十朋《州治即事》诗云："泉州古州宅，草木有遗芬。鹰爪冬犹绿，阇堤夜更香。佛桑朝暮异，荔子岁年长。惟有松并竹，青青似故乡"。可见当年宅园松竹花木之盛，到了元朝，泉州成为我国最大的对外贸易港口，曾以东方大港著称于世，随着对外贸易昌盛所带来的经济繁荣，文化艺术的发展也达到了高峰。当时著称的园林有宋末元初的市舶司、福建行省中书左丞蒲寿庚的棋盘园。明清宅园至今有遗址可寻不下百多处。著称的有明户部尚书黄景昉的欧安馆，清靖海侯施琅的立意构筑各具特色的春夏秋冬四园。[8]

设于郊外的园墅，如五代刺史王延彬的"云台别馆"，树梅数里，连绵成林，歌榭舞台，闻名当世。五代的潘山招贤院，在南安丰州东北，除溪山胜概外，茂林修竹，茅檐曲径都具诗情画意。元蒲寿庚之兄蒲寿晟的"云麓别墅"引种阿拉伯素馨等奇花异木，以物稀为贵的特色独擅风韵。明清两代提督衙后园，布局有广胜楼、大假山猴洞。

泉州著名寺庙都附有庭园，号称市井"三大丛林"的开元寺、承天寺、崇福寺，都建有花池亭塔。宋泉州太守王十朋曾有《咏承天十景诗》题咏景物。[8]

直到近代，泉州园庭仍兴盛不衰。近代历史学家张星琅1926年来泉州时，在《泉州访古记》中写道："城内富户住宅甚多，宅中多有园庭，花木蓊郁，我昔读《拔都他游记》，谓泉州人家多花园，占地甚广，故城市甚大。今见情形，尚无异于几百年前外国人记载也，城市未改，但繁盛已非昔比矣"。阿拉伯旅行家拔都他是元末来泉州的。相距400年之久，张星琅所见泉州花园"情形"，尚"无异"于外国人之记载，可见泉州古园林历史沿袭时间之长。[8]

以下根据志籍记载和尚有迹可考诸园叙述如下：

东湖

始为沼泽之地，创湖造景始自唐，按泉州府志所载，唐时东湖水面即达四十顷，故欧阳詹赞云："含之以澄湖万顷，揖人以危峰千岭"。湖水来自清源山，山下各潭涧水由尚书塘和七星坑（象坑沟）二路流入湖塘。湖之南面设有二陡门，左名龙须涵（塘岸顶），右名郊水涵（水漈村），通于溪湖。泉州在唐朝就是与海外交通的著名海港，商贾往来，经济繁荣，湖上先后建有亭榭寺宇，专供达官显爵、行旅商贾、骚人墨客集会游憩，饮宴赋诗的胜地，湖中东湖亭为最早建筑物，盖欧阳詹未中进士赴考之前，郡守席相与别驾姜辅曾行乡礼，假东湖亭为之宴送。欧阳詹中进士之后，效法二公，亦假东湖亭宴请赴举之八秀才之后，日渐知名于世。至于二公亭乃邑人为纪念对泉州文风曾作贡献的席相、姜公辅而建。二公亭建时，东湖亭仍存未废。湖上建有龙王庙，乃因唐朝乾符年间(874～879年)，湖中时有白龙出没，为供奉龙神而建庙祭祀。据府志载，此庙于宋绍兴八年(1138年)重修，十一年赐额福远，故又名福远庙。东湖亦名"万婆湖"盖湖中建有一座"万媪祠"。万媪祠也称万氏妈，据称是浔美村女，嫁予湖心村民为媳，据云，万氏生来仙骨，生前身后时而显灵为地方群众做不少好事，村民念其恩德，建祠奉祀。总的说来，东湖水面浩瀚，天然景色如画，加以人工装饰，更加绰约多姿，正如欧阳詹于《二公亭记》中描写亭建后情景："通以虹桥，缀以绮树"，"烟水交游，岩峦叠迥"，"容影光彩，摇漪入澜"。足见湖光山色之幽美，引人入胜，名不虚传。[9]

迫至宋朝，复事开拓。宋庆元六年(1200年)郡守刘颖以钱铁给予十五禅寺使募工浚湖。历时一年，疏浚三万九千一百一十五丈，各深四尺，积控塘湖泥封为四座小山。又在西南隅设四个陡门，以退潮水，湖因之用作放生池，并在湖中创建一幢东湖放生祝圣宝胜禅院，另建一座恩波亭。恩波亭专供游人集拜所在。至此，东湖的各项管理事务，专由僧人司职经营。淳祐三年(1243年)郡守颜颐，沿刘颖故牍，依旧拨款交付寺僧再次办浚湖事宜，共え疏浚五万五千丈，更积控湖泥封为三座小山。湖中山岛之间架造通桥两座，修复半泽陡门，置一水利局，仍交寺僧掌管。于是，东湖大小共有山墩七座，即：大山，好仔山，公亭山，榆(圣)山，东漈山，进表山，白皮山等七座山，东湖遂有"七星湖"之称。湖斗村后山埔一带，形如月状，叫月岛。乡人习称"七星盘月"，为东湖之一胜景。[9]

明朝又有一次整修，系由郡守沈翘楚所事。府志载：明何乔远《浚河记》谓：明天启五年(1625年)，郡守沈翘楚到泉州上任，见湖景美丽就迁建宾客庐、宿侯馆于湖上。是年天旱，湖水干涸，因此，公出私钱，官绅从之，发起此次整修，而此次浚湖工程，因人力众多进程迅速，历时一月即告竣工。工程首为控道通海，引江海之水放乎七星，变死水为活流，改变宋置陡门只通溪湖、退潮之局限；次为"举其阓土联湖筑堤"，堤下造桥一座，堤上建亭，亭曰揽古亭。堤岸周处种树植草，以事绿化；再次分东湖为上下两塘，以湖中"廿五丈"为界岸，鱼荷依界采捕，交纳固定税收。通过明朝此次整修，东湖风景区作为游览胜地，青春焕发，湖光山色，熠熠生辉，既有亭榭楼阁，又有寺庙庐馆，虹桥通连，花木掩映，鱼戏荷花，舟穿烟波，风景更臻幽美。[9]

东湖水面唐朝时达四十顷，千余年来由于水土流失和衍土为田，湖面逐渐缩小，湖床也日益淤浅。宋、明间虽有过三次较大规模的开浚，而天启以后三百多年来未曾再有过浚湖之举，加以势家豪族或垦岸造田，或临湖建屋，致使湖区大减，七星墩也被夷平了。如今的东湖，湖面不过十顷，水深仅一米左右(湖心也不过二米)，这样的湖。不设法加以开浚是不行的。……今拟作为公园，……也应该浚湖积土以造山，因山建亭台，以显示湖光山色之美。……东湖在发挥灌溉作用的同时，也利用湖水养鱼植莲。……仍是附近居民的副业收入之一。东湖公园自然也不能不种莲花。不过，只能考虑在适当角落种植，面积也不能过宽，应该让出更多的湖面，以增添水色湖光情趣。……东湖公园的整体设计，要注意多从文化方面来表现东湖的历史，如构筑亭台，设立碑碣，创造文化意境，力求能引起游人对历史文化的追忆与回味。[10]

南园

原为五代清源军节度使，晋江王留从效的花园，它背靠鹦哥山，依山布局，掘井凿池，栽榕育花，建有楼亭台榭。后舍宅为佛寺，南唐保大末年至中兴初年(957～958)年建寺，初名南禅寺。北宋景德四年(1007年)赐名承天寺。历代屡经重修，规模仅次于开元寺，为闽南著名佛寺之一。寺内旧有宋代七个佛塔及宋石经幢等附属物。又有"一尘不染""梅石生香"等十景，南宋王十朋有《承天十景诗》，明张瑞图书以刻石，嵌立寺中。现存大殿为清末重建，十景石刻及梅花石等已移置开元寺。

招贤书院

五代潘山招贤书院，除溪山胜概外，茂林修竹，茅檐曲径，都具诗情画意。

金池园

宋朝状元宰相梁克家府邸花园。其花园西起相公巷，东至金池巷。园内筑银台种梅，建金池植莲，表现"红梅傲霜，瑞莲并蒂"的意境，金池现仍有遗迹。

傅府山

即俗称"三相傅"花园。宋人傅自得知兴化军，其弟傅自修为礼部尚书，其子伯寿为少师、伯成为太师。傅家环涂山拓园，松林竹径、亭台回廊，面对通津门，俯视涪江。

棋盘园

为宋末元初市舶司、福建行省中书左丞蒲寿庚的花园。该园有石板铺成棋盘格式的庭院，奕时以美女为活棋子而得名。绕以台榭、书房、荷池、假山、凉亭。至今城内仍存有棋盘园、溪亭、活棋子居处、三十二间等地名，蜚声海内外。

小山丛竹、不二祠

泉州八景之一的"小山丛竹"过去都认为是朱熹的讲学处。朱熹在此讲学时，题"小山丛竹"，并撰联"事业经邦，闽海贤才开气运；文章华国，温陵甲第破天荒。"

不二祠是欧阳詹的读书处，詹死后成为祀祠，不二祠未废时，有明朝何乔远撰联："不二悬堂，银勾铁画，论当年合班颜柳欧虞之列；无淫箴室，神窥

天鉴，待后学直开关闽濂洛之先。"上联赞詹的字可与颜真卿、柳公权、欧阳询、虞世南并列，下联赞他的学识开闽学派之先河，并标明从前祠内堂上悬挂着"不二"匾额。这两个字是从欧阳詹的手书中选出，用来赞颂他首开"八闽文献"。但"不二"匾额已经不见了，祠宇也倒塌得只剩残垣一垛。

1980年泉州古园林普查座谈会的同志到市立第三医院调查时，第三医院医师职工的提供线索和帮助，首先查访到"不二"匾额，接着又发现祠案二座，一写"唐詹公欧阳寮祠"，一写"唐欧阳行周祠"。通过实地查访，发现欧阳詹读书处"不二祠"在这里，欧阳詹的手书"不二"匾额重现人间，"不二祠"还有朱熹和何乔远撰联。专家们还进一步考证，近代著名高僧弘一法师(李叔同)也于此址圆寂。不二祠址的发现，使原有的"小山丛竹"成为集欧(阳)、朱、何、李四大贤才之地。

欧安馆

为明朝户部尚书黄景昉住宅花园，在涂门街南侧、清净寺对面。园内布置有假山丘壑、井溜花径、水榭台松，精巧别致。

镜山山房

明何乔远著《闽书》的所在，经调查就在清源山赐恩岩傍，原有屋、亭、斋舍，绕以松柏荔枝，通过实地考证，虽然原有的房屋亭阁等建筑已荡然无存，而"镜山"、"镜亭"、"不厌"、"醉月岩"、"访稚孝"……诸岩刻犹存。这里居于清源名景赐恩岩、欧阳洞之间，环境幽美。若经核实史料，描摹其一阁、二亭、三室、四斋的原筑，加以修复，将是一处引人入胜旅游点。

春夏秋冬四园

为清朝靖海侯施琅的花园，查考施琅为福建省泉州府晋江县石狮区衙口乡人……当兵之前，曾将他家祠堂外的守门石狮抱离数十尺，然后再抱原处。施琅因为平台有功封靖海侯，声色犬马，盛极一时，他以"春游芳草地"，"夏赏绿荷池"，"秋饮黄花酒"，

"冬吟白雪诗"，立意构筑的各具特色的春夏秋冬四园，共占地几百亩。

春园在浯江北岸，竹林迷径，小溪土墩，面对三洲芳草，取"春游芳草地"之意。建国后辟为青年乐园，颇具规模，后毁于"文化大革命"。据上海师范学院《明末降将施琅》一文中云："另外的一个'春园'是建筑在城东的滚绣里，假山梅圃，堂室亭池都很完整，在清末时改为崇正书院。"

夏园在桂坛巷内，有悬挂御书的拜圣亭，还有涵碧轩、澄荷池、拱桥、假山、石洞、小亭等。清乾隆十五年(1750年)由晋江知县黄昌遇购买已故施琅花园全座，重建清源书院。清末废。据陈允洛《泉州怀古(三)坊庙》(载新加坡晋江会馆月刊)云：清源书院原为靖海侯施琅花园。"乾隆十五年间由书院购用，规模颇大，其间花山石木，池亭水阁，皆甚曲折美妙，分建几座书房、厅堂、楼房，门户相通，游览者非经指点必致迷途。入门有石庭，旁植灌木及石碑数方。庭尽处一大门。原为管理人员住居，及藏《泉州府志》木版处。从右边转入即书院正门。入门便见一大池，左角书舍数间，曰：'澄圃'，面向大池。左转是长廊，皆围石栏杆，长廊之中便是讲堂，有阁伸出池中，内面为办公室、礼堂。长廊尽处有假山、小亭、拱桥、魁星阁，假山对面为先贤祠，过去为涵碧轩，再过去为拜圣亭，此处为施琅纪念康熙圣旨之地。有池塘、拱桥，我们读书时已将池塘、拱桥填平作操场。此是以前景况。……"。

清源书院清末废。民国十七年(1928年)，由集美校友黄炯森、黄楷南渡菲律宾募捐，创办"晋江公学"。民国二十年(1931年)兼设简陋影剧院，不久停演。后来，学校改名"晋光小学"直至解放。建国后学校先后改名"东门小学"、"第一中心小学"等。在政府教育部门重视下，于1979年、1980年先后两次拨款数万元，对校园维修。1981年又拨款建设2372平方米三层(中间主楼四层)教学楼一幢。泉州对外开放后，学校被确定为外事开放单位。泉州市被确定为24个历史文化名城之一以后，学校被定为参观点。

现在的校园林木葱郁，幽静自然，夏园荷池，垂柳环绕，静卧于校园之中；假山岛上，怪石嶙峋，叠嶂耸翠，屹立于荷花池之中；小巧玲珑的拱桥是通往假山的通路；高大挺拔的木棉古树为校园增添景色；高大壮观的教学楼使校园显得更加庄严美丽(泉州晋光小学《学校沿革》)。

秋园在释雅山施琅故宅，号曰东园，傍城郭，踞高丘。园内原有泉州最大的古榕树，还有鸣乐台(乐台下，垫石瓮，唱歌节拍，嗡嗡其鸣)，假山曲径，东篱菊圃等，取秋饮黄花酒之意。秋园中设崇正书院，现为晋江农校校址。

冬园在城北梅花石旁，设梅石书院，偎北郭，瞻清源，假山数峰，梅树成林，取"冬吟白雪诗"之意。现为第一中学校址。

(七)泉州园林风格分析

综观上述泉州古园林，大批是官僚士大夫为光宗耀祖而兴家筑园，或在致仕还乡后为陶情养性而造园；或因官场失意隐居乡野，为遁世而寄情山水。因此泉州古园林文化基础较为深厚，造园中比较讲究艺术布局和诗情画意。另外，从中原地区传入泉州的文化，包含有佛经圣典；从海上丝绸之路传来的文化中，又夹带着各种宗教。于是泉州便兴起了许多寺庙禅院，也都附有园庭，幽静清雅，别具一格。[7]

泉州的古园林，就其艺术形式而言，是与祖国山水园传统一脉相承的，泉州明清园林也属文人山水园传统。同时，也由于所用造园材料的地域性和闽南文化背景的影响而产生了独特的风格。比如，水池多采取比较规整的平面，方池较多，池岸多以泉州附近惠安盛产的花岗岩条石砌筑，水池内一般都有假山叠石，石材多取自海边的浪激石。其洞穴形状及纹路肌理等与江南园林中常用的太湖石等殊异其趣。园中的大型假山，多建有洞府或石室，但很少采用拱券式的结顶构造。园中的桥梁均为石桥，并以平板桥居多。

园林建筑在园中所占比例很小，选型富有闽南民居的风味。园中植物主要是常绿阔叶花木，一年四季都郁郁葱葱，花开不断。园林中的石刻题咏亦很普遍。……此外，在泉州的古园林中，不仅有规模宏大的杰作，也有精致微缩的珍品。如清朝两广总督黄忠汉家宅中的一处庭园，仅七平方米的方寸之地内，依然是水池假山，石桥弯弯，花木葱茏。人虽不可身游其中，却足以神游饱览山水胜概，其布局之严谨，构思之精巧，工艺之细腻，令人叹为观止。[7]

（八）厦门的建置沿革

厦门是福建省东南沿海一座海港风景城市，闽南的政治、经济和文化中心，也是我国现有的5个经济特区之一。

厦门古名鹭屿，相传在远古时代，这里是白鹭（又名鹭鸶）的栖息地。因此，人们喜爱把厦门称为鹭岛、鹭州、鹭门。把厦鼓海峡称为鹭江。唐朝的厦门，叫新城，嘉禾，属泉州清源郡的南安县。宋朝称"嘉禾"，归同安县。元代，设千户所，兼管军政。明初厦门城始见于史籍，郑成功将厦门作为"抗清复台"的根据地，改称"思明州"。清朝定名厦门，仍归同安县辖。清康熙二十二年（1683年），郑经之子郑克塽归附清朝，台湾入清版图，靖海将军施琅任福建水师提督，驻节厦门。翌年，开放海禁，设立海关，使福建沿海地区的生产得以发展，厦门港口贸易进入了一个兴盛时期。[7]

（九）厦门古园林

厦门的历史，目前有文献可稽考的是"南陈北薛"之说，指唐朝有两位名士在厦门岛定居、开发。南陈（陈黯）家住洪济山南，叫"陈寮"，北薛（薛令之）家住洪济山北，称"薛岭"。北薛的薛令之，字珍君，原籍福建长溪（今福安），神龙二年（706年）进士。开元年间，薛令之累迁左仆射兼太子侍读。薛辞官返乡后徙居嘉禾屿（即厦门岛），晚年经营家园。南陈的陈黯，字希儒，原籍福建南安，是唐会昌至咸通年间（841～874年）居住在嘉禾屿的名士。陈黯年少有才，但他屡次应试落第，故自称"场老"而隐居金榜山，读书垂钓，建筑楼舍，辟景造园。宋人朱梅庵在《金榜山记》中，详细地记载了这些史实，可见厦门古园林的营造活动从唐朝便开始了。[7]

据《厦门志》记载，宋人张嘉曾有《金榜山》诗云："衣冠陈氏族，桃李薛公园。场老遗文古，岩僧旧迹存。苔矶荒碛岸，金榜勒瑶琨，已怜松特异，尤喜石能翻。"宋朝朱熹曾为陈黯所著《裨政书》编次，并题有："陈场老子读书处，金榜山前石室中，人去石存犹昨日，莺啼花落几春风"之句。[7]

宋、元时期厦门古园林的情况，至今未考见于史籍。明朝厦门园林的史实记载，也是凤毛麟角，清道光十二年（1832年）所修《厦门志》中，收录有明万历年间（1273～1620年）倪冻所作《醉仙岩记》，记载了距城半里许的醉仙岩下"凿井筑室"的情形，又明万历间林懋在城郊玉屏山虎溪岩间开辟石洞，建造"棱层石室"，后为嘉禾八大景之一"虎溪夜月"。明末清初，郑成功之子郑经曾在厦门建有宏大的花园别墅，这是据研究厦门地方史的专家洪卜仁先生介绍，在菲律宾档案馆中存有西班牙传教士的著作记载的，位置就在今厦门港旁的郑氏祠堂附近，园中有假山、水池等景致。

清朝康熙乾隆年间，厦门港口贸易进入了一个兴盛时期，宅园营造活动也达到了一个高潮，据考证，当时比较著名的园墅有以下一些：

涵园

为施琅的来同别墅园名。据清人郑缵祖所作《来同别墅记》载：大将军施公受命专征，既平海国，秉锓钺坐镇于吾郡之厦门。城小而壮，为东南舟楫辐辏地。左挹山光，右收海色，万顷汇澜，诸峰竞秀，有负山襟海之势。为斋、为亭、为轩窗台榭，各极幽旷。地故多巨石，又从而松之、竹之、梅之、桐之，大不盈数亩，高出城上，俯瞰内外，如列眉睫间。予客其中四阅月，悠哉记返，客有问予曰：美哉！园亭所以命名，其义可得闻乎？予应之曰：可夫。园曰"涵园"，言海也。涵万象也。堂曰"足观"，观于海而足也。示不骄不吝也。亭曰"青砀"，曰"介亭"，枕潄也，带砀也，介于石也，不苟取也。斋曰"旭斋"，轩曰"醉月"，昭其明也。曰"指晟"，远不忘君也，曰"罗浮"，怀彼美也。客曰美哉！园亭其义我知之矣。[7]

快园

为水师提督官邸的附园。清人许原青撰有《快园记》云：厦门厅事后，依山为园，古木阴翳，怪石林立，有洞有泉，有亭有台，面漳海，临浯沚，大担小担峙其前，沧波灏瀚，樯桅万里，每一登眺，快然于心，因名之曰"快园"。……厦门介乎漳泉而无漳泉纷纭扰攘之习，民气安怡，讼狱稀少。朝而理焉，日可食；夕而理焉，夜可寝。闲选园林之幽胜，举步即至，不烦舆从也。奇峰异石，天然位置，不假穿凿一也。楼观台榭，前之人所经营也。沧溟在目，烟波无际，风雨晦明，变幻万状，似天之设此景以娱吾心目者也。游焉，息焉，惟意之适缅维身世，海阔天空快何如之。夫久渴者，酌清泉而易欢，遇平林而思憩。日逐逐于簿书鞅掌间，得瞑目少坐便已快然，况园林耶？不然平泉花木之记，辟疆诗酒之场，其胜概有什伯于此者？！吾何快于斯园哉！[7]

西园

为厦门的道台衙署内花园。据清康熙五十九年(1720年)东海德所写的《兴泉永道内署记》述：由川堂折而西，周遭回廊，有堂翼然，曰"承恩堂"，堂之前为"射园"，余旗人不敢忘劳闲日，辄于此悬的焉。堂后巨石成屏，屹然吐润，特拓后轩以对之，即"佐岳轩"也。循石麓翼然而上为半亭，亭容一几一榻，西园院落于是乎止。由川堂折而东，右历之径为"涵山阁"。是阁也，仍旧之半而特辟前庭。凭栏而观，则海上诸峰，如万石、太平、仙岩、虎溪、白鹿诸胜，无不争奇献秀，萦缭阶砌。客曰：小斋甫拓山翠环，来无障碍，心与民相见，义或是

耶！……出阁门，折而南行，凡南向屋三重，西向屋数列，向购自民间，杂缀而成者，今皆院落轩豁。自此径北历阶直上，又蹑级而升为"观月台"，台东为"瑶圃"、"春晖堂"，堂后一带直接西园后山署内最高处也。[7]

榕林别墅

为名士黄日纪的家园，面积约有数亩。因园中有6株古榕，故名"榕林别墅"；建有山池亭台等景致。据清康熙丁亥年间(1707年)编撰的《嘉禾名胜记》中的诗文记载："榕林别墅在厦城南门外凤凰山之南，望高山之北。古榕攒簇，奇石屹峙，有堂有楼，有台有阁，有亭有池，有果木有花竹，盖近喧嚣而自成幽僻，入城市而若处山林者也。"经考证，园主黄日纪，字叶庵，号荔厓，福建龙溪人，清乾隆年间官及中翰，博学多才，工诗能文，娴于书法。他辞官返乡后，隐居在厦门凤凰山(今思明区小走马路一带)，寄情泉石，经营家园，葺成榕林别墅。经实地考察，榕林别墅的遗迹犹存，今为厦门市基督教青年会招待所后院。除古榕巨石外，其余园景俱毁。在巨石上还有园主黄日纪的亲笔题字"古凤凰山"，旁镌刻有其学生薛起凤的《榕林别墅记》。文曰：鹭城之南有凤凰山焉，多古榕怪石，高下错落，位置天然，以近世故。庐舍蔽塞，久为耳目之所不及。荔厓先生购而辟之，筑精舍于其上，佳木显，美石出，名曰"榕林"，从其所本有也。凿池建亭，以高者为台，平者为圃，石之大小皆镌以诗而气象焕然一新矣。先生日游其中，或植竹，或莳花，或剑，或奕，或邀朋而酌酒，或对客以联吟，冠盖往来，殆无虚日。夫始之未经赏识也，没于尘土污秽之中，湮土破宇颓垣之下。虽怀奇负，异自谓见长无日矣。一旦遇合，而题咏不绝，叹赏频加。此以知物不遇，有识者不能以自见，即遇，有识而无力者亦不能以自见，而况人乎？先生年五十，正服官之时也，宁以榕林老乎，他日复出而履清，要振拔湮郁，陶成众类征于此矣。吾为兹山贺而亦为先生贺也。[7]

厦门其他私园

清末，厦门岛上还有一些较著名的私家园林，如"四季花园"、"宜山山庄"、"田田园"等。但它们现都已荡然无存，难以查考了。据清道光十二年（1832年）《厦门志》记载："城东之靖山、禅师岭、超然洞、冽水山庄、白鹿、虎溪山足一带，多花园。花时烂漫，映带馨香不绝。菊则四时常有。月下度腊，鹰爪迎年，诸花亦有播种。居民不种五谷，世以花为业。诸花中，茉莉、素馨尤盛，卖者以铜丝与竹为簪编成凤鸟形。"由此可见，清朝时厦门岛上的花园庭院已相当普遍，养花造园，蔚然成风。这些大大小小的园林，极大地丰富了厦门的市井风光。[7]

清末民初，厦门的一些华侨富商衣锦还乡，兴宅筑园，建造了一批中西合璧风格的庭园，有些还留存至今。其中规模较大的如清和别墅（现为驻军炮团营地），园内不仅仿苏州园林风格，凿池掇山，布局有山池环抱，洞壑幽胜，亭台错落，花木掩映；而且还有西式的音乐台、喷水池、整形花坛、花架廊等，颇为壮观。规模中等的如菽庄花园，藏海补山，巧于借景，现开放为公园。规模较小的如容谷别墅（园主李清泉，位于鼓浪屿旗山路7号）、观海别墅（园主黄奕柱，位于今鼓浪屿内宾馆）、了弦别墅（位于今鸡母山亚热带植物园）、瞰青别墅（园主黄忠训，位于厦门文物店）等，各具特色，丰富多彩。[7]

（十）漳州的建置沿革和古园林

漳州，州、路、府名。唐垂拱二年（686年）分泉州置州。治所在漳浦（今福建云宵，后移今漳浦），乾元初（758年）移治龙溪（今龙海西），大历（766～779）后，辖境相当今福建九龙江流域及其西南地区。元改为路，明初改为府，清辖境缩小。

南山寺庭园

漳州古园林，历史上可上溯到唐开元年间现存的南山寺庭园，据《漳州府志》记载，原为唐太傅陈邕的住宅。他利用天然山水巧作布局，凿池叠石，缀以楼台亭榭，建成一处碧瓦飞檐，山池清秀，蔚为大观的私家园林。陈宅大门与龙口相向，面对昼夜不息的九龙江，大有吞吐龙江水之意。传说，因建筑规模过于宏大，有人告他僭越之罪，唐玄宗派钦差大臣前来查办，陈邕束手无策，幸亏女儿金花急中生智，劝父献宅为寺，自己削发为尼。钦差大臣见寺释疑，免除大祸。[7]

南山寺位于漳州市南郊，背靠丹凤山，面对九龙江，林木苍郁，绿柳依依。殿堂经阁，巍峨壮丽，是闽南著名的佛寺之一。南山寺历经千年，几度沧桑，现为清朝重修建筑。寺宇宽敞，气象雄伟。内有天王殿、大雄宝殿和藏经阁等。庭园部分规整方正，前庭有两个圆形的放生池，这在我国寺庙建筑里是很少见的。大殿两侧均有花台，靠山根垣墙还建有一处半亭。庭园朴素清新，简洁规整。[7]

云洞岩

据了解，漳州地区在明清时期也营造过许多宅园，现大都已毁，难以查考。就风景名胜地而言，有云洞岩，在市区东面10公里的鹤鸣山。相传隋开皇中，潜翁养鹤于此，怪石巉岩，洞壑绵密，"雨则云出"，"雾则云归"，素称"丹霞第一洞天"。山上有胜景30余处，较著者为鹤室、月峡、仙人迹、石室清隐、云深处、石巢、千人洞、瑶台、文公祠、仙梁、风动石、天开图画亭等。……岩上现存大小石刻一百五十余处，……有"闽南碑林"之称。

芝山

芝山，原名登高山，在漳州市西北。明洪武十三年（1380年）因山上长紫芝，改称紫芝山，简称芝山。从天宝山起，有十二峰峦起伏，逶迤至此，峻拔高耸，为漳州主峰。自唐以来，梵宇称盛，开元、净众、法济诸寺先后兴建。因年久荒废，仅存甘露、威镇、日华三亭。甘露亭，明嘉靖十六年（1537年）建；威镇亭，与郡南威镇阁相望，乃以威镇名亭，始建于明弘治间；日华亭，明崇祯间建，以旭日初升，丹曦清亭，故名（以上见《中国名胜词典·福建台湾分册》）。

三、台湾明清园墅

(一) 台湾历史沿革

台湾省简称台。全省由台湾岛、澎湖列岛和龟山岛、火烧岛、兰屿、彭佳屿、钓鱼岛、赤尾屿等岛组成，共有大小岛屿88个，被称为"多岛之省"。台湾岛是我国第一大岛，为台湾省辖境的本部，东濒太平洋，西隔台湾海峡和福建省相望。台湾岛东西宽15～144公里，南北延伸约394公里，本岛面积35788平方公里，高山和丘陵面积占三分之二，但在西部和西南部，仍有大片滨海平原，面积约占全岛的三分之一。台湾山脉纵贯南北，中为中央山脉，东为台东山脉，西为玉山及阿里山，玉山（海拔3950米）为中国东部最高峰（《中国名胜词典·福建台湾分册》）。

台湾自古以来就是中国的神圣领土。它的历史与中国的历史息息相关，荣辱与共，台湾考古学者在台南县左镇发现的古人类化石，被叫作"左镇人"。经过鉴定与著名的北京周口店的"山顶洞人"同属于三万年以前的古人类。台湾省陆续发掘出土的石器、骨器和陶器，其形状和制作方法，都与大陆各地发掘出的旧石器遗物特别相似。其中高雄县凤鼻头一带出土的彩陶与黑陶，经过鉴定，确认它们是从我国大陆东南沿海传过去的，是分布在黄河中下游、沿海地区和华南地区的"几何形印纹陶文化"的遗迹。这些都是台湾古人类和祖国大陆上的古人类民族渊源的历史见证（地图出版社、中央人民广播电台对台湾广播部：《台湾省地图册》文字说明）。

1980年7月，台湾考古学者在台东县卑南乡进行发掘时，发现大批石棺。出土的许多石器、陶片及玉器，是二三千年前台湾先住民的遗物。经过鉴定和对这些先住民文化特质的研究，确认他们和我国南方各省古代的越仆族相似。台湾"史迹源流研究会"为此发表宣言指出：台湾历史文化的根底在大陆（同上图册文字说明）。

我国古文献中关于台湾的记载很多，约在战国时撰编的《尚书·禹贡》中，有关于"岛夷"的记载："岛夷卉服、厥篚织贝，厥包橘柚，锡贡。"岛夷指的就是台湾先住民。《三国志》《吴志孙权传》中记载，吴王孙权在黄龙二年（230年），曾派遣将军卫温、诸葛直率军到过台湾。吴人沈莹著《临海水土志》称，夷洲（指台湾）在临海郡（今浙江）东南海上，相离有两千里，土地无霜雪，草木不死，四面是山，土地肥沃，生长五谷，又多鱼肉。隋朝时，称台湾为"流求"。《隋书》记载，隋炀帝曾三次派人往台湾。第一次是大业三年（607年）遣羽骑尉朱宽，海师何蛮到流求访察；第二年又遣朱宽去慰抚；大业六年（610年）再遣中郎将陈棱、朝靖大夫周镇洲，率兵万余人渡海到流求（同上图册文字说明）。

唐朝以后，东南沿海人民为了逃避战乱，出现移居澎湖和台湾的现象。唐朝进士施肩吾，曾率族人渡海到澎湖定居。他曾写过一首《题澎湖岛》的诗，描写了当地人民生活劳动的情景。南宋时，已有军民屯戍澎湖。赵汝适著的《诸番志》称：泉（州）有海岛，曰澎湖，隶晋江县。元朝时，称台湾为"瑠球"。《元史》上说，瑠求在南海之东，漳、泉、兴、福四州界内。澎湖诸岛与瑠求相对，亦素不相通。天气晴朗时，望之隐约。1335年，元朝在澎湖设"巡检司"，管理台湾和澎湖的民政，隶属福建泉州同安县（今厦门）。台湾和澎湖已正式成为中国行政区的一部分。明朝时，著名的航海家郑和于宣德五年至八年（1430～1433年）最后一次航海途中遇到台风，舰队曾开到台湾台南一带避风，并曾上岸取水。嘉靖四十二年（1563年），明朝为防止倭寇袭扰大陆，在澎湖加强军事布置，设"巡检司"，万历二十五年（1597年）增设"游兵"，各岛设船20艘，兵士800人，并在基隆、淡水两港也驻屯军队。万历四十八年（1620年）福建海澄人颜思齐和泉州南安人郑芝龙，为反抗官府欺压，率一大批人分乘13艘船移居台湾。他们在台湾中部的北港（今嘉义）登陆，筑10个城寨，从事垦荒、农耕、渔猎。崇祯十一年(1638年)郑芝龙受明朝招抚，时逢福建大旱，郑芝龙向福建巡抚建议，有计划地向台湾移民。于是拓饥民数万人，每人发白银3两，3人给一头牛。渡海至台垦殖。这是我国第一次有计划、大规模向台湾移民，对台湾的开发，贡献甚大(同上《台湾省地图册》文字说明)。

17世纪初，欧洲殖民主义国家的侵略势力发展到亚洲。嘉靖二十三年(1544年)，葡萄牙一艘船途经台湾近海，望见如画的山岳，青葱之林木，称台湾为"福摩萨"，意即美丽之岛。这是西方国家首次发现台湾。万历三十二年(1604年)8月7日，荷兰"东印度公司"的舰队侵入澎湖并占领。同年底被明朝军队驱走。天启二年(1622年)7月，荷兰人卷土重来，又占据澎湖，并修筑城堡。1624年，荷兰人被驱走，但转而侵占了台南一带。1642年荷兰人攻占了西班牙东台湾北部的据点，至此，台湾沦为荷兰的殖民地。荷兰殖民者在台湾大肆掠夺，横征暴敛，激起了台湾同胞强烈的反抗。他们不断地进行抗荷斗争，其中规模最大的是1652年9月由郭怀一领导的一次起义，参加民众万余人。他们夜袭荷军据点，以木棍、竹木为武器，与装配洋枪洋炮的荷军激战3天，终因力不从心而失败，被荷军屠杀的起义民众达六千多人。

1661年(顺治十八年)4月21日，郑成功率领二万五千多人的大军，由福建厦门经澎湖向台湾进发。在台湾西部沿海与荷军展开多场激战，最后，将荷军据点热兰遮城严密包围起来，并在海上连续击溃荷兰侵略者派来的援军。荷兰殖民者在无计可施情况下，1662年(康熙元年)2月1日，被迫在投降书上签字撤离台湾。沦陷38年的宝岛台湾，终于回到祖国的怀抱。郑成功收复台湾后，改赤嵌城为承天府，下辖二县，北部为天兴县，南部为万年县。称台湾为"东都"，郑成功废除荷兰殖民者的制度，施行新政，号召大陆人民移居台湾垦殖，实行屯田，广拓垦区，保护林木，发展贸易，举办学堂，使台湾经济、文化得

到迅速发展，在台湾开发史上写下了重要的一页(同上《台湾省地图册》文字说明)。

康熙二十二年(1683年)，清朝政府进军台湾，郑成功之孙郑克塽率众归顺。从此，台湾置于清朝管辖下，中国实现了统一。康熙二十三年(1684年)清政府在台南设府，称台湾府，隶属福建省，辖台湾、凤山、渚罗三县。光绪十一年(1885年)清政府正式把台湾划为当时中国的一个行省——台湾省。第一任省长——巡抚刘铭传到任后，广招福建、广东沿海人民移居台湾，对本省进行了大规模的开发。修筑炮台、加强防务；开设机器局，制造枪炮、火药；开煤矿、修公路、筑铁路；创办邮电，开设新学堂等等。清政府在台湾经营212年；使台湾成为我国一个重要省份(同上图册文字说明)。

光绪二十年(1894年)中日甲午战争爆发，日本侵略军在1895年3月占领澎湖。同年4月17日清政府与日本签订了丧权辱国的《马关条约》，割让台湾、澎湖及辽东半岛给日本。同年10月19日，高雄、台南等地被日军攻占。自此台湾全境沦陷。从1895年到1945年，日本侵略者占领台湾50年。日本侵略者不仅残酷地掠夺经济资源，而且残酷地屠杀爱国民众，推行反动的民族分化政策。但是，具有光荣爱国传统的台湾同胞从未屈服过，50年里台湾人民武装起义近百次。

台湾是我国的神圣领土，这是举世公认的。1943年12月1日，中、美、英三国签署的《开罗宣言》说：三国之宗旨，在剥夺日本自1914年第一次世界大战开始以后在太平洋所夺得或占领之一切岛屿，在使日本所窃取于中国之领土，例如东北四省，台湾、澎湖列岛等，归还中国。1945年7月26日，中、美、英三国(后苏联也参加)签署促令日本无条件投降的《波茨坦公告》，其中第8条重申：开罗宣言之条件必将实施。1945年8月15日，日本无条件投降，我国恢复了在台湾的主权。同年10月25日，中国政府正式接收了台湾省(同上《台湾省地图册》文字说明)。

(二) 台湾村落和城市的发生、 发展与分布

前已述及, 唐朝以后, 我国东南沿海人民就有移居澎湖和台湾。明朝就有靠近台湾的福建、广东两省很多人移居台湾。尤其明末因大旱、饥荒大规模向台湾移民。

"五百多年前明永乐时, 在台湾西海岸即形成了不少村庄。明末移民急剧增加, 首先在西海岸的河口及海湾的停船处等形成村庄而定居下来, 从事农耕, 与高山族间进行交易并进行争夺, 于是形成了基隆、淡水、旧港、后龙、楼梧、鹿港、东石、安平、打狗(高雄)等沿岸港口城市。"[11]

"于是高山族逐渐从海岸地方后退, 并接受同化, 移民则沿着河川逐渐向内地进行开发, 这样在平原上最初沿着河川, 接着从两岸深入, 大量地从南部平原到北部平原布置了村庄。由于同港口城市的联系较远, 物资的交流不便, 因而在内地农村之间也有建立城市的必要。这时纵贯南北平原的道路迫切需要。为了避开渡河困难的河口一带, 而于上游渡河处开设了这一道路。因此, 沿着这一道路及同港口城市联系方便的河川中游流域逐渐形成城市, 使其政治、交通、经济得到迅速发展。台北、桃园、新竹、苗栗、台中、彰化、云林、北斗、嘉义、凤山等城市就这样发生、发展起来。"[11]

以上三种城市中, 港口城市迅速衰落, 这是由于渡河困难, 港口城市间相互联系不便, 土地的凸起和河口泥沙堆积而使得依为港湾的价值逐渐衰退。只有基隆和高雄(打狗)避免了这些缺点, 因其靠近优良港湾, 而逐渐繁荣, 形成今天的重要港口城市。今天最发达的重要城市为沿着南北道路的台北等城市。[11]

村落是分散式的村庄。开发事业在富裕的一家随之成为一族……便在这里修建大家族的房屋……。台北市南板桥的林本源宅邸及台中郊区雾峰林氏一族的邸宅即如此。……一般农家多根据总体经济情况而营建完美的家室。[11]

这些住家零星地分布在肥沃的田地和甘蔗地之间。住宅地段上在房屋后面围以密生的刺竹林, 一方面可防东北季节风, 而密生的刺竹还可防盗, 竹笋可供食用。[11]

村的中心集中了这些住宅, 再加上商店等即形成小城镇, 沿着干道一家接一家布置着商店, 而背街则同农村的村落差不多。进一步发展成为大城镇则形成完全密集的城市形体。还可看到像鹿港那样带有古风的纯中国式市镇, 道路规划多曲折而狭窄。为了避免从道路上反射的强烈日辐射, 道路狭窄是优越的, 但仅仅如此仍嫌不够, 因而设了骑楼, 并在道路上悬挂布棚。市场及庙会前的摊头等这种布棚极为显眼。[11]

作为政治性的重要城市, 则参照中国古来的都城规制施以严整的城市规划, 周围有城墙和护城河, 四面配置一道或数道城门, 穿过城门是纵横布置的大路, 其间还布置了小路。……大街上骑楼连在一起形成统一的城市建筑, 城市中心为衙门, 一角为文庙, 方便地段设市场, 并在各处配置寺庙之类。[11]

(三) 台湾宅邸与园林

大至上层的宅邸, 小到平民的民居, 其情况是千变万化的, 但住宅的基本形式是一致的, 都是基于福建、广东的住宅形式。……先述其基本概况。用地为方形, 方位为南向, 根据周围情况对东、西南也无所谓。建筑几乎都是一层, 且为左右对称。如实地反映出自古以来的大家族制度。……本家的家族住在建于中央的横向正房(正身、厅堂)内, 如果没有分家即称为正身, 且仅此一栋。但一般都分家, 即在左右前方与正身成直角六间另建房屋(护龙、护厝、伸手)向前扩展。……这时, 若为前后三栋, 则从前面起称为前进、中进、后进。若为前后五栋则称为前进、二进、三进、四进、后进, 达官之家多为五进。联系这些建筑的廊子称为过水或两厢。此外还有贮藏薪炭的小屋称柴间(柴房)。在大家宅庭院的前面还设有照

壁，用地背面设有后门。[11]

宅邸房屋的侧面或后面有庭园，有时也有林本源邸宅园那样广大的园林。一般农家之类在其左右及背后有刺竹林，在前面往往把住宅用地取土之处辟为水池用以养鸭等。周围设围墙，前面开门，农家则省略了。[11]

宅邸一般为达官贵人和上层实业家所把持，也有不少从事农业商业发了迹而修建广大的宅邸。……这些宅邸通常都是凝聚了建筑与园林的精华。……特别是在热带风土条件下，为了欣赏自然景色和纳凉。园林成了必需的内容，有的是住宅与庭园各占用地一半，有的则庭园更为宽敞。有些有权势者大肆兴建别墅性质的园林。……其中有的已经毁掉，有的仅仅留下记载，还有一些仅保存了一部分，有的仍很完整，也有一些现在仍很兴隆，各不相同。而著名的实例均集中于台南、台中、台北，因这些地方为政治、实业中心之故。[11]

下面概略地介绍台南、台中、新竹、台北等地几个实例。

郑成功时代，为时很短，……明王及郑氏等大臣大建邸园，可是基本上都没有保存下来。

宗人府—元子园(桂宅)

过去为明宁靖王的邸园，明王在其施政的台南承天府旁修建邸园，称为"宗人府朝见所"，园林则取名"一元子园"。为正规园林之始。据说现在的妈祖天后宫为其遗址上所建。[11]

郑氏宅邸

郑氏有关的住宅当中，首先为郑成功的宅邸，明永乐时修建，后来以康熙二十三年(1684年)，充为台南府衙门，今天已不存在了。郑成功之子郑经的宅邸和园林，施以峻宇雕墙，富于林泉佳趣，但郑氏灭后已经荒废不复存在。[11]

梦蝶园

为明末举人李茂春的园，李为了避乱而来台湾，在此修建茅庵隐居，日夜诵经念佛，由于此故，于康

熙二十二年(1683年)建为今天的法华寺，保留到现在。但过去的遗物今已无存。[11]

归园

台湾省台南县归仁乡南边有一座形式特别的建筑，在小村落的田园之中；远远望去好像是一处仙洞，四周树林很多，却没有加工整理，使人看了有"世外桃源"之感。这座建筑前面有一圆拱门，园门外有"归园"二个大字，圆拱门外树有一块大理石面烫金字的牌子，记载这归园的历史沿革，这是一处古迹，亦是游客们寻幽访胜的好去处。[12]

归园建于清康熙四十一年(1702年)，原名叫"下宅公馆"(或称"下仔公馆")，先是姓吴的大户人家的别墅，当地人称"吴老爹公馆"，后来几次换主人。到日本侵占台湾期间，那里已残破不堪了，园中石椅石桌搬走殆尽，成了荒芜之处。1945年日本战败投降，台湾归还中国。时有一位老诗人叫陈江山的，将它买下；加以修理一番后，作为饮酒吟诗和居住地方，改名为"归园"。其所以改名"归园"，有说寓归隐之意，有说庆祝台湾回归中国之谓。老诗人死后，那里又成了无人居住的荒园，1973年起作为古迹供人游览，仍称"归园"。[12]

归园面积并不大，可是平面十分独特，有一半是围池，剩下一半是房屋与庭园。它们全被池水所包围，像是一个与世隔绝之孤岛。水池成几何图形，水域大且深，水自院后一葫芦形的水池引入。建筑结构方面，中西合璧，从进口处看，圆拱及圆窗，是西式建筑格局，阳台建筑不常见于中国传统建筑，正郭进去并非对称房间，一侧大，另一侧小，正面有一边墙系用假山石砌成的，因为对着中国式的马背形屋顶，墙被当成是一座假山。上面地方虽小，但形成一个小屋顶花园，沿着边上还有一排坐椅供人在此小憩，欣赏景色。旁西有一小亭，亭边可通入正屋侧间的夹屋中，这暗道增加了它的幽趣。亭边在小丘一隅有古榕树，树根都伸进了亭子内。……[12]

紫春园

在台南市花园街二条，可说是台南惟一的具有

古风的园林。它是富绅吴南新(据下文应是吴尚新)于道光二十年(1840 年)修建在宅邸内的园林,如今只剩下公会堂东北面一个南北长的矩形水池。池东北和东岸靠南面有伸进水池的堆石,上面有亭,并用廊连接,从池东围到南面。北边模仿泉漳飞来峰堆砌假山,增加诗情画意。[11]

吴园

台南市民权路的台南社教馆,原是一座十分讲究的庭园,称吴园。吴园又叫紫春园,据说这个紫春园(吴尚新之园)是在当年何斌的庭园的旧址中建造起来的。[13]

何斌又叫何廷斌,福建南安人,原为民族英雄郑成功的父亲郑芝龙的部属,早年跟随郑芝龙到台湾从事开发,后来郑芝龙被明政府招抚,到明政府中当官,离开了台湾,而何斌则继续留在台地从事开发活动。时荷兰殖民者占据了台湾南部,何斌成了荷兰人的通事(翻译)。何斌是个爱国者,他不忘祖国,不满荷兰人对我台湾的侵占,多次向郑成功献策,请郑成功出兵收复台湾。为了帮助郑成功收复台湾,他冒险替郑成功在台湾征收某些赋税,以作为收复台湾之费用,事被发觉后,何斌被荷兰殖民者所通缉,并没收家产,但他不因此而退缩,相反,他继续努力,为收复国土而斗争。后来当郑成功率军东渡时,他坐在船头为大军引路,帮助大军顺利登陆,一举击败荷兰殖民者,收复了祖国故土。[13]

何斌居住台湾期间,在自己居住处按祖国传统建筑的格式建造了一座庭园,俗称楼子内,经常从大陆请剧团到那里演出祖国传统戏剧,用以清乡愁,不忘故国之音。何斌死后,庭园亦衰败下去。[13]

道光十年(1830 年)盐商吴尚新,在他住宅的南边,即庭园的旧址上重建园亭,名紫春园,通称吴园。吴园内有一水塘,塘边建造两座水榭,雕楼画梁,松林相护,回廊碧波,在夕阳的辉映下,分外诱人。水塘有水相通,穿过吴氏住宅两边,大有水乡之感。而水塘对岸,用假山石堆成一座"飞来峰",而

飞来峰原乃杭州西子湖畔的名山(三天竺一峰石,而藤岛亥治郎《台湾9建筑》文中说是仿泉漳飞来峰堆砌的)。此名用于吴园假山上,一时名闻台湾。[13]

日本占领台湾期间,这里改建成旅社、图书馆,面目已改,只是山水之胜仍保留着。可到今日,亭轩塌毁,塘水干涸,加上附近建起大楼的影响,使之失去名胜灵秀之气,不免令人可惜。[13]

固园

台南市的东门一带有过一座名园——固园。固园面积不怎么大,但布置得十分古雅而淳朴。园中有亭有阁,有池有桥,分配适中,显得优美,令人徘徊瞻顾,更是诗人雅士集合唱和的好场所。[13]

固园中有两座桥——石条桥和渡月桥特别引人入胜。人们可在那里饱览水中无穷之乐趣。石条桥只是一块几丈长的坚厚的石条,架搁水池上,可由于四周景色优美,使之有"如长虹卧波"之盛,渡月桥呢?桥名本身已富有诗意了,桥头有一笠亭,不尚浮华但古色古香,亭上有许多对联佳句,如"一笠亭前看渡月,半池鱼水满庭槛","渡月桥头一笠亭,天风吹飏半池星"等,叫人看了引为情思,飘飘欲仙。[13]

固园前端还有不少奇石和假山,这些把园的前庭点缀得更加清幽。假山使用的石头多是从山上采来的天然大石块,古趣盎然,……那里种植多年的树林,大多是带有热带情味的椰子林,别有一番景色。固园虽建造于市廛之中,但那里由于人工的修饰,倒也古木阴森,红花绿叶,山光水色,相映成趣,颇有林泉晓地之味,而园中四海草堂,还是全台诗人吟咏唱和之所。堂左有一独醉斋,单名字就足以引人向往了。[12]

固园的主人是两兄弟,兄名黄欣(又叫黄茂笙),号南鸣,生于1885 年(光绪十一年)。都是能诗善文的雅士,平时参加台南的名诗社——南社活动,人称之为固元二雅。[12]

台中雾峰林家宅邸和花园、菜园

雾峰在台中市的南面,原名叫阿罩雾,先属彰

化县，后改隶台中市，雾峰之麓有一处闻名内外的建筑叫莱园。……雾峰莱园建于光绪十九年（1893年），建园的主人是台中大族、大财主林奠国的第三子林文钦。林奠国字景山，其祖早年从福建迁台（二百多年前），到林奠国时已是田连阡陌家财无数的一方大富豪了。[14]

林家现在的主人林献堂。……随着大家族的形成，宅邸多次扩建，最终成为现在所看到的那样分成上林家和下林家，屋宇相连重重叠叠。两家均为西向，上林家为本家，占南面地段的大半，下林家为分家，占本家北面的小部分。据说……所用砖石均系从福州运来。[11]

上林家用地面积4505坪（1坪约为3.33平方米），总建筑面积1667坪。分为南北四区，从北数第二区的二厝为主要居住部分，第四区的三厝为其次的居住部分；中间的第三区接待客人用，第一区则为园林和扩建用地。[11]第二区主要居住部分最前面是铺石的前院，有三开间施以装饰的外门和较简朴的内门，里面是两进厅堂，十分堂皇。第三区接待客人部分有歇山顶的戏台，前面有院子，对面为正厅，两旁为楼座，作为看戏用。[11]

下林家为林献春的住宅，由于是分宅而规模较小。用地面积1050坪，建筑面积416.5坪，二厝二进尚有一部分未完成，留有扩建用地。这一家不同于保持古风的上林家，为了适应主人新时代的生活而加以改进，多带有洋风和新的意义，清新明快。特别加大前院，用砖墙把前面分隔成曲线状，在其南面设多重门，这是一种新的尝试。正对此院的正厅在前面设有籐架，在防炎热方面做了细致考虑。事实上这个正厅是会客室，设有休息座位，透过涂成白色的清晰列柱，可眺望铺了砖并到处点缀绿树的院子，心情甚为爽朗。正厅里面与庑廊围成的天井用籐架遮盖，可以防暑并增添新的趣味。里面的正厅设庄严的祭坛，所有房间内部都清亮明快，可说是现代中国人住宅新倾向的代表。[11]

林家一族的园林称为花园及莱园，均在宅邸南面数町（注：町约合9.918平方米）之处自成一区。（莱园）背靠翠绿山峰的广阔地段上林丛绿滴，其间点缀以红白花，在绿茵上休息可听鸟鸣等，布置热带风物，基本上是洋风的自然式园林。园内建筑也有中国式楼阁，其他亭榭则为生吞活剥的文艺复兴式，令人生厌。此外，在靠山处有两座壮丽的祖先坟墓，记有碑文。[11]

据林其泉《台湾名园（三）》一文中云：雾峰林宅分顶厝和下厝，莱园在林宅的下厝。林宅下厝后面原是山丘。后被辟成花园，这便是莱园。莱园布局幽静，结构宏伟，一派庄穆气氛。园内建有捣衣洞、玉柱楼、荔枝岛、夕佳亭、小习池、木棉桥、方梅庵、千步磴、望月峰等景物，美不胜收，令人流连忘返。莱园中的"莱园雨霁"景色，还被列为"台中十二胜之一"。[14]

日本占领台湾期间，台湾诗人、学士纷纷组织诗社，以保存祖国文化遗产，诗社中有一个称栎社，参加者有著名的爱国诗人连横、林幼春等，他们就常在这里雅集，击钵吟咏。戊戌变法首领梁启超，在变法失败后流亡日本期间，曾带其女儿一起游台湾，专程到台中雾峰，住在莱园的玉柱楼，同林文钦儿子当时被称为台湾抗日领袖林献堂等人，咏诗唱和，一时传为美谈，而莱园也因此名声大噪。[14]

只是令人可惜的，旧日莱园的景物，多被破坏，如今那里只剩下一个荷花池，一个凉亭以及后山林氏祖坟等。……莱园的建筑已失殆半，现在人们只从一些残留的景物中依稀看出这座旧日名园的景色。[14]

新竹潜园

在新竹市西门街。园主林占梅。林占梅字雪林，号鹤珊，祖籍福建同安，道光十年（1830年）出生于台南，其父林绍贤在台湾办盐务发了大财，"富冠一乡"，以后举家定居新竹。……年轻时曾跟他岳父黄骥云，到大陆畅游名山大川，游览苏州、杭州名胜，后来同他五弟林汝梅游南京等地，……对于祖国传统的庭园建筑之精美，亦留下极为深刻的印象，他欲让这种精美之建筑也出现祖国的台湾。道光二十九年（1849年），他在居住地新竹西门城内购地二十多亩，参考苏州等地传统庭园建筑，自行设计，聘请大陆名庭园师及石匠等到台，兴建了一座别墅——潜园，花资十八万两，费时十年而成。[15]

潜园包括住宅和庭园两部分。园门位于东北角，入园即可见到涵境轩及碧栖堂等建筑。绕过碧栖堂沿着大池向西行，有一濒水的游廊，廊下一边为栏杆，另一边则有各式花窗。游廊尽头接上爽吟阁，乃全园中最精美二层建筑，建于池塘之上，前方附建一类似厢房的水上回廊，回廊中开一小门，小门出来可乘小船游池。池边多以天然奇石陈列布置，清泉涟漪，花木扶疏，加上庭屋设计精致，回廊曲水，楼台亭阁，点缀得恰到其然，处处引人入胜。其中有三十六宜、梅花书屋、掬月弄香、留客处等亭榭建筑，专供暇时读书游乐之用。由于林占梅平时爱梅，园中梅树甚多。每当梅花盛开之时，他便邀请骚人墨客，在园中饮酒赋诗作乐，称为"潜园探梅"，一时成为美谈，并因此被列为竹堑八景之一。园中景物还有钓鱼桥、陶爱草庐、香石山房、小螺墩、兰汀桥、吟月舫、浣露池宿景园亭、留香闸、双虹桥、清浒桥、逍遥馆、林下桥等。各建筑物和景物上，壁雕精巧玲珑，窗联满月，皆出林占梅和名家手笔，那真是一派富丽的境地。[15]

潜园于19世纪中期在台湾盛极一时，后因涉及诉讼，因而使林家家道衰落，清同治七年（1868年）10月，林占梅吞金自杀，死时才47岁，潜园失去主人，自不再有从前之盛景了。[15]

光绪二十一年（1895年）日本帝国主义占领台湾，新竹多次遭到战火，林家退出新竹住处，潜园荒废。[14]藤岛亥治郎《台湾建筑》一书的潜园条云：潜园，为穷奢极侈的富商林占梅于道光二十八年（不是二十九年）修建的宅邸。随着家运衰败而大半荒废，现在（指20世纪40年代）市里留下几幢分散的荒芜住宅家庙。古书上所说的梅花书屋已无从了解，淡水厅志中所描写的"中有水可泛舟，奇石陵立，又有三十六宜、梅花书屋、掬月弄香之树、留客处诸胜"的园林也已荒芜。而新竹古八景之一，仍保留旧貌的爽吟阁今也移作他用。为二层楼歇山顶，围绕前院的砖墙上有一排颇富意匠的窗。[11]

据说现在潜园仅剩下一座红砖门，门额还可见到"潜园"字样，此外别无他物，不免令人伤感。[15]

新竹北郭园

历史上新竹县城北有座古老的庭园叫北郭园，人们都说它可与林占梅的潜园相媲美。[15]

北郭园筹建于道光三十年（1850年），咸丰元年（1851年）兴工建造，凿池通水，积石为山，前后四年才造成，建造它的主人叫郑用锡。郑用锡字在中，号祉亭，祖籍福建金门，其父崇和跟随其祖父唐于乾隆四十年（1775年）迁居台湾……用锡于乾隆五十三年（1788年）端午节出生于新竹。自幼聪明……二十三岁时中了秀才。道光三年（1823年）中了进士，……衣锦荣归，……道光十四年（1834年）由穆彰阿的推荐，郑用锡进京供职，先任兵部武选司，后补授礼部铸印局员外郎兼仪制司，三年后以母亲年老为由，告假还台，读书自娱。……后来郑用锡专心建北郭园，供自己享受。[15]

北郭园因在北门城外，又叫"外公馆"，取李白诗句"青山北郭"而名北郭园。位置幽逸，分内外两处。入园处有钟楼一座，十分醒目。园内花木亭榭、假山、石洞、曲池、拱桥和深院等，与荷花相映，使人有胜景之感。园中的各种建筑，多有名称，其中以北郭园、小壶天、稼云别墅、偏远堂、履中踏和孙芝斯室等尤为清雅。……郑用锡不但建造了北郭园，还定了北郭园的八景：1.小楼听雨，2.晓亭春望，3.莲池台舟，4.石桥垂钓，5.深院读书，6.曲槛看花，7.小山丛竹，8.陌田观稼。后来他还写了《北郭园全集》。在他死后由福州人杨浚纂订刊行问世，它对于研究台湾同胞在发扬祖国传统的园林建筑方面，有很大的参考价值。[15]

这北郭园，虽然昔时的大门还存，但园内面目全非了。由于年久失修，加上公路穿进园内，致使该园改变了模样，除了还留有门楼、稼云别墅和郑氏家庙外，现在别无他物了。如果要了解它的昔日的胜景，只好借助于历史文献了。[15]

新竹适园

在新竹南门街有李济臣的别墅"适园"，风格小巧紧凑，结构风雅。自西南角小门而入，经过缓缓曲折的小径，隔墙看到庭院，来到靠东的正厅（沙瞻堂）。厅堂下面的整个用地北面，东西相连风雅的回廊，曲折迂回，前接庭院。另一幢锄月斋，为颇具意匠的建筑，正面中央为香炉形的窗，左右开花瓶形入口，施以丹青壁画和浮雕，别有风味。[11]

台北林本源邸园

台北县板桥镇的西北隅，有一处旧建筑即林本源宅邸，宅邸内有一座闻名全台的庭园叫"林本源花园"。[16]

林本源并非人名，乃林家家号，意为"饮水本思源"。林家之源在哪里呢？在福建漳州府龙溪县（今龙海县）。林家最早到台湾的是林应寅，他于乾隆四十三年（1778年）从祖家龙溪来到台北新庄，在那里设帐授徒。他的儿子林平侯也在十六岁时到台，林家父子因经营全台盐馆和在南洋各地从事经商活动，发了大财，一时名声四扬。后来林平侯之子林国华、林国芳，选择台北枋桥（即板桥）地方建造弼益馆，后来就成为林本源宅的基础[16]

据籐岛亥治郎《台湾建筑》书中云：平侯共有五子，其中三子本记国华与五子源记国芳最出名。林本源即以此而取名（与林其泉《台湾名园》文中说法小异）。林国华时代因避乱而暂时移在大料崁，但这也并非定论，而咸丰三年（1853年）则迁至现在的板桥，其子林维源历任大官，林家富贵登峰造极。[11]

林本源邸园吸取了北郭园和潜园的造园手法，进一步发挥了巧妙构思，特别是园林部分以其美丽喧

噪于世，此因与台中雾峰林家第宅莱园共为台湾邸园双绝。[11]

关于保留至今的林本源邸宅和园林的修建年代有几种说法，一说是根据林国华迁居时间为咸丰三年（一说四年）；一说当初为简略住宅，后国芳在道光时改建；又有一说后林维源改建等等，这些说法可能都谈到事实的一个方面也未可知。即迁居之时正值兵乱中，林国华以简易住宅即已满足，后经林国芳改建而成今天的旧大厝。由国华、国芳等兄弟的家族居住。到林维源的时代，子孙愈加繁盛，大家族的邸宅有了进一步扩张的必要，加之一门繁荣已极，因此便在这里投入大量经费。在同治、光绪时修建了五进五厝的新大厝。这是最可靠的推测，这样新旧大厝的营建延续了多年，据说为了营建而有个建筑师某待在林家住了十七年。[11]

据说园林也是林维源所建。当初林维源在新大厝建造之前即在当地建造了花园，新大厝建造的光绪十四年（1888年）改建为现在的园林，经过五年到光绪十九年（1893年）时竣工，与造园有关者据说除林维源外还有吕世宜与画家谢颖苏。若根据园内建筑的匾额，则定静堂为光绪元年（1875年），方鉴斋为光绪二年，开轩一笑为光绪三年，来青阁为光绪四年。因此造园主要是在光绪初年，而前面据说的修建时间大概是指后来的改建、扩建工程。[11]

据林其泉《台湾名园（一）》文：维让弟维源于光绪十四年起，历时五年，修起了五落大厝和花园，其总面积竟占当时板桥地区的二分之一，花银五十万两。台北府城垣也是在这前后建造的，花银二十万两，仅是林宅建造费用的五分之二，人们不难想像林宅规模之大了。[16]

林本源宅邸

林本源宅邸位于板桥镇外的平坦田原中，宅地总面积17310坪。宅内分三部分，即西北面的西北向的旧大厝和弼益馆为第一区，南面的东向五落大厝和白花厅为第二区，第一区东面南北方向较长的5500

坪的园林为第三区。[11]

旧大厝在一厅四房的三进三厝前面，由门房和左右的租馆(收租米的仓库)围成宽阔的庭院，但这部分材料低级，从平面来看，大概是后来扩建的。此外在门房前有泮池，横向有弼益馆。厅屋五十三间，包括租馆建筑面积约880坪，弼益馆约150坪。可能第一进是客厅，第二进为正厅(祀神)，第三进为祖厅(祀祖)。[11]

五落大厝(新大厝)前面有墙壁围成的广阔庭院，经大门与中门围绕泮池达第一进。第一进至第二进为一厅六房，第四进一厅八房，第五进一厅十房。第一进为客厅，第二进为正厅，第三进为祖厅，第四、五进为家族用的中厅。这些地方还附有落厝亭子等。厅房共八十多间，建筑面积1200坪。东侧为白花厅，是接待客人用的专用部分。从大门直接进入正面，从第一进的厅门经过院子中央的庑廊达第二进、第三进。二、三进之间有戏台，厅房29间，建筑面积290多坪。[11]

新旧两大厝虽然有着新旧之差，但式样基本相同，足以代表台湾典型的上层住宅。大部分为砖地面或石铺地面，砖墙，部分为土坯墙。纤美的柱子上使用插栱，双下昂，窗子较小，窗框及竖窗格均为石造。厅堂中央部分的地面最高，左右分成两段渐次降低，屋面也相应降下。新大厝的屋脊从第一进至二、三进逐渐增高，第四进稍低，第五进最高。其檐口也最高约为20尺。旧大厝的屋脊两端做成燕尾形，而新大厝则没有。但新大厝的规模则较之旧大厝大得多。总而言之，新旧两大厝前后共八进，排列着翘曲的屋脊，落厝门墙相连，堂皇整齐颇为壮观。而且未受白蚁之害，据传这是因为当初建造时主要材料均为樟木之故。[11]

被颂为"园林之盛冠台北"(见《林平侯列传》)的林家花园，乃当时台湾北部最有名的园林，其式样为中国式。藤岛亥治郎认为：总的来说，它是以曲折的庑廊连接楼亭，或假山或池塘点缀其间。主要是以

人工成分压倒自然，从中试图再现自然美，可是却因此使我们感到过于人工气，而且整个用地上凝聚着暴发户的俗气，结果必然产生使观者因过分刺激而感到疲劳的很大缺点。根据传统，一石一砖皆从大陆运来，特别是石材据说还有远自云南运来的。园内的植物也是珍奇品种，传说其中还有从荷兰运来的。[11]

从住宅部分到园林须经五进大厝的走廊，途中有"汲古书屋"，为一风雅的书室，曾藏书万卷。向左折至"方鉴斋"，占地30坪左右。斋中四合院围着天井，天井中有池塘，池塘上有戏台，斋隔方池与戏台相对，昔时池塘里种满了莲花。这方鉴斋是林家聘请厦门才子吕西村在这里教育子女的场所，有时也作为台北文人聚会寄情吟诗饮酒之所。并可供宾主共赏戏台上轻歌曼舞之美。再经曲折铺砖走廊往北至"来青阁"，为宅中惟一楼房，面积百坪，为园中第二面积大者，屋顶为歇山顶。人们可在此登楼瞩眺台北平野的绿水青山，因此取名为"来青阁"。旁边有小楼，倒塌后未再建。阁前铺大方砖，中央有一戏台，名"开轩一笑"。(林其泉《台湾名园(一)》中云：来青阁前有一座亭子，亭上题有开轩一笑四个字，左边有拱桥，取名横虹卧月。)[11]

再向前面的庭园，在樟树林中有方亭，有圆亭，自成一境。

来青阁前回廊分成两路。若从来青阁右面的廊子进去，先为"香玉簃"，左右为现在的蔷薇园。再向里绕过天井为双菱形平面的"拾级亭"，左面为园中第一大建筑"定静堂"，亦称为花厅，为举行宴会之处，前面的院子铺砖，专开有门。[11]

回至原处若从来青阁右面的廊子向左拐，廊子则曲折上下，廊上亦铺砖路，或成拱桥，移步于此可观望左右，但在这里故意将石块堆砌成山洞状，十分做作。[11]据林其泉《台湾名园(一)》云：定静堂是园中最大的用砖砌成的建筑物，占地156坪，位于中心地带，系用于接待客人和餐宴的场所。在此处，可看到西边那大池的半周岸上屹立着层峦奇峰，那是水

泥糊成的假山，仿林家祖籍福建漳州龙溪的群山堆垒而成。"定静堂"前有迂回曲折、急崖临池的山径，山径上有石门、隧道等。昔时还处处立着佛像和猛熊啸虎的形象，栩栩如生。[16]

再前为观稼楼，前为小亭，周围有刷白的砖墙，成为一区。这里的墙高低曲折极为自由，开有八角形的门，并排列有方形、桃形、钱袋形、纸篓形等窗，构思巧妙为园中第一，这一点取得意外成功。[11]

从这里可看到三角亭，经过一小池即来到大池塘。池中砌石堤，上有途中亭。池畔堆假山表现奇峰深谷，山径崎岖起伏蜿蜒于古树苍郁之中，时而出洞穴，时而攀梯道。但这边也由于拙劣的人工气而显得十分俗气。[11]

过池之半进入园门而来到定静堂前院，这个前院，左右隔断的砖墙中间有园门，门两旁有蝙蝠形和蝶形的窗，衬托着浓郁树木的白墙显得十分秀丽。[11]

林本源宅邸的住宅和园林为台湾高级住宅的代表，特别是园林的精巧和古风，闻名于世。但它也不是全都值得赞扬，局部处理很成功。[11]

林家花园可说是昔日台湾的一处胜景，放射出中国能工巧匠智慧的光芒。可惜的是，当年繁华已不复见，这里只是满目疮痍，连当日的门窗也都丧失殆尽，不免使游观者望园兴叹。[16]

台北的晴园

晴园位于今台北中山北路，环境清幽，在台北市是闹市中的静处。园主黄纯青原名炳南，也叫丙丁，祖籍福建南安县。其父黄元隆于清嘉庆初年从大陆迁居到今台北县树林镇从事农业生产活动，为树林镇黄姓的始祖。黄纯青出生于光绪元年(1875年)，12岁就能写作八股文章，18岁时参加府县的科举考试，均名列前茅，1895年20岁时曾投笔从戎，参加抗日义民军。义民军失败后，黄纯青为了解决生计，只好从事于酿酒业，办起了红酒酿造公司，由黄纯青当董事长，其子黄逢时当董事兼总经理。由于经营得法，此酿造公司的红酒生产占全台湾的三分之一以

上。……黄纯青于66岁时，又举家搬到台北市择圆山之南，建造了晴园。[16]

晴园中建筑分住宅和庭园两部分。住宅包括本宅和别宅。本宅名"青来阁"，取古代改革家和诗人王安石诗句"两山排闼送青来"之意。从晴园可遥望台北县淡水河两岸的大屯山和观音山，确是"两山送青来"。别宅在晴园东北隅的雅静处，绿壁红瓦，前有兰室，后设书房，名"晴斋"，环境清雅，是读书养性的好所在。[16]

整个庭园包括北园、南园和西园。

北园红墙碧瓦，风景尤为宜人。这里百花盛开，果树满园，四季如春。百花中有十姊花、映山红、蝴蝶兰、石斛兰、万年青、雁来红、老来娇等应有尽有；果树有桃、李、杏、橄榄、佛果、木瓜，多种多样。另有藤棚接连，蔷薇满架，芝兰满堂，一派红绿；园中月桂环林，风吹花飘，一片诗意。园中还有一处假山叫"飞来峰"，那是园主人从大陆杭州借来的名字。[16]

南园中引人注目的有"五老峰"，那里遍栽杜鹃，每当开花时节，鲜艳夺目。五老峰下有一池小小的九曲塘，有石桥和峡谷，瀑布自上而下，发出悦耳之声。五老峰上的红紫花开，衬以九曲塘里的绿水涟漪，诱人。"五老峰"不过是一处假山，1950年5月5日，时年75岁的园主人，约了同龄的五位老人，在园里吟诗小叙，并以假山为背景留影纪念。此后假山便被称为"五老峰"，一时传为美谈。[16]

与南园、北园相比，西园的景观较为平常，不过，西园通向南园的圆通门和通向北园的迎曦门，也给游人留下了难忘的印象，那里堆砌的自然石蛋，雅致可观，也是可使策杖寻诗者流连不去。[16]

四、南昌青云圃(谱)

青云圃，位于南昌市南郊十五里许的定山桥附近，是明末清初著名大笔写意画家八大山人的故居。作为这位"墨点无多泪点多"的大画家来讲，他所创

建、经营并在其间隐居二十余年的青云圃，自有它的特色——古朴淡雅而又素静。它是一座声闻中外的胜地，也是南昌在十年浩劫后惟一幸存的古迹。由于近年来进行了修复和整理，这一豫章胜迹，面目焕然一新，充满了诗情画意。[17]

(一) 青云圃的历史沿革

青云圃这座古朴、淡雅而又素静的圃院之地，原为历史悠久的名胜之地。据传早在公元前 6 世纪，周灵王太子王子乔，即在此拓基"炼丹"，为其"修德"之处。到了西汉末年，王莽夺位篡权，社会动乱不宁。当时南昌尉梅子真(福)为了避世，弃官隐钓于此，并经常给当地百姓行医看病，后人为纪念他，建了一座"梅仙祠"。魏晋时代，道教风行，深山绝谷及一些幽僻之所，往往被"修仙慕道"者所看重而僻为"修身炼丹"之地。东晋元帝大兴四年(321 年)，许旌阳(逊)在鄱阳湖一带治理水患，后路过"梅仙祠"，认为这里确实是一块风水宝地，于是"解囊购坞，筑之，树之，且圃且浚"，经过许逊的一番改造，"梅仙祠"的规模扩大了，并谓为"净明真境"，改名"太极观"，这时已初具寺园之形了。据志书记载，盛唐时"吕祖乘青云而来告祥也，越年购地扩之，起方壶之宫，建绛节之朝以事列仙，崇苑宇，置丹灶，以待四方羽客……"。因此推知，规模进一步扩大了，修身炼丹的人，来往也更频繁了。唐大和五年(831 年)刺史周逊更奏建为"太乙观"。宋至和二年(1055 年)，又敕建为"天宁观"。

清顺治十八年(1661 年)，八大山人三十六岁时，由穷僻的奉新山林寺院转回南昌后便在天宁观的旧地上创建起"青云圃"了，青云圃一名自兹而定。经过山人六、七年时间的苦心经营，青云圃成为一座非常幽静秀丽的道院处所，当时这座道院，包括有关帝殿、吕祖殿、许福主殿及方丈堂、斗姥阁两部分，后来又逐渐扩建殿宇，并规划形成了"十二景"(岭云来阁、香月凭楼、五夜经幡、七星山枕、池亭放鹤、

柳岸闻箫、五里三桥、一涧九曲、钟声谷应、芝圃樵归、荷迎门径、梅笑林边)。尔后，十二景又衍为内十景(黍居炼丹、白莲同池、闲锄芝圃、五桂合株、白牡干树、素梅一岛、鹤巢飞身、卧听松琴、岭云来阁、香月凭楼)及"外十景"(七星山枕、龟蛇对戏、涧溪交濡、一涧九曲、五星三桥、钓鱼硚础、柳岸闻箫、上天云梯、老龙窝居、竹林筛月)。可见这时的青云圃，已经是一座很有特色的寺园了。

但是，清嘉庆年间，青云圃又衰落下去，面目已非八大山人在日时可比。据《青云谱志略》记载："迨嘉庆暮年，有令人不堪设想者……道院百间，随风寥落，一片荒烟，不第草木含悲，即文士亦裹足矣。"嘉庆二十年(1815 年)状元戴均元将"青云圃"改名为"青云谱"，以示"青云传谱，有稽可考"。此后"青云谱"之名便沿用至今，而"青云圃"一名反倒不用了。

自八大山人创建"青云圃"以来，三百多年间，该圃多次兴毁，现在保留一些建筑物，大多数是清末民国初年重修的。但就整个规模和布局来看，对照朱良月(八大山人)所编《青云谱志略》中的木刻全图大致还是相似的。进"圃"的第一道门垣，第二道门和垣，基本上保留了清初的面目。几座主要建筑物，就其形式及风格看来，则有所改变。几个大殿由"歇山式"屋顶，改成了地方特色的"封火墙"建筑。变动最大的是斗姥阁，原是歇山式，经民国初年改修，成了"封火栈房"形式，没有阁的特征了。斗姥阁的窗，上边是半圆形放射形花格，显然与整座建筑不相协调，门槛前是规整的半圆形步阶，西洋式意味更浓，旁边的围墙上的漏窗在形式上非常生硬。从这一些看，建筑物或多或少也带有半封建半殖民地的色彩。[17]

新中国成立后，为纪念这位著名画家——八大山人，1958 年筹建"八大山人书画陈列馆"，1959 年 10 月 1 日正式开放。1963 年进一步扩建"青云圃"，新筑了东南角的围墙，并将"吐珠山"包了进来，

"圃"内还扩大了放生池，并建亭筑岸，种树栽花，给"青云圃"增添了不少景色。十年浩劫该"圃"也遭到了严重的破坏，由于近年来的修复，这一古朴幽雅的"青云圃"院重新又新姿焕然。

（二）青云圃的十二景

八大山人创建并隐居期间的青云圃，别具一格，诚如《青云谱志略》中所云："静宇清幽，局致迥俗，不过借人事以完化工。盖环廊爽朗以舒神气，花鸟夹道以见性天，种种借镜鉴真，修行人领会，必少有所补。"

八大山人按照自己的志趣，别出心裁，造出了"局致迥俗"的"十二景"。十二景所含的内容比较丰富，题名比较凝炼，每两景为一对，共分六对。[17]

1. 岭云来阁，香月凭楼。据《青云谱志略》载："吕洞宾乘青云来告祥于圃内，良月（即八大山人）即建阁于此，此青云谱之由来也。"这里所讲"建阁"之阁即"岭云来阁"之阁，所谓吕洞宾乘云一事，当然不可信，但从园林角度来看，筑此阁，以借"岭云"之景，还是可取的。登阁远眺，梅岭的烟云缥缈在望，诚可拓人胸臆，怡悦心目。

"定山桥"在阁前。"香月"一名，与月中桂有关，桂香又素为人所爱。凭栏定山桥，晚看明月繁星，别有一番情趣，且"圃"内又有唐朝"五桂合株"一棵，若值深秋花发，凭桥赏月，香风拂拂，则意味更浓。

2. 五夜经幡，七星山枕。"五夜经幡"一景在殿内，即八大山人的住所，也是他的书斋画室。进门有黎元屏（八大山人老友）所署"黍室"圃额。此室极幽，是隐读挥毫之佳处。八大山人为僧又为道，夜半翻阅经书，泼墨作画的情景，宛然在目。[17]

"七星山"在"圃"之北。此山有七个小丘，宛似北斗七星，形成"圃"的天然屏障。由于"圃"北有此山环抱，使该"圃"的环境显得更加隔蔽而幽谧。[17]

3. 池亭放鹤，柳岸闻箫。"圃"内有放生池，池畔有亭翘然。池亭相映成趣，加之闲放丹鹤，也就更添诗情逸兴了。[17]

圃院的南面有梅湖，湖岸多植垂柳，柳丝拂水，箫声悠悠。此景与"池亭放鹤"相呼相应，若逢春日，近赏远观，令人尘心一洗。这对隐迹避世的八大山人来讲，也是十分相宜的。[17]

4. 五里三桥，一涧九曲。"青云圃"外西南梅湖中有一座三拱石桥。长数丈，名"定山桥"，桥之东有"朱姑桥"，其西有"观音桥"。渔翁农夫，旦暮往来其间。"圃"之东南隅，两条溪流汇合而西，曲折蜿蜒，水光潋滟。桥影波光，与"青云圃"相互映带，彼此陪衬，构成了一幅优美的水乡图。[17]

5. 钟声谷应，芝圃樵归。"钟声谷应"这一景，虽以声响命名，然而山林的幽静和深峭，我们是可以体会得出的，因为钟声只有在幽谷中才有回应。"七星山"与钟楼之间的幽邃之境，因为可闻古钟之声，也就愈觉肃穆了。[17]

"芝圃"，实际上是药圃、花圃的代称。隐居之后，因为有了种花栽药之圃，也就更具有出离尘俗的幽趣。只要设想一下，八大山人自圃边樵苏而归，夕阳冉冉西沉，星月渐渐显露，也就可以悟出山人那种避世傲物的意向了。[17]

6. 荷迎门径，梅笑林边。荷花"出淤泥而不染，濯清涟而不妖"，誉为"花中君子"。八大山人平生爱荷，也常画荷。"荷迎门径"这一景的造出，正可反映八大山人的清净高洁的好尚。

梅花斗雪而开，性耐寒而清幽，这与山人的品格也是极相似的。"梅笑林边"一景与"荷迎门径"一样，同是八大山人心境情趣的体现。[17]

上述的十二景，并不是分割的，而是一景接一景，景景相连，互为陪衬，相得益彰。这些景，或宜春游，或宜秋赏，既有远眺之景，又有近视之色，四时景观不同。山、云、水、桥、亭台楼阁；奇花异草；箫鼓钟声，绘画美、音乐美、自然美和艺术美，

"荟萃""圃"中，这些对我们今后造园造景，也都是很好的借鉴。[17]

五、武汉明清园墅

（一）武汉的建置沿革

武汉市包括自古以来我国重要城镇的武昌、汉阳、汉口，三镇隔长江、汉水成鼎足之势。武昌，旧县名，治所在今湖北鄂城。221年，孙权改鄂县置，迁都于此；229年还都建业。265～266年孙皓又尝都此。都建业时亦于此置都督，倚为长江上游重镇，并先后为武昌郡及江夏郡治所。两晋、南朝时为武昌郡治所。南宋为寿昌军治所。武昌曾是郡名。公元221年孙权分江夏、豫章、庐陵三郡置，治所在武昌，不久改名江夏。两晋太康初又改武昌，辖境屡有改变。唐朝时，方镇名，永贞元年（805年）升鄂岳观察使为武昌军节度使，治所在鄂州（今湖北武汉市武昌）。辖境领有鄂、岳、蕲、黄、安、申等州，相当今湖北应山、应城、汉川，长江以东，河南淮河以南，湖南洞庭湖流域和汨罗江以北地。元朝为路、府名。元大德五年（1301年）改鄂州路为武昌路。治所在江夏（今武汉市武昌）。辖境相当今湖北洪湖县以东的长江以南，鄂城、咸宁、通城以西地区。明初，改为府，辖境扩大至今黄石，阳新、通山、大冶等市、县地。元明为湖广省省会，清朝为湖广总督及湖北省的省会。辛亥革命爆发于此。

汉阳，古城名，在今福建浦城北，又是古县名，西汉置，以在汉水（今贵州三岔河）之北得名，治所在今贵州威宁、水城一带。汉阳又是军、府名，五代后周显德五年（958年）置军，治所在汉阳（今武汉市汉阳）。宋辖境相当今湖北汉阳、汉川及武汉市长江以北地区。元朝改为府。清朝辖境扩大，相当今湖北长江以北、黄陂以西、孝感、汉川以南、沔阳以东地区。1912年废。汉皋，旧时汉口的别称。"皋"谓水边之地，因在汉水入长江的北岸，故名。

武昌最早的城垣建于孙权黄武二年（223年），周长约二里；唐宝历初年（825～827年）牛僧孺任武昌军节度，始用砖筑城，范围扩大（扩大到今彭刘杨路和武珞路西段一带）。明洪武四年（1371年）周德兴任江夏侯，将城进一步扩大（扩大到今中山路），设门九座，城东西五里、南北六里，城高三丈、厚六丈，周长二十五里，规模十分宏大。武昌一直是历代的郡、州、府、路、军的首府，成为传统的地方政治军事中心。武昌东依山峦逶迤，西临大江奔腾，南北湖泊星罗棋布。城内有三台（梳妆台、望子台、楚望台），八井（名略），九湖（菱湖、长湖、安湖、司湖、西门湖、紫阳湖、歌笛湖、校场湖、鄱司湖），十三山（黄鹄山、殷家山、大观山、城山、高冠山、棋盘山、西山、朱石山、凤凰山、花园山、崇福山、胭脂山、梅亭山）之称。还有历代名胜像宝塔、涌月台、南楼、雄楚楼和黄鹤楼。城内有许多州、府、县各级衙门官署以及庙宇、书院、祠堂等。[18]

汉阳城区多易其名，几经变迁。唐武德四年（621年）正式以砖筑城，周长七里城门八座。后因水灾兵乱，多次兴废。最后一次筑城在清光绪六年（1880年），周长五里，城门三座，汉阳城内风景优美，素有十景著称：临漳仙踪、石洋渔唱、双桥流水、驿馆黄花、龙洲芳草、鸦嘴回帆、柳堤观涨、桐岗听雨、柏亭冬翠、桂院秋香。另有十景是：大别晚翠、江汉朝宗、禹祠古柏、官湖夜月、金沙落雁、凤山秋兴、晴川夕照、鹦鹉渔歌、鹤楼晴眺、平濑古渡。梅子山、大别山（龟山）、凤栖山山势不高但险、莲花湖、墨水湖、月湖不深却广，因而芰花处处、林木葱葱。城西古琴台，城东晴川阁，城北大别山，城南鹦鹉洲都有广为流传的民间传说和历史遗迹。[18]

汉阳是繁华商埠，又是佛教圣地，著名的有归元寺、太平兴国寺、栖贤寺等。明成化初年（约1465年）汉水在易家墩上首冲开堤防，取直河道东行，由梅子山、龟山之北注入长江，将汉阳分为南北两地。北地低洼，河水横溢，形成宽阔的后湖和潇湘湖。稍高之处遂有人居住，随姓氏俗称"罗家墩""唐家墩"

等等。汉口在此基础上逐渐形成。据统计，汉水改道六十年内，沿岸即建屋1281间，成一小镇。……汉口城垣建于同治四年(1865年)，留门八座。1840年鸦片战争之后，中国沦为半封建，半殖民地社会。咸丰八年(1858年)汉口辟为对外商埠，十一年(1861年)英、法、日、俄等帝国主义国家在汉口建立租界，经两次扩界，租界面积竟与汉口镇相等，还建江汉关控制了海关。汉口是我国中南第一大商业中心，人口和城市发展迅速。光绪三十年(1904年)人口为24万，1946年增至64万，1948年再增至84万(与此同时，武昌为25万，汉阳9万)。为适应城市向城外湖塘发展，光绪三十二年(1906年)撤除城垣，改为后城马路。汉口的历史不过四百多年，城市名胜古迹很少，加之人烟稠密，地势平坦，故风景较之武昌、汉阳逊色。独有后湖一处别有情趣。清朝，这里是汉口人民喜爱的游憩之地。当地群众素有登高远眺，临水踏青的习俗。……后湖和潇湘湖相连，是老里河的分支。潇湘湖久淤，群众在此种苜蓿、油菜之类，春来一片金黄，故又称为"黄花地"。……到清朝，这里人烟渐盛，多设菜楼酒馆。有白楼、湖心亭、涌金泉等为尤胜者。放眼开去，远山青黛，烟波森渺，朝云暮霞，炫人眼目。红栏白石掩映绿荫，正是：曲曲栏杆矮矮篱，湖心亭外柳丝丝；风翻芍药徐熙画，雨酿黄梅贺铸词。因而有潇湘湖八景之称，即：晴野黄花、平原积雪、麦陇摇风、菊屏映月、疏柳晓烟、断霞归马、囊河帆影、茶社歌声。[18]

三镇的这些特点，决定了不同类型园林的分布。汉口多商人会帮，宅园、会馆园林较集中，武昌为政治中心，故衙署园林、寺庙园林较集中。

(二)武汉地区园林[18]

大抵在明朝以前，武汉地区尚少园墅出现。早期以来随着游览观景的需要，在一些风景胜地陆续建立了亭、台、楼、阁等。如黄鹄山上陆续建有鹤楼、涌月台、石镜亭、压云亭、搁笔亭、南楼等。到了后期，人们逐渐向郊外的风景胜地发展。如武昌向东发展到洪山宝通寺(南宋)、伏虎山、卓刀泉直至灵泉山；汉阳向北发展到莲花湖、龟山、晴川阁、禹王祠、龟山上建青莲亭、揽月亭、望江亭，月湖上建琴台；向南发展到祢衡墓，鹦鹉洲。[18]

宅园的出现是城市发展的直接结果。随着社会经济的发展，城市人口迅速增加，城区也随之扩大。人们所居住的环境逐渐变成车水马龙，甚嚣尘上的闹市。对大自然的留恋和向往成为宅园采取山水园形式的基础，物质财富的积累成为园墅产生的经济基础。明朝末期，即园墅兴建的初期，只是在原来环境条件较好的地方进行简易和零星的改造，选择园址或依山，或傍水，如王秩园(凤楼山)、鲁之裕止园(胭脂山)、徐惶东山小隐(高观山)等。到康熙、乾隆年间，武汉宅园修建渐成风气，也不受环境限制，任选一地围墙成园，凿池堆山，移花植木，处处精雕细刻，使狭小的空间内步移景异，变化多端，如康熙年间的会馆园林。到清中叶，宅园兴建日盛，不仅数量多，而且园林艺术水平也愈来愈高，如著名的怡园、谁园、寸园、紫藤仙馆、蔼园、白园、西园(李宗鲁)、东园(王昊庐)都是这个时期的作品。[18]

武汉明清宅园大多湮没，其原因是多方面的，除了社会原因之外，水、火、兵三灾频繁也是重要原因。武汉历史上多次发生水灾，每次水灾之后，大片房舍倒塌，林木死亡。火灾也多次发生，据自清康熙二十六年(1687年)到道光二十九年(1849年)的一百余年间统计，仅汉口就发生过全市性大火七次：其中嘉庆十九年(1814年)四月，大智坊一次炒药失火延烧十余万家。火灾常随兵灾而来。武汉在军事上的重要地位，成为兵家必争之地，历史上发生多次战争。如清咸丰年间的太平天国保卫战争中，常遭清军火攻；另有张献忠农民起义，刘六、刘七起义都在市内进行过战争。辛亥革命之争，清军冯国璋部举火烧四昼夜，上自硚口、下至纤捐局西北端，市内房屋全化灰烬，"汉界烧起十之有九"，这样杂居其间的宅园当然也不能幸避。[18]

曾宪均《武汉园林史的初步研究》一文中对截止民国20年(1931年)武汉历史上出现过的园林，分王府园林(4处)，陵墓园林(3处)，宅园(62处)，衙署园林(2处)，寺庙园林(3处)，会馆园林(7处)，风景名胜(8处)，别业山庄(6处)，新式公园(8处)，共103处，按类别、序号、园名、园主人、地点、最初出现时间各栏填入成表。该文重点介绍了陵墓园林之一的昭园，宅园中谁园、刘园、怡园、霭园、寸园共5处，会馆园林的豫成园和怡神园二处。

谁园

位于汉口长堤街唐家巷。建于清乾隆五十年(1785年)。园主供檀字旆林，清嘉道年间盐商。园内辟荷池，宽盈十丈，水中筑台建得月亭，柳堤环池，过柳堤，由曲桥可达得月亭，桥为之字形。园内主景为问青阁，是宴客赏景最佳处。阁前植梅，环以青竹百竿，其后有松林，俨然一幅岁寒三友图。园内大树参天，花木繁茂，尤以养孔雀为奇。谁园养孔雀成群，常结队而行，全不惧人，悠闲于牡丹芍药花丛间。据载，初时仅雌雄孔雀各一，数年之内即孵雏成群，皆羽毛金翠，翎长达三、四尺，常在春日和煦之时，对客开展。成为谁园胜景之最。[18]

怡园

位于汉阳莲花湖北侧。建于清乾隆五十四年(1789年)。园主包云舫，字退裕，江苏丹徒县人，盐商兼书法家和字画收藏家。乾隆末年由其胞侄司马祥高协助，在汉阳东门外购朱氏旧园建怡园。怡园湖山石峭，花竹径纡，泉瀑交流，松桂夹道。亭馆池沼，结构都非尘境。其中绿波山房，最为疏敞，图书弈鼎错陈其间。怡园由住宅和宅园两部分组成，住宅在北，花园在南，四周围墙高可八尺，有月洞门与外相通。园中池山，围以长廊，环林莹映，芳草平敷，"一石之安，必权其高下，一木之植，恒量其深浅"，因此园中景色变化多端，有十二景之称，即：亭北春红，廊西秋碧，仄径竹深，澄池荷静，薇架花香，蓉

屏月影，小山丛桂，曲蹬古梅，巉石洞天，悬岩瀑布，平台歌舞，高阁琴书。其中高阁琴书即指绿波山房，为全园主景。[18]

霭园

位于武昌花园山西侧崇福山麓。建于清乾隆年间。园主刘居士。当时的江夏府学使吴白华题门额"霭园"二字，江夏府通判刘纯斋(字锡嘏)为之作记。霭园占地约十亩。周围建有虎皮围墙，其间以竹篱分隔之。园以山林野趣为胜，分南、中、北三园。南部花园，门首建花园以点"花园山"之趣，门西向，有祀花祠对之，供有花神以佑百花，北有"来鹤"茶室，为待客品茗之处。园内奇花异卉，蔚为壮观。[18]

中园为全园最高处，从南门东北角北进，在青石蹬道进"梅苔荷露山房"，向上登达"佳山草堂"，堂建于清乾隆五十八年，(1793年)，落成之日刘纯斋、吴白华应邀出席庆贺。佳山草堂地处高爽，坐堂中放眼开去，江城景色尽收眼底：北有凤凰山、南有胭脂山、蛇山，东有花园山，大树参天，西有龟蛇夹江。……堂后有"丹梯百级"上"小天台"，登台更上一层楼，"凭高四望，疏畅洞达。"近则大江之环流如带，芳草如袍；远则七泽三湘，当日群雄角逐之场，骚客行吟之地，英伟奇杰犹恍惚于耳目之前，从小天台西去，为"白华亭"。[18]

北园自成幽邃静雅之所。入门有小径曲折，尽端为"一池秋水半山房"，堂东有一泓清水，池周林木茂密，俨然尘外。堂西依山建有吸江亭和春草亭，林荫深处，凉意袭人，实为避暑佳处。[18]

光绪中期霭园渐荒，独"霭园"二字门额犹存，光绪末年，刘居士后人刘宝臣供职学部，绘制有"霭园画"。

寸园

位于武昌胭脂路78号，建于清同治七年(1868年)。园主张月清，字凯嵩，清中业进士，任粤西县令，后任云贵总督。同治七年因病退休回武昌，买得姚氏宅定居，宅南有空地一角，约亩许，营园以隔闹

市。园内以假石山居中，名为苍玉堆，石料白皙如玉，周围杂植花木十余株，"四时之花悉俱焉"。苍玉堆北为"有事无事斋"，为起居室。斋西有晚秀亭，亭南有亚字轩，为请客设宴之地，出轩有步廊可循，廊角有紫荆一树，春来花开满。全园虽小，但主景突出，植物布置得当。张凯嵩自作园记解释园名曰："今退老是园，寸木拳石，可以怡情，寸晷分明，可以习静也，余不欲诎寸而进尺，累寸而成丈，亦得寸则寸而已，故以寸名吾园"。[18]

豫成园

位于汉口长堤街药王庙，建于康熙二十七年（1688年）是河南怀庆会馆附园。分东花园、西花园和后花园三部分，怀庆会馆是河南潭怀地区的一个中草药商帮会所建。该地区是孟县、温县、济源县、沁阳县和武县一带，历来以产"怀药"著名。相传怀庆村人孙士淼为"药王"，是他发现和推广使用了"怀药"。怀庆会馆由潭椿园，陈荆山为首，集"怀药"商之资建成。乾隆三十年（1765年），会馆改为药王庙供奉药王孙士淼。庙内有戏楼、前殿、正殿、二程夫子殿和财神殿，回廊环之。正殿之后有西花园。东花园为最大，是主要宴客之所，园内有山、池、亭、楼，以池为主，亭配之。亭多座，方圆不等，以廊联之。园东南有假山隔墙，植以薛荔藤架，北为药楼。地势起伏有势，岗峦迤逦。山岩玲珑，古槐漫天，另有大女贞数株，冬夏常青，花香四溢，籽可入药，甚为壮观。其余植物，配植得体，以致园中四时有景："春则东阁红焉，夏则北窗绿净，秋则月娟山馆，冬则雪聚林皋"，"四时不改其乐"。登楼远眺，山色青黛，落日余晖葱郁，院落参差，确为"慧斐之园，离垢自辟畦町，太崇之馆，逍遥别有天地"，清嘉庆十九年（1814年）汉口著名诗人程秉为豫成园作记，文体严整，措辞华丽，轰动一时，药王庙特地将这篇园记刻于碑，嵌于墙内。豫成园到1948年时，花园、假山、荷池、半山亭、花神祠和园记碑尚存。现被民房和小学分占之，但依然有山石、殿柱和高墙

可辨。[18]

怡神园

位于汉口长堤大夹街一带，与药王庙相去不远，建于清康熙四十二年（1703年），但咸丰四年（1854年）毁于战火，同治九年（1870年）重建，光绪二十一年（1895年）完工，共建二十五年之久，总投资白银二十七万两。怡神园系山西、陕西会馆附园。会馆分中、西、东三部分，由夹巷相隔。中部为主要殿堂，大门前建有旗杆水池。从东西两门出入前庭，东门匾额是"德参天地"，西门匾额是"明竞日月"。门厅前左右石狮对峙，门厅之上为戏台，过前院有拜殿，左右各有钟楼。北行有正殿、韦驮殿、左右碑亭、春秋楼和佛殿，建筑严谨对称，气魄宏大，为会馆主要礼仪和议事场所。西部有七圣殿祭台，文昌殿和吕祖阁，为祭祀之所；东部为怡神园。花园居中，南为东厅、魁星楼，北为逍遥楼、戏台台房。沿东巷北行，巷辟两门，一达东厅，一达花园（花园长6丈8尺，宽6丈4尺，面积约0.7亩）。由东厅右后小门入花园接以回廊，文以雕栏，廊尽一亭，额曰"怡神园"；之北楼三楹，左三楹为逍遥楼，右三楹为财神殿之戏台房。园中叠石为山，曲折玲珑，山下穿一石洞以通曲径。洞口凿月池，横架小石桥以达平地。山下有径可通，上构六角亭，杂以花木蕉桐，绿荫匝地。山尽至墙隔，因势支半亭，循墙而西而北，一亭额曰"漱芳亭"，亭依东厅后墙之小厨房。园之后左为天后殿，右为财神殿。

第三节　岭南明清园墅

一、岭南古代园林与庭园

（一）岭南历史沿革

岭南地区名，即岭外（从中原人看来，岭南地区在五岭之外，故名）、岭表（唐刘恂著有《岭表录异》）。五岭即越城、都庞、萌渚、骑田、大庾五岭的

总称，在湘、赣和粤、桂等省区边境。五岭岭名有不同说法，一说有揭阳而无都庞。裴渊《广州记》将揭阳岭列为五岭之一，以代替湖南、广西界上的都庞岭。从地区上划分，岭南主要指广东、闽南及广西南部。这些地方峦岭叠翠，川流千派，濒临沧海，气候温和，物产丰富，环境宜人，古时同属九州之一的扬州管辖。

西周时期，岭南还是未开化的地区。春秋末年，越为楚灭，越贵族从中原南逃浙、闽、粤、皖南、台湾一带，建立越国。后人以其建都名分称东越、闽越、瓯越、西越、骆越、南越等，统称百越。秦始皇统一中国后，北筑长城，南平百越，并将中原因犯和几十万平民强行充军迁居南方，以此来稳定统治南方局势。秦于其地置桂林、南海和象郡。秦末，龙川令赵佗兼并三郡，建立南越国。汉武帝元鼎六年（公元前111年）灭南越，设置九郡。岭南亦是道名，唐贞观十道，开元十五道之一。开元时治所在广州（今广州市），管辖范围约当今广东、广西大部和越南北部地区。后又为唐方镇名。

（二）岭南古代园林

据记载可考，岭南园林始见于南越，当时龙川令赵佗，乘秦朝郡尉任嚣去世，借故废弃秦官，自称"蛮夷大酋长"，建立南越国。他效仿秦皇宫室苑囿，在越郡番禺（今广州），大举兴筑宫苑，开始了岭南宫苑史的一页。汉高祖刘邦为重新统一南国，以安抚政策使赵佗归顺，赵佗的兴筑宫苑，不得不收敛，未得进展。[19]

到了唐末五代十国初期，刘陟（又名刘岩，后自改刘䶮），乘中原战乱之机，自立南汉，917年自称大越皇，建号乾亨元年。他"广聚南海珠玑，西通黔蜀，岭北行商，咸至其国"。继而在南越皇朝原址（广州），大建南汉宫、甘泉苑、御花园——仙湖，其幅员之大，几乎占去半个广州，到现在还遗留一些残迹。

广州教育路南方戏院花园（近代称"九曜园"）水

石景，就是当日仙湖中"药洲"的一部分。九品怪石仍完好可见。从现存遗迹看来，用岩巉的湖石、小堤和石洲等，准确地衬托出"洲渚"水景型的特征，可以说明古代岭南造园艺术已经有很高的水平。宋、明代，"药洲"这一部分仍然是岭南著名的庭园，常为士大夫们雅集之地。米襄阳在"九曜石"上题刻"药洲"两字，至今还保存下来。[20]

清朝檀萃《楚庭稗珠录》卷二载药洲条云："广州使院尚有药洲遗迹，九曜石在洲中，今仅存八。其一在藩署东院，上刻药洲二字，米元章书。旁有词，漶漫难识。八石多宋人题名（康熙丁卯，即1687年，张学使明先疏池扶石，筑亭于中，颜曰'拜石亭'，更洗出石刻，抄录之）。昔刘䶮凿湖于中为洲，聚方士炼药，今仙湖、九曜、西湖、看莲诸街，皆湖旧境，宋人所题：'步自葛仙洲，煮茶景濂堂，采菊筠谷，榜舟九曜石下'。摩挲前贤题刻云云者，想见脂膏腻身时，士大夫犹得借处一泓，散朗心神，略指贪泉之浊。今则瓦居鳞次，巷狭担多，门外杂沓，'虾酱'、'豆腐'声叫唤不绝。回忆许彦先，'花药氤氲海上洲，水中云影带沙流，直应路与银潢接，搓客时来犯斗牛'。天上人间何变化乃尔耶！"

根据另外一些集书资料，现广东省科学馆内的"九眼古井"，就是当年甘泉苑汲用的龙泉井，现体育馆（体育馆于2002年已拆除，现建锦汉大厦）旁的流花桥，亦是当时皇宫妃嫔出没之地。南汉当时宫苑奢华程度在《五国故事》中有这样的描述："作昭阳殿、秀华诸宫，皆极瑰丽。昭君殿以金为仰阳，银为地面，檐楹橡桷，亦皆饰以银。殿下设水渠，浸以珍珠，又琢以水晶琥珀为日、月，列于东西二楼之上。"《十国春秋》中记刘铱建万政殿奢华更甚，一根殿柱就用银三千两，还以银殿衣，间以云母，瑰丽奇绝。此后，由于没有再现得逞的土皇帝。岭南皇家园林就销声匿迹了。[19]

（三）岭南民居与庭园

岭南民居有庭院的出现。可以追溯到汉朝。从近年广东出土的两汉建筑陶器，可以看出那时的居室与庭院的关系。例如广州东山象栏岗出土的陶屋，底层平面呈"H"字形状，中间为厅，四角为室，厅前后为院，后室和后院有墙洞相通，可能是作圈栏养畜用的。其他出土陶屋，有的院子位后成"凵"形状；有的居中，两旁为室，成川巷；也有的底层作圈栏，二层天台作院。这些形式在今天的民居中仍可见见。这说明用院子作为居室通风换气、采光和利用周围居室阴影，促成院子降温以改善环境的做法，岭南祖先早就采用了。尔后，逐渐形成了有前后庭院、进深多房以及间以小院的单开间民居(粤中的"竹筒屋"、潮汕的"竹竿厝")，双开间的"明字屋"(粤中)、"单佩剑"(潮汕)，三开间的"三间两廊"(粤中)、"爬狮"(潮汕)、"门楼屋"(客家)，还有纵横发展成"双堂屋"、"三座落"、"四点金"、"四角楼"、"围拢"等民居形式。这些民居大都是坐北朝南，各座不但有前庭后院，其中还多有各式院子(内院、侧院、小院、夹院、天井、通天等)组合各厅堂斋室、厨厕圈所。各座民居之间的间距甚小，组成巷道。日间巷旁两屋山墙相互掩映，夏季主导的南风、东南风，顺堂顺巷而贯，成为炎热季节改善气温的"冷巷"和"穿堂风"。这与北方民居中置大院四方围闭御寒的四合院是很不一样的。此外，有的前置水池(或溪流)，后倚山岭；临水的或悬挑支吊，居山者或顺坡跌级，顺势围拢，或沿坡披梭而盖，都有南国特具的轻盈畅朗格调。[19]

当民居各宅和主要庭院扩展到使起居环境更为舒适和更为优美的程度，岭南庭园即应运而生。岭南庭园与江南宅园不同，它不是在住室的一侧，或前或后，独辟一个游息生活境域，而是与住宅建筑相结合或有一定分隔。夏昌世、莫伯治在《漫谈岭南庭园》一文中说："庭园的功能是以适应生活起居要求为主，适当地结合一些水石花木，增加内庭的自然气氛和提高它的观赏价值，因而庭园的空间一般来说，是以建筑空间为主，山池树石等景物只是从属于建筑；假如

没有周围的建筑环境，园景就会失去构图的依据，水石花木也就不能成景了。"[20]

岭南庭园，除了"药洲"而外，较古老的庭园，已无痕迹可考，即使系明末清初的也只是传说罢了，现在的庭园实例，最早为嘉庆、道光年间，或晚至宣统年间修建。广东中部诸县中庭园著称的有顺德的清晖园，番禺的余荫山房，东莞的可园和佛山的十二石斋、群星草堂，人称"粤中四庭园"，此外潮汕地区存有九处庭园，人称"粤东庭园"，用粤东两字表明广东省东部是不妥的。虽然"粤"是广东省的简称，但粤东也是广东省的别称。古有"两粤"，作为地区名，和"两广"(广东和广西的合称)同义。广东、广西本古百粤(百越)地，故又别称粤东(广东)、粤西(广西)，合称两粤或两广，一直沿用至今。

二、广东中部庭园

清晖园

清晖园位于顺德大良镇华盖里内。华盖里一带在宋朝以前为碧鉴海岸，属冲积平原，地势低洼。清晖园建园年代未见有确实记载的史料，传说是明末大学士黄士俊的一所花园。至清初乾隆年间，因黄家逐渐衰落，把该园卖给龙氏碧鉴海支系二十一世孙龙云麓。该园归龙家后，由龙云麓传于其子龙廷槐和龙廷梓。自廷槐、廷梓两兄弟分家后，该园被分隔成二个小园。中间园属龙廷槐(即清晖园)，两侧小园属龙廷梓(后此两小园被称为"广大园"和"楚芗园")。[21]

刘苹苹在《广东顺德清晖园》一文中指出有关顺德清晖园记载，原有龙氏碧海支系二十二世孙龙廷槐传下的《清晖园图记》(国画有记)惜已遗失，而只有在龙廷槐曾孙龙清惠所著的《五山草堂初编》中写道："我园清晖，在城南隅，有馆有池，八九亩余。中植嘉木，千百为株，色花声鸟，四叙周如。以鸣我琴，以读我书，畦蔬初熟，酿厨盈壶。兴来不浅，弄翰执觚，抗古慕哲，风于唐虞。"[21]

据现顺德县中医院名老中医潘定宇先生在民国

时期抄写《清晖园图记》文字记载："清晖园原是大学士黄士俊的一所花园，建于明末天启辛酉年(1621年)，成于崇祯戊辰年(1628年)，至清代乾隆年间由龙云麓购得"。又原楚芗园荷亭前柱有对联："荷盖无光难作镜，藕丝如线不胜针"。此对联曾经龙笙陔、龙清惠复写过。龙笙陔复写时，曾题书曰：此原作是明大学士黄士俊所写(但此复写联已遗失)。[21]据潘定宇老先生抄录的图记文字，有始建于天启元年和成于崇祯元年的记载。似乎可肯定园建于明朝，到清乾隆年间归龙云麓后，又加以改建扩建。荷亭前柱对联，据龙笙陔复写时又题书此原作是黄士俊所写。黄氏家族的祖祠还在清晖园所开大门停车场外，前几年才改成停车场。根据上述资料来看，清晖园很可能是在黄氏旧花园的遗址上所建，自归龙家后，如前述，由龙云麓传与其子龙廷槐和龙廷梓。自廷槐、廷梓两兄弟分家后，该园分隔成二个小园，中间属龙廷槐(即清晖园)，两侧小园属龙廷梓(即广大园和楚芗园)。嘉庆年间，龙廷槐弃官南归后，在园中大兴土木，并请武进李兆洛于嘉庆丙寅秋(1806年)书写"清晖园"三字，塑于园的正门上方(原书是用宣纸写，与现门上的字一样大小，民国前一直悬挂在碧溪草堂正厅墙上，现已失落)。至于现存建筑物的最早年代，在碧溪草堂廊下槛墙部位，有一块阴纹砖刻竹画，上面有文字记载："未出土时先引节，到凌云处也无心"道光丙午(1846年)冬日作书字样，可见草堂在道光年就有了，其他题匾可查的，有归寄庐的题匾，为咸丰戊午年(1838年)，探花李文田所题。花㽖(音纳)亭题匾有简介此亭重建的情况，并写明日期为光绪戊子年(1888年)。[21][22]

清晖园从龙云麓传至第四代龙清惠，因多次改建、扩建，逐渐形成一完整的格局。但自抗战沦陷期间，因主人龙清惠死后，该园逐渐荒芜。且因年久失修，至建国前夕，已是十分破落。建国后，人民政府进行了修葺，1959年又进行重修，并将广大园、楚芗园与清晖园合并，扩大为新清晖园。(图11-2)。[21][22]

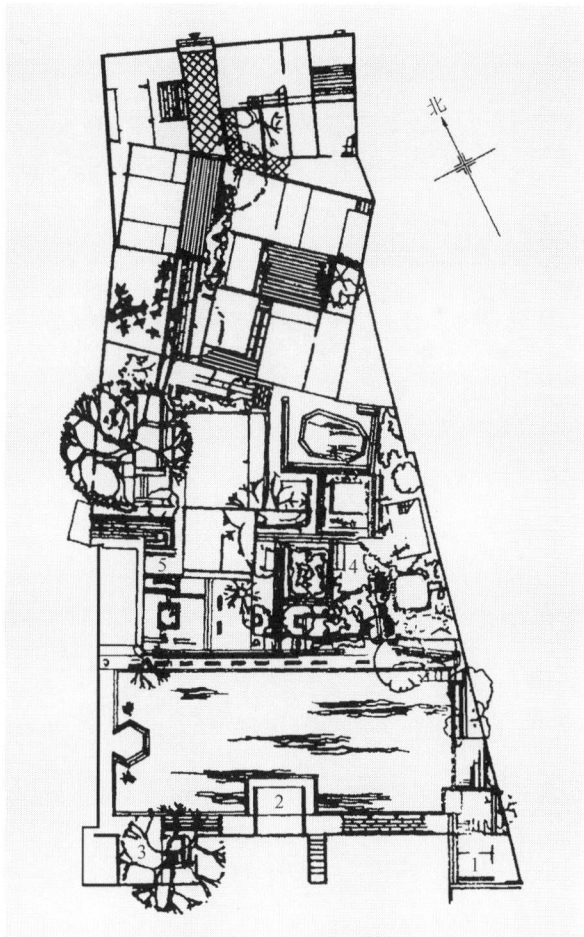

图 11-2　清晖园平面图

1. 入口和门厅；2. 澄漪亭；3. 碧溪草堂；

4. 狮山；5. 绿云深处

原清晖园有东、西两个入口。由华盖里进入即为西门，现清晖园东部为植有各种珍贵花木的花园(广大园)，中、西部可合而分为前、中、北三部分。前部以长方形水池为中心，池南有临水的澄漪亭、池西有半六角亭，池西南有碧溪草堂以及西池(楚芗园)的荷亭和水榭；中部则是由花㽖亭、船厅、惜荫书屋、真砚斋等建筑所组成，为全园精华集中之处；后部为居室的归寄庐、笔生花馆和其他辅助建筑组成。这三部分虽然利用围墙、走廊、建筑等把其分隔成气氛、形状不同的三小园区，各具特色，保持相对独立性，但隔而又似不隔，相互渗透连通，成为一体。

从正门进厅，厅内运用精致的屏门划分成三个形状、明暗、虚实不同的小空间，增加了层次，过厅踏入"绿潮红雾"门，顿觉豁然开朗，清晖园前部中部各景，一一展现在眼前：由北望去长方池西六角亭、池南澄漪亭依水翼然；假山洞门耸屹；花㟅亭透过竹窗隐现；园中绿树成荫，建筑高低错落，确是一派山林中"绿潮红雾"的景色。[21]

清晖园前部一个开阔的长方形水池为中心，围绕水而布置亭、堂。沿"步步锦"窗框直廊到澄漪亭，为长方形，它伸出水面，南北两面开窗，东面为开敞的屏门，周围有廊，廊依水而建。在它的旁边，还有一小门，可登几级石梯上到望街台瞭望。长方形池西有临水半六角亭，亭旁双株水松，别有风趣。池西南退后有碧溪草堂。草堂为道光丙午年（1846年）所修建。它的正面是以木雕刻镂空成一组绿竹石景的落地罩，中露圆门，两旁是玻璃隔扇，每个隔扇裙板上有48个不同形状的"寿"字，隔扇旁侧是一砖雕竹石画，名曰："轻烟挹露"。碧溪草堂前有美人靠傍临池水，堂右角又有古老龙眼树荫遮压角，隔墙西为楚芗园，有一个近方形但南岸为折线的水池。水池中有荷亭，有曲桥联岸。方池两侧有水榭，长方形，实为长方亭，它半边跨在水中。岭南庭园的亭、榭，常互相混用，其实，将水榭的隔扇去掉，就是水亭，水亭装上隔扇，又成为水榭了。[21][22]池外周种植有番石榴、荔枝、黄皮、龙眼、芒果、荷花、玉兰等。惜方亭与水榭现已拆去。

中部船厅是该园的主体建筑之一。它的设计别出心裁，造型仿照珠江上的"紫洞艇"式样，并按庭园艺术手法作了若干的修改。船厅为两层建筑，平面作长方形，立面全部采用开敞式隔扇，二楼挑出平台，平台栏杆的花纹，作成波澜起伏的水纹装饰，凭栏俯视，水波荡漾犹如船舫亲临河畔。船厅的内部装饰典雅，花罩是用两排芭蕉作为题材的浮雕，上面还有几只蜗牛爬行着，两旁窗扇花纹是选用了层层叠叠的翠竹，突出地表现了岭南风采。船厅西侧有较大型掇山，称虎踞龙盘，掇山上有石级可登船厅二楼平

台。登上船厅平台，前望半六角亭伸出水面，澄漪亭侧影池中，东望花㟅亭与狮山咫尺在望，隐没在丛树群峰之中，回首楚芗园，池水平波，临池设立的亭榭和弯曲的水廊都近在咫尺，前中部诸景尽收眼底。[22]

从前部长方池到船厅有两条路线，一是从池南经澄漪亭，北折半六角亭，出廊门可到船厅。一是从池北通过石屏门洞到达花㟅亭，绕过狮山，向西北走去，也可到达船厅。

布置在前部中部交界上的石屏门洞，以大自然中山洞为蓝本，由英石叠砌而成，造型如同落地罩，也称石屏，石屏门既分隔了前部、中部，又起到避免开门见山一览无遗的作用。

花㟅亭区的亭建于山石上，正方形。亭旁半坡上置有一组主要观赏石景的狮山，由一个大狮作主峰，两个小狮作次峰，故称"三狮会球"，用英石砌成。狮山的三个狮头各向一方，其中大狮雄踞主峰，挺胸昂首，气概非凡。两只小狮前扑后爬相互呼应，造型新奇自然，有栩栩而生、呼之欲出之感。狮山周围种植许多名花奇树，绿叶遮天，在花木掩映下把狮山衬托出更为雄伟。[22]这一小园区，在空间层次上，主要是以路旁八角花坛来做近景，狮山为中景，花㟅亭为远景。各景层次配合协调，整个空间显得丰富深远。临近亭前，因路狭小，设立石景之地又略为提高，人立于石景之下，抬头观望，其石大有飞舞、突兀之气魄。倚坐亭中，向四周瞭望，一组组不同的景色尽观眼前。亭前三石狮横卧，棕竹、桂花丛丛，竹窗外，六角亭、澄漪亭隐现……整个小园显得苍秀幽静，入秋时桂花飘香，确是一个吟诗作画的好地方。[21]

从花㟅亭花坛的小路北行，便到了以真研斋（真砚斋）为主体建筑的院子。真研斋是作为读书之处，这座建筑装修朴素，雕刻生动，特别是正面槛窗、槛板上所雕的八仙工具图，更是逼真动人。槛窗之邻，是几扇各雕刻有"百寿"字的门扇，人们俗称它为"百寿门"。[21]

真研斋后面是归寄庐这组建筑群，在归寄庐正

厅上方悬挂着一块咸丰戊午年(1858年)探花李文田所书的"归寄庐"三字题匾，这三字把园主人南归筑庐于此的意愿表达出来。这组建筑，主要是以过廊联系之。在与后院与两侧笔生花馆相隔之处，匠师们采用屏壁式假山作为间隔。不过，从假山的透洞，仍可隐隐约约看到后院景色，然而可望而不可即，只有顺着安排的路线从后走过，才能到达笔生花馆。

穿过归寄庐侧楼，在楼门正中对面，筑一花坛加以点缀，由花坛左折，过一小园门，便见一棵黄兰树，苍劲耸秀，浓荫蔽日，大增后院深幽之感。穿过黄兰叶丛向北上仰望，有一架空式平台高高在上，是每年龙家在端午节观赏龙船之处。[21]

到了这个后院，人们正以为已到尽头。山穷水尽疑无路之际，但通过一个小门，使人发现一条由狭长巷路和建筑、石景所组成的，与前面完全不同气氛的空间。正由于空间本身的狭长，又再加紫苑园门把远处的景色摄取进来，使得这里更显得深幽远邃。巷之右，就是笔生花馆区，正可谓"柳暗花明又一村"。[21]

笔生花馆的馆名取材于唐朝诗人李白孩童时曾梦过笔头生花，后来成为才子诗人，借此来希望子孙后代能登科成才。从笔生花馆的正厅向外(东)展望，对面是一幅依墙叠掇的山石景和棕树、竹子构成的立体画面，映现眼前，使人居于室内，宛如置身于外，室内外空间互相渗透，融为一体。[21]

笔生花馆的对面(西面)是一座假山，名曰斗洞。以古人曾有"既有狮山，必有斗洞"之说，清晖园既有狮山，就应有斗洞来解释。斗洞的来由:[21]斗洞是一座内容十分丰富的山石结构物。斗洞上有山峦起伏的群岭，有姿态峥嵘的岩壁，它造型峭拔挺秀，是一座人工塑造的自然山石屏障。斗洞的处理，打破了归寄庐与笔生花馆两组建筑形成空间的单调感，使两组贴近的建筑物拉开了距离，扩大了空间。笔生花馆右侧紫苑之旁又特植芭蕉，与圆门门两旁的芭蕉灰塑相呼应。紫苑之背叫竹苑。园门附近有丛竹片植，它与竹苑相互呼应，使建筑物遮映适中。[22]

从紫苑门望去，正对船厅后楼侧墙有一紫色漏花窗，托着一棵姿势优美的金黄色叶的三捻树，形成一组优美景色图。[21]

由紫色漏花窗隔墙的小门进去，再沿廊前进，便是"绿云深处"。在此处，凭栏可小憩，又可观池中之鱼。"绿云深处"之邻便是船厅。船厅下与碧溪草堂横廊的交接处，设置了一奇异黄蜡石，蜡石之上悬挂一幅写着"小蓬瀛"的横匾，借此来揭示全园的意境，同时也利用蜡石的点缀，打破了转角处封角和单调之感。绕过此石，循长廊前进，经半六角亭，左折至澄漪亭。过了澄漪亭，便是园的结束处。在此，再以"响瀑泉"三字的设置来作为尾声的延续，使人游完清晖园，仍不觉得园的终止，仍是尽而未尽，余味无穷。[21]

东部广大园主要种植各种珍贵花木和果木。树木有白兰花、荷花玉兰、菠萝、大叶榕、紫薇、相思树、凤凰树等。果木种植也较多，有龙眼、荔枝、蒲桃、凤眼果、沙梨等。现园作为县招待所，门开在北，建有接待室、办公室、会议室、南楼和餐厅等。进北门，迎面一株玉堂春(白兰花)，高丈余，花大如碗，晶莹若玉，白蕾点点，花香四溢。园南部有七角形池，称劈裂池。[22]

清晖园的园地，只有5亩多，建筑密度超过40%，植树理石疏密合宜，小中见大，不论从庭园布局、建筑形式、装修艺术等方面，都富浓厚的岭南庭园特色。

余荫山房

余荫山房位于番禺县南村，始建于清同治五年(1866年)，历时五年完成。园主为该村地主邬燕天。山房园地的面积仅有三亩。但堂、榭、亭、桥、曲径回栏、莲池山石、名花异卉，各色俱全。它主要突出以水庭为中心的景区(图11-3)。

余荫山房由南面一座并不显目的青砖宅门入内，过门厅迎面只见小天井后有砖雕漏窗一幅。小天井东

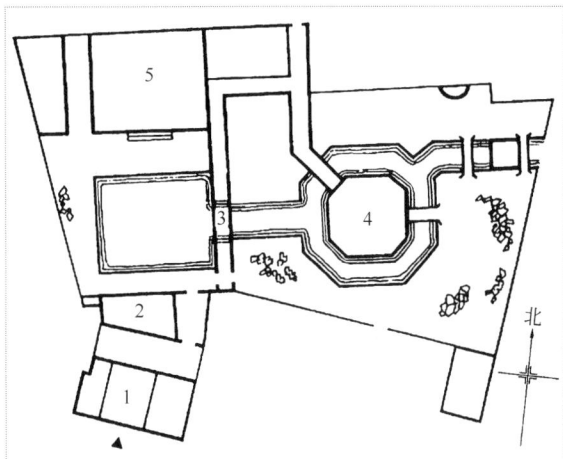

图 11-3　余荫山房平面图

1. 门厅；2. 临池别馆；3. 浣红跨绿桥；

4. 玲珑水榭；5. 深柳堂

侧有一园门，即"留香园门"，门内对着一株蜡梅花，宛如一幅画，花开时异香扑鼻。北折经过两旁迎立的翠竹，见到一座中门，门旁对联一副："余地三弓红雨足，荫天一角绿云深"，这就是山房真正的园门，进宅门经过曲折相连的三个小院才到园门，丰富了层次。[22]

山房园分为东西两半部。西半部中央是近方形石砌的荷池，池北有一座"深柳堂"，面阔三间，是全园的主体建筑。堂内开敞，装饰雅致，题材多样，有百兽图、百鸟归巢图案，迎面的檀香木雕屏风上写满名人书画。深柳堂门前两侧各有一株年逾百年的榆树，它和两棵粗壮的炮仗花相牵缠，花开时金黄色的花朵和绿绿的叶子，铺满了堂前的庭院，并且下垂到地面，使深柳堂景色增加了富贵堂皇的气氛。水池西边围墙夹墙中，满植青竹，称为"夹墙竹"。竹叶翠绿，使庭园犹如置于绿云深处。水池南面，对着深柳堂为造型简洁的"临池别馆"，与装饰雅致的深柳堂一简一繁，一主一从，形成明显的对比。

山房东半部，中央是一座八角形的"玲珑水榭"，立于八角形水池之中。但水榭体形较大，似嫌臃肿，水榭八面全部装上明亮的玻璃窗。水榭之东沿园墙布置了一组假山石景，由数组峦、岩、峒构成，

可惜这组石景已毁；八角形池东北出水，跨水有一石桥，再东一座跨水建筑为孔雀亭。过石往北，贴墙有半圆亭。[22]

东西两半部景物，通过名叫"浣红"、"跨绿"那座廊式拱桥有机地结合在一起。方池和八角池两水相通。桥廊两边檐廊下，还用精致的木雕挂落装修，它使两侧水面上的空间似通似隔，增加了水面的辽阔和水源的深度。当人们站在拱桥的无论哪一边观看一边，都可收到"桥外有池"的效果。拱桥的廊柱间还有依空背靠，既可休息，又可眺赏。

瑜园：余荫山房南面紧邻着一座稍小的庭园，名叫瑜园。它是一座两层庭院式建筑，面积 415 平方米。中部底层有船厅，厅南有小方池一个和拱桥；二层为楼，可俯览余荫山房景色。瑜园现亦属于余荫山房。[22]

可园

可园位于东莞县城西博厦村，园主张敬修(字德圃，亦写作德甫、德父)，清道光四年(1824 年)生。他用钱捐了同知(相当县长)，道光二十五年(1845 年)到广西做官，因捕获思恩县农民起义领导人，升为正式的庆远县同知，官历平宋、柳州、梧州、思恩等地知县。他名义上自己拿出钱来招兵募勇，添器备械，得到"毁家纾难"的美称。其实，他在镇压各地不断起义中，和别的县官一样，"一年清知府，十万雪花银"，搜刮了不少民财，为后来营造可园，积累了钱财。[23]

可园始建于道光三十年(1850 年)。从道光二十七年(1847 年)起，湖南省新宁县黄背峒雷再浩领导瑶民起义失败后，李沅发在湘桂边境举行更大规模的起义，道光三十年(1850 年)七月广东天地会凌十八等亦举行起义，起义战火越来越大。省府官员只想招安起义军了事，张敬修则主张镇压，但不被采纳。急功近利的张敬修一气之下，以弟弟病逝、母亲有病为名，辞官回乡，构筑可园，并在大门口挂起大联："未荒黄菊径，权作赤松乡。"说自己要像陶渊明、张

良那样退隐，莳花种竹。[23]

道光三十年七月，洪秀全发布总动员令，各地"拜上帝会"会众，云集金田村。道光帝派两广总督李星沅为钦差大臣，以漕运总督周天爵代理广西巡抚，从桂、粤、湘、筑、滇、闽六省征集兵勇一万多人，镇压"拜上帝会"。咸丰元年(1851年)清朝还决定用一些熟悉当地情况的官员，尚书杜受田向皇上推荐张敬修，张敬修得以东山再起，二月在东莞招募三百兵勇作亲信，应召前往参战，四月在混战中冒死救出了周天爵，六月经周上奏，张敬修得授广西浔州知府。九月二十五日，洪秀全起义军占领了永安州，建立了太平天国。十一月，张敬修招募了七千新兵，连同旧部共九千兵马，参加围剿太平军。在围攻中他和太平军做起"买卖"来。交易前，双方放火烧火堆，打空炮，喊杀连天，在茫茫的烟雾中，用船将枪、火药、粮食、猪肉等，换取太平天国大量的白银、黄金、宝物。从此，张敬修暴发起来。咸丰二年(1852年)四月四日，洪秀全下令太平军突围。四月五日晚上出发，沿途抛置大量金银财物，引得清兵去抢。张敬修得以留守永安，乘机搜刮了大量钱财。太平军避清军实力，北进湖南，何荣率兵追去，张敬修得以留守桂林。不久，回职右江，镇压了思恩县唐元修农民起义军、柳州李志信起义军、来宾县谢开八起义军，咸丰三年(1853年)又镇压了武缘、迁江农民起义，又进军安县镇压了农民军，得以升为广西按察使，主管司法。咸丰四年(1854年)，李文茂与天地会举行起义，号称红巾军，围攻广州失败，撤至肇庆。由于清军夹攻，义军放弃肇庆沿江进击，由广东进入广西，一路上逢州破州，逢县破县。张敬修在梧州截击大败。红巾军从大湟江直上，攻克浔州，建立大成国。张敬修因此被撤职，咸丰六年(1856年)由广东提督叶名琛奏请，准其留在军营里效力，督办水师，以戴罪立功。张敬修决心反攻浔州，谁知遇上了五月龙舟水，河水猛涨。铁链被一场冲水冲断，战船覆没。陆军孤立无援，被李文义乘势歼灭。红巾军大举

反攻猛袭张敬修的指挥船，一颗炮弹打中张敬修的右大腿，将其击落江中。幸好家乡亲兵大眼仔冒死下水，将他救了上岸。张敬修被迫退至平南，戴罪立功不成，反而罪上加罪，只好第二次辞职回乡，在乡休养，重建可园，以求终老。

咸丰八年(1858年)广东总督黄宗汉起用张敬修，要他督军东江。咸丰九年(1859年)张敬修参加围截石达开。张敬修带兵奔驰，设兵埋伏层坑，避过石达开主力，伏击殿后将领王海洋部下得逞。因这次胜利，张敬修得以官复原职。不久，黄宗汉奉旨回京，张敬修失去靠山，刚好父亲病逝，便按例辞职回乡治丧。谁知皇上传旨授张敬修为江西按察使。张敬修因伤病未好，请假。皇上却批复传旨张敬修立即赴任。咸丰十一年(1861年)春节后张敬修带着医生，身上裹着药物，赴江西上任，皇上要他兼代布政使，这样，张敬修主持江西一省财政大权。无奈伤病亦加重，张敬修终于积劳成疾，支持不住，请求病休。七月，得到准许，九月回到可园治病，加建可园。同治二年正月(1863年2月)张敬修四十一岁，死于博厦家乡可园。[23]

以上从张铁文编《可园》摘录关于可园创造人张敬修的生平，是为了说明可园始建于道光三十年(1850年)，什么情况下于咸丰六年(1856年)回乡休养，重建可园，和咸丰十一年(1861年)回乡治病加建可园的三段过程。至于可园的前身应为冒氏宅。广西诗人郑献甫因战乱曾客居可园，作诗献张敬修，诗题为《九日饮冒氏宅即东莞张氏园》是一证。可是诗中未提到冒氏宅情况，不能猜想冒氏宅原有的规模和归张敬修后改建的情况，而且冒氏其名、其人、其事也都不可考。[23]

可园的得名：传说张敬修建好园子前，已取名为意园，即满意，合心意的意思。园建好后，广邀文人逸士，大摆筵席，庆贺一番，让人们品评、鉴赏，并在大门口征集人们意见。客人们一时找不到合适的词语来赞美，又不好先表态，就都应答说："可以！

可以!"。"可以"两字虽属泛泛应付推托之词，但言者无意，听者有心。张敬修见大家一致认为"可以"，"以"与"意"近音，"可"在"意"（以）前"可"就比"意"优先。便定名为可园。所以，可园的命名是"可以的园子"的意思。"可"也有可人意，合人心意的解释。张敬修曾为文写筑园的目的，安慰自己说，自己吃了败仗，皇帝没有重罪，只是将自己撤职，使自己能筑可园，与家人欢聚，尽人子的孝意。因此，比张敬修年少六岁的侄子张家谟，在《可轩跋》里记载，可园的命名，有无可无不可，模棱两可的意思。说张敬修在宦臣中，曾三起三落，"再仕再已，坎止流行，纯任自然，无所濡滞。"以图教育子孙后代在宦途上可行则行，当止则止，乐天安命。统而言之，可园的命名，有"可以"、"可人"、"无可无不可"三层意思。[23]

可园面积仅三亩三（2204 平方米），而且是在一块不规则形的土地上，将楼阁亭台、山水桥榭、厅堂轩院，成组地布置在四周，用曲廊联成一体。中间是一个大院子，正中是掇山、石景和拜月亭。西部高达四层的可楼（顶层为邀山阁）是全园的主景。此外，有六门、五亭、六台、五池、三桥、十九厅和十五房，通过大小和式样不同的九十七个门口和迂回曲折的游廊走道，把整个庭园建筑联了起来。

进入可园大门，转过左边，可见一个大厅，这就是有名的"草草草堂"，名叫草草草堂，其实并不是一间草堂，也不是草草了事所建，是张敬修为了纪念自己的戎马生涯，而命名的。他说，一个人对自己的品行和办事，不能草草轻率。但衣食住行的地方，并不一定要特别讲究，他回忆自己领兵打仗时。"偶尔饥，草草俱膳；偶尔倦，草草成寝；晨而起，草草盥洗。洗毕，草草就道行之"。那时，什么都是草草了事，因此辟一堂名为草草草堂，草草草堂还是厅堂，只是在厅堂前的屋檐处，铺上一行稻草，草下挂一榜名而已。[23]

擘红小榭：跨过门厅，不立壁照堂，而是到了一个似亭得半边，似屋少了三画，似台却有的地方，就是擘红小榭，因它是依屋而设半亭，人们多叫它为半边亭、半月亭，称小榭，就是台而有顶。擘红是什么意思呢？原来擘，是广州方言，同瓣，是广东人沿用古语的一个字，意思为剥；红是借代为红荔枝，擘红小榭是可园迎宾、品尝红荔枝的地方。[23]

从小榭南出，循曲尺走廊可环贯西部北部建筑组群再回至门厅。过去在廊檐下，走廊边，有石砌的花座，摆着各种各样的花草，因此名之为环碧廊。碧青绿也，指绿色植物的花草，环者循廊可迂回一遍，环碧廊的取名精妙。由于摆了花草，走廊就像有栏杆，人们不能随意跨过去，只能循廊而行，不能不去看看奇花异草和亭台楼阁，在不知不觉中，感到小小的可园，异常宽广曲折。环碧廊在可园虽不显眼。但它却是可园的纽带，整个可园就是因为有它才得以连贯畅通起来。是它，将可园的东、西、北三部分的高低错落的建筑组群联成一体，处处相通而又曲折回环，扑朔迷离。[23]

南出小榭，西折经曲廊和听秋居来到可园最高建筑物——邀山阁的底层可轩，是园主接待宾客的地方。这里的地板用板砖与青砖加工成桂花形，因此俗名桂花厅。可轩地板正中有一铜管，连通隔壁小房。小房设有一风柜——真似今天农村仍用的风谷机。由仆人在小房内鼓风，风由铜管徐徐冒出。管上有台桌，客人们在盛夏到此饮宴，凉风阵阵沁人心脾。[23]

在可轩与曲池之间为双清室。双清室俗名亚字厅，这里由于厅的平面形式、窗扇装修、家具陈设和地板花纹都用繁体的亚（亞）字形，因而得名。曲池在双清室东南，整个池是曲尺形，种有荷花，还养有鱼儿。双清室的命名与曲池上的荷花和厅旁种有苍翠大竹相关。张敬修有《双清室题榜跋后》云："双清室者，界于筼筜、菡萏间，红于碧亚，日在定香净绿中，故以名也。予尝拟裴王体分咏可园景色，中一绝云：'拓室竹枝左，凭栏荷叶间。坐中有佳士，夹侍两婵娟.'可以想其境界矣。此境无尘,其人如玉,即谓之人境双清,亦无溢美。"可见双清室的命名,取荷竹双清之意。

可楼四层为邀山阁,阁为砖木结构,它在槛墙上用十根木柱承载屋面重量,四周槛窗敞开。短木柱的石墩用榫卯结构与槛墙相接,不用一钉。百年来历经无数次飓风而依然无恙,故名定风阁。阁内四面开窗,可环视山川百景,室内雕梁画柱,工艺精巧。[22]

据张孟荣记述邀山阁的建筑原因,是由于可楼并不如理想中的"凡远近诸山,若黄旗、莲花、南香、罗浮,以及支延蔓衍者,莫不奔赴,环立于烟树出没之中。"是"既营可楼,而览仍不畅"。他说:"公廨无山,犹十八九。可园谋野,无获负林居矣。抑山可邀,兹独不可邀乎?既营可楼,而览仍不畅。乃度园西,置杰阁,凡三层,期于见山而止。于是来青环碧,数百里之山咸处。其高视远览,目力且为之穷。所得较抑郡,不啻数倍。"[23]

曲池上原有小石桥一座,是用麻石叠成的,还有意做得很不平稳的样子,桥栏也不设,仅能同时站两三个人。人们站在上面,如在航船上,别有一番风味。居巢作《湛明桥》诗曰:"小桥莲叶北,瑟幽便成赏。碧阴翻荇藻,肯信我非鱼?"诗中引用庄子观鱼的典故。而今,为适应游人众多和安全的需要,此桥已改为水泥拱桥。人们在此虽失去"小桥如野航"的风味,但可以退想当年文人逸士的风度,谈笑庄子的故事。[23]

曲池之东有滋树台,俗名兰花亭,是个有砖栏而无顶的小台。滋和树都是种的意思。滋树台是种兰花的台子,取名源于屈原诗句:"余既滋兰之九畹兮,又树蕙之百亩。"[23]

花之径是一条红石铺成的小路,从擘红小榭通到"壶中天",路作三折,成一"之"字形。原有铁支做的棚,攀有紫藤、炮仗花(现种葡萄)。两旁原种有花,故名"花之径"。这是一条通过整个大院、晴天行的主要通道(雨天行,可走环碧廊)。可以想像,

每当繁花竞艳的时候,穿过花丛,何等迷人,怪不得居巢有《花之径》诗赞曰:开径不三上,回旋作之折;人穿花里行,时诮惊蝴蝶。

问花小院:"花之径"的中央,旁邻有个问花小院。这里颇为幽静,小院中有个砖砌大花盆,种有一枝月牙花,花洁白,像狗牙,俗名狗牙花,原来这里还摆有不少名贵花卉,以供欣赏。问花小院是取"云解有情花解语"的意思。[23]

雏月池馆:此馆旁水,常言道"近水楼台先得月",故名雏月池馆。雏月,指初升的月亮,馆似船形,俗名船厅,此馆是宾主下围棋的地方,旧有"金角银边"的八仙台一张,而今已不知所终。馆门栏处原有一流传人口的"百鸟归巢",是一大型海底藤木雕,栩栩如生,现不存。后人在擘红小榭旁筑一群鸟图,是水泥浮塑,有人误为百鸟归巢,不对。[23]

雏月池馆的馆名之为池,而旁的池,却名之为祠,叫"雏月祠"池。1965年可园重建后,群鱼塘连接为湖,统名可湖。

观鱼簃:雏月池馆之北筑有钓鱼台,在钓鱼台与雏月池馆之间,原设有一棚架,名之为观鱼簃。棚顶上有钓鱼台攀上的葡萄架,它伸向水面,形象小屋,因名之为观鱼簃。而今仅留下麻石底座,设上临水的美人靠,可供游人在此倚栏观赏。[23]

雏月池馆西有一条旁湖的通道,称博溪渔隐,门外原有麻石平卧作桥,跨过博溪(博厦村的小涌),可通张敬修祖家——九畹祠。这条通道原设顶上二楼的通道,因可楼已毁,无法与下环通,1965年重修时,加顶于博溪渔隐,以成楼上通道。[23]

可堂:可堂是可园的主体建筑之一,是可园喜庆宴会的地方。原有屏风、门栏、檐楣、壁楣,装饰得金碧辉煌。"文化大革命"中,给拆剩成一个空厅。堂上原有楼,就是最负盛名的可楼。张敬修有《可楼记》云:"居不幽者,志不广;览不远者,怀不畅。吾营可园,自喜颇得幽致。然游目不骋,盖囿于园。园之外,不可得而有也。既思建楼,而窘于边幅,乃

加楼于可堂之上，亦名曰'可楼'。楼成，置酒落之。则凡远近诸山，若黄旗、莲花、南香、罗浮，以及支延蔓衍者，莫不奔赴环立于烟树出没之中，沙鸟江帆，去来于笔砚几席之上。劳劳万象，咸娱静观，莫得循隐！盖至是，则山河大地，举可私而有之。苏子曰：'万物皆备于我矣。'惭愧！惭愧！今日享此，能不能茁颜？因书此于螺匾，以博座客之一粲云。"[23]

可楼全是木结构，四周是窗，楼上点灯，园内园外，都可见其灿烂光辉。抗战前已为白蚁所蛀。拆除。

绿绮楼：由可楼往北是绿绮楼，相传它因藏过唐朝的"绿绮台琴"而闻名。绿绮台琴是唐朝武德二年(619年)所制，距今已一千三百多年。此琴明朝时为武宗朱厚照(正德帝)的御琴，由他赐给刘姓大官，后来开始流落民间。明末南海人邝湛若从刘家后人手里，以高价购得，和宋理宗的御用南风琴一起，出入相携。邝湛若死后，绿绮台琴由一清骑兵拿到市上去卖，叶犹龙见了，大吃一惊，当场用一百两银，交给清骑兵，买回惠州。叶犹龙祖父叶梦熊是明朝嘉靖年间的兵、工两部尚书。叶犹龙世袭为锦衣卫指挥同知。明亡后，他在惠州筑逃园隐居。[23]

后来此琴落入马平县人杨氏家里。他是个有名的琴师，当然十分爱惜绿绮台琴。杨氏后裔杨小遂，因咸丰戊午年(1858年)太平天国的战乱，将此琴托付东莞朋友陈氏保管。谁知这位朋友竟私自将琴押在张敬修的当铺里，于是这琴便落入可园。张敬修得了此琴，其惊喜无以形容，不仅作诗纪念，还筑此绿绮楼珍藏之。[23]

辛亥革命后，可园张家衰落。东莞人、著名的篆刻家邓尔雅到可园借此琴，见琴的头、尾，已有一些损坏，加上弦试弹，有些走音。很可惜张家没能保管好此珍贵的文物。1914年中秋，邓尔雅以很便宜的钱，买下此琴。1922年，邓尔雅避地香港。1939年，邓尔雅在香港大埔筑绿绮园珍藏此琴。1944年7月，一场飓风灾害，绿绮园仅存四壁，邓尔雅一生所

藏珍贵书籍，付之东流，此琴幸得留传。邓尔雅对此琴十分珍爱，1954年9月6日病危时，嘱家人把琴安放在床前，不断抚摸，直到去世。前几年传闻某最高学府，要购藏此琴，因索价过高不曾成交，今由邓家保管。[23]

可园的正院中堆筑有拜月亭石山，即假石山与麻石凉亭巧妙地结合起来。假石山作狮子态，砌成一座狮子上楼台的美景。人们都喜爱登上狮子，步入拜月亭，享受一下"神仙境界"。石山系用海边珊瑚做成，玲珑浮凸富有南方风格，惜已毁于"十年浩劫"。[23][22]

可园有三块特置奇石不可不赏。其一是正门侧的英德石，像起舞跳动的狮子，名之为迎宾石。曲池旁有一太湖石，像一只向天张口的麒麟，名之为"麒麟吐月"。花之径旁有一英石，像一小狮，立起身来，捧着茶盘，为人侍候的样子，名之为侍人石。此外，正门前的荷花池是新砌的，种有双托、粉红荷花。荷花池旁，新筑一座假山，邀山阁旁新辟一座后花园，也有石假山。[23]

十二石斋

位于佛山市内。据说这座庭园是明太守程可则的故居，清道光年间属进士梁福草所有，称为梁园。梁曾在园内增建紫藤花馆，相传梁福草衡阳南归，途经清远峡，见奇石十二块，金光闪闪，遂将之买下。南返后放在紫藤花馆前园内，并将此园命名为十二石斋。[22]

梁园规模较大，十二石斋乃其中之一小园。另有群星草堂建筑与庭园一组。园主曾在园内塑造十二组玲珑浮凸石景。建国前夕，十二组石景残缺不全。十年浩劫期间更遭破坏，池塘被填平，庭的地面下筑起防空洞，残留的石景碎块又埋于土下，后经园林工人挖出搬至佛山市人民公园内，并将石景重新恢复，供人观赏。[22]

群星草堂庭园西南为假山，西北有池水，东北部为建筑物，平面较规整。群星草堂庭园的特点是以

清空疏朗、朴素大方、石峰林立、玲珑峻秀而著称。由东面进园内，北侧为客堂，南侧为三进的群星草堂。沿走廊向西入内，则为秋爽轩，这是全园的主厅。再进则为船厅，船厅为两层建筑，是全园最高建筑。船厅西临水塘，只见池水清澈，碧波之上拱桥跨池而过，隔池沿岸坐落一座两层高的笠亭。亭用翠竹搭砌而成，外貌清雅闲适，是观景的极佳处。秋爽轩前为另一庭园——石庭，中部有方形壶亭。从亭中望庭中石景，只见十二组景石峰峦起伏，在繁花覆地中显得格外峥嵘挺拔。蔷薇花径隐于花木山石之后，通向深处，整个空间疏散清雅，构成一个清幽的境界，再远只见菜园一片，富有南方农村庭院风味。[22]

三、粤中庭园风格和手法的分析

(一) 粤中庭园风格与技巧特色

粤中"庭园的规模都比较小，而且多数是和居住建筑结合在一起的。"庭园与宅园、园林在含义上是有区分的。"从功能上分析，庭园的功能是以适应生活起居的要求为主，适当地结合一些水石花木，增加内庭的自然气氛和提高它的观赏价值，因而庭园的空间一般来说，是以建筑空间为主。山池树石等景物只是从属于建筑；假如没有周围的建筑环境，园景就会失去构图的依据，水石花木也就不能成'景'了。……庭园布局上的特点，就是居室空间和自然空间结合在一起。"宅园就是建于第宅之旁的园林。在封建社会里，官僚和地主都有其大家庭，还有婢仆等，需要大量居住房屋，因此他们的第宅常是多进的重列式或院落式建筑组群。有些私宅第宅就是在庭、院部分置散点山石，筑假山，埋缸池，砌花坛，布置花木，享自然之趣。宅园是在宅旁(或前、或后、或左、或右)单独占地，自成一体的园子。宅园不限于位在城中，也包括位在郊野，园主人常去的游息和小住的园。这类园有时称作别业或别墅，或就其功能来说，称作游憩园(见汪菊渊《北京明代宅园》一文)。

"园林规模比较宏大，功能则系了游憩观赏。人们去公园的目的就是游览，因而随处要创造风景点来达到这一要求。园林的空间结构是以自然空间为主，建筑只不过是园内景色的'点缀物'，从属于自然空间环境；虽然建筑成组成群，亦不过只是'园中有园'的局面，园内布景的安排，始终是透过一条'动态'的游览路线组织起来的"。[20]

"庭"系庭园的基本组成单元，由几个不同的庭组合成为一座庭、园，而建筑和水石花木则系"庭"的空间组成。从调查资料看来，岭南庭园的"庭"按其构成内容可以分为五类：

(1) 平庭——地势平坦，铺砌矮阑、花台、散石和庭木花草等，景物多系人工布置的。

(2) 水庭——庭的面积以水域为主，陆地占比例较少。

(3) 石庭——地势略有起伏，以散理石组，或构筑较大型的石景假山来组织庭内空间。

(4) 水石庭——起伏较大，配合水面的不同形状及大小比例，运用石景和建筑来衬托出各种不同的水型，如山池、山溪、壁潭和洲渚等。

(5) 山庭——筑庭于崖际或山坡之上。

庭的平面形状，如《园冶》中所说的"如方如圆，似偏似曲"，是没有一定的。但由于庭的空间界限一般系由建筑围着，因而大体上可以归纳为方形、曲尺形、凹字形和回字形等四种基本平面，而庭与建筑的位置关系，就是位于建筑物之前或后，两侧或当中。至于庭园的组合形式，大致可分为单庭、并排、串列、错列和综合等形式。[20]

(二) 粤中庭园布局特点和手法

根据调查，粤中庭园布局有几个特点：粤中地区气候炎热多雨，湿度很大，夏秋季常有台风暴雨，建筑布局受气候影响较大。所以粤中庭园的布局比较周密考虑了气候的因素，非常注意朝向通风条件和防晒、降温。如清晖园总平面布局采用了前疏后密、前低后高的布局方式，建筑物一般都面向夏季的主导风向，前部布置庭园，后部是密集的建筑群，它主要通过巷道、天井、廊子、敞厅等方式来组织自然通风。夏日的海风，无论从平面布局或纵断面的设计布置，都能吹到后庭的每一角落。此外，后庭密集的建筑、门窗、墙面等常处于阴影之下，减少了阳光的辐射，这些处理方法就成为本地区庭园布局的一个特点。[22]

从实例来看，如东莞可园，庭院周围布置了建筑物，东部有可湖大片水面，能调节气候，取得降温效果；南面为大庭院，通风条件好，虽然可楼高达四层，而周围开敞，故仍然未能阻挡其他建筑物的通风。又如余荫山房深柳堂坐北向南，夏季东南风可通过池面吹入堂内。东半部是八角形水池和玲珑水榭一座，东南风也可直接吹入。[22]

此外，连续相通的敞廊布置，也是粤中庭园结合气候条件布局的一个主要处理手法，曲折的敞廊把庭园内的厅堂、阁舫、亭榭连接了起来，既解决了避雨、遮阳和防晒，又可达到划分景区、增加空间层次和丰富景色的目的。[22]

大自然的园林，天地广阔，人们可以纵情游览观赏，而小面积的粤中庭园，静坐凝视，是它的主要观赏方式。因此，花木山石都要组织在庭院之中，并与建筑配合，成为庭园组景中不可分割的一个部分，这就形成本地区以庭为中心的绕庭布局的特点。如前所述，庭有中庭、水庭、石庭、水石庭、山庭之分。[22]

清晖园是一个突出的实例，西部是以一个开阔的长方形水池为中心，围绕水而设置厅、堂、水榭和六角亭，隔墙的楚芗园有一个近方形水池，水池边也有六角亭和水榭。清晖园中部为一平庭，开敞的平地，满种树木花草。建筑物有惜荫书屋与真研斋，与船厅用短廊相衔接，其旁有花苑亭，亭边有狮山，配以石景、丛竹、树木，突出了狮山与石景，组成了以平庭为中心的景区。清晖园后部，建筑密集，中间用一组以斗洞为组景的石屏相隔。[22]

余荫山房建筑不多，规模也不大，它主要突出以水庭为中心的景区。西半部由一方形石砌荷池为中心，池南有临池别馆，池北为主厅深柳堂。东半部的中央为一八角形水池，水池中央有一八角形的玲珑小榭。余荫山房的水庭就是由两个水池并列组成。水池不大，但因互相连通和延伸，中间再隔以拱桥，使池面有水广波延与源头不尽之感。[22]

可园的布局是动用"连房广厦"的布置方式，楼、阁、亭、台、桥、厅组成建筑群布置在四周，中间是一个大院子，一个开阔的大空间。群星草堂庭园西南是假山，西北有池水，东北部为建筑物，平面较规整。入园门三进的群星草堂，循走廊向西到秋爽轩。在秋爽轩前为一石庭，中部有方形壶亭，远望庭中石景，只见十二组景石，峰峦起伏。在繁花覆地中显得格外峥嵘挺拔，蔷薇花径隐于花木山石之后，通向深处，整个空间疏敞清雅，别具一格。[22]

运用借景、对比、空间组合进行布局是粤中庭园又一特点。粤中地区水源丰富，江湖水面分布广泛，在沿湖江畔布置庭园时自然景色为庭园组景中的不可缺少的一个组成部分。巧妙地把点、线结合起来，不但能丰富湖景，而且庭园与湖景又能互为借景，东莞可园就是一例。[22]

粤中庭园在布局上还采取了大小、繁简、高低不同的手法，使庭园层次丰富。如余荫山房从大门入口到园门入口；采取了三个不同大小、不同形状、明暗对比的庭院，并分别用装饰、盆景和花径三种配置方法，一步步把人的注意力引向前方。又如深柳堂和临池别馆，也是运用一繁一简的对比手法，使沿池景色富有变化。又如清晖园正门入口，也运用了不同形状、大小的空间对比，其船厅与惜荫书屋运用了不同形状的对比。又如可园的擘红小榭与四层的可楼一大一小的对比，都使庭园对景获得良好的效果。[22]

观赏点（景点）与观赏路线（游览路线）是布局上重要组成部分。

厅堂是全园的主要观赏点，它要求最好的位置与最多的对景。粤中庭园的厅堂，都采用隔水而立的手法。如清晖园的船厅、碧溪草堂、澄漪堂和楚芗园水榭都是隔水相对，前望回首，互为借景。余荫山房的深柳堂与临池别馆隔池相对，东西透过浣红、跨绿小桥的廊柱，隐约看到玲珑水榭。……除主要观赏点外，庭园中一般还布置有次要观赏点，凡楼阁、亭榭都属此例。观赏点的位置要求应有高有低，有进有退，或开阔明朗或幽深曲折，使变幻莫测，各具特色。[22]

园林的观赏和景物之间应该有适当的视距才能保证良好的观赏条件，一般认为，人们在平视状态下，观赏距离等于建筑高度的三倍时(即观赏角处于18°垂直视角)，这是群体的角度看建筑全貌的基本距离。当视距等于建筑物高度的两倍时(观赏角等于27°时)，这是观赏个体建筑全貌的最佳距离。当观赏距离等于建筑的高度时(观赏角等于45°)，这是观看个体建筑的极限视角。根据粤中几个庭园的实例，它们的高远之比在1∶3到1∶6之间，即观赏角在18°～35°之间，这说明粤中庭园在设计时都考虑了视距和景物的关系。[22]

观赏路线：园中景物需要有一条或几条恰到好处的观赏路线把它们联系起来，把整个庭园作为一幅连续的画卷展现在眼前，因此，观赏路线对园景的逐步展开起着组织作用。观赏路线要有变化，或高低、或曲折，以达到步移景异的效果。[22]

粤中庭园观赏路线的布置形式一般多采用环形路线，它以走廊、房屋、道路绕山池一圈，在建筑的体形、大小、外貌和屋顶形式等方面加以变化。如可园从进入门厅到擘红小榭，不但兼有交通、休息和观赏之用，同时，在布局上也起到点缀景色的作用。再从小榭前进，经过几个"～"形的曲廊到达亚字厅。在亚字厅侧面有门洞一个，进洞见石级，登上石级就可直达可楼顶屋，水平的观赏路线变成了垂直的观赏路线。又如清晖园的门厅则采取另一种手法，它运用精致的屏门，把单调的空间分成两个大小不同的过

厅，增加了空间层次。然后通过绿潮红雾门，顿时豁然开朗。绕水池到达船厅有两条路线：从池南到澄漪亭、六角亭可达到船厅；从池北通过石屏门洞到达花亭，绕过狮山，向西北走去，仍可到达船厅。[22]

观赏路线上的对景还要求有变化，才能起到步移景异，左右逢源的效果。例如余荫山房入口部分的门厅是简朴的，但它在小天井的正南墙上，嵌了一幅砖雕窗花，它吸引着观赏者……顺此路前往，接着又被左边两排翠竹所吸引。只见竹径深处有一方门。……方门内隐约可见大红花。观赏者进入园门，只见荷池假山，廊桥环抱，奇树古藤，苍劲挺秀，厅堂水榭，通透开敞，使人仿佛进入诗画的天地。[22]

景外有景也是对景中的处理手法之一，其优秀者应做到出其不意。如清晖园的竹苑小径深处，忽然见到一株古老的龙眼树干和几块英石掩遮的一个桃形窗框，框内深树浅墙和几块玲珑的英石，把黄玉兰树衬托出婆娑多姿。再如余荫山房深柳堂侧巷，安置了一幅泥塑，也吸引着观赏者来此一睹。[22]

(三) 庭园建筑处理

建筑在庭园中有实用与观赏双重作用，它与山池、花木共同组成园景。建筑的类型与组合方式跟气候、园址大小及其形状有密切关系。以类型而言，庭园常见的有厅、堂、楼、阁、亭、榭、廊、舫等。粤中地区因园的面积小，故建筑类型也较少，为了发挥建筑物的作用，多功能使用就成为本地区庭园建筑常用的处理手法之一。[22]

庭园建筑中，厅堂为主体建筑。粤中地区常用船厅来代替厅堂，兼作会客、休息、观赏之用，因而，船厅也作为一种主体建筑。如清晖园船厅和群星草堂船厅都是这方面的实例。清晖园船厅的设计别出心裁，造型仿照珠江的"紫洞艇"式样，并按照庭园艺术手法作了若干修改，船厅为两层建筑，平面作长方形，立面全部采用开敞式隔扇，二楼挑出平座，平座栏杆的花纹，做成波澜起伏的水波装饰，凭栏俯

视，水波荡漾犹如船舫亲临河畔。船厅的内部装饰典雅，花罩是用两排芭蕉作为题材的浮雕，上面还有几只蜗牛爬行着，两旁窗扇花纹是选用了层层叠叠的翠竹，突出地表现了岭南风采。[22]

临水或傍水建造亭榭、廊舫是粤中庭园建筑处理的又一常用手法。一般来说，这些建筑为了与园址大小形状相协调，都采取较小尺度，如小型的亭、小型的榭。有些较大型的厅堂建筑，如要靠近水面，通常在池水与建筑之间，用一平台相连，余荫山房深柳堂就是一例。[22]

可楼是庭园建筑中一种少见的建筑类型，高四层，底层名双清室，又名亚字厅（因它的平面形式、窗扇装修、家具陈列、地板花纹都用亚字形）。双清室后面有桂花厅（因地板有桂花纹而取名）是作为款待宾客休息的场所。从双清室侧面有石级可以登楼，顶层有阁，因东莞附近有群山百川，它将山川邀请来园，故名邀山阁。

粤中庭园的建筑物，按功能要求，多作分散布置，密集而小体量，故密度较大。为节约用地，常采用二层楼房，如可园绿绮楼、清晖园归寄庐、余荫山房瑜园小楼等。

粤中庭园中的亭榭大多为方形、六角形、八角形等。清晖园的澄漪亭为长方形，伸出水面，南北西南开窗，东面为开敞的屏门，周围有廊，廊依水而建，还有六角亭；西侧楚芗园有水榭，长方形、实为长方亭，它半边跨在水中。除了上述傍水的亭榭外，还有立于水中的亭、在平地上的亭、山石上的亭等。[22]

水中之亭，又称湖心亭，一般在大水面之中才用之，亭与水面才能相称。例如可湖的六角小亭，用曲桥与可园相通。楚芗园的六角亭，虽在水中，但因地小，只能靠近池岸，用二曲桥相连。[22]

平地上的亭，在粤中庭园中较多见，如可园拜月亭、群星草堂壶亭等。拜月亭，平面长方形，三开间，其外形受到外来影响。壶亭在群星草堂园内的平

庭中，方形，是一般休息亭，坐在亭中，可观赏庭内石景与花木。[22]

建于山石上之亭则有清晖园花㠘亭，正方形，亭前有狮子石景，亭侧有斗门、水池，在亭中可环视水景、船厅、狮山石景等。[22]

廊的作用，既作联系，又作景区的划分和间隔用。在南方炎热潮湿的条件下，庭园中的廊子发挥了更大的作用。粤中庭园内，廊的形式不多，一般有直廊、曲尺形廊，偶尔用折廊。以部位来说，有单廊、檐廊、桥廊等。清晖园中多用直廊，也有用檐墙单廊。绿云深处檐廊前，辟小方形水池一块，有桥廊感觉。可园因地形关系，多用曲尺形檐廊。余荫山房除单廊、檐廊，在跨水的浣红、跨绿小桥上，建空廊一座，这就是桥廊。[22]

粤中庭园建筑造型一般比北方轻快、通透、开敞，体量也较小，建筑艺术处理也比较丰富，其中屋面处理较有特色。屋面处理分为屋顶处理和屋坡处理两部分。屋顶处理上常用的类型有歇山、硬山、攒尖、卷棚等，很少用重檐。屋顶处理中有两点较好的手法：第一，在人的视域范围内，很少用重复的屋顶形式；第二，屋面组合紧凑、和谐、优美，如可园的屋面、余荫山房屋面等。屋面处理，从粤中几个庭园的建筑来看，一般屋坡较平缓，没有北方宫式建筑那样高陡，它的构造也较简单。在起翘方面，既没有北方建筑用老角梁仔角梁那样厚重，也没有江南园林建筑出戗那样纤巧，也是比较平稳，偶尔有一点起翘，即使是亭榭，也是一样。余荫山房的桥廊建筑，反宇较高，给人以一种装饰和装修轻巧的感觉。[22]

（四）庭园建筑装饰和装修

粤中庭园建筑装饰主要采用灰塑、砖雕和木雕。

灰塑在庭园中应用较普遍，也很吸引人的视线。它的装饰部位一般都在建筑物的山花、门窗的上方或两侧，也有在室内天花板上的。山花部位上的灰塑很少掺杂色料，其他部位都喜欢用一些较素淡调和的色

料掺混在灰料中，搅和后塑到墙中，耐久而不变其色。灰塑的题材较多，有花卉翎毛、洋花、草尾、山水风景等，有的还塑上名诗书法。如笔生花馆侧窗上方苏武牧羊灰塑，……余荫山房深柳堂侧巷山墙上的一幅山水图案灰塑，立体感很强，使狭窄的通道产生了开阔之感。[22]

砖雕也是建筑装饰之一，在粤中庭园中不见多用，实例有余荫山房入门庭院墙面的砖雕通花窗。[22]

木雕是广东一种民间传统手工艺，富有地方传统特色，匠师们常用这种木雕构件为室内外装饰的一种表现方法。木雕的种类很多，庭园中常用的有：(1)斗心——是由许多小木条(尺寸按构件比例而定)，按图案花样拼凑而成。(2)通雕——是指在所需要制作的木料上，先印画出花纹，然后按花纹进行雕刻，该通的就要拉通，要凹的就铲凹，得出大体的轮廓来，一般在屏门、飞罩、落地罩、古式家具中都有采用，例如清晖园某建筑屏门、余荫山房临池别馆门罩等。(3)浮雕——又叫铲花，就是在一块木板上全部采用浮雕手法，逐层加深形成凹凸。如清晖园归寄庐屋内板门上的仙桃木雕就是一例，它雕刻精细，形态逼真。(4)拉花——做法和通雕相似，只不过在制作中该拉通的就用锯拉通，然后，在上面磨平到光滑。(5)钉凸——是在通雕的手法上更进一步发展，一般在通雕起几层立体花样后，为了使立体感更加强，就在原通雕的基础上，钉上原做好的构件，逐层钉逐层凸出，然后，细雕打磨而成。这种方法多用在罩、屏门之处，例如清晖园碧溪草堂的圆光罩。(6)混合木雕——它集中了通雕、铲花、拉花、钉凸的优点和做法，在一个构件上使用上述的各种木雕方法，该通就通，该拉就拉，形成一个整体，如清晖园船厅室内的芭蕉就是采用钉凸和混合木雕手法制成的。(7)暗雕——如清晖园碧溪草堂的"百寿图"就是一例。[22]

粤中庭园的建筑装饰，结合地方特点，类型丰富，那种巧夺天工的木雕，美妙多姿的灰雕，生动精美的洞罩和精巧的漏窗，有独特的地方风格，给整个庭园带来畅朗轻盈的感觉。[22]

建筑装修包括隔扇、屏门、栏窗、栏板、门罩、挂落、横披、檐板等。(1)隔扇屏门——厅堂、楼阁常用之。隔扇棂子的花纹式样很多，且非常讲究，例如清晖园惜荫书屋隔扇，余荫山房玲珑水榭隔扇等。屏门，作为室内空间分隔之用，式样与隔扇相似，但比隔扇更精致。屏门和隔扇一样可随时开闭，使用方便，可折可移。屏门全部打开后，扩大了厅堂空间，又通风凉爽。在粤中庭园的船厅中，除正面开敞外，其余三面常布置隔扇。当气候炎热时可全部打开，使凉风吹来。它扩大了视野，同时又把园内景象移入室内，使室内外打成一片。(2)栏窗——一般在次间中采用，其形式与隔扇相似，但下面用栏墙或栏板。它在运用时没有隔扇灵活，也能起到通风、采光和丰富立面造型的作用。有的木制栏板还有精刻的木雕，并且可装可卸，如余荫山房深柳堂栏板即其中一例。(3)门罩——它的功能可将室内空间进行划分，既分又合，相互渗透，达到扩大有限空间的效果。罩在功能上运用不同，在形式上也不一样，常用的有飞罩、落地罩、圆光罩等。飞罩(包括半角罩)，如清晖园内建筑物使用飞罩较多，常以扭藤、白鹤穿云、葡萄、荔枝、竹松、芭蕉等作为题材，种类很多，构图丰富。余荫山房八角亭(玲珑水榭)内的飞罩是以葡萄、田鼠作为题材的。本地区气候炎热，在建筑处理上常用敞厅。为了增加艺术感，常在敞厅前的卷棚廊檐下，在柱子之间采用半角罩。落地罩这种形式是采用一竿子到底的手法，如用青竹作题材，则竹竿要直到底到顶，并且枝叶要茂盛，例如余荫山房的核榄厅落地罩等。圆光罩又称圆门罩，一般安置在厅堂明间大门外位置。如清晖园碧溪草堂圆光罩，它以绿竹和石景作题材，生动逼真，与周围环境协调，增加了庭园景色。(4)挂落——主要用于室外廊下檐柱间或室内柱子之间，起装饰作用，如余荫山房深柳堂外檐挂落。(5)横披——在庭园中较多采用，常设置在隔扇或槛窗的中槛与额枋之间。粤中地区因气候关系，横披不装玻璃，常用细木条拼成各种图案花纹，式样较多，有时在廊亭上也采用，也有用蚌壳装饰，这种处理符合气候特点，既实用又通透，而且美观大方。(6)支摘窗，一般为上下两段，也有三、四段的，上段可支，下段可摘，窗扇棂子式样很多，一般有步步锦、灯笼框、花卉形、冰裂纹等。支摘窗也有设在木槛板上的，也有设在槛墙上的，如用上下推拉方法则称满周窗。满周窗开关方式不仅有上下推拉，而且还有向上翻动的，如余荫山房揽核厅满周窗、深柳堂满周窗。(7)檐板——在建筑物檐下，起保护椽子头部作用。檐板上一段花纹比较简单，题材有花卉飞鸟等，实例有余荫山房临池别馆、清晖园惜荫书屋等。[22]

建筑色彩：本地区建筑用色方面很少用华丽堂皇的色彩，而较多用淡冷色彩，它的优点可以减弱太阳的辐射量，给人以一种清静凉爽的感觉。在建筑材料的用色方面，屋顶多用灰瓦，墙多用青砖，台基多用白磨石。彩色玻璃和漏花窗多半用深绿、蓝紫等色，它使室内光线强度减弱，产生一种幽静的气氛。对于室内外家具则多用深褐色。[22]

(五) 水池、 石景、 水石景

水池的形式、面积大小和布置方式，与地形及园的面积有很大关系。由于粤中庭园规模较小，最大的清晖园也只有五亩多，因此，水池多作简单的形状，池中或为清水养鱼，或种植少量水生花卉。但在水池边都布置有景，有建筑物。有的以水池为中心成为水庭，如余荫山房采用一个方形和一个八角形相连的水池。方池旁有深柳堂与临池别馆遥遥相对，八角形水池中央则有八角形水榭；两池中间以廊相隔。清晖园中部采用一个长方形水池，沿池布置舫、榭、亭、廊，东部楚芗园则有一个方形池，西部广大园有一个七边形水池，称为劈裂池。群星草堂有一个近方形的水池。可园由于园外有湖，故园中采用较小的曲尺形水池。[22]

粤中庭园水池外形大多比较规整，除受外来影响外，它与驳岸材料也有关。驳岸材料一般采用褐红色花岗石。这种石料坚实、粗糙，不易受水腐蚀，广东各地都有出产，取料也方便。当用作驳岸材料时，形状要求简单、方直，不能任意弯曲，这样，池的形状就受到了一定的影响。[22]

石景与石山：粤中庭园由于面积小，很少布置土山而是以石为山，因此石景就成为庭园的主要观赏景色。石景的布局大致可分为三个类型：(1)布点散石；(2)叠石掇山；(3)人工筑山。人工筑山适宜于较大的园林空间，粤中庭园没有采用。[22]

粤中庭园用石多种，如英石、湖石、蜡石、石蛋、松皮石、钟乳石、贫铁石、龙江石等，其中英石最多用，湖石次之。这些优质石材给塑造石景创造了良好的条件。英石石质坚而润，面有峰无波，形态嶙峋突屹，纹理清晰，折皱繁密。主要纹理有十字纹、龟甲纹、螺旋纹、鱼眼纹等，凹凸不一。色泽有灰黑、白颜以及棕红间灰色等，是叠山及散石最好的用材。由于这种石材以英德的质量最好，故以英石为名。湖石即太湖石，它性坚而润，色有白、青黑和微黑数种，多作孤赏立石用。蜡石色黄而润，多用于竹丛或树下以散置方式布置，供观赏或坐石之用。[22]

散石，就是以少量的山石作点缀，以欣赏为主，而不要求有完整的山形。按观赏功能又可以分为山坡散石和立石等。山坡散石是运用自然山石在山坡或绿地进行布置，它的布置方法要求有主次，有呼应，像在山野中露出的自然石一样，给人们一种逼真自然感觉，例如，佛山十二石斋内园塑造的十二组玲珑浮凸的石景。立石，是一种孤赏性质的石景。布局的手法上，往往是由一块或三、四块高矮不同的玲珑奇巧而又富于观赏内容的自然山石，竖立在庭园中的入口、前庭、廊边或水池边等地方，它石峰奇突，易引人注目，实例有余荫山房桥畔的石笋，池旁的立峰，清晖园花岚亭的群峰等。[22]

叠石掇山：粤中庭园的叠石掇山善用大量的英石来模仿自然山脉特征，把山体组成各项细部，如：

峰、峒、片、瀑、涧、麓、谷、曲水和盘道等，构成山体，反映自然面貌。也有用英石模仿兽类的体形叠砌而成，如虎、狮等，作为象征性石景。[22]

清晖园中的狮山是一组主要观赏石景。由一个大狮作主峰，两个小狮作次峰，故称"三狮会球"，用英石砌成。狮山的三个狮头各向一方，其中大狮雄踞主峰，挺胸昂首，气概非凡。两只小狮前扑后爬相互呼应，造型新奇自然。有栩栩如生，呼之欲出之感。清晖园的虎踞龙盘也是较大型的掇山之一，位于船厅侧面，掇山上有石级可登船厅二楼平台。清晖园的石门、斗洞也给清晖园增加了景色。石门由英石叠砌而成，造型如同落地罩，也称石屏，归寄庐两侧的斗洞，是一座内容丰富的山石结构。斗洞上有山峦起伏的群峰，有姿态峥嵘的岩壁，造型峭拔挺秀，是一座人工塑造的自然山石屏障。[22]

余荫山房的南山第一峰是一组假石山，由数组峦、岩、峒构成，是吸收了大自然的名山佳景，因地制宜，依墙堆掇假山设景，它既打破了园内方形的总平面布局，又划分了园内的游览区域，使原来平坦的小面积的余荫山房变成有高低起伏、层次变化的复杂空间，可惜这组石景已毁。又如可园的石山用海边珊瑚做成，玲珑浮凸，称做"麒麟吐月"，十年浩劫期间拆毁为平地。[22]

水石景：水石景是中国庭园构成的重要景物，它的结构布局要结合建筑环境来考虑。……它与大型园林中的假山大池在比例尺度和处理手法上都有许多不同之处，故将庭园的水石景物构筑称为"水石景"。[24]

中园庭园布置，是密切结合起居生活的现实来处理的。视线从室内到庭园，再接触到水石景，是一个连续感觉的过程，因而水石造型及其位置距离必须与建筑取得同一的比例尺度，统一协调，才能引起人们的真实感觉。一般宜作大山水的片断，或者山石的一个角落来处理，当它和自然山水具有同一比例时，就更容易表现出山林的气氛和自然的美。……庭园水石则受着比例尺度和空间界限的约束，因而在题材及

规模上有一定的局限性。它不可能将真山水原样或加以缩小复制，因为这样将使它与周围环境不相称，或者成为造作伧俗的大盆景式的山水，因而只能作为自然山水的一个局部来看待，使建筑空间与自然空间互相渗透，互相衬托，诱致人们联想到园外的，甚或并不存在着的山林景象和气氛。这里的所谓"诱致联想"，实际上是一种间接的艺术处理手法。正如仇英《水阁鸣琴园》，画面上既没有水阁，也看不到抚琴的人，只见石板桥上站着一个琴童和一个做倾听状的士人；至于水阁、琴声和阁里抚琴的人，则早已不言而喻了，这就是造型艺术所要求达到的意境，而庭园的水石景也不外如此；着墨愈少而能强调山林气氛，具有真实感的便愈成功。"一峰则太华千寻，一勺则江湖万里"。前人早已指出这种意境的所在。[24]

在自然风景中，水形山势的类型甚多，山和水景互为衬托，互相依存；如壁下寒潭、溪旁乱石、水中洲渚、山间沼池等。庭园水石景布势，要运用深浅广狭不同的水面、聚散参差的石景、大小远近的建筑、高低疏密的绿化布置等概括的手法，将各种水石类型特征准确地衬托出来，加强院内山林气氛，使其具有自然的真实质感。现就实例可以概括为以下几种类型：

1. 山溪：溪与沟的造型不同，最忌将溪做成像一条水沟。沟岸没有石景的衬托，岸形板直而不自然，就只像在地上挖一道水槽；山溪则岸形比较曲折活泼，宛转浅岸，随处露出山石，悬岩水穴，衬托自然。

2. 壁潭：当庭园面积不大，要求将空间扩大到最大的限度时，采用壁潭形式是最为有效的手法。潭的水面不应太大，但山势则要有足够的高峻峭拔；山高要比水阔大一些，才能显示出潭的特征。

3. 山池：山池的比例关系和壁潭刚好相反，石景的高度要比水面小，池的局面比潭开朗，使山势不致压过水面，才能有深远的感觉，广州泮溪酒家的水石景，就是属于山池的形式。

4. 洲渚：广东惠州西湖的总轮廓系属于洲渚型

的山水。庭园中水面也常采用洲渚山水造型手法，表现湖畔水中的洲渚角落，如广州九曜园，是以石堤、石洲和水中散理石将洲渚中的水形特征准确地衬托出来。[24]

水石空间结构，主要是为扩大内院的空间感觉，使原来平淡板滞的局面，变成有高低起伏曲折幽深的自然景致，水面空间布势的运用水法有高低起伏，所谓起是堆山，伏是挖池，一堆一挖使地平高差加大，院内空间自然亦随着扩大了。另一手法是迂回曲折，即透过水石景的空间，有意识地组织一条迂回曲折起落盘旋的游览路线，如泮溪酒家在山池水面间，沿壁下有一条蜿蜒的山径，穿洞越岩；南端接石板桥，转折升至东面桥廊，攀登爬山廊而至壁山顶，有楼在焉；复经另一石梯下至山径的北端，为岩洞的出口处，结合水石布局，这条路线起伏多变，宛转自然。另一手法称互相渗透，系两院之间过渡处理的一种手段；特别在两个密切相邻的小院，彼此局限于各自范围之内，倘仍以墙或其他建筑物来划分，空间定感非常狭隘，如果运用渗透方法，以水面联系两院，池岸叠石景若断若续，使两个内容不同的空间交融起来，成为一个整体；风景线不局限于一个院内，景物范围也就扩大了。[24]

（六）石景造型和构筑技术

石景的造型虽然没有成规，但是也受到一些因素的影响，如石景的所在位置，规模大小，结合游览路线的要求以及石料的选用等。最简单最常见的石景为"三峰"，即《园冶》中所说："假如一块中竖而为主石，两条傍插而呼劈峰，独立端严，次相辅弼，势如排列，状若趋承"的石组。广州匠师称主峰为"玄武"，劈峰左为"青龙"，右为"白虎"；三峰的高低比例没有硬性规定，但下列数字可以作参考：白虎5：玄武10：青龙7。[24]

从"三峰"石组发展和演变出来，在粤中一带流行着许多石景造型的"程式"。由于上述因素的影

响，这些所谓程式本身的变化也还是很大的。归纳起来可以分为两大类型：（1）壁型石景——广州的匠师对这类石景统称为"夜游赤壁"，布势由几组峰石逶迤相连，主峰不甚显著。实例如清晖园的斗洞和泮溪酒家的壁山等。（2）峰型石景——主要特点是主峰比较突出，体形峭峻挺拔起伏较大。对石景造型上各种不同的形象，有些人附会品题，渐渐成一种"名堂"，即匠师所谓的"喝景"；例如"狮子滚球"、"仙女散花"之类。这些"喝景"为一般石山匠师所熟悉，只要说出名堂，便会按型塑造。当然，每一种名堂还是要根据具体情况来安排，所谓名堂，只不过是一个大体轮廓，便于造型时参考而已。下面几种造型，为常见的峰型石景中较有代表性的。

"风云际会"特点是几条石梯山径构成主峰，石梯上落交错，忽聚忽散，最后会合于山顶，象征几条龙交相缠绕，构成许多复道、洞上洞，形状玲珑剔透。广州逢源北街84号园中的"风云际会"石景是比较典型的。[24]

"美女梳妆"、"仙女散花"、"贵妃出浴"等美女形石景，这些名堂基本大同小异，其共同特点为主峰象征美女，劈峰则影射妆台用具或侍女仆从。"铁柱流砂"，主峰高矗屹立，比上述两种更为峭拔，劈峰不甚明显，山下水际布置一条狭长的石滩，连着一组矮小的峰石，与主峰起呼应作用。"狮子滚球"、"狮子上楼台"等狮子石景，造型上有些像扬州的九狮图，可能有过一段模仿的过程而有所发展。石景以劈峰作支座，主峰像上盖构成较大的山洞；所谓狮子，不过只是因形附会，好像狮子回头，有动的姿态。"黄罗伞遮太子"这类石景以大岩洞为主，由一块大悬崖构成宽敞的半山洞，岩洞背后置巨大峰石平衡着悬崖。洞内有石几作为太子的宝座。悬崖则象征罗伞。上述仅系常见的一些实例，其石山匠师们因形附会，随意喝景，名堂有数十种之多，如："美人照镜"、"九狮图"、"皇娘晒锦袍"、"万里归舟"、"渔翁归晚"等等。不管什么名堂，只能作为创作的参考，

最忌追求形似，反而失去自然真趣[24]

（七）石景的构筑

石景的构筑，首先须注意选石和就地取材。广州和粤中一带用石，以英石为最普遍。英石出自广东英德县山间水中，褶皱繁密，有遮渣、小绉、大绉和斧劈之分，颜色青灰典雅，为最理想的石景材料。其次为石灰岩石，肇庆、云浮和粤北均有出产，对这种石料之用于庭园中的，广州习惯是统称为"湖石"，实则并非产自太湖。近海地区亦有利用珊瑚石筑山的，俗称"咸水石"，东莞可园的壁山就是采用这种石料。[24]

准备工作：构筑石景之先最好做出模型，以此为施工依据，这样，可以减少现场翻工。塑模，先在板上将房屋和水岸线的平面放样，比例为 1/2～1/40，按设计标高在板上用瓦砾砂浆挡面。做好池底和房屋的内外地坪关系。然后再按石景造型的要求，用同一比例塑做石景的模型。模型系以竹片木条或长钉沿线和瓦砾作胚，以适当塑度的水泥、石灰、砂浆（1：1：4）或石膏等为表材塑料，由上而下。由里而表地塑成石景的模型。最后，根据模型各石组对现场地基要求，决定各支承点基础的结构处理。[24]

构筑技术：岭南筑山有三种不同的方法，即堆垒（流行潮州一带）、叠砌和塑山。粤中，尤其广州以塑山为主，叠砌多只起辅助的作用。塑山按石景的造型要求，用寸碌（即大卵石）及顽石裹铁条做模胚（骨架），之后用英石石皮贴在骨架表面，这是以石皮为表材连镶带贴的筑山技法。做法一般有"对纹"和"绚纹"两种：对纹所用的石皮，要求纹理清晰，色泽均匀，贴做时考虑到前后上下石面的斜正纵横理路，操作细致严格，但质感和效果也较好。绚纹则不论表面的纹理如何，甚至可以采用不同的石料，做法先贴好石景外形，用水淋透，然后水泥掺乌烟和少许色粉，调成石色粉末洒黏土上，使各种色调不同的表面被粉末盖着，并遮蔽了斧凿的痕迹。

叠峰石：峰石组成分为峰脚、峰身和峰顶三部分。峰脚构造，用大块顽石裹铁条埋砌土中，地下铁条横着放置，使脚石重心与峰顶重心同在垂直线上，从脚石伸出竖立的铁条，位置因峰身的造型而定。峰身造型要有"拳曲飞舞"之势，一般由岩、壁、台、洞、穴等几种"构件"组成，随造型"拳曲"的需要，分层交替地在不同方向凸出石台，并于台的上下联以岩、壁等。峰顶有两种形式：一为笋形峰顶，亦称鸟头形；另一为云头顶，亦称兽形。云头峰即一般所谓"云头两脚"，上大下小的造型，做法按下述步骤：在峰身接驳上来的铁条上系"虾手铁"，跟着安放莨后石；之后在虾手铁下面吊岩石，虾手铁上面挂"台石"，放置封顶石；最后灌水泥浆嵌牢。

筑洞：洞可分为单洞与复洞，至若洞上洞，洞内洞等，实亦即系复洞形式。山洞高度与石景高度比，虽无一定限制，但可参考下列比例数字。

石景高　4.5　5.5　6.5　7.5～8.0 米
洞高　　2.0　2.5　3.0　3.5 米

如果洞高山低，看来会觉得平矮失真，洞小山高，则洞顶荷载太重，结构上会带来一些困难。筑洞可按下述步骤：先构筑支点，在支点上扎虾手铁；之后挂吊钟乳，并在虾手铁上面用水泥砂浆座砌大石块，使钟乳、虾手铁和石块固结成整体，最后用石皮镶贴洞的表里各部分。如洞上叠峰，预先须立锋铁。[24]

砌岩：山石下悬为岩，除结合石山组成外，尚有水岸悬岩的做法，其中又分为岩崖与斜岸。岩岸构成，主要是用前支后莨的办法，有点像架栈道。此外，还有半山洞岩，基本沿壁构筑，如《园冶》中说："起脚宜小，渐理渐大，及高使其后坚能悬"。道理和砌峰石的理是一致的，不过依壁构岩，岩石较宽而形成一个半山洞；悬岩伸出愈远，就愈要考虑莨后平衡。[24]

（八）树木花草的布置

树木花草是组成园景不可缺少的因素。树木花草的布置不但能衬托建筑造型和池石景，而且是庭园取景的主要构成内容之一。[22]

粤中庭园常用树木花草有以下几种，常用树木有红棉、白兰、黄兰、桂花、鸡蛋花、玉堂春、榕树、水松、罗汉松、相思树、柳树、榆树等。果木种植也较多，如：龙眼、枇杷、杨桃、芒果、蒲桃、荔枝、白梅、芭蕉、番石榴、凤眼果、人心果、沙梨、白梨、杞子等。常用花木有：夹竹桃、大叶紫薇、灯笼花、茉莉、米兰、蜡梅、素馨花等；叶木类的散尾葵、铁树、光榔、木菠萝、棕竹以及竹类的观音竹、佛肚竹等。常用的草类有蒲草、八足草等。攀缘性植物有炮仗花、夜香、紫藤等。[22]

粤中庭园的花木布置，因园小的关系，常以孤植为主，片植为辅，很少丛植。树木高矮疏密要处理得当，以有利于通风和遮阳。同时，它又根据不同地点配置不同形态的树木，如大乔与小乔木互相搭配，下面间植灌木或竹丛，以达到轮廓起伏，层次变换的效果。[22]

粤中庭园花木布置一般有下列几种方式：1. 厅堂前较广阔的平庭常孤植或栽植一两株树木，如榕树、榆树或白兰等，整个空间为浓荫覆盖，有清凉感觉。如余荫山房深柳堂前两侧各有一株年逾百年的榆树，各和粗壮的炮仗花相牵缠，金黄色的花朵和绿绿的叶子，铺满了堂前的庭院，并且下垂到地面，使深柳堂景色增加了富贵堂皇的气氛。2. 岸边植树，常用水松、沙柳等，挺立水际，萧疏苍劲。如清晖园六角亭旁双株水松；又如清晖园在船厅旁种植一株沙柳树，笔直高耸，像一根栓船木桩直插河底。3. 配合立石和石景，常用九里香、罗汉松、米兰或用棕竹、竹丛作衬托的材料。4. 篱落多用观音竹、山指甲、藤萝架以及葡萄、金银花、夜香、秋海棠、炮仗花等。[22]

树木的群植或为片植或为间植。清晖园中的竹苑，在园门附近有竹丛片植，它与竹苑相互呼应，而紫苑之旁又片植芭蕉，与圆洞门两旁的芭蕉灰塑相呼

应。将落叶与常绿树间植于各色花丛。使庭园保持常年树绿花红，这是粤中庭园常用种植方法之一。如清晖园花觋亭，周围种植着许多名花奇树。……亭前直立着一株玉堂春，每当春日来临，花开晶莹，洁白如玉，丛花异草，互相掩映，置身其中，令人心旷神怡。[22]

粤中庭园的树木花草，结合环境，按不同类型配置不同的花木，庭中满栽翠林，遍植果树，佳木悬笼，奇花烂漫，丰富了岭南园林建筑的构图和意境。

四、广东东部庭园

（一）潮汕地区历史沿革

广东东部主要指潮州汕头沿海地区。它东南濒临南海，北接广东省梅县地区，西临惠州地区，区内大部为平原，河流纵横其中，韩江、榕江、练江三江的河水流经此地。它土地肥沃，物产丰富。据文献记载，秦统一中原后，实行郡县制，潮汕地区属南海郡。[25]

按南海郡名，秦始皇三十三年（公元前214年）置，治所在番禺（今广州市）。秦汉之际，地入南越。汉元鼎六年（公元前111年）灭南越后复置。辖境相当今广东瀹江、大罗山以南，珠江三角洲及绥江流域以东，其后渐小。隋大业及唐天宝、至德时又曾分别改番州、广州为南海郡。潮州，州、路、府名，隋开皇十一年（591年）分循州置潮州，治所在海阳（今潮安）。辖境相当今广东平远、梅县、丰顺、普宁、惠来以东地区。元改为路，明改为府。1911年废。按海阳县，东晋咸和中置（咸和元年至九年，326～334年）。自晋末迄清，历为义安郡、潮州、潮州路、潮州府治所。

（二）潮州地区庭园

唐元和年间（806～820年）文学家韩愈被贬潮州刺史时，给潮汕地区带来了中原文化。据记载，他任潮州刺史期间，曾在韩江西岸辟东湖，建二亭，植花木，这是本地区最早的园林，可惜早已毁坏，成为一

片农田。在潮州城西，金山麓下，辟有西湖，历代都加经营，现存规模乃明朝形成。金山形势险要，扼韩江水道而使之东弯。山顶建有亭阁，是潮州城北的制高点。[25]

潮州城中，寺庙牌坊林立，名胜古迹丰富，街道规整，宅第毗连，不少宅第还带有庭园。本地区名胜古迹中较著名的有潮州开元寺、湘子桥、韩祠、东门楼、凤凰塔、潮阳文光塔、揭阳进贤门等。[25]。

除潮州城内一些宅第常带有庭园，其他县城如潮阳棉城、揭县榕城、澄海樟林、普宁洪阳等，也有不少宅第带有庭园。主要实例可见下表[25]。

广东东部地区庭园举例

名　　　称	类别	规模	地　　址
西园		中型	潮阳县棉城
西塘		中型	澄海县樟林
黄宅(猴洞)		中型	潮州市同仁里6—8号
蔡宅(半园)	前庭	小型	潮州市甲第巷4号
某宅	前庭	小型	潮州市廖厝围9号
某宅	中庭	小型	潮州市廖厝围8号
耐轩(磊园)中庭	中庭	中型	潮阳县棉城
某宅	后庭	小型	潮州市王厝堀池乾13号
黄宅	侧庭	小型	潮州市下东平路305号
饶宅(松园)	前侧庭	小型	潮州市王厝堀池乾10号
林园	中侧庭	小型	潮阳县棉城
王宅	后侧庭	小型	潮州市辜厝巷22号
某宅	书斋式	小型	普宁泥沟
某宅	书斋式	小型	澄海城关

下面择其有代表性的庭园略作介绍：

潮阳西园

始建于清光绪二十四年(1898年)，竣工于宣统元年(1909年)。该园平面布局不同于传统造园手法。大门西向，进门就是开阔的水面。正对大门的水面上布置有扁六角亭一座。左侧居住部分是一幢朝南的两层钢筋混凝土结构楼房，平面为外廊式，进深较大，中间楼梯间用天顶采光，正立面用四根多立克叠柱装

饰。右侧绕过直廊书斋就是庭园部分，庭园布置紧凑，有阁有楼，有山有水，并有小桥小亭。假山用珊瑚石和英石混合砌筑，仿照海岛景色，富有南国特点，山上有圆亭，山下有水晶宫，属半地下室，用螺旋石梯联系。从水晶宫仰望庭园景色，中间有碧波池水相隔，别具一格，园内采用铁栏杆、铁扶手，受西洋建筑影响较大[25]。

澄海樟林西塘

这是广东东部地区著名的庭园之一，建于清嘉庆四年(1799年)，历代有修建。

该园总平面结合地形，大门东向。进门为一小院，右侧为居住部分，中部为庭园，其后为书斋。入口处理与潮州西园不同，门厅是个封闭的小院，它通过圆洞门与大院互相渗透，走出圆洞门进入大院，这一部分的建筑和庭园是通过拜亭作为空间过渡的。花园部分由上下通透的假山、弯曲的池水、山上小亭、水上小桥、扁六角亭等所组成，高低错落，布局紧凑。书斋部分是一幢两层的楼阁建筑，二楼可直接通往假山。登楼阁，可看到园外宽阔的河面，它和园内的全部景色，内外连接，环境协调，建筑、装饰、山水等布局富有传统和地方特色。[25]

潮州市同仁里黄宅庭园

因主人喜爱在园中养猴，故其庭园又称为"猴洞"。传说创建于明代，是宅第结合书斋的一种庭园布局。

正座部分是传统的三座落平面，因地形关系，大门西向，庭园在住宅之北。由前座侧厅和侧巷联系。从侧门进入庭园后，只见假山居中，山上有小亭，山下有小池。书斋在东面，房屋三间，另在西南半山腰筑屋三间，由庭园登石级而上，亦作为书斋使用，颇有山舍风味，庭园布局紧凑，假山玲珑通透，惜已大部坍毁[25]

(三) 广东东部庭园特色

广东东部庭园特色有以下几点：

1. 功能与观赏结合。广东东部地区城镇中人口稠密，建筑毗连，又加上本地处在亚热带沿海地区，气温高、辐射强、雨量多、湿度大，长期来在民居中就形成了以小庭院为组合中心的密集封闭型四合院形式。一般住宅多在庭院中栽植花木，把庭院与院落结合起来，使院落(南方地区称为天井)，具有多功能性质，如通风、采光、排水以及户外生活、绿化等等。这种住宅与庭园紧密联系，功能与观赏密切结合的做法，富有生活气息，是本地区庭园的特点之一。[25]

2. 灵活、开敞、宁静、幽雅。本地民居因气候条件，院落(天井)大多利用作为庭园或进行绿化，其大小范围视户主的经济条件而定，布置方式非常灵活，有前庭、中庭、后庭、侧庭等类型。其方式都是根据地形、环境而定。居住的规模，一般有四点金、三座落或再大一些。布局通常是中轴对称，坐北向南，因循传统制度，方式比较固定，但庭园的布置则因地制宜，处理十分灵活。[25]

广东东部庭园规模较小，但布局通透、开敞，无论山石、花木或建筑，都是如此。如厅堂前用隔扇、槛窗，也有用廊檐的，有的采用敞厅、半敞厅、甚至采用四厅相向的手法。它使人感到，虽然身在封闭住宅内而不感到封闭。

在小品建筑中，也同样采用开敞、通透的手法，如小桥栏杆、廊檐靠座、漏窗花墙、门洞等。[25]

广东东部庭园造山中，常见有峰有峦，有洞有蹬，峰势挺拔，洞壑曲折，但它同样也有一个特点，就是通透、开敞。山石垒砌而不觉其笨重，这很大程度与选用珊瑚石等材料与它们的结构有密切关系。如潮阳耐轩磊园、潮阳西园、澄海西塘等石景就是其中的代表性实例。[25]

花木处理也是如此，在广东东部庭园中一般很少见到高大的树木，而多见一、二株芬芳花木或宽叶树木，它既有遮阳作用，又能改善环境效果，如玉兰、鸡蛋花等。

在书斋庭院中，过厅两侧有全开槛窗者，也有全用隔扇者。庭院中则多栽小株花木，或置盆景，清静淡雅，是读书的良好环境。[25]

上述潮阳、澄海、潮州诸庭园，面积虽小，但由于它与厅房紧密结合，布置灵活而通透，因此，具有一种特殊亲切和宁静的感受。[25]

3. 浓厚的地方色彩和吸取外来技术相结合。广东地区在19世纪初期起就受到外来建筑的影响，特别是潮汕地区位于闽粤沿海毗连地带，为时更早。钢铁、混凝土等材料以及西方柱范、外廊式建筑、地下室等一些外来形式，在庭园中继续得到采用，如潮阳西园的地下水晶宫、多立克柱廊楼房、潮阳县林园的外廊式住宅，铁枝花纹栏杆等。虽然，这些庭园吸取了外来建筑技术，但是，大部分庭园仍然沿袭了传统的布局，外形和装饰、装修、细部等手法，表现了浓厚的地方色彩，具体反映在下列几个方面：

(1) 平面布局采用传统的自由灵活方式。如澄海西塘，潮州猴洞，潮阳耐轩磊园等。在一些小型住宅的天井院落中，庭院布置则比较规整，如潮州莘厝巷22号王宅庭园、王厝堀池墘十三号某宅庭园等。[25]

(2) 因地制宜、就地取材。如建筑材料都选用本地贝壳灰、三合土、夯土墙，叠山的材料选用沿海珊瑚石或山区石英石；花木更是如此，结合当地气候地理条件，选用鸡蛋花树、玉兰树、翠竹、芭蕉等。[25]

(3) 装饰装修从题材到工艺都富有民间传统特色。如大门石雕、室内梁架、神龛木雕、檐下或墙面的灰塑、屋脊嵌瓷等。[25]

广东东部庭园特点的形成，除社会、经济、文化等一般因素外，主要是气候地理条件和传统的风俗习惯、审美观念等因素起着明显的作用，本地沿海的海风带来了盐分和水汽，对建筑材料腐蚀性大，而沿海地区盛产的蚝壳，烧成壳灰，用它所砌筑的墙体结构，就具有很强的抗蚀性。当地人民因气候炎热喜爱户外生活，要求良好的通风条件和减少太阳辐射热，庭园和庭院绿地就成为本地民居平面布局中调节微小气候和改善生活条件的重要内容。[25]

(四) 广东东部庭园艺术和手法的分析

广东东部庭园艺术处理有三个方面特色：

1. 意境与点景 中国古代园林创作特点之一，就是效法古代诗画，崇尚意境的创造，所谓意境，就是要有一个完整的主题思想。中国的绘画创作，讲求构思立意，意在笔先，下笔之前，要有明确的主题思想，然后通过建筑、山石、池水、花木所组成的景色与空间，全面和系统地进行安排，做到统一协调，形成一个完美的艺术整体。[25]

广东东部庭园的意境创造还有着自己的特色，就是紧密结合南方气候地理条件，模仿自然和追求山林野趣。如潮阳西园的假山布局就是根据海边海岛来构思的。潮阳地处沿海，人们对海岛熟悉，了解深刻，而这些海岛上还有着非常动人心弦的故事和传说，因此，用这样的主题构思出来的假山极易引起人们的联想。

西园假山面积狭小，如何将海岛的构思安排好？匠师们用假山的正面代表海岛，用一潭池水模拟海面，上有悬崖峭壁，下有弯曲堤岸，犹如海岛的轮廓一样，它使池水显得更加幽深，水底设有水晶宫，有小道蜿蜒可登山峰。还有岔道可进"云水洞"，上"螺径"，忽上忽下，忽而转出"别有天"，登圆亭，真是山石不高而峰峦起伏，池水不深而有汪洋之感。面积不大的假山，使人津津有味，百游不厌。[25]

潮阳磊园的构思是在园中造泉，使幽静环境有活跃感觉，引人联想到大自然流泉的真实性。泉山，为表现其泉流效果，用圆滑的大石，砌成悬崖，在阳光下反映出银白的色调，人处其境，似觉山上清泉流下。入口处的条石刻有"飞色青影"题字，给人点明主题，寄托着无限的情思。[25]

广东庭园布局方式之一是建筑绕庭而建。庭院内，或水池居中，亭石环抱，或以石景为主，或山石池水并全，再配以花木，而其中尤以石景为本地区庭园组景中最常见者。[25]

石景着重于叠砌，形象要求逼真，造型要求深厚淳朴，它吸取天然山景的各种形体，如峰峦、洞壑、洞谷、峭壁、悬崖等，加以概括提炼而成。故庭园虽小，而富于变化，在本地石景处理中尤以点景更为突出。[25]

点景是表达意境的重要手段，触景生情，情由景生，广东东部庭园中，常用文字上的形象作为点景的手段，如题名、匾额、对联等。石景中，常在叠石上的用石刻书法作为点景的主题，增强了观赏景色的效果……本地庭园造园处理中，点景的实例很多，形象生动的有潮阳西园中的"钓矶"——假山脚下的一个临水矶台；比较含蓄的有西园中的"云水洞"、"别有天"、"不竞"，澄海西塘的"挹爽"，潮州下东平路黄园的"无闷"等；潮阳耐轩磊园的"飞色清影"，形象比较写意；潮阳西园中的"蕉榻"——假山亭旁的石刻芭蕉叶、"潭影"——微风轻拂引起涟漪绿波的水潭倒影，题意都很贴切；潮阳西园的"房山山房"，题名更是富于诗意。这些题词，起了画龙点睛的作用，有助于激发人的联想，而使人玩味无穷。

2. 空间处理 庭园空间是在一定的范围内由建筑、山、水、花木组成的一个完整的景区，它既有功能的作用，又给人以艺术感染力。不同的意境和构思形成不同的空间处理，它运用不同的艺术手法，产生不同的艺术效果。空间有动有静，有敞有闭，有大有小，有合有分，它充分利用建筑的有机组合，山水的合理布局，花木的协调配置和光影的明暗变化，在有限的空间内创造出更多的景色来。[25]

空间是庭园艺术的主要表现内容之一。它通过划分、组合、联系、转接和过渡等手段来取得艺术效果。对空间划分来说，要求是既隔又连、灵活通透、富于变化。它通过空间的形状、大小、开合、高低、明暗以及景物的疏密，使之产生一种连续的节奏感和协调的空间体系。潮汕庭园也是如此，它的空间组合相当灵活，不受轴线或几何图形的限制，随着地形或

第十一章 浙、皖、闽、台、中南、岭南、西北明清园墅

玖伍壹

环境的变化，灵活地创造出各种丰富多彩的自然景色。如室内的厅堂、书斋，室外的院落、天井，有封闭的、半封闭的，也有开敞的。总的来说，结合气候特点，以开敞为主，如室内的敞厅、落地屏门，室外的洞门、漏窗、花墙、石梯等。

庭园空间的组成要素不外乎厅堂楼阁、廊桥亭墙和山水花木，但它们所组成的景区则千变万化。广东东部庭园的空间处理有两个特色，一是空间之间的过渡自然和出其不意；二是空间之间的渗透自然和融合。此外，本地区庭园面积小，常向园外延伸，把园外景色组织到园内来，使园内外空间紧密结合。[25]

以澄海西塘为例，它结合地形，把空间划分为四个部分：进门后，第一部分是小院空间，视高比为1：2，空间封闭性很强。由于正中开了圆洞门，与大院紧密联系而又自然过渡，改善了小院的封闭感，有欲扬先抑的效果。并且，透过圆洞门，远望庭园的假山和重檐六角亭，增加了空间的层次感。第二部分为住宅大院，开敞明朗。再进是庭园部分，它有曲折自然的水池和偏于一侧的扁亭。山上耸立着重檐小亭，山下则布置着假山石景，山上山下用崎岖小径和洞内石梯。园内栽植着树木和翠竹。曲折的池水面上横放着一块平板作为石桥，与大院住宅檐廊相通，空间的过渡与渗透十分自然。特别当游观者经过假山底下的洞口时，却意外地发现有一石梯，顺梯而上，直达山顶，顿时进入一个开朗的自然空间，这样，从低到高、由暗到明、从里到外，空间的转换使游观者获得一种舒畅的艺术感受。第四是书斋部分，这是一座两层的楼阁，与庭园假山相连，顺石级登楼，只见园外宽阔的水面，波光闪烁，远望群山与农舍，一派山村风光。俯视园内，又是一片园林景象。由于边界利用假山、楼阁而不设围墙，把园外空间和景色引入园内，园内外紧密结合，扩大了视域范围，增加了庭园的开阔感。[25]

又如潮州市下东平路黄宅，在进入庭园之前，要先经过一段窄小的过道，视线正前方为建筑和围墙所阻挡。当通过洞门，随着视线的转移，只见左边呈现出一个开阔的庭院，右边则是一个水庭。两庭之间有八角厅和檐廊相连，空间互相渗透，在八角厅屋面上设有平台，用室外蹬道顺道而上，登上平台，可俯视两个庭园景色。水庭内面积较小，但桥亭、山池、花木一应俱全，布局紧凑。[25]

小中见大也是庭园常用的空间处理手法之一。由于粤东庭园用地窄小，为取得咫尺山林效果，往往采用小山、小水、小路、小亭、小桥等缩小建筑尺度的手法，来增大空间感觉。黄宅庭园就是利用小亭、小池、小桥、矮栏杆以扩大其庭园空间的。澄海西塘大假山山顶部位建一小塔，空间骤然开阔。此外，还有用小亭、重檐以增加其高度形象，用门窗小洞透露以增加其纵深感觉，用小径迂回以延长游览路线，用池岸曲折以增加其宽广程度，这些都是本地庭园常用的手法。[25]

含蓄多姿也是中国古代园林空间处理常用的手法。它利用院墙、洞门、小桥、假山、花木等来分隔空间，创造出层叠错落、隐约迷离和漫无边际的效果。

3. 小品意匠　庭园小品类型很多，诸如廊桥亭垣、水石花木，均属此例。但各个庭园对小品的选择各有不同，或以建筑小品为主，或偏重山石小品，因地制宜，各有特色，尽管如此，但都有一个共同点，就是遵循小、活、变的原则。[25]

广东东部庭园小品意匠的特色在水石小品方面反映得比较突出。本地庭园中常用水池，池面较小，多以自然曲线为主，比较灵活，具有天然野趣，水面组合中，因面积小，常用以聚为主的手法，以保持水面的完整性，同时，对空间也有扩大和舒畅的感觉。水要有源又有流，有源有流的水才感到活，故常在驳岸留有洞口或用弯道处理之。

石景也是广东东部庭园的重要组成内容。它的用材有山石和海石两类，各有不同风格。它用当地的题材，运用不同的手法，构成不同的石景，或叠石造景，或布点散石，或立石成峰，有卧伏于草地者，有沉浮于水面者，有独居一隅者，也有群置路旁者。有的三五成群，有的堆叠成山，峰峦起伏，洞壑曲折，随势摆设，得体合宜。它们不但增加了庭园的自然野趣和层次感，又创造了庭园的优美感。[25]

庭院天井中，常用峰石立意，效果较好。庭前立石，则宜选清瘦、通透、挺拔的石块，玲珑奇巧，引人入胜。在相邻的两庭园之间，透过漏窗、门、洞，安排一些石景，也能取得良好的空间效果。此外，粤东庭园中，小品石也经常作为处理死角、点缀门景之用，它使庭园丰富、变化。[25]

如上所述，广东东部庭园在其类型上，平面布局上，艺术处理手法上都富有自己的特色。直到今天，它的一些处理手法在住宅和某些新型公共建筑中仍加以借鉴和采用。[25]

五、广西临桂雁山园

（一）雁山园园史沿革

据《临桂县志》记载："雁山园在城南四十里（今桂林市南四十里的雁山圩东侧），邑人唐岳建"。始建于清同治己巳年（即同治八年，1869年）至同治壬申（即同治十一年，1872年）年间，园内有真山真水，天然岩洞，繁茂林木，古雅建筑，是一座规模较大而又具有地方特色的清代园墅，已有110多年的历史。它是桂林历史上许多古园林中至今惟一尚存的一个，它规模较大，造园艺术造诣较高，尚存部分原有建筑，山水洞石古木保留较为完整，是十分难得珍贵的历史园林。雁山园，民国时期曾更名雁山公园。[25]

园主唐岳，又名唐子实，是临桂大阜堡人（今桂林市大阜公社唐家），是清朝中后期的封建地主官僚。唐氏世家是靠父子两代为清廷效忠卖命，大办团练，镇压太平天国革命运动起家，为清廷所赏识，钦招为官而成为大官僚的。[25]

《桂游鸿雪》云："唐氏世家巨族，多园林，皆亲自结构者云"。唐岳也和历史上大地主大官僚一样，

在其高官厚禄，剥削民脂民膏，家财万贯，占有大量的社会财富以后，为满足其生活上穷奢极欲的需要和精神上的享受，就大构园林别墅，史称雁山园。"不独别墅之修建出于科派，其所建唐公祠亦然，为乡里侧目"，唐岳于园内相思洞下设水牢，镇压反抗百姓，鱼肉人民，令人发指。[26]

雁山园始建时，动员临桂灵川诸县民夫，能工巧匠，以及聘请著名的造园家、画家、建筑师为之精心设计、精心施工，大兴土木、大构园墅，前后达四年之久，雁山园占地南北长五百多米，东西宽三百三十多米，面积达十五公顷，为桂林和岭南所少见（图11-4）。园内有钟乳山、方竹山、桃源洞（又名相思洞、雁山洞）、碧云湖、清罗溪、涵通楼、澄砚（研）阁、碧云湖舫等，理水叠石，亭台楼阁，混人工与天然于一体。不论其占地规模或建筑规模之大，耗费之巨，是地方史料内提到的官家或私家园墅，如因而园、陶家园、黄氏园、秦园、石兴甫园、明张氏园、明靖藩故园、芙蓉池馆、钵园、环碧园、湖西庄、杉湖别墅等等所不能相匹敌的。园中重楼叠阁，奇亭巧榭，鳞次栉比，飞廊复道，纵横交错。"络绎高下，金碧相辉"，还有两山一洞一湖一溪，桃林、李林、竹林、梅林、桂花林等等，诚如清杨瀚所云："背山临流，极泉石卉木之盛"。[26]

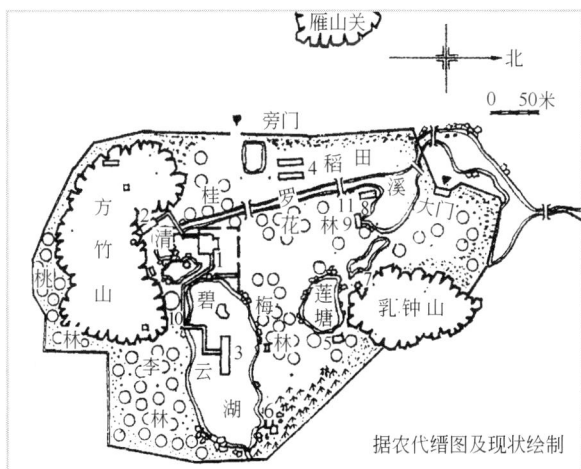

图 11-4 雁山园复原示意图

1. 涵通楼；2. 澄研阁；3. 碧云湖舫；4. 稻香村；5. 桂花厅；6. 琳琅仙馆；7. 丹桂亭；8. 绣花楼；9. 水榭；10. 长廊；11. 观雁桥（玄珠桥）

"岳既建别墅，冠盖云集，宴会演戏无虚日"，极盛一时，"声势煊赫，雄视一方"。但唐岳，在园子建成的第二年即同治十二年(1873年)就死去，"由于后代腐败无能，不几年，别墅失修，一片荒凉"。"嘉卉珍木，枯萎无遗，遗红豆壹株，岿然独存，亭颓倾，碧云湖舫仅余木石。岁月迁流，风雨剥蚀，完者日散，敝者日益渐灭"。"岩穴荒秽，人踪复绝。兽铤为群，……以人守居，别墅墙扃，池馆就荒，林泉非故，门径苔积，户牖尘封。偶入是中，则山花自媚，草长比人……苍鼠窜瓦，鸱鹗夜鸣，虎或逾垣而至"，"啖唐氏之马(马厩在想思洞)，村人围捕，虎匿弗出，铳击之，伤焉。虎怒，与人相搏，击以铳柄，柄为之曲，虎噎而人伤"。[26]

清光绪间，两广总督岑春煊，别字西林，"慕其该园，专程游览"。岑春煊"尝至桂林，大僚筋之山水间，思营别业以娱老，或以雁山别墅进，未及游涉，遂去"。后"以人致意于唐，索价悬殊，久久未果，数经波折，卒归之"。"据闻购此园用银四万两"，"以重金向唐氏后人购得"，改名为"西林公园"。岑春煊"兴残理圮，润色烟霞，涵通、澄砚(研)之胜，略复旧观。及岑氏再度南来，始一燕于此"。计自有斯园，斥金已巨万矣。岑氏亦云："自余购得，稍修葺之，游者已以为名园"。"由于岑本人长期客居上海，园子又一度荒凉"。辛亥后，岑氏时居沪滨，……袁氏(指袁世凯)盗国，大张挞伐，岑氏以都司令(岑为两广护国都司令、广州军政府总裁)题(提)师桂林，仍再临别墅，三宿涵通，但那时已经是"大好园林，迭为兵舍，爨烟黝壁，马粪盈庭，竭泽而渔，拆槛取暖，游人裹足莫前，守者扪口视比之，则轻舸巨艑，凡几榻器用之属，率随军以行。盖唐氏故物，至是散失略尽。而岑氏日益老病。又留沪弗归，仍以斯园，归之公有"。岑氏在其捐园碑记中亦云："今老岑，感川流之不息，陵谷之屡迁，涣维一姓之力，爱斯园必不若政府爱之元周知也"。时为民国18年(1929年)，捐赠给广西壮族自治区政府，从此，

更名"雁山公园"。园门改道，径由雁山而入，遂从此起"。[26]

以后几经变迁，而貌已非。曾作过村治学院、高中、师专。据1934年出版的《桂游鸿雪》记载："今则为师范专科学校"，"园内有茶亭、鸟鱼亭，中有池，池心有亭台，长桥画槛，掩映波光"，其亭台为学校所有，分为图书阅报及各办事室。后又为广西大学，20世纪30年代郭沫若曾住在雁山广西大学内。《郭沫若文选》内提到的西大不远的一个庄园，就是雁山园。抗日战争期间，园内曾驻兵屯粮，最华丽的建筑涵通楼澄研阁毁于火。其后相继为广西农学院，广西桂林农业专科学校。"借丘壑之胜为经诵之所，新构虽增，但求实用，无关点缀"。[26]

1962年桂林市园林处接管雁山公园，并初步整理建设开放。1967年于"文化大革命"中，园林处于被批为"封、资、修"地位，农校再次迁入雁山公园，雁山中学也乘机楔入，大好园林，复为校舍，至今两校尚未退出，更未整理开放，甚为惋惜。[26]

由于雁山园的史料很少，记载甚简。清末桂林进士刘名誉写的《雁山园记》是清光绪年间出版的，可算是较早的文字记载，但它仍在农代缙《雁山园图》之后，其中描写大都符合农代缙图的，而且光绪年间，雁山园已开始第一次衰败了，所以农代缙图，是最早最详尽记录雁山园的本来面貌的珍贵历史资料，对雁山园的布局，建筑造型，风格及建筑与环境的关系等来说，图又较任何园记的文章更为直观和准确。所以农代缙的《雁山园图》是探讨雁山园及其园林艺术和地方特色的极其重要的珍贵资料。[26]

农代缙《雁山园图》是最早最详尽记录雁山园本来面目的珍贵历史资料。非常可惜，图已在"文革"中被毁。农代缙为清代画家，生卒不详，但他所作的《雁山园图》，据世人所见为横彩绢本工笔国画两幅，纸本横墨一幅，均工笔细腻，其屋宇、人物、仙鹤、鹿等动物均勾描至致，色彩绚丽，"非常漂

亮"。其绢本中一幅未落年月款者于抗战期间为广西大学(现广西师大)赵佩萱教授从唐氏后代中购得。另一绢本有"壬申仲春"题字者，于1956年为桂林市文管会从唐氏后代中购得。此二幅绢本《雁山园图》"文化大革命"前均藏桂林市文管会，"文革"中被毁。另一横墨纸本图，是唐岳之孙唐蒙于抗战时期转存在韦汉处。自1953年韦汉老人为雁山公园门卫后一直还在收藏中，"文革"后期经农校有关部门出面转借其他单位及个人，由于人事更迭和调动，今下落不明。[26]

从绢本之一有"壬申仲春"(同治十一年即1872年农历二月)题字，可见作者农代缙与唐岳是同代人，并曾相识。另外，此两幅绢本《雁山园图》归文管会经文物单位专家鉴定，"同是清代同治年间所作"。雁山园始建于同治八年(1869年)，建园前不可能有雁山园存在，同治只在位十三年(死于1874年)，图肯定是唐岳在世时所作，农代缙才能赠他家藏，而唐岳死于1873年，所以另一未题字绢本图是作于1869至1873年间，收藏横墨纸本图老人韦汉说，其纸本图与文管会所购"壬申"绢本同，并且是绘在湘纸上的，所以文物专家亦提出纸本横墨雁山园图是"壬申"绢本雁山园图的草稿。由此可见，工笔如此细腻的画，如果没有足够充分裕时间，没有实地详细踏勘，细致观察和琢磨，对园内山水树木、房屋建筑、放养动物等情况不了解，一句话，即不熟悉园地和园子的情况，是不可能从不同角度如此准确细腻地勾描出整个雁山园的山水景色、主要建筑的位置、建筑的造型及其周围环境的。有人提出，雁山园曾"绘制一幅设计图"。尽管壬申年是雁山园历时四年即将告成的最后一年，农代缙两幅《雁山园图》乃不失为"一幅设计图"的可能，只有设计图才没有市售或他藏，而只有家藏，而且是作于1869至1873年间，园建成后农代缙再也没有作雁山园图了，可见农代缙不是为卖画而创作雁山园图，要是农代缙《雁山园图》不是一幅设计图的话，至少我们也可以说，它是雁山园建

成后一幅比较写实的作品了。此后再也没有见到比它更早如此详尽描绘雁山园的图画或文字记载的作品了。由此推断，既然雁山园图有可能是一幅设计图，农代缙很可能是被邀参加或部分参与雁山园规划设计工作的画家之一。因为在我国古代造园，常有邀请画家参与规划设计的，而且工匠们也完全可以根据一幅鸟瞰图画，再根据当时的"营造法式"的尺度和统一的制作方法，是完全可以准确地按照规划设计要求而建造出来。所以农代缙的《雁山园图》是一幅设计图的可能性是很大的。[26]

十分不幸的是两幅绢本《雁山园图》已在"文化大革命"中被毁，另一横墨纸本图也早已下落不明。幸而1964年建筑科学研究院有农代缙《雁山园图》临摹本及现状和复原图，绘示雁山别墅鸟瞰图。但这仅仅是该园建筑中的主要部分，另在方竹山南边西侧还有花神祠等，现仅根据这些资料和现状，对雁山园进行一点粗略的分析。

(二) 雁山园的自然特色和布局分区

雁山园的园址，虽距市区20公里外的城郊，但有驿道可通，紧靠集镇，得生活交通之便。全园有自然山水，地形起伏有变。园的南部有自然的方竹山，园的西北部有自然的乳钟山，它们的山石嶙峋，又有奇岩幽洞和甘泉清洌，还利用低洼湿地和小水塘，疏浚整理成湖(碧云湖)、成塘(莲塘)、成溪(清罗溪)、成曲水，使全园水体形成系统，相互沟通。园内石灰岩石山特有的植物群落，丰富多彩，稍加点染，满园拥翠。还有名木古树(如红豆树)和大量栽培的名贵花木树种。[26]

雁山园的布局分区　雁山园是继承我国传统的造园理论和美学观，利用天然的山水洞石树木创造出比自然更美的生活境域。全园因地制宜，结合地形巧加安排，构成山水之奇，按照功能需要，布置楼馆厅堂、亭台廊榭、园墙洞门，点缀树木花草，来组织景点、景区。各区安排合理巧妙，有序不紊，互为

盼顾，相互烘托，相得益彰，各赋特色。

全园，为分析方便起见，可分五大景区（图11-5）：即入口区，乳钟山区，稻香村区，涵通楼碧云湖区和方竹山南区。

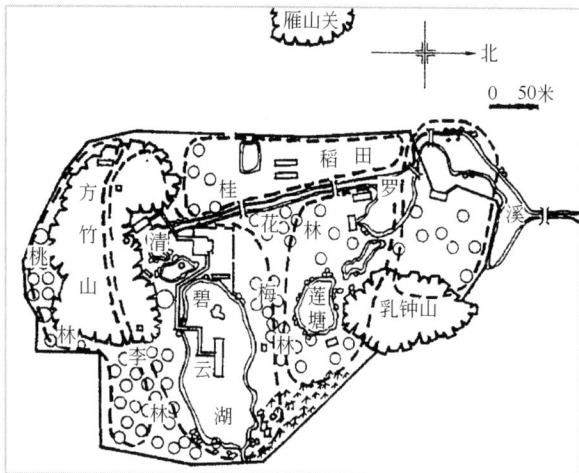

图 11-5 雁山园分区图

入口区：包括大门外的宽阔水面，入口广场、大门到乳钟山西面直壁，南到清罗溪一带。大门设在全园北端西面，这可能是由于当时交通需要，或是利用乳钟山作障景的缘故。以乳钟山作为大门背景，既自然又宏伟瑰丽，又省人工，还可使整个雁山园隐而不露，不致一览无余，起到了障景和增加全园景色的层次和深度作用。大门是由一门楼加重阁组成，背山面西北，颇有气势。门外有一元宝形集散广场，寓意该园是聚宝福地。场前即其西隔之以宽阔水面，使游人抵园时可望而不可即，南端曲颈处置一拱桥引人而渡，步移景异而至门前。透过园门窥见重阁石壁，桂花树海，山石嶙峋，犹似一幅天然图画，高深莫测，使人产生入园之念。门额上书"雁山别墅"四个大字，左右书"春秋多佳日，林园无俗情"楹联，富有诗情画意，令人浮想联翩，具有很大吸引力。这是运用造园传统的"欲扬先抑"的障景手法而精心设计的。把门内的空间延伸至门外，巧妙独运，非常成功，是值得我们学习和借鉴的。[26]

入园之后，面向石壁花丛，在赏壁之余，势必使游人右转向南，突见一水面，得豁然开朗之感。彼岸的水榭、绣花楼及其各种花木，倒影水中，大有"半亩方塘一鉴开，波光和影共徘徊"诗意，湖畔尚有一座别致的小楼，是唐岳儿子居住的，俗称"公子楼"。入口区是一个自然式布局，半封闭的小区。通过沿山曲径可达乳钟山区，跨过西南小桥，可达稻香村区[26]。

乳钟山区：包括乳钟山、桂花厅（原名临水楼）、丹桂亭、水榭、绣花楼、莲塘等。入园后沿山边小道曲径东行，有大小水塘二，有土梗相隔，其水与清罗溪沟通，水涨时塘水可漫至山脚下浅岩内，岩内亦有清泉出。山麓间有一高台，其周遍植丹桂，称丹桂台，台上置一亭，曰丹桂亭，与涵通楼（碧云湖区）遥遥相对。这里"桂荫浓翳，悬崖临水"，高旷爽朗，花香袭人。亭下就是大小二塘，石出水中，古木横斜，十分优美，塘内植红莲和白莲，叫莲塘。

乳钟山南，下有一洞，岩本无名，刘名誉记云："岩壑幽窅，内闳修蛇"，俗称之为蛇岩。莲塘东，蛇岩前，有一两进建筑，原名临水楼，周有桂花和竹子，又称桂花厅，厅后洼地一片，与碧云湖通，春夏水至成潭，后又称为白鹅潭。临水楼前有石径通琳琅仙馆和碧云湖边小亭。[26]

莲塘西南清罗溪边，有水榭和绣花楼，凭栏赏荷观鱼，平湖倒影绣楼，别有一番情趣，本区风景优美，山水相依，林茂花繁，具有自然山水园的风姿，是起居游憩的重要场所，是全园的重点景区之一[26]。

稻香村区：即清罗溪以西狭长地带，南抵方竹山。此区有稻田菜地、荷花池和稻香村，本区建筑是茅房陋舍，加之田野菜地，花篱瓜棚，一派自然田园风光，尤其是荷萏红、菜花黄，稻浪五谷香时，更具有浓烈的村野生活气息。这样一个村野区面积之大，亦为私家园林中所少见。

在清罗溪北段，跨有玄珠桥，桥头是观"雁落坪沙"妙景之处，所以桥亦称观雁桥。"石虹跨水，倒影如环"的玄珠桥又称虹桥。桥腹有唐氏建桥碑，字迹难辨，用手抚摸，尚能感知可辨，常被淹水中。[26]

雁山园有借景二绝，一即"雁落坪沙"，利用暗(案)山村水源岭一带之土岭石山的外轮廓线，南北叠位，高低错落，精选在园内游览线交叉点玄珠桥上眺望，可得到山形的最妙综合轮廓线，形似大雁展翅东飞，形象生动，栩栩如生。加上园内稻香村的田野菜地烘托，遂成"雁落坪沙"借景之绝。另一绝为"雁山春红"，利用园外水源岭及周围石山上的各种野生杜鹃花，三、四月间，满山遍野万紫千红，蝶舞鸟鸣，借入园内，春意盎然，使人心旷神怡，耳目为之一新，这就是"雁山春红"借景之妙。[26]

涵通楼碧云湖区：这是全园的主要景区，此区南依方竹山，西至清罗溪，东为碧云湖，北为梅林、桂花林，主要建筑有涵通楼、澄研(砚)阁、碧云湖舫、水榭、长廊、亭台等。涵通楼是全园主体建筑，用两条二层长廊把澄研(砚)阁和碧云湖舫联结成为一组建筑群体。具体地说：在涵通楼后西南面有长廊南伸，折跨清罗溪，再折至澄研(砚)阁。另一条长廊在楼东北角，东伸折沿碧云湖南岸，北伸湖中折至碧云湖舫这组建筑群。由于各个单体建筑位置得宜，造型优美，高低错落，曲折有致，又以高大的方竹山为背景加以衬托和对比，成为全园的构图中心，别致新颖。[26]

涵通楼为歇山二层楼阁，画栋雕梁，十分堂皇，登楼可览全园之胜，清刘名誉《雁山园记》云："层楼巍耸，高甍华宇，气象钜丽，……斯园之主楼"。楼前设一戏台，据说四角还设有四个小亭，可以看戏，是唐岳藏书、宴客、聚友、玩乐之处。《临桂县志》载：其内"藏书千卷"，是当时岭南收藏图书甚为丰富的一处。楼内陈设着各种高级家具、古董珍玩和其他艺术品。楼外有一墙院，有二门，可关闭，东临碧云湖畔有一廊榭，与碧云湖似隔非隔，使楼前成为一小独立空间。出院门往北有桂花村，再北就是乳

钟山景区的绣花楼、水榭、莲塘、乳钟山，景色层次丰富。

涵通楼后有清罗溪南尽处之水和一小湖，为一组山石所分，而水体仍能渗漏沟通，这里隔水与相思洞(即桃源洞北口，又名雁山峒)相望，那里山石林立，颇有石林气氛，可以攀登。小湖中有一组散石，水濯其间，有"流水清音"韵意，上置一八角亭曰"钓鱼亭"，可玩水垂钓，有一石栏小曲平桥与岸沟连，十分雅致。小湖西南，方竹山麓有依山面水而筑的两层楼阁，曰澄研(砚)阁，是园主唐岳的卧室，"或讹曰承雁……当唐氏盛时，辟为燕寝之所，精工绮丽，特冠全园"，有二层复廊曲折有致跨溪与涵通楼连接，大有"槛外行云，镜中流水，洗山色之不去，送鹤声之自来"意趣。阁的廊边有山道可登至山顶方亭，鸟瞰全园，并可远眺园东奇峰。澄研(砚)阁东南山根石头上构一六角形的"棋亭"，内置石桌石凳，可以就座对弈。"旁有栾树和香槐，因在相思洞旁，又名相思亭，有山道可上下。与涵通楼隔水相望"。[26]

沿复廊，西穿一洞门名"城广门"，可达稻香村区。清罗溪边偶有用"烧青砖砌筑像气球状放花盆用的'船舫'看起来很像汽艇沿河行驶。"

涵通楼东有长廊曲折而行，与碧云湖舫相连，使小湖与碧云湖一廊之隔，大小水面形成了对比，反衬碧云湖显得更开阔了。穿过沿碧云湖南岸的长廊，即见一丛三株挺直高大"五年开花结果两次"的红豆树，果红而硬，可作装饰。师专时，就树旁山根坡地造木结构楼一座，称"红豆院"。"院内四房一厅，周有走廊，坐在廊可欣赏红豆壮观"。沿山依石前行，有一较大山石，靠山临流，其顶较平，上筑台构栏，置石凳石桌，有树可荫，可以坐卧弈棋垂钓，曰钓鱼台。石根潭边有精雕狮石栏，今尚存。台左山墩，林荫深处有一敞亭，可避风雨纳凉，林涛鸟鸣，十分幽静，再沿小道前行，即到相思洞。洞下有泉出"潴为澄潭"，清冽而甘，洞内钟乳石千姿百态，穿过山洞

可达方竹山南区。[26]

从涵通楼南到方竹山形成了一个景色丰富，林泉意趣强烈而又完整的小区，别有洞天，得桂林山青、水秀、洞奇、石美、"簪山带水"之胜。其中建筑有大有小，有高有低，有曲折，有依山，有傍水，互为因借，水中可以戏舟，坐石可以品泉，举手可以垂钓，伸脚可以濯足，俯首可以玩月，囊琴而弈，林泉胜概，都在其中。[26]

碧云湖又名"鸳鸯湖"，是全园最大水面，山石为岸，自然可爱，湖畔植柳，湖内种"并蒂莲"，水边芦苇滋生，红荷点点，画舟翩翩，翠峰倒影，微风夹歌，碧波涟漪，泉水淙淙，游鱼穿梭，风景如画。湖中设两层局部三层的大水阁，形若舟，谓之"碧云湖舫"，可登临凭栏眺望，亦可读书、游乐、歌饮其间，是全园重点建筑之一，"是观赏湖光山色和深林烟树的好地方"。湖北岸有一重檐敞亭与之隔水相望；湖东北角有一叠石种竹相衬，造型清雅的琳琅仙馆；湖西部水中有一孤石小岛，岛上植柳数株，人在湖舫内透过丝丝垂柳，隐约可见西岸水榭和涵通楼，层次深远。环湖建筑，亦互为因借，对景成趣。湖内置画舟小艇，可荡可饮可歌。湖舫楼长廊东筑花墙洞门一道，粉墙花影摇曳，十分清丽。出洞门南折可达后山，洞门旁半山置一方亭，依崖而筑，可以远眺。沿湖东行折北，可达琳琅仙馆、敞亭、水榭，环湖一周。

本区是全园之腹地，有山有泉，有石有洞，有溪有湖，有楼有阁，环湖建筑，大小高低，互为因借，布局合宜，组成一个独立园林空间，亦可称为内园。其利用地形的技法和借景、对景、框景、漏景、对比等传统手法的运用，使园林建筑和小品的设置，无不恰到好处。自然景观得到了完美的效果，极尽造园意匠之能事，是值得我们探研和借鉴的。[26]

方竹山南区：这是指竹山南坡，花神祠、桃源洞、桃林的狭长地带和方竹山东麓的李林组成。山南有洞因桃而名，亦有"世外桃源"之意。洞户穹广，

苍崖壁立，以幽为胜。清朝刘名誉《雁山园记》云："巉岩屈转。是为雁山之峒，恰讶窈怪，不可思议，而凉飙飒然，愈进愈阔，扪壁而下，高崖数十丈，容设数十筵，洵逭暑之一胜"。《雁山园记略》云："入洞则阴森幽窅，光景微逗，……左为龙骨岩"，"岩穴幽暗，窅不可测，昔曾得龙骨化石于此，故名。当建别墅时，亦传发现巨人颅骨化石云"。又云"右有岩穴，是为下洞，俗传乃唐氏水牢，历阶而降，异境别辟，夏时至至，游涉维难"，洞下有洞，一连有三层洞，是否在有水的岩洞下还有洞，这是耐人寻思的。"洞后，缭以短垣，其外植李林，实如丹砂"。洞西山边坡脚，就是花神祠。《雁山园记》云："雁山峒外遍植花木。侧有花神祠"遗址尚存，此区桃李争春，古藤方竹，奇岩异洞，清旷静谧，林茂风生，可以避暑，是全园后院之后院，是读书度夏的好场所，也是全园的安静休息区。[26]

（三）雁山园造园手法分析

雁山园的因地制宜，天然成趣：全园有山有水，地形起伏有变，除利用乳钟山作障景，自然可爱，宏伟瑰丽外，复利用低湿洼地和水塘，疏浚整理成湖成溪，或广池巨浸，或小溪曲洞，有聚有分，自然曲折，顺理成章，既有对比，又富变化。湖塘池岸，多自天然。利用天然山石为岸，或保留大部分自然土岸，在流水冲刷之处，巧妙地利用天然块石干垒成景。清罗溪南端是自然山石岸，北端是自然土岸为主，间夹天然生根石，屈曲开合有变。惟中段稍平直，欠变化，多用粗料石干垒，偶夹自然山石，尚留人工斧凿痕迹，可算败笔。但尚呈弧线变化，并以树木藤萝覆盖，半掩半露，得以补拙。

廊树桥柱，因地制宜，就地取材，多用粗料石干砌，粗犷自然，与环境取得协调统一。横跨清罗溪复廊下的桥墩，碧云湖中的曲廊、湖舫、水榭及绣花楼旁的绿榭，其水中柱墩均系粗毛料石干砌而成，既粗犷美观，又经久实用。涵通楼南小湖中八角形的钓

鱼亭,利用天然散生石作基础和汀步,构亭架桥,自然朴实,清雅至致,混天然人工于一体,意趣横生,韵味无穷,十分可爱,是不可多得的佳构。另外,丹桂台和钓鱼台,也都是利用天然山石,稍加人工整理而成,顺应自然,天然成趣。[26]

园林建筑古朴典雅:全园建筑不是周边式布置,而是较为集中,带有散点,根据功能、地形及景观的需要布置,与环境结合紧密,较自然活泼,无庭院感,更无中轴线。园内楼阁厅榭,多为歇山顶,亦有少量硬山、卷棚和重檐的,个别的亦见凹水线稍平鼓后再斜下去类似盔顶或僧帽的,翘角较高,轻盈明秀,重点建筑屋脊是太阳、浪式卷草花鸟金鲤鸥吻一类雕饰。屋面多为青灰色筒瓦,个别主要建筑如澄研(砚)阁,亦有用琉璃瓦的。从涵通楼、澄研阁、碧云湖舫等瓦当滴水拓片,可见特造专制的印记及篆文,如"涵通楼瓦"、"涵通楼造"、"碧云湖舫"、"澄研阁瓦"等印记。两边有"同治己巳"或"唐仲园林"篆文。装修色彩鲜艳,五彩缤纷,十分丰富。"檐下饰彩画,梁柱门窗,有红有绿,窗棂上另作贴金。门窗有精巧的花格图案,每窗的扇叶做成三套,窗花各有千秋,无一雷同。春秋用纸糊窗,夏日用纱窗,冬天则改用玻璃窗。"多采用传统花饰图案,装修考究,如流线形的美人靠坐凳栏杆,葵式隔断长窗,柱头饰以雕花等。建筑造型古朴典雅,从建筑整体来看,外形轮廓柔和稳定,通透开敞,朴素美观。构造较为简易,船形的碧云湖舫作为主体建筑来处理,能代替厅堂楼阁多种功能之需要。地处南国,气候炎热,亦吸收地方民居跑马楼圈廊形式的布局,如大门、水榭、碧云湖舫等。涵通楼东西两边的二层复廊,造型各有千秋,形式新颖,结构简单,清犷畅朗轻盈,古朴典雅,颇具地方特色。[26]

植物布置及"五林"、"四宝":全园绿化布置,除保护好石灰岩山上的天然植被、名木古树外,结合功能分区和造景组景需要,有成片种植的,也有重点点缀的,如桃林、李林、竹林、梅林、桂花林(合称"五林"),多为结合功能分区,组织园林空间而布置的,同时其本身也是该景区突出的植物景观的主要特点。另外,方竹山上种方竹,桃源洞前植桃花,丹桂亭旁栽丹桂,桂花厅旁种各种桂花,莲塘内养莲,红豆院内重点突出红豆树等等。这里有的是以景点或建筑名称命题,加以重点点染,使之名副其实而有意加强突出而配置的,有的则以植物配置的实际艺术效果而命名的。涵通楼前后是全园重点点缀的地区,"集中了各种奇花异草,名贵灌丛,如牡丹、墨兰、素心兰、白玉兰、金边兰、方竹、絮竹、金嵌玉竹等"。再有,根据植物生态习性进行布置。例如,在园的东北部墙边地形低洼的地区成片种植竹子,在湖塘溪边配植柳树、乌桕,又能天然成景。

整个雁山园,有各种奇花异卉和天然植被,种类十分丰富,林茂花繁,鸟语花香,把这座岭南少有的园林装点得分外妖娆,它不仅有石灰岩石山特有的植物群落,还有大量人工种植的珍树名木果木,如楝树、香槐、重阳木、无患子、大叶榕、石山榕、白蜡、香樟、梧桐、牛尾、青冈栎、酸枣、榔榆、枇杷、白兰、柳树、布惊,还有红莲、白莲、并蒂莲、丹桂、四季桂、金桂,梅花中的绿萼梅和透骨红等名贵品种。尤其是以方竹、红豆树、丹桂、绿萼梅最为珍贵,人们赞誉它为"雁山园四宝",它与桃林、杏林、竹林、梅林、桂花林合称的"五林",是整个雁山园中园林植物配置艺术的重要特点和突出标志。[26]

第四节　川、陕、甘、西藏、新疆明清园墅

一、四川明清园墅

四川建置沿革及古园林遗迹

以"天府之国"闻名的四川盆地,气候温和、土地肥沃、物产丰富,自汉以来为全国经济最发达地区之一。自唐朝起即有"扬一益二"之称(扬指扬州,

益指益州,四川古属益州)。益州,州名,汉武帝所置十三刺史部之一。辖境相当今四川折多山、云南怒山、哀牢山以东,甘肃武都、两当、陕西秦岭以南,湖北郧县、保康西北,贵州除东部以外地区,东汉治所在雒(今广汉北)。中平(东汉灵帝年号)中(184~189 年)移治绵竹(今德阳东北)。兴平(东汉献帝年号,194~195 年)中,又移成都(今成都市)。东汉以后辖境渐小,隋大业三年(607 年)改为蜀郡。唐武德(唐高祖李渊年号,618~626 年)至开元(唐玄宗李隆基年号,713~741 年),北宋太宗时(976~997 年),曾先后改蜀郡、成都府为益州,州境有成都平原(《辞海》)。

四川,地区名,宋咸平四年(1001 年)分四川路、峡路为益州、梓州、利州、夔州四路,总称"川峡四路",后简称四川。南宋设有四川宣抚、制置、总领等职,统辖四路军政财赋,元朝合四路置四川行中书省(《辞海》)。

发展的经济养育了发达的文化。自西汉文翁在成都开办了"石室"(我国第一所公办学校,今成都四中)以来,四川教育发达,文风鼎盛,文人辈出,其中著名的有汉代的扬雄、司马相如,唐代的陈子昂、李白,宋代的苏洵、苏轼、苏辙,明代的杨慎等。至于游历、致仕、贬黜至蜀的文人,更是不可胜数。……所以文人荟萃是四川历史的又一特色,有所谓"四川出文人"之说。园林是一种艺术,又是耗资巨大的物质产品,它的发达,脱离不了经济、文化发达的基本条件。四川具有这两项条件,也自有了比较发达的古典园林。[27]

四川盆地四周高山,自古对外交通不便。"蜀道之难,难于上青天",加之相对于中原地区来讲,四川处于西南一隅,使四川的文化,具有鲜明的地方特色,川菜、川戏、蜀锦、川派盆景等已闻名全国,四川园林也应不例外。可惜由于种种原因,过去未能对四川园林特色进行全面系统研究。1984 年,成立四川省园林调查组(负责人王绍曾),受四川省城乡建设

环境保护厅(现省建委)委托,对四川园林进行调查研究,重点探讨四川园林的艺术风格问题。调查组的《四川古典园林风格初探》(初稿),已于 1986 年 9 月23 日至 26 日,由四川省建委组织的评议会进行了评议。

考古已证明,早在春秋战国时期(四川为巴国和蜀国),四川就已和中原文化有着密切的接触。秦统一中国后,张仪筑成都城"以像咸阳","而置楼观射圃"以后,成都多次作为偏安一隅或独霸一方的国都,或是藩主的驻地,故也产生过宫苑,如隋蜀王杨秀开摩珂池,前蜀时为宣华苑(花蕊夫人曾作《宫词》百首,尽写王建宫中景物,依词似可作出宣华苑的想像复原图)。但时至如今,这些皆已灰飞烟灭,无迹可寻了,现在有迹可寻的四川古代园林遗迹,可溯到唐朝五代十国。唐朝的新繁东湖,宋朝的崇庆罨画池,明朝的新都桂湖,清朝的成都望江楼,像四川这样至今还保留有唐、宋、明、清园林系列遗迹的地方,全国也恐怕是少有的。这几例遗迹,都是私园、衙署附园、邑郊胜地等,都是属于自然山水园。[27] 现逐个介绍如下。

新繁东湖

新繁东湖是成都以北原为新繁县城的衙署附园,因位于县署以东而得此名。秦置繁县,蜀汉将县邑迁至此,改称新繁,隶属成都,历代依旧。直至 1965年,将该县合并至新都县,新繁始改为县辖建制镇,现有人口二万余。[27]

新繁东湖,相传为唐朝李德裕所凿。考此说源于五代时孙光宪所著《北梦琐言》云:"新繁县有东湖,李德裕为宰日所凿"。查孙光宪生年为唐昭宗光化三年(900 年),距李德裕去世(唐宣宗大中四年,850 年)仅 50 年,孙为川西人氏(籍贯仁寿县),故所记应有相当可靠性。案李德裕(字文饶,后封卫国公)为中唐名相,祖籍河北,曾于唐文宗大和七年(833年)和开成五年(840 年)两次拜相,有削藩、裁冗、卫边、灭佛等政绩。他曾于青年时代游历成都,后于

大和四年(830年)二度入川，任川西节度使。然李德裕曾任新繁县令，不见于正史，故此说尚有存疑处。但东湖在五代时早已存在，当确凿无疑。

北宋大中祥符八年(1015年)王益(字损之，王安石之父)任新繁县令时，作《东湖瑞莲歌》，邑人梅挚(进士，后至龙图阁直学士)有歌与之唱和。北宋政和八年(1118年)，宋佾作《新繁卫公堂记》云：繁江令舍之西有文饶堂者旧矣，前植巨楠，枝干怪奇，父老言"唐卫公为令时凿湖于东，植楠于西，堂之所得名也。公讳德裕，字文饶，大和中来镇蜀，由蜀入相。方言地志驳落难究，传又不载在繁之册。而县之西南有两桥名蠡水者，尚为当时遗事，里民类能言之，则父老所传盖有本云。南充雍少蒙莅邑之始，慨然思公之贤而慕之，顾斥其字名黩于卒胥之口，乃障堂后壁严绘其像，榜曰卫公堂以尊崇之"。由文可知，时堂已旧，名曰文饶，可能在李德裕封卫国公之前已得名，否则早就名之曰卫公堂。[27]

南宋高宗建炎二年(1128年)，金堂沈卣予(字居中)任繁令时，改卫公堂为三贤堂，祀李德裕、王益、梅挚三人。沈友樊汝霖有《新繁三贤堂记》，记曰："卫公之事业文章，世之传载详矣，但未书及为繁令事，功勋如彼，其崇一县之政不足为公道欤？……迄今三百余年，父老思之不忘，以县署最大一楠四柏为公所手植。……前任人为此作文饶堂，后更为卫公，盖得之矣。而堂宇偏小不称是，居中乃撤而大之。并与王、梅祀焉"。[27]

由上文可知，宋人力主东湖为李德裕所凿。至少在北宋时期，东湖已有池、荷、楠、柏、堂的记载。[27]

明末四川战乱，东湖荒废。清乾隆五年(1740年)，知县郑方诚重修三贤堂，并"外覆以亭"。乾隆四十四年(1779年)，知县高上桂葺新东湖，并作《东湖八咏》和《东湖四景诗》，由诗可知此时的东湖有桥、亭、轩、山、石等，及多种花木。嘉庆元年(1796年)和十四年(1809年)又有修葺。同治三年

(1864年)知县程祥栋(字晓崧)再次大事整修，奠定了现在东湖的基本面貌(图11-6)。程并作《东湖因树园记》，节录如次："浚湖通濠，导湔水(青白江之古名)以注之。因地制屋，种树竹以补之。重建三贤堂于旧址之南，去湫隘而更爽垲也。堂对青白江楼(宋代赵沣过湔水，曰：吾志如此江清白，虽万类混淆其中，不少浊也，江因此改名，楼因此得名)。泉水稻田，北流绕郭，东为平远台，又东为蝠岩。蝠岩者，即湖中淤土垒成也，状如蝙蝠。小亭翼然，可远见彭灌诸山。崖之南，鹭渚鸥汀，连亘三桥，由古柏亭(因傍传说之李德裕手植古柏而得名)，而眠琴石，而城霞阁，一路水竹箫椮，或曰此勾式盘溪也，然无可考。(宋代新繁城有勾氏盘溪园，也位于城北。由现在记文中可知此园有溪、山、亭、轩、庵、寮、洞、桥等，取唐人李愿的太行之谷名盘谷者，名之盘溪)。崖左小港湾环，指度鹤桥。而东则瑞莲阁(取意自王益《瑞莲歌》)在焉。长廊以西有飞阁跨水者，檀栎岸，是为篁溪小榭。过此路愈曲，地愈平，湖亦愈宽。正向厅事五楹，曰怀李堂(指李德裕)，堂后为花南砚北之轩，绿窗洞开，三面临流。西连月波廊，介乎菊畦之间，望之折叠如屏风。其北槿篱茅舍，曰晚香斋(系赏菊之处)。循廊之西南，凡三折至珍珠船，

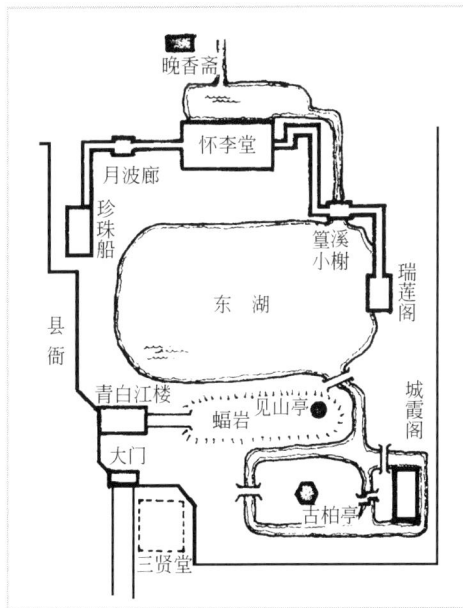

图 11-6　新繁东湖平面示意图(清末状)

舫居也，空庭积水荇藻交横。穿竹西芳径而南，直达青白江楼之前，复与三贤堂汇，结构大略如是"。[27]

东湖现有园地面积仅27亩，水面约占三分之一，山则仅有一土丘，长约20米，高约4～5米(所谓蝠岩)，手法极为朴实。然咫尺山林，步移景异，如有无穷之深意，极尽变化之能事。水面阔则敞如湖泊，但池形简朴，近乎方形，狭则隐如溪谷，徘徊萦绕，但线条古拙，不作故意扭曲，直如唐人所谓"奥如旷如"。建筑物则亭、台、楼、阁、廊、榭等齐备，密度不大，布置得体，互相照应，似散漫而实有致。园林主题有菊、莲、竹、树、山、湖、江、溪等，以及古之清官贤人，充分表达了寄情山水，寄意前贤，抒发情怀的文人意图。……园中现有若干五六百年古树(传说李德裕手植古柏，毁于20世纪60年代，时已有三四人合抱之粗，至今镇民记忆犹新)，以及许多大树、古藤，颇有"高林巨树，垂葛悬藤"之古风。[27]

在恰当的组织空间的基础上，巧妙地运用对比和安排游览序列，是东湖成功的关键因素之一。进入大门前(见平面示意图)，先有一个笔直的小巷(现名公园路)，一进门，突然一堵白墙挡住，上望有楼(青白江楼)，这是引与挡的对比。楼接土山(蝠岩)，土山横迤，形成一个横向的空间，这是空间的横与直对比(土山上有亭曰见山)。这个横向空间的东部是由曲环的小溪和小岛组成(岛上有亭曰古柏)。土山、溪畔、岛中长满了高大乔木与藤丛，形成幽闭的环境。一旦绕过土山，眼前一片湖光潋滟，这是收与放的对比。隔湖对望，正中厅堂(怀李堂)，两侧亭湖以廊连接，与背后的山林野景形成建筑与自然的对比(渡见鹓桥，先是西临水的瑞莲阁，曲廊一折至篁溪小榭，再折至怀李堂)。这组建筑以怀李堂为主体，但又曲折多姿，有的地方令人有"小院深深深几许"之感。然而穿过去一看，只见一片密林，林中槿篱茅舍(晚香斋，惜民国时期被破坏)，哪里有什么庭院深深？这种出乎意外的趣味变化，是一种情调上的对比。[27]

现在新繁东湖的建筑格局，虽然是清朝同治年间形成的，但它相比于日本平安时代(相当于唐朝)的寝殿造(图11-7日本寝殿造(a)与新繁东湖(b)的结构比较图)，有惊人的相似之处。我们已不能考察唐朝(或五代)时新繁东湖的面貌(或许通过考古发掘能做到这点)，但这种相似是否是势使之然呢？[27]

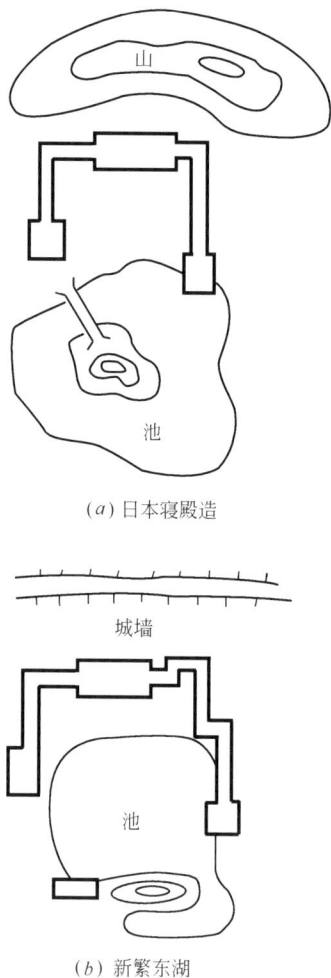

(a) 日本寝殿造

(b) 新繁东湖

图 11-7 寝殿造与新繁东湖比较

民国15年(1926年)，东湖辟为公园，1954年、1963年和1983年曾有所修葺和改动，四界也有所变迁。此时的修葺一般比较粗糙，幸未伤筋动骨，惟湖之西岸改动较大，与全湖甚不协调。现公园东部的盆景园和茶室，以及后部城墙一带的花园和亭楼，皆为民国以后所添建，其中多有不当看，令人感到臃肿。现有建筑，皆为清式，本来原有颇具唐风，然已不可考。[27]

崇庆罨画池

罨画池在崇庆县城(唐时称蜀州)中部,现为公园,面积为 40 亩,水面占一半。清末时经过重修扩建。

据县志,其初建时间至迟在北宋,赵汴有《蜀倅杨瑜邀游罨画池》诗。明朝州志记载它是"州治判官廨后池",因此属于衙署附园。南宋陆游任蜀州通判,曾居此一年,并作诗数十首,编入其《剑南诗稿》。追溯宋朝的罨画池,是以烟柳芳菲,水光菱花为胜。[27]

池南为文庙,初建于明洪武年间,明末毁,清代多次重修扩建。现划归公园范围的尊经阁,建于康熙年间;湖心亭建于道光年间(图 11-8)。看来清代是将罨画池作为文庙的后园,尊经阁建于一个圆形的馒头山上。湖心亭建于湖中的圆形岛上,它们处于文庙中轴线的延伸位置,为了与文庙大殿对称,体量极大,因此形成了罨画池园中败笔。[27]

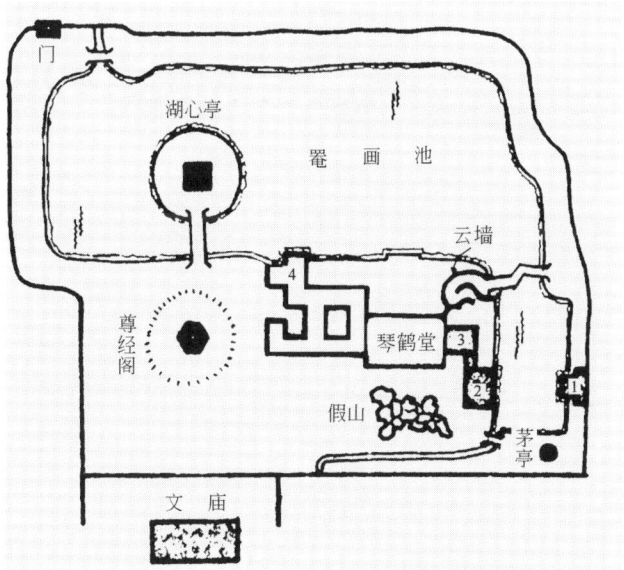

图 11-8 崇庆罨画池(清末)平面示意图

1. 望月楼;2. 半潭秋水一房山;3. 问梅山馆;4. 风送花香入酒厄

清末光绪初年,知州孙开嘉重修园池,利用池南东部隙地修建了一组民居式园林建筑,并将其东的

小溪改造成小池水院,植树种卉,遂成大观。清末时,建筑物也不多,且集中在东南一隅,形成了疏密悬殊的布局。格调清旷是当时此园一大特色。[27]

此组建筑,以琴鹤堂为核心,左侧为问梅山馆和半潭秋水一房山(水榭),以短廊连接;右侧一组建筑形成三个封闭式空间——小天井,变幻奇谲,极富情趣,并以风送花香入酒庖(水榭)为终点(北端入水),临水处,形成两个半封闭空间——平台,便于饮宴。[27]

琴鹤堂东北隅有一组云墙分隔。此组云墙为漏花墙,由三道曲墙组成,群众称为弯弯墙。不知者,以为无路,当地人放心闯去,以为自豪,穿过云墙即上曲桥(过桥即水院东岸),真不愧为"山重水复疑无路,柳暗花明又一村"之巧妙变形(陆游此诗即在当地所作)。[27]

琴鹤堂东水院为一相当舒适的空间。水池是长方形,约一亩,东为望月楼,楼下题为"水面风来菡萏香";西为水榭(半潭秋水一房山);北为廊桥(曲桥);南为茅亭。沿池叠的假山,为建国后所添,池东的栏杆有西洋风格,不甚协调,为民国时所造。

琴鹤堂正南相对有暝琴待鹤之轩,造型粗陋,体量过大,似为后添。(堂轩)二者之间有一大型石假山,用钟乳石叠成,山势峻峭,小径幽回,有状四川山形之意。分析它原为旱山,后来围山开沟,成池山。其不足处是距琴鹤堂太近、太逼。但若从突出山势的高险来看,似有所用意,而且与琴鹤堂后临湖平台的开朗空间,与水院的舒适空间形成强烈的对比。[27]

此院的主题,以琴鹤为标,示清高之意,此园景除山水风月外,多种梧桐、松、柏、荷花、梅花、垂柳等,经一百多年后,已变成以樟、楠、水杉等为主要植物了。建国后,增植了大量梅花,以表达陆游爱梅之意。[27]

民国期间,兵戈抢攘,破坏严重,解放以后多次修葺,并沿池增修了多处亭、树,建了盆景园,使原来之格局大为改观。最近又在水院东南方原明代陆游祠址，新建了陆游祠，是一组华美的建筑群。[27]

新都桂湖

新都县城西南隅之桂湖，为四川之名园。桂湖凿于何时，已难确考。清嘉庆县志云始于蜀汉章武年间，实系附会。对此道光重修县志依据驳之甚切。明代正德年间状元杨慎(字升庵)曾在此读书，并手植数百株桂花，作桂湖曲，桂湖由此得名。杨升庵流放云南三十多年，客死戍所。他一生著述四百余种，为明代著作之丰者第一人，对云南文化发展有重要贡献。[27]

明末兵乱，桂湖荒芜，清初曾一度开农田，嘉庆十七年(1812年)，重事修浚，复田为湖，并植花柳。道光十九年(1839年)，县令张奉书(字宣亭、直隶宛平人)大事修葺，借鉴了杭州西湖，绍兴鉴湖，将沿湖之观音堂、仓颉楼迁走，改建为轩和外庵殿，又增修长廊，筑月台，叠假山，造舟桥等，共一百八事，奠定了现桂湖的基础。此时刻有"桂湖全图"石碑一面。由此可见，当时桂湖基本上维持着我国古园林"一池三山"的格式，格调清旷疏朗，四周植物繁茂。[27]

1927年辟桂湖为公园，用堤、桥等把湖中孤岛串通，环湖修建了骑自行车的道路，格局有了根本变化，并一直保持到今日。另一个重要变化是修造了湖中两条半堤(图11-9)，成为桂湖造园手法上一大特色。此种隔而不断的手法，既不影响湖面的整体性，又增加了层次和景深，丰富了岸线变化，为人所称道。桂湖现为杨升庵纪念馆，是省级文物保护单位，面积六十余亩，水面占近二分之一。[27]

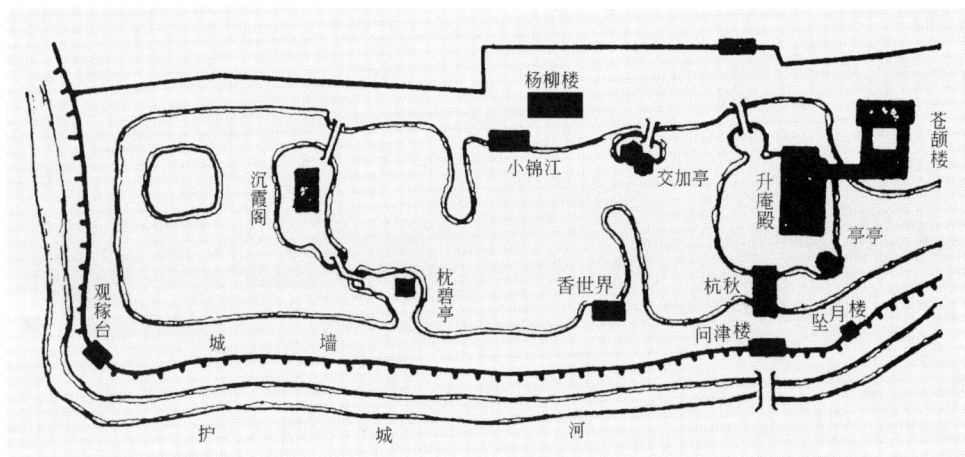

图 11-9　民国时期新都桂湖平面图

桂湖全园布局上，以升庵殿为主，殿坐东朝西，争取了湖面长轴为朝向，并与沉霞阁相对应，形成轴线。其他环湖建筑，呈散漫之态，不求严谨对照。惟后来兴造的杨柳楼台与湖心楼，略嫌高大华贵，有异军突起之势。[27]

湖之南方的城墙，被称为以墙代山，但平直单调。昔时多种高大桂花和楠木以为屏障，效果甚佳，惜后多枯死，现已补种桂花。民国年间，在城墙上修建了观稼台、问津楼、坠月楼，分别以城外农田、河津和天上明月为借景，为成功之作。但观稼台造型欠佳。[27]

园林建筑的单体造型，以升庵殿、亭亭和交加亭，最为独具特色。升庵殿现基本保持清代原貌，高大宏敞，貌似歇山顶，其实为悬山顶大殿，两侧各加一个半四坡顶式偏厅。北叫心水阁，有外廊和飞来椅(美人靠)；南叫藏舟山馆，无外廊。故此殿左右不对称，为中国正殿建筑之少见者。亭亭(在升庵殿之东)是一个茅亭，建于1913年，为重檐，下为八角，上为四角歇山，甚是奇特，加之木柱草顶，格调朴素，堪受称赞。交加亭在一小岛上，建于清宣统元年（1909年），为双亭，各八角，中间二柱共用，故名交加。一亭在岸上，略低，一亭在水中，反而地坪高出40厘米，二亭结构相同，但高低错落，在位置上，铺地花纹上，基础做法上又有不同，饶有趣味。其四周的石栏、小桥、曲径亦颇具匠心，是西蜀园林建筑中之佳品。[27]

桂湖又以桂花闻名，每当中秋佳节前后，香飘十里，吸引着无数游人，水面大量植荷，以应"接天莲叶无穷碧"和"亭亭玉立"之意。此外，全园名花异卉甚多，四季宜人，但植物配置尚嫌粗放。新都自古地灵人杰，民风儒雅，多有擅长诗词书法者，又地处交通要道，往来名人不少，故桂湖之楹联意味高洁，堪供评赏。[27]

成都望江楼

望江楼本是崇丽阁的别名，亦成为后来望江公园的代名。望江楼名气很大，有三个原因：一是崇丽阁经常被作为成都的标志；二是它是中唐女诗人薛涛的纪念地；三是现代以来搜集了130多种竹子，满园翠竹摇影，成为一个极有特色的"竹的公园"。[27]

园中有井，水极清洌，原名玉女津，本是明代蜀王仿制薛涛笺之处，俗称薛涛井，后误传为薛涛制笺、居住、墓葬之处，遂演变成薛涛的纪念地。明代，蜀王在此建"堂室数椽，令卒守之"（康熙《成都府志》），清康熙时已立有"薛涛井"石碑，抑或又有"荒亭"（见杨一鹏《薛涛井》诗）。至嘉庆年间，"布政使方积等于井旁修筑亭台"（《华阳旧志》），并建吟诗楼，为"李松云中丞所构"（何绍基《寄蜀中士民》诗注）。咸同年间，皆渐废。"光绪初，县人马才卿以回澜塔就圮，而县中科第衰歇，乃创议于井旁前造崇丽阁"（《华阳新志》），经募资，光绪十二年（1886年）动工，十四年（1888年）竣工，同时创建了濯锦楼。由此看来，崇丽阁和濯锦楼修建的本意尚不是为了纪念薛涛。至光绪二十四年（1898年），又

"添修清婉室"，"废者具备，焕然一新"（马长卿《江楼工竣纪事诗》附记）。这些后筑，皆与薛涛有关。[27]

望江楼的造园艺术极有特色，许多地方堪称是"破格"之举。

从结构上看，此园一反传统园林先构山理水，以山水为骨架，再因势制宜布置厅堂植物的做法，而是在一块平地上进行构思。虽然挖了一个小小的流杯池，但它和建筑物的关系相当生涩，明显地不是结构的核心。[27]

从布局上看，此园布局非常自由，很难发现轴线、对称等做法，乍看起来，毫不规则，实际上，从视线分析图（图11-10）中可以看出，布局是经过慎重考虑的，它所依从的规则，是每个建筑物的正立面要对着其他建筑物之间的"空挡"，而不是对着另一个建筑。这样做产生了两个效果：第一是如若坐在室内，以门框为景框看出去，画面中的建筑物都只是露一角，居于一侧，并且是倾斜而不是平行的。这种画面和以一个建筑物居中作构图中心的一般做法是大异其趣的。第二是这些"空挡"多为游览路线所在，这就为在室外观赏提供更好的条件。实际上，这种"对空"而不是"对面"的做法。在新繁东湖、新都桂湖等处也可以见到。[27]

以崇丽阁来说，它的立面和平面都有特点。立面上，下面二层是四角，上面二层是八角，这种近于"等分"的做法，很难处理。但崇丽阁做得极好，浑然一体，粗心的人甚至看不出它上下有不同。平面上，它一反底边平行于江岸的做法（如岳阳楼、大观楼等），大胆地将正方形的夹角对着江岸。清代以前，岷江是主要的通道，崇丽阁位于凸岸处，乘船是它最主要的观赏点，这里也是成都迎送客人的地方，迎接和目送都在这里。崇丽阁的平面设计，确抓住了这个要点。[27]

崇丽阁两侧各建一水平线条的楼，其中吟诗楼呈船形。这两个楼都是左右不对称的，比较活泼。

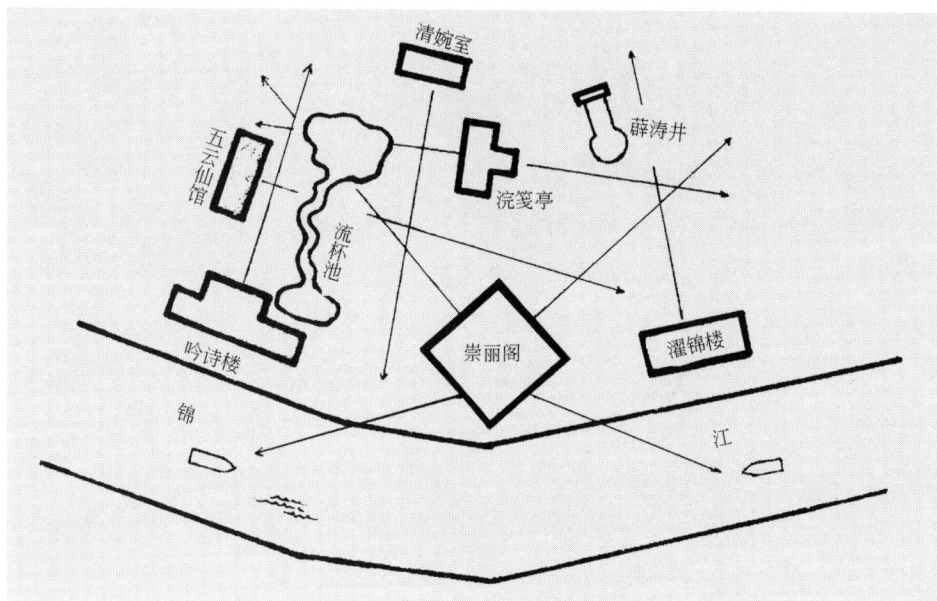

图 11-10　望江楼视线分析图

当乘船而来时，人们只能见到一个水平线条的楼和垂直线条的崇丽阁相配，十分优美。如果站在崇丽阁对岸观看，反而构图呆板怪诞，所以那里不是观赏点。[27]

望江楼的植物以竹为主，大面积的竹林有如竹海。历史上，这里景观即是菜圃和竹林。清人吴升（乾隆年间）诗曰："我昔寻此井，一径入深竹。潇然半弓地，围以万竿绿"。薛涛亦曾吟诗以竹自比。此外，这里的柳树和枇杷也和纪念薛涛有关。目前残存的古树，主要是银杏，前人种银杏也有怀念薛涛之意。过去，这里还有梧桐、桃花等，虽皆与薛涛有关，但其意欠佳，已淘汰。今日大量搜集竹种，形成竹的公园，其他花木，皆为建国后所植。[27]

成都杜甫草堂

现在的杜甫草堂，实为一纪念杜甫的祠堂。四川有许多纪念古代文人的祠堂，如眉山三苏祠、新都升庵祠（即桂湖）、绵阳的李杜祠、忠县的白公祠（白居易）等，皆具浓厚的园林风格，杜甫草堂亦属此例。[27]

当年的杜甫故居，靠百花潭，傍浣花溪（又称清江）。一千多年来，百花潭已淤塞（现在的百花潭是清代黄云鹄另外选址命名的），清江也由一条大河变成了小溪。然而，从杜甫居此时留下的大量诗篇，人们还可以想像当初的草堂面貌："清江一曲抱村流"。"诛茅初一亩"，"有竹一顷余"。"花径不曾缘客扫，柴门今始为君开"，"层轩皆面水"，"乔木上参天"，上有老楠（即楠）木覆盖，旁植新松四株，配以梅花、栀子、蜡梅、荷花等，沿溪桤木成林，垂柳依依。虽茅构清贫，但志高气雅。恰如其《寄题江外草堂》诗所吟："我生情放诞，雅欲逃自然，嗜酒爱风竹，卜居必林泉"。[27]

杜甫的草堂，中唐以后圮毁。五代时，韦庄"寻得杜少陵所居浣花溪故址，虽芜没已久，而柱砥犹存，遂诛茅重作草堂"（《唐才子传》）。北宋吕大防首先于此建杜公祠，后代不断培修，以明弘治十三年（1500 年）和清嘉庆十六年（1811 年）两次规模较大。那时的杜甫草堂，有当时的石刻"少陵草堂图"。[27]

今日杜甫草堂，清贫之貌一扫（图 11-11），然而在一些局部处理上，如设置柴门、花径、水槛等，特别在植物配置上，依然力求体现诗人草堂的某种意境。它为了强调尊崇和纪念性，采用了轴对称的布局，但其间又插入曲水，配以廊亭，庭中花木掩映，背景竹木参天，显得既庄重，又清雅，较好地表达了复杂的意图。[27]

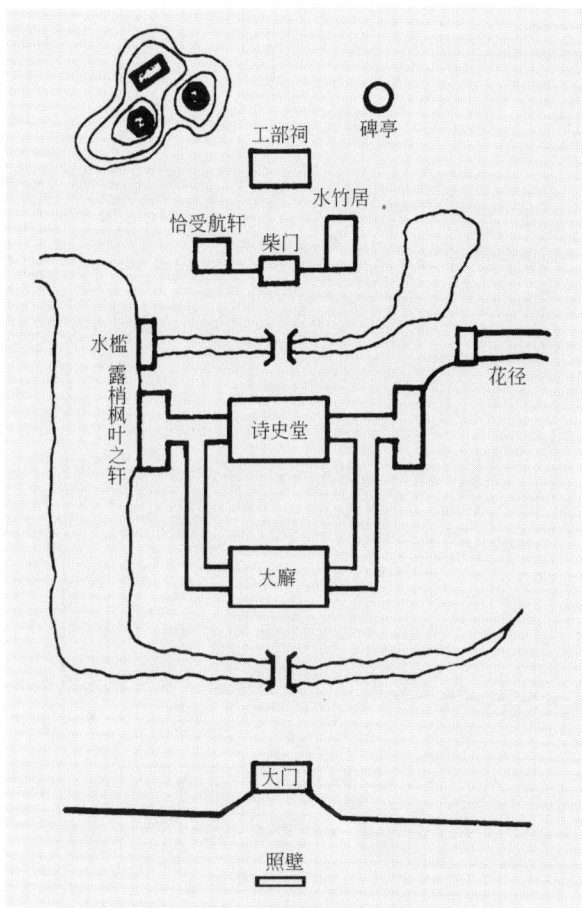

图 11-11　杜甫草堂现状平面图

在序列上，照壁，正门、跨渠的石拱桥，完成了从园外自然环境到祠堂的过渡。进入由大廨和诗史堂两个大殿形成的主要空间，殿堂宏丽高轩，庭院宽敞，气氛庄重肃穆，但两侧空廊围成，空间通透。相当于配殿的露梢枫叶之轩和陈列室(后者是建国后配置的)却藏于空廊之后，大大减轻了空间的闭塞感。大廨前的梅林，诗史堂前的罗汉松，表达了对诗人的敬仰；庭院中高大的楠木，点缀的杜鹃、栀子，廊后的竹林，再现了诗人的诗意，颇具匠心。[27]

一道清溪和两堵短漏花墙，暗示柴门——工部祠这个空间与大廨、诗史堂前一个空间的分隔。但由于处于一个轴线上，人们又不知不觉地进入工部祠，手法相当高妙。柴门、工部祠以及两侧的恰受航轩、水竹居、水槛等建筑布置较灵活，体量亦小，配以小桥、流水、高松、翠竹、紫薇、蜡梅等，园林气氛极浓。工部祠后有三座土丘，几处茅亭，略具山林之趣。再后即为大片楠林与竹林，将整个草堂包围起来，远望古木森森，轻烟缭绕，暗示游人，遂成标志。[27]

建国后，于草堂以西新建了梅园，并把东边的草堂寺与草堂联成一体(用的即是前文提到的红墙翠竹夹道的花径)，并于寺后新辟了盆景园和兰草园，整个面积已达三百余亩。[27]

眉山三苏祠

三苏祠在眉山县城南，是三苏(苏洵、苏轼、苏辙)故居，周围环水，有"岛居"之称。明洪武年间，改宅为祠，有启贤堂、木假山堂、大殿等，明末毁。清康熙四年(1665年)起重建，整个清代不断修葺。启贤堂、大殿、木假山堂、瑞莲亭等建于康熙年间，仍保留一定的俭朴风格。云屿楼、披风榭等，则建于光绪年间。现在的木假山，则是道光年间重新置的。1928年改为公园。解放后面积扩大到约80亩，新建了西部的许多亭及正面的大门(图11-12)。[27]

本祠园布局的最大特点是"水包建"，保存了"岛居"的风貌。祠堂本身，采取了传统的中轴对称多进四合院形式，清代所建的东西两厢，原为开轩，后改为室，故空间封闭，最后一进庭院，原为湖面，就势改为水院，不但省工，而且增加了变化。由于庭院不大，植树布置也较简单，以保留明清时代古木为主，计有银杏、楠木、丹荔、紫薇、黄荆、古柏等。基本采用对植手法，皆以花台维护，反映出古代祠堂植物配置的一些特性。其中大殿前原有两株古柏，传为苏洵手植的，于20世纪60年代死去，现改为两株雪松，是否得当，尚可商榷。[27]

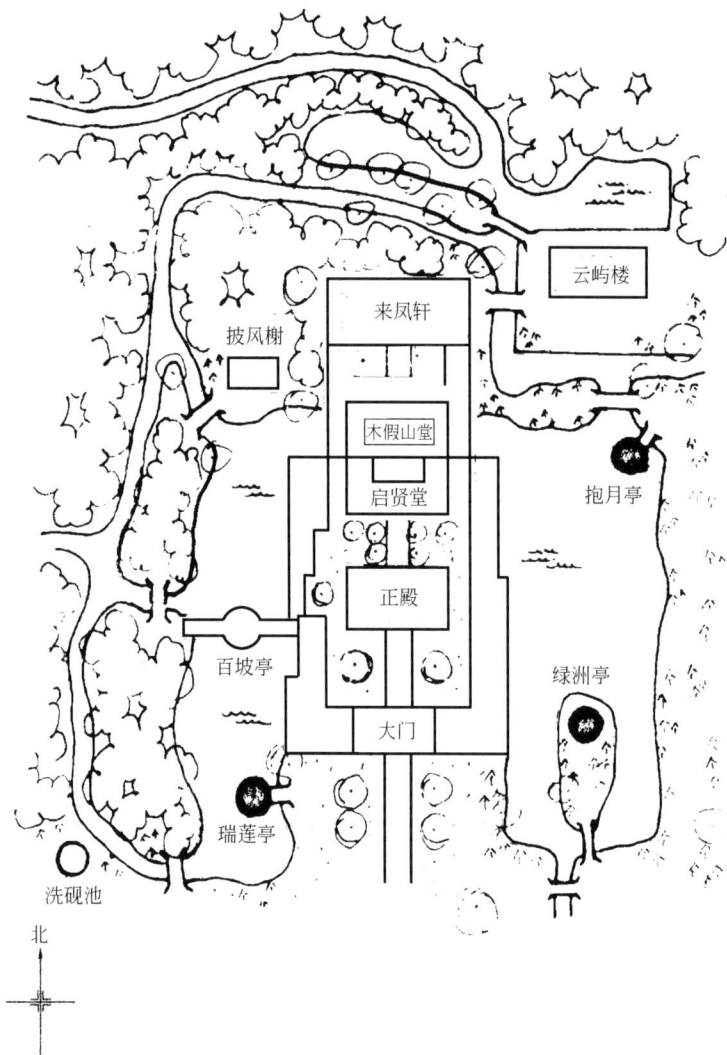

图 11-12　眉山三苏祠民国初平面图

祠堂两侧及背后是园林区。由东、西二湖，许多沟渠组成水网，形成许多岬、角、岛和半岛。其水系之复杂，为全国小型园林中所罕见。由于沟渠多，桥也多，全园现在共有桥26座，除了百坡亭桥（廊桥）外，其他的桥都很小，做法一般也很朴素。园的后部堆了些土山，皆很小，高不盈米，种以竹子或灌木，小路从中曲折，亦可领略些山林之趣。其理水之法：池形近方，小渠潆洄，开合对比突然，驳岸以卵石砌筑，都具川西园林的典型特色。[27]

五代—北宋时期的成都西园

　　五代之时，蜀地较为平静。许多文人、画家、

工匠皆避乱至此。前蜀王衍，后蜀孟昶，皆为荒淫之主，嬖臣亦仿效。于是造园林，设画院，开佛龛造像之风极盛。北宋时，许多园林尚在，以转运西园最为著名。该园后湮灭，但县志和明曹学佺《蜀中名胜记》收录有北宋人吟咏该园的诗60首，实为难得的文献。[27]

　　转运西园以位于转运司之西得名，又称西园，其位置可能在盐道街一带（《华阳县志》），为五代的权臣故宅。章粢的咏西园诗序云："爽垲清简，随处是乐。于是作十咏，群公咸和之"。和者有吴师孟、许将、丰稷、杨恰、杜敏求。十咏分别以西园、玉溪堂、雪峰楼、海棠轩、水阁、月台、翠锦亭、茅庵、潺玉亭、小亭等为题。[27]

　　《四川古典园林风格》作者根据"诸诗分析和研究后作出一张西园复原示意图供商榷"（图11-13）。对照示意图读诗句就可使已湮灭的古园宛在目中。

　　十咏之一《西园》诗是此园的总述。章诗："古木郁参天，苍苔封下路。幽花无时歇，丑石终朝踞。水竹散清润，烟云变晨暮。何必忆山林，直有山林趣"。吴诗："乔木不知秋，名花逾数百。远知山林幽，近与尘埃隔"。许诗："鸟鸣恋故木，兰苗归新晚。坐延花景深，行倚筇杖稳"。丰诗："仙化二十四，境远难遍探。锦城使君园，雅与云洞参。……池映金波静，花沾玉露甘"。杜诗："潭潭刺史府，宛在城市中。谁知园亭胜，似与山林同"。[27]

　　由诗可见，该园最大特点是"似与山林同"，古木参天，苍苔封路，竹清兰苗，池清波静；又植有百种花卉，四时不歇；群鸟会集，一派清趣，故"雅与云洞参"。此种仙境，并不以金碧辉煌取胜，而是讲自然之趣。在适当之处，有石，所谓"丑石

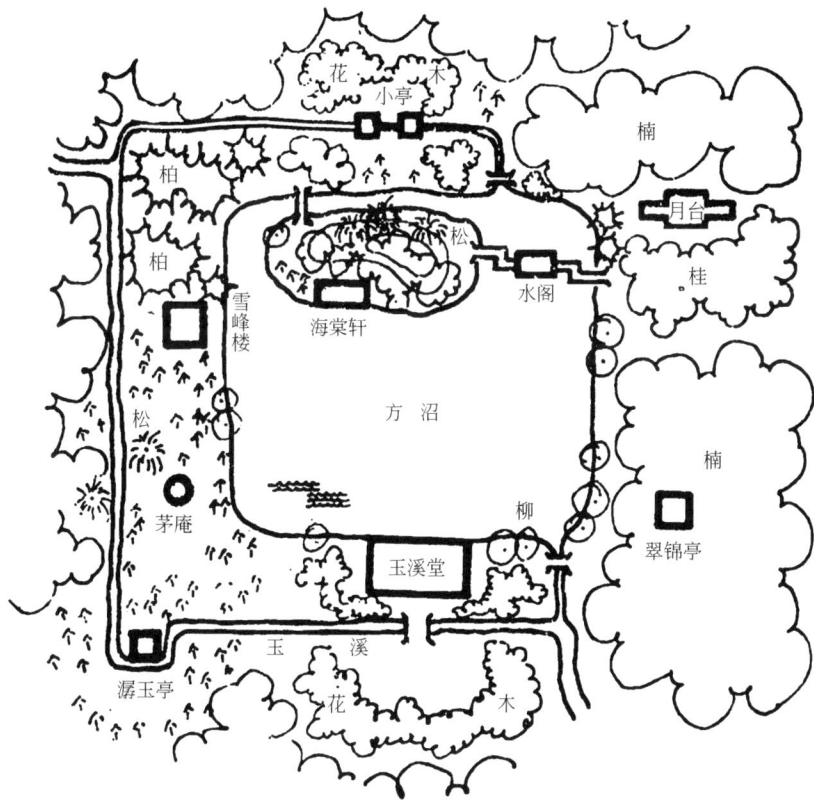

图 11-13 宋代成都西园复原示意图

终朝蹰"。另外，成都气候温和，常绿树多，日温差小，缺秋色叶树，故有"乔木不知秋"之句，亦点出成都园林之一特点。此种常绿乔木，诗中记载的以柏、楠、松为主，高达百余尺。[27]

十咏之二《玉溪堂》：章诗："堂因水(指玉溪)得名，方沼当其后。漪澜荡攘桶，窗户抱花柳"。吴诗："华构枕方塘，使台寂佳致。二色真楠材，轮奂极精致。花木四面围，如立复如侍。"许诗："朱堂俯玉溪，玉溪清且幽。"杨诗："虚堂已深窈，……临池狎清沚，养竹听箫琴。"杜诗："堂前对花柳，堂后瞰池沼"。[27]

玉溪堂是西园主厅，楠木为材，轮奂精致，色彩朱色为主，故曰"朱堂"，进深较大，故曰"虚堂深窈"。堂前俯玉溪，后临方沼，花木四周，并有竹柳，环境清丽。其功能，除一般的作饮宴之所处，大

约以夏凉为主。环境极清爽，是自然环境，不是"建筑空间"。[27]

十咏之三《雪峰楼》：章诗："层构压池塘，不僭亦不逼。影浮江水静，寒逗雪山色。抚栏接修竹，连檐引苍柏。注目望长安，无那浓云隔。"吴诗："西北有高楼，梁栋云常见。"许诗："重楼起城阴，乘高望西极。列峰横青天，飞雪千里积。……莫怪频东向，上有思归客。"丰诗："每来注心目，不觉生羽翰。"杨诗："修修楼下竹，虢虢竹间水。楼高虽不见，清响长在耳。"杜诗："登楼试寓目，八国有故地。……文饶昔筹边，公意今无愧。"[27]

雪峰楼在园的西北方，与池相近，但又不逼。楼下有竹林，竹林中有小溪淙淙作响。楼旁有苍柏接檐，故其高在百尺以上。登楼可远借西北雪山。近俯锦江，不同人登楼有不同的感受，有的怨黜，

有的怀乡，有的思羽化，有的忆兴亡。四川古代西接羌蕃，南连棘昭，是边防与贬黜之地，故有以上思慨。[27]

十咏之四《海棠轩》：章诗："珍苑寄幽岛，正对孤山植。优游自俯柳，红绿若组织。春酣晴日熏，坐久浓香逼。池面净可誉，朝霞罩澄碧。"吴诗："花溆对高轩，如用丹青飘。……松篁两翠幄，常获东西照。"许诗："海棠冠蜀花，此轩花尤冠。"丰诗："香传雪楼浓，影落玉溪倒。"杨诗："池清藻压枝，波动鱼争蕊。"杜诗："东风开百花，独有海棠胜"。[27]

海棠轩在一岛口，岛上有一孤山，似为土山，方能密植成片海棠。前配竹，后植松，故能获得东西日照，并在池面中形成"红绿若组织"，以红为主，灿若云霞的浓艳倒影。这里是该园色彩最华丽的地段，此岛距雪峰楼不远，并傍玉溪。池水清，有藻，常无波（因四川少风）。池中有鱼。[27]

查唐朝之时四川多海棠，乐山与大足皆有"海棠香国"之称，四川的海棠主为垂丝海棠（*Malus halliana*），还有贴梗海棠（*Chaenomeles speciosa*）者与海棠同科不同属，皆喜光，喜排水良好。此园将其种于土山之上，并使其能获得日照，故能做到"此轩花尤冠"。[27]

十咏之五《水阁》：章诗："架木浮水中，略向通孤岛。风月所得多，经营仗云巧。扶疏花影斜，拨刺跳鱼小。隐几寂无人，朱栏萃幽鸟"。吴诗："形制似万桥，岛岸相连属。"许诗："飞阁出方池，修曲见空莽。旁临花坞近，平觉春波长。……从容观鱼乐，不减游濠上。"丰诗："长虹卧松江，一苇航大河。岂如此安稳，无复畏风波。幽香翠花岛，鱼藻旨且多。徒倚小栏曲，月色透薜萝。"杨诗："小阁平池阳，危桥属花屿。"杜诗："方池寻流水，横阁上寻丈。……游鱼时出没，飞鸥亦上下"[27]。

水阁架于方沼上，木柱、朱漆、飞栏，将孤岛（可能是海棠轩所在岛）与岸相连。整体横线条，故诗

中多用"横"、"平"等字，与水面相协调，与雪峰楼、月台等成正比。其景色，与海棠轩相近似，多咏其风月花岛，但较为疏朗，并有濠濮之想。[27]

十咏之六《月台》：章诗："蜀地饶夜雨，轻阴多蔽天。见月月无几，筑台待婵娟。高凝桂影近，俯视云屋连。"许诗："蜀地山四维，益州平如掌。累台郁临风，坐看月宵上。稍出丛木末，始发众籁爽。兹焉暂游目，一览天地广。"丰诗："涉此百尺台，……洞晓弦望机。"杨诗："嘉木密交阴，月夕若荟翳。高台出林杪，远目望天际。"[27]

月台高逾百尺，所以能"稍出木末"，登临可远目天际，下俯市容。中秋之际，临风赏月，桂蕊飘香。其四周为竹林，林木有高有矮，富于层次，方若荟翳。矮处似有桂花纯林，以取日照，但这些桂花也长得很大，有十来米高，方能"高凝桂影近"。高者则为大乔木。[27]

此台与雪峰楼形成两个竖高建筑对峙，实为少见。台的位置以应在东方或东南方，以迎皓月东升，故诗中不强调其西望雪山的效果，并点出可俯市街的景观。

以上这几首诗（《西园》、《玉溪堂》、《雪峰楼》、《海棠轩》、《水阁》等），还指出了成都几个特点：一是多阴雨，故明月十分珍贵；二是成都平原很平，但四维皆山，故登高即可借山景；三是富庶，人口密集，故屋宇如云。[27]

十咏之七《翠锦亭》：章诗："楩楠百余尺，排列拱檐际。畏日自成阴，隆冬宁灭翠。虚旷得寂理，懒癖资浓睡。谁者官府中，得此冲漠味。"吴诗："东阁治台政，西堂备饮宴，介于二堂间，华构饶花品。红紫镇长春，四时如活锦，公暇一绳床，上有通中枕。"许诗："栏杆窦溜长，窈窕空埃静。修竹密葱翠，尽得锦城锦。"丰诗："檐外到修木，凛凛正人气。有德必有文，烂兮五色备。岂同夭韶花，弄春张绣被。须信轮囷材，堪为万乘器。"杨诗："峨峨碧油幢，蠹蠹羽葆盖。燕居不废严，环球布亭外。浓阴生昼寒，微

中·国·古·代·园·林·史

吹发天籁。"杜诗："材大难为用，尝夸古柏篇，亭前老梗楠，黛色亦参天。夏暑借清阴，秋籁得自然。"[27]

翠锦亭又名锦亭，是一座材美精细的建筑，色彩华丽，体量也不小，可供公暇休憩和备宴，其四周皆挂帐幔(碧油幢)，推测四面有窗，是封闭式的。其位置在玉溪堂之东，靠近运司衙门(诗中东阁应指办公之处)。它的环境十分清阴冷漠，除有修林外，主要是成排种植的高大梗楠，与华丽的亭子形成强烈的对比，诗中所谓"饶花品"、"如活锦"等应指建筑。[27]

为官者在这种建筑华美，僮仆环列竦侍的环境中安睡，却大谈什么"得寂理"、"冲漠味"，实在是一种强烈的讽刺和对比。[27]

十咏之八《茅庵》：章诗："竹间构园庵，所向自潇洒。珍尝弄巧舌，宛是居山野。默坐见真心，可给尽虚假。叼陋寻尺地，兹焉息竞马。"吴诗："结茅为园屋，环堵不开牖。斋居如雁堂，广长寸六肘，深藏子猷竹，不植陶潜柳。"许诗："旁依修竹密，上翳青松疏。……勿言此中陋，中有君子居。"丰诗："天籁旁鼓笙，月沼对铺玉。……笑指博山炉，香飞柏子绿。"杨诗："茸茅如蜗庐，容膝方一丈。规园无四隅，空廊含万象。绳床每宴座，不与物俯仰。惟许岁寒君，虚心环几杖。"杜诗："众人奔名徒，浮世荣物役。岂知庵中乐，道胜心自逸。"[27]

茅庵是平面为圆形的茅顶建筑，四面无窗。至今川西平原农村还有大量的土墙茅屋，不开窗，只靠开门采光(现在多于屋顶加玻璃瓦，叫亮瓦)，茅庵体量很小，直径约一丈，中浮一绳床，屋四周种竹子，有少量松树。茅庵的位置，似与湖面不远。这里提供的是隐居宗教式环境，空洞无物是其设计思想。释家在这里想到空寂，儒家在这里想到君子，道家在这里想到超脱，反映了三教合流的趋势。须指出，庵字的本意即是圆形的草屋。黄庭坚在宜宾时曾筑有"死灰庵"，大概也是这种形制。[27]

十咏之九《潺玉亭》：章诗："傍砌酾小渠，回环是流水。石蜃吐珠涎，清响醒人耳。风微竹影翠，月皎波光起。飒爽无尘嚣，静适心所喜。"吴诗："至人泉石心，俚耳便丝竹。……试听自然声，不减云璈曲。"许诗："养源在山西，如玉抱精白。"杨诗："亭下玉溪水，扑碎白玉珰。"杜诗："林亭幽且深，砌下玉溪水。"[27]

潺玉亭傍于玉溪，玉溪水来园外，园内有一些落差，造园时充分利用了这点，形成一段潺潺有声曲折回环的溪流。为增强声响，渠底是乱石。诗中"石蜃"、"白玉珰"，大概是形容卵石的。潺玉亭处于竹林深处，有曲径可通，但亭子附近竹林并不过密，露有天空、明月。这里以听觉感受为主的园林环境，其意境和峨眉山清音阁类似。[27]

第十咏《小亭》：章诗："花边二小亭，双跨清渠上。规摹虽甚隘，幽僻良可赏。幸依嘉木阴，未羡大厦广。不足延赏朋，携筇常独往。"吴诗："尺水走庭除，花木皆周匝。双亭正相值，仅能容一榻。公余时独来，隐几聊虚匣。典谒与通名，东崇有宾阁。"许诗："翩然沟上亭，左右相映带。修楠列翠幄，长松偃高盖。"丰诗："东西对孤骞，仗履可休歇。……鳞木张幄翠，蜃楼飞玉洁。柱往得意时，宛在广寒阙。"杨诗："方亭维四柱，对峙花竹间。下有雪岭水，淙淙日潺潺。宛如双彩舸，缆向春波湾。"杜诗："二亭虽云小，好在泉石间。白石自齿齿，清泉亦潺潺。"[27]

双亭是四川古园林较喜用的一种做法，清末桂湖和宋代成都钤辖东园亦有双亭。但西园的双亭的位置和形制尚有疑问。我们假定它是互相对峙，不相连接属的两个不繁不素的小方亭，皆跨于一条溪流上，位置在雪峰楼和月台之间，溪中和岸边有石，配以竹木花卉，上有高楠青松覆盖。其淙淙水声的来源大概是和潺玉亭一样的落差。[27]

除了《西园》诗中总述外，从其他诗中还可以总结出西园的几个特点：1. 池形近方(为园的中心)；

2. 渠(指玉溪)有卵石；3. 多竹；4. 除水面是开朗空间和玉溪堂前有些空地外，所有地方都是密集的植物(略有疏密变化)；5. 没有大型石假山的记载(同时代的钤辖东园，有一大型假山，叫五峰，下有五峰洞，推测为石假山)；6. 建筑物布局疏散，占地面积不大；7. 尚保留有苑中建高台的古风；8. 高台与高楼对，造成一种强烈的印象；9. 在大片的清幽环境中，有华彩的地段；10. 重视借景。[27]

宜宾散杯池

在宜宾天柱山下的江北公园，进园绕过碧波粼粼的小湖，来到云树荟郁的左侧，突然，巨石嵯峨拔地而起，好一个不加斧凿的天然丘壑，但见巨石中裂，峡谷横开。站在谷口，淙淙流水，隐约可闻，沿石级而下，入谷口，有石坊，额曰"流觞曲水"。入谷底，豁然开朗，池势平旷，有小溪自谷底出，清凉透骨，潺潺作声，然后贯穿峡谷，没入石缝，随溪蜿转，凿池九曲，可以啸聚诗人，流觞酬唱。杯之所止，诗也随之，如诗不成，罚以杯酒。这就是有名的古迹"流觞曲水"，俗称流杯池。乃宋代黄庭坚所建，距今九百年了。[28]

黄庭坚号山谷道人，北宋江西分宁人，诗文名噪当时，与苏轼齐名，世称苏黄，江西诗人，一时顶礼门下，蔚成风气，称江西诗派。山谷书法独具风格，造诣尤深，与苏(轼)、米(芾)、蔡(襄)为北宋书法四大家。哲宗元符元年(1098年)，山谷以文字触忤朝廷，贬涪州别驾，移戎州(即宜宾)安置，因自号涪翁。居戎三年，著《苦笋赋》、《荔枝绿颂》等诗文数十篇，使宜宾山水丘壑生色不少。山谷感伤国事，愤世嫉邪，凿池流杯，借酒浇愁，用心良苦。南宋诗人陆游来戎，有悼念黄山谷诗："文章何罪触雷霆，风雨南溪自醉醒。八十年间遗老尽，坏堂元壁草青青。"对诗人一生遭遇，寄予了无限同情。[28]

流杯池之胜，除风景清幽外，还在石刻。谷中石壁历代名人题咏，琳琅满目，美不胜收。山谷手书"南极老人无量寿佛"八个擘窠大字，笔力道劲，极见功夫。明代状元杨升庵手书"胜概"两大字，至今完整无损。明代李春光的七律："谁将怪石劈为门，列入烟霞势欲吞。水有源头通玉液，人从谷口泛金樽。座间罗绮山花簇，席上笙簧鸟语喧。曲折劝酬情不尽，喜看明月转江村"。曲尽流杯池风景之胜。[28]

围绕流杯池，还有许多与(黄)山谷有关的建筑，流杯池南口，傍石而起有涪翁楼，相传为山谷读书游憩之所。楼本毁圮，1979年已按原状修复。距流杯池数百步，有山石名涪翁岭，上有涪翁亭，已毁。岭东麓有山谷祠，亦大部倒塌。都计划修复。[28]

登上涪翁岭，纵目远眺，金沙江来自万山丛中，浩浩荡荡，奔腾东去。千里岷江，宛如玉带，丹山碧水，分外妖娆。两水汇流，泾渭分明，蔚为奇观。天柱山壁立千仞，奇拔险峻。朱德总司令于辛亥革命和护国讨袁，两次率兵来宜，扎营山上，至今战壕犹存。目睹壮丽河山，使人对老一辈无产阶级革家怀念不已。[28]

"流杯池"是取胜区凿池九曲，以啸聚诗人，流觞酬唱，别是一例。《四川古典园林风格初探》一文的作者，在论述分析四川著称的园墅后也论及自然胜区三处，即青城山天师洞，峨眉山伏虎寺和清音阁。[27]

青城山天师洞

天师洞是天师洞府、黄帝祠和常道观这一组建筑的通称。常道观，初建于隋，称延庆观。唐称常道观，宋称昭庆观。现在的宫观建于清末，由观门和三清大殿及其两厢组成四合院，是惟一比较平整的建筑组合，但观门和大殿不在一条轴线上，四合院右侧又有银杏阁，打破了对称的格局。银杏阁前有一株古银杏，干围约6米，枝叶几遮了半个常道观，相传为张天师手植。常道观左侧是三岛石和洗心池，这里飞瀑流泉，怪石峥嵘，高林蔽日，芝兰遮地，是青城风景最优胜之处。黄帝祠在常道观后台地上，祠后为"六时泉"，古时名胜，实为一间歇泉。泉旁洞门，望出去一堵矮矮红墙，依山起伏，两侧古木翠竹，一派林园气氛。由此上仰见三皇殿，殿右山墙有洞门，上题"白云阁"。出门乃是一背靠山墙的吊脚半亭，可观林海群峰。三皇殿左方为天师洞府，二者间以一短垣相连，上有一门，题作"曲径通幽"。天师洞府是两个石洞，外建有雨篷，其两侧是三叠"拖"厢，入口为牌坊，相传石洞是张天师结茅处。[27]

整个天师洞(景区)的布局。以较严整的常道观为中心，其四周都随山就势，相当自由，强调的是自然。这种手法利用了对比，反而突出了常道观的庄重，蕴含着道家朴素辩证法的道理。向往蓬莱仙境，并在园林中再现仙山境界，是中国园林的古老主题。道教宫观建于名山之中，则更是有意识地造成这种境界。《玉匮经》说："青城山灵仙所宅，祥异则多，于是有瑶林瑰树，金沙玉田，甘露芝草，天地醴泉之异焉"，天师洞一带正是尽量突出这个思想。这里有楼阁，有洞天，有神泉，有仙池，有瑶草，有怪石，特别是道家大力宣扬的古银杏、公孙橘、三岐棕、九株松等祥异之物，把宗教和自然巧妙地融为一体。其园林气氛大大浓于佛教寺院。[27]

在四川的名山中，青城山的山路做得最好，其原因有二：(1)尺度适宜，这里的"尺度"是指以人的生理标准。从山脚山门登至半山的天师洞，漫步只要一小时，一般人似累非累时已到达了。(2)富于变化，山路或穿山谷，或沿山脊，或傍山腰，或跨溪涧，或临飞瀑，或惊而不险，或陡而不累，或郁密，或开朗，十分有趣。古人常用"丹梯"来形容青城山的山路，一方面有道教登天梯的含义，一方面其石板是用外地采来的橙色砂岩制成(青城山是砾岩，亦易作石材)，确有红色与满山青绿对比之感。(3)有节奏感。沿途许多树皮亭不但可供休息，也打破了幽静的寂寞感。其间又插入三座较华丽的牌坊，形成强拍，

越走近常道观，节奏越密，游人精神越兴奋。这些亭子的布置有一个很大的特点，是它们互不相望，使每个空间只有一个主题，不致于感到重复和不分主次。另一个特点是不拘一格，或傍于路边，或跨于路上，或扇形，或三角形，或单檐，或重楼，或越溪成桥，或抱树吊脚，颇费心机。[27]

从山门到天师洞(图11-14)，这一段，选择"天然图画"坊作重点，处理是很高明的。这不但因为此处大约在路程的中点处，和这里景观较好外，更重要的这里是一个景观转折点。它处于青溪峡谷和海棠溪峡谷的分水岭的山脊上。海棠溪非常险峻，一片原始阔叶混交林。而天然图画以下，则人为开发程度较高，其山路也在人工柳杉中穿行，形成明显的情调变化。[27]

峨眉山伏虎寺

伏虎寺在峨眉山麓伏虎岭下，创建于南宋初年(一说在唐朝)，明末毁，清初重建，历时二十年，建筑面积近一万平方米，是峨眉山目前最大的寺院。重建时，按《大乘教》字数，广植桢楠、杉柏十万九千株，称"布金林"。如今皆有合抱之相，宛如林海，故有"密林藏伏虎"之谓。

伏虎寺的正名是"虎溪精舍"，又名"离垢园"(康熙帝赐名)，该寺虽深藏于密林之中，屋瓦上却不积叶，成为一胜景。这是因为特殊的地理条件，这里易生环形气流之故。[27]

从造园艺术上讲，最值得注意的是作为序幕的从伏虎寺木坊到山门的这一段山路的处理(图11-15)。这段路长约250米，沿路有二坊(伏虎寺坊、布金林坊)和三桥(虎浴桥、虎溪桥、虎啸桥)。[27]

伏虎寺坊是峨眉山最大的牌坊，平面作⋈形，立面重檐，高翘角，出檐大，下饰细栱，脊饰华丽，是典型的清代建筑，具有很强的标志性和吸引力。布金林坊，平面与伏虎寺坊同，但形制较小巧，比较优美，与四周山林相当融洽，既点出了布金林的主题，又不喧宾夺主[27]。

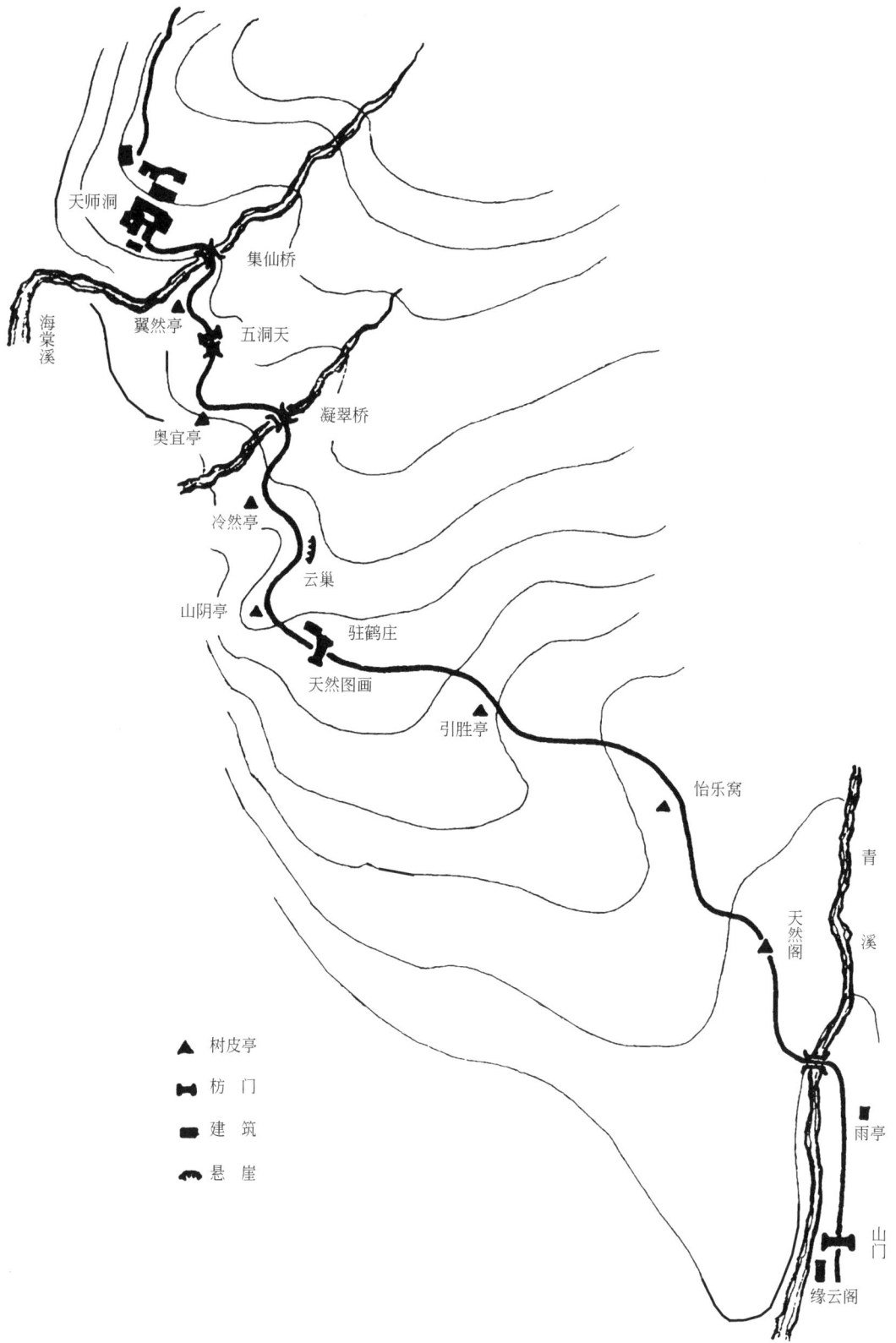

天师洞

集仙桥

海棠溪

翼然亭　　五洞天

凝翠桥

奥宜亭

冷然亭

云巢

山阴亭　　驻鹤庄

天然图画

引胜亭

怡乐窝

天然阁

青溪

▲ 树皮亭

枋门

建筑

悬崖

雨亭

山门

缘云阁

图 11-14　青城山局部示意图

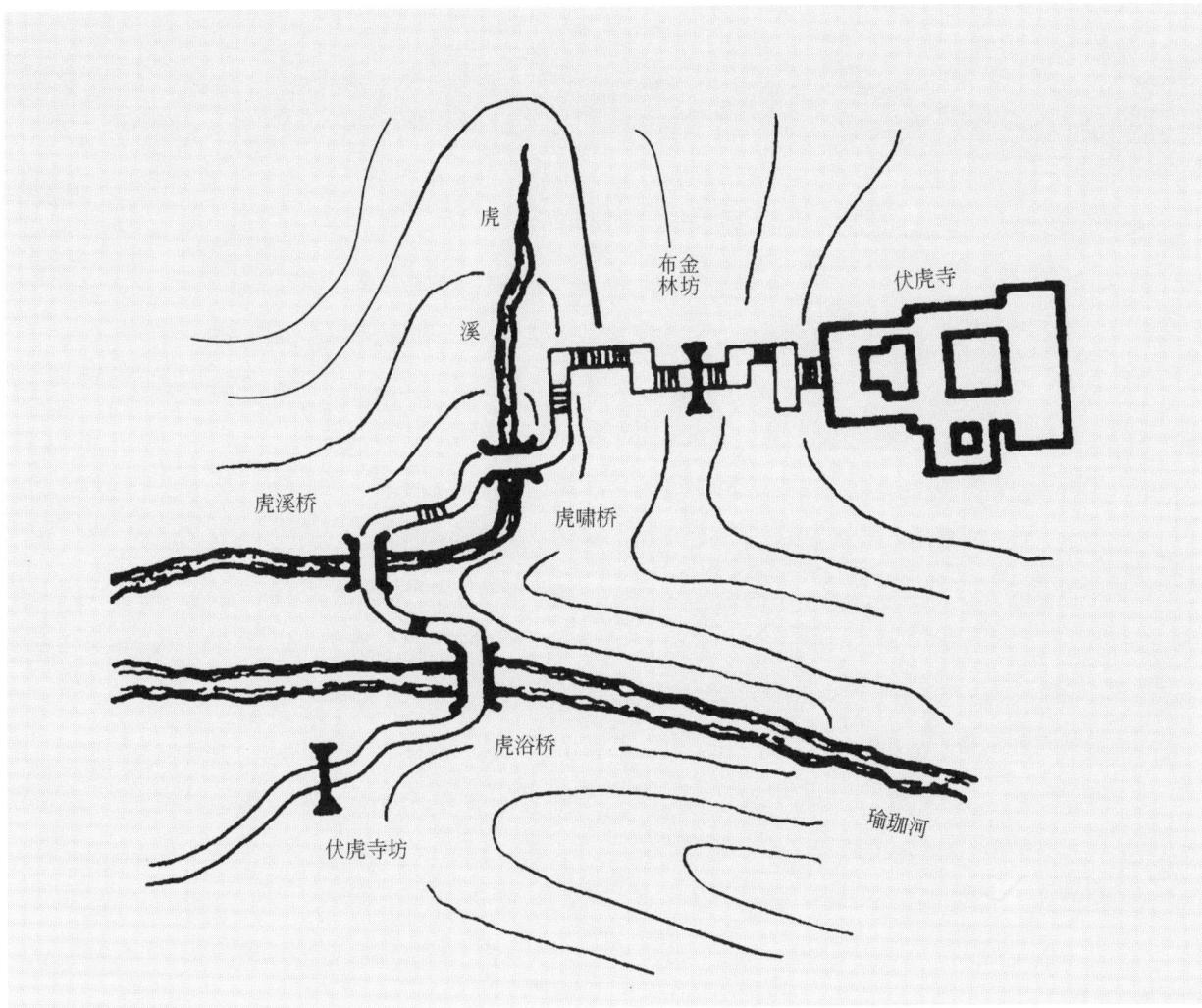

图 11-15　伏虎寺平面示意图

　　虎浴桥，跨瑜珈河，长 12 米，是一廊桥，两端各作坊式，构思巧妙，亦相当华丽。虎溪桥与虎啸桥，皆跨越虎溪，长度递减为 9 米和 6 米，造型亦依次趋于简朴。从功能分析，虎溪桥与虎啸桥两次跨越虎溪似属多余。实际上，虎溪右岸至今还残留有一条古代山路痕迹，可直达山门。然此二桥一设，所费不多，却使这一段序曲大为增色，非高手不能为之。此高手，大约就是清初修伏虎寺的贯之和尚、寂玩和尚与可闻和尚。试分析如下：

　　节奏感：这一组桥、坊，互相间距离不远，约为 60 米左右，但又互不干扰，加之繁简有别，所以节奏清晰，轻重分明，形成了"坊、桥、桥、桥、

坊"的节奏，也可将之比喻为律诗"仄平平平仄"的韵律，似一首诗的起句。

　　曲折：由于两次跨虎溪，路随山转，虽然有意增加了许多曲折，却令人丝毫不觉。路的曲折很自然，增加了许多变化，而且使每两个建筑物之间互不干扰，对增强节奏感，使构图干净利落，起了很大作用。[27]

　　偏径与露角：《园冶》有云："不妨偏径，顿置婉转"。这种手法在四川用得很多。伏虎寺的这段前奏中，没有一处不是采用"偏径"手法的，总是让人观赏优美的斜侧方(即两点透视)为主，而不是注重传统的强调中轴对称的正立面，随着采用"偏径"，建筑

物在树丛或山坡的掩映中首次露出一角，身姿优美，逗人心弦，使人欲罢不能，其效果有典型中国意味。如果过虎浴桥就沿虎溪一折而至布金林坊，显然其效果将大为逊色。[27]

峨眉山清音阁

清音阁是峨眉山的枢纽，位于低山区与中山区的交界处，景色也称绝佳。实质上，这里的自然条件并不过于突出，它不过是两条山溪(白龙江与黑龙江)汇合处的山谷。两溪夹一山脚，汇合处为一石梁。汇合点有一块玄武岩，状如牛心，名牛心石(图11-16)。景区面积约一公顷，可建筑用地约半公顷。它之所以被公认为最佳景点，与其高超的造园艺术是分不开的。经过建设，这里自然景观和人文景观交织为一体，互相增辉，令人玩赏不尽，流连忘返，充分体现了中国古典式风景名胜区的特色。[27]

大概隋代以前，这里还未引起人们的重视，初唐开始建寺，因居牛心岭下，故名牛心寺。唐末改名卧云寺，明初改名清音阁。现存建筑，基本为清代康熙四十一年(1702年)遗物。石梁中部的双飞亭(古名接御亭)两侧。各一面拱桥，分跨两溪，名双飞桥。其中跨白龙江者，为南宋遗物；跨黑龙江者，为清代乾隆以后重修，但保存有明代碑记。[27]

清音阁景区的意境有三层。从低处向高处的顺序是牛心石、双飞桥、清音阁，这也正好是这些意境开发的历史顺序。建于石梁顶端(名为凤凰嘴)的牛心亭，和与其隔牛心石相望的洗心台点出了第一层意境：牛心石屹立江心，千万年来任随黑白二水的冲洗(俗云：黑白二水洗牛心)，喻"十方妙缔点牛心"之佛家哲理，赵朴初所题"且任客心洗流水"进一步道明了这层意思。由双飞亭统率的双飞桥，犹如两道彩虹。桥飞碧水翻腾，白练飞舞，声如风雷，清末戊戌六君子之一的刘光第曾题有"双飞两虹影"之句，令人想到李白的"双桥落彩虹"。所谓"双桥清音"，是

峨眉十景之一。居于最高处的清音阁，背靠牛心岭，左右为黑白二江。楼台高耸，华美而秀逸，直如仙阁。其命名，取自晋代诗人左思《招隐诗》："何必丝与竹，山水有清音"。游人若静坐于扶栏，听溪流、飞瀑、树涛、鸟鸣之声，犹如丝竹乐队的立体音响，不由地思逸神驰，杂念俱消，领悟苏东坡的"溪声便是广长舌，山色岂非清净身"，这才到了整个意境的最高境界。[27]

为了表达这三层意境，只用了二亭一阁共三个建筑，占地面积不到400平方米。外加一台二桥(建国后又添了四桥)，手法极为简练。这里，"双桥两虹"似乎是在自然意境外，人为加上去的(实际上是用水声把三个意境连成一体的)，但却加得好，设若无此景，牛心石与清音阁之间便失去了联系，失去了韵律与层次。整个景区突然显得单薄，魅力将大为逊色。双飞桥亦是景区入口，入口处选在这里，使游览线呈8字形，显得复杂微妙，设若选在牛心亭，游览线只是一个环形，便趣味大减了。[27]

这里虽然以佛教思想的意识为中心，却没有一点佛寺的森严庄重之感。它是典型中国士大夫化了的。没有围墙，没有院落，完全与自然融合在一起，是这里的突出特点。三个建筑，大小有序，依稀在一条轴线上，却又错落自然。从洗心台看过去，它们层次鲜明，又皆隐映于绿荫树杪之中，是一幅极妙的彩色山水画。[27]

功能处理得当，是这里获得成功的重要因素。本来这里是交通枢纽，搞数千平方米的建筑还是有地方的。特别是南宋石拱桥旁，还有相当大的一块平地。但是千百年来，前人没有人敢动这些地方，而是在附近景区以外，建了可大量容人的广福寺。对比一下距此十来公里的神水阁。本来那里自然条件也不错，但现在被建筑充满，几成喧嚣闹市，全失山林之趣，令人索然。[27]

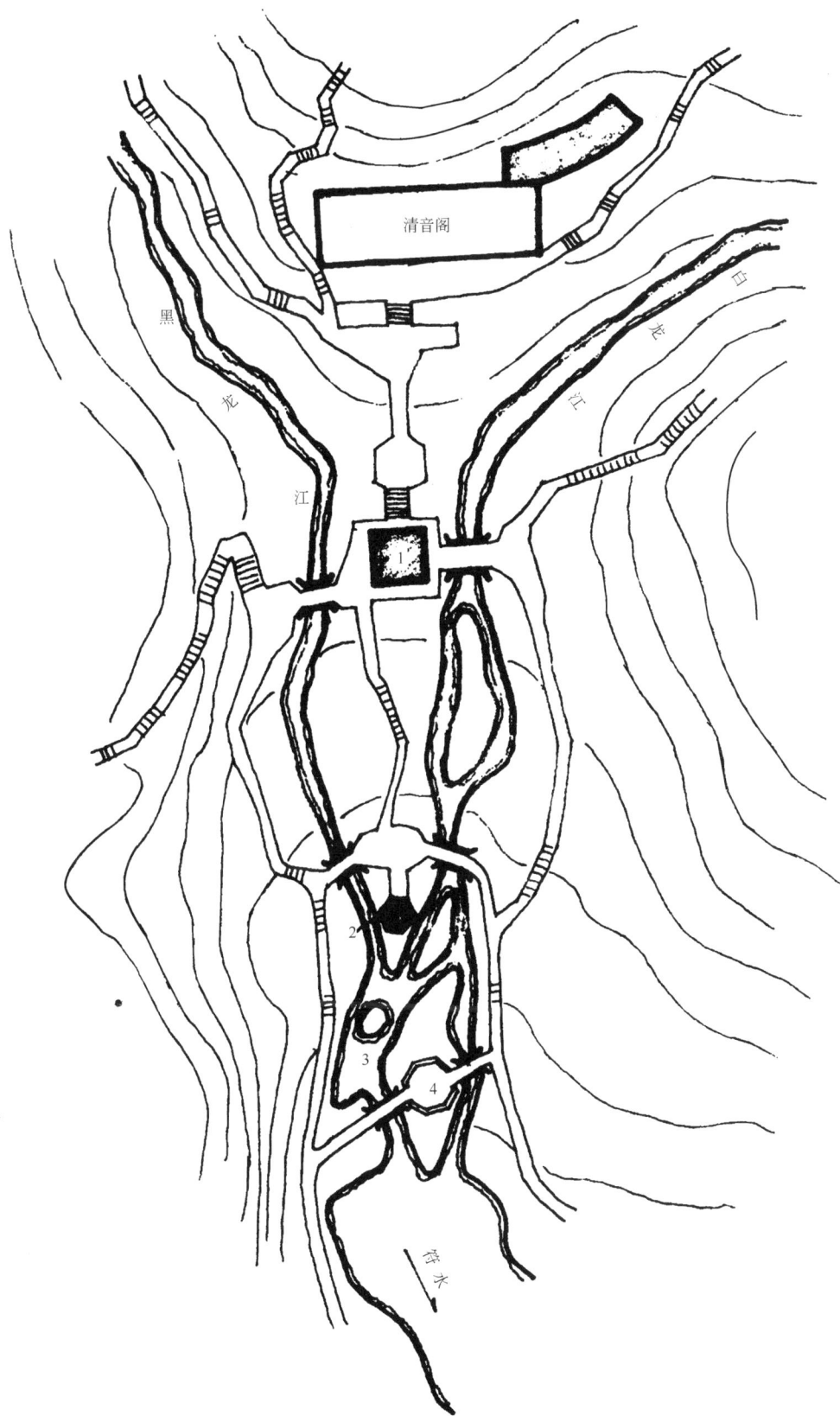

图 11-16　清音阁景区平面图

1. 双飞亭；2. 牛心亭；3. 牛心石；4. 洗心台

人们的心理特性，在增强这里的魅力方面起了很大作用。游人若从伏虎寺老路登山，爬上解脱坡后，数十里山路皆沿山腰而行，加之一路被垦殖多年，景观无奇，且树种单调，丝毫不觉峨眉之秀。一过广福寺，便进入了清音阁峡谷。两山树木丰茂，谷低溪水奔流，景观为之一变。心情为之一振。在这里可视(观景)、可听(风声、水声)、可嗅(花木芳香，水雾清润)可触(洗心、濯足)，加之浓荫蔽日，凉风习习，真如一下由人间进入仙境一般。反过来，下山游人爬过九十九道拐，穿过幽深的一线天和龙江栈道，到这里眼见路变平坦，险道已过，无不长舒一气，又感到重新回到了人间，同样加深了对这里的亲切感受。[27]

三个景点，牛心石的调性感受是小调式，双飞亭和清音阁是大调，而清音阁为高潮。这样在8字形游程中，既有调性的转换，又有旋律的起伏和发展、再现与高潮，组成一个完美的乐章。清音阁背后的一线天、栈道和神秀亭，则成了此曲的余韵和与下一个乐章(指景区)的过渡。[27]

二、四川园林风格特色

(一)四川园林思想主题

《四川古典园林风格特色初探》作者指出：四川古典园林给人们突出的感受，是它比较随意旷达，飘洒自然，但又放而不野，文而不弱。它不像皇家园林那样宏丽庄重，不像齐鲁(孔子故乡)园林那样拘谨平稳，不像江南园林那样纤秀柔和。不像秦晋园林那样粗犷豪放。这种风格特色可概括为"飘逸"[27]。

园林作为自然美与人工美的融合体，其特色与当地的历史文化、社会风情和地理特点有关。这里首先探讨一下社会文化的影响。飘逸是中国古代文人所推崇的一种精神境界，它极有中国特点，在前后传入中国的佛教、伊斯兰教、基督教以及近代西方哲学体系中，都找不到这种精神。中国古代各种主要思想流派中，儒家和法家都是主张入世的。飘逸精神主要源于道家和魏晋清流思想，而它们又可祖述到老庄哲学。[27]

四川的鹤鸣山(在今大邑县)和青城山(在今都江堰市)，是道家的主要发源地。东汉末年，张陵在此接合巴蜀地区的原始宗教创立了五斗米道，即后来很长时间成为道教主要派别的正一派，又称天师派。此后，道教在四川一度极盛，故李白有"蜀国多仙山，峨眉藐难匹"之句。细究起来，四川的文人(包括出生于四川和客居于四川的文人)虽多，但他们在川时不是尚未出名，就是被贬，得意者极少。在真正的中国"国粹"思想体系中，儒道二家本是互补的双方。儒家鼓励知识分子务实入仕，道家以超脱来抚慰那些不得意的知识分子(这是大多数)的心灵，加之交通不便的四川，"天高皇帝远"，各种非正统的思想比较容易生存，这就形成了四川古典园林风格飘逸的社会历史文化背景。[27]

东汉时佛教传入中国，也传入了四川。为了自身的生存和俘获信众，佛教在中国逐渐中国化，最终走向了儒、道、释三教合流。在中国佛教中，禅宗据有最突出的地位。四川佛教以禅宗为主。禅者，静虑也。禅宗主张通过沉思一旦达到"色即是空，有即是无"的彻底认识，便达到了"悟"，便"立地成佛"，这简直是魏晋清流思想的佛教变种，二者有异曲同工之妙。因此可以发现四川的许多佛寺建筑，突破了再现"灵山佛国"的宫殿式格局，而采取了相当自由的手法。这种寺院主要目的是提供一个安谧清幽的适于静思的场所，具有相当浓厚的园林气氛，蕴含着达观、解脱的精神。实质上，四川的道教盛兴先于佛教。以峨眉山为例，它现在是佛教"四大名山"之一，但最早是道教的"第七洞天"。峨眉山许多佛寺是由道观改的，至今名称上还保留着明显痕迹，如遇山寺、仙峰寺、纯阳殿等。还有一部分佛寺，是由民居改的，所谓"舍宅为寺"，例如峨眉山的圣水庵、祁殿等。这也是四川佛寺常别具一格的原因，一般地讲，道教宫观比佛寺的园林气氛更为浓郁。[27]

从造园艺术上分析，四川园林飘逸的特色，主要表现为潇洒无拘的布局，对比强烈的手法和朴素自然的面貌。[27]以下分别论析：

1. 布局多变，不拘成法　讲究一定的程式，是中国艺术的一个特色，例如京剧。就园林而言，陈从周先生曾将江南园林的布局划分为中部以水为主题，以山石为全园主题，前水后山，中列山水等几种布局。但四川的各种艺术形成，常常敢于突破程式的约束。戏曲家黄裳评论川剧时写道："（铁笼山一剧）军马从上场门斜摆开来，与舞台正面成斜角，这就使我开了眼界，并叹四川戏风格的大胆泼辣，打破了常规"。四川艺术的这种特点，也表现在园林中。[27]

四川多山，即使在成都平原，也可借到山景，故杜甫有"窗含西岭千秋雪"之句。因此，四川古典园林重于利用山势和借山，而不重于堆山（特别是石假山），是为突出特点。有的园林，如新都桂湖，利用城墙的高差，不过仅取"高"之意而已，所谓"以城代山"。为了远借山景，平原的园林常有建高阁、高台，或高处建亭的做法，如成都望江楼，武侯祠的琴楼，新繁东湖的见山亭，崇庆罨画池的尊经阁，眉山三苏祠的云屿楼等。[27]

四川的山，高峻奇险，水源丰富，景观变化多。但地形复杂，造园的约束条件也多，所以四川山地园林非常注重因地制宜，布局极为自由。以黄庭坚在四川的几处遗迹来看（当然已皆非宋代原貌），宜宾流杯池是利用天然巨石形成的裂缝与峡谷，在谷底凿九曲流觞，于谷口筑吊角楼；泸州滴乳岩是谷底大溪之两岸筑屋对峙，中间以跨溪之廊桥连接，廊桥面对一飞瀑；彭水绿荫轩则是直接利用面临乌江的巨大悬崖上土洞穴，崖上古木参天，故名绿荫。三处景观，流杯池是全封闭的，滴乳岩是半封闭的，而绿荫轩则面对广阔的江山，背后又有幽暗的裂缝与洞穴，充分表现了黄庭坚得景随形，不拘一格的才华。现存的四川山地寺庙园林，其布局也呈现了缤纷多彩的局面。有的似随意散点，如峨眉山的清音阁，青城山的天师阁；

有的平面随机，如峨眉山雷音寺是个大四合院，青城山的上清宫则主要向两侧展开，却不是沿中轴线多进院落的程式做法；有的完全没有任何总体轴线关系，如崇庆的上古寺，从遗址上看出，它是由散布在许多小台地上的单体建筑组成，仅靠曲折的山路将它们联系成一体。寺庙的山门开在一侧，而不在中轴线上，更为常见，例如乐山乌龙寺、凌云寺，峨眉山洪椿坪，灌县二王庙，云阳张飞庙等。甚至平地上寺庙，也有山门开在一侧的，如梁平双桂堂。[27]

成都平原的园林，多重于理水。由于都江堰灌溉工程的水网密布，水源是不成问题的，可以说这里是无园不水。即使私家小庭院，也要置上石缸养鱼或置一山水盆景。较大园林，则必有渠池。从水体与建筑的关系看，新都桂湖是几个单体建筑散立于水面周围；崇庆罨画池是一组密集的四川民居式建筑，集中伫立于湖之一岸；新繁东湖是山水与建筑互相穿插交融；成都杜甫草堂是侧方临池，又有双沟伸入建筑群；眉山三苏祠是周围皆水，有"岛居"之称；成都望江楼大概开创了一个全国罕见的先例，它除了借江景为主以外，园林本身是先安排几个单体建筑，然后开池（流杯池），而不是传统的先安排山水骨架，然后相地安屋的做法。总之，各园的布局给人一种难以捉摸、飘浮不定之感，有如行云流水，初无定质。[27]

另一方面，四川现存的古典园林中也有一部分给人以面貌相似的感觉，它们多是承于儒家或佛家系统的。例如成都杜甫草堂、眉山三苏祠、阆中古治平园（是儒家的祠堂或书院）建筑群的平面结构就相当类似。佛寺中，成都的文殊院、昭觉寺、宝光寺等也有类似之处，都是沿中轴线多进院落之外，围以大片林木。我们认为，这种程式，正如川剧中也有许多类似京剧的程式一样，是中国艺术的一种普遍现象，但不足以代表川剧和四川园林的特点。实质上，四川的许多祠堂和寺庙突破了上述程式。例如绵阳李杜祠，是个小小的三合院，主厅（即祠堂）本身被处理成一个近乎椭圆形的小小水池中央的水榭；忠县白公（白居易）

祠,是一个位于面对长江的山坡(即著名的东坡,苏轼因崇敬白居易,被贬湖北黄州时,于黄州东坡耕耘,遂自号东坡)上的一组曲尺形民居式建筑。[27]

至于四川的道家宫观及其园林,由于它崇奉的崇尚自然,具有朴素辩证法精神的道家思想,其结构与布局则灵活得多。可以灌县青城山一带的道观为例。[27]

中国传统园林的创作方法,是首先决定山水骨架,谓之"相地",然后决定建筑,特别是主厅的位置,谓之"立基"。从《园冶》说:"必先相地立基","凡园圃立基,定厅堂为主,先乎取景,妙在朝南",就是这个意思。这一点在北方和江南园林中都可以看得比较清楚。四川造园大体也按照这条路子,但由于四川气候温和,阴天又多,日照和朝向问题并不重要,所以四川园林对主厅立基采取了相当宽容的态度。桂湖的主厅位于岛上,面湖朝东。新繁东湖主厅位于湖的北岸,前湖后池。罨画池主厅位于湖南岸,背面朝湖。望江楼则以高阁(崇丽阁)为主体,主厅(濯锦楼)反而降为陪衬地位。这种种变化,充分反映了四川造园极善于因地制宜的特点。在取景方面,四川人对"景"的观点似乎也极为随和,从最朴实的自然到极简单的历史遗迹都可以列入景中。清代的罨画池,沿岸绝大部分仅是简单地种几排树,并不罗列亭台。……峨眉山万年寺的白水池,不过是个十分简陋的方形小池,周围景色也相当平常,却因有李白在此听广浚禅师弹琴的传说久负盛名。不理解这种精神,对四川园林就很难作出公正的评价。

按轴线系统布局,是中国建筑的传统,这是与正统思想讲求"尊卑"、"纲常"有关的。这种布局方法也延伸到大部分中国园林中来。清代样式雷在北京圆明园工程中,就有这方面的明确记载。在私家园林中,虽然轴线表现得比较灵活,但在苏州的大部分园林中,我们依然感到一条或明或暗的轴线控制全园,如拙政园、网师园等。四川园林中,新都桂湖有一条升庵堂至沉霞洞的明显轴线;新繁东湖主厅的中轴线是全园的不明显轴线。而望江楼变化多端,或者说有

许多相互不平行和交叉的轴线,使习惯于中国建筑布局的人对此感到难以捉摸。山地园林或寺庙,更容易打破总体轴线的格局,甚至全无轴线。这种大胆的做法,在中原和江南一带是不多见的。[27]

改变严格中轴对称感的另一个手法,所谓偏径,是指路径不对正景物而去。《园冶》有云:"不妨偏径,顿置婉转"。"偏径"的结果,游人从斜侧方进行观赏,画面呈现为两点透视,比从正面观赏的一点透视要优美得多,达到"步移景异"。这种手法在四川用得特别多,无论是平原的桂湖、东湖,还是山地的峨眉山、青城山等,几乎俯拾皆是。[27]

随"偏径"而来的一种效果是"露角",亦即是景物在山坡树丛的掩映中只露出一角,"犹抱琵琶半遮面",更加楚楚动人。峨眉山伏虎寺山路一系列桥坊的处理,是偏径与露角的典型实例。[27]

这种注重道路系统处理,以及由此造成的游人视觉与心理效果的创作手法,似乎是四川造园的一个传统。峨眉山清音阁、青城山天师洞都是佳例。又如江油窦圌山,山顶为一平台;台的北端有三座石柱,石柱下建有一庙,正门朝南。当上山的路接近山顶时,距庙的后门只有十数米远了(和尚们日常即从此上下),但大路却又绕了一个大圈,从南墙上到山顶平台,使从最好的视点观赏(庙宇和石柱所形成的)美景突现于游人面前,大大加强了游人对窦圌山的印象。[27]

综上所述,四川古典园林虽然脱离不了中国古典园林的总范畴,但它的布局具有自己鲜明特色——潇洒无拘。

2. 对照强烈,跌宕多姿 四川古典园林时时令人感受到强烈的对比与节奏蕴含着一种内心的激荡,不安的骚动和某种诙谐幽默的情趣。这种精神,既不同于面对严酷的自然,外露着强烈征服奋斗精神的关西大汉;也不同于浸淫着儒家精神,沉溺于明山秀水以求得中致平和的江南文士;更不同于身临荒远灭没的八百里洞庭的潇湘才子。这种精神,是由于奇绝雄浑的巴山蜀水所养育,是在理想与现实的矛盾中进行

的内心探索，是飘逸精神的一个方面。

勇于利用强烈的对比，使四川古典园林呈现了幽中有丽，秀中出雄，郁中蕴逸，放中求实的格调。[27]

杜甫草堂的花径和武侯祠的夹道，是很有趣的例子，它们都是由两侧的红墙形成的夹道，后是绿竹形成红与绿的对比，墙是实墙而竹又生得十分茂盛遮天蔽日，形成封闭感极强的狭长空间。一旦从夹道中走出，便感到豁然开朗，这是虚与实的对比。[27]

高密度的建筑群与疏旷的环境之间的对比，在四川比比皆是，这在黄河和长江中下游地区是少见的，可能与四川平原人多，山区地少有关。清代的崇庆罨画池，除池中一岛和南岸有建筑外，其他岸边空荡荡的，只有树木，而南岸一组建筑群密度极高。[27]

云阳张飞庙，背靠大山，面临长江，集中建筑在一小块台地上，那只有一米宽的窄小天井，高牙飞翘，勾心斗角，别有一番情趣，峨眉山雷音寺、吕祖殿等，也都是佳例。[27]

高者益求其高，低者益求其小，是一种增强对比的特殊手法。峨眉山清音阁景区，清音阁地位最高，建筑也最大最高；前方地势越来越低，而双飞亭、牛心亭、望月台等建筑也越来越小，就是个突出的例子。这些建筑无不与四周林木山水和谐地融为一体，但又突出了清音阁的地位，"杰然高阁出清音，仿佛神仙下抚琴"（清，谭钟岳），达到了很高的造诣。内江三元塔，位于沱江边一座高约百米的小山上，这里本已是附近一带的制高点，然而又在山顶上建了一座高达60米的白塔，与下面的平坂黄江口形成强烈的对比，成为控制方圆数十里的突出景物。忠县石宝寨，也是一个例子，依山拔起的十三层楼阁，与山下石宝镇小巧朴实的民居组成一幅隽永的画图。[27]

趣味和情调上的对比也是比较常见的。四川的园林建筑可分两类。一类接近朴素的民居；一类比较华美，飞檐高举，装饰华丽，在掌弓、挑枋、蜀柱下端及门窗等处加以木雕花纹人物。这类建筑与四川园林有自然景物的比较疏放的处理形成趣味的对比……

峨眉山清音阁是人间与仙境两种情调转换的地点。新繁东湖，以怀李堂为主的一组建筑与其背后的林莽和湖对面的山林（蝠岩）之情调对比，亦是一例。[27]

注意运用对比的一个效果，就是四川古典园林总是主从分明主体突出。全园有园的主体，例如桂湖的升庵堂，东湖的怀李堂，望江楼的崇丽阁等。局部有局部的主体，例如东湖的古柏亭、照香斋，望江楼的薛涛井，三苏祠的云屿楼等。一个空间内如果有多个建筑，则必使它们在体量、装修、造型等方面有明显的差别，保证宾不欺主。如果以一个简朴的建筑作主体，则必使这个空间内不让其他建筑进入视野干扰。如青城山的树皮亭，在古典园林内，绝对看不到一个空间内会有几个体量相似的建筑互相争雄的情况。而这一点，却是我们现代园林建筑较常见的毛病。[27]

道家常在奇险处造宫观，这是它与佛寺的一个很大区别。另一方面，对于崇奉中庸之道的儒家来说，追求奇险似乎也过于极端。但对于生活在"峨眉天下秀，青城天下幽，夔门天下险，剑阁天下雄"的四川人来说，他们很难在巴山蜀水中去体验中庸之道，他们不但为雄奇多姿的四川山水而骄傲，而且常有意识地加强其奇险幽峻的效果，从对复杂多变的自然的体验中去寻求灵魂的升华。[27]

忠县石宝寨，坐落在突出于长江的玉印山上。山如玉垒，四壁如削，冲出树丛拔地而起。山顶平坦如坻，建有古刹绀宁宫。这本身已是一奇观了，然而又贴着山壁竖起十二层楼阁，直达山顶，在山顶又建起三层亭楼，形成一组扶摇直上高入云天的，远观为一体实则两分的寨楼，观者无不称绝。在忠县县城以北的羊子岩，曾有一座更为奇绝的"四十八层楼"，它是沿着峭壁曲折上升的一组建筑；巫溪大宁河庙峡的千米高岩绝顶处，曾有一座云台观，欲达此观需走过一个摇摇欲坠惊心动魄的天生桥。从峡底仰望，它宛如云雾缭绕的仙宫，可惜它们都已毁于"文化大革命"之中。[27]

江油窦圖山，山顶突出三个石柱，高达四五十米，石柱上建有梵宇（古时是道观），石柱间仅靠三根铁链联系，每当人们看到和尚们走过铁链如履平地时，无不咋舌瞠目。

古山寨是川东川南的奇观，它们选择在四面绝壁仅有一条险道可上的山顶上，其中有许多是抗元遗址。著名的有合川钓鱼城，万县天子城，珙县九丝寨，石柱万寿寨等。[27]

险关和栈道是川北蜀道上的奇观，走上"上有六龙回日之高标，下有冲波逆折之回川"的栈道，仰望"黄鹤之飞尚不得过，猿猱欲度愁攀援"，"一夫当关，万夫莫开"的座座险关，怎不令人"以手抚膺坐长叹"，"使人听此凋朱颜"！(李白《蜀道难》)。[27]

对于理解了中国传统文化精神实质的文人来说，他们"仰以观乎天文，俯以察于地理，是故知幽明之故"(《周易·系辞上》)"阳降阴升，一替一兴，流而为川，滞而为陵"(挚虞《思游赋》)。山水是"道"的一种显象，对山水的体验是"悟道"的桥梁。因此，四川的山水对四川园林飘逸风格的形成，不能说是毫无作用的。[27]

3. 返璞归真，热爱自然　道家崇尚自然与无为，认为去除雕琢伪饰才能达到对"道"与"美"的体验。"朴素而天下莫能与之争美"(《庄子·天道》)，这就是返璞归真。

四川古典园林保持着相当浓厚的古朴色彩，即早期的自然主义山水园特色，它不强调强烈地改变自然，不重视塑造虚伪的"自然景观"(例如石假山，山石驳岸等)，而倾向于忠实地反映四川的景观特色，体现出对自然的真挚热爱。

(1) **理水**　四川古典园林的水池多近于方形，例如新繁东湖、崇庆罨画池、眉山三苏祠等。这似乎与四川平原及浅丘地区的"堰塘"多近方形有关。方池也是一种古老的理水方法。白居易的庐山草堂，"堂前有平地，广十丈，中为平台，台前有方池广二十丈，环池多山竹野卉"。宋徽宗的寿山艮岳，有大池，池名"大方沼"。五代时成都有"转运西园"等，园内水池皆为方沼，唐的新繁东湖，则是保持至今的实例。[27]

四川古典园林的水渠，多为等宽，不作过多的开合变化，类似川西平原的灌溉渠。水渠两岸或翠竹蔽天，或檀栎夹岸，至今我们在川西农村的"林盘"里到处可见此种景象。[27]

水体的驳岸，多用卵石砌筑。这是四川一古老的水工做法，在整个都江堰水利工程系统一直沿用到今。四川位于江河上游，河水湍急，河中遍布卵石，对于四川人民来说，在园池中看到卵石驳岸，是十分合情合理而自然的。[27]

(2) **堆山**　现存四川古典园林原则上没有大型石假山(崇庆罨画池有一座堆于清代光绪末年的钟乳石假山，其他的大型石假山都是民国以后堆的)，只有土山，而且皆不高大，为了局部形成陡峭效果，亦有用卵石或块石砌筑护坡的，这种堆山，是四川浅丘地区常见景观的缩影。土山间，或为小溪，或为小路，山上则密植树木，形成十分幽深的境域。[27]

石假山的历史应比土山为短，据现存文献，最早的石假山是汉武帝时，茂陵富商袁广汉在私园"构石为山，高十余丈"(《西京杂记》)。但根据那时仿祁连山而建成的霍去病墓(今茂陵博物馆)来看，当时的石假山只是以石包土，而且石头间并不粘接。四川纯粹的石假山起于何时，还是疑问。但至迟在唐代孙位的"高逸图"中已绘有湖石假山和钟乳石假山。孙位是随唐僖宗入蜀的。又据《蜀中名胜记》引《丹渊集》。后蜀孟昶苑囿中多巨石，"质状怪伟，势若飞动"，"皆宁武军节度使领璘所进"，宁武军今为广元，广元多溶洞，故此应为钟乳石。石铭文有"神乳溜腹、老苔渍额"亦可证验。由此可知，四川石假山的起源也很早。为什么后来反而少见了呢？这是不是经历了一个"既雕既琢复归于朴"的过程达到了"大巧若拙"(《道德经》四十五章)的境界了呢？这种境界正如元好问所说："一语天然万古新，豪华落尽见真淳"。

(3) **植物**　四川地处亚热带，植物资源极为丰富。据不完全统计，全省有维管束植物232科，1621属，9254种，约占全国三分之一。其中裸子植物

9科，27属，88种，占全国第一；被子植物182科，1474属，8453种，占全国第二（其中特有植物460余种）；蕨类植物41种，120属，708种，如此丰富的植物为四川园林提供了优越的条件。四川盆地自然植被主要是以樟、楠、女贞、杜鹃等为主的常绿阔叶混交林，尚可以在峨眉山、青城山见到。它形成了四川风光"幽秀"的基础。种类繁多，生长茂盛的竹类，是四川景观给人的又一深刻印象。

这种植物景观必然反映到四川古典园林中。宋人在吟咏成都《转运西园》时就写道："古木郁参天，苍苔封下路。幽花无时歇……水竹散清润"，"乔木不知秋，名花数逾百。远如山林幽，近与尘埃隔"。这种园林植物配置法，在现存的四川古典园林中仍可以见到，例如眉山三苏祠、成都杜甫草堂等，而以新繁东湖最为典型。它的特点，除了种类繁多，幽深茂密以外，最主要的是模仿天然的山林形态，以成片的常绿阔叶混交林为主，形成"高林巨树，垂葛悬萝"的密林景观。除了庭院种植及一些著名古木之外，并不强调以单株姿态为欣赏对象，这一点似与苏州园林有很大区别。大量地运用竹类（主要慈竹、水竹、毛竹）也是四川古典园林的一大特色，可以看到，这种植物配置法，显然和"返璞归真"的思想境界是一致的。[27]

当然，这种山林景观以慢长树为主，其形成需要较长的时间，所以从资料上看，四川古典园林在造园之初还是大量采用速生树种，如柳、桐、桃、李、海棠、芙蓉、竹类等。

（4）建筑　前面指出，明代以前中国的自然山水园中，建筑比重远非清代中期以后那样大。如果考察一下四川古典园林的历史，同样可以发现这个规律，而且其建筑密度的增加还要后滞，大体上是到同治、光绪以后，更多的是民国以后，即使这样，现在四川古典园林的建筑密度还远远逊于苏州园林。[27]

再则，不少四川古典文人园的建筑，还相当朴素，保持着民居风格，如新繁东湖，新都桂湖，崇庆罨画池等。它们一般是穿斗结构，夹壁墙，小青瓦，方格窗或水纹窗，并不追求雕梁画栋。至于祠堂，寺庙等建筑，又当别论，它们显然以突出建筑本身为主，而以园林作为它们的陪衬。前面已经指出，由于这类建筑本身具有"飘"的特点，它也能与自然环境融为一体。[27]

四川古典建筑本身常给人一种"飘"的感觉。这主要是由于它的屋顶较大，出檐较深（或加庇廊），使柱子显得较细，而屋顶又常做成很高的翘角，具有强烈的飞腾动势。它的组合又充分发挥了木结构灵活的特性，将许多单体直接交合穿插（并不要靠墙或廊来连接，并由此形成表现力很强的第五立面——屋顶的组合）。当它依山傍岩而筑时，更为灵活多变，广泛吸收了四川山地民居固有的"台、挑、吊、拖、梭、爬"等手法，与环境的山坡、巉岩、溪涧、密林等融为一体，进一步加强了奇崛幽险，飘然欲仙的效果。青城山一带的天师洞、朝阳洞，灌县的二王庙、十殿等就是极好的例子。[27]

建筑色彩，多于柱、枋、门窗等木质结构上施以暗红色，它和白夹壁和灰瓦在明度和冷暖上对比，又在色相上协调。由于四川多阴天，又少秋叶树，暗红色彩能调剂阴霾暗绿的气氛；而当晨霭或雾天之时，它又转化成一种深灰色调，造成一种优雅的气氛。又有一类更为接近民居，直接暴露木材本色。不施油彩，则更为朴素。[27]

最为朴素自然的园林建筑，莫过于著名的青城山树皮亭了，它们以树皮为瓦，树枝为梁，就地取材，毫无造作。特别是凝翠桥，跨涧临瀑，平面随路作弧线形弯曲，上建扇形树皮亭，隐映于林木薜荔之中，其联题作："瀑落瑶琴响，山幽薜荔封"，堪谓朴雅自然之极致。[27]

（二）四川古典园林风格的总说与评价

总的来说，四川古典园林是以飘逸为风格特色，表现四川山水风貌的自然山水园，它保留着某种程度的早期自然主义山水园的古朴格调。它们赖以生存的巴山蜀水，以"幽、秀、雄、险"闻名于世。这四个字给人的总的感受，是沉郁的；它所诞生的社会背景，是封建制度社会，这个社会对人来说，是严峻的。四川古典园林在这种条件下，力图用不拘一格的布局，强烈的虚实和疏密对比，表达出一种旷达开朗，力图挣脱束缚又多少带些诙谐，形成飘逸的风格。在这种环境中，让心灵在天地间回旋盘绕，神与物游，再升华到返璞归真的境界。然而，这种精神的净化，毕竟是个体的缺乏科学基础和脱离现实的。它不可能彻底摆脱悲观情结，因而四川古典园林又常常给人以幽深孤峭，淡淡忧愁的印象。[27]

对于历史事物的评价，应从两个方面分析：一是从它所生产和存在的历史条件和社会环境的角度，看看它对人类或国家、民族的社会、经济、文化、艺术的进步和发展是否有益；一是从我国现在的国情和需要出发，看看它有什么可借鉴的精华和须抛弃的糟粕。这两者目的不同，结论也不一定相同。前者是为了对历史事物作出公正的评价，所谓"盖棺论定"；后者是为了今天的利益，所谓"古为今用"。如果将二者相混淆，无论在理论上还是实践上，都可能造成严重的后果。[27]

总的来说，我们以为中国古代文化所谓"飘逸"、"脱俗"等精神是中性的、灰色的。一方面它可以使人避免"摧眉折腰"不致"助纣为虐"，多少带有"人民性"和"民主性"；另一方面它又使人脱离社会和群众，对社会的变革和生产力的发展没什么实际贡献。但在哲学思想和园林艺术上，这种思想情操的确为人类开拓了一个新的境界。它导致了对自然的真挚热爱和热情的拥抱，创造出水平极高的自然山水园。在这方面，四川古典园林表现得十分突出，并且有自己鲜明的特色。它在中国古典园林中，自成一派是当之无愧的，可称之为"川派"。[27]

一般认为，自然山水园之所以诞生在中国，是与中国长期以农业为立国之本，和中国的自然山水秀美多姿分不开的。在这种社会和自然条件的基础上，产生了各种关心和热爱自然的哲学和艺术。不过，它们原则上是属唯心论范畴的，基本是"不结果实的人

类智慧之花"。如果用实践来检验，可以看到它们虽然创造和保护一些优美的风景园林，但并未能制止住对整个中国大地的盲目改造和生态破坏。显然，在整个社会的科学、文化、生产力水平都不高，在"人定胜天"比起自然崇拜是一个进步的历史条件下，尊重自然的思想即使有其合理和先进的内核，也只能是少数人的空想。[27]

近一、二十年来，在世界上兴起的"绿色和平"运动，"返回自然"思潮，从表面上看与中国古代尊重自然思想有相似之处，也同样具有合理与消极因素共存的性质。透过对于它的种种歪曲和误解所造成的迷雾，可以发现这种新思潮，是产生在与古代完全不同的基础上的，是基于现代科学基础上的，因而原则上是唯物的、合理的。不过，必须指出，中国道家思想的"自然"和"无为"是同一个意思；西方的极端环境保护主义者，把"自然"（natural）和"人工"（art，即艺术）绝对对立起来，这与我们的世界观是不一致的。[27]

尊重自然，强调风景园林的科学基础和生态作用，注重自然美成为当今世界风景园林界的主要潮流，也是历史的必然。由于我国目前还比较穷，而且人口多，生态差，走这一条路更是适合我国国情的。[27]

因此，我们认为"川派"古典园林，在建设我国新园林中，有很多值得借鉴和发扬的地方，大体可以总结出以下几点：

1. 对自然真挚热爱的态度和师法自然的创造方法；

2. 重视自然之理，重视因地制宜，不拘一格，随机应变的创作精神；

3. 朴雅的建筑风格，较低的建筑密度；

4. 就地取材的施工手法，较低的造价。

此外，为了丰富和发展我国园林艺术，在继承的基础上，创立新川派园林也不是不能的。对此，我们可以从川派古典园林中吸取的内容还有：

1. 从四川丰富多彩的自然山水中吸取创作素材，除了原有评定的所谓"幽、秀、险、雄"外，随着社

会主义建设的发展，我们又认识了河坝九寨沟、红原大草原、甘孜贡嘎山、凉山邛海螺髻山、川南竹海石林等各具特色的自然山水风光，这都是创立新川派园林的宝贵灵感源泉。

2. 发扬四川古典园林的潇洒、飘逸风格中的积极因素，即不受固有观念的拘束，勇于开拓，解放思想的一面；同时避免它脱离群众，避世悲观的消极一面。作为一种艺术风格，飘逸仍可以是新川派园林的主要特色。在这一方面，多变的布局，强烈的节奏，朴实的感情等，都是可以继承的。

3. 立足于四川丰富的植物资源，灵活的民居建筑，简朴的工程做法，丰富的桥梁形式等，形成特色鲜明的新川派园林手法。

当然，新川派园林的形式还有许多问题，不仅仅是借鉴四川古典园林就可以做到了，我们还要考虑现代的科学技术，现代人民生活的需要，要顾及到社会主义建设在四川大地上形成的新景观和新条件，还要勇于吸收外省和世界上一切好的东西，但这一切，只能是丰富我们新川派园林创作思想的源泉，还不是结果。我们相信，通过全省风景园林工作者的努力，能够自立于我国园林之林的新川派园林是一定可以创立起来的。[27]

三、陕甘宁古代和明清园墅

(一) 长安元明园墅

长安是我国古都之一，西汉、隋、唐皆建都于此。西安府名，明洪武二年(1369 年)改奉元路置西安府，治所在长安、咸宁(今西安市)，辖境相当今陕西彬县、周至以东，铜川市、韩城以南，镇安、山阳、商南以北。清朝缩小，相当今周至，铜川市、渭南、宁陕间地，西安，明清时为陕西省省会(《辞海》)。

元朝时长安园墅
胡相别墅

位于长安樊川，元朝中书丞胡恭龙年老，致仕于杜曲，种植梅竹，凿池引泉，营建宾馆亭台，作为

隐居休养之所。他在别墅中读书看画，常与士大夫宴饮，以此度过晚年。命人绘成樊川归隐图，翰林侍制孟攀麟为图作序，诸文士都有题诗，关于这个园的记载，见《陕西通志》。

廉相泉园

元朝至元年间(1264～1294 年)，平章廉希宪喜爱秦中山水，于是在樊川杜曲地方的林泉佳美之处建修厅馆亭榭，引泉灌于园内，移植汉沔东洛诸地奇花异卉，畦分棋布，松桧梅竹罗列成行。见《陕西通志》。[29]

赵氏别墅

元朝至元甲子年(1264 年)，宣抚赵公将其父母埋葬于樊川杨坡，就岗原爽垲，栽种楸竹，建立祖庙，立碑，修建园亭，引水灌入园内，作为别墅，住在里面。自己取了个别号，叫作樊川钓叟。园内有安适堂，归潜祠，赵公泉。[29]

牡丹园

位于安化门西杜城北边五里之处，是元朝河东北路行省郎中并人李焕卿的儿子李信之所建，信之不喜欢做官，读经史诸书，修建园地，耕种田园。这个园里种着牡丹三四百株，还有许多其他各种花卉，每到花开茂盛的时节，有很多人来观花游赏，车马堵塞得道路难通。[29]

明朝陕西园墅
最乐园

位于长安县的西北隅。秦藩筑成此园，以为游宴之所。园中有台池阁榭。[30]

西园

位于三原县西北二里之处。园中有草亭、后乐亭、三爱圃、涵碧池，这个园是明朝王端毅公营建的。三爱圃在王端毅公启乐苑中，三爱的意思是说渊明爱菊、茂叔爱莲、唐人爱牡丹，而王端毅公则兼爱莲菊，也不嫌恶牡丹，因此称为三爱。[30]

瀑园

明朝某司空增筑南居，构建亭台池榭，造成此

园。园内尽有竹木花卉之胜。[30]

斑竹园

位于周至县东二十里之处，其周围广达数顷有余，园内植有斑竹，其中之大者如椽，其密如簧[30]。

(二) 兰州明清园墅

兰州，州府名，隋开皇元年(581年)置州。治所在子城(后改金城，又改五泉，今兰州市)，辖境相当今甘肃兰州市及临洮县等地。唐辖境仅有今兰州市附近，安史之乱后，地属吐蕃，宋元丰中复置，辖境相当今兰州市及榆中县一带。明洪武初降为兰县，成化年间复升为州，不领县，清乾隆时移临洮府治，改名兰州府，并置皋兰县(今属甘肃)为治所。辖兰州市及临洮、榆中、靖远、渭源、临夏等县地，1913年废(《辞海》)。

据称，西晋末年(314年)兰州始建城，迄今已有一千六百八十多年历史，现在的兰州旧城系明初所建。由于战乱和朝代的兴废，兰州的古园林留存不多，建国后，在党和人民政府领导下，保护了部分园林，进行了整修，使旧有园林能重新为人民服务。[31]

兰州的古园林基本分为二大类：庙宇园林和私家园林。[31]本书录私家园林部分，对山林寺庙仅摘录部分。兰州私家园林不多，而且多遭破坏，仅留一些遗迹，故做简要的叙述。[31]

小西湖

位于今西津桥西，北临黄河，南靠古长城，东西湖长一里许，南北宽约半里，系明初肃藩凿池引水，种植莲花，故原名莲荡池。池上修建亭榭楼台，风景秀丽。明谭浏阳诗云："黄河挟秋喧树杪，青山劝酒落樽前"。颇能表达当时胜概，后毁于火。清康熙巡抚刘斗于康熙五年(1666年)稍事建筑，乾隆总督吴达善于乾隆二十二年(1757年)再加修葺，又恢复到可以游览的境界，乾隆四十六年(1781年)又遭兵火焚毁。光绪六年(1880年)总督杨昌浚，由浙调甘，用江南造园手法，仿杭州景观，在池心建来青阁，池西建临池仙馆，北岸建螺亭，池外环栽杨柳，

池内养鱼种莲，并建坊于池东，题额为小西湖，以示不忘浙人和有别于西湖之意，从此小西湖一名代替了莲荡池。[31]

辛亥革命后，小西湖逐渐荒芜，民国12年(1923年)督军陆洪涛请刘尔炘重修，把原湖心的来青阁改造成六角三层的塔形建筑，远望如塔，题额为宛在亭，改临池仙馆为羊裘室。每到夏日晴空，亭柳映水，莲荷举花，湖水荡漾，形成全区最优美的景点。湖东隅有龙王庙，庙西为早红院，院内有嘉雨轩，前楼题名为疑是楼，庙东为晚红院，院内有惠风轩，前楼题名为也非台。这组建筑主要是早晚观赏晨曦晚霞的好地方，而轩相传为肃藩遗迹。庙前有一泉眼，为狮跑泉，水涌甚旺，泉边甃成半月形，是小西湖主要的水源地。庙西有二公祠，祠东为景止轩，祠前有瀛洲坊，坊前广植柳树，每到春日垂柳婆娑，湖水沧涟，仿造西湖柳浪闻莺景色。湖北为钓滩坊，坊前有滩有石，坊额曰鱼天乐地，给人们提供一个安静的垂钓区。小西湖在借景的运用上也是成功的，在景止轩南长城上建秋叶亭，每到深秋，在亭中可南望梨园红叶，将兰州的特有风貌融借于园林之中。另在湖北将原螺亭拓建为高台，回旋而上，俯瞰奔腾的黄河，遥望北山峻峰，别有另一番风光。从全园的设计构思上、布局上和水面创作上，运用北方园林传统手法并吸收了江南园林造园特点，是比较成功的。可惜的是这一优美的古园林没有能很好地保留下来，被陆军总院所占用，虽整理了一些湖面，堆砌了一假山，但面目全非。[31]

藩府花园——凝熙园、节园、若已有园；明建文元年(1399年)明肃王府由甘州迁至兰州，府署在现省府所在周围地区，府署东西北三面，建亭阁，垒山石，种花植树，作为王府花园。

凝熙园

在城内东北隅，方广里许，园内垒奇石为假山，通称为大山子石，小山子石，山石错落，嵯岈透剔，上建亭台，危耸奇独，亭下挖洞，深不可测，据传可通城西金天观。至清末，山子石内还有雷祖殿、萧曹殿、玉皇

阁、超然亭、拂云桥、真武宫、魁星阁、斗母宫等庙宇建筑。建国后，山子石成为居民区，昔日之状，在今山子石四十八号院尚有残存。[31]

节园

在藩府后，清左宗棠兰州节署园池，为明肃王故邸。就城墙建拂云楼，曾有"矗立城垣，高出云表"形容其高，遥对北山，下瞰黄河，颇为壮观。崇祯十六年(1643年)，李闯王部将攻克兰州，第十代肃王外逃，其妃颜氏顾氏于后苑碰碑而死，这碑后称为碧血碑。清时，左宗棠自城外引水入园，园西凿二池，名曰"澄清"，象征鄂陵、扎陵二海。当时园内有亭榭花木之胜，假山奇石之奇，并以牡丹著称，可见当时节园的一斑。[31]

若已有园

在府西五柳庄，清乾隆年间改为祝庆宫，是为清代称为布政使署的望园，又称若已有园。园北有蔬香馆，馆中有乾隆书"圣主得贤臣颂"，嵌于壁间，东有四照亭，又东为水榭，亭西有假山，园西引阿干河水，经西城入园。建国后由于城市建设，均已拆除。[31]

藩府花园除上述外，在广武门外有东园，园内有鱼池、水洞楼，建国后尚存，因拓建滨河路占用。拱兰门外有南园，园中有池，因池中种靛，又名靛园，今为鼓楼小学。今解放门外滨河路一带，称为北园。[31]

兰州私家园林著名的有：安定门外任家花园，又称"亦园"。小稍门外的曹家花园，后又称"秦园"。以上各花园均因城市建设所占用，现仅存的只有邓宝珊的慈爱园，约三十五亩。园内以果木为主兼种蔬菜，无庭园特色。[31]

(三) 兰州寺庙园林

寺庙园林或庙宇园林至少可以有三种类型：一种是寺庙庭园，在寺庙布局的各进院落或旁院中，或植以树木花草，或引清泉水溪，或为池，或筑以亭台廊榭，使寺庙建筑(殿堂等)与庭园组成要素融为一体。一种是寺庙附属园林，于寺旁专辟园地，根据意图，设计造园，虽有园林建筑及宗教设施，但以借景、构成意境为主。一种是山林寺庙，这种寺庙坐落于风景幽美的山林之中，寺庙成为风景胜区的组成部分，寺庙本身或随形依势，构筑庭园，或依山傍水另辟附属园林，或兼而有之。

下述兰州寺庙园林属山林寺庙类。

五泉山及嘛呢寺

五泉山位于兰州市南皋兰山北坡，因山麓有甘露、掬月、摸子、蒙、惠五个泉眼而得名，东西谷口(俗称龙口)清泉涌流，泉水潺潺，树木葱郁，庙宇和亭台楼阁，错落其间，自古成为陇上风景胜地。[31]

五泉山历史悠久，史载汉武帝元狩三年(公元前120年)遣骠骑将军霍去病西征，曾驻兵于此。山上建筑以寺院为主，据省志、县志记载，明洪武年间至永乐年间建崇庆寺、金刚殿、大雄殿等三十余幢佛教建筑。清乾隆、同治年代，两次因军事动乱而几乎全毁，惟金刚殿免劫而为现五泉山最古老建筑(约六百余年历史)。光绪年间曾加以修补增建，除原有建筑外，较著名的寺院有：嘛呢寺、酒仙祠、清虚府、地藏寺、千佛阁、三教洞、金花庙等。民国初期(1919年)，清末翰林院编修刘尔炘主持筹款大事进行修建，新建牌厦、太昊宫，并利用旧贡院的明远楼建万源阁，山门内添建赛楼。又借天然景色点缀亭台楼阁，有半月亭、企桥、四宜山房(四照亭)、八卦台等，题名缀联，形成了比较庞大的风景区。抗日战争时期，国民党八战区长官部在五泉驻防，布设警卫，成为禁地，园景渐趋荒芜，建筑逐年塌废。建国后才获新生。[31]

五泉山主要风景点有以下数处：

嘛呢寺：位于五泉山西龙口山梁，该寺建于清同治十二年(1873年)至光绪四年(1878年)，嘛呢系梵语即观音，是五泉山优美风景点之一。从西龙口山路拾级而上登山梁，有坐南朝北上书"嘛呢寺"的山门，进门为一进深十米的小院，东有依依径，仄仄门，均通矩形的曲曲亭。西有重重院，叠叠园；重重院地不过丈余，分两进，筑屋三楹名巧巧斋；叠叠园筑有拱形小桥，陪衬一些山石，有小桥流水的情趣。从小院正中上台阶十余级，即到嘛呢寺过厅而进入寺院，正中为观音殿，西有侧殿另成一小院，正殿前面有轩和廊相接。寺门左右东为瞰霞楼，西为延月楼，组合成一个拟对称的庭院，院内有百余年槐树一棵，荫遮半院，殿后有一小院，名听泉簃，有小房三间名潜斋，用半敞廊相连，可观瀑布和俯瞰惠泉。[31]

嘛呢寺占地不多，约 2.4 亩(包括周围环境)，但充分利用地形高差，在有限的面积中创造不同的层次和空间，在建筑布局上组合得很紧凑，使小小的局部变化较多，产生了丰富的景色，既可听水声，又可俯瞰幽谷。每到夏季，嘛呢寺周围树木葱郁，凉风习习，水声淙淙，另有一番情趣，是理想的消暑胜地，是兰城八景之一，即五泉飞瀑。正是史料所载"游赏所到无处不有心旷神怡之乐也"，"听泉簃近西岸飞瀑处，卧潜斋内接于耳者，不知是风声耶，水声耶，雨声耶"。[31]

嘛呢寺在对景的运用上也是成功的，与谷东的清虚府高低遥望，可望而不可即，有余恋难收的效果，达到相互借景的目的。嘛呢寺在空间处理上有不同的特点，中部严肃开敞，东部幽邃安静，西部曲折多变，北部活泼闲适。所以嘛呢寺在西北地区称得上是一个保留自然风貌较好的空间多变的山水园的典型。

惠泉、企桥，系五泉风景之一，为圆形泉眼，泉水清澈而味甘美，历来对附近居民饮水和农田灌溉均有实惠而得名。泉北为企桥，是西谷的东西通道，下有溪流通过。企桥建于清末，为桥廊形式，造型小巧精美，周围树木野草丛生，成为峡谷中富有野趣而又幽静的风景点，是游人观泉听水声的好地方，真有企桥东侧门联"问来来往往人今日之游水意山情都乐否，到活活泼泼地任天而动花光草色亦欣然"的意境。[31]

八卦台：呈八角形，为石条砌筑，上有石桌、石凳，台和桌有八卦面案。四周环水，似一水中孤岛。东西两侧用石桥相连，四周树木丛生，是夏季消暑观鱼的游息点。从台中仰望南崖佛阁，倍觉高陡，

真有"飞阁危楼驾碧空"的气势。西有登山步道，至半山腰从树丛中俯视，只见泉水流入八卦台环水池，从洞壁钻出而无去踪，给人以"流水悠悠远去若无尽处"的联想。此处山、水、树与八卦台形成了一组别具风趣的景点，是造园中成功的一例。[31]

现今五泉山这个自然风景区规划为一个以名胜古迹为主的全市性文化休息公园，而在整个布局中，基本保留原有风貌，同时拆除部分拥塞、危险建筑，疏通东西两个景区人流，减少回流。在建筑的维修上，修旧如旧，注意园林建筑风格的协调。在旧有建筑改造和扩建后，作为展室或阅览室，以满足游人对文化艺术的需要，如清虚府、太昊宫、万源阁等。在绿化上尽量保留原有山谷野趣，多种柳、银白杨和耐阴的开花灌木为下木，并种植一定比例的常青树，如云杉和千头柏等，在水的处理上以突出泉为主，增加一些水面，改造部分泉眼的造型以吸引游人。[31]

白塔山塔儿院

塔儿院是一组由庙宇建筑和一座白塔组合的院落，俗称塔儿院，位于黄河北岸白塔山山巅。[31]

塔儿院坐落于白塔山山顶小平台上，据明嘉靖二十七年(1548 年)肃王所立石碑记载："吾兰之河山北，原有白塔古刹遗址，正统戊辰年(1448 年)太监刘(永成)公来镇于此，暇览其山，乃形胜之地。于是起梵宫建僧居，永为金城之胜景。"现存塔儿院为景泰年间(1450～1456 年)镇守甘肃内监刘永成重建。到明嘉靖、清康熙、乾隆、光绪年间曾多次扩建修补。[31]

塔儿院内正南方修建轮廓线较为柔和的五楹两层歇山卷棚顶前楼，北为前后歇山抱厦的菩萨殿，正北为地藏殿(已毁)，东西两侧为硬山配殿，构成一组紧凑的四合寺院。院落正前方屹立白塔，白塔具有喇嘛塔和密檐塔相结合的造型，最下层为 5.4 米的正方基座，其上为八角形的束腰座，上方为覆钵，覆钵之上为八面密檐七级塔身，每级每面都有砖雕佛像，角挂铃铛，并有绿顶宝刹。塔高 17.44 米，形体玲珑高峻，外刷白浆，故俗称白塔，此山也因白塔而得名。[31]

塔儿院场地仅有 1073 平方米，又四面封闭，所以院内建筑体量都较小，不甚宏伟，但平面布局紧凑。尤其是前楼与塔的空间距离，前楼屋脊与塔身的高度比，建筑与塔的体量比都处理得恰到好处，更为白塔创造了高耸的气氛，四周建筑对白塔起着极好的烘托作用。由于塔儿院地势居高，视野开阔，登前楼极目四望，雄伟的皋兰山，奔腾呼啸的黄河，翠绿的河心滩地，尽收眼底。[31]

白塔山仅百米高，但险峻，山形构造表面为黄土质，下层为青石岩，而正面石岩暴露，形成层叠万状，真有层峦耸秀，白塔凌空的景象，有诗赞美说："峥嵘撑白塔，突兀起层峦，壁立峰千仞，云横路几盘"。故有"白塔层峦"的美称。白塔由于塔身的造型优美，塔儿院的院址选择适宜，其周围又配植有柏、榆、槐、山桃、榆叶梅等乔灌木，更显得生气勃勃，形成兰州北区主要风景点。像东面的雁滩，南面的皋兰山、五泉山，西面的小西湖都能看到塔儿院的前楼和白塔，在日落西山时，从小西湖东望，有"白塔夕照"的佳景，所以塔儿院与其他风景点互相联系，互为对景，使塔儿院完全融化在无限广阔的自然之中，形成富有地方特色的景观。[31]

白塔山已规划为森林公园，在白塔前山部分将作为主要游览区。山地部分，除大量栽植各种树木外，在适当地区布置一些游览建筑作为景点，又供游人躲风避雨之用。[31]

兴隆山

位于兰州东南，离市区约 45 公里，是马衔山一条支脉，有东西两山，东称兴隆，西称栖云，中有溪涧相隔，素有山明水秀，泉清林翠，风景幽美之称，是黄土高原中部的一颗明珠。据说唐宋至明，庙宇满山，明末焚毁。清朝悟元子即刘一民于乾隆四十四年（1779 年）云游至此，见其状后，募银十万，历时三十余年，进行整修和兴建，形成以庙宇建筑为主的风景区，此山又兴隆起来，故而得名为兴隆山。可惜的是这些寺庙建筑和园林建筑在"文化大革命"期间全毁，其主要风景点有两处。

云龙桥：此桥跨涧，是联系兴隆、栖云两山的主要通道，桥身造型特殊而优美，东西出入口是歇山居中两侧以悬山相配的桥亭，桥面用错叠排木组成，递出递高，逐渐远伸，中间连接而成。上有敞廊与桥亭相接，组成一架别具特色的廊桥，名握桥。由于其下无桥墩（或柱）可免水冲，自远望之，宛如卧龙，故又名卧桥。溪间筐柳丛生，山石相间，两岸河柳、水枸子、野蔷薇相配，远山以青翠的云杉为背景，盛水时喷珠如溅玉，小鱼嬉游其间，自成一景。[31]

太白楼（太白泉）：此楼建于兴隆山上山腰，为三楹两层歇山顶，楼前下台阶为一长方形平台，构成太白楼的前庭，左右为耳房，系伙房住宿之用。太白楼四周有云杉、侧柏、青冈等密生的次生林，下木有胡枝子、绣线菊、孚氏忍冬、太平花等花灌木，箭竹丛生铺地。由于山地高差的变化，楼前树木都低于平台，从太白楼遥望，可观四季景色，真是春花吐艳，绿草如茵，夏木繁荫，百鸟争鸣，秋冈黄叶，果实飘香，冬雪满山，银花遍野。游人至此似置林海深处，尤其在夏秋之交，雨后初霁的黎明，山谷腾起股股乳色水汽，出现云海奇景，由于山区的阴晴变幻，景象万千，山色更觉秀丽奇艳，太白楼是欣赏各种景观的立点。太白楼下有清泉一股，由缝中流出，泾入石龙，龙口流出汇于平台小池中，清澈见底。水甘冽，泡本山茶（系太平花叶制）别有一番风味，游人到此休息品茗，坐观山景，是兴隆山风景区最优美的风景点。[31]

（四）宁夏银川的建置沿革

宁夏，路名，元至元二十五年（1288 年）置路，治所在今宁夏银川市，辖境相当今宁夏西北部黄河沿岸地区。明洪武三年（1370 年）改为府，旋废；洪武二十六年（1393 年），置卫，清雍正二年（1724 年）又改为府（《辞海》）。

宁夏亦是旧省名，元初置宁夏行省于西夏故地，以西夏故都中兴府（后改宁夏路，治今银川市）为治所，继又于甘州分设甘肃行省，元贞元年（1295年）罢宁夏行省并入甘肃行省。1928年，以原甘肃省宁夏道八县合宁夏护军使所辖西套蒙古阿拉善、额济纳二旗置宁夏回族自治区。1954年撤销，以县市并入甘肃省，以蒙旗并入内蒙古自治区。1958年又以甘肃省的银川、吴忠两市及银川专区和固原、吴忠两回族自治州为基础改建宁夏回族自治区（《辞海》）。

"银川建城近千年，一直是宁夏平原的政治、经济、文化中心，它曾是西夏国的国都。银川的园林也曾盛极一时，仅有记载的园子就有25处（包括寺庙），虽然记载不甚详细，还是可粗略地看出一些当时园林的面貌及特色。"这是韩志强《试论银川古典园林的特色》一文的开头语。文末又云："银川的古典园林虽已荡然无存，但是我们今天要搞好银川的园林建设，探讨、研究历史上银川园林的一些特点，吸取其精华，还是大有益处的。"[32]

（五）宁夏的古园林特色

韩志强一文只是综论银川古园林地方特色并对总体布局，借景，意境，植物，动物，作了初步探讨，没有分园叙述，从全文看提到的园名有金波湖、南塘、丽景园、后乐园等。"金波湖沿岸垂柳，湖西有临湖亭，湖北为鸳鸯亭，湖南为宜秋楼。""南塘……且湖岸线都是直线，组成了方池。""丽景园有远眺景点两处……""以水为景名的……仅丽景园就有9处之多，鸳鸯池、鹅鸭池、水月亭、清幽亭、涵碧亭、湖光一览亭、山光水色亭、荷香柳影亭、碧沼等都是因水而得名。""后乐园，园中有环碧亭……还有蔬畦、花坞、射圃诸景。"

作者韩志强在文中认为：园林的地方特色是受当地的气候、地貌、文化、历史、经济诸方面的影响。银川"背名山而面洪流，左河津右重塞"，具有良好的自然条件，特别是汉、唐两代大力开渠，引黄灌溉，农牧业迅速发展，成了塞上鱼米之乡。这不仅使经济繁荣，也改变了这里风土人情、地理景观和人

们的风俗习惯，这样，银川就以"塞上江南"而闻名。这种融江南景色和塞上风光于一体的特殊环境，造就了银川园林的特殊风格。经济的繁荣使银川的园林得到了空前的发展。但是，由于频繁的战乱，银川园林几经兴衰，至今除有几个寺庙之外，无一幸存，就连文字资料也存无几。我们现在能看到的对银川园林最早的记载是从明代开始，试就此对银川园林的特色做一些初步的探讨。[32]

总体布局 布局是就园林的总的群体来构图，受自然地形条件、园子的活动内容及造园手法等因素的影响。银川园林由于受地形平坦的限制，多数为平地造园。当时园林的主要功能就是休养、游乐，加之受内地造园手法的影响，布局上基本是采用我国传统的以水为中心，景点周边布置，为内向构图手法。整个园子的空间构成也比较简单，造园中有挖湖，却很少堆山，这一方面是因为土壤松散，不易堆掇；另一方面是因为银川天然降水很少，植物生长主要靠灌溉供水，而这里一般均采用漫灌，所以不能堆山。由于地形平坦，空间上就没有过多的曲折、开合变化，湖岸线一般多为较长的直线或折线组成几何形的湖面，水源的连接多采用水渠的形式。建筑的布置轴线性也很强，这样整个园子就是一个以水为中心的大空间。然后再以植物、建筑遮挡组成小的内含空间。如金波湖，沿岸垂柳，湖西有临湖亭，湖北为鸳鸯亭，湖南为宜秋楼，几个主要景点都在湖边，加上垂柳沿岸，就形成了一个以湖面为主体的闭合空间。南塘也是如此，且湖岸线都是直线，组成了方池，这样虽有"载酒东湖作胜游，鱼吹桃浪泛兰舟，白露满地荷叶净"的江南情趣，却也不失塞北的雄浑粗犷、端庄。这也是"塞上江南"这种特殊环境在园林中的反映。[32]

借景 借景是中国园林中的一种主要手法，计成《园冶》中有"借者虽别内外，得景则无拘远近，……极目所至，俗则屏之，嘉则收之。"银川园林也很重视借景手法的应用，银川可借的"嘉景"就是贺兰之山，黄河之水，所以银川园林在借景上偏重

于远借宏观之景，大多数园子都以贺兰山的雄姿和郊外的田园风光为其借景上的特色，由于以远借为主，所以在园中就出现了望春楼、眺远亭、望春亭、眺远台等以望眺命名的景点。由于地形平坦，所以修筑高台，建筑亭，抬高观赏点，降低围墙高度，开辟视线就成了借景上的主要手法。如丽景园有远眺景点两处，庆靖王登望春楼有这样的诗句："避暑高楼此日登，山川感慨客怀增。地连紫塞三千里，水映朱栏十二层。布谷催耕声度柳，游鱼吹浪影穿菱"。不但写出了所得的景，也点明了望春楼之高。金波湖的宜秋楼"择爽垲者构楼焉。四皆田畴，凭栏纵目，百里毕见"。《宜秋楼记》中有"四五月间，麦秋至，登斯楼远眺，黄云万顷，弥满四野；七八月间，禾黍尽实，东皋西畴，葱茏散漫，芄芄蓤蓤，极目无际"。田园风光尽收眼底。南塘因势修浚，植柳千株，缭以短墙，注以河流。短墙即矮墙。这种借景手法突出了银川"塞上江南"的景色。[32]

主景 从《嘉靖宁夏新志》所载明代的几处园子的景名及对它们描写的诗句中，不难看出银川的园林是以水为主景，以水为主要造景手法，几乎所有的园子都离不开水景。如南塘、金波湖，水是它们的主题，所以水为园名。以水为景名的就更为普遍，仅丽景园就有九处之多，鸳鸯池、鹅鸭池、水月亭、清猗亭、涵碧亭、湖光一览亭、山光水色亭、荷香柳影亭、碧沼等都是因水而得名。水是当时银川园林的主要造景手法，戏水就成了当时的主要游园活动。"画船摇过藕花西，一片歌声唱和齐。""载酒东湖作胜游，鱼吹桃浪泛兰舟。""小艇容宾主，乘间半日游。隔帘人唤酒，泊岸柳迎舟。垂钓双鱼出，随波一雁浮。""画艇移华宴，青山四面围。""彩鹢随流去，清游满座宾。湖空鸥鹭下，岸远芰荷新。云影摇歌席，波光映舞人。纳凉疏箔卷，送酒小舟频。紫塞开灵境，龙沙恩虏尘。天隅同泛梗，谷口遇垂纶。痛饮酬良会，浑忘是远臣"等诗句都是当时游园的描写。银川园林除了水景，也有很多以植物为主题的景观，如

丽景园的桃溪、杏坞、杏座、菊井、芍药亭、牡丹亭，小春园的荷香柳影亭及城西的梅所，都是以植物景观而得名。

意境 意境是中国园林在有限空间中表现无限丰富内涵的主要手法。它是境外之景，弦外之音，银川园林也广泛地应用了这一手法。当时主要是通过题名给景物以一定的思想内容，而景物的环境气氛在烘托意境方面还比较落后，且内容多为劝政方面的。如后乐园，取"先天下之忧而忧，后天下之乐而乐"之意。《后乐园记》中有："乐者，众人之常情，而忧者，大臣之当务……"园中有环碧亭，可"倚视贺兰，玩赏渠沼"，还有蔬畦，花坞，射圃诸景与后乐意境相连。金波湖的宜秋楼，意在不取春景的华丽娇艳，而取秋景的萧条。因秋天是收获的季节，登楼可望收成的好坏，人民的苦乐。银川园林也有其他题材的意境，如静得园，即取邵尧夫"万物静观皆自得"的意思。南塘的知止轩，意"止"于南塘之水。《庄子·德充符》："人莫鉴于流水，而鉴于止水"。"知止轩"意在劝人凡事要知足而止，轩旁水而建，因水得名。[32]

植物、动物 银川地处内陆，干旱多风，属中温带大陆性气候。年平均降雨量只有206.37毫米，无霜期158天左右，土壤盐碱严重，所以植物材料较少。据《嘉靖宁夏新志·物产》所载：木类有松、柏、桦、椿、白杨、榆、柳、柽、梧（指胡杨）；花类有蔷薇、石竹、金盏、凤仙、珍珠、鸡冠、玉簪、萱草、菊、荷、戎葵、罂粟、宝象、百合；果类有杏、桃、李、梨、花红、白沙、桑葚子、茭、林檎、葡萄、枣、奈、秋子、樱桃、沙枣等。此外，地方志中还有对在园林中栽培牡丹、芍药、梅花的记载，这些可能是属于外来植物，所以未列入物产中。但是在园林中应用最多的还是杨、柳、荷花，如南塘"植柳千株"，金波湖"垂柳沿岸，青荫蔽日，中有荷芰，画舫荡漾，为北方之盛观。"这和银川园林多少是密切相关的，银川园林在植物配植上为成行成排的片林，管理上为畦田式养护。[32]

在当时银川园林中饲养的动物主要是鱼，还有鸳鸯、鹅、鸭等水禽。但是银川平原多自然湖泊，园林中多水池，所以来园子栖息的水鸟也很多，这就更加丰富了园林的生机。[32]

四、西藏的林卡

(一)"林卡"及其类型

"林卡"是藏语的音译，意思是树茂草盛，风景优美的地方，也包含了我们今日所说的园林、花园、公园的意思。

西藏自治区的拉萨、日喀则、昌都等地区，夏季气候凉爽，风和日丽。每到夏天，尤其节假日，这些城市的居民大都喜欢全家出游，或邀亲聚友去逛林卡，选择林卡里面的树荫下，张起饰有吉祥图案的白色帐幕，喝着青稞酒、酥油茶，不时载歌载舞，度过愉快的一天。"逛卡林"是藏族人民由来已久的民族风俗，也是一种很有益于身心健康的生活习尚。[33]

在西藏很早就出现类似园林性质的林卡，例如拉萨的嘎木夏林卡、危雪林卡、喜德林卡(据唐峻峰的罗布林卡一文中指出：拉萨城区城郊遍布着大大小小40多处林卡)，日喀则的吉采林卡等。在建国前的封建农奴制度的情况下，能够到林卡里消闲度夏的多为贵族、领主以及少数的富裕阶层，广大的农奴终日劳碌，过着非人的生活，极少享用。这些林卡实际上是作为天然树林风景地带的人工建置。[33][34]

真正具备园林要素，经过人为经营、修造的，则是僧、俗统治阶级所私有的林卡。如果按照它们的性质和隶属关系加以归纳，大致可分为三类：庄园林卡、寺庙林卡、行宫林卡。这三类林卡由于主人在政治和宗教上的地位不同，林卡的规模、内容和建置方面也表现出等级差异。[33]

庄园林卡　庄园经济是西藏农奴制度的基础，庄园的主人即农奴主也就是所谓三大领主——官家、贵族、寺庙。庄园，既是领主及其代理人的住所，又是领地的管理中心，有的还兼作基层的行政机

构——谿卡。为了安全保卫的需要，一律以高墙围成大院，重要的房舍如主人居室、经堂、仓库等集中在一幢碉房式的多层建筑物内。环境非常封闭，当然也很局促。因此，比较大的庄园一般都要选择邻近的开阔地段修建林卡作为领主夏天避暑居住和游憩之用，类似于汉族的宅园或别墅，这就是"庄园林卡"。[33]

庄园林卡以栽植大量的观赏花木、果木为主，小体量的建筑物疏朗地散布、点缀在林木蓊郁的自然环境之中。有的林卡内引进流水，开凿水池。有的还建置野外活动的场地如赛马场、射箭场等。[33]

山南地区是西藏的主要农业区，庄园经济最发达，庄园林卡也很多。比较讲究的如朗色林家族的庄园林卡，园内有着丰富的观赏植物，除乡土树种柏、松、青杨、旱柳之外，还栽植竹、桃、梨、苹果、石榴、核桃等，甚至名贵花卉如海棠、牡丹、芍药之属，这座林卡无异于一个植物园。如今虽然已经毁废，但从残存的零星片段和参天古木尚能窥见盛时情况的一斑。[33]

寺庙林卡　寺庙林卡作为西藏佛教(喇嘛教)寺庙建筑群的一个组成部分，它的主要功能并不在于游憩而是用作喇嘛集会辩经的户外场地，也叫作"辩经场"。所谓"辩经"即对佛经中的奥义展开辩论，通过辩论而提高认识，这是喇嘛学习佛经的主要方式之一，也是喇嘛晋级，取得学位的考试手段，尚存留着古印度佛教的遗风。[33]

辩经活动之所以在户外进行，大概因为喇嘛们常年在香烟缭绕，光线幽暗，通风不良的"措金"(经堂)里面诵经礼佛，非常需要见见阳光，呼吸一些新鲜空气，但宗教上的用意则更为明显，仿效佛祖释迦牟尼在旷野地方的菩提树下说法、成道的故事，模拟佛经中描写的西方净土"七重罗网、七重行树、花雨纷飞"的景象。所以，寺庙林卡的植物配置一般都是成行成列地栽植柏树、榆树，辅以红、白花色的桃树、山丁子等，于大片绿荫中显现缤纷的色彩。在场地的一端，坐北朝南建置开敞式的建筑物，"辩经台"既作为举行重要辩经会时高级喇嘛起坐的主席台，同

时也是林卡里的惟一的建筑点缀。[33]

大的寺庙，林卡不只一处，寺庙下属各"札仓"(学院)往往还有札仓林卡。拉萨三大寺之一的哲蚌寺的罗赛林卡，曾经是早年达赖喇嘛亲自主持辩经的地方，因此而建置达赖专用的辩经台。[33]

行宫林卡　行宫林卡作为达赖和班禅的避暑行宫，分别建在前藏的首府拉萨和后藏的首府日喀则的郊外。在三类林卡中，行宫林卡的规模最大，内容最丰富，也具有更多的西藏林卡的特色。

日喀则的行宫林卡共有两处：东南郊的"功德林林卡"和南郊的"德谦林卡"。每到夏天，班禅即从平常居住的札什伦布寺移驻到这两处林卡之内。功德林林卡位于年楚河畔，面积约30余公顷，设宫墙和宫门。园内古树成荫，大片地段栽植西藏特有的"左旋柳"。1954年，年楚河泛滥成灾，这座林卡的全部宫殿建筑均被大水冲毁，现在已开放作为日喀则市的人民公园。德谦林卡用地略呈方形，周围平畴原野广阔，农田阡陌纵横，园内林木繁茂，但原有宫殿大部分均已坍毁。1984年新建一幢三层的新宫作为班禅额尔德尼·确吉坚赞副委员长到日喀则视察工作时下榻的地方，另外还修复围墙和宫门，大体上已恢复这座林卡的原有面貌。[33]

拉萨的行宫林卡只有一座，这就是位于西郊著名的"罗布林卡"，距离达赖居住的布达拉宫约一公里，庞大的建筑群"布达拉宫"包括许多佛殿、经堂、喇嘛的僧舍，历代达赖的灵塔殿以及达赖居住的宫廷、藏政府的"噶厦"。为了军事防卫上的需要，这组大建筑群也像藏政府设在各地的行政机构一样，密密层层地叠筑在小山岗之上。达赖宫廷内的起居室、卧室、经堂以及工作用房，虽然装修、陈设均极其豪华富丽，但地处危崖之巅，囿于城堡式的封闭的建筑环境里，长年居住毕竟不甚适宜。所以，自从七世达赖建成罗布林卡之后，一年中包括夏季在内的大部分时间，历代达赖移居林卡遂成定例。这情形与清代皇帝不愿住在北京紫禁城大宫殿内，而乐于长期驻跸西

北郊的离宫别苑，颇有相似之处。[33]

(二) 罗布林卡

"罗布"即藏语的珍珠、宝贝之意，罗布林卡可译为"宝贝园林"，[33]罗布林卡……宛如一颗硕大的绿宝石镶嵌在拉萨河谷平原。罗布林卡的藏文含义是"宝石般的园林"(宝石园林)。[34]

罗布林卡并非一次建成，乃是从小到大经过200多年时间，三次扩建而成为现在的规模。在建园之前，这里原来是杂草野柳丛生的荒芜地。荒滩中间有一股"吉祥泉"一般清冷的泉水从地下涌出，日夜流淌，叮咚作响。18世纪40年代，七世达赖格桑嘉措体弱多病，夏天常到这里用泉水沐浴治病，当时的清廷驻藏大臣看到这种情形，便奏请乾隆帝批准特为达赖修建了一座供休息用的建筑物"乌尧颇章"(颇章，藏语宫殿之意)，意译为帐篷宫或凉亭宫。1755年，七世达赖又在乌尧颇章的旁边修建了一座正式的宫殿，并以他自己的名字命名为"格桑颇章"。格桑颇章高三层，方石砌就，宫内有佛殿、经堂、达赖的起居室、卧室、图书室、办公室、护法神殿、集会殿、噶厦官员的办事用房以及辅助用房。护法神殿四壁绘以历史人物故事为内容的壁画，工笔重彩，古朴生动。自七世达赖之后，格桑颇章便成了历世达赖执政之前学习藏文、佛经的地方，执政后又作为夏宫前来避暑。因为格桑颇章建成后，经乾隆帝恩准每年藏历三月中旬到九月底达赖可以移住这里处理行政和宗教方面的事务，十月初再返回布达拉宫(布达拉宫为冬宫，格桑颇章为夏宫)。罗布林卡亦以此为胚胎逐渐地发展扩充起来。[33][34]

第一次扩建在八世达赖强巴嘉措(1758～1804年)当政时期，扩建范围包括格桑颇章西侧，以长方大水池为中心的一区。

第二次扩建是十三世达赖上登嘉措(1876～1933年)当政时期，范围包括西半部的金色林卡和金色颇章一区，同时还修建了林卡的外园宫墙和宫门。

第三次扩建是十四世达赖丹增嘉措于1954年在东半部以新宫"达旦明久颇章"为主体的一区。

罗布林卡迭经扩建，现在规模已达占地面积36公顷，房舍300余间，相对集中为东、西两大群组，当地人把东半部叫作"罗布林卡"，西半部叫作"金色林卡"。林卡的布置由于历来的逐次扩造而形成"园中有园"的格局，在树木参天，郁郁葱葱的广阔的自然环境里，形成相对独立的三区，每一区均有一幢宫殿作为主体建筑物，相当于达赖的别墅兼行宫。[33]

罗布林卡的外围宫墙上共设六座宫门，大宫门位于东墙的南半段，正对着东面远处的布达拉宫而构成对景。进大宫门往西，路北为第一区，包括格桑颇章和以长方形大水池为中心的一区。其北面就是新宫"达旦明久颇章"的一区，西半部北面的金色林卡、金色颇章为第三区。

第一区的格桑颇章(七世达赖建)位在东南角，紧接园的正门，是第一座正式宫殿，西部是以长方形大水池为中心的一区(八世达赖建)，长方形水池的南北轴线上三岛纵列，北面的二岛分别建置"措吉颇章"(湖心宫)和"鲁康农"(龙王殿)，南面小岛上种植树木，池中遍植荷花，池周围是大片如茵的草地和丛植或行植的树木，环境十分幽静，树丛中若隐若现地散布着一些体量小巧精致的建筑物。例如池西的小精舍"持舟殿"面积仅1000平方米，池东跨院内的小型辩经台是达赖日常主持辩经会考试"格西"学位的地方。在小区东南角上建有"观马宫"，在车龙王宫和辩经台的北面沿墙还有饲养动物的兽舍。[33]

一区东墙的中段建置楼阁"康松司伦"(威镇三界阁)，阁东紧邻着小广场和一大片绿地林带。每年的雪顿节，达赖在楼阁内观看小广场上演出的藏戏。逢到重要的宗教节日，哲蚌、色拉两大寺的喇嘛云集这里举行各种宗教仪式。[33]

第二区是紧邻第一区北面的新宫"达旦明久颇章"一区(1954年十四世达赖扩建)，新宫高两层，内有十四世达赖专用的大经堂、小经堂、客厅、卧室、会议室、办公室、卫生间，草地、树木的绿地环绕于新宫的四周，其间点缀着少量的花架、廊亭、水池(喷泉)，外围绕以墙垣，设园门。[33]

新宫不愧为建筑艺术中的精品，严谨对称，富丽堂皇；宫顶上法轮幡幢，金光闪闪；门楼斗栱腾龙飞凤，雕刻栩栩如生。新宫的宫墙上有一层数尺厚的"卞白"，是用柽柳枝条捆扎成束，垛砌封顶再染成紫红色，卞白砌墙上装饰着黄铜镀金的"八相徽，七政宝"，显得庄严肃静。新宫的建筑、壁画和装饰，是西藏各大寺庙宫殿、楼宇之精华的集成，其建筑风格，既有浓厚的寺庙特色，又有宫殿和府第的格局。[34]

第三区即西半部的金色林卡。它的主体建筑物"金色颇章"高三层，内设十三世达赖专用的大经堂、接待厅、阅经室、休息室等；底层有日光殿，面积达370平方米，这是处理政文、教事务，举行庆典，宗教礼仪，会见宾客的地方。南面的两侧为官员等候觐见的廊子，呈左右两翼环抱之势，它的低矮的尺度与主体宫殿的高大体量成强烈的对比，其严谨对称的布局很有宫廷的气派。金色颇章的中轴线与南面庭园的中轴线对位重合，构成规整式的庭园布局，从南墙的园门起始，一条笔直的园路沿着中轴线往北直达宫殿的入口。庭园本身略成方形，大片的草地，丛植的树木，除了园路两侧的花台等小品之外，别无其他的建置。庭园以北，由西翼的廊子所围合的空间稍加收缩，作为庭园与宫殿之间的过渡，因而在总体上形成从庭园的开朗自然环境渐变到宫廷的封闭建筑环境的一个完整的空间序列。[33]

金色颇章的西北面，一组体量小巧，造型精致的建筑物高低错落地呈曲尺形随宜展开，这就是十三世达赖居住和习经的地方，两层的小经堂，"格桑德吉颇章"则为这组自由布局的建筑群的构图中心。往西开凿自然驳岸的清池，从此处引出水渠绕至西南汇入圆形的小水池，池中建圆形凉亭。整组建筑群结合自然式水池圆形布局显出亲切宜人，生活气氛浓郁的情调，与金色颇章的严整恰成强烈的对比。[33]

(三) 西藏林卡的特色

西藏的三大类型林卡，散处山南地区各地，为数不少，可惜由于"文化大革命"期间的严重破坏，保存至今的已属凤毛麟角。惟罗布林卡得以完整地保存下来，弥足珍贵。它是现存少数林卡中规模最大，内容最丰富的一座，称得起是藏族人民的"宝贝园林"。罗布林卡已成为拉萨市民的一处主要的游憩场所和西藏地区的一个重要的旅游点。

根据上述的罗布林卡以及其他林卡的情况来看，藏族林卡的产生已有几百年的历史，而且形成自己的特色。

三大类型林卡由于性质不同，其相地、布局也自不同。如前所述，庄园林卡一般都要选择庄宅邻近的开阔地段来修建，以栽植大量的观赏树木、果树为主，小体量的建筑疏朗地散布，点缀在林木葱郁的自然环境中，有的还引进流水，也只是开凿水池而已。寺庙林卡主要是为了在户外进行辩经活动而选择寺外开阔地段，模拟佛经中所描写的西方净土的景象，成行成列地栽植树木、花木，在场地的一端建置辩经台。行宫林卡的性质就不同了，例如罗布林卡就不仅仅是供达赖个人避暑消夏，游憩居住而已。达赖驻园期间，作为藏政府的首脑常需要在这里处理日常政务，接见噶厦官员；作为宗教的领袖也需要在这里举行各种法会，接受各地僧俗人等的朝拜。因此，行宫林卡除供达赖个人避暑消夏游憩居住的功能外，还兼有政治活动和宗教活动的中心功能，必然要有"颇章"(宫殿)作为主体建筑物，周围环绕着大片如茵的草地和丛植、列植的林地，间以花卉的点缀，构成具有粗犷的原野风光的情调。

颇章地段的布局采取规整式，有中轴线，左右对称，尤其是金色颇章，其高大的主体建筑和底层南面两侧的廊子呈左右两翼环抱之势，它低矮的尺度与宫殿的高大体量成强烈的对比，其严整对称的布局很有宫廷的气派。主体宫殿的中轴线与南面庭园的中轴线对位重合，构成规整式的布局。威镇三界阁前的场

地布局也是规整式。然而金色林卡西北部却是一组高低错落呈曲尺形随意展开的形式。金色林卡兼有规整式和自由式布局，在建筑的造型及尺度的处理上能够表现多样性的对比和统一，细部、装修以及小品则吸取不少汉族的手法，看起来，金色林卡的规划设计是经过一番精心构思的。

林卡内间或有引水凿池的，除第一区大水池为长方形规整式外，新宫区、金色林卡西部的水池为自然驳岸。没有竖向的地形起伏，也不见有人工堆筑假山。这大概由于西藏是山岳之乡，任何林卡都能借景于周围的千姿百态的崇山峻岭，没有必要再叠石堆山，或反而相形见绌。林卡内道路以笔直的居多，较少曲折的，不追求顿置婉转、曲径通幽的景色。

藏族建筑以石砌承重墙结构的封闭的碉房形式为主，不可能像汉族的木构建筑那样具有空间处理上的极大随意性和群体组合上的极大灵活性。因此，以建筑手段围合成的景域，划分成为景区的情况并不多见，一般都是绿地环绕着建筑物，或者若干建筑物散置于绿地自然环境之中。[33]

林卡中的建筑物绝大多数为宫殿、庙宇、邸宅的形象，三大类型林卡的特点和等级差异也得以通过建筑形象而显示出来。例如行宫林卡内的宫殿建筑，屋顶装饰着金光闪烁的黄铜镏金的宝幢乃是藏族建筑中最高品级的象征，"卞白"的做法(见前)只用于三宝佛寺和达赖、班禅、大活佛的宫殿、府邸，一般贵族和百姓都不准使用。建筑上的这一派富丽色彩既表现出行宫林卡的最高等级，也加强了宫廷气氛。这些建筑物的体量一般均作适当的压缩，为的是以小尺度来协调于园林的自然环境。单纯的游赏性的园林建筑并不多。如亭、廊、路面铺装、栏杆、花台等大都是模仿汉族的形式。[33]

如前所述，庄园林卡以避暑居住的游憩生活为主要内容，以栽植大量花木、果木为主，小体量建筑物疏朗地散布在林木葱郁的自然环境为造景主题，寺庙林卡和行宫林卡就不同了，所体现的思想主题离不

开宗教的内涵。寺庙林卡的"辩经场"模拟佛经中所描写的西方净土"七重罗网、七重行树、花雨纷飞"的景象，罗布林卡的格桑颇章西部长方形大水池，方整的岛屿，池中遍植莲花，岛上架桥接引池岸，红白花树掩映于大片松、柏、柳、榆的绿荫中，这种景象正是我们在敦煌壁画所见的西方净土的复现。金色林卡西部，开凿自然驳岸的水池。……这些都渊源于佛经中所描述，是寺庙林卡、行宫林卡所具有的特定内容。

总的说来，西藏的林卡是天然的或人工种植的柏、榆、柳、花木、果木等形成的风景林地、如茵的草地，间或有引水凿池，但没有叠石堆山或起伏地形的创作。它借助周围千姿百态的崇山峻岭为远景，蓝天净洗，雪峰高耸，使人心旷神怡，以及粗犷的原野林地，显示出西藏高原的风光。藏族建筑，无论是颇章、大宫门、凉亭、居室都有其独特的风格。最著称的罗布林卡，尤其是金色林卡部分，由辉煌的宫殿和幽美的园苑相结合，其设计更是别具匠心。

五、新疆的园墅

(一) 新疆的建置沿革

有关新疆志书：一是《新疆识略》原为清徐松撰，因由伊犁将军松筠奏上，故署松筠之名，十二卷，另有卷首一卷，首列新疆总图和南北西路、伊犁各图，附有叙说，次为官制、兵额、屯务、营务、库储、财赋、厂务、边卫、外裔等。凡地理险要、政治措施均有记载。一是《新疆图志》，清末王树枏等纂，宣统三年(1911年)成书，一百十六卷。分建置、国界等二十九类，博引古今，加以考证，为新疆建省后第一部比较完备的志书。惟非一人之手，体例先后未能一致，记事亦有分歧(《辞海》)。

按新疆建省于光绪十年(1884年)，清朝初期新疆有四大镇，乾隆时于乌鲁木齐设都统一员，伊犁、塔尔巴哈台、喀什噶尔各设参赞大臣一员，统辖全境驻防官兵，皆归伊犁将军节制。伊犁将军驻惠远城，统辖天山南北路各驻防城，即当时的新疆全境。清乾隆二十六年(1761年)至四十五年(1780年)，先后在伊犁河北今伊宁市、伊宁、霍城二县境内筑塔勒奇、绥定、惠远、惠宁、宁远、广仁(地名乌克博多素克，土名芦草沟)、熙春(地名哈拉布拉克)、瞻德(地名察罕乌苏，土名清水河)、拱宸(地名霍尔果斯)等城，惠远、惠宁(地名巴颜岱)二城为满营驻所，将军驻惠远城，绥定(今霍城县治)等六城为绿营驻所，总兵驻绥定，宁远城(今伊宁市)为维族商民聚居处，设有阿奇木伯克等员。总称"伊犁九城"(《辞海》)。

(二) 新疆古代园林、宅园、寺庙园林

蔡美权《新疆的古典园林——读书摘记》一文中写道："伊犁的惠远城(九城之一)是自乾隆中叶直到光绪十年(1884年)新疆设省为止全疆的政治、军事中心。这里满汉官员聚集，地下水很丰富，树木茂盛，有不少园林。"[35]据载，洪亮吉谪戍伊犁时就住惠远城内，"其正室名环碧轩，沟水四周，朝夕增减，有如潮汐"。——洪亮吉《天山客话》。[35]

绥定(九城之一)城内园林更多，洪亮吉写道："自嘉峪关到伊犁大城万一千里，所见园亭之胜以绥定总兵官廨为第一，荷池五六处，飞楼杰阁绕之，老树数百株，皆百年外物。蒙古纳乞余题额，为之名曰香远堂，曰众芳园。"林则徐到绥定也见"其中有亭园之胜，额曰绥园，又曰会芳园。"[35]

南疆气候较北疆温和，树木也更繁盛，也有很多园林。例如乌什有一座官员们借修建城墙的机会搞起来的园林。"署后有园一座，东西三亩余，南北余亩，东建迎街角门，以便看园人出入焉，门内有树，垂户门一座，……题额曰醉柳园，园内多柳，又多敧卧，故名曰醉柳，……园内有清溪一道，其泉由韦陀山下而出，岸南建屋三椽，如船形，皆呼为舱房……每于春际，园内春花盛开，一带清流，浮萍叠翠，两岸野草闲花，直令人忘在塞外矣"。——《孚化志略》抄本，藏新疆维吾尔自治区图书馆。[35]

新疆各兄弟民族也是喜欢园林的，"富家豪臣，室屋多筑园林，沟以渠水，为消夏常游之所"（《新疆图志》卷四十八）。莎车有个和卓园，本系和卓木墨特花园，其中桃杏、蘋婆、葡萄等花木最盛。"引水凿为池沼，台榭桥梁，曲折有情"（和宁《回疆通志》）。"哈密回王有果园16处，回城的回王花园，亭榭数处，布置都宜，核桃、杨、榆诸树，拔地参天，并有芍药、桃、杏、红莲种种，……"（谢彬《新疆游记》）。鄯善的沙亲王在鲁克沁也有一座果木园。园中的建筑物可能是受了内地园林的影响，或者是被官署占用后修建的，有亭榭池沼。[35]

在乌鲁木齐市、伊宁市今日都可看到将渠水引入园中，后为室屋廊子，前为花木果园。

蔡美权的文中还载有新疆的寺庙园林。乌鲁木齐"智珠山上有八腊神庙，……东南两面，围廊，舱屋，开窗远眺，为文人啸咏胜地"——（和瑛《三州辑略》）。"哈密龙王庙规模更大，在城北六里，傍泉石之右，因圯地为池，筑堤插柳，建庙于土山之腰，凿壁结构，修数椽客厅，以为游憩之所。入夏，惠风和畅，泉水进流，树木阴翳，鸣禽上下，或临渊而羡鱼，或登高而远望，夕阳在山，犹乐而忘返，士民及时适情，多荟萃于此"——《哈密直隶厅乡土志》。1916年有人记载得更具体，"湖形长弧，水清澈底，游鱼可数（湖中有鳝鱼、鲫鱼及水鸭甚多），败芦丛生，色若熟稻。中建二亭，一曰养元，一曰镜幽，有桥通岸，有舟涉水，长堤环绕，老杨成行，堤外渠水，耸树夹岸"——（谢彬《新疆游记》）。[35]

1972年吐鲁番阿其塔那唐墓中出土的，反映唐代西州豪门张氏家族奢华生活的彩绘绢画"围棋仕女图"中还能看到豪门宅园景象，贵妇在林间下棋，身旁有侍女，还有贵妇和小孩在草地上游玩，背景有各种树木、草坪。（图见《人物》75NO·10《唐代西州墓中的绢画》）。[35]

西州州名，唐贞观十四年（640年）灭麹氏高昌以其地置，治所在高昌（今新疆吐鲁番东约二十余公里哈拉和卓堡西南），辖境相当今吐鲁番盆地一带。高昌古城，维吾尔语称为亦都护城，城垣用夯土筑成，略呈正方形，城周约五公里，大部分残存。全城原分外城、内城和官城，布局略似唐代的长安城。历为高昌都郡治，高昌国国都，西州州治，高昌回鹘国国都，约至元明之际始另建哈拉和卓，故城遂废（《辞海》）。故城址中，仅存断壁颓垣。

第五节　明清筑园匠师和园林著作

古代筑园匠师在长期实践中积累了丰富的技艺和经验，但不见文字著作，只是世代师徒或父子相传。朱启钤辑《哲匠录》第二叠土，列：汉之刘彻、袁广汉；三国魏之曹丕；晋之石虎；北魏之茹皓、张伦；隋之杨广；唐之杨务廉、赵履温、李德裕、白居易、李淮；宋之梁师成、朱勔、俞澂。所列不是帝王就是士大夫。直到宋朝文献中才有"山匠"（即叠山匠师）的记载。《哲匠录》接着列元之倪瓒；明之米万钟、高倪、林有麟、计成、陆叠山；清之张涟、张然、叶洮、李迪、道济、仇好石、董道士、戈裕良、大汕、陈英献、刘蓉峰、周师濂、王松（注：张涟应是明末人，详后）。

明朝中后期不论北京或江南地区有很多名园的营造。有的士大夫直接掌握筑园技艺如米万钟（勺园）、高倪等，有的由少时以绘画知名后改业筑园的如张南阳、张涟、计成等。江南地区的宅园之筑日兴，有文化尤其是绘画艺术修养的匠师技艺精湛，在广泛实践的基础上总结其丰富的经验，使之系统化理论化而有专著的出现。计成著《园冶》可以说是我国第一本专论园林艺术的专著。明末还有文震亨《长物志》和清朝李渔《闲情偶寄》著作中都有论及园林艺术的部分。

一、明清诸匠师和张涟、张然

建筑方面自宋朝李诫《营造法式》之后，明中叶有《鲁班营造正式》六卷的刊行。"此书在旧日南方诸省，流传极广，几与官书做法则例，处于对立地位，而势力弥漫，殆尤过之，惟书往往杂以口诀及五行迷信之说，实无足取。"（刘敦桢《明鲁班营造正式钞本校实记》，在上海科学技术出版社 1988 年出版影印本明《鲁班营造正式》一书最后附有此记。）

明朝中叶以后，宅园兴筑日兴，出现了很多著名的叠山家，在筑园风格上叠山手法上多有所发展和提高，但有关他们的记载往往很简略。

陆叠山　佚其名，田汝成《西湖游览志》载：杭州工匠陆氏"堆垛峰峦，拗折涧壑，绝有天巧，号陆叠山"。

上海地区"现存旧园除豫园、内园外，尚有南翔古猗亭，嘉定秋霞圃、秦家花园、松江醉白池、高家花园、张家花园，青浦曲水园等为数甚多……而叠山作者除上述已知者外（指松江的张涟、张然父子，青浦的叶洮等），还有张南阳、曹谅、顾生三人，一直被湮没着没人知道，他们的艺术成果，长期以来反被园林的占有者像豫园的潘允端，弇园的王世贞一类人窃夺了……现在作一简单介绍，以供研究中国园林史的参考"。[36]

张南阳　张山人名南阳，上海人，始号小溪子，更号卧石生。上代是农民，父亲是画家，"幼即娴绘事"，"居久之，遂薄绘事不为，则以画家三昧法试累石为山"，"随地赋形"，做到千变万化，仿佛与自然山水一样，在陈所蕴所写的张山人传（见陈所蕴《竹素堂集》卷十九）上说："沓拖逶迤，岌嶪嵯峨，顿挫起伏，委婉婆娑，大都转千钧于千仞，犹之片羽尺步，神闲志空，不啻丈人之承蜩，高下大小，随地赋形，初若不经意，……"。当时江南一些官僚地主，在花园中要建造一丘一壑，都希望由他来设计与建造，邀请他的人和信札，差不多每天都有。为苏南名园之冠的上海潘允端的豫园，陈所蕴的日涉园，太仓王世贞的弇园，都出自他手。他除设计外，自己也参加实际工作，张山人传说："视地之广袤与所衰石之多寡，胸中业具有成山，乃始解衣盘薄，持铁如意指挥群工，群工辐辏，锥山人使，咄嗟指顾间，岩洞溪

谷，岑峦梯蹬陂坂立具矣"。他身体很强健，到陈所蕴为他作传时已八十岁，以时期而论他比张涟、张然父子及叶洮还要早。[36]

据陈从周根据《日涉园记》、《豫园记》、《张山人传》等来推算，"日涉园应是在豫园竣工之后建造的，如果以 1577 年（万历五年）左右开始推算的话，十二年后所说'于是张山人已物故'一语来说，则张南阳是死于这段时期，陈所蕴为其作传，称行年八十，神王气盈，饮食无异少年。……亦必在日涉园的兴建十二年中，它的殁时当在 1596 年（丙申）前十余年左右，即明万历十几年这段时间，如以活到八十多岁一段的话来推算，那么他当生于明正德初年。因此豫园的叠山是其六七十岁时的作品，日涉园是七十后的晚年作品了"。[36]

"据记载上所说，并证以今日尚存的上海豫园假山，他与（后来的）张涟、张然父子的平冈小坂、曲岸回沙似乎有所不同，它的叠山是见石不露土，能运用大量的黄石堆叠，或用少量的山石散置。像豫园便是以大量的黄石堆叠见称，石壁深谷，幽壑蹬道，山麓并缀以小岩洞，而最巧妙的手法是能运用无数大小不同的黄石，将它组合成为一个浑成的整体，磅礴郁结，具有真山水气势，虽只片段，但颇给人以万山重叠的观感。山的高度虽不过十二米左右，一入其境宛如在万山丛中，真是假山中的大手笔。陈所蕴啸台记说：'予家不过寻丈，所衰石不能万之一，山人一为点缀，遂成奇观，诸峰峦岩洞，岑巇谿谷，陂坂梯蹬，具体而微。予谓山人食牛之象，不能搏鼠，固拙于用小也，山人得以芥子纳须弥，可谓个中三昧矣……户外地稍羡，山人复聚武康叠雪石成小景，嵌空玲珑，不减米家袖中物，因名小有洞天'。可见他所设计的小景也是很好的。至于所称石，其名亦见潘允端豫园记，据记中所说，除太湖、英德、锦川斧劈等外，又有武康石，产浙江武康，其名有锦罗、鬼面、叠雪诸品，这些名目未见明末计成所著的《园冶》一书"。[36]

曹谅　在陈所蕴日涉园记（《竹素堂集》卷十八）

上有这样一段记载："……十又二年，则元岁不兴土木，于是张山人已物故，复有里人曹谅者，其伎俩真欲与山人抗衡，而玲珑透切或谓过之，园盖始于张而成于曹，非一手一足之功也。"于此我们知道曹谅亦是上海人，他的技术与张南阳不相上下，以年龄说，似应少于张一些。在艺术手法上似乎又系同一作风。他设计的小品正如同文中所说："山既成，余石尚累累不忍弃去，则徙置西庑之隙地，随意点缀疏疏莽莽，不减云林道人一幅山景，亦奇观也。"[36]

顾山师　顾山师亦是参与日涉园叠山工作的一个。陈所蕴日涉园重建友石轩五志堂记上说："石即聚，将卜日鸠工人，有以顾山师荐者，山师故朱氏奴子，幼从主人醒石山人叠诸园石，稍精得其梗概，而胸中故别山壑，高出主人远甚，出苔青蓝，信不诬也。"从这段文字中可以看出顾山师是受当时社会压迫的一个劳动工人，由于自己的刻苦钻研，在造园叠山方面有了高度成就。同文上说"石即奇绝，山师以转丸扛鼎平为之曲折，变幻若出鬼工，巨峰五（按：日涉园已毁峰石今移置上海延安中路上海文化局内）小峰数十，谿壑岩崖蹬道略具。……"从这里他的技术可以想见了。日涉园的建造是"盖始于张山人卧石，继以曹生谅，最后乃得顾生某"（见同文）而陈所蕴对他们三人的评价是"人言张如程卫尉"，曹如李将军，顾于程李可谓兼之，亦庶几仿佛近似矣。（见同文）可见他的技术是继承张南阳与曹谅二人，在原有基础上加以综合再提高了一步。[36]

张涟、张然　张涟字南垣（以字著称），松江华亭人，后迁嘉兴。根据曹汛考证，张南垣生于明万历十五年（1587年）推断卒于康熙八年至十二年间（1669～1673年）。[36] 由于"吴伟业、黄宗羲所撰张南垣传，以及各级地方志中的张南垣传，都成于清代，《清史稿》又为张南垣列了专传，所以后来的人们一直误以为张南垣是清初的人。……如本世纪初梁任公谈起张南垣，就把他叫作清初华亭张南垣，从那以后，一些前辈学者……也都说张南垣是清初人……这样一类的

误会，一直沿袭下来，现在许多专著和论文也都沿袭此说，而造成这样一个误会的直接根据，现已查明是出于李斗的《扬州画舫录》。李斗说：扬州以名园胜，名园以叠石胜，余氏万石园出道济手，至今称为胜迹，次之张南垣所叠白沙翠竹江村石壁，皆传颂一时。李斗的这个记载，一无可取之处。石涛叠假山，根本就是误传，……余元甲的万石园始筑于雍正十二年，石涛早已卒去二十多年。白沙翠竹江村大约建于康熙四十九年，张南垣早已卒去三十多年。李斗这个记载，全都乱了套。后来有人看出一些破绽，钱泳著《履园丛话》，又提出一个不同的说法，钱泳说：'堆假山者国初以张南垣为最，康熙中则有石涛和尚，其后则有仇好石、董道士、王天于、张国泰，皆为妙手。'……张南垣确是在石涛之前，但是称作国初，还是不对。"[38]

张南垣的家世出身还难以详考。张南垣青少年时期的经历记载也不多。据吴伟业撰《张南垣传》说他："少时学画"，"好写人像，兼通山水"。戴名世《张翁家传》称张南垣"少学画，为倪云林、黄子久笔法，四方争以金币来购。君冶园林有巧思，一石一树，一亭一沼，经君指画，即成奇趣，虽在尘嚣中，如入岩谷，诸公贵人皆迎公为上客，东南名园大抵多翁所构也。"阮葵生《茶余客话》卷九载："华亭张涟，字南垣，少写人物，兼通山水。能以意垒为假山，悉仿营邱、北苑、大痴画法为之，峦屿涧濑、曲洞远峰、巧夺化工"。以上以及其他记文都述及张南垣能以画意笔法叠石掇山，从事筑园。

据曹汛从王时敏《乐郊园分业记》一文分析，张南垣为其筑宅园，时正三十三岁。记中云"乐郊园者，文肃公芍药圃也。……旧有老屋数间，敝陋不堪容膝。己未（万历四十七年，1619年）之夏，稍拓花畦隙地，锄棘诛茅，于以暂息尘鞅。适云间张南垣至，其巧艺直夺天工，怂恿为山甚力。……遂不惜倾囊听之。因而穿池种树，标峰置岭，庚申（泰昌元年，1620年）经始，中间改作者再四，凡数年而后成。"可见张南垣三

十三岁时，已经以造园叠山巧艺而名满公卿之间了。那么他由画家投身筑园事业，自然还应在那以前，很可能三十成名，开始转行筑园还要再早一些。[38]

张南垣闻名以后，江南多地相争延请，吴伟业《张南垣传》说是"岁无虑数十家"，他当然不能一一答应，少数答应下来，"则所过必数月"。又说他"游于江南诸郡者五十余年"。张南垣数十年中所筑园的叠山作品至少几十处。"江南名园大抵多翁所构也"（戴名世《张翁家传》）。吴伟业所撰传举出张南垣所构园以横云（李工部）、预园（虞观察）、乐郊（王奉常）、拂水（钱宗伯）、竹亭（吴吏部）为最有名。据曹汛的文中称，据了解到的材料，有确切记载，经世印证又确属可靠的，共有十余处，即松江李逢申的横云山庄，嘉兴吴昌时的竹亭湖墅，朱茂时的放鹤洲，徐必达的汉槎楼，太仓王时敏的乐郊园、南园和西田，吴伟业的梅村、钱增的天藻园、郁静岩斋前的叠石、常熟钱谦益的拂水山庄，以及吴县席本桢的东园和嘉定赵洪范的南园等。[38]

当其时对叠石假山有不赞同者，如莫是龙在《笔麈》中写道："余最不喜爱叠石为山，纵令迂回奇峻，极人工之巧，终失自然，不若疏林秀竹间置盘石缀土阜一仞，登眺绵偟，故自佳耳。"吴伟业在《张南垣传》中说："百余年来，为此技者，类学崭岩嵌持，好事之家，罗取一二异石，标之曰峰，皆从他邑辇致，……劖颜刻字，钩填空岘穿隆岩岩，若在乔岳，……而其岳又架危梁，梯鸟道，游之者钩巾棘履，拾级数折，伛偻入深洞，扪壁援蝮，瞪盼骇栗，南垣过而笑曰：是岂知为山者耶！今夫群峰造天，深岩蔽日，比夫造物神灵之所为，非人力所得而致也。况其地辄跨数百里，而吾以盈丈之址，五尺之沟，尤而效之，何异市人抟土以欺儿童哉！"这种情况下，他主张"惟夫平冈小坂，陵阜陂陀，版筑之功，可计日以就，然后错之以石，棋置其间，僚以短垣，翳以密篠，若似乎奇峰绝嶂，累累乎墙外，而人或见之也。其石脉之所奔注，伏而起，突而怒，为狮蹲，为

兽攫，口鼻含砑，牙错距跃，决林莽，犯轩楹而不去，若似乎处大山之麓，截溪断谷，私此数石者，为吾有也。方塘石洫，易以曲岸回沙，邃阏雕楹，改为青扉白屋。树取其不凋者，松柏桧栝，杂植成林；石取其易致者，太湖尧峰，随意布置。有林泉之美，无登涉之劳，不亦可乎？"

张南垣的筑园叠山技艺自有其独到之处。首先如前已述能以画意叠石掇山，从事筑园。袁枚又指出"南垣以画法叠石，见者疑为神工。"他认为从画山水的笔法中悟得的画之皴法向背，可运用在筑园的叠石方面，画山水的起伏波折等手法也可运用在筑园的叠山方面。他不赞成"好事之家，罗取一二异石，标之曰峰"，也不赞同"架危梁、梯鸟道，……拾级数折，伛偻入深洞，扪壁援蝮，瞪盼骇栗"。他主张搞"平冈小坡，陵阜透迤，然后错之以石，棋置其间，……若似乎处大山之麓，截溪断谷，私此数石者，为吾所有也。方塘石洫，易以曲岸回沙，邃阏雕楹，改为青扉白屋。树取其不凋者，松柏桧栝，杂植成林；石取其易致者，太湖尧峰，随意布置。有林泉之美，无登涉之劳"。

基于上述他的筑园叠山思想和理论，他提倡土山，或土石相间，或土山戴石。前述吴之撰诗集中尾注称"郡人张南垣杂土叠石为假山，高下起伏，天然第一"（作于康熙四年，1665年）。康熙二十四年（1658年）的《嘉兴县志》卷七《艺术传》中云："张涟，字南垣，少学画，得山水趣，因其意筑园叠石，有王大痴、梅道人笔意，一时名籍甚"。又云："旧以高架叠缀为工，不喜见土，涟一变旧模，穿深复冈，因形布置，土石相间，颇得真趣。"

吴伟业在《张南垣传》中说他"初立土山，树石丰添，岩壑已具，随皴随改，烟云渲染，补入无痕，即一花一竹，疏密敧斜，妙得俯仰"。对于他叠山工程时的情境也有一段描述："君为此技既久，土石草树，咸能识其性情。每创手之日，乱石林立，或卧或敧，君踌躇四顾，正势侧峰，横支竖理，皆默识在心，借

成众手。常高坐一堂，与客谈笑，呼役夫曰：某树下某石，置某处。目不转视，手不再指。若金在冶，不假斧凿。甚至施竿结顶，悬而下缒，尺寸勿爽，观者以此服其能矣。……而君独规模大势，使人于数日之内，寻丈之间，落落难合，及其既就，则天堕地出，得未曾有。"又云："曾于友人斋前作荆关老笔，对峙平城，已过五寻，不作一折，忽于其颠将数石，盘亘得势，则全体飞动，苍然不群"，足见其"巧夺天工"。

张南垣晚年"退老于鸳湖之侧"，"结屋三楹"，仍然过着清贫简朴的生活，最后卒于嘉兴。张南垣生有四子，都能传父业，次子然，字铨侯，号陶庵，三子熊，字叔祥，最为知名。张南垣还有一侄张轼，字宾式，也能传南垣之艺。[36]

张然字陶庵，生于明末，具体哪一年尚无考。据考证他卒于康熙二十八年(1699 年)。自幼跟其父学艺，据地方志和画史资料都记载张然"工诗画"，画工山水兼善写人像。康熙初期应聘来京前，已在江南参加过不少筑园叠山。陆燕喆所撰《张陶庵传》云："陶庵，云间人也，寓檇李，其父南垣先生，擅一技，取山而假之。其假者，遍大江南北，有名公卿间，人见之不问而知张氏之山也。……往年南垣先生偕陶庵为山于席氏(席本桢)之东园，南垣治其高而大者，陶庵治其卑而小者。其高而大者若公孙大娘之舞剑也，若老杜之诗，磅礴浏漓而拔起千寻也；其卑而小者，若王摩诘之辋川，若裴晋公之午桥庄，若韩平原之竹篱茅舍也。……居无何，南垣先生没，陶庵以其术独鸣于东山。其所假有延陵之石，有高阳之石，有安定之石。延陵之石秀以奇，高阳之石朴以雅，安定之石苍以幽，折以肆。陶庵之假不止此，虽一弓之庐，一拳之石，人人欲得陶庵而山之。居山者几忘东山之为山，而吾山之非山也"。[40]

陆燕喆《张陶庵传》中列举张然在洞庭东山所叠著名假山，首列"延陵之石"即指吴时雅依绿园中叠石；次之"高阳之石"指许葵田园中叠石；"安定之石"指席本桢东园中叠石，是张南垣、张然父子共

同叠石。[40]

据吴伟业所撰《张南垣传》，晚岁大学士冯铨聘赴京师，南垣以年老辞，"遣其仲子行"，仲子即是张然。他的入京是为冯铨经营万柳堂，后来又为王熙经营了怡园。

万柳堂在广渠门内，夕照寺东南，为大学士冯溥别业。冯溥仿元廉希宪万柳堂于此种柳万株，亦名万柳堂，又名亦园。冯溥《佳山堂诗集》卷三有《亦园秋兴》四首，其中有句云"才营结构便烟霞，三径纡回万柳斜。"又有《癸丑八月万柳堂成志喜》诗，诗云："畚插经年结构丽，山围平楚屋临渠。"癸丑年为康熙十二年，因知万柳堂之初建在康熙十一年(1672 年)。但《佳山堂诗集》卷六又有《万柳堂前新筑一土山，下开池数亩，曲径逶迤，小桥横带，致足乐也，因题二律记之》、《山巅安放山石数块，历落可观，并记以诗》以及《题张陶庵画亦园山水图》等三题四序，都是康熙十六年(1677 年)所作，因知康熙十六年万柳堂又有重新叠山理水之举。张然这时所画的《亦园山水图》即是万柳堂改建的山水景物设计图，张然为亦园标峰、置岭、引水、开池。[40]

怡园在宣武门外，丞相胡同之西，南半截胡同之东，南横街之北，其地相传旧为严嵩别业，后归汪荇洲。康熙十四年(1675 年)兵部尚书宛平王熙"买绳匠胡同住宅之西汪氏废园重加修葺，叠石开沼，名为怡园"，当年即已建成。朱彝尊有《王尚书招同陆元辅、邓汉仪、……诸征士谦集怡园，周览亭阁之胜，率赋六首》，根据诗的编年，怡园的改建落成当在康熙十七年(1678 年)九月中。朱彝尊诗有"石自吴人垒，梯悬汉栈牢"句。朱为嘉兴人，与张然同乡，"石自吴人垒"分明说怡园山石乃张然所堆叠者也。王士桢《居易录》卷四云："大学士宛平王公，招同大学士真定梁公、学士涓来兄游怡园。水石之妙，有若天然，华亭张然所造也。然字陶庵，其父号南垣，以意创为假山，以营丘、北苑、大痴、黄鹤画法为之。峰壑湍濑，曲折平远，经营惨澹，巧夺化工，

南垣死，然继之。今瀛台、玉泉、畅春苑，皆其所布置也。"冯金伯《国朝画识》卷八："张然工诗画，康熙己巳年(康熙二十八年，1689年)供奉内廷三十余载，恩宠甚渥，赐宸翰联额颇多。"戴名世《张翁家传》云："会有修葺瀛台之役，召翁治之"，"畅春苑之役，复召翁至，以年老赐肩舆出入，人皆荣之"。《张翁家传》又谓张然畅春苑"事竣复告归，卒于家"。大抵到康熙二十八年为止，张然前前后后、断断续续已经供奉内廷三十余年。[40]

据曹汛之文云："张然在江苏吴县洞庭东山所造三处园林，我也曾前往调查，其中仅有吴时雅依绿园的土山湖石和水系池塘等残迹还留存较多，昔日名园的格局还依稀可辨；其他两处，许茨田园与席本桢园，山池都已夷平，费了很大周折，才好不容易找到遗址"。张然在京所建万柳堂和怡园，今都不存，仅有遗址可寻。至于皇家离宫别苑，畅春苑早已湮没，仅位置可考，至于南海瀛台、玉泉山静明园，尚有实物留存的，也难查证，大都被后世修整改动过了。[40]

张然卒后，其子张淑继续供奉内廷。戴名世于康熙三十六年(1697年)那次游京师，著《张翁家传》，传末云："其子为予言如此，子治父术亦工"。这位为戴名世自叙家世、治父术亦工的人应该就是张淑。有关张淑的传记材料已很少。嘉庆六年(1801年)《嘉兴府志》卷五十一载南垣"子然、熊及孙淑，传南垣之术。康熙间先后应召供奉内廷，凡经营位置悉令然等董其役，屡邀恩赉。及淑后，其术遂不传"。但《清史稿》上则说京师的"山石张""世业百余年未替"。可见张淑之后尚应有传人。建国前后北京有张蔚庭者以叠石掇山为业，据称是山子张的后人。中华人民共和国成立后，张蔚庭曾为初建国宾馆时经营叠石理水掇山。

二、计成与《园冶》

计成，字无否，江苏吴江县人，生于明万历十年(1582年)，卒年不详。计成虽比张南垣早生五年，但是从事筑园叠山要比张南垣为晚。他少年时也以绘画知名，宗关仝、荆浩笔意。因家境清贫，成年后靠卖画、卖字维持生计，中年曾漫游北京、湖南、湖北等地，后来返回江南，择居润州(镇江)。

计成著《园冶》自序中，说到他偶然机会在镇江开始筑园生涯。他说："环润皆佳山水，润之好事者，取石巧者置竹木间为假山，予偶观之，为发一笑。或问曰：何笑？予曰：世所闻有真斯有假，胡不假真山形，而假迎勾芒者之拳磊乎？或曰：君能之乎？遂偶为成璧，睹观者俱称俨然佳山也，遂播闻于远近。"此后就开始筑园为业。

先是江西布政使"闻而招之。公得基于城东，乃元朝温相故园，仅十五亩，公示予曰：斯十亩为宅，余五亩可效司马温公独乐制。予观其基形最高，而穷其源最深，乔木参天，虬枝拂地。予曰此制不第宜掇石而高，且宜搜土而下，令乔木参差山腰蟠根嵌石，宛若画意，依水而上构亭台，错落池面，篆壑飞廊，想出意外。落成，公(吴又予)喜曰：从进而出计步仅四百，自得谓江南之胜，惟吾独收矣。(《园冶》自序)"。自序中接着说："时汪士衡中翰，延予銮江(今仪征)西筑，似为合志"。銮江西筑取名寤园，园内建有湛阁、灵岩、荆山亭、篆云廊、扈冶堂等，临池叠山，依山构亭，灵秀幽奇。计成自序中云："姑孰曹元甫先生游于兹，主人偕予盘桓信宿，先生称赞不已，以为荆关之绘也。"当时曹元甫又建议"何能成于笔底？予遂出其式视先生(暇草式所制，名园牧)，先生曰斯千古未闻见者，何以云牧？斯乃君之开辟改之曰冶可矣。"自序写于扈冶堂中，时间为崇祯辛未(四年，1631年)之秋。

计成又曾为郑元勋筑影园。据郑元勋为《园冶》一书题词中写道："即予卜筑城南，芦汀柳岸之间，仅广十笏，经无否略为区画，别现灵幽。予自负少解结构，质之无否，愧如拙鸠。宇内不少名流韵士，小筑卧游，何可不问途无否？但恐未能分身四应，庶几以《园冶》一编代之。然予终恨无否之智巧不可传，而所传者只其成法，犹之乎未传也。但变而通，通已有其本，则无传，终不如有传之足述。"题词书于崇祯乙亥(八年，1635年)午月朔，书于影园。

计成后半生专门从事筑园叠山事业，足迹遍于镇江、常州、扬州、仪征、南京等地，可惜没有具体的园林作品遗存迄今，但留下了《园冶》一书，于崇祯七年(1634年)刻版印行。《园冶》一书可以说是计成通过园林的创作把实践中的丰富经验结合传统的总结并提高到理论的一本专著，可以说是我国第一本专论园林艺术和创作的专著。这本书中也有他自己对我国园林艺术的精辟独到的见解和发挥，对于园林建筑也有独到的论述，并绘有基架、门窗、栏杆、漏明墙、铺地等图式二百多种。《园冶》是用骈体文(四六文句)写成的，在文学上也有它的地位。

《园冶》共分三卷，卷首有"兴造论"和"园说"两篇，这两篇专论可以说是全书的绪论篇，然后有十篇立论，统观《园冶》的十篇立论中，"相地"、"掇山"和"借景"三篇特别重要，是全书的精华。十篇的顺序是以相地篇为首，第二到第七篇，即立基、屋宇、装折、门窗、墙垣、铺地，都是就园林建筑和园林构筑物方面立论的，第八篇掇山和第九篇选石是园林艺术中关于叠石掇山置石方面的，而以第十篇借景为结。

"兴造论"是专论营造要旨，先论园屋的兴造，所谓"三分匠七分主人"的意思"非主人也，能主之人也"，即能规划设计营造的行家也。至于筑园，他说"第园筑之主，犹须什九，而用匠什一何也？园林巧于因借，精在体宜，愈非匠作可为，亦非主人所能自主者，须求得人"，得能主持的筑园专家。"巧于因借，精在体宜"，这八个字可以说是计成对园林创作评价的一条基本原则。什么叫作因和借，怎么才得体呢？"因者随基势之高下，体形之端正，碍木删桠，泉流石注，互相借资，宜亭斯亭，宜榭斯榭，不妨偏径，顿置婉转，斯谓精而合宜者也"。这段文字首先申说了园林创作，要充分利用原来地基地势，随高就低，因地制宜，原有树木或有妨碍时不妨删去一些枝桠，有水源的就可引泉流注石间，景物可以互相借资，那儿适宜安置亭榭，方才布置亭榭，反过来说，不当安置亭榭的地点就不应有亭榭，园林建筑的位置，不妨偏在路径一边，总之要安顿布置婉转。只有上述那样才能精致，才能合宜。接着说"借者园虽别内外，得景则无拘远近"，这就是说除了园景的创作，还应充分利用园外的景物，借资成为园景之一。接着指出：秀丽的山峦，蔚蓝的天空，绿油油的田野都是美景，只要在园内用眼能够看到的景物都可用各种手法收到园内，假若视线所及，有不美观不需要的可用各种手法障住屏去，"斯所谓巧而得体者也"。总之能够巧妙地因势布局，随机借景，就能够做到得体合宜。

"园说"的篇首指出："凡结林园，无分村郭，地偏为胜"。园林中造景，必须"景到随机"，山水环境的创作要达到"虽由人作，宛自天开"的艺术效果。园林中的山水、屋楼、植物都不是原来就有的，而是造园时人工创作的。宛若天然生成，天造地设般的感受，屋楼的配置也必须协调于山水环境。

"一 相地"：为什么相地是开章明义第一篇，因为要"构园得体"首先必须"相地合宜"。相地篇的中心内容是从"园"字来申说的。筑园首先要选择合宜的地段和审查园地的形势，所谓"园基不拘方向，地势自有高低"，应当就地势高低来考虑布局，因为"得景随形"即得景是要从形势中获得的，又说："高方欲就亭台，低凹可开池沼"，地势高的地方便于眺望，可设亭台，低凹的地方水自下注，可以开凿池沼，也省土方。接着说什么形胜下置虚阁、浮廊、借景等一些手法。特别值得我们重视的是计成对园址原有树木的爱护，即使有碍建筑也不应损毁，他说"多年树木碍筑檐垣，让一步可以立根，研数桠不妨封顶，斯谓雕栋飞楹构易，荫槐挺玉成难"。这种爱护树木的精神，今日的建筑师和园林师都应引以为"座右铭"。

园地可以有各种。园地的类型不同，筑园的因势处理的手法也就不同，为此必须"相地合宜"地构园才能得体。计成把可供营园的园地分为山林地、城市地、村庄地、郊野地、傍宅地、江湖地六类。指出各类园地都有它的客观环境的特点，应当巧妙地结合并充分运用这些特点来筑园，使不同园地的筑园，能各有其特色。书中对不同类型园地的布局造景手法都有描述。

"二 立基"：主要是以园林建筑位置为对象来讨论的。这里所谓的"基"即可以当作园林建筑的位置基地讲，也可以当作园林的总平面布置上的布局讲。本篇开头就有一段总说："凡园圃立基，定厅堂为主，先乎取景，妙在朝南……筑垣须广，空地多存，任意为持，听从排布，择成馆舍，余构亭台，格式随宜，栽培得致。……开土堆山，沿池驳岸。……编篱种菊……锄岭栽梅……高阜可培，低方宜挖"。然后分别就厅堂、楼阁、门楼、书房、亭榭、廊房、假山七类，怎样选择位置方向，如何"按基形式"，它们本身的结构与四周环境的关系，与全园的关系都有扼要精辟的论述。

"三 屋宇"：这是就园林中的屋宇如亭堂廊榭即园林建筑的特点来论述的。头一段总说指出了园林屋宇与家宅住房不同。文中不但对于园林屋宇的平面布置如何变化加以申说，就是色彩或雕镂的装饰的问题，亭榭楼阁怎样跟园林结合的问题，都有所发挥，是把园林建筑看做是园林统一体的构成部分来加以申说。接着又把各种园林屋宇的定义，即门楼、堂、斋、室、房、馆、楼、台、阁、榭、轩、卷、广、廊等的定义、目的，它们和景物的关系加以申说。本篇后七段讲屋宇的结构，列举五架梁、七架梁、九架梁、草架、重檐、磨角的结构，如何变化，怎样才能经济耐久，都应相机而用。计成还特别强调地图式的重要性，他说："夫地图者，主匠之合见也，假如一宅基，欲造几进，先以地图式之，其进几间，用几柱着地，然后式之，列图如屋，欲造巧妙，先以斯法……"。这就是说，必须先从平面布置着手，然后据以设计立面。篇后附有架梁式图共八张，厅堂和亭的地图式三张。

"四 装折"：装折是指园林屋宇内部可以装配、折叠，可以互相移动的门窗等类的装饰。本篇只就屏门、仰尘(即天花板)、户槅(窗框)、风窗、栏杆为科目来申说各种式样图案的原理，变化的根源，繁简的次第。篇后附有屏门、户槅、风窗式图四十多幅，栏杆诸式一百样。这种种变式都是根据基本式样加以变化的举例，不愈规矩自可举一反三。栏杆式样"以笔管式为始，近有将篆字制栏杆者(他不赞同)况理画不匀，意不联络"，对于制作比较困难的葵花式、梅花式更指出如何鸠工作料来配制的方法。

"五 门窗"：这是就不能移动的门窗而说的，门式作图约十七幅，窗式约十四幅。窗式中有型大的也可作为门空式样用。

"六 墙垣"：这里指"园之围墙"。从墙垣材料来说，"多于版筑，或于石砌，或编篱棘。夫编篱斯胜花屏，似多野致，深得山林趣味，如内花端、水次，夹径、环山之垣，或宜石宜砖，宜漏宜磨，各有所制，从雅遵时，令人欣赏，园林之佳境也。"篇中所述墙垣，分白粉墙、磨砖墙、漏砖墙(有漏窗之墙)和乱石墙。除了述说筑墙材料和做法外，并论及在什么条件下适宜哪种墙。篇末附"漏砖墙，凡计一十六式，惟取其坚固，如栏杆式中亦有可摘砌者，意不能尽，犹恐重式，宜用磨砌者佳。"

"七 铺地"："大凡砌地铺街，小异花园住宅"。文中论及在什么样的地点，应当怎样砌地，用什么样的材料，宜什么样的样式，"惟厅堂广厦中铺，一概磨砖，如路径盘蹊，长砌多般乱石。中庭或宜叠胜，近砌亦可回文、八角嵌方，选鹅子铺成蜀锦。层楼出步……锦线瓦条，·台全石板，……废瓦片也有行时(铺波纹式)……破方砖可留大用(补冰裂纹)……花环窄路偏宜石，堂迴空庭需用砖，各式方圆，随宜铺砌"。总说之后，专论乱石路，鹅子地，冰裂地，诸砖地，宜铺于何处，式样要合宜，篇末附铺地式图十五幅。

"八 掇山"：这是就园林的叠石假山来立论的。先讲掇山的立根基，"掇山之始，桩木为先，较其短长，察乎虚实，随势挖其麻柱，谅高挂以称竿，……

立根铺以粗石，大块满盖桩头，堑里扫于查灰，着潮尽钻山骨。"然后论述构叠原则和技巧。"方堆顽夯而起，渐以皱文而加，瘦漏生奇，玲珑安巧。峭壁贵于直立，悬崖使其后坚……多方景胜，咫尺山林，妙在得乎一人，雅从兼于半土。"然后论述关于峰石的安置，如何构山成景，安置亭榭以及理水技巧。又指出"欲知堆土之奥妙，还拟理石之精微，山林意味深求，花木情缘易逗"。最后指出叠山要做到"有真为假，做假成真"。园林中叠的山是假山，但要以真山为师，创作假山是做假，然而不能模拟的再现像模型一般，而是要做假，对真山有艺术的认识和提炼。而表现真山，在形似中求神似，达到做假成真，"稍动天机，全叨人力"。

计成把园中掇山分为八类，即：园山、厅山、楼山、阁山、书房山、池山、内室山和峭壁山，分别论其宜忌。"假山以水为妙"，于是有山石池、金鱼缸、洞、曲水、瀑布等理法，关于峰、峦、岩、洞的理法也有精辟的发挥。

掇山是我国山水中重要手法之一，综观全篇对如何构筑山水泉石成景的原则有透彻的发挥。

"九 选石"：开头就提出用石要"识石之来由，询山之远近"，因为"石无山价，费只人工"。叠石时选石也要根据用途而定。"取巧不但玲珑，只宜单点；求坚还从古拙，堪用层堆。须先选质无纹，俟后依皱合掇，多纹恐损，垂窍当悬"。计成再三致意于就地、就近取材，不要"只知花石"，因为"块虽顽夯，峻更嶙峋，是石堪堆，便山可采"。又说"夫葺园围假山，处处有好事，处处有石块，但不得其人，欲询出石之所，到地有山，似当有石，虽不得巧妙者，随其顽夯，但有文理可也"。计成列举了"予少用过石处"有：太湖石、昆山石、宜兴石、龙潭石、青龙山石、灵璧石、岘山石、宣石、湖口石、英石、散兵石、黄石、锦川石、六合石子，并指出其出处，石之特性和宜用之处。此外论及人们钻求的"旧石"，"某名园某峰石，……某代传至于今，……又有惟闻旧石重价买

者"。他认为"夫太湖石者，自古至今，好事采多似鲜矣。如别山有未开取者，则其透漏青骨坚质采之，未尝亚太湖也，斯亘古露风，何为新耶？何为旧耶？"还有"宋花石纲，河南所属边近山东随处便有，是运之所遗者，其石巧妙者多，……有好事者，少取块石置园中，生色多矣"。

"十 借景"：这是结束篇，开头便说："构园无格，借景有因，切要四时"。接着描述了各种景物，并说："因借无由，触情俱是"。结语是"夫借景，林园之最要者也，如远借、邻借、仰借、俯借、应时而借。然物情所逗，目寄心期，似意在笔先，庶几描写之尽哉"。

三、文震亨及其《长物志》

文震亨字启美，明末江南省（又称南隶）苏州府长洲县人。生于万历十三年（1585年），卒于顺治二年（1645年）。文震亨出身"簪缨世族"。其曾祖文徵明（1470~1559年），以字行，又号衡山，是明代翰林院待诏，著名诗文书画家，与沈周、唐寅、仇英齐名，世称"明四家"。祖父文彭，为国子监博士，父文元发官至卫辉府（今河南汲县）同知。兄文震孟，天启二年（1622年）殿试第一，授修撰，官至礼部尚书，东阁大学士。文震亨本人于天启元年（1621年）以诸生卒业于南京国子监。以琴、书誉满禁中，崇祯时以恩贡出仕中书舍人，后因理部尚书黄道周案，受牵连入狱。南明时又屡受阮大铖、马士英的迫害，他仕途坎坷，很不得志，明末宏光二年（1645年）五月，清军陷南京，六月陷苏州，文氏避难阳澄湖畔，不忍剃发受辱，投河自尽，幸被救起，后又绝食六日而死，"捐生殉国，节概炳然"。[41][42]

文氏一生著述甚丰，其中《长物志》于园林学关系最为密切，此外如《怡老园集》、《香草坨前后志》以及一些诗歌游记也都有关联。文氏家族几代人都好营园，曾祖徵明扩建停云馆；父文元发营造衡山草堂、兰雪斋、云敬阁、桐花院；兄文震孟建生云

墅、世伦堂。文震亨生当明末社会动乱之际而又仕途坎坷，为逃避现实，便寄情山水，热衷于园林艺术，有比较系统的见解，而且有营园的实践。他曾在冯氏废园的基础上，构筑香草堂(位于苏州市高师巷)，其中建有婵娟堂、绣铗堂、笼鹅阁、斜月廊、游月楼、玉局斋、鹤栖、鹿柴、鱼床、燕幕、啸台、曲沼、方池等。顾苓在《塔影园集》中盛赞香草堂"水草清华，房栊窈窕"。[42]

《长物志》共十二卷，包括室庐、花木、水石、禽鱼、书画、几榻、器具、衣饰、舟车、位置、蔬果、香茗；各卷又分若干节，全书共 269 节。本书论述内容范围广泛，除有关园林学的室庐建筑、观赏树木、花卉、瓶花、盆玩、理水叠石外，还述及禽鱼、室庐内几榻、器具，室外舟车，甚至香茗。《四库全书总目提要》说该书"凡闲适玩好之事，纤悉毕具，大致远以赵希鹄《洞天清录》为渊源，近以屠隆《考槃余事》为参貤，明季山人墨客，多以是相夸"。[42]

卷一"室庐"中把不同功能性质的堂、山斋、楼阁、台等以及门、阶、窗、栏杆、照壁等分别论述共十七节。对于相地、园址的选择，文震亨认为"居山水间者为上，村居次之，郊区又次之。吾侪纵不能栖岩谷，……而混迹市廛，要须门庭雅洁，市庐清靓，亭台具旷士之怀，又当种佳木怪箨，陈金石图书，令居之者忘老，寓之者忘归，游之者忘倦。"对于各种建筑类型，除提出不同的要求外，还重视植物的配置。认为"阶"要"自三级以至十级，愈高愈古，须以文石剥成，种绣墩草或草花数茎于内，枝叶纷披，映阶旁砌"。以太湖石叠成者，曰："涩浪，其制更奇，然而不易就。复室须内高于外，取顽石具苔痕者嵌之，方有岩阿之致"。"广池巨浸，须用文石为桥，雕镂云物，极其精工，不可入俗，小桥曲涧，以石子砌者佳，四旁可种绣墩草。"总之，建筑设计须"随方制象，各有所宜；宁古无时，宁朴无巧，宁俭无俗"。还要种草栽花具自然之趣。

卷二"花木"中列举了园林中常用的观赏树木和花卉 44 种，附以瓶花、盆玩共四十二节。对于树木花卉，除描述其品种、形态、习性及栽培养护等措施外，特别注意总的布置原则，配置方式以发挥其植物的品格之美。他认为"繁花杂木，宜以亩计"，若乃"庭除槛畔，必以虬枝古干"，"草本不可繁杂，随处植之，取其四时不断，皆入画图"，"桃李不可庭除，似宜远望"，"红梅绛桃，俱借以点缀林中，不宜多植"。牡丹、芍药栽植赏玩，要以"文石为栏，参差级数，以次列种"。松类中的桧子松(即白皮松)根据其性格色泽，宜"植堂前、广庭或广台，不妨对偶，斋中宜栽一株，用文石为台，太湖石为栏，俱可。水仙、蕙、萱草之类，杂莳其下"。对一般的山松(即马尾松)要植于土岗之上，使之成长后树皮剥落如鳞，枝叶遇风如涛声相应。总之，园林中观赏植物要布置合宜，配置恰当，自能构成宜人的景观，陶情的意境。至于"豆棚菜圃，山家风味，固自不恶，然必辟隙地数顷，别为一区，若于庭除种植，便非韵事"。

卷三"水石"中分别讲述园林中多种水体如广池、小池、瀑布、天泉、地泉、流水、丹泉，怎样品石如灵璧石、英石、太湖石、尧峰石、昆山石等多种石类共十八节。他认为"石令人古，水令人远，园林水石，最不可无"。水石是园林的骨干。他提出叠山理水的原则："要回环峭拔，安插得宜。一峰则太华千寻，一勺则江湖万里。又须修竹、老木怪藤、丑树、交复角立，苍崖碧涧，奔泉泛流，如入深岩绝壑之中，乃为名区胜地。"对于水池，认为"自亩以及顷，愈广愈胜，最广者，中可置台榭之属，或长堤横隔，汀蒲岸苇，杂植其中，一望无际，乃称巨浸。……池旁植垂柳，忌桃杏间植，中畜凫雁，须十数为群，方有生气。最广处可置水阁，必如图画中者佳。"从其水体布局上看，不仅要注意比例的大小，植物甚至水禽的配置要合宜，要结合以构成景物。

卷四"禽鱼"中，禽鸟类仅列鹤、鹦鹉、画眉等六种，鱼类仅朱鱼一种，但对每一种的产地，良种的选择，其形态、色彩、习性、饲养训练方法以及造景的手法都加以论述。如鹤指出产地以"华庭鹤窠村所出，其体高俊，绿足龟文，最为可爱"。对于品类要选择"标格清俊，唳声清亮，颈欲细而长，足欲瘦而节，身欲人立，背欲直削"的才是上品。饲养地点，要"筑广台，或高冈土陇之上，居以茅庵，邻以池沼，饲以鱼谷"。训练时，要"俟其饥，置食于空野，使童子拊掌顿足以诱之，习之既熟，一闻掌声，即便起舞，谓之'化食'。"又称"处空林别墅，白石青松，惟此君最宜"。我国园林中有放养鹿鹤之类鸟兽，使景物静中有动，生气盎然。鱼类仅朱鱼一节中列举了金鱼的珍奇，适于盆养和池养的品种以及金鱼的繁殖喂养方法。

卷五"书画"中述及藏画木匣，平时张挂，须三五天一换以及收起时注意事项，都是宝贵的经验之谈值得重视。卷六"几榻"中所论为家具；卷七"器具"中所论为文具及各种陈设和实用物品。园林中什么样的室屋、室内摆什么样家具和陈设的款式位置，三者密切相关。文震亨对这类器物，认为都要精致古雅，对式样、材料、尺寸、装潢有严格的要求以免流于庸俗。卷八"衣饰"略。卷九"舟车"中列有巾车、篮舆、舟、小船等四种。他对往来于山水名胜区的交通工具，要求制作精美，才无损于优美的风景，对于游船要求，指出"小船长丈余，阔三尺许，置于池塘中，或鼓枻中流，或系舟于柳荫，执竿垂钓，弄月吟风"。如此布置格局既有利于造景，也别有一种乐趣。

卷十"位置"中专论堂、榭等建筑，及室内器具陈设都应选适宜的位置和方向。"位置之法，繁简不同，寒暑各异，高堂广榭，曲房奥屋，各有所宜，即如图书鼎彝之属，亦须安设得所，方如图画"。"画桌可置奇石或盆景之属，忌置朱红漆等架"。"亭榭不蔽风雨，故不可用佳器，……古朴自然者置之。露坐宜湖石平矮者，散置四方。其石墩瓦墩之属，具置不用"。

卷十一"蔬果"中列举果树十八种，蔬菜七种，水生植物三种，和西瓜、五加皮、菌等三种。对于各种果蔬的栽培分别叙述，指出果蔬栽培，于实用之外仍不忽视美观。卷五"花木"中指出必辟隙地，别为一区，并反对在园中栽培为了以此市利为卖菜佣。卷十二"香茗"中，除罗列各种名茶品类之外，还叙述了洗茶、候汤、涤器、茶洗、茶炉、汤瓶、茶壶、茶盏等煮水和饮茶的方法，及其用具的形式和取材等。

四、李渔与《闲情偶寄》

李渔，字笠鸿，号笠翁，浙江兰溪人，生于明朝万历三十八年(1610年)，卒于清康熙十九年(1680年)。李渔自幼随父辈生长在江苏如皋，家境还较厚实。李渔十九岁时，父亲去世，不久便回到了家乡兰溪，二十五岁中秀才，此后两赴乡试，前次名落孙山，后次因兵乱中途折回。这时，他家已逐渐衰落下去，最后连他亲自置下的百亩伊山和苦心经营的"园亭罗绮甲邑内"的宅园，即所谓"伊山别业"也卖掉了。[43]

入清以后，李渔绝意仕途，从事传奇小说戏曲的创作和导演。大抵四十一岁以后，离开家乡去杭州，从此便开始了他一生的"卖赋"以糊其口生涯。他五十岁时从杭州迁居金陵住了二十年。这期间，主要靠到各地去攀附达官贵人以博得馈赠为生计。"二十年来负笈四方，三分天下几遍其二"。六十七岁时由金陵移家杭州。康熙十九年(1680年)七十岁时去世。[43]

李渔向以戏曲家和戏剧理论家著称，也是一位戏曲小说作家，著有戏曲《十种曲》，短篇小说集《无声戏》、《十二楼》，长篇小说《合锦回文传》等，还著有《闲情偶寄》，[43] 该书于康熙十年(1671年)由翼圣堂首次雕版印行，题名《笠翁秘书第一种》分十六卷，后来李渔把他的诗文编为《一家言》，《闲情偶寄》改名为《笠翁偶集》收入其中，由原十六卷并为六卷(见浙江古迹出版社出版的李渔著《闲情偶寄》本中单锦珩写校点说明)。在李渔全部著作中，以《闲情偶寄》最有价值，特别是其中关于戏曲创作和演出的《词曲部》、《演习部》和《声容部》，具有重要的理论价值和实践意义，在中国戏曲理论发展史上占有重要的地位。另一方面，其中《居室部》、《器玩部》和《种植部》是有关筑园理论以及室屋建筑、山石堆叠、室内器具及其陈设、制度、位置、观赏植物运用等有精湛和独到的发挥，丰富和发展了园林学传统遗产。

顺便提及，李渔在金陵期间，为了生计曾开办一家书肆，店名叫芥子园，与胡氏十竹斋、汪氏环翠堂同是金陵的名肆，刻有多种版画书籍，著名的《芥子园画传》，就是由芥子园书肆刻印出版的。刊行以来，学中国画的人无不知晓，成了广大国画习作者的良师益友。[43]

李渔在园林学方面成就卓越，与他"二十年来负笈四方"，遨游大江南北，观览各地名园是密切相连的，更与他的亲身筑园实践，积累了丰富的经验是分不开的。"予(李渔)尝谓人曰：生平有两绝技，自不能用，而人亦不能用之，殊可惜也。人问绝技维何？予曰：一则辨审音乐，一则置造园亭"(《闲情偶寄》卷四居室部房舍第一)。李渔一生中为自己营建过三处宅园，即早年在浙江兰溪老家造的伊园(伊山别业)，寓居金陵时造的芥子园，终老杭州时造的层园。至于《履园丛话》、《鸿雪因缘图记》中所载为郑亲王构筑惠园，为贾汉复营建半亩园，据近人考证，祇云附会之传不可信。

李渔早年居兰溪时，"曾在故里下李村，为自己造了一幢住宅，名'伊山别业'。虽说是数间草堂茅屋，却因背山临溪，小桥流水，加上院内栽花筑池，所以和周围的田园风光配合得非常协调。"[44]

顺治十四年(1657年)李渔从杭州迁居金陵后营建了他的第二个别业，即芥子园。其故址在今南京市中华门内东侧老虎头，与金陵胜迹"周处台"相邻。芥子园面积很小，"芥子园之地，不及三亩"。但是园小而蕴大，李渔本人也自诩芥子园云："此予金陵别业也，地止一丘，故名芥子状其微也，往来诸公，见其稍具丘壑，为取芥子纳须弥之义，其然岂其然乎"。[44]

芥子园内，一轩一阁一丘一水，莫不富有诗情画意。园中既有极轩榭台阁之美的浮白轩、来山阁、

月榭、歌台等，又有"丹崖碧水，茂林修竹，鸣禽响瀑，茅屋板桥，凡山居所有之物，无一不备"。有假山一座，虽然"高不越丈，宽止及寻"，更妙不可言的是在山脚碧水环流，水边石矶俯伏的假山石上有雕塑高手为李渔塑造的一尊执竿垂钓的坐像。李渔本人对这一巧思自视甚高："盖因善塑者肖予一像，神气宛然，又因予号笠翁，顾名思义，而为把钓之形，予思即执纶竿，必当坐之矶上。有石不可无水，有水不可无山，有山有水，不可无笠翁息钓归休之地，随营此窟以居之。"虽然我国园林中不乏雕刻石座、石灯笼、动物雕塑等作品，而人体塑像也只是牛郎织女之属，在园中出现主人本人的塑像，却还是第一次出现，而他那种"有石不可无水，有水不可无山"的造园思想正是我国园林优秀传统之一。[43]

芥子园种植了桂花、海棠、山茶、梅花、石榴、枸杞、芭蕉等园林中常用的花木。李渔特别偏爱刚直不阿的修竹，他说："竹能令俗人之舍不转盼而成高士之庐"。李渔对于原来基地上的多年大树，不是斫了而是保存并用以造景。他构筑芥子园时，原来地基上有"榴之大者复自四、五株……榴性喜庆，就其根之宜石者，从而山之，是榴之根，即山之麓也；榴性喜日，就其荫之可庇者，从而屋之，是榴之地，即屋之天也；榴之性又复喜高而宜上，就其枝柯之可傍而又借为天际真人者，从而楼之，是榴之花，即我侪倚栏守户之人也。此芥子园主人区处石榴之法"。李渔不但保留了大树，还使之与建筑、叠石结合在一起，相得益彰。轩榭楼台，掩映于花木山石之间，使芥子园形成一派秀丽清新的园景。李渔这种使树木与山石、建筑有机地相结合的手法和实践，是值得我们借鉴与继承的。[43]

李渔认为取景在借，而"开窗莫妙(借景)"。他在"来山阁"楼上置景窗，以"窥钟山气色"外，还创造性地应用了"无心画"的手法。芥子园的假山位于"浮白轩"的后面，"是此山原为像设(指李渔垂钓坐像)初无意于为窗也。后见其物小而蕴大，……尽

日坐观，不忍阖牖。乃瞿然曰：是山也，而可以作画，是画也而可以为窗；……随命童子裁纸数幅，以为画之头尾，及左右镶边。头尾贴于窗之上下，镶边贴于两旁，俨然堂画一幅，而但虚其中，非虚其中，欲以屋后之山代之也。坐而观之，则窗非窗也，画也；山非屋后之山，即画上之山也。……而'无心画'、'尺幅窗'之制，从此始矣。"

芥子园虽小，却能体现李渔"创造园亭，因地制宜，不拘成见，一榱一桷，必令出自己裁"。"颇饶别致"的宅园部分，体现了李渔的造园理论。自李渔移家杭州后，芥子园几易其主，由于年久失修和战火的洗劫，逐渐湮没，至建国前已是一片菜圃，无迹可寻。

李渔曾两次游北京。第一次是康熙五年（1666年）应陕西巡抚贾汉复等人之邀西行西安，在京稍事停留。时李渔55岁，第二次是康熙十二年（1673年）专程游京，逗留共约九个月，回归金陵，时李渔63岁。有些著作还记载了三处李渔所造的园：芥子园、惠园和半亩园。据李鸣斌考证，都是后人追记，传说和附会，摘要如下。[45]

据《宸垣识略》："芥子园在韩家潭，康熙初年钱塘李笠翁渔寓居，今为广东会馆。长元按：笠翁芥子园在江宁省城，有所刊画谱三集行世，京寓亦仍是名。"韩家潭的芥子园只是李渔游京时的临时寓居之所，不过沿用了南京芥子园之名。李渔游京是来打秋风的，他在京的生活来源，一是靠别人的馈赠和宴请，二是靠为别人题联写诗的酬劳。其间曾以经济拮据辞行，经索额图挽留并给予资助才逗留了约九个来月。大可不必，也不大可能为此行造一座园。至于说在寓居之所点缀些山石花木，是很有可能的，但这终究不是造园。[44]

《履园丛话》云：惠园在"西单牌楼郑亲王府，引池叠石，饶有幽致，相传是李笠翁手笔"。正如其文所言只是相传而已。因为其一：据《清史稿·诸王传》始封之郑亲王济尔哈朗在顺治年间死后，袭爵之王改号简亲王，乾隆四十三年（1778年）复号郑亲王。

康熙年间李渔游京时无郑亲王之号。其二据《啸京杂录》，惠园为乾隆年间简亲王德济斋（德沛）所建。其三，李渔著作中没有与郑亲王或简亲王交往的记载。

麟庆《鸿雪因缘图记》云："半亩园在弓弦胡同内，园本贾胶侯中丞宅。李笠翁客贾幕时，为葺新园，垒石成山，引水作沼，平台曲室，奥如旷如。"此说也不实。因为其一，贾汉复宅在崇文门外，名乔山书院。李渔《赠贾胶侯大中丞》联，联前有序："公以绝大园亭弃而不有，公诸乡人，凡山右名贤之客都门者皆得而寓焉。"未言及李渔为其葺园亭。据陈廷敬《三晋会馆记》：尚书贾公治第崇文门外，东偏作客舍以馆曲沃之人，曰乔山书院。"乔山者，古曲沃之地也"。贾复汉说："乔山吾父母之邦也，吾欲使乡之子弟挟书册考德问业，游艺于斯也。以是割宅以北者为书院也。"总之，贾汉复弃宅北园亭改为乡馆。其二，据李渔诗文，他自顺治末年从杭州迁居金陵期间有二十多年负笈四方，多是带家庭剧团去演出和遨游，从未入幕府，何来客贾府为葺半亩园。其三，麟庆《鸿雪因缘图记》中半亩园录在"奥如旷如"之后接云："易主后渐就荒落。道光辛丑（1841年）始归于余。"李渔卒于康熙十九年（1680年），既没有为贾胶侯葺园也不可能易主后修葺，因为李渔二次游京只逗留了九个多月，在京为人作联或赠联和诗词言及园亭四处；索相国园亭、冯易斋万柳堂、贾胶侯园亭改乡馆，和甘石桥王孙园。在这短短的时间内还要叠石成山，引水作沼，还要建平台曲室可能性不大。[45]

从以上的引据看，说郑亲王府惠园为李笠翁手笔，半亩园是李笠翁客贾幕时为葺斯园只是相传或为后人附会。

前文已言及李渔《闲情偶寄》一书中《居室部》、《器具部》、《种植部》是有关筑园理论以及房屋建筑、山石堆叠、室内家具陈设制度及位置、观赏植物运用的部分，都有精湛独到的发挥。《居室部》分房舍、窗栏、墙壁、联匾、山石等五章，《器具部》分制度、位置二章，《植物部》有木本、藤本、草本、众卉、竹木等五章。以下重点介绍《居室部》。

《居室部》房舍第一，开宗明义第一句："人之不能无屋，犹体之不能无衣。"提出"房舍与人，欲其相称"，向背以面南为正向。值得注意的是在"高下"款中指出："房舍忌似平原，须有高下之势，不独园圃为然，居宅亦应如是。前卑后高，理之常也；然地不如是，而强欲如是，亦病其拘。总有因地制宜之法，高者造屋，卑者建楼，一法也；卑处叠石为山，高处浚水为池，二法也；又有因其高而愈高之，竖阁磊峰于峻坡之卜，因其卑而愈卑之，穿塘凿井于下湿之区。总无一定之法，神而明之，存乎其人，此非可以遥授方略者矣"。

窗栏第二中提出"制体宜坚"和"取景在借"二款，尤其是后款，通过窗栏以借景的发挥，可称一绝，且"能得其三昧"。"制体宜坚"中指出"窗棂以明透为先，栏杆以玲珑为主，然此皆属第二义；其首重者，止在一字之坚，坚而后论工拙。"式样"宜简不宜繁，宜自然不宜雕斫"。又说："窗栏之体，不出纵横、欹斜、屈曲三项"，并各图一则以例之。"取景在借"款中指出"开窗莫妙于借景"。先从湖舫说起，"只以窗格异之"。湖舫"四面皆实，独虚其中，而为'便面'之形。实者用板，……虚者用木作框，上下皆曲而直其两旁，所谓便面是也，纯露空明，……是船之左右，止有二便面，……坐于其中，则两岸之湖光山色，寺观浮图，云烟竹树，以及往来之樵人牧竖，醉翁游女，……尽入便面之中，作我天然图画。且又时时变幻，不为一定之形。非特舟行之际，摇一橹，变一象，撑一篙，换一景，即系揽时，风摇水动亦刻刻异形。……此窗不但娱己，兼可娱人；……以内视外固是一幅便面山水，而以外视内，亦是一幅扇头人物。……予又言作观山虚牖，名'尺幅窗'，又名'无心画'。"尺幅窗、无心窗之制见前述芥子园。"予又尝取枯木数茎，置作天然之牖，名曰'梅窗'。"最后附图有湖舫式，便面窗外推板装花式，便面窗花卉式，便面窗虫鸟式，山水图窗、尺幅窗图式、梅窗。

墙壁第三中论及界墙、女儿墙、厅壁、书房壁，计四款，对于其功能，有新意发挥，还要求用材得宜，坚固得当，以及切忌之处，工艺筑法都有妙论。

联匾第四中，述及堂联宅匾之由来，"非有成规"，"非有成格定制，画一而不可移也。……姑取斋头已设者，略陈数则，以例其余。"附图有蕉叶联，此君联、碑文额，手卷额，册页匾、虚白匾，石光匾和秋叶匾，以及各联匾的用材、做法。

山石第五，是论及园庭中叠山极为精粹的一章。开头便说"幽斋垒石，原非得已。不能置身岩下，与木石居，故以一卷代山，一勺代水，……然能变城市为山林，招飞来峰使居平地，自是神仙妙术，假手于人以示奇者也，不得以小技目之。"意思是说即使不能居住在大自然环境中，而住在城市中，只能在住宅中以一卷代山，一勺代水的人为创作来表现自然。他认为"且磊石成山，另是一种学问，别是一番智巧。"他又说"从来叠山名手，俱非能诗善绘之人；见其随举一石，颠倒置之，无不苍古成文，迂回入画，此正造物之巧于示奇也"。其实不尽然，如张涟和计成等叠石名手都是能诗善绘者，都生于李渔之前二十多年至三十年，他不能不知。如在女儿墙一款中写道："其法穷奇极巧，如《园冶》所载诸式"，证明他是读过《园冶》，知道计成其人。顺及：李渔指出叠山垒石"有工拙雅俗之分，以主人之去取为去取。主人雅而取工，则工且雅者至矣；主人俗而客拙，则拙而俗者来矣"。这也是《园冶》中所谓"三分匠七分主人"，"第园筑之主，犹须什九，而用匠什一"的意思。当然叠石掇山不仅要胸有丘壑，而且有工程技术问题，需要依靠工匠来完成。

李渔认为"山之小者易工，大者难好。予遨游一生遍览名园，从未见有盈亩累丈之山，能无补缀穿凿之痕，遥望与真山无异者"。他指出："累高广之山，全用碎石，则如百纳僧衣，求一无缝处而不得，此其所以不耐观也。"他主张"以土间之，则可泯然无迹，且便于种树。树根盘固，与石比坚，且树大叶繁，浑然一色，不辨其为谁石谁土。立于真山左右，有能辨为积累而成者乎？此法不论石多石少，亦不必定求土石相半，土多则是土山带石，石多则是石山带土。土石二物原不相离，石山离土，则草木不生，是童山矣。"

至于小山的堆叠，又当别论。他认为"小山亦不可无土，但以石作为主，而土附之。"因为"土之不可胜石者，以石可壁立，而土则易崩，必仗石为藩篱故也。外石内土，此从来不易之法"。可见他认为庭园中筑小山，要以石为主，而土附之。又云："瘦小之山，全要顶宽麓窄，根脚一大，虽有美状不足观矣。"至于用山石而"言山石之美者，俱在透、漏、瘦三字。此通于彼，彼通于此，若有道路可行，所谓透也；石上有眼，四面玲珑，所谓漏也；壁立当空，孤峙无倚，所谓瘦也。然透、瘦二字在在宜然，漏则不应太甚。"还说"石眼忌圆，即有生成之圆者，亦粘碎石于旁，使有棱角，以避混全之体。"叠石时"石纹石色，取其相同。如粗纹与粗纹，当并一处，细纹与细纹，宜在一方，紫碧青红，各以类聚是也。然分别太甚，至其相悬接壤处，反觉异同，不若随取随得，变化从心之为便。至于石性，则不可不依；拂其性而用之，非止不耐观，且难持久。石性维何？斜正纵横之理路是也。"

接着，李渔谈到石壁时说："假山之好，人有同心，独不知为峭壁，……山之为地，非宽不可；壁则挺然直上，有如劲竹孤桐，斋头但有隙地，皆可为之。且山形曲折，取势为难，……壁则无他奇巧，其势有若累墙，但稍稍迂回出入之，其体嶙峋，仰视如削，便与穷崖绝壑无异。且山之与壁，其势相因，又可并行而不悖者，凡累石之家，正面为山，背面皆可作壁。匪特前斜后直，物理皆然，……即山之本性亦复如是，逶迤其前者，未有不嶻嵲其后，故峭壁之设，诚不可已。但壁后忌作平原，令人一览而尽。须有一物焉蔽之，使坐客仰观不能穷其颠末，斯有万丈悬崖之势，而绝壁之名为不虚矣。蔽之者维何？曰：

非亭即屋。或面壁而居，或负墙而立，但使目与檐齐，不见石丈人之脱巾露顶，则尽致矣。"至于石壁的位置，"不定在山后，或左或右，无一不可，但取其地势相宜。或原有亭屋，而以此壁代照墙，亦甚便也。"谈到石洞时，他说："假山无论大小，其中皆可作洞。洞亦不必求宽，宽则借以坐人。如其太小，不能容膝，则以他屋联之，屋中亦置小石数块，与此洞若断若连，是使屋与洞混而为一，虽居室中，与坐洞中无异矣。"鉴于"贫士之家，有好石之心而无其力者，不必定作假山。一拳特立，安置有情，时时坐卧其旁，即可慰泉石膏肓之癖。"零星小石"亦能效用于人，岂徒为观瞻而设？使其平而可坐，则与椅榻同功；使其斜而可倚，则与栏杆并力；使其肩背稍平，可置香炉茗具，则又可代几案。花前月下，有此待人，……名虽石也，而实则器矣。"

总起来说，李渔的山石一章立论中，处处有他独特的发挥，而且也像前人一样还从叠石掇山形势上，从工程技术上和结合植物配置上立论。

《器玩部》共两章，制度第一；位置第二。制度一章计有几案、椅杌、床帐、橱柜、箱笼箧笥、古董、炉瓶、屏轴、茶具、酒具、碗碟、灯烛、笺简等十三款。李渔在几案一款中说："凡人制物，务使人人可备，家家可用。"这是一个总则。论述日用器具其形式构造和使用，如果能在制作方面能"有心思既有智巧"，惨淡经营，加以改进，能扩大其用，变俗为雅，变粗为精。如几案，有三小物必不可少；使椅杌一物多用而有暖椅之制；对床帐则"床令生花"，"帐使有骨"；"造厨立柜，无他智巧，总以多容善纳为贵"；其他诸物不一一列举。"器玩未得，则讲购求，及其既得，则讲位置。"位置忌排偶。"但排偶之中，亦有分别。有似排非排，非偶是偶；又有排偶其名，而不排偶其实者。皆当疏明其说，以备讲求。"李渔所疏明，仿佛今日所说不平衡的平衡。所忌乎排偶者，谓其有意使然，如左置一物，右无物以配之，必求一色相俱同者与之相并，是则非偶而是偶，所当急忌者矣。"大约排列之法忌作八字形，二物并列不分前后，不爽分寸者是也；忌作四方形，每角一物……，忌作梅花体，中置一大物，周遭以小物是也；余可类推。当行之法，则与时变化，就地权宜。视形体为纵横曲直，非可预设规模者也，如必欲强拈一二，若三物相俱，宜作品字形，或一前二后，或一后二前，或左一右二，或右一左二，皆谓错综，若以三者并列，则犯排矣。四物相共，宜作心字及火字格，择一或高或长者为主，余则前后左右列之，但宜疏密断连，不得均匀配合，是谓参差；若左右各二，不使单行，则犯偶矣。此其大略也。"这些立论也可以灵活运用在布局上，在植物的自然配植上等方面。

《种植部》，李渔首先注云："已载群书者片言不赘，非补未逮之论，即传自验之方。欲睹陈言，请翻诸集"。表明"一家言"的宗旨。他认为"草木之种类极杂，而别其大较有三，木本、藤本、草本是也。"这是一种简单分法。在论述中木本第一，计 26 种(把蜡梅附在梅后)；藤本第二，计 9 种；草本第三，计 22种(在金钱款下兼及金盏、剪春罗、剪秋罗、石竹诸花)；众卉第四，计 9 种；竹木第五，计 13 种，总计79 种。他的论述着重对树木花草的品评上(有些是糟粕这里略不论)，它们的特性，偶及品种以及艺植之法。

五、叶洮、石涛、戈裕良、雷发达等

叶洮：关于他的资料很少，《国朝画论》卷八有一段记载："叶洮字金城，青浦人，善山水，喜作大斧劈。康熙中祗侯内廷，诏作畅春园图本。图成称旨，即命监造。"

《履园丛话》卷十二艺能的堆假山条："堆假山者，国初以张南垣为最('国初'不对，应为明末，前文已言及)。康熙中则有石涛和尚，其后则仇好石、董道士、王天于、张国泰皆为妙手。近时有戈裕良者，常州人，其堆法尤胜于诸家。"除前文对张南垣有专文论及，其他诸名手，限于资料，有的如仇好石、董道士等仅在扬州园林中涉及一二，有关石涛的资料很少，

对戈裕良近人作了一些考证，并有作品留存。

石涛：道济和尚，字石涛，小字阿长，别号有清湖老人、苦瓜和尚、零丁老人、靖江后人、大涤子、一枝叟等。俗家姓朱，名若极，广西全州人，是明朝皇族楚王的后代，明亡以后，他削发出家，毕生精力于艺术。他以石涛这一笔名列在清代八大山人一起，以画著称于世。石涛生于明崇祯三年(1630 年)，殁于清康熙四十六年(1707 年)。清康熙十二年(1673 年)左右，石涛第一次去扬州，寓居静慧寺。后来几度外出游历名山大川，但仍经常回扬州居住，直到康熙四十六年(1707 年)在扬州逝世，埋葬在蜀冈后面的平原上。

据《扬州画舫录》、《扬州府志》及《履园丛话》都说他兼工叠石。《扬州画舫录》卷二："释道济字石涛……兼工累石。……余氏万石园出道济手，至今称胜迹。"《嘉庆扬州府志》卷三十："万石园汪氏旧宅，以石涛和尚画稿布置为园，太湖石以万计，故名万石。中有越香楼、临漪槛、援松阁、梅舫诸胜。乾隆间石归康山，遂废。"《履园丛话》卷二十："扬州新城花园巷又有片石山房者，二厅之后，潴以方池，池上有太湖石山子一座，高五六丈，甚奇峭，相传为石涛和尚手笔。"今人王鸿《扬州散记》二，名胜古迹中有石涛遗迹一条："……石涛还善于叠石。据说个园的前身寿芝园的叠石，就是出自石涛之手"。

万石园早毁于乾隆间，而利用该园石新建的康山今又废，已无痕迹可寻，叠山手法无从考证。片石山房的山子，钱泳，乾隆道光年间人，离石涛不过百数十年，所记亦说相传，难以确证。今个园是清嘉庆间黄至筠在寿山园故址上所建，同样早无实迹可考。

戈裕良：清中叶叠山名家戈裕良，江苏常州人，早先认为他的生卒年份在乾隆年间，或说在乾嘉年间，确切的年月莫衷一是。直至 1987 年陈丛周写了篇《叠山家戈裕良的生卒》，文中提到他托常州文物管理委员会戴诗元先生能否在常州找到戈氏家谱，也许能弄个清楚。戴先生居然找到了戈氏家谱，得悉戈氏世居于武进洛阳尚湖墩，家谱中记载着戈裕良生于

乾隆二十九年甲申(1764 年)十月十一日，卒于道光十年庚寅(1830 年)三月十九日，享年 67 岁。[46]

戈裕良的叠山作品，据钱泳《履园丛话》卷十二艺能"堆假山"条："近时有戈裕良……其堆法尤胜于诸家，如仪征之朴园，如皋之文园，江宁之五松园，虎丘之一榭园，又孙古云家书厅前山子一座，皆其手笔"。

据曹汛《叠山名家戈裕良》(《中国园林》1986 年第 2 期，53～54 页)一文，各园园址和建园年份如下：

1. 苏州虎丘一榭园，在斟酌桥，嘉庆三年(1798 年)任太守兆炯购薛文清公祠废址改建，后为常州孙星衍所得，改名忆啸园，在嘉庆七年至十年间(1802～1805 年)两次改建，戈裕良都曾参与其事。

2. 扬州秦恩复意园小盘谷，在旧城堂子巷六号秦宅西南隅，约建于嘉庆三年至十年间(1798～1805 年)。

3. 常州洪亮吉西园。在花桥里，嘉庆七年(1802 年)始建，嘉庆八年建成。

4. 如皋汪为霖文园、绿净园，在丰利场。文园为汪家上世旧园，嘉庆间或有改建，汪为霖增建绿净园在嘉庆八、九年间(1803、1804 年)。

5. 《履园丛话》载："(苏州)孙古云家书厅前山子一座"是戈裕良堆叠的。这个山子即今环秀山庄中假山。环秀山庄在景德路，此园原属蒋楫，后归毕沅，又归孙均。戈裕良叠石山在孙均时候，为嘉庆十一年(1806 年)。

6. 南京孙星衍五松园，五亩园。在旧吴王府二条巷内。五松园约建于嘉庆十六年至十九年间(1811～1814 年)。五亩园建于嘉庆十九年至二十年(1814～1815 年)。

7. 仪征巴光诰朴园。在东北乡三十里卢家桥侧，约建于嘉庆十九年至二十三年间(1814～1818 年)。

8. 常熟蒋因培燕谷。在北门内。此园原为蒋洞宅所附，从子蒋元枢居之，后归族人蒋因培。蒋因培请戈裕良改建，大约在道光五、六年间。(1825、1826 年)。

以上诸园是见于记载的，实际上可能远不止八

处。按建造先后次序的年份看，最早是嘉庆三年(1798 年)当时戈裕良 34 岁。很可能戈裕良在三十几岁已从事叠山，其叠法已胜于诸家，才有人请他叠山。常熟蒋因培燕谷建成于道光五、六年间(1825、1826 年)时戈裕良年 61 岁，而他卒于道光十年(1830 年)享年 67 岁。很可能燕谷是他生前最后一个作品。上述戈氏所筑园迄今尚存的只有苏州环秀山庄和常熟燕谷园。秦氏意园小盘谷乃乾隆年间太史秦恩复所筑，久已湮没无存，现在的小盘谷原为一个姓何的所有，光绪年间两江、两广总督购为己有，予以重修，作为宅园。关于戈裕良的叠石艺术，尤其是他堆叠石洞的技法上能使大小石钩带联络如造环桥法，积久弥固，可以千年不坏，能如真山洞壑一般。以及对建亭馆池台，一切内部装修，无不独擅其长，都在各园的论述中言及，不赘。

雷发达：据《旧都文物略》云："有善作房屋模型之匠师曰雷发达者，世为楠木作。雷生于明万历四十七年(1619 年)，卒于康熙三十二年(1693 年)。清初以艺应募赴北京，康熙营建三殿，发达以南匠供役其间，嗣充工部营造所长班。其子金玉继父业供役圆明园楠木作样式房掌案。金玉第五子声澂，声澂子家玮、家玺、家瑞先后承办乾嘉两朝之营建事业。家玺承办万寿山、玉泉山、香山园亭，热河避暑山庄及昌陵等工程。家瑞当嘉庆大修南苑，承办楠木内檐、硬木装修，尝至南京采办紫檀红木檀香等料，开雕于南京。世传其业不坠，俗称样式雷"。

除了上述《园冶》、《长物志》、《闲情偶寄》等专著，其内容论及园林艺术、规划设计、叠山理水置石、园林植物布置、园林建筑等技艺以及园林美学外，还有一些明清著作中有些部分是与造园有关的。例如陈继儒的《岩栖幽事》、《太平清话》，林有麟的《素园石谱》，屠隆的《山斋清闲供笺》、《考盘余事》，沈复《浮生六记》等等。

注释

[1] 陈玉林. 南湖烟雨. 园林，1991(3)

［2］陈从周. 嘉定秋霞圃与海宁安澜园. 文物，1963.（2）. 39～46

［3］于之. 杭州小瀛洲园林艺术浅谈. 中国园林，1985（2）.15

［4］于之. 西泠印社的园林艺术. 中国园林，1985（4）.30

［5］吴诗华，裴宇. 徽州的古园林（一）.中国园林，1986（1）.30

［6］吴诗华，裴宇. 徽州的古园林（二）. 中国园林，1986（2）. 30～31

［7］李敏. 福建古园林考略. 中国园林，1989（1）.12～19

［8］李叶青. 泉州古典园林刍议——发掘历史文化名城古典园林的途径和价值. 泉州市建委城建档案馆油印论文资料，1987.11

［9］苏坤. 东湖史话（未发表资料）

［10］沈玉冰. 从东湖的历史谈东湖公园的设计（未发表资料）

［11］藤岛亥治郎. 台湾四建筑. 彰国社刊. 重庆建筑工程学院. 建筑理论及历史研究室尹培桐译. 重庆建筑工程学院科技情报组油印本，1978

［12］林其泉. 台湾名园（五）. 园林，1986（3）

［13］林其泉. 台湾名园（四）. 园林，1986（2）.30～31

［14］林其泉. 台湾名园（三）. 园林，1986（1）.31

［15］林其泉. 台湾名园（二）. 园林，1985（6）.12～13

［16］林其泉. 台湾名园（一）. 园林，1985（5）.30～31

［17］宗九奇，蔡理辉. 南昌青云圃. 中国园林史的研究成果论文集（第一集）. 295～301

［18］曾宪均. 武汉园林史的初步研究. 中国园林史的研究成果论文集（第一集）. 72～93

［19］刘管平. 岭南古典园林. 华南工学院建筑系，1986

［20］夏昌世，莫伯治. 漫谈岭南庭园. 建筑学报，1963（3）11～14

［21］刘苹苹. 广东顺德清晖园. 中国园林史的研究成果论文集（第一集）. 116～120

［22］陆元鼎，魏彦钧. 粤中四庭园. 中国园林史的研究成果论文集（第一集）. 101～115

［23］张铁文编. 可园. 东莞市文化馆印. 广东近代四大名园之一可园

［24］夏昌世，莫伯治. 粤中庭园水石景及其构筑艺术. 园艺学报（第3卷）1964.171～180

［25］陆元鼎. 粤东庭园. 中国圆明园学会编. 圆明园（第三集），1984.173～186

［26］马福祺，沈玖. 雁山别墅园林及其造园艺术. 风景师编委会. 风景师（试刊），1984.79～96

［27］四川省园林调查组（执笔王绍曾）. 四川古典园林风格初探. 四川园林（15），1986.1～66

［28］李芦. 宜宾流杯池散记. 四川园林编委会. 四川园林，1980（3）.31～32

［29］（日）冈大路著，常瀛生译. 中国宫苑史考. 170

［30］（日）冈大路著，常瀛生译. 中国宫宛史考. 202

［31］朱观海. 兰州园林史料初编. 中国园林史的研究成果论文集. 94～100

［32］韩志强. 试论银川古典园林的特色. 中国园林，1988（3）. 16～17

［33］周维权. 西藏的林卡. 中国园林，1985（4）11～15

［34］唐峻峰. "宝石园林"——罗布林卡. 园林，1988（2）. 33

［35］蔡美权. 新疆的古典园林——读书札记. 乌鲁木齐园林（3），1981

［36］陈从周. 明代上海的三个叠山家和他们的作品. 文物参考资料，1961（7）.56～58

［37］曹汛. 张南垣生卒年考. 清华大学工程系. 建筑史论文集（第2辑），1979.143～148

［38］曹汛. 造园大师张南垣（一）——纪念张南垣诞生四百周年. 中国园林，1988（1）21～26

［39］曹汛. 造园大师张南垣（二）——纪念张南垣诞生四百周年. 中国园林，1988（3）.2～7

［40］曹汛. 清代造园叠山艺术家张然和北京的"山子张". 建筑历史与理论（第二辑）. 江苏人民出版社，1982

［41］陈植. 明末文震亨氏的造园学说. 南京林产工业学院林学系印，1979

［42］王永厚. 文震亨及其长物志评价. 中国园林，1992（1）47～49

［43］顾茂昌. 李渔与芥子园. 中国园林，1988（3）.8～11

［44］李牟年. 李渔和他的造园艺术. 园林与名胜，1985（6）

［45］李鸿斌. 李渔与北京园林. 中国园林，1992（4）. 37～39

［46］陈从周. 叠山家戈裕良的生卒. 园林与名胜，1987（6）.21

第十二章 试论中国山水园和园林艺术传统

本书的这一章"试论中国山水园和园林艺术传统",在现阶段,还只能从前人著作中有关古代园林的叙述和对现存一些古代名园的分析和研究来评述中国山水园的特色和园林艺术传统,在这里有必要再着重说一下,在社会主义条件下发展祖国的园林艺术,并不是机械地再现过去园林创作的思想、内容和形式,而是要在新的条件下即社会主义条件下,吸收和运用祖国遗产,不仅要继承而且要发展,这种发展必须是根据我们时代所赋予的新的内容和新的任务而创造性地发展。

第一节 中国山水园的历史发展

中国是一个地大物博、文化历史悠久、多民族的国家,创造了光辉灿烂的古代文化,有着极为丰富的文化艺术遗产和优秀传统,并产生了许多伟大的艺术匠师。中国园林的发展,从有直接史料(文字记载的)的殷周的囿算起,已有三千多年的历史,在世界园林史上,不仅是起源古老、自成系统,而且是惟一能从古至今绵延不断地发展、演变,形成具有中华民族所特有的、独创的园林形式,著称为"中国山水园"。

西周素朴的囿

中国人民爱好以自然、山水的形式作为游息生活境域的历史,是十分悠久的,可以追溯到西周的灵囿和灵台、灵沼。灵囿是就一定的地域加以范围,让天然的草木和鸟兽滋生繁育其中,供帝王贵族射猎和游乐的林园。所以,《诗经·灵台篇》说,文王在灵囿看到皮毛光亮的雌鹿和洁白肥泽的白鸟那种活生生的情态而得到美的享受。台是筑土坚高能自胜持的构筑物。登台可以观天文、察四时,又可眺望四野而赏心悦目。营台要用土而掘土,台成沼亦成,所以刘向

《新序》上说："周文王作灵台，及于池沼"。灵沼渔养有鱼类，所以文王在灵沼，看到了池鱼跃出水面的情景。总起来说，灵囿不仅就一定的地域加以范围，保护其中自然景物、草木鸟兽，以资观赏和囿游，而且有人工营建的台和沼。台可以说是掇山的先驱，秦汉才开始在苑中筑山，也是夯土坚高而成，与台之不同在具有山的形象。灵囿和灵台、灵沼虽然十分原始，却是一个以素朴的自然、山水作为游息生活境域的最初形式。

中国人民对自然、山水的热爱是十分深厚的，先秦时就开始用比、兴的方式来表现、传达人们对自然美的情感和观念。所谓"比者，以彼物比此物也"（《诗经集传》）。管仲开始以水比德，孔子曰："智者乐水，仁者乐山"，也以山水比德。所谓"兴者，先言他物以引起所咏之辞也"。例《诗经·小雅》采薇篇中："昔我往矣，杨柳依依，今我来思，雨雪霏霏"，就是先言植物形象和气候景象来表达其情思。

春秋战国时代，囿仍然是帝王贵族进行射猎和游乐以快心神的场所，在内容上没有什么发展。但另一方面诸侯们都致力于"高台榭，美宫室"，成为他们一种享受生活需要和兴趣所在而盛极一时。

秦汉建筑宫苑和"一池三山"

嬴政（秦始皇）统一六国之前就大营宫室，"每破诸侯，写放其宫室（照样画下），作之咸阳北阪上（照式建在咸阳北坡上）"。"二十六年（公元前221年）……作信宫渭南……自极庙（信宫更名）道通骊山，作甘泉前殿，筑甬道，自咸阳属之"（《史记·秦始皇本纪》）。《三辅黄图》载："始皇穷极奢侈筑咸阳宫（即信宫）……咸阳北至九嵕、甘泉（山名），南至鄠杜［地名鄠县（今户县）和杜原］，东至河，西至汧渭（水名）之交，东西八百里，南北四百里，离宫别馆，相望联属，……穷年忘归，犹不能遍"。规模之宏大得未曾有。接着"乃营作朝宫渭南上林苑中，先作前殿阿房……周驰为阁道，自殿下直抵南山。表南山之颠以为阙，为复道自阿房渡渭，属之咸阳……"其规模

之宏伟壮丽，更是空前。但对于囿苑，则任其自然，未曾像宫室那样刻意经营。

嬴政曾有山池之筑，《史记·秦始皇本纪》有："三十一年（公元前216年）十二月……夜出逢盗兰池"，后人疏注，兰池在咸阳县界。《秦记》载："始皇……引渭水为池，筑为蓬、瀛，刻石为鲸，长二百丈，逢盗之处也"；《三秦记》载："始皇引渭水为长池，东西二百里，南北三十里"。这些记载表明当时引渭水作兰池或长池，水域宏大，虽作神山，仅及蓬、瀛，刻石为鲸，象池为海。早在战国时代，沿海的燕、齐、吴、楚等国就已形成"海中三神山，诸仙人及不死之药在焉"的传说，但是，由此而有神山池海之筑，自秦、汉始。刘彻（汉武帝）也迷信神仙不死之药，憧憬海中仙境，求而不得，于是在建章宫北，"治大池，渐台高二十余丈，名曰太液池，中有蓬莱、瀛洲、方丈，壶梁象海中神山、龟鱼之属"（《史记·孝武本纪》）。值得注意的是筑山已具形象，根据传说中山梁如壶来筑山。《西京杂记》描述了太液池畔生长的多种水湿植物，飞禽委积成群，一派幽美的自然景象。可以想像当雾起水上，三神山在虚无飘渺中，仿佛仙境一般。帝王大都妄想长生不老，憧憬仙境，从而这种"一池三山"就成为后世宫苑中山池之筑的一个范例，当然其式样是有很多变化的。

建章宫是外有宫垣，周围二十余里，除居住殿室在中轴线上，其他殿屋依势随形而筑，有错落变化，其北又有内苑的宫苑，又是隶属于上林苑的一个宫城。汉上林苑是刘彻就秦旧苑加以扩建而成，地跨长安、长宁、盩厔（今周至）、鄠县（今户县）、蓝田五县县境，"广长三百里，苑中养百兽，天子春秋射猎苑中，取兽无数。其中离宫七十所，容千乘万骑"（《汉书·旧议》）。由此可见"古谓之囿，汉家谓之苑"的史实，然而苑的内容不仅是囿游，而是向着多种多样享乐活动发展。《关中记》载："上林苑门十二，中有苑三十六，宫十二，观三十五"。苑中之苑、宫、观各有其功能用途，如宜春苑为游息，御宿苑为

游观止宿其中，思贤苑为太子立以招宾客；建章宫已如前述，宣曲宫是为度曲演唱的，有为种植破南越所得奇果异木珍花的扶荔宫，有为竞走赏玩的犬台宫、走狗观，有为饲养珍禽异兽奇鱼以资玩赏的观象观、白鹿观、鱼鸟观，有为角抵大作乐表演的平乐观等等。

上林苑中还穿凿有许多池沼，最著称的是昆明池。《史记·平准书》："越欲与汉用船战，遂乃大修昆明池，列观环之。治楼船高十余丈，旗帜加其上，甚壮。"《三辅故事》载："昆明池三百二十五顷，池中有豫章台及石鲸。刻石为鲸鱼，长三丈，每至雷雨，常鸣吼，鬐尾皆动。立石牵牛织女于池之东西，以象天汉"。又载："有龙首船，常令宫女泛舟池中，张凤盖，建华旗，作棹歌，杂以鼓吹。帝御豫章观临观焉。"上林苑中除原有植被外，单是朝臣所上草木名就有二千多种(包括品种)，《西京杂记》的作者就记忆所及而录出的就有近百种。

总的说来，上林苑是在一个广大地域内包罗着多种多样生活内容，宫室建筑为主体的园林总体，苑中有苑、有宫、有观、有池。既继承了囿的传统，同时又向前推进了一大步，丰富了游息生活内容。由于离宫别馆相望，周阁复道相属，神丽光明的阙庭宫室建筑群成为苑的主体，我们特称之为秦汉建筑宫苑。至于通常的宫苑，大抵居住部分在前，内苑部分在后，如建章宫，内苑部分继承了古代的自然、山水的形式。

西汉山水建筑园

"一池三山"是模拟仙境的山池形式，比建章宫更早的梁孝王刘武(汉景帝刘启之弟)所建兔园是模仿自然、山水形式的园。据《西京杂记》载："园中有百灵山，山有肤寸石、落猿岩、栖龙岫，又有雁池，池间有鹤洲凫渚"。这就是说，园中不仅筑土山，而且点有独立石块，或叠石仿岩、岫；又筑池，池间仿江中洲渚。这样的山池之筑是接近于自然的模写，与一池三山之境迥异。又载："其诸宫观相连，延亘数

十里，奇果异树，瑰禽怪兽毕备。王日与宫人宾客弋钓其中"。可见兔园的主体仍是宫室，至于树、果、禽、兽，只求奇异瑰怪，以资夸耀和玩赏。又载："茂陵富人袁广汉……于北邙山下筑园，东西四里，南北五里，激流水注其内，构石为山，高十余丈，连延数里"。这里明确指出，西汉时已能构石为山，才能高十余丈而胜持，筑山不是单独的山而是仿山脉之状，所以说连延数里。接着载："……奇兽怪禽，委积其间。积沙为洲屿，激水为波潮，其中致江鸥海鹤……延漫林池。奇树异草，靡不具植"。但园中主体仍是建筑组群，所谓"屋皆徘徊连属，重阁修廊，行之移晷，不能遍也"。这两园都是以自然、山水形式，建筑宫室在其中，我们特称之为"西汉山水建筑园"。

东汉末年，帝皇仍好营苑囿，如顺帝刘保起西苑；桓帝刘志造显阳苑，灵帝刘宏作罼圭灵昆苑。桓帝时大将军梁冀大起第舍，"又广开园囿，采土筑山，十里九阪，以象二崤。深林绝涧，有若自然，奇禽驯兽，飞走其间……又多拓林苑，禁同王家"。曹丕做了皇帝，迁都洛阳，营芳林园，起景阳山，树松竹草木，捕禽兽以充其中，使景物自然。魏明帝曹睿"于芳林园中起陂池，楫櫂越歌"(《魏略》)。这时的苑囿仍不脱西汉的窠臼。

南北朝自然(主义)山水园

魏晋南北朝是我国历史上一个长期大混乱时代。280年司马炎出兵灭吴，统一了全国，不过短暂二、三十年时间稍为安定。接着八王之乱，使晋王朝很快瓦解。入居中原和内地的西北少数兄弟民族乘机展开争夺，形成十六国瓜分的局面，逼得晋王室东迁，在建康(今南京)建立东晋王朝。魏晋十六国统治者更好营宫室，雕饰楼阁。曹操在邺城建铜雀台、金凤台、冰井台，数百间屋周围弥复，三台崇举，其高若山，与诸殿皆阁道相通。后赵石虎在襄国(今河北邢台)"起太武殿，基高二丈八尺，……漆瓦金铛，银楹玉壁，穷极伎巧"(《晋书·石虎纪》)。总之力求豪华奢

侈，尤其重视细节手法，装饰图案，还吸取了一些外来因素。

十六国时期，石虎曾在邺城发动近郡男女十六万，车十万乘，运土筑华林苑(347年)，夯筑长墙和山，工程浩大。后燕慕容熙在平城筑龙腾苑(407年)，"广袤十余里，役徒二万人，起景云山于苑内，基广五百步，峰高十七丈。又起逍遥宫、甘露殿，连房数百，观阁相交。凿天河渠，引水入宫，又为其昭仪符氏凿曲光海、清凉池"(《晋书·慕容熙载记》)。这时的筑山以仿真山为主。所以，山必求其宏大，峰必求其高峻，其基必广。

魏晋南北朝也是思想、文化、艺术上有重大变化，科学技术上有重要成就的时代。思想领域里影响最大的是玄学。晋时，还出现了山水诗，从玄言诗演变而来，不同的只是题材上变化。山水诗虽然直接描述山水，但把山水形象作为表达玄理的媒介，从山水中领略玄趣，追求与道冥合的精神境界。例谢灵运的山水诗，尽管为世人所称颂，对于自然景物刻画细腻，但只能是一种概念性的描述。由于山水，对于门阀贵族来说，只是外在游玩的对象，追求玄远的手段，并不与他们的生活、心境、意绪发生密切的关系，并不能使自然景物活起来(参见李泽厚《美的历程》)。

反映在南北朝时期的园林创作上，也是以再现自然、山水为主题，用写实手法，对山水的营造，刻画细腻，有若自然，甚至极林泉之致，但只为寻求真趣，并不能达到表现自然美的某种境界或意境的阶段。我们把这一时期的山水园称作"自然(主义)山水园"或"写实山水园"。

北朝北魏张伦于华林苑中"造景阳山有若自然，其中重岩复岭，嵚崟相属；深蹊洞壑，逦迤连接；高树巨林，足使日月蔽亏；悬葛垂萝，能令风烟出入；崎岖石路，似壅而通；峥嵘涧道，盘纡复直。是以山情野兴之士，游以忘归"。这些描述表明，当时的掇山不是寻常一山，而是要再现出重岩复岭、深溪洞

壑、崎岖石路、洞道盘行的像真山真水那样逼真的一个山水境域，才能使人游以忘归。也表明当时叠石掇山、察源理水的技巧已有很大成就，特别是形成高树巨林像山林一般，可能已具备了大树移植的工程技术。又一例如茹皓营园，"为山于天渊池西，采掘北邙及南山佳石；徙竹汝颖，罗莳其间；经构楼观，列于上下；树草栽木，颇有佳致"。这段描述表明，为山必须有佳石，才能点置峰石层崖，是土山戴石，才能莳竹其间，树草栽木。值得注意的是经构楼观，不再是楼观相延数里、十余里以建筑组群见胜，而是列于上下，使园林建筑也成为园景的组成部分。由此二例，可见这时的筑园已具备了地貌创作上有山有水，树草栽木要像自然植被一般，园林建筑要列于上下，点缀成景，即地貌、植物、园林建筑的题材相互结合起来组成自然(主义)山水园。

南朝，由于江南风景优美和文化上特色，山水园又有所进展。南齐文惠太子(萧长懋)开拓元圃园，"其中起土山、池阁、楼观、塔宇，穷奇极丽，费以千万，多聚异石，妙极山水"(《南齐书》)。值得注意的是，不仅起土山，聚异石，妙极山水，而且塔、宇也成为园中造景的建筑。湘东王(梁元帝萧绎未称帝前封爵)，"于子城中造湘东苑。穿池构山，长数百丈，植莲蒲缘岸，杂以奇木。其上有通波阁，跨水为之；南有芙蓉堂，东有禊饮堂，堂后有隐士亭；亭北有正武堂，堂前有射棚马埒。……东南有连理堂……北有映月亭、修竹堂、临水斋。斋前有高山，山有石洞，潜行宛委二百余步。山上有阳云楼，楼极高峻，远近皆见。北有临风亭、明月楼"(《渚宫故事》)。从这段描述可以了解到湘东苑以穿池构山即山水为主题，池植莲蒲，水景天成，缘岸奇木，景色增深，至于可潜行二百余步的石洞，想见当时构筑石洞的技术已有很大成就。另一方面，园林中建筑虽然较多，但各有其功能用途，而且成为园中之景。如跨水的通波阁和临水斋都是借水景而设的建筑。山上既有亭可息，又有楼可登以眺望园内之景，又可借景于园外。

至于射棚马埒以供射箭骑马活动，是当时游乐和健体生活所需要。概括起来，穿池构山而有山水泉石，结合地宜进行植物造景，借景或活动需要而设园林建筑，这样综合组成的园林，成为今后一个时期内自然山水园的蓝本。

东晋时对后世山水园的发展有巨大影响的，就是被称为田园诗人的陶潜。陶渊明的超脱，实则是回避政治斗争。他蔑视功名利禄，不为五斗米折腰，宁肯回到田园去，是为了把精神安慰寄托在农村生活的饮酒、读书、作诗上，在田园劳动中找到归宿和寄托。正因为这样，在他的笔下，自然景色不再作为哲学思辨或徒供观赏的外化或表现，它们成为诗人生活、兴趣的一部分。例："暧暧远人村，依依墟里烟"；"采菊东篱下，悠然见南山"；"种豆南山下，草盛豆苗稀。晨兴理荒秽，带月荷锄归"等陶诗中，即使是寻常景色，都充满了生命和情意，即使一般草木，也是情深意真的，既平淡无华，又盎然生意（参见李泽厚《美的历程》）。陶诗的这种艺术境界虽然没有直接影响当时的园林创作，但却成为后来的唐宋写意山水园的灵魂。又如陶潜《桃花源记》，其思想主题是描绘理想中农业社会的，但在章法上却提供了一种引人入胜的手法。如"缘溪行，忘路之远近。忽逢桃花林……欲穷其林。林尽水源，便得一山。山有小口，仿佛若有光。初极狭……豁然开朗"成为后人园林布局上一种手法，归纳为"山重水复疑无路，柳暗花明又一村"。

佛寺丛林和游览胜地

南北朝时期，随着佛教勃兴，佛寺建筑大为开展。塔是南北朝时期的新创作，根据浮图的概念，用我国固有楼阁建筑的方式来创建的，早期大部为木结构，逐渐砖石代替了木材。因为宗教宣传和信仰的关系，佛寺建筑可用宫殿形式，装饰华丽，金碧辉煌，并附有庭园，有其独特的种植。仅举北魏胡太后所建永宁寺为例，《洛阳伽蓝记》载："中有九层浮图一所，架木为之，举高九十丈，有刹复高十丈，……刹

上有金宝瓶，容二十五石，下有承露金盘三十重，周匝皆垂金铎……浮图北有佛殿一所，形太极殿，中有丈八金像一躯、中长金像十躯、绣珠像三躯，金织成像五躯……僧房楼观一千余间……栝柏松椿，扶疏拂檐，蘡竹香草，布护阶墀……四面各开一门……四门外树以青槐，亘以绿水，京邑行人多庇其下。"有关寺庙绿化的文字虽不多，但可看出在殿堂之庭，以松柏竹等常青为主，尤其是外围绿化，树以青槐，亘以绿水，使寺庙隐映在丛林绿水之中。寺观之筑不限于城内郊野，宏伟的有重大宗教影响的寺观往往选山水胜处营建。这样一来，寺观丛林不仅是信徒们朝佛进香的圣地，而且逐步成为一般平民借以游览山水和玩乐的胜地。

由于魏晋以来崇尚自然的思想和南朝文化上特色引起的美术上变化，尤其是山水画的发展，出现了探幽选胜、游历山水的风尚。如宗炳好游山水，游辄忘归，"凡所游历，皆图于壁"，可见他是从真山真水出发来作山水画的。《晋书》载王羲之："既去官，与东土士人尽山水之游，弋钓为娱"。《宋书》记述孔淳之"性好山水，每有所游，必穷其幽峻，或旬日忘归"。也有为了经营庄园而纵情山水。如谢灵运，家在始宁（今浙江上虞县南），有"故宅及墅"，经过修营，"傍山带江，尽幽居之美"。还曾请求政府拨予两个湖，企图辟为湖田。他在会稽，"经常凿水浚湖，功役无已"（《宋书·谢灵运传》）。

南朝时，一些风景优美的胜区，逐渐地不仅有寺观，还有聚徒讲学而设的书院、学馆、精舍，以及山居、别业或陵墓。这样，胜地的自然风光中渗入了人文景观，益以历史文物、神话传说、风土民情等融合，经过长期发展，成为今天我们称之为具有中国特色的风景名胜区。南朝正是具有自然、人文、社会景观为内容和特质的风景名胜区的奠基时代。

隋山水建筑宫苑

杨广（即隋炀帝）登位后每月役丁200万营造东京洛阳，"又于皐涧营显仁宫，苑囿相接，北至新安，

南及飞山，西至渑池，周围数百里"（《隋书·食货志》）。在众多宫苑中，要以西苑为最宏伟，并具新的特色而著称于园林史上。

《大业杂记》载："大业元年（605年）夏五月筑西苑，周二百里……苑内造山为海，周十余里，水深数丈，其中有方丈、蓬莱、瀛洲诸山，相去各三百步。山高出水百余尺，上有通真观、习灵台、总仙宫，分在诸山。"西苑的造山为海，跟汉建章宫的"一池三山"虽属一脉相传，但有不同。建章宫的三神山，仅言其形如壶，未言有何建筑，而隋西苑神山上，有台观宫阁，而且"风亭月观，皆以机成，或起或灭，若有神变"。

西苑的特色在"海北有龙鳞渠，屈曲周绕十六院入海。"江南水乡往往开渠泄水而出圩洲，如果看一下吴江同里镇平面图，一块块水渠围绕的圩洲就好像龙鳞一般。西苑的情况正相反，是凿地开渠引水以构成16个圩洲，即16院基址。《大业杂记》还记载了16院的院名及布置情况。"每院开西、东、南三门，门并临龙鳞渠。渠面宽二十步，上跨飞桥。过桥百步即杨柳修竹，四面郁茂，名花异草，隐映轩陛。中有逍遥亭，四面合成，结构之丽，冠绝今古。""其外游观之处复有数十。或泛轻舟画舸，习采菱之歌，或升飞桥阁道，奏游春之曲"。

《隋炀帝海山记》（佚名）对西苑布局的说法不同。"苑内为十六院（同），聚巧石为山（不同），凿地为五湖四海（《大业杂记》、《隋书》所无）。""又凿北海，周环四十里（《大业杂记》为十余里），中有三山……水深数丈，开沟通五湖四海。"这段描述令人想起北齐高纬的仙都苑。苑周数十里，中心为引漳水入园汇成的长池。池内岛屿五，象征"五岳"；池分水域四，象征"四海"；有水道四，象征"四渎"。环池沿岸有观堂殿楼建筑。

西苑布局的特点是造山为海，海北开渠筑圩十六，或五湖四海中圩洲十六。这样宏伟的湖山水系的修建，与隋炀帝发展漕运、游江都而开掘运河的巨大

水利工程而达到很高技术水平，是分不开的。海中三神山虽属旧套，但亭观可起灭若神变，足见当时制作技巧之精。具新意的是海北开龙鳞渠或五湖四海中十六院，苑中宫室建筑不再蹈袭秦汉那种周阁复道相属的建筑群形式，而是因渠分成16组庭院，每院有一组建筑和庭园，好比是苑中之园，通过水渠导引而又联成一体，西苑的布局可以明显地看出，受南北朝自然（主义）山水园的影响而转变到以湖山水系和洲圩为境域，宫室建筑在其中的新形式，是我国宫苑演变到纯以山水为主题的北宋山水宫苑的一个转折点，我们特称之为隋山水建筑宫苑。

唐长安城宫苑和游乐地

唐朝是继汉以后一个伟大朝代，300年中工商业一直向上发展，因为疆域的扩大，对外贸易也很发达。唐朝文化，继承南北朝发展水平的基础上，又吸收了外来文化因素的营养，是中国封建社会中光辉灿烂的时期。经济繁荣昌盛和长期安定局面是产生唐朝伟大文化的基础。

唐长安城的宫苑，自李世民（唐太宗）以来，兴建日盛，其壮丽不让汉朝专美于前。主要宫苑有西内太极宫，东内大明宫，南内兴庆宫和大内三苑，即西内苑、东南苑和禁苑。太极宫规模最宏伟庞大，占地3.4平方公里。大明宫不仅有崇台上雄伟的含元殿，还有居宫北的太液池（又名蓬莱池），池中有蓬莱山（岛）独踞，池周建回廊四百多间，别有一番景色。兴庆宫以椭圆形，洋洋乎的龙池为中心，围有多组建筑。池前有龙堂，建台上；池东一组建筑，中心为沉香亭；西有勤政务本楼，又有花萼相辉楼联成一体；还有其他楼阁多组，相互辉映，绮丽豪华。大内三苑中，以西内苑为最优美，苑中有假山，有海池四，渠流连环，更有亭台楼阁与海池花木结合之胜。

长安城东南隅，秦汉称宜春、乐游苑，隋时有池名芙蓉池、苑名芙蓉园，唐时大行疏凿，辟为曲江池，占地二坊。这里青林重叠，池水澄清，两岸宫殿延绵、楼阁起伏，芙蓉（即荷花）盛开时为都中第一胜

景。其内苑部分为皇帝专用小苑，外苑部分是皇帝赐宴大臣与及第进士曲江宴之处，也是文人学士流觞作乐宴集之处。每当中和(二月初一)、上已(三月三日)等节日，平民也可前去游乐，曲江池逐渐成为公共行乐的胜地。

唐朝的离宫别苑，著称的有在麟游县天台山的九成宫(隋称仁寿宫)，李世民和李治(唐高宗)常春去冬还，是避暑的夏宫；有在临潼县骊山之麓的温泉宫，后改称华清宫，李隆基(唐玄宗)自十月往，岁尽乃返，是避寒的冬宫；它们都是据天然胜地，随形因势以筑的别苑。唐朝在宫室建筑上有所发展，但在宫苑内容上没有多大变化。而山居、园池方面，受当时文化艺术思想、社会风尚和山水画的影响，都有了重大变化。

唐自然园林式别业山居

盛唐时期，山水画作为独立画科已有很大进展，格法完成，名家辈出。"山水之变始于吴(道子)成于二李(思训、昭道)"(张彦远《历代名画记》)。李氏父子以金碧青碧着色山水，成一家法。同时还有王维、张璪、郑虔、王宰等都是创造性的山水画家，以写实手法，传神力量，体现自然山水之美，形式上除青绿外，有破墨(王维)、泼墨(王洽)等。特别是王维，以水墨皴染法作破墨山水，对后世山水画技法的发展影响深远。据说，他的画清雅闲逸，带有柔情的恬淡的诗意。苏轼称他的诗是诗中有画，称他的画是画中有诗，把文学和艺术结合起来。正如山水画开始了寄兴写情的画风，园林上也开始了体现山水之情的风格。

就是这位王维，在蓝田县天然胜区，以自然景色为主题，略加建筑点缀，经营辋川别业。据《辋川集》，王维同裴迪所赋绝句，参照后人的辋川图，可以了解到辋川别业位在一个岗岭起伏，纵谷交错，有泉有瀑，有溪有湖，自然植被丰富的山谷地区。王维的别业之营，因自然植被和山川泉石建筑所形成的景以题名，而有孟城坳、华子岗、文杏馆、斤竹岭、鹿

柴、木兰花(柴)、茱萸泮、宫槐陌、临湖亭、南垞、欹湖、柳浪、栾家濑、金屑泉、白石滩、北垞、竹里馆、辛夷坞、漆园、椒园等景区。仅在可歇处、可观处、可借景处，相地而筑宇屋亭馆，从而形成既富自然之趣，又有诗情画意的自然园林。

在唐朝，具这样一种意趣的山居别业，成为一时风尚。白居易，"始游庐山，东西二林间香炉峰下，见云山泉石，胜绝第一，爱不能舍，因置草堂"(《与微之书》)。《庐山草堂记》写道："是居也，前有平地……中有平台……台南有方池……环池多山竹野卉，池中生白莲、白鱼……堂北五步据层崖积石，嵌空垤圾，杂木异草，盖覆其上……堂东有瀑布，水悬三尺，泻阶隅，落石渠，昏晓如练色。"又描写了"其四旁耳目杖履所及"的景色，"春有锦绣谷花(花为映山红)，夏有石门洞云，秋有虎溪月，冬有炉峰雪"。又说，至于阴晴、显晦、晨昏的千变万状的景色，就不是笔墨所能尽记的了。柳宗元的散文作品中，常涉及营园的技法，有独到之处。仅举《柳州东亭记》为例。他说："出州南谯门，左行二十五步，有弃地在道南。南值江，西际垂杨，传置东曰东馆"。他认为这块弃地，虽然目前看来，草木混杂且深，蛇得以为薮，人莫能居，但实是一块未雕的璞玉。于是就斩除荆丛，去杂疏密，种植竹、松、柽、桂、柏、杉等，配置堂、亭。东亭前出二翼，凭空拒江，江化为湖，这是何等巧妙的手法！这段记文给我们很大启发，只要能认识自然朴素的美，充分利用原有的条件，去杂疏密，种植需要的园景树，加以润饰，点缀亭馆建筑，运用艺术技巧来造景、借景，就能构成优美的园林。

唐宋写意山水园

从中、晚唐到宋朝，世俗地主取代了门阀地主，社会上层风尚，日趋奢华、安闲和享乐。整个地主、士大夫的地位优越，他们一方面仍沉溺于繁华都市的声色中，同时又日益陶醉于自然、田园之美的景色中。正如郭熙、郭思《林泉高致》中所说："……然

则林泉之志，烟霞之侣，梦寐在焉。……不下堂筵，坐穷泉壑……山光水色，滉漾夺目，此岂不快人意实获我心哉，此世之所以贵夫画山水之本意也"。由于地主、士大夫的心理和审美趣味有了变化，要求生活和自然在心境上合为一体，即使身居市井，也能闹处寻幽，于是宅旁茸园池，近郊置别业。唐长安城，不仅坊里第宅园池寺观林立，而且南郊以至樊杜数十里间，公卿园池，布满川陆。

唐以洛阳为东都，"方唐贞观开元之间，公卿贵戚开馆列第于东都者，号千有余邸。及其乱离，继以五季之酷，其池塘竹树……废而为丘墟。高亭大榭，烟火焚燎，化而为灰烬"（李荐《题洛阳名园记后》）。宋朝建都汴州称东京，建有大量第宅园池，以洛阳为西京，其第宅园池多半就隋唐之归。唐宋洛阳名园早成废墟掩没，幸有李荐《洛阳名园记》传世，评述名园十有九处，可借以了解已成历史陈迹的唐宋宅园面貌。仅举数例以窥一斑。

洛阳诸园中有以古松巨竹，景物苍老见胜的例如"松岛"，园多数百年古松，又茸亭榭池沼，植竹木其旁。南筑台，北构堂。又东有池，池前后为亭临之。自东大渠引水注园，清泉细流，涓涓无不通处。又如"苗帅园"，入门七叶树二，"对峙高百尺，春夏望之如山然"，就其北建一堂。园中竹百余竿，皆大满二三围，就其南建一亭。园之东有水自伊水来，可泛大船，就水旁建亭。有大松七株，引水绕之。有水池植莲荷，构轩跨水上。

有以溪湖水景取胜的，如"环溪"，王开府宅园。"洁华亭者南临池，池左右翼而北，过凉榭，复汇为大池，周回如环"。几句话就把全园轮廓勾勒出来。园的特色就在以溪接池如环的水域中布置亭榭楼台。"有多景楼，以南望则嵩高少室，龙门大谷，层峰翠巘，毕效奇于前。榭北有风月台，以北望则隋唐宫阙楼殿，千门万户，岧峣璀璨，延亘十余里……可瞥目而尽也。""凉榭，锦厅，其下可坐数百人，宏大壮丽，洛中无逾者。""园中树松桧花木千株，皆品别

种列，除其中为岛坞，使可张幄次，各待其盛而赏之"。环溪的布局和手法，多巧妙之处，值得学习。理水上，收而为溪，放而为池，使多样水景得以展开，树海中除岛坞，搭帐幕以赏盛花，尤见匠心。一台一楼，使层峰翠巘的风光美景，宫阙楼殿的建筑远景，全收园中，确能巧于因借，至于凉榭锦厅之宏大壮丽，尤其韵事。又如"湖园"，"在唐为裴晋公（裴度）宅园"。宋时概况："园中有湖，湖中有堂，曰百花洲，名盖旧，堂盖新也。"布局上，全园以湖为中心，湖中有洲，湖外建二堂一亭。"湖北之大堂曰四并堂。其四达而当东西之蹊者，桂堂也。截然出于湖之右者，迎晖亭也。"身临园中望湖，一片开朗平远水景，湖中眺四岸，或堂或亭，各为一景。《洛阳名园记》接着写道："过横池（是大湖余势），披林莽，循曲径而后得者，梅台知止庵也"。从明朗的湖区，经丛林中曲径而到闭合幽曲景区，形成明显对比。"自竹径望之超然，登之脩然者，环翠亭也"。这里花卉鲜艳，轩亭临池，光亮心悦。《洛阳名园记》作者借口"洛人云：园圃之胜不能相兼者六，务宏大者少幽邃，人力胜者少苍古，多水泉者艰眺望，兼此六者，惟湖园而已，予尝游之，信然"。真是推崇备至。

有以展开多样景区见胜的，如"董氏西园"。"自南门入，有堂相望者三，稍西一堂，在大池间（成一小区）。逾小桥（小桥流水本身即一景），有高台一（登台而眺，全园在望中，是一起或称一开，是引人入胜手法）。又西一堂，竹环之，中有石芙蓉（石雕荷花），水自其花间涌出（为人工涌泉）。开轩窗，四面甚敞，盛夏燠暑，不见畏日，清风忽来，留而不去（此处避暑纳凉最相宜），幽禽静鸣，各夸得意。此山林之景，而洛阳城中遂得之于此（不愧城市山林之称）。"然后"小路抵池，池南有堂，面高亭。堂虽不宏大，而屈曲甚邃，游客至此，往往相失，岂前世所谓'迷楼'者类也。"西园特色是在起结开合中展开多样景区，或幽深，或畅朗，意趣各异。此外，"亭台花木，不为行列"，任其自然。又如"富郑公园"（富郑公是爵

位）。"洛阳园池，多因隋唐之旧，独富郑公园，最为近辟，而景物最胜"。"自其第东出探春亭（小引）登四景堂，则一园之景胜，可顾览而得（一起）。南渡通津桥，上方流亭，望紫筠堂而还（为一景区）。右旋花木中，有百余步，走荫樾亭、赏幽台，抵重波轩而止（水南景区）"。"直北……入大竹中。凡谓之洞者，皆斩竹丈许，引流穿之，而径其上（颇为别致）。横为洞一，曰土筠，纵为洞三，曰水筠、曰石筠、曰榭筠。历四洞之北，有亭五，错列竹中，曰丛玉、曰披风、曰漪岚、曰夹竹、曰兼山。稍南有梅台，又南有天光台，台出竹木之杪"（这是以竹取胜有洞有亭有台的景区）。"遵洞之南而东，还有卧云堂。堂与四景堂并南北，左右二山，背压通流，凡坐此，则一园之胜可拥而有也。"富郑公园与董氏西园，在展开多样景区上，有异曲同工之妙。

从上例可以看出，唐宋宅园都采取山水园形式。在一块面积不大的宅旁地里，就低开池浚壑，理水生情，因高接山多致，接以亭廊，表现山壑溪洞池沼之胜。探园起亭，览胜筑台，茂林蔽天，繁花覆地。小桥流水，曲径通幽。往往以人与自然处在亲切愉悦幽静的关系之中为意境。在这个山水为主题的生活境域中，以吟风弄月、饮酒赋诗、探梅煮雪、歌舞侍宴等风雅生活为内容。洛阳诸名园各有特色擅胜，是根据作者对山水艺术的认识和生活要求，因地制宜去体现山水之真情、诗情画意的境界，我们特称之为唐宋写意山水园。

北宋山水宫苑——艮岳

北宋建都汴州（今开封）称东京，曾多次诏试画工修建宫殿，大都先有构图，然后按图营造。这样，一方面促进了建筑技术的成熟和法式则例的规定，同时也发展了界画、台阁画。宋初，汴京有著名四园，即玉津园（后周所开）、宜春苑、琼林苑（赵匡胤时经营）和金明池（教练水军和水上游戏用）。赵佶（宋徽宗）登位后，兴筑日盛，先后修建玉清和阳宫、延福宫、上清宝箓宫、宝真宫等，都是"绘栋雕梁，高楼

邃阁"，也都有苑囿部分。如延福宫中"楼阁相望。引金水天源河，筑土山其间，异花怪石，奇兽珍禽，充满其间"，"岩壑幽胜，宛若生成"。又如玉清和阳宫宝和殿前"种松、竹……后列太湖之石。引沧浪之水，陂池连绵，若起若伏，支流派别，萦行清泚，有瀛洲方壶长江远渚之兴……"

政和七年（1117 年）始筑万岁山，后更名艮岳，位在宫城东北隅，地势原本低洼，于是按图度地，垒土积石，增筑岗阜，山周十余里。赵佶《艮岳记》描述："冈连阜属，东西相望，前后相属，左山而右水，沿溪而傍陇，连绵而弥满，吞山怀谷"，是全景整体地表现自然山水的境域。具体的布局景色是："其东则高峰峙立（上有介亭等），其下则植梅以万数，绿萼承跗，芬芳馥郁（梅花取胜景区）。结构山根，号萼绿华堂。又旁有承岚，昆云之亭。有……书馆，又有八仙馆……又有紫石之岩，祈真之磴，揽秀之轩，龙吟之堂，清林修然（山东南麓又一景区）。其南则寿山嵯峨，两峰并峙，列嶂如屏。瀑布下入雁池，池水清泚涟漪。凫雁浮泳水面，栖息石间，不可胜计（是寿山雁池景区）。其上（艮岳南坡）亭曰噰噰。北直绛霄楼（依岩势而筑）……其西则参术杞菊，黄精苍葱，被山弥坞，中号药寮（与求长生修道有关而设）。又禾麻菽麦黍豆杭秫，筑室若农家，故名西庄（借以表示重农）。上有亭曰巢云，高出峰岫，下视群岭，若在掌上。自南徂北，行冈脊两石间，绵亘数里（为岩谷景区），与东山相望。水出石口，喷薄飞注如兽面，名之曰白龙渊，濯龙峡……罗汉岩（溪谷景区）。又西半山间，楼曰倚翠，青松蔽密，布于前后，号万松岭（岭平夷），上下设两关（以增险势），出关下平地，有大方沼。中有两洲，东为芦渚，亭曰浮阳，西为梅渚，亭曰云浪。沼水西流为凤池，东出为研池（即雁池，渚池相连成水系，为湖沼平原景区）。中分二馆，东曰流碧，西曰环山。馆有阁曰巢凤，堂曰三秀……东池后结栋山下，曰挥云厅。复由磴道盘纡萦曲，扪石而上，既而山绝路隔，继之以木栈。倚石排空，周

环曲折，有蜀道之难。跻攀至介亭，此最高于诸山。前列巨石凡三丈许，号排衙，巧怪峥嵘，藤萝蔓衍，若龙若凤，不可弹穷。麓云、半山（亭名）居右，极目、萧森居左……西行……为漱玉轩。又行石间为炼丹亭、凝真观、圌山亭。……北岸万竹苍翠蓊郁，仰不见明，有胜云庵、蹑云台、消闲馆、飞岑亭，无杂花异木，四面皆竹也（竹林幽胜区）。又支流为山庄为回溪（山野景区）。自山蹊石镡，搴条下平陆，中立而四顾，则岩峡洞穴，亭阁楼观，乔木茂草，或高或下，或远或近，……四向周匝徘徊而仰顾，若在重山大壑幽谷深岩之底，而不知京邑空旷坦荡而平夷也……此举其梗概焉。"艮岳之营，据赵佶自云，是为了"放怀适情，游心玩思"；如上所述，不愧为典型性山水的杰作。《艮岳记》也说："……而东南万里，天台雁荡凤凰芦阜之奇伟，二川三峡云梦之旷荡，四方之远且异，徒各擅其一美，未若此山并包罗列，又兼其绝胜，飒爽溟滓，参诸造化。"在这样一个兼胜的境域中，多方穿凿景物，树木花草以群植成景为特色，亭台楼阁，随势因宜，布列上下，好似天造地设，自然生成。"及夫时序之景物，朝昏之变态也……而所乐之趣无穷也"。"虽人为之山"，"若开辟之素有"，我们特称之为北宋山水宫苑。

艮岳的掇山，多叠石以增雄拔峻峭之势，又多独立特置怀奇特异之石。置石风气，南朝已开其端。《南史·列传第十五》"溉（姓到）第居近淮水，离前山池，有奇礓石，长丈六尺，帝（梁武帝）戏与赌之（对棋作赌物）……溉并输焉。"初唐阎立本绘《职贡图》，上有肩扛、手托作贡品的玲珑山石，也为园林中置石用明证。唐白乐天"罢杭州得天竺石一，苏州得太湖石五，置里第池上"（《旧唐书》）。宋时宫苑中置石更甚。僧祖秀《华阳宫（即艮岳）记》："于西入径，广于驰道，左右大石皆林立，仅百余株，以神运昭功敷文万寿峰而名之。独神运峰广百围高六仞，锡爵盘固侯，居道之中，束石为亭以庇之……其他轩榭庭径，各有巨石，棋列星布，并与赐名。"赵佶为了搜罗花木奇石，置

"花石纲"，"调民搜岩剔薮……断山辇石，虽江湖不测之渊，力不可致者，百计以出之……舟楫相继，日夜不绝……大率灵璧、太湖诸石，二浙奇竹异花，登莱文石，湖湘文竹，四川佳果异木之属，皆越海渡江，凿城郭而至……竭府库之积聚"（张淏《艮岳记》）。赵佶就是这样劳民伤财，荒唐行事，给人民带来了极大灾难。

元明清宫苑

元明清三朝建都北京地区，大力营造宫室内苑，并在郊野建离宫别苑多处。其中有些可称园林杰作，是在北宋山水宫苑的传统基础上更进一步向前发展并有新意。

太液池琼华岛　今北京北海地区，辽时已是游览地，金时开挑海子称金海，垒土成山（即琼华岛），运来艮岳奇石堆叠，栽植花木，营构宫殿（山顶有广寒殿），作为游幸之所。元世祖忽必烈灭金营建大都时，以池、岛为皇城核心，池东为宫城，池西为兴圣宫和隆福宫。太液池中南面一小岛称瀛洲，上有仪天殿，在圆坻上（今称团城，按元时圆坻在水中）。北面一岛即琼华（因适在禁中，赐名万岁山），面积较大，"中统三年（1262 年）修缮之……其山皆叠玲珑石为之，峰峦隐映，松桧隆郁，秀若天成……山前有白玉石桥，长二百余尺（今积翠堆云桥），直仪天殿后。""圆坻东为木桥，通大内之夹垣。西为木吊桥……中阙之，立柱，架梁于二舟，以当其空。至车驾行幸上都……则移舟断桥，以禁往来""桥（指白玉石桥）之北有玲珑石拥木门五，门皆为石色。内有隙地，对立日月石，西有石棋枰……左右皆有登山之径，萦纡万石中，洞府出入，宛转相迷，至一殿一亭，各擅一景之妙。""又东为灵圃，奇兽珍禽在焉"。山上亭殿，主要有"广寒殿在山顶……仁智殿在山之半……金露亭在广寒殿东……玉虹亭在广寒殿西……方壶亭在荷叶殿后……重屋无梯，自金露亭前复道登焉……瀛洲亭在温石浴室后，制度同方壶……介福殿在仁智东差北……延和殿在仁智西北……"（《辍耕录》卷二十一

宫阙制度）。扼要说来，万岁山规制，仿神山仙台楼阁的传统，所以殿名广寒，亭名瀛洲、方壶、金露、玉虹等，无不与憧憬仙境相关。

明朝把宫苑扩至今中南海，总称西苑。琼华岛上亭殿，仍元之旧，无所更添。但循太液池东岸、北岸和西岸，增建景物。"下过东桥（今陟山桥前身），转峰而北，有殿临池曰凝和，二亭临水曰拥翠、飞香（大抵今船坞一带）。北至艮隅（东北角），见池之源（由什刹海引入进水闸处）……西至乾隅（西北角），有屋用草曰太素（大抵今阐福寺一带）。殿后草亭，画松竹梅于其上，曰岁寒。门左有轩临水曰远趣，轩前草亭曰会景。循池西岸南行，有屋数间，池水通焉，以育禽鸟。有亭临水曰澄波，东望山峰倒蘸于太液波光之中……又西南有小山子，远望郁然……"（李贤《赐游西苑记》）。李贤所述是明英宗年间北海情况，于池之东、北、西岸，因水面势而筑亭殿，布局疏落有致，亭殿用草，朴素淡雅，总的说来，给人以既富野趣而又澹然的美的感受。

明英宗后续有增修，如太素殿前建五亭（今五龙亭），西岸建清馥殿，无损淡雅。清朝时兴作日繁，尤其乾隆年间。广寒殿在明万历年间倒塌后未修复，清世祖福临于顺治八年（1651 年）就旧址改建喇嘛白塔，拆除山畔殿堂，另建永安寺普安殿。弘历（乾隆）更大事增筑亭台楼阁，就其手法上传统继承上说，有奇巧可取之处，但也有损于原来景物，如漪澜堂大回廊，把原来楼台差错的画面和倒影全给遮挡破坏。弘历又在丘阜连绵、山坞曲屿间，穿池叠石，建亭榭筑殿堂，构成濠濮间，春雨林塘殿、画舫斋等，自成格局的两个苑中之园。北岸修天王殿琉璃阁、阐福寺、静心斋、澄观堂；小西天万佛楼等梵宇斋堂林立，显得臃肿繁琐。至于静心斋这个园中之园，无论山池叠石和园林建筑组合上确有独到之处，别有一番深意，值得学习。

承德避暑山庄　玄烨（康熙）经常出巡口外，围猎习武，康熙十六年（1677 年）第一次出巡，宿喀喇和屯（今滦河镇），后来在此建行宫和园亭。康熙四十一年（1702 年）边围猎边勘新址。当他路过武烈河边的热河下营，深为那里山泉云壑的优美风景所感动，而且气候凉爽宜人，实是避暑休养胜地，决定在此建离宫别苑。

避暑山庄总面积约 560 公顷，周围筑有宫垣及雉堞，随山起伏、地形变化而筑，其西面和北面沿缭山脊而造，其东北隅一段，由山脊直下伸到开旷谷原，然后沿武烈河西岸平伸直达山庄东南角。山庄的地形复杂，山地占 2/3，大抵有自西北往东南走向的山岭四条，飞趋谷原。山地部分沟谷交错，岗峦迂回曲折，景随形转。谷内有涓涓细流水涧，主沟有水泉沟、西峪（榛子峪）、梨树峪和松云峡（又称旷观沟）。在谷原的东南隅有一泉，叫热河泉。由于这个泉水和山涧奔汇而来的和引自武烈河的水，构成低地湖洲区。湖洲区北是一望无垠的三角状谷原，有草地；有榆杨之属的树林。

玄烨对山庄的初期规划，其胜趣在水，着重湖洲区的风景开发，经疏浚理水和堤桥（水心榭）的筑造，形成多个形式不同意趣各异的水面，有长湖、西湖、半月湖（这三湖现已不存），有澄湖、如意湖、上湖、下湖和镜湖、银湖，或广而短，或狭而长，或开阔明朗，或曲折平静，围成若干洲岛，或形若芝英（"环碧"小洲）或若云朵（清舒山馆组和月色江声组所在之洲）或若如意（无暑清凉组所在之洲）。各洲岛或主为居住建筑，依轴线排列三重建筑，接以回廊，但也有因景而筑的构成部分，例如月色江声组第一进院落墙廊的西南角有冷香亭，因这一带芙蓉盛开时，清香袭人，第二进有峡琴轩，增加变化。月色江声组墙廊为外廊内墙，正因西面是湖水，在廊里可借湖光山色以增情趣。

山庄绝大多数建筑都是随形因景而构筑。先从湖洲区说，水心榭（跨水长桥分三段，南北建方形重檐亭，中段阔三间的榭）的筑造，既分隔水面并由于闸构成下湖和银湖的水面标高不同，闸下因落差而形成长宽的水幕，又可登亭榭凭栏眺望四面，皆成画景。如意洲形圆近方，东、西、北三面小岗环抱，独敞西面，正因景物在西而有临水建筑数组，如观莲所以赏荷。洲西北有云帆月舫，临水仿舟形作室，可登以眺叠翠远景，有西岭晨霞，为两层的阁式建筑。从阁后沿缘而下有园中园称沧浪屿，面积不满十亩，峭壁直下，有千仞之势，想见叠石之妙，中为小池，石发冒池，如绿云置空，面积虽小，却能小中见大。沿澄湖东岸岗阜起伏的南端有凸出水际部分叫金山岛，其南、西、北三面为澄湖之水所抱，与东岗仅一溪之隔。岛山用岩石层层堆叠而成，层次分明，而又纵横林立，气势雄伟，特别是东溪两侧，山石壁立，势峭如峡谷，手法高超。石山顶辟平台，台南一殿曰天宇咸畅，殿后耸立高三层八方形崇阁，称上帝阁。登阁眺望，山庄内外诸景，历历在目。

澄湖以北是大片平野近千亩的谷原区，东部称万树园，滋长有数百年古榆、巨槐、老柳，茂荫幕帷，是秋凉步行射猎之地。西有一片草地称试马埭，绿茵如毯，是骏马奔驰使身心怡爽之处。万树园也是张幕赐宴蒙藏王公之地，有马戏、摔跤、焰火等赏乐场所。

湖岗区在如意湖曲口稍南，置一亭曰芳渚临流，使曲岸有重心，又与云帆月舫遥遥相对，不愧宜亭斯亭。水泉沟口北的小山上，有锤峰落照亭，眺望庄外磬锤峰的位置最宜，每当夕阳西下，一片似火晚霞返照中，更显得孤峰挺出的奇特、壮丽。

对于山岭区规划，意在保持原有植被和幽谷溪涧、峰回路转的自然景观。大抵近峪口有居住建筑如水泉沟口的松鹤清樾，峪内随形因势而在山隈山坞山坡，度地合宜而构筑平台奥室，曲廊轩馆，如梨树峪内的梨花伴月，依岗辟台地三层而筑居斋，两旁有跌落廊，廊基依坡作梯级形，梯级百重，廊顶翼覆歇山顶，如从下眺上，只见歇山面一个接一个，叠层而上，仿佛直上云霄；峪深处有澄泉绕石一组；松云峡

东口有云容水态，登山有青枫绿屿组建筑，山多槭树，入秋经霜，万叶皆红，丹霞竞采。庄内山径大抵迂回曲折，上下连环相通，或经溪谷之间，杂以大小石梁为渡。为登高眺望，主要山巅各冠以亭，有南山积雪，北枕双峰等。

为了与自然环境相和谐，所有建筑，顶用灰筒泥瓦，楹柱不施丹膜，栋梁不施彩画，以纯朴素雅格调为主。总起来说，玄烨的经营山庄，不以宫室建筑组群见胜，而纯以因借手法，突出自然美，使崇山峻岭，水态林姿，更加集中地表现出来，是宫苑史上前所未有的自然山水宫苑。

山庄是在清朝鼎盛时期经玄烨到弘历祖孙二人累续经营了80多年才最后完成。由于后期，弘历对山庄进行了调整改造和大规模的增建，使山庄的规制、面貌大变。弘历在营园上有他个人特点，常以所好江南名胜，仿其意而建置苑中，成苑中之园，如湖洲区文园狮子林、戒得堂，青莲岛上烟雨楼等。又好建寺庙，如汇万总春之庙，永佑寺的八方形九层浮图舍利塔，水泉沟内碧峰寺、西峪鹫云寺，湖岗区珠源寺(有全为铜铸的镜乘阁)，以及北部山岭区的斗姥阁、广元宫。弘历还重点营建了山岭区为数众多的建筑组群，如榛子峪底的秀起堂和静含太古山房，西峪深处的创得斋、碧静堂、含青斋，松云峡北山的旃檀林、山近轩、敞晴斋等。这些建筑组群或依崖浚壑，就深探奥，或就岗群地，或安梁跨谷，因势而筑，随形创景，不乏优良范例。多数建筑组群的体量宏伟、工程浩大，而且色彩华丽，寺庙多用琉璃瓦顶，楹柱丹膜，栋梁彩绘，完全离开了玄烨所要求自然素朴的风格，从一种艺术构思转变到另一艺术构思，亦步亦趋于汉唐建筑宫苑，以豪华宏丽，布局新颖，错落有致而富变化的建筑组群见胜。

圆明园 胤禛(雍正)作皇子时，其父玄烨于1709年以明戚废墅赐他建园，初步完成后玄烨赐名圆明园。胤禛登皇位后三年(1725年)又大加修葺，浚池引水，培植花木，建亭筑榭，规模初具，并在园南

端置听政用的勤政亲贤殿，列视事朝署，成为近郊的离宫别苑。弘历登位后又对圆明园不断地大兴修建，还另修长春园。为他日(指逊位后)优游之地，与圆明园并列而居其东。长春园南又有万春园(同治前称绮春园)，主为后妃居住游息用。乾隆年间，圆明、长春、万春由圆明园总管大臣统辖，后人就总称圆明三园。

圆明园位在北京西郊一个泉源丰富平原地段。圆明园的创作，巧妙地利用了这个自然条件特点，把泉水四引，用溪涧方式构成水系，辟出众多溪涧屈绕的小境域。又在中心地区，汇注聚水成池成湖(如前湖)，特大水面称海(福海)。在挖溪池的同时，就高垒土叠石，堆成岗阜，彼此连接，形成山谷，在溪岗萦环的形势中，营构成组的建筑群，形成众多的园中之园。因此在世界上有 Garden of gardens 的誉称(通译"万园之园"，更确切地说"众园的园")，即由众多的园中园或称景区所构成的宫苑。

圆明园近百个景区各有其不同的形势，或背岗面水，或左山右水，或前有山嶂后临阔水，或在岗阜环抱中仿佛小盆地，或居隈溪之中四面临水，创作了众多的各异其趣的形胜。景以境出，有不同的境，表现出不同的风景主题。它跟北宋山水宫苑即艮岳的全景地创作典型性山水的表现形式是不同的，因为圆明园的景区不仅从造景上着手，而且以不同组合的建筑群作为主体。它跟隋西苑的水渠曲绕十六院，即以水系岗阜为境域，建筑在其中的表现形式相近似，即同属于山水建筑宫苑，但较诸隋西苑有了更高的发展，近百个景区，各异其趣。

圆明园中建筑组群，除了少数作皇帝后妃居住的，格局严整，仅略有变化外，各个景区的建筑组合，富于变化。虽然单体都是平屋曲室，但是在组合上或错前或落后，并依势用修廊、爬山廊、跌落廊连接。廊的形式或为墙廊、复廊、敞廊，或直或曲或弯，各依景而定。各个室屋的安排，看起来好像散断，实在是左呼右应，曲折有致。所有这些变化，决不是单纯追求地势构图上变化而变化，而是为了造景，各有其立意要求。令人惊奇的是数十组建筑群的组合，没有两处是雷同的。有着这样众多的各具其妙的园林建筑组合样式，结合周遭景物构成的众多各异其趣的景区或园中园，这在我国宫苑史上也是前所未有的独特的山水建筑宫苑。

北京明清宅园

元建大都后，城内外稍有私园构筑，明清时兴筑日盛，尤以西郊名园较多。城中因乏泉源，少河水可引(明清时私引活水为违法)，一般宅园中，仅筑山石小池，"积潦则水津津，晴定则土"，掇山仅拟山之余脉，叠石亦多为小品。或借古树花木取胜，如东城明代成国公之适景园，都人称十景园。或得有奇石，独立特置以资鉴赏，如明米万钟的湛园，《宸垣识略》载："近西长安门，有石丈斋、石林、仙籁馆……曲水……猗台花径诸胜"。"太仆好奇石……其最著者为非非石，数峰孤耸，俨然小九子也。又一黄石，通体玲珑，光润如玉。一青石高七尺，形如片云欲堕……"(《天府广记》)，承北宋好石之遗风。

北方营园以得水为贵，公卿亭墅园林，于城东南泡子河两岸与城北积水潭周围，相地合宜以构。"崇文门东城角，洼然一水，泡子河也，积潦耳，盖不可河而河名。东西亦堤岸，岸亦园亭，堤亦林木……南之岸……以房园最，园水多也。北之岸……以东园最，园水多，园月多也。路回而石桥，横乎桥而北面焉……水曲通，林交加，夏秋之际，尘亦罕至"(《帝京景物略》)。"空水澄鲜，林木明秀"，实一胜地。城北，"游则莫便水关(高梁河水所从入城之关也)"，水入积水潭，"方广即三四里"，亦称海子，但游人诗中，称之北湖。公卿墅园，环湖而筑，因水得景，所谓"……沿水而刹者、墅者、亭者，因水也，水因之。"最为突出的，英国公新园也。"崇祯癸酉岁(1633 年)深冬，英国公乘冰床，渡北湖，过银锭桥之观音庵，立地一望而大惊，急买庵地之半，园之，构一亭、一轩、一台耳。"何以大惊，急购地，园之仅一亭一轩一台？原来"但坐一方，方望周毕，其内一周，二面海子，一面湖也，一面古木古寺……园亭对者，桥也，过桥人种种，入我望中，与我分望。南海子而外望，望云气五色，长周护者，万岁山也(指禁中万岁山)。左之而绿云者，园林也。东过而春夏烟绿，秋冬云黄者，稻田也。北过烟树，亿万家甍，烟缕上而白云横。西接西山，层层弯弯，晓青暮紫，近如可攀。"周遭的水景、山景、林景、田野景、村景，种种美景，不费分文，尽入园中，真所谓巧于因借者也。总的说来，北京明代宅园风格，继承了唐宋写意山水园传统，着力于因水得景，借景最要，以素雅，得自然真趣为意境。

北京西郊海淀一带，泉源清流，土壤丰嘉，以水胜，以花木易繁昌盛，皇亲大臣都在这里筑园。明时名园著称有二，一是武清侯李园，一是米万钟勺园。李园"方十里"，正中挹海堂，堂北亭……亭一望牡丹，石间之，芍药间之，濒于水则已，"这里以花胜。"飞桥而汀，桥下金鲫……汀而北，一望又荷蕖，望尽而山……维假山则又自然真山也"，这是从水到山。"山水之际，高楼斯起，楼之上斯台，平看香山，俯看玉泉……"巧于远借，俯借。"园中水程十数里，舟莫或不达，屿石百座，槛莫或不周。灵璧、太湖、锦川百计，乔木千计，花亿万计"(《帝京景物略》)。李园以水胜、花木胜、山石胜。米万钟的勺园，《春明梦余录》用三十二字，就描写尽滴："园仅百亩，一望尽水，长堤大桥，幽亭曲榭，路穷则舟，舟尽则廊，高柳掩之，一望弥际。"观《勺园修禊图》读各记文，勺园全景可浮于脑海。弯道、夹道、偏径，无一不因水也；亭榭廊台，或临水际，或佇立水中，或半出水面，便于因借；其水或一望无际，或堤坝分隔，或曲水似溪，各异其致。此外，运用粉墙、跨梁以及树丛的相互巧妙结合，画入无限诗意，虽然各区情趣不一，无不归之于水。

到了清朝，城中宅园有名的百余处，尤以王府花园为多。至今遗存较完整的不过十多处，如恭王府锦萃园、荣源府可园、那桐府花园、半亩园、莲园、刘墉宅园等。王府花园由于地位特殊，风格上接近于皇家别苑的类型，但规模无法相比。布局上大都前后成一体但有层次划分，大抵以四合院布局衍生变化而来，在构图上有或显或隐的轴线处理。由于生活上多种游乐活动需要，建筑比重较大，但在整形布局中，尽量运用山、石、水、木的结合，求得自然的变化。这里举锦萃园和可园二例以窥一斑。

锦萃园　在恭王府邸北，中横夹道，自成一园，面积约38.5亩。园门居中，为中西合璧式样(可能受长春园西洋建筑影响)。全园地形原较平坦，经就低凿池，因阜掇山，厅堂廊榭，布列上下，创作山水园形式的邸园。锦萃园的东、南、西三面，筑有马蹄形土山，半抱全园，轴线上又有两段叠石假山，断续相连，总起来形成一个平面图呈"山"字形山系。南界土山除与府邸之间起分隔作用外，它本身又是创作有峰峦洞壑的园林小品，东界土山较平淡，有茂树，仅起与外界隔绝的山障作用；西界土山沿西墙直北，有起伏，除起隔离外界作用外，又是湖池厅榭的良好背景。由于掇山和建筑的互相结合，使全园从南到北，形成四个层次或四进。进正门就是东西侧为南界土山余脉所环抱的小天地，为第一进。穿过"青云片"单梁洞门为第二进，迎见特置峰石，高可5米，以瘦取胜。石之北有元宝形水池横列。池北土阜高台上为全园主要厅堂建筑，两侧有斜廊下连，东达一组别院。厅北出有平台，下阶即第三进，迎见以房山石掇叠的洞壑隐映的石山。山前为凹形小池，池中散点玲珑山石三组，饶有意趣。石山前部结构为下洞上台，台上有榭。山洞部分，居中较大，东西两侧有爬山洞，可盘上洞顶小台地，然后经由山石做成的自然式"宝垲"登上最高层平台，台上建榭，全园在望。石山后部有山径隐约叠石间，下至横列于北界的有凹有凸的长列书斋建筑。与上述主园部分并列于西为另一园中园，以大型长方形水池为中心，池中有岛，岛上为水榭。池北偏东有双卷棚大型建筑，旁有通屋连接至主园的爬山廊，池南沿山麓散置有轩屋建筑。

可园 荣源府邸之东，为南北长、东西短长方形地，面积仅4亩余。园分两进，以主体建筑厅堂坐落在轴线上而分隔为前后两部分。前园部分，其南端为假山，是入园的障景，也是厅堂的对景。山高约3米多，上有大树槐榆，增进山林意味。山之东置六角亭，以增进山势。用石两种，山南为青石叠成，以横向挑伸为主，山北为房山石，以竖纹为主，尤具特色的为一个挑伸的小平台，下面用"悬"的做法，模拟钟乳垂挂的景象。山北东部叠石成谷，前为池，池水似由谷引出。水池周围散点山石。由假山到厅堂为平地，显得畅朗。厅堂前有对称的特置山石，亭廊前以山石作踏跺和蹲配都自然成趣。从假山东下沿东界为南北长的曲折游廊，中途有四方攒尖半壁亭、八角亭，北通后园楼阁。后园部分多假山，以房山石堆叠，分两处，一处在轴线附近，高低交错有致，也使后园不致一眼望穿；另一组位于东侧与台、阁相结合，以环洞引入，台下贯以山洞，台的边角以山石相抱，或作散点，较为自然。总的说来，由于地势狭长，立体建筑坐落轴线上而分为两部，前部疏朗，后部幽曲，风格不同，但以边廊相通，联为一体。布局上利用假山、水池、建筑分隔而丰富了层次的变化，不觉其狭长。

江浙明清宅园——文人山水园

宋南渡后直到明清，地主士大夫卜居江浙诸大城市如湖州、杭州、扬州、无锡、苏州、太仓、常熟等，好营城市山林即山水园式宅园。明清江浙宅园，是在唐宋写意山水园的基础上有了进一步发展，即更加强调和重视主观的意兴、心绪，更加重视掇山叠石或理水上技巧的趣味，更加突出了经由人们长期提炼概括创造出来的山水之美，增添了新的一页，即更加增进了文学趣味和运用对联以点情景以助审美趣味。

绘画上从元画开始，才有了在画上预留空白题字作诗，以诗文来配合画面，通过文字来表达含义，加重画面的文学趣味和诗情画意，为此(还有其他特

征)，称作文人画(参见李泽厚《美的历程》)。无独有偶，明清以来无论宫苑或私家宅园，园林中厅堂亭榭等建筑，除了古来就有的题名或匾额外，在楹柱上挂对联，通过文字来表达意境，增深趣味，加强含义，这是明清以来园林中增添的新的一页。有些人过分强调对联的点景作用是不确切的。对联所表达的含义不过是对联的作者在一定时间、条件下的感受。我们在同一景点所获的感受，常因时间条件如晨昏，气候条件如晴雨，环境条件和心理条件以及欣赏者的审美能力等等而不同，也许有的观赏者的感受比对联作者的感受还要深博。我们把明清宅园称作文人山水园，不是因为文人创作的(不限于明清园林才是文人的创作，自古已然)，也不单因为有对联，而是如上所述，更加强调重视主观的意兴、心绪、技巧趣味和文学趣味，以及更加概括创造出来的山水美。

江浙名园众多，这里只能简述苏州、扬州宅园的风格，余从略。苏州明代宅园都已不存，只能从文献中了解。明代的拙政园，以"混漾渺弥，望若湖泊"的水池为主体，环以林木，而"林木益深，水益清映"，道出该园以水胜，幽胜，野趣胜。又"别疏小沼，植莲其中……池上美竹千挺"。"凡诸亭、槛、台、榭，皆因水面势"即因势随景而设园林建筑，它们都是景的产物，又是赏景憩息之处，同时它本身又成为景中之景。明代拙政园尤致力于山林之趣，植物造景以群植胜，如"池上美竹千挺"，"又前循水而东，果林弥望，曰来禽囿"，"竹涧之东，江梅百株，花时香雪烂然，望如瑶林玉树，曰瑶圃"，此外，有芙蓉隈、桃花沜、珍李坂、蔷薇径等，以群植方式构成局部意境。

清代构筑苏州宅园的共同特征是以山池泉石为中心，莳以花草树木，环以建筑，构成山水园。例如留园，池近心形，池南为榭阁月台所临，池西为带石台地，池北为带石土山。其他如网师园等布局，大抵相近。水池部分常用曲桥洲岛以分隔水面，有大小、主次之别。狮子林虽以假山峰石林立著称，仍以池为

中心。惠荫园主部，方塘半亩，塘南曲廊斜贯其上，再南则山石玲珑，折东为小林屋洞，以水洞见胜。

诸园假山以带石土山为主，便于种植竹木。山上蹬道，往往夹石成径，山侧临水时，叠石成崖，如艺圃，崖下近水有石径，既狭且险，犹如栈道。或于山坡筑石成台，点石其中，配以花草，颇饶意趣。叠石掇山最为突出的是环秀山庄，仅厅北有一池，池上理山，全用湖石，在数弓之池上创作出层峦重叠，秀峰挺拔，峡岩幽胜，洞府、岩屋兼而有之的山景。由于叠石手法高妙，选石纹石色相同的一边拼接，自然脉络连贯，体势相称，浑然一体。

池岸处理，有临水建筑时，条石砌岸，如艺圃，池北有突入水池之阁，就使池水伸入阁基之下，仿佛水自其下溢出。也有用黄石砌岸，如网师园水池驳岸，叠砌上运用上凸下凹手法，使石影落池，仿佛水自凹处流出，益增生趣。

苏州宅园用石以太湖石居多，得有奇石时独立特置以资鉴赏，如留园冠云楼前，特置有冠云、岫云、瑞云三石。除造山景的叠石掇山外，也好以少量块石，堆叠成小座完整的形体，表现一定的形象或造景要求，或在庭院理厅山、壁山等掇山小品或散点、聚点成景。

苏州宅园中植物种类不下百种。园地较大，则常用大片丛植以造景，山上群植以构成山林之趣，园地小时，以同种少数植株为一组的丛植，或二三种少数植株为一组的群植。主要从植物的姿态、叶容、花貌、芳香等所能引起的感觉，根据其生态习性，位置有方，各得其所。较多的做法是以粉墙为纸，点以湖石，配以蕉竹花木之类，使具画意，尤其在廊院曲处，虚出角地，点石栽竹或花灌木，更饶意趣。

苏州宅园，包括一切宅园，由于居住游憩生活功能需要建筑比重较大。除了因景和造景要求而作亭阁廊榭外，以聚友宴客，赏心演乐的厅堂是全园的主体建筑，如《园冶》所说："凡园圃立基，定厅堂为主，先乎取景，妙在朝南"。廊的运用十分突出，它不仅是连接建筑之间的有顶通道，而且是划分空间，组成景区的手段。廊往往随势而曲，或蟠山腰，或穷水际。漏墙亦然。而且实中有虚、有透。到了清朝中叶，诸园之作，往往环绕全园的界墙，筑以回廊，虽雨天不用雨具，可就廊行走以观赏全园。

苏州宅园的又一特征(明清宅园都具有此特色)是园地面积虽小，但能因势随形，展开一景复一景，引出曲折多变化的层次。常用手法是运用粉墙、漏墙、廊、假山或叠石形体，或树丛竹林，构成不同的景区，甚至园中之园，如拙政园之枇杷园等。

扬州园林可分两大类，一是城市宅园，一是湖上园林。湖上园亭，起于康熙南巡，盛于乾隆临幸，为迎上意，邀恩宠而建。《扬州画舫录》："湖上园亭，皆有花园，为莳花之地"，或"时养盆景，以备园亭陈设之用"。湖上别园，罗列两岸，从城东直到蜀冈，所谓"两岸花柳全依水，一路楼台直到山"，有二十景或二十四景之称，其实是一座座官囿或私园的景称。

近人云："扬州以名园胜，名园以叠石胜"。城中宅园虽有以花木为主，如"桃花坞"，或以水法为主，如"石壁流淙"，但多数以山石取胜。扬州不产山石，主要由外地运来，有黄石、湖石、宣石等，以黄石掇山最为习见。

扬州园林的叠石掇山，以靠壁理山(峭壁山)见胜，或楼面或厅前掇山，以高峻雄伟见称。例"寄啸山庄"，中央有厅，厅的东南，仅山石少许点缀槐荫下，而厅的东北，贴墙以湖石掇山，山势起伏，逶迤而西，有石磴可登山至东北隅山巅置一亭。园西部，西南隅为山石独占。园中央部辟一大池，池东首有四方亭，演乐用。水池之西又一湖石山子，突兀水际，有石磴可盘旋而上，山腹有曲洞迂回。湖石山子之西，又一黄石山子，拔地而起，与东西两半的湖石山子相接。由湖石山子而黄石山子，又由黄石山子而湖石山子，在三山一水隐映处有馆三间。三折转入园南部，为另一院落，有楼屋两间，院落中有湖石山子，上与楼连，下与屋接，是楼山又是厅山。

再例"个园"，位住宅之后。园门两侧有平台，上植翠竹，竹间石笋嶙嶙。门内两侧，有湖石砌成平坛，东植桂，西植竹。迎着园门为四面厅一座。厅的西北处有湖石叠筑山子，下为洞室，前临水池。水上架曲桥，达于洞口。步入洞室初阴森，继有光自石隙中来。深处有岔道，平折而出，达长楼之下。若拾级而上，可达湖石山之顶，池之北，与厅直对，有一列长楼横亘于两山之间。西即上述湖石山子，东为黄石山子，山峰参差错落，蹬道上下盘旋，极尽奇特之能事。蹬道有三，一由洞口而进，两折之后，仍回原处。另一蹬道由洞口进而西折，直抵西峰绝壁处。惟有中间洞里蹬道，可以深入群山之间，或下至山腹幽室。幽室傍岩而筑，有光自洞外来，一室皆明，室有窗洞，有户穴，有石壁，有石桌。幽室之外为洞天一方，四壁皆山。洞天中央，有小石兀立，植桃一株其旁。由谷道南出，即厅之东南一区。若由山顶中洞，拾级半下，平折而出天地豁然开朗。依山傍岩处，凿有山径，过一线天，于两山陡岩间，飞架飞梁。步上石梁，上有悬岩峭壁，下有深谷绝涧，极险峻。过此，步至此山南岗，此处新建一轩，更南，有一峰突兀于前，遮人视野，山南为楼阁所在，若沿南岗山麓一小径，曲折而下，即抵厅之左翼。厅的东南有"透风漏月"馆舍一区。馆舍之前，贴南墙叠有宣石山子，原先由馆舍之南墙绕至东山墙，现仅东山墙存残迹。宣石，色白如雪，尤为别致。

再例"小盘谷"，园在住宅的东隅，园门为月洞门，朝西。步入园门，右手沿墙一带为湖石山子，上有山径，下有洞曲，东与游廊相接，今圮。廊尽而门，门内有小天井，前有洞室，右有门与东院相通。门北侧有悬蹬十数级，可由此登山，进南洞口。洞口西侧，有石阶数级，可下以临水。洞在湖石山子中腹，多窍穴，可透天光，可窥树影。由西口出山，前临曲池，池水清碧，水上架石梁三曲。过曲梁，至西北隅，有曲尺楼耸峙，倚墙而作。水的东面，又有湖石山子，

山顶构一亭，半掩于耸峰后，更增层次之感。由北洞口而出，东侧有一带陡峭的石壁。壁间又有洞室两曲。在洞口与石壁水际，掇石衔立若桥。过石壁，拾级上山，山上壁绝路狭，山下悬岩深壑。行不远，即至山顶，顶平如盘，前时所见山亭，近在眼前。沿东壁之廊而下，到达东园部分，有桃形门两间，门额"丛翠"二字，想见当年有大片竹木，点以山石，今仅剩游廊一道和厅屋(诸园描述参见朱江《扬州园林品赏录》)。

上述三例，可以领略扬州园林叠石掇山的特点，与苏州园林中以独块湖石特置以赏或湖石形体的趣味与风格不同。当然苏州宅园中也有厅山，也有湖石叠成峰恋起伏，洞壑婉转如狮子林，但终嫌过于穿凿。扬州由于山石外来，除九峰园外，大都以小块湖石、黄石堆叠，更易随意布局以构成峰恋池谷，彼起此伏，或屹立于平地，或傍倚楼阁，或逶迤于全园，更由于沿墙而理，用地经济，更能小中见大。

小结

中国山水园是3000多年来我国园林发展的整个历史总和的形式，是中华民族所特有的独创的园林形式。上述简史表明，山水园的内容和形式不是一成不变的，是随着历史的发展；在不同的时代，由于社会生活、文化艺术、审美意识等不断演变而变化的；一定时期的园林都是在一定历史条件下，在前人的形式及其内容基础上向前发展的。

不少人认为，到了清朝，尤其是康熙、乾隆时期，我国的园林艺术，无论布局的理论，叠石掇山理水的手法，园林植物的造景和园林建筑的式样以及随形因势借景而设的技巧等等，都达到了完美精深的地步，或者说，由于清朝封建社会经济的高度发展，大量的帝王宫苑和私家宅园的营造活动，昌盛繁荣，园林匠师的辈出，使我国园林的发展达到了顶峰。我们认为这种观点是形而上学的。

纵观整个封建社会时期园林，无论是帝王的宫苑，或者是贵族、大臣、地主阶级的邸园、宅园、别墅、游息园，都是为了满足他们的游心玩思，即他们

所追求的居住、游憩、玩赏的境域而营造的一个美的自然和美的生活的境域，在内容上充分反映了封建统治阶级的生活、心理、美的观念等，都是为独夫或某个家族的少数人服务的。

今天，时代要求于我们的是要创作内容上社会主义的，形式上民族的，或者说中国特色的现代园林，尤其是城市公园。

城市公园首先是为了维护城市生态平衡、改善环境质量而合理分布的公共绿地。城市公园又是居民日常生活中进行游憩、保健、文化等活动的物质境域而均匀分布的。创作现代城市公园，必须从内容出发，根据一个公园的性质、地位和任务要求进行创作，符合于今天人民的物质生活和精神生活上对休息、娱乐、文化、体健等活动的需要。今天的社会生活且不说建国前，就是建国后20世纪50年代到70年代社会生活相比较也有了较大变化。今天的人口构成中，老龄人的比重将逐年增大，老年人的生理、心理和生活特点是什么，他们对公园有什么要求，应当充分了解并重视。今天的青年，包括大龄青年，以及有子女的中年人，对在公园的活动要求是各不相同的，较之过去也有了变化。怎样寓社会主义精神教育、身心健康教育和科学文化教育于公园里的游乐中，是重要的问题。少年儿童是国家的希望，要求在公园中为他们创造能达到上述精神文明作用的活动环境和条件，应特别受到重视，是关系到国家前途的问题。所有这些，坐在斗室里苦思冥想是不行的，要走出去，深入到各阶层人民生活中去，不同年龄阶段的人们的生活中去，用科学方法，包括社会学、心理学、行为学，进行调查研究，得出明确的答案。要向生活学习，使我们的园林创作与生活同步前进，才能使我们营建的园林，符合时代的要求和人民的需要，并用生动的艺术形象鼓舞人民为创造共产主义的美好生活而斗争的热情。

新的社会生活、新的思想、新的情感、新的审美意识，要求我们在采用民族传统即中国特色的山水园的形式上要有所创新。山水园不只是山水泉石的园景而已，它包括了云烟岚霭(气象条件)、晨昏四季(时间条件)、树木花草(植物条件)、鱼禽鸟兽(动物条件)、亭堂廊榭(园林建筑)等多方面题材综合融成的一个美的自然和美的生活的境域。今天我们所要创作的现代城市公园，既不是皇帝宫苑，也不是地主阶级宅园、别墅，而是为社会主义社会的人民服务的公共园林。今天的社会生活不同于封建时代的社会生活。如何用山水园形式来体现新的社会生活、新的思想主题，决不应当照搬明清的，甚至唐宋的宫苑或宅园，而是要根据新的内容，在继承传统形式的基础上有所创新。在为一定内容服务而创作美的自然和美的生活的境域，不等于简单地继承传统。如前所述，不同时代，不同阶级对于自然美，对于生活的认识和评价态度是不同的。虽然山水、自然是客观的存在，有它自身构成的规律。现代自然地理学、地貌学的发达，对其构成作出科学的阐明，但不等于创作美的自然的理论和准则。园林创作是一种艺术，园林里创作的山水、自然是造园家对山水、自然的美的感受，因地因势制宜地表现即创作。园林里所要表现的自然，不仅是美的，而且是要表现人类按照美的法则去改变周围现实的愿望，是社会主义时代人们所需要创造的，更加美丽，更加适宜于也有利于人民美好生活的自然。

创造现代城市公园时，我们还应吸取外国的园林艺术中优秀传统和新的成就。近代外国公园，无论在为广大居民游憩生活上，在布局上，在植物造景上，尤其在用植物群落的方式上，色彩、形态、高低等组合的花坛花缘上，在运用喷泉、壁泉等理水方式上，在运用雕塑作品上，以及运用形式新颖简朴的园林建筑物、构筑物于园林中等方面，都有不少东西值得我们学习借鉴和吸取。

只要认真地总结和批判地继承我国园林遗产及其优秀传统，吸收世界各国园林对我有用、有益的部分，充分运用现代科学和技术成就，以我民族所特有的独创的风格和生动的艺术形象来创作具有中国特色的现代公园，经过几代人的实践努力，必将在我国园林发展史上展开光辉灿烂的新的一页！

第二节　中国古代园林艺术传统

一、中国山水园的创作特色

发展到近代为止，中国的园林是以创作山水、自然为生活境域的山水园而著称。我们对于"山水园"的理解不能仅仅从字面上来看，认为就是山和水而已，它是包括了山、水、泉石、云烟岚霭，树木花草，亭榭楼阁等题材构成的生活境域，但这个境域是以山水为骨干的。自古以来，无论是皇帝的宫苑也好，士大夫、地主富商的园林也好，都是为了"放怀适情，游心玩思"而建造的，或则利用天然景区加以改造成为美的自然和游憩休养的生活境域，或则在城市里创作一个山林高深、云水泉石的美的自然和美的生活境域。劳动人民，在统治阶级的压迫和剥削之下，或仅仅能使生活维持下来，或只有极少的和有限的享乐，比如说，到郊埛胜地或天然胜区的寺庙、丛林去游赏。

中国人对山水的爱好是十分深厚的，而且迫切要求在居住生活中也能表现自然。要在作为生活境域的园林里去表现自然，创作山水，早就已经有了。到了西汉，那个时候在宫苑中创作的山水跟战国和秦代开始的方士炼丹，黄老之术，跟神仙的传说和海中有仙岛的故事相关联的。由于这种想法，于是在宫中穿凿一个大的湖池好比是大海，湖中有蓬莱、方丈、瀛州等神山好比仙岛，身临其间时，就想像为好比"真人"一样生活在仙境中了。虽然开始的时候，这种有山有水的布置是跟皇帝统治者的妄想长生不老、妄求永统天下的思想密切相关，但逐渐地这种"一池三山"的布置就成为园林中布置山水的一个传统。当然，这个传统随着社会经济的发展，随着人们对认识

和表现山水（自然）的技巧上的不断进步，其内容是在变化着的。

在我国文化传统中，歌颂自然的文学、艺术作品是非常丰富的。它们都确切地表明中国人民对山水的爱好是十分深厚的，感受是非常深刻的。伟大祖国的锦绣河山永远是中国人民热爱歌颂的对象，启发了人们无尽的诗情画意。毛泽东同志《沁园春·咏雪》的诗句有"江山如此多娇，引无数英雄竞折腰"，充分说明了我们民族是如何热爱自己祖国的多娇河山。由于中国人民对山水的爱好，并迫切要求在城市生活中也体现自然和接近自然；由于历代匠师们积极创造的努力，就发展了怎样在生活境域的园林中具体地体现自然的手法和技巧。到了唐宋，山水园的创作已获得优秀的全面的成就，到了明朝更有更为完善的成就，并得以能写成园林艺术专书——《园冶》。山明水秀人文发达的江南地区，自南宋以来，特别是明清两朝，兴建了众多名园。干燥寒冷的北方，特别是元、明、清的京都——北京，在康熙、乾隆时期，宫苑的兴建极盛，由于这些规模庞大的园林修建的实践，使园林艺术获得了前所未有的卓越的成就。

园林里所表现的自然，所创作的山水，还只是形成传统的园林的一个自然境域，或则说一个自然环境基础。这种地貌创作一般要求是有山有水。有了山也就是有了高低起伏的地势，就可以扩增空间。但有了山还只是静止的景物，必须有水方好，所谓"山得水而活"。有了水就能使景物生动起来，而且在筑园的实际上，凿池就能堆山（土方平衡）。有了山也不能是童山濯濯，必有草木的生长才能有效，所谓"山得草木而华"。有山有水，有树木花草，也就是有了自然景物，还必须可行可居，可以进行各种文化、休息活动才能成为生活境域。于是有处可居就有轩斋堂屋，有景可眺就有亭台楼阁，借景而成就有榭廊敞屋，以及竞马射箭、弈棋抚琴、宣奏乐曲等等活动的场所。所有为了这些功能要求而建造的建筑物我们称之为园林建筑。这些园林建筑的摆布全在相其形势之

可安顿处，可隐藏处、可点缀处……或架岩跨涧，或突入水际，或依山麓，或置山巅……总之，要根据创作的形势相配合，是因景而生，借景而成。只有这样才能见景生情，才能真有意味，所以园林建筑常是景物创作的对象之一。

无论是宅园里或官苑里的园林建筑，除了某些在一定地点的亭榭之类建筑常作为单独建筑物来布置以外(例如在半山、山顶的作为休息眺景的亭或水际的榭等)，一般的园林建筑常是由各种不同的单个建筑组合成为一个建筑群，或称建筑组合。建筑组合的基本形式或是"一正两厢"围成中心落院，通称四合院，或是由中心轴线上多重组合，通称为重列式，或是四合院式和中轴线上重列式相结合；而在园林中更多见的是在上述基础上或增一间半室，或错前列后，或依势因筑而有错综复杂的变化。单独建筑物平面的本身也可以有种种样式的变化，例如口字形、工字形、曲尺形、偃月形等等。这些建筑群又常以回廊界墙范围起来、并结合树木花草、山石水体的配置，连同四周的自然风光而意境自成，可以成为独立性的局部，即园中园，有时也称作景区。

园林建筑毕竟不同于一般性的建筑物，除了满足居住的、休息的或游乐的生活等实际需要外，往往是园景的构图中心。至于一些构筑物如码头、船坞、桥梁、棚架、墙廊等也未尝不是如此，除了满足一般功能要求外，也往往是园中的景物。

我国园林中的树木花草(观赏植物)不仅是为了使山水"得草木而华"，或是为陪衬园林建筑而相结合和点缀其间。观赏植物本身也常组成群体而成为园林中的景。例如梅林、竹林等。特别是在城市宅园中要达到城市山林的意境，更要有嘉树丛林的布置。用植物题材构成的意境，首要是得植物的性情。

总的说来，我国传统的园林是以创作的山水为生活境域的，在这个创作的"自然"基础上，随着形势的开展和生活内容的要求，因山就水来布置树木花草，亭榭堂屋，互相协调地构成切合自然的生活境域

并达到"妙极自然"的境界。所以这种园景的表现，不仅是一般自然的原野山林的表现，而是表现了人对待自然的认识和态度，思想和感情，或则说表现了一种意境。

我们要求怎样来具体表现所认识的山水呢？也就是说，达到怎样一种境界呢？我国园林艺术专著《园冶》中有这样一句名言，叫作"虽由人作，宛自天开"，或则如古人所说的要达到"妙极自然"的境界，或则如曹雪芹在《红楼梦》中借贾宝玉评稻香村时所提出的一番议论，"……有自然之理，得自然之趣，虽种竹引泉亦不伤穿凿，古人云：天然图画四字，正恐非其地而强为其地，非其山而强为其山，虽百般精巧，终不相宜。"这些都说明园林创作的意境要切合自然，要真实，也就是说园林中的一丘一壑，一泉一石，林木百卉的摆布都不能违背自然的规律，不能矫揉造作，而要入情入理；清朝方薰在《山静居画论》里写道："画之为法，法不在人；拙而自然，便是巧处；巧失自然；便是拙处。"这里所谓法就是规律，所谓不在人就是说不是人的意识所能左右的。法是客观存在的规律，画山水而能符合山水构成的规律，便是巧处，不合山水构成的规律即便百般精致也是拙处。当然，这里所谓符合山水构成的规律是指创作的山水应当符合自然地理学的山水构成原理，但是并非说就是自然地理的景观图。山水园或山水画是艺术作品，既要真实又要表现人对自然的思想感情。所以"妙极自然"并不就是自然的翻版，"宛自天开"并不就是跟天生的一模一样，拿现代的话来说"妙极自然"和"宛自天开"可以理解为就是要真实地、具体地、深刻地反映自然。符合这一根本命题的园林才是艺术创作的园林。

我国著称的园林如承德的避暑山庄，北京的颐和园、北海，苏州的拙政园等对于今天的我们还保有艺术意义，并继续使我们得到美的享受，首先就因为这些园林是有生命的艺术作品，是与艺术中某种永恒的东西联系着的，是由于它们的内容、真实性和以优

美的艺术形式表现出来的山水深深地感动着我们。优秀的古代作品总是吸取了人民的素材，人民数千年来所积累的所创作出来的艺术形象、技术经验等，因此它的根源是在人民深处，是在人民的创作之中。所以任何一个名园中的优秀的叠石掇山和理水，亭榭楼阁和轩斋，树木花草的布置，无一不是和人民的创作相连的。

自从秦汉以来直到清朝，无论是帝王的宫苑或士大夫、地主富商的园林，都是封建社会的产物，其思想内容都是反映了封建统治者、地主阶级的生活、心理、美的概念。对待客观景物的评价或态度等，都是为统治阶级少数人服务的，这是它的明确的基本思想内容。但是在不同的历史发展阶段，园林的基本内容及其形式也自有不同的地方，总的说来，秦汉的宫苑形式是苑中有宫，宫中有内苑，别馆相望，周阁复道相属，以豪华壮丽气象宏伟的宫室建筑为苑的主题。正因为它是从建筑构图而来，这种离宫别苑里的建筑布局虽然有错前落后曲折变化，但仍有轴线可寻。在主题的多样性上既保存有殷周的狩猎之乐的围的传统，同时，因为宫室建筑而有犬马竞走之观，荔枝珍木之室，演奏宣曲之宫，而宫城之中更有聚土为山，十里九坂，凿池称海，海中有神山的地形创作。隋代的宫苑是一个转折点。到了宋代，苑宫的基本内容就不一样了，不在宫室建筑群而在乎山水之间。正因为它是从创作山水的构图而来，布局上就不是什么轴线处理了。在创作山水为骨干的基础上，随形相势，穿凿景物，摆布高低，列于上下，处处都是从景上着眼。在主题多样性上，展开有各种不同意味的景区，它们是山水、建筑植物互相协调地结合而表现出各具特色的意境。

二、传统的布局原则和手法

(一) 传统的布局原则

我国园林形式的特色首先表现在布局上充分利用因山就水高低上下的特性，以直接的景物形象和间接的联想境界，互相影响，互相关联，组成多样性主题内容。占地广大时，出现园中有园（多个景区），景中有景，展开一区又一区，一景复一景，各具特色的意境；占地不大的，也自有层次，曲折有致地展开一幅幅诗情画意之图景。

我国园林创作的布局上有哪些传统经验呢？概括起来，可以归纳为下列几条，即：相地合宜，构园得体；景以境出，取势为主；巧于因借，精在体宜；起结开合，多样统一。

相地合宜，构园得体：我国园林创作上，首先要"相地合宜，构园得体"（《园冶》），这就是说，规划一个园林即布局时，最基本的是要考虑到园地的自然条件的特点，充分利用结合并改善这些特点来创作景物，才能构园得体。我们在清朝宫苑一章中也已有所论及。例如承德避暑山庄是自然山林地，又有泉源、山地部分，"有高有凹，有曲有深，有峻有悬，有平而坦，自成天然之趣，不烦人事之工。"至于圆明园，在北京西郊平原区，虽没有冈峦溪谷之胜，但能充分运用泉水丰富的有利条件，溪涧四引，就低汇注湖池，处处掇山堆阜，周流回环，创作自然形胜。《园冶》一书中相地篇把园地分为多种，各有其宜，只要相地合宜，精心经营，巧妙安排，自能构园得体，有天然之趣和高度的艺术成就。

景以境出，取势为主：至于怎样在布局中创作景物？古人云："景以境出"也就是说，景物的丰富和变化都要从"境"产生，这个"境"就是布局。"布局须先相势"（清沈宗骞：《芥舟学画编》），或说布局要以"取势为主"（董其昌：《画旨》），然后"随势生机，随机应变"（清方薰：《山静居画论》），总的来说，景物的创作要从布局产生；布局必须相势取势，随着形势的开展而有景物，所谓得景随形，随着景物的变化而有布局的错综，所以布局和景物是相互关联的。如果单纯的创作景物，有景物的变化而没有布局，势必杂乱无章不成其为整体的园林了。

巧于因借，精在体宜：园林的得景虽从境出，其关键还在能"巧于因借"（《园冶》）。所谓"因者，随其基势高下，体形之端正……"（《园冶》），为此"因"就是因势，取势的同义词。《园冶》中又写道："借者，园虽别内外，得景则无拘远近"。就园内景物来说，不仅要因势取势，随形得景，还要从布局上考虑使它们能互相借资，来扩增空间，达到景外有景。具备这样一个布局时，当我们从园林的某一个景点外望，周围的景物都成了近景、背景，反过来从别的景点看过来，这里的景物又成了近景、背景，这样相互借资的布局合宜，就能频增多样景象而有错综变化。不但园内景物可以互相借资，就是园外景物不拘远近，也可借资，从不同的角度收入园内，也就是说在园内一定的地点、一定的角度能眺望得到的，就好似是园内景物一般。但不论是因是借，也不问是内借或外借，其运用的关键全在一个"巧"字。就是说，任何因借，必须自然而然地呈现在作品里，要天衣无缝，融洽无间，才能称得上巧。能够巧于因，才能"宜亭斯亭，宜榭斯榭"；能够巧于借，才能"极目所至，俗则屏之，嘉则收之，不分町疃，尽为烟景，斯所谓巧而得体者也。"（《园冶》）

起结开合，多样统一：布局不但要相势取势来创景，巧于因借来得景，同时这些多样变化的景物，如果没有一定的格局那么就会零乱庞杂，不成其体的。既要使景物多样化，有曲折变化，同时又要使这些曲折变化有条有理，使多样景物虽各具风趣但又能互相联系起来，好似有一条无形红线把它们贯穿起来，从这个意境，忽然又别有一番意境，走向另一个意境激发人们无尽的情意。具有这样一种布局是我国园林最富于感染力的特色之一。

多样统一的章法，在我国传统上归之于"起结开合"四个字，应当首先指出这个章法的运用，当然不能公式化，而要决定于布局所要求的特定任务。

什么叫作"起结开合"，清沈宗骞在《芥舟学画编》里有很透彻的发挥，他说道：布局"全在于势。势者，往来顺逆而已。而往来顺逆之间，即开合之所

寓也。生发处是开，一面生发，即思一面收拾，则处处有结构而无散漫之弊。收拾处是合，一面收拾一面又思生发，则时时留有余意而有不尽之神……中间承接之处，有势好而理有碍者，有理通而不得势者，则当停笔细商、候机神之凑会，开一笔便增许多地面，且深且远，但如此不商、所以收拾将如何了结？如遇绵衍抱拽之处，不应一味平塌，宜思另起波澜。盖本处不好收拾，当从他处开来，庶免平塌矣。或以山石，或以林木，或以烟云，或以屋宇，相其宜而用之。必于理于势两无妨而后可得。总之，行笔布局，一刻不得离开合。"这段议论的大意是说，布局全在开合（即起结），一开一合之中，曲折变化无穷。但是在开合的布局中，一面展开景物，一面就要想到如何收拾（即合），一面收拾，一面又要想到怎样再拓开景物。只有这样才能使全面结构严密，不论是开是合，都要既取因地之势又要合乎自然之理，总之处处要入情入理。

（二）布局的手法

布局是就园林的总的群体来构图（相当于一般所说的总体规划）也可叫作总布局。或则就总体中一个大的群体（功能分区，景区等，也叫作局部）来构图也统称布局。前面已说过：布局是要使个别的因素和总体协调地统一起来，使所要表现的东西更具体更集中地表现出来，这就必须讲究艺术手法，才能明确交代思想主题。

每个新的时代的园林有它新的任务；每个具体园林还有它自己的任务所要求的思想、主题，有它自己的自然特点，个别因素和总体关系等等。我国园林艺术传统上有哪些布局手法，可以从中吸取创作经验，灵活地运用到新型园林的创作中。当然，学习手法是跟学习布局原则一样，不能把它们公式化、概念化，而是要善于学习和把握前人对于该时代反映自然和生活的艺术表现手法。

前人经验所累积的布局手法是广大而多样化的。

这里概括了一些布局上重要的手法，即起结开合中障景、隔景的手法，对比的手法和借景的手法。不同任务的不同主题的园林设计，提出新的布局和手法的要求。要能很好完成这种任务要求，全在于我们学习前人经验的基础上创造性地运用，所谓"匠心独运"。

障景、隔景的手法：中国园林中起手部分的一个传统手法，就是既不要使园内景物一览无余，又要能引人入胜地开展。为了达到这样一个要求，于是有所谓障景的手法。起手部分的障景可以运用各种不同题材来完成的，这种屏障可以是叠石垒土而成的小山就叫做山障。例如颐和园仁寿殿后的土石山，苏州拙政园内腰门后的叠石构洞的石山。也可以是运用植物题材，例如一片树丛，就可以叫作树障。也可以是运用园林建筑小品。通常在宅园方面，往往是要经过转折的廊院才来到园中，就可叫作曲障。例如苏州的留园，进了园门顺着廊转折前进，经过两个小院来到"古木交柯"和"绿荫"，从漏窗北望隐约见山、池、楼、阁的片断；怡园也是要经过曲廊才来到隐约见园景的地点。或则像无锡的蠡园那样进洞门后有墙廊领引到园中，廊的一面敞开为了可见太湖水景，廊的内面是漏明墙，墙后又有树丛，使人们只能从漏窗中树隙间隐约见园中景物。

总之，障景的手法不一，并非呆板成定式，但其目的则一也，采用障景手法时，不仅适用的题材要看具体情况而定，或掇山或列树或曲廊；而且运用不同的题材来达到的效果和作用也是不同的，或曲或直，或虚或实，或半隐或半露，半透半闭，全应根据主题要求而匠心独运。障景手法的运用，也不限于起手部分，园中处处都可灵活运用的。

中国园林特色之一，正是由于障景的起手，才能有引人入胜的生发。以宅园为例，进了园门或穿过曲折的山洞，或宛转丛林之间，或走过曲廊小院来到可以大体半望园景的地点。这个地点(生发处)往往是一面或四面敞开的轩亭之类的园林建筑，便于停息而略窥全园或园中主景。这里常把园中优美景色的一部分呈现在你的眼前或隐约可见，但又可望而不可即，使游人对于这个园林产生欲穷其妙的想望，也就是引人入胜的生发。

过去，无论是私人宅园、或是帝王宫苑，都是供少数人游乐的，即使像帝王的宫苑规模尽管大，但在手法上还是从少数人出发，因此，曲廊小院的曲障，叠石构洞的山障，对于我们今天群众性综合公园的起手部分来说不能照式抄袭，但是在一定的主题要求下，障景的手法还是需要的，而且可以达到同样的效果和作用，例如北京陶然亭公园的东门，宽广的入口在广场的背面是树丛，而且路分左右，一边到露天舞池去，一边到园的南部。由于树丛的障景，转折一段后才能见到东湖水面和牌坊、锦秋墩等远景。

要使景物有曲折变化，就得在布局上因势随形划分多个景区，然后一区又一区，一景复一景地展开。规模宏敞的园林可以有数十个景区，例如圆明园、避暑山庄等。即使规模小的园林以及园中之园或宅园等，甚或不能有明显的区划时，至少有层次的展开，一重又一重的景物展开。例如北海的静心斋，这个园中之园的主体部分，一重复一重地展开了曲折的山景，增进了深远的意境，叠翠楼是收拾处，但又有住而不住之势，于是从那里下来又有枕峦亭、山洞、叠石等余势。

中国园林中划分景区通用的手法可称作隔景。在题材的运用上或以绵延的土冈把两个不同意境的景区划分开来，或同时结合运用一水之隔的方式。例如圆明园的各个景区，绝大部分是用冈阜环抱，溪河周流的方式，或左山右水，或隔水背山等，为了隔景和划分景区而运用的冈阜，势不在高，二、三米即可，三、四米亦可，只要其高足以挡住视平线即可，隔景手法上可运用的题材也是多种多样的，或用树丛植篱，或用粉墙漏明墙，或用敞廊、墙廊、复廊。总之运用的题材不一，但其目的则一，都是为了隔景分区。这种隔景本身又常成为它所组成的景区的背景，甚或就是主体。隔景分区手法所起的效果和作用要根据主题要求而定，或虚或实，或半虚半实，或虚中有实，或实中有虚。简单说来，一水之隔是虚，虽不可越，但可望；一墙之隔是实，不可越，也不可见。疏朗的树林，隐隐约约是半虚半实；而漏明墙、或有风窗的墙廊是亦虚亦实。一水之隔也可以说是虚中有实，是虚，因为视线并未受阻，但虚中有实，因为并不就能越过。步廊可说是实中有虚，是因为明明有一廊之隔，但又是虚，因为视线可以透过。

运用隔景手法来划分景区时，不但把不同意境的景物分隔开来，同时也使新的景物有了一个范围。由于有了范围物，一方面可以使注意集中在所范围的景区内，一方面也使从这个到那个不同主题的景区时感到各自别有洞天，自成一个单元，而不致像没有分隔时那样有骤然转变和不协调的感觉。清沈宗骞在《芥舟学画编》里说得好："布局之际，务须变换，交接之处务须明显。有变换则无重复之弊，能明显则无扭捏之弊。"事实上，隔景也成为掩藏新景物的手法而起障景的作用。因此所谓隔景所谓障景不过是就其所起作用和效果而说的，是便于分析具体作品的说明而有的，实际上它们都是布局上完成一定要求的手法。

对比或对照的手法：一开一合中产生曲折变化的一个重要手法就是对比或称对照的运用。所谓对比，就是有矛盾和参差，或则说有互相不同特点的，各自发挥其特性的形象同时呈现在一个景内，因而就能产生非常有效果的变化。例如明和暗、动和静、虚和实、高和低等等，清沈宗骞在《芥舟学画编》里关于对比作了透彻的发挥。他写道："欲直先横，欲横先直……将仰必先作俯势，将俯必先作仰势。以及欲轻先重，欲重先轻，欲收先放，欲放先收之属，皆开合之机。"接着又写道："至于布局，将欲作结密郁塞，必先之以疏落点缀，将欲作平远纡徐，必先之以峭拔陡绝；将欲虚灭，必先之以充实；将欲幽邃，必先之以显爽；凡此皆开合之为用也。"从这段开合之机、开合之为用的议论来看，横和直是线条的对比，

仰和俯是形势的对比，轻和重是量的对比，收和放是境的对比，……曲折变化尽在其中。我国园林中无论是布局上和造景上运用对比手法的例子，随处皆是。例如明艺圃的入园青梧夹道本是树丛夹道，浓密荫闭，俄而豁然开朗一片平远的景色呈现在眼前，所谓柳暗花明又一村，正是明暗的对比。避暑山庄的沧浪屿。峭壁之下，一池横列，正是纵形和横行的体量对比。例如北海的古柯庭，一株亭亭如华盖的古树下散点山石数块，益显得古木参天的高大，正是高和低，大和小的对比。或如长河溪流随其势而有宽有狭，正是一收一放的境的对比。闲闲小园寂寂庭院中，引来一股清泉，蜿蜒在岩石花草间，潺潺水声，正是动和静的对比。或如"万绿丛中一点红"正是色彩对比的运用。

借景的手法：在一定地域内（即园内）即使能够熟练地运用各种手法来造景，使园景多样化但还总属有限，更重要的是能够"巧于因借"。计成在《园冶》借景篇里写道："夫借景，林园之最要者也，"在兴造论里写道："借者园虽别内外，得景则无拘远近……极目所至，俗则屏之，嘉则收之，……斯所谓巧而得体者也。"这就是说得景不分内外，园内景物固然可以互相借资为用，园外风光更应借资，收入园内。只有这样，园景的变化才能扩延于无穷，而且得来不费分文。可以这样断语，自周以来所有园林，无不运用借景来丰富景色。

借景的手法也有多种，"如远借、邻借、仰借、俯借，应时而借"（《园冶》借景篇）。远借主要是借园外远处的风光美景，如峰峦冈岭重叠的远景，田野村落平远的景色，天际地平线湖光水影的烟景，只要极目所至的远景，都可借资，但远借往往要有高处，才可望及，所谓欲穷千里目，更上一层楼。因此远借时，必有高楼崇台，或在山顶设亭榭。登高四望时，虽然外景尽入眼中，但景色有好有差，必须有所选择，把不美的屏去，把美的收入视景中，这就需要巧妙的构图。或利用亭榭的方位，使眺望时自然而然地

对着所要借资的景物，为此在布局时必须注意建筑物的朝向角度。或地位使然。只能注目到某一朝向，例如避暑山庄烟雨楼西北角的方亭。或利用亭榭周旁的竖面，或种植树丛来屏去不美的景物，使视线集中在所要借资的景物。

高处既可远借，也可俯借，这里所谓高处，自是相对而说的，观渔濠上，或凭栏静赏湖光倒影，都是俯借。俯借和仰借只是视角的不同。一般的说，碧空千里，白云朵朵，明月烁星，飞鸟翔空都是仰借的美景，仰望峭壁千仞，俯望万丈深渊，这也是俯仰的深意。邻借和远借只是距离的不同，一枝红杏出墙来固然可以邻借，疏枝花影落于粉墙上也是一种邻借，漏窗投影是就地的邻借，隔园楼阁半露墙头也是就近的邻借，至于应时而借，更是花样众多，拿一日之间来说，晨曦夕霞。晓星夜月，拿一年四季来说，春天风光明媚，夏日浓绿深荫，秋天碧空丽云，冬日雪景冰挂，这些四时景物都可借资不同季节的气候特点而表现。就拿观赏树木来说，也是随着季节而转换的，春天的繁花，夏日的浓荫，秋天的色叶，冬日的树姿，这些也都可应时而借来表现不同的意境。

这种种借景手法，全在能"巧而得体"。例如前章清朝宫苑中提到的避暑山庄内望僧帽峰、罗汉峰，这些远景仿佛就在园内而不觉它们是庄外远借的景色。一方面也因为庄内西部原有峰岭自然环境，一方面僧帽峰、罗汉峰虽在东垣外，因东垣内堆叠的冈阜将宫垣隐去，使得庄内的堆叠的冈阜好似是堆于前的山阜，使庄外的山岭成为前后层次的视景，相连成一体，斯正所谓巧而得体者也。

多样统一：园景如果没有变化，固然单调无味，有了变化而不能统一起来，就会形成繁琐紊乱。因此布局造景不仅要有曲折变化，还要能统一起来，把富于变化的景物能够互相关联，有规律地统一起来。所谓多样统一就是既要多样又要统一，既要使其在布局中有变化，又要在变化中使其集中，在集中里又使其有变化。多样统一看起来似乎是很繁复的结构问题，

其实只要真正胸有成竹，把握住一定规律和景物的相互关系时，自然而然地就能和谐，就能统一。前面我们讲到的起结开合，曲折变化等手法就是既有变化又能统一的，因为在一开一起中展开景物的变化而归之于一结一合，自然而然地一气呵成，和谐统一。布局中障景隔景的手法也是为了多样统一。

框景构图：从局部构图来说，既要在构图中使其变化又要在变化中使其集中的常用手法就是称作框景的构图法。由于外间景物不尽是可观，或则平淡中有一二可取之景，甚至可以入画，于是就利用亭柱门窗框格，把不要的隔绝遮住，而使主体集中，鲜明单纯，好似一幅画一般。例如颐和园的湖山真意亭，运用亭柱为框，把西望玉泉山及其塔的一幅天然图画收入框中，于是人们注意力就集中在这幅天然制作的画面而不及其他。如果在室内从里朝外眺望庭院，只要构图合宜，二三株观赏树木或几块山石，数株修竹……都能够入画。把平淡的景物有所取舍，使美好景物强调突出在框格中自成佳景。

这种框景构图的处理如果能够灵巧地运用在总体布局中，那么就能随着人们的行进面面有景，处处有情，千变万化，如山阴道上应接不暇。特别是在苏州宅园中，框景的运用十分巧妙，大有一转、变一象，一折、变一景，见景生情，情景结合，既变化又集中，给人有力的感染。

前人的园林创作经验上所积累的布局造景手法是广大而多样化的。这里只是概括了一些布局上的主要手法，只能举其荦荦大要。重要的是我们向历史园林作品的学习应当就前人如何反映当时的现实这个前提下去体验和领会前人创作景物的手法、技巧。重要的是能匠心独运，巧于因借，精在体宜，布局和造景固然是为了产生变化，在变化中又有集中并能多样统一。这种变化应当自然而然地呈现在作品里，跟内容融合无间，好似本来就存在于题材之中，通过作家才把它发掘出来，而这变化原是存在于现实本身之中。

三、掇山叠石

作为生活境域之一的中国园林的自然环境基础是山水，而且一般地说，都是在原有的地形凹凸和水源可寻的基础上来进行的。"疏源之去由，察水之来历"，低凹可开池沼，掘池得土可构冈阜，使土方平衡，这是自然合理而又经济的处理手法。在没有天然水源的地方筑园，当然就很难引水注池。但兴造规模较大的园林，早在相地的时候就要注意到水源条件。面积很小的宅园、花园的兴造，即便没有天然水流也可利用井水提注，"小借金鱼之缸"或一洼清水而小巧有致。

中国园林中创作山水的基本原则是要得自然之趣及其性情，明代画家唐志契在《绘事微言》中说："最要得山水性情，得其性情便得山环抱起伏之势，如跳如坐，如俯如仰……亦便得水涛浪萦洄之势，如绮如鳞，如怨如怒，……"，这里所谓得其性情就是要掌握山水构成的规律，从思想感情上把握着山水的客观形貌所引起的性格特点，只有掌握了山水构成的规律才能使所创作的山水真实，只有从思想感情上把握住山水的客观形貌所引起的性格特点，才能生动地、具体地、集中地表现自然。

因此，我们对于园林作品中山水创作的评价，首先要求合乎自然之理，就是说要合乎山水构成的规律，才能真实，同时还要求有自然之趣，也就是说从思想感情上把握着山水客观形貌所引起的性格特点，才能生动，才能感动人。园林里的山水，不是自然的翻版，而是综合的典型化的山水。

（一）掇山总说

因地势自有高低，园林里的掇山应当以原来地形为据，因势而堆掇，掇山可以是独山，也可以是群山。"一山有一山之形势，群山有群山之形势"而且"山之体势不一，或崔巍，或嵯峨，或峭拔，或苍润，或明秀，皆入妙品。"（清唐岱：《绘事发微》）怎样来创作不同体势的山，这就需要"看真山，……辨其地位，发其神秀，穷其奥妙，夺其造化。"

如果掇山而冈阜连接压覆就称作群山，例如北宋的寿山艮岳。群山之立局，虽然在园林著作中未见有论及，但早在五代荆浩，宋朝李成、韩拙等论画中都有发挥。清唐岱在《绘事发微》中所论也是同一番意思，他说："其重叠压覆，以近次远，分布高低，转折回绕，主宾相辅，各有顺序。"要掇群山必是重重叠叠，互相压复的形势，有近山次山远山，近山低而次山远山高，近山转折而至次山，或回绕而至远山。近山次山远山，必有其一为主（称主山），余为宾（称客山），各有顺序，众山拱伏，主山始尊，群峰盘亘，祖峰厚厚。这是总的立局。总的立局确定，就可"逐段滋生"就可"土石交复以增其高，支陇勾连以成其阔。一收复一放，山渐开而势展，一起又一伏，山欲动而势长。"不论主山、客山都可适当的伸展，而使山形放阔，向纵深发展，这样就可以有起有伏，有收有放，于是山的形势就展开了，动起来了，一句话就能富有变化了。同时古人又指出，既是群山必然峰峦相连，就必须注意"近峰远峰，形状勿令相犯"，不要成排比，或笔架烛列。

明清遗存的宫苑，例如避暑山庄的湖洲区，和圆明园的残迹尚可看到冈阜连接压覆的形势，跟上段论画中对于群山的议论可说是相通的。至于像北海琼华岛的白塔山那样高广的大山也可说是叠大山中目前仅有的范例。但掇山的形体变化不一，不能定式，而且掇山不像建筑那样，难以先有施工详图然后完全照图施工。当然掇山必先胸有丘壑，也就是说掇山的规模和大体的轮廓还是可以设计的，也可以做出模型，然后在施工过程中指导局部的支陇勾连，园林中掇山的技法，诚如李渔《闲情偶寄》中所说的"另是一种学问，别有一番智巧。"

就一山的形势来说，山的主要部分有山脚（即山麓）、山腰、山肩和山头（即山顶）之分。掇山必须相地势的高低，要"未山先麓，自然地势之嶙峋"（《园冶》）；至于山头山脚要"俯仰照顾有情"，要"近阜下以承上"，这都是合乎自然地理的。山又分两麓，"阴阳相背"而且"半寂半喧"，这就是说山的阴坡土壤湿润，植被丰富而喧，阳坡土壤干燥，植被稀少而寂，山的各个不同部分又各有名称，而且各有形体。"洪谷子云：尖曰峰，平曰顶，员（注：同圆）曰峦，相连曰岭，有穴曰岫，峻壁曰崖，崖下曰岩，岩下有穴而名岩穴也……山岗者，其山长而有脊也……山顶众者山巅也……岩者，洞穴是也。有水曰洞，无水曰府。言堂者，山形如堂屋也。言嶂者，如帷帐也……土山曰阜，平原曰坡，坡高曰陇……言谷者，通路曰谷，不相通路者曰壑。穷渎者无所通，而与水注者，川也。两山夹水曰涧，陵夹水曰溪，溪中有水也。"（宋韩拙《山水纯全集》）这里摘录的都是一些通见的名称。此外，山峪（两山之间流水的沟）、山壑（山中低坳的地方）、山坞（四面高而当中低的地方）、山隈（山水弯曲的地方）、山岫（有洞穴的部分）也是常见的一些名称。所有这些，都各具其形，都可因势而创作。对于这些个别的形势的掌握若不是曾经"身历其际，……融会于中，又安能辨此哉？"（清唐岱《绘事发微》）。

更有进者，"山有四方体貌，景物各异。"这就是说山的体貌因地域而有不同，性情也不一样。所谓"东山敦厚而广博，景质而水少。西山川峡而峭拔，高耸而险峻。南山低小而水多，江湖景秀而华盛。北山阔墁而多阜，林木气重而水窄。"宋朝韩拙在《山水纯全集》中这段议论确是深刻地观察了我国各方的山貌而得其性情的确论。

（二）高广的大山

要堆掇高广的大山，在技术上不能全用石，需用土，或为土山或土山带石。因为既高而广的山，全用石，从工程上说过于浩大，从费用上说不太可能，从山的性情上说，块石垒垒，草木不生，未免荒凉枯寂。堆掇高广的大山，全用土，形势易落于平淡单调，往往要在适当地方叠掇点岩石，在山麓山腰散点山石，自然有嶙嶒之势。或在山的一边筑峭壁悬崖以增高巉之势，或在山头理峰石，以增高峻之势……所以堆掇高广的大山总是土石相间。李渔在《闲情偶寄》中写道："以土代石之法，既减人工，又省物力，且有天然委曲之妙……至高广之山，全用碎石则如百衲僧衣，求一无缝处而不得，此其所以不耐观也。以土间之，则可泯然无迹，且便于种树，树根盘固，与石比坚，且树大叶繁，混然一色，不辨其为谁石谁土……此法不论石多石少，亦不必定求土石相半。土多则是土山带石，石多则是石山带土，土石二物，原不相离。石山离土，则草木不生，是童山矣。"

例如北京景山的掇山，它主要用土堆叠形成，但在山麓、山腰以及山径多用叠石，使山势增加，可以说是土山带石。北海的白塔山是高广的大山。前山部分，未山先麓，自然地势之峻嶒，缓升的山坡上，山石半露，好像从土中天然生出一般，而且布置得错落有致，好像天然生成的岩层一般，再上有一部分叠掇的山石和散点的山石，以壮山势以增秀气。后山部分可说是外石内土，堆石不露出土的石山。从揽翠轩而下，岩石叠掇的形势，俨然是沿断层上升的断层山崖之势。这里洞壑宛转，山径盘纡。或两崖之间路四，夹径块石林立森然。或叠山洞曲折有致，忽又出至小庭，仰望峭壁逼于前，其势高危。转而到后山西部，真有峰峦崖岫，巉岩森耸的形势，不愧"云烟尽态"这四个字的题赞。在后山的山麓部分，先是山崖险危，然后层石横列，好似横层天生一般。像北海白塔山后山部分这样规模的堆石不露土的掇山，工程耗费巨大，不是一般情况下力所能及。但是它的局部构图和叠石的技巧还是可以学习的。

（三）小山的堆叠

小山的堆叠和大山不同。当然这里所说的小山，是指掇山成景的小山，例如颐和园谐趣园中的掇山，北海静心斋中的掇山等。李渔在《闲情偶寄》中写道："小山亦不可无土，但以石作主而土附之。土之不可胜石者，以石可壁立，而土则易崩，必仗石为藩篱故也。外石内土，此从来不易之法。"这就是说堆叠小山不宜全用土，因为土易崩，不能叠成峻峭壁立之势，尽为馒头山了。同时堆叠小山完全用石，也不相宜。从未有完全用石掇成石山，甚或全用太湖石的。李渔认为全石山"如百衲僧衣，求一无缝处而不得，此其所以不耐观也。"此是确论。大抵全石山，不易堆叠，手法稍低更易相形见绌。例如苏州狮子林的石山，在池的东、南面，叠石为山，峰峦起伏，间以溪谷，本是绝好布局，但山上的叠石，在太湖石组上益以石笋，好像刀山剑树，彼此又不相连贯，甚或故意砌仿狮形，更不耐观。

一般地说：小山而欲形势具备，可用外石内土之法，即可有壁立处，有险峻处。同时外石内土之法也可防免冲刷而不致崩坍。这样，山形虽小，还是可以取势以布山形，可有峭壁悬崖、洞穴、涧壑，做到山林深意，全在匠心独运。《园冶》的掇山篇说得好："方堆顽夯而起，渐以皴文而加，瘦漏生奇，玲珑安巧，峭壁贵于直立，悬崖使其后坚。岩峦洞穴之莫穷，涧壑坡矶之俨是，信足疑无别境。举头自有深情，蹊径盘且长，峰峦秀而古，多方景胜，咫尺山林"。例如北海静心斋的掇山，苏州环秀山庄和拙政园的掇山，都不愧是咫尺山林，多方景胜，意境情深。

计成认为小山的堆叠要"瘦漏生奇，玲珑安巧。"什么叫作透、瘦、漏？李渔在《闲情偶寄》的"山石第五"中写道："此通于彼，彼通于此，若有道路可行，所谓透也。石上有眼，四面玲珑，所谓漏也。壁立当空，孤峙无倚，所谓瘦也。然透漏二字，在在宜然，漏则不应太甚……偶然一见，始与石性相符。"但是这些论述，主要是就山石本身来说的。至于就小山的形势来说，不外要有峰峦起伏，有洞穴涧壑，有峭壁悬崖。

李渔还认为掇小山以理石壁较易取胜。他写道："山之为地，非宽不可。壁则挺然直上，有如劲竹孤

桐，斋头但有隙地，皆可为之。且山形曲折，取势为难，手笔稍庸，便贻大方之诮。壁则无他奇巧，其势有若累墙。但稍稍纡回出入之，其体嶙峋，仰观如削，便与穷崖绝壑无异。且山之与壁，其势相因，又可并行而不悖者，凡累石之家，正面为山，背面皆可做壁。匪特前斜后直，物理皆然，……即山之本性，亦复如是，逶迤其前者，未有不崭绝其后，故峭壁之设，诚不可已。但壁后忌作平原，令人一览而尽，须有一物焉，蔽之使坐客仰观，不能穷其颠末，斯有万丈悬崖之势，而绝壁之名为不虚矣。蔽之者维何？曰：非亭即屋。或面壁而居，或负墙而立，但使目与檐齐，不见石丈人之脱巾露顶，则尽致矣。"又写道："石壁不定在山后，或左或右，无一不可，但取其地势相宜，或原有亭屋，而以此壁代照墙，亦甚便也。"

李渔擅长用土石相间的办法来点缀小山，而且有作品遗存，《履园丛话》载："惠园在宣武门内西单牌楼郑亲王府（按：即现在二龙路高等教育部），引池叠石，饶有幽致，相传是园为国初（指清初）李笠翁手笔。"《鸿雪因缘记》也记载及牛排子胡同半亩园是李笠翁的手笔。李笠翁筑园的特色是"把小土山当作大山的余脉来布置，有如山水大局中剪裁一段，没有奇峰峭壁和宛转洞壑，不以玲珑取胜，只在平远绵衍的小土山上点缀些形体浑厚的石头，疏的密的，全都安顿有致。"（这段引文见朱家缙《漫谈叠石》，载《文物参考资料》1957年第6期，第30页）。

（四）掇山小品

我国宅第的庭院里或宅园中虽仅数十平方米的面积也可掇山，但所掇的山只能是称作小品（好比小品文）。计成在《园冶》的掇山篇中对于叠山小品，因简而易从，尤特致意。计成根据掇山小品的位置，地点或依傍的建筑物名称而分为多种。"园中掇山"就称园山，"……而就厅前一壁楼面三峰而已，是以散漫理之，可得佳境也。"计成认为："人皆厅前掇山

（称厅山），环堵中耸起高高三峰，排列于前，殊为可笑，加之以亭，及登，一无可望，置之何益？更亦可笑。"这样塞满了厅前，成何比例，且又高又逼仄，成何体态。他的意见：不如"或有嘉树稍点玲珑石块。不然墙中嵌理壁岩，或顶植卉木垂萝，似有深境也。"例如北海画舫斋的古柯庭，就是依古槐稍点玲珑石块，自有深意的一例。苏州园林中也都有这种特色，在庭院中疏疏落落布置几组叠置的太湖石，配合一些花草、修竹和大树。

或有依墙壁叠石掇山的可称"峭壁山"，"靠壁理也，借以粉壁为纸，以石为绘也。理者相石皴纹，仿古人笔意，植黄山松柏、古梅、美竹，收之圆窗，宛然镜游也。"这就是说选皴纹合宜的山石数块，散点或聚点在粉墙前，再配以松桩（好似生在黄山岩壁上的黄山松）梅桩，岂不是一幅松石梅的画。以圆窗望之，画意深长，不必跋山涉水而可卧游。又例如颐和园乐寿堂西的扬仁风，在横池的东边依乐寿堂的西墙作峭壁山，既掩饰了砖墙，又和池边点缀的山石相呼应而有连续之势。称做"书房山"的跟厅山相似，只是掇山地点不在厅前而在书房前。《园冶》掇山篇写道："书房山，凡掇小山，或依嘉树卉木，聚散而理，或悬岩峻壁各有别致。书房中最宜者，更以山石为池，俯于窗下，似得濠濮间想。"更有"池山"。"池上理山，园中第一胜也，若大若小，更有妙境。就水点其步石，从巅架以飞梁，洞穴潜藏，穿岩径水，峰峦飘渺，漏月招云，莫言世上无仙，斯住世之瀛壶也。"苏州环秀山庄的掇山，所以称为池山杰作，正由于它能在小面积庭院中池上理山，山的东北部土多于石，西南部用太湖石叠掇，峥嵘峭拔；其间构成两个幽谷，一自南而北，一自西北走向东南，在中间相会，从巅架石为梁。其下池水狭曲，环绕山的西南二面，一部分水伸入谷内，就水点步石。不愧洞穴潜藏，穿岩径水，峰峦飘渺，漏月招云之赞。不但如此，山石之间，植以垂藤萝，顶植枫柏，俨然城市山林的深境。

（五）峰峦山谷的堆叠

掇山和叠石虽然是两件事，然而在园林的地貌创作中往往是相互为用不易分开。例如前面所说堆掇高广的大山不能全用石也不宜全用土而是土山带石，尤其峰峦洞壑崖壁等都需要用叠石来构成。堆掇小山虽然以叠石为主，但也不可无土，至少是外石内土。总之，掇山时无论是土山也好，或石山也好，或土石相间，或外石内土，或堆石不露土，或完全用叠石构山都离不开要运用叠石。前面我们已就大山或小山的总貌的构成立论，这里再叙述掇山方面有关峰峦等局部的叠石处理手法。

峰：掇山而要有凸起挺拔之势或则说峻峰之势，应选合乎峰态的山石来构成，山峰有主次之分，主峰应突出居于显著的位置，成为一山之主并有独特的属性。次峰也是一个较完整的顶峰，但无论在高度、体积或姿态等属性方面应次于主峰。一般地说，次峰的摆布常同主峰隔山相望，对峙而立。

拟峰的石块可以是单块形成，也可以多块叠掇而成。作为主峰的峰石应当从四面看都是完美的。若不能获得合意的峰石，比如说有一面不够完整时，可在这一面拼接，以全其峰势。峰石的选用和堆叠必须与整个山形相协调，大小比例确当。若做巍峨而陡峭的山形，峰态尖削，叠石宜竖，上小下大，挺拔而立，通称做剑立式；若做宽广而敦厚的中高山形，峰态鼓包而成圆形山峦，叠石依玲珑而垒，可称垒立式；或像地垒那样顶部平坦叠石宜用横纹条石层叠。可称层叠式；若做更低而坡缓的山形，往往没有山脊或很少看出山脊，只能有半埋的石块好像残存下来的岩石露头。为了突出起见，对于这种很少看到山脊较单调的山形有用横纹条石参差层叠，可称做云片式并可有出挑。

掇山而仿倾斜岩脉，峰态倾劈，叠石宜用条石斜插，通称劈立式。掇山而仿层状岩脉，除云片式叠石外，还可采用块石竖叠上大下小，立之可观，可称作斧立式。掇山而仿风化岩脉，这种类型的峰峦岭脊上有经风化后残存物，常见的凸起的小型地形有石塔、石柱、石钻、石蘑菇等。石塔、石柱、石蘑菇可选合态的块石或多块拼接叠成，其取其意不求其形似。计成在《园冶》里所写："或峰石两块三块拼掇，亦宜上大下小，似有飞舞势，或数块成，亦如前式"。仿石灰岩风成石柱，或花岗岩石柱又称笔尖岩，也可采用石笋或剑石来叠掇。

上述这种小型凸起的地形可以独立存在，也可和大型凸起地形的峰峦岭脊联系成一片，后者的情况下就较复杂，式样也繁多。独立存在的可以用单块或并接合成的巨石来模拟。不是独立存在的也就是说峰石不是一个而是多个成为群体，除了拟峰的主石外，还有陪衬的配石，一般地说，主石不宜居中，常偏侧靠后。这样摆布易于使峰势有前后层次和左右起伏之势，同时也易于使主石突出而有动态之势。所谓配石就是配备在主石的周侧，高低参差，承上趋下，错落而安，来陪衬主石之势。

配石的手法是根据主石的形态及对峰势的要求而定。例如峰态剑立，主石上小下大，就可运用石形剑立，但体小的石块，参差配立周侧来增强主石的峻峭之势。这种手法在传统上叫作配剑。主石剑立，但体形较敦厚的，可用方厚的石块墩在主石偏侧来加强敦厚的峰势，这种手法在传统上叫作配墩。主石剑立但其岩基较平坦，可用条状顽夯之石平卧在主石下，以竖和横的对比手法来增强峻拔之势，这种手法在传统上叫配卧。此外，斧立式、劈立式都可以用相同体形的配石来增强峰势。如果拟峰的主石是垒立式、层叠式，或有出挑，配石也应采取垒立状、层叠状或有出挑的叠石，但体形较小。

配石可以只有一个，在传统上叫作单配。单配时应贴近主石的一侧，单配的石块，从体形上说通常为主石的高度或体积的三分之一、三分之二或五分之三。配石也可以有二个，在传统上叫作双配。这时，这两个配石的体形虽较主石为小，但二者本身之间常一高一低，一大一小，而且不等距地配立在主石的周侧。无论是单配和双配，配石的位置应避免同主石位在一条线上，或配石的正面和体形同主石相平行，这在传统上叫作切忌"顺势"。应避免把配石位在主石的正前而遮挡峰面，这在传统上叫作忌"景"，也应避免把配石位在主石的后背，这在传统上叫作忌"背"。

配石也可以有二个以上，这在传统上叫作多配。采用多配方式时，更应注意其相互间的位置，间距的安排。多配的各个配石切忌排成一条线而成笔状，也忌由低而高成阶梯状，或中间高两端低而成笔架式。多配的各个配石之间的间距切忌等距，各个配石的安置应当有前有后，错落有致，有连有拒，若断若续，有依有舍、聚散相间，嵌三聚五、疏密相间。就这个群体来说，应避免单薄的排列而力求有层次，要有隐有显，造成峰势宛回而有深远之感。同时相互之间避免角度一致，要因势而配，一呼一应，多样统一。

峰顶峦岭本不可分，所谓"尖曰峰，平曰顶，圆曰峦，相连曰岭。"（宋韩拙：《山水纯全集》）。从形势来说，"岭有平夷之势，峰有峻峭之势，峦有圆浑之势"（清唐岱：《绘事发微》）。峰峦连延，但"不可齐，亦不可笔架式，或高或低，随致乱掇，不排比为妙（计成：《园冶·掇山》）。"

悬崖峭壁：两山壁立，峭峙千仞，下临绝壑的石壁叫作悬崖；山谷两旁峙立着的高峻石壁，叫作峭壁。在园林中怎样创作悬崖峭壁呢？关于理悬崖的方法，计成在《园冶》里写道："如理悬岩，起脚宜小，渐理渐大，及高，使其后坚能悬。斯理法古来罕有，如悬一石，又悬一石，再之不能也。予以平衡法，将前悬分散后坚，仍以长条堑里石压之，能悬数尺。其状可骇，万无一失。"这里道破了理悬崖必须注意叠石的后坚，就是要使重心回落到山岩的脚下，否则有前沉塌陷的危险。立壁当空谓之峭。峭壁常以页岩、板岩，贴山而垒，层叠而上，形成峭削高峻之势。

理山谷是掇山中创作深幽意境的重要手法之一。尤其立于平地的掇山，为了使意境深幽，达到山谷隐隐现现，谷内宛转曲折，有峰回路转又一景的效果，必须理山谷。园林上有所谓错断山口的创作。错断和正断恰恰相反。正断的意思是指山谷直伸，可一眼望穿，错断山口是指在平面上曲折宛转，在立面上高低参差左右错落，路转景回那样引人入胜的立局。

(六) 洞府的构叠

李渔在《闲情偶寄》里写道："假山无论大小，其中皆可做洞。"计成在《园冶》《掇山》篇写道："峰虚五老，池凿四方，下洞上台，东亭西榭。"这表明堆叠假山时，可先叠山洞然后堆土成山，其上又可作台以及亭榭。小型的洞府例如避暑山庄烟雨楼西侧的假山石洞，上有一亭，文津阁前的假山石洞，上为月台，较大型的洞府例如颐和园佛香阁两旁的山洞顺山势而下穿（反过来说，拾级转折而上），中途有多个通上的出口，出口处有亭阁。北海琼华岛后山的石洞，顺着山势穿行其中，更是蜿蜒深邃，盘曲有致。

在自然界，大多数山洞是地下水溶解岩石的结果，在喀斯特地区洞穴尤其丰富。当然岩洞不限于喀斯特地形，只是在其他不易溶蚀的岩石地形中洞穴少见罢了。喀斯特地区山里的山洞很少是孤立的，大多数是成带的。山洞的起点常在山坡或山沟中高于谷底地方的一个或宽或窄的洞孔，往往生在陡峭巉崖之中。进了洞孔可以立即进入第一个广宽的大洞，或经一上一下通过狭窄和弯曲的通道才来到大厅样的大洞。再进有大小不等形状像楼阁厅堂的宽广的洞，由狭小的像胡同样或暗廊般的通道互相沟通。这些大厅和通道系统或分布在同一水平上，或倾斜到某个方面，或成多层的阶级。有时整个山洞是一片错综复杂的迷宫样的山洞构成，总长甚至有一、二百公里以上，或从进口到尽头的直距达几公里到十多公里。石灰岩地区山洞的大洞里有坚硬的滴凝石，即由顶棚从

上而下逐渐发展形成的钟乳石和滴落在底部凝聚而成的石笋。如果在发育中一个个连接起来便成为钟乳石和石笋的群体。这些石乳凝成的物状，往往奇姿百出并呈现出无数奇景，例如我国广西桂林的七星岩，全长三里多，其中石洞可分六洞天、两洞府能容万人，是我国著称的最大最奇的岩洞之一，它有两个入口，两个出口，入口由第一洞天分路，左入大岩，右入支岩，同会于第二洞天的"须弥山"下，出口在第三洞天的"花果山"下，分为两路，右经"王溪洞府"后右出马坪街，左入大岩经"群仙洞府"，上"天梯"出至七星岩后山。各个洞天洞府里，石乳凝成各种奇异物状，古来根据各个不同的奇异形象给予各种景名(上述引号中都是景名)，有的还和神话传说相结合。

喀斯特地区的有些山洞，现在还有隐河淌着，另一些山洞保存着大小不等的隐湖，这些隐湖是由个别山洞底部汇集起来的静水造成的。广西阳朔的"冠岩"(岩洞的名称)，岩门很高，入口内部开朗，右侧有石级，可以曲折登一平台，俨然是一座大石屋，洞顶遍悬各种奇形怪状并带有彩色的钟乳石，再往里有一条清溪，可乘小艇而入，内洞有一线长窄的天光从山顶射下，故又名"光岩"，下有沙渚和潺潺流水，不知源头何处。在江南著称的石灰岩洞，如宜兴的张公洞也有隐湖，需卧躺小艇而入。

园林中的掇山构洞，除了像上述北海、颐和园顺山势穿下曲折有致的复杂山洞外，有时创作不能穿行的单口洞，单口洞有的较宽好似一间堂屋，也可能仅是静壁垒落的浅洞，李渔在《闲情偶寄》里写道："……作洞。洞亦不必求宽，宽则借以坐人。如其太小，不能容膝，则以他屋联之，屋中亦置小石数块，与此洞若断若连，是使屋与洞混而为一，虽居屋中，与坐洞中无异矣。"

关于理山洞的做法，计成在《园冶》里写道："理洞法，起脚如造屋，立几柱著实，掇玲珑如窗门透亮，及理上，见前理岩法，合凑收顶，加条石替之，斯千古不朽也。洞宽丈余，可设集者，自古鲜

矣！上或堆土植树，或作台，或置亭屋，合宜可也。"这里可看出计成对理洞工程的着意。前面提到他对于掇山工程就极重视基础工程"掇山之始，桩木为先，……立根铺以粗石，大块满盖桩头，"理洞的洞基又未尝不是如此。关于洞基两边的基石，要疏密相间，前后错落而安。在这基础上再理上时，"起脚如造屋，立几柱著实"，但理洞的石柱，可不能像造屋的房柱那样上下整齐而应有凹有凸，参差上叠。在弯道曲折地方的洞壁部分，可选用玲珑透石，如窗户能起采光和通风作用，也可以采用从洞顶部分透光，好似天然景区的所谓"一线天"。及理上，合凑收顶，可以是一块过梁受力，在传统上叫单梁；也可以双梁受力，就有双梁或丁字梁的叫法；也可以三梁受力，通称三角梁；也可以多梁而构成大洞的，就称复梁。洞顶的过梁切忌平板，要使人不觉其为梁而是好似山洞的整个岩石的一部分。为此过梁石的堆叠要巧用巧安。传统的工程做法上为了稳住梁身，并破梁上的平板，在梁上内侧要用山石压之，使其后坚。过梁不要仅用单块横跨在柱上，在洞柱两侧应有辅助叠石作为支撑，既可支承洞柱不致因压梁而歪倒，又可包镶洞柱，自然而不落于呆板。

从上洞的纵长的构叠来说，先是洞口，洞口宜自然，其脸面应加包镶，既起固着美观作用，又和整个叠石浑然一体，洞内空间或宽或窄，或凸或凹，或高或矮，或敞或促，随势而理。洞内通道不宜在同一水平面上而宜忽上忽下，跌落处或用踏阶，或用姜礁，通道不宜直穿而曲折有致，在弯道的地方，要内收外放成扇形。山洞通道达一定距离或分义道口地方，其空间应突然高起并较宽大，也就是说，这里要设"凌空藻井"，如同建筑上有藻井一般。

（七）理石的方式

中国园林中，对于岩石这一材料的运用，不仅用以叠石、掇山、构山洞，而且采取点石置石的方式，使之成为园林中构景的因素之一，如同植物题材一样。点石、置石的运用只要安置有情，就能点石成景，置石成形，别有一番风味，此外，楼阁亭台的基础用石，盘道蹬级、步石、铺地等用石，所有这些运用岩石的方式我们统称为理石。在运用岩石点缀成景加以欣赏时，一块固可，二、三块亦可，八、九块也可。其次，在运用岩石作为崇台楼阁基础的堆石时，既要达到工程上的功能要求，又要满足艺术要求，因此，这类基础工程的叠石也是园林艺术上理石方式之一。此外，在园林中还利用岩石来筑建盘道，蹬阶、跋径、铺设路面等。这类工程也都是既要完成功能要求又要达到艺术要求的特殊理石方式。至于利用岩石作园林中天然用具如天然石桌石凳等，"名虽石也，而实则器矣。"

理石的方式众多，其手法也随之而异，归纳起来可分为三类，第一类是点石成景为主的理石方式，其手法有单点、聚点和散点。第二类理石方式虽然也同样以构景为主，但和前者的区别是通常不用单块石而是用多块岩石堆叠成一座立体结构的、完成一定形象的堆石形体。这类堆石形体常用作局部的构图中心或用在屋旁、道边、池畔、水际、墙下、坡上、山顶、树底等适当地点来构景。在手法上主要是完成一定的形象并保证它坚固耐久。据山石张的祖传：在体形的表现上有两种形式，一称堆秀式、一称流云式，在叠石的手法上有挑、飘、透、跨、连、悬、垂、斗、卡、剑十大手法；在叠石结构上有安、连、接、斗、跨、拼、悬、卡、钉、垂十个字。第三类理石，首要着重工程作法尤其是作为崇台楼阁的基础，但同要完成艺术的要求。至于盘道、蹬级、步石、铺地等不仅要力求自然，要随势而安，而且要多样变化不落呆板。

（八）点石手法

由于某个单个石块的姿态突出，或玲珑或奇特，立之可观时，就特意摆在一定的地点作为一个小景或局部的一个构图中心来处理。这种理石方式在传统上称做"单点"。块石的单点，主要摆在正对大门的广场上，门内前庭中或别院中。例如颐和园的仁寿殿前的庭中有多座独立的石块，乐寿堂院中有一座特大的石块叫青芝岫，排云门廊前左右排列着十二块衙石，石丈亭的院中也有一座独立的石块。这些在庭中、院中单点的石块，常有基座承受。座式可以有多种，或用白石雕成须弥座，或用砖石砌座外抹白灰。一般地说，座式以平正简单为宜，细工雕琢不是必要的，因为主体是座上立之可观的石块。上述颐和园中几处庭中、院中的独立石块的安置好似安设雕塑像座的处理一般，但一则是自然产品，一则是艺术作品。

块石的单点不限于庭中院中，就是园地里也可独立石块的单点。不过在后者的情况下，一般不宜有座，而直接立在园地里(当然要使块石入土牢固，必要时埋入土中的部分可凿笋眼穿横杠)，如同原生的一般，才显得有根。园地里的单点要随势而安，或在路径有弯曲的地方的一边，或在小径的尽头，或在嘉树之下，或在空旷处中心地点，或在苑路交叉点上。单点的石块应具有突出的姿态，或特别的体形表现。古人要求或"透"或"漏"或"瘦"或"皱"，甚至"丑"。但是追求奇形怪状，认为越丑怪越能吸引人的癖好是完全不足取的。

另一种点石手法是在特定的情况下，摆石不止一块而是两、三块，五、六块，八、九块成组地摆列在一起作为一个群体来表现，我们称之为"聚点"。聚点的石块要大小不一，体形不同，点石时切忌排列成行或对称。聚点的手法要重气势，关键在一个"活"字。我国画石中所谓"嵌三聚五"，"大间小、小间大"等方法跟聚点相仿佛。总的来说，聚点的石块要相近不相切，要大小不等，疏密相间，要错前落后，左右呼应，要高低不一，错综结合。聚点手法的运用是较广的，前述峰石的配列就是聚点手法运用之一。而且这类峰石的配列不限于掇山的峰顶部分。就是在园地里特定地点例如墙前、树下等也可运用。墙前尤其是粉墙前聚点岩石数块、缀以花草竹木，也就

是以粉墙为纸，以石和花卉为绘也。嘉树下聚点玲珑石数块，可破平板，同时也就是以对比手法衬托出树姿的高伟。此外，在建筑物或庭院的角隅部分也常用聚点块石的手法来配饰，这在传统上叫做"抱角"。例如避暑山庄、北海等园林中，下构山洞上为亭台的情况下，往往在叠石的顶层，根据亭式(四方或六角或八角)在角隅聚点玲珑来加强角势，或在榭式亭以及敞阁的四周的隅角，每隅都聚点有组石或堆石形体来加强形势，例如颐和园的"意迟云在"和"湖山真意"等处。在墙隅、基角或庭院角隅的空白处，聚点块石二三，就能破平板得动势而活。例如北海道宁斋后背墙隅等等，这种例子是很多的。此外，在传统上称作"蹲配"的点石也属于聚点。例如在垂花门前，常用体形大小不同的块石或成组石相对而列。更常用的是在山径两旁，尤其是蹬道的石阶两旁，相对而列。这种蹲配的运用，如能相其形势巧妙运用，就能达到一定的艺术效果。如果过分滥用，常形成矫揉造作和呆板的弊病。

又一种点石手法，统称做"散点"。所谓散点并非零乱散漫任意点摆，没有章法的意思，乃是一系列若断若续，看起来好像散乱，实则相连贯而成为一个群体的表现。总之，散点的石，彼此之间必须相互有联系和呼应而成为一个群体，散点处理无定式，应根据局部艺术要求和功能要求，就地相其形势来散点。散点的运用最为广大，在掇山的山根、山坡、山头，在池畔水际，在溪涧河流中(还可造成急湍)，在林下，在花径中，在路旁径缘都可以散点而得到意趣。散点的方式十分丰富，主取平面之势。例如山根部分常以岩石横卧半含土中，然后又有或大或小或竖或横的块石散点直到平坦的山麓，仿佛山岩余脉或滚下留住的散石。山坡部分若断若续的点石更应相势散点，力求自然。山坡上一定地点安石还应为种植和保土创造条件。土山的山顶，不宜叠石峻拔，就可散点山石，好似强烈风化过程后残存的较坚固的岩石。为了使邻近建筑物的掇山叠石能够和建筑连成一体，也常

采用在两者之间散点一系列山石的手法，好似一根链子般贯连起来。尤其是建筑的角隅有抱角时，散点一系列山石更可使嶙峋的园地和建筑之间有了中介而联结成一体。不但如此，就是叠石和树丛之间，或建筑物和树丛之间也都可用散点手法来过渡。总之，散点无定式，随势随形而点，全在主者。

（九）堆石形体

堆叠多块石构造一座完整的形体，既要创作一定的艺术形象，在叠石技法上又要恰到好处，不露斧琢之痕，不显人工之作。历来堆石肖仿效狮、虎、龙、龟等形体的，往往画虎不成反类犬，实不足取，堆石形体的创作表现无定式，重要的在于"源石之生，辨石之态，识石之灵"来堆叠，主取立面之势。这就是说要根据石性，即各个石块的阴阳向背，纹理脉络，要就其石形石质堆叠来完成一定的形象，使形体的表现恰到好处。总之堆石形体既不是为了仿狮虎之形而叠，也不是为了峻峭挺拔或奇形古怪而作，它应有一定的主题表现，同时相地相势而创作。

堆石形体的叠法，计成写道："方堆顽夯而起，渐以皴文而加"（《园冶》《掇山》篇）。李渔在《闲情偶寄》中写道："石纹石色，取其相同。如粗纹与粗纹，当并一处，细纹与细纹，宜在一方。紫碧青红各以类聚是也。……至于石性，则不可不依，拂其性而用之，非止不耐观，且难持久。石性维何，斜正纵横之理路是也。"堆石形体在艺术造型上习用手法，据"山石张"祖传口述还有十大手法，即挑、飘、透、跨、连、悬、垂、斗、卡、剑是也。

挑：多石相叠，下小上大，顶石向一面或两侧平面飞出或稍向上翘，悬空而造成飞舞招展之势，常称为"挑"或"出挑"。出挑的样式很多，有单挑、重挑、有担挑、伸挑之分。出挑的部分俗称"挑头"。由于挑头稍向上仰，前口呈上斜悬空才显飞舞招展之势，挑石宜求其渐薄。挑石以横纹取胜，用石不得有纵纹，否则挑头易断落。挑石的后部必有石压之使其后坚。

飘：挑头置石称作"飘"，目的在破挑头的平淡。飘的式样有单飘、双飘，有压飘、过梁飘之分。飘石的石性即其纹理色泽必须与挑头相同或相协调。飘石运用恰当时，更能增加挑的动势，仿佛如云飘一般。

透：叠石架空，留有环洞，常称作"透"，李渔在《闲情偶寄》中写道："此通于彼，彼通于此……所谓透也。"石块架叠，留有环洞。所谓"环"就是叠石相接形成像洞门般，或有意仿山岩缺落凹陷的小口者。流云式堆石形体的特点，在于环透遍体，来显示轻盈，但须知巧用巧安，错落而叠，使各透口的形状不同，转向不一，大小不等，位置不匀，即所谓透口必破，方为至境。

跨：顶石旁侧外悬似壁而挂石，常称作"跨"，这样可以增强堆石形体的凌空之势。这种外悬而挂的"跨"跟"悬"和"垂"是有区别的，跨并不直下悬垂，往往是斜出的挂石。

连：用长石相搭接或左右安石延伸开去形成环透都称作"连"。要知透的变化全看连石如何。连石求其高低错落使环洞的方向不一，大小不等，间距不均，就能生巧。

悬和垂：悬和垂都是直下凌空的挂石，但正挂为"悬"，侧挂为"垂"。悬和垂的做法也是变化多端，全在匠心独运。

斗和卡：叠石成拱状腾空而立常称作"斗"。要达到形体环透，也常用斗法。斗的做法也是很多的，或叠石只有一层和一面腾空，或有一层以上的立体腾空，有时一块独立的石块，由于石形有缺憾，可用斗法来弥补独立石块形象的不足，使姿态更完美，同时也使立石更稳固。"卡"在堆石形体上起支撑体的作用，稳其左右。但卡石恰当又起艺术上效果。有时也为了使主石和配石连贯起来而在其间用卡石。

剑：在叠石当中凡以竖向取胜的立石都称作剑。堆秀式的峰石，下大上小，峻拔而立，称作剑立或上大下小的斧立都可统属于剑的手法。就是流云式中，用湖石作嵌空突兀宛转之势加以选落而上大下小增强动势也属于剑的手法。

在叠石构成一座完整的堆石形体时，或挑或飘，或连或环或透，或跨或悬或垂，或斗或卡或剑并不截然分划开来，也就是说在同一形体的堆叠中并不绝然只用一种手法，而是根据主题要求，辨石之性，综合运用各种手法。

采取堆石形体来创景时，在手法上切忌呆板或凌乱，尤其是安置在建筑物的正面或四周的堆石形体。举例来说，北京西郊动物园内"畅春堂"的前后左右围列有连接起来的堆石形体，好似一道透空的短墙一般，用意未尝不好，但由于大部分的堆叠呆板，缺少真趣。或有不全相连而半抱建筑成为半环式的外围物，例如颐和园"湖山真意"亭的北背和西边的堆石形体，其用意在起障景作用，但由于堆叠的手法呆板，显得矫揉造作，而且跟周遭形势不相协调。

据山石张祖传口述，堆石形体的表现有"堆秀式"和"流云式"。堆秀式的堆石形体常用丰厚积重的石块和玲珑湖石堆叠，形成体态浑厚稳重的真实地反映自然构成的山体或剪裁山体的一段。前述拟峰的堆叠中有用多块石拼叠而成峰者可有堆秀峰(即堆秀式)和流云峰(即流云式)。掇山小品的厅山，峭壁山，悬崖环断等都运用堆秀式叠法。

流云式的堆石形体以体态轻飘玲巧为特色，重视透漏生奇，叠石力求悬立飞舞，用石(主为青石、黄石)以横纹取胜。据称这种形式在很大程度以天空云彩的变化为创作源泉。但流云式的演变到后来落于抽象和单纯追求形式的泥沼。

朱家缙在《漫谈叠石》一文中写道："……完全不顾形势和纹理，虽然用的是好的玲珑石，而横一块竖一块的乱堆，并且石与石之间只有很少一点面积彼此衔接着，可能作者的意图是故意出奇，但是每块石头都显着没根而又凌乱，很像北京的糖食类的花生粘形状，这种花生粘式的湖石假山，是近几十年一种风格，还有一种用青石堆的，……是用直纹的青石架着横纹的青石，很规则地摆起来，摆出很多整齐的长方孔，上面可以放花盆，有些像商店的货架，又很像北

京饽饽铺卖的蜜供，这种蜜供式的青石假山也是近几十年的一种风格"（以上引文见《文物参考资料》1957年第6期，第29页）。当然这种不顾形势和纹理，呆板成定式的堆叠是不足取、也是我们所反对的。同样是堆叠形体，安置在什么地方，什么形势如何布局，大有讲究，形体的构思，叠石的手法就大有高低好坏之分。我们应当继承优秀的传统手法并根据创景和主题的要求来堆叠，创造性地运用叠石技巧，才能发扬并发展叠石的优秀传统。

（十）基础和园路理石

有时为了远眺，为了借景园外而建层楼敞阁亭榭，宜在高处。于是叠小山(楼山、阁山)作为崇台基础而建楼阁亭榭于其上或其前或其侧。《园冶·掇山》篇中写道："楼面掇山，宜最高才入妙，高者恐逼于前，不若远之，更有深意。"对于阁山，计成认为："阁，皆四敞也，宜于山侧，坦而可上，便以登眺，何必梯之。"这种例子也是很多的。例如北海"静心斋"的"叠翠楼"就位在叠石掇山的假山侧，楼中并不设楼梯，利用楼前假山的叠石自然成梯级，要登楼远眺时就从楼外岩梯上楼。热河避暑山庄的"烟波致爽"楼，苏州沧浪亭后园的"看山楼"，拙政园的"见山楼"等都是。此外，从假山或高地飞下的爬山廊，跨谷的复道，墙廊等，在廊基的两侧也必有理石，或运用点石手法和基石相结合，既满足工程上要求又达到艺术上效果。渡山涧的小桥，伸入山石池的曲桥等，在桥基以及桥身前后也常运用各种理石方式，它们使与周遭的环境相协调，形势相关联。

园路的修建不只是用石，这里仅就园林里用石的铺地、砌路、山径、盘道、蹬级、步石和路旁理石的传统做法简述如下。计成在《园冶·铺地》篇中写道："如路径盘蹊，长砌多般乱石"又说，"园林砌路，惟小乱石砌如榴子者，坚固而雅致，曲折高卑，从山摄壑，惟斯如一"称乱石地。又说："鹅子石，宜铺于不常走处，大小间砌者佳，恐匠之不能也。"

称鹅子地。"乱青版石，斗冰裂纹，宜于山堂、水坡、台端、亭际"称冰裂地。以上这几种园路铺地的处理，可相地合宜而用。有时，通到某一建筑物的路径不是定形的曲径而是在假定路线的两旁散点和聚点有石块，离径或近或远，有大有小，有竖有横，若断若续的石块，一直摆列到建筑的阶前。这样，就成为从曲径起点导引到建筑前的一条无形的但有范围的路线。有时必须穿过园地到达建筑，但又避免用园路而使园地分半，就采用隔一定蹑距安步石的方式。如果步石是经过草地的，可称跋石（在草地行走古人称"跋"）。

假山的坡度较缓时山路可盘绕而上，或虽峭陡但可循等高线盘桓而上的路径，通称盘道。盘道也可采用不定形的方式，在假定路线的两旁散点石块，好似自然而然地在山石间踏走出来的山径一般。这样一种山径颇有掩映自然之趣。如果坡度较陡，又有直上必要，或稍曲折而上，都必须设蹬级。山径、盘道的蹬级可用长石或条石。安石以平坦的一面朝上，前口以斜坡状为宜，每级用石一块可，或两块拼用亦可，但拼口避免居中，而且上下拼口不宜顺重，也就是说要以大小石块拼用，才能错落有致。在弯道地方力求内收处放成扇面状，在高度突升地方的蹬级，可在它两旁用体形大小不同的石块相对剑立，即称作蹲配的点石。这蹲配不仅可强调突高之势，也起扶手作用，同时有挡土防冲刷的作用。有时崇台前或山头临斜坡的边缘上，或是山上横径临下的一边，往往点有一行列石块，好似用植物材料构成的植篱一样。这种排成行列的点石也起挡土防冲刷的作用。但在运用上切忌整齐呆板，也就是说这些列石要大小不等，疏密相间。

（十一）选石

无论是掇山叠石或各种理石，都需要用石。用石不一定非太湖石不可，计成在《园冶·选石》篇中说得好："好事只知花石"，未免囿于成见。"夫太湖石者，自古至今，好事采多，似鲜矣。如别山有未开取者，择其透漏、青骨、坚质采之，未尝亚太湖也。"

事实上，称湖石并不限太湖水崖因风浪冲激而成的穿眼通透的玲珑湖石，沿大江有石灰岩岸地区皆产湖石，例如采石矶、湖口等。就是山地的石灰岩，经过水的溶解作用而成多孔质、或地衣藓苔等侵蚀而有纹理的石灰岩，习惯上称象皮石、黄石等类未尝亚太湖也。北京地区的房山、平谷以及唐山就产这类用石。山产石灰岩"有露土者，有半埋者，也有透漏纹理如太湖者。"也有"色纹古拙无漏宜单点"者，石灰岩洞中钟乳石，有"性坚穿眼险怪如太湖者"，也有"色白而质嫩者，掇山不可悬，恐不坚也"，可掇小景。也有以石笋作剑石用（不限石笋）。

掇山叠石的用石，当然不限于太湖石、象皮石、黄石等石灰岩类，计成在《园冶·选石》篇前言中就说："是石堪堆，便山可采。石非草木，采后复生"。在篇末又说："夫葺园圃假山，处处有好事，处处有石块，但不得其人。欲询出石之所，到地有山，似当有石，虽不得巧妙者，随其顽夯，但有文理可也……何处无石。"以岩石学的岩山分类来说，属火成岩的花岗岩各类，正长岩类、闪长岩类、辉长岩类、玄武岩类，属层积岩的砂岩、有机石灰岩，以及属变质岩的片麻岩、石英岩等都可选用。

"是石堪堆，便山可采"是就石的来源而说的，至于具体堆叠时还应"源石之生，辨石之态，识石之灵"，也就是说，选用石时要根据地质构造的岩石成因，即地质学上岩石产生状态来用石。地质上岩石产生状态确有显著的区别存在，有的位置多倾斜而成不规则的块状、脉状，有位置近水中而成层状、板状，又有多少成层状或片状但不全这样，或多少又经变化。用多种岩石时，应当把石头分类选出，地质上产生状态相类生在一起的才可在叠石时合在一起使用，或状貌、质地、颜色相类协调的才适合在一起使用。有的石块"堪用层堆"，有的石块"只宜单点"，有的石块宜作峰石或"插立可观"，有的石头"可掇小景"，都应依其石性而用。至于作为基石、中层的用石，必须满足叠石结构工程的要求，如质坚承重，质韧受压等。

石色不一，常有青、白、黄、灰、紫、红等。叠石中必须色调统一，而且要和周围环境调和。石纹有横有竖，有核桃纹多皱，有纹理纵横，笼络起隐，面多坳坎，有石理如刷丝，有纹如画松皮。叠石中要求石与石之间的纹理相顺，脉络相连，体势相称。石面有阴阳向背。最后，有的用石还稍加斧琢，"石在土中，随其大小具体而生，或成物状，或成峰峦……须借斧凿，修治磨砻，以全其美，或一面或三四面全者，即是从土中生起，凡数百之中无一二"。

四、理水

(一) 理水总说

中国山水园中，水的处理往往是跟掇山不可分的。前面说过，掇山必同时理水，所谓"山脉之通，按其水径；水道之达，理其山形"。在自然界，山区的天然降水有一部分蒸发；一部分渗透到土石下面，然后细水长流成为山溪山涧的水源（凡是有溪水的山谷，习惯上称做峪）；一部分形成径流，顺坡而下山谷，成为只有雨时才有水的山涧水源。山涧的水又因地形地势而可转成为其他形式，例如"众水汇而成潭"，"两崖迫而成瀑"。有时由于特殊地质构造，山间也可汇成涝，古称天池天湖。例如长白山的天池是属于熔岩湖的成因；也有属于水迹湖成因的天湖。涧水出山出峡就成为江河，并在它冲积成的平原上奔流。江河奔流入海，但也有汇注而成湖泊（当然湖泊的成因也有多种）。面积广阔的湖泊又有港湾岛洲，它们的形象也不尽相同。此外，有一部分天然降水渗透土石下面之后潜流到低地再冲出地壳薄处而成泉，……。这种种的天然水体形式，古人也都因地因势运用在园林创作中，随山形而理水。随水道而掇山。

园林里的理水，首先要"察水之来历，源之起由。"因为水源的来龙去脉怎样，水源是否充裕，园地的地势怎样等都会影响到理水形式的选择。一般地说，没有水源，当然就谈不上理水，另一方面，在相地的时候，通常就应考虑到所选园地要有水源条件。

如果就水的来源而说，不外地面水（天然湖泊河流溪涧）、地下水（包括潜流）和泉水（指自溢或自流的）。实际上只要园地址内或邻近园址的地方有水源，不论是那一种，都可用各种方法导引入园而利用起来造成多种水景。

一个园林的具体理水规划是看水源和地形条件而定，有时还要根据主题要求进行地形改造和相应的水利工程。假设在园址的邻近地方有地上水源，但水位并不比园地高，就可在稍上的地点栏坝筑闸贮水以提高水位，然后引到园中高处，比如说叠山掇石的最高处，然后就可以"行壁山顶，留小坑、突出石口，泛漫而下，才如瀑布"（《园冶·掇山瀑布》）。这是一景，瀑布的"涧峡因乎石碛，险夷视乎岩梯"，全在因势视形而创作飞瀑，帘瀑、跌瀑、尾瀑等形式，瀑布之下或为砂地或筑有渊潭，又成一景。从潭导水下引，并修堰筑闸，也成一景。我国园林中常在闸上置亭桥（北海后门的水闸上本有亭，现不存；避暑山庄"暖流喧波"的闸上，早先也有亭），又成一景。导水下引后流为溪河，溪河中可叠石中流而造成急湍。溪河可萦回旋绕在平坦的园地上，或由东而西或由北而南出。溪流的行向切忌居中而把园地切半，宜偏流一边。溪流的末端或放之成湖泊或汇注成湖池。湖泊广阔的更可有港湾岛洲，或长堤横隔，岸茸蒲汀，景象更增，例如颐和园的昆明湖，避暑山庄的湖洲区等。当然，上面所引说的，是在地形条件较为理想的情况下，可以有种种理水形式随之而设。一个园林中理水并不需要式式具备，往往只要有一种水景之胜就能突出。苏州的许多宅园，只是就低而有溪池之胜。即便是某个园林里只能有溪流之胜时，也可绕回轩馆四周，或引而长之，萦回曲折在林间，时隐时现，忽收忽放，开合随境。不但宅园中可以这样处理，就以颐和园来说，后山的后河也是忽收忽放开合随境，最后放为谐趣园的水池。

(二) 理水手法

园林里创作的水体型式主要有湖泊池沼，河流溪涧，以及曲水、瀑布、喷泉等水型。先就湖泊、池沼等水体来说，大体是因天然水面略加人工或依地势就低凿水而成。这类水体，有时面积较大，例如北京的北海、中南海，颐和园的昆明湖，杭州的西湖等，可以划船、游泳、养鱼、栽莲等等多种活动。在这类开阔的水面上，为了使水景不致陷于单调呆板和增进深远可以有多种手法，如果条件许可时，可以把水区分隔成水面标高不等的二、三水区，并把标高不等的水区或用长桥相接从而在递落的地方形成长宽的水幕。例如承德避暑山庄的下湖和银湖相连接地方有跨水的"水心榭"桥，桥下因落差而形成长宽的水幕。也可以用长堤分隔，堤上有桥，例如颐和园的西堤和练桥地方的水幕。标高不等的水区也可以各自成为一个单位，但在湖水连通地方建闸控制，例如北京的什刹海和北海之间闸，过去闸上还建有亭(称做亭闸)，可以观赏水从闸口泻落好似瀑布一样。

开阔的水面上，一望无涯，千顷汪洋是一种表现，也可以使用安排岛屿、布置建筑的手法增进曲折深远的意境。例如避暑山庄的湖洲区，每个岛洲都自成一个景区。也可从像颐和园内昆明湖用长桥(十七孔桥)接于孤岛成为跟南湖的分隔线，又有西堤和小堤的横隔，形成几个景趣不同的水面，即昆明湖、南湖、上西湖和下西湖，每个湖区又各有它自己的岛屿建筑为构图中心，这样，就十里烟雨，湖空一色的画境中辟增了赏景点。这些岛屿大小不同，大的仅有一亭和一些树丛，例如颐和园南湖的凤凰墩；较大的可以有城阁式的建筑成为一个景区，例如颐和园上西湖的治镜阁。

对于开阔水面的所谓悠悠烟水，应在其周围或借远景，或添背景加以衬托。例如避暑山庄的澄湖有淡淡云山可借；颐和园的昆明湖可近借玉泉山，远借小西山；或像中南海那样就以漠漠平林为背景。开阔水面的周岸线是很长的，要使湖岸天成，但又不落呆板，同时还要有曲折和点景。湖泊越广，湖岸越能秀若天成。于是在有的地方垒作崖岸，例如颐和园后湖

的绮望轩等部局；或有的地方突出水际，礁石罗布并置有亭，例如颐和园昆明湖的知春亭。码头、傍水建筑前，适当的地方多用条石整砌，例如颐和园昆明湖的北岸东端从藕香榭、夕佳楼起始转经水木自亲、长廊前直到临河殿以北，全都是条石整砌的湖岸。

规模小的园林或宅园，或大型园林中的局部景区，水体形式取水池为主。例如苏州的拙政园，北海的静心斋等。特别是拙政园，全园以水池为主，池中有岛，岛上有山。环池皆建筑也，得近水楼台之胜，或凭虚敞阁，或石桥跨水，或浮廊可渡。池岸藉廊榭轩阁的台基为界而修直整齐，或临池驳以石块而参差曲致，或垂柳柔枝拂水，或翠竹茂密水际，再加上清池倒影更有妙境。同样临池驳以石块，也要看手法如何。以北海静心斋内抱素书屋前水池来说，面积虽小但因池周的叠石，大小相间，聚散不一，错落有致，曲折凹凸，俨若天成，显得生动自然。水池的式样或方、或圆、或心形，要看条件和要求而定。如果是庭中作池多取整形，往往池凿四方或长方，池岸藉廊轩台基用条石整砌，例如北海的春雨林塘殿，静心斋的前庭水池等。

庭园里又常在"池上理山，园中第一胜也。若大若小，更有妙境。就水点其步石，从巅架以飞梁；洞穴潜藏，穿岩径水；峰峦飘渺，漏月招云"(《园冶·池山》)。苏州汪氏耕荫义庄的庭中理山，是优美范例之一，这个宅园原是明代申时行的住宅、现环秀山庄，在补秋山房前亩许的庭中池上理山，以山为主，池为辅。补秋山房前有东西二亭，东亭稍后，高踞假山上，西亭稍前临水池。水池的水面偏西小半和南半，一部分伸入谷内。叠山方面，西南部湖石叠掇，其势峭拔，其貌峥嵘；东北部土多于石，坡缓。整个叠山有两个幽谷，一自南而北，一自西北向东南，在山中部会合。上架石梁。幽谷中洞水潺潺，岩脚有余，高露水上，石致溅湿。也可以穿岩径水入洞，洞穴潜藏玲珑透亮，漏月招云。或从西南曲桥越入登山，山石间藤萝蔓延，杂植枫柏嘉树，俨然山林一般。总之，

在这样一块小天地里，胜景自然奇特，据传这个叠山作品是清代戈裕良的杰作。

关于河流溪涧等水体型式的处理也有种种。规模较大的园林里的河流或采取长河的形式。例如颐和园的后河，一收一放，开合随境，收合的地方，夹岸叠置湖石，好似峡谷，开放的地方，可设平台于柳暗花明之处。河岸线应随形而变，或呈段丘状，或缓坡接水，或曲折或修直，然后景从境出。溪涧的处理要以萦回并出没岩石山林间为上，或清泉石上流，漫注砾石间，水声淙淙悦耳；或流经砾石沙滩，水清见底；或溪涧环绕亭榭前后，例如济南市金屑泉的庭院；或穿岩入洞而回出，例如苏州环秀山庄的山涧。

瀑布这一理水方式，必须有充裕的水源、一定的地形和叠石条件。从瀑布的构成来说，首先在上流要有水源地（地面水或泉），至于引水道可隐（地下埋水管）可现（小溪形式），其次是有落水口，或泻两石之间（两崖迫而成瀑），或分左右成三四股甚至更多股落水；再次，瀑身的落水状态必须随水形岩势而定，或直落或分段成二叠三叠落下，或依崖壁下泻或凭空飞下等。瀑下通常设潭，也可以是砂地，落水渗下。

瀑布的水源可以是天然高地的池水溪河水，或者用风车抽水或虹吸管抽到蓄水池，再经导管到水口成泉。在沿海地区，有利用每天海水涨潮后造成地下水位较高的时候，湖池高水线安水口导水造成瀑泉，例如上海豫园快阁的瀑布。有自流泉条件时，流量大、水量充裕可做成宽阔的幕瀑直落，水花四溅。分段跌落时，绝不能各段等长，应有长有短。或为两叠如上海叶家花园的瀑布，或为三叠如苏州狮子林飞瀑亭的瀑布，上海桂林公园的瀑布。或仅有较小的水位差时，可顺叠石的左左右右宛转而下，例如颐和园中谐趣园瞩新楼北的玉琴峡，水流淙淙，从山石间注入荷池，其上架有板桥，仿佛置身山谷间。若两个相连的水体之间水位高差较大时，可利用闸口造成瀑布。在设有闸板时，往往可在闸前点石掩饰，其前后和两旁都可包镶湖石，处理得体时极趣自然。闸下和闸前

水中点石，在传统上做法是先有跌水石，其次在岸边有抱水石，然后在水流中有劈水石，最后在放宽的岸边有送水石。

中国山水园中各种水体岸边多用石，小型山石池的周岸可全用点石，既坚固（护岸）又自然。此外码头和较大湖池的部分驳岸都可用点石方式装饰。更有进者在浅水落滩或出没花木草石间的溪水，就水点步石，自然成趣。

五、植物题材

（一）植物题材

观赏植物（树木花草）是构成园林的重要因素，是组成园景的重要题材。园林里用植物构成的群体是最有变化的组成部分。这种特殊性就因为植物是一有机体，它在生长发育中不断地变换它的形态、色彩等形象的表现。这种形象的变化不仅是从幼年而壮年而老年的历史发展，就是一年之中也随着季节的变换而变化。这样，由于植物的一系列的形象变化，藉它们构成的园景也就能随着季节和年份的进展而有多样性的变化。

中国园林中历来对于植物题材的运用和造景手法是怎样的，起些什么作用，由于过去有关园林里植物造景的记载语焉不详而感到困难。历来园林的记载中对于植物题材，说一句"奇树异草，靡不具植"（如《西京杂记》袁广汉条），或说到"树以花木"，"茂树众果，竹柏药物具备"（如《金谷园亭》），或提到"高林巨树，悬葛垂萝"（《华林园》）或举例松柏竹梅等花木的植物名称而已。从这样简单的三言二语中，很难了解园林里的植物题材是怎样运用造景的，怎样构成园景和起些什么作用。但另一方面，特别是宋代以来的花谱、艺花一类书籍中，有对于植物的描写，写出了人们对于观赏植物的美的欣赏和享受。此外，从前人对于植物的诗赋杂咏中也可以发掘到人们由于植物的形象而引起的思想情感。从诗赋中也可以间接地推想和研究古人在园林中，组织植物题材和欣赏的意趣。

从初步研究的结果看来，我国园林中历来对于植物题材的运用，如同山水的处理一样，首先要在得其性情。所谓得其性情就是从植物的生态习性、叶容、花貌及其色彩和枝干姿态等形象所引起的情感来认识植物的性格或个性。把握了这个之后，就能运用，由于观赏植物的某种性质所能引起的精神上的影响作为表现的主题。当然这种情感和想像是要能符合于植物形象的某个方面或某种性质，同时又符合于社会的客观生活内容。

(二) 植物的艺术认识

从上述这个方面我们对植物题材的研究时，需要博览群书，从类书、杂记、诗集中去搜集资料进行整理。同时，由于社会的人处在不同的生活关系、场合或条件上，对同一种植物会有不同的艺术感受，或者说对植物的艺术认识也是不同的。譬如古人有"梧桐飒飒，白杨萧萧"的感受，是别恨离愁的咏叹，这是由于一定的生活关系、场合即当时的情境而有的。今人沈雁冰同志(茅盾)在抗日战争时期曾写过一篇白杨礼赞，大致描写了白杨的活力、倔强、壮美等性格。这个描写的情景交融的感受更符合客观现实中的白杨的性质、特征和社会生活的内容，因此也就更能引导人们欣赏白杨。艺术上的一句名言，"形象大于主题"，说明了自然物及其形象的自然美虽是离开了人的意识而存在的，但人们给它以意识即感情、想像上的性格化主题，却是随着人们社会生活的发展而发展的。

总之，这种具有特定的具体内容的感受是随着民族、时代、传统而不同的。比如西方人对于某种植物的美的感受就跟我们不同。拿菊花来说，我们爱好花型上称做抱等品种，而西方人士却爱好花型整齐像圆球般球形品种。这也由于彼此对线条的表现爱好不同。从中国画中可以体会到我们对于线条的运用喜好采取动的线条。譬如画个葫芦或衣褶的线条都不是画到尽头的，所谓意到笔不到，要求有含蓄，求之余味。正因为这样，在选取植物题材上好用枝条横施、疏斜、潇洒、有韵致的种类。由于爱好动的线条，在园林中对植物题材的运用上主要表现某种植物的独特姿态，因此以单株的运用为多，或三四株、五六株丛植时也都是同一种树木疏密间植，不同种的群植较少采用。西方人就爱好外形整齐的树种，能修剪成整枝的树种，由于线条整齐，树冠容易互相结合而有综合的线条表现构成所谓林冠线。

对于植物的艺术认识，首先从植物的生态和生长习性方面来看。以松为例，由于松树生命力很强，无论是瘠薄的砾石土，干燥的阳坡上都能生长，就是峭壁崖岩间也能生长，甚至生长了百年以上还高不满三、四尺。松树，不仅在平原上有散生，就是高达一千数百米的中高山上也有生长。古人云："松为百木之长，诸山中皆有之。"由于松"遇霜雪而不凋，历千年而不殒"，"岁寒然后知松柏之后凋"，因此以松为忠贞不渝的象征。就松树的姿态来说，幼龄期和壮龄期的树姿端正苍翠，到了老龄期枝矫顶兀，枝叶盘结，姿态苍劲。因此园林中若能有乔松二、三株，自有古意。再以垂柳为例，本性柔韧，枝条长软，洒落有致，因此古人有"轻盈袅袅占年华，舞榭妆楼处处遮"的咏句。垂柳又多植水滨，微风摇荡，"轻枝拂水面"，使人对它有垂柳依依的感受。

由于树木和花的容貌、色彩、芳香等引起的精神上的影响而有的诗句是最丰富的。清代康熙时增辑的《广群芳谱》，辑录有丰富的诗料，可供研究。这里只能略提几种最著称的花木为例作为说明。以梅为例："万花敢向雪中出，一树独先天下春"(杨商夫诗)是从梅的花期而引起的对梅的品格的颂赞。林和靖诗句中："疏影横斜水清浅，暗香浮动月黄昏"，更道出了梅的神韵。人们都爱慕梅的香韵并称颂其清高，所谓清标雅韵，亮节高风，是对梅的性格的艺术认识。

正由于各种花木具有不同的性质，品格，在园林里的种植必须位置有方，各得其所。清代陈扶摇在《花镜》课花十八法之一的"种植位置法"一节里有很好的发挥。他提到种植的位置首先要根据花木的生态习性，因此说："花之喜阳者，引东旭而纳西晖；花之喜阴者，植北圃而领南薰。"同时又说："其中色相配合之巧，又不可不论花。"他认为："梅花蜡瓣之标清，宜疏篱竹坞，曲栏暖阁，红白间植，古干横施"，"桃花夭冶，宜别墅山隈，小桥溪畔，横参翠柳，斜映明霞"；"杏花繁灼，宜屋角墙头，疏林广榭"；"梨之韵，李之洁宜闲庭旷圃，朝晖夕蔼"；"榴之红，葵之灿，宜粉壁绿窗，夜月晓风"；"海棠韵娇，宜雕墙峻宇，障以碧纱，烧以银烛，或凭栏，或欹枕其中"；"木樨香胜，宜崇台广厦，挹以凉飔，坐以皓魄"；"紫荆荣而久，宜竹篱花坞；芙蓉丽而开，宜寒江秋沼"；"松柏骨苍，宜峭壁奇峰，藤萝掩映"；"梧、竹致清，宜深院孤亭，好鸟间关"等。他认为草木方面的"荷之鲜妍，宜水阁南轩，使薰风送麝，晓露擎珠"；"菊之操介，宜茅舍清斋，使带露餐英，临流泛蕊"；又说："至若芦花舒雪，枫叶飘丹，宜重楼远眺；棣棠丛金，蔷薇障锦，宜云屏高架。"总之，"其余异品奇葩，不能详述，总由此而推广之，因其质之高下，随其花之时候，配其色之浅深，多方巧搭，虽药苗野卉，皆可点缀姿容，以补园林之不足，使四时有不谢之花，方不愧为名园二字"。

上面这些举例，虽然仅窥一斑，已可概见所谓得其性情来运用植物题材的特色。这种从植物的生态习性，叶容花貌等感受而引起的精神上的影响出发，从而给予各种植物以一种性格或个性，也就是所谓"自然的人格化"。然后借着这种艺术的认识，以植物为题材，创作艺术的形象来表现所要求的主题，这是我国园林艺术上处理植物题材的优秀传统，是客观通过主观的作用。但重要的是怎样从植物的具体形象上去把握其性格品质，同时这种感受和性情的把握既符合于自然形象的某一性质或方面，也符合于客观现实中的社会生活内容。然后才能生动地深刻地用它们来创作园林中艺术的形象，并由于这个生动活泼的艺术形象能够引起游人有同样的情感和想像，同样的主观上精神影响。问题还在于我们用形象所要表现的主题是怎样的

一种思想感情，是那个集团、阶级、民族的思想感情。

或有认为某些观念是封建社会的思想意识，因此连由传统习惯上已构成的象征某些观念的植物种类也要弃而勿用，这是不正确的。例如"牡丹富贵"，因此欣赏牡丹就是资产阶级气息，这种想法是错误的，牡丹有知必然会叫屈的，因为牡丹是一客观存在的优美的观赏植物，花朵盛大，色彩富丽，有着豪放的气息。劳动人民同样爱好牡丹花，但爱好牡丹花的阶级心理当然和封建地主阶级的心理不同，这是可以理解的。我们不能根据封建社会的欣赏观念来否定一个客观存在的人人可以欣赏的对象。同样的立论，我们不能因为幽雅、冷洁、宁静是封建社会士大夫的超脱境界中的观念，在创作今天的新型园林中连幽雅、宁静等主题也完全不需要了。比如说一个综合休息公园中需要有工余散步的安静的休息区，或要有适合老年人散步的分区，难道说这种静的休息区也要用大红大绿的色彩开朗的主题吗？毫无疑问，这种静的休息区应该是以幽雅清静为主题的，才是符合任务和要求的。

我国历来文人，特别是宋以后，常把植物人格化后所赋予某种象征固定起来，认为由于植物引起的这样一种象征的确立之后，就无须在作品中再从形象上感受而从直接联想上就产生某种情绪或境界。梅花清标韵高，竹子节格刚直，兰花幽谷品逸，菊花操介清逸，于是梅兰竹菊以四君子入画。荷花是出淤泥而不染也是花中君子。此外还有牡丹富贵、红豆相思、紫薇和睦、乌萝姻娅等等。比拟的运用固然简化了手法，然而比拟某种性格有时虽能勉强说明一些概念，引起联想，但其感染力显然是很微弱的。过去还有因石榴的果实多籽，于是作为"多子多孙"的象征，由蝙蝠的字音而转为"福"的象征，鹿转为"禄（财富）"的象征，更是文字游戏，是庸俗的，一无可取。

今天，我们不能局限于传统上象征某些观念的种类，应当充分运用祖国极其丰富的植物材料，各种各样植物的生动的具体的形象，来表现社会主义所要求的主题。在这里还应当指出，不是说比拟的手法完全

不宜用，有时还是需要的。例如"五月石榴红如火"，把石榴花开时，红花朵朵，如火如荼比拟着火一般燃烧着的热情还是可以的。因为石榴花开时（红花品种）确具备着这样一种自然而明朗的感情饱满的条件。

(三) 园林植物的配置方法

中国园林中对于植物题材的配置方式，根据场合，具体条件而不同。先就庭院这个场合来说，大都采用整齐的格局。我国一般住宅的院落（四合院）有正房，有东、西房，合成正方形或长方形的庭（南方称做天井），在这种场合下，自然以采取整形的配置为宜，大抵依正房的轴线在它的左右两侧对称地配置庭荫树或花木。若是砖石铺地的庭院，为了种植，或沿屋檐前预先留出方形、长方形、圆形的栽植畦池；或满铺时也可用盆植花木来布置，更有用花台来种植灌木类花木。这种高出地面、四周用砖石砌的花台，或依墙而筑，或正位庭中。花台上还可点以山石，配置花草。在后院、跨院、书房前、花厅前，通常不采用上述这种整形布置，或粉墙前翠竹一丛或花木数株并散点石块，或在嘉树下缀以山石配以花草。

再就宅园单独的园林场合来说，树木的种植大都不成行列，具有独特姿态的树种常单植作为点景。或三四株、五六株时，大抵各种的位置在不等边三角形的角点上，三三两两，看似散乱，实则左右前后相互呼应，有韵律有联结。花朵繁密色彩鲜明的花木常丛植成林。例如梅林、杏林、桃林等。这类花木都有十多种到数十种品种，花色以红、粉、白为主，成丛成林种植时，红白相间，色调自然调和。

少量花木的丛植很重视背景的选择。一般地说，花色浓深的宜粉墙，鲜明色淡的宜于绿丛前或空旷处。以香胜的花木，例如桂花、白玉兰、蜡梅等，更要地位适当才能凉飔送香。

植物的配置跟建筑物的关系也是很密切的。居住的堂屋，特别是南向的、西向的都需要有庭荫树遮于前。更重要的，是根据花木的性格和不同的建筑物、结构物互相结合地配置。诚如前面列举的（见陈扶摇《花镜》）梅宜疏篱竹坞，曲栏暖阁；桃宜别墅幽隈，小桥溪畔；杏宜屋角墙头，疏林广榭，梨宜闲庭旷圃，榴宜粉壁绿窗，海棠宜雕墙峻宇等等。

中国园林中以对于草花的配置方式也是多种多样的。在有掇山小品或叠石的庭中，就山麓石旁点缀几株花草，风趣自然。叠石小品要结合种植时，还应在叠石时就先留有植穴，一般在庭前、廊前或栏杆前常采用定形的栽花床地，或用花畦，或用花台。所谓花畦（又称花池子）是划分出一定形状的床地，或方形或长方形，较少有圆形，周边或有矮篱（用细竹或条木制）或砌边（用砖瓦或石，式样众多），在畦中丛植一种花卉或群植多种花卉。花畦边也可种植特殊的草类来形成。在路径两旁，廊前栏前，常以带状花畦居多，但也有用砖瓦等围砌成各种式样的单个的小型花池，连续地排列。在粉墙前还可用高低大小不一的石块圈围成花畦边缘。

中国园林里也有草的种植，但不像近代西方园林里那样加以轧剪成为平整的草地。历来在台地的边坡部分或坡地上，主要用沙草科的苔草（Carex），禾本科的爬根草（Cynodon），早熟禾（Poa），梯牧草（Phleum）等，种植后任它们自然成长，绿叶下向，天然成趣。在阶前、路旁或花畦边常用生长整齐的草类，例如吉祥草（Liriope）和沿阶草（又称书带草Ophiopogon）等形成边境。至于一般园地常任天然草被自生，但加以培植，割除劣生的野草，培植修洁的草类以及野花，不仅绿草如茵，而且锦绣如织毯。

水生和沼泽植物在自然界是生长在低湿地、沼泽地、溪旁河边或各种水体中。在园林里既要根据水生植物的生态习性来布置，又要高低参差，团散不一，配色协调。在池中栽植，为了不使它们繁生满池，常用竹篓或花盆种植，然后放置池中。庭院中的水池里要以形态整齐、以花胜的水生植物为宜，也可散点茨菰、蒲草，自成野趣。至于园林里较大的湖池溪湾等，可随形布置水生植物，或芦苇成丛形成荻港等。

结 束 语

就中国的园林历史发展的总和来看，在整个封建社会时代，不论是帝王的宫苑或地主阶级的宅园、别墅，游园都是为了放怀适情、游心玩思而建造的生活境域，都是为统治阶级少数人服务的，其主要形式是山水园，在内容上充分反映了封建统治阶级的生活、心理、美的概念等。

今天建设社会主义时代的新型园林，必须是"内容上是社会主义的，形式上是民族的"。在园林中所有的各种构筑范围内都是为劳动人民服务的，新型园林是城市或乡村中构成人民的劳动、生活、休息和保健活动的物质生活境域，它要能充分反映社会主义国家人民的真正幸福的、美的生活。

在社会主义国家，新型园林的建设是社会主义城市建设中一个有机构成部分。在规划各种类型园林时，要根据该城市的总体规划的要求来分布不同功能的园林，新型园林既是物质生活的境域，同时，还应该是艺术作品。也就是说，社会主义现实主义的园林，既要满足功能上的要求，又要满足艺术上的要求。所以，一个园林工作者既须是艺术家，因为他要用艺术形象来反映现实；又须是建设者(工程师)，因为他的作品是物质生活境域的基本建设。我们也可以这样说：园林作品既是物质文化的成果，也是精神文化的成果。

我们的时代要求多种多样的即各种类型的园林，并给予各种新的任务。这里先把"类"和"型"的界说简单地叙述一下。"类"是指不同功能的、不同结构组织的园林单位。在每一"类"中还要有区分时，就把这种"类"以下的区分叫做"型"。

广义的或总括园林绿地的类，一般可分为公共绿地，专用绿地，特用绿地和游览、休息绿地四大类。

(1) 公共绿地包括文化休息公园、体育公园、儿童公园、花园、林荫路、场园、街坊内花园等；

（2）专用绿地包括学校园、医疗机构绿地、公共建筑和科学研究机构的绿地；

（3）特种用途绿地包括植物园和动物园特种大型绿地，各种防护绿地，工厂绿地、铁路公路旁绿带、墓园、专用园林、绿化苗圃等；

（4）游览休息绿地包括郊区游览旅行基地、休养疗养基地、少先队野营基地、天然保护区、森林公园等。

"类"以下型的区分：可以根据园林绿地的规模范围的大小分为大型、中型、小型；也可根据在城市中分布地位而有市中心型、区公园型、环城型(例环城绿地带)等；也可按组织题材的特殊性质和结构而区分，例如植物园可有树木园、药用植物园、高山植物园等；花园可以有以某种植物为主题的梅园、蔷薇园、杜鹃花园等；也可根据不同风景组织要求而有特殊结构和题材组织的草原风景园、沙漠风景园、岩石园、水景园等。

各种类型的园林，除了作为一个园林都应具有的总的任务要求外，还应有它自己特殊的任务要求。因此，怎样在总任务要求下，结合特殊的任务要求来进行新型园林布局、构图就不是一般的泛论所能概括的，必须针对着不同类型园林的内容、任务和要求出发，来灵活地运用民族遗产和传统，也就是批判地运用传统中能够传承下去的，能够适应和表现时代所赋予的新内容的部分。

我们向古典的园林作品主要学习些什么呢？在本书"绪论"和第十二章"试论中国山水园和园林艺术传统"一章中已经提出了真实性和人民性，即现实主义的和历代劳动人民经验积累所创造出来的艺术形象和手法。然而必须指出的是我们向优秀的古典作品学习的艺术真实性，只是真实地反映了自然即创作了典型的山水这一方面，至于生活的真实，古典作品中所反映的封建社会时代统治阶级的生活、心理和美的概念等绝不是也不可能用以来表达现代人民的生活、思想和情感。

就以自然风景的表现为主题来看时，不同时代对自然的美的评价态度也不尽相同。虽然自然山水——风景是客观的存在，有它自身构成的规律，现代自然地理学、地貌学的发达，对景观的科学阐明，不等于艺术创作风景的理论。艺术中的风景是客观通过主观的结合。正如我国山水画的发展中，开始时山水只作为人像画的背景一样，园林中山水只是建筑宫苑的背景。到了以山水为主题的自然山水园时期，也是与出世的思想意识，超脱秀逸冷洁等意境的表现相联的；再进而以诗情画意写入园林，表现为地主阶级的生活的诗意化、理想化。然而到了今天，建设社会主义时代，我们所要表现的自然，总是要表现着人类改变周围现实的愿望，是和社会主义时代人们所需要的创造美的自然相联系的，是人类的创造劳动所改造过的更加美丽的更加适宜的也有利于人类生活的自然。艺术家的现实自然，在创作过程中对于自然的艺术认识总是和他的世界观、艺术观点相联系的，以他自己对自然的态度把风景丰富起来，去发现并评价它的典型的本质的方面而创造美的自然，这是容易明白的。因此，我们向古典作品学习的是理解当时对现实的艺术认识和在艺术创作中怎样运用艺术创作的全部财富(过去的和当时的)表现出来的。

任何时代的进步艺术都是在发现和评价自然和生活本身中的美，它不但表现为作品的内容，也表现为艺术形式一切因素的综合——结构、主题、布局、手法等等。所以在现实主义的园林作品中，通过生动的艺术形象，表现了中华民族对祖国壮丽河山的热爱，对自然风景的爱好，对美的生活的理想，表现了中华民族性格的典型特征。所以园林艺术的继承关系：表现在过去时代卓越的园林作品中的"虽由人作，宛自天开"，"妙极自然"，有自然之理，虽种竹引泉亦"不伤穿凿"等——真实性；表现在布局构图上的"相地合宜，构园得体"，"景以境出，取势为主"，"巧于因借，精在体宜"，"起结开合，多样统一"等以及艺术形式的种种因素，掇山叠石理水的技巧，积累而成，布列上下，回廊曲院的园林建筑处理，得其性情的植物题材处理，以及造景的各种手法——艺术性；表现在总结和发展历代劳动人民匠师们所创造和积累的丰富经验传统——人民性。我们所要有的继承关系正是这些进步的现实主义创作的全部财富。

但是在创作新型园林，即社会主义内容的民族形式的园林时，还必须吸取世界的园林艺术的优秀传统，学习世界各国的花园、公园艺术。新的时代对新型园林所赋予的新任务和要求是过去园林创作上从来不曾有过的。学习和吸取世界各国的园林艺术及其建设经验是十分必要的，同时还必须结合中国的实际创造性地运用。既要扬我之长，继承我国古代园林之优良传统，又要兼收域外之长，吸取世界各国园林艺术之精华。我们创作的总方向——民族的形式、社会主义的内容是应当肯定的。我们也必须把园林作为内容和形式统一的艺术作品，同时又是物质生活境域的

建设来看待，实用、经济、美观三者的统一。

虽然在本文最后结束语中，我们还缺少实际创作的较优的新型园林作品来分析评价，但一般的原则和趋向是可以研究的。没有疑问，我们在创作新型园林时，必须从内容出发，根据一个公园的任务和要求出发，不仅是这一个公园的而且是该城市总体组成的总任务要求下(也是园林绿地系统总任务要求下)的特殊任务要求，结合自然特点、周围环境等条件来进行园林的规划设计。我们时代的新型园林必须面向劳动人民的生活，因此体验他们的生活，了解他们的物质生活和精神生活上对园林的需求是首要的。深入到人民的生活中去观察研究生活，向生活学习，只有这样，才能在园林作品中历史地真实地反映现实。同时这种反映必须以现代科学技术上的一切成就，并以我们民族所特有的独创的风格来创作构成适宜于人民劳动、休息和文化生活境域，并用生动的艺术形象鼓舞人民为创造共产主义的美好生活而斗争的热情！

中国古代园林史图名索引

社，1982

9-13 避暑山庄永佑寺平面图. 承德文物局园林处

9-14 锤峰落照亭立面图. 天津大学建筑系，承德文物局. 承德古建筑. 中国建筑工业出版社，1982

9-15 梨花伴月复原鸟瞰图. 天津大学建筑系，承德文物局. 承德古建筑. 中国建筑工业出版社，1982

9-16 梨花伴月复原平面图. 天津大学建筑系，承德文物局. 承德古建筑. 中国建筑工业出版社，1982

9-17 青枫绿屿复原平面图. 孟兆祯. 避暑山庄园林艺术理法赞. 林业史园林史论文集(2集). 北京林业大学

9-18 青枫绿屿复原鸟瞰图. 天津大学建筑系，承德文物局. 承德古建筑. 中国建筑工业出版社，1982

9-19 烟雨楼平面图. 天津大学建筑系，承德文物局. 承德古建筑. 中国建筑工业出版社，1982

9-20 文园复原平面图. 天津大学建筑系，承德文物局. 承德古建筑. 中国建筑工业出版社，1982

9-21 戒德堂平面图. 承德文物局园林处

9-22 花神庙平面图

9-23 珠源寺平面图

9-24 玉琴轩、千尺雪、文津阁鸟瞰图. 顾士明绘制

9-25 文津阁平面图. 天津大学建筑系，承德文物局. 承德古建筑. 中国建筑工业出版社，1982

9-26 碧峰寺平面图

9-27 有真意轩平面图

9-28 鹫云寺平面图

9-29 静含太古山房复原平面图. 天津大学建筑系，承德文物局. 承德古建筑. 中国建筑工业出版社，1982

9-30 秀起堂平面图. 孟兆祯. 避暑山庄园林艺术理法赞. 林业史园林史论文集(2集). 北京林业大学

9-31 秀起堂南岸立面图(经畬书屋). 孟兆祯. 避暑山庄园林艺术理法赞. 林业史园林史论文集(2集). 北京林业大学

9-32 秀起堂北岸立面图(绘云楼). 孟兆祯. 避暑山庄园林艺术理法赞. 林业史园林史论文集(2集). 北京林业大学

9-33 碧静堂平面图. 孟兆祯. 避暑山庄园林艺术理法赞. 林业史园林史论文集(2集). 北京林业大学

9-34 碧静堂复原鸟瞰图. 孟兆祯. 避暑山庄园林艺术理法赞. 林业史园林史论文集(2集). 北京林业大学

9-35 玉岑精舍平面图. 孟兆祯. 避暑山庄园林艺术理法赞. 林业史园林史论文集(2集). 北京林业大学

9-36 玉岑精舍复原鸟瞰图(松壑间楼). 孟兆祯. 避暑山庄园林艺术理法赞. 林业史园林史论文集(2集). 北京林业大学

9-37 山近轩平面图. 孟兆祯. 避暑山庄园林艺术理法赞. 林业史园林史论文集(2集). 北京林业大学

9-38 山近轩剖面图. 孟兆祯. 避暑山庄园林艺术理法赞. 林业史园林史论文集(2集). 北京林业大学

9-39 山近轩立面图. 孟兆祯. 避暑山庄园林艺术理法赞. 林业史园林史论文集(2集). 北京林业大学

9-40 承德避暑山庄及外八庙鸟瞰图

9-41 清朝北京西郊地形、寺园分布示意图. 何重义. 曾昭奋绘. 圆明园四十景图咏. 科学出版社，1995

9-42 畅春园平面示意图. 建筑史论文集(第二集). 清华大学

明园四十景图咏. 中国建筑工业出版社，1985

9-80　别有洞天平面图. 何重义，曾昭奋绘. 圆明园四十景图咏. 中国建筑工业出版社，1985

9-81　接秀山房平面图. 何重义，曾昭奋绘. 圆明园四十景图咏. 中国建筑工业出版社，1985

9-82　涵虚朗鉴平面图. 何重义，曾昭奋绘. 圆明园四十景图咏. 中国建筑工业出版社，1985

9-83　方壶胜境平面图. 何重义，曾昭奋绘. 圆明园四十景图咏. 中国建筑工业出版社，1985

9-84　平湖秋月平面图. 何重义，曾昭奋绘. 圆明园四十景图咏. 中国建筑工业出版社，1985

9-85　四宜书屋平面图. 何重义，曾昭奋绘. 圆明园四十景图咏. 中国建筑工业出版社，1985

9-86　廓然大公平面图. 何重义，曾昭奋绘. 圆明园四十景图咏. 中国建筑工业出版社，1985

9-87　澡身浴德平面图. 何重义，曾昭奋绘. 圆明园四十景图咏. 科学出版社，1995

9-88　天宇空明平面图. 何重义，曾昭奋. 圆明园园林艺术. 中国建筑工业出版社，1985

9-89　多稼如云平面图. 何重义，曾昭奋绘. 圆明园四十景图咏. 中国建筑工业出版社，1985

9-90　鱼跃鸢飞平面图. 何重义，曾昭奋绘. 圆明园四十景图咏. 中国建筑工业出版社，1985

9-91　北远山村平面图. 何重义，曾昭奋绘. 圆明园四十景图咏. 中国建筑工业出版社，1985

9-92　紫碧山房平面图. 何重义，曾昭奋绘. 圆明园园林艺术. 科学出版社，1995

9-93　长春园总平面图. 何重义，曾昭奋绘. 圆明园园林艺术. 科学出版社，1995

9-94　如园鸟瞰图. 焦雄. 长春园园林建筑. 圆明园(第三集). 中国建筑工业出版社，1984

9-95　鉴园鸟瞰图. 焦雄. 长春园园林建筑. 圆明园(第三集). 中国建筑工业出版社，1984

9-96　蒨园鸟瞰图. 焦雄. 长春园园林建筑. 圆明园(第三集). 中国建筑工业出版社，1984

9-97　蕴真斋和淳化轩鸟瞰图. 焦雄. 长春园园林建筑. 圆明园(第三集). 中国建筑工业出版社，1984

9-98　玉玲珑馆区鸟瞰图. 焦雄. 长春园园林建筑. 圆明园(第三集). 中国建筑工业出版社，1984

9-99　映清斋区鸟瞰图. 焦雄. 长春园园林建筑. 圆明园(第三集). 中国建筑工业出版社，1984

9-100　思永斋区鸟瞰图. 焦雄. 长春园园林建筑. 圆明园(第三集). 中国建筑工业出版社，1984

9-101　狮子林景区鸟瞰图. 焦雄. 长春园园林建筑. 圆明园(第三集). 中国建筑工业出版社，1984

9-102　长春园西洋建筑群总平面图. 金毓丰. 圆明园西洋楼评析. 圆明园(第三集). 中国建筑工业出版社，1984

9-103　长春园西洋楼全景示意图. 金毓丰. 圆明园西洋楼评析. 圆明园(第三集). 中国建筑工业出版社，1984

9-104A　谐奇趣南立面图. 何重义，曾昭奋. 圆明园园林艺术. 科学出版社，1995

9-104B　谐奇趣北立面图. 何重义，曾昭奋. 圆明园园林艺术. 科学出版社，1995

9-105　蓄水楼东立面图. 何重义，曾昭奋. 圆明园园林艺术. 科学出版社，1995

9-106　万花阵花园门北立面图. 何重义，曾昭奋. 圆明园园林艺术. 科学出版社，1995

9-107　万花阵花园鸟瞰图. 何重义，曾昭奋. 圆明园园林艺术. 科学出版社，1995

9-108　养雀笼西立面图. 何重义，曾昭奋. 圆明园园林艺术. 科学出版社，1995

9-109　养雀笼东立面图. 何重义，曾昭奋. 圆明园园林艺术. 科学出版社，1995

9-110　方外观正立面图. 何重义，曾昭奋. 圆明园园林艺术. 科学出版社，1995

9-111　竹亭北立面图. 何重义，曾昭奋. 圆明园园林艺术. 科学出版社，1995

10-70　平冈艳雪景图．平山堂图志

10-71　临水红霞景图．平山堂图志

10-72　城闉清梵景图．平山堂图志

10-73　卷石洞天景图．平山堂图志

10-74　西园曲水景图．平山堂图志

10-75　砚池染翰景图．平山堂图志

10-76　虹桥修禊景图．平山堂图志

10-77　柳湖春泛景图．平山堂图志

10-78　四桥烟雨景图．平山堂图志

10-79　水云胜概景图．平山堂图志

10-80　长堤春柳景图．平山堂图志

10-81　桃花坞景图．平山堂图志

10-82　梅岭春深景图．平山堂图志

10-83　莲性寺景图．平山堂图志

10-84　白塔晴云景图．平山堂图志

10-85　石壁流淙景图．平山堂图志

10-86　锦泉花屿景图．平山堂图志

10-87　春台祝寿景图．平山堂图志

10-88　篠园花瑞景图．平山堂图志

10-89　蜀冈朝旭景图．平山堂图志

10-90　万松叠翠景图．平山堂图志

10-91　山亭野眺景图．平山堂图志

10-92　双峰云栈景图．平山堂图志

10-93　法净寺景图．平山堂图志

10-94　平山堂景图．陈从周．扬州园林．上海科学技术出版社，1983

10-95　寄畅园平面图．东南大学．潘谷西．中国建筑史．中国建筑工业出版社，2004

10-96　寄畅园修复规划总平面图．无锡市园林规划设计室　李正　提供

10-97　寄畅园位置示意图．周维权．中国古典园林史．清华大学出版社，1999

10-98　映山湖愚公谷规划图．无锡市园林规划设计室　李正　提供

10-99　愚公谷位置示意图．黄茂如．愚公谷小志

10-100　愚公谷平面想像图．黄茂如．愚公谷小志

10-101　宋平江府图．刘敦桢．中国古代建筑史．中国建筑工业出版社，1980

10-102　苏州城内主要宅园位置图．南京工学院建筑系．刘敦桢．苏州古典园林．中国建筑工业出版社，1979

10-103　艺圃总平面图．南京工学院建筑系．刘敦桢．苏州古典园林．中国建筑工业出版社，1979

10-104　王洗马巷住宅平面图．南京工学院建筑系．刘敦桢．苏州古典园林．中国建筑工业出版社，1979

10-105　王洗马巷书房庭园平面图．南京工学院建筑系．刘敦桢．苏州古典园林．中国建筑工业出版社，1979

10-106　环秀山庄总平面图．南京工学院建筑系．刘敦桢．苏州古典园林．中国建筑工业出版社．1979

10-107　环秀山庄池山平面图．南京工学院建筑系．刘敦桢．苏州古典园林．中国建筑工业出版社，1979

10-108　景德路某宅平面图．南京工学院建筑系．刘敦桢．苏州古典园林．中国建筑工业出版社，1979

10-109　梵门桥弄某宅平面图．南京工学院建筑系、刘敦桢．苏州古典园林．中国建筑工业出版社，1979

10-110　刘家浜某宅平面图．南京工学院建筑系．刘敦桢．苏州古典园林．中国建筑工业出版社，1979

10-111　鹤园平面图．南京工学院建筑系．刘敦桢．苏州古典园林．中国建筑工业出版社，1979

10-112　金太史巷4号住宅平面图．南京工学院建筑系．刘敦桢．苏州古典园林．中国建筑工业出版社，1979

10-113 金太史巷 4 号听枫园平面图. 南京工学院建筑系. 刘敦桢. 苏州古典园林. 中国建筑工业出版社，1979

10-114 怡园住宅祠堂位置图. 南京工学院建筑系. 刘敦桢. 苏州古典园林. 中国建筑工业出版社，1979

10-115 怡园总平面图. 南京工学院建筑系. 刘敦桢. 苏州古典园林. 中国建筑工业出版社，1979

10-116 畅园住宅平面图. 南京工学院建筑系. 刘敦桢. 苏州古典园林. 中国建筑工业出版社，1979

10-117 畅园花园平面图. 南京工学院建筑系. 刘敦桢. 苏州古典园林. 中国建筑工业出版社，1979

10-118 A 壶园住宅平面图. 南京工学院建筑系. 刘敦桢. 苏州古典园林. 中国建筑工业出版社，1979

10-118 B 壶园花园平面图. 南京工学院建筑系. 刘敦桢. 苏州古典园林. 中国建筑工业出版社，1979

10-119 残粒园住宅平面图. 南京工学院建筑系. 刘敦桢. 苏州古典园林. 中国建筑工业出版社，1979

10-120 残粒园花园平面图. 南京工学院建筑系. 刘敦桢. 苏州古典园林. 中国建筑工业出版社，1979

10-121 拙政园中西部平面图. 南京工学院建筑系. 刘敦桢. 苏州古典园林. 中国建筑工业出版社，1979

10-122 拙政园东部平面图. 南京工学院建筑系. 刘敦桢. 苏州古典园林. 中国建筑工业出版社，1979

10-123 倪瓒狮子林图. 南京工学院建筑系. 刘敦桢. 苏州古典园林. 中国建筑工业出版社，1979

10-124 狮子林总平面图. 南京工学院建筑系. 刘敦桢. 苏州古典园林. 中国建筑工业出版社，1979

10-125 耦园总平面图. 吴宇江. 中国名园导游指南. 中国建筑工业出版社，1999

10-126 网师园总平面图. 南京工学院建筑系. 刘敦桢. 苏州古典园林. 中国建筑工业出版社，1979

10-127 沧浪亭总平面图. 南京工学院建筑系. 刘敦桢. 苏州古典园林. 中国建筑工业出版社，1979

10-128 留园总平面图. 南京工学院建筑系. 刘敦桢. 苏州古典园林. 中国建筑工业出版社，1979

10-129 拥翠山庄总平面图. 南京工学院建筑系. 刘敦桢. 苏州古典园林. 中国建筑工业出版社，1979

10-130 羡园平面图. 童寯. 江南园林志. 中国建筑工业出版社，1984

10-131 退思园第宅平面图

10-132 壶隐园平面图. 陈从周. 常熟园林

10-133 燕园平面图. 陈从周. 常熟园林

10-134 嘉定秋霞圃平面图

10-135 秦园平面示意图. 秦元璇. 上海崇祯"大观园"的传说——嘉定秦园. 中国旅游报. 1990

10-136 秦园鸟瞰示意图. 秦元璇绘

11-1 烟雨楼平面图（嘉兴）

11-2 清晖园平面图. 吴宇江. 中国名园导游指南. 中国建筑工业出版社，1999

11-3 余荫山房平面图. 吴宇江. 中国名园导游指南. 中国建筑工业出版社，1999

11-4 雁山园复原示意图. 马福琪绘

11-5 雁山园分区图. 马福琪绘

11-6 新繁东湖平面示意图（清末状）. 四川省园林调查组. 四川古典园林风格初探. 四川园林，1985（15）

11-7 寝殿造与新繁东湖比较. 四川省园林调查组. 四川古典园林风格初探. 四川园林，1985（15）

11-8 崇庆罨画池（清末）平面示意图. 四川省园林调查组. 四川古典园林风格初探. 四川园林，1985（15）

11-9 民国时期新都桂湖平面图. 四川省园林调

后 记

《中国古代园林史》是我的父亲积一生心血不断总结、修改、完善的园林史书。此书的编写至迟始于20世纪50年代初，父亲从事中国园林史的研究，在搜集查阅大量资料的基础上写成初稿，60年代初曾作为教材在园林史教学中使用。父亲在离开大学任北京市园林局领导工作后仍然继续着他的研究工作，即使在十年动乱中也从未中断过。文革结束后，在父亲的倡导和主持下，城乡建设环境保护部下达研究项目，成立了中国古代园林史科研课题组，组织全国各地的专业人员进行调查研究，为本书的编写提供了大量的史料素材。

20世纪90年代初中国建筑工业出版社曾准备出版此书，从此父亲又开始了新一轮的整理编写工作。1994年书稿基本成形，并开始了校对工作，至1996年初父亲去世时，本书的上半部文字及插图已校对完成，下半部文字和插图校对正在进行，而第十二章的文字尚未修改完毕。

父亲病故后，完成此书之事便责无旁贷地落在了我的肩上。由于父亲生前时我并未实质性的参与此书的编写工作，对书的总体情况和编写校对的进展不十分了解，为慎重起见，整理工作也不得不从头开始。父亲的书稿有两部：手写稿（原稿）和誊印稿，书稿在篇章结构、段落的顺序和段落内容上都不尽相同。我将文稿及插图全部扫描存入计算机备份留档。基本理清了全书的篇章结构和插图的情况以及存在的问题。

中国风景园林学会和中国建筑工业出版社一直有意整理出版园林界几位前辈的著作。2004年5月黄晓鸾同志找到我，表示愿意请学会领导支持，帮助组织一批了解园林史并有丰富经验的前辈学者帮忙，此事一拍即合。

为此学会成立了由甘伟林常务副理事长亲自担任组长，周维权教授为顾问，刘家麒、郦芷若、梁永基、黄晓鸾、金柏苓、汪原平先生组成的"《中国古代园林史》整理小组"，我和黄晓鸾负责组织联系工作。中国建筑工业出版社根据当时书稿的情况，决定破例采用先按誊印稿录入后再打印成稿的办法来加快此书的整理工作，在中国建筑工业出版社的大力支持下，整理工作进展顺利。

我父亲的书稿中大量引用古文，繁体字和生僻字，在誊印稿、录入稿中错误难免，给校对带来很多意想不到的困难。经过刘家麒、郦芷若、梁永基、黄晓鸾、金柏苓等几位先生的艰辛努力，终于克服了种种困难顺利地完成了文字的校对整理。黄晓鸾先生除了帮助校对文字外到处寻找书中提到的含有插图的书，并和有关同志联系查找相关的图纸。承德市文物局和园林处、中国建筑设计研究院建筑历史研究所也为此书提供了数张有价值的图和照片。经过大家的努力，缺失的部分插图基本都补齐了。

本次整理工作，我们仅对书稿的文字、书中的绝大部分引文进行了认真的校对，有些个别引文读起来似有不通，但原文如此不便改动。由于时间紧迫，条件有限，疏漏之处在所难免，还请读者斧正。我父亲的手稿和资料中还有一些和文字直接有关的插图，其中一部分是书稿中引用了，但没有找到图，也没有记载图的出处，此次整理只好舍弃。另一些是有图，但在原稿中编号不清，这次整理也就暂时没有把它编入书中。本次整理在篇章结构上未作改动，为了阅读方便起见，我只是在印刷格式上做了

一些处理。本书的第十二章在我父亲生前未能编写完成，其中的第一节和我父亲发表在《中国园林》上的一篇文章题目相同，因而编录书中以飨读者。

《中国古代园林史》终于出版了，了却了我父亲的遗愿。在此，我要衷心感谢中国风景园林学会和中国建筑工业出版社，他们对父亲此书的出版，起到了关键作用。

衷心地感谢帮助校对、整理的诸位园林学专家，他们为此书的整理付出了大量的时间和精力。

衷心感谢本书在整理的过程中很多人的关心和支持，中国风景园林学会张树林副理事长曾多次过问此事；中国工程院院士、北京林业大学教授、中国风景园林学会副理事长孟兆祯先生和夫人杨赉丽先生帮助校对了部分文稿，补充插图；付熹年院士、吴肇钊、毛培琳、唐学山、孔宪梁、黄茂如、马福祺等先生都在百忙中，抽出时间，给予了积极地帮助；特别是中国工程院资深院士陈俊愉先生不顾88岁高龄，在百忙之中为本书写了序言。

我父亲编写的这部书自始至终得到他的同事、学生、同行学者们的热心关注，许多知名和不知名的专家学者都对此书的出版做过直接和间接的帮助，在此一并表示感谢。

汪原平

2005年11月16日